HOPPE-SEYLER/THIERFELDER

HANDBUCH DER PHYSIOLOGISCH- UND PATHOLOGISCH-CHEMISCHEN ANALYSE

FÜR ÄRZTE, BIOLOGEN UND CHEMIKER

ZEHNTE AUFLAGE

HERAUSGEGEBEN VON

KONRAD LANG
MAINZ

EMIL LEHNARTZ
MÜNSTER

UNTER MITARBEIT VON

OTTO HOFFMANN-OSTENHOF
WIEN

GÜNTHER SIEBERT
MAINZ

SECHSTER BAND / TEIL B

Springer-Verlag
Berlin Heidelberg GmbH

1966

ENZYME

TEIL B

BEARBEITET VON

F. H. BRUNS · R. CAPUTTO · H. DIEKMANN · R. EHRENREICH · H. FAILLARD
H. GIBIAN · W. HARDEGG · F. HEINZ · O. HOFFMANN-OSTENHOF · F. M. HUENNEKENS
K. KESSELRING · W. LAMPRECHT · K. LANG · P. B. McCAY · B. PFANNEMÜLLER · S. RATNER
H. REINAUER · M. ROHDEWALD · L. RÓKA · H. SCHIEVELBEIN · K. G. SCRIMGEOUR
G. SIEBERT · I. TRAUTSCHOLD · R. E. TRUCCO · J. R. TURVEY · K. WALLENFELS
F. WEBER · E. WERLE · O. WIELAND · J. N. WILLIAMS JR. · O. WISS

MIT 65 ABBILDUNGEN

Springer-Verlag
Berlin Heidelberg GmbH

1966

ISBN 978-3-662-37578-5 ISBN 978-3-662-38358-2 (eBook)
DOI 10.1007/978-3-662-38358-2

Ursprünglich erschienen bei Springer-Verlag Berlin Heidelberg New York 1966.
Softcover reprint of the hardcover 10th edition 1966
Library of Congress Catalog Card Number 54-28 499

Titel-Nr. 6020

Inhaltsverzeichnis.

Oxydo-Reductasen (Fortsetzung).

Coenzym A-Enzyme.

Übersicht über den Inhalt des Bandteiles A.

Übersicht über den Inhalt des Bandteiles C.

Verzeichnis der in diesem Band über die in DIN 1502 und DIN 1502 (Beiblatt) gegebenen Empfehlungen hinaus besonders stark abgekürzten Buch- und Zeitschriftentitel.

Bücher.

Ammon-Dirscherl, Fermente, Hormone, Vitamine,	Fermente, Hormone, Vitamine und die Beziehungen dieser Wirkstoffe zueinander. Hrsg. von R. AMMON und W. DIRSCHERL, 2. Aufl., Leipzig: Thieme 1948; 3. Aufl. Bd. I, Fermente, 1959, Bd. II, Hormone, 1960. Stuttgart Thieme. Bd. III, Vitamine, in Vorbereitung.
Bamann-Myrbäck	Die Methoden der Fermentforschung. Hrsg. E. BAMANN und K. MYRBÄCK. 4 Bde. Leipzig: Thieme 1941.
Biochem. Taschenb. (Rauen)	Biochemisches Taschenbuch. Hrsg. H. M. RAUEN, Berlin-Göttingen-Heidelberg: Springer 1956. 2. Aufl. 2 Bde. 1964.
Boyer-Lardy-Myrbäck	The Enzymes. Ed. P. D. BOYER, H. LARDY and K. MYRBÄCK, 8 Bde. 2. Aufl. New York-London: Academic Press 1959—1963.
Chargaff-Davidson, Nucleic Acids	The Nucleic Acids. Ed. E. CHARGAFF, and J. N. DAVIDSON. 3 Bde. New York-London: Academic Press 1955—1960.
Colowick-Kaplan, Meth. Enzymol.	Methods in Enzymology. Ed. S. P. COLOWICK, and N. O. KAPLAN. New York-London: Academic Press. Bd. I—VII, 1955—1964.
D'Ans-Lax	Taschenbuch für Chemiker und Physiker. Hrsg. J. D'ANS und E. LAX, 2. Aufl. Berlin-Göttingen-Heidelberg: Springer 1949. 3. Aufl., Bd. II, 1964. Bd. I in Vorbereitung.
Handb. Heffter	Handbuch der experimentellen Pharmakologie. Hauptwerk: begr. von A. HEFFTER, fortgef. von W. HEUBNER, Hrsg. O. EICHLER und A. FARAH. (New Series): Hrsg. W. HEUBNER und J. SCHÜLLER, ab Bd. XI von O. EICHLER und A. FARAH. Berlin-Göttingen-Heidelberg: Springer.
Hinsberg-Lang	Medizinische Chemie für den klinischen und theoretischen Gebrauch. Von K. HINSBERG und K. LANG. 3. Aufl. München-Berlin-Wien: Urban & Schwarzenberg 1957.
McElroy-Glass, Phosphorus Metabolism	Phosphorus Metabolism. MCELROY, W. D., and B. GLASS. Baltimore: John Hopkins Press 1951.
Oppenheimer, Fermente	Die Fermente und ihre Wirkungen. Hrsg. C. OPPENHEIMER, 5. Aufl. Bd. 1—4. Leipzig: Thieme 1924—1929. Suppl. Bd. 1—2. Den Haag: Dr. Junk 1936—1939.
Sumner-Myrbäck	The Enzymes. Chemistry and Mechanism of Action. Ed. J. B. SUMNER, and K. MYRBÄCK, 2 Bde. in 4 Teilen. New York-London: Academic Press 1950—1952.

Zeitschriften.

A.	Justus Liebigs Annalen der Chemie.
A.e.P.P.	Naunyn-Schmiedebergs Archiv für experimentelle Pathologie und Pharmakologie.
Am. Soc.	Journal of the American Chemical Society.
B.	Berichte der Deutschen Chemischen Gesellschaft. Ab 1947 Bd. 80: Chemische Berichte.
B.Z.	Biochemische Zeitschrift.
C.	Chemisches Zentralblatt.
Cr.	Comptes rendus hebdomadaires des séances de l'académie des sciences.
D.m.W.	Deutsche Medizinische Wochenschrift.
Exper.	Experientia.
H.	Hoppe-Seylers Zeitschrift für physiologische Chemie.
Helv.	Helvetica Chimica Acta.
J.biol.Ch.	Journal of Biological Chemistry.
Kli.Wo.	Klinische Wochenschrift.
M.m.W.	Münchener medizinische Wochenschrift.
Naturwiss.	Die Naturwissenschaften.
Soc.	Journal of the Chemical Society, London.

Oxydo-Reductasen

(Fortsetzung).

Coenzym A-Enzyme*.

Von

Otto Wieland**.

Mit 36 Abbildungen.

Einführung. Mit der Entdeckung des Coenzym A im Jahr 1945 bestätigte sich von neuem die aus anderen Beispielen bekannte Tatsache, daß Vitamine als wesentliche Bausteine von Coenzymen in den geordneten Ablauf von Stoffwechselprozessen eingeschaltet sind. In diesem Falle war es die Pantothensäure, der man endlich einen ihrer vielfältigen Vitaminwirkung angemessenen Platz im Stoffwechselgetriebe zuweisen konnte. Die ungewöhnlich rasche und ergiebige Forschungstätigkeit auf dem Gebiet der Coenzym A-abhängigen Stoffwechselreaktionen ist zweifellos auf den hohen Stand der Methoden der Enzymologie zurückzuführen, in den das neue Coenzym hineingeboren wurde. Als Ergebnis liegen heute viele Dutzende in ihren Eigenschaften und ihrer Wirkungsweise gut bekannte neue Enzyme vor, die uns — von wenigen Ausnahmen abgesehen — ein nahezu lückenloses Bild von der beherrschenden Funktion des Coenzym A im Stoffwechsel vermitteln. Die systematische Abhandlung des Komplexes der Coenzym A-Enzyme darf nunmehr, nachdem die Ernte im wesentlichen eingebracht ist, in Angriff genommen werden.

Abkürzungen.

ÄDTA	Äthylendiamintetraacetat	GTP	Guanosintriphosphat
AMP	Adenosinmonophosphat (5′-Adenylsäure)	HMG	β-Hydroxy-β-methylglutarsäure
		ITP	Inosintriphosphat
ADP	Adenosindiphosphat	Pa	Orthophosphat
ATP	Adenosintriphosphat	PP	Pyrophosphat
CoA, CoASH	Coenzym A	TPN bzw. NADP	Triphosphopyridinnucleotid, oxydiert
CTP	Cytidintriphosphat		
DPN bzw. NAD	Diphosphopyridinnucleotid, oxydiert	TPNH bzw. NADPH	Triphosphopyridinnucleotid, reduziert
DPNH bzw. NADH	Diphosphopyridinnucleotid, reduziert	TPP	Thiaminpyrophosphat (Aneurinpyrophosphat)
FAD	Flavinadenindinucleotid, oxydiert	Tris	Tris(hydroxymethyl)aminomethan
$FADH_2$	Flavinadenindinucleotid, reduziert	UTP	Uridintriphosphat

* Meinem Lehrer Feodor Lynen in Freundschaft und Dankbarkeit gewidmet.

** II. Medizinische Klinik der Universität München.

Zusammenfassende Darstellungen. Decker, K.: Die aktivierte Essigsäure. Stuttgart 1959. — Decker, K., u. F. Lynen: Das Acetylproblem; in: Handb. Pfl.-Physiol. (Ruhland) Bd. XII/1, S. 577—619. — Green, D. E.: Fatty acid oxidation in soluble systems of animal tissues. Biol. Reviews **29**, 330—366 (1954). — Jaenicke, L., u. F. Lynen: Coenzyme A; in: Boyer-Lardy-Myrbäck, Enzymes Bd. III, S. 3—103. — Lynen, F.: Acetyl-Coenzyme A and the "Fatty Acid Cycle". Harvey Lect. **48** (1952/53), 210—244 (1954). — Lynen, F.: Lipide Metabolism. Ann. Rev. **24**, 653—688 (1955). — Lynen, F., u. K. Decker: Das Coenzym A und seine biologischen Funktionen. Ergebn. Physiol. **49**, 327—424 (1957). — Novelli, G. D.: Metabolic functions of pantothenic acid. Physiol. Rev. **33**, 525—543 (1953). — Novelli, G. D.: Water soluble vitamins. Part III. Ann. Rev. **26**, 243—274 (1957). — Wieland, O.: Die Aufgaben des Coenzyms A im Stoffwechsel. Z. Vit.-, Horm.-Ferm.-Forsch. **9**, 258—296 (1958).

A. Coenzym A.

Geschichtliches. Die Entdeckung des Coenzym A geht auf Untersuchungen über den Mechanismus biologischer Acetylierungsvorgänge zurück, die vor annähernd 20 Jahren in Amerika betrieben wurden. Hierbei war gefunden worden, daß sowohl für die Biosynthese des Acetylcholins, als auch für den Vorgang der Sulfonamid-Acetylierung ein thermostabiler, bis dahin unbekannter Cofaktor im Spiele ist[1, 2]. Weitere Untersuchungen zeigten bald, daß die Pantothensäure — in Verbindung mit Cysteamin als Pantethein — einen wesentlichen Baustein des neu aufgefundenen Wirkstoffes bildete[3]. Mit der Entdeckung von Adenosin und Phosphorsäure wurde schließlich der Nucleotidcharakter des Cofermentes ersichtlich, das auf Grund seiner generellen Beteiligung an biologischen Acetylierungsprozessen als Coenzym A bezeichnet wurde.

Vorkommen. Entsprechend seiner universellen Bedeutung im Stoffwechsel trifft man Coenzym A in der Natur außerordentlich weit verbreitet an. Über den CoA-Gehalt verschiedener Zellen und Gewebe gibt die Tabelle 1 Aufschluß.

Tabelle 1. *Coenzym A in verschiedenen tierischen Geweben* (nach KAPLAN und LIPMANN[4]).
(Einheiten Coenzym A je g frisches Gewebe.)

	Kaninchen	Ratten	Tauben		Mensch	Kaninchen	Ratten	Tauben
Leber	112	132	105	Herz		26	42	45
Nebenniere	65	91		Hoden		26		
Nebennierenrinde		79		Darm			26	
Niere	50	74		Thymus			20	
Gehirn	40 (Cortex)	28	40	Skeletmuskel		6		
				Blutplasma	0			
				Rote Blutkörperchen	3—4			

Coenzym A in Pflanzen (nach KAPLAN und LIPMANN[4]).

	Coenzym A in Einheiten je g Frischgewicht		Coenzym A in Einheiten je g Frischgewicht
Spinat	0,74	Weizenkorn (Handelsware)	33,0
Tomaten	1,3	Futtersaft der Bienenkönigin	0
Gefrorene Erbsen	4,5		

Coenzym A in Mikroorganismen (nach KAPLAN und LIPMANN[4]).

	Coenzym A in Einheiten je g Trockengewicht	Bemerkung
Proteus morganii	572	frisch gewachsene Organismen, gekocht
Lactobacillus arabinosus	150	
Lactobacillus delbrueckii	40	trockenes Präparat
Getrocknete Hefe	72	in Wasser suspendiert
	41	desgl. nach Kochen
Escherichia coli	320	
Propionsäurebakterien	320	
Clostridium butylicum	2000	getrockneter Extrakt

Auch im Fettgewebe der Ratte[5] und in der Augenlinse[6] hat man CoA nachweisen können.

[1] LIPMANN, F.: J. biol. Ch. **160**, 173 (1945).
[2] NACHMANSOHN, D., and M. BERMAN: J. biol. Ch. **165**, 551 (1946).
[3] LIPMANN, F., N. O. KAPLAN, G. D. NOVELLI, L. C. TUTTLE and D. M. GUIRARD: J. biol. Ch. **167**, 869 (1947).
[4] KAPLAN, N. O., and F. LIPMANN: J. biol. Ch. **174**, 37 (1948).
[5] WIELAND, O.: Unveröffentlicht.
[6] PÜTTER, J., u. U. DARDENNE: H. **310**, 59 (1958).

Struktur und Wirkungsgruppe. Nach der heute allgemein gültigen Auffassung kommt dem CoA die in Abb. 1 wiedergegebene chemische Konstitution zu[1].

Während die Pantothensäure in diesem Molekül in erster Linie als Träger des molekularen Gefüges angesehen werden kann, ist die Funktion vollständig mit der SH-Gruppe des Cysteaminanteils verbunden. Hier vollzieht sich durch Anlagerung von Acyl-Resten die Knüpfung der Acyl-Mercaptanbindung, die neben der Pyrophosphatbindung einen

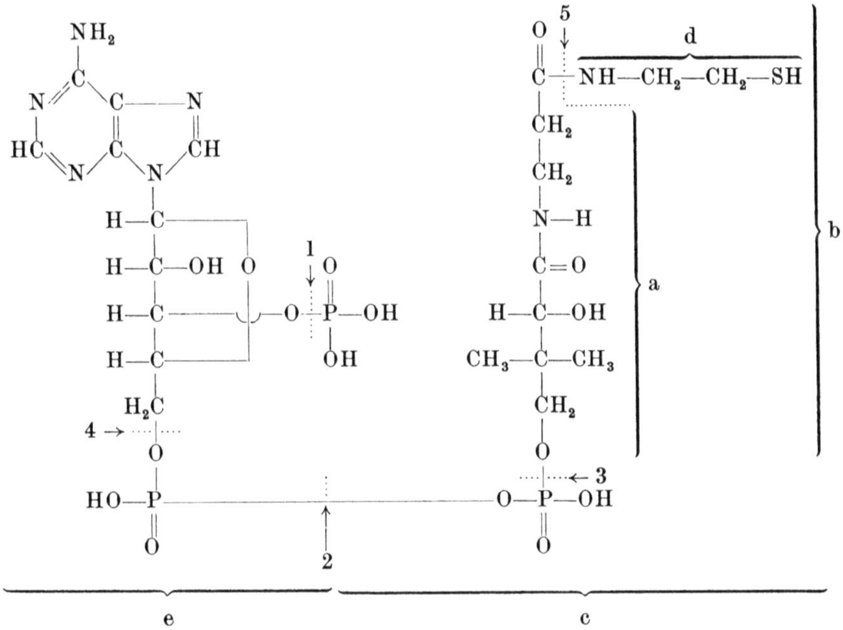

Abb. 1. Coenzym A und seine Bausteine. *a* Pantothensäure; *b* Pantethein; *c* Pantethein-4'-phosphat; *d* Cysteamin; *e* 3'-Phospho-adenosin-5'-phosphat. Die mit Nummern versehenen Pfeile zeigen die Angriffspunkte Coenzym A-spaltender Enzyme an: *1* saure Prostataphosphatase[2] oder Adenosin-3'-phosphat-Nucleotidase aus Pflanzensamen; *2* Coenzym A-Pyrophosphatase[3] (Vorkommen in Kartoffeln, Schlangengift, Leber); *1, 2, 3, 4* Hydrolyse durch Dünndarmphosphatase; *5* Peptidase aus Leber und Niere[4,5].

neuen Typ energiereicher Verbindungen im Stoffwechsel darstellt[6,7]. Auf diese Weise werden Fettsäuren im Stoffwechsel „aktiviert" und dadurch für alle möglichen Umsetzungen in der Zelle befähigt. Das grundlegende Beispiel für eine derart aktivierte Fettsäure stellt die aktivierte Essigsäure, Acetyl-CoA (CH_3—CO—S—CoA) dar[6]. Aber nicht nur dort, wo die Carboxylgruppe einer Säure in reaktivem Zustand erforderlich ist, sondern auch überall, wo die α-Stellung einer Carbonsäure aktiviert, d.h. für eine Kondensationsreaktion vorbereitet werden soll (z.B. Bildung von Citrat aus Acetyl-CoA und Oxalacetat), ist das CoA beteiligt[8].

Stellung im Stoffwechsel. Über die Stellung des Coenzym A bzw. des Acetyl-CoA im Zellstoffwechsel gibt das in Abb. 2 dargestellte Schema Auskunft. In Anbetracht der Vielzahl von Reaktionen erscheint es zweckmäßig, grundsätzlich nach 2 Hauptgruppen zu unterscheiden. Die erste umfaßt die *Donor-Reaktionen*, in welcher diejenigen Enzyme Platz finden, die zur Bildung von Acetyl-CoA führen. Die zweite Gruppe setzt sich dagegen aus den vorwiegend aus Kondensationsreaktionen bestehenden Vorgängen der Acetyl-CoA-Verwertung zusammen *(Acceptor-Reaktionen)*. Die Besprechung der einzelnen Enzyme dieses Beitrages soll im wesentlichen nach dieser schematischen Einteilung erfolgen.

[1] Vgl. hierzu BADDILEY, J.: The structure of coenzyme A. Adv. Enzymol. **16**, 1 (1955).
[2] SHUSTER, L., and N.O. KAPLAN: J. biol. Ch. **201**, 535 (1953).
[3] NOVELLI, G.D., N.O. KAPLAN and F. LIPMANN: Fed. Proc. **9**, 209 (1950).
[4] NOVELLI, G.D., N.O. KAPLAN and F. LIPMANN: J. biol. Ch. **177**, 97 (1949).
[5] NOVELLI, G. D., F. J. SCHMELZ and N. O. KAPLAN: J. biol. Ch. **206**, 533 (1954).
[6] LYNEN, F., E. REICHERT u. L. RUEFF: A. **574**, 1 (1951).
[7] STERN, J. R., S. OCHOA and F. LYNEN: J. biol. Ch. **198**, 313 (1952).
[8] LYNEN, F., u. K. DECKER: Ergebn. Physiol. **49**, 327 (1957).

Darstellung. Als Ausgangsmaterial für die Darstellung von Coenzym A kommen verschiedene Gewebe in Betracht. Nach einer Vorschrift des LIPMANNschen Laboratoriums wird von *Streptomyces fradiae* ausgegangen[1]. Die Reinigung beginnt mit einer Adsorption an Kohle und Elution mit Aceton-Ammoniak und führt weiter über Fällung mit Quecksilberchlorid nach vorausgehender Reduktion der Disulfidverbindung mit Zink in 0,5 n Salzsäure zu einer Chromatographie an Duolite CS 100. Man erhält nach dieser Vorschrift ein Präparat vom Reinheitsgrad 0,9 mit 20% Ausbeute.

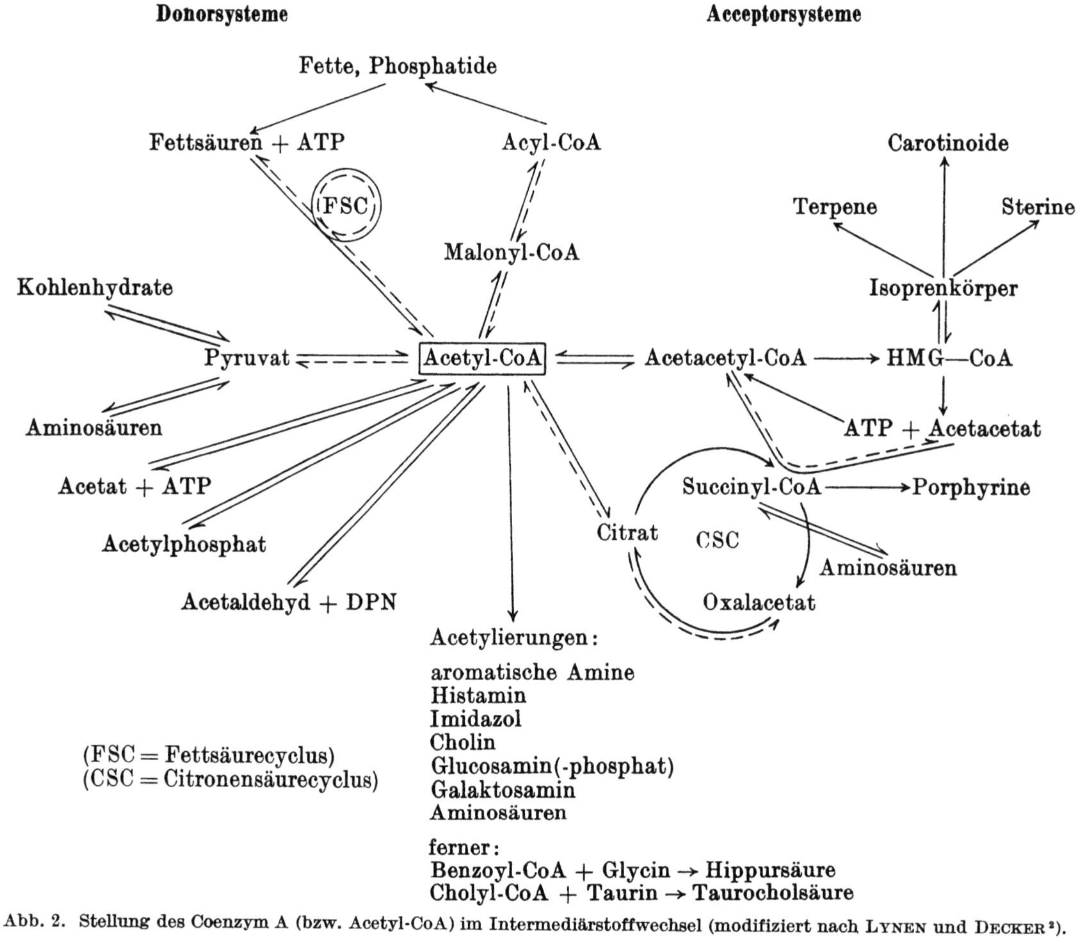

Abb. 2. Stellung des Coenzym A (bzw. Acetyl-CoA) im Intermediärstoffwechsel (modifiziert nach LYNEN und DECKER[2]).

Ein anderes Verfahren geht von Trockenhefe aus[3], aus welcher das CoA durch wiederholte Adsorption und Elution an Aktivkohle angereichert wird. Nach Zusatz von Glutathion in schwefelsaurer Lösung fällt bei Zugabe von Cu_2O ein Komplexsalz, bestehend aus Cu^+, Glutathion und CoA, das dann mit H_2S zerlegt wird. Durch Chromatographie an einem Kationenaustauscher, wie Amberlite IR 120 oder Dowex 50, gelingt die Abtrennung des Glutathions, und man erhält schließlich ein Präparat vom Reinheitsgrad 0,7 in 10—15%iger Ausbeute.

Eine sehr einfache Methode zur Gewinnung von CoA aus Hefe geht nach folgendem Prinzip vor sich[4]:

CoA wird aus Hefe (Anheuser-Busch, Stamm G, Trockenhefe) mit heißem Wasser extrahiert, durch Chromatographie an Tierkohle angereichert und mit Aceton gefällt.

[1] GREGORY, J. D., G. D. NOVELLI and F. LIPMANN: Am. Soc. 74, 854 (1952).
[2] LYNEN, F., and K. DECKER: Ergebn. Physiol. 49, 327 (1957).
[3] BEINERT, H., R. W. v. KORFF, D. E. GREEN, D. A. BUYSKE, R. E. HANDSCHUHMACHER, H. HIGGINS and F. M. STRONG: Am. Soc. 74, 854 (1952).
[4] KORNBERG, A., and E. R. STADTMAN; in: Colowick-Kaplan, Meth. Enzymol., Bd. III, S. 907.

Das Rohprodukt wird dann weiter durch Ionenaustauscherchromatographie gereinigt, nochmals an Kohle adsorbiert und mit Aceton ausgefällt. Diese Behandlung führt zu Präparaten von 50—65% Reinheit mit Ausbeuten um 50%.

Eine andere Vorschrift für die Darstellung von CoA aus Hefe sei im folgenden im Detail wiedergegeben, da eine ausführliche Publikation an anderer Stelle bisher noch nicht erfolgt ist[1].

***Darstellung von Coenzym A aus Hefe nach* Lynen *u. Mitarb.*[1].**

3 kg frische Bäckerhefe werden mit Leitungswasser auf ein Volumen von 8,5 l gebracht. Nach Zugabe von 80 g Rohrzucker wird die Hefesuspension bei Zimmertemperatur kräftig belüftet. Nach 30 min gibt man nochmals 80 g Zucker, nach weiteren 20 min 40 g Zucker und 100 g Natriumacetat zu. 10—15 min später werden die Hefezellen durch rasches Aufkochen abgetötet. Man geht dabei so vor, daß man die Hefesuspension in unterteilten Portionen in ein Kochgefäß überführt, um einen Temperaturabfall unter 80° C zu vermeiden. Gleichzeitig sorgt man durch Zugabe von 30 ml HCl (1 Teil konz. HCl + 1 Teil H_2O) für die Einstellung eines p_H zwischen 5 und 6. Nachdem der gesamte Ansatz einmal aufgewallt hat, wird die Suspension durch Einrühren von zerkleinertem Eis möglichst rasch wieder auf tiefere Temperaturen (5—10° C) abgekühlt.

In die abgekühlte Hefesuspension rührt man nun 600 g Kieselgur ein und saugt auf großen Nutschen ab. Es resultieren hierbei 11—13 l eines klaren, gelb gefärbten Filtrates. Dieses wird sodann mit 5%iger alkoholischer Jodlösung versetzt, bis der Nachweis von freiem SH nach Grunert und Phillips[2] negativ ausfällt. Etwa 40—50 ml der Jodlösung sind hierfür erforderlich.

Der SH-Nachweis erfolgt nach einer modifizierten Tüpfelprobe[3]: Ein Tropfen der zu untersuchenden Lösung wird auf einen schmalen Filterpapierstreifen aufgetragen und in die Nitroprussiatlösung eingetaucht (hergestellt durch Lösen von 1,5 g Nitroprussid-Natrium in 5 ml 2 n H_2SO_4, Zugabe von 95 ml Methanol und 10 ml konz. NH_3; von einem weißen Niederschlag wird abzentrifugiert). Sofortiges Auftreten eines roten Fleckens zeigt freie SH-Gruppen an. Geringe Färbungen lassen sich durch Schwenken des Streifens in Äther verstärken.

Mit 240—280 ml Salzsäure (1:1, vgl. oben) wird auf p_H 2 gebracht und durch Zugabe einer 1 m Cyankalilösung eine Endkonzentration von 0,001 m CN^- eingestellt. Nun rührt man 32 g Aktivkohle (Carboraffin C 1,0) und 48 g Kieselgur in die Lösung ein, saugt den Bodensatz nach 10 min ab und wäscht den Rückstand auf der Nutsche mit 2—4 l Wasser chloridfrei. Der Kohle-Kieselgurrückstand wird zur Feststellung des noch in ihm enthaltenen Wassers gewogen, anschließend ein dem Wassergehalt entsprechendes Volumen Aceton zugesetzt und die gründlich verrührte Suspension auf eine breite, durch ein angeschmolzenes Glasrohr verlängerte Glasfritte (G_1) gebracht, in welcher das Sediment nicht höher als 15—20 cm stehen soll. Nachdem das wäßrige Aceton abgelaufen ist, wird mit etwa 1 l einer Lösung aus 1 Teil Pyridin + 5 Teilen Aceton + 4 Teilen H_2O aus der Säule so lange eluiert, bis das Filtrat nahezu farblos abläuft. Das intensiv gelb gefärbte Eluat wird bei etwa 15° C Badtemperatur im Vakuum vom Aceton befreit, dem wäßrigen Rückstand die Hauptmenge des Pyridins durch zweimalige Extraktion mit je $^1/_5$ Vol. $CHCl_3$ im Scheidetrichter entzogen und die wäßrige Phase im Vakuum auf 400—500 ml eingeengt.

Zur Reduktion des Disulfides durch H_2S wird die Lösung mit etwa 4 ml NH_3 neutralisiert. Unter fortwährendem Einleiten von H_2S und kräftigem Schütteln setzt man auf je 100 ml der Lösung 4 ml konz. NH_3 zu. Nach Zugabe der letzten Portion läßt man zur vollständigen Reduktion des CoA-S-S-CoA 30 min bei Zimmertemperatur stehen, wobei p_H der Lösung 8 betragen soll.

Fällung von Begleitnucleotiden. Zur Abtrennung von anderweitigen Nucleotiden wird die auf 0° C abgekühlte Lösung auf je 100 ml mit 10 ml einer 1 m Bariumacetatlösung

[1] Lynen, F., I. Lerch u. L. Rueff: Unveröffentlicht.
[2] Grunert, R. R., and P. H. Phillips: Arch. Biochem. **30**, 217 (1951).
[3] Toennis, G., u. J. J. Kolb: Analyt. Chem. **23**, 823 (1951).

versetzt, der Niederschlag rasch abzentrifugiert und einmal mit wenig 0,1 m Bariumacetat nachgewaschen.

Fällung von CoA als Quecksilbersalz. Filtrat und Waschwasser der Bariumfällung werden vereinigt und sofort mit 30 ml 70%iger Perchlorsäure im Eisbad unter heftigem Rühren auf p_H 7,2 gebracht. Der sich abscheidende Niederschlag wird abzentrifugiert und das gelb gefärbte, manchmal noch etwas getrübte Filtrat im Vakuum von gelöstem H_2S befreit. Jetzt setzt man auf je 100 ml der Lösung 4 ml einer 25%igen methanolischen Sublimatlösung zu und läßt den Ansatz zur vollständigen Ausfällung des CoA als Hg-Salz über Nacht bei 0° C stehen. Der Niederschlag wird am nächsten Tag abzentrifugiert, zweimal mit 1%igem wäßrigem Sublimat, dreimal mit Alkohol und schließlich mit Äther gewaschen und getrocknet. Das so erhaltene Quecksilbersalz läßt sich bei tiefer Temperatur über einige Wochen ohne merklichen Verlust aufbewahren. Die Ausbeuten betragen in der Regel etwa 800 mg mit einem Gehalt von 26—28 μM CoA.

Weitere Reinigung des Hg-CoA. In dem nach der obigen Vorschrift gewonnenen Präparat stellt das Glutathion eine wesentliche Verunreinigung dar. Zu seiner Abtrennung bedient man sich der folgenden Arbeitsweise: 1 g Hg-CoA wird in 3—4 ml Wasser suspendiert, dreimal hintereinander mit H_2S zerlegt (Eisbad!) und die stark sauren, vereinigten Filtrate durch eine Amberlite-Säule (IR 120, H^+-Form) mit einem Durchmesser von 0,9 cm und einer Länge von 18 cm geschickt (Temperatur 0° C, langsame Tropfenfolge). Man wäscht mit Wasser nach, bis in der abtropfenden Lösung p_H auf 3—4 ansteigt. Bei diesem Schritt wird ein großer Teil des Glutathions abgetrennt. Volumen der CoA-Lösung 20—30 ml.

Nach Austreiben des H_2S mit CO_2 wird die Lösung mit 1,5 ml 30%iger Silbernitratlösung versetzt, der Niederschlag von Ag-CoA abzentrifugiert, einmal mit 5 ml Wasser gewaschen und in 2 ml Wasser suspendiert. Wiederum zerlegt man jetzt mit H_2S und zwar so lange, bis Silbersulfid kolloidal in Lösung geht (etwa viermal). Das Volumen der vereinigten Filtrate beträgt schließlich 6—8 ml. Nach Austreiben des H_2S mit CO_2 ist die CoA-Lösung für die meisten Zwecke geeignet. Die Verluste bei dieser Umfällung mit Silber belaufen sich normalerweise auf 10—15%.

Hochreinigung des rohen Hg-CoA über Benzoyl-CoA[1]. Das rohe Quecksilbersalz des CoA aus 60 kg Hefe wird in etwa 150 ml H_2O aufgeschlämmt, in die Lösung unter Eiskühlung und Rühren (Vibromischer) H_2S eingeleitet, bis das helle Salz zerlegt ist (1 Std) und anschließend zentrifugiert. Der HgS-Niederschlag wird dreimal nachzerlegt (10 min) und noch dreimal mit Wasser gewaschen. Die vereinigten Zentrifugate (etwa 1 l) gibt man durch etwa 550 ml Kationenaustauscher (Amberlite IR 120, H^+-Form) und wäscht mit H_2O säurefrei (Kühlraum!). Das gelöste H_2S wird mit N_2 vertrieben.

Das in der Lösung vorliegende CoA wird mit Benzoylchlorid bei p_H 9—10 acyliert. Um die Autoxydation der SH-Gruppe zu verhindern, setzt man einen zehnfachen Überschuß an Thioglykolsäure zu und benzoyliert unter N_2. Wenn mit Nitroprussidnatrium in sodaalkalischer Lösung kein freies SH mehr nachweisbar ist (20—30 min, SH-Bestimmung vgl. oben), säuert man mit 5 n HCl auf p_H 1—2 an und extrahiert zur Entfernung von Benzoesäure und Benzoylthioglykolsäure dreimal mit peroxydfreiem Äther und einmal mit Petroläther. Nach dem Vertreiben des Petroläthers i. V. und eventuellem Einengen auf ein kleineres Volumen wird die Lösung mit NaOH auf p_H 6 eingestellt und nach Bestimmung des CoA-Gehaltes durch eine Säule von Dowex 2 $\times$ 10 (Formiatform, 200—400 mesh) geschickt. Diese Säulenchromatographie erfolgt bei Zimmertemperatur. Für 100 μM Benzoyl-CoA werden etwa 25 ml Austauscher benötigt.

Die *Elution* beginnt man mit einer Lösung, die 0,35 m an Ammoniumformiat und 2,9 m an Ameisensäure ist (128 ml 25 n HCOOH + 25 ml konz. NH_3 pro l). Nach etwa 5 l ist die UV-Absorption bei 260 mμ einer mit 0,1 n HCl zehnfach verdünnten Probe unter 0,04 abgesunken. Dabei werden Benzoyl-glutathion und Benzoyl-dephospho-CoA entfernt. Das Benzoyl-CoA erhält man durch anschließende Elution mit einer Lösung,

[1] Lynen, F., I. Lerch u. L. Rueff: Unveröffentlicht.

die 2 m an $HCOONH_4$ und 4 m an HCOOH ist (245 ml 25 n HCOOH + 143 ml konz. NH_3 pro l). Man benötigt dazu etwa 2—2,5 l Lösung. Das Ende der Elution läßt sich wieder durch Absorptionsbestimmung bei 260 mμ feststellen.

Die *Konzentrierung* des Benzoyl-CoA erfolgt durch Phenolextraktion. Der Lösung wird zunächst festes Ammoniumsulfat (44 g/100 ml) und halbkonz. H_2SO_4 (7,6 ml/100 ml) zugesetzt und nach vollständiger Auflösung des Salzes einmal mit dem 10. und einmal mit dem 20. Teil wassergesättigten Phenols ausgeschüttelt. Die vereinigten Phenolextrakte wäscht man zunächst mit dem halben Volumen 0,1 n H_2SO_4, dann einmal mit dem halben Volumen und einmal mit dem viertel Volumen Wasser. Nun wird die Phenollösung mit dem gleichen Volumen Chloroform versetzt und vorsichtig so viel 2 n NaOH zugegeben, bis p_H der wäßrigen Schicht auf 6 angestiegen ist. Diese wird abgetrennt und die Phenol-Chloroformlösung anschließend 3—4mal mit je 30 ml H_2O nachextrahiert. Die vereinigten wäßrigen Auszüge schüttelt man zur Entfernung gelösten Phenols zweimal mit Äther aus und entfernt den Äther i. V. Zur wäßrigen Lösung gibt man Bariumacetat und zentrifugiert eventuell ausfallendes Bariumsulfat ab. Nach Bestimmung des CoA-Gehaltes wird die Lösung durch 100 ml Amberlite-IR 120 filtriert und mit H_2O säurefrei gewaschen (Kühlraum!). Das Eluat wird gefriergetrocknet. Der Reinheitsgrad des Präparates soll 80—90% Benzoyl-CoA betragen. Auf diesem Wege gewonnene CoA-Präparate sind vollständig frei von Glutathion.

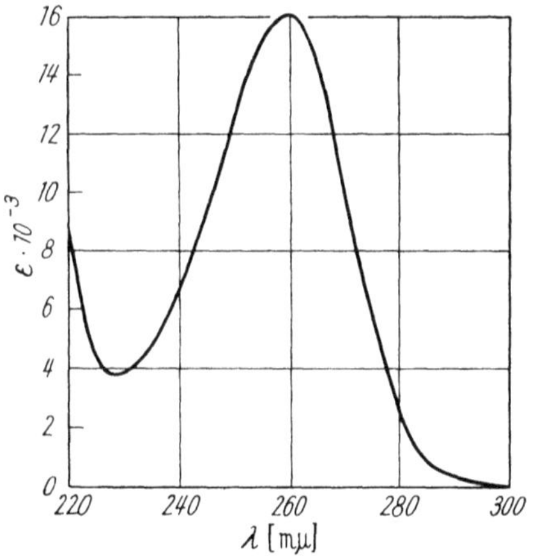

Abb. 3. UV-Spektrum des Coenzym A (LYNEN u. Mitarb.[1]).

Zur *Verseifung* löst man 150 mg Benzoyl-CoA in 2,85 ml H_2O, setzt 0,15 ml reines Hydrazinhydrat (78% N_2H_4) zu und läßt 20 min bei Zimmertemperatur stehen. Zur Entfernung des gebildeten Benzhydrazids und des überschüssigen Hydrazins wird die Mischung durch 5 ml Amberlite-IR 120 bei 0° C filtriert. Der Austauscher wird mit H_2O neutral gewaschen und das Eluat gefriergetrocknet. Abb. 3 zeigt das UV-Spektrum des reinen CoA.

Vorbehandlung des Dowex 2-Ionenaustauschers: Herstellung der Formiatform (nach [2]). Der Anionenaustauscher (etwa 50 ml, Dowex 2 × 10, 200—400 mesh) wird einige Male in Wasser aufgeschlämmt, die sehr feinen Teilchen abgegossen, die mittlere Fraktion gesammelt und in eine Säule eingefüllt. Über Nacht wäscht man die Hauptmenge an Chlorid mit Wasser aus und geht sodann auf 0,1 n NaOH und schließlich auf 1 n NaOH über (jeweils etwa 500 ml), bis auch die letzten Spuren von Chlorid verschwunden sind. Nun wird die Lauge mit Wasser ausgewaschen und eine Lösung von 1 n Natriumformiat (1 l) und später von 2 n Formiat (0,5 l) durchgeschickt. Für die nächste Waschung verwendet man erst eine Lösung von 2 m $HCOONH_4$ — 1 m HCOOH (250 ml) und dann die gleiche Menge einer Lösung von 2 m $HCOONH_4$ — 4 m HCOOH. Schließlich läßt man reine 4 m Ameisensäure (500 ml) durch die Säule laufen und wäscht abschließend mit Wasser säurefrei.

B. Bestimmungsmethoden für Coenzym A[3].

I. Katalytische Beteiligung von Coenzym A.

a) Sulfanilamid-Acetylierung nach KAPLAN *und* LIPMANN[4].

Prinzip:

Die klassische Methode zur Bestimmung von CoA beruht auf der Tatsache, daß ein Enzymextrakt aus Taubenleber in Gegenwart von ATP, CoA und Acetat die Acetylierung

[1] LYNEN, F., I. LERCH u. L. RUEFF: Unveröffentlicht.
[2] HURLBERT, R. B., H. SCHMITZ, F. BRUMM and V. R. POTTER: J. biol. Ch. **209**, 23 (1954).
[3] Vgl. auch MICHAL, G., u. H. U. BERGMEYER: Biochim. biophys. Acta **67**, 599 (1963).
[4] KAPLAN, N. O., and F. LIPMANN: J. biol. Ch. **174**, 37 (1948).

von Sulfanilamid katalysiert[1]:

$$\text{Acetat} + \text{CoASH} + \text{ATP} \xrightleftharpoons{\text{Thiokinase}} \text{Acetyl-CoA} + \text{AMP} + \text{PP} \quad (1)$$

$$\text{Acetyl-CoA} + \text{Sulfanilamid} \xrightarrow{\text{Acetylase}} \text{Acetylsulfanilamid} + \text{CoASH} \quad (2)$$

Bilanz:
$$\text{Acetat} + \text{ATP} + \text{Sulfanilamid} \xrightarrow{\text{CoASH}} \text{Acetylsulfanilamid} + \text{AMP} + \text{PP} \quad (3)$$

Die Reaktion wird an Hand des Verschwindens von Sulfanilamid verfolgt. Entsprechend der Bilanzgleichung (3) ist CoA katalytisch an der Gesamtreaktion beteiligt. Abb. 4 zeigt die Abhängigkeit des Sulfanilamidverbrauches vom CoA-Zusatz. KAPLAN und LIPMANN definierten als CoA-Einheit diejenige Menge CoA, welche in diesem System halbmaximale Acetylierung bewirkt. Ein Nachteil dieser Methode liegt in der etwas umständlichen Bestimmung des nicht verbrauchten Sulfanilamides. Er kann durch Einsatz von p-Nitroanilin an Stelle von Sulfanilamid umgangen werden (vgl. unten).

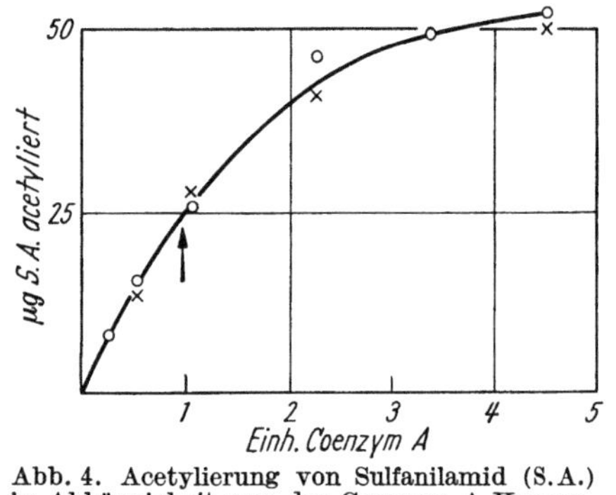

Abb. 4. Acetylierung von Sulfanilamid (S.A.) in Abhängigkeit von der Coenzym A-Konzentration (nach KAPLAN und LIPMANN[1]). Der Pfeil zeigt den Wert der Halbsättigung (= 1 E CoA) an; ○ Coenzym A-Rohextrakt, 0.25 E/mg; × gereinigtes Coenzym A, 130 E/mg.

In abgewandelter Form eignet sich der KAPLAN-LIPMANN-Test vorzüglich zur Mikrobestimmung von Acetat[2, 3]. Aus Blut- und Organextrakten wird die Essigsäure vorher durch Mikrodiffusion in CONWAY-Schälchen isoliert[4].

Reagentien:

1. Standard-CoA- bzw. zu bestimmende CoA-Lösung, 0,5—6 Lipmann-E.
2. 1,0 m Trispuffer, p_H 8,0—8,4.
3. 0,2 m Cystein-HCl.
4. Testmischung: 25 ml 0,2 m Natriumcitrat + 5,6 ml 0,02 m Sulfanilamid + 6,25 ml 1 m Natriumacetat + 20 ml 0,05 m ATP + 69,4 ml H_2O; bei —10° C aufbewahren.
5. CoA-freies Taubenleberenzym, Herstellung vgl. S. 9.
6. Trichloressigsäure, 5%.
7. 0,2 m HCl.
8. Natriumnitrit, 0,1%.
9. Ammoniumsulfamat, 0,5%.
10. N-(1'-Naphtyl)-äthylendiamin-HCl, 0,1%.

Ausführung:

In Reagensgläser (1,3 × 10 cm) pipettiert man hintereinander: CoA-Lösung, bis zu 0,3 ml; 0,15 ml Trispuffer; 0,05 ml Cystein-HCl; 0,5 ml Testmischung; 0,1—0,3 ml Taubenleberenzym; ad 1,0—1,5 ml H_2O. Inkubation 90 min bei 37° C, dann Zusatz von 4 ml Trichloressigsäure und zentrifugieren. Zu 1 ml Filtrat gibt man 10 ml HCl, anschließend unter Eiskühlung Natriumnitrit und läßt 3 min stehen. Überschüssiges Nitrit wird durch Zugabe von 1 ml Ammoniumsulfamat zerstört (2 min), sodann 1 ml N-(1'-Naphtyl)-äthylendiamin-HCl zugesetzt und durchgeschüttelt. Die Rotfärbung wird bei 545 mμ kolorimetrisch gemessen und mit einem Standard verglichen. Zur Kontrolle läßt man einen Ansatz ohne CoA und ohne Enzym, einen Ansatz ohne CoA mit Enzym und mehrere Ansätze mit bekannten Mengen an CoA mitlaufen.

b) p-Nitroanilin-Acetylierung nach TABOR u. Mitarb.[5].

Prinzip:

Eine Vereinfachung der CoA-Bestimmung beruht auf der Tatsache, daß außer Sulfanilamid auch p-Nitroanilin als Acetyl-Acceptor wirksam ist[5]. Das gelb gefärbte p-Nitroanilin

[1] KAPLAN, N. O., and F. LIPMANN: J. biol. Ch. 174, 37 (1948).
[2] LUNDQUIST, F., U. FUGMANN and H. RASMUSSEN: Biochem. J. 80, 393 (1961).
[3] WEISS, H.: Diss. med. München, 1964.
[4] CONWAY, E. J.: Microdiffusion Analysis. 4th ed. London 1957.
[5] TABOR, H., A. H. MEHLER and E. R. STADTMAN: J. biol. Ch. 204, 127 (1953).

geht dabei in das farblose p-Nitroacetanilid über, wodurch die Reaktion der direkten optischen Beobachtung zugänglich wird. Dieser modifizierte CoA-Test setzt sich aus folgenden Enzymreaktionen zusammen:

$$\text{Acetat} + \text{CoASH} + \text{ATP} \xrightleftharpoons{\text{Thiokinase}} \text{Acetyl-CoA} + \text{AMP} + \text{PP} \qquad (1)$$

$$\text{Acetyl-CoA} + \text{p-Nitroanilin} \xrightarrow{\text{Transacetylase}} \text{p-Nitroacetanilid} + \text{CoASH} \qquad (2a)$$

Bilanz:

$$\text{Acetat} + \text{ATP} + \text{p-Nitroanilin} \xrightarrow{\text{CoASH}} \text{p-Nitroacetanilid} + \text{AMP} + \text{PP} \qquad (3a)$$

Wie die Bilanzgleichung (3a) zeigt, ist auch bei diesem Verfahren das CoA in katalytischen Mengen an der Reaktion beteiligt.

Reagentien:

1. 0,2 m Kaliumphosphatpuffer, p_H 6,8.
2. 0,1 m Natriumcitrat.
3. 1,0 m Natriumacetat.
4. 1,0 m $MgCl_2$.
5. 0,1 m ATP.
6. 0,0034 m p-Nitroanilin.
7. 0,35 m Natriumthioglykolat.
8. Enzym aus Taubenleber. *Herstellung:* Die Leber wird nach Entnahme sofort in flüssige Luft gebracht, darauf zweimal mit dem zehnfachen Volumen auf $-10°$ C unterkühlten Acetons homogenisiert und auf der Nutsche kurz mit peroxydfreiem Äther nachgewaschen. Aus dem im Exsiccator getrockneten Pulver bereitet man mit 0,02 m $NaHCO_3$-Lösung einen 10%igen Extrakt, der hochtourig zentrifugiert wird. Der Extrakt wird über Nacht eingefroren, wobei die Aktivität an ATPase verringert wird. Nach dem Auftauen bleibt die Proteinlösung 4 Std bei 18° C stehen, um das endogene CoA zu autolysieren. Nach nochmaligem Zentrifugieren ist das Präparat zur Verwendung bereit.
9. CoA-haltige Probe.

Ausführung des Testes[1]*:*

Für größere Reihenuntersuchungen empfiehlt sich die Herstellung folgender *Reaktionsmischung:* 3,5 ml Phosphatpuffer, 0,4 ml $MgCl_2$, 2,0 ml Natriumcitrat, 0,25 ml Natriumacetat, 0,5 ml p-Nitroanilin, 0,3 ml Natriumthioglykolat und 0,5 ml ATP. Von dieser Mischung pipettiert man in kleine Reagensgläser pro Ansatz 0,75 ml, eine entsprechende Menge der CoA-haltigen Lösung (zwischen 0,5 und 2 LIPMANN-Einheiten) und die auf ein Endvolumen von 1,5 ml erforderliche Menge Wasser. Zuletzt gibt man 0,1 ml des Taubenleberenzyms zu. Sofort im Anschluß daran wird die Extinktion in einer Glasküvette von 1 cm Schichtdicke bei 405 mμ abgelesen (Ausgangsextinktion) und die Ansätze in ein Wasserbad von 25° C gestellt. Nach 60 min erfolgt die zweite Ablesung der Extinktion. Die so erhaltene Extinktionsdifferenz dient als Grundlage für die Berechnung des CoA-Gehaltes. Zur Standardisierung des Testes muß eine Eichkurve mit einer Lösung bekannten CoA-Gehaltes aufgestellt werden (zur Einstellung s. S. 10). Unter den vorliegenden Bedingungen entspricht die halbmaximale Acetylierung von p-Nitroanilin 1,6 CoA-Einheiten nach LIPMANN[2]. Die beschriebene Methode wurde erfolgreich zur CoA-Bestimmung in Leber-Kochsäften herangezogen[3].

c) Phosphotransacetylase-Test nach STADTMAN *u. Mitarb.*[4].

Prinzip:

Dieser Methode liegt die arsenolytische Spaltung von Acetylphosphat in Gegenwart des Enzyms Phosphotransacetylase zugrunde, deren Geschwindigkeit proportional der

[1] REINWEIN, D.: Unveröffentlicht.

[2] KAPLAN, N. O., and F. LIPMANN: J. biol. Ch. **174**, 37 (1948).

[3] WIELAND, O., D. REINWEIN and F. LYNEN: Biochemical Problems of Lipids (Ed. G. POPJÁK and E. LE BRETON), S. 155. London 1956.

[4] STADTMAN, E. R., G. D. NOVELLI and F. LIPMANN: J. biol. Ch. **191**, 365 (1951).

CoA-Konzentration ist[1]. Bei dieser Spaltung, die den folgenden Reaktionen gehorcht,

$$\text{Acetylphosphat} + \text{CoASH} \rightleftharpoons \text{Acetyl-CoA} + \text{Phosphat} \quad (4)$$

$$\text{Acetyl-CoA} + \text{Arsenat} \rightleftharpoons \text{Acetylarsenat} + \text{CoASH} \quad (5)$$

$$\downarrow + H_2O \text{ (spontan)}$$

$$\text{Acetat} + \text{Arsenat}$$

wirken CoA und Arsenat katalytisch.

Als Maß der Reaktionsgeschwindigkeit bestimmt man den Verbrauch von Acetylphosphat, welches nach Umsetzung mit Hydroxylamin als Acethydroxamsäure durch die Farbbildung mit Eisenchlorid colorimetrisch erfaßt werden kann[2].

Reagentien:

1. 1,0 m Trispuffer, p_H 8,0.
2. 0,06 m Dilithium-acetylphosphat; (synthetische Darstellung nach [3] vgl. S. 60).
3. 0,1 m Cystein-HCl.
4. CoA-Lösung.
5. Phosphotransacetylase, 50—100 E/ml (Extrakt aus *Clostridium kluyveri*, Herstellung vgl. S. 55).
6. 0,5 m Kaliumarsenat, p_H 8,0.
7. Hydroxylaminlösung (1 Teil 28% Hydroxylamin-HCl + 1 Teil 14% NaOH, kurz vor Gebrauch mischen).
8. $FeCl_3$, 5% in 0,1 n HCl.
9. Trichloressigsäure, 12%.
10. 3 n HCl.

Ausführung:

In kleine, dickwandige Reagensgläser pipettiert man hintereinander je 0,1 ml Trispuffer, Acetylphosphat, Cystein-HCl, die CoA-haltige Probe und Phosphotransacetylase und füllt mit Wasser auf 1,0 ml auf. Nach Inkubation bei 28° C über 5 min gibt man 0,1 ml Arsenat zu und beläßt den Ansatz für weitere 15 min bei 28° C im Wasserbad. Jetzt gibt man 0,5 ml Hydroxylaminlösung zu und läßt nochmals 10 min bei Zimmertemperatur stehen. Zuletzt setzt man 1,5 ml einer Mischung von $FeCl_3$ in HCl, Trichloressigsäure und HCl (1:1:1) zu, zentrifugiert kurz ab und mißt die Extinktion bei 546 mμ gegen einen Blindwert, bestehend aus Puffer, Hydroxylamin und Eisenchlorid in der entsprechenden Verdünnung. Der Verbrauch an Acetylphosphat ist unter den Bedingungen des Testes innerhalb weiter Grenzen proportional der eingesetzten CoA-Menge und kann aus einer mit CoA geeichten Standardkurve ermittelt werden. Es empfiehlt sich, jeweils einen Kontrollwert mit einer definierten CoA-Konzentration mitlaufen zu lassen. Die Ausgangsmenge an Acetylphosphat ermittelt man aus einer Probe, die alle Reagentien außer CoA enthält.

Die Einstellung definierter CoA-Lösungen kann nach der LIPMANN-Methode[4] (Sulfanilamid- bzw. p-Nitroanilinacetylierung S. 8) oder der Diketen-Umsetzung (vgl. S. 11) erfolgen. Da sich in diesem Test Acetyl-CoA ebenso wie CoA verhält, ist eine Standardisierung auch mit eingestellten Acetyl-CoA-Lösungen möglich. Über Darstellung und Bestimmung von Acetyl-CoA vgl. S. 12.

d) Bestimmung des Coenzym A über die Oxydation von α-Ketoglutarat nach GERGELY *u. Mitarb.*[5] *sowie* v. KORFF[6].

Prinzip:

Diese Methode beruht auf dem gleichzeitigen Verbrauch von CoA und DPN bei der Oxydation von α-Ketoglutarat, wobei die Reduktion von DPN spektrophotometrisch

[1] STADTMAN, E. R., G. D. NOVELLI and F. LIPMANN: J. biol. Ch. **191**, 365 (1951).
[2] LIPMANN, F., and L. C. TUTTLE: J. biol. Ch. **159**, 21 (1945).
[3] STADTMAN, E. R., and F. LIPMANN: J. biol. Ch. **185**, 549 (1950).
[4] KAPLAN, N. O., and F. LIPMANN: J. biol. Ch. **174**, 37 (1948).
[5] GERGELY, J., P. HELE and C. V. RAMAKRISHNAN: J. biol. Ch. **198**, 323 (1952).
[6] KORFF, R. W. v.: J. biol. Ch. **200**, 401 (1953).

am Auftreten der charakteristischen Absorptionsbande bei 340 mμ verfolgt werden kann. Die hierbei ablaufenden Reaktionen sind bei der Besprechung des Enzymkomplexes der α-Ketoglutaratoxydation (vgl. S. 35) im einzelnen angegeben.

Reagentien:

1. 0,1 m Cystein, mit KOH auf p_H 7 neutralisiert.
2. CoA, 5—15 LIPMANN-Einheiten/ml, p_H 7.
3. 1 m Glycinpuffer, p_H 9.
4. 0,2 m α-Ketoglutarat, p_H 7.
5. DPN, 1 %.
6. Succinyl-CoA-Deacylase (Herstellung s. S. 48).
7. α-Ketoglutarat-Dehydrogenase (Herstellung s. S. 36).

Ausführung:

Von den angegebenen Lösungen mischt man in Reagensgläsern je 0,1 ml (mit Ausnahme der Dehydrogenase, von der nur 0,01 ml eingesetzt werden) und stellt mit Wasser ein Endvolumen von 2,9 ml ein. In jeweils zwei Testproben läßt man Kontrollen mit einer CoA-Lösung bekannten Gehaltes mitlaufen. Nach dem Mischen inkubiert man die Gläser 5 min in einem Wasserbad von 30° C und führt den Inhalt sodann in Quarzküvetten (Schichtdicke 1 cm; auch Küvetten aus optischem Spezialglas sind verwendbar) über. Die Messung erfolgt gegen einen Nullwert mit destilliertem Wasser. Die Reaktion wird durch Zugabe von 0,1 ml 1 %iger DPN-Lösung in Gang gesetzt und die Extinktion bei 340 mμ in Abständen von 1 min 3—5 min lang verfolgt. Aus der mittleren Geschwindigkeit der Extinktionszunahme pro min kann in direkter Proportionalität zu der CoA-Vergleichsprobe der CoA-Gehalt der unbekannten Probe errechnet werden. Abb. 5 zeigt den Verlauf eines solchen Versuches.

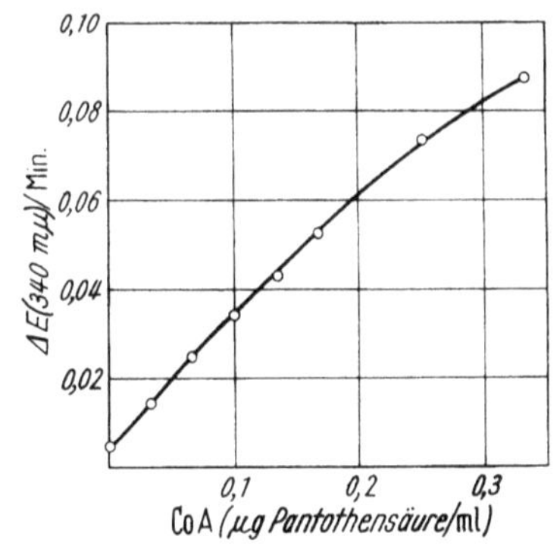

Abb. 5. Abhängigkeit der α-Ketoglutaratoxydation durch DPN von der Coenzym A-Konzentration (GERGELY u. Mitarb.[1]). Testansatz: 20 μM α-Ketoglutarat, 100 μM Glycinpuffer, p_H 9, 30 μM Cystein neutralisiert, 4 mg Serumalbumin, 0,6 μM DPN, Coenzym A (in μg Pantothensäure), wie angegeben, 24 E α-Ketoglutarat-Dehydrogenase und -Deacylase. Start mit DPN. Gesamtvolumen 3 ml; $t = 30°$ C. End-p_H 8,2.

II. Stöchiometrische Umsetzungen von Coenzym A.

Außer nach den unter I. beschriebenen katalytischen Verfahren kann CoA auch stöchiometrisch bestimmt werden.

a) Bestimmung des Coenzym A nach Umsetzung mit Diketen nach DECKER[2].

Prinzip:

Hierbei bedient man sich der einfach zu bewerkstelligenden Umsetzung des CoA mit Diketen zu Acetacetyl-CoA[2], welches dann auf optischem Wege mit DPNH und β-Hydroxyacyldehydrogenase bestimmt werden kann. Folgende Reaktionen laufen hierbei ab:

$$\underbrace{H_2C{=}C{-}CH_2{-}C{=}O}_{\text{—O—}} + CoASH \rightarrow CH_3COCH_2CO{-}SCoA \qquad (6)$$

$$CH_3COCH_2CO{-}SCoA + DPNH + H^+ \rightleftharpoons CH_3CHOHCH_2CO{-}SCoA + DPN^+ \qquad (7)$$

Reagentien:

1. Thioglykolsäure.
2. Diketen (frisch destilliert).
3. 2 n NaOH.
4. 0,05 m Pyrophosphat-HCl-Puffer, p_H 7,4.
5. 0,02 m DPNH.
6. 1 m Natrium-ÄDTA.
7. β-Hydroxyacyl-Dehydrogenase (Darstellung s. S. 118).

[1] GERGELY, J., P. HELE and C. V. RAMAKRISHNAM: J. biol. Ch. **198**, 323 (1952).
[2] DECKER, K.: Diss. rer. nat. München 1955.

Ausführung:

Die Umsetzung mit Diketen geschieht auf folgende Weise: 0,3—0,5 μM CoA in einem Volumen von 0,5 ml werden 15 min mit 0,01 ml Thioglykolat bei p_H 9 reduziert und anschließend mit 0,02 ml Diketen versetzt. Durch laufende Zugabe von 2 n NaOH wird p_H zwischen 7,5—8 gehalten. Die Umsetzung ist nach 10—15 min vollständig abgelaufen (Prüfung durch Tüpfelprobe auf freies SH, vgl. S. 5). Zur Gehaltsbestimmung von Acetacetyl-CoA werden in eine Küvette ($d = 1$ cm) einpipettiert: 1,7 ml Pyrophosphat-HCl-Puffer, 0,01 ml DPNH, 0,01 ml Natrium-ÄDTA, etwa 0,1 μM Acetacetyl-CoA. Start der Reaktion mit 0,01 ml (= etwa 100 μg) β-Hydroxyacyl-Dehydrogenase. Endvolumen 1,8 ml; $\lambda = 366$ mμ. Kinetik der Bestimmung vgl. Abb. 6.

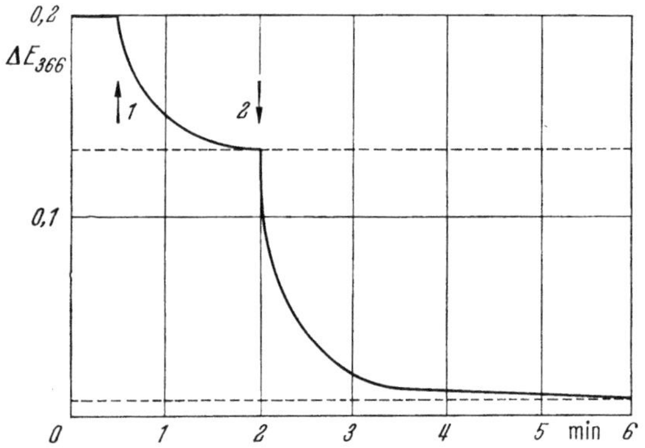

Abb. 6. Optische Bestimmung von Acetacetyl-CoA mit β-Hydroxyacyl-Dehydrogenase (nach [1]). Ansatz: 50 μM Pyrophosphatpuffer, p_H 7,6, 0,2 μM DPNH, 0,03 μM Acetacetyl-CoA, bei Pfeil 1: 50 Einheiten β-Hydroxyacyl-Dehydrogenase (Standardisierung vgl. S. 121), bei Pfeil 2: 0,06 μM Acetacetyl-CoA. Volumen 2,0 ml; $\lambda = 366$ mμ, $d = 1$ cm.

Berechnung:

Nach Gln. (6) und (7) entspricht die Reduktion von 1 M DPNH 1 M CoA. Unter Zugrundelegung eines Extinktionskoeffizienten[2] für DPNH bei 366 mμ = $3{,}3 \times 10^{-6}$ [$cm^2 \times Mol^{-1}$] errechnet sich der Gehalt nach $E_{366} \cdot V_{Test}/3{,}3$ μM CoA im Ansatz.

Die bei der Diketenbehandlung gleichzeitig entstehende Acetacetyl-thioglykolsäure kann bei Bedarf durch zweistündiges Perforieren mit Äther in kongosaurer Lösung vollständig entfernt werden.

b) Bestimmung des Coenzym A nach Umsetzung mit Essigsäureanhydrid.

Eine weitere Möglichkeit zur stöchiometrischen CoA-Bestimmung ist gegeben durch Umsetzung mit Essigsäureanhydrid zu Acetyl-CoA[3] nach folgender Gleichung:

$$(CH_3CO)_2O + CoASH \rightarrow CH_3CO{-}SCoA + CH_3COOH. \qquad (8)$$

Die Umsetzung mit Essigsäureanhydrid beruht auf dem von Simon und Shemin[4] entwickelten Verfahren zur präparativen Darstellung von Succinyl-CoA. Das gebildete Acetyl-CoA wird dann entweder über die Reaktion mit p-Nitroanilin (Arylaminacetylase, vgl. S. 8) oder über die Bildung von Citrat mit Citratsynthase (vgl. S. 13) quantitativ erfaßt, wie im folgenden beschrieben.

1. Bestimmung des Acetyl-Coenzym A mit Arylaminacetylase nach Tabor *u. Mitarb.*[5].

Prinzip:

Der für die Bestimmung katalytischer Mengen von CoA eingangs beschriebene Test mit p-Nitroanilin (vgl. S. 8) erfaßt neben freiem CoA auch Acetyl-CoA. Um Acetyl-CoA für sich allein zu bestimmen, geht man von der stöchiometrischen Acetylierung von p-Nitroanilin in Gegenwart von Arylaminacetylase aus[5]:

$$\text{Acetyl-CoA} + \text{p-Nitroanilin} \rightarrow \text{p-Nitroacetanilid} + \text{CoA}. \qquad (2a)$$

Die Abnahme der Lichtabsorption bei 405 mμ wird photometrisch gemessen; sie ist der vorliegenden Acetyl-CoA-Menge direkt proportional.

[1] Decker, K.: Diss. rer. nat. München 1955.
[2] Hohorst, H. J.: B. Z. **328**, 509 (1957).
[3] Ochoa, S.; in: Colowick-Kaplan, Meth. Enzymol. Bd. I, S. 688.
[4] Simon, E. J., and D. Shemin: Am. Soc. **75**, 2520 (1953).
[5] Tabor, H., A. H. Mehler and E. R. Stadtman: J. biol. Ch. **204**, 127 (1953).

Reagentien:

1. 0,1 m Kaliumphosphatpuffer, p_H 6,8.
2. 0,5 m Cystein (mit KOH frisch neutralisiert).
3. 0,01 m p-Nitroanilin.
4. Acetyl-CoA.
5. Arylaminacetylase (Herstellung s. S. 88).

Ausführung:

In eine Küvette ($d = 1$ cm) gibt man 1,6 ml Kaliumphosphatpuffer, p_H 6,8; 0,04 ml Cystein; 0,04 ml p-Nitroanilin; entsprechende Menge Acetyl-CoA; 0,01 ml Arylaminacetylase (etwa 50 Einheiten); mit Wasser wird je nach dem Volumen der Acetyl-CoA-Probe auf ein Endvolumen von 1,8—2,0 ml aufgefüllt.

Die Reaktion wird durch das Enzym in Gang gebracht, wobei die erste Ablesung möglichst rasch nach dem Starten (5 sec) erfolgt. Die Entfärbung bei 405 mμ verfolgt man in gewissen Zeitabständen bis zum Stillstand, was je nach eingesetzter Substratmenge und Aktivität des Enzyms zwischen 30 und 60 min dauert. Von der Wirksamkeit des Enzyms nach Stillstand der Reaktion kann man sich durch nochmalige Zugabe von Substrat (Acetyl-CoA bzw. N,S-Diacetylcysteamin, Darstellung s. S. 89) überzeugen.

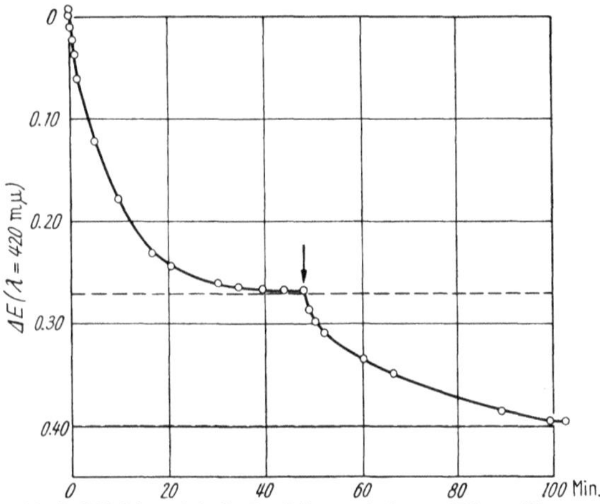

Abb. 7. Stöchiometrische Reaktion zwischen p-Nitroanilin und Acetyl-CoA (nach TABOR u. Mitarb.[1]). Um die Intaktheit des Enzyms zu prüfen, wurde nach Stillstand der Reaktion nochmals Acetyl-CoA (Pfeil) zugesetzt.

Berechnung:

Die Berechnung erfolgt unter Zugrundelegung des spezifischen Extinktionskoeffizienten[2] bei 405 mμ $\varepsilon_{\text{p-Nitroanilin}} = 10500$ [$cm^2 \times Mol^{-1}$]. Es ist dann

$$c_{\text{Acetyl-CoA}} = E_{405} \times V_{\text{Test}}/10,5\ \mu\text{M im Ansatz.}$$

Dieser Test eignet sich auch zur Bestimmung von Acetyl-CoA in Gewebsextrakten. In Abb. 7 ist der Verlauf einer Acetyl-CoA-Bestimmung wiedergegeben.

2. *Bestimmung des Acetyl-Coenzym A mit Citratsynthase nach* OCHOA[3].

Der optischen Bestimmung von Acetyl-CoA mit Citratsynthase liegen folgende Reaktionen zugrunde:

$$\text{Acetyl-CoA} + \text{Oxalacetat} + H_2O \rightleftharpoons \text{Citrat} + \text{CoASH} + H^+ \qquad (9)$$

$$\text{Malat} + DPN^+ \rightleftharpoons \text{Oxalacetat} + DPNH + H^+ \qquad (10)$$

Bilanz: $$\text{Acetyl-CoA} + \text{Malat} + DPN^+ + H_2O \rightleftharpoons \text{Citrat} + \text{CoASH} + DPNH + 2H^+. \qquad (11)$$

Die Einzelheiten dieses Testsystems sind beim Citrat-kondensierenden Enzym (Citratsynthase, S. 84) genau beschrieben. Im Gegensatz zu dort handelt es sich hier um eine Endwertbestimmung des gemäß Bilanzgleichung (11) gebildeten DPNH. DPN muß also gegenüber Acetyl-CoA im Überschuß vorliegen. Die Berechnung erfolgt nach den molaren Extinktionskoeffizienten von DPNH bei $\lambda = 340$ bzw. 366 mμ.

c) *Bestimmung des Coenzym A als Sorbyl-CoA nach* WAKIL *und* HÜBSCHER[4].

Prinzip:

Die Methode beruht auf der enzymatischen Bildung von Sorbyl-CoA nach folgender Reaktion:

$$\text{Sorbinsäure} + ATP + \text{CoASH} \xrightleftharpoons[Mg^{++}]{\text{Acyl-Thiokinase}} \text{Sorbyl-CoA} + AMP + PP. \qquad (12)$$

[1] TABOR, H., A. H. MEHLER and E. R. STADTMAN: J. biol. Ch. **204**, 127 (1953).
[2] KNAPPE, J.: Unveröffentlicht.
[3] OCHOA, S.; in: Colowick-Kaplan, Meth. Enzymol., Bd. I, S. 685.
[4] WAKIL, S. J., and G. HÜBSCHER: J. biol. Ch. **235**, 1554 (1960).

Sorbyl-CoA weist eine charakteristische Absorptionsbande bei 300 mμ auf, die nach stöchiometrischer Umsetzung gemäß obiger Reaktion spektralphotometrisch gemessen wird. Die Methode ist sowohl für Gewebsextrakte, als auch für gereinigte CoA-Präparate anwendbar und erlaubt die Bestimmung sehr kleiner CoA-Mengen (1—10 mμM).

Reagentien:

1. 1 m 2-Amino-2-methyl-1,3-propandiol-Puffer, p_H 9,0.
2. 0,1 m $MgCl_2$.
3. 0,1 m ATP.
4. 0,1 m Sorbat.
5. 0,1 m Glutathion.

Ausführung:

Der *Bestimmungsansatz* enthält folgende Komponenten: 20 μM 2-Amino-2-methyl-1,3-propandiol-Puffer, p_H 9,0, 2 μM $MgCl_2$, 5 μM ATP, 2 μM Sorbat und 2 μM Glutathion. Dazu kommen 10—50 μl der zu messenden Lösung, die zwischen 1 und 10 mμM CoA enthält. Durch Zusatz von 10—20 μg Acyl-Thiokinase, hergestellt nach[1], wird die Reaktion in Gang gesetzt. Testvolumen 0,2 ml. Inkubation unter N_2 in verschlossenen Gläschen bei 38° C 10 min, dann Zusatz von 0,8 ml Wasser und Messung der Lichtabsorption bei 300 mμ.

Berechnung:

Der CoA-Gehalt wird aus dem spezifischen Extinktionskoeffizienten von Sorbyl-CoA $\varepsilon = 1{,}9 \times 10^7$ [$cm^2 \times Mol^{-1}$] berechnet.

d) Bestimmung des Coenzym A mit Citrat-spaltendem Enzym nach SRERE[2].

Prinzip:

Die Methode beruht auf der stöchiometrischen Umsetzung von CoASH durch das citratspaltende Enzym. Das dabei entstehende Oxalacetat wird mit Äpfelsäuredehydrogenase und DPNH zu Malat umgesetzt. Die Menge an oxydiertem DPNH — gemessen bei 334 oder 366 mμ — ist dem Verbrauch an CoASH proportional. Folgende Reaktionen laufen ab:

$$\text{Citrat} + \text{ATP} + \text{CoASH} \rightarrow \text{Acetyl-CoA} + \text{Oxalacetat} + \text{ADP} + P_a \quad (65a)$$

$$\text{Oxalacetat} + \text{DPNH} + H^+ \rightleftharpoons \text{Malat} + \text{DPN}^+ \quad (10)$$

Bilanz: $\text{Citrat} + \text{ATP} + \text{CoASH} + \text{DPNH} + H^+ \rightarrow \text{Acetyl-CoA} + \text{Malat} + \text{ADP} + P_a + \text{DPN}^+$ (13)

Die Methode ist besonders spezifisch für CoA. Dephospho-CoA oder Pantethein werden vom Enzym nicht umgesetzt.

Testansatz. In einer Küvette, $d = 1$ cm, gibt man folgende Komponenten zusammen: 100 μM Trispuffer, p_H 7,4; 20 μM Kaliumcitrat; 500 E Malat-Dehydrogenase (Herstellung s. Bd. VI/A, S. 367ff.); 10 μM $MgCl_2$; 5 μM ATP; 0,15 μM DPNH; 20 μg Citrate-cleavage enzyme (spezifische Aktivität 0,3, Herstellung s. S. 77); zu bestimmende CoA-haltige Lösung. Endvolumen 1 ml. Die Reaktion wird durch Zugabe von ATP gestartet und die Extinktionsabnahme bei 334 oder 366 mμ bis zum Stillstand verfolgt.

Die Berechnung erfolgt aus dem molaren Extinktionskoeffizienten von DPNH bei der verwendeten Wellenlänge.

Die Anwendung der Methode wird beeinträchtigt durch die hohe Instabilität des citratspaltenden Enzyms, das nur wenige Tage haltbar ist. Man muß deshalb jedesmal ein frisches Enzympräparat herstellen. Hierfür hat sich folgende Schnellmethode aus Taubenleber[3] bewährt:

Der Taubenleberextrakt wird zunächst zur Entfernung störender Begleitstoffe einer Fällung mit Protaminsulfat unterzogen und anschließend entsprechend der Originalvorschrift[4] mit Alkohol

[1] MAHLER, H. R., S. J. WAKIL and R. M. BOCK: J. biol. Ch. **204**, 453 (1953).
[2] SRERE, P.A. and F. LIPMANN: Am. Soc. **75**, 4874 (1953).
[3] BERGMEYER, H. U.: Persönliche Mitteilung.
[4] SRERE, P. A.: J. biol. Ch. **234**, 2544 (1959).

fraktioniert. Die aktive Fraktion wird lyophilisiert. Die spezifische Aktivität beträgt etwa 0,2. Das Trockenpulver ist ebenso wie die Lösungen nur kurze Zeit haltbar.

e) Bestimmung des Coenzym A mit Phosphotransacetylase nach STADTMAN[1].

Der Phosphotransacetylase-Test (vgl. S. 9) kann in abgeänderter Form auch zur stöchiometrischen Bestimmung von CoA herangezogen werden. Die Methode beruht auf der spektralphotometrischen Messung der den Thiolestern charakteristischen UV-Absorption bei 235 mμ[1], die beim Übergang von Acetylphosphat in Acetyl-CoA gemäß Reaktion Gl. (4) auftritt.

In eine Quarzküvette ($d = 1$ cm) gibt man 5 bis 10 μM Lithiumacetylphosphat (Darstellung vgl. S. 60), 100 μM KCl, die zu testende Lösung mit etwa 0,1 μM CoA, 100 μM Trispuffer, p_H 7,4, Endvolumen 1,6 ml; durch Zusatz von 0,01 ml Phosphotransacetylase wird die Reaktion in Gang gebracht und die Extinktion bei 235 mμ gegen einen Blindwert, bestehend aus allen Zutaten außer CoA, gemessen[2].

Bei dieser Methode kann nur mit weitgehend sauberen Lösungen von CoA und Phosphotransacetylase gearbeitet werden, da sich bei der Wellenlänge 235 mμ Verunreinigungen in hohem Maße störend bemerkbar machen. Die Berechnung erfolgt aus dem spezifischen Extinktionskoeffizienten von Acetyl-CoA $\varepsilon_{235} = 4440$.

Das spektrale Verhalten von Acetyl-CoA ist in Abb. 8 dargestellt.

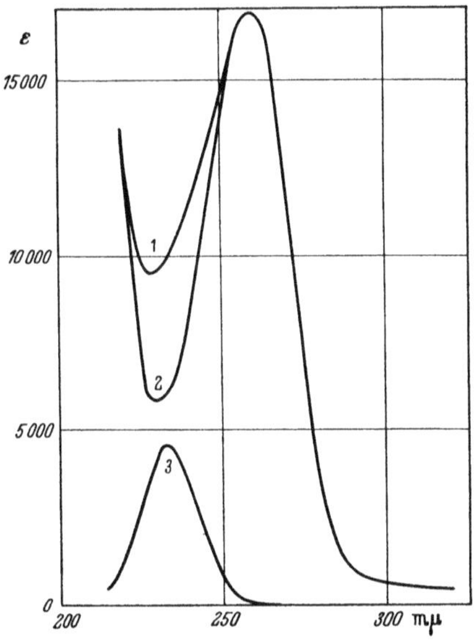

Abb. 8. UV-Absorptionsspektrum von Acetyl-CoA vor (*1*) und nach (*2*) alkalischer Hydrolyse der Thioesterbindung. (*3*) = Differenzspektrum (nach DECKER[3]).

C. Die Synthese des Coenzym A.

I. Biosynthese.

Aus der Vielzahl von Einzeluntersuchungen zum Problem der Biosynthese des CoA aus Pantothensäure hat sich heute als wahrscheinlichster Mechanismus folgender Reaktionsablauf herausgeschält:

a) Phosphorylierung der Pantothensäure durch Pantothensäurekinase[4-6]

$$\text{Pantothensäure} \xrightarrow{\text{ATP}} \text{Pantothenyl-4}'\text{-phosphat} \qquad (14)$$

b) Verknüpfung von Pantothenyl-4'-phosphat mit Cystein durch ein „coupling enzyme", wobei ebenfalls ATP (in Bakterien CTP) beteiligt ist[6]

$$\text{Pantothenyl-4}'\text{-phosphat} + \text{Cystein} \xrightarrow{\text{ATP}} 4'\text{-Phosphopantothenylcystein} \qquad (15)$$

c) Decarboxylierung von 4'-Phosphopantothenylcystein durch eine spezifische Decarboxylase[6]

$$4'\text{-Phosphopantothenylcystein} \xrightarrow{-CO_2} 4'\text{-Phosphopantethein} \qquad (16)$$

Dieser Mechanismus unterscheidet sich von einem früher postulierten Weg[7] dadurch, daß die Phosphorylierung schon zu Beginn an der Pantothensäure und nicht erst auf der

[1] STADTMAN, E. R.: J. cellul. comp. Physiol. **41**, Suppl. **1**, 89 (1953).
[2] STADTMAN, E. R.: Persönl. Mitteilung.
[3] DECKER, K.: Die aktivierte Essigsäure. S. 85, Stuttgart 1959.
[4] PIERPOINT, W. S., D. E. HUGHES, J. BADDILEY and A. P. MATHIAS: Biochem. J. **61**, 368 (1955).
[5] WARD, G. B., G. M. BROWN and E. E. SNELL: J. biol. Ch. **213**, 869 (1955).
[6] BROWN, G. M.: J. biol. Ch. **234**, 370 (1959).
[7] HOAGLAND, M. B., and G. D. NOVELLI: J. biol. Ch. **207**, 767 (1954).

Stufe des Pantetheins einsetzt. Tatsächlich konnte in späteren Versuchen mit verschiedenen Mikroorganismen und tierischen Geweben eine enzymatische Bildung von Pantothenylcystein aus Pantothensäure und Cystein nicht nachgewiesen werden[1]. Auch die Decarboxylierungsreaktion war in diesen Experimenten ausschließlich auf Phosphopantothenylcystein gerichtet, während die nicht phosphorylierte Verbindung keinerlei Reaktion zeigte.

Pantethein scheint demnach nicht auf dem direkten Syntheseweg des CoA aus Pantothensäure zu liegen. Es kann jedoch Pantethein, welches als Abbauprodukt der CoA-Autolyse auftritt, durch Phosphorylierung ebenfalls wieder zum Aufbau herangezogen werden[2,3].

c′) Pantethein + ATP → Pantethein-4′-phosphat + ADP (17)

Auf dem weiteren Weg des CoA-Aufbaues folgt nun die Bildung von Dephospho-CoA aus Pantethein-4′-phosphat und ATP unter der Wirkung des Enzyms Dephospho-CoA-Pyrophosphorylase[2,4,5].

d) Pantethein-4′-phosphat + ATP ⇌ Dephospho-CoA + PP (18)

Die dritte Phosphatgruppe wird schließlich durch Dephospho-CoA-kinase unter Mitwirkung von ATP in das Molekül eingeführt[6–8].

e) Dephospho-CoA + ATP → Coenzym A + ADP (19)

Alle hier aufgeführten Enzyme konnten sowohl in Mikroorganismen, als auch in tierischen Geweben nachgewiesen und zum Teil angereichert werden. In ihrem Zusammenwirken weisen sie eine beträchtliche Aktivität auf, was aus der raschen Bildung von CoA am Ganztier nach Pantothensäuregaben hervorgeht[9]. Durch Behandlung mit Wachstumshormon findet bei Mäusen keine Stimulierung der CoA-Synthese aus Pantothensäure oder Pantethein in der Leber statt[10]. Der erhöhte CoA-Gehalt der Leber nach STH-Behandlung[11] läßt sich demnach nicht über eine Mehrbildung von CoA erklären.

Im folgenden sollen die an der CoA-Biosynthese beteiligten Enzyme, soweit nähere Einzelheiten darüber bekannt sind, eingehender besprochen werden.

1. Pantothensäurekinase, „coupling enzyme“ und Decarboxylase.

[2.7.1.33 ATP: Pantothenat-4′-phosphotransferase.]
[6.3.2.5 Phosphopantothenoylcystein-Synthetase.]
[4.1.1.30 N-(L-Pantothenoyl)-cystein-carboxy-lyase.]

Diese drei Enzyme wurden in Extrakten aus *Proteus morganii*, *Escherichia coli* sowie aus Rattenleber und Rattenniere nachgewiesen[1]. Durch Fällung mit Ammoniumsulfat konnten die einzelnen Enzyme in verschiedene Fraktionen aufgetrennt und dadurch gereinigt werden. Als günstiges Ausgangsmaterial erwies sich *Proteus morganii* (ATCC No. 8019), der in großen Mengen gezüchtet werden kann[12].

Die Zellen werden in flüssigem Stickstoff eingefroren und in einer „HUGHES-press“ (Shandon Scientific Co., Ltd., London) aufgeschlossen. Durch Homogenisieren im POTTER-ELVEHJEM-Homogenisator mit etwa dem gleichen Volumen 0,02 m Phosphatpuffer p_H 7

[1] BROWN, G. M.: J. biol. Ch. **234**, 370 (1959).
[2] LEVINTOW, L., and G. D. NOVELLI: J. biol. Ch. **207**, 761 (1954).
[3] NOVELLI, G. D.; in: Colowick-Kaplan, Meth. Enzymol., Bd. II, S. 633.
[4] HOAGLAND, M. B., and G. D. NOVELLI: J. biol. Ch. **207**, 767 (1954).
[5] NOVELLI, G. D.; in: Colowick-Kaplan, Meth. Enzymol., Bd. II, S. 667.
[6] WANG, T. P., and N. O. KAPLAN: J. biol. Ch. **206**, 311 (1954).
[7] WANG, T. P., L. SHUSTER and N. O. KAPLAN: J. biol. Ch. **206**, 299 (1954).
[8] WANG, T. P.; in: Colowick-Kaplan, Meth. Enzymol., Bd. II, S. 649.
[9] OLSON, R. E., and N. O. KAPLAN: J. biol. Ch. **175**, 515 (1948).
[10] WIELAND, O., u. I. NEUFELDT: Unveröffentlicht.
[11] BARTLETT, P. D., and P. GRIMMET: Fed. Proc. **16**, 151 (1957).
[12] WARD, G. B., G. M. BROWN and E. E. SNELL: J. biol. Ch. **213**, 869 (1955).

und Zentrifugieren bei 105000×g (1 Std) erhält man einen klaren Extrakt, der über Nacht gegen die 200fache Menge des gleichen Phosphatpuffers dialysiert wird.

Die fraktionierte Ammoniumsulfatfällung dieses Rohextraktes mit einer auf p_H 7 eingestellten, gesättigten $(NH_4)_2SO_4$-Lösung führt zu einer Verteilung von Pantothensäurekinase und „coupling enzyme", die aus Tabelle 2 hervorgeht.

„Coupling enzyme" wurde durch Behandlung der Fraktion III mit Phosphat-Gel (3 Teile Gel auf 4 Teile Protein), Waschen des Gel-Niederschlages mit Wasser und Elution mit 1 m Ammoniumsulfatlösung, p_H 7, vollständig frei von Kinaseaktivität erhalten und dabei rund 60fach gegenüber dem Rohextrakt angereichert (spezifische Aktivität 39 E/mg Protein).

Aus Rattenleber und Rattenniere werden Rohextrakte durch Homogenisieren im Star-Mix mit 0,02 m Phosphatpuffer p_H 7 im Verhältnis 1:1 und anschließendes Zentrifugieren bei 105000×g hergestellt. Auch hier ließ sich durch Ammoniumsulfatfraktionierung eine Auftrennung der genannten Enzyme erreichen.

Tabelle 2. *Ammoniumsulfat-Fraktionierung eines Rohextraktes aus Proteus morganii.* Bestimmung der Enzymaktivitäten s. Text.

Ammoniumsulfat-fraktion (% Sättigung)	Pantothen-säurekinase	Coupling enzyme	
		Gesamt-aktivität (Einheiten)	spezifische Aktivität* (E pro mg Protein)
I (0—38)	++++	0	0
II (38—44)	++++	1380	2,5
III (44—50)	++	2650	4,2
IV (50—56)	0	720	2,0

* Die spezifische Aktivität des Rohextraktes betrug 0,64 E/mg Protein.

Eigenschaften des „coupling enzyme". „Coupling enzyme" aus Bakterien reagiert spezifisch mit CTP im Gegensatz zum Enzym aus tierischen Geweben, das auch ATP, GTP und UTP umsetzt. An Stelle von Cystein kommt — allerdings nur in wesentlich höherer Konzentration — Cysteamin als Substrat in Betracht, wobei in ATP-abhängiger Reaktion direkt Pantethein-4'-phosphat entsteht. Dagegen vermag das „coupling enzyme" freie Pantothensäure nicht umzusetzen[1].

Bestimmungsmethoden. Pantothensäure und Pantethein wurden mikrobiologisch mit *Saccharomyces carlsbergensis, Stamm 4288*[2] bzw. mit *Lactobacillus helveticus, Stamm 80*[3] bestimmt.

a) Nachweis der Pantothensäurekinase nach Brown[1].

0,083 μM Pantothensäure, 20 μM ATP, 10 μM $MgCl_2$ wurden mit Bakterienextrakt in 2 ml 0,05 m Trispuffer, p_H 7,4, 3 Std bei 37° C inkubiert, 5 min auf 100° C erhitzt und zentrifugiert. Bestimmung der Pantothensäure im Filtrat. Zur Kontrolle wurden aliquote Teile mit 0,1 ml gereinigter Rinder-Dünndarmphosphatase (käufliches Präparat der Firma Pentex, Inc., 40 mg Protein/ml) in 0,1 m $NaHCO_3$-Puffer, p_H 8,5, Endvolumen 1 ml, 2 Std bei 37° C inkubiert. Die phosphatatisch freigesetzte Pantothensäuremenge entsprach genau der im Inkubationsansatz verschwundenen Menge an Pantothensäure.

b) Nachweis des „coupling enzyme".

Durch Zusatz von 20 μM Cystein im obigen Testsystem wird ein Teil der phosphorylierten Pantothensäure für die Bildung von Phosphopantothenylcystein und der folgenden Produkte verbraucht. Die Phosphatasebehandlung des Reaktionsansatzes liefert also weniger Pantothensäure zurück, als dem Einsatz entspricht. Diese cysteinabhängige „Inaktivierung" der Pantothensäure kann als Maß für die Aktivität des „coupling enzyme" herangezogen werden. Als 1 Einheit wird diejenige Enzymmenge bezeichnet, die eine cysteinabhängige Inaktivierung von 1 μg Pantothensäure in 3 Std bei 37° C bewirkt.

---

[1] Brown, G. M.: J. biol. Ch. **234**, 370 (1959).
[2] Atkin, L., W. L. Williams, A. S. Schultz and C. N. Frey: Indust. engng. Chem., analyt. Ed. **16**, 67 (1944).
[3] Craig, J. A., and E. E. Snell: J. Bact. **61**, 283 (1951).

c) *Nachweis der Decarboxylase.*

Die Decarboxylierung von Phosphopantothenylcystein wurde durch die Bestimmung von Pantethein nach Behandlung der Versuchsansätze mit Dünndarmphosphatase gemessen. Die Testmischung kann aus Tabelle 3 entnommen werden. Hieraus geht außerdem hervor, daß Pantothenylcystein von keinem der untersuchten Bakterienextrakte decarboxyliert wird. Auch in Extrakten aus Rattenleber und -niere konnte keine enzymatische Decarboxylierung von Pantothenylcystein nachgewiesen werden.

Tabelle 3. *Enzymatische Decarboxylierung von Phosphopantothenylcystein.*

Die Versuchsansätze enthielten: Phosphopantothenylcystein, 0,015 μM, bzw. Pantothenylcystin, 0,029 μM; 0,2 ml Extrakt, wie angegeben in 1 ml 0,04 m Trispuffer, p_H 7,4; Inkubation 3 Std bei 37° C. In Kontrollexperimenten wurden außerdem je 10 μM ATP und/oder Cystein zugesetzt. Phosphopantethein wurde indirekt als Pantethein nach Behandlung der Ansätze mit Dünndarmphosphatase bestimmt. Vorgehen s. Text.

Herkunft des Enzyms	Phosphopantethein gebildet aus	
	Phosphopantothenylcystein μMol × 10^4	Pantothenylcystin* μMol × 10^4
Ammoniumsulfat-Fraktion II (s. Tabelle 2)	145	0
Extrakt aus E. coli**	149	0
Extrakt aus Bäckerhefe	27	0
Extrakt aus Neurospora crassa	7	0
Extrakt aus L. helveticus	0	0
Extrakt aus L. arabinosus	0	0

* Zusatz von Cystein und/oder ATP führte nicht zur Bildung von Pantethein oder Phosphopantethein.

** Für die Herstellung der Extrakte wurden die Zellen in einer Presse nach Hughes aufgeschlossen.

2. Pantetheinkinase.

[2.7.1.34 ATP: Panthethein-4'-Phosphotransferase.]

Dieses Enzym, welches die ATP-abhängige Phosphorylierung von Pantethein gemäß Gl. (17) katalysiert, wurde aus Taubenleber angereichert[1].

Eigenschaften. Das gereinigte Enzym scheint für den Umsatz von Pantethein spezifisch zu sein. Die freie SH-Gruppe des Moleküls ist Voraussetzung für die Wirksamkeit. Durch 10 min Erhitzen auf 50° C geht die gesamte Aktivität verloren. Bei — 10° C aufbewahrt, treten merkbare Verluste erst nach 2 Monaten auf. Für die volle Aktivität ist die Anwesenheit von Mg^{++} erforderlich. Ebenso verläuft die Reaktion unter Ausschluß von PO_4^{---} nur mit etwa 25—50% der Maximalgeschwindigkeit. Das p_H-Optimum der Kinasereaktion liegt bei 7,2. Folgende Michaelis-Konstanten wurden gemessen: Pantethein etwa 10^{-5} m; die Vollsättigung für ATP liegt bei 6×10^{-3} m.

Darstellung der Pantetheinkinase aus Taubenleber nach Novelli[1].

Gewinnung des Rohextraktes. Aceton-Trockenpulver aus Taubenleber (Herstellung s. S. 88) wird mit dem zehnfachen Volumen eiskalter 0,05 m $KHCO_3$-Lösung durch 30 min Rühren bei 5° C extrahiert und bei 50000 × g (Spinco, präparative Ultrazentrifuge) zentrifugiert. p_H der klaren, roten Lösung 7,2, Proteingehalt etwa 41 mg/ml. Dieser Rohextrakt ist wenig haltbar und sollte gleich weiter verarbeitet werden.

Protaminsulfatfällung. Zum Rohextrakt gibt man tropfenweise unter Rühren $^1/_{20}$ Vol. 2%iger Protaminsulfatlösung und zentrifugiert bei 5° C ab. Der Niederschlag wird verworfen und zum Überstand $^1/_{10}$ Vol. der Protaminsulfatlösung zugesetzt. Der Niederschlag wird abzentrifugiert; er enthält die Pantetheinkinase. Der Überstand (PRS) wird für Testzwecke der Pantetheinkinase aufbewahrt (siehe unten).

[1] Novelli, G. D.; in: Colowick-Kaplan, Meth. Enzymol., Bd. II, S. 633.

Elution der Protaminsulfatfällung. Der gummiartige Niederschlag wird in 0,05 m Phosphatpuffer, pH 7,0, aufgenommen. Pro 200 ml eingesetzten Rohextraktes verwendet man 50 ml Puffer. Zum Verteilen des Niederschlages bewährt sich ein Glas-Homogenisator[1] oder „Plümper"[2], mit dem die Suspension einige min lang verrührt und anschließend bei 15000 U/min zentrifugiert wird. Der unlösliche Rückstand wird verworfen.

Behandlung mit Phosphat-Gel. Zum Überstand gibt man 75 ml Calciumphosphat-Gel (Trockengewicht 29 mg/ml), wobei die Hauptmenge der Aktivität adsorbiert wird. Durch einmalige Behandlung des Gelniederschlages mit 25 ml eiskalter 0,2 m K_2HPO_4-Lösung geht das gesuchte Protein wieder in Lösung. Diese wird 12 Std gegen 0,04 m KCl-Lösung bei 5° C dialysiert.

Die so gewonnene Enzymfraktion liegt in ihrem Reinheitsgrad etwa 14fach über dem Acetonpulverextrakt. Weitere Maßnahmen, wie Ammoniumsulfat- oder Alkoholfraktionierung, sind nicht erfolgreich gewesen. Eine Übersicht über den Anreicherungsgang gibt Tabelle 4.

Tabelle 4. *Anreicherung der Pantetheinkinase aus Taubenleber.*

Fraktion	Protein mg/ml	Spezifische Aktivität	Anreicherungs-faktor	Ausbeute %
Ausgangsextrakt	42,8	2,8		
Extrakt der 2. Protaminsulfatfällung	13,7	28,5	10	80
Gel-Eluat	10,7	41	15	50

Bestimmung der Pantetheinkinase nach Novelli[3].

Prinzip:

Die enzymatische Phosphorylierung von Pantethein zu Pantetheinphosphat wird gemessen durch Umwandlung des Reaktionsproduktes in CoA, die in einer zweiten Inkubation mit einem protaminbehandelten Extrakt aus Taubenleber-Acetonpulver vonstatten geht. Ein derartiger Extrakt vermag die Pantethein-Phosphorylierung nicht mehr durchzuführen, ist aber in der Lage, CoA aus Phosphopantethein zu synthetisieren. Er enthält außerdem das Enzym der Sulfanilamidacetylierung, so daß das enzymatisch gebildete CoA gleichzeitig in einem Ansatz bestimmt werden kann.

Reagentien:

1. Enzymlösung: Ein Rohextrakt aus Taubenleber-Acetonpulver wird mit dem gleichen Volumen säuregewaschenen Dowex 1 behandelt, um vorhandenes CoA zu entfernen. Die überstehende Lösung wird zweimal mit $^1/_{20}$ Vol. 2%iger Protaminsulfatlösung versetzt. Nach Entfernung des Niederschlages hat man eine Lösung, die frei von Pantetheinkinase ist, jedoch die Bildung von CoA aus Pantetheinphosphat, sowie die CoA-abhängige Sulfanilamidacetylierung noch katalysiert. Dieses Enzym erhält die Bezeichnung PRS, „Protamine treated supernatant" (Gewinnung vgl. S. 18, unten).
2. Pantethein[4,5]: Stammlösung mit einem Gehalt von 0,1 μM pro ml, in reduzierter Form vorliegend.
3. 0,05 m ATP, pH 7,0.
4. 0,1 m $MgCl_2$.
5. 1,0 m Phosphatpuffer, pH 7,2.
6. Lösungen für die CoA-Bestimmung, vgl. S. 7.

[1] Potter, V. R.; in: Colowick-Kaplan, Meth. Enzymol., Bd. I, S. 10.
[2] Beisenherz, G., H. J. Boltze, T. Bücher, R. Czok, K. H. Garbade, E. Meyer-Arendt u. G. Pfleiderer: Z. Naturforsch. 8 b, 555 (1953).
[3] Novelli, G.D. in: Colowick-Kaplan, Meth. Enzymol. Bd. II, S. 633.
[4] Kaplan, N. O., and F. Lipmann: J. biol. Ch. **174**, 37 (1948).
[5] Snell, E. E., and E. L. Wittle; in: Colowick-Kaplan, Meth. Enzymol. Bd. III, S. 918.

Ausführung:

In eine Reihe von Reagensgläsern gibt man 0,05 ml der Pantethein-Stammlösung (0,005 μM); 0,10 ml ATP-Lösung (5 μM); 0,05 ml $MgCl_2$ (5 μM); 0,1 ml Phosphatpuffer (100 μM); Enzymlösung mit 0,5—2,0 Einheiten (Definition vgl. später) in einem Endvolumen von 0,5 ml. Die Gläser werden 30 min bei 37° C inkubiert und anschließend 3 min in ein kochendes Wasserbad gebracht, um die Enzyme zu zerstören. Hierauf kühlt man die Ansätze in einem Eisbad ab und gibt zu jedem Glas 0,1 ml Cystein-HCl (1 m); 0,5 ml CoA-Testmischung nach[1] (Zusammensetzung vgl. S. 7); 0,1 ml Tris-HCl-Puffer, p_H 8,0, und 0,15 ml des Hilfsenzyms PRS auf ein Endvolumen von 1,5 ml zu. Hierauf inkubiert man die Gläser noch einmal bei 37° C für 90 min. Während dieser Zeit wird das in der ersten Reaktion entstandene Phosphopantethein in CoA umgewandelt. Durch Zugabe von 3,5 ml 5%iger Trichloressigsäure wird die Inkubation gestoppt und das verbleibende Sulfanilamid in 0,1 ml nach der Methode von BRATTON und MARSHALL bestimmt[2]. Kontrollwerte mit 0,1 und 2 E CoA werden parallel behandelt und hieraus der CoA-Gehalt der Testansätze berechnet. Die ermittelten CoA-Werte entsprechen dem in der ersten Reaktion durch Pantetheinkinase gebildeten Phosphopantethein. Um sicherzugehen, läßt man einen Ansatz mit Pantethein und PRS-Fraktion mitlaufen, welcher anzeigt, ob PRS frei von Pantetheinkinase ist.

Standardisierung. Als 1 Enzymeinheit wird diejenige Menge bezeichnet, die in 30 min unter den genannten Testbedingungen die Bildung von 1 E Phosphopantethein, ausgedrückt als CoA-Einheiten, bewirkt. Die spezifische Aktivität ist ausgedrückt in Enzym-Einheiten pro mg Protein, letzteres bestimmt nach der Trübungsmethode von BÜCHER[3].

3. Dephospho-CoA-Pyrophosphorylase.

[2.7.7.3 ATP: Pantethein-4'-phosphat-Adenylyltransferase.]

Dieses Enzym katalysiert die reversible Kondensation zwischen ATP und Phosphopantethein unter Bildung von Dephospho-CoA und anorganischem Pyrophosphat nach Gl. (18).

***Darstellung der Dephospho-Coenzym A-Pyrophosphorylase aus Schweineleber nach* NOVELLI[4].**

Gewinnung des Rohextraktes. Frische, vom Schlachthof unter Eiskühlung bezogene Schweineleber wird sofort durch einen gekühlten Fleischwolf getrieben und dann 45 sec in einem Starmixgerät mit dem gleichen Volumen 0,15 m kalter KCl-Lösung homogenisiert. Das Homogenat wird durch Gazetuch filtriert und bei 40000×g $1^1/_2$ Std bei 5° C zentrifugiert (Präparative Ultrazentrifuge, Spinco). Bei diesem Vorgehen erzielt man durch Entfernung partikelgebundenen Proteins eine vierfache Anreicherung. Höhertouriges Zentrifugieren, das an sich wünschenswert wäre, läßt die Bewältigung größerer Volumina nicht zu.

Protaminsulfat-Fällung. Der Überstand wird mit dem zweifachen Vol. Wasser verdünnt und mit 0,06 Vol. 2%iger Protaminsulfatlösung versetzt. Der Niederschlag wird abzentrifugiert und verworfen. Auf dieser Stufe wird ein Teil der Pantetheinkinase zusammen mit großen Mengen von Nucleinsäuren, inaktivem Protein und den restlichen Mikrosomen entfernt.

Ammoniumsulfatfällung. Der Überstand wird mit Tris auf p_H 8,0 eingestellt und bis zur Sättigung 0,25 mit festem Ammoniumsulfat versetzt. Der Niederschlag wird bei 5° C abzentrifugiert und verworfen. Durch weitere Ammoniumsulfatzugabe zum Überstand bis 0,38 Sättigung wird das gewünschte Protein ausgefällt, abzentrifugiert und in Wasser gelöst, wobei die Endkonzentration an Protein ca. 50 mg/ml betragen soll.

[1] KAPLAN, N. O., and F. LIPMANN: J. biol. Ch. **174**, 37 (1948).
[2] BRATTON, A. C., and E. K. MARSHALL: J. biol. Ch. **128**, 537 (1939).
[3] BÜCHER, T.: Biochim. biophys. Acta **1**, 292 (1947).
[4] NOVELLI, G. D.; in: Colowick-Kaplan, Meth. Enzymol., Bd. II, S. 667.

Behandlung mit Phosphat-Gel. Zu der Enzymlösung fügt man das 2,5fache Vol. an Calciumphosphat-Gel zu (Trockengewicht 36 mg/ml), zentrifugiert und verwirft den Gel-Niederschlag. Durch Zusatz von 0,05 Vol. 1 m Tris, p_H 8,0, zum Überstand wird p_H über 7 gebracht und das Protein sodann durch Zusatz von festem Ammoniumsulfat bis zur Sättigung 0,7 ausgefällt. Der Niederschlag wird abzentrifugiert und in wenig Wasser gelöst.

Eine Übersicht über den Anreicherungsgang gibt Tabelle 5.

Eigenschaften. Das Enzym bleibt mindestens über 3 Monate stabil (bei — 10° C). Das p_H-Optimum der Reaktion liegt in der Nähe von 7,5. Die Aktivität ist an die Anwesenheit von Mg^{++} gebunden, dessen günstigste Konzentration etwa bei 2×10^{-3} m gefunden wurde. Das Substrat Phosphopantethein muß in reduzierter Form vorliegen. Andernfalls findet keine Umsetzung statt. Eine exakte Messung der Gleichgewichtslage von Reaktion (18) war bisher nicht durchführbar, da das Enzympräparat noch mit Dephospho-CoA-Kinase verunreinigt ist.

Tabelle 5. *Reinigung der Dephospho-CoA-Pyrophosphorylase aus Schweineleber* (nach NOVELLI[1]).

Fraktion	Spezifische Aktivität	Anreicherungsfaktor	Ausbeute %
Homogenat	1,5		
Überstand	3,0	2	60
Protamin-Überstand	10,0	6,6	
AS-Fällung	50,0	33,6	50
Gel-Behandlung . .	200,0	132,0	80
Insgesamt	200,0	132,0	40

Bestimmung der Dephospho-CoA-Pyrophosphorylase nach NOVELLI[1].

Prinzip:

Wegen der Anwesenheit von Dephospho-CoA-Kinase verläuft die Umsetzung gemäß den Gleichungen (18) und (19) bis zur Stufe des CoA, welches mit dem Phosphotransacetylase-Test (vgl. S. 9) bestimmt wird. Die Reaktion kann andererseits auch durch die Messung des entstehenden Pyrophosphates[3] verfolgt werden, dies jedoch nur in reineren Enzymfraktionen, bei welchen die störende Beimengung von anorganischer Pyrophosphatase ausgeschaltet ist.

Reagentien:

1. 0,02 m 4'-Phosphopantethein[2].
2. 0,1 m ATP.
3. 0,1 m $MgCl_2$.
4. 0,1 m Cystein-HCl.
5. 1 m Tris-HCl-Puffer, p_H 7,7.
6. Lösungen für den Phosphotransacetylase-Test (vgl. S. 10).
7. Enzymlösung.

Ausführung:

Die Testmischung setzt sich folgendermaßen zusammen: 0,2 μM Phosphopantethein; 5—10 μM ATP; 5 μM $MgCl_2$; 10 μM Cystein-HCl; 50 μM Trispuffer. Die Menge an Enzym soll so gewählt werden, daß zwischen 10 und 20 E CoA synthetisiert werden. Im Falle der Pyrophosphatbestimmung ist die Enzymmenge auf etwa $^1/_{10}$ zu reduzieren. Die Inkubation führt man 60 min bei 37° C durch, das Endvolumen beträgt 1,0 ml. Die Reaktion wird gestoppt durch 3 min Kochen des Reaktionsgemisches. Anorganisches Pyrophosphat wird nach der Methode von FLYNN u. Mitarb.[3] bestimmt.

Standardisierung des Testes. Als 1 Enzymeinheit bezeichnet man diejenige Menge, die die Bildung von 1 E CoA bzw. die Freisetzung von 0,0025 μM Pyrophosphat unter den angegebenen Bedingungen katalysiert. Die spezifische Aktivität wird ausgedrückt in Enzymeinheiten pro mg Protein, letzteres bestimmt nach der Trübungsmethode von BÜCHER[4].

[1] NOVELLI, G. D.; in: Colowick-Kaplan, Meth. Enzymol., Bd. II, S. 667.
[2] Darstellung vgl. NOVELLI, G. D.; in: Colowick-Kaplan, Meth. Enzymol., Bd. III, S. 926.
[3] FLYNN, R. M., M. E. JONES and F. LIPMANN: J. biol. Ch. **211**, 791 (1954).
[4] BÜCHER, T.: Biochim. biophys. Acta **1**, 292 (1947).

4. Dephospho-CoA-Kinase.

[2.7.1.24 ATP: Dephospho-CoA-3'-Phosphotransferase.]

Das Enzym für den letzten Phosphorylierungsschritt im Zuge der CoA-Synthese [vgl. Reaktion (19)] wurde ebenfalls in Taubenleber aufgefunden und daraus angereichert[1-3].

***Darstellung der Dephospho-Coenzym A-Kinase aus Taubenleber nach* WANG[1].**

Gewinnung des Rohextraktes. 6 g Acetonpulver aus Taubenleber, hergestellt nach [4] (vgl. auch diese Arbeit, S. 88), werden mit 70 ml eiskalter 0,02 m $KHCO_3$-Lösung extrahiert und bei 18000 g 15 min zentrifugiert.

Protaminsulfatfällung. Zu dem dunkelroten Rohextrakt gibt man langsam unter Rühren eine 0,2%ige Lösung von Protaminsulfat in 0,04 m Trispuffer, p_H 7,5. Die Fällung ist beendet, wenn bei weiterem Zusatz von Protaminsulfat die Trübung sich nicht mehr verdichtet; es werden im allgemeinen etwa 2 Vol. der Protaminsulfatlösung für 1 Vol. Extrakt verbraucht. Der Niederschlag wird 10 min bei 4000 U/min abzentrifugiert und verworfen.

Acetonfällung. Zu dem Protamin-Überstand läßt man langsam unter Rühren 150 ml Aceton von —15° C zulaufen, wobei die Temperatur in der Lösung von ursprünglich nahe 0° C nach wenigen ml Aceton auf —3° C gesenkt wird (Eis-NaCl-Bad). Der Niederschlag wird 10 min bei 18000 U/min abzentrifugiert und in 50 ml 1 m Trispuffer, p_H 8,2, aufgenommen, wobei etwas unlösliches Protein zurückbleibt. Die Lösung wird anschließend gegen die sechsfache Menge 0,02 m $KHCO_3$-Lösung, die 0,2% KCl enthält, 6 Std dialysiert. Dabei fällt nochmals denaturiertes Protein aus, das abzentrifugiert wird.

Ammoniumsulfat-Fraktionierung. Durch Zusatz von festem Ammoniumsulfat gewinnt man 2 Proteinfraktionen: eine zwischen 20 und 40%, die andere zwischen 40 und 60% Sättigung. Beide Niederschläge werden in wenig 0,2%iger KCl-Lösung gelöst. Die Enzymanreicherung in der ersten AS-Fraktion ist 4,5fach.

Eigenschaften und Spezifität. In der Phosphorylierungsreaktion läßt sich ATP weder durch ITP noch durch ADP ersetzen. Die Anwesenheit von Mg^{++} und Cystein ist für die optimale Enzymaktivität erforderlich. Fluorid in einer Endkonzentration 0,02 m hat keinen hemmenden Einfluß. Auch durch Adenosin, 2'-, 3'- und 5'-Adenylsäure, ADP, Adenosin-diphosphat-ribose, DPNH, DPN und Desamino-DPN wird die Reaktion nicht gehemmt. Das Enzym hält sich bei —15° C über mindestens 2 Monate ohne Aktivitätsverlust. Auch wiederholtes Einfrieren und Auftauen beeinträchtigt seine Wirksamkeit nicht.

***Bestimmung der Dephospho-Coenzym A-Kinase nach* WANG[1].**

Prinzip:

Die Aktivitätsbestimmung beruht auf der Tatsache, daß Dephospho-CoA — im Gegensatz zu CoA — im Phosphotransacetylase-Test[5] nicht reagiert. Erst nach Umwandlung von Dephospho-CoA in CoA durch die Kinasereaktion, die in dem Testsystem geschwindigkeitsbestimmend sein muß, erhält man im Transacetylasesystem entsprechende Ausschläge.

Reagentien:

1. Dephospho-CoA (DPCoA).

Darstellung[6]. DPCoA wird enzymatisch durch Spaltung von CoA durch 3'-Nucleotidase dargestellt. Hierzu löst man 40 mg CoA (270 E pro mg) in 70 ml Wasser (p_H etwa 3,5) und stellt die Lösung mit festem $KHCO_3$ auf p_H 7,5 ein. Unter gelegentlichem Umrühren oder Umschütteln wird die Lösung bei Raumtemperatur so lange stehengelassen, bis der charakteristische Geruch von -SH verschwunden ist. (Reduziertes CoA wird von der Nucleotidase nicht gespalten,

[1] WANG, T.P.; in: Colowick-Kaplan, Meth. Enzymol. Bd. II, S. 649.
[2] WANG, T. P., and N. O. KAPLAN: J. biol. Ch. **206**, 311 (1954).
[3] WANG, T. P., L. SHUSTER and N. O. KAPLAN: J. biol. Ch. **206**, 299 (1954).
[4] KAPLAN, N. O., and F. LIPMANN: J. biol. Ch. **174**, 37 (1948).
[5] STADTMAN, E. R., G. D. NOVELLI and F. LIPMANN: J. biol. Ch. **191**, 365 (1951).
[6] WANG, T. P.; in: Colowick-Kaplan, Meth. Enzymol. Bd. III, S. 930.

da die Reaktion durch freies SH gehemmt wird[1].) Jetzt werden 5 ml Nucleotidase (Darstellung aus rye grass nach[1]; s. auch S. 1057) zugesetzt und die Mischung bei 37° C inkubiert. Nach 2 Std entnimmt man eine kleine Probe zum Arsenolyse-Test auf CoA[2], der nach beendeter Reaktion negativ ausfällt. Die Lösung wird jetzt im Vakuum auf ein Volumen von etwa 8 ml eingeengt und, wenn nötig, klar zentrifugiert. Sodann säuert man mit 4 n HNO_3 auf p_H 4 an und gibt 6 Vol. Aceton von —15° C zu. Nach Stehen über Nacht bei —15° C wird der Niederschlag abzentrifugiert, in 5 ml Wasser gelöst und nochmals, wie beschrieben, mit Aceton ausgefällt. Zuletzt wäscht man den Niederschlag einmal mit Äther und trocknet ihn dann in einem Exsiccator über P_2O_5 und Paraffinspänen. Ausbeute: 40 mg DPCoA, Reinheitsgrad; 0,5.

2. 0,04 m ATP.
3. 0,1 m Cystein-HCl.
4. 0,05 m $MgCl_2$.
5. 0,5 m Tris-HCl-Puffer, p_H 8,2.
6. DPCoA-Kinase.
7. Phosphotransacetylase (Herstellung s. S. 55).
8. Reagentien für Arsenolyse-Test (s. S. 10).

Ausführung:

20 E DPCoA, 2 μM ATP, 5 μM $MgCl_2$, 3 μM Cystein-HCl, 40 μM Trispuffer und 0,05 mg Enzym werden bei 37° C 30 min inkubiert. Die Reaktion wird durch kurzes Erhitzen der Testmischung im kochenden Wasserbad gestoppt und anschließend der CoA-Gehalt im Phosphotransacetylase-Test bestimmt (vgl. S. 9).

Standardisierung der Enzymaktivität. Eine Enzymeinheit wird definiert als diejenige Enzymmenge, die unter den angegebenen Bedingungen die Bildung von 1 μM CoA herbeiführt. Als spezifische Aktivität bezeichnet man die Zahl der Enzymeinheiten pro mg Protein. Die Bestimmungsmethode eignet sich auch für rohe Gewebsextrakte.

II. Chemische Synthese.

Für die chemische Synthese von CoA wurde ein Weg eingeschlagen, der vom Adenosin-2',3'-phosphat-5'-phosphoromorpholidat und D,L-Pantethein-4'-phosphat ausgeht[3]:

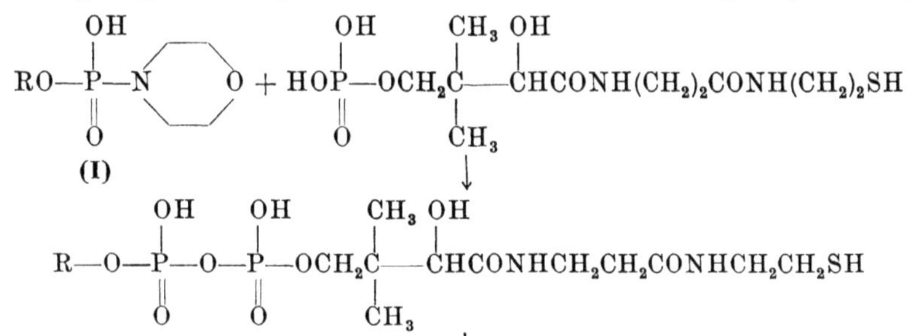

(20)

(21)

R =

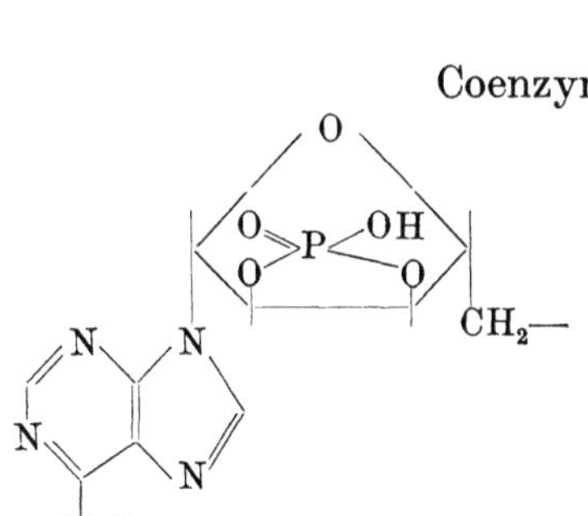

[1] SHUSTER, L., and N. O. KAPLAN: J. biol. Ch. **201**, 535 (1953).
[2] STADTMAN, E. R., G. D. NOVELLI and F. LIPMANN: J. biol. Ch. **191**, 365 (1951).
[3] MOFFAT, J. G., and H. G. KHORANA: Am. Soc. **81**, 1265 (1959).

(I) wurde erhalten durch Umsetzung von Adenosin-2'(3'),5'-diphosphat mit Morpholin und Dicyclohexylcarbodiimid. Durch Öffnung des cyclischen Phosphates nach erfolgter Kondensation mit Pantetheinphosphat mit verdünnter Säure kommt man zu einem Gemisch von CoA und Iso-CoA (Phosphatgruppe in 2'-Stellung), das durch Chromatographie an Ecteola-Cellulose getrennt wird. Die Ausbeute an CoA betrug etwa 40%.

Interessant ist auch eine Möglichkeit der Totalsynthese von CoA, die im LYNENschen Laboratorium durchgeführt wurde[1,2]. Der Weg dieser Synthese ist in Abb. 9 dargestellt.

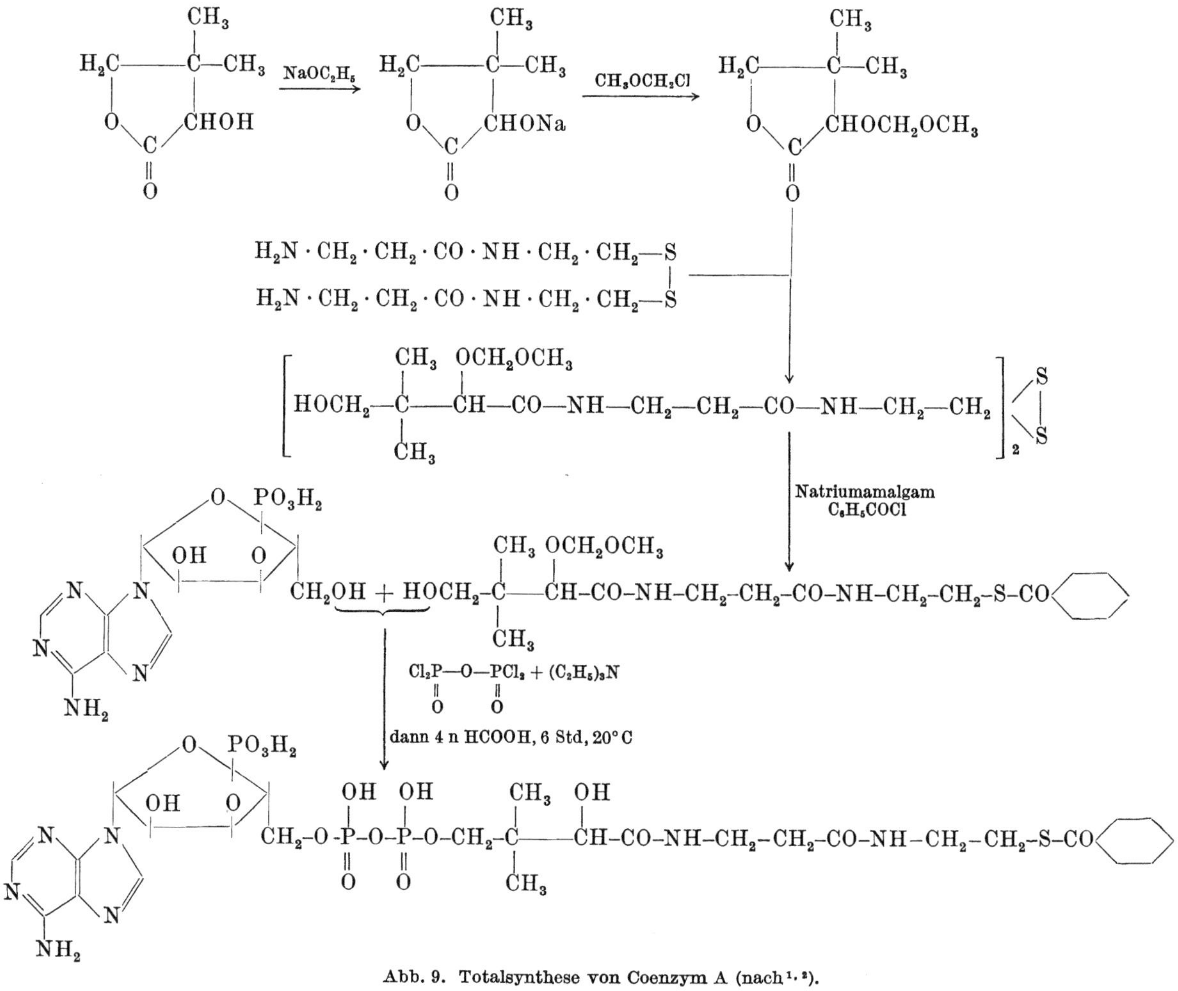

Abb. 9. Totalsynthese von Coenzym A (nach[1,2]).

2-Methoxymethylenpantolacton wurde mit Alethin, das BADDILEY zuerst darstellte[3], zum Pantethinderivat umgesetzt, das nach Reduktion mit Natriumamalgam in Anwesenheit von Benzoylchlorid S-Benzoyl-2'-methoxymethylenpantethein liefert. In diesem Pantethein ist die sekundäre Hydroxylgruppe geschützt, so daß die folgende Phosphorylierung nur in der gewünschten 4'-Stellung stattfinden kann. Die Einführung der Pyrophosphatbrücke erfolgte durch Umsetzung des geschützten Pantetheins mit Adenosin-3'-phosphorsäure und Pyrophosphorylchlorid[4] in Dimethylformamid-triäthylamin. Durch Abspaltung der schützenden Gruppe mit 4n Ameisensäure bei Zimmertemperatur gelangt man schließlich zu S-Benzoyl-CoA. Die Ausbeute dieser Synthese war bisher allerdings sehr gering.

[1] GRUBER, W.: Diss. rer. nat. Frankfurt a.M. 1959.
[2] LYNEN, F.; in: Vitamin Metabolism, Proc. 4. Int. Congr. Biochem. Wien 1958. Bd. XI, S. 230. London 1960.
[3] BADDILEY, J., and E. M. THAIN: Soc. 1, 800 (1952).
[4] Dargestellt nach BESSON, A.: Cr. 124, 1099 (1897).

D. Enzyme, die zur Bildung von Acetyl-CoA führen.

(Donor-Reaktionen nach Abb. 2.)

1. Die oxydative Decarboxylierung der Brenztraubensäure.

Pyruvatdehydrogenase-Komplex.

[1.2.4.1 Pyruvat:Lipoat-oxydoreductase (acceptor-acetylierend).]

Die CoA-abhängige, oxydative Decarboxylierung der Brenztraubensäure (s. auch Bd. VI/C, S. 490ff.) führt mit der Bildung von Acetyl-CoA zur Bereitstellung eines zentralen Zwischenproduktes, welches den oxydativen Endabbau der Nahrungsstoffe über den Citronensäurecyclus mit synthetischen Stoffwechselprozessen verknüpft. An diesem komplexen Vorgang sind außer dem CoA noch drei weitere Coenzyme, nämlich DPN, Thiaminpyrophosphat (TPP = Cocarboxylase) und α-Liponsäure, beteiligt. Auch Magnesium-Ionen sind für die Reaktion notwendig. Der gesamte Umwandlungsprozeß läßt sich durch folgende Gleichung beschreiben:

$$\text{Pyruvat} + \text{DPN}^+ + \text{CoASH} \underset{\text{Mg}^{++}}{\overset{\text{TPP, Liponsäure}}{\rightleftharpoons}} \text{Acetyl-CoA} + \text{DPNH} + \text{H}^+ + \text{CO}_2 \quad (22)$$

Reaktionsmechanismus. Für die in Gl. (22) wiedergegebene Gesamtreaktion kann nach Gunsalus[1] und anderen Autoren[2] ein Reaktionsmechanismus angenommen werden, der sich in folgende Einzelstufen aufgliedern läßt:

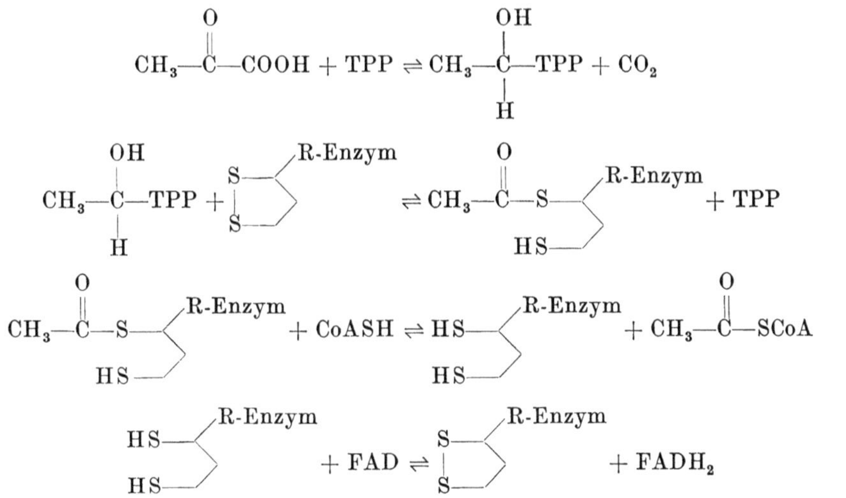

(23)–(26)

$$\text{FADH}_2 + \text{DPN}^+ \rightleftharpoons \text{FAD} + \text{DPNH} + \text{H}^+ \quad (27)$$

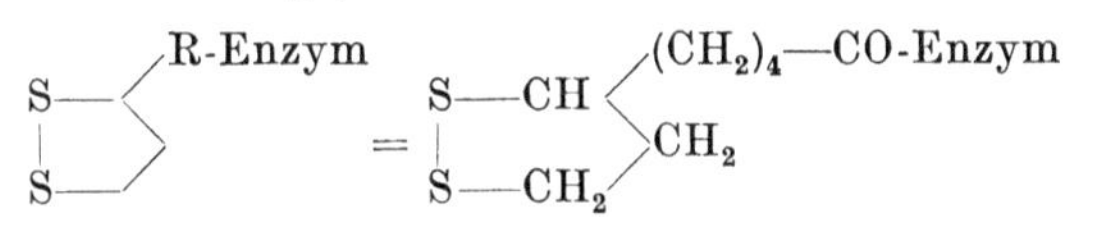

Demnach besteht der erste Schritt in der Decarboxylierung der Brenztraubensäure, wobei eine Acetaldehyd-TPP-Verbindung als Zwischenprodukt auftritt [Reaktion Gl. (23)][3-6]. Bei diesem „aktiven Acetaldehyd" handelt es sich der chemischen Struktur nach um 2-(α-Hydroxyäthyl)-thiaminpyrophosphat[7-11] (vgl. Formel).

---

[1] Gunsalus, I. C.; in: McElroy, W. D., and B. Glass (Hrsgb.): Mechanism of Enzyme Action. S. 545. Baltimore 1954.
[2] Koike, M., and L. J. Reed: J. biol. Ch. **235**, 1931 (1960).
[3] Schweet, R. S., and K. Cheslock: J. biol. Ch. **199**, 749 (1952).
[4] Hager, L. P., J. D. Fortney and I. C. Gunsalus: Fed. Proc. **12**, 213 (1953).
[5] Seaman, G. R.: J. Bact. **65**, 744 (1953).
[6] Goldberg, M., and D. R. Sanadi: Am. Soc. **74**, 4972 (1952).
[7] Breslow, R.: Am. Soc. **80**, 3719 (1958).

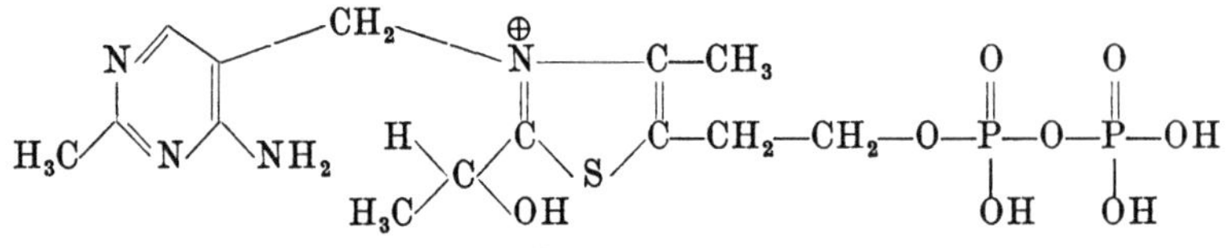

„Aktiver Acetaldehyd“ [2-(α-Hydroxyäthyl)-TPP]

Nach HOLZER entsteht diese Verbindung durch Decarboxylierung von „aktivem Pyruvat“ [2-(α-Hydroxy-α-carboxyäthyl)-TPP][1].

In der zweiten Stufe findet die Übertragung des Aldehydrestes vom aktiven Acetaldehyd auf α-Liponsäure statt, wobei sich unter gleichzeitiger Oxydation der Aldehydgruppe zur Acetylgruppe die Thioesterbindung ausbildet [Reaktion Gl. (24)]. Die Liponsäure ist dabei an das Enzymprotein fest gebunden[2]. Nach Untersuchungen mit Pyruvatdecarboxylase aus Hefe muß auch eine direkte Oxydation von 2-(α-Hydroxyäthyl)-TPP zu Acetyl-TPP in Betracht gezogen werden[1].

Der dritte Schritt besteht in der Acylübertragung von S-Acetyldihydroliponsäure auf CoA [Reaktion Gl. (25)]. Das Enzym für diese Reaktion, eine Dihydroliponsäuretransacetylase, wurde in Mikroorganismen nachgewiesen[3–5]. Von den verschiedenen Stereoisomeren der α-Dihydroliponsäure reagiert nur die (—)-Form mit dem Enzym[6].

Den Abschluß der Pyruvatoxydation bildet die Reoxydation der Dihydroliponsäure durch ein DPN-abhängiges Enzym, Dihydroliponsäuredehydrogenase[7,8]. Nach neuesten Arbeiten handelt es sich um ein gelbes Ferment mit FAD als Wirkungsgruppe, das in den Elektronentransport eingeschaltet ist[9,10].

Vorkommen. Enzyme mit der Fähigkeit der CoA-abhängigen Pyruvatoxydation sind sowohl im Reich der Mikroorganismen als auch in tierischen Geweben nachgewiesen worden. Diese Enzyme sind ihrer Natur nach zu den sogenannten Multienzym-Komplexen zu rechnen, deren vollständige Auftrennung in die für die Reaktionen Gl. (23—27) verantwortlichen Einzelenzyme bisher nicht gelungen ist. Lediglich Dihydroliponsäuredehydrogenase konnte aus dem Pyruvatoxydase-Komplex verschiedener Mikroorganismen abgetrennt und unabhängig davon angereichert werden[9–12].

Im einzelnen wurde das Vorkommen der CoA-abhängigen Pyruvatoxydation in folgenden Mikroorganismen beobachtet: *Proteus vulgaris*[13], *Streptococcus faecalis*[14–18], *Staphylo-*

[1] HOLZER, H.: Angew. Chem. **73**, 721 (1961).
[2] KOIKE, M., and L. J. REED: J. biol. Ch. **235**, 1931 (1960).
[3] CHIN, C. H., and I. C. GUNSALUS: Fed. Proc. **13**, 191 (1954).
[4] BRADY, R. O., and E. R. STADTMAN: Fed. Proc. **13**, 186 (1954).
[5] SANADI, D. R., M. LANGLEY and F. WHITE: J. biol. Ch. **234**, 183 (1959).
[6] GUNSALUS, I. C., L. S. BARTON and W. GRUBER: Am. Soc. **78**, 1763 (1956).
[7] HAGER, L. D., and I. C. GUNSALUS: Am. Soc. **75**, 5767 (1953).
[8] CUTOLO, E.: Arch. Biochem. **64**, 242 (1956).
[9] NOTANI, G. W., and I. C. GUNSALUS: Fed. Proc. **18**, 295 (1959).
[10] KOIKE, M., P. C. SHAH and L. J. REED: J. biol. Ch. **235**, 1939 (1960).
[11] GOLDMAN, D. S.: Biochim. biophys. Acta **32**, 80 (1959).
[12] WREN, A., and V. MASSEY: Biochem. J. **89**, P 47 (1963).
[13] GUNSALUS, I. C.; in: MCELROY, W. D., and B. GLASS (Hrsgb.): Mechanism of Enzyme Action. S. 545—580. Baltimore 1954.
[14] KORKES, S., A. DEL CAMPILLO, I. C. GUNSALUS and S. OCHOA: J. biol. Ch. **193**, 721 (1951).
[15] KORKES, S., J. R. STERN, I. C. GUNSALUS and S. OCHOA: Nature **166**, 439 (1950).
[16] STRECKER, H. J., and S. OCHOA: J. biol. Ch. **209**, 313 (1954).
[17] DOLIN, I., and I. C. GUNSALUS: Fed. Proc. **11**, 203 (1952).
[18] GUNSALUS, I. C.: J. cellul. comp. Physiol. **41**, Suppl. **1**, 113 (1953).

Literatur zu S. 25 (Fortsetzung).

[8] KRAMPITZ, L. O., G. GREULL, C. S. MILLER, J. B. BICKING, H. R. SKEGGS and J. M. SPRAGUE: Am. Soc. **80**, 5893 (1958).
[9] KRAMPITZ, L. O., G. GREULL and E. WHITE: Proc. 4. Int. Congr. Biochem. Wien 1958. Bd. XIII, S. 275, London 1960.
[10] HOLZER, H., u. K. BEAUCAMP: Angew. Chem. **71**, 776 (1959).
[11] HOLZER, H.: Angew. Chem. **73**, 721 (1961).

coccus aureus[1], *Escherichia coli*[1-3], *Aerobacter aerogenes*[1], *Clostridium sporogenes*[4,5], *Clostridium saccharobutylicum*[6], *Mykobacterium tuberculosis*[7,8], Hefe[9,10]. An tierischen Geweben sind vor allem Schweineherzmuskel[11-14] und Taubenbrustmuskel[15-17] reichlich mit dem Enzym ausgestattet. Auch in Pflanzen wurde der CoA-abhängige, oxydative Pyruvatabbau gefunden[18].

***a) Darstellung der Pyruvatdehydrogenase aus Schweineherz nach* Jagannathan *und* Schweet[16,17].**

Frische, gekühlte Schweineherzen werden im Fleischwolf zermahlen, der Muskelbrei fünfmal mit je dem sechsfachen Volumen Wasser gewaschen und durch Gaze filtriert. Der weitere Aufschluß erfolgt durch Homogenisieren im Starmixgerät mit dem 3,5fachen Vol. eiskalter 0,2 m K_2HPO_4-Lösung (5—6 min). Nach 1 Std Stehen im Kühlraum, wobei gelegentlich umgerührt wird, filtriert man durch Gaze ab und zentrifugiert den Extrakt bei 3000 ×g und 0° C 10 min. Der Rückstand wird mit einem Drittel des ursprünglich verwendeten Flüssigkeitsvolumens nachextrahiert und die zweite Lösung mit dem ersten Extrakt vereinigt. Man gibt festes Ammoniumsulfat zu (35 g pro 100 ml) und zentrifugiert bei 15000 × g in der Kälte ab. Der Niederschlag wird in 0,02 m Kaliumphosphatpuffer, p_H 7, gelöst und über Nacht gegen denselben Puffer bei 0° C dialysiert. Trübungen, die nach der Dialyse auftreten, entfernt man durch hochtouriges Zentrifugieren.

Die so gewonnenen Enzympräparate sind gegenüber dem Rohextrakt etwa 5—10fach angereichert und haben eine spezifische Aktivität von 0,6—1,0 E/mg Protein.

Wesentlich aktivere Pyruvatoxydase-Präparate lassen sich aus Taubenbrustmuskel[16,17] gewinnen. Die Vorschrift ist in Bd. VI/C, S. 492 wiedergegeben.

***b) Darstellung des α-Ketosäure-Dehydrogenase-Komplexes aus E. coli und Isolierung der Dehydrogenasen für Pyruvat und α-Ketoglutarat nach* Koike *u. Mitarb.*[3].**

Züchtung von E. coli, Crookes-Stamm[19]. *E. coli* wird bei 30° C auf einem Medium, bestehend aus 1 % Trypton, 1 % Hefeextrakt, 0,5 % K_2HPO_4 und 0,3 % Glucose, gezüchtet. 0,5 ml einer 8—15 Std alten Kultur dienen als Inoculum für einen 500 ml Erlenmeyer-Ansatz (in einem 2 l-Kolben) folgender Zusammensetzung: 0,2 % NH_4Cl; 0,4 % Cerelose; 0,25 % Na-glutamat; 0,0005 % Hefeextrakt (Fleischmann No. 3); 0,15 % KH_2PO_4; 1,35 % Na_2HPO_4; 0,02 % $MgSO_4 \cdot 7\,H_2O$; 0,001 % $CaCl_2$ und 0,00005 % $FeSO_4 \cdot 7\,H_2O$. Phosphat, Glutamat und Glucose sterilisiert man gesondert und gibt sie nach dem Autoklavieren der Salzlösung zu. Der Ansatz wird über Nacht bei 30° C unter Schütteln inkubiert. Zwei auf diese Weise erhaltene Kulturen werden als Inocula für 15 ml Nährlösung in großen 20 l-Gefäßen verwendet. Maximales Wachstum der Zellen ist nach einer Bebrütungszeit von 6—7 Std bei 30° C erreicht, wobei für lebhafte Belüftung gesorgt werden

[1] Strecker, H. J., and S. Ochoa: J. biol. Ch. **209**, 313 (1954).
[2] Korkes, S., A. del Campillo, I. C. Gunsalus and S. Ochoa: J. biol. Ch. **193**, 721 (1951).
[3] Koike, M., J. L. Reed and W. R. Carroll: J. biol. Ch. **235**, 1924 (1960).
[4] Nisman, B., et S. B. Wiesendanger: Cr. **238**, 292 (1954).
[5] Nisman, B.: Cr. **230**, 248 (1950).
[6] Nisman, B., and J. Mager: Nature **169**, 709 (1952).
[7] Goldman, D. S.: Biochim. biophys. Acta **27**, 506, 513 (1958).
[8] Goldman, D. S.: Biochim. biophys. Acta **32**, 80 (1959).
[9] Holzer, H., u. H. W. Goedde: B. Z. **329**, 175 (1957).
[10] Alvarez, A., E. Vanderwinkel and J. M. Wiame: Biochim. biophys. Acta **28**, 333 (1958).
[11] Littlefield, J. W., and D. R. Sanadi: J. biol. Ch. **199**, 65 (1952).
[12] Korkes, S., A. del Campillo and S. Ochoa: J. biol. Ch. **195**, 541 (1952).
[13] Schweet, R. S., M. Fuld, K. Cheslock and M. H. Paul; in: McElroy, W. D., and B. Glass (Hrsgb.): Phosphorus Metabolism. Bd. I, S. 246. Baltimore 1951.
[14] Korkes, S.; in: McElroy, W. D., and B. Glass (Hrsgb.): Phosphorus Metabolism. Bd. I, S. 259. Baltimore 1951.
[15] Schweet, R. S., and K. Cheslock: J. biol. Ch. **199**, 749 (1952).
[16] Jagannathan, V., and R. S. Schweet: J. biol. Ch. **196**, 551 (1952).
[17] Korkes, S.; in: Colowick-Kaplan, Meth. Enzymol., Bd. I, S. 486.
[18] Walker, P. G., and H. Beevers: Biochem. J. **62**, 120 (1956).
[19] Hager, L. P.: Diss. rer. nat. Illinois 1953; vgl. auch [17].

muß (1 Vol. Luft pro Vol. Medium pro min). Die Bakterien erntet man an einer Durchlaufzentrifuge. Ausbeute 10 g pro 1 Medium.

Aufschluß und Gewinnung des Rohextraktes. Der Bakterienkuchen wird einmal mit destilliertem Wasser gewaschen. 20 g suspendiert man in 0,02 m Kaliumphosphatpuffer, p_H 7, auf ein Gesamtvolumen von 50 ml und behandelt die Suspension 20 min mit Ultraschall (Raytheon 10 kc. Oscillator bei 65—75 V, 0,9—1,0 A). Durch 1 Std Zentrifugieren bei 50000×g (Spinco Modell L Ultrazentrifuge, Rotor No. 20) erhält man eine klare, gelbe Lösung. Durch 1—2maliges Einfrieren und Auftauen dieses Extraktes läßt sich im allgemeinen eine beträchtliche Menge inaktiven Proteins entfernen.

Anreicherungsgang. Alle Arbeiten wurden bei 0—5° C durchgeführt und die Lösungen ausschließlich mit quarzdestilliertem Wasser hergestellt.

Protaminsulfatfraktionierung. Der Bakterienextrakt wird mit 0,02 m Kaliumphosphatpuffer, p_H 7,0, auf einen Proteingehalt von 20 mg pro ml (bestimmt nach der Trübungsmethode mit Trichloressigsäure[1]) und mit 1 n Essigsäure auf p_H 6,0 eingestellt. Zu 1800 ml dieses Extraktes gibt man langsam unter Rühren 120 ml (0,067 Vol.) einer 2%igen Protaminsulfatlösung (p_H 5,0) zu und zentrifugiert den Niederschlag nach weiteren 30 min Rührens 1 Std bei 3180×g ab (International, Modell PR-2, Kopf 850a). Der Niederschlag wird verworfen und zum Überstand weitere 23,8 ml Protaminsulfatlösung (0,013 Vol.) zugegeben. Nach 30 min zentrifugiert man wie oben ab, nimmt den Niederschlag in 180 ml 0,1 m Phosphatpuffer, p_H 7,0, auf (Glashomogenisator[2] oder „Plümper"[3]) und rührt die Mischung 30 min. Der unlösliche Rückstand wird durch 30 min Zentrifugieren bei 20000×g abgetrennt und verworfen. Die überstehende Lösung wird unter Rühren 6 Std gegen 0,02 m Phosphatpuffer, p_H 7,0, dialysiert und anschließend 1 Std bei 20000×g zentrifugiert. Der Überstand, als Protamin-Eluat bezeichnet, wird nun 2 Std bei 144000×g zentrifugiert (Spinco-Ultrazentrifuge, Modell L, Rotor Nr. 40), wobei sich ein gelber Niederschlag abscheidet (Pellet 1), der in 18 ml 0,02 m Phosphatpuffer, p_H 7,0, gelöst wird. Eine geringe Menge von unlöslichem Material wird durch 30 min Zentrifugieren bei 20000×g entfernt.

Auf dieser Reinigungsstufe liegen der Pyruvat- und der α-Ketoglutaratdehydrogenase-Komplex in einer Menge von etwa 50 bzw. 33% — bezogen auf Gesamtprotein — vor.

Trennung der beiden Komplexe durch Säurefällung. Die Enzymlösung wird mit 0,02 m Phosphatpuffer, p_H 7,0, auf eine Proteinkonzentration von 5 mg pro ml gebracht und sorgfältig mit 1%iger Essigsäure auf p_H 6,0 eingestellt. Der Niederschlag wurde bei 14000×g 10 min abzentrifugiert und verworfen. p_H des Überstandes wurde sodann stufenweise auf 5,6 und 5,1 gesenkt. Der Niederschlag zwischen p_H 6,0 und 5,6 (A) enthält vorwiegend den α-Ketoglutaratdehydrogenase-Komplex, während sich im zweiten Niederschlag zwischen p_H 5,6 und 5,1 (B) der Pyruvatdehydrogenase-Komplex befindet. Beide Fällungen werden in 6 ml 0,02 m Phosphatpuffer, p_H 7,0, gelöst. [In manchen Präparaten ist der Fällungsbereich von (A) nach p_H 6,5 bis 6,0 und der von (B) nach p_H 6,0 bis 5,6 verschoben.]

Wiederholung der Säurefällung. Die Lösungen (A) und (B) werden mit 0,02 m Phosphatpuffer auf eine Proteinkonzentration von 5 mg/ml verdünnt und nochmals mit Säure fraktioniert. Dabei fällt die aktive Fraktion der Lösung (A) zwischen p_H 6,0 und 5,7 (A 1) und die von Lösung (B) zwischen p_H 5,5 und 5,2 (B 1). Die Niederschläge (A 1) und (B 1) wurden in 4 bzw. 5,6 ml 0,05 m Phosphatpuffer, p_H 7,0, gelöst und in der Ultrazentrifuge fraktioniert zentrifugiert (Spinco, Modell L, Rotor Nr. 40): Die Lösung (A 1) bei 144000×g in Perioden von je 30, 60 und 60 min. Die beim zweiten und dritten Lauf gewonnenen Niederschläge (A 2) und (A 3) wurden in 1,5 bzw. 1 ml 0,05 m Phosphatpuffer, p_H 7,0, gelöst. Die Enzymlösung (B 1) wurde mit derselben Beschleunigung 30, 50 und

[1] Stadtman, E. R., G. D. Novelli and F. Lipmann: J. biol. Ch. **191**, 365 (1951).
[2] Potter, V. R.; in: Colowick-Kaplan, Meth. Enzymol. Bd. I, S. 10.
[3] Beisenherz, G., H. J. Boltze, T. Bücher, R. Czok, K. H. Garbade, E. Meyer-Arendt u. G. Pfleiderer: Z. Naturforsch. **8 b**, 555 (1953).

60 min hintereinander zentrifugiert und die entsprechenden Niederschläge (B 2) und (B 3) in 2 bzw. 1,5 ml 0,05 m Phosphatpuffer, p_H 7,0, aufgenommen.

Die gereinigten Enzymlösungen sind hellgelb gefärbt und zeigen eine starke Fluorescenz. Sie können in gefrorenem Zustand 3 Monate ohne größeren Aktivitätsverlust aufbewahrt werden. Eine Übersicht über den Anreicherungsgang vermittelt Tabelle 6.

Tabelle 6. *Reinigung des Pyruvatdehydrogenase-Komplexes aus E. coli* (nach KOIKE u. Mitarb.[1]).

Fraktion	Gesamtprotein mg	Spezifische Aktivität						Liponsäuregehalt µg/mg Protein
		im Dismutationstest	Ausbeute %	Dihydroliponsäure-Dehydrogenase	Dihydroliponsäure-Transacetylase	Transacetylase/Dismutation		
Verdünnter Extrakt . .	36000	5	100	13	0,5	0,10		0,01*
Protamin-Eluat . . .	1230	118	81	200	13	0,11		0,23
Pellet 1	240	540	72	1020	54	0,10		1,12
Fällung B, p_H 5,6—5,1 .	96	950	51	824	100	0,11		1,42
Fällung B_1, p_H 5,5—5,2	64	1260	45	1132	123	0,10		1,85
Pellet B_2	18	1240		1024	120	0,10		1,84
Pellet B_3	17	1332		1030	132	0,10		1,88

* Radioaktivität, gemessen nach 12stündiger Dialyse gegen 0,02 m Phosphatpuffer, p_H 7,0. Die Radioaktivität entstammt ^{35}S-markierter D,L-Liponsäure, die dem Kulturmedium zugesetzt worden war ($2{,}12 \times 10^4$ Imp./min × µg; 146 µg/l).

c) Darstellung der Pyruvatdehydrogenase aus M. tuberculosis nach GOLDMAN[2].

Das Enzym aus *M. tuberculosis* wurde durch Ammoniumsulfatfällung in zwei Fraktionen aufgetrennt. Die erste Fraktion bis zur Sättigung 0,6 enthält die Aktivitäten der dehydrierenden Pyruvat-Decarboxylierung und der Liponsäure-Transacetylase, die zweite Fraktion (0,6—0,85 Ammoniumsulfatsättigung) die Aktivität der Dihydroliponsäuredehydrogenase. Durch weitere Ammoniumsulfatfällung bei p_H 5,3, Adsorption an Calciumphosphat-Gel und Elution mit 5%iger Ammoniumsulfatlösung läßt sich die Dehydrogenase etwa 20fach anreichern. Aus der ersten Ammoniumsulfatfraktion kann die Liponsäure-Transacetylase etwa 15fach angereichert werden.

Eigenschaften der Pyruvatdehydrogenasen. Bei den näher untersuchten Enzymen der oxydativen Pyruvatdehydrierung aus tierischen Geweben und Mikroorganismen handelt es sich um sogenannte Multienzym-Komplexe, in denen die Enzyme der einzelnen Reaktionsstufen strukturell zu einer makromolekularen Einheit verbunden sind. Für das Taubenbrustmuskelenzym wurde ein Molekulargewicht von 4 Mill.[3], für das Enzym aus *E. coli* ein Molekulargewicht von 4,8 Mill.[1] errechnet. Beide Enzymkomplexe verhalten sich elektrophoretisch und in der Ultrazentrifuge als homogene Gradienten. Gemeinsam ist beiden auch der Gehalt an Flavin, der der Wirkungsgruppe der Dihydroliponsäuredehydrogenase[4–6] zuzuordnen ist, sowie ein gewisser Anteil an fest gebundener Liponsäure.

Die *Dihydroliponsäuredehydrogenase* [Reaktion (26)], läßt sich relativ leicht aus dem Gesamtkomplex abtrennen. Aus Untersuchungen am Herzmuskel geht hervor, daß es sich um ein gelbes Enzym handelt[7,8], das sehr wahrscheinlich mit der Diaphorase[9] identisch ist. Als einheitliches Protein vom Molekulargewicht 88000 wurde Dihydroliponsäuredehydrogenase aus *E. coli* isoliert[6]. Das Enzym enthält als Wirkungsgruppe

[1] KOIKE, M., J. L. REED and W. R. CARROLL: J. biol. Ch. **235**, 1924 (1960).
[2] GOLDMAN, D. S.: Biochim. biophys. Acta **32**, 80 (1959).
[3] SCHWEET, R. S., B. KATCHMAN, R. M. BOCK and V. JAGANNATHAN: J. biol. Ch. **196**, 563 (1952).
[4] KOIKE, M., and L. J. REED: J. biol. Ch. **235**, 1931 (1960).
[5] NOTANI, G. W., and I. C. GUNSALUS: Fed. Proc. **18**, 295 (1959).
[6] KOIKE, M., P. C. SHAH and L. J. REED: J. biol. Ch. **235**, 1939 (1960).
[7] MASSEY, V.: Biochim. biophys. Acta **30**, 205 (1958).
[8] MASSEY, V.: Biochim. biophys. Acta **32**, 286 (1959).
[9] STRAUB, F. B.: Biochem. J. **33**, 787 (1939).

1 Mol FAD pro Mol Protein, dagegen keine Liponsäure. Auch aus *S. cervisiae* konnte Dihydroliponsäuredehydrogenase neuerdings in reiner Form dargestellt werden[1].

Auch *Dihydroliponsäuretransacetylase* [Reaktion (25)] konnte partiell aus dem Pyruvatdehydrogenase-Komplex aus *E. coli*[2] und aus *M. tuberculosis*[3] abgetrennt und aus letzterem 15fach angereichert werden. Die Transacetylierung erfolgt streng stereospezifisch, indem nur die (—)-Form der Dihydro-α-liponsäure in die Reaktion eingeht[4]. Bei den Liponsäuredehydrogenasen scheint dagegen — mit Ausnahme des Spinatenzyms[5], das ausschließlich mit (—)-Dihydroliponsäure reagiert, keine Stereospezifität zu bestehen.

Wie aus Tabelle 6 hervorgeht, verläuft die Anreicherung von Dihydroliponsäuredehydrogenase und -transacetylase der Reinigung des Pyruvatdehydrogenase-Komplexes aus *E. coli* bis zuletzt parallel, so daß man — im Gegensatz zu anderen Vorstellungen[6] — annehmen kann, daß auch die Transacetylase einen integrierenden Bestandteil des Enzym-Komplexes darstellt. Was sonstige Enzyme betrifft, so fand sich praktisch keine Lactatdehydrogenase-, Phosphotransacetylase- und α-Ketoglutaratdehydrogenase-Aktivität in den hochgereinigten Präparaten. An anderweitigen Komponenten enthält der Pyruvatdehydrogenase-Komplex aus *E. coli* nur Spuren von DPN, kein CoA und etwa 1 % Nucleinsäure.

Auch das Enzym aus Taubenbrustmuskel enthält Liponsäure fest gebunden. Außer der oxydativen Decarboxylierung von Pyruvat katalysiert dieses Enzym auch die Bildung von 1 Mol Acetoin aus 2 Mol Brenztraubensäure. Acetoin selbst, sowie Acetaldehyd, Lactat oder Formiat werden als Substrate nicht angegriffen. Dagegen findet mit β-Hydroxypyruvat Umsetzung mit etwa halbmaximaler Geschwindigkeit statt. Die MICHAELIS-Konstante, spektralphotometrisch mit Dichlorphenolindophenol gemessen, ergab den vorläufigen Wert $K_M = 2 \times 10^{-5}$ m.

Die Hemmung der Pyruvatoxydation durch dreiwertige Arsenverbindungen[7-9] und Schwermetalle beruht auf der Blockierung der Dihydroliponsäure. Dihydroliponsäuredehydrogenase aus *M. tuberculosis* wird durch 10^{-5} m Arsenit vollständig gehemmt[3]. Anders wirkende Hemmstoffe der Pyruvatdehydrierung sind Fluorpyruvat[10] (10^{-3} m) und Furacin[11] (5-Nitro-2-furaldehydsemicarbazon) sowie Phenylbuttersäure[12] und meso-Tartrat[13].

Bestimmungsmethoden.

Für die Messung der Gesamtreaktion der Pyruvatoxydation gemäß Gl. (22) wurde ein Testsystem geschaffen, in dem die Enzyme Phosphotransacetylase und Lactatdehydrogenase in folgender Weise eingeschaltet sind[14]:

$$\text{Pyruvat} + \text{DPN}^+ + \text{CoASH} \rightleftharpoons \text{Acetyl-CoA} + \text{DPNH} + \text{H}^+ + \text{CO}_2 \quad (22)$$

$$\text{Acetyl-CoA} + \text{Phosphat} \xrightleftharpoons{\text{Phosphotransacetylase}} \text{Acetyl-phosphat} + \text{CoASH} \quad (4)$$

$$\text{Pyruvat} + \text{DPNH} + \text{H}^+ \xrightleftharpoons{\text{LDH}} \text{L-Lactat} + \text{DPN}^+ \quad (28)$$

Bilanz: $$2\,\text{Pyruvat} + \text{Phosphat} \rightarrow \text{Acetyl-phosphat} + \text{Lactat} + \text{CO}_2 \quad (29)$$

[1] WREN, A., and V. MASSEY: Biochem. J. **89**, 47 P (1963).
[2] KORKES, S.; in: Colowick-Kaplan, Meth. Enzymol., Bd. I, S. 490.
[3] GOLDMAN, D. S.: Biochim. biophys. Acta **32**, 80 (1959).
[4] GUNSALUS, I. C., L. S. BARTON and W. GRUBER: Am. Soc. **78**, 1763 (1956).
[5] BASU, D. K., and D. P. BURMA: Am. Soc. **81**, 3478 (1959).
[6] SANADI, D. R., M. LANGLEY and F. WHITE: J. biol. Ch. **234**, 183 (1959).
[7] PETERS, R. A., H. M. SINCLAIR and R. H. S. THOMPSON: Biochem. J. **40**, 516 (1946).
[8] PETERS, R. A.: Symp. Soc. exp. Biol. **3**, 36 (1949).
[9] GUNSALUS, I. C.: J. cellul. comp. Physiol. **41**, Suppl. **1**, 113 (1953).
[10] GAL, E. M., A. S. FAIRHURST, R. E. SMITH and R. A. PETERS: Biochim. biophys. Acta **20**, 583 (1956).
[11] PAUL, M. F., M. J. BRYSON and C. HARRINGTON: J. biol. Ch. **219**, 463 (1956).
[12] MILHAUD, G., u. J. P. AUBERT: Exper. **12**, 99 (1956).
[13] QUASTEL, J. H., and P. G. SCHOLEFIELD: J. biol. Ch. **214**, 245 (1955).
[14] KORKES, S., A. DEL CAMPILLO, I. C. GUNSALUS and S. OCHOA: J. biol. Ch. **193**, 721 (1951).

Die Bilanzreaktion Gl. (29) kommt demnach einer Dismutation von Pyruvat zu Acetyl-CoA und Lactat gleich. Durch die Reaktion Gl. (4) wird das gebildete Acetyl-CoA aus dem Gleichgewicht entfernt und gleichzeitig für die Rückbildung von freiem CoA Sorge getragen. Entsprechend der Gesamtreaktion Gl. (29) bieten sich verschiedene Möglichkeiten zur Messung der Pyruvatoxydation an. Beschrieben wurde die Bestimmung des gebildeten Acetyl-phosphates, die manometrische Messung von CO_2 sowie das Verschwinden von Pyruvat.

***a) Bestimmung von Acetyl-phosphat als Acethydroxamsäure nach* Korkes *u. Mitarb.*[1,2].**

Prinzip:

Durch Reaktion des nach Gl. (29) gebildeten Acetyl-phosphates mit Hydroxylamin entsteht Acethydroxamsäure, die sich auf colorimetrischem Wege nachweisen läßt[3,4].

Reagentien:

1. 1 m Kaliumphosphatpuffer, p_H 7,4.
2. 0,025 m $MnCl_2$.
3. 0,15 m L-Cystein.
4. 0,5 m Kaliumpyruvat.
5. 0,002 m CoA.
6. 0,075 m DPN.
7. 0,004 m Thiaminpyrophosphat.
8. Kaninchenmuskel-LDH (vgl. dieses Handb., Bd. VI/A, S. 356).
9. Phosphotransacetylase aus *Cl. kluyveri* (nach [5,6]) (vgl. S. 55).
10. Hydroxylaminlösung [gleiche Teile von 28% (4,0 n) $NH_2OH \cdot HCl$ und 14% (3,5 n) NaOH; Lösung jeweils frisch zubereiten].
11. $FeCl_3$, 5% in 0,1 n HCl.
12. Trichloressigsäure, 12%.
13. 3 n HCl.
14. Acethydroxamsäure als Standardlösung (30 mg Acethydroxamsäure, in 100 ml H_2O gelöst, ergibt eine Endkonzentration von 2 μM/ml). Eine Hydroxamsäure-Standardlösung kann auch auf folgende Weise bereitet werden: 1,0 g Bernsteinsäureanhydrid löst man in 40 ml der neutralisierten Hydroxylaminlösung und füllt auf 100 ml auf. Durch 40fache Verdünnung dieser Stammlösung mit Wasser erhält man eine Lösung, von der 2,0 ml eine Färbung entsprechend 4 μM Acethydroxamsäure ergeben.

Ausführung:

Der Testansatz setzt sich folgendermaßen zusammen (Mengen in μM): Kaliumphosphat p_H 7,4 (100); $MnCl_2$ (2,5); L-Cystein (15); DPN (0,15); Kaliumpyruvat (50); CoA (0,1); Thiaminpyrophosphat (0,2); Kaninchenmuskel-LDH, dargestellt nach[7,8] (2000 E); Phosphotransacetylase aus *Cl. kluyveri* nach [5,6] (15 E); Endvolumen, einschließlich der zu testenden Proteinfraktion 2 ml. Das Reaktionsgemisch wird in verschlossenen Reagensgläsern, die mit Stickstoff gefüllt sind, 1 Std bei 30° C inkubiert.

Für die Durchführung des Dismutationstestes beim Arbeiten mit Extrakten aus *E. coli* wurde folgende Modifizierung angegeben[9]: 100 μM Kaliumphosphatpuffer, p_H 7,0;

---

[1] Korkes, S., A. del Campillo and S. Ochoa: J. biol. Ch. **195**, 541 (1952).
[2] Korkes, S.; in: Colowick-Kaplan, Meth. Enzymol. Bd. I, S. 486.
[3] Lipmann, F., and C. Tuttle: J. biol. Ch. **159**, 21 (1945).
[4] Stadtman, E. R.; in: Colowick-Kaplan, Meth. Enzymol. Bd. III, S. 228.
[5] Stadtman, E. R.: J. biol. Ch. **196**, 527 (1952).
[6] Stadtman, E. R.; in: Colowick-Kaplan, Meth. Enzymol. Bd. I, S. 596.
[7] Kornberg, A.; in: Colowick-Kaplan, Meth. Enzymol. Bd. I, S. 441.
[8] Beisenherz, G., H. J. Boltze, T. Bücher, R. Czok, K. H. Garbade, E. Meyer-Arendt u. G. Pfleiderer: Z. Naturforsch. **8 b**, 555 (1953).
[9] Reed, L. J., F. R. Leach and M. Koike: J. biol. Ch. **232**, 123 (1958).

50 μM Kaliumpyruvat; 0,1 μM CoA; 0,23 μM DPN; 6,4 μM L-Cystein; 2000 E LDH; 12 E Phosphotransacetylase; Endvolumen 1 ml; Inkubation 30 min bei 30° C.

Umsetzung mit Hydroxylamin und Farbentwicklung. Nach Beendigung der Inkubation setzt man den Ansätzen je 1,0 ml Hydroxylaminlösung zu und läßt 10 min bei Zimmertemperatur stehen. Sodann gibt man 3,0 ml folgender Mischung zu: 1 Teil $FeCl_3$, 1 Teil Trichloressigsäure, 1 Teil HCl, zentrifugiert den Eiweißniederschlag ab und mißt sofort danach die Farbdichte colorimetrisch bei 540 mμ. Die Farbintensität, die in einem Bereich von 0—6 μM der Konzentration an Acethydroxamsäure proportional ist, wird mit der Färbung der Hydroxamsäure-Standardlösung verglichen.

Standardisierung. Nach der angegebenen Methode wird als eine Enzymeinheit diejenige Proteinmenge bezeichnet, die zur Bildung von 1 μM Acetyl-phosphat pro Std führt.

b) Kombination der Pyruvatoxydation mit Arylaminacetylase. Eine weitere Möglichkeit zur Bestimmung der Pyruvatdehydrierung beruht darauf, daß man für das gemäß Gl. (22) auftretende Acetyl-CoA an Stelle von Phosphat andere Acceptorsysteme, wie Oxalacetat + condensing enzyme, Cholin + Cholinacetylase oder die Acetylierung aromatischer Amine heranzieht. Das zuletzt genannte System mit Arylaminacetylase erscheint in dieser Hinsicht besonders vorteilhaft, da es bei Verwendung von p-Nitroanilin als Acetyl-Acceptor die direkte optische Messung ermöglicht (vgl. hierzu auch S. 8).

Das Ergebnis derartiger Versuche, bei denen allerdings Sulfanilamid als Acetyl-Acceptor Anwendung fand[1], geht aus Tabelle 7 hervor.

Tabelle 7. *Acetylierung von Sulfanilamid, ausgehend von Pyruvat.*

Das Basalsystem enthielt dialysierten Extrakt aus Taubenleber-Acetonpulver (vgl. diese Arbeit, S. 9), 70 μg Sulfanilamid, 10 E CoA, 10 μM Cystein und 40 μM Phosphatpuffer, End-p_H 7,0, Endvolumen 1,2 ml; Inkubation 3 Std bei 37° C. Acetat bzw. ATP, wo angegeben, 10 bzw. 5 μM. Das komplette System setzt sich zusammen aus Basalsystem (ohne Acetat und ATP) + Pyruvatoxydase (Taubenbrustmuskel, spezifische Aktivität 20), 10 E, 10 μM Lithiumpyruvat; 4 μM $MgCl_2$ und 200 μg Cocarboxylase.

Versuch Nr.	Zusammensetzung	Sulfanilamid, acetyliert μg
1	Basal	3
	Basal + Acetat	3
	Basal + ATP, ohne Acetat	10
	Basal + ATP + Acetat	49
2	Komplett	70 (100%)
	Komplett minus Pyruvatoxydase	5
	Komplett minus Pyruvat	13
	Komplett minus CoA	5
	Komplett minus Taubenleberenzym	5

c) Manometrische Bestimmung von CO_2.

Prinzip:

Die nach Gl. (29) zu erwartende Kohlensäureentwicklung wird nach der üblichen WARBURGschen Methode gemessen. Dabei können grundsätzlich dieselben Bedingungen wie im vorher beschriebenen Vorgehen [entsprechend der Reaktionsfolge Gl. (22, 4, 28)] eingehalten werden. Nachstehende Vorschrift wurde für die manometrische Bestimmung der Pyruvatoxydase aus Bakterien angegeben[2,3].

[1] SCHWEET, R. S., and K. CHESLOCK: J. biol. Ch. **199**, 749 (1952).
[2] HAGER, L. P.: Diss. rer. nat. Illinois 1953; vgl. auch [4].
[3] KORKES, S.; in: Colowick-Kaplan, Meth. Enzymol., Bd. I, S. 490.
[4] KORKES, S.; in: Colowick-Kaplan, Meth. Enzymol., Bd. I, S. 486.

Reagentien:

1. 1 m Kaliumphosphatpuffer, p_H 6,0.
2. 0,01 m $MnSO_4$.
3. 0,004 m Thiaminpyrophosphat.
4. 0,01 m DPN.
5. 0,005 m CoA.
6. 0,1 m L-Cystein.
7. 0,5 m Kaliumpyruvat.
8. LDH (vgl. dieses Handb., Bd. VI/A, S. 356).
9. Phosphotransacetylase (vgl. S. 55).

Apparatur:

WARBURG-Apparatur.

Ausführung:

Testansatz. In gewöhnliche WARBURG-Gefäße pipettiert man folgende Reagentien (μM): Kaliumphosphat, p_H 6,0 (150); $MnSO_4$ (1,0); Thiaminpyrophosphat (0,2); DPN (0,4); CoA (0,1); L-Cystein (10); Kaliumpyruvat (50); LDH[1,2] (2000 E); Phosphotransacetylase[3,4] (10 E) und entsprechende Mengen der zu testenden Enzymfraktion. Endvolumen 1,4 ml; die CO_2-Bildung wird bei 30° C im WARBURG-Apparat gemessen. Gasphase: N_2.

Standardisierung. Als eine Enzymeinheit wird die Proteinmenge bezeichnet, welche die Umwandlung von 1 μM Pyruvat zu CO_2 in 1 Std katalysiert. Die spezifische Aktivität wird ausgedrückt in Enzymeinheiten pro mg Protein. Die Proteinbestimmung erfolgt entweder durch Messung der UV-Absorption bei 280 und 260 mμ[5], oder nach der colorimetrischen Methode von LOWRY u. Mitarb.[6].

Der manometrische Test kann gegenüber der Bestimmung von Acetyl-phosphat höhere Werte liefern, wenn Seitenreaktionen, wie z.B. enzymatische Spaltung von Acetyl-phosphat oder Acetoinbildung, ablaufen.

d) Bestimmung des Verschwindens von Brenztraubensäure.

Will man die Brenztraubensäureabnahme als Maß für die enzymatische Pyruvatoxydation heranziehen, so ist zu beachten, daß entsprechend der Bilanz [Reaktionsgleichung (29)] 2 M Pyruvat für die Bildung von 1 M Acetyl-phosphat verbraucht werden. Die Bestimmung der Brenztraubensäure kann nach Enteiweißung der Proben mit Trichloressigsäure entsprechend der Vorschrift von FRIEDEMANN (Methode mit 2,4-Dinitrophenylhydrazin) erfolgen[7,8]. Auch die optisch-enzymatische Bestimmung der Brenztraubensäure[9] mit DPNH und LDH kann hier herangezogen werden.

e) Spektrophotometrische Bestimmung der Pyruvatdehydrogenase aus Bakterien nach KORKES[10].

Prinzip:

Entsprechend Reaktion [Gleichung (22)] läßt sich auch die stöchiometrische Bildung von reduziertem Diphosphopyridinnucleotid an Hand der charakteristischen Lichtabsorption bei 340 bzw. 366 mμ zur Bestimmung der Enzymaktivität heranziehen. Dies setzt allerdings voraus, daß die zu testenden Präparate keine größeren Mengen an DPNH-Oxydase oder Milchsäuredehydrogenase (wie etwa im Muskelgewebe) enthalten.

---

[1] KORNBERG, A.; in: Colowick-Kaplan, Meth. Enzymol., Bd. I, S. 441.
[2] BEISENHERZ, G., H. J. BOLTZE, T. BÜCHER, R. CZOK, K. H. GARBADE, E. MEYER-ARENDT u. G. PFLEIDERER: Z. Naturforsch. **8** b, 555 (1953).
[3] STADTMAN, E. R.: J. biol. Ch. **196**, 527 (1952).
[4] STADTMAN, E. R.; in: Colowick-Kaplan, Meth. Enzymol., Bd. I, S. 596.
[5] WARBURG, O., u. W. CHRISTIAN: B. Z. **310**, 384 (1941).
[6] LOWRY, O. H., N. J. ROSEBROUGH, A. L. FARR and R. J. RANDALL: J. biol. Ch. **193**, 265 (1951).
[7] FRIEDEMANN, T. E., and G. E. HAUGEN: J. biol. Ch. **147**, 415 (1943).
[8] FRIEDEMANN, T. E.; in: Colowick-Kaplan, Meth. Enzymol., Bd. III, S. 414. — s. a. dieses Handbuch, Bd. V, S. 108.
[9] BÜCHER, T., R. CZOK, W. LAMPRECHT u. E. LATZKO; in: BERGMEYER, H.-U. (Hrsgb.): Methoden der enzymatischen Analyse. S. 253. Weinheim/Bergstr. 1962.
[10] KORKES, S.; in: Colowick-Kaplan, Meth. Enzymol., Bd. I, S. 490.

Für die Bestimmung der Pyruvatoxydase aus Bakterien findet sich folgende Methode beschrieben[1].

Reagentien:

1. 1 m Kaliumphosphatpuffer, p_H 7,0.
2. 0,01 m $MgCl_2$.
3. 0,001 m CoA.
4. 0,01 m DPN.
5. 0,1 m Glutathion-SH.
6. 0,01 m Thiaminpyrophosphat.
7. 0,05 m Kaliumpyruvat.

Ausführung:

Testansatz (in μM): Kaliumphosphatpuffer, p_H 7,0 (200); $MgCl_2$ (0,3); CoA (0,1); DPN (0,4); Glutathion-SH (10); Thiaminpyrophosphat (0,2); Kaliumpyruvat (5,0): entsprechende Mengen an Enzym (Fraktion A und B). Die Anfangsgeschwindigkeit der DPNH-Bildung wird spektrophotometrisch bei 340 bzw. 366 mμ verfolgt. Aus den molaren Extinktionskoeffizienten[2] von DPNH ($\varepsilon_{340} = 6{,}2 \times 10^6$; $\varepsilon_{366} = 3{,}30 \times 10^6$) läßt sich der Umsatz von Pyruvat in μM pro Std berechnen.

Standardisierung. Als eine Enzymeinheit wird diejenige Proteinmenge standardisiert, die in 1 Std 1 μM Pyruvat dehydriert.

Um die Beeinträchtigung des optischen Testes durch LDH, die sich aus den Enzympräparaten meist schwer abtrennen läßt, auszuschalten, kann man den Bestimmungsansatz so wählen, daß Pyruvat bei Überschuß von Lactat und LDH enzymatisch erzeugt wird[3]:

$$\text{L-Lactat} + DPN^+ \rightleftharpoons \text{Pyruvat} + DPNH + H^+ \qquad (28\,a)$$

Aus der Summe der Reaktionen Gl. (22) und (28a) ergibt sich folgende Bilanzreaktion:

$$\text{L-Lactat} + 2\,DPN^+ + \text{CoA} \rightarrow \text{Acetyl-CoA} + 2\,DPNH + 2\,H^+ + CO_2 \qquad (30)$$

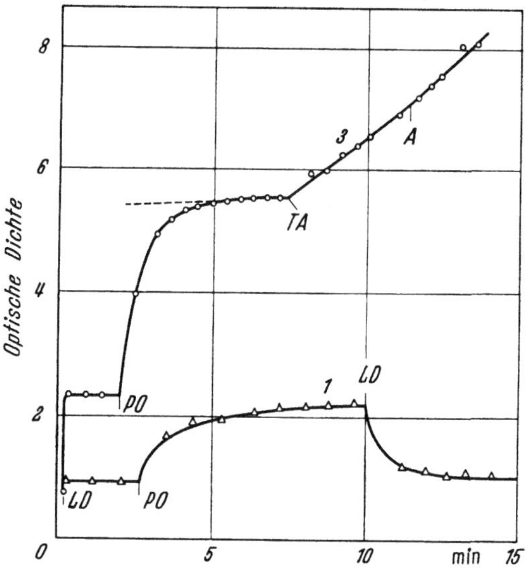

Abb. 10. Die Bildung von DPNH im Zuge der Pyruvat-Dehydrierung (nach[3]). Experiment Kurve 1: Der Ansatz enthielt 15 μM Lithiumpyruvat, 0,3 μM DPN, 100 μg Cocarboxylase, 20 μM $MgCl_2$, 50 μM Cystein und 30 E Coenzym A in 3 ml 0,03 m Phosphatpuffer, p_H 6,0. Kurve 3: 250 μM Natriumlactat, 0,7 μM DPN, 100 μg Cocarboxylase, 20 μM $MgCl_2$, 50 μM Cystein und 110 E Coenzym A in 3 ml 0,015 m Pyrophosphatpuffer, p_H 8,5. Lactat-Dehydrogenase (LD), 13 E; Pyruvat-Dehydrogenase (PO), Phosphotransacetylase (TA) und 50 μM Arsenat (A) wurden zu den angegebenen Zeiten zugesetzt.

Der Verlauf des optischen Testes bei Einsatz von Pyruvat (Kurve 1) und von Lactat + LDH (Kurve 3) ist in Abb. 10 wiedergegeben. Die Beschleunigung der Reaktion durch Zusatz von Phosphotransacetylase (TA) und Arseniat (A) erklärt sich durch die Freisetzung von CoA und durch die Arsenolyse von Acetylphosphat. Die Zusammensetzung der Testmischungen ist der Legende zu Abb. 10 zu entnehmen.

f) Bestimmung der Pyruvatoxydation mit Ferricyanid.

Prinzip:

Bei Verwendung künstlicher Elektronenacceptoren, wie Ferricyanid, Dichlorphenolindophenol u.a., verläuft die Pyruvatdehydrierung nicht unter Beteiligung von DPN und CoA und führt dementsprechend nicht zu Acetyl-CoA, sondern zu Acetat[4]:

$$CH_3COCOO^- + 2\,Fe(CN)_6^{---} + 2\,HCO_3^- \rightarrow CH_3COO^- + 2\,Fe(CN)_6^{----} + 3\,CO_2 + H_2O \qquad (31)$$

Die Beobachtung der Reaktion in Anwesenheit von Ferricyanid erfaßt somit nicht die Gesamtheit der CoA-abhängigen Pyruvatoxydation. Sie kann aber für Untersuchun-

[1] Korkes, S.; in: Colowick-Kaplan, Meth. Enzymol., Bd. I, S. 490.
[2] Hohorst, H. J.: B. Z. **328**, 509 (1957).
[3] Littlefield, J. W., and D. R. Sanadi: J. biol. Ch. **199**, 65 (1952).
[4] Stumpf, P. K., K. Zarudnaya and D. E. Green: J. biol. Ch. **167**, 817 (1947).

gen an Geweben, die ausschließlich über den CoA-abhängigen Mechanismus verfügen, herangezogen werden. Für die Bestimmung der Pyruvatdehydrogenase aus Taubenbrustmuskel wurde ein Verfahren ausgearbeitet, das auf der manometrischen Messung des gemäß Reaktion Gl. (31) entwickelten CO_2 beruht und sich durch besondere Empfindlichkeit auszeichnet[1].

Reagentien:

1. Stammlösung aus 0,5 ml 0,2 m Lithiumpyruvat, 0,1 ml 0,5 m $NaHCO_3$, 0,1 ml 0,2 m $MgCl_2$, 0,1 ml Cocarboxylase (0,2%ige Lösung von Thiaminpyrophosphat, kurz vor Gebrauch auf p_H 6 neutralisiert). Diese Lösung wird mit CO_2 gesättigt und im Eisschrank fest verschlossen aufbewahrt.
2. 0,5 m $K_3[Fe(CN)_6]$.
3. Pyruvatoxydase.

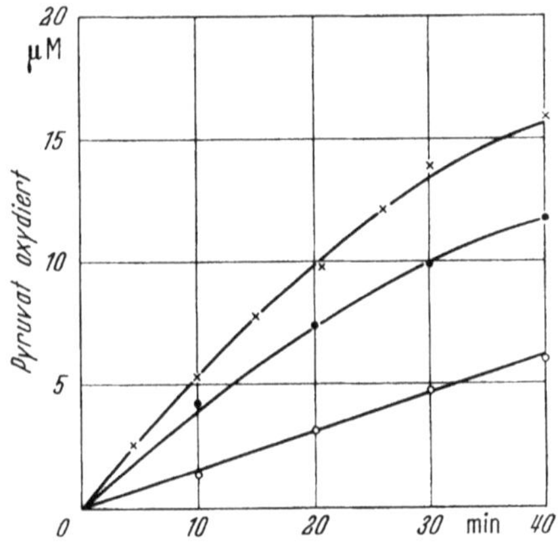

Abb. 11. Oxydation von Pyruvat in Anwesenheit verschiedener Elektronen-Acceptoren (nach[1]). Kurve 1(×): Standardsystem mit Ferricyanid, wie im Text beschrieben. Kurve 2(•): Oxydationsgeschwindigkeit in einem System mit Methylenblau folgender Zusammensetzung: 100 μM Lithiumpyruvat, 20 μM $MgCl_2$, 100 μM Phosphatpuffer, p_H 7,5, 200 μg Cocarboxylase, 3 E krist. Katalase, 0,2 ml NaOH (6 n) im Mitteltrog und 600 μg Methylenblau im Seitenarm. Endvolumen 3 ml. Die Gefäße wurden 3 min mit O_2 durchströmt, 10 min zum Temperaturausgleich geschüttelt und dann der Farbstoff eingekippt. Kurve 3 (○) zeigt die Geschwindigkeit des O_2-Verbrauches. Hier waren dieselben Bedingungen wie in Kurve 2, jedoch ohne Farbstoff. In allen Fällen wurde der Pyruvatverbrauch aus den Manometerausschlägen berechnet. Als Enzym diente ein Präparat aus Taubenbrustmuskel (50 E) mit der spezifischen Aktivität 30.

Ausführung:

Testansatz für die manometrische Bestimmung. Übliche WARBURG-Gefäße werden in folgender Reihenfolge beschickt: Wasser für ein Endvolumen von 3,0 ml, 0,8 ml Stammlösung, 0,2 ml $K_3[Fe(CN)_6]$ (in den Seitenarm des Troges) und zuletzt etwa 50 Enzymeinheiten Pyruvatoxydase. Die Gefäße werden 5 min mit reinem CO_2 durchströmt. Nach 10 min Temperaturausgleich setzt man die Reaktion durch Einkippen des Ferricyanids in Gang und liest die Gasentwicklung in Abständen von 5 min über 1/2 Std ab. Versuchstemperatur 38° C. p_H 6,0.

Standardisierung. Eine Enzymeinheit entspricht nach diesem Vorgehen der Entwicklung von 1 μM CO_2 pro Std. Beim Vergleich mit anderen Verfahren ist darauf zu achten, daß entsprechend Gl. (31) pro 1 M Pyruvat 3 M CO_2 gebildet werden. Die spezifische Aktivität wird durch die in 1 mg Protein enthaltenen Enzymeinheiten ausgedrückt.

An Stelle von Ferricyanid können auch andere Elektronenacceptoren, wie Methylenblau oder Sauerstoff, eingesetzt werden. In Abb. 11 ist die Reaktionskinetik mit verschiedenen Acceptoren verglichen. Pyruvatoxydase aus Schweineherz zeigt in diesem System keine Reaktion.

2. Die oxydative Decarboxylierung von α-Ketoglutarsäure zu Succinyl-CoA (α-Ketoglutarat-Dehydrogenase-Komplex).

[1.2.4.2 2-Ketoglutarat: Lipoat-Oxydoreductase (acceptor-acylierend).]

Die Umwandlung von α-Ketoglutarat in Succinyl-CoA stellt einen wichtigen Reaktionsschritt im Verlauf des Citronensäurecyclus dar, der mit der Erzeugung von Adenosintriphosphat auf dem Wege einer Substratphosphorylierung verknüpft ist (vgl. S. 41, P-Enzym). Außerdem wird dabei Succinyl-CoA, die Muttersubstanz für die Synthese des Porphyrinringes, gebildet.

Der Mechanismus der oxydativen Decarboxylierung der α-Ketoglutarsäure kann grundsätzlich als identisch mit den für die Brenztraubensäureoxydation beschriebenen

[1] STUMPF, P. K., K. ZARUDNAYA and D. E. GREEN: J. biol. Ch. **167**, 817 (1947).

Vorgängen angesehen werden. Die Gesamtreaktion nimmt folgenden Verlauf:

$$\alpha\text{-Ketoglutarat} + DPN^+ + CoASH \underset{\alpha\text{-Liponsäure}}{\overset{TPP,\, Mg^{++}}{\rightleftharpoons}} \text{Succinyl-CoA} + DPNH + H^+ + CO_2 \quad (32)$$

Auch hier sind die Coenzyme DPN, CoA, TPP und α-Liponsäure, sowie die Anwesenheit von Mg^{++} erforderlich[1]. Dephospho-CoA kann CoA nur in hohen Konzentrationen ersetzen (0,1—0,2 μM/ml)[2].

In Analogie zu der CoA-abhängigen Dehydrierung von Pyruvat erscheint auch hier die Annahme folgender Einzelreaktionen gerechtfertigt: a) Bildung einer „aktiven" Zwischenstufe aus dem Decarboxylierungsprodukt von α-Ketoglutarat und Thiaminpyrophosphat (Succinaldehydsäure-TPP); b) Übertragung des Bernsteinsäurehalbaldehyds unter gleichzeitiger Dehydrierung auf α-Liponsäure, wobei Succinyldihydroliponsäure gebildet wird; c) Transacylierung auf CoA, wobei Succinyl-CoA entsteht; d) Reoxydation der Dihydroliponsäure durch Dihydroliponsäuredehydrogenase.

Vorkommen. Das Enzym für die CoA-abhängige Dehydrierung der α-Ketoglutarsäure wurde in Muskelgewebe[1, 3–6], sowie in zahlreichen Mikroorganismen[7–10] aufgefunden. Die eingehendsten Untersuchungen über die Natur des Enzyms wurden an Präparaten aus Schweineherz oder aus *E. coli* durchgeführt. Man kann hieraus schließen, daß es sich auch bei diesem Enzym um einen multifunktionellen Proteinkomplex handelt, der als makromolekulare Einheit den gesamten Umwandlungsprozeß katalysiert. Als Einzelenzym konnte sowohl aus dem Komplex aus Herzmuskel[11–13], als auch aus *E. coli*[14] Dihydroliponsäuredehydrogenase, ein gelbes Enzym mit FAD als Wirkungsgruppe, abgetrennt werden. Allem Anschein nach ist das Enzym aus Schweineherz mit der Diaphorase identisch[15]. Im folgenden wird das Anreicherungsverfahren des α-Ketoglutaratdehydrogenase-Komplexes aus Schweineherz, sowie aus *E. coli* wiedergegeben.

a) Darstellung der α-Ketoglutarat-Dehydrogenase aus Schweineherz nach KAUFMAN[4].

Extraktion. Schweineherzen, die unmittelbar nach dem Tod der Tiere entnommen wurden, werden in Eis gepackt. Sie können frisch oder nach längerem Lagern im eingefrorenen Zustand verwendet werden. Alle Schritte werden bei 0° C durchgeführt, wenn nicht anders angegeben. Die Herzen werden von Fett und Bindegewebe freipräpariert und im Starmix zerkleinert. Das zerkleinerte Gewebe wird mit kaltem Wasser gewaschen, bis die Waschungen fast farblos sind. Das Gewebe wird durch Gaze ausgedrückt und der Rückstand mit dem gleichen Volumen 0,05 m K-phosphatpuffer, p_H 7,4, in 0,2 m KCl, homogenisiert. Nach 5 min wird die zweifache Menge an KCl-Pufferlösung zugegeben und nochmals 15 min homogenisiert. Das Homogenat wird bei 18000 × g 45 min zentrifugiert und der Niederschlag verworfen.

Erste Ammoniumsulfatfällung. Dem Extrakt wird langsam Ammoniumsulfat bis 50% Sättigung zugegeben. Nach 30 min mechanischem Rühren wird der Niederschlag

[1] STUMPF, P. K., K. ZARUDNAYA and D. E. GREEN: J. biol. Ch. **167**, 817 (1947).
[2] BRENNER-HOLZACH, O., u. F. LEUTHARDT: Helv. **39**, 1790 (1956).
[3] KAUFMAN, S., C. GILVARG, O. CORI and S. OCHOA: J. biol. Ch. **203**, 869 (1953).
[4] KAUFMAN, S.; in: Colowick-Kaplan, Meth. Enzymol., Bd. I, S. 714.
[5] SANADI, D. R., J. W. LITTLEFIELD and R. M. BOCK: J. biol. Ch. **197**, 851 (1952).
[6] HIFT, H., L. OUELLET, J. W. LITTLEFIELD and D. R. SANADI: J. biol. Ch. **204**, 565 (1953).
[7] HAGER, L. P., J. D. FORTNEY and I. C. GUNSALUS: Fed. Proc. **12**, 213 (1953).
[8] KOIKE, M., J. L. REED and W. R. CARROLL: J. biol. Ch. **235**, 1924 (1960).
[9] REED, L. J., and B. G. DE BUSK: J. biol. Ch. **199**, 873, 881 (1952).
[10] LINDSTROM, E. S.: J. Bact. **65**, 565 (1953).
[11] MASSEY, V.: Biochim. biophys. Acta **32**, 286 (1959).
[12] MASSEY, V.: Biochim. biophys. Acta **37**, 314 (1960).
[13] SEARLS, R. L., and D. R. SANADI: Proc. nat. Acad. Sci. USA **45**, 697 (1959).
[14] KOIKE, M., P. C. SHAH and L. J. REED: J. biol. Ch. **235**, 1939 (1960).
[15] MASSEY, V.: Biochim. biophys. Acta **30**, 205 (1958).

bei 18000×g 30 min zentrifugiert. An Stelle des Zentrifugierens kann auch durch ein Faltenfilter (Reeve Angle No. 802) filtriert werden. Der Niederschlag wird in 0,033 m K-phosphatpuffer, p_H 7,4, aufgenommen und anschließend über Nacht gegen den gleichen Puffer dialysiert. Vor der Dialyse wird gewöhnlich zur Enzymlösung Jodacetat in einer Endkonzentration von 0,001 m zugegeben.

Zweite Ammoniumsulfatfällung. Nach Abzentrifugieren unlöslichen Proteins wird die Lösung, die 20—30 mg Protein/ml enthält, mit Wasser auf 10 mg/ml verdünnt. Durch tropfenweise Zugabe einer 1 n KOH wird p_H auf 7,4 eingestellt. Nach Zusatz von $(NH_4)_2SO_4$ bis 70% Sättigung wird der Niederschlag nach Zentrifugieren bei 18000×g in 0,033 m K-phosphatpuffer, p_H 7,4, gelöst (0—30-Fraktion).

Zum Überstand wird festes $(NH_4)_2SO_4$ bis 42% Sättigung gegeben, der Niederschlag verworfen. Anschließend wird das Protein des klaren Überstandes mit $(NH_4)_2SO_4$ bis 70% Sättigung ausgefällt und der Niederschlag nach Zentrifugieren in K-phosphatpuffer wie oben gelöst (42—70-Fraktion). Die beiden Fraktionen 0—30 und 42—70 werden über Nacht gegen 0,033 m K-phosphatpuffer, p_H 7,4, dialysiert. Die 0—30-Fraktion, die die Dehydrogenase- und die Succinyl-CoA-Deacylase-Aktivität enthält, wird gewöhnlich mehrere Tage eingefroren, bevor sie weiter fraktioniert wird. Nach dem Auftauen wird inaktives Protein abzentrifugiert und der Niederschlag verworfen. Wenn das so entfernte Protein mindestens 50% der Ausgangsproteinmenge ausmacht, kann die anschließende Äthanolfraktionierung weggelassen werden. Die 42—70-Fraktion enthält das P-Enzym (vgl. S. 42).

Äthanolfraktionierung. Die eiskalte, klare Enzymlösung wird mit 0,033 m K-phosphatpuffer, p_H 7,4, auf eine Proteinkonzentration von 10 mg/ml verdünnt. Dann wird tropfenweise auf —30° C vorgekühltes Äthanol bis zu 10 Vol.-% unter mechanischem Rühren zugegeben, wobei die Temperatur auf —4° C gehalten wird. Nach dem Zentrifugieren bei —4° C wird der Niederschlag verworfen. Der Überstand wird allmählich auf —7° C abgekühlt und Alkohol in der oben beschriebenen Weise bis zu 20 Vol.-% zugesetzt. Der Niederschlag wird bei —7° C zentrifugiert und danach in 0,033 m K-phosphatpuffer, p_H 7,4, aufgenommen. Zur Entfernung des Äthanols wird gegen den gleichen Puffer dialysiert.

Adsorption an Calciumphosphat-Gel. Die dialysierte Lösung verdünnt man auf eine Proteinkonzentration von 10—15 mg/ml mit 0,033 m Phosphatpuffer. Nun wird 0,1 Vol. Calciumphosphat-Gel zugesetzt und nach 10 min mechanischem Rühren das Gel abzentrifugiert und verworfen. Nach Zugabe von 0,3 Vol. Calciumphosphat-Gel zum Überstand zentrifugiert man nach 10 min Rühren und verwirft den Überstand, der frei von Dehydrogenase ist.

Fraktionierte Elution. Zunächst wird das Gel unter Rühren 10 min mit 0,1 m K-phosphatpuffer eluiert. Die Puffermenge entspricht dem Volumen der Ausgangsenzymlösung. Diese Fraktion enthält die Succinyl-CoA-Deacylase, die frei von Dehydrogenase ist. Anschließend wäscht man das Gel mit dem gleichen Volumen 0,1 m Puffer, p_H 7,4, und eluiert dann mit 0,2 m K-phosphatpuffer, p_H 8,0. Dieses Eluat enthält die Dehydrogenase mit Spuren von Deacylase. Bei ein- oder zweimaliger Wiederholung der Gel-Adsorption kann eine von Deacylase freie Dehydrogenase gewonnen werden. Das Präparat enthält keine Milchsäure-Dehydrogenase. Die Anreicherung ist auf dieser Stufe 140fach. Einen Überblick über das gesamte Reinigungsverfahren gibt Tabelle 8.

Für die Isolierung der α-Ketoglutarat-Dehydrogenase aus Schweineherz wurde außerdem ein Verfahren beschrieben[1], das im Bd. VI/C, S. 495 wiedergegeben ist.

Eigenschaften des Herzmuskelenzyms. Nach dem elektrophoretischen Verhalten und Studien an der Ultrazentrifuge erwies sich das hochgereinigte Protein zu 90% als einheitlicher Eiweißkörper, dem ein Molekulargewicht von 2 Mill. zukommt. Das Enzym enthält

[1] SANADI, D. R., J. W. LITTLEFIELD and R. M. BOCK: J. biol. Ch. **197**, 851 (1952).

Tabelle 8. *Anreicherung der α-Ketoglutarat-Dehydrogenase aus Schweineherz* (Aufarbeitung von 2140 g Herzmuskel, nach KAUFMAN[1]).

Schritt	Volumen ml	Enzym E	Protein mg	Spezifische Aktivität E/mg Protein	Ausbeute %
Extrakt	5200	265	88000	0,003	100
1. AS-Fraktionierung (0—50) . .	890	215	16550	0,013	81
2. AS-Fraktionierung (0—30) . .	196	165	7850	0,021	62
Äthanol-Fraktionierung (10—20)	172	82	1860	0,044	31
Ca-phosphat-Gel-Elution, p_H 8,0	60	45	108	0,42	17

etwa 6 M α-Liponsäure und 1 M Thiaminpyrophosphat pro Mol Protein fest gebunden, dagegen kein DPN oder CoA. Die reinsten Präparate sind frei von Lactatdehydrogenase, Äpfelsäuredehydrogenase, Glutaminsäuredehydrogenase und Isocitricodehydrogenase, dagegen enthalten sie noch Restaktivitäten von Pyruvatdehydrogenase.

In Rattenherz-Sarkosomen wird die α-Ketoglutaratdehydrierung durch Parapyruvat auf der Stufe der Succinylliponsäure gehemmt[2,3].

Abtrennung der Dihydroliponsäure-Dehydrogenase.

Durch weitere Reinigung der α-Ketoglutarat-Dehydrogenase nach [1] konnte Dihydroliponsäure-Dehydrogenase vom Enzymkomplex abgetrennt werden, allerdings nur in sehr geringer Menge des gesamten Proteins. Die Trennung[4] wurde an einer Cellulose-Säule und Calciumphosphat-Gel durchgeführt, wobei mit 0,1 m Phosphatpuffer, p_H 7,6, beträchtliche Verunreinigungen entfernt werden. Die gelbgefärbte Zone — bestehend aus freier und im α-Ketoglutarat-Dehydrogenase-Komplex gebundener Diaphorase — wurde mit 0,1 m Phosphatpuffer, p_H 7,6, enthaltend 4% (w/v) $(NH_4)_2SO_4$, eluiert. Die der gelben Bande dicht vorauslaufende Fraktion zeigte allein keine α-Ketoglutarat-Dehydrogenaseaktivität; die Dehydrierung setzte jedoch ein, sobald gereinigte Diaphorase zugesetzt wurde.

Die Hauptmenge des α-Ketoglutarat-Dehydrogenase-Komplexes ließ sich auf dem beschriebenen Wege nicht in Einzelfraktionen auftrennen. Das Protein wurde weiter gereinigt durch Ammoniumsulfatfällung im Bereich zwischen 0,3 und 0,35 Sättigung und anschließende Sedimentation (100 min) in der Spinco-Ultrazentrifuge (Rotor Nr. 40). Der hellgelbe, stark fluorescierende Niederschlag zeigte alle Eigenschaften der gereinigten Diaphorase und wies, die Oxydation von α-Ketoglutarat betreffend, eine enzymatische Aktivität von 12,2 μM/min pro mg Protein auf (gemessen im optischen Test bei 25° C).

***b) Isolierung der α-Ketoglutarat-Dehydrogenase aus E. coli nach* KOIKE *u. Mitarb.*[5].**

Die Anreicherung des α-Ketoglutarat-Dehydrogenase-Komplexes aus *E. coli* durch Protaminsulfatfällung und seine Abtrennung vom Pyruvat-Dehydrogenase-Komplex durch fraktionierte Säurefällung wurde schon an anderer Stelle ausführlich beschrieben (vgl. S. 28). Einen Überblick über das Reinigungsverfahren gibt Tabelle 9.

Eigenschaften des Bakterienenzyms. Die reinsten Fraktionen des α-Ketoglutarat-Dehydrogenase-Komplexes aus *E. coli* erwiesen sich elektrophoretisch und in Untersuchungen an der Ultrazentrifuge als nahezu einheitlich. Das Molekulargewicht des Proteins wurde zu 2,4 Mill. berechnet. Wie beim Pyruvat-Dehydrogenase-Komplex handelt es sich auch bei diesem Enzym um ein gelbes Ferment mit FAD als Wirkungsgruppe. Das

[1] KAUFMAN, S.; in: Colowick-Kaplan, Meth. Enzymol., Bd. I, S. 714.
[2] MONTGOMERY, C. M., and J. L. WEBB: J. biol. Ch. **221**, 347 (1956).
[3] MONTGOMERY, C. M., A. S. FAIRHURST and J. L. WEBB: J. biol. Ch. **221**, 369 (1956).
[4] MASSEY, V.: Biochim. biophys. Acta **32**, 286 (1959).
[5] KOIKE, M., J. L. REED and W. R. CARROLL: J. biol. Ch. **235**, 1924 (1960).

Tabelle 9. *Anreicherung des α-Ketoglutarat-Dehydrogenase-Komplexes aus E. coli* (nach Koike u. Mitarb.[1]).

Fraktion	Gesamt-protein mg	Spezifische Aktivität Ferri-cyanidtest	Ausbeute %	Dihydro-liponsäure-Dehydro-genase	Lipon-säuregehalt µg/mg Protein
Verdünnter Extrakt . .	36000	0,5	100	13	0,01
Protamin-Eluat	1230	11	70	200	0,23
Pellet 1	240	35	44	1020	1,12
Fällung A (p_H 6,0—5,6)	72	90	35	1364	1,12
Fällung A_1 (p_H 6,0—5,7)	45	112	27	1420	1,19
Pellet A_2	16	102		1386	1,12
Pellet A_3	10	118		1420	1,12

Absorptionsspektrum ist aus Abb. 12 zu ersehen. Das Enzym enthält Liponsäure und FAD im Verhältnis 1:1 fest gebunden.

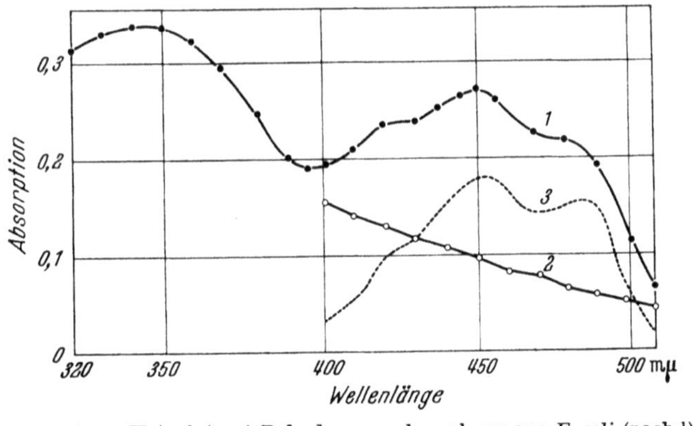

Abb. 12. Absorptionsspektrum des α-Ketoglutarat-Dehydrogenasekomplexes aus *E. coli* (nach [1]). Die Lösung enthielt 1,0 mg Protein (Pellet A 3, vgl. Tabelle 10) in 0,25 ml 0,02 m Phosphatpuffer, p_H 7,0. Kurve 1: oxydiert, Kurve 2: nach Zugabe von Dithionit, Kurve 3: Differenzspektrum.

Bestimmungsmethoden.

a) Spektrophotometrischer Test mit Succinyl-CoA-Deacylase[2,3].

Prinzip:

Entsprechend Reaktion Gl. (32) geht die Oxydation von α-Ketoglutarat mit der Hydrierung von DPN einher, wobei die typische Absorptionsbande des DPNH bei 340 mµ auftritt. Durch Zusatz des Enzyms Succinyl-CoA-Deacylase wird die hydrolytische Spaltung

$$\text{Succinyl-CoA} + H_2O \rightarrow \text{Succinat} + \text{CoASH} \quad (33)$$

und damit die katalytische Beteiligung des CoA an der Gesamtreaktion ermöglicht, so daß man mit sehr kleinen CoA-Mengen auskommt.

Reagentien:

1. 0,0013 m CoA-Lösung.
2. 1,0 m Kaliumphosphatpuffer, p_H 7,4.
3. 0,0027 m DPN.
4. 0,083 m L-Cystein.
5. 0,25 m Kalium-α-ketoglutarat.
6. Gereinigte Succinyl-CoA-Deacylase nach [4] (vgl. S. 48).

[1] Koike, M., J. L. Reed and W. R. Carroll: J. biol. Ch. **235**, 1924 (1960).
[2] Gergely, J., P. Hele and C. V. Ramakrishnan: J. biol. Ch. **198**, 323 (1952).
[3] Kaufman, S.; in: Colowick-Kaplan, Meth. Enzymol., Bd. I, S. 714.
[4] Gergely, J.; in: Colowick-Kaplan, Meth. Enzymol., Bd. I, S. 602.

Die Lösungen von CoA, DPN und α-Ketoglutarat werden in gefrorenem Zustand aufbewahrt. Die Cysteinlösung muß jeweils vor Versuch mit KOH neutralisiert werden.

Ausführung:

In eine Küvette mit der Schichtdicke 1 cm (bei der Wellenlänge $\lambda = 366$ mμ kann Normalglas verwendet werden) gibt man von jeder Lösung 0,1 ml und füllt mit Wasser auf ein Volumen von 2,9 ml auf. Die Reaktion wird durch Einpipettieren von α-Ketoglutarat gestartet. Die Ablesung erfolgt in mindestens vier aufeinanderfolgenden Abständen von je 15 sec, wobei möglichst auf Temperaturkonstanz zu achten ist.

Standardisierung. Eine Enzymeinheit katalysiert die Oxydation von 1,0 μM α-Ketoglutarsäure pro min unter den angegebenen Bedingungen. Unter Annahme eines molaren Extinktionskoeffizienten von DPNH[1] bei 340 mμ $\varepsilon = 6{,}22 \cdot 10^6$ ($cm^2 \times M^{-1}$) entspricht 1 μM DPNH pro 3 ml einer Extinktion von 2,07 (bezüglich der ε-Werte von DPNH vgl. auch S. 34, Fußnote[1] und Bd. VI/A, S. 293). Spezifische Aktivität = E/mg Protein.

b) Spektrophotometrischer Test mit P-Enzym.

Eine grundsätzlich analoge optische Bestimmungsmethode beruht auf der Koppelung von α-Ketoglutarsäure-Dehydrogenase mit dem P-Enzym[2]:

$$\alpha\text{-Ketoglutarat} + DPN^+ + CoASH \rightleftharpoons \text{Succinyl-CoA} + DPNH + H^+ + CO_2 \qquad (32)$$

$$\text{Succinyl-CoA} + ADP + P_a \xrightleftharpoons{\text{P-Enzym}} \text{Succinat} + ATP + CoASH \qquad (34)$$

In diesem Fall wird CoA durch das phosphorylierende Enzym regeneriert (Näheres über P-Enzym vgl. S. 41).

Reagentien:

1. 1 m Trispuffer, p_H 7,4.
2. 0,21 m Kaliumphosphatpuffer, p_H 7,4.
3. 0,1 m $MgCl_2$.
4. 0,009 m DPN.
5. 0,001 m CoA.
6. 0,083 m L-Cystein.
7. 0,25 m α-Ketoglutarat.
8. 0,01 m ADP.
9. P-Enzym (vgl. S. 41).

Ausführung:

In einer 1 cm-Küvette stellt man folgende Komponenten zusammen (in μM): Trispuffer, p_H 7,4 (100); Kaliumphosphatpuffer, p_H 7,4 (21); $MgCl_2$ (5); DPN (0,45); CoA (0,007); L-Cystein (8,3); α-Ketoglutarat (25); ADP (0,5); P-Enzym, gereinigt nach [3], etwa 0,5 mg; mit Wasser wird unter Berücksichtigung des Volumens der zu testenden Proteinfraktion auf 3,0 ml aufgefüllt. Die Ablesung erfolgt gegen eine Kontrollküvette ohne DPN und CoA.

In Abb. 13 ist die Kinetik der Enzymreaktion in Abhängigkeit von den verschiedenen Komponenten des Systems wiedergegeben.

c) Spektrophotometrischer Test mit Dichlorphenolindophenol[4].

Prinzip:

Die mit der Reduktion von Dichlorphenolindophenol einhergehende Entfärbung wird optisch bei der Wellenlänge $\lambda = 600$ mμ verfolgt. Der Test ist S. 104 im Detail beschrieben.

d) Manometrischer Test auf α-Ketoglutarsäure-Dehydrogenase nach Hunter und Hixon[5] sowie Kaufman[1].

Prinzip:

Dieser Methode liegen die folgenden Reaktionen zugrunde:

---

[1] Horecker, B. L., and A. Kornberg: J. biol. Ch. **175**, 385 (1948).
[2] Kaufman, S., C. Gilvarg, O. Cori and S. Ochoa: J. biol. Ch. **203**, 869 (1953).
[3] Kaufman, S.; in: Colowick-Kaplan, Meth. Enzymol., Bd. I, S. 714.
[4] Sanadi, D. R., and J. W. Littlefield: J. biol. Ch. **193**, 683 (1951).
[5] Hunter jr., F. E., and W. S. Hixon: J. biol. Ch. **181**, 67 (1949).

$$\alpha\text{-Ketoglutarat} + DPN^+ + CoASH \rightleftharpoons \text{Succinyl-CoA} + DPNH + H^+ + CO_2 \qquad (32)$$

$$\alpha\text{-Ketoglutarat} + DPNH + H^+ + NH_3 \overset{GSDH}{\rightleftharpoons} \text{Glutamat} + DPN^+ \qquad (35)$$

$$\text{Succinyl-CoA} + H_2O \rightarrow \text{Succinat} + CoASH \qquad (33)$$

Bilanz: $$2\,\alpha\text{-Ketoglutarat} + NH_3 + H_2O \rightarrow \text{Succinat} + CO_2 + \text{Glutamat} \qquad (36)$$

Das nach Gl. (36) gebildete CO_2 wird manometrisch bestimmt. Es handelt sich demnach um eine Dismutation der α-Ketoglutarsäure in Anwesenheit von Ammoniak und dem Enzym Glutaminsäuredehydrogenase (GSDH).

Reagentien:

1. 1 m Kaliumphosphatpuffer, p_H 7,4.
2. 0,005 m DPN.
3. 0,0013 m CoA.
4. 0,1 m L-Cystein (neutralisiert).
5. 0,5 m Kalium-α-ketoglutarat.
6. 0,5 m NH_4Cl.
7. Glutaminsäuredehydrogenase nach [1] (vgl. dieses Handb., Bd. VI/A, S. 638).

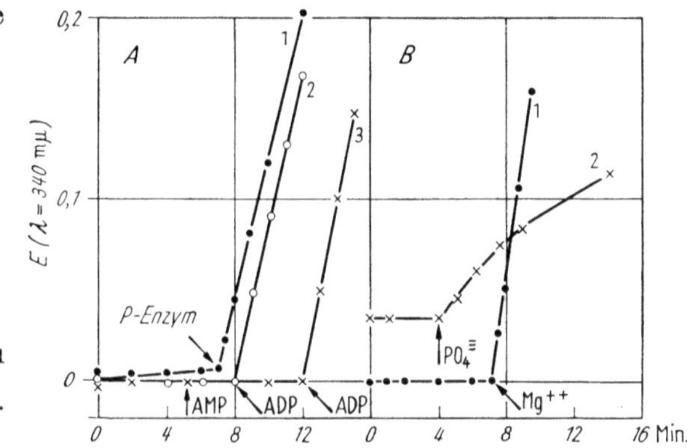

Abb. 13. Optischer Test auf α-Ketoglutarsäure-Dehydrogenase in Koppelung mit dem P-Enzym (nach [2]). Ansatz und Testbedingungen vgl. Text. Bei den Pfeilen wurden zugesetzt: *A* P-Enzym in Kurve 1; ADP in Kurve 2; in Kurve 3 wurde zuerst AMP (0,5 μM), dann ADP zugesetzt; *B*: wie *A*, doch in Kurve 1 10 μM α-Ketoglutarat, beim Pfeil Mg^{++} zugesetzt; Kurve 2: erst beim Pfeil anorganisches Phosphat zugesetzt (Enzym vorher phosphatfrei dialysiert).

Ausführung:

Folgende Komponenten gibt man in übliche WARBURG-Gefäße (Mengen in μM): Kaliumphosphatpuffer, p_H 7,4 (100); DPN (0,15); CoA (0,13); L-Cystein (neutralisiert) (10); Kalium-α-ketoglutarat (50) (Seitenarm); NH_4Cl (50); Glutaminsäure-Dehydrogenase sowie die zu testende Enzymfraktion. Endvolumen: 2,0 ml; nach Temperaturausgleich bei 25° C wird die Reaktion durch Einkippen des Substrates aus dem Seitenarm in Gang gebracht. Als eine Enzymeinheit bezeichnet man die der Entwicklung von 1 μM CO_2 pro min entsprechende Proteinmenge.

Der vorliegende manometrische Test kommt dann zur Anwendung, wenn Verunreinigungen mit DPNH-oxydierenden Enzymen oder andere Störungen den optischen Test unmöglich machen.

e) Manometrischer Test mit Ferricyanid nach SANADI *u. Mitarb.*[3].

Prinzip:

Die zugrundeliegende Reaktion verläuft identisch mit der beim Pyruvat-Dehydrogenase-Komplex beschriebenen (vgl. S. 34). Zur Stabilisierung des Enzyms wird der Zusatz von Rinderplasma-Albumin empfohlen.

3. Phosphorylierendes Enzym (P-Enzym, Succinat-Thiokinase).

[2.8.3.5 Succinyl-CoA:3-Ketosäure-CoA-transferase.]

Das P-Enzym katalysiert die Umwandlung von Succinyl-CoA in Succinat, wobei die Energie der Acyl-Mercaptanbindung direkt in die Pyrophosphatbindung des ATP transformiert wird[4]. Dieser Mechanismus, der zur einzigen „Substratphosphorylierung" im Citronensäurecyclus führt, gehorcht den folgenden Einzelreaktionen:

$$\alpha\text{-Ketoglutarat} + DPN^+ + CoASH \rightleftharpoons \text{Succinyl-CoA} + DPNH + H^+ + CO_2 \qquad (32)$$

$$\text{Succinyl-CoA} + ADP + P_a \rightleftharpoons \text{Succinat} + ATP + SHCoA \qquad (34)$$

$$\alpha\text{-Ketoglutarat} + DPN^+ + ADP + P_a \xrightarrow{CoASH} \text{Succinat} + ATP + DPNH + H^+ + CO_2 \qquad (37)$$

[1] STRECKER, H. J.; in: Colowick-Kaplan, Meth. Enzymol., Bd. II, S. 220.
[2] KAUFMAN, S., C. GILVARG, O. CORI and S. OCHOA: J. biol. Ch. **203**, 869 (1953).
[3] SANADI, D. R., J. W. LITTLEFIELD and R. M. BOCK: J. biol. Ch. **197**, 851 (1952).
[4] KAUFMAN, S.; in: McELROY, W. D., and B. GLASS (Hrsg.): Phosphorus Metabolism. Bd. I, S. 370. Baltimore 1951.

Im Gegensatz zur hydrolytischen Spaltung von Succinyl-CoA durch Succinyl-CoA-Deacylase (vgl. S. 47) wird bei der Kombination von α-Ketoglutarat-Dehydrogenase mit dem P-Enzym die freie Energie der Thioesterbindung konserviert, was für die Zellökonomie von großer Bedeutung erscheint. Es nimmt deshalb nicht wunder, daß das Enzym vor allem in Geweben mit hohem oxydativem Stoffwechsel in größerer Menge angetroffen wird. Verschiedene Forschergruppen haben sich intensiv um seine Isolierung und um die Aufklärung der reaktionskinetischen Einzelheiten bemüht. Diese Untersuchungen machen es wahrscheinlich, daß intermediär ein phosphoryliertes CoA-Derivat in Bindung an das Enzym, sowie eine Enzym-Phosphatverbindung auftritt[1]. Im Reaktionsverlauf mit dem P-Enzym aus *E. coli* soll es zur Bildung eines freien Phosphoryl-S-CoA kommen[2].

Vorkommen. P-Enzym wurde in tierischen Geweben, wie Herzmuskel[3–5], Niere[6] und Leber[6], in Spinatblättern[7] und in *E. coli*[2,8] nachgewiesen und aus einigen dieser Materialien weitgehend gereinigt. Wie sich gezeigt hat, bestehen bezüglich der Nucleotidspezifität je nach Herkunft des Enzyms gewisse Unterschiede. Während das pflanzliche Enzym entsprechend Gl. (34) mit den Adenosinphosphaten reagiert[7], werden vom Muskelenzym primär die Guanosin-, weniger lebhaft die Inosinderivate, herangezogen[6]. Die Verbindung zum Adenylsäuresystem wird hier erst in einer sekundären Reaktion durch das Enzym Nucleosiddiphosphatkinase hergestellt:

$$\text{Succinyl-CoA} + \text{GDP(IDP)} + \text{P}_a \rightleftharpoons \text{Succinat} + \text{CoA} + \text{GTP(ITP)} \tag{38}$$

$$\text{GTP(ITP)} + \text{ADP} \rightleftharpoons \text{GDP(IDP)} + \text{ATP} \tag{39}$$

a) Darstellung des P-Enzyms aus Schweineherz nach Kaufman[9].

Die bei der Isolierung der α-Ketoglutarat-Dehydrogenase anfallende Fraktion von 42—70% Ammoniumsulfatsättigung (vgl. S. 37) kann eingefroren aufbewahrt werden und dient für die Anreicherung des P-Enzyms.

Acetonfraktionierung. Die Lösung wird nach dem Auftauen klar zentrifugiert, mit Kaliumphosphatpuffer, p_H 6,8, auf eine Proteinkonzentration 10 mg/ml und auf eine Phosphatkonzentration 0,067 m eingestellt und unter Rühren auf eine Acetonsättigung 45% gebracht (— 5 bis —6° C). Das Aceton soll langsam während 20—30 min zutropfen; anschließend rührt man noch 15 min, zentrifugiert 20 min bei 600 × g und — 5° C und verwirft den Niederschlag. Der Acetongehalt der überstehenden Lösung wird bei — 9 bis —10° C auf 57% erhöht, der Niederschlag in 0,017 m Kaliumphosphatpuffer, p_H 7,4, gelöst und über Nacht gegen denselben Puffer dialysiert.

Adsorption an Aluminium-Gel. Der Proteingehalt der vorigen Lösung wird mit 0,017 m Kaliumphosphatpuffer, p_H 7,4, auf 10 mg/ml eingestellt und 6 min bei 50° C gehalten. Nach dem Abkühlen im Eisbad zentrifugiert man, bringt den Überstand mit 1 n Essigsäure auf p_H 5,7 und zentrifugiert wieder. Dann stellt man unverzüglich mit 1 m $KHCO_3$ auf p_H 6,5 ein, setzt 30% Aluminiumhydroxyd-Gel C_γ (Trockengewicht 13 mg/ml) zu und läßt 10 min bei 0° C rühren. Der Gel-Niederschlag wird einmal mit so viel 0,1 m Kaliumphosphatpuffer, p_H 7,4, gewaschen, wie dem Volumen der Lösung vor Gel-Zusatz entspricht, das Eluat verworfen. P-Enzym geht durch Verrühren des Gels mit dem gleichen Volumen 0,2 m Kaliumphosphatpuffer, p_H 8, bei Zimmertemperatur in

---

[1] Kaufman, S.: J. biol. Ch. **216**, 153 (1955).
[2] Smith, R. A., J. F. Frank and I. C. Gunsalus: Fed. Proc. **16**, 251 (1957).
[3] Kaufman, S.; in: McElroy, W. D., and B. Glass (Hrsg.): Phosphorus Metabolism. Bd. I, S. 370. Baltimore 1951.
[4] Kaufman, S., C. Gilvarg, O. Cori and S. Ochoa: J. biol. Ch. **203**, 869 (1953).
[5] Hift, H., L. Ouellet, J. W. Littlefield and D. R. Sanadi: J. biol. Ch. **204**, 565 (1953).
[6] Sanadi, D. R., D. M. Gibson, P. Ayengar and M. Jacob: J. biol. Ch. **218**, 505 (1956).
[7] Kaufman, S., and S. G. A. Alivisatos: J. biol. Ch. **216**, 141 (1955).
[8] Hager, L. P.: Am. Soc. **79**, 4864 (1957).
[9] Kaufman, S.; in: Colowick-Kaplan, Meth. Enzymol., Bd. I, S. 714.

Lösung. Das Eluat wird gegen 0,05 m KCl soweit wie möglich phosphatfrei dialysiert, da Phosphat die Enzymaktivität hemmt.

Eine Übersicht über den Anreicherungsgang gibt Tabelle 10.

Tabelle 10. *Anreicherung des P-Enzyms aus Schweineherz* (nach KAUFMAN[1]).
(2200 g gefrorener Herzmuskel wurden verarbeitet.)

Reinigungsstufe	Volumen ml	Enzym-einheiten	Protein mg	Spezifische Aktivität E/mg	Ausbeute %
Extrakt	6000	1410	47500	0,030	100
1. $(NH_4)_2SO_4$-Fällung (0—50).	990	1060	20000	0,053	75
2. $(NH_4)_2SO_4$-Fällung (42—70)	181	1242	4980	0,25	88
Acetonfällung (45—57) . . .	110	520	946	0,55	37
Gel-Eluat, pH 8,0	154	370	150	2,5	26
Zink-Äthanolfällung (20—30) .	10	180	36	5,0	13

b) Darstellung des P-Enzyms aus Schweineniere nach SANADI[2,3].

Herstellung von Acetonpulver. Der Rindenanteil von Schweinenieren wird in kleine Würfel geschnitten und in einem Starmixgerät in Portionen von 400 g mit 1,6 l kalter 0,9 %iger KCl-Lösung 40 sec homogenisiert. Während des Aufschlusses hält man durch Zugabe von 1—3 ml 6 n KOH pH von 7,5 aufrecht. Das Homogenat wird bei 1900 × g 10 min zentrifugiert und der Überstand verworfen. Der Rückstand wird mit 4,5 l 0,9 %iger KCl-Lösung gewaschen und abzentrifugiert. Er wird auf übliche Weise nach Suspension in 500 ml KCl-Lösung bei —5° C zu Acetonpulver verarbeitet. Die Ausbeute betrug 250 g Trockenpulver, das rasch bei Zimmertemperatur unter einem Luftstrom getrocknet und im Vakuum bei 5° C über P_2O_5 (nicht länger als 3 Tage) aufbewahrt wurde.

Extraktion und erste Ammoniumsulfatfällung. Das Acetonpulver (100 g) wird mit 1 l eiskaltem 0,02 m $KHCO_3$ 20 min gründlich verrührt; die Temperatur steigt dabei auf 15° C an. Alle folgenden Arbeiten wurden bei niederer Temperatur (5° C oder darunter) ausgeführt. Die Suspension wird 1 Std bei 2500 × g zentrifugiert. Der klare Überstand enthält 3500 E; spezifische Aktivität 0,35. Dazu gibt man 32 g pro 100 ml festes Ammoniumsulfat, rührt 15 min und zentrifugiert ab. Zum Filtrat gibt man weiter 23 g pro 100 ml festes Ammoniumsulfat, zentrifugiert 1 Std und löst den Niederschlag in etwa 20 ml 0,02 m Phosphatpuffer, pH 7,0. Nach Dialyse gegen denselben Puffer über 12 Std enthält die Proteinlösung 100 Enzymeinheiten, spezifische Aktivität 1,5. Diese Fraktion behält ihre Aktivität mindestens 1 Woche lang in gefrorenem Zustand.

Alkoholfällung. Die Lösung wird auf einen Proteingehalt von etwa 20 mg/ml verdünnt, mit Essigsäure auf pH 5,9 eingestellt und anschließend mit Äthanol fraktioniert. Der nach Zugabe von 33 ml 50 %igem Alkohol pro 100 ml Lösung bei 0—3° C auftretende Niederschlag wird 1 Std bei 2500 × g abzentrifugiert und verworfen. Daraufhin setzt man zu je 100 ml Filtrat 146 ml 50 %igen Alkohol (v/v) langsam zu und kühlt dabei allmählich auf —16° C. Bei dieser Temperatur, die streng eingehalten werden muß, zentrifugiert man 1 Std, löst den Niederschlag in 0,02 m Phosphatpuffer, pH 7,0, und dialysiert 12 Std gegen den gleichen Puffer. Ausbeute 2400 E; spezifische Aktivität 3,0. Die Fraktion II bleibt über mehrere Monate — eingefroren aufbewahrt — stabil.

Gel-Adsorption und Elution. Die Proteinlösung wird auf eine Konzentration von 10 mg pro ml und auf einen Phosphatgehalt 0,0108 m eingestellt und 15 mg Aluminiumhydroxyd-Gel C_γ pro 100 mg Protein zugesetzt. Nach 10 min Rühren zentrifugiert man ab und verwirft den Niederschlag. Zum Überstand gibt man 75 mg des Gels pro 100 mg der ursprünglichen Proteinmenge, rührt 20 min, zentrifugiert und verwirft den Überstand. Der Gel-Niederschlag wird mit 0,05 m Kaliumphosphatpuffer, pH 7,5, in einem

[1] KAUFMAN, S.; in: Colowick-Kaplan, Meth. Enzymol., Bd. I, S. 714.
[2] SANADI, D. R., D. M. GIBSON, P. AYENGAR and M. JACOB: J. biol. Ch. **218**, 505 (1956).
[3] MAZUMDER, R., D. R. SANADI and V. W. RODWELL: J. biol. Ch. **235**, 2546 (1960).

Glashomogenisator gleichmäßig suspendiert und mit dem gleichen Puffer auf ein Endvolumen gebracht, das dem Volumen von Fraktion II nach Verdünnung auf 10 mg Protein pro ml entspricht. Nach 20 min Rühren zentrifugiert man ab und schließt eine zweite Elution mit 0,2 m Phosphatpuffer in der beschriebenen Weise an. Dieses Eluat (Fraktion III) ist wenig stabil und wird am besten gleich weiter verarbeitet.

Acetonfällung. Die Acetonfällung wurde zwischen 2 und 5° C durchgeführt. Die Proteinkonzentration der Fraktion III wird zunächst mit 0,2 m Kaliumphosphatpuffer, p_H 6,8, auf 1,7—2,1 mg/ml eingestellt. Den p_H bringt man durch Zusatz von 1 n Essigsäure (etwa 4,5 ml pro 100 ml) auf 6,8 und setzt tropfenweise Aceton von — 10° C unter Rühren zu (88 ml pro 100 ml Lösung). Der Niederschlag wird verworfen und zum Überstand weiter unterkühltes Aceton zugegeben (33,3 ml pro 100 ml Lösung). Der Niederschlag wird in wenig 0,02 m Kaliumphosphat, p_H 7,2, aufgenommen und nochmals zentrifugiert. Die Lösung dialysiert man 2 Std gegen denselben Puffer (200fache Menge). Diese Fraktion (IV) kann über Nacht bei 0° C aufbewahrt werden.

Zweite Ammoniumsulfatfällung. Kurz vor der Fraktionierung verdünnt man die Lösung mit 0,02 m Kaliumphosphatpuffer, p_H 7,2, auf einen Proteingehalt von 2,75 mg/ml und gibt dann 321 mg festes Ammoniumsulfat pro ml Lösung zu. Nach 10 min Rühren zentrifugiert man den Niederschlag ab und verwirft ihn. Zum Filtrat setzt man weiter Ammoniumsulfat zu (94 mg pro ml des ursprünglichen Volumens von Fraktion IV), zentrifugiert nach 10 min ab und löst den Niederschlag in wenig 0,02 m Kaliumphosphatpuffer, p_H 7,2. Diese Fraktion (V) wird auf mehrere kleine Gläser aufgeteilt und in der Kühltruhe eingefroren. Haltbarkeit mindestens 1 Monat.

Eine Übersicht über den Anreicherungsgang gibt Tabelle 11.

Tabelle 11. *Anreicherung der Succinat-Thiokinase (P-Enzym) aus Schweineniere* (nach MAZUMDER u. Mitarb.[1]).

Die Anreicherung wurde mit dem optischen Test verfolgt. In Abweichung von den im Text angegebenen Bedingungen wurden die Konzentrationen von CoA und DPN auf 0,025 mg bzw. 0,5 µM pro Ansatz verringert. An Stelle von 0,05 µM GDP wurden 0,3 µM IDP eingesetzt. An der Standardisierung der Enzymeinheiten ändert sich dadurch nichts.

Fraktion	Volumen ml	Einheiten	Protein mg	Spezifische Aktivität E/mg	Ausbeute %
Acetonpulverextrakt	487	625	2843	0,22	100
I	30,7	500	981	0,51	80
II	18,0	375	341	1,1	60
III	32,2	150	58	2,6	24
IV	4,0	90	11	8,2	14,4
V	0,9	66	6	11,0	10,6

c) Darstellung des P-Enzyms aus Spinat nach KAUFMAN und ALIVISATOS[2].

Acetonpulver. Gewaschene, frische Spinatblätter werden im Starmixapparat mit dem 20fachen Volumen eiskalten Acetons homogenisiert, abgenutscht und der Kuchen nochmals wie das erste Mal mit Aceton behandelt. Das Präparat wird bei 18° C getrocknet.

Extraktion. Das Aceton-Trockenpulver extrahiert man mit dem 16fachen Volumen 0,0167 m Kaliumphosphatpuffer, p_H 7,4, (18° C) und zentrifugiert 15 min bei 18000×g und 0° C. Der Überstand muß gleich weiter verarbeitet werden.

Ammoniumsulfatfällung. Zum Filtrat gibt man festes Ammoniumsulfat bis 56% Sättigung, wobei mit verdünnter KOH p_H 7,2—7,4 eingehalten wird. Nach 30 min Stehen bei 0° C zentrifugiert man den Niederschlag hochtourig ab und setzt zum Überstand weiter Ammoniumsulfat bis 67% Sättigung zu. Dieser Niederschlag wird in 0,0167 m Kaliumphosphatpuffer, p_H 7,4, gelöst und über Nacht gegen die 50—100fache Puffermenge dialysiert.

[1] MAZUMDER, R., D. R. SANADI and V. W. RODWELL: J. biol. Ch. **235**, 2546 (1960).
[2] KAUFMAN, S., and S. G. A. ALIVISATOS: J. biol. Ch. **216**, 141 (1955).

Acetonfällung I. Der Proteingehalt der Enzymlösung wird auf 6—7 mg/ml eingestellt und Aceton (— 30 bis —40° C) tropfenweise bis 44 Vol.-% zugegeben. Dabei soll die Temperatur der Lösung auf — 7 bis —9° C sinken. Die Mischung wird über Nacht bei — 20° C stehengelassen und dann hochtourig zentrifugiert. Zum Überstand gibt man weiter Aceton bis 54% zu, rührt 20 min, zentrifugiert, nimmt den Niederschlag in sehr wenig 0,0167 m Kaliumphosphatpuffer, p_H 7, auf und dialysiert über Nacht gegen denselben Puffer. Die dialysierte Lösung friert man für 24—48 Std ein und zentrifugiert nach dem Auftauen klar. Für die erste Acetonfällung wird die Durchführung eines Vorversuches empfohlen.

Gel-Adsorption. Die Proteinlösung mit einem Gehalt von 3—4 mg/ml versetzt man mit 10 Vol.-% Aluminiumhydroxyd-Gel C_γ (Trockengewicht 19,9 mg/ml), zentrifugiert nach 10 min ab und verwirft den Niederschlag. Im Filtrat wird die Gel-Konzentration auf 20% erhöht, zentrifugiert und der Niederschlag durch Verrühren mit 0,1 m Kaliumphosphatpuffer, p_H 6,9, dessen Menge dem Volumen der Ausgangslösung entspricht, eluiert.

Acetonfällung II. Zum Gel-Eluat gibt man Aceton bis 50%, wobei die Temperatur in der Lösung — 5° C beträgt, und zentrifugiert nach 20 min hochtourig ab. Zum Filtrat setzt man weiter Aceton bis 57% zu, zentrifugiert und löst den Niederschlag in einem sehr kleinen Volumen 0,0167 m Kaliumphosphatpuffer, p_H 7,4, auf. Durch Dialyse gegen den gleichen Puffer über Nacht werden Reste von Aceton entfernt.

Eine Übersicht über den Anreicherungsgang gibt Tabelle 12.

Tabelle 12. *Isolierung von P-Enzym aus Spinat* (nach KAUFMAN und ALIVISATOS[1]) (Verarbeitung von 14400 g Spinatblättern = 720 g Acetonpulver).

Fraktion	Volumen ml	Einheiten	Protein mg	Spezifische Aktivität	Ausbeute %
Acetonpulverextrakt . . .	5000	3600	16200	0,22	100
$(NH_4)_2SO_4$-Fällung (56—67)	290	2520	1320	1,9	75
Acetonfällung I	95	2020	306	6,6	56
Gel-Eluat	105	1020	75	13,5	28
Acetonfällung II	11	720	20	36	20

Eigenschaften der verschiedenen Enzympräparate. Das Herzmuskelenzym enthält als Verunreinigung noch Myokinase, ist aber frei von ATPase, Pyrophosphatase, acetataktivierendem Enzym, CoA-Transferase, Succinyl-CoA-Deacylase und α-Ketoglutarsäure-Dehydrogenase[2]. Das Spinatenzym weist von den genannten Fremdaktivitäten nur noch ATPase auf. Beide Enzyme sind in ihrer Substratspezifität streng auf Succinat eingestellt. Bezüglich der Nucleotidspezifität vgl. oben. Mit dem pflanzlichen Enzym liegen auch Messungen über die Gleichgewichtslage, sowie kinetische Daten vor. Die Gleichgewichtskonstante der Reaktion beträgt[1]

$$K' = \frac{[\text{Succinyl-CoA}] \times [\text{ADP}] \times [\text{Pa}]}{[\text{Succinat}] \times [\text{CoASH}] \times [\text{ATP}]} = 0{,}30 \qquad (p_H\ 7{,}4;\ 20^\circ\ C)$$

Pantethein kann CoA nicht ersetzen. Folgende MICHAELIS-Konstanten wurden für das Spinatenzym gemessen: ATP 5×10^{-4} m; Succinat $1{,}5 \times 10^{-2}$ m; CoA 1×10^{-4} m; Mg^{++} $3{,}5 \times 10^{-3}$ m. Das Enzym aus Schweineniere weist — ebenso wie das Herzmuskelenzym — eine ausgesprochene Spezifität gegenüber GDP (weniger IDP) auf[3]. Folgende MICHAELIS-Konstanten wurden gemessen: IDP $3{,}8 \times 10^{-5}$ m; GDP $1{,}7 \times 10^{-5}$ m; Succinat $5{,}8 \times 10^{-3}$ m; ITP und GTP $3{,}3 \times 10^{-3}$ m; CoA $1{,}0 \times 10^{-4}$ m; Mg^{++} $1{,}9 \times 10^{-3}$ m. Das p_H-Optimum der Reaktion liegt bei 7,4. Mn^{++} kann Mg^{++} in seiner Wirkung ersetzen, nicht dagegen Zn^{++}.

[1] KAUFMAN, S., and S. G. A. ALIVISATOS: J. biol. Ch. **216**, 141 (1955).
[2] KAUFMAN, S.; in: Colowick-Kaplan, Meth. Enzymol., Bd. I, S. 714.
[3] MAZUMDER, R., D. R. SANADI and V. W. RODWELL: J. biol. Ch. **235**, 2546 (1960).

Hemmstoffe. Die Aktivität des Herzmuskelenzyms wird zu 50% durch Fluorid in einer Endkonzentration von 0,075 m gehemmt. Dagegen bleibt Vorinkubation mit 0,001 m Jodacetat ohne schädliche Wirkung[1]. Das Spinatenzym wird durch 9×10^{-3} m ATP zu 50% gehemmt.

Bestimmungsmethoden.

a) Colorimetrische Bestimmung des P-Enzyms mit Hydroxylamin nach KAUFMAN[1,2].

Prinzip:

Aus Succinat, ATP und CoA entstandenes Succinyl-CoA [Gl. (34)] setzt sich mit Hydroxylamin zu Succinhydroxamsäure um [Gl. (40)], die mit $FeCl_3$ einen charakteristischen Farbkomplex liefert[3]. In diesem System wirkt CoA katalytisch.

$$\text{Succinyl-CoA} + NH_2OH \rightarrow \text{Succinhydroxamat} + \text{CoA} \qquad (40)$$

Reagentien:

1. 1 m Trispuffer, p_H 7,4.
2. 1 m Kaliumsuccinat.
3. 0,1 m ATP.
4. 0,0013 m CoA.
5. 0,2 m Glutathion-SH (muß jedesmal vor Versuch frisch gelöst und neutralisiert werden).
6. 0,1 m $MgCl_2$.
7. 2,4 m NH_2OH. Herstellung: 3,0 ml einer 4 m Stammlösung von $NH_2OH \cdot HCl$ (die etwa 8 Tage haltbar ist) werden mit 2,0 ml 7 n KOH neutralisiert (vor jedem Versuch frisch herzustellen).
8. Eisenchloridreagens. Herstellung: gleiche Teile von 5% $FeCl_3$, 3,0 n HCl und 12% Trichloressigsäure werden gemischt.

Ausführung:

In kleinen Reagensgläsern mischt man 0,4 ml der Hydroxylaminlösung, je 0,1 ml der übrigen Reagentien und Wasser, um einschließlich der zu testenden Enzymprobe auf ein Endvolumen von 2,0 ml zu kommen. Der Ansatz wird mit dem P-Enzym gestartet und 30 min bei 37° C inkubiert. Die Reaktion wird abgestoppt durch Zugabe des Eisenchloridreagens und durch Bestimmung der Farbdichte bei 540 mμ ausgewertet[3,4]. Unter den angegebenen Bedingungen entspricht 1 μM Succinhydroxamsäure (dargestellt aus Bernsteinsäureanhydrid, vgl. S. 31) einer Extinktion von 0,61. Der Test verläuft bis 1,5 μM Succinhydroxamsäure der eingesetzten Enzymmenge proportional.

Standardisierung. In diesem Test wird als eine Einheit diejenige Enzymmenge definiert, die in 30 min bei 37° C für die Entstehung von 1 μM Succinhydroxamsäure verantwortlich ist. Die spezifische Aktivität errechnet sich aus dem Verhältnis der Enzymeinheiten pro mg Protein, letzteres nach[5] bestimmt. Die Bestimmungsmethode eignet sich auch für Messungen in rohen Gewebsextrakten. Wegen der eventuell vorliegenden hohen Eigenfärbung solcher Lösungen empfiehlt es sich aber, Blindwerte mitlaufen zu lassen, denen schon von Anfang an Eisenchloridreagens zugesetzt wurde.

b) Spektrophotometrische Bestimmung des P-Enzyms nach SANADI ***u. Mitarb.***[6].

Prinzip:

Dieses Verfahren beruht auf der aus den Reaktionen Gl. (32) und (34) resultierenden Gesamtreaktion,

$$\alpha\text{-Ketoglutarat} + DPN^+ + ADP + P_a \xrightarrow{\text{CoASH}} \text{Succinat} + DPNH + H^+ + ATP + CO_2 \qquad (37)$$

[1] KAUFMAN, S., C. GILVARG, O. CORI and S. OCHOA: J. biol. Ch. **203**, 869 (1953).
[2] KAUFMAN, S.; in: Colowick-Kaplan, Meth. Enzymol., Bd. I, S. 714.
[3] LIPMANN, F., and C. TUTTLE: J. biol. Ch. **159**, 21 (1945).
[4] STADTMAN, E. R.; in: Colowick-Kaplan, Meth. Enzymol., Bd. III, S. 228.
[5] WARBURG, O., u. W. CHRISTIAN: B. Z. **310**, 384 (1941).
[6] SANADI, D. R., D. M. GIBSON, P. AYENGAR and M. JACOB: J. biol. Ch. **218**, 505 (1956).

welche durch das Zusammenwirken von Dehydrogenase und phosphorylierendem Enzym ausgelöst wird. Hierbei wirkt CoA in katalytischen Mengen, da es bei der Succinyl-CoA-Spaltung laufend regeneriert wird. Verfolgt wird die Reduktion von DPN bei 340 mμ, deren Geschwindigkeit bei Überschuß an Dehydrogenase von der Konzentration an P-Enzym sowie von der Gegenwart von ADP und P_a abhängig ist. Im Prinzip gleicht das Bestimmungsverfahren dem optischen Test auf α-Ketoglutarat-Dehydrogenase (vgl. S. 40) mit dem Unterschied, daß hier die phosphorylierende Reaktion die Reduktionsgeschwindigkeit des DPN limitiert.

Reagentien:

1. 0,1 m α-Ketoglutarat.
2. 0,05 m DPN.
3. 0,1 m $MgCl_2$.
4. 1 m Kaliumphosphatpuffer, p_H 7,5.
5. 0,001 m CoA (vor Versuch mit 10 μM neutralisiertem Cystein 3—5 min bei 30° C vorinkubiert).
6. α-Ketoglutarat-Dehydrogenase (Herstellung siehe S. 36ff.).
7. 0,1 m ADP oder GDP.

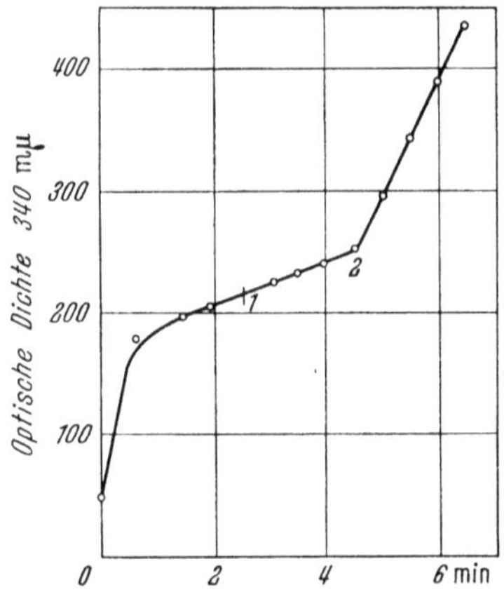

Abb. 14. Optischer Test auf P-Enzym (nach SANADI u. Mitarb.[1]). Bei *1* wurde P-Enzym, bei *2* ADP zugesetzt. Versuchsansatz vgl. Text.

Ausführung:

Folgendes Testsystem wurde beschrieben[1]: 5 μM α-Ketoglutarat, 1 μM DPN, 10 μM $MgCl_2$, 100 μM Kaliumphosphatpuffer, p_H 7,5, 0,07 μM CoA, 100—150 μg α-Ketoglutarat-Dehydrogenase, Endvolumen 3 ml. Die Extinktion bei 340 mμ wird alle 30 sec verfolgt, bis sich ein konstanter Lauf eingestellt hat. Dies ist meist nach 2—2½ min der Fall, worauf man die zu testende Enzymlösung zugibt und nochmals einige Minuten die Konstanz der Reaktionskinetik kontrolliert. Erst jetzt wird mit 2 μM ADP bzw. GDP gestartet und die Beschleunigung der Extinktionszunahme fortlaufend registriert. In Abb. 14 sind die Verhältnisse eines solchen optischen Testes wiedergegeben.

Störungen. Für die Bestimmung kann nur weitgehend von P-Enzym befreite α-Ketoglutarat-Dehydrogenase verwendet werden. In rohen Gewebsextrakten können Verunreinigungen mit Succinyl-CoA-Deacylase zu mehr oder weniger störenden „Leer"-Reaktionen führen.

Standardisierung. Eine Enzymeinheit bewirkt unter den angegebenen Bedingungen eine Extinktionsdifferenz $\Delta E_{340} = 1{,}0$ pro min. Dies entspricht der Bildung von 0,5 μM DPNH.

4. Succinyl-CoA-Deacylase.

[3.1.2.3 Succinyl-CoA-Hydrolase.]

Dieses Enzym katalysiert die hydrolytische Spaltung von Succinyl-CoA in freie Bernsteinsäure und CoA[2,3]:

$$\text{Succinyl-CoA} + H_2O \rightarrow \text{Succinat} + \text{CoASH} \qquad (33)$$

Im Gegensatz zur Phosphorylierung von Nucleosiddiphosphaten am P-Enzym (vgl. S. 41) und zur Übertragung von CoA auf Acetacetat (Thiophorasereaktion, vgl. S. 62) wird bei der Spaltung des Succinyl-CoA gemäß Gl. (33) die Energie der Thioesterbindung in Form von Wärme freigesetzt. Die physiologische Bedeutung des Enzyms, das in relativ hoher Konzentration im Herzmuskel vorkommt, ist bisher nicht zu übersehen.

Für den Biochemiker stellt die Deacylase ein willkommenes Hilfsenzym dar, wenn es darum geht, CoA aus Succinyl-CoA freizusetzen und damit in katalytischen Mengen wirksam werden zu lassen (vgl. z. B. die spektrophotometrische Bestimmung der α-Ketoglutarat-Dehydrogenase, S. 39).

[1] SANADI, D. R., D. M. GIBSON, P. AYENGOR and M. JACOB: J. biol. Ch. **218**, 505 (1956).
[2] GERGELY, J., P. HELE and C. V. RAMAKRISHNAN: J. biol. Ch. **198**, 323 (1952).
[3] KAUFMAN, S., C. GILVARG, O. CORI and S. OCHOA: J. biol. Ch. **203**, 869 (1953).

Darstellung der Succinyl-CoA-Deacylase aus Schweineherz[1,2].

Gewinnung des Rohextraktes und Säurefällung. Herzmuskel wird von Fett und Bindegewebe befreit, kleingeschnitten und mit der dreifachen Menge 0,03 m Kaliumphosphatpuffer, p_H 7,2, 2 min im Starmixgerät homogenisiert. Das Homogenat wird 30 min bei $2000 \times g$ zentrifugiert. Zum Überstand gibt man 10%ige Essigsäure bis p_H 5,4 und zentrifugiert ab.

Ammoniumsulfatfällung I. Pro 100 ml Überstand werden unter Rühren 29 g Ammoniumsulfat zugesetzt, der Niederschlag 1 Std bei $2000 \times g$ abzentrifugiert und in 0,02 m Kaliumphosphatpuffer, p_H 7,6, aufgenommen (50 ml Puffer pro Liter Ausgangsvolumen). Nach sechsstündiger Dialyse gegen denselben Puffer zentrifugiert man 1 Std bei $40000 \times g$ (Spinco Modell L, präparative Ultrazentrifuge) und verwirft den Niederschlag. Die Enzymlösung ist im eingefrorenen Zustand über mehrere Monate stabil.

Ammoniumsulfatfällung II. Pro 100 ml Proteinlösung werden 10,6 g Ammoniumsulfat zugegeben, der geringe Niederschlag wird bei $18000 \times g$ 20 min abzentrifugiert und verworfen. Zum Filtrat gibt man 11,3 g Ammoniumsulfat, zentrifugiert wie vorher und löst den Niederschlag in Puffer auf. Nach sechsstündiger Dialyse gegen denselben Puffer wird wieder 1 Std bei $40000 \times g$ zentrifugiert. Auf dieser Stufe ist das Enzym empfindlich. Deshalb sollte der nächste Schritt unverzüglich angeschlossen werden.

Calciumphosphat-Gel-Adsorption. Nach Einstellung einer Proteinkonzentration von 6—10 mg/ml werden auf 100 ml dieser Lösung 75 ml Calciumphosphat-Gel nach[3] (Trockengewicht 15 mg/ml) zugesetzt und nach 20 min Stehen 15 min bei $18000 \times g$ zentrifugiert. Die Elution erfolgt mit 0,1 m Kaliumphosphatpuffer, p_H 7,6, (100 ml pro 100 ml Ausgangslösung) und ist nach 20 min beendet. Das Eluat wird entweder gefriergetrocknet und im Exsiccator bei — 10° C aufbewahrt, oder nach Zusatz von kristallisiertem Plasmaalbumin (20 mg/ml) eingefroren gelagert. Dabei bleibt es über 3—4 Wochen voll aktiv.

Eigenschaften. Das Phosphatgel-Eluat hat bei vorschriftsmäßiger Darstellung keine Esterasewirksamkeit gegenüber Acetyl-CoA. Andere Acyl-CoA-Verbindungen scheinen bisher nicht untersucht worden zu sein. Die reinste Fraktion setzt sich aus zwei elektrophoretisch verschiedenen Komponenten zusammen, von denen die eine die gesamte Enzymaktivität enthält[4].

Das p_H-Optimum der Spaltung von Succinyl-CoA liegt bei 8,2. Pyrophosphat in einer Endkonzentration von 0,00066 m hemmt die Reaktion zu 50%, während ATP schon bei 0,00033 m eine 70%ige Hemmung bewirkt. Wie zu erwarten, ist die Umsatzgeschwindigkeit unter den Bedingungen des Bestimmungsverfahrens auch von der Konzentration an CoA abhängig, was auch als Verfahren zur Bestimmung von CoA herangezogen wurde[5] (vgl. S. 10).

Bestimmung der Succinyl-CoA-Deacylase nach GERGELY[2].

Prinzip:

Die Methode zur Bestimmung der Enzymaktivität beruht auf denselben Umsetzungen, die auch dem spektrophotometrischen Test auf α-Ketoglutarsäure-Dehydrogenase (vgl. S. 39) zugrunde liegen. Es handelt sich um die Kombination folgender Reaktionen:

$$\alpha\text{-Ketoglutarat} + DPN^+ + CoASH \xrightleftharpoons{\text{Dehydrogenase}} \text{Succinyl-CoA} + DPNH + H^+ + CO_2 \qquad (32)$$

$$\text{Succinyl-CoA} + H_2O \xrightarrow{\text{Deacylase}} \text{Succinat} + CoASH \qquad (33)$$

Wenn Dehydrogenase im Überschuß vorliegt, wird in diesem System die Reduktion von DPN in ihrer Geschwindigkeit abhängig von der Menge an Deacylaseprotein. Das Auftreten der Absorptionsbande von DPNH wird in üblicher Weise photometrisch gemessen.

[1] GERGELY, J., P. HELE and C. V. RAMAKRISHNAN: J. biol. Ch. **198**, 323 (1952).
[2] GERGELY, J.; in: Colowick-Kaplan, Meth. Enzymol., Bd. I, S. 602.
[3] KEILIN, D., and E. F. HARTREE: Proc. R. Soc. London (B) **124**, 397 (1938).
[4] KAUFMAN, S., C. GILVARG, O. CORI and S. OCHOA: J. biol. Ch. **203**, 869 (1953).
[5] KORFF, R. W. v.: J. biol. Ch. **200**, 401 (1953).

Reagentien:

1. 0,2 m α-Ketoglutarat. Herstellung: Zweimal umkristallisierte α-Ketoglutarsäure wird mit 2 m KOH neutralisiert.
2. 1,0 m Glycin-KOH-Puffer, p_H 9,0. Herstellung: Eine 1 m Lösung von Glykokoll wird mit 6 m KOH auf p_H 9,0 eingestellt.
3. Cystein-HCl, 0,1 m. Die Lösung muß vor Versuch mit 2 m KOH neutralisiert werden.
4. 0,06 m DPN, p_H 7,0.
5. CoA, 10 E/ml, p_H 7,0.
8. α-Ketoglutarsäure-Dehydrogenase, dargestellt nach [1] (vgl. S. 36) (1000—2500 E/ml).
7. Kristallisiertes Plasmaalbumin, 2%ig.

Ausführung:

In einem Reagensglas mischt man die Lösungen in folgendem Verhältnis: α-Ketoglutarat, 0,1 ml; Glycinpuffer, 0,1 ml; Cystein, 0,3 ml; Plasmaalbumin, 0,2 ml; CoA, 0,2 ml; α-Ketoglutarsäure-Dehydrogenase, 24 E; Succinyl-CoA-Deacylase, etwa 1—4 E in 0,1 ml. Mit Wasser wird ein Endvolumen von 2,9 ml eingestellt. Der Bestimmungsansatz wird nun 5 min bei 30° C inkubiert und anschließend in eine Küvette von 1 cm Schichtdicke übergeführt. Durch Zugabe von 0,1 ml der DPN-Lösung setzt man die Reaktion in Gang und liest das Auftreten der DPNH-Bande bei 340 mμ in Abständen von 30 sec ab.

Standardisierung. Eine Einheit entspricht der Proteinmenge, welche unter den angegebenen Testbedingungen eine Extinktionszunahme von $E_{340} = 0{,}01$ pro min bewirkt. Die spezifische Aktivität wird durch die Anzahl der Enzymeinheiten pro mg Protein ausgedrückt. Die Proteinbestimmung erfolgt spektrophotometrisch nach [2].

Störanfälligkeit des Testes. In rohen Gewebsextrakten kann eine DPNH-Oxydation durch anderweitige Enzyme auftreten. Eine solche Seitenreaktion kommt beispielsweise zustande durch Glutaminsäure-Dehydrogenase, die meistens in den Ausgangsextrakten enthalten ist. Durch Beseitigung von NH_4-Ionen läßt sich diese Störung ausschalten.

Weitere Deacylasen.

Im Zusammenhang mit der Succinyl-CoA-Deacylase sollen zwei Enzyme besprochen werden, denen ebenfalls die Eigenschaft der hydrolytischen Spaltung von Acyl-CoA-Verbindungen zukommt. Es handelt sich um die Acetyl-CoA-Deacylase und die Palmityl-CoA-Deacylase, beide in tierischen Geweben vorkommende und zum Teil näher charakterisierte Enzyme. Weitere Thiolesterasen, wie β-Hydroxy-β-methylglutaryl-CoA-Deacylase (vgl. S. 157) und β-Hydroxyisobutyryl-CoA-Deacylase (vgl. S. 162) sind an anderer Stelle dieser Arbeit besprochen.

5. Acetyl-CoA-Deacylase.

[3.1.2.1 Acetyl-CoA-Hydrolase.]

Ein Enzym, welches die hydrolytische Spaltung von Acetyl-CoA

$$\text{Acetyl-CoA} + H_2O \rightarrow \text{Acetat} + \text{CoASH} \qquad (41)$$

katalysiert, wurde in Herzmuskel nachgewiesen [3]. Die physiologische Bedeutung dieser Reaktion, welche zu einer Preisgabe der energetisch hochwertigen Acyl-Mercaptanbindung führt, ist noch unklar.

Darstellung der Acetyl-CoA-Deacylase nach Gergely [4].

Das Enzym läßt sich im gleichen Arbeitsgang mit der Anreicherung von Succinyl-CoA-Deacylase (vgl. S. 48) gewinnen. Nach Abtrennung des Gel-Niederschlages in Stufe 4

[1] Kaufman, S.; in: Colowick-Kaplan, Meth. Enzymol., Bd. I, S. 714.
[2] Warburg, O., u. W. Christian: B. Z. **310**, 384 (1941).
[3] Gergely, J., P. Hele and C. V. Ramakrishnan: J. biol. Ch. **198**, 323 (1952).
[4] Gergely, J.; in: Colowick-Kaplan, Meth. Enzymol., Bd. I, S. 606.

unter den dort beschriebenen Bedingungen bleibt die Acetyl-CoA-Deacylase im Überstand. Sie wird jedoch mitunter von einer Phosphatase begleitet, die Acetylphosphat spaltet. Um zu Präparaten ohne diese Verunreinigung zu kommen, kann folgender Weg eingeschlagen werden: Fraktion 1 der Succinyl-CoA-Deacylase wird auf 25° C erwärmt und mit 250 g wasserfreiem Natriumsulfat pro Liter versetzt Der Niederschlag wird abgetrennt und in 0,02 m Kaliumphosphatpuffer, p_H 7,6, gelöst. Nach Dialyse gegen denselben Puffer wird die Lösung — wie oben beschrieben — mit Calciumphosphat behandelt. Bei diesem Verfahren ist die Ausbeute an Acetyl-CoA-Deacylase geringer.

Bestimmung der Acetyl-CoA-Deacylase.

Prinzip:

Acetyl-CoA wird aus Acetylphosphat durch das Enzym Phosphotransacetylase (vgl. S. 55) erzeugt und durch die Deacylase gespalten:

$$\text{Acetyl-phosphat} + \text{CoASH} \rightleftharpoons \text{Acetyl-CoA} + P_a \quad (4)$$

$$\text{Acetyl-CoA} + H_2O \rightarrow \text{Acetat} + \text{CoASH} \quad (41)$$

Der Verbrauch an Acetylphosphat wird nach der Hydroxamsäuremethode[1] bestimmt.

Reagentien:

1. 0,1 m Lithiumacetylphosphat (Darstellung vgl. S. 60).
2. 0,1 m Cystein · HCl, kurz vor Versuch mit KOH neutralisiert.
3. CoA-Lösung, 100 E/ml.
4. Phosphotransacetylase, 300 E/ml (Darstellung vgl. S. 55).
5. Deacylase: Pro ml sollen 3—5 μM Acetylphosphat in 30 min gespalten werden; bei gereinigten Fraktionen entspricht dies einer Proteinmenge von 2—3 mg.

Ausführung:

Die Lösungen werden folgendermaßen zusammengegeben: 0,1 ml Acetylphosphat, 0,1 ml Cystein, 0,1 ml CoA und 1 ml Deacylase. Endvolumen 1,9 ml. p_H wird mit 2 m KOH auf 8,5 eingestellt und die Reaktion mit 0,1 ml Phosphotransacetylase gestartet. Alle 10 min entnimmt man Proben für die Acetylphosphat-Bestimmung nach LIPMANN und TUTTLE[1]. Als Leerwert läßt man Ansätze ohne CoA und ohne Phosphotransacetylase mitlaufen.

6. Palmityl-CoA-Deacylase.

[3.1.2.2 Palmitoyl-CoA-Hydrolase.]

In tierischen Geweben wurde ein Enzym aufgefunden, das die hydrolytische Spaltung langkettiger Acyl-CoA-Derivate katalysiert, z.B.:

$$\text{Palmityl-CoA} + H_2O \rightarrow \text{Palmitat} + \text{CoASH} \quad (42)$$

Das Enzym findet sich in Leber, Niere und Hirn der Ratte[2], in Taubenleber[3,4], in Schweinehirn[2], in Ascitestumorzellen der Maus[5], dagegen nicht in Hefezellen[2]. Die hohe Deacylaseaktivität von Hirnextrakten läßt auf eine besondere Funktion in diesem Organ schließen, jedoch ist Näheres hierüber nicht bekannt. Aus Schweinehirn wurde das Enzym knapp zehnfach angereichert[2].

Darstellung der Palmityl-CoA-Deacylase aus Schweinehirn nach SRERE ***u. Mitarb.***[2]. (Alle Operationen werden bei 3° C durchgeführt.)

Schweinehirn wurde unter Eiskühlung vom Schlachthof geholt und $1^1/_2$ min mit dem vierfachen Volumen 2 m Ammoniumsulfatlösung, p_H 7,4, — enthaltend 0,001 m Äthylendiamintetraacetat — im Starmix homogenisiert. Dem Homogenat wurde als Filtrierhilfe

[1] LIPMAN, F., and L. C. TUTTLE: J. biol. Ch. **159**, 21 (1945).
[2] SRERE, P. A., W. SEUBERT u. F. LYNEN: Biochim. biophys. Acta **33**, 313 (1959).
[3] PORTER, J. W., and A. TIETZ: Biochim. biophys. Acta **25**, 41 (1957).
[4] PORTER, J. W., and R. W. LONG: J. biol. Ch. **233**, 20 (1958).
[5] HEPP, D., u. O. WIELAND: unveröffentlicht.

Celite (60% des Hirn-Frischgewichtes) zugesetzt und die Mischung durch eine Nutsche filtriert. Der Kuchen wurde mit $^1/_5$ der ursprünglichen Menge 2 m Ammoniumsulfatlösung nachextrahiert und filtriert.

Zu den vereinigten Filtraten gibt man festes Ammoniumsulfat bis zur Sättigung 0,7, zentrifugiert bei $20000 \times g$ und löst den Niederschlag in wenig 0,067 m Kaliumphosphatpuffer, p_H 7,0.

Die Proteinlösung wird auf 0° C abgekühlt und mit 0,1 m Zinkacetatlösung bis zur Konzentration 0,01 m Zn^{++} versetzt. Dann gibt man 95%igen Alkohol bis zur Sättigung 33% zu, zentrifugiert und löst den Niederschlag in 0,067 m Kaliumphosphatpuffer, p_H 7,0, enthaltend 0,1 m Äthylendiamintetraacetat.

Der Anreicherungsgang ist in Tabelle 13 dargestellt.

Tabelle 13. *Anreicherung der Palmityl-CoA-Deacylase aus Schweinehirn* (nach SRERE, SEUBERT und LYNEN[1]).

Fraktion	Spezifische Aktivität	Gesamt-aktivität 10^6 E	Reinigung
Ammoniumsulfatextraktion . .	4000	6,3	1
70% Ammoniumsulfat-Fraktion	4900	5,0	1,2
0—33% Zink-Alkoholfällung. .	39000	0,1	9,7

Eigenschaften. *Stabilität.* Bei —20° C verlieren die meisten Enzympräparate 50% ihrer Aktivität in 3 Tagen. Ammoniumsulfatfraktionen halten 15stündige Dialyse gegen Wasser von 3° C ohne Verlust aus. Das Enzym ist am stabilsten bei p_H 7; bei p_H 5 oder 8 verliert es nach 15 min Inkubation bei 0° C 50% der Aktivität. In 20%iger alkoholischer Lösung zeigt die Deacylase volle Aktivität.

Kinetik. Im Dichlorphenolindophenol-Test wurde eine MICHAELIS-Konstante für Palmityl-CoA $K_M = 2,2 \times 10^{-5}$ m gemessen.

Spezifität. Die Aktivität des Enzympräparates erstreckt sich auf die CoA-Thioester der Fettsäuren von C_6—C_{18}. Möglicherweise handelt es sich um die Wirkung verschiedener Proteine. Ein Präparat, das 3 min auf 65° C erhitzt worden war, zeigte gegenüber verschiedenen CoA-Derivaten folgende Aktivitäten: Palmityl-CoA 0,15; Methacrylyl-CoA 0,09; Acetyl-CoA 0,06; Succinyl-CoA 0,0; α-Hydroxyisobutyryl-CoA 0,0; Hydroxymethylglutaryl-CoA 0,0.

Bestimmung der Palmityl-CoA-Deacylase.

Prinzip:

Die Enzymaktivität kann optisch durch das Verschwinden der Absorptionsbande der Acyl-CoA Thioester bei 233 mμ gemessen werden. Durch die bei der Esterspaltung in Freiheit gesetzte Palmitinsäure treten Trübungen auf, die Extinktionszunahme zur Folge haben. Dadurch verläuft der optische Test nicht linear, so daß nur bei Einsatz möglichst gleicher Enzymaktivitäten zufriedenstellend gearbeitet werden kann. Trotzdem wird die optische Methode als Routineverfahren empfohlen[1].

Testansatz. Die Küvette, $d = 1$ cm, enthält 1,6 ml 0,067 m Kaliumphosphatpuffer, p_H 7,4, und das zu prüfende Enzym. Die Reaktion wird durch Zugabe von 0,1—0,12 μM Palmityl-CoA gestartet und die Extinktion bei 233 mμ im Zeiss-Spektralphotometer (oder einem anderen Spektralphotometer) über mindestens 5 min abgelesen.

Standardisierung. Eine Enzymeinheit bewirkt $\Delta E_{233} = -0,001$ in 5 min. Spezifische Aktivität = Enzymeinheiten/mg Protein. Die Aktivität der Deacylase kann auch durch die Bestimmung des bei der Spaltung freigesetzten CoASH, das nach Umsetzung mit Diketen als Acetacetyl-CoA gemessen wird (vgl. S. 11), verfolgt werden. Auch die Reduktion von Dichlorphenolindophenol durch freies SH[2,3] läßt sich durch die Geschwindigkeit der Entfärbung bei 578 mμ optisch verfolgen.

[1] SRERE, P. A., W. SEUBERT u. F. LYNEN: Biochim. biophys. Acta **33**, 313 (1959).
[2] SEUBERT, W.: Diplomarbeit München 1954.
[3] BASFORD, R. F., and F. M. HUENNEKENS: Am. Soc. **77**, 3873 (1955).

Darstellung von Palmityl-CoA.

a) Durch Umsetzung von Palmitinsäureanhydrid und CoASH[1]. 50 mg Palmitinsäureanhydrid, gelöst in 20 ml Tetrahydrofuran, gibt man zu einer Lösung von 25 mg CoA in 8,6 ml Wasser und 5,5 ml 0,5 m $KHCO_3$. Das Gemisch bleibt 20 min bei 35° C stehen, wird sodann im Eisbad abgekühlt und mit n HCl auf etwa p_H 2 angesäuert. Tetrahydrofuran wird im Vakuum unter N_2 auf dem Wasserbad bei 35° C entfernt und der Überschuß an Palmitinsäureanhydrid und Palmitinsäure durch dreimalige Extraktion mit dem gleichen Volumen Äther beseitigt. Der weiße, unlösliche Rückstand in der wäßrigen Phase wurde abzentrifugiert und mit einigen ml kaltem Wasser gewaschen.

(Palmitinsäureanhydrid wurde aus Na-palmitat und Palmitylchlorid[2] bzw. aus Palmitinsäure und Essigsäureanhydrid[3] dargestellt.)

b) Durch Umsetzung von Palmitinsäurechlorid und CoASH[4]. 150 μM CoA in einem Volumen von 39 ml werden mit dem gleichen Volumen peroxydfreiem Tetrahydrofuran versetzt, 0,1 ml Thioglykolsäure zugefügt und mit etwa 10 ml 2 n NaOH p_H 8,0 eingestellt. In Anteilen von 0,5 ml werden im Verlauf von 30 min insgesamt 3,5 ml Palmitinsäurechlorid zugesetzt und laufend auf p_H 7,5—8 nachgestellt. Die erfolgte Umsetzung ist aus dem Verschwinden von freiem SH (Tüpfelprobe vgl. S. 5) zu ersehen. Die weitere Reinigung von Palmityl-CoA gestaltet sich auf Grund der Unlöslichkeit dieser Verbindung in saurer Lösung sehr einfach:

Nach Zusatz von 26 ml 5%iger Perchlorsäure fällt ein dicker Niederschlag, bestehend aus Palmitinsäure, S-Palmitylthioglykolsäure und Palmityl-CoA aus. Um eine möglichst vollständige Ausfällung des CoA-Derivates zu erreichen, wird das in der Lösung noch befindliche Tetrahydrofuran im Vakuum abgedampft. Starkes Schäumen kann durch Zusatz eines Tropfens Octylalkohol vermieden werden. Die Fällung wird abgenutscht, mit 52 ml 0,8%iger Perchlorsäure nachgewaschen, in ein Zentrifugenglas übergeführt, einmal mit 20 ml Aceton und dreimal mit je 15 ml Äther gewaschen. Damit entfernt man Palmitinsäure und S-Palmitylthioglykolsäure vollständig. Bei viermaliger Extraktion des Rückstandes mit $H_2O + NaOH$ (p_H 4—5) geht Palmityl-CoA vollständig in Lösung und kann von unlöslichem Material befreit werden. Nach Zusatz von 6 ml 5%iger Perchlorsäure zu den vereinigten, klarzentrifugierten Filtraten (14,2 ml) fällt Palmityl-CoA wieder als flockiger Niederschlag aus, der abzentrifugiert, mit 10 ml 0,8%iger Perchlorsäure, anschließend dreimal mit 5 ml Aceton gewaschen und schließlich getrocknet wird. Ausbeute 130 mg.

Der Reinheitsgrad nach diesem Vorgehen betrug bei verschiedenen Ansätzen 0,67 bis 0,73, in einigen Fällen sogar darüber. Ausbeute 55—58% des eingesetzten CoA. Eine Erhöhung des Reinheitsgrades durch erneutes Umfällen ist nicht möglich.

7. Die CoA-abhängige Oxydation des Acetaldehyds. Aldehyd-Dehydrogenase (bakteriellen Ursprungs).

[1.2.1.10 Aldehyd:NAD-Oxydoreductase (CoA-acylierend).]

Zum Unterschied von den Aldehyd-Dehydrogenasen tierischer Herkunft, welche für ihre Wirksamkeit kein CoA benötigen (diese Enzyme vgl. Bd. VI/A, S. 556), findet sich in Extrakten aus *Cl. kluyveri*[5,6] und *E. coli*[7] ein Enzym, welches die Oxydation des Acetaldehyds (und anderer Aldehyde) nach folgender Gleichung katalysiert:

$$CH_3CHO + DPN^+ + CoASH \rightleftharpoons CH_3CO{-}SCoA + DPNH + H^+ \qquad (43)$$

[1] VIGNAIS, P. V., and I. ZABIN: Biochim. biophys. Acta 29, 263 (1958).
[2] VILLIER, A.: B. 9, 1932 (1876).
[3] ALBITZKY, A.: J. russ. phys. chem. Ges. 31, 103—6, 1/4. Kasan Univ.-Lab. [Chem. Zbl. XI[1], 1070 (1899)].
[4] SEUBERT, W.: Diss. nat., München 1955.
[5] STADTMAN, E. R., and H. A. BARKER: J. biol. Ch. 180, 1085 (1949).
[6] BURTON, R. M., and E. R. STADTMAN: J. biol. Ch. 202, 873 (1953).
[7] PINCHOT, G. B., and E. RACKER; in: MCELROY, W. D., and B. GLASS (Hrsgb.): Phosphorus Metabolism. Bd. I, S. 366. Baltimore 1951.

Dieser Mechanismus scheint nach den bisher vorliegenden Untersuchungen auf Mikroorganismen beschränkt zu sein[1-4]. Jedenfalls konnte ein derartiges Enzym in Mitochondrien aus Leber oder Niere nicht nachgewiesen werden[5]. Ob eine CoA-abhängige Aldehydoxydation im Hirngewebe[6] eine Rolle spielt, kann derzeit noch nicht als gesichert gelten.

***Darstellung der Aldehyd-Dehydrogenase aus Cl. kluyveri nach* BURTON *und* STADTMAN[1,7].**

Gewinnung des zellfreien Rohextraktes. Trockenpulver von *Cl. kluyveri* (Herstellung vgl. S. 55) wird in 0,01 m Kaliumphosphatpuffer, p_H 8,0, angerührt (10 g Bakterien in 100 ml Puffer) und bei 28° C inkubiert. Man nimmt stündlich 1 ml der Suspension ab und bestimmt in 0,1 ml der klarzentrifugierten Lösung den Proteingehalt. Wenn keine Proteinzunahme mehr stattfindet, ist die Extraktion beendet (Dauer 2—8 Std, je nach Präparat). Die Suspension wird dann 15 min bei 12000 U/min zentrifugiert, der Rückstand mit Wasser gewaschen (50 ml H_2O pro 10 g Zellen) und mit dem ersten Extrakt vereinigt. Bei — 15° C aufbewahrt, hält sich die Enzymaktivität über Monate.

Erste Ammoniumsulfatfraktionierung. Der Rohextrakt wird mit kaltem Wasser auf einen Proteingehalt von 11 mg/ml verdünnt. Die folgenden Operationen führt man im Kälteraum bei 2° C durch. Mit 0,5 m K_3PO_4-Lösung wird die Lösung auf p_H 7,0 eingestellt und ein leichter Niederschlag hochtourig abzentrifugiert. Zum Überstand setzt man bei 2° C gesättigte, mit Ammoniak auf p_H 7,0 eingestellte Ammoniumsulfatlösung bis zur Sättigung 0,35 zu, rührt 10 min und zentrifugiert. Der Niederschlag wird in 0,002 m Kaliumphosphatpuffer, p_H 8,0, gelöst, bis der Proteingehalt 20 mg/ml beträgt.

Gel-Adsorption. Zu obiger Lösung gibt man Calciumphosphat-Gel (25 mg/ml, p_H 6,7) im Verhältnis Gel: Protein = 0,25 (Trockengewichte), rührt 10 min und zentrifugiert den Niederschlag, der verworfen wird, ab. Zum Filtrat gibt man weiter Gel (Verhältnis Gel: Protein = 1,0) und zentrifugiert nach 10 min bei 2500 U/min ab. Das Protein wird vom Gel durch dreimalige Elution mit 0,1 m Kaliumphosphatpuffer, p_H 8 (1,2 ml/100 ml Gel) abgelöst. Die vereinigten Eluate dialysiert man über Nacht gegen 2 Liter folgender Lösung: 0,002 m Tris, 0,001 m Cystein und 0,12 m KCl (p_H 7,3).

Zweite Ammoniumsulfatfällung. Die dialysierte Lösung wird auf einen Proteingehalt von 5 mg/ml gebracht und mit der beschriebenen, gesättigten Ammoniumsulfatlösung auf 0,17 Sättigung eingestellt. Nach 30 min zentrifugiert man den Niederschlag ab und löst ihn in 0,002 m Imidazol-HCl-Puffer, p_H 8.

Der gesamte Anreicherungsgang ist in Tabelle 14 dargestellt.

Tabelle 14. *Anreicherung der Aldehyd-Dehydrogenase aus Cl. kluyveri* (nach BURTON und STADTMAN[1]).

Fraktion	Gesamtvolumen	Protein	Aldehyd-Dehydrogenase-Aktivität		Ausbeute
	ml	mg/ml	E/ml	Gesamteinheiten	%
1. Rohextrakt	1680	11,0	0,71	12600	—
2. Erste Ammoniumsulfatfällung (0—0,35)	72	19,6	3,65	5120	41
3. Gel-Eluat, nach Dialyse	49	5,8	15,2	4300	34
4. Zweite Ammoniumsulfatfällung (0—0,17)	1,4	3,6	261,0	1330	11

Spezifität und Eigenschaften[1,7]. Das gereinigte Enzym reagiert außer mit Acetaldehyd auch mit Propionaldehyd, Butyraldehyd und Glykolaldehyd. Im Sättigungs-

[1] BURTON, R. M., and E. R. STADTMAN: J. biol. Ch. **202**, 873 (1953).
[2] PINCHOT, G. B., and E. RACKER; in: MCELROY, W. D., and B. GLASS (Hrsg.): Phosphorus Metabolism, Bd. I, S. 366. Baltimore 1951.
[3] DAWES, E. A., and S. M. FOSTER: Biochim. biophys. Acta **22**, 253 (1956).
[4] LEE PENG, C. H.: Biochim. biophys. Acta **22**, 42 (1956).
[5] WALKENSTEIN, S. S., and S. WEINHOUSE: J. biol. Ch. **200**, 515 (1953).
[6] BERRY, J. F., and E. STOTZ: Fed. Proc. **12**, 178 (1953).
[7] STADTMAN, E. R., and R. M. BURTON; in: Colowick-Kaplan, Meth. Enzymol., Bd. I, S. 518.

bereich ist die Umsatzgeschwindigkeit mit Acetaldehyd etwa dreimal so groß wie mit den übrigen Aldehyden. Benzaldehyd, Glycerinaldehyd, Formaldehyd und Chloral werden dagegen nicht umgesetzt. Die MICHAELIS-Konstanten betragen für Acetaldehyd $1,5 \times 10^{-3}$ m, Propionaldehyd $4,5 \times 10^{-3}$ m, Butyraldehyd $11,0 \times 10^{-3}$ m, Glykolaldehyd 20×10^{-3} m. Die Gleichgewichtskonstante der reversiblen Reaktion wurde ermittelt

$$K' = \frac{[CH_3CO\text{—}SCoA] \cdot [DPNH] \cdot [H^+]}{[CH_3CHO] \cdot [DPN^+] \cdot [CoASH]} = 1,2 \times 10^3 \ (p_H\ 7,0;\ 25^\circ\ C).$$

Infolge des Auftretens von H^+ ist das Gleichgewicht der Reaktion p_H-abhängig.

Bestimmung der bakteriellen Aldehyd-Dehydrogenase.

Prinzip:

Für die Messung der Enzymaktivität wurde ein System aufgestellt, in welchem Acetaldehyd zu Acetyl-CoA und Alkohol dismutiert wird. In einer dritten Reaktion, die durch das Hilfsenzym Phosphotransacetylase katalysiert wird, kommt es zur Bildung von Acetylphosphat, welches im Hydroxamsäuretest bestimmt werden kann. Es handelt sich also um die folgenden Reaktionen:

$$CH_3CHO + CoASH + DPN^+ \xrightleftharpoons{\text{Aldehyd-Deh.}} CH_3CO\text{—}SCoA + DPNH + H^+ \quad (43)$$

$$DPNH + H^+ + CH_3CHO \xrightleftharpoons{\text{ADH}} CH_3CH_2OH + DPN^+ \quad (44)$$

$$CH_3CO\text{—}SCoA + P_a \xrightleftharpoons{\text{Phosphotransacetylase}} CH_3CO\text{—}PO_3H_2 + CoASH \quad (4)$$

Bilanz: $$2\,CH_3CHO + P_a \rightleftharpoons CH_3CO\text{—}PO_3H_2 + CH_3CH_2OH \quad (45)$$

Gibt man in diesem System Alkohol-Dehydrogenase und Phosphotransacetylase im Überschuß zu, so wird die Geschwindigkeit der Acetylphosphatbildung [Reaktion Gl. (45)] bestimmt durch die Konzentration des Enzyms Aldehyd-Dehydrogenase.

Reagentien:

1. 1,0 m Acetaldehyd in 1 m Kaliumphosphatpuffer, p_H 8,1.
2. 0,2 m Trispuffer, p_H 8,1.
3. 0,05 m Glutathion-SH.
4. 0,01 m DPN.
5. 0,0005 m CoA.
6. Alkohol-Dehydrogenase aus Hefe, dargestellt nach [1], 13000 E/ml (vgl. dieses Handbuch, Bd. VI/A, S. 351).
7. Phosphotransacetylase nach [2], 100 E/ml (Darstellung vgl. S. 55).
8. Aldehyddehydrogenase. Die zu testende Fraktion soll 0,5—1,5 E pro ml enthalten.

Ausführung:

Von den genannten Lösungen bringt man je 0,1 ml zusammen und fügt 0,2 ml Wasser hinzu, so daß das Endvolumen 1,0 ml beträgt. Nach 30 min Inkubation der Ansätze bei 30° C wird das gebildete Acetylphosphat als Acethydroxamsäure nach der Methode von LIPMANN und TUTTLE[3] colorimetrisch bestimmt (s. S. 10).

Standardisierung. Eine Enzymeinheit entspricht derjenigen Proteinmenge, die unter den angegebenen Testbedingungen die Bildung von 1 μM Acetylphosphat in 30 min bewirkt. Die spezifische Aktivität wird ausgedrückt in Enzymeinheiten pro mg Protein.

***Spektrophotometrische Bestimmung der Aldehyd-Dehydrogenase nach* BURTON *und* STADTMAN[4,5].**

Prinzip:

Die nach Reaktion Gl. (43) auftretende Absorptionsbande von DPNH kann auch optisch bei 340 bzw. 366 mμ verfolgt werden. Infolge starker Beimengungen DPNH-oxy-

[1] RACKER, E.; in: Colowick-Kaplan, Meth. Enzymol., Bd. I, S. 500.
[2] STADTMAN, E. R.; in: Colowick-Kaplan, Meth. Enzymol., Bd. I, S. 596.
[3] LIPMANN, F., and L. C. TUTTLE: J. biol. Ch. **159**, 21 (1945).
[4] BURTON, R. M., and E. R. STADTMAN: J. biol. Ch. **202**, 873 (1953).
[5] STADTMAN, E. R., and R. M. BURTON; in: Colowick-Kaplan, Meth. Enzymol., Bd. I, S. 518.

dierender Enzyme ist dieser Test aber nur für reine Enzympräparate anwendbar. Der Zusatz von Hilfsenzymen erübrigt sich in diesem Falle.

Testmischung (in μMol). Der Ansatz enthält auf ein Endvolumen von 3,0 ml folgende Komponenten: CoASH (0,1—0,2), Kaliumveronalpuffer, p_H 8,8 (100), Glutathion-SH (2), Acetaldehyd (100), DPN (0,2), Aldehyd-Dehydrogenase 10 E. Die Ablesung erfolgt gegen eine Vergleichsküvette mit allen Komponenten, ausgenommen Acetaldehyd.

8. Phosphotransacetylase.

[2.3.1.8 Acetyl-CoA: Orthophosphat-Acetyltransferase.]

Das Enzym Phosphotransacetylase katalysiert die reversible Bildung von Acetyl-CoA aus Acetylphosphat und CoA:

$$\text{Acetylphosphat} + \text{CoASH} \rightleftharpoons \text{Acetyl-CoA} + \text{Phosphat} \qquad (4)$$

Die Reaktion dürfte nach den bisherigen Feststellungen ausschließlich für den Stoffwechsel von Bakterien, nicht dagegen in tierischen Zellen oder Hefe von Bedeutung sein. Ihre Funktion besteht in der Umwandlung von phosphatgebundener Energie in diejenige der Acyl-Mercaptanbindung. Nach den thermodynamischen Daten erscheint die Bildung von Acetyl-CoA bei der Reaktion begünstigt.

Phosphotransacetylase ist in der Bakterienwelt weit verbreitet. Das Enzym wurde nachgewiesen in *Cl. kluyveri*[1], *E. coli*[1-3], *S. faecalis*[4], *Cl. butylicum*[1,2], *S. hämolyticus*[4], *M. tuberculosis*[5], *Proteus vulgaris*[6], *P. morganii*[1], *L. delbrückii*[1] und *C. tetanomorphum*[1]. Aus *Cl. kluyveri*[7] und aus *E. coli*[3] lassen sich sehr aktive Enzympräparate gewinnen.

a) Darstellung von Phosphotransacetylase aus Cl. kluyveri nach STADTMAN[7,8].

Züchtung von Cl. kluyveri. Das Bacterium wächst nur unter strikt anaeroben Bedingungen, so daß bei Impfung mit entsprechend großen Kulturen (5—10 %) keine anderen Keime zur Entwicklung kommen können. Es können deshalb bei der Züchtung im großen Maßstab unsterilisierte Nährböden verwendet werden. Für die Herstellung der Impfkulturen ist die Sterilisation des Kulturmediums allerdings unerläßlich.

Das Kulturmedium hat folgende Zusammensetzung:

95 % Äthanol	20,0 ml	Hefeextrakt (Difco) (nur im sterilen Medium)	0,7 g
50 % K-acetat oder eine äquivalente Menge Na-acetat · $3H_2O$	10,0 ml	$K_2CO_3 \cdot 1{,}5H_2O$ 60 %	8,0—10 ml
Eisessig	2,5 ml	Na-thioglykolat (nur im sterilen Medium	0,75 g
NH_4Cl 10 %	2,5 ml	$Na_2S_2O_4$ (Trockenpulver) (nur im unsterilen Medium)	35 mg
1 m Phosphatpuffer, p_H 7	3,5 ml	3 mg-% Biotin (nur im unsterilen Medium)	0,3 ml
$CaCl_2$ 1 %	1,0 ml	50 mg-% p-Aminobenzoesäure (nur im unsterilen Medium)	0,4 ml
$MgSO_4 \cdot 7H_2O$ 20 %	1,0 ml	Leitungswasser	855,0 ml
$Na_2MoO_4 \cdot 2H_2O$ 0,1 %	2,0 ml		
$MnSO_4 \cdot 4H_2O$ 0,1 %	2,0 ml		
$FeSO_4 \cdot 7H_2O$ 1 %	0,2 ml		

Herstellung der Impfkulturen (steril). Mit Ausnahme von Thioglykolat und K_2CO_3 gibt man alle Bestandteile zusammen, autoklaviert die Lösung 20 min und kühlt rasch im Wasserbad auf 35—45° C ab. Thioglykolat wird kurz vor dem Autoklavieren zugegeben.

[1] STADTMAN, E. R., G. D. NOVELLI and F. LIPMANN: J. biol. Ch. **191**, 365 (1951).
[2] LIPMANN, F., and L. C. TUTTLE: J. biol. Ch. **158**, 505 (1945).
[3] GOLDMAN, D. S.: Biochim. biophys. Acta **28**, 436 (1958).
[4] ROSE, I. A., M. GRUNBERG-MANAGO, S. R. KOREY and S. OCHOA: J. biol. Ch. **211**, 737 (1954).
[5] GOLDMAN, D. S.: Fed. Proc. **15**, 263 (1956).
[6] O'KANE, D. J.: Zit. bei [4].
[7] STADTMAN, E. R.: J. biol. Ch. **196**, 527 (1952).
[8] STADTMAN, E. R.; in: Colowick-Kaplan, Meth. Enzymol., Bd. I, S. 596.

Nach dem Abkühlen wird mit der getrennt sterilisierten K_2CO_3-Lösung auf p_H 7,0—7,1 eingestellt.

Für *Reagensglas-Kulturen* füllt man 9—10 ml Proben des Mediums in sterile Reagensgläser ab, beimpft mit *Cl. kluyveri* und führt Pfropfen entfetteter Watte ein, in die man 0,8—1 ml Oxsorbent (Burrel Corporation) tief einpipettiert. Sofort darauf werden die Gläser fest mit Gummistopfen verschlossen. Wenn mit einer alten Kultur von *Cl. kluyveri* angeimpft wird, kann es 10 Tage bis mehrere Wochen bis zum Angehen des Organismus dauern. Bei Verwendung aktiv wachsender Kulturen setzt schon nach 24—48 Std heftiges Wachstum ein.

Mit einer Reagensglaskultur beimpft man 500 ml des gleichen, sterilen Mediums. Man benützt dabei Kolben mit langem, schlankem Hals, z.B. Meßkolben. Die Kulturen werden bei 35—37° C bebrütet.

Großkulturen. Die Abänderungen gegenüber dem sterilen Vorgehen sind bei der Zusammensetzung des Mediums angegeben. Bei der Herstellung gibt man alle Bestandteile mit Ausnahme von $Na_2S_2O_4$ und K_2CO_3 in Leitungswasser von 35—37° C, mischt gründlich durch und beseitigt die Luft durch heftiges Durchleiten von N_2 (einige min). Danach wird durch schrittweisen Zusatz der K_2CO_3-Lösung auf p_H 7,2—7,4 eingestellt, schließlich festes $Na_2S_2O_4$ dazugegeben und durch kurzes Einleiten eines N_2-Stroms gut vermischt.

10 l dieses Mediums werden unmittelbar darauf mit 500 ml der sterilen Kultur beimpft. Nötigenfalls wird das Gefäß mit Wasser bis wenige cm unterhalb des Randes aufgefüllt und mit einem Gummistopfen verschlossen, der über ein mit Wasser gefülltes Glasrohr den Gärungswasserstoff in die Atmosphäre entweichen läßt. Wenn gutes Wachstum eingetreten ist (nach 36—70 Std), kann man mit der 10 l-Kultur auf einen 200 l-Ansatz übergehen, der im gleichen Medium in entsprechend dimensionierten Stahl- oder Eisentonnen durchgeführt wird. Bei diesen Großansätzen muß darauf geachtet werden, daß der in großen Mengen entwickelte Wasserstoff ins Freie abgeleitet wird.

Verfolgung des Wachstums. Im Abstand von 4—12 Std nimmt man 5—10 ml Proben ab und bestimmt die optische Dichte. Wenn die Lichtabsorption sich nicht mehr wesentlich ändert, ist maximales Wachstum eingetreten, und die Kultur kann geerntet werden. (Bei Messung im KLETT-SUMMERSON-Colorimeter, Filter 540, liegt die optische Dichte der maximal gewachsenen Zellkulturen bei 170—200.)

Gewinnung von Trockenzellen. Die Bakterien werden in einer Durchlaufzentrifuge (Sharpless) bei 30000 U/min und einer Flußgeschwindigkeit von 1—1,5 l/min abzentrifugiert und in der zehnfachen Menge 0,03% Na_2S-Lösung, p_H 7,0, aufgenommen. Nach nochmaligem Zentrifugieren in einer gewöhnlichen Becherzentrifuge trennt man die Bakterien ab und trocknet sie in dünner Schicht (1—5 mm) in einem großen Exsiccator über $CaCl_2$ bei Zimmertemperatur. Das Trockenpulver ist bei — 10° C über Jahre stabil; die Ausbeute beträgt etwa 275 mg/l Kultur.

Anreicherung der Phosphotransacetylase.

Rohextrakt. Die Herstellung des Rohextraktes aus dem Trockenpulver von *Cl. kluyveri* erfolgt in gleicher Weise, wie bei der Isolierung der Aldehyd-Dehydrogenase[1,2] beschrieben. (vgl. S. 53)

Alkoholfällung. Etwa 100 ml des zellfreien Extraktes werden auf eine Konzentration von 0,01 m Kaliumphosphat (p_H 6,6) und 0,2 m KCl gebracht und auf 0° C abgekühlt. Im Verlauf von 8—10 min gibt man absoluten Alkohol von — 10° C bis zur Konzentration 50 Vol.-% zu, zentrifugiert 5 min bei 12000 U/min und verwirft den Niederschlag. Der Überstand wird weiter mit Äthanol bis 58% versetzt und das ausgefallene Protein in 15—20 ml 0,05 m Phosphatpuffer, p_H 7,2, aufgenommen. Von unlöslichem Rückstand

[1] BURTON, R. M., and E. R. STADTMAN: J. biol. Ch. **202**, 873 (1953).
[2] STADTMAN, E. R. and R. M. BURTON; in: Colowick-Kaplan, Meth. Enzymol., Bd. I, S. 518.

wird abzentrifugiert. Bei der Alkoholfällung ist es von besonderer Wichtigkeit, auf die Einhaltung von Temperatur und Zeit zu achten. Die Temperatur nach der ersten Alkoholzugabe beträgt $10 \pm 2°$ C und bleibt in dieser Höhe während der gesamten Operation, die 20—30 min in Anspruch nimmt. Es ist zweckmäßig, größere Ansätze in Portionen von 100—125 ml aufzuteilen.

Saure Ammoniumsulfatfällung. Die Alkoholfällungen zwischen 50 und 58% aus drei Portionen werden vereinigt, mit 0,1 m KH_2PO_4 auf p_H 6,7 eingestellt und unter Rühren eine bei 0° C gesättigte Ammoniumsulfatlösung bis zur Sättigung 0,2 zugegeben. Die Lösung wird auf — 2° C abgekühlt und die Ammoniumsulfatkonzentration auf 49% Sättigung durch Zusatz von ges., saurer Ammoniumsulfatlösung erhöht (3 ml konz. H_2SO_4 + 1 l bei — 2° C gesättigte Ammoniumsulfatlösung). Die Lösung wird noch 5 min gerührt und 5 min bei 12000 U/min bei 10° C zentrifugiert. Der Niederschlag wird verworfen. Im Überstand erhöht man die Ammoniumsulfatkonzentration auf 0,7 durch Zugabe der sauren $(NH_4)_2SO_4$-Lösung und trennt den Niederschlag wie oben ab. Er wird gelöst in 7—10 ml Trispuffer, p_H 8. Diese Enzymlösung kann mehrere Monate bei — 10° C aufbewahrt werden.

Eine Übersicht über das Reinigungsverfahren gibt Tabelle 15.

Tabelle 15. *Anreicherung der Phosphotransacetylase aus Cl. kluyveri* (nach STADTMAN[1]).

Fraktion	Gesamtvolumen ml	Protein mg/ml	Enzymaktivität E/mg	Enzymaktivität Gesamteinheiten	Ausbeute %
Zellfreier Extrakt	339	25	34	289000	—
Alkoholfällung (50—58)	55	8,7	282	134000	46
Ammoniumsulfatfällung (0,49—0,7)	7,5	2,0	2940	44000	15

b) Darstellung der Phosphotransacetylase aus E. coli nach GOLDMAN[2].

Um die Schwierigkeiten der Züchtung von *Cl. kluyveri* im Großmaßstab zu umgehen, wurde eine Methode zur Darstellung von Phosphotransacetylase aus *E. coli* angegeben[2].

Züchtung von E. coli, K 12. Die Züchtung erfolgt bei 25° C in einem Medium folgender Zusammensetzung: Pepton (1%), Hefeextrakt (0,1%), K_2HPO_4 (0,25%), Glucose (1%). Gesamtvolumen 14 l. Während der 24stündigen Bebrütungszeit wird für kräftige Belüftung Sorge getragen. Die Bakterien werden an der Zentrifuge geerntet und dreimal mit 0,1 m Trispuffer, p_H 7,5, gewaschen. Der Bakterienkuchen wird schließlich im Exsiccator getrocknet und bei — 20° C aufbewahrt.

Enzymanreicherung. Trockenbakterien aus einem 14 l-Ansatz extrahiert man in einem gekühlten Mörser mit 5 g Al_2O_3-Pulver, indem man mit Trispuffer zunächst eine dicke Paste anrührt und nach 10 min intensivem Verreiben langsam mit Trispuffer verdünnt. Die Suspension wird bei $140000 \times g$ 30 min zentrifugiert und der Rückstand noch zweimal wie beschrieben nachextrahiert. Die drei Extrakte werden vereinigt und bei 2° C und p_H 7,5 einer Ammoniumsulfatfraktionierung unterworfen. Der zwischen 34 und 53% Sättigung auftretende Niederschlag wird abzentrifugiert, gelöst und mit Ammoniumsulfat ein zweites Mal fraktioniert. Dabei fällt das gesuchte Protein zwischen 37 und 47% Ammoniumsulfatsättigung. Das Enzym ist in konzentrierter Lösung und in Anwesenheit von Ammoniumsulfat haltbar, verliert jedoch seine Aktivität sehr rasch in verdünnter Lösung. Man stellt deshalb Enzymverdünnungen mit einem Puffergemisch aus 0,1 m Trispuffer, p_H 7,6, 0,003 m Glutathion-SH und 0,1% Serumalbumin her.

Eigenschaften[1,3]. Das Enzym scheint spezifisch auf CoA eingestellt zu sein. Von den Acyl-Derivaten des CoA reagiert Propionyl-CoA etwa halb so schnell, Butyryl-CoA

[1] STADTMAN, E. R.: J. biol. Ch. **196**, 527 (1952).
[2] GOLDMAN, D. S.: Biochim. biophys. Acta **28**, 436 (1958).
[3] STADTMAN, E. R.; in: Colowick-Kaplan, Meth. Enzymol., Bd. I, S. 596.

Tabelle 16. *Anreicherung der Phosphotransacetylase aus E. coli* (nach GOLDMAN[1]).

Fraktion	Volumen	Protein			Einheiten		Ausbeute
		Konzentration	Gesamt	Ausbeute	spezifische Aktivität	Gesamteinheiten	
	ml	mg/ml	mg	%	E/mg		%
Rohextrakt	39	20,8	811	100	2,55	2070	100
1. $(NH_4)_2SO_4$-Fällung	8,1	22,0	178	22	8,55	1520	73
2. $(NH_4)_2SO_4$-Fällung	2,2	18,5	41	5	30,6	1250	61

dagegen höchstens mit $^1/_{10}$ der Umsatzgeschwindigkeit von Acetyl-CoA. K^+ oder NH_4^+ sind für die Enzymaktivität erforderlich, während Na^+ und Li^+ die Reaktion hemmen. Die Gleichgewichtskonstante der Reaktion Gl. (4) beträgt

$$K = \frac{[\text{Acetyl-CoA}] \times [HPO_4^{--}]}{[\text{Acetyl-P}] \times [\text{CoA}]} = 74.$$

Das p_H-Optimum liegt zwischen 7,4 und 8,4. Das Enzym aus *E. coli* unterscheidet sich in seinen Eigenschaften nicht von Phosphotransacetylase aus *Cl. kluyveri*[1].

Bestimmungsmethoden.

***a) Bestimmung der Phosphotransacetylase im Arsenolysetest nach* STADTMAN *u. Mitarb.*[2,3].**

Prinzip:

Die Methode beruht auf der Tatsache, daß das nach Reaktion Gl. (4) gebildete Acetyl-CoA vom Enzym mit Arsenat zu Acetylarsenat umgesetzt wird, das im Gegensatz zur Phosphorsäureverbindung instabil ist und spontan hydrolytisch in Acetat und Arsenat zerfällt[2,3].

$$\text{Acetyl-CoA} + \text{Arsenat} \rightleftharpoons \text{Acetylarsenat} + \text{CoASH} \qquad (5)$$

$$\text{Acetylarsenat} + H_2O \rightarrow \text{Acetat} + \text{Arsenat} \qquad (46)$$

Aus den Gl. (4), (5) und (46) ergibt sich folgende Bilanz:

$$\text{Acetylphosphat} + H_2O \xrightarrow[\text{Arsenat}]{\text{CoASH}} \text{Acetat} + \text{Phosphat} \qquad (47)$$

Als Maß für die in Gl. (47) wiedergegebene Gesamtreaktion wird das Verschwinden von Acetylphosphat mit der Hydroxamsäuremethode[4] beobachtet.

Reagentien:

1. 0,1 m Trispuffer, p_H 8,0.
2. 0,06 m Dilithiumacetylphosphat (Darstellung vgl. S. 60).
3. $1,6 \times 10^{-4}$ m CoA.
4. 0,1 m Cystein-HCl.
5. 0,5 m Kaliumarsenat, p_H 8,0.
6. Enzymlösung, mit 0,2 m Trispuffer so verdünnt, daß sie etwa 50 E/ml enthält.

Durchführung:

0,4 ml Wasser und je 0,1 ml Trispuffer, Acetylphosphat, CoA, Cystein und zu testende Enzymlösung inkubiert man zusammen 5 min bei 28° C, gibt dann 0,1 ml der Arsenatlösung zu und inkubiert weitere 15 min. Nach Ablauf der Reaktion bestimmt man das unverbrauchte Acetylphosphat nach der Hydroxamsäuremethode[4] (s. S. 10). Als Vergleichswert dient ein Testansatz ohne Enzym.

Standardisierung. Als eine Einheit bezeichnet man diejenige Enzymmenge, die unter den obigen Bedingungen zum Verbrauch von 1 μM Acetylphosphat in 15 min führt. Die

[1] GOLDMAN, D. S.: Biochim. biophys. Acta **28**, 436 (1958).
[2] STADTMAN, E. R., G. D. NOVELLI and F. LIPMANN: J. biol. Ch. **191**, 365 (1951).
[3] STADTMAN, E. R., and H. A. BARKER: J. biol. Ch. **184**, 769 (1950).
[4] LIPMANN, F., and L. C. TUTTLE: J. biol. Ch. **159**, 21 (1945).

spezifische Aktivität wird ausgedrückt in Enzymeinheiten pro mg Protein. Die Proteinbestimmung erfolgt durch Trübungsmessung nach Fällung mit Sulfosalicylsäure[1].

b) Bestimmung der Phosphotransacetylase im spektrophotometrischen Test nach STADTMAN[2].

Der Nachweis des nach Reaktion Gl. (4) auftretenden bzw. verschwindenden Acetyl-CoA kann auch auf optischem Wege durch Beobachtung der charakteristischen Absorptionsbande der Thioesterbindung bei 235—240 mμ erfolgen[2] (vgl. Abb. 6). In diesem Falle werden allerdings wesentlich höhere Konzentrationen von CoA benötigt. Die Anwendbarkeit des Testes als Routineverfahren wird durch die starke Begleitabsorption von Verunreinigungen bei dieser Wellenlänge eingeschränkt. Folgender Ansatz wurde beschrieben[2]: Glutathion-SH (1,2 μM), Imidazol-HCl-Puffer, p_H 6,8 (100 μM); KCl (100 μM); Acetylphosphat (0,22 μM); CoASH (0,086 μM); Gesamtvolumen: 3,0 ml. Die Reaktion wird durch Zusatz von Transacetylase gestartet und die Extinktion bei 240 mμ in regelmäßigen Abständen verfolgt. Abb. 15 gibt die Kinetik der Transacetylierung bei der optischen Messung wieder. Der Test kann auch zur Bestimmung von CoA herangezogen werden (vgl. S. 15).

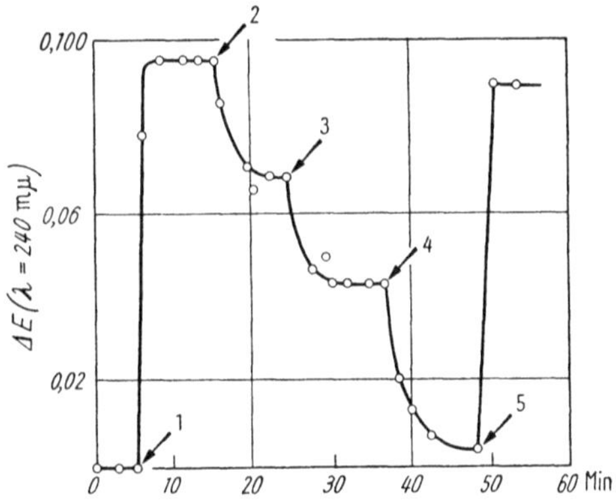

Abb. 15. Optische Messung der Phosphotransacetylase-Reaktion (nach STADTMAN[2]). Ansatz vgl. Text. Pfeil 1: 1,5 E Phosphotransacetylase; Pfeil 2: 20 μM Kaliumphosphat p_H 6,8; Pfeil 3: 100 μM Kaliumphosphat; Pfeil 4: 10 μM Kaliumarsenat; Pfeil 5: 5 μM Lithiumacetylphosphat.

c) Bestimmung der Phosphotransacetylase durch optischen Test bei 340 mμ nach GOLDMAN[3].

Für die Messung der Phosphotransacetylaseaktivität wurde auch ein zusammengesetzter optischer Test beschrieben[3], bei dem als Hilfsreaktion die Kondensation des nach Reaktion Gl. (4) gebildeten Acetyl-CoA mit Oxalacetat [Reaktion Gl. (9)] eingeschaltet ist. Die eigentliche Indicatorreaktion stellt die DPN-abhängige Bildung des in die Kondensation eingehenden Oxalacetats aus Malat [Reaktion Gl. (10)] dar (vgl. auch optischer Test auf „condensing enzyme", S. 84).

$$\text{Acetylphosphat} + \text{CoASH} \rightleftharpoons \text{Acetyl-CoA} + \text{Phosphat} \quad (4)$$
$$\text{L-Malat} + \text{DPN}^+ \rightleftharpoons \text{Oxalacetat} + \text{DPNH} + \text{H}^+ \quad (10)$$
$$\text{Acetyl-CoA} + \text{Oxalacetat} + \text{H}_2\text{O} \rightleftharpoons \text{Citrat} + \text{CoASH} + \text{H}^+ \quad (9)$$
$$\text{Bilanz: Acetylphosphat} + \text{L-Malat} + \text{DPN}^+ + \text{H}_2\text{O} \rightleftharpoons \text{Citrat} + \text{DPNH} + 2\,\text{H}^+ + \text{Phosphat} \quad (48)$$

Reagentien:

1. 1 m Trispuffer, p_H 6,7.
2. 0,1 m L-Malat.
3. 0,1 m L-Cystein.
4. 0,0015 m CoA.
5. 0,1 m Acetylphosphat (Darstellung s. S. 60).
6. 0,005 m DPN.
7. Malatdehydrogenase (MDH) (nach [4], Darstellung vgl. auch Bd. VI/A, S. 367).
8. Condensing enzyme (nach [5], Darstellung vgl. auch S. 80).
9. Phosphotransacetylase.

[1] HEEPE, F., H. KARTE u. E. LAMBRECHT: Z. Kinderheilkde. **69**, 331 (1951).
[2] STADTMAN, E. R.: J. cellul. comp. Physiol. **41**, Suppl. 1, 89 (1953).
[3] GOLDMAN, D. S.: Biochim. biophys. Acta **28**, 436 (1958).
[4] GOLDMAN, D. S.: J. Bact. **72**, 401 (1956).
[5] GOLDMAN, D. S.: J. Bact. **73**, 602 (1957).

Ausführung:

Testmischung. Trispuffer, p_H 7,6, 60 μM; L-Malat, 5 μM; L-Cystein, 6 μM; CoA, 0,15 μM; Acetylphosphat, 4 μM; DPN, 1 μM; Malatdehydrogenase (MDH), 0,45 E nach [1]; condensing enzyme, 0,08 E nach [2]; Phosphotransacetylase (0,2—3 μg). Endvolumen 1 ml. Die Reaktion wird durch Zugabe von DPN in Gang gesetzt und die Zunahme der Extinktion bei 340 mμ jede min 5 min lang verfolgt. $t = 22$ °C. Die DPN-Reduktion verläuft unter den genannten Testbedingungen 5 min linear, vorausgesetzt, daß der Gesamtumsatz in der gleichen Zeit 0,05 μM nicht übersteigt.

Standardisierung. Als eine Enzymeinheit wurde diejenige Phosphotransacetylasemenge bezeichnet, die unter den genannten Bedingungen in 1 min die Bildung von 1 μM Acetyl-CoA (= 1 μM DPNH) katalysiert. Die spezifische Aktivität wird in E/mg Protein ausgedrückt.

Darstellung von Acetylphosphat nach Stadtman *und* Lipmann[3,4].

Orthophosphorsäure wird durch Isopropenylacetat leicht zu Monoacetyldihydrogenphosphat acetyliert. Die Substanz wird als Dilithiumsalz durch wiederholtes Kristallisieren aus verdünntem Alkohol isoliert.

Vorgehen. 200 ml Isopropenylacetat (frisch destilliert) werden in einem 1 l-Kolben im Eisbad abgekühlt und tropfenweise mit 25 ml sirupöser Phosphorsäure unter Rühren versetzt. Zuletzt gibt man als Katalysator noch 1 ml konzentrierte Schwefelsäure zu, bringt den Ansatz in ein Wasserbad von 30° C und rührt 30 min weiter. Die schwach gelbliche Mischung wird sodann wieder im Eisbad abgekühlt und 100 g Eis dazugegeben. Mit 4 n Lithiumhydroxyd (etwa 300 ml) bringt man auf p_H 5,0, wobei heftig geschüttelt werden muß, um eine gründliche Durchmischung der beiden Phasen zu gewährleisten. Nach p_H-Einstellung bringt man die wäßrige Schicht mit kaltem Wasser auf ein Endvolumen von 500 ml und extrahiert den Ansatz dreimal mit je 500 ml Äther, um überschüssiges Isopropenylacetat zu entfernen. Sodann wird die wäßrige Phase vorsichtig mit 4 n Lithiumhydroxyd auf p_H 8 gebracht und nach Abzentrifugieren von unlöslichem Lithiumphosphat zum klaren Überstand unter Rühren das fünffache Volumen kalten Äthanols langsam zufließen lassen (Eisbad). Hierbei kristallisiert Dilithiummonoacetylphosphat aus, welches abgenutscht, mit Äthanol und Äther gewaschen und schließlich über P_2O_5 und Paraffin getrocknet wird.

Die Ausbeute bei diesem Vorgehen beträgt 20—45 g Dilithiumacetylphosphat. Mitunter ist dieses Präparat nur 80—90 %ig. Durch fraktionierte Alkoholfällung einer 10 %igen Lösung erhält man analysenreine Präparate. Dabei wird die Fraktion von 0—0,5 Vol. Alkohol verworfen und die reine Substanz nach weiterer Zugabe von 5 Vol. Alkohol, wie oben beschrieben, gewonnen.

Darstellung von Acetylphosphat nach Avison[5].

Die Methode beruht auf der Umsetzung von Essigsäureanhydrid und Orthophosphorsäure bei neutralem oder schwach alkalischem p_H in wäßrigem Pyridin. Acetylphosphat wird als Dilithiumsalz aus verdünntem Alkohol ausgefällt.

Vorgehen. 95 g Pyridin (1,2 M) verrührt man mit 200 ml 0,25 m K_2HPO_4 bei 0° C zu einer klaren, homogenen Lösung und setzt sodann tropfenweise unter heftigem Rühren 9,6 ml Essigsäureanhydrid (0,1 M) zu. Während dieser 5 min soll die Temperatur nicht über 3—4° C ansteigen. Nach 35 min werden vorsichtig 38 ml 4 n Lithiumhydroxyd zugesetzt. End-p_H (einer zehnfach mit Wasser verdünnten Probe) soll 7,6 betragen. Jetzt werden 2300 ml kalten Alkohols langsam zugegeben und der Niederschlag nach

[1] Goldman, D. S.: J. Bact. **72**, 401 (1956).
[2] Goldman, D. S.: J. Bact. **73**, 602 (1957).
[3] Stadtman, E. R., and F. Lipmann: J. biol. Ch. **185**, 549 (1950).
[4] Stadtman, E. R.; in Colowick-Kaplan, Meth. Enzymol., Bd. III, S. 228.
[5] Avison, A. W. D.: Soc. **1**, 732 (1955).

2stündigem Stehen im Eisbad auf der Nutsche gesammelt. Die weitere Behandlung erfolgt wie unter 1. vermerkt. Nach dieser Methode erhält man 6—7 g Dilithiumacetylphosphat mit einem Reinheitsgrad von etwa 0,7. Die weitere Reinigung kann analog dem vorausgehend geschilderten Vorgehen erfolgen.

Die hier beschriebene Methode kann auch für die Synthese von ^{32}P-markiertem Acetylphosphat herangezogen werden[1].

9. Acyl-Acetat-Thiophorase.

[2.8.3.4 Acetyl-CoA: Butyrat-CoA-Transferase.]

In Extrakten aus *Cl. kluyveri* wurde ein Enzym aufgefunden, das die Übertragung von CoA aus Acetyl-CoA auf Fettsäuren, vor allem auf Butyrat, katalysiert[2]:

$$\text{Acetyl-CoA} + \text{Butyrat} \rightleftharpoons \text{Butyryl-CoA} + \text{Acetat} \qquad (49)$$

Die biologische Bedeutung des Enzyms liegt in der Aktivierung der Buttersäure und höherer Analoga, die in Bakterien in der Hauptsache nach diesem Mechanismus zu erfolgen scheint.

In *Cl. butyricum* wurde auch ein anderer Weg der Buttersäureaktivierung entdeckt[3]. Hierbei entsteht in einer ersten Reaktion Gl. (50) unter der Wirkung einer Butyratkinase Butyrylphosphat, das dann durch Phosphotransbutyrylase in Butyryl-CoA umgewandelt wird [Reaktion Gl. (51)].

$$\text{Butyrat} + \text{ATP} \rightarrow \text{Butyrylphosphat} + \text{ADP} \qquad (50)$$

$$\text{Butyrylphosphat} + \text{CoA} \rightleftharpoons \text{Butyryl-CoA} + \text{Phosphat}. \qquad (51)$$

Darstellung der Acyl-Acetat-Thiophorase aus Cl. kluyveri nach* Barker *u. Mitarb.[4].
Versuche zur Isolierung des Enzyms haben bisher nur eine geringfügige (4—5fache) Anreicherung erbracht, die im folgenden kurz beschrieben ist[4].

Der Rohextrakt aus Bakterien-Trockenpulver (10 g) wird mit 0,002 m Kaliumphosphatpuffer, p_H 7,4, (100 ml) durch 4stündiges Inkubieren unter gelegentlichem Umrühren bei 30° C hergestellt (vgl. auch S. 53). Der Rückstand wird zweimal mit Puffer (40 ml) nachgewaschen. Es folgt Zugabe von 1 % Protaminsulfatlösung (0,2 Teile: 1 Teil Extrakt). Der Niederschlag wird verworfen, zum Überstand kommen 0,2 Vol. 1 m K_3AsO_4, p_H 7,0, und 0,05 Vol. 1 m Kaliumacetat. Dann verdünnt man die Lösung auf das Doppelte des Ausgangsvolumens mit Wasser und setzt festes Ammoniumsulfat bis 45 % Sättigung zu. Der Niederschlag wird verworfen, der Überstand bis 65 % mit Ammoniumsulfat gesättigt. Der Niederschlag wird in 0,5 m K_3AsO_4, p_H 7,0, gelöst und auf folgende Konzentrationen eingestellt: KCl 0,2 m, Kaliumacetat 0,02 m, Protein 3 mg/ml, p_H 6,3. Durch Zusatz von absolutem Alkohol von — 10° C bis 31 Vol.-% fällt man inaktives Protein aus und gewinnt das Enzym in der Fraktion zwischen 31 und 49 % Äthanol, die in 0,05 m K_3AsO_4, p_H 7, (oder in Phosphat- bzw. Triäthanolaminpuffer) gelöst wird.

Spezifität und Eigenschaften des Enzyms. Die Spezifität des Enzyms ist nicht sehr ausgesprochen, sondern erstreckt sich auf alle Fettsäuren von C_1—C_8 mit Bevorzugung von C_4, C_5 und C_6, außerdem auf Lactat und Vinylacetat. Die Bestimmung der Michaelis-Konstanten ergab für Butyryl-CoA den angenäherten Wert 5×10^{-5} m, für Acetat 7×10^{-3} m.

Das Enzym ist relativ beständig gegen Erhitzen und kann dadurch von thermolabilen Begleitproteinen, z. B. Phosphotransacetylase, befreit werden.

---

[1] Kornberg, A., R. S. Kornberg and E. S. Simms: Biochim. biophys. Acta **20**, 215 (1956).
[2] Stadtman, E. R.: J. biol. Ch. **203**, 501 (1953).
[3] Valentine, R.C., and R.S. Wolfe: J. biol. Ch. **235**, 1948 (1960).
[4] Barker, H. A., E. R. Stadtman u. A. Kornberg; in: Colowick-Kaplan, Meth. Enzymol., Bd. I, S. 599.

Bestimmung der Acyl-Acetat-Thiophorase.

Prinzip:

Es wurde eine optische Methode zur Bestimmung der Enzymaktivität entwickelt, die auf der Beobachtung der Thioesterbande[1] bei 235—240 mμ beruht[2]. Als Hilfsreaktion bedient man sich der Arsenolyse von Acetyl-CoA, die durch das Enzym Phosphotransacetylase (s. S. 58) ausgelöst wird. Es handelt sich also um die folgenden Reaktionen:

$$\text{Butyryl-CoA} + \text{Acetat} \rightleftharpoons \text{Butyrat} + \text{Acetyl-CoA} \quad (49)$$

$$\text{Acetyl-CoA} + \text{Arsenat} \rightleftharpoons \text{Acetylarsenat} + \text{CoASH} \quad (5)$$

$$\text{Acetylarsenat} + H_2O \rightarrow \text{Acetat} + \text{Arsenat} \quad (46)$$

Bilanz: $$\text{Butyryl-CoA} + H_2O \rightarrow \text{Butyrat} + \text{CoASH} \quad (52)$$

Entsprechend der Bilanz [Gleichung (52)] liegt eine hydrolytische Spaltung von Butyryl-CoA zugrunde, die mit einer Abnahme der spezifischen Lichtabsorption der Thioesterbindung einhergeht. Die Differenz der molaren Extinktionskoeffizienten von Butyryl-CoA und dessen Spaltprodukten wird mit $\Delta\varepsilon_{232} = 4{,}5 \times 10^3$ [$cm^2 \times Mol^{-1}$] angegeben[2].

Reagentien:

1. 0,001 m Butyryl-CoA. (Die Lösung ist bei p_H 6,0 und — 15° C über Monate haltbar. Darstellung vgl. S. 104.)
2. Mischung von 0,15 m Kaliumacetat und 0,33 m Kaliumarsenat, p_H 7,0.
3. Phosphotransacetylase (Darstellung vgl. S. 56): Durch Verdünnen mit 0,05 m Tris-HCl-Puffer, p_H 8,0, stellt man eine Lösung von etwa 40 Enzymeinheiten pro ml her.
4. Enzym: Die zu testende Enzymlösung soll etwa 0,05—0,15 E/ml Thiophorase enthalten (Definition vgl. unten).

Ausführung:

In einer Quarzküvette von 1 cm Schichtdicke und etwa 1,5 ml Fassungsvermögen mischt man 0,2 ml der Kaliumacetat-Kaliumarsenatlösung und jeweils 0,1 ml der Butyryl-CoA bzw. Phosphotransacetylaselösung mit 1,0 ml Wasser. Nach Zugabe von 0,1 ml Enzymlösung liest man in einem Spektralphotometer die Extinktion bei 232 mμ in 1 min Abständen ab, wobei als Blindwert das obige Testgemisch mit Ausnahme von Butyryl-CoA und Phosphotransacetylase dient. Der Berechnung wird die Extinktionsabnahme zwischen der 1. und 4. min der Reaktion zugrunde gelegt.

Standardisierung. Als eine Enzymeinheit wird diejenige Enzymmenge festgelegt, die die Spaltung von 1 μM Butyryl-CoA in 3 min bewirkt. Dies entspricht einer Abnahme der Lichtabsorption von 1,0 in 3 min bei 25° C unter den angegebenen Bedingungen. Die spezifische Aktivität wird ausgedrückt in Einheiten pro mg Protein, letzteres bestimmt nach der Methode von LOWRY u. Mitarb.[3].

10. Succinyl-Acetacetat-Thiophorase.

[2.8.3.5 Succinyl-CoA: 3-Ketosäure-CoA-Transferase.]

Im Zusammenhang mit den Umsetzungen des im Zuge der α-Ketoglutaratoxydation auftretenden Succinyl-CoA ist außer den Enzymen Succinyl-CoA-Deacylase (vgl. S. 47) und P-Enzym (vgl. S. 41) eine dritte Reaktion von besonderem Interesse. Sie besteht in der reversiblen Übertragung des Succinylrestes von Succinyl-CoA auf Acetessigsäure durch das Enzym Succinyl-Acetacetat-Thiophorase gemäß folgender Gleichung[4-7]:

$$\text{Succinyl-CoA} + \text{Acetacetat} \rightleftharpoons \text{Succinat} + \text{Acetacetyl-CoA} \quad (53)$$

[1] STADTMAN, E. R.: J. cellul. comp. Physiol. 41, Suppl. 1, 89 (1953).
[2] BARKER, H. A., E. R. STADTMAN u. A. KORNBERG; in: Colowick-Kaplan, Meth. Enzymol., Bd. I, S. 599.
[3] LOWRY, O. H., N. J. ROSEBROUGH, A. L. FARR and R. J. RANDALL: J. biol. Ch. 193, 265 (1951).
[4] STERN, J. R., M. J. COON and A. DEL CAMPILLO: Am. Soc. 75, 1517 (1953). Nature 171, 28 (1953).
[5] STERN, J. R., M. J. COON, A. DEL CAMPILLO and M. C. SCHNEIDER: J. biol. Ch. 221, 15 (1956).
[6] GREEN, D. E., D. S. GOLDMAN, S. MII and H. BEINERT: J. biol. Ch. 202, 137 (1953).
[7] GREEN, D. E.: Science, N.Y. 115, 661 (1952).

Da die Thioesterbindung bei dieser Reaktion lediglich verschoben wird, ist die Freisetzung von Succinat auf diesem Weg energetisch gesehen mit der Phosphorylierungsreaktion durch das P-Enzym vergleichbar.

Die physiologische Bedeutung der Thiophorasereaktion kann in der „Aktivierung" freier Acetessigsäure gesehen werden, die erst nach Umwandlung in das CoA-Derivat in den oxydativen Stoffwechsel eingehen kann. Das Enzym dürfte demnach für die Verwertung der in der Leber gebildeten Acetessigsäure in den peripheren Organen wesentlich sein. Dieser Vorstellung entspricht auch, daß Succinyl-Acetacetat-Thiophorase in hoher Aktivität vor allem in Herz-[1,2] und Nierengewebe[1], nicht dagegen in der Leber vorkommt.

Succinyl-Acetacetat-Thiophorase katalysiert auch die CoA-Übertragung von Malonyl-CoA auf Acetacetat[3]:

$$\text{Malonyl-CoA} + \text{Acetacetat} \rightleftharpoons \text{Malonat} + \text{Acetacetyl-CoA} \tag{54}$$

Für die Übertragung von Glutaryl-CoA auf Acetacetat, die ebenfalls im Muskelgewebe des Hundes beobachtet wurde, soll dagegen eine eigene Thiophorase verantwortlich sein[3]. Die physiologische Rolle dieser Enzymreaktionen ist noch nicht klar.

Gegenüber der Thiophorasereaktion scheint der direkten, ATP-abhängigen Aktivierung von Acetacetat [Gl. (55)] geringere Bedeutung zuzukommen.

$$\text{Acetacetat} + \text{ATP} + \text{CoASH} \rightleftharpoons \text{Acetacetyl-CoA} + \text{AMP} + \text{PP} \tag{55}$$

Thiokinasen dieser Art sind zwar in Leber-[4,5] und Nierengewebe[4,6] sowie in Hefezellen[6] aufgefunden worden, doch sind diese Enzyme bisher wenig beachtet worden.

Darstellung der Succinyl-Acetacetat-Thiophorase aus Schweineherz nach STERN[7].

Herstellung des Rohextraktes. 30 Schweineherzen, die sofort nach der Schlachtung auf Eis gelegt und von Fett- und Bindegewebe gesäubert werden, zerkleinert man zweimal hintereinander in einem Fleischwolf. Der Muskelbrei (etwa 4,5 kg) wird fünfmal mit dem fünffachen Volumen eiskaltem Leitungswasser gewaschen, wobei man Eiswürfel zur Abkühlung zugibt. Der gewaschene Muskel wird auf einer Nutsche filtriert und möglichst trocken abgesaugt. Von diesem Kuchen homogenisiert man jeweils Portionen von 170 g mit dem 1,5fachen Volumen 0,05 m Kaliumphosphatpuffer, p_H 7,4, enthaltend 0,2 m KCl, in einem Starmixgerät. Es wird zunächst 5 min zerkleinert und sodann nach Zusatz der gleichen Puffermenge nochmals 5 min bei halber Geschwindigkeit homogenisiert. Das Homogenat filtriert man durch zwei Lagen Gazetuch und zentrifugiert 7 min bei 13000 U/min. Um Fettpartikel zu entfernen, gießt man das Filtrat durch zehn Lagen Gazetuch und erhält schließlich etwa 10 l tiefrot gefärbte Lösung.

Ammoniumsulfatfällung. Die Ammoniumsulfatfällung wird in 5 l-Portionen durchgeführt. Man setzt in einem Zeitraum von etwa 20 min gepulvertes Ammoniumsulfat unter mechanischem Rühren bis 35% Sättigung zu (245 g/l Extrakt), rührt weitere 20 min und zentrifugiert bei 13000 U/min 15 min. Der Niederschlag wird verworfen und der Überstand durch Zugabe von 210 g Ammoniumsulfat/l auf 65% Sättigung gebracht. Nach 20 min wird der Niederschlag abzentrifugiert, in 500 ml 0,017 m Kaliumphosphatpuffer, p_H 6,8, aufgenommen und gegen denselben Puffer (20 l) 16 Std dialysiert.

Acetonfällung. Die Phosphatkonzentration der obigen Lösung wird mit Kaliumphosphatpuffer, p_H 6,8, auf die Molarität 0,067 eingestellt, dann läßt man unterkühltes Aceton (— 10° C) bis zu einer Konzentration von 40,5 Vol.-% unter Rühren zufließen, was im ganzen 30—40 min in Anspruch nimmt. Dabei senkt man die Temperatur langsam

[1] STERN, J. R., M. J. COON, A. DEL CAMPILLO and M. C. SCHNEIDER: J. biol. Ch. **221**, 15 (1956).
[2] GREEN, D. E., D. S. GOLDMAN, S. MII and H. BEINERT: J. biol. Ch. **202**, 137 (1953).
[3] MENON, G. K. K., and J. R. STERN: J. biol Ch. **235**, 3393 (1960).
[4] MAHLER, H. R.: Fed. Proc. **12**, 694 (1953).
[5] STERN, J. R., and S. OCHOA: J. biol. Ch. **191**, 161 (1951).
[6] STERN, J. R., M. J. COON and A. DEL CAMPILLO: Am. Soc. **75**, 1517 (1953). Nature **171**, 28 (1953).
[7] STERN, J. R.; in: Colowick-Kaplan, Meth. Enzymol., Bd. I, S. 573.

auf -5° C und rührt bei dieser Temperatur noch 15 min weiter. Der Niederschlag wird bei 3000 U/min 20 min abzentrifugiert, wobei die Temperatur im Becher -5 bis -6° C nicht übersteigen soll. Man löst ihn in 150 ml 0,017 m Kaliumphosphatpuffer, p_H 7,4, und dialysiert die Lösung gegen 20 l desselben Puffers über Nacht. (Diese Fraktion kann für die Anreicherung von Thiolase verwendet werden, vgl. S. 122.) Zur Isolierung der Thiophorase wird die Acetonkonzentration des Überstandes auf 57 % erhöht und gleichzeitig die Temperatur auf -9 bis -10° C gesenkt. Der Niederschlag wird bei der gleichen Temperatur abzentrifugiert, in 150 ml 0,017 m Kaliumphosphatpuffer, p_H 7,4, gelöst und wie beschrieben dialysiert. Auf dieser Stufe ist das Enzym bemerkenswert stabil und kann über Monate in der Tiefkühltruhe aufbewahrt werden.

Hitze- und Säurebehandlung. Die Acetonfällung wird mit 0,017 m Kaliumphosphatpuffer, p_H 7,4, auf eine Proteinkonzentration von 10 mg/ml eingestellt. Je 300 ml Lösung erhitzt man im Verlauf von 9 min unter ständigem Umrühren in einem 1 l-Becherglas auf 50° C, das in einem Wasserbad von 55° C steht, und hält die Lösung weitere 6 min bei 50° C. Nach dem Abkühlen im Eisbad entfernt man den Niederschlag durch Zentrifugieren bei 13000 U/min (20 min) und gibt zum Überstand unter mechanischem Rühren, — wieder in 300 ml-Portionen — etwa 65 ml 0,1 n Essigsäure zu, wobei p_H auf 5,8 absinkt. Der Niederschlag wird hochtourig abzentrifugiert und verworfen.

Aluminium-Gel-Adsorption. Das angesäuerte Filtrat stellt man schnell mit etwa 4 ml 1 m $KHCO_3$ auf p_H 6,65 ein, gibt Aluminiumhydroxyd-Gel C_γ (Trockengewicht 13 mg/ml) bis zu einer Konzentration von 30 Vol.-% zu und rührt die Lösung 10 min bei 0° C. Nach dem Zentrifugieren wird der Gel-Niederschlag in einem der sauren Ausgangslösung entsprechenden Volumen 0,1 m Kaliumphosphatpuffer, p_H 7,4, suspendiert und 10 min gerührt, zentrifugiert und das 1. Eluat verworfen. Die 2. Elution erfolgt mit dem gleichen Volumen 0,2 m Kaliumphosphatpuffer, p_H 8, bei Zimmertemperatur unter 20 min Rühren. Nach Abzentrifugieren des Gels wird das Eluat (Proteingehalt etwa 1 mg/ml) durch Zusatz von Ammoniumsulfat bis 85% Sättigung konzentriert, zentrifugiert und der Niederschlag in $^1/_{20}$ Volumen (bezogen auf das Eluat) 0,017 m Trispuffer, p_H 7,5, gelöst. Die Lösung wird über Nacht gegen denselben Puffer dialysiert.

Zink-Alkoholfällung. Die Proteinkonzentration der Lösung verdünnt man mit 0,017 m Trispuffer, p_H 7,5, auf etwa 5 mg/ml und setzt zunächst 0,025 Vol. 1 m Kaliumsuccinat, p_H 6,2, und weiter unter Rühren langsam 0,25 Vol. 0,1 m Zinkacetat zu. Nach 5 min wird zentrifugiert, der Niederschlag verworfen und zum klaren Filtrat kaltes, absolutes Äthanol bis 15% Sättigung bei 0° C zugegeben. (Dieser Niederschlag enthält stark angereichertes P-Enzym, vgl. S. 41.) Der Überstand wird auf 35% Äthanol gebracht, 10 min gerührt, zentrifugiert und der Niederschlag in 10 ml 0,1 m Kaliumphosphatpuffer, p_H 7,4, der 0,01 m Kalium-ÄDTA und 0,1 % Glutathion enthält, gelöst. Die Fraktion dialysiert man über Nacht gegen 0,017 m Kaliumphosphatpuffer, p_H 7,4. Dabei auftretende Trübungen werden abzentrifugiert.

Ammoniumsulfatfraktionierung. Mit 0,017 m Kaliumphosphatpuffer, p_H 7,4, stellt man zunächst eine Proteinkonzentration von etwa 5 mg/ml ein und gibt dann festes Ammoniumsulfat bis 45% Sättigung zu. Der Niederschlag wird verworfen, zum Überstand Ammoniumsulfat bis 58% Sättigung zugesetzt. Dieser Niederschlag wird in einigen ml 0,017 m Kaliumphosphatpuffer, p_H 7,4, gelöst und über Nacht gegen denselben Puffer dialysiert.

Eine Übersicht über das Anreicherungsverfahren gibt Tabelle 17.

Spezifität und Eigenschaften des Enzyms[1]. Das gereinigte Enzym katalysiert die CoA-Übertragung von Succinyl-CoA nicht nur auf Acetacetat, sondern auch auf β-Ketovaleriansäure, β-Ketoisocapronsäure und β-Ketocapronsäure. Elektrophoretisch und nach Untersuchungen an der Ultrazentrifuge handelt es sich bei der reinsten Enzym-

[1] STERN, J. R.; in: Colowick-Kaplan, Meth. Enzymol., Bd. I, S. 573.

Tabelle 17. *Anreicherung der Succinyl-Acetacetat-Thiophorase aus Schweineherz* (nach STERN[1]).

Fraktion	Volumen ml	Einheiten	Protein mg	E/mg Protein	Ausbeute %
Phosphatextrakt (4,5 kg Herzmuskel) .	10500	181000	151000	1,2 [a]	100
$(NH_4)_2SO_4$, 0,35—0,65	1240	156000	25900	6,0 [b]	86
Acetonfällung, 40,5—57	474	86700	8250	10,5 [b]	48
Saurer Überstand, p_H 5,8	723	68300	4880	16,9 (14) [b,c]	38
Gel-Eluat (konzentriert)	46	63400	576	110 [c]	35
Zink-Äthanolfällung, 15—35	15,6	42700	95,1	449 [c]	24
$(NH_4)_2SO_4$, 0,45—0,58	1,8	34300	34,3	1000 [c]	18

[a] p-Nitroanilintest. [b] DPN-Test. [c] Direkter Test.

fraktion um zwei Komponenten, von denen die eine mit etwa 80% des Gesamtproteins der Aktivität an Succinyl-Acetacetat-thiophorase entspricht. Die Gleichgewichtskonstante

$$K = \frac{[\text{Succinat}] \times [\text{Acetacetyl-CoA}]}{[\text{Succinyl-CoA}] \times [\text{Acetacetat}]}$$

ist abhängig sowohl vom p_H als auch von der Anwesenheit von Mg^{++}. Folgende Konstanten wurden angegeben:

	p_H 7,0	p_H 7,5	p_H 8,1	p_H 9,2
Ohne Mg^{++}	$2{,}83 \times 10^{-3}$	$4{,}19 \times 10^{-3}$	$4{,}34 \times 10^{-3}$	$8{,}36 \times 10^{-3}$
Mit Mg^{++}	$4{,}81 \times 10^{-3}$	$5{,}94 \times 10^{-3}$	$8{,}96 \times 10^{-3}$	$1{,}50 \times 10^{-2}$

Das reinste Enzympräparat überträgt 300 M CoA pro 10^5 g Eiweiß pro min bei 25° C und wird weder durch 0,01 m Jodacetat noch durch 0,001 m ÄDTA gehemmt.

Bestimmungsmethoden.

a) Bestimmung der Succinyl-Acetacetat-Thiophorase im direkten optischen Test bei 303 mμ.

Prinzip:

Dieses Verfahren beruht auf der Beobachtung, daß Acetacetyl-thioester im alkalischen Bereich eine typische Absorptionsbande im Bereich von 300—310 mμ mit einem Maximum bei 303 mμ zeigen, die auf der Bildung des Enolat-Ions beruht[2] und die durch Magnesium infolge Komplexbildung erheblich verstärkt wird[3]. Somit läßt sich die enzymatische Bildung von Acetacetyl-CoA aus Succinyl-CoA an Hand der Zunahme der Extinktion in dem genannten UV-Bereich auf einfache Weise verfolgen[3].

Reagentien:

1. 1 m Tris-HCl-Puffer, p_H 8,1.
2. 0,8 m $MgCl_2$.
3. 1 m Kaliumacetacetat (dargestellt nach [4]).
4. 0,0018 m Succinyl-CoA. Herstellung[5]: 35 mg Coenzym A (Pabst) werden in 30 ml eiskaltem Wasser gelöst, dazu 3 mg Bernsteinsäureanhydrid gegeben und die Lösung anschließend mit $NaHCO_3$ auf p_H 7—7,5 gebracht. Die Mischung wird im Eisbad häufig umgeschüttelt. Die Reaktion ist nach 30 min beendet. Nach dieser Zeit ist über 90% des SH — bestimmt mit Nitroprussidnatrium[6] (Tüpfeltest, vgl. S. 5) —

[1] STERN, J. R.; in: Colowick-Kaplan, Meth. Enzymol., Bd. I, S. 573.
[2] LYNEN, F., L. WESSELY, O. WIELAND u. L. RUEFF: Angew. Chem. **64**, 687 (1952).
[3] STERN, J. R., M. J. COON and A. DEL CAMPILLO: Am. Soc. **75**, 1517 (1953). Nature **171**, 28 (1953).
[4] LJUNGGREN, G.: B. Z. **145**, 422 (1924).
[5] SIMON, E. J., and D. SHEMIN: Am. Soc. **75**, 2520 (1953).
[6] GRUNERT, R. R., u. P. H. PHILLIPS: Arch. Biochem. **30**, 217 (1951).

verschwunden. Die Lösung von Succinyl-CoA ist bei 0° C und p_H 7—7,5 mehrere Std haltbar, wesentlich stabiler bei p_H 1. Bei Raumtemperatur ist Succinyl-CoA äußerst labil.

5. Enzymfraktion.

Ausführung:

In eine Quarzküvette der Schichtdicke $d = 0{,}5$ cm werden folgende Komponenten pipettiert: je 0,1 ml Tris-HCl-Puffer und Kaliumacetacetat, 0,01 ml $MgCl_2$, 0,2 ml Succinyl-CoA; Enzymfraktion 0,01 ml; mit Wasser auf ein Endvolumen von 1,50 ml auffüllen. Die Ablesung erfolgt gegen eine Vergleichsküvette mit allen Komponenten außer Succinyl-CoA. Die Reaktion wird in Gang gebracht durch Zugabe des Enzyms und die Extinktionszunahme bei 305 mμ bei 25° C, in Abständen von 30 sec gemessen. Für die Berechnung der Enzymaktivität legt man den Wert ΔE_{305} in der Zeitspanne zwischen 30 und 60 sec nach Zugabe des Enzyms zugrunde. Die Kinetik einer solchen Messung ist in Abb. 16 wiedergegeben.

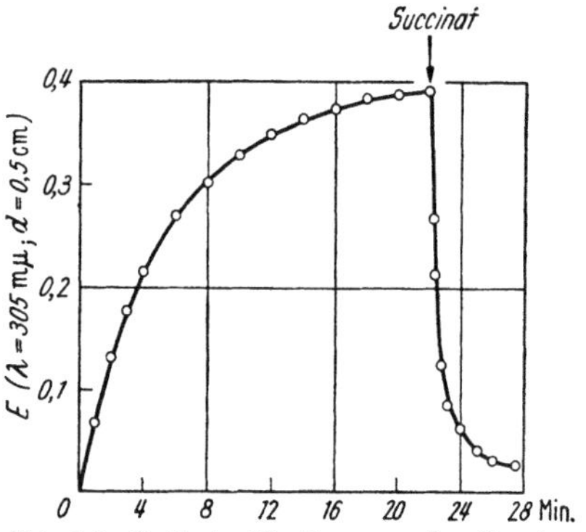

Abb. 16. Optische Bestimmung der Succinyl-Acetacetat-Thiophorasereaktion (nach STERN u. Mitarb.[1]). Ansatz: 0,11 μM Succinyl-CoA; 50 μM Acetacetat; 8 μM $MgCl_2$; Start mit 17 μg Thiophorase-Protein. Beim Pfeil 20 μM Succinat zugesetzt. Volumen: 1,5 ml; p_H 8,1.

Standardisierung. Als eine Enzymeinheit bezeichnet man die Proteinmenge, welche bei 25° C eine Extinktionszunahme von 0,01 pro min hervorruft. Bis zu Werten von $\Delta E = 0{,}04$ pro min ist die Anfangsgeschwindigkeit proportional der Enzymkonzentration. Die spezifische Aktivität wird in Enzymeinheiten pro mg Protein ausgedrückt. Die Proteinbestimmung erfolgt durch Messung der Lichtabsorption bei 280 und 260 mμ[2]. Der molare Extinktionskoeffizient ε_{305} von Acetacetyl-CoA bei p_H 8,1 in Anwesenheit von Mg^{++} beträgt $1{,}2 \times 10^4$, s.[1]. Infolgedessen entspricht eine Enzymeinheit der Bildung von 0,0025 μM Acetacetyl-CoA.

b) Bestimmung der Succinyl-Acetacetat-Thiophorase durch kombinierte optische Methoden.

Der zuletzt beschriebene direkte optische Test auf Succinyl-Acetacetat-Thiophorase ist nur anwendbar, wenn die zu untersuchenden Enzymlösungen frei von β-Ketoacylthiolase sind. In rohen Enzymfraktionen kann diese Schwierigkeit umgangen werden, indem man in das Testsystem die thiolytische Spaltung des Acetacetyl-CoA mit einschließt. Das dabei auftretende Acetyl-CoA kann auf verschiedene Weise abgefangen werden: Einmal durch das zur Citronensäure führende „condensing enzyme"[3], wobei das erforderliche Oxalacetat in einer enzymatischen Hilfsreaktion mit Äpfelsäuredehydrogenase und DPN aus Äpfelsäure erzeugt wird.

$$\text{Succinyl-CoA} + \text{Acetacetat} \rightleftharpoons \text{Succinat} + \text{Acetacetyl-CoA} \quad (53)$$

$$\text{Acetacetyl-CoA} + \text{CoASH} \rightleftharpoons 2\,\text{Acetyl-CoA} \quad (55)$$

$$2\,\text{Malat} + 2\,\text{DPN}^+ \rightleftharpoons 2\,\text{Oxalacetat} + 2\,\text{DPNH} + 2\,\text{H}^+ \quad (10)$$

$$2\,\text{Acetyl-CoA} + 2\,\text{Oxalacetat} + 2\,\text{H}_2\text{O} \rightleftharpoons 2\,\text{Citrat} + 2\,\text{CoASH} + 2\,\text{H}^+ \quad (9)$$

$$\textit{Bilanz:}\ \text{Succinyl-CoA} + \text{Acetacetat} + 2\,\text{Malat} + 2\,\text{DPN}^+ + 2\,\text{H}_2\text{O} \rightleftharpoons \text{Succinat} + 2\,\text{Citrat} + \text{CoASH} + 2\,\text{DPNH} + 4\,\text{H}^+ \quad (56)$$

In diesem Fall wird die Messung der Lichtabsorption von DPNH bei 340 mμ als Maß für die nach Reaktion Gl. (56) erfolgende CoA-Übertragung herangezogen.

1. Testsystem für die DPNH-Messung: Tris-HCl-Puffer, p_H 8,1 (100 μM); $MgCl_2$ (8 μM); K-Acetacetat (100 μM); CoA (0,2 μM): Glutathion, neutralisiert (10 μM); DPN (0,3 μM);

---

[1] STERN, J. R., M. J. COON and A. DEL CAMPILLO: Am. Soc. **75**, 1517 (1953). Nature **171**, 28 (1953).

[2] WARBURG, O., u. W. CHRISTIAN: B. Z. 310, 384 (1941).

[3] STERN, J. R., B. SHAPIRO, E. R. STADTMAN and S. OCHOA: J. biol. Ch. **193**, 703 (1951).

K-L-Malat (10 μM); Succinyl-CoA (0,35 μM); β-Ketoacylthiolase 200 E, spezifische Aktivität 15000 (Darstellung vgl. S. 122); gereinigte Äpfelsäuredehydrogenase nach[1] (Darstellung vgl. Bd. VI/A, S. 367) 2 μg, spezifische Aktivität 62000; condensing enzyme 16 μg, spezifische Aktivität 330 (Darstellung vgl. S. 80) und Succinyl-Acetacetat-Thiophorase (etwa 3—250 μg). Die Reaktion wird durch Zugabe von Succinyl-CoA gestartet, die Anfangsgeschwindigkeit der Bildung von DPNH in Minutenabständen verfolgt.

Als eine Einheit bezeichnet man die Enzymmenge, die bei 25° C eine Extinktionszunahme bei 340 mμ von 0,01 pro min bewirkt. Eine Einheit dieser Definition entspricht der Bildung von 0,0048 μM DPNH oder — entsprechend der Bilanz [Gl. (56)] 0,0024 μM Acetacetyl-CoA.

2. *Versuchsanordnung für p-Nitroanilin-Test.* In den Reaktionen [Gl. (53) und (55)] gebildetes Acetyl-CoA kann auch durch die Acetylierung von p-Nitroanilin durch das Enzym Arylaminacetylase weiter umgesetzt werden, wobei die Entfärbung von p-Nitroanilin bei 420 mμ optisch meßbar wird[2].

$$\text{2 Acetyl-CoA} + \text{2 p-Nitroanilin} \rightarrow \text{2 p-Nitroacetanilid} + \text{2 CoA} \qquad (2)$$

Dies ist im Falle stärkerer Beimengungen von DPNH-Oxydase empfehlenswert. Das System setzt sich folgendermaßen zusammen:

Tris-HCl-Puffer, pH 8,1 (100 μM); $MgCl_2$ (8 μM); K-Acetacetat (100 μM); CoA (0,2 μM); Glutathion, neutralisiert (10 μM); Succinyl-CoA (0,35 μM); p-Nitroanilin (0,3 μM); Arylaminacetylase aus Taubenleber (Darstellung vgl. S. 88) 0,3 mg, spezifische Aktivität 150—200. Meist enthält diese Enzymfraktion ausreichende Mengen an β-Ketoacylthiolase. Andernfalls muß gereinigte Thiolase (200 E) (Darstellung vgl. S. 122) noch gesondert zugesetzt werden. Start der Reaktion mit Succinyl-CoA, anschließend Ablesung der Extinktionsabnahme bei 420 mμ. Eine Einheit stellt diejenige Enzymmenge dar, die eine Extinktionsabnahme von 0,01 bei 25° C verursacht. Dies entspricht der Bildung von 0,005 μM p-Nitroacetanilid bzw. 0,0025 μM Acetacetyl-CoA.

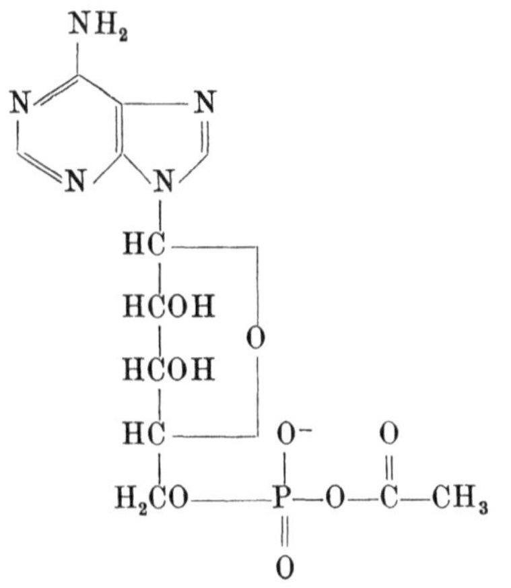

Abb. 17. Acetyladenylat.

11. Das Acetat aktivierende Enzym, Acetat-Thiokinase.

[6.2.1.1 Acetat:CoA-Ligase (AMP).]

Unter den enzymatischen Reaktionen, die zur Bildung von Acetyl-CoA führen, nimmt die Aktivierung der Essigsäure durch ATP eine Vorrangstellung ein. In tierischen Geweben und in Hefezellen erfolgt der Aufbau der Acyl-Mercaptanbindung nach folgendem Mechanismus[3-8]:

$$\text{Acetat} + \text{ATP} + \text{CoASH} \rightleftharpoons \text{Acetyl-CoA} + \text{AMP} + \text{PP} \qquad (1)$$

Die ungewöhnliche Spaltung von ATP in AMP und anorganisches Pyrophosphat erklärt sich aus der Tatsache, daß im Zuge der Essigsäureaktivierung zunächst aus Acetat und ATP ein energiereiches Zwischenprodukt, Acetyladenylat, gebildet wird (Formel, vgl. Abb. 17), welches dann in einer zweiten Reaktion mit CoA unter Entstehung

[1] Straub, F. B.: H. **275**, 63 (1942).
[2] Tabor, H., A. H. Mehler and E. R. Stadtman: J. biol. Ch. **204**, 127 (1953). — vgl. diesen Beitrag, S. 13, 89.
[3] Jones, M. E., S. Black, R. M. Flynn and F. Lipmann: Biochim. biophys. Acta **12**, 141 (1953).
[4] Berg, P.: Am Soc. **77**, 3163 (1955).
[5] Hele, P.: J. biol. Ch. **206**, 671 (1954).
[6] Eisenberg, M. A.: Biochim. biophys. Acta **16**, 58 (1955).
[7] Eisenberg, M. A.: J. biol. Ch. **203**, 815 (1953).
[8] Beinert, H., D. E. Green, P. Hele, H. Hift, W. v. Korff and C. V. Ramakrishnan: J. biol. Ch. **203**, 35 (1953).

von Acetyl-CoA zur Umsetzung gelangt[1,2]. Der Reaktion Gl. (1) liegen also folgende Teilschritte zugrunde:

$$\text{ATP} + \text{Acetat} \rightleftharpoons \text{Acetyladenylat} + \text{PP} \qquad (57)$$

$$\text{Acetyladenylat} + \text{CoASH} \rightleftharpoons \text{Acetyl-CoA} + \text{AMP} \qquad (58)$$

Nach Untersuchungen mit einem mehr als 50fach angereicherten Präparat aus Hefe[2] wird dieser zweistufige Aktivierungsprozeß von einem einzigen Enzym katalysiert.

Um das Gleichgewicht der reversiblen Aktivierungsreaktion auf die physiologisch bevorzugte Seite der Acetyl-CoA-Bildung zu verlagern, wird anorganisches Pyrophosphat durch eine ubiquitär vorkommende Pyrophosphatase rasch zerlegt[3]:

$$\text{PP} + H_2O \rightarrow 2\,P_a \qquad (59)$$

In Bakterien vollzieht sich die Essigsäureaktivierung auf einem Wege, der zwei Enzyme in Anspruch nimmt. Dabei entsteht in einer ersten Reaktion aus Acetat und ATP Acetylphosphat (Acetokinase, vgl. S. 73), welches dann durch die Phosphotransacetylase in Acetyl-CoA umgewandelt wird.

$$\text{Acetat} + \text{ATP} \rightleftharpoons \text{Acetylphosphat} + \text{ADP} \qquad (60)$$

$$\text{Acetylphosphat} + \text{CoASH} \rightleftharpoons \text{Acetyl-CoA} + \text{Phosphat} \qquad (4)$$

Bilanz:

$$\text{Acetat} + \text{ATP} + \text{CoASH} \rightleftharpoons \text{Acetyl-CoA} + \text{ADP} + P_a \qquad (61)$$

Wie die Gesamtreaktion Gl. (61) zeigt, geht hier die Acetataktivierung unter Spaltung des ATP in ADP und anorg. Phosphat vor sich.

Vorkommen. Das acetataktivierende Enzym wurde bisher in Schweineherz[4], Ochsenherz[5], Taubenleber[6–8], Schweineleber[9], Rattenleber[10] und -niere[11], in Hirngewebe, im elektrischen Organ des Zitteraals[12], in den Blättern und Keimlingen vieler Pflanzen[13], in Hefe[2,14,15] und — als einzigem Bacterium — in *Rhodospirillum rubrum*[16,17] nachgewiesen. Angereicherte Präparate wurden aus Herzmuskel[5], aus *Rhodospirillum rubrum*[16] und vor allem aus Hefe gewonnen[2,15].

a) Darstellung der Acetat-Thiokinase aus Hefe nach BERG[2].

Alle Schritte werden bei 0° C durchgeführt. Eine Suspension von 200 g Bäckerhefe (Fleischmann-Hefe, Standard Brands Inc.) in 200 ml einer kalten 0,1 m K_2HPO_4-Lösung wird durch Behandlung mit Ultraschall (40 min) aufgeschlossen, anschließend 30 min bei $10000 \times g$ zentrifugiert und der trübe Überstand durch Glaswolle filtriert. Bei $-15°$ C aufbewahrt, erwies sich der Rohextrakt über 2 Tage beständig. Steht eine Vorrichtung für die Ultraschallbehandlung nicht zur Verfügung, kann der Hefeaufschluß auch mit einem Gewebe-Desintegrator[18] erfolgen. Mit Oberkotzauer Bäckerhefe wurden befriedigende Enzympräparate auf diesem Wege gewonnen[19].

[1] BERG, P.: Am. Soc. **77**, 3163 (1955).
[2] BERG, P.: J. biol. Ch. **222**, 991 (1956).
[3] LYNEN, F., u. K. DECKER: Ergebn. Physiol. **49**, 327 (1957).
[4] BEINERT, H., D. E. GREEN, P. HELE, H. v. HIFT, W. KORFF and C. V. RAMAKRISHNAN: J. biol. Ch. **203**, 35 (1953).
[5] HELE, P.: J. biol. Ch. **206**, 671 (1954).
[6] LIPMANN, F.: J. biol. Ch. **160**, 173 (1945).
[7] KAPLAN, N. O., and F. LIPMANN: J. biol. Ch. **174**, 37 (1948).
[8] CHOU, T. C., and F. LIPMANN: J. biol. Ch. **196**, 89 (1952).
[9] JENCKS, W. P., and F. LIPMANN: J. biol. Ch. **225**, 207 (1957).
[10] AISENBERG, A. C., and V. R. POTTER: J. biol. Ch. **215**, 737 (1955).
[11] AISENBERG, A. C., and V. R. POTTER: J. biol. Ch. **220**, 831 (1956).
[12] NACHMANSOHN, D., and A. C. MACHADO: J. Neurophysiol. **6**, 397 (1943).
[13] MILLERD, A., and J. BONNER: Arch. Biochem. **49**, 343 (1954).
[14] LIPMANN, F., M. E. JONES, S. BLACK and R. M. FLYNN: Am. Soc. **74**, 2384 (1952).
[15] HILZ, H.: Diss. nat., München, 1953.
[16] EISENBERG, M. A.: Biochim. biophys. Acta **16**, 58 (1955).
[17] EISENBERG, M. A.: J. biol. Ch. **203**, 815 (1953).
[18] MERKENSCHLAGER, M., K. SCHLOSSMANN u. W. KURZ: B. Z. **329**, 332 (1957).
[19] LYNEN, F., U. HENNING, C. BUBLITZ, B. SÖRBO u. L. KRÖPLIN-RUEFF: B. Z. **330**, 269 (1958).

Zu 180 ml Rohextrakt wurden unter Rühren 27 ml einer 2%igen Protaminsulfatlösung (bezogen von Eli Lilly & Co.) gegeben. Nach 5 min wird der Niederschlag bei 10000 × g zentrifugiert und verworfen. Den klaren Überstand versetzt man mit 55 ml Protaminsulfatlösung und zentrifugiert nach 5 min wie oben. Die überstehende Lösung wird verworfen und der gummiartige Niederschlag zweimal mit je 100 ml kaltem Wasser homogenisiert und zentrifugiert. Dann folgt eine Waschung mit 100 ml 0,01 m K-phosphat, p_H 7,0, nach der der Niederschlag in 125 ml 0,25 m K-phosphat, p_H 7,5, aufgenommen wird (Protamin-Eluat).

Zum Protamin-Eluat (125 ml) gibt man 97 ml einer bei 4° C gesättigten Ammoniumsulfatlösung. Nach 10 min wird der Niederschlag abzentrifugiert (5 min bei 10000 × g) und in 65 ml kaltem Wasser gelöst (AS I). Anschließend adsorbiert man das Enzym an Aluminium-Gel (1,1 mg Trockengewicht/mg Protein) und zentrifugiert nach 5 min. Das Protein bringt man nach Waschen, einmal mit 100 ml Wasser und zweimal mit 100 ml 0,05 m K-Phosphat, p_H 6,9, durch zweimalige Elution mit je 40 ml 0,1 m K-phosphat, p_H 7,5, wieder in Lösung (Gel-Eluat).

Zu 80 ml des Gel-Eluates rührt man 21 g Ammoniumsulfat ein. Nach dem Zentrifugieren wird der Niederschlag in 14 ml 0,5 m K-phosphat, p_H 7,6, gelöst (AS II).

Die verschiedenen Reinigungsgänge führen zu einer 35—60fachen Anreicherung. Die Ausbeute beträgt 25—35%. Die Fraktion AS II kann eingefroren 4 Monate ohne Aktivitätsverlust aufbewahrt werden.

Eine Übersicht über den Anreicherungsgang gibt Tabelle 18.

Tabelle 18. *Anreicherung der Acetat-Thiokinase aus Hefe* (nach BERG[1]).

Fraktion	Einheiten pro ml	Gesamt-einheiten	Protein mg/ml	Spezifische Aktivität
Rohextrakt . .	49	8820	21,4	2,3
Protamin-Eluat	47	5875	2,0	24
AS I	59	3835	1,9	31
Gel-Eluat . .	35	2800	0,42	83
AS II	157	2190	1,6	98

Spezifität und Eigenschaften der Acetat-Thiokinase aus Hefe. In der durch das Enzym katalysierten Aktivierungsreaktion Gl. (1) läßt sich ATP nicht durch andere Triphosphate, wie UTP, CTP, ITP oder GTP, ersetzen. Auch für Acetat liegt eine weitgehende Spezifität des Enzyms vor. Außer mit Acetat tritt nur mit Propionat eine nennenswerte Umsetzung ein, deren Ausmaß bei einer Konzentration von 5×10^{-3} m zu etwa 30% der Reaktionsgeschwindigkeit mit Essigsäure (Endkonzentration 1×10^{-3} m) gefunden wurde. Die Anwesenheit von Mg^{++} erwies sich als unentbehrlich.

Die Gleichgewichtskonstante der Reaktion Gl. (1) wurde zu

$$K' = \frac{[\text{Acetyl-CoA}] \times [\text{AMP}] \times [\text{PP}]}{[\text{Acetat}] \times [\text{CoASH}] \times [\text{ATP}]} = 2{,}7 \text{ (Hefeenzym}^2\text{) bzw. } 0{,}86 \text{ (Herzmuskelenzym}^3\text{)}$$

gefunden. Hieraus geht hervor, daß die Reaktion praktisch frei reversibel verläuft und daß somit die Acyl-Mercaptanbindung im Acetyl-CoA energetisch der Pyrophosphatbindung im ATP gleichwertig sein muß.

b) Darstellung der Acetat-Thiokinase aus Rinderherz nach HELE[3].

Für die Isolierung der Acetat-Thiokinase aus Rinderherzmitochondrien wurde folgende Vorschrift angegeben:

Gewinnung der Mitochondrien. Frische Rinderherzen werden von Fett und Bindegewebe befreit und in Stücke geschnitten. Der Aufschluß erfolgt im Starmixgerät bei halber Geschwindigkeit und 1—5° C mit 300 ml einer Lösung von 85 g Rohrzucker und 5 g K_2HPO_4 pro Liter für 100 g Gewebe. Während des 50 sec dauernden Homogenisierens wird mit 6 m KOH p_H 7,0 konstant gehalten. Das Homogenat aus 1 kg Muskel wird 6 min bei 2300 × g zentrifugiert, der Überstand durch zwei Lagen Gazetuch filtriert und

[1] BERG, P.: J. biol. Ch. **222**, 991 (1956).
[2] JONES, M. E.: Fed. Proc. **12**, 708 (1953).
[3] HELE, P.: J. biol. Ch. **206**, 671 (1954).

in 10 l 0,9% KCl-Lösung eingerührt. Diese Suspension zentrifugiert man in einer Durchlaufzentrifuge hochtourig und nimmt die Partikel in 0,9% KCl-Lösung auf. Die Suspension kann gefroren in 500 ml Plastikflaschen aufbewahrt werden.

Herstellung des Mitochondrienextraktes. Die Suspension wird dreimal gefroren und wieder aufgetaut und dann zentrifugiert. Beim Auftauen schüttelt man die Lösung 1 Std bei 38° C. (Das Auftauen bei 4° C dauert zu lange; hierbei geht fast alle Aktivität verloren.) Das Zentrifugieren muß bei 14000 × g 10 min erfolgen, um alle partikulären Elemente zu entfernen.

Ammoniumsulfatfällung. Zum Extrakt, der etwa 5 mg Protein/ml enthält, werden 21 g Ammoniumsulfat pro 100 ml zugegeben und der Niederschlag wie oben abzentrifugiert. Der Niederschlag wird verworfen und zum Überstand nochmals 21 g Ammoniumsulfat pro 100 ml zugesetzt. Der hochtourig abgeschleuderte Niederschlag wird in 0,02 m Kaliumbicarbonatlösung aufgenommen und die Lösung (nach Einstellung eines Proteingehaltes von etwa 10 mg/ml) ein zweites Mal mit Ammoniumsulfat bei p_H 8,9 fraktioniert. Die zwischen 37 und 55% Sättigung ausfallende Fraktion wird in 0,02 m $KHCO_3$ gelöst und 6 Std gegen dieselbe Lösung dialysiert.

Gel-Schritt und letzte Ammoniumsulfatfällung. Die dialysierte Lösung wird mit $KHCO_3$-Lösung auf einen Proteingehalt von 10 mg/ml gebracht und pro mg Protein 6 mg Aluminium-Gel C_γ (bezogen auf Trockengewicht) zugesetzt. Vor dem Mischen sättigt man sowohl die Proteinlösung als auch das Gel bis 10% mit Ammoniumsulfat (p_H 8,9). Die Suspension wird zentrifugiert, zum Überstand gibt man 42 g Ammoniumsulfat pro 100 ml und unterwirft den in Lösung gebrachten Niederschlag (10 mg Protein/ml) einer Fällung mit ammoniakalischem Ammoniumsulfat (p_H 8,2), wobei man das gesuchte Protein zwischen 40 und 54% Sättigung erhält.

Tabelle 19 gibt eine Übersicht über den Anreicherungsgang.

Tabelle 19. *Anreicherung des „acetataktivierenden Enzyms" aus Rinderherz* (nach HELE[1]).

Reinigungsstufe	Spezifische Aktivität	Protein mg	Gesamteinheiten	Ausbeute %
1. Mitochondrienextrakt	3,9	9800	38300	100
2. Erste Ammoniumsulfatfällung	7,2	4470	32100	84
3. Zweite Ammoniumsulfatfällung, p_H 8,9	13,0	1710	22300	61
4. Aluminium-Gel-Überstand	31,0	420	13000	34
5. Dritte Ammoniumsulfatfällung, p_H 8,2	53,0	131	7000	19

Eigenschaften des Herzmuskelenzyms. Im Gegensatz zu rohen Gewebsextrakten ist das angereicherte Enzym äußerst unstabil. Die Wirksamkeit erstreckt sich außer auf Acetat auf Propionat und Acrylat. Glykolat, Glyoxylat, β-Hydroxypyruvat, D(—)-Lactat und Formiat werden nur in ganz geringem Maße umgesetzt. Die Gleichgewichtskonstante der Reaktion mit Acetat und Propionat liegt um 1. Nach Untersuchungen an der Ultrazentrifuge und in der Elektrophoreseapparatur liegt für die Essigsäureaktivierung ein einheitliches Protein vor.

Bestimmungsmethoden.

a) Bestimmung der Acetat-Thiokinase mit Hydroxylamin.

Prinzip:

Das Verfahren beruht auf der Umsetzung von Acetyl-CoA mit Hydroxylamin, wobei Acethydroxamsäure gebildet wird, die sich als tiefrot gefärbter Eisenkomplex colorimetrisch bestimmen läßt[2].

[1] HELE, P.: J. biol. Ch. **206**, 671 (1954).
[2] LIPMANN, F., and L. C. TUTTLE: J. biol. Ch. **159**, 21 (1945).

Reagentien:

1. $8{,}1 \times 10^{-4}$ m CoA (entspricht 250 LIPMANN-E/ml).
2. 0,1 m ATP-Lösung, p_H 7,5.
3. 0,2 m Kaliumacetat.
4. 1,0 m Kaliumphosphatpuffer, p_H 7,5.
5. 1 m Trishydroxymethylaminomethan-(Tris-)Puffer, p_H 8,2.
6. 1 m Kaliumfluorid.
7. 0,2 m Magnesiumchlorid.
8. 0,2 m Glutathion-SH, mit KOH auf p_H 4,5 eingestellt.
9. 2 m Hydroxylamin, p_H 7,4 (täglich frisch herzustellen durch Mischen gleicher Teile 4 n $NH_2OH \cdot HCl$ und 4 n KOH).
10. Enzymlösung: Die zu testende Enzymlösung soll so eingestellt sein, daß bei einem Volumen von etwa 0,05—0,35 ml zwischen 0,1 und 0,6 μM Acethydroxamsäure in 20 min gebildet werden.
11. Eisenchloridreagens (10 % $FeCl_3 \cdot 6\,H_2O$ und 3,3 % Trichloressigsäure in 0,66 n HCl).

Ausführung:

In einem kleinen Reagensglas werden gemischt: 0,1 ml CoA, 0,1 ml ATP, 0,1 ml Kaliumacetat, 0,1 ml Kaliumphosphatpuffer (für Test von tierischen Extrakten), 0,1 ml Trispuffer (für Test von Hefeextrakten), 0,1 ml Hydroxylaminlösung, 0,05 ml Kaliumfluorid, 0,05 ml Magnesiumchlorid, 0,05 ml Glutathion und die erforderliche Menge an Wasser für ein Endvolumen von 1,0 ml. Nach einer Vorinkubation der Proben von 5 min bei 37° C setzt man das Enzym zu. Nach einer weiteren Bebrütung von 20 min Dauer bei 37° C werden genau 1,5 ml Eisenchloridreagens einpipettiert. Die entstandene Hydroxamsäure mißt man nach Abzentrifugieren des denaturierten Proteins bei 540 mμ gegen einen Blindwert, bestehend aus 1,0 ml Wasser und 1,5 ml Eisenchloridlösung. Bei der Enzymbestimmung in rohen Gewebsextrakten muß ein Testansatz ohne Zusatz von CoA mitlaufen und vom Meßwert des vollen Systems in Abzug gebracht werden.

Standardisierung des Testes. Nach der Auswertung von JONES und LIPMANN[1] bezeichnet man als eine Enzymeinheit diejenige Proteinmenge, die unter den genannten Bedingungen zur Bildung von 0,4 μM Acethydroxamsäure führt. Nach den Angaben von BERG[2] entspricht eine Enzymeinheit dagegen der Bildung von 1 μM Acethydroxamat in obigem Test. Diese Menge entspricht einer Extinktion von 0,325 bei 540 mμ. Die Methode liefert bis zu einer oberen Grenze von 0,5—0,6 μM gebildeter Hydroxamsäure in 20 min verwertbare Ergebnisse. Die spezifische Enzymaktivität leitet sich aus dem Verhältnis von Enzymeinheiten pro mg Protein ab. Der Proteingehalt wird durch Trübungsmessung nach Trichloressigsäurezusatz ermittelt (vgl. S. 110).

b) Bestimmung der Acetat-Thiokinase durch Kombination mit anderen Acetyl-Acceptorsystemen.

Die Aktivität des acetataktivierenden Enzyms kann auch bestimmt werden, indem man geeignete *enzymatische* Acetyl-Acceptorsysteme heranzieht. Dies hat den Vorteil, daß die Reaktion der direkten optischen Messung zugänglich wird.

1. Test mit p-Nitroanilin.

Das Enzym Arylaminacetylase, welches den Acetylrest von Acetyl-CoA auf p-Nitroanilin (und andere aromatische Amine) überträgt [Reaktion Gl. (2)] und seine Verwendung als Hilfsenzym für die Beobachtung Acetyl-CoA liefernder Reaktionen ist schon mehrfach an anderen Stellen dieser Arbeit besprochen worden.

$$\text{Acetat} + \text{ATP} + \text{CoASH} \rightleftharpoons \text{Acetyl-CoA} + \text{AMP} + \text{PP} \qquad (1)$$

$$\text{Acetyl-CoA} + \text{p-Nitroanilin} \rightarrow \text{p-Nitroacetanilid} + \text{CoASH} \qquad (2)$$

[1] JONES, M. E., and F. LIPMANN; in: Colowick-Kaplan, Meth. Enzymol., Bd. I, S. 585.
[2] BERG, P.: J. biol. Ch. **222**, 991 (1956).

Es kann deshalb bezüglich der Zusammensetzung des Testsystems und des Vorgehens auf diese Abschnitte verwiesen werden (vgl. S. 12, 89).

2. Test mit Citrat kondensierendem Enzym.

Das Prinzip dieser Testkombination ist ebenfalls schon an anderer Stelle dieser Arbeit eingehend besprochen worden (vgl. S. 13, 84). Als Indicatorenzym dient hierbei die DPN-abhängige Malat-Dehydrogenase, die in stöchiometrischer Menge Oxalacetat für die Kondensation mit Acetyl-CoA zur Verfügung stellt. Die Geschwindigkeit der DPNH-Bildung kann optisch bei 340 mμ gemessen werden.

$$\text{Acetat} + \text{ATP} + \text{CoASH} \rightleftharpoons \text{Acetyl-CoA} + \text{AMP} + \text{PP} \qquad (1)$$

$$\text{Acetyl-CoA} + \text{Oxalacetat} + H_2O \rightleftharpoons \text{Citrat} + \text{CoASH} + H^+ \qquad (9)$$

$$\text{Malat} + \text{DPN}^+ \rightleftharpoons \text{Oxalacetat} + \text{DPNH} + H^+ \qquad (10)$$

12. Thiokinasen für höhere Fettsäuren.

[6.2.1.2 Fettsäure:CoA-Ligase(AMP).]

Die Aktivierung höherer Fettsäuren erfolgt in analoger Weise, wie dies für die Acetataktivierung beschrieben wurde. Für diesen Vorgang, der die β-Oxydation der Fettsäuren einleitet, wurde eine Reihe von Enzymen nachgewiesen, die sich durch ihre Spezifität bezüglich der Kettenlängen der verschiedenen Fettsäuren voneinander unterscheiden. Prinzipiell handelt es sich um folgende Reaktion:

$$\text{R-COOH} + \text{ATP} + \text{CoASH} \rightleftharpoons \text{R—CO—SCoA} + \text{AMP} + \text{PP} \qquad (62)$$

Nach dem bisherigen Stand lassen sich zwei derartige Thiokinasen differenzieren: Ein Enzym aus Ochsenlebermitochondrien, welches Fettsäuren mit einer Kettenlänge von 4—11 C-Atomen aktiviert — mit einem Optimum für Caprylsäure — und deshalb als Caprylat-Thiokinase bezeichnet wurde[1]. Das Enzym macht keinen Unterschied zwischen gesättigten und ungesättigten Fettsäuren dieser Reihe und vermag darüber hinaus auch Benzoesäure und Phenylessigsäure zu den entsprechenden CoA-Derivaten umzusetzen. Somit dürfte das Enzym auch für die Biosynthese der Hippursäure bzw. Phenacetursäure von physiologischer Bedeutung sein[2].

Ein zweites Enzym der genannten Kategorie aus Meerschweinchenleber ist vornehmlich auf die Aktivierung der höheren Fettsäuren bis zu C_{22} eingestellt. Außer Palmitinsäure, Ölsäure und Stearinsäure werden von diesem Enzym auch Linolsäure, Linolensäure und Chaulmoograsäure mit CoA umgesetzt[3]. Möglicherweise geht auch die Bildung von Cholyl-CoA aus Cholsäure, ATP und CoA[4,5] auf das gleiche Enzym zurück.

Auf eine in tierischen Geweben vorkommende, spezifische Acetacetat-Thiokinase[6-8] ist schon an anderer Stelle hingewiesen worden (vgl. S. 63). Auch für die Aktivierung von Glutarat soll in tierischen Geweben einschließlich Leber ein spezifisches Enzym enthalten sein[9].

Insgesamt ist die zuletzt genannte Gruppe der Thiokinasen weit weniger intensiv untersucht als das „acetataktivierende Enzym". Es sei deshalb bezüglich ihrer Isolierung, Eigenschaften und Bestimmungsmethoden auf die entsprechenden Originalarbeiten verwiesen.

---

1 Mahler, H. R., S. J. Wakil and R. M. Bock: J. biol. Ch. **204**, 453 (1953).
2 Schachter, D., and J. V. Taggart: J. biol. Ch. **208**, 263 (1954).
3 Kornberg, A., and W. E. Pricer: J. biol. Ch. **204**, 329 (1953).
4 Elliot, W. H.: Biochim. biophys. Acta **17**, 440 (1955).
5 Elliot, W. H.: Biochem. J. **62**, 427 (1956).
6 Stern, J. R., M. J. Coon and A. del Campillo: Am. Soc. **75**, 1517 (1953). Nature **171**, 28 (1953).
7 Mahler, H. R.: Fed. Proc. **12**, 694 (1953).
8 Stern, J. R., and S. Ochoa: J. biol. Ch. **191**, 161 (1951).
9 Menon, G. K. K., D. L. Friedman and J. R. Stern: Biochim. biophys. Acta **44**, 375 (1960).

13. Acetokinase.

[2.7.2.1 ATP: Acetat-Phosphotransferase.]

Obwohl dieses Enzym im eigentlichen Sinne nicht zu den CoA-abhängigen Enzymen gehört, soll es im Zusammenhang mit dem Stoffwechsel der Essigsäure hier kurz besprochen werden. In Mikroorganismen, wo dieses Enzym bisher ausschließlich angetroffen wurde, erfolgt die Aktivierung der Essigsäure nach folgendem Mechanismus[1-4]:

$$\text{Acetat} + \text{ATP} \rightleftharpoons \text{Acetylphosphat} + \text{ADP} \qquad (60)$$

Durch Koppelung mit der Phosphotransacetylasereaktion

$$\text{Acetylphosphat} + \text{CoASH} \rightleftharpoons \text{Acetyl-CoA} + \text{Phosphat} \qquad (4)$$

kommt man zu folgender Gesamtreaktion:

$$\text{Acetat} + \text{ATP} + \text{CoASH} \rightleftharpoons \text{Acetyl-CoA} + \text{ADP} + P_a \qquad (61)$$

Wie man sieht, erfolgt die Acetataktivierung hier — im Gegensatz zu den Verhältnissen in der tierischen Zelle — nach einem aus zwei Stufen zusammengesetzten Prozeß, wobei ATP in ADP und anorg. Phosphat gespalten wird (vgl. auch S. 68).

Acetokinase ist in der Bakterienwelt weit verbreitet. Das Enzym wurde gefunden in *Proteus vulgaris*, *Clostridium kluyveri*, *E. coli*, *Streptococcus faecalis*, *Str. hämolyticus* und *Azotobakter vinelandii*[5]. Für die Anreicherung aus *E. coli*, *Stamm 4157*, wurde ein Verfahren beschrieben, das zu einer fast 100fachen Reinigung des Enzyms führt[5]. Dabei geht man von einem *Coli*-Trockenpulver aus, das mit Phosphatpuffer unter Zusatz von Aluminiumpulver extrahiert wird. Durch wiederholte, abwechselnde Fraktionierung dieses Rohextraktes mit Aceton und Ammoniumsulfat wird das Enzym angereichert. Auf eine ausführliche Darstellung des Reinigungsverfahrens soll an dieser Stelle verzichtet werden.

Acetokinase aus *E. coli*[5] oder aus *Cl. sticklandii*[6] kann mit Erfolg zur enzymatischen Bestimmung von Essigsäure herangezogen werden.

Eigenschaften und Spezifität[5]. Außer Acetat reagiert nur Propionat mit dem Enzym, letzteres aber nur mit etwa $^1/_{10}$ der vollen Geschwindigkeit. Folgende MICHAELIS-Konstanten wurden gefunden: Acetat 0,3 m; Propionat 0,47 m; Mg^{++} 0,005 m; ATP 0,002 m; ADP 0,0015 m; Acetylphosphat 0,005 m. Das Gleichgewicht der Reaktion liegt weit auf der Seite der Bildung von ATP aus Acetylphosphat und ADP.

Mg^{++} oder Mn^{++} ist für die Reaktion unerläßlich. Dementsprechend wirken sich hohe Konzentrationen von ÄDTA hemmend aus. Auch durch Sulfhydryl-Hemmstoffe, wie p-Chlormercuribenzoat und dergleichen, wird die Enzymaktivität blockiert.

Bestimmung der Acetokinase.

Prinzip:

Die Methode beruht auf der Umsetzung des bei der Reaktion gebildeten Acetylphosphates mit Hydroxylamin. Die dabei auftretende Acethydroxamsäure gibt mit Eisenchlorid eine Purpurfärbung, die colorimetrisch gemessen wird[7].

Reagentien:

1. 3,2 m Kaliumacetat.
2. 1,0 m Tris-HCl-Puffer, p_H 7,4.
3. 1,0 m $MgCl_2$.

---

[1] ROSE, I. A., M. GRUNBERG-MANAGO, S. R. KOREY and S. OCHOA: J. biol. Ch. **211**, 737 (1954).
[2] STADTMAN, E. R., and H. A. BARKER: J. biol. Ch. **184**, 769 (1950).
[3] LIPMANN, F.: J. biol. Ch. **155**, 55 (1944).
[4] KAPLAN, N. O., and F. LIPMANN: Fed. Proc. **7**, 163 (1948).
[5] ROSE, I. A.; in: Colowick-Kaplan, Meth. Enzymol., Bd. I, S. 591.
[6] STADTMAN, T.: Persönl. Mitteilung.
[7] LIPMANN, F., and L. C. TUTTLE: J. biol. Ch. **159**, 21 (1945).

4. 4,0 m KOH.
5. Hydroxylamin-HCl, 28%. Die Lösung muß kühl gelagert werden.
6. 0,1 m ATP. Neutralisiertes Natriumsalz.
7. $FeCl_3$-Reagens: 1,25% $FeCl_3$ in 1,0 n HCl.
8. Trichloressigsäure, 10%.
9. Phosphat-Cysteinlösung: 0,1 m Kaliumphosphatpuffer, p_H 7,4, enthaltend 0,005 m Cystein.
10. Enzym: Die Enzymlösung wird mit der Phosphat-Cysteinlösung verdünnt, so daß zwischen 10 und 100 E pro ml vorliegen (Standardisierung vgl. unten).

Ausführung:

Eine Stammlösung wird täglich aus Kaliumacetat, Tris und $MgCl_2$ im Verhältnis 25:5:1 hergestellt. Ebenfalls frisch bereitet man eine neutrale Hydroxylaminlösung durch Mischen von Hydroxylamin-HCl und KOH zu gleichen Teilen. In ein kleines Reagensglas pipettiert man 0,3 ml Stammlösung, 0,35 ml neutrale Hydroxylaminlösung, 0,1 ml ATP und H_2O auf ein Endvolumen (einschließlich Enzym) von 1,0 ml. Versuchstemperatur 29° C, Start mit Enzym (1 E oder weniger). Nach längstens 2 min Zugabe von 1,0 ml Trichloressigsäure, zentrifugieren und Zusatz von 4 ml $FeCl_3$-Reagens. Ablesung bei 540 mμ gegen einen Blindwert, dem $FeCl_3$ zur Zeit 0 zugesetzt wurde.

Standardisierung. Als eine Enzymeinheit bezeichnet man die Menge, die 1 μM Hydroxamsäure pro min unter den angegebenen Testbedingungen bildet. Der Test verläuft linear bis beinahe 2 E Acetokinase pro Ansatz. Die spezifische Aktivität wird in Enzymeinheiten pro mg Protein angegeben, wobei der Proteingehalt nach der Biuret-Methode[1] ermittelt wird.

14. Thioltransacetylasen.

[2.3.1 Acyltransferasen.]

Enzyme dieser Klasse katalysieren die Übertragung des Acetylrestes von Acetyl-CoA auf eine Reihe von Sulfhydrylverbindungen nach der allgemeinen Reaktionsgleichung

$$\text{Acetyl-CoA} + \text{RSH} \rightleftharpoons \text{Acetyl-SR} + \text{CoASH} \qquad (63)$$

In Extrakten aus *Cl. kluyveri* und aus Taubenleber-Acetonpulver wurde die Acetylübertragung gemäß Reaktion Gl. (63) auf Thioglykolat, Thioäthanol, H_2S, Cysteamin, α-Liponsäure und verschiedene andere Thiole beobachtet[2-4]. Durch Fraktionierung von Taubenleberextrakten gelang es, drei Thioltransacetylasen mit besonderer Spezifität voneinander abzugrenzen[5]: Typ A reagiert vorwiegend mit Dihydroliponsäure gemäß folgender Gleichung:

$$\text{Acetyl-CoA} + \text{Dihydroliponsäure} \rightleftharpoons \text{S-Acetyldihydroliponsäure} + \text{CoA} \qquad (64)$$

Typ B katalysiert die Acetylierung von Thioäthanol und Cysteamin. Eine dritte Komponente bewirkt die Acetylübertragung auf H_2S unter Bildung von Thioessigsäure. Während die beiden letztgenannten Enzyme in ihrer physiologischen Bedeutung noch nicht zu übersehen sind, kommt der Liponsäuretransacetylierung gemäß Gl. (64) (Thioltransacetylase A) beim oxydativen Abbau von α-Ketosäuren eine wesentliche Funktion zu (vgl. S. 26). Die Anreicherung einer Liponsäure-Transacetylase mit dem Enzymkomplex der α-Ketosäure-Dehydrogenase aus *E. coli*[6] s. Tabelle 6, S. 29. Auch aus *M. tuberculosis* ist eine derartige Transacetylase isoliert worden[7].

[1] GORNALL, A. G., C. J. BARDAWILL and M. M. DAVID: J. biol. Ch. **177**, 751 (1949).
[2] GUNSALUS, I. C., L. S. BARTON and W. GRUBER: Am. Soc. **78**, 1763 (1956).
[3] BRADY, R. O., and E. R. STADTMAN: Fed. Proc. **13**, 186 (1954).
[4] GUNSALUS, I. C.; in: MCELROY, W. D., and B. GLASS (Hrsg.): Mechanisms of Enzyme Action. S. 545. Baltimore 1954.
[5] BRADY, R. O., and E. R. STADTMAN: J. biol. Ch. **211**, 621 (1954).
[6] KOIKE, M., J. L. REED and W. R. CARROLL: J. biol. Ch. **235**, 1924 (1960).
[7] GOLDMAN, D. S.: Biochim. biophys. Acta **32**, 80 (1959).

Darstellung von Thioltransacetylase A (Liponsäure-Transacetylase [2.3.1.12 Acetyl-CoA: Dihydrolipoat-S-Acetyltransferase]) ***aus Taubenleber nach*** BRADY ***und*** STADTMAN[1].

Extraktion. Taubenleber-Acetonpulver (vgl. S. 88) wird mit der siebenfachen Menge 0,05 m Phosphatpuffer, p_H 7,0, 10 min in einem Mörser bei 0° C verrieben und hochtourig zentrifugiert. Der Überstand wird 24 Std eingefroren und nach dem Auftauen wieder zentrifugiert.

Alkoholfällung. Die klare Lösung wird mit Alkohol bei —12° C fraktioniert. Das gesuchte Enzym findet sich in Fraktion I, die zwischen 30 und 74% Sättigung ausfällt. Man löst sie in 0,2 m Triäthanolamin-HCl-Puffer, p_H 7,0.

Ammoniumsulfatfraktionierung. Durch Zugabe einer gesättigten, mit NH_4OH auf p_H 7,0 eingestellten Ammoniumsulfatlösung erhält man im Bereich zwischen 0 und 47 % Sättigung Fraktion II und zwischen 62 und 68% Fraktion III. Die Niederschläge werden jeweils abzentrifugiert und in 0,2 m Triäthanolaminpuffer gelöst. Fraktion II entspricht der Thioltransacetylase A, Fraktion III dem Typ B. Im folgenden wird die weitere Reinigung der Transacetylase A beschrieben.

Gel-Adsorption. Fraktion II wird auf eine Proteinkonzentration von 2 mg/ml und eine Konzentration von 0,06 m Triäthanolaminpuffer eingestellt und mit Calciumphosphat-Gel (9,4 mg/ml, p_H 6,7) im Verhältnis Gel:Protein = 1,4 versetzt. Der Niederschlag wird verworfen, zum Überstand gibt man weiter Gel zu (Gel:Protein = 2,3) und zentrifugiert. Aus dem Filtrat (Fraktion IV) fällt man das Enzym mit festem Ammoniumsulfat und löst die zwischen 45 und 65% ausfallende Fraktion in 0,2 m Triäthanolaminpuffer (Fraktion V).

Auf dieser Stufe ist das Enzym 500fach gegenüber dem Rohextrakt angereichert.

Bestimmungsmethoden.

a) *Bestimmung der Thioltransacetylase A nach der Hydroxamsäuremethode.*

Die Methode beruht auf der katalytischen Bereitstellung von Acetyl-CoA durch Phosphotransacetylase und der colorimetrischen Bestimmung der gebildeten Thioester nach Umsetzung mit Hydroxylamin. Überschüssiges Acetylphosphat wird vorher durch 5 min Kochen bei p_H 4,3 hydrolysiert.

Reagentien:

1. 0,3 m 2-Mercaptoäthanol.
2. 0,5 m Triäthanolaminpuffer, p_H 7,0.
3. CoA.
4. 0,1 m Acetylphosphat (Darstellung s. S. 60).
5. Phosphotransacetylase (Darstellung s. S. 55).
6. Enzymlösung.
7. 1,0 m Acetatpuffer, p_H 4,3.
8. NH_2OH-Lösung, neutralisiert. Herstellung: gleiche Teile 28% $NH_2OH \cdot HCl$ + 14% NaOH werden jeweils kurz vor dem Versuch gemischt.
9. $FeCl_3$-Reagens. Herstellung: 1 Teil 5% $FeCl_3$ in 0,1 n HCl, 1 Teil 12% Trichloressigsäure und 1 Teil 3 n HCl werden gemischt.

Ausführung:

Folgende Komponenten werden in einem Testvolumen von 0,5 ml zusammengegeben: 30 μM 2-Mercaptoäthanol, 50 μM Triäthanolaminpuffer, 10 E CoA, 10 μM Acetylphosphat, 14 E Phosphotransacetylase, die zu prüfende Thioltransacetylase. Inkubation 30 min bei 30° C. Die Ansätze stoppt man durch Zugabe von 0,2 ml Acetatpuffer und 5 min Erhitzen auf 100° C und setzt sodann 0,5 ml NH_2OH-Lösung, 0,3 ml H_2O und 1,5 ml $FeCl_3$-Reagens zu. Die Farbdichte wird nach Zentrifugieren bei 540 mμ gemessen.

[1] BRADY, R. O., and E. R. STADTMAN: J. biol. Ch. **211**, 621 (1954).

Als *Einheit* der Transacetylierung wird diejenige Enzymmenge bezeichnet, die unter den angegebenen Testbedingungen zur Bildung von 1 μM Acetylthioester führt.

An Stelle von Thioäthanol kann auch Dihydroliponsäure als Acetylacceptor eingesetzt werden[1,2]. Es laufen dann folgende Reaktionen ab:

$$\text{Acetylphosphat} + \text{CoASH} \rightleftharpoons \text{Acetyl-CoA} + \text{Phosphat} \qquad (4)$$

$$\text{Acetyl-CoA} + \text{Dihydrolipoat} \rightleftharpoons \text{S-Acetyldihydrolipoat} + \text{CoASH} \qquad (64)$$

$$\textit{Bilanz:}\quad \text{Acetylphosphat} + \text{Dihydrolipoat} \overset{\text{CoA}}{\rightleftharpoons} \text{S-Acetyldihydrolipoat} + \text{Phosphat} \qquad (65)$$

Für die Bestimmung der Transacetylase aus *M. tuberculosis* wurde folgendes Testsystem angegeben[2]: Trispuffer, p_H 7,5, 80 μM; Acetylphosphat 6,0 μM; CoA 0,3 μM; D,L-Dihydroliponsäure 5,0 μM; Phosphotransacetylase aus *E. coli*[3] 0,06 E und die zu testende Proteinfraktion. Endvolumen 0,9 ml; Inkubation 10 min bei 30° C, gestoppt mit 0,1 ml 1,0 n HCl. Überschuß an Acetylphosphat wird durch 4 min Kochen im Sauren zerstört. Die beständige S-Acetyldihydroliponsäure wird nach der Hydroxamsäuremethode (vgl. oben) bestimmt.

Eine *Enzymeinheit* entspricht unter den genannten Bedingungen der Bildung von 1 μM S-Acetyldihydrolipoat.

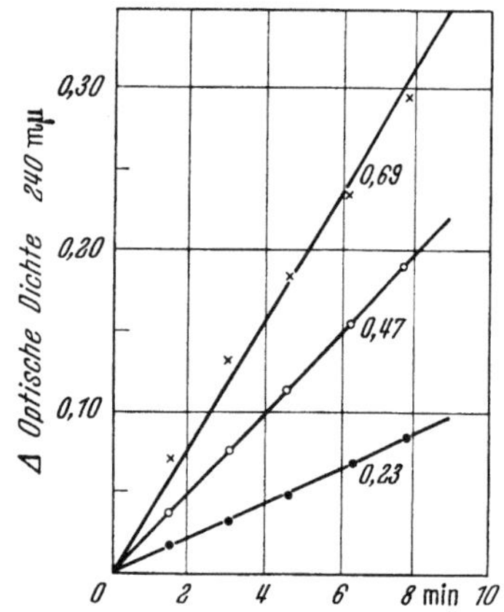

Abb. 18. Optischer Test der Thioltransacetylase (nach BRADY und STADTMAN[5]). Zusammensetzung des Testes vgl. Text. Die Zahlen an den Kurven geben die eingesetzten Proteinmengen (mg) an.

b) Spektralphotometrische Bestimmung der Thioltransacetylase.

Diese Methode beruht auf der Ausbildung der spezifischen Absorptionsbande der Acylthioester bei 240 mμ[4]. Folgendes Testsystem wurde beschrieben[5]: Acetyl-CoA (Darstellung s. S. 84) 0,014 μM, Kaliumacetat 54 μM, 2-Mercaptoäthanol 27 μM, Imidazol-HCl-Puffer, p_H 7,0, 5,4 μM, Acetylphosphat 2,7 μM, 28 E Phosphotransacetylase, die zu testende Thioltransacetylasefraktion und H_2O ad 1,0 ml. Die Messung erfolgt gegen eine Vergleichsküvette ohne Thioltransacetylase. Die Abhängigkeit der Extinktionszunahme bei 240 mμ von der Proteinkonzentration ist in Abb. 18 dargestellt. Eine *Transacetylase-Einheit* entspricht in diesem Test einer Zunahme der Extinktion von 0,043 pro min.

15. Citratspaltendes Enzym (citrate cleavage enzyme).

Das Enzym katalysiert die CoA-abhängige Spaltung von Citrat in Acetyl-CoA und Oxalacetat nach folgender Gleichung:

$$\text{Citrat} + \text{CoASH} + \text{ATP} \rightarrow \text{Acetyl-CoA} + \text{Oxalacetat} + \text{ADP} + P_a \qquad (66)$$

Das Enzym wurde erstmalig in Taubenleber nachgewiesen[6], später auch in Rinderhirn, Schweineherz[7] und Bakterien[8]. Die Verteilung des Enzyms in verschiedenen tierischen Geweben ist in Tabelle 20 zusammengestellt. Innerhalb der Leberzellen scheint es im Cytoplasma lokalisiert zu sein[9]. Reinigungsvorschriften wurden für Taubenleber und Kükenleber angegeben. Die physiologische Rolle der Spaltungsreaktion liegt in der Bereitstellung von Acetyl-CoA aus Citrat, was möglicherweise im Gehirn, wo sich relativ

[1] HAGER, L. D., and I. C. GUNSALUS: Am. Soc. **75**, 5767 (1953).
[2] GOLDMAN, D. S.: Biochim. biophys. Acta **32**, 80 (1959).
[3] GOLDMAN, D. S.: Biochim. biophys. Acta **28**, 436 (1958).
[4] STADTMAN, E. R.: J. cellul. comp. Physiol. **41**, Suppl. **1**, 89 (1953).
[5] BRADY, R. O., and E. R. STADTMAN: J. biol. Ch. **211**, 621 (1954).
[6] SRERE, P. A., and F. LIPMANN: Am. Soc. **75**, 4874 (1953).
[7] WOLLEMANN, M.: Acta physiol. hung. **10**, 171 (1956).
[8] TAKAHASHI, H.: J. agric. chem. Soc. Jap. **28**, 586 (1954) [Chem. Abstr. **52**, 20378].
[9] SRERE, P. A.: J. biol. Ch. **234**, 2544 (1959).

Tabelle 20. *Verteilung des citratspaltenden Enzyms* (nach SRERE[1]).

Gewebe	Spezifische Aktivität × 10²	Gesamt-aktivität pro g Gewebe	Gewebe	Spezifische Aktivität × 10²	Gesamt-aktivität pro g Gewebe
Ratte			Küken		
Leber . . .	1,0	0,67	Leber . .	1,1	0,78
Niere . . .	0,65	0,27	Herz . . .	0,23	0,25
Herz . . .	0,19	0,065	Rind		
Hirn . . .	1,2	0,16	Leber . .	0,08	0,16
Kaninchen			Hirn . . .	0,48	0,13
Leber . . .	0,048	0,096	Schwein		
Niere . . .	0,22	0,23	Leber . .	0,026	0,04
Herz . . .	0,22	0,22	Niere . . .	0,096	0,08
Hirn . . .	0,83	0,19	Herz . . .	0,34	0,17
Milz	0,18	0,13	Hirn . . .	0,13	0,064

hohe Enzymaktivitäten nachweisen lassen, von Bedeutung erscheint. Im biochemischen Laboratorium verdient das Enzym Interesse für die stöchiometrische, spezifische Bestimmung von CoA (s. S. 14).

Darstellung des citratspaltenden Enzyms nach **SRERE[1].**

Extraktion. 45 g frische oder gefrorene Kükenleber werden im Starmix mit 450 ml einer auf 0° C vorgekühlten Lösung von 0,4 m KCl in 20 %igem Äthanol 2 min bei Raumtemperatur homogenisiert. Alle folgenden Operationen führt man im Eisbad aus, zentrifugiert wird bei 0° C. Nach dem Homogenisieren läßt man den Extrakt 5 min stehen und schöpft die oben angesammelte Fettschicht ab. Das Homogenat wird 15 min bei 20000 × g zentrifugiert und das Filtrat durch mehrere Lagen Gazetuch abgegossen.

Säurefällung. Pro Liter Rohextrakt gibt man 60 ml 1 m Natriumacetatpuffer, p_H 5,4, zu, rührt die Lösung 15 min, zentrifugiert hochtourig und verwirft den Niederschlag.

Zinkfällung. Pro Liter des Überstandes gibt man 10 ml 0,1 m Zinkacetat zu, rührt die Lösung 15—30 min und zentrifugiert hochtourig. Das Filtrat wird verworfen, der Niederschlag in eiskalter 0,5 m KCl-Lösung ($^1/_{20}$ Vol. des Ausgangsextraktes) in einem Glashomogenisator aufgenommen. Die Lösung wird 10 min bei 20000 × g zentrifugiert und der Rückstand mit 0,5 m KCl wie oben nachextrahiert. Gelegentlich wurde die Auflösung des Niederschlages durch Zusatz von Äthylendiamintetraacetat (0,1 m) erleichtert.

Alkoholfällung. Die vereinigten KCl-Extrakte (Proteingehalt 22—26 mg/ml) verdünnt man mit Wasser auf eine KCl-Konzentration 0,1 m. Nach 15 min Rühren wird der Niederschlag abzentrifugiert. Zum Überstand (Protein 3—6 mg/ml) gibt man eiskalten Alkohol bis 15 % Sättigung, zentrifugiert und löst den Niederschlag in Wasser oder verdünnter KCl-Lösung. Man kann auch die Alkoholmenge stufenweise in 2—4 Portionen zusetzen. Die Hauptmenge der Aktivität findet sich dann zwischen 7—12 % Alkoholsättigung.

Ammoniumsulfatfällung. Die Fraktionierung erfolgt entweder mit gesättigter Ammoniumsulfatlösung oder mit festem Ammoniumsulfat. Der Proteingehalt der Lösung nach Alkoholfällung beträgt etwa 20 mg/ml. Die erforderliche Menge an Ammoniumsulfat hängt vom Lösungsmittel ab, in dem der Niederschlag aufgenommen wurde. Im Falle von 0,5 m KCl fällt das Enzym zwischen 25—33 %, im Falle von Wasser zwischen 30—40 % Ammoniumsulfatsättigung.

Aluminium-Gel. Die Lösung wird mit 1 m Natriumacetatpuffer, p_H 5,4, auf p_H 5,9 eingestellt und mit Aluminium-Gel C_γ versetzt. Das Gel wird vorher durch Zentrifugieren konzentriert und in einer Menge von 1 mg pro mg Protein zugegeben. Die Mischung läßt man 15 min bei 0° C stehen. Das Gel wird abzentrifugiert und der Überstand verworfen.

[1] SRERE, P. A.: J. biol. Ch. **234**, 2544 (1959).

Die erste Waschung des Niederschlags mit 0,04 m Kaliumcitrat, p_H 7,0, wird ebenfalls verworfen. Das Enzym geht mit 0,1 m Kaliumcitrat, p_H 7,0, in Lösung.

Nach dem Gelschritt ist das Enzym praktisch frei von Citrat kondensierendem Enzym, DPNH-Oxydase, Äpfelsäure-Dehydrogenase, Acetyl-CoA-Deacylase und enthält nur noch Spuren an ATPase und Myokinase. Eine Übersicht über den Anreicherungsgang gibt Tabelle 21.

Eigenschaften[1,2]. *Stabilität.* Das Enzym ist sehr wenig stabil und verliert über Nacht etwa 40% an Aktivität. Dagegen hält es vierstündige Dialyse gegen destilliertes Wasser ohne Verlust aus. Erwärmen auf 48° C zerstört 90% der Aktivität.

Aktivatoren und Inhibitoren. Das Enzym wird durch Mg^{++} aktiviert, Mn^{++} und Co^{++} können Mg^{++} ersetzen, nicht dagegen Zn^{++}. Die Reaktion verläuft am schnellsten in 0,1 m Trispuffer bei p_H 7,3, in 0,1 m Phosphatpuffer nur etwa halb so schnell. Eine Hemmung scheint auch GTP an Stelle von ATP zu bewirken.

Tabelle 21. *Reinigung des citratspaltenden Enzyms aus Kükenleber* (nach SRERE[1]).

Schritt	Spezifische Aktivität × 10^3	Gesamtaktivität pro g	Ausbeute %
Enzymextrakt	1,0 (0,72—1,64)	1,5	100
Säurefraktion	2,0 (1,15—2,52)	1,8	123
Zink-Fällung	10,1 (4,45—15,5)	1,3	87
Alkoholfraktion	24,0 (11,1—51,0)	0,91	60
Ammoniumsulfatfraktion	59,5 (22,1—127)	0,53	35

Spezifität. Folgende Substrate werden vom citratspaltenden Enzym nicht umgesetzt: Acetat, Malonat, Succinat, Malat, Aceleat, Tricarballylat und Isocitrat. Mit der 100fachen Menge an β-Hydroxy-β-methylglutarat beträgt der Umsatz nur 4%. Geringe Reaktion mit Itaconat kann auf Verunreinigung des Präparates mit Citrat zurückgeführt werden. Bezüglich ATP besteht weitgehende Spezifität, ITP, UTP und GTP reagieren nur mit $^1/_{10}$ oder weniger der maximalen Geschwindigkeit.

Das Enzym ist spezifisch für CoA; es reagiert nicht mit Dephospho-CoA oder Pantethein.

Bestimmungsmethoden.

a) Bestimmung des citratspaltenden Enzyms im optischen Test.

Prinzip:

Die Bestimmung der Enzymaktivität erfolgt in einem zusammengesetzten optischen Test, bei dem das gemäß Gl. (66) auftretende Oxalacetat mit Malat-Dehydrogenase und DPNH weiter umgesetzt wird. Die dabei erfolgende Oxydation von DPNH wird in bekannter Weise bei 366 mμ verfolgt.

Reagentien:

1. 1 m Trispuffer, p_H 7,3.
2. 0,1 m $MgCl_2$.
3. 0,001 m CoA.
4. 0,1 m 2,3-Dimercaptopropanol oder Thioäthanol.
5. 0,2 m Kaliumcitrat.
6. Malat-Dehydrogenase (Darstellung vgl. Bd. VI/A, S. 367ff.).
7. 0,001 m DPNH.
8. Enzymlösung.
9. 0,05 m ATP.

Ausführung:

In eine Küvette, $d = 1$ cm, pipettiert man 100 μM Trispuffer, 10 μM $MgCl_2$, 0,3 μM CoA, 10 μM 2,3-Dimercaptopropanol oder Thioäthanol, 20 μM Kaliumcitrat, 500 E Malat-Dehydrogenase, 0,1—0,2 μM DPNH, 5 μM ATP, die Enzymlösung; Endvolumen: 1,0 ml.

[1] SRERE, P. A.: J. biol. Ch. **234**, 2544 (1959).
[2] SRERE, P. A.: J. biol. Ch. **236**, 50 (1961).

Die Reaktion wird mit ATP gestartet und bei 340 mμ oder 366 mμ gegen einen Blindwert, der weder DPNH noch CoA enthält, abgelesen. Die Kinetik des Testes mit steigenden Enzymmengen s. Abb. 19. Das Protein wird nach einer modifizierten nephelometrischen Methode nach BÜCHER[1] bestimmt.

b) Colorimetrischer Test[2].

Er beruht auf der Umsetzung des bei der Reaktion freigesetzten Acetyl-CoA mit Hydroxylamin und Bestimmung der Acethydroxamsäure mit $FeCl_3$. Folgende Testmischung wurde beschrieben:

20 μM Kaliumcitrat, 5 μM ATP, 10 μM $MgCl_2$, 0,05 μM CoA, 10 μM 2-Mercaptoäthanol, 200 μM NH_2OH (p_H 7,4), 60 μg Enzym in einem Gesamtvolumen von 1 ml. Ein Kontrollansatz enthält alle Komponenten außer Citrat. Die Proben werden 15 min bei 37° C inkubiert, anschließend mit 0,1 ml 50% Trichloressigsäure versetzt und zentrifugiert. Im Überstand wird die gebildete Acethydroxamsäure nach LIPMANN und TUTTLE[3] bestimmt (s. S. 71).

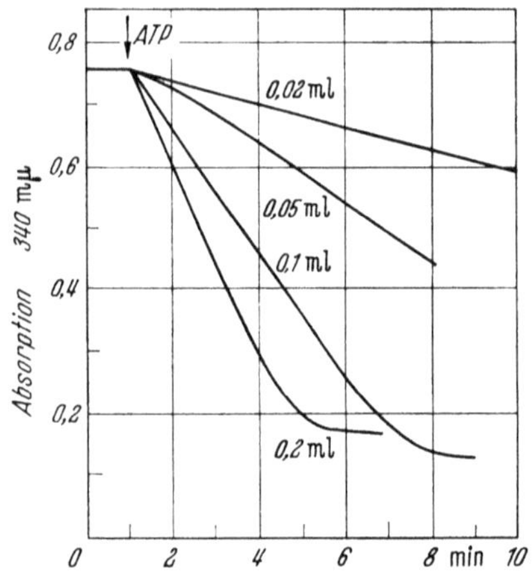

Abb. 19. Zusammengesetzter optischer Test des citratspaltenden Enzyms (nach SRERE[4]).

E. Acyl-Acceptorreaktionen.

Im vorausgehenden Abschnitt wurden diejenigen Enzyme besprochen, denen die gemeinsame Eigenschaft der Bildung von Acetyl-CoA im Stoffwechsel zukommt (vgl. das Schema S. 4). Der folgende Teil soll sich mit der Vielzahl der Acyl-Acceptorreaktionen befassen, die unter Ausnützung der Acyl-Mercaptanbindung vonstatten gehen. Dabei handelt es sich im wesentlichen um Kondensationsreaktionen und um die Bildung acetylierter Bau- bzw. Wirkstoffe der Zelle. Eine gewisse Sonderstellung nehmen die mit dem Umsatz der Fettsäuren verbundenen Oxydo-Reduktionsprozesse ein, welche je nach der eingeschlagenen Richtung entweder den Donator- oder den Acceptorreaktionen zuzuordnen sind. Die Enzyme des Fettsäurecyclus werden deshalb in einem gesonderten Abschnitt zusammengefaßt.

1. Citrat kondensierendes Enzym (Citratsynthase, „condensing enzyme").

[4.1.3.7 Citrat-Oxalacetat-Lyase (CoA-acetylierend).]

Unter den Acetyl-Acceptorreaktionen nimmt die Synthese der Citronensäure eine hervorragende Stellung ein, da sich an diesem Punkt das Ausmaß der Verbrennung von Acetyl-CoA über den Citronensäurecyclus entscheidet. Acetyl-CoA und Oxalacetat vereinigen sich dabei in folgender Reaktion:

$$\begin{matrix} CH_2\text{—}COOH \\ | \\ CO\text{—}COO^- \end{matrix} + CH_3\text{—}CO\text{—}SCoA + H_2O \rightleftharpoons HO\text{—}\begin{matrix} CH_2\text{—}COOH \\ | \\ C\text{—}COO^- \\ | \\ CH_2\text{—}COO^- \end{matrix} + H^+ + CoASH \qquad (67)$$

Das Enzym dieser Reaktion wurde von STERN und OCHOA entdeckt[5] und später aus Herzmuskel kristallisiert[6,7]. Bei seiner fundamentalen Bedeutung für den aeroben

[1] BÜCHER, T.: Biochim. biophys. Acta 1, 292 (1947).
[2] SRERE, P. A. und F. LIPMANN: Am. Soc. 75, 4874 (1953).
[3] LIPMANN, F., and L.C. TUTTLE: J. biol. Ch. 159, 21 (1945).
[4] SRERE, P.A.: J. biol. Ch. 234, 2544 (1959).
[5] STERN, J. R., and S. OCHOA: J. biol. Ch. 179, 491 (1949).
[6] OCHOA, S., J. R. STERN and M. C. SCHNEIDER: J. biol. Ch. 193, 691 (1951).
[7] SRERE, P.A., and G.W. KOSICKI: J. biol. Ch. 236, 2557 (1961).

Stoffwechsel nimmt es nicht wunder, daß man das Enzym in der Natur in sehr weiter Verbreitung vorgefunden hat. So enthalten alle bisher untersuchten tierischen Gewebe kondensierendes Enzym in wechselnden Mengen und auch in Pflanzenzellen, Hefe und verschiedenen Bakterienarten konnte es nachgewiesen werden. In *Clostridium butylicum*, einem anaeroben Mikroorganismus, fehlt das Enzym hingegen. Die Verbreitung des kondensierenden Enzyms gibt Tabelle 22 wieder. Citratsynthase wurde auch in EHRLICH-Ascitestumorzellen der Maus (spezifische Aktivität 0,01 nach [1]) aufgefunden[2].

Tabelle 22. *Vorkommen des citratkondensierenden Enzyms* (nach OCHOA[3]).

Gewebe	Rind	Schwein	Kaninchen	Ratte	Taube	Mikroorganismen	
Leber . . .	0,06	—	0,03	0,01	0,05	Proteus vulgaris	0,79
Niere . . .	0,16	—	0,20	0,07	—	Pseudomonas fluorescens	0,56
Hirn	0,38	—	0,26	0,14	0,13	Azotobacter agile	0,26
Skeletmuskel	—	—	0,14	0,09	1,9*	Mycobacterium tuberculosis	0,06
Herzmuskel	—	0,9	2,2	—	2,9	Bäckerhefe	1,00
Tumor** . .	—	—	—	0,06	—		

* Brustmuskel. ** FLEXNER-JOBLING-Sarkom.

Die Werte geben die spezifischen Aktivitäten (Einheiten je mg Protein) der Extrakte der verschiedenen Gewebe und Mikroorganismen im Standardansatz wieder.

***a) Darstellung des kristallisierten „condensing enzyme“ aus Schweineherz nach* OCHOA[4].**

Möglichst frisch nach dem Tode entnommene Schweineherzen werden sofort gekühlt und von groben Bindegewebs- und Fettanhängseln befreit. Aus den im Fleischwolf zerkleinerten Muskeln läßt sich durch intensives Extrahieren mit Phosphatpuffer das Enzym in Lösung bringen. Durch Ansäuern dieses Rohextraktes auf p_H 5,5 erhält man das aktive Protein im Niederschlag, der in Phosphatpuffer aufgenommen und für 30 min mechanisch geschüttelt wird. Durch diese Maßnahme wird inaktives Protein auf dem Wege der Denaturierung abgetrennt. Das im Filtrat nach Säurefällung verbleibende Enzym wird gleichzeitig durch Adsorption an Calciumphosphat-Gel und wiederholte Elutionen zurückgewonnen. Die vereinigten Proteinlösungen werden sodann einer Alkoholfällung bei —15° C sowie zwei aufeinanderfolgenden Ammoniumsulfatfraktionierungen unterzogen. Auf dieser Stufe beginnt das Enzym aus Ammoniumsulfat zu kristallisieren und kann leicht umkristallisiert werden. Die spezifische Aktivität der reinsten Kristallfraktionen liegt mit 330 etwa 370fach über derjenigen des Rohextraktes.

In unseren Händen erwies sich folgendes Isolierungsverfahren, das eine sehr wirksame Chromatographie an DEAE-Cellulose einschließt, als vorteilhafter:

***b) Darstellung des kristallisierten „condensing enzyme“ aus Schweineherz nach* SRERE[1].**

Extraktion. Frische, auf Eis gekühlte Schweineherzen werden von Fett und Bindegewebe befreit und in kleine Würfel geschnitten. Die Muskelstücke friert man in Portionen von je 100 g in Plastiktüten in der Kühltruhe ein (bis zu 6 Monate ohne Aktivitätsverlust). Alle weiteren Operationen werden bei 0—3° C ausgeführt. Ausnahmen davon sind besonders angegeben.

100 g gefrorener Herzmuskel werden in einem Starmixgerät mit einer Mischung von 400 ml 0,4 m KCl in 20% Äthanol von —10° C (4 Vol. 0,5 m KCl + 1 Vol. absolutem Alkohol) 10 min homogenisiert. Ein Temperaturanstieg auf 20° C während des Homogenisierens hat keine schädlichen Folgen. Das Homogenat wird 15 min bei 23000 × g

[1] SRERE, P.A., and G.W. KOSICKI: J. biol. Ch. **236**, 2557 (1961).
[2] WIELAND, O., u. D. HEPP: Unveröffentlicht.
[3] OCHOA, S.: Adv. Enzymol. **15**, 183 (1954).
[4] OCHOA, S.; in: Colowick-Kaplan, Meth. Enzymol., Bd. I, S. 685.

zentrifugiert und der Überstand 2 Std gegen 8 l eiskalten 0,002 m Kaliumphosphatpuffer, p_H 7,4, dialysiert. Der Puffer wird nach 2 Std gewechselt und erneut 2 Std dialysiert. Das Dialysat zentrifugiert man bei 23000 × g (15 min) und bewahrt es bei 3° C über Nacht auf.

Ammoniumsulfatfraktionierung. Pro 100 ml der dialysierten Proteinlösung werden 31,3 g festes Ammoniumsulfat zugegeben und 15 min gerührt. Der Niederschlag wird bei 23000 × g abgetrennt und verworfen. Zu je 100 ml des Überstandes gibt man sodann 13,5 g Ammoniumsulfat, rührt 15 min, zentrifugiert den Niederschlag ab und löst ihn in wenig Wasser (10—20 ml). Diese Fraktion war bei 3° C über Nacht stabil. Die Entsalzung dieser Lösung geschieht entweder durch Dialyse gegen 0,002 m Kaliumphosphatpuffer, p_H 7,4, oder durch Chromatographie über eine Sephadex (G-25)-Säule. Im letzteren Fall wird die Enzymlösung auf eine Säule von Sephadex (100 g, 4,5 × 35 cm) aufgetragen und mit Wasser eluiert. Die Elution wird so lange fortgesetzt, bis die Leitfähigkeit der Lösung mit derjenigen einer 0,002 m Kaliumphosphatpufferlösung, p_H 7,4, übereinstimmt. Die Entsalzung mit Sephadex wurde bei Zimmertemperatur durchgeführt. Die dabei erhaltene Enzymlösung konnte über Nacht ohne Verlust an Aktivität aufbewahrt werden.

Tabelle 23. *Isolierung des Citrat kondensierenden Enzyms aus Schweineherz* (nach SRERE und KOSICKI[1]).

Reinigungsstufe	Gesamteinheiten in 100 g	Spezifische Aktivität
Extraktion mit alkohol. KCl	2350	0,35
Ammoniumsulfatfällung (50—70%)	2170	1,6
Kombinierte DEAE-Eluate	1460	10,5
Phosphatgel-Eluat	1110	25,8
2. Kristallisation (Überstand) . . .	270	33
2. Kristallisation (Niederschlag) . .	425	33

Chromatographie an DEAE-Cellulose (Vorbereitung der Cellulose s. unten). Die Enzymlösung wird zu einer Suspension von 100 g DEAE-Cellulose in 1 l 0,002 m Kaliumphosphatpuffer, p_H 7,4, gegeben und filtriert. Der Rückstand wird mit zwei 1 l-Portionen 0,002 m Kaliumphosphatpuffer, p_H 7,4, zwei 1 l-Portionen 0,008 m Kaliumphosphatpuffer, p_H 7,4, und zuletzt mit sieben 1 l-Portionen 0,018 m Kaliumphosphatpuffer, p_H 7,4, gewaschen. Alle Waschungen wurden an einer Nutsche durchgeführt.

Die die Hauptmenge der Enzymaktivität enthaltenden Fraktionen wurden vereinigt und 5% des Volumens Calciumphosphat-Gel zugesetzt. Die Mischung blieb über Nacht stehen, dann wurde der Gel-Niederschlag abzentrifugiert. Die Elution des Enzyms erfolgte durch zweimaliges Waschen des Gels mit je 50—75 ml 50% gesättigter Ammoniumsulfatlösung, die mit NH_4OH auf p_H 7,4 eingestellt war.

Ammoniumsulfatfällung und Kristallisation. Zum Ammoniumsulfat-Eluat wurde festes Ammoniumsulfat bis 70% Sättigung zugesetzt (spezifisches Gewicht 1,165). Der Niederschlag wurde bei 23000 × g abzentrifugiert, in 0,02 m Kaliumphosphatpuffer, p_H 7,4, gelöst (Proteingehalt über 20 mg/ml) und die Kristallisation durch vorsichtiges Zugeben von festem Ammoniumsulfat oder gesättigter Ammoniumsulfatlösung eingeleitet. Zur vollständigen Kristallisation läßt man die Lösung 3 Tage bei 3° C stehen. Die Kristallisation gelingt auch aus weniger konzentrierten Proteinlösungen (bis herab zu 2 mg/ml), jedoch muß in diesem Fall die Ammoniumsulfatkonzentration langsam gesteigert werden. Das Ergebnis eines Anreicherungsganges ist der Tabelle 23 zu entnehmen. Zur Beseitigung der in den kristallisierten Präparaten noch in relativ hoher Menge vorliegenden Malat-Dehydrogenase kann das Protein mit Lösungen fallender Ammoniumsulfatkonzentration bis herab zu 1,6 m $(NH_4)_2SO_4$ gewaschen werden[2].

Vorbereitung der DEAE-Cellulose. Durch Aufschlämmen der Cellulose in Wasser und Dekantieren nach 10—15 min Stehen werden die ganz feinen Cellulosepartikel entfernt.

[1] SRERE, P.A., and G.W. KOSICKI: J. biol. Ch. **236**, 2557 (1961).
[2] LÖFFLER, G., u. O. WIELAND: B. Z. **336**, 447 (1963).

Diese Prozedur wird mehrmals wiederholt, bis die Cellulose ohne Schwierigkeiten abgenutscht werden kann.

Folgende Waschungen werden dann durchgeführt (bezogen auf 100 g Trockengewicht): (1) 4 l H_2O, (2) 2 l 1 n NaCl, (3) 3 l 0,5 n KOH, (4) Auswaschen der Hauptmenge an OH^-, (5) 2 l Äthanol, das durch Zusatz von konz. HCl 0,1 n an HCl gemacht wird, (6) 2 l 0,5 n KOH, (7) Auswaschen mit H_2O bis annähernd neutral, (8) 1 l 1 m Kaliumphosphatpuffer, p_H 7,4 (p_H der Waschlösung prüfen!), (9) mit Wasser waschen, bis die Ionenstärke unter diejenige von 0,002 m Kaliumphosphatpuffer, p_H 7,4, absinkt (Prüfung mit Leitfähigkeitsmessung), (10) zwei 2 l-Waschungen mit 0,002 m Kaliumphosphatpuffer, p_H 7,4. Vor Gebrauch müssen p_H und Ionenstärke geprüft werden.

Die Waschungen werden durchgeführt, indem man die Cellulose in der jeweiligen Lösung aufschlämmt und 5—10 min rührt. Die Cellulose wird dann abgenutscht und ausgepreßt, bevor sie in der folgenden Lösung suspendiert wird.

Eigenschaften. Das kristalline Enzym läßt sich in Suspension in 50—60 % gesättigtem Ammoniumsulfat bei 3—4° C über Monate ohne Aktivitätsverlust aufbewahren. In der Ultrazentrifuge und elektrophoretisch erwies es sich als einheitliches Protein. Viermal umkristallisiertes kondensierendes Enzym[1] enthält keines der folgenden Enzyme mehr: Acylphosphatase, Aconitase, Fumarase, Milchsäure-Dehydrogenase und Aldolase. Spuren von Isocitrat-Dehydrogenase sind noch nachweisbar. Ein sehr hartnäckiger Begleiter ist auch die Malat-Dehydrogenase.

Die Affinität des Herzmuskelenzyms gegenüber Oxalacetat und Acetyl-CoA hängt von der Konzentration des jeweiligen Gegensubstrates ab[2]. Bei $1,4 \times 10^{-4}$ m Acetyl-CoA wurde K_M für Oxalacetat übereinstimmend zu $1,3 \times 10^{-5}$ m gemessen[2, 3]. Dagegen gehen die K_M-Werte für Acetyl-CoA mit 4×10^{-6} m [2] und $3,4 \times 10^{-5}$ m [4] (bei $1,9 \times 10^{-5}$ m bzw. $1,45 \times 10^{-5}$ m Oxalacetat) stark auseinander.

Außer Acetyl-CoA wird Propionyl-CoA — allerdings äußerst langsam — vom „condensing enzyme" umgesetzt. Bezüglich der Mercaptankomponente der Acyl-thioester besteht weitgehende Spezifität für CoA. Acetyl-dephospho-CoA besitzt etwa $^1/_3$ der Affinität des Acetyl-CoA[5], die Acetylderivate des Pantethein-4-phosphates, des Pantetheins und des N-Acetylcysteamins zeigen praktisch keine Aktivität.

Aus der Tatsache, daß das Enzym durch p-Chlormercuribenzoat nicht gehemmt wird[3, 6], geht hervor, daß freie SH-Gruppen für seine Funktion nicht erforderlich sind. Dagegen kann die Aktivität durch ein Anti-Enzym — gewonnen durch Immunisierung von Kaninchen — unterdrückt werden[6]. Durch Erwärmen auf 58—60° C findet völlige Inaktivierung statt[3, 6]. Sie kann durch Oxalacetat (2×10^{-2} m) verhindert werden[3].

Von physiologischem Interesse erscheint die Beobachtung, daß Citratsynthase aus Herzmuskel und aus Leber durch langkettige Acyl-CoA-Derivate, vor allem Stearyl- und Palmityl-CoA gehemmt wird[4]. Dem Mechanismus nach handelt es sich um eine kompetitive Hemmung im Hinblick auf Oxalacetat[7]. Butyryl- und Acetyl-CoA sowie Stearyl-dephospho-CoA wurden als unwirksam gefunden[7].

Toxikologische Bedeutung kommt der Reaktion des „condensing enzyme" mit Fluoressigsäure zu Fluoracetyl-CoA zu[8].

Die Wechselzahl des kristallisierten Enzyms beträgt annähernd 5000 (Mol Citrat pro 100000 g Protein pro min bei 25° C)[1]. Das Reaktionsgleichgewicht ist stark nach der Seite der Citratbildung hin verschoben. Die Gleichgewichtskonstante wurde zu

$$K' = \frac{[\text{Citrat}] \times [\text{CoASH}]}{[\text{Acetyl-CoA}] \times [\text{Oxalacetat}] \times [\text{H}_2\text{O}]} = 8,38 \times 10^3 \ (p_H\ 7,2)$$

---

[1] Ochoa, S.; in: Colowick-Kaplan, Meth. Enzymol. Bd. I, S. 685.
[2] Kosicki, G. U., and P. A. Srere: J. biol. Ch. **236**, 2560 (1961).
[3] Weiss, L.: Unveröffentlicht.
[4] Wieland, O., u. L. Weiss: Biochem. biophys. Res. Comm. **13**, 26 (1963).
[5] Athenstädt, R.: Diplomarbeit München 1958.
[6] Broder, I., and P. A. Srere: Biochim. biophys. Acta **67**, 617 (1963).
[7] Wieland, O., L. Weiss u. I. Eger-Neufeldt: B. Z. **339**, 501 (1964).
[8] Brady, R. O.: J. biol. Ch. **217**, 213 (1955).

bestimmt. Infolge der Beteiligung von H^+ [Gl. (67)] ist das Gleichgewicht vom p_H abhängig. Bezüglich des Reaktionsmechanismus konnte die Entstehung von Citryl-CoA als intermediäres Umsetzungsprodukt wahrscheinlich gemacht werden[1].

Bestimmungsmethoden.

Für die Bestimmung der Enzymaktivität wurden sowohl chemische als auch optische Testmethoden entwickelt.

a) Bestimmung des Citrat kondensierenden Enzyms im Hydroxamsäuretest nach Ochoa[2].

Das Verfahren beruht auf der Umwandlung von Acetylphosphat und Oxalacetat in Citrat und Orthophosphat in Anwesenheit von Phosphotransacetylase, CoA und kondensierendem Enzym[2]. Es handelt sich um die Folge der Reaktionen:

$$\text{Acetylphosphat} + \text{CoASH} \rightleftharpoons \text{Acetyl-CoA} + P_a \qquad (4)$$

$$\text{Acetyl-CoA} + \text{Oxalacetat} + H_2O \rightleftharpoons \text{Citrat} + \text{CoASH} + H^+ \qquad (9)$$

$$\text{Acetylphosphat} + \text{Oxalacetat} + H_2O \xrightleftharpoons{\text{CoASH}} \text{Citrat} + P_a + H^+ \qquad (68)$$

Die Geschwindigkeit des Umsatzes erkennt man durch Bestimmung des verbrauchten Acetylphosphates oder der entstandenen Citronensäure.

Reagentien:

1. 0,25 m Kaliumphosphatpuffer, p_H 7,4.
2. 0,1 m Cystein
3. 0,2 m Oxalacetat } (kurz vor Gebrauch mit KOH auf p_H 7,4 neutralisieren).
4. 0,1 m Dilithiumacetylphosphat (Darstellung vgl. S. 60).
5. Extrakt aus *E. coli* als Quelle für Phosphotransacetylase und CoA. Herstellung aus Trockenpulver von *E. coli*, *Stamm 4157*, gewonnen durch Gefriertrocknen frisch geernteter Bakterienzellen.

Ausführung:

Der Testansatz enthält 0,1 ml Phosphatpuffer, 0,1 ml Cystein, 0,1 ml Oxalacetat, 0,1 ml Acetylphosphat, 0,2 ml frisch bereiteten Extrakt aus *E. coli* (entsprechend etwa 4 mg Protein, 4—5 E Phosphotransacetylase und 3—4 E CoA), ungefähr 3—6 E (Definition s. später) kondensierendes Enzym und Wasser auf ein Endvolumen von 1,0 ml. Bis zur Zugabe des Enzyms hält man die Versuchsansätze im Eisbad, von da an unter Schütteln im Wasserbad von 25° C über 10 min. Nach Beendigung der Inkubation wird sofort wieder auf 0° C abgekühlt und möglichst rasch jeweils 0,5 ml für die Bestimmung von Acetylphosphat nach der Hydroxamsäuremethode[3] (vgl. auch S. 10, 71, 75) abpipettiert. Zum übrigen Anteil gibt man 3,0 ml 12% Trichloressigsäure, zentrifugiert und bestimmt im klaren Filtrat die Citronensäure nach der Methode von Natelson u. Mitarb.[4] (s. Bd. III, S. 550ff.). Es empfiehlt sich, einen Blindansatz ohne kondensierendes Enzym mitlaufen zu lassen, aus dem der Ausgangswert an Acetylphosphat sowie die Citratbildung durch Spuren von kondensierendem Enzym im *E. coli*-Extrakt entnommen werden können.

Standardisierung des Testes. Unter den angegebenen Bedingungen katalysiert eine Enzymeinheit die Bildung von 1,0 μM Citrat (bzw. das Verschwinden von 1,0 μM Acetylphosphat) in 10 min bei 25° C. Die spezifische Aktivität wird ausgedrückt in Enzymeinheiten pro mg Protein. Der Proteingehalt der Lösungen wurde im Rohextrakt (wegen des dort noch relativ hohen Nucleinsäuregehaltes) nach der Methode von Lowry[5], später nach der spektrophotometrischen Methode von Warburg[6] bestimmt.

[1] Eggerer, H., u. U. Remberger: B. Z. **337**, 202 (1963).
[2] Ochoa, S.; in: Colowick-Kaplan, Meth. Enzymol. Bd. I, S. 685.
[3] Lipmann, F., and L.C. Tuttle: J. biol. Ch. **159**, 21 (1945).
[4] Natelson, S., J. B. Pincus and J. K. Lugovoy: J. biol. Ch. **175**, 745 (1948).
[5] Lowry, O. H., N.J. Rosebrough, A. L. Farr and R.J. Randall: J. biol. Ch. **193**, 265 (1951).
[6] Warburg, O., u. W. Christian: B.Z. **310**, 384 (1941).

b) Optischer Test auf Citrat kondensierendes Enzym nach STERN *u. Mitarb.*[1].

Prinzip:

Für die optische Messung der Enzymaktivität wurde als Hilfsenzym Äpfelsäure-Dehydrogenase eingesetzt, welches die Bildung von Oxalacetat aus Malat bei gleichzeitiger Hydrierung von DPN besorgt. Letzteres entsteht in einer dem Oxalacetatverbrauch entsprechenden Menge, so daß aus der Geschwindigkeit der bei 340 mμ leicht zu verfolgenden DPNH-Bildung auf die Aktivität der Citratsynthase geschlossen werden kann. Folgende Reaktionen laufen ab:

$$\text{Acetyl-CoA} + \text{Oxalacetat} + H_2O \rightleftharpoons \text{Citrat} + \text{CoASH} + H^+ \quad (9)$$

$$\text{L-Malat} + DPN^+ \rightleftharpoons \text{Oxalacetat} + \text{DPNH} + H^+ \quad (10)$$

$$\text{Acetyl-CoA} + \text{L-Malat} + DPN^+ + H_2O \rightleftharpoons \text{Citrat} + \text{CoASH} + \text{DPNH} + 2\,H^+ \quad (11)$$

Reagentien:

1. 0,1 m Trispuffer, p_H 8,0.
2. 0,05 m Kalium-L-malat.
3. 0,007 m (angenähert) Acetyl-CoA. Herstellung[2]: 10 mg CoA (etwa 8 μM) in 1 ml Wasser lösen und in einer kleinen Probe (0,05 ml) den Gehalt an freiem —SH nach GRUNERT und PHILLIPS[3] bestimmen. Zum übrigen gibt man 0,1 ml 1 m $KHCO_3$ und kühlt auf 0° C ab. Sodann gibt man eine eiskalte, frisch bereitete 0,1 m wäßrige Lösung von Essigsäureanhydrid in einer Menge zu, daß 1,3 μM Anhydrid auf 1 μM —SH der CoA-Lösung entfallen. (Die Konzentration an Essigsäureanhydrid wird nach der Hydroxamsäuremethode, vgl. S. 10, bestimmt.) 0,13—0,16 ml sind etwa erforderlich. Die Mischung bleibt 4 min bei 0° C stehen. Nach dieser Zeit ist die Umsetzung praktisch beendet und kein freies —SH mehr nachweisbar, was geprüft werden muß (Tüpfelprobe[4], vgl. S. 5). Die so behandelte Lösung enthält etwa 6,7 μM Acetyl-CoA und 4,3 μM Acetyl-S-glutathion (als Verunreinigung) pro ml und kann direkt in den optischen Test auf kondensierendes Enzym eingesetzt werden.
4. 0,003 m DPN.
5. Äpfelsäure-Dehydrogenase, hergestellt nach[2] (Darstellung vgl. Bd. VI/A, S. 367), spezifische Aktivität 50000—70000.

Ausführung:

In einer Küvette von 1,5 ml Inhalt und einer Schichtdicke $d = 0{,}5$ cm mischt man 0,75 ml Pufferlösung, 0,2 ml Malat, 0,1 ml DPN, Äpfelsäure-Dehydrogenase (150—200 E entsprechend etwa 3 μg Protein), 0,03 ml Acetyl-CoA (etwa 0,2 μM), kondensierendes Enzym (0,04—0,22 E nach dem chemischen Test, vgl. oben) und Wasser auf ein Endvolumen von 1,5 ml. Die Reaktion wird bei Zimmertemperatur bei 340 oder 366 mμ gemessen und durch Zugabe von Acetyl-CoA oder Enzym gestartet. Vor Auslösung der Reaktion muß jedoch die Gleichgewichtseinstellung der Äpfelsäure-Dehydrogenasereaktion abgewartet werden, was ungefähr 2 min beansprucht. Dabei nimmt die Extinktion um etwa 0,04 zu. Die eigentliche Extinktionszunahme nach Start der kondensierenden Reaktion wird alle 30 sec abgelesen und verläuft innerhalb der ersten 3 min linear, vorausgesetzt, daß die Geschwindigkeit ein ΔE/min von 0,03 nicht überschreitet.

Die optische Methode ist in Rohextrakten infolge störender Beimengungen von DPNH-Oxydase nicht durchführbar.

Standardisierung. Als eine Enzymeinheit bezeichnet man diejenige Menge, welche eine Zunahme der Extinktion um 0,01 pro min herbeiführt[2] bzw. die Bildung von 1 μM Citrat pro min bei 25° C katalysiert[5]. Die spezifische Aktivität wird in Enzymeinheiten

[1] STERN, J. R., B. SHAPIRO, E. R. STADTMAN and S. OCHOA: J. biol. Ch. **193**, 703 (1951).
[2] OCHOA, S.; in: Colowick-Kaplan, Meth. Enzymol., Bd. I, S. 735.
[3] GRUNERT, R. R., and P. H. PHILLIPS: Arch. Biochem. **30**, 217 (1951).
[4] TOENNIES, G., u. J. J. KOLB: Analyt. Chem. **23**, 813 (1951).
[5] SRERE, P. A., and G. W. KOSICKI: J. biol. Ch. **236**, 2557 (1961).

pro mg Protein ausgedrückt. Eine Einheit, nach dem optischen Test gemessen, entspricht 0,068 E nach der chemischen Bestimmungsmethode.

2. Malatsynthetase.

[4.1.3.2 L-Malat-Glyoxylat-Lyase (CoA-acetylierend).]

Malatsynthetase katalysiert die Kondensation von Acetyl-CoA und Glyoxylsäure zu Äpfelsäure gemäß folgender Gleichung[1]:

$$\begin{array}{l} COOH \\ | \\ CHO \end{array} + CH_3\text{—}CO\text{—}SCoA + H_2O \rightleftharpoons \begin{array}{l} COOH \\ | \\ CHOH \\ | \\ CH_2 \\ | \\ COOH \end{array} + CoASH \qquad (69)$$

Die Malatsynthetasereaktion stellt einen Teilschritt des Glyoxylsäurecyclus[2] dar, der in Mikroorganismen und Pflanzen die Bildung von C_4-Dicarbonsäuren aus C_2-Einheiten ermöglicht. Das Enzym wurde bisher in Hefe[3], Protozoen[4,5], Algen[6], Pilzen[7], Pflanzensamen[8,9] und zahlreichen Bakterien[10,11] angetroffen. In tierischen Geweben scheint es nicht vorzukommen[12].

Das Enzym wurde aus *E. coli*[1], Bäckerhefe[13] und *P. ovalis Chester*[13] angereichert. Im folgenden ist das Reinigungsverfahren aus Bäckerhefe angegeben.

Isolierung von Malatsynthetase aus Bäckerhefe nach* Dixon *u. Mitarb.[13].

1. Herstellung des Rohextraktes. (Alle Schritte bei 2° C.) 400 g frische Bäckerhefe werden in 800 ml Puffer (0,005 m Tris-HCl, p_H 8,0, 0,001 m an $MgCl_2$) aufgeschlämmt und 20 min einer Ultraschallbehandlung (500 W, Mullard magnetostrictor oscillator bei 19 kc/sec) unterworfen. Die Suspension wird 30 min hochtourig zentrifugiert und die etwas getrübte, gelbgefärbte Lösung zur Abtrennung der Fettpartikel durch Glaswolle filtriert.

2. Ammoniumsulfatfällung und Dialyse. Zum Rohextrakt gibt man unter mechanischem Rühren festes Ammoniumsulfat bis zu einer Sättigung von 75% (516 g/l) und löst den Niederschlag nach Zentrifugieren in wenig $MgCl_2$-Trispuffer auf. Die Enzymlösung wird über Nacht gegen denselben Puffer dialysiert und anschließend zentrifugiert.

3. Erste Säulenchromatographie. Etwa 20 g Diäthylaminoäthylcellulose (DEAE-Cellulose, Whatman DE 50) werden in 600 ml $MgCl_2$-Trispuffer suspendiert und mit 4 n HCl auf p_H 8,0 eingestellt. Die Suspension wird etwa bis $^1/_3$ Höhe in eine unten mit Glaswolle verschlossene Chromatographiesäule gefüllt (eine Fritte verstopft zu schnell!) und über Nacht mit 1—2 l $MgCl_2$-Trispuffer gewaschen. Dann trägt man die dialysierte Hefefraktion auf die Säule auf und eluiert mit dem Puffer, wobei die Malatsynthetase quantitativ mit einer Säulenfüllung durchläuft. Das Eluat wird im Fraktionskollektor aufgefangen.

---

[1] Wong, D. T. O., and S. J. Ajl: Am. Soc. **78**, 3230 (1956).
[2] Kornberg, H. L., and H. A. Krebs: Nature **179**, 988 (1957).
[3] Kornberg, H. L.; in: Metabolism of C_2-Compounds in Microorganisms. Proc. 4. Int. Congr. Biochem. Wien 1958, Bd. XIII, S. 251. London 1959.
[4] Plackett, P.: Diss. Cambridge 1958.
[5] Hogg, J. F.: Fed. Proc. **18**, 247 (1959).
[6] Hallaway, M., and H. L. Kornberg: Adv. Enzymol. **23**, 401 (1961).
[7] Kornberg, H. L., and J. F. Collins: Biochem. J. **68**, 3P (1958).
[8] Kornberg, H. L., and H. Beevers: Nature **180**, 35 (1957).
[9] Kornberg, H. L., and H. Beevers: Biochim. biophys. Acta **26**, 531 (1957).
[10] Kornberg, H. L.: Ann. Rev. Microbiol. **13**, 49 (1959).
[11] Kornberg, H. L., and P. Lund: Biochem. J. **72**, 33 P (1959).
[12] Madsen, N. B.: Biochim. biophys. Acta **27**, 199 (1958).
[13] Dixon, G. H., H. L. Kornberg and P. Lund: Biochim. biophys. Acta **41**, 217 (1960).

4. Ammoniumsulfatfällung und Dialyse. Das Protein der vereinigten Enzymeluate wird durch Zugabe von festem Ammoniumsulfat bis zu einer Sättigung von 75% ausgefällt, der Niederschlag in wenig $MgCl_2$-Trispuffer aufgenommen und über Nacht gegen denselben Puffer dialysiert.

5. Zweite Säulenchromatographie. Die dialysierte Enzymlösung wird auf eine — wie unter Schritt 3 beschriebene — DEAE-Cellulosesäule aufgetragen und mit 40—50 ml $MgCl_2$-Trispuffer nachgespült, wobei diesmal die Malatsynthetase in der Säule zurückbleibt. Es folgt eine Gradientenelution mit $MgCl_2$, wobei 400 ml 0,005 m Tris-HCl-Puffer, p_H 8,0 — 0,05 m $MgCl_2$ enthaltend — unter ständigem Rühren mit 400 ml $MgCl_2$-Trispuffer gemischt und kontinuierlich durch die Säule geschickt werden. Die Elutionslösung wird im Fraktionssammler in 7 ml-Portionen aufgefangen (Durchlaufgeschwindigkeit: 40 bis 45 ml/Std). Die Elution der Malatsynthetase beginnt bei einer Chloridkonzentration von 0,02 m.

6. Adsorption an $Al(OH)_3$-Gel. Die Enzymfraktionen mit einer spezifischen Aktivität höher als 3 werden vereinigt und einer Adsorption an $Al(OH)_3$-Gel unterzogen (0,2 Vol., 27,5 mg/ml). Die Gelsuspension wird kurz zentrifugiert und der Gelniederschlag mit einer Mischung von 0,05 m Kaliumphosphatpuffer, p_H 7,82, und 0,01 m $MgCl_2$ eluiert. Starke Inaktivierung der Malatsynthetase (aus Bäckerhefe oder *Pseudomonas ovalis Chester*) tritt beim Versuch ein, Enzympräparate mit einer spezifischen Aktivität über 5 weiter mit Ammoniumsulfat zu fraktionieren.

Eine Übersicht über den Anreicherungsgang gibt Tabelle 24.

Tabelle 24. *Isolierung der Malatsynthetase aus Bäckerhefe* (nach DIXON, KORNBERG und LUND[1]).

	Volumen ml	Einheiten	Protein mg	Spezifische Aktivität	Ausbeute %
1. Rohextrakt	705	403	3370	0,12	100
2. Dialysierte AS-Fraktion	110	330	2200	0,15	82
3. Eluat der 1. DEAE-Chromatographie	94	280	451	0,62	69
4. Dialysierte AS-Fraktion	10,5	266	336	0,79	66
5. Vereinigte Fraktionen der 2. DEAE-Chromatographie	50	182	39	4,67	45
6. Eluat des Aluminium-Gels	5	134	16,7	8,0	33

Eigenschaften[1]. Malatsynthetase aus Bäckerhefe und *P. ovalis Chester* besitzen sehr ähnliche Eigenschaften. Die Enzyme sind Mg^{++}-abhängig ($K_M = 5 \times 10^{-4}$ m) und werden kompetitiv gehemmt durch folgende C_2-Säuren: Oxalat ($K_i = 1{,}9 \times 10^{-5}$ m); Fluoressigsäure ($K_i = 2{,}46 \times 10^{-4}$ m); Glykolsäure ($K_i = 3{,}08 \times 10^{-4}$ m). Gegenüber Glyoxylat besteht strenge Spezifität. In Anwesenheit von Oxalacetat, Pyruvat, α-Ketoglutarat, Glyoxal, Glykolaldehyd, Formaldehyd oder Acetaldehyd findet keine Umsetzung von Acetyl-CoA statt. Die MICHAELIS-Konstante für Glyoxylat beträgt $9{,}3 \times 10^{-5}$ m (Hefeenzym) und $6{,}3 \times 10^{-5}$ m (Pseudomonasenzym), für Acetyl-CoA 1×10^{-5} m. S,N-Diacetyl-β-mercaptoäthylamin, S-Acetylpanthetein, Propionyl-CoA und Butyryl-CoA können Acetyl-CoA bei der Reaktion mit Glyoxylsäure nicht ersetzen. Dagegen findet teilweise Umsetzung mit Fluoracetyl-CoA statt.

Das p_H-Optimum der Reaktion liegt bei 8,5.

Bestimmung der Malatsynthetase im optischen Test nach DIXON *u. Mitarb.*[1].

Prinzip:

Die Enzymaktivität kann in einem direkten optischen Test gemessen werden, wobei die Thioesterspaltung von Acetyl-CoA in Anwesenheit von Malatsynthetase, Mg^{++} und Glyoxylsäure bei 232 mμ beobachtet wird.

[1] DIXON, G. H., H. L. KORNBERG and P. LUND: Biochim. biophys. Acta **41**, 217 (1960).

Reagentien:

1. 0,38 m Tris-HCl-Puffer, p_H 8,0.
2. 0,025 m $MgCl_2$.
3. 0,001 m Acetyl-CoA (Darstellung vgl. S. 84).
4. Malatsynthetase.
5. 0,01 m Natriumglyoxylat.

Ausführung:

Zusammensetzung des Testsystems. 38 μM Tris-HCl-Puffer; 2,5 μM $MgCl_2$; 0,04 μM Acetyl-CoA; Malatsynthetase; Endvolumen 0,42 ml. Start mit 0,2 μM Natriumglyoxylat und Beobachtung der Extinktion bei 232 mμ. Die Abhängigkeit der Spaltungsgeschwindigkeit von der Enzymkonzentration ist in Abb. 20 dargestellt.

Als eine *Enzymeinheit* wurde diejenige Proteinmenge bezeichnet, die die Spaltung von 1 μM Acetyl-CoA pro min unter den angegebenen Testbedingungen bewirkt. Spezifische Aktivität = Einheiten pro mg Protein.

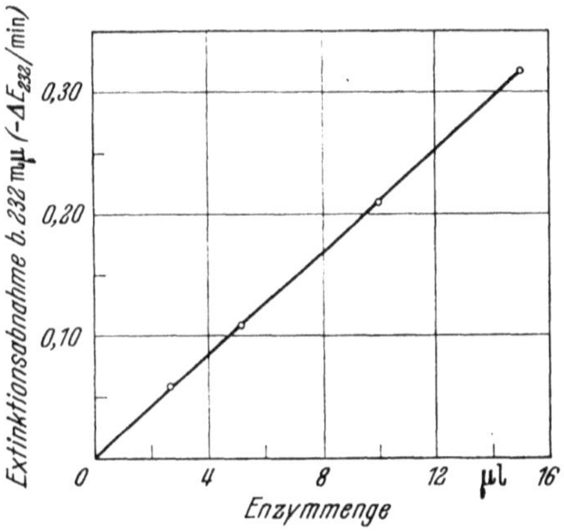

Abb. 20. Abhängigkeit des optischen Testes auf Malatsynthetase von der Enzymmenge. Testzusammensetzung vgl. Text (nach DIXON, KORNBERG und LUND[1]).

3. Enzyme der biologischen Acetylierung.

Der Vorgang der biologischen Acetylierung umfaßt eine Reihe enzymatischer Reaktionen, bei welchen der Acetylrest des Acetyl-CoA auf geeignete Acceptoren übertragen wird. Die dabei entstehenden Verbindungen können zum Teil als Entgiftungsprodukte (z.B. Acetylsulfanilamid) aufgefaßt werden, zum Teil stellen sie wichtige Wirkstoffe im Körper dar (z.B. Acetylcholin). Bei einem Teil derartiger Acetylierungen ist die physiologische Bedeutung noch nicht bekannt. Außer der Übertragung des Acetylrestes spielt diejenige des Acylrestes höherer Fettsäuren aus den entsprechenden CoA-Derivaten auf α-Glycerophosphat und α,β-Diglyceride für die Biosynthese von Lipoiden eine wichtige Rolle.

a) Arylaminacetylase.

[2.3.1.5 Acetyl-CoA: Arylamin-N-Acetyltransferase.]

Untersuchungen von LIPMANN über die enzymatische Acetylierung von Sulfanilamid bildeten den Grundstein für die Entdeckung des CoA[2]. Nach der Identifizierung der „aktivierten Essigsäure" als Acetyl-CoA[3,4] ließ sich der Mechanismus der Acetylierungsreaktion folgendermaßen beschreiben:

$$CH_3{-}COSCoA + H_2N{-}C_6H_4SO_2NH_2 \rightarrow CH_3{-}CONH{-}C_6H_4SO_2NH_2 + CoASH \quad (70)$$

Später zeigte sich, daß außer Sulfanilamid noch eine Vielzahl anderer aromatischer Amine als Acetylacceptoren wirksam sind (vgl. Spezifität der Arylaminacetylase). Das acetylierende Enzym ist vor allem in Taubenleber in hoher Konzentration enthalten, jedoch nicht auf die Leber beschränkt. Seine physiologische Bedeutung ist bis heute noch nicht mit Sicherheit erkennbar. Im biochemischen Laboratorium hat es sich als wertvolles Hilfsmittel für die analytische Bestimmung von CoA bzw. von Acetyl-CoA, sowie als Abfangmechanismus für Acetyl-CoA erwiesen.

---

[1] DIXON, G. H., H. L. KORNBERG and P. LUND: Biochim. biophys. Acta **41**, 217 (1960).
[2] LIPMANN, F.: J. biol. Ch. **160**, 173 (1945).
[3] LYNEN, F., u. E. REICHERT: Angew. Chem. **63**, 47 (1951).
[4] LYNEN, F., E. REICHERT u. L. RUEFF: A. **574**, 1 (1951).

***Darstellung der Arylaminacetylase aus Taubenleber nach* Tabor *u. Mitarb.*[1,2].**

Acetonpulver. Taubenlebern werden sofort nach Entnahme zweimal mit dem zehnfachen Volumen Aceton von — 10° C im Starmixgerät homogenisiert und auf einer Filternutsche abgesaugt. Der Kuchen wird bei Zimmertemperatur an der Luft getrocknet und im Eisschrank aufbewahrt.

Extraktion. 12 g Acetonpulver extrahiert man mit 120 ml H_2O durch gründliches Verreiben in einem Mörser bei Zimmertemperatur (10—15 min) und zentrifugiert hochtourig ab (39000 E, spezifische Aktivität 10,6).

Acetonfällung bei 0° C. Zu 96 ml Rohextrakt (auf 0° C abgekühlt) läßt man langsam 76 ml Aceton zulaufen und verwirft den abzentrifugierten Niederschlag. Zum Überstand gibt man weiter 193 ml Aceton, zentrifugiert und löst den Niederschlag in 15 ml H_2O (26000 E)*.

Gel-Adsorption und Elution. Das Enzym wird an 90 ml $Al(OH)_3$-Gel C_γ (11 mg Trockengewicht/ml) adsorbiert und mit 100 ml H_2O einmal gewaschen. Die Elution erfolgt durch 3—4maliges Waschen des Gelniederschlages mit je 100 ml 0,01 m Kaliumphosphatpuffer, p_H 7,8 (15000 E, spezifische Aktivität 275).

Konzentration des Enzyms. Sie erfolgt entweder durch Gefriertrocknung der vereinigten Geleluate oder durch Fällung mit Ammoniumsulfat, das bis zur Sättigung 0,7 zugesetzt wird. Das Protein wird entweder als Trockenpulver, oder in wenig H_2O gelöst, aufbewahrt (— 15° C). Haltbarkeit mehrere Monate.

Tabelle 25. Michaelis-*Konstanten und Umsatzgeschwindigkeiten der Arylaminacetylase mit Modellsubstanzen* (nach Lynen[3]).

Substrat	K_M (Mol/Liter)	Umsatzzahl Mol$_S$ × min^{-1} × AE^{-1}
S-Acetyl-N-acetylcysteamin	550 × 10^{-5}	—
S-Acetyl-N-(acetyl-β-alanyl)-cysteamin	400 × 10^{-5}	39,5 × 10^{-8}
S-Acetyl-2-desoxy-bis-nor-panthetein	30 × 10^{-5}	1,15 × 10^{-8}
S-Acetylpanthetein	42 × 10^{-5}	437 × 10^{-8}
S-Acetyl-2-desoxy-bis-nor-pantheteinphosphat	33 × 10^{-5}	10,3 × 10^{-8}
S-Acetyl-2-desoxy-bis-nor-dephospho-CoA	13 × 10^{-5}	4 × 10^{-8}
S-Acetyl-dephospho-CoA	3,7 × 10^{-5}	231 × 10^{-8}
S-Acetyl-CoA	2,4 × 10^{-5}	—

Eigenschaften. *Spezifität.* Außer p-Nitroanilin können zahlreiche andere Amine als Acetylacceptoren dienen, wie Sulfanilamid[4], m-Nitroanilin, p-Aminobenzoesäure, o-Phenylendiamin, o-Toluidin, m-Toluidin, o-Bromanilin, p-Bromanilin, o-Anisidin, p-Anisidin, 4-Aminoazobenzol[5] und 4-Aminoazobenzol-4'-sulfosäure[6]. Auch Histamin[7], Phenäthylamin und Glucosamin[8] werden acetyliert. Es ist noch offen, ob es sich in allen Fällen um ein und dasselbe Enzym handelt oder ob verschiedene Proteine mit eigener Spezifität vorliegen. Keine Reaktion findet statt mit o-Aminobenzoesäure, o-Nitroanilin, Orthanilsäure, Sulfanilsäure oder p-Nitromethylanilin[1].

Mit Butyryl-CoA an Stelle von Acetyl-CoA beträgt die Umsatzgeschwindigkeit nur 4%[1]. Über die Umsatzraten mit Modellverbindungen an Stelle von CoA sowie über die entsprechenden Affinitätsverhältnisse gibt Tabelle 25 Auskunft[3].

* In der Vorschrift[2] ist versehentlich die Verarbeitung des *ersten* Acetonniederschlages angegeben!

[1] Tabor, H., A.H. Mehler and E.R. Stadtman: J. biol. Ch. **204**, 127 (1953).
[2] Tabor, H.; in: Colowick-Kaplan, Meth. Enzymol., Bd. I, S. 608.
[3] Lynen, F.; in: Vitamin Metabolism, Proc. 4. Int. Congr. Biochem., Wien 1958. Bd. XI, S. 230. London 1960.
[4] Kaplan, N.O., and F. Lipmann: J. biol. Ch. **174**, 37 (1948).
[5] Handschuhmacher, R. E., G. C. Mueller and F. M. Strong: J. biol. Ch. **189**, 335 (1951).
[6] Bessman, S. P., and F. Lipmann: Arch. Biochem. **46**, 252 (1953).
[7] Millican, R. C., S. M. Rosenthal and H.J. Tabor: J. Pharmacol. exp. Therap. **97**, 4 (1949).
[8] Chou, T. C., and M. Soodak: J. biol. Ch. **196**, 105 (1952).

Das acetylierende Enzym ist ein SH-Enzym und wird durch 10^{-5} m p-Chlormercuribenzoat vollständig gehemmt. Schwermetallverunreinigungen, die zur Inaktivierung des Enzyms führen, können durch Thioglykolat, Cystein oder H_2S unschädlich gemacht werden. Auch freies CoA sowie Palmityl-CoA bewirken eine Hemmung der Enzymreaktion[1].

Die MICHAELIS-Konstante für p-Nitroanilin liegt etwa bei 10^{-4} m.

Bestimmung der Arylaminacetylase nach TABOR *u. Mitarb.*[1].

Prinzip:

Die Aktivität der Arylaminacetylase läßt sich optisch durch die Entfärbung von p-Nitroanilin bei 420 mμ verfolgen, die im Zuge der Acetylierungsreaktion stattfindet. Acetyl-CoA wird entweder als solches eingesetzt, oder durch eine Hilfsreaktion mit Phosphotransacetylase aus Acetylphosphat erzeugt. Es handelt sich um folgende Reaktionen:

$$\text{Acetylphosphat} + \text{CoASH} \rightleftharpoons \text{Acetyl-CoA} + \text{Phosphat} \qquad (4)$$

$$\text{Acetyl-CoA} + \text{p-Nitroanilin} \rightarrow \text{p-Nitroacetanilid} + \text{CoASH} \qquad (2a)$$

An Stelle des Acetyl-CoA kann auch die Modellsubstanz N,S-Diacetylcysteamin (Darstellung vgl. unten) als Acetyldonator fungieren[2].

Reagentien:

1. 0,4 m Kaliumphosphatpuffer, p_H 6,8.
2. 0,05 m Natriumthioglykolat.
3. 0,12 m Dilithiumacetylphosphat (Darstellung vgl. S. 60).
4. Phosphotransacetylase (Darstellung vgl. S. 55).
5. 0,002 m CoA.
6. 0,001 m p-Nitroanilin.
7. Arylaminacetylase.

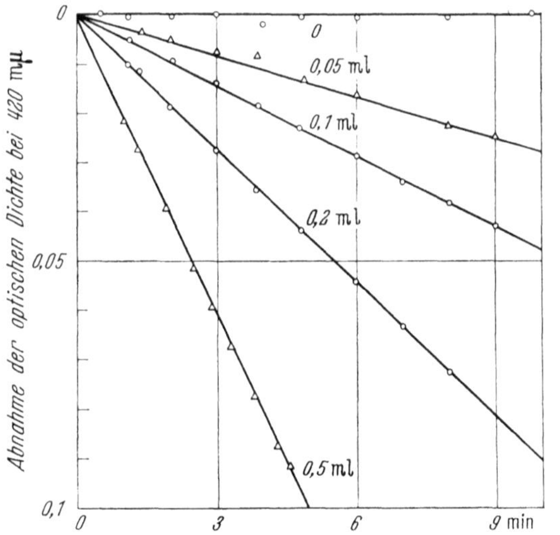

Abb. 21. Optische Bestimmung der Arylaminacetylase mit steigenden Mengen von rohem Leberextrakt. Testzusammensetzung vgl. Text (nach TABOR u. Mitarb.[1]).

Ausführung.

Zusammensetzung des Testsystems. 40 μM Kaliumphosphatpuffer; 5 μM Natriumthioglykolat; 12 μM Dilithiumacetylphosphat; 4 E Phosphotransacetylase; 0,12 μM CoASH; 0,1 μM p-Nitroanilin; Arylaminacetylase; Endvolumen 1,05 ml. Die Geschwindigkeit der Entfärbung wird bei 420 mμ in Minutenabständen verfolgt. Sie ist, wie Abb. 21 zeigt, innerhalb weiter Grenzen von der eingesetzten Enzymmenge abhängig. Als Enzymeinheit wird die Proteinmenge bezeichnet, die eine Extinktionsabnahme $\Delta E = 0{,}001$ pro min bewirkt. Die spezifische Aktivität wird in Einheiten pro mg Protein ausgedrückt.

0,1 μM p-Nitroanilin pro 1,05 ml geben eine Extinktion $E_{420} = 0{,}571$ ($d = 1$ cm).

Darstellung von N,S-Diacetylcysteamin nach VOGELMANN[2].

38,5 g (0,5 M) Thioäthanolamin (erhältlich bei Farbwerke Hoechst, Frankfurt a.M.) werden unter Eiskühlung mit 112 g (1,1 M) Essigsäureanhydrid versetzt und anschließend zur Vervollständigung der Reaktion einige Std im Wasserbad auf 60° C gehalten. Die Vakuumdestillation liefert neben dem hauptsächlich aus Essigsäure und Essigsäureanhydrid bestehenden Vorlauf, sowie einem ganz geringen Rückstand eine bei 170—173° C und 12 Torr übergehende Fraktion, die beim Erkalten erstarrt und mit dem von KUHN und QUADBECK[3] beschriebenen Diacetylcysteamin identisch ist. Die in 95 %iger Ausbeute erhaltene farblose, hygroskopische Substanz schmilzt bei 29,5° C.

[1] TABOR, H,. A. H. MEHLER and E. R. STADTMAN: J. biol. Ch. **204**, 127 (1953).
[2] VOGELMANN, G.: Diplomarbeit, München 1952.
[3] KUHN, R., u. G. QUADBECK: B. **84**, 844 (1951).

b) Hexosamin-N-Acetylase (Acetylierung von Aminozuckern).

[2.3.1.3 Acetyl-CoA: 2-Amino-2-desoxy-D-glucose-N-Acetyltransferase.]

Zu der Gruppe von Acetyl-Acceptorreaktionen gehört auch die enzymatische Acetylierung von Aminozuckern nach folgendem Mechanismus:

$$\text{Acetyl-CoA} + \text{Hexosamin} \rightarrow \text{N-Acetylhexosamin} + \text{CoASH} \qquad (71)$$

Ein Enzym, welches die Reaktion Gl. (71) sowohl mit Glucosamin als auch mit Galaktosamin als Acceptor katalysiert, wurde in Taubenleberextrakten nachgewiesen[1]. Seine physiologische Bedeutung ist möglicherweise beim Aufbau der Mucopolysaccharide zu suchen. Es liegen Anhaltspunkte dafür vor, daß es sich um ein von der Arylaminacetylase verschiedenes Enzym handelt.

Außer diesem Enzym, das mit den freien Aminozuckern reagiert, wurde noch ein anderer Typ aufgefunden, der das phosphorylierte Glucosamin acetyliert[2]:

$$\text{Acetyl-CoA} + \text{D-Glucosamin-6-phosphat} \rightarrow \text{N-Acetyl-D-glucosamin-6-phosphat} + \text{CoASH} \qquad (72)$$

Dieser Mechanismus erscheint von besonderer Bedeutung, weil der Aufbau der Polyuronsäuren wahrscheinlich vom phosphorylierten N-Acetylglucosamin aus erfolgt.

Darstellung der Hexosamin-N-Acetylase aus Taubenleber nach SOODAK[3].

Alle Reinigungsschritte werden bei 0° C durchgeführt. Eine 10%ige Suspension von Acetonpulver aus Taubenleber wird mit einer 25%igen Acetonlösung, die 0,1 m Trispuffer, p_H 8,2, enthält, 5—10 min bei —5° C gerührt. Der unlösliche Rückstand wird abzentrifugiert und verworfen. Zum Überstand gibt man auf —5° C vorgekühltes Aceton bis zu 40% Sättigung, zentrifugiert und fällt das Enzym aus dem zweiten Überstand mit Aceton bis 60%. Die erste Fraktion von 25—40% enthält das Enzym der Acetataktivierung, die zweite Fraktion die Aktivität der Aminozuckeracetylierung (zusammen mit der Arylaminacetylase, s. d.) (A 60). Beide Niederschläge löst man in 1 ml 1 m Trispuffer, p_H 8,2 (pro g Acetonpulver) und dialysiert anschließend 12 Std gegen 4,5 l einer Lösung von 0,001 m Cystein-HCl, 0,02 m $KHCO_3$ und 0,5% KCl (p_H mit K_2CO_3 auf 8 eingestellt). Die Enzyme sind bei —15 bis —30° C einige Monate haltbar.

Die Spezifität des Enzyms ist noch nicht endgültig geklärt. Auch über seine Eigenschaften liegen noch keine näheren Angaben vor.

Bestimmung der Hexosamin-N-Acetylase.

Prinzip:

Der Test beruht auf dem colorimetrischen Nachweis der nach Reaktion Gl. (71) gebildeten acetylierten Aminozucker nach einer Modifikation der spezifischen Farbreaktion von MORGAN und ELSON[4]. Acetyl-CoA als Acetyl-Donator kann nach mehreren Methoden gebildet werden: a) über das Phosphotransacetylase-System

$$\text{Acetylphosphat} + \text{CoASH} \rightleftharpoons \text{Acetyl-CoA} + \text{Phosphat} \qquad (4)$$

b) durch Acetataktivierung mit Acetatthiokinase und ATP

$$\text{Acetat} + \text{CoASH} + \text{ATP} \rightleftharpoons \text{Acetyl-CoA} + \text{AMP} + \text{PP} \qquad (1)$$

Auch Acetyl-CoA selbst kann als Acetyl-Donator eingesetzt werden.

Reagentien:

1. 0,1 m N-Acetylglucosamin.
2. 0,1 m D-Glucosamin · HCl.
3. 0,1 m Cystein · HCl.

---

[1] CHOU, T. C., and M. SOODAK: J. biol. Ch. **196**, 105 (1952).
[2] BROWN, D. H.: Biochim. biophys. Acta **16**, 429 (1955).
[3] SOODAK, M.; in: Colowick-Kaplan, Meth. Enzymol., Bd. I, S. 612.
[4] MORGAN, W. T. J., and L. A. ELSON: Biochem. J. **28**, 988 (1934).

4. 0,1 m $MgCl_2$.
5. CoA-Lösung, 200 E/ml.
6. 2,0 m Trispuffer, p_H 8,2.
7. 0,25 m Lithiumacetylphosphat (Darstellung vgl. S. 60).
8. 1,0 m NH_4Cl.
9. Phosphotransacetylase, 200 E/ml (Darstellung vgl. S. 55).
10. Zu bestimmende Enzymlösung.
11. Trichloressigsäure, 5%.
12. 1,0 m Na_2CO_3.
13. Äthanol, 95%.
14. EHRLICHs Reagens: 1,6 g p-Dimethylaminobenzaldehyd werden in einer abgekühlten Mischung von 30 ml konzentrierter HCl und 30 ml 95%igem Alkohol gelöst.

Ausführung:

Acetyl-CoA wird in diesem Test mit Phosphotransacetylase gebildet. Folgende Komponenten werden gemischt: 200 μM Trispuffer (0,1 ml); 10 μM Glucosamin-HCl (0,1 ml); 25 μM Acetylphosphat (0,1 ml); 10 μM Cystein-HCl (0,1 ml); 5 μM $MgCl_2$ (0,05 ml); 100 μM NH_4Cl (0,1 ml); 20 E CoA (0,1 ml); 10 E Phosphotransacetylase (0,05 ml); 0,1 ml Wasser und 0,3 ml Enzymfraktion. Die Ansätze werden 2 Std bei 30° C inkubiert. Zur Kontrolle läßt man Blindwerte ohne Acetylphosphat mitlaufen. Zur Eichung setzt man außerdem zu einigen Proben N-Acetylglucosamin in einer Konzentration von 0,5—2 μM zu.

Die Enzymansätze werden gestoppt durch Zugabe von 2 ml Trichloressigsäure und zentrifugiert. Vom Filtrat führt man je 1 ml in Reagensgläser (16 × 150 mm) über und gibt noch 0,5 ml H_2O und 0,5 ml 1 m Na_2CO_3 zu. Die Proben werden nun 10 min im kochenden Wasserbad erhitzt und in kaltem Wasser abgekühlt. Unter Schütteln setzt man sodann 2,5 ml Äthanol und 0,5 ml EHRLICHs Reagens zu. Es wird gut durchmischt und die Farbe durch 30 min Inkubieren bei 37° C entwickelt. Die Ablesung erfolgt colorimetrisch bei der Wellenlänge 540 mμ.

c) Glucosamin-6-phosphat-N-Acetylase.

[2.3.1.4 Acetyl-CoA: 2-Amino-2-desoxy-D-glucose-6-phosphat-N-Acetyltransferase.]

Dieses Enzym wurde in Extrakten aus Kaninchenleber, -niere und -muskel sowie in Bakterien und Schimmelpilzen aufgefunden[1]. Es katalysiert die Acetylierung des phosphorylierten Aminozuckers gemäß Reaktion Gl. (72) und dürfte für die Synthese der N-haltigen Polyuronsäuren und anderer aus Aminozuckern aufgebauter Naturstoffe von besonderer Bedeutung sein.

***Darstellung aus N. crassa nach* DAVIDSON *u. Mitarb.*[2].**

Züchtung von N. crassa. N. crassa, wilder Stamm 5297a, wurde in folgender Nährlösung in Schüttelkulturen bei Zimmertemperatur 18 Std gezüchtet[3] (Angaben in g/l): Ammoniumtartrat 5,0, NH_4NO_3 1,0, KH_2PO_4 1,0, $MgSO_4 \cdot 7H_2O$ 0,5, NaCl 0,1, $CaCl_2$ 0,1, Saccharose 15,0, Biotin 5×10^{-6}, Spurenelemente als Salze (mg/l): B 0,01, Cu 0,1, Fe 0,2, Mn 0,02, Mo 0,02; Zn 2,00. Das Mycel wird geerntet, indem man durch Watte filtriert, mehrmals mit Wasser wäscht und den Rückstand lyophilisiert. Im Vacuum über Silicagel bei —18° C aufbewahrt, ist das Trockenpulver mindestens 1 Jahr haltbar.

Anreicherung des Enzyms. Schritt 1. Mycel-Trockenpulver (1,4 g) wird in einem Starmix-Homogenisator (mit Schutzmantel versehen) mit 40 ml Trispuffer (0,1 m, p_H 7,4) und einem Teelöffel Glasperlen[4] (bezogen von der Minnesota Mining and Manufacturing

[1] DAVIDSON, E. A., H. J. BLUMENTHAL and S. ROSEMAN: Bact. Proc. 108 (1956).
[2] DAVIDSON, E. A., H. J. BLUMENTHAL and S. ROSEMAN: J. biol. Ch. **226**, 125 (1957).
[3] BEADLE, G. W., and E. L. TATUM: Amer. J. Bot. **32**, 678 (1945).
[4] LAMANNA, C., and M. F. MALETTE: J. Bact. **67**, 503 (1954).

Corporation unter der Bezeichnung „pavement marking beads") 3 min extrahiert und zentrifugiert. Der Vorgang wird 8—16mal wiederholt und alle Extrakte miteinander vereinigt.

Schritt 2. Zu je 10 ml Rohextrakt gibt man 3,8 ml 2% Protaminsulfatlösung, läßt die Mischung 10 min im Eisbad stehen und zentrifugiert. Der Niederschlag wird verworfen.

Schritt 3. Zu je 10 ml Überstand aus Schritt 2 gibt man 1,2 ml gealtertes Calciumphosphatagel (32 mg Trockengewicht/ml)[1] und zentrifugiert den Niederschlag nach 10 min ab.

Schritt 4. Der Überstand wird mit 6n Essigsäure auf p_H 4,8 eingestellt und die Lösung in ein Wasserbad von 80° C gebracht. Nach Erreichen von 60° C hält man die Lösung noch für 10 min bei dieser Temperatur, kühlt im Eisbad ab und stellt mit 1 n KOH auf p_H 6 ein. Das denaturierte Protein wird verworfen.

Schritt 5. Die erhitzte Enzymlösung wird mit 0,1 Vol. eines Mischbett-Austauschers versetzt (gleiche Volumina Dowex 50, H^+-Form und Dowex 1, HCO_3^-, beide 20—50 mesh) und 20 min gerührt. Nach Zentrifugieren wird das klare Filtrat lyophilisiert und im Vacuum bei −18° C aufbewahrt. Ausbeute aus 11,2 g Mycel: 250 mg.

Tabelle 26. *Isolierung der Glucosamin-6-phosphat-N-Acetylase* (nach DAVIDSON u. Mitarb.[2]).

Reinigungsstufe	Spezifische Aktivität (μM pro mg Protein pro Std)	Reinigungsfaktor	Ausbeute %
1. Rohextrakt	2,8	1	100
2. Protaminfällung . .	9,4	3,3	78
3. $Ca_3(PO_4)_2$-Gel. . . .	17,5	6,2	75
4. Hitzeschritt, p_H 4,8 .	140	49	72
5. Mischbettaustauscher	180	63	65
6. Aluminium C_γ-Gel .	255	89	65
7. $(NH_4)_2SO_4$, 50—70%	733	254	57

Schritt 6. Das Trockenpräparat aus Schritt 5 (250 mg) wird in 2,5 ml 0,1 m Phosphatpuffer, p_H 6,6, gelöst und mit 0,5 ml Aluminiumgel C_γ (15 mg Trockengewicht/ml)[3] versetzt. Nach 10 min zentrifugiert man und verwirft den Gelrückstand.

Schritt 7. Zum Überstand gibt man das gleiche Volumen einer bei 4° C gesättigten Ammoniumsulfatlösung, läßt 1 Std stehen und zentrifugiert 20 min bei 16000 × g. Durch Zugabe von festem Ammoniumsulfat wird die Sättigung des Überstandes auf 70% gebracht und der Niederschlag nach 1 Std hochtourig abzentrifugiert. Er wird gelöst in 1 ml 0,1 m Phosphatpuffer, p_H 6,6, und 24 Std gegen denselben Puffer dialysiert. Im gefrorenen Zustand behält die Enzymlösung ihre volle Aktivität mindestens 4 Monate.

Eine Übersicht über die Enzymanreicherung gibt Tabelle 26.

Eigenschaften. Die MICHAELIS-Konstante für Glucosamin-6-phosphat und Acetyl-CoA wurde zu $7{,}8 \times 10^{-4}$ m bestimmt. Glucosamin, Galaktosamin, p-Nitroanilin und Aminosäuren werden vom Enzym nicht acetyliert. Jodacetat (5×10^{-3} m) bewirkt keine Hemmung, dagegen tritt bei 10^{-3} m p-Chlormercuribenzoat vollständige Hemmung auf.

Bestimmung der Glucosamin-6-phosphat-N-Acetylase.

Reagentien:

1. 0,1 m Phosphatpuffer, p_H 6,6.
2. 0,08 m Glucosamin-6-phosphat, gereinigt nach[4].
3. 0,1 m Acetyl-CoA (Darstellung vgl. S. 84).
4. 0,8 m Kaliumtetraboratpuffer, p_H 9,2.
5. p-Dimethylaminobenzaldehyd, 10 g/100 ml Eisessig — 12,5% HCl enthaltend. Kurz vor Gebrauch mit 9 Vol. Eisessig verdünnen.

[1] SINGER, T. P., and E. B. KEARNEY: Arch. Biochem. **29**, 190 (1950).
[2] DAVIDSON, E. A., H. J. BLUMENTHAL and S. ROSEMAN: J. biol. Ch. **226**, 125 (1957).
[3] WILLSTÄTTER, R., u. H. KRAUT: B. **56**, 1117 (1923).
[4] ROSEMAN, S.: Fed. Proc. **15**, 340 (1956).

Ausführung:

Folgende Komponenten werden 20—30 min bei 37° C inkubiert: Glucosamin-6-phosphat, gereinigt nach[1] 8 μM; Acetyl-CoA, 2 μM; Phosphatpuffer, p_H 6,6, 10 μM; Endvolumen einschließlich der zu testenden Enzymlösung 0,35 ml. Zur Kontrolle läßt man einen kompletten Ansatz, der zur Zeit 0 durch Kochen gestoppt wird, sowie eine Probe ohne Acetyl-CoA mitlaufen. Die Umsetzung wird durch dreiminütiges Erhitzen im kochenden Wasserbad gestoppt, zentrifugiert und ein aliquoter Teil für die Bestimmung von Acetyl-glucosamin-6-phosphat eingesetzt.

Acetyl-glucosamin-6-phosphat wird nach einer Modifikation der MORGAN- und ELSON-Methode bestimmt[2,3]: 0,1 ml Kaliumtetraboratpuffer, Probe und Wasser, Endvolumen 0,5 ml, werden in Reagensgläsern 13 $\times$100 mm genau 3 min im kochenden Wasserbad erhitzt, abgekühlt und mit 3 ml p-Dimethylaminobenzaldehyd-Reagens versetzt. Die Ansätze inkubiert man 20 min bei 36—38° C, kühlt auf Zimmertemperatur ab und mißt die Extinktion der Farblösung bei 544 oder 585 mμ. Als Blindwert wird eine Probe mit Wasser und Puffer, als Standard ein Ansatz mit einer eingestellten N-Acetylglucosaminlösung mitlaufen gelassen. Zur Reinigung von N-Acetylglucosamin (Nutritional Biochemicals, Corpor., Cleveland, Ohio, USA) wird eine 5—10%-Lösung durch Dowex 50, H^+-Form, geschickt und umkristallisiert[4]. Nach der angegebenen Methode ist die Linearität ziwschen Farbdichte und Konzentration bis zu einer Menge von 0,13 μM N-Acetylglucosamin pro Ansatz gewahrt.

Protein wurde nephelometrisch mit Sulfosalicylsäure gemessen[5].

d) N-Aminoacylacetylasen (Acetylierung von Aminosäuren).

[2.3.1.1 Acetyl-CoA:L-Glutamat-N-Acetyltransferase.]

Enzyme, die die CoA-abhängige Acetylierung von Aminosäuren katalysieren, sind bisher vor allem in Bakterien beobachtet worden. Extrakte aus *E. coli* vermögen Glutaminsäure in N-Acetylglutaminsäure umzuwandeln, wobei Acetylphosphat über die Phosphotransacetylasereaktion als Acetyl-Donator wirksam ist[6]:

$$\text{Acetylphosphat} + \text{CoASH} \rightleftharpoons \text{Acetyl-CoA} + \text{Phosphat} \quad (4)$$

$$\text{Acetyl-CoA} + \text{Glutamat} \rightleftharpoons \text{N-Acetylglutamat} + \text{CoASH} \quad (73)$$

$$\text{Acetylphosphat} + \text{Glutamat} \overset{\text{CoASH}}{\rightleftharpoons} \text{N-Acetylglutamat} + \text{Phosphat} \quad (74)$$

Durch die Acetylierung wird die NH_2-Gruppe der Glutaminsäure während der Biosynthese des Ornithins geschützt[7]. An Stelle von Glutamat wird mit etwa der doppelten Geschwindigkeit Asparaginsäure durch den *Coli*-Extrakt acetyliert, eine Reaktion, deren physiologische Bedeutung noch unklar ist. Auch die Bildung von N-Acetylglutaminsäure in der Leber, die als Cofaktor bei der Carbamylphosphatsynthese dient[8], erfolgt offenbar in CoA-abhängiger Reaktion gemäß Gl. (73).

Phenylacetylglutamin, das beim Menschen als Entgiftungsprodukt der Phenylessigsäure mit dem Harn ausgeschieden wird, entsteht aus Phenylacetyl-CoA und Glutamin auf folgendem Wege[9,10]:

$$\text{Phenylacetyl-CoA} + \text{Glutamin} \rightarrow \text{Phenylacetylglutamin} + \text{CoASH} \quad (75)$$

[1] ROSEMAN, S.: Fed. Proc. **15**, 340 (1956).
[2] REISSIG, J. L., J. L. STROMINGER and L. F. LELOIR: J. biol. Ch. **217**, 959 (1955).
[3] AMINOFF, D., W. T. J. MORGAN and W. M. WATKINS: Biochem. J. **51**, 379 (1952).
[4] WHITE, T.: J. Am. Chem. Soc. I, 428 (1940).
[5] HAWK, P. B., B. L. OSER and W. H. SUMMERSON: Practical Physiological Chemistry. 12. Aufl. Philadelphia 1947.
[6] MAAS, W. K., G. D. NOVELLI u. F. LIPMANN: Proc. nat. Acad. Sci. USA **39**, 1004 (1953).
[7] VOGEL, H. J.: Proc. nat. Acad. Sci. USA **39**, 578 (1953).
[8] JONES, M. E., and L. SPECTOR: J. biol. Ch. **235**, 2897 (1960).
[9] MOLDAVE, K., and A. MEISTER: J. biol. Ch. **229**, 463 (1957).
[10] MOLDAVE, K., and A. MEISTER: Biochim. biophys. Acta **24**, 654 (1957).

Zur Charakterisierung dieser Enzyme liegen bisher noch keine systematischen Untersuchungen vor.

Die physiologische Bedeutung eines anderen Bakterienenzyms aus *Cl. kluyveri*[1,2], das mit wenig ausgesprochener Spezifität eine Reihe von Aminosäuren, wie Glykokoll, Leucin, Serin, Lysin, Glutaminsäure und Asparaginsäure — gleichviel, ob der D- oder L-Reihe angehörend —, acetyliert, ist noch völlig ungeklärt. Außer den genannten Aminosäuren reagieren auch Glycyl-L-leucin, D,L-Alanylglycin, Glykokolläthylester und Äthanolamin mit etwa derselben Geschwindigkeit wie Glykokoll. Etwa halb so schnell werden Glucosamin, Methylamin, Dimethylamin, Äthylamin und β-Alanin acetyliert. Auch auf Eieralbumin soll die Acetylgruppe übertragen werden können. Mit Sulfanilamid und p-Aminobenzoesäure ist der Umsatz sehr langsam, Cholin und Ammoniak reagieren überhaupt nicht. Propionylphosphat kann Acetylphosphat als Acyl-Donator ersetzen.

Die MICHAELIS-Konstante für Glykokoll wird in der Größenordnung von 1×10^{-3} m angegeben, für Acetyl-CoA liegt sie nach grober Berechnung bei etwa 5×10^{-5} m.

Besonders auffallend ist der Befund, daß die Aminosäureacetylierung der Anwesenheit von Cyanid bedarf. Bis zu einer Endkonzentration von 0,8 m Blausäure wird die Enzymreaktion aktiviert. Diesen Effekt hat auch Azid in einer Endkonzentration von 0,025 m, nicht dagegen Alkalisulfide, Cystein, Hydrazin, Semicarbazid, α,α'-Dipyridyl. Dies weist darauf hin, daß für den Cyanideffekt weder seine reduzierende Wirkung noch sein Komplexbildungsvermögen verantwortlich sind. Eine Erklärung dieses eigentümlichen Verhaltens ist noch nicht möglich, doch sind die genannten Cyanidkonzentrationen mit einer Funktion des Enzyms unter physiologischen Bedingungen unvereinbar.

Darstellung von N-Aminoacylacetylase aus Cl. kluyveri nach LIEBERMANN *u. Mitarb.*[2,3].

1. Herstellung des Rohextraktes. 1 g feingemahlenes Trockenpulver aus *Cl. kluyveri*[4] (Darstellung vgl. S. 55) wird mit 15 ml 0,05 m Kaliumphosphatpuffer, p_H 7,0, in Anwesenheit von 0,001 m Na_2S homogenisiert und unter Luftausschluß 60 min bei Raumtemperatur unter gelegentlichem Rühren inkubiert. Die Suspension wird hochtourig zentrifugiert. Die klare Enzymlösung ist ohne Aktivitätsverlust einige Wochen bei — 18° C haltbar.

2. Protaminsulfat-Fällung. 1 ml einer frisch bereiteten 3%igen Protaminsulfatlösung gibt man zu 10 ml kaltem Rohextrakt (14 mg Protein/ml). Nach 5 min wird durch Zentrifugieren das inaktive Protein abgetrennt.

3. Ammoniumsulfat-Fraktionierung. 2 Vol. einer kalt gesättigten Ammoniumsulfatlösung werden zu 1 Vol. des kalten Protaminüberstandes gegeben. Der Niederschlag wird verworfen und der Überstand einer Ammoniumsulfatfraktionierung unterworfen. Die 0,66—1,0-gesättigte Fraktion löst man im halben Volumen des ursprünglichen Volumens 0,03 m Kaliumphosphatpuffer, p_H 7,0.

Dieses Präparat ist im eingefrorenen Zustand (—10° C) haltbar.

Bestimmung der N-Aminoacylacetylase nach KATZ *u. Mitarb.*[2].

Prinzip:

Die Aktivitätsbestimmung des Enzyms beruht auf der Messung des Verbrauches von Acetylphosphat entsprechend der Aminosäureacetylierung. Dabei wird Acetylphosphat nach der Hydroxamsäuremethode (vgl. S. 10, 71, 74) colorimetrisch bestimmt.

Reagentien:

1. 2,0 m Trispuffer, p_H 8,5.
2. 0,5 m Glykokoll, p_H 8,5.

---

[1] STADTMAN, E. R., S. KATZ and H. A. BARKER: J. biol. Ch. **195**, 779 (1952).
[2] KATZ, S., I. LIEBERMANN and H. A. BARKER: J. biol. Ch. **200**, 417 (1953).
[3] LIEBERMANN, I., and H. A. BARKER; in: Colowick-Kaplan, Meth. Enzymol., Bd. I, S. 616.
[4] STADTMAN, E. R., and H. A. BARKER: J. biol. Ch. **180**, 1085 (1949).

3. 0,2 m Dilithiumacetylphosphat (Darstellung vgl. S. 60).
4. 2,0 m KCN-H_2SO_4, p_H 8,5 (täglich frisch herzustellen).
5. CoA: 400 E/ml (Standardisierung nach KAPLAN und LIPMANN, vgl. S. 9). Man stellt zunächst eine fünffach konzentriertere Lösung von CoA in 0,05 m Glutathion-SH und 0,02 m Kaliumphosphatpuffer, p_H 6,8, her und läßt diese 1 Std bei Zimmertemperatur zur Reduktion des CoA stehen. Erst dann wird die endgültige CoA-Konzentration der Lösung eingestellt.
6. Phosphotransacetylase, 40 E pro ml (Darstellung S. 55).
7. Enzym: Nach der unten folgenden Definition verwendet man eine Enzymverdünnung entsprechend 50—100 E/ml.

Ausführung:

In kleinen Reagensgläsern gibt man 0,05 ml Trispuffer, 0,05 ml Glykokoll, 0,1 ml Acetylphosphat, 0,1 ml CoA, 0,1 ml Phosphotransacetylase, 0,1 ml des zu testenden Enzyms zusammen und stellt das Testvolumen mit Wasser auf 0,8 ml ein. Durch Zugabe von 0,2 ml der KCN-Lösung wird die Reaktion ausgelöst und über 30 min bei 27° C in Gang gehalten. Nach dieser Zeit werden je 0,2 ml zur Bestimmung des restlichen Acetylphosphates nach der Methode von LIPMANN und TUTTLE[1] entnommen, wobei der Ausgangswert aus einem Parallelansatz ohne Enzym ermittelt werden kann. Bei den Ablesungen dient als Blindwert ein Ansatz ohne Acetylphosphat, aber mit Enzym, der infolge einer Reaktion von Cyanid mit im Enzym enthaltenen Eisensalzen eine Blaufärbung aufweisen kann.

Standardisierung des Testes. Als Enzymeinheit bezeichnet man diejenige Menge, die unter den beschriebenen Testbedingungen das Verschwinden von 1,0 μM Acetylphosphat in 30 min bewirkt. Die spezifische Aktivität wird in Enzymeinheiten pro mg Protein ausgedrückt. Die Bestimmung des Proteingehaltes erfolgt turbidimetrisch mit Sulfosalicylsäure[2].

e) Imidazolacetylase.

[2.3.1.2 Acetyl-CoA:Imidazol-N-Acetyltransferase.]

Ein Enzym, dessen biologische Bedeutung — ähnlich wie im Falle der Aminosäureacetylierung — bisher ebenfalls nicht zu übersehen ist, ist die von STADTMAN und WHITE in *Cl. kluyveri* aufgefundene Imidazolacetylase[3]. Das Enzym katalysiert die Reaktion

$$\text{Acetyl-CoA} + \text{Imidazol} \rightleftharpoons \text{Acetylimidazol} + \text{CoASH} \qquad (76)$$

Es erscheint bemerkenswert, daß Acetylimidazol zu den energiereichsten enzymatisch aufgebauten Verbindungen gehört, die bisher bekannt sind. Man hat berechnet, daß die freie Energie der N-Acetylbindung im Acetylimidazol mit 12000—15000 cal/Mol um etwa 5000 cal über derjenigen des Acetyl-CoA liegt[4]. Auf Grund dieser Eigenschaften wurde vermutet, daß die biologische Bedeutung dieses Enzyms in der intermediären Bildung aktiver Acyl-Proteinverbindungen über die dem Imidazol nahestehende Aminosäure Histidin zu suchen sei. Sicheres hierüber ist jedoch nicht bekanntgeworden. Infolge der besonderen energetischen Verhältnisse ist die Acetylasewirkung eher den Acetyl-Donatorreaktionen zuzuordnen.

***Darstellung von Imidazolacetylase aus Cl. kluyveri nach* STADTMAN[4].**

Rohextrakte aus *Cl. kluyveri* (Darstellung vgl. S. 55) werden zur Entfernung von CoA mit Dowex-1-HCl behandelt. Der Extrakt wird sodann bei p_H 6,7 30 min auf 55° C erwärmt, wobei 98% der Phosphotransacetylase- und etwa 45—50% der Imidazolacetylaseaktivität verlorengehen. Die erhitzte Lösung wird bei Zimmertemperatur mit Ammoniumsulfat fraktioniert, das gesuchte Enzym reichert sich zwischen 48 und 68% Ammonium-

[1] LIPMANN, F., and L.C. TUTTLE: J. biol. Ch. **159**, 21 (1945).
[2] HEEPE, F., H. KARTE u. E. LAMBRECHT: Z. Kinderheilkde. **69**, 331 (1951).
[3] STADTMAN, E. R., u. F. H. WHITE: Am. Soc. **75**, 2022 (1953).
[4] STADTMAN, E. R.; in: MCELROY, W. D., and B. GLASS (Hrsg.): The Mechanism of Enzyme Action. S. 581. Baltimore 1954.

sulfatsättigung an. Die spezifische Aktivität (Einheiten pro mg Protein) dieser Fraktion ist nur etwa zweimal so hoch, wie die des Rohextraktes, jedoch enthält sie kein CoA mehr und nur noch Spuren von Phosphotransacetylase.

***Bestimmung der Imidazolacetylase nach* STADTMAN[1].**

Prinzip:

Acetylimidazol besitzt im Bereich zwischen 235—255 mμ eine breite Absorptionsbande[1]. Dadurch kann die Acetylierungsreaktion gemäß Gl. (76) optisch gemessen werden.

Reagentien:

1. 3 m Imidazol-HCl-Puffer, p_H 7,0.
2. 1 m Kaliumchlorid.
3. 0,05 m Acetylphosphat (Darstellung vgl. S. 60).
4. 0,001 m Acetyl-CoA.
5. Phosphotransacetylase (Darstellung vgl. S. 55).
6. Imidazolacetylase.

Ausführung:

Testansatz: 300 μM Imidazol-HCl-Puffer; 100 μM KCl; 5 μM Acetylphosphat; 0,01 μM Acetyl-CoA; 16 E Phosphotransacetylase; Imidazolacetylase. Nach Start der Reaktion wird die Extinktionszunahme bei 245 mμ in min-Abständen verfolgt. Als Blindwert dient eine Küvette, bei der Acetyl-CoA und Enzym weggelassen werden.

Acetyl-CoA vertritt in katalytischen Mengen in diesem Test CoASH, wodurch ein Zusatz reduzierender Agentien überflüssig wird.

f) Glycin-N-Acylase (Hippursäuresynthetase).

[2.3.1.13 Acyl-CoA: Glycin-N-Acyltransferase.]

Die der Entgiftung der Benzoesäure dienende Biosynthese der Hippursäure wurde ebenfalls als CoA-abhängiger Stoffwechselprozeß erkannt[2]. Es handelt sich dabei um zwei enzymatische Reaktionen, die Aktivierung der Benzoesäure mit ATP und CoA zu Benzoyl-CoA und die anschließende Übertragung des Benzoylrestes auf Glycin:

$$\text{Benzoesäure} + \text{CoASH} + \text{ATP} \rightleftharpoons \text{Benzoyl-CoA} + \text{AMP} + \text{PP} \qquad (77)$$

$$\text{Benzoyl-CoA} + \text{Glycin} \longrightarrow \text{Hippursäure} + \text{CoASH} \qquad (78)$$

$$\text{Benzoesäure} + \text{ATP} + \text{Glycin} \xrightarrow{\text{CoASH}} \text{Hippursäure} + \text{AMP} + \text{PP} \qquad (79)$$

Das Enzym der aktivierenden Reaktion Gl. (77) dürfte identisch mit der von MAHLER u. Mitarb. beschriebenen Acylthiokinase für die Fettsäuren der Kettenlänge C_4—C_{11} (Caprylatthiokinase[3]) sein. Das benzoylübertragende Enzym wurde von diesem abgetrennt und aus Ochsenlebermitochondrien weitgehend gereinigt[4].

Die Frage, ob auch andere α-Aminosäureacylierungen, wie z.B. die CoA-abhängige Bildung von Glykocholsäure und Taurocholsäure entsprechend den Reaktionen[5,6]

$$\text{Cholyl-CoA} + \text{Glycin (bzw. Taurin)} \rightarrow \text{Glyko-(bzw. Tauro-)cholat} + \text{CoASH} \qquad (80)$$

vom gleichen Enzym katalysiert werden, ist noch nicht mit Sicherheit zu entscheiden. Das gleiche gilt für die Bildung von Nicotinursäure[7] und Picolinursäure[8], die wahrscheinlich ebenfalls über die entsprechenden CoA-Verbindungen verläuft[9].

[1] STADTMAN, E. R.; in: MCELROY, W. D., and B. GLASS (Hrsg.): The Mechamism of Enzyme Action, S. 581. Baltimore 1954.
[2] CHANTRENNE, H.: J. biol. Ch. **189**, 227 (1951).
[3] MAHLER, H. R., S. J. WAKIL and R. M. BOCK: J. biol. Ch. **204**, 453 (1953).
[4] SCHACHTER, D., and J. V. TAGGART: J. biol. Ch. **203**, 925 (1953).
[5] BREMER, J.: Acta chem. scand. **10**, 56 (1956).
[6] ELLIOT, W. H.: Biochem. J. **62**, 433 (1956).
[7] SUNDARAM, T. K., and P. S. SARMA: Biochim. biophys. Acta **22**, 547 (1956).
[8] MEHLER, A. H., and E. L. MAY: J. biol. Ch. **223**, 449 (1956).
[9] Ausführliche Literatur hierzu vgl. DECKER, K.: Die aktivierte Essigsäure. S. 292, Stuttgart 1959.

Vorkommen. Die Bildung von Hippursäure aus Benzoyl-CoA wurde in Rohextrakten von Schweine-, Rinder-, Ratten- und Kaninchenniere sowie von Rinder-, Ratten- und Kaninchenleber[1] beobachtet. Extrakte aus Tauben- oder Hühnerleber waren nur wenig wirksam. Innerhalb der Zellen ist das Enzym in den Mitochondrien lokalisiert.

Darstellung der Glycin-N-Acylase aus Ochsenlebermitochondrien nach SCHACHTER ***und*** TAGGART[2].

1045 g Acetonpulver aus Rinderlebermitochondrien, hergestellt nach der Methode von MAHLER, WAKIL und BOCK[3] (vgl. S. 102), werden unter 30 min Rühren mit dem zehnfachen Volumen 0,02 m Kaliumphosphat, p_H 7,5, extrahiert. Der Rohextrakt wird einer Ammoniumsulfatfraktionierung unterworfen, wobei sich das Enzym zwischen 35—50% Sättigung anreichert. Der Niederschlag (AS 35—50) wird in einem geringen Volumen 0,02 m $KHCO_3$ aufgenommen und 3 Std gegen Wasser dialysiert.

Nach Dialyse wird die Enzymlösung mit 0,01 m $KHCO_3$ auf eine Proteinkonzentration von 20 mg/ml verdünnt und mit Calciumphosphat-Gel behandelt (0,6 mg Gel/mg Protein). Nach 20 min Rühren wird zentrifugiert und der Niederschlag verworfen. Aus dem Überstand fällt man das Enzym durch Zugabe von $(NH_4)_2SO_4$ bis 70% Sättigung aus, löst den Niederschlag in 0,02 m $KHCO_3$ und dialysiert nach der oben beschriebenen Weise.

Eine nochmalige Calciumphosphat-Gel-Adsorption (1,2 mg Gel/mg Protein) führt zu einer zweifachen Anreicherung des Enzyms gegenüber der ersten Adsorption.

Es folgt nun die Abtrennung von Begleitproteinen durch Behandlung mit Hefenucleinsäure. Die dialysierte Lösung wird mit 10%iger Essigsäure auf p_H 5,4 gebracht. Eine auf p_H 5,5 eingestellte 2%ige Hefenucleinsäurelösung rührt man nun langsam in die Enzymlösung ein (0,1 mg Nucleinsäure/mg Protein) und zentrifugiert nach 20 min das inaktive Protein ab. Der Ammoniumsulfatniederschlag zwischen 35—43% wird wieder gelöst und dialysiert.

Nach der Dialyse fraktioniert man das Enzym abschließend mit einer ammoniakalischen Ammoniumsulfatlösung (95 Vol. gesättigte Ammoniumsulfatlösung und 5 Vol. konzentriertes Ammoniak, p_H 8,3). Die Enzymfraktion zwischen 45 und 50% Sättigung, deren Aktivität 53fach über derjenigen des Rohextraktes liegt, wird in 0,02 m $KHCO_3$ gelöst.

Einen Überblick über den Anreicherungsgang gibt Tabelle 27.

Tabelle 27. *Isolierung der Glycin-N-Acylase* (nach SCHACHTER und TAGGART[2]).

	Volumen ml	Protein-Konzentration mg/ml	Gesamtprotein g	Spezifische Aktivität E/mg
1. Rohextrakt	9080	29,9	272	1,5
2. AS-Fraktion (35—50)	1290	78,5	101	3,9
3. Calciumphosphat-Gel I	6595	9,1	60	5,4
4. Calciumphosphat-Gel II	718	15,6	11,2	11,7
5. Nucleinsäure-AS-Fraktion	44	42,6	1,85	50,1
6. Ammoniakalische AS-Fraktion	8,5	69,8	0,56	80,1

Eigenschaften und Spezifität[2]. Die reinste Enzymfraktion enthält keine meßbaren Mengen folgender Enzyme: Acetatthiokinase, Thiokinase für höhere Fettsäuren, Adenosintriphosphatase, Pyrophosphatase oder Benzoyl-CoA-Deacylase. Bezüglich des Acyl-Donators besteht keine strenge Spezifität für Benzoyl-CoA, vielmehr wird Acyl auch von Acetyl-CoA, Propionyl-CoA, Valeryl-CoA unter Bildung der entsprechenden Acylglycinderivate übertragen. Kein Umsatz findet dagegen mit Succinyl-CoA statt. Auf der Acceptorseite besteht eine ausgeprägte Spezifität für Glycin. Hier kann keine der

[1] SCHACHTER, D., and J. V. TAGGART: J. biol. Ch. **203**, 925 (1953).
[2] SCHACHTER, D., and J. V. TAGGART: J. biol. Ch. **208**, 263 (1954).
[3] MAHLER, H. R., S. J. WAKIL and R. M. BOCK: J. biol. Ch. **204**, 453 (1953).

anderen natürlichen l-Aminosäuren acyliert werden. Darüber hinaus verhielten sich folgende Verbindungen als Acceptoren unwirksam: Sarkosin, Acetylglycin, Glycinäthylester, Glycylglycin, Glycylglycylglycin, Glycylalanin, Glycylleucin, α-Aminobuttersäure, β-Alanin, Glutamin, Glucosamin, Ammoniumsalze, Sulfanilamid, Cholin, Glucuronsäure und Glucuronolacton. Folgende MICHAELIS-Konstanten wurden gefunden: Acetyl-CoA $8,5 \times 10^{-4}$ m; Valeryl-CoA $4,9 \times 10^{-4}$ m; Benzoyl-CoA 31×10^{-4} m; Glycin $1,4 \times 10^{-2}$ m. Durch 2,4-Dinitrophenol, Jodacetamid, p-Chlormercuribenzoat, KCN, Fluorid u.a. wird die Glycin-N-acylase nicht gehemmt. Dagegen führt Hippursäure in einer Konzentration von 6×10^{-4} m zu einer 50%igen Hemmung, die durch CoASH noch verstärkt wird.

Bestimmungsmethoden.

a) Bestimmung der Glycin-N-Acylase im optischen Test nach SCHACHTER *und* TAGGART[1].

Prinzip:

Die Tatsache, daß den Thioestern der Benzoesäure eine charakteristische Lichtabsorption bei 268 mμ zukommt, machte die Aufstellung eines optischen Testes möglich. Er beruht auf der Messung der Extinktionsabnahme in diesem Bereich entsprechend der enzymatischen Spaltung von Benzoyl-CoA im Zuge der Benzoylübertragung auf Glycin. Aus praktischen Erwägungen wird die Wellenlänge $\lambda = 280$ mμ gewählt.

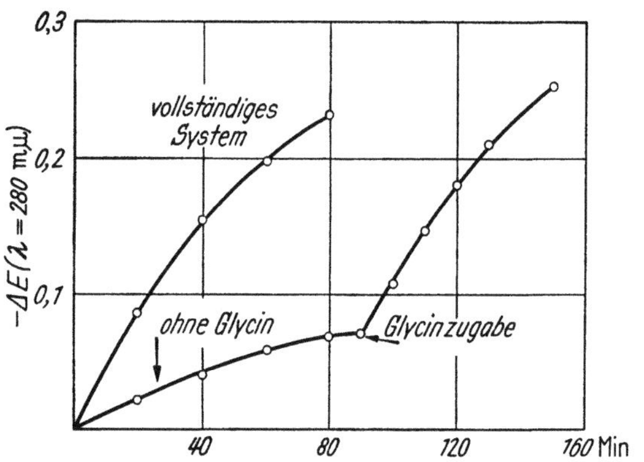

Abb. 22. Optische Bestimmung der Hippursäuresynthetase (nach SCHACHTER und TAGGART[1]). Testansatz: 0,09 μM Benzoyl-CoA, 60 μM Glycin, 100 μM Kaliumphosphatpuffer, p_H 7,5, und 0,6 mg Protein (AS 30—40). Gesamtvolumen: 3 ml, $\lambda = 280$ mμ, $d = 1$ cm.

Reagentien:

1. 0,001 m Benzoyl-CoA (Herstellung wie Succinyl-CoA nach SIMON und SHEMIN[2], vgl. S. 65).
2. 0,6 m Glycin.
3. 1,0 m Kaliumphosphatpuffer, p_H 7,5.
4. Enzym.

Ausführung:

In einer Quarzküvette von 1 cm Schichtdicke wird folgender Ansatz zusammengestellt: 0,09 μM Benzoyl-CoA, 60 μM Glycin, 100 μM Kaliumphosphatpuffer, p_H 7,5, Enzym und Wasser auf ein Endvolumen von 3,0 ml. Der Abfall der Extinktion bei 280 mμ wird in Abständen von 15 sec verfolgt, wobei der Wert zwischen der 15. und 45. sec als Meßgröße gilt. In rohen Enzympräparaten kommt es schon vor Zugabe von Glycin zu einer Extinktionsabnahme infolge einer Benzoyl-CoA-Spaltung durch Deacylasen, was bei der Aktivitätsbestimmung berücksichtigt werden muß.

Bei der Schichtdicke $d = 1$ cm entspricht eine Extinktionsabnahme $\Delta E = 0,73$ der Spaltung von 0,1 μM Benzoyl-CoA/ml. Der Verlauf des optischen Testes ist in Abb. 22 dargestellt.

Standardisierung. Eine Glycin-N-Acylase-Einheit entspricht derjenigen Enzymmenge, die eine Extinktionsabnahme von 0,1 pro min verursacht, wobei die Ausgangskonzentration an Benzoyl-CoA 0,04—0,08 μM pro ml beträgt. Die spezifische Aktivität wird in Enzymeinheiten pro mg Protein ausgedrückt. Protein wird nach der Biuretmethode[3] bestimmt.

b) Bestimmung der Glycin-N-Acylase durch Nachweis der Hippursäure.

Die Enzymreaktion läßt sich auch verfolgen durch Bestimmung der entstandenen Hippursäure. Diese muß zunächst aus der wäßrigen Lösung extrahiert werden, ohne daß

[1] SCHACHTER, D., and J. V. TAGGART: J. biol. Ch. **203**, 925 (1953).
[2] SIMON, E. J., and D. SHEMIN: Am Soc. **75**, 2520 (1953).
[3] GORNALL, A. G., C. J. BARDAWILL and M. M. DAVID: J. biol. Ch. **177**, 751 (1949).

dabei Glycin miterfaßt wird. Die Hippursäure wird sodann hydrolysiert und das auftretende Glycin nach der spezifischen Methode von ALEXANDER u. Mitarb.[1] bestimmt.

Reagentien:

1. 0,001 m Benzoyl-CoA (Herstellung nach SIMON und SHEMIN (vgl. S. 65).
2. 0,6 m Glycin.
3. 1,0 m Kaliumphosphatpuffer, p_H 7,5.
4. Metaphosphorsäure, 10%.
5. 5 m H_2SO_4.
6. Extraktionsmittel: Mischung aus 1 Vol. n Butanol und 5 Vol. Chloroform.
7. 2 m KOH.
8. Bromkresolblaulösung, wäßrig, 0,1%.
9. 1 m KOH.
10. Zu testende Enzymlösung.

Ausführung:

Der Testansatz (Zusammensetzung wie beim optischen Test, S. 98) wird nach Inkubation bei 37° C (die Dauer richtet sich nach Menge und Aktivität des eingesetzten Enzyms) mit 0,2 Vol. 10%iger Metaphosphorsäure enteiweißt. Vom Filtrat führt man 1,0 ml in ein spitzes Zentrifugenglas über und gibt 0,2 ml 5 m H_2SO_4 und 2,5 ml des Extraktionsmittels zu. Nach 2 min Schütteln wird zentrifugiert und die untere organische Phase mit einer Saugpipette in ein trockenes Reagensglas übergeführt. Die Extraktion wird noch zweimal in derselben Weise wiederholt, worauf man die vereinigten Extrakte durch ein kleines Filter schickt, um Tröpfchen aus der wäßrigen Phase zu entfernen (wichtig!). Glas und Filter wäscht man mit 2 ml Extraktionsmittel nach und bringt die Lösung durch Einblasen von Luft zum Verdampfen. Der trockene Rückstand wird mit 2 ml 2 m KOH aufgenommen und 3 Std im kochenden Wasserbad hydrolysiert. Nach Abkühlen fügt man 1 Tropfen der Bromkresolblaulösung und tropfenweise 5 m H_2SO_4 bis zum Farbumschlag nach Gelb zu. Mit 1 m KOH titriert man bis zur bläulichen Färbung zurück (p_H 5—6) und führt den Ansatz unter Nachwaschen mit insgesamt 3 ml H_2O in einen Destillierkolben für die Glycinbestimmung über[1]. Bei Ansätzen mit reineren Enzymfraktionen kann auf die vorhergehende Enteiweißung verzichtet werden. Vielmehr stoppt man hier die Reaktion durch Zugabe der Schwefelsäure ab. Die Methode eignet sich für einen Bereich von 10—100 μg Hippursäure pro ml.

g) Carnitinacylasen.

[2.3.1.7 Acyl-CoA: Carnitin-O-Acyltransferasen.]

In tierischen Organen kommen Enzyme vor, die den Acylrest von CoA-Thioestern in reversibler Reaktion auf Carnitin übertragen[2–4]:

$$R{-}CO{-}SCoA + (CH_3)_3N^+{-}CH_2{-}\underset{\displaystyle OH}{\overset{\displaystyle H}{C}}{-}CH_2{-}COO^- \rightleftharpoons (CH_3)_3N^+{-}CH_2{-}\underset{\displaystyle O{-}OC{-}R}{\overset{\displaystyle H}{C}}{-}CH_2{-}COO^- + CoASH \quad (81)$$

Die dabei gebildeten Acylcarnitinester stellen eine Klasse physiologisch interessanter Verbindungen dar, die durch verschiedene Gewebe[2] sowie durch isolierte Mitochondrien[5] mit großer Leichtigkeit oxydiert werden. Dies berechtigt zu der Annahme, daß sie im Fettsäurestoffwechsel — vor allem des Herz- und Skeletmuskels — neben den Acyl-CoA-Thioestern eine wichtige Position einnehmen[6]. Bisher konnten zwei Carnitinacylasen

[1] ALEXANDER, B., G. LANDWEHR and A. M. SELIGMAN: J. biol. Ch. **160**, 51 (1945). — s. Bd. IV, S. 1729f.

[2] FRITZ, I. B.: Acta physiol. scand. **34**, 367 (1955), Übersicht vgl. Physiol. Rev. **41**, 52 (1961).

[3] FRIEDMAN, S., and G. FRAENKEL: Arch. Biochem. **59**, 491 (1955).

[4] BREMER, J.: J. biol. Ch. **238**, 2774 (1963).

[5] BODE, C., u. M. KLINGENBERG: Biochim. biophys. Acta **84**, 93 (1964).

[6] BREMER, J.: J. biol. Ch. **237**, 2228 (1962).

unterschieden werden, von denen die eine spezifisch auf Acetyl-CoA, die andere vorwiegend auf Palmityl-CoA als jeweiligen Acyldonator eingestellt ist[1]. Innerhalb der Zellen sind die Enzyme im Cytoplasma, in den Mitochondrien und in den Mikrosomen lokalisiert[2, 3]. Man kann hieraus folgern, daß sie in den Acyltransport zwischen den verschiedenen Zellräumen eingeschaltet sind.

Eine nähere Charakterisierung dieser Enzyme erfolgte während Drucklegung dieser Arbeit. Bezüglich der Einzelheiten sei deshalb auf die Originalliteratur verwiesen[1,4].

h) Glycerophosphatacylase.

[2.3.1.15 Acyl-CoA: L-Glycerophosphat-Acyltransferase.]

Eine Acylierungsreaktion von großer physiologischer Bedeutung stellt die Übertragung der Acylreste langkettiger Fettsäure-CoA-thioester auf α-Glycerophosphat unter Bildung von Phosphatidsäuren dar.

$$2\,RCO{-}SCoA + \begin{array}{l} CH_2OH \\ | \\ CHOH \\ | \\ CH_2OPO_3H_2 \end{array} \longrightarrow \begin{array}{l} CH_2{-}O{-}COR \\ | \\ CH{-}O{-}COR \\ | \\ CH_2OPO_3H_2 \end{array} + 2\,CoASH \qquad (82)$$

Ein entsprechendes Enzym wurde in Rattenleber entdeckt[5]. Untersuchungen über seine Spezifität ergaben eine ausgeprägte Bevorzugung der Säuren mit 16—18 C-Atomen. Hieraus wird verständlich, daß gerade diese Fettsäuren den Hauptbestandteil der im Körper vorkommenden Fette ausmachen. Das Enzym wurde bisher nicht gereinigt, so daß genauere Daten noch ausstehen.

Aus den Phosphatidsäuren werden nach vorausgehender enzymatischer Abspaltung des Phosphates[6, 7] durch Verknüpfung mit Cytidindiphosphat-cholin bzw. -äthanolamin die Phosphatide Lecithin bzw. Kephalin aufgebaut[8, 9].

Im Falle der Neutralfettsynthese besorgt eine besondere Acylase die Übertragung eines weiteren Fettsäurerestes auf die D-α,β-Diglyceride:

$$\text{D-}\alpha,\beta\text{-Diglycerid} + RCO{-}SCoA \rightarrow \text{Triglycerid} + CoASH \qquad (83)$$

Ein entsprechendes Enzym wurde in Hühnerleber nachgewiesen[10], jedoch im einzelnen noch nicht näher untersucht.

i) Cholinacetylase.

[2.3.1.6 Acetyl-CoA: Cholin-O-Acetyltransferase.]

Die enzymatische Acetylierung des Cholins wird im Zusammenhang mit den acetylcholinspaltenden Enzymen an anderer Stelle dieses Handbuches beschrieben (s. S. 861).

$$\text{Acetyl-CoA} + \text{Cholin} \rightarrow \text{Acetylcholin} + CoASH \qquad (84)$$

F. Enzyme des Fettsäurestoffwechsels.

Synthese und Abbau der Fettsäuren vollziehen sich im Körper auf verschiedenen Wegen, die sowohl durch die Natur der beteiligten Enzyme als auch durch deren besondere Lokalisation innerhalb der Zellen festgelegt sind. So erfolgt die Fettsäureoxydation inner-

[1] Norum, K. R.: Acta chem. scand. **17**, 1487 (1963), Biochim. biophys. Acta **89**, 95 (1964).
[2] Bremer, J.: Acta chem. scand. **17**, 902 (1963).
[3] Norum, K. R.: Acta chem. scand. **17**, 896 (1963).
[4] Fritz, I. B., S. K. Schultz and P. A. Srere: J. biol. Ch. **238**, 2509 (1963).
[5] Kornberg, A., and W. E. Pricer: J. biol. Ch. **204**, 345 (1953).
[6] Kennedy, E. P., and S. B. Weiss: Am. Soc. **77**, 250 (1956).
[7] Weiss, S. B. and E. P. Kennedy: Fed. Proc. **15**, 381 (1956).
[8] Borkenhagen, L. F., and E. P. Kennedy: J. biol. Ch. **227**, 951 (1957).
[9] Weiss, S. B., S. Wagner-Smith and E. P. Kennedy: Nature **178**, 594 (1956).
[10] Weiss, S. B., and E. P. Kennedy: Am. Soc. **78**, 3550 (1956).

halb der Mitochondrien, während ihr Aufbau aus Acetyl-CoA vorwiegend im cytoplasmatischen Anteil stattfindet. Auf Grund dieser Unterscheidung läßt sich die Fettsäureoxydation den Acetyl-Donatorreaktionen, die Fettsäuresynthese den Acceptorreaktionen zuordnen.

I. Fettsäureoxydation.

Die β-Oxydation der Fettsäuren nach dem Prinzip der Fettsäurespirale[1] wird durch einen vierstufigen enzymatischen Prozeß katalysiert, der bei einmaliger Umdrehung die Kohlenstoffkette um jeweils 2 C-Atome verkürzt. Der Vorgang wiederholt sich so lange, bis schließlich die ganze Fettsäure in Acetyl-CoA-Einheiten umgewandelt ist, im Falle von Palmitat also insgesamt siebenmal. In Abb. 23 ist das Schema der Fettsäureoxydation mit den beteiligten Enzymen wiedergegeben.

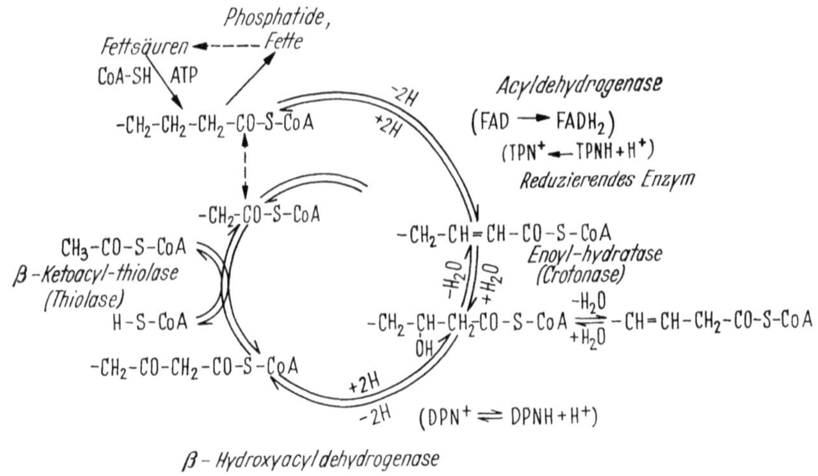

Abb. 23. Die Fettsäurespirale (nach LYNEN[1]).

1. Acyl-Dehydrogenasen.

[1.3.2 Acyl-CoA: Cytochrom c-Oxydoreductasen.]

Die Oxydation der gesättigten Acyl-CoA-Derivate wird durch Enzyme bewerkstelligt, die auf Grund ihrer Wirkungsgruppe zu den Flavoproteiden gehören. Die hier herrschenden Verhältnisse sind noch nicht völlig geklärt, doch kann es als ziemlich sicher gelten, daß wenigstens drei verschiedene Enzyme dieser Kategorie im tierischen Organismus für den Fettsäureabbau verantwortlich sind. Sie unterscheiden sich in ihrer Spezifität gegenüber der Kettenlänge der betreffenden Fettsäuren, wobei eine *Butyryl-Dehydrogenase* vor allem mit Acyl-CoA-Verbindungen von C_4—C_8, eine *Capryl-Dehydrogenase* mit C_4—C_{16} und eine *Palmityl-Dehydrogenase* bevorzugt mit den darüber hinausgehenden Derivaten reagiert.

Als zusätzliches Glied der Elektronenübertragung von den Acyl-CoA-Derivaten zum Sauerstoff ist ein weiteres gelbes Enzym, das „electron transfering flavoprotein" (ETF), eingeschaltet[2,3]. Das Zusammenwirken von Acyl-Dehydrogenasen und ETF bei der Fettsäureoxydation ist schematisch in Abb. 24 wiedergegeben.

$$\text{Acyl-CoA}\begin{cases} C_4\text{—}C_8 \rightarrow \text{Butyryl-Dehydrogenase} \searrow \\ C_4\text{—}C_{16} \rightarrow \text{Capryl-Dehydrogenase} \rightarrow \text{ETF} \rightarrow \text{Cytochrom c} \xrightarrow[\text{Atmungssystem}]{\text{terminales}} O_2 \\ C_6\text{—}C_{16} \rightarrow \text{Palmityl-Dehydrogenase} \nearrow \end{cases}$$

Abb. 24. Schema des Wasserstofftransportes von den aktivierten Fettsäuren zum Sauerstoff (nach DECKER[4]).

[1] LYNEN, F.: Harvey Lect. 48, 210 (1952/53).
[2] CRANE, F. L., and H. BEINERT: Am. Soc. 76, 4491 (1954).
[3] CRANE, F. L., and H. BEINERT: J. biol. Ch. 218, 717 (1956).
[4] DECKER, K.: Die aktivierte Essigsäure, S. 219. Stuttgart 1959.

Am besten ist von diesen Enzymen die Butyryl-Dehydrogenase untersucht, doch finden sich auch hier in der Literatur widersprechende Angaben, auf die im folgenden von Fall zu Fall näher eingegangen werden soll.

a) Butyryl-Dehydrogenase („grünes Enzym").

[1.3.2.1 Butyryl-CoA:Cytochrom c-Oxydoreductase.]

Die Schwierigkeiten einer einheitlichen Betrachtung der Butyryl-Dehydrogenasen gehen auf die unterschiedlichen Methoden zur Bestimmung der Enzymaktivität bei ihrer Isolierung zurück. So wurde von der Arbeitsgruppe um GREEN ein System gewählt, welches auf der Entfärbung von Dichlorphenolindophenol im Verlauf der Oxydation von Butyryl-CoA beruht[1]. Wie sich erst später herausstellte, ist für die Bestimmung der Butyryl-Dehydrogenase der Zusatz von ETF im Überschuß erforderlich (vgl. S. 105).

***Darstellung der Butyryl-Dehydrogenase („grünes Enzym") aus Rinderleber nach* MAHLER[2].**

Acetonpulver aus Ochsenleber-Mitochondrien. Frische Rinderleber, die von Bindegewebe befreit wurde, wird in 100 g-Portionen mit je 300 ml einer Lösung von 85 g Rohrzucker und 5 g K_2HPO_4 pro Liter 50 sec im Starmix-Homogenisator bei halber Geschwindigkeit bei 1—5° C aufgeschlossen, wobei mit 6 m KOH p_H 7,0 aufrechterhalten wird. Das Homogenat aus 1 kg Leber wird 6 min bei 2300 × g zentrifugiert und der Überstand durch zwei Lagen Gazetuch in 10 l 0,9 % KCl-Lösung eingerührt. Der Niederschlag wird in einer Durchlaufzentrifuge (z.B. Sharpless-Superzentrifuge) abgeschleudert, kurz mit 400 ml 0,9 % KCl homogenisiert und in 4 l Aceton von —15° C eingegossen. Die Lösung wird abgenutscht, der Rückstand mit Aceton gewaschen und schnell an der Luft getrocknet. 1000 g Leber geben 40—50 g Trockenpulver. Zur Extraktion verrührt man 100 g Acetonpulver mit 1 l 0,02 m K_2HPO_4 (1 Std, 0° C) und zentrifugiert bei 2300 × g.

Erste Ammoniumsulfatfällung. Zu 100 ml Extrakt gibt man 28 g festes $(NH_4)_2SO_4$, zentrifugiert den Niederschlag ab und gibt zum Überstand weitere 22 g $(NH_4)_2SO_4$. Der Niederschlag wird in einem kleinen Volumen 0,02 m $KHCO_3$ gelöst.

Zweite Ammoniumsulfatfällung. Die Enzymlösung wird mit Ammoniumsulfat auf eine Sättigung von 40 % gebracht (p_H 7,0) und der Niederschlag verworfen. Der folgende, bis 50 % Sättigung auftretende Niederschlag wird abzentrifugiert und in 0,02 m $KHCO_3$ gelöst.

Zinkhydroxyd-Gel-Behandlung. Nach zweistündiger Dialyse gegen das 100fache Volumen 0,02 m $KHCO_3$ wird die Lösung auf einen Proteingehalt von 15—20 mg/ml eingestellt und soviel $Zn(OH)_2$-Gel zugesetzt, bis das Filtrat hellgrün gefärbt erscheint. Gewöhnlich braucht man hierzu 1,25 Vol. eines Gels mit einem Trockengewicht von 20—30 mg/ml. Der Proteingehalt des Überstandes liegt dann zwischen 2—3 mg/ml. Auf je 100 ml Überstand gibt man sodann 50 g festes Ammoniumsulfat (p_H 7,0), zentrifugiert den Niederschlag ab und löst ihn in 0,02 m $KHCO_3$ (Herstellung des Gels: 287,6 g $ZnSO_4$ in 10 l Wasser lösen und unter Rühren 333 ml 1 n NaOH zugeben [p_H 8—9]). Das Gel 3—4mal mit reichlich Wasser, dann dreimal mit 0,02 m $KHCO_3$ waschen und zentrifugieren. Der Niederschlag wird in 0,02 m $KHCO_3$ suspendiert, Endkonzentration etwa 20 mg Trockensubstanz pro ml Gel).

Erste Alkoholfällung. Die Enzymlösung wird 6 Std gegen 0,02 m $KHCO_3$ dialysiert und unter stetiger Abkühlung auf —10 bis —15° C mit dem gleichen Volumen Alkohol versetzt. Nach 15 min wird der Niederschlag abzentrifugiert und verworfen. Durch successive Erhöhung der Alkoholkonzentration werden dann im Bereich zwischen 50 und 75 % Sättigung fünf Proteinfraktionen gewonnen, die jeweils in 0,02 m $KHCO_3$ gelöst werden. Die beiden Fraktionen mit der höchsten spezifischen Aktivität (60—70 % Äthanol) vereinigt man.

---

[1] GREEN, D. E., S. MII, H. R. MAHLER and R. M. BOCK: J. biol. Ch. **206**, 1 (1954).

[2] MAHLER, H. R.; in: Colowick-Kaplan, Meth. Enzymol., Bd. I, S. 553.

Aluminium-Gel-Adsorption. Die hellgrüne Eiweißlösung wird mit Aluminium-Gel C_γ behandelt, bis der Überstand farblos erscheint. Das Gel wird zuerst mit 0,01 m K_2HPO_4 gewaschen und das Enzym mit mehreren Portionen 0,04 m K_2HPO_4 eluiert. Das aktive Protein fällt man mit Ammoniumsulfat [50 g $(NH_4)_2SO_4$ pro 100 ml Lösung] und löst den Niederschlag in 0,02 m $KHCO_3$.

Zweite Alkoholfällung. Die Proteinlösung wird ein zweites Mal mit Alkohol in Anwesenheit von 0,1 m Tris-HCl bei p_H 8,0 fraktioniert. Zunächst wird wieder gegen 0,05 m Tris-HCl-Puffer, p_H 8, dialysiert und die Alkoholfällung wie oben durchgeführt. Von den vier Fraktionen werden die beiden aktivsten vereinigt. Das Enzym ist auf dieser Stufe etwa 30% rein. Zu einer homogenen Fraktion kommt man durch Elektrophorese.

Durch *Wiederholung der beiden vorhergehenden Schritte* läßt sich eine weitere Anreicherung des Enzyms erzielen. Eine andere Möglichkeit bietet sich durch elektrophoretische Trennung. Zu diesem Zweck dialysiert man die Lösung gegen den zuletzt genannten Puffer (6—12 Std). Bei p_H 8,0 weist das gesuchte Protein die höchste Wanderungsgeschwindigkeit auf und kann somit leicht von den Begleitproteinen abgetrennt werden. Die Hochreinigung wurde in der TISELIUS-Apparatur durchgeführt. Eine Übersicht über das Anreicherungsverfahren gibt Tabelle 28.

Tabelle 28. *Isolierung der Butyryl-Dehydrogenase* (nach MAHLER[1]).

Reinigungsstufe	Gesamt-protein mg	Spezifische Aktivität Indophenol E/mg	Ausbeute %
1. Rohextrakt	100000	0,016	—
2. Erste AS-Fraktion	29600	0,034	86
3. Zweite AS-Fraktion	12000	0,080	60
4. $Zn(OH)_2$-Gel-Überstand	5350	0,180	42
5. Erste Alkohol-Fraktion	336	1,00	21
6. Aluminium-Gel-Eluat	152	1,60	15
7. Zweite Alkohol-Fraktion	67	2,40	10
8. Elektrophorese	10	4,00	4,0

Eigenschaften[1]. *Physikalische Eigenschaften.* Die Beweglichkeit der Butyryl-Dehydrogenase bei p_H 8,0 in Tris-HCl-Puffer, Ionenstärke 0,05, beträgt $5{,}0 \times 10^{-5}$ cm $Volt^{-1}$ sec^{-1}. Das elektrophoretisch gereinigte Enzym wies in der Ultrazentrifuge eine einheitliche Bande auf. Das Molekulargewicht liegt zwischen 150000 und 200000.

Absorptionsspektrum. Das Enzym ist tiefgrün gefärbt und zeigt Absorptionsmaxima bei 255, 355, 432,5 und 685 mμ. Bei Behandlung mit Hydrogensulfit verschwinden alle drei Gipfel im sichtbaren Bereich und kehren nach längerer Einwirkung von Sauerstoff wieder zurück.

Wirkungsgruppe. Butyryl-Dehydrogenase enthält FAD als Wirkungsgruppe. Cu, dem zunächst eine essentielle Funktion für die enzymatische Wirksamkeit zugeschrieben wurde[2], kann durch Dialyse gegen Äthylendiamintetraacetat entfernt werden, ohne Änderung der katalytischen und spektralen Eigenschaften[3]. Durch Behandlung mit reduzierenden Agentien, Harnstoff usw. verschwindet die grüne Farbe und geht irreversibel in Gelb über[3]. Die Dissoziationskonstante des Protein-FAD-Komplexes beträgt $4{,}4 \times 10^{-7}$ m.

Hemmstoffe. Durch Komplexbildner, wie Äthylendiamintetraacetat, 8-Hydroxychinolin und Pyrophosphat, wird das Enzym praktisch nicht beeinflußt. Dagegen bewirkt 10^{-4} m p-Chlormercuribenzoat eine 40%ige Hemmung der Reaktion, die durch Glutathion aufgehoben wird.

Spezifität. Butyryl-Dehydrogenase weist mit Butyryl-CoA als Substrat die höchste Umsatzgeschwindigkeit auf. Setzt man diese gleich 100, so ist die Aktivität mit homologen CoA-Derivaten: C_2, 0; C_3, 30; C_5, 54; C_6, 40; C_7, 20; C_8, 10.

[1] MAHLER, H. R.; in: Colowick-Kaplan, Meth. Enzymol., Bd. I, S. 553.
[2] MAHLER, H. R.: J. biol. Ch. **206**, 13 (1954).
[3] STEYN-PARVÉ, E. P., and H. BEINERT: J. biol. Ch. **233**, 853 (1958).

Kinetik. Unter den Bedingungen des Indophenoltestes beträgt die MICHAELIS-Konstante für Butyryl-CoA $1{,}4 \times 10^{-5}$ m, für Indophenol $3{,}3 \times 10^{-4}$ m. Die Umsatzzahl wurde berechnet zu 2000 Mol Substrat oxydiert pro 150000 g Enzym pro min bei 22° C und p_H 7,0.

a) Bestimmung der Butyryl-Dehydrogenase aus Ochsenleber im Indophenol-Test.

Prinzip:

Der Test beruht auf der spektrophotometrischen Beobachtung der Entfärbungsgeschwindigkeit von Dichlorphenolindophenol, welches bei der enzymatischen Dehydrierung von Butyryl-CoA zum farblosen Leukofarbstoff [vgl. Reaktion Gl. (85)] reduziert wird. Das Verschwinden der Blaufärbung wird bei 600 mμ verfolgt.

Butyryl-CoA	Butyryl-Dehydrogenase$_{FAD}$	ETF$_{FADH_2}$	Dichlorphenolindophenol	(85)
Crotonyl-CoA	Butyryl-Dehydrogenase$_{FADH_2}$	ETF$_{FAD}$	Dichlorphenolindophenol-H_2	

Reagentien:

1. 0,01 m Butyryl-CoA.

   Darstellung von Butyryl-CoA[1]. 38 μM CoA, gelöst in 11,5 ml Wasser, werden mit dem gleichen Volumen Alkohol versetzt, 0,02 ml Thioglykolsäure zugefügt und durch Zugabe von 2 ml 2 n NaOH p_H 8 eingestellt. Nun gibt man 0,2 ml Buttersäureanhydrid zur Lösung und hält durch vorsichtige Zugabe von 2 n NaOH p_H 7,5—8 aufrecht. Die Umsetzung ist nach 5—10 min beendet. Temperatur 22° C. Die Lösung säuert man durch Zugabe von Amberlite IR 120 (H^+-Form) auf p_H 2,0 an, dekantiert und wäscht den Austauscher dreimal mit insgesamt 10 ml Wasser nach. Die Lösungen werden vereinigt und viermal mit je 40 ml Äther ausgeschüttelt. S-Butyrylthioglykolsäure geht dabei vollständig in den Äther. Volumen der wäßrigen Phase 21 ml. Nach Vertreiben des Äthers aus der wäßrigen Phase mittels eines CO_2-Stromes wird die Lösung dreimal mit jeweils 3—4 ml (insgesamt 10,5 ml = halbes Volumen der wäßrigen Phase) wassergesättigten Phenols extrahiert. Die vereinigten Phenolextrakte werden dreimal mit je 3,5 ml Wasser gewaschen und nach Zusatz von 50 ml Äther dreimal mit je 3 ml Wasser ausgezogen, wobei S-Butyryl-CoA in die wäßrige Phase geht. Zur Entfernung des Phenols schüttelt man die wäßrige Phase mehrmals mit Äther aus.

   Nach Abfiltrieren einer leichten Trübung und anschließender Gefriertrocknung verbleibt als Rückstand ein weißes Pulver. Diese Methode wurde für Umsetzungen von CoA-Mengen bis zu 130 μM verwendet.
2. 0,10 m Trispuffer, p_H 7,0.
3. Dichlorphenolindophenol, wäßrige Lösung, 0,01 %.
4. Enzymlösung.

Ausführung:

In eine 1 ml-Küvette pipettiert man 0,1 ml Trispuffer, 0,2 ml Dichlorphenolindophenol, 0,01 ml Butyryl-CoA und 0,53 ml Wasser. Die Absorption bei 600 mμ wird jetzt abgelesen und etwaige Änderungen über 5 min verfolgt. Sodann gibt man 0,05 ml der Enzymlösung zu und liest in 30 sec-Abständen gegen einen Blindwert, der alle Komponenten mit Ausnahme von Butyryl-CoA enthält, ab. Die Enzymmenge soll so gewählt werden, daß die Extinktionsabnahme zwischen 0,01 und 0,05 pro min beträgt.

Standardisierung des Testes. Als eine Enzymeinheit wird diejenige Proteinmenge bezeichnet, die bei 22° C eine Extinktionsabnahme von 0,1 pro min bewirkt. Die spezifische Aktivität wird durch das Verhältnis von Enzymeinheiten pro mg Protein ausgedrückt.

Störanfälligkeit des Indophenol-Testes. Der beschriebene Test wird grundsätzlich beeinträchtigt durch Begleitproteine, die eine hydrolytische Spaltung von Thioestern nach folgender Gleichung bewirken:

$$R{-}CO{-}S{-}R + H_2O \rightarrow R{-}COOH + HS{-}R \qquad (86)$$

[1] Unveröffentlichte Vorschrift aus dem Max Planck-Institut für Zellchemie, München.

Der in Freiheit gesetzte Thioalkohol kann rasch vom Dichlorphenolindophenol oxydiert werden, wodurch ebenfalls eine Entfärbung im optischen Test ausgelöst wird. Solche Deacylasen reagieren aber nicht mit den reinen Acyl-CoA-Verbindungen, so daß bei Verwendung sauberer Präparate der Dichlorphenolindophenol-Test auch für rohe Gewebsextrakte herangezogen werden kann. Bei Einsatz von Modellsubstanzen, z.B. S-Butyryl-N-acetylcysteamin als Substrat, läßt sich die Anwesenheit von Thioesterasen durch Zusatz von Esterasehemmstoffen, wie p-Nitrophenyldiäthylphosphat ($1{,}6 \times 10^{-4}$ m) oder Tetraäthylpyrophosphat ($1{,}6 \times 10^{-3}$ m), vollständig ausschalten[1]. Durch die genannten Hemmstoffe werden dagegen nicht Deacylasen mit Wirkung auf die verschiedenen Thioester des Glutathions beeinflußt[1].

Wie schon erwähnt, ist in den Vorgang der Entfärbung von Dichlorphenolindophenol außer der Butyryl-Dehydrogenase das „electron transfering flavoprotein" eingeschaltet [ETF, vgl. Reaktion Gl. (85) u. Abb. 24]. Somit wird die Geschwindigkeit der Gesamtreaktion nicht durch die Aktivität der Butyryl-Dehydrogenase allein bestimmt, sondern durch die langsamere der beiden Teilreaktionen. Bei Aktivitätsmessungen auf dieser Basis kann also immer nur dasjenige Enzym erfaßt werden, das im Unterschuß vorliegt. Die Aktivitätsbestimmung der Dehydrogenase ergibt deshalb nur dann sichere Werte, wenn ETF dem Test im Überschuß zugesetzt wird[2].

Ein 45fach angereichertes ETF-Präparat kann aus Schweineleber-Mitochondrien gewonnen werden[3]. Es ist frei von Enzymen des Fettsäurecyclus. Bei der Aktivitätsbestimmung ist darauf zu achten, daß Dehydrogenase im Überschuß vorliegt, weil nur dann die Aktivität des ETF die Geschwindigkeit der Dichlorphenolindophenol-Entfärbung limitiert.

b) Bestimmung der Butyryl-Dehydrogenase im Triphenyltetrazolium-Test (TTZ-Test) nach Mahler[4].

Prinzip:

Dieses Verfahren, welches eine Beeinträchtigung durch Deacylasen vermeidet, beruht auf folgenden Reaktionen:

$$\text{Butyryl-CoA} + \text{Pyocyanin} \rightarrow \text{Crotonyl-CoA} + \text{Leukopyocyanin} \qquad (87)$$

$$\text{Leukopyocyanin} + \text{Triphenyltetrazol} \rightarrow \text{Pyocyanin} + \text{Formazan} \qquad (88)$$

Bilanz:

$$\text{Butyryl-CoA} + \text{Triphenyltetrazol} \rightarrow \text{Crotonyl-CoA} + \text{Formazan} \qquad (89)$$

Das bei der Reaktion auftretende, rot gefärbte Formazan kann aus der Lichtabsorption bei 485 mμ quantitativ ermittelt werden. Da Leukopyocyanin autoxydabel ist, müssen in diesem Test anaerobe Versuchsbedingungen eingehalten werden.

Reagentien:

1. 0,01 m Butyryl-CoA (Darstellung vgl. S. 104).
2. 1,0 m Glycylglycinpuffer, p_H 8,2.
3. Pyocyaninlösung, wäßrig, 0,2%.
4. Triphenyltetrazoliumchlorid (TTZ), wäßrig, 1,0%.
5. Serumalbuminlösung, 0,1%.
6. Enzymlösung.
7. 1 n HCl.
8. Aceton.
9. Tetrachlorkohlenstoff.

Ausführung:

In Reagensgläsern von 10 ml Inhalt mischt man 0,1 ml Butyryl-CoA, Enzymprotein (2—200 μg), 0,02 ml Glycylglycinpuffer, 0,04 ml Pyocyanin, 0,12 ml TTZ und 0,14 ml

[1] Seubert, W.: Diss. nat. München 1955.
[2] Crane, F. L., S. Mii, J. G. Hauge, D. E. Green and H. Beinert: J. biol. Ch. **218**, 701 (1956).
[3] Crane, F. L., and H. Beinert: J. biol. Ch. **218**, 717 (1956).
[4] Mahler, H. R.; in: Colowick-Kaplan, Meth. Enzymol., Bd. I, S. 553.

Serumalbumin. Endvolumen: 0,38 ml. Gleichzeitig setzt man zwei Leerwerte an, von denen der eine kein Butyryl-CoA, der andere kein Enzym enthält. Die Proben werden sodann in einem Exsiccator, der auf mindestens 1 Torr evakuiert ist, bei 38° C 1 Std inkubiert, darauf durch Zusatz von je 1 Tropfen 1 n HCl, 1,5 ml Aceton und 4,5 ml Tetrachlorkohlenstoff die Reaktion gestoppt und gleichzeitig das Formazan in die organische Phase extrahiert. Die Schichten werden durch Zentrifugieren getrennt. Die Extinktion bei 485 mμ, abzüglich der beiden Leerwerte, multipliziert mit 0,5 ergibt die Formazanbildung in μMol. Eine Einheit entspricht der Reduktion von 1 μM TTZ pro Std bei 38° C. Der Formazan-Test ist wesentlich unempfindlicher als der Indophenol-Test. So entspricht eine Enzymeinheit nach dem letztgenannten Verfahren 15 Indophenoleinheiten.

b) Butyryl-Dehydrogenase aus Hammelleber (gelbes Enzym).

Zum Unterschied von dem grünen Enzym aus Ochsenleber (vgl. oben) wurde aus Hammelleber ein gelbgefärbtes Flavoproteid isoliert, dem ebenfalls die Funktion einer Butyryl-Dehydrogenase zukommt[1]. Bei der Anreicherung bedient man sich eines Bestimmungsverfahrens, welches die Anwesenheit des ETF nicht erforderlich macht. Es beruht auf der Messung der Hydrierung von Crotonyl-CoA durch den Leukofarbstoff Leukosafranin, der im Zuge seiner Oxydation in das rotgefärbte Safranin entsprechend folgender Gleichung übergeht[2]:

$$\begin{array}{ccccc} \text{Crotonyl-CoA} & \searrow\nearrow & \text{Butyryl-Dehydrogenase-FADH}_2 & \searrow\nearrow & \text{Safranin} \\ \text{Butyryl-CoA} & \swarrow\nwarrow & \text{Butyryl-Dehydrogenase-FAD} & \swarrow\nwarrow & \text{Leukosafranin} \end{array} \qquad (90)$$

Mit dieser Methode war es SEUBERT und LYNEN als ersten gelungen, die Existenz der Butyryl-Dehydrogenase (ursprünglich als Äthylenhydrase bezeichnet) nachzuweisen und sie aus Schafsleber 400fach anzureichern[1].

Darstellung von Butyryl-Dehydrogenase aus Hammelleber nach SEUBERT[2].

Die als Ausgangsmaterial dienenden Hammellebern wurden den Tieren 30 min nach dem Schlachten entnommen, in Eis gepackt und dann anschließend in der Kühltruhe einige Tage bei — 15° C aufbewahrt.

Rohextrakt. 300 g des eingefrorenen Materials werden mit 600 ml 0,1 m Na_2HPO_4 3 min im Starmix homogenisiert.

Erste Acetonfällung. Durch Zugabe von etwa 85 ml 6%iger Essigsäure wird auf p_H 5,2 eingestellt; sodann läßt man aus einer Bürette 210 ml eisgekühlten Acetons zufließen, wobei die Temperatur der Lösung auf + 3° C ansteigen soll. Der Rückstand wird nach 30 min Zentrifugieren bei 6000 ×g und 0° C verworfen; zum Filtrat gibt man weitere 250 ml Aceton und zentrifugiert den Niederschlag wie oben ab. Durch Suspendieren des Niederschlages in 0,1 m Na_2HPO_4 auf ein Volumen von 160 ml und anschließendes Verdünnen mit Wasser auf 300 ml erhält man den Hauptteil des aktiven Proteins in Lösung, die durch kurzes Zentrifugieren von denaturiertem Eiweiß befreit wird. Vol. 276 ml, p_H 7,2.

Zweite Acetonfällung. Zur Proteinlösung werden bei 0° C 125 ml kalten Acetons langsam zugetropft, die Fällung 10 min bei 6000 × g abgetrennt und verworfen. Die Hauptmenge des gesuchten Enzyms wird mit weiteren 125 ml Aceton ausgefällt und nach Zentrifugieren in 0,067 m Phosphatpuffer, p_H 7,0, auf ein Endvolumen von 150 ml gelöst.

Erste Ammoniumsulfatfraktionierung. Die Lösung bringt man mit 6%iger Essigsäure auf p_H 5,0 (etwa 15 ml sind erforderlich) und setzt dann langsam 135 ml einer bei 0° C gesättigten Ammoniumsulfatlösung, p_H 5, zu. Nach einstündigem Rühren bei 0° C wird die Trübung bei 20000 × g 10 min abzentrifugiert und verworfen. Zum Überstand gibt man nun festes Ammoniumsulfat in einer Menge von 45 g, läßt wieder 1 Std rühren

[1] SEUBERT, W., and F. LYNEN: Am. Soc. 75, 2787 (1953).
[2] SEUBERT, W.: Diss. nat. München 1955.

und gewinnt den Niederschlag wie oben. Er wird in einer Lösung aus 4 Teilen gesättigter Ammoniumsulfatlösung, p_H 7,0, und 6 Teilen Wasser suspendiert und kann bei — 15° C mehrere Tage lang ohne Einbuße an Aktivität aufbewahrt werden. Die Aufarbeitung sollte in einem Zuge bis zu diesem Punkt vorangetrieben werden, da die acetonhaltigen Fraktionen rascher Inaktivierung unterliegen.

Für die weitere Anreicherung empfiehlt es sich, die Proteinsuspensionen aus drei derartigen Ansätzen zu sammeln und gemeinsam weiter zu verarbeiten.

Zweite Ammoniumsulfatfraktionierung. Die vereinigten Proteinsuspensionen bringt man auf eine Temperatur von 0° C und stellt mit 2 n Ammoniak (etwa 1,8 ml) auf p_H 7,0 ein. Nach 1 Std Rühren wird der Niederschlag hochtourig abzentrifugiert und verworfen. Zum Filtrat gibt man tropfenweise 27 ml einer bei 0° C gesättigten Ammoniumsulfatlösung, zentrifugiert die Fällung wie oben ab und löst sie in Wasser auf ein Volumen von 90 ml.

Im Filtrat dieser Fällung scheidet sich nach mehrtägigem Stehen bei 0° C ein kristallines Protein ab, das sich leicht aus Ammoniumsulfat umkristallisieren läßt. Seine Identifizierung mit einem der bekannten Leberenzyme ist bisher nicht gelungen.

Gel-Adsorption. Zur Enzymlösung werden 90 ml Calciumphosphat-Gel nach KUNITZ[1] zugetropft und der Niederschlag abzentrifugiert. Im Überstand sollen noch 15—20% der Ausgangsaktivität verbleiben. Das Enzym wird aus dem Gel-Niederschlag durch 3—4maliges Eluieren von je 10 min Dauer mit insgesamt 90 ml einer Lösung von 4 Teilen gesättigtem Ammoniumsulfat + 6 Teilen Wasser herausgelöst. Durch Zusatz von 18 g festem Ammoniumsulfat zu diesem Eluat bringt man das gesamte Protein zur Ausfällung, zentrifugiert ab und löst den Niederschlag in 90 ml 0,067 m Phosphatpuffer, p_H 7,0.

Hitzeschritt. Der Proteinlösung setzt man aus Stabilisierungsgründen 6 ml einer 0,052 m Lösung von N-Acetyl-S-crotonylcysteamin (Darstellung vgl. S. 108) zu, erwärmt gleich darauf in einem Wasserbad von 80° C innerhalb 1 min auf 56° C und hält anschließend noch 5 min bei 56° C. Nach raschem Abkühlen im Eisbad wird das denaturierte Eiweiß abzentrifugiert, das Protein mit Ammoniumsulfat (45 g) ausgefällt, hochtourig zentrifugiert und in Wasser gelöst.

Zink-Alkoholfällung. Die Enzymlösung wird mit Wasser und 0,1 m Zinkacetat auf einen Gehalt von $Zn^{++} = 0{,}01$ m, von Protein = 10 mg/ml eingestellt. Unter Einhaltung einer Temperatur von 0° C läßt man sodann zu je 10 ml der Proteinlösung 3,16 ml 96%igen Äthanols von — 10° C tropfenweise zufließen, zentrifugiert die Fällung nach 10 min bei 0° C ab und verwirft sie. Der hellgelb gefärbte Überstand wird mit dem gleichen Volumen Wasser verdünnt und mit 50 g festem Ammoniumsulfat pro 100 ml Lösung versetzt (annähernd Vollsättigung). Die erhaltene Fällung zentrifugiert man möglichst rasch bei 26000 $\times$ g 20 min ab und löst sie in wenig Wasser. Vol. 6,3 ml.

Aus technischen Gründen wurde eine Modifikation dieses Verfahrens ausgearbeitet, bei der das Zentrifugieren der großen Flüssigkeitsmengen durch Filtration mit Kieselgur umgangen wird. Hierdurch lassen sich wesentlich größere Lebermengen gleichzeitig aufarbeiten, jedoch wird die Reinheit der nach dem beschriebenen Verfahren erhaltenen Präparate nicht ganz erreicht.

Eigenschaften. Die reinsten Enzympräparate zeigen gelbe Färbung, die auf die Anwesenheit von Flavinadenindinucleotid (FAD) zurückzuführen ist. Laut elektrophoretischer Analyse beträgt der Reinheitsgrad des 400fach angereicherten Enzyms etwa 0,8. Die MICHAELIS-Konstante des Enzym-FAD-Komplexes beträgt $1{,}96 \times 10^{-7}$ m; für Flavinadeninmononucleotid (FMN) wurde ein zehnmal höherer Wert gefunden.

Von den verschiedenen CoA-Derivaten wird Crotonyl-CoA mit größter Geschwindigkeit umgesetzt, mit Octenoyl-CoA ist die Reaktion rund zehnmal langsamer. Außer den natürlichen CoA-Verbindungen greift das Enzym auch die einfache Modellsubstanz N-Acetyl-S-crotonylcysteamin an, was sich für die Aufstellung eines einfachen Routinetestes für

[1] KUNITZ, M.: J. gen. Physiol. **35**, 423 (1952).

die Aktivitätsbestimmungen bei der Enzymanreicherung und auch beim Nachweis des Enzyms in rohen Gewebsextrakten von Vorteil erwies[1]. Beim Studium der Affinitätsverhältnisse zeigte sich, daß der Modellkörper zwar annähernd gleich fest vom Protein gebunden wird wie das natürliche Substrat, aber nur mit etwa $^1/_4$ der vollen Geschwindigkeit hydriert wird. Im Gegensatz zu den Cysteaminderivaten werden die Thioester S-Crotonylglutathion und S-Crotonylthioglykolsäure vom Enzym nicht umgesetzt. Auch freie Crotonsäure wird von der Äthylenhydrase nicht reduziert[2].

Bestimmung der Butyryl-Dehydrogenase nach **Seubert**[2].

Prinzip:

Die Leukobase des Farbstoffes Safranin T fungiert als künstlicher Wasserstoffdonator. Da Safranin T rot gefärbt, die Leukobase dagegen farblos ist, kann bei konstanten Versuchsbedingungen aus der Geschwindigkeit der Rückfärbung die Aktivität des eingesetzten Enzympräparates ermittelt werden[2,3]. Die hierbei ablaufenden Teilreaktionen sind:

$$\text{Leukosafranin T} + \text{Butyryl-Dehydrogenase}_{FAD} \rightarrow \text{Safranin T} + \text{Butyryl-Dehydrogenase}_{FADH_2} \quad (91)$$

$$\text{Butyryl-Dehydrogenase}_{FADH_2} + \text{Crotonylcysteamin} \rightarrow \text{Butyryl-Dehydrogenase}_{FAD} + \text{Butyrylcysteamin} \quad (92)$$

Bilanz: $$\text{Leukosafranin T} + \text{Crotonylcysteamin} \rightarrow \text{Safranin T} + \text{Butyrylcysteamin} \quad (93)$$

Die Messungen müssen unter Ausschluß von Sauerstoff durchgeführt werden, da Leukosafranin T autoxydabel ist. Man verwendet daher die unten angegebene Spezialküvette.

Reagentien:

1. 0,052 m S-Crotonyl-N-acetylcysteamin.

Darstellung[2]. Sie erfolgt durch einfache Umsetzung von Crotonylchlorid mit dem Bleisalz des N-Acetylcysteamins nach folgender Gleichung:

$$2\,CH_3CH{=}CH{-}COCl + Pb(S{-}CH_2{-}CH_2{-}NH{-}CO{-}CH_3)_2 \rightarrow CH_3{-}CH{=}CH{-}CO{-}S{-}CH_2{-}CH_2{-}NH{-}CO{-}CH_3 + PbCl_2 \quad (94)$$

Die Umsetzung muß in wasser- und peroxydfreiem Tetrahydrofuran vorgenommen werden. (Absolutes Tetrahydrofuran kann durch Trocknen über $CaCl_2$ und Na_2SO_4, anschließendes eintägiges Kochen über Ätzkali und Abdestillieren über Natrium erhalten werden.)

Bleisalz von N-Acetylcysteamin[2]. 23 g N-Acetylcysteamin[4] werden in 40 ml Wasser gelöst und unter Rühren eine Lösung von 40 g Bleiacetat × $3\,H_2O$ in 300 ml Wasser zugefügt. Es fällt dabei ein orange gefärbter Niederschlag aus. Nach Abzentrifugieren wird zweimal mit 300 ml Wasser, daraufhin zweimal mit Alkohol und schließlich mit Äther gewaschen. Nach dem Trocknen im Exsiccator hinterbleibt ein gelb gefärbtes Pulver. Ausbeute: 77 % des eingesetzten N-Acetylcysteamins.

S-Crotonyl-N-acetylcysteamin[2]. 10 g Crotonylchlorid werden in 150 g absolutem, peroxydfreiem Tetrahydrofuran gelöst und 25 g fein gepulvertes, trockenes Bleisalz von N-Acetylcysteamin zugefügt. Unter Ausschluß von Luftfeuchtigkeit wird die Reaktionsmischung 2—3 Std auf einem Wasserbad von 40—50° C gerührt. Der Verlauf der Reaktion ist am Verschwinden der gelben Farbe des suspendierten Bleisalzes zu verfolgen, das in zunehmendem Maße in weißes Bleichlorid übergeht. Nach Beendigung der Reaktion ist auch der stechende Geruch des Säurechlorids im Reaktionsansatz vollständig verschwunden, das zugefügte Bleicysteamin bis auf einen geringfügigen Rest in Bleichlorid

---

[1] Wieland, O., D. Reinwein u. F. Lynen; in: Biochemical Problems of Lipids. Proc. II. Int. Conf. Gent 1955 (Hrsg. Popják, G., and E. le Breton), S. 155. London 1956.

[2] Seubert, W.: Diss. nat. München 1955.

[3] Seubert, W., and F. Lynen: Am. Soc. 75, 2787 (1953).

[4] Kuhn, R., u. G. Quadbeck: B. 84, 844 (1951).

übergegangen. Nach Absaugen des Bleichlorids und zweimaligem Nachwaschen mit Tetrahydrofuran wird das Lösungsmittel abdestilliert, die letzten Reste im Vakuum entfernt. Als Rückstand verbleibt ein gelbes, zähflüssiges Öl, das rasch in einen Schwertkolben umgefüllt wird (hygroskopisch!).

Bei der anschließenden Destillation im Hochvakuum sublimiert bei etwa 70° C eine kleine Menge Crotonsäure über, die man aber in der Vorlage beläßt, da eine Unterbrechung der Destillation nicht günstig ist. Die Hauptmenge geht bei einem Siedepunkt von 136 bis 144° C bei 10^{-3} Torr als wasserklares, dickflüssiges Öl über (11,7 g). Nach Beendigung der Destillation wird das Öl in eine Kristallisierschale umgefüllt und in den Exsiccator gebracht. Nach kurzer Zeit bilden sich Kristallkeime aus, bei Umrühren mit einem Glasstab erstarrt das Öl zu einer festen weißen Masse. Zur Vervollständigung der Kristallisation läßt man die Substanz noch einen Tag bei 0° C im Exsiccator stehen, preßt sie sodann auf einen Tonteller und gibt sie wieder in den Exsiccator zurück. Nach mehreren Tagen (bei 0° C) ist eine ölige Begleitsubstanz vollständig aufgesaugt, und auf dem Tonteller bleibt eine weiße kristalline Substanz zurück, die sich nun ohne Schwierigkeit aus Äther umkristallisieren läßt. Ausbeute: 4,3 g (24% der Theorie), Fp 62—63° C. Die reine Substanz ist nicht mehr hygroskopisch. Die wäßrigen Lösungen der Verbindung sind, bei 0° C aufbewahrt, sehr lange haltbar (mindestens 6 Monate).

2. 0,001 m Safranin T.
3. Enzymlösung.
4. 0,067 m Phosphatpuffer, p_H 7,0.
5. Natriumdithionitlösung etwa 1%ig (kurz vor dem Versuch herstellen).

Gerät:

Spezialküvette ($d = 0{,}5$ cm; $V =$ etwa 2 ml) mit einem kaminartigen Schliffstopfen (b), durch dessen capillare Bohrung der kleine überschüssige Anteil der Testmischung bei vollgefüllter Küvette emporsteigen kann, so daß der Hauptraum nicht mit der Außenluft in Berührung kommt[1]. Eine Glasperle gewährleistet die ordentliche Durchmischung des Küvetteninhaltes (vgl. Abb. 25).

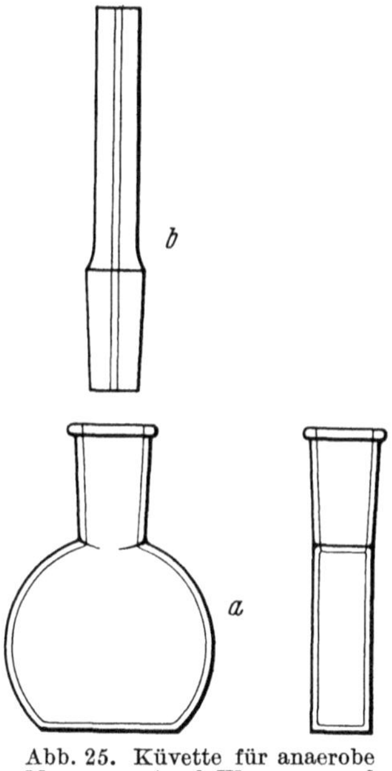

Abb. 25. Küvette für anaerobe Messungen (nach WARBURG und CHRISTIAN[1]).

Ausführung:

In eine Küvette des beschriebenen Types pipettiert man hintereinander 0,05 ml S-Crotonyl-N-acetylcysteamin, 0,5 ml Safranin T und Enzymlösung und füllt mit Phosphatpuffer auf. Nun gibt man in Portionen von 0,01—0,02 ml insgesamt etwa 0,03—0,05 ml der Natriumdithionitlösung zu, wodurch die Testmischung vollständig entfärbt wird. Durch wiederholtes Lüften des Schliffstopfens kehrt die Rotfärbung bald zurück (Autoxydation der Leukobase). Vom Beginn der bleibenden Rückfärbung an wird die Küvette sodann fest verschlossen und die weitere Farbzunahme bei 546 mμ in min-Abständen verfolgt. Die Zeit von der Dithionit-Entfärbung bis zum Beginn der optischen Messung soll etwa 2 min betragen, was sich bei einiger Übung leicht erreichen läßt. Die Reaktion verfolgt man in min-Abständen über einen Zeitraum von 5 min. Wegen der beträchtlichen Leerreaktion, die bei Messungen in rohen Enzympräparaten auftritt, kann der Test auch dahingehend abgewandelt werden, daß man zunächst alle Komponenten außer der Crotonylcysteaminlösung mischt und die Rückfärbung bis zum Stillstand verfolgt. Erst jetzt gibt man das Substrat zu, mischt und verfolgt die daraufhin einsetzende Extinktionszunahme bei 546 mμ[2].

---

[1] WARBURG, O., u. W. CHRISTIAN: B. Z. **254**, 438 (1932).
[2] WIELAND, O., D. REINWEIN u. F. LYNEN; in: Biochemical Problems of Lipids, Proc. II. Int. Conf., Gent 1955 (Hrsg. POPJÁK, G., and E. LE BRETON), S. 155. London 1956.

Standardisierung des Testes. Eine Enzymeinheit ist diejenige Menge, welche unter den angegebenen Bedingungen in 5 min eine Extinktionszunahme von 0,001 bei 546 mμ bewirkt. Die Ausgangsextinktion soll sich zwischen 0,150—0,200 bewegen. Als spezifische Aktivität wird das Verhältnis von Enzymeinheiten pro mg Protein angegeben. Die Proteinbestimmung wird nach folgender *Trübungsmethode* durchgeführt: 1 ml der Enzymlösung, 1—2 mg Eiweiß enthaltend, versetzt man mit 4 ml 5 %iger Trichloressigsäure und bestimmt die Absorption der aufgetretenen Trübung nach 3—5 min bei 578 mμ photometrisch. Bei einer Schichtdicke $d = 1$ cm entspricht eine Extinktion von 0,150 einer Menge von 1 mg Protein im Ansatz.

c) Capryl-Dehydrogenase.

Eine Acyl-Dehydrogenase mit einem Wirkungsoptimum gegenüber Capryl-CoA wurde aus Schweineleber isoliert und von den anderen Acyl-Dehydrogenasen abgetrennt[1]. Es handelt sich ebenfalls um ein gelbes Ferment, das die Elektronenübertragung auf Cytochrom c unter Einschaltung des ETF bewerkstelligt (vgl. Schema Abb. 24).

***Darstellung der Capryl-Dehydrogenase nach* Crane *u. Mitarb.*[1].**

Extraktion. 300 g Acetonpulver aus Schweineleber-Mitochondrien (Herstellung s. S. 102) werden 30 min mit 3 l 0,02 m Phosphatpuffer, p_H 7,8, extrahiert und bei 2400 U/min 40 min zentrifugiert. Die überstehende Lösung (etwa 1,8 l) ist nicht ganz klar und enthält etwa 20—25 mg Protein/ml.

Erste Ammoniumsulfatfällung. Durch Zugabe von festem Ammoniumsulfat werden Fraktionen bis 40, 55, 65 und 75 % Sättigung gewonnen. Das gesuchte Enzym reichert sich in der Fraktion zwischen 55—65 % Sättigung an und wird in 0,02 m $KHCO_3$ gelöst (etwa 100 ml, 60 mg Protein/ml). Die Lösung wird über Nacht gegen 0,02 m Tris-acetatpuffer, p_H 7,2, dialysiert. In der Fraktion 65—75 % Ammoniumsulfat reichert sich die Palmityl-Dehydrogenase (vgl. S. 111) an.

Hitzeschritt. Die dialysierte Lösung (25—30 mg Protein/ml) wird rasch in einem Wasserbad von 70° C auf 57° C erhitzt, 2 min bei dieser Temperatur belassen und sofort im Eisbad abgekühlt. Der Überstand enthält nach Zentrifugieren 15—20 mg Protein/ml. Die gesamte Prozedur vom Einbringen in das Wasserbad bis zur Wiederabkühlung dauert 7 min.

Zink-Alkoholfällung. Zur erhitzten Lösung (p_H 6,9) gibt man 0,05 m Zinklactat, p_H 5,5, bis zur Endkonzentration 0,001 m. Dabei stellt sich der p_H auf 6,6 ein. Der Niederschlag wird verworfen. Er enthält die restliche Palmityl-Dehydrogenase. Das Filtrat unterzieht man einer Fraktionierung mit Äthanol, indem man 9, 12, 18 und 23 % Alkoholsättigung einstellt und die Niederschläge jeweils in 0,4 m Citratpuffer, p_H 7,2, aufnimmt. Während der Fraktionierung wird die Temperatur in der Nähe des Gefrierpunktes gehalten. Die Fraktionen werden gegen 0,02 m Tris-acetatpuffer, p_H 7,2, enthaltend 0,001 m Versen, dialysiert. Die aktivste Fraktion (meist 18—23 % Alkoholsättigung) stellt man durch Zugabe etwa des gleichen Volumens 0,2 m Tris-acetatpuffer, p_H 8,1, auf eine Proteinkonzentration von 15 mg/ml ein.

Zweite Ammoniumsulfatfällung. Durch Zugabe von festem Ammoniumsulfat werden bei p_H 8,1 im Bereich zwischen 50—65 % Sättigung vier Fraktionen hergestellt und in 0,02 m Tris-acetatpuffer, p_H 7,2, gelöst. Das gesuchte Protein fällt in der Fraktion 55—60 % und wird 3 Std gegen 0,2 m Tris-acetatpuffer, p_H 8,1, dialysiert.

Zonenelektrophorese. Die weitere Trennung erfolgt durch Elektrophorese auf Stärke in der Apparatur nach Flodin und Porath[2]. Die Stärke wird mit dem gleichen Puffer, gegen den das Protein zuletzt dialysiert wurde, gewaschen. 1—3 ml der Eiweißlösung werden aufgetragen und einige cm in die Säule einsickern lassen. Die Apparatur befindet sich in einem Wasserbad von etwa 4° C (Kühlraum). Bei einer Spannung von

[1] Crane, F. L., S. Mii, J. G. Hauge, D. E. Green and H. Beinert: J. biol. Ch. **218**, 701 (1956).
[2] Flodin, P., and I. Porath: Biochim. biophys. Acta **13**, 175 (1954).

600 V (Kathode oben) und 40—50 mA erfolgt Trennung in 18 Std. Dabei wandert die Capryl-Dehydrogenase im Gegensatz zur Butyryl- und Palmityl-Dehydrogenase nur langsam zur Anode. ETF läuft entgegengesetzt und sammelt sich oberhalb der Stärke an. Die verschiedenen Banden eluiert man mit dem gleichen Puffer, die Eluate (pro Fraktion 6—10 ml) werden mit Ammoniumsulfat konzentriert und in wenig 0,02 m $KHCO_3$ gelöst.

Eigenschaften[1]. Die elektrophoretisch gereinigte Capryl-Dehydrogenase ist frei von Aktivität an Butyryl-, Palmityl-Dehydrogenase, ETF, den übrigen Enzymen des Fettsäurecyclus sowie von Glutathion-Thioesterase. In der Ultrazentrifuge und bei Elektrophorese in 0,2 m Tris-acetatpuffer, p_H 8,2, erwies sich das Enzym als einheitliches Protein. Das Molekulargewicht liegt nahe 200000. Nach dem Absorptionsspektrum handelt es sich um ein typisches Flavoproteid, als Wirkungsgruppe wurde FAD sichergestellt.

Spezifität. Die Wirksamkeit des Enzyms erstreckt sich auf die Fettsäuren der Kettenlänge von C_4—C_{16} mit einem Optimum für Capryl-CoA. Ohne Anwesenheit des ETF findet mit Indophenol als Elektronenacceptor keine Reaktion statt. Mit C_4 und C_{16} beträgt die Umsatzgeschwindigkeit nur $^1/_4$—$^1/_5$ der Maximalrate. Die C_4-Oxydation durch Caprylat-Dehydrogenase wird vollständig gehemmt bei gleichzeitiger Anwesenheit von Spuren C_{16}.

Bestimmungsmethode. Die Enzymaktivität wird mit dem bei der Butyryl-Dehydrogenase beschriebenen Test mit Dichlorphenolindophenol gemessen (vgl. S. 104). Als Puffer wird hier 0,02 m Phosphatpuffer, p_H 7,0, verwendet. Die Reaktion wird durch Zusatz von 0,02 μM Capryl-CoA in Gang gesetzt. Endvolumen: 0,5 ml.

Als *eine Enzymeinheit* wird diejenige Proteinmenge bezeichnet, die im 0,5 ml-Ansatz eine Extinktionsabnahme $\Delta E_{600} = 1{,}00$ pro min bewirkt. Die spezifische Aktivität ist in Enzymeinheiten pro mg Protein angegeben.

Gleichzeitige Bestimmung der drei Acyl-Dehydrogenasen.

Butyryl-Dehydrogenase hat ihr Wirkungsoptimum gegenüber C_4, Palmityl-Dehydrogenase reagiert überhaupt nicht mit C_4, dagegen mit C_{16} noch mit 90% der Umsatzgeschwindigkeit verglichen mit C_8. Für die gleichzeitige Bestimmung der drei Acyl-Dehydrogenasen ist es deshalb erforderlich, den Dichlorphenolindophenoltest jeweils mit folgenden Substraten durchzuführen:

a) Butyryl-CoA; b) Butyryl-CoA + Spuren von Palmityl-CoA; c) Palmityl-CoA; d) Capryl-CoA.

d) Palmityl-Dehydrogenase.

[1.3.2.2 Acyl-CoA: Cytochrom c-Oxydoreductase.]

Eine dritte Acyl-Dehydrogenase ist für die Oxydation der langkettigen Fettsäuren verantwortlich. Das Enzym konnte aus Schweineleber von den übrigen Acyl-Dehydrogenasen abgetrennt und weitgehend gereinigt werden[2].

Darstellung.

Die Extraktion des Enzyms aus Acetonpulver aus Schweineleber-Mitochondrien und die erste Ammoniumsulfatfällung gestalten sich analog der Vorschrift für die Anreicherung der Capryl-Dehydrogenase (vgl. S. 110). Bei der Ammoniumsulfatfällung geht das Enzym in die Fraktion 65—75% (etwa 60 ml Lösung mit 60 mg Protein/ml) und wird über Nacht gegen 0,02 m Tris-acetatpuffer, p_H 7,2, dialysiert (Proteingehalt nach Dialyse 25 mg/ml). Der Hitzeschritt wird ebenfalls wie beschrieben durchgeführt (Proteingehalt 15 mg/ml) und dann die zweite Ammoniumsulfatfällung angeschlossen. Drei Fraktionen, 60, 65 und 70% Sättigung, werden in 0,02 m Tris-acetatpuffer, p_H 7,2, gelöst, die Fraktion 60—70 (etwa 10 ml, 80 mg Protein/ml) wird gegen den gleichen Puffer dialysiert, der Proteingehalt auf 25—30 mg/ml eingestellt.

[1] CRANE, F. L., S. MII, J. G. HAUGE, D. E. GREEN and H. BEINERT: J. biol. Ch. **218**, 701 (1956).
[2] HAUGE, J. G., F. L. CRANE and H. BEINERT: J. biol. Ch. **219**, 727 (1956).

Zinkfällung. Zur dialysierten Lösung gibt man, wie bei Caprylat-Dehydrogenase beschrieben, Zinklactat zu und zentrifugiert den Niederschlag ab. Der Vorgang wird noch einmal wiederholt, und die vereinigten Niederschläge werden in 0,4 m Citrat, p_H 7,4, gelöst. Es schließt sich eine Dialyse gegen 0,02 m Tris-acetatpuffer, p_H 7,2, mit 0,001 m Versen (2 Std) und eine Fällung mit Ammoniumsulfat bis 80% Sättigung an. Der Niederschlag wird in 0,02 m Tris-acetatpuffer, p_H 8,1, aufgenommen und 4 Std gegen 0,1 m Tris-acetatpuffer, p_H 8,1, dialysiert. Die erhaltene Proteinfraktion wird, wie beschrieben, einer präparativen Elektrophorese auf Stärke unterzogen. Das gesuchte Enzym trennt sich aus dem rotgefärbten Eiweißkomplex ab und wandert in 18 Std unter den angegebenen Bedingungen etwa 7 cm zur Anode.

Eigenschaften. Palmityl-Dehydrogenase zeigt keine Aktivität an Capryl-, Butyryl-Dehydrogenase, an ETF, an den übrigen Enzymen des Fettsäurecyclus und an Glutathion-Thioesterase. Das Enzym verhält sich elektrophoretisch und in der Ultrazentrifuge als einheitliches Protein. Das Molekulargewicht liegt nahe bei 200000. Das Absorptionsspektrum ist dem der Capryl-Dehydrogenase sehr ähnlich. Das Enzym enthält als Wirkungsgruppe FAD (2 M FAD pro Mol Protein). Ohne ETF findet im Dichlorphenolindophenoltest keine Reaktion statt. Die Spezifität ist gegen die Fettsäuren der Kettenlänge von C_6—C_{16} mit einem Wirkungsoptimum gegenüber Lauryl-CoA gerichtet. Mit Palmityl-CoA beträgt die Geschwindigkeit 70%, mit Capryl-CoA 80% des Maximums. Im Gegensatz zu den anderen Acyl-Dehydrogenasen reagiert das Enzym auch mit Fettsäuren über 16 C-Atomen (bis 20 C-Atome).

2. Enoyl-Hydratase (Crotonase).

[4.2.1.17 L-3-Hydroxyacyl-CoA-Hydro-Lyase.]

Das Enzym Crotonase bewirkt im Fettsäurecyclus (s. Abb. 23) die reversible Wasseranlagerung an die CoA-Verbindungen der α,β-ungesättigten Säuren unter Bildung von L(+)-β-Hydroxyacyl-CoA gemäß folgender Gleichung:

$$R—CH{=}CH—COSCoA + H_2O \rightleftharpoons R—CH(OH)—CH_2—COSCoA \qquad (95)$$

Das Enzym wurde gleichzeitig von STERN und DEL CAMPILLO[1] und von SEUBERT und LYNEN[2] entdeckt und von STERN in kristallisierter Form dargestellt[3].

Tabelle 29. *Verteilung der Crotonase* (nach STERN, DEL CAMPILLO und RAW[3]).
Die in der Tabelle aufgeführten Zahlen geben die spezifischen Aktivitäten (Enzymeinheiten/mg Protein) der aus Zellen und Geweben erhaltenen Extrakte an.

Gewebe oder Organismus	Rind	Schwein	Ratte	Kaninchen	Taube
Leber	0,96	—	0,54	—	0,10
Niere	—	0,06	0,72	—	—
Gehirn	—	—	0,15	—	—
Herzmuskel	—	—	—	0,01	—
Skeletmuskel	—	—	2,8	—	—
Rhodospirillum rubrum	3,5				
Clostridium (Stamm HF)	0,80				
Clostridium acetobutylicum	0,26				
Escherichia coli	0				
Spinat	0,002				

Vorkommen. Nach den Untersuchungen von STERN u. Mitarb.[3] kommt Crotonase vor allem in Leber, Niere und im Skeletmuskel von Säugetieren, darüber hinaus aber auch in Mikroorganismen, wie in *Rhodospirillum rubrum* und verschiedenen Clostridienarten

[1] STERN, J. R., and A. DEL CAMPILLO: Am. Soc. **75**, 2277 (1953).
[2] SEUBERT, W., and F. LYNEN: Am. Soc. **75**, 2787 (1953).
[3] STERN, J. R., A. DEL CAMPILLO and I. RAW: J. biol. Ch. **218**, 971 (1956).

vor. Auch in Spinatblättern konnte geringe Crotonaseaktivität nachgewiesen werden. Für die Kristallisation des Enzyms aus Ochsenleber wurde eine Routinevorschrift angegeben.

***Darstellung von kristallisierter Crotonase aus Ochsenleber nach* Stern *u. Mitarb.*[1].**

Herstellung des Rohextraktes. Alle Schritte werden bei 0° C durchgeführt. Frische, zerkleinerte Ochsenleber wird in Trockeneis eingefroren. Die aufgetaute Leber wird in 150 g-Portionen im Starmix mit 100 ml 0,2 m $KHCO_3$ und 0,005 m Cystein, p_H 8,2, homogenisiert und etwa 5 min zentrifugiert. Dann wird nochmals mit 200 ml homogenisiert und die Suspension durch eine doppelte Lage Gaze gedrückt und in einer Servall-Zentrifuge 20 min bei 13000 U/min zentrifugiert. Die Fettpartikel des Überstandes werden durch ein Gazetuch abgetrennt. Man erhält etwa 2400 ml einer opalescierenden rotbraunen Lösung aus 1 kg gefrorener Leber.

Säure- und Hitzeschritt. 1200 ml Rohextrakt werden mit 6000 ml 0,02 m Kaliumphosphatpuffer, p_H 7,4, verdünnt. p_H der Lösung liegt jetzt bei 7,6. Man gibt nun unter ständigem Rühren bei 0° C 43 ml 1 n Essigsäure pro Liter Enzymlösung zu, wobei p_H auf 5,5 absinkt. In 1 l-Portionen wird jetzt der Hitzeschritt unter ständigem Rühren bei 55° C durchgeführt, wobei die Suspension innerhalb von 10 min eine Temperatur von 49—50° C erreichen soll. Man hält sie dann 3 min konstant auf 50° C. Anschließend wird die Enzymlösung sofort im Eisbad abgekühlt. Nachdem man mit 1 m $KHCO_3$ (37 ml) auf p_H 7,0 eingestellt hat, wird der Niederschlag hochtourig abzentrifugiert.

Acetonfällung. Den klaren roten Überstand halbiert man. Zu jeder Portion (2880 ml) rührt man langsam gekühltes Aceton (2360 ml) bis zur Konzentration von 45 Vol.% ein. Während dieser Fällung soll die Temperatur der Suspension auf —5° C absinken. Nach 20 min Zentrifugieren bei —5° C löst man den Niederschlag in 0,02 m Kaliumphosphatpuffer, p_H 7,4, der 0,003 m Kalium-ÄDTA enthält, und dialysiert über Nacht gegen den gleichen Puffer. Der bei der Dialyse entstandene Niederschlag wird abzentrifugiert und verworfen. Die Crotonase kann während dieses Schrittes auskristallisieren, besitzt aber dann eine sehr geringe spezifische Aktivität.

Ammoniumsulfatfraktionierung. Die Acetonfraktion (402 ml, 0—45% Sättigung) wird mit 1000 ml 0,02 m Kaliumphosphatpuffer, p_H 7,4, enthaltend 0,003 m Kalium-ÄDTA, auf eine Proteinkonzentration von 15 mg/ml verdünnt. Nun werden 280 g pulverisiertes Ammoniumsulfat langsam bis 40% Sättigung mechanisch eingerührt, nach 10 min Stehen hochtourig zentrifugiert und der Niederschlag verworfen. Den Überstand bringt man in der oben beschriebenen Weise auf 65% Ammoniumsulfatsättigung, zentrifugiert und löst den Niederschlag in 100 ml 0,02 m Kaliumphosphatpuffer, p_H 7,4, der 0,003 m Kalium-ÄDTA und 0,001 m neutralisiertes Glutathion enthält. Diese Lösung wird gegen 4 l des gleichen Puffers (ohne Glutathion) dialysiert.

Kristallisation. Zu der dialysierten 40—65% Ammoniumsulfatfraktion gibt man 0,1 Vol. kaltes 95% Äthanol (unter Eiskühlung). Während der Zugabe beginnt die Lösung zu opalescieren. Den Beginn der Kristallisation erkennt man an den Schlieren, die beim Bewegen der Lösung sichtbar werden. Die Temperatur der Lösung wird auf 0° C gehalten. Die Kristalle setzen sich allmählich ab und nach 1 Std sind etwa 65% des Enzyms auskristallisiert. Innerhalb 16—18 Std ist die Kristallisation beendet. Auf dieser Stufe sieht man im Mikroskop typische Crotonasekristalle und zahlreiche feine, kreisförmige, leicht zerbrechliche Körper (Kristalle ?). Da sich die Kristalle wieder lösen, sobald der Tropfen verdampft, muß man sehr schnell bei 0° C arbeiten, um die Kristalle beobachten zu können, oder den Tropfen in 65% Äthanol suspendieren und das Deckglas gut abdichten. Die Kristalle werden hochtourig zentrifugiert und der rote Überstand verworfen. Den weißen Rückstand löst man in einem Überschuß von 0,02 m Kaliumphosphatpuffer, p_H 7,4, der 0,003 m Kalium-ÄDTA enthält. Den unlöslichen Rückstand trennt man durch Zentrifugieren ab, wäscht mit Puffer nach und vereinigt die Waschlösung mit der Hauptlösung.

---

[1] Stern, J. R., A. del Campillo and I. Raw: J. biol. Ch. **218**, 971 (1956).

Der Rückstand, der die leicht zerbrechlichen Partikel, aber keine Crotonasekristalle enthält, wird unter dem Mikroskop geprüft und verworfen.

Mit 0,1—0,2 Vol. 95% Äthanol läßt sich das Enzym aus der Phosphat-ÄDTA-Lösung wieder sehr leicht auskristallisieren (nach 16—18 Std). Die Kristallisation kann man durch Animpfen wesentlich erleichtern. Da die Löslichkeit der Crotonase etwa 0,9% bei 0° C in 0,02 m Kaliumphosphatpuffer, p_H 7,4, der 0,003 m Kalium-ÄDTA enthält, beträgt, muß man beim wiederholten Lösen darauf achten, das kristalline Enzym nicht zu verwerfen. Unter diesen Bedingungen kann das Enzym nach jeder Umkristallisation fast quantitativ zurückerhalten werden. Nach 3maliger Umkristallisation ändert sich die spezifische Aktivität nicht mehr.

Das kristalline Enzym ist sowohl in Wasser als auch in verdünnten Salzlösungen löslich. Bei Anwesenheit von ÄDTA ist das Enzym einigermaßen stabil. Im eingefrorenen Zustand ist es einige Monate ohne Aktivitätsverlust haltbar. Aus der spezifischen Aktivität der Kristalle kann man schließen, daß etwa 0,12% des Proteins des Leberrohextraktes aus Crotonase bestehen.

Crotonase kristallisiert aus Äthanol in unregelmäßigen hexagonalen Plättchen, die in einer 65%igen Äthanolsuspension bei Raumtemperatur unter dem Mikroskop beobachtet werden können.

Tabelle 30 gibt einen Überblick über den gesamten Isolierungsgang.

Tabelle 30. *Reinigung der Crotonase aus Ochsenleber* (nach STERN u. Mitarb.[1]).

	Volumen ml	Einheiten $\times 10^{-3}$	Protein mg	Spezifische Aktivität E/μg Protein	Ausbeute %
1. Rohextrakt*	6000**	140000	146000	0,96	100
2. Säure-Hitze-Überstand .	5760	124000	53900	2,3	89
3. Acetonfraktion (0—45%).	402	137000	14000	9,8	98
4. $(NH_4)_2SO_4$ (0,40—0,65) .	152	96300	6020	16,0	69
5. Kristalle (Äthanol) . . .	25,8	95800	223	429	68
6. Überstand der Kristalle .	150	5210	5210	1,0	4
7. Erste Umkristallisation .	10,7	87400	112	780	62
8. Zweite Umkristallisation .	10,2	68900	89	773	49

* Aus 500 g Ochsenleber. ** Nach Verdünnung 1:5.

Eigenschaften[1]. Das kristallisierte Enzym hat ein Molekulargewicht von 210000 und arbeitet mit der beachtlichen Wechselzahl von 730000 (Mol Crotonyl-CoA pro Mol Enzym pro min, p_H 7,5; 25° C). Beim p_H-Optimum von 9,4 erreicht die Wechselzahl sogar den Wert von 1400000. In ihrer Spezifität unterscheidet sich Crotonase erheblich von den übrigen Enzymen des Fettsäurecyclus, indem sie die einfach gebauten Modellsubstanzen, wie z. B. S-Crotonyl-N-acetylcysteamin, Crotonylglutathion usw., nicht angreift. Auf Grund eingehender Untersuchungen ist der Adenosin-5'-phosphatanteil im CoA von wesentlicher Bedeutung für die Bindung des Substrates an das Enzym. Auf der anderen Seite spielt die Länge der Fettsäurekette für die enzymatische Umsetzung keine besondere Rolle[2]. Auch setzt das Enzym unter den CoA-Derivaten der ungesättigten Fettsäuren sowohl die trans- als auch die cis-Verbindungen um. Schließlich werden außer den Derivaten α,β-ungesättigter Säuren auch jene der β,γ-ungesättigten Säuren hydratisiert. So wird z. B. Vinylacetyl-CoA in L(+)-β-Hydroxybutyryl-CoA umgewandelt[3].

Die MICHAELIS-Konstante für Crotonyl-CoA wurde zu $2{,}0 \times 10^{-5}$ m angegeben, für β-Hydroxybutyryl-CoA beträgt der Wert $6{,}3 \times 10^{-5}$ m. Die Affinität zu unvollkommenen β-Hydroxybutyrylthioestern nimmt laufend ab (K_M, Mol/l): S-β-Hydroxybutyryldephospho-CoA 2×10^{-5} m; S-β-Hydroxybutyryl-2-desoxy-bis-nor-dephospho-CoA 20×10^{-5} m;

[1] STERN, J. R., A. DEL CAMPILLO and I. RAW: J. biol. Ch. 218, 971 (1956).
[2] WAKIL, S. J., and H. R. MAHLER: J. biol. Ch. 207, 125 (1954).
[3] STERN, J. R., and A. DEL CAMPILLO: J. biol. Ch. 218, 985 (1956).

S-β-Hydroxybutyryl-2-desoxy-bis-nor-pantethein 83×10^{-5} m; S-β-Hydroxybutyrylpantethein 200×10^{-5} m[1].

Durch SH-Gifte, wie p-Chlormercuribenzoat in einer Endkonzentration von 10^{-3} m wird die Crotonaseaktivität vollständig gehemmt. Dagegen blockiert Jodacetat (5×10^{-2} m) nur zu etwa 10%. Das sich am Enzym einstellende Gleichgewicht zwischen Crotonyl-, Vinylacetyl- und β-Hydroxybutyryl-CoA liegt zugunsten der Hydroxyverbindung. Es steht dann β-Hydroxybutyryl-CoA mit Crotonyl-CoA im Verhältnis 3,5:1, mit Isocrotonyl-CoA im Verhältnis 5,5:1[2].

a) Einfacher optischer Test zur Bestimmung der Crotonase nach Seubert *u.* Lynen[3].

Prinzip:

Die Crotonylthioester besitzen eine charakteristische Absorptionsbande bei 263 mμ, die sich zu einem einfachen optischen Test auf Crotonase heranziehen läßt[4]. Im Crotonyl-CoA wird diese Bande verdeckt durch die Absorption des Adeninbausteins[2,5]. Will man deshalb die Hydratisierung von Crotonyl-CoA an Hand der Abnahme der spezifischen Absorption bei 263 mμ verfolgen, so muß die Adeninabsorption durch Messung gegen einen Blindwert, der Adenylsäure enthält, kompensiert werden. Der Verlauf eines solchen optischen Testes in Abhängigkeit steigender Enzymkonzentrationen ist in Abb. 26 dargestellt.

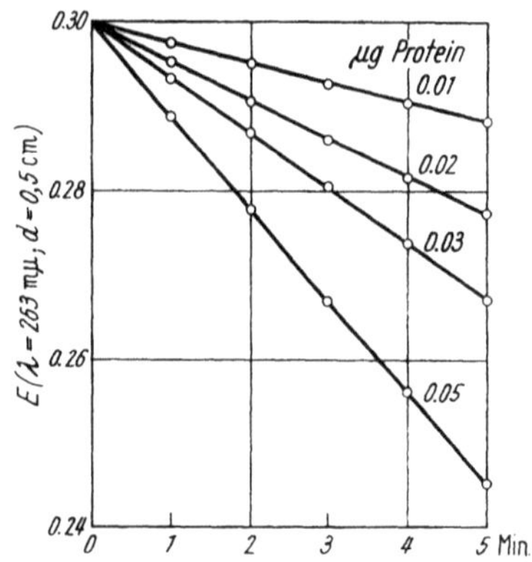

Abb. 26. Optischer Crotonasetest (nach Seubert und Lynen[3]).

Reagentien:

1. Puffergemisch: 1,0 ml 1 m Trispuffer, p_H 7,5; 1,0 ml 0,1% Eieralbumin; 0,15 ml 0,1 m ÄDTA, p_H 7,4, und 0,85 ml Wasser.
2. Adenylsäure 0,1%.
3. $3{,}2 \times 10^{-3}$ m Crotonyl-CoA.
   Darstellung[6]: 100 μM CoA in einem Volumen von etwa 20 ml versetzt man bei 0° C mit 1 ml Crotonsäureanhydrid und hält durch Zugabe von 2 n NaOH p_H 7,5 aufrecht. Nach 5—10 min ist die Reaktion beendet. Nun säuert man mit Amberlite IR 120 auf p_H 3 an und entfernt das überschüssige Anhydrid durch Ausäthern mit peroxydfreiem Äther. Die Ausbeute beträgt 67%. Die weitere Reinigung von Crotonyl-CoA erfolgt durch Anionenaustauscher-Chromatographie nach Hurlbert u. Mitarb.[7].
4. Crotonase. Auf Grund der hohen Wechselzahl des Enzyms sind selbst in rohen Gewebsextrakten Mengen von 1—20 μg Protein für die Bestimmung ausreichend. Man verdünnt die Enzymfraktion mit 0,02 m Kaliumphosphatpuffer, p_H 7,4, auf eine Konzentration von 0,5 mg Protein pro ml. Weitere Verdünnungen stellt man mit demselben Puffer her, der außerdem ÄDTA in einer Endkonzentration von 0,001 m und 1% Albumin enthält.

Ausführung:

2 Quarzküvetten ($d = 0{,}5$ cm) werden in folgender Weise beschickt:

	Vergleichsküvette	Versuchsküvette
Puffergemisch . .	0,20	0,20
Adenylsäure . . .	0,15	—
Crotonyl-CoA . .	—	0,05
Crotonasefraktion .	0,01	0,01
Wasser	1,14	1,24

[1] Lynen, F.; in: Vitamin Metabolism, Proc. 4. Int. Congr. Biochem., Wien 1958, Bd. XI. S. 230. London 1960.

[2] Stern, J. R., and A. del Campillo: J. biol. Ch. **218**, 985 (1956).

[3] Seubert, W., and F. Lynen: Am. Soc. **75**, 2787 (1953).

[4] Lynen, F., and S. Ochoa: Biochim. biophys. Acta **12**, 299 (1953).

[5] Grassl, M.: Diplomarbeit München 1956.

[6] Seubert, W.: Unveröffentliche Vorschrift aus dem Max Planck-Institut für Zellchemie. München.

[7] Hurlbert, R., H. Schmitz, A. F. Brunnen and V. R. Potter: J. biol. Ch. **209**, 23 (1954).

Die Reaktion wird durch Zugabe des Enzyms in Gang gesetzt und in Abständen von 30 sec bei 263 mμ verfolgt. Bis zu einer Extinktionsabnahme von 0,03 pro min sind die Anfangsgeschwindigkeiten proportional zur eingesetzten Crotonasemenge (vgl. Abb. 26).

Standardisierung. Als eine Einheit bezeichnet man diejenige Crotonasemenge, die unter den beschriebenen Testbedingungen bei 25° C eine Extinktionsabnahme von 0,01 pro min verursacht. Die spezifische Aktivität wird in Aktivitätseinheiten pro μg Protein ausgedrückt. Protein wird nach der Methode von WARBURG und CHRISTIAN[1] bestimmt. Der molare Extinktionskoeffizient von Crotonyl-CoA kann in Übereinstimmung mit dem für S-Crotonyl-N-acetylcysteamin gemessenen Wert $\varepsilon_{263} = 6700$ eingesetzt werden. Es entspricht dann eine Crotonase-Einheit der Hydratisierung von 0,0045 μMol Crotonyl-CoA.

b) Bestimmung der Crotonase im zusammengesetzten optischen Test.

Die Crotonaseaktivität läßt sich auch durch Kombination mit anderen Enzymsystemen verfolgen. Dies wird z.B. ermöglicht durch Koppelung mit der β-Hydroxyacyl-Dehydrogenase nach folgender Reaktion[2,3]:

$$\text{Crotonyl-CoA} + H_2O \rightleftharpoons \text{L}(+)\text{-}\beta\text{-Hydroxybutyryl-CoA} \quad (96)$$

$$\text{L}(+)\text{-}\beta\text{-Hydroxybutyryl-CoA} + DPN^+ \rightleftharpoons \text{Acetacetyl-CoA} + DPNH + H^+ \quad (97)$$

Die Bildung von DPNH läßt sich in bekannter Weise photometrisch bei 340 mμ, die Bildung von Acetacetyl-CoA bei 300 mμ messen. Um die Umsetzung gemäß Gl. (97) vollständig zu gestalten, ist die Wahl eines hohen p_H-Wertes (p_H 9,5) erforderlich (Ausführung des Testes vgl. S. 120).

Dieses Verfahren kann auch zur photometrischen Gehaltsbestimmung von Crotonyl-CoA-Präparaten herangezogen werden.

Mit gereinigten Präparaten von β-Ketoacylthiolase, citratkondensierendem Enzym und Äpfelsäure-Dehydrogenase kann die Reaktionskette bis zur Citratsynthese verlängert werden:

$$\text{Crotonyl-CoA} + H_2O \rightleftharpoons \text{L}(+)\text{-}\beta\text{-Hydroxybutyryl-CoA} \quad (96)$$

$$(\text{L}+)\text{-}\beta\text{-Hydroxybutyryl-CoA} + DPN^+ \rightleftharpoons \text{Acetacetyl-CoA} + DPNH + H^+ \quad (97)$$

$$\text{Acetacetyl-CoA} + \text{CoASH} \rightleftharpoons 2\,\text{Acetyl-CoA} \quad (55)$$

$$2\,\text{Acetyl-CoA} + 2\,\text{Oxalacetat} + 2\,H_2O \rightleftharpoons 2\,\text{Citrat} + 2\,\text{CoASH} + 2\,H^+ \quad (9)$$

$$2\,\text{Malat} + 2\,DPN^+ \rightleftharpoons 2\,\text{Oxalacetat} + 2\,DPNH + 2\,H^+ \quad (10)$$

$$\text{Crotonyl-CoA} + 3\,DPN^+ + 3\,H_2O + 2\,\text{Malat} \rightleftharpoons 2\,\text{Citrat} + \text{CoASH} + 3\,DPNH + 5\,H^+ \quad (98)$$

Hierbei werden entsprechend Bilanzgleichung (98) zwei zusätzliche Moleküle DPNH gebildet, wodurch die Empfindlichkeit der Bestimmungsmethode verdreifacht wird.

Auch vom L(+)-β-Hydroxybutyryl-CoA ausgehend, kann die Crotonaseaktivität verfolgt werden, wenn man als Hilfssystem die Hydrierung von Crotonyl-CoA durch Leukosafranin, katalysiert durch das Enzym Butyryl-Dehydrogenase heranzieht[4].

$$\text{L}(+)\text{-}\beta\text{-Hydroxybutyryl-CoA} \rightleftharpoons \text{Crotonyl-CoA} + H_2O \quad (96)$$

$$\text{Crotonyl-CoA} + \text{Leukosafranin} \rightarrow \text{Butyryl-CoA} + \text{Safranin} \quad (99)$$

Der Übergang des farblosen Leukofarbstoffes in das rotgefärbte Safranin ist der optischen Messung bei 546 mμ leicht zugänglich (vgl. S. 108).

3. β-Hydroxyacyl-Dehydrogenase (β-Ketoreductase).

[1.1.1.35 L-3-Hydroxyacyl-CoA:NAD-Oxydoreductase.]

Bei der β-Oxydation der Fettsäuren (vgl. Abb. 23) schließt sich als dritter Schritt die Dehydrierung von β-Hydroxyacyl-CoA durch das DPN-abhängige Enzym β-Hydroxy-

1 WARBURG, O., u. W. CHRISTIAN: B.Z. **310**, 384 (1941).
2 WAKIL, S. J., and H. R. MAHLER: J. biol. Ch. **207**, 125 (1954).
3 STERN, J. R., and A. DEL CAMPILLO: Nature **171**, 28 (1953).
4 SEUBERT, W., and F. LYNEN: Am. Soc. **75**, 2787 (1953).

acyl-Dehydrogenase an, wobei beispielsweise aus L(+)-β-Hydroxybutyryl-CoA Acetacetyl-CoA entsteht:

$$CH_3—CHOH—CH_2—CO—SCoA + DPN^+ \rightleftharpoons CH_3—CO—CH_2—CO—SCoA + DPNH + H^+ \quad (97)$$

Das bei dieser Umsetzung beteiligte Enzym wurde als erstes der Enzyme des Fettsäurecyclus entdeckt und weitgehend gereinigt[1]. In der Zwischenzeit ist das Enzym auch kristallisiert erhalten worden[2,3].

Vorkommen. Ähnlich wie das Enzym Thiolase ist β-Hydroxyacyl-Dehydrogenase im tierischen und menschlichen Organismus sehr weit verbreitet, mit besonderer Bevorzugung von Herzmuskel, Leber und Niere[4,5] (vgl. Tabelle 31). Im normalen Blutserum konnte das Enzym nicht nachgewiesen werden, jedoch wird es dort in geringer Menge bei der experimentellen Phalloidinvergiftung nachweisbar[6]. Innerhalb der Zelle ist das Enzym in den Mitochondrien lokalisiert[7]. Vorschriften zu seiner Darstellung gehen teils von Lebergewebe, teils von Herzmuskel aus. Neuerdings wurde das Enzym auch in EHRLICH-Ascitestumorzellen der Maus nachgewiesen[8].

Tabelle 31. *Verteilung des Enzyms β-Hydroxyacyl-Dehydrogenase im Tierkörper* (nach WIELAND, REINWEIN und LYNEN[4]; HIELSCHMANN[5]).

Die Zahlen geben die spezifischen Enzymaktivitäten (Enzymeinheiten/mg Protein) wieder.

	Ratte	Schaf	Schwein	Kalb	Kaninchen	Mensch
Leber	41,5	90,6	33,1	27,9	38,8	29,1
Niere	19,6	72,7	64,8	42,6	50,6	12,4
Herzmuskel	37,6	36,7	89,8	39,4	28,7	40,9
Nebenniere	22,0	13,0	12,8	23,4	7,9	12,0
Pankreas	8,3	10,9	20,9	9,8	5,1	12,2
Hirn	1,2	4,6	3,3	8,0	4,7	8,1
Unterhaut-Zellgewebe	11,6	—	—	—	—	—
Brustdrüse, normal	3,5	—	—	—	—	—
Brustdrüse, lactierend	8,6	—	—	—	—	—
Lunge	6,6	—	—	—	—	—
Milz	4,1	—	—	—	—	—
Skeletmuskel	3,0	—	—	—	—	—
Serum	—	—	—	—	—	0

a) Darstellung von β-Hydroxyacyl-Dehydrogenase aus Schafsleber nach LYNEN *und* WIELAND[9].

Das Verfahren umfaßt folgende Reinigungsschritte: Extraktion mit Phosphatpuffer, Denaturierung von Begleitproteinen durch Erhitzen auf 58° C, Aceton- und Alkoholfraktionierungen, Adsorption an Calciumphosphat-Gel und Ammoniumsulfatfällungen. Die auf diese Weise gewonnenen Präparate waren etwa 200fach angereichert und erwiesen sich papierelektrophoretisch einheitlich. Später zeigte sich jedoch, daß das Verfahren wegen des sehr wechselhaften Enzymgehaltes der Schafsleber nicht immer zu reproduzieren war. Aus diesem Grunde wurde eine Vorschrift zur Isolierung des Enzyms aus Herzmuskel ausgearbeitet, die zu noch reineren Präparaten führte. Die nicht allgemein zugängliche Methode soll wegen ihrer größeren Sicherheit im folgenden ausführlich dargestellt werden.

[1] LYNEN, F., L. WESSELY, O. WIELAND u. L. RUEFF: Angew. Chem. **64**, 687 (1952).
[2] STERN, J. R.: Biochim. biophys. Acta **26**, 448 (1957).
[3] BERGMEYER, U.: Persönl. Mitteilung.
[4] WIELAND, O., D. REINWEIN u. F. LYNEN; in: Biochem. Problems of Lipids. Proc. II. Int. Conf., Gent 1955 (Hrsg. POPJAK, G., u. E. LE BRETON), S. 155, London 1956.
[5] HIELSCHMANN, N.: Diss. med. München 1957.
[6] MATSCHINSKY, F., u. O. WIELAND: B. Z. **333**, 33 (1960).
[7] WAKIL, S., D. E. GREEN, S. MII and H. R. MAHLER: J. biol. Ch. **207**, 631 (1954).
[8] WIELAND, O., u. D. HEPP: Unveröffentlicht.
[9] LYNEN, F., and O. WIELAND; in: Colowick-Kaplan, Meth. Enzymol., Bd. I, S. 566.

b) Darstellung von β-Hydroxyacyl-Dehydrogenase aus Schweineherz nach GRASSL[1].

Alle Operationen werden, wenn nicht anders vermerkt, bei 2° C (Kühlraum oder Eisbad) durchgeführt. Das zur Auflösung von Proteinniederschlägen und zum Verdünnen der Enzymlösungen dienende Wasser enthält Äthylendiamintetraacetat in einer Endkonzentration von 0,001 m.

Gewinnung des Rohextraktes. Frische Schweineherzen werden von Fett und Bindegewebe befreit und in kleine Stücke zerschnitten, die entweder sofort oder nach Aufbewahren in der Kühltruhe bei —15° C verarbeitet werden.

500 g Muskel homogenisiert man zunächst in zwei Portionen mit je 500 ml auf —10° C vorgekühlten, 30%igen Acetons (0,002 m an ÄDTA) 3 min im Starmix. Das Homogenat wird bei 6000 × g 10 min zentrifugiert, das Filtrat verworfen und der Rückstand nochmals mit der gleichen Menge 30%igen Acetons kurz homogenisiert und zentrifugiert. Das Filtrat wird wiederum verworfen. Aus dem verbleibenden Rückstand extrahiert man das Enzym durch 3 min Homogenisieren im Starmix mit 800 ml (in zwei Portionen) 0,067 m Phosphatpuffer, p_H 7,4, und zentrifugiert 30 min bei 6000 × g. Nach Abgießen des getrübten, roten Überstandes wird der Rückstand nochmals mit 600 ml 0,067 m Phosphatpuffer nachextrahiert, zentrifugiert und der Überstand mit dem ersten vereinigt. Dieser Phosphatextrakt hat etwa die doppelte spezifische Aktivität (160) gegenüber dem Homogenat (Definition s. unten).

Alkohol-Säurefällung. Zum Phosphatextrakt (Vol. = 1100 ml) gibt man unter Rühren 60 ml 5%ige, mit KOH auf p_H 7,0 eingestellte Hefe-Nucleinsäurelösung zu und versetzt die Mischung anschließend in einem Zeitraum von 1—2 Std tropfenweise mit 240 ml vergälltem 96%igem Alkohol (auf —15° C vorgekühlt). Die Temperatur in der Lösung soll dabei 0 bis —2° C betragen. Nach Beendigung des Alkoholzusatzes wird noch 30 min gerührt, sodann läßt man langsam 1 m Essigsäure einfließen, bis p_H 6,4 erreicht ist. Der Niederschlag wird durch 30 min Zentrifugieren bei 6000 × g entfernt und verworfen. Zum klaren Überstand gibt man weiter Essigsäure bis p_H 5,1 (etwa 40 ml), läßt 10 min stehen und zentrifugiert den Niederschlag wie oben ab. Er wird in schwach ammoniakalischem Wasser auf ein Endvolumen von etwa 140 ml gelöst (p_H 7,0). Die dunkle, klare Lösung besitzt eine spezifische Aktivität von 300.

Adsorption an Calciumphosphat-Gel und Ammoniumsulfatfällung I. Zur Enzymlösung (Gesamtprotein etwa 6 g) gibt man 170 ml Phosphat-Gel nach KUNITZ[2], rührt die Mischung 15 min und zentrifugiert den Gel-Niederschlag bei 6000 × g ab. Das Filtrat soll etwa noch 10% der Ausgangsaktivität enthalten, es wird verworfen. Der Niederschlag wird nun unter Vermeidung von Schaumbildung mit 100 ml 0,1 m Phosphatpuffer, p_H 7,4, verrührt und wiederum abzentrifugiert. Diese Waschflüssigkeit soll nicht mehr als 15% der gesamten Enzymaktivität enthalten. Beträgt der Anteil weniger, so kann ein zweites Mal mit einem kleineren Puffervolumen nachgewaschen werden. Den Gel-Rückstand nimmt man nun in 50 ml 0,1 m Natriumpyrophosphat auf und gibt dazu 52 ml einer gesättigten Ammoniumsulfatlösung, p_H 9,6 [hergestellt durch Mischen von 160 g reinstem Ammoniumsulfat mit 190 ml 0,1 m $Na_4P_2O_7$, dazu 0,19 ml 1,0 m ÄDTA und 10 ml konz. Ammoniak ($d = 0{,}91$); diese Lösung ist unter dichtem Verschluß bei 2° C aufzubewahren]. Die Ammoniumsulfatsättigung der Proteinlösung beträgt jetzt 40%. Nach 30 min Stehen zentrifugiert man den Niederschlag bei 6000 × g 30 min ab und verwirft ihn. Zum klaren Filtrat (110 ml) gibt man jetzt langsam 18 g festes Ammoniumsulfat (Sättigung 60%) und zentrifugiert den Niederschlag nach 30 min Stehen hochtourig bei 22000 × g ab. Der Niederschlag löst sich klar in 15 ml Wasser und ist meist tiefrot gefärbt. Die spezifische Aktivität dieser Enzymfraktion beträgt 2500.

Alkoholfällung. Für die nun folgende Alkoholfällung muß die Enzymlösung von Ammoniumsulfat befreit werden. Da langdauernde Dialyse mit großen Aktivitäts-

[1] GRASSL, M.: Diss. nat. München 1957.
[2] KUNITZ, M.: J. gen. Physiol. **35**, 423 (1952).

verlusten verknüpft ist, wird die Dauer auf 4 Std beschränkt. Als Dialysierbad dient 1 l 0,05 m K_2HPO_4-Lösung. Der Verlust kann so unter 10% gehalten werden.

Zu 8,5 ml der dialysierten Proteinlösung gibt man sehr vorsichtig 6,15 ml 96%igen, reinen Alkohol (vorgekühlt auf −15° C) und senkt gleichzeitig successive die Temperatur der Lösung auf −10° C. Der geringe Niederschlag wird hochtourig bei −10° C abgetrennt und verworfen. Dem Filtrat fügt man weiter bei −10° C 12,3 ml Alkohol zu und zentrifugiert erneut ab. Der Niederschlag wird in 25 ml Wasser aufgenommen und geht meist nicht ganz klar in Lösung. Bei dieser Alkoholfällung steigt die spezifische Aktivität nur wenig — von 2500 auf 3000 — an.

Abtrennung von Nucleinsäure mit Protamin und Aluminium-Gel. Zur Enzymlösung gibt man unter Rühren 3,75 ml einer 1%igen Lösung von Protaminsulfat und zentrifugiert den gelbbraunen, inaktiven Niederschlag ab. Zum klaren Überstand gibt man nun 3,75 ml Aluminiumhydroxyd-Gel C_γ (nach WILLSTÄTTER, 16 mg Al_2O_3 pro ml) und zentrifugiert nochmals. Auch dieser Niederschlag wird verworfen.

Tabelle 32. *Anreicherungsgang der β-Hydroxyacyl-Dehydrogenase aus Schweineherz* (nach GRASSL[1]).

Reinigungsschritt	Spezifische Aktivität	Gehalt AE	Ausbeute %
Homogenat*	77	8000000	100
Phosphatextrakt	160	7000000	88
Alkohol-Säurefällung . . .	300	4280000	53
Gel-Adsorption	1000	3400000	42
1. Ammoniumsulfatfraktion	2500	2400000	30
Alkoholfällung	3000	1800000	23
2. Ammoniumsulfatfraktion	7500	1200000	15
Ammoniumsulfatwaschung .	15000	1000000	12

* Gewonnen durch Homogenisieren von 1 Teil Schweineherz und 2 Teilen 0,1 m sekundärem Kaliumphosphat.

Zweite Ammoniumsulfatfällung. Die aus dem vorigen Schritt resultierende Enzymlösung wird mit festem, reinstem Ammoniumsulfat bis zur Sättigung von 55% versetzt. Die geringe Trübung zentrifugiert man ab und verwirft sie. Im Verlauf von 1—2 Std gibt man sehr langsam weiter festes Ammoniumsulfat bis 63% Sättigung zu und sammelt den Niederschlag nach 30 min Stehen durch hochtouriges Zentrifugieren. Diese Fraktion besitzt oft eine spezifische Aktivität von 5000—8000 und ist z.B. für die enzymatische CoA-Bestimmung (s. S. 11) gut geeignet. Durch weitere Erhöhung der Ammoniumsulfatsättigung auf 70% läßt sich ein Enzympräparat mit der spezifischen Aktivität von 15000 gewinnen. Dabei ist auf besonders langsame Zugabe des Salzes (im Verlauf mehrerer Std) zu achten. Auch soll man die Suspension vor Abzentrifugieren des Niederschlages einige Tage bei 2° C stehenlassen.

Liegt die Aktivität dieses Präparates erheblich unter dem genannten Wert, so kann man durch Waschen des Niederschlages mit 70% gesättigter Ammoniumsulfatlösung eine weitere Anreicherung bis zur spezifischen Aktivität 15000 erzielen. Durch diese Operation wird auch eine weitgehende Abtrennung der Äpfelsäure-Dehydrogenase, die das gewünschte Protein hartnäckig begleitet, ermöglicht.

Auf der Grundlage des hier beschriebenen Anreicherungsverfahrens, dessen Schritte zusammenfassend in Tabelle 32 wiedergegeben sind, wird β-Hydroxyacyl-Dehydrogenase neuerdings kristallisiert und in den Handel gebracht[2].

Eigenschaften. *Reinheit.* Präparate mit einer spezifischen Aktivität von 7500 aus Schafsleber oder Schweineherz sind frei von β-Ketothiolase und Butyryl-Dehydrogenase, enthalten aber noch Crotonase in Spuren und Malat-Dehydrogenase in großer Menge. Durch Waschungen mit Ammoniumsulfat (vgl. oben) kann der MDH-Anteil auf ein Minimum verringert werden[1]. Elektrophoretisch zeigten die gereinigten Enzymfraktionen sowohl auf Papier als auch in der TISELIUS-Apparatur ein einheitliches Verhalten. Die Aktivität des Enzyms scheint nicht an das Vorliegen von Metallionen gebunden zu sein.

[1] GRASSL, M.: Diss. nat. München 1957.
[2] Präparat der Firma Boehringer & Soehne, Mannheim.

Durch p-Chlormercuribenzoat und Salyrgan in einer Konzentration von 10^{-4} m tritt praktisch völlige Hemmung der Enzymaktivität auf, was die Beteiligung von SH-Gruppen an der Reaktion anzeigt.

Spezifität. Außer mit den natürlichen CoA-Derivaten reagiert das Enzym mit einer Vielzahl ähnlich gebauter Verbindungen[1]. Diese sind zusammen mit den jeweiligen MICHAELIS-Konstanten in Tabelle 33 zusammengestellt. Hieraus geht unter anderem hervor, daß die Affinität des Enzyms zum Acetacetyl-CoA 100—200mal höher ist als die zum einfachsten Modellkörper S-Acetacetyl-N-acetylcysteamin. Bezüglich der Kettenlänge des Acylrestes liegt keine besondere Spezifität vor. Interessanterweise unterscheiden sich die aus Leber und aus Herzmuskel isolierten Enzyme wesentlich in ihrer Umsatzgeschwindigkeit. So beträgt die Wechselzahl für β-Hydroxyacyl-Dehydrogenase aus Leber 3400, für das Herzmuskelenzym dagegen 20900 (Mol Acetacetyl-CoA reduziert pro 100000 g Enzym pro min).

Tabelle 33. MICHAELIS-*Konstanten* (K_M) *von* β-*Hydroxyacyl-Dehydrogenase* (nach LYNEN u. Mitarb.[1]).

Substrat CH_3—CO—CH_2—CO—S—CH_2—CH_2—NH—*Rest*	$K_M \times 10^4$
Rest:	
CH_3—CO—	110
$^{(-)}$OOC—CH_2—CH_2—CO—	3450
$HOCH_2$—CH_2—CH_2—CO—NH—CH_2—CH_2—CO—	110
$HOCH_2$—$C(CH_3)_2$—CH(OH)—CO—NH—CH_2—CH_2—CO—	22
$^{(--)}O_3PO$—CH_2—$C(CH_3)_2$—CH(OH)—CO—NH—CH_2—CH_2—CO—	2,2
Dephospho-CoA	1,2
CoASH	1,1

Das Gleichgewicht der Reaktion Gl. (97) ist infolge der Beteiligung von H^+ vom pH abhängig. Die Gleichgewichtskonstante wurde mit den Derivaten des CoA wie des N-Acetylcysteamins übereinstimmend

$$K' = \frac{[\text{L}(+)\text{-}\beta\text{-Hydroxybutyryl-CoA}] \times [\text{DPN}^+]}{[\text{Acetacetyl-CoA}] \times [\text{DPNH}] \times [\text{H}^+]} = 5{,}25 \times 10^9 \ (25^\circ\ \text{C})$$

gefunden. Über pH 9,5 macht sich außerdem die Dissoziation des Enols der Acetacetyl-Verbindung stark bemerkbar, wodurch die Reaktion praktisch völlig nach der Seite der Ketoverbindung verschoben wird.

Bestimmungsmethoden. Die Bestimmung der Aktivität der β-Hydroxyacyl-Dehydrogenase läßt sich infolge der Beteiligung von DPN bzw. DPNH in einem einfachen optischen Test durchführen. Dabei hat sich für Routinebestimmungen bei der Enzymanreicherung sowie für Messungen der Enzymaktivität in rohen Organextrakten die Verwendung der leicht zugänglichen Modellsubstanz S-Acetacetyl-N-acetylcysteamin (AAC) von besonderem Vorteil erwiesen. Wie Abb. 27 zeigt, verhält sich die Geschwindigkeit der DPNH-Oxydation bei diesem Verfahren innerhalb eines weiten Bereiches proportional zur eingesetzten Enzymmenge.

a) Bestimmung der β-Hydroxyacyl-Dehydrogenase im optischen Test.

Reagentien:

1. 0,1 m S-Acetacetyl-N-acetylcysteamin (AAC).

   203 mg der kristallisierten Verbindung in 10 ml Wasser lösen. Die Lösung hält sich über Monate unverändert im Eisschrank.

[1] LYNEN, F., K. DECKER, O. WIELAND u. D. REINWEIN; in: Biochem. Problems of Lipids. Proc. II. Int. Conf. Gent 1955 (Hrsgb. POPJAK, G., u. E. LE BRETON). S. 142, London 1956.

Darstellung[1]. AAC wird durch Umsetzung von N-Acetylcysteamin (dargestellt nach der Methode von KUHN und QUADBECK[2]) mit Diketen synthetisiert:

$$CH_2{=}C{-}CH_2{-}C{=}O \; (\text{Ring über } O) + HS{-}CH_2{-}CH_2{-}NH{-}CO{-}CH_3 \rightarrow CH_3{-}CO{-}CH_2{-}CO{-}S{-}CH_2{-}CH_2{-}NH{-}CO{-}CH_3 \quad (100)$$

Zu einer Lösung von 10 g N-Acetylcysteamin in 10 ml Äther werden unter Eiskühlung langsam 7,05 g Diketen in Äther gelöst zugegeben. Die Umsetzung beginnt schon in der Kälte, verläuft jedoch erst komplett nach mehrstündigem Stehen bei Zimmertemperatur. Das ölige Reaktionsgemisch wird sodann auf — 10° C abgekühlt, wobei es zu einer kristallinen Paste erstarrt. Die Lösung wird filtriert und der Rückstand mit kaltem Äther gewaschen. Durch mehrmaliges Umkristallisieren aus Äther erhält man die Reinsubstanz in Form farbloser Nadeln mit einem Schmelzpunkt von 60° C. Ausbeute: 8—10 g.

Das UV-Spektrum der Modellsubstanz zeigt Abb. 28.

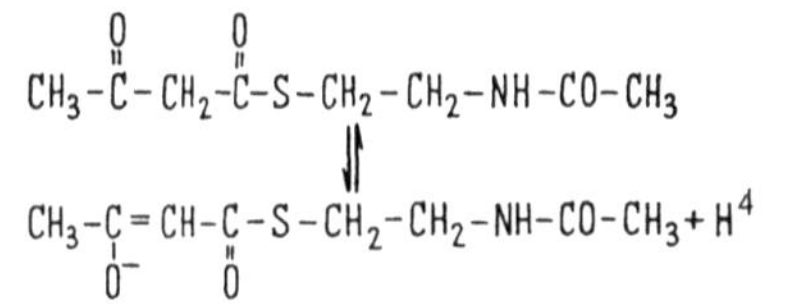

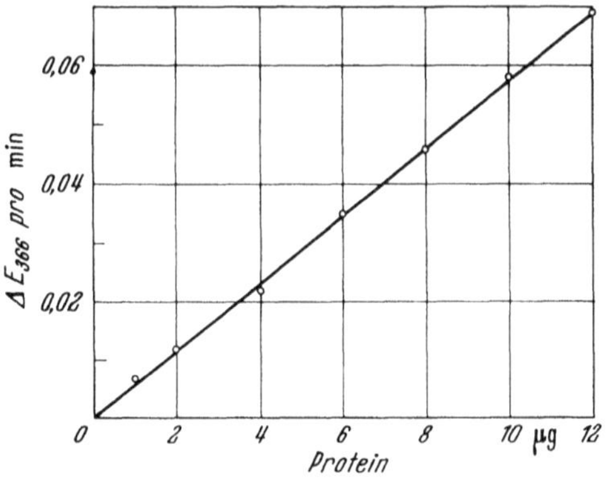

Abb. 27. Optischer Test auf β-Hydroxyacyl-Dehydrogenase (nach LYNEN und WIELAND[1]). Zusammensetzung des Testes vgl. Text.

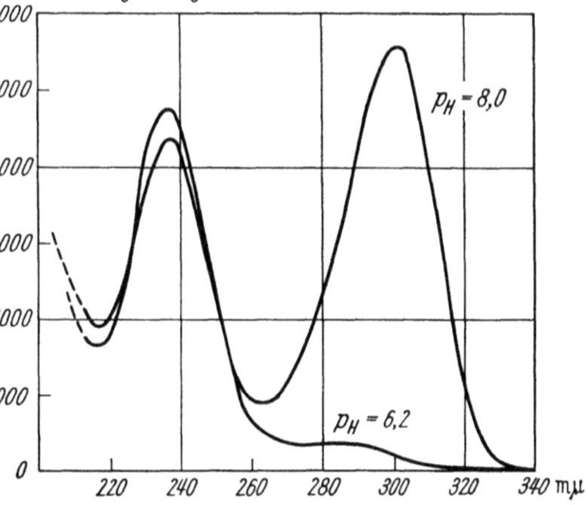

Abb. 28. UV-Spektrum des S-Acetacetyl-N-acetylcystamins (nach LYNEN[3]).

2. 0,1 m Natriumpyrophosphat-HCl-Puffer, p_H 7,3.
3. 0,015 m DPNH-Lösung, p_H 8—9.
4. Enzymlösung: Die zu testende Enzymlösung soll mit 0,001 m ÄDTA so verdünnt werden, daß in 1 ml etwa 2000—6000 E enthalten sind. Die Verdünnungen sind wegen der Möglichkeit der Inaktivierung erst kurz vor Ausführung des Testes vorzunehmen.

Ausführung:

In eine Glasküvette ($d = 1$ cm) pipettiert man 1,92 ml Pyrophosphatpuffer, 0,02 ml DPNH-Lösung und 0,01 ml der Enzymlösung. Durch Zugabe von 0,05 ml AAC-Lösung wird die Reaktion in Gang gesetzt. Das Gesamtvolumen beträgt 2,0 ml. Nach 15 sec liest man die Extinktion bei 366 mµ ab, dann jede weitere min. Unter den angegebenen Bedingungen verläuft die Reaktion mindestens in den ersten beiden Minuten linear.

Standardisierung des Testes. Als Aktivitätseinheit wird die Enzymmenge bezeichnet, die unter den beschriebenen Bedingungen bei 20° C eine Extinktionsabnahme von 0,001 pro min bewirkt. Die spezifische Aktivität wird ausgedrückt in Aktivitätseinheiten pro mg Protein. Der Proteingehalt wird nach der Biuret-Methode[4] bestimmt. Der Nuclein-

[1] LYNEN, F., and O. WIELAND; in: Colowick-Kaplan, Meth. Enzymol., Bd. I, S. 566.
[2] KUHN, R., u. G. QUADBECK: B. 84, 844 (1951).
[3] LYNEN, F.: Fed. Proc. 12, 683 (1953).
[4] BEISENHERZ, G., H. J. BOLTZE, T. BÜCHER, R. CZOK, K. H. GARBADE, E. MEYER-ARENDT u. G. PFLEIDERER: Z. Naturforsch. 8b, 555 (1953).

säuregehalt kann nach der Absorptionsmethode von WARBURG und CHRISTIAN[1] bestimmt werden. Bei der Bestimmung der β-Hydroxyacyl-Dehydrogenaseaktivität in rohen Gewebsextrakten muß eine häufig auftretende Oxydation von DPNH schon ohne Substrat von den Werten mit Substrat in Abzug gebracht werden.

Die Enzymaktivität kann auch bestimmt werden durch Beobachtung der Reaktion Gl. (97) von links nach rechts, wobei das Auftreten der DPNH-Bande verfolgt wird. Infolge der Gleichgewichtslage der Reaktion ist hierbei die Einstellung eines p_H von mindestens 9,5 erforderlich. Ein solcher Test unter Einsatz von enzymatisch dargestelltem β-Hydroxybutyryl-CoA ist von WAKIL u. Mitarb. zur Anreicherung der β-Hydroxyacyl-Dehydrogenase herangezogen worden[2].

4. β-Ketoacylthiolase.

[2.3.1.9 Acetyl-CoA:Acetyl-CoA-Acetyltransferase.]

Das Enzym β-Ketoacylthiolase katalysiert die Spaltung der bei der β-Oxydation anfallenden β-Ketoacyl-CoA-Derivate in Acetyl-CoA und die um 2 C-Atome kürzere Acyl-CoA-Verbindung[3]:

$$CH_3—(CH_2)_n—CO—CH_2—CO—SCoA + CoASH \rightleftharpoons CH_3—(CH_2)_n—CO—SCoA + CH_3—CO—SCoA \quad (101)$$

Durch die Einlagerung der Sulfhydrylgruppe des CoA (Thiolyse) wird auf diese Weise die energiereiche Acyl-Mercaptanbindung konserviert, was für die Ökonomie der Zelle von großer Bedeutung ist.

In umgekehrter Richtung ist die Thiolasereaktion für die Kondensation zweier Moleküle Acetyl-CoA zu Acetacetyl-CoA verantwortlich:

$$2\,\text{Acetyl-CoA} \rightleftharpoons \text{Acetacetyl-CoA} + \text{CoASH} \quad (55)$$

Dies ist die Schlüsselreaktion für die Bildung freier Acetessigsäure und die Biosynthese der vom Isopren abgeleiteten Naturstoffe, wie der Carotinoide, Sterine, des Kautschuks u.a.m.

Vorkommen. Thiolase ist in der Natur außerordentlich weit verbreitet. Mit Ausnahme des Blutserums wurde das Enzym in allen untersuchten Organen von Mensch und Tier aufgefunden, besonders reichlich im Herzmuskel und in den großen parenchymatösen Organen (vgl. Tabelle 34)[4,5]. Das Enzym wurde außerdem in einer Reihe von Mikroorganismen, wie Hefe, *Clostridium kluyveri*[6], *Clostridium saccharobutyricum*[7] und *Clostridium butyricum*[8] nachgewiesen. Innerhalb der Zellen[5] ist das Enzym in den Mitochondrien lokalisiert.

***Isolierung der Thiolase aus Schweineherz nach* HARTMANN[9].**

Die in der Literatur erschienene Vorschrift zur Thiolasedarstellung aus Herzmuskel[10] wurde bei sorgfältiger Nachprüfung als nicht befriedigend befunden. Es soll deshalb ein neu ausgearbeiteter Arbeitsgang im Detail beschrieben werden, der in $^2/_3$ aller Fälle zu 40—80fach angereicherten Thiolasepräparaten führt[9]. Alle Operationen sind, wenn nicht anders vermerkt, bei 0° C durchzuführen.

[1] WARBURG, O., u. W. CHRISTIAN: B. Z. **310**, 384 (1941).
[2] WAKIL, S., D. E. GREEN, S. MII and H. R. MAHLER: J. biol. Ch. **207**, 631 (1954).
[3] LYNEN, F., L. WESSELY, O. WIELAND u. L. RUEFF: Angew. Chem. **64**, 687 (1952).
[4] WIELAND, O., D. REINWEIN u. F. LYNEN; in: Biochem. Problems of Lipids. Proc. II. Int. Conf., Gent 1955 (Hrsg. POPJAK, G., u. E. LE BRETON), S. 155, London 1956.
[5] GOLDMAN, D. S.: J. biol. Ch. **208**, 345 (1954).
[6] STADTMAN, E. R.: Fed. Proc. **12**, 692 (1953).
[7] SZULMAJSTER, J., B. NISMAN et G. COHEN: Cr. **239**, 164 (1954).
[8] GAVARD, R., et H. DESCOURTIEUX: Cr. **239**, 201 (1954).
[9] HARTMANN, G.: Unveröffentlichte Arbeiten aus dem Max Planck-Institut für Zellchemie, München 1956.
[10] STERN, J. R.; in: Colowick-Kaplan, Meth. Enzymol., Bd. I, S. 573.

Darstellung des Rohextraktes. Fünf frische Schweineherzen, von Fett und Bindegewebe möglichst befreit, werden in Stücken durch einen Fleischwolf getrieben, der Brei (etwa 900 g) fünfmal mit der fünffachen Menge eiskalten Leitungswassers (Dekantieren) blutfrei gewaschen. Anschließend wird der Muskelbrei 15 min auf einer großen Nutsche abgesaugt. Durch Homogenisieren im Starmix in Portionen von jeweils 340 g Muskel und 500 ml 0,05 m Kaliumphosphatpuffer, p_H 7,4, enthaltend 0,2 m KCl, wird extrahiert. Nach 5 min Homogenisieren bei Stufe II fügt man jeder Portion weitere 500 ml Pufferlösung zu und läßt nochmals 5 min bei Stufe I zerkleinern. Dieses Rohhomogenat (aus 340 g Muskelbrei etwa 1300 ml) wird 2 Std bei 4500 U/min zentrifugiert und der annähernd klare Überstand durch ein nasses Nylontuch filtriert. Spezifische Aktivität (Definition s. später) dieses Rohextraktes: 100—220.

Tabelle 34. *Verteilung des Enzyms β-Ketoacylthiolase im Tierkörper* (nach WIELAND, REINWEIN und LYNEN[1]).
Die Zahlen geben die spezifischen Enzymaktivitäten (Enzymeinheiten/mg Protein) wieder.

	Ratte	Schaf	Schwein	Kalb	Kaninchen	Mensch
Leber	150,0	150,0	140,0	68,0	155,0	480,0
Niere	176,0	270,0	69,0	69,0	68,8	250,0
Herzmuskel	258,0	130,0	190,0	35,0	67,0	290,0
Nebenniere	71,0	200,0	28,0	37,0	14,0	122,0
Pankreas	—	30,0	16,0	10,0	4,0	204,0
Hirn	19,5	6,5	21,0	7,1	3,0	43,0
Unterhautzellgewebe	87,0	—	—	—	—	—
Brustdrüse, normal	22,0	—	—	—	—	—
Brustdrüse, lactierend	44,0	—	—	—	—	—
Lunge	26,0	—	—	—	—	—
Milz	42,0	—	—	—	—	—
Skeletmuskel	17,0	—	—	—	—	—
Serum	—	—	—	—	—	0

Erste Ammoniumsulfatfällung. Unter mechanischem Rühren wird langsam fein gepulvertes Ammoniumsulfat (245 g pro Liter Rohextrakt) eingestreut, wobei die Lösung mit 2 n Ammoniak laufend auf p_H 7,2 gehalten wird. Nach 30 min zentrifugiert man den Niederschlag 1 Std bei 4500 U/min ab. Zum Überstand gibt man langsam weiter festes Ammoniumsulfat (280 g pro Liter Ausgangsvolumen) und trennt den Niederschlag nach 20 min durch hochtouriges Zentrifugieren bei $20000 \times g$ ab. Er wird in 0,017 m Kaliumphosphatpuffer, p_H 7,7, aufgenommen und zeigt eine spezifische Enzymaktivität von 500—700.

Zweite Ammoniumsulfatfällung. Die Proteinlösung wird mit destilliertem Wasser auf eine Proteinkonzentration von 7—10 mg/ml verdünnt und mit feinst gepulvertem Ammoniumsulfat bis 63,5% Sättigung versetzt. p_H soll dabei auf 7,2 gehalten werden. Nach 30 min wird der Niederschlag hochtourig ($20000 \times g$) abzentrifugiert und verworfen. Zum Überstand gibt man weiter festes Ammoniumsulfat bis 85% Sättigung und zentrifugiert nach 30 min wieder hochtourig ab. Der Niederschlag wird in 0,04 m Trispuffer, p_H 8,4, gelöst. Spezifische Aktivität dieser Fraktion: 800—1400.

Dialyse und Alkoholfällung. Die Enzymlösung wird über Nacht gegen 0,04 m Trispuffer, p_H 7,9, dialysiert. Dabei fällt unter Umständen denaturiertes Protein unter wechselnden Verlusten an Enzymaktivität aus, was durch Abkürzung der Dialyse aber nicht vermieden werden kann. Die dialysierte Lösung wird mit Wasser auf einen Proteingehalt von 17 mg/ml eingestellt und im Verhältnis 2,33:1 mit folgender Mischung versetzt: 0,02 m Zinkacetat in 0,1 m Cystein-HCl, mit 2 m KOH auf p_H 7,6 eingestellt und mit Wasser auf das dreifache Volumen verdünnt. Jetzt läßt man unter Rühren und

[1] WIELAND, O., D. REINWEIN u. F. LYNEN; in: Biochem. Problems of Lipids. Proc. II. Int. Conf., Gent 1955 (Hrsg. POPJAK u. E. LE BRETON), S. 155, London 1956.

sehr guter Kühlung auf —15° C vorgekühlten reinen 96%igen Alkohol vorsichtig bis zu einer Endkonzentration von 33 Vol.% zufließen. Die Temperatur soll dabei bis —8° C absinken, die Lösung jedoch nicht zum Gefrieren kommen. 10 min nach Zugabe des Alkohols wird der Niederschlag kurz bei —10° C hochtourig abzentrifugiert und unter Zusatz von wenig verdünntem NH_3 in destilliertem Wasser gelöst (p_H 7,5). Die spezifische Aktivität dieser Fraktion beträgt 2500—4000. Um die unter Umständen sehr verlustreiche Dialyse zu vermeiden, kann man die Alkohol-Zinkfällung auch nach Verdünnen der Enzymlösung nach der zweiten Ammoniumsulfatfällung auf einen Ammoniumsulfatgehalt von 1% Sättigung durchführen.

Dritte Ammoniumsulfatfällung. Diesem Reinigungsschritt schickt man eine Entfernung von Nucleinsäuren mit Protaminsulfat voraus. 0,5%ige Protaminsulfatlösung wird in Portionen von 0,01 ml unter gutem Rühren zugesetzt, bis der Überstand im Tüpfelversuch keine Trübung mehr mit Protaminsulfat zeigt. Die so erhaltene Lösung stellt man mit Wasser auf einen Eiweißgehalt von 10 mg/ml ein und gibt vorsichtig feinst gepulvertes Ammoniumsulfat bis zur Sättigung von 60% zu. p_H wird dabei auf 7,5 gehalten. Frühestens nach 2 Std wird abzentrifugiert und der Niederschlag verworfen. Zum Überstand gibt man weiter Ammoniumsulfat bis 65% Sättigung und läßt mindestens 3 Std stehen. Diese Fraktion enthält etwa 30% der Thiolaseaktivität, daneben reichlich β-Hydroxyacyl-Dehydrogenase. Durch weitere Erhöhung der Ammoniumsulfatsättigung auf 80% fällt man das restliche Protein aus und läßt die Suspension bei p_H 7,5 über Nacht im Eisschrank stehen. Der Niederschlag wird hochtourig abzentrifugiert und in wenig 0,02 m Kaliumphosphatpuffer, p_H 8,0, aufgenommen. Die spezifische Aktivität dieser Fraktion liegt zwischen 7500 und 10000. Das Präparat ist in eingefrorenem Zustand gut haltbar.

Bestimmung der Ammoniumsulfatkonzentration. Die Bestimmung der Ammoniumsulfatkonzentration kann auf folgende Weise titrimetrisch erfolgen[1]: 0,1 ml der zu untersuchenden Lösung, die außer Ammoniumsulfat kein anderweitiges SO_4^{--} enthalten darf, wird mit 5 ml H_2O verdünnt und dazu 2 Tropfen 0,1 m HCl und 5 ml 96%iger reiner Alkohol zugesetzt. Die Probe wird sodann mit 5 Tropfen 0,2% methanolischer Lösung von Alizarin S angefärbt und aus einer Mikrobürette mit 0,025 m $BaCl_2$ bis zum Farbumschlag von Gelb auf Blaßrosa titriert. Die verbrauchten ml $BaCl_2$ — geteilt durch 4 — ergeben die Molarität der unverdünnten Probelösung an Ammoniumsulfat. Zur Umrechnung auf Ammoniumsulfatsättigung legt man zugrunde, daß eine 100% gesättigte Ammoniumsulfatlösung (0° C) einer Konzentration von 3,9 m entspricht.

Die für die Einstellung einer gewünschten Ammoniumsulfatsättigung erforderliche Salzmenge wird nach der Formel

$$(NH_4)_2SO_4\ (g) = \frac{V \times 1{,}77 \times (S - s)}{3{,}54 - S}$$

berechnet, wobei V = Volumen der Lösung, S und s = gewünschte bzw. vorliegende Ammoniumsulfatsättigung in Bruchteilen von 1 ist.

Eigenschaften der Herzmuskel-Thiolase. β-Ketothiolase ist ein typisches SH-Enzym, das durch Jodacetamid in einer Konzentration von 10^{-4} m vollständig gehemmt wird. Bezüglich der Spezifität liegen widersprechende Angaben vor. So fand STERN eine weitgehende Einstellung seines Thiolasepräparates auf Acetacetyl-CoA[2], während das nach vorliegender Vorschrift gewonnene Enzym eine sehr große Spezifitätsbreite bis zu den langkettigen β-Ketoacyl-CoA-Derivaten besitzt, ja sogar β-Phenyl-β-ketoacyl-CoA-Verbindungen zum Umsatz bringt. Auch für CoA ist die Spezifität nicht streng. Vielmehr reagiert Thiolase auch mit den Acyl-Derivaten des Pantethein-4'-phosphates, des Pantetheins, des N-Acetylcysteamins und des Glutathions. Diese Tatsache war für die Auf-

[1] FRITZ, J.S., and M.Q. FREELAND: Analyt. Chem., Washington 26, 1593 (1954).
[2] STERN, J. R.; in: Colowick-Kaplan, Meth. Enzymol., Bd. I, S. 573.

stellung einfacher optischer Testverfahren von Bedeutung. Die in Frage kommenden Substrate und ihre MICHAELIS-Konstanten sind in Tabelle 35 zusammengestellt.

Das Gleichgewicht der Thiolasereaktion liegt weit auf der Seite der Spaltprodukte, ist aber p_H-abhängig, weil sich im alkalischen Bereich Enolat bildet und damit H^+

Tabelle 35. MICHAELIS-*Konstanten* (K_M) *von β-Ketoacylthiolase* (nach LYNEN u. Mitarb.[1]).

Substrat CH_3—CO—CH_2—CO—S—CH_2—CH_2—NH-Rest (Donator) bzw. HS—CH_2—CH_2—NH-Rest (Acceptor)	$K_M \times 10^5$	
	Donator	Acceptor
Rest:		
CH_3—CO—	570*	154
$HOCH_2$—CH_2—CH_2—CO—NH—CH_2—CH_2—CO—	40 104*	67
$HOCH_2$—$C(CH_3)_2$—CH(OH)—CO—NH—CH_2—CH_2—CO—	3,0	10
$^{(--)}O_3PO$—CH_2—$C(CH_3)_2$—CH(OH)—CO—NH—CH_2—CH_2—CO—	10,0	24
Dephospho-CoA	4,3	9,1
Coenzym A	3,0	5,2
Andere Thiole		
Glutathion	560*	680
Thioglykolsäure	0	254
Cystein	—	570

* $p_H = 6,8$; sonst $p_H = 7,5$.

auftritt. Auch Mg^{++} ist infolge Bildung eines Enolat-Komplexes von Einfluß auf die Gleichgewichtslage. Für die Reaktion

$$K' = \frac{[\text{Acetacetyl-CoA}] \times [\text{CoASH}]}{[\text{Acetyl-CoA}]^2}$$

wurden folgende Werte gefunden[2]: p_H 6,0 = 1,48 × 10^{-5} m; p_H 7,0 = 1,56 × 10^{-5} m; p_H 8,0 = 1,85 × 10^{-5} m; p_H 9,0 = 6,62 × 10^{-5} m; p_H 8,0 (13 μM Mg^{++}/ml) = 6,17 × 10^{-5} m; p_H 8,0 (200 μM Mg^{++}/ml) = 43,6 × 10^{-5} m.

Unter physiologischen Bedingungen stellt sich durch das Hinzutreten der nachfolgenden enzymatischen Hydrierung von β-Ketoacyl-CoA (β-Hydroxyacyl-Dehydrogenasereaktion, vgl. oben) an der Thiolase ein nach der Mittellage tendierendes Gleichgewicht ein.

Die Wechselzahl seiner reinsten Thiolasepräparate gibt STERN mit 6500 an, d.h. 100000 g Enzym katalysieren die Spaltung von 6500 M Acetacetyl-CoA pro min (25° C)[3].

Bestimmungsmethoden.

Für die Bestimmung der Enzymaktivität wurde eine Reihe von optischen Verfahren teils einfacher, teils zusammengesetzter Natur ausgearbeitet.

I. Einfache optische Teste. Sie beruhen auf der von LYNEN u. Mitarb. entdeckten Tatsache, daß Thioester der β-Ketosäuren in alkalischer Lösung eine intensive Absorptionsbande bei 300 mμ, die dem Enolation zukommt, aufweisen[4,5]. In Abb. 28 ist das Absorptionsspektrum von S-Acetacetyl-N-acetylcysteamin als Beispiel wiedergegeben. Somit kann sowohl die Bildung als auch die Spaltung von β-Ketoacylthioestern am Auftreten oder Verschwinden der spezifischen Lichtabsorption in dem genannten Bereich optisch verfolgt werden. Durch Zusatz von Mg^{++}, welches mit den Enolaten Komplexe

[1] LYNEN, F., K. DECKER, O. WIELAND u. D. REINWEIN; in: Biochem. Problems of Lipids. Proc. II. Int. Conf., Gent 1955 (Hrsg. POPJAK, G., u. E. LE BRETON), S. 142, London 1956.
[2] DECKER, K.: Diss. rer. nat. München, 1955.
[3] STERN, J. R.; in: Colowick-Kaplan, Meth. Enzymol., Bd. I, S. 573.
[4] LYNEN, F.: Harvey Lect. **48**, (1952/53) 210 (1954).
[5] LYNEN, F., L. WESSELY, O. WIELAND u. L. RUEFF: Angew. Chem. **64**, 687 (1952).

bildet, läßt sich die Empfindlichkeit dieser Teste wesentlich steigern[1]. Die im folgenden beschriebenen Bestimmungsmethoden gehen von der schon erwähnten Eigenschaft des Enzyms aus, außer mit den natürlich vorkommenden β-Ketoacyl-CoA-Derivaten auch mit einfacher gebauten Substraten in ausreichender Geschwindigkeit zu reagieren, ein Befund, der sich von großer praktischer Bedeutung erwiesen hat.

a) Messung der Thiolaseaktivität an Hand der Thioesterspaltung.

Prinzip:

Bei diesem einfachen optischen Test wird die Geschwindigkeit der Extinktionsabnahme bei 313 mμ* entsprechend der thiolytischen Spaltung von Acetacetyl-pantethein durch Pantethein gemessen. (Bezüglich der Struktur der genannten Substrate vgl. Tabelle 36).

$$\text{Acetacetylpantethein} + \text{Pantethein} \rightleftharpoons 2\,\text{Acetylpantethein} \qquad (102)$$

Reagentien:

1. 0,2 m Trishydroxymethylaminomethan (Tris)-Puffer, p_H 7,5, enthaltend $MgCl_2$ in einer Endkonzentration von 0,2 m.
2. 0,008 m S-Acetacetylpantethein.

   Darstellung[2]: S-Acetacetylpantethein wird durch Umsetzung von Pantethein mit Diketen hergestellt.

$$\text{HS-Pantethein} + \underbrace{CH_2{=}C{-}CH_2{-}C{=}O}_{\llcorner\,O\,\lrcorner} \rightarrow CH_3{-}CO{-}CH_2{-}CO{-}\text{S-Pantethein} \qquad (103)$$

   (Die Einzelheiten der präparativen Gewinnung vgl. Darstellung von S-Acetacetyl-CoA, S. 153).
3. 0,05 m Pantethein.
4. Enzymlösung: 0,01 ml sollen etwa 30—50 Thiolaseeinheiten (Definition vgl. unten) enthalten.

Ausführung:

In eine Quarzküvette ($d = 1$ cm) gibt man 1,43 ml Tris-Mg-Puffer, p_H 7,5, 0,01 ml S-Acetacetylpantethein und 0,01 ml Enzymlösung. Nach 3 min setzt man die Reaktion durch Zugabe von 0,02 ml Pantetheinlösung in Gang und liest in Abständen von 30 bis 60 sec die Extinktionsabnahme bei 313 mμ über mehrere min ab. Bei nicht zu hohen Enzymkonzentrationen ist die Anfangsgeschwindigkeit wenigstens 2 min linear.

Als Maß für die *Enzymaktivität* wird diejenige Proteinmenge definiert, die unter den genannten Testbedingungen zu einer Extinktionsabnahme $\Delta E_{313} = 0{,}001$ min führt. Die Zahl der Einheiten, bezogen auf 1 mg Protein, letzteres bestimmt nach der Biuret-Methode, gibt die spezifische Enzymaktivität an.

Dieses Testverfahren eignet sich auch zur Bestimmung der Thiolaseaktivität in rohen Gewebsextrakten[3]. Der Verlauf einer solchen Messung in einem Rohextrakt aus Rattenleber ist in Abb. 29 wiedergegeben.

b) Thiolasebestimmung im kondensierenden Test.

Die Aktivität des Enzyms kann auch in umgekehrter Richtung bestimmt werden, wobei die mit der Ausbildung der Thioesterbande bei 300 mμ auftretende Lichtabsorption gemessen wird. Dieser Test wird bei p_H 9,3 durchgeführt, da die Kondensationsreaktion im Alkalischen begünstigt ist (vgl. die K'-Werte auf S. 125). Auf den Zusatz von Mg^{++} kann in diesem Falle verzichtet werden.

Testansatz. In einer Quarzküvette ($d = 1$ cm) mischt man in einem Endvolumen von 2,0 ml: Trispuffer, p_H 9,3 (1250 μM); Acetylpantethein (50 μM); Enzym 20—50 E pro

* Für $\lambda = 313$ mμ steht beim Photometer Eppendorf ein Filter zur Verfügung.

[1] STERN, J. R., M. J. COON and A. DEL CAMPILLO: Am. Soc. **75**, 1517 (1953).

[2] DECKER, K.: Diss. nat. München, 1955.

[3] WIELAND, O., D. REINWEIN u. F. LYNEN; in: Biochem. Problems of Lipids. Proc. II. Int. Conf., Gent 1955 (Hrsg. POPJAK u. E. LE BRETON), S. 155, London 1956.

Ansatz. Die Zunahme der Extinktion wird zwischen der 30. sec nach dem Start und der 6. Reaktionsminute abgelesen. Als eine Einheit wird diejenige Enzymmenge festgelegt, die zu einer Zunahme der Extinktion $\Delta E_{313} = 0{,}001$ pro min (Durchschnittswert) führt. Die spezifische Aktivität ist wie oben definiert. Die Empfindlichkeit dieser Methode liegt nur wenig unter der zuletzt beschriebenen.

Als Substrat für die Thiolasebestimmung nach dem zuletzt geschilderten Prinzip läßt sich auch die wesentlich einfacher gebaute Modellsubstanz N,S-Diacetylcysteamin (Darstellung vgl. S. 89) heranziehen[1]:

$$2\,CH_3{-}CO{-}S{-}CH_2{-}CH_2{-}NH{-}CO{-}CH_3 \rightleftharpoons \\ CH_3{-}CO{-}CH_2{-}CO{-}S{-}CH_2{-}CH_2{-}NH{-}CO{-}CH_3 + SH{-}CH_2{-}CH_2{-}NH{-}CO{-}CH_3 \quad (104)$$

In einem Testansatz, bestehend aus 180 μM Trispuffer, p_H 9,4, 240 μM $MgCl_2$, 66 μM N,S-Diacetylcysteamin, erwies sich die bei 313 mμ gemessene Extinktionszunahme über einen großen Bereich direkt proportional der eingesetzten Thiolasemenge. Infolge der geringeren Empfindlichkeit gegenüber dem zuletzt beschriebenen Verfahren müssen hierbei allerdings größere Enzymmengen eingesetzt werden.

II. Zusammengesetzte optische Teste. Außer den genannten direkten Verfahren wurden für die Bestimmung der Thiolaseaktivität auch verschiedene kombinierte optische Teste ausgearbeitet. Sie beruhen auf der Umwandlung der bei der Thiolasereaktion entstehenden Produkte in einer spektralphotometrisch erfaßbaren Hilfsreaktion.

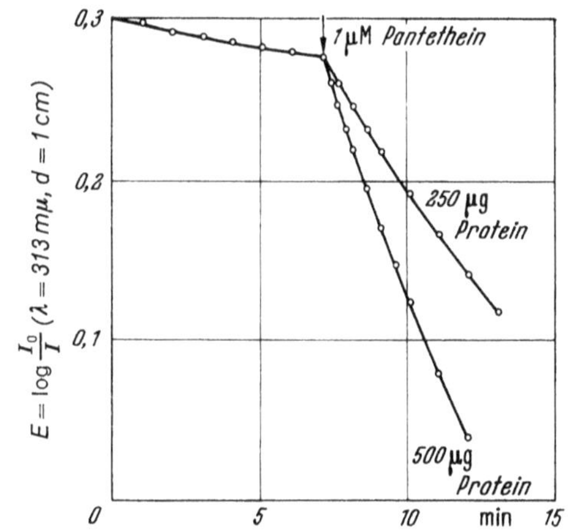

Abb. 29. Thiolasebestimmung in rohen Leberextrakten (WIELAND u. Mitarb.[3]).

a) Koppelung mit Arylaminacetylase nach **REINWEIN**[1,2].

Prinzip:

Durch die Einschaltung des Enzyms Arylaminacetylase (vgl. S. 87) wird das bei der thiolytischen Spaltung auftretende Acetyl-CoA unter Entfärbung des bei 420 mμ absorbierenden p-Nitroanilins verbraucht. Als Substrat kann hierbei der Modellkörper S-Acetacetyl-N-acetylcysteamin verwendet werden (Darstellung vgl. S. 121), der nach folgender Gleichung durch CoA enzymatisch gespalten wird:

$$CH_3{-}CO{-}CH_2{-}CO{-}S{-}CH_2{-}CH_2{-}NH{-}CO{-}CH_3 + HS{-}CoA \rightleftharpoons \\ CH_3{-}CO{-}S{-}CoA + CH_3{-}CO{-}S{-}CH_2{-}CH_2{-}NH{-}CO{-}CH_3 \quad (105)$$

Bei der zweiten Reaktion der Acetylübertragung von Acetyl-CoA auf p-Nitroanilin [Reaktion Gl. (2)] wird freies CoA zurückgeliefert, so daß man mit katalytischen Mengen von CoA auskommt.

Testmischung. 140 μM Phosphatpuffer, p_H 6,8; 40 μM ÄDTA; 7 μM Thioglykolat; 4 μM Glutathion-SH; 0,11 μM p-Nitroanilin; 0,07 μM CoASH; Arylaminacetylase aus Taubenleber (Darstellung vgl. S. 88), 2—3 mg Protein; Thiolasefraktion und 5 μM S-Acetacetyl-N-acetylcysteamin. Endvolumen 1,6 ml; $d = 1$ cm. Bei Verwendung von Acetacetyl-CoA als Substrat kommt man bei diesem Testverfahren mit 0,05 μM pro Ansatz aus. Die Entfärbung des p-Nitroanilin wird in Minutenabständen bei $\lambda = 405$ mμ verfolgt.

b) Koppelung mit Äpfelsäure-Dehydrogenase und citratkondensierendem Enzym. Das Prinzip dieses Testes ist schon mehrfach beschrieben worden (vgl. Succinyl-Acetacetat-Thiophorase, S. 66;

[1] LYNEN, F., K. DECKER, O. WIELAND u. D. REINWEIN; in: Biochem. Problems of Lipids. Proc. II. Int. Conf., Gent 1955 (Hrsg. POPJAK, G., u. E. LE BRETON), S. 142, London 1956.

[2] REINWEIN, D.: Unveröffentlicht.

[3] WIELAND, O., D. REINWEIN u. F. LYNEN; in: Biochem. Problems of Lipids. Proc. II. Int. Conf., Gent 1955 (Hrsg. POPJAK u. E. LE BRETON), S. 155, London 1956.

citratkondensierendes Enzym, S. 79). Hierbei wird die von Bilanzgleichung (106) wiedergegebene Reaktionsfolge durch Messung der DPNH-Bildung beobachtet:

$$\text{Acetacetyl-CoA} + 2\,\text{Malat} + 2\,\text{DPN}^+ + 2\,H_2O \rightleftharpoons 2\,\text{Citrat} + \text{CoASH} + 2\,\text{DPNH} + 4\,H^+ \quad (106)$$

Bezüglich der Einzelheiten dieser Bestimmungsmethode muß auf die Originalarbeit verwiesen werden[1].

c) Koppelung mit β-Hydroxyacyl-Dehydrogenase. Die kondensierende Thiolasereaktion läßt sich auch mit der DPNH-abhängigen Reduktion des gebildeten β-Ketoacylthioesters durch das Enzym β-Hydroxyacyl-Dehydrogenase (vgl. S. 116) entsprechend folgender Bilanzgleichung kombinieren:

$$2\,\text{Acetyl-CoA} + \text{DPNH} + H^+ \rightleftharpoons \beta\text{-Hydroxybutyryl-CoA} + \text{DPN}^+ + \text{CoASH} \quad (107)$$

Mit diesem Test wurde Thiolase zum ersten Male in Leberextrakten nachgewiesen[2]. Seit der Entwicklung der direkten optischen Methoden kommt ihm jedoch nur noch untergeordnete Bedeutung zu. Es kann deshalb auf eine detailierte Darstellung verzichtet werden.

II. Die Biosynthese der Fettsäuren.

Für die Biosynthese der Fettsäuren kommen grundsätzlich zwei Möglichkeiten in Betracht: 1. die Umkehr der Fettsäurespirale (vgl. Abb. 23) durch die in den Mitochondrien lokalisierten Enzyme und 2. ein Weg, der, vom Acetyl-CoA ausgehend, über Malonyl-CoA zu den höheren Fettsäuren führt. Die hieran beteiligten Enzyme sind im cytoplasmatischen Teil der Zellen untergebracht. Dieser letztere Weg dürfte für den Aufbau der Fettsäuren im Organismus in erster Linie verantwortlich sein.

1. Umkehr der Fettsäurespirale.

Von den vier Enzymreaktionen der Fettsäurespirale verlaufen die β-Ketoacylthiolase-, die β-Hydroxyacyl-Dehydrogenase- und die Enoylhydratasereaktion reversibel. Dagegen ist die Wirkung der Acyl-Dehydrogenasen nicht umkehrbar. Hier tritt bei der Reduktion der α,β-ungesättigten Acyl-CoA-Derivate ein TPN-spezifisches Enzym in Aktion, das als „reduzierendes Enzym des Fettsäurecyclus" bezeichnet wurde. Auf Grund der Gleichgewichtslage der Thiolasereaktion, die praktisch vollständig in Richtung der Spaltung von Acetacetyl-CoA verläuft, kann die Fettsäuresynthese durch Umkehr der Fettsäurespirale in vivo erwartungsgemäß nur unter extremen Bedingungen zustande kommen.

„Reduzierendes Enzym" der Fettsäurespirale.

Das Enzym katalysiert die TPNH-abhängige Hydrierung der α,β-ungesättigten Acyl-CoA-Derivate nach folgender Gleichung:

$$\begin{aligned}&CH_3\text{—}(CH_2)_n\text{—}CH{=}CH\text{—}CO\text{—}SCoA + \text{TPNH} + H^+ \rightleftharpoons \\ &\qquad CH_3\text{—}(CH_2)_n\text{—}CH_2\text{—}CH_2\text{—}CO\text{—}SCoA + \text{TPN}^+\end{aligned} \quad (108)$$

Ein entsprechendes Enzym konnte aus Mitochondrien von Ratten- und Schweineleber sowie aus Hefe isoliert werden[3,4]. Seine Entdeckung und Isolierung führte auch erstmals zu erfolgreichen Versuchen, eine von Acetat ausgehende in vitro-Synthese von Fettsäuren in einem System löslicher Enzyme durchzuführen[4].

Nach einer kurzgefaßten Vorschrift[4] geht man zur Isolierung des „reduzierenden Enzyms" von frischen Mitochondrien aus Schweineleber aus, die in einer Rohrzucker-K_2HPO_4-Lösung (0,25 m Rohrzucker, 0,5%ige K_2HPO_4) suspendiert und mit 0,005 Vol. 40%iger Natriumcholatlösung versetzt werden. Durch wiederholtes fraktioniertes Zentrifugieren bei 20000, 30000 und 40000 U/min in der Spinco-Ultrazentrifuge und durch 4malige, 1—2stündige Inkubation der so erhaltenen Partikel mit Natriumcholat (Endkonzentration

[1] GOLDMAN, D. S.: J. biol. Ch. **208**, 345 (1954).
[2] LYNEN, F., L. WESSELY, O. WIELAND u. L. RUEFF: Angew. Chem. **64**, 687 (1952).
[3] LANGDON, R. G.: Am. Soc. **77**, 5190 (1955).
[4] SEUBERT, W., G. GREULL u. F. LYNEN: Angew. Chem. **69**, 359 (1957).

0,1 %) in Rohrzucker-K_2HPO_4-Lösung können die Enzyme β-Ketothiolase, β-Hydroxyacyl-Dehydrogenase und Acyl-Dehydrogenasen vollständig abgetrennt werden. Dagegen enthält das auf diese Weise gereinigte „reduzierende Enzym" noch Spuren von Crotonase. Alle Operationen werden bei 0° C durchgeführt.

Spezifität. Die Wirksamkeit des Enzympräparates aus Leber-Mitochondrien erstreckt sich auf die CoA-Derivate der normalen α,β-ungesättigten Säuren von C_4—C_{16} [1]. Dehydrostearyl-CoA und seine höheren Homologen wurden bisher noch nicht geprüft.

Bestimmung des „reduzierenden Enzyms". Die Aktivität des „reduzierenden Enzyms" kann im optischen Test durch Messung des TPNH-Verbrauches bei 340 bzw. 366 mμ direkt bestimmt werden. Die Reduktion von Crotonyl-CoA durch TPNH und reduzierendes Enzym aus Rattenleber ist in Abb. 30 gezeigt.

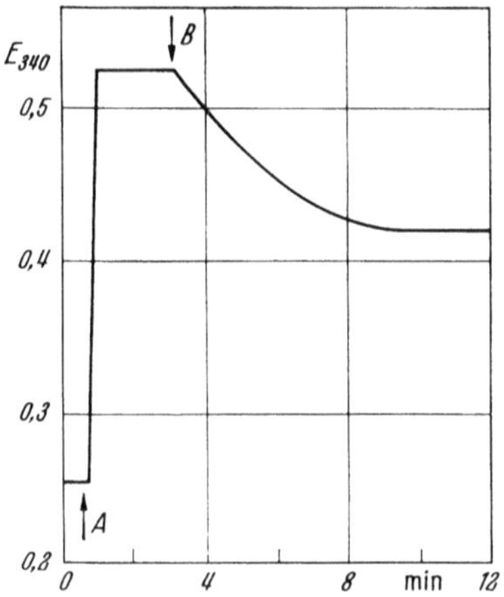

Abb. 30. Reduktion von Crotonyl-CoA durch TPNH (nach LANGDON[2]). Ansatz: 400 μM KCl, 30 μM $MgCl_2$, 100 μM Nicotinsäureamid, 1 μM Trispuffer, p_H 7,5, 0,5 ml dialysiertes Rattenleberenzym. Bei *A*: 0,18 μM TPNH, bei *B*: 0,1 μM Crotonyl CoA. Volumen: 3,0 ml, λ = 340 mμ, *d* = 1 cm.

2. Fettsäuresynthese über Malonyl-CoA.

Im Gegensatz zu dem partikelgebundenen Weg der Fettsäuresynthese wurde in den letzten Jahren ein Mechanismus entdeckt, der durch Enzyme des Cytoplasmas katalysiert wird[3–6]. Dieser CO_2- und biotinabhängige Syntheseweg setzt sich aus zwei Abschnitten zusammen: der Carboxylierung von Acetyl-CoA zu Malonyl-CoA durch das Enzym Acetylcarboxylase und der reduktiven Umwandlung von Malonyl-CoA in die höheren Fettsäuren[7–9].

$$\mathrm{n\,CH_3CO{-}SCoA + n\,CO_2 + n\,ATP \rightleftharpoons n\,COOH{-}CH_2{-}CO{-}SCoA + n\,ADP + n\,P_a} \quad (109)$$

$$\mathrm{CH_3{-}CO{-}SCoA + n\,\overset{\displaystyle COOH}{\overset{|}{C}}H_2{-}CO{-}SCoA + 2n\,TPNH + 2n\,H^+ \rightarrow} \quad (110)$$
$$\mathrm{CH_3{-}(CH_2{-}CH_2)_n{-}CO{-}SCoA + n\,CO_2 + n\,CoASH + 2n\,TPN^+ + n\,H_2O}$$

$$\mathrm{(n+1)\,CH_3{-}CO{-}SCoA + n\,ATP + 2n\,TPNH + 2n\,H^+ \xrightarrow{(CO_2)}} \quad (111)$$
$$\mathrm{CH_3{-}(CH_2{-}CH_2)_n{-}CO{-}SCoA + n\,CoASH + n\,ADP + n\,P_a + 2n\,TPN^+ + n\,H_2O}$$

Bei diesem Mechanismus tritt Malonyl-CoA als Kondensationspartner an die Stelle von Acetyl-CoA[10–12]. Dies erscheint von besonderer physiologischer Bedeutung, da die begleitende Decarboxylierung von Malonyl-CoA, thermodynamisch gesehen, die Gesamtreaktion nach der Seite der Synthese treibt und damit das ungünstige Thiolasegleichgewicht umgangen wird[12]. Biotin ist als Coenzym der Carboxylierung bei diesem Prozeß beteiligt[13].

Der beschriebene Weg der Fettsäuresynthese wurde in löslichen Enzymextrakten aus Taubenleber entdeckt[3] und später auch in Hefe-[4] und Herzmuskelextrakten[11] nachgewiesen.

1 SEUBERT W., G. GREULL u. F. LYNEN: Angew. Chem. **69**, 359 (1957).
2 LANGDON, R. G.: Am. Soc. **77**, 5190 (1955).
3 BRADY, R. O., and S. GURIN: J. biol. Ch. **199**, 421 (1952).
4 KLEIN, H. P.: J. Bact. **73**, 530 (1957).
5 GIBSON, D. M., E. B. TITCHENER and S. J. WAKIL: Am. Soc. **80**, 2908 (1958).
6 SQUIRES, C., P. K. STUMPF and C. SCHMID: Plant Physiol. **33**, 365 (1958).
7 GIBSON, D. M., E. B. TITCHENER and S. J. WAKIL: Biochim. biophys. Acta **30**, 376 (1958).
8 LYNEN, F.: Coll. int. Centre nat. Rech. sci. XCIX, Marseille, S. 71, 1961.
9 LYNEN, F.: Fed. Proc. **20**, 941 (1961).
10 BRADY, R. O.: Proc. nat. Acad. Sci. USA **44**, 993 (1958).
11 WAKIL, S. J.: Am. Soc. **80**, 6465 (1958).
12 LYNEN, F.: J. cellul. comp. Physiol. **54**, Suppl. **1**, 33 (1959).
13 WAKIL, S. J., E. B. TITCHENER and D. M. GIBSON: Biochim. biophys. Acta **29**, 225 (1958).

In letzter Zeit wurde sowohl Acetylcarboxylase als auch das Enzym der Fettsäuresynthese aus Malonyl-CoA (Fettsäuresynthetase) aus Hefe und tierischen Geweben in hochgereinigter Form dargestellt und näher charakterisiert[1].

Acetyl-CoA-Carboxylase.

[6.4.1.2 Acetyl-CoA: CO_2-Ligase (ADP).]

Der erste Schritt der cytoplasmatisch ablaufenden Fettsäuresynthese aus Acetyl-CoA besteht nach Reaktion Gl. [109] in einer ATP-abhängigen CO_2-Aufnahme unter Bildung von Malonyl-CoA. Wie schon oben erwähnt, ist an dieser Carboxylierung Biotin als Coenzym beteiligt. Im Gesamtsystem der Fettsäuresynthese aus Acetat stellt die Acetylcarboxylase den geschwindigkeitsbestimmenden Schritt dar[2,3]. Der Verminderung der Carboxylaseaktivität der Leber bei Hunger[2] und Diabetes[4] kommt deshalb einige Bedeutung für das Verständnis der Fettsäuresynthesehemmung unter den genannten Umständen zu.

Acetylcarboxylase ist in hochgereinigter Form aus Pflanzen[5], Hefe und Rattenleber[6] dargestellt und in ihren Eigenschaften eingehend untersucht worden.

***Darstellung der Acetyl-CoA-Carboxylase aus Rattenleber nach* Matsuhashi *u. Mitarb.*[6].**

1. Herstellung des Leberextraktes.* 30 Sprague-Dawley-Ratten von 80—100 g Gewicht wurden durch Kopfschlag getötet und die Lebern (157 g) mit 200 ml 0,1 m Kaliumphosphat (p_H 7,5) im Homogenisator nach Potter-Elvehjem homogenisiert. Das Homogenat wurde in der Spinco-Ultrazentrifuge (Modell L) bei 78000×g 1 Std zentrifugiert und der klare, partikelfreie Überstand mit 40 ml 0,1 m Kaliumphosphat (p_H 7,5) verdünnt. Rohextrakt 280 ml, Protein 24,4 mg/ml oder 6830 mg.

2. Erste Ammoniumsulfat-Fraktionierung. Der Rohextrakt wurde mit 49,3 g festem Ammoniumsulfat versetzt (30% Sättigung). Der Zusatz von Ammoniumsulfat erfolgte unter mechanischem Rühren mit einem Magnetrührer gleichmäßig über 20 min. Zwischendurch wurde einmal auf p_H 7,5 nachgestellt. End-p_H 7,2—7,4. Nach 30 min weiterem Rühren wurde das ausgeschiedene Protein bei 20000×g 25 min abzentrifugiert und in 0,02 m Kaliumphosphat (p_H 7,5) aufgenommen. Die Enzymlösung war stark getrübt. Der unlösliche Niederschlag wurde nach Aufbewahren der Enzymlösung im Eisbad über Nacht abzentrifugiert. Überstand 18,5 ml, Protein 66,5 mg/ml oder 1230 mg. Das Enzym konnte nach diesem Schritt bei 0° C einige Tage, bei —15° C mehrere Wochen ohne Verlust an Aktivität aufbewahrt werden.

3. Adsorption an $Ca_3(PO_4)_2$-Gel. Die Enzymlösung wurde mit 3 Vol. Wasser** verdünnt und in 60 ml $Ca_3(PO_4)_2$-Gel (16,7 mg/ml) eingerührt (Protein: Gel = 1:0,8, Endkonzentration des Proteins 9 mg/ml). Nach 10 min Rühren wurde das Gel abzentrifugiert und dreimal mit 40 ml 0,033 m Kaliumphosphat (p_H 7,5) gewaschen. Dabei wird nahezu alle Aktivität an Fettsäuresynthetase und Isocitrat-Dehydrogenase entfernt. Die Acetyl-CoA-Carboxylase wurde dann dreimal mit je 40 ml 0,2 m Kaliumphosphat (p_H 7,5) eluiert. Die vereinigten Eluate wurden mit 0,1 m MgK_2-ÄDTA zur Endkonzentration 0,005 m versetzt und klarzentrifugiert. Diese Behandlung erhöht die Stabilität des Enzyms beträchtlich. Endvolumen 126 ml, Protein 3,5 mg/ml oder 440 mg.

* Alle Schritte werden bei 0—2° C durchgeführt. Die Kaliumphosphatlösungen enthielten 0,002 m Kalium-ÄDTA, p_H 7,5.

** Nach dem Gelschritt wurde ausschließlich quarzdestilliertes Wasser mit Kalium-ÄDTA (p_H 7,5) in der Endkonzentration 0,002 m verwendet.

[1] Lynen, F.; in: Colowick-Kaplan, Meth. Enzymol., Bd. V, S. 443.
[2] Numa, S., M. Matsuhashi u. F. Lynen: B. Z. **334**, 203 (1961).
[3] Ganguly, I.: Biochim. biophys. Acta **40**, 110 (1960).
[4] Wieland, O., I. Neufeldt, S. Numa u. F. Lynen: B.Z. **336**, 455 (1963).
[5] Hatch, M.D., u. P.K. Stumpf: J. biol. Ch. **236**, 2879 (1961).
[6] Matsuhashi, M., S. Matsuhashi, S. Numa u. F. Lynen: B. Z. **340**, 263 (1964).

4. Zweite Ammoniumsulfatfällung und Ultrazentrifugation. Dem $Ca_3(PO_4)_2$-Gel-Eluat wurden — wie in Schritt 2 — 20,8 g Ammoniumsulfat p.a. zugesetzt (25% Sättigung). Das ausgeschiedene Protein wurde abzentrifugiert, in 0,005 m Kaliumphosphat (p_H 7,5) aufgenommen und durch Zentrifugieren von der Trübung befreit. Vol. 11,1 ml, Protein 25,1 mg/ml oder 278 mg. Das Enzym wurde nun im swinging bucket-rotor der Spinco-Zentrifuge Modell L bei 125000 × g 4 Std zentrifugiert. Der gelbe gelatineartige Niederschlag wurde in einem kleinen Glashomogenisator im Eisbad mit wenig 0,005 m Kaliumphosphat (p_H 7,5) $^1/_4$—$^1/_2$ Std vorsichtig aufgeschlossen. Das unlösliche Protein wurde abzentrifugiert und verworfen. Ein weiterer Aufschluß war ohne Effekt. Überstand: 26,2 ml, Protein 2,3 mg/ml oder 60,2 mg.

5. Chromatographie an DEAE-Cellulose. In eine DEAE-Cellulosesäule von 1,7 cm Durchmesser und 25 cm Höhe, die gegen 0,01 m Kaliumphosphat (p_H 7,5) äquilibriert war, wurden 26 ml der Enzymlösung aus dem letzten Schritt eingetragen. Die Elution der Proteine erfolgte mit Kaliumphosphatlösungen (p_H 7,5) steigender Konzentration:

Tabelle 36. *Reinigung der Acetyl-CoA-Carboxylase aus Rattenleber*

Fraktion	milli-Einheiten	Protein mg	Spezifische Aktivität mE/mg	Ausbeute %
Spincoüberstand*	4720	6930	0,7	—
Erste Ammoniumsulfat-Frakt. (0—30%) .	8600	1740	4,8	—
Überstand nach Lagerung bei 0° C	13680	1232	11,1	100
$Ca_3(PO_4)_2$-Gel-Eluat	11880	440	28,0	86,8
Zweite Ammoniumsulfat-Frakt. (0—25%) .	11560	278	41,6	84,6
Niederschlag der Ultrazentrifugation . . .	4660	60,2	77,8	34,0
Chromatographie an DEAE-Cellulose . . .	3460	14,4	240	25,3

* Aus 30 Rattenlebern.

(1.) 50 ml 0,02 m; (2.) 50 ml 0,05 m; (3.) 50 ml 0,1 m; (4.) 100 ml 0,2 m. Die Enzymaktivität erschien in den ersten Fraktionen von 0,2 m Kaliumphosphat. Diese Fraktion mit einem Gehalt von 0,11 m Kaliumphosphat wurde mit 3 mg/ml Serumalbumin versetzt und bei —15° C eingefroren. Das Protein konnte auch mit Ammoniumsulfat (40% Sättigung) gefällt und in 0,005 Kaliumphosphat (p_H 7,5) oder Tris-HCl (p_H 7,5) aufgenommen werden. In beiden Fällen behielt das Enzym seine Aktivität einige Tage bei 0° C und mehrere Wochen bei —15° C. Der Zusatz von Glutathion-SH war sogar schädlich.

***Darstellung der Acetyl-CoA-Carboxylase aus Bäckerhefe nach* Matsuhashi *u. Mitarb.*[1].**

Vorbehandlung der Hefe. Etwa 300 g Bierhefe (Löwenbräu, München) wurden in 20 l Nährmedium, das 0,5% KH_2PO_4, 0,2% $MgSO_4$, 0,05% Na_2CO_3, 0,25% Baktopepton (DIFCO), 0,25% Hefeextrakt (DIFCO) und 10% Saccharose enthielt, bei Zimmertemperatur (etwa 20° C) gezüchtet. Am Anfang und in der Mitte der Züchtung wurde Sauerstoff je 5 min durch die Kulturlösung geleitet. Nach 15—20 Std vermehrten sich die Zellen um etwa das Doppelte. Die durch Zentrifugieren abgetrennte Hefe wurde zweimal mit je 5 l Wasser und einmal mit 1,5 l 0,1 m K_2HPO_4 gewaschen.

1. Aufschluß der Zellen. 600 g der gewaschenen Hefe wurden in 650 ml 0,1 m K_2HPO_4 suspendiert* und im Zellhomogenisator[2] in Portionen von 30 ml Hefesuspension und 25 g Glasperlen Nr. 8 40 sec aufgeschlossen. Die Homogenate wurden durch Glasfilter abgesaugt und der Rückstand mit 300 ml Wasser gewaschen. Die vereinigten Filtrate und

* Die weiteren Manipulationen wurden bei 0—4° C durchgeführt. Die dabei verwendeten Lösungen enthielten Kalium-ÄDTA, pH 7,5, Endkonz. 0,001 m.

[1] Matsuhashi, M., S. Matsuhashi, S. Numa u. F. Lynen: B. Z. **340**, 243 (1964).
[2] Merkenschlager, M., K. Schlossmann u. W. Kreutz: B. Z. **329**, 332 (1957).

Waschwasser wurden 20 min bei 12000 × g zentrifugiert: etwa 1,2 l Extrakt mit 29,2 g Protein, etwa 24 mg Protein/ml.

2. Erste Ammoniumsulfatfällung. Der Rohextrakt aus Schritt 1 wurde nach Verdünnung mit 1100 ml Wasser mit festem $(NH_4)_2SO_4$ innerhalb 15 min bis 40% Sättigung versetzt (559 g), und die Lösung mit 5 n KOH auf p_H 7,4 eingestellt. Nach $^3/_4$std Rühren wurde das ausgeschiedene Protein 25 min bei 12000 × g abzentrifugiert und in 0,02 m Kaliumphosphat, p_H 7,4, aufgenommen: Vol. 230 ml (10,9 g Protein, 47 mg Protein/ml). Nach diesem Schritt behielt das Enzym 50—70% der Aktivität über 2 Monate (bei — 15° C eingefroren).

3. Protaminsulfatfällung. Die Enzymlösung wurde in einer Dialysierapparatur unter kontinuierlichem Durchfluß 40 min gegen 20 l 0,01 m K_2HPO_4 dialysiert. Die dialysierte Enzymlösung wurde sofort mit 0,1 m Essigsäure auf p_H 6,5 eingestellt (Glaselektrode) und mit 30 ml 1%iger Protaminsulfatlösung, p_H 7,0, versetzt. Das Enzym ist nun wieder stabil. Zur stabilisierten Enzymlösung wurden unter Umrühren tropfenweise noch 70 ml 1%ige Protaminsulfatlösung zugesetzt und die Lösung weiter 10 min gerührt. Der massige Niederschlag wurde 15 min bei 20000 × g abzentrifugiert und verworfen. Die hellgelbe überstehende Lösung wurde nach Einstellung auf p_H 7,4 mit festem $(NH_4)_2SO_4$ innerhalb 15 min bis 35% Sättigung versetzt und bei p_H 7,4 weiter 30 min gerührt. Der Niederschlag wurde 25 min bei 20000 × g abzentrifugiert und in 0,02 m Kaliumphosphat, p_H 7,4, aufgenommen: Volumen 33,6 ml; 1125 mg Protein, 33,5 mg Protein/ml.

4. Adsorption an $Ca_3(PO_4)_2$-Gel. In 8,0 ml Enzymlösung aus Schritt 3 (ein Viertel) wurden 15 ml Wasser und 13,3 ml $Ca_3(PO_4)_2$-Gel (25,2 mg Trockengewicht pro ml) eingerührt*, nach 10 min Rühren wird zentrifugiert und die überstehende Lösung, die 20—30% des Gesamtproteins enthält, verworfen. Das Gel wurde an der Zentrifuge zunächst mit 20 ml 0,033 m Kaliumphosphat, p_H 7,5, fünfmal je 5 min gewaschen, dann zur Elution der Enzymaktivität zweimal in je 20 ml 0,1 m Kaliumphosphat, p_H 7,5, suspendiert und nach 10 min zentrifugiert. 40 ml vereinigte Eluate (32,4 mg Protein, 0,81 mg Protein/ml). Die Elution der Aktivität ist manchmal nach zweimaliger Behandlung mit 0,1 m Kaliumphosphat nicht beendet. Dann muß das Gel noch einmal mit derselben Pufferlösung behandelt werden. Das Enzym ist nach diesem Schritt ziemlich instabil. Es empfiehlt sich deshalb, gleich den nächsten Reinigungsschritt anzuschließen.

5. Chromatographie an DEAE-Cellulose. Mit 0,1 m NaOH vorbehandelte DEAE-Cellulose (7 g Trockengewicht) wurden auf der Säule mit 300 ml 0,5 m Tris-HCl, p_H 7,5, dann mit 500 ml 0,1 m Kaliumphosphat, p_H 7,5, gewaschen und schließlich mit 1 l 0,02 m Kaliumphosphat, p_H 7,5, äquilibriert. Auf diese Säule (2,2 cm Durchmesser, 17 cm lang) wurde die mit Wasser dreifach verdünnte Enzymlösung aus Schritt 4 aufgetragen und unter leichtem Druck mit einer Durchlaufgeschwindigkeit von 1,1 ml/min chromatographiert. Die Säule wurde zuerst mit 75 ml 0,1 m Kaliumphosphat, p_H 7,5, gewaschen und das aktive Protein anschließend mit 200 ml 0,2 m Kaliumphosphat, p_H 7,5, eluiert. Die Elution wurde durch spektrophotometrische Messung der Absorption bei 280 mμ, die Acetyl-CoA-Carboxylase-Aktivität im optischen Test B verfolgt. Die Fraktionen von höchster spezifischer Aktivität erschienen im mittleren Teil der Proteinbande, die mit 0,2 m Kaliumphosphat eluiert wurden. Sie wurden vereinigt, mit 1/10 Vol. Serumalbuminlösung (30 mg/ml) versetzt und bei — 15° C eingefroren. So aufbewahrt, behielten die Lösungen 40—90% ihrer Aktivität während eines Monates. Bei 0° C betrug dagegen der Aktivitätsverlust 10—20% in 6 Std. Das Enzymprotein kann auch durch Ammoniumsulfat (40% Sättigung) gefällt und bei — 15° C aufbewahrt werden**.

Serumalbumin stabilisiert das Enzym, während höhere Konzentrationen von Ammoniumsulfat es in wenigen Tagen inaktivieren. Die spezifische Aktivität der einzelnen Reinigungsstufen und die Enzymausbeuten sind in Tabelle 37 zusammengestellt.

---

* Protein/Gel = 1 : 1,3, für Schritte 4 und 5 wurde nur quarzdestilliertes Wasser benützt.

** Nach 1 Jahr waren noch 30% der Aktivität vorhanden.

Tabelle 37. *Anreicherung der Acetyl-CoA-Carboxylase aus Bierhefe* (100 g Feuchtmasse).

	Protein mg	Enzym-einheiten	Spezifische Aktivität milli-E/mg	Ausbeute %
Zellextrakt	4870	10,5*	2,2*	100
Erste Ammoniumsulfat-Fraktionierung (0—40%)	1820	5,97*	3,3*	56,5
Zweite Ammoniumsulfat-Fraktionierung (0—35%) nach Protaminsulfatfällung	171	4,56**	26,8**	43,3
$Ca_3(PO_4)_2$-Gel-Eluat	20,7	4,38**	212**	41,6
Chromatographie an DEAE-Cellulose	6,5	2,72**	418**	25,8

* Mit Test A (Isotopenmethode) gemessen.
** Mit Test B (optischer Test) gemessen.

Darstellung der Acetyl-CoA-Carboxylase aus Weizenkeimlingen nach **Hatch *und* Stumpf**[1].

Frische Weizenkeimlinge (General Mill, San Francisco) werden mit kaltem Aceton (— 15° C) im Starmix zu Acetonpulver verarbeitet, das im Vacuum bei — 15° C gelagert wird. 60 g Acetonpulver extrahiert man 30 min mit 0,1 m Kaliumphosphatpuffer, p_H 8,3 (der Puffer enthält Äthylendiamintetraacetat in der Endkonzentration 3×10^{-4} M), filtriert durch Gazetücher und zentrifugiert 1 Std bei 140000 $\times$g. Alle Schritte werden bei 0—2° C durchgeführt. Zur Entfernung von Nucleinsäuren gibt man unter lebhaftem Rühren pro 100 ml Extrakt 0,45 g Protaminsulfat (in konzentrierter Lösung) zu und zentrifugiert den Niederschlag ab, der verworfen wird. Die weitere Reinigung erfolgt durch Ammoniumsulfatfraktionierung bei p_H 7,0 und 4° C, wobei das Enzym zwischen 28 und 34% Sättigung ausfällt. Der Niederschlag wird in 0,01 m K_2HPO_4 gelöst und unter Rühren 8 Std gegen 4 l desselben Puffers dialysiert. Die Proteinlösung nach Dialyse wird mit 0,1 n HCl auf p_H 6,6 gebracht und zentrifugiert. Den Überstand stellt man dann auf p_H 6,25 ein, nimmt den Niederschlag in 0,02 m K_2HPO_4 auf und trennt unlösliches Protein durch Zentrifugieren ab.

Zur Hochreinigung des Enzyms bedient man sich einer Chromatographie an DEAE-Cellulose (Cellex D, Bio-Rad-Laboratories), wobei das Enzym im Gradientenverfahren mit KCl in 0,01 m Kaliumphosphatpuffer, p_H 7,4, eluiert wird. Die Hauptmenge kommt bei Erreichen eines KCl-Gradienten von etwa 0,25 m von der Säule.

Eigenschaften: Als Biotin-Enzyme sind die Acetyl-Carboxylasen verschiedener Herkunft in typischer Weise durch Avidin hemmbar. Das Pflanzenenzym[1] katalysiert außer der Carboxylierung auch die Übertragung der COOH-Gruppe von Malonyl-CoA auf Acetyl-CoA bzw. Propionyl-CoA, wobei im letzteren Fall Methylmalonyl-CoA gebildet wird. Im Gegensatz zur Carboxylase benötigt die Transcarboxylase weder ATP noch Mg^{++} als Cofaktoren. Die Michaelis-Konstante der Weizencarboyxlase für Bicarbonat beträgt $K_M = 1{,}05 \times 10^{-3}$ m, für Acetyl-CoA angenähert $1{,}5 \times 10^{-4}$ m. Das Gleichgewicht der Reaktion liegt zugunsten der Carboxylierung. Thiolreagentien, wie Chlormercuribenzoat, Jodacetamid und Hg^{++} hemmen sowohl Carboxylase als auch Transcarboxylase.

Acetyl-CoA-Carboxylase aus Leber[2] und Fettgewebe[3] benötigt außer den genannten Cofaktoren Citrat zur vollen Aktivität. Die Citronensäure geht jedoch nicht in die Enzymreaktion mit ein. Sie soll die Enzymaktivität durch Beeinflussung der Proteinkonfiguration verändern[3,4]. Bemerkenswert ist die Hemmung der Lebercarboxylase durch langkettige Acyl-CoA Thioester[5], da sie eine Erklärungsmöglichkeit für die charakteristische Blockierung der Fettsäuresynthese bei Diabetes und verwandten Stoffwechselsituationen bietet.

[1] Hatch, M.D., P.K. Stumpf: J. biol. Ch. **236**, 2879 (1961).
[2] Matsuhashi, M., S. Matsuhashi u. F. Lynen: B. Z. **340**, 263 (1964).
[3] Martin, D.B., and P.R. Vagelos; J. biol. Ch. **237**, 1787 (1962).
[4] Lynen, F., M. Matsuhashi, S. Numa and E. Schweizer; in: The Control of Lipid Metabolism (Hrsgb.: I. K. Grant). S. 43. New York 1963.
[5] Bortz, W. M., u. F. Lynen: B. Z. **337**, 505 (1963).

Bestimmungsmethoden.

a) Bestimmung der Acetyl-CoA-Carboxylase im Radioaktivitätstest mit ^{14}C-Acetyl-CoA nach MATSUHASHI *u. Mitarb.*[1].

Prinzip:

Entsprechend den Reaktionsgleichungen [109] und [110] wird der Einbau von radioaktivem Acetyl-CoA in die langkettigen Fettsäuren gemessen, die nach Zusatz von Trägerpalmitinsäure aus dem Versuchsansatz isoliert werden. Gereinigte Fettsäuresynthetase wird in diesem Test im Überschuß zugesetzt. Die Methode eignet sich vor allem für die Enzymbestimmung in ungereinigten Präparaten.

Reagentien:

1. 0,4 m Kaliumphosphatpuffer, pH 7,0.
2. 0,06 m ATP.
3. 0,16 m $MgCl_2$.
4. 0,008 m $MnCl_2$ (nicht erforderlich für Hefeenzym).
5. 0,02 m TPN.
6. 0,06 m Glutathion-SH.
7. 0,4 m $KHCO_3$.
8. 0,002 m 1-^{14}C-Acetyl-CoA (etwa 250000 Ipm./μM).
9. 0,4 m D,L-Kaliumisocitrat (nicht erforderlich für Hefeenzym).
10. 0,02 m Glucose-6-phosphat.
11. Glucose-6-phosphat-Dehydrogenase (Boehringer u. Soehne, Mannheim-Waldhof).
12. Fettsäuresynthetase (Darstellung vgl. S. 135).
13. Serumalbumin, 3%.
14. Zu testende Enzymlösung.
15. 5 n KOH.
16. 12,0 n H_2SO_4.
17. Petroläther (Siedebereich 30—50° C).

Ausführung:

40 μM Kaliumphosphatpuffer, pH 7, 3 μM ATP, 8 μM $MgCl_2$, 0,4 μM $MnCl_2$, 1 μM TPN, 3 μM GSH, 20 μM $KHCO_3$, 0,1 μM 1-^{14}C-Acetyl-CoA (24400 Ipm.), 1 μM Glucose-6-phosphat, 20 μM Kaliumisocitrat, 1 μg Glucose-6-phosphatdehydrogenase, 10—20 mE Synthetase, 0,6 mg Serumalbumin und die zu messende Acetyl-Carboxylaselösung im Gesamtvolumen 0,8 ml werden in kleinen, mit Gummistopfen verschlossenen Reagensgläsern 15 min bei 30° C ohne Schütteln inkubiert. Die Reaktion wird durch Zusatz von 0,5 ml 5n KOH gestoppt und das Gemisch 40 min auf 95° C erhitzt. Zur Extraktion der Fettsäuren setzt man je 4 μM Palmitinsäure und Stearinsäure als Träger zu, säuert mit 0,3 ml 12n H_2SO_4 an und schüttelt dreimal mit je 3 ml Petroläther aus. Die vereinigten Petrolätherextrakte werden einmal mit verdünnter Essigsäure und dreimal mit Wasser gewaschen, am Wasserbad eingeengt und der Rückstand mit etwas Petroläther auf die Planchette zur Messung der Radioaktivität übergeführt. Von großem Vorteil erweist sich die Zählung in einem Flüssigkeits-Scintillationsspektrographen.

b) Optischer Test zur Bestimmung der Acetyl-CoA-Carboxylase.

Prinzip:

Nach einer gewissen Vorreinigung kann die Carboxylaseaktivität aus der Geschwindigkeit der im Gesamtsystem der Fettsäuresynthese entsprechend Reaktionsgleichung [111] erfolgenden TPNH-Oxydation ermittelt werden. Die bekannte Absorption des TPNH bei 340 mμ dient dabei als optische Anzeige.

---

[1] MATSUHASHI, M., S. MATSUHASHI, S. NUMA u. F. LYNEN: B. Z. 340, 243 (1964).

Reagentien:

1. 0,4 m Trispuffer, p_H 8,0.
2. 0,16 m MgK_2ÄDTA.
3. 0,16 m $MgCl_2$.
4. 0,008 m $MnCl_2$ (nicht erforderlich für Hefeenzym).
5. 0,002 m TPNH.
6. 0,06 m Glutathion-SH.
7. 0,4 m $KHCO_3$.
8. 0,002 m Acetyl-CoA (Darstellung vgl. S. 84).
9. 0,08 m Kaliumcitrat, p.a. oder 0,4 m D,L-Kaliumisocitrat (nicht erforderlich für Hefeenzym).
10. 0,1 m ATP.
11. Serumalbumin, 3 %.
12. Fettsäuresynthetase (Darstellung vgl. S. 135).
13. Zu messende Acetyl-Carboxylaselösung.

Ausführung:

In eine schmale Glasküvette ($d = 1$ cm) gibt man 40 μM Trispuffer, 8 μM MgK_2-ÄDTA, 8 μM $MgCl_2$, 0,4 μM $MnCl_2$, 0,1 μM TPNH, 3 μM GSH, 20 μM $KHCO_3$, 0,1 μM Acetyl-CoA, 4 μM Kaliumcitrat oder 20 μM Kaliumisocitrat, 0,6 mg Serumalbumin, 10 mE Fettsäuresynthetase und die zu testende Carboxylaselösung (0,3—1,5 mE), Endvolumen 0,77 ml. Nach 10 min Vorinkubation bei 25° C in einem temperierbaren Küvettenhalter wird die Reaktion durch Zusatz von 0,03 ml ATP gestartet. Die Extinktionsänderung wird bei 334 oder 366 mμ in einem geeigneten Photometer verfolgt (z.B. Photometer Eppendorf mit automatischer Registriereinrichtung).

Definition von Enzymeinheit und spezifischer Aktivität. Als Enzymeinheit ist diejenige Enzymmenge definiert, welche unter den Bedingungen des optischen Testes 2 μM TPNH je min verbraucht, entsprechend der Carboxylierung von 1 μM Acetyl-CoA zu Malonyl-CoA. Aus praktischen Gründen wird der tausendste Teil dieser Größe, d.h. 1 Millieinheit (mE), als Aktivitätsmaß benützt. Sie entspricht dem Umsatz von 2 mμM TPNH/min und bewirkt im optischen Test die Extinktionsänderung $\Delta E_{366} = -0{,}0083$/min bzw. $\Delta E_{334} = -0{,}015$/min.

Beim Vergleich des optischen Testes mit dem Radioaktivitätstest ist zu berücksichtigen, daß die Aktivität der langkettigen Fettsäuren nur 30—60 % desjenigen Wertes beträgt, der aus dem optisch gemessenen TPNH-Verbrauch berechnet werden kann.

Die spezifische Aktivität wird in E bzw. mE/mg Protein ausgedrückt.

Fettsäuresynthetase (Fettsäuresynthese aus Malonyl-CoA).

Die Fettsäuresynthese gemäß Reaktion Gl. (110) wird durch einen Enzymkomplex katalysiert, der in lebenden Zellen weit verbreitet vorkommt[1–4] und sich als einheitliches Protein reinigen läßt. Eine partielle Anreicherung wurde bisher aus Tauben-[5,6] und Ochsenleber[4], aus Rattenfettgewebe[7] und aus Hefezellen[8,9] erreicht.

Darstellung der Fettsäuresynthetase aus Bäckerhefe nach LYNEN ***u. Mitarb.***[10].

Bemerkung: Alle Operationen werden, wenn nicht anders angegeben, im Eisbad ausgeführt.

---

[1] WAKIL, S. J.: Am. Soc. **80**, 6465 (1958).
[2] LYNEN, F.: J. cellul. comp. Physiol. **54**, Suppl. **1**, 33 (1959).
[3] WAKIL, S. J., and J. GANGULY: Am. Soc. **81**, 2597 (1959).
[4] GANGULY, J.: Biochim. biophys. Acta **40**, 110 (1960).
[5] GIBSON, D. M., E. B. TITCHENER and S. J. WAKIL: Biochim. biophys. Acta **30**, 376 (1958).
[6] WAKIL, S. J., J. W. PORTER and D. M. GIBSON: Biochim. biophys. Acta **24**, 453 (1957).
[7] MARTIN, D. B., M. G. HORNING and P. R. VAGELOS: J. biol. Ch. **236**, 663 (1961).
[8] LYNEN, F.; in: Colowick-Kaplan, Meth. Enzymol., Bd. V, S. 443.
[9] LYNEN, F., J. KNAPPE, E. LORCH, G. JÜTTING u. E. RINGELMANN: Angew. Chem. **71**, 481 (1959).
[10] LYNEN, F., I. HOPPES-KESSEL u. H. EGGERER: B. Z. **340**, 95 (1964).

I. Aufschluß der Hefe. 15 g gepreßte Bäckerhefe (Scheibe und Schertl KG, Oberkotzau bei Hof) werden zusammen mit 25 ml 0,2 m Kaliumphosphatpuffer, p_H 7,5, der 0,001 m Kalium-ÄDTA enthält, und 30 g Reflexperlen (Nr. 31/10 Dragonwerk Wild, Bayreuth) 1 min im Zellhomogenisator von MERKENSCHLAGER, SCHLOSSMANN und KURZ[1] unter Kühlung auf 1—3° C geschüttelt. Das Homogenat wird im Kühlraum (+ 4° C) mit Hilfe eines Trichters mit grober Glasfritte von den Perlen abgezogen.

II. Erste fraktionierte Fällung mit Ammoniumsulfat. Die stark getrübte, beigefarbene Proteinlösung aus 15 derartigen Aufschlüssen (entsprechend 225 g Hefe) wird mit 0,2 m Kaliumphosphatpuffer, p_H 7,5, der 0,001 m Kalium-ÄDTA enthält, auf 600 ml aufgefüllt und mit 600 ml Wasser verdünnt. Innerhalb 10 min wird die Lösung unter ständigem Rühren mit 233 g krist. Ammoniumsulfat (0—35 % Sättigung) versetzt und anschließend noch 10 min im Eisbad weitergerührt. Zelltrümmer und die Fällung werden 20 min bei 10000 × g abzentrifugiert und verworfen. Die überstehende, trübe Lösung wird unter Rühren durch allmähliche Zugabe von 8,7 g Ammoniumsulfat pro 100 ml Lösung auf 50 % Sättigung an Ammoniumsulfat gebracht, 10 min weitergerührt und die Fällung durch 30 min Zentrifugieren bei 10000 × g abgetrennt. Die Fällung wird mit etwa 50 ml 0,02 m Kaliumphosphatpuffer, p_H 7,5, der 10^{-4} m Kalium-ÄDTA enthält, aus den Bechern herausgespült und ohne Homogenisieren über Nacht bei 0° C aufbewahrt.

III. Adsorption an Calciumphosphat-Gel und Elution. Die Proteinlösung von 5 derartigen Ansätzen (entsprechend 1125 g Hefe) wird in der Apparatur von KUNITZ und SIMMS[2] 3 Std gegen fließende 0,005 m K_2HPO_4-Lösung dialysiert (Durchfluß 16 l/Std) und dann mit Wasser so weit verdünnt, daß der Proteingehalt 30 mg/ml beträgt. Sie wird nun unter ständigem Rühren durch vorsichtige Zugabe von 0,2 n Essigsäure auf p_H 5,5 (Glaselektrode) angesäuert (Verbrauch: 35—40 ml), 5 min bei 0° C weitergerührt und mit Calciumphosphatgel (Darstellung nach KUNITZ[3]) bis zum Gewichtsverhältnis 1:1 versetzt. Die Lösung wird nach Zugabe des Gels mit KOH auf p_H 6,7 eingestellt. Nach 5 min Rühren wird das Gel 10 min bei 3000 × g abzentrifugiert und der Überstand verworfen. Der Gelrückstand wird nun dreimal mit 0,05 m Kaliumphosphatpuffer, p_H 6,5, eluiert (je 12 ml pro 1 g Protein). Dabei wird das Gel jedesmal mit dem Puffer homogenisiert, 20 min bei 0° C weitergerührt und anschließend 5 min bei 10000 × g abzentrifugiert.

IV. Zweite Fällung mit Ammoniumsulfat. Das trübe Calciumphosphat-Gel Eluat wird unter Rühren mit festem Ammoniumsulfat (19,4 g/100 ml Lösung) bis 35 % Sättigung versetzt und die Fällung 10 min bei 10000 × g abzentrifugiert. Der klare, gelbe Überstand wird nun durch Zugabe von festem Ammoniumsulfat (8,7 g/100 ml Lösung) auf 50 % Sättigung an Ammoniumsulfat gebracht und die Fällung 15 min bei 10000 × g abzentrifugiert. Zur Aufbewahrung wird die Fällung mit etwa 20 ml 0,02 m Kaliumphosphatpuffer, p_H 7,5, aus den Bechern herausgespült und ohne Homogenisieren bei 0° C aufbewahrt.

V. Abtrennung von Verunreinigungen an $Al(OH_3)$-C_γ-Gel. Die Proteinsuspension (entsprechend 2250 g Hefe) wird in 0,02 m Kaliumphosphatpuffer, p_H 7,5, aufgenommen und homogenisiert. Diese Lösung wird nun bei 0° C 4 Std gegen 5 l 0,002 m Natriumphosphatpuffer, p_H 6,8, dialysiert, wobei der Puffer jeweils nach der 1. und 2. Stunde gewechselt wird. Der erste Puffer enthält zusätzlich 10^{-3} m Kalium-ÄDTA. Das sehr trübe beigefarbene Dialysat wird mit Wasser auf 30 mg Protein/ml verdünnt (p_H 6,9, Glaselektrode) und unter Rühren bei 0° C mit $Al(OH)_3$ C_γ-Gel[4] im Verhältnis $Al(OH)_3$-Trockengewicht zu Protein = 0,1 versetzt. Dabei wird mit 0,2 n NH_3 auf p_H 7,2 eingestellt. Nach 10 min Rühren wird das Gel hochtourig (15 min bei 18000 × g) abzentrifugiert.

VI. Entfernung von Nucleinsäure mit Protaminsulfat. Der gelbe, leicht getrübte Überstand wird mit 0,2 n Essigsäure an der Glaselektrode auf p_H 6,0 eingestellt. Unter Rühren

---

[1] MERKENSCHLAGER, M., K. SCHLOSSMANN u. W. KURZ: B.Z. **329**, 332 (1957).
[2] KUNITZ, M., and H.S. SIMMS: J. gen. Physiol. **11**, 641 (1928).
[3] KUNITZ, M.: J. gen. Physiol. **35**, 423 (1952).
[4] Herstellung vgl.: Colowick-Kaplan, Meth. Enzymol. Bd. I., S. 97.

wird nun langsam eine 1%ige Lösung von Protaminsulfat zugetropft, bis das Verhältnis Protaminsulfat:Protein = 1:15 beträgt. Nach 10 min weiterem Rühren wird der ausgefallene Niederschlag 15 min bei 18000×g abzentrifugiert und der klare gelbe Überstand an der Glaselektrode mit 0,2 n NH_3 auf p_H 6,8 zurückgestellt. Eine eventuell auftretende Trübung wird abzentrifugiert.

VII. Chromatographie an Hydroxylapatit (für 2250 g Ansätze). (Durchführung im Kühlraum bei + 4° C.) Ein mit einer Glasfritte versehenes, genau senkrecht eingespanntes Chromatographierohr von 4 cm Durchmesser wird mit einer Suspension von Hydroxylapatit gefüllt (Bereitung nach LEVIN[1]). Unter geringem Überdruck (etwa 0,5 m Wassersäule) läßt man, während 0,002 m Natriumphosphatpuffer, p_H 6,8, die Säule durchströmt, den Hydroxylapatit sedimentieren. Das Volumen des sedimentierten Hydroxylapatits soll so bemessen sein, daß 1 ml davon mit 2—5 mg Protein beladen ist. Um eine völlig ebene

Tabelle 38. *Reinigung der Fettsäuresynthetase aus Bäckerhefe* (LYNEN u. Mitarb.[2]).
2,25 kg Ausgangsmaterial.

Fraktion	Protein g	Enzymeinheiten (mE × 10^6)	Spezifische Aktivität (mE/mg Protein)	Ausbeute %	Ausbeute $\Delta E_{280}/\Delta E_{260}$
Hefeextrakt	264	1,12	4,25	—	—
Erste Ammoniumsulfatfällung (0,35—0,55)	63,6	1,23	19,4	100	—
Überstand der zweiten Ammoniumsulfatfällung (0—0,35)	6,8	1,04	153	84,6	—
Dritte Ammoniumsulfatfällung (0,35—0,50)	4,02	(0,55)	(137)	(44,7)	
$Al(OH)_3$-C_γ-Gel Überstand	3,34	0,814	244	61	0,42
Protaminsulfatfällung, Überstand	2,52	0,891	354	67	1,40
Chromatographie an Hydroxylapatit (Ammoniumsulfatsuspension)	0,575	0,637	1110	47,4	1,64

Oberfläche des Säulenkopfs zu erzielen, wird die oberste Schicht von etwa 3 cm nochmals vorsichtig aufgerührt und ohne Druck sedimentiert. Zuletzt wird noch einmal unter Druck durchgespült, worauf die Säule fertig ist.

Auf den mit 1 mm Puffer bedeckten Säulenkopf wird die Lösung des Enzyms (150 ml) vorsichtig aufgegeben, mit Überdruck eingespült und 2mal mit je 3 ml 0,002 m Natriumphosphatpuffer, p_H 6,8, nachgewaschen. Man eluiert nun nacheinander mit einem Säulenvolumen 0,12 m und 1,5 Säulenvolumina 0,15 m Natriumphosphatpuffer, p_H 6,8 (Tropfgeschwindigkeit 3—5 ml/min). Von diesem Moment an wird das Eluat im Fraktionssammler (Fraktionsvolumen 18 ml) aufgefangen. Mit 0,25 m Kaliumphosphatpuffer, p_H 6,8, wird das Enzym als scharfe, gelbe, im UV-Licht fluorescierende Bande eluiert. Zur Bestimmung des Proteingipfels wird die Extinktion der Fraktionen bei $\lambda = 260$ und 280 mμ gegen 0,25 m Kaliumphosphatpuffer, p_H 6,8, gemessen. Die proteinhaltigen Fraktionen werden gesammelt, mit Thioglykol zu einer Konzentration von 0,01 m und mit 1 m Kalium-ÄDTA zu 10^{-3} m versetzt. Die für 90% Sättigung der Enzymlösung berechnete Menge Ammoniumsulfat p.a. wird im Becherglas mit gesättigter Ammoniumsulfatlösung überschichtet und im Vakuum entgast. Dann wird der Überstand weitgehend abdekantiert und die Enzymlösung vorsichtig auf den zurückbleibenden Ammoniumsulfatbrei geschichtet. Durch langsames Rühren wird das Ammoniumsulfat allmählich und unter minimaler Bildung von Luftblasen gelöst. Der Proteinniederschlag wird anschließend 30 min bei 78000 ×g abzentrifugiert und in einer kleinen Menge des Überstandes suspendiert.

Eigenschaften. *Spezifität.* Das Hefeenzym setzt an Stelle der CoA-Thioester auch Thioester des Pantetheins mit ähnlicher Geschwindigkeit um. Als Reduktionsmittel

[1] TISELIUS, A., S. HJERTEN and Ö. LEVIN: Arch. Biochem. **65**, 132 (1956).
[2] LYNEN, F., I. HOPPER-KESSEL u. H. EGGERER: B. Z. **340**, 95 (1964).

kann TPNH durch DPNH ersetzt werden, allerdings erreicht die Reaktion nur 25% der Geschwindigkeit mit TPNH. Das für den Aufbau der Fettsäureketten aus Malonyl-CoA als „primer“ benötigte Acetyl-CoA läßt sich auch durch andere gesättigte Acyl-CoA-Verbindungen, wie Butyryl-CoA, Capronyl-CoA oder Palmityl-CoA, ersetzen[1,2]. Als Syntheseprodukte entstehen hauptsächlich Stearyl- und Palmityl-CoA; aber auch die Säuren mit 10, 12, 14 und 20 C-Atomen werden in kleineren Mengen gebildet. Bei Auslösung der Synthese mit Propionyl-CoA entstehen ungeradzahlige Fettsäuren. Geringe Anteile freier Fettsäuren unter den Reaktionsprodukten sind auf die Gegenwart einer Palmityl-CoA-deacylase als Verunreinigung zurückzuführen.

Kinetik. Das p_H-Optimum der Enzymwirkung liegt bei 6,5—7[3,4]. Die MICHAELIS-Konstanten, gemessen im optischen Test, wurden zu $K_M = 2{,}85 \times 10^{-5}$ m (für Acetyl-CoA), $K_M = 7{,}7 \times 10^{-6}$ m (für Caprinyl-CoA) und $K_M = 3{,}1 \times 10^{-5}$ m (für Malonyl-CoA) gefunden[4].

Aktivatoren und Inhibitoren. Das Enzym wird durch Sulfhydrylverbindungen, wie Glutathion, Cystein oder Thioglykolsäure, aktiviert und durch SH-Gifte gehemmt[2]. $3{,}2 \times 10^{-4}$ m Jodacetamid bzw. $1{,}5 \times 10^{-4}$ m Arsenit bewirken unter den Bedingungen des optischen Testes 50%ige Hemmung. Die Hemmung durch arsenige Säure kann mit Cystein wieder vollständig aufgehoben werden. Es ist deshalb anzunehmen[2], daß der wirksame Bereich des Enzymkomplexes eine Sulfhydrylgruppe trägt (SH-Enzym) und die Verlängerung der Kohlenstoffketten durch die C_2-Einheit des Malonyl-CoA gemäß der Reaktionsfolge der Gl. (112)—(115) zustande kommt.

$$\underset{(\text{—S-Pantethein})}{\overset{\text{COOH}}{\overset{|}{\text{CH}_2}}\text{—CO—SCoA} + \text{HS-Enzym}} \rightleftharpoons \underset{(\text{HS-Pantethein})}{\text{HSCoA}} + \overset{\text{COOH}}{\overset{|}{\text{CH}_2}}\text{—CO—S-Enzym} \qquad (112)$$

$$\left.\begin{array}{l} \text{CH}_3\text{—(CH}_2\text{—CH}_2)_n\text{—CO—SCoA} + \overset{\text{COOH}}{\overset{|}{\text{CH}_2}}\text{—CO—S-Enzym} \rightleftharpoons \\ \qquad \text{CH}_3\text{—(CH}_2\text{—CH}_2)_n\text{—}\overset{\text{O}}{\overset{\|}{\text{C}}}\text{—CH}_2\text{—CO—S-Enzym} + \text{CO}_2 + \text{HSCoA} \end{array}\right\} \qquad (113)$$

$$\left.\begin{array}{l} \text{CH}_3\text{—(CH}_2\text{—CH}_2)_n\text{—}\overset{\text{O}}{\overset{\|}{\text{C}}}\text{—CH}_2\text{—CO—S-Enzym} + 2\,\text{TPNH} + 2\,\text{H}^+ \rightarrow \\ \qquad \text{CH}_3\text{—(CH}_2\text{—CH}_2)_{n+1}\text{—CO—S-Enzym} + 2\,\text{TPN}^+ + \text{H}_2\text{O} \end{array}\right\} \qquad (114)$$

$$\left.\begin{array}{l} \text{CH}_3\text{—(CH}_2\text{—CH}_2)_{n+1}\text{—CO—S-Enzym} + \text{HSCoA} \rightleftharpoons \\ \qquad \text{HS-Enzym} + \text{CH}_3\text{—(CH}_2\text{—CH}_2)_{n+1}\text{—CO—SCoA} \end{array}\right\} \qquad (115)$$

In Übereinstimmung mit dieser Reaktionsfolge katalysiert das gereinigte Enzympräparat aus Hefe:

1. Die Malonyl-Übertragung zwischen Malonyl-CoA und Pantethein[5] [Gl. (112)].
2. Einen Austausch zwischen $^{14}CO_2$ und der freien Carboxylgruppe des Malonyl-CoA, der an die Gegenwart katalytischer Mengen Acyl-CoA, wie z.B. Caprinyl-CoA, gebunden ist[5] [Gl. (112) und (113) n = 4].
3. Die Bildung von 3-^{14}C-Acetacetyl-Enzym beim Inkubieren des Enzyms mit 1-^{14}C-Acetyl-CoA und Malonyl-CoA[2] [Gl. (112) und (113), n = 0].

Bestimmungsmethoden.

Die Aktivität des Enzymkomplexes läßt sich auf zweierlei Weise bestimmen. Beim ersten Verfahren, das auch auf rohe Zellextrakte anwendbar ist, mißt man die Inkor-

[1] WAKIL, S. J., and J. GANGULY: Am. Soc. 81, 2597 (1959).
[2] LYNEN, F., J. KNAPPE, E. LORCH, G. JÜTTING u. E. RINGELMANN: Angew. Chem. 71, 481 (1959).
[3] GANGULY, J.: Biochim. biophys. Acta 40, 110 (1960).
[4] PORTER, J. W., and A. TIETZ: Biochim. biophys. Acta 25, 41 (1957).
[5] LYNEN, F., u. I. KESSEL: Unveröffentlicht.

poration von radioaktivem 2-^{14}C-Malonyl-CoA in die höheren Fettsäuren. Beim zweiten Verfahren, das im allgemeinen erst nach einer gewissen Vorreinigung des Enzymkomplexes anwendbar ist, verfolgt man die Geschwindigkeit, mit welcher TPNH in der Reaktion Gl. (110) verschwindet, durch Messung der Lichtabsorption bei 340 mμ oder einer anderen Wellenlänge im Bereich von 334—366 mμ.

a) Optischer Test zur Bestimmung der Fettsäuresynthetase nach LYNEN[1].

Reagentien:

1. 1 m Kaliumphosphatpuffer, p_H 6,5.
2. 0,05 m Cystein (frisch zubereiten durch Mischen gleicher Teile 0,1 m Cysteinhydrochloridlösung mit 0,1 n KOH).
3. 0,02 m TPNH (Kaliumsalz) in Wasser, p_H 8,5.
4. 0,005 m Acetyl-CoA (Darstellung vgl. S. 84).
5. Enzymlösung (kurz vor dem Versuch mit 0,01 m Kaliumphosphatpuffer, p_H 6,5, so weit verdünnen, daß im Milliliter etwa 100 mE Enzym enthalten sind).
6. 0,005 m Malonyl-CoA. *Darstellung:* CoA wird durch Inkubation mit S-Malonyl-N-caprylcysteamin bei schwach alkalischem p_H acyliert und das dabei freigesetzte N-Caprylcysteamin durch kontinuierliche Ätherextraktion entfernt, um das Gleichgewicht des Malonyltransfers ganz nach der Seite von Malonyl-CoA zu verschieben[2].

$$\begin{array}{l} CH_3{-}(CH_2)_6{-}CO{-}NH{-}CH_2{-}CH_2{-}S{-}CO{-}CH_2{-}COO^- + CoASH \rightarrow \\ \qquad CH_3{-}(CH_2)_6{-}CO{-}NH{-}CH_2{-}CH_2{-}SH + CoAS{-}CO{-}CH_2{-}COO^- \end{array} \quad (116)$$

Darstellung von N-Caprylcysteamin[3]. 10 ml eisgekühlter wäßriger Lösung von 2 g (26 mM) Cysteamin werden unter Rühren tropfenweise mit Perhydrol oxydiert, bis die Nitroprussidreaktion auf freies SH ausbleibt. Die Cystaminlösung wird anschließend mit 4,85 g (30 mM) Caprylchlorid umgesetzt, wobei man durch Zugabe von 5 n NaOH p_H 10 einhält. Gegen Reaktionsende wird der Ansatz kurz am Wasserbad erwärmt. N,N'-Dicaprylcystamin, dessen Abscheidung sich durch Kühlen mit Eis vervollständigen läßt, wird abgesaugt und liefert nach Waschen mit Wasser und Umkristallisation aus Alkohol-Wasser 4,5 g (86 % d. Th.) verfilzter Nadeln mit F 114—115° C.

4 g (10 mM) dieses Disulfides werden in 100 ml 90 %igem Methanol von 40° C gelöst und unter Rühren durch portionsweise Zugabe von 200 g (170 mÄq. Na) reinem 2 %igem Natriumamalgam reduziert, wobei man die Lösung mit 5 n H_2SO_4 bei p_H 8 hält. Das Ende der Reduktion läßt sich beim Versetzen einer Probe mit verdünnter Natronlauge erkennen. Solange noch Disulfid vorhanden ist, fällt dieses kristallin aus, während das Mercaptan in Lösung bleibt. Das im Verlauf der Reduktion ausgeschiedene Natriumsulfat wird abgesaugt, die Lösung nach Kühlung auf 0° C angesäuert und mit dem fünffachen Volumen Wasser versetzt, wobei die Kristallisation des N-Caprylcysteamins beginnt. Das abgesaugte und mit Wasser gewaschene Produkt liefert beim Umkristallisieren aus Methanol-Wasser 3,4—3,6 g (85—90 % d. Th.) Blättchen mit F 50—51° C.

Darstellung von Malonsäuremonochlorid[4]. 10,4 g (0,1 M) Malonsäure werden unter Ausschluß von Luftfeuchtigkeit mit 12 g (0,1 M) $SOCl_2$ in 40 ml absolutem Äther 6 Std unter Rückfluß erhitzt, anschließend im Vakuum bei Raumtemperatur vom Lösungsmittel befreit und der kristalline Rückstand bei etwa 40° C mit 200 ml Chloroform-Petroläther (1:2) in Anteilen von 30 ml extrahiert. Kristallisation bei — 15° C, Absaugen, Waschen mit absolutem Petroläther und Trocknen im Vakuum ergeben 5,9—6,4 g (48—52 % d. Th.) gelber Nadeln mit Zers.-Punkt 62—64° C.

[1] LYNEN, F.; in: Colowick-Kaplan, Meth. Enzymol. Bd. V, S. 443.
[2] LYNEN, F., J. KNAPPE, E. LORCH, G. JÜTTING u. E. RINGELMANN: Angew. Chem. 71, 481 (1959).
[3] EGGERER, H.: Diss. rer. nat. München 1957.
[4] STAUDINGER, H., u. E. OTT: B. 41, 2208 (1908).

Das beim Stehen an der Luft rasch zersetzliche Monochlorid ist eingeschmolzen unbeschränkt haltbar.

Darstellung von S-Malonyl-N-caprylcysteamin. 2,03 g (10 mM) N-Caprylcysteamin und 1,35 g (11 mM) Malonsäuremonochlorid werden in einer Reibschale miteinander verrieben. Der sich rasch bildende dünnflüssige Brei wird zur Entfernung des frei werdenden HCl *sofort* in einen Vakuum-Exsiccator über Ätzkali gebracht und 1 Std an der Vakuumpumpe gehalten. Rasches Arbeiten ist für das Gelingen des Präparates entscheidend. Der kristalline Rückstand wird in 50 ml Essigester gelöst, mit Wasser gewaschen und mit gesättigtem wäßrigem Hydrogencarbonat bis zur Beendigung der CO_2-Entwicklung ausgeschüttelt. Aus der wäßrigen Lösung kristallisiert nach Kühlung auf 0° C und Ansäuern S-Malonyl-N-caprylcysteamin in farblosen Blättchen, die nach Absaugen, Waschen mit Wasser, Trocknen im Vakuum und Umkristallisieren aus Essigester-Petroläther oder Alkohol-Wasser 1,62 g (56% d. Th.) Nadeln mit F 70—71° C liefern.

Darstellung von S-2-^{14}C-Malonyl-N-caprylcysteamin. Bei der Darstellung aus 2-^{14}C-Malonsäure kann aus Gründen der Ausbeuteverbesserung auf die Reinigung des Malonsäuremonochlorides verzichtet werden. Die Arbeitsweise ist dann folgende:

880 mg (8,46 mM) 2-^{14}C-Malonsäure (käuflich erworben oder nach GAL und SHULGIN[1] bereitet und mit Träger auf die spezifische Radioaktivität 100 μC/mM verdünnt) und 1,0 g (8,46 mM) $SOCl_2$ werden in 5 ml trockenem Äther 6 Std lang unter Rückfluß erhitzt. Das nach dem Abziehen des Lösungsmittels im Vakuum zurückbleibende rohe Malonsäuremonochlorid wird dann unmittelbar, wie oben beschrieben, mit 2,03 g (10 mM) N-Caprylcysteamin umgesetzt. Aufarbeitung und Kristallisation aus Alkohol-Wasser liefern 1,16 g (47% d. Th.) S-2-^{14}C-Malonyl-N-caprylcysteamin mit F 69—71° C.

Malonyl-CoA. In einem für die spätere Perforation geeigneten Reaktionsgefäß werden 14 μM CoA, 17,4 mg (60 μM) S-Malonyl-N-caprylcysteamin und 50,1 mg (500 μM) $KHCO_3$ in 1 ml Wasser gelöst und die Mischung im verschlossenen Gefäß 1 Std bei Raumtemperatur gehalten. In dieser Zeit trübt sich die Lösung durch unlösliches N-Caprylcysteamin, das bei der Umesterung entsteht. Um dieses zu entfernen und damit das Gleichgewicht der Umesterung vollständig nach der Seite von Malonyl-CoA zu verschieben, wird die Lösung anschließend 1 Std mit peroxydfreiem Äther perforiert. Dann wird zur Entfernung des überschüssigen S-Malonyl-N-caprylcysteamins die wieder klare wäßrige Lösung bei 0° C mit Dowex 50 (H^+-Form) angesäuert und abermals 1 Std mit frischem Äther perforiert. Das Austauscherharz wird abzentrifugiert und mit Wasser nachgewaschen. Lösung und Waschwasser werden vereinigt, durch vorsichtige Zugabe von n KOH auf etwa p_H 5 gebracht und der gelöste Äther durch einen kräftigen N_2-Strom ausgetrieben. Der Malonyl-CoA-Gehalt wird durch Überführung in Malonylhydroxamsäure[2] oder im optischen Test[3] ermittelt und die Lösung dementsprechend mit Wasser auf die Konzentration 0,005 m verdünnt. In unserem Beispiel waren 14 μM Malonyl-CoA (Ausbeute: 100%, bezogen auf CoA) vorhanden. Die Lösung wurde mit Wasser auf 2,8 ml gebracht. Diese Lösung ist in der Kühltruhe, bei — 20° C aufbewahrt, viele Monate haltbar.

Um das nicht umgesetzte S-Malonyl-N-cyprylcysteamin zurückzugewinnen, was bei der Bereitung von 2-^{14}C-Malonyl-CoA erwünscht ist, wird der nach Abschluß der Umesterung erhaltene saure Ätherextrakt mit wäßrigem $KHCO_3$ bis zur Beendigung der CO_2-Entwicklung ausgezogen. Die auf diese Weise erhaltene Lösung

[1] GAL, E. M., and A. T. SHULGIN: Am. Soc. **73**, 2938 (1951).

[2] LIPMANN, F., and L. C. TUTTLE: J. biol. Ch. **159**, 21 (1945); vgl. auch S. 10, 71.

[3] Vgl. unten. Zur Malonyl-CoA-Bestimmung setzt man gereinigtes Enzym im Überschuß zu und läßt die Reaktion zu Ende laufen. Je eingesetztes Mol Malonyl-CoA werden 2 M TPNH verbraucht.

von Kalium-S-malonyl-N-caprylcysteamin, deren Gehalt sich über die Hydroxamsäurereaktion ermitteln läßt — in unserem Beispiel waren noch 40,5 μM S-Malonyl-N-caprylcysteamin (88% d. Th.) vorhanden — kann entweder direkt für einen neuen Ansatz zur Darstellung von Malonyl-CoA verwendet oder durch Ansäuern auf kristallisiertes S-Malonyl-N-caprylcysteamin hin aufgearbeitet werden.

Ausführung des Synthetasetestes:

In eine Quarzküvette, $d = 1$ cm, (bei empfindlichen Geräten kann man auch Glasküvetten verwenden) werden 0,1 ml Phosphatpuffer, 0,3 ml Cystein, 0,01 ml TPNH, 0,01 ml Acetyl-CoA und 0,01—0,06 ml Enzymlösung pipettiert und mit Wasser auf 1,49 ml verdünnt. Die Reaktion wird bei Zimmertemperatur durch Zugabe von 0,01 ml 0,005 m Malonyl-CoA gestartet (Gesamtvolumen dann 1,5 ml) und die Extinktionsänderung bei 334 mμ gegen eine Vergleichsküvette gemessen, die alle Zusätze mit Ausnahme von Malonyl-CoA enthält. Der Reaktionsverlauf ist bei Zugabe von weniger als 5 mE Enzym etwa 5 min linear.

Definition von Enzymeinheit und spezifischer Aktivität: 1 mE (Milli-Einheit) ist definiert als diejenige Menge Enzym, die unter den Bedingungen des optischen Testes in 1 min 2 mμM TPNH (entsprechend 1 mμM Malonyl-CoA bzw. Extinktionsdifferenz 0,008) verbraucht. Die spezifische Aktivität wird in mE pro mg Protein ausgedrückt. Protein wird nach der Biuret-Methode bestimmt.

b) Radioaktivitätstest zur Bestimmung der Fettsäuresynthetase nach LYNEN[1].

Reagentien:

1. 1 m Kaliumphosphatpuffer, p_H 6,5.
2. 0,05 m Cystein (frisch zubereiten durch Mischen gleicher Teile 0,1 m Cysteinhydrochloridlösung mit 0,1 n KOH).
3. 0,1 m Glucose-6-phosphat, Kaliumsalz.
4. Zwischenferment (C. F. Boehringer & Soehne, Mannheim-Waldhof). Suspension von 1 mg Enzym in 3,3 m Ammoniumsulfat.
5. 0,02 m TPN.
6. 0,05 m Acetyl-CoA (Darstellung vgl. S. 84).
7. 0,005 m 2-^{14}C-Malonyl-CoA (Darstellung s. S. 140).
8. Enzymlösung (kurz vor dem Versuch mit 0,01 m Kaliumphosphatpuffer, p_H 6,5, so weit verdünnen, daß im ml etwa 100 mE Enzym enthalten sind).
9. Methanolische Kalilauge (10 g KOH mit 70 Vol.% Methanol auf 100 ml aufgefüllt).
10. 12 n H_2SO_4.
11. Petroläther (Siedebereich 30—50° C).

Ausführung:

In dickwandige Zentrifugengläser (Durchmesser 1,3 cm) werden 0,1 ml Phosphatpuffer, 0,3 ml Cystein, 0,01 ml Glucose-6-phosphat, 0,01 mg Zwischenferment, 0,01 ml TPN, 0,02 ml Acetyl-CoA und 0,01—0,05 ml Enzymlösung pipettiert und mit Wasser auf 1,49 ml verdünnt. Die Reaktion wird durch Zugabe von 0,01 ml 2-^{14}C-Malonyl-CoA gestartet. Nach 15 min Inkubation im Wasserbad von 37° C wird die Enzymreaktion durch Zugabe von 1 ml methanolischer KOH abgestoppt, je 2,5 μM Palmitinsäure und Stearinsäure als Träger zugegeben und die Mischung 30 min im Wasserbad unter Rückfluß gekocht. Nach Ansäuern mit 0,3 ml 12 n H_2SO_4 wird die Lösung dreimal mit je 3 ml Petroläther extrahiert. Die vereinigten Petrolätherextrakte, welche die Fettsäuren enthalten, werden mit 5 ml Wasser gewaschen, das Lösungsmittel am Wasserbad entfernt und der Rückstand zur Radioaktivitätsmessung mit etwas Petroläther quantitativ auf die Planchette übergeführt. Bei dieser Bestimmung ist Proportionalität zwischen Enzymeinsatz und Radioaktivität der Fettsäuren bis 40 mE Enzym gewahrt.

[1] LYNEN, F.; in: Colowick-Kaplan, Meth. Enzymol., Bd. V, S. 443.

Die Auswertung der Enzymbestimmung durch den Radioaktivitätstest geschieht an Hand einer Eichkurve, die mit einem gereinigten Enzympräparat bekannter Aktivität aufgestellt wurde.

III. Die Biosynthese der Acetessigsäure.

Die Bildung der Acetessigsäure in der Leber vollzieht sich durch das Zusammenwirken der Enzyme β-Ketoacylthiolase, des β-Hydroxy-β-methylglutaryl-CoA(HMG-CoA)-kondensierenden und des HMG-CoA-spaltenden Enzyms: Es handelt sich um folgende Reaktionen[1]:

$$\text{2 Acetyl-CoA} \rightleftharpoons \text{Acetacetyl-CoA} + \text{CoASH} \qquad (55)$$

$$\text{Acetacetyl-CoA} + \text{Acetyl-CoA} + H_2O \rightarrow \text{HMG-CoA} + \text{CoASH} \qquad (117)$$

$$\text{HMG-CoA} \rightarrow \text{Acetacetat} + \text{Acetyl-CoA} \qquad (118)$$

Bilanz:

$$\text{2 Acetyl-CoA} + H_2O \xrightarrow{\text{(Acetyl-CoA)}} \text{Acetacetat} + \text{2 CoASH} \qquad (119)$$

Nach diesem auch als „HMG-CoA-Cyclus"[1] bezeichneten Mechanismus ist Acetyl-CoA an der Acetacetatfreisetzung katalytisch beteiligt.

Von anderer Seite wurde auch die direkte Hydrolyse von Acetacetyl-CoA gemäß

$$\text{Acetacetyl-CoA} + H_2O \rightarrow \text{Acetacetat} + \text{CoASH} \qquad (120)$$

als Möglichkeit der Acetessigsäurebildung vorgeschlagen[2-4], jedoch ist eine entsprechende Thioesterase nur unvollkommen gereinigt und hinsichtlich ihrer Eigenschaften wenig untersucht worden. Neuere Untersuchungen haben gezeigt, daß der einfachen hydrolytischen Spaltung wohl keine besondere physiologische Bedeutung zukommt[5] und daß praktisch die gesamte Acetacetatbildung der Leber über den HMG-CoA-Cyclus erfolgt[6]. Im folgenden sollen das HMG-CoA-kondensierende und das HMG-CoA-spaltende Enzym im einzelnen besprochen werden. Die Bestimmung des Acetacetat synthetisierenden Enzymsystems ist im Anschluß daran auf S. 149 beschrieben.

1. HMG-CoA-kondensierendes Enzym.

[4.1.3.5 3-Hydroxy-3-methylglutaryl-CoA-Acetoacetyl-CoA-Lyase (CoA-acetylierend).]

β-Hydroxy-β-methylglutaryl-CoA (HMG-CoA) nimmt im Stoffwechsel der verzweigten Fettsäuren eine besondere Stellung ein, indem es einmal das Bindeglied zwischen Acetyl-CoA und den Sterinen, zum anderen die Muttersubstanz für die Acetessigsäurebildung in der Leber darstellt. Die mit der Biosynthese von HMG-CoA verknüpften Reaktionen wurden besonders von Rudney[7,8] und von Lynen u. Mitarb.[1] untersucht. Nach übereinstimmenden Ergebnissen wird HMG-CoA enzymatisch durch Kondensation von Acetyl-CoA und Acetacetyl-CoA nach folgender Gleichung aufgebaut:

$$\begin{array}{c} CH_3{-}CO{-}SCoA + CH_3{-}CO{-}CH_2{-}CO{-}SCoA + H_2O \\ \rightleftharpoons \\ {}^{-}OOC{-}CH_2{-}\underset{\displaystyle OH}{\overset{\displaystyle CH_3}{C}}{-}CH_2{-}CO{-}SCoA + CoASH + H^+ \end{array} \qquad (121)$$

[1] Lynen, F., U. Henning, C. Bublitz, B. Sörbo u. L. Kroeplin-Rueff: B.Z. **330**, 269 (1958).
[2] Stern, J. R., and G. E. Miller: Biochim. biophys. Acta **35**, 576 (1959).
[3] Stern, J. R., G. I. Drummond, M. J. Coon and A. del Campillo: J. biol. Ch. **235**, 313 (1960).
[4] Drummond, G. I., and J. R. Stern: J. biol. Ch. **235**, 318 (1960).
[5] Caldwell, I. C., and G. I. Drummond: Biochem. biophys. Res. Comm. **4**, 127 (1961).
[6] Lynen, F.; persönl. Mitteilung.
[7] Rudney, H.: Am. Soc. **76**, 2595 (1954). Fed. Proc. **15**, 342 (1956). J. biol. Ch. **227**, 363 (1957).
[8] Rudney, H., and J. J. Ferguson jr.: Am. Soc. **79**, 5580 (1957).

Enzyme dieser Kondensationsreaktion wurden sowohl aus Hefe[1-3] als auch aus Ratten- oder Rinderleber[1,4] isoliert. Sie sind innerhalb der Zelle in den Mikrosomen lokalisiert.

a) Darstellung von HMG-CoA-kondensierendem Enzym aus Leber.

Aus Rattenleberhomogenaten wurden durch fraktioniertes Zentrifugieren die Mikrosomen gewonnen, die sich bei 30 min und 100000×g (Spinco-Zentrifuge) abschleudern und mit 10^{-3} m ÄDTA extrahieren lassen.

Höher gereinigte Enzympräparate werden aus einem Extrakt aus Rinderlebermikrosomen[5] erhalten, der der Gefriertrocknung unterzogen wird. Das Trockenpulver löst man in Wasser und entfernt Begleitproteine durch Ansäuern auf p_H 5,0. Durch Ammoniumsulfatfraktionierung des Überstandes, Dialyse und Behandlung mit Calciumphosphat-Gel läßt sich eine etwa zehnfache Anreicherung des Enzyms erzielen.

Eine andere Vorschrift geht von Rinderleber-Acetonpulver aus[1], das man mit Phosphatpuffer extrahiert. Durch Ammoniumsulfatzusatz bis zur Sättigung 0,5 beseitigt man inaktives Protein, das gewünschte Enzym erhält man in der Fraktion zwischen 0,5 und 0,8 Ammoniumsulfatsättigung. Die Anreicherung gegenüber dem Rohextrakt beträgt hierbei etwa das Zweifache.

***b) Darstellung von HMG-CoA-kondensierendem Enzym aus Hefe nach* Lynen *u. Mitarb.*[1].**

Autolyse der Hefe. 150 g frische ungepreßte Hefe (Oberkotzau) werden mit 50 ml Toluol verrührt und 2 Std bei 37° C autolysiert. Der Ansatz bleibt weitere 2 Std bei Raumtemperatur stehen, wobei durch gelegentliche Zugabe von 5 n KOH p_H 7,4—7,6 gehalten wird. Nach Kühlung wird der Ansatz mit 120 ml 0,1 m Trispuffer, p_H 8, versetzt und über Nacht im Eisbad stehengelassen. Nach dem Zentrifugieren wird mit 2 n HCl auf p_H 7,6 eingestellt.

Adsorption an $Al(OH)_3$-Gel. In 140 ml des klaren braunen Toluolautolysats werden 66 ml $Al(OH)_3$-Gel (16 mg Trockensubstanz/ml) gerührt (im Verhältnis Gel-Trockensubstanz : Protein = 0,3), das abgetrennte Gel an der Zentrifuge mit 120 ml Wasser gewaschen und dann mit 100 ml 0,5 m K_2HPO_4 eluiert. Da sich verschiedene Ansätze bei diesem Adsorptionsschritt nicht gleichartig verhalten, ist es ratsam, die erforderliche Gel-Menge durch Vorversuche zu ermitteln.

Fraktionierung mit Ammoniumsulfat. Das gesamte Eluat (100—110 ml) versetzt man mit dem gleichen Volumen einer bei 0° C gesättigten Ammoniumsulfatlösung, läßt 10 min im Eisbad stehen und verwirft den Niederschlag. Zu 215 ml Überstand werden 144 ml gesättigte Ammoniumsulfatlösung (Sättigungsgrad 0,7) gegeben. Der nach 20 min Stehen abgeschiedene Niederschlag wird abzentrifugiert und in 28 ml 0,1 m Trispuffer, p_H 7,5, aufgenommen.

Fraktionierung mit Aceton. Zu 29 ml dieser kaum gefärbten Lösung gibt man im Kältebad das gleiche Volumen Aceton von — 15° C, die Temperatur fällt dabei auf — 8° C. Die Fällung wird bei — 8° C abzentrifugiert, in 16 ml 0,1 m Trispuffer, p_H 7,5, suspendiert und sofort 4 Std gegen 2 l $2{,}5 \times 10^{-4}$ m Trispuffer, p_H 7,5, dialysiert, der nach 1 Std erneuert wird. Man erhält 17 ml einer schwach gelb gefärbten Enzymlösung. Die Anreicherung beträgt etwa das 12,5fache gegenüber dem Rohextrakt.

***c) Darstellung von HMG-CoA-kondensierendem Enzym aus Hefe nach* Ferguson *und* Rudney[2].**

Zu einem höher gereinigten Präparat, ebenfalls aus Bäckerhefe, gelangt man nach folgender Vorschrift[2]:

[1] Lynen, F., U. Henning, C. Bublitz, B. Sörbo u. L. Kroeplin-Rueff: B. Z. **330**, 269 (1958).
[2] Ferguson jr., J. J., and H. Rudney: J. biol. Ch. **234**, 1072 (1959).
[3] Rudney, H., and J. J. Ferguson jr.: J. biol. Ch. **234**, 1076 (1959).
[4] Rudney, H., and J. J. Ferguson jr.: Am. Soc. **79**, 5580 (1957).
[5] Rudney, H.: Am. Soc. **76**, 2595 (1954). Fed. Proc. **15**, 342 (1956). J. biol. Ch. **227**, 363 (1957).

Toluol-Plasmolyse. Frische Bäckerhefe (Red Star), 675 g, verrührt man langsam bei 37° C mit 60 ml Toluol. Gesamtdauer $4^1/_2$ Std. Die verflüssigte Hefe wird dann mit dem gleichen Volumen kalten Wassers verdünnt und 20 min bei 0° C und 12000 × g zentrifugiert. Die folgenden Operationen werden bei 0—4° C durchgeführt.

Austauscherbehandlung. Zum Überstand gibt man auf je 160 mg Protein 1 ml Dowex 1-bicarbonat und rührt langsam 20 min. Nach Absetzen des Austauschers gießt man den Überstand durch Glaswolle ab.

Ammoniumsulfatfällung. Zum Überstand gibt man langsam pro Liter 351 g festes Ammoniumsulfat (=55% Sättigung, auf 25 °C berechnet) und rührt 20 min. Die Lösung wird während der Ammoniumsulfatzugabe mit 3 n KOH auf etwa p_H 7 gehalten. Der Niederschlag wird hochtourig abzentrifugiert. Zum Filtrat gibt man weiter pro Liter 103 g Ammoniumsulfat (Sättigung 70%), rührt 20 min und zentrifugiert bei 12000 × g. Der Niederschlag wird in etwa 75 ml 10^{-3} m ÄDTA gelöst und $1^1/_2$ Std gegen 8 l derselben Lösung dialysiert.

Gel-Adsorption. Der Proteingehalt der dialysierten Lösung wird auf 10 mg/ml eingestellt und Calciumphosphat-Gel[1] im Verhältnis Gel:Protein = 7:15 zugesetzt. Nach vorsichtigem Rühren (15 min) wird das Gel abzentrifugiert und der Überstand verworfen. Die Elution des Enzyms erfolgt durch zweimaliges Waschen mit 75 ml 0,3 m Phosphatpuffer, p_H 7,6 (je 30 min), die Proteinlösungen werden vereinigt.

Tabelle 39. *Anreicherung des HMG-CoA-kondensierenden Enzyms aus Hefe* (nach FERGUSON und RUDNEY[2]).

Fraktion	Gesamt-volumen ml	Gesamt-protein mg	Spezifische Aktivität Einheiten pro mg
1. Rohextrakt	900	27000	1,0
2. Dowex-Überstand . . .	1000	25000	2,0
3. AS-Fraktion (55—70%)	110	7700	6,2
4. Ca-phosphat-Eluat I . .	150	1200	18,8
5. Protamin-Überstand . .	160	900	25,6
6. Jodacetamid	50	800	6,2
7. Ca-phosphat-Eluat II .	5	75	30,1

Protaminsulfatfällung. Durch Messung der UV-Absorption bei 280 und 260 mμ bestimmt man den Nucleinsäuregehalt der Lösung und gibt so viel 2%ige Protaminsulfatlösung zu, bis das Verhältnis der Absorption 280:260 auf über 1,3 ansteigt. Der Niederschlag wird verworfen und zum Überstand festes Ammoniumsulfat bis 80% Sättigung zugesetzt. Der Niederschlag wird abzentrifugiert und bei —15° C unter 1 ml neutralisierter, gesättigter Ammoniumsulfatlösung aufbewahrt. Durch diese Behandlung können starke Verluste, die sonst auf dieser Reinigungsstufe auftreten, weitgehend vermieden werden.

Weitere Reinigung zur Entfernung von β-Ketoacylthiolase. Um β-Ketoacylthiolase zu entfernen, die auf dieser Stufe noch in hoher Aktivität vorliegt, löst man den Ammoniumsulfatniederschlag in einem kleinen Volumen Wasser und dialysiert $1^1/_2$ Std gegen 10^{-3} m ÄDTA. Der Proteingehalt wird dann auf 10 mg/ml eingestellt, 10^{-2} m Jodacetamidlösung bis zur Endkonzentration 10^{-3} m zugegeben, dann läßt man die Lösung genau 30 min bei 0° C stehen. Anschließend gibt man neutralisiertes Cystein bis zur Endkonzentration 5×10^{-3} m zu und gießt die Lösung in die fünffache Menge einer bei 0° C gesättigten, neutralisierten Ammoniumsulfatlösung, rührt um und zentrifugiert. Der Niederschlag wird, wie oben beschrieben, unter gesättigter Ammoniumsulfatlösung aufbewahrt.

Durch die Jodacetamidbehandlung wird die Thiolaseaktivität vollständig gehemmt, während diejenige des kondensierenden Enzyms um etwa 75% zurückgeht.

Die mit Jodacetamid behandelte Proteinsuspension konnte durch einen zweiten Gel-Schritt und Elution mit 0,2 m Phosphatpuffer, p_H 7,6, nochmals sechsfach angereichert werden. So behandelte Präparate erwiesen sich bei —15° C über ein Jahr als stabil.

In Tabelle 39 ist das gesamte Reinigungsverfahren zusammengestellt.

[1] KEILIN, D., and E. F. HARTREE: Proc. R. Soc. London (B) **124**, 397 (1938).
[2] FERGUSON jr., J. J., and H. RUDNEY: J. biol. Ch. **234**, 1072 (1959).

Eigenschaften[1,2]. Gereinigtes HMG-CoA-kondensierendes Enzym enthält noch geringe Mengen an Alkohol-Dehydrogenase und Malat-Dehydrogenase, jedoch keine Aktivität an citratkondensierendem Enzym, β-Hydroxyacyl-Dehydrogenase, Acetyl-CoA- bzw. HMG-CoA-Deacylase.

Das p_H-Optimum der kondensierenden Reaktion liegt bei 9. 30 min Ansäuern des Enzyms auf p_H 4,3 führt zur völligen Inaktivierung. HMG-CoA in einer Endkonzentration 3×10^{-4} m hemmt zu 70%.

Acetyl- und Acetacetylpantethein bzw. -glutathion werden vom Enzym nicht umgesetzt.

Die Kondensationsreaktion nach Gl. (121) verläuft irreversibel nach der Seite des HMG-CoA[2,3].

Bestimmungsmethoden.

Die ursprüngliche Methode zur Messung der Aktivität des HMG-CoA-kondensierenden Enzyms beruht auf der Bestimmung des Reaktionsproduktes HMG-CoA. Hierbei wurde ^{14}C-markiertes Acetyl-CoA bzw. Acetacetyl-CoA mit dem Enzym inkubiert und nach Auftrennung des Testansatzes an Dowex 1 die Radioaktivität des isolierten HMG-CoA festgestellt. Bezüglich der Einzelheiten dieses Verfahrens sei auf die Originalliteratur verwiesen[4]. Im folgenden soll die wesentlich einfachere Bestimmungsmethode auf optischem Wege, wie sie später entwickelt wurde, ausführlich beschrieben werden.

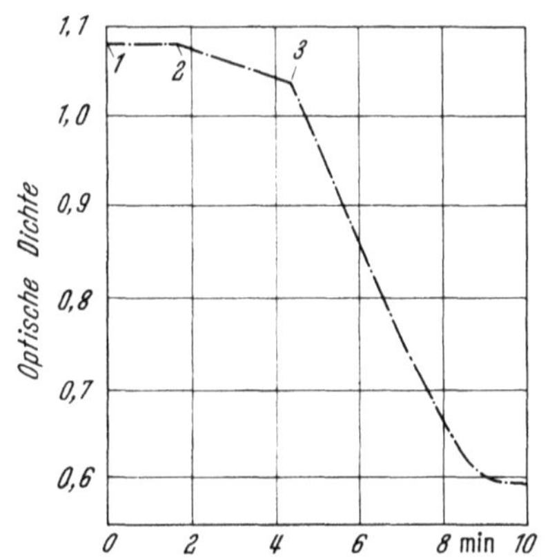

Abb. 31. Spektrophotometrischer Test auf HMG-CoA-kondensierendes Enzym (nach FERGUSON und RUDNEY[1]). Man pipettiert in die Küvette: 150 μM Trispuffer, p_H 8,1, und 7,5 mg Rinderalbumin. Punkt 1: Zugabe von 0,15 μM Acetacetyl-CoA, Punkt 2: Zugabe von 0,5 mg Enzym, Punkt 3: Zugabe von 0,3 μM Acetyl-CoA. Endvolumen: 1,5 ml. Der Blindwert enthält Puffer, Rinderalbumin und Enzym.

Optische Bestimmung von HMG-CoA-kondensierendem Enzym.

Prinzip:

Dieses Verfahren beruht auf der von LYNEN u. Mitarb. entdeckten spezifischen spektralen Absorption, die der Enolform von Acetacetyl-CoA im UV zwischen 280 und 320 mμ zukommt[5]. Das Verschwinden dieser Bande im Zuge der Kondensation gemäß Gl. (121) läßt sich photometrisch verfolgen.

Reagentien:

1. 0,15 m Tris-HCl-Puffer, p_H 8,1.
2. Rinderplasma-Albumin, 7,5%.
3. 0,03 m Acetyl-CoA (Darstellung vgl. S. 84).
4. 0,015 m Acetacetyl-CoA (Darstellung vgl. S. 153).
5. Enzymfraktion.

Ausführung:

Nach dem Verfahren von RUDNEY[1] setzt sich der *Testansatz* folgendermaßen zusammen: 7,5 mg Rinderalbumin, 150 μM Tris-HCl-Puffer, p_H 8,1, 0,3 μM Acetyl-CoA, 0,15 μM Acetacetyl-CoA, Enzymfraktion, Wasser, Endvolumen 1,5 ml. Start mit Acetyl-CoA.

Die Abnahme der Extinktion wird bei 310 mμ und $d = 1$ cm in bestimmten Zeitabständen verfolgt. Der Verlauf einer Bestimmung ist in Abb. 31 gezeigt.

Standardisierung. Eine Enzymeinheit entspricht der Proteinmenge, die unter den angegebenen Testbedingungen eine Extinktionsabnahme um 0,01/min bewirkt. Dies entspricht etwa dem Verschwinden von 0,005 μM Acetacetyl-CoA pro min.

Ebenfalls eine optische Methode für die Bestimmung des kondensierenden Enzyms wurde im Zusammenhang mit Studien über die Acetessigsäurebildung in der Leber ausgearbeitet[3]. Sie ist auf S. 149 beschrieben.

[1] FERGUSON jr., J. J., and H. RUDNEY: J. biol. Ch. **234**, 1072 (1959).
[2] RUDNEY, H., and J. J. FERGUSON jr.: J. biol. Ch. **234**, 1076 (1959).
[3] LYNEN, F., U. HENNING, C. BUBLITZ, B. SÖRBO u. L. KROEPLIN-RUEFF: B.Z. **330**, 269 (1958).
[4] Vgl. Fußnoten [7] u. [8], S. 142.
[5] LYNEN, F., L. WESSELY, O. WIELAND u. L. RUEFF: Angew. Chem. **64**, 687 (1952).

2. HMG-CoA-spaltendes Enzym (HMG-CoA-cleavage Enzyme).

[4.1.3.4 3-Hydroxy-3-methylglutaryl-CoA-Acetoacetat-Lyase.]

(HMG-CoA-Desmolase.)

Die enzymatische Spaltung von HMG-CoA führt zu den Bruchstücken Acetyl-CoA und Acetessigsäure (vgl. auch S. 142) nach folgender Gleichung:

$$HOOC{-}CH_2{-}\overset{\overset{\displaystyle CH_3}{|}}{\underset{\underset{\displaystyle OH}{|}}{C}}{-}CH_2{-}CO{-}SCoA \rightarrow CH_3{-}CO{-}SCoA + CH_3{-}CO{-}CH_2{-}COOH \qquad (122)$$

Vorkommen. Die Spaltungsreaktion wurde von COON u. Mitarb. in Extrakten aus Taubenleber, Schweineleber, sowie auch aus Schweineherz und -niere, nicht dagegen aus Gehirn aufgefunden[1]. Später wurde ein entsprechendes Enzym auch aus Rinderleber isoliert[2]. Nach KNAPPE findet sich das Enzym außer in den genannten tierischen Organen auch in Hefe, sowie in einem als *Mycobacterium spp.* identifizierten Mikroorganismus[3]. Dabei ergab sich, daß die physiologische Rolle der HMG-CoA-Spaltung in erster Linie in der Bildung von freier Acetessigsäure zu suchen ist. Die Reaktion ist somit maßgeblich an der Bildung der Ketonkörper beteiligt. Ausgenommen in Leber kann die hierbei gebildete Acetessigsäure in anderen Organen, wie Herzmuskel und Niere, durch das Enzym Succinylacetacetatthiophorase (vgl. S. 62) wieder in den Verbrennungsstoffwechsel einbezogen werden. In verschiedenen tierischen Organen wurden folgende spezifische Desmolaseaktivitäten gefunden[3]: *Ratte:* Leber 190, Niere 125, Herz 40, Hoden 10, Hirn 0, Milz 0; *Schaf:* Leber 90, Niere 60; *Rind:* Leber 200. Nach BUCHER u. Mitarb.[4] ist das Enzym in den Mitochondrien lokalisiert. BACHHAWAT u. Mitarb.[5] fanden ein Verhältnis der spezifischen Aktivitäten von Niere, Herz und Schweineleber 1,0:0,9:0,7 im Vergleich zu Taubenleber mit 1,8. Besonders hohe Enzymaktivitäten enthalten Mikroorganismen, die an β-Hydroxy-β-methylglutarsäure oder eine ihrer Vorstufen adaptiert sind[3].

a) Darstellung des HMG-CoA-spaltenden Enzyms aus Schweineherz[5].

Zur Gewinnung eines 17fach angereicherten Enzympräparates geht man von frischen Schweineherzen aus, die sofort in Eis gepackt und anschließend durch den Fleischwolf gedreht werden. Der Muskelbrei wird mit KCl-Lösung im Starmix ausgiebig extrahiert, mit Äthanol von $-20°$ C versetzt (Endkonzentration 20 Vol.%) und zentrifugiert. Der dialysierte Überstand wird zwei aufeinanderfolgenden Ammoniumsulfatfällungen und einer Säurefällung bei p_H 5,8 unterzogen, wobei das gesuchte Protein ausfällt. Eine nochmalige Fraktionierung mit $(NH_4)_2SO_4$ beendet den Arbeitsgang.

b) Darstellung des HMG-CoA-spaltenden Enzyms aus Rinderleber nach LYNEN *u. Mitarb.*[2].

Als Ausgangsmaterial zur Bereitung des Acetonpulvers diente Rinderleber, die nach dem Schlachten einige Zeit in der Kühltruhe bei $-15°$ C aufbewahrt wurde. 100 g aufgetaute Leber wurden im Kühlraum mit 1 l auf $-15°$ C abgekühltem Aceton 3 min im Starmix homogenisiert, auf einer großen Nutsche (25 cm Durchmesser) abgesaugt und mit wenig frischem Aceton und 100 ml peroxydfreiem Äther nachgewaschen. Der noch etwas feuchte Kuchen wurde durch ein Sieb gedrückt und lieferte 20 g bräunlich-rosa gefärbtes Acetonpulver, das im Kühlraum im Vakuum-Exsiccator über $CaCl_2$ 2 Monate ohne Wirksamkeitsverlust aufbewahrt werden konnte.

---

[1] BACHHAWAT, B. K., W. G. ROBINSON and M. J. COON: Am. Soc. **76**, 3098 (1954).
[2] LYNEN, F., U. HENNING, C. BUBLITZ, B. SÖRBO u. L. KROEPLIN-RUEFF: B. Z. **330**, 269 (1958).
[3] KNAPPE, J.: Diss. rer. nat. München 1957.
[4] BUCHER, N. L., P. OVERATH u. F. LYNEN: Biochim. biophys. Acta **40**, 491 (1960).
[5] BACHHAWAT, B. K., W. G. ROBINSON and M. J. COON: J. biol. Ch. **216**, 727 (1955).

Extraktion. 10 g Rinderleber-Acetonpulver werden mit 100 ml 0,05 m Kaliumphosphatpuffer, p_H 7,5, im Mörser unter Eiskühlung zerrieben. Nach dem Zentrifugieren verbleiben 80 ml tiefroten Rohextraktes p_H 7,4.

Erhitzen auf 50°C. Der Rohextrakt wird nach raschem Aufheizen 20 min bei 50° C gehalten, dann im Eisbad schnell abgekühlt und mit dem gleichen Volumen eiskalten Wassers verdünnt. Nach Abtrennung des denaturierten Proteins in der Zentrifuge (45 min bei 20000 × g) resultieren 130 ml einer klaren roten Lösung.

Acetonfraktionierung. Zu 125 ml dieser Lösung werden im Kältebad von — 8° C während 20 min 125 ml Aceton von — 15° C gegeben; die Temperatur der Lösung steigt auf — 6° C an. Der Niederschlag wird bei — 8° C abzentrifugiert und verworfen; zu 225 ml des Überstehenden werden im Kältebad bei — 10° C während 20 min 147 ml Aceton von — 15° C gegeben. Die Fällung wird bei — 10° C abgeschleudert und in 40 ml 0,05 m Tris-Puffer, p_H 7,5, aufgenommen.

Zinkfällung. 40 ml dieser Lösung werden langsam unter Rühren mit 10 ml 0,1 m Zinkacetat versetzt. Der Niederschlag wird an der Zentrifuge mit 10 ml 0,05 m Trispuffer, p_H 7,5, gewaschen und in 20 ml 0,2 m Kaliumphosphatpuffer, p_H 7,5, unter gründlichem Rühren aufgenommen. Nach dem Zentrifugieren resultieren 20 ml einer hellroten Lösung.

Tabelle 40. *Reinigung des HMG-CoA-spaltenden Enzyms aus Rinderleber* (nach LYNEN u. Mitarb.[1]).
Ausgangsmaterial: 10 g Acetonpulver.

Fraktion	Aktivität in EE	Proteingehalt in mg	Spezifische Aktivität	Ausbeute %
Rohextrakt	1250	2500	0,5	
Hitzesaft	1000	1400	0,75	80
Acetonfällung	425	130	3,3	30
Zinkfällung	188	25	7,5	15
Ammoniumsulfatfällung	125	10	12,5	10

Ammoniumsulfatfällung. Zu 20 ml der Lösung werden im Eisbad 20 ml einer bei 0° C gesättigten Ammoniumsulfatlösung langsam zugetropft. Nach 10 min Stehen wird die Fällung abzentrifugiert und in 6 ml 0,05 m Trispuffer, p_H 7,5, gelöst. Die farblose bis schwach gelblich gefärbte Lösung kann im Kühlraum ohne Wirkungsverlust 4 Std gegen 2 l $2{,}5 \times 10^{-4}$ m Trispuffer, p_H 7,5, dialysiert werden, der nach 1 Std durch die gleiche Menge frischen Puffers ersetzt wird.

Die Anreicherung beträgt nach dieser Vorschrift das 25fache (vgl. Tabelle 40).

Eigenschaften und Spezifität. Nach übereinstimmenden Befunden ist für die maximale Enzymaktivität die Anwesenheit von Mg^{++} oder Mn^{++}, sowie von Glutathion oder anderen Sulfhydrylverbindungen erforderlich[1,2]. Das p_H-Optimum für die HMG-CoA-Spaltung liegt in einem Bereich zwischen 7,4—10,5 mit einem Maximum bei p_H 10,0[2,3]. Die Spezifität scheint scharf auf HMG-CoA eingestellt zu sein. Freie Hydroxymethylglutarsäure, HMG-Thioester von Glutathion, Cystein oder N-Acetylcysteamin sowie β-Hydroxyisovaleryl-CoA werden nicht angegriffen[3].

Durch p-Chlormercuribenzoat wird das Bakterienenzym in einer Endkonzentration von 4×10^{-4} m, das Leberenzym bei 2×10^{-3} m vollständig gehemmt. Diese Hemmung kann durch Cystein in einer Endkonzentration von 5×10^{-2} m völlig aufgehoben werden[3].

Bestimmungsmethoden.

a) Bestimmung des HMG-CoA-spaltenden Enzyms durch Messung von Acetacetat nach BACHHAWAT *u. Mitarb.*[2].

Reagentien:

1. 2 m Tris-HCl-Puffer, p_H 8,1.
2. 0,13 m L-Cystein.

[1] LYNEN, F., U. HENNING, C. BUBLITZ, B. SÖRBO u. L. KROEPLIN-RUEFF: B.Z. **330**, 269 (1958).
[2] BACHHAWAT, B. K., W. G. ROBINSON and M. J. COON: J. biol. Ch. **216**, 727 (1955).
[3] KNAPPE, J.: Diss. rer. nat. München 1957.

3. 0,2 m $MgCl_2$.
4. 0,02 m HMG-CoA (Darstellung vgl. S. 161).
5. Enzymlösung: Zur Verdünnung der Enzymlösungen wird eine Lösung von 0,2 mg kristallisiertem Hühnerplasmaalbumin in 1,0 ml 0,1 m Tris-HCl-Puffer, p_H 7,4, verwendet.
6. Trichloressigsäure, 40%.

Ausführung:

Folgender Testansatz wurde beschrieben: Tris-HCl-Puffer, p_H 8,1: 200 μM, L-Cystein: 13 μM, $MgCl_2$: 20 μM, HMG-CoA: 2,0 μM, Enzymlösung und Wasser auf ein Endvolumen von 1,0 ml. Die so beschickten Reagensgläser durchströmt man kurz mit Stickstoff, verschließt sie mit Gummistopfen und inkubiert 60 min bei 37° C im Wasserbad. Die Reaktion wird abgestoppt mit je 0,35 ml 40% Trichloressigsäure, zentrifugiert und Acetessigsäure in den Filtraten nach BARKULIS und LEHNINGER[1] bestimmt. Als Kontrollen läßt man einen Ansatz ohne Substrat und einen Ansatz ohne Enzym mitlaufen.

Als eine Enzymeinheit wird diejenige Proteinmenge bezeichnet, die unter den genannten Testbedingungen zur Bildung von 1 μM Acetacetat führt. Die Proteinbestimmung erfolgt nach der WARBURGschen Methode[2] durch Messung der UV-Absorption bei 280 und 260 mμ.

***b) Optischer Test auf HMG-CoA-spaltendes Enzym nach* LYNEN *u. Mitarb.*[3].**

Prinzip:

Bei dieser Methode bedient man sich als Hilfsreaktion der enzymatischen Acetylierung von p-Nitroanilin durch das Enzym Arylaminacetylase, welche durch das im Zuge der HMG-Spaltung gebildete Acetyl-CoA ausgelöst wird. Das gelb gefärbte p-Nitroanilin geht dabei in das farblose, acetylierte Produkt p-Nitroacetanilid über, ein Vorgang, der sich leicht optisch verfolgen läßt (vgl. auch S. 89).

Reagentien:

1. 2 m Tris-HCl-Puffer, p_H 8,1.
2. 0,16 m $MgCl_2$.
3. 0,1 m Glutathion oder Kaliumthioglykolat.
4. 0,06 m p-Nitroanilin.
5. 0,005 m HMG-CoA (Darstellung vgl. S. 161).
6. Arylaminacetylase, 1000 E/ml (Darstellung vgl. S. 88).
7. Enzymlösung.

Ausführung:

Testansatz. In eine Glasküvette mit der Schichtdicke $d = 1$ cm pipettiert man 200 μM Tris-HCl-Puffer, p_H 8,1; 16 μM $MgCl_2$; 10 μM Glutathion oder Kaliumthioglykolat; 0,15 μM p-Nitroanilin; 0,05 μM HMG-CoA; 50 E Arylaminacetylase; zu testende Enzymlösung. Dann verdünnt man den Ansatz mit Wasser auf ein Endvolumen von 1,80 ml. Als Kontrollcuvette dient der gleiche Ansatz mit Ausnahme des HMG-spaltenden Enzyms. Die Ablesung der Extinktionsänderung erfolgt bei der Wellenlänge $\lambda = 405$ mμ; Temperatur 20° C. Als Enzymeinheit ist diejenige Enzymmenge definiert, die unter den angeführten Bedingungen die Extinktionsänderung 0,001 in 5 min bewirkt, gemessen zwischen der 3. und 8. min nach Zugabe des spaltenden Enzyms. Die spezifische Aktivität ist in Einheiten pro mg Protein angegeben.

***c) Optischer Test auf HMG-CoA-spaltendes Enzym nach* KNAPPE[4].**

Prinzip:

Die Aktivität des HMG-CoA-spaltenden Enzyms kann auch gemessen werden durch Einschaltung der Kondensation von Acetyl-CoA mit Oxalacetat zu Citronensäure als Hilfs-

[1] BARKULIS, S. S., and A. L. LEHNINGER: J. biol. Ch. **190**, 339 (1951).
[2] WARBURG, O., u. W. CHRISTIAN: B.Z. **310**, 384 (1941).
[3] LYNEN, F., U. HENNING, C. BUBLITZ, B. SÖRBO u. L. KROEPLIN-RUEFF: B. Z. **330**, 269 (1958).
[4] KNAPPE, J.: Diss. rer. nat. München 1957.

reaktion, die sich optisch am Auftreten von DPNH zu erkennen gibt, wenn Malat und Äpfelsäure-Dehydrogenase gleichzeitig im Ansatz vorhanden sind[1]. Es handelt sich also um folgende Gesamtreaktion:

$$\text{HMG—CoA} + \text{L-Malat} + \text{DPN}^+ + \text{H}_2\text{O} \xrightarrow[\text{Äpfelsäure-Dehydrogenase}]{\text{HMG-CoA-spaltendes Enzym, „condensing enzyme"}} \text{Citrat} + \text{Acetacetat} + \text{CoASH} + \text{DPNH} + 2\,\text{H}^+. \quad (123)$$

Reagentien:

1. 1,7 m Tris-HCl-Puffer, p_H 8,0.
2. 0,2 m $MgCl_2$.
3. 0,1 m Thioglykolat.
4. 0,1 m D,L-Malat.
5. 0,01 m DPN.
6. 0,001 m HMG-CoA (Darstellung vgl. S. 161).
7. „Condensing enzyme", krist. (Darstellung vgl. S. 80).
8. Äpfelsäure-Dehydrogenase, krist. (Darstellung vgl. Bd. VI/A, S. 367).
9. Enzymlösung.

Ausführung:

Der Testansatz setzt sich folgendermaßen zusammen: 170 μM Tris-HCl-Puffer, p_H 8,0; 20 μM $MgCl_2$; 10 μM Thioglykolat; 5 μM D,L-Malat; 1,0 μM DPN; 0,06 μM HMG-CoA; 8 μg „condensing enzyme" (krist.); 3,5 μg Äpfelsäuredehydrogenase (krist.); HMG-spaltendes Enzym; Wasser auf ein Endvolumen von 1,70 ml; Schichtdicke $d = 2$ cm. Nach Start der Reaktion durch Enzymzusatz wird die Extinktionsänderung bei $\lambda = 366$ mμ gemessen. Temperatur 20° C.

Dieser Test wurde zu Untersuchungen über die Hemmbarkeit des HMG-spaltenden Enzyms durch SH-Inhibitoren herangezogen, da die Aktivität der Hilfsenzyme durch diese Substanzen nicht wesentlich beeinflußt wird.

Messung der Acetessigsäurebildung in rohen Leberextrakten durch Zusammenwirken des HMG-CoA-kondensierenden und des HMG-CoA-spaltenden Enzyms[2].

Prinzip:

Die enzymatische Bildung von Acetessigsäure über den HMG-CoA-Cyclus (vgl. S. 142) kann auch in einem System gemessen werden, in dem Acetyl-CoA aus Acetylphosphat durch das Enzym Phosphotransacetylase erzeugt wird[2]. Rohextrakte aus *Cl. kluyveri* enthalten außer der Transacetylase gleichzeitig die erforderlichen Mengen an Thiolase für die Bildung von Acetacetyl-CoA.

Reagentien:

1. 0,7 m Trispuffer, p_H 7,85.
2. 0,1 m Cystein (kurz vor dem Versuch mit KOH neutralisiert).
3. 0,2 m Dilithiumacetylphosphat (Darstellung vgl. S. 60).
4. 0,003 m CoA, glutathionhaltig. (Das rohe Quecksilbersalz [vgl. diese Arbeit, S. 5] kann nach Zerlegung mit H_2S verwendet werden.)
5. Extrakt aus *Clostridium kluyveri* (Darstellung vgl. S. 55).
6. Partikelfreier Leberextrakt. Herstellung aus Acetonpulver oder aus frischer, gefrorener Leber durch Aufschluß im Ultra-Turrax und Zentrifugieren bei $20000 \times g$.
7. $HClO_4$, 7%ig.

Ausführung:

Versuchsansatz. In 10 ml fassende Zentrifugengläser pipettiert man 70 μM Trispuffer, p_H 7,85; 10 μM Cystein; 20 μM Dilithiumacetylphosphat; 0,3 μM CoA, glutathionhaltig; 0,01 ml Extrakt aus *Cl. kluyveri*; Leberextrakt. Endvolumen 0,94 ml.

---

[1] Bezüglich der optischen Bestimmung von Acetyl-CoA über das citratkondensierende Enzym als Hilfsreaktion vgl. auch S. 13, 84.

[2] LYNEN, F., U. HENNING, C. BUBLITZ, B. SÖRBO u. L. KROEPLIN-RUEFF: B. Z. **330**, 269 (1958).

Nach 30 min Inkubation bei 37° C wird 1 ml 7 %ige $HClO_4$ zugesetzt und nach Zentrifugieren in einem aliquoten Teil des Filtrates (0,5 ml) Acetessigsäure nach WALKER[1] bestimmt.

Eine Enzymeinheit ist als diejenige Proteinmenge definiert, die unter den angegebenen Bedingungen zur Bildung von 1 mμM Acetacetat führt. Die spezifische Aktivität wird in Einheiten pro mg Protein ausgedrückt.

Da die Geschwindigkeit der Acetacetatbildung in der Leber durch das HMG-CoA-kondensierende Enzym limitiert wird[2], kommt die beschriebene Methode der Aktivitätsmessung dieses Enzyms gleich. Will man die Aktivität des spaltenden Enzyms für sich erfassen, so muß man dem obigen Ansatz gereinigtes kondensierendes Enzym im Überschuß zusetzen.

Die Bestimmungsmethode hat sich für Untersuchungen der Ketonkörperbildung in rohen Leberextrakten unter pathologischen Bedingungen als geeignet erwiesen[3]. Bei chronisch-alloxandiabetischen Ratten konnte eine mehrfache Aktivitätssteigerung des Acetacetat synthetisierenden Enzymsystems nachgewiesen werden[3,4].

IV. Stoffwechsel der verzweigten Fettsäuren.

1. β-Hydroxy-β-methylglutaryl-Reductase (HMG-CoA-Reductase).

[1.1.1.34 Mevalonat:NADP-Oxydoreductase (CoA-acylierend).]

Das Enzym HMG-CoA-Reductase spielt bei der Biosynthese der Terpene und des Cholesterins eine wichtige Rolle, indem es die reduktive Umwandlung von HMG-CoA in Mevalonsäure katalysiert[5–8]. Dabei fungiert TPNH als Wasserstoffdonator:

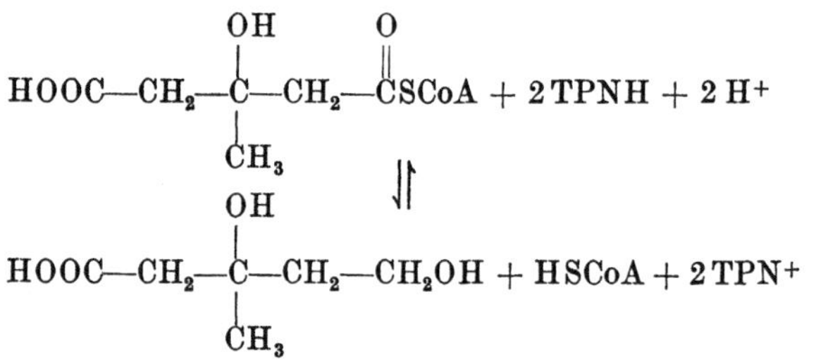

(124)

Es ist bemerkenswert, daß die Reduktion des HMG-CoA unter Verbrauch von 2 TPNH bis zum primären Alkohol von einem einzigen Enzym durchgeführt wird. β-Hydroxy-β-methylglutaraldehydsäure tritt als freies Zwischenprodukt der Reaktion nicht auf. HMG-CoA-Reductase wurde bisher in Hefe[9,10] und Leber[2,11] aufgefunden. Zur Isolierung aus Hefe wurden verschiedene Verfahren angegeben.

Reinigung von HMG-CoA-Reductase aus Bäckerhefe nach KNAPPE ***u. Mitarb.***[9].

Autolyse mit Toluol. In Anlehnung an die Vorschrift von KUNITZ[12] wird 1 kg Bäckerhefe (Oberkotzau) auf 37° C erwärmt, mit 60 ml Toluol verrührt und 45 min inkubiert. Anschließend wird nach Zugabe von 50 ml H_2O nochmals 45 min unter gelegentlichem Durchrühren bei 37° C inkubiert, wobei vollständige Verflüssigung der Hefe eintritt.

[1] WALKER, P. G.: Biochem. J. 58, 699 (1954).
[2] BUCHER, N. L., P. OVERATH u. F. LYNEN: Biochim. biophys. Acta 40, 491 (1960).
[3] WIELAND, O., G. LÖFFLER, L. WEISS u. I. NEUFELDT: B. Z. 333, 10 (1960).
[4] LÖFFLER, G.: Diss. med. München 1961.
[5] FERGUSON jr., J. J., I. F. DURR and H. RUDNEY: Fed. Proc. 17, 219 (1958).
[6] FERGUSON jr., J. J., I. F. DURR and H. RUDNEY: Proc. nat. Acad. Sci. USA 45, 499 (1959).
[7] LYNEN, F., H. EGGERER, U. HENNING, J. KNAPPE, I. KESSEL u. E. RINGELMANN: Ciba Found. Symp. on Biosynthesis of Terpenes and Sterols. S. 95. London 1959.
[8] LYNEN, F., U. HENNING, C. BUBLITZ, B. SÖRBO u. L. KROEPLIN-RUEFF: B. Z. 330, 269 (1958).
[9] KNAPPE, J., E. RINGELMANN u. F. LYNEN: B. Z. 332, 195 (1959).
[10] DURR, I. F., and H. RUDNEY: J. biol. Ch. 235, 2572 (1960).
[11] BUCHER, N. L. R., P. OVERATH and F. LYNEN: Fed. Proc. 18, 20 (1959).
[12] KUNITZ, M.: J. gen. Physiol. 35, 423 (1952).

Nach Zusatz von weiteren 830 ml H_2O wird bei Raumtemperatur unter mechanischem Rühren mit 4 n KOH neutralisiert und während der folgenden 3 Std durch weiteren Zusatz von KOH, p_H 7,5—7,7, aufrechterhalten; insgesamt sind etwa 55 ml 4 n KOH erforderlich. Nach 12 Std Stehen bei Raumtemperatur wird durch 20 min Zentrifugieren bei 2600 × g von den Zellrückständen abgetrennt und die überstehende Lösung sofort auf 0° C gekühlt: 1,25 l Extrakt; 18,5 mg Protein/ml; p_H 7,5 (Glaselektrode).

Die folgenden Operationen werden bei 0° C ausgeführt.

Adsorption an $Ca_3(PO_4)_2$-Gel. 1250 ml des Extraktes werden durch Einrühren von etwa 80 ml 1 n Essigsäure auf p_H 6,0 (Glaselektrode) eingestellt. Nun werden 155 ml $Ca_3(PO_4)_2$-Gel (25,3 mg Trockengewicht/ml) zugefügt. Das Verhältnis Gel:Protein beträgt 0,17. Nach 10 min Rühren wird abzentrifugiert, die überstehende Lösung, die 86—92% des Gesamtproteins enthält, wird verworfen. Das Gel wird auf der Zentrifuge zunächst mit 300 ml 0,1 m Kaliumphosphatpuffer, p_H 7,0, gewaschen, dann zur Elution des Enzyms zweimal in je 215 ml 0,1 m Natriumpyrophosphatpuffer, p_H 7,8, suspendiert und zentrifugiert: 450 ml vereinigte Eluate (2,0 mg Protein/ml).

Tabelle 41. *Anreicherung der HMG-CoA-Reductase aus Hefe* (nach KNAPPE, RINGELMANN und LYNEN[1]).

Reinigungsstufe	Protein mg	Aktivität mE	Spezifische Aktivität mE/mg	Ausbeute %
Toluolautolysat*	23100	3400	0,15	(100)
$Ca_3(PO_4)_2$-Gel-Eluat	900	3070	3,4	90
AS_I	590	2900	4,9	85
Überstand der Säurefällung	290	2640	9,1	78
$Al(OH)_3$-Gel-Eluat	40	—	—	—
AS_{II}	17	875	51	26

* Aus 1 kg Bäckerhefe.

Erste Ammoniumsulfatfällung. a) 0 bis 35% Sättigung: Zum Gel-Eluat gibt man 0,5 ml 1 m Kalium-ÄDTA (p_H 7) und darauf unter mechanischem Rühren 87 g Ammoniumsulfat zu. Der Niederschlag wird nach 15 min abzentrifugiert und verworfen.

b) 35—70% Sättigung: In die überstehende Lösung (480 ml) werden 105 g Ammoniumsulfat eingetragen, der Niederschlag nach 1 Std abzentrifugiert und in 25 ml 0,05 m Phosphatpuffer, p_H 7,0 (0,001 m Kalium-ÄDTA) aufgenommen; 30 ml AS_I (19,7 mg Protein/ml). Die Fraktion kann bei −18° C mehrere Wochen ohne Aktivitätsverlust aufbewahrt werden.

Nucleinsäurefällung. Die Fraktion AS_I, die etwa 9% Nucleinsäuren enthält, wird mit dem gleichen Volumen 0,001 m Kalium-ÄDTA verdünnt und unter intensivem Rühren langsam mit etwa 6 ml 0,5 n Essigsäure bis p_H 4,75 (Glaselektrode) versetzt. Nach 5 min wird vom gebildeten Niederschlag abzentrifugiert und die überstehende Lösung, die nun vollkommen klar ist, mit etwa 1 ml 2 m Tris-Lösung auf p_H 6,1 gestellt: 64 ml Säurefraktion (4,5 mg Protein/ml).

Adsorption an $Al(OH)_3$-Gel. In die Lösung werden 3,7 ml $Al(OH)_3$-Gel (16 mg Trockengewicht/ml) eingerührt. Das Verhältnis Gel:Protein beträgt 0,20. Nach 5 min wird abzentrifugiert und die überstehende Lösung, die 81% des Gesamtproteins vor Gelzugabe enthält, verworfen. Das Gel wird zunächst mit 10 ml 0,1 m Kaliumphosphatpuffer, p_H 7,55, gewaschen, dann fünfmal mit je 10 ml Ammoniumsulfatlösung eluiert (10 g Ammoniumsulfat in 100 ml Phosphatpuffer, 0,001 m Kalium-ÄDTA, gelöst und mit konzentriertem NH_3 auf p_H 8,1 eingestellt).

Zweite Ammoniumsulfatfällung. Zur Konzentrierung werden in die vereinigten Eluate (50 ml) 64 ml einer bei 0° C gesättigten Lösung von Ammoniumsulfat in 0,001 m Kalium-ÄDTA eingerührt (Sättigungsgrad 0,65). Die Fällung wird durch Zentrifugieren gesammelt, in etwa 3 ml 0,05 m Kaliumphosphatpuffer, p_H 6,5, aufgenommen und von geringen Mengen ungelösten Materials abzentrifugiert: 3 ml AS_{II} (5,7 mg Protein/ml).

[1] KNAPPE, J., E. RINGELMANN u. F. LYNEN: B. Z. **332**, 195 (1959).

Die zu einer mehr als 300fachen Enzymanreicherung führenden Schritte sind in Tabelle 41 zusammengestellt.

Eigenschaften. HMG-CoA-Reductase wird durch Sulfhydrylverbindungen, wie Cystein, Glutathion u. dgl., aktiviert[1,2], durch Jodacetamid[1] oder p-Hydroxymercuribenzoat[2] gehemmt. Dies weist darauf hin, daß SH-Gruppen für die Wirksamkeit des Proteins verantwortlich sind. Das p_H-Optimum der Reduktion liegt bei 6,5, freie Metallionen sind für die Reaktion nicht erforderlich. Die MICHAELIS-Konstanten betragen für HMG-CoA $1{,}5 \times 10^{-6}$ m, für TPNH 8×10^{-5} m. TPNH läßt sich durch DPNH nicht ersetzen. Das Gleichgewicht der Reductasereaktion liegt praktisch völlig auf der Seite der Mevalonsäure, jedoch konnte die Reversibilität der Reaktion grundsätzlich nachgewiesen werden[1].

Bestimmungsmethoden.

a) Bestimmung der HMG-CoA-Reductase im Radioaktivitätstest nach KNAPPE *u. Mitarb.*[1].

Prinzip:

^{14}C-markiertes HMG-CoA wird in Gegenwart eines TPNH erzeugenden Hilfssystems durch HMG-CoA-Reductase in markierte Mevalonsäure umgewandelt, deren Radioaktivität nach Isolierung aus dem Versuchsansatz gemessen werden kann. Zur Abtrennung radioaktiver Begleitstoffe wird die spezifische Phosphorylierung durch Mevalonsäurekinase ausgenützt. Das angesäuerte Reaktionsgemisch wird mit Äther perforiert und der die Mevalonsäure enthaltende Ätherextrakt mit ATP und Mevalonatkinase aus Hefe inkubiert. Dabei wird die ätherlösliche Mevalonsäure in die ätherunlösliche 5-Phosphomevalonsäure umgewandelt, die bei der anschließenden zweiten Ätherperforation allein in der wäßrigen Phase zurückbleibt.

Nach einer anderen Vorschrift kann die Mevalonsäure chromatographisch über Celite durch Elution mit Chloroform isoliert werden[2].

Reagentien:

1. 0,2 m Kaliumphosphatpuffer, p_H 7,0.
2. 0,1 m Kalium-ÄDTA.
3. 0,1 m Glutathion.
4. 0,1 m Kalium-glucose-6-phosphat.
5. 0,006 m TPN.
6. Serumalbumin, 1 %.
7. 0,001 m 5-^{14}C-HMG-CoA.

Darstellung von 5-^{14}C-HMG-CoA (enzymatisch)[1]. 50 μM Trispuffer, p_H 7,5, 25 μM $MgCl_2$, 3,4 μM 1-^{14}C-Acetyl-CoA (Darstellung s. unten), 5,8 μM Acetacetyl-CoA (Darstellung s. unten), 0,7 mg Serumalbumin und 2,6 mg HMG-kondensierendes Enzym (spezifische Aktivität 7 nach [3], vgl. S. 142) in einem Endvolumen von 4,5 ml werden bei 20° C inkubiert. Nach 5 Std wird der Ansatz durch 30 sec Erhitzen auf 100° C bei p_H 4,5 enteiweißt. Das gebildete HMG-CoA (2,4 μM) kann durch Säulenchromatographie an Dowex 1 × 10 (200—400 mesh; Formiatform) und Gradientenelution mit Ameisensäure-Ammoniumformiat gereinigt werden[4].

Darstellung von 1,3,5-^{14}C-HMG-CoA (enzymatisch)[1]. 700 μM Trispuffer, p_H 7,5, 35 μM $MgCl_2$, 20 μM CoASH (mit KBH_4 reduziert), 100 μM ATP, 60 μM 1-^{14}C-Acetat (30 μC), 3 mg Serumalbumin, 0,5 mg Acetatthiokinase (spez. Aktivität 19, Darstellung vgl. S. 68), 50 μg kristallisierte Pyrophosphatase (dargestellt aus Hefe

[1] KNAPPE, J., E. RINGELMANN u. F. LYNEN: B. Z. **332**, 195 (1959).
[2] DURR, I. F., and H. RUDNEY: J. biol. Ch. **235**, 2572 (1960).
[3] LYNEN, F., U. HENNING, C. BUBLITZ, B. SÖRBO u. L. KROEPLIN-RUEFF: B. Z. **330**, 269 (1958).
[4] LYNEN, F. K. DECKER, O. WIELAND and D. REINWEIN: Biochemical Problems of Lipids. Proc. II. Int. Conf. Gent 1955 (Hrsg.: POPJAK u. E. LE BRETON). S. 142. London 1956.

nach KUNITZ[1]), 3,1 mg HMG-kondensierendes Enzym (spez. Aktivität 7, Darstellung vgl. S. 143) und 0,2 mg Thiolase (Darstellung aus Schweineherz, vgl. S. 122) im Gesamtvolumen 7 ml wurden bei 20° C inkubiert. Nach 5 Std waren 6 μM HMG-CoA entstanden. Nun wurde die Reaktion durch Erhitzen abgestoppt und der Ansatz zur Entfernung von überschüssigem ATP mit 200 μM Glucose versetzt und mit 0,2 mg Hexokinase inkubiert. Das restliche Acetyl-CoA (etwa 3 μM) wurde anschließend durch Inkubation (30 min, 20° C) mit 50 μM Oxalacetat und 0,1 mg kristallisiertem citratkondensierendem Enzym (Darstellung vgl. S. 80) entfernt. Der Ansatz wurde durch 30 sec Erhitzen auf 100° C bei p_H 4,5 enteiweißt und die Lösung der Chromatographie an Dowex 1 × 10 (200—400 mesh, Formiatform) unter Gradientenelution mit Ameisensäure-Ammoniumformiat unterzogen. Ausbeute: 2,5 μM HMG-CoA.

Darstellung von 1-^{14}C-Acetyl-CoA (enzymatisch[2]). 10 μM CoASH (mit KBH_4 reduziert), 50 μM Trispuffer, p_H 7, 25 μM $MgSO_4$, 15 μM 1-^{14}C-Acetat (15 μC), 30 μM ATP, 1 mg Serumalbumin, 50 μg kristallisierte Pyrophosphatase (dargestellt aus Hefe nach[1]) und 0,25 mg Acetatthiokinase (dargestellt aus Hefe nach[3], vgl. S. 68) werden im Gesamtvolumen von 6 ml bei 37° C inkubiert. Nach 80 min wird der Ansatz durch 30 sec Erhitzen auf 100° C bei p_H 4,5 enteiweißt und durch Gefriertrocknung konzentriert. Die Ausbeute betrug nach dieser Vorschrift 97 %.

Acetacetyl-CoA[4,5]. 60 mg (35 μM) 44 %iges CoASH werden in 0,8 ml quarzdestilliertem Wasser gelöst, die Lösung wird durch Zugabe von 0,2 ml 2 n KOH auf p_H 7—8 gebracht und mit 0,01 ml frisch destilliertem Diketen (bezogen durch Farbwerke Hoechst, Frankfurt a. M.) umgesetzt [vgl. S. 11, Reaktionsgleichung(6)]. Der p_H-Wert wird durch 0,05 ml 2 n KOH auf 7 gehalten. Die Reaktion auf freies SH — geprüft mit Nitroprussidnatrium und Ammoniak (Tüpfelprobe vgl. S. 5) — verschwindet innerhalb kurzer Zeit und macht der ziegelroten Färbung der verzögerten Nitroprussidreaktion[6] Platz. Danach wird die Lösung unter Eiskühlung mit 2 n HCl auf p_H 1—2 gebracht und zur Entfernung der freien Acetessigsäure im Perforator unter Eiskühlung 5 Std mit peroxydfreiem Äther extrahiert. Nach Ausblasen des Äthers durch einen kräftigen N_2-Strom wird mit 2 n KOH auf p_H 5 eingestellt. In dieser Form kann die Lösung ohne Verlust in eingefrorenem Zustand aufbewahrt werden. Volumen: 1,4 ml; 24 μM Acetacetyl-CoA/ml. Gehaltsbestimmung vgl. S. 12.

Die Reinheit des auf diese Weise dargestellten Präparates wird für die meisten Fälle genügen. Weitere Reinigung des Acetacetyl-CoA läßt sich durch Papierchromatographie in 0,1 m Acetatpuffer, p_H 4,5, 96 % Äthanol (1:1)[7], bei 0—2° C erreichen. Dazu trägt man auf einen Bogen von Schleicher & Schüll 598 L 3—5 μM der Substanz als Streifen von etwa 5 cm Länge auf, läßt an der Luft eintrocknen und chromatographiert absteigend im Kühlraum. Laufstrecke: 32—33 cm. Beim Besprühen eines abgetrennten Papierstreifens mit Nitroprussidnatriumlösung und Entwickeln in NH_3 gaben sich 2 Thiolester mit R_f 0,58—0,61 und R_f 0,88—0,92 durch die Farbreaktion zu erkennen. Die weniger weit gewanderte Zone (R_f 0,6) wird ausgeschnitten und in der Kälte mit Wasser unter Abtropfen eluiert.

8. Zwischenferment.
9. Enzymlösung.
10. Dowex 50 (H^+-Form).

---

[1] KUNITZ, M.: J. gen. Physiol. **35**, 423 (1952).
[2] KNAPPE, J., E. RINGELMANN u. F. LYNEN: B. Z. **332**, 195 (1959).
[3] BERG, P.: J. biol. Ch. **222**, 991 (1956).
[4] LYNEN, F., U. HENNING, C. BUBLITZ, B. SÖRBO u. L. KROEPLIN-RUEFF: B. Z. **330**, 269 (1958).
[5] DECKER, K.: Diss. rer. nat. München 1955.
[6] LYNEN, F.: A. **574**, 33 (1951).
[7] STADTMAN, E. R., S. P. COLOWICK and N. O. KAPLAN; in: Colowick-Kaplan, Meth. Enzymol., Bd. III, S. 229, 940.

11. Äther, peroxydfrei.
12. 4 n KOH.
13. 0,01 m D,L-Kaliummevalonat.
14. 0,1 m Magnesium-ÄDTA.
15. 0,1 m ATP.
16. 1 m KF.
17. 1 m $KHCO_3$.
18. Mevalonatkinase (Darstellung vgl. S. 156).

Ausführung:

Versuchsansatz. 20 μM Kaliumphosphat, p_H 7,0, 5 μM Kalium-ÄDTA, 5 μM Glutathion, 10 μM Glucose-6-phosphat, 0,3 μM TPN, 0,5 mg Serumalbumin, 0,01 μM 5-^{14}C-HMG-CoA (1800 Imp./min), 5 μg Zwischenferment und die zu messende Enzymlösung im Gesamtvolumen 0,7 ml werden 1 Std bei 37° C inkubiert. Dann wird der Ansatz durch 150 sec Erhitzen auf 100° C gestoppt, mit etwa 200 mg Dowex 50 (H^+-Form) angesäuert und 6 Std mit peroxydfreiem Äther perforiert. Der Ätherextrakt wird mit etwa 0,03 ml 4 n KOH alkalisch gemacht und im Vakuum zur Trockne gebracht. Der in Wasser aufgenommene Rückstand wird mit verdünnter HCl neutralisiert und mit 0,1 μM D,L-Kaliummevalonat versetzt.

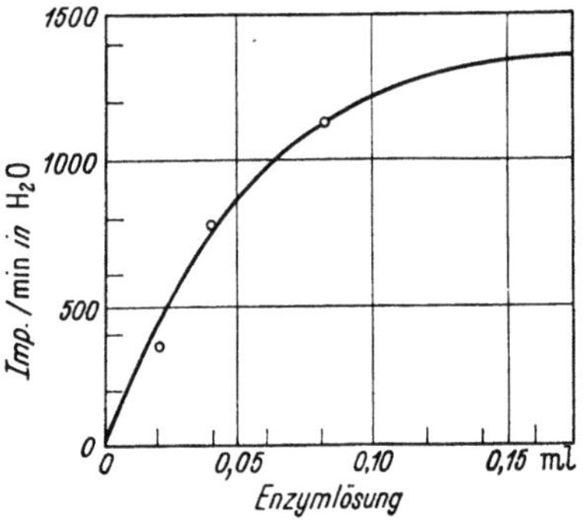

Abb. 32. Bestimmung der HMG-CoA-Reductase mit radioaktiver Markierung (nach KNAPPE, RINGELMANN und LYNEN[1]).

Zur Überführung in Phosphomevalonsäure wird die Lösung mit 10 μM Magnesium-ÄDTA, 5 μM ATP, 80 μM KF, 100 μM $KHCO_3$, 1 mg Serumalbumin und 0,15 mg Mevalonatkinase in 1,5 ml bei 37° C inkubiert. Nach 2 Std werden die Ansätze mit etwa 300 mg Dowex 50 (H^+-Form) angesäuert, das Austauscherharz abzentrifugiert, zweimal mit je 0,6 ml Wasser nachgewaschen und die Lösung erneut 6 Std mit Äther perforiert. Anschließend werden aliquote Teile der wäßrigen Lösung, deren Radioaktivität ausschließlich auf Phosphomevalonsäure zurückgeht, ausgezählt.

Der Isotopentest eignet sich vor allem für die HMG-Reductasebestimmung in rohen Hefeextrakten. Dabei ist zu beachten, daß genügend HMG-CoA eingesetzt wird, da es möglicherweise zum Teil durch störende Spaltungsreaktionen (HMG-spaltendes Enzym) verbraucht wird. Der Verlauf des Radioaktivitätstestes mit steigenden Mengen Toluolautolysat aus Bäckerhefe ist in Abb. 32 dargestellt.

b) Optischer Test zur Bestimmung der HMG-CoA-Reductase nach KNAPPE ***u. Mitarb.***[1].

Prinzip:

In Gegenwart von HMG-CoA wird der TPNH-Verbrauch spektralphotometrisch bei 366 mμ gemessen. Da in rohen Hefeextrakten TPNH durch Nebenreaktionen sehr schnell verbraucht wird, kann der optische Test erst nach einer gewissen Vorreinigung der Reductase angewendet werden.

Reagentien:

1. 1,4 m Kaliumphosphatpuffer, p_H 7,0.
2. 0,3 m Kaliumthioglykolat.
3. 0,1 m Kalium-ÄDTA.
4. 0,004 m TPNH.
5. 0,001 m HMG-CoA (Darstellung s. S. 161).
6. Serumalbumin, 1 %.

Ausführung:

In eine Glasküvette, $d = 1$ cm, die sich in einem temperierbaren Küvettenhalter befindet, pipettiert man 140 μM Kaliumphosphatpuffer, p_H 7,0, 30 μM Kaliumthioglykolat,

[1] KNAPPE, J., E. RINGELMANN u. F. LYNEN: B. Z. **332**, 195 (1959).

10 μM Kalium-ÄDTA, 0,27 μM TPNH, 0,05 μM HMG-CoA, 0,6 mg Serumalbumin und das zu messende Reductasepräparat. $T = 37°$ C. $\lambda = 366$ mμ. Gesamtvolumen 1,8 ml. Die Messung erfolgt gegen eine Vergleichsküvette mit allen Zusätzen ohne HMG-CoA, um eine von HMG-CoA unabhängige TPNH-Oxydation zu kompensieren.

Standardisierung. Als 1 mE wird diejenige Enzymmenge bezeichnet, die zwischen 30 und 150 sec nach Reaktionsstart eine Extinktionsabnahme von 0,0073 bewirkt. 0,015 mE des optischen Testes entsprechen nach dem beschriebenen Isotopenverfahren einer Radioaktivität von 100 Imp./min im wäßrigen Rückstand.

c) Bestimmung der HMG-CoA-Reductase in ungereinigten Leberextrakten nach Wieland *u. Mitarb.*[1].

Prinzip:

HMG-CoA — bzw. ein HMG-CoA erzeugendes System — wird in Anwesenheit eines TPNH liefernden Systems mit Leberextrakt inkubiert und die gebildete Mevalonsäure nach Extraktion mit Äther optisch-enzymatisch mit Mevalonsäurekinase bestimmt[2,3]. Dabei sind folgende Hilfsreaktionen eingeschaltet:

$$(+)\text{-Mevalonsäure} + \text{ATP} \rightarrow \text{5-Phosphomevalonsäure} + \text{ADP} \qquad (125)$$

$$\text{ADP} + \text{Phosphoenolpyruvat} \rightleftharpoons \text{ATP} + \text{Pyruvat} \qquad (126)$$

$$\text{Pyruvat} + \text{DPNH} + \text{H}^+ \rightleftharpoons \text{Lactat} + \text{DPN}^+ \qquad (28)$$

Bilanz:

$$\left.\begin{array}{c}(+)\text{-Mevalonsäure} + \text{Phosphoenolpyruvat} + \text{DPNH} + \text{H}^+ \\ \downarrow(\text{ATP}) \\ \text{5-Phosphomevalonsäure} + \text{Lactat} + \text{DPN}^+\end{array}\right\} \qquad (127)$$

Nach Bilanzreaktion Gl. (127) entspricht 1 M gebildeter Mevalonsäure dem Verbrauch von 1 M DPNH. — *Anmerkung:* Versuche mit ^{14}C-HMG-CoA (D. Regen, persönl. Mitt.) geben zur Überprüfung der Methode Anlaß.

Reagentien:

1. 1 m Trispuffer, p_H 7,4.
2. 0,1 m Cystein-HCl.
3. 0,2 m KOH.
4. 0,2 m Lithiumacetylphosphat (Darstellung vgl. S. 60).
5. 0,001 m CoA.
6. Extrakt aus *Clostridium kluyveri* (Darstellung vgl. S. 55).
7. HMG-kondensierendes Enzym aus Hefe (Darstellung vgl. S. 143).
8. 1 m Kalium-ÄDTA.
9. 0,2 m Glucose-6-phosphat.
10. 0,005 m TPN.
11. Glucose-6-phosphat-Dehydrogenase (Darstellung vgl. Bd. VI/A, S. 414).
12. Leberextrakt (Herstellung aus gefrorener Leber vgl.[1]).
13. Perchlorsäure, 38,5%.
14. Äther, peroxydfrei.
15. 2 n KOH.
16. 1 m Triäthanolaminpuffer, p_H 7,4.
17. 1,6 m KCl.
18. 1 m $MgSO_4$.
19. 0,02 m Kalium-phosphoenolpyruvat.
20. 0,02 m ATP.
21. 0,01 m DPNH.
22. Serumalbumin, 1%.
23. Pyruvatkinase (Darstellung vgl. S. 540).

[1] Wieland, O., G. Löffler, L. Weiss u. I. Neufeldt: B. Z. **333**, 10 (1960).
[2] Knappe, J., E. Ringelmann u. F. Lynen: B. Z. **332**, 195 (1959).
[3] Henning, U.: Unveröffentlicht.

24. Milchsäure-Dehydrogenase (Darstellung vgl. Bd. VI/A, S. 356).
25. Mevalonatkinase (Darstellung s. unten).

Ausführung:

Testansatz: 100 μM Trispuffer, p_H 7,4, 10 μM Cystein-HCl, 20 μM KOH, 20 μM Lithium-acetylphosphat, 0,3 μM CoA, 0,01 ml Extrakt aus *Clostridium kluyveri*, 3—4 E HMG-kondensierendes Enzym, Endvolumen 1,01 ml. 45 min Inkubation bei 37° C, 3 min im kochenden Wasserbad. (Diese erste Stufe dient der Erzeugung von HMG-CoA. Sie kann weggelassen werden, wenn man in der folgenden zweiten Teststufe 0,15 μM synthetisch bereitetes HMG-CoA zusetzt.) Ohne zu zentrifugieren gibt man zu obigem Ansatz 20 μM Kalium-ÄDTA, 10 μM Glucose-6-phosphat, 1 μM TPN, 0,04 mg Glucose-6-phosphat-Dehydrogenase und Leberextrakt. Gesamtvolumen 1,28 ml. Inkubation 30 min bei 37° C, dann Enteiweißung mit 0,12 ml 38,5%iger Perchlorsäure. Nach Abzentrifugieren des Proteinniederschlages wird die Mevalonsäure durch achtstündiges Perforieren mit Äther extrahiert, der Extrakt mit 2 n KOH auf p_H 7,5—8 eingestellt und zur Trockne im Vakuum eingeengt (vgl. S. 154). Der Rückstand wird zur Mevalonsäurebestimmung in einem definierten Volumen Wasser aufgenommen.

Mevalonsäurebestimmung[1,2]. Die Meßküvette, $d = 1$ cm, enthält in einem Gesamtvolumen von 1,8 ml: 200 μM Triäthanolaminpuffer, p_H 7,4, 160 μM KCl, 40 μM $MgSO_4$, 1 μM Kalium-Phosphoenolpyruvat, 1 μM ATP, 0,4 μM DPNH, 1 mg Serumalbumin, 10 μg Pyruvatkinase, 25 μg Milchsäure-Dehydrogenase, 50 μg Mevalonatkinase und die zu bestimmende Mevalonsäurelösung.

Die Reaktion wird durch Zusatz von Mevalonatkinase gestartet. Man mißt die Extinktionsabnahme bei 366 mμ gegen eine Vergleichsküvette ohne Mevalonsäurelösung bis zum Stillstand der Reaktion. 0,1 μM (+)-Mevalonsäure bewirken $\Delta E_{366} = -0{,}183$.

Darstellung der Mevalonsäurekinase nach Henning[2].

1. Toluolautolyse. 600 g frische ungepreßte Bäckerhefe (Oberkotzau) werden fein zerkrümelt und im Thermostaten auf 37° C gebracht, sodann 36 ml Toluol zugesetzt und der Ansatz 45 min bei 37° C belassen. Danach werden 30 ml H_2O zugegeben und der Ansatz weitere 45 min unter häufigem Umrühren bei 37° C gehalten. Zur verflüssigten und stark gärenden Hefe werden 500 ml dest. Wasser gegeben, der Ansatz wird auf Zimmertemperatur gebracht und während 3—4 Std durch Zusatz von 5 n KOH zwischen p_H 7,4 und 7,6 gehalten. Das Autolysat bleibt nun 12—16 Std bei Raumtemperatur stehen und wird danach 20 min bei 5000 × g zentrifugiert. Das Überstehende filtriert man anschließend durch Glaswolle. Man erhält 650 ml eines braunen, etwas trüben Extraktes. Proteingehalt 25 mg/ml.

2. Säurefällung. Der Extrakt wird nun an der Glaselektrode mit 2 m Essigsäure unter mechanischem Rühren auf p_H 5,7 gebracht und das ausgefallene Protein 15 min bei 20000 × g abzentrifugiert. Der Niederschlag wird verworfen.

3. Geladsorption. Zum Überstand gibt man unter mechanischem Rühren Calciumphosphatgel[3] im Verhältnis Gel-Trockengewicht: Protein = 0,5. Das Gel soll während 10 min zugegeben werden, danach rührt man 10 min weiter und zentrifugiert dann 5 min bei 5000 × g ab. Der Überstand wird verworfen, der Niederschlag mit 100 ml 0,1 m Kaliumphosphatpuffer, p_H 6,0, gründlich eluiert, das Gel erneut abzentrifugiert und nochmals mit 40 ml des gleichen Puffers gewaschen. Die klaren, schwach bräunlichen Filtrate werden vereinigt. Vol. 172 ml, Proteingehalt 5,8 mg/ml.

4. Ammoniumsulfatfällung. Zum Gel-Eluat wird unter mechanischem Rühren langsam feingemahlenes trockenes Ammoniumsulfat p.a. bis zu 57% Sättigung gegeben. Der An-

[1] Knappe, J., E. Ringelmann u. F. Lynen: B. Z. **332**, 195 (1959).
[2] Henning, U.: Unveröffentlichte Vorschrift aus dem Max Planck-Institut für Zellchemie, München.
[3] Kemke, M.: J. gen. Physiol. **35**, 340 (1952).

satz bleibt 15 min im Eisbad stehen, der Niederschlag wird sodann 10 min bei 20000×g abzentrifugiert. Der Überstand wird verworfen und das ausgefallene Protein in 40 ml 0,1 m Kaliumphosphatpuffer, p_H 7,0, klar gelöst. Vol. 42,5 ml, Proteingehalt 7,9 mg/ml.

5. Hitzeschritt. Die Ammoniumsulfatfraktion wird in einem Wasserbad von 80° C rasch auf 50—53° C gebracht und dann im Thermostaten 5 min unter ständigem Umrühren auf 55° C gehalten. Nach raschem Abkühlen im Eis-Kochsalzbad auf 0° C wird 10 min bei 20000×g zentrifugiert. Das denaturierte Protein wird verworfen, das Überstehende gegen 10 l dest. Wasser 4 Std bei 0° C dialysiert. Vol. 39 ml, Proteingehalt 4,0 mg/ml.

6. Ammoniumsulfatfraktionierung. Zum Dialysat wird wie unter 4. Ammoniumsulfat bis zu 50% Sättigung gegeben. Der Ansatz bleibt 10 min im Eisbad stehen und wird dann 10 min bei 20000×g abzentrifugiert. Der Niederschlag wird verworfen und zum Überstand weiter Ammoniumsulfat bis zu 60% Sättigung gegeben. Man läßt den Ansatz wieder 10 min bei 0° C stehen und zentrifugiert dann 15 min bei 20000×g ab. Der Überstand wird verworfen und das ausgefallene Protein in 5 ml 0,1 m Kaliumphosphatpuffer, p_H 7,5, klar gelöst. Vol. 5,5 ml, Proteingehalt 4 mg/ml.

Tabelle 42. *Anreicherung der Mevalonsäure* (nach HENNING[1]).

Schritt	Ges. Prot. (mg)	EE	Spezifische Aktivität
Gel-Eluat .	996	3690	3,7
AS-Fällung I	336	3190	9,5
Hitzefällung	156	2113	13,0
AS-Fällung II	22	672	31,0

Der Test des Enzyms erfolgt, wie bei der Bestimmung der Mevalonsäure angegeben (vgl. S. 156), allerdings unter Einsatz von 2 μM Kaliummevalonat in Küvette A. 1 EE ist diejenige Enzymmenge, die in diesem Test bei 25° C in 10 min ΔE_{366} von $-0{,}100$ hervorruft. Da von rohen Hefeextrakten DPNH sehr rasch oxydiert wird, kann man frühestens nach der Geladsorption *(Schritt 3)* den optisch-enzymatischen Test durchführen.

2. β-Hydroxy-β-methylglutaryl-CoA-Deacylase (HMG-CoA-Deacylase).

[3.1.2.5 3-Hydroxy-3-methylglutaryl-CoA-Hydrolase.]

In tierischen Geweben und Mikroorganismen wurde ein Enzym entdeckt, welches die hydrolytische Spaltung von HMG-CoA nach folgender Gleichung bewirkt[2]:

$$\text{HMG—CoA} + H_2O \rightarrow \text{HMG} + \text{CoASH} \qquad (128)$$

Die physiologische Bedeutung dieser Deacylase ist noch nicht klar ersichtlich. Möglicherweise wird durch die HMG-CoA-Spaltung das Gleichgewicht der durch das „HMG-CoA-cleavage enzyme“ ausgelösten Umwandlung von HMG-CoA in Acetacetat und Acetyl-CoA reversibel gestaltet.

$$\text{Acetacetat} + \text{Acetyl-CoA} \xrightleftharpoons{\text{Cleavage enzyme}} \text{HMG—CoA} \qquad (122)$$

$$\text{HMG—CoA} + H_2O \xrightarrow{\text{Deacylase}} \text{HMG} + \text{CoASH} \qquad (128)$$

$$\text{Acetacetat} + \text{Acetyl-CoA} + H_2O \longrightarrow \text{HMG} + \text{CoASH} \qquad (129)$$

Das hierbei gebildete β-Hydroxy-β-methylglutarat könnte dann weiter mit ATP durch eine Thiokinase zu HMG-CoA aktiviert werden. Im Vergleich zu den anderen am Stoffwechsel des HMG-CoA beteiligten Enzymen ist die Aktivität der Deacylase allerdings sehr gering[3].

Vorkommen. HMG-CoA-Deacylase wurde in verschiedenen tierischen Geweben, wie Hühnerleber, Schweineniere, Schweineleber, Taubenhirn, nicht dagegen in Schweineherz, angetroffen. Während das Enzym in Hefe nicht nachweisbar war, findet es sich in einigen anderen Mikroorganismen, wie *N. crassa*, *E. coli* und *T. pyriformis*[2].

[1] HENNING, U.: Unveröffentlichte Vorschrift aus dem Max Planck-Institut für Zellchemie, München.
[2] DEKKER, E. E., M. J. SCHLESINGER and M. J. COON: J. biol. Ch. **233**, 434 (1958).
[3] WIELAND, O., G. LÖFFLER, L. WEISS u. I. NEUFELDT: B. Z. **333**, 10 (1960).

***Darstellung der HMG-CoA-Deacylase nach* DEKKER *u. Mitarb.*[1].**

50 g gefrorene Hühnerleber werden im Starmix 2 min mit 50 ml 0,5 m KCl homogenisiert und nach dem Verdünnen mit 50 ml 0,5 m KCl und 2,5 ml 1 m Kaliumphosphatpuffer, p_H 7,4, 30 min mechanisch gerührt. In einem Kältebad von — 5° C gibt man unter ständigem Rühren langsam 100 ml einer auf — 20° C gekühlten Alkohollösung zu (Mischung aus 1 Teil absolutem Äthanol und 1 Teil 0,5 m KCl). Diese 20 Vol. % Äthanol enthaltende Suspension wird 2 Std bei — 5° C und 800 × g zentrifugiert. Den klaren roten Überstand dialysiert man 16 Std gegen 5 l 0,01 m Kaliumphosphatpuffer, p_H 7,4, und 0,001 m Cystein. Der dialysierte Extrakt enthielt in einem Volumen von 205 ml 3 g Protein.

Der nun folgende Hitzeschritt wird mit 50 ml-Portionen in einem 125 ml-Erlenmeyer-Kolben durchgeführt. Hierbei wird die Enzymlösung in einem Wasserbad von 60° C so lange gerührt, bis die Lösung eine Temperatur von 58° C erreicht hat, und dann sofort in einem Eisbad abgekühlt. Der Niederschlag wird abzentrifugiert und das denaturierte Protein verworfen. Mit dem Überstand, der 1,69 g Protein in 180 ml enthält, führt man nun eine Protaminsulfatfällung durch, indem man 5 ml einer neutralisierten Protaminsulfatlösung einrührt, die Suspension nach 30 min Stehen zentrifugiert und den Niederschlag verwirft. Durch Tüpfeln mit Protaminsulfat und Nucleinsäure prüft man, ob eine weitere Zugabe von Protaminsulfat notwendig ist. Bei der anschließenden Adsorption des Enzyms an $Al(OH)_3$-Gel soll das Verhältnis Gel:Protein = 0,5 betragen. Nachdem man das Gel konzentriert hat, wird das Gel in die Enzymlösung gegeben, 15 min gerührt und zentrifugiert. Das hieraus resultierende klare gelbliche Filtrat führt durch die Behandlung mit Aluminium-Gel zu etwa 4fach angereicherten Präparaten mit einer 45 bis 50 %igen Ausbeute. Im eingefrorenen Zustand (— 20° C) tritt innerhalb von 3 Wochen ein Aktivitätsverlust von 25 % ein. Alle Bemühungen zur weiteren Reinigung des Enzyms mit den üblichen Fraktionierungsmethoden blieben bisher erfolglos.

Eigenschaften und Spezifität. Das Wirkungsoptimum des Enzyms aus Hühnerleber liegt bei p_H 7,8. Außer HMG-CoA wird auch HMG-glutathion gespalten, nicht dagegen andere HMG-thioester, wie z.B. HMG-cystein, HMG-thioglykolat oder HMG-pantethein. In gefrorenem Zustand verliert das Präparat in 3 Wochen etwa $^1/_4$ seiner Aktivität.

Bestimmungsmethoden[1]. Für die Messung der Enzymaktivität wurde sowohl die colorimetrische Bestimmung der im Zuge der Spaltung frei werdenden SH-Gruppen mit Nitroprussidnatrium[2] als auch die Entfärbung von Dichlorphenolindophenol durch SH herangezogen.

a) Nachweis von —SH. Das Testsystem enthält 200 μM Trispuffer, p_H 6,8; 20 μM ÄDTA; 2 μM HMG-CoA (Darstellung vgl. S. 161). Nach Zugabe der zu testenden Enzymlösung und Einstellung des Endvolumens mit Wasser auf 2,0 ml werden die Gläser mit Stickstoff durchströmt, verschlossen und bei 37° C 15 min inkubiert. Hierauf enteiweißt man die Ansätze im Eisbad mit je 1,0 ml 9 %iger Metaphosphorsäure, zentrifugiert den Proteinniederschlag ab und nimmt im Überstand die —SH-Bestimmung nach GRUNERT und PHILLIPS[2] vor. Zur Kontrolle läßt man Proben ohne Enzym- bzw. ohne Substratzusatz mitlaufen. Unter den genannten Bedingungen läuft die Freisetzung von —SH innerhalb eines bestimmten Bereiches der Deacylasekonzentration parallel.

b) Dichlorphenolindophenol-Test. Die Testmischung enthält 100 μM Phosphatpuffer, p_H 7,0; 5 μM ÄDTA; 0,2 μM 2,6-Dichlorphenolindophenol; 2 μM HMG-CoA; Enzymlösung und Wasser, Endvolumen 1,5 ml. Nach einer Vorinkubation von 4 min wird die Reaktion durch Zusatz von HMG-CoA in Gang gesetzt und die Entfärbung des Farbstoffes bei 600 mμ spektrophotometrisch verfolgt. Die Ablesung erfolgt gegen eine Vergleichsküvette, in der das Enzym weggelassen wurde. Innerhalb gewisser Grenzen verläuft die Reaktion mit konstanter Geschwindigkeit über mehrere min.

---

[1] DEKKER, E. E., M. J. SCHLESINGER and M. J. COON: J. biol. Ch. **233**, 434 (1958).
[2] GRUNERT, R. R., and P. H. PHILLIPS: Arch. Biochem. **30**, 217 (1951).

3. β-Methyl-glutaconyl-Hydratase (Methylglutaconase).

[4.2.1.18 3-Hydroxy-3-methylglutaryl-CoA-Hydro-Lyase.]

Dieses am Stoffwechsel verzweigter Carbonsäuren beteiligte Enzym[1] katalysiert die reversible Wasserabspaltung aus β-Hydroxy-β-methylglutaryl-CoA (HMG-CoA) unter Bildung von β-Methylglutaconyl-CoA nach folgender Gleichung:

$$HOOC{-}CH_2{-}\underset{\displaystyle OH}{\overset{\displaystyle CH_3}{\overset{|}{\underset{|}{C}}}}{-}CH_2{-}CO{-}SCoA \rightleftharpoons HOOC{-}CH_2{-}\overset{\displaystyle CH_3}{\overset{|}{C}}{=}CH{-}CO{-}SCoA + H_2O \qquad (130)$$

Das Enzym konnte sowohl in tierischen Geweben, wie in Schaf- und Ochsenleber, in Ratten- und Taubenleberextrakten, in Schweineherz, als auch in Hefe und verschiedenen Bakterien und schließlich auch in Extrakten aus jungen Flachspflanzen nachgewiesen werden. Diese weite Verbreitung deutet auf eine grundlegende Funktion der Methylglutaconase im Stoffwechsel hin, die beim Abbau des Leucins über Isovaleryl-CoA und Dimethylacrylyl-CoA zu suchen ist[2].

***Darstellung der Methylglutaconase aus Schafsleber nach* Hilz *u. Mitarb.*[1].**

Proteinbestimmung modifiziert nach[3]. 1 ml Lösung (0,5—2 mg Protein) wird mit 4 ml 5%iger Trichloressigsäure versetzt. Nach 3 min (20° C) mißt man die Extinktion der Suspension bei $\lambda = 578$ mμ (gegen Wasser; $d = 1$ cm). Mit Serumalbumin beträgt ΔE je 1 mg Protein = 0,100.

Die Bestimmung des Ammoniumsulfatgehaltes der Lösungen erfolgte nach Bergmeyer u. Mitarb.[4] in Anlehnung an[5]: 0,1 ml der zu bestimmenden Lösung gibt man zu 5 ml Wasser, fügt 2 Tropfen 0,1 n HCl, 5 ml Methanol und 3 Tropfen einer 0,2%igen Alizarin S-Lösung in Methanol zu. Mit 0,025 m $BaCl_2$-Lösung titriert man bis zum Farbumschlag nach Rot. Für die Bestimmung der Molarität der eingesetzten Ammoniumsulfatlösung gelten folgende Beziehungen: Anzahl der ml verbrauchte $BaCl_2$-Lösung/4 = Molarität der eingesetzten Lösung.

Homogenat. 500 g Schafsleber — unmittelbar nach dem Schlachten des Tieres in Eis gekühlt — wurden mit 1500 ml 0,1 m K_2HPO_4-Lösung 5 min im Starmix homogenisiert und ergaben etwa 2000 ml Homogenat.

Acetonfällung. 2000 ml Homogenat (0° C) wurden in einem Solebad von −10° C unter mechanischem Rühren langsam mit 2 l kaltem Aceton (−10° C) versetzt. Die Temperatur hielt sich im Verlauf der Zugabe bei etwa 0° C und sank dann auf −5° C ab. Die Fällung wurde bei −5° C abzentrifugiert, das Überstehende verworfen und der Niederschlag in 1000 ml kaltem Puffer (0,04 m Kaliumphosphat, p_H 7,4, 0,003 m Trilon B) suspendiert.

Säure-Fraktionierung. Die Suspension wurde unter mechanischem Rühren bei 0° C mit etwa 90 ml 2 m Essigsäure auf p_H 4,8 (Glaselektrode) gebracht, bei 0° C zentrifugiert, der Niederschlag mit 750 ml Acetatpuffer (p_H 4,8) gewaschen und erneut zentrifugiert. Die überstehenden Lösungen wurden vereinigt und mit etwa 190 ml n KOH auf p_H 8,0 eingestellt. Der dabei erneut fallende Niederschlag wurde abzentrifugiert und verworfen.

Erste Ammoniumsulfat-Fraktionierung. 1870 ml der überstehenden Lösung (p_H 8,0) wurden mit 20 ml 0,5 m Trilon B-Lösung versetzt und 363 g Ammoniumsulfat langsam eingerührt (Sättigungsgrad = 0,39). Nach einstündigem Rühren (0° C) wurde der Niederschlag abzentrifugiert und verworfen.

---

[1] Hilz, H., J. Knappe, E. Ringelmann u. F. Lynen: B. Z. **329**, 476 (1958).
[2] Bachhawat, B. K., W. G. Robinson and M. J. Coon: J. biol. Ch. **216**, 727 (1955).
[3] Kunitz, M.: J. gen. Physiol. **35**, 423 (1952).
[4] Bergmeyer, H. U., G. Holz, E. M. Kauder, H. Möllering u. O. Wieland: B. Z. **333**, 471 (1961).
[5] Fritz, J. S., and M. Q. Freehand: Analyt. Chem. **26**, 1593 (1954).

1950 ml Überstehendes wurden mit weiteren 314 g festem Ammoniumsulfat versetzt (Sättigungsgrad = 0,575), über Nacht im Kühlraum aufbewahrt, dann zentrifugiert und der Niederschlag in etwa 75 ml Puffer (0,04 m Kaliumphosphat, p_H 7,4, 0,003 m Trilon B) aufgenommen (Fraktion Am I-575).

Zweite Ammoniumsulfat-Fraktionierung. 110 ml der Fraktion Am I-575 werden mit 110 ml kaltem Puffer (0,04 m Kaliumphosphat, p_H 7,4, 0,003 m Trilon B) versetzt, durch langsames Zugeben von 123 ml 4 m Ammoniumsulfatlösung (d. h. einer bei etwa 10° C gesättigten Lösung, p_H 7) eine Proteinfraktion mit niedriger spezifischer Aktivität ausgefällt (Sättigungsgrad = 0,35) und diese durch Zentrifugieren abgetrennt. Die klare überstehende Lösung wurde mit 96 ml der gleichen Ammoniumsulfatlösung versetzt (Sättigungsgrad = 0,50), nach einstündigem Rühren abgeschleudert und der Niederschlag in Phosphat-Trilon B-Puffer gelöst (Fraktion Am II-50).

Dritte Ammoniumsulfat-Fraktionierung. 20 ml der Fraktion Am II-50 wurden mit 60 ml kaltem Phosphat-Trilon B-Puffer verdünnt, dann durch Zugabe von n KOH auf p_H 8,0 bis 8,2 gebracht und tropfenweise mit 4 m Ammoniumsulfatlösung (etwa 48 ml, je nach SO_4^{--}-Gehalt der Ausgangslösung) bis zu einem Sättigungsgrad von 0,34 versetzt. Nach 10 min wird zentrifugiert (der Niederschlag enthielt ziemlich hohe Aktivitäten). Zum Überstand gibt man weiterhin Ammoniumsulfatlösung (etwa 10 ml) bis zum Sättigungsgrad von 0,39 und läßt über Nacht bei 0° C stehen. Der Niederschlag wurde durch Zentrifugieren gesammelt und möglichst konzentriert in Phosphat-Trilon B-Puffer aufgenommen (Fraktion Am III-39). Bei — 15° C aufbewahrt, erwies sich das Enzym ziemlich beständig. Die Aktivität der einzelnen Fraktionen und die Enzymausbeute sind in Tabelle 43 zusammengestellt. Der Versuch, das Enzym aus Ochsenleber auf ähnlichem Wege zu reinigen, brachte keine befriedigenden Resultate.

Tabelle 43. *Anreicherungsgang der Methylglutaconase aus Schafsleber* (nach HILZ, KNAPPE, RINGELMANN und LYNEN[1]).

Fraktion	Einheiten	Spezifische Aktivität E/mg Protein	Ausbeute %
Homogenat	12000000	52	100
Aceton-Fraktionierung	(6000000)	(51)	(50)
Säure-Fraktionierung	7500000	182	62
1. Ammoniumsulfat-Fraktionierung	6000000	345	50
2. Ammoniumsulfat-Fraktionierung	5000000	1640	42
3. Ammoniumsulfat-Fraktionierung	2600000	2850	22

Die angereicherte Methylglutaconase ist praktisch frei von Crotonaseaktivität.

Eigenschaften[1]. Das p_H-Optimum des Enzyms liegt bei 7; das Enzym besitzt eine essentielle Sulfhydrylfunktion, welche durch Salyrgan schon in geringer Konzentration gehemmt wird (50% Hemmung bei $3{,}75 \times 10^{-4}$ m), nicht dagegen durch Jodacetat. Die MICHAELIS-Konstante für HMG-CoA beträgt 1×10^{-4} m. Reine Methylglutaconase reagiert nicht mit Crotonyl-CoA oder β-Methylcrotonyl-CoA. β-Hydroxy-β-methylglutaconyl-pantethein wird etwa 10000mal langsamer als das natürliche CoA-Derivat umgesetzt.

Die Gleichgewichtskonstante wurde zu $K = \frac{\beta\text{-Hydroxy-}\beta\text{-methylglutaryl-CoA}}{\beta\text{-Methylglutaconyl-CoA}} = 4{,}5$ bestimmt[2].

Bestimmung der Methylglutaconase.

Prinzip:

Die enzymatische Wasserabspaltung läßt sich im optischen Test durch das Auftreten einer Absorptionsbande bei 267—268 mμ verfolgen, die für Thiolester α,β-ungesättigter Carbonsäuren charakteristisch ist[3].

[1] HILZ, H., J. KNAPPE, E. RINGELMANN u. F. LYNEN: B. Z. **329**, 476 (1958).
[2] LYNEN, F., J. KNAPPE, E. LORCH, G. JÜTTING, E. RINGELMANN u. J. P. LACHANCE: B. Z. **335**, 123 (1961).
[3] SEUBERT, W., and F. LYNEN: Am. Soc. **75**, 2787 (1953).

Reagentien:

1. Puffermischung. 10 ml m Trispuffer, p_H 7,4, werden mit 10 ml 0,1%iger Serumalbuminlösung, 0,15 ml m Trilon B-Lösung und 9,85 ml H_2O vereinigt.
2. 0,02 m AMP-Lösung.
3. 0,015 m HMG-CoA. *Darstellung* durch Umsetzung von CoA mit β-Hydroxy-β-methylglutarsäureanhydrid (HMG-anhydrid)[1].

HMG-anhydrid. Eine Mischung von 0,9 g β-Hydroxy-β-methylglutarsäure[2], 20 ml wasserfreiem Benzol und 10 ml Essigsäureanhydrid kocht man 1 Std unter Rückfluß auf dem Wasserbad und entfernt anschließend Lösungsmittel und Reagens durch Vakuumdestillation. Der trockene Rückstand wird durch zweimaliges Umkristallisieren aus absolut wasserfreiem Benzol gereinigt. Man erhält etwa 0,55 g des Anhydrides in Form von feinen Nadeln; F 102—103° C (unkorr.).

HMG-CoA. 30,7 mg CoA (Reinheitsgrad 0,60) werden in 2 ml eiskaltem Wasser gelöst und mit 0,17 ml n KOH neutralisiert. Um eventuell als Disulfid vorliegendes CoA zu reduzieren, leitet man in die eisgekühlte Lösung 30 min lang H_2S ein, wobei durch Zugabe von n KOH p_H 8—9 aufrechterhalten wird. Anschließend wird mit 2 n HCl auf p_H 3—4 angesäuert und überschüssiges H_2S durch einen N_2-Strom ausgetrieben.

Die Lösung wird mit KOH auf $p_H \cong 7,5$ eingestellt und durch Zugabe von 0,2 ml gesättigter $KHCO_3$-Lösung gepuffert. Unter ständigem Durchperlen von N_2 zur Vermeidung einer Autoxydation von CoASH versetzt man nun mit 7 mg HMG-anhydrid; man entnimmt Proben und prüft mit Nitroprussidnatrium auf —SH[3]; wenn die Reaktion negativ ausfällt, was nach wenigen min der Fall ist, ist die Umsetzung beendet. Die Lösung wird anschließend mit 2 n HCl auf p_H 5,5 eingestellt und bei — 18° C bzw., wenn im Gebrauch, bei 0° C aufbewahrt; $V = 3,0$ ml.

Ausbeute. 8,12 μM enzymatisch aktives HMG-CoA = 34,2%, bezogen auf CoA-Einwaage. Nach 3 Monaten betrug die Aktivität noch 95% der ursprünglichen.

Gehaltsbestimmung von HMG-CoA. Der Gehalt der enzymatisch aktiven Verbindung wird durch die Acetylierung von p-Nitroanilin in Gegenwart von Arylaminacetylase und von HMG-CoA-spaltendem Enzym bestimmt. Pro Mol HMG-CoA wird 1 M p-Nitroanilin acetyliert, dessen Verbrauch sich colorimetrisch bei $\lambda = 405$ mμ messen läßt (vgl. S. 89). Derivate der β-Hydroxy-β-methylglutarsäure besitzen ein asymmetrisches C-Atom und treten demnach in stereoisomeren Formen auf. Von dem CoA-Derivat reagiert nur die eine optisch aktive Komponente im Enzymansatz. Wird dies in Rechnung gestellt, so beträgt die Ausbeute der chemischen Synthese 50—90% der Theorie. Alle Konzentrationsangaben beziehen sich auf den enzymatisch aktiven Thiolester.

Ausführung:

Zur Aktivitätsbestimmung der Methylglutaconase werden in 2 Quarzküvetten ($d = 0,5$ cm) folgende Lösungen einpipettiert:

	Leerküvette ml	Meßküvette ml
Puffermischung	0,1	0,1
AMP (0,02 m)	etwa 0,025	—
HMG-CoA (0,015 m) . . .	0,01	0,01
Methylglutaconaselösung .	0,01	0,01
H_2O	0,855	0,880

Vor Zugabe des Enzyms zur Meßküvette stellt man die Leerküvette — die Adenylsäure soll ungefähr die Adeninabsorption der CoA-Verbindung kompensieren — auf eine Extinktion von 0,500 ein. Aus technischen Gründen wurde die Wellenlänge $\lambda = 275$ mμ

[1] Hilz, H., J. Knappe, E. Ringelmann u. F. Lynen: B. Z. **329**, 476 (1958).
[2] Klostermann, H. J., and F. Smith: Am Soc.. **76**, 1229 (1954).
[3] Grunert, R. R., and P. H. Phillips: Arch. Biochem. **30**, 217 (1951).

gewählt, bei der der Absorptionskoeffizient 10% unter dem Maximum liegt. Dann gibt man das Enzym zu und registriert die Zunahme der Extinktion zwischen 30 und 90 sec nach dem Umschütteln ($T = 18°$ C). Die Enzymmenge darf nicht mehr als 15—20 E betragen, da sonst keine lineare Abhängigkeit mehr besteht.

Standardisierung. Eine Enzymeinheit wurde als die Menge definiert, welche unter den Bedingungen des Standardtestes eine Extinktionszunahme von 0,001 in 1 min bewirkt. Die spezifische Aktivität ist in E/mg Protein ausgedrückt.

4. β-Hydroxyisobutyryl-Deacylase (HIB-Deacylase).

[3.1.2.4. 3-Hydroxyisobutyryl-CoA-Hydrolase.]

Der Abbau des Valins über α-Ketoisovaleriansäure führt zu β-Hydroxyisobutyryl-CoA, das in tierischen Geweben nicht dehydriert werden kann. Erst nach enzymatischer Spaltung in die freie Säure geht der oxydative Abbau weiter[1,2]. β-Hydroxyisobutyryl-Deacylase katalysiert diese Reaktion:

$$HOCH_2{-}\underset{\displaystyle CH_3}{\underset{|}{CH}}{-}CO{-}SCoA + H_2O \rightarrow HOCH_2{-}\underset{\displaystyle CH_3}{\underset{|}{CH}}{-}COOH + CoASH \qquad (131)$$

Im Gegensatz zu anderen Deacylasen ist in diesem Falle die biologische Bedeutung der Reaktion klar.

Vorkommen[2]. Die HIB-Deacylase wurde in tierischen Geweben und Bakterien mit folgenden Aktivitäten nachgewiesen: Schweineherz 3,7; Schweineleber 3,0; Schweinehirn 2,7; Schweineniere 1,2; *Tetrahymena pyriformis* 9,2; *Neurospora crassa* 7,6. Dagegen nicht nachweisbar ist die Deacylase in Hefe- und *Aerobacter aerogenes*-Extrakten.

Darstellung der HIB-Deacylase nach Rendina *und* Coon[2].

(Alle Schritte werden bei 0° C durchgeführt.)

Extraktion. Frisch nach dem Tode entnommene Schweineherzen werden sofort in Eis gepackt, von Fett- und Bindegewebe befreit und im Fleischwolf zerkleinert. 500 g der zerkleinerten Muskeln werden im Starmix mit 500 ml 0,5 m KCl 3 min homogenisiert. Diese dicke Suspension verdünnt man mit 500 ml 0,5 m KCl und rührt 30 min mechanisch nach Zugabe von 10 ml 1 m Kaliumphosphatpuffer, p_H 7,4. Bei —20° C läßt man dann langsam (etwa 1 Std) unter Rühren 1 l auf —20° C vorgekühlte Alkohollösung zufließen (1 Teil absolutes Äthanol und 1 Teil 0,5 m KCl). Die Suspension enthält jetzt 20 Vol.% Alkohol und hat eine Temperatur von etwa —7° C. Nach zweistündigem Zentrifugieren bei —5° C und 800×g wird der klare rote Enzymextrakt 16 Std gegen 40 l 0,04 m KCl, 0,025 m Kaliumphosphatpuffer, p_H 7,4, und 0,001 m Cystein dialysiert. Dieser dialysierte Alkoholextrakt enthält 7,5 g Protein in 1,7 l.

2800 ml des dialysierten Alkohol-KCl-Extraktes werden mit 1 m Essigsäure auf p_H 4,9 eingestellt. Diesen Rohextrakt bringt man auf eine Ammoniumsulfatkonzentration von 0,26 g/ml (0,5 Sättigung), zentrifugiert und verwirft den Niederschlag. In den klaren Überstand rührt man festes Ammoniumsulfat ein, bis zu einer Salzkonzentration von 0,45 g/ml (0,85 Sättigung) und läßt die Suspension über Nacht stehen. Nach dem Zentrifugieren wird der Niederschlag in wenig 0,1 m Kaliumphosphatpuffer, p_H 7,4, aufgenommen und 24 Std gegen 4 l folgender Lösung dialysiert: 0,025 m Trispuffer, p_H 7,4, 0,04 m KCl, 0,002 m Versenpuffer (ÄDTA-Puffer), p_H 7,4, und 0,001 m Cystein. Die dialysierte Lösung stellt man auf p_H 4,9 ein und unterzieht sie einer zweiten Ammoniumsulfatfraktionierung. Der Niederschlag bis 0,5 Sättigung wird verworfen, die Proteinfraktion bis zur Ammoniumsulfatkonzentration 0,37 g/ml (0,7 Sättigung) wird gesammelt und wie oben beschrieben dialysiert.

---

[1] Robinson, W. G., R. Nagle, B. K. Bachhawat, F. P. Kupiecki and M. J. Coon: J. biol. Ch. **224**, 1 (1957).

[2] Rendina, G., and M. J. Coon: J. biol. Ch. **225**, 523 (1957).

Zur Enzymlösung gibt man langsam unter Rühren 203 ml Calciumphosphat-Gel (16,4 mg/ml), zentrifugiert und verwirft den Überstand. Das Enzym wird mit 200 ml 0,3 m Kaliumphosphatpuffer, p_H 7,8, eluiert und diese Lösung mit festem Ammoniumsulfat auf 0,6 Sättigung gebracht (0,32 g/ml). Das Protein, das bei einer Salzkonzentration von 0,39 g/ml ausfällt, wird gesammelt und nach dem Lösen gegen 1 l der obigen Lösung dialysiert. Das Enzym ist nach diesem Schritt 4fach angereichert und enthält 20% der Ausgangsaktivität.

Nach der Dialyse stellt man die Lösung mit Essigsäure auf p_H 5,1 ein und gibt unter Rühren auf −5° C gekühltes Äthanol zu (Menge ist nicht angegeben!). Der nach dem Zentrifugieren bei −5° C resultierende Niederschlag wird gelöst und gegen 2 l der obigen Puffermischung dialysiert. Durch nochmalige Adsorption des Enzyms an 6 ml Calciumphosphat-Gel und Elution mit 6 ml 0,3 m Phosphatpuffer, p_H 7,8, wird die Deacylase 8fach angereichert — allerdings nur mit einer Ausbeute von 6%. Das Präparat ist eingefroren stabil.

Eigenschaften[1]. Das *p_H-Optimum* der Spaltungsreaktion liegt bei 5,6.

Spezifität. Außer HIB-CoA wird als einziges der untersuchten Substrate β-Hydroxypropionyl-CoA — mit etwa $^1/_3$ der maximalen Geschwindigkeit — vom Enzym gespalten. Dagegen wurde mit den CoA-thioestern folgender Säuren keine meßbare Reaktion gefunden: Glykolsäure, D,L-Milchsäure, α-Hydroxyisobuttersäure, D,L-β-Hydroxybuttersäure, β-Hydroxy-β-methylglutarsäure, Essigsäure, Propionsäure, Isobuttersäure, Bernsteinsäure, Crotonsäure, Senecoylsäure und β-Methylenbuttersäure. Auch gegenüber dem Thiolanteil des Substrates besteht hohe Spezifität. Keine Enzymaktivität ließ sich nachweisen mit den Thioestern von β-Hydroxyisobuttersäure, Thioglykolsäure, Cystein, Thioäpfelsäure, Glutathion oder Pantethein. Ebensowenig reagiert HIB-Deacylase mit den Glutathionthioestern der Essigsäure, Milchsäure, Propionsäure, Crotonsäure und Buttersäure.

Bestimmung der β-Hydroxyisobutyryl-Deacylase nach Rendina *und* Coon[1].

Prinzip:

Die Bestimmung der Enzymaktivität beruht auf der Messung der im Zuge der Spaltung freigesetzten SH-Gruppen.

Reagentien:

1. 1 m Acetatpuffer, p_H 5,6.
2. 0,2 m ÄDTA (Versen).
3. Crotonase (krist.) (Darstellung vgl. S. 113).
4. 0,01 m Metacrylyl-CoA.
5. Metaphosphorsäure, 9%.

Ausführung:

Bestimmungsansatz. Die Reaktionsmischung enthält in einem Volumen von 2 ml: 200 μM Acetatpuffer, p_H 5,6; 20 μM ÄDTA; 120 μg kristallisierte Crotonase; 2 μM Metacrylyl-CoA und die zu bestimmende Deacylase. Das Gefäß wird mit N_2 durchströmt, verschlossen und 15 min bei 25° C inkubiert. Die Reaktion wird durch Zugabe von 1,0 ml 9%iger Metaphosphorsäure unterbrochen, die Lösung zentrifugiert und im Überstand SH nach Grunert und Phillips[2] bestimmt. Zur Kontrolle läßt man einen Blindwert ohne Substrat mitlaufen.

In Abwesenheit von Deacylase wurde kein Sulfhydryl gebildet. Über einen bestimmten Bereich besteht lineare Abhängigkeit zwischen Proteinmenge und SH-Freisetzung. Das Protein wird spektralphotometrisch bei 280 und 260 mμ bestimmt[3].

---

[1] Rendina, G., and M. J. Coon: J. biol. Ch. **225**, 523 (1957).
[2] Grunert, R. R., and P. H. Phillips: Arch. Biochem. **30**, 217 (1951).
[3] Warburg, O., u. W. Christian: B. Z. **310**, 384 (1941).

5. β-Methylcrotonyl-Carboxylase.

[6.4.1.4 3-Methylcrotonyl-CoA: CO_2-Ligase (ADP).]

Außer der Synthese von HMG-CoA durch Kondensation von Acetyl-CoA und Acetacetyl-CoA (vgl. HMG-kondensierendes Enzym, S. 142) führt auch der biologische Abbau von Leucin über die Stufe des HMG-CoA. Auf diesem Weg, dem vor allem in Bakterien größere Bedeutung zukommt, wird die Aminosäure zunächst in Isovaleryl-CoA umgewandelt, das unter der Wirkung der Crotonase (vgl. S. 112) in β-Methylcrotonyl-CoA übergeht. Das Enzym β-Methylcrotonyl-Carboxylase[1–3] katalysiert sodann die Aufnahme von CO_2 mit der Bildung von β-Methylglutaconyl-CoA, aus dem durch Wassereinlagerung an der Methylglutaconase (vgl. dieses Enzym S. 159) HMG-CoA entsteht. HMG-CoA liefert schließlich nach enzymatischer Spaltung (vgl. S. 146) Acetacetat und Acetyl-CoA. Die Carboxylierungsreaktion gehorcht folgender Gleichung:

$$\beta\text{-Methylcrotonyl-CoA} + HCO_3^- + ATP \xrightleftharpoons{Mg^{++}} \beta\text{-Methylglutaconyl-CoA} + ADP + P_a \quad (132)$$

Die ursprüngliche Vermutung, daß im Zuge des Leucinabbaues durch tierische Gewebe β-Hydroxyisovaleryl-CoA direkt carboxyliert wird[4,5], muß wohl fallen gelassen werden[6]. Auch hier scheint β-Methylcrotonyl-CoA der wahre CO_2-Acceptor zu sein.

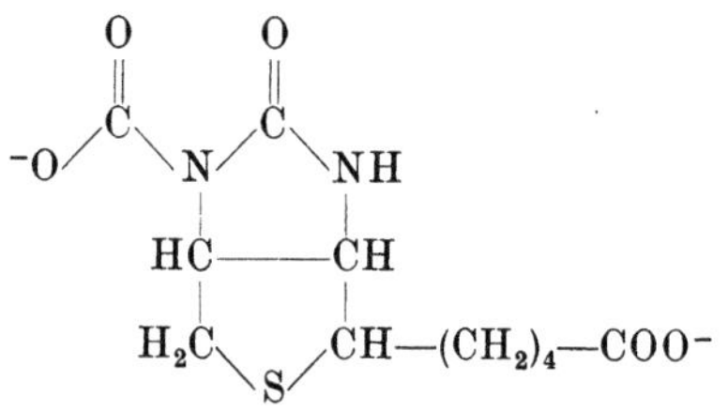
Abb. 33. Angenommene Struktur des CO_2-Biotins („aktivierte Kohlensäure") (nach LYNEN u. Mitarb.[10]).

β-Methylcrotonyl-Carboxylase gehört gemeinsam mit anderen Enzymen der CO_2-Fixierung zur Gruppe der Biotin-Enzyme. Das als prosthetische Gruppe am Protein fest gebundene Biotin vermag CO_2 in energiereicher Bindung (CO_2-Biotin-Enzym, vgl. Abb. 33) anzulagern und an entsprechende Acceptoren weiterzugeben[2,3,7–9].

Vorkommen. Die Carboxylierungsreaktion wurde bisher in Extrakten aus Schweineherz, Schweineleber[5] sowie in Ochsen- und Schafsleberpräparaten[1,2] nachgewiesen. Besonders hohe Enzymaktivitäten wurden in einem als *Mycobacterium spp.* identifizierten Mikroorganismus gefunden, der dem Wurzelbereich von *Valeriana officinalis* entstammte und auf Isovaleriansäure als einziger Kohlenstoffquelle gezüchtet wurde[1–3]. Auch eine auf Leucin kultivierte *Achromobacter*-Rohkultur wies besonders hohe Aktivität auf und wurde als Quelle für die Enzymdarstellung benützt[2].

a) Darstellung der β-Methylcrotonyl-Carboxylase aus Mycobacterium spp. nach LYNEN *u. Mitarb.*[3].

Züchtung der Bakterien. Die Bakterien wurden bei 31° C unter kräftiger Belüftung in einem Medium gezüchtet, das im Liter folgende Komponenten enthielt: 5 ml Isovaleriansäure, 0,9 g KH_2PO_4, 5 g NaCl, 2 g NH_4Cl, 0,2 g $MgSO_4 \cdot 7\,H_2O$, 0,1 g $CaCl_2$, Spuren $FeSO_4$ und $MnSO_4$, 0,2 g „Bacto Yeast Extract, dehydrated"[11], 0,2 g „Bacto-Peptone". Mit 4 n KOH wurde p_H 7,8 eingestellt. Die im Verlauf von 16—18 Std gewachsenen Bakterien wurden in der Cepa-Schnellzentrifuge[12] vom Medium abgetrennt und einmal

[1] KNAPPE, J.: Diss. rer. nat. München 1957.
[2] KNAPPE, J., H. G. SCHLEGEL u. F. LYNEN: B. Z. **335**, 101 (1961).
[3] LYNEN, F., J. KNAPPE, E. LORCH, G. JÜTTING, E. RINGELMANN u. J. P. LACHANCE: B. Z. **335**, 123 (1961).
[4] BACHHAWAT, B. K., W. G. ROBINSON and M. J. COON: Am. Soc. **76**, 3098 (1954).
[5] BACHHAWAT, B. K., W. G. ROBINSON and M. J. COON: J. biol. Ch. **216**, 727 (1955).
[6] CAMPILLO-CAMPBELL, A. DEL, E. E. DEKKER and M. J. COON: Biochim. biophys. Acta **31**, 290 (1959).
[7] LYNEN, F.: S.-B. bayr. Akad. Wiss., math.-naturwiss. Kl. vom 6. 2. 1959.
[8] LYNEN, F., J. KNAPPE, G. LORCH, G. JÜTTING u. E. RINGELMANN: Angew. Chem. **71**, 481 (1959).
[9] KNAPPE, J., K. BIEDERBICK u. W. BRÜMMER: Angew. Chem. **74**, 432 (1962).
[10] KNAPPE. J., E. RINGELMANN u. F. LYNEN: B.Z. **335**, 168 (1961).
[11] Difco Laboratories Inc., Detroit.
[12] Hersteller: Carl Padberg, Lahr/Baden.

durch Suspendieren in Wasser gewaschen. Ausbeute: etwa 200 g feuchte Bakterien je 30 l Medium.

Zur *Bereitung des Rohextraktes* wurden die Zellen in Portionen von je 12 g Feuchtgewicht mit 40 g Glasperlen[1] und 12 ml 0,03 m Trispuffer, p_H 7,3, 0,001 m an ÄDTA, 75 sec mit einer Frequenz von 4000 Schwingungen/min im Zellhomogenisator nach MERCKENSCHLAGER u. Mitarb.[2] unter Kühlung mit Kohlensäureschnee geschüttelt. Nach Abtrennen und zweimaligem Waschen von Zelltrümmern und Glasperlen mit je 100 ml Trispuffer-ÄDTA an der Zentrifuge erhält man aus 100 g Bakterien (feucht) etwa 320 ml Extrakt, der sofort bei $-3°$ C weiterverarbeitet wurde.

Erste Ammoniumsulfat-Fraktionierung. Der gelbbraune, opalescierende Rohextrakt wurde mit 13,8 g Ammoniumsulfat je 100 ml (Sättigung 0,25) versetzt, der ausfallende Niederschlag verworfen und pro 100 ml Filtrat weitere 21,5 g $(NH_4)_2SO_4$ zugesetzt (Sättigung[3] 0,26—0,60). Die das aktive Protein enthaltende Fällung wurde in wenig Trispuffer-ÄDTA aufgenommen, so daß eine 3—5%ige Proteinlösung resultierte. Sie wurde in der Kühltruhe bei $-15°$ C aufbewahrt.

Abtrennung der Nucleinsäuren. 100 ml der rasch aufgetauten Lösung wurden im Apparat nach KUNITZ[4] 5 Std gegen 0,01 m Na_2HPO_4 dialysiert und nach Verdünnung mit eiskalter 0,01 m Na_2HPO_4 auf einen Proteingehalt von 10 mg/ml tropfenweise unter Rühren mit 1/20 Vol. frisch bereiteter 1 m $MnCl_2$-Lösung versetzt. Nach 30 min Stehen im Eisbad wurde der Niederschlag in der Zentrifuge (30 min bei 14000 U/min) abgetrennt und das überschüssige Mn^{++} in der Lösung durch Zugabe von 8,5 ml 2 m $KHCO_3$ pro 100 ml Lösung ausgefällt. Es bildet sich ein kräftiger, kristalliner Niederschlag von $MnCO_3$, der nach 45 min abgeschleudert wurde (10 min bei 14000 U/min). Der klare Überstand war gelbbraun gefärbt, der Nucleinsäuregehalt war von 17% auf 4—6% abgesunken.

Zweite Ammoniumsulfat-Fraktionierung. Der Überstand wurde sofort weiterverarbeitet und zunächst mit 21,7 g $(NH_4)_2SO_4$ pro 100 ml versetzt (Sättigung 0,38). Die Fällung wurde abzentrifugiert und die Aktivität aus der überstehenden Lösung mit 7,15 g Ammoniumsulfat pro 100 ml Lösung (Sättigung 0,38—0,5) gefällt. Der Niederschlag wurde in wenig Trispuffer-ÄDTA aufgenommen, 4 Std gegen langsam strömende 0,01 m K_2HPO_4-Lösung dialysiert und dem nächsten Reinigungsschritt zugeführt.

Chromatographie an DEAE-Cellulose. Es erwies sich als günstig, das Austauschermaterial mit 7 mg Protein pro ml feuchte DEAE-Cellulose zu beladen. Für das Protein aus 100 g Bakterien waren 90—100 ml DEAE-Cellulose erforderlich, deren OH-Form zuerst im Becherglas mit 0,2 m K_2HPO_4 abgesättigt wurde, bis der p_H-Wert nach dem Absitzen im Überstand auf 8,4 gefallen war. Nach Überführung in eine Säule (etwa 3×14 cm) wurde sorgfältig mit 0,01 m K_2HPO_4 äquilibriert, dann wurde die dialysierte Proteinlösung auf die Säule gebracht und mit einigen ml 0,01 m K_2HPO_4 in die Cellulose gespült. Mit Lösung 1, die je Liter 0,05 M NaCl, 0,025 M KH_2PO_4 und 0,0057 M K_2HPO_4 enthielt, wurde inaktives Protein eluiert. Nach Verschwinden der durch Eiweißkörper verursachten UV-Absorption bei 280 mμ im Durchlauf wurde das aktive Protein mit Lösung 2, die je Liter 0,118 M NaCl, 0,025 M KH_2PO_4 und 0,0057 M K_2HPO_4 enthielt, eluiert und der Durchlauf portionsweise im Fraktionssammler aufgefangen. Die Fraktionen mit Carboxylaseaktivität wurden gesammelt und 3 Std gegen strömende 0,001 m-K_2HPO_4-Lösung dialysiert. Um die sehr verdünnte Proteinlösung zu konzentrieren, ließ man sie durch eine kleine DEAE-Cellulosesäule (etwa 2×6 cm), die mit 0,001 m K_2HPO_4 vorbehandelt war, laufen, wobei sich das Protein am Kopf der Säule ansammelt und dann anschließend durch langsames Eluieren mit 1 m Trispuffer, p_H 7,5, in Form einer scharfen Zone verdrängt werden kann.

---

[1] Reflexperlen Nr. 31/12, Dragonwerk Wild, Bayreuth.

[2] MERCKENSCHLAGER, M., K. SCHLOSSMANN u. W. KURZ: B.Z. **329**, 332 (1957).

[3] Berechnung der Ammoniumsulfatsättigung nach NEURATH, H.; in: Neurath-Bailey, Proteins Bd. I A, S. 54. New York 1953.

[4] KUNITZ, M., and H. S. SIMMS: J. gen. Physiol. **11**, 641 (1928).

Die proteinhaltigen Fraktionen wurden vereinigt, mit gesättigter Ammoniumsulfatlösung auf die Sättigung 0,7 gebracht, das ausgefallene Protein abzentrifugiert und in wenig Puffer aufgenommen.

Die Proteinkonzentration für den nächsten Schritt soll mindestens 10—20 mg/ml betragen.

Chromatographie an Hydroxylapatit. Feinkörniger Hydroxylapatit, nach TISELIUS bereitet[1], wurde ohne Druck in ein Chromatographierohr gefüllt. Man belastet den

Tabelle 44. *Anreicherung von β-Methylcrotonyl-Carboxylase aus Bakterien* (nach LYNEN u. Mitarb.[2]).

Fraktion	Mycobacterium spp. Protein mg	Mycobacterium spp. Spezifische Aktivität mE/mg Protein (Ausbeute in %)*	Achromobacter Protein mg	Achromobacter Spezifische Aktivität mE/mg Protein (Ausbeute in %)*
Extrakt**	5470	10,5	2750	20,8
1. Ammoniumsulfat-Fraktionierung	3600	15,5 (97)	534	61,0 (57)
Überstand der $MnCl_2$-Fällung	1840	25,0 (79)	390	73,5 (51)
2. Ammoniumsulfat-Fraktionierung	660	65,0 (75)	110	163,5 (31)
Chromatographie an DEAE-Cellulose	106	250 (45)	12,9	700,0 (15,7)
Chromatographie an Hydroxylapatit	11,5	1850 (36)	—	—

* Bezogen auf Aktivität des Extraktes. ** Aus 100 g Bakterien-Feuchtmasse.

Hydroxylapatit — obwohl er eine Kapazität von etwa 10 mg Protein/ml besitzt — nur mit 2 mg/ml. Die 4 Std gegen strömende 0,001 m Natriumphosphat-Lösung, p_H 6,8, dialysierte Proteinlösung vom letzten Schritt wurde auf eine mit demselben Puffer äquilibrierte Hydroxylapatitsäule entsprechender Größe aufgebracht. Die Entwicklung des Chromatogramms geschah durch Erhöhung der Phosphatkonzentration bei gleichbleibendem p_H. Mit 0,02 m Natriumphosphat, p_H 6,8, erschien eine Bande völlig inaktiven Proteins. Die spezifische Aktivität der mit 0,05 m Natriumphosphat, p_H 6,8, eluierten Proteinfraktion war 8—10mal höher als die Ausgangsaktivität vor diesem Schritt.

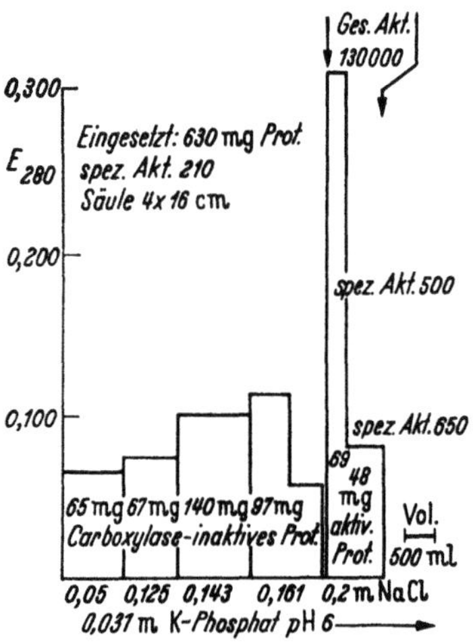

Abb. 34. Chromatographie der β-Methylcrotonyl-Carboxylase an DEAE-Cellulose (nach LYNEN u. Mitarb.[2]).

Die in den einzelnen Reinigungsschritten erzielten Ausbeuten und Anreicherungen wurden in Tabelle 44 zusammengestellt.

Die Elution der einzelnen Proteinanteile bei den chromatographischen Verfahren kann durch schrittweise oder kontinuierliche Erhöhung der Ionenstärke bewirkt werden. Das kontinuierliche Verfahren ist nicht geeignet für den großen Maßstab, da die einzelnen Gipfel flach anfallen und man deshalb stark verdünnte Eiweißlösungen erhält. Es leistet jedoch wertvolle Dienste im Vorversuch.

Im allgemeinen verschafft man sich zunächst einen Überblick, indem man eine kleine Säule (etwa 1 × 8 cm) etwa mit 20—30 mg Protein beschickt und Schritt für Schritt die Salzkonzentration erhöht. Wurde in einem der Proteingipfel Aktivität gefunden, so wird im nächsten Versuch im fraglichen Bereich die Salzkonzentration durch Vorschalten einer Mischkammer[3] kontinuierlich erhöht. An Hand der Beziehung[4]

$$\frac{C_x}{C_z} = \frac{e^{\frac{v}{V}} - 1}{e^{\frac{v}{V}}},$$

[1] TISELIUS, A., S. HJERTÉN and O. H. LEVIN: Arch. Biochem. 65, 132 (1956).
[2] LYNEN, F., J. KNAPPE, E. LORCH, G. JÜTTING, E. RINGELMANN u. J. P. LACHANCE: B. Z. 335, 123 (1961).
[3] ALM, R. S., R. J. P. WILLIAMS and A. TISELIUS: Acta chem. scand. 6, 826 (1959).
[4] CHERKIN, A., F. E. MARTINEZ and M. S. DUNN: Am. Soc. 75, 1244 (1953).

wobei V = Volumen des Mischgefäßes; v = Volumen der entnommenen Flüssigkeit; C_z = Konzentration der zulaufenden Lösung; C_x = Konzentration der Lösung in der Mischkammer, nachdem v zugelaufen ist, bedeuten, kann die Konzentration berechnet werden, bei der die Elution des gewünschten Proteins gerade noch nicht beginnt. Zur Gewinnung des Enzyms wählt man die am rückwärtigen Ende des Aktivitätsmaximums ermittelte Ionenkonzentration.

***b) Darstellung der β-Methylcrotonyl-Carboxylase aus Achromobacter (aus Schafpansen isoliert) nach* Lynen *u. Mitarb.*[1].**

Die *Züchtung dieses Organismus* erfolgt in einer innen hitzebeständig lackierten, 200 l fassenden Eisentonne. Ein exzentrisch angebrachter, luftdicht gelagerter Rührer aus V 2A-Stahl dient zur Durchmischung des Mediums. Die Belüftung erfolgt durch ein 20 mm weites, am Boden der Tonne rechtwinklig gebogenes Stahlrohr, das im unteren waagrechten Teil mit feinen Bohrungen versehen ist. Das Einpressen der Luft besorgt ein Kompressor mit einer Leistung von 150 l/min.

160 l steriles Medium, das je Liter 5 ml Isovaleriansäure, 1,8 g KH_2PO_4, 0,01 g $FeSO_4 \cdot 7\,H_2O$, 0,005 g $MnCl_2 \cdot 4\,H_2O$, 0,001 g $(NH_4)_2MoO_4 \cdot H_2O$, 5 g NaCl, 1 g $(NH_4)_2SO_4$, 0,1 g $MgSO_4 \cdot 7\,H_2O$, 0,05 g $CaCl_2$, 1 µg Biotin und 10 mg ÄDTA enthält und mit 4 n KOH auf p_H 7,8 gebracht wurde, wird mit etwa 80 g Bakterien-Vorkultur beimpft und bei 31° C belüftet. Das Wachstum wird an Hand des ansteigenden p_H (Isovaleriansäureverbrauch!) und der Trübung verfolgt. Nach 16—48 Std ist, je nach Belüftungsintensität, optimales Wachstum erreicht. Die Zellen werden, wie oben beschrieben, geerntet. Ausbeute etwa 680 g feuchte Zellmasse pro 160 l Medium.

Für die Isolierung des Enzyms konnte im wesentlichen der für *Mycobacterium* beschriebene Anreicherungsgang beibehalten werden. Einige Änderungen betreffen die Sättigungsgrenzen bei der Fraktionierung mit Ammoniumsulfat und die Ionenstärke bei der Chromatographie an DEAE-Cellulose. Überraschenderweise war durch Chromatographie an Hydroxylapatit mit Präparaten aus diesem Organismus die Abtrennung weiteren inaktiven Proteins nicht zu erreichen. Der Anreicherungsgang und die Änderungen waren:

Erste Ammoniumsulfat-Fraktionierung zwischen Sättigungsbereich 0,38—0,62; Abtrennung der Nucleinsäuren, unverändert. *Zweite Ammoniumsulfat-Fraktionierung* zwischen Sättigung 0—0,48; *Chromatographie* an DEAE-Cellulose. Hier wurde die Säule wie oben beladen. Das inaktive Protein und das aktive Protein werden mit dem gleichen Phosphatgemisch (0,025 m KH_2PO_4 + 0,0057 m K_2HPO_4) eluiert, wobei nur die Ionenstärke durch Zusatz von NaCl variiert wurde.

Zur Illustration der Arbeitsweise ist in Abb. 34 das Diagramm einer Chromatographie an Hydroxylapatit wiedergegeben. Wie man sieht, wurde in diesem Versuch bis 0,04 m Phosphat noch keine Carboxylaseaktivität eluiert, sie erscheint erst zwischen 0,04—0,07 m Phosphat im Filtrat, was beim präparativen Verfahren zu einer wirksamen Reinigung ausgenützt werden kann.

Die in den einzelnen Schritten erzielten Ausbeuten und Reinigungseffekte sind in Tabelle 44 zusammengestellt. Das gereinigte Enzympräparat zeigte in der Ultrazentrifuge mindestens 4 Komponenten. Die Carboxylaseaktivität wanderte mit dem am raschesten sedimentierenden Anteil, der sich nach 72 min Zentrifugieren bei 190000 ×g als dunkelbraunes Sediment abgesetzt hatte. Das Molekulargewicht der Carboxylase liegt vermutlich in der Größenordnung 1 Million.

Das Präparat ist praktisch frei von HMG-CoA-spaltendem Enzym und von Myokinase.

***c) Darstellung der β-Methylcrotonyl-Carboxylase aus Rinderleber nach* Knappe *u. Mitarb.*[2].**

(Alle Operationen wurden im Kühlraum bei etwa 2° C durchgeführt.)

[1] Lynen, F., J. Knappe, E. Lorch, G. Jütting, E. Ringelmann u. I. P. Lachance: B. Z. **335**, 123 (1961).
[2] Knappe, J., H. G. Schlegel u. F. Lynen: B. Z. **335**, 101 (1961).

Homogenat. 500 g gefrorene Rinderleber wurden nach dem Auftauen mit 1 l 0,05 m K_2HPO_4 (mit 0,001 m ÄDTA) 3 min im Starmix homogenisiert und anschließend 80 min bei 6500 × g zentrifugiert. Dabei wurden 1,15 l annähernd klares Homogenat erhalten.

Erste Fraktionierung mit Ammoniumsulfat. In das Homogenat wurden 218 g Ammoniumsulfat und 12 ml 2 n NH_3 eingetragen, die Fällung wurde nach 40 min abzentrifugiert und verworfen. Die überstehende Lösung (840 ml) wurde mit weiteren 79 g Ammoniumsulfat und etwa 3 ml NH_3 versetzt, der gebildete Niederschlag durch Zentrifugieren gesammelt und in 200 ml 0,001 m ÄDTA (p_H 7) gelöst. Die erhaltene Lösung kann einige Tage ohne Aktivitätsverlust bei — 18° C aufbewahrt werden.

Adsorption an Aluminiumhydroxyd. 295 ml der Ammoniumsulfatfraktion wurden zunächst mit dem gleichen Volumen 0,001 m ÄDTA verdünnt (p_H 7,5), der Ammoniumsulfatgehalt betrug 8 % Sättigung. In die Lösung wurden 170 ml $Al(OH)_3$-Gel (10,6 mg Trockengewicht/ml) eingerührt (Verhältnis Gel:Protein 0,11). Das abzentrifugierte Gel enthielt etwa 95 % der Enzymaktivität und wurde zunächst mit 170 ml 0,25 m KOH gewaschen. Dann wurde das aktive Protein durch 3maliges Digerieren in insgesamt 250 ml Ammoniumsulfat (15 g Ammoniumsulfat pro 100 ml 0,001 m ÄDTA mit konz. NH_3 auf p_H 8,9 eingestellt) eluiert.

Zweite Fraktionierung mit Ammoniumsulfat. Die vereinigten Gel-Eluate wurden mit Ammoniumsulfat auf 47 % gebracht, die Fällung verworfen und das aktive Protein zwischen 47 und 58 % Sättigung gefällt. Es wurde in 0,005 m Trispuffer, p_H 8, gelöst und bei — 18° C aufbewahrt.

Fraktionierung mit Alkohol. 12,5 ml der obigen Ammoniumsulfatfraktion wurden mit 10 ml H_2O und 22,5 ml $ZnSO_4$-Cysteinlösung (0,004 m $ZnSO_4$ und 0,02 m Cystein · HCl, mit KOH neutralisiert) versetzt. Unter genauer Einhaltung einer Temperatur von 0° C wurden langsam 8,1 ml gekühltes 96 Vol. %iges Äthanol eingerührt, die Fällung nach 50 min abzentrifugiert und verworfen. Zu der überstehenden Lösung (52 ml) wurden weitere 4,05 ml Äthanol gegeben und die nach 20 min abzentrifugierte Fällung in 0,02 m Trispuffer, p_H 7,9, gelöst. Bei 0° C aufbewahrt, ist das Präparat mehrere Tage stabil.

Tabelle 45. *Anreicherung der β-Methylcrotonyl-Carboxylase aus Rinderleber* (nach KNAPPE, SCHLEGEL und LYNEN[1]).

Fraktion	Protein mg	Aktivität mE	Spez. Aktivität mE pro mg
Homogenat*	65000	7950	0,12
1. Ammoniumsulfat-Fraktion (35—51 %)	16000	5150	0,32
Eluat des $Al(OH)_3$-Gels	2800	3180	1,14
2. Ammoniumsulfat-Fraktion (47—58 %)	890	1870	2,1
	480**	680**	1,4**
Alkohol-Fraktion (15—20 %)	45	380	8,5

* Aus 500 g Rinderleber. ** Für die nachfolgende Alkohol-Fraktionierung verwendet.

Der Reinigungsgang ist in Tabelle 45 zusammengefaßt. Vor der Aktivitätsbestimmung wurden alle Lösungen 15 min bei p_H 8 und 0° C mit 0,05 m Cystein vorinkubiert.

Eigenschaften. Das Bakterienenzym weist ein breites Wirkungsoptimum im p_H-Bereich von 7,2—8,5 auf. Seine Aktivität ist an die Anwesenheit von Mg^{++} oder Mn^{++} gebunden. Die MICHAELIS-Konstante wurde für ATP zu $1,1 \times 10^{-4}$ m, für β-Methylcrotonyl-CoA zu $8,5 \times 10^{-5}$ m, für Mg^{++} zu $0,5 \times 10^{-4}$ m, für $KHCO_3$ zu 3×10^{-3} m (p_H 7) bestimmt. Besonders hoch ist auch die Affinität der Carboxylase gegenüber Kohlensäure. Aus Untersuchungen am Leberenzym geht die katalytische Wirkung einer essentiellen SH-Gruppe im Protein hervor. Inaktivierte Präparate konnten durch Vorbehandlung mit Cystein wieder völlig reaktiviert werden.

[1] KNAPPE, J., H. G. SCHLEGEL u. F. LYNEN: B. Z. **335**, 101 (1961).

Bestimmungsmethoden.

Die Aktivität des carboxylierenden Enzyms wird durch Bestimmung des Acetyl-CoA oder der Acetessigsäure ermittelt, die in einem entsprechenden Testsystem aus β-Methylcrotonyl-CoA, ATP und CO_2 gebildet werden. Auch ein kombinierter optischer Test mit DPN wurde aufgestellt.

a) Bestimmung der β-Methylcrotonyl-Carboxylase durch Messung der Acetessigsäurebildung.

Acetacetat wird nach der colorimetrischen Methode von Walker gemessen[1]. Folgende Testmischung wurde beschrieben[2]: 100 μM Tris-HCl-Puffer, p_H 8,1; 10 μM $MgCl_2$; 100 μM $KHCO_3$; 7 μM Cystein; 4 μM ATP; 0,4 μM β-Methylcrotonyl-CoA (Darstellung vgl. S. 170); Leberhomogenat oder anderes Enzympräparat; Endvolumen (einschließlich H_2O): 0,9 ml. Die Proben werden 30 min bei 37° C inkubiert, sodann im Eisbad mit Trichloressigsäure (Endkonzentration 6%) enteiweißt und zentrifugiert. Aliquote Teile der klaren, überstehenden Lösung wurden mit dem gleichen Volumen 2 m Natriumacetat versetzt (End-p_H 5,0) und mit 1 m Acetatpuffer, p_H 5,15, auf 1 ml aufgefüllt. Die weitere Behandlung richtet sich nach der Originalvorschrift. Die erhaltenen Werte wurden um den Wert eines Blindversuches korrigiert, der alle Substanzen enthielt und zur Zeit 0 gestoppt wurde. Das Volumen vor Zugabe der Diazoniumsalzlösung kann von 1 ml auf 2 ml erhöht werden, ohne daß ein Fehler von mehr als 2% auftritt.

Störungen der Bestimmung. Die Bildung des Formazans wird beeinträchtigt durch SH-Verbindungen, wie Cystein, Glutathion usw. Es ist deshalb ratsam, in den Enzymansätzen zum Schutz essentieller SH-Gruppen nicht mehr als 2 μM Cystein oder Na_2S pro Test zuzusetzen.

b) Bestimmung der β-Methylcrotonyl-Carboxylase im optischen Carboxylase-Test.

Bei dieser Methode bedient man sich als Hilfsreaktion der Acetylierung von p-Nitroanilin durch das Enzym Arylaminacetylase, wie dies im Laufe dieser Arbeit schon mehrfach beschrieben wurde (vgl. S. 8, 89). Die Geschwindigkeit der Entfärbung des gelb gefärbten p-Nitroanilins wird dabei als Maß für das im Zuge der Reaktion gebildete Acetyl-CoA herangezogen.

Zusammensetzung. In einer Glasküvette der Schichtdicke, $d = 1$ cm, mischt man folgende Komponenten: 200 μM Tris-HCl-Puffer, p_H 8,1; 10 μM Kaliumthioglykolat; 0,15 μM p-Nitroanilin; 16 μM $MgCl_2$; 100 μM $KHCO_3$; 1 μM ATP; 0,15 μM β-Methylcrotonyl-CoA (Darstellung vgl. S. 170); 80 E Arylaminacetylase (Darstellung vgl. S. 88); 0,1 mg Methylglutaconase (Darstellung vgl. S. 159); 0,5 mg HMG-spaltendes Enzym (Darstellung vgl. S. 146) und das zu messende Enzympräparat. Das gesamte Testvolumen beträgt 1,65 ml; es wird bei der Wellenlänge $\lambda = 405$ mμ abgelesen.

Die Extinktionsabnahme setzt mit einer Induktionsperiode ein und wird erst nach Ablauf der ersten 5 min konstant. Als Maß für die Enzymaktivität wird deshalb die Extinktionsabnahme zwischen der 5. und 15. min nach Start der Reaktion gewählt und als Enzymeinheit diejenige Menge definiert, die in diesem Zeitraum ein $\Delta E = 0{,}001$ verursacht. Die spezifische Aktivität ist in Enzymeinheiten pro mg Protein ausgedrückt. Direkte Proportionalität zwischen ΔE und Enzymmenge besteht bis zu einem Wert von 0,1.

c) Bestimmung der β-Methylcrotonyl-Carboxylase im kombinierten optischen Test mit DPNH[3].

Prinzip:

Das bei der Reaktion gemäß Gl. (132) gebildete ADP wird über das Hilfssystem Pyruvatkinase-Lactat-Dehydrogenase bestimmt, wobei folgende Reaktionen ablaufen:

[1] Walker, P. G.: Biochem. J. **58**, 699 (1954).

[2] Knappe, J.: Diss. rer. nat. München 1957.

[3] Lynen, F., J. Knappe, E. Lorch, G. Jütting, E. Ringelmann u. J. P. Lachance: B. Z. **335**, 123 (1961).

β-Methylcrotonyl-CoA + HCO_3^- + ATP ⇌ β-Methylglutaconyl-CoA + ADP + P_a (132)

Phosphoenolpyruvat + ADP ⇌ Pyruvat + ATP (126)

Pyruvat + DPNH + H^+ ⇌ Lactat + DPN^+ (28)

Bilanz: β-Methylcrotonyl-CoA + HCO_3^- + Phosphoenolpyruvat + DPNH + H^+ ⇌ β-Methylglutaconyl-CoA + Lactat + DPN^+ + P_a (133)

Reagentien:

1. 1 m Triäthanolamin-HCl-Puffer, p_H 7,4.
2. 1 m KCl.
3. 0,4 m $MgSO_4$.
4. 0,1 m $KHCO_3$.
5. 0,01 m Kaliumphosphoenolpyruvat.
6. 0,001 m DPNH.
7. 0,001 m ATP.
8. 0,001 m β-Methylcrotonyl-CoA. *Darstellung:* Eine Lösung von 53 μM CoA in 20 ml Wasser wird zur Reduktion von Disulfid bei p_H 8—9 mit 35 mg KBH_4 behandelt. Zur Zerstörung des Boranats wird nach 15 min die eisgekühlte Lösung schwach mit HCl angesäuert. Die Lösung wird anschließend mit KOH neutralisiert, mit Wasser auf ein Volumen von 50 ml gebracht und mit $KHCO_3$ abgepuffert. Unter kräftigem Rühren wird bei 0° C mit 0,5 ml β-Methylcrotonsäureanhydrid versetzt. Durch die Reaktionsmischung wird dabei reiner Stickstoff geleitet und durch gelegentliche Zugabe von KOH p_H 7,5 aufrechterhalten. Die vollständige Acylierung war nach etwa 15 min erreicht, worauf mit HCl angesäuert wird und überschüssiges Anhydrid sowie Methylcrotonsäure durch Extraktion der Lösung mit peroxydfreiem Äther entfernt wurde. Die mit KOH auf p_H 5 eingestellte Lösung wird anschließend durch Lyophilisation auf ein Volumen von 10 ml eingeengt. Ausbeute: 35 μM.

   Zur Entfernung von nucleotidhaltigen Verunreinigungen des CoA-Derivates und von geringen Mengen der Additionsverbindung von CoASH an Methylcrotonyl-CoA[1] wird die Lösung an einer Säule von 15 ml Dowex I $\times$ 10 (200 bis 400 mesh), Formiatform, chromatographiert. Die Entwicklung erfolgt mit Hilfe eines Ameisensäure-Ammoniumformiat-Gradienten nach den Angaben von HURLBERT u. Mitarb.[2]. Die Elution des Methylcrotonyl-CoA beginnt bei der Ammoniumformiatkonzentration 0,27 m in 4 n HCOOH. Die aktiven Fraktionen werden eingeengt, durch eine Amberlite-IR-120-Säule (H^+-Form) gegeben, um NH_4^+-Ionen zu entfernen, und anschließend gefriergetrocknet. Der fast salzfreie Rückstand wird in Wasser aufgenommen und auf p_H 4—5 eingestellt. Ausbeute: 22 μM, gemessen durch Acetessigsäurebildung im Enzymtest. Das „Differenzspektrum", gemessen gegen die mit KOH verseifte Lösung (60 min in 0,5 n KOH, 25° C) ergibt mit $\varepsilon_{266} = 11{,}3 \times 10^6$ ($cm^2 \times M^{-1}$) eine Ausbeute von 25 μM.
9. Serumalbumin, 1%.
10. Pyruvatkinase (krist.), vgl. S. 540.
11. Milchsäure-Dehydrogenase (krist.), (Darstellung vgl. Bd. VI/A, S. 356).

Ausführung:

Versuchsansatz. Die Glasküvette, $d = 1$ cm, die sich im temperierbaren Küvettenhalter des Eppendorf-Photometers (oder eines anderen geeigneten Photometers) befindet, enthält in einem Gesamtvolumen von 1,65 ml: 280 μM Triäthanolamin-HCl-Puffer, p_H 7,4; 160 μM KCl; 40 μM $MgSO_4$; 10 μM $KHCO_3$; 1,35 μM Kaliumphosphoenolpyruvat; 0,3 μM DPNH; 1 μM ATP; 0,1 μM β-Methylcrotonyl-CoA; 1 mg Serumalbumin; 40 μg kristallisierte Pyruvatkinase; 25 μg kristallisierte Milchsäure-Dehydrogenase und das zu messende Carboxylasepräparat. $T = 20°$ C; $\lambda = 366$ mμ.

---

[1] KNAPPE, J., H. G. SCHLEGEL u. F. LYNEN: B. Z. **335**, 101 (1961).

[2] HURLBERT, R., H. SCHMTZ, A. F. BRUNNEN and V. R. POTTER: J. biol. Ch. **209**, 23 (1954).

Die Messung erfolgt gegen eine Vergleichsküvette ohne β-Methylcrotonyl-CoA, um eine unabhängige DPNH-Oxydation durch Verunreinigungen der Carboxylase zu kompensieren. Wie Abb. 35 zeigt, ist der DPNH-Verbrauch innerhalb 5 min linear und in dem geprüften Bereich von 0—7 mE Carboxylase der Enzymmenge proportional.

Standardisierung. 1 milli-Einheit (mE) Carboxylase bewirkt unter den angegebenen Bedingungen $\Delta E_{366} = -0{,}002$ pro min. Dies entspricht der Carboxylierung von 1 mμM β-Methylcrotonyl-CoA pro min.

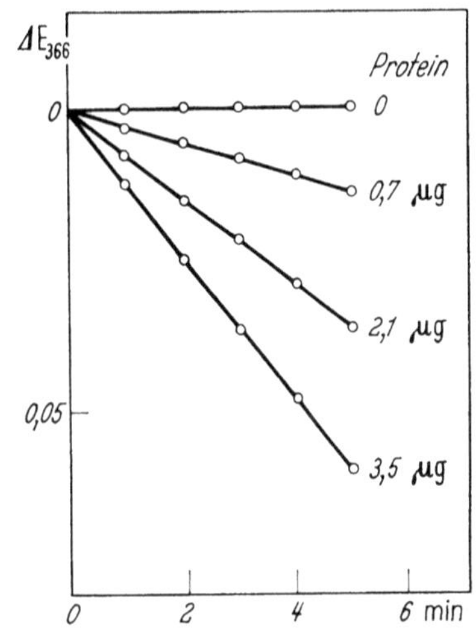

Abb. 35. Zusammengesetzter optischer Test auf β-Methylcrotonyl-Carboxylase (nach LYNEN u. Mitarb.[1]). Die Zahlen an den Kurven geben μg eingesetztes Protein (spez. Aktivität 1670 mE/mg) an.

6. Propionyl-Carboxylase.

[6.4.1.3 Propionyl-CoA:CO_2-Ligase.]

Propionyl-Carboxylase katalysiert die reversible Carboxylierung von Propionyl-CoA zu Methylmalonyl-CoA nach folgender Gleichung:

$$ATP + CO_2 + \underset{\substack{|\\ COSCoA}}{\overset{\substack{CH_3\\ |}}{CH_2}} \xrightleftharpoons{(Mg^{++})} ADP + P_a + \underset{\substack{|\\ COSCoA}}{\overset{\substack{CH_3\\ |}}{HC}}\text{—}COOH \qquad (134)$$

Wie Acetyl-Carboxylase und andere Enzyme der CO_2-Übertragung gehört Propionyl-Carboxylase zur Gruppe der Biotin-Enzyme. Es katalysiert den ersten Schritt beim Abbau der Propionsäure, der über Methylmalonyl-CoA → Isosuccinyl-CoA → Succinyl-CoA zu Bernsteinsäure führt[2–4]. Das Enzym der Methylmalonyl-CoA-Bildung wurde in Extrakten aus Schafsniere und aus Herz, Leber und Niere der Ratte nachgewiesen[5–8] und aus Schweineherz etwa 500fach angereichert[7–9]. Eine andere Vorschrift geht von Rinderleber-Mitochondrien aus[10].

In der Zwischenzeit sind auch die anderen Enzyme des Propionsäureabbaus, Methylmalonyl-CoA-Isomerase[11] und Methylmalonyl-CoA-Racemase[11,12], aus *Propionibacterium shermanii* isoliert und in ihren Eigenschaften näher untersucht worden.

***Darstellung der Propionyl-Carboxylase aus Schweineherz nach* TIETZ *und* OCHOA[9].**
(Alle Operationen werden bei etwa 0° C durchgeführt.)

Extraktion. 10 Schweineherzen — möglichst frisch entnommen und in Eis abgekühlt — werden von Fett, Bindegewebe und Blutklumpen befreit und durch einen elektrischen Fleischwolf getrieben. Der zerkleinerte Muskel (1,3 kg) wird in 250 g-Portionen geteilt und portionsweise sorgfältig mit je 300 ml 0,05 m Trispuffer, pH 7,5 — 0,001 m ÄDTA — verrührt. Die Mischung bleibt 30 min unter gelegentlichem Umrühren stehen und wird dann durch vier Lagen Gazetuch möglichst scharf abgepreßt. Das Filtrat wird verworfen und der Rückstand 1 min mit 500 ml des obigen Puffers im Starmix bei maximaler Tourenzahl homogenisiert. Nach 10 min Stehen zentrifugiert man bei

[1] LYNEN, F., J. KNAPPE, E. LORCH, G. JÜTTING, E. RINGELMANN u. J.P. LACHANCE: B.Z. **335**, 123 (1961).
[2] KATZ, J., and I. L. CHAIKOFF: Am. Soc. **77**, 2659 (1955).
[3] FLAVIN, M.: Fed. Proc. **14**, 211 (1959).
[4] LARDY, H. A., and J. ADLER: J. biol. Ch. **219**, 933 (1956).
[5] FLAVIN, M., P. I. ORTIZ and S. OCHOA: Nature **176**, 823 (1955).
[6] FLAVIN, M., and S. OCHOA: J. biol. Ch. **229**, 965 (1957).
[7] FLAVIN, M., H. CASTRO-MENDOZA and S. OCHOA: J. biol. Ch. **229**, 981 (1957).
[8] TIETZ, A.: Fed. Proc. **17**, 322 (1958).
[9] TIETZ, A., and S. OCHOA: J. biol. Ch. **234**, 1394 (1959). Siehe auch Colowick-Kaplan, Meth. Enzymol. Bd. V, S. 570.
[10] LANE, M. D., and D. R. HALENZ; in: Colowick-Kaplan, Meth. Enzymol. Bd. V, S. 576.
[11] OVERATH, P., G. M. KELLERMANN, F. LYNEN, H. P. FRITZ u. H. J. KELLER: B. Z. **335**, 500 (1962).
[12] MAZUMDER, R., T. SASAKAWA, Y. KAZIRO and S. OCHOA: J. biol. Ch. **236**, PC 53 (1961).

$8000 \times g$ (Lourdes-Zentrifuge, 15 min) und verwirft den Niederschlag. Die Extrakte der 250 g-Ansätze werden nun vereinigt und mit Glutathion-SH 5×10^{-4} m versetzt. Ausbeute etwa 2,6 l Extrakt mit 21,6 g Protein (etwa 8 mg Protein/ml).

Ammoniumsulfatfällung. Zum Rohextrakt gibt man pro Liter 216 g fein gepulvertes Ammoniumsulfat unter mechanischem Rühren, rührt 30 min weiter und zentrifugiert bei $3500 \times g$ 60 min (International PR-2 Kältezentrifuge). Der Niederschlag wird verworfen. Zum Überstand gibt man weiter 136 g Ammoniumsulfat pro Liter, zentrifugiert und löst den Niederschlag in 0,02 m Trispuffer, p_H 7,5 — 0,001 m an ÄDTA und 5×10^{-4} m an GSH. Nach Dialyse über Nacht gegen 6 l derselben Lösung zentrifugiert man eventuell auftretende Niederschläge ab. Der Proteingehalt der dialysierten Lösung beträgt etwa 40 mg/ml.

Fällung mit Protamin und Ammoniumsulfat-Fraktionierung. Durch Verdünnen mit 0,02 m Trispuffer, p_H 7,5 — 0,001 m an ÄDTA und 0,001 m an GSH — wird der Proteingehalt der Lösung auf 10 mg/ml eingestellt und mit 1 m Essigsäure auf p_H 6,5 gebracht. Unter Rühren gibt man eine frisch hergestellte 10%ige Protaminsulfatlösung langsam zu (1 mg Protaminsulfat auf 20 mg Protein), rührt 10 min weiter und zentrifugiert 10 min bei $15000 \times g$. Das Filtrat wird verworfen, der Niederschlag einmal mit 50 ml 0,1 m Trispuffer, p_H 7,5 — 0,001 m an GSH — gewaschen und dann in einem Glashomogenisator mit dem gleichen Puffer, der außerdem Ammoniumsulfat in 20%iger Sättigung enthält, gelöst. Mit der gleichen Lösung stellt man einen Proteingehalt von 10 mg/ml ein, gibt gesättigte Ammoniumsulfatlösung bis zur Sättigung 0,38 zu, rührt 30 min und zentrifugiert 15 min bei $15000 \times g$. Der Niederschlag wird verworfen, zum Filtrat wird nun festes Ammoniumsulfat (165 g pro Liter) zugesetzt und der Niederschlag nach 30 min abzentrifugiert. Er wird gelöst in 0,02 m Trispuffer, p_H 7,5 — 0,001 m an ÄDTA und 5×10^{-4} m an GSH — und über Nacht gegen 4 l derselben Lösung dialysiert. Der Proteingehalt beträgt nach Dialyse etwa 30 mg/ml.

Reinigung an DEAE-Cellulose. 13 g DEAE-Cellulose, das ist etwa die zehnfache Menge des im letzten Schritt vorliegenden Proteins, verrührt man mit 500 ml 0,02 m Trispuffer, p_H 7,5. Teilchen, die sich innerhalb 10 min nicht abgesetzt haben, werden dekantiert, die Cellulose wird im Puffer resuspendiert und unter Druck mit einer Luftpumpe (Aquariumpumpe) in zwei Säulen (2×10 cm) eingefüllt. Man wäscht die Cellulose über Nacht mit dem gleichen Puffer.

Den Proteingehalt der Enzymlösung stellt man mit 0,02 m Trispuffer, p_H 7,5 — 0,001 m an GSH — auf 10 mg/ml ein und läßt die Lösung durch die Säule laufen. Dabei wird das gesamte Eiweiß von der Cellulose zurückgehalten. Die Elution erfolgt mit 0,05 m Trispuffer, p_H 7,5, der außer 0,001 m GSH steigende Mengen an KCl, und zwar 0,025, 0,05 und 0,1 m, enthält. Durch leichten Druck stellt man eine Flußgeschwindigkeit von etwa 2 ml pro min ein und fängt das Eluat in 20 ml-Portionen auf. Der Proteingehalt wird spektralphotometrisch bei 280 mμ gemessen. Bei 0,025—0,05 m KCl geht inaktives Protein in Lösung. Propionyl-Carboxylase kommt mit hoher spezifischer Aktivität im Anfangsteil der Elution mit 0,1 m KCl-haltigem Puffer von der Säule. Man vereinigt die aktivsten Fraktionen und konzentriert das Protein durch Zugabe von 398 g festem Ammoniumsulfat pro Liter. Der Niederschlag wird in wenig 0,02 m Trispuffer, p_H 7,5 — 0,001 m an GSH — gelöst und ohne vorhergehende Dialyse bei $-20°$ C aufbewahrt. In dieser Form ist das Enzym einigermaßen haltbar, wird jedoch durch wiederholtes Einfrieren und Auftauen inaktiviert.

Adsorption von Begleitprotein an Aluminium-Gel. Die Lösung wird 2 Std gegen 2 l 0,02 m Kaliumphosphatpuffer, p_H 6,5 — 0,001 m an GSH — dialysiert, wobei man die Dialysierlösung nach 1 Std erneuert. Sodann stellt man mit demselben Puffer eine Proteinkonzentration von 6 mg/ml ein und gibt Aluminium-Gel (Gehalt: 12 mg/ml) im Verhältnis 3 mg Gel pro mg Protein zu. Nach 10 min wird der Niederschlag abzentrifugiert und verworfen.

Zweite Reinigung an DEAE-Cellulose. Die Vorbereitung der Säule erfolgt wie oben beschrieben, jedoch benützt man nur 250 mg DEAE-Cellulose, die in 150 ml 0,02 m Kaliumphosphatpuffer, p_H 6,5, suspendiert werden. Ausmaß der Säule: 0,8 × 6 cm. Die Lösung nach dem Gel-Schritt läßt man mit einer Geschwindigkeit von 1 ml/min durch die Säule laufen, wobei alles Protein zurückgehalten wird. Die Elution erfolgt durch Waschungen mit 0,05 m und später mit 0,1 m Kaliumphosphatpuffer, p_H 6,5, beide 0,001 m an GSH. Mit der ersten Pufferlösung erscheint inaktives Protein, später das gesuchte Enzym, das aus den vereinigten Eluatfraktionen mit festem Ammoniumsulfat (398 g/l) ausgefällt und in wenig 0,02 m Trispuffer, p_H 7,5 — enthaltend 0,001 m GSH — gelöst wird. Lagerung bei — 20° C ohne vorausgehende Dialyse.

In Tabelle 46 ist der gesamte Anreicherungsgang zusammengestellt.

Weitere Reinigung der Propionyl-Carboxylase und Kristallisation konnte durch Chromatographie an Hydroxylapatit erzielt werden[1].

Tabelle 46. *Anreicherung der Propionyl-Carboxylase aus Schweineherz** (nach TIETZ und OCHOA[2]).

Reinigungsstufe	Volumen ml	Einheiten	Protein mg	Spezifische Aktivität E/mg Protein	Ausbeute %
1. Extrakt.	2610	650	21600	0,03	100
2. $(NH_4)_2SO_4$-Fällung	130	595	5400	0,11	91
3. Protamin- und $(NH_4)_2SO_4$-Fällung	42	560	1300	0,43	86
4. DEAE-Cellulose (p_H 7,5)	8	350	105	3,33	54
5. Aluminium-Gel-Überstand . . .	34	122	14	8,70	19
6. DEAE-Cellulose (p_H 6,5)	1	99	7	14,00	15

* Anreicherung des Enzyms aus 1,3 kg zerkleinertem Herzmuskel. Mit Ausnahme von Stufe 1 und 2 wurde die Enzymaktivität mit dem optischen Test bestimmt; dort erfolgte die Bestimmung mit dem Radioaktivitätstest (Einbau von $^{14}CO_2$ in Propionyl-CoA, vgl. Text).

Eigenschaften[3]. Propionyl-Carboxylase hat ein Molekulargewicht von $1{,}5 \times 10^6$ und enthält 10 Moleküle Biotin pro Molekül Eiweiß fest gebunden. Das Enzym wird durch Avidin und Sulfhydryl-Reagentien gehemmt: 100% Hemmung wurde beobachtet bei 5×10^{-6} m p-Chlormercuribenzoat, 90% Hemmung bei 10^{-2} m Jodacetamid. Propionyl-CoA und GSH, nicht dagegen ATP, üben eine gewisse Schutzwirkung gegenüber dieser Hemmung aus. Folgende MICHAELIS-Konstanten wurden gemessen[2] (ATP): $K_M = 8{,}0 \times 10^{-5}$ m; (CO_2): $K_M = 2{,}5 \times 10^{-3}$ m; (Propionyl-CoA): $K_M = 2{,}7 \times 10^{-4}$ m; ATP kann durch GTP, UTP, CTP oder ITP nicht ersetzt werden[2].

Bestimmungsmethoden.

a) Bestimmung der Propionyl-Carboxylase im Radioaktivitätstest nach TIETZ *und* OCHOA[2].

Prinzip:

Die Bestimmung beruht auf dem Einbau von $^{14}CO_2$ in Propionyl-CoA unter Bildung von Methylmalonyl-CoA entsprechend Reaktion Gl. (134).

Reagentien:

1. 1 m Trispuffer, p_H 8,0.
2. 0,06 m $MgCl_2$.
3. 0,01 m Glutathion-SH.
4. 0,03 m ATP.
5. 0,1 m $K_2{}^{14}CO_3$ (etwa 25000 Ipm/μM).

---

[1] KAZIRO, Y., and S. OCHOA: Unveröffentlicht.
[2] TIETZ, A., and S. OCHOA: J. biol. Ch. **234**, 1394 (1959).
[3] KAZIRO, Y., E. LEONE and S. OCHOA: Proc. nat. Acad. Sci. USA **46**, 1319 (1960).

6. 0,01 m Propionyl-CoA (Darstellung siehe unten).
7. Propionyl-Carboxylase.
8. Trichloressigsäure, 20%.

Ausführung:

Die Bestimmungen werden in THUNBERG-Röhrchen (1,2 × 5 cm) durchgeführt, die die Zugabe des radioaktiven Carbonates aus dem Seitenarm ermöglichen. Die Ansätze enthalten: 100 μM Trispuffer, p_H 8,0; 6 μM $MgCl_2$; 2 μM GSH; 3 μM ATP; 10 μM $K_2{}^{14}CO_3$ (250000 Ipm); 1 μM Propionyl-CoA; Propionyl-Carboxylase. Endvolumen 1 ml. Inkubation 10—15 min bei 30° C. Die Reaktion wird durch Zugabe des $K_2{}^{14}CO_3$ aus dem Seitenarm gestartet und nach Beendigung der Inkubation mit 0,2 ml 20% Trichloressigsäure gestoppt. Nach Zentrifugieren werden 0,2 ml Filtrat unter einer Infrarotlampe auf Planchetten aus V2A-Stahl aufgetragen und die Radioaktivität mit einem Endfensterzählrohr bestimmt. Die $^{14}CO_2$-Aufnahme verläuft bei diesem Test über 15 min linear und ist bei Einsatz kleiner Enzymmengen (unter 5 μg pro Ansatz) der Enzymkonzentration proportional.

Standardisierung. Eine Enzymeinheit katalysiert die Fixation von 1 μM $^{14}CO_2$ pro min unter den angegebenen Bedingungen. Die spezifische Aktivität wird in Einheiten pro mg Protein, letzteres spektrophotometrisch[1] bei 280 mμ gemessen, ausgedrückt.

b) Bestimmung der Propionyl-Carboxylase im optischen Test nach TIETZ *und* OCHOA[2].

Prinzip:

Durch Kombination mit der Pyruvatkinase- und Lactatdehydrogenasereaktion wird das bei der Propionyl-CoA-Carboxylierung freigesetzte ADP in bekannter Weise optisch gemessen (vgl. auch S. 169).

Reagentien:

1. 1 m Trispuffer, p_H 8,0.
2. 0,1 m $MgCl_2$.
3. 0,1 m Glutathion-SH.
4. 0,1 m ATP.
5. 1 m $KHCO_3$.
6. 0,01 m Propionyl-CoA.

   Darstellung. Propionyl-CoA wird nach dem Prinzip der Methode von SIMON und SHEMIN[3] dargestellt. Zu einer frischen Lösung von CoA gibt man so viel Propionsäureanhydrid (bei p_H 7,5), bis alles freie SH — gemessen nach GRUNERT und PHILLIPS[4] — verschwunden ist. Freie Propionsäure wird durch dreimalige Extraktion mit dem fünffachen Volumen Äther bei 0° C und p_H 3,0 entfernt. Der Gehalt an Thioester wird mit der Hydroxamsäuremethode[5] bestimmt (s. S. 10). Bei p_H 5—6 kann das Präparat monatelang bei —18° C aufbewahrt werden.
7. 1 m KCl.
8. 0,01 m Phosphoenolpyruvat.
9. 0,008 m DPNH.
10. Pyruvatkinase (Darstellung vgl. S. 540).
11. Lactat-Dehydrogenase (Darstellung vgl. Bd. VI/A, S. 356).
12. Propionyl-Carboxylase.

Ausführung:

Testansatz. In eine Quarzküvette, $d = 1$ cm, pipettiert man: 100 μM Trispuffer, p_H 8,0; 4 μM $MgCl_2$; 2 μM GSH; 2 μM ATP; 50 μM $KHCO_3$; 0,5 μM Propionyl-CoA; 100 μM

[1] WARBURG, O., u. W. CHRISTIAN: B. Z. **310**, 384 (1941).
[2] TIETZ, A., and S. OCHOA: J. biol. Ch. **234**, 1394 (1959).
[3] SIMON, E. J., and D. SHEMIN: Am. Soc. **75**, 2520 (1953).
[4] GRUNERT, R. R., and P. H. PHILLIPS: Arch. Biochem. **30**, 217 (1951).
[5] LIPMANN, F., and L. C. TUTTLE: J. biol. Ch. **159**, 21 (1945).

KCl; 1 μM Phosphoenolpyruvat; 0,16 μM DPNH; Überschuß an Pyruvatkinase und LDH; Propionyl-Carboxylase. Endvolumen 1,0 ml. $T = 25°$ C. Die Reaktion wird durch Zusatz von Propionyl-CoA gestartet und optisch bei 340 bzw. 366 mμ verfolgt.

Standardisierung. Nach dem optischen Test entspricht eine Enzymeinheit der Enzymmenge, die in 1 min 1 μM ADP in Freiheit setzt. In Abb. 36 ist der Verlauf der optischen Bestimmung dargestellt.

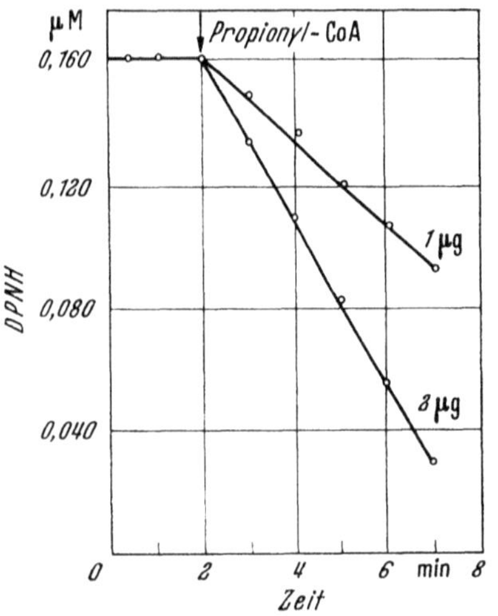

Abb. 36. Zusammengesetzter optischer Test auf Propionyl-Carboxylase (nach TIETZ und OCHOA[4]).

7. Methylmalonyl-CoA-Isomerase.

Beim Propionsäureabbau ist außer der Propionyl-Carboxylase ein Enzym beteiligt, welches die Isomerisierung von Methylmalonyl-CoA in Succinyl-CoA bewerkstelligt[1].

$$\text{Methylmalonyl-CoA} \rightleftharpoons \text{Succinyl-CoA} \qquad (135)$$

Bei dieser Reaktion spielt Vitamin B_{12}-Coenzym die Rolle eines Cofaktors. Das Enzym Methylmalonyl-CoA-Isomerase wurde in zahlreichen tierischen Geweben und Mikroorganismen nachgewiesen. Es wurden Isolierungsverfahren aus Schafsniere[2] und aus Propionibacterium shermanii[3] beschrieben.

***Darstellung der Methylmalonyl-CoA-Isomerase aus Propionibacterium shermanii nach* OVERATH *u. Mitarb.*[3].**

Züchtung von P. shermanii. P. shermanii wurde in einem bei 120° C im Autoklaven sterilisierten Medium folgender Zusammensetzung gezüchtet[5]: 1 % Hefeextrakt, 1 % Tryptone oder Peptone und 2 % Natriumlactat. Das Inoculat wurde, von einer Kultur auf festem Nährboden ausgehend, schrittweise erhöht. Das Volumen des Inoculats betrug 15—20 % der zu beimpfenden Lösung. Die Kulturen wurden ohne Belüftung 36 Std bei 30° C bebrütet. Zum Zentrifugieren der Bakteriensuspension wurde eine Durchlaufzentrifuge mit 40000 U/min (Cepa-Schnellzentrifuge, Carl Padberg) verwendet. Die feuchte Zellmasse wurde mit Wasser zu einem homogenen Brei verrieben, gefriergetrocknet und bei — 10° C aufbewahrt. Man erhält 0,9—1,4 g Trockenzellen/l Kulturmedium.

Reinigung. Zum Aufschluß der Zellen wurde eine Mischung von 10 ml einer wäßrigen Suspension von 7 g Feuchtzellen von *P. shermanii* (man kann ebensogut von Trockenzellen ausgehen; man nimmt dann 1,5 g Zellen und 30 ml Trispuffer) und 20 ml Tris-HCl-Puffer, p_H 7,5, mit 40 g Glasperlen (Nr. 31/12) 2 min im Zellhomogenisator nach MERKENSCHLAGER u. Mitarb.[6] unter Kühlung mit Kohlensäureschnee geschüttelt. Aus insgesamt 24 derartigen Aufschlüssen wurden die Perlen durch Absaugen mit einer Glasfritte (Typ G 1) entfernt und Flaschen und Perlen mit 80 ml 0,07 m Trispuffer, p_H 7,5, nachgewaschen. Nach Zentrifugieren (20 min bei 20000 $\times$g) resultierten 554 ml Rohextrakt mit 16,7 mg Protein/ml.

Dialyse. Der Rohextrakt wurde über Nacht im Apparat nach KUNITZ[7] gegen 50 l 0,01 m K_2HPO_4 dialysiert. Volumen 575 ml.

Abtrennung von Nucleinsäuren durch Manganchlorid[8]. Zu 575 ml Dialysat wurden unter Rühren tropfenweise 28,8 ml 1 m $MnCl_2$-Lösung (5 Vol.-%) zugegeben. Nach 30 min

[1] BECK, W. S., M. FLAVIN and S. OCHOA: J. biol. Ch. **229**, 997 (1957).
[2] BECK, W. S.; in: Colowick-Kaplan, Meth. Enzymol. Bd. V, S. 581.
[3] OVERATH, P., E. R. STADTMAN, G. M. KELLERMAN u. F. LYNEN: B. Z. **336**, 77 (1962).
[4] TIETZ, A., and S. OCHOA: J. biol. Ch. **234**, 1394 (1959).
[5] DELWICHE, E. A., E. F. PHARES and S. F. CARSON: J. Bact. **71**, 598 (1956).
[6] MERKENSCHLAGER, M., K. SCHLOSSMANN u. W. KREUTZ: B. Z. **329**, 332 (1957).
[7] KUNITZ, M., and H. S. SIMMS: J. gen. Physiol. **11**, 641 (1928).
[8] KORKES, S., A. DEL CAMPILLO, I. C. GUNSALUS and S. OCHOA: J. biol. Ch. **193**, 721 (1951).

Rühren wurde der Niederschlag in 10 min bei 35000 ×g abzentrifugiert. Der schwach getrübte Überstand hatte ein Volumen von 570 ml.

Abtrennung des 5,6-Dimethylbenzimidazol-cobamid-Coenzyms durch Adsorption an Aktivkohle. Der Kohleschritt gelang nur dann mit guter Ausbeute an Enzym, wenn er rasch durchgeführt wurde. Daher wurden die 570 ml des Überstandes halbiert und der Kohleschritt mit beiden Teilen nacheinander durchgeführt. Unter kräftigem Rühren wurden zu je 285 ml Lösung 14,25 g Aktivkohle (50 mg/ml) gegeben. Sobald eine homogene Suspension entstanden war, wurde 10 min bei 35000 ×g zentrifugiert. Geringe Reste von Kohle konnten aus dem Überstand durch Abnutschen mit einem Büchner-Trichter entfernt werden. Volumen 475 ml.

Erste Ammoniumsulfatfällung. Zu 475 ml Kohleüberstand wurden unter Rühren in 45 min 166 g Ammoniumsulfat (58% Sättigung) zugegeben. Nach 15 min wurde der Niederschlag abgeschleudert (10 min bei 78000 ×g) und verworfen. Zu dem nur noch schwach gefärbten klaren Überstand (520 ml) wurden in 30 min 93 g Ammoniumsulfat (58—85% Sättigung) zugesetzt und der gebildete Niederschlag nach weiteren 15 min gesammelt (20 min 78000 ×g). Der Überstand soll entweder klar oder nur noch wenig getrübt sein. Der rötliche Niederschlag wurde in 30 ml 0,07 m Tris-HCl-Puffer, p_H 7,5, gelöst und über Nacht gegen 10 l 0,01 m Trispuffer, p_H 8,0, dialysiert. Volumen 34,5 ml, AS_I von Tabelle 47.

Abtrennung restlicher Nucleinsäuren durch Protaminsulfat. Das Verhältnis $E_{280\,m\mu}/E_{260\,m\mu}$ (β-Verhältnis) der dialysierten Lösung lag bei 0,74. Da dieser Wert für eine Säulenfraktionierung noch etwas zu niedrig war, wurden die restlichen Nucleinsäuren durch Fällung mit Protaminsulfat entfernt. Zu 34,5 ml Enzymlösung wurden unter Rühren sehr langsam 11 ml einer 1%igen Protaminsulfatlösung gegeben. Es wurde noch 10 min gerührt und dann so lange bei 35000 ×g zentrifugiert, bis der Überstand klar war. Das β-Verhältnis der Lösung lag dann bei 1,5. Volumen 45 ml.

Zweite Ammoniumsulfatfraktionierung. 45 ml des rotgefärbten Überstandes der Protaminfällung wurden unter Rühren mit einer Mischung aus 5 ml 1 m Kalium-ÄDTA-Lösung, p_H 7,0, und 10 ml 0,5 m Kaliumphosphatpuffer, p_H 6,5, versetzt. Zu 60 ml Lösung wurden dann unter Rühren in 30 min 19,5 g Ammoniumsulfat (55% Sättigung) zugegeben. Nach 10 min wurde der Niederschlag in 10 min bei 105000 ×g abzentrifugiert. Der Niederschlag war gelbbraun, der Überstand hingegen rötlich gefärbt. Zu 68 ml Überstand wurden in 10 min weitere 6,3 g Ammoniumsulfat (55—70% Sättigung) addiert und nach 10 min wie zuvor zentrifugiert. Der klare Überstand wurde verworfen, der rötliche Niederschlag wurde in 6 ml 0,07 m Tris-HCl-Puffer, p_H 7,5, gelöst. Nach Dialyse über Nacht gegen 10 l 0,01 m Natriumphosphatpuffer, p_H 6,9, hatte die Lösung ein Volumen von 9 ml. AS_{II} von Tabelle 47.

Chromatographie an Hydroxylapatit. Hydroxylapatit wurde nach TISELIUS u. Mitarb.[1] dargestellt. Bei offenem Hahn wurde eine Suspension des Gels in ein Chromatographierohr (2 cm Durchmesser) gefüllt. Das Säulenvolumen betrug 63 ml. Das Gel wurde über Nacht mit 0,01 m Natriumphosphatpuffer, p_H 6,9, äquilibriert. Anschließend wurde 8 ml der beim letzten Schritt erhaltenen Enzymlösung (310 mg) auf die Säule aufgesetzt. Die Entwicklung geschah mit Phosphatpuffern, die durch geeignete Mischung gleicher Teile von NaH_2PO_4 und Na_2HPO_4 bereitet wurden. Das Protein wurde schrittweise mit 0,01 m und 0,1 m Natriumphosphatpuffer eluiert, wobei alle 19 min eine Fraktion von ca. 17 ml aufgefangen wurde. Das aktive Protein wurde mit 0,1 m Phosphatpuffer eluiert. Dies war leicht zu erkennen, weil die dem Eiweiß anhaftende rote Farbe dabei mit ausgewaschen wurde. Die Fraktionen 81—92 enthielten zusammen 85% der auf die Säule aufgesetzten Aktivität.

Dritte Ammoniumsulfatfällung. Die vereinigten Fraktionen 81—92 (202 ml) wurden unter Rühren in 1 Std mit 140 g Ammoniumsulfat versetzt. Nach einer weiteren Stunde

[1] TISELIUS, A., S. HJERTEN and Ö. LEVIN: Arch. Biochem. **65**, 132 (1956).

Rühren wurde 5 min bei 105000 ×g zentrifugiert, der Niederschlag in 0,01 m Kaliumphosphatpuffer, p_H 7,0, aufgenommen und die resultierende Lösung 5 Std gegen 10 l 0,01 m Tris-HCl-Puffer, p_H 8,0, dialysiert. Volumen 11,5 ml, AS_{III} von Tabelle 47.

Die bei den einzelnen Reinigungsschritten erzielten Ausbeuten und Anreicherungen sind in Tabelle 47 zusammengefaßt.

Tabelle 47. *Reinigung der Methylmalonyl-CoA-Isomerase aus P. shermanii.*

Reinigungsschritt	Protein mg	Einheiten	Spezifische Aktivität E/mg Protein	Ausbeute
Rohextrakt*	7650	1430	0,19	(100)
Dialysierter Rohextrakt	7410	1510	0,20	(105)
Überstand der $MnCl_2$-Fällung	5470	1320	0,24	92
Kohleüberstand	3750	1030	0,28	72
AS_I	670	558	0,83	39
Überstand der Protaminfällung	540	597	1,1	42
AS_{II}	350	485	1,4	34
Hydroxylapatit	135	412	3,1	29
AS_{III}	111	282	2,5	20

1 E = 1 μM Umsatz/min bei 37° C. * Aus 30 g Trockenzellen.

Eigenschaften. Die Enzymreaktion verläuft über ein wenig ausgeprägtes Maximum bei p_H 6,4 im Bereich zwischen p_H 6,0 und 8,2 praktisch gleichbleibend, um unterhalb p_H 6,0 rasch abzufallen[1, 2]. Die MICHAELIS-Konstante für Methylmalonyl-CoA beträgt $K_M = 1{,}7 \times 10^{-5}$ m. Als Coenzyme sind folgende Vitamin B_{12}-Derivate wirksam: 5,6-Dimethylbenzimidazol-cobamid-Coenzym, $K_M = 3{,}5 \times 10^{-8}$ m; Adenin-cobamid-Coenzym, $K_M = 1{,}1 \times 10^{-7}$ m; Benzimidazol-cobamid-Coenzym, $K_M = 31{,}5 \times 10^{-7}$ m; Purincobamid-Coenzym, $K_M = 1{,}4 \times 10^{-6}$ m; Cobinamid-Konjugat, $K_M = 1{,}7 \times 10^{-6}$ m. Vitamin B_{12} zeigt keinen Effekt.

***Bestimmung der Methylmalonyl-CoA-Isomerase nach* OVERATH *u. Mitarb.*[3].**

Prinzip:

Die Enzymbestimmung beruht auf der unterschiedlichen Stabilität von Methylmalonyl-CoA und Succinat gegen $KMnO_4$. Das durch Hydrolyse entstehende Succinat ist gegen dieses Reagens beständig, während Methylmalonyl-CoA zu flüchtigen Produkten oxydiert wird[4].

Reagentien:

1. 0,5 m Kaliumsuccinatpuffer, p_H 6,25.
2. 3-^{14}C-Methylmalonyl-CoA, 0,00034 m (170000 Ipm/μM, racemisches Gemisch, etwa 70%ig).

Darstellung durch Carboxylierung von Propionyl-CoA[5, 6]: 1 ml Tris-HCl-Puffer (0,3 m, p_H 8,0), 0,2 ml $MgCl_2$ (0,1 m), 0,1 ml Propionyl-CoA (0,05 m), 0,1 ml $K_2{}^{14}CO_3$ (0,15 m; 25 μC/μM), 0,1 ml ATP (0,2 m), 0,1 ml Phosphoenolpyruvat (0,1 m), 0,1 ml Glutathion (0,2 m, p_H 5), 60 μg Pyruvatkinase und 10 E Propionyl-CoA-Carboxylase (spez. Aktivität 6) (Darstellung s. S. 171) wurden in einem Volumen von 3 ml 30 min bei 28° C inkubiert. Vor der Zugabe der Enzyme wurde mit 5 n KOH auf p_H 7,8 eingestellt. Nach der Inkubation wurde bei 0° C mit 2 n HCl auf p_H 3 angesäuert zur Entfernung des überschüssigen $^{14}CO_2$ 20 min CO_2 durch die Lösung geblasen und mit 1 m $KHCO_3$ wieder bis p_H 7 neutralisiert. Die Reinigung des 3-^{14}C-Me-

[1] OVERATH, P., E. R. STADTMAN, G. M. KELLERMAN u. F. LYNEN: B. Z. **336**, 77 (1962).
[2] STJERNHOLM, R., and H. G. WOOD: Proc. nat. Acad. Sci., USA **47**, 303 (1961).
[3] OVERATH, P., G. M. KELLERMAN, F. LYNEN, H. P. FRITZ u. H. J. KELLER: B. Z. **335**, 500 (1962).
[4] FLAVIN, M., and S. OCHOA: J. biol. Ch. **229**, 965 (1957).
[5] KAZIRO, Y., and S. OCHOA: J. biol. Ch. **236**, 3131 (1961).
[6] KAZIRO, Y., S. OCHOA, R. C. WARNER and J. CHEN: J. biol. Ch. **236**, 1917 (1961).

thylmalonyl-CoA wurde auf ca. 20 Pherogrammen durchgeführt. Je 0,1—0,2 ml der Reaktionslösung wurden auf das mit Pyridin/Acetatpuffer (Pyridin-Eisessig-Wasser = 10 : 1 : 89) getränkte und auf die Glasplatte des Pherographen gepreßte Whatman 1-Papier aufgetragen. Die Laufzeit betrug 2 Std bei 40—50 V/cm. Durch Auswertung im Radiopapierchromatographen wurden die radioaktiven Gipfel festgelegt und die dem ^{14}C-Methylmalonyl-CoA zukommenden Stellen mit H_2O bei 0° C eluiert. Die vereinigten Filtrate wurden zur Beseitigung des Pyridins bei 0° C durch eine Kationenaustauschersäule (11 × 1 cm, Dowex 50 H^+-Form) gegeben und anschließend gefriergetrocknet. Die Ausbeute betrug 3,8 μM (76 % der Theorie) mit einer spezifischen Aktivität von 17×10^6 Ipm/μM. Versuche mit racemasehaltiger und racemasefreier Isomerase ergaben, daß das so bereitete 3-^{14}C-Methylmalonyl-CoA während der Aufarbeitung vollständig racemisiert worden war. In Gegenwart von Racemase und Isomerase läßt sich das Präparat zu etwa 70 % in ^{14}C-Succinyl-CoA umwandeln. Diese Reinheitsangabe wurde bei allen Berechnungen zugrunde gelegt.

3. Serumalbumin, 0,25 mg.
4. Avidin, 0,04 mg (1,5 E/mg).
5. Dimethylbenzimidazol-B_{12}-Coenzym, 2×10^{-6} m.
6. Enzym (Verdünnung mit einer Lösung von 2 mg Serumalbumin/ml in 0,01 m Kaliumphosphatpuffer, p_H 7,0).

Ausführung:

In Ansätzen von einem Gesamtvolumen von 0,25 ml pipettiert man 0,04 ml Kaliumsuccinatpuffer, 0,05 ml 3-^{14}C-Methylmalonyl-CoA, 0,05 ml Dimethylbenzimidazol-B_{12}-Coenzym, 0,02 ml Enzym. Inkubationszeit 10 min bei 37° C. Außerdem wurde stets eine Blindprobe ohne Enzym angesetzt. Nach der Inkubation wurden die Proben zur Hydrolyse des entstandenen ^{14}C-Succinyl-CoA 2 min auf 100° C erhitzt. Dann wurde 0,1 ml 0,1 m $KMnO_4$ zugesetzt und weitere 10 min bei 100° C erhitzt. Schließlich wurde mit 0,04 ml Eisessig angesäuert und der Überschuß an $KMnO_4$ und der ausgefallene Braunstein durch Zugabe von 0,01 ml 30 %igem H_2O_2 zu Mn^{++} reduziert. 0,2 ml der Proben wurden ausgezählt. Standardisierung vgl. Tabelle 47.

8. Methylmalonyl-CoA-Racemase.

Zur Bildung von Succinyl-CoA aus Propionyl-CoA und CO_2 ist außer der Carboxylase und der Isomerase noch ein Enzym erforderlich, das die Diastereomeren von Methylmalonyl-CoA ineinander umwandelt. Diese Racemisierung ist notwendig, weil das bei der Carboxylierung von Propionyl-CoA auftretende Methylmalonyl-CoA die entgegengesetzte sterische Anordnung besitzt, die für die folgende Isomerisierung des Moleküls zu Succinyl-CoA Voraussetzung ist. Enzyme dieser Wirkung wurden in tierischem Gewebe[1] sowie in *Propionibacterium shermanii* nachgewiesen[2].

Bei der *Reinigung* der Methylmalonyl-CoA-Racemase aus *Propionibacterium shermanii* folgt man zunächst den Arbeitsgängen, wie sie für die Methylmalonyl-CoA-Isomerase beschrieben wurden (vgl. S. 175). Nach Durchführung der zweiten Ammoniumsulfatfällung, die in möglichst wenig 0,07 m Tris-HCl-Puffer, p_H 7,5, gelöst wird, gelingt die Trennung der beiden Enzyme durch wiederholte Austauscherchromatographie an Sephadex und an Hydroxylapatit. Bezüglich der präparativen Einzelheiten und der Bestimmungsmethoden des Enzyms sei auf die Originalliteratur verwiesen[2].

9. Acrylyl-CoA-Aminase.

Das Enzym ist an der Biosynthese von β-Alanin beteiligt, indem es die Aminierung von Acrylyl-CoA zu β-Alanyl-CoA katalysiert:

$$CH_2{=}CH{-}CO{-}SCoA + NH_3 \rightarrow CH_2NH_2{-}CH_2{-}CO{-}SCoA \qquad (136)$$

[1] MAZUMDER, R., T. SASAKAWA, Y. KAZIRO and S. OCHOA: J. biol. Ch. **236**, PC 53 (1961).
[2] OVERATH, P., G. M. KELLERMAN, F. LYNEN, H. P. FRITZ u. H. J. KELLER: B. Z. **335**, 500 (1962).

Bei dieser Reaktion wurde erstmalig ein Acyl-CoA-Derivat einer Aminosäure aufgefunden. Acrylyl-CoA-Aminase wurde in *Clostridium propionicum* entdeckt und daraus isoliert[1]. In einigen anderen Mikroorganismen sowie in Taubenherzmuskel und Leber ließ sich das Enzym nicht nachweisen.

***Isolierung des Enzyms aus Clostridium propionicum nach* VAGELOS *u. Mitarb.*[1].**

Bei der Isolierung des Enzyms geht man von *Cl. propionicum* aus, das anaerob in einem Medium mit α-Alanin gezüchtet wird. Auf β-Alanin gezüchtete Bakterien zeigen zwar wesentlich höhere Ausgangsaktivitäten, jedoch ist die Anreicherung des Enzyms aus solchen Zellen nicht möglich.

Züchtung der Bakterien[2]. Zusammensetzung des Nährmediums:

5,0 ml 1 m	Kaliumphosphatpuffer, p_H 7,4	1,0 mg	$FeSO_4 \cdot 7\,H_2O$
0,5 g	α-Alanin	0,075 mg	$MnSO_4 \cdot 4\,H_2O$
0,2 g	Bacto-Hefe-Extrakt	0,075 mg	$Na_2MoO_4 \cdot 2\,H_2O$
0,2 g	Bacto-Peptone	3,0 ml	10% K_2CO_3, p_H 7,0
0,02 g	$MgSO_4 \cdot 7\,H_2O$	0,2 ml	10% $Na_2S \cdot 9\,H_2O$
1,0 mg	$CaCl_2 \cdot 2\,H_2O$	und destilliertes Wasser ad 100 ml.	

In diesem Medium werden die Bakterien anaerob 24 Std bei 32° C inkubiert und die Kulturen durch Zentrifugieren geerntet. Anschließend wird der Niederschlag mit einer 0,03% $Na_2S \cdot 9\,H_2O$-Lösung gewaschen.

Enzymanreicherung. Die Extraktion des Enzyms kann aus frischen oder lyophilisierten Zellen erfolgen. Trockenzellen werden in Äther (5 g/100 ml), frische Zellen in 0,01 m Triäthanolamin-HCl-Puffer, p_H 7,5, suspendiert und 30 min mit Ultraschall behandelt. Durch Zentrifugieren gewinnt man den Rohextrakt.

Protaminsulfatfällung und Fraktionierung mit $(NH_4)_2SO_4$. Zu 250 ml Rohextrakt gibt man 25 ml 2%ige Protaminsulfatlösung und zentrifugiert den Niederschlag ab. Das Filtrat wird einer Ammoniumsulfatfällung unterzogen, nachdem man es vorher mit 18,4 ml 1,0 m Triäthanolamin-HCl-Puffer, p_H 7,5, verdünnt hat. Der Ammoniumsulfatniederschlag zwischen 0,63 und 0,81 Sättigung wird gesammelt, in 28 ml 0,05 m Triäthanolamin-HCl-Puffer, p_H 7,5, gelöst und über Nacht gegen 4 l 0,01 m Kaliumphosphatpuffer, p_H 7,5, dialysiert.

Gel-Adsorption. Nach Einstellen der dialysierten Enzymlösung auf eine Proteinkonzentration von 1,79 mg/ml mit Wasser und Ansäuern auf p_H 5,9 mit 1,0 m KH_2PO_4-Lösung gibt man 132 ml Calciumphosphat-Gel zu (2,5 mg/ml). Nach 15 min zentrifugiert man den Niederschlag ab und wäscht ihn mit Wasser. Durch 30minütiges Rühren wird eluiert, einmal mit 70 ml 0,01 m Kaliumphosphatpuffer, p_H 6,9, und einmal mit 70 ml 0,1 m Kaliumphosphatpuffer, p_H 6,9. Die beiden Eluate vereinigt man und unterwirft sie nochmals einer Ammoniumsulfat-Fraktionierung.

Ammoniumsulfatfällung. 145 ml Gel-Eluat werden mit 10 ml 1,0 m Triäthanolamin-HCl-Puffer, p_H 7,5, verdünnt. Das Enzym reichert man in der 0,70—0,81-Fraktion an. Der Niederschlag wird in 25 ml 0,05 m Triäthanolamin-HCl-Puffer, p_H 7,5, aufgenommen und über Nacht gegen 3 l Phosphatpuffer wie oben dialysiert. Diese Enzymlösung ist im eingefrorenen Zustand 1 Monat ohne Aktivitätsverlust haltbar.

Das Ergebnis der Enzymisolierung ist aus Tabelle 48 zu entnehmen.

Eigenschaften und Spezifität[2]. Die Funktion des Enzyms ist an die Anwesenheit relativ hoher Konzentrationen an Ammoniumchlorid und außerordentlich hoher Ionenstärke gebunden. Das Optimum der Aktivität liegt bei hohen p_H-Werten, wahrscheinlich

---

[1] VAGELOS, P. R., J. M. EARL and E. R. STADTMAN: J. biol. Ch. **234**, 490 (1959); s. auch Colowick-Kaplan, Meth. Enzymol. Bd. V, S. 587.

[2] VAGELOS, P. R., J. M. EARL and E. R. STADTMAN: J. biol. Ch. **234**, 490 (1959).

infolge der Freisetzung von NH_3 aus Ammoniumchlorid. Die Reaktion verläuft frei reversibel. Aus der Gleichgewichtskonstante

$$K = \frac{[\beta\text{-Alanylpantethein}]}{[\text{Acrylylpantethein}] \times [NH_3]} = 8{,}19 \times 10^5$$

ergibt sich als Wert für die freie Energie der Reaktion $\Delta F = -8060$ cal (p_H 7,5; $t = 25°$).

Tabelle 48. *Anreicherung der Acrylyl-CoA-Aminase* (nach VAGELOS, EARL und STADTMAN[1]).

Fraktion	Protein mg	Aktivität E	Spezifische Aktivität E/mg	Ausbeute %
Rohextrakt	6100	4575	0,75	
Protaminsulfat-Überstand .	3840	4440	1,16	97
AS-Fraktion (0,63—0,81) . .	117,1	2425	20,6	53
Gel-Eluat	50,6	1770	35,0	38,7
AS-Fraktion (0,7—0,81) . .	21,6	1250	57,9	27,3

Das Enzym reagiert am besten mit Acrylyl-CoA, andere Thioester zeigen nur einen Bruchteil der Aktivität. Unter einer Vielzahl daraufhin untersuchter Aminoverbindungen war keine in der Lage, Ammonium zu ersetzen.

***Bestimmung der Acrylyl-CoA-Aminase im optischen Test nach* VAGELOS *u. Mitarb.*[1].**

Prinzip:

Die Methode beruht auf dem im Zuge der Reaktion Gl. (135) zu beobachtenden Verschwinden der für α,β-ungesättigte Thioester charakteristischen Absorptionsbande bei 263 mμ. An Stelle von Acrylyl-CoA läßt sich das leicht zugängliche, billigere Acrylylpantethein verwenden, dem außerdem die störende Begleitabsorption des Adenins fehlt.

Reagentien:

1. 0,5 m Triäthanolamin-HCl-Puffer, p_H 7,5.
2. 1 m Ammoniumchlorid.
3. 0,001 m Acrylylpantethein[2].

Ausführung:

Die Bestimmung wird in 1,5 ml-Küvetten der Schichtdicke 1 cm durchgeführt. In 2 Küvetten pipettiert man je 50 μM Triäthanolamin-HCl-Puffer, p_H 7,5, und 0,05 ml Enzymlösung. In die Meßküvette gibt man außerdem 100 μM Ammoniumchlorid und 0,1 μM Acrylylpantethein. Das Endvolumen stellt man mit Wasser auf 1 ml ein und registriert die Zeit, in der die Extinktion bei 263 mμ von 0,5 auf 0,4 absinkt.

Als *Enzymeinheit* bezeichnet man die Menge, welche in 1 min eine Extinktionsabnahme von 0,5 auf 0,4 bei 263 mμ bewirkt. Die spezifische Aktivität wird in Einheiten pro mg Protein angegeben, letzteres bestimmt nach der spektrophotometrischen Methode von WARBURG[3].

Gereinigte Acrylyl-CoA-Aminase läßt sich auch zur optisch-enzymatischen Bestimmung der CoA- und Pantetheinderivate der Acrylsäure bzw. Crotonsäure heranziehen, da die Reaktion bei Überschuß von Ammoniumchlorid vollständig zu Ende läuft. Eine Extinktionsdifferenz von 0,67 (bei 263 mμ) entspricht dann 0,1 μM Substrat pro 1 ml Testansatz[1].

Frau INGRID EGER-NEUFELDT möchte ich für ihre große Hilfe bei der Abfassung und der Korrektur dieses Beitrags meinen besonderen Dank aussprechen.

[1] VAGELOS, P. R., J. M. EARL and E. R. STADTMAN: J. biol. Ch. **234**, 490 (1959).
[2] Darstellung nach WIELAND, T., u. L. RUEFF: Angew. Chem. **65**, 186 (1953).
[3] WARBURG, O., u. W. CHRISTIAN: B.Z. **310**, 384 (1941).

Präparative Darstellung von Coenzym A-Thioestern und verwandten Verbindungen.

2.3.1.6 Acetyl-CoA:Cholin-O-Acetyltransferase s. S. 861

Folic acid-dependent enzymes involved in one-carbon metabolism*.

By

K. Gray Scrimgeour and Frank M. Huennekens.**

With 2 figures.

I. Classification and specificity.

The vitamin, folic acid (pteroylglutamic acid)***, is converted to its coenzyme form, 5,6,7,8-tetrahydrofolic acid[1], by a relatively simple process involving a reduction in the

* The experimental work reported herein was supported by research grants (CY-3310 and CY-6522) from the National Cancer Institute, U.S. Public Health Service, and from the Life Insurance Medical Research Fund. The authors are indebted to the following colleagues who have collaborated on various phases of this program: Drs. C. K. Mathews, J. G. Ozols, and H. R. Whiteley, and Mr. J. H. Mangum.

** Division of Biochemistry, Scripps Clinic and Research Foundation, La Jolla, California.

*** Naturally-occurring folic acid from diverse sources exists in various polyglutamate forms[1]; however, most *in vitro* enzymatic studies have made use of coenzymes derived from synthetic folic acid, which is the monoglutamate, as shown in (I).

[1] Rabinowitz, J. C., and R. H. Himes: Fed. Proc. 19, 963 (1960).

pyrazine ring. The coenzyme, in turn, participates in metabolic reactions[1–5] as a carrier of one-carbon (C_1) units at the oxidation states of formate, formaldehyde, and methanol.

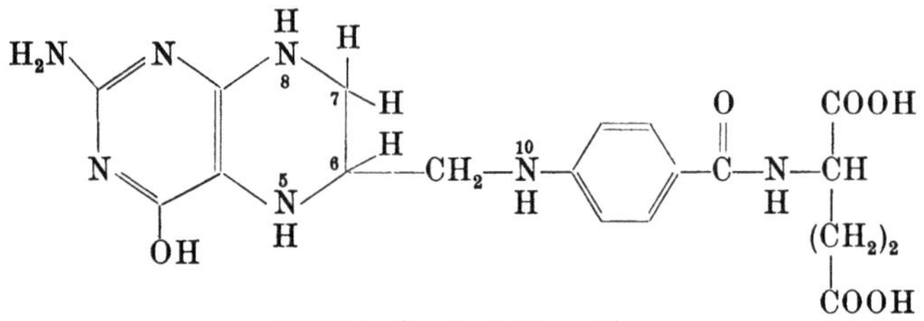

(I) Tetrahydrofolic acid.

The function of tetrahydrofolate as a carrier of C_1 units may be visualized by the following generalized equations:

$$D\text{—}C_1 + \text{tetrahydrofolate} \rightleftharpoons D + C_1\text{-tetrahydrofolate} \quad (1)$$

$$C_1\text{-tetrahydrofolate} + A \rightleftharpoons \text{tetrahydrofolate} + A\text{—}C_1 \quad (2)$$

$$\text{Sum:} \quad D\text{—}C_1 + A \rightleftharpoons D + A\text{—}C_1 \quad (3)$$

D—C_1 is a donor molecule containing a potential C_1 unit, A is the acceptor molecule, and tetrahydrofolate is the coenzyme. The coenzyme does not appear in the overall reaction [(3)] where the C_1 unit is transferred from the donor to the acceptor; nevertheless, it is often possible to study these enzymatic reactions in a stepwise fashion. In this

Compound	Schematic structure
Tetrahydrofolate	N^5 ··· N^{10}; H H
N^{10}-Formyl tetrahydrofolate . . .	N ··· N; H, CHO (on N^{10})
N^5,N^{10}-Methenyl tetrahydrofolate .	N ··· N; ⊕, bridged by CH
N^5-Formyl tetrahydrofolate . . .	N ··· N; CHO (on N^5), H
N^5-Formimino tetrahydrofolate . .	N ··· N; HC=NH (on N^5), H
N^5,N^{10}-Methylene tetrahydrofolate	N ··· N; bridged by CH_2
N^5-Methyl tetrahydrofolate . . .	N ··· N; CH_3 (on N^5), H

Fig. 1. Schematic structures of the C_1-tetrahydrofolate adducts.

manner, as well as by chemical synthesis, the various adducts between the C_1 units and tetrahydrofolate ("active formate"-N^{10}-formyl tetrahydrofolate, N^5,N^{10}-methenyl tetrahydrofolate, and N^5-formyl tetrahydrofolate; "active formimino"-N^5-formimino tetra-

[1] Huennekens, F. M., and M. J. Osborn: Adv. Enzymol. **21**, 369 (1959).
[2] Rabinowitz, J. C.: Boyer-Lardy-Myrbäck, Enzymes, Vol. II, p. 185.
[3] Huennekens, F. M., M. J. Osborn and H. R. Whiteley: Science, N.Y. **128**, 120 (1958).
[4] Wright, B. E.: Symposium XI, Vitamin Metabolism. 4th Int. Congr. Biochem., Vienna, 1958, p. 266.
[5] Woods, D. D.: Symposium XI, Vitamin Metabolism. 4th Int. Congr. Biochem., Vienna, 1958, p. 87.

hydrofolate; "active formaldehyde"-N^5,N^{10}-methylene tetrahydrofolate; and "active methyl"-N^5-methyl tetrahydrofolate) can be prepared. The N^5- and N^{10}-positions, therefore, are the binding sites on tetrahydrofolate for these C_1 fragments (cf. schematic structures of the C_1-tetrahydrofolate adducts, Fig. 1).

The interrelationships of the various enzymatic reactions involving the coenzyme, tetrahydrofolate, or C_1 adducts with tetrahydrofolate, are outlined in Fig. 2. Subsequent

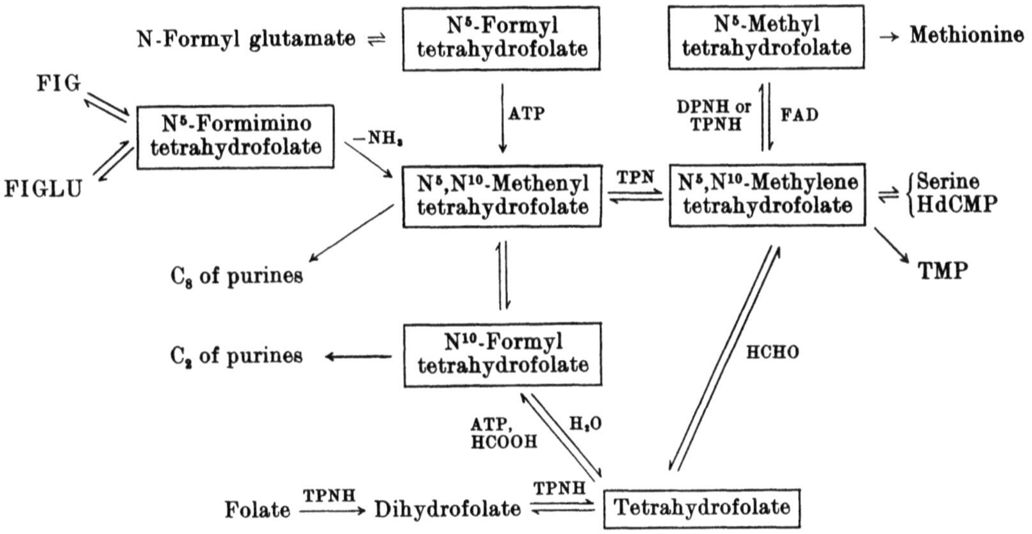

Fig. 2. Metabolic interrelationships of one-carbon units. FIG, FIGLU, HdCMP, and TMP refer to formiminoglycine, formiminoglutamate, hydroxymethyldeoxycytidylate, and thymidylate, respectively.

sections of this article will present methods for the preparation and assay of the more well-characterized enzymes in this metabolic area.

II. General methods.

Many of the reactions shown in Fig. 2 are readily followed by means of conventional spectrophotometric or colorimetric assays for one of the reactants or products. Because the C_1 adducts with tetrahydrofolate exist as stable intermediates in the overall reactions [cf. equations (1) and (2)], they may be considered as substrates or products of the partial reactions, and hence the concentrations of these C_1-tetrahydrofolate complexes may often be used as a measure of the extent of reaction.

Data on the absorption spectra in acidic, basic, and neutral solution of folic acid, dihydrofolic acid, tetrahydrofolic acid, and various C_1 adducts with tetrahydrofolic acid are collected in Table 1. The characteristic absorption maximum at 350—360 mμ of N^5,N^{10}-methenyl tetrahydrofolate in acid solution is used frequently in assay procedures. Because of the unsaturated nature of the methenyl bridge between the N^5 and N^{10} chromophores, this compound has its absorption at a relatively long wavelength which distinguishes it from the other C_1 adducts of tetrahydrofolate (cf. Table 1). Both N^5-formyl tetrahydrofolate and N^{10}-formyl tetrahydrofolate are readily converted to N^5,N^{10}-methenyl tetrahydrofolate in acid solution (although the conversion of the former compound is slow), so that if any of the formyl tetrahydrofolate coenzymes, N^5-formyl tetrahydrofolate, N^5,N^{10}-methenyl tetrahydrofolate, or N^{10}-formyl tetrahydrofolate, is either a product or a reactant, its concentration may be easily determined by measurement of the absorbancy at 355 mμ in acid solution. In addition, reduced pyridine nucleotides are destroyed in acid solution and thus do not interfere with this determination. The appearance or disappearance of N^5,N^{10}-methenyl tetrahydrofolate is used as the basis for the assay of N^5,N^{10}-methylene tetrahydrofolic dehydrogenase, N^{10}-formyl tetrahydrofolic deacylase, formate-activating enzyme, and cyclohydrolase.

Table 1. *Absorption spectra of folic acid coenzymes.*

Compound	Absorption maxima in various pH regions						Ref.
	acidic		neutral		basic		
	λmax mμ	ε $M^{-1}\,cm^{-1}$	λmax mμ	ε $M^{-1}\,cm^{-1}$	λmax mμ	ε $M^{-1}\,cm^{-1}$	
Folate	292	20×10^3	280	28×10^3	257	24×10^3	1
					283	24	
Dihydrofolate	282	20	282	28	283	27	2
Tetrahydrofolate	272	21	298	28	290	22	3***
	292	16.5					
	—	—	298	28.4	—	—	4
	272	22	298	25	298	25.5	1
	292	19					
N^5-Formyl tetrahydrofolate	—	—	—	—	282	27.4	5
	288	28	287	32	282	31	3
N^5,N^{10}-Methenyl tetrahydrofolate	348—360	25—26	*		*		1
	348	26.5					6
N^{10}-Formyl tetrahydrofolate	**		258	18.5	—	—	3
			258	18.4	255	15	7
N^5-Formimino tetrahydrofolate	**		285	—	—	—	1
N^5,N^{10}-Methylene tetrahydrofolate	292	24	293	32	297	26	3***
	—	—	294	32	—	—	4
N^5-Methyl tetrahydrofolate	—	—	290	29	—	—	8

— Value not known.
* Compound is converted to N^{10}-formyl tetrahydrofolate in neutral or basic solution.
** Compound is converted to N^5,N^{10}-methenyl tetrahydrofolate in acidic solution.
*** Recalculated to include 2 moles of acetic acid per mole of tetrahydrofolate.

To permit an easier or more accurate assay procedure, it is sometimes useful to couple the enzymatic reaction under study to a second reaction. For example, in measuring dihydrofolic reductase [equation (4)] in crude tissue preparations[9], the product, tetrahydrofolate, may be converted to N^{10}-formyl tetrahydrofolate [equation (5)] by the addition of formate, ATP, and an excess of purified formate-activating enzyme (free of any dihydrofolic reductase). The overall reaction is shown in equation (6).

$$\text{Dihydrofolate} + \text{TPNH} + \text{H}^+ \rightleftharpoons \text{tetrahydrofolate} + \text{TPN}^+ \,* \tag{4}$$

$$\text{Tetrahydrofolate} + \text{HCOOH} + \text{ATP} \xrightleftharpoons{\text{NH}_4^+,\ \text{Mg}^{++}} N^{10}\text{-formyl tetrahydrofolate} + \text{ADP} + \text{P} \tag{5}$$

$$\textit{Dihydrofolate} + \text{TPNH} + \text{H}^+ + \text{ATP} + \text{HCOOH} \xrightleftharpoons{\text{NH}_4^+,\ \text{Mg}^{++}} \textit{N}^{10}\textit{-formyl tetrahydrofolate} + \text{TPN}^+ + \text{ADP} + \text{P} \tag{6}$$

In our laboratory, extracts of chicken liver acetone powders are most generally used for the preparation and study of many of the enzymes concerned with C_1 metabolism. The specific activities of these enzymes appear to be relatively high in this tissue, and

* The following abbreviations are used: DPN and TPN, di- and triphosphopyridine nucleotide; DPNH and TPNH, reduced DPN and TPN; AMP, ADP, and ATP, adenosine mono-, di-, and triphosphate; P, inorganic phosphate; DEAE, diethylaminoethyl.

1 Rabinowitz, J. C.: Boyer-Lardy-Myrbäck, Enzymes, Vol. II, p. 185.
2 Blakley, R. L.: Nature **188**, 231 (1960).
3 Osborn, M. J.: Ph. D. Thesis, Univ. Washington, 1958.
4 Blakley, R. L.: Nature **182**, 1719 (1958).
5 May, M., T. J. Bardos, F. L. Barger, M. Lansford, J. M. Ravel, G. L. Sutherland and W. Shive: Am. Soc. **73**, 3067 (1951).
6 Huennekens, F. M., P. P. K. Ho and K. G. Scrimgeour: Colowick-Kaplan, Meth. Enzymol., Vol. VI, p. 806.
7 Talbert, P. T.: Unpublished data.
8 Larrabee, A. R., S. Rosenthal, R. E. Cathou and J. M. Buchanan: Am. Soc. **83**, 4094 (1961).
9 Bertino, J. R., B. W. Gabrio and F. M. Huennekens: Biochem. biophys. Res. Comm. **3**, 461 (1960).

there appears to be less endogenous proteolytic activity in avian liver as compared to most mammalian tissues.

Acetone powders of fresh chicken livers are prepared by the method described previously by HATEFI et al.[1]. Fresh liver is homogenized with an equal amount of cold 0.1 M phosphate buffer, p_H 7.5, for 1 min. in a Waring blender. The p_H of the homogenate is maintained at 7.5 by the dropwise addition of 30% KOH. The homogenate is poured into ten volumes of acetone which has been chilled previously to −20° C, and the slurry is stirred and filtered immediately through a Buchner funnel. The protein cake is resuspended in five volumes of acetone, refiltered, and dried quickly in air. The dry powder is passed through a fine sieve (32 meshes per inch), and stored at −20° C in a tightly-stoppered container. Under these conditions of storage, the acetone powders retain their activity with respect to most constituent enzymes for many weeks.

It has been found that 6 ml of buffer (the nature of which may vary depending on the enzyme desired) per gram of powder is convenient for the preparation of the initial extract from chicken liver acetone powder. Table 2 lists the specific activities of certain

Table 2. *Enzyme levels in phosphate buffer extracts of chicken liver acetone powders.*

Enzyme	Specific activity units/mg protein*
Serine hydroxymethylase	23.0
N^5,N^{10}-Methylene tetrahydrofolic dehydrogenase	6.0
Formate-activating enzyme	2.7**
Dihydrofolic reductase	1.2
N^5-Formyl tetrahydrofolic isomerase	2.6

6 g of chicken liver acetone powder is extracted with mechanical stirring for 1 hour with 30 ml of 0.05 M potassium phosphate buffer, p_H 7.5. After removal of debris by centrifugation, the supernatant fluid is dialyzed for 4 hours against the same buffer and assayed for the given enzymes.

* One unit of enzyme activity is defined as 1 mμmole of substrate converted per min.

** When the extract is prepared with phosphate buffer, which inhibits the formate-activating enzyme, the value given in the table is obtained. The true specific activity of formate-activating enzyme is about 15 units/mg protein, which can be demonstrated with Tris buffer extracts of the acetone powder.

C_1 metabolism enzymes in such extracts. In most cases, the concentration of protein for the determination of specific activity is determined from a nomograph using the relative absorbancies of the solution at 260 and 280 mμ[2]. With crude enzyme fractions, or in any preparation containing high concentrations of nucleic acid, the biuret method[3] is recommended.

Following the initial extraction from the acetone powder, the various enzymes are further purified by specific procedures given in subsequent sections of this article. Unless otherwise stated, all enzyme purification steps are performed at 0—5° C, and centrifugations are carried out at 8000 × g for 10 min in a Servall centrifuge, model SS—I.

III. Materials.

Preparation of folic acid coenzymes.

Dihydrofolate is readily prepared by the reduction of folic acid with hydrosulfite by the method of FUTTERMAN[4], although BLAKLEY's modification[5] of this procedure may be used if it is desired to obtain a crystalline material. Tetrahydrofolic acid is

[1] HUENNEKENS, F. M., Y. HATEFI and L. D. KAY: J. biol. Ch. **224**, 435 (1957).
[2] WARBURG, O., u. W. CHRISTIAN: B. Z. **310**, 384 (1941).
[3] LAYNE, E.: Colowick-Kaplan, Meth. Enzymol., Vol. III, p. 450.
[4] FUTTERMAN, S.: J. biol. Ch. **228**, 1031 (1957).
[5] BLAKLEY, R. L.: Nature **188**, 231 (1960).

synthesized by the catalytic hydrogenation of folic acid in glacial acetic acid[1] and stored as a dry powder in evacuated sealed vials. N^5,N^{10}-Methenyl tetrahydrofolate and N^{10}-formyl tetrahydrofolate are prepared from N^5-formyl tetrahydrofolate by the method of TABOR and WYNGARDEN[2]. An alternate preparation of the former material involves the catalytic hydrogenation of N^{10}-formyl folic acid[3]. N^5-Methyl tetrahydrofolate is prepared by the reduction of N^5,N^{10}-methylene tetrahydrofolic acid with borohydride according to the procedure of KERESZTESY and DONALDSON[4].

Solution and stabilization of tetrahydrofolate.

For routine use, the required amount of tetrahydrofolate is suspended in 0.05 M 2-mercaptoethanol and brought into solution by the addition with stirring of a few drops of base or neutral buffer. When kept at 0° C, such a solution is stable for 6—8 hours. For experiments in which the thiol compound would be inhibitory (cf. serine hydroxymethylase), the required amount of tetrahydrofolate is dissolved in water (aerated previously with N_2) immediately before use.

Dowex-1 chloride preparation.

Many coenzymes can be removed from enzyme preparations by adsorption onto Dowex-1 (chloride form). Dowex-1 (300 mesh) is washed by the procedure of STADTMAN et al.[5] (i.e., stirring for 15 min. with 10 volumes of 1 N HCl, followed by washing with distilled water at least 6 times), then dried completely. 1 g of dry Dowex is added for every 5—10 ml of enzyme solution, the suspension is stirred mechanically for 15—30 min., and the resin is removed by filtration.

DEAE cellulose preparation.

DEAE cellulose[6] is useful for the chromatography of certain enzymes involved in C_1 metabolism. The commercial material is washed repeatedly by suspension in 1.0 M Na_2HPO_4 and filtration by suction until the washings are colorless. It is then washed with water until the p_H of the suspension is 7, and is stored under water.

Calcium phosphate preparations.

Calcium phosphate gel is prepared by the method of KEILIN and HARTREE[7]. Hydroxylapatite is prepared by the technique of TISELIUS et al.[8], with care being taken to remove by decantation the fine particles from the final precipitate.

IV. Individual Enzymes.

Serine hydroxymethylase.

[2.1.2.1 L-Serine:tetrahydrofolate-5,10-methylenetransferase.]

$$\text{HCHO} + \text{glycine} \xrightleftharpoons{\text{pyridoxal phosphate, tetrahydrofolate}} \text{L-serine} \quad (7)$$

$$\text{HCHO} + \text{tetrahydrofolate} \rightleftharpoons N^5,N^{10}\text{-methylene tetrahydrofolate} + H_2O \quad (8)$$

$$N^5,N^{10}\text{-Methylene tetrahydrofolate} + \text{glycine} + H_2O \xrightleftharpoons{\text{pyridoxal phosphate}} \text{tetrahydrofolate} + \text{L-serine} \quad (9)$$

Serine hydroxymethylase (or serine aldolase) catalyzes the reversible reaction between glycine and formaldehyde to form L-serine as shown in equation (7). In this condensation

[1] HATEFI, Y., P. T. TALBERT, M. J. OSBORN and F. M. HUENNEKENS: Biochem. Prep. 7, 89 (1960).
[2] TABOR, H., and L. WYNGARDEN: J. biol. Ch. 234, 1830 (1959).
[3] HUENNEKENS, F. M., P. P. K. HO and K. G. SCRIMGEOUR: Colowick-Kaplan, Meth. Enzymol., Vol. VI, p. 806.
[4] KERESZTESY, J. C., and K. O. DONALDSON: Biochem. biophys. Res. Comm. 5, 286 (1961).
[5] STADTMAN, E. R., G. D. NOVELLI and F. LIPMANN: J. biol. Ch. 191, 365 (1951).
[6] PETERSON, E. A., and H. A. SOBER: Am. Soc. 78, 751 (1956).
[7] KEILIN, D., and E. F. HARTREE: Proc. R. Soc. London (B) 124, 397 (1938).
[8] TISELIUS, A., S. HJERTEN and O. LEVIN: Arch. Biochem. 65, 132 (1956).

reaction, formaldehyde must be activated by tetrahydrofolate, as in equation (8), and the actual reaction catalyzed by serine hydroxymethylase is represented, therefore, by equation (9). N^5,N^{10}-Methylene tetrahydrofolate is generated from formaldehyde and tetrahydrofolate either by the action of the formaldehyde-activating enzyme[1] or by the non-enzymatic interaction in neutral or acid solution[2,3]. The requirement for pyridoxal phosphate as a cofactor in the serine hydroxymethylase reaction has been demonstrated by numerous investigators[4-9].

Occurrence. Serine hydroxymethylase has been detected in many tissues (reviewed in ref.[10]). Partially purified preparations of this enzyme have been isolated from beef liver[4], rabbit liver[8], sheep liver[6], bacterial cells[7], chicken liver[9], and ascites tumor cells[9]. The activity of the serine hydroxymethylase in organ homogenates of several marine animals has been reported by WHITELEY[11]. Both the supernatant fraction and the mitochondria of rat liver cells possess serine hydroxymethylase activity[12,13], but even when the mitochondrial serine hydroxymethylase is "activated" by freezing and thawing, or treatment with digitonin, no more than 15% of the total cellular activity is found in the mitochondrial fraction.

Preparation. Serine hydroxymethylase may be partially purified from chicken liver acetone powder by the following procedure[9]. Chicken liver acetone powder (7.5 g) is extracted with mechanical stirring for 1 hour with 45 ml of 0.05 M potassium phosphate buffer, p_H 7.5. After centrifugation, the supernatant fluid is stirred mechanically for 5 min with 7 ml of 2% (w/v) protamine sulfate (salmine) and centrifuged; the precipitate is discarded. The supernatant fluid (36 ml) from the protamine sulfate precipitation step is treated with saturated ammonium sulfate, p_H 8. The fraction precipitating between 40 and 55% of saturation is recovered by centrifugation, dissolved in 12 ml of water, and dialyzed against water for 4 hours. The dialyzed 40—55% ammonium sulfate fraction is adjusted to p_H 6.5 by the cautious addition of 1 N acetic acid. The preparation is treated with calcium phosphate gel in order to remove some contaminating proteins. 6 ml of calcium phosphate gel (17.5 ml/mg) is added to the serine hydroxymethylase solution, the p_H is again adjusted to 6.5, and the mixture is stirred for 5 min. After centrifugation, the gel precipitate is discarded. Solid ammonium sulfate is added in small quantities with stirring to the supernatant fluid, and the 35—50% fraction is collected and dissolved in 6 ml of 0.1 M potassium phosphate buffer, p_H 6.5. Next, the enzyme solution is purified by selective heat denaturation in the presence of the substrate. L-Serine is added to the preparation in a final concentration of 0.017 M, and the resulting solution is placed in a 125 ml Erlenmeyer flask containing a thermometer, and the flask is placed in a water bath at 80—85° C. The temperature of the solution is allowed to rise rapidly to 70° C and is held at this temperature for 2 min by the alternate immersion and removal of the flask from the water bath. During this process, the contents of the flask are continuously mixed by swirling in order to achieve uniform heating. After the 2 min heat treatment, the flask is cooled rapidly in an ice-bath, and the denatured

[1] OSBORN, M. J., E. N. VERCAMER, P. T. TALBERT and F. M. HUENNEKENS: Am. Soc. 79, 6565 (1957).
[2] BLAKLEY, R. L.: Biochem. J. 72, 707 (1959).
[3] OSBORN, M. J., P. T. TALBERT and F. M. HUENNEKENS: Am. Soc. 82, 4921 (1960).
[4] HUENNEKENS, F. M., Y. HATEFI and L. D. KAY: J. biol. Ch. 224, 435 (1957).
[5] DEODHAR, S., and W. SAKAMI: Fed. Proc. 12, 195 (1953).
[6] ALEXANDER, N., and D. M. GREENBERG: J. biol. Ch. 220, 775 (1956).
[7] WRIGHT, B. E., and T. C. STADTMAN: J. biol. Ch. 219, 863 (1956).
[8] BLAKLEY, R. L.: Biochem. J. 65, 342 (1957).
[9] SCRIMGEOUR, K. G.: Ph. D. Thesis, Univ. Washington, 1961.
[10] HUENNEKENS, F. M., and M. J. OSBORN: Adv. Enzymol. 21, 369 (1959).
[11] WHITELEY, H. R.: Comp. Biochem. Physiol. 1, 227 (1960).
[12] SAKAMI, W.; in: MCELROY, W. D. and H. B. GLASS (Hrsg.): Amino Acid Metabolism, p. 658. Baltimore 1955.
[13] MELL, G. P., K. G. SCRIMGEOUR and F. M. HUENNEKENS: Fed. Proc. 18, 287 (1959).

protein is removed by centrifugation. Serine is removed by dialysis of the preparation for 12 hours against 0.001 M potassium phosphate buffer, p_H 7.5. The concentration of phosphate is raised to 0.05 M by the addition of concentrated buffer at the same p_H. At this stage (about 15-fold purified with respect to the original extract), the serine hydroxymethylase preparation may be stored frozen without appreciable loss of activity. Further purification of serine hydroxymethylase has been obtained by chromatography of the enzyme on DEAE cellulose[1] or on ion exchange resins[2].

Properties. *Activators.* The serine hydroxymethylase-catalyzed condensation of formaldehyde and glycine to yield L-serine [reaction (7)], requires catalytic amounts of tetrahydrofolate. Dihydrofolate cannot replace tetrahydrofolate.

In contrast to tetrahydrofolate, which is readily removed from the enzyme preparation by treatment with Dowex-1, pyridoxal phosphate is bound tightly to serine hydroxymethylase. Chicken liver serine hydroxymethylase has been resolved partially into its apo-enzyme[1] by the method of BLAKLEY[3] (i.e., incubation at p_H 9 and 37° C for 30 min). Recently, SCHIRCH and MASON have completely removed the pyridoxal phosphate from rabbit liver serine hydroxymethylase by treatment of the purified holoenzyme with cysteine[4].

WRIGHT[5] has reported that the serine hydroxymethylase from *Clostridium strain HF* is stimulated by Mn^{++}, but neither the avian nor mammalian enzyme appears to require any divalent metal ion as a cofactor.

Equilibrium. The equilibrium constants for reactions (7), (8), and (9) at p_H 7.5 are 1.5×10^{-3} M^{-1}, 7.2×10^5, and 9.1×10^{-4} M, respectively.

Kinetic properties. Reaction (7) has a broad p_H optimum centered at 6.6, whereas reaction (9) has a p_H optimum of 7.0. Table 3 summarizes the K_M values which have

Table 3. MICHAELIS *constants for substrates of serine hydroxymethylase.*

Substrate or coenzyme	Tissue		
	chicken liver M	sheep liver M	rabbit liver M
HCHO	1.7×10^{-3}	1.4×10^{-3}	5×10^{-3}
Glycine	1.0×10^{-2}	1.5×10^{-3}	2.8×10^{-2}
dl,L-Tetrahydrofolate	1.5×10^{-4}	—	1.1×10^{-4}
dl,L-N^5,N^{10}-Methylene tetrahydrofolate	1.8×10^{-4}	—	—
Pyridoxal phosphate	—	—	1×10^{-6}

— Not determined.

been determined for the rabbit liver[3,6], sheep liver[7], and chicken liver[1] serine hydroxymethylase enzymes. Excess formaldehyde inhibits serine hydroxymethylase activity. Formaldehyde binding agents, such as mercaptoethanol, also inhibit the enzyme.

Assay procedures. Serine biosynthesis from formaldehyde and glycine consists of two steps as described earlier in equations (7—9). First, N^5,N^{10}-methylene tetrahydrofolate is formed by the chemical interaction of formaldehyde and tetrahydrofolate [equation (8)], and this form of "active formaldehyde" reacts with glycine to yield L-serine and free tetrahydrofolate [equation (9)]. Because the equilibrium in reaction (7) favors the formation of serine, this reaction should be assayed most easily by some measurement of serine formation or formaldehyde disappearance. In previous investigations of this problem, the serine was decomposed with periodate and the product measured either

[1] SCRIMGEOUR, K. G.: Ph. D. Thesis, Univ. Washington, 1961.
[2] BLAKLEY, R. L.: Biochem. J. **72**, 707 (1959).
[3] BLAKLEY, R. L.: Biochem. J. **61**, 315 (1955).
[4] SCHIRCH, L., and M. MASON: J. biol. Ch. **237**, 2578 (1962).
[5] WRIGHT, B. E., and T. C. STADTMAN: J. biol. Ch. **219**, 863 (1956).
[6] BLAKLEY, R. L.: Biochem. J. **65**, 342 (1957).
[7] ALEXANDER, N., and D. M. GREENBERG: J. biol. Ch. **220**, 775 (1956).

as formaldehyde or CO_2 [1,2]. The incorporation of ^{14}C-labeled HCHO into a non-volatile fraction (presumably serine) has also been used as a criterion of serine synthesis[1].

Estimation of serine hydroxymethylase activity.

Principle:

The method involves measurement of the glycine- and tetrahydrofolate-dependent disappearance of formaldehyde, and is more convenient than the earlier techniques.

Reagents:

1. 1.0 M glycine.
2. 2.5×10^{-2} M formaldehyde, prepared fresh each day.
3. dl,L-Tetrahydrofolate, 3 mg/ml, dissolved in water by the addition of a few drops of 1 N KOH. This reagent should be prepared fresh before each assay and should not contain mercaptoethanol.
4. 0.5 M potassium phosphate buffer, p_H 7.5.
5. 3×10^{-4} M pyridoxal phosphate.
6. Trichloroacetic acid, 15% (w/v).
7. NASH's reagent B[3], i.e. 2 ml of redistilled acetylacetone, 3 ml of glacial acetic acid, 150 g of ammonium acetate, and water to make 1 liter.

Assay procedure:

The following components are added to a 12 ml centrifuge tube: 0.05 ml of glycine, 0.10 ml of formaldehyde, 0.10 ml of tetrahydrofolate, 0.15 ml of phosphate buffer, 0.10 ml of pyridoxal phosphate, 0.05 to 0.20 ml of enzyme, and water to make a total volume of 1.2 ml. Glycine is omitted in the control tube. The tubes are incubated at 37° C for 8 min, and the reactions are stopped by the addition of 0.3 ml of 15% trichloroacetic acid. After centrifugation to remove the denatured protein, the supernatant solutions are assayed for formaldehyde by the following method. Aliquots of the supernatant solution (0.5 ml) are mixed with 2.0 ml of NASH's reagent B in a 10 ml Klett colorimeter tube. This solution is incubated at 37° C for 45 min, diluted to 10 ml with water, and read in a Klett-Summerson colorimeter with a No. 42 (purple) filter (or at 412 mμ in a spectrophotometer) against the blank containing only the NASH's reagent. Both free formaldehyde and the formaldehyde bound in N^5,N^{10}-methylene tetrahydrofolate are estimated by this method. Crystalline monomethylol dimethyl hydantoin is used as a formaldehyde standard in this analysis.

This assay procedure is suitable for the detection of serine hydroxymethylase in crude tissue preparations. However, it is sometimes necessary to remove endogenous pyridine nucleotides by dialysis or by treatment with Dowex-1 in order to eliminate formaldehyde oxidation via N^5,N^{10}-methylene tetrahydrofolic dehydrogenase.

Calculations. The number of μmoles of formaldehyde utilized in the reaction represents the difference between the amount of formaldehyde remaining in the blank tube and the amount remaining in the experimental tube. Because only 0.5 ml of the experimental mixture is analyzed for formaldehyde, one must multiply the absorbancy value* obtained by 3 in order to account for the total amount of formaldehyde used. Sample calculation:

$$\begin{aligned}\text{Blank absorbancy} &= 290\\ \text{Experimental absorbancy} &= 207\\ \Delta\ \text{absorbancy} &= (290-207) \times \frac{1.5\ \text{ml}}{0.5\ \text{ml}} = 249.\end{aligned}$$

Since 1.0 μmole of standard HCHO (monomethylol dimethyl hydantoin) yields 364 absorbancy units,

$$\Delta\ \mu\text{moles of HCHO} = \frac{249}{364} = 0.69.$$

---

* Absorbancy values are given in arbitrary units on the Klett colorimeter.

[1] ALEXANDER, N., and D. M. GREENBERG: J. biol. Ch. **220**, 775 (1956).

[2] BLAKLEY, R. L.: Biochem. J. **65**, 342 (1957).

[3] NASH, T.: Biochem. J. **55**, 416 (1953).

N^5,N^{10}-Methylene tetrahydrofolic dehydrogenase.

The enzyme responsible for the interconversion of active C_1 units at the oxidation levels of formaldehyde and formate, N^5,N^{10}-methylene tetrahydrofolic dehydrogenase, has been demonstrated in many tissues[1-6]. This enzyme catalyzes the TPN-linked oxidation of N^5,N^{10}-methylene tetrahydrofolate to N^5,N^{10}-methenyl tetrahydrofolate.

$$N^5,N^{10}\text{-Methylene tetrahydrofolate} + TPN^+ \rightleftharpoons (N^5,N^{10}\text{-methenyl tetrahydrofolate})^+ + TPNH \quad (10)$$

EHRLICH ascites tumor cells (type ELD) also contain this enzyme, and have, in addition, a DPN-linked, metal ion-dependent dehydrogenase[7] which carries out a similar reaction,

$$N^5,N^{10}\text{-Methylene tetrahydrofolate} + DPN^+ \xrightleftharpoons{Me^{++}} (N^5,N^{10}\text{-methenyl tetrahydrofolate})^+ + DPNH \quad (11)$$

The DPN-linked enzyme has not been found in other tissues.

Preparation of the TPN-linked enzyme. The TPN-linked N^5,N^{10}-methylene tetrahydrofolic dehydrogenase may be partially purified from chicken liver acetone powder extract by the following procedure[8]. To 30 ml of undialyzed chicken liver acetone powder extract (prepared in the same way as for serine hydroxymethylase), 10 ml of 2 % protamine sulfate is added, and the mixture is stirred for 5 min and centrifuged. The supernatant fraction is treated with saturated ammonium sulfate (p_H 8), and the 30—45 % fraction is recovered by centrifugation, redissolved in 10 ml of cold distilled water, and dialyzed for 5 hours against water and for 2 hours against 0.002 M phosphate buffer, p_H 7.3. Six ml of the dialyzed ammonium sulfate fraction is adsorbed onto a 1.3×25 cm column of DEAE cellulose, and eluted by a gradient technique, utilizing 250 ml of 0.002 M phosphate buffer, p_H 7.3, in the mixing flask and 0.5 M phosphate buffer, p_H 7.3, in the reservoir. The dehydrogenase activity is concentrated sharply in the first protein fraction eluted. This purification procedure removes most of the contaminating cyclohydrolase from the N^5,N^{10}-methylene tetrahydrofolic dehydrogenase, and results in a 20-fold purification and an 80 % recovery of activity with respect to the original extract.

DPN-linked N^5,N^{10}-Methylene tetrahydrofolic dehydrogenase. Extracts of mouse ascites acetone powder contained not only a TPN-linked dehydrogenase but also a DPN-linked and metal ion-requiring dehydrogenase. Preparations of the latter enzyme may be prepared that are devoid of the TPN-linked enzyme. Eight g of mouse ascites* acetone powder are extracted for 1 hour with 56 ml of 0.05 M phosphate buffer, p_H 7.5. Fifteen ml of 2 % protamine sulfate is added to the supernatant solution. The mixture is stirred for 5 min, centrifuged, and the residue is discarded. The supernatant solution is dialyzed against 5×10^{-3} M potassium phosphate buffer, p_H 7.5, for 3.5 hours. The activity of the TPN-linked enzyme disappeared slowly when the dialyzed solution was stored at $-20°$ C for periods up to 11 days. The DPN-specific dehydrogenase, on the other hand, lost only 25 % of its activity during this period of storage.

Properties. The reversibility of both the TPN-linked and DPN-linked dehydrogenases has been established[4,7]. The *equilibrium constant* for reaction (10) has been determined[9] to be 1.7×10^{-2}. However, because the product N^5,N^{10}-methenyl tetrahydrofolate is

* Strain ELD, obtained from Dr. T. S. HAUSCHKA, Roswell Park Memorial Institute.

[1] WHITELEY, H. R.: Comp. Biochem. Physiol. 1, 227 (1960).
[2] GREENBERG, G. R., and L. JAENICKE; in: Ciba Found. Symp. on Chemistry and Biology of Purines, edited by G. E. W. WOLSTENHOLME and C. M. O'CONNOR, p. 204. Boston 1957.
[3] HATEFI, Y., M. J. OSBORN, L. D. KAY and F. M. HUENNEKENS: J. biol. Ch. 227, 637 (1957).
[4] OSBORN, M. J., and F. M. HUENNEKENS: Biochim. biophys. Acta 26, 646 (1957).
[5] FLAKS, J. G., L. WARREN and J. M. BUCHANAN: J. biol. Ch. 228, 215 (1957).
[6] RAMASASTRI, B. V., and R. L. BLAKLEY: J. biol. Ch. 237, 1982 (1962).
[7] SCRIMGEOUR, K. G., and F. M. HUENNEKENS: Biochem. biophys. Res. Comm. 2, 230 (1960).
[8] OSBORN, M. J.: Ph. D. Thesis, Univ. Washington, 1958.
[9] HUENNEKENS, F. M., and M. J. OSBORN: Adv. Enzymol. 21, 369 (1959).

cleaved non-enzymatically to N^{10}-formyl tetrahydrofolate at the p_H at which the enzymatic reactions are carried out, the assay is most easily followed in the direction of N^5,N^{10}-methylene tetrahydrofolate oxidation.

MICHAELIS *constants* for the N^5,N^{10}-methylene tetrahydrofolic dehydrogenases, both DPN-linked and TPN-linked, from EHRLICH ascites tumor cells are listed in Table 4.

Activators of the DPN-linked dehydrogenase. The DPN-linked N^5,N^{10}-methylene tetrahydrofolic dehydrogenase from ascites cells is activated by several divalent cations[1], namely Mn^{++}, Mg^{++}, Fe^{++}, Ca^{++}, and Ba^{++}; in contrast, Cd^{++} and Zn^{++} are inhibitory. The buffer used in the assay also has a marked effect on the rate of reaction. The relative rates with phosphate, Tris, and maleate (all at p_H 7.5 and 0.05 M) are 6:2:1, respectively.

Table 4. MICHAELIS *constants for the substrates of the N^5,N^{10}-Methylene tetrahydrofolic dehydrogenases of* EHRLICH *ascites cells (Strain ELD).*

Substrate or coenzyme	DPN-linked enzyme	TPN-linked enzyme
dl,L-Tetrahydrofolate	4.2×10^{-5}	3×10^{-5}
DPN	1.2×10^{-4}	—
TPN	—	4.0×10^{-5}
Mg^{++}	3×10^{-3}	—
Mn^{++}	1×10^{-3}	—

Assay methods. N^5,N^{10}-Methylene tetrahydrofolic dehydrogenase is assayed spectrophotometrically either by the reduction of pyridine nucleotide (measured at 340 mμ), or, after acidification, by the production of N^5,N^{10}-methenyl tetrahydrofolate (measured at 355 mμ). The former method may be used even in crude extracts, but requires more enzyme to achieve a given change in optical density. It is also more suitable for continuous measurement of the enzyme reaction. The latter method may be used with purified preparations or with crude extracts of tissues that do not contain N^{10}-formyl tetrahydrofolic deacylase. Because the extinction coefficient for N^5,N^{10}-methenyl tetrahydrofolate is approximately three times that for reduced pyridine nucleotide, the latter procedure (i.e. the determination of N^5,N^{10}-methenyl tetrahydrofolate after acidification) is preferred for routine assays.

Determination of N^5,N^{10}-Methylene tetrahydrofolic dehydrogenase.

Reagents:

1. 0.025 M formaldehyde, prepared fresh daily.
2. dl,L-tetrahydrofolate, 1 mg/ml.
3. TPN or DPN, 5 mg/ml, p_H 7.5.
4. 0.1 M $MgCl_2$*.
5. 0.1 M mercaptoethanol.
6. 0.5 M potassium phosphate, p_H 7.5.

Assay procedure:

The substrate, N^5,N^{10}-methylene tetrahydrofolate, is generated *in situ* from formaldehyde and tetrahydrofolate. The following reagents are placed in a 1 cm silica cuvette of 3 ml capacity: 0.1 ml of TPN (or DPN), 0.4 ml of formaldehyde, 0.2 ml of 2-mercaptoethanol, 0.3 ml of phosphate buffer, 0.3 ml of tetrahydrofolate, 0.1 ml of $MgCl_2$ (for the DPN-enzyme), and enzyme solution (0.05—0.20 ml). Water is added to make 3.0 ml. The enzyme solution is added last in order to start the reaction. Formaldehyde is omitted in the blank cuvette. If the reduction of TPN (or DPN) is being followed at 340 mμ, an optical blank omitting the pyridine nucleotide is included. The change in absorbancy at 340 mμ is followed for 5—10 min. When the formation of N^5,N^{10}-methenyl tetrahydrofolate is being measured, 0.3 ml of 1 N HCl is added after the appropriate time (either 10 min or 20 min), the solutions are mixed and allowed to stand for 5 min, and the absorbancy of the solution at 355 mμ is recorded.

Calculations. The calculations shown below are based on the published extinction coefficients for DPNH[2] and N^5,N^{10}-methenyl tetrahydrofolate[3].

* Although Mn^{++} is the most stimulatory cation, it forms an insoluble complex with phosphate buffer. Mg^{++} provides good stimulation and its phosphate is much more soluble.

1 SCRIMGEOUR, K. G.: Ph. D. Thesis, University of Washington, 1961.
2 KAPLAN, N. O.: Boyer-Lardy-Myrbäck, Enzymes, Vol. III, p. 105.
3 RABINOWITZ, J. C.: Boyer-Lardy-Myrbäck, Enzymes, Vol. II, p. 185.

Sample calculations:

a) For pyridine nucleotide reduction

A_{340} Experimental	$= 0.300$
A_{340} Blank (Formaldehyde omitted)	$= 0.040$
ΔA_{340}	$= 0.260$
$\Delta\,\mu$moles TPNH	= Concentration of TPNH formed (in μmoles/ml) $\times$ 3 ml
Absorbancy	$= A = \varepsilon \times \Delta C \times 1$
ΔC	$= \frac{A}{\varepsilon \times 1}$ $(1 = 1\text{ cm};\ \varepsilon = 6.2 \times 10^3\ \text{M}^{-1}\ \text{cm}^{-1};\ A = 0.260)$
	$= \frac{0.260}{6.2 \times 10^5} = 4.2 \times 10^{-5}$ mmoles/ml $= 0.042$ μmoles/ml
$\Delta\,\mu$moles TPNH	$= 3$ ml $\times$ 0.042 μmoles/ml $= 0.126$ μmoles

b) For N^5,N^{10}-methenyl tetrahydrofolate formation

A_{355} Experimental $= 0.980$

A_{355} Blank $= 0.020$

ΔA_{355} $= 0.960$

$\Delta\,\mu$moles N^5,N^{10}-methenyl tetrahydrofolate = Concentration of N^5,N^{10}-methenyl tetrahydrofolate formed (in μmoles/ml) $\times$ 3.3 ml

$$\Delta C = \frac{A}{\varepsilon \times 1} \quad (\varepsilon = 26 \times 10^3\ \text{M}^{-1}\ \text{cm}^{-1})$$

$$= \frac{0.960}{26 \times 10^3} = 3.7 \times 10^5 \text{ mmoles/ml} = 0.037\ \mu\text{moles/ml}$$

$\Delta\,\mu$moles N^5,N^{10}-methenyl tetrahydrofolate $= 3.3$ ml $\times$ 0.037 μmoles/ml $= 0.122$ μmoles

Formate-activating enzyme.

[6.3.4.3 Formate: tetrahydrofolate ligase (ADP).]

Synthesis of "active formate", or N^{10}-formyl tetrahydrofolate, from formate and tetrahydrofolate does not occur non-enzymatically at physiological pH values, but does occur in the presence of formate-activating enzyme with ATP as the energy source (reaction 12).

$$\text{HCOOH} + \text{tetrahydrofolate} + \text{ATP} \xrightleftharpoons{\text{Mg}^{++},\ \text{NH}_4^+} \text{N}^{10}\text{-formyl tetrahydrofolate} + \text{ADP} + \text{P} \quad (12)$$

Occurrence. The formate-activating enzyme was first detected in, and partially purified from, extracts of pigeon liver by GREENBERG et al.[1]. Subsequently, the formate-activating enzyme has been purified from *Micrococcus aerogenes*[2], pigeon liver[3], chicken liver[4], and human erythrocytes[5]. *Clostridium cylindrosporum* contains an extremely high level of formate-activating enzyme, and it has been crystallized from this source by RABINOWITZ and PRICER[6,7] after only a 12-fold purification.

Preparation[4]. An extract of chicken liver acetone powder is prepared by suspending 20 g of powder in 150 ml of 0.1 M phosphate buffer, pH 7.5, and stirring mechanically for 1 hour. After centrifugation, the supernatant fluid is treated with saturated ammonium sulfate (pH 8). The 26—46 % precipitate is collected by centrifugation, dissolved in 45 ml of water, and dialyzed for $1^1/_2$ hours against 0.05 M $KHCO_3$*. The dialyzed solution is clarified by centrifugation, and 13 ml of 2 % protamine sulfate is stirred into the super-

* It is difficult to determine the specific activity of the initial extract and of the first ammonium sulfate fraction because of the inhibition of the enzymic reaction by phosphate.

1 GREENBERG, G. R., L. JAENICKE and M. SILVERMAN: Biochim. biophys. Acta 17, 589 (1955).
2 WHITELEY, H. R., M. J. OSBORN and F. M. HUENNEKENS: J. biol. Ch. 234, 1538 (1959).
3 JAENICKE, L., u. E. BRODE: B. Z. 334, 108 (1961).
4 OZOLS, J. G.: Ph. D. Thesis, Univ. Washington, 1961.
5 BERTINO, J. R., B. SIMMONS and D. M. DONOHUE: J. biol. Ch. 237, 1314 (1962).
6 RABINOWITZ, J. C., and W. E. PRICER jr.: Fed. Proc. 17, 293 (1958).
7 RABINOWITZ, J. C., and W. E. PRICER jr.: J. biol. Ch. 237, 2898 (1962). — HIMES, R. H., and J. C. RABINOWITZ: J. biol. Ch. 237, 2903, 2915 (1962).

natant fluid. After 5 min, the precipitate is removed by centrifugation and discarded. Five ml of calcium phosphate gel (24.5 mg/ml) is added to the protamine-treated solution to remove some contaminating protein, and the mixture is stirred for 5 min. The gel is collected by centrifugation and discarded. The supernatant fraction is treated with saturated ammonium sulfate (p_H 8). Although much of the formate-activating enzyme activity appears in the 29—41% fraction, it has a low specific activity and is usually discarded. The precipitate from 41—50% saturation, dissolved in 6 ml of water, contains about one-half of the total enzyme activity and has a specific activity five times that of the 29—41% fraction. Two ml of calcium phosphate gel (12.7 mg/ml) is added to this purified 41—50% fraction, and after stirring for 5 min, the gel is removed by centrifugation. After the final gel treatment, the supernatant solution containing the formate-activating enzyme has been purified 60- to 70-fold and is nearly colorless.

Table 5. *Michaelis constants for substrates of the formate-activating enzyme*.*

Substrate or activator	Source: M. aerogenes[1] M	Source: C. cylindrosporum[2] M
Formate	2.5×10^{-2}	6.7×10^{-3}
ATP	1.1×10^{-4}	2.9×10^{-4}
dl,L-Tetrahydrofolate	1.1×10^{-3}	5.2×10^{-4}
Mg^{++}	—	2.3×10^{-3}

* Further data of this type are also given in Table 2 of ref. [3].

Properties. The *Michaelis constants* for the reactants and activators of reaction (12) with the formate-activating enzymes from *C. cylindrosporum* and *M. aerogenes* are compared in Table 5. Because the *C. cylindrosporum* enzyme has a lower K_M value for formate, it has been used as an analytical tool for the quantitative estimation of this substance[4].

Several investigators[5-7] have demonstrated the reversibility of reaction (12) catalyzed by the formate-activating enzyme. An equilibrium constant of $K = 41$ has been determined[5] for this reaction which therefore goes essentially to completion in the presence of excess substrates.

Activators. Rabinowitz and Pricer[2] have found that the formate-activating enzyme is completely inactivated by dilution in the absence of thiol compounds, but that it can be reactivated by incubation with a sulfhydryl compound. The mercaptans presumably act as reducing agents and protect the enzyme from inactivation by heavy metals.

The formate-activating enzyme requires both a divalent and a monovalent cation for maximal activity. As with most other ATP-dependent reactions, Mg^{++} is one of the most effective divalent cations. Formate-activating enzymes from different sources are activated to a different extent by various cations. With the enzyme from *M. aerogenes*[1], Mg^{++} can be replaced by Mn^{++}, Co^{++}, Fe^{++}, Cu^{++}, or Ni^{++}. Mn^{++} and Ca^{++}, in addition to Mg^{++}, are also activators for the enzymes obtained from *C. cylindrosporum*[2], chicken liver[8], and human erythrocytes[9]. With regard to the monovalent cations, either NH_4^+ or K^+ provides the maximum stimulation[6,8,9].

Inhibitors. ADP and orthophosphate, two of the products of reaction (12), are potent inhibitors of formate-activating enzyme[2,6]. The enzyme is also inhibited by p-chloromercuribenzoate[1], p-mercuribenzoate, or $HgCl_2$ [2].

Assay procedures. The assay for the formate-activating enzyme depends upon the ATP- and metal ion-dependent conversion of formate into N^{10}-formyl tetrahydrofolate,

[1] Whiteley, H. R., M. J. Osborn and F. M. Huennekens: J. biol. Ch. **234**, 1538 (1959).
[2] Rabinowitz, J. C., and W. E. Pricer jr.: J. biol. Ch. **237**, 2898 (1962). — Himes, R. H., and J. C. Rabinowitz: J. biol. Ch. **237**, 2903, 2915 (1962).
[3] Whiteley, H. R.: Comp. Biochem. Physiol. **1**, 227 (1960).
[4] Rabinowitz, J. C., and W. E. Pricer jr.: J. biol. Ch. **229**, 321 (1957).
[5] Rabinowitz, J. C., and R. H. Himes: Fed. Proc. **19**, 963 (1960).
[6] Whiteley, H. R., and F. M. Huennekens: J. biol. Ch. **237**, 1290 (1962).
[7] Brode, E.: Ph. D. Thesis, Marburg, 1960.
[8] Ozols, J. G.: Ph. D. Thesis, Univ. Washington, 1961.
[9] Bertino, J. R., B. Simmons and D. M. Donohue: J. biol. Ch. **237**, 1314 (1962).

and this product is measured by its conversion in acid solution to N^5,N^{10}-methenyl tetrahydrofolate (estimated by its absorbancy at 355 mμ).

Reagents:

1. 0.5 M Tris buffer, p_H 7.5.
2. 0.1 M $MgCl_2$.
3. 0.5 M NH_4Cl, p_H 7.
4. 0.1 M ATP, p_H 7.
5. Tetrahydrofolate, 5 mg/ml.
6. 0.5 M sodium formate, p_H 7.
7. 0.1 M 2-mercaptoethanol.
8. 0.1 N HCl.

Assay procedure:

The following reagents are mixed in a 4 ml test tube: 0.1 ml of Tris buffer, 0.2 ml of $MgCl_2$, 0.1 ml of NH_4Cl, 0.05 ml of ATP, 0.1 ml of tetrahydrofolate, 0.1 ml of sodium formate, 0.1 ml of mercaptoethanol, enzyme solution (0.01 to 0.05 ml), and water to make 1.0 ml. Sodium formate is omitted from the blank vessel. The solutions are mixed and incubated for 20 min at 37° C. After the incubation period, 2 ml of 0.2 N HCl are added, the solutions mixed by inversion, and after standing for 5 min the absorbancies at 355 mμ of both the sample and the blank (each measured against water) are determined.

Calculations. The quantity of N^{10}-formyl tetrahydrofolate formed (measured as N^5,N^{10}-methenyl tetrahydrofolate after acidification) is calculated directly from the absorbancy at 355 mμ.

Sample calculation:

A_{355} Experimental	= 0.620
A_{355} Blank (formate omitted)	= 0.085
ΔA_{355}	= 0.535
Final volume of solution	= 3.0 ml

$$A = \varepsilon \times c \times 1$$

μmoles N^5,N^{10}-methenyl tetrahydrofolate produced

$$= \frac{A}{\varepsilon \times 1} \times 3.0\text{ ml} = \frac{0.535 \times 10^3\ \mu\text{moles/mmole}}{26 \times 10^3\ \text{M}^{-1}\ \text{cm}^{-1} \times 1.0\ \text{cm}} \times 3.0\text{ ml} = 0.062\ \mu\text{moles/20 min}$$

N^{10}-Formyl tetrahydrofolic deacylase.

[3.5.1.10 10-formyltetrahydrofolate amidohydrolase.]

$$N^{10}\text{-Formyl tetrahydrofolate} + H_2O \rightarrow \text{tetrahydrofolate} + HCOOH \quad (13)$$

Occurrence. N^{10}-Formyl tetrahydrofolic deacylase was first detected in extracts of beef liver[1]. The enzyme does not appear to be widely distributed, being completely absent from avian livers, but high levels have been found in crab ovary[2], and intermediate values were present in organs from several other marine animals.

Preparation[1,3]. Beef liver acetone powder (5 g) is extracted with 30 ml of 0.01 M phosphate buffer, p_H 7.5, for 1 hour with stirring and centrifuged. The supernatant fraction is treated with Dowex-1-Cl and diluted with 1 volume of water. The p_H is adjusted to 5.4 with 5% acetic acid, and, without centrifugation, readjusted immediately to 7.2 with 1 N sodium hydroxide. Six-tenths volume of acetone, previously cooled to — 70° C, is added with stirring over a 10 min period, during which time the temperature of the solution is decreased gradually to — 10° C. After standing at this temperature for 10 min, the mixture is centrifuged at — 7° C, and the supernatant solution discarded. The residue is dissolved in 20 ml of 0.01 M phosphate buffer, p_H 7.5, and the solution treated with saturated ammonium sulfate (p_H 8); the 30—45% fraction is collected and dissolved in 10 ml of 0.01 M phosphate buffer, p_H 7.5.

Activators and inhibitors. In order to demonstrate breakdown of N^{10}-formyl tetrahydrofolate, it is necessary to add *catalytic* amounts of TPN or TPNH to the reaction

[1] Osborn, M. J., Y. Hatefi, L. D. Kay and F. M. Huennekens: Biochim. biophys. Acta **26**, 208 (1957).
[2] Whiteley, H. R.: Comp. Biochem. Physiol. **1**, 227 (1960).
[3] Osborn, M. J.: Ph. D. Thesis, Univ. Washington, 1958.

mixture; the latter is more effective. TPNH cannot be replaced by DPN, DPNH, AMP, ADP, or ATP.

The reaction is inhibited to the extent of 70% by 6.7×10^{-4} M p-chloromercuribenzoate.

Assay procedures. N^{10}-formyl tetrahydrofolate deacylase activity may be determined either by a direct spectrophotometric assay, in which the change in absorbancy at 300 mμ is recorded[1,2], or by the measurement of the disappearance of N^{10}-formyl tetrahydrofolate in acid-deproteinized samples[3]. The latter method is presented here.

Determination of N^{10}-formyl tetrahydrofolate deacylase.

Reagents:

1. 10^{-2} M dl,L-N^{10}-formyl tetrahydrofolate.
2. 5×10^{-5} M TPNH.
3. 0.1 M maleate buffer, p_H 7.5.
4. 0.1 M 2-mercaptoethanol.

Assay system:

The disappearance of N^{10}-formyl tetrahydrofolate [reaction (13)] is measured by the determination of the residual N^{10}-formyl tetrahydrofolate after its conversion in acid to N^5,N^{10}-methenyl tetrahydrofolate. The reaction mixture consists of the following reagents contained in a 12 ml centrifuge tube: 0.08 ml of N^{10}-formyl tetrahydrofolate, 0.1 ml of TPNH, 0.8 ml of maleate buffer, 0.3 ml of mercaptoethanol, 0.05—0.20 ml of enzyme preparation, and water to make to 2.0 ml. After incubation of the mixture for 30 min at 37° C, 1 ml of 3.5% perchloric acid is added. The reaction mixture is allowed to stand for 10 min, and the denatured protein is removed by centrifugation. The concentration of N^5,N^{10}-methenyl tetrahydrofolate is determined by absorbancy at 355 mμ. A control vessel, consisting of an identical mixture, to which perchloric acid is added at zero time, is used to determine the original N^{10}-formyl tetrahydrofolate concentration. The optical blank is prepared by omitting N^{10}-formyl tetrahydrofolate.

Calculations. The determination of residual N^{10}-formyl tetrahydrofolate as the methenyl derivative, N^5,N^{10}-methenyl tetrahydrofolate, depends upon the absorbancy at 355 mμ of the latter compound ($\varepsilon = 26 \times 10^{-3}\ M^{-1}\ cm^{-1}$).

Control vessel, A_{355}	= 0.710	ΔA_{355} in 30 min.	= 0.180
Experimental vessel, A_{355}	= 0.530	Δ μmoles	= 0.021

Dihydrofolic reductase.

[1.5.1.3 5,6,7,8-tetrahydrofolate:NAD(P) oxidoreductase.]

Enzymes found in mammalian, avian, and bacterial tissues catalyze the reduction of both folate and dihydrofolate to tetrahydrofolate, using TPNH (and, to a lesser extent, DPNH) as the reducing agent. An enzyme has been purified over 1000-fold from chicken liver[4] which catalyzes the reduction of dihydrofolate [reaction (14)] much more

$$\text{Dihydrofolate} + \text{TPNH} + H^+ \rightleftharpoons \text{tetrahydrofolate} + \text{TPN}^+ \qquad (14)$$

rapidly than that of folate. This enzyme has been called "dihydrofolic reductase", and from its properties, it is probably identical with the "folic reductase" described by ZAKRZEWSKI[5] in the same tissue.

Occurrence. Dihydrofolic reductase has been detected in chicken liver[4–6], pigeon liver[7], beef liver[6], *Streptococcus faecalis*[8], cells in tissue culture[9], human leukemic leukocytes[10],

[1] OSBORN, M. J., Y. HATEFI, L. D. KAY and F. M. HUENNEKENS: Biochim. biophys. Acta **26**, 208 (1957).
[2] OSBORN, M. J.: Ph. D. Thesis, University of Washington, 1958.
[3] WHITELEY, H. R.: Comp. Biochem. Physiol. **1**, 227 (1960).
[4] MATHEWS, C. K.: Ph. D. Thesis, Univ. Washington, 1962.
[5] ZAKRZEWSKI, S. F.: J. biol. Ch. **235**, 1776 (1960).
[6] OSBORN, M. J., and F. M. HUENNEKENS: J. biol. Ch. **233**, 969 (1958).
[7] BERTINO, J. R.: Unpublished data.
[8] BLAKLEY, R. L., and B. M. MCDOUGALL: J. biol. Ch. **236**, 1163 (1961).
[9] HAKALA, M., S. F. ZAKRZEWSKI and C. A. NICHOL: J. biol. Ch. **236**, 952 (1961).
[10] BERTINO, J. R., B. W. GABRIO and F. M. HUENNEKENS: Biochem. biophys. Res. Comm. **3**, 461 (1960).

and phage-infected *Escherichia coli*[1]. Chronic myelogenous and acute leukemic leukocytes contain a dihydrofolic reductase that is inhibited by low concentrations of folic acid antagonists. Concomitantly with the appearance of drug resistance, the leukocyte reductase activity increases by 5- to 20-fold[2].

Preparation. Dihydrofolic reductase has been purified[3] from chicken liver acetone powder extracts by the following method. Twenty g of powder are extracted with 120 ml of buffer (cf. serine hydroxymethylase preparation, p. 87), and the extract is treated with 0.3 volumes of 2 % protamine sulfate, stirred for 5 min, and centrifuged. The p_H of the supernatant fluid is adjusted carefully to 5.4, stirred for 5 min, centrifuged, and the resulting supernatant solution readjusted to p_H 7.0. The protein concentration of this solution is adjusted to ca. 20 mg per ml and then fractionated with cold (— 20° C) ethanol-chloroform. To each 10 ml of solution, 3.2 ml of ethanol, followed by 1.3 ml of chloroform, are added. The mixture is shaken vigorously for 1 min and then centrifuged. The supernatant fluid, after being separated from the residue and the organic layer, is dialyzed for 4 hours against distilled water. The dialyzed solution is fractionated with solid ammonium sulfate and the 60—85 % fraction is collected and dissolved in 20 ml of 0.05 M phosphate buffer, p_H 6.5. The solution is dialyzed for 3—4 hours against the same buffer, then adsorbed onto a 3.0×16 cm column of hydroxylapatite[4], previously washed with 0.05 M phosphate, p_H 6.5, and eluted by a gradient technique using 500 ml of 0.05 M phosphate buffer, p_H 6.5, in the mixing chamber and 500 ml of 0.30 M phosphate buffer, p_H 6.5, in the reservoir. Nitrogen pressure (2 lb./in^2.) is applied to the column, and 7.5 ml fractions are collected and assayed. The enzyme is usually found in fractions 35—45. The enzyme preparation at this stage is purified about 500-fold, with a 40 % yield, from the original extract. Further purification can be achieved by rechromatography on hydroxylapatite, although this step is accompanied by some loss of enzyme activity. The enzyme at p_H 6.5 can be stored frozen for several weeks without loss in activity.

Properties. Dihydrofolic reductase from chicken liver is relatively specific for TPNH and dihydrofolate [cf. equation (14)], although DPNH and folate can be utilized with less efficiency. The MICHAELIS *constant* for dihydrofolate in the purified chicken liver enzyme system has been reported[5,6] to be 5×10^{-7} M and 1.0×10^{-5} M. The enzyme exhibits two *p_H optima*, one at 4.5 and the other at 7.5. A single p_H optimum is observed when the reaction is carried out in 4 M urea[7].

The *equilibrium constant* for reaction (14) has been determined[3] to be 5.6×10^{11}.

Inhibitors. The chemotherapeutic agents, Aminopterin and Amethopterin, are powerful inhibitors ($K_I = 10^{-9}$ M) of dihydrofolic reductase[5,6]. WERKHEISER[8] has referred to the inhibition of the rat liver reductase by antifolic drugs as competitive "stoichiometric inhibition". Recent work by MATHEWS[3], however, with the purified chicken liver enzyme has shown that these inhibitors are bound tightly, but reversibly, to the enzyme.

Assay methods. The direct spectrophotometric method, described below, is quite satisfactory for measuring dihydrofolic reductase levels in crude preparations of chicken, pigeon, beef, and rabbit liver. With leukemic leukocytes and ascites cells, however, reductase activity can be observed by this method only after fractionation of the crude preparation with ammonium sulfate, p_H 8 (60—80 % fraction). Alternatively, the reductase in crude tissue preparations may be assayed by converting the tetrahydrofolate formed in primary reaction [equation (14)] to N^5,N^{10}-methenyl tetrahydrofolate (which may be

[1] MATHEWS, C. K., and S. S. COHEN: J. biol. Ch. **238**, PC 853 (1963).
[2] BERTINO, J. R., D. R. DONOHUE, B. W. GABRIO, R. SILBER, A. ALENTY, M. MEYER and F. M. HUENNEKENS: Nature **193**, 140 (1962).
[3] MATHEWS, C. K.: Ph. D. Thesis, Univ. Washington, 1962.
[4] TISELIUS, A., S. HJERTEN and O. LEVIN: Arch. Biochem. **65**, 132 (1956).
[5] OSBORN, M. J., M. FREEMAN and F. M. HUENNEKENS: Proc. Soc. exp. Biol. Med. **97**, 429 (1958).
[6] FUTTERMAN, S., and M. SILVERMAN: J. biol. Ch. **224**, 31 (1957).
[7] KAUFMAN, B. T.: Biochem. biophys. Res. Comm. **10**, 449 (1963).
[8] WERKHEISER, W. C.: J. biol. Ch. **236**, 888 (1961).

measured spectrophotometrically at 355 mμ) via the formate activating reaction [equation (12)]. To perform this coupled assay[1], excess formate activating enzyme which is free of dihydrofolic reductase must be present along with formate, ATP, Mg^{++}, and NH_4^+ (or K^+).

Determination of dihydrofolic reductase.

Reagents:

1. 0.004 M TPNH.
2. 0.1 M 2-mercaptoethanol.
3. 0.5 M potassium phosphate buffer, pH 7.5.
4. 0.002 M dihydrofolate, dissolved in 0.05 M phosphate buffer, pH 7.5, containing 0.05 M 2-mercaptoethanol.

Assay procedure:

The following components are added to a silica cuvette (optical path 1.0 cm, volume 1.5 ml): 0.1 ml of phosphate buffer, 0.1 ml of mercaptoethanol, 0.025 ml of TPNH, 0.05 ml of dihydrofolate, and water to make 1.25 ml. The reaction is started by the addition of 0.01 to 0.05 ml of enzyme. The absorbancy decrease at 340 mμ is measured at 1 min intervals for 5 to 10 min and the rate is corrected for the small blank reactions wherein dihydrofolate or TPNH are omitted.

Calculations. A_{340} in 5 min:

ΔA	$= A_{\text{initial}} - A_{\text{final}}$
Experimental	$= 0.860 - 0.555 = 0.305$
Dihydrofolate omitted	$= 0.525 - 0.510 = 0.015$
TPNH omitted	$= 0.320 - 0.320 = 0.000$
$\Delta A_{\text{corrected}}$	$= 0.305 - 0.015 = 0.290$

Extinction coefficients at 340 mμ:

TPNH	$= 6.2 \times 10^3\ M^{-1}\ cm^{-1}$
Dihydrofolate	$= 5.8 \times 10^3\ M^{-1}\ cm^{-1}$
Tetrahydrofolate	$\cong 0$

$$\Delta A_{340} \text{ due to TPNH disappearance only* } = \frac{6.2}{(6.2+5.8)} \times 0.290 = 0.150$$

Volume of reaction mixture = 1.25 ml

$$A = \varepsilon \times c \times 1$$

$$\mu\text{moles TPNH} = \frac{A}{\varepsilon \times 1} \times 1.25\ \text{ml} = \frac{0.150 \times 10^3\ \mu\text{moles/mmole}}{6.2 \times 10^3\ M^{-1}\ cm^{-1} \times 1.0\ cm} \times 1.25\ \text{ml}$$

$$= 0.030\ \mu\text{moles/5 min}$$

N[5]-Formyl tetrahydrofolic isomerase.

Occurrence. The enzymatic conversion of N^5-formyl tetrahydrofolate to N^{10}-formyl tetrahydrofolate, via the overall reaction [equation (17)] first described by G. R. Greenberg[2] in pigeon liver extracts, may proceed by more than one mechanism. Partially purified folinic (N^5-formyl tetrahydrofolic) isomerase from *M. aerogenes*[3] carries out the overall conversion [reaction (17)] in which N^5,N^{10}-methenyl tetrahydrofolate appears as a transient intermediate:

$$N^5\text{-Formyl tetrahydrofolate} + ATP + H^+ \rightarrow (N^5,N^{10}\text{-methenyl tetrahydrofolate})^+ + ADP + P_i \quad (15)$$

$$(N^5,N^{10}\text{-Methenyl tetrahydrofolate})^+ + H_2O \rightleftharpoons N^{10}\text{-formyl tetrahydrofolate} + H^+ \quad (16)$$

$$\text{Sum: } N^5\text{-Formyl tetrahydrofolate} + ATP + H_2O \rightarrow N^{10}\text{-formyl tetrahydrofolate} + ADP + P_i \quad (17).$$

This isomerase preparation also contains cyclohydrolase [reaction (16)] which thereby suggests that the overall sequence consists of reactions (15) and (16). A similar system,

* During the reduction of dihydrofolate by dihydrofolic reductase, both TPNH and dihydrofolate disappearance cause a decrease in absorption at 340 mμ. Therefore, in order to measure the disappearance of TPNH alone, a correction of the observed absorption is made as indicated in this equation.

[1] Bertino, J. R., B. W. Gabrio and F. M. Huennekens: Biochem. biophys. Res. Comm. **3**, 461 (1960).

[2] Greenberg, G. R.: Fed. Proc. **13**, 745 (1954).

[3] Kay, L. D., M. J. Osborn, Y. Hatefi and F. M. Huennekens: J. biol. Ch. **235**, 195 (1960).

responsible for reaction (17), has been purified from chicken liver extracts[1], but this latter preparation is devoid of cyclohydrolase activity and free N^5,N^{10}-methenyl tetrahydrofolate cannot be detected as an intermediate. Finally, PETERS and D. M. GREENBERG[2] have obtained from sheep liver an ATP-dependent enzyme which converts N^5-formyl tetrahydrofolate to a compound similar to, but not identical with, N^5,N^{10}-methenyl tetrahydrofolate. All of these enzyme systems make use of ATP as the source of energy for the promotion of the N^5-formyl amide to the more energy-rich N^{10} amide[1].

Preparation[1]. 20 g of chicken liver acetone powder are extracted by stirring with 120 ml of 0.05 M citrate buffer, p_H 6.5, for 1 hour. The mixture is centrifuged and the residue discarded. The supernatant fraction is treated with saturated ammonium sulfate (p_H 6.5), and the 50 to 70% precipitate is collected by centrifugation and dissolved in 40 ml of water. This solution is dialyzed for 3 to 4 hours against water. One-half volume of calcium phosphate gel (15 to 20 mg per ml) is added with stirring, the p_H is adjusted to 6.0, and after 10 min the mixture is centrifuged and the gel discarded. To the supernatant fluid, 30 ml of 0.01 M $ZnCl_2$, p_H 5.0, is added and after gentle stirring the precipitate is removed by centrifugation and discarded. The supernatant fluid is treated again with saturated ammonium sulfate (p_H 6.5), the 50 to 70% precipitate collected, dissolved in a minimum amount of water, and dialyzed for 3 to 4 hours against 10^{-4} M sodium versenate. A 12-fold purification and 40% yield from the acetone powder extract is obtained by this procedure.

Properties. *Activators and inhibitors.* With the chicken liver enzyme preparation[1], Mg^{++} is stimulatory. A thiol, such as mercaptoethanol, is required to prevent oxidative degradation of N^{10}-formyl tetrahydrofolate to inhibitory compounds. Phosphate is also somewhat inhibitory in this system[1].

Equilibrium. The equilibrium constants for reactions (15) and (17) have been calculated[1] to be 2.9×10^8 and 3.2×10^2 M, respectively.

Kinetic properties. Chicken liver isomerase[1] has a p_H optimum of 7, while sheep liver cyclodehydrase shows a maximum activity at p_H 4. The K_M for N^5-formyl tetrahydrofolate with the sheep liver enzyme[2] is 1.7×10^{-6} M.

Assay methods. The isomerization of N^5-formyl tetrahydrofolate to N^5,N^{10}-methenyl tetrahydrofolate may be followed by a direct spectrophotometric assay. From the absorption spectra of the three formyl derivatives of tetrahydrofolate given in Table 1, it is evident that reaction (17) involves a large change in absorbancy near 287 mμ, the absorption maximum of N^5-formyl tetrahydrofolate. Because of interference by ATP and proteins, the assay is actually carried out at a slightly higher wavelength, viz. 295 mμ. The complete conversion* of N^5-formyl tetrahydrofolate to N^{10}-formyl tetrahydrofolate results in a net ΔA_{295} of 35%.

Determination of N^5-formyl tetrahydrofolic isomerase.

Reagents:

1. 10^{-3} M dl,L-N^5-formyl tetrahydrofolate.
2. 0.1 M ATP.
3. 0.1 M $MgCl_2$.
4. 0.1 M 2-mercaptoethanol.
5. 0.5 M potassium maleate buffer, p_H 7.0.

Assay system:

The following components are added to a 1 cm silica cuvette: 0.12 ml of N^5-formyl tetrahydrofolate, 0.1 ml of ATP, 0.2 ml of $MgCl_2$, 0.3 ml of mercaptoethanol, 0.3 ml of maleate buffer, and water to make a volume of 2.9 ml. The optical blank cuvette is identical except for the omission of N^5-formyl tetrahydrofolate. Enzyme (0.1 ml) is

* The actual conversion is only 50%, since the substrate is dl,L-N^5-formyl tetrahydrofolate.

[1] KAY, L. D., M. J. OSBORN, Y. HATEFI and F. M. HUENNEKENS: J. biol. Ch. **235**, 195 (1960).

[2] PETERS, J. M., and D. M. GREENBERG: Am. Soc. **80**, 2719 (1958).

added to both cuvettes to start the reaction, and the change in absorbancy is followed at 295 mμ for 10 min. The reaction rate is linear until 90% of the substrate has disappeared. The rate is corrected for small changes in absorbancy occurring in the absence of either enzyme or ATP. This assay method cannot be used in the presence of N^5,N^{10}-methylene tetrahydrofolic dehydrogenase or N^{10}-formyl tetrahydrofolic deacylase because these enzymes convert N^{10}-formyl tetrahydrofolate to N^5,N^{10}-methylene tetrahydrofolic acid and tetrahydrofolate, respectively, and both compounds have absorption maxima near 295 mμ.

Calculations. The number of μmoles of N^5-formyl tetrahydrofolate converted to N^{10}-formyl tetrahydrofolate is determined by the decrease in absorbancy at 295 mμ.

$\varepsilon_{295} = 30 \times 10^3$ M^{-1} cm^{-1} for N^5-formyl tetrahydrofolate

$\varepsilon_{295} = 9 \times 10^3$ M^{-1} cm^{-1} for N^{10}-formyl tetrahydrofolate

Sample calculation:

Initial absorbancy (A) = 1.110

Final absorbancy (after 10 min) = 0.945

ΔA = 0.165

$$\Delta\,\mu\text{moles} = \frac{0.165}{(30-9) \times 10^3}\ \mu\text{moles/ml} \times 3\ \text{ml} \times 10^3\ \mu\text{moles/mmole} = 0.023\ \mu\text{moles}$$

Methionine synthesizing system.

The methyl group of methionine originates from the C_1 unit of N^5,N^{10}-methylene tetrahydrofolate. Purification of the methionine synthesizing system from *E. coli*[1-4], which uses N^5,N^{10}-methylene tetrahydrofolate and homocysteine as substrates, has shown that at least two separate enzymes, one of them a vitamin B_{12}-containing protein, are necessary to carry out the reduction of the C_1 unit and its transfer to homocysteine. The first step involves the pyridine nucleotide-dependent reduction of N^5,N^{10}-methylene tetrahydrofolate according to equation (18).

N^5,N^{10}-Methylene tetrahydrofolate + DPNH + H^+ → N^5-methyl tetrahydrofolate + DPN^+ (18)

LARRABEE et al.[5] have isolated and characterized the product of this reactions as N^5-methyl tetrahydrofolate, which was found to be identical to a folic acid derivative, "prefolic A", isolated previously from horse liver[6]. KERESZTESY and DONALDSON[7] and SAKAMI and UKSTINS[8] have described the chemical synthesis of dl,L-N^5-methyl tetrahydrofolate by reduction of N^5,N^{10}-methylene tetrahydrofolate with borohydride.

The mechanism by which the methyl group of N^5-methyl tetrahydrofolate is transferred to homocysteine to yield methionine is not yet established. MANGUM and SCRIMGEOUR, using an enzyme system from pig liver[9], have found that a *catalytic* amount of S-adenosyl methionine is required for this reaction [equation (19)]. By using N^5-methyl

Homocysteine + N^5-methyl tetrahydrofolate → methionine + tetrahydrofolate (19)

tetrahydrofolate labeled with ^{14}C in the methyl group as substrate for reaction (19), it has been possible to show that S-adenosyl methionine does not become labeled during the methyl transfer reaction. A similar requirement for S-adenosyl methionine has been demonstrated with the highly purified vitamin B_{12}-containing enzyme from *E. coli*[10]. The bacterial enzyme also requires DPNH and FAD for methionine formation from N^5-methyl

[1] HATCH, F. T., A. R. LARRABEE, R. E. CATHOU and J. M. BUCHANAN: J. biol. Ch. **236**, 1095 (1961).
[2] TAKEYAMA, S., F. T. HATCH and J. M. BUCHANAN: J. biol. Ch. **236**, 1102 (1961).
[3] SZULMAJSTER, J., and D. D. WOODS: Biochem. J. **75**, 3 (1960).
[4] KISLIUK, R. L.: J. biol. Ch. **236**, 817 (1961).
[5] LARRABEE, A. R., S. ROSENTHAL, R. E. CATHOU and J. M. BUCHANAN: Am. Soc. **83**, 4094 (1961).
[6] DONALDSON, K. O., and J. C. KERESZTESY: J. biol. Ch. **234**, 3235 (1959).
[7] KERESZTESY, J. C., and K. O. DONALDSON: Biochem. biophys. Res. Comm. **5**, 286 (1961).
[8] SAKAMI, W., and I. UKSTINS: J. biol. Ch. **236**, PC 50 (1961).
[9] MANGUM, J. H., and K. G. SCRIMGEOUR: Fed. Proc. **21**, 242 (1962).
[10] ROSENTHAL, S., and J. M. BUCHANAN: Fed. Proc. **21**, 470 (1962). — LARRABEE, A. R., S. ROSENTHAL, R. E. CATHOU and J. M. BUCHANAN: J. biol. Ch. **238**, 1025 (1963).

tetrahydrofolate and homocysteine. Recently, GUEST et al.[1] have prepared the methyl analogue of vitamin B_{12} coenzyme (i.e. with a methyl group replacing the 5'-deoxyadenosyl group), and demonstrated the enzymatic transfer of the methyl group from the coenzyme to homocysteine. The precise role of each of the components involved in reaction (19) still remains to be elucidated.

Preparation[2]. Fresh or recently frozen pig liver (100 g) is cut into small (ca. $^1/_4$ inch) squares and homogenized for 2 min with 200 ml of 0.1 M phosphate buffer, p_H 7.5, and the suspension is centrifuged for 45 min at 105,000 × g in a Spinco Model L preparative ultracentrifuge. The supernatant fraction is clarified by filtration through cheesecloth, and then recentrifuged for 90 min at 144,000 × g. After the latter step, the supernatant fraction is carefully removed from the centrifugation tube with a syringe to avoid contamination by the floating fatty layer. The clear supernatant solution is fractionated with saturated ammonium sulfate, p_H 7.5, and the protein precipitated between 30 to 50% saturation is recovered by centrifugation and redissolved in 15 ml of 0.1 M phosphate buffer, p_H 7.5. This solution is dialyzed against the same buffer for 4 hours and stored frozen until used.

Assay method. One of the products of reaction (19), methionine, is determined by a microbiological assay using a mutant of *Streptococcus faecalis*.

Reagents:

1. 0.1 M L-homocysteine, prepared immediately before each assay.
2. 0.01 M dl,L-N^5-methyl tetrahydrofolate.
3. 0.002 M S-adenosyl methionine.
4. 0.5 M potassium phosphate buffer, p_H 7.5.

Assay system:

The enzyme assay is carried out under anaerobic conditions (N_2 atmosphere) in a Dubnoff metabolic shaker. The following components are incubated in a 20 ml beaker: 0.1 ml of homocysteine, 0.1 ml of N^5-methyl tetrahydrofolate, 0.05 ml of S-adenosyl methionine, 0.1 ml of phosphate buffer, 0.2 ml (10 mg protein) of enzyme solution, and water to make 1.0 ml. The control vessels are identical except for the omission of either homocysteine or N^5-methyl tetrahydrofolate. After incubation under N_2 at 37° C for 60 min, each reaction mixture is diluted to 5 ml, transferred to a 12 ml centrifuge tube, and heated in a boiling water bath for 2 min. The denatured protein is removed by centrifugation. Aliquots (0.5 ml) of the deproteinized supernatant fluid are added to 4.5 ml of the limited growth medium described by TOENNIES and coworkers[3,4] for the microbiological estimation of methionine. The test media are autoclaved at 7 pounds pressure for 5 min, inoculated with *S. faecalis* 9790 (American Type Culture Collection), and incubated at 30° C for 16 hours. The bacterial growth is measured by the turbidity of the test suspension at 675 mμ.

Calculations. The amount of methionine (in μmoles) in each sample is determined by comparison of the growth response with a set of standard methionine concentrations.

Sample calculations:

Methionine standards	Turbidity	Δ Turbidity
μg/5 ml of test medium	Absorbancy units at 675 mμ	
0	0.149	0.0
5	0.210	0.061
10	0.275	0.126
15	0.335	0.186
20	0.392	0.243

[1] GUEST, J. R., S. FRIEDMAN, D. D. WOODS and E. L. SMITH: Nature **195**, 340 (1962).
[2] MANGUM, J. H., K. G. SCRIMGEOUR and F. M. HUENNEKENS: In preparation.
[3] TOENNIES, G., and G. D. SHOCKMAN: Arch. Biochem. **45**, 447 (1953).
[4] TOENNIES, G., and D. L. GALLANT: J. biol. Ch. **174**, 451 (1948).

Turbidity of sample = 0.263
Turbidity of control = 0.202
Turbidity of sample = (0.263 − 0.202) = 0.061

Absorbancy of 0.061 is equivalent to 5.0 μg methionine

Molecular weight of methionine = 149.2
μmoles methionine in 0.5 ml test aliquot = 0.033

$$\text{Total } \mu\text{moles methionine synthesized} = \frac{5.0 \text{ ml}}{0.5 \text{ ml}} \times 0.033 = 0.33$$

Other enzymes involved in one-carbon metabolism.

Formaldehyde-activating enzyme. The formation of N^5,N^{10}-methylene tetrahydrofolate from formaldehyde and tetrahydrofolate [reaction (8)] occurs rapidly and non-enzymatically in neutral or acid solution. However, a number of tissues have been shown to contain formaldehyde-activating enzyme activity[1,2] which increases the rate of the reaction. The enzyme has been detected only in fresh tissue extracts and its instability has prevented the enzyme from being purified.

Enzymes concerned with the degradation of formiminoglycine and formiminoglutamic acid. The degradation of formiminoglycine (FIG), a product of the fermentation of purines[3,4], and of formimino-L-glutamate (FIGLU), formed in the breakdown of histidine[5,6], yields the following products: "active formate", ammonia, and the free amino acid [reaction (20)]. That three separate enzyme reactions are responsible for reaction (20)

$$\text{FIG (or FIGLU)} + \text{tetrahydrofolate} \rightarrow \text{glycine (or glutamate)} + N^{10}\text{-formyl tetrahydrofolate} + NH_3 \quad (20)$$

has been demonstrated by RABINOWITZ and PRICER[3,7], using enzymes purified from *Clostridium cylindrosporum* and *Clostridium acidi-urici* and by TABOR[6,8] using similar enzymes from hog liver.

The formimino group is transferred initially from the amino acids to tetrahydrofolate, as shown in reaction (21), to form N^5-formimino tetrahydrofolate and the amino acids.

$$\text{FIG (or FIGLU)} + \text{tetrahydrofolate} \rightleftharpoons N^5\text{-formimino tetrahydrofolate} + \text{glycine (or glutamate)} \quad (21)$$

Studies of the enzymes responsible for these two reactions, formiminoglycine formimino transferase from *C. cylindrosporum*[6] and formiminoglutamic formimino transferase from hog liver[8], show that each is relatively specific for its own substrate, FIG or FIGLU. Both reactions are freely reversible and the equilibrium constants are near unity.

N^5-Formimino tetrahydrofolate is deaminated in the presence of the formimino tetrahydrofolic cyclodeaminase to form N^5,N^{10}-methenyl tetrahydrofolate [reaction (22)].

$$N^5\text{-Formimino tetrahydrofolate} + H^+ \rightarrow (N^5,N^{10}\text{-methenyl tetrahydrofolate})^+ + NH_3 \quad (22)$$

Because N^5-formyl tetrahydrofolate is inactive in this reaction, it has been proposed that cyclization of N^5-formimino tetrahydrofolate to N^5,N^{10}-methenyl tetrahydrofolate and the release of ammonia occur simultaneously[3].

N^5,N^{10}-Methenyl tetrahydrofolate is hydrolyzed to N^{10}-formyl tetrahydrofolate [reaction (23)] under the influence of the cyclohydrolase[8,9]. The interconversion of

$$(N^5,N^{10}\text{-Methenyl tetrahydrofolate})^+ + H_2O \rightleftharpoons N^{10}\text{-formyl tetrahydrofolate} + H^+ \quad (23)$$

[1] OSBORN, M. J., E. N. VERCAMER, P. T. TALBERT and F. M. HUENNEKENS: Am. Soc. 79, 6565 (1957).
[2] WHITELEY, H. R.: Comp. Biochem. Physiol. 1, 227 (1960).
[3] RABINOWITZ, J. C.: Boyer-Lardy-Myrbäck, Enzymes, Vol. II, p. 185.
[4] SAGERS, R. D., J. V. BECK, W. GRUBER and I. C. GUNSALUS: Am. Soc. 78, 694 (1956).
[5] TABOR, A., and H. WAELSCH: J. biol. Ch. 228, 397 (1957).
[6] TABOR, H., and J. C. RABINOWITZ: Am. Soc. 78, 5705 (1956).
[7] RABINOWITZ, J. C., and W. E. PRICER jr.: Am. Soc. 78, 4176 (1956).
[8] TABOR, H., and L. WYNGARDEN: J. biol. Ch. 234, 1830 (1959).
[9] RABINOWITZ, J. C., and W. E. PRICER jr.: Am. Soc. 78, 5702 (1956).

N^5,N^{10}-methenyl tetrahydrofolate and N^{10}-formyl tetrahydrofolate is an equilibrium reaction in which the final ratio of the concentrations of the two formyl derivatives of tetrahydrofolate is determined by the p_H.

The isolation procedures and assay methods for formimino transferase, cyclodeaminase, and cyclohydrolase have recently been described in detail[1,2].

Reversible synthesis of N-formylglutamate. Only one reaction is known which produces N^5-formyl tetrahydrofolate, namely the reversible formylation of tetrahydrofolate by α-N-formyl-L-glutamate[3]. The equilibrium of reaction (24) favors the formation of the

$$\alpha\text{-N-formyl-L-glutamate} + \text{tetrahydrofolate} \rightleftharpoons N^5\text{-formyl tetrahydrofolate} + \text{L-glutamate} \quad (24)$$

formylated compound. The same enzyme preparations are able also to catalyze the formation of N^5-formimino tetrahydrofolate from FIGLU and tetrahydrofolate (cf. reaction (21)].

Other synthetic processes utilizing folic acid coenzymes. Purine biosynthesis. Two transformylation reactions occur in the de novo biosynthesis of purine nucleotides. Tracer studies[4] had shown that $H^{14}COOH$ was utilized as a source of carbons 2 and 8 of the purine ring. Recently, HARTMAN and BUCHANAN[5] have purified the responsible enzymes, glycinamide ribonucleotide (GAR) transformylase and 5-amino-4-imidazolecarboxamide ribonucleotide (AICAR) transformylase. By eliminating cyclohydrolase as a contaminant, they have been able to ascertain the specific formyl donors for each reaction, as shown in equations (25) and (26). Formylglycinamide ribonucleotide (FGAR) synthesis (position 8

$$(N^5,N^{10}\text{-methenyl tetrahydrofolate})^+ + \text{GAR} + H_2O \rightarrow \text{tetrahydrofolate} + \text{FGAR} + H^+ \quad (25)$$

$$N^{10}\text{-Formyl tetrahydrofolate} + \text{AICAR} \rightarrow \text{tetrahydrofolate} + \text{FAICAR} \quad (26)$$

of the purine ring) requires N^5,N^{10}-methenyl tetrahydrofolate, while 5-formamido-4-imidazolecarboxamide ribonucleotide (FAICAR) synthesis (position 2) utilizes only N^{10}-formyl tetrahydrofolate.

Pyrimidine biosynthesis. Two enzymes involved in the biosynthesis of pyrimidine nucleotides require N^5,N^{10}-methylene tetrahydrofolate as a donor of the C_1 unit. Deoxycytidylate (dCMP) hydroxymethylase[6,7], an enzyme found in *Escherichia coli* after infection with the T-even bacteriophages, catalyzes the formation of 5-hydroxymethyl-deoxycytidylate (HdCMP), according to equation (27). A different mechanism is envisioned

$$\text{dCMP} + N^5,N^{10}\text{-methylene tetrahydrofolate} \rightleftharpoons \text{HdCMP} + \text{tetrahydrofolate} \quad (27)$$

for the synthesis of thymidylic acid (TMP)[8–10] from deoxyuridylic acid (dUMP), except that during the condensation of the C_1 fragment with the pyrimidine nucleotide, reducing power is also transferred from the reduced pyrazine ring of tetrahydrofolate. Thus, tetrahydrofolate is necessary both as a transient carrier of the C_1 unit and as a reducing agent in the biosynthesis of thymidylate [cf. equation (28)]. Spectrophotometric assays

$$\text{dUMP} + N^5,N^{10}\text{-methylene tetrahydrofolate} \xrightarrow{Mg^{++}} \text{TMP} + \text{dihydrofolate} \quad (28)$$

for reaction (28) have been described by WAHBA and FRIEDKIN[11] and by BLAKLEY and McDOUGALL[12].

[1] RABINOWITZ, J. C.: Boyer-Lardy-Myrbäck, Enzymes, Vol. II, p. 185.
[2] TABOR, H., and L. WYNGARDEN: J. biol. Ch. **234**, 1830 (1959).
[3] SILVERMAN, M., J. C. KERESZTESY, G. J. KOVAL and R. C. GARDINER: J. biol. Ch. **226**, 83 (1957).
[4] BUCHANAN, J. M., B. LEVENBERG, J. G. FLAKS and J. A. GLADNER; in: McELROY, W. D., and H. B. GLASS (Hrsg.): Amino Acid Metabolism. p. 743. Baltimore 1955.
[5] HARTMAN, S. C., and J. M. BUCHANAN: J. biol. Ch. **234**, 1812 (1959).
[6] FLAKS, J. G., and S. S. COHEN: J. biol. Ch. **234**, 1501 (1959).
[7] SOMERVILLE, R., K. EBISUZAKI and G. R. GREENBERG: Proc. nat. Acad. Sci., USA **45**, 1240 (1959).
[8] FRIEDKIN, M.: Fed. Proc. **18**, 230 (1959).
[9] McDOUGALL, B. M., and R. L. BLAKLEY: J. biol. Ch. **236**, 832 (1961).
[10] HUMPHREYS, G. K., and D. M. GREENBERG: Arch. Biochem. **78**, 275 (1958).
[11] WAHBA, A. J., and M. FRIEDKIN: J. biol. Ch. **237**, 3794 (1962).
[12] BLAKLEY, R. L., and B. M. McDOUGALL: J. biol. Ch. **237**, 812 (1962).

Transferasen.

Enzymes of transmethylation.

By

Jesse N. Williams jr.*.

The enzymes involved in direct transmethylation reactions which have been most studied and well-characterized are betaine-homocysteine transmethylase (BHT), thetin-homocysteine transmethylase (THT), S-adenosylmethionine guanidinoacetic acid methylpherase (AGM), and S-adenosylmethionine-nicotinamide methylpherase (ANM). In each case a methyl group is transferred enzymatically from a methyl donor to a methyl acceptor. In the naming of the enzymes, the methyl donor has been named first and the acceptor second. In BHT a methyl group is transferred from nitrogen to sulfur; in THT, from sulfur to sulfur; and in AGM and ANM, from sulfur to nitrogen. As far as is known to date, with the exception of THT, each of the enzymes is specific for the substrates given in the names of the enzymes. For example, S-adenosylhomocysteine cannot serve in place of homocysteine in the BHT reaction[1].

In assaying the enzymes the most usual methods of analysis require the direct estimation of the end-product to which the methyl group was transferred. As will be seen later an indirect method of estimating THT, which involves the manometric estimation of the carbon dioxide released during the methylation of homocysteine, may be used to good advantage.

Table 1. *ANM activity in various sources of the enzyme.*

Source	ANM activity μg N-methylnicotinamide formed per g tissue. Time of incubation, 3 to 4 hr.
Rat liver[2]	25
Rat kidney	1.5
Rat diaphragm	0
Pig liver[3]	+*
Guinea pig liver	+
Dog liver	+
Horse liver	—
Sheep liver	—
Ox liver	—
Rabbit liver	—
Pigeon liver	—
Duck liver	—

* No data were presented. The + sign indicates that active ANM preparations were obtained from these organs; the — sign, that these organs did not yield active preparations.

1. S-Adenosylmethionine-nicotinamide methylpherase (ANM).

[2.1.1.1 S-adenosylmethionine: nicotinamide methyltransferase.]

Occurrence. In Table 1 representative activities of this enzyme in various animal organs are listed.

Preparation[3]. Freshly excised livers from adult rats are blended for 30—60 sec with 3 volumes of cold 0.1 M sodium acetate (p_H 5.6). The homogenate is centrifuged at once for 15—20 min at 18000 r.p.m. in the cold. Fat is removed from the top of the supernatant. The p_H of the supernatant is then adjusted to 6 with 1 N acetic acid. The mixture is heated to 47° C and kept there for 7 min. It is then chilled and centrifuged at 3000 r.p.m. for 15 min at 0° C. To 120 ml of the supernatant are added 48 ml alumina C_γ[4], containing

* The Laboratory of Nutrition and Endocrinology, The National Institute of Arthritis and Metabolic Diseases, The National Institutes of Health, Bethesda, Maryland.

[1] Ericson, L.-E., J. N. Williams jr. and C. A. Elvehjem: Acta chem. scand. 9, 859 (1955).
[2] Perlzweig, W. A., M. L. C. Bernheim and F. Bernheim: J. biol. Ch. 150, 401 (1943).
[3] Cantoni, G. L.: J. biol. Ch. 189, 203 (1951).
[4] Bauer, E.; in: Bamann-Myrbäck Vol. II, p. 1449.

10.9 mg alumina per ml at 0° C with vigorous stirring. The mixture is stirred for 15 min at 0° C and centrifuged at 5° C. The precipitate (P_1) is saved. The supernatant is treated again with 48 ml of alumina C_γ and centrifuged. The precipitate (P_2) is saved. Each precipitate is treated separately. The precipitates, P_1 and P_2, are each washed with 50 ml water and eluted with 25 ml 0.1 M phosphate (pH 6.8) to give enzyme preparations I and II. The preparations can be purified further by precipitating between 37 and 56% saturation with ammonium sulfate. In this case S-adenosylmethionine must be included in the reaction mixture, as the methionine-activating enzyme is removed by this treatment.

Properties[1]. In an example of the enzyme purification, enzyme preparations I and II had the following properties:

Property	Preparation I	Preparation II
Total units	1125	2160
Protein (mg)	233	277
Specific activity (units per mg protein)	4.83	7.80

One unit of activity is defined as 1 μg of N-methylnicotinamide formed in 1 hr at 38° C.

Magnesium is necessary to obtain activity. Divalent manganese shows a small activating ability. The activity of the enzyme is destroyed by heating above 50° C. Exposure to a pH below 5.5 inactivates the enzyme. At room temperature the enzyme is stable up to pH 9. Prolonged dialysis against phosphate buffer leads to a great loss of activity. Treatment with trypsin or chymotrypsin destroys the activity.

Method of assay[1].

Reaction equation:

S-adenosylmethionine + nicotinamide → N-methylnicotinamide + S-adenosylhomocysteine.

Reagents:

1. Enzyme preparations I and II mixed, containing 1.2 mg protein per 0.1 ml enzyme.
2. 0.0875 M magnesium sulfate.
3. 0.0219 M nicotinamide.
4. 0.14 M glycylglycine (pH 7.4).
5. Solution of ATP, containing 19.6 μmoles of labile phosphate per 0.1 ml.
6. 0.147 M L-methionine.

Procedure:

To 0.1 ml of the mixed enzyme preparation are added 0.2 ml magnesium sulfate, 0.2 ml nicotinamide, 0.1 ml glycylglycine, 0.1 ml ATP, and 0.1 ml L-methionine. The mixture is incubated at 37° C for 1 hr. N-methylnicotinamide is then estimated in the reaction mixture[2] (see also vol. III, p. 1141).

Using this reaction mixture a blank value (no methionine added) for N-methylnicotinamide of 2.3 μg may be found. With methionine included, 16.1 μg of N-methylnicotinamide may be formed.

2. S-Adenosylmethionine-guanidinoacetic acid methylpherase (AGM).

[2.1.1.2 S-adenosylmethionine: guanidinoacetate methyltransferase.]

Occurrence. In Table 2 are listed representative activities of this enzyme in various animal organs.

Preparation[3]. Fresh pig liver is diced, rinsed free of excess blood with 0.075 M sodium acetate (pH 5), weighed, and blended with 2.5 volumes of the buffer. The homogenate

[1] Cantoni, G. L.: J. biol. Ch. **189**, 203 (1951).
[2] Huff, J. W.: J. biol. Ch. **167**, 151 (1947).
[3] Cantoni, G. L., and P. J. Vignos jr.: J. biol. Ch. **209**, 647 (1954).

is centrifuged at 9000 r.p.m. for 30 min. The supernatant is packed in ice, and solid ammonium sulfate is added (19.5 g per 100 ml) with stirring. The mixture is centrifuged at high speed. The supernatant is treated with 10.5 g ammonium sulfate per 100 ml and recentrifuged. The precipitate is dissolved in a small volume of 0.1 M sodium acetate, dialyzed for 3 hr versus running 0.05 M sodium acetate (p_H 5.6), and centrifuged again. The supernatant is adjusted to contain 20 mg protein per ml with 0.05 M sodium acetate (p_H 5.6). To the solution is added 0.33 volume of alumina C_γ suspension containing 35 mg per ml of suspension. The mixture is stirred well and centrifuged at 3000 r.p.m. The precipitate is eluted 4 times with 0.0125 M phosphate buffer (p_H 6.35), a volume of buffer being used each time which is equal to the alumina C_γ suspension. The first two eluates are pooled. The p_H of the pooled eluates is adjusted to 7.2 with dilute sodium hydroxide. A volume of 2 M phosphate buffer (p_H 7.2) equal to 0.05 of the volume of the mixture is added. Saturated ammonium sulfate (p_H 7.2) is added to bring the concentration to 47.5% saturation. The mixture is spun down at high speed. To the supernatant is added 1 g solid ammonium sulfate per 10 ml with stirring, and the mixture is centrifuged. The precipitate is dissolved in 0.025 M phosphate buffer (p_H 7.4) and dialyzed versus 0.025 M phosphate (p_H 7.4) for 3 hr.

Table 2. *AGM activity in various sources of the enzyme.*

Source	AGM activity in tissue slices[1] (mg creatine formed per 4 hr. per 100 mg wet tissue)			
	Liver		Kidney	
	Zero time	After 4 hr.	Zero time	After 4 hr.
Cat	12.0	23.2	1.9	2.3
Dog	2.9	10.3	17	26
Guinea pig	1.7	12.1	3.0	6.6
Frog	2.2	8.4	36	45
Pigeon	1.0	16.0	10.8	22.3
Rabbit	5.8	12.0	9.4	15.4
Rat	1.4	28.4	10.8	18.2

Properties[2]**.** The enzyme is inhibited by p-chloromercuribenzoate. This inhibition is reversed by reduced glutathione. Reduced glutathione, BAL, and cysteine stimulate the enzyme prepared as above. The p_H optimum is 7.5. Nicotinamide cannot serve as methyl acceptor with this enzyme. The reaction of the substrates goes to completion. One unit of activity is equal to 1 μmole of creatine formed in 2 hr at 37° C.

Method of assay[2]**.**

Reaction equation:

S-adenosylmethionine + guanidinoacetic acid → creatine + S-adenosylhomocysteine + H^+.

Reagents:

1. 0.0143 M guanidinoacetic acid.
2. 0.0091 M S-adenosylmethionine.
3. 0.000693 M BAL.
4. 0.325 M Tris buffer (p_H 7.4).
5. Trichloroacetic acid.
6. 0.5 N hydrochloric acid.

Procedure:

To a small test tube are added 0.15 ml guanidinoacetic acid, 0.15 ml S-adenosylmethionine, 0.15 ml BAL, 0.20 ml Tris buffer, and 0.15 ml of the enzyme preparation (the alumina C_γ eluate pool containing 1.75 mg protein). The mixture is incubated for 60 min at 37° C. Trichloroacetic acid is added to stop the reaction. An aliquot of the protein-free filtrate is autoclaved in hydrochloric acid for 30 min at 15 p.s.i. (775.7 mm Hg). The creatine is estimated by a modification[3] of the Folin alkaline picrate method[4] (see vol. III, page 1101) as follows: After the autoclaved solution is cooled, 30 to 40 mg

[1] Borsook, H., and J. W. Dubnoff: J. biol. Ch. **134**, 635 (1940).
[2] Cantoni, G. L., and P. J. Vignos jr.: J. biol. Ch. **209**, 647 (1954).
[3] Borsook, H.: J. biol. Ch. **110**, 481 (1935).
[4] Folin, O.: J. biol. Ch. **17**, 475 (1914).

of LLOYD's reagent (Eli Lilly and Company) are added, and the tube is shaken continuously by inversion for 10 min. After centrifuging, the supernatant liquid is discarded. The precipitate is suspended in 2 ml of 0.01 N HCl, and the mixture is centrifuged. The supernatant fluid is again discarded. After adding 3 ml of freshly prepared alkaline picrate solution which consists of 10 parts of saturated aqueous picric acid and 1 part of 10% NaOH, the mixture is shaken gently for 10 min. The tube is re-centrifuged. The supernatant is decanted into the absorption cell and read at 525 mμ. The standards containing 0 to 2 mg-% of creatinine are carried through the entire procedure including the autoclaving.

Using the enzyme preparation described above, 1.10 μmoles of creatine are formed per hr. If BAL is omitted from the mixture, 0.605 μmole of creatine is formed per hr. per ml enzyme.

3. Thetin-homocysteine transmethylase (THT).

[2.1.1.3 Dimethylthetin: L-homocysteine methyltransferase.]

Occurrence. In Table 3 are presented representative activities of this enzyme in various animal organs.

Table 3. *THT activity in various sources of the enzyme.*
The activity is expressed as $Q_{\text{methionine}}$.

Source	THT activity[1] ($Q_{\text{methionine}}$)	Source	THT activity[1] ($Q_{\text{methionine}}$)	Source	THT activity[1] ($Q_{\text{methionine}}$)
Rat liver	1.5	Guinea pig kidney	0.3	Hog kidney* . .	0.9
Rat kidney . . .	0.2	Guinea pig muscle	0	Hog spleen* . .	0
Guinea pig brain	1.5	Hog liver* . . .	1.3	Hog pancreas* .	0

* Viobin preparations (see footnote to Table 4).

Preparation[2]. A mixture of 18 g of rat liver and 72 g 0.0128 M phosphate (p_H 7.4) is homogenized and filtered through muslin. The filtrate is centrifuged at 1250 × g for 20 min. The supernatant volume is made to 100 ml with more phosphate buffer. The fraction precipitating under 0.35 saturation with ammonium sulfate is discarded. The fraction precipitating between 0.35—0.45 saturation with ammonium sulfate is the most active. The precipitate is spun down at 1600 × g for 10 min, dissolved in 10 ml of the phosphate buffer and dialyzed against running tap water for 10 hr. at room temperature. After the dialysis, any precipitate is removed by centrifuging at 1250 × g. The supernatant is made 0.02 M with respect to sodium hydrogencarbonate. Stored at 4° C, it remains stable for several weeks.

Properties. The p_H optimum is 7.8. Dimethyl-β-propiothetin may serve as substrate in place of dimethylthetin.

Method of assay[2].

Reaction equation:

dimethylthetin + homocysteine → methylthetin + H^+ + methionine.

Reagents:

1. 0.02 M sodium hydrogencarbonate containing 0.123 M sodium chloride, 0.005 M potassium chloride, and 0.0033 M magnesium sulfate (p_H 7.4).
2. 0.00375 M dimethylthetin chloride and D,L-homocysteine in the above hydrogencarbonate buffer.

[1] DUBNOFF, J. W., and H. BORSOOK: J. biol. Ch. **176**, 789 (1948).
[2] MAW, G. A.: Biochem. J. **63**, 116 (1956).

3. Liver suspension prepared by homogenizing 6 g fresh rat liver in 24 ml of the hydrogencarbonate buffer, centrifuging at 1250 × g at 4° C for 20 min. The supernatant is used.

Apparatus:

Warburg vessels with single side-arms; manometers and constant temperature bath with shaking mechanism (see p. 55).

Procedure:

2 ml of the substrates in the hydrogencarbonate buffer are added to the main compartment of the flasks. 1/2 ml of the liver suspension is added to the side-arm. The flasks are flushed with nitrogen plus carbon dioxide (95:5, v/v). After mixing the enzyme with the substrates and allowing a 5 min incubation, carbon dioxide evolution is measured for 2 hr at 10 min intervals at 36.8° C. The substrates are omitted in the control flask. The initial reaction velocity is expressed as the volume of carbon dioxide liberated during the 10 min period beginning 5 min after zero time.

This enzyme may also be estimated by analyzing for methionine formed as in the BHT assay.

The purified enzyme may be used in place of the liver suspension. When 0.5 ml of the enzyme is used with 2 ml of a mixture of dimethylthetin chloride (0.1 M) and D,L-homocysteine (0.03 M), 250—300 μl carbon dioxide are liberated per hr.

4. Betaine-homocysteine transmethylase (BHT).

[2.1.1.5 Betaine: L-homocysteine methyltransferase.]

Occurrence. In Table 4 are listed various sources and the corresponding activity of the enzyme in those sources.

Table 4. *BHT activity in various sources of the enzyme.*
The activity is expressed as $Q_{\text{methionine}}$.

Source	BHT activity[1] ($Q_{\text{methionine}}$)	Source	BHT activity[1] ($Q_{\text{methionine}}$)	Source	BHT activity[1] ($Q_{\text{methionine}}$)
Rat liver	0.11	Guinea pig kidney	0.06	Hog kidney*	0.03
Rat kidney	0.03	Guinea pig muscle	0	Hog spleen*	0
Guinea pig liver	0.09	Hog liver*	0.14	Hog pancreas*	0

* Viobin preparations. Commercially prepared, desiccated and defatted raw tissues manufactured by the Viobin Corp., Monticello, Illinois.

Preparation[2]. Four parts of 0.039 M sodium phosphate (p_H 7.4) and 1 part of freshly excised rat liver are homogenized in a blendor. The homogenate is frozen in a flask by immersing it in a mixture of dry ice and acetone. It is thawed rapidly and centrifuged at 35000 × g for 30 min at 0° C. After decanting the supernatant, ethanol is added to it to give 20% ethanol. The mixture is stirred for 5 min at 0° C and is centrifuged at 3200 × g for 10 min at 0° C. To the supernatant is added ethanol to give 22% ethanol. The mixture is stirred for 10 min at 0° C and centrifuged for 10 min at 0° C at 3200 × g. Enough ethanol is then added to the supernatant to give 24% ethanol. The mixture is stirred and centrifuged as before. Enough ethanol is added to bring the concentration to 26%. The mixture is allowed to stand for 15 min at 0° C and is then centrifuged for 15 min at 3200 × g. The supernatant is discarded. The precipitate, containing the enzyme, is dissolved in 0.039 M sodium phosphate (p_H 7.4). Upon standing, even in the cold, the preparation loses activity quite rapidly.

[1] Dubnoff, J. W., and H. Borsook: J. biol. Ch. **176**, 789 (1948).
[2] Ericson, L.-E., J. N. Williams jr. and C. A. Elvehjem: J. biol. Ch. **212**, 537 (1955).

Properties[1]. The p_H optimum of the preparation described above is 7.8. Cyanide, ethylenediaminetetraacetate, and 8-hydroxyquinoline do not inhibit its activity. 1 ml of the enzyme preparation allows the formation of 37 μg of methionine after 3 hr of incubation at 37° C with suitable substrates and buffer (see *Method of assay* below).

Method of assay[2].

Reaction equation:

betaine + homocysteine → dimethylglycine + methionine + H^+.

Reagents:

1. 0.039 M sodium phosphate (p_H 7.4).
2. Betaine hydrochloride, 0.5% (p_H 7.4).
3. D,L-Homocysteine, 1%, freshly prepared in 0.039 M sodium phosphate (p_H 7.4).
4. Trichloroacetic acid, 30%.
5. 5 N sodium hydroxide.
6. Sodium nitroprusside, 1% (freshly prepared).
7. 110 mg-% methionine.
8. 9:1 conc. hydrochloric acid and 85% phosphoric acid.

Procedure:

The most reliable method of assay is a modification[2] of a method by Dubnoff and Borsook[3]. The modified method is carried out as follows: In test tubes are incubated 2 ml of 16.7% rat liver homogenate in 0.039 M sodium phosphate and 0.5 ml each of 0.5% betaine hydrochloride and D,L-homocysteine. Control tubes without betaine are included. After 3 hr. of incubation at 37° C, 0.5 ml of trichloroacetic acid is added plus 2 ml water. The contents of the tubes are mixed well and filtered. To 2 ml of the filtrate are added 0.2 ml 5 N sodium hydroxide plus 0.3 ml of sodium nitroprusside. Methionine standards are run simultaneously by mixing 0 to 1 ml of 110 mg-% methionine, 0.5 ml each of homocysteine, trichloroacetic acid and water to give a final volume of 5.5 ml. Then 2 ml aliquots of these standards containing 0 to 400 μg of methionine are treated as the 2 ml aliquots of reaction mixture filtrates. Samples and standards are allowed to stand at room temperature for 15 min. Then 4 ml water and 0.3 ml of a mixture of 9:1 conc. hydrochloric acid — 85% phosphoric acid are added. The mixture is allowed to stand for 10 min and the color is read at 560 mμ.

The purified enzyme preparation may be assayed as above, using a suitable amount of the enzyme in place of the rat liver, and replacing the remaining volume with buffer. The normal activity for the purified enzyme preparation is 37 μg methionine formed per 3 hr per ml of the enzyme preparation.

2.1.2.1 L-Serin:Tetrahydrofolat-5,10-methylentransferase s. S. 186 u. 871

2.1.2.2 5′-Phosphoribosyl-N-formylglycinamid:Tetrahydrofolat-5,10-Formyltransferase s. S. 202

2.1.2.3 5′-Phosphoribosyl-5-formamido-4-imidazolcarboxamid:Tetrahydrofolat-10-Formyltransferase s. S. 202

2.1.2.4 N-Formiminoglycin:Tetrahydrofolat-5-Formiminotransferase s. S. 201

2.1.2.5 N-Formimino-L-glutamat:Tetrahydrofolat-5-Formiminotransferase s. S. 201

[1] Ericson, L.-E., J. N. Williams jr. and C. A. Elvehjem: J. biol. Ch. **212**, 537 (1955).
[2] Williams jr., J. N., W. J. Monson, A. Sreenivasan, L. S. Dietrich, A. E. Harper and C. A. Elvehjem: J. biol. Ch. **202**, 151 (1953).
[3] Dubnoff, J. W., and H. Borsook: J. biol. Ch. **176**, 789 (1948).

Transketolase.

[2.2.1.1 D-Sedoheptulose-7-phosphat: D-Glyceraldehyd-3-phosphat-Glykolaldehyd-Transferase.]

Von

Friedrich H. Bruns*.

Als wesentliche TPP-abhängige Teilreaktion des Glucose-6-phosphat-Dehydrogenase-Systems („shunt“) katalysiert Transketolase die Übertragung der Kohlenstoffatome 1 und 2 von Xylulose-5-phosphat als „aktivierter Glykolaldehyd“ auf Ribose-5-phosphat, wobei Sedoheptulose-7-phosphat und D-Glycerinaldehyd-3-phosphat entstehen[1-8]. Über die Struktur des „aktiven Glykolaldehyd“ s. HOLZER[9].

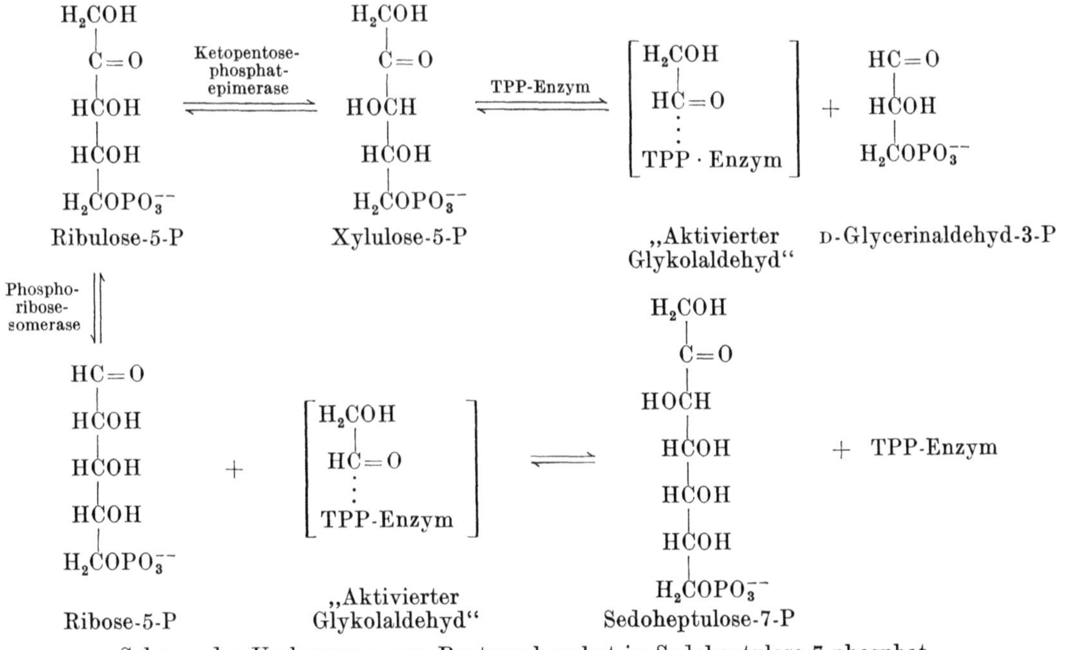

Schema der Umlagerung von Pentosephosphat in Sedoheptulose-7-phosphat.

Ursprünglich hatte man angenommen, Ribulose-5-phosphat sei das Substrat der Transketolase[1-3]. Später stellte sich jedoch heraus, daß Bakterien[7,10,11] und tierische Gewebe[10] eine sehr aktive Ketopentosephosphat-epimerase enthalten, welche die Gleichgewichtsreaktion

$$\text{Ribulose-5-phosphat (40\%)} \rightleftharpoons \text{Xylulose-5-phosphat (60\%)}$$

katalysiert. Nur der Xyluloseester vermag mit Transketolase verschiedener Herkunft zu reagieren, nicht aber Ribulose-5-phosphat[4,7]. In hochgereinigten Systemen kommt

* Physiologisch-Chemisches Institut der Medizinischen Akademie Düsseldorf.

[1] HORECKER, B. L., and P. Z. SMYRNIOTIS: Am. Soc. **74**, 2123 (1952); **75**, 1009, 2021 (1953).
[2] HORECKER, B. L.: J. cellul. comp. Physiol. **41**, Suppl. **1**, 137 (1953).
[3] HORECKER, B. L., P. Z. SMYRNIOTIS and H. KLENOW: J. biol. Ch. **205**, 661 (1953).
[4] HORECKER, B. L., P. Z. SMYRNIOTIS and J. HURWITZ: J. biol. Ch. **223**, 1009 (1956).
[5] RACKER, E., G. DE LA HABA and I. G. LEDER: Am. Soc. **75**, 1010 (1953).
[6] DE LA HABA, G., I. G. LEDER and E. RACKER: J. biol. Ch. **214**, 409 (1955).
[7] SRERE, P. A., J. R. COOPER, V. KLYBAS and E. RACKER: Arch. Biochem. **59**, 535 (1955).
[8] HORECKER, B. L.: Pentosephosphate und Heptulosephosphat im Kohlenhydratstoffwechsel. 8. Mosbacher Colloq. S. 29. Berlin, Göttingen, Heidelberg 1958.
[9] HOLZER, H.: Angew. Chem. **73**, 721 (1961).
[10] ASHWELL, G., and J. HICKMAN: Am. Soc. **76**, 5889 (1954).
[11] DICKENS, F., and D. H. WILLIAMSON: Nature **176**, 400 (1956).

die Bildung von Sedoheptulose-7-phosphat erst bei gleichzeitiger Anwesenheit von Ribose-5-phosphat und Xylulose-5-phosphat in Gang.

An der weiten Verbreitung der Transketolase im Tier- und Pflanzenreich besteht kein Zweifel (Leber[1], Hefe[2,3], Spinat[1]). Infolge der schwierigen Beschaffung der Substrate sind Aktivitätsmessungen bisher vorwiegend an hochgereinigten Systemen vorgenommen worden. Da jedoch zumindest in Hämolysaten und Seren die Aktivitäten der Phosphoribose-isomerase und Ketopentosephosphat-epimerase bis zu 10^3mal so hoch sind wie die Aktivität der Transketolase, ist die Aktivitätsmessung bei alleinigem Einsatz von Ribose-5-phosphat als Substrat möglich, da in solchen Systemen Transketolase die Geschwindigkeit der Bildung von Sedoheptulose-7-phosphat limitiert[4]. Tabelle 1 enthält die Aktivitäten von Erythrocyten und Blutserum verschiedener Species.

Tabelle 1. *Transketolase-Aktivität von Erythrocyten und Blutserum verschiedener Species*[4].

Enzymaktivität: Bildung von Sedoheptulose-7-phosphat in μMol je ml Erythrocytenbrei bzw. Serum/Std.

Species	Enzymaktivität	
	Erythrocyten	Blutserum
Kaninchen . . .	12,8	0,25
Maus.	11,7	0,40
Meerschweinchen	10,4	0,11
Ratte	8,1	0,34
Mensch	4,7	0,05
Rind.	4,6	0,17
Schwein	4,0	0,06
Pferd	2,9	0,03
Hammel	—	0,05

Darstellung und Reinigung von Transketolase aus Spinat nach Horecker *u. Mitarb.*[5].

Sämtliche Arbeitsschritte werden bei 0—2° C vorgenommen. Frischer, von den Stielen befreiter Spinat (300 g) wird 3 min mit 1800 ml 0,01 m K_2HPO_4 im Waringblendor homogenisiert. Die Suspension wird filtriert. Den dunkelgrünen Extrakt (etwa 1740 ml) versetzt man mit 900 g Ammoniumsulfat, die Proteinfällung wird durch Zentrifugieren (60 min, 2100 U/min) abgetrennt und in Wasser bei einem Endvolumen von 283 ml suspendiert. Die Ammoniumsulfat-Sättigung betrug nach Angaben der Autoren 0,37 und wurde durch Leitfähigkeitsmessung bestimmt. Zu der Suspension gibt man 21,5 g Ammoniumsulfat, das Präcipitat wird durch Zentrifugieren entfernt. Der Überstand wird mit weiteren 36,8 g Ammoniumsulfat versetzt, der nun entstehende Niederschlag durch Zentrifugieren abgetrennt und in 30 ml Aqua dest. gelöst (Fraktion I in Tabelle 2). Durch Zugabe von 150 ml Calciumphosphat-Gel[6] mit 16,7 mg Trockengewicht je ml (3—6 Monate gealtert) wird das Enzym adsorbiert und mit 80 ml 0,01 m Pyrophosphat-Puffer p_H 8,0 eluiert. Dieses Eluat (97 ml) wird durch aufeinanderfolgende Zugabe mit Ammoniumsulfat fraktioniert. Nach Zugabe von zunächst 30 g entsteht ein Präcipitat, das verworfen wird. Nach weiterer Zugabe von 12,7 g wird die entstehende Fällung auf der Zentrifuge abgetrennt und in 8 ml 0,01 m Glycylglycin-Puffer p_H 7,4 gelöst (Fraktion II in Tabelle 2). Man dialysiert 15 Std gegen kalte fließende Natriumacetat-Lösung (0,1 m, p_H 7,5) und verdünnt das Dialysat (10,2 ml) durch Zugabe von 10 ml 0,1 m Natriumacetat-Lösung. Die nachfolgende Fraktionierung mit Aceton wird bei —8° C vorgenommen. Dabei wird jede Acetonportion in 3,5 min zugegeben und das Gemisch dauernd in einer Kältemischung bei —10° C gehalten. Die Abtrennung der Präcipitate kann durch kurzdauerndes Zentrifugieren (2 min bei 2° C) erfolgen. Die ersten beiden Fraktionen, die man nach Zugabe von etwa 12,2 ml und 3,5 ml Aceton erhält, besitzen gewöhnlich keine Aktivität und werden verworfen. Die nächsten Fraktionen (nach Zugabe von 4,3 ml und danach 6,5 ml Aceton) werden in je 6 ml Aqua dest. gelöst, auf ihre Aktivität geprüft und gegebenenfalls vereinigt. Diese Lösungen sind klar und farblos (Fraktion III in Tabelle 2).

---

[1] Horecker, B. L., P. Z. Smyrniotis and H. Klenow: J. biol. Ch. **205**, 661 (1953).
[2] De la Haba, G., I. G. Leder and E. Racker: J. biol. Ch. **214**, 409 (1955).
[3] Srere, P., J. R. Cooper, M. Tabachnick and E. Racker: Arch. Biochem. **74**, 295 (1958).
[4] Bruns, F. H., E. Dünwald u. E. Noltmann: B. Z. **330**, 497 (1958).
[5] Horecker, B. L., P. Z. Smyrniotis and J. Hurwitz: J. biol. Ch. **223**, 1009 (1956).
[6] Keilin, D., and E. F. Hartree: Proc. R. Soc. London (B) **124**, 397 (1937/38).

Die vereinigten enzymhaltigen Acetonfraktionen (13 ml) werden mit 13 ml bei 25° C gesättigter Ammoniumsulfat-Lösung von p_H 7,6 versetzt, auf 0° C abgekühlt und zentrifugiert. Der Niederschlag wird verworfen. Zum Überstand gibt man zunächst 1,56 g Ammoniumsulfat und nach dem Entfernen des Präcipitates durch Zentrifugieren weitere 0,83 g. Diese Fällungen löst man in je 2,0 ml 0,25 m Glycylglycin-Puffer (Fraktionen IV und V in Tabelle 2).

Das Enzympräparat ist mit Phosphoribose-isomerase verunreinigt, enthält jedoch keine oder nur Spuren Ketopentosephosphat-epimerase. In gefrorenem Zustande (—16° C) ist das Enzym eventuell jahrelang beständig, erfordert jedoch dann die Zugabe von TPP und Mg^{++} für die Erreichung voller Aktivität. In ähnlicher Weise wie das Spinatenzym wurde durch HORECKER, SMYRNIOTIS und KLENOW durch Fraktionierung mit Ammoniumsulfat, Methanol und Aceton Transketolase aus Rattenleber dargestellt[1]. Die Autoren geben weiterhin die Präparation des Apoenzyms durch Umfällen bei saurer Reaktion an. Die vollkommen inaktive Enzymlösung ließ sich durch 10^{-4} m TPP voll und durch $1{,}5 \times 10^{-5}$ m TPP zur Hälfte reaktivieren.

Tabelle 2. *Reinigung der Spinat-Transketolase.*

Fraktion	Gesamt-aktivität (ΔE_{340} je min)	Spezifische Aktivität
Roher Extrakt	8700	0,9
Fraktion I (Ammoniumsulfat)	6300	18,3
Fraktion II (Calciumphosphat-Eluat)	4720	48,0
Fraktion III (Aceton)	2820	74,0
Fraktion IV (Ammoniumsulfat)	1010	117,0
Fraktion V (Ammoniumsulfat)	1410	152,0

***Darstellung kristalliner Transketolase aus Bäckerhefe nach* DE LA HABA *u. Mitarb.*[2] *bzw.* SRERE *u. Mitarb.*[3].**

Ausgangsmaterial ist getrocknete Bäckerhefe; in der Originalvorschrift wurde sie durch Ausbreiten zwischen Papierbogen bei Zimmertemperatur 4 Tage lang getrocknet.

Man extrahiert 300 g Trockenhefe mit 900 ml 0,066 m Na_2HPO_4-Lösung bei 37° C 2 Std unter gelegentlichem Umschütteln und setzt die Extraktion bei Zimmertemperatur weitere 3 Std fort. Das Unlösliche wird durch Zentrifugieren (3000 U/min, 80 min) entfernt und nach einem Aufbewahren bei 0° C über Nacht mit 600 ml der Phosphatlösung 2 Std bei 37° C und 1 Std bei Zimmertemperatur nachextrahiert. Die vereinigten Extrakte werden auf p_H 6,5 gebracht. Ausbeute und spezifische Aktivität des zweiten Extraktes sind so hoch wie die des ersten oder höher.

Man versetzt ein Volumen des Extraktes mit einem halben Volumen eiskaltem Aceton bei —2° C und zentrifugiert 15—20 min bei der gleichen Temperatur. Der Eiweißniederschlag wird verworfen. Zu dem klaren Überstand gibt man sodann noch einmal die gleiche Acetonmenge, entfernt das Präcipitat durch Zentrifugieren und löst es in 100 bis 150 ml kaltem Aqua dest. Danach wird 12 Std bei 5° C gegen die 25—50fache Menge dest. Wassers dialysiert, der hierbei entstehende Eiweißniederschlag wird durch Zentrifugieren abgetrennt.

Die überstehende Lösung wird durch Zugabe von 1 n Essigsäure auf p_H 6,5 bis 6,6 gebracht, danach tropft man ein gleiches Volumen 95 %iges Äthanol ein. Die Dauer dieser Alkoholfällung soll etwa 30 min betragen und die Außentemperatur des Gefäßes etwa 6° C. Das gefällte Protein wird durch Zentrifugieren bei —6° C entfernt, der Überstand wird verworfen. Man suspendiert in 60 ml Aqua dest. (Zimmertemperatur, 10 min) und verwirft das durch Zentrifugieren in der Kälte anfallende Präcipitat. Der Überstand wird nun in der gleichen Weise ein zweites Mal mit Alkohol behandelt (p_H 6,5—6,6), bis die Endkonzentration 25 % beträgt. Es wird wiederum bei —6° C zentrifugiert und das Präcipitat in 20 ml Aqua dest. aufgenommen.

[1] HORECKER, B. L., P. Z. SMYRNIOTIS and H. KLENOW: J. biol. Ch. **205**, 661 (1953).
[2] DE LA HABA, G., I. G. LEDER and E. RACKER: J. biol. Ch. **214**, 409 (1955).
[3] SRERE, P., J. R. COOPER, M. TABACHNICK and E. RACKER: Arch. Biochem. **74**, 295 (1958).

Der p_H dieser Lösung (Alkoholfraktion II) wird mit 0,1 n Essigsäure bei 5—10° C auf 5,5 gebracht, dann wird bei 0° C zentrifugiert. Der Niederschlag wird verworfen. Zum Überstand gibt man bei p_H 5,5 0,39 ml einer 5%igen Lösung von Natriumnucleat je 100 mg Protein. Sodann bringt man den p_H-Wert durch Zugabe weiterer Mengen Essigsäure auf 5,0, zentrifugiert bei 0° C und verwirft den anfallenden Überstand. Der Protein-Nucleinsäure-Niederschlag wird in 10 ml Aqua dest. und durch vorsichtiges Einstellen auf p_H 7,2 mit 0,1 n NaOH bei 5—10° C gelöst. Der Proteingehalt der Lösung wird auf 20—25 mg/ml eingestellt. Mit 0,1 n Essigsäure bringt man den p_H-Wert wieder auf 5,3 bis 5,4 und zentrifugiert bei 0° C. Der Niederschlag wird in 5 ml Aqua dest. und durch Wiedereinstellen des p_H auf 7,2 mit 0,1 n NaOH gelöst. Den Überstand bringt man auf p_H 5,0, zentrifugiert ebenfalls in der Kälte und löst den Niederschlag in 5 ml Aqua dest., indem man den p_H auf 7,2 bringt. In beiden Fraktionen wird nun die Transketolaseaktivität gemessen: höchste Aktivität findet sich meist in dem Niederschlag, der bei p_H 5,3 entsteht. Auf dieser Reinigungsstufe hält sich das Enzym mehrere Wochen bei 5° C.

Die Protein-Nucleinsäure-Lösung wird auf p_H 6,7 gebracht und mit einer 6%igen Protaminsulfat-Lösung (p_H 6,5 und auf 50° C erhitzt) versetzt, indem man je 100 mg Protein 0,28 ml dieser Lösung zugibt. Der entstehende Niederschlag wird abzentrifugiert und verworfen. Die überstehende Lösung wird mit 0,1 n NaOH wiederum auf p_H 7,2 gebracht und bei 0° C zentrifugiert, falls eine Trübung auftritt.

Die überstehende Lösung versetzt man bei Zimmertemperatur mit 0,1 Vol. Aluminiumhydroxyd Cγ-Gel mit 16 mg Trockengewicht je ml und schwenkt gelegentlich (5 min) bei Zimmertemperatur um. Die Suspension wird nun zentrifugiert und der Überstand auf Enzymaktivität geprüft. Insgesamt wird so viel Cγ-Gel zugesetzt, bis nicht mehr als etwa 20% Verlust an Gesamtaktivität aufgetreten ist. Steigt bei diesem Arbeitsschritt die spezifische Aktivität nur wenig an, so kann die Adsorption wiederholt werden, nachdem man den p_H-Wert der Protein-Lösung mit 0,1 n Essigsäure auf 5,7—5,8 eingestellt hat.

Die Protein-Lösung wird durch Zugabe von gesättigtem Ammoniumsulfat, welches man bei 5—10° C langsam eintropfen läßt, auf eine Endkonzentration von 50% Sättigung gebracht. Man läßt einige Stunden bei 0° C stehen, entfernt den Niederschlag durch Zentrifugieren (16000 $\times$ g, 0° C) und verwirft diesen Niederschlag, der meist weniger als 10% der Gesamtaktivität enthält. Sodann wird dem Überstand gesättigte Ammoniumsulfat-Lösung bis zu 70% Sättigung zugesetzt. Man hebt mehrere Stunden bei 0° C auf und zentrifugiert wie vorher. Das gefällte Protein nimmt man in so viel kaltem Aqua dest. auf, daß die Proteinkonzentration 5—10 mg/ml beträgt. Es ist zweckmäßig, die Enzymaktivität der Protein-Lösung zu messen und, falls die Ausbeute nicht vollständig ist, durch weiteren Ammoniumsulfatzusatz bis zu einer Sättigung von 80% nachzufällen. Man versetzt die wäßrige Protein-Lösung nunmehr mit gesättigtem Ammoniumsulfat, welches sehr langsam unter vorsichtigem Umrühren zugegeben wird, bis eine schwache Trübung auftritt (50—60% Sättigung).

Das Enzym kristallisiert bei 5° C im Verlaufe von etwa 24 Std. Die Kristalle werden durch Zentrifugieren sedimentiert und wie beschrieben rekristallisiert. Zur Entfernung der schwierig zu entfernenden Phosphoribose-Isomerase sind mehrere Rekristallisationen notwendig.

Wesentlich bessere Ausbeuten und eine etwa dreifach höhere spezifische Aktivität erhält man, wenn die Ammoniumsulfatfällungen bei p_H 7,6 durchgeführt werden. Die Einstellung des p_H-Wertes erfolgt durch Zugabe von konz. Ammoniumhydroxyd, die Messung des p_H-Wertes in einer 1:50-Verdünnung der gesättigten Lösung. Das Enzym kristallisiert dann langsam bei Zimmertemperatur. Auf diese Art gewonnene kristalline Präparate erfordern für die Enzymwirkung den Zusatz von TPP, da das Coenzym während der Präparation vollständig entfernt wird.

Auch durch mehrfache Umkristallisationen läßt sich Transketolase nur sehr schwer und häufig nicht vollständig von Ketopentosephosphat-Epimerase befreien. Eine Trennung der

Tabelle 3. *Reinigung und Kristallisation von Transketolase aus Bäckerhefe*[1].

Fraktion	Gesamtaktivität *	Spezifische Aktivität **
Roher Extrakt		
Acetonfraktion II	1032000	133
Alkoholfraktion II	800000	643
Überstand p_H 5,5	893000	1240
Protein-Nucleinsäurefällung, p_H 5,5—5,0	12560000	4608
Nach Protaminbehandlung	12970000	6143
Nach zweimaligem Zusatz von C_γ-Gel	10080000	7347
Ammoniumsulfatfällung, p_H 7,6 (59%)	4419000	30000
Ammoniumsulfatfällung, p_H 7,6 (Umfällung 45—50%)	4400000	119000
Ammoniumsulfatfällung, p_H 7,6, Kristalle bei 50% Sättigung	2160000	148000
Ammoniumsulfatfällung, p_H 7,6, Überstand	2080000	134400

* Eine Enzymeinheit = ΔE_{340} 0,001/min (s. Methodik).

** Enzymaktivität je Milligramm Protein. Die Tabelle wurde aus zwei Tabellen der Originalvorschrift zusammengezogen, hierdurch erklärt sich der Sprung in der Spalte „Gesamtaktivität" bei stetig steigender spezifischer Aktivität.

beiden Enzyme läßt sich jedoch leicht durch Säulenchromatographie an DEAE-Cellulose[2] bewerkstelligen. Die Verwendung der Säulenchromatographie erlaubt weiterhin eine Vereinfachung des Arbeitsganges. Die ersten Reinigungsschritte werden wie vorhin beschrieben ausgeführt mit folgenden geringen Abweichungen: Die Trockenhefe wird nur einmal $2^1/_2$ Std bei 40° C extrahiert und 20 min bei 13000 × g zentrifugiert. Die Fraktionierung mit Aceton und nachfolgende Dialyse werden wie beschrieben durchgeführt: Die klar zentrifugierte Lösung wird sodann in 12 ml-Portionen aufgeteilt, die 15 min in einem Wasserbad bei 55° C gehalten werden. Der entstehende Eiweißniederschlag wird dann schnell durch einen Büchner-Trichter bei Zimmertemperatur filtriert, wobei mit jeweils 10 ml Aqua dest. nachgewaschen wird. Die vereinigten Filtrate werden unter Umrühren auf 0° C gekühlt, wobei Einfrieren der Lösung vermieden wird. Sodann versetzt man die Enzymlösung tropfenweise mit 0,5 Vol. eiskaltem Äthanol und senkt die Temperatur allmählich auf —6° C. Der entstehende Niederschlag wird durch Zentrifugieren bei —6° C entfernt und mit 6—10 ml Aqua dest. — je nach der Menge des Präcipitates — 10 min bei Zimmertemperatur extrahiert. Die Ausbeute an Protein und Transketolaseaktivität auf dieser Arbeitsstufe hängt sehr stark von der Beschaffenheit des Ausgangsmaterials und besonders von der Geschwindigkeit der Trocknung der Preßhefe ab. Schnell getrocknete Hefe (24 Std bei Zimmertemperatur, in dünner Schicht ausgebreitet und ventiliert) ergibt einen Extrakt mit geringerer Enzymaktivität, aber mit höherer spezifischer Aktivität als langsam im Verlaufe von 4—5 Tagen getrocknete Hefe. Unmittelbar nach der Alkoholfällung wird der Extrakt mit nicht mehr als 500 mg Protein auf eine DEAE-Cellulose-Säule (5,5 cm × 7,0 cm²) gegeben. Das Adsorbens wird vor dem Gebrauch mit 0,005 m Kaliumphosphat-Puffer, p_H 7,7, gewaschen. Es wird mit 50 ml des gleichen Puffers eluiert. Sammelt man 5 ml-Fraktionen, so erscheint die Aktivität der Transketolase im allgemeinen in 2—3 der gesammelten Fraktionen, dabei benötigt man für diesen Arbeitsschritt nicht mehr als 30—40 min und erhält fast theoretische Ausbeuten an Transketolase. Die das Enzym enthaltenden Fraktionen werden vereinigt und je 10 ml Eluat bei 0° C mit 2,9 g Ammoniumsulfat versetzt. Gegebenenfalls wird der p_H-Wert durch Zusatz einiger Tropfen 1 n KOH auf 7,6 gebracht. Der Niederschlag wird bei 0° C abzentrifugiert. Den Überstand bringt man auf Zimmertemperatur und versetzt je 10 ml mit 1,3 g Ammoniumsulfat, den Niederschlag kann man bei Zimmertemperatur sammeln. Auf diese Art gewonnene Enzympräparate besitzen einen Reinheitsgrad von 10—20% und können bei Zimmertemperatur wie oben beschrieben kristallisiert werden.

[1] De la Haba, G., I. G. Leder and E. Racker: J. biol. Ch. **214**, 409 (1955).

[2] Sober, H. A., F. J. Gutter, M. M. Wykoff and E. A. Peterson: Am. Soc. **78**, 756 (1956).

Eigenschaften. Über die allgemeinen chemischen und physikalischen Eigenschaften von Transketolase verschiedener Herkunft ist noch wenig bekannt. Das p_H-Optimum des Erythrocyten- und Serumenzyms liegt zwischen 7,4 und 7,8[1]. Beim Studium der Substratspezifität hat sich gezeigt, daß „aktivierter Glykolaldehyd" nicht nur von Xylulose-5-phosphat auf den Acceptoraldehyd übertragen wird, sondern auch von Hydroxypyruvat, L-Erythrulose[2, 3], Fructose-6-phosphat[3-5], Sedoheptulose-7-phosphat und Octulose-8-phosphat[6].

Das Coenzym TPP ist fest an das Enzymprotein gebunden und läßt sich durch einfache Dialyse nicht entfernen. Die Abtrennung gelang HORECKER, SMYRNIOTIS und KLENOW[2] durch Umfällen eines Rattenleberpräparates bei saurer Reaktion (Indicator: Methylorange). DE LA HABA, LEDER und RACKER[3] erhielten ein coenzymfreies, kristallines Enzympräparat aus Hefe (s. o.) durch Kristallisation aus Ammoniumsulfat bei p_H 7,6. Von weniger reinen Hefepräparaten läßt sich das Coenzym durch längere Dialyse gegen 0,6 % Äthylendiamintetraacetat/0,9 % KCl bei p_H 7,4 abtrennen. Für die völlige Reaktivierung ist neben TPP auch der Zusatz von Mg^{++} notwendig. Beim kristallinen Hefeenzym ist jedoch ein Zusatz von Mg^{++} nicht erforderlich. Die Transketolaseaktivität von Erythrocyten und Blutserum der Ratte sinkt bei Verfütterung einer thiaminfreien Diät im Verlaufe von 1 Woche auf $^1/_3$ der Ausgangsaktivität ab[1], in Hämolysaten und Seren der mangelernährten Tiere läßt sich die Enzymaktivität durch TPP auch nach 4stündiger Vorinkubation nicht steigern[1].

Nur das Spinat- und Hefeenzym, nicht jedoch Lebertransketolase erfordern die Anwesenheit von Mg^{++}[2, 3].

Präparate aus Schweineleber besitzen ähnliche Eigenschaften wie diejenigen aus Rattenleber[7].

Aktivitätsmessung.

Aktivitätsmessung der Transketolase mit dem zusammengesetzten optischen Test nach DE LA HABA u. Mitarb.[3].

Prinzip:

In einem Gemisch von Ribose-5-phosphat, Xylulose-5-phosphat, Triosephosphatisomerase und Glycerophosphat-Dehydrogenase wird die Geschwindigkeit der Oxydation von DPNH durch Transketolase limitiert. Als Enzymeinheit 1 geben die Autoren die Transketolasemenge an, welche je Minute unter den Testbedingungen eine Lichtschwächung von 0,001 bei 340 mμ bewirkt.

Reagentien:

1. Substrat aus Aldo- und Ketopentosephosphat. Es kann auf folgende Art aus käuflichem Ribose-5-phosphat mit Hilfe von Phosphoribose-Isomerase und Ketopentosephosphat-epimerase dargestellt werden (in der Originalschrift wird nur die Darstellung mit Hilfe der Isomerase, die offenbar mit Epimerase verunreinigt war, beschrieben. Zum Zeitpunkt der Veröffentlichung der Arbeit war die Existenz der Epimerase und die Tatsache, daß Xylulose-5-phosphat und nicht Ribulose-5-phosphat Substrat der Transketolase ist, noch nicht bekannt).

   Darstellung eines rohen Präparates von Phosphoribose-Isomerase zusammen mit Ketopentosephosphat-epimerase[3]. Wie für Hefetransketolase beschrieben, wird die Acetonfraktion II (33—50 % Aceton) dargestellt. Diese Fraktion wird in 100 ml Aqua dest. suspendiert und bei 0° C 12 Std gegen das 25—50fache Volumen Aqua dest.

[1] BRUNS, F. H., E. DÜNWALD u. E. NOLTMANN: B. Z. **330**, 497 (1958).
[2] HORECKER, B. L., P. Z. SMYRNIOTIS and H. KLENOW: J. biol. Ch. **205**, 661 (1953).
[3] DE LA HABA, G., I. G. LEDER and E. RACKER: J. biol. Ch. **214**, 409 (1955).
[4] HORECKER, B. L., P. Z. SMYRNIOTIS and J. HURWITZ: J. biol. Ch. **223**, 1009 (1956).
[5] RACKER, E., G. DE LA HABA and I. G. LEDER: Arch. Biochem. **48**, 238 (1954).
[6] RACKER, E., and E. SCHROEDER: Arch. Biochem. **66**, 241 (1957).
[7] SIMPSON, F. I.: Canad. J. Biochem. Physiol. **38**, 115 (1960).

dialysiert, wobei das Wasser einmal erneuert werden muß. Bei 5° C wird zentrifugiert (18000 × g), der Überstand bei 60° C 1:5 mit dest. Wasser verdünnt und das Gemisch anschließend 25 min bei 60° C gehalten. Man kühlt auf 5—10° C ab, zentrifugiert bei 5° C und versetzt den Überstand mit 29 g Ammoniumsulfat je 100 ml (5° C). Die Suspension wird zentrifugiert und der Niederschlag verworfen. Zu je 100 ml Überstand gibt man 16,7 g Ammoniumsulfat; der durch Zentrifugieren abgetrennte Niederschlag wird in 50 ml Aqua dest. gelöst. Diese Enzymlösung, die sowohl Isomerase als auch Epimerase enthält, ist frei von Transketolase und wird bei —20° C aufbewahrt. Vor der Verwendung wird sie gegen Aqua dest. in der Kälte dialysiert, bis sie frei von Sulfationen ist.

Darstellung eines Gemisches von Aldo-Ketopentosephosphat[1]. Man löst 1 g Ribose-5-phosphat (Bariumsalz) in 10 ml 0,1 n HCl, erhitzt 4 min im siedenden Wasserbad, kühlt und entfernt Ba^{++} durch Zugabe eines geringen Überschusses Ammoniumsulfat. Die Lösung wird auf p_H 7,6 gebracht und mit 4 ml des dialysierten Isomerase-Epimerase-Präparates versetzt. Mit Aqua dest. wird auf 20 ml aufgefüllt und so lange bei 38° C inkubiert, bis die Konzentration von Ketopentosephosphat (photometrische Bestimmung mit der Carbazolmethode[2-4]) nicht weiter ansteigt, was meist nach 2—3 Std erreicht ist. Mit 3 ml 50 %iger Trichloressigsäure wird enteiweißt, zentrifugiert und der Überstand auf p_H 8,0 gebracht. Nach Zusatz von 5 ml 1 m Bariumacetat wird gründlich durchmischt und zentrifugiert. Der Niederschlag wird mit Aqua dest. gewaschen, sodann vereinigt man Waschflüssigkeit und Überstand und versetzt das Gemisch mit dem vierfachen Vol. 95 %igem Äthanol. Nach Aufbewahren für 2—3 Std bei 0° C wird der Niederschlag durch Zentrifugieren abgetrennt, einmal mit absolutem Äthanol gewaschen und anschließend im Vakuum-Exsiccator getrocknet. Das getrocknete Bariumsalz wird bei 2° C im Exsiccator aufbewahrt. Eine Lösung des Ammoniumsalzes wird dadurch hergestellt, daß man eine 3 %ige wäßrige Lösung des Bariumsalz-Gemisches mit einem geringen Überschuß Ammoniumsulfat versetzt und den Bariumsulfatniederschlag durch Zentrifugieren abtrennt. Der auf p_H 6,5 gebrachte Überstand kann mehrere Tage bei —20° C aufbewahrt werden, er wird als Substrat-Lösung im Transketolasetest verwendet.

Auf einfachere Weise läßt sich das Pentosephosphat-Gemisch, welches für die Aktivitätsmessung der Transketolase benötigt wird, mit einem 1:100 bis 1:200 verdünnten und 30 min auf 60—63° C erhitzten Hämolysat gewinnen[2].

2. 0,5 m Glycylglycin-Puffer, p_H 7,6.
3. 0,002 m DPNH.
4. Glycerophosphat-Dehydrogenase, roh, präpariert nach[5], 10 mg/ml.
5. Thiaminpyrophosphat-Lösung (TPP), 0,1 %ig.
6. 0,06 m $MgCl_2$.

Ausführung:

In eine Mikroküvette aus Quarz pipettiert man nacheinander 0,6 ml Aqua dest., 0,05 ml Glycylglycin-Puffer, 0,05 ml DPNH, 0,05 ml Glycerophosphat-Dehydrogenase-Lösung, 0,05 ml Substratlösung, 0,05 ml TPP-Lösung, 0,05 ml $MgCl_2$-Lösung und zum Schluß 0,05 ml einer Transketolase-Lösung, die 500—1000 E/ml enthält. Da rohe Glycerophosphat-dehydrogenase-Präparate meist Spuren Transketolase enthalten, wird die Lichtschwächung bei 340 mμ einige Minuten lang alle 30 sec gemessen, bevor die Transketolase zugegeben wird. Der gemessene Leerwert wird von dem nach Zugabe der Transketolase erhaltenen Wert subtrahiert.

---

[1] De la Haba, G., I. G. Leder and E. Racker: J. biol. Ch. **214**, 409 (1955).
[2] Bruns, F. H., E. Noltmann u. E. Vahlhaus: B. Z. **330**, 483 (1958).
[3] Dische, Z., and E. Borenfreund: J. biol. Ch. **192**, 583 (1951).
[4] Bruns, F. H.: B Z. **327**, 523 (1956).
[5] Racker, E.: J. biol. Ch. **167**, 843 (1947).

***Aktivitätsmessung der Transketolase durch Bestimmung von Sedoheptulose-7-phosphat in Gegenwart von Pentosephosphat mit der Orcinreaktion (Orcinreaktion I) nach* HORECKER *u. Mitarb.*[1].**

Pentosen, Pentosephosphate, Heptosen und Heptosephosphate geben die sog. Bial-Reaktion, eine Grünfärbung, die sich im siedenden Wasserbad bei Anwesenheit von Orcin, konz. Salzsäure und $FeCl_3$ entwickelt[2, 3]. Pentosen und ihre Ester besitzen den gleichen Extinktionskoeffizienten, das Absorptionsmaximum liegt bei 670 mμ. Die grüne Farbe, die sich mit Heptosen und Heptoseestern entwickelt, besitzt ein Maximum bei 560 mμ. HORECKER, SMYRNIOTIS und KLENOW geben für die quantitative Bestimmung von Pentose und Heptulose folgende empirische Formeln an (Beckman-Spektralphotometer, Lichtweg 10 mm):

$$(3{,}8\ E_{580} - E_{670}) \times 0{,}034 = \mu\text{Mol Heptulose}; \quad (3{,}5\ E_{670} - E_{580}) \times 0{,}027 = \mu\text{Mol Pentose}.$$

Reagentien:

1. $FeCl_3$-Lösung, 0,1%ig in konz. HCl.
2. Orcin-Lösung, 0,1%ig in Äthanol.

Ausführung:

Zu 1 ml Trichloressigsäurefiltrat (s. nachstehende Methode) gibt man 1,0 ml $FeCl_3$-Lösung und 0,1 ml Orcinlösung. Das Gemisch wird 30 min im siedenden Wasserbad erhitzt. Die Farbintensität ist zu diesem Zeitpunkt maximal und nimmt später ab. Gemessen wird gegen einen Blindwert bei 580 und 670 mμ. Es ist jedoch schwierig, kleine Mengen Heptulose bei großem Pentoseüberschuß mit ausreichender Genauigkeit zu bestimmen, zumal Ketopentosephosphat einen geringeren Absorptionskoeffizienten (etwa 70%) besitzt als Aldopentosephosphat[1, 4].

***Aktivitätsmessung der Transketolase in Hämolysaten und Blutserum mit einer modifizierten Orcinreaktion (Orcinreaktion II) nach* BRUNS *u. Mitarb.*[4].**

Prinzip:

Da die Aktivitäten von Phosphoribose-Isomerase und Ketopentosephosphat-Epimerase in Hämolysaten und Blutserum etwa 1000mal höher liegen als die Aktivitäten der Transketolase, kann die Aktivität dieses Enzyms durch alleinigen Einsatz von Ribose-5-phosphat bestimmt werden. Als Maß der Enzymwirkung wird Sedoheptulose-7-phosphat mit Hilfe einer modifizierten Orcin-Reaktion[4, 5] bestimmt. Dabei wird wahrscheinlich Sedoheptulose-7-phosphat durch HCl zu Hydroxyäthylfurfurol dehydratisiert, welches später unter Farbstoffbildung mit Orcin kondensiert.

Reagentien:

1. 0,1 m Trishydroxymethylaminomethan-Puffer, p_H 7,6.
2. 0,01 m Ribose-5-phosphat-Lösung, p_H 7,6, Na-Salz. Da Pentose und Pentosephosphat den gleichen molaren Extinktionskoeffizienten besitzen, ist es möglich, die Lösung gegen einen Ribose-Standard mit Hilfe der Methode von ALBAUM und UMBREIT[3] einzustellen. Es empfiehlt sich, die Substrat-Lösung mit einem Tropfen Toluol zu versetzen und in gefrorenem Zustande aufzubewahren.
3. Trichloressigsäure, 10%ig.
4. HCl konz., p. a., D 1,19.
5. $FeCl_3$-Lösung (13 mg $FeCl_3$ ad 100 ml 2n HCl).
6. Orcin-Lösung, 6%ig in Äthanol.
7. Äthanol, 95%ig.

---

[1] HORECKER, B. L., P. Z. SMYRNIOTIS and H. KLENOW: J. biol. Ch. **205**, 661 (1953).
[2] MEJBAUM, W.: H. **258**, 117 (1939).
[3] ALBAUM, H. G., and W. W. UMBREIT: J. biol. Ch. **167**, 369 (1947).
[4] BRUNS, F. H., E. DÜNWALD u. E. NOLTMANN: B. Z. **330**, 497 (1958).
[5] DISCHE, Z.: J. biol. Ch. **204**, 983 (1953).

Ausführung:

Man hält 0,5 ml 1:10 verdünntes Hämolysat oder 0,5 ml Serum sowie 0,5 ml Puffer und 0,5 ml Substrat-Lösung für die Versuchszeit bei 37° C. Die Bebrütungsdauer beträgt für Hämolysate 15—60 min, für Serum 2—4 Std. Durch Zugabe von 1,5 ml Trichloressigsäure wird die Reaktion unterbrochen. Nach dem Filtrieren gibt man zu 1,0 ml des Filtrates 0,2 ml konz. HCl und erhitzt das Gemisch 80 min in kleinen Glasröhrchen mit Schliffstopfen im siedenden Wasserbad. Die Röhrchen werden dann abgekühlt, mit 0,2 ml $FeCl_3$-Lösung und 0,075 ml Orcin-Lösung versetzt, gründlich durchmischt und nochmals für genau 3 min im siedenden Wasserbad erhitzt. Während dieser zweiten Erhitzungszeit erscheint eine bläulich-grüne Farbe mit einem Absorptionsmaximum bei 590 mμ. Versetzt man nun das Reaktionsgemisch mit einem gleichen Volumen (1,475 ml) Äthanol, so schlägt die Farbe nach Blau um, das Absorptionsmaximum verschiebt sich nach 625 mμ, gleichzeitig wird die Farbintensität erheblich gesteigert. Die Farblösung bleibt nunmehr 4 Std bei Zimmertemperatur stehen, dann erfolgt die Messung gegen einen Blindwert bei 625 mμ. Δ E 0,1 = 0,3 μM Sedoheptulose-7-phosphat je ml Trichloressigsäurefiltrat (Beckman-Spektralphotometer, Modell DU, Lichtweg 10 mm).

Die Methode ist empfindlich und genau, der Farbstoff gehorcht bis zu Extinktionen, die weit über 1,0 liegen, dem LAMBERT-BEERschen Gesetz. Die Farbintensität bleibt, wenn Vorsorge gegen eine Einengung der Farblösung getroffen wird, zumindest 24 Std konstant.

Triosen, Tetrosen, Pentosen, Hexosen und deren Phosphorsäureester stören die Reaktion praktisch nicht. Die Anwendbarkeit auf andere Gewebe bedarf der Überprüfung.

Ein *qualitativer Nachweis* von Sedoheptulosephosphat in den Trichloressigsäurefiltraten gelingt mit der Schwefelsäure-Reaktion[1], der Cystein-Schwefelsäure-Reaktion[1, 2] und der Resorcin-Reaktion[3].

Transaldolase.

[2.2.1.2 D-Sedoheptulose-7-phosphat: D-Glyceraldehyd-3-phosphat-Dihydroxyacetontransferase.]

Von

Friedrich H. Bruns und Hans Reinauer*.

Transaldolase katalysiert die Übertragung der Dihydroxyacetongruppe eines Ketozuckers auf einen Acceptor-Aldehyd, meist eine Aldose. Als Donatoren des „aktiven

Abkürzungen.

TA	Transaldolase	S-7-P	Sedoheptulose-7-phosphat
TK	Transketolase	DHA	Dihydroxyaceton
PGI	Phosphoglucose-Isomerase	D-Ga-3-P	D-Glycerinaldehyd-3-phosphat
G-6-P-DH	Glucose-6-phosphat-Dehydrogenase	D-E-4-P	D-Erythrose-4-phosphat
TIM	Triosephosphat-Isomerase	R-5-P	Ribose-5-phosphat
GDH	α-Glycerophosphat-Dehydrogenase	Ru-5-P	Ribulose-5-phosphat
F-6-P	Fructose-6-phosphat	ÄDTA	Äthylendiamintetraacetat
F-1,6-DP	Fructose-1,6-diphosphat	TPP	Thiaminpyrophosphat

* Physiologisch-Chemisches Institut der Medizinischen Akademie Düsseldorf.

[1] DISCHE, Z.: J. biol. Ch. **204**, 983 (1953).

[2] DISCHE, Z., L. B. SHETTLES and M. OSNOS: Arch. Biochem. **22**, 169 (1949).

[3] BRUNS, F. H., E. DÜNWALD u. E. NOLTMANN: B. Z. **330**, 497 (1958).

Dihydroxyacetons“[1] kommen in erster Linie in Betracht Sedoheptulose-7-P und Fructose-6-P, als Acceptor-Aldosen können D-Glycerinaldehyd-3-P oder D-Erythrose-4-P wirken[1-4].

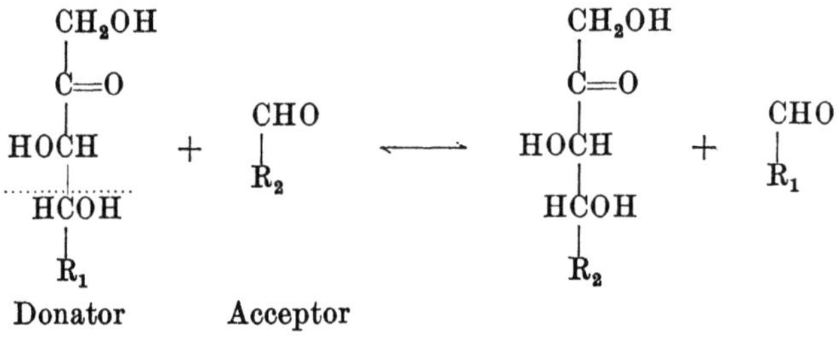

Allgemeine Formel für die Wirkung der Transaldolase[5].

Die Reaktion ist umkehrbar[6,7], die Gleichgewichtskonstante liegt nahe bei 1[2,8]. Das DHA-Enzym-Zwischenprodukt ist isoliert worden[1,9]. Bei Fehlen eines Acceptors erfolgt keine Reaktion[1]. Es gibt viele ältere Befunde, die auf die Existenz einer TA hingewiesen haben, so konnte DISCHE in Hämolysaten die Bildung von Hexosephosphat aus Adenosin nachweisen[10]. Es folgten Untersuchungen über die Transformation von Pentosen in Hexosen[11-15], wobei neben Transketolase ein weiteres gruppenübertragendes Enzym postuliert wurde[14]. Dieses Enzym wurde dann von HORECKER u. Mitarb.[1,13,16-18] in seinem Aktionsmodus erkannt und Transaldolase genannt. Das erste gereinigte Präparat wurde aus Hefe gewonnen[1,2,18]. TA wurde bisher in Spinat-[12,19] und Bohnenblättern[17], Hefe[1,2,20,21], Bakterien[22-25], Erythrocyten[10,26] und Rattenleber[13,27] nachgewiesen, so daß an der allgemeinen Verbreitung dieses Enzyms im Pflanzen- und Tierreich kein Zweifel bestehen kann. Unklarheiten bestehen hingegen noch in der biologischen Bedeutung dieses Enzyms[5]. R-5-P und E-4-P können auch ohne Mitwirkung der TA auf- und abgebaut werden. Jedoch haben Untersuchungen mit Isotopen gezeigt, daß R-5-P, das als Baustein von Nucleotiden und Ribonucleinsäuren eine Rolle spielt, in überwiegendem Maße aus C_2- und C_3-Einheiten unter Mitwirkung der TA und der TK aufgebaut wird,

[1] HORECKER, B. L., and P. Z. SMYRNIOTIS: Am. Soc. **75**, 2021 (1953).
[2] HORECKER, B. L., and P. Z. SMYRNIOTIS: J. biol. Ch. **212**, 811 (1955).
[3] BONSIGNORE, A., S. PONTREMOLI, E. GRAZI and M. MANGIAROTTI: Biochem. biophys. Res. Comm. **1**, 79 (1959).
[4] BONSIGNORE, A., S. PONTREMOLI, E. GRAZI and B. L. HORECKER: J. biol. Ch. **235**, 1888 (1960).
[5] RACKER, E., in: Boyer-Lardy-Myrbäck, Enzymes, Bd. V, S. 407.
[6] KORNBERG, H. L., and E. RACKER: Biochem. J. **61**, III (1955).
[7] SRERE, P. A., H. L. KORNBERG and E. RACKER: Fed. Proc. **14**, 285 (1955).
[8] HORECKER, B. L., and A. H. MEHLER: Ann. Rev. **24**, 233 (1955).
[9] VENKATARAMAN, R., A. G. DATTA and E. RACKER: Fed. Proc. **19**, 82 (1960).
[10] DISCHE, Z.: Naturwiss. **26**, 252 (1938).
[11] GLOCK, G. E.: Biochem. J. **52**, 575 (1952).
[12] AXELROD, B., R. S. BANDURSKI, C. M. GREINER and R. JANG: J. biol. Ch. **202**, 619 (1953).
[13] HORECKER, B. L., M. GIBBS, H. KLENOW and P. Z. SMYRNIOTIS: J. biol. Ch. **207**, 393 (1954).
[14] HABA, G. DE LA, and E. RACKER: Fed. Proc. **11**, 201 (1952).
[15] WALDVOGEL, M. J. u. F. SCHLENK: Arch. Biochem. **14**, 484 (1947).
[16] HORECKER, B. L., and P. Z. SMYRNIOTIS: Fed. Proc. **13**, 232 (1954).
[17] GIBBS, M., and B. L. HORECKER: J. biol. Ch. **208**, 813 (1954).
[18] HORECKER, B. L., in: MCELROY, W. D., and B. GLASS (Hrsgb.): Mechanism of Enzyme Action S. 544. Baltimore 1954.
[19] SCHROEDER, E., and E. RACKER: Fed. Proc. **18**, 318 (1959).
[20] COURI, D., and E. RACKER: Arch. Biochem. **83**, 195 (1959).
[21] SRERE, P., J. R. COOPER, M. TABACHNICK and E. RACKER: Arch. Biochem. **74**, 295 (1958).
[22] DISCHE, Z., and E. POLLACZEK: 2. Int. Congr. Biochem., Paris, 1952, S. 289.
[23] BERGMANN, E. D., U. Z. LITTAUER and B. E. VOLCANI: Biochim. biophys. Acta **13**, 288 (1954).
[24] GROMET, Z., M. SCHRAMM and S. HESTRIN: Biochem. J. **67**, 679 (1957).
[25] GUNSALUS, I. C., B. L. HORECKER and W. A. WOOD: Bact. Rev. **19**, 79 (1955).
[26] DISCHE, Z., H. T. SHIGEURA and E. LANDSBERG: Arch. Biochem. **89**, 123 (1960).
[27] GLOCK, G. E., and P. MCLEAN: Biochem. J. **56**, 171 (1954).

während die direkte Entstehung über 6-Phosphogluconat bedeutend geringer ist[1–3]. Außerdem spielt das Enzym eine Rolle bei dem weiteren Abbau der Sedoheptulose[4–11].

***Reinigung der Transaldolase aus Hefe nach* Horecker *und* Smyrniotis**[12]**.**

Brauereihefe wird im zehnfachen Volumen Aqua dest. gewaschen; man läßt sie über Nacht in einem kalten Raum sedimentieren, preßt und trocknet sie auf einem Drahtsieb unter einem Luftstrom. Die getrocknete Hefe (240 g) wird in 720 ml 0,1 m Natriumbicarbonat suspendiert, man läßt sie 7,5 Std in dieser Lösung bei 25° C autolysieren. Die Suspension wird mit 4 l Aqua dest. versetzt und danach zentrifugiert. Der Überstand wird über Nacht bei 2° C gehalten (4,3 l).

Acetonfraktionierung. 2,15 l Autolysat wird mit 12 ml 5 n HCl auf p_H 4,8 gebracht und danach unter fortwährender Kühlung in einer Kältemischung innerhalb 10 min mit 1100 ml Aceton (— 12° C) versetzt. Die Lösung soll zum Schluß eine Temperatur von —5° C haben. Nach 10 min wird der Niederschlag durch kurzes Zentrifugieren entfernt. Den Überstand kühlt man auf —8° C und gibt innerhalb von 6 min 455 ml kaltes Aceton hinzu. Nach 30 min bei —8° C wird der entstandene Niederschlag durch Zentrifugieren gewonnen, in 120 ml Aqua dest. gelöst und mit 0,27 ml 5 n Ammoniumhydroxyd auf p_H 7,0 gebracht. Mit der anderen Hälfte des Autolysats (2,15 l) wird in derselben Weise verfahren (Acetonfraktion: 283 ml).

Calciumphosphat-Gel-Adsorption I. Die Acetonfraktion wird mit Aqua dest. auf eine Proteinkonzentration von 8,0 mg/ml gebracht (etwa 650 ml) und mit Calciumphosphat-Gel[13] versetzt (283 ml, Trockengewicht 4 g). Nach Adsorption des Enzyms wird das Gel durch Zentrifugieren abgetrennt und das Enzym durch Zugabe von zweimal je 141 ml Pyrophosphatpuffer (0,15 m, p_H 7,6) eluiert (Eluate: 335 ml).

Ammoniumsulfat-Fraktionierung. Dem Eluat werden 100 g Ammoniumsulfat zugesetzt, der entstehende Niederschlag wird abgetrennt und verworfen. Zwei weitere Fraktionen erhält man durch weitere Zugabe von 21 und 39 g Ammoniumsulfat zu den jeweiligen Überständen. Der letzte Niederschlag, der meist die höchste Aktivität aufweist, wird in 10 ml Triäthanolaminpuffer (0,04 m, p_H 7,4, enthaltend 0,01 m ÄDTA) aufgenommen (Ammoniumsulfatfraktion: 20,5 ml).

Säurefällung. Die Ammoniumsulfatfraktion wird mit 10 ml Aqua dest. verdünnt, die Ammoniumsulfatkonzentration wird bestimmt. Man gibt so viel gesättigte Ammoniumsulfatlösung hinzu, bis eine 55%ige Sättigung erreicht ist (etwa 16,2 ml). Danach stellt man den p_H durch Zugabe von etwa 12 ml 55%ig gesättigter Ammoniumsulfatlösung, die 0,2 n H_2SO_4 enthält, auf 4,4 ein. Das Gemisch wird nach 5 min bei 0° C zentrifugiert. Den Niederschlag löst man in 5,0 ml Glycylglycinpuffer (0,25 m, p_H 7,4). Zwei weitere Fraktionen werden gewonnen durch Einstellen des p_H auf 3,5 und 2,5 mit 2,0 bzw. 10,5 ml Ammoniumsulfat-Schwefelsäurelösung. Die letzte Fraktion enthält im allgemeinen die Enzymaktivität, sie wird in 5 ml Glycylglycinpuffer gelöst und über Nacht bei 2° C gegen fließenden Acetatpuffer (0,05 m, p_H 7,4) dialysiert (Säurefällung: 8,8 ml).

Calciumphosphat-Gel-Adsorption II. Die dialysierte Lösung (8,5 ml) wird mit 8,5 ml Calciumphosphat-Gel[13] versetzt und nach Adsorption des Proteins zentrifugiert. Man

[1] Bernstein, I. A.: J. biol. Ch. **205**, 317 (1953).
[2] Marks, P. A., and P. Feigelson: J. biol. Ch. **226**, 1001 (1957).
[3] Shuster, L., and A. Goldin: J. biol. Ch. **230**, 883 (1958).
[4] Axelrod, B., R. S. Bandurski, C. M. Greiner and R. Jang: J. biol. Ch. **202**, 619 (1953).
[5] Horecker, B. L., M. Gibbs, H. Klenow and P. Z. Smyrniotis: J. biol. Ch. **207**, 393 (1954).
[6] Dische, Z., and E. Pollaczek: 2. Int. Congr. Biochem., Paris, 1952, S. 289.
[7] Glock, G. E., and P. McLean: Biochem. J. **56**, 171 (1954).
[8] Horecker, B. L., P. Z. Smyrniotis and H. Klenow: J. biol. Ch. **205**, 661 (1953).
[9] Horecker, B. L., and P. Z. Smyrniotis: Am. Soc. **74**, 2123 (1952).
[10] Wood, W. A., and R. F. Schwerdt: J. biol. Ch. **206**, 625 (1954).
[11] Racker, E., G. de la Haba and I. G. Leder: Arch. Biochem. **48**, 238 (1954).
[12] Horecker, B. L., and P. Z. Smyrniotis: J. biol. Ch. **212**, 811 (1955).
[13] Keilin, D., and E. F. Hartree: Proc. R. Soc. London (B) **124**, 397 (1938).

wäscht das Gel mit 10 ml Phosphatpuffer (0,05 m, p_H 6,1) und eluiert danach mit 10 ml Phosphatpuffer (0,05 m, p_H 7,8). Zu dem Eluat gibt man 3,8 g Ammoniumsulfat, läßt 10 min stehen, zentrifugiert und verwirft den Niederschlag. Der Überstand wird mit 1,6 g Ammoniumsulfat versetzt, zentrifugiert und der Niederschlag in 2,0 ml Glycylglycinpuffer, p_H 7,4, gelöst (Calciumphosphat-Gel-Eluat II: 2,4 ml).

Äthanolfällung. Das Gel-Eluat wird über Nacht gegen fließenden Acetatpuffer (0,05 m, p_H 7,4) dialysiert. Die dialysierte Lösung (3,2 ml) stellt man mit 0,08 ml 2 n Essigsäure auf etwa p_H 4,5 ein. In einem Kältebad kühlt man die Lösung und gibt unter Umrühren das gleiche Volumen 50%iges Äthanol hinzu. Nach 10 min bei — 8° C wird in der Kälte (— 10° C) zentrifugiert und der Niederschlag in 1,0 ml Glycylglycinpuffer, p_H 7,4, gelöst. Zu dem Überstand gibt man 0,7 ml absolutes Äthanol, kühlt in einem Kältebad auf — 15° C, zentrifugiert in der Kälte und löst den abgetrennten Niederschlag wie vorher. Eine dritte Fraktion wird durch Zugabe von 0,8 ml absolutem Äthanol gewonnen, wobei man wie bei der zweiten Fraktion verfährt. Die letzte Fraktion enthält meist die höchste Aktivität (Äthanolfraktion: 1,1 ml).

Aus dem Reinigungsprozeß resultiert folgende Übersicht:

Fraktion	Gesamt-aktivität	Spezifische Aktivität	Volumen in ml
Hefe-Autolysat	9720	0,23	4300
Acetonfraktion	6570	0,67	283
Calciumphosphat-Gel-Eluat I	4860	1,48	335
Ammoniumsulfatfraktion	4500	3,26	20,5
Säurefällung	1810	23,9	8,8
Calciumphosphat-Gel-Eluat II	1380	61,4	2,4
Äthanolfällung	915	97,0	1,1

Spezifische Aktivität = Einheiten/mg Protein.

Eine Enzymeinheit entspricht einer Extinktionsänderung von 1,0 bei 340 mμ. Substrate: S-7-P und Ga-3-P. Hilfsenzyme: PGI, G-6-P-DH. Meßgröße ist im zusammengesetzten optischen Test TPNH (vgl. Enzymaktivitätsbestimmungen).

Das Enzympräparat enthält noch Spuren von TIM. Für die meisten Untersuchungen genügt es, die Fraktion nach der Säurefällung zu benutzen, da auf dieser Reinigungsstufe bereits keine TK und PGI in dem Präparat enthalten sind[1].

***Darstellung kristalliner Transaldolase aus Bäckerhefe nach* Venkataraman *und* Racker[2].**

Alle Arbeitsschritte werden nahe 0° C ausgeführt; es wird ausschließlich glasdestilliertes Wasser benutzt.

Rohextrakt. Frische Bäckerhefe (Fleischmann) wird in flüssigem Stickstoff eingefroren[3]. Zu 900 g gefrorener Hefe gibt man 900 ml Wasser. Nach dem Auftauen wird die Suspension in einem Homogenisator (Waring Blendor) 1 min zerkleinert. Das Homogenat wird durch vorsichtige Zugabe von 5 n Ammoniumhydroxyd auf p_H 8,5 gebracht und 72 Std bei 0° C stehen gelassen. Danach zentrifugiert man 20 min bei 11000 $\times$ g (1000 ml Rohextrakt).

Acetonfraktionierung. 500 ml Aceton (— 10° C) werden unter Umrühren und Kühlen in einem Kältebad (— 2° C) dem Rohextrakt langsam zugesetzt. Man zentrifugiert in einer Kühlzentrifuge (— 5° C, 10 min, 14000 $\times$ g) und verwirft den Niederschlag. Zu dem klaren Überstand gibt man erneut unter Umrühren 500 ml Aceton und gewinnt den Niederschlag durch Zentrifugieren. Der Niederschlag wird in 300 ml Aqua dest. aufgenommen und 16 Std gegen 6 l Aqua dest. bei 0° C dialysiert.

[1] Horecker, B. L., and P. Z. Smyrniotis: J. biol. Ch. **212**, 811 (1955).
[2] Venkataraman, R., and E. Racker: J. biol. Ch. **236**, 1876 (1961).
[3] Black, S.: Arch. Biochem. **34**, 86 (1951).

Säurefällung bei p_H 5,0. Der bei der Dialyse gebildete, geringe Niederschlag wird abzentrifugiert und verworfen. Je 100 mg Protein im Überstand gibt man 0,39 ml einer dialysierten, 5%igen Natriumribonucleatlösung hinzu und stellt durch langsame Zugabe von 0,2 n Essigsäure den p_H auf 5,0 ein. Nach 10 min wird der entstandene Niederschlag abzentrifugiert und verworfen. Der p_H des klaren Überstandes wird durch langsames Zutropfen von 5 n Ammoniumhydroxyd auf 5,7 gebracht.

Adsorption an Calciumphosphat-Gel I. Der Überstand wird mit Aqua dest. bis zu einer Proteinkonzentration von 10 mg/ml verdünnt. Man gibt jetzt 0,4 Vol. Calciumphosphat-Gel (20 mg/ml)[1] hinzu, zentrifugiert nach 20 min und prüft die Enzymaktivität im Überstand, um völlige Adsorption zu sichern. Die Elution erfolgt mit je 100 ml 0,05, 0,1, 0,2, 0,3 und 0,4 m Natriumphosphatpuffer, p_H 7,7. Jede Fraktion wird auf Aktivität geprüft; die Eluate mit hoher spezifischer Aktivität werden vereinigt; meist sind dies die Eluate mit 0,1, 0,2 und 0,3 m Phosphatpuffer.

Ammoniumsulfatfällung. Zu je 100 ml der vereinigten Eluate gibt man 29,1 g Ammoniumsulfat, trennt durch Zentrifugieren den Niederschlag ab und verwirft ihn. Zwei weitere Fraktionen werden durch aufeinanderfolgende Zugaben von 9,2 und dann 13,2 g Ammoniumsulfat je 100 ml Überstand hergestellt. Gewöhnlich enthält die letzte Fraktion den überwiegenden Teil der TA; der Niederschlag wird in 30 ml Phosphatpuffer, 0,005 m, p_H 7,7, gelöst und über Nacht unter Rühren gegen 4 l Phosphatpuffer, 0,05 m, p_H 7,7, bei 2° C dialysiert.

Säulenchromatographie. DEAE-Cellulose (Brown Co., Berlin, New Hampshire) wird mit 0,005 m Phosphatpuffer, p_H 7,7, äquilibriert. Auf die Säule von 7 × 5 cm gibt man die dialysierte Lösung, die etwa 300 mg Protein enthält. Als erste Elutionslösung wird 0,005 m Phosphatpuffer, p_H 7,7, verwendet (50 ml). Danach eluiert man mit 50 ml 0,05 m Phosphatpuffer, p_H 7,7, und sammelt Fraktionen von 10 ml; hierdurch wird der größte Teil der TA gelöst. Zu je 10 ml der aktiven Eluate gibt man 6,91 g Ammoniumsulfat. Der Niederschlag wird abgetrennt, in möglichst wenig 0,005 m Phosphatpuffer, p_H 7,7, aufgenommen und gegen 3 l des gleichen Puffers dialysiert.

Adsorption an Calciumphosphat-Gel II. Zu 25 ml dialysierter Enzymlösung, gewonnen durch die Vereinigung von drei Enzympräparationen (Proteingehalt 6 mg/ml, spezifische Aktivität 3,0—3,5 E), gibt man $^1/_2$ Vol. Calciumphosphat-Gel (20 mg/ml). Nach 20 min bei 0° C wird zentrifugiert und das Gel mit je 10 ml 0,05, 0,075, 0,1, 0,15, 0,2 und 0,25 m Phosphatpuffer, p_H 7,7, eluiert. Die letzten drei Fraktionen enthalten meist den größten Teil des Enzyms, sie werden vereinigt.

Kristallisation. Zu je 10 ml Eluat gibt man 6,95 g umkristallisiertes Ammoniumsulfat. Der Niederschlag wird in 0,005 m Phosphatpuffer, p_H 7,7, aufgenommen und zentrifugiert. In den klaren Überstand läßt man langsam gesättigte, ammoniakalische Ammoniumsulfatlösung, p_H 7,8, eintropfen, bis eine leichte Trübung entsteht. Die Suspension bleibt über Nacht bei 0° C stehen, dann wird der teils amorphe, teils kristalline Niederschlag zentrifugiert, in Phosphatpuffer, 0,05 m, p_H 7,7, gelöst und durch erneutes Zentrifugieren geklärt. Zu dem Überstand gibt man kristallines Ammoniumsulfat, bis eine leichte Trübung entsteht. Der Niederschlag wird abzentrifugiert und verworfen. Gesättigte Ammoniumsulfatlösung, p_H 7,8, wird zugesetzt, bis eine leichte Trübung entsteht. Der Kristallisationsvorgang wird wie oben beschrieben wiederholt.

Eigenschaften. Das gereinigte Enzym ist frei von Nucleinsäuren und Nucleotiden, wie aus dem Absorptionsquotienten 280/260 mμ = 1,77 hervorgeht[2]. Die kristalline TA (spezifische Aktivität 10 E/mg Protein) besteht aus einer größeren und zwei kleineren Fraktionen[3]. Die größere Fraktion stellt 80% des Gesamtproteins. Aus der Sedimentationskonstanten ($S_{20,w}$ = 4,2 S) errechnet sich ein durchschnittliches Molekulargewicht von 66000[3].

[1] KEILIN, D., and E. F. HARTREE: Proc. R. Soc. London (B) **124**, 397 (1938).
[2] HORECKER, B. L., and P. Z. SMYRNIOTIS: J. biol. Ch. **212**, 811 (1955).
[3] VENKATARAMAN, R., and E. RACKER: J. biol. Ch. **236**, 1883 (1961).

Übersicht über die Reinigungsschritte.

Fraktion	Volumen ml	Gesamt-aktivität	Proteingehalt mg/ml	Spezifische Aktivität E/mg Protein	Ausbeute %
Rohextrakt	1000	1420	23	0,048	100
Acetonfällung	306	690	22	0,10	62
Säurefällung	380	690	16	0,11	62
Calciumphosphat-Gel-Eluat I	300	280	1,7	0,562	25
Ammoniumsulfatfällung	43	200	5,2	0,87	17,7
DEAE-Cellulose-Eluat	32	160	1,5	3,3	14,7
DEAE-Cellulose-Eluat aus 3 Präparationen	25,2	460	6,2	3,1	100
Calciumphosphat-Gel-Eluat II	40	170	0,37	10,5	37
Kristallisation	3,8	100	2,8	13,2	21

Nach zweimaligem Umkristallisieren steigt die spezifische Aktivität auf etwa 15,3.
Eine Enzymeinheit = 1 μM Substratumsatz/min.

Das gereinigte Enzym aus Bäckerhefe ist bei — 16° C mäßig stabil, in einer Woche fällt die Aktivität um 10—20 %[1]. TA aus *Torula*-Hefe ist ebenso wie das kristalline Enzym[2] sehr stabil[3]. Das Enzym kann ohne Aktivitätsverlust lyophilisiert werden[1,2]. Die TA ist hitzelabil, bei Temperaturen über 50° C verliert sie ihre Aktivität, wobei F-6-P keine schützende Funktion entfaltet[2]. Auch in Hämolysaten läßt sich TA bei 43° C und p_H 8,4 zu mehr als 96 % inaktivieren[4].

Für Hin- und Rückreaktion liegt das p_H-Optimum zwischen 7,3 und 8,1[1,5]. Unterhalb p_H 7,3 sinkt die Aktivität schnell[1].

Die TA bedarf zu ihrer Funktion keines Coenzyms oder Cofaktors. Weder durch Ammoniumsulfatfällung bei saurer Reaktion[1] noch durch Dialyse[2] sinkt die Aktivität.

Orthophosphat hemmt die TA kompetitiv mit F-6-P als Substrat (80 %ige Hemmung durch 0,02 m Phosphat bei der Bildung von S-7-P aus F-6-P). Die Hemmung ist hingegen nicht kompetitiv mit S-7-P, D-Glycerinaldehyd oder D-Ga-3-P als Substrat. Die Hemmkonstante für Orthophosphat ist $K_i = 5{,}0 \times 10^{-2}$ M/l[1,6]. Hohe Konzentrationen von E-4-P hemmen die Rückreaktion[6].

Als Substrate der TA rangieren unter den Donatoren: F-6-P[1,7], S-7-P[1,7], Octulose-8-P[8], Sorbose-6-P[9], Fructose[10] und Erythrulose[5]. Acceptoren sind neben D-Ga-3-P und D-E-4-P[1,7,11] Glykolaldehyd[10], L-Ga-3-P[9], R-5-P[2,8] sowie Formaldehyd[5], im letztgenannten Falle entsteht Erythrulose.

Die Gleichgewichtskonstante beträgt

$$K = \frac{[\text{S-7-P}] \times [\text{Ga-3-P}]}{[\text{F-6-P}] \times [\text{E-4-P}]} = 0{,}85^1 \text{ bzw. } 0{,}95^5.$$

MICHAELIS-MENTEN-Konstanten, ermittelt nach LINEWEAVER und BURK[12]: $1{,}8 \times 10^{-4}$ M/l für S-7-P[1], $2{,}2 \times 10^{-4}$ M/l für Ga-3-P[1], $1{,}8 \times 10^{-5}$ M/l für E-4-P[1], $3{,}2 \times 10^{-4}$ M/l für F-6-P[6].

---

1 HORECKER, B. L., and P. Z. SMYRNIOTIS: J. biol. Ch. **212**, 811 (1955).
2 RACKER, E., in: Boyer-Lardy-Myrbäck, Enzymes, Bd. V, S. 407.
3 SRERE, P., J. R. COOPER, M. TABACHNICK and E. RACKER: Arch. Biochem. **74**, 295 (1958).
4 DISCHE, Z., H. T. SHIGEURA and E. LANDSBERG: Arch. Biochem. **89**, 123 (1960).
5 VENKATARAMAN, R., and E. RACKER: J. biol. Ch. **236**, 1876 (1961).
6 PONTREMOLI, S., A. BONSIGNORE, E. GRAZI and B. L. HORECKER: J. biol. Ch. **235**, 1881 (1960).
7 HORECKER, B. L., and P. Z. SMYRNIOTIS: Am. Soc. **75**, 2021 (1953).
8 RACKER, E., and E. SCHROEDER: Arch. Biochem. **66**, 241 (1957).
9 VENKATARAMAN, R., A. G. DATTA and E. RACKER: Fed. Proc. **19**, 82 (1960).
10 BONSIGNORE, A., S. PONTREMOLI, E. GRAZI and M. MANGIAROTTI: Biochem. biophys. Res. Comm. **1**, 79 (1959).
11 HORECKER, B. L., P. Z. SMYRNIOTIS, H. H. HIATT and P. A. MARKS: J. biol. Ch. **212**, 827 (1955).
12 LINEWEAVER, H., and D. BURK: Am. Soc. **56**, 658 (1934).

Mit dem kristallinen Enzym wurden ähnliche Werte erhalten[1]:

Substrat	Cosubstrat	K_M
F-6-P .	E-4-P (0,005 m)	$4,3 \times 10^{-4}$ M/l
E-4-P .	F-6-P (0,0075 m)	$6,17 \times 10^{-5}$ M/l
S-7-P .	F-1,6-DP (0,015 m)	$1,7 \times 10^{-4}$ M/l

Durch Isotopenversuche mit markierten Substraten (F-6-P, S-7-P und Ga-3-P) konnte nachgewiesen werden, daß die übertragene Dihydroxyacetongruppe von F-6-P bzw. S-7-P stammt[2–6]. Der Enzymsubstratkomplex wurde säulenchromatographisch an Carboxymethylcellulose isoliert und die DHA-Gruppe durch Denaturierung des Enzyms freigesetzt (0,7 M DHA an 100000 g TA)[7,8]. Die TA vermag kein freies DHA zu bilden, sie kann diese Gruppe nur auf einen Acceptor übertragen[4,7,8]. Der Austausch von markiertem DHA gegen die DHA-Gruppe von F-6-P konnte nachgewiesen werden, ebenso die Synthese von F-6-P aus D-Ga-3-P und DHA[8]. Bemerkenswert ist ferner der Befund, daß ein Gemisch der Enzyme TA und TK F-6-P ohne einen Acceptor zu S-7-P umbauen können[9].

Aktivitätsmessung. Für die Bestimmung der TA-Aktivität bestehen folgende Möglichkeiten:

1. Die Hinreaktion liefert E-4-P und F-6-P. E-4-P kann colorimetrisch nach Dische und Dische[10], F-6-P enzymatisch mit PGI und G-6-P-DH bestimmt werden[1,2].

2. Die Rückreaktion liefert D-Ga-3-P und S-7-P. D-Ga-3-P kann enzymatisch mit TIM und GDH[11,12], S-7-P colorimetrisch nach Bruns et al.[13] bestimmt werden.

Bei der Messung der Enzymaktivität mit PGI und G-6-P-DH wurden zu niedrige Werte erhalten, unabhängig davon, ob S-7-P und Ga-3-P als Substrate zugesetzt oder durch eine davorgeschaltete Reaktion laufend erzeugt wurden[1,7]. Es hat sich herausgestellt, daß das entstehende E-4-P ein starker Hemmer der PGI ist; die Hemmung erfolgt kompetitiv in bezug auf F-6-P als Substrat. Hemmkonstante $K_i = 0,7$—$1,0 \times 10^{-6}$ M/l (K_M für F-6-P $= 8 \times 10^{-5}$ M/l). Das Enzym hat also eine um etwa 2 Zehnerpotenzen höhere Affinität zu E-4-P als zu F-6-P[14]. Die Hemmung durch E-4-P kann durch Zugabe von Cystein, Mercaptoäthanol oder Glutathion partiell aufgehoben werden[1]. Die Aktivitätsminderung der PGI kann natürlich durch Zugabe von großen Mengen dieses Enzyms wettgemacht werden.

Bessere Ergebnisse bei den Aktivitätsmessungen werden bei der Rückreaktion durch den Umsatz von D-Ga-3-P erhalten, jedoch ist diese Methode durch die schwierige Beschaffung von E-4-P nur in beschränktem Maße möglich.

***Bestimmung der Transaldolase-Aktivität über D-Ga-3-P nach* Venkataraman *und* Racker[1].**

1 ml Ansatz enthält:

25 μM Glycylglycinpuffer, pH 7,4.
0,5 μM F-6-P.

---

1 Venkataraman, R., and E. Racker: J. biol. Ch. **236**, 1876 (1961).
2 Horecker, B. L., and P. Z. Smyrniotis: J. biol. Ch. **212**, 811 (1955).
3 Horecker, B. L., and P. Z. Smyrniotis: Am. Soc. **75**, 2021 (1953).
4 Venkataraman, R., A. G. Datta and E. Racker: Fed. Proc. **19**, 82 (1960).
5 Gibbs, M., and B. L. Horecker: J. biol. Ch. **208**, 813 (1954).
6 Ljungdahl, L., H. G. Wood, E. Racker and D. Couri: J. biol. Ch. **236**, 1622 (1961).
7 Racker, E.; in: Boyer-Lardy-Myrbäck, Enzymes, Bd. V, S. 407.
8 Venkataraman, R., and E. Racker: J. biol. Ch. **236**, 1883 (1961).
9 Pontremoli, S., A. Bonsignore, E. Grazi and B. L. Horecker: J. biol. Ch. **235**, 1881 (1960).
10 Dische, Z., and M. R. Dische: Biochim. biophys. Acta **27**, 184 (1958).
11 Kornberg, H. L., and E. Racker: Biochem. J. **61**, III (1955).
12 Srere, P. A., H. L. Kornberg and E. Racker: Fed. Proc. **14**, 285 (1955).
13 Bruns, F. H., E. Dünwald und E. Noltmann: B. Z. **330**, 497 (1958).
14 Grazi, E., A. de Flora and S. Pontremoli: Biochem. biophys. Res. Comm. **2**, 121 (1960).

0,5 μM E-4-P.
0,12 μM DPNH.
20 μg eines Gemisches aus kristalliner TIM und GDH.
Start mit der TA-Lösung. Ablesen bei 340 oder 360 mμ.

Eine Enzymeinheit entspricht derjenigen Enzymmenge, welche den Umbau von 1 μM Substrat pro min unter den genannten Versuchsbedingungen katalysiert.

Indirekte Bestimmung der Transaldolase-Aktivität mit Hilfe von Transketolase, Phosphoglucose-Isomerase und Glucose-6-Phosphat-Dehydrogenase nach **VENKATARAMAN *und* RACKER**[1].

1 ml Ansatz enthält:

25 μM Glycylglycinpuffer, p_H 7,4.
0,1 ml einer Lösung, bestehend aus 1,8 μM Xu-5-P und 2,4 μM R-5-P.
0,2 E TK.
0,2 μM TPP.
2,0 μM $MgCl_2$ und das zu testende Enzym.

Nach 15 min bei 25° C wird die Reaktion durch 3 min Erhitzen in kochendem Wasser unterbrochen und der Überstand auf F-6-P mit Hilfe der PGI und G-6-P-DH analysiert.

Bei dieser indirekten Bestimmung werden aus je 1 M S-7-P und Ga-3-P 2 M F-6-P gebildet, da E-4-P, welches als Reaktionsprodukt anfällt, durch TK und in Gegenwart von Xu-5-P ebenfalls zu F-6-P umgebaut wird. Die gewonnenen Ergebnisse sind entsprechend zu korrigieren. Mit dieser indirekten Methode, bei der sich E-4-P nicht anhäuft, erhält man die höchsten Werte für die TA-Aktivität. Daher wird diese Bestimmung bevorzugt, insbesondere bei Aktivitätsprüfungen in Rohextrakten. Bei Anwesenheit von Phosphatasen kann ein Verlust von F-6-P auftreten[2].

Verwendung der Transaldolase. Die TA kann zur quantitativen Bestimmung von Substraten benutzt werden. Folgende Substrate sind im zusammengesetzten optischen Test mit Hilfe der TA bestimmbar:

D-E-4-P, S-7-P, L-Ga-3-P und L-Sorbose-6-P[1-4]. Außerdem kann mit TA ^{14}C-markiertes Ga-3-P in F-6-P eingebaut und somit diese Hexose an den C-Atomen 4—6 markiert werden[2,5,6].

---

[1] VENKATARAMAN, R., and E. RACKER: J. biol. Ch. **236**, 1876 (1961).
[2] RACKER, E., in: Boyer-Lardy-Myrbäck, Enzymes, Bd. V, S. 407.
[3] VENKATARAMAN, R., A. G. DATTA and E. RACKER: Fed. Proc. **19**, 82 (1960).
[4] COOPER, J., R. A. SRERE, M. TABACHNICK and E. RACKER: Arch. Biochem. **74**, 306 (1958).
[5] WOOD, H. G., L. LJUNGDAHL, D. COURI and E. RACKER: Fed. Proc. **18**, 354 (1959).
[6] LJUNGDAHL, L., H. G. WOOD, E. RACKER and D. COURI: J. biol. Ch. **236**, 1622 (1961).

2.3.1.1 Acetyl-CoA:L-Glutamat-N-Acetyltransferase s. S. 93

2.3.1.2 Acetyl-CoA:Imidazol-N-Acetyltransferase s. S. 95

2.3.1.3 Acetyl-CoA:2-Amino-2-desoxy-D-glucose-N-Acetyltransferase s. S. 90

2.3.1.4 Acetyl-CoA:2-Amino-2-desoxy-D-glucose-6-phosphat-N-Acetyltransferase s. S. 91

2.3.1.5 Acetyl-CoA: Arylamin-N-Acetyltransferase s. S. 87

2.3.1.6 Acetyl-CoA: Cholin-O-Acetyltransferase s. S. 100

2.3.1.7 Acetyl-CoA: Carnitin-O-Acetyltransferase s. S. 99

2.3.1.8 Acetyl-CoA: Orthophosphat-Acetyltransferase s. S. 55

2.3.1.9 Acetyl-CoA: Acetyl-CoA-Acetyltransferase s. S. 122

2.3.1.12 Acetyl-CoA: Dihydrolipoat-S-Acetyltransferase s. S. 75

2.3.1.13 Acyl-CoA: Glycin-N-Acyltransferase s. S. 96

2.3.1.15 Acyl-CoA: L-Glycerophosphat-Acyltransferase s. S. 100

Phosphorylasen.

Von

Beate Pfannemüller*.

Mit 3 Abbildungen.

A. Einteilung und Spezifität.

Die durch Phosphorylasen katalysierte Reaktion läßt sich in Analogie zu den Hydrolasen formulieren:

$$R—R' + H \cdot OH \rightarrow R \cdot OH + H \cdot R'$$
$$R—R' + H \cdot O\textcircled{P} \rightleftharpoons R \cdot O\textcircled{P} + H \cdot R'$$

Der wesentliche Schritt dieser Reaktion besteht in der Übertragung des Zuckerrestes R auf Phosphat. Somit lassen sich die Phosphorylasen als Transglykosidasen in folgendes Schema einordnen:

$$D—OR + \text{Enzym-H} \rightleftharpoons \text{D-Enzym} + H—OR$$
$$\text{D-Enzym} + H—OA \rightleftharpoons D—OA + \text{Enzym-H}$$
$$(D = \text{Donator};\ A = \text{Acceptor};\ R = \text{Glykosylrest})$$

Ist der Acceptor H, tritt Hydrolyse ein (Hydrolasen). Ist der Acceptor ein Zuckerrest, dann liegt reine Transglykosidierung vor (Transglykosidasen). Bei den Phosphorylasen ist der Acceptor $H_2PO_3^-$. Die Reaktion der Phosphorylasen ist unter biologischen Bedingungen frei reversibel. Acceptoren und Donatoren in Richtung der Synthese von Polysacchariden und Disacchariden sind in der folgenden Tabelle zusammengestellt.

Tabelle 1. *Einteilung der Phosphorylasen.*

Enzym	Donator	Acceptor	Reaktions-produkt
Tierische Polysaccharidphosphorylasen	α-Glucose-1-phosphat	Glykogen (Amylopektin)	Amylose **
Pflanzliche Polysaccharidphosphorylasen	α-Glucose-1-phosphat	Maltodextrine (Amylopektin)	Amylose **
Saccharosephosphorylase [2.4.1.7] . . .	α-Glucose-1-phosphat	D-Fructose	Saccharose
Maltosephosphorylase [2.4.1.8]	β-Glucose-1-phosphat	D-Glucose	Maltose
Cellobiosephosphorylase	α-Glucose-1-phosphat	D-Glucose	Cellobiose
Laminaribiosephosphorylase	α-Glucose-1-phosphat	D-Glucose	Laminaribiose

* Institut für makromolekulare Chemie der Universität, Freiburg i. Br.

** Bei Verwendung von Amylopektin oder Glykogen als Starter enthält das Syntheseprodukt die ursprünglich vorhandene Anzahl von Verzweigungsstellen.

In diesem Abschnitt sollen die Polysaccharidphosphorylasen und die Disaccharidphosphorylasen besprochen werden. Eine weitere Gruppe von Phosphorylasen, die aus Pentosephosphat und Purinen oder Pyrimidinen N-Glykoside synthetisieren, sowie die Polynucleotidphosphorylasen, die aus Nucleosiddiphosphaten oder Nucleosidtriphosphaten Ribonucleinsäure bzw. Desoxyribonucleinsäure aufbauen, werden gesondert behandelt.

1. Polysaccharidphosphorylasen.

[2.4.1.1 α-1,4-Glucan: Orthophosphat-Glucosyltransferase.]
(α-Glucanphosphorylase.)

Polysaccharidphosphorylasen sind im Tier- und Pflanzenreich weit verbreitet. Allen gemeinsam ist strenge Spezifität in bezug auf α-D-Glucose-1-phosphat als Glucosedonator.

Tabelle 2. *Zuckerphosphate, die nicht zur Amylosesynthese führen.*

β-D-Glucose-1-phosphat[1]	α-D-Glucose-1,6-diphosphat[5]	α-D-Maltose-1-phosphat[4]
α-L-Glucose-1-phosphat[2]	α-D-Glucosamin-1-phosphat[6]	α-D-Xylose-1-phosphat[4]
α-D-Mannose-1-phosphat[3,4]	α-D-Glucuronsäure-1-phosphat[7]	Uridindiphosphatglucose[8]
α-D-Galaktose-1-phosphat[3,4]		

Die Übertragung des Glucosylanteils aus α-D-Glucose-1-phosphat (CORI-Ester) erfolgt auf den sog. Starter, eine bereits vorliegende Kette von mehreren α-1,4-glucosidisch verknüpften Glucoseresten. Tierische Phosphorylasen werden am besten durch hochmolekulare, verzweigte Produkte wie Glykogen und Amylopektin, aber auch durch Amylose gestartet[9,10]. Die niedermolekularen Maltooligosaccharide und abgebautes Amylopektin sind nur schwach wirksam[10]. Für pflanzliche Phosphorylasen verwendet man dagegen bevorzugt Maltooligosaccharide zur Amylosesynthese. Auf Maltose und auf Schardinger-dextrine findet keine Übertragung statt[11,12].

Die Starteraktivität von Maltotriose ist im Vergleich zu den nächsthöheren Gliedern noch gering[11,12]. Da auch hochmolekulare Amylosen sowie Amylopektin starten[10], erhebt sich die Frage, bei welcher Kettenlänge das Optimum der Wirksamkeit liegt. Eine systematische Untersuchung der Abhängigkeit der Synthesegeschwindigkeit von der Kettenlänge der Amylosen über einen größeren Molekulargewichtsbereich wird diese Frage klären. (Derartige Untersuchungen sind im Gange.) Glykogen und abgebautes Amylopektin haben für pflanzliche Phosphorylasen nur geringe Startfähigkeit[10].

Die Glucosylreste des CORI-Esters werden auf die nichtreduzierenden Endgruppen der Startersubstanz übertragen. Die Synthesegeschwindigkeit ist abhängig von der Anzahl dieser Startstellen, daher ist Amylopektin als Starter wirksamer als eine unverzweigte Amylose gleichen Molekulargewichts. Alle Moleküle wachsen gleichzeitig, und es werden ausschließlich lineare, α-1,4-glucosidische Ketten synthetisiert. Der Polymerisationsgrad der gebildeten Amylose ist der anfänglichen Starterkonzentration umgekehrt proportional[13]. Bisher konnten Polymerisationsgrade bis zu DP 12000 erhalten werden[14].

[1] WOLFROM, M. L., C. S. SMITH and A. E. BROWN: Am. Soc. **65**, 255 (1943).
[2] POTTER, A. L., J. C. SOWDEN, W. Z. HASSID and M. DOUDOROFF: Am. Soc. **70**, 1751 (1943).
[3] CORI, C. F., G. SCHMIDT and G. T. CORI: Science, N.Y. **89**, 464 (1939).
[4] MEAGHER, W. A., and W. Z. HASSID: Am. Soc. **68**, 2135 (1946).
[5] POSTERNAK, T.: Unveröffentlicht.
[6] BROWN, D. H.: J. biol. Ch. **204**, 877 (1953).
[7] BARKER, H. A., E. J. BOURNE, FLEETWOOD and M. STACEY: Unveröffentlicht.
[8] HAUK, R., and D. H. BROWN: Biochim. biophys. Acta **33**, 556 (1959).
[9] BROWN, D. H., and C. F. CORI: Boyer-Lardy-Myrbäck, Enzymes, Vol. V, S. 207 (1961).
[10] HUSEMANN, E.: Makromol. Chem. **35**, 239 (1960).
[11] WHELAN, W. J., and J. M. BAILEY: Biochem. J. **58**, 560 (1954).
[12] FRENCH, D., and G. WILD: Am. Soc. **75**, 4490 (1953).
[13] HUSEMANN, E., B. FRITZ, R. LIPPERT u. B. PFANNEMÜLLER: Makromol. Chem. **26**, 199 (1958).
[14] HUSEMANN, E., u. B. PFANNEMÜLLER: Makromol. Chem. **56**, 237 (1962).

Die Reaktion läuft bis zu einem Gleichgewicht, das weitgehend auf der Seite der Synthese liegt. Bei einem p_H von 6,2 z.B. werden 80% des eingesetzten CORI-Esters umgesetzt. Die Umkehrung der Reaktion erfolgt durch Zugabe von Phosphat im Überschuß. Dabei werden Glucosylreste schrittweise vom nichtreduzierenden Kettenende her abgespalten und auf Phosphat übertragen. Auch hier besteht strenge Spezifität für α-D-Glucosereste in 1,4-Bindung. Selbst geringfügig substituierte Amylosederivate werden nicht angegriffen[1]. Phosphorylase kann wie β-Amylase die 1,6-Verzweigungen nicht umgehen. Der Abbau von Glykogen und Amylopektin endet bei Verwendung von Muskelphosphorylase vier Glucosen, bei Kartoffelphosphorylase sechs Glucosen vor der Verzweigungsstelle[2,3]. Arsenat kann Phosphat als Acceptor beim Abbau ersetzen[4,5]. Als Endprodukt wird in diesem Falle nicht Glucose-1-arsenat, sondern Glucose gefunden, da das intermediär gebildete Glucose-1-arsenat spontan hydrolytisch zerfällt. Der arsenolytische Abbau verläuft achtmal langsamer als der phosphorolytische.

2. Saccharosephosphorylase.

[2.4.1.7 Disaccharid-Glucosyltransferase (unspezifisch).]
(Saccharose-Glucosyltransferase.)

Auch Saccharosephosphorylase ist in bezug auf die reversible Übertragung des Glucosylrestes streng spezifisch. α-D-Glucose-1-phosphat kann nicht durch andere Zuckerphosphate ersetzt werden, wie z.B. Melibiose-1-phosphat, α-D-Xylose-1-phosphat, α-Maltose-1-phosphat, α-D-Galaktose-1-phosphat, α-D-Mannose-1-phosphat oder α-L-Glucose-1-phosphat[6,7]. Die natürliche Funktion des Enzyms scheint die Übertragung des Glucosylrestes auf D-Fructose unter Bildung von Saccharose zu sein. Es können jedoch auch eine Reihe anderer Ketosen an Stelle von Fructose als Acceptor treten, wie D-Xyloketose[8], L-Araboketose[9] und L-Sorbose[10]. Dabei entstehen die entsprechenden nichtreduzierenden Disaccharide (s. Abb. 1). Besonders überraschend war, daß auch auf

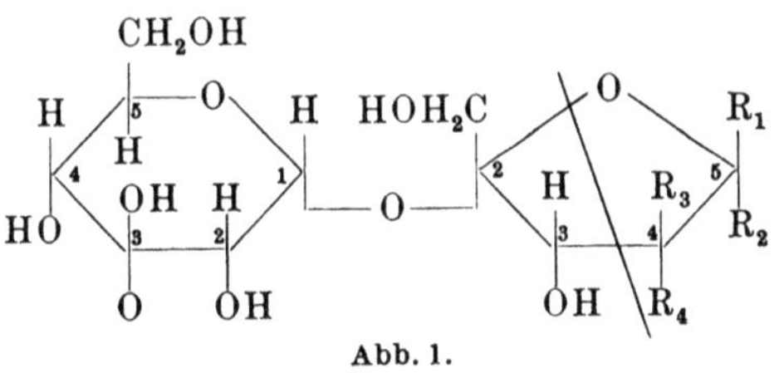

Abb. 1.

	R_1	R_2	R_3	R_4
D-Fructose . .	H	CH_2OH	OH	H
L-Sorbose . .	CH_2OH	H	OH	H
D-Xyloketose .	H	H	OH	H
L-Araboketose	H	H	H	OH

L-Arabinose eine Übertragung stattfinden kann und damit ein reduzierendes Disaccharid gebildet wird[11] (s. Abb. 2).

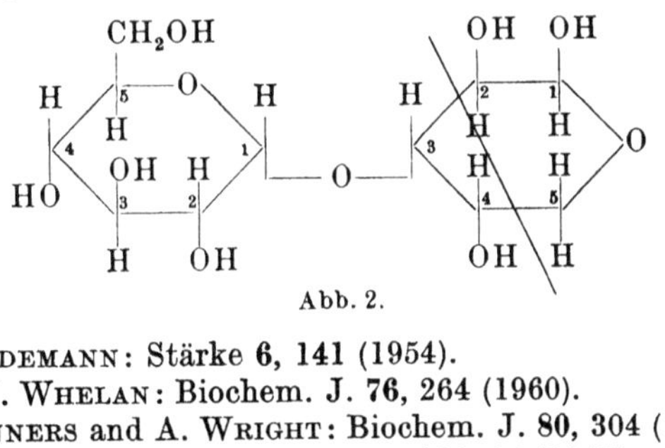

Abb. 2.

[1] HUSEMANN, E., u. E. LINDEMANN: Stärke 6, 141 (1954).
[2] WALKER, G. J., and W. J. WHELAN: Biochem. J. 76, 264 (1960).
[3] LIDDLE, A. M., J. D. MANNERS and A. WRIGHT: Biochem. J. 80, 304 (1961).
[4] KATZ, J., W. Z. HASSID and M. DOUDOROFF: Nature 161, 96 (1948).
[5] KATZ, J., and W. Z. HASSID: Arch. Biochem. 30, 272 (1951).
[6] HASSID, W. Z., and M. DOUDOROFF: Adv. Enzymol. 10, 123 (1950). Adv. Carbohydrate Chem. 5, 29 (1950).
[7] GOTTSCHALK, A.: Adv. Carbohydrate Chem. 5, 49 (1950).
[8] HASSID, W. Z., M. DOUDOROFF, H. A. BARKER and W. H. DORE: Am. Soc. 68, 1465 (1946).
[9] DOUDOROFF, M., W. Z. HASSID and H. A. BARKER: J. biol. Ch. 168, 733 (1947).
[10] HASSID, W. Z., M. DOUDOROFF, H. A. BARKER and W. H. DORE: Am. Soc. 67, 1394 (1945).
[11] HASSID, W. Z., M. DOUDOROFF, A. L. POTTER and H. A. BARKER: Am. Soc. 70, 306 (1948).

Bei den Ketosen erfolgt die Verknüpfung mit der Carbonylgruppe am C-Atom 2, bei der Aldopentose mit der sekundären Hydroxylgruppe am C-Atom 3. Alle genannten Reaktionen sind umkehrbar, d.h. bei Zugabe von anorganischem Phosphat werden die Disaccharide gespalten und Glucose-1-phosphat durch Übertragung des Glucosylrestes auf Phosphat zurückgebildet. Auch hier kann Arsenat als Glucoseacceptor eintreten.

Eingehende Untersuchungen haben jedoch ergeben, daß die Spaltung der Disaccharide nicht notwendig phosphorolytisch erfolgen muß[1]. Als Acceptor für den Glucosylrest können bei Abwesenheit von Phosphat oder Arsenat auch andere Zucker fungieren:

Glucosido-fructosid + L-Sorbose ⇌ Glucosido-sorbosid + D-Fructose

Glucosido-xyloketosid + D-Fructose ⇌ Glucosido-fructosid + D-Xyloketose

Somit zeigt Saccharosephosphorylase zwei verschiedene Reaktionsmöglichkeiten. Sie kann einerseits als Phosphorylase, andererseits als reine Transglucosylase wirksam sein, indem sie den Austausch glucosidischer Bindungen zwischen zwei verschiedenen Disacchariden herbeiführt. Eine Erklärung für dieses Verhalten hat man aus Untersuchungen mit radioaktiv indiziertem anorganischem Phosphat bzw. mit indizierter Fructose gewonnen, die auf die intermediäre Bildung eines Glucosyl-Enzym-Komplexes schließen lassen*. In Abb. 3 ist der durch Saccharosephosphorylase katalysierte Glucosetransfer

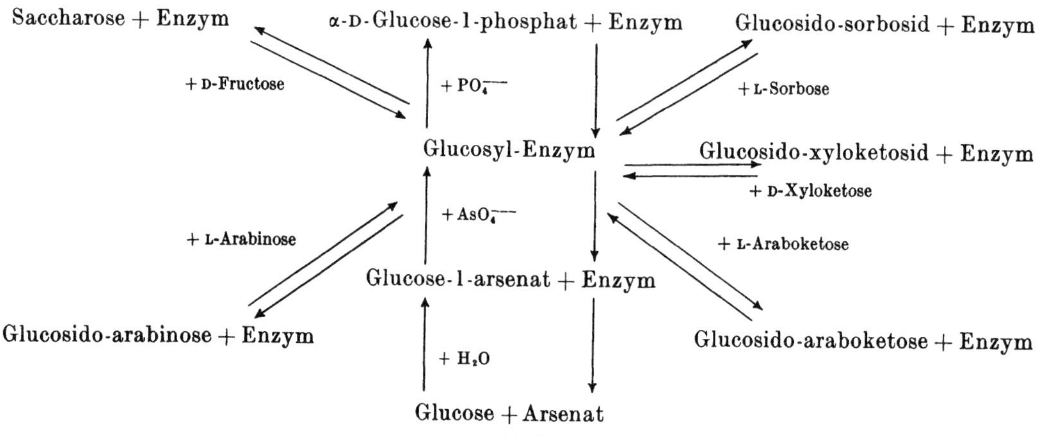

Abb. 3.

schematisch dargestellt. Die verschiedenartige Reaktivität dieses Enzyms beruht auf seiner im Gegensatz zu den Polysaccharidphosphorylasen ungleich größeren Acceptorbreite.

3. Maltosephosphorylase.

[2.4.1.8 Maltose: Orthophosphat-Glucosyltransferase.]

Das Enzym katalysiert folgende Reaktion:

β-D-Glucose-1-phosphat + D-Glucose ⇌ 4-O-α-D-Glucopyranosyl-D-glucose + anorganisches Phosphat (Maltose)

Im Gegensatz zu den übrigen bekannten Phosphorylasen reagiert Maltosephosphorylase nur mit Glucose-1-phosphat in der β-Konfiguration[2]. WHELAN[3] fand kürzlich in 3-O-Methyl-β-D-Glucose-1-phosphat einen Donator, der β-D-Glucose-1-phosphat ersetzen kann, so daß die strenge Spezifität, die man bisher in bezug auf die Zuckerphosphate annahm, revidiert werden muß. Die Spezifitätsbedingungen für Donator- und Acceptormolekül sind

* Zwischen Glucose-1-phosphat und indiziertem anorganischem Phosphat findet bei Abwesenheit von Fructose ein rascher Austausch statt, ebenso zwischen Saccharose und indizierter Fructose bei Abwesenheit von Phosphat.

[1] DOUDOROFF, M., W. Z. HASSID and H. A. BARKER: J. biol. Ch. **168**, 733 (1947).

[2] FITTING, C., and M. DOUDOROFF: Fed. Proc. **11**, 212 (1952). Bact. Proc. **1952**, 144.

[3] MORGAN, K., and W. J. WHELAN: Nature **196**, No 4850, 168 (1962).

verschieden. 3-O-Methylglucose hat z.B. keine Acceptoreigenschaft, während an Stelle von D-Glucose als Acceptor auch D-Xylose[1], 6-Desoxyglucose[2], 6-O-Methylglucose[2], 2-Desoxyglucose[2, 3], 2-O-Methylglucose[2] sowie Glucosamin und N-Acetylglucosamin[3] treten können. Auf Mannose und Mannosamin findet keine Übertragung statt[3]. Bei der Spaltung der Disaccharide kann Phosphat durch Arsenat ersetzt werden. Andere Disaccharide, unter anderem Trehalose, Cellobiose, Gentiobiose und Isomaltose werden nicht angegriffen[4]. Versuche mit radioaktiv markierten Produkten zeigten, daß bei Abwesenheit von Glucose kein Austausch zwischen anorganischem Phosphat und Glucose-1-phosphat stattfindet, ebenso nicht zwischen Glucose und Maltose, ohne daß Phosphat anwesend ist[4]. Die Bildung einer der Saccharosephosphorylase entsprechenden Glucosyl-Enzymverbindung scheint hier nicht vorzuliegen. Über den Reaktionsmechanismus des Enzyms, das ähnlich wie β-Amylase die reversible Umwandlung einer α-glucosidischen in eine β-glucosidische Bindung herbeiführt, haben KOSHLAND[5] und GOTTSCHALK[6] neuere Vorstellungen entwickelt, die für die Glucosidübertragung von allgemeinem Interesse sind.

4. Cellobiosephosphorylase.

Cellobiosephosphorylase katalysiert folgende Reaktion:

α-D-Glucose-1-phosphat + D-Glucose $\rightleftharpoons$ 4-O-β-D-Glucopyranosyl-D-glucose + anorganisches Phosphat
(Cellobiose)

Eingehende Spezifitätsuntersuchungen liegen über das Enzym aus *Clostridium thermocellum* vor[7]. Es ist spezifisch in bezug auf α-D-Glucose-1-phosphat als Glucosyldonator, zeigt aber wie Maltosephosphorylase eine größere Variationsbreite bei der Acceptorsubstanz. Der Glucosylrest kann außer auf D-Glucose auch auf 2-Desoxyglucose, D-Glucosamin, D-Xylose und L-Xylose übertragen werden. Es bilden sich die entsprechenden Disaccharide, die β-1,4-glucosidisch verknüpft sind. (Bei der Übertragung auf L-Xylose wird vermutlich eine β-1,2-glucosidische Bindung gebildet.) Das Enzym scheint für die C_5-Position des Acceptors unspezifisch zu sein. Die Rolle der C_2-Gruppe ist noch nicht eindeutig zu entscheiden, da einerseits 2-Desoxyglucose und D-Glucosamin den Glucosylrest binden, N-Acetylglucosamin und D-Mannose dagegen nicht. Auch D-Gluconat, δ-Gluconolacton, D-Glucuronat, D-Galaktose, D-Ribose, D-Sorbit, D-Arabinose und D-Fructose sind keine Glucosylacceptoren. Bei der Gegenreaktion kann wieder Phosphat durch Arsenat ersetzt werden. Andere Disaccharide wie Maltose, Gentiobiose, Lactose sowie Salicin werden nicht phosphorolytisch gespalten. Zwischen Glucose-1-phosphat und Arsenat bzw. anorganischem Phosphat findet bei Abwesenheit von Glucose kein Austausch statt, auch nicht zwischen Cellobiose und D-Xylose bzw. D-Glucose bei Abwesenheit von Phosphat. Die Spaltung der glucosidischen Bindung oder der Phosphatbindung erfolgt daher nur unter Teilnahme eines geeigneten Glucosylacceptors wie bei Maltosephosphorylase. Auch in der reversiblen Umwandlung einer α-glucosidischen in eine β-glucosidische Bindung stimmen beide Enzyme überein. Dies Verhalten wird von KOSHLAND als „single displacement"-Mechanismus bezeichnet.

5. Laminaribiosephosphorylase.

Das Enzym aus *Euglena gracilis*[8] katalysiert folgende Reaktion:

α-D-Glucose-1-phosphat + D-Glucose $\rightleftharpoons$ 3-O-β-D-Glucopyranosyl-D-glucose + anorganisches Phosphat
(Laminaribiose)

---

1 PUTNAM, E. W., C. FITTING LITT and W. Z. HASSID: Am. Soc. **77**, 4351 (1955).
2 MORGAN, K., and W. J. WHELAN: Nature **196**, No 4850, 168 (1962).
3 SELINGER, Z., and M. SCHRAMM: J. biol. Ch. **236**, 2183 (1961).
4 FITTING, C., and M. DOUDOROFF: J. biol. Ch. **199**, 153 (1952).
5 KOSHLAND, D. E.: Trans. N.Y. Acad. Sci. **16**, 110 (1954).
6 GOTTSCHALK, A.; in: Handb. Pfl.-Physiol. (RUHLAND) Bd. IV, S. 87.
7 ALEXANDER, J. K.: J. Bact. **81**, 903 (1961).
8 MARECHAL, L. R., and S. H. GOLDEMBERG: Biochem. biophys. Res. Comm. **13**, 106 (1963).

Andere Zuckerphosphate als α-D-Glucose-1-phosphat, wie β-D-Glucose-1-phosphat, Glucose-6-phosphat, Galaktose-6-phosphat oder Fructose-1-phosphat, sind keine Glucosyldonatoren. Als Acceptor wurde bisher nur D-Glucose gefunden.

B. Allgemeine Methoden zur Aktivitätsbestimmung.

1. Die Bestimmung von anorganischem Phosphat.

Die Aktivitätsbestimmung von Phosphorylasen erfolgt in den meisten Fällen aus dem bei der Reaktion umgesetzten anorganischen Phosphat. Bei den Polysaccharidphosphorylasen wird in Richtung der Synthese die Menge des freigesetzten anorganischen Phosphats bestimmt, bei den Disaccharidphosphorylasen wird aus verschiedenen Gründen der bei der Spaltung von Saccharose bzw. Maltose stattfindende Phosphatverbrauch als Test benutzt. Genaue Angaben über die Durchführung werden jeweils bei den einzelnen Enzymen gebracht.

Es soll kurz auf die analytische Bestimmung von Phosphor eingegangen werden. Die vorwiegend angewandte colorimetrische Bestimmungsmethode nach FISKE und SUBBAROW[1], die auf der Reduktion von Phosphorammoniummolybdat zu Molybdänblau beruht, hat eine große Anzahl von Bearbeitungen erfahren[2-6]. Erwünscht ist eine möglichst rasche Farbentwicklung, die dann über einen längeren Zeitraum konstant bleibt. Eine Ausschaltung der sehr störenden, langsam weiter gehenden Farbvertiefung, die auf der Reduktion von überschüssiger Molybdänsäure im stark sauren Medium beruht, wurde von SCHEEL[7] durch Zusatz von Natriumacetat erreicht. Dadurch wird die Reaktion abgestoppt und die Stabilität der Molybdänblaulösung wesentlich erhöht. Da in der Literatur diese Erfahrung wenig beachtet wurde, geben wir die Vorschrift in der Form, wie sie von anderer Seite zusammengestellt wurde*.

Colorimetrische Phosphorbestimmung.

Reagentien:

1. Ammoniummolybdatlösung: 40,5 ml konzentrierte Schwefelsäure ($D = 1{,}84$) langsam unter Rühren in 109 ml Wasser einfließen lassen, ergibt eine etwa 10 n Schwefelsäure. Während des Abkühlens 12,5 g feingepulvertes Ammoniummolybdat p.a. in etwa 100 ml Wasser lösen und nach dem Abkühlen in 125 ml der soeben hergestellten 10 n Schwefelsäure unter Rühren einfließen lassen. Mit Wasser auf 250 ml auffüllen.
2. Metol-Reduktionslösung: 25 g feingepulvertes Kaliumpyrosulfit p.a. (siccum) werden in etwa 60 ml Wasser gelöst. Danach löst man 0,2 g Metol (Monomethyl-p-amidophenolsulfat) in 10 ml Wasser, vereinigt beide Lösungen und füllt mit Wasser auf 100 ml auf. Anschließend wird die Metol-Reduktionslösung durch ein Faltenfilter filtriert und dabei die ersten 20 ml verworfen. Die Lösung ist in einer braunen Schliffflasche aufzubewahren. Die Haltbarkeit beträgt mindestens 2 Wochen.
3. Natriumacetatlösung (2,5 m): 120 g Natriumacetat p.a. (wasserfrei und phosphatfrei) in Wasser lösen und auf 500 ml auffüllen.
4. Kaliumphosphat, primär (nach SÖRENSEN): zur Aufstellung einer Eichkurve.
5. Trichloressigsäure, 10%ig.

---

* Arbeitsvorschriften zum Photometer „Eppendorf". Ausgearbeitet am Physiol. Chem. Institut der Universität Hamburg von K. H. GARBADE.

[1] FISKE, C. H., and Y. SUBBAROW: J. biol. Ch. **66**, 375 (1925).
[2] KING, E. J.: Biochem. J. **26**, 292 (1932).
[3] MÜLLER, E.: H. **237**, 35 (1935).
[4] ALLAN, R. J. L.: New Phytologist **31**, 335 (1940). Biochem. J. **34**, 858 (1940).
[5] LOWRY, O. H., and J. H. LOPEZ: J. biol. Ch. **162**, 42 (1946).
[6] Siehe WEIL-MALHERBE, H.: Organische Phosphorsäureverbindungen; dieses Handb. 10. Aufl. Bd. III, S. 457.
[7] SCHEEL, K. C.: Z. analyt. Chem. **105**, 256 (1936).

Ausführung:

2 ml der klaren, mit Trichloressigsäure enteiweißten Lösung werden in ein 20 ml-Meßkölbchen gebracht und mit Wasser auf etwa 10 ml verdünnt. Gleichzeitig wird in einem Parallelansatz die der Testlösung entsprechende Menge Trichloressigsäure in ein Meßkölbchen gebracht und auf 10 ml aufgefüllt (Blindwert). Zu beiden Proben gibt man nacheinander 2 ml Ammoniummolybdatlösung und 1 ml Metol-Reduktionslösung. Nach genau 10 min wird mit 4 ml Natriumacetatlösung versetzt und auf 20 ml mit Wasser aufgefüllt. Man mischt gut durch und mißt die Extinktion nach 15 min im Photometer „Eppendorf" (Filter 578 mμ, Schichtdicke 20 mm) oder im Zeiss-Opton-Gerät, Elko II (Filter S 72, Schichtdicke 10 mm). Eine weitere Möglichkeit, die Reduktion überschüssiger Molybdänsäure zu vermeiden, besteht darin, daß man nach der Umsetzung mit Ammoniummolybdat die Lösung mit Isobutylalkohol-Benzol ausschüttelt[1]. Dadurch wird eine quantitative Trennung von Phosphormolybdänsäure und Molybdänsäure erreicht. Ein abgekürztes Extraktionsverfahren gibt Weil-Malherbe an[2].

Die Aktivitätsbestimmung der Phosphorylasen erfolgt unter Umständen in Gegenwart säurelabiler Phosphate, insbesondere ATP. Es empfiehlt sich in diesen Fällen, die Bedingungen der Phosphorbestimmung so zu wählen, daß eine Hydrolyse vermieden wird. Es wird vorgeschlagen, eine Temperatur von 18—20° C einzuhalten[3,4] oder in Acetatpuffer, p_H 4,0, zu arbeiten[5], unter Abwandlung der Methode von Lowry und Lopez[6].

2. Die Bestimmung von Cori-Ester.

Eine weitere Möglichkeit, den Reaktionsverlauf zu verfolgen, besteht in der Bestimmung von Cori-Ester. Diese Methode wird zwar zur Aktivitätsbestimmung nicht angewendet, spielt jedoch in all den Fällen eine Rolle, in denen die Konzentrationsänderungen an anorganischem Phosphat zu gering sind, um exakte Messungen zuzulassen, wie z.B. bei Abbauversuchen, die mit einem größeren Phosphatüberschuß durchgeführt werden. Der Nachweis beruht auf der leichten Hydrolysierbarkeit des Glucose-1-phosphorsäureesters (α- und β-Glucose-1-phosphat), der in 1 n Säure bei 100° C in 5—7 min vollständig gespalten wird. Enthält die zu untersuchende Lösung nur wenig anorganisches Phosphat, so genügt eine Differenzbestimmung des anorganischen Phosphors vor und nach Hydrolyse. Bei anfänglich hoher Phosphatkonzentration muß dieser Überschuß vor der Hydrolyse durch Behandlung mit Magnesiamixtur entfernt werden[7]. Unter genau eingehaltenen Bedingungen läßt sich eine quantitative Fällung erreichen, ohne daß gleichzeitig Verluste an Esterphosphat eintreten[8].

Als enzymatischer Test für Glucose-1-phosphat ist ferner die folgende Reaktionskette geeignet:

$$\text{Glucose-1-phosphat} \xrightleftharpoons{\text{(Phosphoglucomutase)}} \text{Glucose-6-phosphat}$$

$$\text{Glucose-6-phosphat} + \text{TPN}^+ \xrightleftharpoons[\text{Dehydrogenase)}]{\text{(Glucose-6-phosphat-}} \text{6-Phosphogluconsäure} + \text{TPNH} + \text{H}^+$$

„*Zwischenferment*"

Die Reduktion von TPN läßt sich spektrophotometrisch bei 340 mμ messen.

---

[1] Martin, J. B., and D. M. Doty: Analyt. Chem., Washington **21**, 965 (1949).
[2] Siehe Weil-Malherbe, H.: Organische Phosphorsäureverbindungen; dieses Handb. 10. Aufl. Bd. III, S. 457.
[3] Nakamura, M., and K. Mori: Nature **182**, 1441 (1958).
[4] Mori, K., and M. Nakamura: Bull. agric. chem. Soc. Jap. **23**, 272 (1959).
[5] Delsal, J. L., and H. Manhouri: Bull. Soc. Chim. biol. **40**, 1623 (1958).
[6] Lowry, O. H., and J. A. Lopez: J. biol. Ch. **162**, 42 (1946).
[7] Hanes, C. S.: Proc. R. Soc. London (B) **128**, 421 (1940).
[8] Whelan, W. J., and J. M. Bailey: Biochem. J. **58**, 560 (1954).

3. Die Bestimmung von Amylose.

Zum qualitativen Nachweis der Polysaccharidphosphorylasen kann man unter Verwendung eines achroischen Starters Probesynthesen durchführen und die Entstehung von Amylose mit Hilfe der Jodfarbe verfolgen. Dieses Verfahren eignet sich besonders zur histochemischen Auffindung von Pflanzenphosphorylasen[1,2]. Ein empfindlicher Test auf Agar-Platten wird von MEEUSE beschrieben[3].

C. Die einzelnen Enzyme.

1. Polysaccharidphosphorylasen.

[2.4.1.1 α-1,4-Glucan: Orthophosphat-Glucosyltransferase.]
(α-Glucanphosphorylase.)

Vorkommen. Das erste Enzym dieser Art wurde von CORI u. Mitarb. in Muskelextrakt aufgefunden[4,5]. Kurz darauf konnten in Leber[6], Erbsen[7], Kartoffeln[8] und Hefe[9,10] Enzyme gleicher Wirkung nachgewiesen werden. Inzwischen hat sich gezeigt, daß Polysaccharidphosphorylasen im Tier- und Pflanzenreich, aber auch in Mikroorganismen weit verbreitet sind. Eine Übersicht gibt Tabelle 3.

Zur Gewinnung tierischer Phosphorylasen geht man meist von Muskel oder Leber aus. Skeletmuskel ist besonders reich an Phosphorylase. In 100 g Kaninchenmuskel sind 40—50 mg des Enzyms enthalten. Es ist daher CORI u. Mitarb. schon frühzeitig gelungen, kristallisierte Präparate aus Muskel herzustellen[11,12]. Die Präparate haben eine spezifische Aktivität von 2500 Einheiten pro mg Protein (Definition der Einheiten nach CORI[13,14]). Auch von russischen Autoren wurde Muskelphosphorylase kristallisiert erhalten[15-17]. Muskelphosphorylase kommt in zwei Formen — a und b — vor, die enzymatisch ineinander umgewandelt werden. Unter der Einwirkung einer spezifischen Phosphatase, dem sog. PR-Enzym oder *phosphorylase-rupturing enzyme*, werden aus einem Molekül Phosphorylase a unter Phosphatabspaltung zwei Moleküle Phosphorylase b gebildet. Bei der Umwandlung von Phosphorylase b in a erfolgt die Übertragung der Phosphatreste von ATP durch eine spezifische Kinase. Die b-Form ist bei Abwesenheit von 5'-AMP inaktiv. Nähere Untersuchungen von CORI[18] zeigten, daß in ruhendem Muskel die a-Form überwiegt, während bei der Muskelkontraktion die inaktive b-Form gebildet wird. In der Ruhepause wird aktive Phosphorylase regeneriert. Es ist daher notwendig, vor einer Isolierung des Enzyms die Tiere durch tiefe Narkose ruhigzustellen und dann möglichst rasch eine Abtrennung des inaktivierenden PR-Enzyms durchzuführen. Aus kristallisierter Phosphorylase a kann mit gereinigtem PR-Enzym[19] auch Phosphorylase b erhalten und kristallisiert werden[14]. Muskelphosphorylase a, dreimal kristallisiert, mit einer Aktivität

[1] YIN, H. C., and C. N. SUN: Science, N.Y. **105**, 650 (1947).
[2] PAECH, K., u. E. KRECH: Planta, Berlin **41**, 391 (1953).
[3] MEEUSE, B. J. D.: Versl. gewone Vergad. wis-natuurk. Afdeel. ned. Akad. Wet. **52**, 341 (1943).
[4] CORI, C. F., G. SCHMIDT and G. T. CORY: Science, N.Y. **89**, 464 (1939).
[5] CORI, C. F., S. P. COLOWICK and G. T. CORI: J. biol. Ch. **121**, 465 (1937); **123**, 375, 381 (1938).
[6] OSTERN, P., D. HERBERT and E. HOLMES: Biochem. J. **33**, 1858 (1939). — OSTERN, P., and E. HOLMES: Nature **144**, 34 (1939).
[7] HANES, C. S.: Proc. R. Soc. London (B) **128**, 421 (1940).
[8] HANES, C. S.: Proc. R. Soc. London (B) **129**, 174 (1940).
[9] SCHÄFFNER, A., u. H. SPECHT: Naturwiss. **26**, 494 (1938). H. **251**, 144 (1938). — SCHÄFFNER, A.: Naturwiss. **27**, 195 (1939).
[10] KIESSLING, W.: B. Z. **298**, 421 (1938); **302**, 50 (1939). Naturwiss. **27**, 129 (1939).
[11] GREEN, A. A., and G. T. CORI: J. biol. Ch. **151**, 21 (1943).
[12] ILLINGWORTH, B., and G. T. CORI: Biochem. Prep. **3**, 1 (1953).
[13] CORI, C. F., G. T. CORI and A. A. GREEN: J. biol. Ch. **151**, 39 (1943).
[14] CORI, G. T., B. ILLINGWORTH and P. J. KELLER: Colowick-Kaplan, Meth. Enzymol. Bd. I, S. 200.
[15] KRITSKII, G. A., u. E. B. KUWAEWA: Dokl. Akad. Nauk SSSR **64**, 549 (1949).
[16] GULYI, M. F., u. M. A. KOLOMIICHENKO: Ukrain. biochem. Z. **21**, 228 (1949).
[17] GULYI, M. F., u. A. G. SABALDYR: Ukrain. biochem. Z. **29**, 186 (1957).
[18] CORI, G. T.: J. biol. Ch. **158**, 333 (1945).
[19] KELLER, P. J., and G. T. CORI: Colowick-Kaplan, Meth. Enzymol. Bd. I, S. 206.

Tabelle 3. *Vorkommen von Polysaccharidphosphorylasen.*

Tierreich	Pflanzenreich	Mikroorganismen
Muskel[1–8]	Kartoffeln[20, 21]	Hefen[43–47] (S. cerevisiae, T. rotundata)
Leber[2, 9]	Süßkartoffeln[22–28]	Bakterien[48] (Neisseria perflava, Corynebacterium diphtheriae, Streptococci[49, 50])
Niere[10]	Erbsen[29]	Protozoen[51] (Polytomella coeca)
Herz[2, 9, 11, 12]	Schwertbohnen[30, 31]	
Hirn[2, 3, 9]	Sojabohnen[32]	
Knorpel[13]	Limabohnen[21, 33]	
Fett[14]	Saubohnen[34]	
Leukocyten[15, 16]	Mungobohnen[35] (green gram)	
Retina[17]	Wachsmais[36]	
Subcutangewebe[18]	Gerste[37, 38]	
Nematoden[19] (Ascaridia gelli, Ascaris lumbricoides)	Reis[39]	
	Zuckerrübe[40]	
	Zuckermais[41]	
	Kürbis[27]	
	Algen[42]	

[1] Cori, C. F., G. Schmidt and G. T. Cori: Science, N.Y. **89**, 464 (1939).
[2] Cori, C. F., S. P. Colowick and G. T. Cori: J. biol. Ch. **121**, 465 (1937); **123**, 375, 381 (1938).
[3] Cori, G. T., and C. F. Cori: J. biol. Ch. **135**, 733 (1940).
[4] Green, A. A., and G. T. Cori: J. biol. Ch. **151**, 21 (1943).
[5] Cori, G. T., and A. A. Green: J. biol. Ch. **151**, 31 (1943).
[6] Cowgill, R. W.: J. biol. Ch. **234**, 3146 (1959).
[7] Krebs, E. G., and E. H. Fischer: Adv. Enzymol. **24**, 263 (1962).
[8] Appleman, M. M., A. A. Yunis, E. G. Krebs and E. H. Fischer: J. biol. Ch. **238**, 1358 (1963).
[9] Cori, G. T., C. F. Cori and G. Schmidt: J. biol. Ch. **129**, 629 (1939).
[10] Bodnar, J., u. B. Tanko: B. Z. **303**, 391 (1940).
[11] Yunis, A. A., E. H. Fischer and E. G. Krebs: J. biol. Ch. **237**, 2809 (1962).
[12] Keller, H. U., u. M. Staehelin: Helv. physiol. Acta **21**, 142 (1963).
[13] Gutman, A. B., and E. B. Gutman: Proc. Soc. exp. Biol. Med. **48**, 687 (1941).
[14] Mirski, A.: Biochem. J. **36**, 232 (1942).
[15] Rohdewald, M.: Naturwiss. **33**, 314 (1946).
[16] Wagner, R.: Arch. Biochem. **26**, 123 (1950).
[17] Süllmann, H., u. R. Brückner: Enzymologia **8**, 167 (1940).
[18] Shapiro, B., and E. Wertheimer: Biochem. J. **37**, 397 (1943).
[19] Rogers, W. P., and M. Lazarus: Parasitology **39**, 302 (1949).
[20] Hanes, C. S.: Proc. R. Soc. London (B) **129**, 174 (1940).
[21] Green, D. E., and P. K. Stumpf: J. biol. Ch. **142**, 355 (1942).
[22] Nakamura, M.: J. agric. chem. Soc. Jap. **26**, 260, 267 (1952).
[23] Weibull, C., and A. Tiselius: Ark. Kemi, Mineral. Geol. A **19**, 1 (1945).
[24] Barker, S. A., E. J. Bourne, I. A. Wilkinson and S. Peat: Soc. **1950**, 84.
[25] Fischer, E. H., u. H. M. Hilpert: Exper. **9**, 176 (1953).
[26] Baum, H., and G. A. Gilbert: Nature **171**, 983 (1953).
[27] Inoue, Y., and K. Onoders: Rep. Inst. chem. Res. Kyoto **15**, 70 (1946); **16**, 28 (1947).
[28] Nakamura, M.: J. agric. chem. Soc. Jap. **25**, 413 (1952).
[29] Hanes, C. S.: Proc. R. Soc. London (B) **128**, 421 (1940).
[30] Sumner, J. B., G. F. Somers and E. B. Sisler: J. biol. Ch. **152**, 479 (1944).
[31] Sumner, J. B., T. C. Chou and A. T. Bever: Arch. Biochem. **26**, 1 (1950).
[32] Yin, H. C., and C. N. Sun: Science N.Y. **105**, 650 (1947).
[33] Nakamura, M.: J. agric. chem. Soc. Jap. **27**, 70 (1953).
[34] Hobson, P. N., W. J. Whelan and S. Peat: Soc. **1950**, 3566.
[35] Ram, J. S., and K. V. Giri: Arch. Biochem. **38**, 231 (1952).
[36] Bliss, L., and N. M. Naylor: Cereal Chem. **23**, 177 (1946).
[37] Porter, H. K.: Biochem. J. **47**, 476 (1950).
[38] Nakamura, M., K. Yamazaki and B. Maruo: J. agric. chem. Soc. Jap. **24**, 197, 299, 302 (1951).
[39] Hamada, I.: Nippon Kagaku Zasshi **80**, 180, 182 (1959).
[40] Kursanow, A., u. O. Pavlinova: Biochimija, Moskva **13**, 378 (1948).
[41] Peat, S., W. J. Whelan and J. R. Turvey: Soc. **1956**, 2317.
[42] Frederick, J. F.: Phytochemistry **2**, 413 (1963).
[43] Cori, C. F., S. P. Colowick and G. T. Cori: J. biol. Ch. **121**, 465 (1937).
[44] Schäffner, A.: Naturwiss. **27**, 195 (1939).
[45] Kiessling, W.: B. Z. **298**, 421 (1938); **302**, 50 (1939). Naturwiss. **27**, 129 (1939).
[46] Mager, J.: Biochem. J. **41**, 603 (1947).

von 1200 Einheiten/mg ist im Handel*. Leberphosphorylase wird in hochgereinigter Form gewonnen mit einer spezifischen Aktivität von 3800 Einheiten pro mg Protein[1].

Pflanzen enthalten Phosphorylase in Blättern, Früchten, Wurzeln und Knollen. Unter den höheren Pflanzen haben sich neben der Gewinnung aus Erbsen[2] und verschiedenen Bohnenarten[3-5] Kartoffeln als ergiebigstes Ausgangsmaterial erwiesen. 1953 gelang es etwa gleichzeitig FISCHER und HILPERT[6] sowie BAUM und GILBERT[7] Kartoffelphosphorylase zu kristallisieren. FISCHER erzielte eine 300fache Anreicherung. Aus 10 kg Kartoffeln wurden 35 mg kristallisiertes Enzym gewonnen, das allerdings noch Spuren von α-Amylase als Verunreinigung enthält, die sich schwer selektiv entfernen läßt, ohne daß gleichzeitig eine Inaktivierung der Phosphorylase eintritt. Bei der Methode von BAUM und GILBERT wurde eine 1000fache Reinigung in bezug auf Protein erzielt. Trotz mehrfacher Nacharbeitung ließ sich eine Kristallisation seither nicht mehr erreichen, so daß ein kristallisiertes Präparat noch nicht im Handel ist. Bei den pflanzlichen Phosphorylasen ist keine a- und b-Form zu unterscheiden. Die Gewinnung der Phosphorylasen aus Hefe, insbesondere Bäckerhefe, spielt eine untergeordnete Rolle.

Darstellung. Für die Herstellung kristallisierter Muskelphosphorylase gibt es eine Reihe gut ausgearbeiteter Vorschriften. CORI u. Mitarb.[8-10] beschreiben die Isolierung aus Kaninchenmuskel, COWGILL[11] aus dem Muskelextrakt von Hummern. In beiden Fällen wird zunächst Phosphorylase a gewonnen, die durch Einwirkung von PR-Enzym weiter in Phosphorylase b übergeführt werden kann. Bei der Methode von FISCHER und KREBS[12,13] wird der umgekehrte Weg eingeschlagen. Die Bedingungen bei der Isolierung aus Kaninchenmuskel werden so gewählt, daß alle Phosphorylase in der b-Form vorliegt. Nach deren Reinigung und Kristallisation erfolgt die Umwandlung in Phosphorylase a durch das Enzym Kinase, das bei demselben Trennungsgang anfällt, bei Gegenwart von ATP und Mg-Ionen. Hier soll die Isolierung der Muskelphosphorylase nach CORI und die der Leberphosphorylase nach SUTHERLAND[1] gebracht werden.

***Herstellung von kristallisierter Muskelphosphorylase a nach* CORI *u. Mitarb.*[9,10].**

Die Methode der Kristallisation und Umkristallisation beruht auf dem hohen Temperaturkoeffizienten der Löslichkeit von Phosphorylase a in schwach gepufferter Lösung.

1. Stufe: Herstellung von Rohextrakt, Dialyse und Abtrennung von PR-Enzym bei p_H *6,0.* Ein gut gefüttertes Kaninchen wird durch intravenöse Injektion von etwa 5 ml einer 6%igen Natrium-pentobarbitallösung tief narkotisiert und entblutet. Zuckungen und Krämpfe sind nach Möglichkeit zu vermeiden. Das Fell wird abgezogen, die Bein- und

* Hersteller Fa. Worthington Biochemical Corporation, Freehold, New Jersey, USA.

[1] SUTHERLAND, E. W., and W. D. WOSILAIT: J. biol. Ch. **218**, 459 (1956).
[2] HANES, C. S.: Proc. R. Soc. London (B) **128**, 421 (1940).
[3] SUMNER, J. B., G. F. SOMERS and E. B. SISLER: J. biol. Ch. **152**, 479 (1944).
[4] SUMNER, J. B., T. C. CHOU and A. T. BEVER: Arch. Biochem. **26**, 1 (1950).
[5] NAKAMURA, M.: J. agric. chem. Soc. Jap. **27**, 70 (1953).
[6] FISCHER, E. H., u. H. M. HILPERT: Exper. **9**, 176 (1953).
[7] BAUM, H., and G. A. GILBERT: Nature **171**, 983 (1953).
[8] GREEN, A. A., and G. T. CORI: J. biol. Ch. **151**, 21 (1943).
[9] ILLINGWORTH, B., and G. T. CORI: Biochem. Prep. **3**, 1 (1953).
[10] CORI, G. T., B. ILLINGWORTH and P. J. KELLER: Colowick-Kaplan, Meth. Enzymol. Bd. I, S. 200.
[11] COWGILL, R. W.: J. biol. Ch. **234**, 3146 (1959).
[12] FISCHER, E. H., and E. G. KREBS: J. biol. Ch. **231**, 65 (1958).
[13] FISCHER, E. H., E. G. KREBS and A. D. KENT: Biochem. Prep. **6**, 68 (1958).

Literatur zu Tabelle 3 (Fortsetzung).
[47] MEYER, K. H., u. P. BERNFELD: Helv. **25**, 399 (1942).
[48] HEHRE, E. J., D. M. HAMILTON and A. S. CARLSON: J. biol. Ch. **177**, 267 (1949).
[49] HEHRE, E. J., A. S. CARLSON and J. M. NEILL: Science, N.Y. **106**, 523 (1947).
[50] CARLSON, A. S., and E. J. HEHRE: J. biol. Ch. **177**, 281 (1949).
[51] LWOFF, A., H. IONESCO et A. GUTMANN: Cr. **228**, 342 (1949).

Rückenmuskulatur rasch entfernt und gewogen; alle weiteren Schritte werden, wenn nicht besonders vermerkt, im Kühlraum vorgenommen.

Die Muskeln werden zweimal im gut vorgekühlten Fleischwolf zermahlen, der Brei in ein Becherglas übergeführt und zweimal mit dem gleichen Volumen eiskalten destillierten Wassers 10 min unter gelegentlichem Rühren extrahiert. Man gibt den Muskelbrei durch Gaze und preßt die Flüssigkeit nur leicht mit einem breiten Spatel aus (Dauer etwa 5 min). Der Extrakt wird 5 min bei 8000 U/min zentrifugiert und die überstehende Lösung durch ein Faltenfilter filtriert. Der p_H-Wert (mit Glaselektrode bei 10° C gemessen) liegt gewöhnlich bei 6,5—6,7. Durch Zusatz von 0,05 n HCl oder besser 1 m Acetat, p_H 4,6, in kleinen Portionen und unter leichtem Rühren wird der p_H auf 6,4 gebracht. Der leicht trübe Extrakt wird in einen Dialysierschlauch von 15 mm ⌀ gefüllt und 3—4 Std bei höchstens 10° C gegen fließendes Leitungswasser oder Aqua dest. dialysiert. Durch mehrfaches Kippen der Schläuche wird die Flüssigkeit aufgewirbelt. Der Dialyseschritt sollte nicht später als 2 Std nach Beginn der Aufarbeitung erfolgen. Man bringt durch weitere vorsichtige Zugabe von Säure den dialysierten Extrakt auf p_H 6,0. Nach 5—10 min flockt ein Niederschlag aus, der den Hauptteil des PR-Enzyms enthält. Er setzt sich durch Zentrifugieren bei 8000—10000 U/min rasch ab. Die klare Lösung gibt man durch ein Faltenfilter (19 cm ⌀) und bringt durch Zusatz von festem $KHCO_3$ unter Rühren den p_H auf 6,8.

2. Stufe: Ammoniumsulfatfällung. Man läßt 0,7 Vol. einer bei Zimmertemperatur gesättigten Ammoniumsulfatlösung von p_H 6,8 (nicht vorgekühlt) langsam unter leichtem, gutem Rühren bis zur Sättigung 0,41 (1,68 m AS) zufließen. Der flockige Niederschlag setzt sich beim Stehen über Nacht langsam ab, so daß ein großer Teil der überstehenden Lösung durch Dekantieren entfernt werden kann. Man erhält durch Zentrifugieren bei 8000—10000 U/min einen festgepackten Niederschlag, der sorgfältig von der Lösung getrennt wird.

Tabelle 4. *Reinigungsgang von Muskelphosphorylase a.*

	Einheiten/mg Protein	mg Protein/ml	Einheiten insgesamt
Nach 1. Stufe	72	15,8	740000
1. Kristalle .	2210	8,5	376000
2. Kristalle .	2300	6,6	303000
3. Kristalle .	2515	5,8	235000

3. Stufe: Kristallisation. Der Ammoniumsulfatniederschlag enthält die Phosphorylase in einem Reinheitsgrad von etwa 0,3. Er wird sofort in 10—15 ml Aqua dest. gelöst und die leicht trübe Lösung 60—80 min gegen kaltes Leitungswasser oder Aqua dest. in Schläuchen von 6,5 mm ⌀ dialysiert. Man bringt die Dialysierschläuche dann in einen Zylinder, der durch ein Eisbad gekühlt ist und folgende Puffermischung enthält: 2,5 ml einer 0,3 m Lösung von Cystein-HCl (oder 0,015 m Versen), 100 ml 0,02 m Na_2-glycerophosphat, mit Wasser auf 250 ml gebracht und ein p_H-Wert von 6,6—6,8 eingestellt. Ein Zusatz von NaF (0,1 m) hemmt die enzymatische Umwandlung von Phosphorylase a in b und verbessert die Ausbeute an Kristallen. Die Dialysierlösung wird im Laufe der Dialyse (16—20 Std) 3—4mal ausgewechselt. Es bildet sich im Dialysierschlauch ein kristalliner Niederschlag, der zunehmend schwerer wird.

4. Stufe: Umkristallisationen. Nach Beendigung der Dialyse wird der Inhalt der Schläuche in kleinen Plastikbechern 10—15 min bei 8000 U/min zentrifugiert. Die überstehende Lösung (1. Mutterlauge) ist fast klar. Die gut von der Lösung befreiten Kristalle (1. Kristalle) werden mit insgesamt 20—25 ml folgender Pufferlösung versetzt: 2 ml 0,3 m Cystein-HCl (oder 0,0375 m Versen) und 48 ml 0,02 m Na_2-glycerophosphat; die Mischung auf p_H 6,6—6,8 eingestellt. Für die ersten drei Kristallisationen ist ein Zusatz von 0,1 m NaF günstig. Man gibt die Lösung in kleinen Anteilen und bei 35° C zu und verreibt den Niederschlag leicht mit einem Glasstab. Zunächst behandelt man mit etwa 10—15 ml Lösung, läßt einige min bei 35° C stehen und zentrifugiert 5 min bei Zimmertemperatur und 8000 U/min. Die klare überstehende Lösung wird in ein Eisbad gebracht und der Niederschlag noch 2—3mal mit je 5 ml Pufferlösung bei 35° C extrahiert, bis der größte Teil der Kristalle in Lösung gegangen ist. Der unlösliche Rest besteht aus Cystein und denaturiertem Protein. Die Phosphorylase beginnt sich kristallin abzuscheiden, sobald die Temperatur der Lösungen 0° C erreicht.

Nach der dritten Umkristallisation werden die Kristalle gelöst und bei Gegenwart von 0,1 m NaF einer Noritbehandlung unterworfen. Man gibt die Phosphorylaselösung zu ausgewaschenem Norit (10 ml Enzymlösung auf 100 mg Norit, aus Suspension abzentrifugiert). Man rührt 5 min leicht mit dem Glasstab um, zentrifugiert und filtriert die überstehende Lösung. Beim Abkühlen des Filtrats scheiden sich in kurzer Zeit Kristalle ab. Phosphorylase wird an Norit nicht merklich adsorbiert, während durch die Behandlung Spuren von PR-Enzym, Amylo-1,6-glucosidase, Nucleinsäuren und Nucleotide entfernt werden.

Man bewahrt die Kristallsuspension bei 0—4° C in einem gut verschlossenen Glasgefäß auf, das gleichzeitig ein Röhrchen mit Toluol enthält.

***Herstellung von kristallisierter Muskelphosphorylase b nach* Cori *u. Mitarb.*[1,2].**

Eine Lösung von kristallisierter Phosphorylase a wird bei 30° C in 0,015 m Cysteinlösung mit gereinigtem PR-Enzym inkubiert. 10—12 μg der reinsten PR-Präparate bewirken bereits in 1 Std eine vollständige Umwandlung in die b-Form. Eine Kristallisation gelingt aus Ammoniumsulfat-Cysteinlösungen. Die b-Form ist in verdünnter Salzlösung leichter löslich. Sie hat bei Gegenwart von 0,001 m Adenylsäure und p_H 6,6 dieselbe spezifische Aktivität wie Phosphorylase a.

***Herstellung von Leberphosphorylase nach* Sutherland[3,4].**

1. Stufe: Herstellung des Leberextraktes. Man verwendet mittelgroße Hunde verschiedener Rassen. Die Tiere werden 2—3 Wochen gut gefüttert und erhalten etwa 20 Std nach der letzten Fütterung eine Injektion von 2 mg Epinephrin in Kochsalzlösung intraperitoneal und 10 min später eine tödliche Dosis von Nembutal intravenös. Die Carotisgefäße werden aufgeschnitten und Thorax und Abdomen geöffnet. Eine große Kanüle wird in die Pfortader eingeführt und die untere vena cava direkt unter dem Herzen durchschnitten. Man durchströmt die Leber mit einigen Litern einer kalten 0,2 m NaF-Lösung und gibt zu Beginn der Perfusion 3 ml Epinephrin (1:1000) bei. Gelegentlicher Druck auf die untere vena cava oberhalb des Diaphragmas erhöht die Wirksamkeit der Durchströmung und bewirkt eine bessere Füllung der Leber. Dann wird die gekühlte Leber herausgenommen, die Gallenblase entfernt und die Leber in kalte 0,1 m NaF-Lösung gebracht. Jeweils etwa 100 g werden rasch in kleine Stücke geschnitten und mit 400 ml einer kalten 0,1 m NaF-Lösung, die 0,005 m K_2HPO_4 enthält, im Waring-Blendor während 2,5 min homogenisiert. Diese und alle folgenden Schritte werden bei 3° C ausgeführt, wenn nicht anders vermerkt. Man bringt die Homogenate mit 0,1 n Essigsäure auf p_H 5,7, vermischt mit einer dem Lebergewicht gleichen Menge Hyflo-Supercel und filtriert unter Druck durch eine Filterpresse. Der Rückstand wird mit 0,1 m kalter NaF-Lösung gewaschen (etwa das 1,2fache Volumen des Lebergewichtes).

2. Stufe: Adsorption und Ammoniumsulfatfällung. Das trübe Filtrat wird mit 1 n KOH auf p_H 6,5 gebracht und durch eine Adsorption an Calciumphosphat-Gel ein Teil des Phosphorylase inaktivierenden Enzyms entfernt. Dazu gibt man den 12. Teil des Volumens an Adsorbens zu und läßt unter gelegentlichem Umrühren 15 min stehen. Nach dem Zentrifugieren bringt man die überstehende Lösung mit 1 n KOH weiter auf p_H 7,2 und gibt auf 100 ml Lösung 46 g festes Ammoniumsulfat zu (Sättigung 0,66). Der p_H-Wert wird wieder mit 1 n KOH auf 7,2 reguliert, und nach 15 min Stehen zentrifugiert man den Niederschlag 20 min bei 7000 × g. Die gesammelten Niederschläge werden in 0,1 n NaF gelöst (75 ml pro 100 g Leber) und 0,02 m 5'-AMP (10 ml pro 100 g Leber)

---

[1] Illingworth, B., and G. T. Cori: Biochem. Prep. 3, 1 (1953).
[2] Cori, G. T., B. Illingworth and P. J. Keller: Colowick-Kaplan, Meth. Enzymol. Bd. I, S. 200.
[3] Sutherland, E. W., and W. D. Wosilait: J. biol. Ch. 218, 459 (1956).
[4] Sutherland, E. W.: Colowick-Kaplan, Meth. Enzymol. Bd. I, S. 215.

zugegeben. Der Zusatz von AMP stabilisiert die Phosphorylase gegen enzymatische Inaktivierung und Denaturierung bei dem folgenden Erhitzungsschritt. Die Reinigung kann an dieser Stelle unterbrochen werden und die eingefrorene Lösung bei —20° C ohne merkliche Aktivitätsabnahme über Wochen aufbewahrt werden. Vor der Weiterverarbeitung wird das Endvolumen der Lösung gemessen und die Volumenzunahme — über die zugesetzten Reagentien hinaus — als Maß für die Ammoniumsulfatmenge genommen, die als 0,66 gesättigte Lösung vorliegt.

3. Stufe: Hitzedenaturierung des inaktivierenden Enzyms. Der p_H-Wert der Lösung wird auf 7,1 eingestellt und die Lösung mit 30 ml 0,1 m NaF-Lösung in einen 2 l-Erlenmeyer-Kolben gebracht (Ammoniumsulfatsättigung etwa 0,17). In einem Wasserbad von 67° C wird die Enzymlösung unter ständigem Rühren auf 55° C erhitzt und 5 min bei dieser Temperatur belassen. Dann wird rasch in Eiswasser gekühlt und 20 min bei 7000 ×g zentrifugiert. Der Niederschlag wird verworfen.

4. Stufe: Ammoniumsulfatfällung zwischen 0,41 und 0,8 Sättigung. In diesem Stadium werden gewöhnlich die erhitzten Extrakte von drei verschiedenen Aufbereitungen vereinigt, um Unterschiede in der Fraktionierung auszugleichen. Die vorliegende Ammoniumsulfatkonzentration wird berechnet und neutrale, bei Zimmertemperatur gesättigte Ammoniumsulfatlösung bis zu einer Sättigungskonzentration von 0,41 zugegeben (entsprechend einer Dichte von 1,13 bei 3° C). Man zentrifugiert 20 min bei 7000 ×g. Die Menge der bei 0,41 Sättigung gefällten Phosphorylase hängt weitgehend von dem Glykogengehalt der Präparate ab. Wenn der Glykogengehalt ausnahmsweise sehr niedrig ist, kann sich ein großer Teil der Phosphorylase bereits in dieser Fraktion befinden. Gewöhnlich enthalten die Extrakte jedoch so viel Glykogen, daß der überwiegende Teil des Enzyms noch in Lösung bleibt. Der Niederschlag wird dann verworfen und die Lösung durch Zugabe von festem Ammoniumsulfat (27,3 g auf 100 ml) auf eine Sättigung von 0,8 gebracht. Es wird zentrifugiert und der Niederschlag in 0,1 m kalter NaF-Lösung gelöst (170 ml auf 1000 g Leber). Die mit Ammoniumsulfat gefällte Lösung läßt sich in der Kälte ohne Aktivitätsverlust über Nacht aufbewahren und kann am nächsten Morgen zentrifugiert werden. Auch nach dem Auflösen in NaF ist die eingefrorene Lösung einige Tage bei —20° C haltbar.

Tabelle 5. *Reinigungsvorgang von Leberphosphorylase* (Stufe 1—5).

Stufe	Einheiten insgesamt	Spezifische Aktivität E/mg Protein	% Ausgangsaktivität
1: Extrakt	25200	0,31	100
2: AS-Fällung 0,66	22786	0,44	90
3: nach Hitzebehandlung	12491	0,46	50
4: AS-Fällung 0,8	11400	0,57	45
5: nach Dialyse	10300	0,55	41
erste Äthanolfällung	9600	4,15	38
zweite Äthanolfällung	8900	5,7	35
dritte Äthanolfällung	7650	6,2	30

5. Stufe: Dialyse und Äthanolfraktionierung. Um vor der Alkoholfällung die Ammoniumsulfatkonzentration herabzusetzen, wird die Lösung unter fortgesetztem Rühren gegen eine NaF-KOH-Lösung (10 Vol. 0,1 m NaF, 5×10^{-4} n an KOH) 2 Std in Schläuchen von 21 mm ⌀ dialysiert. Die Dialysierlösung wird nach 1 Std erneuert. Man setzt nach der Dialyse 0,1 Vol. 5'-AMP (0,02 m, p_H 7,0) zu, bringt die Lösung mit KOH auf p_H 7 und kühlt im Eisbad. Dann gibt man langsam unter Rühren kaltes Äthanol (—20° C) bis zu einer Endkonzentration von 25 % zu, bringt auf 3° C und zentrifugiert. Die überstehende Lösung wird verworfen, der Niederschlag in 0,1 m NaF gelöst ($^2/_3$ des Volumens vor Äthanolzugabe) und wieder 0,02 m 5'-AMP zugefügt (10 % des Volumens an NaF-Lösung). Die Alkoholfällung wird in derselben Weise zweimal wiederholt, bis die überstehende Lösung farblos ist. Man löst den bei der dritten Fällung erhaltenen Niederschlag in Wasser (200—300 ml pro 1000 g Leber). Die Lösung erscheint milchig wegen des hohen Glykogengehaltes. Diese Fraktion ist in gefrorenem Zustand über viele Wochen oder Monate stabil. Die Ergebnisse der Reinigungsschritte bis zu dieser Stufe zeigt Tabelle 5.

6. Stufe: erste Adsorption und Elution. Zur Entfernung des Glykogens wird eine Adsorption des Enzyms an Calciumphosphat-Gel vorgenommen. Die beim Auflösen der dritten Alkoholfällung erhaltene Lösung wird etwa auf das Achtfache mit kaltem dest. Wasser verdünnt, so daß sie etwa drei Einheiten/ml enthält, und ein Vol. von 2—3 % dieser verdünnten Lösung an Gel zugesetzt*. Unter gelegentlichem Rühren läßt man 15 min stehen, zentrifugiert und wäscht das Gel mit einer der abzentrifugierten Lösung entsprechenden Menge kalter 0,001 m Tris-Pufferlösung, p_H 7,4 (umkristallisiert bei Gegenwart von Versen). Die Waschlösung wird durch Zentrifugieren abgetrennt und das Enzymprotein 10 min bei 25° C mit 0,01 m Kaliumcitrat (p_H 6,5) eluiert. Kaliumcitrat ist zur Elution fest adsorbierter Proteine sehr geeignet. Seine Konzentration ist jedoch kritisch, da mit höheren Konzentrationen das Phosphat-Gel löslich wird. Am besten setzt man 12 % des Volumens der zur Adsorption verwendeten, verdünnten Enzymlösung zu. Nach der Elution wird 10 min bei 7000 × g und Zimmertemperatur zentrifugiert und das Gel verworfen.

7. Stufe: vierte Äthanolfällung und Dialyse gegen Phosphat. Das Eluat wird gekühlt und auf je 100 ml 0,55 g NaCl und 40 ml absolutes Äthanol (— 20° C) zugesetzt. Man bringt auf 3° C und zentrifugiert. Der Niederschlag wird in 0,1 m Kaliumphosphat (p_H 7,2), etwa 20 ml auf 1000 g Leber, suspendiert und in ausgewaschenen Dialysierschläuchen (21 mm ⌀) 15 Std bei 22° C gegen 3,5 l 0,1 m Kaliumphosphat (p_H 7,2) dialysiert. Während der Dialyse werden Reste anhaftenden Glykogens teilweise phosphorolytisch abgebaut, und es bildet sich ein schwerer, flockiger Niederschlag. Man zentrifugiert 15 min bei Zimmertemperatur und 7000 × g und verwirft den Niederschlag, der inaktiv ist.

8. Stufe: zweite Adsorption und Elution. Die dialysierte und zentrifugierte vierte Alkoholfällung wird mit dem gleichen Volumen Wasser verdünnt, gekühlt und so viel Calciumphosphat-Gel verwendet, daß zunächst nur einige Prozent der Phosphorylase adsorbiert werden (1,25 ml Gel auf 10 ml Enzymlösung). Nach 15 min Rühren wird zentrifugiert und das Gel verworfen. Die überstehende Lösung, die noch immer etwas Kohlenhydrate enthält (s. Tabelle 6), wird mit kaltem destilliertem Wasser auf das Zehnfache verdünnt und zum dritten Mal mit Calciumphosphat-Gel versetzt (0,4 ml auf 10 ml Enzymlösung), einer Menge, die zur Adsorption der Phosphorylase ausreichend ist. Wieder läßt man das Gel 15 min unter Rühren einwirken, zentrifugiert und wäscht mit kaltem 0,001 m Trispuffer (p_H 7,4) das Gel aus (etwa $^2/_3$ Vol. der verworfenen überstehenden Lösung). Zur Elution des Enzyms behandelt man das Gel mit jeweils 10 ml kalter 0,6 m Ammoniumsulfatlösung (p_H 7,0—7,2). Die Elution wird 3—4mal durchgeführt.

9. Stufe: letzte Ammoniumsulfatfällung. Die vereinigten Eluate gibt man zu 1,5 Vol. mit Versene behandelter, gesättigter Ammoniumsulfatlösung, die vorgekühlt ist. Nach 15 min Stehen bei 3° C wird der Niederschlag durch Zentrifugieren abgetrennt und in etwa 2 ml Wasser gelöst. Diese letzte Fraktion wird nochmals dialysiert, erst gegen 7×10^{-4} m KOH, dann gegen 3×10^{-4} m KOH und schließlich gegen neutralisiertes Aqua dest. Die Lösungen lassen sich nur unter Schutz von Glycylglycin einfrieren. Der zweite Teil des Reinigungsganges ist in Tabelle 6 zusammengefaßt.

Die gereinigten Präparate haben spezifische Aktivitäten um 28—30. Wenn die Aktivität bei 30° C und unter Bedingungen einer Reaktion erster Ordnung bestimmt wird, ergibt sich nach der Definition von CORI eine Aktivität von 3800 Einheiten/mg Protein. Die weitgehend glykogenfreien Enzymlösungen sind bei Zimmertemperatur und bei 3° C instabil. Sie verlieren beim Einfrieren rasch ihre Aktivität. Die in 0,2 m Glycylglycin-Puffer, p_H 7,4, eingefrorenen Lösungen sind ziemlich stabil, jedoch tritt durch wiederholtes Auftauen und Einfrieren ein Aktivitätsverlust auf.

* Gewöhnlich wird durch Vorproben diejenige Menge Calciumphosphat-Gel bestimmt, die zur nahezu vollständigen Adsorption der Phosphorylase erforderlich ist.

Tabelle 6. *Reinigungsgang von Leberphosphorylase* (Stufe 5—9).

Stufe	Einheiten insgesamt	Spezifische Aktivität	% Ausgangs-aktivität	Kohlenhydrat/ Protein
5: dritte Äthanolfällung	6000	8,8	100	20:1
6: Eluat, erste Adsorption	5200	14,3	87	1,8:1
7: vierte Äthanolfällung	4100	15,5	68	1,3:1
nach Dialyse und Zentrifugieren	4100	22,4	68	1:1,1
8: zweite Adsorption				
überstehende Lösung	3320	28,0	55	1,2:1
Eluat, dritte Adsorption. . . .	2930	24,6	48	1:8
9: letzte AS-Fällung	2370	28,5	39,5	1:24

Unter den pflanzlichen Phosphorylasen sind bisher nur für Kartoffelphosphorylase Reinigungsvorschriften bekannt. Die Methode der Ammoniumsulfatfraktionierung geht auf Arbeiten von GREEN und STUMPF[1] sowie HIDY und DAY[2] zurück und wurde von HUSEMANN u. Mitarb.[3-5] weiter verbessert. Als entscheidender Schritt bei der Reinigung hat sich das Erhitzen des Kartoffelsaftes erwiesen. Bei einer Temperatur von 55,5° C werden alle störenden Begleitenzyme, besonders α-Amylase quantitativ entfernt, und der Arbeitsgang läßt sich damit wesentlich verkürzen[5]. Man erhält konzentrierte Lösungen mit hoher Wirkungsreinheit. Das Verfahren eignet sich zur einfachen Herstellung größerer Mengen für präparative Zwecke. Die Methode von BAUM und GILBERT[6,7] beruht auf der selektiven Adsorption der Phosphorylase an Amylose bei Gegenwart von Äthanol. Auch wenn die letzte Stufe der Kristallisation nicht gelingt[8-10], erhält man nach der Elution Lösungen hohen Reinheitsgrades. Wird der Kartoffelsaft nach der Vorschrift von HUSEMANN u. Mitarb.[3] vorher erhitzt, ist das Präparat frei von α-Amylase, Q-Enzym, D-Enzym und Phosphatasen, einschließlich Adenosintriphosphatase[11].

Das Verfahren nach LEE[12] geht über vier Stufen. Es umfaßt eine Adsorption an Amylose, Fraktionierung mit Ammoniumsulfat und elektrophoretische Trennung an einer Cellulosesäule.

***Darstellung von Kartoffelphosphorylase durch Ammoniumsulfat-Fraktionierung nach* HUSEMANN *u. Mitarb.*[3-5].**

Kartoffeln werden geschält, die geschnittenen Stücke in Eiswasser gelegt, der Saft in einem Multipress* rasch abzentrifugiert und durch ein Tuch filtriert. Der auf 0° C gekühlte Saft wird mit verdünntem Ammoniak auf p_H 7 gebracht. Man erhitzt den Saft bei p_H 7 unter leichtem Rühren zunächst in einem Wasserbad auf 55° C vor und läßt ihn dann 40 min in einem Thermostaten bei einer Innentemperatur von 55,5 ± 0,2° C stehen. Dabei werden auch geringste Beimengungen an α-Amylase und ein großer Teil der Fremdproteine entfernt. Man bringt den erhitzten Saft auf 15° C, versetzt mit 100 g festem Ammoniumsulfat pro Liter und zentrifugiert 30 min. Nun gibt man zunächst festes

* Das Arbeiten mit einem Multipress hat den Vorteil, daß dadurch eine rasche Abtrennung des Saftes von den Zellbestandteilen erreicht wird, da in diesem Stadium leicht Inaktivierung der Phosphorylase eintritt.

[1] GREEN, D. E., and P. K. STUMPF: J. biol. Ch. **142**, 355 (1942).
[2] HIDY, P. H., and H. G. DAY: J. biol. Ch. **160**, 273 (1945).
[3] HUSEMANN, E., B. FRITZ, R. LIPPERT u. B. PFANNEMÜLLER: Makromol. Chem. **26**, 199 (1958).
[4] HUSEMANN, E., u. B. PFANNEMÜLLER: Makromol. Chem. **49**, 214 (1961).
[5] DEIMLING, O. v.: Diss. (nat -math.) Freiburg i.Br. 1958.
[6] BAUM, H., and G. A. GILBERT: Nature **171**, 983 (1953).
[7] WHELAN, W. J.: Colowick-Kaplan, Meth. Enzymol. Bd. I, S. 192.
[8] SCHWIMMER, S., and W. J. WESTON: J. biol. Ch. **220**, 143 (1956).
[9] CORI, G. T.: Persönliche Mitteilung.
[10] LIDDLE, A. M., J. D. MANNERS and A. WRIGHT: Biochem. J. **80**, 304 (1961).
[11] GILBERT, G. A.: Persönliche Mitteilung.
[12] LEE, Y. P.: Biochim. biophys. Acta **43**, 18, 25 (1960).

Ammoniumsulfat bis zur Dichte 1,14 zu und bringt durch weitere Zugabe einer gesättigten Lösung von Ammoniumsulfat auf eine Dichte von 1,152. Die Fällungen läßt man 3 Std bei 0° C stehen, suspendiert den Niederschlag nach dem Zentrifugieren in 75 ml 0,05 m Citratpuffer, p_H 7,0, und läßt über Nacht bei 0° C stehen. Dann wird vom Ungelösten abzentrifugiert. Diese konzentrierten Lösungen enthalten etwa die Hälfte der Gesamtaktivität an Phosphorylase mit einer Aktivität von 11 Einheiten/mg Protein nach GREEN und STUMPF[1] (zehnfache Anreicherung). Eine weitere Elution des Niederschlags liefert den Rest der Phosphorylase, jedoch in geringerem Reinheitsgrad von 2,5 Einheiten/mg Protein. Es empfiehlt sich daher, nur die konzentrierten Lösungen zu verwenden. Sie werden mit Toluol überschichtet und sind bei p_H 7 und 0° C über viele Monate ohne Aktivitätsverlust haltbar. Durch Gefriertrocknung lassen sich ebenfalls stabile Präparate erhalten.

Derart gereinigte Phosphorylaselösungen sind frei von α- und β-Amylase, Q-Enzym, D-Enzym und Phosphatase. Als Test auf Hydrolasen eignet sich die Abnahme der Viscosität von Hydroxyäthylamyloselösung[2]:

100 mg einer Hydroxyäthylamylose[3] (Substitutionsgrad 0,15) werden in 5 ml Aqua dest. gelöst. Zu 2 ml dieser Lösung gibt man 2 ml der Enzymlösung und bringt 3 ml dieser Mischung rasch in ein OSTWALD-Viscosimeter. Die Durchlaufszeit wird bei 37° C über einen längeren Zeitraum gemessen und soll mindestens 1 Std konstant bleiben.

Die Phosphorylaselösungen enthalten jedoch noch geringe Mengen an Startersubstanzen. Diese können auf folgendem Wege entfernt werden[2]:

10 ml Phosphorylaselösung werden mit 10 ml Phosphatgemisch, p_H 6,6, versetzt (53 mg primäres Kaliumphosphat und 47 mg sekundäres Kaliumphosphat). Man läßt 4—5 Tage bei 37° C unter Toluol stehen und dialysiert dann bei 2° C 3 Tage gegen 0,1 m Citratpuffer, p_H 7,0, bis zum Verschwinden der Phosphatreaktion. Die Pufferlösung wird mehrfach ausgewechselt.

Darstellung von Kartoffelphosphorylase nach LEE[4].

Kartoffelsaft. 5 kg Kartoffeln, die in der Kälte aufbewahrt wurden, werden geschält, in Stücke geschnitten und im Waring-Blendor etwa 1 min in einer Lösung von 0,5% Natriumdithionit und 0,5% Natriumcitrat (100 ml/kg) homogenisiert. Der Brei wird durch vier Schichten von Gaze gegeben und der Rückstand in einer Presse ausgepreßt. Man läßt den Saft dann 1 Std bei 3° C stehen, damit sich die Stärke absetzt. Alle weiteren Schritte werden bei 3° C durchgeführt. Im Laufe der Fraktionierung mit festem Ammoniumsulfat wird der p_H-Wert durch Zugabe von Ammoniak eingestellt.

1. Stufe: Fällungsadsorption an Amylose. Der Kartoffelsaft wird zunächst bei p_H 6,5 mit festem Ammoniumsulfat (20 g/100 ml) versetzt, um inaktives Protein zu entfernen. Nach mehrstündigem Stehen erhält man durch Zentrifugieren und Filtrieren durch Celite eine klare Lösung. Man gibt nun langsam unter Rühren feingepulverte Amylose (1 g/100 ml) zu und vermeidet möglichst die Bildung von Klumpen. Nach einstündigem Rühren versetzt man langsam mit festem Ammoniumsulfat bei p_H 6,5 (18 g/100 ml) und rührt eine weitere Std. Der Niederschlag wird abzentrifugiert und fünfmal mit 1,8 m Ammoniumsulfatlösung, p_H 6,5, extrahiert (jeweils 50 ml/kg Kartoffeln). Zur weiteren Elution verwendet man 0,1 m Citratpuffer, p_H 6,5, wieder in Portionen von 50 ml/kg, bis der größte Teil der Aktivität eluiert ist.

2. Stufe: Fraktionierung mit Ammoniumsulfat. Die verschiedenen Eluate werden vereinigt und bei p_H 6,5 wieder langsam mit festem Ammoniumsulfat versetzt (20 g/100 ml). Nach dem Zentrifugieren gibt man zur überstehenden Lösung 18 g festes Ammoniumsulfat/100 ml. Der durch Zentrifugieren erhaltene Niederschlag wird in einer kleinen

[1] GREEN, D. E., and P. K. STUMPF: J. biol. Ch. **142**, 355 (1942).
[2] HUSEMANN, E., B. FRITZ, R. LIPPERT u. B. PFANNEMÜLLER: Makromol. Chem. **26**, 199 (1958).
[3] HUSEMANN, E., u. R. RESZ: J. polymer Sci. **19**, 389 (1956).
[4] LEE, Y. P.: Biochim. biophys. Acta **43**, 18, 25 (1960).

Menge 0,002 m Kaliumphosphatpuffer, p_H 6,8, suspendiert, so daß eine Proteinkonzentration von etwa 10% vorliegt. Man dialysiert dann etwa 2 Tage gegen große Mengen desselben Puffers (gesättigt mit Thymol). Die Pufferlösung wird dreimal ausgewechselt. Während der Dialyse fällt ein Niederschlag aus; er wird abzentrifugiert und verworfen. Die erhaltene Lösung ist etwa 6,5%ig an Protein.

3. Stufe: erste Säulenelektrophorese. Es wird mit der Apparatur und nach den Vorschriften von PORATH[1] gearbeitet. Etwa 700 mg Protein, gelöst in 0,002 m Phosphatpuffer, p_H 6,8, werden in eine Säule von 600 × 25 mm gebracht, die mit 70 g „MUNKTELLs Cellulosepulver für Elektrophorese" gefüllt ist. Man bringt die Proteinzone durch Zugabe von Pufferlösung etwa 1 cm weit in die Säule. Das obere Ende wird mit der Kathode, das untere mit der Anode verbunden und für 21—22 Std ein Strom von 38 mA angelegt. Die Säule wird mit derselben Pufferlösung eluiert bei einer Durchlaufgeschwindigkeit von etwa 50 ml/Std. Man bestimmt in Fraktionen von jeweils 5 ml die Proteinkonzentration bei 280 mμ sowie die Enzymaktivität. Die phosphorylaseaktiven Fraktionen liegen zwischen 25 und 75 ml. Die ersten 25 ml sind inaktiv. Die aktiven Fraktionen werden vereinigt und 28 g festes Ammoniumsulfat auf 100 ml Lösung zugegeben. Nach 1 Std wird zentrifugiert und die Lösung mit 12 g Ammoniumsulfat auf 100 ml versetzt. Nach dem Zentrifugieren suspendiert man den Niederschlag in einer kleinen Menge 0,002 m Phosphatpuffer, p_H 6,8, und dialysiert 1 Tag gegen denselben Puffer, der zweimal ausgewechselt wird.

4. Stufe: zweite Säulenelektrophorese. Die Durchführung ist dieselbe, wie oben beschrieben. Die ersten 25 ml enthalten keine Phosphorylase. Die aktiven Fraktionen des Eluats liegen zwischen 25 und 100 ml. Sie werden vereinigt und wieder in der angegebenen Weise mit Ammoniumsulfat fraktioniert. Der letzte Niederschlag wird nun in 0,1 m Citratpuffer, p_H 7, gelöst.

Bei der Reinigung wird eine 55fache Anreicherung des Enzyms erreicht (Tabelle 7).

Tabelle 7. *Reinigung von Kartoffelphosphorylase**.

Stufe	Gesamtprotein mg	Gesamt-einheiten	Einheiten/mg	% der Ausgangs-aktivität
1: Kartoffelsaft	29800	848000	28,5	(100)
2: Fällungsadsorption	4160	705000	170	74,5
3: zweite Ammoniumsulfatfraktionierung	2560	487000	191	57,5
4: erste Säulenelektrophorese	280	193000	687	22,3
5: zweite Säulenelektrophorese	80	125000	1560	14,7

* Aus 5 kg Kartoffeln.

Die Reinigung kann auch an einer DEAE-Cellulosesäule vorgenommen werden, bei Gradienten-Elution mit 1 m KCl—0,002 m Trispuffer, p_H 7,5. Das Enzym erscheint in den letzten Fraktionen. Der Reinigungseffekt ist etwa derselbe wie bei der Zonenelektrophorese.

Eine Kristallisation des gereinigten Enzyms gelang nicht.

Eigenschaften. Muskelphosphorylase ist von allen Phosphorylasen am besten charakterisiert[2]. Eine vollständige Bausteinanalyse haben VELICK und WICKS[3] und neuerdings FISCHER u. Mitarb.[4] durchgeführt. Daraus berechnet sich für Muskelphosphorylase a ein Gehalt von 18 SH-Gruppen. 5'-AMP sowie Cystein und EDTA sind für die maximale Aktivität des Enzyms erforderlich. Letztere schützen vor Inaktivierung der SH-Gruppen durch Spuren von Schwermetallen. 5'-AMP erhöht die Aktivität von Phosphorylase a aus Kaninchenmuskel und Leber um 35—40%, die b-Form ist bei Abwesenheit von AMP vollständig inaktiv. Phosphorylase a aus Hummermuskel erreicht auch ohne AMP die

[1] PORATH, J.: Biochim. biophys. Acta **22**, 151 (1956).
[2] KREBS, E. G., and E. H. FISCHER: Adv. Enzymol. **24**, 263 (1962).
[3] VELICK, S. F., and L. F. WICKS: J. biol. Ch. **190**, 741 (1951).
[4] APPLEMAN, M. M., A. A. YUNIS, E. G. KREBS and E. H. FISCHER: J. biol. Ch. **238**, 1358 (1963).

volle Wirksamkeit[1]. AMP wird an Phosphorylase gebunden. Die a-Form besitzt vier Bindungsstellen pro Molekül, die b-Form zwei Stellen[2]. Phosphorylase a enthält acht Atome Phosphor, vier davon liegen als Phosphoserinreste vor, die anderen vier sind als Pyridoxal-5'-phosphat gebunden[3]. In Phosphorylase b sind alle Phosphatgruppen an den Serinresten abgespalten, und das Molekül enthält 2 M Pyridoxal-5'-phosphat. Pyridoxalphosphat ist nicht als Coenzym im üblichen Sinn zu betrachten, obwohl es für die Aktivität des Enzyms notwendig ist[4]. In der folgenden Tabelle 8 sind die wichtigsten Daten von Muskel- und Leberphosphorylase zusammengestellt.

Tabelle 8. *Eigenschaften von Muskel- und Leberphosphorylase.*

Phosphorylase	Sed.-Konst. $S_{20,w} \times 10^{13}$	Diff.-Konst. $D_{20,w} \times 10^7$ (cm², sec⁻¹)	f/f_0	Mol.-Gew. $\times 10^5$	Wechselzahl* Mol G-1-P/10⁵ g Protein/min, 30° C	PH-Opt.	Temp.-Opt.
Muskelphosphorylase a (Kaninchen)	13,2[5]	2,6	1,55	4,95[5]	8100[6]	6,8[7]	39—43° C[6]
Muskelphosphorylase b (Kaninchen)	8,2[5]	3,3	1,55	2,42	5900		
Muskelphosphorylase a (Hummer)	9,0[1]				3200[8]		
Muskelphosphorylase b (Hummer)	9,0[1]				2800[8]		
Leberphosphorylase (Hund)	8,4[9]			2,37[10]	14000[9]	6,4[9]	

$$* \text{ Wechselzahl} = \frac{k \times 2{,}303 \times (\text{Mol G-1-P/ml}) \times 10^8}{(1 \text{ mg Protein/ml})}.$$

Die MICHAELIS-Konstanten finden sich in Tabelle 9.

Tabelle 9. MICHAELIS-*Konstanten von Muskelphosphorylase*[11].

Phosphorylase	AMP (m)	G-1-P (m)	Phosphat (m)	Glykogen (Endgruppe)
Muskelphosphorylase a (Kaninchen)	2×10^{-6}	5×10^{-3}	7×10^{-3}	1×10^{-4}
Muskelphosphorylase b (Kaninchen)	3×10^{-5}	5×10^{-3}		1×10^{-4}
Muskelphosphorylase a (Hummer)		7×10^{-3}		
Muskelphosphorylase b (Hummer)	5×10^{-4}			

Tabelle 10 bringt die wichtigsten Aktivatoren und Hemmstoffe für Muskel- und Leberphosphorylasen.

Tabelle 10. *Aktivatoren und Inhibitoren der tierischen Phosphorylasen.*

Aktivierung	Hemmung	Aktivierung	Hemmung
AMP	Phlorrhizin	Glutathion	Jodacetamid
Cystein	p-Chlormercuribenzoat	Versene	Schwermetallsalze

Von besonderem Interesse ist die Hemmung durch verschiedene Zucker, die über die Spezifität des Enzyms Aufschluß gibt.

[1] COWGILL, R. W.: J. biol. Ch. **234**, 3146 (1959).
[2] MADSON, N. B., and C. F. CORI: J. biol. Ch. **224**, 899 (1957).
[3] BARANOWSKY, T., B. ILLINGWORTH, D. H. BROWN and C. F. CORI: Biochim. biophys. Acta **25**, 16 (1957).
[4] CORI, C. F., and B. ILLINGWORTH: Proc. nat. Acad. Sci. USA. **43**, 547 (1957).
[5] KELLER, P. J., and G. T. CORI: Biochim. biophys. Acta **12**, 235 (1953).
[6] CORI, C. F., G. T. CORI and A. A. GREEN: J. biol. Ch. **151**, 39 (1943).
[7] CORI, G. T., B. ILLINGWORTH and P. J. KELLER: Colowick-Kaplan, Meth. Enzymol. Bd. I, S. 200.
[8] COWGILL, R. W., and C. F. CORI: J. biol. Ch. **216**, 133 (1955).
[9] SUTHERLAND, E. W., and W. D. WOSILAIT: J. biol. Ch. **218**, 459 (1956).
[10] SUTHERLAND, E. W.: Colowick-Kaplan, Meth. Enzymol. Bd. I, S. 215.
[11] BROWN, D. H., and C. F. CORI: Boyer-Lardy-Myrbäck, Enzymes, Bd. V, S. 207.

Tabelle 11. *Die Phosphorylasereaktion bei Gegenwart verschiedener Zucker.*

Zucker, die hemmen		Zucker, die nicht hemmen
Glucose[1,2]	Synthese kompetitiv, Abbau	β-Glucose[6]
α-Glucose-1-phosphat[3]	Abbau	β-Glucose-1-phosphat[7]
UDPG[4]	Synthese kompetitiv gegen Glucose-1-phosphat Abbau nicht kompetitiv gegen Phosphat	β-Methylglucosid[5]
α-Methylglucosid[5]		D-Xylose[5], D-Mannose[5], D-Galaktose[5], D-Fructose[5], L-Talose[5],
α-Phenylglucosid[5]		D-Allose[5], Maltose[5], Saccharose[5]

Von den pflanzlichen Phosphorylasen liegen bisher nur über die Eigenschaften der Kartoffelphosphorylase nähere Untersuchungen vor.

Tabelle 12. *Eigenschaften der Kartoffelphosphorylase*[8].

Sed.-Konst. $S_{20,w} \times 10^{13}$	Diff.-Konst. $D_{20,w} \times 10^7$ (cm^2, sec^{-1})	f/f_0	Mol.-Gew.	Wechselzahl M G-1-P/M Protein/min (30° C, pH 6,3)	pH-Opt.	Mol Pyridoxal-5'-phosphat	SH-Gruppen
7,94	3,76	1,43	$2{,}07 \times 10^5$	9400	6,5	2	6

Zum Unterschied von Muskelphosphorylase enthält Kartoffelphosphorylase nur 6 Mol SH-Gruppen pro Mol Protein und keine Phosphoserinreste. Das Enzym wird nicht durch Adenylsäure (AMP) oder andere Nucleotide aktiviert[8]. Cystein und metallbindende Reagentien wie Cyanid, Versen, Histidin oder 8-Hydroxychinolin haben auf die Aktivität keinen Einfluß[8]. Auch Phlorrhizin und Jodessigsäure (1×10^{-2} m)[8-10] hemmen die Kartoffelphosphorylase nicht.

Tabelle 13. *Inhibitoren für Kartoffelphosphorylase.*

Substanz	Konzentration (m)	Hemmung %
p-Chlormercuribenzoat	5×10^{-6}	50[8]
$AgNO_3$	$1{,}5$—2×10^{-6}	50[10]
$HgCl_2$	$2{,}3 \times 10^{-6}$	50[10]
$CuSO_4$	3—8×10^{-5}	50[10]
$ZnSO_4$	7×10^{-5}	50[10]

FISCHER[11] hat die Hemmung durch Schwermetalle bestätigt. Dagegen konnte LEE[8] nachweisen, daß ihr Einfluß vom Puffersystem abhängig ist. Während in Glycerophosphatpuffer, pH 6,3, Hg-, Ag- und Cu-Ionen hemmen, war in 0,1 m Citratpuffer, pH 6,3, nur für Hg eine Hemmung nachzuweisen. Auch die Rolle von Glucose ist umstritten. Einige Autoren finden keinen Effekt[9,10], während FISCHER[11] eine kompetitive Hemmung in bezug auf CORI-Ester angibt. Wie bei Muskelphosphorylase wird der phosphorolytische Abbau durch CORI-Ester gehemmt[12]. Cyclodextrine sind wirksame Inhibitoren[13,14]. Die MICHAELIS-Konstanten von Kartoffelphosphorylase sind in Tabelle 14 zusammengestellt.

[1] CORI, G. T., and C. F. CORI: J. biol. Ch. **135**, 733 (1940).
[2] CORI, C. F., G. T. CORI and A. A. GREEN: J. biol. Ch. **151**, 39 (1943).
[3] CORI, G. T., S. P. COLOWICK and C. F. CORI: J. biol. Ch. **127**, 771 (1939).
[4] MADSON, N. B.: Biochem. biophys. Res. Comm. **6**, 310 (1961).
[5] CAMPBELL, P. N., N. H. CREASEY and C. W. PARR: Biochem. J. **52**, 448 (1952).
[6] BROWN, D. H., and C. F. CORI: Boyer-Lardy-Myrbäck, Enzymes, Bd. V, S. 207.
[7] WOLFROM, M. L., C. S. SMITH and A. E. BROWN: Am. Soc. **65**, 255 (1943).
[8] LEE, Y. P.: Biochim. biophys. Acta **43**, 18, 25 (1960).
[9] GREEN, D. E., and P. K. STUMPF: J. biol. Ch. **142**, 355 (1942).
[10] NAKAMURA, M.: J. agric. chem. Soc. Jap. **26**, 260, 267 (1952).
[11] FISCHER, E. H., u. H. M. HILPERT: Exper. **9**, 176 (1953).
[12] HUSEMANN, E., u. B. PFANNEMÜLLER: Makromol. Chem. **49**, 214 (1961).
[13] FRENCH, D., and G. WILD: Am. Soc. **75**, 4490 (1953).
[14] SCHLENK, H., and D. M. SAND: Abstr. amer. chem. Soc. 140th meeting Chicago 1961, 18 C, 46.

Tabelle 14. MICHAELIS-*Konstanten von Kartoffelphosphorylase.*

Glucose-1-phosphat (m)	Anorganisches Phosphat (m)	Arsenat (m)	Stärke (g/l)	Amylopektin (g/l)	Maltohexaose (g/l)
$3{,}5 \times 10^{-3}$ [1]	$7{,}5 \times 10^{-3}$ [1]			0,13[1]	
$2{,}6 \times 10^{-3}$ [2]	$6{,}2 \times 10^{-3}$ [2]	8×10^{-3} [3]	0,9[2]		0,65[2]

Der Aktivitätsbereich liegt zwischen p_H 5,3 und 9,0 und 15—45° C für das gereinigte Enzym[1]. Über 50° C tritt zunehmende Inaktivierung ein (Tabelle 15).

Tabelle 15. *Hitzeinaktivierung der Kartoffelphosphorylase in 0,05 m Citratpuffer, p_H 6,3*[1].

Temperatur °C	Erhitzungsdauer min	Aktivitätsverlust %
50	5	10
55	5	30
60	5	90
65	5	100

Die Thermolabilität des Enzyms hängt wesentlich vom Reinheitsgrad ab. In rohem Kartoffelsaft tritt erst bei über 56° C eine merkliche Inaktivierung ein.

Die Gleichgewichtslage der Phosphorylasereaktion (tierische und pflanzliche Phosphorylasen) begünstigt die Synthese und ist p_H-abhängig. Das Verhältnis zwischen anorganischem Phosphat und Glucose-1-phosphat variiert bei 30° C zwischen 10,8 bei p_H 5,0 und 3,1 bei p_H 7,0, obwohl das Verhältnis der zweiwertigen Ionen $[HPO_4]^{2-}/[C_6H_{11}O_5 \cdot O \cdot PO_3]^{2-}$ den konstanten und vom p_H unabhängigen Wert 2,2 beibehält[4]. NAKAMURA hat neben Kartoffelphosphorylase auch die entsprechenden Enzyme aus Süßkartoffeln[5] und Limabohnen[6] untersucht und kam zu ähnlichen Resultaten, so daß man annehmen kann, daß sich die Phosphorylasen höherer Pflanzen kaum voneinander unterscheiden.

Aktivitätsbestimmung.

***Bestimmung von Muskelphosphorylase nach* CORI *u. Mitarb.*[7].**

Gereinigte Enzymlösungen werden beim p_H-Optimum von 6,8 getestet, ungereinigte Lösungen bei p_H 6,0, um eine Störung der Bestimmung durch Phosphoglucomutase herabzusetzen.

Reagentien:

1. Glykogenlösung, 4%ig.
2. 0,07 m Natrium-β-glycerophosphat (p_H 6,8 oder 6,0).
3. 0,06 m Cystein-HCl, frisch eingestellt auf p_H 6,8 bzw. 6,0; Lösung 2 und 3 werden zu gleichen Teilen gemischt und zur Herstellung von Enzymverdünnungen ververwendet.
4. 0,064 m Glucose-1-phosphat (kristallisiertes Dikaliumsalz), auf p_H 6,8 bzw. 6,0 gebracht.
5. Dieselbe Lösung wie 4. mit Zusatz von 0,004 m Adenosin-5'-phosphat.
6. H_2SO_4, verdünnt, oder Trichloressigsäure.

Ausführung:

0,1 ml Enzymlösung (Rohextrakt oder Kristallsuspension) werden mit Cystein-Glycerophosphatpuffer verdünnt. Wenn eine größere Verdünnung als 1:25 erforderlich ist, wird sie in 2—3 Stufen vorgenommen. Man gibt zu 0,4 ml der verdünnten Enzymlösung (Doppelbestimmung) 0,2 ml der Lösung 1 und wärmt die Mischung 20 min bei 30° C vor. Dann startet man die Synthesen, indem man zu der einen Probe 0,2 ml einer

[1] LEE, Y. P.: Biochim. biophys. Acta 43, 18, 25 (1960).
[2] WEIBULL, C., and A. TISELIUS: Ark. Kemi, Mineral. Geol. A 19, 1 (1945).
[3] KATZ, J., W. Z. HASSID and M. DOUDOROFF: Nature 161, 96 (1948).
[4] HANES, C. S., and E. J. MASKELL: Biochem. J. 36, 76 (1942).
[5] NAKAMURA, M.: J. agric. chem. Soc. Jap. 26, 260, 267 (1952).
[6] NAKAMURA, M.: J. agric. chem. Soc. Jap. 27, 70 (1953).
[7] CORI, G. T., B. ILLINGWORTH and P. J. KELLER: Colowick-Kaplan, Meth. Enzymol. Bd. I, S. 200.

gleichfalls auf 30° C temperierten Lösung von 4., zur anderen Probe 0,2 ml der Lösung 5 pipettiert. Nach genau 5, 10 und 15 min werden jeweils 0,2 ml entnommen, die Reaktion durch Zusatz von verdünnter H_2SO_4 oder Trichloressigsäure gestoppt und das anorganische Phosphat bestimmt. Gleichzeitig wird durch eine Blindprobe der Gehalt der Reagentien an anorganischem Phosphat ermittelt. Der Phosphatgehalt in ungereinigten Enzymlösungen (nach Stufe 1) kann vernachlässigt werden. Eine Enteiweißung ist selbst in diesem Stadium der Reinigung nicht erforderlich.

In Enzymlösungen, die gleichzeitig Phosphorylase a und b enthalten, gibt der Test bei Gegenwart und bei Abwesenheit von Adenosin-5'-phosphat Aufschluß über den relativen Anteil beider Komponenten. Man verfolgt daher im Verlauf des Reinigungsganges das Aktivitätsverhältnis ohne und mit Zusatz von Adenosin-5'-phosphat.

Liegt der Wert für $\frac{\text{Enzymaktivität ohne 5'-AMP}}{\text{Enzymaktivität mit 5'-AMP}} \times 100$ nach der ersten Stufe unter 40, so ist keine oder nur eine geringe Ausbeute an kristallisierter Phosphorylase zu erwarten. Das Verhältnis hat sowohl nach dem ersten Reinigungsschritt als auch bei den nachfolgenden Kristallisationen bei 30° C in der Regel einen Wert zwischen 55 und 70.

Verunreinigungen von Phosphoglucomutase stören die Aktivitätsbestimmung. Ein Test auf dieses Enzym wird folgendermaßen durchgeführt: Man inkubiert die Reaktionslösung, wie oben beschrieben, entnimmt nach 15 min 0,1 ml und versetzt mit 5 ml 1 n H_2SO_4. Im siedenden Wasserbad wird Glucose-1-phosphat in 5 min vollständig hydrolysiert, während Glucose-6-phosphat, das unter der Einwirkung von Phosphoglucomutase entsteht, nicht gespalten wird. Ist die Menge des anorganischen Phosphats nach Säurehydrolyse vor und nach Inkubation dieselbe, so enthält die Enzymlösung keine Phosphoglucomutase.

Berechnung der Einheiten. Unter den vorliegenden Bedingungen verläuft die Reaktion nach der ersten Ordnung, und die Reaktionsgeschwindigkeit ist über einen weiten Bereich von Enzymverdünnungen der Enzymkonzentration proportional.

$$K = \frac{1}{t} \times \log \frac{x_e}{x_e - x}.$$

x_e = % Glucose-1-phosphat im Gleichgewicht umgesetzt zu anorganischem Phosphat; x = % Umsatz zur Zeit t (min); $x_e = 86$ bei p_H 6,0, $= 78$ bei p_H 6,8.

$K \times 1000$ ergibt die Gesamtzahl der vorliegenden Enzymeinheiten (willkürlich festgelegt). Dieser Wert wird mit dem entsprechenden Verdünnungsfaktor multipliziert und ergibt die Anzahl der Enzymeinheiten/ml der nicht verdünnten Enzymlösung. Wenn also das Enzym zunächst 1:25 und weiter 1:1 verdünnt wurde, muß mit dem Faktor 50 multipliziert werden. Die spezifische Aktivität erhält man durch Division der Enzymeinheiten/ml durch mg Protein/ml als Einheiten/mg Protein.

Bestimmung von Leberphosphorylase nach Sutherland[1, 2].

Reagentien:

1. Stammlösung von Glucose-1-phosphat mit folgenden Komponenten: 0,036 m Glucose-1-phosphat, mit HCl auf p_H 6,1 gebracht, 4,03 mg Glykogen/ml; 0,1 m NaF; $1{,}4 \times 10^{-3}$ m 5'-AMP.
2. Die Enzymverdünnungen werden unmittelbar vor der Bestimmung mit kalter 0,1 m NaF-Lösung hergestellt.
3. Trichloressigsäure.

Ausführung:

2,8 ml der Lösung 1 werden mit 0,2 ml Enzymlösung versetzt. Jeweils 0,5 ml werden zur Zeit 0 und nach einer Inkubationszeit von 10 min bei 37° C entnommen und mit Trichloressigsäure inaktiviert. Das anorganische Phosphat wird nach Fiske und

[1] Sutherland, E. W., and W. D. Wosilait: J. biol. Ch. **218**, 459 (1956).
[2] Sutherland, E. W.: Colowick-Kaplan, Meth. Enzymol. Bd. I, S. 215.

SUBBAROW[1] bestimmt. In ungereinigten Präparaten kann die Anwesenheit von Phosphatase Störungen verursachen. Man prüft auf Phosphataseaktivität durch Einwirkung der Enzymlösung auf Glucose-1-phosphat und erhält aus der freigesetzten Glucose den entsprechenden Korrekturfaktor.

Definition der Einheiten. Eine Einheit des Enzyms wird als diejenige Menge definiert, die in 10 min bei 37° C 1,0 mg anorganisches Phosphat frei macht, wobei der Umsatz des CORI-Esters zwischen 12 und 22 % liegen soll. Die spezifische Aktivität wird in Einheiten pro mg Protein ausgedrückt.

Gereinigte Enzympräparate können exakter bei p_H 6,7 mit einer Endkonzentration an Glykogen von 1 % und an CORI-Ester von $1,6 \times 10^{-2}$ m getestet werden. Unter diesen Bedingungen geht die Reaktion bei 30° C nach der ersten Ordnung (s. CORI[2]). Es ergibt sich dann folgende Beziehung zwischen den nach beiden Methoden ermittelten Aktivitäten:

	Einheiten/mg Protein	
	nach SUTHERLAND	nach CORI
Präparat 1	18	2300
Präparat 2	28—30	3800

Spektrophotometrische Bestimmung von Phosphorylase in tierischem Gewebe[3]. Eine enzymatische Bestimmung des beim Abbau von Glykogen gebildeten Glucose-1-phosphats wird von WU beschrieben.

Bestimmung von Pflanzenphosphorylasen nach GREEN *und* STUMPF[4].

Reagentien:

1. 0,5 m Citronensäure-NaOH-Puffer, p_H 6,0.
2. 2 %ige Lösung von löslicher Stärke (ZULKOWSKY-Stärke).
3. 0,1 m CORI-Esterlösung (372 mg/10 ml), mit verdünnter Essigsäure auf p_H 6,0 gebracht.
4. Trichloressigsäurelösung, 5 %ig.
5. Die Enzymlösung wird mit 0,01 m Citratpuffer verdünnt.

Ausführung:

In einem 25 ml-Meßkölbchen werden 0,5 ml Puffer, 1,0 ml Stärkelösung und 1,0 ml Enzymlösung, die 5—10 Einheiten Phosphorylase enthalten soll, auf 37° C vorgewärmt und mit 1,0 ml einer gleichfalls auf 37° C temperierten Lösung von Glucose-1-phosphat versetzt. Nach genau 5 oder 10 min Inkubationsdauer bei 37° C wird die Reaktion durch Zugabe von 5 ml Trichloressigsäure gestoppt und mit Aqua dest. auf 25 ml aufgefüllt. Gleichzeitig wird in einer Kontrollbestimmung der Gehalt der Reagentien an anorganischem Phosphat geprüft. Man inkubiert alle Komponenten mit Ausnahme der Enzymlösung und gibt erst nach Zusatz der Trichloressigsäure die Enzymlösung zu. Trübe Lösungen müssen zentrifugiert werden. Zur Bestimmung des anorganischen Phosphats werden 1—2 ml der klaren Lösung entnommen (Durchführung s. S. 230). Es ist wichtig, daß die Kontrollbestimmung parallel durchgeführt wird, damit eine geringe Hydrolyse des Glucose-1-phosphats, die durch Einwirkung von Trichloressigsäure erfolgen kann, miterfaßt wird (maximal 0,4 %).

Definition der Einheiten. Eine Phosphorylase-Einheit ist definiert als diejenige Menge Enzym, die bei p_H 6,0 und 37° C unter den angegebenen Bedingungen 0,1 mg anorganischen Phosphor in 3 min freisetzt.

Bemerkungen. Der Test kann durch verschiedene Enzyme gestört werden, die in rohen Pflanzenextrakten enthalten sind. Phosphoglucomutase (Nachweis s. Muskelphosphorylase) wurde in Kartoffeln, unabhängig von Jahreszeit und Reifestadium unter den Bedingungen des Tests nicht nachgewiesen. Dagegen enthält Kartoffelsaft eine Phosphatase, deren Gehalt mit zunehmender Lagerungsdauer ansteigt (Nachweis s. Leber-

[1] FISKE, C. H., and Y. SUBBAROW: J. biol. Ch. **66**, 375 (1925).
[2] CORI, C. F., G. T. CORI and A. A. GREEN: J. biol. Ch. **151**, 39 (1943).
[3] WU, R.: J. biol. Ch. **234**, 2806 (1959) (nach einer unveröffentlichten Methode von Dr. E. RACKER).
[4] GREEN, D. E., and P. K. STUMPF: J. biol. Ch. **142**, 355 (1942). — HIDY, P. H., and H. G. DAY: J. biol. Ch. **160**, 273 (1945).

phosphorylase). Dieselbe Erscheinung wird bei α-Amylase beobachtet. Durch Gegenwart geringer Beimengungen an α-Amylase (Nachweis s. Herstellung von Kartoffelphosphorylase) wird die Reaktionsgeschwindigkeit durch Zunahme der Starterendgruppen erhöht; höhere Konzentrationen an α-Amylase bewirken eine Hemmung durch vollständigen Abbau des Starters. Phosphatase kann durch Zusatz von 1×10^{-3} m Ammoniummolybdat[1] oder 2×10^{-2} m NaF[2] gehemmt werden. Eine selektive Hemmung von α-Amylase und Q-Enzym soll mit 3×10^{-5} m $HgCl_2$ erreicht werden[1]. Nach eigenen Versuchen ist jedoch $HgCl_2$ ungeeignet, da Phosphorylase durch $HgCl_2$ wesentlich leichter inaktiviert wird als α-Amylase. Ungereinigte Phosphorylasepräparate vertragen relativ hohe Inhibitorkonzentrationen. Die Empfindlichkeit nimmt im Laufe der Reinigung von Fremdproteinen erheblich zu. Die Phosphatbestimmung wird bei Gegenwart der genannten Hemmstoffkonzentration nicht gestört.

Eine wichtige Voraussetzung zur exakten Ermittlung der Enzymeinheiten nach der von Green und Stumpf[3] angegebenen Definition ist, daß die Menge an freigesetztem Phosphat linear mit der Enzymkonzentration, d.h. infolgedessen auch linear mit der Zeit ansteigt. Das würde bedeuten, daß die Reaktion nach der nullten Ordnung verliefe. Dieses Verhalten ist innerhalb einer bestimmten Grenze grob erfüllt. Schwimmer[4] gibt dafür einen Umsatzbereich von maximal 15% Cori-Ester, Nakamura[5] 20% an. Es ist also notwendig, bei kleinen Umsätzen, d.h. mit geringen Enzymkonzentrationen zu arbeiten, um einigermaßen im angenähert linearen Bereich zu bleiben. Es besteht aber kein Zweifel, daß es sich nur um eine rohe Annäherung handelt. Tatsächlich verläuft die Reaktion nach einer komplizierteren Ordnung und ist im Einklang mit den von Cori[6] an der Muskelphosphorylase gefundenen Ergebnissen am besten als eine Reaktion erster Ordnung zu beschreiben. Es ist daher bei exakten Bestimmungen erforderlich, die Meßwerte mit einer entsprechenden Näherungsformel (s. Aktivitätsbestimmung von Muskelphosphorylase) auf die tatsächliche Aktivität umzurechnen.

Bestimmung von Kartoffelphosphorylase nach Lee[7].

Reagentien:

1. Amylopektinlösung, 3,8%ig.
2. 0,5 m Citratpuffer, p_H 6,3.
3. 0,05 m Glucose-1-phosphat, auf p_H 6,3 gebracht.
4. Trichloressigsäure, 5%ig.
5. 0,1 m Natriumacetat.

Ausführung:*

Man gibt zu 0,4 ml einer geeignet verdünnten Enzymlösung 0,2 ml der Lösung 1 und 0,2 ml der Lösung 2 und wärmt die Mischung 20 min bei 30° C vor. Dann versetzt man mit 0,2 ml der gleichfalls auf 30° C temperierten Lösung 3. Nach genau 5 min bei 30° C stoppt man die Synthese durch Zugabe von 0,5 ml der Lösung 4 und bringt mit 2 ml der Lösung 5 den p_H-Wert auf etwa 4.

Für die Bestimmung des anorganischen Phosphors wird die Methode von Lowry und Lopez[8] angegeben. Als Blindwert dient für jede Meßreihe derselbe Ansatz ohne Glucose-1-phosphat. Diese Komponente wird erst nach der Fällung des Proteins mit Trichloressigsäure zugegeben.

* Das Mengenverhältnis der verschiedenen Lösungen wurde nach den Angaben von Lee willkürlich festgelegt.

1 Bailey, J. M., G. J. Thomas and W. J. Whelan: Biochem. J. **49**, LVI (1951).
2 Porter, H. K.: J. exp. Bot. **4**, 44 (1953).
3 Green, D. E., and P. K. Stumpf: J. biol. Ch. **142**, 355 (1942).
4 Schwimmer, S., and W. J. Weston: J. biol. Ch. **220**, 143 (1956).
5 Nakamura, M.: J. agric. chem. Soc. Jap. **26**, 260, 267 (1952).
6 Cori, C. F., G. T. Cori and A. A. Green: J. biol. Ch. **151**, 39 (1943).
7 Lee, Y. P.: Biochim. biophys. Acta **43**, 18, 25 (1960).
8 Lowry, O. H., and J. A. Lopez: J. biol. Ch. **162**, 42 (1946).

Berechnung der Einheiten. Unter den vorliegenden Bedingungen geht die Reaktion nach der ersten Ordnung in bezug auf Glucose-1-phosphat. Die Enzymeinheiten werden nach dem Vorschlag von CORI[1,2] als $K \times 1000$ ausgedrückt. Dabei ist K die Geschwindigkeitskonstante erster Ordnung (log, min^{-1}). K war über eine 20fache Verdünnung des Enzyms der Enzymaktivität proportional.

Ein spektrophotometrischer Test zur Bestimmung von Phosphorylase über Glucose-1-phosphat (s. S. 231) stammt von KEILICH und WERNER[3]. Die Geschwindigkeit der Bildung von Glucose-1-phosphat verläuft in einem weiten Bereich linear mit der Phosphorylasekonzentration (1:20). Eine Phosphorylase-Einheit ist definiert als diejenige Enzymmenge, die bei 25° C und p_H 7,0 in Gegenwart von $1{,}66 \times 10^{-2}$ M/l anorganischem Phosphat und einer Substratkonzentration von $4{,}5 \times 10^{-3}$ M/l Anhydroglucose in 1 min 1 μM Glucose-1-phosphat bildet.

2. Saccharosephosphorylase.

[2.4.1.7 Disaccharid-Glucosyltransferase (unspezifisch).]
(Saccharose-Glucosyltransferase.)

Vorkommen. Saccharosephosphorylase wird hauptsächlich in Bakterien als adaptives Enzym gefunden, und zwar in *Leuconostoc mesenteroides*[4] sowie in *Pseudomonas saccharophila*[5] und *Pseudomonas putrefaciens*[6]. Das Enzym wird nur auf rohrzuckerhaltigem Medium gebildet. Glucose, Fructose, Xylose, Maltose oder Trehalose werden als Kohlenstoffquelle nicht verwertet. Dagegen bewirkt auch Raffinosezusatz ein Wachstum, vermutlich über die Spaltung des Trisaccharids in Saccharose und Galaktose durch Melibiase[7]. Erst nach längerer Zeit gelang es, auch in höheren Pflanzen Saccharosephosphorylase nachzuweisen, und zwar in den Blättern und dem Saft von Zuckerrohr[8,9].

Herstellung von Saccharosephosphorylase aus Pseudomonas saccharophila nach* DOUDOROFF *u. Mitarb.[10].

Die Kulturen werden bei 30° C mit kräftiger Belüftung in einem flüssigen Medium inkubiert. Die Nährlösung hat folgende Zusammensetzung: 2,5 g Saccharose, 1,0 g NH_4Cl, 0,5 g $MgSO_4 \cdot 7\,H_2O$ und 0,05 g Eisenammoniumcitrat auf 1 l 0,033 m KH_2PO_4-Na_2HPO_4-Puffer von p_H 6,8 (nach SÖRENSEN).

Sobald die stationäre Phase erreicht ist, werden die Zellen durch Zentrifugieren geerntet. Mit höheren Saccharosekonzentrationen (bis zu 0,5%) lassen sich noch größere Ausbeuten erzielen, jedoch muß dann die Belüftung sehr lebhaft sein und besonders während der letzten Stunden der Inkubation der p_H-Wert sorgfältig kontrolliert werden. Die Herstellung von Enzymextrakten aus getrockneten Zellen wird von DOUDOROFF an anderer Stelle angegeben[11]. Bei der Herstellung aus Zellbrei geht man folgendermaßen vor: 10 g gewaschene intakte oder eingefrorene Zellen werden 10 min mit 40 g kristallisiertem Aluminiumoxyd zermahlen und mit 100 ml 0,033 m Phosphatpuffer, p_H 6,8, in der Kälte extrahiert. Man zentrifugiert den Extrakt 20 min bei 20000 $\times$ g. Diese Lösung läßt sich in gefrorenem Zustand lange Zeit aufbewahren. Zur Reinigung werden je 40 ml Extrakt mit 40 ml einer kalten, bei 0° C gesättigten Ammoniumsulfatlösung versetzt, der Niederschlag abzentrifugiert und der Lösung weitere 60 ml der gesättigten Ammoniumsulfatlösung zugegeben. Dieser Niederschlag wird in 40 ml 0,01 m Phosphatpuffer, p_H 6,0,

[1] CORI, C. F., G. T. CORI and A. A. GREEN: J. biol. Ch. **151**, 39 (1943).
[2] CORI, G. T., B. ILLINGWORTH and P. J. KELLER: Colowick-Kaplan, Meth. Enzymol. Bd. I, S. 200.
[3] KEILICH, G., u. R. WERNER: B. Z. **342**, 217 (1965).
[4] KAGAN, B. O., S. N. LYATKER u. E. M. TSVASMAN: Biochimija, Moskva **7**, 93 (1942).
[5] DOUDOROFF, M., N. KAPLAN and W. Z. HASSID: J. biol. Ch. **148**, 67 (1943).
[6] DOUDOROFF, M., J. WIAME and H. WOLOCHOW: J. Bact. **57**, 423 (1949).
[7] HASSID, W. Z., M. DOUDOROFF and H. A. BARKER: Am. Soc. **66**, 1416 (1944).
[8] RAMAKRISHNAN, C. V.: Exper. **14**, 91 (1959).
[9] SHUKLA, J. P., and K. A. PRABHU: Naturwiss. **46**, 325 (1959).
[10] HASSID, W. Z., and M. DOUDOROFF: Adv. Carbohydrate Chem. **5**, 29 (1950). — WEIMBERG, R., and M. DOUDOROFF: J. Bact. **68**, 381 (1954). — DOUDOROFF, M.: Colowick-Kaplan, Meth. Enzymol. Bd. I, S. 225.
[11] DOUDOROFF, M.: J. biol. Ch. **151**, 351 (1943).

gelöst und zwischen 0 und 5° C langsam unter Rühren 4 ml einer 2 %igen Lösung von Protaminsulfat (p_H 5,0) zugefügt. Die Suspension wird zentrifugiert und der Niederschlag verworfen. Nun versetzt man die Lösung mit 88 ml Ammoniumsulfatlösung und löst den abgetrennten Niederschlag in 15 ml 0,033 m Phosphatpuffer, p_H 6,8. Bei der letzten Fraktionierung gibt man zunächst 10 ml Ammoniumsulfatlösung zu, verwirft den Niederschlag und fällt mit weiteren 5 ml. Diese letzte Fällung wird in Tris-Maleinsäure-Puffer oder Phosphatpuffer gelöst. Ergebnisse der Methode s. Tabelle 16.

Tabelle 16. *Reinigungsgang von Pseudomonas saccharophila.*

	E/ml	E/mg Protein	% Ausgangs-aktivität	E 280 mμ / E 260 mμ
Rohextrakt (40 ml) .	12,9	2,42	100	0,5
Nach Protamin-AS-Fällung (15 ml)	31,2	13,3	90	1,37
Nach AS-Fraktionierung (15 ml) .	19,0	30,6	55	1,42

Läßt man die Enzymlösungen 2—3 Tage bei 0° C in 0,5 gesättigtem Ammoniumsulfat stehen, werden Invertase und Phosphataseverunreinigungen inaktiviert. Nach Dialyse werden die Lösungen eingefroren und so aufbewahrt.

Herstellung von Saccharosephosphorylase aus Leuconostoc mesenteroides nach **Doudoroff** ***u. Mitarb.***[1,2].

L. mesenteroides, Stamm P-39, wird ohne Belüftung bei 30° C in folgendem Medium inkubiert. 1 l Aqua dest. enthält: 10 g Trypton, 10 g Hefeextrakt, 5 g K_2HPO_4, 10 g Saccharose und 10 ml Vitamin-Salzlösung (0,1 % Thiamin-HCl, 4 % $MgSO_4 \cdot 7\,H_2O$, 0,1 % $FeSO_4 \cdot 7\,H_2O$, 2 % $MnSO_4 \cdot 4\,H_2O$, 0,5 % Ascorbinsäure). Die Vitaminmischung wird durch Filtrieren sterilisiert und unter aseptischen Bedingungen dem anderen Teil des Mediums beigefügt, der im Autoklaven sterilisiert wird.

Wenn die stationäre Phase gerade erreicht ist (etwa 18—24 Std), werden die Zellen abzentrifugiert, gewaschen und entweder sofort weiterverarbeitet oder eingefroren.

1. Stufe: Extraktion. 100 g frischer oder gefrorener Zellbrei werden mit 400 g kristallisiertem Aluminiumoxyd vermahlen und mit 1 l 0,01 m Phosphatpuffer, p_H 6,8, extrahiert. Der Extrakt wird 20 min bei 20000 × g zentrifugiert und kann eingefroren aufbewahrt werden.

2. Stufe: Vorfraktionierung und Entfernung von Nucleinsäuren. 100 ml des Extraktes werden mit 100 ml bei 0° C gesättigter Ammoniumsulfatlösung behandelt. Nachdem man 15 min bei 0° C gerührt hat, wird der Niederschlag abzentrifugiert und die überstehende Lösung langsam und unter Rühren bei 0° C mit 24,8 g festem Ammoniumsulfat versetzt. Der Niederschlag wird in 50 ml 0,01 m Phosphatpuffer, p_H 6,8, gelöst und 5 ml einer 2 %igen Lösung von Protaminsulfat unter kräftigem Rühren zugegeben. Man zentrifugiert, behandelt die überstehende Lösung mit 77 ml gesättigter Ammoniumsulfatlösung und läßt 15 min bei 0° C stehen. Der Niederschlag wird wieder verworfen und die Lösung mit 20 g festem Ammoniumsulfat versetzt. Man zentrifugiert und löst die Fällung in 5 ml 0,033 m Phosphatpuffer, p_H 6,8.

3. Stufe: zweite Ammoniumsulfatfraktionierung und Dialyse. Man gibt zur Enzymlösung 9,3 ml gesättigte Ammoniumsulfatlösung, zentrifugiert und behandelt die Lösung weiter mit 1,51 g festem Ammoniumsulfat. Der Niederschlag wird wieder in 5 ml Phosphatpuffer gelöst und die Fraktionierung zweimal in derselben Weise wiederholt. Zuletzt löst man in 3 ml 0,03 m Phosphatpuffer, p_H 6,8, und dialysiert die Lösung 20 Std bei 0° C gegen Aqua dest. Die Lösung wird zentrifugiert und der Niederschlag verworfen.

4. Stufe: Säurefällung. Man gibt langsam unter kräftigem Rühren bei 0—5° C 0,5 %ige Essigsäure zu bis zu einem p_H von 4,5. Der Niederschlag wird abgetrennt und die Lösung 18 Std bei 0° C gegen 0,01 m Phosphatpuffer, p_H 5,8, dialysiert. Eine auftretende Fällung wird durch Zentrifugieren entfernt.

5. Stufe: Adsorption an Calciumphosphat-Gel. Man behandelt die Lösung mit 4,4 mg Calciumphosphat-Gel (0,286 ml einer Suspension, die 15,5 mg/ml enthält). Nach 15 min

[1] Weimberg, R., and M. Doudoroff: J. Bact. **68**, 381 (1954).
[2] Doudoroff, M.: Colowick-Kaplan, Meth. Enzymol. Bd. I, S. 225.

bei 0° C wird zentrifugiert und die überstehende Lösung erneut mit 15 mg (1 ml) des Gels versetzt. Man läßt 15 min stehen, zentrifugiert und suspendiert das Gel in 0,86 ml eines 0,002 m Phosphatpuffers, p_H 6,8 (0,002 m Phosphat-Eluat). Nach dem Zentrifugieren wird das Gel noch zweimal mit je 0,71 ml 0,033 m Phosphatpuffer, p_H 6,8, eluiert. Die Lösungen werden vereinigt, 20 Std bei 0° C gegen Aqua dest. dialysiert und inaktives Protein abzentrifugiert.

Ein solches Präparat ist eingefroren über einige Monate haltbar, wenn auch mit gewissem Aktivitätsverlust.

Bemerkungen. Es hat sich gezeigt, daß verschiedene Protaminpräparate des Handels sich in bezug auf die Reinigungswirkung sehr unterscheiden. Auch sind die Verhältnisse bei der Adsorption und Elution an Calciumphosphat-Gel je nach der Herkunft des Gels verschieden, so daß es zweckmäßig ist, Vorproben durchzuführen. In manchen Fällen war eine Elution mit 0,1 m Phosphatpuffer, p_H 6,0, wirksamer als mit 0,033 m Puffer, p_H 6,8. In Tabelle 17 ist das Ergebnis der verschiedenen Reinigungsstufen zusammengestellt.

Tabelle 17. *Reinigungsgang von Leuconostoc mesenteroides.*

	Einheiten/ml	Einheiten/mg Protein	% Ausgangs-aktivität	E 280/E 260 mμ
1. Rohextrakt (690 ml)	310	55,5	100	0,55
2. Nach Protamin-AS-Fällung (35 ml)	3500	193	57	1,57
3. Nach AS-Fraktion. und Dialyse (30 ml)	2750	250	39	1,61
4. Nach Säurefällung und Dialyse (32 ml)	1750	460	26	1,62
5. Adsorption				
0,002 m Phosphat, Eluat, dialysiert (6 ml)	960	1130	2,7	1,68
0,033 m Phosphat, Eluat, dialysiert (10 ml)	2240	1320	10,2	1,81

Eigenschaften. Das Gleichgewicht der Reaktion liegt weit auf der Seite der Saccharosespaltung[1]:

$$K = \frac{[\text{Saccharose}] \times [\text{anorganisches Phosphat}]}{[\text{Fructose}] \times [\text{Glucose-1-phosphat}]} = 0{,}053.$$

Dieser Wert wird für p_H 6,6 und 30° C gefunden*. Er nimmt mit abnehmendem p_H nur wenig zu. Trotz der ungünstigen Lage des Gleichgewichts gelang es auf diesem Wege erstmalig, Saccharose zu synthetisieren[3] und ihre Konstitution sicherzustellen. Das p_H-Optimum für die phosphorolytische Spaltung liegt bei p_H 6,6. Unter p_H 5,2 tritt bei 30° C rasche Inaktivierung ein, die im Anfangsstadium noch reversibel ist. Das Enzym wird durch höhere Temperaturen geschädigt. 10 min Erhitzen auf 55° C gibt einen Aktivitätsverlust von 50%. 5×10^{-2} m NaF und 2×10^{-3} m Jodessigsäure inaktivieren nicht. Da Mercuribenzoat (1×10^{-3} m) zu 100% Hemmung führt, müssen SH-Gruppen an der Reaktion beteiligt sein[4]. Aus dem Wirkungsmechanismus der Saccharosephosphorylase läßt sich schließen, daß intermediär ein Glucosyl-Enzymkomplex gebildet wird, daher sind Ergebnisse über die kompetitive Hemmung durch andere Zucker aufschlußreich. Glucose ist ein starker kompetitiver Inhibitor in beiden Reaktionsrichtungen[5]. Das läßt darauf schließen, daß die C_1-Gruppe der Glucose an der Komplexbildung nicht wesentlich beteiligt sein kann. Xylose, Xylose-1-phosphat, Arabinose und Galaktose hemmen weit weniger als Glucose. Man vermutet daher, daß für die Affinität und Enzymspezifität eine von der Carbonylgruppe weiter entfernte alkoholische Gruppe, eventuell im Zusammenwirken mit dem Pyranosering, verantwortlich ist. Anhaltspunkte für eine

* Für Saccharosephosphorylase aus Zuckerrohr wird eine Gleichgewichtskonstante von 5,6 angegeben[2].

[1] Doudoroff, M.: J. biol. Ch. **151**, 351 (1943).
[2] Shukla, J. P., and K. A. Prabhu: Naturwiss. **46**, 325 (1959).
[3] Hassid, W. Z., M. Doudoroff and H. A. Barker: Am. Soc. **66**, 1416 (1944).
[4] Weimberg, R., and M. Doudoroff: J. Bact. **68**, 381 (1954).
[5] Doudoroff, M.: J. biol. Ch. **157**, 699 (1945).

prosthetische Gruppe konnten noch nicht gefunden werden. Weder mit Adenylsäure noch mit hitzeinaktivierten Bakterienextrakten wurde eine Aktivierung des dialysierten Enzyms beobachtet.

***Aktivitätsbestimmung der Saccharosephosphorylase nach* DOUDOROFF[1].**

Reagentien:

1. 0,2 m Lösung von Saccharose in 0,033 m SÖRENSEN-Phosphatpuffer, p_H 6,64.
2. Die Stammlösung des Enzyms wird mit 0,033 m Phosphatpuffer, p_H 6,64, soweit verdünnt, daß die Lösungen zwischen 5 und 35 Einheiten/ml enthalten.
3. Trichloressigsäure, 5%ig.

(Veränderungen der Endkonzentration an anorganischem Phosphat zwischen 0,025 und 0,04 m sowie p_H-Werte im Bereich von 6,3—7,0 beeinflussen die Ergebnisse nicht wesentlich.)

Ausführung:

Man mischt gleiche Teile der Saccharoselösung und Enzymlösung bei 30° C und inkubiert 20 min. Nach 0, 10 und 20 min werden Proben entnommen, die Reaktion wird mit 5%iger Trichloressigsäure abgestoppt und das anorganische Phosphat bestimmt.

Definition und Berechnung der Einheiten. Eine Einheit ist definiert als diejenige Enzymmenge, die bei 30° C und p_H 6,64 in 0,033 m Phosphatpuffer und 0,01 m Saccharoselösung in 20 min einen anfänglichen Verbrauch von 1 μM anorganischem Phosphat hervorruft. Die Enzymaktivität wird folgendermaßen berechnet: Man wählt diejenige Probe, deren Phosphatverbrauch zwischen 2,5 und 10 μM/ml Reaktionslösung liegt. Die spezifische Aktivität ist definiert als Enzymeinheiten pro mg Protein. Protein wird durch das Verhältnis der Absorption bei 280 und 260 mμ bestimmt.

Abänderungen des Verfahrens. Man kann experimentell unter den genannten Reaktionsbedingungen eine Kurve für die Abhängigkeit des Phosphatverbrauchs von der Enzymkonzentration aufstellen. Dann lassen sich Enzymaktivitäten zwischen 5 und 40 Einheiten/ml Stammlösung mit ziemlicher Genauigkeit nach einer Inkubationszeit von 20 min bestimmen, solche zwischen 5 und 80 Einheiten/ml, wenn nach 10 und nach 20 min Proben entnommen werden.

Bei Enzympräparaten, die frei von Phosphoglucomutase, Polysaccharidphosphorylase und Glucose-1-phosphatase sind, ist eine Phosphatbestimmung zur Zeit 0 nicht notwendig. Das bei der Reaktion veresterte Phosphat kann aus der Differenz an anorganischem Phosphat vor und nach 7 min Hydrolyse mit 1 n HCl bei 100° C gemessen werden.

3. Maltosephosphorylase.

[2.4.1.8 Maltose: Orthophosphat-Glucosyltransferase.]

Vorkommen. Maltosephosphorylase ist gleichfalls ein Bakterienenzym, das als konstitutives Enzym von *Neisseria meningitidis* gebildet wird. Das Enzym wurde 1952 von FITTING und SCHERP entdeckt[2]. Inzwischen wurde das Enzym auch in *Neisseria perflava*[3] und verschiedenen *Lactobacillus*-Stämmen aus Bierhefe aufgefunden[4]. Eine Reindarstellung ist noch nicht durchgeführt worden.

Herstellung wirksamer Enzymlösungen[1,2]. Ein nicht virulenter Stamm von *N. meningitidis (Stamm 69, Typ I)* wird auf Trypticase-Soja-Agar (Baltimore Biological Laboratory) gebracht. Nach einer Inkubationszeit von nicht mehr als 24 Std bei 37° C werden die Zellen mit Aqua dest. abgewaschen, zentrifugiert und durch wiederholtes Suspendieren in Aqua dest. und Zentrifugieren gewaschen. Sie werden dann mit dem Dreifachen ihres Feuchtgewichtes an kristallisiertem Aluminiumoxyd zermahlen und mit 10 Vol. Trispuffer,

---

[1] DOUDOROFF, M.: Colowick-Kaplan, Meth. Enzymol. Bd. I, S. 225.
[2] FITTING, C., and H. W. SCHERP: J. Bact. **61**, 203 (1951); **63**, 545 (1952); **64**, 287 (1952).
[3] SELINGER, Z., and M. SCHRAMM: J. biol. Ch. **236**, 2183 (1961).
[4] WOOD, B. J. B., and C. RAINBOW: Biochem. J. **78**, 204 (1961).

p_H 7,0, extrahiert. Nach vierstündigem Zentrifugieren bei 5000 × g und 4° C wird die überstehende Lösung mehrfach zwischen einer Ammoniumsulfatsättigung von 0,4 und 0,7 in Phosphat- oder in Trispuffer, p_H 7,0, fraktioniert. Dadurch werden Hydrolasen abgetrennt. Man erhält Enzymlösungen, die frei von Maltase und Phosphatase sind. Sie können bei p_H 7,0 in eingefrorenem Zustand oder lyophilisiert längere Zeit aufbewahrt werden.

Eigenschaften. Die Gleichgewichtslage bei p_H 7,0 und 37° C ist ähnlich der der Polysaccharidphosphorylasen:

$$K = \frac{[\text{Maltose}] \times [\text{anorganisches Phosphat}]}{[\text{Glucose}] \times [\beta\text{-Glucose-1-phosphat}]} = 4{,}4.$$

Bei der Bildung von Maltose aus Glucose-1-phosphat wird Energie frei. Das p_H-Optimum für die phosphorolytische Spaltung liegt bei p_H 6,5. Man hat keine Anzeichen für einen leicht dissoziierbaren Cofaktor. Bei Dialyse oder Ultrafiltration nimmt die Aktivität nicht ab. ATP und Mg^{++} aktivieren nicht.

Aktivitätsbestimmung. Genaue Bedingungen wurden bisher noch nicht festgelegt. Obwohl im Gleichgewicht die Maltosesynthese bevorzugt ist, eignet sich zur Aktivitätsbestimmung nur die Spaltungsreaktion, da β-Glucose-1-phosphat schwer zugänglich ist. Nach DOUDOROFF läßt sich ein Test etwa wie folgt durchführen[1]: 0,1 m Maltoselösung und 0,033 m Phosphatpuffer, p_H 6,5—6,6, werden mit verschiedenen Konzentrationen der Enzymlösung versetzt. Nach Inkubation von etwa 1 Std bei 37° C wird der Phosphatverbrauch bestimmt. Die Einheit für die Aktivität muß noch definiert werden.

4. Cellobiosephosphorylase.

Vorkommen. Cellobiosephosphorylase wurde als Bakterienenzym erstmals von SIH u. Mitarb. in *Clostridium thermocellum*[2] entdeckt und ist inzwischen auch in *Ruminococcus flavefaciens*[3] und in *Cellvibrio gilvus*[4], einem cellulolytischen Organismus, aufgefunden worden. Die Bakterien wachsen auf Cellulose oder Cellobiose.

Reinigung von Cellobiosephosphorylase aus Clostridium thermocellum nach **ALEXANDER**[5]**.**

Das Wachstum von *Cl. thermocellum, Stamm 651,* erfolgt unter anaeroben Bedingungen. Das Medium hat folgende Zusammensetzung:

0,3% NaCl, 0,1% $(NH_4)_2SO_4$, 0,05% K_2HPO_4, 0,05% KH_2PO_4, 0,01% $MgSO_4 \cdot 7\,H_2O$, 0,001% $CaCl_2 \cdot 2\,H_2O$, 0,02% Natriumthioglykolat, 0,1% Hefeextrakt, 0,25% Cellulose und 0,5% $NaHCO_3$.

Es werden 1 g feuchte Zellen/l erhalten.

Herstellung des zellfreien Extraktes. 15—30 g feuchte Zellen werden in 7—15 ml Aqua dest. unter Zusatz von 20—40 g Glasperlen suspendiert und im Waring-Blendor unter Eiskühlung 15—30 min zermahlen. Man verdünnt mit 20—40 ml Aqua dest. und zentrifugiert die Suspension 1 Std bei 6000 × g. Das Rohenzym befindet sich im Überstand.

Ammoniumsulfatfraktionierung. 8 ml Rohenzym läßt man 1 Std mit 3 ml kalter gesättigter Ammoniumsulfatlösung stehen (p_H wird nicht korrigiert) und zentrifugiert 1 Std bei 6000 × g. Der Niederschlag wird verworfen und die Lösung mit 11 ml gesättigter Ammoniumsulfatlösung versetzt. Nach 1 Std wird wieder bei 6000 × g 1 Std zentrifugiert. Der Niederschlag enthält die Cellobiosephosphorylase und wird in 8 ml Aqua dest. gelöst. Alle Operationen werden bei 5° C ausgeführt.

---

[1] DOUDOROFF, M.: Colowick-Kaplan, Meth. Enzymol., Bd. I, S. 225.
[2] SIH, C. J., N. M. NELSON and R. H. MCBEE: Science, N.Y. **126**, 1116 (1957).
[3] AYERS, W. A.: J. Bact. **76**, 515 (1958). J. biol. Ch. **234**, 2819 (1959).
[4] HULCHER, F. H., and K. W. KING: J. Bact. **76**, 571 (1958).
[5] ALEXANDER, J. K.: J. Bact. **81**, 903 (1961).

Der Reinigungsgang wird zweimal wiederholt und auf diese Weise das einzige störende Begleitenzym, die Phosphoglucomutase, entfernt.

Test auf Phosphoglucomutase: Abnahme an säurelabilem Phosphat.

Der Rohextrakt und das gereinigte Enzym sind frei von Cellobiase und Glucose-1-phosphatase.

Eigenschaften[1]. Die Gleichgewichtslage der Reaktion, bei p_H 7,0 und 37° C, begünstigt die Synthese und stimmt mit der der Maltosephosphorylase überein:

$$K = \frac{[\text{Cellobiose}] \times [\text{anorganisches Phosphat}]}{[\text{Glucose}] \times [\alpha\text{-Glucose-1-phosphat}]} = 4{,}3.$$

Der Aktivitätsbereich des Enzyms erstreckt sich von p_H 4,6—8,1, mit einem Optimum bei etwa p_H 7.

Eine Übersicht über einige Hemmstoffe und den Einfluß von Cystein gibt Tabelle 18.

Für die phosphorolytische Spaltung von Cellobiose wurde eine Hemmung durch Glucose festgestellt.

Aktivitätsbestimmung[1]. Hier liegen keine näheren Angaben vor. Die Aktivität wird entweder in Richtung der Synthese oder des Abbaus aus dem Umsatz an anorganischem Phosphat ermittelt. Nach Inkubation bei 37° C wird das Enzym mit 5%iger Trichloressigsäure oder 1 n HCl inaktiviert und das Phosphat nach FISKE und SUBBAROW[2] bestimmt.

Tabelle 18. *Inhibitoren für Cellobiosephosphorylase.*

Substanz	Konzentration (m)	Cystein (m)	Hemmung %
p-Chlormercuribenzoat	1×10^{-5}		42
	2×10^{-5}		100
	1×10^{-5}	1×10^{-4}	7
	2×10^{-5}	1×10^{-4}	75
$AgNO_3$	1×10^{-4}		100
	1×10^{-4}	1×10^{-4}	91
	1×10^{-4}	1×10^{-2}	0
Phlorrhizin	5×10^{-3}		56
NaF	0,1		21
	0,2		95

5. Laminaribiosephosphorylase.

Das Enzym wurde erstmals aus *Euglena gracilis* isoliert[3]. Nach vorläufigen Angaben wird eine 16—18fache Reinigung erzielt.

Glycosyltransferases.
(Transglycosylases.)

By

Ranwel Caputto*, Raul E. Trucco and Paul B. McCay***.**

The enzymes to be considered in this chapter catalyse the transference of glycosyl groups between carbohydrates and related substances. Other donors or acceptors will not be mentioned. For many of these enzymes, the proof of their identities with the corresponding carbohydrases is very convincing, and the reader will usually find suitable preparations and quantitative methods of determining these in the chapter for carbohydrases. The preparations given here are those which have been proven to transfer glycosyl groups. The accompanying table of di-, tri-, and other oligosaccharides does

* Instituto de Ciencias Quimicas, Departamento de Quimica Biologica, Ciudad Universitaria, Cordoba/Argentina.

** Catedra de Microbiologia, Faculdad de Ciencas Exactas y Naturales Buenos Aires.

*** Biochemistry Department of the Oklahoma Medical Research Institute, Oklahoma.

[1] ALEXANDER, J. K.: J. Bact. **81**, 903 (1961).

[2] FISKE, C. H., and Y. SUBBAROW: J. biol. Ch. **66**, 375 (1925).

[3] MARECHAL, L. R., and S. H. GOLDEMBERG: Biochem. biophys. Res. Comm. **13**, 106 (1963).

not intend to be comprehensive of all the products formed by these enzymes but avoids the well known products, such as, sucrose, lactose, etc., in order to emphasize those that were first synthesized or better characterized because they are products of the activities of glycosyltransferases.

Amylomaltase.

[2.4.1.3 α-1,4-glucan: D-glucose-4-glucosyltransferase.]

Maltose → oligoglucosides + glucose.

Occurrence. This activity was first described by MONOD and TORRIANI[1] and by DOUDOROFF et al.[2] in *Escherichia coli* and was later found in *Aspergillus niger* and *Aspergillus oryzae*[3-5], *Penicillium chrysogenum*[6], rat liver[7], and marine alga[8].

Preparation from rat liver[7]. The authors reported in a preliminary way the isolation of this enzyme from homogenates of rat liver which had been freed of amylase by adsorption on starch. The enzyme is precipitated at between 50 and 80% alcohol concentration, and dried with cold acetone and ether.

Preparation from E. coli[1, 2]. The strain of *E. coli* used (strain W-327 from the authors) was able to ferment maltose but had lost its ability to ferment glucose and lactose. The bacteria are grown in a rotary shaker in a medium containing 1% peptone, 0.3% beef extract, 0.5% NaCl, and 0.5% maltose. They are harvested after 12—18 hr of growth and dried *in vacuo* over P_2O_5. The suspensions of dry cells are usually made in 0.1 M $NaHCO_3$ saturated with CO_2. BARKER and BOURNE[9] used the strain of MONOD and TORRIANI[1] grown at 35° C for 22 hr in an aerated medium.

The medium[10] is composed of 5 g of a mixture of KH_2PO_4 and $Na_2PO_4 \cdot 2\,H_2O$ (to give a final p_H of 6.9), 1.0 g of NH_4Cl, 0.1 g $MgSO_4$, 0.01 g $CaCl_2$, 0.0005 g $FeSO_4$, diluted to 1 l with pyrex distilled water. This is sterilized and brought to volume with sterile distilled water. Lactose or glucose (2 parts per 1000) is added after sterilization by filtration. The cells were collected by continuous centrifugation and washed with 5 l of distilled water. The bacteria were freeze-dried to a yellow powder and stored at 1° C.

Preparation from Aspergillus niger[11]. A suspension of freeze-dried cells of *A. niger* (1 g) in water or buffer is shaken at 0° C with glass beads for 20 min in a MICKLE tissue disintegrator, and the cell debris washed out with water (20 ml), then shaken for 1 hr and centrifuged at 5000 rpm to eliminate cell debris. A smear of the extract should be stained with carbofuscin to confirm the absence of unbroken cells.

Preparation from Aspergillus oryzae. PAZUR et al.[4, 5] have obtained their preparations from Takamine Laboratories, Inc., Clifton, New Jersey, U.S.A.

Preparation of Amylomaltase from Penicillium chrysogenum according to **SAROJA *and coll.***[6].

Culture of P. chrysogenum Q-176[12]. A suspension of spores of the organism originally maintained in soil cultures and grown on agar slants in 0.067 M phosphate buffer, p_H 7.0, was inoculated into 500 ml conical flasks containing 100 ml of a medium[13] containing,

[1] MONOD, J., et A. TORRIANI: Cr. **227**, 240 (1948).
[2] DOUDOROFF, M., W. Z. HASSID, E. W. PUTMAN, A. L. POTTER and J. LEDERBERG: J. biol. Ch. **179**, 921 (1949).
[3] PAN, S. C., A. A. ANDREASEN and P. KOLACHOV: Science, N.Y. **112**, 115 (1950).
[4] PAZUR, J. H., and D. FRENCH: J. biol. Ch. **196**, 265 (1952).
[5] PAZUR, J. H., T. BUDORICH and C. L. TIPTON: Am. Soc. **79**, 625 (1957).
[6] SAROJA, K., R. VENKATARAMAN and K. V. GIRI: Biochem. J. **60**, 399 (1955).
[7] GIRI, K. V., A. NAGABHUSHANAM, V. N. NIGAM and B. BELARDI: Science, N.Y. **121**, 898 (1955).
[8] DUNCAN, W. A. M., D. J. MANNERS and A. G. ROSS: Biochem. J. **63**, 44 (1956).
[9] BARKER, S. A., and E. J. BOURNE: Soc. **1952**, 209.
[10] MONOD, J., et A. AUDUREAU: Ann. Inst. Pasteur **72**, 868 (1946).
[11] BARKER, S. A., and T. R. CARRINGTON: Soc. **1953**, 3588.
[12] GIRI, K. V., K. SAROJA, R. VENKATARAMAN and P. L. NARASHIMA RAO: Arch. Biochem. **51**, 62 (1954).
[13] JARVIS, F. J., and J. M. JOHNSON: Am. Soc. **69**, 3010 (1947).

in grams per liter, maltose 30; ammonium acetate 3; ammonium lactate 5; KH_2PO_4 3; $MgSO_4 \cdot 7\ H_2O$, 0.25; $FeSO_4 \cdot 7\ H_2O$, 0.10; $CuSO_4 \cdot 5\ H_2O$, 0.005; $ZnSO_4 \cdot 7\ H_2O$, 0.02; Na_2SO_4, 0.50; $MnSO_4 \cdot H_2O$, 0.02 and $CaCl_2 \cdot 2\ H_2O$, 0.05. The sugar was sterilized and added separately just before inoculation to give a concentration of 3%.

The mold was grown in shake cultures (90 ± 5 strokes/min) at 25—26° C for 7 days. Aliquots of the broth were aseptically drawn daily, and day-to-day changes in the carbohydrate composition were ascertained chromatographically. At the end of 7 days, the cells were harvested by filtration and centrifugation, and the clear filtrate was used for the isolation of isomaltose and other sugars. The p_H of the filtrate was 6.8.

Preparation of the enzyme[1]. The mycelia are removed by filtration and centrifugation and the clear supernatant (p_H 6.5) was treated with sweet potato starch for 30 min at 0° C and filtered to remove traces of amylases present. The enzyme is precipitated by adding absolute ethanol to 80% (end concentration) at 0—4° C. The precipitate was centrifuged, washed with absolute ethanol and ether, and dried over $CaCl_2$ *in vacuo*. The preparation is a white, hygroscopic, amorphous powder.

***Preparation of Amylomaltase from marine alga (Cladophora rupestris) according to* Duncan *and coll.*[2].**

Two to three kg of fresh, hand-pressed marine alga are minced with ice water and extracted with stirring with 3—4 l of 0.25% Na_2CO_3 at room temperature for 15—18 hr. The p_H of the solution is originally approximately 9 but fell slowly to a final value of 6 to 7. If the p_H of an algal extract falls below 5, coprecipitation of protein and alginate occurs. After centrifuging (2000 g for 20—30 min) the extract is dialyzed against running tap water for 3—4 days to remove free sugars, amino-acids, etc. Ammonium sulfate is added to 0.7—0.8 saturation and the precipitated protein is collected by centrifugation at 0° C. If the dialysis stage is omitted, the precipitation of protein by $(NH_4)_2SO_4$ is retarded and incomplete. The precipitate of protein is redissolved in water, and reprecipitated with $(NH_4)_2SO_4$ at approximately 0.7 saturation. The resulting precipitate is centrifuged, dissolved in water, dialysed until free of $(NH_4)_2SO_4$ and lyophilyzed.

Determination of amylomaltase activity. Essentially all the methods proposed consist in incubating maltose and the different enzyme preparations for varying lengths of time and then chromatography of the products of reaction after inactivation of the enzyme. Buffers have been used by some authors but there is no evidence of a p_H optimum. Iodoacetate is used in some cases to avoid fermentation, and toluene to avoid contamination when the time of incubation is above 4—6 hr. It is advisable not to add phosphate so that the probability of phosphorylating reactions is diminished. The different mixtures used are as follows:

Incubation systems:

Barker and Bourne[3]

Maltose hydrate	2.888 g
Lyophilyzed *E. coli*	1.200 g
$NaHCO_3$	3.336 g
Na iodoacetate	0.0166 g
Total vol.	40 ml

Incubate 3 hr. at 32° C bubbling CO_2 through the suspension. Stop the reaction with excess of TCA.

Barker and Carrington[4]

0.2 M citrate extract of freeze-dried *A. niger* (0.786 g)	20 ml
Maltose (6.985 g)	200 ml

Layered with toluene. Incubate 30—35° C for 8 days. Stop the reaction by heating at 100° C for 15 min.

[1] Saroja, K., R. Venkataraman and K. V. Giri: Biochem. J. **60**, 399 (1955).
[2] Duncan, W. A. M., D. J. Manners and A. G. Ross: Biochem. J. **63**, 44 (1956).
[3] Barker, S. A., and E. J. Bourne: Soc. **1952**, 209.
[4] Barker, S. A., and T. R. Carrington: Soc. **1953**, 3588.

SAROJA et al.[1]

Enzyme from *P. chrysogenum*, 1% (w/v) (see above)	25 ml
Maltose (20% in 0.13 M WALPOLE'S acetate buffer p_H 5.4 . . .	75 ml

Layered with toluene. Incubate 72 hr. at 25° C. Stop the reaction by heating to 70° C.

DUNCAN and MANNERS[2]

Maltose (recrystallized)	32.5 g
Acetate buffer (0.1 M p_H 5.0)	250 ml
Freeze-dried preparation from marine alga enzyme (see above)	1.25 g

Layered with toluene. Incubate at 35° C for 16 days. Inactivated by heating.

Products of reaction. GIRI et al. point out that their preparation from liver only synthesizes 1—4 glucosidic linkages, while the mold preparations[3] synthesize 1—3, 1—4 and 1—6 glucosidic linkages. The products resulting from the activity of the liver enzyme were identified as maltotriose and maltotetraose. The preparations of *A. oryzae*[3] synthesize nigerose (3-O-α-D-glucopyranosyl-D-glucose) from maltose and glucose, and panose (4-O-α-D-isomaltosyl-D-glucose). See Table 3, p. 279 for other oligosaccharides produced by the amylomaltases.

Dextransucrase.

[2.4.1.5 α-1,6-glucan: D-fructose-2-glucosyltransferase.]

The enzyme was first demonstrated by HEHRE in 1941[4] in cell-free extracts of *Leuconostoc mesenteroides*. The preparation catalyzes the polymerization of dextran from sucrose according to the formula:

$$\underset{\text{Sucrose}}{n\, C_{12}H_{22}O_{11}} \rightarrow \underset{\text{Dextran}}{(C_6H_{11}O_5)\, n} + \underset{\text{Fructose}}{n\, C_6H_{12}O_6}$$

The polymerized product consists of α-1,6-glucopyranosidic linkages with branching at α-1,4- and α-1,3 sites which are probably catalyzed by different enzymes.

***Preparation of Dextransucrase from Leuconostoc mesenteroides according to* HEHRE *and* SUGG[5].**

A strain isolated in the laboratories of HEHRE and SUGG[5] has been used. The usual starting material was a total of 5 one-liter lots of culture grown in separate flasks for about 20 hr., at 23° C. The cultures had received a large inoculum and by the time they were used they were already viscous. The medium consisted of 1% bactopeptone (without meat extract or infusion), 0.5% salt, and 5% sucrose. This medium afforded adequate growth and had the advantages of developing little foam when shaken and of containing only a minimum amount of material adsorbable on chloroform. Each flask of culture was chilled, shaken by hand for 5 min with 25 ml of cold chloroform, and centrifuged in the cold at 1500 rpm for 5 to 10 min. The supernatant fluids contained most of the preformed polysaccharide as well as most of the bacteria. This was decanted, and the chloroform emulsion, which contained the active principle, was washed two or three times with cold distilled water (500 ml) followed by centrifugation at low speed and careful decanting. To free the active principle from the chloroform, the washed emulsion was treated with 500 ml of cold 95% ethanol in which the active agent is insoluble. The particles were brought into a finely dispersed state and the alcohol suspension was centrifuged in the cold at high speed for 40 min. The alcohol was decanted and, after the tubes had drained for an hour in the refrigerator, the precipitate was extracted with 50 ml of distilled water and adjusted to about p_H 7.5 with 0.1 N NaOH. After removal of insoluble particles by centrifugation

[1] SAROJA, K., R. VENKATARAMAN and K. V. GIRI: Biochem. J. 60, 399 (1955).
[2] DUNCAN, S. A., and D. J. MANNERS: Biochem. J. 69, 343 (1958).
[3] PAZUR, J. H., T. BUDORICH and C. L. TIPTON: Am. Soc. 79, 625 (1957).
[4] HEHRE, E. J.: Science, N.Y. 93, 237 (1941).
[5] HEHRE, E. J., and J. Y. SUGG: J. exp. Med. 75, 339 (1942).

at high speed the extracts were filtered through BERKEFELD W filters which had been tested by the "bubbling pressure" method and found to omit air only at or above a pressure of 680 mm of mercury. The filtered extracts were adjusted to p_H 6.0 and stored at slightly lower then 0° C.

***Preparation of Dextransucrase from Leuconostoc mesenteroides according to* TSUCHIYA *and coll.*[1].**

The authors have used the strain *Leuconostoc mesenteroides NRRL B-512* propagated in a sucrose-corn steep liquor of the following composition: sucrose, 2.0%; corn steep liquor (D.B.), 2.0%; KH_2PO_4, 0.1%; salts mixture (by volume), 0.5%; (composition of the mixture — $MgSO_4 \cdot 7\,H_2O$, 4.0%; NaCl, 0.2%; $FeSO_4 \cdot 7\,H_2O$, 0.2%; $MnSO_4 \cdot H_2O$, 0.2%) p_H maintained at 6.7 ± 0.1 throughout fermentation with 5 N NaOH. Temperature: $25°\,C \pm 1°$. The initial p_H is 7.2; acid production lowers the p_H to 6.7. Alkali should then be added to prevent the p_H from dropping lower than 6.7. When the reducing power of the medium passes its peak, addition of NaOH is discontinued. The cultures are adjusted to p_H 7.0—7.2 to precipitate extraneous material and passed through a filter press as quickly as possible because dextran sucrase is unstable at this p_H. One pound of filter aid is added per 100 pounds of liquor and 0.1 pound of filter aid used as precoat per square foot of filter area. The filtrate (from which at least 85% of the bacterial cells is removed) is adjusted immediately to p_H 5.0—5.3 at which p_H the enzyme is most stable. The filtrate is cooled to 4° C; and ethanol, prechilled to −18° C is slowly added to a concentration of 35% (v/v). The temperature of the mixture is not allowed to rise over 8° C during the addition. The precipitate is allowed to settle down overnight. The supernatant is pumped off and discarded; the precipitate is compacted by centrifugation. This is suspended in water and adjusted to p_H 5.0. The suspension is dialyzed against tap water. The p_H of the preparation should be adjusted to p_H 5.0—5.2 frequently during this operation by careful addition of H_2SO_4. The resulting enzyme suspension often assays about 700 D.S.U. per ml. The recovery is about 75%.

***Preparation of Dextransucrase from Betacoccus arabinosaceous according to* BAILEY *and coll.*[2].**

The dextransucrase isolated by this method has a low dextran content. An aqueous medium (140 ml) containing yeast extract (1%), $Na_2NH_4PO_4$ (0.5%), KH_2PO_4 (0.1%), $MgSO_4 \cdot 7\,H_2O$ (0.05%), sucrose (2%), and maltose (10%) was adjusted with sodium hydroxide to p_H 7.0, steam-sterilized at 15 lb./sq. inch for 30 min, and readjusted to p_H 7.0 under sterile conditions. After inoculation with *Betacoccus arabinosaceous* (Birmingham strain), it was incubated at 25° C for 30—36 hr until the p_H of the culture was 5.90.

The bacterial cells were removed by centrifuging, and ethanol (47 ml; final concentration 25% v/v) was added to the culture fluid while the temperature was kept at 0° C in this and subsequent operations. After 1 hr, the suspension was centrifuged and the precipitate, which contained 6% of the dextransucrase originally present in the culture, when estimated by the standard method in the presence of 100 mg of maltose, was discarded. A further precipitate, containing 25% of the original dextransucrase activity, was likewise discarded after centrifuging the suspension obtained by addition of further ethanol (13 ml; final conc. 30% v/v).

The supernatant liquid was cooled to −20° C and more ethanol (80 ml; final conc. 50% v/v) was slowly added with stirring. The suspension was kept at −20° C for 1 hr. and then centrifuged at −18° C for 20 min (2000 r.p.m.). The heavy precipitate was dissolved in 0.05 M citrate buffer (p_H 5.0; 40 ml) and dialysed for 48 hr against 0.05 M citrate buffer (p_H 5.0 using 2 l twice) at 0° C in dialysis tubing that had been thoroughly washed with distilled

[1] TSUCHIYA, H. M., N. N. HELLMAN, H. J. KEOPSELL, J. CORMAN, C. S. STRINGER, S. P. ROGOVIN, M. O. BOGARD, G. BRYANT, V. H. FEGER, C. A. HOFFMAN, F. R. SENTI and R. W. JACKSON: Am. Soc. **77**, 2412 (1955).

[2] BAILEY, R. W., S. A. BARKER, E. J. BOURNE and M. STACEY: Soc. **1957**, 3530, 3536.

water and 0.05 M citrate buffer (p_H 5.0). The solution was then freeze-dried to a powder (0.702 g) which showed only slight dextransucrase activity in the absence of a primer molecule but which, in the presence of maltose (100 mg), exhibited a 373% increase in the rate of fructose production from sucrose and then displayed 19% of the original dextransucrase activity in the culture fluid.

Determination of dextransucrase activity. The basis of the methods is the measurement of fructose liberation which is proportional to the enzyme activity[1-4].

Incubation systems:

NEELY[5], see also HEHRE[1] and TSUCHIYA et al.[2,3]

Sucrose, 0.125 M . . . . 5 ml
Leuconostoc enzyme 1:5 dilution of cell-free solution . . . . . 4 ml

Dilute to 25 ml with tris (hydroxymethyl) aminomethane maleate buffer, p_H 5.2, final concentration, 0.05 M. Incubate at 30° C for 4 hr. Fructose determined by the method of NELSON[6]. If other acceptors are tested, 5 ml of 0.125 M solution are used.

BAILEY et al.[4]

Maltose* (primer) (100 mg in 1 ml) . . . . 1 ml
Sucrose (300 mg in 3 ml of 0.05 M acetate buffer, p_H 5) . . . 3 ml
Betacoccus enzyme (100 mg)
Dissolved in 30 ml of 0.05 M acetate buffer, p_H 5.0 and centrifuged 30 min at 5000 r.p.m. . . . . 2 ml

Incubate at 25—30° C for 3 hr. Stop reaction by neutralizing (NaOH, Phenol Red). Fructose determined in 5 ml aliquot with the copper reagent of SHAFFER and HARTMANN[7].

Unit[8]. One dextransucrase unit is defined as the amount of enzyme which will convert, under defined conditions, 1 mg of sucrose to dextran in 1 hr at 30° C and at p_H 5.0 as determined by the increase in reducing power calculated as fructose.

Specificity. *Glucosyl donor.* The requirement for sucrose as the donor of glucosyl units seems quite specific.

Glucosyl acceptor. Sucrose itself is not a very efficient acceptor in this reaction especially when the more purified preparation of BAILEY et al.[4] is used. These authors believe that a "primer" substance is necessary to initiate the polymerization of glucosyl groups. The following table shows the relative activity of various acceptors:

Table 1. *Compounds tested as acceptors for dextransucrase*[5].

Alternate acceptors		Non-acceptors	
More active	Less active		
Isomaltose	Fructose	Xylose	Melezitose
Maltose	Leucrose	D- and L-Arabinose	
α-Methyl glucoside	Melibiose	Ribose	Inulin
Glucose	Galactose	Rhamnose	Inositol
α-D-Glucopyranosyl-1-6-α-D-glucopyranosyl-1-2-β-D-fructofuranoside	Cellobiose	Mannose	Mannitol
	Lactose	Sorbose	Sorbitol
3-D-Methyl-D-glucose	Raffinose	Trehalose	Gluconate
		2- and 5-Ketogluconate	Glycerol

* This more refined preparation has low activity without a priming agent (see text).

[1] HEHRE, E. J.: J. biol. Ch. **163**, 221 (1946).
[2] KOEPSELL, H. J., and H. M. TSUCHIYA: J. Bact. **63**, 294 (1952).
[3] TSUCHIYA, H. M., H. J. KOEPSELL, J. CORMAN, G. BRYANT, M. O. BOGART, V. J. FEGER and R. W. JACKSON: J. Bact. **64**, 521 (1952).
[4] BAILEY, R. W., S. A. BARKER, E. J. BOURNE and M. STACEY: Soc. **1957**, 3530, 3536.
[5] NEELY, W. B.: Arch. Biochem. **79**, 154 (1959).
[6] NELSON, J.: J. biol. Ch. **160**, 61 (1945).
[7] SHAFFER, P. A., and A. F. HARTMANN: J. biol. Ch. **45**, 365 (1921).
[8] TSUCHIYA, H. M., N. N. HELLMANN, H. J. KEOPSELL, J. CORMAN, C. S. STRINGER, S. P. ROGOVIN, M. O. BOGARD, G. BRYANT, V. H. FEGER, C. A. HOFFMAN, F. R. SENTI and R. W. JACKSON: Am. Soc. **77**, 2412 (1955).

It is of interest that two sugars, cellobiose and lactose, were unable to accept more than one glycosyl unit, and that this is accepted at the 2 position of the non-reducing moiety[1–3].

Reaction products. *1. General properties of dextrans.* A study of the various types of dextrans produced through fermentation by bacterial cultures has been made by Jeanes et al.[4]. These authors prepared dextrans of high purity from some 96 individual bacterial strains including *Acetobacter*, *Betabacterium*, *Leuconostoc*, *Streptobacterium* and *Streptococcus* and characterized them by periodate oxidation-reaction analysis, by measurement of optical rotation, intrinsic viscosity, the concentration dependent parameter of viscosity, infrared spectroscopy, and by observations on solubility and gum properties. All of these dextrans contained 1,6-linked units in percentages of 50—97. These also contained 1,4-like and/or 1,3-like linked units, the lowest percentages of 1,4-like and 1,3-like linked units were within the limits of error of the periodate method, the highest percentages were about 50 and 40, respectively. On the bases of the proportions of 1,3-like links as indicated by periodate oxidation-reaction analysis, these dextrans have been grouped into three classes which contain (1) 0—2%, (2) 3—6% and (3) more than 6% of 1,3-like links. Most strains yielded dextrans that could be placed in one or another of these classes. 6 strains, however, synthesized structurally heterogeneous dextrans, the components of which belong to different classes than those mentioned. For data referring to physical properties of these numerous dextrans, the bacterial strain of their origin, and the source of the strain, see p. 5042 in the paper by Jeanes et al.[4]. Many of the strains gave exact reproduction of dextrans characteristics on repetition of preparation, but some have shown definite variations.

Table 2. *Solvent systems used in the chromatographic separation of oligosaccharides.*

Solvent No.	Description	Degree of polymerization of oligosaccharide resolved
1	N-Butanol-acetic acid-water (4:1:5)	2—5
2	N-Propanol-ethyl acetate-water (7:1:2)	2—6
3	N-Butanol-ethanol-water (10:1:2)	2—5
4	Isopropanol-acetic acid-water (7:1:2)	2—12
5	N-Butanol-pyridine-water (6:4:3)	2—6
6	Isopropanol-butanol-water (7:1:2)	2—4
7	Phenol, 1% NH_3 and saturated with HCN	
8	Phenol (water-saturated)-ammonia (99:1)	
9	N-Butanol-pyridine-water-benzene (5:3:3:1)	1—6
10	Ethyl acetate-pyridine-water (10:4:3)	1—4
11	N-Butanol-methyl cellosolve-water (2:1:1)	2—5
12	N-Butanol-acetic acid-water (44:16:40)	2—14
13	Fusel oil-pyridine-water (7:7:6)	2—3
14	N-Butanol-abs. ethanol-water (4:4:2)	
15	Ethyl acetate-pyridine-water (10:5:6)	1—3
16	N-Butanol-pyridine-water (3:1:1.5)	

2. Products of enzymatic reactions. A survey by Koepsell et al.[5] of a large number of sugars and sugar derivatives indicated that isomaltose, maltose, α-methyl glucoside, and glucose can act as efficient alternate glucose acceptors and can also initiate chain formation when present during enzymic conversion of sucrose to dextran. These sugars increased the rate of reaction. In contrast to normal dextran synthesis, the process in the presence of efficient alternate acceptors led to extensive oligosaccharide formation and simultaneous growth of many dextran chains.

[1] Bailey, R. W., S. A. Barker, E. J. Bourne and M. Stacey: Nature **176**, 1164 (1955).
[2] Bailey, R. W., S. A. Barker, E. J. Bourne, P. M. Grant and M. Stacey: Soc. **1958**, 1895.
[3] Barker, S. A., E. J. Bourne, P. M. Grant and M. Stacey: Nature **178**, 1221 (1956).
[4] Jeanes, A., W. C. Haynes, C. A. Wilham, J. C. Rankin, E. H. Melvin, M. J. Austin, J. E. Cluskey, B. E. Fisher, H. M. Tsuchiya and E. C. Rist: Am. Soc. **76**, 5041 (1954).
[5] Koepsell, H. J., H. M. Tsuchiya, N. N. Hellman, A. Kazenko, C. A. Hoffman, E. S. Sharpe and R. W. Jackson: J. biol. Ch. **200**, 793 (1953).

The oligosaccharides produced by dextransucrase appear to comprise the series to be expected from successive addition of glucose by α-1,6-glucopyranosidic linkage on the alternate acceptor. Formation of leucrose and a second fructose-containing disaccharide is enhanced by addition of fructose to the reaction mediums.

When raffinose is the acceptor, NEELY[1] observed the formation of a tetrasaccharide which has the following branched structure: O-α-D-galactopyranosyl-(1-6)-[O-α-D-glucopyranosyl-(1-2)]-O-α-D-glucopyranosyl-(1-2)-β-D-fructofuranoside. The only plausible way such a sugar could arise in this reaction would be the enzymic transfer of a glucosyl group from sucrose to the 2-position of glucose in raffinose. With lactose as the acceptor BAILEY et al.[2] synthesized O-β-D-galactopyranosyl-(1-4)-O-[α-D-glucopyranosyl-(1-2)]-D-glucopyranose which is considered a "branched" trisaccharide. A similar form of trisaccharide, O-β-D-glucopyranosyl-(1-4)-O-[α-D-glucopyranosyl-(1-2)]-D-glucopyranose, develops when dextransucrase and sucrose are incubated with cellobiose[3]. The methyl isomaltosyl series of oligosaccharides are formed when methyl-α-D-glucoside is the acceptor[4]. See Table 3 for characteristics of these products.

Kinetic measurements. The MICHAELIS constant and maximum initial velocity for the enzymic formation of dextran from sucrose have been determined by NEELY[5] at various hydrogen ion concentrations. The value for the MICHAELIS constant varies with p_H from K_M 42 at p_H 4.5 to a minimum value of K_M 30 at p_H 5.2 and 5.5 to K_M 160 at p_H 6.2. Evidence has been given that the imidazole portion of histidine plays an active role in the catalytic activity of this enzyme[1].

Honey transglucosylase.

2 Sucrose → maltosyl β-D-fructofuranoside + fructose.

Besides the above mentioned trisaccharide, 5 other still unidentified oligosaccharides are produced by the activity of the fall flower honey enzyme[6]. Similar enzymes appear in honeydews of insects other than bees[7]. The cottony-cushion scale insect, *Icerya purchasi* MASK., secretes a honeydew containing a transglucosylase which produces the trisaccharide melezitose from sucrose. Honeydew from the soft scale insect, *Coccus hesperidum* L., acts upon sucrose to produce gluco-sucrose (α-D-glucopyranosyl-(1-4)-α-glucopyranosyl-(1-2)-β-D-fructofuranoside), which had also been shown to be synthesized by the bee honey enzyme.

Preparation. Honey transglucosylase concentrate was prepared from unheated fall flower honey by the procedure of NELSON and COHN[8]. The method is as follows: "Buckwheat honey" combs of about 400 g each were thoroughly mashed with about 150 ml of water per comb. Beeswax on the surface was skimmed off. That which remains is removed by suction filtration. 7 to 10 volumes of 90 % ethanol was added to the filtrate. The precipitated gums settle fairly rapidly with most complete settling occuring when the full quantity of alcohol is added at one time. The supernatant is siphoned off and the rest drained through fluted filters. Vacuum should not be used because it produced cloudiness. The gummy residue was, in the main, insoluble in water, but when stirred with the water

---

[1] NEELY, W. B.: Arch. Biochem. 79, 154 (1959).
[2] BAILEY, R. W., S. A. BARKER, E. J. BOURNE and M. STACEY: Nature **176**, 1164 (1955).
[3] BARKER, S. A., E. J. BOURNE, P. M. GRANT and M. STACEY: Nature 178, 1221 (1956).
[4] JONES, R. W., A. JEANES, C. S. STRINGER and H. M. TSUCHIYA: Am. Soc. 78, 2499 (1956).
[5] NEELY, W. B.: Am. Soc. **80**, 2010 (1958).
[6] WHITE, J. W., and J. MAHER: Am. Soc. **75**, 1259 (1953).
[7] WOLF, J. P., and W. H. EWART: Science, N.Y. **122**, 973 (1955).
[8] NELSON, J. M., and D. J. COHN: J. biol. Ch. **61**, 193 (1924).

and filtered, it yielded clear solutions containing the active enzyme. If fairly active preparations are desired, not more than 10 ml of water per original number of combs should be used for washing the gum. Preparations may be dialyzed in collodion bags against running water for 48—72 hr. to remove contaminating salts or invert sugar. All solutions are treated with small amounts of toluene to prevent bacterial growth. One ml of preparation (equivalent to the enzyme content of 32 g of honey comb) inverted 0.86 g of sucrose in 125 min at 26° C, p_H 5.8 in 10 ml of 15% sucrose solution.

Enzyme determination and characterization of the products of reaction. 8.35 g sucrose, 2 ml of 2 M acetate buffer, p_H 5.7, and 5.55 ml of honey transglucosylase made up to 50 ml are incubated for 128 min at 26° C. The reaction is stopped by heating. The products of reaction were separated by the method of WHISTLER and DURSO (see p. 291). One of the oligosaccharides was characterized as O-α-D-glucopyranosyl-(1-4)-O-α-D-glucopyranosyl-(1-2)-β-D-fructofuranoside. The structure of this product was established on the basis that yeast invertase decomposes it into fructose and maltose.

Cyclodextrinase.

[2.4.1.19 α-1,4-glucan 4-glycosyltransferase (cyclizing).]

This enzyme catalyzes the formation of SCHARDINGER or cyclic dextrins starting from starch, however, the products of degradation of amylose are the most active substrates.

In an excess of the substrate, amyloheptaose (G_7), this enzyme catalyzes the following reaction:

$$2\,G_7 \dashrightarrow G_{10} + G_4$$

$$\text{then } G_{10} \dashrightarrow G_4 + \alpha\text{-dextrin (cyclohexaamylose).}$$

Later, after depletion of much of the substrate the summary of the overall reaction is:

$$G_7 \dashrightarrow G_4 + G_7 + G_{10} + \alpha\text{-dextrin} \dashrightarrow G_1 + G_2 + G_3 + G_4 + G_5 + \text{higher}$$
$$\text{Saccharides} + \beta\text{-dextrin (cycloheptaamylose)} + \gamma\text{-dextrin (cyclooctaamylose).}$$

In the presence of maltose the initial redistribution is supposed to be:

$$2\,G_2 \dashrightarrow G_1 + G_3 \text{ followed by:}$$
$$G_2 \dashrightarrow G_1 + G_2 + G_3 + \text{higher saccharides.}$$

FREUDENBERG et al.[1] have shown that all bonds in the cyclic dextrins are α-1,4-bonds.

Preparation[2]. The macerans amylase in 2 l of *Bacillus macerans* filtrate, is precipitated with an equal volume of 95% ethanol (precooled so that the temperature does not rise above 0° C), centrifuged and extracted with 1/10 vol. of cold water. The enzyme is then adsorbed on acetone-extracted potato starch (1 g of starch per 300 units activity) from 25% acetone solution[3,4], eluted with 0.2% soln. of SCHARDINGER β-dextrin, evaporated in a viscose-tubing bag in a cold room at 2° C. Solutions to be used in sterile digest were filtered aseptically through bacterial fritted-glass filter, which produced a clear and colorless solution. The total activity recovered is 60%. Copper reduction determinations on macerans digested starch substrates showed 2.4% apparent hydrolysis of 100 conversion periods.

---

[1] FREUDENBERG, K., E. SHAAF, G. DUMPERT u. T. PLOETZ: Naturwiss. **27**, 850 (1950).
[2] NORBERG, E., and D. FRENCH: Am. Soc. **72**, 1202 (1950).
[3] HOLMBERGH, O.: B. Z. **258**, 134 (1933).
[4] SCHWIMMER, S., and A. K. BALLS: J. biol. Ch. **176**, 465 (1948).

Determination of cyclodextrinase activity.

***Iodine test for crystalline dextrins according to* Tilden *and* Hudson[1].**

Reagents:

1. Starch solution, 3%. Preparation[1]: Suspensions of 4% soluble starch (Takamine Laboratories, Inc., Clifton, New Jersey, U.S.A.) are made. The required amount of starch (calculated as anhydrous) is placed in a volumetric flask half-filled with distilled water, and rotated in a boiling water bath until the solution became clear. After the surface had been covered with boiling distilled water, the solution is placed immediately in a pressure cooker, already hot, and heated for 1 hr. at 125° C. A flask of distilled water is autoclaved at the same time, so that the solution, which is about 8% when autoclaved, can be diluted with hot sterile water immediately after removal from the autoclave. After the solution is cool, sterile distilled water is added to the mark and the solution distributed under aseptic conditions into lots of about 25 ml, the container being closed tightly with sterile corks. Sterile solutions of starch keep for many days without perceptible change if not opened. Since no two starch solutions have quite the same viscosity, it is necessary to make a given series of experiments with the same lot of starch. Dilution to 3% is made at the time of use with buffer and enzyme solutions. If it is desired to prepare crystalline dextrins, the addition of sterile enzyme is made before the volume is made to the mark.
2. 0.1 N iodine solution.

Procedure:

1 ml of 3% starch solution is incubated at 40° C with 0.5 ml clear supernate or filtrate from a culture grown for 2—4 weeks on suitable medium. At intervals 3 drops of the digest are transferred to a spot plate and a drop of 0.1 N iodine solution added.

Examining the event microscopically after evaporation, the appearance of small dots characterized the first stage, which occurs just as the blue color of the solution begins to change to violet. These increased in number and size as the reaction progresses. Later, long needles gradually spread out from the center until they cover the area of the drop and are noticeable without microscopic examination. This stage, when the color is a brown-violet, while not indicative of completion of the reaction, serves as a suitable end point with which to compare enzyme contents of different cultures and to determine the activity of purified enzyme preparations.

One unit of enzyme is defined as that quantity which will convert 1 ml of 3% starch (30 mg) to this point in 30 min at 40° C at the optimal p_H 6. The brown-violet stage very soon gives way to a brown stage, which lasts for many hours without further change.

When the material to be examined contains only traces of enzyme, several hours are required to convert 30 mg of starch. In such instances it is convenient to dilute the starch to 0.5% and the iodine solution to 0.017 N.

In the case of *B. polymyxa*, the disappearance of all violet color with iodine serves as a suitable end point for comparing cultures for amylase content.

***Viscosity measurements according to* Tilden *and* Hudson[1].**

Reagents:

1. Starch solution, 4%, prepared as described p. 261.
2. Phosphate buffer solution.

---

[1] Tilden, E. B., and C. S. Hudson: J. Bact. **43**, 527 (1942).

Procedure:

OSTWALD viscometers which permit the passage of 8 ml of water in about 75 sec at 40° C are set up in a glass water bath with accurate temperature regulation. The starch solution is brought to 40° C and sufficient phosphate buffer solution added so that the final volume (after addition of the enzyme) would have a phosphate concentration of 0.1 M. The enzyme solution, previously brought to the same temperature, is then added, and the time of mixing recorded. Immediately, 8 ml are transferred to a viscometer and readings made at 15 min intervals until the relative viscosity reaches about 1.5.

It is necessary to filter the enzyme solutions, buffer solution, and starch solution through hardened filter paper before use; the presence of an occasional fiber is apt to clog the fine capillary and spoil the experiment.

***Amyloheptaose digest*[1].**

To 50 ml sterile 10% amyloheptaose (preparation see p. 264) is added 10 ml sterile macerans enzyme solution containing 15 units per ml. After mixing thoroughly, 6 ml aliquots (0.5 g substrate) are transferred to sterile cotton-plugged tubes and incubated at 33° C. These conditions allow a conversion period of 1 hr. for the digest. Aliquots are removed and inactivated by heating, at intervals of $^1/_4$, $^1/_2$, 1, 3, 9, 60, 100, 250, 500 conversion periods. These aliquots are diluted to 10 ml and the SCHARDINGER dextrins precipitated with trichloroethylene and dried. The material is redissolved in 12 ml 0.087 M KI, and is now ready for electrophoretic analysis.

The filtrates from the SCHARDINGER dextrins precipitation contain soluble reducing sugars and dextrins. These were oxidized to the corresponding monocarboxylic acids by adaptation of alkaline hypoiodite procedure of GOEBEL[2]. To each filtrate (0.44 millimolar in reducing groups) is added 5 ml 0.3 N iodine in 0.15 M CaI_2. To this is added 0.13 g $Ca(OH)_2$ over 3 min periods and the mixture is allowed to react at room temperature 15 min. To this is added 0.33 g oxalic acid and the excess is neutralized with $CaCO_3$. The solution is then filtered and evaporated to 10 ml at 60° C under reduced pressure and thrown out of solution twice with 300 ml of acetone.

The Ca salts of these sugar acids are converted to K salts by adding 5 ml 0.1 M acetate, passing through a column of K-saturated amberlite IR-100 resin (Resinous Products and Chemical Co., distributed by Fisher Scientific Co., Pittsburgh, Pa.) and eluting with 0.1 M K acetate to a total vol. of 12 ml which was suitable for electrophoretic analysis. Studies with synthetic mixtures of glucose, maltose and heptasaccharide showed recovery of oxidized sugars to be less than 100% but were proportional to their original concentration.

Electrophoretic analysis. The SCHARDINGER dextrins were resolved in solution in 0.087 M potassium iodide against 0.087 M KI electrolyte at 190 volts and 32 milliamps for 4 to 5 hr.

The mixtures of oligosaccharide acids are resolved in 1 to 2% solution in 0.1 M potassium acetate against 0.1 M potassium acetate electrolyte at 190 volts for 1—3 hr. The ascending and descending mobilities calculated under the above conditions for a synthetic mixture of α, β and γ SCHARDINGER dextrins are $\alpha = 3.9$, 3.1, $\beta = 2.8$, 2.4; and $\gamma = 2.3$, 2.2 $cm^2\ sec^{-1}\ V^{-1} \times 10^5$. Ascending mobilities calculated under above conditions for an oxidized synthetic mixture of reducing oligosaccharides are glucose = 11.4; maltose = 8.6; amyloheptaose = 4.8 $cm^2\ sec^{-1}\ V^{-1} \times 10^5$.

Preparation of the α-dextrin cyclohexaamylose, β-dextrin cycloheptaamylose, and γ-dextrin cyclooctaamylose see addendum page 1281.

[1] FREUDENBERG, K., E. SHAAF, G. DUMPERT u. T. PLOETZ: Naturwiss. 27, 850 (1950).
[2] GOEBEL, W. F.: J. biol. Ch. 72, 809 (1927).

Preparation of amyloheptaose[1]. A 100 g sample of cycloheptaamylose is dissolved in 400 ml of 0.001 M HCl in a 1000 ml flask fitted with a condenser. The flask is immersed in a boiling water bath and shaken frequently. After 7 hr the acid is removed and neutralized with a calculated amount of Li_2CO_3. The unhydrolyzed β-dextrin is allowed to crystallize on cooling. The crystals are removed by filtration and the remaining β-dextrin removed by saturating the filtrate with p-xylene, shaking for 24 hr, refrigerating 24 hr and then filtering off the precipitate. This final filtrate is concentrated to one-fifth of its original volume *in vacuo*. Additional hydrolysis can be carried out and combined at this stage if larger amounts of amyloheptaose are needed. The resulting solution is again covered with p-xylene, shaken and refrigerated for 24 hr filtered, and the filtrate concentrated *in vacuo* to a thin syrup. The amyloheptaose is precipitated by adding 4 volumes of absolute ethanol. The syrupy precipitate is taken up in small amounts of water and reprecipitated in like manner 5 times. The material is dried first with absolute ethanol, to which a small amount of absolute butanol is added, afterwards is washed with absolute butanol, and dried at 70° C. $[\alpha]_D = 175.5°$ (C, 2.0 in water).

Unit of activity[2]. This was defined by the amount of enzyme required to convert 30 mg of starch in 30 min, p_H between 5.0 and 6.0, at 40° C to the "brown violet stage" in the iodine test.

Properties. The optimum p_H is between 5.0 and 6.0; the activity is practically stopped at p_H 4.2. The enzyme is relatively stable to heating and is only partially inactivated by standing 1 hr. at 50° C. The enzyme from *B. polymyxa* is less stable to heat.

Amylosucrase.

[2.4.1.4 α-1,4-glucan: D-fructose 2-glucosyltransferase.]

$$\underset{\text{sucrose}}{n\, C_{12}H_{22}O_{11}} \rightarrow \underset{(\alpha\text{-}1,4\text{-glucose})_n}{(C_6H_{10}O_5)_n} + \underset{\text{fructose}}{n\, C_6H_{12}O_6}$$

The polymer which is formed by enzyme from *Neisseria perflava*, a grampositive coccus normally found in the human nasopharynx, seems to be an intermediate substance between amylopectin and the more highly branched substance, glycogen.

Preparation of the enzyme[3]. A sonic extract of *Neisseria perflava* is used. The bacteria are grown at 37° C on a liquid containing proteose peptone No. 3 (Difco) 1%, yeast extract 0.2%, NaCl 0.5%, $Na_2HPO_4 \cdot 12\, H_2O$ 0.2%, and glucose 5% (added to the sterilized medium terminally). The final p_H is 7.0. The cells, harvested at the end of 48 hr, are washed twice with cold water, suspended in about 5 volumes of cold 0.025 M maleate buffer (Na^+; p_H 6.5), and disrupted by sonic vibrations (50 min with glass beads in a MICKLE tissue disintegrator). The yellowish supernatant fluid afforded by centrifugation (15 min at 10000 × g) polymerized 28 μM sucrose in 24 hr at p_H 6.4 at 10° C, per ml enzyme fluid.

Determination of enzyme[4]. Mixtures of enzyme plus sucrose buffered at p_H 6.4 are used. The sucrose should be essentially free of traces of dextran, amylopectin, and other alcohol-precipitable material present in many lots of reagent and commercial sucrose. HEHRE examined the enzyme-substrate mixture for opalescence, turbidity on addition of 2.0 volumes of alcohol, kind and intensity of color with iodine, and contents of free reducing sugar, polysaccharide, inorganic phosphorus and total acid-soluble phosphorus.

For determining the intensity of color with iodine, 0.1 ml of 1% iodine and 2% potassium iodide is added to 5.0 ml of a 1:10 dilution of the enzyme substrate mixture and measurements are made with a photoelectric colorimeter with a green filter (spectral

[1] FRENCH, D., M. L. LEVINE and J. H. PAZUR: Am. Soc. **71**, 356 (1949).
[2] TILDEN, E. B., and C. S. HUDSON: J. Bact. **43**, 527 (1942).
[3] AVIGAD, G., D. S. FEINGOLD and S. HESTRIN: Biochim. biophys. Acta **20**, 129 (1956).
[4] HEHRE, E. J.: J. biol. Ch. **177**, 267 (1949).

range 500 to 570 mμ); the zero point is the iodine-iodide reagent blank. Free reducing sugar content of the mixture is determined by the HAGEDORN and JENSEN method and is expressed as mM of fructose per liter.

Preparation and isolation of polysaccharide[1].

Equal volumes (250 ml) of enzyme solution and of 0.2 M sucrose in 0.025 M maleate buffer, p_H 6.4, are mixed and maintained at 10° C for four days. The mixture is first partially deproteinized by shaking with chloroform and removing the chloroform emulsion layer. The fluid is then treated with 22 g of crystalline sodium acetate and 1.5 volumes of alcohol and centrifuged after storage overnight. The precipitate contains most of the polysaccharide, while the alcoholic supernatant fluid contains most of the free reducing sugar. The polysaccharide material is extracted with 5% sodium acetate solution and the insoluble material removed by centrifugation, and then 1.5 volumes of alcohol is added to precipitate the polysaccharide. This procedure is repeated twice; the last precipitation was from a solution in distilled water at room temperature in order to insure a minimal ash content. The final precipitate is ground under absolute alcohol and dried *in vacuo* at 25° C over $CaCl_2$.

Properties of the polysaccharide synthesized by cell-free *Neisseria* enzymes. Amylases from saliva (α) and wheat (β) convert this polysaccharide to maltose to the extent of 72 and 35% respectively. The polysaccharide gives red-brown color when treated with iodine but does not precipitate with this reagent. It is soluble in water but has tendency to precipitate out of solutions when stored for long periods in the cold, even if it redissolves readily without heating ("retrogradation" tendency). Solutions of 1:1000 are opalescent. It is negative in precipitation tests with type 2 pneumococcus antiserum and has an acid hydrolysis constant of $K_1 = 0.04$ min; $[\alpha]^{22}_{5893} = 49{,}3$ (c, 0.5).

Specificity. Sucrose, maltose, galsucrose[2] and glucose-1-phosphate[3] are donors for this reaction. Negative results have been obtained with xylosucrose, melibiose, raffinose, melezitose, and lactose.

Dextrin transglucosylase.

[2.4.1.2 dextrine:α-1,6-glucan 6-glucosyltransferase.]

(Dextran dextrinase)

(glucose-α-1-4 glucose) n $\rightarrow$ (glucose-α-1-6 glucose) n.

HEHRE and HAMILTON[4,5] described this activity in extracts of *Acetobacter capsulatum*.

Preparation[5]. Strain NCTC 4943 of *A. capsulatum* is inoculated into 4 l of broth containing 0.5% Difco powdered yeast extract and 0.2% glucose. After 3 or 4 days at 25° C (the p_H of the culture is then about 4.5), 1.5 kilos of ammonium sulfate is added and centrifuged for 1 hr at 1500 r.p.m. and the resulting sediment is taken up in 75 ml of distilled water. Most of the bacterial cells are eliminated by preliminary centrifugation, and the solution is finally clarified by centrifugation in an angle centrifuge and stored at 70° C.

Determination of activity. The best substrates reported by HEHRE are the acid or enzymatic hydrolysates of potato amylose, potato amylopectin and oyster glycogen. The acid hydrolysates are prepared by heating the solution in 1 N HCl at 80° C for 15 min, cooled, and adjusted to p_H 4.6. The extent of hydrolysis (as glucose) is 14, 11, and 8% of the amylose, amylopectin and glycogen respectively. The enzymatic hydrolysis can be carried out with dilute saliva, p_H 4.6, for 15 min at 25° C; heated at 100° C for 10 min,

[1] HEHRE, E. J.: J. biol. Ch. **177**, 267 (1949).
[2] FEINGOLD, D. S., G. AVIGAD and S. HESTRIN: J. biol. Ch. **224**, 295 (1957).
[3] HEHRE, E. J.: Adv. Enzymol. **11**, 297 (1951).
[4] HEHRE, E. J., and D. M. HAMILTON: Proc. Soc. exp. Biol. Med. **71**, 336 (1949).
[5] HEHRE, E. J.: J. biol. Ch. **192**, 161 (1951).

and brought to p_H 4.6. Hydrolysis of amylose, amylopectin and glycogen (as "maltose") is 70, 59, and 35% of the original polysaccharides. Equally effective as the previously described hydrolysates are: "bacteriological" corn dextrin, amyloheptaose and sodium amyloheptaoate (for these two last substrates see under "Cyclodextrinase").

To compare the rate of activity with various substrates HEHRE used equal volumes of enzyme solution and of substrate (as a 2% or a 0.1 % solution in 0.5 M acetate buffer, p_H 4.6). The mixtures are incubated for 20 hr at 25° C. The incubated mixtures are then neutralized and tested for capacity to give serological precipitation *versus* a type 2 pneumococcus antiserum, capable of detecting *Acetobacter* or *Leuconostoc* dextrans in concentrations as low as 1 part in 4 million. Parallel tests were made with control sera to eliminate "false positive" reactions.

Serological test for dextrans[1]. A *type 2 pneumococcus* antiserum (1:50 dilution) and a *type 20 pneumococcus* antiserum (1:18 dilution) were used. Three sera produced precipitation with purified *Leuconostoc mesenteroides, strain B,* dextran in dilutions as high as 1:4 million. Mixtures of 0.2 ml of diluted culture fluid and 0.2 ml of diluted antiserum in clear 10 × 75 mm test tubes are incubated at 37° C for 1 hr and then observed for the development of cloudiness or precipitation.

Specificity of the *acetobacter* enzyme. Besides the hydrolysate products mentioned above as substrates, the following carbohydrates have been tested with negative results: recrystallized potato and corn amyloses, wheat amylase hydrolysates (of potato amylose and amylopectin), oyster glycogen, cycloheptaamylose, glucose, sucrose, trehalose, glucose-1- and glucose-6-phosphates, methyl glucoside, raffinose and melezitose. Commercial maltose was converted in small amounts into dextrans but purified maltose gave completely negative results. This was attributed to the presence of traces of pectins in commercial maltose.

Properties of the product formed. The product is a snow-white powder, which gives highly opalescent solutions. It is not hydrolyzed to maltose by either salivary (α) or wheat (β) maltases, nor does it give color with iodine. Optical rotation $[\alpha]_{5893}^{21} = +190$ (c = 0.25 in 0.5 N NaOH).

Transglucosylase of *Candida tropicalis var. japonica.*

This yeast had been observed to contain an acid α-glucosidase (p_H optimum, 4.0)[2]. The enzyme has now been shown to be one of broad specificity in that it apparently can hydrolyze not only starch and maltose, but also hetero α-glucosides, and moreover, acts as a transglucosylase. The ratio of amylose, maltase and transglucosylase activities remains constant throughout the purification procedure.

Preparation of the enzyme[3]. The yeast is grown in a medium using commercial dextrin as the carbon source (this source gave maximum enzyme production). The autolysate is prepared by the method of SAWAI[2] with the exception that the preparation is allowed to stand at 37° C throughout the procedure. It is cleared by acidifying to p_H 3.5 with 4 N HCl and filtering. The precipitate obtained by adding to the autolysate an equal volume of ethanol is directly, or after drying *in vacuo* for storage, dissolved in distilled water and dialyzed against tap water and distilled water successively. This is the crude enzyme solution and was free of sucrase, cellobiase and α-amylase activities. It contains so much yeast mannan that the nitrogen content is only about 1.3% of its dry weight. The mannan is largely removed from the crude enzyme solution when the preparation is loaded on a Duolite C 10 column and eluted*. This eluate was used in most of the experiments done by the author.

* See below for method.

[1] HEHRE, E. J., and D. M. HAMILTON: Proc. Soc. exp. Biol. Med. 71, 336 (1949).

[2] SAWAI, T.: Bot. Mag., Tokyo **69**, 177 (1956).

[3] SAWAI, T.: J. Biochem. **45**, 49 (1958).

Assay of the enzyme.

Incubation system.

Starch, soluble (2 % solution)	2.0 ml or
0.04 M Maltose	2.0 ml
McIlvaine buffer, p_H 4.0 (0.1 M citric acid, 0.2 M disodium phosphate)	1.0 ml
Enzyme	1.0 ml

Add a few drops of toluene to the tubes and cover. Incubate at 37° C for 20 hr. The reaction is stopped by adding 12 ml of 1 % sodium carbonate to each tube. Using part of the reaction mixture, the increase in reducing power is determined by Somogyi's method[1] and per cent hydrolysis of the substrate calculated.

***Determination of the transglucosylase activity according to* Takano *and* Miwa[2].**

The method is based on the transfer of glucosyl radicals from phenyl α-glucoside to glycerol. The reaction mixture is as follows: 0.5 ml of 0.08 M phenyl α-glucoside, 0.5 ml of McIlvaine buffer of p_H 4.0 which is 1 M in glycerol, and 1 ml of enzyme solution. The reaction is stopped with 5 ml of 1 % sodium carbonate solution. Using 5 ml of the resulting mixture, the increase in reducing power was determined by Somogyi's method and expressed as percent of reducing sugar liberated of that potentially available from the donor. The phenol released is determined by adequate dilution of 1 ml of the reaction mixture in 0.1 N NaOH and measurement of light absorption at 287.5 mμ. The per cent of phenol liberated of that totally available is calculated. The difference in percentages as calculated above is regarded as per cent transfer. Yeast mannan contained in the enzyme solution is determined by Somogyi's method after refluxing it in N HCl for 2.5 hr. and is expressed as mg of glucose per ml of fraction.

Resin column procedure. Duolite C 10, a cation exchange resin (100—200 mesh), equilibrated beforehand with McIlvaine buffer of p_H 3.4, is introduced into a 25 ml burette tube (inside diameter, 1.0 cm) to a height of 12 cm. 4 ml of the crude enzyme solution, prepared by dissolving dried ethanol-precipitated material (2 %) in McIlvaine buffer of p_H 3.4, is applied to the column and eluted with the same buffer of p_H 3.4 and 5.4 successively at a rate of 2 drops per min. The effluent is collected in 6 ml fractions. The enzyme activities and amount of yeast mannan are measured for each fraction.

Transglucosylase activity of D-enzyme.

$$2 \text{ maltotriose} \xrightarrow{\text{D-Enzyme}} \text{maltopentaose} + \text{glucose}.$$

D-enzyme (see also p. 1137) catalyzes disproportionating reactions between maltodextrins by the simultaneous scission and synthesis of α-1,4-linkages. For example, a maltosyl radical can be transferred from one maltotriose molecule to another, giving glucose and maltopentaose. This reaction seems to be freely reversible since ^{14}C-glucose is incorporated into maltodextrins by incubation with D-enzyme and maltopentaose. D-enzyme is distinct from other enzymes that synthesize α-1,4-linkages: 1. Cyclodextrinase (*B. macerans*) acts only on cyclodextrins and is much more specific in its action. 2. Amylomaltase is different because it synthesizes amylose-type polysaccharides from maltose. 3. D-enzyme disporportionates amylopectin.

***Preparation of D-enzyme according to* Peat *and coll.*[3].**

1. Preparation of potato juice[3]. 300 g of potatoes are peeled and sliced, and either ground or minced with rapid incorporation of charcoal (10 g) which had been boiled

[1] Somogyi, M.: J. biol. Ch. **195**, 19 (1952).
[2] Takano, K., and T. J. Miwa: J. Biochem. **37**, 435 (1950).
[3] Peat, S., W. J. Whelan and G. Jones: Soc. **1956**, 44.

previously with water. It is important to produce an intimate mixture of potato pulp and charcoal as quickly as possible. The juice is expressed through muslin and centrifuged. The thick, colloidal suspension of charcoal is removed from the supernatant solution by filtration through a silver-plated filter and a series of two or sometimes three graded filters (KS, EK, and EK special, John Carlson, Ltd., Asthon-under-Lyne, Lancs, England).

2. *Purification of the enzyme*[1]. To charcoal-clarified potato juice (540 ml) is added copper sulfate (1 g) (to eliminate phosphorylase activity), and 50% (w/w) ammonium sulfate (p_H 7) giving a final $(NH_4)_2SO_4$ concentration of 23% (w/v).

After the solution had been kept for 24 hr. at 2° C the precipitate was removed, redissolved, and reprecipitated twice, as before, except that it was kept for only 2 hr before centrifugation. This repeated precipitation procedure largely destroys the Q-enzyme activity of the fraction containing D-enzyme. The final product was taken up in 0.2 M citrate buffer (p_H 7.0, 50 ml) and freeze-dried. The amounts of enzyme obtained after the second, third, and fourth precipitation were 1720, 1370 and 1036 units, respectively, while the specific activities expressed as units of enzyme/mg protein nitrogen were 1.05, 1.78 and 2.33, respectively.

***Determination of D-enzyme activity according to* PEAT *and coll*[1].**

Incubation system.

Maltotriose	60 mg
0.2 M citrate buffer, p_H 7.0	0.3 ml
D-enzyme, total volume	3 ml

Incubate for 30 min at 35° C and then inactivate by heating.

The liberation of glucose is measured during the action of D-enzyme on maltotriose. The digest is transferred to a charcoal-Celite column (1:1 w/w; 6.0 × 1.5 cm) and eluted with water. The first 5 ml of eluate is discarded. The next 25 ml is collected, passed through a SEITZ filter, and the optical rotation of the eluted glucose measured in a 4-dm tube. A linear relation is observed between glucose liberated and concentration of enzyme in the range of 0—9 mg of glucose. One *unit* of enzyme is defined as the amount required to liberate 1 mg of glucose, under these conditions.

Activities of acceptor compounds as per cent of the activity of glucose. Methyl α-D-glucoside (37); methyl β-D-glucoside (12); D-mannose (13); L-sorbose (10); methyl α-L-sorboside (5); D-xylose (10); maltose (11); sucrose (6); leucrose (34); α,α-trehalose (10).

Q-enzyme transglucosylase.

Q-enzyme (see also p. 1132) was first isolated from potatoes in 1944 by HAWORTH[2] et al. and was crystallized several years later by GILBERT and PATRICK[3] from potato extract.

***Crystallization of potato Q-enzyme according to* GILBERT *and* PATRICK[4].**

Autumn harvested*, non-sprouting King Edward potatoes were peeled carefully, washed with tap water, and sliced. The slices (400 g), after steeping for 0.5 hr in 500 ml of $Na_2S_2O_4$ solution (7 g/l) were drained, washed thoroughly with tap water and minced. The juice was pressed from the pulp through fine muslin by a hand press, and clarified by centrifuging. About 100 ml were usually obtained. Substitution of a blender at 0° C for a mincer improves the yield of juice to about 200 ml. From this point all operations

* Potatoes which have been stored for the winter and have begun to sprout give poor yields of enzyme. Also, most varieties of "white-skinned" potatoes give low amounts of enzyme compared to red-skinned varieties.

[1] PEAT, S., W. J. WHELAN and G. JONES: Soc. **1957**, 2490.
[2] HAWORTH, W. N., S. PEAT and E. J. BOURNE: Nature **154**, 236 (1944).
[3] GILBERT, G. A., and A. D. PATRICK: Nature **165**, 573 (1950).
[4] GILBERT, G. A., and A. D. PATRICK: Biochem. J. **51**, 181 (1962).

were carried out in a cold room set at $-5°$ C, or in a refrigerated centrifuge. A 50% (v/v) solution of ethanol containing 0.01 M disodium hydrogen citrate was prepared for use as a precipitant (50 ml ethanol, 53.7 ml water). The p_H was adjusted with NaOH until a p_H of 6.0 at 20° C was recorded for a portion diluted with 5 times its volume of 0.01 M NaCl. The precipitant was cooled to $-5°$ C, and added at a maximum rate of 25 ml/min with thorough but gentle stirring. 15 min more was allowed for equilibration before centrifuging. The temperature of the solution to which the precipitant was being added was kept about 1° C above its freezing point by a refrigerator bath of ethanol.

The potato juice (100 ml, p_H 5.8—6.0) was cooled to 0° C, avoiding freezing, and 28.2 ml of 50% ethanol added to bring the concentration of ethanol to 11% (at a final temperature of about $-2°$ C). After centrifuging the solution at $-2°$ C the precipitate was discarded and the ethanol concentration of the supernatant raised to 14.9% by adding 0.11 ml of 50% ethanol/ml of supernatant to give precipitate I. The precipitate was separated by centrifugation at $-5°$ C, dissolved at 0° C in 60 ml of citrate buffer (0.01 M disodium hydrogen citrate, NaOH to p_H 6.0) and 16 ml of 50% ethanol added to give a concentration 10.5% (v/v).

Precipitate II which formed was dissolved at 0° C in 40 ml of 0.01 M citrate solution, p_H 6.0, and reprecipitated at $-5°$ C with 18.9 ml of 50% ethanol to give precipitate III. This was dissolved at 0° C in 5 ml of 0.05 M citrate buffer, p_H 7.0, and the solution freeze-dried to enable the experiment to be interrupted at this point. The dried material was later reconstituted with 20 ml water and the ionic strength of the solution increased 3.6 units by the addition of 9.3 ml of 50% (w/v) $(NH_4)_2SO_4$ solution (50 g/100 ml solution, NH_3 to p_H 6.2). After standing for 2 hr. at 0° C with frequent stirring, the solution was centrifuged at 0° C and precipitate IV removed.

Precipitate IV was dissolved at 0° C in 10 ml of $(NH_4)_2SO_4$ solution (ionic strength 1.0), (4.4 g/100 ml, NH_3 to p_H 6.2), and the solution filtered first through a Whatman No. 42 paper under gravity, and then through a sintered-glass filter (grade 3) under slight positive pressure. After raising the temperature to 10° C, 50% (w/v) $(NH_4)_2SO_4$ solution, p_H 6.2, (filtered through a glass filter, grade 3) was added drop by drop until faint precipitate appeared (about 5 ml required), after which the precipitate was just redissolved by the addition of a few drops of water. The solution was then cooled to 0° C, and left overnight to crystallize in a stoppered bottle, which it almost filled to leave a minimum of air-liquid surface. The crystals were centrifuged at 0° C. Recrystallization was carried out by dissolving the crystals in $(NH_4)_2SO_4$ solution, as for precipitate IV, and repeating the operation above.

***Determination of crystalline potato Q-enzyme activity according to* Gilbert *and* Patrick[2].**

The action of Q-enzyme on amylose or starch can be followed by sampling and staining with iodine solution. The stain becomes progressively less blue as the reaction proceeds and finally takes on the hue characteristic of amylopectin[1]. Q-enzyme activity[2] was determined at 20° C, using a test solution prepared from constituents in the proportion: 2 vols. enzyme solution, 1 vol. starch solution (10 mg "Analar" soluble starch/ml of water), 2 vols. citrate buffer solution (0.2 M disodium hydrogen citrate, NaOH such that the p_H of the test solution was 7.0). 0.5 ml samples were removed at intervals and stained with I_2 (1 mg) —KI (10 mg) in a solution with a final volume of 50 ml. The optical density of the samples was measured in 4 cm cells with a Hilger-Spekker Absorptiometer (6800 Å, Ilford Spectrum Filter No. 608). Log (D—D∞) was plotted against time, t (min), and activities calculated from the slope of the straight part of the line using the relation:

$$\text{Activity} = \frac{-2.30\, d \log (D - D\infty)}{c\, dt}$$

[1] Bourne, E. J., A. Macey and S. Peat: Soc. **1945**, 877.
[2] Gilbert, G. A., and A. D. Patrick: Biochem. J. **51**, 181 (1952).

where c is the concentration of the enzyme in the test solution in mg/ml. The units of activity are therefore min^{-1} mg^{-1} ml. If the concentration of the enzyme was not known or was immaterial, the activity of the solution was expressed as $-2.30\, d \log (D - D_\infty)/dt$ min^{-1}.

Amylo-1,4-1,6-transglucosylases and related enzymes.

Enzymes synthesizing oligosaccharides from maltose were previously unknown in animal tissues until 1955 when it was reported that rat liver contains an enzyme similar to amylomaltase[1]. An enzyme converting α-1,4-glucosyl linkages to α-1,6-linkages (branching factor) is also present in rat and rabbit liver[2–4] and muscle[4]. Also, the synthesis of a glycogen-like substance has been obtained with a purified extract of rabbit liver in the presence of α-dextrins and glucose.

***Preparation of Transglucosylase of rabbit liver according to* Petrova[5].**

Rabbit liver was excised immediately after the animal's death and homogenized with an equal volume of ethyl alcohol for 1 min. The precipitated material was centrifuged off and the alcoholic extract thus obtained was fractionated in the following way. The extract was diluted with one volume of water, and ammonium sulfate added to 0.5 saturation. The mixture was allowed to stand overnight at 4° C. The precipitate was collected by filtration, suspended in a volume of distilled water equal to $^1/_{10}$ of the original (undiluted) extract volume and dialyzed against distilled water at p_H 7.5—7.8 for 18—20 hr. The insoluble residue was discarded. The enzyme solution thus obtained had the appearance of an opalescent, colorless liquid.

***Preparation of Amylo-1,4-1,6-transglucosylase (branching enzyme of liver) according to* Larner[2–4].**

Rat and rabbit liver have been used as starting material. Rat livers from Anheuser-Busch strain gave more active extracts than those of the Sprague-Dawley strain. The material obtained from the ethanol fractionation step has not been thoroughly studied although it appears to give considerable purification. Liver glycogen is partially depleted by fasting the animals 24 hr., after which they are killed by a blow on the head and exsanguinated from the neck. The livers were perfused with ice-cold 1% KCl in order to remove blood, which is rich in amylase. All subsequent steps are carried out in the cold room. The livers were then homogenized with 2 volumes of distilled water for 3 min in the Waring blendor. The p_H was brought to 5.8 with 0.05 N HCl and the homogenate centrifuged at 18000 × g for 15 min. It should be noted that acidification to p_H 5.4 results in loss of activity. The supernatant fluid was freed of floating fat particles by filtration through Whatman filter paper No. 1. After adjusting the p_H to 7.0 with solid $KHCO_3$, the extract was treated once or twice with dry Argo corn-starch (10% w/v) for 10 min. The starch is added at 0° C and the suspension is stirred to prevent settling. Additional treatments with starch are not effective in lowering the α-amylase activity further. The starch is removed by centrifugation and filtration. Further purification can be obtained by ethanol fractionation. In this procedure, the following solution is required: saturated $(NH_4)_2SO_4$ (room temperature), adjusted to p_H 7.0 with concentrated NH_3 with indicator after first diluting the saturated solution 1:5. This solution is added to the starch-treated enzyme extract to 0.1 saturation, followed by adding cold (−10° C) ethanol gradually to 40%, stirring constantly while keeping the temperature at −5 to −8° C. The precipitate is centrifuged in the cold and dissolved in 0.001 M cysteine (p_H 7.0). The material is dialyzed against 1% KCl containing 0.001 M cysteine, centrifuged in the cold and the insoluble portion discarded.

---

1 Saroja, K., R. Venkataraman and K. V. Giri: Biochem. J. **60**, 399 (1955).
2 Larner, J.: Am. Soc. **78**, 3647 (1956).
3 Larner, J.; in: Colowick-Kaplan, Meth. Enzymol. Vol. I, 222.
4 Larner, J.: J. biol. Ch. **202**, 491 (1953).
5 Petrova, A. N.: Biochimija, Moskva **23**, 30 (1958).

***Preparation of Amylo-1,4-1,6-transglucosylase (branching enzyme of muscle) according to* LARNER[1].**

Rats of the SPRAGUE-DAWLEY strain were used. The hind leg muscles were frozen in dry ice and pounded to a fine powder in a pre-cooled stainless steel cylinder fitted with a plunger. (Extracts prepared in the cold from unfrozen muscles contained much less branching enzyme.)

The frozen powder was extracted with 3 volumes of distilled water, filtered through Whatman filter paper No. 1, and brought to pH 6.6 with solid $KHCO_3$. The extract was treated once with corn-starch and dialyzed for 4 to 6 hr against 0.001 M cysteine at pH 6.8. The extract can be stored in the deep freeze until ready for use.

Determination of the enzymes.

Incubation systems.

Transglucosylase of rabbit liver, method of PETROVA[2]

Glucose	40 mg
α-dextrins (preparation see below) 0.2 M acetate buffer, pH 4.8—5.2	0.2 ml

Incubate 0 to 90 min. Stop reaction with trichloroacetic acid. The precipitate is separated and to the supernate is added 0.3 vol. saturated $Ba(OH)_2$ and 2 vol. alcohol. Redissolve precipitate in 0.1 N HCl and hydrolyze aliquots for 3 hr in 2.2% HCl. Measure the difference in reducing power before and after acid incubation by the method of HAGEDORN and JENSEN.

Amylo-1,4-1,6-transglucosylase of liver and muscle, method of LARNER[1,3,4]

1% corn amylopectin	0.3 ml
Enzyme, at pH 7.0, without buffer, total volume	0.8 ml

Incubation 0—10 min, 0.15 ml aliquots taken at intervals and mixed with 0.15 ml perchloric acid.

Preparation of α-dextrins. Purified samples of liver glycogen were incubated with saliva (1:10) over a period of 3 to 5 days, followed by deproteinization of the incubation mixture and evaporation. In order to remove any free sugars, the concentrated solution was fractionated with alcohol in the presence of barium as in the procedure for transglucosylase of rabbit liver above, and the alcoholic extract discarded. Alternately, the solution can be subjected to fermentation with baker's yeast.

Determination of the products of the reactions. The method is based on the change in optical density at 545—570 mμ of the reaction products in the presence of iodine. In determining branching enzyme activity, the perchloric acid-treated aliquots are centrifuged and decanted. The supernatant is neutralized with solid $NaHCO_3$ and an amount containing from 200 to 400 μg of polysaccharide is mixed with tris buffer (0.19 M, pH 7.9, 1.0 ml), $KI + I_2$ (0.4 and 0.2%, respectively, 0.15 ml) and water (to 3 ml). The reading is taken at 570 mμ within 10 min in the Beckman Model DU spectrophotometer. Loss of color may occur after longer times. The blank is identical except that the polysaccharide is omitted.

Unit of activity. The amount of enzyme which causes an optical density decrease of 0.001 per min under these conditions = one unit.

β-Transglucosylase.

These enzymes catalyze the transference of the glucosyl moiety of β-glucosides to different acceptors. Reactions are represented by the following equations:

$$(1)\quad \text{O-}\beta\text{-D-glucosyl} - X + E \rightarrow \text{glucosyl} \cdot E + X$$

$$(2)\quad \text{glucosyl} \cdot E + A \rightarrow \text{O-}\beta\text{-D-glucosyl} - A + E$$

$$(3)\quad \text{glucosyl} \cdot E + H_2O \rightarrow \text{glucose} + E.$$

[1] LARNER, J.: J. biol. Ch. **202**, 491 (1953).
[2] PETROVA, A. N.: Biochimija, Moskva **23**, 30 (1958).
[3] LARNER, J.: Am. Soc. **78**, 3647 (1956).
[4] LARNER, J.; in: Colowick-Kaplan, Meth. Enzymol., Vol. I, 222.

X is the aglycone part of a *β*-glucoside, and *A* the glucosyl acceptor. In addition to the transglucosylation products glucose and *X* are formed by the action of the enzyme on the substrate.

In 1952, PEAT, WHELAN and HINSON[1] isolated gentiobiose, cellobiose, laminaribiose, sophorose and *β,β*-trehalose (as their octa-acetates) from the products of the action of almond enzyme on a concentrated solution of glucose. Previous to this, interest in trans-glucosylases was centered on those synthesizing α-glucosons. *Aspergillus niger* cultures have been shown to act on cellobiose with the formation of a series of oligosaccharides[2,3]. BUSTON and JABBAR[4] demonstrated a *β*-transglucosylase inthe fungi, *Chaetomium globosum*, using cellobiose as substrate. In 1956 COURTOIS and LECLERC[5] showed that almond emulsin catalyzed the transference of glucose from phenyl-*β*-D-glucoside to different alcohols.

***Preparation of β-Transglucosylase from Chaetomium globosum according to* BUSTON *and* JABBAR[4].**

The strain of *C. globosum* used is that isolated by BASU[6]. The basal culture medium contains per liter: $NaNO_3$, 2 g; KH_2PO_4, 1 g; KCl, 0.5 g; $MgSO_4 \cdot 7H_2O$, 0.5 g; $FeSO_4 \cdot 7H_2O$, 0.01 g.

10 conical flasks (500 ml), each containing 100 ml of the basal medium and 10 g glucose (British Drug House Ltd., Analar), are heavily inoculated with a suspension of spores of *C. globosum* obtained from 14—15 day old cultures. During incubation at 30° C, the flasks are not shaken or disturbed so that the mycelia formed a coherent surface growth. Submerged mycelia gives less active extracts. After 5—7 days the mycelia are pooled, washed briefly with sterile, distilled water, allowed to stand for 3 hr at 30° C in distilled water, and washed once more after which the residual, drained mycelia are ready to be used for the preparation of enzyme. The first step is the preparation of an acetone powder from the mycelia. 100 g of moist mycelia are stirred into 1 l of acetone for 10 min at room temperature, and then filtered with vacuum. This process is repeated with a further portion of acetone, and the roughly dried residue is then similarly treated twice with ether (100 ml). The solid residue is freed from ether *in vacuo*, thoroughly ground in a mortar, and stored in an airtight bottle at 2° C. Approximately 5—7 g of the powder are obtained. A cell free extract is then prepared as follows: 400 mg of the acetone powder are suspended in 10 ml of 0.075 M phosphate buffer, p_H 6.8, and kept at 30° C for 6 hr. with occasional shaking. The suspension is then filtered through a SEITZ filter.

***Preparation of β-Transglucosylase from almond according to* COURTOIS *and* LECLERC[5].**

Almonds are ground and macerated with distilled water. The maceration juice is adjusted to p_H 4.4 and the protein precipitate separated. The supernatant is then treated with three volumes of 90% ethanol at 0° C. The precipitate is centrifuged and dried in a dessicator with sulfuric acid under vacuum. The dried powder is suspended in 20 parts of sterile, distilled water and filtered. The filtrate is then treated with four volumes of acetone and the precipitate centrifuged and dried under vacuum.

Determination of β-Transglucosylase activity.

Incubations systems.

BUSTON and JABBAR[4]

C. globosum enzyme solution; Cellobiose, added to above . . 10%

Incubate at 30° C for 120 hr. Inactivate by rapid heating to 90° C.

[1] PEAT, S., W. J. WHELAN and K. A. HINSON: Nature **170**, 1056 (1952).
[2] BARKER, S. A., E. J. BOURNE and M. STACEY: Chem. & Indust. **1953**, 1287.
[3] BARKER, S. A., E. J. BOURNE, G. C. HEWITT and M. STACEY: Soc. **1955**, 3734.
[4] BUSTON, H. W., and A. JABBAR: Biochim. biophys. Acta **15**, 534 (1954).
[5] COURTOIS, J. E., et M. LECLERC: Bull. Soc. Chim. biol. **38**, 365 (1956).
[6] BASU, S. N.: J. Textile Inst. **39**, 232 (1948).

PEAT et al.[1]

Almond emulsin	0.6 g
Glucose	60 g/102 ml

Layer with toluene and incubate at 35° C for 5 weeks. (This system produces disaccharides only.)

BARKER et al.[2]

Aspergillus niger (strain 152), Medium containing per liter

$NH_4H_2PO_4$	4 g
KCl	0.4 g
$MgSO_4$	0.4 g
Cellobiose	12—20% (w/v)

Grown for 7 days at 30° C.

Determination of products of the reaction. The products of the reaction of the fungi enzyme on cellobiose as substrate is determined by examining the incubation mixture by paper chromatography. After incubation, as described above, aliquots are then deposited on Whatman No. 1 filter paper and chromatographed with the butanol-acetic acid-water solvent system No. 1, Table 2. Chromatograms are then developed with the benzidine reagent[3]. Quantitative estimation of the enzymatic activity is made by measuring the amount of cellobiose hydrolyzed and glucose formed by extracting the sugars from the corresponding area on the chromatogram and analyzing by the NELSON method[4].

Action of the β-transglucosylase from almond can be determined by paper chromatography using Arches 1030 filter paper and the n-butanol, pyridine, benzene, and water solvent system No. 9, Table 2. Chromatograms are developed by spraying the paper with a 0.017% solution of lead tetraacetate in toluene. The compounds appear as white spots against a light-brown background. Digest may also be fractionated by the method of WHISTLER and DURSO which is described in another part of this review (p. 291).

Transference of the glucose from phenyl-β-D-glucoside to the different alcohol acceptors is followed quantitatively by determining colorimetrically the amount of glucose formed by the method of FOLIN and WU[5] and the amount of phenol liberated by the method of FOLIN and DENIS[6]. The amount of glucose transferred to the acceptor is calculated by difference between the total glucose produced by the decomposition of the phenyl-β-D-glucoside, equivalent to the phenol liberated, and the free glucose.

Isolation and identification of the transglucosylation products. *Preparation and isolation of cellotriose and cellotetrose.* To 100 ml of the cell-free enzyme preparation, 10 g of cellobiose, 0.9 ml fresh blood (as a source of catalase), 90 mg notatin and calcium carbonate are added and the mixture is incubated at 30° C for 120 to 144 hr with gentle shaking. After incubation the enzyme is inactivated by rapid heating to 90° C and the mixture centrifuged. The supernatant is then fractionated on a charcoal celite column by the method of WHISTLER and DURSO (see p. 291). Cellobiose is eluted from the column with 10—15% ethanol; cellotriose with 22.5% ethanol, and cellotetrose with 30% ethanol. Purity of the oligosaccharides is verified by paper chromatography and paper ionophoresis in borate buffer. If necessary the oligosaccharides are rechromatographed on the column. Properties of cellotriose and cellobiose are shown on Table 3.

Specificity. Cellobiose is the only substrate which has been tested with the β-transglucosylase from *Chaetomium globosum*. With the enzyme from almond, phenyl-β-D-glucoside, p-nitrophenyl-β-D-glucoside and o-cresyl-β-D-glucoside are donors. A wide variety of alcohols with a primary alcohol group: methanol, n-butanol, allyl alcohol, ethylene glycol, glycerol, mannitol, benzyl alcohol, phenylethanol, anisalcohol, furfuryl

[1] PEAT, S., W. J. WHELAN and K. A. HINSON: Nature **170**, 1056 (1952).
[2] BARKER, S. A., E. J. BOURNE and M. STACEY: Chem. & Indust. **1953**, 1287.
[3] BACON, J. S. D., and J. EDELMAN: Biochem. J. **48**, 114 (1951).
[4] NELSON, N.: J. biol. Ch. **153**, 375 (1944).
[5] FOLIN, O., and H. WU: J. biol. Ch. **38**, 81 (1919).
[6] FOLIN, O., and W. DENIS: J. biol. Ch. **26**, 507 (1916).

Table 3. *Properties of oligosaccharides obtained by transglycosylation.*

Structural name	Common name	Enzyme and source	Donor	Acceptor	Optical rotation	M.P. (M.P. of deriv.)	R_f (R_g)	Ref.
		Properties of oligosaccharides obtained by transglucosylation.						
6-O-α-D-glucopyranosyl-D-glucose	isomaltose brachiose	amylomaltase C. rupestris * L. digitata, R. palmata, U. lactuca, P. chrysogenum Q-176, A. niger	maltose	maltose	$[\alpha]_D^{25°} = +122°$ (C, 0.154) $[\alpha]_D^{25°} = +103$ (C, 2.281)	(152° C) (phenylosazone) (142.5 to 144.5° C) (octa-acetate)	(0.38)[9] (0.50)[10]	1, 2 3, 4 5
3-O-α-D-glucopyranosyl-D-glucose	nigerose	amylomaltase, A. niger, maltose transglucosylase, A. oryzae	maltose	glucose	$[\alpha]_D^{14°} = +89°$ (C, 1.0)	(203—205° C) (phenylosazone)	0.48[5, a]	1, 3
5-O-α-D-glucopyranosyl-D-fructopyranose	leucrose	dextransucrase, L. mesenteroides, amylomaltase A. niger	sucrose	fructose	$[\alpha]_D^{25°} = -8.2°$ (C, 4.0)	156—158° C (186—188° C) (phenylosa-zone)		6 7
Methyl-6-O-α-D-glucopyranosyl-α-D-glucopyranoside	methyl-α-isomaltoside	dextransucrase, L. mesenteroides	sucrose	methyl-α-D-glucoside	$[\alpha]_D^{25°} = +177.4°$ (C, 2.0)	110—111° C (with 1 mol ETOH/mol glycoside)	0.33[11]	6
O-α-D-glucopyranosyl-(1-6)-O-α-D-glucopyranosyl (1-4)-α-D-glucopyranose	panose	amylomaltase, same source as for isomaltose	maltose	maltose	$[\alpha]_D^{25°} = +148°$ (C, 3.7) $[\alpha]_D^{25°} = +152°$ (C, 3.0)	(148—149° C) dodeca-acetate	(0.18)[9] (0.28)[10]	2, 3 4
O-α-D-glucopyranosyl-(1-4)-O-α-D-glucopyranosyl-(1-4)-D-glucopyranose	maltotriose	amylomaltase, same source as for isomaltose	maltose	maltose	$[\alpha]_D^{25} = +160$ to 164° (C, 2.8)	133—135° C	(0.35)[9] (0.41)[10]	4, 8
O-α-D-glucopyranosyl-(1-6)-O-α-D-glucopyranosyl-(1-6)-D-glucopyranose	isomaltotriose	amylomaltase, P. chrysogenum, Q-176 dextransucrase, L. mesenteroides	maltose sucrose	maltose glucose	$[\alpha]_D^{25} = +144°$ (C, 3.75)		(0.43)[13, f] 0.18[5]	2, 6 5
O-α-D-glucopyranosyl-(1-6)-O-α-D-glucopyranosyl-(1-3)-D-glucopyranose		maltose trans-glycosylase, A. oryzae	nigerose	glucose			0.27[5, c]	1

O-α-D-glucopyranosyl-(1-4)-O-α-D-glucopyranosyl-(1-2)-β-D-fructofuranoside	glucosucrose, α-maltosyl-β-D-fructoside	honey transglucosylase, Fall flower honey, C. hesperidum	sucrose	sucrose	$[\alpha]_D^{25} = +121.8°$ (C, 2.3)		(0.57)[16, d]	9, 10
O-α-D-glucopyranosyl-(1-6)-O-α-D-glucopyranosyl-(1-2)-β-D-fructofuranoside		amylomaltase, A. niger	maltose	sucrose	$[\alpha]_D^{18} = +102.5°$ (C, 2.0)	118—120° C		11
O-β-D-galactopyranosyl-(1-4)-O-α-D-glucopyranosyl-(1-2)-D-glucopyranose		dextransucrase, B. arabinosaceous	sucrose	lactose	$[\alpha]_D = +103°$ (C, 1.03)			12
O-β-D-glucopyranosyl-(1-4)-O-α-D-glucopyranosyl-(1-2)-D-glucopyranose		dextransucrase, B. arabinosaceous	sucrose	cellobiose	$[\alpha]_D = +93°$ (C, 1.0)			13
O-α-D-glucopyranosyl-(1-2)-β-D-fructofuranosyl-(3-1)-α-D-glucopyranoside	melezitose	honey transglucosylase, I. purchasi	sucrose	sucrose				10
Methyl-O-α-D-glucopyranosyl-(1-6)-α-D-glucopyranosyl-(1-6)-α-D-glucopyranoside	methyl-α-isomaltotrioside	dextransucrase, L. mesenteroides	sucrose	methyl-α-D-glucoside	$[\alpha]_D^{25} = +182.3$ (C, 2.0)	232° C	0.21[11]	6
O-α-D-glucopyranosyl-(1-4)-O-α-D-glucopyranosyl-(1-4)-O-α-D-glucopyranosyl-(1-4)-D-glucopyranose	maltotetraose	amylomaltase, same source as for 6^3-α-glucosyl-maltotriose	maltose	maltose	$[\alpha]_D^{25} = +175°$ (C, 1.3)		(0.19)[9] (0.26)[10]	4
O-α-D-glucopyranosyl-(1-6)-O-α-D-glucopyranosyl-(1-4)-O-α-D-glucopyranosyl-(1-4)-D-glucopyranose	6^3-α-glucosyl-maltotriose	amylomaltase, C. rupestris, L. digitata, R. palmata, U. lactuca	maltose	maltose	$[\alpha]_D^{25} = +177°$ (C, 0.5)		(0.11)[9] (0.17)[10]	4
O-α-D-glucopyranosyl-(1-6)-O-α-D-glucopyranosyl-(1-6)-O-α-D-glucopyranosyl-(1-4)-D-glucopyranose	4-α-isomaltotriosyl-D-glucose	amylomaltase, P. chrysogenum Q-176	maltose	maltose			0.13[5]	2
O-α-D-glucopyranosyl-(1-6)-O-α-D-glucopyranosyl-(1-6)-O-α-D-glucopyranosyl-(1-6)-D-glucopyranose	isomaltotetraose	amylomaltase, P. chrysogenum Q-176; dextransucrase, L. mesenteroides	maltose; sucrose	maltose; sucrose	$[\alpha]_D^{25} = +186.7$ (C, 2.0)	162—167° C	0.10[5]	2; 6

Table 3. (Continued.)

Structural name	Common name	Enzyme and source	Donor	Acceptor	Optical rotation	M.P. (M.P. of deriv.)	R_f (R_g)	Ref.
O-α-D-galactopyranosyl-(1-6)-O-α-D-glucopyranosyl-(1-2)-O-α-D-glucopyranosyl-(1-2)-β-D-fructofuranoside		dextransucrase, L. mesenteroides	sucrose	raffinose[b]				14
Methyl-O-α-D-glucopyranosyl-(1-6)-O-α-D-glucopyranosyl-(1-6)-O-α-D-glucopyranosyl-α-D-glucopyranoside	methyl-α-iso-maltotetraoside	dextransucrase, L. mesenteroides	sucrose	methyl-α-D-glucoside	$[\alpha]_{25}^{D} = +186$ (C, 2.0)	162—167° C (with 1 mol ETOH/mol glycoside)	0.13(11)	6
	4-α-isomaltotetra-osyl-D-glucose	amylomaltase, P. chrysogenum, Q-176	maltose	maltose			0.07(5)	2
	isomaltopentaose	dextransucrase, L. mesenteroides	sucrose	glucose				6
	methyl-α-iso-maltopentaoside	dextransucrase, L. mesenteroides	sucrose	methyl-α-D-glucoside	$[\alpha]_{25}^{D} = +188.7$ (C, 2.0)	161—164° C (with 0.25 mol ETOH/mol glycoside)	0.07(11)	6
	4-α-isomalto-pentosyl-D-glucose	amylomaltase, P. chrysogenum, Q-176	maltose	maltose			0.04(5)	2
	isomaltohexose	dextransucrase, L. mesenteroides	sucrose	glucose				6
Cyclohexaamylose	α-dextrin	cyclodextrinase, B. macerans	starch, amylo-heptaose	starch, amylo-heptaose	$[\alpha]_D = +150.5° \pm 0.5$ (C, 1.0)			15
Cyclohexaamylose	β-dextrin	cyclodextrinase, B. macerans	starch, amylo-heptaose	starch, amylo-heptaose	$[\alpha]_D = +162.5° \pm 0.5$ (C, 1.0)			15
Cyclohexaamylose	γ-dextrin	cyclodextrinase, B. macerans	starch, amylo-heptaose	starch, amylo-heptaose	$[\alpha]_D = +177.4° \pm 0.5$ (C, 1.0)			15
4-O-β-D-glucopyranosyl-D-glucopyranose	cellobiose	β-transgluco-sylase, almond	glucose	glucose	$[\alpha]_D = +34.5$	(192.5° C) (octa-acetate)		16

6-O-β-D-glucopyranosyl-D-glucopyranose		β-transglucosylase, almond	glucose	glucose	$[\alpha]_D = +11.8$	(193° C) (octa-acetate)		16
2-O-β-D-glucopyranosyl-D-glucopyranose	sophorose	β-transglucosylase, almond	glucose	glucose	$[\alpha]_D = +18.4$	(192° C) (octa-acetate)		16
3-O-β-D-glucopyranosyl-D-glucopyranose	laminaribiose	β-transglucosylase, almond	glucose	glucose	$[\alpha]_D = +20.3$	(159.5—160° C) (octa-acetate)		16
1-O-β-D-glucopyranosyl-β-D-glucopyranoside	β,β-trehalose	β-transglucosylase, almond	glucose	glucose	$[\alpha]_D = +17.9$	(179.5° C) (octa-acetate)		16
3-O-β-D-glucopyranosyl-D-xylose		β-transglucosylase, A. niger	cellobiose	xylose	$[\alpha]_D^{19} = +0.6$ (C, 0.35)	(213—215° C) (phenylosazone)		17
	cellotriose	β-transglucosylase C. globosum	cellobiose	cellobiose	$[\alpha]_D = +22.6$ (chloroform)	223—224° C		18
O-β-D-glucopyranosyl-(1-6)-O-β-D-glucopyranosyl-(1-4)-D-glucopyranose		β-transglucosylase, A. niger	cellobiose	cellobiose	$[\alpha]_D^{16} = +9.45$			
O-β-D-glucopyranosyl-(1-6)-O-α-D-glucopyranosyl-(1-2)-β-D-fructofuranoside	gentianose	β-transglucosylase, almond	phenyl-β-D-glucoside	sucrose	$[\alpha]_D^{20} = +31.5$	209—211° C		19

Properties of oligosaccharides synthetized by transference of N-acetyl hyalobiuronic acid.

3-O-(β-D-glucopyranosyluronic acid)-N-acetyl-2-amino-2-deoxy-D-glucopyranose	N-acetylhyalobiuronic acid	hyaluronidase testes	hyaluronic acid	oligosaccharides of hyaluronic acid hydrolysis	$[\alpha]_D^{27} = -32°$ (C, 2.0)			20, 21
Glucuronido-(N-acetyl-aminoglucosyl-glucuronido)$_1$-N-acetylaminoglucoside		hyaluronidase testes	hyaluronic acid	oligosaccharides of hyaluronic acid hydrolysis	$[\alpha]_D^{27} = -51°$ (C, 2.0)		(1.00)(12, e)	20, 21
Glucuronido-1,3-(N-acetylaminoglucosyl-1,3-glucuronido)$_2$-1,3-N-acetylaminoglucoside		hyaluronidase testes	hyaluronic acid	oligosaccharides of hyaluronic acid hydrolysis	$[\alpha]_D^{27} = -63.5°$ (C, 2.0)		(0.67)(12, e)	20, 21

Table 3. (Continued.)

Structural name	Common name	Enzyme and source	Donor	Acceptor	Optical rotation	M.P. (M.P. of deriv.)	R_f (R_g)	Ref.
Glucuronido-1,3-(N-acetyl-aminoglucosyl-1,3-glucuronido)$_3$-1,3-N-acetylamino-glucoside		hyaluronidase testes	hyaluronic acid	oligosaccharides of hyaluronic acid hydrolysis	$[\alpha]_D^{27} = -62°$ (C, 2.0)		(0.41)[12, e]	20, 21
Glucuronido-1,3-(N-acetyl-aminoglucosyl-1,3-glucuronido)$_4$-1.3-N-acetylamino-glucoside		hyaluronidase testes	hyaluronic acid	oligosaccharides of hyaluronic acid hydrolysis	$[\alpha]_D^{27} = -68°$ (C, 2.0)		(0.26)[12, e]	20, 21
Glucuronido-1,3-(N-acetyl-aminoglucosyl-1,3-glucuronido)$_5$-1,3-N-acetylamino-glucoside		hyaluronidase testes	hyaluronic acid	oligosaccharides of hyaluronic acid hydrolysis	$[\alpha]_D^{27} = -65.5°$ (C, 2.0)		(0.16)[12, e]	20, 21
Properties of oligosaccharides obtained by transgalactosylation.								
Methyl-α-D-galactoside		α-transgalactosylase, coffee bean	melibiose, raffinose, stachyose	methanol		95° C[h]	same as for synthetic methyl-α-D-galactoside	17
Ethyl-α-D-galactoside		α-transgalactosylase, coffee bean	melibiose	ethanol				17
6-O-α-D-galactopyranosyl-D-glucopyranose	melibiose	α-transgalactosylase, coffee bean	raffinose	glucose				17
6-O-α-D-galactopyranosyl-D-mannopyranose	epimelibiose	α-transgalactosylase, coffee bean	phenyl-α-D-galactoside	mannose	$[\alpha]_D^{20} = +104.5°$ (C, 3.35)	176—178° C[i] 191° C[h]	0.131[14] 0.185[6]	22
O-α-D-galactopyranosyl-(1-6)-O-α-D-glucopyranosyl-(1-2)-β-D-fructofuranoside	raffinose	α-transgalactosylase, coffee bean	phenyl-α-D-galactoside	sucrose				22
O-α-D-galactopyranosyl-(1-6)-O-α-D-galactopyranosyl-(1-6)-O-α-D-galactopyranosyl-(1-6)-O-α-D-glucopyranosyl-(1-2)-β-D-fructofuranoside	verbascose	α-transgalactosylase, coffee bean	melibiose, raffinose, stachyose	stachyose, raffinose			same as verbascose from verbascum root extract	17

	ajugose, tetra-galactoside-sucrose	α-transgalacto-sylase, coffee bean	melibiose, raffinose, stachyose	stachyose, raffinose			same as aju-gose from ver-bascum root extract	17
3-O-β-D-galactopyranosyl-D-glucopyranose	compound I	β-transgalacto-sylase, S. fragilis	lactose	glucose	$[\alpha]_D = +28°$	(176° C) (osazone)	0.67(5)	23
6-O-β-D-galactopyranosyl-D-glucopyranose	allolactose compound II	β-transgalacto-sylase, S. fragilis	lactose	glucose	$[\alpha]_D = +25°$	(186—188° C) (osazone)	0.44(5) (0,47)(15)	24 23
6-O-β-D-galactopyranosyl-D-galactopyranose	galactobiose compound III	β-transgalacto-sylase, S. fragilis	lactose	galactose	$[\alpha]_D = +31°$	(188—190° C) (osazone)	0.34(5) (0.40)(15)	24 23
	galactoside-N-acetyl-D-glucosamine I	β-transgalacto-sylase, L. bifidus var. penn.	lactose	N-acetyl-glucosamine	$[\alpha]_D^{30} = +15.0°$ (C, 0.5)	157—159° C		25
	galactoside-N-acetyl-D-glucosamine II	β-transgalacto-sylase, L. bifidus var. penn.	lactose	N-acetyl-glucosamine	$[\alpha]_D^{30} = +40.5°$ (C, 0.5)	172° C		25
O-β-D-galactopyranosyl-(1-6)-O-β-D-galactopyranosyl-(1-4)-D-glucopyranose	compound IV	β-transgalacto-sylase, S. fragilis	lactose	lactose			0,23(5) (0.32)(15)	24 26 23
O-β-D-galactopyranosyl-(1-6)-O-β-D-galactopyranosyl-(1-6)-D-glucopyranose	compound V	β-transgalacto-sylase, S. fragilis	lactose allolactose	allolactose			0.16(5) (0.22)(15)	24 23 26

Properties of oligosaccharides obtained by transfructosylation.

Structural name	Common name	Enzyme and source	Donor	Acceptor	Optical rotation	R_f R_g R_a	Raybin react.	M.P.	Ref.
6-O-D-fructofuranosyl-D-glucopyranose		yeast, invertase	sucrose		$[\alpha]_D = +5°$				11 27
6-O-D-fructofuranosyl-D-fructofuranose		yeast, invertase	sucrose						7
1-O-β-D-fructofuranosyl-D-fructofuranose	inulobiose	yeast, invertase	sucrose						7

Table 3. (Continued.)

Structural name	Common name	Enzyme and source	Donor	Acceptor	Optical rotation	R_f R_g R_a	Raybin react.	M.P.	Ref.
O-α-D-glucopyranosyl-(1-2)-O-β-D-fructofuranosyl-(6-2)-β-D-fructofuranoside	6-kestose	yeast, invertase, A. niger, taka-diastase, H. tuberosus, B. vulgaris	sucrose	sucrose	$[\alpha]_D^{20°} = +27.3°$ (+27 to 29.2)	0.12	+ –	145° C	28
O-β-D-fructofuranosyl-(2-6)-α-D-glucopyranosyl-(1-2)-β-D-fructofuranoside	neo-kestose	yeast, invertase, B. vulgaris	sucrose	sucrose	$[\alpha]_D^{20} = +22.2°$	0.14	+		29 30
O-α-D-glucopyranosyl-(1-2)-O-β-D-fructofuranosyl-(1-2)-β-D-fructofuranoside	1-kestose, inulobiosyl-D-glucose	yeast, A. oryzae, H. tuberosus	sucrose	sucrose	$[\alpha]_D^{20} = +25.6$ +28, +30.5, +36.2[g]	0.19 0.47(5)	+		5 31
	inulotriosyl-D-glucose	A. oryzae	sucrose		$[\alpha]_D^{20} = -2°$ (C, 1.3)	0.35(5)			31
	fructosyl-raffinose	A. oryzae	sucrose	raffinose					31
α-D-xylopyranosyl-β-D-fructofuranoside	xylosucrose	levan sucrase, A. levanicum	raffinose	D-xylose	$[\alpha]_D^{20} = +62°$ (C, 1.15)	0.19(1) 0.47(7)	+		27
α-D-galactopyranosyl-β-D-fructofuranoside	galsucrose	levan sucrase, A. levanicum	raffinose	D-galactose	$[\alpha]_D^{20} = +81.5$ (C, 1.02)	0.13(1)	+	179° C	32
O-β-D-galactopyranosyl-(1-4)-O-α-D-glucopyranosyl-(1-2)-β-D-fructofuranoside	lactsucrose	levan sucrase, A. levanicum	sucrose	lactose	$[\alpha]_D^{20} = +59$			181° C	33

Superscript numbers refer to solvent system number on table 2, p. 259.

[a], [c] "Apparent R_f" (cf. PAZUR et al.[1]). $R_f = \frac{\text{distance traveled by compound}}{\text{total length of paper}}$ and, a = 2 ascents of solvent; c = 3 ascents of solvent.

[b] Other acceptors listed under *Dextransucrase* in text.

[d] R sucrose.

[e] Relative mobility based on assignment of 1.00 to glucuronido-(N-acetylaminoglucosyl-(1-3)-glucuronido)$_1$-N-acetylaminoglucoside.

[f] 2 ascents.

[g] Measured on the basis of dry weight and reducing power respectively.

[h] In maquenne block.

[i] In capillary tube.

* Oligosaccharide identified in *C. rupestris* enzyme reaction products.

alcohol, tetrahydro-furfuryl alcohol, and sucrose function as acceptors. Also active as acceptors are the following secondary alcohols; isopropanol, cyclohexanol, 1,2-cyclohexanediol and meso-inositol. Tertiary alcohols are inactive. There is evidence that D-xylose, L-sorbose and N-acetyl-D-glucosamine can function as alternate acceptors in the β-transglucosylation reaction of the *A. niger* enzyme with cellobiose[1].

Transglucosylase activity of hyaluronidase.

Fragments containing multiples of a 1 disaccharide unit (see below) are transferred from one substrate molecule to another with the scission of one glucosaminide bond and the formation of another[2]. This alteration involves only minor changes in free energy. The enzyme acts only on the glucosaminidic linkages while the uronidic linkages remain intact. For hyaluronidase see p. 1216.

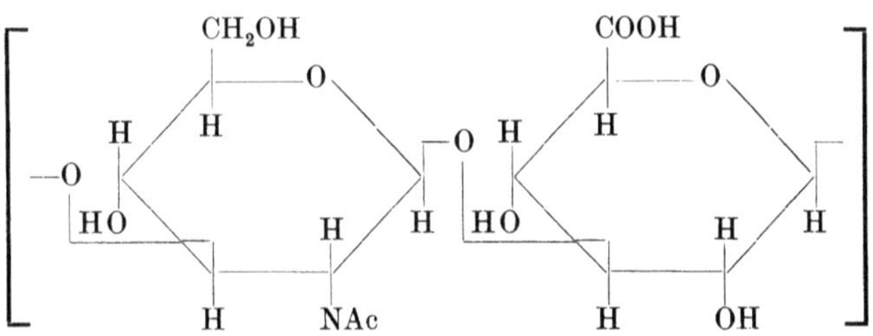

Disaccharide unit.

[1] Barker, S. A., E. J. Bourne, G. C. Hewitt and M. Stacey: Soc. **1955**, 3734.
[2] Weismann, B.: J. biol. Ch. **216**, 783 (1955).

Reference to Table 3.

1 Pazur, J. H., T. Budorich and C. L. Tipton: Am. Soc. **79**, 625 (1957).
2 Saroja, K., R. Venkataraman and K. V. Giri: Biochem. J. **60**, 399 (1955).
3 Barker, S. A., and T. R. Carrington: Soc. **1953**, 3588.
4 Duncan, S. A., and D. J. Manners: Biochem. J. **69**, 343 (1958).
5 Bacon, J. S. D., and D. J. Bell: Soc. **1953**, 2528.
6 Jones, R. W., A. Jeanes, C. S. Stringer and H. M. Tsuchiya: Am. Soc. **78**, 2499 (1956).
7 Bell, D. J., and J. Edelman: Soc. **1954**, 4652.
8 Giri, K. V., A. Nagabushanam, V. N. Nigam, B. Belavadi: Science, N.Y. **121** 898 (1955).
9 White, J. W., and J. Maher: Am. Soc. **75**, 1259 (1953).
10 Wolf, J. P., and W. H. Ewart: Science, N.Y. **122**, 973 (1955).
11 Whelan, W. J., and D. M. Jones: Biochem. J. **54**, XXXIV (1953).
12 Bailey, R. W., S. A. Barker, E. J. Bourne and M. Stacey: Nature **176**, 1164 (1955).
13 Barker, S. A., E. J. Bourne, P. M. Grant and M. Stacey: Nature **178**, 1221 (1956).
14 Neely, W. B.: Arch. Biochem. **79**, 154 (1959).
15 French, D., M. L. Levine, J. H. Pazur and E. Norberg: Am. Soc. **71**, 353 (1949).
16 Peat, S., W. J. Whelan and K. A. Hinson: Nature **170**, 1056 (1952).
17 Anagnostopoulus, C., J. E. Courtois et F. Petek: Bull. Soc. Chim. biol. **36**, 1115 (1954).
18 Buston, H. W., and A. Jabbar: Biochim. biophys. Acta **15**, 534 (1954).
19 Courtois, J. E., et M. Leclerc: Bull. Soc. Chim. biol. **38**, 365 (1956).
20 Weismann, B.: J. biol. Ch. **216**, 783 (1955).
21 Weismann, B., K. Meyer, P. Sampson and A. Linker: J. biol. Ch. **208**, 417 (1954).
22 Courtois, J. E., et F. Petek: Bull. Soc. Chim. biol. **39**, 715 (1957).
23 Pazur, J. H., C. L. Tipton, T. Budovich and J. M. Marsh: Am. Soc. **80**, 119 (1958).
24 Aronson, M.: Arch. Biochem. **39**, 370 (1952).
25 Zilliken, F., P. N. Smith, C. S. Rose and P. Gyorgy: J. biol. Ch. **208**, 299 (1954).
26 Pazur, J. H.: Science, N.Y. **117**, 355 (1953).
27 Avigad, G., D. S. Feingold and S. Hestrin: Biochim. biophys. Acta **20**, 129 (1956).
28 Albon, N., D. J. Bell, P. H. Blanchard, D. Gross and J. T. Rundell: Soc. **1953**, 24.
29 Gross, D., P. H. Blanchard and D. J. Bell: Soc. **1954**, 1727.
30 Allen, P. J., and J. S. D. Bacon: Biochem. J. **63**, 200 (1956).
31 Pazur, J. H.: J. biol. Ch. **199**, 217 (1952).
32 Feingold, D. S., G. Avigad and S. Hestrin: J. biol. Ch. **224**, 295 (1957).
33 Avigad, G.: J. biol. Ch. **229**, 121 (1957).

***Preparation of Transglucosylase from crude hyaluronidase according to* TINT *and* BOGASH[1].**

Crude hyaluronidase was prepared from decapsulated, ground bovine testes which were thoroughly extracted in the cold with equal volumes of 0.1 N acetic acid after which the insoluble residue was removed. Material which then precipitated between 30 and 69 % of saturation with $(NH_4)_2SO_4$ was retained. An aqueous solution of this fraction was dialyzed against cold water until free of sulfate ion. The solution was freed of flocculated material and then dried under a vacuum from the frozen state.

Ethanol treatment. 25 g (at 2 units per mg) of crude enzyme preparation were dissolved in cold phosphate buffer to give a 1.0 % protein solution, p_H 7; ionic strength 0.15. Absolute alcohol was added to the solution to 20 volumes per cent, keeping the mixture between 0 and − 6° C. The yield was 3.565 g (3.0 units per mg), 21 % yield. Further purification may be obtained by taking the supernatant from the previous fractionation to 40 % ethanol at − 9° C, giving a yield of 2.35 g at 13 units per mg.

Determination of transglucosylase activity of hyaluronidase.

Incubation system[2].

Sodium hyaluronate	20—50 mg/ml
Enzyme	0.5 mg/ml

These materials are dissolved in 0.1 M acetate buffer, p_H 5, 0.15 M in NaCl, containing 1 mg/ml gelatin. The system is incubated for 144 hr. In some cases, fresh enzyme was added every day for 5 days.

Paper chromatography[3]. Butanol-acetic acid-water, (50:15:35) and (44:16:40), single phase systems were used, with descending irrigation 24—72 hr on Whatman No. 1 paper. A developer which contained less water (57:14:29) was too slow, but was excellent for use with mono- and disaccharides, these giving smeared results in developer with more water. *Spray.* ELSON-MORGAN'S reagents (acetylacetone-dimethylaminobenzaldehyde) gave a sensitive stain for these oligosaccharides. *Elution.* In cases where the oligosaccharides were eluted from paper, the uronic acid content of the eluate was determined by the DISCHE carbazole reaction.

Analytical methods. The ELSON-MORGAN test was used to determine saccharides having free reducing groups of the hexosamine or acetylhexosamine type using acetylacetone and dimethylaminobenzaldehyde with acetylglucosamine being used as the color standard.

The BROWN[4] modification of the orcinol reaction with a 30 min boiling time was used to estimate oligosaccharides isolated by column chromatography. A 24 hr digest preparation containing 41 % uronic acid was arbitrarily chosen as the standard substance and quantities were recorded as mg of substance. The color yield of the oligosaccharides was proportional to their uronic acid content within the precision of the method (about 5 %). Presence of formic acid in concentrations as high as 2 M introduces less than 10 % error.

Molecular weights were estimated by the hypoiodite method of MACLEOD and ROBISON[5].

Preparation of the transglucosylation products[3]. Dowex 1 × 10 (10 % cross linkages) 200—400 mesh, was suspended in water. Resin of settling time 0.5—10 min was selected for preparative columns, and converted to the formate form. Good resolution was obtained when columns were developed with dilute formic acid.

Oligosaccharides produced[2].

1. N-acetylhyalobiuronic acid, (AcGN-GA), (O-α-D-N-Acetylaminoglucopyranosyl-(1-3)-D-glucuronpyranosidic acid).

---

[1] TINT, H., and R. BOGASH: J. biol. Ch. **184**, 501 (1950).
[2] WEISMANN, B.: J. biol. Ch. **216**, 783 (1955).
[3] WEISMANN, B., K. MEYER, P. SAMPSON and A. LINKER: J. biol. Ch. **208**, 417 (1954).
[4] BROWN, A. J.: Arch. Biochem. **11**, 269, 1946.
[5] MACLEOD, M., and R. ROBISON: Biochem. J. **23**, 517 (1929).

2. GA-AcGN-GA-AcGN.
3. GA-$(AcGN\text{-}GA)_2$-AcGN.
4. GA-$(AcGN\text{-}GA)_3$-AcGN.
5. GA-$(AcGN\text{-}GA)_4$-AcGN.
6. GA-$(AcGN\text{-}GA)_5$-AcGN.
7. GA-$(AcGN\text{-}GA)_6$-AcGN.
8. GA-$(AcGN\text{-}GA)_7$-AcGN.

Enzymic properties. The enzyme was unable to effect transglycosylation of oligosaccharides whose acetylglucosaminic reducing groups had been completely reduced with borohydride.

The action of the enzyme is strongly inhibited by Cu^{++} and Fe^{+++}. The inhibition is effectively reversed by addition of cysteine and pyrophosphate.

α-Transgalactosylase.

This enzyme is involved in a similar type of reaction as the β-transgalactosylase but acts only on α-galactosides. α-transgalactosylation was demonstrated by ANAGNOSTOPOULUS, COURTOIS and PETEK with the α-galactosylase from coffee bean[1].

***Preparation of α-transgalactosylase from coffee beans according to* HELFERICH *and* VORSATZ[2].**

Crude coffee beans are ground and extracted with 75% acetone solution at room temperature until the extracted material gives a negative reaction for chloride ions (tested with silver nitrate). The extracted coffee powder is then dried at atmospheric or reduced pressure to eliminate acetone completely and extracted with 2—3 parts of water in the presence of toluene for 1—2 hr at room temperature. The suspension is filtered and centrifuged, and the supernatant is then treated with 2% tannin solution (15 ml of solution per 100 ml of extract). The precipitate which forms is centrifuged and washed with acetone until a negative reaction with ferric chloride indicates a complete removal of tannin. The material is then dried in a dessicator under vacuum. 30 g of coffee emulsin are obtained from 2 kg of crude coffee bean by this method.

Determination of α-transgalactosylase activity.

Principle:

The action of the enzyme is determined by examining the incubation mixture by paper chromatography[1].

Procedure:

A mixture of 0.03 g of enzyme in 25 ml of a 0.02 M solution of the galactoside donor and 1 to 2 M solution of the acceptor is adjusted to p_H 4.8—5.0 with acetate buffer, and incubated at 37° C. The enzyme is then inactivated by boiling and the reaction mixture deposited on Arches 1030 filter paper. Papers are irrigated with n-butanol, pyridine, benzene, water solvent No. 9, Table 2, for 24 hr. Chromatograms are developed by spraying the paper with a 0.017% solution of lead tetraacetate in toluene. The compounds appear as white spots against a light brown background. When either ethyl or methyl alcohol are used as acceptors the amount of ethyl or methyl galactoside formed can be determined by a method consisting of measuring the combined alcohol by evaporating the free alcohol, hydrolyzing the galactoside with acid, and estimating the alcohol liberated by hydrolysis[1].

The procedure of *determination of ethyl or methyl alcohol* is as follows: 10 ml of the incubated solution are neutralized and evaporated to dryness in a boiling water bath. The residue is dissolved in 5 ml of water and evaporated to dryness again. The residue is now dissolved in 10 ml of 1 N hydrochloric acid and transferred to a tube which is then sealed. The tube is heated for 40 min in boiling water, then opened, and its contents quantitatively transferred to a distillation apparatus of the Nicloux type with 50 ml capacity.

[1] ANAGNOSTOPOULUS, C., J. E. COURTOIS et F. PETEK: Bull. Soc. Chim. biol. **36**, 1115 (1954).
[2] HELFERICH, B. F., u. F. VORSATZ: H. **237**, 254 (1935).

The distillate is collected in a tube containing 10 ml of a 0.1 N solution of potassium acid dichromate in nitric acid. After 10 ml of distillate are collected, the tube, with a vertical condenser adapted to it, is placed in a boiling water bath for 20 min. After cooling, the excess of dichromate is determined iodometrically. Under the experimental conditions described, methanol is oxidized according the following reaction:

$$HCH_2OH + 1\,^1/_2\,O_2 = CO_2 + 2\,OH_2.$$

This method permits estimates of from 50 μg to 2 mg of methanol.

Isolation and identification of the transgalactosylation products. *Preparation and isolation of methyl α-D-galactoside.* A mixture of 400 ml of a 0.1 M solution of the galactoside donor, 200 ml of absolute methanol, 200 ml of acetate buffer, p_H 5, and 200 ml of a 0.80% enzyme suspension is incubated at 37° C for 9 hr. The mixture is then neutralized by the addition of 2 g of calcium carbonate and boiled to inactivate the enzyme. The solution is concentrated under vacuum to a syrup, and then refluxed with 200 ml of ethyl acetate. The mixture stands for 24 hr to allow separation into two layers. The upper layer is separated and concentrated under vacuum until it becomes opalescent. One volume of ethyl ether is then added, and the mixture is left at room temperature for a week. Crystals formed during this period are collected and dried. The yield is 20 mg.

Preparation and isolation of 6-O-α-D-galactopyranosyl-D-mannopyranose (epimelibiose)[1]. A mixture of 20 ml of a 0.1 M solution of phenyl-α-D-galactoside, 20 ml of 2.5 M solution of D-mannose, 5 ml of 0.5 M acetate buffer, p_H 5, and 5 ml of a 2% enzyme solution is incubated at 37° C for 24 hr. After neutralization, the mixture is boiled to inactivate the enzyme. The protein precipitate formed is centrifuged and the supernatant concentrated under vacuum to a syrup. The incubated mixture is then fractionated by chromatography on a charcoal column. 300 g of pica V.S. 20 charcoal are boiled for 30 min with 1 l of 2 N HCl, then filtered through a Buchner funnel, washed with distilled water until free of chloride ion, and dried at 100° C for 24 hr. A column 30 cm long and 3 cm in diameter is used. The column is loaded with the syrupy mixture and eluted with distilled water. Phenyl α-D-galactoside is eluted first, and a mixture of galactose and mannose follows it. Approximately 10 l of water are required for the complete elution of the three compounds. The disaccharide is then eluted by passing 7 l of 5% alcohol. The alcoholic eluate is evaporated to dryness under vacuum, and the residue dissolved in distilled water and rechromatographed in a column 15 cm long and 1 cm in diameter. Eluates are concentrated to syrups which are left standing near a beaker of absolute alcohol in a container. In the alcohol-saturated atmosphere, the disaccharide crystallizes. After one week, crystals are collected, washed with absolute alcohol, and dried. The yield is approximately 80 mg.

No references of the procedures for the preparation and isolation of the other products of transgalactosylation have been found in the literature, but similar methods to those described under β-transgalactosylases are visualized. Properties of the different compounds are shown in Table 3.

Specificity. Melibiose (6-O-α-D-galactopyranosyl-D-glucose), raffinose (O-α-D-galactopyranosyl (1→6)-O-α-D-glucopyranosyl-(1→2)-β-D-fructofuranoside and stachyose (O-α-D-galactopyranosyl (1→6)-O-α-D-galactopyranosyl-(1→6)-O-α-D-glucopyranosyl-(1→2)-β-D-fructofuranoside are substrates (donors) of the α-transgalactosylase. The enzyme is also able to transfer the galactosyl group from phenyl-α-D-galactoside to different acceptors.

Methanol, ethanol, glucose, mannose, sucrose, melibiose, raffinose and stachyose function as cosubstrates (acceptors). In all cases the galactosyl group is transferred to a primary alcohol group (R—CH_2OH).

[1] Courtois, J. E., et F. Petek: Bull. Soc. Chim. biol. **39**, 715 (1957).

β-Transgalactosylase.

These enzymes catalyze the transference of the galactosyl moiety of β-galactosides to different acceptors. Reactions are represented by the following equations:

$$\text{(1)} \quad \text{O-}\beta\text{-D-galactosyl-}X + E \rightarrow \text{galactosyl}\cdot E + X -$$

$$\text{(2)} \quad \text{Galactosyl}\cdot E + A \rightarrow \text{O-}\beta\text{-D-galactosyl-}A + E$$

$$\text{(3)} \quad \text{Galactosyl}\cdot E + H_2O \rightarrow \text{galactose} + E.$$

X is the aglycone part of a galactoside, and *A* the galactosyl acceptor. Galactose and the aglycone part of the galactoside, in addition to the transgalactosylation products, are formed by the action of the enzyme on the substrate. β-transgalactosylation with lactose as substrate was first demonstrated independently by WALLENFELS[1] and ARONSON[2] with *E. coli* and *S. fragilis* extracts respectively. These findings were then confirmed by PAZUR[3] who made a more detailed study of the products of transgalactosylation, the specificity of the enzyme, and the mechanism of the reaction.

Preparation. Preparations from *E. coli* and genera of the lactose fermenting yeasts, *Saccharomyces*, *Torulopsis* and *Candida*, are used.

The enzyme preparation from *S. fragilis*, used by ARONSON[2], is obtained by autolyzing fresh yeast with toluene. Half a volume of toluene and 0.2 volume of 0.5 M sodium hydrogencarbonate are added to the yeast cake and then mixed for 20 min. The cytolyzed preparation is washed by centrifugation after 5—6 hr with one volume of water and the solid left in the ice box 2—3 days with two volumes of 0.6 M KCl. The suspension is centrifuged to eliminate the solid material. 0.004 ml of extract completely hydrolyzed 0.25 ml of 8% lactose in 2 hr.

S. fragilis is grown in whey with yeast extract. Skimmed milk is acidified to p_H 5 with hydrochloric acid. 5 g per liter of dried yeast is added and then heated at 115° C for 15 min in an autoclave. The casein is filtered off using cloth bags and filter aid. The p_H of the filtrate is adjusted to 6 with sodium hydroxide solution. 15 l of this medium are sterilized at 115° C for 30 min in containers with systems for continuous aeration, and then inoculated with 1500 ml of a fresh culture of *S. fragilis*. The containers are incubated at 30° C for 48—72 hr. Yeast is then separated by centrifugation. The yield varied from 150 to 200 g.

Another preparation used by PAZUR[3] is prepared by shaking 2 g of "lactase B", supplied by the Rohm and Haas Co., Philadelphia, in 100 ml of water for a half hour. The suspension is then filtered.

A freshly lyophilized culture of *S. fragilis* according to ROBERTS and FARREN[4], is also used by PAZUR as enzyme preparation. Yeast is harvested as a cream, washed with water, and lyophilized. The activity of this yeast lactase is such that in 4 hr at 50.5° C, 0.375 g of the dried yeast preparation hydrolyzed 80% of a lactose solution. Hydrolysis is determined by the TAUBER-KLEINER[5] method with the incorporation of the CAJORI[6] modification for lactose-containing materials. A β-D-galactosidase preparation for *E. coli* is used by ARONSON as transgalactosylase. *E. coli* cells are grown according to LEDERBERG[7] in aerated liquid medium. Either a synthetic medium with lactose as the sole carbon source or a complete medium, containing 0.1 to 1.0% lactose as well as peptone or tryptic digest of casein is used. The cells are washed with sterile water by centrifugation and resuspended. Cells are then dried in vacuum over P_2O_5 at room temperature. Dried cells are triturated and shaken for 2 to 3 hr at 37° C with 50 to 100 vol. of water or buffer.

---

[1] WALLENFELS, K.: Naturwiss. **38**, 306 (1951).
[2] ARONSON, M.: Arch. Biochem. **39**, 370 (1952).
[3] PAZUR, J. H.: J. biol. Ch. **208**, 439 (1954).
[4] ROBERTS, H. R., and E. F. M. FARREN: J. Dairy Sci. **36**, 620 (1953).
[5] TAUBER, H., and I. S. KLEINER: J. biol. Ch. **99**, 249 (1932).
[6] CAJORI, F. A.: J. biol. Ch. **109**, 159 (1935).
[7] LEDERBERG, J.: J. Bact. **60**, 381 (1950).

The debris is sedimented at 3500 r.p.m. for 15 min and discarded. The supernatant is usually opalescent, but free of bacterial cells or large fragments. Enzyme preparations from *Aspergillus flavus* group and colt intestine are obtained according to WALLENFELS[1].

Determination of β-transgalactosylase activity.

Principle:

The action of the enzyme is determined by examining the incubation mixture by paper chromatography.

Procedure:

According to ARONSON[2], 0.02 ml of *S. fragilis* lactase preparation, as described, are incubated with 0.2 ml of 10% lactose for 30 min at 37° C. The reaction mixture is then deposited directly on Whatman No. 1 filter paper and chromatographed with an ethyl acetate, pyridine and water solvent system (No. 15, Table 2) overnight. Chromatograms are then developed with benzidine reagent[3]. With lower concentrations of lactose, in the order of 2%, only traces of the oligosaccharides are formed.

In the beginning, only oligosaccharide No. IV (see Table 3) is formed, but later, after more lactose is hydrolyzed, II, III, IV, and V are formed. II and III appear on the chromatograms with the same intensity while the fifth is much feebler. A similar procedure is used by PAZUR[4] to determine the transgalactosylase activity. A mixture of 10 ml of 10% lactose solution and 10 ml of 2% enzyme solution is incubated for several hours at room temperature. Aliquots of 1 ml of the digest are removed after 4 hr, heated to boiling, and deposited on Eaton and Dikeman 613 paper (Allied filter paper, distributed by Geo. T. Walker and Co., Minneapolis, Minn.) and chromatographed with an n-butanol-pyridine-water solvent system (no. 5, Table 2) by ascending technique. When the solvent reaches the upper edge of the paper, the latter is removed from the cabinet, air dried and oven dried, then returned to the cabinet. This procedure is repeated five times. Chromatograms are sprayed lightly with SHAFFER and SOMOGYI reagent 60[5], made up without potassium iodate or potassium iodide, and heated in an oven at 105° C for about 5 min. Then they are sprayed with the phosphoric acid reagent of TAUBER and KLEINER[6]. The compounds show up as blue spots against a white background. ^{14}C-labelled substrates are employed for quantitative estimation of the enzymatic activity[7]. 0.05 ml of 0.6 M solution of lactose-1-^{14}C (specific activity 0.36 μc/mg, purchased from National Bureau of Standards) are treated with 0.5 ml of the enzyme solution in 0.1 M phosphate buffer of p_H 6.7. Samples of 5 microliters are analyzed at 0 hr and after incubation at 30° C for 1 hr by the multiple ascent paper chromatographic method described. The radioactivities of the lactose and glucose in the samples are measured directly on the paper chromatograms. After the chromatogram is developed, the corresponding areas are cut from the chromatograms and their radioactivities determined in a conventional counting apparatus. The rate of lactose disappearance is a measure of both hydrolytic and transferring activities while the rate of glucose production is a measure of the hydrolytic activity only. Under the conditions of the assay procedure, 0.065 mmole of lactose are converted to glucose and galactose and 0.026 mmole of lactose are converted to new oligosaccharides during the 1 hr period by 1 mg of enzyme preparation. This amount of activity is defined as one unit of enzyme activity.

Isolation and identification of the transgalactosylation products. A study of the component sugars and their structural linkages is performed by identification and quantitative estimation of the carbohydrates liberated by hydrolysis with dilute hydrochloric acid of

[1] WALLENFELS, K., E. BERNT u. G. LIMBERG: A. 584, 63 (1953).
[2] ARONSON, M.: Arch. Biochem. 39, 370 (1952).
[3] BACON, J. S. D., and J. EDELMAN: Biochem. J. 48, 114 (1951).
[4] PAZUR, J. H.: J. biol. Ch. 208, 439 (1954).
[5] SHAFFER, P. A., and M. SOMOGYI: J. biol. Ch. 100, 695 (1933).
[6] TAUBER, H., and I. S. KLEINER: J. biol. Ch. 99, 249 (1932).
[7] PAZUR, J. H., C. L. TIPTON, T. BUDOVICH and J. M. MARSH: Am. Soc. 80, 119 (1958).

the compounds and their aldonic acids[1,2]. Determination of specific rotation, oxidation with lead tetraacetate, melting point, and X-ray diffraction data of the osazones are used for the structural characterization of these compounds[3].

A combination of chromatography on a charcoal column and paper chromatography is used for the preparation of the compounds in amounts of the order of several 100 mg[3].

To a solution of 20 g of CP lactose in 100 ml of water is added 100 ml of 4% enzyme solution. The mixture is covered with toluene and allowed to stand at room temperature for 4 hr. The water layer is separated, heated at 100° C for 5 min and concentrated by vacuum distillation to 50 ml. The carbohydrates in the solution were adsorbed on a column of Celite and charcoal mixture (1:1) (Celite No. 535, Johns Manville, New York: Darco G 60 activated carbon, Darco Corporation, New York) and then eluted by washing with ethanol-water eluting solution of 0, 2.5, 5, 7.5, 10, 12.5 and 15% alcohol. The eluates are collected and concentrated by vacuum distillation to about 10 ml. Qualitative chromatograms show that fractions obtained with 0 and 2.5% alcohol are enriched with the disaccharides components (compounds I, II, III and lactose); and fractions eluted with 12.5 and 15% alcohol contain the trisaccharides (compounds IV and V). The compounds in the 5, 7.5 and 10% eluates were separated by chromatography on Whatman No. 2 filter paper with the butanol, pyridine and water solvent (No. 5, Table 2), using the descending technique. After 72 hr, the chromatograms are removed from the container and dried at room temperature. Two strips (2 cm wide) from the chromatograms are sprayed for reducing sugars and used as markers for sectioning the remainders of the chromatograms. The sections containing the compounds are extracted with water. The water extracts are concentrated by distillation under vacuum and the compounds precipitated with acetone. The compounds are collected on the filter and dried in a vacuum oven at 60° C. The solution of compound I contained a small amount of sucrose present originally in the enzyme preparation. Since sucrose possesses an R_f value similar to compound I, it is difficult to eliminate by chromatography. Hydrolysis of the solution in 0.1 N hydrochloric acid for 1 hr at 80° C converted the sucrose to glucose and fructose which were separated from compound I by paper chromatography. Compounds II and III possess very similar R_f values and required further purification by rechromatography on paper. Finally the compounds are taken to constant dry weight in a vacuum oven. Yields: 0.2 g of compound I, 0.7 g of compound II and 0.5 g of compound III. Properties of the different compounds are shown on the Table 3.

Specificity. Lactose and allolactose are substrates of the β-transgalactosylase. Monosaccharide acceptors are glucose, galactose, fructose and glucosamine. Three disaccharides, lactose, allolactose and sucrose; and two trisaccharides, planteose (α-D-glucopyranosyl-(1→2)-β-D-fructofuranosyl-(6→1)-α-D-galactopyranoside) and raffinose (β-D-fructofuranosyl-(2→1)-α-D-glucopyranosyl-(6→1)-α-D-galactopyranoside, function as cosubstrates.

It has been suggested by Aronson[1] that xylose and glycerol may also be acceptors. D-sorbitol and lactobionic, glucuronic and gluconic acids are competitive inhibitors of the enzyme.

Transfructosylation.

Transfructosylases will be grouped as (a) inulases or invertases and (b) levan sucrases. These enzymes were known as particular types of hydrolases until 1950, when Bacon and Edelman[4] interpreted the results of their chromatographic investigations on the product of reactions of invertase as due to transfructosylation. Hestrin and his coworkers[5] later showed that the same interpretation applied for levan sucrase.

[1] Aronson, M.: Arch. Biochem. **39**, 370 (1952).
[2] Pazur, J. H.: Science, N.Y. **117**, 355 (1953).
[3] Pazur, J. H., C. L. Tipton, T. Budovich and J. M. Marsh: Am. Soc. **80**, 119 (1958).
[4] Bacon, J. S. D., and J. Edelman: Biochem. J. **48**, 114 (1951).
[5] Feingold, D. S., G. Avigad and S. Hestrin: Biochem. J. **64**, 352 (1956).

Inulases and invertases.

Preparation. *Yeast invertases.* Every invertase preparation tested up to this time has shown transfructosylation activity from which it has been inferred that both activities are carried out by the same enzyme. The following invertase preparations were used in the original works of BACON and EDELMAN[1] and BLANCHARD and ALBON[2]: British Drug House "invertase concentrate" ether-cytolyzed preparation of baker's yeast, a preparation of baker's yeast which was dialyzed, adsorbed on calcium phosphate gel, eluted, precipitated with ethanol and dissolved, a commercial liquid preparation ("sumasuco"), and WALLERSTEIN invertase concentrate. The invertase purified by the method of FISCHER and KOHTES[3] also is active as transfructosylase. For details on invertase see p. 1206.

Preparation from Helianthus tuberosus (the artichoke enzyme[4,5]). The tubers are thoroughly scrubbed in running cold water, cut into pieces and disintegrated in a WARING blendor with about half their weight of water. The proportion of water required depends on the losses of the water which the tubers suffer in storage. When about 10% water is lost, the tubers become rubbery in consistency and disproportionately large amounts of extra water are required to get satisfactory blending. The mash darkens, presumably through the action of phenol oxidases, but this can be largely prevented either by adding potassium cyanide at a concentration of about 0.005 M, or by removing the outer layer of the tubers. A combination of these two procedures produces almost colorless preparations. The mash obtained is squeezed through gauze, yielding an opalescent liquid. This preparation can be dialyzed against water and then the p_H adjusted to about 6.5 with 1 ml of 1 M acetate buffer and drops of 0.2 N sodium hydroxide. Dialysis brings about a considerable inactivation of these preparations but they can be reactivated with the heat stable solutions from the same preparations.

Preparation from plants[6]. Juice from fresh sugar beet (*Beta vulgaris L.*) leaves is squeezed through bolting cloth in a hydraulic press at pressures up to 2000 lbs./inch. The petiole and the main vein are dissected out and the juice is expressed separately from these tissues and from the remaining leaf blades. The juice can be stored in Pyrex flasks at $-10°$ C and does not undergo change in invertase or in fructose-transferring activities during 10 months storage. Some material that precipitates during the freezing and thawing processes is centrifuged off. Dialysis achieves some purification.

Active enzyme preparations can also be obtained by grinding the tissue with a mortar and pestle and expressing the juice with the pestle.

Preparation from Aspergillus oryzae[7,8]. A. Chromatographic separation. As starting material, PAZUR used an enzyme preparation obtained from *A. oryzae* by alcohol precipitation (Takamine Laboratories, Clifton, New Jersey).

The amylolytic enzymes in the concentrate were removed by adsorption on starch (PAZUR and FRENCH[8]). 5 g of the enzyme material are stirred in 500 ml of cold (2%) acetone:water solution (1:3). Small amounts of undissolved material are removed by filtration and the cold filtrate is poured into a beaker containing 50 g of defatted corn starch. The resulting suspension is stirred continuously for 0.5 hr. Next, the starch is removed by filtration to obtain a clear enzyme solution. The acetone in the solution is removed by vacuum distillation in the cold.

2 ml of this filtrate are forced into a 25×2.2 cm column of starch and Celite (2:1 respectively) (Celite no. 235, Johns Manville, New York), and the column developed with

[1] BACON, J. S. D., and J. EDELMAN: Arch. Biochem. **28**, 467 (1950).
[2] BLANCHARD, P. H., and N. ALBON: Arch. Biochem. **29**, 22 (1951).
[3] FISCHER, E. H., u. L. KOHTES: Helv. **34**, 1123 (1951).
[4] BACON, J. S. D., and J. EDELMAN: Biochem. J. **48**, 114 (1951).
[5] EDELMAN, J., and J. S. D. BACON: Biochem. J. **49**, 529 (1951).
[6] ALLEN, P. J., and J. S. D. BACON: Biochem. J. **63**, 200 (1956).
[7] PAZUR, J. H.: J. biol. Ch. **199**, 217 (1952).
[8] PAZUR, J. H., and D. FRENCH: J. biol. Ch. **196**, 265 (1952).

water. 1 ml aliquots of the eluate are collected into separate test tubes until all of the ninhydrin-positive compounds have been eluted. The ninhydrin-positive compounds appeared in the eluate from the 12th to the 31st ml aliquots. The transfructosidase and transglucosidase are determined in these portions of the eluate. The highest transfructosidases activities are found in the 13th, 14th, 15th and 16th ml portions. Of these portions, the 16th ml aliquot usually shows transglucosidase activity and consequently only the eluates from the 13, 14 and 15 portions are combined.

B. Separation by differential heat inactivation[1]. 200 ml of 1% solution of the commercial *A. oryzae* concentrate mentioned above are prepared and divided in two equal portions. One portion is kept in a constant temperature bath of 55° C for 15 min. The other portion is maintained at room temperature. Assays of these two portions show that treatment of 55° C completely inactivated the transglucosidase but did not effect the transfructosidase.

Preparations from other moulds. BEALING and BACON[2] prepared a transfructosidase from *Aspergillus oryzae, Aspergillus niger* and *Penicillum spinolosum* by crushing the frozen mycelia or spores in a press cooled by contact with solid CO_2. The product is a mobile fluid (20° C) which still contains a few viable cells. This fluid is centrifuged, and the supernatant fluid dialyzed in the presence of toluene for two days in synthetic cellulose casing against running tap water. A flocculent precipitate which forms during dialysis is removed by filtration to obtain a clear, slightly colored extract.

Extracts can also be prepared by the autolysis of mycelia under toluene for 6—7 days at room temperature after a short preliminary treatment of the material in a blendor. The extract is filtered under suction, dialyzed, and filtered a second time.

BEALING[3] found that the so-called glucosaccharase of these moulds is a transfructosidase. In the absence of melibiase, this enzyme will transform raffinose to a mixture of fructose, melibiose and fructose-containing substances of slower R_f than raffinose. In the presence of raffinose and fructose, this enzyme will synthesize, in addition to the other products, a dissaccharide composed entirely of fructose. Methanol (10%, v/v) inactivates melibiase; at the same concentration of methanol, fructosidase activity, although diminished, results in the formation of a substance with the same R_f as methyl-β-fructofuranoside.

Electrophoresis of mould extracts in 0.01 M phosphate buffer at p_H 6.8 resulted in the loss of galactosidase activity and the separation of a single fructosidase band. The fructosidase separated in this way from an extract of *A. oryzae* mycelia liberated fructose from sucrose, raffinose and stachyose; there is then no indication that more than one fructosidase is involved in the breakdown of these sugars.

Levan sucrase.

[2.4.1.10 β-2,6-fructan: D-glucose 6-fructosyltransferase.]

$$\text{Fructose-R} + \text{HOR}' \dashrightarrow \text{Fructose-R}' + \text{ROH}.$$

HESTRIN and coworkers[4] described this activity in preparations obtained from *Aerobacter levanicum* and called it levan sucrase. The following products of synthesis by this enzyme have been obtained: levan, sucrose, xylsucrose, galsucrose and lactsucrose.

Preparation. *Culture of Aerobacter levanicum*[4,5]. This is done in ROUX flasks containing 120 ml of nutrient agar overlayered thinly with 10 ml of 5% (w/v) sucrose solution[6]. As starter, a 24 hr. culture in 5% sucrose-nutrient broth is used (2.5 ml/flask).

[1] PAZUR, J. H.: J. biol. Ch. **199**, 217 (1952).
[2] BEALING, F. J., and J. S. D. BACON: Biochem. J. **53**, 277 (1953).
[3] BEALING, F. J.: Biochem. J. **55**, 93 (1953).
[4] HESTRIN, S., S. AVINERI-SHAPIRO and M. ASCHNER: Biochem. J. **37**, 450 (1943).
[5] HESTRIN, S., D. S. FEINGOLD and G. AVIGAD: Biochem. J. **64**, 340 (1956).
[6] BACON, J. S. D., and D. J. BELL: Biochem. J. **42**, 396 (1948).

The incubation temperature is 30° C. After 36 hr the bacteria are centrifuged down and washed 3—4 times with cold water. The yield is approximately 50 g of packed cell paste/m^2 of culture surface.

Extraction of levan sucrase from A. levanicum culture. Operations are carried out at 4° C. Washed cells are suspended in 5 parts of water and disrupted during 35—45 min in a Mickle desintegrator. Insoluble material is removed by centrifugation at 18000 × g for 15 min. More than 90% of the total levansucrase is found in the solution.

Determination of transfructosylases. There is no standard method for quantitative determination of transfructosylases. The coincidence of corresponding hydrolytic activity with transfructosylase activities in every case so far studied supports the hypothesis that they are catalyzed by one and the same enzyme, and from this it follows that the hydrolytic activity can be used to determine the amount of enzyme. For qualitative determination of transfructosylation, the general method employed has been the use of paper chromatography for the analysis of the products of reaction.

Conditions of incubation are determined by the rather low activities of these enzymes for transfructosylation. The concentration of substrates incubated varied from 2.5 to 20%[1]. In most cases, equal volumes of enzyme and substrate solutions have been used. The list of substrates acting as donors and acceptors is given in Table 3, p. 279. The p_H of the medium has changed from 5.0 to 6.5[2]. For the determination of this activity in the leaf-blade of the *Beta vulgaris*, Allen and Bacon used 0.2 M sodium acetate-acetic acid buffer, p_H 5, but most workers have relied upon the buffering capabilities of the tissue extracts. Times of incubation have been from between 2 hr, for yeast invertase, to 8 days for the plant extracts. In cases where incubation has lasted more than a few hours, the addition of chloroform is advisable. The reaction is usually stopped by heating[2-4] in a boiling water bath. Allen and Bacon[1] inactivated the enzyme by putting the reaction mixture on the starting line of the paper in the same place where 5 μl of 0.01 M $HgCl_2$ previously had been deposited and dried.

A few points on the techniques of paper chromatography need to be mentioned in connection with these determinations. The ingenious method[4] called multiple ascent chromatography consists in drying the solvent when it arrives at the top of the paper and running again with the same solvent. This procedure is useful with material of very low R_f. The solvents used for the investigation of the reaction products are listed in Table 2.

For isolation of the products of reaction in larger quantities, column chromatography has been used (see below the method of Whistler and Durso).

***Determination of ketose according to* Bacon *and* Bell[5].**

Reagents:

1. Resorcinol solution, analytical grade 0.15% (w/v) in absolute ethanol.
2. Conc. HCl, containing 7.5 mg $FeCl_2$ per liter.

Procedure:

20 to 100 μg of ketose (as fructose) in 4 ml of water are measured into glass-stoppered test tubes. To this is added 6 ml of resorcinol solution and thereafter, at 1 min intervals, 6 ml of HCl. After thorough mixing, the tubes are placed at 1 min intervals in a thermostatically controlled water bath at 75° C, and left for 30 min. They are then cooled in cold water. The color is read in a spectrophotometer against a blank of the reagent plus water at a wave length of 602 mμ.

---

[1] Allen, P. J., and J. S. D. Bacon: Biochem. J. **63**, 200 (1956).
[2] Edelman, J., and J. S. D. Bacon: Biochem. J. **49**, 529 (1951).
[3] Feingold, D. S., G. Avigad and S. Hestrin: Biochem. J. **64**, 352 (1956).
[4] Pazur, J. H.: J. biol. Ch. **199**, 217 (1952).
[5] Bacon, J. S. D., and D. J. Bell: Biochem. J. **42**, 396 (1948).

***Determination of ketose according to* Roe**[1].

Reagents:

1. Resorcinol, 0.1% in 95% ethyl alcohol.
2. HCl, 30%.

Procedure:

10 to 100 μg of ketose in 2 ml of water is measured into a pyrex colorimeter tube. 2 ml of resorcinol and 6 ml of HCl are added and mixed. The mixture is heated for 8 min in a water bath at 80° C, cooled, and read with a 490 mμ filter.

The* Raybin *reaction for sucrose and related sugars[2].

Reagents:

1. Sucrose.
2. 0.05 N sodium hydroxide.
3. Diazouracil.
4. Magnesium salt.

Procedure:

40 to 50 mg of sucrose in 5 ml of 0.05 N sodium hydroxide (10° C) is shaken in a corked test-tube with 7 to 10 mg of diazouracil until the latter dissolves. A blue green color develops within a few minutes, the solution being kept cold. The addition of magnesium ion gives a stable blue precipitate. This reaction is positive with sucrose and other compounds containing the same glycosidic linkage (raffinose, gentianose and stachyose). It is negative with fructose. Planteose and melezitose give a reddish-brown precipitate[3].

Products of reaction. Table 2 lists the products of reaction of transfructosylases unknown at the time this activity was found. No precise characterization of any oligosaccharide product higher than the trisaccharide has been accomplished at the present time, but probably the entire series of (2-6)-linked fructo-saccharides up to inulin for inulinsucrase, or up to levan for levan-sucrase, can be obtained according to paper chromatography.

Specificity. For the enzyme from *A. oryzae*, Pazur[4,5] found that sucrose or raffinose acts as the donor and fructose, sucrose, L-inulobiosyl-D-glucose and raffinose as acceptor of fructosyl units. Experiments with inulin, turanose and melezitose gave negative results. Inulobiose (1-O-β-fructofuranosyl-D-fructofuranose) is the donor. Stachyose did not work as a donor but did function as an acceptor and produced probably fructosyl-stachyose. Planteose (α-D-galactopyranosyl-β-D-fructofuranosyl-α-D-glucopyranoside[3]) did not function as either a donor or an acceptor.

For the artichoke enzyme, Edelman and Bacon[6] found that this enzyme catalyses the transference of fructose from inulin and similar polysaccharides to fructose, sucrose, raffinose and melezitose but not to maltose, lactose, trehalose or glucose.

***Chromatographic separation of sugars on charcoal by the method of* Whistler *and* Durso**[7].

Principle:

The method consists of adsorbing the sugar solution on a charcoal column and successive elution with water and alcoholic solutions of increasing concentration. Monosaccharides are eluted with water or 2.5% ethanol. With 5 to 10% alcohol, disaccharides

[1] Roe, J. H.: J. biol. Ch. **107**, 15 (1934).
[2] Raybin, H. W.: Am. Soc. **55**, 2603 (1933).
[3] Albon, N., D. J. Bell, P. H. Blanchard, D. Gross and J. T. Rundell: Soc. **1953**, 24.
[4] Pazur, J. H.: J. biol. Ch. **199**, 217 (1952).
[5] Pazur, J. H.: Am. Soc. **75**, 6323 (1953).
[6] Edelman, J., and J. S. D. Bacon: Biochem. J. **49**, 529 (1951).
[7] Whistler, R. L., and D. F. Durso: Am. Soc. **72**, 677 (1950).

are eluted while 15% alcohol is required for elution of trisaccharides. Higher molecular weight materials like SCHARDINGER dextrins require 30% ethanol for successful elution.

Procedure:

The adsorbent used is a mixture of equal parts by weight of Darco G-60 (Darco Corporation, New York, N.Y.) and Celite No. 535 (Johns Manville, New York, N.Y.) which has been washed with water and dried. This mixture is packed into a glass chromatographic tube 230 × 34 mm in diameter giving a column 170 mm in length. The column is then wet with 150 ml of water and loaded with the sugar mixture in the form of a 10% solution. Loading capacity of the column is 2 g (determined with lactose).

The column is eluted with alcoholic solutions of increasing concentration after starting initially with distilled water. Solvents are changed after eluates show an absence of sugar. Elution is followed polarimetrically or by using any other colorimetric reaction for carbohydrates. 100 ml fractions are collected. Analyses of the fractions are carried out by paper chromatography.

Glykosyl-Transferasen mit Nucleosiddiphosphat-Zuckern als Donatoren.

Von

K. Wallenfels und H. Diekmann*.

Zuckernucleotide (Monosaccharidverbindungen von Nucleosid-5'-diphosphaten, vgl.[1]) sind, wie die umfangreichen Untersuchungen seit 1950 gezeigt haben, für den Stoffwechsel der Kohlenhydrate und besonders für die Synthese von Oligosacchariden, Glykosiden und Polysacchariden von größter Bedeutung[2–5].

Die Transglykosylierung mit Zuckernucleotiden läßt sich durch folgende Reaktionsgleichung wiedergeben:

$$NDPX + Y \rightleftharpoons NDP + X\text{-}Y$$

Abkürzungen.

ADPG	Adenosindiphosphatglucose	6-PG	6-Phosphogluconsäure
DNS	Desoxyribonucleinsäure	TPN^+	Triphosphopyridinnucleotid, oxydierte Form
DPN^+	Diphosphopyridinnucleotid, oxydierte Form	TPNH	Triphosphopyridinnucleotid, reduzierte Form
DPNH	Diphosphopyridinnucleotid, reduzierte Form	Trilon	Äthylendiamintetraessigsäure, Natriumsalz
G-1-P	Glucose-1-phosphat	Tris	Tri-(hydroxymethyl)-aminomethan
G-6-P	Glucose-6-phosphat	UDP	Uridindiphosphat
Gal-1-P	Galaktose-1-phosphat	UDPAG	Uridindiphosphatacetylglucosamin
GDPMan	Guanosindiphosphatmannose	UDPG	Uridindiphosphatglucose
LDH	Milchsäuredehydrogenase	UDPGA	Uridindiphosphatglucuronsäure
NDP	Nucleosiddiphosphat	UDPGal	Uridindiphosphatgalaktose
NDPX	Nucleosiddiphosphatzucker („Zuckernucleotid")	UMP	Uridinmonophosphat
PBTS	Phosphoenolbrenztraubensäure	UTP	Uridintriphosphat

* Chemisches Laboratorium der Universität Freiburg i. Br.

[1] FISCHER, F. G., u. H. DÖRFEL: Dieses Handbuch Bd. IV/2, S. 1235ff., Strukturformeln S. 1097 bis 1099.

[2] BADDILEY, J., and J. G. BUCHANAN: Quart. Rev. chem. Soc. **12**, 152 (1958).

[3] STROMINGER, J. L.: Physiol. Rev. **40**, 55 (1960).

[4] LELOIR, L. F., and C. E. CARDINI; in: Boyer-Lardy-Myrbäck, Enzymes, Bd. II, S. 39.

[5] HASSID, W. Z., and E. F. NEUFELD; in: Boyer-Lardy-Myrbäck, Enzymes, Bd. VI, S. 277.

wobei N (= Nucleosid) Uridin, Cytidin, Thymidin, Adenosin oder Guanosin, X ein Zucker oder Zuckerderivat und Y Mono- oder Polyhydroxyverbindungen (auch Polymere) sein können. In diesem Kapitel werden nur die oligosaccharid- und glykosid-synthetisierenden Enzyme behandelt. In der Tabelle 1 sind die bisher bekannten Enzyme dieser Art

Tabelle 1. *Enzymatische Synthesen mit Zuckernucleotiden.*

Zuckernucleotid NDPX	Acceptor	Syntheseprodukt	Beschreibung in diesem Kapitel oder Literatur
	Synthese von Oligosacchariden		
UDP-Xylose	β-1,4-Xylo-oligosaccharide	um 1 Xylose-Einheit vermehrte β-1,4-Xylo-oligosaccharide	[1]
UDP-Glucose	Glucose-6-phosphat	Trehalosephosphat	S. 294
UDP-Glucose	Fructose	Saccharose	S. 297
UDP-Glucose	Fructose-6-phosphat	Saccharosephosphat	S. 298
UDP-Galaktose	Glucose-1-phosphat*	Lactose-1-phosphat*	S. 299
UDP-Glucose	Galaktose-1-phosphat	UDPGal + Glucose-1-phosphat	S. 300
	Synthese von Glykosiden		
UDP-Glucuronsäure	Phenole	Glucuronide	S. 303
UDP-Glucose	Hydrochinon	Arbutin	S. 304
UDP-Glucose	Phenyl-β-glucosid	Phenyl-β-gentiobiosid	S. 305
UDP-Glucose	Anthranilsäure	o-Aminobenzoylglucosid	[2]
TDP-Rhamnose	3-Quercetin-D-glucosid	3-Quercetin-O-L-rhamnosyl-6-D-glucosid	[3]
	Synthese von Polysacchariden		
UDP-Glucose	Oligosaccharide	Cellulose	[4]
UDP-Glucose	α-Glucan	Glykogen	[5, 6]
ADP-Glucose	Oligosaccharide	Stärke	[7]
UDP-Glucose		Callose (β-1,3-Glucan)	[8]
UDP-N-Acetylglucosamin	N-Acetylglucosaminyl-R	Chitin	[9]
UDP-N-Acetylglucosamin + UDP-Glucuronsäure		Hyaluronsäure	[10]
GDP-Mannose		Mannan	[11]
	Enzyme des Lipidstoffwechsels		
CDP-Äthanolamin	D-α,β-Diglycerid	CMP + Phosphatidyläthanolamin	[12]
CDP-Cholin	D-α,β-Diglycerid	CMP + Lecithin	[12]
CDP-Cholin	Ceramid	CMP + Sphingomyelin	[13]
UDP-Galaktose		UDP + neutrale Glykolipide	[14]

* Möglicherweise ist D-Glucose der Acceptor und Lactose das Syntheseprodukt[15,16].

[1] FEINGOLD, D. S., E. F. NEUFELD and W. Z. HASSID: J. biol. Ch. **234**, 488 (1959).
[2] JACOBELLI, G., M. J. TABONE u. D. TABONE: Bull. Soc. Chim. biol. **40**, 955 (1958).
[3] BARBER, G. A., and E. F. NEUFELD: Biochem. biophys. Res. Comm. **6**, 44 (1961).
[4] GLASER, L.: J. biol. Ch. **232**, 627 (1958).
[5] LELOIR, L. F., and S. H. GOLDEMBERG: J. biol. Ch. **235**, 919 (1960).
[6] ALGRANATI, I. D., and E. CABIB: J. biol. Ch. **237**, 1007 (1962).
[7] RECONDO, E., and L. F. LELOIR: Biochem. biophys. Res. Comm. **6**, 85 (1961).
[8] FEINGOLD, D. S., E. F. NEUFELD and W. Z. HASSID: J. biol. Ch. **233**, 783 (1958).
[9] GLASER, L., and D. H. BROWN: J. biol. Ch. **228**, 729 (1957).
[10] MARKOWITZ, A., J. A. CIFONELLI and A. DORFMAN: J. biol. Ch. **234**, 2343 (1959).
[11] CABIB, E., and L. F. LELOIR: J. biol. Ch. **206**, 779 (1954).
[12] KENNEDY, E. P., and S. B. WEISS: J. biol. Ch. **222**, 193 (1956). — WEISS, S. B., S. W. SMITH and E. P. KENNEDY: J. biol. Ch. **231**, 53 (1958).
[13] SCRIBNEY, M., and E. P. KENNEDY: J. biol. Ch. **233**, 1315 (1958).
[14] BURTON, R. M., M. A. SODD and R. O. BRADY: J. biol. Ch. **233**, 1053 (1958).
[15] WATKINS, W. M., and W. Z. HASSID: Biochem. biophys. Res. Comm. **5**, 260 (1961).
[16] HANSEN, R. G., H. G. WOOD, G. J. PEETERS, B. JACOBSON and J. WILKEN: J. biol. Ch. **237**, 1034 (1962).

zusammen mit anderen Enzymen, die Synthesen mit Zuckernucleotiden katalysieren, aufgeführt.

Vorkommen und Eigenschaften. Angaben über die Aktivitäten der in diesem Abschnitt behandelten Enzyme sind der Tabelle 2 zu entnehmen. Das saccharose-synthetisierende Enzym wurde außerdem in Erbse, Kiefer, Bockshornklee, Maiskeimen, Kartoffelkeimen, Gerstensprößlingen[1] und Zuckerrübenwurzeln[2] nachgewiesen. Gal-1-P-uridyltransferase-Aktivität wurde in galaktose-adaptierter Hefe[3], *Streptococcus pneumoniae*[4] und *Escherichia coli*[5], Rattenleber[6], Rattenhirn, der Schnecke *Busycon*[7] und in Sojabohnen[8] gefunden. Das glucuronid-synthetisierende Enzym fand man in Niere und Duodenum der Ratte[11, 12], in der Leber von Meerschweinchen, Kaninchen, Maus, Schaf, Taube und Frosch[13] und Forellenleber[14]. Über die Veränderung der Aktivität des glucuronid-synthetisierenden Enzyms in den Feten von Maus, Meerschweinchen und Mensch berichtet DUTTON[15].

Die Eigenschaften der Enzyme, deren Darstellung und Aktivitätsbestimmung beschrieben wird, sind in den Tabellen 3 und 8 aufgeführt.

Tabelle 2. *Vorkommen von UDPX → ROH-Transglykosylasen.*

Enzym und Quelle	Aktivität	Literatur
Trehalose-synthetisierendes Enzym		
S. cerevisiae	0,88 *	9
Saccharose-synthetisierendes Enzym		
Rote-Rüben-Sprößlinge	0,6—1,0 *	1
Chinesisches Zuckerrohr	0,7—4,0 *	1
Erbsentriebe	0,35 *	1
Rohrzuckertriebe	0,25 *	1
Rohrzuckerwurzeln	2,4—3,0 *	1
Weizenkeime	0,05 *	1
Gal-1-P-uridyltransferase		
Leber		
Kalb	0,78 *	6
Mensch, normal	15 **	10
Mensch, galaktosämisch	1,2 **	10
Erythrocyten		
Mensch, normal	0,82 ***	10
Mensch, galaktosämisch	0,02 ***	10

* μM/mg Protein/Std.
** μM/g Leberhomogenat/Std.
*** μM/ml gepacktes Hämolysat/Std.

UDPG-Glucose-6-phosphat-Transglucosylase.

[2.4.1.15 UDP-Glucose: D-Glucose-6-phosphat-1-Glucosyltransferase.]

Darstellung von UDPG-Glucose-6-phosphat-Transglucosylase aus Bäckerhefe[9].

1. Extrakt. Käufliche Bäckerhefe wird durch einen Fleischwolf getrieben (ohne Messer); die so erhaltenen Nudeln läßt man bei Zimmertemperatur an der Luft trocknen.

Alle weiteren Schritte werden bei 0—2° C durchgeführt, wenn nicht anders angegeben. Ammoniumsulfatfällungen läßt man 30 min stehen. Es wird bei etwa 15000 × g und 0° C 15—20 min zentrifugiert, außer beim Niederschlag der Acetonfällung, der bei 2000 × g und —5° C 10 min zentrifugiert wird. Dialysen werden in einem Schütteldialysiergerät durchgeführt.

[1] CARDINI, C. E., L. F. LELOIR and J. CHIRIBOGA: J. biol. Ch. **214**, 149 (1955).
[2] DUTTON, J. V., A. CARRUTHERS and J. F. T. OLDFIELD: Biochem. J. **81**, 266 (1961).
[3] KALCKAR, H. M., B. BRAGANCA and A. MUNCH-PETERSEN: Nature **172**, 1038 (1953).
[4] SMITH, E. E. B., G. T. MILLS, H. P. BERNHEIMER and R. AUSTRIAN: J. gen. Microbiol. **20**, 654 (1959).
[5] KURAHASHI, K.: Science, N.Y. **125**, 114 (1957).
[6] MAXWELL, E. S., H.M. KALCKAR and R.M. BURTON: Biochim. biophys. Acta **18**, 444 (1955).
[7] Zit. nach KURAHASHI, K., and E. P. ANDERSON: Biochim. biophys. Acta **29**, 498 (1958).
[8] PAZUR, J. H., and M. SHADAKSHARASWAMY: Biochem. biophys. Res. Comm. **5**, 130 (1961).
[9] CABIB, E., and L. F. LELOIR: J. biol. Ch. **231**, 259 (1958).
[10] KIRKMAN, H. N., and H. M. KALCKAR: Ann. N.Y. Acad. Sci. **75**, 274 (1958).
[11] DUTTON, G. J.: Biochem. J. **64**, 693 (1956).
[12] DUTTON, G. J., and I. H. STEVENSON: Biochim. biophys. Acta **31**, 568 (1959).
[13] DUTTON, G. J., and C. G. GREIG: Biochem. J. **66**, 52P (1957).
[14] DUTTON, G. J., and J. P. MONTGOMERY: Biochem. J. **70**, 17P (1958).
[15] DUTTON, G. J.: Biochem. J. **71**, 141 (1959).

Tabelle 3. *Eigenschaften von oligosaccharid-synthetisierenden UDPG → ROH-Transglykosylasen.*

Enzym (Syntheseprodukt)	pH-Optimum	MICHAELIS-Konstante	Gleichgewichtskonstante	Hemmung, Aktivierung	Spezifität: Substrat	Spezifität: nicht Substrat
Trehalosephosphat	6,6[1]		≧ 40[1]	Hemmung[1]: Phosphat $3{,}3 \times 10^{-2}$ m 50 %; NaCl $2{,}0 \times 10^{-1}$ m 35 %; Tris-Maleat 10^{-1} m 35 %; Aktivierung[1]: Mg^{++} $2{,}5 \times 10^{-2}$ m 2fach	UDPG Glucose-6-phosphat[1]	Glucose Glucose-1-phosphat[1]
Saccharose	7,2[2]	$2{,}3 \times 10^{-3}$ m (Fructose)[2]	etwa 5 (37° C, pH 7,4)[2]		UDPG Fructose[2], D-Xylulose, D-Rhamnulose, L-Sorbose[5]	Glucose-1-phosphat, Fructose-1- und -6-phosphat, UDPAG, GDPMan, Sorbose, Fructose-6-phosphat, D-Glucose, D-Galaktose, D-Mannose, D-Arabinose, D-Ribose, L-Arabinose, Inosit[2]
Saccharosephosphat	6,4[3]	$2{,}2 \times 10^{-3}$ m (Fructose-6-phosphat)[3]			UDPG Fructose-6-phosphat[3]	
Lactose-1-phosphat					UDPGal Glucose-1-phosphat[4]	Glucose, Glucose-6-phosphat
Gal-1-P-uridyl-Transferase aus E. coli	8,5—8,9[6]	UDPG: $4{,}1 \times 10^{-4}$ m Gal-1-P: $2{,}5 \times 10^{-4}$ m[6]	1,1[6]	Hemmung durch Mg^{++} und F^-, Aktivierung durch Cystein[6]	UDPG Galaktose-1-phosphat[6]	

Zu 120 g der getrockneten Hefe gibt man 360 ml Wasser. Die Suspension läßt man bei Zimmertemperatur 1 Std stehen und schüttelt häufig um. Dann läßt man die Suspension noch 20 Std im Kühlschrank unter gelegentlichem Umrühren stehen. Danach wird zentrifugiert.

2. *Erste Ammoniumsulfatfällung.* Zum Zentrifugat des vorhergehenden Schrittes gibt man ein gleiches Volumen 50 %-iger Ammoniumsulfatlösung (50 g Ammoniumsulfat in 100 ml Lösung, die 0,001 m an Trilon ist und mit Ammoniak auf pH 7,5 gebracht wird). Es wird zentrifugiert, der Niederschlag in 0,001 m Trilonlösung aufgenommen.

3. *Zweite Ammoniumsulfatfällung.* Zu der Lösung aus Schritt 2 wird ein gleiches Volumen 50 %iger Ammoniumsulfatlösung gegeben, zentrifugiert und der Niederschlag in 0,001 m Trilon aufgenommen. Die trübe Lösung wird noch einmal zentrifugiert.

4. *Dialyse.* Der Überstand aus Schritt 3 wird 5½ Std gegen 0,001 m Trilon (dreimal 3 l) dialysiert.

5. *Erwärmen.* Die dialysierte Lösung wird unter dauerndem Rühren in einem Wasserbad von 37° C gehalten,

[1] CABIB, E., and L. F. LELOIR: J. biol. Ch. **231**, 259 (1958).
[2] CARDINI, C. E., L. F. LELOIR and J. CHIRIBOGA: J. biol. Ch. **214**, 149 (1955).
[3] LELOIR, L. F., and C. E. CARDINI: J. biol. Ch. **214**, 157 (1955).
[4] GANDER, J. E., W. E. PETERSEN and P. D. BOYER: Arch. Biochem. **69**, 85 (1957).
[5] BEAN, R. C., and W. Z. HASSID: Am. Soc. **77**, 5737 (1955).
[6] KURAHASHI, K., and A. SUGIMURA: J. biol. Ch. **235**, 940 (1960).

bis die Temperatur 36° C erreicht (Dauer etwa 7 min), dann schnell auf 2° C abgekühlt und zentrifugiert.

6. Acetonfällung. Der Überstand aus Schritt 5 wird in einem Kältebad von —4° C abgekühlt, bis er die Temperatur 0° C erreicht hat. Dann gibt man 35 % des Volumens an kaltem (—4° C) Aceton unter dauerndem Rühren in etwa 20 min zu, wobei die Temperatur auf —3° C absinkt. Nach dem Zentrifugieren wird der Niederschlag in etwa 15 ml 0,02 m Kaliumphosphatpuffer, p_H 7,0, der 0,001 m an Trilon ist, aufgelöst und 3½ Std gegen denselben Puffer dialysiert (dreimal 3 l).

Tabelle 4. *Reinigung der UDPG → G-6-P-Transglucosylase aus Bäckerhefe.*

Schritt	Volumen ml	Einheiten*	Protein mg	E*/mg Protein	Ausbeute %
1	214	25700	29100	0,88	100
2	62	21400	5150	4,15	83
3	57	12000	3160	3,8	56
4	69	9770	2660	3,7	38
5	135	8440	2050	4,1	33
6	19,5	6520	680	9,6	25
7	18,3	4460	247	18	17

* Eine Einheit setzt 1 μM UDP bei 37° C in 1 Std frei.

7. Adsorption an $Al(OH)_3$. Zu dem Dialysat aus Schritt 6 werden 20 % des Volumens an $Al(OH)_3$-C_γ (31,5 mg Trockengewicht/ml) gegeben (optimale Menge im Vorversuch feststellen), und nach 15 min (gelegentlich umrühren) zentrifugiert man. Der klare, ein wenig gelb gefärbte Überstand enthält das Enzym.

***Bestimmung der UDPG-Glucose-6-phosphat-Transglucosylase nach* Cabib *und* Leloir**[1].

Prinzip:

Die Methode beruht auf der Beobachtung von Kornberg[2], daß Pyruvatkinase Phosphat von Phosphobrenztraubensäure (PBTS) auf UDP überträgt. Die freigesetzte Brenztraubensäure (BTS) wird als Dinitrophenylhydrazon colorimetrisch bestimmt. (Auch mit DPNH und LDH sollte sie bestimmbar sein.)

$$\text{UDPG} + \text{G-6-P} \longrightarrow \text{Trehalosephosphat} + \text{UDP}$$

$$\text{UDP} + \text{PBTS} \xrightarrow[\text{Kinase}]{\text{Pyruvat-}} \text{UTP} + \text{BTS}$$

$$\text{BTS} + \text{Dinitrophenylhydrazin} \longrightarrow \text{BTS-Dinitrophenylhydrazon}$$

Reagentien:

1. 0,025 m Uridinphosphatglucose.
2. 0,05 m Glucose-6-phosphat.
3. 0,005 m Trilon in 0,125 m $MgSO_4$-Lösung, p_H 7,0.
4. 0,01 m Phosphobrenztraubensäure in 0,4 m KCl.
5. Pyruvatkinase, in 0,1 m $MgSO_4$-Lösung verdünnt.
6. Trichloressigsäure, 10%ig.
7. Dinitrophenylhydrazin, 0,1 % in 2 n HCl.
8. 2,5 n NaOH.

Zusammensetzung des Enzymtestes:

20 μl UDPG-Lösung
20 μl G-6-P-Lösung
20 μl Trilon-$MgSO_4$-Lösung
40 μl 0,04 ml Enzymlösung

[1] Cabib, E., and L. F. Leloir: J. biol. Ch. **231**, 259 (1958). — Pontis, H. G., and L. F. Leloir: Meth. biochem. Analysis **10**, 107 (1962).

[2] Kornberg, A.; in: McElroy, W. D., and B. Glass: Phosphorus Metabolism. Bd. I, S. 392. Baltimore 1951.

Ausführung:

Alle Lösungen werden vorher neutralisiert. Bei den Leerwerten wird G-6-P erst am Ende der Inkubation zugesetzt. Die Proben werden 15 min bei 37° C inkubiert, 3 min bei 100° C erhitzt und gekühlt. Zur Bestimmung von UDP gibt man zu 50 μl der Testlösung 25 μl BPTS-Lösung und 25 μl Pyruvatkinase*.

Nach 15 min bei 37° C wird die Reaktion durch Zusatz von 0,5 ml Trichloressigsäure gestoppt. Es wird zentrifugiert und der Überstand in ein anderes Reagensglas überführt. Man setzt 0,15 ml der Dinitrophenylhydrazin-Lösung und nach 5 min 0,8 ml der Natronlauge zu, mischt und zentrifugiert. Die Extinktion des Überstandes wird bei 520 mμ abgelesen. Unter den genannten Bedingungen der UDP-Bestimmung ist die Extinktion bis zu 0,15 μM UDP der UDP-Konzentration proportional (0,1 μM UDP im Test gibt eine Extinktion von 0,71 bei 520 mμ)[1].

UDPG-Fructose-Transglucosylase.

[2.4.1.13 UDP-Glucose: D-Fructose-2-Glucosyltransferase.]

Darstellung von UDPG-Fructose-Transglucosylase aus Weizenkeimen[2]**.

1. Extraktion. 30 g käuflicher Weizenkeime und 100 ml 0,05 m Phosphatpuffer, pH 7,2, werden in einem Mixer gemischt. Die Suspension wird 15 min bei 16000 U/min zentrifugiert und die überstehende Flüssigkeit unter dauerndem Rühren bei 5° C 4—5 Std dialysiert. Danach wird wie oben zentrifugiert.

2. Erste Ammoniumsulfatfällung. Der Überstand aus Schritt 1 wird mit festem Ammoniumsulfat auf Sättigung 0,5 gebracht. Nach dem Zentrifugieren wird der Niederschlag in Wasser (halbes Anfangsvolumen) gelöst und bei 5° C über Nacht gegen destilliertes Wasser dialysiert.

3. Manganchlorid. Zu der aus Schritt 2 erhaltenen Lösung gibt man $^1/_{10}$ des Volumens an Manganchlorid (1 m), rührt 30 min bei 0° C und zentrifugiert.

4. Zweite Ammoniumsulfatfällung. Die Lösung wird mit festem Ammoniumsulfat auf Sättigung 0,3 gebracht, zentrifugiert und der Niederschlag verworfen. Es wird weiter Ammoniumsulfat bis zur Sättigung 0,5 zugesetzt, zentrifugiert und der Niederschlag in Wasser (halbes Volumen) gelöst. Es wird dann 1—2 Std in der Kälte unter dauerndem Rühren dialysiert.

Tabelle 5. *Reinigung der UDPG-Fructose-Transglucosylase aus Weizenkeimen.*

Schritt	Volumen ml	Einheiten*	E*/mg Protein
1	70		etwa 0,05
2	35	672	0,24
3	40	132	0,66
4	20	108	1,16
5a	20	104	1,80
5b	20	72	2,40

* Eine Einheit setzt 1 μM UDP bei 37° C in 30 min frei.

5. a) Adsorption an $Al(OH)_3$. Zu der Lösung aus dem vorhergehenden Schritt wird $Al(OH)_3$-C_γ gegeben (normalerweise $^1/_{10}$ des Volumens; 50 mg Trockengewicht pro ml) und der Niederschlag verworfen.

b) Zu der überstehenden Flüssigkeit wird *noch einmal $Al(OH)_3$* gegeben ($^1/_5$ Volumen), und auch diesmal wird der Niederschlag verworfen. Das Enzym ist in der überstehenden Lösung.

---

* Zur Frage eines brauchbaren Enzympräparates s. L. F. Leloir u. S. H. Goldemberg: Colowick-Kaplan, Meth. Enzymol. Bd. V, S. 145.

** Von Mendicino[3] wurde eine vereinfachte Vorschrift angegeben, die etwa den gleichen Reinheitsgrad ergibt.

[1] Cabib, E., and L. F. Leloir: J. biol. Ch. **231**, 259 (1958). — Pontis, H. G., and L. F. Leloir; in: Meth. biochem. Analysis **10**, 107 (1962).

[2] Cardini, C. E., L. F. Leloir and J. Chiriboga: J. biol. Ch. **214**, 149 (1955).

[3] Mendicino, J.: J. biol. Ch. **235**, 3347 (1960).

Bestimmung der UDPG-Fructose-Transglucosylase nach CARDINI *u. Mitarb.*[1].

Prinzip:

Die Saccharose wird mit Resorcin nach einer Modifikation[2] der Methode von ROE[3] colorimetrisch bestimmt.

$$\text{UDPG} + \text{Fructose} \xrightarrow{\text{UDPG-Fructose-Transglucosylase}} \text{Saccharose} + \text{UDP}$$

Reagentien:

1. 0,05 m Uridindiphosphatglucose.
2. 0,05 m Fructose.
3. 2 m Trispuffer, p_H 7,2.
4. 5n NaOH.

Zusammensetzung des Enzymtestes[1]*:*

10 μl UDPG
40 μl Fructose
10 μl Trispuffer
x ml Enzymlösnng

0,15 ml Gesamtvolumen

Ausführung:

Die Proben werden 30 min bei 37° C inkubiert; es wird auf 0,5 ml mit Wasser aufgefüllt und 0,02 ml 5nNaOH zugesetzt; die Proben werden sorgfältig gemischt und 10 min bei 100° C erhitzt.

Bestimmung der Saccharose nach COLE *u. Mitarb.*[2].

Reagentien:

1. 130 g Glycerin, 100 ml HCl konz., 50 ml Wasser und 42 mg $CuSO_4 \cdot 5\,H_2O$.
2. Resorcin, 0,45% in Wasser (1 Woche haltbar).
3. Fructose, 5,00% in ges. Benzoesäurelösung (als Standard).

Ausführung:

5 ml des Reagens 1 werden in ein Röhrchen mit Schliffstopfen (15 × 2 cm) gegeben. Man fügt 1 ml der Resorcinlösung zu, danach 2 ml der Ketose enthaltenden Lösung (20 bis 200 μg Ketose). Nach gründlichem Durchmischen der Lösung wird das leicht verschlossene Röhrchen in ein Bad mit kochendem Wasser gesetzt und 12 min erhitzt. Nach dem Abkühlen unter fließendem Wasser wird die gelbrote Farbe bei 490 mμ photometrisch bestimmt (beim Spekker-Photometer benützt man ein I. S. Violet 601-Filter).

Kontrollbestimmungen mit 20, 50, 150 und 200 μg Ketose der Standardlösung werden parallel angesetzt.

UDPG→Fructose-6-phosphat-Transglucosylase.

[2.4.1.14 UDP-Glucose:D-Fructose-6-phosphat-2-Glucosyltransferase.]

Darstellung von UDPG-Fructose-6-phosphat-Transglucosylase aus Weizenkeimen nach MENDICINO[4].

1. Extraktion. 100 g Weizenkeime werden in 300 ml 0,05 m Phosphatpuffer, p_H 7,5, suspendiert und 2 Std bei 5° C unter gelegentlichem Umrühren extrahiert. Die viscose Suspension wird zentrifugiert, und man erhält so etwa 200 ml eines sehr trüben Überstandes.

[1] CARDINI, C. E., L. F. LELOIR and J. CHIRIBOGA: J. biol. Ch. **214**, 149 (1955).
[2] COLE, S. W., C. S. HANES, H. A. F. JACKSON, B. C. LOUGHMAN and D. J. BELL: Moderne Meth. Pfl.-Analyse (PAECH-TRACEY), Bd. II, S. 21.
[3] ROE, J. H.: J. biol. Ch. **107**, 15 (1934).
[4] MENDICINO, J.: J. biol. Ch. **235**, 3347 (1960).

2. *Ammoniumsulfatfällung.* Zu je 100 ml Extrakt werden 40 g festes Ammoniumsulfat zugesetzt. Es wird zentrifugiert und der Niederschlag in 300 ml 0,1 m Phosphatpuffer, p_H 7,5, gelöst. Das Enzym wird durch Zugabe von 120 g festem Ammoniumsulfat wieder gefällt; der Niederschlag wird abzentrifugiert und in 600 ml 0,1 m Phosphatpuffer, p_H 7,4, gelöst.

3. *Dialyse.* Die aus dem vorhergehenden Schritt erhaltene Lösung wird 12 Std unter dauerndem Rühren gegen 12 l destilliertes Wasser (dreimal 4 l) dialysiert. Das Dialysat wird mit 1 n NaOH auf p_H 7,4 eingestellt, und man setzt 0,05 m Trispuffer, p_H 7,4, bis zu einer Konzentration von 0,005 m zu. Die Lösung wird gefroren und wieder aufgetaut und der sich bildende Niederschlag verworfen.

4. *Protaminfällung.* Die Proteinlösung wird so verdünnt, daß sie 10 mg/ml enthält. Dazu gibt man Protaminlösung (2 g Protaminsulfat in 100 ml Wasser, mit 1,0 n NaOH auf p_H 7,4 eingestellt) in Portionen zu je 1 ml, und zwar so lange, bis eine dem Ansatz entnommene Probe beim Zentrifugieren klar wird. Danach wird der ganze Ansatz zentrifugiert und der Niederschlag verworfen. (Um diese klare Lösung zu erhalten, werden etwa 2—8 ml Protaminlösung benötigt.) Dem Überstand werden weitere 1 ml-Portionen Protaminlösung zugesetzt, durch die das Enzym gefällt wird. Es sammelt sich beim Zentrifugieren als dünner Film am Rand der Zentrifugenbecher. Der Niederschlag wird mit destilliertem Wasser gewaschen und danach in 10 ml 0,4 m Trispuffer, p_H 8,0, gelöst. (Zur Fällung des saccharosephosphat-synthetisierenden Enzyms werden 6—8 ml Protaminlösung benötigt; das saccharose-synthetisierende Enzym bleibt dabei im Überstand und kann daraus durch Fällung mit Ammoniumsulfat gewonnen werden.)

Tabelle 6. *Reinigung der UDPG → Fructose-6-phosphat-Transglucosylase aus Weizenkeimen.*

Schritt	Volumen ml	Gesamteinheiten *	Spezifische Aktivität E */mg Protein	Verhältnis der Aktivität gegen F-6-P/Fructose
1	600	7000	0,15	1,8
2	600	7200	0,6	1,6
3	712	8540	0,8	1,6
4	167	4259	3,8	20,0
5	45	3415	33,0	60,0

* Eine Einheit setzt 1 μM UDP bei 37° C in 1 Std frei.

5. *Zweite Ammoniumsulfatfällung.* Die aktiven Fraktionen der Protaminfällung werden vereinigt und durch Zugabe von bei 5° C gesättigtem Ammoniumsulfat auf die Sättigung 0,38 gebracht. Der Niederschlag wird durch Zentrifugieren entfernt. Der klare Überstand wird durch Zugabe von weiterem Ammoniumsulfat auf die Sättigung 0,48 gebracht. Der Niederschlag wird abzentrifugiert und in 15 ml 0,001 m Trispuffer, p_H 7,4, gelöst. Die Lösung wird gegen 4 l eines 0,001 m Trispuffers 1 Std dialysiert.

Aktivitätsbestimmung. Zur Aktivitätsbestimmung s. S. 298. Der p_H-Wert ist hier 6,4; statt Fructose wird Fructose-6-phosphat eingesetzt.

Galaktosyl-Transferase.

Darstellung von Galaktosyl-Transferase aus Milchdrüsengewebe der Kuh[1].

1. *Homogenisieren.* Milchdrüsengewebe von einer gerade geschlachteten, laktierenden Kuh wird in Eis gepackt, zum Laboratorium gebracht und mit dem zweifachen Volumen (Vol./Gew.) 0,15 m KCl-Lösung 2 min in einem Mixer homogenisiert. Mitochondrien und Kerne werden durch Zentrifugieren bei 12000 × g und 5° C entfernt. Die überstehende Flüssigkeit filtriert man durch vier Schichten Gaze, um Fett, das sich oben ansammelt, zu entfernen.

2. *Erstes Erwärmen.* Der Überstand aus dem vorhergehenden Schritt wird bei 5° C mit 1 m HCl auf p_H 6,0 gebracht. Dann erhitzt man die Lösung, indem man den Kolben

[1] Gander, J. E., W. E. Petersen and P. D. Boyer: Arch. Biochem. **69**, 85 (1957).

3 min in ein 50° C warmes Wasserbad hält und langsam umrührt. Der Niederschlag wird abzentrifugiert und verworfen.

3. *Erste Ammoniumsulfatfällung.* Der Überstand wird mit kalter, gesättigter Ammoniumsulfatlösung auf Sättigung 0,65 gebracht. Der Niederschlag wird in Wasser gelöst und 48 Std gegen häufig gewechseltes destilliertes Wasser dialysiert. Das wasserunlösliche Protein, das beim Dialysieren ausfällt, wird in 0,05 m Trispuffer, p_H 7,4, suspendiert. Das Präparat enthält auf dieser Stufe eine sehr aktive Nucleotidphosphatase, aber keine Phosphoglucomutase oder alkalische Phosphatase.

4. *Zweites Erwärmen.* Die im Schritt 3 erhaltene Lösung wird mit 1 m HCl auf p_H 5,0 eingestellt und der Kolben 5 min in einem Wasserbad von 50° C erhitzt. Der Niederschlag wird abzentrifugiert und verworfen.

5. *Zweite Ammoniumsulfatfällung.* Die Lösung wird mit klarer gesättigter Ammoniumsulfatlösung auf Sättigung 0,65 gebracht, der Niederschlag abzentrifugiert, in Wasser gelöst und 48 Std gegen häufig gewechseltes Wasser (destilliertes) dialysiert. Das wasserunlösliche Protein wird abzentrifugiert und wie in Schritt 3 suspendiert. Das Präparat zeigt neben der Galaktosyl-transferase- noch eine Galaktowaldenase-Aktivität. Beim Aufbewahren bei 2—4° C bleibt eine ausreichende Aktivität höchstens 1 Woche lang erhalten.

Aktivitätsbestimmung. GANDER u. Mitarb.[1] wiesen die Aktivität der Galaktosyl-Transferase in folgendem Test nach:

0,1 ml Enzymsuspension wurde aerob in einem Gesamtvolumen von 2,0 ml mit 2 μM UDPG*, 100 μM Trispuffer, p_H 7,4, und 1,5 μM $MgCl_2$ bei 37° C 30 min inkubiert. Danach wurde HCl bis zu einer Konzentration von 0,01 m zugesetzt und 1 min auf 100° C erhitzt. Das Protein wurde abzentrifugiert und verworfen, der Überstand 15 min auf 100° C erhitzt und auf einem Ionenaustauscher entsalzt. Das Eluat wurde zur Trockne eingedampft und auf Papier chromatographiert. In der proteinfreien Lösung kann nach LELOIR[2] Zucker auch reduktometrisch bestimmt werden.

Die im Test ablaufenden Reaktionen wurden von den Autoren[1] wie folgt formuliert:

$$\text{UDPG} \xrightarrow{\text{Nucleotid-Pyrophosphatase}} \text{G-1-P} + \text{UMP}$$

$$\text{UDPG} \xrightleftharpoons{\text{UDPGal-4-Epimerase}} \text{UDPGal}$$

$$\text{UDPGal} + \text{G-1-P} \xrightleftharpoons{\text{Galaktosyl-Transferase}} \text{Lactose-1-phosphat} + \text{UDP}$$

Galaktose-1-phosphat-Uridyltransferase.

Darstellung von Galaktose-1-phosphat-Uridyltransferase aus Kalbsleber[3].

1. *Acetontrockenpulver[4].* Kalbsleber wird gleich nach dem Schlachten in dünne Streifen geschnitten und in Eis gekühlt. Jeweils 100 g werden mit 500 ml auf —10° C gekühltem Aceton in einem Mixer homogenisiert, filtriert und bei Zimmertemperatur getrocknet. Das Pulver wird bei 2° C aufbewahrt und innerhalb 2 Wochen weiterverarbeitet.

2. *Extraktion.* 100 g dieses Acetontrockenpulvers werden mit 2 l 0,002 m K-phosphatpuffer, p_H 7,0, bei 0° C 30 min extrahiert. Nach dem Zentrifugieren wird der Niederschlag verworfen.

3. *Protaminfällung.* Zu der Lösung aus Schritt 2 wird $^1/_{100}$ des Volumens 0,5 m Kaliumphosphat, p_H 6,0, und $^1/_{100}$ Volumen Protaminsulfatlösung (20 mg/ml) gegeben. Es wird zentrifugiert, der Niederschlag verworfen.

---

* Hier können UDPGal [Darstellung: Analyt. Biochem. **2**, 281 (1961)] und G-1-P eingesetzt werden.

[1] GANDER, J. E., W. E. PETERSEN and P. D. BOYER: Arch. Biochem. **60**, 259 (1956).

[2] LELOIR, L. F.: Arch. Biochem. **33**, 186 (1951).

[3] KURAHASHI, K., and E. P. ANDERSON: Biochim. biophys. Acta **29**, 498 (1958).

[4] HORECKER, B. L.: J. biol. Ch. **183**, 593 (1950).

4. Ammoniumsulfatfällung. Der Überstand wird mit kalter, gesättigter Ammoniumsulfatlösung fraktioniert. Der Niederschlag zwischen Sättigung 0,425 und 0,525 wird in kalter 0,9 %iger NaCl-Lösung aufgenommen und bei 3° C über Nacht gegen 15 l 0,005 m K-phosphat, p_H 6,0, dialysiert. Der Niederschlag wird durch Zentrifugieren entfernt.

5. Adsorption an Calciumphosphatgel. Die überstehende Lösung wird mit 0,05 m K-phosphat, p_H 6,0, bis zu einer Proteinkonzentration von 10 mg/ml verdünnt. Dann wird zu je 1 mg Protein 1 mg Calciumphosphatgel (Trockengewicht) zugesetzt. Es wird 15 min bei 0° C gerührt, danach das Gel durch Zentrifugieren entfernt. Es wird noch einmal dieselbe Menge Calciumphosphatgel zugesetzt, 15 min gerührt und nach dem Zentrifugieren diesmal der Überstand verworfen. Das Gel wird dann mit 0,01 m K-phosphatlösung, p_H 7,4, eluiert (15 min gerührt; man nimmt $^1/_3$ des Volumens des beim zweiten Abzentrifugieren erhaltenen Überstandes).

Tabelle 7. *Reinigung der Galaktose-1-phosphat-Uridyltransferase aus Kalbsleber.*

Schritt	Volumen ml	Gesamtprotein mg	Gesamteinheiten*	E*/mg Protein
2	1670	17400	225	0,013
3	1760	11900	182	0,015
4	82	2420	99	0,041
5	175	116	74	0,64
6 (10 mg/ml)	49,6	111	55	0,50

* Definition s. Aktivitätsbestimmung.

6. Lyophilisieren. Zu dem Eluat gibt man $^1/_{20}$ des Volumens an einer Lösung von reduziertem Glutathion (15 mg/ml) und lyophilisiert. Dieses Pulver kann bei —10° C mehrere Monate ohne Aktivitätsverlust aufbewahrt werden.

Kurahashi und Sugimura[1] reicherten die Galaktose-1-phosphat-Uridyltransferase aus *E. coli K 12 W 3092* über 70fach an.

***Bestimmung der Galaktose-1-phosphat-Uridyltransferase nach* Kalckar *und Mitarb.*[2].**

Prinzip:

Das bei der Reaktion gebildete G-1-P wird durch Phosphoglucomutase in G-6-P umgewandelt. Dieses wird mit Glucose-6-phosphat-Dehydrogenase zur 6-PG oxydiert und das dabei entstehende TPNH spektrophotometrisch bestimmt:

$$\text{Gal-1-P} + \text{UDPG} \xrightarrow{\text{Gal-1-P-Uridyltransferase}} \text{UDPGal} + \text{G-1-P}$$

$$\text{G-1-P} \xrightarrow{\text{Phosphoglucomutase}} \text{G-6-P}$$

$$\text{TPN}^+ + \text{G-6-P} \xrightarrow{\text{Glucose-6-phosphat-Dehydrogenase}} \text{6-PG} + \text{TPNH}$$

Reagentien:

1. Cystein (33 mg/ml, p_H 8,5).
2. 0,1 m $MgCl_2$.
3. 1 m Glycin, p_H 8,7.
4. Phosphoglucomutase in 0,15 m Acetatpuffer, p_H 5,5.
5. Glucose-1,6-diphosphat (0,5 μM/ml).
6. TPN^+ (20 mg/ml).
7. Glucose-6-phosphat-Dehydrogenase (10 mg/ml).
8. UDPG (10 μM/ml).
9. Galaktose-1-phosphat (10 μM/ml).

Ausführung:

Folgende Lösungen werden zusammenpipettiert: 30 μl Cystein, 10 μl $MgCl_2$, 60 μl Glycin, 20 μl Phosphoglucomutase (0,7 Einheiten[1]; 1 Einheit reduziert unter diesen Testbedingungen mit 0,4 μM G-1-P als Substrat 1 μM TPN^+ in 1 min), 5 μl Glucose-1,6-diphosphat, 10 μl TPN^+, 10 μl Glucose-6-phosphat-Dehydrogenase (0,07 Einheiten[1];

[1] Kurahashi, K., and A. Sugimura: J. biol. Ch. **235**, 940 (1960).
[2] Kalckar, H. M., K. Kurahashi and E. Jordan: Proc. nat. Acad. Sci. USA **45**, 1776 (1959).

Tabelle 8. *Eigenschaften glykosid-synthetisierender UDPG → ROH-Transglykosylasen.*

Enzym	pH-Optimum	MICHAELIS-Konstante	Hemmung, Aktivierung	Spezifität: Substrat, Acceptor	(rel. Aktivität)	Spezifität: nicht Substrat
UDPGA → ROH-transglykosylase aus tierischen Geweben	7,6—7,9[2]		Ca^{++} und F^- hemmen, Mg^{++} (10^{-2} m) aktiviert[2]	o-Aminophenol, Menthol, Thyroxin, Tetrahydrocortison, Phenolphthalein, Anthranilsäure, p-Aminobenzoesäure, Morphin[1], Bilirubin[5,6]		
UDPG → Hydroxyphenoltransglucosylase aus Pflanzen	6,5[3]	$1{,}6 \cdot 10^{-3}$ m (UDPG) $1{,}9 \cdot 10^{-3}$ m (Hydrochinon)[3]		UDPG[3], ADPG[7] Hydrochinon Resorcin Brenzcatechin Hydroxyhydrochinon Phloroglucin Pyrogallol Methoxyhydrochinon Salicylalkohol	 100 28 12 53 8 15 34 2	Glucose-1-phosphat[3], UDPAG, UDPGA, GDPMan Phenol, p- und m-Methoxyphenol, Benzylalkohol, o-Aminophenol, Anthranilsäure, p-Aminobenzoesäure
Gentiobiosid-synthetisierendes Enzym	7,5—9,0[4]	$1{,}2 \cdot 10^{-3}$ m (UDPG) $0{,}9 \cdot 10^{-3}$ m (Arbutin)[4]		UDPG[4], ADPG[7] Arbutin Phenylglucosid Salicin p-Methoxyphenylglucosid m-Methoxyphenylglucosid Resorcinglucosid L-Mandelnitrilglucosid	 100 150 144 69 51 33 16	GDPMan, UDPAG, UDPGA Phenol, p-Methoxyphenylgentiobiosid, Äsculin, Glucose, Maltose, Saccharose, Glucose-1-phosphat, α- und β-Methylglucosid, lösliche Stärke

[1] STROMINGER, J. L., E. S. MAXWELL, J. AXELROD and H. M. KALCKAR: J. biol. Ch. **224**, 79 (1957).
[2] DUTTON, G. J., and I. D. E. STOREY: Biochem. J. **57**, 275 (1954).
[3] YAMAHA, T., and C. E. CARDINI: Arch. Biochem. **86**, 127 (1960).
[4] YAMAHA, T., and C. E. CARDINI: Arch. Biochem. **86**, 133 (1960).
[5] GRODSKY, G. M., and J. V. CARBONE: J. biol. Ch. **226**, 449 (1957).
[6] SCHMID, R., L. HAMMAKER and J. AXELROD: Arch. Biochem. **70**, 285 (1957).
[7] TRIVELLONI, J. C., E. RECONDO and C. E. CARDINI: Nature **195**, 1202 (1962).

definiert wie bei Phosphoglucomutase, jedoch G-6-P als Substrat), 20 μl UDPG, 360 μl Wasser. Dazu gibt man eine geeignete Menge der zu testenden Lösung und startet mit 30 μl der Gal-1-P-Lösung. Das Gesamtvolumen ist 620 μl; die Extinktionszunahme wird bei 340 oder 366 mμ abgelesen.

Eine Enzymeinheit transferiert 1 μM Gal-1-P in 1 min.

Eigenschaften. Die Eigenschaften der Galaktose-1-phosphat-Uridyltransferase aus *E. coli* sind in der Tabelle 3 aufgeführt.

Glucuronosyltransferase.

[2.4.1.17 UDP-Glucuronat-Glucuronyltransferase (Acceptor unspezifisch).]

***Darstellung von Glucuronosyltransferase aus Meerschweinchenleber*[1].**

Meerschweinchenleber wird mit dem fünffachen Volumen isotonischer KCl-Lösung in einem Potter-Elvehjem-Homogenisator homogenisiert. Kerne und Mitochondrien werden durch Zentrifugieren bei 10000 × g (15 min) entfernt. Die Mikrosomen, die die Glucuronosyltransferase-Aktivität enthalten, werden aus der überstehenden Lösung durch Zentrifugieren bei 78000 × g (1 Std) erhalten.

ISSELBACHER[2] hat nach dem gleichen Prinzip ein Mikrosomenpräparat aus Kaninchenleber dargestellt, das Enzym daraus durch Behandlung mit dem Gift von *Trimeresurus flavoviridis* in Lösung gebracht und zwölffach angereichert.

***Bestimmung der Glucuronosyltransferase nach* STROMINGER *u. Mitarb.*[1].**

Prinzip:

Das in den Reaktionen 1 und 2 gebildete Glucuronid wird nach der Methode von LEVVY und STOREY[3] bestimmt.

Reaktion 1: $UDPG + 2\,DPN^+ \rightarrow UDPGA + 2\,DPNH + 2\,H^+$

Reaktion 2: UDPGA + o-Aminophenol → o-Aminophenylglucuronid + UDP

Reagentien:

1. Uridindiphosphatglucose.
2. Diphosphopyridinnucleotid.
3. Uridindiphosphatglucose-Dehydrogenase.
4. 0,1 m Glycinpuffer, p_H 9,0.
5. o-Aminophenol, in 0,001 m Ascorbinsäure.
6. $MgCl_2$.
7. KH_2PO_4.
8. 1n HCl.
9. $NaNO_2$, 0,1 %ig.
10. Ammoniumsulfamat, 0,5 %ig.
11. Naphthyläthylendiaminhydrochlorid, 0,1 %ig.

Ausführung:

Reaktion 1:

0,12 μM UDPG.
0,4 μM DPN^+.
0,5 ml UDPG-Dehydrogenase (s. Bd. VI/A, S. 768) in Glycinpuffer.

Nach 30 min bei Zimmertemperatur wird die UDPG-Dehydrogenase durch Erhitzen im kochenden Wasserbad (1 min) denaturiert.

[1] STROMINGER, J. L., H. M. KALCKAR, J. AXELROD and E. S. MAXWELL: Am. Soc. **76**, 6411 (1954). J. biol. Ch. **224**, 79 (1957).
[2] ISSELBACHER, K. J.: Biochem. biophys. Res. Comm. **5**, 243 (1961).
[3] LEVVY, G. A., and I. D. E. STOREY: Biochem. J. **44**, 295 (1949).

Reaktion 2: Zu dem vorhergehenden Ansatz gibt man:
0,5 μM o-Aminophenol (in 0,01 m Ascorbinsäure),
50,0 μM $MgCl_2$
gewaschene Mikrosomen entsprechend 100 mg Frischgewicht.

Der p_H-Wert wird mit KH_2PO_4 auf 7,4 eingestellt. Es wird 30 min bei 37° C inkubiert. Zur Bestimmung des entstandenen o-Aminophenylglucuronides wird zu 2 ml Testlösung 1 ml n HCl gegeben, danach 1 ml $NaNO_2$, 1 ml Ammoniumsulfamat und 1 ml Naphthyläthylendiaminhydrochlorid. Nach 18 Std bei 37° C wird mit Ilford-Filter (gelbgrün) colorimetriert (nach PONTIS und LELOIR[1] inkubiert man 2 Std bei 25° C und colorimetriert bei 550 mμ).

Steht UDPGA zur Verfügung, inkubiert man 10 μl UDPGA-Lösung (3×10^{-3} m) mit 40 μl o-Aminophenol-Lösung (6 mg o-Aminophenol und 50 mg Ascorbinsäure in 50 ml Wasser), 40 μl Trispuffer (0,5 m; p_H 7,4, enthaltend 0,15 m $MgCl_2$) und dem Enzym in insgesamt 0,6 ml 30 min bei 37° C. Die Bestimmung des gebildeten Glucuronids erfolgt analog der obigen Vorschrift[1].

UDPG → Hydroxyphenol-Transglucosylase.

[UDP-Glucose:Hydroxyphenol-Glucosyltransferase.]

Darstellung von UDPG→ Hydroxyphenol-Transglucosidase aus Weizenkeimlingen[2].

1. Extraktion und 1. Ammoniumsulfatfällung. 100 g käuflicher Weizenkeimlinge werden in 300 ml 0,05 m Phosphatpuffer, p_H 7,0, suspendiert. Man läßt 2 Std bei 5° C unter gelegentlichem Rühren stehen und zentrifugiert dann in der Kälte 20 min bei 16000 × g. Der Überstand wird mit Ammoniumsulfat fraktioniert. Die Fällung zwischen $s = 0{,}2$ und 0,5 wird in 0,05 m Phosphatpuffer, p_H 7,0, der an Cystein und Trilon je 0,001 m ist, gelöst. Man erhält 102 ml.

Tabelle 9. *Reinigung der UDPG → Hydroxyphenol-Transglucosylase aus Weizenkeimen.*

Schritt	Volumen ml	Einheiten*	Protein g	spezifische Aktivität E/mg	Ausbeute %
1	102	495	8,85	0,056	100
2	81	333	3,88	0,086	67
3	32	212	1,05	0,202	43
4	12	54	0,16	0,326	11

* Definition s. „Aktivitätsbestimmung".

2. Dialyse und 2. Ammoniumsulfatfällung. Die Lösung wird 2 Std in der Kälte und unter Rühren gegen 2 l einer neutralen Lösung dialysiert, die an Trilon und Cystein je 10^{-4} m ist. Zu dem Dialysat gibt man $^1/_5$ des Volumens an gesättigter Ammoniumsulfatlösung von p_H 7,0. Der Niederschlag wird abzentrifugiert und verworfen. Zum Überstand gibt man $^1/_3$ des Volumens gesättigter Ammoniumsulfatlösung. Nach dem Zentrifugieren enthält der Überstand das Enzym, das aus UDPG und Phenyl-β-glucosid Phenyl-β-gentiobiosid synthetisiert (s. S. 305). Der Niederschlag wird in Phosphat-Trilon-Cystein-Puffer gelöst; man erhält 81 ml

3. 3. Ammoniumsulfatfällung. Die Enzymlösung wird mit 1 n Essigsäure auf p_H 4,7 eingestellt, darauf $^1/_{20}$ des Volumens an gesättigter Ammoniumsulfatlösung vom p_H 4,7 zugegeben. Es wird zentrifugiert und zum Überstand $^1/_5$ des Volumens gesättigter Ammoniumsulfatlösung gegeben. Der Niederschlag wird in Phosphat-Trilon-Cystein-Puffer, p_H 6,0, aufgelöst (32 ml).

4. Adsorption an $Al(OH)_3$-C_γ-Gel. Zur Enzymlösung gibt man $Al(OH)_3$-C_γ-Gel (hergestellt nach[3]), und zwar 0,5 mg Trockengewicht pro mg Protein. Man läßt 15 min unter gelegentlichem Rühren stehen, zentrifugiert dann und verwirft den Niederschlag. Der Überstand enthält das 5—8fach gereinigte Enzym. Der Extrakt katalysiert nicht die Gentiobiosid-Synthese (s. Schritt 2).

Reinigungsgang und Ausbeute sind in Tabelle 9 zusammengestellt.

[1] PONTIS, H. G., and L. F. LELOIR: Meth. biochem. Analysis, **10**, 107 (1962).
[2] YAMAHA, T., and C. E. CARDINI: Arch. Biochem. **86**, 127 (1960).
[3] BAUER, E.: Bamann-Myrbäck, Bd. II, S. 1426.

Aktivitätsbestimmung[1]. Der Test entspricht der Enzymreaktion:

UDPG + Hydrochinon → UDP + Arbutin

Das gebildete UDP wird nach CABIB und LELOIR[2] bestimmt (siehe Bestimmung der UDPG → Glucose-6-phosphat-Transglucosylase, S. 296).

Der *Ansatz* hat folgende Zusammensetzung:

0,4 μM UDPG	0,1 μM Cystein
0,4 μM Hydrochinon	20 μM Tris-maleatpuffer, p_H 6,5 und
0,1 μM Trilon	0,04 ml Enzymlösung

in einem Gesamtvolumen von 0,1 ml. Das Gemisch wird 10—30 min bei 37° C inkubiert, die Reaktion durch kurzes Erhitzen gestoppt.

Eine *Enzymeinheit* ist die Menge Enzym, die unter den genannten Bedingungen in 15 min 1 μM UDP bildet.

UDPG → Phenyl-β-glucosid-Transglucosylase.

[UDP-Glucose:Phenyl-β-glucosid-Glykosyltransferase.]

***Darstellung von UDPG → Phenyl-β-glucosid-Transglucosylase aus Weizenkeimen nach* YAMAHA *und* CARDINI**[3].

1. Extraktion und 1. Ammoniumsulfatfällung. Weizenkeime werden extrahiert, der Extrakt mit Ammoniumsulfat fraktioniert, wie bei der Darstellung der UDPG-Hydroxyphenoltransglucosidase im Schritt 1 und 2 beschrieben.

2a. Der *Überstand nach der 2. Ammoniumsulfatfällung* jenes Enzyms wird zur weiteren Anreicherung der UDPG → Phenyl-β-glucosidtransglucosylase mit weiteren 0,22 Vol. gesättigter Ammoniumsulfatlösung versetzt. Der Niederschlag wird in Phosphat-Trilon-Cystein-Puffer, p_H 7,0, gelöst.

2b. Adsorption an $Al(OH)_3$-C_γ-Gel. Die Enzymlösung wird mit 1 n Essigsäure auf p_H 6,0 eingestellt. Danach wird $Al(OH)_3$-C_γ (hergestellt nach[4]) zugegeben, und zwar etwa 1 mg Trockengewicht pro mg Protein. Nach 15 min wird der Niederschlag durch Zentrifugieren abgetrennt und zweimal mit 0,2 m Phosphatpuffer, p_H 7,6, der an Trilon und Cystein je 0,001 m ist, eluiert. Man erhält 12 ml des etwa siebenfach gereinigten Enzyms. Das Präparat zeigt keine UDPG → Hydroxyphenoltransglucosylase-Aktivität. Der Reinigungsgang ist in Tabelle 10 zusammengestellt.

Tabelle 10. *Reinigung der UDPG → Phenol-β-glucosid-Transglucosylase aus Weizenkeimen.*

Schritt	Volumen ml	Einheiten*	Protein g	Spezifische Aktivität E/mg	Ausbeute %
1	102	115	8,85	0,013	100
2a	12	40	0,83	0,048	35
2b	12	29	0,30	0,093	25

* Definition s. „Aktivitätsbestimmung".

Aktivitätsbestimmung[3]. Der Test entspricht der Enzymreaktion:

UDPG + Arbutin → UDP + Hydrochinon-β-gentiobiosid

Das entstandene UDP wird nach CABIB und LELOIR[2] bestimmt. Der *Ansatz* hat folgende Zusammensetzung:

0,4 μM UDPG	0,1 μM Cystein
0,4 μM Arbutin	20 μM Trismaleatpuffer, p_H 7,5
0,1 μM Trilon	0,04 ml Enzymlösung

in einem Gesamtvolumen von 0,1 ml. Das Gemisch wird 10—30 min bei 37° C inkubiert und durch kurzes Erhitzen gestoppt.

Eine *Enzymeinheit* ist die Menge Enzym, die unter den genannten Bedingungen in 15 min 1 μM UDP bildet.

[1] YAMAHA, T., and C. E. CARDINI: Arch. Biochem. **86**, 127 (1960).
[2] CABIB, E., and L. F. LELOIR: J. biol. Ch. **231**, 259 (1958).
[3] YAMAHA, T., and C. E. CARDINI: Arch. Biochem. **86**, 133 (1960).
[4] BAUER, E.: Bamann-Myrbäck Bd. II, S. 1426.

Transaminasen.

Von

Ivar Trautschold und Eugen Werle*.

Mit 3 Abbildungen

Einleitung. Enzymsysteme, welche die Übertragung einer Aminogruppe von einer Aminosäure auf eine Ketosäure katalysieren, werden als Transaminasen[1] oder Aminopherasen[2] bezeichnet. Sie finden sich im Tier- und Pflanzenreich und in Mikroorganismen. Die ersten Beobachtungen einer reversiblen Überführung einer Aminosäure in die entsprechende Ketosäure stammen von NEUBAUER[3] und KNOOP[4]. KREBS[5] beschrieb den oxydativen Abbau von L- und D-Aminosäuren durch Säugetiergewebe unter Ammoniakbildung und Auftreten der entsprechenden Ketosäure. NEEDHAM[6] beobachtete, daß zu einem Brei von Taubenbrustmuskel zugesetzte Glutaminsäure oder Asparaginsäure verschwindet, wobei weder Ammoniak, Harnstoff noch Harnsäure entstehen und der Aminostickstoffgehalt konstant bleibt. BANGA[7] fand in einem Homogenat von Taubenbrustmuskel einen erhöhten Umsatz von Oxalacetat bei Zugabe von Glutaminsäure.

Die erste Beschreibung einer enzymatischen Transaminierung erfolgte durch BRAUNSTEIN und KRITSMANN[2]. Sie erkannten auch die Übertragung einer Aminogruppe von einer Aminosäure auf eine Ketosäure ohne Beteiligung von freiem Ammoniak als ein neues wichtiges Prinzip im Aminosäurestoffwechsel. Die ursprüngliche Annahme von BRAUNSTEIN, daß eine Übertragung der Aminogruppe von den meisten Aminosäuren auf Oxalacetat und α-Ketoglutarsäure (KGS) möglich ist, mußte nach kritischer Bewertung

Abkürzungen.

GOT	Glutamat-Oxalacetat-Transaminase	NADH	reduzierte Form von NAD
GOT-M	GOT aus der Mitochondrienfraktion	BTS	Brenztraubensäure = Pyruvat
GOT-C	GOT aus dem Cytoplasma	TES	Trichloressigsäure
GPT	Glutamat-Pyruvat-Transaminase	WE	WROBLEWSKI-Einheiten
PLP	Pyridoxal-5'-phosphat	BE	BÜCHER-Einheiten
PMP	Pyridoxaminphosphat	EDTA	Äthylendiamintetraessigsäure
α-KGS	α-Ketoglutarsäure	MDH	Malat-Dehydrogenase
NAD	Nicotinamidadenindinucleotid (DPN)		

* Klinisch-Chemisches Institut an der Chirurgischen Klinik der Universität München.

[1] COHEN, P. P.: J. biol. Ch. **136**, 565, 585 (1940).

[2] BRAUNSTEIN, A. E., and M. G. KRITSMANN: Enzymologia **2**, 129 (1937).

[3] NEUBAUER, O.: Dtsch. Arch. klin. Med. **95**, 211 (1909).

[4] KNOOP, F.: H. **67**, 489 (1910).

[5] KREBS, H. A.: Biochem. J. **29**, 1620 (1935).

[6] NEEDHAM, D. M.: Biochem. J. **24**, 208 (1930).

[7] BANGA, I., u. A. SZENT-GYÖRGYI: H. **245**, 118 (1937).

der verwendeten analytischen Methoden auf eine reversible Transaminierung von Alanin, Glutamat und Aspartat auf die entsprechenden Ketosäuren begrenzt werden[1, 2]. Den Transaminierungen mit anderen Aminosäuren, die nur in geringem Umfang und sehr langsam verlaufen, wurde keine wesentliche Bedeutung für den Aminosäurestoffwechsel beigemessen[1, 3]. Eine Reihe von späteren Beobachtungen konnte jedoch nur mit der Teilnahme von fast allen bekannten Aminosäuren an den Transaminierungsvorgängen erklärt werden, wobei mehrere Transaminasensysteme mit weitgehender Substratspezifität angenommen wurden[4–6]. So beobachtete SCHÖNHEIMER[7], daß in Tabakpflanzen nach Zufuhr von $^{15}NH_4Cl$ zwar die Glutaminsäure und Asparaginsäure den größten Anteil an ^{15}N aufwiesen, daß jedoch auch viele andere Aminosäuren aktiv wurden. Weiterhin wurde von vielen Arbeitsgruppen festgestellt[8, 9], daß bei Fütterungsversuchen am Tier essentielle Aminosäuren durch die entsprechenden Ketosäuren ersetzt werden können.

Die Übertragung einer Aminogruppe auf eine Ketosäure konnten HERBST und ENGEL[10] bereits 1934 in einem enzymfreien System in vitro demonstrieren. So entstehen beim Erhitzen einer Mischung von α-Aminophenylessigsäure und Brenztraubensäure in wäßriger Lösung die Reaktionsprodukte Alanin, Benzaldehyd und CO_2, die beiden letzten durch Zersetzung der Phenylglyoxylsäure. HERBST schlug die Bildung einer Schiffschen Base als Reaktionszwischenprodukt vor, die sich dann in eine tautomere Form umlagert und hydrolysiert wird. Die wesentlichsten Impulse für die Weiterentwicklung auf dem Gebiet der Transaminierung gingen von der Auffindung des Pyridoxals und seines Phosphorsäurederivates als Coenzym der Transaminase aus[11, 12] und führten zu dem Nachweis des ursächlichen Zusammenhangs zwischen Vitamin B_6-Mangel bei Tieren und Mikroorganismen und der Herabsetzung der Transaminaseaktivität[12–17].

Nomenklatur. Die Bezeichnung „Transaminase“, von COHEN für transaminierende Enzyme eingeführt, hat die Bezeichnung „Aminopherase“, die von BRAUNSTEIN vorgeschlagen wurde, fast vollkommen verdrängt. Auf Vorschlag von BRAUNSTEIN wurde 1961 durch eine internationale Enzymkommission die Bezeichnung Aminotransferase international festgelegt[18]. Die katalysierte Reaktion wird als Transaminierung bezeichnet. Im folgenden wird der geläufigere Ausdruck „Transaminase“ verwendet. Die Nomenklatur der Transaminasen ist uneinheitlich, da eine reversible Reaktion katalysiert wird, an der vier Substrate beteiligt sind. Die Bezeichnung kann nach den jeweiligen Reaktionspartnern erfolgen, also z.B. Glutamat-Pyruvat-Transaminase[19] bzw. als Rückreaktion Alanin-α-Ketoglutarat-Transaminase, oder nach den an der Reaktion beteiligten Aminosäuren, also z.B. Glutamat-Alanin-Transaminase bzw. Alanin-Glutamat-Transaminase[20]. So wurde die Glutamat-Oxalacetat-Transaminase (GOT)[3, 21], auch als Aspartat-

[1] BRAUNSTEIN, A. E.: Adv. Protein Chem. 3, 1 (1947).
[2] COHEN, P. P.: Biochem. J. **33**, 551, 1478 (1939).
[3] COHEN, P. P.; in: Sumner-Myrbäck Bd. I, S. 1040.
[4] MEISTER, A., and S. V. TICE: J. biol. Ch. **187**, 173 (1950).
[5] CAMMARATA, P. S., and P. P. COHEN: J. biol. Ch. **187**, 439 (1950).
[6] FELDMAN, L. J., and I. C. GUNSALUS: J. biol. Ch. **187**, 821 (1950).
[7] VICKERY, H. B., G. W. PUCHER, R. SCHOENHEIMER and D. RITTENBERG: J. biol. Ch. **135**, 536 (1940).
[8] CAHILL, W. M., and G. G. RUDOLPH: J. biol. Ch. **145**, 201 (1942).
[9] MEISTER, A., and J. WHITE: J. biol. Ch. **191**, 211 (1951).
[10] HERBST, R. M., and L. L. ENGEL: J. biol. Ch. **107**, 505 (1934).
[11] SNELL, E. E.: J. biol. Ch. **154**, 313 (1944).
[12] LICHSTEIN, H. C., I. C. GUNSALUS and W. W. UMBREIT: J. biol. Ch. **161**, 311 (1945).
[13] AMES, S. R., P. S. SARMA and C. A. ELVEHJEM: J. biol. Ch. **167**, 135 (1947).
[14] SCHLENK, F., and E. E. SNELL: J. biol. Ch. **157**, 425 (1945).
[15] MEISTER, A., H. P. MORRIS and S. V. TICE: Proc. Soc. exp. Biol. Med. **82**, 301 (1953).
[16] CHATAGNER, F.: Biochim. biophys. Acta **13**, 313 (1954).
[17] OLIVARD, J., and E. E. SNELL: J. biol. Ch. **213**, 215 (1955).
[18] Report of the Commission on Enzymes of the International Union of Biochemistry. Oxford 1961.
[19] LENARD, P., and F. B. STRAUB: Stud. Inst. med. Chem. Szeged **2**, 59 (1942).
[20] GREEN, D. E., L. F. LELOIR and V. NOCITO: J. biol. Ch. **161**, 559 (1945).
[21] CAMMARATA, P. S., and P. P. COHEN: J. biol. Ch. **193**, 53 (1951).

Glutamat-Transaminase[1] oder Glutamat-Aspartat-Transaminase[2–6] oder einfach als Oxalacetat-Transaminase[7] bezeichnet (s. auch Tabelle 2). Die von BRAUNSTEIN[8] gewählte Bezeichnung lautet: Glutamat-Aminopherase, während die von der Enzymkommission empfohlene Bezeichnung z.B. L-Aspartat:α-Ketoglutarat-Aminotransferase mit der Systemnummer 2.6.1.1 oder kurz Aspartat-Aminotransferase[9] lautet.

Spezifität. Die Vielzahl der beschriebenen Transaminierungsreaktionen macht es wahrscheinlich, daß eine ebenso große Vielzahl von selektiven Transaminasen existiert. Während die Transaminasen-Systeme aus Säugetierorganen teilweise in hochgereinigter Form vorliegen und somit auch einer kritischen Spezifitätskontrolle unterworfen werden können, sind die Transaminierungen in Pflanzen und Mikroorganismen teilweise nur durch die Umsetzung von z.B. α-Ketoglutarsäure bei Zusatz verschiedener Aminosäuren gekennzeichnet. Dieses Verhalten läßt höchstens die Angabe einer Gruppenspezifität zu, wie z.B. bei den teilweise gereinigten Präparaten aus *E. coli*[10] und *Neurospora crassa*[11, 12]. Eine endgültige Aussage über die Substratspezifität ist letztlich nur bei dem absolut reinen Enzymprotein möglich.

Lange Zeit wurde die Existenz von nur zwei Transaminasen angenommen, nämlich der Glutamat-Oxalacetat-Transaminase (GOT) und der Glutamat-Pyruvat-Transaminase (GPT), die aber eine geringere Spezifität besitzen, als ursprünglich vermutet[13–15]. Der Nachweis der Bildung von Glutaminsäure mit modernen analytischen Methoden aus α-Ketoglutarat in Gegenwart vieler Aminosäuren lieferte zwar nicht den Beweis, läßt aber die Existenz anderer Transaminasen vermuten. Schließlich wurden auch Transaminierungen nicht nur von α-Aminodicarbonsäuren und α-Ketosäuren beschrieben, sondern auch von Aminosäureamiden, D-Aminosäuren, β- und ω-Aminosäuren, α-Aminomonocarbonsäuren und anderen Aminoverbindungen.

Einen Überblick über die Aminosäuren, die an Transaminierungsreaktionen beteiligt sind, gibt Tabelle 1.

In Tabelle 2 sind diejenigen Transaminasen aufgeführt, die heute auf Grund ihrer Spezifität als individuelle Enzymsysteme angesprochen werden können. Eine weitere allgemeine Einteilung der Transaminasen in Gruppen läßt sich auf Grund der Klasse der bei der Reaktion beteiligten Aminosäuren vornehmen. So können wir, je nach der beteiligten Aminosäure oder auch Ketosäure, fünf Gruppen von Transaminasen unterscheiden (Tabelle 3). Die aufgeführten Zahlen bezeichnen die in die jeweiligen Gruppen gehörenden Transaminasen, entsprechend der Tabelle 2.

A. Allgemeine Methoden zur Aktivitätsbestimmung von Transaminasen.

Es kann heute als gesichert gelten, daß nahezu alle natürlich vorkommenden Aminosäuren an Transaminierungsreaktionen beteiligt sein können. Die besondere Schwierigkeit bei den Methoden zur Aktivitätsbestimmung der Transaminasen liegt daher darin, daß

[1] GREEN, D. E., L. F. LELOIR and V. NOCITO: J. biol. Ch. **161**, 559 (1945).
[2] MEISTER, A., H. A. SOBER and E. A. PETERSON: J. biol. Ch. **206**, 89 (1954).
[3] JENKINS, W. T., I. W. SIZER and D. A. YPHANTIS: J. biol. Ch. **234**, 51 (1959).
[4] SCHLENK, F., and A. FISHER: Arch. Biochem. **12**, 60 u. 69 (1947).
[5] O'KANE, D. O., and I. C. GUNSALUS: J. biol. Ch. **170**, 433 (1947).
[6] LIS, H.: Biochim. biophys. Acta **28**, 191 (1958).
[7] COHEN, P. P.; in: Sumner-Myrbäck Bd. I, S. 1040.
[8] BRAUNSTEIN, A. E.: Adv. Protein Chem. **3**, 1 (1947).
[9] Report of the Commission on Enzymes of the International Union of Biochemistry. Oxford 1961.
[10] RUDMAN, D., and A. MEISTER: J. biol. Ch. **200**, 591 (1953).
[11] AMES, B. N., and B. L. HORECKER: J. biol. Ch. **220**, 113 (1956).
[12] JACOBY, W. B., and D. M. BONNER: J. biol. Ch. **221**, 689 (1956).
[13] SINGER, T. P., and E. B. KEARNEY; in: MCELROY, W. D., and B. GLASS (Hrsgb.): Symposium on Amino Acid Metabolism. S. 558. Baltimore 1955.
[14] KEARNEY, E. B., and T. P. SINGER: Biochim. biophys. Acta **11**, 270, 276 (1953).
[15] COHEN, P. P.: J. biol. Ch. **136**, 565 u. 585 (1940).

Tabelle 1. *Allgemeine Transaminierungen von L-Aminosäuren mit α-KGS oder Pyruvat.*
Die Tabelle enthält nur Zitate, die unter den im einzelnen beschriebenen Transaminasen nicht berücksichtigt sind.

L-Aminosäuren	Analoge Ketoverbindung	Vorkommen		
		Tiere	Pflanzen	Mikroorganismen
α-Alanin	Pyruvat	1, 2, 3*, 4–12, 13*, 14, 15	24, 25, 26*, 27–29, 30, 31*	36–49
β-Alanin	Malonsäuresemialdehyd	2, 6, 10, 11, 14–17		43, 50
α-Aminobuttersäure	α-Ketobuttersäure	2, 13*, 18*	29*	41, 43, 44, 47
γ-Aminobuttersäure	Bernsteinsäuresemialdehyd	6, 10, 14–16	25, 26*	43, 50
Arginin	α-Keto-δ-guanidinovaleriansäure	1*, 2, 3*, 4, 5, 11, 12, 15, 19*, 20	25, 26*, 29, 30, 32	48, 51–53, 54*
Asparagin	α-Ketobernsteinsäureamid	8*	26*, 27	48, 52, 56, 58
Asparaginsäure	Oxalessigsäure	1*, 2, 3*, 5, 6, 7*, 8*, 9–12, 14, 15, 19	24–28, 29*, 30, 31*	36*, 37–49, 51–53, 54*, 55–60
Citrullin	α-Keto-δ-carbamidovaleriansäure	2, 4	32	37, 52
Cystein	β-Mercaptopyruvat	2, 3, 12	33	47
Cysteinsäure	β-Sulfopyruvat	2, 6, 10, 14, 15	33, 34	
3,4-Dihydroxyphenylalanin	3,4-Dihydroxyphenylpyruvat	2, 21		
3,5-Dijodtyrosin	3,5-Dijod-4-hydroxyphenylpyruvat	2		
Glutamin	α-Ketoglutarsäureamid	3*		52
Glutaminsäure	α-Ketoglutarsäure	1**, 3**, 7**, 8**, 13*, 20**	33, 35	36**, 48**
Glycin	Glyoxylsäure	1*, 2, 3*, 10, 12, 14, 15	25, 26*, 28, 29*, 31	36, 50, 51
Histidin	Imidazolpyruvat	2, 3*, 5, 10–12, 15, 19*, 20**, 21, 22**, 23**	25, 28, 29	39, 40, 46, 47, 51, 52
Homoserin	γ-Hydroxy-α-ketobuttersäure	4		
Isoleucin	α-Keto-β-methylvaleriansäure	1*, 2, 3*, 5–7, 9, 11, 13*, 14, 15, 18*, 19	25, 29*	37, 39–41, 43–48, 56–60, 61**
Leucin	α-Ketoisocapronsäure	1*, 2, 3*, 4–7, 9, 10, 12–15, 18*, 19*, 20**, 22**, 23*	24, 25, 28–31	36*, 37, 39–49, 53–56, 58–60, 61**
Lysin	α-Aminoadipinsäure-ε-semialdehyd	1**, 2, 3*, 6, 10–12	25, 26	39, 40, 43, 46, 48, 52, 54*, 62
Methionin	α-Keto-γ-methiolbuttersäure	1*, 2, 3*, 10–12, 13*, 14, 15, 18*, 19*, 20**, 22**, 23*	25, 28*, 29	37–41, 43–48, 54*, 60
Norleucin	α-Ketocapronsäure	2, 15, 20**, 23**		39, 41, 44, 48, 56, 58, 60, 61**
Ornithin	Glutaminsäure-δ-semialdehyd	2, 6, 7, 10, 12, 14, 15, 19*, 20**	24, 25, 26*, 27, 32	37, 40, 41, 43, 44, 46, 47, 52–54
Phenylalanin	Phenylpyruvat	1*, 2, 3*, 4–7, 9, 10, 12, 15, 19*, 20**, 21, 22**, 23*	25, 28, 29	36–40, 43–46, 48, 51, 53, 54*, 56, 58, 59, 61**

Tabelle 1 (Fortsetzung).

L-Aminosäuren	Analoge Ketoverbindung	Vorkommen		
		Tiere	Pflanzen	Mikroorganismen
Serin	β-Hydroxypyruvat	1 **, 2, 10, 12, 14, 15	26 *, 29 *, 30	47, 54
Threonin	α-Keto-β-hydroxy-buttersäure	1, 2, 3 *, 7, 11, 12, 14, 15	25, 29	39, 47, 54
Tryptophan	Indolpyruvat	2, 3 *, 11, 12, 21, 23	25	36 **, 37–41, 44, 46–48, 56, 58
Tyrosin	p-Hydroxyphenyl-pyruvat	2, 3 *, 4, 6, 12, 14, 15, 19 *, 20 **, 21, 22 **, 23	25	37, 39, 40, 46, 47, 51
Valin	α-Ketoisovalerian-säure	1 *, 2, 3 *, 4, 6, 10–12, 13 *, 14, 15, 18 *, 19, 22 **, 23	24, 25, 28, 29 *, 31	36 *, 37–49, 51, 53, 54 *, 55–59

* Umsetzung mit α-KGS und Pyruvat. ** Umsetzung mit Pyruvat.

[1] AWAPARA, J., and B. SEALE: J. biol. Ch. **194**, 497 (1952).
[2] CAMMARATA, P. S., and P. P. COHEN: J. biol. Ch. **187**, 439 (1950).
[3] BARBAN, S., and H. O. SCHULZE: J. biol. Ch. **234**, 829 (1959).
[4] MANSO, C., and F. WROBLEWSKI: Med. contemp., Lisboa **75**, 93 (1957).
[5] TURSKY, T., and J. HRUZIK: Bratislav. lek. Listy **40**, 7 (1960).
[6] YAMADA, T.: Okayama Igakkai Zasshi **71**, 7541, 7547, 7551 (1959).
[7] SUMIDA, S.: Seikagaku **28**, 339 (1956).
[8] MACLEOD, R. A., R. JONAS and E. ONOFREY: J. Fisheries Res. Board, Canada **17**, 323 (1960).
[9] KIT, S., and J. AWAPARA: Cancer Res. **13**, 694 (1953).
[10] ONO, M.: Okayama Igakkai Zasshi **72**, 507, 515 (1960).
[11] MCALLAN, J. W., and W. CHEFURKA: Comp. Biochem. Physiol. **3**, 1 (1961).
[12] KILBY, B. A., and E. NEVILLE: J. exp. Biol. **34**, 276 (1957).
[13] BÄSSLER, K. H., and C. H. HAMMAR: B. Z. **330**, 555 (1958).
[14] IMAI, A.: Okayama Igakkai Zasshi **71**, 1641, 1647, 1651 (1959).
[15] IMAI, A.: Med. a. Biol., Tokyo **49**, 25 (1958).
[16] NAKAMURA, K., and F. BERNHEIM: Jap. J. Pharmacol. **11**, 141 (1962).
[17] ROBERTS, E.: Arch. Biochem. **48**, 395 (1954).
[18] HAMMAR, C. H.: B. Z. **333**, 486 (1961).
[19] ROWSELL, E. V., and K. CORBETT: Biochem. J. **70**, 7P (1958).
[20] CORBETT, K., and E. V. ROWSELL: Biochem. J. **74**, 4P (1960).
[21] HAAVALDSEN, R.: Nature **196**, 577 (1962).
[22] ROWSELL, E. V.: Nature **168**, 104 (1951).
[23] ROWSELL, E. V.: Biochem. J. **64**, 235, 246 (1956).
[24] BONE, D. H., and L. FOWDEN: J. exp. Bot. **11**, 104 (1960).
[25] SMITH, J. E.: Biochim. biophys. Acta **57**, 183 (1962).
[26] LATCHE, J. C.: Cr. **257**, 499 (1963).
[27] SUZUKI, Y.: Phyton, Buenos Aires **12**, 27 (1959).
[28] WILSON, D. G., K. W. KING and R. H. BURRIS: J. biol. Ch. **208**, 863 (1954).
[29] JACOBI, G.: Planta, Berlin **49**, 561 (1957).
[30] MILLIBANK, J. W.: Nature **171**, 476 (1953).
[31] FOWDEN, L., and J. DONE: Nature **171**, 1068 (1953).
[32] KLECHKOVSKII, K. I., i V. L. KRETOWICH: Biochimija, Moskva **25**, 164 (1960).
[33] ELLIS, R. J., and D. D. DAVIES: Biochem. J. **78**, 615 (1961).
[34] PEREZ-MILAN, J. SCHLIACK and P. FROMAGEOT: Biochim. biophys. Acta **36**, 73 (1959).
[35] VIRTANEN, A. I., and P. K. HIETALA: Acta chem. scand. **9**, 549 (1955).
[36] OLENICHEWA, L. S.: Biochimija, Moskva **24**, 225 (1959).
[37] SANWAL, B. D.: Exper. **14**, 246 (1958).
[38] SEN, R.: Nature **184**, 741 (1959).
[39] FELDMAN, L. J., and I. C. GUNSALUS: J. biol. Ch. **187**, 821 (1950).
[40] HUG, D. H., and C. H. WERKMAN: Arch. Biochem. **72**, 369 (1957).
[41] FINCHAM, J. R. S.: Nature **168**, 957 (1951).
[42] JORDAN, D. C.: J. Bact. **65**, 220 (1953).
[43] KATAGIRI, H., K. SODA and T. TOCHIKURA: Nippon Nogeikagaku Kaishi **34**, 814 (1960).
[44] FINCHAM, J. R. S., and A. B. BOULTER: Biochem. J. **62**, 72 (1956).
[45] YOUAT, J.: Biochem. J. **68**, 193 (1958).

Tabelle 2. *Übersicht über die Transaminasen* [2.6.1 Aminotransferasen].

Lfd. Nr.	Trivialname	Systemname	System-Nr.	Reaktionsgleichung
1	L-Glutamat-Oxalacetat-Transaminase	L-Aspartat:α-Ketoglutarat-Aminotransferase	2.6.1.1	L-Aspartat + α-KGS ⇌ Oxalacetat + L-Glutamat
2	L-Glutamat-Pyruvat-Transaminase	L-Alanin:α-Ketoglutarat-Aminotransferase	2.6.1.2	L-Alanin + α-KGS ⇌ Pyruvat + L-Glutamat
3	Cystein-(α-KGS)-Transaminase	L-Cystein:α-Ketoglutarat-Aminotransferase	2.6.1.3	L-Cystein + α-KGS ⇌ Mercaptopyruvat + L-Glutamat
4	Glycin-(α-KGS)-Transaminase	L-Glycin:α-Ketoglutarat-Aminotransferase	2.6.1.4	L-Glycin + α-KGS ⇌ Glyoxylat + L-Glutamat
5	Tyrosin-(α-KGS)-Transaminase	L-Tyrosin:α-Ketoglutarat-Aminotransferase	2.6.1.5	L-Tyrosin + α-KGS ⇌ p-Hydroxyphenylpyruvat + L-Glutamat
6	Leucin-(α-KGS)-Transaminase	L-Leucin:α-Ketoglutarat-Aminotransferase	2.6.1.6	L-Leucin + α-KGS ⇌ α-Ketoisocapronsäure + L-Glutamat
7	Kynurenin-(α-KGS)-Transaminase	L-Kynurenin:α-Ketoglutarat-Aminotransferase	2.6.1.7	L-Kynurenin + α-KGS ⇌ o-Aminobenzoylpyruvat + L-Glutamat (→Kynurensäure)
8	Diaminosäure-(α-KGS)-Transaminase	2,5-Diaminovalerat:α-Ketoglutarat-Aminotransferase	2.6.1.8	2,5-Diaminovalerat + α-KGS ⇌ 2-Keto-5-aminovalerat + L-Glutamat
9	Histidinolphosphat-α-KGS-Transaminase	L-Histidinolphosphat:α-Ketoglutarat-Aminotransferase	2.6.1.9	L-Histidinolphosphat + α-KGS ⇌ Imidazolacetolphosphat + L-Glutamat
10	D-Aminosäure-(α-KGS)-Transaminase	D-Aspartat:α-Ketoglutarat-Aminotransferase	2.6.1.10	D-Aspartat + α-KGS ⇌ Oxalacetat + D-Glutamat
11	Acetylornithin-(α-KGS)-Transaminase	N^{α}-Acetylornithin:α-Ketoglutarat-Aminotransferase	2.6.1.11	N^{α}-Acetylornithin + α-KGS ⇌ N-Acetyl-L-glutamat-γ-semialdehyd + Glutamat
12	Alanin-(α-Ketosäure)-Transaminase	L-Alanin:α-Ketosäure-Aminotransferase	2.6.1.12	L-Alanin + α-Ketosäure ⇌ Pyruvat + L-α-Aminosäure
13	Ornithin-(α-Ketosäure)-Transaminase	L-Ornithin:α-Ketosäure-Aminotransferase	2.6.1.13	L-Ornithin + α-Ketosäure ⇌ L-Glutamat-γ-semialdehyd + L-α-Aminosäure
14	Asparagin-(α-Ketosäure)-Transaminase	L-Asparagin:α-Ketosäure-Aminotransferase	2.6.1.14	L-Asparagin + α-Ketosäure ⇌ α-Ketobernsteinsäureamid + L-α-Aminosäure
15	Glutamin-(α-Ketosäure)-Transaminase	L-Glutamin:α-Ketosäure-Aminotransferase	2.6.1.15	L-Glutamin + α-Ketosäure ⇌ α-Ketoglutarsäureamid + L-α-Aminosäure

Literatur zu Tabelle 1 (Fortsetzung).

[46] Hug, D. H., and C. H. Werkman: Arch. Biochem. **72**, 369 (1957).
[47] Shanmuganathan, S. S., and W. J. Nickerson: J. gen. Microbiol. **27**, 465 (1962)
[48] Nurmiko, V., and R. Raunio: Acta chem. scand. **15**, 1263 (1961).
[49] Lam, G. T., and M. G. Sevag: Antibiot. Chemotherap., Washington **9**, 214 (1959).
[50] Roberts, E., P. Ayengar and I. Posner: J. biol. Ch. **203**, 195 (1953).
[51] Soru, E.: Acad. Rep. pop. rom. Stud. Cercet. Biochim. **1**, 49 (1958).
[52] Saklawska-Szymonowa, O.: Ann. Univ. Curie-Sklodowska Sect. D **15**, 91 (1960).
[53] Olenichewa, L. S.: Ukrain. Biochem. J. **31**, 681 (1959).
[54] Saito, T.: Osaka Shiritsu Daigaku Igaku Zasshi **9**, 3977 (1960).
[55] Olenichewa, L. S.: Biochimija, Moskva **20**, 165 (1955).
[56] Saxena, K. C., K. L. Arora and P. D. Mathur: J. sci. indust. Res., New Delhi **18**C, 237 (1959).
[57] Chakravarti, S. C., and N. B. Das: J. sci. indust. Res., New Delhi **21**C, 160 (1962).
[58] Saxena, K. C., and M. K. Ragosti: J. sci. indust. Res., New Delhi **20**C, 287 (1961).
[59] Saxena, K. C., and C. R. K. Murti: Ind. J. Chem. **2**, 83 (1963).
[60] Rudman, D., and A. Meister: J. biol. Ch. **200**, 591 (1953).
[61] Altenbern, R. A., and R. D. Housewright: J. biol. Ch. **204**, 159 (1953).
[62] Soda, K., T. Tochikura and H. Katagiri: Agric. biol. Chem., Tokyo **25**, 811 (1961).

Tabelle 2 (Fortsetzung).

Lfd. Nr.	Trivialname	Systemname	System-Nr.	Reaktionsgleichung
16	L-Glutamin-D-Fructose-6-phosphat-Transaminase	L-Glutamin:D-Fructose-6-phosphat-Aminotransferase	2.6.1.16	L-Glutamin + D-Fructose-6-phosphat ⇌ L-Glutamat + Glucosamin-6-phosphat
17	L-Phenylalanin-(α-KGS)-Transaminase	—	—	L-Phenylalanin + α-Ketosäure ⇌ Phenylpyruvat + L-α-Aminosäure
18	L-Tryptophan-(α-KGS)-Transaminase	—	—	L-Tryptophan + α-KGS ⇌ Indolpyruvat + L-Glutamat
19	L-Thyroxin-(α-KGS)-Transaminase	—	—	L-Thyroxin + α-KGS ⇌ (Tetrajoddiphenylpyruvat) + L-Glutamat
20	L-α-Aminobuttersäure-(α-KGS)-Transaminase	—	—	L-α-Amino-n-buttersäure + α-KGS ⇌ α-Ketobuttersäure + L-Glutamat
21	N-Succinyldiaminopimelinsäure-(α-KGS)-Transaminase	—	—	N-Succinyldiaminopimelinsäure + α-KGS ⇌ N-Succinyl-ε-ketopimelinsäure + L-Glutamat
22	γ-Aminobuttersäure-(α-KGS)-Transaminase	—	—	γ-Aminobuttersäure + α-KGS ⇌ Bernsteinsäuresemialdehyd + L-Glutamat
23	β-Alanin-(α-Ketosäure)-Transaminase	—	—	β-Alanin + Pyruvat ⇌ Malonsäuresemialdehyd + α-Alanin
24	δ-Aminolaevulinsäure-(α-Ketosäure)-Transaminase	—	—	δ-Aminolaevulinsäure + α-Ketosäure ⇌ γ-Ketoglutarsäuresemialdehyd + α-Aminosäure
25	δ-Aminovaleriansäure-(α-KGS)-Transaminase	—	—	δ-Aminovaleriansäure + α-KGS ⇌ Glutarsäuresemialdehyd + L-Glutamat
26	β-Aminoisobuttersäure-(α-KGS)-Transaminase	—	—	β-Aminoisobuttersäure + α-KGS ⇌ Methylmalonsäuresemialdehyd + Glutamat
27	Pyridoxamin-(Oxalacetat, Pyruvat)-Transaminase	—	—	Pyridoxamin + Pyruvat ⇌ Pyridoxal + Alanin
28	Amin-(α-KGS)-Transaminase	—	—	Amin + α-KGS ⇌ (Amino)-aldehyd + Glutamat

Tabelle 3. *Allgemeine Gruppeneinteilung der Transaminierungs-Reaktionen.* Die Zahlenangaben bedeuten die laufende Numerierung aus Tabelle 2.

I.	L-α-Aminosäuren + α-KGS ⇌ α-Ketosäure + L-Glutaminsäure	Nr. 1—9, 17—21
II.	D-α-Aminosäure + α-KGS ⇌ α-Ketosäure + D-Glutaminsäure	Nr. 10
III.	ω-Aminosäure + α-Ketosäure ⇌ (Semi)-Aldehyd(säure) + α-Aminosäure	Nr. (4, 8), 11, 13, 22—26
IV.	α-Aminodicarbonsäureamid + α-Ketosäure ⇌ α-Ketodicarbonsäureamid + α-Aminosäure	Nr. 14—16
V.	L-α-Aminomonocarbonsäure$_1$ + α-Ketomonocarbonsäure$_2$ ⇌ α-Ketomonocarbonsäure$_1$ + L-α-Aminomonocarbonsäure$_2$	Nr. 12
VI.	Amin + α-Ketosäure ⇌ Aldehyd + α-Aminosäure	Nr. 27, 28

sehr spezifische analytische Methoden herangezogen werden müssen, um zu entscheiden, inwieweit das untersuchte Enzymsystem für die an den Reaktionen beteiligten Aminosäuren spezifisch ist. Das beinahe ubiquitäre Vorkommen der Transaminasen in den Zellen aller Lebewesen — ein Ausdruck für die Bedeutung der Transaminierung im Stoffwechsel — macht es weiterhin schwierig, die einzelnen im biologischen Material nebeneinander ablaufenden Transaminierungsreaktionen zu differenzieren und einzeln nachzuweisen.

Entsprechend der allgemeinen Reaktionsgleichung

$$\underset{\displaystyle NH_2}{R_1\underset{|}{C}H}-COOH + R_2\underset{\displaystyle O}{\underset{\|}{C}}-COOH \rightleftharpoons \underset{\displaystyle NH_2}{R_2\underset{|}{C}H}-COOH + R_1\underset{\displaystyle O}{\underset{\|}{C}}-COOH$$

können alle vier an der Transaminierungsreaktion beteiligten Substanzen zur Messung des Transaminierungsvorganges herangezogen werden. Somit werden die analytischen Methoden auf dem quantitativen Nachweis der bei der Reaktion verbrauchten oder durch die Reaktion neu gebildeten Aminosäuren und Ketosäuren beruhen. Jedoch kann auch die quantitative Bestimmung aller vier beteiligten Substrate das Vorliegen zweier oder mehrerer nebeneinander verlaufender Transaminierungsreaktionen nicht ausschließen, besonders dann nicht, wenn rohe Enzympräparate oder unfraktionierte Gewebsextrakte verwendet werden. Hinzu kommt, daß solche Rohextrakte eine Vielzahl von Aminosäuren und Ketosäuren enthalten können, welche die zu messende Reaktion noch unübersichtlicher gestalten. Ebenso wesentlich ist es, nur Aminosäuren und Ketosäuren zur Reaktion einzusetzen, von deren absoluter Reinheit man sich am besten auf chromatographischem Weg überzeugt hat. Da auch eine Transaminierung für D-Aminosäuren nachgewiesen wurde[1, 2], ist auch die optische Reinheit der verwendeten Aminosäuren zu beachten.

Wie bei jeder Reaktion mit biologischem Material können diese Fehlerquellen weitgehend dadurch ausgeschaltet werden, daß man Leerwerte ermittelt unter Weglassung der zur Reaktion eingesetzten Aminosäure oder Ketosäure oder des Enzyms oder unter Einsatz des inaktivierten Enzympräparates.

Die Aktivitätsbestimmung der Transaminasen sollte weiterhin stets unter optimalen Bedingungen durchgeführt werden, insbesondere hinsichtlich des p_H-Wertes und der Substratkonzentration. Dies gewinnt dann an Bedeutung, wenn es darum geht, Transaminase-Isoenzyme zu differenzieren, die sich meist nur gering in der MICHAELIS-Konstante für ein bestimmtes Substrat und im p_H-Optimum unterscheiden.

Ebenso wesentlich ist eine optimale Absättigung mit dem Coenzym. Die Bindung des Enzymproteins mit Pyridoxalphosphat (PLP) bzw. Pyridoxaminphosphat (PMP) ist zwar sehr fest; jedoch kann es, zumal bei der Isolierung von Transaminase-Präparaten, dennoch zu einer mehr oder weniger weitgehenden Bildung von Apoenzym kommen. Deshalb muß vor der Bestimmung der Enzymaktivität durch Zusatz von PLP das Apoenzym in das Holoenzym übergeführt werden.

I. Bestimmung der Aminosäuren[3].

1. Papierchromatographie.

Eine der am häufigsten zur qualitativen und quantitativen Bestimmung einer Transaminierungsreaktion verwendeten Methoden ist der papierchromatographische Nachweis der bei der Reaktion neu gebildeten oder verbrauchten Aminosäure mit Ninhydrin.

Halbquantitativ. Im einfachsten Fall wird die nach einer Transaminierung ermittelte Aminosäure durch Vergleich der Farbintensität und Größe des erhaltenen Ninhydrin-Farbfleckens mit einer Eichlösung der betreffenden Aminosäure halbquantitativ ermittelt[4, 5].

Quantitativ. Eine weitgehend quantitative Erfassung der papierchromatographisch getrennten Aminosäuren erfolgt durch Colorimetrie der eluierten Ninhydrinfarbflecken[6].

---

1 THORNE, C. B.; in: MCELROY, W. D., and B. GLASS (Hrsgb.): Symposium on Amino Acid Metabolism. p. 41. Baltimore, 1955.
2 THORNE, C. B.: J. Bact. **69**, 357 (1955).
3 ASPEN, A. J., and A. MEISTER: Meth. biochem. Analysis **6**, 131 (1958).
4 FINCHAM, J. R. S.: Biochem. J. **53**, 313 (1953).
5 FINCHAM, J. R. S.: Nature **168**, 957 (1951).
6 AWAPARA, J., and B. SEALE: J. biol. Ch. **194**, 497 (1952).

Die Aminosäuren können nach Erhitzen des Chromatogramms für 15 min bei 100° C im UV-Licht als fluorescierende Flecken lokalisiert, ausgeschnitten und eluiert werden[1].

Die Eluate werden mit einem Ninhydrinverfahren analysiert (s. z.B. auch Bd. III, S. 1718f. sowie [2]).

***Bestimmung der Aminosäuren nach* Moore *und* Stein[2, 3].**

Prinzip:

Die mit Ninhydrin erhitzten aminosäurehaltigen Lösungen werden bei 570 mμ colorimetriert und der Aminosäuregehalt an einer Eichkurve abgelesen.

Reagentien:

1. Ninhydrin.
2. Hydrindantin.
3. Methylcellosolve.
4. Verdünnungslösung Wasser:Äthanol 50:50.
5. 4 n Na-Acetatpuffer, p_H 5,5. Dazu werden 2720 g Na-Acetat · 3 H_2O in 2 l H_2O unter Erwärmen gelöst und die Lösung nach Zugabe von 500 ml Eisessig auf 5 l verdünnt. Die genaue Einstellung auf p_H 5,5 erfolgt mit NaOH.
6. Ninhydrinlösung: 20 g Ninhydrin und 3 g Hydrindantin werden in 750 ml Methylcellosolve gelöst und 250 ml Acetatpuffer, p_H 5,5, zugegeben. Die Lösung ist in einer dunklen Flasche, unter Stickstoff aufbewahrt, haltbar.

Ausführung:

1—2 ml Säulen- oder Papierchromatogramm-Eluat werden mit 1 ml Ninhydrinlösung versetzt (p_H der Mischung soll zwischen 4—6 liegen), die geschlossenen Gläser gut geschüttelt und 15 min im siedenden Wasserbad erhitzt. Nach dem Abkühlen werden die Ansätze, falls erforderlich, mit 50%igem Äthanol verdünnt und vor der Bestimmung der Farbintensität ca. 30 sec unter Luftzutritt geschüttelt. Dabei wird überschüssiges Hydrindantin, das eine rötliche Färbung verursacht, oxydiert. Die Farbintensität wird bei 570 mμ (für Prolin und Hydroxyprolin bei 440 mμ) photometriert. Bei Eluaten von Papierchromatogrammen wird ein „Papierleerwert" mitbestimmt.

Dieses Verfahren ist zweimal so empfindlich wie das von Awapara[4], bei dem die ausgeschnittenen Aminosäureflecken mit 2 ml einer 1%igen wäßrigen Ninhydrinlösung und 1 ml einer 10%igen wäßrigen Pyridinlösung 20 min bei 100° C erhitzt und bei 570 mμ die Farbintensität der Lösung gemessen wird. Oxydierende Beimengungen des Papiers können durch einen Zusatz von Hydrindantin, der reduzierten Form des Ninhydrins, zur Ninhydrinlösung unwirksam gemacht werden. Sind größere Mengen an störenden Ammoniumsalzen vorhanden, so erfolgt die Elution der Aminosäuren mit 0,1 n NaOH und Aufbewahren der Lösung im Vakuum über H_2SO_4 vor dem Einstellen des p_H mit Citronensäure auf 5,0. Die folgenden Verfahren sind im Prinzip mit der eben beschriebenen Methode identisch.

Nach Pereira und Serra[5] werden die im UV-Licht ermittelten Aminosäureflecken ausgeschnitten und mit einer Lösung von Ninhydrin in Veronal-Salzsäurepuffer, p_H 7,0, 15 min auf 100° C erhitzt und die resultierende Farbe bei 550 mμ gemessen.

Giri u. Mitarb.[6] trennen die Aminosäuren auf einem Rundchromatogramm, eluieren die mit einer 0,5%igen Lösung von Ninhydrin in 95%igem Aceton und 30 min bei 65° C angefärbten Aminosäureflecken mit 75%igem Äthanol und einem Zusatz von 0,05 mg $CuSO_4$/ml. Das Eluat wird bei 540 mμ gemessen und ist im Bereich von 0,02—0,1 μM Aminosäuren proportional.

[1] Fowden, L.: Biochem. J. **48**, 327 (1951).
[2] Moore, S., and H. W. Stein: J. biol. Ch. **211**, 907 (1954).
[3] Moore, S., and H. W. Stein: J. biol. Ch. **176**, 367 (1948).
[4] Awapara, J.: J. biol. Ch. **178**, 113 (1949).
[5] Pereira, A., and J. A. Serra: Science, N.Y. **113**, 387 (1951).
[6] Giri, K. V., A. N. Radhakrishnan and C. S. Vaidyanathan: Nature **170**, 1025 (1952).

Ein besonders empfindliches Verfahren[1] ist für alle Aminosäuren mit Ausnahme von Tryptophan und Lysin verwendbar und besteht in dem Erhitzen von 0,4—0,5 ml des Aminosäure-Eluates (0,05—0,5 μM) mit 1 ml einer KCN-Pyridinlösung (2 ml 0,01 m KCN + 98 ml Pyridin) und 1 ml Phenollösung (80% Phenol in absolutem Äthanol) auf 100° C und Zugabe von 0,2 ml einer 5%igen äthanolischen Ninhydrinlösung. Das verschlossene Gefäß wird 3—5 min weiter erhitzt, abgekühlt, das Volumen mit 60%igem Äthanol auf 10 ml aufgefüllt und die Extinktion bei 570 mμ gemessen.

Nach Yemm und Cocking[2] wird 1 ml Aminosäure-Eluat (0,004—0,4 μM) mit 0,5 ml Citratpuffer 0,2 m, p_H 5,0, und 1,2 ml einer KCN-Ninhydrin-Methylcellosolvelösung (5%ige Ninhydrinlösung in Methylcellosolve, 0,2 mM KCN) gemischt, 15 min auf 100° C erhitzt, abgekühlt, mit 60%igem Äthanol verdünnt und bei 570 mμ gemessen. Die Farblösungen mit Prolin und Hydroxyprolin werden bei 440 mμ gemessen. Diese Methode wurde von Rosen[3] dahingehend variiert, daß man ein getrenntes haltbares Acetatpuffer-Cyanidgemisch und Ninhydringemisch verwendet. Neuerdings werden kleine Mengen von Aminosäuren rascher mittels Dünnschichtchromatographie getrennt. Die im UV-Licht markierten oder mit Ninhydrin angefärbten Flecken können leicht abgekratzt und die Aminosäuren eluiert werden.

Ein weiteres Verfahren für die Erkennung von Transaminierungsreaktionen mit Pyruvat oder α-KGS in Gewebshomogenaten oder auch rohen Enzympräparaten stammt von Kay[4] (zit. in [5]). Das Gewebe wird 1:8 g/Vol. mit 0,1 m Phosphatpuffer, p_H 7,4, homogenisiert, durch eine Mullage filtriert und gegen Pufferlösung dialysiert. 0,5 ml Aminosäurelösung und 0,5 ml Ketosäurelösung (beide 0,08 m) sowie 20 μg PLP werden unter Stickstoff 60 min bei 37° C mit 1 ml dialysiertem Organextrakt inkubiert, 5—6 min im siedenden Wasserbad erhitzt und zentrifugiert. Der Leerwert enthält Wasser an Stelle der Aminosäurelösung. Nach der eindimensionalen Papierchromatographie von ca. 5 μl des Ansatzes (Lösungsmittel und R_f-Werte s. [5]) wird mit 0,5% Ninhydrin in 71%igem Äthanol besprüht und 22 min bei 65° C erhitzt; die Flecken werden mit 70%igem Äthanol durch Schütteln extrahiert; die Extinktion wird bei 575 mμ gemessen. Die Eichung erfolgt an Hand von Standardlösungen von Alanin und Glutaminsäure.

Bestimmung der Aminosäuren durch direkte Messung der Ninhydrinfärbung.

Eine wesentliche Vereinfachung der quantitativen Bestimmung der auf papierchromatographischem Wege getrennten Aminosäuren bringt die direkte quantitative photometrische Bestimmung der mit Ninhydrin angefärbten Zonen. Dieses Verfahren hat sich bereits zur quantitativen Bestimmung der Serumeiweißfraktionen nach Elektrophorese sehr bewährt.

Prinzip:

Das Transaminierungs-Reaktionsgemisch wird auf die zur Routine-Elektrophorese üblichen Papierstreifen als dünner Strich aufgetragen. Nach der chromatographischen Trennung wird wie üblich der getrocknete Streifen mit Ninhydrinreagens entwickelt. Der angefärbte Streifen wird in geeigneten Geräten (z.B. Auswertungsgeräte zur Elektrophorese der Firmen Bender u. Hobein, Beckman Instruments) oder Zusatzgeräten zu den üblichen Photometern (z.B. Netheler & Hinz) an einer Photozelle vorbeigezogen, nachdem die Durchlässigkeit an einer ungefärbten Zone des Papiers auf 100% eingestellt worden ist. Die Zunahme der Extinktion beim Vorüberziehen einer gefärbten Zone wird entweder direkt registriert und die Fläche integriert oder später von Hand ausgewertet.

Zur Erhöhung der Transparenz kann der Streifen vorher mit einem Spezialöl behandelt und, zwischen zwei Glasplatten gelegt, photometriert werden.

---

[1] Troll, W., and R. K. Cannan: J. biol. Ch. **200**, 803 (1953).
[2] Yemm, E. W., and E. C. Cocking: Analyst **80**, 209 (1956).
[3] Rosen, H.: Arch. Biochem. **67**, 10 (1957).
[4] Kay, R. E., D. C. Harris and C. Entenman: Arch. Biochem. **63**, 14 (1956).
[5] Rowsell, E. V.; in: Colowick-Kaplan, Meth. Enzymol. Bd. V, S. 685.

Reagentien:

1. 0,1 m Kaliumphosphatpuffer, p_H 7,5.
2. Zur Reaktion erforderliche Aminosäure und Ketosäure (jeweils 1 m) mit KOH auf p_H 7,5 eingestellt, in Puffer gelöst.
3. PLP (100 μg/ml wäßrige Lösung).
4. Enzympräparat.
5. Lösungsmittel zur Chromatographie.
6. 3 m Acetatpuffer, p_H 4,9.

Ausführung:

0,015 ml Keto- und Aminosäure (15 μM), 0,04 ml PLP (4 μg), 0,1 ml Enzymlösung und 0,13 ml Puffer (Endvolumen 0,3 ml). Als Kontrollansätze je ein Ansatz, bei denen die Aminosäure, das Enzym oder die Ketosäure durch Puffer ersetzt ist und ein weiterer Kontrollwert, der nur Puffer und Enzym enthält. Nach Inkubation der Mischung, 1 Std bei 37° C, werden 0,03 ml 3 m Na-acetatpuffer, p_H 4,9, zugegeben und der Ansatz 3—5 min im siedenden Wasserbad erhitzt. Nach Abkühlen auf 0° C werden bei unvollständiger Fällung 0,9 ml absol. Äthanol pro 0,3 ml Ansatz zugesetzt, und nach 5 min wird vom ausgefallenen Eiweiß abzentrifugiert. Zu dem Äthanolextrakt mischt man 2,8 ml Chloroform und zentrifugiert. Die Ansätze können je nach den Erfordernissen bezüglich des Puffers, p_H, der Inkubationszeit usw. variiert werden.

5 oder 10 μl der oberen Schicht werden an einem Ende auf den Papierstreifen strichförmig aufgetragen. Nach dem Entwickeln des Chromatogramms in dem geeigneten Lösungsmittel werden die aminosäurehaltigen Zonen durch Besprühen oder Eintauchen in eine 0,25 %ige Lösung von Ninhydrin in 95 %igem Aceton und Erhitzen des Streifens 30 min auf 55° C angefärbt.

Berechnung:

Die in einer unbekannten Lösung vorhandene Menge einer Aminosäure wird durch Vergleich der Fläche der Extinktionskurve über der Nullinie einer Reihe von Standard-Aminosäure-Lösungen mit der gemessenen Kurve ermittelt. Der günstigste Meßbereich liegt bei 0,01—0,1 μM Aminosäuren.

Colorimetrische Bestimmung der DNP-Aminosäuren. Die nach einer Transaminierungsreaktion vorhandenen Aminosäuren werden mit 2,4-Dinitrofluorbenzol in die 2,4-Dinitrophenylaminosäuren übergeführt und als solche chromatographiert. Eine zweidimensionale Papierchromatographie der DNP-Derivate der Aminosäuren erlaubt auch die Trennung eines Gemisches von mehreren Aminosäuren[1].

Die gelbe Farbe der DNP-Aminosäuren erleichtert das Auffinden der Aminosäuren auf dem Chromatogramm. Kleine Mengen an DNP-Aminosäuren können gut im UV-Licht ermittelt werden. Die Flecken werden ausgeschnitten, mit Wasser eluiert (15 min bei 55—60° C) und die Extinktion bei 360 mμ gegen einen Papierleerwert gemessen. Die Auswertung erfolgt mit einer Standardeichkurve von käuflichen DNP-Aminosäuren.

2. Mikrobiologische Methoden zum Nachweis von Aminosäuren[2].

Die Verwendung des mikrobiologischen Tests zur qualitativen und halbquantitativen Bestimmung der bei einer Transaminierungsreaktion verbrauchten und gebildeten Aminosäuren ist dadurch begrenzt, daß die entsprechenden Ketosäuren den Bakterien ebenfalls als Energiequelle dienen können und die Methode aufwendig ist. So kann z. B. *Leuconostoc mesenteroides* in Gegenwart von Vitamin B_6 nur Phenylpyruvat, p-Hydroxy-phenylpyruvat, Indolpyruvat und Phenylacetat, nicht jedoch die α-Keto- und α-Hydroxy-Analogen von Ileu, Leu, Val, His, Glu und Asp verwerten, während *Streptococcus faecalis* und *Lactobacillus arabinosus* eine geringere Selektivität hinsichtlich der metabolisierbaren

[1] LEVY, A. L.: Meth. biochem. Analysis 2, 359 (1955).
[2] DUNN, M. S.: Physiol. Rev. 29, 219 (1949).

Substrate aufweisen. MEISTER[1] verwendete eine tyrosinfreie Mutante von *E. coli* zum Nachweis von Tyrosin im Transaminasen-System.

Am besten untersucht sind die Verhältnisse bei der Bestimmung der L-Glutaminsäure, wobei besonders die Fehlermöglichkeiten infolge Nichtbeachtung der stereochemischen Spezifität der Testsubstanzen zu berücksichtigen sind. Für die bakteriologische Testung von Glutaminsäure eignet sich besonders *Lactobacillus arabinosus*, der für L-Glutaminsäure nur dann streng spezifisch ist, wenn die Wachstumswirkung von D-Glutaminsäure durch Zugabe von D,L-Asparaginsäure gehemmt wird[2]. Diese verschiedene Empfindlichkeit gegen die Antipoden kann zur Bestimmung beider Glutaminsäureformen nebeneinander dienen.

Ein besonderer Vorteil der mikrobiologischen Methode ist ihre hohe Empfindlichkeit. So kann z.B. die Bestimmung von 1—100 μg Glutaminsäure noch mit einer Genauigkeit von ca. 0,001 μg erfolgen.

3. Enzymatische Methoden zum Nachweis von Aminosäuren.

Für viele Aminosäuren konnten, besonders aus Bakterien, spezifische Decarboxylasen isoliert werden. Durch Bestimmung der bei der Reaktion frei werdenden CO_2-Menge ist eine quantitative Bestimmung von Aminosäuren möglich[3–5]. Wiederum ist die Glutaminsäuredecarboxylase am meisten untersucht worden. Die von GALE isolierte Glutaminsäuredecarboxylase aus *Clostridium welchii, Stamm S.R. 12*, vermag neben Glutaminsäure auch Asparaginsäure zu decarboxylieren, was durch Zusatz von Semicarbazid und Cetyltrimethylammoniumbromid verhindert werden kann[6]. Weiterhin kann als Nebenwirkung aus Glutamin Ammoniak abgespalten werden; eine Brenztraubensäuredecarboxylase-Aktivität kann durch Alterung oder Fluoridzusatz beseitigt werden. Reine Decarboxylasepräparate[7], z.B. acetonbehandelte Extrakte aus *E. coli*[8] und pflanzliche Enzympräparate[9, 10] können für die Bestimmung der Transaminierungsreaktion verwendet werden, bei denen Glutaminsäure gebildet oder verbraucht wird.

Ein Verfahren, das für die Erfassung von Transaminierungsreaktionen, bei denen die L-Aminosäuren Lys, Arg, Orn, Tyr, His, Glu und Asp beteiligt sind, verwendet werden kann, wurde von GALE[11] angegeben.

***Bestimmung von Aminosäuren nach* GALE[11].**

Prinzip:

Die durch Transaminierung gebildeten Aminosäuren werden in der WARBURG-Apparatur durch die entsprechenden Aminosäuredecarboxylasen decarboxyliert und das freigesetzte CO_2 manometrisch gemessen.

$$\underset{\displaystyle NH_2}{R\text{—}\underset{|}{C}H\text{—}COOH} \rightarrow R\text{—}CH_2\text{—}NH_2 + CO_2$$

Reagentien:

1. Pufferlösungen:

   a) 0,2 m Phosphatpuffer, p_H 6,0. Herstellung: 13,0 ml 0,2 m Na_2HPO_4-Lösung (35,6 g $Na_2HPO_4 \cdot 2\ H_2O$/l) mit 87,0 ml 0,2 m KH_2PO_4-Lösung (27,2 g KH_2PO_4/l) mischen.

[1] RUDMAN, D., and A. MEISTER: J. biol. Ch. **200**, 591 (1953).
[2] CAMIEN, M. N., and M. S. DUNN: J. biol. Ch. **179**, 935 (1949).
[3] GALE, E. F.: Meth. biochem. Analysis **4**, 285 (1957).
[4] SCHALES, O.; in: Sumner-Myrbäck Bd. II/1, S. 216.
[5] BANKS, B. E. C., and C. A. VERNON: Soc. **1961**, 1698.
[6] MEISTER, A., H. A. SOBER and S. V. TICE: J. biol. Ch. **189**, 591 (1951).
[7] AYENGAR, P., E. ROBERTS and G. B. RAMASARMA: J. biol. Ch. **193**, 781 (1951).
[8] NAJGAR, V. A., and J. FISHER: J. biol. Ch. **206**, 215 (1954).
[9] OKUNUKI, K., S. SAKAURAI and G. MATSUDA: Proc. Jap. Acad. **28**, 347 (1952).
[10] WERLE, E., u. S. BRÜNINGHAUS: B. Z. **321**, 492 (1951).
[11] GALE, E. F.; in: BERGMEYER, H. U. (Hrsgb.): Methoden der enzymatischen Analyse. S. 373. Weinheim 1962.

b) Phosphat-Citratpuffer, p_H 5,2. Herstellung: 46,4 ml 0,1 m Citronensäure (19,2 g/l) mit 53,6 ml 0,2 m Na_2HPO_4-Lösung (35,6 g $Na_2HPO_4 \cdot 2\, H_2O$/l) mischen.

c, d) Phosphat-Citratpuffer, p_H 5,5. Herstellung: 43,1 ml 0,1 m Citronensäure (19,2 g/l) mit 65,9 ml 0,2 m Na_2HPO_4-Lösung (35,6 g $Na_2HPO_4 \cdot 2\, H_2O$/l) mischen.

e, f) 0,2 m Acetatpuffer, p_H 4,5. Herstellung: 45,2 ml 0,2 m Na-acetatlösung (16,4 g/l) mit 57,5 ml 0,2 n Essigsäure (12 g Eisessig/l) mischen.

g) 0,1 m Acetatpuffer, p_H 5,5. Herstellung: 88,0 ml 0,1 m Na-acetatlösung (8,2 g/l) mit 12,0 ml 0,1 n Essigsäure (6,0 g Eisessig/l) mischen.

2. Aminosäuredecarboxylasen für:

a) L-Lysin→Cadaverin (p_H-Optimum 6,0). Darstellung: 100 mg Acetontrockenpulver aus *Bacterium cadaveris (NCIB* Nr. 6578)* in 5 ml Puffer a. Züchtungsbedingungen: 30 Std bei 25° C in einem Medium, das 3 % Caseinhydrolysat und 2 % Glucose enthält. Eine eventuell vorhandene Beimengung von Arginindecarboxylase verschwindet bei Alterung des Extraktes (2—3 Tage bei 0° C).

b) L-Arginin→Agmatin (p_H-Optimum 5,2). Darstellung: 100 mg Acetontrockenpulver aus *E. coli (NCIB Nr. 7020)* in 5 ml Puffer b. Züchtungsbedingungen wie 2a.

c) L-Ornithin→Putrescin (p_H-Optimum 5,5). Darstellung: 250 mg gewaschene Zellen von *Clostridium septicum Pasteur (NCIB Nr. 547)* in 5 ml Puffer c, d. Züchtungsbedingungen: 16 Std bei 37° C in einem Medium, das 3 % Caseinhydrolysat, 2 % Glucose, 0,1 % Hefeextrakt und Herzmuskelpartikel enthält. Anaerobe Bedingungen.

d) L-Tyrosin→Tyramin (p_H-Optimum 5,5). Darstellung: 100 mg Acetontrockenpulver von *Streptococcus faecalis (NCIB Nr. 6782)* in 5 ml Puffer c, d. Züchtungsbedingungen: 16 Std bei 37° C in einem Medium, das 3 % Caseinhydrolysat, 2 % Glucose und 0,1 % Hefeextrakt enthält[1].

e) L-Histidin→Histamin (p_H-Optimum 4,5). Darstellung: 300 mg Acetontrockenpulver von *Clostridium welchii BW 21 (NCIB Nr. 6785)*. Züchtungsbedingungen wie 2c.

f) L-Glutaminsäure→γ-Aminobuttersäure (p_H-Optimum 4,5). Darstellung: 200 mg gewaschene Zellen von *Clostridium welchii SR 12 (NCIB Nr. 6784)*. Züchtungsbedingungen wie 2c.

g) L-Asparaginsäure→L-Alanin (p_H-Optimum 5,5). Darstellung: 50 mg Acetontrockenpulver von *Nocardia globerula (NCIB Nr. 8852)*. Züchtungsbedingungen: 60 Std bei 30° C in 2 % Pepton. Aerobe Bedingungen[2].

Um Enzympräparate der notwendigen Spezifität zu erhalten, dürfen nur die angegebenen Bakterienstämme verwendet werden; die Züchtungsbedingungen und Verfahren zur Gewinnung des Trockenpulvers müssen genau eingehalten werden[3]. Die Bakteriensuspensionen sollen stets frisch hergestellt werden. Die Acetontrockenpulver sind meist Monate stabil.

Zur Spezifität. Die Aminosäuren dürfen in der α-aminoendständigen Carboxylgruppe nicht substituiert sein. Lysin-Decarboxylase reagiert langsam mit Hydroxylysin aus Gelatine. Tyrosin-Decarboxylase setzt Phenylalanin sehr viel langsamer um als Tyrosin und reagiert auch mit L-3,4-Dihydroxyphenylalanin. Glutaminsäuredecarboxylase setzt CO_2 aus einigen Isomeren der β-Hydroxyglutaminsäure und aus L-Asparaginsäure frei, sofern der Ansatz Pyruvat, α-KGS oder andere Ketosäuren enthält. Dies kann durch einen Zusatz von 0,25 % (w/v) Cetyltrimethylammoniumbromid verhindert werden.

---

* National Collection of Industrial Bacteria. Anschrift: Torry Research Station, Aberdeen, Scotland.

[1] EPPS, H. M. R.: Biochem. J. **39**, 42 (1945).

[2] CRAWFORD, L. V.: Biochem. J. **68**, 221 (1958).

[3] GALE, E. F.: Meth. biochem. Analysis **4**, 285 (1957).

Ausführung:

Die zu untersuchende Aminosäurelösung darf keine Hemmstoffe für das jeweilige Decarboxylasepräparat enthalten. Die Bestimmung erfolgt in der WARBURG-Apparatur in einem Gefäß mit Seitenarm. Meßtemperatur 37° C, Gasphase Luft. Zu jeder Bestimmung gehören 3—4 Gefäße: 1—2 Versuchsansätze, 1 Vergleichsansatz ohne Substrat, 1 Thermobarometer (Angaben in ml).

		Versuchs-ansatz	Vergleichs-ansatz	Thermo-barometer
Hauptraum:	Probe	0,5—1,0	—	—
	dest. H_2O . . .	—	0,5—1,0	2,5
	Puffer	1,5—1,0	1,5—1,0	—
Seitenarm:	Enzympräparat	0,5	0,5	—

Gefäße 5—10 min temperieren, Manometerstände ablesen, Hähne schließen, Enzympräparat in den Hauptraum kippen, Manometerstände verfolgen und nach Stillstand der Reaktion (10—30 min) Endwert ablesen.

Bei der Bestimmung von Lysin, Ornithin und Asparaginsäure ist der p_H-Wert am Ende der Reaktion $>5{,}8$, und CO_2 wird zurückgehalten. Man verwendet daher Manometergefäße mit zwei Seitenarmen. Der zweite Seitenarm ist mit 0,4 ml einer 2 n H_2SO_4 beschickt; nach Stillstand der Reaktion Säure in den Hauptraum kippen und Endwert des Manometers ablesen.

Berechnung:

Siehe manometrische Methoden (Bd. VI/A, S. 55ff). Gewöhnlich werden nicht 100% des zu erwartenden CO_2 freigesetzt. Bestimmungen an Standardpräparaten ergaben folgende Werte (Faktor ist der Wert, mit dem das im Versuchsansatz gefundene CO_2-Volumen in μl zu multiplizieren ist, um mg Aminosäure/Testansatz zu erhalten):

	100 μl CO_2 werden entwickelt von	Ausbeute %	Faktor
a)	0,652 mg Lys	98	$\frac{0{,}652}{98}$
b)	0,775 mg Arg	95	$\frac{0{,}775}{95}$
c)	0,590 mg Orn	98	$\frac{0{,}590}{98}$
d)	0,810 mg Tyr	96	$\frac{0{,}810}{96}$
e)	0,692 mg His	96	$\frac{0{,}692}{96}$
f)	0,656 mg Glu	98	$\frac{0{,}656}{98}$
g)	0,596 mg Asp	97	$\frac{0{,}596}{97}$

4. Spezielle Methoden zur Bestimmung von Glutaminsäure.

Da nahezu alle Transaminierungen mit α-Ketoglutarat als Aminoacceptor verlaufen, kann die Glutaminsäurebestimmung für die Aktivitätsbestimmung aller dieser Transaminasen dienen.

Reaktion mit Chloramin-T. Die von COHEN[1] ausgearbeitete und von WOODWARD[2] verbesserte Methode ist in [3] referiert. Glutaminsäure wird durch Chloramin-T (N-Chlor-

[1] COHEN, P. P.: Biochem. J. **33**, 551 u. 1478 (1939).
[2] WOODWARD, G. E., and F. E. REINHART: J. biol. Ch. **145**, 471 (1942).
[3] BLOCK, R. I., and D. BOLLING: The Amino Acid Composition of Proteins and Foods. Springfield, Ill., 1947.

p-toluolsulfamid-Na) zu β-Cyanpropionsäure oxydiert und das Nitril mit HCl in Bernsteinsäure übergeführt, die mit der Succinodehydrogenase manometrisch[1] oder colorimetrisch[2] bestimmt werden kann. Genaue Vorschrift s. Bd. III, S. 1750f.

Bestimmung mit Glutaminsäuredecarboxylase (s. S. 317 und [3–5]).

Eine andere chemische Methode[6] erlaubt die Bestimmung von 0,03—0,3 μM Glutaminsäure und besteht in der *Reaktion von Glutaminsäure mit Ninhydrin.* Dabei entstehen neben dem Farbstoff CO_2, Ammoniak und β-Formylpropionsäure; ein Überschuß an Ninhydrin wird mit Guanidin und Bleiacetat entfernt. β-Formylpropionsäure wird in das 2,4-Dinitrophenylhydrazon übergeführt. Das Hydrazon wird mit Caprylalkohol und aus diesem mit Boratpuffer extrahiert. Durch Zugabe von Alkali zu der Boratlösung des Hydrazons entsteht eine rotbraune Farbe, deren Extinktion bei 420 mμ gemessen wird. Die Auswertung erfolgt an Hand einer Standardeichkurve des 2,4-Dinitrophenylhydrazons von β-Formylpropionsäure. Mit Ausnahme von Asparaginsäure, Cystein und Cystin, die papierchromatographisch abgetrennt werden können, stören andere Aminosäuren die Bestimmung nicht. Genaue Vorschrift s. Bd. III, S. 1748ff.

Bestimmung der Glutaminsäure mit Glutamatdehydrogenase. a) Die oxydative Desaminierung von Glutaminsäure mit NAD und der Glutamatdehydrogenase zu α-Ketoglutarat und NADH ist eine Reaktion, deren Gleichgewicht weit auf der Seite der Glutaminsäure liegt.

$$\text{L-Glutamat} + NAD^+ + H_2O \rightleftharpoons \alpha\text{-KGS} + NADH + NH_4^+$$

Durch Abfangen der gebildeten α-KGS mit Hydrazin und einem großen Überschuß an NAD gelingt im alkalischen Bereich eine quantitative Überführung der Glutaminsäure in α-KGS. Gemessen wird die Zunahme der NADH-Extinktion bei 340 oder 366 mμ[7].

b) Die Verschiebung des Reaktionsgleichgewichtes bei p_H 7 von der Seite der Glutaminsäure auf die Seite der α-KGS gelingt auch durch ständige Reoxydation des gebildeten NADH. Dies ist durch Kopplung der oxydativen Desaminierung mit einer NADH-oxydierenden Reaktion möglich, wie mit der Reduktion von Pyruvat zu Lactat. Diese Hilfsreaktion muß rasch ablaufen, um die NADH-Konzentration genügend klein zu halten. Ist die gesamte Glutaminsäuremenge umgesetzt, so werden die Enzyme durch kurzes Erhitzen denaturiert. Anschließend wird die obige Reaktionsfolge, dem natürlichen Gleichgewicht entsprechend, durch erneute Zugabe von Glutamatdehydrogenase von rechts nach links durchlaufen, d.h. man führt die gebildete Menge an α-KGS erneut in Glutaminsäure über und mißt dabei die durch die Abnahme der NADH-Konzentration bedingte Extinktionsverringerung. Ist in der zu untersuchenden Lösung von vorneherein α-KGS enthalten, so muß diese getrennt bestimmt und vom Hauptwert abgezogen werden[8].

II. Bestimmung der Ketosäuren[9].

Die meisten Methoden zur quantitativen Bestimmung beruhen auf der Fähigkeit der Ketosäuren mit 2,4-Dinitrophenylhydrazin gefärbte Hydrazone mit charakteristischen

[1] Singer, T. P., and E. B. Kearney: Meth. biochem. Analysis 4, 307 (1957).
[2] Singer, T. P., P. Bernath u. C. J. Lusty; in: Bergmeyer, H. U. (Hrsgb.): Methoden der enzymatischen Analyse. S. 340. Weinheim 1962.
[3] Krebs, H. A.: Biochem. J. 43, 51 (1948).
[4] Meister, A.: J. biol. Ch. 189, 577, 591 (1951).
[5] Boyd, J. W.: Biochem. J. 81, 434 (1961).
[6] Prescott, B. A., and H. Waelsch: J. biol. Ch. 164, 331 (1946).
[7] Bernt, E., u. H. U. Bergmeyer; in: Bergmeyer, H. U. (Hrsgb.): Methoden der enzymatischen Analyse. S. 384. Weinheim 1962.
[8] Bergmeyer, H. U., u. R. Czok; in: Bergmeyer, H. U. (Hrsgb.): Methoden der enzymatischen Analyse. S. 388. Weinheim 1962.
[9] Aspen, A. J., and A. Meister: Meth. biochem. Analysis 6, 131 (1958).

Eigenschaften zu bilden. Die erstmals von LU[1] angegebene Methode wurde von FRIEDEMANN und HAUGEN weiter ausgearbeitet[2] und später von vielen Autoren verbessert.

1. Chromatographische Methoden.

1. Die Bestimmung der Konzentration der zwei Ketosäuren einer Transaminierungsreaktion erfordert im allgemeinen eine Trennung der beiden Ketosäuren vor der Umsetzung mit 2,4-Dinitrophenylhydrazin. Diese Trennung kann auf chromatographischem Wege erfolgen. MAGASANIK und UMBARGER[3] haben eine Trennung von Ketosäuren im eindimensionalen aufsteigenden Papierchromatogramm durchgeführt. Zur Sichtbarmachung der Flecken wird das Papier mit der Mischung einer 0,1 %igen wäßrigen Lösung von Semicarbazid-HCl und 0,15 %iger Na-acetatlösung besprüht und bei 110° C getrocknet. Im UV-Licht erscheinen die Ketosäureflecken infolge des „quenching-Effektes" auf dem leicht fluorescierenden Papier als dunkle Zonen. Zur quantitativen Bestimmung werden die ausgeschnittenen Flecken mit 3 ml einer 0,025 %igen 2,4-Dinitrophenylhydrazin-HCl-Lösung in 0,5 n HCl und 1 ml 40 %iger KOH extrahiert und die gebildeten Hydrazone gegen einen Papierleerwert bei 435 mμ photometriert. Als Vergleich dient eine gleichermaßen behandelte Ketosäurelösung bekannter Konzentration.

Die Elution der Ketosäuren kann mit Wasser oder Pufferlösungen geschehen, wobei eine quantitative Elution mit kleinsten Volumina durch Auflegen des ausgeschnittenen Fleckes auf einen aus der Elutionsmittelwanne herabhängenden gleich breiten Filterpapierstreifen und Fraktionieren der abtropfenden Extrakte erzielt wird[4].

Eine andere Methode zur Sichtbarmachung der Ketosäureflecken auf dem Chromatogramm stammt von WIELAND und FISCHER[5]. Das Papier wird mit einer 0,05 %igen Lösung von Phenylendiamin in 10 %iger Trichloressigsäure besprüht, 2 min bei 100° C erhitzt und im UV-Licht betrachtet.

2. Eine chromatographische Trennung der Ketosäuren kann auch in Form der 2,4-Dinitrophenylhydrazone erfolgen[6,7]. Die gebildeten Hydrazone werden mit Äthylacetat extrahiert und der Extrakt mit 10 %iger Sodalösung behandelt. Nach Ansäuern der Sodalösung werden die Hydrazone mit Äthylacetat aufgenommen und zur Trockne eingedampft. Der Rückstand wird in Äthanol aufgenommen, neutralisiert und chromatographiert. Nach Identifizieren der Hydrazone entsprechend ihren R_f-Werten werden sie mit 10 %iger Sodalösung oder Puffer extrahiert. Die nach Zugabe von 3 n NaOH gebildete Farbe wird bei 510 mμ photometriert.

2. Chemische Verfahren.

***Bestimmung von Ketosäuren durch Decarboxylierung mit Cer(IV)-sulfat nach* MEISTER *u. Mitarb.*[8].**

Prinzip:

Die meisten Ketosäuren können mit einem Cer(IV)-sulfat-Schwefelsäure-Reagens decarboxyliert werden. Die in stöchiometrischer Menge gebildete Kohlensäure wird manometrisch bestimmt.

$$R-\overset{\overset{\displaystyle O}{\|}}{C}-COOH + 2\,Ce^{++++} + H_2O \rightarrow R-\overset{\overset{\displaystyle O}{\|}}{C}-OH + 2\,Ce^{+++} + 2\,H^+ + CO_2$$

[1] LU, G. D.: Biochem. J. **33**, 249 (1939).
[2] FRIEDEMANN, T., and G. E. HAUGEN: J. biol. Ch. **147**, 415 (1943).
[3] MAGASANIK, B., and H. E. UMBARGER: Am. Soc. **72**, 2308 (1950).
[4] ADELBERG, E. A., and H. E. UMBARGER: J. biol. Ch. **205**, 475 (1953).
[5] WIELAND, T., u. E. FISCHER: Naturwiss. **36**, 219 (1949).
[6] CAVALLINI, D., N. FRONTALI and G. TOSCHI: Nature **164**, 792 (1949).
[7] OLIVARD, J., and E. E. SNELL: J. biol. Ch. **213**, 215 (1955).
[8] MEISTER, A., H. A. SOBER, S. V. TICE and P. E. FRASER: J. biol. Ch. **197**, 309, 319 (1952).

Reagentien:

1. 0,2 m Cer(IV)-sulfat, in 2 n H_2SO_4.
2. Ketosäure (Standard) 6 μM in 0,3 ml 0,01 n HCl. Bestimmung in der WARBURG-Apparatur.

Ausführung:

0,05—0,4 ml einer auf p_H 5 oder darunter eingestellten Lösung von 2—10 μM Ketosäuren werden in den Seitenarm eines WARBURG-Gefäßes und 1 ml Cer(IV)-sulfatreagens in den Hauptraum gegeben. Nach dem Temperaturausgleich bei 37° C werden die Hähne geschlossen, die Ketosäurelösung in den Hauptraum gekippt und nach 20 min der Meßwert abgelesen. Mit Ausnahme von p-Hydroxypyruvat, bei dem von 6 eingesetzten μM innerhalb 20 min 7 μM CO_2 und nach 3 Std 10,1 μM CO_2 freigesetzt werden, wird aus allen anderen untersuchten Ketosäuren eine äquivalente Menge CO_2 abgespalten.

3. Spektrophotometrische Methode.

Bestimmung auf Grund der Absorptionsbande einiger Ketosäuren und Aminosäuren bei 280 und 300 mμ.

***Bestimmung von Ketosäuren nach* CAMMARATA *und* COHEN[1].**

Prinzip:

Die Methode beruht auf der Extinktionsänderung bei 280 und 300 mμ bei einigen Transaminierungsreaktionen. Infolge der hohen Eigenabsorption von Protein in diesem Wellenbereich erfordert das Verfahren eine hohe spezifische Aktivität der zu verwendenden Enzympräparate. Geeignet für diese Methode sind Transaminierungen zwischen α-Ketoglutarat und Asp (280 mμ), Tryp, Tyr und Phe (300 mμ) und zwischen Oxalacetat und Leu, Ileu, Tryp, Ala, Gly, Meth, Glu, Tyr und Phe (280 mμ). Dabei ist erforderlich, daß von den vier Reaktionspartnern nur einer bei dem Wellenbereich eine Absorptionsbande besitzt und die Absorptionskoeffizienten aller vier beteiligten Substanzen bekannt sind.

Reagentien:

1. 0,05 m Kaliumphosphatpuffer, p_H 7,4.
2. L-Aminosäure: neutralisiert mit KOH, 0,02 m in Puffer.
3. α-Ketosäure: neutralisiert mit KOH, 0,1 m in Puffer.
4. PLP: 30 μg/ml in Puffer.

Ausführung:

1 ml der Enzymlösung wird mit 1 ml PLP-Lösung 20 min in einer Quarzküvette bei 38° C inkubiert. Nach Zugabe von 1 ml der Aminosäurelösung wird erneut 10 min inkubiert. Die Reaktion wird mit 0,2 ml der Ketosäurelösung gestartet. Als Leerwert wird der gleiche Ansatz einmal ohne Ketosäure und einmal ohne Aminosäurezusatz verwendet. Bei Reaktion mit Oxalacetat wird außerdem ein Leerwert mit einem hitzedenaturierten Enzympräparat angesetzt.

Die Meßwerte werden 30 min lang alle 3 min abgelesen.

Auswertung:

Bei bekannten molaren Extinktionskoeffizienten aller vier an der Reaktion beteiligten Substrate (k_1—k_4) und bekannten Konzentrationen der eingesetzten Substrate (C_1 und C_2) kann die auf die Zeit bezogene Bildung des einen Reaktionsproduktes $d(C_3)/dt$ (wobei $C_3 = C_4$ ist) aus der Steigung der Reaktionskurve $(dE)/dt$, die man durch Auftragen der Extinktionswerte (E) gegen die Zeit erhält, ermittelt werden.

$$\frac{d(C_3)}{dt} = \frac{dD}{dt} \times \frac{1}{(k_3 + k_4 - k_1 - k_2)} .$$

Diese Methode erlaubte erstmals, die Kinetik von Transaminierungen messend zu verfolgen. Die Reaktionsgeschwindigkeit kann als μM Substratumsatz pro mg Trocken-

[1] CAMMARATA, P. S., and P. P. COHEN: J. biol. Ch. **193**, 45 (1951).

gewicht des Enzyms pro 1 Std angegeben werden. Dieser Wert entspricht nach Multiplikation mit 22,4 dem Q-Transaminasewert, der in μl Substratumsatz pro mg Trockengewicht des Enzyms pro Std ausgedrückt wird. Ein Vergleich dieser Methode, mit etwas veränderter Substratkonzentration, mit anderen Methoden zur Aktivitätsbestimmung der GOT wurde von BOYD durchgeführt[1].

4. Spezielle Methoden zur Bestimmung von α-Ketoglutarsäure.

Da α-KGS an nahezu allen Transaminierungsreaktionen beteiligt ist, sollen die Bestimmungsmethoden für sie bereits im allgemeinen Teil besprochen werden.

Die von KREBS[2] angegebene Methode wurde von [3] für das Transaminasesystem verwendet. Sie beruht auf der Überführung der α-KGS in das 2,4-Dinitrophenylhydrazon, das mit Äther extrahiert, eingedampft und in saurer Lösung mit Permanganat zu Succinat oxydiert wird. Dieses wird mit Succinatdehydrogenase und Hexacyanoferrat-III als Elektronenacceptor[4] oder manometrisch bestimmt[5].

Die oxydative Decarboxylierung von α-KGS zu Succinat kann mit Wasserstoffperoxyd direkt erfolgen[6], wobei das resultierende Succinat ebenfalls manometrisch[5] oder colorimetrisch[4] bestimmt werden kann.

Nach KREBS[7] kann für die Bestimmung von α-KGS ein gekoppeltes System verwendet werden, bestehend aus Glutamat-Oxalacetat-GOT und Glutaminsäuredecarboxylase mit einem großen Überschuß an Aspartat. Das bei der Reaktion gebildete Oxalacetat wird mit Anilin decarboxyliert und die Glutaminsäure enzymatisch decarboxyliert, so daß pro Mol α-KGS 2 M CO_2 entstehen, die manometrisch gemessen werden.

***Bestimmung von α-Ketoglutarsäure und Pyruvat nebeneinander nach* KOEPSELL *und* SHARPE[8].**

Prinzip:

Nach FRIEDEMANN und HAUGEN[9] benutzt man das unterschiedliche Lösungsvermögen der 2,4-Dinitrophenylhydrazone von α-KGS und Pyruvat und ihre unterschiedlichen Absorptionskoeffizienten bei 420 und 540 mμ zur Bestimmung dieser Ketosäuren nebeneinander. Das Verfahren wurde von KOEPSELL und SHARPE[8] dahingehend variiert, daß die extrahierten Hydrazone bei 380 mμ und nach Zugabe von 2,4 n NaOH bei 435 und 520 mμ gemessen werden.

Reagentien:

1. 0,75 n H_2SO_4 oder Trichloressigsäure, 10%ig.
2. Hydrazinreagens (100 mg 2,4-Dinitrophenylhydrazin in 100 ml 2 n HCl).
3. Äthylacetat.
4. Sodalösung, 10%ig.
5. 2,4 n NaOH.

Ausführung:

1 ml Probe (0,1—0,25 μM Gesamtketosäure) wird mit 2 ml 0,75 n H_2SO_4 versetzt. Geht man von einer Blutprobe aus, die 1:5 (v/v) mit 10%iger TES enteiweißt wurde, so entfällt der Zusatz von H_2SO_4, und es werden 3,0 ml enteiweißter Extrakt mit ebenfalls 0,1—0,25 μM Ketosäure eingesetzt. Dazu wird 1 ml Hydrazinreagens gegeben und 15 min bei 30° C inkubiert. Die gebildeten Hydrazone werden zuerst mit 10 ml Äthylacetat und

[1] BOYD, J. W.: Biochem. J. **81**, 434 (1961).
[2] KREBS, H. A.: Biochem. J. **32**, 108 (1938).
[3] COHEN, P. P.: J. biol. Ch. **136**, 565, 585 (1940).
[4] SINGER, T. P., P. BERNATH u. C. J. LUSTY; in: BERGMEYER, H. U. (Hrsgb.): Methoden der enzymatischen Analyse. S. 340. Weinheim 1962.
[5] SINGER, T. P., and E. B. KEARNEY: Meth. biochem. Analysis. **4**, 307 (1957).
[6] GREEN, D. E., L. F. LELOIR and V. NOCITO: J. biol. Ch. **161**, 559 (1945).
[7] KREBS, H. A.: Biochem. J. **47**, 605 (1950).
[8] KOEPSELL, H. J., and E. S. SHARPE: Arch. Biochem. **38**, 443 (1952).
[9] FRIEDEMANN, T., and G. E. HAUGEN: J. biol. Ch. **147**, 415 (1943).

dann mit 6 ml 10%iger Sodalösung extrahiert. 5 ml der schwach gelben Lösung werden bei 380 mμ gegen einen Reagentienblindwert gemessen. 10 min nach Zugabe von 1 ml 2,4 n NaOH wird erneut die nun intensiv rote Farbe bei 435 mμ gemessen und 20 min nach Zugabe des Alkali bei 520 mμ.

Die *Berechnung* erfolgt nach der Gleichung:

$$E^x = E_P^x \times C_P + E_K^x \times C_K,$$

wobei E^x die gemessene Extinktion der unbekannten Lösung bei den entsprechenden drei möglichen Wellenlängen ist, E_P^x bzw. E_K^x Extinktionswerte von Pyruvat- bzw. Ketoglutaratlösung bekannter Konzentration (gemessen bei den entsprechenden Wellenlängen) und C_P bzw. C_K die μMole Pyruvat bzw. Ketoglutarat in der unbekannten Probe.

Tabelle 4. *Enzymeinheiten für Transaminierungen.*

Als 1 Enzymeinheit ist diejenige Enzymmenge definiert, die unter den angeführten Bedingungen die folgenden Meßgrößenveränderungen verursacht:

I. Manometrische Einheiten.

1. a) Q_T: [1, 2] (Freisetzung von CO_2), 1 μl Substratumsatz/mg Trockengewicht/60 min/37° C.
   b) Q_{TN} bzw. Q_{TProt}: [3, 4]. Wie 1a, jedoch bezogen auf mg Stickstoff bzw. mg Protein.
   c) Q_T^{10}: [5], Q_T-Wert, der aus einer Reaktionszeit von 10 min errechnet worden ist.
2. O'Kane und Gunsalus: [2, 6] (Freisetzung von CO_2), 100 μl CO_2/ml/10 min/37° C.

II. Photometrische Einheiten.

1. Davies und Ellis[7]: (ΔE bei 280 mμ durch Oxalacetatbildung) ΔE_{280}= 0,01/min/20° C.
2. Banks und Vernon[8]: (ΔE bei 280 mμ durch Bildung des Oxalacetat-Borat-Komplexes) ΔE_{280}= 0,1/10 min/25° C.
3. Wroblewski, Karmen, la Due[9, 10]: (ΔE bei 340 mμ NADH) E_{340}= 0,001/3 ml/min/23° C.
4. Cabaud[11]: (ΔE bei 450—520 mμ Pyruvat als 2,4-Dinitrophenylhydrazon) 1 μg Pyruvat/ml/60 min/37° C.
5. Laursen[12, 13]: (Fluorometrische Bestimmung von NAD) 1 μM Pyruvat/ml/60 min/37° C.
6. a) Internationale Einheit[14]: 1 μM Substrat/1000 ml/min/25° C.
   b) Internationale Millieinheit: Wie 6a, nur auf 1 ml bezogen.
   c) Racker[15] und King[16]: Als Vorläufer der internationalen Einheit: 1 μM Substratumsatz/min/25°C.
7. Bücher[17]: (ΔE bei 366 mμ NADH) E_{366}= 0,100/ml/100 sec/25° C.
8. Amelung[18]: 1 μM Substratumsatz/ml/60 min/25° C.
9. Bruns[19]: (Umsatz von Fructose-1,6-diphosphat[FDP]) 1 μl FDP/ml/60 min/37° C.
10. Holzer[20]: (ΔE bei 366 mμ NADH) ΔE_{366}= 0,001/3 ml/min/24° C.

[1] Cohen, P. P., and G. L. Heckhius: J. biol. Ch. **140**, 711 (1941).
[2] Green, D. E., L. F. Leloir and V. Nocito: J. biol. Ch. **161**, 559 (1945).
[3] Albaum, H. G., and P. P. Cohen: J. biol. Ch. **149**, 19 (1943).
[4] Leonard, M. J. K., and R. H. Burris: J. biol. Ch. **170**, 701 (1947).
[5] Tonhazy, N. E., N. G. White and W. W. Umbreit: Arch. Biochem. **28**, 36 (1950).
[6] O'Kane, D. O., and I. C. Gunsalus: J. biol. Ch. **170**, 425 (1947).
[7] Davies, D. D., and R. J. Ellis: Biochem. J. **78**, 623 (1961).
[8] Banks, B. E. C., and C. A. Vernon: Soc. **1961**, 1698.
[9] Karmen, A., F. Wroblewski and J. S. LaDue: J. clin. Invest. **34**, 126 (1955).
[10] LaDue, J. S., F. Wroblewski and A. Karmen: Science, N.Y. **120**, 497 (1954).
[11] Cabaud, P., R. Leeper and F. Wroblewski: Amer. J. clin. Path. **26**, 1101 (1956).
[12] Laursen, T., and G. Espersen: Scand. J. clin. Lab. Invest. **11**, 61 (1959).
[13] Laursen, T., and P. Hansen: Scand. J. clin. Lab. Invest. **10**, 53 (1958).
[14] Report of the Commission on Enzymes of the International Union of Biochemistry. Oxford 1961.
[15] Cooper, J., P. A. Srere, M. Tabachnick and E. Racker: Arch. Biochem. **74**, 306 (1958).
[16] King, E. J., and D. A. Campbell: Clin. chim. Acta, Amsterdam **6**, 300 (1961).
[17] Bücher, T.: Z. Naturforsch. 8b, 555 (1953).
[18] Amelung, D., u. H. D. Horn: D.m.W. **1956**, 1701.
[19] Bruns, F. H.: B. Z. **325**, 156 (1954).
[20] Holzer, H., u. U. Gerlach: B. Z. **326**, 451 (1955).

Nach SALVATORE[1] eignet sich zur Bestimmung der Brenztraubensäure in Gegenwart von α-KGS aus dem Gemisch ihrer 2,4-Dinitrophenylhydrazone besser das Absorptionsverhältnis E_{400}/E_{490}.

Bestimmung von α-Ketoglutarat mit Glutamatdehydrogenase. Das von WALLENFELS und CHRISTIAN[2] ausgearbeitete Verfahren ist einfach und spezifisch und als Routineverfahren verwendbar[3].

III. Bestimmungen mit radioaktiv markierten Substraten.

Eine weitere analytische Möglichkeit ergibt sich bei der Verwendung von ^{14}C- oder ^{15}N-markierten Substraten zur Transaminierung. Dieses Verfahren wurde zum Nachweis der Transaminierung zwischen analogen Ketosäuren und Aminosäuren[4, 5] und bei Vorliegen ungereinigter Enzympräparate[6] herangezogen. Ebenso wurde die Transaminierung von ^{15}N-markierten Aminosäuren unter den verschiedensten Bedingungen untersucht[6–8] und die Umsetzung von ^{131}J-Dijodtyrosin[9].

IV. Enzymeinheiten.

Definition der im Zusammenhang mit Transaminasen verwendeten Enzymeinheiten mit Umrechnungsfaktoren. Viele der allgemeinen und speziellen Bestimmungsmethoden ver-

Tabelle 5. *Umrechnungsfaktoren für Transaminaseeinheiten**. (Zitate s. Tabelle 4.)

Gegebene Einheiten	Faktoren für die gesuchten Einheiten									
	internat. Millieinheit	WROBLEWSKI	BÜCHER	CABAUD	LAURSEN	O'KANE	Q_T	AMELUNG	BRUNS	HOLZER
Intern. Millieinheit	—	2,073	0,055	10,59	0,12	0,0051	0,00305	0,06	3,05	1,099
WROBLEWSKI **	0,482	—	0,0265	5,1	0,0578	0,0024	0,00147	0,029	0,735	0,529
BÜCHER	18,2	37,7	—	192,5	2,18	0,0925	0,055	1,09	27,8	20
CABAUD ***	0,0945	0,196	0,0052	—	0,0113	0,00048	0,00029	0,0057	0,288	0,104
LAURSEN ***	8,33	17,3	0,458	88,2	—	0,0424	0,0254	0,5	25,5	9,17
O'KANE ***	196,5	407	10,8	2080	23,6	—	0,6	11,8	599	216,3
Q_T ***, †	328	680	18,05	3470	39,4	1,67	—	19,7	1000	361
AMELUNG	16,7	34,6	0,917	175,6	2	0,0847	0,0507	—	50,9	18,35
BRUNS ***, ††	0,382	1,36	0,036	3,46	0,039	0,00167	0,001	0,0196	—	0,72
HOLZER **	0,91	1,89	0,05	9,61	0,109	0,0046	0,00277	0,0545	1,39	—

* Zur Umrechnung in die gesuchten Einheiten werden die gegebenen Einheiten mit dem entsprechenden Faktor multipliziert. Basis der Umrechnung 25° C.

** Die Abweichung von der Meßtemperatur 25° C wurde nicht berücksichtigt.

*** Zur Umrechnung des Reaktionsumsatzes von 37° C auf 25° C wurde der Faktor 2 verwendet.

† 1 ml ist gleichgesetzt mit 1 g.

†† Zur Umrechnung in NADH-abhängige Einheiten wurde der Substratumsatz verdoppelt (1 FDP → 2 NADH).

[1] SALVATORE, F., and V. BOCCHINI: Clin. chim. Acta, Amsterdam **6**, 109 (1961).

[2] WALLENFELS, K., u. W. CHRISTIAN: Unveröffentlicht.

[3] BERGMEYER, H. U., u. E. BERNT; in: BERGMEYER, H. U. (Hrsgb.): Methoden der enzymatischen Analyse. S. 324. Weinheim 1962.

[4] NISONOFF, A., F. W. BARNES, T. ENNS and S. v. SCHUDING: Bull. Johns Hopkins Hosp. **94**, 117 (1954).

[5] PEYSER, P.: Diss. Columbia Univ. New York 1954.

[6] WILSON, D. G., K. W. KING and R. H. BURRIS: J. biol. Ch. **208**, 863 (1954).

[7] NISONOFF, A., F. W. BARNES and T. ENNS: J. biol. Ch. **204**, 957 (1953).

[8] TANENBAUM, S. W.: J. biol. Ch. **218**, 733 (1956).

[9] TONG, W., A. TAUROG and I. L. CHAIKOFF: J. biol. Ch. **207**, 59 (1954).

wenden zur Berechnung der Meßergebnisse Eichsubstanzen und geben die Enzymaktivität oder die Umsatzgröße als die unter den Testbedingungen gebildeten oder verbrauchten Mengen einer Substanz an. Wir unterscheiden dabei 1. die bloße Angabe eines Substratumsatzes in einem bestimmten Zeitabschnitt ohne Festlegung einer Enzymeinheit und 2. Definitionen der Enzymeinheit, die sich auf eine definierte Veränderung einer bestimmten Meßgröße (Extinktion, p_H-Abfall usw.) in einer bestimmten Zeiteinheit beziehen. Wesentlich sind dabei die Angabe der Temperatur und des Volumens, in dem diese Veränderung gemessen worden ist, oder in dem die Einheit enthalten ist. In beiden Fällen kann der Substratumsatz oder die Veränderung der Meßgröße auf eine bestimmte Enzymmenge bezogen sein, z.B. auf mg Trockengewicht, mg Feuchtgewicht, mg Eiweiß, mg Stickstoff, ml Serum, g Gewebe usw. Wenn sich der Umsatz auf 1 mg Eiweiß bezieht, spricht man von spezifischer Aktivität. Nur in wenigen Methoden kann an Hand der Meßgröße direkt der Substratumsatz berechnet werden; dies ist immer dann der Fall, wenn der molare Meßgrößenkoeffizient, z.B. der molare Extinktionskoeffizient, der zu messenden Substanz bekannt ist (z.B. NADH-abhängige Enzymreaktionen). Neuerdings werden zur Kontrolle für die GOT- und GPT-Aktivitätsbestimmung keine Standardkurven mit Eichsubstanzen mehr verwendet, sondern standardisierte Transaminasenpräparate, die in Lösung bei tiefer Temperatur und lyophilisiert bei +4° C 6—9 Monate beständig sind[1,2].

Die wesentlichsten Definitionen der Transaminasen-Einheiten sind in Tabelle 4 (S. 324) aufgeführt und die Umrechnung untereinander in Tabelle 5 (S. 325).

B. Die einzelnen Enzyme.

Glutamat-Oxalacetat-Transaminase (GOT).

[2.6.1.1 Aspartat-Aminotransferase.]

Transaminierungen wurden, wie erwähnt, praktisch in allen biologischen Systemen nachgewiesen, wobei jeweils mehrere Transaminasen mit verschiedener Spezifität vorkommen, die GOT jedoch nie zu fehlen scheint. Da auch bei der Mehrzahl der übrigen Transaminierungsreaktionen das System α-KGS-Glu beteiligt ist, besitzen Glutaminsäure und Asparaginsäure beim Aminogruppen-Transfer die größte Bedeutung. Schon frühzeitig erkannte man, daß die GPT bei weitem nicht die gleiche Verbreitung besitzt wie die GOT und die Aktivität der GPT 5—10mal geringer ist als die der GOT[3].

Vorkommen in menschlichem und tierischem Gewebe und in Körperflüssigkeiten. Bereits die ersten Angaben über die Aktivität der GOT in Geweben[4–6] ließen erkennen, daß Herzmuskel und Skeletmuskulatur eine hohe GOT-Aktivität besitzen. In der Tabelle 6 sind Werte der Literatur für die GOT-Aktivität in menschlichen und tierischen Organen angegeben. Bei diesen Angaben muß berücksichtigt werden, daß in einigen Fällen die strukturgebundene Enzymaktivität nicht quantitativ erfaßt worden ist. Die Verhältnisse in den verschiedenen Fraktionen des Gehirns sind in Tabelle 7 angegeben (s. auch [7]).

Da bei diesen Organanalysen teilweise Operations- bzw. Sektionsmaterial verwendet wurde, haben SCHMIDT u. Mitarb.[8] die Abhängigkeit der GOT-Aktivität in Organen von der Alterung untersucht (Tabelle 8) und nur eine verhältnismäßig geringe Aktivitätsminderung bei Lagerung gefunden.

[1] WALSH, M. P., and B. W. MEADE: J. clin. Path. **14**, 674 (1961).
[2] BABSON, A. L., and P. O. SHAPIRO: Clin. chim. Acta, Amsterdam **8**, 326 (1963).
[3] BRAUNSTEIN, A. E.: Adv. Protein Chem. **3**, 1 (1947).
[4] COHEN, P. P.: Amer. J. Physiol. **126**, 467 (1939). J. biol. Ch. **133**, Proc. XX (1940).
[5] COHEN, P. P.: Chem. Indust. **58**, 652 (1939). Biochem. J. **33**, 1478 (1939).
[6] COHEN, P. P., and G. L. HECKHIUS: J. biol. Ch. **140**, 711 (1941).
[7] SUMIDA, S.: Seikagaku **28**, 339 (1956).
[8] SCHMIDT, E., u. F. W. SCHMIDT: Kli. Wo. **1960**, 957.

Tabelle 6. *Vorkommen von GOT in menschlichen und tierischen Organen.*

Species	Mensch				Hund	Rind	Pferd	Schwein	Meerschweinchen	Ratte					Kücken
	WE/g Frischgewicht	μM/g Frischgewicht/10 min/37° C	BE/g Frischgewicht (BE/g Extraktprotein)	WE/g Frischgewicht	μg BTS/20 min/25° C			μl CO_2/Std/100 mg Extrakt	μM/mg Feuchtgewicht/Std	μl/mg Trockengewicht/Std = Q_T	μM/g Frischgewicht/Std/38° C	WE/g Frischgewicht	Angabe in %; Lunge = 100	WE/g Frischgewicht	μl/mg Trockengewicht/Std = Q_T
Herzmuskel	155500	527	2870 (64,1)	55000 fetal	2140	1150	1461	449		425	334	530000	835		538
Skeletmuskel	99300		2007 (20)	33000	64	537	842		5,33 ± 0,3	316	289	230000	670		
Leber	142400	708	3260 (34,0)	53000 fetal	920	563	630	265	3,75 ± 0,2	245	250	480000	480	108000 ± 19200	258
Niere	90900		450—580 (9,5—10,5)		646	319	333	381	2,06 ± 0,13	245	269	200000	480		
Gehirn									2,63 ± 0,05	260	264		510		
Lunge	10000		58 (1,0)		85	64				51			100		
Pankreas	28300		164 (4,7)			209	1013							19170 ± 3892	
Verdauungstrakt					208	112	114								
Magenmuscularis			233 (5,0)												
Magenmucosa			1582 (28)												
Milz	13600				192	122	36			16	189				
Knochenmark		33,6													
Nebenniere														53260 ± 9892	
Lymphknoten			402 (7,5)												
Fettgewebe			282 (20,9)												
Testis									0,55 ± 0,04	150	126				
Prostata											176				
Uterus			224 (2,2)	11000											
Literatur	1	2	3	4	5			6	7	8	9	10	11	12	13

Tabelle 7. *GOT-Aktivität verschiedener Gehirnregionen.*

	Mensch[1]		Mensch[2]		Mensch[3]		Hund[4]
	μM DPNH/g Frischgewicht/Std	μM DPNH × 10^{-5}/Zelle/Std	μM/g Frischgewicht/Std/37° C	μM/mg Protein/Std/37° C	BE/g Frischgewicht	BE/mg Protein	μM/mg Frischgewicht/Std/38° C
Gesamtgehirn .	4310 $\pm$ 580						2,37—3,99 (3,21 $\pm$ 0,61)
Cerebellum . .	4640 $\pm$ 200	0,79 $\pm$ 0,09	595	168	1180	71	5,0—6,6
Thalamus . . .	4600 $\pm$ 160	3,6 $\pm$ 0,49					
Rindenschicht .	4420 $\pm$ 70	4,1 $\pm$ 0,36	1220	347	1109	67,6	3,8—4,1
Markschicht . .	4410 $\pm$ 140	3,4 $\pm$ 0,46	446		508	42	
Hypothalamus	3980 $\pm$ 250	2,5 $\pm$ 0,61					
Medulla	3960 $\pm$ 70	2,7 $\pm$ 0,70					2,0—2,6
Capsula interna							1,8—2,4
Corpus callosum			298	91			
Mittelhirn . . .	4910 $\pm$ 120						
Pons	5130 $\pm$ 180						

Die GOT[5] gehört zu dem sog. Enzymtyp III, da sie sowohl im cytoplasmatischen Raum (GOT-C) als auch in den Mitochondrien (GOT-M) zu finden ist. Bereits 1951 konnte ROWSELL[6,7] GOT in den Mitochondrien von Schweineherzen nachweisen. Bei Untersuchungen von fraktionierten Homogenaten aus Herz und Leber und besonders in rasch wachsendem Lebergewebe nach Hepatektomie, in Neoplasmen und während der embryonalen Entwicklungszeit findet sich die GOT in allen Zellfraktionen[8–11], wobei bei Leberhomogenaten die Aktivitäten im löslichen Überstand und in den Zellfraktionen ungefähr gleich

Tabelle 8. *Veränderungen der GOT- und GPT-Aktivität bei Alterung der Organe*[3].

	22—27 Std	48—53 Std
Menschliche Muskulatur	97 (106)	89 (109)
Meerschweinchengehirn	84 (98)	85 (74)
Meerschweinchenniere	94 (160)	81 (57)

Alterung bei +4° C in feuchten Kammern; Angaben in Prozent des Ausgangswertes bezogen auf Feuchtgewicht. GPT-Werte in Klammern.

[1] MAY, L., M. MIYAZAKI and R. G. GRENELL: J. Neurochem. **4**, 269 (1959).
[2] GREEN, J. B., H. A. OLDEWURTEL and F. M. FORSTER: Neurology **9**, 540 (1959).
[3] SCHMIDT, E., u. F.W. SCHMIDT: Kli. Wo. **1960**, 957.
[4] WAKIM, K. G., and G. A. FLEISHER: Proc. Staff Meet. Mayo Clin. **31**, 391 (1956).
[5] DELBRÜCK, A., H. SCHIMASSEK, K. BARTSCH u. T. BÜCHER: B. Z. **331**, 273, 297 (1959).
[6] ROWSELL, E. V.: Nature **168**, 104 (1951).
[7] ROWSELL, E. V.: Biochem. J. **64**, 235, 246 (1956).
[8] DAVTYAN, M. A.: Biochimija, Moskva **27**, 899 (1962).
[9] WILCZOK, T.: Neoplasma, Bratislava **8**, 345 (1961).
[10] WILCZOK, T.: Acta biochim. pol. **8**, 35 (1961).
[11] MEMCHINSKAYA, V. L.: Tsitologija, Moskva **3**, 327 (1961).

Literatur zu Tabelle 6.

[1] NYDICK, I., and J. S. LADUE: Circulation, N.Y. **12**, 161, 795 (1955).
[2] GIUSTI, G., e M. COLTORTI: Boll. Soc. ital. Biol. sperim. **31**, 396 (1955).
[3] SCHMIDT, E., u. F. W. SCHMIDT: Kli. Wo. **1960**, 957.
[4] PERSSON, B. H.: Acta Soc. Med. upsalien. **65**, 96 (1960).
[5] CORNELIUS, C. E., J. BISHOP, J. SCHWITZER and E. A. RHODE: Cornell Veterin. **49**, 116 (1959).
[6] CAMMARATA, P. S., and P. P. COHEN: J. biol. Ch. **187**, 439 (1950).
[7] SHINA, K. K., S. ROY, A. K. MUKHERJEE: Ind. J. Physiol. **16**, 130 (1962).
[8] COHEN, P. P., and G. L. HECKHIUS: J. biol. Ch. **140**, 711 (1941).
[9] AWAPARA, J., and B. SEALE: J. biol. Ch. **194**, 497 (1952).
[10] MERRIL, J. M., J. LEMLEY-STONE and G. R. MENEELY: Amer. J. Physiol. **190**, 522 (1957).
[11] AMELUNG, D., u. H. D. HORN: D.m.W. **1956**, 1701.
[12] PUCHOL, J. R., and A. CARBALLIDO: Med. exp., Basel **1**, 305 (1959).
[13] GOSWAMI, M. N., and A. R. ROBBLEE: Poultry Sci. **37**, 96 (1958).

sind[1–3]. Bei längerer Lagerung von Leberhomogenaten nimmt die lösliche GOT-Aktivität infolge der nur latent auftretenden Mitochondrien-GOT langsam zu[4]. Die Verteilung der GOT-Aktivität in der Rattenleber, im Rattengehirn und im Flugmuskel von *Locusta migratoria* ist in Tabelle 9 angegeben.

Die einzelnen Organe besitzen entsprechend ihrer funktionellen Aufgaben ein definiertes Enzymmuster, das bei Schädigung eines Zellverbandes auch in das Serum in einer etwas ,,verzerrten" Form übertreten kann[5]. Diese Verzerrung beruht hauptsächlich auf der unterschiedlichen Lokalisation der Enzyme in der Zelle[6] und damit auf einer unterschiedlichen Austrittsgeschwindigkeit in den extracellulären Raum und auf einer verschieden raschen Eliminierung aus dem Blut, z.B. durch die Niere.

Chromatographische und elektrophoretische Untersuchungen der GOT-Aktivität in Organextrakten ergaben das Vorliegen von mehreren GOT-Isoenzymen. Die lösliche GOT-C entspricht der im Serum vorkommenden Form und wandert bei der Elektrophorese anodisch, die mitochondriale GOT-M kommt normalerweise im Serum nicht vor und wandert kathodisch[7–9]. Bei Elektrophorese von Rattenleberextrakten tritt der latente mitochondriale Anteil erst nach

Tabelle 9. *Intracelluläre Verteilung der GOT.*

	Ratte										Locusta migr.	
	Gehirn	Leber	Leberzylinder	Leber		Leber					Flugmuskel	
				unbehandelt	1 min Ultraschall							
	µM NADH/g Feuchtgewicht/Std	µM NADH/g Feuchtgewicht/Std	Prozent der Aktivität im Gesamthomogenat	µM/mg Leber/25° C/Std	µM/mg Leber/25° C/Std	µM/g Frischgewicht/Std	µM/mg N/Std	µM/g/Std	Prozent der Aktivität im Gesamthomogenat	µM/mg Protein/Std	BE/g Frischgewicht	BE/mg Protein
Gesamthomogenat	4310 ± 580	6510 ± 680	100	3,1	6,24			1200	100	65		
Kerne und Zellfragmente	50 %	33 %	2	0,27	0,71							
Mitochondrien	33 %	40 %	50—70 mittel 61	1,45	3,25	24—90	11—33	381	31,8	100	1100	240
Mikrosomen	1 %	3 %	7	0,19	0,3			66	5,5	18		
Überstand	15 %	14 %	40—20 mittel 29	1,31	1,23	480—720	60—73	550	45,8	69	1200	80
Literatur	10	10	11	12	12	13	13	3	3	3	14	14

[1] Müller, A. F., u. F. Leuthardt: Helv. **33**, 268 (1950).
[2] Asada, M.: Med. J. Osaka Univ. **9**, 45 (1958).
[3] Gaull, G., and C. A. Villee: Biochim. biophys. Acta **39**, 560 (1960).
[4] Schmidt, E., F. W. Schmidt u. E. Wildhirt: Kli. Wo. **1958**, 172.
[5] Bücher, T., u. P. Baum: Vortrag Dtsch. Kongr. ärztl. Fortbildung. Berlin 1958.
[6] Schneider, W. C., and G. H. Hogeboom: J. biol. Ch. **204**, 233 (1953).
[7] Katunuma, N., T. Matsuzawa and A. Huzino: J. Vitaminol., Kyoto **8**, 74 (1962).
[8] Fleisher, G. A., C. S. Potter and K. G. Wakim: Proc. Soc. exp. Biol. Med. **103**, 229 (1960).
[9] Hook, R. H., and C. S. Vestling: Biochim. biophys. Acta **65**, 358 (1962).
[10] May, L., M. Miyazaki and R. G. Grenell: J. Neurochem. **4**, 269 (1959).
[11] Eichel, J. H., and J. Bukovsky: Nature **191**, 243 (1961).
[12] Boyd, J. W.: Biochem. J. **81**, 434 (1961).
[13] Bässler, K. H., u. C. H. Hammar: B. Z. **330**, 555 (1958).
[14] Delbrück, A., H. Schimassek, K. Bartsch u. T. Bücher: B. Z. **331**, 273, 297 (1959).

Tabelle 10. *Normalwerte der GOT im menschlichen Serum.*

Lfd. Nr.	Literatur	Zahl der Fälle	Bereich	Mittel	Abweichung
1	1	72	8—40	—	±4,9
2	2	35	4—40	16,4	±8,4
3	3	79	0—30	13,9	±7,0
4	4	81	—	18,6	±9,2
5	5	200	5—38	13,84	±6,63
6	6	25	0—26	11,6	—
7	7	100	11—32	21,6	±5,3
8	8	21	10—45	23,5	±8
9	9	45	2—45	23,4	±12,3
10	10	48	4—39	19,0	±8,3
11	11	100	—	18,82	±5,1
12	12	100	9—40	25,2	±7,4
13	13	44	4—42	20,1	—
14	14	26	0,15—0,43	0,27	—
15	15	20 ♂	15—37	22,9	—
16	15	20 ♀	14—36	19,7	—
17	16	50	9—32	20	±7
18	17	126	—	14,2	±4,2
19	18	43	—	1,34	±0,12
20	19	50	9—32	19,6	—
21	20	20	10—33	16,0	—
22	21	50	10—40	22,1	—
23	22	17	11—39	25	—
24	23	950	13—46	25	—
25	24	500	5—40	22,1	±6,8
26	25	160	—	0,91	±0,02
27	26	105	0,2—0,93	0,44	—
28	27	88	0,41—1,36	0,662	±0,191

Einheiten. Alle Angaben beziehen sich auf WROBLEWSKI-E, mit Ausnahme von Nr. 14 (μM/ml/15 min/37° C), Nr. 18 (mIE/ml), 19, 26, 28 (μM/ml/Std) und Nr. 27 (BE/ml).

Analysenmethode. 1—14 colorimetrische Verfahren, 15—27 UV-Test, 28 Chromatographie.

Ultraschallbehandlung als kathodische Zone auf[28]. Diese relativ feste Fixierung der GOT im mitochondrialen Anteil wird auch bei der fraktionierten Extraktion der Rattenleber beobachtet.

Wird die Leber schonend mit isotonen Lösungen extrahiert, so enthält der lösliche Anteil eine Aktivität von z.B. 2,04 μM pro mg Leber/Std/25° C, ein wäßriges Homogenat 4,2, ein Saccharoseextrakt, der in einem hochtourigen Homogenisator gewonnen wurde, 5,63 und ein mit Ultraschall behandeltes Homogenat 6,15 μM/mg Leber/Std/25° C.

FLEISHER[29] fand nach elektrophoretischer Auftrennung von Herz- und Leberextrakten von Mensch, Schwein und Hund je eine anodische und eine kathodische (50—60% der

[1] REITMAN, S., and S. FRANKEL: Amer. J. clin. Path. **28**, 56 (1957).
[2] CABAUD, P., R. LEEPER and F. WROBLEWSKI: Amer. J. clin. Path. **26**, 1101 (1956).
[3] MOHUN, A. F., and I. J. COOK: J. clin. Path. **10**, 394 (1957).
[4] DREIZEN, S., R. E. STONE, J. G. DREIZEN and T. D. SPIES: Proc. Soc. exp. Biol. Med. **102**, 449 (1959).
[5] REYES, G. L.: J. philipp. med. Ass. **34**, 537 (1958) [Chem. Abstr. **53**, 10437g].
[6] VANIKAR, V. A., R. K. SANT and J. T. BHATT: Ind. J. med. Sci. **13**, 843 (1959).
[7] BHARUCHA, E. D., R. N. JOSHI and A. VENTKATARAMAN: Ind. J. med. Sci. **15**, 206 (1961).
[8] RATNER, J. T., and H. J. SACKS: Canad. Med. Ass. J. **76**, 720 (1957) [Chem. Abstr. **52**, 18803i].
[9] SUNG, H. H., and Y. C. YANG: Chin. med. J. **79**, 150 (1959).
[10] HSÜ, C. H., and S. C. SUNG: Tai-wan i-hsäch-hui toa-chih **57**, 541 (1958) [Chem. Abstr. **53**, 8343d].
[11] RIOS, C. O.: An. Hosp. milit. central, Lima **2**, 241 (1960).
[12] FRIEDMAN, M. M., and T. H. TAYLOR; in: D. SELIGSON (Hrsgb.): Standard Methods of Clinical Chemistry. Vol. 3, S. 207. New York 1961.
[13] DUBACH, U. C.: Schweiz. med. Wschr. **87**, 8 (1957).
[14] DERITIS, F., M. COLTORTI e G. GIUSTI: Minerva med. **47**, 1 (1956).
[15] HENRY, R. J., N. CHIAMORI, O. J. GOLUB and S. BERKMAN: Amer. J. clin. Path. **34**, 381 (1960).
[16] WROBLEWSKI, F., and P. CABAUD: Amer. J. clin. Path. **27**, 235 (1957).
[17] LEIPOLD, H., H. WÜST u. H. SCHÖN: D. m. W. **1961**, 1341.
[18] HENLEY, K. S., and H. M. POLLARD: J. Lab. clin. Med. **46**, 785 (1955).
[19] KARMEN, A.: J. clin. Invest. **34**, 131 (1955).
[20] STEINBERG, D., D. BALDWIN and B. H. OSTROW: J. Lab. clin. Med. **48**, 144 (1956).
[21] LADUE, J. S., F. WROBLEWSKI and A. KARMEN: Science, N.Y. **120**, 497 (1954).
[22] CANDURA, F.: Progr. med. **12**, 368 (1956) [Chem. Abstr. **51**, 5249h].
[23] LINDNER, G.: Dtsch. med. J. **12**, 3 (1961).
[24] WROBLEWSKI, F., and J. S. LADUE: Ann. internal Med. **43**, 345 (1955).
[25] FLEISHER, G. A., K. G. WAKIM and N. P. GOLDSTEIN: Proc. Staff Meet. Mayo Clin. **32**, 188 (1957).
[26] SCHMIDT, E., F. W. SCHMIDT u. E. WILDHIRT: Kli. Wo. **1958**, 280.
[27] KARMEN, A., F. WROBLEWSKI and J. S. LADUE: J. clin. Invest. **34**, 126 (1955).
[28] BOYD, J. W.: Biochem. J. **80**, 18P (1961).
[29] FLEISHER, G. A., C. S. POTTER and K. G. WAKIM: Proc. Soc. exp. Biol. Med. **103**, 229 (1960).

Gesamtaktivität) GOT-Fraktion, während die elektrophoretische Trennung von Leber-, Herz- und Muskelextrakten der Ratte drei anodische und eine kathodische aktive Bande ergab, mit fehlender kathodischer Fraktion bei der Nieren-GOT[1]. Die Gesamthomogenate zeigen eine Zone am Auftragungsort, die nach Ultraschallbehandlung des Homogenats infolge Zerstörung der Mitochondrienstruktur als verstärkte kathodische Fraktion auftritt. Herzextrakte verschiedener Species unterscheiden sich dadurch, daß in der Reihenfolge Schwein, Mensch, Ratte und Hund eine abnehmende Wanderungsgeschwindigkeit der anodischen Fraktionen besteht, wobei die entsprechende Anzahl der anodischen Fraktionen 4, 3, 3 bzw. 2 beträgt mit meist nur einer kathodischen Fraktion[1]. Extrakte des menschlichen Gehirns und der Skeletmuskulatur enthalten nur anodische GOT-Fraktionen[2].

Wie eine Reihe anderer Enzyme, so gelangen auch die Transaminasen, wie bereits erwähnt, bei der Schädigung von Organen vermehrt in die Blutbahn[3]. Dabei ergaben klinische Studien, daß der Grad der Enzymentgleisung mit der Schwere der Erkrankung zunimmt[4, 5]. Diese Tatsache führte zu einer unübersehbaren Zahl klinisch-diagnostischer Arbeiten über die Aktivität der Transaminase im Blut des gesunden und kranken Organismus. Normalwerte der GOT-Aktivität im Serum s. Tabelle 10. GOT-Aktivität findet sich im Plasma und in den corpusculären Anteilen, besonders auch in den Erythrocyten (Tabelle 11). Weitere Angaben über den Transaminasegehalt in Erythrocyten[6–9], Leukocyten[10, 11] und Thrombocyten[12–14]. So ergab ein Hämolysat 5,0—8,7 μM/ml/Std mit

Tabelle 11. *GOT-Aktivität in den Blutbestandteilen.*

	μM/Zelle/Std		WE/ml		μM/10^9 Thrombocyten/15 min/37° C	μM/10^{11} Erythrocyten/Std/37° C	Einheiten nach CABAUD/2 × 10^9 Thrombocyten	BE/ml
Erythrocyten	0,7 × 10^{-8}	80 %	347	416		137600 ± 12400 ♀ 114420 ± 12400 ♂ Mittelwert: 126000 ± 17000		43
Erythrocytenstroma . .			98	131				
Leukocyten .	33 × 10^{-8}	5 %						
Thrombocyten	1,3 × 10^{-8}	13 %			0,7—3,44 (1,5)		11	
Serum		2 %						
Literatur	15		16	17	18	19	20	21

[1] DECKER, L. E., and E. M. RAU: Proc. Soc. exp. Biol. Med. **112**, 144 (1963).
[2] BOYDE, T. R. C., and A. L. LATNER: Biochem. J. **82**, 51P (1962).
[3] WROBLEWSKI, F.: Amer. J. Med. **26**, 911 (1959).
[4] RITIS, F. DE, A. ASCIONE, M. COLTORTI, G. GIUSTI e L. MALLUCI: G. Mal. infett. **11**, 1 (1959).
[5] WROBLEWSKI, F.: Amer. J. Med. **27**, 911 (1959).
[6] MARSH, M. E., L. D. GREENBERG and J. F. RINEHARD: Fed. Proc. **13**, 467 (1954).
[7] KARMEN, A., F. WROBLEWSKI and J. S. LADUE: J. clin. Invest. **34**, 126 (1955).
[8] SASS, M., and P. W. SPEAR: J. clin. Invest. **36**, 927 (1957).
[9] MASSARI, N., C. GUARDAMAGNA and L. TENCONI: G. Gerontol. 8, 155 (1960).
[10] BECK, W. S., and N. W. VALENTINE: Cancer Res. **13**, 309 (1963).
[11] BELFIORE, F.: Boll. Soc. ital. Biol. sperim. **39**, 709 (1963).
[12] TSITOURIS, G., and M. STEFANINI: Proc. Soc. exp. Biol. Med. **99**, 40 (1958).
[13] MAGALINI, S. I., and F. STEFANINI: Proc. Soc. exp. Biol. Med. **91**, 404 (1956).
[14] 8. Congr. europ. Soc. Haematol. Wien 1961, Vol. II, p. 366.
[15] KOJ, A., J. M. ZGLICZYNSKI and J. FRENDO: Clin. chim. Acta, Amsterdam **5**, 339 (1960).
[16] CORSINI, F., E. CACCIARI, G. MANFREDI e P. PINTOZZI: Boll. Soc. ital. Biol. sperim. **35**, 393 (1959).
[17] CACCIARI, E., G. MANFREDI e P. PINTOZZI: Boll. Soc. ital. Biol. sperim. **35**, 809 (1959).
[18] SCHETTINI, F., M. B. CANANI and L. D. FRANCESCO: Pediatria, Napoli **68**, 656 (1960).
[19] MERTEN, R., u. X. H. ESS: Ärztl. Forsch. **12**, 325 (1958).
[20] GEPNER-WOZNIEWSKA, M., et J. CAEN: Rev. franç. Ét. clin. biol. **5**, 375 (1960).
[21] SCHMIDT, E., u. F. W. SCHMIDT: Kli. Wo. **1960**, 957.

einem Mittelwert von 6,86 ± 0,78 gegenüber einem Serumwert von 0,41—1,36 μM/ml/Std und einem Mittelwert von 0,622 ± 0,191. Das proportionale Aktivitätsverhältnis des GOT-Gehaltes in den geformten Blutbestandteilen zu der Serumaktivität schwankt bei den einzelnen Tierarten nur gering und beträgt z.B. bei: Kalb 2,6; Rind 2,0; Ente 2,3; Kaninchen 2,5; Hammel 1,4; Huhn 1,1 und Pferd 0,95[1]. Die Analysen der Leukocyten zeigen eine höhere Aktivität in den Granulocyten (250 ± 27 μM/min 10^{11} Zellen) als in den Lymphocyten (80 ± 8). Paramyeloblasten enthalten eine Aktivität von 520 ± 140 μM pro min/10^{11} Zellen, und der Gehalt in den Lymphocyten ist bei der akuten Leukämie und weniger bei chronischer Myelose erhöht[2]. Es ist deshalb zu fordern, daß für Aktivitätsbestimmungen nur absolut hämolysefreies Serum verwendet wird. Es ist jedoch gleichgültig, ob man Plasma oder Serum verwendet[3, 4].

Das menschliche Serum enthält normalerweise nur die lösliche GOT-Fraktion in einer elektrophoretisch einheitlichen Form[5, 6], jedoch ist bei Vorliegen eines entzündlichen Organdefektes das Auftreten mehrerer aktiver GOT-Fraktionen im Serum möglich[5–8]. Der Nachweis von Isoenzymen kann auch durch Säulenchromatographie erfolgen, wobei in Herzextrakten drei und in Leberextrakten zwei aktive Zonen festgestellt werden konnten[9, 10].

Weitere Angaben über das Vorkommen der GOT im Serum: [11–25].

VETTER[26] stellte fest, daß die Serum-Transaminase-Werte vom Alter, von der Tages- und Jahreszeit, vom Geschlecht und vom Ernährungszustand unabhängig sind. Der Enzymspiegel liegt möglicherweise bei Frauen nach [27] etwas tiefer als bei Männern.

Das Enzym scheint normalerweise stets mit Coenzym abgesättigt zu sein, da die Zugabe von PLP zu Plasma nicht zur Erhöhung der Transaminaseaktivität führt[3, 4]. Doch sind die Angaben widersprechend. Nach [28] führt nämlich die orale Gabe von mehr als 0,5 mg Pyridoxin zu einer signifikanten Anhebung der Serum-Transaminase-Werte. In diesem Zusammenhang wurde auch [29] eine Altersabhängigkeit der gemessenen Aktivitäten festgestellt. Der bei 60 20—30jährigen gemessene Mittelwert lag bei 16,5 WE/ml, bei 62 70—80jährigen bei nur 13,0. Dieser Wert stieg nach Vitamin B_6-Gabe im Mittel auf

[1] DASTUGUE, G., P. BASTIDE and J. P. JOUBERTON: Path. Biol., Paris 8, 1593 (1960).
[2] LÖHR, G. W., u. H. D. WALLER: D. m. W. **1964**, 171.
[3] WROBLEWSKI, F.: Adv. clin. Chem. **1**, 314 (1958).
[4] KARMEN, A., F. WROBLEWSKI and J. S. LADUE: J. clin. Invest. **34**, 126 (1955).
[5] AUGUSTINSSON, K. B., and K. ERNE: Exper. **17**, 396 (1961).
[6] BOYD, J. W.: Clin. chim. Acta, Amsterdam **7**, 424 (1962).
[7] JUNGNER, G.: Scand. J. clin. Lab. Invest. **10**, Suppl. **31**, 280 (1957).
[8] MATSUZAWA, T., N. KATUNUMA, R. TOYODA and K. MIYOSHI: J. Biochem. **54**, 295 (1963).
[9] SCHMIDT, E., F. W. SCHMIDT u. C. HERFARTH: Kli. Wo. **1962**, 1133.
[10] BORST, P., and E. M. PEETERS: Biochim. biophys. Acta **54**, 188 (1961).
[11] MAGALINI, S. I., and F. STEFANINI: Proc. Soc. exp. Biol. Med. **91**, 404 (1956).
[12] MOLANDER, D. W., E. SHEPPARD and A. PAYNE: J. amer. med. Ass. **163**, 1461 (1957).
[13] DEUTSCH, A.: Calif. Med. **85**, 163 (1956) [Chem. Abstr. **50**, 17106d].
[14] PINTO, I. J., J. K. GAJJAR and R. S. SHAH: Ind. Heart J. **12**, 35 (1960).
[15] TANDON, O. P., N. B. TANDON and S. K. SHARMA: J. ind. med. Ass. **32**, 185 (1959).
[16] KATTUS, A., C. SEMENSON and R. WATANABE: Circulation, N.Y. **12**, 729 (1955).
[17] NYDICK, I., and J. S. LADUE: Circulation, N.Y. **12**, 161, 795 (1955).
[18] KNÜCHEL, F.: Regensburger Jb. ärztl. Fortbild. **7**, 110 (1959).
[19] ASHMAN, D. F.: Acta cient. venezul. **10**, 14 (1959).
[20] KRYSA, I., and J. MAYER: Vnitřni Lekar. **7**, 1102 (1961).
[21] BRUKSZO, T., and A. ROGOYSKI: Ginekol. pol. **33**, 169 (1962).
[22] DE NICOLA, P., A. TARTARA u. F. CANDURA: Schweiz. med. Wschr. **86**, 1145 (1956).
[23] SACHS, V., H. J. KREBS, H. LINDNER and J. WALTHER: Acta hepato-splenol., Stuttgart **8**, 143 (1961).
[24] BESSON, R., P. BOIVIN et R. FAUVERT: Rev. franç. Ét. clin. biol. **4**, 614 (1959).
[25] KUMAR, S., S. K. GUPTA and R. S. SACHAR: Ind. J. med. Res. **48**, 371 (1960).
[26] VETTER, K.: Z. ges. inn. Med. **16**, 359 (1961).
[27] HENRY, R. J., N. CHIAMORI, O. J. GOLUB and S. BERKMAN: Amer. J. clin. Path. **34**, 381 (1960).
[28] BABCOCK, M. J., M. BRUSH and E. SOSTMAN: J. Nutrit. **70**, 369 (1960).
[29] NEUMAN, V., and V. MADEROVA: Sborn. česk. Akad. zěmědĕl. Ved. veterin. Med. **5**, 433 (1960).

18,7 WE/ml. In vitro war eine Aktivitätszunahme bei Seren von Jugendlichen durch PLP (250 μg/0,2 ml Serum) von 16,1 auf 22,5, bei älteren Probanden von 8,7 auf 22 WE/ml zu erzielen. Offenbar besteht im Alter ein Pyridoxindefizit.

Bezüglich der Transaminaseaktivität des Serums bestehen auch rassische Unterschiede. So stimmten zwar die Transaminasewerte des Serums von Indern[1] und Filipinos[2] mit durchschnittlich 10—40 WE/ml mit denen des Serums der weißen Rasse überein, die von Somalis aber lagen im Durchschnitt mit 35—77 WE/ml höher[3]. Die GOT-Aktivität in Seren von einigen Säugetieren ist in Tabelle 12 angegeben.

Besonderes Interesse fanden die GOT-Aktivitätsverhältnisse im Embryonalstadium und die Aktivitätsveränderungen während der Entwicklung. Der GOT-Gehalt der Leber, Niere und des Gehirns von Katzen 8 Tage ante partum, 6 post partum und beim ausgewachsenen Tier verhält sich ungefähr wie 1:2:3[4]. Das Auftreten der GOT in den einzelnen Gehirnregionen von Hühnerembryonen geschieht in der Reihenfolge: Medulla oblongata, Rückenmark, Kleinhirn, Zwischen- und Mittelhirn und Großhirn[5]. Die Verhältnisse im Gehirn von neugeborenen Hunden und im Embryonalstadium gibt eine Abnahme des GOT-GPT-Verhältnisses im Laufe der Entwicklung[6]. Ganz allgemein nimmt während der Wachstumsperiode die Aktivität der GOT nahezu in allen Organen zu[7,8]. Messungen liegen vor für das menschliche Herz und die Leber[9], die Gehirnregionen bei Schweinen und Affen[20], für die Rattenleber und die Organe von Hühnerembryonen[21]. Bei der Rattenleber ist die Transaminaseaktivität bis zur 6. Woche post partum nahezu konstant, um bis zur 48. Woche auf das Siebenfache anzusteigen[22]. Organe dagegen, die mit zunehmender Entwicklung eine rasche Alterung erfahren, verringern

Tabelle 12. *GOT-Aktivität im Serum einiger Säugetiere.*

Tierart	Bereich	Mittelwert	Streuung	Literatur
Pferd*	—	158	± 37,4	10
Rind*	—	55,8	± 13,8	10
Rind**	24—86	44,7	± 16	11
Kalb*	—	25,0	± 6,5	1
Schwein**	—	28,0	± 15,4	12
Schwein†	—	31,1	± 14,1	10
Schaf**	97—124	—	± 40	13
Hund*	—	19,6	± 7,5	10
Hund**	5—50	—	—	14
Hund††	0,7—1,34	1,05	± 0,17	15
Huhn*	—	370	± 186	10
Ratte**	—	122		16
Ratte**	—	284	± 101	17
Ratte**	100—375	—	—	18
Maus**	50—125	—	—	19

* μg BTS/ml Serum/20 min/25° C. ** WE/ml Serum.
† $\Delta E^{340} = 0{,}001$/min/ml Serum/25° C. †† μM/ml Serum/Std.

[1] KUMAR, S., S. K. GUPTA and R. S. SACHAR: Ind. J. med. Res. **48**, 371 (1960).
[2] REYES, G. L.: J. philipp. med. Ass. **34**, 537 (1958) [Chem. Abstr. **53**, 10437g].
[3] LAPICCIRELLA, R., C. FERRARI e P. MARRAMA: Acta vitaminol., Milano **14**, 241 (1960).
[4] COHEN, P. P., and G. L. HEKHIUS: Cancer Res. **1**, 620 (1941).
[5] LO-CHANG CHÜ: Sci. sin., Peking **8**, 1004 (1959).
[6] ZAPRUDSKAYA, D. S., and N. G. DOROSHEVA: Bull. exp. Biol. Med. (russ.) **57**, 54 (1963).
[7] COTTE, J.: Cosmétologie **4**, 12 (1962).
[8] GOETZE, T., u. E. GOETZE: Acta biol. med. germ. **7**, 476 (1961).
[9] PERSSON, B. H.: Acta Soc. Med. upsalien. **65**, 96 (1960).
[10] CORNELIUS, C. E., J. BISHOP, J. SCHWITZER and E. A. RHODE: Cornell Veterin. **49**, 116 (1959).
[11] MESSORE, G.: Ric. sci. **25**, 316 (1955) Suppl. G. biochim. Italo-Franco-Elvetiche.
[12] WRETLIND, B., K. ORSTADIUS u. P. LINDBERG: Zbl. Veterinärmed. **6**, 963 (1959).
[13] MASTERS, C. J., and D. J. HORGAN: Austral. J. biol. Sci. **15**, 690 (1962).
[14] NYDICK, I., and J. S. LADUE: Circulation, N.Y. **12**, 161, 795 (1955).
[15] WAKIM, K. G., and G. A. FLEISHER: Proc. Staff Meet. Mayo Clin. **31**, 391 (1956).
[16] MERRIL, J. M., J. LEMLEY-STONE and G. R. MENEELY: Amer. J. Physiol. **190**, 522 (1957).
[17] PUCHOL, J. R., and A. CARBALLIDO: Med. exp., Basel **1**, 305 (1959).
[18] LADUE, J. S., and F. WROBLEWSKI; in: A.M.A. Scientific Exhibits. p. 297. New York 1955.
[19] FRIEND, C., F. WROBLEWSKI and J. S. LADUE: J. exp. Med. **102**, 699 (1955).
[20] JOLLEY, R. L.: Arch. Biochem. **90**, 122 (1960).
[21] YAMADA, T.: Okayama Igakkai Zasshi **71**, 7541, 7547, 7551 (1959).
[22] HARDING, H. R., F. ROSEN and C. A. NICHOL: Amer. J. Physiol. **201**, 271 (1961).

Tabelle 13. *Vorkommen der*

Liquor				Galle		Speichel	
Bereich	Mittelwert	Einheit	Literatur		Literatur		Literatur
5—24	5,49	WE/ml	1			0—120 WE/ml (Tierreich)	18
5—21	11,9	WE/ml	2	0—64 WE/ml (Hund)	10	108 WE/ml	19
	11,1 ± 4,96	WE/ml	3	10—40 WE/ml	11	25 WE/ml	20
	0,43 ± 0,12	μM/ml/Std	4				
0,31—1,03	0,59 ± 0,23	μM/ml/Std	5				
(♂)	0,96 ± 0,047	μM/ml/Std	6				
(♀)	0,82 ± 0,071	μM/ml/Std	6				
0,58—0,77 (Hund)	0,66 ± 0,08	μM/ml/Std	7				
Weitere Literatur:			8, 9		12–17		21, 22

[1] LIEBERMAN, J., O. DAIBER, S. I. DULKIN, O. E. LOBSTEIN and M. R. KAPLAN: New Engl. J. Med. **257**, 1201 (1957).
[2] KATZMAN, R., R. A. FISHMAN and E. S. GOLDENSOHN: Neurology **7**, 853 (1957).
[3] MANAI, G., F. MANDELLI e M. SAGINARIO: Arch. ital. Mal. nerv. ment. **82**, 726 (1958).
[4] GREEN, J. B., H. A. OLDEWURTEL and F. M. FORSTER: Neurology **9**, 540 (1959).
[5] SEVELA, M.: Exper. **13**, 295 (1957).
[6] FLEISHER, G. A., K. G. WAKIM and N. P. GOLDSTEIN: Proc. Staff Meet Mayo Clin. **32**, 188 (1957).
[7] WAKIM, K. G., and G. A. FLEISHER: Proc. Staff Meet. Mayo Clin. **31**, 391 (1956).
[8] FIESCHI, C., S. SORIANI e D. NOCETI: Boll. Soc. ital. Biol. sperim. **34**, 1093 (1958).
[9] SALVATORE, F., V. BOCCHINI e F. CIMINO: Enzymologia **22**, 357 (1961).
[10] FRANKL, H. D., and I. H. MERRITT: Amer. J. Gastroenterol. **31**, 166 (1959).
[11] JEDLOVSKY, A., u. J. KELBEN: Z. ges. inn. Med. **15**, 884 (1960).
[12] AMELUNG, D., H. D. HORN u. E. SCHRÖDER: Kli. Wo. **1958**, 903.
[13] CHINSKY, M., G. L. SHMAGRANOFF and S. SHERRY: J. Lab. clin. Med. **47**, 108 (1956).
[14] MERRIL, J. M., J. LEMLEY-STONE, J. T. GRACE jr. and G. R. MENEELY: J. amer. med. Ass. **161**, 1454 (1956).
[15] BORRI, M., e G. CIAMP: Progr. med., Napoli **15**, 16 (1959).
[16] LORENTZ, K.: Kli. Wo. **1963**, 18.

ihre GOT-Aktivität, wie z.B. die Augenlinse des Kalbes, deren Aktivität viermal so hoch ist wie die des Rindes[1]. Die Aktivität ist in den Randzonen höher als im Kern[2]. Auch die Aktivität der menschlichen Linse nimmt schon in frühen Jahren kontinuierlich ab.

Der Einfluß der Entwicklung auf den GOT-Gehalt des Serums[3, 4] ist weitaus geringer als auf den GOT-Spiegel in Geweben. Die meisten Angaben stimmen darin überein, daß der GOT-Gehalt im Serum von Neugeborenen höher liegt als in den folgenden Lebensabschnitten. Dagegen sind die Angaben über die Zeitspanne der Erhöhung widersprechend. Nach [5] ist der Wert nur 5 Tage erhöht, nach [6] und [7] steigt er bis zum 15. Tag, wobei in der ersten Woche die Werte um 35 WE/ml liegen mit einer oberen Grenze von 70 WE pro ml[8]; erhöhte Werte wurden beobachtet bis zu 60 Tagen[9], bis zu 6 Monaten (Mittelwerte 46 WE/ml), 6—24 Monate (Mittelwert 40 WE/ml) und bis zu 1 Jahr[10], wobei der Mittelwert unter 1 Jahr bei 48 WE/ml und über 1 Jahr bei 28 WE/ml liegt[11]. Andere Autoren fanden keinen Unterschied zwischen den Werten im Serum von Neugeborenen

[1] KIRSTEN, G., and U. DARDENNE: Arch. Ophthalmol., Chicago **165**, 43 (1962).
[2] PONTE, F., e L. PANDOLFO: Boll. Soc. ital. Biol. sperim. **34**, 1514 (1958).
[3] MENTASTI, P.: Minerva ginecol. **10**, 759 (1958).
[4] KESSEL, J., and W. M. POLITZER: Arch. Dis. Childh. **36**, 217 (1961).
[5] YANG, Y. M., and S. S. CHEN: Tai-Wan Hsueh Hui Tsa Chih **58**, 775 (1959).
[6] PONTORIERI, N., e T. TONTODONATI: Pediatria, Napoli **67**, 896 (1959).
[7] DIWANY, M., and M. TALAAT: Arch. Pediat. **78**, 4 (1961).
[8] CHRISTIANSSON, G., and B. JOSEPHSON: Acta paediat., Uppsala **49**, 626 (1960).
[9] ANSALDI, N.: Minerva pediat. **11**, 853 (1959).
[10] SZASZ, G.: Gyermekgyógyászat **12**, 65 (1961).
[11] SHIMA, N.: Nippon Shonika Gakukai Zasshi **63**, 1636 (1959).

GOT in Körperflüssigkeiten.

Sperma	Literatur	Weitere Vorkommen	Literatur	weitere Literatur
85—640 (Mittelwert 438) WE/ml	23	Pleuraflüssigkeit: 0,55 μM/ml/Std	28	9
Samenflüssigkeit		Peritonealflüssigkeit: 0,5 μM/ml/Std	28	9, 31
150—600 WE/ml	24			
(Mittelwert 365 ± 170)		Synovialflüssigkeit: 0,5 μM/ml/Std	28	9, 31
Stier: 1751 WE/ml	23	Amnionflüssigkeit: 0,75 μM/ml/Std	28	32, 33
623 ± 48 WE/ml	25	Milch	29	
Ratte: 329 WE/ml	23	Lymphe	30	
		Ascites	9	
26, 27				

[17] PELLEGRINI, R.: Boll. Soc. ital. Biol. sperim. **32**, 1455 (1956).
[18] BRAIM, I.: Fogorvosi Szemle **54**, 97 (1961).
[19] KRÖNCKE, A.: Arch. oral Biol. **6**, 134 (1961).
[20] PELLEGRINI, R.: Boll. Soc. ital. Biol. sperim. **33**, 70 (1957).
[21] MARTINELLI, G., e R. PELLEGRINI: Boll. Soc. ital. Biol. sperim. **33**, 72 (1957).
[22] DREIZEN, S., R. E. STONE, J. G. DREIZEN and T. D. SPIES: Proc. Soc. exp. Biol. Med. **102**, 449 (1959).
[23] GREGOIRE, A. T., A. E. RAKOFF and K. WARD: Int. J. Fertility **6**, 73 (1961).
[24] POVOA, H., and G. G. VILLELA: Exper. **16**, 199 (1960).
[25] FLIPSE, R. J.: J. Dairy Sci. **43**, 773 (1960).
[26] SLESINGER, L., and J. TOVAREK: Sborn. česk. Akad. zěměděl. Ved. veterin. Med. **5**, 439 (1960).
[27] POVOA, H.: Exper. **18**, 552 (1962).
[28] ZELNICEK, E., and J. TOVAREK: Clin. chim. Acta, Amsterdam **6**, 464 (1961).
[29] HEYNDRICKX, G. V.: Ann. paediat., Basel **198**, 356 (1962).
[30] MOREA, M., S. FURIAN e E. TABOGA: Boll. Soc. ital. Biol. sperim. **36**, 938 (1960).
[31] SALOMONE, G., e U. QUATRINI: Boll. Soc. ital. Biol. sperim. **36**, 4 (1960).
[32] MENTASTI, P.: Minerva ginecol. **10**, 759 (1958).
[33] GOETZE, T., u. E. GOETZE: Acta biol. med. germ. **7**, 476 (1961).

und Erwachsenen[1, 2]. Immerhin scheint ein Maximum der GOT-Aktivität im Serum kurz nach der Geburt vorhanden zu sein, da der Durchschnittswert im Serum von Normalgeburten mit 24,73 WE/ml über dem von Frühgeborenen mit 21,7 liegt[3] und STAVE[4] bei 25 Frühgeburten 0,5 BE/ml, bei 20 Neugeborenen 0,48 ± 0,25 BE/ml, bei 41 Säuglingen 0,26 ± 0,07 BE/ml und 43 Kindern 0,19—0,22 ± 0,07 BE/ml fand. Bereits der Wert des Fetalserums liegt 2—3mal höher als der des mütterlichen Blutes[5]. Bei all diesen Messungen am kindlichen Organismus wurde ein größerer Schwankungsbereich der Werte festgestellt als bei gesunden Erwachsenen[6, 7]. Der GOT-Gehalt im Serum von Nabelschnurblut ist nur wenig verändert[8, 9]. Während der Schwangerschaft liegen die Serum-GOT-Werte im Normalbereich[10], dagegen sind sie während der Wehen im Retroplacentarserum viermal höher als im Serum von Cubitalvenenblut[5].

Die Tabelle 13 gibt eine Übersicht über das Vorkommen der GOT in anderen Körperflüssigkeiten. Infolge der großen Unterschiede der Enzymaktivitäten zwischen Nerven-

[1] TEIXEIRA, F., and M. J. LAURENT-DUHAMEL: Arq. port. Bioquim. **3**, 292 (1959).
[2] PETRONIO, L.: Acta paediat. lat. **11**, 549 (1958).
[3] SCORZA, P., G. PAOLUZZI e E. CACCIARI: Boll. Soc. ital. Biol. sperim. **37**, 323 (1961).
[4] STAVE, U.: Z. Kinderheilk. **81**, 472 (1958).
[5] PERSSON, B. H.: Acta Soc. Med. upsal. **65**, 96 (1960).
[6] YANG, Y. M., and S. S. CHEN: Tai-Wan Hsueh Hui Tsa Chih **58**, 775 (1959).
[7] ANSALDI, N.: Minerva pediat. **11**, 853 (1959).
[8] KING, J., and M. B. MORRIS: Arch. Dis. Childh. **36**, 604 (1961).
[9] WEST, M., and H. ZIMMERMANN: Amer. J. med. Sci. **235**, 443 (1958).
[10] SAMOCHOVIEC, L., and R. WAWRYK: Pol. Tyg. lek. **14**, 1053 (1959).

gewebe und Liquor führt — wie beim Blut — eine Gewebsschädigung zu einem Anstieg der Enzymaktivität im Liquor. So wurde bei Operationen am Gehirn[1] und bei Hirntraumen[2, 3] ein Ansteigen der GOT-Werte im Liquor beobachtet; der Anstieg verläuft mit dem Schweregrad der Schädigung nicht parallel[4]. Wie in das Blut und in andere Körperflüssigkeiten, so können Enzyme auch in die Galle oder in den Urin übertreten. Bei intakter Nierenfunktion erfolgt auch bei erhöhten Serumenzymwerten keine nennenswerte GOT-Ausscheidung in den Urin[5, 6]. Im 4 Std-Urin wurde eine GOT-Aktivität entsprechend einem Umsatz von 13 μg BTS/ml/Std gemessen[7]. Jedoch wurde bei Hepatitispatienten auch bei guter Nierenfunktion eine erhöhte GOT-Aktivität im Urin gefunden[8, 9], obwohl auch hier eine spezifische Nierenschädigung nicht auszuschließen ist. Bei Nierenschäden, die mit einer Proteinurie einhergehen, wurde in den meisten Fällen eine Enzymerhöhung im Urin gefunden[7]. Auch hier gehen Proteinurie und Enzymausscheidung nicht streng parallel[5, 10]. Die Galle enthält auch bei sehr hohen pathologischen Serum-GOT-Werten eine GOT-Aktivität, die unter der des Normalserums liegt. Lediglich LORENTZ[11] berichtet über eine 50fach höhere GOT-Aktivität in der Galle und hält eine Ausscheidung des Enzyms über die Galle für möglich. Der GOT-Gehalt im Speichel steht in keinem Zusammenhang mit der Serumenzymaktivität[12], scheint jedoch parallel zu dem Proteingehalt des Speichels anzusteigen[13]. Bei Paradentose soll der Wert im Speichel erniedrigt[14], bei Caries teils erhöht[14], teils erniedrigt[13] sein. Im Sperma des Stieres wurde in den Spermatozoen ein höherer Gehalt an GOT festgestellt als in dem Samenplasma[15]. Daher sind bei Oligo- bzw. Azoospermie die Enzymwerte verringert[16]; jedoch liegen auch abweichende Befunde vor[17].

Untersuchungen einzelner Muskelproben haben ergeben, daß die Extensoren von Kaninchen und vom Hund eine höhere Aktivität aufweisen als die Flexoren[18]. So fand man im M. tibialis anterior 136 WE/mg Trockengewicht und im M. biceps femoris 59 WE/mg[19]. Untersuchungen der Uterusmuskulatur[20] ergaben eine GOT-Aktivität von 11000 WE/g Gewebe bei Gravidität im 4.—6. Monat[21]. Nach Beendigung einer Schwangerschaft ohne Wehen findet sich die höchste Aktivität im Fundus des Uterus, mit Wehen im unteren Segment und in abnehmendem Maße in der Wand und im Fundus[22, 23]. Die Aktivitätsverhältnisse in der menschlichen Placenta[24–26], in Aorten- und Arterien-

[1] LIEBERMAN, J., O. DAIBER, S. I. DULKIN, O. E. LOBSTEIN and M. R. KAPLAN: New Engl. J. Med. **257**, 1201 (1957).
[2] SMITH, S. E., K. V. CAMMOCK, M. E. DODDS and G. J. CURRY: Amer. J. Surg. **99**, 713 (1960).
[3] WAKIM, K. G., and G. A. FLEISHER: Proc. Staff Meet. Mayo Clin. **31**, 391 (1956).
[4] KATZMAN, R., R. A. FISHMAN and E. S. GOLDENSOHN: Neurology **7**, 853 (1957).
[5] KEMP, E., and T. LAURSEN: Scand. J. clin. Lab. Invest. **12**, 463 (1960).
[6] WEST, M., and H. J. ZIMMERMANN: J. Lab. clin. Med. **52**, 185 (1958).
[7] YAMADA, K., M. HAYASHI, S. SAWAKI, C. YAZAKI and A. FUKUMURA: J. Vitaminol., Kyoto **7**, 265 (1961).
[8] PIETSCHMANN, H., H. PUXKANDL u. F. REINHARDT: Wien. Z. inn. Med. **41**, 440 (1960).
[9] CHINSKY, M., G. L. SHMAGRANOFF and S. SHERRY: J. Lab. clin. Med. **47**, 108 (1956).
[10] ROSALKI, S. B., and J. H. WILKINSON: Lancet **1959 II**, 327.
[11] LORENTZ, K.: Kli. Wo. **1963**, 18.
[12] PELLEGRINI, R.: Boll. Soc. ital. Biol. sperim. **33**, 70 (1957).
[13] KRÖNCKE, A.: Arch. oral Biol. **6**, 134 (1961).
[14] MARTINELLI, G., e R. PELLEGRINI: Boll. Soc. ital. Biol. sperim. **33**, 72 (1957).
[15] FLIPSE, R. J.: J. Dairy Sci. **43**, 773 (1960).
[16] POVOA, H., and G. G. VILLELA: Exper. **16**, 199 (1960).
[17] GREGOIRE, A. T., A. E. RAKOFF and K. WARD: Int. J. Fertility **6**, 73 (1961).
[18] DOROGAN, D., C. FAIGHELIS and A. BATEN: Fiziol. norm. pat., Bucaresti **7**, 35 (1961).
[19] FLODMARK, S., G. JUNGNER and I. PETERSEN: Acta physiol. scand. **47**, 52 (1959).
[20] DANESINO, V., L. PETTI e V. BOCCHINI: Arch. Ostet. Ginec. **66**, 700 (1961).
[21] PERSSON, B. H.: Acta Soc. Med. upsal. **65**, 96 (1960).
[22] DANESINO, V., E. FRIGERI e D. COZZOLINO: Boll. Soc. ital. Biol. sperim. **35**, 1603 (1959).
[23] DANESINO, V.: Boll. Soc. ital. Biol. sperim. **35**, 1604 (1959).
[24] CUNHA, P. D., et M. D. AZEVEDO: C. R. Soc Biol. **155**, 207 (1961).
[25] DASTUGUE, G., J. BAUDON, P. BASTIDE and M. CARCASSIN: Ann. Biol. clin., Paris **17**, 435 (1959).
[26] STARK, G., u. E. OWEIS: Arch. Gynäk. **199**, 124 (1963).

gewebe[1, 2], in den Speicheldrüsen verschiedener Tiere[3], im lymphatischen Gewebe[4] und in der Gaumenmandel[5], in den Tonsillen (33,6—53,2 μM/g Feuchtgewicht mit einem Mittelwert von 45,04 ± 6,4 μM/g Feuchtgewicht)[6], im Fettgewebe von Ratten[7] und im Gewebe von Leberbiopsien[8] sind ebenfalls untersucht. Auch in Knorpel und Knochengewebe ist eine meßbare GOT-Aktivität vorhanden: Die Metaphyse enthält eine höhere Aktivität als der Knorpel[9], auch der ossifizierbare Knorpel enthält GOT[10] und ebenso das Knochenmark[11]. Im Herzmuskel wurde eine höhere Aktivität im linken Ventrikel als im rechten gefunden[12]. Dabei nimmt im linken Ventrikel die Aktivität von außen nach innen kontinuierlich zu: Epikard 0,817 ± 0,036 μM Pyruvat/20 min/mg Feuchtgewebe, Mesokard 0,946 ± 0,029, Septum 0,971 ± 0,027 und Endokard 1,126 ± 0,041. Rechter Ventrikel: Epikard 1,205 ± 0,088 und Endokard 0,949 ± 0,063[13]. Die in vivo-Transaminierungsleistung des Rattenherzens wurde zu 100 μM gebildeter Glutaminsäure/Std bestimmt[14]. GREEN berechnete, daß 1,6% des Trockengewichtes des Schweineherzens reines GOT-Enzymprotein sind[15]. In der Rattenniere wurde, bezogen auf den Proteingehalt, die höchste GOT-Aktivität in dem äußeren Anteil der Medulla gefunden, dagegen ist, bei Bezug auf die Zellbasis, die Rindenschicht am aktivsten[16]. Es wurden auch Untersuchungen an Nicht-Säugetieren gemacht, so z.B. im Pankreas von Teleostiern[17], in Bandwürmern[18], Mollusken[19] und im Schlangengift[20]. Auch in Insekten wurde GOT nachgewiesen, z.B. in der Hausfliege[21], der Schabe[22], dem Seidenspinner[23, 24] und anderen[25–28].

Vorkommen der GOT in Pflanzen. Am längsten bekannt ist der GOT-Gehalt in Leguminosen[29–32]. COHEN[33] hat das Auftreten der GOT-Aktivität an Haferkeimlingen gemessen, und ebenso wurden die Verhältnisse an keimenden Erbsen[34, 35] und anderen

1 MANDEL, P., et E. KEMPF: C. R. Soc. Biol. **154**, 791 (1960).
2 CHATTOPADHYAY, D. P.: Nature **192**, 660 (1961).
3 KIM, M. K.: New med. J., Seoul **4**, 87 (1961).
4 KIT, S., and J. AWAPARA: Cancer Res. **13**, 694 (1953).
5 MARTONE, M., V. BOCCHINI e E. MASUCCI: Biochim. appl., Parma **8**, 347 (1961).
6 BOCCHINI, V., M. MARTONE e E. MASUCCI: Clin. chim. Acta, Amsterdam **7**, 731 (1962).
7 PUCHOL, J. R., and A. CARBALLIDO: Nature **193**, 1284 (1962).
8 SALLACH, H. J., and T. H. PETERSEN: J. biol. Ch. **223**, 629 (1956).
9 TESSARI, L., e D. TAGLIABUE: Sperimentale **109**, 629 (1959).
10 BOUTHILLIER, L. P., Y. BINETTE and G. POULOT: Canad. J. Biochem. Physiol. **39**, 1595 (1961).
11 CHURY, Z., and J. TOVAREK: Folia haematol., Leipzig **78**, 70 (1961).
12 REDETZKI, H., A. RUSKIN, W. NOWINSKI, J. G. SINCLAIR, P. ROSENTHAL and B. RUSKIN: Texas Rep. Biol. Med. **16**, 101 (1958).
13 GIMENO, A. L., M. A. F. GIMENO, E. SAVINO and M. R. MALINOW: Nature **189**, 315 (1961).
14 HICKS, M., and M. KERLY: J. Physiol., London **150**, 621 (1960).
15 GREEN, D. E., L. F. LELOIR and V. NOCITO: J. biol. Ch. **161**, 559 (1945).
16 OGAWA, K., and W. NOWINSKI: Texas Rep. Biol. Med. **17**, 591 (1959).
17 HELLMAN, B., and S. LARSSON: Exper. **18**, 180 (1962).
18 MACLEOD, R. A., R. JONAS, and E. ONOFREY: J. Fisheries Res. Board, Canada **17**, 323 (1960).
19 READ, K.: Comp. Biochem. Physiol. **7**, 15 (1962).
20 TSAI, F. T.: Fukuoka Igaku Zasshi **52**, 47 (1961).
21 PRICE, G. M.: Biochem. J. **80**, 420 (1961).
22 BARRON, E. S. G., and T. N. TAHMISIAN: J. cellul. comp. Physiol. **32**, 57 (1948).
23 BHEEMESWAR, B., and M. SREENIVASAAYA: Curr. Sci., Bangalore **21**, 253 (1952).
24 FUKUDA, T.: Nature **180**, 245 (1957).
25 KILBY, B. A., and E. NEVILLE: J. exp. Biol. **34**, 276 (1957).
26 MCALLAN, J. W., and W. CHEFURKA: Comp. Biochem. Physiol. **3**, 1 (1961).
27 BELZECKA, K., K. RACZYNSKA-BOJANOWSKA and I. HELLER: Acta biochim. pol. **6**, 195 (1959).
28 MURTHY, M. R. V., and D. W. MICKS: J. econ. Entomol. **57**, 12 (1964).
29 KRITZMANN, M. G.: Biochimija, Moskva **4**, 691 (1939).
30 BRAUNSTEIN, A. E., R. M. ASARCH i S. G. MOGILEWSKAJA: Ukrain. biochem. J. **27**, 259 (1955).
31 VIRTANEN, A. I., u. T. LAINE: B. Z. **308**, 213 (1941).
32 CREDANGOLO, F., e G. CORANDANTE: Arch. Sci. biol., Bologna **26**, 369 (1940).
33 ALBAUM, H. G., and P. P. COHEN: J. biol. Ch. **149**, 19 (1943).
34 RAUTANEN, N.: Ann. Acad. Sci. fenn. (A, II) Nr. 33, 66 (1948).
35 RUGGIERI, G.: Ric. sci. **23**, 1208 (1953).

keimenden Pflanzen untersucht[1–6], wobei der Enzymgehalt parallel zur Entwicklung ansteigt und rasch sein Maximum erreicht. Bei Gerstenkeimlingen ist beispielsweise der Gehalt nach 48 Std bereits maximal[7]. Der für die Induktion der GOT-Synthese notwendige Feuchtigkeitsgehalt in Weizenkörnern liegt bei 15%, während das Auftreten von Decarboxylasen erst bei einem höheren Feuchtigkeitsgehalt erfolgt[8]. Die umfangreichsten Untersuchungen in den verschiedensten Pflanzen wurde von LEONARD und BURRIS[9] und WILSON[10] vorgenommen. Sie ergaben, daß meist der GOT-Gehalt in den Wurzeln höher ist als in Stamm, Früchten und Blättern und eine Aktivität bis zu 1000 Q_{TN} aufweist.

Andere Untersuchungen befassen sich mit dem GOT-Gehalt in Bananen[11], Mais[12], Bohnenarten[13–15], Getreidearten[8, 15–18], Algen[19–21], *Scopolia japonica*[22], Sonnenblume[23], Erdnußpflanze[24] und den Blättern vieler Pflanzen[25]. Im Weizenkorn enthält die Aleuronschicht und das Endosperm nur Spuren von GOT, mehr findet sich im Scutellum und maximale Mengen im Embryo[16]. Eine Fixierung der GOT an bestimmte Zellfraktionen scheint auch in den Pflanzen zu erfolgen, da Mitochondrien der Mung-Bohne GOT enthalten[14]; ebenso wurde GOT in den Chloroplasten nachgewiesen[15]. Eine besondere Abhängigkeit des GOT-Gehaltes von der Tageszeit zeigt die Phyllokladie *Nopalea dejacta*, die ein Maximum um 16 Uhr aufweist mit einer Abnahme des Enzymgehaltes nachts und einem Minimum von 2% der maximalen Menge um 8 Uhr früh; dabei besteht eine weitgehende Parallelität mit dem Proteingehalt[26]. Das weitere Vorkommen von GOT in Pflanzen, ermittelt aus der Umsetzung von α-KGS mit verschiedenen Aminosäuren, kann aus Tabelle 1, S. 309, unter Asparaginsäure entnommen werden.

Vorkommen der GOT in Mikroorganismen. Die anfänglichen Mißerfolge, Transaminierungsreaktionen in Mikroorganismen nachzuweisen — man fand nur eine geringe Aktivität in *E. coli* und Bierhefe[27] —, konnten LICHSTEIN und COHEN[28] auf einen raschen Abbau der Transaminierungssubstrate und -produkte durch die Mikroorganismen zurückführen. Durch kürzere Reaktionszeiten und Arbeiten unter anaeroben Bedingungen konnte das Verschwinden der Reaktionsprodukte weitgehend verhindert werden. Unter diesen Bedingungen fanden sich hohe GOT-Aktivitäten in vielen Bakterien. ROINE[29] konnte GOT

[1] OLENICHEVA, L. S.: Biochimija, Moskva **20**, 165 (1955).
[2] BARTELS, H.: Planta, Berlin **55**, 573 (1960).
[3] COOK, F. S.: Canad. J. Bot. **37**, 621 (1959).
[4] KLECHKOVSKII, K. I., i V. L. KRETOVICH: Biochimija, Moskva **25**, 164 (1960).
[5] COOK, F. S.: Canad. J. Biochem. Physiol. **35**, 1289 (1957).
[6] CRUICKSHANK, D. H., and F. A. ISHERWOOD: Biochem. J. **69**, 189 (1958).
[7] BENGMACK, S., and R. OLSSON: Proc. Soc. exp. Biol. Med. **109**, 285 (1962).
[8] LINKO, P., and M. MILNER: Plant Physiol. **34**, 392 (1959).
[9] LEONARD, M. J. K., and R. H. BURRIS: J. biol. Ch. **170**, 701 (1947).
[10] WILSON, D. G., K. W. KING and R. H. BURRIS: J. biol. Ch. **208**, 863 (1954).
[11] TSENG-HUI FU: Tai-Wan Hsueh Hui Tsa Chih **60**, 37 (1961).
[12] SAWADA, Y.: Bot. Mag., Tokyo **73**, 252 (1960).
[13] PATWARDHAN, M. V.: Biochem. J. **75**, 401 (1960).
[14] BONE, D. H., and L. FOWDEN: J. exp. Bot. **11**, 104 (1960).
[15] HEBER, U.: Z. Naturforsch. **15b**, 100 (1960).
[16] PRIEST, M.: Chem. & Indust. **1959**, 1318.
[17] RUGGIERI, G.: Ric. sci. **23**, 1208 (1953).
[18] GUTHENBERG, H.: Svensk Bryggeritidn. **76**, 5 (1961).
[19] MILLIBANK, J. W.: Nature **171**, 476 (1953).
[20] JAKOBI, G.: Planta, Berlin **49**, 561 (1957).
[21] JAKOBI, G.: Naturwiss. **44**, 265 (1957).
[22] SUZUKI, Y.: Phyton, Buenos Aires **12**, 27 (1959).
[23] SMITH, J. E.: Biochim. biophys. Acta **57**, 183 (1962).
[24] FOWDEN, L., and J. DONE: Nature **171**, 1068 (1953).
[25] VAKLINOVA, S.: C.R.Acad. bulg. Sci. **12**, 533 (1959).
[26] MUKERJI, S. K., G. G. SANWAL and P. S. KRISHNAN: Nature **191**, 516 (1961).
[27] COHEN, P. P.; in: MEYERHOF, O. (Hrsgb.): A Symposium on Respiratory Enzymes. Univ. Wisconsin Press 1942, p. 210.
[28] LICHSTEIN, H. C., and P. P. COHEN: J. biol. Ch. **157**, 85 (1945).
[29] ROINE, P.: Ann. Acad. Sci. fenn. (A, II) Nr. 26, 83 (1947).

in Bäckerhefe und *Torulopsis* nachweisen. Auch Extrakte von Schimmelpilzen des Genus *Aspergillus* und *Penicillium* waren aktiv[1], ferner Clostridien[2, 3], *Shigella*[4], *E. coli*[3, 5–7], Mycobakterien[8–10], Leptospiren[11], *Azobacter virelandii*[3, 12], Hefe[13, 14], *Brucella abortus*[15], *B. subtilis*[16], *B. roseus fluorescens*[17] und *Pseudomonas*[18]. Die meisten Untersuchungen an Mikroorganismen erfolgten mit α-KGS oder BTS als Aminoacceptoren und den verschiedensten Aminosäuren als Aminodonatoren. Diese Transaminierungen können aus der Tabelle 1 unter den jeweiligen Aminosäuren entnommen werden, oder sie werden im folgenden besonders besprochen.

Isolierung der GOT. Die GOT wurde erstmals von KRITZMANN[19] aus Schweineherzmuskel angereichert. Auch für die meisten späteren Isolierungsversuche diente dieses Organ als Ausgangsmaterial. Auf Grund der relativ labilen Bindung des Coenzyms an das Enzymprotein stellten die meisten der bereits sehr reinen GOT-Präparate ein Gemisch von Apo- und Holoenzym dar. So wiesen die Enzympräparate von GREEN u. Mitarb.[20] und SCHLENK u. Mitarb.[21] nach elektrophoretischer Trennung drei Proteinbanden auf, von denen nur zwei aktiv waren. O'KANE und GUNSALUS[22] erkannten, daß Verfahrensschritte, wie Salzfällungen und Hitzebehandlung, zur Abtrennung des Coenzyms führen, und sie isolierten ein Enzympräparat, das zu 98% in der Apo-Form vorlag. Auf Grund dieser Erkenntnisse gelang CAMMARATA und COHEN[23], mit Alkohol als Fraktionierungsmittel, bei tiefer Temperatur die Isolierung des aktiven Holoenzyms, das in noch reinerer Form von LIS und FASELLA[24–26] mit Hilfe von Acetonfällung, Fraktionierung an Carboxymethylcellulose und Elektrophorese erhalten wurde.

Einen Überblick über die wichtigsten Verfahren zur Isolierung der GOT, über die Reinheit der Präparate und Verfahrensausbeute gibt die Tabelle 14.

Isolierung der Pyridoxalform der GOT. Die GOT wurde als Holoenzym in großer Reinheit und hoher spezifischer Aktivität von JENKINS u. Mitarb.[27, 28] ebenfalls aus Schweineherzmuskel isoliert. Das Verfahren wird hier nur tabellarisch angegeben (Tabelle 15), da ein GOT-Präparat, das nach dieser Vorschrift in Kombination mit der von LIS[25] beschriebenen Reinigung des Enzyms an Carboxymethylcellulose gewonnen wird, von

[1] MICHI, K., M. ARAI and Y. HOSODA: Nippon Nogeikagaku Kaishi **33**, 193 (1959).
[2] SORU, E.: Rev. Chim. Acad. Rep. pop. roum. **4**, 21 (1959).
[3] COHEN, P. P.; in: Colowick-Kaplan, Meth. Enzymol. Bd. II, S. 178.
[4] SEN, R.: Nature **184**, 741 (1959).
[5] WADA, H., H. YOSHIMATSU, T. KOIZUMI, F. INOUE, K. ITO and T. MORISUE: Proc. int. Symp. Enzyme Chem., Tokyo and Kyoto **2**, 148 (1957).
[6] OLENICHEWA, L. S.: Biochimija, Moskva **24**, 225 (1959).
[7] NURMIKO, V., and R. RAUNIO: Acta chem. scand. **15**, 1263 (1961).
[8] ITO, T., and R. SONODA: Biken's J., Osaka **1**, 157 (1958).
[9] SONODA, R.: Osaka Daigaku Igaku Zasshi **11**, 67 (1959).
[10] YOUAT, J.: Biochem. J. **68**, 193 (1958).
[11] IZUMI, Y.: Okayama-Igakkai-Zasshi **71**, 397 (1959).
[12] CHAKRAVARTI, S. C.: Ind. J. Microbiol. **1**, 143 (1961).
[13] STEINER, M., u. H. KATING: B. Z. **332**, 488 (1960).
[14] HOLZER, H., U. GERLACH, G. JACOBI u. M. GROTH: B. Z. **329**, 529 (1958).
[15] ALTENBERG, R. A.: J. Bact. **62**, 97 (1951).
[16] WIAME, J. M., R. STORK and S. BOUGELOIS: Biochim. biophys. Acta **10**, 627 (1953).
[17] MARCHAL, J. G.: Trav. Lab. Microbiol. Fac. Pharmacie Nancy **18**, 206 (1953/55).
[18] ROBINSON, J., and H. KATZENELSON: Nature **172**, 672 (1953).
[19] KRITSMANN, M. G.: Biochimija, Moskva **3**, 603 (1938).
[20] GREEN, D. E., L. F. LELOIR and V. NOCITO: J. biol. Ch. **161**, 559 (1945).
[21] SCHLENK, F., and A. FISHER: Arch. Biochem. **12**, 60 u. 69 (1947).
[22] O'KANE, D. O., and I. C. GUNSALUS: J. biol. Ch. **170**, 425 (1947).
[23] CAMMARATA, P. S., and P. P. COHEN: J. biol. Ch. **193**, 53 (1951).
[24] LIS, H.: Biochim. biophys. Acta **28**, 191 (1958).
[25] LIS, H., and P. M. FASELLA: Biochim. biophys. Acta **33**, 567 (1959).
[26] FASELLA, P. M.: Biochim. biophys. Acta **33**, 657 (1959).
[27] JENKINS, W. T., I. W. SIZER and D. A. YPHANTIS: J. biol. Ch. **234**, 51 (1959).
[28] JENKINS, W. T.: Biochem. Prep. **9**, 47 (1962).

Tabelle 14. *Ergebnisse der wesentlichsten Verfahren zur Isolierung von GOT.*

Literatur	Enzymform	Spezifische Aktivität	Ausbeute	Umrechnung auf µM/min/mg Protein	Einheit
1	Apo und Holo	0,037*		5	
2	Apo und Holo	0,02*		8	
3	Apo	0,016*	4,1	10	100 µl CO_2/10 min/37° C
4	PLP	5000 (Rückreaktion)	4,0	12	ΔE_{280} = 0,001/min/25° C
5	PLP	4000	27	30	ΔE_{280} = 0,001/min/25° C
6		10000 (Rückreaktion)			
7	PLP	31,1	49	158	ΔE_{280} = 1,0/min/37° C
8	Apo	700	6	181	ΔE_{280} = 0,1/10 min/25° C
Käufliches Präparat	PLP	10000		182	Bücher-Einheiten
9	PLP (GOT-C)	190		190	µM/mg Protein/min

* Reinheitsindex: Extinktion bei 280 mµ (Lichtweg 10 mm) dividiert durch Enzymeinheiten/ml.

Tabelle 15. *Isolierung der GOT (Pyridoxalform) aus Schweineherz*[7].

Arbeitsschritt	Volumen ml	Enzym-einheiten/ml*	Spezifische Aktivität	Gesamt-einheiten	Ausbeute %	Reinigung
Erhitzter Organextrakt	10400	6,0	1,66	62500	100	1
1. Ammoniumsulfatfraktionierung.	148	379	13,2	56200	90	8,0
Hydroxylapatitfraktionierung . .	227	221	26,1	50300	81	15,7
2. Ammoniumsulfatfraktionierung.	28,2	1080	31,1	30500	49	18,7

* ΔE_{280} = 1,0/min/37° C.

der Firma C. F. Boehringer & Soehne, Mannheim, Biochemica Artikel GOT 15335, hergestellt wird. Das Präparat mit einer spezifischen Aktivität von 10000 BE/mg liegt als nichtkristalline Suspension in einer Ammoniumsulfat-Ketoglutarat-Maleat-Lösung (p_H 6) vor (die Fremdaktivität ist jeweils < 0,05 %).

Das Wesentliche des Gewinnungsverfahrens ist eine Stabilisierung des Holoenzyms durch Zusatz von α-Ketoglutarat und Maleat. Das Enzym fällt mit diesem Verfahren in seiner Pyridoxalform in 80—85 %iger Reinheit an. Um sicher zu gehen, daß das gesamte Enzym als Pyridoxal-GOT vorliegt, kann das Enzympräparat aus Schweineherz unter einem Zusatz geringer Mengen von α-Ketoglutarat (0,01—0,001 m, p_H 8,3) gründlich gegen einen kontinuierlichen Strom von ionenfreiem Wasser dialysiert werden.

Isolierung der prosthetischen Gruppe (PLP). Das Coenzym Pyridoxalphosphat kann durch Erhitzen oder durch Zusatz von Säuren oder Alkali vom Holoenzym abgespalten werden. Die Behandlung des Enzyms mit Dowex-1 in der Formiatform führt nicht zur Spaltung des Coenzym-Enzymkomplexes, dagegen wird durch Behandlung des Enzyms mit 0,1 n NaOH eine sofortige Spaltung herbeigeführt[10]. Die Isolierung des freigesetzten Pyridoxalphosphates geschieht mit Hilfe von Dowex-1 [11].

---

[1] Green, D. E., L. F. Leloir and V. Nocito: J. biol. Ch. **161**, 559 (1945).
[2] Schlenk, F., and A. Fisher: Arch. Biochem. **12**, 60 u. 69 (1947).
[3] O'Kane, D. O., and I. C. Gunsalus: J. biol. Ch. **170**, 425 (1947).
[4] Cammarata, P. S., and P. P. Cohen: J. biol. Ch. **193**, 53 (1951).
[5] Lis, H., and P. M. Fasella: Biochim. biophys. Acta **33**, 567 (1959).
[6] Lis, H.: Biochim. biophys. Acta **28**, 191 (1958).
[7] Jenkins, W. T., I. W. Sizer and D. A. Yphantis: J. biol. Ch. **234**, 51 (1959).
[8] Banks, B. E. C., and C. A. Vernon: Soc. **1961**, 1698.
[9] Morino, Y., H. Itoh and H. Wada: Biochem. biophys. Res. Comm. **13**, 348 (1963).
[10] Jenkins, W. T., and I. W. Sizer: J. biol. Ch. **235**, 620 (1960).
[11] Baranowski, T., B. Illingworth, D. H. Brown and C. F. Cori: Biochim. biophys. Acta **25**, 16 (1957).

Ausführung:

1 ml carbonatfreie 1 n NaOH wird mit 9 ml Enzymlösung versetzt und das Protein in der Kälte mit 2 ml 30%iger Trichloressigsäure ausgefällt. Der Niederschlag wird durch Zentrifugieren abgetrennt und die Trichloressigsäure mit Äther aus dem Überstand bis zur neutralen Reaktion extrahiert. Die mit 1 ml 1 n NaOH versetzte PLP-haltige Lösung wird auf eine Säule (10 × 0,9 cm) mit Dowex-1 in der Formiatform aufgezogen und eine Gradientenelution mit 4 n Ameisensäure gegen 250 ml Wasser (Mischgefäß) vorgenommen. Die Elution des PLP wird durch Messung der Extinktion bei 295 mμ verfolgt.

Isolierung der Pyridoxaminform der GOT. Bei Zusatz von Glutamat zu der PLP-GOT kommt es zu einem stöchiometrischen Umsatz von Glutamat und PLP, wobei die Pyridoxaminform des Enzyms gebildet wird. Die Lösung des PLP-Enzyms wird auf 0,1 m Na-glutamat, p_H 8,2, und 0,02 m Tris-Formiatpuffer, p_H 8,3, eingestellt und über eine mit Puffer äquilibrierte Säule (16 × 0,9 cm) mit Dowex-1 in der Formiatform gegeben. Dabei wird das gebildete α-Ketoglutarat vor dem Glutamat an das Harz gebunden, so daß das Enzympräparat, das man bei Entwicklung der Säule mit bidest. Wasser erhält, vollständig in der Pyridoxaminform vorliegt. Auf Grund der Gleichgewichtsverhältnisse kann nur bei einem Pufferüberschuß das reine Pyridoxaminenzym isoliert werden. Beim Stehen geht das Enzym langsam wieder in die Pyridoxalform über, was durch Zusatz von α-Ketoglutarat augenblicklich bewirkt werden kann.

Isolierung der prosthetischen Gruppe (PMP). Auch das Pyridoxaminenzym verliert bei Behandlung mit Alkali seine prosthetische Gruppe[1]. Das Pyridoxaminphosphat kann mit dem für Pyridoxalphosphat angegebenen Verfahren isoliert und spektrophotometrisch nachgewiesen werden.

Isolierung des GOT-Apoenzyms nach* Banks *u. Mitarb.*[2] *(Tabelle 16).

Ein GOT-Apoenzym mit einer höheren spezifischen Aktivität als das nach Jenkins[3] isolierte Präparat, kann nach Banks u. Mitarb.[2] aus Schweineherzmuskel gewonnen werden.

Tabelle 16. *Isolierung des GOT-Apoenzyms aus Schweineherz*[2].

Arbeitsschritt	Volumen ml	Enzymeinheiten/ml *	Protein mg/ml	Spezifische Aktivität	Reinigung	Ausbeute %
1	64350	34,5	9,2	3,8	1,0	100
2	14040	158	25,8	6,1	1,6	100
3	13140	169	9,3	18,2	4,8	100
4	630	2890	33,7	86,0	22,6	82
5	230	7080	65,5	108	28,4	73
6	767	1420	7,8	182	48,0	49
7	109	6340	30,2	210	55,5	31
6 (wiederholt)	211	2208	8,05	274	72,0	21
7 (wiederholt)	73	5958	14,19	420	110	19,5
8	22	6140	8,77	700	184	6

* $\Delta E_{280} = 0{,}1/10$ min/25° C.

1. Stufe. Die zerkleinerten Herzmuskelstücke werden mit Wasser 1:5 in einem hochtourigen Homogenisator 2 min zerkleinert, die Suspension 1 Std bei 0° C gerührt und von den Zellfragmenten abzentrifugiert.

2. Stufe. Die Fällung des Enzyms erfolgt durch Zugabe von festem Ammoniumsulfat bis zu einer 90%igen Sättigung, worauf der Niederschlag abzentrifugiert und in einem Minimum an Wasser wieder in Lösung gebracht wird. Diese konzentrierte Proteinlösung wird bis zur völligen Entfernung des Ammoniumsulfates gegen fließendes Wasser dialysiert.

[1] Jenkins, W. T., and I. W. Sizer: J. biol. Ch. **235**, 620 (1960).
[2] Banks, B. E. C., and C. A. Vernon: Soc. **1961**, 1698.
[3] Jenkins, W. T., I. W. Sizer and D. A. Yphantis: J. biol. Ch. **234**, 51 (1959).

3. Stufe. Die vollständige Spaltung des Coenzym-Enzym-Komplexes gelingt durch Zugabe von Phosphatpuffer, p_H 6,0, bis zu einer Endkonzentration von 1 m und durch Erhitzen der Lösung für 50 min auf 60° C. Ein auftretender Niederschlag wird entfernt und das Filtrat ohne Dialyse zur Stufe 4 verwendet.

4. Stufe. Dieser Arbeitsschritt besteht in einer fraktionierten Ammoniumsulfatfällung, wobei die Fraktion zwischen 0—30 % Sättigung verworfen wird und die Fällungen der Fraktionen zwischen 30—35, 35—40 und 40—45 % isoliert und in einer möglichst kleinen Menge dest. Wasser gelöst werden. Fraktionen mit einer spezifischen Aktivität* über 75 werden vereinigt und für die weiteren Schritte verwendet.

Tabelle 17. *Isolierung von GOT aus menschlichem, tierischem und pflanzlichem Material.*

Material	Species	Literatur	Bemerkung	Material	Species	Literatur
Leber	Mensch	1	GOT-M; GOT-C	Verschiedene Organe	Ratte	13
Leber	Ratte	2	GOT-C	Placenta	Mensch	14
Leber	Ratte	3–6	GOT-M; GOT-C	Gehirn	Mensch	15, 16
Leber	Hund	7	GOT-M	Gehirn	Rind	15
Leber	Rind	8	GOT-M; GOT-C	Phaseolus lunatus		17
Herz	Schwein	9		Bohnen		18
Herz	Schaf	10		Weizenkeimlinge		19
Muskulatur	Hund	7	GOT-M	Blumenkohl		20
Leber	Hund	11, 12	GOT-M; GOT-C	Bierhefe		21

5. Stufe. Die Fraktionierung mit Ammoniumsulfat wird wiederholt, wobei dieses Mal die Fällung bei einer Sättigung zwischen 0—50 % verworfen wird und die Fällungen der Fraktionen zwischen 50—52,5, 52,5—57,5 und 57,5—60 % isoliert und in wenig Wasser gelöst werden. Die Fraktionen mit einer spezifischen Aktivität über 100 werden weiter aufgearbeitet.

6. Stufe. Die aktiven Fraktionen aus Stufe 5 werden mit 805 ml Calciumphosphatgel versetzt und nach 5 min das Gel abzentrifugiert. Dabei wird nur inaktives Protein vom Gel gebunden, wobei in Versuchsansätzen die optimale Gelmenge vorher ermittelt werden muß (1 ml Gel adsorbiert ungefähr 10 mg Protein). Wesentlich für die Stabilität des Enzyms ist, daß die Enzymkonzentration im Überstand nicht unter 600 E/ml abfällt.

* 1 Aktivitätseinheit ist die Enzymmenge, die eine Extinktionsänderung bei 280 mμ von 0,1 in 10 min bei 25° C verursacht.

[1] SCHMIDT, E., F. W. SCHMIDT u. C. HERFARTH: Kli. Wo. **1962**, 1133.
[2] MOORE, B. W., and R. H. LEE: J. biol. Ch. **235**, 1359 (1960).
[3] HOOK, R. H., and C. S. VESTLING: Biochim. biophys. Acta **65**, 358 (1962).
[4] BOYD, J. W.: Biochem. J. **80**, 18P (1961).
[5] BOYD, J. W.: Biochem. J. **81**, 434 (1961).
[6] ROSENTHAL, O., S. K. THIND and N. CONGER: Symp. of the Division of Biological Chem. of the Am. Chem. Soc. N.Y., Sept. 1960.
[7] FLEISHER, G. A., and K. G. WAKIM: J. Lab. clin. Med. **61**, 98 (1963).
[8] MORINO, Y., H. ITOH and H. WADA: Biochem. biophys. Res. Comm. **13**, 348 (1963).
[9] POLYANOVSKII, O. L.: Biochimija, Moskva **27**, 734 (1962).
[10] HAPPOLD, F. C., and J. M. TURNER: Nature **179**, 155 (1957).
[11] FLEISHER, G. A.: Fed. Proc. **19**, 6 (1960).
[12] FLEISHER, G. A., K. G. WAKIM: Proc. Soc. exp. Biol. Med. **106**, 283 (1961).
[13] BOYD, J. W.: Biochem. J. **84**, 14P (1962).
[14] SHAN-CHING SUNG and SHING-HSIU HSIU: Tai-Wan Hsueh Hui Tsa Chih **57**, 226 (1958).
[15] PATTABHIRAMAN, T. N., and B. K. BACHHAWAT: Ann. Biochem. exp. Med., Calcutta **19**, 205 (1959).
[16] BONAVITA, V.: J. Neurochem. **4**, 275 (1959).
[17] NADKARNI, S. R., and K. SOHONIE: Ind. J. Chem. **1**, 220 (1963).
[18] PATWARDHAN, M. V.: Biochem. J. **75**, 401 (1960).
[19] CRUICKSHANK, D. H., and F. A. ISHERWOOD: Biochem. J. **69**, 189 (1958).
[20] ELLIS, R. J., and D. D. DAVIES: Biochem. J. **78**, 615 (1961).
[21] HOLZER, H., U. GERLACH, G. JACOBI u. M. GROTH: B. Z. **329**, 529 (1958). — SCHREIBER, G., M. ECKSTEIN, A. OESER u. H. HOLZER: B. Z. **340**, 13 (1964).

7. Stufe. Die Stufe 5 wird wiederholt und die Fraktionen zwischen 50 und 60% Sättigung, die eine spezifische Aktivität über 420 aufweisen, vereinigt. Trifft dies für keine der Fraktionen zu, so werden die Stufen 6 und 7 wiederholt.

8. Stufe. Die auf 0° C gekühlten aktiven Fraktionen aus Stufe 7 werden mit Äthanol (—20° C) in Gegenwart von 0,3% Ammoniumsulfat fraktioniert. Enzympräparate mit einer spezifischen Aktivität über 420 enthalten meist nur noch zwei Proteinkomponenten, die bei sehr unterschiedlichem Äthanolgehalt ausgefällt werden können. Die Fällung, die man bei Zugabe eines gleichen Volumens Äthanol erhält, wird verworfen. Erst nach Zugabe von einem weiteren Volumen Äthanol fällt das GOT-Apoenzym aus, es wird abzentrifugiert, in einer möglichst kleinen Menge bidest. Wasser (0° C) aufgenommen und dialysiert. Es resultiert eine farblose und klare Enzymlösung, die ca. 6000 E/ml mit einer spezifischen Aktivität von 700 enthält. Enzymlösungen, die konzentrierter als 10 mg Protein/ml sind, zeigen bei 0° C für einige Wochen nur einen geringen Aktivitätsabfall; verdünntere Lösungen sind instabil.

Reaktivierung der Apo-GOT. Lösungen des Apoenzyms (1 E/ml) in 0,1 m Phosphatpuffer, p_H 7,38, werden bei 25° C durch Zusatz von Pyridoxalphosphat ($7{,}5 \times 10^{-5}$ m) oder Pyridoxaminphosphat ($3{,}75 \times 10^{-4}$ m) reaktiviert. Die optimale Aktivierung ist innerhalb 30 min erreicht, unabhängig davon, welches der beiden Coenzyme verwendet wurde. Die erhaltene GOT-Lösung ist stabil. Das GOT-Apoenzym kann zur Mikrobestimmung von PLP und PMP dienen[2, 3].

Weitere Verfahren zur Anreicherung der GOT. Neben Schweineherzmuskel dienten auch andere tierische Organe als Ausgangsmaterial zur Isolierung von GOT, ebenso pflanzliche Gewebe und nur in wenigen Fällen Mikroorganismen (Tabelle 17).

Tabelle 17a. *Reinigung der GOT aus Rinderleber*[1] (Aktivität in μM/mg Protein/Std).

Schritt	Spezifische Aktivität	Ausbeute %
A. Reinigung der GOT aus Mitochondrien.		
Ultraschall-Extrakt . . .	10,6	100
Hitzebehandlung (72° C) .	109,3	90
Ammoniumsulfatfraktionierung	630	62
Hydroxylapatit-Fraktionierung 0,12 m, p_H 6,8 . .	4050	50
B. Reinigung der GOT aus dem löslichen Anteil.		
Rohextrakt	16,0	100
1. Ammoniumsulfatfraktionierung	67,0	75
Hitzebehandlung (75° C) .	361	60
2. Ammoniumsulfatfraktionierung	1960	40
Hydroxylapatit-Fraktionierung 0,018 m, p_H 6,8 . .	11000	35

Neuerdings wurden aus Rinderleber die beiden Isoenzyme GOT-M und GOT-C in kristalliner Form durch Hitzebehandlung, Ammoniumsulfat- und Hydroxylapatit-Fraktionierung gewonnen. Die dabei erhaltene Fraktion der GOT-C ist mit einer spezifischen Aktivität von 190 μM/mg Protein/min das bisher reinste GOT-Präparat. Die Kristallisation der Enzyme erfolgt durch Ammoniumsulfatfraktionierung für GOT-M bei p_H 6,0 in Gegenwart von 0,02 m α-KGS, für GOT-C bei p_H 8,0 ohne weiteren Zusatz[4], s. Tabelle 17a.

Eigenschaften der GOT. *Molekulargewicht.* Das nach JENKINS[5] isolierte Enzym hat eine Reinheit von >85%. Es zeigt in der Ultrazentrifuge eine einheitliche Komponente ($81\% \pm 3$) mit einem Sedimentationskoeffizienten bei unendlicher Verdünnung $s_{20,w} =$ 5,5 S und eine scheinbare Diffusionskonstante $D_{20,w} = 4{,}6 \pm 0{,}1 \times 10^{-7}$ cm^2 sec^{-1}. Daraus errechnet sich ein Molekulargewicht von 110000. Bei einer Hydratation von 0,5 ml Wasser/ml Protein und einem spezifischen Volumen von 0,745 ergibt sich ein „friction-coefficient“ $f/f_0 = 1{,}4$; ein Achsenverhältnis von 4,6 weist auf eine abgeflachte Ellipse

[1] MORINO, Y., and H. WADA; in: SNELL, E. E., P. M. FASELLA, A. E. BRAUNSTEIN and A. R. FANELLI (Hrsg.): Chemical and Biological Aspects of Pyridoxal Catalysis. p. 175. Oxford 1963.
[2] HOLZER, H., u. U. GERLACH; in: H. U. BERGMEYER (Hrsgb.): Methoden der enzymatischen Analyse, S. 606. Weinheim 1962. — SCHREIBER, G., M. ECKSTEIN, A. OESER u. H. HOLZER: B. Z. **340**, 21, 35 (1964).
[3] GORYACHENKOWA, E. V.: Biochimija, Moskva **28**, 565 (1963).
[4] MORINO, Y., H. ITOH and H. WADA: Biochim. biophys. Res. Comm. **13**, 348 (1963).
[5] JENKINS, W. T., I. W. SIZER and D. A. YPHANTIS: J. biol. Ch. **234**, 51 (1959).

hin[1]. Die aktive Komponente des von COHEN[2] isolierten Enzyms hat die Sedimentationskonstante $s_{20,w} = 4{,}71$ S, zeigt jedoch bei der Elektrophorese zwei aktive Zonen. Die Analyse des PLP-Gehaltes reiner Enzympräparate ergibt 2 Mol PLP pro Mol Enzym[1, 3, 4]. Auf dieser Basis errechnet sich aus der PLP-Analyse ein Molekulargewicht von 116000 ± 6000. Beobachtungen von FASELLA, daß eine Enzymaktivierung durch Verdünnen möglich ist, werden auf das Vorliegen einer dimeren Enzymform zurückgeführt, die in zwei Monomere mit höherer Aktivität gespalten werden kann[5]. Die dimere Form besitzt nur ungefähr 5% der Aktivität der monomeren Enzymform und hat eine Dissoziationskonstante, die bei 10^{-8} bis 10^{-7} m liegt[6]. Das als Detergenz wirksame Na-dodecylsulfat führt bei 37° C und p_H 5,4 ein GOT-Präparat aus Schweineherz unter weitgehendem Verlust der Enzymaktivität in ein Produkt über, das eine geringere Sedimentationsgeschwindigkeit besitzt als das ursprüngliche Enzym. Außer einem geringen spontanen Anstieg der Enzymaktivität nach 30 min ist eine Reaktivierung des so behandelten Enzyms auch nach Dialyse nicht mehr möglich. Dieser Vorgang wird mit der Spaltung des aktiven Enzyms in kleinere inaktive Untereinheiten erklärt[7].

Das von WADA u. Mitarb. als bisher reinstes in kristalliner Form isoliertes GOT-Präparat[3] weist folgende Daten auf: Ultrazentrifugation $s_{20,w} = 5{,}40 \times 10^{-13}$ cm sec^{-1} und $D_{20,w} = 4{,}32 \times 10^{-7}$ cm^2 sec^{-1}; daraus errechnet sich ein Molgewicht von 120000.

Das entsprechende kristalline Enzympräparat aus dem mitochondrialen Anteil der Rinderleber besitzt eine geringere spezifische Aktivität (69 μM/min/mg Protein), ist jedoch ebenfalls in der Ultrazentrifuge einheitlich $s_{20,w} = 4{,}7 \times 10^{-13}$ cm sec^{-1} und $D_{20,w} = 4{,}67 \times 10^{-7}$ cm^2 sec^{-1} mit einem Molgewicht von 100000. Nach[8] sind die Unterschiede der Sedimentationskonstanten der beiden Isoenzyme größer (5,85 für die GOT-C und 3,85 GOT-M). Die Aminosäurezusammensetzung eines reinen GOT-Präparates ist in Tabelle 17b angegeben. Als N-endständige Aminosäure wurden 2 M Alanin identifiziert, so daß möglicherweise zwei Polypeptidketten mit identischen Endgruppen vorliegen[9].

Tabelle 17b. *Aminosäurezusammensetzung der GOT*[9].

Aminosäure	Aminosäurerest/100 g Protein g	Berechnete Werte der Aminosäurereste/58000 g Protein	Angenommene Werte	Aminosäure	Aminosäurerest/100 g Protein g	Berechnete Werte der Aminosäurereste/58000 g Protein	Angenommene Werte
Lysin	5,18	23,4	23	Glycin	3,16	32,1	32
Histidin	2,11	8,9	9	Alanin	4,51	36,8	37
NH_3	—	56,0	56	Valin	5,63	32,9	33
Arginin	8,57	31,8	32	Methionin	1,60	7,1	7
Cystin (1/2 Mol)	1,23	6,9	7	Isoleucin	4,11	21,1	21
Asparaginsäure	10,75	54,2	54	Leucin	8,9	45,6	46
Threonin	5,42	31,1	31	Tyrosin	4,51	16,0	16
Serin	4,86	32,4	32	Phenylalanin	6,66	26,3	26
Glutaminsäure	11,46	51,5	51	Tryptophan	4,44	13,8	14
Prolin	5,04	30,1	30				

p_H-Optimum. Das p_H-Optimum der GOT-Präparate aus den verschiedensten Organismen liegt, wie in Tabelle 18 angegeben, im Bereich zwischen p_H 5,8 und 8,5. Für die Präparate aus tierischem Gewebe ist ein Wert um p_H 8,0 der wahrscheinlichste. Die

[1] JENKINS, W. T., I. W. SIZER and D. A. YPHANTIS: J. biol. Ch. **234**, 51 (1959).
[2] CAMMARATA, P. S., and P. P. COHEN: J. biol. Ch. **193**, 53 (1951).
[3] MORINO, Y., H. ITOH and H. WADA: Biochem. biophys. Res. Comm. **13**, 348 (1963).
[4] POLYANOVSKII, O. L.: Biochimija, Moskva **27**, 734 (1962).
[5] FASELLA, P.: Acta vitaminol, Milano **15**, 145 (1961).
[6] FASELLA, P., G. G. HAMMES and B. L. VALLEE: Biochim. biophys. Acta **65**, 142 (1962).
[7] TORCHINSKII, Y. M., i V. O. SHPIKITER: Dokl. Akad. Nauk SSSR **152**, 751 (1963).
[8] MATSUZAWA, T., N. KATUNUMA, R. TOYODA and K. MIYOSHI: J. Biochem. **54**, 295 (1963).
[9] TURANO, C., A. GIARTOSIO, F. RIVA and P. VECCHINI; in: E. E. SNELL, P. M. FASELLA, A. E. BRAUNSTEIN and A. R. FANELLI (Hrsg.): Chemical and Biological Aspects of Pyridoxal Catalysis. p. 149. Oxford 1963.

Tabelle 18. *pH-Optima von GOT-Präparaten.*

Material	pH-Optimum	Literatur	Material	pH-Optimum	Literatur
Schweineherz . . .	8,0	1	Pflanzensetzlinge.	8,6	11
Schweineherz . . .	7,5	2	Weizenkeimlinge	8,0	12
Schweineherz . . .	7,4	3	Grüne Pflanzen .	6,9	13
Gehirn.	7,0	4	Bohnen	8,2—8,5	14
Gehirn.	6,5—7,6	5	Pilzmycel	7,4	15
Arterien	7—8	6	Hefe	7,4—9,0	16, 17
Serum	7,4—8,3	7—9	Bakterien	5,8—9,0	18—21
Schaben	8,3	10			

pH-Abhängigkeit der maximalen Reaktionsgeschwindigkeit zeigt auf Grund der ermittelten MICHAELIS-Konstanten bei verschiedenen pH-Werten ein flaches Maximum zwischen pH 6,0 und 9,0[22]. Eine Besonderheit zeigt die GOT aus tierischen Organen nach der Auftrennung in die zwei Isoenzyme. Während die lösliche Enzymfraktion bei pH 6,0 nur eine geringe Aktivität aufweist (mit zunehmender Aktivität bei höheren pH-Werten), ist die Enzymaktivität aus den Mitochondrien weitgehend pH-unabhängig[23] oder zeigt ein geringes Maximum bei pH 9[24]. Aus diesem unterschiedlichen Verhalten bei wechselnden pH-Werten ergibt sich die Möglichkeit der analytischen Differenzierung beider Isoenzyme. Das Aktivitätsverhältnis, gemessen bei pH 6,0 und 7,4, liegt für das Enzym aus den Mitochondrien wesentlich höher als für die lösliche Enzymfraktion (Tabelle 19). Die beiden Isoenzyme können auch auf immunochemischem

Tabelle 19. *Das Aktivitätsverhältnis der GOT-Isoenzyme bei pH 6 und 7,5.*

Enzymmaterial isoliert aus	Aktivität bei pH 6,0 / Aktivität bei pH 7,4—7,5		Literatur
	GOT-M	GOT-C	
Herzmuskel und Leber	0,415—0,472	0,023—0,027	23
	(angereicherte Enzymfraktion)		
	0,24—0,28 (Rohhomogenat)		
Serum bei Myokard- und Leberschaden .	0,53—0,74		
Leber	1,15	0,25	25
Herzmuskel	1,0	0,64	26
Leber	0,544	0,027	27

1 JENKINS, W. T., I. W. SIZER and D. A. YPHANTIS: J. biol. Ch. **234**, 51 (1959).
2 COHEN, P. P.: J. biol. Ch. **136**, 565, 585 (1940).
3 GREEN, D. E., L. F. LELOIR and V. NOCITO: J. biol. Ch. **161**, 559 (1945).
4 BONAVITA, V.: J. Neurochem. **4**, 275 (1959).
5 PATTABHIRAMAN, T. N., and B. K. BACHHAWAT: Ann. Biochem. exp. Med., Calcutta **19**, 205 (1959).
6 CHATTOPADHYAY, D. P.: Nature **192**, 660 (1961).
7 HENRY, R. J., N. CHIAMORI, O. J. GOLUB and S. BERKMAN: Amer. J. clin. Path. **34**, 381 (1960).
8 STEINER, M., u. H. KATING: B. Z. **332**, 488 (1960).
9 NISONOFF, A., and F. W. BARNES: J. biol. Ch. **199**, 713 (1952).
10 MCALLAN, J. W., and W. CHEFURKA: Comp. Biochem. Physiol. **3**, 1 (1961).
11 ALBAUM, H. G., and P. P. COHEN: J. biol. Ch. **149**, 19 (1943).
12 CRUICKSHANK, D. H., and F. A. ISHERWOOD: Biochem. J. **69**, 189 (1958).
13 RAUTANEN, N.: Ann. Acad. Sci. fenn. (A, II) Nr. 33 (1948).
14 PATWARDHAN, M. V.: Biochem. J. **75**, 401 (1960).
15 NADKARNI, S. R., and K. SOHONIE: Ind. J. Chem. **1**, 220 (1963).
16 ROINE, P.: Ann. Acad. Sci. fenn. (A, II) Nr. 26, 83 (1947).
17 HOLZER, H., U. GERLACH, G. JACOBI u. M. GROTH: B. Z. **329**, 529 (1958).
18 LICHSTEIN, H. C., and P. P. COHEN: J. biol. Ch. **157**, 85 (1945).
19 HALPERN, Y. S., and N. GROSSOWICZ: Bull. Res. Council Israel **6** E, 21 (1956).
20 ROBINSON, J., and H. KATZENELSON: Nature **172**, 672 (1953).
21 FINCHAM, J. R. S.: Nature **168**, 957 (1951).
22 VELICK, S. F., and J. VAVRA: J. biol. Ch. **237**, 2109 (1962).
23 FLEISHER, G. A., C. S. POTTER and K. G. WAKIM: Proc. Soc. exp. Biol. Med. **103**, 229 (1960).
24 KATUNUMA, N., T. MATSUZAWA and A. HUZINO: J. Vitaminol., Kyoto **8**, 74 (1962).
25 HOOK, R. H., and C. S. VESTLING: Biochim. biophys. Acta **65**, 358 (1962).
26 BORST, P., and E. M. PEETERS: Biochim. biophys. Acta **54**, 188 (1961).
27 FLEISHER, G. A., and K. G. WAKIM: J. Lab. clin. Med. **61**, 98 (1963).

Wege differenziert werden, wobei keine Organ- und Artspezifität der Antikörper nachweisbar war[1].

Temperaturabhängigkeit. Das Temperaturoptimum liegt zwischen 45 und 50° C[2–4] und ist für beide Isoenzyme gleich[5].

Die Temperaturabhängigkeit der Transaminierungsgeschwindigkeit mit GOT ergibt sich aus der Arrhenius-Kurve, indem man den log der Reaktionsgeschwindigkeit (Extinktionsänderung) gegen den Kehrwert der absoluten Temperatur aufträgt. Die Kurve verläuft für die GOT bis 38° C linear und weist bei 45° C einen scharfen Knick auf. Die Steigung dieser Kurve beträgt $-2{,}1$ bis $-2{,}77 \times 10^{-3}$ und der Q_{10}-Wert im Temperaturbereich von 30—40° C, d.h., der Faktor, um den sich die Reaktionsgeschwindigkeit bei Temperaturerhöhung um 10° C ändert, liegt bei 1,66—2,0[6–10]. Aus der Steigung der Arrhenius-Kurve ergibt sich die Aktivierungsenergie für die Transaminierungsreaktion zwischen Aspartat und α-KGS zu 9620—12500 cal/Mol[6–9,11]. Bei einem GOT-Präparat aus menschlichem Gehirn ergab sich eine Aktivierungsenergie von nur 5960 cal/Mol[12].

Beständigkeit. Die Beständigkeit der Enzympräparate in Lösung hängt im wesentlichen von der Proteinkonzentration der Lösung, von vorhandenen Beimengungen, vom p_H-Wert und von den Temperatureinflüssen ab. Besonders gut untersucht wurde die Beständigkeit der GOT-Aktivität in Seren. Bei tiefer Temperatur (— 10 bis — 20° C) ist der Aktivitätsabfall in 14 Tagen nicht höher als 10—15 %, wobei anfangs der größte Abfall eintritt (— 20° C nach 24 Std 5 %, nach 48 Std 8 % Verlust)[13]. Rascher dagegen verliert das Serum seine Aktivität bei 0—4° C (nach 24 Std 15 %, nach 48 Std 25 % Verlust) und nimmt bei Raumtemperatur in 24 Std um 10—22 % seiner Aktivität ab[13–16].

Das isolierte Enzympräparat ist als lyophilisiertes Trockenprodukt auch bei Raumtemperatur gut haltbar[17–19], und auch GOT-Lösungen sind, wenn sie vor bakterieller Infektion geschützt sind, bei 0—4° C stabil[17, 20]. Temperaturen bis zu 70° C werden von Lösungen für kurze Zeit gut vertragen. Hierbei wirkt Aspartat als Stabilisator besser als α-KGS. Als weitere Stabilisatoren dienen Maleat, Trispuffer und Na-acetat[21].

Der GOT-Gehalt in den Erythrocyten nimmt bei 4° C nach 4 Wochen um 40 % ab, kann jedoch durch Zusatz von ATP und ITP und auch PLP stabilisiert werden. Nachteilig wirkt sich ein Zusatz von Ascorbinsäure, Cystein, Na-lactat und Maleat aus[22, 23]. In Thrombocyten bleibt der Enzymgehalt bei — 10° C bis zu 3 Wochen unverändert[24].

---

[1] MORINO, Y., H. KAGAMIYAMA and H. WADA: J. biol. Ch. **239**, PC 943 (1964).
[2] MCALLAN, J. W., and W. CHEFURKA: Comp. Biochem. Physiol. **3**, 1 (1961).
[3] DASTUGUE, G., P. BASTIDE et J. P. JOUBERTON: Path. Biol., Paris **8**, 1593 (1960).
[4] NADKARNI, S. R., and K. SOHONIE: Ind. J. Chem. **1**, 220 (1963).
[5] KATUNUMA, N., T. MATSUZAWA and A. HUZINO: J. Vitaminol., Kyoto **8**, 74 (1962).
[6] HENRY, R. J., N. CHIAMORI, O. J. GOLUB and S. BERKMAN: Amer. J. clin. Path. **34**, 381 (1960).
[7] STEINBERG, D., D. BALDWIN and B. H. OSTROW: J. Lab. clin. Med. **48**, 144 (1956).
[8] SCHNEIDER, A. J., and M. J. WILLIS: Clin. Chem., N.Y. **4**, 392 (1958).
[9] PRYSE-DAVIES, I., and J. H. WILKINSON: Lancet **1958 I**, 1249.
[10] BARRETTO, L. M., Y. S. NASCIMENTO and R. S. REZENDE: Arch. Inst. Biol. Exérc. **14/21**, 29 (1953/60).
[11] NISONOFF, A., S. S. HENRY and F. W. BARNES: J. biol. Ch. **199**, 699 (1952).
[12] BABCOCK, M. J.: J. Nutr. **67**, 205 (1959).
[13] SÜDHOF, H., u. E. WÖTZEL: Kli. Wo. **1960**, 1165.
[14] FRIEDMAN, M. M., and T. H. TAYLOR; in: RAINER, M., and D. SELIGSON (Hrsg.): Standard Methods of Clinical Chemistry. Bd. III, S. 207. New York 1961.
[15] LAURSEN, T., and G. ESPERSEN: Scand. J. clin. Lab. Invest. **11**, 61 (1959).
[16] KARMEN, A., F. WROBLEWSKI and J. S. LADUE: J. clin. Invest. **34**, 126 (1955).
[17] LIS, H.: Biochim. biophys. Acta **28**, 191 (1958).
[18] CAMMARATA, P. S., and P. P. COHEN: J. biol. Ch. **193**, 53 (1951).
[19] CAMMARATA, P. S., and P. P. COHEN: J. biol. Ch. **187**, 439 (1950).
[20] GREEN, D. E., L. F. LELOIR and V. NOCITO: J. biol. Ch. **161**, 559 (1945).
[21] JENKINS, W. T., I. W. SIZER and D. A. YPHANTIS: J. biol. Ch. **234**, 51 (1959).
[22] KIM, N. K.: Shinshu Igaku Zasshi **10**, 150 (1961).
[23] RAKU, N. J.: Yamaguchi Igaku **10**, 983 (1961).
[24] BASTIDE, P., L. JACQUEMET, E. SIMON, P. M. PLAT et G. DASTUGUE: Path. Biol., Paris **10**, 1519 (1962).

Die Temperaturbeständigkeit des Enzympräparates aus Mitochondrien ist geringer als die der löslichen Fraktion[1]. Desgleichen wird die GOT-M durch 7,9 m Harnstoff rascher denaturiert als die GOT-C.

Durch Trypsin und Chymotrypsin wird das Enzym abgebaut und verliert seine biologische Aktivität[2, 3], ebenso nach Bestrahlung mit UV-Licht[4, 5] und Behandlung mit Ultraschall. Das GOT-Apoenzym verliert in Lösungen unter 1% Protein rasch seine Aktivität, in konzentrierter Lösung ist es bei 4° C einige Wochen stabil. Die Aktivität kann durch Glutathionzusatz (10^{-4} m) teilweise wiederhergestellt werden[6].

Halbwertszeit und Ausscheidung der Serum-GOT. Nach Injektion von gereinigten Transaminasepräparaten stellt sich bei Kaninchen bereits nach 70—80 sec ein Gleichgewicht ein[7], bei Hunden erst nach 6—7 Std[8], beim Menschen, errechnet aus klinischen Daten, nach etwa 12 Std. Die Halbwertszeit der Enzymeliminierung liegt bei Hunden bei etwa 12 Std[9, 10] und beim Menschen, berechnet aus der Geschwindigkeit der Enzymeliminierung nach akuter Organschädigung, von begrenzter Dauer, z.B. beim Herzinfarkt 40—60 Std[11, 12] und nach toxischen Leberschäden 57 Std[7] und 55 Std[13]. Steigert man bei Hunden den Serum-GOT-Spiegel[14–17] von 1,2 auf 160—420 μM/Std/ml durch Injektion eines gereinigten Enzympräparates aus der löslichen Fraktion (GOT-C) von Leber und Muskel, so beträgt die Halbwertszeit für die langsame Phase $11{,}8 \pm 0{,}29$ und für die schnelle Phase $4{,}0 \pm 0{,}15$ Std. Dabei nimmt der Enzymgehalt in der Lymphe in gleichem Maße zu, wie der Serumgehalt abnimmt, mit einem Maximum von 30% der Serumanfangsaktivität nach 1,5—3 Std. Intramuskuläre und subcutane Injektionen führen nach 3—4 bzw. 28 Std zu einem Blutspiegelmaximum, das nur 20 bzw. 10% des Niveaus nach intravenöser Injektion beträgt. Die Eliminierung eines intravenös zugeführten Enzympräparates aus Mitochondrien (GOT-M) erfolgt sehr viel rascher, mit einer Halbwertszeit von 54 ± 6 min, wobei nach anfangs langsamer Ausscheidung eine plötzliche Steigerung der Eliminierungsrate eintritt. Die Ausscheidungsrate beider Isoenzyme wird durch Vorbehandlung der Tiere mit Zymosan, einem Polysaccharid aus der Hefezellwand, das auf das reticuloendotheliale System einwirkt, beschleunigt. In jedem Fall erfolgt die Ausscheidung über den Lymphweg; die in Galle[4, 17] und Urin nachweisbaren Enzymmengen sind sehr gering.

Elektrophoretische Eigenschaften. Das von [18] isolierte GOT-Präparat aus Schweineherzmuskel ist elektrophoretisch einheitlich und zeigt bei p_H 8,6, bei einer Ionenstärke von 0,1 eine Wanderungsgeschwindigkeit von $4{,}45 \times 10^{-5}$ cm²/Volt/sec und bei p_H 6,05 = $4{,}2 \times 10^{-5}$ cm²/Volt/sec. Der isoelektrische Punkt des Enzyms liegt, was auch mit dem Überwiegen der Aminodicarbonsäuren im Molekül über die dibasischen Aminosäuren erwarten läßt, unter p_H 5,0. Der GOT-Anteil aus der löslichen Fraktion von tierischem Gewebe wandert zur Anode und ist meist im Bereich der α_2-Globuline des Serums zu

[1] KATUNUMA, N., T. MATSUZAWA and A. HUZINO: J. Vitaminol., Kyoto 8, 74 (1962).
[2] EVANGELOPOULOS, A. E.: Chim. Chron., Athenai **26**, 177 (1961).
[3] STÜTTGEN, G., W. BECKMANN u. M. TIETZ-OLSCHOWSKY: Kli. Wo. **1962**, 1206.
[4] HILL, R. M., B. NELSON and D. D. SOWL: Fed. Proc. **19**, 108 (1960).
[5] OLENITSCHEWA, L. S.: Biochimija, Moskva **20**, 165 (1955).
[6] BANKS, B. E. C., and C. A. VERNON: Soc. **1961**, 1698.
[7] AMELUNG, D.: H. **318**, 219 (1960).
[8] DUNN, M., J. MARTIN and K. R. REISSMANN: J. Lab. clin. Med. **51**, 259 (1958).
[9] FLEISHER, G. A., and K. G. WAKIM: Proc. Staff Meet. Mayo Clin. **31**, 640 (1956).
[10] REICHARD, H.: J. Lab. clin. Med. **53**, 417 (1959).
[11] LADUE, J. S., and F. WROBLEWSKI: Circulation, N.Y. **15**, 324 (1957).
[12] NYDICK, J., P. RUEGSEGGER, F. WROBLEWSKI and J. S. LADUE: Circulation, N.Y. **15**, 324 (1957).
[13] SCHMIDT, E., and F. W. SCHMIDT; in: BERGMEYER, H. U. (Hrsg.): Methoden der enzymatischen Analyse. S. 651. Weinheim 1962.
[14] WAKIM, K. G., and G. A. FLEISHER: J. Lab. clin. Med. **61**, 86 (1963).
[15] WAKIM, K. G., and G. A. FLEISHER: J. Lab. clin. Med. **61**, 107 (1963).
[16] FLEISHER, G. A., and K. G. WAKIM: J. Lab. clin. Med. **61**, 98 (1963).
[17] DUNN, M., J. MARTIN and K. R. REISSMANN: J. Lab. clin. Med. **51**, 259 (1958).
[18] JENKINS, W. T., I. W. SIZER and D. A. YPHANTIS: J. biol. Ch. **234**, 51 (1959).

finden. Das Mitochondrienenzym dagegen wandert kathodisch[1–4]. Die Serum-GOT entspricht in ihrem elektrophoretischen Verhalten der GOT aus der löslichen Fraktion und stimmt ebenfalls meist mit der Beweglichkeit der α_2-Globulinfraktion überein, kann jedoch auch in weitem Bereich streuen[5–12]. Eine Abspaltung des Coenzyms während der elektrophoretischen Trennung tritt nicht ein[11]. Die bei pathologischen Seren bisweilen auftretende kationische Fraktion, die der GOT-M-Fraktion entspricht, kann durch Zusatz von Albumin zum Serum stabilisiert werden[4]. Die Steigerung der GOT-Aktivität in pathologischen Seren ist zum größten Teil auf die Freisetzung von GOT-C zurückzuführen. Entsprechend diesem Ladungsverhalten kann die GOT-C auch an basisch substituierte Celluloseaustauscher, wie DEAE, gebunden und durch fraktionierte Elution gereinigt werden, während die GOT-M unter den gleichen Bedingungen nicht aufzieht[13]. Eine quantitative Trennung und Isolierung der Isoenzyme an diesem Austauschermaterial ist beschrieben[14, 15].

Substratspezifität. Neben der reversiblen Transaminierung von Aspartat mit α-KGS und Glutamat mit Oxalacetat erfolgt auch mit geringer Geschwindigkeit eine Umsetzung von Mesoxalsäure an Stelle von Oxalacetat und Cysteinsäure an Stelle von Aspartat[16–19].

Die Reaktion zwischen Cysteinsulfinsäure und α-KGS ist ebenfalls möglich und verläuft rascher als mit Aspartat und α-KGS[20–23]. Auch mit Oxalacetat erfolgt eine Umsetzung von Cysteinsulfinsäure in β-Sulfinylpyruvat[24]. Neben Aspartat kann auch Glutamat selbst als Aminodonator für α-KGS dienen. Diese Austauschreaktion wurde bei pH 8,3 in Trispuffer mit ^{14}C-Glutamat durchgeführt und ergab eine 2,3fach[25] bzw. 2,7fach[26] so rasche Umsetzung wie mit Aspartat. Desgleichen beträgt die Umsatzgeschwindigkeit von Glutamat mit ^{14}C-α-KGS bei Verwendung des käuflichen GOT-Präparates ohne Zusatz von PLP 15352 μM/10 mμ M Enzym/Std und mit Zusatz von PLP 18154; die entsprechenden Werte für die Transaminierung von Aspartat mit α-KGS betragen 8100 und 17081 μM/10 mμ M Enzym/Std[27].

Bei Verwendung eines gereinigten Enzympräparates[28] konnte mit γ-Methylglutamat und Oxalacetat die gleiche Transaminierungsrate wie mit Glutamat festgestellt werden[29]; die β-substituierte Verbindung ist inaktiv. D,L-threo-β-Methylaspartat ist ein wirksamerer

[1] Boyde, T. R. C., and A. L. Latner: Biochem. J. **82**, 51 P (1962).
[2] Decker, L. E., and E. M. Rau: Proc. Soc. exp. Biol. Med. **112**, 144 (1963).
[3] Katunuma, N., T. Matsuzawa and A. Huzino: J. Vitaminol., Kyoto **8**, 74 (1962).
[4] Fleisher, G. A., C. S. Potter and K. G. Wakim: Proc. Soc. exp. Biol. Med. **103**, 229 (1960).
[5] Alioto, M. R.: Biochim. appl., Parma **9**, 238 (1962).
[6] Brossard, M., and A. Archambault: Canad. pharmaceut. J. sci. Sect. **94**, 38 (1961).
[7] Povoa, H.: Exper. **18**, 552 (1962).
[8] Emmrich, R., u. S. Zimmermann: Kli. Wo. **1959**, 935.
[9] Rowsell, E. V.: Nature **168**, 104 (1951).
[10] Ménaché, R.: Ann. Biol. clin., Paris **17**, 615 (1959).
[11] Herndor, G., H. G. Shepperd, I. Hugh and H. G. McDonald: Clin. Chem., N.Y. **4**, 13 (1956).
[12] Rosa, J., R. Saddi et G. Shapira: Paris méd. **66**, 518 (1958).
[13] Matsuzawa, T., N. Katunuma, R. Toyoda and K. Miyoshi: J. Biochem. **54**, 295 (1963).
[14] Hook, R. H., and C. S. Vestling: Biochim. biophys. Acta **65**, 358 (1962).
[15] Borst, P., and E. M. Peeters: Biochim. biophys. Acta **54**, 188 (1961).
[16] Green, D. E., L. F. Leloir and V. Nocito: J. biol. Ch. **161**, 559 (1945).
[17] Cohen, P. P.: J. biol. Ch. **136**, 565, 585 (1940).
[18] Darling, S.: Nature **170**, 749 (1952).
[19] Meister, A., P. E. Fraser and S. V. Tice: J. biol. Ch. **206**, 561 (1954).
[20] Singer, T. P., and E. B. Kearney; in: McElroy, W. D., and B. Glass (Hrsg.): Symposium on Amino Acid Metabolism. S. 558. Baltimore 1955.
[21] Kearney, E. B., and T. P. Singer: Biochim. biophys. Acta **11**, 270, 276 (1953).
[22] Fromageot, C.: Helv. **29**, 1279 (1946).
[23] Fromageot, C., F. Chatagner et B. Bergeret: Biochim. biophys. Acta **2**, 294 (1948).
[24] Singer, T. P., and E. B. Kearney: Arch. Biochem. **61**, 397 (1956).
[25] Jenkins, W. T., D. A. Yphantis and I. W. Sizer: J. biol. Ch. **234**, 1179 (1959).
[26] Velick, S. F., and J. Vavra: J. biol. Ch. **237**, 2109 (1962).
[27] Waksman, A., and E. Roberts: Biochem. biophys. Res. Comm. **12**, 263 (1963).
[28] O'Kane, D. O., and I. C. Gunsalus: J. biol. Ch. **170**, 425 (1947).
[29] Meister, A.: Adv. Enzymol. **16**, 185 (1955).

Aminodonator als Aspartat und auch Methyloxalacetat ein besserer Aminoacceptor für Glutamat als Oxalacetat[1]. Die Transaminierung von β-Hydroxyaspartat wurde mit einem Enzympräparat aus Schweineniere nachgewiesen[2] und auch die umgekehrte Reaktion, nämlich die Bildung von erythro-β-Hydroxy-L-aspartat aus Glutamat und Dihydroxyfumarat ist bekannt[3]. Diese beiden Reaktionen werden durch Magnesiumionen beschleunigt. JENKINS[4] konnte auch eine Umsetzung der diastereomeren Verbindung erythro-β-Hydroxy-D,L-aspartat mit α-KGS nachweisen und fand, wie auch [2] eine kompetitive Hemmung der Reaktion von Aspartat mit α-KGS durch Hydroxyderivate, deren Wechselzahl 5000mal kleiner ist. Die reversible Reaktion des threo-Isomeren ist geringer als die des erythro-Isomeren. Die Bedeutung der Magnesiumionen beruht auf einem nichtenzymatischen katalytischen Effekt auf die Überführung des Dihydroxyfumarat in die tautomere Ketoverbindung Oxaloylglykolat, das ein echtes Transaminasesubstrat ist[2, 4]. Weiterhin fand JENKINS[5] eine geringe Transaminierung mit Methioninsulfoxyd, Methioninsulfon und auch mit Alanin. Die Pyruvatbildung mit Alanin ist der Abnahme des proteingebundenen PLP proportional. Daß es sich hier um eine echte Substratspezifität der GOT und nicht um eine Verunreinigung des Enzyms mit GPT handelt, ergibt sich daraus, daß die Anfangsgeschwindigkeit der Reaktion selbst bei einem Substratgehalt über 0,1 m der Konzentration an L-Alanin proportional ist. Daraus ergibt sich, daß die endständigen Carboxylgruppen der physiologischen Substrate Aspartat und Glutamat für die Stereospezifität der Reaktion nicht bestimmend sind.

Ein einfaches Verfahren zur Prüfung der Substratspezifität der GOT besteht in der Messung der Herabsetzung der Anfangsgeschwindigkeit der Umsetzung von Aspartat mit α-KGS in Gegenwart anderer Aminodonatoren[6]. So zeigt die GOT eine Hemmung der initialen Umsatzgeschwindigkeit bei L-Cysteinsäure, L-Cystein, Glutathion, D,L-Homocystein und Thioglykolat; bei der Rückreaktion sind L-Cysteinsäure und L-Cysteinsulfinsäure kompetitive Hemmstoffe. Der schon früher beobachtete kompetitive Hemmeffekt mit SH-Verbindungen[7, 8] wird durch Ausbildung eines Thiazolidinringes mit dem PLP gedeutet. Das hochgereinigte Enzympräparat katalysiert, wie schon beschrieben, auch die Umsetzung von γ-Hydroxyglutamat, γ-Methylenglutamat, β-Hydroxyaspartat, Cysteat und Cysteinsulfinat sowohl mit α-KGS als auch mit Oxalacetat[6].

Eine Transaminierung zwischen Aspartat und Alanin wurde erstmals in Taubenleberextrakten[9] und anderen Extrakten[10–13] beschrieben, wobei es sich immer um nichtgereinigte Enzympräparate handelte. Diese Befunde konnten mit reineren Präparaten nicht reproduziert werden[14] und werden als kombinierte Transaminaseaktivität zwischen GOT und GPT betrachtet[15–18], jedoch ist die Existenz einer definierten Transaminase mit dieser Spezifität zumindest in Mikroorganismen bis heute noch nicht ausgeschlossen[19, 20].

---

[1] GILVARG, C.: J. biol. Ch. **233**, 1501 (1958).
[2] GARCIA-HERNANDEZ, and E. KUN: Biochim. biophys. Acta **24**, 78 (1957).
[3] SALLACH, H. J., and T. H. PETERSEN: J. biol. Ch. **223**, 629 (1956).
[4] JENKINS, W. T.: J. biol. Ch. **236**, 1121 (1961).
[5] JENKINS, W. T.: J. biol. Ch. **236**, 474 (1961).
[6] ELLIS, R. J., and D. D. DAVIES: Biochem. J. **78**, 615 (1961).
[7] DU VIGNEAUD, V., E. J. KUCHINSKAS and A. HORVATH: Arch. Biochem. **69**, 130 (1957).
[8] KENNEY, F. T.: J. biol. Ch. **234**, 2707 (1959).
[9] KRITSMANN, M. G., and O. P. SAMARINA: Dokl. Akad. Nauk SSSR **63**, 171 (1948).
[10] WILSON, D. G., K. W. KING and R. H. BURRIS: J. biol. Ch. **208**, 863 (1954).
[11] RUDMAN, D., and A. MEISTER: J. biol. Ch. **200**, 591 (1953).
[12] WLICZOK, T.: Acta biochim. pol. **8**, 35 (1961).
[13] BARBIERI, E.: Ric. sci. Suppl. **25**, 319 (1955).
[14] CAMMARATA, P. S., and P. P. COHEN: Biochim. biophys. Acta **10**, 117 (1953).
[15] O'KANE, D. O., and I. C. GUNSALUS: J. biol. Ch. **170**, 433 (1947).
[16] BRAUNSTEIN, A. E.: Adv. Protein Chem. **3**, 1 (1947).
[17] COHEN, P. P.; in: Sumner-Myrbäck Bd. I, S. 1040.
[18] GREEN, D. E., L. F. LELOIR and V. NOCITO: J. biol. Ch. **161**, 559 (1945).
[19] MEISTER, A.; in: Boyer-Lardy-Myrbäck, Enzymes Bd. VI, S. 163.
[20] FALCONE, G., and A. CARACO: G. Microbiol. **5**, 80 (1958).

Coenzym. Die GOT ist ein Pyridoxalphosphatenzym. Dies wurde von SCHLENK und SNELL[1] und von LICHSTEIN[2] bereits früher gefordert und von GREEN u. Mitarb.[3] und anderen[4, 5] experimentell bewiesen. Sie isolierten den hitzestabilen Cofaktor eines gereinigten Transaminasepräparates und demonstrierten seine Identität mit Pyridoxalphosphat. Nachdem bei der nichtenzymatischen Transaminierung auch eine Beteiligung von Pyridoxamin gefunden wurde[6], konnte auch für die enzymatische Transaminierung mit GOT die Bedeutung von PMP nachgewiesen werden[1, 2, 7, 8], die zwar von einigen in Frage gestellt worden war[9], jedoch später am isolierten Apoenzym aus Schweineherzmuskel mit kristallinem PMP und PLP[10] bestätigt werden konnte. Dabei waren PLP und PMP gleich stark wirksame Aktivatoren des Apoenzyms[11, 12], jedoch erfolgt die Reaktivierung mit PMP langsamer als mit PLP[12, 13].

Tabelle 19a. *Eigenschaften des Holoenzyms und Apoenzyms der mitochondrialen und löslichen GOT*[14].

	GOT-M		GOT-C	
	Holoenzym	Apoenzym	Holoenzym	Apoenzym
Spektrale Maxima (mμ)	430 (p_H 5,0)	—	430 (p_H 5,0)	—
	350 (p_H 9,0)	—	360 (p_H 9,0)	—
Molgewicht	90000		111000	
Wechselzahl	6000	23	20000	8,0
p_H-Optimum	8,5 (6,0—8,5)	8,5	8,5	8,5
K_M (10^4 m) für PLP	3,3	(3,3)	0,005	(0,005)
K_M Substrat (10^3 m)	α-KGS 8,0	Oxalacetat 0,16	α-KGS 2,4	Oxalacetat 0,05
	Asp 0,7		Asp 2,3	α-KGS 0,05
Wirkung von Phosphat		notwendig		hemmend
K_M oder K_I		$4{,}4 \times 10^{-2}$ m		$8{,}3 \times 10^{-5}$ m

Die wechselseitige Überführung von Pyridoxal in Pyridoxamin bzw. deren Phosphatester wurde in Mikroorganismen und tierischem Gewebe beobachtet und auf Transaminierungsvorgänge zurückgeführt[15, 16].

Das isolierte Enzym liegt im allgemeinen nur teilweise als PLP-Enzym vor, kann jedoch bei Zusatz von α-KGS während der Reinigungsschritte ausschließlich in der Aldehydform erhalten werden. Die MICHAELIS-Konstante für die Bindung des PLP an das Apoenzym beträgt für GOT aus Schweineherzmuskel $1{,}5 \times 10^{-6}$ m[17] bzw. $4{,}4 \times 10^{-6}$ m[12] und für Präparate aus Gehirn $0{,}7 \times 10^{-7}$ m[18] und $4{,}2 \times 10^{-6}$ m[19]. Eine große Diskrepanz in der Bindungsfähigkeit des PLP an das Apoenzym zeigen die GOT-Isoenzyme (K_M für GOT-C $= 5 \times 10^{-7}$ m und GOT-M $= 3{,}3 \times 10^{-4}$ m). Ein Vergleich der Eigenschaften von GOT-M und GOT-C ist in Tabelle 19a angegeben.

[1] SCHLENK, F., and E. E. SNELL: J. biol. Ch. **157**, 425 (1945).
[2] LICHSTEIN, H. C., I. C. GUNSALUS and W. W. UMBREIT: J. biol. Ch. **161**, 311 (1945).
[3] GREEN, D. E., L. F. LELOIR and V. NOCITO: J. biol. Ch. **161**, 559 (1945).
[4] SCHLENK, F., and A. FISHER: Arch. Biochem. **12**, 60 u. 69 (1947).
[5] SCHLENK, F., and A. FISHER: Arch. Biochem. **8**, 337 (1945).
[6] SNELL, E. E.: Am. Soc. **67**, 194 (1945).
[7] UMBREIT, W. W., D. J. O'KANE and I. C. GUNSALUS: J. Bact. **51**, 576 (1948).
[8] AMES, S. R., P. S. SARMA and C. A. ELVEHJEM: J. biol. Ch. **167**, 135 (1947).
[9] UMBREIT, W. W., D. J. O'KANE and I. C. GUNSALUS: J. biol. Ch. **176**, 621 (1948).
[10] PETERSON, F. A., and H. A. SOBER: Am. Soc. **76**, 169 (1954).
[11] MEISTER, A., H. A. SOBER and E. A. PETERSON: Am. Soc. **74**, 2385 (1952).
[12] MEISTER, A., H. A. SOBER and E. A. PETERSON: J. biol. Ch. **206**, 89 (1954).
[13] DAVIES, D. D., and R. J. ELLIS: Biochem. J. **78**, 623 (1961).
[14] MORINO, A., and H. WADA; in: SNELL, E. E., P. M. FASELLA, A. E. BRAUNSTEIN and A. R. FANELLI (Hrsg.): Chemical and Biological Aspects of Pyridoxal Catalysis. p. 175. Oxford 1963.
[15] BEECHEY, R. B., and F. C. HAPPOLD: Biochem. J. **66**, 520 (1957).
[16] GUNSALUS, C. F., and J. TONZETICH: Nature **170**, 162 (1952).
[17] O'KANE, D. O., and I. C. GUNSALUS: J. biol. Ch. **170**, 425 (1947).
[18] PATTABHIRAMAN, T. N., and B. K. BACHHAWAT: Ann. Biochem. exp. Med., Calcutta **19**, 205 (1959).
[19] BONAVITA, V.: J. Neurochem. **4**, 275 (1959).

Die Bindung des PLP an das Apoenzym ist demnach relativ fest, kann jedoch durch Erhitzen und Behandlung mit Alkali und Säuren gespalten werden. Eine partielle Spaltung des Enzym-Coenzym-Komplexes konnte durch Erhitzen auf 60° C in 1 m Phosphatpuffer, p_H 6,0[1], oder bei 0° C in einer sauren Lösung von 60 % gesättigtem Ammonium-

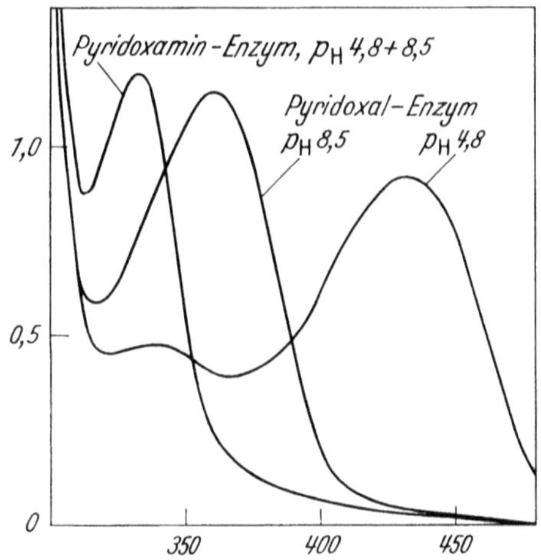

a

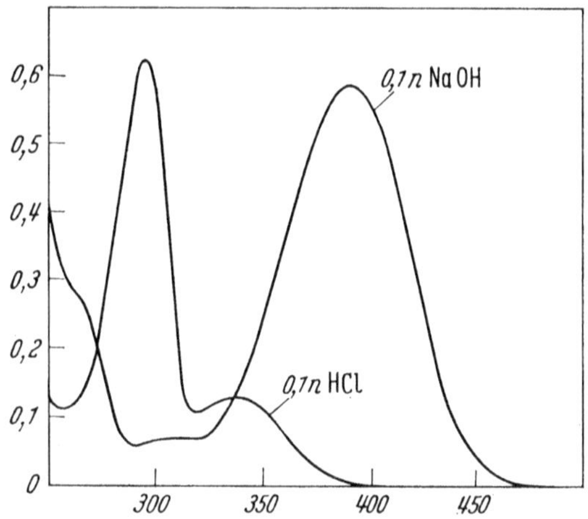

b

Abb. 1a—c. Absorptionsspektren a der Pyridoxal- und Pyridoxaminform der GOT, b von PLP und c von PMP, den nach der Spaltung des Holoenzyms isolierten Coenzymen[2]. Abszisse: Wellenlänge in mμ. Ordinate: Absorption.

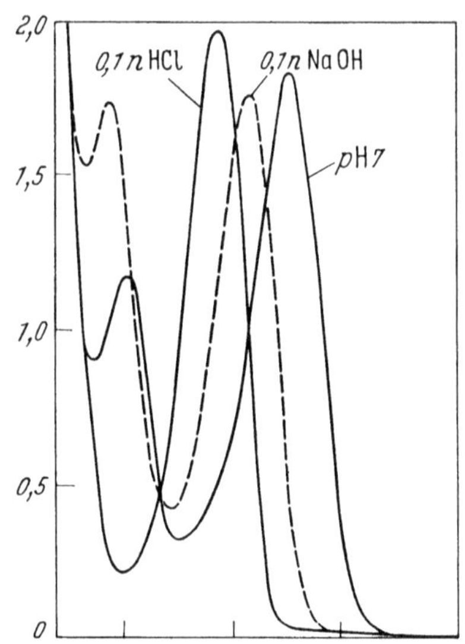

c

sulfat[3] erzielt werden. Die Bindung mit PMP ist auf Grund der fehlenden Iminbindung leichter spaltbar als die mit PLP; so ist bei p_H 5,0 das PMP-Enzym restlos gespalten, während das PLP erst bei p_H 3,3 vom Protein abdissoziiert[3], und das Erhitzen des Enzympräparates auf 60° C in einer 20 % gesättigten Ammoniumsulfatlösung für 110 min spaltet ebenfalls nur das PMP ab[4]. Die Bindungsfestigkeit des Coenzyms ist auch davon abhängig, aus welchem Gewebe das Enzym isoliert worden ist. Zum Beispiel zeigt die GPT aus Neurospora eine größere Tendenz zur Spaltung des Holoenzyms als die GOT aus dem gleichen Material[5]. Eine völlige Überführung des Enzyms in die Pyridoxaminform durch Asparagin- oder Glutaminsäure ist die Voraussetzung für eine schonende Spaltung des Holoenzyms, die auch nach 30 min Inkubation bei 30° C in 0,5 m KH_2PO_4, p_H 4,75, erfolgt[6]. Eine Abspaltung des PLP durch saure Phosphomonoesterasen ist nicht möglich[7]. Das abgetrennte Coenzym wird an Dowex-1 gebunden und als 2,4-Dinitrophenylhydrazon oder spektrophotometrisch als PLP nachgewiesen[2] (Spektren von PLP und PMP s. Abb. 1b und c).

Enzymspektren. Das PLP-Enzym ist ein p_H-Indicator mit einem pK-Wert von 6,3[2] bzw. 6,25[8]. Im sauren Bereich bei p_H 5,0 zeigt es eine intensiv gelbe Färbung mit einem

[1] Banks, B. E. C., and C. A. Vernon: Soc. **1961**, 1698.
[2] Jenkins, W. T., and I. W. Sizer: J. biol. Ch. **235**, 620 (1960).
[3] Wada, H., and E. E. Snell: J. biol. Ch. **237**, 127 (1962).
[4] Scardi, V., P. Scotto, M. Iaccarino and E. Scarano: Biochem. J. 88, 172 (1963).
[5] Fincham, J. R. S., and A. Boulter: Biochem. J. **62**, 72 (1956).
[6] Scardi, V., P. Scotto, M. Iaccarino and E. Scarano; in: Snell, E. E., P. M. Fasella, A. E. Braunstein and A. R. Fanelli (Hrsg.): Chemical and Biological Aspects of Pyridoxal Catalysis. S. 167. Oxford 1963.
[7] Bonavita, V.: J. Neurochem. **4**, 275 (1959).
[8] Hammes, G. G., and P. Fasella: Am. Soc. **85**, 3929 (1963).

Absorptionsmaximum bei 430 mμ und wird im alkalischen Bereich farblos mit einem λ_{max} bei 362 mμ bei p_H 8,5[1]. Über p_H 12 tritt infolge der Abspaltung von PLP wieder eine gelbe Färbung auf[1]. Bei der sauren Dissoziation wechselt das Enzym in eine Form über, die zwischen 315 und 365 mμ absorbiert und möglicherweise die freie konjugierte Base in der dipolaren Form darstellt, die nicht durch Chelatbildung stabilisiert ist[2]. Die p_H-Abhängigkeit der Spektren des freien Coenzyms von der gebundenen Form verhält sich umgekehrt[1]. Die enzymatische Aktivität des PLP-Enzyms ist an die farblose Form gebunden[1,3,4].

Die Spektren des PMP-Enzyms hingegen sind p_H-unabhängig und zeigen ein Absorptionsmaximum bei 333 mμ. Eine Zugabe geringer Mengen von α-KGS zum Pyridoxaminenzym verursacht die sofortige Überführung in die PLP-Form mit den entsprechenden spektralen Veränderungen. Der isobestische Punkt ist scharf, liegt bei 390 mμ und zeigt, daß der Farbumschlag des PLP-Enzyms von einem Proton abhängig ist[3]. Die Spektren können direkt zur Bestimmung der vorliegenden Enzymform und zur Bestimmung der Enzym-Substrat-Dissoziationskonstante verwendet werden (Spektren der PLP- und PMP-Form der GOT s. Abb. 1a). Dieser Spektralwechsel spricht für die Annahme, daß das PLP über eine Aldehydgruppe unter Bildung einer Schiffschen Base mit einer Aminogruppe im Eiweißverband gebunden ist[5]. Bei dieser freien Aminogruppe handelt es sich höchstwahrscheinlich um die ε-Aminogruppe eines Lysinrestes, da eine reduktive Behandlung des Enzymmoleküls mit Natriumborhydrid (hierbei verschwinden die Absorptionsbanden bei 362 und 430 mμ, und eine neue Bande bei 330 mμ tritt auf), mit anschließender Denaturierung, Spaltung des Proteins mit Trypsin und Chymotrypsin und Fraktionierung der Spaltprodukte ε-N-Pyridoxyllysin[6,7], Lysyl-ε-N-pyridoxyllysin[8] und das Tetrapeptid ε-N-Pyridoxyllys-Ser-Asp (oder Asp-NH_2)-Phe liefert[8]. Eine schonendere Behandlung führt zu einem 14-Peptid als Bruchstück von der Sequenz Ser-Threo-Glu-(Asp-Gly-Ala-Val-Ileu-ε-Pyridoxyllys)-Gly-Ser-Asp-Phe[9]. Die Spektren des Enzym-Substrat-Komplexes bei verschiedenen p_H-Werten geben eine weitere indirekte Information über das aktive Zentrum[10]. Bei einer p_H-Erhöhung steigt das Maximum bei 330 und 362 mμ auf Kosten des Maximums bei 430 mμ an. Dabei besteht für das Glutaminsäure-α-Ketoglutarsäure-System eine lineare Beziehung zwischen dem p_H-Wert und dem Abfall des Maximums bei 430 mμ[4]. Das Fluorescenzspektrum der Aldehydform des Enzyms zeigt im sauren Bereich eine maximale Emission bei 500 mμ und ein Anregungsmaximum bei 430 mμ. Die entsprechenden Werte für den alkalischen Bereich sind 430 bzw. 360 mμ und für die Aminoform des Enzyms 390 bzw. 330 mμ. Dabei beträgt die Fluorescenz nur $^1/_{100}$ einer äquivalenten PMP-Menge[11]. Die Überführung des Enzyms von der Amino- in die Aldehydform durch α-Ketoglutarat oder Oxalacetat kann titrimetrisch durch Messung der Absorptionsveränderung bei 360 oder 330 mμ verfolgt werden[12].

Reaktionskinetik, Gleichgewichtskonstanten, MICHAELIS-*Konstanten.* Die reversible Überführung des gebundenen Coenzyms in die Amino- und Aldehydform und der ^{14}C-Austausch zwischen Glutamat und α-Ketoglutarat sprechen für eine reversible Aminogruppenübertragung als Summe zweier Halbreaktionen[12].

$$\text{Aspartat} + \text{Aldehydenzym} \rightleftharpoons \text{EX} \rightleftharpoons \text{Oxalacetat} + \text{Aminoenzym} \quad (1)$$

$$\alpha\text{-KGS} + \text{Aminoenzym} \rightleftharpoons \text{EX} \rightleftharpoons \text{Glutamat} + \text{Aldehydenzym} \quad (2)$$

---

[1] JENKINS, W. T., and I. W. SIZER: J. biol. Ch. **235**, 620 (1960).
[2] SHUKUIA, R., and G. W. SCHWERT: J. biol. Ch. **235**, 1649 u. 1653 (1960).
[3] JENKINS, W. T., I. W. SIZER and D. A. YPHANTIS: J. biol. Ch. **234**, 51 (1959).
[4] JENKINS, W. T., D. A. YPHANTIS and I. W. SIZER: J. biol. Ch. **234**, 1179 (1959).
[5] JENKINS, W. T., and I. W. SIZER: Am. Soc. **79**, 2655 (1957).
[6] TURANO, C., P. FASELLA, P. VECCHINI e A. GIARTOSIO: Atti Acad. naz. Lincei, R.C.Cl. Sci. fisiche, mat., natur. **30**, 532 (1961).
[7] FISCHER, E. H., and E. G. KREBS: Abstr. amer. chem. Soc. Atlantic City 1959.
[8] POLYANOVSKII, O. L., i B. A. KEIL: Biochimija, Moskva **28**, 372 (1963).
[9] HUGHES, R. C., W. T. JENKINS and E. H. FISCHER: Proc. nat. Acad. Sci. USA **48**, 1615 (1962).
[10] BRAUNSTEIN, A. E.: 5. Int. Congr. Biochem. Moskau 1961, Sympos. IV, Repr. 9.
[11] FASELLA, P., C. TURANO, A. GIARTOSIO e I. HANUNADY: G. Biochim. **12**, 175 (1961).
[12] VELICK, S. F., and J. VAVRA: J. biol. Ch. **237**, 2109 (1962).

Die Annahme eines binären Enzym-Substrat-Komplexes mit insgesamt vier Zwischenprodukten ergibt 20 mögliche individuelle Geschwindigkeitskonstanten. Eine Vereinfachung der Reaktionsgleichung ist durch den sog. „Minimalmechanismus" gegeben, der nur einen Zwischenstoff für jede Halbreaktion (Gl. 1 und 2) voraussetzt. Die scheinbare Gleichgewichtskonstante der Gl. (2) wird, falls eine Anhäufung von Reaktionszwischenprodukten vernachlässigt wird,

$$K_{\mathrm{II}} = \frac{[\mathrm{Glu}] \times [\text{Aldehyd-Enzym}]}{[\mathrm{KGS}] \times [\text{Amino-Enzym}]} = 45.$$

Daraus ist ersichtlich, daß die Aldehydform des Enzyms und die Bildung von Glutamat bevorzugt ist, was auch aus der Imin-Struktur des PLP-Enzym-Komplexes zu erwarten ist. Die Tendenz zur Bildung einer inneren Schiffschen Base von PLP mit einem Lysinrest des Proteinmoleküls ist für die bevorzugte Überführung des Substrates in die Aminosäuren verantwortlich. Um mit der Ausbildung der inneren Schiffschen Base konkurrieren zu können, ist für eine Umkehrung der Reaktion ein großer Überschuß an Aminosäure notwendig. Demnach ist die Geschwindigkeitskonstante der Halbreaktion (1) größer:

$$K_{\mathrm{I}} = \frac{[\mathrm{ASP}] \times [\text{Aldehyd-Enzym}]}{[\mathrm{OES}] \times [\text{Amino-Enzym}]}.$$

Sie liegt zwischen 150—250. Aus dem Quotienten der scheinbaren Gleichgewichtskonstanten der Halbreaktionen ergibt sich die Gleichgewichtskonstante der Gesamtreaktion zu $K = \frac{K_{\mathrm{I}}}{K_{\mathrm{II}}}$ und liegt ungefähr zwischen 3 und 5.

Neben dieser Methode, die Gleichgewichtskonstante der Gesamtreaktion durch die spektrophotometrische Titration der Halbreaktionen und Berechnung von K aus den

Tabelle 20. MICHAELIS-*Konstanten für die GOT-Reaktion* (10^{-3} m).

α-KGS	Asp	Glu	Oxalacetat	Bemerkung	Literatur
0,1	0,9	4	0,04	0,04 m Na-arsenat	1
	1,2	4,1			2
	1,67	1,82			3
0,76	7,5	38	0,1		4
		7			5
12	19	5,4	0,56	umgerechnet auf eine ∞ Konzentration von Asp bzw. KGS, Oxalacetat und Glutamat	6
1,18	0,7			GOT-M	7
0,57	11,9			GOT-C	
	0,5—0,8			GOT-M	8
	5,3—5,9			GOT-C	
1,9				GOT-M	9
1,3	1,8			GOT-C	
5,8	1,8			GOT-M	10
4,3	8,0			GOT-C	
2,0	0,4	20	0,02	GOT-M	11
0,3	5,4	20	0,05	GOT-C	

[1] VELICK, S. F., and J. VAVRA: J. biol. Ch. **237**, 2109 (1962).
[2] HOLZER, H., U. GERLACH, G. JACOBI u. M. GROTH: B. Z. **329**, 529 (1958).
[3] BONAVITA, V.: J. Neurochem. **4**, 275 (1959).
[4] DAVIES, D. D., and R. J. ELLIS: Biochem. J. **78**, 623 (1961).
[5] GUTFREUND, H., K. E. EBNER and L. MENDIOLA: Nature **192**, 820 (1961).
[6] TURANO, C., P. FASELLA and A. GIARTOSIO: Biochim. biophys. Acta **58**, 255 (1962).
[7] FLEISHER, G. A., C. S. POTTER and K. G. WAKIM: Proc. Soc. exp. Biol. Med. **103**, 229 (1960).
[8] BORST, P., and E. M. PEETERS: Biochim. biophys. Acta **54**, 188 (1961).
[9] KATUNUMA, N., T. MATSUZAWA and A. HUZINO: J. Vitaminol., Kyoto **8**, 74 (1962).
[10] MATSUZAWA, T., N. KATUNUMA, R. TOYODA and K. MIYOSHI: J. Biochem. **54**, 295 (1963).
[11] MORINO, Y., H. ITOH and H. WADA: Biochem. biophys. Res. Comm. **13**, 348 (1963).

ermittelten Konstanten für die Halbreaktion zu bestimmen, bestehen noch zwei weitere Möglichkeiten: die chemische und enzymatische Analyse der Substratkonzentrationen im Gleichgewicht und die Berechnung der Konstanten der Halbreaktionen aus den ermittelten MICHAELIS-Konstanten und den maximalen Geschwindigkeiten[1].

Die entsprechenden Gleichungen für die Reaktionsgeschwindigkeiten können nach ALBERTY[2] und die maximale Geschwindigkeit und MICHAELIS-Konstanten können nach LINEWEAVER-BURK[3] berechnet werden.

In Tabelle 20 sind die MICHAELIS-Konstanten für die GOT-Reaktion angegeben. Die Relation der maximalen Geschwindigkeit der Rück- und Vorwärtsreaktion beträgt $V_R:V_V = 2{,}8:1$[1] oder $3{,}3:1$[4].

Anders verhält es sich mit der Umsetzungsgeschwindigkeit im „steady state", umgerechnet auf unendliche Substratkonzentrationen, da hier die Oxalacetatbildung mit 3×10^2 M/sec/Mol enzymgebundenes PLP rascher verläuft als der Oxalacetatverbrauch, der 1×10^2 M beträgt.

Tabelle 21. *Abhängigkeit der MICHAELIS-Konstanten für Aspartat und α-KGS vom* p_H*-Wert*[1].

p_H	K_M Asp (10^{-3} m)	K_M α-KGS (10^{-3} m)
5,5	2,0	0,02
6	2,4	0,04
6,5	1,2	0,05
7	1,0	0,1
7,5	0,9	0,1
8	1,0	0,09
8,5	1,2	0,09
9	1,9	0,13

Aus der Tabelle 20 ist ersichtlich, daß die MICHAELIS-Konstante für die Ketosäuren kleiner ist als für die Aminosäuren und die Reaktion von Glutamat mit Oxalacetat rascher verläuft als die Umsetzung von Aspartat mit α-KGS. Diese Werte sprechen für einen binären Komplex zwischen Enzym und den Substraten. Die Unterschiede in den MICHAELIS-Konstanten für die GOT-Isoenzyme beziehen sich hauptsächlich auf das Aspartat, dessen Konstante für die GOT-M wesentlich kleiner ist als für die GOT-C. In geringem Maß trifft dies auch für das Oxalacetat und im umgekehrten Sinn für die α-KGS zu.

Tabelle 22. *Gleichgewichtskonstanten der GOT-Reaktion.*

Konstante	Literatur
6,5	5
7,8 ± 0,3	6
8,0	7
6,45—7,06 (6,74 Mittelwert)	8
5,44	9
6,9	10

Für die Bestimmung der MICHAELIS-Konstanten sind nicht nur die absolute Substratkonzentration und die Temperatur maßgebend, sondern auch der p_H-Wert, wie die Tabelle 21 zeigt.

Die Transaminierungsreaktion müßte, wie auch die NAD-abhängigen Enzyme ternäre Komplexe bilden, in welchen sich das Coenzym wie ein weiteres dissoziierbares Substrat verhält. Da jedoch der Coenzym-Enzym-Komplex nicht dissoziiert, ist er keine unabhängige Variable.

Berechnet man die Gleichgewichtskonstante entsprechend der Beziehung nach HALDANE[11] aus den MICHAELIS-Konstanten und der maximalen Geschwindigkeit, so ergibt sich die Gleichgewichtskonstante der ersten Halbreaktion (1) zu 74 und die der zweiten Reaktionsgleichung (2) zu 12 und damit die Gesamtgleichgewichtskonstante zu 6,2. Die aus den MICHAELIS-Konstanten von TURANO[10] errechnete Gleichgewichtskonstante beträgt 8,5, die auf direktem Wege bestimmte Konstante ist 6,9. Eine Zusammenstellung der Werte für die Gleichgewichtskonstanten der GOT-Reaktion ist in Tabelle 22 angegeben. Die großen Schwankungen sind auf unterschiedliche Testbedingungen zurück-

[1] VELICK, S. F., and J. VAVRA: J. biol. Ch. **237**, 2109 (1962).
[2] ALBERTY, R. A.: Am. Soc. **75**, 1928 (1953).
[3] LINEWEAVER, H., and D. BURK: Am. Soc. **56**, 658 (1934).
[4] DAVIES, D. D., and R. J. ELLIS: Biochem. J. **78**, 623 (1961).
[5] BANKS, B. E. C., and C. A. VERNON: Soc. **1961**, 1698.
[6] NISONOFF, A., F. W. BARNES and T. ENNS: J. biol. Ch. **204**, 957 (1953).
[7] CRUICKSHANK, D. H., and F. A. ISHERWOOD: Biochem. J. **69**, 189 (1958).
[8] KREBS, H. A.: Biochem. J. **54**, 82 (1953).
[9] DARLING, S.: Nature **160**, 403 u. 838 (1945).
[10] TURANO, C., P. FASELLA and A. GIARTOSIO: Biochim. biophys. Acta **58**, 255 (1962).
[11] HALDANE, J. B. S.; in: PLIMMER, R. H. A., and F. G. HOPKINS (Hrsgb.): Enzymes. London 1930.

zuführen, da der p_H-Wert, die Ionenstärke und die absoluten Aktivitäten der Reaktionsteilnehmer für die scheinbare Gleichgewichtskonstante maßgebend sind.

Die Erweiterung des Minimal-Mechanismus mit je einer Zwischensubstanz je Halbreaktion auf zwei Zwischenprodukte pro Halbreaktion, Gl. (3) und (4), führt zu den Dissoziationskonstanten der Komplexe zwischen dem Enzym (E) und den beiden Ketosäuren und Aminosäuren. Die entsprechenden Dissoziationskonstanten (10^{-3} m) der Enzym-Substrat-Komplexe sind für Aspartat 2, Glutamat 8,3, α-KGS 3, Oxalacetat 6,7[1], Aspartat 0,5[2], α-KGS 3[3] bzw. 1[2].

$$\text{Asp} + \text{E} \underset{k_2}{\overset{k_1}{\rightleftharpoons}} \text{E-Asp} \underset{k_4}{\overset{k_3}{\rightleftharpoons}} \text{E-OES} \underset{k_6}{\overset{k_5}{\rightleftharpoons}} \text{E}' + \text{OES} \qquad (3)$$

$$\text{KGS} + \text{E}' \underset{k_8}{\overset{k_7}{\rightleftharpoons}} \text{E}'\text{-KGS} \underset{k_{10}}{\overset{k_9}{\rightleftharpoons}} \text{E-Glu} \underset{k_{12}}{\overset{k_{11}}{\rightleftharpoons}} \text{E} + \text{Glu} \qquad (4)$$

Die Berechnung der intramolekularen Konstanten k_3, k_4 und k_9, k_{10} über eine vereinfachte Formel für die Maximalgeschwindigkeit des erweiterten Reaktionsmechanismus[1] gibt die Werte in $\sec^{-1}$ $k_3 = 323$; $k_4 = 59100$; $k_9 = 4170$ und $k_{10} = 1020$. Somit ist der geschwindigkeitsbegrenzende Schritt in der Transaminierung von α-KGS mit Asp in der ersten Halbreaktion durch k_3, d.h. durch die Geschwindigkeit der Überführung von gebundenem Aspartat und PLP in gebundenes Oxalacetat und PMP, gegeben. In der Rückreaktion wird der geschwindigkeitsbegrenzende Schritt durch k_{10} ausgedrückt, d.h. durch die intramolekulare Überführung von Glutamat zu Ketoglutarat.

Hemmstoffe. Einen absolut spezifischen Hemmstoff für Transaminasen kennen wir bis heute noch nicht. Die GOT-Hemmstoffe lassen sich wie folgt einteilen:

In vivo-Hemmung durch Vitamin B_6-Mangel. Die Herabsetzung des GOT-Gehaltes in Geweben von Tieren und von Bakterien bei Vitamin B_6-Mangel ist auf eine Störung der Synthese des aktiven Holoenzyms zurückzuführen, die durch Zufuhr von Pyridoxin und auch Pyridoxal und Pyridoxamin aufgehoben werden kann[4–17]. Diese Befunde führten unter anderem auch zur Auffindung des PLP als Coenzym der Transaminasen[4]. Bei Ratten ist selbst beim Vorhandensein der essentiellen Aminosäuren im Futter ein Gedeihen nur bei einem genügend hohen Vitamin B_6-Gehalt garantiert, während bei Bakterienkulturen nur bei Ersatz der Aminosäuren durch deren α-Ketoderivate ein entsprechend hoher Vitamin B_6-Spiegel im Nährmedium notwendig ist[18].

SH-Gruppen-Reagentien als Hemmstoffe. Schwermetalle sind bei den meisten Enzymen, die funktionelle SH-Gruppen enthalten, wirksame Inhibitoren. In einem reinen GOT-Präparat aus Schweineherz wurden pro Mol PLP oder dem entsprechenden Molgewicht

---

[1] Velick, S. F., and J. Vavra: J. biol. Ch. **237**, 2109 (1962).
[2] Jenkins, W. T., D. A. Yphantis and I. W. Sizer: J. biol. Ch. **234**, 1179 (1959).
[3] Kun, E., D. W. Fanshier and D. R. Grasetti: J. biol. Ch. **235**, 416 (1960).
[4] Lichstein, H. C., I. C. Gunsalus and W. W. Umbreit: J. biol. Ch. **161**, 311 (1945).
[5] Schlenk, F., and E. E. Snell: J. biol. Ch. **157**, 425 (1945).
[6] Dietrich, L. S., and E. Borris: Arch. Biochem. **64**, 512 (1956).
[7] Brin, M., M. Tai, A. S. Ostashever and H. Kalinsky: J. Nutr. **71**, 416 (1960).
[8] Hsu, J. M., R. L. Davis and B. F. Chow: J. biol. Ch. **230**, 889 (1958).
[9] Baldridge, R. C., and C. D. Tourtelotte: J. biol. Ch. **227**, 441 (1957).
[10] Brin, M., and M. Tai: Fed. Proc. **17**, 472 (1958).
[11] Babcock, M. J.: J. Nutrit. **67**, 205 (1959).
[12] Brin, M., R. E. Olsen and F. J. Stare: J. biol. Ch. **210**, 435 (1954).
[13] Dietrich, L. S., and D. M. Shapiro: Proc. Soc. exp. Biol. Med. **84**, 555 (1953).
[14] Beare, J. L., J. R. Beaton and E. W. McHenry: J. biol. Ch. **202**, 589 (1953).
[15] Beaton, J. R., J. L. Beare and G. A. Beaton: J. biol. Ch. **204**, 715 (1953).
[16] Caldwell, E. F., and E. W. McHenry: Arch. Biochem. **45**, 97 (1953).
[17] Beaton, G. H.: Proc. Soc. exp. Biol. Med. **83**, 781 (1953).
[18] Holden, J. T., R. B. Wildman and E. E. Snell: J. biol. Ch. **191**, 559 (1951).

(58000) 7 SH- und keine S—S-Gruppen gefunden[1]. Die spektrophotometrische Titration mit p-Chlormercuribenzoat ergab nur 6 Mol SH pro Molgewicht von 110000, von denen zwei für die volle Enzymaktivität absolut notwendig sind[2]. Quecksilber- und Silberionen hemmen die GOT-Aktivität weitgehend, 10^{-4} bis 10^{-6} m [3,4], 5×10^{-5} [5], $1,6\times 10^{-2}$ (100% Hemmung)[6], s. ferner [2,7–9]. Die hemmende Wirkung von Cu, Zn, Ni und Mn ist schwach oder gleich Null[3,4,7,9]. Die mit Schwermetallen erzielte Hemmung wird durch PLP nicht aufgehoben. Ein guter Enzymblocker ist auch das p-Chlormercuribenzoat, das in $0,5\times 10^{-3}$ bzw. 1×10^{-4} m Lösung eine 50%ige Hemmung verursacht[10,11]. Steigende Mengen von p-Chlormercuribenzoat führen zu zunehmender Hemmung, die teilweise durch Glutathion oder Cystein reversibel ist[1,9]. Eine Vorinkubation des Enzyms mit PLP führt zu einer Schutzwirkung gegen p-Chlormercuribenzoat, die auf eine spezifische Hinderung der Reaktion mit den SH-Gruppen zurückgeführt wird. Arylarsine und Arsinoxyd[12], des weiteren alkylierende Substanzen, wie Monojodacetat, Acrylnitril oder Acrylamid, sind schwache Hemmstoffe[2]. Jodacetat, das 10^{-3} m eine Hemmung von 9% verursacht[13], war nach anderen Untersuchungen wirkungslos[11,14]. Jodosobenzoat hemmt ebenfalls nur schwach[10].

Carbonylreagentien. Der hemmende Effekt von Cyanid wurde, da höhere Dosierungen (0,05 m) für eine weitgehende Hemmung (80%) der GOT notwendig waren, auf eine Cyanhydrinbildung mit der Ketogruppe zurückgeführt. Im folgenden wurde auch ein direkter Effekt diskutiert[7], da auch geringere Konzentrationen hemmen (1×10^{-3} m = 20—30% Hemmung[7,8,13,15,16]). Gegen einen alleinigen Angriffspunkt des Cyanids am PLP spricht auch, daß die Hemmung dieselbe ist, gleichgültig, ob das Apoenzym zuerst mit Cyanid inkubiert und dann mit PLP aktiviert wird oder ob das aktive Enzym mit Cyanid inkubiert wird[17].

Ganz allgemein sind die bekannten Carbonylgruppen-Reagentien als Hemmstoffe wirksam. So das Hydroxylamin[18,19], das 10^{-3} m zu 84% hemmt[13], und seine Derivate, wie die O-Methylverbindung[19] oder das Cupferron (N-Nitrosophenylhydroxylamin)[20]. Das Hydroxylamin lagert sich nicht an das aktive Zentrum des Proteins, sondern reagiert ausschließlich mit dem in der Aldehydform gebundenen Coenzym. Die Oximbildung erfolgt mit der sauren und alkalischen Form des Aldehydenzyms, wobei die Bindungskonstante für die saure Enzymform größer ist[21]. Die Enzymkinetik zur Berechnung der Geschwindigkeitsgleichung bei Einwirkung von Hydroxylamin als Hemmstoff ist insofern vereinfacht, als hierbei kein Aminoenzym-Inhibitor-Komplex gebildet wird und daher die entsprechende Gleichgewichtskonstante gleich Null wird[22]. Die Analyse des Hemm-

---

1 Turano, C., A. Giartosio and F. Riva: Enzymologia **25**, 196 (1963).
2 Polyanovskii, O. L.: Biochimija, Moskva **27**, 734 (1962).
3 Kim, M. K.: New med. J., Seoul **4**, 91 (1961).
4 Kim, M. K.: New med. J., Seoul **4**, 87 (1961).
5 Chattopadhyay, D. P.: Nature **192**, 660 (1961).
6 Happold, F. C., and J. M. Turner: Nature **179**, 155 (1957).
7 Cohen, P. P.; in: Sumner-Myrbäck Bd. I, S. 1040.
8 Nadkarni, S. R., and K. Sohonie: Ind. J. Chem. **1**, 220 (1963).
9 Patwardhan, M. V.: Biochem. J. **75**, 401 (1960).
10 Pattabhiraman, T. N., and B. K. Bachhawat: Ann. Biochem. exp. Med., Calcutta **19**, 205 (1959).
11 Ellis, R. J., and D. D. Davies: Biochem. J. **78**, 615 (1961).
12 Biehl, J. P., and R. W. Vilter: Proc. Soc. exp. Biol. Med. **85**, 389 (1954).
13 Cruickshank, D. H., and F. A. Isherwood: Biochem. J. **69**, 189 (1958).
14 Saxena, K. C., P. Sagar, S. C. Agarwala, D. L. Schrivastava: Ind. J. med. Res. **45**, 161 (1957).
15 Cohen, P. P.: Biochem. J. **33**, 551, 1478 (1939).
16 Bonavita, V., and V. Scardi: Exper. **14**, 7, 133 (1958).
17 Banks, B. E. C., and C. A. Vernon: Soc. **1961**, 1698.
18 Choi, S. H.: New med. J. Seoul **3**, 69 (1960).
19 Polyanovskii, O. L., i Y. M. Torchinskii: Dokl. Akad. Nauk SSSR **141**, 488 (1961).
20 Raczynska-Bojanowska, K., and K. Belzecka: Acta biochim. pol. **9**, 111 (1962).
21 Hammes, G. G., and P. Fasella: Am. Soc. **85**, 3929 (1963).
22 Velick, S. F., and J. Vavra: J. biol. Ch. **237**, 2109 (1962).

charakters durch Auftragen der reziproken Werte der Anfangsgeschwindigkeit gegen die Inhibitorkonzentration ergibt für Asp eine kompetitive Hemmung mit Hydroxylamin, während die Hemmung in bezug auf α-KGS nicht kompetitiv ist. Daraus ergibt sich der erste Angriffspunkt des Hydroxylamins an der Aldehydgruppe des gebundenen Coenzyms. Spektrophotometrisch führt die Hemmung mit Hydroxylamin zu einer Verschiebung der Spektren der sauren und alkalischen Form des PLP-Enzyms zu einem Maximum bei 380 mμ, das dem Spektrum des Hydroxylaminadduktes mit dem Enzym entspricht. Eine 50%ige Überführung in diesen Komplex erfolgt bei einer Hydroxylaminkonzentration zwischen 1—2 $\times 10^{-5}$ m. Die Bildung des Hydroxylamin-Enzym-Komplexes ist reversibel, da sich bei Zusatz von Glutamat zu diesem Komplex das Absorptionsmaximum von 380 nach 335 mμ (Amino-Enzymform) verschiebt[1]. Die Hemmung ist p_H-abhängig und nimmt im sauren Bereich zu; die entsprechenden Inhibitorkonstanten für eine 50%ige Hemmung sind bei p_H 5,8 bzw. 8,3: $K_{I,50} = 1{,}5 \times 10^{-6}$ bzw. 9×10^{-5} m. Derivate: $MeONH_2$ 1×10^{-6} bzw. 5×10^{-4} m; β-Aminooxyalanin 4×10^{-5} bzw. 2×10^{-5} m; 2,5-Dioxo-3,6-bis-(aminooxymethyl)-piperazin 5×10^{-6} bzw. 9×10^{-5} m.

Isonicotinsäurehydrazid (Isoniazid, INH) ist auch in vivo[2,3] (0,5 g/kg)[4] wirksam und hemmt das Bakterienwachstum[5,6]. In vitro ist erst eine Konzentration $> 10^{-3}$ m wirksam[7], 10^{-2} m Lösung hemmt zu 60—75%[6,8]. Diese Hemmung kann durch PLP aufgehoben werden[5,8,9]. Das INH reagiert mit Pyridoxin[10] und bildet mit PLP ein Hydrazon[11,12]. In vivo führt INH zu typischen Vitamin B_6-Mangelerscheinungen mit Abfall des Transaminasegehaltes in den Geweben[13] und im Serum[14]. Die Ausbildung des Inhibitorkomplexes, der nur in Pyrophosphat stabil ist, führt zu einer Verschiebung der Absorptionsmaxima bei p_H 5,5 von 430 nach 410 mμ, bei p_H 9,0 von 362 nach 402 mμ. Der pK-Wert des sauren PLP-Enzym-Isoniazid-Komplexes liegt bei 7,6. Die spektrophotometrisch gemessene Reaktion steht in quantitativer Beziehung zur Hemmung des Enzyms, die in Gegenwart von Aspartat verringert ist. Die Dissoziationskonstante des Inhibitorkomplexes ist p_H-abhängig und beträgt für das saure PLP-Enzym $K_I = 2{,}4 \times 10^{-3}$ m bei p_H 4,8 und 28×10^{-3} m bei p_H 8,9. In Phosphatpuffer ergeben sich zwei verschiedene Verbindungen des Enzyms mit Isoniazid: 1. die rasche Bildung eines durch Verdünnen reversiblen Komplexes, die durch Aspartat kompetitiv gehemmt werden kann und 2. die langsame Bildung eines irreversiblen Komplexes in Gegenwart größerer Konzentrationen an Isoniazid[15].

Tabelle 23. *Hemmung eines Transaminasepräparates aus Mycobakterien durch Isoniazid. Transaminierung mit α-KGS*[5].

Aminosäure	Konzentration an Isoniazid		
	0,1 m	0,01 m	0,001 m
	% Hemmung		
Asp . . .	94	49	27
Leu . . .	100	100	40
Ileu . . .	100	89	43
Val . . .	98	94	53
Ala . . .	100	47	8
Phe . . .	69	22	0
Meth . . .	89	66	45

In Tabelle 23 ist die Hemmung der Transaminaseaktivität eines Bakterienextraktes aufgeführt.

[1] VELICK, S. F., and J. VAVRA: J. biol. Ch. **237**, 2109 (1962).
[2] PIRRELLI, A.: Atti Relaz. Accad. Pugliese Sci., Pt. 2 **19**, 133 (1961).
[3] ALIOTO, M. R.: Biochim. appl., Parma **8**, 239 (1961).
[4] KOIVUSALO, M., I. PENTILLA, A. RAINA and R. TENHUNEU: Acta physiol. scand. **57**, 454 (1963).
[5] YOUAT, J.: Biochem. J. **68**, 193 (1958).
[6] HICKS, M.: Biochim. biophys. Acta **46**, 143 (1961).
[7] BONAVITA, V.: J. Neurochem. **4**, 275 (1959).
[8] DAVIES, D. D., and R. J. ELLIS: Biochem. J. **78**, 623 (1961).
[9] MAURON, J., et E. BUJARD: Bull. Soc. chim. belge **65**, 140 (1956).
[10] YONEDA, M., N. KATO and M. OKAJIMA: Nature **170**, 803 (1952).
[11] WIEGAND, R. B.: Am. Soc. **78**, 5307 (1956).
[12] DAVISON, A. N.: Biochim. biophys. Acta **19**, 131 (1956).
[13] BRAUNSTEIN, A. E.: Adv. Enzymol. **19**, 356 (1957).
[14] BONSTEIN, H., G. ROSSI, T. FRIEDRICH, H. LAUENER, M. AGUET u. G. FAVEZ: Schweiz. med. Wschr. **91**, 134 (1961).
[15] JENKINS, W. T., S. ORLOWSKI and I. W. SIZER: J. biol. Ch. **234**, 2657 (1959).

Nach dem gleichen Prinzip erfolgt auch eine Enzymhemmung mit anderen Hydraziden, wie 1-Isonicotinsäure-1-methylhydrazid (10^{-2} m)[1], Iproniazid (Isonicotinsäure-2-isopropylhydrazid)[2–4], Isocarboxazid [1-Benzyl-2-(5′-methyl-3′-isoxazolylcarbonylhydrazid)][3], Nialamid [1-(2-(Benzylcarbamyl)-äthyl)-2-isonicotinsäurehydrazid][3].

Obwohl INH als wirksamer Hemmstoff für die GOT beschrieben ist, wurde immer wieder festgestellt, daß das GOT-Apoenzym durch Isonicotinylhydrazon des PLP aktiviert werden kann[5–8]. Die Aktivierung ist mit freiem PLP und dem Hydrazon von PLP in gleichem Umfang oder bei letzterem sogar besser möglich, wobei ein Holoenzym mit identischen Eigenschaften entsteht. Die Michaelis-Konstanten des Apoenzyms für PLP bzw. das Isonicotinsäurehydrazon von PLP betragen $1{,}8 \times 10^{-5}$ bzw. 2×10^{-5} m[9].

Tabelle 23a. *Hemmung der GOT durch Derivate des Hydroxylamins und Isoxazolidon-3*[10].

Inhibitor	I_{50} bei 5 min Vorinkubation	
	pH 5,8	pH 8,3
Hydroxylamin	$1{,}5 \times 10^{-6}$	9×10^{-5}
O-Methylhydroxylamin	1×10^{-6}	5×10^{-4}
β-Aminohydroxylalanin	4×10^{-3}	2×10^{-5}
Di-(aminohydroxymethyl)-diketopiperazin	5×10^{-6}	$3{,}3 \times 10^{-5}$
α-Aminobutyrolacton	$\gg 5 \times 10^{-3}$	$\gg 5 \times 10^{-3}$
Cycloserin	$1{,}5 \times 10^{-4}$	$1{,}2 \times 10^{-3}$
Isoxazolidon-3	3×10^{-4}	5×10^{-3}
N-Methylcycloserin	5×10^{-3}	5×10^{-3}
Cyclothreonin	1×10^{-3} (43%)	1×10^{-3} (15%)
Cyclocanalin	$6{,}5 \times 10^{-5}$	$5{,}5 \times 10^{-4}$
4-Aminohydroxyisoxazolidon-3	6×10^{-7}	5×10^{-6}

Die ε-Aminogruppe des Lysins, über die das Enzymprotein und das PLP eine Azomethinbindung eingeht, verdrängt das INH aus seiner Stellung, so daß keine selbständige Wirkung des INH-PLP angenommen wird[6], sondern das Hydrazon nur eine Vorstufe des eigentlich wirksamen Coenzyms darstellt[8]. Auch das Cyanohydrazin von PLP führt zu einer langsamen und unvollständigen Aktivierung des Apoenzyms[7, 8].

Weitere Hemmsubstanzen sind Chlorpromazin (N-3′-Dimethylaminopropyl-3-chlorphenothiazin)[4]; Semicarbazid[11]; Carbutamid (N-1-Sulfanilyl-N-2-n-butylcarbamid); Propamidin und Pentamidin (4,4′-Diamidinodiphenoxypropan bzw. -pentan)[12], Chinhydron, p-Benzochinon[13], Chinone, p-Phenylendiamin und dessen N-substituierte Methylderivate[14]. Das Tuberculostaticum Cycloserin (4-Amino-3-isoxazolidon)

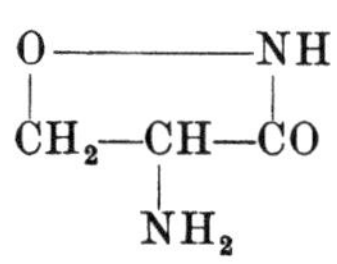

ist für einige Transaminasen ein mittelstarker unspezifischer Inhibitor. Für GOT ist die molare Inhibitorkonzentration bei 50%iger Hemmung für D,L-Cycloserin $> 2 \times 10^{-3}$ m

[1] Makino, M.: Osaka Daigaku Igaku Zasshi 12, 1159 (1960).
[2] Bonavita, V.: J. Neurochem. 4, 275 (1959).
[3] Koivusalo, M., I. Pentilla, A. Raina and R. Tenhuneu: Acta physiol. scand. 57, 454 (1963).
[4] Choi, S. H.: New med. J., Seoul 3, 69 (1960).
[5] Gonnard, P., et C. Nguyen-Philippon: Enzymologia 20, 231 (1959).
[6] Gonnard, P., et C. Nguyen-Philippon: Bull. Soc. Chim. biol. 43, 601 (1959).
[7] Bonavita, V., and V. Scardi: Biochem. Pharmacol. 2, 58 (1959).
[8] Torchinskii, Y. M.: Biochem. biophys. Res. Comm. 10, 401 (1963).
[9] Torchinskii, Y. M.: Biohimija, Moskva 28, 731 (1963).
[10] Karpeisky, M. Y., R. M. Khomutov, E. S. Severin and Y. N. Breusov; in: Snell, E. E., P. M. Fasella, A. E. Braunstein and A. R. Fanelli (Hrsg.): Chemical and Biological Aspects of Pyridoxal Catalysis. p. 322. Oxford 1963.
[11] Cruickshank, D. H., and F. A. Isherwood: Biochem. J. 69, 189 (1958).
[12] Hicks, M.: Biochim. biophys. Acta 46, 143 (1961).
[13] Braunstein, A. E.: Adv. Protein. Chem. 3, 1 (1947).
[14] Cohen, P. P., G. L. Hekhuis and E. K. Sober: Cancer Res. 2, 405 (1942).

und für D- bzw. L-Cycloserin $>10^{-3}$ m[1–6]. Die L-Form ist etwas stärker wirksam als die D-Form[2]. Die saure Enzymform wird auch hier stärker gehemmt als die basische[7]. Hemmwerte mit einigen Substanzen bei p_H 5,8 bzw. 8,3 s.[4, 8, 9] und Tabelle 23a. Cycloserin hat im Gegensatz zu den meisten Carbonylreagentien keine Affinität zu Ketosäuren. Es reagiert mit Pyridoxal, Pyridoxalphosphat und anderen aromatischen Aldehyden unter Bildung eines labilen Azomethins, das die NH_2-Komponente acyliert, ein Imin bildet und sich in die Oximform umwandelt. Das Endprodukt ist ein Oxim des substituierten Amids von β-Aminohydroxy-L-alanin[3, 10]. Die Hemmung von GOT mit Cycloserin gehört zu der Gruppe der langsamen und unspezifischen Hemmtypen mit Konzentrationen $>10^{-3}$ m. Demgegenüber steht die spezifische Hemmwirkung mit GPT, wobei Cycloserin als strukturanaloge Verbindung von L-Alanin wirkt[11].

Auch die Oxime von Brenztraubensäure, α-KGS, Ribose, Aceton und Mannose hemmen die GOT; die Hemmung wird durch Asp zum Teil aufgehoben[12].

2- oder 3-Thiolamine reagieren in unspezifischer Weise mit aromatischen Aldehyden, so auch mit Pyridoxal[14]; auch eine Ringbildung von PLP zu Thiazolidin kann mit SH-Gruppen eintreten[15, 16]. Eine hemmende Wirkung von Penicillamin[15] ließ sich nicht bestätigen[6, 17].

Hemmung durch Substratanaloge. Die Anwesenheit verschiedener Dicarbonsäuren, wie z.B. Maleat, führt zu einer Veränderung des Absorptionsspektrums der GOT und zu einer Verschiebung ihres pK-Wertes. Dabei sinkt die Absorption bei 362 mμ ab und steigt bei 435 mμ an[13]. Es bildet sich ein labiler Komplex, dessen Stabilität von der Kettenlänge zwischen den Carboxylgruppen abhängig ist und der bereits durch Dialyse getrennt werden kann. Die Reaktion der Dicarbonsäuren mit dem Enzymkomplex erfordert ein zusätzliches Proton und führt zu weitgehend inaktiven Enzymkomplexen (Tabelle 24). Die Dicarbonsäuren wirken als kompetitive Hemmstoffe[13, 18–21] und reagieren mit der Aldehyd- und Aminoform des Enzyms. Die Dissoziationskonstante des Komplexes mit Maleat beträgt für beide Enzymformen $2{,}3 \times 10^{-3}$ m. Somit wird die Hemmwirkung

Tabelle 24. *Hemmung von GOT durch Dicarbonsäuren*[13].

Substrat	Hemmung in %
Succinat	31
Glutarat	72
Adipinat	62
Pimelat	0
Malonat	0
Maleat	78
Fumarat	0
α-Methylglutamat	0
α-Methylaspartat	35

Ansatz: 5 μM Asp, 20 μM α-KGS, 350 μM Phosphatpuffer (p_H 6,3); 3,0 ml; Endkonzentration an Dicarbonsäuren 0,04 m.

[1] BRAUNSTEIN, A. E.: 5. Int. Congr. Biochem. Moskau 1961, Sympos. IV, Repr. 9.
[2] AZARKH, R. M., A. E. BRAUNSTEIN, T. S. PASKHINA i T. S. HSU: Biochimija, Moskva 25, 954 (1960).
[3] KHOMUTOV, R. M., M. Y. KARPEISKII, E. S. SEVERIN i N. Y. GNUCHEV: Dokl. Akad. Nauk SSSR 140, 492 (1961).
[4] POLYANOVSKII, O. L., i Y. M. TORCHINSKII: Dokl. Akad. Nauk SSSR 141, 488 (1961).
[5] OEHME, P.: Naturwiss. 50, 20 (1963).
[6] BONAVITA, V.: J. Neurochem. 4, 275 (1959).
[7] BRAUNSTEIN, A. E., R. M. AZARKH i S. TIN sen.: Biochimija, Moskva 26, 882 (1961).
[8] MAKINO, M.: Osaka Daigaku Igaku Zasshi 12, 1159 (1960).
[9] KARPEISKII, M., Y. N. BREUSOV, R. M. KHOMUTOV, E. S. SEVERIN i O. L. POLYANOVSKII: Biochimija, Moskva 28, 345 (1963).
[10] KOCHETKOV, N. K., R. M. KHOMUTOV, M. J. KARPEISKY, E. I. BUDOVSKY i E. S. SEVERIN: Dokl. Akad. Nauk SSSR 126, 1132 (1959).
[11] STROMINGER, J. L.: Am. Soc. 82, 988 (1960).
[12] BHEEMESWAR, B., and P. FAULKNER: J. Insect Physiol. 3, 349 (1959).
[13] JENKINS, W. T., I. W. SIZER and D. A. YPHANTIS: J. biol. Ch. 234, 51 (1959).
[14] BRAUNSTEIN, A. E.; in: Boyer-Lardy-Myrbäck, Enzymes Vol. II, p. 113.
[15] DUVIGNEAUD, V., E. J. KUCHINSKAS and A. HORVATH: Arch. Biochem. 69, 130 (1957).
[16] KENNEY, F. T.: J. biol. Ch. 234, 2707 (1959).
[17] CHATTOPADHYAY, D. P.: Nature 192, 660 (1961).
[18] DARLING, L. S.: Studien über die enzymatische Transaminierung. Copenhagen 1951.
[19] BRAUNSTEIN, A. E.: Enzymologia 7, 25 (1939).
[20] BRANDENBERGER, H., and P. P. COHEN: Helv. 36, 549 (1953).
[21] MASON, M.: Fed. Proc. 17, 271 (1957).

nur von der Spezifität des Proteins und nicht vom Coenzym bestimmt[1]. Da sich bei der Reaktion mit Oxalacetat und Glutamat die gleichen Verhältnisse ergeben, wird ein einziger Angriffspunkt aller vier Transaminase-Substrate am katalytischen Ort des Proteins angenommen.

Die Komplexbildung des Enzyms mit Maleat ermöglicht eine spektrophotometrische Titration der GOT. Die hohe Anfangsextinktion bei 362 mμ stammt von der alkalischen Form des Aldehydenzyms, während der geringe Anteil an der sauren Form ein schwaches Maximum bei 430 mμ verursacht. Durch Bildung des Maleat-Enzym-Komplexes steigt der pK-Wert der Wasserstoffionen-Dissoziation, und die Extinktion bei 362 mμ fällt ab. Trägt man die Absorption bei 360 mμ gegen den Logarithmus der Maleatkonzentration auf, so erhält man die typische Dissoziationskurve, die ihren Wendepunkt bei $2{,}3 \times 10^{-3}$ m hat.

Die folgenden Inhibitoren haben kompetitive Hemmeigenschaften mit der Aldehyd- und Aminoform des Enzyms und haben die angegebene Dissoziationskonstante des Enzym-Inhibitor-Komplexes bei p_H 7,4; 0,4 m Arsenat, 26° C in 10^{-3} m: Succinat 18, Maleat 2,3, Fumarat sehr groß, Glutarat 3, Adipinsäure 5, Pimelinsäure sehr groß, o-Phthalat 5, m-Phthalat 8 und p-Phthalat 10[1].

Oxalat, Malonat, Succinat und Fumarat hemmen 5×10^{-3} m zu 10—12%, Maleat und Phthalat zu 30%[2]. Die Hemmung mit Succinat ist nur in höheren Konzentrationen vorhanden[3,4]. Hydroxyaspartat, das mit α-KGS nur langsam transaminiert, wirkt in Gegenwart von Aspartat als kompetitiver Hemmstoff. Nicht kompetitiv hemmt Diaminopropionsäure, während Diaminosuccinat gegenüber Aspartat und α-KGS einen Mischtyp zwischen kompetitiv und nicht kompetitiv darstellt[5]. Auch γ-Aminobuttersäure und α-Amino-γ-aminobuttersäure sind kompetitive Hemmstoffe[6].

Die Hemmung der GOT durch β-Fluorxalacetat ($K_i = 10^{-4}$) erfolgt unabhängig von der Konzentration an Aspartat oder α-KGS. Es wurde daher eine kompetitive Hemmung mit Oxalacetat angenommen. Die Transaminierung von β-Fluorxalacetat mit Aspartat führt zu β-Fluoraspartat, das unter Abspaltung von Fluorwasserstoff und NH_3 zu Oxalacetat abgebaut wird[7].

Ein Substratspiegel von $10 \times K_S$ führt zu einer kompetitiven Hemmung, wobei mit der Enzymform konkurriert wird, die den Komplex mit dem zugehörigen Substrat bildet. So tritt bei einer konstanten Aspartatkonzentration von 0,2 oder $3{,}2 \times 10^{-3}$ m eine Hemmung der Reaktion bei einer α-KGS-Konzentration über 0,5 bzw. 4×10^{-3} m auf. Die kompetitive Hemmung kann durch das komplementäre Substrat behoben werden[1].

Der mitochondriale Anteil der GOT wird durch einen Überschuß an Oxalacetat gehemmt; Testmethoden, bei denen eine Anhäufung von Oxalacetat erfolgt, sind demnach zur Bestimmung der GOT-M-Aktivität ungeeignet[8,9].

Beeinflussung durch Hormone. In früheren Untersuchungen konnte keine Beeinflussung der GOT-Aktivität durch Hormone festgestellt werden[10]. Eine in vivo-Induktion der GOT-Aktivität in Organen durch Hormone ist zwar für andere Transaminasen beschrieben, die GOT wird jedoch, z.B. durch Cortison, nur gering oder gar nicht beeinflußt[11]. In einigen Fällen wird der GOT-Gehalt der Leber etwas verringert, der der Niere gering

[1] Velick, S. F., and J. Vavra: J. biol. Ch. **237**, 2109 (1962).
[2] Patwardhan, M. V.: Biochem. J. **75**, 401 (1960).
[3] Pattabhiraman, T. N., and B. K. Bachhawat: Ann. Biochem. exp. Med., Calcutta **19**, 205 (1959).
[4] Bonavita, V.: J. Neurochem. **4**, 275 (1959).
[5] Garcia-Hernandez, and E. Kun: Biochim. biophys. Acta **24**, 78 (1957).
[6] Polyanovskii, O. L., i Y. M. Torchinskii: Dokl. Akad. Nauk SSSR **141**, 488 (1961).
[7] Kun, E., D. W. Fanshier and D. R. Grasetti: J. biol. Ch. **235**, 416 (1960).
[8] Boyd, J. W.: Biochem. J. **80**, 18P (1961).
[9] Boyd, J. W.: Clin. chim. Acta, Amsterdam **7**, 424 (1962).
[10] Cohen, P. P.; in: Sumner-Myrbäck Bd. I, S. 1040.
[11] Gavosto, F., A. Pileri and A. Brusca: Biochim. biophys. Acta **24**, 250 (1957).

erhöht[1, 2]. Die Perfusion der Leber in situ mit 3,7—12,5 × 10^{-5} g Cortisol/min führt bei der Ratte zu einer Erhöhung der GOT im Leberhomogenat um 50—90%. Dosen unter 3,7 × 10^{-5} g/min sind wirkungslos. Eine Vorbehandlung der Tiere mit Äthionin verhindert diesen induktiven Effekt[3]. Die Verabreichung einer Kost mit hohem Proteingehalt steigert die GOT-Aktivität in der Leber[4], die demnach die gleiche Abhängigkeit vom Proteinstoffwechsel wie die GPT zeigt, jedoch in viel geringerem Maße[5]. Auch im Hungerzustand ist die GOT der Leber erhöht[6]. HVL-Hormone sind bei Normaltieren unwirksam, führen jedoch bei hypophysektomierten Tieren und im Hungerzustand zu einer GOT-Steigerung[7]. Die unterschiedlichen Verhältnisse von Gewebswachstum und Enzymsynthese führen nach Hepatektomie zu einer vorübergehenden Erhöhung der GOT[8]. Androgene Hormone führen mit Ausnahme bei jungen Tieren[9] zu einer Verringerung der Enzymaktivität in der Leber[1, 10]. 5-Hydroxymethylpyrimidin, das bei Ratten auch die „running fit"-Symptome auslösen kann, senkt die GOT-Aktivität im Gehirn[11]. Oestradiol und Diäthylstilboestrol steigern zwar die GOT-Aktivität des Uterus, der Ovarien und der Nebennieren, senken jedoch den Enzymgehalt der Leber[12]. Die Zusammenhänge dieser Veränderungen der GOT-Aktivität mit den Stoffwechselwirkungen bei verschiedenen Versuchsbedingungen werden bei der GPT unter dem Abschnitt „Eigenschaften, Induktion" diskutiert. Eine nicht kompetitive Hemmung ist in vitro bei 0,5—5 × 10^{-4} m Oestradiolsulfat und Diäthylstilboestrolsulfat mit entsprechenden Inhibitorkonstanten von K_i 2,5—7,5 × 10^{-4} m und 1,5 ± 0,5 × 10^{-4} m beschrieben[13]. Thyroxin 0,1 × 10^{-3} m hemmt pflanzliche GOT bis zu 75%, was auf die Metallbindungsfähigkeit des Thyroxins zurückgeführt wird[14].

Die Reaktivierung des GOT-Apoenzyms aus Schweineherz durch PLP kann durch den Phosphatester von Oestradiol und Stilboestrol reversibel gehemmt werden[15].

Hemmung durch Enzymantikörper. Die Immunisierung von Hühnern mit einem GOT-Präparat aus Affenherz führte zu einer Antikörperbildung gegen das Enzym aus Affen- und Schweineherzen. Parallel dazu verläuft der Hämagglutinationstiter. Die Hemmwirkung gegen das Leberenzym ist nur gering. Eine Reaktivierung des Enzym-Antienzym-Komplexes ist nicht möglich[16].

Beeinflussung der GOT-Aktivität durch Metalle. Neben der Einwirkung von Schwermetallen auf die Sulfhydrylgruppe des Enzymproteins besteht die Möglichkeit, durch 8-Hydroxychinolin oder durch EDTA, o-Phenanthrolin und α,α'-Dipyridyl eine geringe Hemmung der GOT-Aktivität zu erzielen[14, 17]; sie kann aber auch fehlen[18]. Eine Wiederherstellung der Enzymaktivität war in diesen Fällen durch Eisen(II)-Ionen möglich[17], wobei der reaktivierende Einfluß von PLP durch Fe-Zusatz noch zu steigern war[14]. Ein

---

1 Ogasawara, I.: Iwate Igaku Zasshi **13**, 864 (1961).
2 Eischeid, A. M., and C. D. Kochakian: Proc. Soc. exp. Biol. Med. **85**, 339 (1961).
3 Estrada, S. O., and F. Cordoba: Biochem. biophys. Res. Comm. **12**, 487 (1963).
4 Muramatsu, K., and K. Ashida: J. Nutrit. **76**, 143 (1962).
5 Waldorf, M. A., M. C. Kirk, H. Linkswiler and A. E. Harper: Proc. Soc. exp. Biol. Med. **112**, 764 (1963).
6 Matzelt, D., A. Oriol-Bosch u. K. D. Voigt: B. Z. **335**, 485 (1962).
7 Bartlett, P. D., and M. Glynn: J. biol. Ch. **187**, 253 (1950).
8 Greenbaum, A. L., F. C. Greenwood and R. D. Harkness: J. Physiol., London **125**, 251 (1954).
9 Svejcar, J.: Coll. czech. chem. Comm. **25**, 559 (1960).
10 Puchol, J. R., and A. Carballido: Med. exp., Basel **4**, 45 (1961).
11 Nishizawa, Y., T. Kodama and S. Namba: J. Vitaminol., Kyoto **4**, 264 (1958).
12 Puchol, J. R., and A. Carballido: Med. exp., Basel **1**, 348 (1959).
13 Scardi, V., S. Magno e E. Scarano: Boll. Soc. ital. Biol. sperim. **36**, 1719 (1960).
14 Patwardhan, M. V.: Biochem. J. **75**, 401 (1960).
15 Scardi, V., M. Laccarino and E. Scarano: Biochem. J. **83**, 413 (1962).
16 Cordoba, F., C. Gonzalez and A. Perez: Nature **194**, 1156 (1962).
17 Bonavita, V., and V. Scardi: Exper. **14**, 7, 133 (1958).
18 Saxena, K. C., P. Sagar, S. C. Agarwala and D. L. Schrivastava: Ind. J. med. Res. **45**, 161 (1957).

allgemein aktivierender Einfluß von Eisen und anderen Metallionen[1–5] könnte darauf beruhen, daß sie die Ausbildung von Schiffschen Basen begünstigen und diese stabilisieren[6].

Die Enzymaktivität im Testansatz steigt in dem Maß, wie die Salzkonzentration abnimmt und der Säuregrad ansteigt. K^+ und Na^+ sind ohne Einfluß, während Ca^{++} und Mg^{++} zu höheren Aktivitäten bei Verwendung salzfreier Enzymlösungen führen[7].

Der Metallgehalt eines reinen Enzympräparates ergab maximal 0,4 M/Mol Protein. Im einzelnen waren enthalten in μg Metall/g Protein: Ca 310, Sr 3,8, Mg 40, Al 18, Ba 6,3, Cr 5,1, Fe 84, Zn 29, Mn 4,6. Eine primäre Aktivierung des Enzyms durch Metalle war nicht möglich[8].

Eine Reihe selten verwendeter Hemmsubstanzen, die sich nicht in die angeführten Gruppen einreihen lassen, wurde von DASTUGUE u. Mitarb.[9] beschrieben.

Reaktionsmechanismus. Das Vorbild für den Reaktionsmechanismus der enzymatischen Transaminierung war die nichtenzymatische Transaminierungsreaktion[10, 11], bei deren Aufklärung auch die wesentliche Rolle des Vitamin B_6 aufgefunden und auf die enzymatische Reaktion übertragen wurde[12, 13]. Die Ausbildung einer Schiffschen Base mit dem Aminodonator und der PLP-Aldehydgruppe und Stabilisierung der Iminform durch Wasserstoffbrücken[14] und Metall-Chelatbildung[11, 15–18] wurde auch für die enzymatische Transaminierung in Betracht gezogen. Die Funktion der Metallionen wird bei der enzymatischen Transaminierung möglicherweise vom Proteinteil des Holoenzyms übernommen, doch konnte eine katalytische Wirkung von Metallionen bisher nicht streng ausgeschlossen werden[15, 19, 20].

Bei Durchführung der Transaminierungsreaktion in D_2O erfolgt ein Austausch des α-Wasserstoffatoms mit dem Medium[21–25]. Der ebenfalls beobachtete Austausch in β-Stellung[23] erfordert keine Änderung des Schemas des Transaminierungsmechanismus[26]; er erfolgt bei der enzymatischen Transaminierung nicht[27–30]. Das Pyridoxylidenazomethin-Zwischenprodukt (Schiffsche Base Formelbild I) lagert sich durch Elektronenverschiebung und Mobilisierung des α-Wasserstoffatoms in die tautomeren Formen des Azomethins um (II), die durch hydrolytische Spaltung in Ketosäure und Aminoform des Enzyms

1 CAMMARATA, P. S., and P. P. COHEN: J. biol. Ch. 193, 53 (1951).
2 BEECHEY, R. B., and F. C. HAPPOLD: Biochem. J. 61, 20 (1955).
3 NADKARNI, S. R., and K. SOHONIE: Ind. J. Chem. 1, 220 (1963).
4 KIM, M. K.: New med. J., Seoul 4, 91 (1961).
5 KIM, M. K.: New med. J., Seoul 4, 87 (1961).
6 PATWARDHAN, M. V.: Biochem. J. 75, 401 (1960).
7 MOHUN, A. F., and I. J. COOK: J. clin. Path. 10, 394 (1957).
8 FASELLA, P., G. G. HAMMES and B. L. VALLEE: Biochim. biophys. Acta 65, 142 (1962).
9 DASTUGUE, G., P. BASTIDE et J. P. JOUBERTON: Path. Biol., Paris 8, 1593 (1960).
10 HERBST, R. M., and L. L. ENGEL: J. biol. Ch. 107, 505 (1934).
11 FASELLA, P., H. LIS and N. SILIGRANDI: Biochim. biophys. Acta 23, 417 (1957).
12 SNELL, E. E.: Am. Soc. 67, 194 (1945).
13 SCHLENK, F., and A. FISHER: Arch. Biochem. 12, 60, 69 (1947).
14 METZLER, D. E., and E. E. SNELL: Am. Soc. 79, 485 (1957).
15 METZLER, D. E., M. IKAWA and E. E. SNELL: Am. Soc. 76, 644, 648 (1954).
16 METZLER, D. E., and E. E. SNELL: Am. Soc. 74, 979 (1952).
17 EICHHORN, G. L., and J. W. DAWES: Am. Soc. 76, 5663 (1954).
18 CATTANEO, J., J. C. SENEZ and P. BEAUMONT: Biochim. biophys. Acta 44, 543 (1960).
19 SNELL, E. E.: Vitam. and Horm. 16, 77 (1958).
20 PATWARDHAN, M. V.: Nature 181, 187 (1958).
21 HILTON, M. A., F. W. BARNES jr., S. S. HENRY and T. ENNS: J. biol. Ch. 209, 743 (1954).
22 KONIKOVA, A. S., N. N. DOBBERT i A. E. BRAUNSTEIN: Biochimija, Moskva 12, 556 (1947).
23 OSHIMA, T., and N. TAMIYA: Biochem. J. 78, 116 (1961).
24 OSIPENKO, C. D.: Dokl. Akad. Nauk SSSR 75, 91 (1950).
25 KONIKOVA, A. S., N. N. DOBBERT and A. E. BRAUNSTEIN: Nature 159, 67 (1947).
26 HARLEY-MASON, J.: Arch. Biochem. 93, 178 (1961).
27 MEISTER, A.: Nature 168, 1119 (1951).
28 SPRINSON, D. B., and D. RITTENBERG: J. biol. Ch. 184, 405 (1950).
29 GRISOLIA, S., and R. H. BURRIS: J. biol. Ch. 210, 109 (1954).
30 TAMIYA, N., and T. USHIMA: J. Biochem. 51, 78 (1962).

übergehen (III)[1]. Die Tatsache, daß auch β-, γ- und ω-Aminosäuren und primäre Amine als Aminodonatoren wirksam sind, spricht für die durch den heterocyclischen Kern verstärkte elektronenanziehende Wirkung der Azomethinstruktur, die sogar in Abwesenheit der elektrophilen α-Carboxylgruppen die erforderliche Elektronenverschiebung garantiert.

Die Transaminierungszwischenprodukte (I—III) sind in den folgenden Formelbildern angegeben[2]:

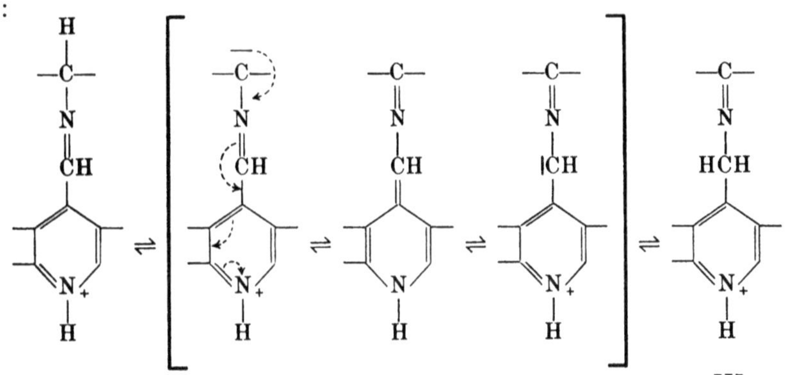

I II III

Die Transaminierungsreaktion verläuft über zwei wechselseitig umkehrbare Halbreaktionen mit einem binären Komplex zwischen dem Substrat und dem funktionell nicht dissoziierten Coenzym-Enzym-Komplex[3]. Dafür spricht die Aktivierbarkeit des Apoenzyms mit PLP und PMP[4], die Überführung einer Aminosäure in die korrespondierende Ketosäure unter Ausbildung der Aminoform des Enzyms[5–8] und der spektroskopische Nachweis der beiden Enzymformen[7]. Den p_H-abhängigen Farbwechsel des Aldehydenzyms erkannte METZLER[9] als Eigenschaft des Pyridoxalphosphatimins, das sich durch Reaktion der Aldehydgruppe des PLP mit der ε-Aminogruppe des Lysins des Apoenzyms ausbildet[10–13]. Das PLP scheint in der Iminbindung an das Protein aktiviert zu sein, denn es reagiert in diesem gebundenen Zustand rasch mit Carbonylreagentien, mit denen sich freies PLP nur langsam umsetzt[14]. Eine gewisse Schwierigkeit bereitet die Deutung der Reaktion des Coenzym-Apoenzym-Imin-Komplexes mit der Aminokomponente, da in dieser Enzymform die Aldehydgruppe nicht frei vorliegt[15–17]. Es ist daher ein größerer Überschuß an Aminodonator notwendig, um mit der Ausbildung der inneren Schiffschen Base konkurrieren zu können[3]. Untersuchungen mit Coenzym-Analogen, die keine Aldehydfunktion besitzen (Pyridoxinphosphat, Desoxypyridoxin), führen zu einer Bindung dieser Substanzen an das Apoenzym ohne Aktivierung. Demnach werden weitere Bindungsstellen des PLP über die Phosphatgruppe, phenolische Hydroxylgruppe und Methylgruppe angenommen[4, 18]. Die pK-Werte dieser einzelnen

[1] BRAUNSTEIN, A. E., i M. M. SHEMYAKIN: Biochimija, Moskva 18, 393 (1953).
[2] JENKINS, W. T.: Fed. Proc. 20, 978 (1961).
[3] VELICK, S. F., and J. VAVRA: J. biol. Ch. 237, 2109 (1962).
[4] MEISTER, A., H. A. SOBER and E. A. PETERSON: J. biol. Ch. 206, 89 (1954).
[5] NISONOFF, A., F. W. BARNES, T. ENNS and S. v. SCHUDING: Bull. Johns Hopkins Hosp. 94, 117 (1954).
[6] JENKINS, W. T., D. A. YPHANTIS and I. W. SIZER: J. biol. Ch. 234, 1179 (1959).
[7] JENKINS, W. T., and I. W. SIZER: Am. Soc. 79, 2655 (1957).
[8] LIS, H., P. FASELLA, C. TURANO and P. VECCHINI: Biochim. biophys. Acta 45, 529 (1960).
[9] METZLER, D. E., and E. E. SNELL: Am. Soc. 79, 485 (1957).
[10] POLYANOVSKII, O. L., i B. A. KEIL: Biochimija, Moskva 28, 372 (1963).
[11] TURANO, C., P. FASELLA, P. VECCHINI e A. GIARTOSIO: Atti Acad. naz. Lincei, R.C. Cl. Sci. fisiche, mat. natur. 30, 532 (1961).
[12] HUGHES, R. C., W. T. JENKINS and E. H. FISCHER: Proc. nat. Acad. Sci. USA 48, 1615 (1962).
[13] BONAVITA, V., and V. SCARDI: Exper. 14, 7, 133 (1958).
[14] OSIPENKO, C. D.: Dokl. Akad. Nauk SSSR 75, 91 (1950).
[15] JENKINS, W. T., and I. W. SIZER: J. biol. Ch. 235, 620 (1960).
[16] BONAVITA, V., and V. SCARDI: Arch. Biochem. 82, 300 (1959).
[17] FISCHER, E. H., and E. G. KREBS: Abstr. amer. chem. Soc. Atlantic City 1959, S. 24C.
[18] SNELL, E. E.: Vitam. and Horm. 14, 113 (1958).

Gruppen für das PLP und PMP verändern sich bei Überführung in das Isonicotinsäurehydrazon oder Cyanhydrin nur gering[1]. Später wurde eine Bindung des PLP an das Enzymprotein über die Aldehyd- und Phosphatgruppe und über den Pyridinring angenommen, während bei PMP nur die beiden letzten Bindungsarten diskutiert werden, ohne daß jedoch ein analytischer Anhaltspunkt dafür gegeben wäre[2–4].

Die Tatsache, daß viele der Substrate der Transaminasen Dicarbonsäuren oder Komponenten mit einer weiteren negativen Ladung sind[5], spricht für eine positiv geladene Gruppe nahe dem Coenzym im aktiven Zentrum[6]. Die Frage, ob eine freie Aminogruppe an der Substratbindung beteiligt ist, konnte durch Acetylierung der GOT geklärt werden. Dabei ergab sich, falls die Sulfhydrylgruppen des Enzyms vor der Acetylierung geschützt werden, keine Abhängigkeit der Enzymaktivität vom Acetylierungsgrad, was gegen eine Beteiligung von Aminogruppen an der Substratbindung spricht[6].

Zur Substratbindung bieten sich drei Möglichkeiten: 1. eine einzige aktive Stelle für alle Substrate; 2. zwei verschiedene Bindungsstellen, die jeweils spezifisch für eines der Ketosäure- und Aminosäurepaare sind; 3. je eine spezifische Bindungsstelle für Ketosäuren und eine für Aminosäuren[7]. Kinetikuntersuchungen[8] sprechen für eine einzige Bindungsstelle des Proteins für alle vier Substrate, wobei jedoch das Protein außer für das Coenzym noch weitere, möglicherweise getrennte Angriffspunkte für Substrate mit einer Kettenlänge von 4 C-Atomen oder 5 C-Atomen besitzt[3]. Diese substratspezifischen Anlagerungsstellen und die katalytische Wirkung des Coenzyms erklären teilweise die Substratspezifität der GOT.

Nachdem früher bereits die Möglichkeiten eines ternären Reaktionsmechanismus diskutiert wurden[9, 10], wird allgemein heute der Mechanismus zweier binärer Halbreaktionen, jede mit einer eigenen Enzymform, angenommen[8, 11–14]. Verschiedene kinetische und spektrophotometrische Befunde werden von SIZER u. Mitarb.[15] erneut als Hinweis auf einen ternären Reaktionsmechanismus gewertet, der nur die Existenz der Aldehydform des Enzyms vorsieht, die auf Grund des Gehaltes von 2 M PLP/M Enzym die Ketosäure und Aminosäure gleichzeitig zu binden vermag, mit zwei Fixierungsstellen für die Ketosäuren und drei Bindungsstellen für die Aminosäuren an das aktive Zentrum, das noch eine freie Aldehydgruppe enthält.

Bestimmungsmethoden der GOT. Solange die Transaminasen mehr oder weniger nur von akademischem Interesse waren, wurde mehr Wert darauf gelegt, das Vorkommen dieser Systeme in den verschiedensten Lebewesen zu erforschen und festzustellen, welche Aminosäuren an diesem wesentlichen Stoffwechselweg beteiligt sind und welche Bedeutung die Transaminierung im Aminosäure- und Eiweißstoffwechsel besitzt. Darum galt es, analytische Methoden zu haben, welche die Transaminierung von möglichst vielen Aminosäuren und Ketosäuren anzeigten. Dies trifft für die meisten der im Abschnitt „Allgemeine Bestimmungsmethoden" beschriebenen Verfahren zu, wie z.B. die papierchromatographischen und unspezifischen colorimetrischen und photometrischen Methoden.

[1] BONAVITA, V., and V. SCARDI: Arch. Biochem. **82**, 300 (1959).
[2] LOWRY, O. H., N. R. ROBERTS and M. W. CHANG: J. biol. Ch. **222**, 97 (1956).
[3] FASELLA, P.: Acta vitaminol., Milano **15**, 145 (1961).
[4] FRUTON, J. S.; in: FRUTON, J. S., and S. SIMMONDS (Hrsgb.): General Biochemistry. p. 759. London 1958.
[5] SINGER, T. P., and E. B. KEARNEY: Biochim. biophys. Acta **14**, 570 (1954).
[6] TURANO, C., A. GIARTOSIO and P. VECCHINI: Arch. Biochem. **99**, 191 (1962).
[7] HOPPER, S., and H. L. SEGAL: J. biol. Ch. **237**, 3189 (1962).
[8] VELICK, S. F., and J. VAVRA: J. biol. Ch. **237**, 2109 (1962).
[9] BRAUNSTEIN, A. E., and M. G. KRITSMAN: Enzymologia **2**, 129 (1937).
[10] KONIKOVA, A. S., M. G. KRITSMAN i R. V. TEISS: Biochimija, Moskva **7**, 86 (1942).
[11] SNELL, E. E.: J. biol. Ch. **154**, 313 (1944).
[12] MEISTER, A.: Adv. Enzymol. **16**, 185 (1955).
[13] BRAUNSTEIN, A. E.; in: Boyer-Lardy-Myrbäck, The Enzymes. Vol. II, S. 113.
[14] JENKINS, W. T., I. W. SIZER and D. A. YPHANTIS: J. biol. Ch. **234**, 51 (1959).
[15] EVANGELOPOULOS, A. E., and I. W. SIZER: Proc. nat. Acad. Sci., USA **49**, 638 (1963).

Nachdem 1950 die erste einfachere und genügend exakte Methode zur Bestimmung der GOT von Reitman und Frankel[1] ausgearbeitet worden war und besonders nachdem 1954 durch den Arbeitskreis um Wroblewski, Karmen und LaDue erstmals auf die klinische Bedeutung der GOT-Bestimmung im Serum hingewiesen worden war, häuften sich die Mitteilungen über neue, einfache und spezifische Bestimmungsmethoden der Enzymaktivität, besonders der im Serum.

Bestimmung von Aspartat. Zum Nachweis einer Transaminierung zwischen Oxalacetat und Glutaminsäure oder auch anderen Aminosäuren dienen die folgenden Methoden:

Reaktion mit Chloramin-T. Bei der Reaktion von Aspartat mit Chloramin-T werden 2 M CO_2 freigesetzt, die manometrisch gemessen werden[2]. Diese Methode ist auch zur Aktivitätsbestimmung roher Enzympräparate verwendbar[3].

Bestimmung mit Asparaginsäuredecarboxylase (s. unter „Allgemeine Bestimmungsmethoden" S. 317).

Bestimmung mit GOT und Glutaminsäuredecarboxylase. Entsprechend der unter „Allgemeine Bestimmungsmethoden" S. 323 beschriebenen Reaktion[4] wird das Aspartat mit einem Überschuß von α-KGS und mit GOT der Transaminierung unterworfen und das aus der Oxalacetat- und Glutaminsäuredecarboxylierung stammende CO_2 manometrisch bestimmt. Das gebildete Oxalacetat kann auch enzymatisch mit Malat-Dehydrogenase bestimmt werden[5].

Bestimmung von Oxalacetat. Manometrische Methode. Die Möglichkeit, Oxalacetat durch Anilin zu Pyruvat zu decarboxylieren[6], wurde von Edson[7] durch Einführung des leichter löslichen Anilincitrates verbessert und von O'Kane und Gunsalus[8] als Methode zur Bestimmung der GOT verwendet. Dabei muß jedoch der CO_2-Gehalt des Enzympräparates und eine spontane CO_2-Bildung berücksichtigt werden[9].

Manometrische Bestimmung der Glutamat-Oxalacetat-Transaminase nach O'Kane und Gunsalus[8] sowie Ames und Elvehjem[9].

Prinzip:

Das durch Decarboxylierung von Oxalacetat mit Anilin gebildete CO_2 wird manometrisch gemessen[8, 9].

Reagentien:

1. 0,2 m Kaliumphosphatpuffer, p_H 7,3.
2. L-Aspartat: neutralisiert mit KOH, 0,8 m in Puffer.
3. α-KGS: neutralisiert mit KOH, 0,4 m in Puffer.
4. Enzymlösung.
5. Pyridoxalphosphat.
6. Anilincitrat: Gleiche Teile von Anilin und einer Lösung, bestehend aus 50 g Citronensäure in 50 ml Wasser gelöst, mischen.

Bestimmung in der Warburg-Apparatur.

Ausführung:

Hauptraum: 0,5 ml Puffer, Enzymlösung, 10 μg PLP, mit Wasser ad 1,7 ml. Nach 10 min Inkubation werden je 0,25 ml der Aspartat- und α-KGS-Lösung aus einem Seitenarm zugekippt und nach 10 min Reaktionszeit 0,5 ml Anilincitratlösung aus dem zweiten

[1] Reitman, S., and S. Frankel: Amer. J. clin. Path. **28**, 56 (1957).
[2] Cohen, P. P.: J. biol. Ch. **136**, 565, 585 (1940).
[3] Cohen, P. P., and G. L. Heckhius: J. biol. Ch. **140**, 711 (1941).
[4] Krebs, H. A.: Biochem. J. **47**, 605 (1950).
[5] Pfleiderer, G.; in: Bergmeyer, H. U. (Hrsg.): Methoden der enzymatischen Analyse. S. 381. Weinheim 1962.
[6] Ostern, P.: H. **218**, 160 (1933).
[7] Edson, N. L.: Biochem. J. **29**, 2082 (1935).
[8] O'Kane, D. O., and I. C. Gunsalus: J. biol. Ch. **170**, 425 (1947).
[9] Ames, S. R., and C. A. Elvehjem: J. biol. Ch. **166**, 81 (1946).

Seitenarm zugekippt. Die CO_2-Entwicklung wird nach weiteren 10 min abgelesen. Leerwert: Ansatz ohne Enzym.

Berechnung:

Eine Einheit der Transaminaseaktivität ist die Enzymmenge, die eine Oxalacetatmenge bildet, die 100 μl CO_2 in 10 min bei 37° C entspricht. Eine weitere Methode zur manometrischen Bestimmung wurde von POVOA[1] beschrieben.

Photometrische Methoden bei 280 mμ. *Direkte Bestimmung des Oxalacetates.* GREEN, LELOIR und NOCITO[2] bestimmten die Bildung von Oxalacetat in der Enolform bei 280 mμ. Dabei fanden sie eine Zunahme der Extinktion in einer 10 mm-Küvette von 0,438/μM Oxalacetatbildung/ml Lösung bei p_H 7,3. Diese Methode wurde zur Bestimmung der Anfangsgeschwindigkeit der Transaminierung mit GOT verwendet[3] und von JENKINS[4] verbessert.

***Photometrische Bestimmung der Glutamat-Oxalacetat-Transaminase nach* JENKINS *u. Mitarb.*[4].**

Prinzip:

Bestimmung des Oxalacetats in seiner Enolform bei 280 mμ. Bei Reaktionsbeginn kann die Enolisierungsgeschwindigkeit begrenzend sein[5], und die Reaktion zeigt daher eine Verzögerung[3, 6], was durch entsprechende Pufferwahl vermieden werden kann. Weiterhin nimmt der reziproke Wert der Maximalgeschwindigkeit linear mit dem reziproken Wert der Enzymkonzentration zu[3].

Reagentien:

1. L-Aspartatlösung.
2. α-Ketoglutaratlösung.
3. Trispuffer, p_H 8,3.

Ausführung:

Das Reaktionsvolumen in einer 10 mm-Küvette enthält je 20 μM der neutralisierten Lösungen von L-Aspartat und α-Ketoglutarat und 200 μM Trispuffer. Die Lichtabsorption wird bei 280 mμ gegen einen Leerwert ohne Aspartatzusatz bei 37° C gemessen. Nach einer Inkubationszeit von 15 min wird die Reaktion durch Zugabe von 0,1 ml der Enzymlösung gestartet. Der Extinktionswert wird 1 min lang alle 10 sec abgelesen. Dabei soll die Reaktionsgeschwindigkeit kleiner als 0,2 Extinktionseinheiten/min sein.

Berechnung:

Es wird die maximale Reaktionsgeschwindigkeit während der ersten halben Minute erfaßt, d.h. das gerade Teilstück der Kurve, die man bei Auftragen der Extinktionsänderung gegen die Zeit erhält. Trägt man den reziproken Wert der Maximalgeschwindigkeit $1/V_{max}$ gegen den reziproken Wert der eingesetzten Enzymmenge (E) auf, so läßt sich die *spezifische Aktivität* durch folgende Formel berechnen:

$$\frac{1}{V_{max}} = \frac{1}{\text{spezifische Aktivität}} \times \frac{1}{E} + \text{Konstante.}$$

Die Enzymkonzentration (E) wird in mg Protein angegeben.

Definition der Einheit. Als Enzymeinheit gilt die Enzymmenge, die unter den obigen Bedingungen eine berechnete Anfangsgeschwindigkeit von 1,0 Extinktionseinheiten pro min verursacht. Die spezifische Aktivität ist ausgedrückt in Extinktionseinheiten pro min pro mg Enzymprotein.

DAVIES und ELLIS[7] bezeichnen für diese Methode als Einheit die Enzymmenge, die eine Zunahme der Extinktion bei 280 mμ von 0,01/min bei 20° C verursacht.

[1] POVOA, H.: Exper. **18**, 552 (1962).
[2] GREEN, D. E., L. F. LELOIR and V. NOCITO: J. biol. Ch. **161**, 559 (1945).
[3] NISONOFF, A., S. S. HENRY and F. W. BARNES: J. biol. Ch. **199**, 699 (1952).
[4] JENKINS, W. T., I. W. SIZER and D. A. YPHANTIS: J. biol. Ch. **234**, 51 (1959).
[5] LOEWUS, F. A., T. T. TCHEN and B. VENNESLAND: J. biol. Ch. **212**, 787 (1955).
[6] LIN, E. C. C., B. M. PITT, M. CIVEN and W. E. KNOX: J. biol. Ch. **233**, 668 (1958).
[7] DAVIES, D. D., and R. J. ELLIS: Biochem. J. **78**, 623 (1961).

Bestimmung von Oxalacetat als Enol-Borat-Komplex. Der Nachteil der oben beschriebenen Methode, die maximale Anfangsgeschwindigkeit der Reaktion bestimmen oder die Kinetik einer reversiblen Reaktion erster Ordnung erfassen zu müssen, entfällt bei Bestimmung des Enol-Borat-Komplexes[1].

***Bestimmung der Glutamat-Oxalacetat-Transaminase nach* GREENWOOD[2].**

Prinzip:

Das Verfahren beruht auf der Bestimmung der bei der Transaminierung gebildeten Menge an Oxalacetat nach Enteiweißung des Ansatzes als Enol-Borat-Komplex bei p_H 9,2.

Der molare Extinktionskoeffizient des Oxalacetats bei 280 mμ und p_H 7,3 beträgt 550, als Enol-Borat-Komplex bei p_H 8,4 1380[3] und in 0,03 m Boratpuffer, p_H 9,2, 1730[4]; die Reaktionsgeschwindigkeit ist direkt proportional der Enzymmenge und Reaktionsdauer, so daß sich die Kinetik einer Reaktion 0. Ordnung ergibt[3].

***Bestimmung der Glutamat-Oxalacetat-Transaminase nach* KUN *u. Mitarb.*[3].**

Reagentien:

1. Boratpuffer (0,05 m $K_2B_4O_7 \cdot 5\,H_2O$ gelöst in 0,2 m Trispuffer, p_H 8,4).
2. L-Aspartat.
3. α-Ketoglutarat.
4. 0,1 m $MgSO_4$.

Ausführung:

2 ml Boratpufferlösung werden in einer 10 mm-Küvette mit den gewünschten Konzentrationen an L-Aspartat und α-KGS gemischt; nach Zugabe von 0,1 ml 0,1 m $MgSO_4$ wird mit Wasser auf ein Endvolumen von 3,0 ml aufgefüllt und mit der Enzymlösung gestartet. Die Extinktion wird in Abständen von 30 sec bei 290 mμ abgelesen. Die Berechnung erfolgt an Hand einer Eichkurve mit Oxalacetat.

***Bestimmung der Glutamat-Oxalacetat-Transaminase nach* BANKS *und* VERNON[4].**

Reagentien:

1. Na-aspartat.
2. α-Ketoglutarat.
3. 0,1 m Phosphatpuffer, p_H 7,38.
4. Trichloressigsäure, 30 %ig.
5. 0,5 n NaOH.
6. 0,3 m Boratpuffer, p_H 9,4.

Ausführung:

Der Ansatz (24 ml) enthält $8{,}3 \times 10^{-3}$ m Na-aspartat, $2{,}08 \times 10^{-3}$ m α-KGS in Phosphatpuffer 0,1 m und wird bei 25° C mit dem Enzym inkubiert. Aliquote Teile von 5 ml werden in Zeitabständen entnommen und mit 0,5 ml 30 %iger Trichloressigsäure enteiweißt. Nach Zugabe von 0,5 n NaOH zur Neutralisation werden 2 ml Boratpuffer zugegeben, auf 10 ml aufgefüllt und die Extinktion bei 270 mμ gemessen. Bis zu einer Konzentration von 5×10^{-4} m Oxalacetat verläuft die Reaktion linear. Eine Enzymeinheit ist diejenige Enzymmenge, die unter den Standardbedingungen in 10 min bei 25° C so viel Oxalacetat bildet, daß die Extinktion um 0,1 zunimmt. Diese Menge entspricht $1{,}4 \times 10^{-4}$ m Oxalacetat im Testansatz und beträgt 13 % der theoretisch umsetzbaren Menge. Die Anfangsgeschwindigkeit kann, bis zu einem Umsatz von 20 %, aus dem linearen Verhältnis der Extinktion gegen die Zeit ermittelt werden. Die Reaktion kann auch durch kontinuierliche Messung der Extinktionsänderung direkt im Photometer gemessen werden, wobei mit Aspartat gestartet wird. Die analytischen Methoden, die auf der Messung der enzymatischen Reaktion durch Bestimmung der Enolform von Oxalacetat beruhen, liefern nur unter optimalen Bedingungen eine maximale Anfangsgeschwindigkeit[5].

---

[1] LIN, E. C. C., B. M. PITT, M. CIVEN and W. E. KNOX: J. biol. Ch. **233**, 668 (1958).
[2] GREENWOOD, F. C., and A. L. GREENBAUM: Biochim. biophys. Acta **10**, 623 (1953).
[3] KUN, E., D. W. FANSHIER and D. R. GRASETTI: J. biol. Ch. **235**, 416 (1960).
[4] BANKS, B. E. C., and C. A. VERNON: Soc. **1961**, 1698.
[5] BANKS, B. E. C., A. J. LAWRENCE, E. M. THAIN and C. A. VERNON: Soc. **1963**, 5799.

Colorimetrische Methoden, Alle bis 1950 beschriebenen Methoden zur Aktivitätsbestimmung von Transaminasen eigneten sich wenig als Routinemethode. So war die Methode von TONHAZY[1] die Grundlage für eine Vielzahl von später beschriebenen colorimetrischen Bestimmungsmethoden für GOT und GPT. Die Transaminierungsreaktion erfolgt mit einem Überschuß an Aspartat und α-KGS bei 37° C, p_H 7,4, und wird nach einer bestimmten Zeit mit Trichloressigsäure abgestoppt, so daß weniger als 5% der vorhandenen Substrate transaminiert werden.

Zur Überführung des Oxalacetats in Pyruvat wird Anilincitrat verwendet. Hier kann die Bestimmungsprozedur für mehrere Stunden unterbrochen werden. Ohne den Proteinniederschlag zu entfernen, wird das 2,4-Dinitrophenylhydrazin-Reagens zugegeben. Nach 5 min Inkubation bei 37° C extrahiert man das Hydrazon der Brenztraubensäure mit wassergesättigtem Toluol und zentrifugiert. Die Toluolschicht wird in einer Küvette mit alkoholischer Kalilauge versetzt und bei 540 mμ gegen einen zur Zeit 0 enteiweißten Ansatz die Extinktion bestimmt. Die Auswertung erfolgt aus einer mit Pyruvat und inaktiviertem Enzym hergestellten Standard-Eichkurve, Aktivitätsangabe in Q_T^{10} Einheiten[2].

1956 haben CABAUD, LEEPER und WROBLEWSKI das Verfahren verbessert[3]. Auch sie verwendeten Anilincitrat zur Überführung von Oxalacetat in Pyruvat und führten eine Extraktion der Hydrazone mit Toluol durch. Aktivitätsangabe in μg gebildeter BTS/Std/37° C.

Methoden ohne Decarboxylierung des Oxalacetats. Die Modifizierung der Methode nach TONHAZY[1] durch REITMAN und FRANKEL[4] ergab eine einfache und für die Routinebestimmung genügend empfindliche Methode zur Aktivitätsbestimmung von GOT und GPT. Die Vereinfachung besteht darin, daß die Überführung des Oxalacetats in Pyruvat, die Enteiweißung und die Extraktion der Hydrazone unterbleiben.

***Bestimmung der Glutamat-Oxalacetat-Transaminase nach* REITMAN[4] *in der Modifikation nach* BERGMEYER *und* BERNT[5].**

Prinzip:

Dieses Verfahren wird neben den enzymatischen Methoden am meisten verwendet.

Das bei der Transaminierung von α-KGS und Aspartat gebildete Oxalacetat wird als 2,4-Dinitrophenylhydrazon colorimetrisch bestimmt. Da Oxalacetat teilweise zu Pyruvat decarboxyliert wird, finden sich in der Meßlösung die 2,4-Dinitrophenylhydrazone von α-KGS, Oxalacetat und Pyruvat nebeneinander. Während der Reaktion nimmt der Anteil an Oxalacetat und Pyruvat zu, der von α-KGS ab. Um den störenden Einfluß des Hydrazons von α-KGS möglichst klein zu halten, wird die Farbbildung bei einer Wellenlänge gemessen, bei der sich die Hydrazone von α-KGS und Oxalacetat bzw. Pyruvat maximal unterscheiden (500—550 mμ).

Reagentien:

1. Substratpufferlösung: (0,1 m Phosphatpuffer, p_H 7,4; 0,1 m L-Aspartat; 2×10^{-3} m α-Ketoglutarat). Herstellung: 1,5 g K_2HPO_4; 0,20 g KH_2PO_4; 0,039 g α-Ketoglutarat (-Na) oder 0,030 g α-Ketoglutarsäure; 1,57 g L-Aspartat (-Na) oder 1,32 g L-Asparaginsäure in weniger als 100 ml bidest. Wasser lösen und p_H-Wert eventuell mit NaOH auf 7,4 einstellen, mit bidest. Wasser auf 100 ml auffüllen.
2. Chromogen (10^{-3} m 2,4-Dinitrophenylhydrazin): 20 mg 2,4-Dinitrophenylhydrazin in 1 n HCl ad 100 ml lösen.
3. 0,4 n Natronlauge, 16 g NaOH mit bidest. Wasser ad 1000 ml lösen.

---

[1] TONHAZY, N. E., N. G. WHITE and W. W. UMBREIT: Arch. Biochem. **28**, 36 (1950).
[2] AMES, S. R., P. S. SARMA and C. A. ELVEHJEM: J. biol. Ch. **167**, 135 (1947).
[3] CABAUD, P., R. LEEPER and F. WROBLEWSKI: Amer. J. clin. Path. **26**, 1101 (1956).
[4] REITMAN, S., and S. FRANKEL: Amer. J. clin. Path. **28**, 56 (1957).
[5] BERGMEYER, H. U., u. E. BERNT; in: BERGMEYER, H. U. (Hrsg.): Methoden der enzymatischen Analyse. S. 842. Weinheim 1962.

4. Na-pyruvat (2×10^{-3} m): 22 mg Na-pyruvat mit bidest. Wasser ad 100 ml lösen.

Die Chromogenlösung ist unbegrenzt haltbar, Substrat und Pufferlösung bei 0—4° C unter Zusatz von einigen Tropfen Chloroform bis zu 1 Monat.

Ausführung:

Meßstrahlung 530 oder 546 mμ (nach[1] bei 505 mμ); Schichtdicke 1 cm; Reaktionstemperatur 37° C).

Zu jeder Probe gehört ein Leerwert, dem das Serum bzw. die Enzymlösung erst nach dem Chromogen zugesetzt wird.

Hauptwert: 1 ml Substratpufferlösung (*1*) wird in ein Reagensglas pipettiert. Nach Zugabe von 0,2 ml hämolysefreiem Serum oder einer entsprechenden Enzymlösung wird gemischt und genau 60 min inkubiert. Zum Abstoppen der Reaktion wird 1 ml Chromogenlösung (*2*) zugesetzt.

Tabelle 25. *Eichtabelle für die colorimetrische Bestimmung mit Pyruvat*[2].

ml Lösung (4)	Einheiten GOT nach WROBLEWSKI
0,05	21
0,1	42
0,15	64
0,2	97
0,25	140

Leerwert: Zu 1 ml der Substratpufferlösung wird ohne Inkubation 1 ml Chromogenlösung zugegeben und dann erst 0,2 ml Serum oder Enzymlösung zupipettiert.

Nach der Chromogenzugabe läßt man 20 min bei Raumtemperatur stehen, versetzt mit 10 ml Natronlauge (*3*) und mißt nach 5 min die Extinktion gegen den Leerwert.

Bei Extinktionswerten, die größer sind als 0,25 (546 mμ), wird die Messung mit 1:10 verdünntem Serum (physiol. NaCl) oder verdünnter Enzymlösung wiederholt.

Berechnung:

Da in dem Bestimmungsansatz ein inkonstantes Gemisch von wenigstens drei Hydrazonen vorliegt, können die Extinktionskoeffizienten der einzelnen 2,4-Dinitrophenylhydrazone nicht herangezogen werden. Man eicht daher das Verfahren an Hand der UV-Methode zur Bestimmung der GOT (s. unten S. 374) oder mit verschiedenen Mengen Pyruvat bei konstanter Molsumme von Pyruvat und α-Ketoglutarat, wobei keine geradlinigen Eichkurven erhalten werden. Oxalacetat ist infolge seiner Instabilität in wäßriger Lösung als Eichsubstanz ungeeignet. Ein höherer Pyruvatgehalt im Serum oder in der Enzymlösung wird durch Messung gegen den Leerwert ausgeschaltet.

Tabelle 26. *Umrechnungstabelle für die colorimetrische Bestimmung*[2].

Extinktion	WE	ImE
0,020	8	4
0,040	16	8
0,060	24	12
0,080	32	15
0,100	40	19
0,120	49	24
0,140	59	28
0,160	71	34
0,180	83	40
0,200	100	48
0,220	118	57
0,240	140	62
0,260	167	80

Zur Anfertigung einer Eichkurve werden 0—0,25 ml Pyruvatlösung (*4*) mit 1—0,75 ml Puffersubstratlösung (*1*) gemischt; an Stelle von Enzym werden 0,2 ml Wasser zugesetzt und 1 ml Chromogenlösung (*2*). Nach 20 min bei Raumtemperatur wird in jedes Glas 10 ml Natronlauge (*3*) gegeben und nach 5 min gegen den Leerwert ohne Pyruvat gemessen. Im Vergleich dazu wird die Extinktion im UV-Test mit MDH als Indicatorenzym bestimmt und in GOT-Einheiten nach WROBLEWSKI umgerechnet (s. S. 374). Dabei ergeben sich die in Tabelle 25 angeführten Werte.

Für die Messung bei 546 mμ ergibt sich folgende Wertetabelle (Tabelle 26) zur Umrechnung der gemessenen Extinktionswerte einer unbekannten Enzymprobe in GOT-Einheiten nach WROBLEWSKI (WE) oder in internationalen Millieinheiten (ImE)[3].

Zur Umrechnung in andere Transaminase-Einheiten und Normalwerte s. S. 325.

Es sind einige *Mikromethoden* beschrieben worden, die z.B. mit der Halbierung der Originalansätze und Messung in Mikroküvetten arbeiten[4] oder 1 ml des Überstandes

[1] REITMAN, S., and S. FRANKEL: Amer. J. clin. Path. **28**, 56 (1957).
[2] BERGMEYER, H. U., u. E. BERNT; in: BERGMEYER, H. U. (Hrsg.): Methoden der enzymatischen Analyse. S. 842. Weinheim 1962.
[3] COOPER, J., P. A. SRERE, M. TABACHNIK and E. RACKER: Arch. Biochem. **74**, 306 (1958).
[4] BESSON, R., P. BOIVIN et R. FAUVERT: Rev. franç. Ét. clin. biol. **4**, 614 (1959).

einer Mischung von 0,2 ml Capillarblut mit 1,3 ml physiologischer Kochsalzlösung[1] verwenden. Eine weitere Mikromethode mit 0,1 ml Serum stammt von NATELSON[2] (s. auch Mikromethode unter „Enzymatische Methoden" S. 378).

Zunehmende Bedeutung erlangen colorimetrische Verfahren zur Aktivitätsbestimmung der Transaminasen im *Autoanalyzer*[3]. Das von FINGERHUT[4] angegebene Verfahren kann sowohl als Handmethode als auch mit geringer Abwandlung im Autoanalyzer verwendet werden.

Automatische Bestimmung der Glutamat-Oxalacetat-Transaminase nach FINGERHUT ***u. Mitarb.***[4].

Prinzip:

Wie bei der Bestimmung nach REITMAN, S. 368. Abänderungen: 1. Das Dinitrophenylhydrazinreagens enthält Methanol, 2. die Hydrazinkonzentration und die Acidität der Lösung sind verringert, 3. die Inkubationsdauer ist auf 21 min verkürzt, 4. die Konzentration der verwendeten Natronlauge ist auf 1,5 n erhöht.

Reagentien:

1. 0,1 m Phosphatpuffer, p_H 7,4 (420 ml 0,1 m Na_2HPO_4 + 80 ml 0,1 m KH_2PO_4).
2. 2×10^{-3} m Na-pyruvat (22 mg Na-pyruvat/100 ml Puffer).
3. Substratlösung: α-Ketoglutarat 2×10^{-3} m; D,L-Aspartat 0,2 m (26,6 g D,L-Aspartat + 292 mg α-KGS mit 1 n NaOH auf p_H 7,4 eingestellt, auf 1000 ml gelöst).
4. 2,4-Dinitrophenylhydrazinlösung. Handmethode: 1×10^{-3} m (19,8 mg 2,4-Dinitrophenylhydrazin/100 ml 1 n HCl). Autoanalyzer: $0{,}04 \times 10^{-3}$ m (100 ml 1×10^{-3} m 2,4-Dinitrophenylhydrazin + 100 ml H_2O + 50 ml Methanol).
5. NaOH: Handmethode 0,4 n; Autoanalyzer 1,5 n.

Ausführung:

Handmethode wie bei der Bestimmung nach REITMAN, S. 368, mit folgenden Abänderungen: 1. Inkubationszeit statt 60 min nur 21 min; 2. Durchführung der Messung bei 505 mμ.

Die Auswertung erfolgt ebenfalls durch Aufstellung einer Eichkurve mit Pyruvat und Bestimmung der Lösung gleichzeitig nach der enzymatischen Methode.

Autoanalyzer (Betriebsschema Abb. 2): Die Probe wird mit einer Geschwindigkeit von 0,2 ml pro min aus dem Probenwechsler angesaugt (*a*) und durch eine Mischung von Luft (*c*) und Wasser (*d*) von der nächsten Probe getrennt. Die Saugspitze (*a*) nimmt abwechselnd die Probenflüssigkeit oder Luft auf. Während bei (*a*) Luft angesaugt wird, erfolgt die Aufnahme einer der Probenmenge äquivalenten Menge Wasser bei (*b*), so daß ständig ein konstantes Flüssigkeits-Luft-Gemisch dem System zugeführt wird, was für die Konstanz der relativ hohen Grundabsorption der Lösung infolge der Hydrazonbildung mit α-KGS notwendig ist. Das Serum-Wasser-Luft-Gemisch wird in der Schlange *A* vermengt, dann wird die Substratlösung über (*e*) zugeführt, erneut in *B* gemischt und in *C* bei 37,5° C Wasserbadtemperatur vorinkubiert. Die Hauptinkubation erfolgt in zwei 12 m langen Schlangensystemen *D*, die sich ebenfalls in einem Wasserbad (37,5° C) befinden. Nach dieser, durch die Länge der Schlange vorgegebenen Inkubationsdauer wird das 2,4-Dinitrophenylhydrazin-Methanol-Reagens (*f*) zugesetzt und das Gemisch über drei Doppelmischschlangen *E* geführt. Die für den Durchfluß der Mischung benötigte Zeitspanne genügt zur Bildung der Hydrazone. Nach Zuführung der 1,5 n NaOH (*g*) wird die Lösung erneut über ein Mischsystem *F* geleitet, wobei die Farbentwicklung stattfindet. Vor der Messung in einer Durchflußküvette im Photometer wird die Lösung entgast (*h*). Bei der Beschickung des Apparates mit einer Kontrollösung wird das Vor-

[1] RUPPERT, F.: Ärztl. Lab. 7, 97 (1961).
[2] NATELSON, S.: Microtechniques of Clinical Chemistry. Springfield, Ill. 1963.
[3] MARSH, W. H.: Automation in Clinical Chemistry. Springfield, Ill. 1963.
[4] FINGERHUT, B., R. FERZOLA, W. H. MARSH and J. B. LEVINE: Ann. N. Y. Acad. Sci. **102**, 137 (1962).

und Hauptinkubationsbad *C* und *D* durch Kurzschließen des Systems ausgeschaltet. Diese Anordnung verbleibt auch bei Messung der Standardlösung, wobei jedoch die Proben über die bisherige Leitung für das Substrat (*e*) zugeführt werden, während die bisherige Probenleitung (*a*) ständig Wasser ansaugt und die bisherige Saugleitung für Wasser (*d*) ständig Luft ansaugt. Diese Veränderungen sind notwendig, um gleiche Volumenverhältnisse wie bei den Serumproben zu erhalten. Die genaue Inkubationszeit wird aus der Zeitdifferenz ermittelt, die sich zwischen Probenaufnahme und Probenmessung vor und nach dem Kurzschließen der Inkubatoren ergibt. Die Substrat-Nullinie des Schreibers wird auf 90% Durchlässigkeit eingestellt, um den empfindlichsten Meßbereich auszunützen.

Zur *Berechnung* werden die Durchlässigkeitswerte der unbekannten Proben, der Kontrollen und Eichlösungen in Extinktionswerte übergeführt und die Eichkurve mit derselben Pyruvatmenge aufgestellt wie bei der Handmethode.

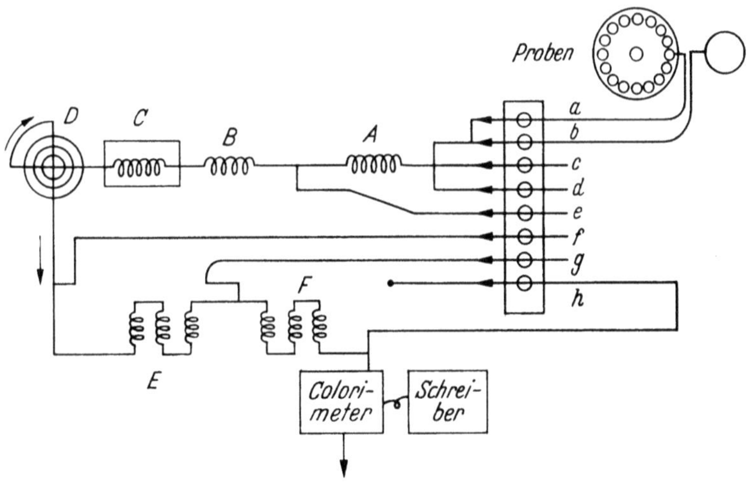

Abb. 2. Betriebsschema zur automatischen colorimetrischen Bestimmung von GOT.

Ein Vergleich der Einzelmessung mit den Werten des Autoanalyzers bei 30 Proben ergab eine Abweichung von $\pm 2{,}41$ WE. Bei einer 21 min Inkubationsdauer betragen die Normalwerte für Serum 1—15 WE/ml oder bei 60 min 2,9—43 WE/ml. Die Abweichung der Einzelbestimmung liegt bei 2,05 WE, die der automatischen Bestimmung bei 0,75 WE.

Verschiedentlich wird die mit der colorimetrischen Methode ermittelte Aktivität der Transaminase auf eine andere Enzymeinheit bezogen als auf die nach KARMEN und WROBLEWSKI. Da die Eichung der Methode mit Pyruvat erfolgt, war es naheliegend, nach CABAUD[1] die Einheit als die Enzymmenge zu definieren, welche die Farbintensität erzeugt (60 min, 37° C), die 1 μg gebildetem Pyruvat entspricht[2–5]. CANDURA[6] definiert eine Einheit als die Menge Enzym, die in 30 min bei 37° C 48,3 μM Ketosäure liefert.

Eine Störung der Transaminierung durch andere Enzymsysteme, z.B. durch glykolytische Enzyme, kann durch Vergleichsmessungen, die zur Hemmung der Enolase mit Fluorid versetzt waren, ausgeschlossen werden[7]; andere störende Enzymeinflüsse können durch Parallelmessungen eliminiert werden[6]. Weitere Modifikationen liegen in der Wahl

[1] CABAUD, P., R. LEEPER and F. WROBLEWSKI: Amer. J. clin. Path. **26**, 1101 (1956).
[2] RUPPERT, F.: Ärztl. Lab. **7**, 97 (1961).
[3] YATZIDIS, H.: Nature **186**, 79 (1960).
[4] MOHUN, A. F., and I. J. COOK: J. clin. Path. **10**, 394 (1957).
[5] BESSON, R., P. BOIVIN et R. FAUVERT: Rev. franç. Ét. clin. biol. **4**, 614 (1959).
[6] CANDURA, F.: Diagnosi **15**, 21 (1959).
[7] KELLEN, J., u. S. KOMAR: Z. ges. inn. Med. **16**, 218 (1961).

einer anderen Wellenlänge der Meßstrahlung[1–3], wie auch die nach [4] zitierte Methode eine Wellenlänge von 546 mμ verwendet, während die Originalvorschrift[5] 505 mμ vorschreibt, oder in der Wahl anderer Pufferlösungen[6]. Ein Zusatz von Zephirol zu den Substratlösungen kann als Schutz gegen Bakterienbefall dienen[7].

Nachweis von Oxalacetat als Diazoniumsalz. Alle colorimetrischen Bestimmungen, die auf einer Messung der Dinitrophenylhydrazone von Oxalacetat oder Pyruvat beruhen, sind durch die Mitreaktion der α-KGS verfälscht. Es wurde versucht, diese Fehlerquelle dadurch auszuschalten, daß 1. die Hydrazone mit Toluol extrahiert werden, in dem sich das Hydrazon von α-KGS nur schlecht löst ([8] und alle Modifikationen), 2. die α-KGS-Konzentration wird sehr niedrig gehalten ([5] und alle Modifikationen), wobei diese Substratkonzentration geschwindigkeitsbegrenzend werden kann, wodurch eine von der 0. Ordnung abweichende Reaktion resultiert, und 3. durch eine nur kurze Zeitdauer der Hydrazonbildung, wodurch die gegenüber der Hydrazonbildung des Pyruvats und Oxalacetats nur langsam verlaufende Reaktion mit α-KGS zurückgedrängt wird.

Diese Schwierigkeiten entfallen bei Verwendung einer für Oxalacetat spezifischen Farbkomponente, wie 4-Amino-2,5-diäthoxybenzanilid-diazoniumhydrochlorid[9] oder noch besser 6-Benzamido-4-methoxy-m-toluidin-diazoniumchlorid, das beim p_H-Optimum der Transaminaseaktivität kuppelt, lichtunempfindlich und bei 37° C stabil ist und ein breites Absorptionsmaximum besitzt[10] (s. auch US-Patent 3069330).

Bestimmung der Glutamat-Oxalacetat-Transaminase nach BABSON *u. Mitarb.*[10].

Prinzip:

Bestimmung des bei der Transaminierung mit GOT gebildeten Oxalacetats als Azoverbindung mit 6-Benzamido-4-methoxy-m-toluidin-diazoniumchlorid.

Reagentien:

1. Substratlösung: 146,1 mg α-KGS, 532,4 mg L-Asparaginsäure, 5,68 g Na_2HPO_4, 2,0 g Polyvinylpyrrolidon und 0,2 g Äthylendiamintetraacetat-Tetranatriumsalz in bidest. Wasser gelöst, auf p_H 7,4 eingestellt und ad 200 ml mit Wasser aufgefüllt. Mit wenigen Tropfen Chloroform bei 0—4° C haltbar.
2. Diazoniumlösung: 125 mg 6-Benzamido-4-methoxy-m-toluidin-diazoniumchlorid werden in 25 ml Wasser gelöst. Bei 0—4° C 2—3 Tage haltbar. Bei Trübung oder Entfärbung Lösung verwerfen.
3. Oxalacetat-Standardlösung, 0—$0{,}8 \times 10^{-3}$ m.
4. Vergleichspuffer, p_H 7,4: 2,41 g Na_2HPO_4, 0,42 g NaH_2PO_4 und 0,1 g EDTA auf 100 ml mit Wasser auffüllen.

Ausführung:

1,0 ml Substratlösung bei 37° C mit 0,2 ml Serum versetzen und genau 20 min inkubieren. 1,0 ml Diazoniumlösung bei 37° C zugeben und nach 10 min 10 ml Wasser zufügen, mischen und sofort bei 530 mμ die Extinktion bestimmen. Bei trüben oder stark hämolytischen Seren wird gegen einen Vergleichsansatz mit Serum und Kontrollpuffer gemessen. Bei Seren mit einem Gehalt von über 5 mg-% an gebundenem Bilirubin wird gegen einen Kontrollansatz gemessen, bei dem die 20 min Enzyminkubation fortfällt.

---

[1] SINGH, M. M., and G. SINGH: Ann. Biochem. exp. Med., Calcutta **22**, 309 (1962).
[2] KING, J.: J. med. Lab. Technol. **15**, 17 (1958).
[3] GUPTA, J. C., B. P. GHOSH and S. N. MAL: Med. exp., Basel **3**, 199 (1960).
[4] BERGMEYER, H. U., u. E. BERNT; in: BERGMEYER, H. U. (Hrsg.): Methoden der enzymatischen Analyse. S. 842. Weinheim 1962.
[5] REITMAN, S., and S. FRANKEL: Amer. J. clin. Path. **28**, 56 (1957).
[6] NEWFIELD, O. E.: Med. J. Australia **47 I**, 459 (1960).
[7] CARDOSO, A., F. CEQUEIRA and O. A. GERMEK: Rev. Hosp. Clin., São Paulo **16**, 350 (1961).
[8] TONHAZY, N. E., N. G. WHITE and W. W. UMBREIT: Arch. Biochem. **28**, 36 (1950).
[9] BABSON, A. L.: Clin. Chem., N.Y. **6**, 394 (1960).
[10] BABSON, A. L., P. O. SHAPIRO, P. A. R. WILLIAMS and G. E. PHILLIPS: Clin. chim. Acta, Amsterdam **7**, 199 (1962).

Berechnung:

Die Berechnung erfolgt an Hand einer Eichkurve mit Oxalacetat. Hierzu wird 1,0 ml Kontrollpuffer bei 37° C mit 0,2 ml Oxalacetat-Standardlösung und 1,0 ml Diazoniumsalzlösung versetzt, genau nach 10 min wird verdünnt und die Extinktion gemessen. Für jede neue Charge des Diazoniumsalzes muß eine neue Eichkurve ermittelt werden.

Die *Enzymaktivität* wird in internationalen Einheiten (IE/l) angegeben.

Bei den eingesetzten 0,2 ml Serum im Testansatz und 20 min Inkubation bei 37° C bedeuten 25 IE einen Umsatz von 0,1 μM Oxalacetat. Seren mit mehr als 350 IE/l müssen verdünnt werden. Durch Verdünnen eines Serums mit bekannter Aktivität wurde die Beziehung zwischen Aktivität und gebildeter Menge Oxalacetat aufgestellt. Diese Werte sind in Tabelle 27 angegeben.

Tabelle 27. *Beziehung zwischen gebildeter Menge Oxalacetat (μM) und Enzymaktivität* (IE/l).

μM gebildetes Oxalacetat/Testansatz	IE/l
0	0
0,1	25
0,2	52
0,3	82
0,4	116
0,5	157
0,6	209
0,7	272
0,8	367

Als Verbesserung des Tests wird vorgeschlagen, das im Puffer enthaltene schwerlösliche sek. Natriumphosphat durch Kaliumphosphat zu ersetzen und zur Standardisierung des Testes keinen Oxalacetat-Standard zu verwenden, sondern ein standardisiertes Transaminasepräparat[1].

Colorimetrische Methoden mit Decarboxylierung von Oxalacetat zu Pyruvat. Alle bekannten Verfahren, die auf der Decarboxylierung von Oxalacetat zu Pyruvat beruhen, sind auf die Methode von TONHAZY[2] zurückzuführen. Die ersten Modifikationen stammen von UMBREIT[3] und ULOVICH[4], die Fortführung für die klinische Routine von DUBACH[5]. Sie folgt im wesentlichen ebenfalls der Originalvorschrift[2] und benötigt 0,5 ml Serum pro Bestimmungsansatz. Die Methoden lassen sich vereinfachen durch Fortlassen der Eiweißfällung und damit auch der Zentrifugation, weiterhin werden die Extraktion der Hydrazone und die Serumleerwerte überflüssig gemacht[6,7].

***Bestimmung der Glutamat-Oxalacetat-Transaminase nach* YATZIDIS[7].**

Prinzip:

Bestimmung des bei der Transaminierungsreaktion gebildeten Oxalacetats nach dessen Decarboxylierung durch Anilin als 2,4-Dinitrophenylhydrazon von Pyruvat. Da die Bildung des Hydrazons des Pyruvates rascher erfolgt als die der α-KGS, wird nach Zugabe des Hydrazins nur kurz inkubiert.

Reagentien:

1. Substrat-Pufferlösung (D,L-Aspartat: 0,2 m; α-KGS: 0,002 m): 2,66 g D,L-Aspartat, 30 mg α-KGS und 2 g K_2HPO_4 werden in ca. 80 ml dest. Wasser gelöst, mit NaOH auf pH 7,4 eingestellt und mit Wasser ad 100 ml verdünnt.
2. Physiologische NaCl-Lösung.
3. Anilincitratlösung: 5 g Citronensäure, 5 ml H_2O, 5 ml Anilin. Reagens wird vor Verwendung 1:5 mit dest. Wasser verdünnt.
4. 0,002 m 2,4-Dinitrophenylhydrazinlösung: 40 mg Hydrazin, 5 ml konz. HCl, 95 ml dest. Wasser.
5. 0,75 n NaOH.

[1] BABSON, A. L., and P. O. SHAPIRO: Clin. chim. Acta, Amsterdam **8**, 326 (1963).
[2] TONHAZY, N. E., N. G. WHITE and W. W. UMBREIT: Arch. Biochem. **28**, 36 (1950).
[3] UMBREIT, W. W., N. J. RAHWAY, G. R. KINGSLEY, R. R. SCHAFFERT and H. SIPLET: J. Lab. clin. Med. **49**, 454 (1957).
[4] ULOVICH, A. I.: Lab. Delo, Moskva **5**, 3 (1959).
[5] DUBACH, U. C.: Schweiz. med. Wschr. **87**, 8 (1957).
[6] MOHUN, A. F., and I. J. COOK: J. clin. Path. **10**, 394 (1957).
[7] YATZIDIS, H.: Nature **186**, 79 (1960).

Ausführung:

Eine Mischung von 0,8 ml physiol. NaCl, 0,2 ml Serum und 0,5 ml Substrat-Pufferlösung wird 60 min bei 37° C inkubiert, die Reaktion durch Zugabe von 0,5 ml verdünntem Citratreagens abgestoppt und sofort 0,5 ml Hydrazinlösung zugegeben. 5 min nach der Zugabe des Hydrazins werden 3 ml NaOH zugesetzt und nach 30 min die Extinktion bei 500 mμ gegen einen Blindwert, der an Stelle des Serums Wasser enthält, gemessen.

Berechnung:

Die gebildete Menge Pyruvat wird an Hand einer Eichkurve berechnet, die mit einer Pyruvatlösung von 20—500 μg/ml an Stelle der Serummenge ermittelt wird.

Da bei diesen Bestimmungsmethoden weitgehend nur das Hydrazon des Pyruvates gemessen wird, ist die von CABAUD angegebene Einheit anwendbar, die als diejenige Enzymmenge definiert ist, welche nach einer 60 min-Inkubation bei 37° C eine Farbintensität erzeugt, die der Bildung von 1 μg Pyruvat entspricht.

Besser ist es, entsprechend der Methode von REITMAN, S. 368, empirisch den Vergleich mit der enzymatischen Methode und den Einheiten nach KARMEN und WROBLEWSKI herzustellen.

Weitere Modifkationen von [1] sind von [2–11] beschrieben worden, wobei die letzte nicht Anilincitrat zur Decarboxylierung des Oxalacetats verwendet, sondern nach Zugabe des Hydrazins den Ansatz kurzfristig auf 100° C erhitzt. Die störenden Einflüsse des Hydrazons der α-KGS sind zwar gering, doch müssen sie bei der Anfertigung von Pyruvateichkurven berücksichtigt werden[12]. WHETZEL[13] gibt einen Schnelltest mit Farbstoffbildung auf einem Testpapier zur Bestimmung der Serum-GOT an, der zur Differenzierung von normalen und pathologischen Seren dienen kann.

Enzymatische Bestimmungsmethoden. Das erste Verfahren, das sich zur Aktivitätsbestimmung der GOT einer enzymatischen Indicatorreaktion bedient, stammt von KARMEN, WROBLEWSKI und LADUE[14] und ist auch heute noch in etwas modifizierter Form[15] die spezifischste und empfindlichste Methode.

***Bestimmung der Glutamat-Oxalacetat-Transaminase nach* KARMEN, WROBLEWSKI *und* LA DUE[14] *in der Modifikation nach* BERGMEYER *und* BERNT[15].**

Prinzip:

Das bei der Transaminierungsreaktion gebildete Oxalacetat wird mit Malatdehydrogenase als Hilfsenzym und NADH als Co-Substrat zu Malat reduziert und der Verbrauch an NADH spektrophotometrisch gemessen.

$$\text{Oxalacetat} + \text{NADH} + \text{H}^+ \xrightarrow{\text{MDH}} \text{Malat} + \text{DPN}^+$$

[1] TONHAZY, N. E., N. G. WHITE and W. W. UMBREIT: Arch. Biochem. 28, 36 (1950).
[2] SALL, T., K. H. RICHARDS, E. HARRISON and R. M. MYERSON: J. Lab. clin. Med. 50, 297 (1957).
[3] STRIEWSKI, V., u. K. TAUSHWITZ: Röntgen- u. Lab.-Prax. 12, L 81 (1959).
[4] ASHMAN, D. F.: Acta cient. venez. 10, 14 (1959).
[5] UBATUBA, F., and A. UBATUBA: Arch. bras. endocr. 7, 272 (1958).
[6] BRUYET, P., CH. MEIGNIEN-GAUTHIER and A. DELAUNAG: Ann. Biol. clin., Paris 16, 661 (1958).
[7] IDU, S. M., and L. COCIUMIAN: Med. interna, Bukarest 11, 783 (1959).
[8] SALVATORE, F., and V. BOCCHINI: Clin. chim. Acta, Amsterdam 6, 109 (1961).
[9] BOURDON, R., M. LECLERC and C. BINET DU JASSONNEIX: Ann. Biol. clin., Paris 16, 555 (1958).
[10] CASTRO, H. DE: Hospital, Rio de Janeiro 56, 445 (1959).
[11] SCHÖN, H., u. I. LIPPACH: Ärztl. Lab. 4, 253 (1958).
[12] NIEWIAROWSKI, S., and A. CZUPRYNA: Acta. biochim. pol. 5, 393 (1959).
[13] WHETZEL, L. C.: Amer. J. clin. Path. 40, 345 (1963).
[14] KARMEN, A., F. WROBLEWSKI and J. S. LADUE: J. clin. Invest. 34, 126 (1955).
[15] BERGMEYER, H. U., u. E. BERNT; in: BERGMEYER, H. U. (Hrsg.): Methoden der enzymatischen Analyse. S. 837. Weinheim 1962.

Optimale Meßbedingungen für das Serumenzym. Bei α-KGS-Konzentrationen von $6-10 \times 10^{-3}$ m liegt im Phosphatpuffer, p_H 7,6, die optimale Aspartatkonzentration bei $2-5 \times 10^{-1}$ m. Eine Verringerung der Aspartatkonzentration bis auf 3×10^{-2} führt nur zu geringen Verschiebungen des Optimums.

Reagentien:

1. Phosphat-Aspartatlösung (Phosphatpuffer: 0,1 m, p_H 7,6; Aspartat: $2,5 \times 10^{-1}$ m): 0,175 g KH_2PO_4, 1,742 g K_2HPO_4 und 3,9 g Na-L-aspartat oder 3,3 g L-Asparaginsäure (auf p_H 7,6 mit NaOH einstellen) mit bidest. Wasser ad 100 ml.
2. α-Ketoglutarat (0,2 m): 114 mg Na-α-ketoglutarat oder 88 mg α-KGS (auf p_H 7,6 mit NaOH einstellen) mit bidest. H_2O ad 3 ml lösen.
3. NADH-Lösung ($1,2 \times 10^{-2}$ m): 15 mg NADH-Na_2 mit 1,5 ml Lösung 1 lösen.
4. Malatdehydrogenase (0,5 mg Protein/ml): Enzymsuspension in Ammoniumsulfatlösung dreimal 4 Std bei 0° C gegen das 200fache Volumen 0,01 m Kaliumphosphatpuffer (p_H 7,6) dialysieren; Inhalt des Dialysenschlauches mit Glycerin ad 50% (v/v) Glycerin/Wasser und 0,5 mg Protein/ml verdünnen.

   Haltbarkeit der Lösungen. Lösung 1 bei Zusatz von 0,3 ml Chloroform und Lösung 4 einige Wochen haltbar, Lösung 2 wöchentlich, Lösung 3 nach 14 Tagen neu ansetzen.

Ausführung:

Wellenlänge 340 oder 366 mμ; Schichtdicke 1 cm; Meßvolumen 3,0 ml; Meßtemperatur 25° C.

Nacheinander in die Küvette pipettieren: 2,30 ml Phosphat-Aspartatlösung (1), 0,05 ml NADH-Lösung (3), 0,05 ml MDH-Lösung (4), 0,5 ml Serum, mischen und 5 bis 10 min temperieren. Hierbei reagieren Pyruvat, Oxalacetat und andere störende Substrate des Serums mit MDH und serumeigene Enzyme unter NADH-Verbrauch.

Zum Start der Transaminierung wird 0,1 ml α-KGS-Lösung 3 beigemischt. Nach einer Anlaufzeit von 1 min bis zu 10 min jede zweite Minute ablesen. Dabei soll die Extinktionsänderung bei 366 mμ pro min nicht größer sein als 0,04, sonst muß das Serum oder die Transaminaselösung verdünnt werden. Bei Verwendung von stark getrübten oder gefärbten Seren oder Enzymlösungen ist es ratsam, gegen einen Leerwert aus 2,5 ml Lösung 1 und 0,5 ml Enzymlösung zu messen.

Berechnung:

Nach [1, 2] ist eine Einheit (WE) die Enzymmenge in 1 ml Serum oder Enzymlösung, die bei 25° C im 3 ml-Ansatz die NADH-Extinktion bei 340 mμ in 1 min um 0,001 ändert. Bei Einsatz von 0,5 ml Serum oder Enzymlösung ist demnach:

$$\Delta E_{340}/\text{min} \times 2000 = \text{WE pro ml Serum},$$

$$\Delta E_{366}/\text{min} \times 3780 = \text{WE pro ml Serum}.$$

Das Vorhandensein von Glutamatdehydrogenase in der zu untersuchenden Probe stört die Reaktion, da das Enzym mit α-KGS und NADH reagiert. Vermeidet man die Anwesenheit von NH_4^+-Ionen, so kann die Glutamat-Dehydrogenasereaktion nicht ablaufen. Die im Serum oder in Geweben vorkommende NH_4^+-Konzentration ist infolge der großen MICHAELIS-Konstante dieses Enzyms für NH_4^+ mit $5,6 \times 10^{-2}$ unwirksam. Die maximalen Abweichungen vom Mittelwert ergaben sich in dem UV-Test zu $\pm 3\%$, während die Schwankungsbreite im Farbtest $\pm 20\%$ beträgt[3]*.

---

* Testpackungen zur Bestimmung der GOT- und GPT-Aktivität mit dem Farbtest und dem UV-Test sind im Handel (z.B. bei C. F. Boehringer u. Soehne, Mannheim).

[1] LADUE, J. S., F. WROBLEWSKI and A. KARMEN: Science, N.Y. **120**, 497 (1954).

[2] KARMEN, A., F. WROBLEWSKI and J. S. LADUE: J. clin. Invest. **34**, 126 (1955).

[3] BERNT, E.: Ärztl. Lab. **10**, 23 (1964).

Modifikationen der beschriebenen Methode s. [1–12]. Eine sehr exakte Untersuchung über die optimalen Testbedingungen wurde von HENRY[13] durchgeführt. Dabei fand er als optimale Konzentration für Aspartat 125×10^{-3} m und für α-KGS 5×10^{-3} m. Die entsprechenden Werte bei der oben angegebenen Testmethode[14] sind 190 bzw. $6{,}6 \times 10^{-3}$ m und vergleichsweise in der Originalvorschrift von KARMEN[3,15] 33,3 bzw. $6{,}7 \times 10^{-3}$ m und bei[16] 46 bzw. $11{,}6 \times 10^{-3}$ m.

ROSALKI und WILKINSON[17] empfehlen, neue Chargen von MDH durch einen Leertest mit PLP an Stelle von Serum auf eine mögliche Verunreinigung durch Apo-GOT zu kontrollieren. Die GOT- und GPT-Aktivität in verschiedenen reinen, kristallisierten Enzymen, wie Dehydrogenasen, Phosphorylase und Diaphorase, ist erheblich und kann meist durch PLP-Zusatz gesteigert werden (Tabelle 28).

Tabelle 28. *GOT- und GPT-Aktivitäten in verschiedenen Reinenzymen*[18].

Enzym	Glutamat + α-KGS		Aspartat + α-KGS		Alanin + α-KGS	
	ohne PLP	mit PLP	ohne PLP	mit PLP	ohne PLP	mit PLP
Lactat-Dehydrogenase*	288—903	1091—1404	0	553	403	541
Alkohol-Dehydrogenase** . . .	75	1504	0	768	0	0
Glutaminsäure-Dehydrogenase***	0	1450	0	1093	0	0
Diaphorase***	22	495	0	491	0	0
Phosphorylase a**	2342	4165	165	300	6511	6563
GOT***	15352	18154	8100	17081	0	0

* Isoliert nach [19].
** Fa. Worthington, Freehold N.J., USA.
*** Fa. Boehringer, Mannheim.

Ansatz: Je 50 μM Aminosäure und α-KGS-^{14}C, 100 μg PLP und 0,1—0,2 mg Enzym.
Aktivitätsangabe: μM/10 mμM Enzym/Std.

Bestimmung der cytoplasmatischen und mitochondrialen GOT. Die unterschiedlichen Eigenschaften der cytoplasmatischen GOT (GOT-C) und der Mitochondrien-GOT (GOT-M) gestatten eine quantitative Bestimmung beider GOT-Isoenzyme nebeneinander. Dies ist durch Vergleich der Aktivitätsverhältnisse bei p_H 7,4 und 6,0 möglich (s. Tabelle 19). Nach der Aktivitätsbestimmung bei p_H 7,4 erfolgt eine weitere Bestimmung bei p_H 6,0 in Gegenwart von 5×10^{-3} m L-Aspartat. Der Quotient Q, d.h. die $\frac{\text{Aktivität } p_H\,6{,}0}{\text{Aktivität } p_H\,7{,}4}$ ist für reine GOT-M 0,544 und für reine GOT-C 0,027[20]. Aus dem Quotienten (Q) einer un-

[1] LADUE, J. S., F. WROBLEWSKI and A. KARMEN: Science, N.Y. 120, 497 (1954).
[2] HENLEY, K. S., and H. M. POLLARD: J. Lab. clin. Med. 46, 785 (1955).
[3] STEINBERG, D., D. BALDWIN and B. H. OSTROW: J. Lab. clin. Med. 48, 144 (1956).
[4] STEINBERG, D., and B. H. OSTROW: Proc. Soc. exp. Biol. Med. 89, 31 (1955).
[5] WROBLEWSKI, F., and J. S. LADUE: Proc. Soc. exp. Biol. Med. 91, 569 (1956).
[6] SCHNEIDER, A. J., and M. J. WILLIS: Clin. Chem., N.Y. 4, 392 (1958).
[7] PRYSE-DAVIES, J., and J. H. WILKINSON: Lancet 1958 I, 1249.
[8] HENRY, R. J., N. CHIAMORI, O. J. GOLUB and S. BERKMAN: Amer. J. clin. Path. 34, 381 (1960).
[9] ORDELL, R.: Opuscula med., Stockh. 1, 11 (1956).
[10] WROBLEWSKI, F., and J. S. LADUE: Ann. internal Med. 43, 345 (1955).
[11] WAKIM, K. G., and G. A. FLEISHER: Proc. Staff Meet. Mayo Clin. 31, 391 (1956).
[12] FRIEDMAN, M. M., and TH. H. TAYLOR; in: REINER, M., and D. SELIGSON (Hrsgb.): Standard Methods of Clinical Chemistry. Bd. III, p. 207. New York 1961.
[13] HENRY, R. J., N. CHIAMORI, O. J. GOLUB and S. BERKMAN: Amer. J. clin. Path. 34, 381 (1960).
[14] BERGMEYER, H. U., u. E. BERNT; in: BERGMEYER, H. U. (Hrsg.): Methoden der enzymatischen Analyse. S. 837. Weinheim 1962.
[15] KARMEN, A., F. WROBLEWSKI and J. S. LADUE: J. clin. Invest. 34, 126 (1955).
[16] LAURSEN, T., and G. ESPERSEN: Scand. J. clin. Lab. Invest. 11, 61 (1959).
[17] ROSALKI, S. B., and J. H. WILKINSON: J. clin. Path. 12, 138 (1959).
[18] WAKSMAN, A., and E. ROBERTS: Biochem. biophys. Res. Comm. 12, 263 (1963).
[19] KAPLAN, N. O.: Science, N.Y. 136, 962 (1962).
[20] FLEISHER, G. A., and K. G. WAKIM: J. Lab. clin. Med. 61, 98 (1963).

bekannten Mischung von GOT-C und GOT-M erhält man die einzelnen Aktivitäten nach der Gleichung

$$\text{GOT-C} = \frac{Q - 0{,}027}{0{,}544 - 0{,}027},$$

$$\text{GOT-M} = \frac{0{,}544 - Q}{0{,}544 - 0{,}027}.$$

Bei der Bestimmung von Isoenzymen, deren Trennung elektrophoretisch erfolgt, ist es notwendig, die Proteinbanden mit GOT-Aktivität mit einer Methode sichtbar zu machen, die eine halbquantitative Messung erlaubt.

Nach BOYD[1] erfolgt die Trennung der GOT-Isoenzyme durch Gel-Elektrophorese. Zur Sichtbarmachung der aktiven Proteinbanden wird eine 1 mm dicke Gelschicht gegossen, die 10×10^{-3} m α-Ketoglutarat, 80×10^{-3} m L-Aspartat, 1×10^{-3} m NADH und dialysierte Malat-Dehydrogenase (genügend, um 10 μM Oxalacetat/min umzusetzen) enthält. Diese Schicht wird auf die Gelblöcke aufgelegt und inkubiert. Bei Betrachten der durch die GOT-Aktivität entwickelten Indicatorschicht erscheinen im UV-Licht die aktiven Stellen infolge der Umsetzung von NADH in nichtfluorescierendes NAD als dunkle Zone auf dem fluorescierenden Gel. Zur photographischen Dokumentierung kann z.B. Ilford Kontaktpapier C_4-IP unter das Gel gelegt und dieses 30—40 sec mit UV-Licht bestrahlt werden, wobei nun umgekehrt die aktiven Stellen belichtet werden. Es können auch Papierstreifen auf die Gelblöcke aufgelegt werden[2], die mit einer Lösung aus 3 mg NADH, 1,5 ml L-Aspartat (0,05 m in 0,1 m Phosphatpuffer, p_H 7,4), 1,5 ml α-KGS (0,005 m in 0,1 m Phosphatpuffer, p_H 7,4), 0,2 ml PLP (500 μg/ml), 0,05 ml Malat-Dehydrogenase (0,5 mg/ml) und 1,5 ml H_2O getränkt sind.

Sollen die aktiven Zonen direkt sichtbar gemacht werden, so geschieht dies durch anschließendes Einlegen der entwickelten Blöcke in eine Lösung von 3,75 mg Tetrazoliumsalz MTT und 0,3 mg N-Methyl-phenazoniummethosulfat in 15 ml Wasser. Nach 5—10 min sind die aktiven Zonen nur schwach angefärbt, während die inaktiven Zonen einen violetten Grundton erhalten. Nach SCHWARTZ[3] erfolgt eine Sichtbarmachung der Zonen mit GOT-Aktivität mit einer Agar-Schicht, bestehend aus: 12,5 ml einer Lösung von 0,08 m D,L-Asparaginsäure; 0,01 m α-KGS; 0,067 m Phosphatpuffer, p_H 7,4, +12,5 ml einer Lösung von 0,063 m „Azoene fast violet B" + 25 ml einer 3%igen Agar-Lösung oder durch Inkubation in einer ähnlichen Substrat-Farbstofflösung[4]. Die aktiven Zonen werden infolge der Farbbildung mit Oxalacetat violett gefärbt.

Eine andere Möglichkeit ist die Verwendung der für Oxalacetat spezifischen Farbstoffkomponente 6-Benzamido-4-methoxy-m-toluoidin-diazoniumchlorid[5]. Dabei treten die aktiven Zonen als rötlich gefärbte Banden hervor.

Die Aktivitätsbestimmung der GOT-Isoenzyme in den Zellfraktionen eines Leberhomogenats ergab je nach der verwendeten Testmethode sehr unterschiedliche Werte[6]. Ein Vergleich der Methoden nach KARMEN[7], COHEN[8], REITMAN[9] und MÜLLER[10] zeigt, daß in dem Gesamthomogenat, in den Kern-, Mitochondrien- und Mikrosomenfraktionen und im löslichen Überstand die Meßergebnisse mit der Methode nach KARMEN am höchsten sind. Das gebildete Oxalacetat konkurriert mit der α-KGS um das Enzym, was bei dem Mitochondrienenzym zu einer stärkeren Hemmung der GOT führt als beim löslichen

[1] BOYD, J. W.: Clin. chim. Acta, Amsterdam **7**, 424 (1962).
[2] BOYDE, T. R. C., and A. L. LATNER: Biochem. J. **82**, 51P (1962).
[3] SCHWARTZ, M. K., J. S. NISSELBAUM and O. BODANSKY: Techn. Bull. med. Technol. **33**, 101 (1963).
[4] SCHWARTZ, M. K., J. S. NISSELBAUM and O. BODANSKY: Amer. J. clin. Path. **40**, 103 (1963).
[5] DECKER, L. E., and E. M. RAU: Proc. Soc. exp. Biol. Med. **112**, 144 (1963).
[6] BOYD, J. W.: Biochem. J. **81**, 434 (1961).
[7] KARMEN, A., F. WROBLEWSKI and J. S. LADUE: J. clin. Invest. **34**, 126 (1955).
[8] CAMMARATA, P. S., and P. P. COHEN: J. biol. Ch. **193**, 53 (1951).
[9] REITMAN, S., and S. FRANKEL: Amer. J. clin. Path. **28**, 56 (1957).
[10] MÜLLER, A. F., u. F. LEUTHARDT: Helv. **33**, 268 (1950).

Enzym[1–3]. Da in der Methode nach KARMEN das gebildete Oxalacetat zu Malat reduziert wird, ist sowohl mit der GOT-C als auch GOT-M der Substratumsatz optimal. Bei den übrigen Methoden kann sich das gebildete Oxalacetat anstauen und als kompetitiver Hemmstoff wirken. Möglicherweise wurde bei vielen bisherigen Bestimmungen von GOT in Geweben der mitochondriale Anteil infolge der Fixierung des Enzyms an die Zellstruktur und des Hemmeffektes von Oxalacetat die GOT-M-Aktivität nur zum Teil erfaßt.

Mikromethoden. Da bei Bestimmung der GOT-Aktivität im Serum von Kindern oft nur wenig Blut zur Verfügung steht, ist eine Mikromethode zur Aktivitätsbestimmung notwendig.

Von den beschriebenen Verfahren[4–6] soll die Methode von HERMANN[6] kurz angegeben werden, die eine Serummenge von nur 20 μl verwendet, weshalb die Blutentnahme aus der Fingerbeere erfolgen kann.

Bestimmung der Glutamat-Oxalacetat-Transaminase nach HERMANN *u. Mitarb.*[6].

Prinzip:

Wie bei der Bestimmung nach KARMEN u. Mitarb., S. 374.

Reagentien:

1. Phosphatpuffer: p_H 7,4 (28,9 g K_2HPO_4 und 4,5 g KH_2PO_4 mit bidest. Wasser ad 1000 ml).
2. L-Aspartatlösung: 2,66 g L-Asparaginsäure mit NaOH auf p_H 7,4 eingestellt, mit bidest. H_2O ad 100 ml.
3. NADH: 7,5 mg NADH in 10 ml Puffer (1).
4. α-KGS-Lösung: 147 mg α-KGS mit NaOH ad p_H 7,4 und mit Pufferlösung ad 10 ml.
5. Kaliumdichromatlösung: 36,8 mg $K_2Cr_2O_7$ ad 1000 ml mit bidest. H_2O.

Ausführung:

Mit jeder Serumprobe werden drei Ansätze durchgeführt. In Röhrchen (10 × 75 mm) wird pipettiert: 10 μl MDH-Lösung, 30 μl NADH-Lösung (*3*), 50 μl Aspartatlösung (*2*), 170 μl Pufferlösung (*1*) und 20 μl Serum. Es wird geschüttelt und 30 min bei Raumtemperatur inkubiert. Nach Zugabe von 20 μl α-KGS-Lösung (*4*) wird das Röhrchen leicht geschüttelt und der Inhalt in die Mikroküvette übergeführt. Die Messung erfolgt bei 340 mμ in 3 min Abständen von der 2.—20. Minute nach Zugabe der α-KGS gegen einen Leerwert mit Dichromatlösung (*5*). Da infolge der längeren Reaktionszeit die Temperatur eine wesentliche Rolle spielt, wird, falls kein thermokonstanter Küvettenhalter verwendet wird, die Temperatur zu Anfang der Messung und zu Ende mit einem Mikrothermometer bestimmt und die Temperaturabweichung bei der Berechnung berücksichtigt.

Berechnung:

Die Berechnung erfolgt nach der Gleichung:

$$\frac{\Delta E \times 0{,}3 \times 1000}{\min \times 0{,}02 \times d \times 3} = \frac{\Delta E \times 5000}{\min \times d} \quad (\text{WE/ml})$$

(d = Schichtdicke in cm).

Bei Bestimmung der Enzymaktivität eines Normalserums nach der Makromethode variieren die gleichen Bestimmungen bei dreifacher Ausführung bis zu 1,59 WE/ml; Durchschnittsunterschied 0,57 WE/ml mit einer Standardabweichung von 0,46. Die entsprechenden Werte mit der Mikromethode sind 1,61; 0,54 und 0,63 WE/ml.

---

[1] BOYD, J. W.: Biochem. J. **81**, 434 (1961).
[2] BOYD, J. W.: Biochem. J. **80**, 18P (1961).
[3] GAULL, G., and C. A. VILLEE: Biochim. biophys. Acta **39**, 560 (1960).
[4] KÖNIG, H.: Z. Kinderheilk. **82**, 526 (1959).
[5] NATELSON, S.: Microtechniques of Clinical Chemistry. Springfield, Ill. 1963.
[6] HERMANN, F., M. H. BROOKES and C. A. STORVICK: Clin. Chem., N.Y. **5**, 57 (1959).

Automatische Bestimmungsmethode (Autoanalyzer)[1, 2]. Diese Methode ist allgemein für die automatische Aktivitätsbestimmung all der Enzyme geeignet, die eine NAD-NADH-abhängige Reaktion katalysieren oder mit einer solchen gekoppelt werden können.

Bestimmung der Glutamat-Oxalacetat-Transaminase mittels Autoanalyzer nach **MARSH**[2] ***sowie*** **SCHWARTZ** ***u. Mitarb.***[1].

Prinzip:

Die Methode beruht auf der automatischen photometrischen Bestimmung der an die Transaminierungsreaktion angeschlossenen NADH-abhängigen Malat-Dehydrogenase-Reaktion (Betriebsschema s. Abb. 3).

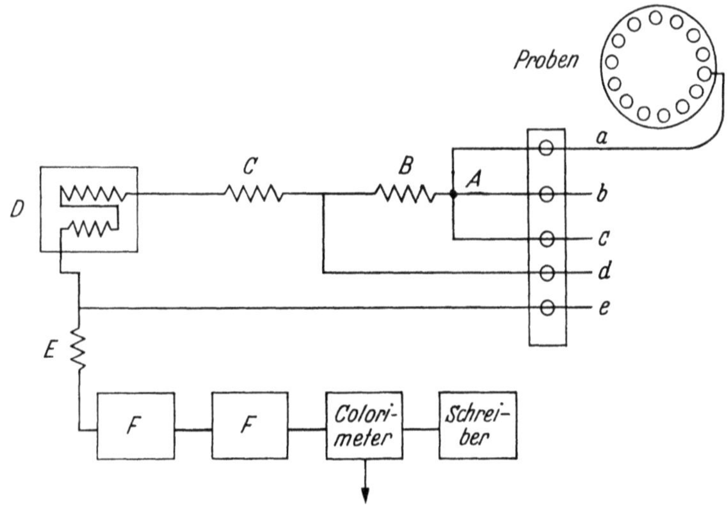

Abb. 3. Betriebsschema zur automatischen enzymatischen Bestimmung von GOT.

Reagentien und Ausführung:

Die Enzymproben werden über das Ventil (*a*) vom Probenwechsler mit einer Geschwindigkeit von 0,32 ml/min angesaugt und über (b) mit Luft (0,8 ml/min) und über (*c*) mit einer Mischung von 0,057 m Na-D,L-aspartat und 140 mg NADH/l (2 ml/min) bei *A* vereinigt und in der Mischschlange *B* gemischt. Über (*d*) werden 0,6 ml/min Malat-Dehydrogenase zugeführt und in *C* gemischt. Nach 2 min Vorinkubation bei 37,5° C (*D*) wird bei (*e*) 0,42 ml/min 0,056 m Na-α-ketoglutarat zugegeben und damit die Reaktion gestartet. Der Ansatz wird gemischt (*E*) und für 15 min in dem Inkubationsbad *F* auf 37,5° C gehalten. Die Messung erfolgt bei 340 mμ. Die GOT-Aktivität wird in μM NADH-Umsatz/min/ml Reaktionslösung angegeben. Die mittlere Standardabweichung der Methode beträgt 1,1—1,3%.

Fluorometrische Methode. BURCH u. Mitarb.[3] bestimmten NAD als Kondensationsprodukt mit Methyläthylketon, das in alkalischer Lösung eine stabile Fluorescenz liefert. Diese Methode hat LAURSEN[4] für eine Methode zur Aktivitätsbestimmung von GOT ausgearbeitet.

Fluorometrische Bestimmung der Glutamat-Oxalacetat-Transaminase nach **LAURSEN** ***und*** **ESPERSEN**[4].

Prinzip:

Fluorometrische Bestimmung eines Kondensationsproduktes aus Methyläthylketon mit NAD, das bei der Hilfsreaktion mit MDH bei der Umsetzung von Oxalacetat gebildet wird.

[1] SCHWARTZ, M. K., G. KESSLER and O. BODANSKY: J. biol. Ch. **236**, 1207 (1961).
[2] MARSH, W. H.: Automation in Clinical Chemistry. Springfield, Ill. 1963.
[3] BURCH, H. B., C. A. STORVICK, L. BICKNELL, H. C. KUNG, L. G. ALEJO, W. A. EVERHART, O. H. LOWRY, C. C. KING and O. A. BESSEY: J. biol. Ch. **212**, 897 (1955).
[4] LAURSEN, T., and G. ESPERSEN: Scand. J. clin. Lab. Invest. **11**, 61 (1959).

Reagentien:

1. 0,067 m Phosphatpuffer, p_H 7,4.
2. α-Ketoglutarat: 0,1 m in Puffer (1) ad p_H 7,4.
3. L-Aspartat: 2,66 g L-Asparaginsäure und 1,72 g K_2HPO_4 werden gelöst, auf p_H 7,4 eingestellt und mit Wasser ad 100 ml aufgefüllt.
4. Nicotinsäureamid: 1 g in 100 ml Puffer (1).
5. NADH: 6 mg/ml in 0,1 m Trispuffer, p_H 8,0.
6. MDH: Enzymsuspension mit 1 mg Protein/ml wird mit Puffer (1) 1:10 verdünnt.
7. Trichloressigsäure: 10 g/100 ml Wasser.
8. Methyläthylketon: 10 ml Keton wird mit 20 μl $MnCl_2$-Lösung (1 g $MnCl_2 \times 4\,H_2O$ je 100 ml) versetzt.
9. 5 n KOH.
10. 2 n HCl.
11. KH_2PO_4: 20 g/100 ml.
12. Chininsulfat: 0,2 mg/100 ml in 0,6 n H_2SO_4.
13. NAD.

Primärstrahlung: 360 mμ; Sekundärstrahlung: 480 mμ.

Ausführung:

0,2 ml Serum, 0,3 ml Nicotinsäureamid (*4*), 0,05 ml NADH-Lösung (*5*), 0,05 ml MDH-Lösung (*6*) und 0,2 ml α-KGS-Lösung (*2*) werden in einem 10 ml-Zentrifugenglas gemischt und 10 min bei 37° C erwärmt. Die Reaktion wird durch Zugabe von 0,5 ml Aspartatlösung (*3*) gestartet und genau nach 10 min mit 0,5 ml Trichloressigsäure (*7*) abgestoppt und zentrifugiert. 0,5 ml des Überstandes werden in einem geeigneten Reagensglas mit 0,5 ml des Methyläthylketons (*8*) versetzt, geschüttelt und mit 0,2 ml KOH (*9*) gut gemischt. Dann wird nach Zugabe von 0,8 ml der salzsauren Lösung (*10*) erneut geschüttelt und 5 min bei Raumtemperatur und 2 min im siedenden Wasserbad inkubiert (zur Entfernung des Ketons). Schließlich werden 0,5 ml des Kaliumphosphates (*11*) und 6 ml Wasser zugegeben und die Fluorescenz gemessen (E_1). Als Standardlösung dient die Chininlösung (*12*), die auf 100 eingestellt wird.

Bestimmung des Leerwertes. Serum, NADH, MDH, Nicotinsäureamid und α-KGS werden wie im Hauptwert gemischt und inkubiert. Zur Zeit 0 der Reaktion wird kein Aspartat zugesetzt, sondern nach genau 10 min mit TES (*7*) enteiweißt. Erst dann wird Aspartat zugesetzt. Die weitere Durchführung erfolgt wie im Hauptwert; daraus resultiert der Extinktionswert (E_2). Die mögliche Fehlerquelle, daß Glutaminsäure-Dehydrogenase mit α-KGS und NH_4^+-Ionen reagiert, wird durch Ausführung der Leerwertbestimmung in dieser Art eliminiert. Außerdem besteht die Möglichkeit, ohne NH_4^+-Ionen zu arbeiten, wenn das verwendete MDH-Präparat vorher dialysiert wird.

Die Bestimmung der Spontantransaminierung in dem Haupt- und Leerwert (E_3 bzw. E_4) kann durch Messung eines weiteren Leerwertes erfaßt werden, in dem das Serum durch 0,2 ml Puffer ersetzt ist.

Berechnung:

Die Berechnung erfolgt an Hand einer Eichkurve mit NAD, die durch Zugabe von verschiedenen Konzentrationen (0—0,25 μM) NAD an Stelle des Serums angefertigt wird.

Aus der Eichkurve kann die den Extinktionen E_1 bis E_4 äquivalente Menge an NAD (C_1 bis C_4) in μM entnommen werden.

Die von 0,2 ml Serum in 10 min gebildeten μM NAD ergeben sich dann zu (C_1—C_2) — (C_3—C_4). Die *Einheiten* werden als μM gebildetes Pyruvat in 1 Std/ml Serum unter den Testbedingungen definiert.

Der Q_{10}-Wert zwischen 30 und 40° C ergibt einen Temperatur-Korrektur-Faktor von ungefähr 2,2.

Eine fluorometrische *Mikromethode* wurde von LOWRY[1] angegeben, die in [2] referiert ist.

[1] LOWRY, O. H., N. R. ROBERTS and M. W. CHANG: J. biol. Ch. **222**, 97 (1956).
[2] GLICK, D.: Histo- and Cytochemistry. New York 1961.

Glutamat-Pyruvat-Transaminase (GPT).

[2.6.1.2 Alanin-Aminotransferase.]

Die Verbreitung der GPT ist bei weitem nicht so groß und ihre Konzentration in Geweben bei weitem nicht so hoch wie bei der GOT.

Vorkommen in menschlichen und tierischen Geweben und Körperflüssigkeiten. Schon COHEN[1] fand, daß von den tierischen Geweben die Leber den höchsten Gehalt an GPT besitzt. Die Verteilung der GPT auf die verschiedenen menschlichen und tierischen Gewebe ist in Tabelle 29 angegeben. Die Veränderungen der GPT-Aktivität bei Lagerung der Organe bei 4° C sind in den ersten 24 Std gering (s. Tabelle 8, S. 328).

GPT findet sich im cytoplasmatischen Raum und ist zum Teil auch an die Mitochondrienstruktur gebunden; sie gehört daher, wie die GOT, zum Enzymtyp III[2]. Erstmals fand ROWSELL eine GPT-Aktivität in den Mitochondrien aus Schweineleber[3, 4]. Während fraktionierte Rattenherz-Homogenate eine GPT-Aktivität in allen Fraktionen außer der Sarkosomenfraktionen aufweist[5], enthalten die Lebermitochondrien einen wesentlichen Anteil der Gesamtaktivität an GPT. In der Mikrosomenfraktion fehlt das Enzym[6, 7]. Andere Befunde sprechen für eine Verteilung der GPT-Aktivität auf alle Zellfraktionen[8–10]. Auch in der Kernfraktion findet sich GPT[10, 11]. Die Trennung der GPT-Isoenzyme des Cytoplasmas (GPT-C) und der Mitochondrien (GPT-M) der Rattenleber kann durch Auftrennung an einer Calciumphosphat-Säule erfolgen. Eine elektrophoretische Trennung der Isoenzyme, wie im Falle der GOT, war nicht möglich[7, 12]. Die intracelluläre Verteilung der GPT-Aktivität in der Rattenleber und im Flugmuskel der Wanderheuschrecke ist in Tabelle 30 angegeben. Von den verschiedensten Rattenorganen zeigt nur die Leber, nach Aufschluß der Zellstrukturen durch wiederholtes Einfrieren und Behandlung mit Trilon und Auftrennung der Proteinextrakte durch Stärkegelelektrophorese, zwei aktive GPT-Zonen.

In der embryonalen Rattenleber ist im Gegensatz zu den Verhältnissen bei ausgewachsenen Tieren der Hauptanteil der GPT-Aktivität an die Mitochondrienstruktur gebunden. Eine Differenzierung der GPT-C und GPT-M ist auf Grund des unterschiedlichen Verhältnisses der Glutaminsäure- zur Alaninbildung möglich; das Verhältnis ist bei der nuclearen, mitochondrialen und mikrosomalen Fraktion der embryonalen und ausgewachsenen Leber beträchtlich größer als 1, während es sich in der überstehenden Fraktion 1 nähert (Tabelle 31). Somit stehen bei der rasch wachsenden embryonalen Leber die Synthesevorgänge in den Partikelfraktionen im Vordergrund, d.h. die Glutaminsäurebildung, während bei erwachsenen Tieren die Alaninbildung nahezu gleichwertig ist[10]. In Kaninchenembryonen ist die GPT erstmals am 14.—16. Tag in der Leber nachweisbar und tritt in der Reihenfolge Gehirn (17.—20. Tag), Skeletmuskulatur (23.—27.Tag), Herzmuskel (28. Tag) und Niere (29. Tag) auf. Von den untersuchten Organen liegt, mit Ausnahme der Leber, die Aktivität am 1.—5. Tag nach der Geburt höher als in der intrauterinen Periode[13]. Da diese Untersuchungen nur mit der Rückreaktion, d.h. der Alaninbildung aus Glutaminsäure, durchgeführt wurden und diese im embryonalen Lebergewebe niedriger ist als in der ausgewachsenen Leber, liegen die Absolutwerte zu tief[10]. In Hühnerembryonen ist die GPT-Konzentration im Laufe der Entwicklung am höchsten

---

[1] COHEN, P. P., and G. L. HECKHIUS: J. biol. Ch. **140**, 711 (1941).
[2] DELBRÜCK, A., H. SCHIMASSEK, K. BARTSCH u. T. BÜCHER: B. Z. **331**, 273, 297 (1959).
[3] ROWSELL, E. V.: Nature **168**, 104 (1951).
[4] ROWSELL, E. V.: Biochem. J. **64**, 235 u. 246 (1956).
[5] DAVTYAN, M. A.: Biochimija, Moskva **27**, 899 (1962).
[6] BÄSSLER, K. H., u. C. H. HAMMAR: B. Z. **330**, 555 (1958).
[7] KATUNUMA, N., K. MIKUMO, M. MATSUDA and M. OKADA: J. Vitaminol., Kyoto **8**, 63 (1962).
[8] WILCZOK, T.: Neoplasma, Bratislava **8**, 345 (1961).
[9] WILCZOK, T.: Acta biochim. pol. **8**, 35 (1961).
[10] KAFER, E., and J. K. POLLAK: Exp. Cell Res. **22**, 120 (1961).
[11] NEMCHINSKAYA, V. L.: Tsitologija, Moskva **3**, 327 (1961).
[12] KATSUNUMA, N., S. MATSUDA and M. IZUMI: Proc. int. Symp. Enzyme Chem., Tokyo **16**, 70, 76 (1962).
[13] SHMERLING, J. G.: Biochimija, Moskva **10**, 455 (1945).

Tabelle 29. *Vorkommen von GPT in menschlichen und tierischen Organen.*

Species	Mensch				Ratte				Schaf, ausgewachsen	Pferd	Rind	Schwein	Hund	Huhn
	WE/g Frischgewicht	WE/g Frischgewicht	BE/g Frischgewicht (BE/g Extraktprotein)	µM/g Frischgewicht/10 min/37° C	Q_T = µl/mg Trockengewicht/Std	Leber 100 %	µM/g Frischgewicht/Std/38° C	WE/g Frischgewicht	REITMAN-FRANKEL-Einheiten/mg Feuchtgewicht (Werte/mg Protein)	µg BTS/mg Trockengewicht/20 min/25° C				
Leber	43800	7900 (fetal)	1910 (19,7)	531 (360—772)	46	100	452	58000±18050	1,6±0,7 (8,7±1,4)	11,7	4,7	6,5	724	11,2
Herz	7130	6000 (fetal)	163 (3,6)	146 (115—177)	7		184		5,7±0,7 (48,9±6,7)	30,7	105	19,3	269	3,1
Skeletmuskel	4750	3800	188 (1,8)		13	2,2	286		3,8±0,6 (29,2±4,5)	10,2	53,6	12,6	51,4	1,7
Niere	19300		40—112 (0,8—2,0)		3	0,8	11		3,2±1,0 (30,1±3,5)	80,2	13,2	152	158	160
Pankreas	1950		38 (1,1)					5314±1825	0,36±0,06 (3,9±1,1)	18,7	47,4			87,9
Milz	1210					0,12	67		0,62±0,46 (5,3±1,9)	0	5,5	0	23	2,1
Lunge	668		16 (0,3)			0,66			0,41±0,04 (3,8±0,9)		0		9,4	2,6
Uterus		3800 (4.—6. Mon.)	47 (0,5)											
Placenta		4300												
Knochenmark				10,2 (9—14)										
Magenmuscularis			3 (0,06)											
Magenmucosa			58 (1,0)			5								
Lymphknoten			4 (0,07)											
Fettgewebe			105 (7,8)								0			
Großhirnrinde			7 (0,4)											
Kleinhirn			4 (0,2)											
Gesamthirn					2	0,26	154						36,2	6,4
Prostata							215							
Testis							130							
Nebenniere								4130±1348		16,8	0			
Verdauungstrakt										0	0		0	25,2
Literatur	1, 2	3	4	5	6	7	8	9	10	11				

Tabelle 30. *Intracelluläre Verteilung der GPT.*

	Ratte, Leber	Ratte				Ratte, Leber μM/g Gewebe/60 min (μM/mg N/60 min)		Locusta migratoria, Flugmuskel BE/g Frischgewicht
		Leber, ausgewachsen		Leber, embryonal (18 Tage)				
		μM Aminosäure/g Gewebe (Angabe in %)						
	%	Glutaminsäurebildung	Alaninbildung	Glutaminsäurebildung	Alaninbildung	Glutaminsäurebildung	Alaninbildung	
Mitochondrien	13	35,0 (20)	17,7 (13)	34,1 (55)	12,3 (38)	40—66 (10—20)	14—28 (6—10)	132
Mikrosomen		27,1 (15)	14,4 (11)	6,3 (10)	3,3 (10)			
Kernfraktion		4,8 (3)	2,1 (2)	5,0 (8)	3,3 (10)			
Überstand .	87	108 (62)	98,3 (74)	17,1 (27)	13,8 (42)	520—700 (60—100)	600—1080 (86—96)	167
Literatur:	1	2				3		4

bei gleichzeitigen sehr niedrigen GOT-Werten[5]; die Aktivität wurde über die Entwicklung vom Embryo bis zum ausgewachsenen Tier untersucht[6]. Rinderembryonen in verschiedenen Entwicklungsstadien enthalten 2500 bis 3500 WE/g Frischgewicht[7]. Die GPT-Werte der Rattenleber bleiben in den ersten 6 Wochen nach der Geburt des Tieres unverändert, nehmen dann jedoch bis zur 48. Woche um das Siebenfache zu[8]. Die elektrophoretische Auftrennung des menschlichen Serums ergibt eine einzige aktive Bande mit GPT-Aktivität, die in der β-Globulinfraktion liegt. Auch das Serum verschiedener Haustiere zeigt nur eine GPT-Bande, die beim Serum von Mensch und Schwein langsamer, vom Rind gleich schnell und vom Pferd rascher läuft als die der GOT[9]. Das Rattenplasma hingegen ergibt bei der

Tabelle 31. *GPT-Aktivität in der ausgewachsenen, embryonalen und regenerierenden Rattenleber*[2] *.

Alter des Embryos Tage	Glutaminsäurebildung	Alaninbildung	Q_{TN}-Hinreaktion / Q_{TN}-Rückreaktion
12	15,7	4,9	3,2
16	19,4	9,1	2,1
18	15,1	7,5	2,0
21	12,9	8,7	1,5
Rattenleber ausgewachsen	12,0	8,7	1,1
Rattenleber regenerierend 24 Std	19,0	20,5	0,9

* Aktivitätsangabe in Q_{TN}-Werten (μl/mg N/Std).

---

1 Katunuma, N., K. Mikumo, M. Matsuda and M. Okada: J. Vitaminol., Kyoto 8, 63 (1962).
2 Kafer, E., and J. K. Pollak: Exp. Cell Res. **22**, 120 (1961).
3 Bässler, K. H., u. C. H. Hammar: B. Z. **330**, 555 (1958).
4 Delbrück, A., H. Schimassek, K. Bartsch u. T. Bücher: B. Z. **331**, 273, 297 (1959).
5 Kachani, Z. F. C.: Zbl. Bakteriol. Abt. I. Orig. **186**, 501 (1962).
6 Yamada, T.: Okayma Igakkai Zasshi **71**, 7541, 7547 u. 7551 (1959).
7 Cotte, J.: Cosmétologie **4**, 12 (1962).
8 Harding, H. R., F. Rosen and C. A. Nichol: Amer. J. Physiol. **201**, 271 (1961).
9 Augustinsson, K. B., and K. Erne: Exper. **17**, 396 (1961).

Literatur zu Tabelle 29.

1 Nydick, I., and J. S. LaDue: Circulation, N.Y. **12**, 161, 795 (1955).
2 Karmen, A.: J. clin. Invest. **34**, 131 (1955).
3 Persson, B. H.: Acta Soc. Med. upsalien. **65**, 96 (1960).
4 Schmidt, E. u. F. W.: Kli. Wo. **1960**, 957.
5 Giusti, G., and M. Coltorti: Boll. soc. ital. Biol. sperim. **31**, 396 (1955).
6 Cohen, P. P., and G. L. Heckhius: J. biol. Ch. **140**, 711 (1941).
7 Alioto, M. R., G. Napoleone, M. Ayala e G. Rinaldi: Boll. soc. ital. Biol. sperim. **36**, 1925 (1960). — Alioto, M. R., e G. Napoleone: G. Biochim. **9**, 199 (1960).
8 Awapara, J., and B. Seale: J. biol. Ch. **194**, 497 (1952).
9 Puchol, J. R., and A. Carballido: Med. exp., Basel, **1**, 305 (1959).
10 Masters, C. J., and D. J. Horgan: Austral. J. biol. Sci. **15**, 690 (1962).
11 Cornelius, C. E., J. Bishop, J. Schwitzer and E. A. Rhode: Cornell Veterin. **49**, 116 (1959).

Elektrophorese in Veronalpuffer, p_H 8,6, zwei aktive GPT-Zonen, wobei 35 % der Aktivität mit den α-Globulinen und 45 % mit den β-Globulinen wandern. Daraus wird auf die Existenz zweier GPT-Isoenzyme auch im Serum geschlossen[1].

In menschlichen Seren von Kranken (besonders Hepatitiskranken) kann sich die GPT-Aktivität in der α_2-, β- oder der schnellen γ-Globulin-Komponente[2] oder in anderen Eiweißfraktionen befinden[3]. Wie die GOT gelangt auch die GPT bei Organschädigung,

Tabelle 32. *Normalwerte der GPT im menschlichen Serum.*

Lfd. Nr.	Literatur	Zahl der Fälle	Bereich	Mittel	Abweichung	Lfd. Nr.	Literatur	Zahl der Fälle	Bereich	Mittel	Abweichung
1	4	100	—	24,95	± 3,2	12	15	25	0—30	11	—
2	5	1400	2—165	17,5	—	13	16	20 ♂	15—66	25	—
3	6	200	3—29	14,78	± 6,06	14	16	20 ♀	6—44	15,8	—
4	7	62	4—52	—	—	15	17	131	—	26,6	± 8
5	8	50	1—45	22	±12	16	18	—	5—30	16,0	± 9,0
6	9	500	5—78	25	±19	17	19	122	0,16—0,88	0,38	—
7	10	73	4—38	17,9	± 7,6	18	20	55	—	0,120	± 0,044
8	11	100	3—45	24	±10,36	19	21	260	5—35	16	± 9
9	12	—	4—24	—	± 2,4	20	22	950	6—54	19	—
10	13	81	—	16,4	±10,2	21	23	88	0,21—1,01	0,525	± 0,146
11	14	22	5—30	—	± 3,7						

Einheiten: Alle Angaben beziehen sich auf WE/ml mit Ausnahme von Nr. 17 (BE/ml), Nr. 18 und 21 (μM/ml/Std).

Analysenmethoden: Nr. 1—12: colorimetrische Verfahren, Nr. 13—20: UV-Test und Nr. 21: Chromatographie.

besonders des Leberparenchyms, vermehrt in die Blutbahn. Dieser Enzymaustritt ermöglicht durch die Aktivitätsbestimmung der GPT im Serum eine diagnostische Aussage über den Funktionszustand der Leber und gestattet eine Differenzierung, besonders eines Verschlußikterus von einem Ikterus auf der Basis von entzündlichen Prozessen im Leberparenchym und ermöglicht eine Kontrolle von Blutspendern auf latente Hepatopathien[24].

[1] BENOIT, J., and J. M. BOURGAULT: Rev. canad. Biol. **20**, 767 (1961).
[2] ANTONACI, B. L., L. DEL GIOVANE e G. MACAGNINO: Atti Accad. Fisiocrit. Siena, Sez. med.-fizica (13) **6**, 733 (1959).
[3] MÉNACHÉ, R.: Ann. Biol. clin., Paris **17**, 615 (1959).
[4] RIOS, C. O.: An. Hosp. milit. centr., Lima **2**, 241 (1960).
[5] SACHS, V., H. J. KREBS, H. LINDNER and J. WALTHER: Acta hepato-splenol., Stuttgart **8**, 143 (1961).
[6] REYES, G. L.: J. philipp. med. Ass. **34**, 537 (1958) [Chem. Abstr. **53**, 10437g].
[7] BRUKSZO, T., and A. ROGOYSKI: Ginek. pol. **33**, 169 (1962).
[8] WROBLEWSKI, F., and P. CABAUD: Amer. J. clin. Path. **27**, 235 (1957).
[9] BESSON, R., P. BOIVIN et R. FAUVERT: Rev. franç. Ét. clin. biol. **4**, 614 (1959).
[10] MOHUN, A. F., and I. J. COOK: J. clin. Path. **10**, 394 (1957).
[11] BHARUCHA, E. D., R. N. JOSHI and A. VENTKATARAMAN: Ind. J. med. Sci. **15**, 206 (1961).
[12] KRYSA, I., and J. MAYER: Vnitřni Lek. **7**, 1102 (1961).
[13] DREIZEN, S., R. E. STONE, J. G. DREIZEN and T. D. SPIES: Proc. Soc. exp. Biol. Med. **102**, 449 (1959).
[14] REITMAN, S., and S. FRANKEL: Amer. J. clin. Path. **28**, 56 (1957).
[15] VANIKAR, V. A., R. K. SANT and J. T. BHATT: Ind. J. med. Sci. **13**, 843 (1959).
[16] HENRY, R. J., N. CHIAMORI, O. J. GOLUB and S. BERKMAN: Amer. J. clin. Path. **34**, 381 (1960).
[17] LEIPOLD, H., H. WÜST u. H. SCHÖN: D. m. W. **1961**, 1341.
[18] KNÜCHEL, F.: Regensburg. Jb. ärztl. Fortbild. **7**, 110 (1959).
[19] SCHMIDT, E., F. W. SCHMIDT u. E. WILDHIRT: Kli. Wo. **1958**, 280.
[20] HENLEY, K. S., and H. M. POLLARD: J. Lab. clin. Med. **46**, 785 (1955).
[21] WROBLEWSKI, F., and J. S. LADUE: Proc. Soc. exp. Biol. Med. **91**, 569 (1956).
[22] LINDNER, G.: Dtsch. med. J. **12**, 3 (1961).
[23] KARMEN, A., F. WROBLEWSKI and J. S. LADUE: J. clin. Invest. **34**, 126 (1955).
[24] STAMPFLI, K., A. NEIGER, H. MESSERLI, G. HALLE u. R. RICHTERICH: Schweiz. med. Wschr. **92**, 511 (1962).

Normalwerte der GPT-Aktivität in menschlichem Serum s. Tabelle 32 und im Serum verschiedener Säugetiere s. Tabelle 33.

Tabelle 33. *GPT-Aktivität im Serum einiger Säugetiere.*

Tierart	Bereich	Mittelwert	Streuung	Literatur	Tierart	Bereich	Mittelwert	Streuung	Literatur
Pferd* . . .	—	8,0	± 5,9	1	Schwein***	—	27,3	± 7,8	1
Pferd** . .	3—7,25	5,25	± 1,28	2	Schaf** . .	12—19,7	—	± 4,0	5
Rind* . . .	—	16,2	± 7,9	1	Hund* . . .	—	21,0	±10,7	1
Rind** . .	9,5—40	22,6	± 7,4	3	Huhn** . .	—	0	—	1
Kalb*** . .	—	7,8	± 3,2	1	Ratte*** . .	—	47	±15	6
Schwein** .	—	20,4	± 5,5	4					

* μg BTS/ml Serum/20 min/25° C. ** WE/ml Serum. *** $\Delta E^{340} = 0{,}001$/ml Serum/min/25° C.

Die beiden Transaminasen GOT und GPT sind auch in den Formelementen des Blutes nachgewiesen worden. Vollbluthämolysate enthalten wesentlich höhere Aktivitäten als das Serum; dieser Zuwachs wurde besonders bei der GOT dem höheren Transaminase-Gehalt der Erythrocyten zugeschrieben[7, 8]. Beispielsweise enthält ein Hämolysat eine GPT-Aktivität von 1,6—3,3 μM/ml/Std mit einem Mittelwert von 2,48 ± 0,36 gegenüber dem Wert im Serum von 0,21—1,01 und 0,525 ± 0,146 μM/ml/Std[9]. Isolierte Erythrocyten enthalten in jedem Fall eine höhere GPT-Aktivität als das Serum. Die GPT-Werte für die geformten Blutbestandteile und andere Körperflüssigkeiten sind in Tabelle 34 angegeben. Das prozentuale Aktivitätsverhältnis der GPT-Aktivität in den geformten Blutbestandteilen zu der Serumaktivität ist bei den verschiedenen Tierarten größeren Schwankungen unterworfen als bei der GOT. Es ergeben sich für die GPT z. B. folgende Aktivitätsverhältnisse: Pferd 18, Truthahn 12,0, Kalb und Hammel 10, Ente 7,6, Rind 3,4, Huhn 1,6 und Kaninchen 0,3[10]. Leukocyten enthalten keine GPT[11] oder nur eine geringe Aktivität[12] und auch in den Thrombocyten ist das Vorkommen fraglich[11, 13]. Der Liquor enthält ebenfalls keine GPT-Aktivität[14, 15] oder nur eine sehr geringe (3 ± 2,74 WE/ml)[16]. Weiterhin war der Nachweis der GPT im Urin nach einer Untersuchung positiv (8 μg BTS/ml 4 Std-Urin)[17], nach einer anderen negativ[18]. Im Speichel sind sehr unterschiedliche Enzymaktivitäten festgestellt worden[19, 20]. Nach LORENTZ[21] soll die GPT-Aktivität in der Galle bis zu zehnmal so hoch sein wie im Serum, während sie nach anderen Autoren unter der

1 CORNELIUS, C. E., J. BISHOP, J. SCHWITZER and E. A. RHODE: Cornell Veterin. **49**, 116 (1959).
2 NEUMAN, V., and V. MADEROVA: Sborn. česk. Akad. zěměděl. Ved. veterin. Med. **5**, 433 (1960).
3 MADEROVA-JAROSOVA, V., and V. NEUMAN: Sborn. česk. Akad. zěměděl. Ved. veterin. Med. **5**, 819 (1960).
4 WRETLIND, B., K. ORSTADIUS and P. LINDBERG: Zbl. Veterinärmed. **6**, 963 (1959).
5 MASTERS, C. J., and D. J. HORGAN: Austral. J. biol. Sci. **15**, 690 (1962).
6 PUCHOL, J. R., u. A. CARBALLIDO: Med. exp., Basel **1**, 305 (1959).
7 MARSH, M. E., L. D. GREENBERG and J. F. RINEHARD: Fed. Proc. **13**, 467 (1954).
8 SASS, M., and P. W. SPEAR: J. clin. Invest. **36**, 927 (1957).
9 KARMEN, A., F. WROBLEWSKI and J. S. LADUE: J. clin. Invest. **34**, 126 (1955).
10 DASTUGUE, G., P. BASTIDE et J. P. JOUBERTON: Path. Biol., Paris **8**, 1593 (1960).
11 KOJ, A., J. M. ZGLICZYNSKI and J. FRENDO: Clin. chim. Acta, Amsterdam **5**, 339 (1960).
12 BELFIORE, F.: Boll. Soc. ital. Biol. sperim. **39**, 709 (1963).
13 TSITOURIS, G., and M. STEFANINI: Proc. Soc. exp. Biol. Med. **99**, 40 (1958).
14 HENRY, R. J., N. CHIAMORI, O. J. GOLUB and S. BERKMAN: Amer. J. clin. Path. **34**, 381 (1960).
15 FIESCHI, C., S. SORIANI e D. NOCETI: Boll. Soc. ital. Biol. sperim. **34**, 1093 (1958).
16 MANAI, G., F. MANDELLI e M. SAGINARIO: Arch. ital. Mal. nerv. ment. **82**, 726 (1958).
17 YAMADA, K., M. HAYASHI, S. SAWAKI, C. YAZAKI and A. FUKUMURA: J. Vitaminol., Kyoto **7**, 265 (1961).
18 PIETSCHMANN, H., H. PUXKANDL u. F. REINHARDT: Wien. Z. inn. Med. **41**, 440 (1960).
19 DREIZEN, S., R. E. STONE, J. G. DREIZEN and T. D. SPIES: Proc. Soc. exp. Biol. Med. **102**, 449 (1959).
20 BRAIM, I.: Fogorv. Szle **54**, 97 (1961).
21 LORENTZ, K.: Kli. Wo. **41**, 18 (1963).

Serumaktivität liegt[1–3]. Die Aktivität in der Lymphe des Ductus thoracicus liegt höher als die des Serums[4]. Das Knochenmark-Serum besitzt eine bis zu 50mal höhere GPT-Aktivität als das Blutserum[5]. Die GPT-Aktivität in der Pleura-, Peritoneal-, Synovial- und Amnionflüssigkeit liegt bei 0,3—0,4 μM/ml/Std[6–8].

Tabelle 34. *Vorkommen der GPT in Blutbestandteilen und in Körperflüssigkeiten.*

Material	Meßwert	Literatur	Weitere Literatur
Erythrocyten . . .	63 WE/ml	9	12–14
	76 WE/ml (Nabelschnurblut)	10	
	7 BE/ml	11	
Erythrocytenstroma	33 WE/ml	9	
	36 WE/ml (Nabelschnurblut)	10	
Thrombocyten . . .	0	12, 15	17
	0,4—1,59 (Mittel 0,74) (μM/10⁹ Plättchen/ 15 min/37° C)	16	
Galle	4—30 WE/ml	18	2, 3, 19–22
	0—23 WE/ml (Hund)	1	
Sperma, Stier . . .	15±1 WE/ml 0,3 μM/ml/Std/37° C	23	

Der Enzymgehalt der menschlichen Milch ist etwa zehnmal so hoch wie der der Kuhmilch[24]. Auch im Dünndarmsaft[25] und in der Flüssigkeit des Zahnkanals[26] wurde GPT nachgewiesen.

Die GPT ist, wie die GOT, im Serum zum Zeitpunkt der Geburt und in der ersten Entwicklungszeit in höherer Konzentration vorhanden als im Serum Erwachsener. Dabei schwankt auch hier der Zeitpunkt der Angleichung der Werte an die der Seren der Erwachsenen von wenigen Tagen bis zu 2 Jahren[27–32], wobei z.B. die Werte unter

[1] Frankl, H. D., and I. H. Merritt: Amer. J. Gastroenterol. **31**, 166 (1959).
[2] Borri, M., and G. Ciamp: Progr. méd. **15**, 16 (1959).
[3] Pellegrini, R.: Boll. Soc. ital. Biol. sperim. **32**, 1455 (1956).
[4] Morea, M., S. Furlan e E. Taboga: Boll. Soc. ital. Biol. sperim. **36**, 938 (1960).
[5] Chury, Z., and J. Tovarek: Folia haematol., Leipzig **78**, 70 (1961).
[6] Mentasti, P.: Minerva ginec. **10**, 759 (1958).
[7] Salvatore, F., V. Bocchini and F. Cimino: Enzymologia **22**, 357 (1961).
[8] Zelnicek, E., and J. Tovarek: Clin. chim. Acta, Amsterdam **6**, 464 (1961).
[9] Corsini, F., E. Cacciari, G. Manfredi e P. Pintozzi: Boll. Soc. ital. Biol. sperim. **35**, 393 (1959).
[10] Cacciari, E., G. Manfredi e P. Pintozzi: Boll. Soc. ital. Biol. sperim. **35**, 809 (1959).
[11] Schmidt, E., u. F. W. Schmidt: Kli. Wo. **1960**, 957.
[12] Koj, A., J. M. Zgliczynski and J. Frendo: Clin. chim. Acta, Amsterdam **5**, 339 (1960).
[13] Massari, N., C. Guardamagna and L. Tenconi: G. Gerontol. **8**, 155 (1960).
[14] Buhler, H., T. Goetze and E. Goetze: Acta biol. med. germ. **10**, 199 (1963).
[15] Tsitouris, G., and M. Stefanini: Proc. Soc. exp. Biol. Med. **99**, 40 (1958).
[16] Schettini, F., M. B. Canani e L. D. Francesco: Pediatria, Napoli **68**, 656 (1960).
[17] Tropeano, L., E. Cacciola, A. Nunnari, S. di Stefano e F. Belfiore: Boll. Soc. ital. Biol. sperim. **34**, 273 (1958).
[18] Jedlovsky, A., u. J. Kelben: Z. ges. inn. Med. **15**, 884 (1960).
[19] Amelung, D., H. D. Horn u. E. Schröder: Kli. Wo. **1958**, 903.
[20] Chinsky, M., G. L. Shmagranoff and S. Sherry: J. Lab. clin. Med. **47**, 108 (1956).
[21] Merril, J. M., J. Lemley-Stone, J. T. Grace jr. and G. R. Meneely: J. amer. med. Ass. **161**, 1454 (1956).
[22] Lorentz, K.: Kli. Wo. **1963**, 18.
[23] Povoa, H.: Exper. **18**, 552 (1962).
[24] Heyndrickx, G. V.: Ann. paediat., Basel **198**, 356 (1962).
[25] Marner, I. L., E. Amdrup, T. Laursen, J. Ludvigsen and S. W. Jorgensen: Enzymol. biol. clin., Basel **2**, 61 (1962).
[26] Kreundenstein, T. S. v.: Dtsch. zahnärztl. Z. **15**, 371 (1960).
[27] Pontorieri, N., e T. Tontodonati: Pediatria, Napoli **67**, 896 (1959).
[28] Christiansson, G., and B. Josephson: Acta paediat., Uppsala **49**, 626 (1960).
[29] Ansaldi, N.: Minerva pediat. **11**, 853 (1959).
[30] Szasz, G.: Gyermekgyógyászat **12**, 65 (1961).
[31] Shima, N.: Nippon Shonika Gakukai Zasshi **63**, 1636 (1959).
[32] Coletta, M., e M. Feberi: Lab. diagn. Med. **5**, 253 (1960) [Chem. Abstr. **55**, 24978i].

1 Jahr bei 27 WE/ml, über 1 Jahr bei 10 WE/ml liegen[1]; Säuglinge haben eine obere Grenze der GPT-Aktivität von 50 WE/ml und Erwachsene von 30 WE/ml[2]; der Mittelwert von 0—6 Lebensmonaten beträgt 35, von 6—24 Monaten 32 und von über 2 Jahren 30 WE/ml[3]. Einige Autoren fanden keine Altersabhängigkeit der GPT-Konzentration im Serum[4, 5]; in einer Untersuchung wurde sogar ein Minimum der GPT-Aktivität im 3.—6. Lebensmonat, das unter dem Wert von älteren Kindern liegt, beschrieben[6]. Der Mittelwert der GPT-Aktivität im Serum von Normalgeburten liegt bei 27,53, der von Frühgeburten bei 25,75 WE/ml[7]. Der Mittelwert der Serum-GPT von 25 Frühgeburten betrug 0,22 BE/ml, der von 22 Neugeborenen $0{,}39 \pm 0{,}3$, von 38 Säuglingen 0,15—0,18 ($\pm 0{,}06$) und von 46 Kindern 0,11—0,19 ($\pm 0{,}1$) BE/ml[6]. Die Schwankungsbreite der Meßergebnisse ist bei Neugeborenen und Säuglingen größer als bei Erwachsenen[8, 9]. Die Transaminase scheint die Placentarschranke zu durchdringen[10].

Die Aktivität der GPT in der Muskulatur von Kaninchen und Hunden ist, wie die der GOT, in den Extensoren größer als in den Flexoren[11]. Beim Rind nimmt die GPT-Aktivität von der Herz- über die quergestreifte zur glatten Muskulatur ab[12]. Wäßrige Gewebshomogenate (1:5) von Leber und Herz enthalten gleichviel GPT-Aktivität wie Extrakte mit Phosphatpuffer; Nierenhomogenate haben in Pufferlösung eine höhere Aktivität[13]. Der hohe Gehalt an Pyruvat in Knorpelzonen war Anlaß zur Untersuchung der GPT-Aktivität bei Knochen von Kaninchen; man fand in der Metaphysenzone $0{,}11 \pm 0{,}038$, in der sekundären Spongiosa $0{,}295 \pm 0{,}04$ und in der Diaphysenzone $0{,}28 \pm 0{,}008$ μM/mg Trockengewicht/30 min/37° C[14, 15]. Es wurden ferner untersucht: die Aktivitätsverhältnisse in der menschlichen Placenta[16, 17], im Uterus[18–20], im lymphatischen Gewebe, wie Rachen- und Gaumenmandel[21, 22], in der Prostata und der Samenblase[23, 24], im Aorten- und Arteriengewebe des Rindes[25], im Gehirn[26, 27], in den Speicheldrüsen verschiedener Tiere[28], in Fettgewebe der Ratte[29], in der Dermis, Epidermis, Hornschicht und Blasenflüssigkeit der Haut[30], in der Retina des Rindes[31] und in der Zahnsubstanz[32]. Im Dünndarm

[1] SHIMA, N.: Nippon Shonika Gakukai Zasshi **63**, 1636 (1959).
[2] CHRISTIANSSON, G., and B. JOSEPHSON: Acta paediat., Uppsala **49**, 626 (1960).
[3] COLETTA, M., e M. FEBERI: Lab. Diagn. med. **5**, 253 (1960).
[4] TEIXEIRA, F., and M. J. LAURENT-DUHAMEL: Arq. port. Bioquim. **3**, 292 (1959).
[5] PETRONIO, L.: Acta paediat. lat. **11**, 549 (1958).
[6] STAVE, U.: Z. Kinderheilk. **81**, 472 (1958).
[7] SCORZA, P., G. PAOLUZZI e E. CACCIARI: Boll. Soc. ital. Biol. sperim. **37**, 323 (1961).
[8] ANSALDI, N.: Minerva pediat. **11**, 853 (1959).
[9] YANG, Y. M., and S. S. CHEN: Tai-Wan I Hsueh Hui Tsa Chih **58**, 775 (1959).
[10] PONTORIERI, N., e T. TONTODONATI: Pediatria, Napoli **67**, 896 (1959).
[11] DOROGAN, D., C. FAIGHELIS and A. BATEN: Fiziol. norm. pat., Bukarest **7**, 35 (1961).
[12] BARBIERI, E.: Ric. sci. Suppl. **25**, 319 (1955).
[13] KOCHAKIAN, C. D.: Proc. Soc. exp. Biol. Med. **98**, 284 (1958).
[14] TESSARI, L., e D. TAGLIABUE: Sperimentale **109**, 629 (1959).
[15] TESSARI, L., and L. PAZZINI: Nature **184**, 904 (1959).
[16] CUNHA, P. D., et M. D. AZEVEDO: C. R. Soc. Biol. **155**, 207 (1961).
[17] DASTUGUE, G., J. BAUDON, P. BASTIDE et M. CARCASSIN: Ann. Biol. clin., Paris **17**, 435 (1959).
[18] DANESINO, V., L. PETTI et V. BOCCHINI: Arch. Ostet. Ginec. **66**, 700 (1961).
[19] DANESINO, V., E. FRIGERI e D. COZZOLINO: Boll. Soc. ital. Biol. sperim. **35**, 1603 (1959).
[20] DANESINO, V.: Boll. Soc. ital. Biol. sperim. **35**, 1604 (1959).
[21] MARTONE, M., V. BOCCHINI e E. MASUCCI: Biochim. appl., Parma **8**, 347 (1961).
[22] BOCCHINI, V., M. MARTONE and E. MASUCCI: Clin. chim. Acta, Amsterdam **7**, 731 (1962).
[23] BARRON, E. S. G., and C. HUGGINS: J. Urol. **55**, 385 (1946).
[24] AWAPARA, J.: Endocrinology **51**, 75 (1952).
[25] MANDEL, P., et E. KEMPF: C. R. Soc. Biol. **154**, 791 (1960).
[26] PERSSON, B. H.: Acta Soc. Med. upsalien. **65**, 96 (1960).
[27] SUMIDA, S.: Seikagaku **28**, 339 (1956).
[28] KIM, M. K.: New med. J., Seoul **4**, 87 (1961).
[29] PUCHOL, J. R., and A. CARBALLIDO: Nature **193**, 1284 (1962).
[30] WEBER, G.: Austral. J. Derm. **6**, 141 (1962).
[31] BASTIDE, P., M. T. MEUNIER et G. DASTUGUE: C. R. Soc. Biol. **156**, 1627 (1962).
[32] ARMSTRONG, G. W., and H. F. ATKINSON: Nature **168**, 695 (1951).

findet sich 30—60 cm nach dem Pylorus die höchste GPT-Aktivität; sie nimmt im Hunger ab[1]. Trotz eines höheren Pyruvatgehaltes ist die GPT-Aktivität im Tumorgewebe nur sehr gering[2]. In der menschlichen und tierischen Augenlinse ist die Transaminase nur in geringer Menge nachweisbar; sie wird, wie die GOT, mit zunehmendem Lebensalter deutlich vermindert[3–5].

Von den niedrigeren Lebewesen wurden Organe von Teleostiern auf ihre GPT-Aktivität geprüft; der endokrine Anteil des Pankreas enthält 100 WE/g Gewebe, der exokrine Teil 61 WE/g; annähernd gleich hoch ist die Aktivität der Leber, nämlich 80 WE/g[6]. Weiterhin wurden die verschiedensten Insekten, Crustaceen[7–12], Würmer[13–15] und Mollusken[16] untersucht.

Vorkommen der GPT in Pflanzen und Mikroorganismen. Wie in den tierischen Geweben findet sich auch in den Pflanzen und Mikroorganismen eine gegenüber der GOT um ein Vielfaches niedrigere GPT-Aktivität. Die ersten Untersuchungen wurden an keimenden Leguminosen durchgeführt[17,18]; sie wurden durch die Arbeiten von Wilson[19] und Leonard und Burris[20] systematisch fortgeführt. Auch hier ist eine Verteilung der Aktivität auf die verschiedenen Zellkompartments nachgewiesen, so in den Mitochondrien der Mung-Bohne (*Phaseolus aureus*)[21] und in Chloroplasten des Winterweizens[22]. Die GPT-Aktivität nimmt in keimenden Pflanzen mit der Größe des Embryos zu, so im keimenden Samen von *Pinus nigra*, der eine maximale Aktivität im Endosperm aufweist, wenn die Wurzeln die Samenhaut durchbrechen[23], in Weizenkeimlingen[20] und in Keimlingen von verschiedenen Getreidearten und Leguminosen, wobei die Synthese der Transaminase während der Keimung im allgemeinen größer ist als die Synthese des Zellproteins[24]. Weitere Angaben liegen vor für den Mais[25], den Weizen, der die höchste Aktivität in der Aleuronschicht enthält[26], für Erbsen, Sojabohnen, Hafer und Kartoffeln[27], für *Scopolica japonica*, eine Solanaceenart[28], für verschiedene Pilzarten[29–31] und Algen[32–34].

[1] Tuba, J.; Meth. med. Res. **9**, 310 (1961).
[2] Kit, S., and J. Awapara: Cancer Res. **13**, 694 (1953).
[3] Kirsten, G., and U. Dardenne: Arch. Ophthalmol. **165**, 43 (1962).
[4] Ponte, F., e L. Pandolfo: Boll. Soc. ital. Biol. sperim. **34**, 1514 (1958).
[5] Ponte, F., e L. Pandolfo: Boll. Soc. ital. Biol. sperim. **35**, 142 (1959).
[6] Hellman, B., and S. Larsson: Exper. **18**, 180 (1962).
[7] Barron, E. S. G., and T. N. Tahmisian: J. cellul. comp. Physiol. **32**, 57 (1948).
[8] Bheemeswar, B., and M. Sreenivasaaya: Curr. Sci., Bangalore **21**, 253 (1952).
[9] Fukuda, T.: Nature **180**, 245 (1957).
[10] Kilby, B. A., and E. Neville: J. exp. Biol. **34**, 276 (1957).
[11] Zandee, D. I., H. L. Nijkamp, I. Roosheroe, J. de Waart, P. Sedee and H. J. Vonk: Arch. int. Physiol. Biochim. **66**, 220 (1956).
[12] Bheemeswar, B.: Nature **176**, 555 (1955).
[13] MacLeod, R. A., R. Jonas, and E. Onofrey: J. Fisheries Res. Board Canada **17**, 323 (1960).
[14] Petrucci, D., e M. L. Menichini: Boll. Soc. ital. Biol. sperim. **33**, 843 (1957).
[15] Huang, Tso-Yueh, I. Hsün Tao and Chin-Hung Chu: Acta biochim. biophys. sin. **1**, 41 (1961).
[16] Read, K.: Comp. Biochem. Physiol. **7**, 15 (1962).
[17] Rautanen, N.: Ann. Acad. Sci. Fenn. (A, II) Nr. 33 (1948).
[18] Ruggieri, G.: Ric. sci. **23**, 1208 (1953).
[19] Wilson, D. G., K. W. King and R. H. Burris: J. biol. Ch. **208**, 863 (1954).
[20] Leonard, M. J. K., and R. H. Burris: J. biol. Ch. **170**, 701 (1947).
[21] Bone, D. H., and L. Fowden: J. exp. Bot. **11**, 104 (1960).
[22] Heber, U.: Z. Naturforsch. **15** b, 100 (1960).
[23] Bartels, H.: Planta, Berlin **55**, 573 (1960).
[24] Smith, B. P., and H. H. Williams: Fed. Proc. **8**, 252 (1949).
[25] Sawada, Y.: Bot. Mag., Tokyo **73**, 252 (1960).
[26] Priest, M.: Chem. & Indust. **1959**, 1318.
[27] Olenichewa, L. S.: Biochimija, Moskva **20**, 165 (1955).
[28] Suzuki, Y.: Phyton, Buenos Aires **12**, 27 (1959).
[29] Michi, K., M. Arai and Y. Hosoda: Nippon Nogeikagaku Kaishi **33**, 193 (1959).
[30] Latche, J. C.: Cr. **257**, 499 (1963).
[31] Sanwal, B. D.: Exper. **14**, 246 (1958).
[32] Millibank, J. W.: Nature **171**, 476 (1953).
[33] Jakobi, G.: Planta, Berlin **49**, 561 (1957).
[34] Jakobi, G.: Naturwiss. **44**, 265 (1957).

Wie für die GOT war im verstärkten Maß ein Nachweis der GPT in Mikroorganismen erst unter optimalen Aufschluß- und Testbedingungen möglich[1]. Mit diesen verbesserten Methoden fand ROINE eine GPT-Aktivität in Hefe[2] und CUTINELLI in verschiedenen Bakterienarten[3]. Der GPT-Nachweis gelang im folgenden bei sehr vielen Mikroorganismen, so z.B. bei *Clostridien*[4], *Shigellen*[5], *Proteus*, *Salmonellen*, *Streptokokken* und *Pneumokokken*[6], *E. coli*[7, 8], *Staphylokokken*[9], *Leptospiren*[10], *Brucellen*[11], *Neurospora crassa*[12], *Azotobacter*[13], verschiedenen Hefen[14, 15] und anderen Mikroorganismen[16, 17].

Viele der Untersuchungen mit pflanzlichem Gewebe und Extrakten von Mikroorganismen wurden mit α-KGS bzw. Pyruvat als Aminoacceptor und den verschiedensten Aminosäuren durchgeführt. Die entsprechenden für die GPT zutreffenden Transaminierungsreaktionen sind aus der Tabelle 1 unter Alanin bzw. Glutaminsäure zu ersehen.

Isolierung. Die GPT läßt sich leichter als die GOT aus Schweineherzmuskel in wenigen Reinigungsschritten in hoher Reinheit isolieren. Sie neigt bei der Reinigung nur wenig zur Dissoziation in Apo- und Coenzym und wird deshalb auch nach Fraktionierung mit Ammoniumsulfat und Hitzebehandlung weitgehend als Holoenzym erhalten.

Tabelle 35. *Isolierung der GPT aus Schweineherzmuskel*[19].

Arbeitsschritt	Gesamtaktivität 10^5 (BE)	Spez. Aktivität BE/mg	Ausbeute
Rohextrakt aus 1 kg Gewebe . . .	3,7	17	100
Calciumphosphatgel-Fraktionierung	3,5	28	94,5
1. Ammoniumsulfat-Fraktionierung	3,0	400	81
Hitzebehandlung	3,0	821	81
2. Ammoniumsulfat-Fraktionierung			
a)	0,45	1410	12
b)	1,45	2200	40
c)	0,48	730	13

GREEN[18] konnte bereits 1945 ein sehr reines GPT-Präparat aus Schweineherzmuskel durch mehrmalige Fraktionierung des wäßrigen Extraktes mit Ammoniumsulfat und durch Hitzebehandlung isolieren. Auf dieser Methode aufbauend, haben GREIN und PFLEIDERER[19] ein hochgereinigtes GPT-Präparat (2200 BE/mg) (Tabelle 35), frei von Lactatdehydrogenase, gewonnen. Durch Behandlung des Rohextraktes mit Calciumphosphatgel, das nur die Lactatdehydrogenase adsorbiert, wird diese entfernt. Unter großen Aktivitätsverlusten ist mit Hilfe der Hochspannungselektrophorese auf Stärke eine Abtrennung des so isolierten GPT-Präparates von inaktivem Protein möglich. Auf diese Weise wird die spezifische Aktivität nochmals um das 2—3fache gesteigert. Ein nach dem Grundverfahren ohne Elektrophorese hergestelltes GPT-Präparat, mit einer spezifischen Aktivität von 1500 BE/mg, wird von der Fa. C. F. Boehringer & Soehne, Mannheim, Biochemica Artikel Nr. GPT 15344, als nicht kristalline Suspension in 1,7 m Ammoniumsulfat-Lösung, p_H 6,2, in Handel gebracht.

[1] LICHSTEIN, H. C., and P. P. COHEN: J. biol. Ch. **157**, 85 (1945).
[2] ROINE, P.: Ann. Acad. Sci. fenn. (A, II) Nr. 26, 83 (1947).
[3] CUTINELLI, C.: Boll. Ist. sieroterap. milanese **26**, 114 (1947).
[4] SORU, E.: Rev. Chim. Acad. Rep. pop. roum. **4**, 21 (1959).
[5] SEN, R.: Nature **184**, 741 (1959).
[6] MESSORE, G.: Ric. sci. **25**, Suppl. 316 (1955).
[7] WADA, H., H. YOSHIMATSU, T. KOIZUMI, F. INOUE, K. ITO and T. MORISUE: Proc. int. Symp. Enzyme Chem., Tokyo and Kyoto **2**, 148 (1957).
[8] OLENICHEWA, L. S.: Biochimija, Moskva **24**, 225 (1959).
[9] LAM, G. T., and M. G. SEVAG: Antibiot. & Chemotherap., Washington **9**, 214 (1959).
[10] IZUMI, Y.: Okayama Igakkai Zasshi **71**, 397 (1959).
[11] ALTENBERG, R. A.: J. Bact. **62**, 97 (1951).
[12] FINCHAM, J. R. S., and A. B. BOULTER: Biochem. J. **62**, 72 (1956).
[13] CHAKRAVARTI, S. C.: Ind. J. Microbiol. **1**, 143 (1961).
[14] HOLZER, H., U. GERLACH, G. JACOBI u. M. GROTH: B. Z. **329**, 529 (1958).
[15] SHANMUGANATHAN, S. S., and W. J. NICKERSON: J. gen. Microbiol. **27**, 465 (1962).
[16] KATAGIRI, H., K. SODA and T. TOCHIKURA: Nippon Nogeikagaku Kaishi **34**, 814 (1960).
[17] CARACO, A., e G. MESSORE: Boll. Ist. sieroterap. milanese **30**, 181 (1955).
[18] GREEN, D. E., L. F. LELOIR and V. NOCITO: J. biol. Ch. **161**, 559 (1945).
[19] GREIN, L., u. G. PFLEIDERER: B. Z. **330**, 433 (1958).

Außer den in Tabelle 36 angegebenen Isolierungen wurde die GPT aus der Rattenleber[1] und neben anderen Enzymen durch Säulenchromatographie des löslichen Proteinanteils der Rattenleber an DEAE-Cellulose isoliert[2], aus Schweineherz auf das 630fache mit Calciumphosphatgel angereichert[3, 4] und die durch Corticoide induzierte GPT der Rattenleber auf das 1200fache[5] bzw. 200fache[6] gereinigt; ferner wurden die mitochondriale und cytoplasmatische Enzymfraktion der GPT aus Rattenleber und Schweineherz isoliert[7].

Eigenschaften. *Physikalisch-chemische Eigenschaften und kinetische Daten.* Die GPT ist wie die GOT ein PLP-Enzym. Obwohl seine Isolierung auf Grund der großen Stabilität des Coenzym-Enzym-Komplexes relativ einfach ist, sind bis heute nur wenige exakte physikalisch-chemische Konstanten der GPT bekannt. Die einzige Angabe über das *Molekulargewicht* stammt von GREEN[8], der für sein aus Schweineherz isoliertes, sicherlich noch unreines Präparat ein Molgewicht von 180000 fand. GREIN und PFLEIDERER[9] halten diesen Wert für zu hoch, jedoch existieren bis heute keine genaueren Angaben über Sedimentations- und Diffusionskonstanten.

Tabelle 36. *Isolierung von GPT aus tierischen Geweben.*

Organ	E/mg	Einheit	Umrechnung in μM/min/mg Prot./25° C	Literatur
Schweineherz	29000	Q_T Prot.	11 *	10
Schweineherz	107	4,47 μM/10 min/37° C	24 *	8
Schweineherz	2200	BE	40	9
Rattenleber	59	0,55 μM/min/30° C	32 **	11
Rattenleber corticoid-induziert	205	0,55 μM/min/30° C	112 **	11

* Der Umsatz ist auf eine Reaktionstemperatur von 25° C umgerechnet.
** Der Umsatz ist auf eine Reaktionstemperatur von 30° C berechnet.

Der Schwankungsbereich des p_H-*Optimums* von GPT-Präparaten aus den verschiedensten biologischen Materialien liegt mit p_H-Werten zwischen 7—8,8 wesentlich enger als für die GOT (Tabelle 37). Meist zeigt sich ein breites p_H-Optimum. Die unterschiedlichen p_H-Optima der GPT-Isoenzyme lassen sich zur analytischen Differenzierung heranziehen, da die GPT-C ein Optimum bei p_H 9,7, die GPT-M bei p_H 8,5 aufweist[7]. Eine vorhandene Abhängigkeit des p_H-Optimums von der Pufferart könnte zum Teil durch die Testmethoden bedingt sein, da sich hier die Angaben widersprechen[9, 11].

Die in der Arrheniuskurve ausgedrückte *Temperaturabhängigkeit* der GPT-Reaktion zeigt eine Linearität bis 34° C. Bei 45° C ist die Aktivität deutlich erniedrigt. Die Steigung der Geraden liegt zwischen —2,34 bis —2,8 $\times$ 10^{-3}[12] bzw. zwischen —2,4 bis —3,6 $\times$ 10^{-3}[13, 14]. Aus diesen Angaben errechnet sich eine Aktivierungsenergie für die Transaminierungsreaktion zwischen L-Alanin und α-KGS zu 11000—16500 cal/M[12–14].

[1] BRAUNSTEIN, A. E., i T. S. HSU: Biochimija, Moskva **25**, 758 (1960).
[2] MOORE, B. W., and R. H. LEE: J. biol. Ch. **235**, 1359 (1960).
[3] AZARKH, R. M., A. E. BRAUNSTEIN, T. S. PASKHINA i T. S. HSU: Biochimija, Moskva **25**, 954 (1960).
[4] KATSUNUMA, N., S. MATSUDA and M. IZUMI: Proc. int. Symp. Enzyme Chem., Tokyo **16**, 70, 76 (1962).
[5] HOPPER, S., and H. L. SEGAL: Fed. Proc. **21**, 245 (1962).
[6] OTTO, K.: Naturwiss. **50**, 355 (1963).
[7] KATUNUMA, N., K. MIKUMO, M. MATSUDA and M. OKADA: J. Vitaminol., Kyoto **8**, 63 (1962).
[8] GREEN, D. E., L. F. LELOIR and V. NOCITO: J. biol. Ch. **161**, 559 (1945).
[9] GREIN, L., u. G. PFLEIDERER: B. Z. **330**, 433 (1958).
[10] LENARD, P., and F. B. STRAUB: Stud. Inst. med. Chem. Szeged **2**, 59 (1942).
[11] SEGAL, H. L., D. S. BEATTIE and S. HOPPER: J. biol. Ch. **237**, 1914 (1962). — SEGAL, H. L., and D. S. BEATTIE: Biochem. J. **79**, 36p (1961).
[12] HENRY, R. J., N. CHIAMORI, O. J. GOLUB and S. BERKMAN: Amer. J. clin. Path. **34**, 381 (1960).
[13] PRYSE-DAVIES, J., and J. H. WILKINSON: Lancet **1958 I**, 1249.
[14] BECKER, J. F., and J. P. KALTENBACH: Quart. Bull. Northw. Univ. med. School **32**, 60 (1958).

Tabelle 37. *pH-Optima von GPT-Präparaten.*

Material	pH-Optimum	Literatur	Material	pH-Optimum	Literatur
Schweineherz .	8,0—8,2	1	Rattenleber . .	7,7—8,4	5
Schweineherz .	8,2 0,1 m Phosphatpuffer	2	Serum, Mensch	7,3—8,8	6
Schweineherz .	7,6 0,1 m Trispuffer	2	Schistosoma japonica . .	7,2—7,5	7
			Schaben . . .	7,6	8
Schweineherz .	8,0—8,2	3	Weizenkeime .	7—8	9
Rattenleber . .	9,7 (GPT-C)	4	Neurospora crassa. . . .	7—8	10
Rattenleber . .	8,5 (GPT-M)	4			

Nach einer älteren Angabe liegt der entsprechende Wert zwischen 0—34° C bei 17475 cal und zwischen 34—70° C bei 8740 cal/M[11]. Die mit unreinen Enzympräparaten und älteren Methoden bestimmten Werte für die freie Energie und Enthalpie bedürfen sicherlich einer nochmaligen Überprüfung: ΔG bei 25 und 35° C = —0,44 kcal, die freie Energie bei 25° C für α-KGS = —181,7 kcal und für BTS = —107,5 kcal[11, 12].

Das Temperaturoptimum für ein Präparat aus Schweineherz liegt unter 45° C[13], das für die GPT aus *Neurospora* bei 30—35° C[10]. Der Q_{10}-Wert im Temperaturbereich von 30—40° C beträgt 1,78—2,39. Für die Rückreaktion, d.h. Alaninbildung, ist der Q_{10}-Wert für ein Präparat aus Weizenkeimen 1,3.

Die GPT besitzt eine noch engere *Substratspezifität* als die GOT. L-Alanin kann durch α-Aminobuttersäure ersetzt werden, wobei jedoch die Umsetzungsgeschwindigkeit nur gering ist[5, 14]. Die aus Rattenleber isolierten corticoidinduzierten GPT-Präparate setzen α-Aminobuttersäure nicht um[15]. L-Alanin ist durch N-Monomethylalanin, D-Alanin, Phe, Val, Ser, Meth, Leu, α-Aminovalerat und Cysteinsäure nicht ersetzbar. Auch kann die Glutaminsäure bei der Rückreaktion nicht gegen Glutamin, Acetylglutaminsäure, erythro-γ-Hydroxyglutaminsäure, Glutathion, Cysteinsäure, Cystein, Pyrrolidoncarbonsäure, Leu, Meth, Tyr, Threo, Val und Pro ausgetauscht werden. Die Funktion des Pyruvats kann in geringem Umfang durch Mesoxalsäure und α-Ketobuttersäure übernommen werden, dagegen läßt sich die α-KGS nicht durch die Ketoanalogen von Val, Norval, Leu und anderen Aminosäuren vertreten[5, 14-18].

Die durch die GPT katalysierte Reaktion ist reversibel, und es stellt sich zwischen den vier Komponenten ein Reaktionsgleichgewicht ein mit einer Konstanten, die zwischen 1 und 2,9 liegt. Die für die einzelnen GPT-Präparate unter den jeweiligen Bedingungen ermittelten Werte zeigt die Tabelle 38. Die berechnete Gleichgewichtskonstante aus den Kinetikparametern beträgt 2,6[19].

[1] BRAUNSTEIN, A. E.: 5. Int. Congr. Biochem. Sympos. IV, Repr. 9 Moskau 1961.
[2] GREIN, L., u. G. PFLEIDERER: B. Z. **330**, 433 (1958).
[3] TORCHINSKII, Y. M.: Dokl. Akad. Nauk SSSR **138**, 1464 (1961).
[4] KATUNUMA, N., K. MIKUMO, M. MATSUDA and M. OKADA: J. Vitaminol., Kyoto **8**, 63 (1962).
[5] SEGAL, H. L., D. S. BEATTIE and S. HOPPER: J. biol. Ch. **237**, 1914 (1962). — SEGAL, H. L., and D. S. BEATTIE: Biochem. J. **79**, 36p (1961).
[6] BERGMEYER, H. U., u. E. BERNT; in: BERGMEYER, H. U. (Hrsg.): Methoden der enzymatischen Analyse. S. 846 und 851. Weinheim 1962.
[7] HAYAISHI, O., Y. NISHIZUKA, M. TATIBANA, M. TAKESHITA and S. KUNO: J. biol. Ch. **236**, 781 (1961).
[8] MCALLAN, J. W., and W. CHEFURKA: Comp. Biochem. Physiol. **3**, 1 (1961).
[9] CRUICKSHANK, D. H., and F. A. ISHERWOOD: Biochem. J. **69**, 189 (1958).
[10] AURICH, H.: H. **326**, 25 (1961).
[11] DARLING, S.: Nature **160**, 403 u. 838 (1945).
[12] DARLING, S.: Acta physiol. scand. **10**, 150 (1945).
[13] HENRY, R. J., N. CHIAMORI, O. J. GOLUB and S. BERKMAN: Amer. J. clin. Path. **34**, 381 (1960).
[14] GREEN, D. E., L. F. LELOIR and V. NOCITO: J. biol. Ch. **161**, 559 (1945).
[15] HOPPER, S., and H. L. SEGAL: Fed. Proc. **21**, 245 (1962).
[16] COHEN, P. P.: J. biol. Ch. **136**, 565 u. 585 (1940).
[17] COHEN, P. P.; in: Sumner-Myrbäck Bd. I, S. 1040 (1951).
[18] MEISTER, A.: Adv. Enzymol. **16**, 185 (1955).
[19] HOPPER, S., and H. L. SEGAL: J. biol. Ch. **237**, 3189 (1962).

Tabelle 38. *Gleichgewichtskonstanten der GPT-Reaktion.*

Enzym aus	Testbedingung		Meßwert	Literatur	Enzym aus	Testbedingung		Meßwert	Literatur
	pH-Wert	Temp. °C				pH-Wert	Temp. °C		
Schweineherz	7,4	38	1,0	1	Kalbsherz	7,5	37	2,07—2,25	5
Schweineherz	7,5	37	1,43	2	Rattenleber	7,3	37	1,6	6
Schweineherz	7,5	37	1,0	3	Schaben .	7,6	38	2,9	7
Schweineherz	7,4	25	1,48—1,67	4	Weizenkeim	7,5	25	1,4	8

Die *Kinetikuntersuchungen* von HOPPER und SEGAL ergaben eine etwas größere Geschwindigkeit der Rückreaktion, wobei z.B. 0,05 μM Ala/min gebildet werden, dagegen in der Hinreaktion nur 0,037 μM BTS/min. Die Austauschreaktionen zwischen ^{14}C-L-Alanin + BTS und zwischen ^{14}C-Glu + α-KGS verlaufen mit jeweils 0,042 μM/min beide gleich schnell, aber langsamer als die Hinreaktion[9]. KATUNUMA[10] fand jedoch bei beiden Austauschreaktionen einen rascheren Umsatz als bei der eigentlichen GPT-Reaktion und NISONOFF einen bevorzugten Austausch zwischen Glutaminsäure und α-KGS[11]. Die absolute Reaktionsgeschwindigkeit, d.h. die auf eine unendlich große Substratkonzentration extrapolierte Reaktionsgeschwindigkeit beträgt für L-Ala 145 μM/mg Enzymprotein/min, für α-KGS 121, L-Glutaminsäure 125, Pyruvat 139 und damit im Mittel für die Hinreaktion 133 und für die Rückreaktion 132 μM/mg/min. Aus der Tatsache, daß die Geschwindigkeit der Austauschreaktion zwischen den C_3- und den C_5-Substraten, auf gleiche Mengenverhältnisse umgerechnet, mit der Umsetzungsgeschwindigkeit der Hin- und Rücktransaminierung ungefähr gleich groß ist, wird auf das Vorhandensein einer einzigen Bindungsstelle für alle vier Substrate geschlossen[9].

Die *Wechselzahl* eines Enzympräparates aus Schweineherz mit einer spezifischen Aktivität von 24 μM/mg Protein/min/25° C beträgt, bezogen auf ein Molgewicht von 180000 bei 37° C, 8600[1], während ein reines Produkt (40 μM/mg/min) 20300 Transaminierungen pro Mol bei 37° C katalysiert und nach einer weiteren elektrophoretischen Reinigung eine Wechselzahl von 58000 besitzt[12]. Hierbei sind wiederum die Testbedingungen wesentlich, da z.B. die Enzymaktivität in Trispuffer um 40% höher gefunden wurde als in Phosphatpuffer[13].

Wie aus Tabelle 39 ersichtlich, sind die MICHAELIS-Konstanten der GPT-Reaktion für die Ketosäuren kleiner als für die Aminosäuren. Die GPT-Isoenzyme, GPT-C und GPT-M der Rattenleber haben in Form der rohen und angereicherten Präparate (dies gilt für die GPT-M auch in der gebundenen Form) die gleiche MICHAELIS-Konstante. Ebenso ergaben sich bei den Austauschreaktionen für die C_3- und die C_5-Substrate für beide Isoenzyme identische MICHAELIS-Konstanten[14].

Coenzym und die Spektren des Enzyms. Ähnliche Beobachtungen wie für die GOT (s. d.) über die Veränderungen der Transaminase-Aktivität in Organen bei Vitamin B_6-

[1] GREEN, D. E., L. F. LELOIR and V. NOCITO: J. biol. Ch. **161**, 559 (1945).
[2] LENARD, P., and F. B. STRAUB: Stud. Inst. med. Chem. Szeged **2**, 59 (1942).
[3] COHEN, P. P.: J. biol. Ch. **136**, 565 u. 585 (1940).
[4] KREBS, H. A.: Biochem. J. **54**, 82 (1953).
[5] DARLING, S.: Nature **160**, 403, 838 (1945).
[6] SEGAL, H. L., D. S. BEATTIE and S. HOPPER: J. biol. Ch. **237**, 1914 (1962). — SEGAL, H. L., and D. S. BEATTIE: Biochem. J. **79**, 36p (1961).
[7] MCALLAN, J. W., and W. CHEFURKA: Comp. Biochem. Physiol. **3**, 1 (1961).
[8] CRUICKSHANK, D. H., and F. A. ISHERWOOD: Biochem. J. **69**, 189 (1958).
[9] HOPPER, S., and H. L. SEGAL: J. biol. Ch. **237**, 3189 (1962).
[10] KATUNUMA, N., K. MIKUMO, M. MATSUDA and M. OKADA: J. Vitaminol., Kyoto **8**, 63 (1962).
[11] NISONOFF, A., F. W. BARNES, T. ENNS and S. v. SCHUDING: Bull. Johns Hopkins Hosp. **94**, 117 (1954).
[12] GREIN, L., u. G. PFLEIDERER: B. Z. **330**, 433 (1958).
[13] TORCHINSKII, Y. M.: Biochimija, Moskva **28**, 731 (1963).
[14] KATUNUMA, N., K. MIKUMO, M. MATSUDA and M. OKADA: J. Vitaminol., Kyoto **8**, 63 (1962).

Tabelle 39. MICHAELIS-*Konstanten für die GPT-Reaktion* (10^{-3} *m*).

L-Alanin	α-KGS	Bemerkung	Literatur
15	1,7		1
34	1,1 *	bei ∞ Konzentration an α-KGS bzw. Alanin	2
	0,3	Rattenleber normal und corticoidinduziert	3
17,5	0,36	Rattenleber normal	4
15,0	0,28	Rattenleber corticoidinduziert	4
3,7; 17,5; 22		bei einer α-KGS-Konzentration von 2,5, 6,7 und 16 × 10^{-3} m	4
	0,36; 0,84	bei einer Alanin-Konzentration von 16 bzw. 48 × 10^{-3} m	4

* Die entsprechenden Werte betragen für L-Glutaminsäure 15 und für Pyruvat 0,9.

Mangel und Vergleiche mit den nichtenzymatischen Transaminierungsreaktionen führten frühzeitig zu der Annahme, daß auch für die GPT das Pyridoxal-5-phosphat das Coenzym darstellt[5-7]. So fand man im Tierversuch bei Vitamin B_6-Mangelkost, daß die Aktivität der GPT in einigen Organen erniedrigt wird[8-10], und zwar stärker als die der GOT[11-14]. Auch die GPT des Serums ist hierbei, besonders bei älteren Tieren, deutlich erniedrigt[15]. Die chemische Umsetzung von Alanin oder Pyruvat in Gegenwart von phosphorylierten oder phosphatfreien Derivaten des Vitamin B_6 und Aluminium- oder Kupferionen als Katalysator ergibt zwei stark fluorescierende Zwischenprodukte, die als metallstabilisierte SCHIFFsche Basen angesehen werden[16]. Die Bindung des PLP an das GPT-Apoenzym muß fester sein als die für GOT, da unter gleichen Bedingungen, die bei der GOT zu einer vollständigen Spaltung des Coenzym-Enzym-Komplexes führen, nur 10—20% des Holoenzyms als Spaltprodukte vorliegen, die durch PLP wieder aktiviert werden können[17]. Mißt man diese Spaltung nur an Hand der Reaktivierungsmöglichkeit durch PLP, so kann es auf Grund der größeren Labilität des GPT-Apoenzyms zu einer irreversiblen Inaktivierung kommen, die zu Fehlschlüssen führen kann. Eine 15stündige Dialyse gegen 200 Vol. Puffer führt zu keinem Aktivitätsverlust, dagegen tritt bei gleicher Behandlung des reinen Enzyms in Leitungswasser ein Verlust von 60% auf. der nur zu einem Drittel durch PLP ausgeglichen werden kann. Eine Abspaltung des Coenzyms an einem Anionenaustauscher (IR 4 B) ist, gemessen am Aktivitätsverlust, nur zu 30—40% möglich, der durch PLP vollständig rückgängig gemacht werden kann[18]. Neuerdings fand TORCHINSKII bei der Dialyse eines gereinigten Enzympräparates aus Schweineherz einen Aktivitätsabfall, der durch PLP aufgehoben werden kann, wobei er im Außendialysat freies PLP spektrophotometrisch nachweisen konnte[19]. Die Reduktion eines gereinigten GPT-Präparates in Gegenwart von L-Alanin und BTS mit Natriumborhydrid führt zur Isolierung von Pyridoxylalanin, das aus der als aktives Zwischenprodukt der Bindung des

[1] LENARD, P., and F. B. STRAUB: Stud. Inst. med. Chem. Szeged **2**, 59 (1942).
[2] HOPPER, S., and H. L. SEGAL: J. biol. Ch. **237**, 3189 (1962).
[3] OTTO, K.: Naturwiss. **50**, 355 (1963).
[4] SEGAL, H. L., D. S. BEATTIE and S. HOPPER: J. biol. Ch. **237**, 1914 (1962). — SEGAL, H. L., and D. S. BEATTIE: Biochem. J. **79**, 36p (1961).
[5] COHEN, P. P.; in: Sumner-Myrbäck Bd. I, S. 1040.
[6] CAMMARATA, P. S., and P. P. COHEN: J. biol. Ch. **187**, 439 (1950).
[7] MEISTER, A.: Adv. Enzymol. **16**, 185 (1955).
[8] MEISTER, A., H. P. MORRIS, and S. V. TICE: Proc. Soc. exp. Biol. Med. **82**, 301 (1953).
[9] BEATON, G. H.: J. biol. Ch. **200**, 715 (1953).
[10] SCHWARTZMAN and H. HIFT: J. Nutrit. **10**, 575 (1951).
[11] BRAUNSTEIN, A. E., and S. M. BYCHKOV: Nature **144**, 751 (1939).
[12] BEARE, J. L., J. R. BEATON and E. W. MCHENRY: J. biol. Ch. **202**, 589 (1953).
[13] BEATON, J. R., J. L. BEARE, G. H. BEATON and E. W. MCHENRY: J. biol. Ch. **204**, 715 (1953).
[14] CALDWELL, E. F., and E. W. MCHENRY: Arch. Biochem. **45**, 97 (1953).
[15] BRIN, M., M. TAI, A. S. OSTASHEVER and H. KALINSKY: J. Nutrit. **71**, 416 (1960).
[16] FASELLA, P., H. LIS and N. SILIGRANDI: Biochim. biophys. Acta **23**, 417 (1957).
[17] WADA, H., and E. E. SNELL: J. biol. Ch. **237**, 127 (1962).
[18] GREIN, L., u. G. PFLEIDERER: B. Z. **330**, 433 (1958).
[19] TORCHINSKII, Y. M.: Biochimija, Moskva **28**, 731 (1963).

Alanins an das Coenzym vorliegenden SCHIFFschen Base entstanden sein könnte. Den gleichen Autoren gelang auch der direkte Nachweis von PLP und PMP in diesem Enzympräparat[1]. Die mikrobiologische Bestimmung von PLP in einem Enzympräparat, das 2200 BE/mg enthält, ergab 0,14 M PLP für 100000 g Protein. Die weitere Reinigung dieses Präparates auf 5000 BE/mg erhöhte den PLP-Gehalt auf 0,62 M/100000 g. Da hierbei eine Proportionalität zwischen Umsatzzahl und PLP-Gehalt festgestellt werden konnte, werden für ein reines Präparat ungefähr 0,9 M PLP/100000 g errechnet. Ältere Angaben liegen wesentlich unter diesen Werten[2].

Die GPT fällt normalerweise bei der Isolierung als PLP-Enzym an. Dieses existiert, wie die GOT, in einer sauren und einer basischen Form, die p_H-abhängig ineinander übergehen. Das PLP-Enzym ist daher ein p_H-Indikator und wechselt von der enzymatisch inaktiven gelben Form in schwach saurem Bereich in eine farblose basische, enzymatisch aktive Enzymform. Letztere besitzt mehrere sich überlappende Absorptionsmaxima, während die saure PLP-Form des Enzyms nur ein Maximum bei 427 mμ besitzt. Der wesentliche Unterschied im spektrophotometrischen Verhalten der Enzymformen der GPT gegenüber denen der GOT und einer Iminform des freien Pyridoxals liegt darin, daß sich das Absorptionsmaximum der sauren PLP-Form der GPT bei 427 mμ[3] bzw. 413 mμ[4–6], nicht wie bei der GOT, bei steigenden p_H-Werten von 5,5 nach 8,5 zu kürzeren Wellenlängen hin verschiebt, obwohl sich durch die Alkalisierung die Höhe des Maximums reduziert. Das Maximum bei 413 mμ spricht für eine Azomethin-Bindung des Coenzyms an das Enzymprotein[4]. Das enzymatisch aktive PLP-Enzym zeigt bei Substratsättigung des Enzyms mit BTS und Alanin drei Absorptionsmaxima bei 330, 360 und 492 mμ. Die gleichen Absorptionsmaxima, wenn auch in abgeschwächter Form, treten bei Sättigung der GPT mit Glutaminsäure und α-KGS auf. Es handelt sich hierbei möglicherweise um drei sich im Gleichgewicht befindliche Enzym-Substrat-Komplexe, die bereits für die GOT-Reaktion diskutiert worden sind (s. S. 363).

Bei Zugabe von Alanin oder Glutaminsäure zur PLP-Form der GPT nimmt das Absorptionsmaximum bei 413 mμ ab und an dessen Stelle tritt ein neues Maximum bei 325 mμ, das der Pyridoxaminform der GPT zugeordnet werden muß. Dieser Vorgang kann durch Zugabe von Pyruvat wieder rückgängig gemacht werden[4].

Neben dem auch für die GPT-Reaktion nachgewiesenen Austausch von α-Wasserstoffatomen im Verlauf der Transaminierungsreaktion[7] wurde ebenfalls durch Reaktion in D_2O auch ein Austausch in β-Stellung nachgewiesen[8, 9]. Dabei ergab eine massenspektrophotometrische Analyse des dabei gebildeten Alanins 3,76 M Deuterium pro Mol Alanin. Diese Verbindung wurde als α,β-Tetradeuterium-alanin analysiert, die bei der Austauschreaktion in H_2O erneut ein Alanin ohne Deuteriumgehalt ergab. OSHIMA[8] leitete daraus als allgemeines Prinzip des Transaminierungsmechanismus eine α-β-Aktivierung des Wasserstoffatoms ab. Nach MEISTER[10] enthalten zwar die Transaminierungssubstrate ein freies β-Wasserstoffatom, und es ist auch bekannt, daß Substrate, die am β-C-Atom elektronenanziehende Seitengruppen besitzen, wie Carbonyl- oder Phenylgruppen, gute Transaminierungssubstrate sind, Aminosäuren mit langen Seitenketten dagegen schlechte Substrate darstellen. Gegen die α- und β-Aktivierung spricht, daß Glycin, tertiäres Leucin und α-Aminophenylessigsäure transaminieren. Eine mögliche Erklärung wäre die Annahme einer intermediären Enolisierung, besonders des Pyruvates, das leichter enoli-

[1] KATSUNUMA, N., S. MATSUDA and M. IZUMI: Proc. int. Symp. Enzyme Chem., Tokyo **16**, 70, 76 (1962).
[2] GALE, E. F., and H. M. R. TOMLISON: Nature **158**, 103 (1946).
[3] JENKINS, W. T.: Biochem. J. **82**, 1P (1962).
[4] TORCHINSKII, Y. M.: Biochimija, Moskva **28**, 731 (1963).
[5] BRAUNSTEIN, A. E.: 5. Int. Congr. Biochem. Sympos. IV, Repr. 9, Moskau 1961.
[6] TORCHINSKII, Y. M.: Dokl. Akad. Nauk SSSR **138**, 1464 (1961).
[7] KONIKOVA, A. S., N. N. DOBBERT and A. E. BRAUNSTEIN: Nature **159**, 67 (1947).
[8] OSHIMA, T., and N. TAMIYA: Biochem. J. **78**, 116 (1961).
[9] OSHIMA, T., and M. TAMIYA: J. Biochem. **46**, 1675 (1959).
[10] MEISTER, A.: Adv. Enzymol. **16**, 185 (1955).

siert als die meisten anderen Ketosäuren. So ergibt auch die Transaminierung von L-Isoleucin und L-allo-Isoleucin die korrespondierenden optisch aktiven α-Ketosäuren[1]. Eine einfachere und allgemein gültige Erklärung scheint jedoch zu sein, daß alle Substrate, die eine CH-Gruppe in α-Stellung zu einer Carbonylgruppe und eine C=N-Bindung besitzen spontan, besonders in schwach alkalischer Lösung, Wasserstoffatome mit dem Medium austauschen[2].

Beständigkeit und Halbwertszeit der GPT. Das käufliche GPT-Präparat ist als Suspension in einer 1,7 m Ammoniumsulfat-Lösung, die $2,5 \times 10^{-2}$ m Maleat und $2,5 \times 10^{-3}$ m α-KGS enthält, bei 0—4° C viele Monate haltbar. Lösungen oder Suspensionen können bei 0—3° C gegen 200 Volumen 0,01 m Kaliumphosphatpuffer, p_H 7,6, ohne Verlust dialysiert werden[3]. Ohne stabilisierende Zusätze nimmt das Enzym sowohl bei der Lagerung bei 4° C als auch bei tiefen Temperaturen an Aktivität ab und verliert im Verlauf von 5 Wochen bis zu 60% seiner Aktivität, die nur teilweise durch PLP-Zusatz wieder gewonnen werden kann. Rohextrakte sind bei —20° C stabil[4], wie überhaupt die Stabilität des Enzyms mit zunehmendem Reinheitsgrad abnimmt[5].

Die stabilisierende Wirkung einiger Substratanaloga, besonders gegen eine Hitzeinaktivierung, geht mit einer Hemmwirkung des Enzyms parallel. Bemerkenswert ist, wie in Tabelle 40 ersichtlich, daß wie bei der GOT auch bei der GPT die α-β-ungesättigten Substratanalogen der spezifischen Substrate Maleat bzw. Acrylat wirksame Stabilisatoren, aber auch starke Hemmstoffe sind.

Tabelle 40. *Schutzwirkung verschiedener Substrate und analoger Substanzen gegen eine Hitzedenaturierung* der GPT*[4].

Zusatz	Restaktivität (%)	Zusatz	Restaktivität (%)
Keiner	8	0,05 m Maleat + 0,05 α-KGS	12
0,1 m Phosphat	8	0,1 m Malonat	9
0,1 m L-Glutamat	31	0,05 m Malonat + 0,05 m L-Glutamat	27
0,1 m D,L-Alanin	31	0,05 m Malonat + 0,05 m α-KGS	12
0,05 m L-Glutamat + 0,1 m D,L-Alanin	43	0,1 m Acrylat	64
0,05 m α-KGS	31	0,05 m Acrylat + 0,05 m L-Glutamat	69
0,1 m Maleat	17	0,05 m Acrylat + 0,05 m D,L-Alanin	73
0,05 m Maleat + 0,05 m L-Glutamat	43	0,05 m Acrylat + 0,05 m α-KGS	52
0,05 m Maleat + 0,1 m D,L-Alanin	50		

* Ein rohes Enzympräparat wurde nach Zusatz der jeweiligen Substanz 10 min bei p_H 7,3 auf 65° C erhitzt und die Restaktivität enzymatisch bestimmt.

Die GPT-Aktivität im Serum zeigt nach 24 Std bzw. 48 Std bei Raumtemperatur einen Verlust von 15 bzw. 20%, bei 4° C 11 bzw. 20% und bei —20° C 10 bzw. 14%[6]. Verschiedentlich werden auch bis zu 72 Std bei 4° C nur unwesentliche Verluste angegegeben[3]. Die GPT in den Erythrocyten nimmt bei 4° C und p_H 7,6 nach 4 Wochen um 40% ab, wobei Zusätze von ATP, ITP, PLP und Na-Acetat die Aktivität stabilisieren können[7].

Nach einer intravenösen Injektion von gereinigten GPT-Präparaten stellt sich bei der Verteilung der GPT auf die einzelnen Zellräume beim Kaninchen sehr rasch ein Gleichgewicht ein[8], während dies bei Versuchen am Hund erst nach 6—7 Std[9] und beim Menschen, aus klinischen Daten errechnet, erst nach 12 Std[3] erreicht wird.

[1] MEISTER, A.: J. biol. Ch. **195**, 813 (1952).
[2] HARLEY-MASON, J.: Arch. Biochem. **93**, 178 (1961).
[3] BÜCHER, T., u. P. BAUM: Vortrag Dtsch. Kongr. ärztl. Fortbildung Berlin 1958.
[4] SEGAL, H. L., D. S. BEATTIE and S. HOPPER: J. biol. Ch. **237**, 1914 (1962). — SEGAL, H. L., and D. S. BEATTIE: Biochem. J. **79**, 36p (1961).
[5] TORCHINSKII, Y. M.: Dokl. Akad. Nauk SSSR **138**, 1464 (1961).
[6] SÜDHOF, H., u. E. WÖTZEL: Kli. Wo. **1960**, 1165.
[7] KIM, N. K.: Shinsu Igaku Zasshi **10**, 150 (1961).
[8] AMELUNG, D.: H. **318**, 219 (1960).
[9] DUNN, M., J. MARTIN and K. R. REISSMANN: J. Lab. clin. Med. **51**, 259 (1958).

Tabelle 41. *Induktion der GPT-Aktivität der Rattenleber.*

Induktor	Dosierung	Behandlungsdauer	Faktor der Aktivitätsveränderung	Literatur
Cortison	5 mg/100 g/Tag s.c.	5 Tage	5,6	1
Cortison	25 mg/Tier/Tag s.c.	5 Tage	3,0	2
Cortison	120 mg/kg/Tag	3 Tage	1,8	3
Cortison	5 mg/Tier/Tag s.c.	7 Tage	11,7	4
Cortison	5 mg/Tier/Tag s.c.		4	5
Hydrocortison. .	5 mg/Tier/Tag s.c.	5 Tage	2,9	2
Hydrocortison. .	5 mg/Tier/Tag s.c.	7 Tage	3,7 erster Anstieg nach 12 Std	4
Hydrocortison. .	2,5 mg/Tier/Tag s.c.	7 Tage	8,2	4
Hydrocortison. .	2,5 mg/Tier/Tag	2; 7; 14; 28 Tage	1,5; 5,1; 4,1; 1,7	6
Hydrocortison. .	5 mg/Tier/Tag	2; 7; 14; 28 Tage	2,1; 6,1; 4,4; 3,0	6
Hydrocortison. .	100 mg/kg s.c.	Einzelgabe	4 Maximum nach 48 Std; Dauer 5 Tage	7
Hydrocortison. .	30 mg/kg/Tag s.c.	14 Tage	11	7
Dehydrocortison	2,5 mg Tier/Tag s.c.	7 Tage	10,5	4
Hunger		1; 2 und 4 Tage	0,9; 8,1; 13,2	8
Hunger		1; 2; 3; 4; 5 Tage	1; 2,7; 3,6; 3,8; 4,4	4
Hunger		4 Tage	2,7	9
Proteinüberschuß	% Proteingehalt in der Nahrung: 18; 35; 50; 75	7 Tage	1,8; 2,4; 4,1; 7,5	4

Die aus der Abnahme der Serumaktivität berechneten Halbwertszeiten der Enzymausscheidung betragen beim Kaninchen zwischen 1—5 Std[10, 11], bei Hunden ungefähr 20 Std[12, 13] und bei Ratten 3,5 Tage bzw. 1,2 Tage bei prednisolonbehandelten Tieren mit erhöhter GPT-Aktivität[14]. Die Geschwindigkeit der Eliminierung aus dem menschlichen Organismus kann aus dem Abfall der gesteigerten Enzymaktivität im Serum nach Organschädigungen abgeschätzt werden und beträgt 78 Std[10] bzw. 88 Std[15]. Für Ratten konnte aus dem nach Adrenalektomie eintretenden Abfall der Enzymaktivität des Serums und aus dem Abfall des durch Proteinkost gesteigerten Enzymspiegels eine Halbwertszeit von 40 Std[16] und aus dem Abfall nach Cortisoninduktion von 48 Std berechnet werden[17].

In Untersuchungen am Hund steigerten FLEISHER und WAKIM[18, 19] durch intravenöse Injektion eines reinen GPT-Präparates den Serumenzymspiegel von 0,86 auf 200—1000 μM/ml/Std. Wie auch für andere Proteine folgt der Aktivitätsabfall einer biphasischen Exponentialgleichung $A = a_1 \times e^{-\lambda_1 t} + a_2 \times e^{-\lambda_2 t} + A\infty$, wobei A die Serumaktivität zu

[1] SEGAL, H. L., D. S. BEATTIE and S. HOPPER: J. biol. Ch. **237**, 1914 (1962). — SEGAL, H. L., and D. S. BEATTIE: Biochem. J. **79**, 36p (1961).
[2] PUCHOL, J. R., and A. CARBALLIDO: Med. exp., Basel **1**, 305 (1959).
[3] GAVOSTO, F., A. PILERI and A. BRUSCA: Biochim. biophys. Acta **24**, 250 (1957).
[4] ROSEN, F., W. R. ROBERTS and C. A. NICHOL: J. biol. Ch. **234**, 476 (1959).
[5] EIGENSTEIN, A. B.: Biochim. biophys. Acta **36**, 580 (1959).
[6] ROSEN, F., W. R. ROBERTS and C. A. NICHOL: Science, N.Y. **127**, 287 (1958).
[7] ROSEN, F., H. R. HARDING and R. J. MILHOLLAND: J. biol. Ch. **238**, 3725 (1963).
[8] SOBERON, G., and Q. SANCHEZ: J. biol. Ch. **236**, 1602 (1961).
[9] MATZELT, D., A. ORIOL-BOSCH u. K. D. VOIGT: B. Z. **335**, 485 (1962).
[10] AMELUNG, D.: H. **318**, 219 (1960).
[11] AMELUNG, D., H. D. HORN u. E. SCHRÖDER: Kli. Wo. **1958**, 903.
[12] FLEISHER, G. A., and K. G. WAKIM: Proc. Staff Meet. Mayo Clinic **31**, 640 (1956).
[13] REICHARD, H.: J. Lab. clin. Med. **53**, 417 (1959).
[14] SEGAL, H. L., and Y. S. KIM: Proc. nat. Acad. Sci. USA **50**, 912 (1963).
[15] SCHMIDT, E., u. F. W. SCHMIDT; in: BERGMEYER, H. U. (Hrsg.): Methoden der enzymatischen Analyse. S. 651. Weinheim 1962.
[16] HARDING, H. R., F. ROSEN and CH. A. NICHOL: Amer. J. Physiol. **201**, 271 (1961).
[17] SEGAL, H. L., and S. HOPPER: Fed. Proc. **22**, 409 (1963).
[18] WAKIM, K. G., and G. A. FLEISHER: J. Lab. clin. Med. **61**, 107 (1963).
[19] FLEISHER, G. A., and K. G. WAKIM: J. Lab. clin. Med. **61**, 76 (1963).

dem jeweiligen Zeitpunkt darstellt und $A\infty$ die Aktivität im „steady state". Die Parameter ergeben sich für die langsame Phase $\lambda_1 = 11{,}65 \pm 0{,}57 \times 10^{-3}$ Std^{-1} und für die schnelle Phase $\lambda_2 = 42 \pm 3{,}3 \times 10^{-3}$ Std^{-1}. Diese Werte sind für die einzelnen Species charakteristische Konstanten. Daraus berechnen sich für die zwei Phasen die Halbwertszeiten zu $60{,}9 \pm 2{,}9$ und $17{,}1 \pm 1{,}1$ Std.

Bei splenektomierten und mit Tusche oder Cortison vorbehandelten Tieren ergeben sich dieselben Resultate.

Vergleichsmessungen in der Lymphe zeigen ein Ansteigen der Enzymaktivität in dem Maß, wie sie im Serum abfällt, mit einem Maximum nach 3—7 Std und 20—36% der Serumausgangsaktivität. Der Zeitpunkt des Auftretens des Aktivitätsmaximums in der Lymphe ergibt, daß eine biphasische Gleichung die Verhältnisse nicht exakt repräsentiert und man mit einem 3-Kompartment-System rechnen muß. Die GPT-Ausscheidung in den Urin ist zu vernachlässigen.

Induktion der GPT-Aktivität. Die GPT besitzt die Eigenschaften eines adaptiven Enzyms und kann in verschiedenen Organen, besonders in der Leber, durch Maßnahmen, die eine grundlegende Veränderung der Stoffwechsellage verursachen, in ihrer Aktivität wesentlich beeinflußt werden. Dies weist auf eine entscheidende Bedeutung der Transaminierungsvorgänge im Stoffwechsel hin. Die Analyse der vielen, meist an der Rattenleber erhobenen Einzelbefunde führte zu der Erkenntnis, daß alle Substanzen oder Maßnahmen, die zu einer Steigerung der Enzymaktivität in der Leber Anlaß geben, mit einer Einschmelzung von Protein, d.h. Proteinkatabolismus und Gluconeogenese, verbunden sind. Umgekehrt führen anabole Maßnahmen oder die Verringerung des Proteinkatabolismus bei Proteinmangel zu einer Senkung der GPT-Aktivität (s. Tabelle 41).

Die wirksamste Substanzgruppe für eine Aktivitätssteigerung sind die Glucocorticoide, wie Cortison, Cortisol, Prednison und Prednisolon. Hierbei ergeben sich besonders bei längerer Behandlung Aktivitätssteigerungen bis zum Zwölffachen der Ausgangsaktivität. Weitere Arbeiten über die corticoidinduzierte GPT-Erhöhung[1–14].

Auch in anderen Organen kann durch Glucocorticoidbehandlung eine Aktivitätssteigerung erzielt werden, so in Pankreas, Nebennieren und Serum[15]. Eine noch ausgeprägtere Induktion erfolgt in dem ebenfalls für Cortison sehr empfindlichen Thymus (bis zu 20fache Steigerung)[4, 16] und bei Tieren mit WALKER-Carcinom 256[17]. Eine GPT-Induktion ist in der embryonalen Leber noch nicht möglich[1]. Der induktive Effekt der Corticoide wird teilweise durch Äthionin verhindert[18]. Auch Dexamethason kann aktivierend wirken[19].

Ein Vergleich der Eigenschaften der isolierten GPT-Enzyme aus einer normalen und einer cortisoninduzierten Rattenleber ergibt auf Grund der identischen Substratspezifität,

1 HARDING, H. R., F. ROSEN and C. A. NICHOL: Amer. J. Physiol. **201**, 271 (1961).
2 OTTO, K.: Naturwiss. **50**, 355 (1963).
3 BEATON, G. H., D. M. CURRY and M. J. VEEN: Arch. Biochem. **70**, 228 (1957).
4 ROSEN, F., W. R. ROBERTS and C. A. NICHOL: Endocrinology **65**, 256 (1959).
5 FERRARI, V., and L. T. TENCONI: Acta vitaminol., Milano **10**, 99 (1956).
6 GREENSTEIN, J. P., and V. E. PRICE: J. biol. Ch. **178**, 695 (1949).
7 OGASAWARA, J.: Iwate Igaku Zasshi **13**, 864 (1961).
8 MORITA, Y., and N. KAWADA: Endocrinol. jap. **9**, 103 (1962).
9 MATZELT, D., A. ORIOL-BOSCH u. K. D. VOIGT: B. Z. **335**, 485 (1962).
10 JAMDAR, S. C., and S. MOOKERJEA: Ind. J. exp. Biol. **1**, 198 (1963).
11 EIGENSTEIN, A. B.: Biochim. biophys. Acta **36**, 580 (1959).
12 SEGAL, H. J., R. G. ROSSO, S. HOPPER and M. M. WEBER: J. biol. Ch. **237**, PC 3303 (1962).
13 BRIN, M., and R. W. MCKEE: Arch. Biochem. **61**, 384 (1956).
14 SEGAL, H. L., and Y. S. KIM: Proc. nat. Acad. Sci. USA **50**, 912 (1963).
15 PUCHOL, J. R., and A. CARBALLIDO: Med. exp., Basel **1**, 305 (1959).
16 ROSEN, F., H. R. HARDING and R. J. MILHOLLAND: J. biol. Ch. **238**, 3725 (1963).
17 ROSEN, F., L. E. BUDNICK, D. K. SOLOMON and C. A. NICHOL: Cancer Res. **21**, 620 (1961).
18 SEGAL, H. L., D. S. BEATTIE and S. HOPPER: J. biol. Ch. **237**, 1914 (1962). — SEGAL, H. L., and D. S. BEATTIE: Biochem. J. **79**, 36p (1961).
19 FERRARI, G., and L. T. TENCONI: Acta vitaminol., Milano **13**, 213 (1959).

MICHAELIS-Konstanten und spezifischen Aktivität keine qualitativen Unterschiede[1, 2]. Die Aktivitätssteigerung wird auf eine Zunahme der Enzymproteinmenge zurückgeführt und nicht auf eine Aktivierung[1, 3]. Dies konnte durch „Titration" der Enzymaktivität mit GPT-Antikörpern (Antienzym) direkt nachgewiesen werden[4].

Es ist bekannt, daß die Glucocorticoide zu einem erhöhten Proteinabbau bei gleichzeitiger Gluconeogenese führen. Diese Stoffwechsellage ist mit einer negativen Stickstoffbilanz verbunden. Eine direkte Einwirkung der Corticoide auf die Enzymsynthese ist sehr wahrscheinlich. Eine primäre Mobilisierung von Aminosäuren und eine daraus resultierende Substratinduktion ist auszuschließen, da durch keines der GPT-Substrate eine Aktivitätssteigerung erzielbar ist[3, 5, 6]. Die Aktivitätssteigerung könnte auch nur relativ sein, wenn der Proteinabbau größer ist als der Enzymabbau[7]. DOCA ist als Enzyminduktor unwirksam oder verringert die Aktivität[8].

Die Verknüpfung des Kohlenhydrat- mit dem Proteinstoffwechsel liegt möglicherweise in dem Transaminierungsschritt, so daß z.B. die GPT-Reaktion unter anderem die geschwindigkeitsbegrenzende Größe bei der Gluconeogenese sein könnte[3]. Einige Aminosäuren liefern bei der Transaminierung Ketosäuren, die wie α-KGS, Oxalacetat und Pyruvat direkt in den Citronensäurecyclus eingeschleust werden; andere Aminosäuren wirken indirekt auf den Kohlenhydratstoffwechsel. Beide Gruppen werden als glucoplastische Aminosäuren bezeichnet im Gegensatz zu den ketoplastischen Aminosäuren, die zur Bildung von Acetessigsäure Anlaß geben (Tabelle 42).

Tabelle 42. *Glucoplastische und ketoplastische Aminosäuren*[9].

	Gluco-plastisch	Keto-plastisch		Gluco-plastisch	Keto-plastisch
Glycin	+	—	Asparaginsäure	+	—
Alanin	+	—	Phenylalanin	?	+
Serin	+	—	Tyrosin	(+)	+
Threonin	+	—	Tryptophan	—	—
Valin	+	—	Histidin	+	—
Leucin	—	+	Arginin	+	—
Isoleucin	(+)	+	Methionin	—	—
Lysin	—	—	Cystin	(+)	—
Glutaminsäure	+	—	Prolin	+	—

Eine weitere Möglichkeit der Steigerung der GPT-Aktivität liegt in der Proteinmobilisierung im Hungerzustand[3, 10–12]. Im Gegensatz zu der corticoidinduzierten Enzyminduktion kann die Enzymaktivität im Hungerzustand durch Adrenalektomie unter den Normalwert gesenkt werden[10, 13, 14]. Im Hungerzustand kann auch die Serum-GPT erhöht sein[15, 16]. Sinngemäß führt auch eine Nahrung mit erhöhtem Proteingehalt zu einer Aktivitätssteigerung[3], ein Effekt, der auch dann eintritt, wenn der Kohlenhydratgehalt der Nahrung erniedrigt ist[17] oder nach Adrenalektomie[18]. Eine Veränderung im

[1] OTTO, K.: Naturwiss. **50**, 355 (1963).
[2] SEGAL, H. L., D. S. BEATTIE and S. HOPPER: J. biol. Ch. **237**, 1914 (1962). — SEGAL, H. L., and D. S. BEATTIE: Biochem. J. **79**, 36p (1961).
[3] ROSEN, F., W. R. ROBERTS and C. A. NICHOL: J. biol. Ch. **234**, 476 (1959).
[4] SEGAL, H. J., R. G. ROSSO, S. HOPPER and M. M. WEBER: J. biol. Ch. **237**, PC 3303 (1962).
[5] ROSEN, F., H. R. HARDUNG and R. J. MILHOLLAND: J. biol. Ch. **238**, 3725 (1963).
[6] COLTORTI, M., and L. MALUCCI: Acta vitaminol., Milano **13**, 109 (1959).
[7] MASTERS, C. J., and D. J. HORGAN: Austral. J. biol. Sci. **15**, 690 (1962).
[8] HARDING, H. R., F. ROSEN and C. A. NICHOL: Proc. Soc. exp. Biol. Med. **108**, 96 (1961).
[9] FRUTON, J. S.; in: General Biochemistry. p. 759. London 1958.
[10] MATZELT, D., A. ORIOL-BOSCH u. K. D. VOIGT: B. Z. **335**, 485 (1962).
[11] SOBERON, G., and Q. SANCHEZ: J. biol. Ch. **236**, 1602 (1961).
[12] BRIN, M., and R. W. MCKEE: Arch. Biochem. **61**, 384 (1956).
[13] ROSEN, F., W. R. ROBERTS and C. A. NICHOL: Endocrinology **65**, 256 (1959).
[14] GREENSTEIN, J. P., and V. E. PRICE: J. biol. Ch. **178**, 695 (1949).
[15] MCLEAN, A. E. M.: Lancet **1962 II**, 1292.
[16] MCLEAN, A. E. M.: Lancet **1962 II**, 1294.
[17] NAKATA, Y., T. SUEMATSU and K. NAKATA: J. Biochem. **53**, 508, 510 (1963).
[18] WALDORF, M. A., M. C. KIRCK, H. LINKSWILER and A. E. HARPER: Proc. Soc. exp. Biol. Med. **112**, 764 (1963).

Fettgehalt der Nahrung hat keine Veränderung der GPT-Aktivität zur Folge[1]. Andere katabole Prozesse, wie z.B. Röntgenbestrahlung[2] (hier wird der GPT-M-Anteil der Leber etwas erniedrigt[3]) und Behandlung mit Stickstofflost oder Senfölen[2, 4] führen ebenfalls zu einer GPT-Erhöhung. Nach Hepatektomie nimmt die GPT in der Leber auf 150 % des Normalwertes zu und normalisiert sich wieder nach 72 Std. Die Transaminase-Aktivität erreicht hierbei ihr Maximum, wenn auch der Aminosäureeinbau in das Protein, die DNS-Synthese und die Zellteilung maximal sind[5].

Auch bei Alloxandiabetes[6], bei Hypophysektomie[7] und im höheren Alter[4, 8, 9] ist die GPT der Leber erhöht. Eine experimentelle Ammoniumchlorid-Acidose führt bei unveränderter Aktivität in der Leber zu einer geringen Aktivitätserhöhung in der Niere[10]. Im Gegensatz zu dem hemmenden in vitro-Effekt kann Thyroxin in vivo die Enzymaktivität der Leber steigern[11].

Ein Proteinmangel, der zu einem verringerten Abbau von Depotprotein führt, verursacht einen Aktivitätsabfall der GPT der Leber[6, 12–14]. Bei Schafen wird zwar in vielen Organen die GPT bei einer über 9—10 Wochen verabreichten Nahrung mit 0,5 % Proteingehalt gesenkt, jedoch steigt der Wert in der Leber schwach an[15].

ACTH, das anabol wirksam ist und zu einer Verringerung der Glucoseoxydation führt, senkt den GPT-Spiegel[16–19]. Der GPT-Gehalt der Leber ist während der Schwangerschaft erniedrigt[17, 20, 21], wobei der GPT-M-Gehalt konstant bleibt und nur der GPT-C-Anteil gesenkt ist[1]. Im jugendlichen Wachstum[4] und bei Tieren mit rasch wachsendem Tumor[4, 22], ferner nach Adrenalektomie[2, 23, 24] (besonders bei erwachsenen Tieren[8]), nach Behandlung mit androgenen Hormonen[25–27] und auch nach Kastration[26] sind ebenfalls Senkungen der GPT-Aktivität beobachtet worden. In vitro ist Testosteron unwirksam[28].

Hemmstoffe. a) In vivo-Hemmung durch Vitamin B_6-Mangel und anabole Stoffwechselprozesse s. unter Abschnitt: Coenzym und Induktion.

b) SH-Gruppen-Reagentien als Hemmstoffe. SH-Gruppen sind nicht nur im aktiven Zentrum der GPT wirksam, sondern auch an der Bindung des Coenzyms beteiligt. Die Bestimmung der SH-Gruppen im gereinigten Enzym mit p-Chlormercuribenzoat (p-CMB)[29] ergab, bezogen auf 100000 g Protein, 4,5—5 M SH-Gruppen[30]. Die GPT wird durch

---

1 Nakata, Y., T. Suematsu and K. Nakata: J. Biochem. **53**, 508, 510 (1963).
2 Brin, M., and R. W. McKee: Arch. Biochem. **61**, 384 (1956).
3 Andri, L., L. Tominz e M. Caprotti: Folia med., Napoli **45**, 1248 (1962).
4 Beaton, G. H., D. M. Curry and M. J. Veen: Arch. Biochem. **70**, 228 (1957).
5 Pollak, J. K.: Exp. Cell Res. **19**, 156 (1960).
6 Rosen, F., W. R. Roberts and C. A. Nichol: J. biol. Ch. **234**, 476 (1959).
7 Rosen, F., W. R. Roberts and C. A. Nichol: Endocrinology **65**, 256 (1959).
8 Harding, H. R., F. Rosen and Ch. A. Nichol: Amer. J. Physiol. **201**, 271 (1961).
9 Oeriu, S., G. Costescu, O. Teodorescu and I. Soimu: Stud. Cercet. Biochim. **5**, 337 (1962).
10 Itabisashi, T., and T. Yonemura: Nat. Inst. anim. Hlth. Quart., Tokyo **2**, 154 (1962).
11 Barbieri, E.: Boll. Soc. ital. Biol. sperim. **33**, 472 (1957).
12 Som, J. M., and G. G. Esh: Ann. Biochem. exp. Biol., Calcutta **23**, 243 (1963).
13 Awapara, J.: J. biol. Ch. **200**, 537 (1953).
14 Kaplansky, S., i J. Shmerling: Biochimija, Moskva **10**, 401 (1946).
15 Masters, C. J., and D. J. Horgan: Austral. J. biol. Sci. **15**, 690 (1962).
16 Braunstein, A. E., and M. G. Kritsman: Enzymologia **2**, 129 (1937).
17 Beaton, G. H: Proc. Soc. exp. biol. Med. **83**, 781 (1953).
18 Beaton, G. H., M. H. Ryu and E. W. McHenry: Endocrinology **57**, 748 (1955).
19 Zucklewski, A. C., and O. H. Gaebler: Arch. Biochem. **66**, 463 (1957).
20 Beaton, G. H., J. Beare, M. H. Ryu and E. W. McHenry: J. Nutrit. **54**, 291 (1954).
21 Harding, H. R., F. Rosen and C. A. Nichol: Fed. Proc. **20**, 181 (1961).
22 Harding, H. R., F. Rosen and C. A. Nichol: Proc. amer. Ass. Cancer Res. **3**, 326 (1962).
23 Puchol, J. R., and A. Carballido: Med. exp., Basel **1**, 305 (1959).
24 Harding, H. R., F. Rosen and C. A. Nichol: Proc. Soc. exp. Biol. Med. **108**, 96 (1961).
25 Ogasawara, J.: Iwata Igaku Zasshi **13**, 864 (1961).
26 Apostolakis, M., D. Matzelt u. K. D. Voigt: B. Z. **337**, 414 (1963).
27 Puchol, J. R., and A. Carballido: Med. exp., Basel **4**, 45 (1961).
28 Dirscherl, W., u. A. Veltin: B. Z. **323**, 399 (1953).
29 Boyer, P. D.: Am. Soc. **76**, 4331 (1954).
30 Grein, L., u. G. Pfleiderer: B. Z. **330**, 433 (1958).

5×10^{-6} m p-CMB zu 80% gehemmt. Sie kann durch Glutathion und PLP[1, 2] und auch durch Cystein oder besser Cystein + PLP zum Teil reaktiviert werden. H_2S oder Dithiol ist infolge der Mercaptalbildung mit der Carbonylgruppe des Coenzyms nicht anwendbar[3]. p-Mercuriphenylsulfonat hemmt in ähnlicher Weise wie p-CMB[1]. Jodessigsäure hemmt nicht[4]. Die Wirkung der Schwermetalle wird in Abschnitt d behandelt.

c) Carbonylgruppen-Reagentien und substratanaloge Substanzen. Der am häufigsten verwendete Hemmstoff ist das Isonicotinsäurehydrazid (INH), dessen Hemmwirkung in Tabelle 43 aufgeführt ist. Die Hemmwirkung ist auch in vivo für die GPT der Rattenleber nachgewiesen[5, 6]. Der toxische in vivo-Effekt (periphere Neuritis) bei Verwendung von INH als Tuberkulostaticum kann durch gleichzeitige Verabreichung von Vitamin B_6 verhindert werden[7]. Die INH-Hemmung wird durch PLP aufgehoben[1, 3]; Pyridoxin, Pyridoxamin und Pyridoxaläthylacetal sind wirkungslos[8]. Es besteht zwischen der tuberkulostatischen Wirkung des INH und seiner Hemmfähigkeit für Transaminasen kein Zusammenhang, da andere Hydrazide ebenfalls Hemmkörper für GPT sind und keinen ähnlichen therapeutischen Effekt wie INH besitzen (Tabelle 43). Im allgemeinen ist die tuberkulostatische Wirkung an eine in 4-Stellung substituierte Pyridinstruktur gebunden[9].

Tabelle 43. *Hemmstoffe für die GPT.*

Hemmstoff	Konzentration m	% Hemmung	Literatur
Isonicotinsäurehydrazid	10^{-3}	7	3
Isonicotinsäurehydrazid	5×10^{-3}	52	
Isonicotinsäurehydrazid	10^{-2}	60	
Isonicotinsäurehydrazid	5×10^{-2}	93	
Isonicotinsäurehydrazid	10^{-1}	95	
Isonicotinsäurehydrazid	5×10^{-3}	50	1
Isonicotinsäurehydrazid	10^{-2}	70	
Isonicotinsäurehydrazid	10^{-2}	50	8
INH-Kupfer-Komplex	$3—6 \times 10^{-5}$	50	

Hemmstoff[9]	% Hemmung* bei einer Konzentration von: $3{,}3 \times 10^{-3}$ m	$3{,}3 \times 10^{-2}$ m	$3{,}3 \times 10^{-1}$ m
INH	20	60	90
INH-N-Methyljodid	10	45	72
Nicotinsäurehydrazid	12	58	90
Benzohydrazid	20	77	92
Picolinsäurehydrazid	20	40	90
4-Desoxypyridoxin	5	25	85
4-Desoxypyridoxinphosphat	10	15	90
Pyridoxal	0	35	75
Pyridoxal + $3{,}3 \times 10^{-2}$ m Isoniazid	52	58	90
Pyridoxalisonicotinsäurehydrazon	0	35	63**

* Zur Hemmung wird das Enzym 30 min bei 37° C in Phosphatpuffer, p_H 7,4, vorinkubiert.

** Gesättigte Lösung unter 0,33 m.

Der anfänglich angenommene kompetitive Hemmeffekt zwischen PLP und INH ist, wie bei der GOT bereits diskutiert, zugunsten einer Hemmung durch Bindung des Coenzyms fallengelassen worden. Auch eine Bindung der Ketosäuren kann ausgeschlossen werden, da zur Hemmung des Enzyms eine Vorinkubation mit INH notwendig ist. Die Zeitabhängigkeit des Hemmungsgrades eines GPT-Präparates aus Schweineherz bei In-

[1] SEGAL, H. L., D. S. BEATTIE and S. HOPPER: J. biol. Ch. **237**, 1914 (1962). — SEGAL, H. L., and D. S. BEATTIE: Biochem. J. **79**, 36p (1961).
[2] HOPPER, S., and H. L. SEGAL: Fed. Proc. **21**, 245 (1962).
[3] GREIN, L., u. G. PFLEIDERER: B. Z. **330**, 433 (1958).
[4] CRUICKSHANK, D. H., and F. A. ISHERWOOD: Biochem. J. **69**, 189 (1958).
[5] ALIOTO, M. R.: Biochim. appl., Parma **8**, 239 (1961).
[6] ALIOTO, M. R.: Biochim. appl., Parma **9**, 238 (1962).
[7] BIEHL, J. P., and R. W. VILTER: Proc. Soc. exp. Biol. Med. **85**, 389 (1954).
[8] MAURON, J.: Voeding **16**, 482 (1955).
[9] HICKS, R. M., and J. CYMERMAN-CRAIG: Biochem. J. **67**, 353 (1957).

kubation mit einer $3{,}3 \times 10^{-2}$ m INH-Lösung ist folgende: 0 min 10—40 %, 15 min 40 %, 30 min 55 %, 45 min 50 %, 60 min 55 % [1]. SEGAL hingegen fand mit einem GPT-Präparat aus Rattenleber eine sofortige Hemmung nach Zugabe des Enzyms zum Hemmstoff [2]. In vivo ist eine Hemmung der GPT im Gehirn durch INH und die meisten anderen Carbonylreagentien nicht möglich [3]. Auch andere Substanzen, die mit der Carbonylgruppe des PLP in Reaktion treten können, verursachen eine Hemmung, so z. B. Hydroxylamin [4–6], das in vivo nur die GPT der Leber hemmt, Methylhydroxylamin [6], Semicarbazid [5] und Iproniazid, das in vivo nur die GPT von Leber und Gehirn hemmt [7, 8].

Weiterhin hemmen auch verschiedene acyclische Substanzen mit einer Amino- oder Hydroxyaminogruppe, die eine SCHIFFsche Base bilden können, so z. B. β-Aminooxyalanin und γ-Aminobuttersäure und deren Äthylester [9, 10]. Hierher gehört auch die Hemmung mit Aminooxyacetat, die zwischen p_H 7—8 maximal ist. Da die pK-Werte der dissoziierbaren Gruppen des Aminooxyacetats bei 3,5 und 5 liegen, muß die Abhängigkeit der Hemmwirksamkeit auf einer dissoziierbaren Gruppe des Enzyms beruhen, die auf Grund der nur geringen p_H-Abhängigkeit der MICHAELIS-Konstanten wohl eine Rolle bei der Inhibitorbindung spielt, nicht jedoch bei der Substratbindung. Die Hemmung ist in bezug auf die Aminosäuren kompetitiv, auf die Ketosäuren nicht kompetitiv. Bei Verwendung von Ala, Glu, BTS und α-KGS als variable Substrate konnte bei p_H 7,3 eine Inhibitor-Bindungskontante von 3,4; 8,3; 9,7 und $4{,}0 \times 10^{-8}$ m, also im Durchschnitt $6{,}4 \times 10^{-8}$ m, berechnet werden [11, 12]. Bereits Konzentrationen von 10^{-9} m Aminooxyacetat hemmen die GPT [2].

Tabelle 44. *Aminosäuren als Hemmstoffe der GPT* [2].
Ansatz: 100 μM D,L-Alanin; 12 μM α-KGS; p_H 7,5.

Substanz	% Hemmung	
	0,01 m	0,05 m
D,L-α-Aminobuttersäure . .	21	45
D,L-α-Amino-n-valeriansäure	32	46
δ-Amino-n-valeriansäure . .		2
L-Leucin	48	57
L-Valin	28	36
D-Leucin		0
D-Alanin		5
β-Alanin		20
Glycin		17

Eine kompetitive Substrathemmung konnte mit einigen Aminosäuren nachgewiesen werden (Tabelle 44), wobei die Inhibitor-Konstanten relativ groß sind, z. B. für α-Aminobuttersäure $K_I = 0{,}02$ m. Auch Glutamat hemmt Alanin kompetitiv [2], α-Methyl-D,L-aspartat und α-Methylalanin hemmen kaum, und auch α-Methylglutaminsäure verursacht 10^{-1} m nur eine geringe nichtkompetitive Hemmung [4]. Deutlich hemmen γ-Aminobuttersäure und α-Amino-γ-aminobuttersäure [6].

Die substratanalogen Substanzen Succinat, Maleat, Fumarat und Glutarat hemmen 4×10^{-2} m bei p_H 7,4 zu 55, 53, 38 und 36 % [13]. Ebenso ist die α,β-ungesättigte Dicarbonsäure des spezifischen Substrates ein Hemmstoff: Maleat für GOT und GPT und Acrylat für GPT [2]. Die Affinitätskonstanten für Maleat und Acrylat betragen 0,035 bis 0,055 m und sind für die PLP- und die PMP-Form der GPT gleich [11]. Auch Malonat gibt eine geringe Hemmung [5]. Hier seien auch die oralen Antidiabetica Carbutamid

[1] HICKS, R. M., and J. CYMERMAN-CRAIG: Biochem. J. **67**, 353 (1957).
[2] SEGAL, H. L., D. S. BEATTIE and S. HOPPER: J. biol. Ch. **237**, 1914 (1962). — SEGAL, H. L., and D. S. BEATTIE: Biochem. J. **79**, 36p (1961).
[3] ROSEN, F., and R. J. MILHOLLAND: Fed. Proc. **21**, 237 (1962).
[4] BRAUNSTEIN, A. E., R. M. ASARCH i S. G. MOGILEWSKAJA: Ukrain. Biochem. J. **27**, 259 (1955).
[5] CRUICKSHANK, D. H., and F. A. ISHERWOOD: Biochem. J. **69**, 189 (1958).
[6] POLYANOVSKII, O. L., i Y. M. TORCHINSKII: Dokl. Akad. Nauk SSSR **141**, 488 (1961).
[7] CHOI, S. H.: New med. J., Seoul **3**, 69 (1960).
[8] PIRRELLI, A.: Atti Relaz. Accad. Pugliese Sci., Pt. **2**, **19**, 133 (1961).
[9] VISHEPAN, E. D., K. I. IVANOVA i R. M. CHERNUKH: Bull. exp. Biol. Med. (russ.) **51**, 76 (1961).
[10] VISHEPAN, E. D., K. I. IVANOVA i A. M. CHERNUKH: Bull. exp. Biol. Med. (russ.) **47**, 52 (1959).
[11] HOPPER, S., and H. L. SEGAL: J. biol. Ch. **237**, 3189 (1962).
[12] HOPPER, S., and H. L. SEGAL: Fed. Proc. **21**, 245 (1962).
[13] TORCHINSKII, Y. M.: Dokl. Akad. Nauk SSSR **138**, 1464 (1961).

(N^1-Sulfanilyl-N^2-n-butyl-carbamid) und Tolbutamid (N^1-Toluylsulfonyl-N^2-n-butyl-carbamid) genannt, die 10^{-3} m die GPT zu 50 bzw. 65% hemmen, während Sulfacetamid und 2-Sulfanilamidpyrimidin, die keine therapeutische Bedeutung besitzen, unwirksam sind. Im Zusammenhang mit der Bedeutung der GPT bei der Glucosebildung aus Protein wird ein blutzuckersenkender Effekt dieser Stoffe mit der Hemmwirkung der GPT diskutiert[1].

Cycloserin, das GOT in unspezifischer Weise langsam hemmt, ist für die GPT ein spezifischer stark wirksamer Inhibitor, der als strukturanaloge Verbindung von L-Alanin kompetitiv wirkt[2–6]. Die Hemmung ist nicht p_H-abhängig. Die D- und D,L-Form des Cycloserins sind klinisch wegen ihrer zentralnervösen Nebenwirkungen unbrauchbar. Die tierische und bakterielle GPT wird durch $\leqslant 10^{-4}$ m D,L-Cycloserin stark gehemmt und kann durch PLP nicht reaktiviert werden[5, 7]. Die Hemmwirkung der L-Form ist stärker als die des D-Cycloserins[4, 7–9].

Der Hemmbereich für die Gruppe der hochempfindlichen Transaminasen GPT und Asparagin-Transaminase liegt bei 5×10^{-7} bis 10^{-5} m. Die Werte für eine 50%ige Hemmung betragen für die GPT: D,L-Cycloserin 10^{-5}, L-Cycloserin 5×10^{-5} und D-Cycloserin $\sim 10^{-3}$ m. Die Inhibitorkonstante für L-Cycloserin beträgt 8×10^{-6} m. Die Hemmwirkung ist nur wenig zeit- und temperaturabhängig, jedoch kann das Enzym um so weniger durch Zusatz von L-Alanin reaktiviert werden, je länger die Vorinkubation mit L-Cycloserin andauert. Nach einer anschließenden Dialyse oder Gelelektrophorese kann nur ein Teil des Enzyms reaktiviert werden. Die Reaktivierung durch Aminosäuren beruht auf der Überführung des Enzyms in die PMP-Form, die nicht mit Cycloserin reagiert. Demnach wird die Hemmung durch Ketosäuren gefördert, und zwar mehr durch α-KGS als BTS[3, 8]. Ebenso kann die Labilität der SCHIFFschen Base, die sich zwischen PLP und Cycloserin ausbildet, mit ein Grund für die Reaktivierung sein[10].

Da bei saurer Reaktion Cycloserin zu Hydroxylamin und Serin hydrolysieren und auch Hydroxylamin PLP-Enzyme hemmen kann, wurde die Hemmwirkung von Hydroxylamin, L- und D,L-Cycloserin auf die GPT von Leber, Herz und Gehirn untersucht. Dabei ergab sich für die beiden ersten Hemmstoffe eine 50%ige Hemmung bei $4—8 \times 10^{-5}$ m Lösungen und für D,L-Cycloserin bei $2{,}5—9{,}5 \times 10^{-7}$ m[11]. Hydroxylamin und D-Cycloserin hemmen durch eine unspezifische Blockierung des PLP, während L- und D,L-Cycloserin spezifisch hemmen und mit zwei Bindungsstellen, der Aminooxy-Gruppe und der Carboxylgruppe der decyclisierten Verbindung, mit der Bindung des L-Alanin konkurrieren.

Cyclische Verbindungen ohne freie Aminogruppe, wie N-Methylcycloserin und 3-Isoxazolidinon hemmen die GPT ebenfalls[12, 13]; ferner die Hydroxamsäuren von Alanin und β-Chlorpropionsäure[13], Cyclothreonin[5] und Penicillamin[14].

Allgemeine Hemmstoffe und Metallwirkung. In älteren Untersuchungen wurde eine starke Hemmwirkung von Chinhydron und p-Benzochinon festgestellt[15]. Die GPT-

---

[1] BORNSTEIN, J.: Nature **179**, 534 (1957).
[2] ALIOTO, M. R.: Biochim. appl., Parma **9**, 238 (1962).
[3] BRAUNSTEIN, A. E.: 5. Int. Congr. Biochem. Sympos. IV, Repr. 9. Moskau 1961.
[4] STROMINGER, J. L.: Am. Soc. **82**, 988 (1960).
[5] VISHEPAN, E. D., K. I. IVANOVA i A. M. CHERNUKH: Bull. exp. Biol. Med. (russ.) **47**, 52 (1959).
[6] DENGLER, H. J., E. RAUCH and W. RUMMEL: A. e. P. P. **243**, 366 (1962).
[7] AZARKH, R. M., A. E. BRAUNSTEIN, T. S. PASKHINA i T. S. HSU: Biochimija, Moskva **25**, 954 (1960).
[8] BRAUNSTEIN, A. E., R. M. AZARKH i S. TIN sen.: Biochimija, Moskva **26**, 882 (1961).
[9] BARBIERI, E.: Biochem. Pharmacol. **3**, 101, 264 (1960).
[10] KOCHETKOV, N. K., R. M. KHOMUTOV, M. J. KARPEISKY, E. I. BUDOVSKY i E. S. SEVERIN: Dokl. Akad. Nauk SSSR **126**, 1132 (1959).
[11] OEHME, P.: Naturwiss. **50**, 20 (1963).
[12] POLYANOVSKII, O. L., i Y. M. TORCHINSKII: Dokl. Akad. Nauk SSSR **141**, 488 (1961).
[13] VISHEPAN, E. D., K. I. IVANOVA i R. M. CHERNUKH: Bull. exp. Biol. Med. (russ.) **51**, 76 (1961).
[14] DUVIGNEAUD, V., E. J. KUCHINSKAS and A. HORVATH: Arch. Biochem. **69**, 130 (1957).
[15] COHEN, P. P.; in: Sumner-Myrbäck Bd. I, S. 1040.

Aktivität im Serum der Ratte wird durch Salicylate gehemmt, wobei eine in ortho-Stellung zur Carboxylgruppe vorhandene OH-Gruppe notwendig ist, die durch die Thiolgruppe ersetzt sein kann[1]. Ultraschall kann auch die GPT in unspezifischer Weise durch Denaturierung hemmen[2]. Eine durch PLP reversible Hemmung ergibt sich auch mit L-Thyroxin und L-3,5-Dijod-thyronin, während Thyronin wirkungslos ist[3]. Chlorpropamidin 10^{-3} bis $2{,}5 \times 10^{-2}$ m hemmt GPT zu 30—60%, nicht jedoch GOT[4]. Ein Zusatz von Aureomycin zu einem Rattenleberhomogenat führt zu einer Verminderung der GPT-Aktivität[5]. Actinomycin hemmt in vivo die GPT der Rattenleber nahezu vollständig[6]. Der hemmende Effekt von Cystein auf die Transaminierung in Gewebekulturen kann durch PLP aufgehoben werden[7].

Obwohl der Veraschungsrückstand eines gereinigten GPT-Präparates keinen wesentlichen Gehalt an Schwermetallen aufweist und 8-Hydroxychinolin das Enzym nicht hemmt, ist eine Beteiligung von Metallen an der Transaminierungsreaktion nicht ausgeschlossen, da eine Hemmwirkung von 10^{-2} m EDTA und o-Phenanthrolin nachgewiesen wurde. Allerdings wurde sie bei EDTA auch mehrfach vermißt[8, 9]. GPT aus Weizenkeimen wird durch $AgNO_3$ 10^{-4} m zu 33% und 10^{-3} m zu 100% gehemmt[10]. GPT aus Hundesubmaxillarisdrüsen und *E. coli* wird ebenfalls durch Ag^+ und Hg^{++} gehemmt und durch Fe-II und Fe-III, Aluminium- und Chrom-III-Ionen aktiviert[11, 12].

Bestimmungsmethoden der GPT. Neben den unter „Allgemeine Bestimmungsmethoden" beschriebenen Verfahren zur Bestimmung von Glutaminsäure werden zur Bestimmung von Alanin besonders das gebildete Pyruvat und α-KGS als Meßgröße der Transaminierung verwendet.

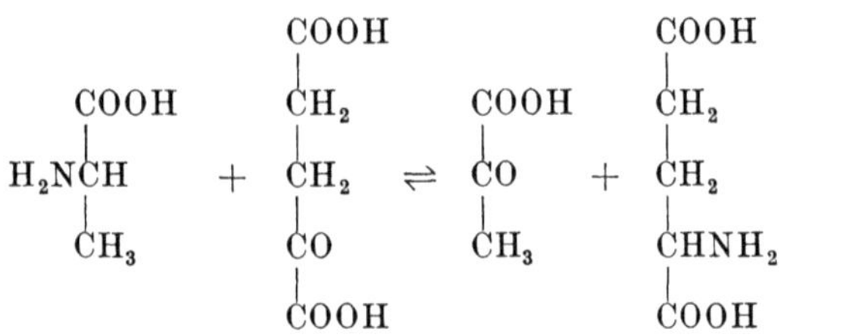

Alanin α-KGS Pyruvat Glutaminsäure

Bestimmung von Alanin. 1. Das Verfahren der Überführung von Alanin mit Ninhydrin in Acetaldehyd und dessen colorimetrischer Nachweis[13] wurde von Brin[14] zur Messung von Transaminierungsreaktionen verwendet.

2. Alanin kann mit salpetriger Säure in Lactat übergeführt werden[15], das als Acetaldehyd oder enzymatisch bestimmt werden kann.

---

1 Steggle, R. A., A. K. Huggins and M. J. H. Smith: Biochem. Pharmacol. **7**, 151 (1961).
2 Dastugue, G., C. Bonhomme, P. Bastide, R. Pourhadi, M. J. Guetton, P. Pasquier et A. Chambon: Path. Biol., Paris **7**, 499 (1959).
3 Horvath, A.: Enzymologia **19**, 297 (1958).
4 Tropeano, L., A. Nunnari, S. Di Stefano e F. Belfiore: Boll. Soc. med.-chirur. Catania **26**, 741 (1958).
5 Ginoulhiac, E., e L. T. Tenconi: Ric. sci., Suppl. **25**, 303 (1955).
6 Salgarello, G., R. Moratello e G. Muravi: Boll. Soc. ital. Biol. sperim. **34**, 1540 (1958).
7 Maradashev, S. R., i T. R. Chao: Dokl. Akad. Nauk SSSR **133**, 230 (1960).
8 Segal, H. L., D. S. Beattie and S. Hopper: J. biol. Ch. **237**, 1914 (1962). — Segal, H. L., and D. S. Beattie: Biochem. J. **79**, 36p (1961).
9 Torchinskii, Y. M.: Dokl. Akad. Nauk SSSR **138**, 1464 (1961).
10 Cruickshank, D. H., and F. A. Isherwood: Biochem. J. **69**, 189 (1958).
11 Kim, M. K.: New med. J., Seoul **4**, 87 (1961).
12 Wada, H., H. Yoshimatsu, T. Koizumi, F. Inoue, K. Ito and T. Morisue: Proc. int. Symp. Enzyme Chem., Tokyo and Kyoto **2**, 148 (1957).
13 Alexander, B., and A. M. Seligman: J. biol. Ch. **159**, 9 (1945).
14 Brin, M., R. E. Olson and F. J. Stare: J. biol. Ch. **210**, 435 (1954).
15 Barron, E. S. G., and C. Huggins: J. Urol., Baltimore **55**, 385 (1946).

Bestimmung von Pyruvat. *1. Manometrisch.* Pyruvat kann mit einem Decarboxylasepräparat aus Hefe rascher decarboxyliert werden als α-KGS[1]; CO_2 wird manometrisch gemessen.

2. Colorimetrische Methoden. a) Pyruvat gibt mit Salicylaldehyd in alkalischer Lösung einen Farbkomplex[2], dessen Konzentration, bei 440 mμ gemessen, zur Aktivitätsbestimmung von GPT verwendet werden kann[3].

b) Das unter „Allgemeine Bestimmungsmethoden" (s. S. 323) beschriebene Verfahren[4, 5] kann zur Bestimmung von Pyruvat neben α-KGS dienen.

c) Die Grundlage für die heute übliche colorimetrische Aktivitätsbestimmung der GPT ist das Verfahren von TONHAZY[6] (s. auch unter „Spezielle Methoden GOT"). Es wurde von CALDWELL[7] derart abgewandelt, daß ein Zusatz von Anilin unterbleibt und das gebildete Pyruvat direkt gemessen wird[8]. Dieses Prinzip entspricht auch dem Verfahren von REITMAN und FRANKEL[9] zur Aktivitätsbestimmung von GOT und wurde als Grundlage der heute üblichen colorimetrischen Routinebestimmung der GPT-Aktivität[10] verwendet.

***Bestimmung der Glutamat-Pyruvat-Transaminase nach* REITMAN *und* FRANKEL[9], *modifiziert nach* BERGMEYER *und* BERNT[10].**

Prinzip:

Das aus L-Alanin und α-KGS unter definierten Bedingungen gebildete Pyruvat wird als 2,4-Dinitrophenylhydrazon bei der Wellenlänge zwischen 500—550 mμ (in diesem Bereich absorbiert das ebenfalls gebildete Hydrazon der α-KGS nur wenig) photometrisch bestimmt. Die optimale Substratkonzentration für α-KGS von 3×10^{-2} m kann trotzdem nicht verwendet werden. Dieser Fehler kann nicht durch Eichung mit bekannten Pyruvat-α-KGS-Mischungen korrigiert werden, sondern nur durch gleichzeitige Eichmessung der Pyruvatmenge im NADH-Test.

Reagentien:

1. Substrat-Pufferlösung: 0,1 m Phosphatpuffer, p_H 7,4; 0,2 m D,L-Alanin; 2×10^{-3} m α-KGS [1,5 g K_2HPO_4 + 0,030 g α-KGS + 1,78 g D,L-Alanin mit bidest. Wasser ad 100 ml lösen (p_H-Wert kontrollieren)].
2. Chromogenlösung: 10^{-3} m 2,4-Dinitrophenylhydrazin (20 mg 2,4-Dinitrophenylhydrazin in 1 n HCl ad 100 ml).
3. 0,4 n NaOH.
4. 2×10^{-3} m Na-pyruvat (22 mg Na-pyruvat mit bidest. Wasser ad 100 ml).

Die Substratlösungen 1 und 4 sind nach Zusatz von einigen Tropfen Chloroform mehrere Wochen bei 0—4° C stabil, die anderen Lösungen sind unbegrenzt haltbar.

Ausführung:

Meßstrahlung 530 oder 546 mμ, Schichtdicke 1 cm, Reaktionstemperatur 37° C.

Hauptwert. 1 ml Substrat-Pufferlösung (*1*) wird in einem Reagensglas mit 0,2 ml Serum oder Enzymlösung versetzt, gemischt, bei 37° C 30 min inkubiert und die Reaktion durch Zusatz von 1 ml Chromogenlösung (*2*) abgestoppt.

Leerwert. Zu 1 ml der Substrat-Pufferlösung (*1*) wird ohne Inkubation 1 ml Chromogenlösung (*2*) zugegeben und dann erst mit 0,2 ml Serum oder Enzymlösung versetzt.

[1] COHEN, P. P., and G. L. HECKHIUS: J. biol. Ch. **140**, 711 (1941).
[2] STRAUB, F. B.: H. **244**, 117 (1936).
[3] GREEN, D. E., L. F. LELOIR and V. NOCITO: J. biol. Ch. **161**, 559 (1945).
[4] FRIEDEMANN, T., and G. E. HAUGEN: J. biol. Ch. **147**, 415 (1943).
[5] KOEPSELL, H. J., and E. S. SHARPE: Arch. Biochem. **38**, 443 (1952).
[6] TONHAZY, N. E., N. G. WHITE and W. W. UMBREIT: Arch. Biochem. **28**, 36 (1950).
[7] CALDWELL, E. F., and E. W. MCHENRY: Arch. Biochem. **45**, 97 (1953).
[8] BEATON, G. H., D. M. CURRY and M. J. VEEN: Arch. Biochem. **70**, 228 (1957).
[9] REITMAN, S., and S. FRANKEL: Amer. J. clin. Path. **28**, 56 (1957).
[10] BERGMEYER, H. U., u. E. BERNT; in: BERGMEYER, H. U. (Hrsg.): Methoden der enzymatischen Analyse. S. 846, 851. Weinheim 1962.

Nach dem Chromogenzusatz wird 20 min bei Raumtemperatur inkubiert, 10 ml NaOH-Lösung (*3*) zugegeben und nach 5 min die Extinktion des Hauptwertes gegen den Leerwert gemessen. Bei Extinktionswerten über 0,350 soll die Messung mit verdünnter Enzymlösung wiederholt werden.

Berechnung:

Die Auswertung kann an Hand einer Pyruvat-Eichkurve oder Umrechnungstabelle von Extinktion in Einheiten erfolgen. Im Routinebetrieb genügt eine Eichung an Hand einer Pyruvat-Standard-Kurve. Dazu werden 0—0,5 ml Pyruvat (Lösung *4*) mit 1—0,5 ml Substrat-Pufferlösung (*1*), 0,2 ml Wasser und 1 ml Chromogenlösung (*2*) gemischt, nach 20 min mit 10 ml NaOH-Lösung (*3*) versetzt und nach 5 min gegen den Wert ohne Pyruvat gemessen. Ein Vergleich mit der UV-Methode und LDH als Indicatorenzym ergab die Beziehung nach Tabelle 45. Daraus ergibt sich für Messungen bei 546 mμ folgende Umrechnungstabelle von Extinktion einer unbekannten Enzymlösung in Einheiten nach WROBLEWSKI (Tabelle 46).

Tabelle 45. *Eichkurve zur colorimetrischen Aktivitätsbestimmung der GPT mit Pyruvat*[1].

Bei Verwendung von ml Lösung 4	Einheiten GPT nach WROBLEWSKI
0,1	27
0,2	57
0,3	95
0,4	137
0,5	205

Andere Modifikationen stammen von WROBLEWSKI und CABAUD[2] und ROSEN[3], welche die Methode von TONHAZY so variiert haben, daß lediglich der Zusatz von Anilincitrat unterbleibt. Dagegen haben sie die Enteiweißung des Ansatzes und die Extraktion

Tabelle 46. *Umrechnungstabelle für die colorimetrische Bestimmung der GPT*[1].

Extinktion bei 546 mμ	GPT-Einheiten nach WROBLEWSKI	Extinktion bei 546 mμ	GPT-Einheiten nach WROBLEWSKI	Extinktion bei 546 mμ	GPT-Einheiten nach WROBLEWSKI
0,025	5	0,150	42	0,275	95
0,050	11	0,175	51	0,300	108
0,075	18	0,200	60	0,325	123
0,100	25	0,225	71	0,350	141
0,125	34	0,250	82	0,375	160

der Hydrazone mit Toluol sowie die Serumleeransätze beibehalten. Diese Arbeitsschritte entfallen in der von MOHUN[4] angegebenen Methode, der die Aktivität, wie auch[2], in CABAUD-Einheiten definiert. YATZIDIS[5] behält dagegen, um das Verfahren für die Aktivitätsbestimmung von GOT und GPT gleichartig zu gestalten, die Zugabe von Anilincitrat noch bei.

Eine colorimetrische Mikromethode unter Verwendung von 0,1 ml Serum/Ansatz wurde von [6] und [7] beschrieben.

Ein höherer α-Liponsäuregehalt in der Testlösung vermag das bei der Reaktion oder durch Anilincitrat gebildete Pyruvat abzubauen und kann so, besonders bei niedrigen Transaminase-Aktivitäten, ein verfälschtes Ergebnis liefern[8]. Die Transaminierungsreaktion kann auch dadurch teilweise maskiert sein, daß Pyruvat auf einem anderen Stoffwechselweg verbraucht wird[9].

---

[1] BERGMEYER, H. U., u. E. BERNT; in: BERGMEYER, H. U. (Hrsg.): Methoden der enzymatischen Analyse. S. 846, 851. Weinheim 1962.
[2] WROBLEWSKI, F., and P. CABAUD: Amer. J. clin. Path. **27**, 235 (1957).
[3] ROSEN, F., W. R. ROBERTS and C. A. NICHOL: J. biol. Ch. **234**, 476 (1959).
[4] MOHUN, A. F., and I. J. COOK: J. clin. Path. **10**, 394 (1957).
[5] YATZIDIS, H.: Nature **186**, 79 (1960).
[6] NATELSON, S.: Microtechniques of Clinical Chemistry. Springfield, Ill. 1963.
[7] BESSON, R., P. BOIVIN et R. FAUVERT: Rev. franç. Ét. clin. biol. **4**, 614 (1959).
[8] KELLEN, J., u. S. KOMAR: Dtsch. Z. Verd.- u. Stoffwechselkr. **20**, 293 (1960).
[9] CANDURA, F.: Boll. Soc. ital. Biol. sperim. **35**, 697 (1959).

3. Enzymatische Aktivitätsbestimmung. HENLEY[1] und WROBLEWSKI[2, 3] haben in Anlehnung an das bereits bekannte Verfahren zur Aktivitätsbestimmung der GOT auch ein solches für die GPT angegeben. Es dient auch heute noch in einer Modifikation[4] als die spezifischste Methode.

***Konventionelles Verfahren zur Bestimmung der Glutamat-Pyruvat-Transaminase nach* WROBLEWSKI *und* LADUE[2], *modifiziert nach* BERGMEYER *und* BERNT[4].**

Prinzip:

Das bei der Transaminierung von α-KGS mit Alanin gebildete Pyruvat wird durch Lactatdehydrogenase in Lactat übergeführt und der Verbrauch an NADH spektrophotometrisch gemessen.

Optimale Meßbedingungen. Genauere Untersuchungen über die optimale Substratkonzentration[5] haben gezeigt, daß keines der bisher beschriebenen Verfahren in optimalen Substratbereichen arbeitet und daß die so ermittelten Aktivitätswerte für GPT aus Serum bis zu 50% zu tief liegen. Im Normalserum schwankt bei einer L-Alaninkonzentration von 0,03—1,0 m die optimale Konzentration für α-KGS zwischen 0,003 und 0,3 m, im Serum von Hepatitis-Kranken dagegen zwischen 0,02—0,05 m. Optimale Bedingungen bei einer α-KGS-Konzentration von 0,03 m erhält man bei einer 1 m L-Alaninlösung.

Der konventionelle Test, wie er auch von WROBLEWSKI[2] beschrieben wurde, enthält im Ansatz $6{,}6 \times 10^{-3}$ m α-KGS und $3{,}3 \times 10^{-2}$ m Alanin. HENRY[6] verwendet eine 0,16 m Alanin- und 7×10^{-3} m α-KGS-Konzentration, LAURSEN[7] fand bei einer 0,016 m α-KGS noch keine optimalen Meßwerte.

Reagentien:

1. Substrat-Pufferlösung: 0,1 m Phosphatpuffer, p_H 7,4; 0,11 m D,L-Alanin (0,2 g KH_2PO_4 + 1,5 g K_2HPO_4 + 1,0 g D,L-Alanin mit bidest. Wasser ad 100 ml lösen).
2. 0,2 m α-Ketoglutaratlösung (114 mg Na-α-KGS oder 87,5 mg freie Säure in ca. 2 ml bidest. Wasser lösen, mit NaOH auf p_H 7,4 einstellen und ad 3,0 ml auffüllen).
3. NADH-Lösung; ca. $1{,}2 \times 10^{-2}$ m β-NADH (15 mg NADH-Na_2 in 1,5 ml Lösung *1* lösen).
4. Lactatdehydrogenase (LDH) (0,5 mg Protein/ml).
   Zur Entfernung der NH_4^+-Ionen wird die Enzymsuspension gegen 0,01 m K-phosphatpuffer, p_H 7,6, dialysiert und der Inhalt des Dialysenschlauches auf eine Konzentration von 0,5 mg Protein/ml und 50% (v/v) Glycerin verdünnt.

Bei 0—4° C ist die Lösung *3* wöchentlich, Lösung *2* alle 14 Tage zu erneuern, Lösung *1* mit Chloroformzusatz mehrere Wochen haltbar.

Ausführung:

Meßstrahlung 340 mμ oder 366 mμ, Schichtdicke 1 cm, Meßtemperatur 25° C, Meßvolumen 3,0 ml.

Nacheinander in die Küvette pipettieren: 1,82 ml Substrat-Pufferlösung *1*; 0,04 ml NADH-Lösung *3*; 0,04 ml LDH-Lösung *4*; 1,0 ml Serum oder Enzymlösung.

Nach dem Mischen wird 5—10 min temperiert, wobei das Pyruvat des Serums mit NADH und LDH reagiert.

Durch Zugabe von 0,1 ml α-KGS-Lösung *2* wird die Reaktion gestartet. Nach ca. 1 min beginnt man bis zu 10 min alle 2 min die Extinktion abzulesen. Die Extinktion/min soll bei 366 mμ nicht größer als 0,03 sein.

---

[1] HENLEY, K. S., and H. M. POLLARD: J. Lab. clin. Med. **46**, 785 (1955).
[2] WROBLEWSKI, F., and J. S. LADUE: Proc. Soc. exp. Biol. Med. **91**, 569 (1956).
[3] WROBLEWSKI, F., and J. S. LADUE: Ann. internat. Med. **45**, 782 (1956).
[4] BERGMEYER, H. U., u. E. BERNT; in: BERGMEYER, H. U. (Hrsg.): Methoden der enzymatischen Analyse. S. 846, 851. Weinheim 1962.
[5] BERNT, E., u. H. U. BERGMEYER: Unveröffentlicht.
[6] HENRY, R. J., N. CHIAMORI, O. J. GOLUB and S. BERKMAN: Amer. J. clin. Path. **34**, 381 (1960).
[7] LAURSEN, T., and P. HANSEN: Scand. J. clin. Lab. Invest. **10**, 53 (1958).

Spuren von GPT in dem LDH-Präparat bestimmt man durch Zugabe von Wasser, statt von Serum oder Enzymlösung.

Bei Verwendung von stark gefärbten Seren oder Enzymlösungen wird nicht gegen Luft oder Wasser gemessen, sondern gegen ein entsprechendes Gemisch von Serum oder Enzymlösung mit Wasser oder von 3 ml Wasser mit 0,03 ml NADH-Lösung *3*.

Berechnung:

Der Definition von WROBLEWSKI zufolge ($\Delta E_{340} = 0{,}001$/min/3 ml/23° C) erhält man bei Einsatz von 1 ml Enzymlösung die Anzahl der Einheiten:

ΔE_{340}/min × 1000 = GPT-Einheiten (WE)/ml Enzymlösung oder Serum;

ΔE_{366}/min × 1890 = GPT-Einheiten (WE)/ml Enzymlösung oder Serum.

Zur Umrechnung in andere Einheiten s. Tabelle 5.

Optimales Verfahren zur Bestimmung der Glutamat-Pyruvat-Transaminase nach BERGMEYER *und* BERNT[1].

Reagentien:

1. Substrat-Pufferlösung: 0,1 m Phosphatpuffer, pH 7,4; 1,3 m L-Alanin (0,2 g KH_2PO_4 + 1,5 g K_2HPO_4 + 11,6 g L-Alanin mit bidest. Wasser ad 100 ml lösen).
2. 0,9 m α-Ketoglutaratlösung (510 mg Na-α-ketoglutarat oder 395 mg freie Säure in ca. 2 ml Wasser lösen, mit NaOH auf pH 7,4 einstellen und auf 3 ml mit bidest. Wasser auffüllen).

Lösungen *3* und *4* und Meßgrößen s. „konventionelles Verfahren" S. 406.

Ansatz:

2,3 ml Alanin-Pufferlösung 1; 0,04 ml NADH-Lösung *3*; 0,50 ml Serum oder Enzymlösung mischen, 5—10 min temperieren und Reaktion mit 0,1 ml α-KGS-Lösung *2* starten. Weitere Messung wie oben.

Berechnung:

Da nur 0,5 ml Serum oder Enzymlösung verwendet wurden:

ΔE_{340}/min × 2000 = Einheiten (WE)/ml Enzymlösung oder Serum;

ΔE_{366}/min × 3780 = Einheiten (WE)/ml Enzymlösung oder Serum.

Störungen. Ein hoher Gehalt an Glutamatdehydrogenase stört trotz Fehlens von NH_4^+-Ionen. Zur Korrektur der Werte setzt man der Pufferlösung α-KGS statt L-Alanin zu und startet die Reaktion mit L-Alanin. Die Differenz der Extinktionsänderung/min vor und nach dem Start gibt die eigentliche GPT-Reaktion.

Andere Modifikationen der Bestimmungsmethode sind bei [2] und [3] beschrieben.

Bestimmung der cytoplasmatischen und mitochondrialen GPT. Nach KATUNUMA u. Mitarb.[4] können die Anteile der GPT-Aktivität eines Organextraktes an GPT-C und GPT-M aus dem Aktivitätsverhältnis bei pH 8,5 und 9,7 ermittelt werden. Ist EC 8,5 bzw. 9,7 die Aktivität der GPT-C bei dem jeweiligen pH-Wert, EM 8,5 bzw. 9,7 die entsprechende GPT-M-Aktivität, EU 8,5 bzw. 9,7 die Aktivität der unbekannten Enzymlösung und QC bzw. QM das Aktivitätsverhältnis der GPT-C bzw. GPT-M bei pH 9,7 zu pH 8,5, so ergeben sich folgende Beziehungen:

$$EC\ 9{,}7 = \frac{EU\ 9{,}7 - EU\ 8{,}5 \times QC}{1 - \frac{QM}{QC}}$$

$$EM\ 8{,}5 = EU\ 8{,}5 - \frac{EC\ 9{,}7}{QC}.$$

[1] BERGMEYER, H. U., u. E. BERNT; in: BERGMEYER, H. U. (Hrsg.): Methoden der enzymatischen Analyse. S. 850. Weinheim 1962.

[2] BECKER, J. F., and J. P. KALTENBACH: Quart. Bull. Northw. Univ. med. School **32**, 60 (1958).

[3] STRIEWSKI, V., u. K. TAUSHWITZ: Röntgen- u. Lab.-Prax. **12**, L 81 (1959).

[4] KATUNUMA, N., K. MIKUMO, M. MATSUDA and M. OKADA: J. Vitaminol., Kyoto **8**, 63 (1962).

Diese Methode ist besonders zur differenzierten Aktivitätsbestimmung der Serum-GPT für diagnostische Zwecke von Bedeutung.

4. Fluorometrische Methode.

Bestimmung der Glutamat-Pyruvat-Transaminase nach **Laursen**[1].

Die Methode stimmt im Prinzip, in der Durchführung und Berechnung mit der fluorometrischen Aktivitätsbestimmung der GOT überein (vgl. S. 379). Die Reagentien sind bis auf die Lösungen Nr. *3* und *6* ebenfalls dieselben

Reagentien:

3. L-Alaninlösung: 1,78 g L-Alanin und 1,3 g wasserfreies dibasisches Kaliumphosphat auf p_H 7,4 einstellen und mit bidest. Wasser ad 100 ml auffüllen.
6. LDH (5 mg Enzymprotein/ml mit Lösung *1* 1:40 verdünnen).

Ausführung:

Der Zusatz der α-Ketoglutaratlösung (*2*) erfolgt zusammen mit der Alaninlösung (*3*) nach der Temperierung als Start der Reaktion.

Ein weiteres fluorometrisches Verfahren wurde von Rosen[2] und Greengard[3] angegeben.

L-Cystein-Transaminase.

[2.6.1.3 L-Cystein-Aminotransferase.]

Cystein kann auf verschiedene Weise biologisch abgebaut werden (vgl. Bd. VI/C, S. 681). Einige dieser Stoffwechselwege sind im folgenden angegeben:

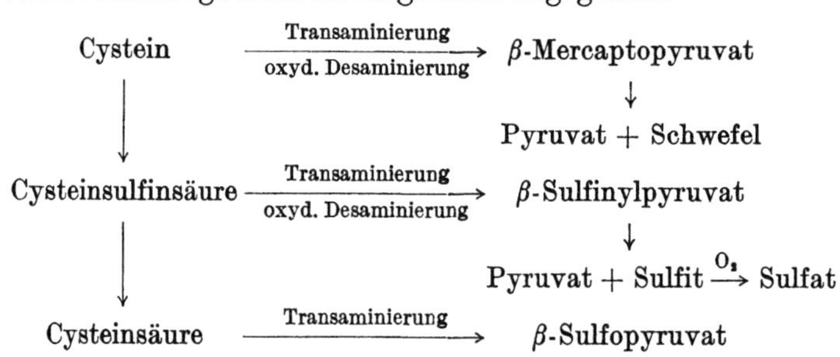

Die Bildung von Glutamat aus α-KGS und Cystein wurde in einigen Schweineorganen beobachtet[4]. Das Transaminierungsprodukt ist β-Mercaptopyruvat, das in tierischen Geweben zu Pyruvat und Schwefel abgebaut wird und somit nicht direkt nachgewiesen werden kann[5, 6]. Die Untersuchungen über die Transaminierung von Cystein sind dadurch erschwert, daß Cystein auch direkt durch die Cysteindesulfhydrase abgebaut wird, wobei Pyruvat, H_2S und NH_3 entstehen. Das Pyruvat kann mit anderen vorhandenen Aminosäuren transaminieren, so daß teilweise Alanin gebildet wird. So wird bei der Transaminierung von β-Mercaptopyruvat mit Glutamin mit Leberextrakten nur Alanin und kein Cystein gebildet[7, 8]. S-Benzyl-β-mercaptopyruvat führt mit Glutamin zur Bildung von S-Benzylcystein. Die Spaltung von Mercaptopyruvat wird durch β-Mercaptoäthanol aktiviert[5]. Cystein wird in Extrakten aus *E. coli* unter Sauerstoffzutritt in zwei Stufen abgebaut, wobei durch Transaminierung β-Mercaptopyruvat als Zwischenprodukt entsteht[9].

---

[1] Laursen, T., and P. Hansen: Scand. J. clin. Lab. Invest. **10**, 53 (1958).
[2] Rosen, F., W. R. Roberts and C. A. Nichol: J. biol. Ch. **234**, 476 (1959).
[3] Greengard, P.: Nature **178**, 632 (1956).
[4] Cammarata, P. S., and P. P. Cohen: J. biol. Ch. **187**, 439 (1950).
[5] Meister, A., P. E. Fraser and S. V. Tice: J. biol. Ch. **206**, 561 (1954).
[6] Stekol, J. A.: J. biol. Ch. **176**, 33 (1948).
[7] Meister, A., and S. V. Tice: J. biol. Ch. **187**, 173 (1950).
[8] Meister, A., H. A. Sober, S. V. Tice and P. E. Fraser: J. biol. Ch. **197**, 309, 319 (1952).
[9] Tamiya, N.: J. chem. Soc. Jap. **72**, 118 (1951).

CHATAGNER sah mit Enzympräparaten aus Rattenleber eine H_2S-Entwicklung, die durch Zugabe von α-KGS wenig, durch PLP jedoch stark erhöht wurde. Diese Tatsache und der Umstand, daß die Enzympräparate aus Vitamin-B_6-Mangel-Ratten nur eine geringe H_2S-Bildung zeigen, spricht für die Beteiligung einer Transaminierung bei diesem Abbau[1]. Die gleichen Befunde wurden auch von GORYACHENKOVA[2] erhoben. Da mehr H_2S als NH_3 gebildet wird, sind möglicherweise zwei Enzymsysteme für den Cysteinabbau verantwortlich. Eine Dialyse des Rohextraktes aus Rattenleber gegen verdünnte Na-bicarbonatlösung führt zu einem völligen Stopp des Cysteinabbaues. Nach Zugabe von α-KGS kommt es zu einer H_2S-Bildung und nach Zugabe von PLP oder besser α-KGS + PLP zum dialysierten Extrakt zur H_2S- und NH_3-Bildung[2]. Die beiden parallellaufenden Hauptreaktionen sind die direkte Desulfurierung unter Bildung von H_2S und NH_3 und die Transaminierungsreaktionen, die in Sekundärreaktionen zur Bildung von Alanin und H_2S ohne NH_3-Entwicklung führen[3]. Auch in Pflanzenextrakten, wie Lupinen oder Gerste, war eine Glutamatbildung mit α-KGS und Cystein nachweisbar[4].

Eine Anreicherung und nähere Charakterisierung der Cystein-Transaminase-Aktivität ist bisher nicht erfolgt. Zum quantitativen Nachweis der Transaminierung wird meist das entstandene Glutamat bestimmt.

Cysteinsäure-Transaminase.

Die ersten Beobachtungen einer Transaminierung von Cysteinsäure in tierischen Organen stammen von BRAUNSTEIN und COHEN[5–7]. DARLING[8] zeigte, daß die Reaktion reversibel ist und konnte wahrscheinlich machen, daß sie durch eine von der GOT und GPT verschiedene Transaminase katalysiert wird. Die Reversibilität der Transaminierung von Cysteinsäure wurde von MEISTER[9] bestätigt, doch wird die Rückreaktion von der Glutamin-Transaminase katalysiert[9]. Die Transaminierung von Cysteinsäure wurde auch in anderen tierischen Geweben[10] und Mikroorganismen[11, 12] nachgewiesen.

Isolierung von Cysteinsäure-Transaminase nach DARLING[8].

Acetontrockenpulver aus Rinderherz wird mit Wasser extrahiert und vom Rückstand abgepreßt. Aus der Lösung wird das Enzym durch Ammoniumsulfat bei 80% Sättigung ausgefällt. Der Niederschlag wird in Wasser suspendiert und dialysiert. Eine dabei auftretende Trübung wird abzentrifugiert und verworfen. Der Überstand wird 5 min auf 60° C erhitzt und das denaturierte Protein abzentrifugiert. Der Überstand, der die gesamte Aktivität enthält, wird mit Ammoniumsulfat fraktioniert. Die Fällungen zwischen 0—50 (T_1), 50—65 (T_2) und 65—80% Sättigung (T_3) werden isoliert und auf ihre Fähigkeit, Aspartat, Alanin und Cysteinsäure mit α-KGS zu transaminieren, untersucht. Einc GPT-Aktivität findet sich nur in Fraktion T_1. Die Umsetzung von Cysteinsäure ist in T_3 stärker als in T_2, während die GOT-Aktivität in T_2 stärker ist als in T_3. Daraus wird geschlossen, daß eine Cysteinsäure-Transaminase vorhanden ist, die nicht mit der GOT bzw. GPT identisch ist.

Bestimmung. Der Nachweis erfolgt in einem Ansatz, der 0,5 ml 0,1 m α-KGS-Lösung und 0,5 ml 0,1 m Aminosäurelösung enthält. Nach der Zugabe von 0,5 ml Enzymlösung

[1] CHATAGNER, F., and G. SAURET-IGNAZI: Bull. Soc. Chim. biol. **38**, 415 (1956).
[2] GORYACHENKOVA, E. V.: Aktual'nye vopr. Sovrem. Biochim., Akad. Med. Nauk SSSR, Inst. Biol. i Med. Chim. **2**, 138 (1962).
[3] GORYACHENKOVA, E. V.: Biochimija, Moskva **26**, 541 (1961).
[4] WILSON, D. G., K. W. KING and R. H. BURRIS: J. biol. Ch. **208**, 863 (1954).
[5] COHEN, P. P.: J. biol. Ch. **136**, 565, 585 (1940).
[6] BRAUNSTEIN, A. E.: Adv. Protein Chem. **3**, 1 (1947).
[7] BRAUNSTEIN, A. E.: Enzymologia **7**, 25 (1939).
[8] DARLING, S.: Nature **170**, 749 (1952).
[9] MEISTER, A., P. E. FRASER and S. V. TICE: J. biol. Ch. **206**, 561 (1954).
[10] YAMADA, T.: Okayama Igakkai Zasshi **71**, 7541, 7547, 7551 (1959).
[11] MEISTER, A.: J. biol. Ch. **195**, 813 (1952).
[12] KEARNEY, E. B., and T. P. SINGER: Biochim. biophys. Acta **8**, 698 (1952).

wird in 0,066 m Phosphatpuffer, p_H 7,5, 10 min bei 30° C inkubiert. Zum Abstoppen der Reaktion wird pro ml Testansatz 0,1 ml einer 75%igen Phenol-Wasser-Mischung zugegeben. Zur papierchromatographischen Analyse werden 4 μl des Ansatzes aufgetragen und in 75% Phenol-Wasser eindimensional entwickelt; dann wird getrocknet und mit Ninhydrin angefärbt.

Das gebildete Glutamat kann auch durch Decarboxylierung quantitativ bestimmt werden.

Cysteinsulfinsäure-Transaminase.

Befunde von MOTHES, daß in Pflanzenextrakten der Schwefel des Cysteins bis zum Sulfat oxydiert werden kann[1], wurden auch in tierischen Geweben[2] und Mikroorganismen[3] erhoben, wobei die Sulfitbildung aus Cysteinsulfinsäure als wesentliche Zwischenstufe erkannt wurde.

In jedem Fall steht die Transaminierung von Cysteinsulfinsäure mit α-KGS oder in einigen Fällen auch mit Pyruvat oder Oxalacetat zu Sulfinylpyruvat im Vordergrund. Sulfinylpyruvat zerfällt spontan in Pyruvat und Sulfit. Die weitere Umsetzung des Sulfits ist je nach Art des Gewebes verschieden.

CHATAGNER[4] gewann aus einem Acetontrockenpulver aus Leber einen Extrakt, der nach Dialyse Cysteinsulfinsäure erst nach Zusatz von α-KGS umsetzt. PLP hat keinen wesentlichen Einfluß auf die Reaktion. Als Reaktionsprodukte wurden Glutamat, Alanin und SO_2 identifiziert. Die Bildung von Alanin kommt durch Transaminierung von Pyruvat mit Glutamat zustande. Die papierchromatographisch nachgewiesene Transaminierung zwischen Cysteinsulfinsäure, α-KGS, Pyruvat oder Oxalacetat ist bei Vitamin B_6-Mangel-Ratten nur im Falle des Pyruvates als Aminoacceptor wesentlich verringert[5].

SINGER und KEARNEY[6,7] fanden die höchste Transaminase-Aktivität in der Mitochondrienfraktion. Die dabei beobachteten hohen Reaktionsgeschwindigkeiten sprechen dafür, daß dieser Abbauweg der Cysteinsulfinsäure ein wichtiges Verbindungsglied zwischen Cystein und Cysteinsulfinsäure und dem Tricarbonsäurecyclus darstellt.

Die Untersuchungen der Substratspezifität gereinigter GOT-Präparate haben eine hohe Affinität des Enzyms zur Cysteinsulfinsäure ergeben[2,8–11], so daß die Existenz eines selbständigen Enzyms für die Transaminierung bis heute noch fraglich ist.

Das Reaktionsprodukt β-Sulfinylpyruvat kann nicht nachgewiesen werden, da es weiter abgebaut wird. Mit Extrakten aus Rinderherzmitochondrien erhält man Pyruvat und Sulfit, mit Rattenlebermitochondrien Pyruvat und Sulfat als Reaktionsprodukte. Sulfonylpyruvat als Zwischenprodukt der Sulfatbildung kann ausgeschlossen werden.

Der Abbau von Cysteinsulfinsäure in Bakterien wurde an Extrakten von *Proteus vulgaris* von KEARNEY und SINGER[3,10] untersucht. Der Q_T-Wert, d.h. μl/mg Protein/Std, beträgt 2600. Als Ketosäuren sind α-KGS, Pyruvat und Oxalacetat wirksam. Hier ist die Sauerstoffaufnahme direkt proportional dem Abbau der Cysteinsulfinsäure und dient auch als Meßgröße. Ein dialysierter Ultraschallextrakt besitzt eine geringe endogene Atmung und führt mit Cysteinsulfinsäure erst nach Zugabe eines Hefekochextraktes

[1] MOTHES, K.: Planta, Berlin **29**, 67 (1939).
[2] FROMAGEOT, C., and G. ROYANE: Helv. **29**, 1279 (1946).
[3] KEARNEY, E. B., and T. P. SINGER: Biochim. biophys. Acta **8**, 698 (1952).
[4] CHATAGNER, F., B. BERGERET, T. SÉJOURNÉ and C. FROMAGEOT: Biochim. biophys. Acta **9**, 340 (1952).
[5] CHATAGNER, F., B. BERGERET and C. FROMAGEOT: Ann. Acad. Sci. fenn. Ser. A, II. Nr. **60**, 393 (1955).
[6] SINGER, T. P., and E. B. KEARNEY: Biochim. biophys. Acta **14**, 570 (1954).
[7] KEARNEY, E. B., and T. P. SINGER: Biochim. biophys. Acta **14**, 572 (1954).
[8] SINGER, T. P., and E. B. KEARNEY: Arch. Biochem. **61**, 397 (1956).
[9] JENKINS, W. T., I. W. SIZER and D. A. YPHANTIS: J. biol. Ch. **234**, 51 (1959).
[10] KEARNEY, E. B., and T. P. SINGER: Biochim. biophys. Acta **11**, 270, 276 (1953).
[11] ELLIS, R. J., and D. D. DAVIES: Biochem. J. **78**, 615 (1961).

und eines elektronenübertragenden Farbstoffsystems zu einem Sauerstoffverbrauch. Der Hefeextrakt konnte später durch α-KGS und Manganionen ersetzt werden, und der Zusatz des Farbstoffes erübrigte sich; dadurch entfällt auch die NADP-abhängige Oxydation von Glutamat zu α-KGS. Als Nebenweg der Transaminierung von Cysteinsulfinsäure konnte die direkte Oxydation zu Cysteinsäure nachgewiesen werden.

Das p_H-Optimum der Gesamtreaktion, die auch die enzymatische Sulfitoxydation einschließt, liegt bei 9,2. Die MICHAELIS-Konstanten für Cysteinsulfinsäure und α-KGS sind $9{,}5 \times 10^{-5}$ bzw. $5{,}7 \times 10^{-3}$ m.

Die Transaminierung läuft in gleicher Weise auch in *E. coli* und *Salmonella thyphi murium* ab, nur wird das entstehende Sulfit zur Stufe des Sulfids reduziert[1]. Durch Fraktionierung mit Ammoniumsulfat erhält man eine Fraktion A, die für die Reduktion des Sulfits verantwortlich ist, und eine Fraktion B, welche die Transaminase-Aktivität enthält. Ein Abbau von Cysteinsulfinsäure bis zum Sulfid ist nur mit einer Mischung von Fraktion A und B möglich. Neben Cysteinsulfinsäure werden auch Glutamat, Cysteinsäure, Aspartat, Cystein und andere Aminosäuren in abnehmendem Maße transaminiert. Die MICHAELIS-Konstante für Oxalacetat mit Cysteinsulfinsäure ist $2{,}4 \times 10^{-5}$, mit Glutamat $3{,}5 \times 10^{-5}$; die entsprechenden Werte für α-KGS sind $5{,}6 \times 10^{-4}$ und $4{,}1 \times 10^{-4}$.

In Extrakten aus Haferblättern findet ebenfalls eine Transaminierung von Cysteinsulfinsäure statt; als Reaktionsprodukte treten Sulfat, Glutamat, Pyruvat, Alanin und Cysteinsäure auf[2, 3]. Pyruvat und Oxalacetat sind als Aminoacceptoren nicht wirksam. Das p_H-Optimum liegt zwischen 7,8 und 8,2. Wie das Bakterienenzym, so wird auch das pflanzliche Enzym durch Carbonylreagentien, wie Semicarbazid, Hydrazin und Hydroxylamin (10^{-4} m, 90% Hemmung), gehemmt. 5×10^{-3} m Maleat hemmt zu 35%.

Obwohl nach einer Dialyse kein wesentlicher Aktivitätsverlust eintritt und Rohextrakte durch PLP nur wenig aktiviert werden, spricht der Hemmechanismus für das Vorliegen eines PLP-Enzyms. Die Hitzedenaturierung wird durch Zuatz von α-KGS und auch von Maleat wesentlich verringert.

Es ist bekannt, daß Sulfit mit organischen Disulfiden unter Bildung von S-Sulfoverbindungen reagiert. So konnten DE MARCO u. Mitarb.[4] die Bildung von S-Sulfocystein und Sulfocysteamin bei der Transaminierung von Cysteinsulfinsäure in Gegenwart von Cystein und Cystamin nachweisen. Als Enzympräparat dienten Rattenleber-Mitochondrien.

COLETTA fand eine Transaminierung zwischen dem S-Sulfocystein ($COOH—CHNH_2—CH_2S—SO_3H$) und α-KGS bzw. Oxalacetat. Als Reaktionsprodukte treten Glutamat, Aspartat, Pyruvat und anorganisches Thiosulfat auf[5]. Auch die Transaminierung von Alaninthiosulfonsäure ($COOH—CHNH_2—CH_2SO_2—SH$) mit α-KGS oder Oxalacetat wird durch Mitochondrien der Rattenleber katalysiert. Sie ist mit Abspaltung des Schwefels als Thiosulfat und der Bildung von Pyruvat verbunden[6].

Der bei der Umsetzung von Cysteinsulfinsäure beobachtete Sauerstoffverbrauch kann manometrisch[2, 7] oder auch polarographisch[3] als Meßgröße der Transaminierungsreaktion dienen. Bei Testansätzen mit α-KGS und Cysteinsulfinsäure entspricht der Verbrauch von 1 Atom Sauerstoff dem Umsatz von 1 M Cysteinsulfinsäure, wenn Sulfat das Reaktionsprodukt ist. Daneben kann die Enzymaktivität auch durch Bestimmung des gebildeten Glutamats oder Pyruvates erfolgen, obwohl hier sekundäre Reaktionen dieser Produkte die Messungen verfälschen können.

[1] LEINWEBER, F. J., and K. J. MONTY: Biochim. biophys. Acta **63**, 171 (1962).
[2] PEREZ-MILAN, H., J. SCHLIAK and P. FROMAGEOT: Biochim. biophys. Acta **36**, 73 (1959).
[3] FROMAGEOT, P., and U. PATINO-BUN: Biochim. biophys. Acta **46**, 533 (1961).
[4] DE MARCO, C., and M. COLETTA: Biochim. biophys. Acta **47**, 262 (1961).
[5] COLETTA, M., A. S. BENERECETTI e C. DE MARCO: G. Biochim. **10**, 244 (1961).
[6] DE MARCO, C., and M. COLETTA: Biochim. biophys. Acta **47**, 257 (1961).
[7] KEARNEY, E. B., and T. P. SINGER: Biochim. biophys. Acta **11**, 270, 276 (1953).

Glycin-Transaminase.

[2.6.1.4 Glycin-Aminotransferase.]

Die Aminogruppenübertragung auf Glyoxylsäure unter Bildung von Glycin ist ein Sonderfall, da Glycin hierbei die Funktion einer α- und ω-Aminosäure zugleich besitzt. Die rasch ablaufende Bildung von Glycin aus Glyoxylat wurde im tierischen Gewebe mit verschiedenen Aminosäuren als Aminodonatoren beobachtet. WEINHOUSE[1] konnte in vivo bei Ratten die Überführung von i.p. verabreichter Glyoxylsäure in Glycin nachweisen. Glyoxylsäure wurde auch als Zwischenprodukt bei der Bildung von Formiat aus Glycin durch Rattenleber-Homogenate identifiziert[2]. Glutamin und Asparagin, aber auch Glutamat und Aspartat, werden durch die Glutamin- und Asparagin-Transaminasen neben anderen Ketosäuren auch mit Glyoxylat umgesetzt[3–5]. Eine Transaminierung besonderer Art ist die zwischen Glyoxylsäure und Ornithin in der Rattenleber, da hier sowohl Ausgangsprodukt als auch Reaktionsprodukt Aldehyde sind[6]. In Homogenaten von Leber, Gehirn, Niere und Herz von Tauben, Kaninchen und Ratten wurde die Transaminierung von Glyoxylat beschrieben, die mit Glutamin rascher verläuft als mit Glutamat[7, 8].

Tabelle 47. *Vorkommen der Glycin-Transaminase.*

Species	Organ	Aktivität	Einheit	Literatur
Ratte	Leber	10,45	μM/50 mg Feuchtgewicht/Std	9
	Niere	6,06		
	Milz	6,00		
	Herz	1,07		
	Diaphragma	0,20		
	Testis	0,10		
	Lunge	0,07		
	Leber, gekocht	0,05		
Schwein	Herz	8	μl/100 mg Gewebsextrakt/Std	10
	Leber	57		
	Niere	0		
Pseudomonas 2 RCC-1		8,8—9,2	μM/50 mg Extrakt/Std	11
E. coli und P. fluorescens		10	μM/10 mg Trockenzellen/Std	12

Im Verdauungstrakt, in Blut und Spinndrüsen der Seidenraupe findet sich ein Enzymsystem, das Glyoxylat bevorzugt mit Alanin, aber auch mit Glutamat in Glycin überführt. Ein ähnliches Enzym wurde auch in der Leber von Hunden, Ratten, Schweinen, Ziegen, Hühnern, ferner in der Herz- und Skeletmuskulatur der Ratte nachgewiesen[13, 14].

Systematische Untersuchungen von NAKADA[9] haben ergeben, daß eine Transaminierung von Glyoxylat weitgehend nur in der Ratte erfolgt und hier hauptsächlich in Leber, Niere und Milz (Tabelle 47).

[1] WEINHOUSE, S., and B. FRIEDMANN: J. biol. Ch. **191**, 707 (1951).
[2] NAKADA, H. I., and S. WEINHOUSE: Arch. Biochem. **42**, 257 (1953).
[3] MEISTER, A., and S. V. TICE: J. biol. Ch. **187**, 173 (1950).
[4] MEISTER, A., H. A. SOBER, S. V. TICE and P. E. FRASER: J. biol. Ch. **197**, 309, 319 (1952).
[5] MARDASHEV, R. S., i L. A. SEMINA: Dokl. Akad. Nauk SSSR **74**, 537 (1950).
[6] MEISTER, A.: J. biol. Ch. **206**, 577, 587 (1954).
[7] D'ABRAMO, F., e E. TOMASOS: Boll. Soc. ital. Biol. sperim. **32**, 662 (1956).
[8] D'ABRAMO, F., e E. TOMASOS: G. Biochim. 8, 173 (1959).
[9] NAKADA, H. I.: J. biol. Ch. **239**, 468 (1964).
[10] CAMMARATA, P. S., and P. P. COHEN: J. biol. Ch. **187**, 439 (1950).
[11] CAMPBELL jr., L. L.: J. Bact. **71**, 81 (1956).
[12] FELDMAN, L. J., and I. C. GUNSALUS: J. biol. Ch. **187**, 821 (1950).
[13] KOIDE, F., A. OKUHARA, K. WATANABE and K. SHIMURA: Nippon Nogeikagaku Kaishi **35**, 758 (1961).
[14] KOIDE, F., T. SHISHIDO, H. NAGAYAMA and K. SHIMURA: Nippon Nogeikagaku Kaishi **30**, 283 (1956).

Die langsamer als die Glycinbildung verlaufende Transaminierung von Glycin mit Ketosäuren, also die Rückreaktion, konnte nur in wenigen Fällen nachgewiesen werden, so z.B. in einigen Schweineorganen[1], und eine Umkehrung der Asparagin-Transaminase-Reaktion, d.h. die Umsetzung von Glycin mit α-Ketosuccinamat in der Rattenleber[2]. Der Nachweis einer Glycin-Transaminase gelang auch in Pflanzen, z.B. Lupinen, Gerste und Tabakblättern[3], *Blastocladiella emersonii*[4], *Agaricus campestris hortensis*[5, 6] und *Phaseolus radiatus*[7].

Mikroorganismen enthalten ebenfalls die Glycin-Transaminase. Glyoxylat kann beim Wachstum einer *Neurospora*-Mutante das fehlende Glycin ersetzen[8]. In zellfreien Extrakten aus dem *Pseudomonas-Stamm 2 RCC-1* erfolgt die Transaminierung von Glyoxylsäure mit Alanin, Glutamat, Aspartat, Glutamin und Asparagin[9]. In *Aspergillus niger*, *A. fumigatus*, *A. oryzae*, *Penicillium glaucum*, *P. chrysogenum*, *Botrytis cinera*, *Fusarium niveum*, *Mucor racemosus* und *Rhizopus nigricans* kann Glyoxylat mit Alanin, Glutamat, α-Aminobuttersäure, Glutamin, Aspartat und Asparagin umgesetzt werden[10]. Auch *E. coli* und *Pseudomonas fluorescens* enthalten das Enzym[11].

In der Säugetier- und Vogelleber ist ein Enzymsystem vorhanden, das die reversible Synthese von Serin aus Glycin und Formaldehyd katalysiert. Diese Reaktion wird durch PLP aktiviert[12].

Tabelle 48. *Reinigung der Glycin-Transaminase aus Rattenleber*[13].

Fraktion	Volumen ml	Protein mg/ml	Aktivität μM/Std	Spezifische Aktivität
1. Rohextrakt	200	76,2	3,74	0,049
2. Protaminsulfat	205	33,9	3,86	0,114
Hitzebehandlung	205	20,5	3,6	0,175
3. Ammoniumsulfat				
0—40 %	14	31,7	6,3	0,198
40—50 %	18	20,8	11,0	0,53
4. Gelfraktionen der 40—50 %-Fraktion				
Überstand nach 3 ml Gel	20	8,2	10,7	1,3
Überstand nach weiteren 2 ml Gel	20	3,6	3,5	0,99
Elution mit				
0,1 m Na-acetat	3,0	0,7	0,71	1,27
1,0 m Na-acetat	3,0	0,7	1,9	2,7
2,0 m Na-acetat	3,0	0,48	3,8	7,92

Isolierung der Glycin-Transaminase aus Rattenleber nach NAKADA[13] (Tabelle 48).

1. Rohextrakt. Rattenleber wird mit 70 Teilen 0,154 m KCl, 2,5 Teilen 0,154 m $MgSO_4$ und 10 Teilen 0,1 m Kaliumphosphatpuffer, p_H 7,85, homogenisiert und 30 min bei 15000 × g zentrifugiert.

2. Protaminsulfat- und Hitzebehandlung. Der Überstand wird mit 1 ml 2 % Protaminsulfatlösung, p_H 6,5, pro 10 ml Extrakt versetzt und der Niederschlag entfernt. Der lösliche Anteil wird 5 min auf 60° C erhitzt und der Niederschlag abzentrifugiert.

3. Ammoniumsulfat. Die Fraktionierung erfolgt zwischen 0—40 und 40—50 % Sättigung. Die jeweiligen Niederschläge werden isoliert, gelöst und dialysiert.

4. Calciumphosphatgel. Die 40—50 %-Fraktion wird fraktionsweise, wie in Tabelle 48 angegeben, mit Calciumphosphatgel (53 mg Gel/min) versetzt. Die erste Gelmenge entfernt

[1] CAMMARATA, P. S., and P. P. COHEN: J. biol. Ch. **187**, 439 (1950).
[2] MEISTER, A., and P. E. FRASER: J. biol. Ch. **210**, 37 (1954).
[3] WILSON, D. G., K. W. KING and R. H. BURRIS: J. biol. Ch. **208**, 863 (1954).
[4] McCURDY, H. D., and E. C. CANTINO: Plant Physiol. **35**, 463 (1960).
[5] LATCHE, J. C.: Cr. **254**, 2813 (1962).
[6] LATCHE, J. C.: Cr. **257**, 2145 (1963).
[7] SASTRY, K. V., and T. RAMAKRISHNAN: J. sci. indust. Res., New Dehli **20**C, 277 (1961).
[8] WRIGHT, B. E.: Arch. Biochem. **31**, 332 (1951).
[9] CAMPBELL jr., L. L.: J. Bact. **71**, 81 (1956).
[10] FRANKE, W., G. JILGE u. G. EICHHORN: Arch. Mikrobiol., Berlin **39**, 58 (1961).
[11] FELDMAN, L. J., and I. C. GUNSALUS: J. biol. Ch. **187**, 821 (1950).
[12] BLAKLEY, R. L.: Biochem. J. **61**, 315 (1955).
[13] NAKADA, H. I.: J. biol. Ch. **239**, 468 (1964).

60 % des Proteins ohne Bindung der Glycin-Transaminase. Die folgende Gelfraktion enthält die Hauptaktivität und wird mit Na-acetat, p_H 7,5, fraktioniert eluiert. Der Hauptteil des Enzyms mit einer spezifischen Aktivität von 7,92 μM/mg Protein/Std (160fache Anreicherung) wird erst durch eine 2 m Lösung eluiert.

Isolierung der Glycin-Transaminase aus Seidenraupen und Hundeleber nach **Koide** ***u. Mitarb.***[1].

Das Gewebshomogenat (1:10) wird mit einer Mischung aus gleichen Teilen Äthanol-Chloroform bei 0—5° C geschüttelt und nach Zentrifugieren der Überstand an Calciumphosphatgel bei p_H 6,0 adsorbiert. Es wird mit Phosphatpuffer, p_H 8,0, eluiert; dabei wird eine fünffache Anreicherung erzielt.

Eine 250fache Anreicherung einer Glyoxyl-Transaminase aus *Phaseolus radiatus* gelingt durch Fraktionierung der Extrakte mit Ammoniumsulfat, Calciumphosphatgel, DEAE und Aluminiumoxyd[2]. Aus *Blastocladiella emersonii* wurde eine für Alanin spezifische Glycin-Transaminase 80fach angereichert[3].

Eigenschaften. Ein 30fach angereichertes Enzympräparat aus Rattenleber[4], das noch GOT und GPT als Fremdaktivität enthält, führt mit Glyoxylat nur in Gegenwart von Glutamat, Alanin und Glutamin in einem Verhältnis von 1:0,9:0,65 zu einer Glycinbildung.

Da Ornithin nicht umgesetzt wird, wurde offenbar die ω-Aminosäure-Transaminase aus dem Enzympräparat abgetrennt.

Durch schärfere Fraktionierung mit Ammoniumsulfat und Calciumphosphatgel können Enzympräparate hergestellt werden, die nur mehr mit Glutamat Glycin bilden, so daß die reine Glycin-Transaminase eine hohe Spezifität besitzt. Die Michaelis-Konstanten betragen für Glutamat $4,6 \times 10^{-3}$ und Glyoxylat $8,3 \times 10^{-3}$ m [4].

Der Versuch, PLP aus dem Enzym abzuspalten, gelingt nicht oder führt zu einer irreversiblen Inaktivierung. PLP-Zusatz vermag die Aktivität von Roh- oder Reinpräparaten nicht zu steigern. Auch tritt bei wechselndem p_H und bei Zusatz der spezifischen Substrate keine Änderung des Absorptionsspektrums des Enzyms auf, wie es bei der GOT der Fall ist.

Der Nachweis einer PLP-Funktion gelingt aber indirekt über die Hemmung des Enzyms mit typischen Carbonylreagentien (Tabelle 49). So sind Cyanid, Hydroxylamin,

Tabelle 49. *Hemmung der Glycin-Transaminase*[4].
Glyoxylat-Konzentration 0,01 m.

Inhibitor	Konzentration	Hemmung %	Inhibitor	Konzentration	Hemmung %
p-Chlormercuribenzoat	1×10^{-4}	0	Isonicotinsäurehydrazid	1×10^{-3}	46
	5×10^{-4}	0		1×10^{-2}	71
NaCN	1×10^{-3}	22		2×10^{-2}	91
Hydroxylamin	1×10^{-3}	26		4×10^{-2}	96
	5×10^{-3}	52	Isonicotinsäurehydrazid	1×10^{-3}	23
Maleinsäure	5×10^{-3}	0	(Glyoxylat 0,02 m)	1×10^{-2}	44
	1×10^{-2}	13		2×10^{-2}	72
	5×10^{-2}	23		4×10^{-2}	92

Maleat und Isonicotinsäurehydrazid (INH) Hemmstoffe der Glycin-Transaminase. Obwohl die Hemmung durch INH durch Erhöhung der Glyoxylsäurekonzentration teilweise aufgehoben wird, kann doch auf das Vorhandensein von PLP im Enzym geschlossen werden.

[1] Koide, F., A. Okuhara, K. Watanabe and K. Shimura: Nippon Nogeikagaku Kaishi **35**, 758 (1961).
[2] Sastry, K. V., and T. Ramakrishnan: J. sci. indust. Res., New Delhi **20** C, 277 (1961).
[3] McCurdy, H. D., and E. C. Cantino: Plant Physiol. **35**, 463 (1960).
[4] Nakada, H. I.: J. biol. Ch. **239**, 468 (1964).

Das p_H-*Optimum* liegt zwischen 7,2 und 7,4, mit 50%-Werten der Aktivität bei p_H 6,2 und 8,2. Eine Reversibilität der Reaktion, d.h. Bildung von Glyoxylat aus Glycin mit dem Enzympräparat der Rattenleber, war nicht nachweisbar. Sie wurde bisher nur mit Asparagin-Transaminase[1] in Rohextrakten der Rattenleber[2], bei Bakterien[3] und Pflanzen[4] beobachtet.

Das aus Seidenraupen isolierte Enzympräparat[5] verliert seine Aktivität beim Erhitzen für 5 min auf 60° C, beim Ansäuern auf p_H 4,5, bei Salzbehandlung und beim Gefriertrocknen. p_H-Optimum 9,0. Die MICHAELIS-*Konstante* für Glyoxylat liegt bei 1,35 bis $2{,}0 \times 10^{-2}$ m. Eine *Hemmung* erfolgt mit Cystein und Ammoniumionen, aber auch mit Phenylhydrazin und Hydroxylamin. Ein durch Dialyse verursachter Aktivitätsverlust ist durch PLP nicht aufzuheben.

250fach angereicherte Extrakte aus *Phaseolus radiatus*[6] haben ein p_H-Optimum von 8,5. Die K_M-Werte sind für Glutamat $1{,}6 \times 10^{-2}$ m, für Glyoxylat $2{,}5 \times 10^{-3}$ m. Ein Nachweis von PLP gelingt nicht. Hemmstoffe sind Jodacetat, p-Chlormercuribenzoat, Cyanid, 2,6-Dichlorindophenol und Chelatbildner, wie 8-Hydroxychinolin oder EDTA. Die Cyanidhemmung wird durch Mg^{++}, Fe^{++} und Mn^{++} aufgehoben.

Das Enzym aus *Pseudomonas* verliert seine Aktivität nach Dialyse und kann durch PLP reaktiviert werden[7]. Das gleiche trifft auch für das Enzym in Tabakblättern zu[4].

Die Untersuchungen von FRANKE[8] über die Glyoxylat-Transaminierung in Mikroorganismen ergaben Anhaltspunkte dafür, daß für die Umsetzung mit Alanin und Glutamat zwei verschiedene Enzymsysteme verantwortlich sind. Diese Annahme gründet sich hauptsächlich auf die Verschiedenheit der Stabilitätsverhältnisse und p_H-Optima.

Die Umsetzung von Glyoxylsäure mit Aminosäuren erfolgt auch nichtenzymatisch. METZLER und SNELL[9] konnten bei der Reaktion von Glyoxylat mit Pyridoxamin und verschiedenen Aminosäuren bei 79—100° C, p_H 4—10, in Gegenwart von Aluminium-, Eisen- oder Kupfersalzen eine Glycinbildung nachweisen. Auch bei Raumtemperatur gelang die nichtenzymatische Transaminierung von Glyoxylat mit Glutamin, Aspartat und Glutamat[10]. Ornithin reagiert ebenfalls bei 60° C in Gegenwart von Metallkatalysatoren mit Glyoxylat, wobei α-Keto-δ-aminovaleriansäure als Reaktionsprodukt identifiziert wurde[11]. Mit ^{14}C-markiertem Glycin wurde die Reversibilität der Reaktion untersucht[12]. Das Gleichgewicht der nichtenzymatischen Transaminierung liegt auf seiten der Glycinbildung[9].

Bestimmung. Die Transaminierung von Glyoxylsäure mit Glutamat oder anderen Aminosäuren ist nur bedingt reversibel.

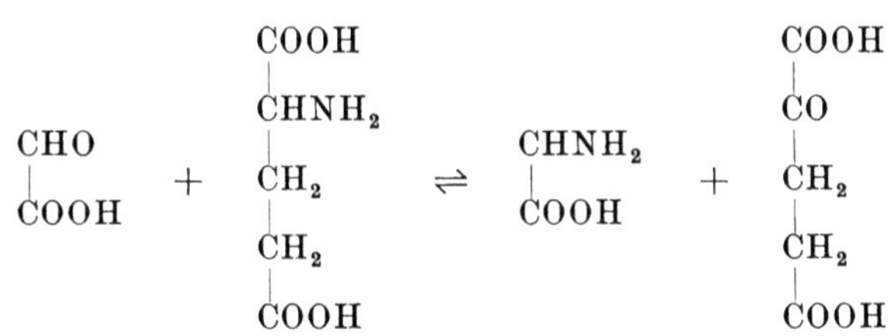

Glyoxylsäure Glutaminsäure Glycin α-KGS

[1] MEISTER, A., and P. E. FRASER: J. biol. Ch. **210**, 37 (1954).
[2] CAMMARATA, P. S., and P. P. COHEN: J. biol. Ch. **187**, 439 (1950).
[3] FELDMAN, L. J., and I. C. GUNSALUS: J. biol. Ch. **187**, 821 (1950).
[4] WILSON, D. G., K. W. KING and R. H. BURRIS: J. biol. Ch. **208**, 863 (1954).
[5] KOIDE, F., A. OKUHARA, K. WATANABE and K. SHIMURA: Nippon Nogeikagaku Kaishi **35**, 758 (1961).
[6] SASTRY, K. V., and T. RAMAKRISHNAN: J. sci. indust. Res., New Delhi **20**C, 277 (1961).
[7] CAMPBELL jr., L. L.: J. Bact. **71**, 81 (1956).
[8] FRANKE, W., G. JILGE u. G. EICHHORN: Arch. Mikrobiol., Berlin **39**, 58 (1961).
[9] METZLER, D. E., J. OLIVARD and E. E. SNELL: Am. Soc. **76**, 644 (1954).
[10] NAKADA, H. J., and S. WEINHOUSE: J. biol. Ch. **204**, 831 (1953).
[11] CABELLO, J., C. BASIOLIO, V. PRAJOUX and M. PLAZA: Arch. Biochem. **100**, 512 (1963).
[12] FLEMING, L. W., and G. W. CROSBIE: Biochim. biophys. Acta **43**, 139 (1960).

Für die quantitative Erfassung dieser Reaktion kann die Glycinbestimmung nach ALEXANDER[1] in der Modifikation nach CHRISTENSEN[2] verwendet werden. Ansatz zur Transaminierung nach NAKADA[3]: 0,5 ml Rattenleberhomogenat (1:10) werden mit 30 μM Glyoxylat und 30 μM Glutamat versetzt und der Ansatz mit Phosphatpuffer, p_H 7,0, auf 3,0 ml aufgefüllt. Nach 60 min Inkubation bei 37° C wird die Reaktion durch Zugabe von 0,5 ml 50 %iger H_2SO_4 abgestoppt.

Eine weitere Möglichkeit zur Aktivitätsbestimmung besteht in der Bestimmung der α-KGS oder der aus der jeweiligen Aminosäure gebildeten Ketosäure nach FRIEDMANN[4] (s. S. 323). Dies ist dann möglich, wenn im Reaktionsgemisch eine Ketomonocarbonsäure neben einer Ketodicarbonsäure vorliegt.

Für die Bestimmung von α-KGS neben Glyoxylsäure wurde von SASTRY[5] eine Methode angegeben. Zum Nachweis von α-KGS, Pyruvat und Oxalacetat neben Glyoxylat wird nach RAO[6] letzteres als Komplex mit Cystein gebunden. Bei einem 30fachen Cysteinüberschuß liefert die Reaktion bei p_H 7,0 ein Produkt, aus dem unter Druck in 2 n HCl in Gegenwart von 2,4-Dinitrophenylhydrazin wieder Glyoxylat abgespalten werden kann.

Die Transaminierungsreaktion erfolgt in Phosphatpuffer und wird durch Enteiweißen abgestoppt. Ein Aliquot der Ansätze mit ca. 0,5 μM Glyoxylat wird mit 15 μM Cysteinhydrochlorid versetzt und die Mischung mit 0,5 n NaOH neutralisiert. Nach Zugabe von 50 μM Phosphatpuffer, p_H 7,5, wird der Ansatz 15 min bei 37° C stehengelassen. Anschließend wird die bei der Transaminierung neugebildete Ketosäure als 2,4-Dinitrophenylhydrazon quantitativ bestimmt[4].

Tyrosin-α-Ketoglutarat-Transaminase.

[2.6.1.5 Tyrosin-Aminotransferase.]

Vorkommen. Seit langem ist bekannt, daß der oxydative Abbau von Tyrosin durch Lebergewebe ohne NH_3-Bildung verläuft.

Mit Leberschnitten wurde ein Abbau von Tyrosin beobachtet, der zur Bildung von äquivalenten Mengen von Fumarsäure und Oxalessigsäure führt[7]. Weiterhin war bekannt, daß p-Hydroxyphenylpyruvat (PHPP) und Homogentisinsäure als Zwischenprodukte des Tyrosinabbaues auftreten. Allgemeine Untersuchungen über die Übertragung einer Aminogruppe auf α-KGS als Acceptor mit verschiedenen Aminosäuren führten zur Auffindung der Transaminierung mit Tyrosin in Homogenaten von Schweineorganen, wie Herz, Leber und Niere. Diese betrug, gemessen an der Glutamatbildung, 18, 32 bzw. 15 % der Transaminierungsrate mit Aspartat[8]. Auch in einigen Bakterien, wie *E. coli*, *Pseudomonas fluorescens* und *Bacillus subtilis* wurde eine Transaminierung zwischen Tyrosin und α-KGS gefunden[9].

Die Beobachtung, daß der oxydative Tyrosinabbau mit Lebergewebe durch Zugabe von α-KGS erheblich stimuliert wird[10, 11] oder erst einen nennenswerten Umfang erreicht, führte zu der Annahme, daß der erste Schritt im Tyrosinabbau eine Transaminierungsreaktion mit α-KGS sein müsse. In der Leber von skorbutkranken Meerschweinchen konnte das Transaminierungsprodukt des Tyrosins PHPP nachgewiesen werden, da dessen weitere Oxydation durch den Ascorbinsäuremangel gehemmt war. So konnte auch eine

[1] ALEXANDER, B., C. LANDWEHR and A. M. SELIGMAN: J. biol. Ch. **160**, 51 (1945).
[2] CHRISTENSEN, H. N., T. R. RIGGS and N. E. RAY: Analyt. Chem., Washington **23**, 1521 (1951).
[3] NAKADA, H. I.: J. biol. Ch. **239**, 468 (1964).
[4] FRIEDMANN, T. E.; in: Colowick-Kaplan, Meth. Enzymol., Bd. III, S. 414..
[5] SASTRY, K. V., and T. RAMAKRISHNAN: J. sci. indust. Res., New Delhi **20** C, 277 (1961).
[6] RAO, N. A., and T. RAMAKRISHNAN: Biochim. biophys. Acta **58**, 262 (1962).
[7] LERNER, A. B.: J. biol. Ch. **181**, 281 (1949).
[8] CAMMARATA, P. S., and P. P. COHEN: J. biol. Ch. **187**, 439 (1950).
[9] FELDMAN, L. J., and I. C. GUNSALUS: J. biol. Ch. **187**, 821 (1950).
[10] LEMAY-KNOX, M., and W. E. KNOX: Biochem. J. **48**, xxii (1951).
[11] SCHEPARTZ, B.: J. biol. Ch. **193**, 293 (1951).

Erhöhung des Tyrosinabbaues und der Sauerstoffaufnahme durch Ascorbinsäure nachgewiesen werden[1]. Dies spricht dafür, daß beim Tyrosinabbau nicht die Transaminierungsreaktion, sondern die darauffolgenden Oxydationsschritte geschwindigkeitsbegrenzend sind[2].

Die frühzeitig aufgefundene Möglichkeit, die Aktivität der Tyrosin-Transaminase der Leber durch verschiedene Substanzen induktiv zu steigern, führte dazu, daß sich die meisten Untersuchungen nur auf das Leberenzym konzentrierten.

Das Vorkommen der Tyrosin-Transaminase in tierischen Organen ist in Tabelle 50 (S. 418) angegeben.

Von der Gesamtkörperaktivität entfallen bei der Ratte und auch bei anderen Versuchstieren über 90% auf die Leber[3]; das ist ein weiterer Grund dafür, daß die Tyrosin-Transaminase bevorzugt in diesem Organ untersucht wird. LIN[4] untersuchte die Beziehung zwischen dem Körpergewicht (G) verschiedener Versuchstiere und dem Gesamtenzymgehalt (E) und fand, daß der log des Gesamtenzymgehaltes pro g des Körpergewichtes dem log des Körpergewichts proportional ist: $\log E/G = \log c - (1+k) \times \log G$ oder $E \times G^k = c$; wobei c der Achsenabschnitt und k die Steigung der Geraden darstellt mit einem Wert für die Tyrosin-Transaminase von —0,5.

Während nach [5] bei der Ratte eine meßbare Tyrosin-Transaminase-Aktivität in der Leber erst Stunden nach der Geburt auftritt, zu einem Zeitpunkt, der mit der erstmaligen Freisetzung von Hydrocortison zusammenfällt[6], fanden GÜTTNER und GOETZE[7] schon in der fetalen Leber eine Transaminase-Aktivität. Diese betrug am 19. Tag der Entwicklung $2{,}64 \pm 0{,}69$ und am 22. Tag $3{,}85 \pm 1{,}40$ gegenüber Normalwerten von $48{,}2 \pm 6{,}4$ μM PHPP/g Trockengewicht/100 min. Nach SERENI u. Mitarb.[8] beträgt die Aktivität der Tyrosin-Transaminase in der Fetalzeit 10—20% der Aktivität des ausgewachsenen Tieres. In der 2. Std nach der Geburt steigt die Aktivität steil an und erreicht 12 Std nach der Geburt ein Maximum, das um 100% über dem Normalwert der ausgewachsenen Tiere liegt. Eine Angleichung an die Normalwerte erfolgt nach 2 Tagen.

Eine andere Untersuchung der Tyrosin-Transaminase-Aktivität in der Rattenleber in den verschiedensten Entwicklungsstadien[9] ergab vom 5.—2. Tag vor der Geburt weniger als 5% der Normalaktivität. Bereits am Tage der Geburt stieg der Wert über die Norm an und erreichte am 1. Lebenstag mehr als das $2^1/_2$fache des Normalwertes. Die Normalisierung tritt am 3. Tage ein, mit einzelnen erneuten Aktivitätsgipfeln am 5. und 16. Tag. Die bis zu 250 Tagen gemessene Aktivität unterliegt sehr großen Schwankungen um den Normalwert von ca. 300—400 μM pro g Trockengewicht/Std.

Mit verfeinerten Testmethoden ließ sich auch in der Schilddrüse der Ratte nach anfänglichen Mißerfolgen[10] eine Aktivität nachweisen, die 3,5%[11] bzw. 5% der Aktivität in der Leber betrug[12]. Die Durchschnittswerte der Tyrosin-Transaminase der Rattenleber lagen bei männlichen Tieren mit einem mittleren Körpergewicht von 305 ± 15 g bei einer Aktivität von 159 ± 21; bei $189 \pm 6{,}5$ g schweren weiblichen Tieren bei 126 ± 10 μM PHPP/g Trockengewicht/Std, 25° C[4].

Es gibt Hinweise dafür, daß die Tyrosin-Transaminase in der Leber in Form zweier Isoenzyme vorkommt, da elektrophoretische Trennungen zwei verschieden rasch

[1] LEMAY-KNOX, M., and W. E. KNOX: Biochem. J. **48**, xxii (1951).
[2] KNOX, W. E.: Biochem. J. **49**, 686 (1951).
[3] LIN, E. C. C., and W. E. KNOX: J. biol. Ch. **233**, 1186 (1958).
[4] LIN, E. C. C., R. S. RIVLIN and W. E. KNOX: Amer. J. Physiol. **196**, 303 (1959).
[5] KRETSCHMER, N., and H. MCNAMARA: J. clin. Invest. **35**, 236, 1089 (1956).
[6] KLEIN, R., J. FORTUNATO and C. PAPADATOS: J. clin. Invest. **33**, 35 (1954).
[7] GÜTTNER, J., u. T. GOETZE: Acta biol. med. germ. **12**, 297 (1964).
[8] SERENI, F., F. T. KENNEY and N. KRETSCHMER: J. biol. Ch. **234**, 609 (1959).
[9] AUERBACH, V. H., and H. A. WAISMAN: J. biol. Ch. **234**, 304 (1959).
[10] VISHEPAN, E. D., K. I. IVANOVA i A. M. CHERNUKH: Bull. exp. Biol. Med. (russ.) **47**, 52 (1959).
[11] CANELLAKIS, Z. N., and P. P. COHEN: J. biol. Ch. **222**, 63 (1956).
[12] RIVLIN, R. S., C. S. HOLLANDER and S. P. ASPER: Endocrinology **71**, 636 (1962).

Tabelle 50. *Vorkommen der Tyrosin-Transaminase.*

Tier	Organ	Meßwert	Aktivitätsangabe	Literatur
Schwein	Niere	0,7	Q_T	1
Schwein	Leber	0,475		
Ratte	Leber	25,6		
Maus	Leber	198	μM PHPP/g Trockengewicht/Std, 25° C	2
Hamster	Leber	256		
Ratte	Leber	169		
Meerschweinchen	Leber	79		
Kaninchen	Leber	72		
Ratte	Leber	90	μM PHPP/g Trockengewicht/Std	3
		0,37 ± 0,07	μM PHPP/mg Protein/Std	4
		0,82 ± 0,05	μM/g Frischgewicht/min	5
		0,13	μM/mg Protein/10 min	6
		159 ± 21	μM/g Trockengewicht/Std, 25° C	7
		16 — 30	μg PHPP/mg Protein/10 min, 37° C	8
		0,17 ± 0,05	μM/mg Protein/20 min, 37° C	9
		4,6	μM PHPP/g Frischgewicht/10 min	10
		14,2 ± 4,0	μg PHPP/mg Protein/10 min, 37° C	11
		14,0 ± 2,2	$\Delta E_{310\,m\mu}$/g Frischgewicht/min	12
Ratte	Leber	48,2 ± 6,4	μM PHPP/g Trockengewicht/100 min	13
	Niere	17,0 ± 1,3		
	Placenta	0,35—0,65		
Taube	Leber	2,8	μM PHPP/g Acetontrockenpulver/Std	14
Ratte	Leber	2,5		
Rind	Leber	1,0		
Kaninchen	Leber	24,4		
Hund	Leber	41,8		
Hund	Herz	3,7		
	Niere	2,3		
	Schilddrüse	1,5		
	Hirn	1,0		
	Milz	0,2		
Ratte	Leber	36	μM/g Frischgewicht/Std, 25° C	15
	Niere	1		
	Herz	4		
Ratte	Leber	55	μM/g Frischgewicht/Std, 23° C	16
	Schilddrüse	2,9		
Ratte	Leber	5,63 ± 0,79	μM PHPP/mg Protein/Std, 38° C	17
Meerschweinchen		0,77 ± 0,09		
Huhn		1,18 ± 0,04		
Taube		3,09 ± 0,28		
Krötenechse (Phrynosoma cornatum)		1,02 ± 0,10		
Gemalte Schmuckschildkröte (Chrysemys picta)		1,33 ± 0,21		
Ochsenfrosch (Rana catesbeiana)		1,06 ± 0,05		
Leopardfrosch (Rana pipiens)		2,90 ± 0,53		
Aga (Kröte) (Bufo marinus)		2,20 ± 0,20		
Nordamer. Querzahnmolch (Amblystoma tigrinum)		1,98 ± 0,23		
Furchenmolch [Necturus]		7,98 ± 1,31		
Sägebarsch [Roccus chrysops]		24,12 ± 2,08		

Tabelle 50 (Fortsetzung).

Tier	Organ	Meßwert	Aktivitätsangabe	Literatur
Sonnenbarsch [Pomoxis nigromaculatus]		20,92 ± 1,60		
Wolfsmilchschwärmer (Celerio euphorbiae)				
Puppenstadium .	Hämolymphe	1,93	μM PHPP/100 mg Protein/120 min	18
	Fettkörper	1,34		
	Muskel	1,84		
Schwärmer . . .	Muskel	1,36		

wandernde Zonen ergaben, die in einem Aktivitätsverhältnis von 1:4,5 stehen. Dieses Verhältnis wird bei tourniquettraumatisierten Tieren auf 1:9,7 verschoben[9]. Nach einer älteren[19] und einer vor kurzem erschienenen Arbeit[20] findet sich die Hälfte der Aktivität des Gesamthomogenats in der löslichen Fraktion. KENNEY[21] fand nach Aufschluß des Lebergewebes mit einem Teflon-Homogenisator 88 % der Gesamtaktivität im löslichen Überstand, 10 % in der Kernfraktion, 1,6 % in den Mitochondrien und Spuren in den Mikrosomen und Lysosomen.

Tyrosin-Transaminase kommt auch in Hefe *(Saccharomyces cerevisiae)* vor, die auch als Ausgangsmaterial zur Isolierung des Enzyms dienen kann[22].

Isolierung. COHEN und CANELLAKIS fanden in der Hundeleber eine vielfach höhere Aktivität an Tyrosin-Transaminase als in der Leber anderer Tiere und verwendeten daher die Hundeleber für die ersten Versuche zur Reinigung des Enzyms[14]. Hierbei wurde Acetontrockenpulver der Leber mit dem zehnfachen Volumen an 0,01 m Phosphatpuffer, p_H 7,35, extrahiert und das Eluat dialysiert. Dabei wird das aktive Protein ausgefällt und die Fällung in 0,05 m Phosphatpuffer, p_H 7,35, gelöst. Dieses einfache Verfahren liefert in einer Ausbeute von 22—32 % ein Präparat, das gegenüber dem Rohextrakt 44—63fach angereichert ist. Eine weitere Reinigung auf das 80—110fache kann durch eine Fraktionierung mit Äthanol erzielt werden. Das erhaltene Präparat ist in der Ultrazentrifuge einheitlich, zeigt bei elektrophoretischer Trennung jedoch noch drei Komponenten.

Die grünblaue Farbe des Enzympräparates führte zu der Annahme, daß es sich um ein Schwermetallenzym handelt. Es konnten jedoch keine Schwermetalle, insbesondere kein Kupfer, nachgewiesen werden, und KENNEY[8] konnte die gefärbte Verunreinigung als Katalase identifizieren.

1 CAMMARATA, P. S., and P. P. COHEN: J. biol. Ch. **193**, 45 (1951).
2 LIN, E. C. C., R. S. RIVLIN and W. E. KNOX: Amer. J. Physiol. **196**, 303 (1959).
3 RIVLIN, R. S., and R. J. LEVINE: Endocrinology **73**, 103 (1963).
4 ROSEN, F., H. R. HARDING and R. J. MILHOLLAND: J. biol. Ch. **238**, 3725 (1963).
5 GREENGARD, O., and M. GORDON: J. biol. Ch. **238**, 3708 (1963).
6 NAKATA, Y., T. SUEMATSU and K. NAKATA: J. Biochem. **53**, 508, 510 (1963).
7 LIN, E. C. C., and W. E. KNOX: Biochim. biophys. Acta **26**, 85 (1957).
8 KENNEY, F. T.: J. biol. Ch. **234**, 2707 (1959).
9 ANDERSON, P. R., and O. C. MCELROY: Arch. Biochem. **82**, 256 (1959).
10 GREENGARD, O., and G. ACS: Biochim. biophys. Acta **61**, 652 (1962).
11 KENNEY, F. T., and R. M. FLORA: J. biol. Ch. **236**, 2699 (1961).
12 AL-NEJJAR, Z. H., and G. LITWACK: Biochim. biophys. Acta **48**, 153 (1961).
13 GÜTTNER, J., u. T. GOETZE: Acta biol. med. germ. **12**, 297 (1964).
14 CANELLAKIS, Z. N., and P. P. COHEN: J. biol. Ch. **222**, 53 (1956).
15 LIN, E. C. C., and W. E. KNOX: J. biol. Ch. **233**, 1186 (1958).
16 RIVLIN, R. S., C. S. HOLLANDER and S. P. ASPER: Endocrinology **71**, 636 (1962).
17 CHAN, K. S., and P. P. COHEN: Arch. Biochem. **104**, 335 (1964).
18 BELZÉCKA, K., T. LASKOWSKA and I. MOCHNACKA: Acta biochim. pol. **9**, 55 (1962). — BELZECKA, K., and T. LASKOWSKA: V. Int. Congr. Biochem. Section 6. Moskau (1961).
19 KNOX, W. E.: Biochem. J. **49**, 686 (1951).
20 JACOBY, G. A., and B. N. LADU: J. biol. Ch. **239**, 419 (1964).
21 KENNEY, F. T.: J. biol. Ch. **237**, 1605, 1610 (1962).
22 SHANMUGANATHAN, S.: Biochem. J. **77**, 619 (1960).

Die weiteren grundlegenden Versuche zur Reinigung der Tyrosin-Transaminase wurden von KENNEY[1] durchgeführt.

***Isolierung der Tyrosin-Transaminase aus Rattenleber nach* KENNEY[1].**

Das folgende Verfahren wurde für die Reinigung des Enzyms aus der Leber von unbehandelten und mit Tyrosin induzierten Tieren verwendet und ist in den Arbeitsschritten 1—6 in Tabelle 51 schematisch dargestellt.

1. Extraktion. Die Rattenleber wird mit 4 Vol. 0,15 m KCl (mit 10^{-3} m EDTA) homogenisiert (sämtliche Arbeitsvorgänge werden bei 0—3° C durchgeführt), 30 min hochtourig zentrifugiert und der Rückstand nochmals mit 1 Vol. 0,15 m KCl-Lösung extrahiert. Die Ausbeute beträgt 90—100 % der insgesamt nachweisbaren Aktivität des Rohhomogenats. Dieser Rohextrakt kann bei —15° C lange Zeit ohne Verlust gelagert werden.

2. Ammoniumsulfat-Fraktionierung I. Festes Ammoniumsulfat wird bis zu einer Sättigung von 0,33 zugegeben, mehrere Stunden gerührt und der Niederschlag abzentrifugiert. Der hauptsächlich die Mikrosomen und andere Proteine enthaltende Niederschlag wird verworfen. Es folgt die Zugabe von Ammoniumsulfat bis auf 0,7 Sättigung. Nach mehreren Stunden wird der Niederschlag isoliert, in wenig 0,005 m Phosphatpuffer (mit 10^{-3} m EDTA und β-Mercaptoäthanol) (Puffer A) aufgenommen und gegen den gleichen Puffer bis zur Auflösung des Niederschlages dialysiert.

Tabelle 51. *Isolierung der Tyrosin-Transaminase aus normaler und induzierter Rattenleber*[1].

Fraktion	Gesamtprotein g	Gesamtaktivität E × 10⁶	Spezifische Aktivität E/mg Protein
1. Rohextrakt . . .	377 (105,2)*	49,5 (2,14)	131 (20,2)
2. Ammoniumsulfat I	229 (50,9)	50,6 (1,81)	220 (35,6)
3. Hitzebehandlung .	125 (22,2)	50 (1,77)	400 (80)
4. DEAE-Cellulose .	5,84 (0,413)	29,7 (0,868)	5100 (2100)
5. Ammoniumsulfat II	3,82 (0,185)	25,4 (0,61)	6650 (3300)
6. Calciumphosphatgel	2,12 (0,045)	22,5 (0,42)	10600 (9340)

Eine Enzymeinheit katalysiert die Bildung von 1 μg PHPP/10 min bei 37° C.

* Die ersten Zahlen in den Spalten bedeuten die Reinigung aus induzierter Leber, die zweiten Zahlen in Klammern die Reinigung aus Normalleber.

3. Hitzebehandlung. Durch kurzes Erhitzen kann inaktives Protein ausgefällt werden, wobei die Enzymaktivität durch einen Zusatz von α-KGS vor thermischer Denaturierung geschützt werden kann. Der Ansatz wird in 400 ml-Portionen, 0,01 m an α-KGS, in einem Wasserbad von 85—90° C für 2 min auf 55—60° C erhitzt und rasch abgekühlt. Der Niederschlag wird abzentrifugiert und gewaschen. Zur vollständigen Entfernung von Ammoniumsulfat ist eine nochmalige Dialyse gegen den oben verwendeten Phosphatpuffer, der mehrmals gewechselt wird, erforderlich.

4. DEAE-Cellulose. Es werden 2 g Cellulose/g Protein in einer Säule mit dem Puffer A äquilibriert und die dialysierte Enzymlösung mit einer Geschwindigkeit von 1,5 ml/min aufgegeben. Die Säule wird mit $7{,}5 \times 10^{-2}$ m Phosphatpuffer, p_H 7,9, gewaschen, bis das Eluat proteinfrei ist. Eluiert wird mit einem 0,3 m Phosphatpuffer, p_H 7,0 (mit 10^{-3} m EDTA und β-Mercaptoäthanol). Die aktiven Fraktionen werden mit α-KGS bis zu einer Endkonzentration von $2{,}5 \times 10^{-3}$ m versetzt und das Enzym durch Sättigung auf 0,7 mit Ammoniumsulfat ausgefällt. Die Fällung wird aufgenommen und erneut gegen den Puffer A bis zur völligen Entfernung von Salzen dialysiert.

5. Ammoniumsulfat-Fraktionierung II. Die Enzymlösung wird bis 0,48 Sättigung mit einer gesättigten Ammoniumsulfatlösung, p_H 8,0, versetzt. Der Niederschlag wird abzentrifugiert, in einem kleinen Volumen 0,48 gesättigter Ammoniumsulfatlösung suspen-

[1] KENNEY, F. T.: J. biol. Ch. **234**, 2707 (1959); **237**, 1605, 1610 (1962).

diert und erneut zentrifugiert. Die vereinigten Überstände werden mit festem Ammoniumsulfat bis zu 0,68 Sättigung versetzt und der entstandene Niederschlag abzentrifugiert. Die Fällung wird in wenig Puffer aufgenommen und gegen 0,01 m Phosphatpuffer, p_H 7,2, mit 10^{-3} m β-Mercaptoäthanol dialysiert.

6. Calciumphosphatgel. Die Enzymlösung wird auf einen Proteingehalt von ca. 10 mg/ml eingestellt und die gleiche Gewichtsmenge Calciumphosphatgel zugesetzt. Nach 20 min Rühren wird zentrifugiert und der Überstand verworfen. Das Gel wird in Wasser suspendiert, zentrifugiert und das überstehende Waschwasser verworfen. Auch nach Behandlung mit 0,05 m Phosphatpuffer enthält die Waschlösung keine wesentliche Enzymaktivität. Das Enzym wird durch Aufrühren des Gels in 0,5 m Phosphatpuffer mit 10^{-3} m β-Mercaptoäthanol eluiert. Das Gel wird abzentrifugiert. Diese Elution wird noch zweimal wiederholt. Die vereinigten Eluate werden mit EDTA und α-KGS bis zu einer Molarität von 10^{-3} versetzt und mit festem Ammoniumsulfat bei 0,7 Sättigung das Enzym ausgefällt. Der Niederschlag wird in Puffer A aufgenommen und gegen den gleichen Puffer bis zur völligen Entfernung des Ammoniumsulfates dialysiert.

7. Chromatographie an DEAE-Cellulose und Hydroxylapatit. Die weitere Reinigung kann an DEAE-Cellulose oder an Hydroxylapatit geschehen. Zum Beispiel wird das Enzympräparat aus der induzierten Leber nach Arbeitsschritt 6 mit einer spezifischen Aktivität von 10600 E/mg nochmals auf DEAE-Cellulose aufgetragen und durch Gradientenelution mit Phosphatpuffer von 0,05 m, p_H 7,9, bis 0,5 m, p_H 7,0, wieder eluiert. Die spezifische Aktivität wird dadurch auf 15200 E/mg gesteigert. Dieses Präparat kann weiter mit Hydroxylapatit angereichert werden. Hydroxylapatit wird nach TISELIUS[1] hergestellt und in der Kolonne mit 0,01 m Phosphatpuffer, p_H 7, mit 10^{-3} m β-Mercaptoäthanol äquilibriert. Die Elution erfolgt mit einem Gradienten von 0,01 m Phosphatpuffer, p_H 7,0, in der Mischkammer und Zulauf eines 0,4 m Puffers. Elutionsgeschwindigkeit 0,15—0,17 ml/min. Die aktiven Fraktionen werden auf 10^{-3} m EDTA und $2{,}5 \times 10^{-3}$ m α-KGS eingestellt und das Enzym mit Ammoniumsulfat bei 0,8 Sättigung ausgefällt. Die Fällung wird in Puffer A aufgenommen und gegen den gleichen Puffer dialysiert.

Das resultierende Enzympräparat besitzt eine spezifische Aktivität von 88000 E/mg; dies bedeutet eine ca. 1000fache Anreicherung gegenüber dem Rohextrakt. Das hochgereinigte Enzym erleidet auch bei —15° C einen raschen Aktivitätsverlust, der durch Zugabe von EDTA, β-Mercaptoäthanol und α-KGS nicht behoben werden kann.

Nach den gleichen Verfahren wurde auch von JACOBY und LADU[2] das Enzym aus der normalen und Hydrocortison-induzierten Rattenleber auf das 500fache angereichert. Die gleichen Autoren konnten durch Modifikation der oben beschriebenen Methode, wie bereits KENNEY[3], Präparate mit einer spezifischen Aktivität von 1000 μM/mg Protein pro Std, 37° C, isolieren[4]. Sie verfolgten gleichzeitig mit der Tyrosin-Transaminase-Aktivität auch die Umsetzung von α-KGS mit Phenylalanin und Tryptophan. Im Verlauf der Reinigung veränderten sich die relativen Aktivitäten im Vergleich zum Umsatz von Tyrosin für Phenylalanin von 14 auf 7,8% und für Tryptophan von 2,8 auf 1,7% der Tyrosin-Transaminase-Aktivität. Das Verfahren zur Anreicherung des Enzyms ist kurz in Tabelle 52 angegeben.

Eine weitere Methode zur Anreicherung der Tyrosin-Transaminase aus Rattenleber nach Induktion mit Ribonucleinsäure stammt von DIAMONDSTONE und LITWACK[5]. Sie verwendeten neben mehreren Fällungen mit Ammoniumsulfat eine Fraktionierung des Enzyms an Amberlite IRC-50 und gelangten zu einer 100fachen Anreicherung.

[1] TISELIUS, A., S. HJERTÉN and O. LEVIN: Arch. Biochem. **65**, 132 (1956).
[2] JACOBY, G. A., and B. N. LADU: Biochem. biophys. Res. Comm. 8, 352 (1962).
[3] KENNEY, F. T.: J. biol. Ch. **237**, 1605, 1610 (1962).
[4] JACOBY, G. A., and B. N. LADU: J. biol. Ch. **239**, 419 (1964).
[5] DIAMONDSTONE, T. I., and G. LITWACK: J. biol. Ch. **238**, 3859 (1963).

Tabelle 52. *Isolierung der Tyrosin-Transaminase aus der Leber von Normalratten und Tieren, die mit 600 mg Tyrosin und 30 mg Hydrocortisonhemisuccinat/kg behandelt wurden*[1].

Fraktion	Protein	Tyrosin-Transaminierung			Phenylalanin-Transaminierung		Tryptophan-Transaminierung	
	mg/ml	Aktivität E/ml	Gesamt-Aktivität	spezifische Aktivität	spezifische Aktivität E/mg	% *	spezifische Aktivität E/mg	% **
Induzierte Rattenleber								
Rohhomogenat	42,5	81,9	61000	1,92	0,27	14,1	0,054	2,8
16000 × g Überstand .	31,9	74,7	49400	2,33	0,24	10,3	0,053	2,3
$(NH_4)_2SO_4$-Fällung . .	56,0	297	32700	5,30	0,39	7,4	0,104	2,0
erhitzte und dialysierte Fraktion	23,4	186	24600	7,95	0,73	9,3	0,167	2,1
Geleluat I	0,65	47,6	8720	72,0	6,0	8,3	1,15	1,6
DEAE-Cellulose-Eluate								
Röhrchen 30—41 . . .	0,04 bis 0,08	11,6 bis 22,2	110 bis 222	197 bis 380	15,7 bis 31,2	7,1 bis 8,8	3,25 bis 7,06	1,6 bis 1,9
Geleluat II	0,05	50,0	500	1000	78,0	7,8	15,7	1,6
Geleluat II, 1 Woche 0° C	0,05	26,6	266	530	42,0	7,8	9,0	1,7
Normale Rattenleber								
Rohhomogenat . . .	45,0	9,71	7650	0,216	0,088	41,0	0,0133	6,2
16000 × g Überstand .	32,0	8,65	6050	0,270	0,062	23,0	0,0094	3,5
$(NH_4)_2SO_4$-Fällung . .	91,5	63,1	3790	0,691	0,083	12,0	0,0194	2,8
Geleluat I	0,70	12,8	1060	18,4	1,59	8,6	0,292	1,6
DEAE-Eluat-Fraktion 20	0,05	5,51	55,1	110	9,30	8,4	1,84	1,7

Enzymeinheit = 1 μM/Std, 37° C.

$$* \quad \frac{\text{spezifische Aktivität der Phenylalanin-Transaminierung}}{\text{spezifische Aktivität der Tyrosin-Transaminierung}} \times 100.$$

$$** \quad \frac{\text{spezifische Aktivität der Tryptophan-Transaminierung}}{\text{spezifische Aktivität der Tyrosin-Transaminierung}} \times 100.$$

Isolierung der Tyrosin-Transaminase aus Saccharomyces cerevisiae nach **Shanmuganathan**[2] (Tabelle 53).

1. Rohextrakt. Die Hefezellen werden in einer Presse (nach Hughes) aufgeschlossen und mit 12 ml 0,1 m Phosphatpuffer, pH 7,2, pro 1 g Trockenzellen 1 Std bei 37° C inkubiert. Die Zellfragmente werden abzentrifugiert und nochmals in gleicher Weise eluiert. Die Überstände werden mit 0,2 n NaOH auf pH 7,2 eingestellt und 16—18 Std gegen 0,02 m KCl oder 10^{-3} m Phosphatpuffer, pH 7,2, bei 1—2° C dialysiert.

2. Säurefällung. Durch rasche Zugabe von 2 n Essigsäure wird der pH-Wert auf 4,1 eingestellt und der gebildete Niederschlag abzentrifugiert.

3. Hitzebehandlung. Der Überstand wird mit 0,2 n NaOH auf pH 5,5 gebracht, die Temperatur der Lösung innerhalb 4 min auf 60° C erhöht und 6 min belassen. Nach raschem Abkühlen wird das denaturierte Protein abzentrifugiert.

4. Calciumphosphatgel. Der Überstand wird bei pH 6,0 mit 0,66 mg Gel/mg Protein gerührt und das Gel abzentrifugiert; es enthält ca. 17 % der Gesamtaktivität (P_1). Nach erneuter Zugabe von 0,5 mg Gel/mg Protein werden 41 % der Aktivität adsorbiert (P_2). Die dritte Behandlung mit wiederum 0,5 mg Gel/mg Protein führt zu einer Ausfällung von 19 % der Aktivität (P_3). Es wird jeweils mit 0,1 m Phosphatpuffer, pH 7,2, eluiert. Die Eluate von P_1 und P_3 werden 12—16 Std gegen 0,001 m Phosphatpuffer, pH 7,2, dialysiert und nochmals an Gel adsorbiert (P_4).

5. Ammoniumsulfat. Erste Fraktionierung. Die vereinigten Eluate von P_2 und P_4 (61 % der Gesamtaktivität) werden bei pH 7,2 auf 50, 65 und 85 % Sättigung mit Ammoniumsulfat gebracht und jeweils die Niederschläge isoliert, in 0,1 m Phosphatpuffer, pH 7,2,

[1] Jacoby, G. A., and B. N. LaDu: J. biol. Ch. **239**, 419 (1964).
[2] Shanmuganathan, S.: Biochem. J. **77**, 619 (1960).

Tabelle 53. *Isolierung der Tyrosin-Transaminase aus Saccharomyces cerevisiae*[1].
E = 1 μM PHPP/30 min, 37° C.

	Volumen ml	Protein mg	Gesamt-aktivität E	Spezifische Aktivität	Reinigungs-faktor	Ausbeute %
1. Dialysierter Rohextrakt	380	10640	5152	0,48	1	100
2. Säurefällung	360	1400	5010	3,5	7	97
3. Hitzebehandlung	350	600	4200	7,0	14	81
4. Calciumphosphatgel:						
0,66 mg (P_1)	40	140	900	6,4	13	17
0,5 mg (P_2)	40	105	2140	20	41	41
0,5 mg (P_3)	30	136	1010	7,4	15	19
Refraktionierung (P_4)	40	60	1068	17	35	20
5. Ammoniumsulfat:						
1. Fraktionierung	100	165	3208	19	39	62
0—50%	20	25	132	5,2	11	2
50—65%	30	80	2329	29	60	45
65—80%	20	37	642	17	35	12
2. Fraktionierung (50—65%)	40	80	2344	29,3	61	45
50—58%	15	40	1652	41,3	86	32
58—65%	15	20	680	34	70	13
3. Fraktionierung (50—65%)	40	60	2344	40	83	45
50—54%	15	20	1971	53	110	20
54—60%	15	14	688	49	100	13

gelöst und vom Unlöslichen abzentrifugiert. Die Hauptmenge der Aktivität befindet sich in den Fraktionen 50—65% Sättigung.

Diese Fraktionen werden durch eine zweite Fraktionierung weitergereinigt. Dies geschieht zwischen 50, 58, 65 und 75% Sättigung und führt zu einer Ausfällung der Aktivität in den Fraktionen mit 50—58 und 58—65% Sättigung, die beide vereinigt und einer dritten Fraktionierung unterworfen werden. Hierbei liefert die Fraktion zwischen 50—54% Sättigung 20% der Aktivität mit einer spezifischen Aktivität von 53 μM/mg Protein/30 min bei 37° C und die Fraktion zwischen 54—60% Sättigung nochmals 13% der Gesamtaktivität mit einer spezifischen Aktivität von 49. Die Anreicherung der beiden Präparate beträgt das 110- bzw. 100fache des Rohextraktes.

Eigenschaften. Die Tyrosin-α-Ketoglutarat-Transaminase ist ein *Pyridoxalphosphatenzym*. Der erste Beweis hierfür war ein Aktivitätsabfall des Enzyms nach Dialyse oder Behandlung mit Ammoniumsulfat, der durch die Zugabe von Kochextrakten oder PLP wieder rückgängig gemacht werden konnte[2, 3]. Auch COHEN und CANELLAKIS[4] fanden, daß zur Erfassung einer maximalen Aktivität ein Zusatz von PLP zum Testansatz absolut erforderlich ist. Bei diesen Messungen genügten bereits 0,1 μg PLP, um die Enzymaktivität eines Präparates aus Hundeleber von 2 auf 90% zu steigern. Das erforderliche molare Verhältnis von Tyrosin: PLP wurde zu 167:1 bestimmt und daraus eine MICHAELIS-Konstante von ca. 10^{-9} m abgeleitet. Da in jedem Fall eine nahezu vollständige Reaktivierung möglich war, wurde angenommen, daß das Apoenzym eine große Stabilität besitzt und nicht irreversibel denaturiert wird. Die gereinigten Enzympräparate aus Rattenleber[5] und aus *Saccharomyces cerevisiae*[1] waren ohne Zusatz von PLP völlig inaktiv, ergaben aber bereits mit sehr kleinen PLP-Mengen die maximale Aktivität. Die gemessenen MICHAELIS-Konstanten für diese beiden Enzympräparate lagen etwas höher, als von COHEN angenommen, und betragen für das Leberenzym der Ratte $3{,}1 \times 10^{-7}$ m und das Enzym aus Hefe $2{,}38 \times 10^{-6}$ m.

[1] SHANMUGANATHAN, S.: Biochem. J. **77**, 619 (1960).
[2] SCHEPARTZ, B., J. biol. Ch. **193**, 293 (1951).
[3] KNOX, W. E.: Biochem. J. **49**, 686 (1951).
[4] CANELLAKIS, Z. N., and P. P. COHEN: J. biol. Ch. **222**, 53 (1956).
[5] KENNEY, F. T.: J. biol. Ch. **234**, 2707 (1959).

Bereits die Aktivität des unbehandelten Leberextraktes läßt sich durch Zusatz von PLP in vitro auf das Doppelte[1, 2] bis maximal auf das $2^1/_2$fache steigern[3]. Lin u. Mitarb.[4] fanden in der normalen Rattenleber ohne PLP $18 \pm 3{,}9$ μM PHPP/g Trockengewicht/Std bei 25° C und konnten die Aktivität durch Zugabe von PLP zum Ansatz auf 73 ± 17 um 310 % steigern. Sie fanden weiter, daß der Gehalt an Tyrosin-Transaminase in der Leber von Ratten, die 13—14 Wochen Vitamin-B_6-frei ernährt wurden, auf $10 \pm 1{,}9$ abfällt und diese Aktivität in vitro durch PLP auf 118 ± 13 μM/g Trockengewicht/Std um 1080 % erhöht werden kann. Diese Befunde sind so eindeutig, daß sich ein spektrophotometrischer Nachweis des von dem Holoenzym abgespaltenen PLP erübrigt.

Die gereinigte Tyrosin-Transaminase der Rattenleber hat ein scharfes *p_H-Optimum* bei 7,6 mit einem steilen Aktivitätsabfall unter p_H 7,4 und über p_H 8,0 [5]. Auch das Enzym der Hundeleber besitzt ein Optimum bei p_H 7,7. Hier führt eine längere Reaktionsdauer (über 1 Std) zu einer selektiven Abnahme der relativen Reaktionsgeschwindigkeit im Bereich des p_H-Optimums, da die in diesem Bereich bevorzugte Bildung und Anreicherung von PHPP zu einer Hemmung des Enzyms führt[6]. Das Enzym aus *Saccharomyces* besitzt ein Optimum bei p_H 7,8—8,0 mit einem steilen Abfall nach der sauren Seite (50 % der optimalen Aktivität bei p_H 6,3) und geringerer Abnahme im alkalischen Bereich (noch 90 % bei p_H 10,0).

Für die *Substratspezifität* sind die Untersuchungen an Leberrohextrakten nur von geringer Bedeutung, jedoch ergaben bereits diese Untersuchungen, daß die Tyrosin-Transaminase hinsichtlich des Aminoacceptors und Donators sehr selektiv und auf α-KGS bzw. Tyrosin beschränkt ist. So führte Knox[7] eine Umsetzung von Tyrosin mit Pyruvat auf eine intermediäre Reaktion des Pyruvates mit Glutamat unter Bildung von α-KGS zurück. Durch Entfernung des Glutamates durch Dialyse des Rohextraktes konnte diese Reaktion verhindert werden, und Pyruvat führte zu keiner Umsetzung mit Tyrosin.

Diese Spezifität für Tyrosin und α-KGS wurde auch für das gereinigte Enzym aus Rattenleber gefunden[5]; Phenylalanin oder Tryptophan + α-KGS führen selbst in Gegenwart von PLP zu keiner Glutamatbildung. Ebenso sind Alanin, Leucin, Arginin, Histidin, Lysin, Methionin und Asparaginsäure keine Substrate. Pyruvat und Oxalacetat können $1{,}2 \times 10^{-2}$ m mit Tyrosin nicht reagieren, wobei die untere Nachweisbarkeitsgrenze des möglicherweise gebildeten PHPP bei 5 μg lag. Die Unwirksamkeit anderer Ketosäuren als α-KGS wurde auch für das Enzym aus Hundeleber[6] und aus Hefe gefunden[8]. Nach Lin u. Mitarb.[9] führt auch Pyruvat zu einer Transaminierung, die 10—30 % der Aktivität mit α-KGS entspricht.

Cohen[6] fand mit dem Enzym aus Hundeleber zwar keine Transaminierung mit Tryptophan und Phenylalanin, jedoch wurden einige aromatische Aminoverbindungen, wie Adrenalin, 3,4-Dihydroxyphenylalanin und 3-Fluortyrosin im geringen Umfang umgesetzt.

Die bevorzugte Umsetzung von Leucin neben Tyrosin durch das Enzym aus *Saccharomyces* verschwindet nach einer Säurebehandlung des Enzyms, während die Transaminierung von Tyrosin unverändert bleibt[8]. Mit verfeinerten Testmethoden fanden Jacoby und LaDu in der normalen Rattenleber eine Umsetzung von Phenylalanin und Tryptophan von 18 bzw. 2,9 % des Tyrosinumsatzes[10], in einer weiteren Arbeit 41 bzw. 6,2 %[11].

---

[1] Anderson, P. R., and O. C. McElroy: Arch. Biochem. **82**, 256 (1959).
[2] Lin, E. C. C., B. M. Pitt, M. Civen and W. E. Knox: J. biol. Ch. **233**, 668 (1958).
[3] Greengard, O., and M. Gordon: J. biol. Ch. **238**, 3708 (1963).
[4] Lin, E. C. C., M. Civen and W. E. Knox: J. biol. Ch. **233**, 1183 (1958).
[5] Kenney, F. T.: J. biol. Ch. **234**, 2707 (1959).
[6] Canellakis, Z. N., and P. P. Cohen: J. biol. Ch. **222**, 53 (1956).
[7] Knox, W. E.: Biochem. J. **49**, 686 (1951).
[8] Shanmuganathan, S.: Biochem. J. **77**, 619 (1960).
[9] Lin, E. C. C., R. S. Rivlin and W. E. Knox: Amer. J. Physiol. **196**, 303 (1959).
[10] Jacoby, G. A., and B. N. LaDu: Biochem. biophys. Res. Comm. **8**, 352 (1962).
[11] Jacoby, G. A., and B. N. LaDu: J. biol. Ch. **239**, 419 (1964).

Nach einer Enzyminduktion mit Hydrocortison und Tyrosin sind die entsprechenden Werte 14 bzw. 2,8%. Im Verlauf der 500fachen Anreicherung der Tyrosin-Transaminase verändert sich die Aktivität gegen Phenylalanin und Tryptophan und bleibt bei den reinsten Präparaten mit Werten von 7,8 bzw. 1,7% des Tyrosinumsatzes konstant. Neben dieser geringen Aktivität mit Phenylalanin (4,2%) und Tryptophan (1,8%) gibt die Tyrosin-Transaminase auch eine Transaminierung mit 3-Jodtyrosin (100%), 3-Methoxytyrosin (22%), 3-Aminotyrosin (16%), 3,4-Dihydroxyphenylalanin (16%), p-Fluorphenylalanin (7,9%), p-Aminophenylalanin (10%), β-3-Thienylalanin (3,8%), 5-Methyltryptophan (0,7%). Die Werte in Klammern bedeuten Prozente der relativen Aktivität des Tyrosinumsatzes. Die Umsetzung von 3,4-Dihydroxyphenylalanin[1] und β-Thienylalanin[2] wurde bereits früher beobachtet. Mitochondrienextrakte aus Rattenniere enthalten ein Enzym, das neben Tyrosin auch Mono- und Dijodtyrosin mit α-KGS transaminiert. Die MICHAELIS-*Konstanten* für diese Substrate sind $113{,}5 \times 10^{-4}$; $27{,}7 \times 10^{-4}$ und $7{,}96 \times 10^{-4}$ m [3].

Die früheren Angaben einer hohen Substratspezifität der Tyrosin-Transaminase beruhen möglicherweise darauf, daß die verwendeten Testmethoden zu unempfindlich waren oder zu geringe Substratkonzentrationen eingesetzt wurden. Nach JACOBY[4, 5] sind die MICHAELIS-*Konstanten* für Tryptophan und Phenylalanin mit $3{,}0 \times 10^{-2}$ und $8{,}0 \times 10^{-2}$ m im Vergleich zu der für Tyrosin ($1{,}5 \times 10^{-3}$ m) relativ groß. Für 3,4-Dihydroxyphenylalanin ist der K_M-Wert $2{,}6 \times 10^{-3}$ m. Nach früheren Angaben[6] wird das Enzym der Hundeleber durch einen Überschuß an α-KGS gehemmt. Die MICHAELIS-Konstanten betragen hier für Tyrosin $1{,}6 \times 10^{-4}$ und für α-KGS $7{,}4 \times 10^{-4}$ m. Das Enzym der Rattenleber wird durch einen Überschuß an α-KGS bis 4×10^{-2} m nicht beeinflußt. Eine Substratsättigung ist wegen der geringen Löslichkeit des Tyrosins nicht möglich; mit α-KGS tritt sie bei 8×10^{-3} m ein. Die K_M-Werte sind hier für Tyrosin $1{,}48 \times 10^{-3}$ und für α-KGS $6{,}5 \times 10^{-4}$ m [7]. ANDERSON[8] dagegen fand für das Enzym der Rattenleber $9{,}8 \times 10^{-4}$ m für Tyrosin und 17×10^{-4} m für α-KGS. Die Rückreaktion wird gleichermaßen für das Enzym aus Ratten- und Hundeleber durch PHPP gehemmt. Die MICHAELIS-Konstante des Enzyms aus *Saccharomyces* ist für Tyrosin $1{,}66 \times 10^{-3}$ und für α-KGS $2{,}5 \times 10^{-3}$ m.

Eine Vorinkubation des Enzyms mit Substrat oder PLP ist nicht erforderlich. Das Gleichgewicht der Hinreaktion stellt sich sehr rasch ein, während es bei der Rückreaktion erst nach Stunden erreicht wird. Aus den Substratkonzentrationen nach einer Reaktionszeit von 6 Std ergab sich die *Gleichgewichtskonstante* $K = 0{,}73$. Die Rückreaktion ergibt einen Wert von 0,71 [7]. Bei äquimolaren Substratkonzentrationen ist das Verhältnis der Geschwindigkeit von Vor- und Rückreaktion = 1,6:1 [6].

Der *Reaktionsmechanismus* besteht nach DIAMONDSTONE und LITWACK[9], anders als bei der GOT oder GPT, nicht in zwei Halbreaktionen mit einem binären Komplex, sondern verläuft über ein 3-Komponenten-System. Die Kinetikdaten und spektrophotometrischen Untersuchungen der Bindung des PLP ergaben, daß die Substrate in der Reihenfolge Tyrosin, PLP und α-KGS reagieren und demnach die Zugabe der Substrate in dieser Ordnung vorzunehmen ist. Dabei muß ein ternärer Enzym-Tyrosin-Coenzym-α-KGS-Komplex gebildet werden, bevor es zu einer Produktbildung kommt. Die Schiffsche Base zwischen PLP und Tyrosin bildet sich erst nach der Fixierung des Tyrosins an das Enzymprotein. Eine primäre Bindung der Aminosäure wird auch bei der Rückreaktion angenommen. Die Bildung von Tyrosin aus PHPP wurde auch mit der Mitochondrien- und

[1] CAMMARATA, P. S., and P. P. COHEN: J. biol. Ch. **187**, 439 (1950).
[2] JACQUEZ, J. A., R. K. BARCLAY and C. C. STOCK: J. exp. Med. **96**, 499 (1952).
[3] NAKANO, M., S. TSUCHIYA and T. S. DANOWSKI: Endocrinology **72**, 296 (1963).
[4] JACOBY, G. A., and B. N. LADU: Biochem. biophys. Res. Comm. **8**, 352 (1962).
[5] JACOBY, G. A., and B. N. LADU: J. biol. Ch. **239**, 419 (1964).
[6] CANELLAKIS, Z. N., and P. P. COHEN: J. biol. Ch. **222**, 53 (1956).
[7] KENNEY, F. T.: J. biol. Ch. **234**, 2707 (1959).
[8] ANDERSON, P. R., and O. C. MCELROY: Arch. Biochem. **82**, 256 (1959).
[9] DIAMONDSTONE, T. I., and G. LITWACK: J. biol. Ch. **238**, 3859 (1963).

Mikrosomenfraktion der Kaninchenleber beobachtet, wobei Histamin als Aminodonor wirksam ist. PLP beschleunigt die Tyrosinbildung und den Histaminabbau, wobei die Sauerstoffaufnahme unverändert bleibt[1].

Im allgemeinen ist die Stabilität der Tyrosin-Transaminase auch in angereichertem Zustand gut, besonders bei tiefen Temperaturen (— 15° C), nimmt jedoch mit zunehmendem Reinheitsgrad des Enzympräparates ab. In verdünnten Lösungen kann durch Oberflächendenaturierung ein Verlust eintreten, der durch Zusatz von α-KGS, das auch gegen Hitzedenaturierung schützt, verringert werden kann[2, 3]. Erhitzt man das Enzym 20 min auf 64° C, so verliert es 42% seiner Aktivität gegenüber Tyrosin und 50 bzw. 40% der Fähigkeit, Phenylalanin oder Tryptophan umzusetzen[4].

Die *Temperaturabhängigkeit* der Geschwindigkeit der Enzymreaktion wurde an dem Präparat aus *Saccharomyces* untersucht[5] und ergab eine lineare Abhängigkeit zwischen 25 und 37° C. Der Q_{10}-Faktor beträgt für diesen Temperaturbereich 1,87. Zwischen dem log der Maximalgeschwindigkeit der Reaktion und dem reziproken Wert der absoluten Temperatur besteht eine lineare Abhängigkeit. Die Aktivierungsenergie im Bereich von 25—40° C beträgt 15,2 kcal/M und ergibt nach der Beziehung

$$\frac{d\,(\log K_M)}{d\left(\frac{1}{T}\right)} = \frac{\Delta H_m}{R}$$

eine Änderung des Wärmegehaltes ΔH_m bei Ausbildung des Enzym-Substratkomplexes von 6,5 kcal/M[5]. Die freie Energie ΔF ist bei p_H 7,4 und 37° C 200 cal/M[2].

Das Enzympräparat aus Hundeleber ergab nach *elektrophoretischer* Trennung noch drei Komponenten, wovon die mittlere mit einer Beweglichkeit von $1{,}4 \times 10^{-5}$ cm²/sec/V aktiv ist. Die Elektrophorese eines Extraktes aus Rattenleber führt zu zwei aktiven Zonen mit einer Beweglichkeit von 5 bis 6×10^{-5} bzw. 2×10^{-5} cm²/sec/V; die schnellere Fraktion ist sehr instabil, während die andere Fraktion die normale Stabilität der Tyrosin-Transaminase besitzt[6].

Die Halbwertszeit der Tyrosin-Transaminase wurde aus dem Aktivitätsabfall nach Erhöhung der Enzymaktivität durch Induktion auf weniger als 3 Std[7, 8] bzw. 2 Std[9] berechnet. Induktionsversuche mit markierten Aminosäuren lassen eine Halbwertszeit vermuten, die noch weit unter diesen Angaben liegt[10].

Eine wesentliche Bedeutung kommt der Tyrosin-Transaminase bei der Erforschung der *Enzyminduktion* zu. Die grundlegenden Versuche stammen von LIN und KNOX[11], die eine Induktion der Tyrosin-Transaminase in der Rattenleber durch intraperitoneale Injektion von L-Tyrosin oder Hydrocortison bei unbehandelten Ratten bis zum 8,6fachen erzielen konnten (Tabelle 54/1). Sie fanden auch, daß die Wirksamkeit von Tyrosin als Induktor an eine Funktion der Nebennierenrinde gebunden ist und somit eine Induktion durch Tyrosin bei adrenalektomierten Tieren nicht möglich ist, ja sogar zur Verminderung der Aktivität führt. Zusammen mit kleinen Mengen Hydrocortison, die allein nur eine geringe Wirkung haben, führt die Injektion von Tyrosin bei adrenalektomierten Tieren zu einer Steigerung der Enzymaktivität der Leber, die höher liegt als die summierte Einzelwirkung. Gleichzeitig wurde festgestellt, daß adrenalektomierte Tiere bereits auf weit geringere Dosen Hydrocortison ansprechen als unbehandelte Tiere, z.B. steigert

[1] ITO, R., T. ITO and K. MIYANA: Nippon Univ. J. Med. **2**, 459 (1960).
[2] KENNEY, F. T.: J. biol. Ch. **234**, 2707 (1959).
[3] CANELLAKIS, Z. N., and P. P. COHEN: J. biol. Ch. **222**, 53 (1956).
[4] JACOBY, G. A., and B. N. LADU: J. biol. Ch. **239**, 419 (1964).
[5] SHANMUGANATHAN, S.: Biochem. J. **77**, 619 (1960).
[6] ANDERSON, P. R., and O. C. MCELROY: Arch. Biochem. **82**, 256 (1959).
[7] LIN, E. C. C., and W. E. KNOX: J. biol. Ch. **233**, 1186 (1958).
[8] FEIGELSON, P., T. DASHMAN and F. MARGOLIS: Arch. Biochem. **85**, 478 (1959).
[9] GOLDSTEIN, L., E. J. STELLA and W. E. KNOX: J. biol. Ch. **237**, 1723 (1962).
[10] KENNEY, F. T.: J. biol. Ch. **237**, 1605, 1610 (1962).
[11] LIN, E. C. C., and W. E. KNOX: Biochim. biophys. Acta **26**, 85 (1957).

Tabelle 54. *Induktion der Tyrosin-Transaminase der Rattenleber.*

Induktor	Dosierung/kg Körpergewicht	Aktivität normal	Aktivität adrenalekt.	Faktor der Aktivitätsveränderung normal	Faktor der Aktivitätsveränderung adrenalekt.	Literatur
		μM/g Trockengewicht/Std				
1. Kontrolle	—	159 ± 21	175 ± 21			1
L-Tyrosin	3 mM	1370 ± 168	166 ± 73	8,6	0,95	
Hydrocortison	10 mg	308 ± 9	1110 ± 163	1,9	6,3	
Hydrocortison	30 mg	934 ± 84	—	5,9	—	
Hydrocortison Tyrosin	10 mg 3 mM	—	2050 ± 151	—	11,7	
		μM/mg Protein/Std				
2. Kontrolle	—	0,37 ± 0,07	0,39 ± 0,07			2, 3
Hydrocortison	5 mg	1,7 ± 0,54	6,1 ± 0,71	4,6	15,5	
Hydrocortison	5 mg (4 T.)	1,6 ± 0,27	2,9 ± 0,39	4,3	7,4	
Hydrocortison Desoxycorticosteron	5 mg 1 mg (4 T.)	1,2 ± 0,59	3,7 ± 0,91	3,2	9,5	
Desoxycorticosteron	1 mg (4 T.)	0,48 ± 0,06	0,48 ± 0,2	1,3	1,2	
		Kontrolle	Hydrocortison			
		μg/mg Protein/10 min				
3. Neugeboren	0,2 mg	4,3	5,6	1,3		4
11 Std.	pro Tier	39,7	51,1	1,3		
13 Std.		52,9	70,7	1,3		
2 Tage		14,1	56,3	4,0		
		Kontrolle	Tyrosin			
Neugeboren		4,3	10,2	2,4		
16 Std.		46,2	108,0	2,3		
1 Tag		48,1	79,5	1,7		
10 Tage		25,8	87,8	3,4		
		μM/g Trockengewicht/Std				
4. Kontrolle ♂ (♀)		159 ± 21 (126 ± 10)	175 ± 21 (205 ± 26)			5
Hydrocortison	30 mg	934 ± 84 (825 ± 127)	1080 ± 147 (470 ± 110) (10 mg/kg)	5,9 (6,5)	6,2 (2,3)	
Tyrosin	3,3 mM	1370 ± 168 (622 ± 98)	— —	8,6 (4,9)	—	
Hydrocortison Tyrosin	10 mg 3,3 mM	—	2050 ± 151 (1395 ± 345)		11,7 (6,8)	
5. Hunger	1; 4 T.			2,5; 7		2, 3
Hunger	3; 5 T.			1,5; 3,8	0,95; 0,95	6
Proteinkost	10; 18; 35; 50; 75 %	1 Woche		0,81; 1,1; 2,0; 5,6; 7,9		2, 3
Proteinkost	85 %	1 Woche		5,5	1,5	6
Proteinkost	0 %			0,8		7
Diabetes				3—5		2, 3
		Dosierung normal	Dosierung adrenalekt.			
6. L-Tyrosin		3,3 (10) mM	5; 10; 15 mM	5 (3,4)	0,57; 0,69 0,50	8, 9
L-Tryptophan		3,3 mM	2; 4; 6 mM	3,5	1,6; 2,4; 2,0	
Methionin		3,3 (6,6) mM	3 mM	1,2 (2,1)	1,1	
Histidin		3,3 (6,6) mM	2; 4; 6 mM	0,9 (2,2)	0,6; 0,74; 0,53	
Alanin		3,3 mM	—	1,8	—	
Glutaminsäure		3,3 mM	—	1,0	—	
Phenylalanin		3,3 mM	—	0,6	—	
Indol-3-essigsäure		3 mM	3 mM	3	0,81	
D-Tryptophan		3 mM	3 mM	2,9	1,9	
5-Hydroxytryptophan		3 mM	3 mM	5,5	3,8	
Serotonin		1 mM	3 mM	7,2	2,6	

Tabelle 54 (Fortsetzung).

Induktor	Dosierung/kg Körpergewicht	Aktivität normal	Aktivität adrenalekt.	Faktor der Aktivitätsveränderung normal	Faktor der Aktivitätsveränderung adrenalekt.	Literatur
		μM/g Trockengewicht/Std				
7. Kontrolle	—	159 ± 21	—			10
Tyrosin	3,3 mM	1370 ± 168		8,6		
Glutaminsäure	3,3 mM	600 ± 187		3,8		
Phenylalanin	3,3 mM	304 ± 72		1,9		
Valin	3,3 mM	390		2,5		
Alanin	3,3 mM	810		5,1		
		μg/mg Protein/10 min				
8. Kontrolle	—	14,2 ± 4,0	11,8 ± 5,3			11
Tyrosin	600 mg	94,2 ± 22,6	6,2 ± 1,2	6,6	0,52	
Tryptophan	600 mg	103,8 ± 40,8	22,0 ± 10,4	7,3	1,8	
Methionin	600 mg	23,4 ± 12,0	27,2 ± 16,2	1,6	2,3	
Celite	600 mg	119,6 ± 22,9	3,9 ± 1,7	8,4	0,33	
Bentonit	600 mg	85,7 ± 17,3	—	6,0	—	
Hydrocortisonhemisuccinat	3 mg	—	36,4 ± 6,8	—	3,1	
Hydrocortison	5—10 mg	—	117,8 ± 21,6	—	10,0	
Hydrocortison + Tyrosin	600 mg	—	157,2 ± 22,2	—	13,4	
Hydrocortison + Tryptophan	600 mg	—	129,5 ± 16,1	—	11,0	
Hydrocortison + Methionin	600 mg	—	174,2 ± 30,2	—	14,7	
Hydrocortison + Celite	600 mg	—	209,9 ± 14,7	—	17,8	
Hydrocortison	2,5; 5; 10; 25; 50; 100; 150 mg			6,4; 10,2; 9,3; 10,6; 14,4; 17,0; 11,0		
		$\Delta E_{310\,m\mu}$/g Trockengewicht je 10 min				
9. Kontrolle	—	11 ± 3	—			12
Tyrosin	600 mg	49 ± 5	—	4,5	—	
Hydrocortison	10 mg	39 ± 7	—	3,5	—	
Hydrocortison	30 mg	56 ± 7	—	5,1	—	
Hefe-Ribonucleinsäure	300 mg	55 ± 8	—	5,0	—	
Na-heparinat	750 mg	41 ± 6	—	3,7	—	
D,L-Methionin	460 mg	19 ± 3	—	1,7	—	
D,L-Äthionin	500 mg	9 ± 1	—	0,8	—	
Methionin + Äthionin		76 ± 7	—	6,9	—	
Nucleotid-Mischung	300 mg	52 ± 4	—	4,7	—	
Tyrosin + Methionin		92 ± 17	—	8,4	—	
Tyrosin + Äthionin		22 ± 6	—	1,8	—	
Tyrosin + Methionin + Äthionin		98 ± 8	—	8,9	—	
Hydrocortison + Hefe-RNS	10 mg	74 ± 6	—	6,7	—	
Hydrocortison + Methionin		62 ± 6	—	5,6	—	
Hydrocortison + Äthionin		29 ± 4	—	2,6	—	
Hydrocortison + Methionin + Äthionin		82 ± 10	—	7,5	—	

[1] LIN, E. C. C., and W. E. KNOX: Biochim. biophys. Acta 26, 85 (1957).
[2] ROSEN, F., H. R. HARDING and R. J. MILHOLLAND: J. biol. Ch. 238, 3725 (1963).

eine Einzeldosis von 1,25 mg Hydrocortison/kg bei Normaltieren die Enzymaktivität auf das 1,5fache, bei adrenalektomierten Tieren dagegen auf das 6fache[1]. Die Adrenalektomie allein führt nur zu einer geringen Veränderung der Aktivität der Tyrosin-Transaminase[2–4].

Umgekehrt verursacht die Injektion von Adrenocorticotropin nur eine unwesentliche Steigerung der Enzymaktivität. Die Ratte reagiert auf eine Hypophysektomie mit einer geringen Senkung des Enzymspiegels[5]. Die Ansprechbarkeit auf Hydrocortison bleibt jedoch unverändert[6, 7]. Desoxycorticosteron ist als Induktor wirkungslos, kann jedoch die Hydrocortisoninduktion bei Normaltieren, besonders aber bei adrenalektomierten Tieren abschwächen[1, 8] (Tabelle 54/2).

Tyrosin im Futter verabreicht, bewirkt keine Induktion[2] oder nur einen nicht signifikanten Anstieg[4] der Aktivität.

Eine Induktion der Tyrosin-Transaminase erfolgt nur in der Leber und nicht in anderen Organen. Die Induktion durch Hydrocortison ist dosisabhängig und ergibt eine laufende Zunahme der Enzymaktivität bis zu einer Hydrocortisonmenge von 10 mg/100 g Körpergewicht und zehnfacher Aktivitätszunahme. Dieses Optimum wird bei einer weiteren Steigerung der Hydrocortisonmenge nicht überschritten. Bereits ab 2,5 mg/100 g Körpergewicht zeigt Hydrocortison einen toxischen Effekt, dem beim Mechanismus der Induktion eine besondere Bedeutung zugeschrieben wird. Analog wird auch die hohe Induktion durch Kombination von kleineren Hydrocortisonmengen mit anderen induktiv wirkenden Substanzen auf die „toxische Wirkung“ dieser Substanzen zurückgeführt[9].

Das nicht veresterte Hydrocortison ist als Induktor wesentlich wirksamer als z.B. das Hydrocortisonhemisuccinat[9]. Neben Hydrocortison führt auch die Injektion von Cortison als Acetat zu einer Enzyminduktion[10], die höher sein kann als bei einer gleichen Hydrocortisonmenge[11]. Ebenso wirkt Prednisolon induktiv[4].

Eine Induktion durch Hydrocortison und Tyrosin ist erst nach der Geburt möglich, nicht schon in der Fetalperiode. Auch der physiologische Anstieg der Enzymaktivität in der Leber erfolgt erst, nachdem die Ausschüttung von Hydrocortison in Gang gekommen ist. Dieser Anstieg läßt sich durch Amphenon, einen Hemmstoff für die Corticoidsynthese, hinauszögern. Auch die sofortige Entfernung der Nebennieren nach der Geburt verhindert den physiologischen Aktivitätsanstieg[12] (Tabelle 54/3).

[1] Rosen, F., H. R. Harding and R. J. Milholland: J. biol. Ch. **238**, 3725 (1963).
[2] Lin, E. C. C., and W. E. Knox: Biochim. biophys. Acta **26**, 85 (1957).
[3] Rivlin, R. S., and R. J. Levine: Endocrinology **73**, 103 (1963).
[4] Güttner, J., u. T. Goetze: Acta biol. med. germ. **12**, 297 (1964).
[5] Cacioppo, F., C. Nicotra e G. Tesoriere: Boll. Soc. ital. Biol. sperim. **39**, 887 (1963).
[6] Rosen, F., H. R. Harding and R. J. Milholland: J. biol. Ch. **238**, 3730 (1963).
[7] Rosen, F., and R. J. Milholland: Fed. Proc. **21**, 237 (1962).
[8] Rosen, F.: 5. Int. Congr. Biochem. Moskau 1961, Section 5, S. 123.
[9] Kenney, F. T., and R. M. Flora: J. biol. Ch. **236**, 2699 (1961).
[10] Greengard, O., and G. Acs: Biochim. biophys. Acta **61**, 652 (1962).
[11] Lin, E. C. C., and W. E. Knox: J. biol. Ch. **233**, 1186 (1958).
[12] Sereni, F., F. T. Kenney and N. Kretschmer: J. biol. Ch. **234**, 609 (1959).

Literatur zu Tabelle 54 (Fortsetzung).

[3] Rosen, F.: 5. Int. Congr. Biochem. Moskau 1961, Section 5, S. 123.
[4] Sereni, F., F. T. Kenney and N. Kretschmer: J. biol. Ch. **234**, 609 (1959).
[5] Lin, E. C. C., R. S. Rivlin and W. E. Knox: Amer. J. Physiol. **196**, 303 (1959).
[6] Nakata, Y., T. Suematsu and K. Nakata: J. Biochem. **53**, 508, 510 (1963).
[7] Güttner, J., u. T. Goetze: Acta biol. med. germ. **12**, 297 (1964).
[8] Rosen, F., H. R. Harding and R. J. Milholland: J. biol. Ch. **238**, 3730 (1963).
[9] Rosen, F., and R. J. Milholland: Fed. Proc. **21**, 237 (1962).
[10] Lin, E. C. C., and W. E. Knox: J. biol. Ch. **233**, 1186 (1958).
[11] Kenney, F. T., and R. M. Flora: J. biol. Ch. **236**, 2699 (1961).
[12] Litwack, G., and T. I. Diamondstone: Fed. Proc. **20**, 218 (1961); J. biol. Ch. **237**, 469 (1962).

Die Induktion mit Hydrocortison führt zu einem steilen Anstieg 2 Std nach der Injektion mit einem Maximum nach 5 Std; nach 12 Std stellt sich der Normalzustand wieder ein.

Tyrosin, das infolge seiner geringen Löslichkeit nur als Suspension injiziert werden kann, induziert ebenfalls nach 5 Std ein Maximum; die Werte sind nach 12 Std noch deutlich erhöht[1,2]. Die Verteilung der Enzymaktivität auf die einzelnen Zellbestandteile nach einer Induktion mit Hydrocortison auf das 4,5fache ergibt nach LITWACK u. Mitarb.[2] eine nahezu gleichmäßige Zunahme der Aktivität in allen Fraktionen, so daß sich auch nach der Induktion der größte Teil der Aktivität im Cytoplasma findet[2]. Bei Verwendung von ^{14}C-Hydrocortison findet sich nach 45 min ein Maximum der Hydrocortisonaktivität im Cytoplasma, während Mikrosomen- und Kernfraktion nur wenig Radioaktivität aufweisen und die Mitochondrien nahezu inaktiv sind. Dieser Zeitpunkt der maximalen Radioaktivität in der Leber fällt mit dem Beginn der Enzyminduktion zusammen. Im Maximum der Enzyminduktion ist nahezu keine Radioaktivität mehr in der Leber vorhanden. Da die subcelluläre Verteilung des markierten Hydrocortisons mit der des Enzyms übereinstimmt, ist ein direkter Effekt des Hydrocortisons nicht von der Hand zu weisen[2].

Tabelle 55. *Verteilung der Enzymaktivität und Antigenaktivität in den einzelnen Leberzellfraktionen vor und nach Induktion*[3].

Fraktion	Enzymkontrolle	Enzym induziert	Antigenkontrolle	Antigen induziert
Kern	500	2400	450	2500
Mitochondrien	80	160	100	230
Lysosomen . .	< 5	100	< 5	120
Mikrosomen .	20	470	50	270
Löslich . . .	4400	46600	4500	47000

Aktivitätsangabe: μg PHPP/g Leber/10 min.

KENNEY[3] hingegen fand 88% der Gesamtaktivität in der löslichen Fraktion, 10% in der Kernfraktion und nur geringe Mengen in der Mitochondrien-, Mikrosomen- und Lysosomenfraktion. Nach der Induktion mit Hydrocortison nimmt die Aktivität im Cytoplasma auf das Zehnfache zu, die der Kernfraktion auf das Fünffache. Die Steigerung in der Mikrosomen- und Lysosomenfraktion ist noch größer (20fach), jedoch ist hier die Gesamtaktivität nur gering (s. Tabelle 55).

Der Gehalt an Tyrosin-Transaminase in der Leber liegt bei männlichen Ratten höher als bei weiblichen und wird bei Kastration um 44 (♂) bzw. 16% (♀) erniedrigt[4]. Ein Geschlechtsunterschied wurde auch bei der Induktion beobachtet. So war die Steigerung der Enzymaktivität bei normalen und besonders bei den adrenalektomierten männlichen Tieren durch Tyrosin und Hydrocortison weitaus deutlicher als bei weiblichen Tieren[4] (Tabelle 54/4). Einen möglichen Grund hierfür ergeben Befunde, nach denen Hydrocortison bei männlichen Tieren wesentlich langsamer abgebaut wird als bei weiblichen Tieren[5].

Die unterste Entwicklungsstufe, die eine adaptive Enzymvermehrung durch Hydrocortison aufweist, stellen die Reptilien dar; sie setzt sich in den höheren Ordnungen Vögel und Säugetiere fort. Bei den Amphibien und Fischen tritt keine Induktion der Tyrosin-Transaminase ein, da die Differenzierung der Stoffwechselsteuerung noch zu gering ist[6].

Die Induktion mit Hydrocortison findet sich auch bei Vitamin B_6-Mangel-Tieren, vorausgesetzt, daß die Enzymaktivität mit PLP-Zusatz bestimmt wird. Die Vergleichsgruppen der Vitamin B_6-Mangel-Tiere zeigen nach Zusatz von PLP sogar eine höhere Ausgangsaktivität als Normaltiere[7].

Die Induzierbarkeit der Leber-Tyrosin-Transaminase durch Hydrocortison ist vom Status der Schilddrüsenfunktion abhängig. Bei Tieren mit einer Schilddrüsen-Unterfunktion genügen bereits kleine Hydrocortisonmengen für eine maximale Induktion,

[1] KENNEY, F. T., and R. M. FLORA: J. biol. Ch. **236**, 2699 (1961).
[2] LITWACK, G., M. L. SEARS and T. I. DIAMONDSTONE: J. biol. Ch. **238**, 302 (1963).
[3] KENNEY, F. T.: J. biol. Ch. **237**, 1605, 1610 (1962).
[4] LIN, E. C. C., R. S. RIVLIN and W. E. KNOX: Amer. J. Physiol. **196**, 303 (1959).
[5] YATES, F. E., L. A. HERBST and J. URQUHART: Endocrinology **63**, 887 (1958).
[6] CHAN, K. S., and P. P. COHEN: Arch. Biochem. **104**, 335 (1964).
[7] LIN, E. C. C., M. CIVEN and W. E. KNOX: J. biol. Ch. **233**, 1183 (1958).

während bei Verabreichung von Thyroxin eine vergleichbare Induktion nur durch sehr große Dosen von Hydrocortison zu erzielen ist. Da bei den mit Thyroxin behandelten Tieren nach Injektion von Hydrocortison-1,2-^{3}H das Verhältnis der Abbauprodukte zu unverändertem Hydrocortison dreimal größer ist als bei Normaltieren, wird der verringerte Induktionseffekt bei Thyroxinbehandlung auf einen erhöhten Steroidabbau zurückgeführt[1]. Eine länger andauernde Behandlung von Ratten mit Thyroxin führt zu einer Steigerung der Tyrosin-Transaminase der Leber (40—100%)[2, 3]. Umgekehrt wirkt sich eine Verminderung der Schilddrüsenaktivität durch Radiothyreoidektomie durch Senkung der Enzymaktivität (50%) aus[2, 4]. In gleichem Sinne wird auch der Tyrosingehalt des Serums im ersten Fall erhöht (von 14,1 μg/ml auf 17,1 μg) und im letzten erniedrigt (auf 11,5 μg/ml)[2].

In gleicher Weise wie die Aktivität der GPT ist auch die der Tyrosin-Transaminase — neben der äußeren Induktion durch Hydrocortison, die zu einer Zunahme des Glykogengehaltes der Leber führt[5] — bei Stoffwechselsituationen mit gesteigerter Gluconeogenese und erhöhtem Proteinabbau, z.B. im Hungerzustand, bei Kost mit erhöhtem Proteingehalt und bei Diabetes, stark gesteigert[6, 7].

Auch NAKATA u. Mitarb.[8] fanden eine vierfache Erhöhung der Tyrosin-Transaminase-Aktivität im Hungerzustand und eine 5,5fache Erhöhung bei Proteinkost. Beide Steigerungen bleiben nach Adrenalektomie aus. Auch nach Beimpfen der Tiere mit Ascitestumorzellen Stamm AH 130 steigt die Aktivität nahezu auf das Sechsfache nach 10 bis 11 Tagen. In allen Fällen verhindert eine Adrenalektomie die Induktion. Die Induktion ist bei Tieren, die mit einer Proteinmangelkost ernährt wurden, wesentlich herabgesetzt[8]. Ein Ansteigen der Enzymaktivität nach proteinreicher Nahrung und ein Abfall nach Proteinmangel bestehen bei nichtgraviden und graviden Ratten gleichermaßen[9]. Die Induktion bei Tieren, die mit einer Proteinmangelkost ernährt wurden, beträgt 60—70% der normalen Induktion[10] (Tabelle 54/5).

Unterschiede in der Induktion der GPT und der Tyrosin-Transaminase liegen darin, daß das Induktionsmaximum der GPT bei Hydrocortison erst nach 2 Tagen erreicht wird gegenüber 4—5 Std bei der Tyrosin-Transaminase, daß ferner bei der GPT subcutane Injektionen wirksamer sind als intraperitoneale und daß die Adrenalektomie bei der GPT zu einer starken Senkung der Enzymaktivität führt[6, 7].

LIN u. Mitarb.[11] konnten, ausgehend von dem Gedanken der Substratinduktion, auch durch verschiedene Aminosäuren, die an der Enzymreaktion nicht beteiligt sind, eine Induktion der Tyrosin-Transaminase auslösen. Sie führten die Erhöhung auf eine Stress-Situation mit Steigerung der Hormonausschüttung zurück (Tabelle 54/7). Ein weiterer Beweis dafür war die Induktion durch Substanzen, die mit dem Proteinstoffwechsel nicht in Verbindung stehen, so z.B. durch eine Injektion von Propylenglykol, die ebenfalls zu einer neunfachen Aktivitätssteigerung führt.

Auch Hefe-Ribonucleinsäure und ein Gemisch von 2',3'-Mononucleotiden sind wirksame Induktoren. Auch Heparin wirkt deutlich induktiv. Die Induktion mit 300 g Ribonucleinsäure/kg gibt folgende Aktivitätszunahme nach: 0,5 Std 7%; 2 Std 230%; 4 Std 625%; 5 Std 520%; 17 Std 16%[12, 13].

1 RIVLIN, R. S.: J. biol. Ch. **238**, 3341 (1963).
2 RIVLIN, R. S., and R. J. LEVINE: Endocrinology **73**, 103 (1963).
3 RIVLIN, R. S., CH. S. HOLLANDER and S. P. ASPER: Endocrinology **71**, 636 (1962).
4 ICHIHARA, K., K. KOMETANI and Y. SAKAMOTO: J. Biochem. **42**, 519 (1955).
5 DEGENHARDT, G., H. J. HÜBENER u. J. ALESTER: H. **323**, 278 (1961).
6 ROSEN, F., H. R. HARDING and R. J. MILHOLLAND: J. biol. Ch. **238**, 3725 (1963).
7 ROSEN, F.: 5. Int. Congr. Biochem. Moskau 1961, Section 5, S. 123.
8 NAKATA, Y., T. SUEMATSU and K. NAKATA: J. Biochem. **53**, 508, 510 (1963).
9 GÜTTNER, J., u. T. GOETZE: Acta biol. med. germ. **12**, 297 (1964).
10 AL-NEJJAR, Z. H., and G. LITWACK: Biochim. biophys. Acta **48**, 153 (1961).
11 LIN, E. C. C., and W. E. KNOX: J. biol. Ch. **233**, 1186 (1958).
12 LITWACK, G.: Biochim. biophys. Acta **42**, 369 (1960).
13 DIAMONDSTONE, T. I., and G. LITWACK: Biochim. biophys. Acta **57**, 583 (1962).

Auch KENNEY und FLORA[1] untersuchten die verschiedenen Möglichkeiten einer unspezifischen Induktion. Neben einigen Aminosäuren sind auch anorganische Substanzen, wie Celite und Bentonit, bei Normaltieren als Induktoren wirksam und führen zu einer Zunahme des Hydrocortisonspiegels der Leber. Von den Aminosäuren sind wirksam Tyrosin, Tryptophan, Methionin, Leucin und Glutathion. Unwirksam sind Cystein, Glutamin, Glutaminsäure, Histidin und Arginin. Die höchste Induktion ergab eine Mischung von 600 mg Celite/kg + 10 mg Hydrocortison/kg, sie betrug das 18fache des Kontrollwertes[1] (Tabelle 54/8).

Nach LITWACK u. Mitarb.[2, 3] beginnt in allen Fällen die unspezifische Induktion 1 Std nach der Injektion mit einem Maximum nach 4 Std und einem erneuten Abfall nach 12—13 Std. Die Wirkung von Heparin, Nucleotidmischung und Hefe-Ribonucleinsäure, nicht jedoch die von Hydrocortison und Kombinationen mit diesem, sind an eine intakte Nebenniere gebunden. Ein Zusatz von Methionin vermag die jeweilige Einzelwirkung zu steigern. Ebenso vermag Methionin die Hemmwirkung von Äthionin aufzuheben. Die Stimulierung nimmt in folgender Reihenfolge ab: Hydrocortison, Hefe-Ribonucleinsäure, Tyrosin + Methionin, Tyrosin + Methionin + Äthionin, ATP, D-Aspartat, Nucleotidmischung[2, 3] (Tabelle 54/9). Die durch Aminosäuren erzielbare Induktion liegt meist unter den Werten für Hydrocortison und Tyrosin als Induktoren. So sind neben Tryptophan auch Histidin, Methionin, Alanin, 3-Indolessigsäure, D-Tryptophan, 5-Hydroxytryptophan und Serotonin wirksame Induktoren[4, 5].

Das besondere an der Induktion mit Tryptophan ist, daß sie auch nach Adrenalektomie eintritt, dagegen bewirken die anderen Aminosäuren, die beim Normaltier aktiv sind, sogar eine Herabsetzung der Aktivität bei adrenalektomierten Tieren[4, 5]. Die Induktion durch Derivate des Tryptophans, wie 5-Hydroxytryptophan und Serotonin, führt zwar beim intakten Tier zu einer Erhöhung des Hydrocortisonspiegels, da diese Substanzen aber auch bei adrenalektomierten Tieren wirksam sind, kommt ein Stress-Effekt als Wirkungsmechanismus nicht in Frage. Vergleichende Untersuchungen an normalen, adrenalektomierten und hypophysektomierten Tieren zeigen bei allen eine starke potenzierende Wirkung durch Hydrocortison und eine abgeschwächte Potenzierung durch Tryptophan in den beiden letzten Gruppen[4, 5] (Tabelle 54/6).

Äthionin, ein Inhibitor der Proteinsynthese[6], hemmt die Induktion durch Hydrocortison an normalen, adrenalektomierten und hypophysektomierten Tieren in gleicher Weise zu 30—50%. Die Induktion durch Tryptophan jedoch wird ebenfalls gehemmt.

Puromycin, das ebenfalls ein Hemmstoff der Proteinsynthese ist[7, 8], hemmt die Induktion durch Hydrocortison zu 85%[4, 5]. Actinomycin, ein Hemmstoff für die Synthese von Ribonucleinsäure[9], hemmt die Induktion durch Cortison bei adrenalektomierten Tieren[10]. Da die Induktion der Tryptophan-Pyrrolase mit Cortison, nicht jedoch diejenige mit Tryptophan, durch Actinomycin hemmbar ist, verläuft die Induktion durch Nebennierenrinden-Hormon und Substrat auf zwei verschiedenen Wegen. Dies läßt sich möglicherweise auch auf die Tyrosin-Transaminase übertragen[10].

Der induktive Hydrocortisoneffekt kann durch Aminosäure-Antimetabolite und Hemmstoffe der Proteinsynthese unterdrückt werden[11].

---

[1] KENNEY, F. T., and R. M. FLORA: J. biol. Ch. **236**, 2699 (1961).
[2] LITWACK, G., and T. I. DIAMONDSTONE: J. biol. Ch. **237**, 469 (1962).
[3] LITWACK, G., and T. I. DIAMONDSTONE: Fed. Proc. **20**, 218 (1961).
[4] ROSEN, F., H. R. HARDING and R. J. MILHOLLAND: J. biol. Ch. **238**, 3730 (1963).
[5] ROSEN, F., and R. J. MILHOLLAND: Fed. Proc. **21**, 237 (1962).
[6] RABINOVITZ, M., M. E. OLSON and D. M. GREENBERG: J. biol. Ch. **227**, 217 (1957).
[7] YARMOLINSKY, M. B., and G. L. DE LA HABA: Proc. nat. Acad. Sci. USA **45**, 1721 (1959).
[8] MUELLER, G. C., J. GORSKI and Y. AIZAWA: Proc. nat. Acad. Sci. USA **47**, 164 (1961).
[9] REICH, E., E. M. FRANKLIN, A. J. SHATKIN and E. L. TATUM: Science, N.Y. **134**, 556 (1961).
[10] GREENGARD, O., and G. ACS: Biochim. biophys. Acta **61**, 652 (1962).
[11] HÜBENER, H. J.: D.m.W. **1962**, 445.

Die intraperitoneale Injektion von Pyridoxin steigert bei adrenalektomierten Tieren die Aktivität der Tyrosin-Transaminase in der Rattenleber 4 Std nach der Injektion um das Dreifache. Puromycin verhindert diese Induktion der Enzymaktivität, während Actinomycin, ein Hemmstoff für die Ribonucleinsäuresynthese, wirkungslos ist. Die Tyrosin-Transaminase-Aktivität der normalen Leber läßt sich durch 10^{-5} m PLP um 110% steigern, die der pyridoxininduzierten Leber nur um 12%. Das spricht für eine in vivo-Steigerung des PLP-Gehaltes der Leber nach Pyridoxingabe, obwohl der direkte Nachweis eines gesteigerten PLP-Gehaltes nicht gelang. Demnach kann auch der Coenzymspiegel in vivo die Synthese des entsprechenden Apoenzymproteins regulieren[1].

Auch Reserpin (5 mg/kg) vermag die Aktivität der Tyrosin-Transaminase in der Rattenleber auf das Dreifache zu steigern. Hierbei tritt das Induktionsmaximum erst nach 16 Std ein und eine Normalisierung der Werte nach 4 Tagen[2,3]. Ein noch besserer Induktor ist Chlorpromazin (100 mg/kg), dessen Wirkung (sechsfache Steigerung) durch Adrenalektomie nur zum Teil aufgehoben wird[3].

Da Persantin [2,6-bis-(Diäthanolamino)-4,8-dipiperidino-pyrimido-(5,4-d)-pyrimidin] möglicherweise in den Nucleotidstoffwechsel eingreift, wurde auch diese Substanz auf ihre Fähigkeit zur Enzyminduktion untersucht. 400 mg Persantin/kg führen nach 4 Std zu einer vierfachen Aktivitätszunahme. Zusammen mit Ribonucleinsäure gegeben, hemmt es die Wirkung dieser Substanzen zum Teil, während es die Hydrocortisoninduktion nicht beeinflußt[4].

Eine Aktivitätserhöhung um 100% tritt auch nach einer Adrenalininjektion ein[5].

Die Traumatisierung von Ratten durch Tourniquet führt zu einer dreifachen Aktivitätssteigerung[6]. Diese sicherlich durch Stresswirkung herbeigeführte Zunahme der Enzymaktivität wurde mit der Verminderung einer Inaktivatorwirkung erklärt. Ein normalerweise im Serum vorkomender Inaktivator für die Tyrosin-Transaminase soll bei den Tourniquet-Tieren fehlen[7].

Untersuchungen von Barnabei u. Mitarb.[8] an der isoliert perfundierten Rattenleber ergaben bei der Perfusion mit Rattenblut, dem ein Caseinhydrolysat zugesetzt war, nach 3 Std eine Erhöhung der Aktivität um 70%. Cortisol, 1,2 mM, gibt über die Kontrollwerte hinaus eine leichte Aktivitätszunahme, die bei der Kombination von Cortisol + Tyrosinzusatz bis zu 300% betragen kann. Die Aktivitätszunahme kann durch Anaerobiose, Chloramphenicol oder Äthionin verhindert werden. Die Cortisolwirkung wird mit einer direkten Beeinflussung der Leberzelle erklärt. Dieser direkte Effekt des Hydrocortisons auf die Leberzelle ist an den in vivo-Versuch gebunden, da in Leberschnitten keine Induktion erzielbar ist[8]. Am Modell der isoliert perfundierten Rattenleber kann auch der Hydrocortisoneffekt nachgewiesen werden. Die Perfusion mit Blut, dem Glucose und Aminosäuren zugesetzt sind, führt nach 6 Std zu einem Aktivitätsabfall in der Leber. Ein einmaliger Zusatz von 3 mg Hydrocortison zu Beginn der Perfusion führt zu einer Aktivitätssteigerung, die nur 2 Std anhält. Hechter[9] fand, daß die isoliert perfundierte Rattenleber 15—20 μg Hydrocortison/g Leber/min abzubauen vermag. Gibt man daher zu Beginn der Perfusion 1,5 mg Hydrocortison und anschließend 0,25 mg pro Std, so kommt es nach 4 Std zu einer 2—3fachen Erhöhung der Enzymaktivität, die ausbleibt, wenn nach 2 Std die Perfusionslösung gegen eine hydrocortisonfreie Lösung ausgetauscht oder Puromycin als Hemmstoff der Proteinsynthese zugesetzt wird[10].

---

[1] Greengard, O., and M. Gordon: J. biol. Ch. **238**, 3708 (1963).
[2] Canal, N., S. Ferri and T. Scamazzo: Biochem. Pharmacol. **12**, 299 (1963).
[3] Kusch, T., u. I. Heinrich: Acta biol. med. germ. **10**, 554 (1963).
[4] Litwack, G.: Biochim. biophys. Acta **56**, 593 (1962).
[5] Güttner, J., u. T. Goetze: Acta biol. med. germ. **12**, 297 (1964).
[6] Anderson, P. R., and O. C. McElroy: Arch. Biochem. **82**, 256 (1959).
[7] Tolson, W., N. Martin, E. C. Knoblock and O. E. McElroy: Abstr. amer. chem. Soc. p. 40C (1960).
[8] Barnabei, O., and F. Sereni: Biochem. biophys. Res. Comm. **9**, 188 (1962).
[9] Hechter, O., M. M. Solomon and E. Caspi: Endocrinology **53**, 202 (1953).
[10] Goldstein, L., E. J. Stella and W. E. Knox: J. biol. Ch. **237**, 1723 (1962).

Wird der $600 \times g$ Überstand eines Leberhomogenates von adrenalektomierten Ratten bei p_H 7,8 mit ATP, NAD, KCl, α-KGS, $MnCl_2$ und Glycin inkubiert, so ergibt sich gegenüber den Kontrollwerten ein siebenfacher Anstieg der Tyrosin-Transaminase-Aktivität. In Gegenwart von Hydrocortison und Tyrosin findet keine zusätzliche Steigerung statt. Die Aktivitätserhöhung wird auf eine direkte Steigerung der Proteinsynthese zurückgeführt und nicht auf eine Aktivierung des Enzyms[1]. Eine Induktion der Tyrosin-Transaminase durch Tyrosin mit isolierten Leberzellfragmenten wurde ebenfalls beschrieben[2].

Die Frage ist nun, welcher celluläre Mechanismus für die Enzymzunahme verantwortlich ist und welche Bedeutung die Glucocorticoide bei der Kontrolle des Mechanismus besitzen. Die wesentlichste Komponente bei der Induktion scheint in jedem Fall die Stimulierung der Nebennierenrindenfunktion zu sein, die durch direkte Injektion von Corticosteroiden umgangen werden kann. Ein klarer Beweis für diese entscheidende Rolle der Corticosteroide[3, 4] ist die fehlende Induktion durch Tyrosin bei adrenalektomierten Tieren. Auch die unspezifischen Induktoren wirken über eine Stress-Situation und Stimulierung der Nebennierenfunktion[5–8]. Die direkte Abhängigkeit der Tyrosin-Transaminase von der Nebennierenfunktion soll durch Messung der Transaminase in Leberzylindern eine Aussage, z.B. über die Beeinflussung der Nebennierenfunktion durch Tumorwachstum, erlauben[9]. Bei der Induktion mit Tyrosin kann noch der Faktor der direkten Substratinduktion dazukommen.

Gegen eine alleinige Wirkung der Glucocorticoide spricht die Möglichkeit einer Induktion am adrenalektomierten Tier durch Tryptophan und andere Indolderivate; dabei entfällt die Stresswirkung. Beim intakten Tier kann jedoch durch Indolderivate auch der Hydrocortisonspiegel in der Leber erhöht werden[10, 11]. Tryptophan vermag auch neben Leucin den aminosäureabhängigen Pyrophosphat-ATP-Austausch zu fördern und damit einen der ersten Schritte in der Proteinsynthese[12]. Sicherlich kann auch eine Veränderung der Membranpermeabilität für den Ionen- und Aminosäuretransport bei der Induktion beteiligt sein[3]. Ebenso wird ein allgemeiner toxischer Effekt der Induktoren in den relativ hohen Dosierungen diskutiert[7]. Die frühere Annahme, daß eine Aktivitätssteigerung durch Veränderung des Gehaltes eines Enzyminhibitors[13, 14] oder Aktivierung einer bereits vorgebildeten Enzymvorstufe[15] erfolgt, wurde zugunsten einer vermehrten Neusynthese des Enzyms unter der induktiven Wirkung fallengelassen[16–18]. Bei Versuchen mit markierten Aminosäuren sprach bisher die Konstanz der spezifischen Aktivität von Extrakten von induzierten und normalen Tieren für eine Veränderung der katalytischen Kapazität eines bereits vorliegenden Enzymmoleküls[19]. Die Eigenschaften des aus der normalen Leber und der induzierten Leber isolierten Enzyms stimmen überein[18, 20],

[1] Diamondstone, T. I., and G. Litwack: Nature **197**, 493 (1963).
[2] Chung Yen, W.: Biochimija, Moskva **25**, 118 (1960).
[3] Rosen, F., H. R. Harding and R. J. Milholland: J. biol. Ch. **238**, 3725 (1963).
[4] Rosen, F.: 5. Int. Congr. Biochem. Moskau 1961, Section 5, S. 123.
[5] Nakata, Y., T. Suematsu and K. Nakata: J. Biochem. **53**, 508, 510 (1963).
[6] Lin, E. C. C., and W. E. Knox: Biochim. biophys. Acta **26**, 85 (1957).
[7] Kenney, F. T., and R. M. Flora: J. biol. Ch. **236**, 2699 (1961).
[8] Lin, E. C. C., and W. E. Knox: J. biol. Ch. **233**, 1186 (1958).
[9] Girkin, G., and R. F. Kampschmidt: Proc. Soc. exp. Biol. Med. **105**, 221 (1960).
[10] Rosen, F., H. R. Harding and R. J. Milholland: J. biol. Ch. **238**, 3730 (1963).
[11] Rosen, F., and R. J. Milholland: Fed. Proc. **21**, 237 (1962).
[12] Craddock, V. M., and M. V. Simpson: Biochem. J. **74**, 10 (1960).
[13] Anderson, P. R., and O. C. McElroy: Arch. Biochem. 82, 256 (1959).
[14] Tolson, W., N. Martin, E. C. Knoblock and O. E. McElroy: Abstr. amer. chem. Soc. p. 40C (1960).
[15] Kenney, F. T.: Biochem. biophys. Res. Comm. **2**, 333 (1960).
[16] Kenney, F. T.: J. biol. Ch. **237**, 3495 (1962).
[17] Knox, W. E., 5. H. Auerbach and E. C. C. Lin: Physiol. Rev. **36**, 164 (1956).
[18] Kenney, F. T.: J. biol. Ch. **237**, 1605, 1610 (1962).
[19] Kenney, F. T.: V. Int. Congr. Biochem. Moskau 1961, Section 5, S. 113.
[20] Kenney, F. T.: J. biol. Ch. **234**, 2707 (1959).

und die Aktivitäten der Extrakte der Normal- und induzierten Leber addieren sich beim Mischen, so daß Inhibitorwirkungen hier entfallen[1].

Auch im Falle der Pyridoxininduktion wurde infolge des erhöhten Angebots an Coenzym die Synthese des Apoenzyms stimuliert[2]. Die Hemmbarkeit der Induktion durch Inhibitoren der Proteinsynthese ist ein weiterer Hinweis auf eine Neusynthese von Enzymproteinen. Der schlüssige Beweis einer Enzymneusynthese durch Induktion wurde von KENNEY[3,4] durch quantitative immunologische Untersuchungen erbracht. Er konnte durch Sensibilisieren von Kaninchen mit einem sehr reinen Tyrosin-Transaminase-Präparat ein Antiserum erzeugen und den Antikörper aus dem Blut isolieren. Dieser bildete bei der Agargel-Doppeldiffusionstechnik eine einzige Präcipitationsbande mit dem Enzym. Mit Hilfe dieses Antienzyms kann der Enzymgehalt einer Lösung direkt austitriert werden, wobei der Enzym-Antienzym-Komplex isoliert werden kann. Da diese Titration nicht von der spezifischen Aktivität des Enzyms abhängt, konnte bereits in rohen Leberhomogenaten von induzierten Tieren durch diese immunologische Technik direkt eine Zunahme der Enzymproteinmenge gegenüber den Vergleichstieren festgestellt werden. Die dabei in den einzelnen Zellfraktionen gemessenen und titrierten Enzymaktivitäten stimmen gut überein (Tabelle 55, S. 430). Die Möglichkeit einer Erhöhung des löslichen Proteinanteils durch Freisetzung aus dem gebundenen Zustand ist damit ebenfalls ausgeschlossen[3].

Ein direkter Effekt des Hydrocortisons auf die Leberzelle kann jedoch nicht ausgeschlossen werden, wie die identische Verteilung des ^{14}C-Hydrocortisons und die Enzymverteilung zeigen[5] (und auch [6–8]).

Eine letzte Möglichkeit der Vortäuschung der Enzyminduktion wäre eine Herabsetzung des Enzymabbaues bzw. der Enzymausscheidung; aber auch hier konnte gezeigt werden, daß sie nicht zutrifft. Die Einlagerung von ^{14}C-Leucin in das gesamte lösliche Protein liegt bei den mit 10 mg Hydrocortison/kg induzierten Tieren um 10—20% höher als bei den Kontrollen und erfolgt in der 1. Std nach der Injektion des Leucins. Aus dem löslichen Leberextrakt wird anschließend das Enzym isoliert. Die spezifische Radioaktivität der Tyrosin-Transaminase normaler Tiere nimmt so lange zu, wie das Isotop im Aminosäurepool vorhanden ist, und nimmt dann mit einer Halbwertszeit von 3—4 Std ab. Bei induzierten Tieren nimmt 30 min nach der Injektion die spezifische Radioaktivität des Enzympräparates ab, parallel zu der Abnahme des Isotops aus dem Pool. Daraus wird geschlossen, daß die Geschwindigkeit der Enzymsynthese bei den induzierten Tieren erhöht ist und eine Veränderung in der Abbaugeschwindigkeit des Enzyms für die Zunahme durch die Injektion keine Rolle spielt[9].

Hemmstoffe der Tyrosin-Transaminase. Als Pyridoxalphosphatenzym wird die Tyrosin-Transaminase durch die auch bei der GOT und GPT wirksamen Inhibitoren gehemmt. Das Enzym aus Hundeleber und auch das aus Rattenleber wird stark durch SH-blockierende Substanzen, wie p-Chlormercuriphenylsulfat, Jodosobenzoat und Jodacetat[1,10], gehemmt. Die Hemmwirkung dieser drei Substanzen steht im Verhältnis von 10000:100:1[1]. Das Enzym aus Saccharomyces wird durch 10^{-3} m p-Chlormercuribenzoat zu 56% gehemmt; diese Hemmung kann durch Erhöhung der Inhibitorkonzentration nicht weiter gesteigert werden[11]. Die Hemmung durch SH-Blocker kann durch Cystein

[1] KENNEY, F. T.: J. biol. Ch. **234**, 2707 (1959).
[2] GREENGARD, O., and M. GORDON: J. biol. Ch. **238**, 3708 (1963).
[3] KENNEY, F. T.: J. biol. Ch. **237**, 1605, 1610 (1962).
[4] KENNEY, F. T.: Ann. N.Y. Acad. Sci. **103**, 1083 (1963).
[5] LITWACK, G., M. L. SEARS and T. I. DIAMONDSTONE: J. biol. Ch. **238**, 302 (1963).
[6] GOLDSTEIN, L., E. J. STELLA and W. E. KNOX: J. biol. Ch. **237**, 1723 (1962).
[7] DIAMONDSTONE, T. I., and G. LITWACK: Nature **197**, 493 (1963).
[8] BARNABEI, O., and F. SERENI: Biochem. biophys. Res. Comm. **9**, 188 (1962).
[9] KENNEY, F. T.: J. biol. Ch. **237**, 3495 (1962).
[10] CANELLAKIS, Z. N., and P. P. COHEN: J. biol. Ch. **222**, 53 (1956).
[11] SHANMUGANATHAN, S.: Biochem. J. **77**, 619 (1960).

Tabelle 56. *Hemmung der Tyrosin-Transaminase* (in %).

Hemmstoff	12×10^{-3} m	3×10^{-3} m	Literatur
D-Tyrosin	9		1
Tyramin	13		
p-Hydroxyphenylessigsäure	74		
p-Hydroxyphenylmilchsäure	85		
Phenyläthylamin	80		
Phenylessigsäure	30		
Phenylmilchsäure	28		
Indol-3-buttersäure	71		
Indol-3-propionsäure	48		
Indol-3-essigsäure	42		
5-Hydroxytryptophan	30		
Serotonin	37		
5-Hydroxyindolessigsäure	55		
3,4-Dihydroxyphenylalanin	100	86	
Dopamin	100	89	
Norepinephrin	100	91	
Epinephrin	15	9	
3-Methoxytyrosin		19	
3-Methoxydopamin		8	
Normetanephrin		38	
Metanephrin		4	
Dihydroxyphenylessigsäure		88	
Dihydroxymandelsäure		65	
Homovanillinsäure		34	
Vanillylmandelsäure		51	
α-Methyltyrosin	22	2	
α-Methyldopa	29	11	

Hemmstoff	$6{,}3 \times 10^{-3}$ m	$1{,}26 \times 10^{-3}$ m	Literatur
p-Kresol	13		2
Salicylsäure	17		
p-Hydroxybenzoesäure	26		
Anthranilsäure	12		
p-Aminobenzoesäure	21		
Terephthalsäure	22		
p-Nitrobenzoesäure	15		
Hippursäure	3		
p-Aminohippursäure	25		
p-Hydroxyphenylessigsäure	26		
Tyramin	9		
L-Tryptophan	21		
L-Lysin	27	16	
m-Hydroxyphenyl-D,L-alanin		60	
Adrenalin		70	
3,4-Dihydroxyphenylalanin		70	
3-Fluor-D,L-tyrosin		20	
3-Amino-D,L-tyrosin		87	
2,5-Dihydroxyphenylalanin		35	

und Glutathion verhindert oder rückgängig gemacht werden[3,4]. Metallbindende Substanzen, wie EDTA, α,α'-Dipyridyl, Diäthyldithiocarbamat u.a., führen zu keiner Hemmung[3].

CANELLAKIS[2,5] fand für das Enzym aus Hundeleber eine Hemmung der Reaktion durch höhere Konzentrationen an α-KGS und auch durch das Reaktionsprodukt PHPP; letzteres trifft auch für das Enzym der Ratte zu.

Neben den üblichen Hemmkörpern für Transaminasen gibt es noch eine Vielzahl anderer Substanzen, die die Transaminierung von Tyrosin meist kompetitiv hemmen[1,2,5–9]. Es handelt sich hauptsächlich um aromatische Aminoverbindungen und Brenzcatechinderivate (Tabelle 56). Die Wachstumshemmung von *S. faecalis* und *L. arabinosus* durch PHPP in phenylalaninfreien Medien und durch Phenylpyruvat in tyrosinfreien Medien beruht auf einer kompetitiven Hemmung der Transaminase[10]. Auch Phenylalanin führt in vivo zu einer Hemmung[11]. Stark wirksame Hemmstoffe sind weiter Thyroxin und Derivate[3,12–14]. Die Thyroxinhemmung ist für Tyrosin bei niedriger Konzentration nicht kompetitiv, bei höherer Konzentration ein Mischtyp; dies trifft auch für

1 JACOBY, G. A., and B. N. LADU: J. biol. Ch. **239**, 419 (1964).
2 CANELLAKIS, Z. N., and P. P. COHEN: J. biol. Ch. **222**, 63 (1956).
3 KENNEY, F. T.: J. biol. Ch. **234**, 2707 (1959).
4 SHANMUGANATHAN, S.: Biochem. J. **77**, 619 (1960).
5 CANELLAKIS, Z. N., and P. P. COHEN: J. biol. Ch. **222**, 53 (1956).
6 JACOBY, G. A., and B. N. LADU: Biochem. biophys. Res. Comm. **8**, 352 (1962).
7 ROSEN, F., H. R. HARDING and R. J. MILHOLLAND: J. biol. Ch. **238**, 3730 (1963).
8 LITWACK, G., and V. WOJCIECHOWSKI: Nature **183**, 1675 (1959).
9 JACOBY, G. A., and B. N. LADU: Fed. Proc. **21**, 238 (1962).
10 HOLDEN, J. T.: Arch. Biochem. **61**, 128 (1956).
11 GOLDSTEIN, F. B.: J. biol. Ch. **236**, 2656 (1961).
12 DIAMONDSTONE, T. I., and G. LITWACK: J. biol. Ch. **238**, 3859 (1963).
13 LITWACK, G.: J. biol. Ch. **228**, 823 (1957).
14 LITWACK, G.: Proc. Soc. exp. Biol. Med. **93**, 13 (1956).

α-KGS zu. Bei einer unter der Sättigung liegenden PLP-Konzentration kommt es durch Thyroxin sogar zu einer Erhöhung der Anfangsgeschwindigkeit. Dieser Effekt überlagert den im wesentlichen kompetitiven Hemmechanismus. Auch die Hemmwirkung von Trijodthyronin ist kompetitiv. Die entsprechenden Inhibitorkonstanten für die Amino- und Ketosäuren und für das Coenzym betragen 2,8 bis $3,8 \times 10^{-5}$ m. Thyronin selbst ist unwirksam, jedoch hemmt das 3,5-Dijodthyronin kompetitiv. Eine 50%ige Hemmung der Tyrosin-Transaminase erfolgt auch durch $\sim 10^{-3}$ m D,L-Cycloserin, 5×10^{-3} m L-Cycloserin und $> 10^{-3}$ m D-Cycloserin[1, 2].

Bestimmung. Die Tyrosin-Transaminase katalysiert die Übertragung einer Aminogruppe von Tyrosin auf α-KGS unter Bildung von p-Hydroxyphenylpyruvat und Glutamat.

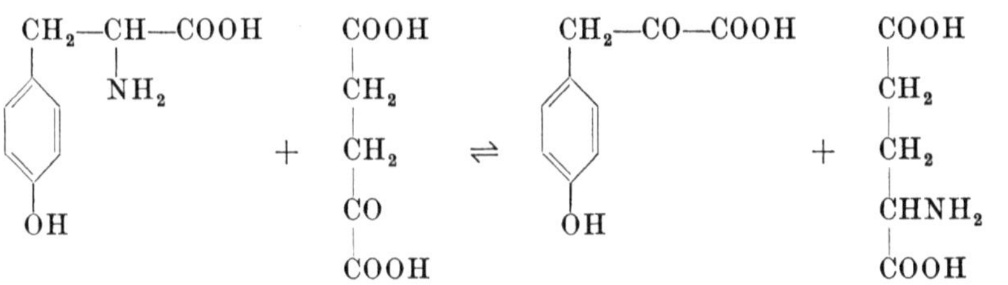

Tyrosin α-KGS p-Hydroxyphenylbrenztraubensäure Glutaminsäure

Wie alle Reaktionen, die unter Beteiligung von α-KGS ablaufen, kann auch die Aktivität der Tyrosin-Transaminase durch Bestimmung von α-KGS oder Glutamat, z. B. mit der Glutamatdecarboxylase, erfolgen (s. „Allgemeine Bestimmungsmethoden").

Das am häufigsten verwendete Verfahren zur Bestimmung der Tyrosin-Transaminase gründet sich auf eine Methode von Briggs[3].

***Colorimetrische Bestimmung der Tyrosin-Transaminase nach* Briggs[3], *in einer Modifikation nach* Canellakis *und* Cohen[4] *sowie* Rosen *u. Mitarb.*[5].**

Prinzip:

Das bei der Umsetzung von Tyrosin mit α-KGS gebildete p-Hydroxyphenylpyruvat führt zu einer reduktiven Farbbildung mit Ammoniumphosphormolybdat. Das gebildete p-Hydroxyphenylpyruvat wird durch Hemmung der Oxydase mit Diäthyldithiocarbamat vor der Oxydation geschützt[6, 7]. Das gleiche wird erreicht durch Arbeiten in Stickstoffatmosphäre.

Reagentien (Stammlösungen):

1. 0,1 m α-KGS, auf p_H 7,4 eingestellt.
2. 0,2 m Na-phosphatpuffer.
3. $2,8 \times 10^{-3}$ m PLP.
4. 0,5 m Diäthyldithiocarbamat.
5. 0,25 m Saccharose
6. Standardlösung: 0,5 g p-Hydroxyphenylpyruvat/ml.
7. 0,01 m Tyrosin.
8. 10%ige Trichloressigsäure.
9. Farbreagens: 0,6 ml 3%iges Ammoniummolybdat in 5 n HCl + 1 ml 1%ige KH_2PO_4 + 1,6 ml H_2O.

[1] Braunstein, A. E., and T. S. Hsu: Biochim. biophys. Acta **44**, 187 (1960).
[2] Azarkh, R. M., A. E. Braunstein, T. S. Paskhina i T. S. Hsu: Biochimija, Moskva **25**, 954 (1960).
[3] Briggs, A. C.: J. biol. Ch. **51**, 453 (1922).
[4] Canellakis, Z. N., and P. P. Cohen: J. biol. Ch. **222**, 53 (1956).
[5] Rosen, F., H. R. Harding and R. J. Milholland: J. biol. Ch. **238**, 3725 (1963).
[6] Sereni, F., F. T. Kenney and N. Kretschmer: J. biol. Ch. **234**, 609 (1959).
[7] Hager, S. E., I. G. Regerman and W. E. Knox: J. biol. Ch. **225**, 935 (1957).

Zur Herstellung einer Puffer-Substratlösung, die für ca. 36 Bestimmungen ausreicht, werden gemischt: 12 ml Lösung *1*, + 10 ml Lösung *2*, + 4 ml Lösung *3*, + 0,4 ml Lösung *4* und 50 ml Lösung *5*.

Ausführung:

1,9 ml der Puffer-Substratlösung werden in einem 30 ml-Gefäß mit 0,3 ml des Leberhomogenats (Normalleber 1:10; induzierte Leber 1:20) versetzt. Bei Verwendung größerer Mengen an Homogenat wird entsprechend die Rohrzuckerlösung *5* reduziert.

Leerwert: Der Ansatz wird vor der Inkubation mit 0,3 ml 10%iger Trichloressigsäure enteiweißt.

Standard: 0,3 ml Lösung *6* + 1,9 ml Puffer-Substratlösung.

Probe, Standard und Leerwert werden 3 min bei 38° C vorinkubiert, mit 0,6 ml der Tyrosinlösung *7* die Reaktion gestartet und 10 min unter Schütteln inkubiert. Die Reaktion wird durch Zugabe von 0,3 ml 10%iger Trichloressigsäure abgestoppt und der Ansatz über Whatman Nr. 1 filtriert. 1 ml des Filtrates wird mit 2 ml des Farbreagens *9* versetzt und die Farbentwicklung nach 1 Std Inkubation bei Raumtemperatur bei 580 mμ photometriert.

Berechnung:

Die Berechnung erfolgt nach Abzug des Leerwertes an Hand des Standardansatzes. Der molare Extinktionskoeffizient für PHPP beträgt 4100[1].

Die von CANELLAKIS und COHEN erstmals angegebene Methode wurde von vielen Autoren modifiziert[2–9]. Die Durchführung der Farbreaktion kann auch in einer Modifikation nach MEDES[10] erfolgen.

***Photometrische Bestimmung der Tyrosin-Transaminase nach* LIN *u. Mitarb.*[11,12].**

Die früher von CAMMARATA und COHEN[13] ausgearbeitete Methode zur Bestimmung von Ketosäuren auf Grund des Extinktionsunterschiedes zwischen Aminosäure und Ketosäure beruht auf der Absorption des enolisierten Anteils der letzteren. Da dieser Anteil nur ca. 4% beträgt, führte diese Methode nur zu geringen Extinktionsänderungen. Durch Verschiebung des Keto-Enolgleichgewichtes zugunsten der Enolform gelangte LIN[11] zu einer empfindlichen Bestimmungsmethode für die Tyrosin-Transaminase.

Prinzip:

p-Hydroxyphenylpyruvat wird durch Zugabe von Boratpuffer und einer Keto-Enoltautomerase zum Testansatz nahezu vollständig in einen Enol-Boratkomplex übergeführt, der bei 310 mμ eine starke Absorptionsbande besitzt.

Reagentien:

1. PLP.
2. Tyrosin.
3. Boratpuffer, p_H 8,0.
4. Diäthyldithiocarbamat.
5. α-KGS.
6. Keto-Enoltautomerase*.
7. Leberextrakt, 1:10.

* Isoliert nach KNOX[14]; frei von PHPP-Oxydase und Tyrosin- und Phenylalanin-Transaminase (s. auch S. 479 u. 795).

[1] CANELLAKIS, Z. N., and P. P. COHEN: J. biol. Ch. **222**, 53 (1956).
[2] SERENI, F., F. T. KENNEY and N. KRETSCHMER: J. biol. Ch. **234**, 609 (1959).
[3] GREENGARD, O., and M. GORDON: J. biol. Ch. **238**, 3708 (1963).
[4] KENNEY, F. T.: J. biol. Ch. **234**, 2707 (1959).
[5] ANDERSON, P. R., and O. C. MCELROY: Arch. Biochem. **82**, 256 (1959).
[6] BELZÉCKA, K., T. LASKOWSKA and I. MOCHNACKA: Acta biochim. pol. **9**, 55 (1962). — BELZÉCKA, K., and T. LASKOWSKA: 5. Int. Congr. Biochem. Moskau 1961. Section 6.
[7] DIAMONDSTONE, T. I., and G. LITWACK: J. biol. Ch. **238**, 3859 (1963).
[8] SHANMUGANATHAN, S.: Biochem. J. **77**, 619 (1960).
[9] LITWACK, G.: Biochim. biophys. Acta **56**, 593 (1962).
[10] MEDES, G.: Biochem. J. **26**, 917 (1932).
[11] LIN, E. C. C., and W. E. KNOX: Biochim. biophys. Acta **26**, 85 (1957).
[12] LIN, E. C. C., B. M. PITT, M. CIVEN and W. E. KNOX: J. biol. Ch. **233**, 668 (1958).
[13] CAMMARATA, P. S., and P. P. COHEN: J. biol. Ch. **187**, 439 (1950).
[14] KNOX, W. E., and B. M. PITT: J. biol. Ch. **225**, 675 (1957).

Ausführung:

Meßstrahlung 310 mμ; Meßtemperatur 25° C; 1 cm Quarzküvette; Endvolumen 3,5 ml.

Meßwert: 0,3 ml Leberextrakt (1:10) werden mit 30 μg PLP vorinkubiert und mit 12 μM L-Tyrosin, Boratpuffer, p_H 8,0 (Endkonzentration 0,57 m), und Diäthyldithiocarbamat (Endkonzentration 0,003 m) versetzt. Durch Zugabe von 80 μM α-KGS wird die Reaktion gestartet und ihr Verlauf 10—20 min lang durch Messung der Extinktionsänderung bei 310 mμ verfolgt.

Leerwert: Der Vergleichsansatz erfolgt in gleicher Weise ohne Zusatz von Tyrosin.

Berechnung:

Der molare Extinktionskoeffizient des Enol-Boratkomplexes bei 310 mμ beträgt 9850. Aus der Extinktionsdifferenz kann direkt die gebildete Menge PHPP errechnet werden.

Diese Methode wurde von anderen Autoren meist mit kleinen Varianten übernommen[1–3].

In neuerer Zeit untersuchten JACOBY und LADU[4] die Substratspezifität eines gereinigten Tyrosin-Transaminase-Präparates und stellten hierbei mit der Enol-Boratmethode die Absorptionskoeffizienten einer Reihe von Enol-Boratkomplexen verschiedener Ketosäuren auf. Hierzu werden 3—15 μM Aminosäuren, 30 μg PLP, 1,5 μM EDTA, 150 μM Phosphatpuffer, p_H 7,9, und 30 μM α-KGS in einem Gesamtvolumen von 2,5 ml gegeben. Der Ansatz wird nach einer Vorinkubation von 5 min bei 37° C mit α-KGS gestartet und nach 10—30 min bei 37° C durch Zugabe von 0,1 ml 6 n H_2SO_4 abgestoppt. 0,5 ml des enteiweißten Überstandes werden in einer 1 cm-Quarzküvette mit 0,5 ml einer 2 m Arsenat- und 1 m Boratpufferlösung, p_H 6,5, versetzt; in dem Vergleichswert entfällt der Zusatz von Boratpuffer.

Die Extinktionsmessung erfolgt jeweils im Absorptionsmaximum. Die Ergebnisse für verschiedene Tyrosin- und Tryptophanderivate sind in Tabelle 57 angegeben.

Tabelle 57. *Absorptionskoeffizienten und Maxima von Enol-Boratkomplexen verschiedener aromatischer Ketosäuren*[4].

Ketoanaloge von	Enol-Boratkomplex		Ketoanaloge von	Enol-Boratkomplex	
	λ_{max} mμ	ε		λ_{max} mμ	ε
Tyrosin	310	10700	p-Aminophenylalanin	320	1100
3-Jodtyrosin	308	10100	p-Nitrophenylalanin	365	6740
3-Methoxytyrosin	320	8000	o-Hydroxyphenylalanin	295	980
3,4-Dihydroxyphenylalanin	335	7700	m-Hydroxyphenylalanin	300	7250
3-Aminotyrosin	308	7500	β-2-Thienylalanin	324	13500
3-Nitrotyrosin	315	11100	β-3-Thienylalanin	300	5800
3,5-Dijodtyrosin	330	8650	Histidin	292	11300
3,5-Dibromtyrosin	330	11200	Tryptophan	330	10800
3,5-Dinitrotyrosin	320	12750	5-Hydroxytryptophan	334	9700
Phenylalanin	300	7100	4-Methyltryptophan	335	3050
p-Fluorphenylalanin	298	8400	5-Methyltryptophan	334	10800
o-Fluorphenylalanin	313	3660	6-Methyltryptophan	335	9400
m-Fluorphenylalanin	300	7500			

***Colorimetrische Bestimmung der Tyrosin-Transaminase nach* EWALD *und* HÜBENER[5].**

Prinzip:

Das aus dem Tyrosin durch Transaminierung gebildete p-Hydroxyphenylpyruvat geht im alkalischen Bereich in eine bei 331 mμ charakteristisch absorbierende Substanz über. Das Chromogen erfüllt in weitem Bereich das LAMBERT-BEERsche Gesetz.

[1] LIN, E. C. C., R. S. RIVLIN and W. E. KNOX: Amer. J. Physiol. **196**, 303 (1959).
[2] NAKATA, Y., T. SUEMATSU and K. NAKATA: J. Biochem. **53**, 508, 510 (1963).
[3] GÜTTNER, J., u. T. GOETZE: Acta biol. med. germ. **12**, 297 (1964).
[4] JACOBY, G. A., and B. N. LADU: J. biol. Ch. **239**, 419 (1964).
[5] EWALD, W., H. J. HÜBENER u. E. WEIDEMANN: H. **333**, 57 (1963). — EWALD, W., u. H. J. HÜBENER: Naturwiss. **48**, 720 (1961).

Reagentien:

1. 0,01 m Triäthanolaminpuffer, p_H 7,2.
2. Mischung aus: 0,05 m Triäthanolaminpuffer, p_H 8,2, 0,1 m α-KGS (auf p_H 5,2—5,4 eingestellt) und 0,1 m Na-diäthyldithiocarbamat in einem Mengenverhältnis von 100:13:15 jeweils kurz vor der Messung mischen.
3. 0,015 m Tyrosin (mit KOH ad p_H 8,5—9).
4. Äthanol p.A.
5. 1 n KOH mit 0,01 m KH_2PO_4.

Ausführung:

1,2 ml Reagens *2* mit 0,5 ml Tyrosinlösung *3* und 0,2 ml Überstand eines Leberhomogenats (1:100—1:50) 30 min bei 37° C inkubieren und die Reaktion mit 5,0 ml Äthanol abstoppen. Nach 10 min Stehen wird abzentrifugiert und zum Überstand 0,7 ml Reagens *5* zugegeben. Nach 60 min wird mit Filter 334 mμ gegen den Leerwert gemessen. Der Leerwert wird vor der Tyrosinzugabe mit 5 ml Äthanol versetzt.

Berechnung:

Die Angabe der Tyrosin-Transaminase-Aktivität erfolgt in nM Substratumsatz pro Zeit und Proteingewicht und wird nach folgender Formel berechnet:

$$\frac{\Delta E \times V_{\text{Ansatz}} \times \text{Verdünnung}}{1{,}62 \times 10^{-2} \times \text{min} \times V_{\text{Enzym}} \times d \times \text{mg Protein/ml}}.$$

ΔE = Extinktionsdifferenz zwischen Haupt- und Leerwert; V_{Ansatz} = Volumen des Ansatzes (ml); Verdünnungsfaktor; $1{,}62 \times 10^{-2}$ = Extinktionskoeffizient des Chromogens bei 334 mμ (cm^2/nM); V_{Enzym} = Volumen des Enzympräparates (ml); d = Schichtdicke (cm).

Die Enzymaktivität ist einer Enzymmenge (rohes Leberhomogenat) von 0,12—1,2 mg Protein und der Zeit bis 60 min proportional.

Leucin-Transaminase.

[2.6.1.6 Leucin-Aminotransferase.]

Die Transaminierung von Leucin mit Ketosäuren oder die Bildung von Leucin aus α-Ketoisocapronsäure ist nur mit Rohextrakten oder nur wenig angereicherten Enzympräparaten untersucht, die meist auch eine Transaminierung von Isoleucin und Valin katalysieren. Die Transaminierung wurde z.B. in tierischen Geweben[1–8], in Pflanzen[9, 10] und in Mikroorganismen[11–15] beobachtet (Tabelle 58). Weitere Literaturangaben über Transaminierungen, bei denen Leucin beteiligt ist, sind in Tabelle 1 zu finden. Die Glutamin-Asparagin- und Ornithin-Transaminase reagieren auch mit α-Ketoisocapronsäure als Aminoacceptor unter Bildung von Leucin[16–18].

---

[1] COHEN, P. P.: Biochem. J. **33**, 551, 1478 (1939).
[2] BRAUNSTEIN, A. E.: Adv. Protein Chem. **3**, 1 (1947).
[3] TANNENBAUM, S., and D. SHEMIN: Fed. Proc. **9**, 236 (1950).
[4] CAMMARATA, P. S., and P. P. COHEN: J. biol. Ch. **187**, 439 (1950).
[5] ROWSELL, E. V., and K. CORBETT: Biochem. J. **70**, 7P (1958).
[6] ROWSELL, E. V.: Biochem. J. **64**, 235, 246 (1956).
[7] AWAPARA, J., and B. SEALE: J. biol. Ch. **194**, 497 (1952).
[8] BÄSSLER, K.-H., u. C. H. HAMMAR: B. Z. **330**, 555 (1958).
[9] RAUTANEN, N.: Ann. Acad. Sci. fenn. Ser. A, II, Nr. 33, 66 (1948).
[10] WILSON, D. G., K. W. KING and R. H. BURRIS: J. biol. Ch. **208**, 863 (1954).
[11] BONNER, D.: J. biol. Ch. **166**, 545 (1946).
[12] FELDMAN, L. J., and I. C. GUNSALUS: J. biol. Ch. **187**, 821 (1950).
[13] ROINE, P.: Ann. Acad. Sci. fenn. (A, II) Nr. 26, 83 (1947).
[14] ALTENBERN, R. A., and R. D. HOUSEWRIGHT: J. biol. Ch. **204**, 159 (1953).
[15] RUDMAN, D., and A. MEISTER: J. biol. Ch. **200**, 591 (1953).
[16] MEISTER, A., and P. E. FRASER: J. biol. Ch. **210**, 37 (1954).
[17] MEISTER, A., H. A. SOBER, S. V. TICE and P. E. FRASER: J. biol. Ch. **197**, 309, 319 (1952).
[18] MEISTER, A.: J. biol. Ch. **206**, 587 (1954).

Tabelle 58. *Vorkommen der Leucin-Transaminase.*

Species	Organ	Aktivität	Einheit	Literatur
Schwein	Herz	246	μl/100 μg Gewebsextrakt/Std	[1]
	Leber	99		
	Niere	123		
Maus	Leber	106	μM/g Gewebe/Std	[2]
Ratte	Muskel	9,5		
	Niere	35		
Ratte	Leber	8 (53)*	μM Glutamat/g Frischgewicht/Std	[3]
	Niere	112 (12)		
	Herz	87 (5)		
	Milz	21		
	Muskel	28		
	Prostata	100 (5)		
	Hirn	34		
	Testis	81		
E. coli		20	μM/10 mg Trockenzellen/Std	[4]
Pseudomonas fluorescens		25		
E. coli	Rohextrakt	16,9	μM/mg Stickstoff/Std	[5]
	Präparat B	250		
Sonnenblumenkeimlinge		0,6	$Q_{T\ \mathrm{Protein}}^{30^\circ C}$	[6]

* Transaminierung mit Pyruvat.

***Isolierung einer Leucin transaminierenden Fraktion nach* Rudman *und* Meister[5].**
Die Anreicherung einer vorzugsweise Leucin, Isoleucin und Norvalin transaminierenden Enzymfraktion wurde bisher nur aus *E. coli* beschrieben[5]. Der Rohextrakt eines Wildstammes von *E. coli* wird, wie für die Isolierung der Tryptophan-Transaminase beschrieben (s. S. 482), gewonnen. Zur Isolierung der „Transaminase B" werden 44 ml eines zellfreien Rohextraktes mit 1 m Acetatpuffer, p_H 5,3, bis zu einer Endkonzentration von 0,1 m versetzt. Diese Lösung wird bei $-5°$ C auf einen Acetongehalt von 20% eingestellt. Nach 15 min wird der Niederschlag abzentrifugiert und die Acetonkonzentration im Überstand auf 40% erhöht. Der Niederschlag wird nach 15 min isoliert, in 20 ml 0,1 m Kaliumphosphatpuffer, p_H 8,3, aufgenommen und 10 Std gegen dest. Wasser dialysiert. Die Lösung wird auf einen Gehalt von 0,1 m Acetatpuffer eingestellt und mit 15 ml Aluminiumhydroxydgel (30 mg/ml) versetzt. Das Gel wird nach 10 min abzentrifugiert und der Überstand verworfen. Das Gel wird fünfmal mit 15 ml 0,1 m Phosphatpuffer, p_H 6,2, gewaschen und die Aktivität mit 15 ml 0,1 m Phosphatpuffer, p_H 8,3, extrahiert. Das Eluat wird gegen Wasser dialysiert. Die Geladsorption, der Wasch- und Elutionsvorgang werden wiederholt und der Extrakt erneut dialysiert. Die Acetatpufferkonzentration wird wieder auf 0,1 m, p_H 5,3, eingestellt und die Lösung zu 40% mit Ammoniumsulfat gesättigt. Der Niederschlag wird nach 1 Std (0° C) abzentrifugiert und die Ammoniumsulfatkonzentration im Überstand auf 60% Sättigung erhöht. Der erneut gebildete Niederschlag wird isoliert und in 8 ml 0,1 m Phosphatpuffer, p_H 8,3, aufgenommen (Enzymfraktion B).

Eigenschaften. Der Beweis für das Vorhandensein einer selektiven Leucin-Transaminase fehlt bis heute. Das aus *E. coli* ca. 15fach angereicherte Enzympräparat B besitzt

[1] Cammarata, P. S., and P. P. Cohen: J. biol. Ch. **187**, 439 (1950).
[2] Rowsell, E. V., and K. Corbett: Biochem. J. **70**, 7P (1958).
[3] Awapara, J., and B. Seale: J. biol. Ch. **194**, 497 (1952).
[4] Feldman, L. I., and I. C. Gunsalus: J. biol. Ch. **187**, 821 (1950).
[5] Rudman, D., and A. Meister: J. biol. Ch. **200**, 591 (1953).
[6] Smith, J. E.: Biochim. biophys. Acta **57**, 183 (1962).

gegenüber dem Rohextrakt eine sehr veränderte Substratspezifität (Tabelle 59). Leucin transaminiert, wenn auch langsam, mit α-Keto-β-methylvalerat, α-Ketoisovalerat, p-Hydroxyphenylpyruvat und Oxalacetat[1]. Auch Rohhomogenate der Rattenleber bilden Leucin mit α-KGS, α-Ketobuttersäure, α-Ketoisovaleriansäure, Pyruvat und α-Ketovaleriansäure, wobei die beiden letzten Ketosäuren am aktivsten sind[2].

Transaminasen, die hinsichtlich der Auswahl der Ketosäuren unspezifisch sind, wie z.B. die Glutamin-, Asparagin- und Ornithin-Transaminase, katalysieren auch die Bildung von Leucin aus α-Ketoisocapronsäure.

Bestimmung. Für die Leucin-Transaminase existiert mit Ausnahme der chemischen Bestimmung von Leucin nach MÜTING[3] kein spezifisches Verfahren. Die Transaminierung mit α-KGS kann an Hand der Glutamatbildung oder Bildung der der jeweiligen verwendeten Ketosäure analogen Aminosäure enzymatisch, colorimetrisch oder papierchromatographisch verfolgt werden.

Tabelle 59. *Substratspezifität des Enzympräparates B aus E. coli*[1].

αKGS ist Aminoacceptor; Aktivität in Q_T^N-Werten.

Aminosäure	Aktivität	Aktivität Fraktion B / Aktivität Rohextrakt
Leucin . . .	250	14,8
Isoleucin . .	210	12,8
Valin . . .	145	11,6
Norvalin . .	286	16,5
Norleucin. .	196	12,3
Methionin .	78	6,2
Phenylalanin	64	4,2
Tyrosin . .	15	1,4
Tryptophan.	0	
Aspartat . .	0	

Kynurenin-Transaminase.

[2.6.1.7 Kynurenin-Aminotransferase.]

KOTAKE[4] beobachtete 1931 die Umwandlung von Kynurenin in Kynurensäure im tierischen Organismus. In vitro-Untersuchungen mit Leber- und Nierenextrakten ergaben, daß für diese Reaktion α-Ketosäuren, besonders α-KGS und PLP, notwendig sind und die Reaktion über eine Transaminierung[5–7] verläuft. Auch die Kynurensäurebildung aus Kynurenin bei einigen *Pseudomonas*-Stämmen verläuft über die Transaminierung mit α-KGS[8]. Kynurenin wird mit α-KGS in o-Aminobenzoylpyruvat übergeführt, das spontan zu Kynurensäure kondensiert. Die Transaminierung von 3-Hydroxykynurenin führt zur Bildung von Xanthurensäure.

Vorkommen. Das Enzym wurde in tierischen Geweben und in Mikroorganismen nachgewiesen. Da Kynurenin in Geweben auf mehreren Wegen abgebaut werden kann, war es wesentlich, die Reaktionsprodukte des Kynureninabbaues zu erfassen. So kann man differenzieren, ob es sich um eine Kynureninase-Aktivität handelt, wobei Anthranilsäure gebildet wird, oder um eine Kynurenin-Transaminase-Aktivität mit Kynurensäurebildung. Die Transaminase ist gegen eine L-Aminosäureoxydase abzugrenzen, die auch zur Kynurensäurebildung führt.

Die Kynurenin-Transaminase wurde hauptsächlich in der Leber und Niere von Ratten und anderen Tieren nachgewiesen, ebenso in einigen Mikroorganismen (Tabelle 60).

Es zeigte sich, daß die Aktivität in der Leber verschiedener Tierarten erheblich schwankt. Im allgemeinen ist die Enzymaktivität der Niere größer als die der Leber und nimmt in der Reihenfolge Ratte > Maus > Meerschweinchen ab[9]. Während die Kynureninase der Leber nur im cytoplasmatischen Raum zu finden ist, kommt die Kynurenin-Transaminase im löslichen Anteil, besonders aber an die Mitochondrien

[1] RUDMAN, D., and A. MEISTER: J. biol. Ch. **200**, 591 (1953).
[2] BÄSSLER, K.-H., u. C. H. HAMMAR: B. Z. **330**, 555 (1958).
[3] MÜTING, D.: H. **284**, 271 (1949).
[4] KOTAKE, Y.: H. **195**, 139 (1931).
[5] MASON, M., and C. P. BERG: J. biol. Ch. **188**, 783 (1951).
[6] MASON, M., and C. P. BERG: J. biol. Ch. **195**, 515 (1952).
[7] WISS, O.: H. **293**, 106 (1953).
[8] MILLER, I. L., M. TSCHUCHIDA and E. A. ADELBERG: J. biol. Ch. **203**, 205 (1953).
[9] HOTTA, K., I. ISHIGURO and Z. NAITO: Seikagaku **33**, 713 (1961).

Tabelle 60. *Vorkommen der Kynurenin-Transaminase.*
Angaben in μM gebildeter Kynurensäure.

	Angaben	Literatur
Rattenleber	4,7 (4,0—5,9) μM/g Frischgewicht/Std/37° C	1
Rattenleber	1,75 μM/80 mg Frischgewicht/2 Std/37° C	2
		weitere Lit.[3–6]
Katzenleber	0,46 (0,39—0,6) μM/g Frischgewicht/Std/37° C	1
Leber anderer Tiere		1, 6, 7
Rattenniere	12,0 (11,1—12,8) μM/g Frischgewicht/Std/37° C	1
Rattenniere	3,5 μM/80 mg Feuchtgewicht/2 Std/37° C	2
Katzenniere	0,36 (0,2—0,46) μM/g Frischgewicht/Std/37° C	1
Niere anderer Tiere		6
E. coli		8
Neurospora crassa .	70 mμM/200 μg Protein/Std/37° C (Enzympräparat angereichert)	9
Pseudomonas . . .	5,1 μM/10 mg Trockenzellen/72 min/30° C	10
		weitere Lit.[11,12]

gebunden vor[5, 7]. Ein quantitativer Nachweis des Enzyms in *Neurospora crassa* ist wegen des hohen Kynurensäuregehaltes der Extrakte erst nach einer weiteren Anreicherung des Enzyms möglich[9].

Isolierung. Neben einer Anreicherung aus den geformten Bestandteilen eines Leberhomogenates eignen sich zur Isolierung des Enzyms besonders Nierenextrakte, da diese weitgehend frei von Kynureninase sind.

***Anreicherung der Kynurenin-Apo-Transaminase aus Rattenniere nach* Mason[13].**

Es wurde bereits früher erkannt, daß eine Dissoziation des Enzym-Coenzym-Komplexes leicht eintritt[2] und die Isolierung eines aktiven Holoenzyms schwierig ist. Reinigungsmethoden, wie Ammoniumsulfat- und Alkoholfraktionierung und das Einfrieren und Wiederauftauen von Enzympräparaten führen zu Aktivitätsverlusten, die jeweils wieder durch Zusatz von PLP aufgehoben werden können.

18,5 g Rattenniere werden mit 75 ml Wasser (0° C) homogenisiert und zur Beseitigung der Zelltrümmer kurz zentrifugiert. Der Überstand wird langsam mit Ammoniumsulfat auf 25% Sättigung gebracht und die entstandene Fällung abgetrennt. Durch weitere Zugabe von Ammoniumsulfat wird die Konzentration im Überstand auf 75% Sättigung gesteigert, der aktive Niederschlag isoliert, in 30 ml Wasser aufgenommen und 20 Std gegen einen 10^{-3} m Phosphatpuffer, p_H 7,0, dialysiert. Durch nachfolgendes Einfrieren kann noch weiteres Fremdprotein ausgefällt werden. Auf das Trockengewicht bezogen, bedeutet dies eine sechsfache Anreicherung des Enzyms. Das Enzympräparat ist ohne einen Zusatz von PLP oder PMP inaktiv. Eine Verringerung dieser Aktivierbarkeit tritt auch nach zweimonatiger Lagerung des Präparates in eingefrorenem Zustand nicht ein.

[1] De Castro, F. T., and J. M. Price: J. biol. Ch. **228**, 777 (1957).
[2] Mason, M.: J. biol. Ch. **211**, 839 (1954).
[3] Mason, M., and C. P. Berg: J. biol. Ch. **188**, 783 (1951).
[4] Mason, M., and C. P. Berg: J. biol. Ch. **195**, 515 (1952).
[5] Ogasawara, N., Y. Hagino and Y. Kotake: J. Biochem. **52**, 162 (1962).
[6] Hotta, K., I. Ishiguro and Z. Naito: Seikagaku **33**, 713 (1961).
[7] Wiss, O.: H. **293**, 106 (1953).
[8] Yanofsky, C.; in: McElroy, W. D., and B. Glass (Hrsgb.): A Symposium on Amino Acid Metabolism. p. 930. Baltimore 1955.
[9] Jakoby, W. B., and D. M. Bonner: J. biol. Ch. **221**, 689 (1956).
[10] Miller, I. L., M. Tschuchida and E. A. Adelberg: J. biol. Ch. **203**, 205 (1953).
[11] Stanier, R. Y., and O. Hayaishi: Science, N.Y. **114**, 326 (1951).
[12] Hayaishi, O.; in: McElroy, W. D., and B. Glass (Hrsgb.): A Symposium on Amino Acid Metabolism. p. 914. Baltimore 1955.
[13] Mason, M.: J. biol. Ch. **227**, 61 (1957).

Anreicherung der Kynurenin-Transaminase aus Rattenniere nach **OGASAWARA**[1]**.** Rattenniere wird homogenisiert, bei 20000 × g zentrifugiert, der Überstand mit 1 m Essigsäure auf p_H 5,0 gebracht und der Niederschlag abzentrifugiert und verworfen. Der Überstand wird mit 1 n KOH auf p_H 7,0 eingestellt, mit Ammoniumsulfat zu 35 % gesättigt und der Niederschlag nach 1 Std Rühren entfernt. Der Überstand wird durch weitere Ammoniumsulfat-Zugabe auf 50 % Sättigung gebracht, der Niederschlag isoliert, in 0,01 m Kaliumphosphatpuffer, p_H 7,0, gelöst. Die Salze werden durch 3—4 Std Dialyse gegen Puffer entfernt. Die weitere Reinigung erfolgt durch Adsorption an Hydroxylapatit, von dem das Enzym bei p_H 6,8 eluiert werden kann. Mit diesem Verfahren ist eine 200fache Anreicherung des Enzyms möglich.

Eine Anreicherung des Enzyms aus zellfreien Extrakten von *N. crassa*[2] erfolgt ebenfalls durch Ammoniumsulfat-Fraktionierung, nachdem die Extrakte mit Protaminsulfat und Norit behandelt wurden[3]. Die Fällung zwischen 0—45 % Sättigung wird verworfen; die Fraktion zwischen 45—60 % enthält zwar die Hälfte der Transaminase-Aktivität, jedoch fällt in diesem Bereich auch die Hauptmenge der Kynureninase aus. Die Fraktion bei 60—75 % Sättigung enthält nur eine geringe Kynureninaseaktivität, die durch erneute Ammoniumsulfat-Fraktionierung bei 55—75 % Sättigung völlig abgetrennt werden kann. 200 μg des so gereinigten Präparates setzen pro Std 70 mμM Kynurenin bei 37° C um.

Eigenschaften. Auf Grund der geringen *Stabilität* des Coenzym-Enzym-Komplexes gelang der Nachweis, daß es sich bei der Kynurenin-Transaminase um ein Pyridoxalphosphatenzym handelt, relativ leicht. Bei Vitamin B_6-Mangel ist die Aktivität der Kynurenin-Transaminase und der Kynureninase in der Leber erniedrigt und kann durch PLP und PMP wieder normalisiert werden[4]. Dabei wird die Aktivitätssenkung nur durch die Abnahme der löslichen Transaminase bewirkt, während die Kynurenin-Transaminase-Konzentration in den Mitochondrien konstant bleibt[5]. Auch die orale Gabe von Penicillamin (20 mg pro 100 g) führt zu einer Aktivitätssenkung in der Leber. Es zeigte sich weiter, daß der durch Dialyse erfolgte Aktivitätsabfall durch PLP wieder aufgehoben werden kann. Auch die Kynureninase benötigt für eine maximale Aktivität PLP[6].

Auffallend war eine rasche Inaktivierung des Enzyms bei p_H 6,3, die bereits nach 3 bis 5 min eintritt[7]. Unter gleichen Bedingungen erfolgt bei p_H 7,4 nur ein geringer Aktivitätsverlust, der durch PLP aufgehoben wird. Das durch PLP reaktivierte Enzym verliert mit 0,1 m Phosphatpuffer, p_H 6,3, erneut seine Aktivität. Ein Zusatz von α-KGS kann diese Inaktivierung weitgehend verhindern oder verlangsamen.

Die Inaktivierung bei p_H 6,3 beruht auf der Dissoziation des Holoenzyms, die durch α-KGS unterdrückt wird. Der Schutzeffekt von α-KGS beruht wahrscheinlich darauf, daß das Apoenzym zu PLP eine größere Affinität besitzt als zu PMP, was sich auch darin ausdrückt, daß für eine gleichwertige Aktivierung mehr PMP als PLP notwendig ist. α-KGS hält das Enzym in der stabileren Aldehydform, während ein Aminosäurezusatz zu der labilen Aminoform des Enzyms führt. Diese Verhältnisse sind in dem folgenden Schema[8] veranschaulicht.

Die Fähigkeit verschiedener Ketosäuren, das Enzym zu stabilisieren, geht mit ihrer Affinität zum Enzym und mit der Geschwindigkeit, mit der sie aminiert werden, parallel. Die Reihenfolge ist für das Enzym aus Niere: α-KGS, Oxalacetat, α-Ketovalerat, α-Ketoisocapronsäure, Pyruvat, während α-Keto-β-methylvalerat, α-Ketoisovalerat und α-Keto-

[1] OGASAWARA, N.: J. Vitaminol., Kyoto **8**, 292 (1962).
[2] JAKOBY, W. B., and D. M. BONNER: J. biol. Ch. **221**, 689 (1956).
[3] JAKOBY, W. B.: J. biol. Ch. **207**, 657 (1954).
[4] MASON, M., and C. P. BERG: J. biol. Ch. **195**, 515 (1952).
[5] OGASAWARA, N., Y. HAGINO and Y. KOTAKE: J. Biochem. **52**, 162 (1962).
[6] WISS, O.: H. **293**, 106 (1953).
[7] MASON, M.: J. biol. Ch. **211**, 839 (1954).
[8] MASON, M.: J. biol. Ch. **227**, 61 (1957).

butyrat kaum wirksam sind[1–3]. Eine maximale Aktivierung des Apoenzyms mit PMP ist nur in Gegenwart von α-KGS möglich, wobei die gebildete Aminoform des Enzyms in die stabilere Aldehydform übergeht[2].

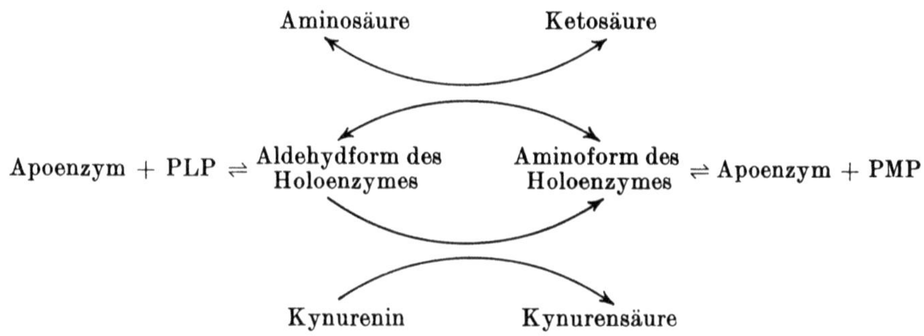

Die Verwendung von Pyruvat als Aminoacceptor für die Kynurenin-Transaminase aus Neurospora erklärt möglicherweise die Tatsache, daß nur PLP, nicht jedoch PMP, eine Reaktivierung dieses Enzyms ermöglicht, obwohl Pyruvat, α-KGS, α-Ketobuttersäure, Indolylpyruvat und Phenylpyruvat in ihrer Wirkung als Aminoacceptor nahezu gleichwertig sind (K_M für BTS und α-KGS $= 7 \times 10^{-4}$ m)[4].

Auch die *Hitzestabilität* des tierischen Enzyms wird durch Zugabe von PLP und α-KGS erheblich gesteigert[5]. Obwohl bereits in Rohextrakten von tierischen Geweben die α-KGS einen sehr viel besseren Aminoacceptor darstellt als Pyruvat, glaubte man, daß es sich auch beim Pyruvat um eine echte Transaminierung handelt[6], die jedoch sicherlich auf einer GPT-Fremdaktivität beruht und Pyruvat mit Glutaminsäure in α-KGS überführt, das eigentliche aktive Substrat für die Kynurenin-Transaminase[7]. Auch die Kynureninase-Reaktion läuft ohne eine Beteiligung von Pyruvat ab, da bei Verwendung von 2-^{14}C-Pyruvat das als Spaltprodukt neben der Anthranilsäure gebildete Alanin keinerlei ^{14}C-Aktivität besaß[8] und somit keine Transaminierung beteiligt ist[7,9]. Eine enzymatische Abtrennung des Coenzyms der Kynurenin-Transaminase aus der Niere ist auch mit Phosphatasen möglich[2].

Als Aminodonator kommt für das tierische Enzym und das Enzym aus Mikroorganismen nur Kynurenin und sein 3-Hydroxyderivat in Frage. Mit Extrakten aus *Pseudomonas* soll auch die 5-Hydroxyverbindung umgesetzt werden. D-Kynurenin wird nur gering[1,10] oder gar nicht transaminiert[4]. Für das Enzym aus *Neurospora* ist die MICHAELIS-Konstante für Kynurenin $1{,}5 \times 10^{-3}$ m; ein Substratüberschuß hemmt. Das p_H-Optimum liegt bei 7,5[4]. Die Rückreaktion ist in den Fällen, in denen das Transaminierungsprodukt durch Ringbildung aus dem Gleichgewicht gezogen wird, nicht möglich. Die Transaminierung von Kynurenin mit β-Benzoylpyruvat ist jedoch umkehrbar, da β-Benzoylalanin nicht kondensiert[7].

Hemmung der Kynurenin-Transaminase. In engem Zusammenhang mit der Labilität des Holoenzyms, dessen Dissoziation vom p_H-Wert und auch von der Pufferkonzentration (Phosphat) abhängig ist, steht die Hemmung der Enzymaktivität durch Dicarbonsäuren bei p_H 6,3. Es wurde die Hemmfähigkeit von 71 organischen Säuren in 6×10^{-3} m Lösung

---

[1] MASON, M.: J. biol. Ch. **211**, 839 (1954).
[2] MASON, M.: J. biol. Ch. **227**, 61 (1957).
[3] MASON, M.: Fed. Proc. **15**, 310 (1956).
[4] JAKOBY, W. B., and D. M. BONNER: J. biol. Ch. **221**, 689 (1956).
[5] OGASAWARA, N.: J. Vitaminol., Kyoto **8**, 292 (1962).
[6] DALGLIESH, C. E., W. E. KNOX and A. NEUBERGER: Nature **168**, 20 (1951).
[7] WISS, O.: H. **293**, 106 (1953).
[8] MILLER, I. L., M. TSCHUCHIDA and E. A. ADELBERG: J. biol. Ch. **205**, 691 (1953).
[9] STANIER, R. Y., and O. HAYAISHI: Science, N.Y. **114**, 326 (1951).
[10] MASON, M., and C. P. BERG: J. biol. Ch. **195**, 515 (1952).

gegenüber dem Enzym aus Rattenniere untersucht[1,2]. Es wurde festgestellt, daß der Abstand der anionischen Gruppen und die Größe des unpolaren Teils für die Stärke der Hemmung maßgebend sind. β-Substituierte Glutarsäure hemmt stärker als Glutarsäure und γ-Cyclohexylbuttersäure hemmt bei weitem stärker als γ-Phenylbuttersäure. Weitere wirksame Hemmstoffe sind in Tabelle 61 angegeben. Die Hemmung wird durch

Tabelle 61. *Hemmung (in Prozent) der Kynurenin-Transaminase durch verschiedene organische Säuren* (6×10^{-3} *m*)[2].

Heptansäure	8	1,11-Undecandicarbonsäure	78	2-Methylglutarsäure	15
Caprylsäure	15	1,14-Tetradecandicarbonsäure	87	2,2-Dimethylglutarsäure	35
Nonansäure	24	γ-Cyclohexylbuttersäure	64	3-Methylglutarsäure	47
Caprinsäure	41	γ-Phenylbuttersäure	9	3,3-Dimethylglutarsäure	56
Adipinsäure	65	Phthalsäure	14	3-Methyl-3-äthylglutarsäure	39
Pimelinsäure	30	Isophthalsäure	35	3,3-Diäthylglutarsäure	20
Sebazinsäure	65	Glutarsäure	8	3-Hydroxy-3-methylglutarsäure	27
1,10-Decandicarbonsäure	74				

Dialyse aufgehoben. Auf Grund der Abhängigkeit der Hemmfähigkeit vom p_H und vom Abstand der anionischen Gruppen der Dicarbonsäuren wird geschlossen, daß die Kynurenin-Transaminase zwei kationische Gruppen besitzt, die an der Bindung der Hemmstoffe und Substrate beteiligt sind. Eine dieser Gruppen verliert bei steigendem p_H bei einem scheinbaren p_K-Wert von 6,7 ihre Bindungsfähigkeit[2]. Eine ähnliche kompetitive Hemmung erfolgt mit Steroiden, die eine anionische Gruppe besitzen. Oestradiolsulfat und Diäthylstilboestroldisulfat hemmen bereits in 5×10^{-7} m Lösung, während Oestronsulfat und Pregnandiolglucuronid erst bei höheren Konzentrationen hemmen ($2,5 \times 10^{-5}$ bzw. 10^{-4} m)[3]. Cholat, Dehydrocholat, Nitrocholat und Desoxycholat hemmen in 10^{-4} bis 10^{-3} m Lösung. Der Grad der Hemmung ist von der jeweiligen PLP-Konzentration abhängig. Nichtkonjugierte Steroide und verwandte Verbindungen sind auch in hohen Konzentrationen ohne Einfluß auf die Enzymaktivität. Die Hemmung wird durch Dialyse aufgehoben. Da auch PLP zu reaktivieren vermag, wird angenommen, daß Hemmstoff und Coenzym um das Apoenzym konkurrieren. Die Reaktivierung des Enzyms durch Pyridoxalphosphat wird durch Diäthylstilboestroldisulfat verhindert[4]. Hierbei sind die Phosphatester von Oestradiol und Stilboestrol wirksamer als die entsprechenden Sulfatester. Die Hemmung kann durch eine Verlängerung der Inkubationszeit des Apoenzyms mit dem PLP und Steroid nahezu vollständig aufgehoben werden[5]. Oestrogensulfat und Pyridoxalphosphat schützen das Apoenzym gegen einen proteolytischen Abbau des Enzymproteins durch Chymotrypsin[4].

Das Enzym aus Rattenniere wird durch 10^{-2} m KCN zu 95 % und durch einige Schwermetallionen in 10^{-3} m Lösung vollständig gehemmt[6].

Aktivitätsbestimmung der Kynurenin-Transaminase.

Papierchromatographie.

Die ersten quantitativen Untersuchungen wurden papierchromatographisch durchgeführt[7].

Die für zwei Lösungsmittel gefundenen R_F-Werte sind in Tabelle 62 angegeben und wurden für die Untersuchung der Kynurenin-Transaminase aus *Neurospora* verwendet[8].

[1] MASON, M.: Fed. Proc. **15**, 310 (1956).
[2] MASON, M.: J. biol. Ch. **234**, 2770 (1959).
[3] MASON, M., and E. H. GULLEKSON: Am. Soc. **81**, 1517 (1959).
[4] MASON, M., and E. H. GULLEKSON: J. biol. Ch. **235**, 1312 (1960).
[5] SCARDI, V., M. LACCARINO and E. SCARANO: Biochem. J. **83**, 413 (1962).
[6] OGASAWARA, N.: J. Vitaminol., Kyoto 8, 292 (1962).
[7] MASON, M., and C. P. BERG: J. biol. Ch. **188**, 783 (1951).
[8] JAKOBY, W. B., and D. M. BONNER: J. biol. Ch. **221**, 689 (1956).

Ansatz: Gesamtvolumen 1 ml mit 60 μM Phosphatpuffer, p_H 7,5; 12 mμM PLP, 25 μM α-Ketosäure; 5 μM L-Kynurenin oder 4 μM 3-Hydroxy-L-kynurenin und Enzympräparat. Der Ansatz wird 1 Std bei 37° C inkubiert, die Reaktion mit 0,2 ml 10%iger Trichloressigsäure abgestoppt und der Ansatz zentrifugiert. 0,7 ml des Überstandes werden mit 0,5 ml wassergesättigtem Butanol extrahiert und 0,03 ml des Butanolextraktes zur Papierchromatographie eingesetzt. Die Auswertung erfolgt an Hand von Standardlösungen.

***Spektrophotometrische Bestimmung von Kynurenin, Kynurensäure und Anthranilsäure nach* Knox[1].**

1. Kynurenin. Soll die Konzentration von Kynurenin allein in einer Lösung gemessen werden, so mißt man die Lichtabsorption bei 365 mμ. In diesem Wellenbereich beträgt der molare Extinktionskoeffizient des Kynurenins $\varepsilon = 5150$. Kynuren- und Anthranilsäure stören die Bestimmung nicht, da beide nur eine Absorption von ca. 3% haben. Die Berechnung erfolgt an Hand einer Standardeichkurve.

2. Kynurenin, Kynurensäure und Anthranilsäure können durch Messung der Lichtabsorption bei 365, 330 und 310 mμ bestimmt werden. Die entsprechenden Extinktionskoeffizienten für das Kynurenin bei den oben angegebenen Wellenbereichen: 5150, 2060 und 894; für Kynurensäure: 151, 8850, 3990 und für Anthranilsäure: 98, 2290, 3280.

Tabelle 62. *R_F-Werte der Kynurenin-Stoffwechselprodukte bei aufsteigender Papierchromatographie*[2].

Verbindung	R_F-Wert	
	Lösungsmittel 1 *	Lösungsmittel 2 **
3-Hydroxy-D,L-kynurenin	0,27	0,31
L-Kynurenin	0,47	0,37
Kynurensäure	0,67	0,72
Xanthurensäure	0,77	0,76
3-Hydroxyanthranilsäure	0,81	0,81
Anthranilsäure	0,93	0,87

* Methanol-n-Butanol-Benzol-Wasser 2:1:1:1.
** n-Butanol-Wasser-Ameisensäure 81:12:7.

Die Berechnung erfolgt mit Eichkurven der drei Substanzen[3, 4]. Ist die Bestimmung der Anthranilsäure nicht erforderlich, so genügen die Messungen bei 365 und 330 mμ[5]. Soll nur die Bildung der Kynurensäure verfolgt werden, so genügt die Messung bei 333 mμ; die Veränderung dieses Extinktionswertes erlaubt nach Korrektur der Absorption des Kynurenins eine quantitative Berechnung der Kynurensäure[6].

Ansatz[7]. Gesamtvolumen 1 ml mit 3,5 μM Kynurenin, 6 μM α-Ketosäure, 30 μg PLP und 60 μM Phosphatpuffer, p_H 6,3. Der Ansatz wird durch Zugabe des 20fachen Volumens einer 1%igen Borsäurelösung in 95%igem Äthanol enteiweißt und der Überstand spektrophotometrisch gemessen.

***Colorimetrische Bestimmung des Kynurenins und der Anthranilsäure durch Diazotierung*[1, 8].**

Die Reaktion des Kynurenins mit der α-Ketosäure in Gegenwart von PLP wird durch Zugabe von Trichloressigsäure ad 4% enteiweißt.

Zur *Bestimmung der Anthranilsäure* wird ein aliquoter Teil des Ansatzes, der 10—50 μg der Säure, enthält, mit 4%iger Trichloressigsäure ad 10 ml verdünnt und 1 ml einer 0,1%igen $NaNO_2$-Lösung zugegeben und 3 min bei Raumtemperatur inkubiert. Nach Zugabe von 1 ml einer 4%igen Ammoniumsulfamatlösung wird 3 min geschüttelt, wobei das überschüssige $NaNO_2$ zersetzt wird. Zur Zerstörung des Diazoniumsalzes des Kynurenins wird 1 Std bei 37° C inkubiert und nach Bratton und Marshall 1 ml einer 0,1%igen wäßrigen

[1] Knox, W. E.: Biochem. J. **53**, 379 (1953).
[2] Jakoby, W. B., and D. M. Bonner: J. biol. Ch. **221**, 689 (1956).
[3] Perry, J. A., R. G. Sutherland and N. Hadden: Analyt. Chem., Washington **22**, 1122 (1950).
[4] Crout, P. D.: Trans. amer. Inst. electr. Engrs. **60**, 1235 (1941).
[5] Miller, I. L., M. Tschuchida and E. A. Adelberg: J. biol. Ch. **203**, 205 (1953).
[6] Mason, M.: J. biol. Ch. **227**, 61 (1957).
[7] Mason, M.: J. biol. Ch. **234**, 2770 (1959).
[8] Mason, M., and C. P. Berg: J. biol. Ch. **195**, 515 (1952).

Lösung von N-1-Naphthyläthylendiamin · 2 HCl zugegeben, geschüttelt und 30—60 min zur Farbentwicklung inkubiert. Es wird jeweils ein Leerwert ohne Probe mitgemessen. Die Farbe wird bei 560 mμ gemessen und die Konzentration der Anthranilsäure an Hand einer Standardeichkurve berechnet. Kynurensäure stört die Bestimmung nicht.

Die *Bestimmung des Kynurenins* erfolgt in einem aliquoten Teil des enteiweißten Überstandes (50—150 μg Kynurenin) nach der gleichen Vorschrift, wobei nur die einstündige Inkubation bei 37° C unterbleibt. Die Konzentration des Kynurenins erhält man nach Abzug des Wertes für die Anthranilsäure ebenfalls mit der Eichkurve[1].

Für alle Bestimmungsmethoden, welche die Reaktion an Hand der Kynurenin-Abnahme verfolgen, ist ein Blindwert ohne Ketosäure zur Erfassung einer möglichen Kynureninase-Aktivität erforderlich.

Diaminosäure-Transaminase.

[2.6.1.8 2,5-Diaminovalerat-Aminotransferase.]

Der Nachweis einer Transaminierung von ω-Aminosäuren, besonders von β-Alanin, γ-Aminobuttersäure und δ-Aminovaleriansäure, in tierischem Gewebe und in Mikroorganismen (s. entsprechende Transaminasen) regte ROBERTS[2] dazu an, die Transaminierung längerkettiger ω-Aminosäuren und α,ω-Aminosäuren zu untersuchen.

Acetontrockenpulver-Extrakte aus Gehirn und Leber der Ratte und aus an Acetat adaptierten *E. coli* und an γ-Aminobuttersäure adaptierten *Aspergillus fumigatus* wurden für diese Untersuchungen als Enzympräparate verwendet, da die C_3—C_5-ω-Aminosäuren durch diese Zellextrakte transaminiert werden (mit Ausnahme von *E. coli*-Extrakten, die γ-Aminobuttersäure nicht umsetzen). Wie die Tabelle 63 zeigt, wird bereits die C_6-ω-Aminosäure ε-Aminocapronsäure nur mehr in geringem Umfang transaminiert. Somit sind von den geradkettigen Aminosäuren nur die C_2—C_5-ω-Aminosäuren für eine Transaminierung zugänglich (Glycin inbegriffen). Von den untersuchten α,ω-Diaminocarbonsäuren werden α,β-Diaminopropionsäure und α,γ-Diaminobuttersäure nicht mit α-KGS umgesetzt. Dagegen wird die α,δ-Diaminovaleriansäure (Ornithin) und noch ausgeprägter die α,γ-Diaminoglutarsäure, besonders in den tierischen Geweben, mit α-KGS transaminiert. Die Transaminierungsrate der α,γ-Diaminoglutarsäure kommt der Umsetzung des Aspartats gleich.

Tabelle 63. *Transaminierung von ω- und α, ω-Diaminomonocarbonsäuren*[2].
Aktivität in μM/3 Std bei 30° C.

Aminosäure	Mäusegehirn *	Extrakt aus Mäuseleber *	E. coli **	A. fumigatus **
β-Alanin	7,0	3,5	— 0,4	9,9
γ-Aminobuttersäure	6,1	2,7	11,4	5,6
δ-Aminovaleriansäure	5,5	2,7	10,8	9,3
ε-Aminocapronsäure	0,5	—	0,8	— 0,2
α, γ-Diaminoglutarsäure	12,1	12,6	5,4	1,1
Ornithin	7,7		2,6	2,3
L-Asparaginsäure	12,2	18,6	9,9	10,9

* 50 mg Acetontrockenpulver. ** 15 mg Acetontrockenpulver.

Eine Anreicherung der Diaminocarbonsäure-Transaminase und Charakterisierung ihrer Eigenschaften ist bisher nicht gelungen. Selbst die Identifizierung der Reaktionsprodukte steht noch aus. Es wird angenommen, daß nur die α-Aminogruppe ausgetauscht wird und somit aus α,γ-Diaminoglutarat α-Keto-γ-aminoglutarat gebildet wird. Möglicherweise entzieht sich diese Verbindung durch einen Ringschluß zu β-Ketopyrrolidoncarbonsäure dem Nachweis mit Ninhydrin. Weitere Möglichkeiten sind eine Transaminierung in α- und ω-Stellung oder eine Überführung von α,γ-Diaminoglutarat in Asparaginsäuresemialdehyd; für beide Wege gibt es keine Anhaltspunkte.

[1] MASON, M., and C. P. BERG: J. biol. Ch. **195**, 515 (1952).
[2] ROBERTS, E.: Arch. Biochem. **48**, 395 (1954).

Histidinolphosphat-Transaminase.

[2.6.1.9 Histidinolphosphat-Aminotransferase.]

Vorkommen. Das Ketoderivat des Histidins, Imidazolpyruvat, kann zwar Histamin als Wachstumsfaktor bei Ratten und einigen Mikroorganismen ersetzen, scheint jedoch für die Biosynthese von Histidin keine Bedeutung zu haben[1].

Genetische und biochemische Studien zur Histidin-Biosynthese in *Neurospora crassa*[2, 3] und *E. coli*[4] haben folgende Reaktionsreihe ergeben: D-erythro-Imidazolglycerophosphat → Imidazolacetolphosphat → L-Histidinolphosphat → L-Histidin.

Die drei Phosphatester akkumulieren sich in einigen Mutanten von *Neurospora*, die Histidin zum Wachstum benötigen. In solchen Mutanten konnte ein Enzym nachgewiesen werden, das die Transaminierung zwischen Imidazolacetolphosphat (IAP) und Histidinolphosphat katalysiert[5].

Die Mutante C-84 eines Wildstammes von *Neurospora*, dessen Enzymblock vor der IAP-Bildung liegt, besitzt denselben Transaminasegehalt wie der Wildstamm. Die Mutante, bei der die Weiterverwertung von Histidinolphosphat gestört ist und somit alle drei Phosphatester angehäuft werden, hat den fünffachen Enzymgehalt des Wildstammes. Den höchsten Gehalt mit der 9—10fachen Enzymmenge enthält eine Doppelmutante C-141/T-1710. Dieser Stamm wurde auch zur Anreicherung des Enzyms verwendet.

***Anreicherung der Histidinolphosphat-Transaminase aus Neurospora-Mutante C-141/T-1710 nach* Ames *und* Horecker**[5].

Gärballons mit je 15 l Fries-Minimalmedium, das durch 450 mg L-Histidin · HCl · H_2O ergänzt ist, wird mit den *Neurospora*-Konidien beimpft und unter guter Belüftung bei Raumtemperatur 3—4 Tage gezüchtet. Das Mycel wird auf einem Tuch abgepreßt, mit Wasser gewaschen und nach Entfernen des Wasserüberschusses mit Trockeneis eingefroren. Die Mycelausbeute beträgt ca. 160 g pro Behälter. Das gefrorene Mycel wird mit 4 Vol. Aceton bei — 20° C homogenisiert, auf einem Büchner-Trichter abgesaugt und die Acetonbehandlung mit dem Rückstand wiederholt. Der Rückstand wird im Vakuum getrocknet. Alle weiteren Arbeitsschritte werden bei 0° C durchgeführt.

Tabelle 64. *Isolierung der Histidinolphosphat-Transaminase aus Neurospora*[5].

Fraktion	Volumen ml	Aktivität E*	Spezifische Aktivität E/mg
Rohextrakt . . .	560	17950	3,4
Ammoniumsulfat I	17,3	10860	17,9
Gelfraktion. . . .	37,0	6340	36,0
Ammoniumsulfat II	2,7	4100	60,3

* Eine Enzymeinheit bildet 0,1 μM IAP in 10 min bei 37° C.

24 g Acetontrockenpulver werden unter langsamer Zugabe von 640 ml 0,1 m Phosphatpuffer, p_H 7,6, mit 10^{-3} m EDTA in der Reibschale zerrieben und der Rohextrakt durch Zentrifugieren isoliert (Tabelle 64). 560 ml des Überstandes werden mit 840 ml gesättigter Ammoniumsulfatlösung versetzt und der Niederschlag nach 2 Std entfernt. Der Überstand (1350 ml) wird mit weiteren 500 ml Ammoniumsulfatlösung versetzt, der Niederschlag nach 10 min isoliert und in 17,3 ml dest. Wasser aufgenommen (Ammoniumsulfat I). Diese Fraktion wird mit Wasser auf 50 ml verdünnt und auf p_H 6,8 eingestellt. Es werden 30 ml gealtertes Calciumphosphatgel (17,9 mg/ml) eingerührt und das Gel nach 10 min abzentrifugiert. Es enthält ca. 10 % des Enzymgehaltes und wird verworfen. 78 ml des Überstandes werden nochmals mit 100 ml Calciumphosphatgel versetzt. Das Gel wird isoliert und zweimal mit je 17,5 ml 0,01 m Pyrophosphatpuffer, p_H 9,0, eluiert. Die Eluate werden vereinigt. Die erforderliche Gelmenge muß jeweils in einem Vorversuch ermittelt werden. 37 ml des Geleluates werden mit 59,4 ml gesättigter Ammoniumsulfatlösung versetzt;

[1] Holden, J. T., R. B. Wildman and E. E. Snell: J. biol. Ch. **191**, 559 (1951).
[2] Altenbern, R. A., and R. D. Housewright: J. biol. Ch. **204**, 159 (1953).
[3] Ames, B. N., and H. K. Mitchell: J. biol. Ch. **212**, 687 (1955).
[4] Adams, E.: J. biol. Ch. **217**, 325 (1955).
[5] Ames, B. N., and B. L. Horecker: J. biol. Ch. **220**, 113 (1956).

dabei werden 42 mg eines Niederschlages isoliert, der 1400 Enzymeinheiten enthält. Der Überstand der Ammoniumsulfatfällung wird noch einmal mit 27,2 ml gesättigter Ammoniumsulfatlösung versetzt. Die Fällung wird isoliert und in einem kleinen Volumen 0,1 m Kaliumphosphatpuffer, p_H 7,6, mit 10^{-3} m EDTA gelöst.

Eigenschaften[1]. Das gereinigte Enzym besitzt ohne Zusatz von PLP weniger als 10 % seiner Aktivität. Die MICHAELIS-Konstante für PLP ist zu $1{,}2 \times 10^{-6}$ m bestimmt worden. Auch α-Methylpyridoxalphosphat aktiviert das Enzym ($K_M = 4 \times 10^{-6}$ m).

Weder Histidinol noch Imidazolacetol können die entsprechenden Phosphatester in der Transaminierungsreaktion ersetzen. Das Enzym katalysiert auch die Umsetzung von Aminoadipinsäure, Arginin und Histidin mit 30—40 % der Reaktionsgeschwindigkeit mit Glutaminsäure. Histidinolphosphat reagiert außer mit α-KGS (100 %) auch mit α-Ketoadipinsäure (70 %) und mit α-Keto-δ-guanidinovalerat (35 % Umsatz). Pyruvat und Oxalacetat werden nicht umgesetzt. Die MICHAELIS-Konstanten betragen für Histidinolphosphat $1{,}1 \times 10^{-3}$ m, für α-KGS $1{,}2 \times 10^{-3}$ m. Die Gleichgewichtskonstante für die Bildung von IAP beträgt ungefähr 0,04. Das p_H-Optimum der Transaminierung liegt je nach Pufferart bei 8,1—8,5; Trispuffer hemmt die Reaktion. Hemmstoffe der Transaminase sind Hydrazin, Hydroxylamin, Semicarbazid, Jodacetat und Schwermetalle wie Co^{++} und Cu^{++}.

Bestimmungsmethode. Die Transaminierung zwischen Histidinolphosphat und Imidazolacetolphosphat ist reversibel. Dabei wird die Carboxylgruppe durch einen α-Phosphatester ersetzt.

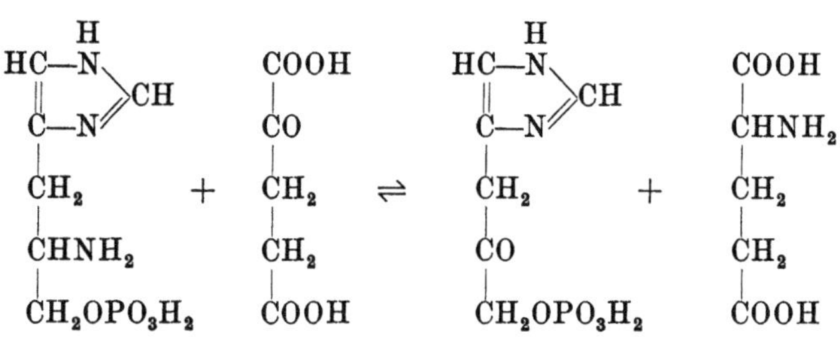

Histidinol-phosphat — α-KGS — Imidazolacetol-phosphat — Glutaminsäure

Imidazolacetolphosphat besitzt bei 282 mμ in 2,9 n NaOH einen molaren Extinktionskoeffizienten von 10600. Dennoch ist dieses direkte Bestimmungsverfahren auf Grund der relativ großen Fremdabsorption von α-KGS und anderen Substanzen ungenau.

***Bestimmung der Histidinolphosphat-Transaminase nach* AMES *und* HORECKER**[1].

Prinzip:

Imidazolacetolphosphat wird zu Imidazolacetol hydrolysiert und dieses in Alkali bei 370 mμ gemessen.

Reagentien:

1. 0,1 m Natriumpyrophosphatpuffer, p_H 8,1, der 4×10^{-5} m an PLP ist.
2. 0,1 m Natriumpyrophosphatpuffer, p_H 8,1, mit 0,56 μM L-Histidinolphosphat.
3. α-Ketoglutarsäure.
4. 12 n HCl.
5. 3 n NaOH.

Ausführung:

0,15 ml Na-pyrophosphatpuffer (*1*) werden mit 0,04 ml der Enzymlösung 5 min bei 37° C vorinkubiert. Die Reaktion wird durch Zugabe von 0,04 ml Pyrophosphatpuffer (*2*) 2 μM α-KGS gestartet und nach 10 min bei 37° C mit 0,15 ml 12 n HCl abgestoppt. Das Röhrchen wird mit einer Glascapillare verschlossen und 30 min im kochenden Wasserbad erhitzt. Dabei wird IAP zu Imidazolacetol hydrolysiert. Nach dem Abkühlen werden

[1] AMES, B. N., and B. L. HORECKER: J. biol. Ch. **220**, 113 (1956).

3,0 ml 3 n NaOH zugegeben und 3 ml der Lösung in eine Meßküvette übertragen. Die Messung erfolgt bei 370 mμ alle 30 sec, bis nach ungefähr 4 min eine maximale Extinktion erreicht wird. Als Leerwert dient ein Ansatz, bei dem die Zugabe der Enzymlösung nach der HCl-Zugabe erfolgt.

Berechnung:

Unter den oben angegebenen Testbedingungen entspricht der Bildung von 0,1 μM IAP eine Extinktionszunahme von 0,242 bei 370 mμ.

D-Aminosäure-Transaminase.

[2.6.1.10 D-Aspartat-Aminotransferase.]

Vorkommen. Eine Transaminierung von D-Aminosäuren wurde im tierischen Organismus bisher nicht beobachtet. Der erste überzeugende Beweis für eine Transaminierung von D-Aminosäuren durch Mikroorganismen stammt von THORNE u. Mitarb.[1]. Frühere positive Beobachtungen waren nicht beweisend, da keine absolut reinen D-Aminosäuren zur Verfügung standen und Racemisierung sowie Reaminierung nach oxydativer Desaminierung nicht ausgeschlossen waren.

THORNE u. Mitarb.[1] fanden, daß zellfreie Extrakte aus *B. subtilis* D-Glutaminsäure aus α-Ketoglutarat und D-Alanin sowie D-Asparaginsäure, D-Methionin und D-Serin bildeten. Die frischen Extrakte transaminieren auch die entsprechenden L-Aminosäuren. Diese Aktivität sank beim Altern der Extrakte oder bei der Dialyse stark ab, während die D-Transaminierung erhalten blieb.

Die D-Transaminierung wurde auch bei Präparaten aus *B. anthracis*[2] beobachtet, und zwar bei D-Phenylalanin, D-Tryptophan, D-Methionin, D-Histidin und D-Leucin. In jedem Fall war Brenztraubensäure Aminoacceptor und durch α-Ketoglutarat nicht ersetzbar. Die einzige Aminosäure, die mit α-Ketoglutarat transaminiert wurde, war D-Alanin. Die Extrakte enthielten daneben nur noch GPT.

Transaminierung zwischen D-Glutaminsäure und Oxalessigsäure wurde bei *Rhodospirillum rubrum* beobachtet[3], ferner die Transaminierung von Brenztraubensäure mit D-Asparaginsäure bei *Rhizobium meliloti*-Kulturen. α-KGS reagiert mit D-Asparaginsäure und D-Valin. Umwandlung von D-Asparaginsäure oder D-Glutaminsäure in die L-Form wurde nicht beobachtet[4]. Acetongetrocknete Bakterien vermögen nach MEADOW und WORK[5] eine Aminogruppe von D,D-Diaminopimelinsäure und D-Lysin auf Brenztraubensäure, Oxalessigsäure und α-Ketoglutarsäure zu übertragen. Geprüft wurden unter papierchromatographischer Identifizierung der Reaktionsprodukte: 1. *E. coli Mutante 26—26;* 2. *B. cereus N.R.R.L. 569;* 3. *B. sphaericus (asporogenous) N.C.T.C. 7582;* 4. *Sarcina lutea N.C.T.C. 576;* 5. *Aerobacter aerogenes A.T.C.C. 12409* und 6. *Staphylococcus saprophyticus N.C.T.C. 4297.* Bei 5. war Brenztraubensäure als Acceptor unwirksam, und D-Lysin wurde nicht umgesetzt. Bei 6. war nur Oxalacetat als Aminoacceptor wirksam sowohl bei Diaminopimelinsäure als auch bei D-Lysin. Eine qualitative Identifizierung der Reaktionsprodukte erfolgte papierchromatographisch.

Eine Transaminierung von D-Alanin als Aminodonor in dialysierten Extrakten aus Limabohnen-, Lupinen-, Kürbis-, Erbsen- und Weizenkeimlingen und aus Kürbisblättern mit α-KGS ist nach STUMPF[6] wahrscheinlich. Zellfreie Extrakte aus *B. licheniformis (A.T.C.C. Nr. 10716)*[7] transaminieren D-Alanin, das durch eine Racemase der Bakterien gebildet werden kann, mit den entsprechenden α-Ketosäuren zu D-Glutaminsäure, D-Asparaginsäure, D-Asparagin und D-Ornithin. Ferner wird die Aminogruppe von D-Glutamin-

[1] THORNE, C. B., C. B. GOMEZ and R. D. HOUSEWRIGHT: J. Bact. **69**, 357 (1955).
[2] THORNE, C. B., and D. M. MOLNAR: J. Bact. **70**, 420 (1955).
[3] HUG, D. H., and C. H. WERKMAN: Arch. Biochem. **72**, 369 (1957).
[4] JORDAN, D. C.: Canad. J. Microbiol. **1**, 743 (1955).
[5] MEADOW, T., and E. WORK: Biochim. biophys. Acta **28**, 596 (1958).
[6] STUMPF, P. K.: Fed. Proc. **10**, 256 (1951).
[7] KURAMITSU, H. K., and J. E. SNOKE: Biochim. biophys. Acta **62**, 114 (1962).

säure auf die entsprechenden α-Ketosäuren übertragen unter Bildung von D-Phenylalanin, D-Asparagin, D-Asparaginsäure oder D-Ornithin. Die Transaminierungen waren in allen Fällen mit den D-Formen größer als mit den L-Formen der Aminosäuren. D-Ornithin transaminiert mit Brenztraubensäure und α-KGS. Die Transaminierung von D-Glutaminsäure und von D-Asparaginsäure erfolgt höchstwahrscheinlich durch das gleiche Enzym, da bei Anreicherung der Extrakte an DEAE-Cellulose oder Reinigung mit Protaminsulfat und nach Erwärmen auf 50° C das Aktivitätsverhältnis für beide Aminosäuren konstant bleibt — es fällt in 4 Std auf je 65 %, nach 6 Std auf rund 22 % für beide Aminosäuren ab — und bei gleichzeitigem Einsatz beider D-Aminosäuren die Bildung von D-Alanin aus Brenztraubensäure kompetitiv gehemmt wird.

MESSORE u. Mitarb.[1] haben die Glutamat-Pyruvat-Transaminierung mit L- und D-Aminosäuren bei einigen Mikroorganismen untersucht. In *Proteus* OX_{19}, *P. vulgaris*, *Klebsiella pneumoniae*, *E. coli*, *Haemophilus*, einigen Mikrokokken, *Pseudomonas aeruginosa*, *Salmonella paratyphi*, Brucellen, *Bacillus anthracis*, *B. subtilis* ist die Transaminierungsrate der L-Form meist doppelt so hoch wie die der D-Form.

***Anreicherung der D-Alanin-D-Glutaminsäure-Aminotransferase aus B. subtilis nach* MARTINEZ-CARRION *und* JENKINS[2].**

B. subtilis-Zellen werden in einem Raytheon Ultraschall-Oscillator beschallt. Der Rohextrakt wird durch Fraktionierung mit Protaminsulfat, Ammoniumsulfat, Hydroxylapatit, DEAE-Sephadex, Sephadex und wieder mit Ammoniumsulfat auf das 570fache angereichert (spez. Aktivität 34); bei einer Endausbeute von 14 % ist das Enzym zu etwa 50 % rein.

Die spezifische Aktivität ist definiert durch μM Pyruvat, gebildet pro min/mg Protein bei 37° C in einem Ansatz, bestehend aus 100 μM D-Alanin, 100 μM α-Ketoglutarat, 50 μM Phosphatpuffer, p_H 8,0, 20 μg PLP und Enzymlösung in 2 ml Endvolumen.

Eigenschaften[2]. Das Enzym hat ein breites p_H-Optimum zwischen 8 und 9 und wird durch PLP auf das Doppelte aktiviert (D-Alanin-α-Ketoglutarat als Acceptor). Das höchstgereinigte Enzym ist bei p_H 7 gelb gefärbt und weist bei 415 mμ und 330 mμ Absorptionsmaxima auf. Bei Zugabe von D-Alanin nimmt die Absorption bei 415 mμ und bei 330 mμ zu. Das Spektrum ist von dem der L-Alanin-L-Glutamat-Aminotransferase aus Schweineherz verschieden. Es wird angenommen, daß in beiden Enzymen das PLP über eine Aminogruppe des Enzymproteins gebunden ist.

In einem Ansatz von 0,2 m D-Aminosäuren, 0,2 m α-KGS, 0,2 m Phosphatpuffer, p_H 8,0, 20 μg PLP, 1 μl Enzymlösung, Endvolumen 0,5 ml (20 min Inkubation bei 37° C) ergibt sich die folgende Substratspezifität in bezug auf die Aminokomponente, ausgedrückt in gebildetem μM Glutamat: D-Alanin 6,5, D-Aspartat 2,25, D-Serin 0,75, D-Methionin 0,1. D-Leucin, D-Valin, D-Threonin, D-Phenylalanin, D,L-Aminopimelinsäure und D-Aminoadipinsäure können nicht als Substrat dienen, ebenso nicht L-Alanin, L-Asparagin, L-Valin und Glycin.

Die Bestimmung der D-Aminosäure-Transaminase erfolgt nach den allgemeinen Bestimmungsmethoden, z.B. qualitativ durch Papierchromatographie[3, 4] oder quantitativ durch Bestimmung des Glutamats[2, 5].

Acetylornithin-Transaminase.

[2.6.1.11 N-Acetylornithin-Aminotransferase.]

Vorkommen. Untersuchungen über die Biosynthese des Ornithins in *E. coli* aus Glutaminsäure ergaben einen intermediären Transaminierungsschritt von N-Acetyl-

[1] MESSORE, G., and A. CARACO: Riv. Ist. sieroterap. ital. **32**, 434 (1957).
[2] MARTINEZ-CARRION, M., and W. T. JENKINS: Biochem. biophys. Res. Comm. **12**, 365 (1963).
[3] KURAMITSU, H. K., and J. E. SNOKE: Biochim. biophys. Acta **62**, 114 (1962).
[4] FELDMAN, L. I., and I. C. GUNSALUS: J. biol. Ch. **187**, 821 (1950).
[5] KAY, R. E., C. H. DENNIS and E. ENTENMAN: Arch. Biochem. **63**, 14 (1956).

glutaminsäure-γ-semialdehyd zu N^{α}-Acetylornithin, das durch eine N-Acylase in Ornithin übergeführt wird[1]. Diese Reaktion wird durch zellfreie Extrakte aus *E. coli* in Gegenwart von Glutamat katalysiert und durch Zugabe von PLP noch beschleunigt. Die Beteiligung eines N-Acylaminosäurederivates an einer Transaminierung ist nicht neu, da Ornithin und Lysin und ihre Ketoanalogen in α-Stellung transaminieren, wenn die ω-Aminogruppe substituiert ist[2–4].

Neuere Untersuchungen ergaben als Zwischenprodukte der Ornithin- und Argininbildung in *E. coli* aus Glutamat verschiedene acetylierte Zwischenverbindungen: N-Acetylglutamat[1, 5], N-Acetyl-γ-glutamylphosphat[6], N-Acetylglutaminsäure-γ-semialdehyd und N^{α}-Acetylornithin[1]. Dabei wird die Bildung von N^{α}-Acetylornithin durch die nach der Rückreaktion der Biosynthese benannte Acetylornithin-δ-Transaminase katalysiert[1, 7]. Das Enzym wurde in *E. coli Stamm W (A.T.C.C. 9637)*, *Stamm B* und Mutanten des *Stammes W: 39 A-23 R 3* und *Wc 2* nachgewiesen[8, 9]. Die Bildung der Acetylornithin-Transaminase in *E. coli Stamm W* kann durch Arginin im Kulturmedium unterdrückt werden. Diese Herabsetzung der Enzymsynthese wird von demselben Gen gesteuert, das auch die Repressibilität anderer am Argininstoffwechsel beteiligten Enzyme verursacht.

Isolierung der Acetylornithin-Transaminase nach Albrecht *und* Vogel[9].

Rohextrakt. 4 l einer 17 Std-Kultur von *E. coli Stamm W* auf dem Medium E nach Vogel[10] mit 0,5% Glucose werden als Impfkultur für ein Medium verwendet. Nach einer Inkubationszeit von 8 Std bei 37° C ohne Belüftung werden die Zellen mit einer Sharples-Zentrifuge isoliert. Die Ausbeute beträgt 308 g Feuchtgewicht. Die Bakterienmasse wird auf 1 l mit 0,1 m Phosphatpuffer, p_H 7,0, aufgefüllt und suspendiert. Jeweils 100 ml der Suspension werden 30 min mit 10 kc unter Kühlung beschallt und die Zellextrakte bei — 20° C aufbewahrt.

Tabelle 65. *Isolierung der Acetylornithin-Transaminase aus E. coli nach* Albrecht *und* Vogel[9].

Fraktion	Volumen ml	Protein mg/ml	Enzym-* Aktivität/ml	Spezifische Aktivität	Ausbeute
Rohextrakt	35	51,8	269	5,2	100
I	54,3	10,5	127	12,1	73
II	35,0	6,2	155	25,0	58
III	13,1	1,2	184	153,3	26

* 1 E verursacht unter Standardbedingungen (s. Bestimmungsmethode) eine Extinktion von 0,1 und entspricht dem Umsatz von 0,086 μM.

Protaminsulfat- und Ammoniumsulfatfällung. 35 ml des Rohextraktes (Tab. 65) werden mit dem gleichen Volumen 0,1 m Phosphatpuffer, p_H 7,0, verdünnt und 45 min bei 20000 × g zentrifugiert. Alle weiteren Arbeitsschritte werden bei 0—4° C durchgeführt. Das Überstehende wird mit $^1/_{10}$ Vol. einer 3%igen Protaminsulfatlösung in 0,1 m Phosphatpuffer, p_H 7,0, tropfenweise versetzt. Die Fällung wird abzentrifugiert und verworfen. Der Überstand wird bis 60% Sättigung mit Ammoniumsulfat versetzt (dies entspricht einer Zugabe von 0,72 g Ammoniumsulfat/ml Lösung). Die Fällung wird isoliert und in 50 ml 0,1 m Phosphatpuffer, p_H 7,0, gelöst und unter Rühren gegen 1 l-Portionen des gleichen Puffers insgesamt 4 Std dialysiert (Fraktion I).

[1] Vogel, H. J.: Proc. nat. Acad. Sci. USA **39**, 578 (1953).
[2] Meister, A.: J. biol. Ch. **195**, 813 (1952).
[3] Meister, A.: J. biol. Ch. **206**, 577, 587 (1954).
[4] Meister, A.: Adv. Enzymol. **16**, 185 (1955).
[5] Vogel, H. J., P. H. Abelson and E. T. Bolton: Biochim. biophys. Acta **11**, 584 (1953).
[6] Baich, A., and H. J. Vogel: Biochem. biophys. Res. Comm. **7**, 491 (1962).
[7] Vogel, H. J.; in: McElroy, W. D., and B. Glass (Hrsgb.): Symposium on Amino Acid Metabolism. S. 335. Baltimore 1955.
[8] Vogel, H. J., D. F. Bacon and A. Baich: Inform. Macromol. Symp. Rutgers Univ. 1962, S. 293. New York 1963. Chem.Abstr. **59**, 14321 a.
[9] Albrecht, A. M., and H. J. Vogel: J. biol. Ch. **239**, 1872 (1964).
[10] Vogel, H. J., and D. M. Bonner: J. biol. Ch. **218**, 97 (1956).

Ammoniumsulfat-Fraktionierung. Die Fraktion I wird mit Ammoniumsulfat auf 27 % Sättigung gebracht und der Niederschlag verworfen. Die Fällung zwischen 27 und 37 % Sättigung wird isoliert, in 0,1 m Phosphatpuffer, p_H 7,0, gelöst und 1 Std gegen 1 l des gleichen Puffers und anschließend 2 Std gegen 1 l dest. Wasser dialysiert (Fraktion II).

Essigsäurefällung. Die Fraktion II wird tropfenweise mit 0,1 m Essigsäure (ca. 4,8 ml) versetzt, bis die Lösung einen p_H-Wert von 5,1 erreicht. Es wird sofort zentrifugiert und der Niederschlag verworfen. Der Überstand wird weiter mit Essigsäure auf p_H 4,6 angesäuert (ca. 2,6 ml). Der gebildete Niederschlag wird isoliert, in 0,1 m Phosphatpuffer, p_H 7,0, gelöst und bei — 20° C gelagert (Fraktion III). Das erzielte Enzympräparat ist gegenüber dem Rohextrakt 30fach gereinigt; die Ausbeute beträgt 26 %.

Eigenschaften[1]. Das gereinigte Enzym ist ohne einen Zusatz von PLP völlig inaktiv. Das p_H-Optimum liegt bei 8,1; bei p_H 7,1 bzw. 9,1 beträgt die Aktivität noch 69 bzw. 26 %. Die MICHAELIS-Konstanten für Acetylornithin bzw. α-KGS sind $0{,}34 \times 10^{-3}$ m bzw. $2{,}5 \times 10^{-3}$ m. Eine halbmaximale Reaktionsgeschwindigkeit wird bei einer PLP-Konzentration von $1{,}7 \times 10^{-6}$ m erreicht. Der Q_T-Wert zwischen 25—35° C beträgt 1,8.

Das Enzym ist auf Grund der Substratspezifität von der Ornithin-Transaminase verschieden. α,ω-Diaminosäuren, wie L-Ornithin, L-2,4-Diaminobuttersäure und L-Lysin, und ω-Aminosäuren, wie γ-Aminobuttersäure, δ-Aminovaleriansäure und ε-Aminocapronsäure, werden nicht umgesetzt. Eine GOT-Aktivität ist auch bei dem gereinigten Enzym noch nachweisbar. Von der von RUDMAN und MEISTER[2] aus *E. coli* isolierten Transaminase A ist die Acetylornithin-Transaminase durch Hitzeinaktivierung differenzierbar. Die Transaminierung erfolgt nur mit α-KGS als Aminoacceptor. Mit Pyruvat, α-Ketobutyrat und Oxalacetat werden nur 2%, 2% bzw. 8 % des mit α-KGS erzielten Umsatzes erreicht.

Kupferionen hemmen das Enzym; Nickelionen dagegen führen regelmäßig zu einer geringen Aktivierung. $0{,}1 \times 10^{-3}$ m p-Chlormercuribenzoat hemmt zu 75 %; die Hemmung wird durch Glutathion teilweise aufgehoben.

Bestimmung. Die reversible Transaminierung von N^{α}-Acetyl-L-ornithin mit α-KGS zu N-Acetyl-L-glutaminsäure-γ-semialdehyd und Glutamat ist eine ω-Transaminierung.

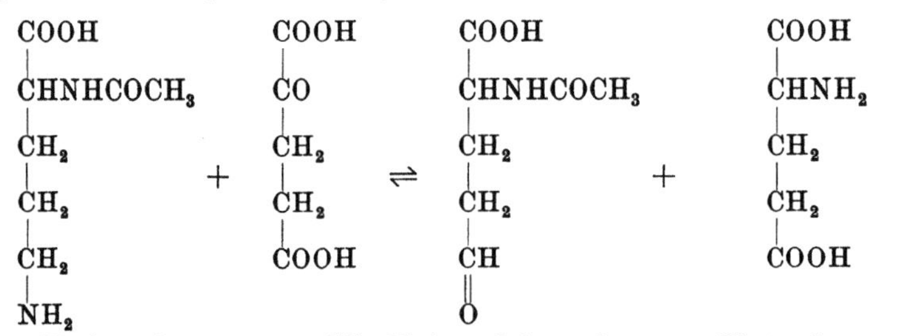

N^{α}-Acetyl-L-ornithin α-KGS N-Acetylglutaminsäure-γ-semialdehyd Glutaminsäure

***Bestimmung der Acetylornithin-Transaminase nach* ALBRECHT *und* VOGEL[1].**

Prinzip:

Das spektrophotometrische Verfahren beruht auf der Hydrolyse des N-Acetylglutaminsäure-γ-semialdehyds, der im Verlauf der Transaminierung gebildet wurde, zu Glutaminsäure-γ-semialdehyd; dieser steht mit der cyclischen Verbindung Δ^1-Pyrrolin-5-carbonsäure im Gleichgewicht und gibt mit o-Aminobenzaldehyd ein gelb gefärbtes Dihydrochinazoliniumderivat[3, 4].

Reagentien und Ausführung:

Das Gesamtvolumen des Ansatzes beträgt 0,5 ml und enthält 50 μM Kaliumphosphatpuffer, p_H 8,0; 1,5 μM N^{α}-Acetylornithin; 1,7 μM α-KGS; 0,01 μM PLP und Enzymextrakt.

[1] ALBRECHT, A. M., and H. J. VOGEL: J. biol. Ch. **239**, 1872 (1964).
[2] RUDMAN, D., and A. MEISTER: J. biol. Ch. **200**, 591 (1953).
[3] VOGEL, H. J., and B. D. DAVIS: Am. Soc. **74**, 109 (1952).
[4] ALBRECHT, A. M., W. I. SCHER jr. and H. J. VOGEL: Analyt. Chem., Washington **34**, 398 (1962).

Die Reaktion wird durch Zugabe des Enzyms gestartet und nach 15 min Inkubation bei 37° C mit 0,3 ml 6 n HCl abgestoppt. Im Leeransatz unterbleibt in einem Fall der Enzymzusatz, und in einem weiteren Leeransatz wird das Acetylornithin erst nach der Salzsäure zugesetzt. Die Ansätze werden mit einer Aluminiumfolie verschlossen und 30 min im kochenden Wasserbad erhitzt. Nach dem Abkühlen auf 25° C werden 1,0 ml einer 3,6 m Na-acetatlösung und 0,2 ml einer 0,033 m wäßrigen o-Aminobenzaldehydlösung zugesetzt. Die Farbe entwickelt sich in 15 min bei 25° C, sie wird mit einer 1 cm-Küvette bei 440 mμ gemessen. Trübungen im Ansatz werden durch Zentrifugieren entfernt.

Berechnung:

Als Enzymeinheit wird die Enzymmenge bezeichnet, die unter den oben beschriebenen Standardbedingungen eine Extinktionsänderung von 0,1 verursacht. Dieser Extinktion entspricht ein Substratumsatz von 0,086 μM synthetischer Δ^1-Pyrrolin-5-carbonsäure pro Ansatz.

Alanin-α-Ketosäure-Transaminase.

[2.6.1.12 L-Alanin-Aminotransferase.]

Seit der Auffindung der Transaminierungsreaktionen in den verschiedensten Geweben verging über 1 Jahrzehnt, in dem man annahm, daß Glutamat an jeder Transaminierungsreaktion beteiligt ist. Dies wurde zuerst durch die Untersuchungen über die Glutamin-Transaminierung und über gekoppelte Transaminierungen widerlegt, bei denen sich ergab, daß eine Beteiligung von Glutamat erst in einer Folgereaktion eintritt oder Glutamat durch andere Ketosäuren in α-KGS übergeführt wird, die dann die eigentliche Transaminierungsreaktion in Gang setzt.

ROWSELL[1] machte es als erster wahrscheinlich, daß die α-Aminogruppe verschiedener Aminosäuren ohne Beteiligung von Glutamat auf Pyruvat übertragen wird. Er verwendete Leberextrakte verschiedener Tiere als Enzympräparat. Zu gleichen Ergebnissen kam AWAPARA, der die Transaminierung mit Pyruvat in verschiedenen Rattenorganen untersuchte[2]. Weitere Transaminierungen zwischen Pyruvat und verschiedenen Aminosäuren wurden z.B. in tierischen Geweben[3–5], in Pflanzen[6–8] und Mikroorganismen[9, 10] beobachtet. Die an diesen und anderen Pyruvat-Transaminierungen beteiligten Aminosäuren sind in Tabelle 1 (S. 309) angeführt.

Neben diesen unspezifischen Transaminierungen, die von einem Transaminasengemisch katalysiert werden, sind auch einige spezifische Reaktionen mit Alanin bzw. Pyruvat bekannt. Dazu gehören einige Reaktionen mit Enzymen, die als selektive Transaminasen charakterisiert sind, so z.B. die Pyridoxamin-Pyruvat-Transaminase oder die β-Alanin-Transaminase.

Als Ergänzung dazu werden im folgenden noch einige weitere „spezifische" Alanin-Transaminierungen beschrieben.

Serin-Alanin-Transaminase.

In der Hundeleber wurde ein Enzym nachgewiesen, das die Transaminierung zwischen Hydroxypyruvat und Alanin zu Serin und Pyruvat katalysiert[11]. Diese Reaktion wurde bereits von AWAPARA[2] in Rattenorganen beobachtet.

[1] ROWSELL, E. V.: Nature **168**, 104 (1951).
[2] AWAPARA, J., and B. SEALE: J. biol. Ch. **194**, 497 (1952).
[3] ROWSELL, E. V.: Biochem. J. **64**, 235, 246 (1956).
[4] ROWSELL, E. V., and K. CORBETT: Biochem. J. **70**, 7P (1958).
[5] BÄSSLER, K. H., u. C. H. HAMMAR: B. Z. **330**, 555 (1958).
[6] WILSON, D. G., K. W. KING and R. H. BURRIS: J. biol. Ch. **208**, 863 (1954).
[7] LATCHE, J. C.: Cr. **257**, 499 (1963).
[8] JACOBI, G.: Planta, Berlin **49**, 561 (1957).
[9] ALTENBERN, R. A., and R. D. HOUSEWRIGHT: J. biol. Ch. **204**, 159 (1953).
[10] SAITO, T.: Osaka Shiritsu Daigaku Igaku Zasshi **9**, 3977 (1960).
[11] SALLACH, H. J.: J. biol. Ch. **223**, 1101 (1956).

Die Anreicherung des Enzyms geht von einem Acetontrockenpulver der Hundeleber aus. Der wäßrige Extrakt wird 2 min auf 65° C erhitzt und der Niederschlag verworfen. 3 Vol. des Überstandes werden mit 1 Vol. 0,2 m Acetatpuffer, p_H 5,0, vermischt und diese Lösung bei — 4° C auf eine Äthanolendkonzentration von 11 % gebracht; der Niederschlag wird verworfen. Im Überstand wird der Alkoholgehalt auf 19 % erhöht, der aktive Niederschlag isoliert und lyophilisiert.

Die von diesem Enzympräparat katalysierte Transaminierung zwischen Serin und Alanin ist reversibel und hat ihr p_H-Optimum bei 7,4. Die Reaktion wird durch PLP beschleunigt. Von den untersuchten Aminosäuren ist Alanin der einzige Aminodonor für Hydroxypyruvat.

Die Bestimmung von Hydroxypyruvat erfolgt durch die enzymatische Reduktion mit NADH, die bei 340 mμ optisch gemessen werden kann. Serin wird an Hand der NH_3-Freisetzung bei der Oxydation mit Perjodat bestimmt.

Die Serin-Alanin-Transaminase kann durch Isoserin gehemmt werden[1]. Die Hemmung ist bei der Bildung von Hydroxypyruvat nicht kompetitiv, bei der Rückreaktion kompetitiv[2].

Die Transaminierung von Hydroxypyruvat zu Serin ist auch in pflanzlichem Material beobachtet worden[3].

Valin-Alanin-Transaminase.

Rudman und Meister[4] beobachteten bei Verwendung der *E. coli Mutante 42—37* die Transaminierung zwischen α-Ketoisovalerat mit Alanin. Auch die Rückreaktion konnte nachgewiesen werden. Im gleichen Enzymextrakt reagiert α-KGS nicht mit Valin. Auch der Wildstamm besitzt dieses Enzym. α-Aminobuttersäure kann Alanin teilweise ersetzen.

Die gleiche Transaminierung fanden auch Adelberg u. Mitarb.[5] in der *E. coli-Mutante 11-A-16.*

Aminomalonsäure-Alanin-Transaminase.

Über die Transaminierung von Mesoxalsäure mit Alanin zu Aminomalonsäure in Extrakten aus Taubenbrustmuskel berichtete erstmals Braunstein[6]. Nagayama[7] fand eine hohe Konzentration dieses Enzyms in den Spinndrüsen der Seidenraupe. Der Enzymextrakt setzt pro mg Protein-Stickstoff 9,2 μM Aminomalonat in 40 min bei 37° C um.

Das p_H-Optimum liegt bei 9,0—9,2. In weit schwächerem Maß kann Alanin durch Glutamat, α-Aminobuttersäure und Aspartat ersetzt werden. p-Chlormercuribenzoat, Hydroxylamin und Cyanid sind wirksame Enzymhemmstoffe.

Das Enzym ist auch in der Leber von Ratte und Kaninchen und im Herzmuskel nachweisbar.

Ornithin-Transaminase.

[2.6.1.13 Ornithin-Aminotransferase.]

Vorkommen (Tabelle 66). Cammarata und Cohen[8] sowie Quastel[9] beobachteten in tierischen Organen die Überführung von α-KGS mit Ornithin in Glutamat, ohne die weiteren Reaktionsprodukte zu kennen. Fincham[10] untersuchte den Reaktionsablauf bei der Transaminierung von Ornithin mit Extrakten aus zahlreichen Mutanten eines Wildstammes von *Neurospora crassa.*

[1] Leibman, K. C.: Fed. Proc. **19**, 9 (1960).
[2] Leibman, K. C.: Fed. Proc. **20**, 235 (1961).
[3] Willis, J. E., and H. J. Sallach: Phytochemistry **2**, 23 (1963).
[4] Rudman, D., and A. Meister: J. biol. Ch. **200**, 591 (1953).
[5] Adelberg, E. A., and H. E. Umbarger: J. biol. Ch. **205**, 475 (1953).
[6] Braunstein, A. E.: Enzymologia **7**, 25 (1939).
[7] Nagayama, H., M. Muramatsu and K. Shimura: Nature **181**, 417 (1958).
[8] Cammarata, P. S., and P. P. Cohen: J. biol. Ch. **187**, 439 (1950).
[9] Quastel, J. H., and R. Witty: Nature **167**, 556 (1951).
[10] Fincham, J. R. S.: Biochem. J. **53**, 313 (1953).

Tabelle 66. *Vorkommen der Ornithin-Transaminase.*

Species	Organ	Meßwert	Einheit	Literatur
Schwein . . .	Herzmuskel	75,7	µl/100 mg Gewebsextrakt/Std	1
Ratte	Leber	10,5 mit Pyruvat 3,25 mit α-KGS 6,4 mit Glyoxylsäure	µM/25 mg Extraktprotein/Std	2
Ratte	Leber Niere Gehirn Herz Milz Skeletmuskel	73 ± 8 127 ± 6 11 ± 2 13 ± 3 10 ± 3 0—5	µM/g Frischgewicht/Std	3
Sonnenblume		7,1	$Q_{T\ \text{Protein}}^{30^\circ\ C}$	4

Die δ-Aminogruppe des Ornithins wird durch Extrakte aus *N. crassa* auf α-KGS übertragen. Als Reaktionsprodukt entsteht primär Glutaminsäure-γ-semialdehyd, wie das 2,4-Dinitrophenylhydrazon, die Reaktion mit p-Dimethylaminobenzaldehyd und mit o-Aminobenzaldehyd sowie die R_F-Werte papierchromatographisch ergeben haben. Der Glutaminsäure-γ-semialdehyd steht mit der Δ^1-Pyrrolin-5-carbonsäure im Gleichgewicht. Dieser Ringschluß, wie auch die Transaminierungsreaktion, sind reversibel. Die Pyrrolincarbonsäure kann durch Extrakte aus *N. crassa* zum Teil in ein Derivat übergeführt werden, das beim Wachstumstest mit *E. coli* auch als Prolinvorstufe dienen kann[5].

Die Ornithin-Transaminierung erfolgt in folgenden Mutanten des Wildstammes *E 5297: Stamm 27497*, *21502*, *34105* und *29997*, die alle Ornithin, Citrullin oder Arginin im Medium benötigen, *Stamm 21863*, der nur in Gegenwart von Prolin wächst; ferner bei *E 5041*, *44207* und *51506 T 6*[6]. Die Biosynthese von Ornithin und Prolin wurde in *N. crassa* und *Torula utilis* untersucht und Glutaminsäure-γ-semialdehyd als Zwischenprodukt identifiziert[7].

Meister[2] berichtete über die Transaminierung von Ornithin mit verschiedenen Ketosäuren in der Rattenleber und fand Glutaminsäure-γ-semialdehyd als Reaktionsprodukt. Eine Reversibilität der Reaktion konnte in diesem Fall nicht nachgewiesen werden.

Eine Ornithin-Transaminase wurde auch in grampositiven Bakterien, Grünalgen, Protozoen und höheren Pflanzen, wie Spinat, nachgewiesen. Sie fehlt in gramnegativen Mikroorganismen und in blaugrünen Algen[8]. Ornithin-Transaminase ist auch an der Argininbiosynthese in *N. crassa* beteiligt[9] und wurde in diesen Organismen auch von Vogel und Kopac näher charakterisiert[10]. Nach Untersuchungen von Stetten[11] mit α- und δ-^{15}N-Ornithin erscheint das α-Stickstoffatom hauptsächlich in Prolin und Hydroxyprolin, das δ-Stickstoffatom vorwiegend in der Glutaminsäure.

Genauere Untersuchungen von Peraino und Pitot[3] über die Verteilung der Ornithin-Transaminase auf verschiedene Gewebe der Ratte ergaben den höchsten Enzymgehalt

[1] Cammarata, P. S., and P. P. Cohen: J. biol. Ch. **187**, 439 (1950).
[2] Meister, A.: J. biol. Ch. **206**, 577, 587 (1954).
[3] Peraino, C., and C. Pitot: Biochim. biophys. Acta **73**, 222 (1963).
[4] Smith, J. E.: Biochim. biophys. Acta **57**, 183 (1962).
[5] Vogel, H. J., and B. D. Davis: Am. Soc. **74**, 109 (1952).
[6] Fincham, J. R. S.: Biochem. J. **53**, 313 (1953).
[7] Vogel, H. J.; in: McElroy, W. D., and B. Glass (Hrsgb.): Symposium on Amino Acid Metabolism. S. 335, Baltimore 1955.
[8] Scher, W. I., and H. J. Vogel: Proc. nat. Acad. Sci. USA **43**, 796 (1957).
[9] Vogel, H. J., and D. M. Bonner: Proc. nat. Acad. Sci. USA **40**, 688 (1954). — Vogel, R. H., and M. J. Kopac: Biochim. biophys. Acta **36**, 505 (1959).
[10] Vogel, R. H., and M. J. Kopac: Biochim. biophys. Acta **37**, 539 (1960).
[11] Stetten, M. R.: J. biol. Ch. **189**, 499 (1951).

in Niere und Leber. In der Leber ist das Enzym in den Mitochondrien lokalisiert, die nach Fraktionierung der Zellbestandteile 88 % der Gesamtaktivität enthalten. Die Kernfraktion weist 8 % der Gesamtaktivität auf, während die Mikrosomenfraktion und der lösliche Anteil inaktiv sind[1]. Auch MATSUDA u. Mitarb.[2] untersuchten die Ornithin-Transaminase der Rattenlebermitochondrien. In Sonnenblumenkeimlingen ist die Ornithin-Transaminase ebenfalls an die Mitochondrien gebunden[3]. In *N. crassa* findet sich das Enzym nur im Cytoplasma[4].

Isolierung der Ornithin-Transaminase aus N. crassa.

FINCHAM[5] führte seine Untersuchungen an einem Rohextrakt aus *N. crassa* durch, den er durch Zerreiben des Pilzmycels mit Glaspulver in 2 Vol. 0,0067 m Phosphatpuffer, p_H 7,3, Zentrifugieren und Dialysieren, erhielt.

Eine sechsfache Anreicherung des Enzyms mit einer 20 %igen Ausbeute erhielten VOGEL und KOPAC[4] auf folgende Weise: Das Mycel des Wildtyps *N. crassa Stamm 74 A* wurde auf einem Minimalmedium bei 30° C 3 Tage gezüchtet und durch Zerreiben mit kaltem 0,1 m Kaliumphosphatpuffer, p_H 7,9, mit einem Gehalt von 2×10^{-3} m Glutathion extrahiert und anschließend zentrifugiert. Der Überstand wurde mit Ammoniumsulfat fraktioniert und der Niederschlag zwischen 35 und 70 % Sättigung in Puffer aufgenommen und erneut mit Ammoniumsulfat versetzt. Der Niederschlag zwischen 45 und 55 % wird isoliert, gelöst und gegen glutathionhaltigen Puffer dialysiert.

Isolierung der Ornithin-δ-Transaminase aus Rattenlebermitochondrien nach MATSUDA[2].

Rattenlebermitochondrien werden mit Ultraschall (10 kc, 5 min) aufgeschlossen und bei 8000 × g zentrifugiert. Der Überstand wird mit Ammoniumsulfat fraktioniert und die Fällung zwischen 15—40 % Sättigung isoliert. Die Fällung wird in wenig Wasser aufgenommen und 12 Std dialysiert. Die Lösung wird mit 5 μM α-KGS/ml, 0,01 μM EDTA pro ml und 50 μg PLP/ml versetzt und 1 min auf 60° C erhitzt. Vom Niederschlag wird erneut abzentrifugiert und der Überstand nochmals mit Ammoniumsulfat behandelt. Die Fällung zwischen 20—40 % Sättigung wird isoliert, aufgenommen und dialysiert. Die weitere Reinigung erfolgt an DEAE-Cellulose, wobei das Enzym mit 0,1 m Phosphatpuffer eluiert wird. Die letzten Verunreinigungen werden durch Zonenelektrophorese entfernt. Das resultierende Enzympräparat ist gegenüber der Mitochondriensuspension 400fach angereichert und ist elektrophoretisch und in der Ultrazentrifuge einheitlich. Es ist frei von GOT- und GPT-Aktivität.

Isolierung der Ornithin-Transaminase aus Rattenleber nach PERAINO und PITOT[1].

Zur Gewinnung von Rohextrakten (Tabelle 67) wird mit 0,1 m Kaliumphosphatpuffer, p_H 8,0, und 0,01 m Mercaptoäthanol ein 20 %iges Leberhomogenat hergestellt, wobei die Mitochondrienstruktur zerstört werden muß. Besser ist es, von einer gewaschenen Mito-

Tabelle 67. *Isolierung der Ornithin-Transaminase aus Rattenleber nach* PERAINO *und* PITOT[1].

	Aktivität μM/g Frischgewicht/Std	Ausbeute in %	g Protein/g Frischgewicht	Aktivität/g Protein
Homogenat	51 ± 2	100	0,220	234
Mitochondrien	38 ± 2	75	0,053	715
Mitochondrien-Extrakt nach Ultraschall	21 ± 1	41	0,050	420
40—60 % Ammoniumsulfat	22 ± 1	43	0,013	1700

[1] PERAINO, C., and C. PITOT: Biochim. biophys. Acta 73, 222 (1963).
[2] MATSUDA, Y., I. TOMINO and N. KATSUNUMA: Vitamins, Kyoto 27, 155 (1963).
[3] SMITH, J. E.: Biochim. biophys. Acta 57, 183 (1962).
[4] VOGEL, R. H., and M. J. KOPAC: Biochim. biophys. Acta 37, 539 (1960).
[5] FINCHAM, J. R. S.: Biochem. J. 53, 313 (1953).

chondrienfraktion auszugehen. Die Mitochondrien werden durch Ultraschall aufgeschlossen (10 kc, 15 min bei 0—4° C) und 1 Std bei 100000 × g zentrifugiert. Der Überstand wird mit einer gesättigten Lösung von Ammoniumsulfat auf 40 % Sättigung eingestellt. Die Fällung wird isoliert und verworfen. Nach Erhöhung der Sättigung auf 60 % wird der Niederschlag isoliert und der Überstand verworfen. Die Enzymfraktion wird in 0,1 m Kaliumphosphatpuffer, p_H 8,0 (0,01 m Mercaptoäthanol), gelöst. Der erzielte Reinheitsgrad entspricht einer 7,5fachen Anreicherung gegenüber dem Rohhomogenat. Zu keinem Zeitpunkt der Reinigung kann durch PLP eine Aktivierung erzielt werden.

Eigenschaften. Das Enzym aus Rattenlebermitochondrien besitzt eine hohe Substratspezifität, da Lysin an Stelle von Ornithin und Oxalacetat, Pyruvat und α-Ketobuttersäure an Stelle von α-KGS keine oder nur eine geringe Reaktion geben[1, 2]. Die gleiche Substratspezifität fanden VOGEL und KOPAC auch für das Enzym aus *N. crassa*[3]. Mit einem Acetontrockenpulver aus Rattenleber konnte MEISTER[4] auch mit Pyruvat, Oxalacetat und α-KGS eine Umsetzung von Ornithin nachweisen.

Nach Messungen von MATSUDA u. Mitarb.[2] besitzt das Enzym aus der Rattenleber die Sedimentationskonstante $_{20,w} = 7{,}1$ S und ein Molgewicht von 115000. Das Enzym lag weitgehend in Form des inaktiven Apoenzyms vor, das durch PLP-Zusatz wieder vollständig reaktivierbar war. Im Verlauf der Reinigung der Ornithin-Transaminase tritt nach PERAINO und PITOT[1] kein Aktivitätsverlust durch Abspaltung von PLP ein. Dagegen fanden sie nach längerer Dialyse gegen eine 0,01 m Mercaptoäthanollösung einen 70 %igen Aktivitätsabfall, der durch PLP aufgehoben werden konnte. Das Enzym aus *N. crassa* hingegen ist nur nach PLP-Zusatz maximal aktiv[3]. Somit ist gesichert, daß auch die ω-Transaminierung PLP-abhängig ist und von der α-Transaminierung nicht wesentlich abweicht[3, 5]. Die PLP-Bindung scheint beim Enzym aus *N. crassa* stärker zu sein ($K_M = 0{,}17 \times 10^{-5}$ m)[3] als beim Enzym aus Rattenleber ($K_M = 1{,}13 \times 10^{-5}$ m)[2].

Die MICHAELIS-Konstanten für Ornithin bzw. α-KGS sind für das Enzym aus Rattenleber $6{,}0 \times 10^{-4}$ bzw. $8{,}45 \times 10^{-4}$ m [2] und $7{,}2 \pm 0{,}8 \times 10^{-3}$ bzw. $1{,}1 \pm 0{,}1 \times 10^{-3}$ m [1]; für das Enzym aus *N. crassa* $2{,}0 \times 10^{-3}$ bzw. $1{,}7 \times 10^{-3}$ m [3]. Die Wechselzahl des Leberenzyms ist für α-KGS 63,66, für andere Ketosäuren: Glyoxylat 12,0, Pyruvat 1,84 und Oxalacetat 0,46. Die Transaminierung von Ornithin mit α-KGS wird durch Oxalacetat gehemmt[2].

Das p_H-Optimum beträgt, gleichgültig aus welchem Gewebe das Enzym stammt, 7,4.

Für eine optimale Funktion des Enzyms sind SH-Gruppen notwendig. Deshalb wirkt p-Chlormercuribenzoat als starker Hemmstoff (10^{-3} m 90 % Hemmung[1], 4×10^{-3} m 91 % Hemmung[3]). Das Pilzenzym wird auch durch Cu^{++} und Co^{++} gehemmt[3]. Als PLP-Enzym kann die Ornithin-Transaminase auch durch Isonicotinsäurehydrazid, Thiosemicarbazid und Hydroxylamin blockiert werden[2].

Eine Kost mit erhöhtem Proteingehalt führt nur bei jungen Ratten zu einer 4—8fachen Erhöhung der Ornithin-Transaminase-Aktivität in der Leber. Im Hungerzustand ist die Enzymkonzentration leicht erniedrigt, während eine Veränderung im Kohlenhydrat- oder Fettgehalt der Nahrung ohne Einfluß ist[6].

Cortisongaben oder Adrenalektomie sind ohne Einfluß auf die Ornithin-Transaminase[1]. Eine Kost mit hohem Proteingehalt erhöht bei normalen und adrenalektomierten Ratten die Ornithin-Transaminase-Aktivität. Die Substratspezifität des normalen und induzierten Enzyms sind identisch[7]. Auch durch orale Gabe eines Caseinhydrolysates in hoher Konzentration wird die Enzymaktivität gesteigert[8]. 1 g Caseinhydrolysat, alle

[1] PERAINO, C., and C. PITOT: Biochim. biophys. Acta **73**, 222 (1963).
[2] MATSUDA, Y., I. TOMINO and N. KATSUNUMA: Vitamins, Kyoto **27**, 155 (1963).
[3] VOGEL, R. H., and M. J. KOPAC: Biochim. biophys. Acta **37**, 539 (1960).
[4] MEISTER, A.: J. biol. Ch. **206**, 577, 587 (1954).
[5] NOE, F. F., and W. J. NICKERSON: J. Bact. **75**, 674 (1958).
[6] WALDORF, M. A., and A. E. HARPER: Proc. Soc. exp. Biol. Med. **112**, 955 (1963).
[7] PITOT, H. C., and C. PERAINO: J. biol. Ch. **239**, 1783 (1964).
[8] PITOT, H. C., and C. PERAINO: J. biol. Ch. **238**, PC 1910 (1963).

6 Std per Schlundsonde gegeben, steigert die Ornithin-Transaminase-Aktivität von 10 μM Pyrrolincarbonsäure pro g Frischgewicht/Std auf 70 nach 12 Std und 130 nach 24 Std; nach einer Einzelgabe von 1 g Caseinhydrolysat betragen die entsprechenden Werte 35 und 65 μM/g Frischgewicht/Std. Puromycin hemmt die Enzyminduktion vollständig, ebenso Actinomycin D, jedoch nur dann, wenn es in den ersten 12 Std nach der Gabe des Caseinhydrolysates angewandt wird.

Bestimmung. Ornithin-Transaminase führt in einer ω-Transaminierung Ornithin mit α-KGS in Glutaminsäure-γ-semialdehyd über, der mit Δ^1-Pyrrolin-5-carbonsäure im Gleichgewicht steht.

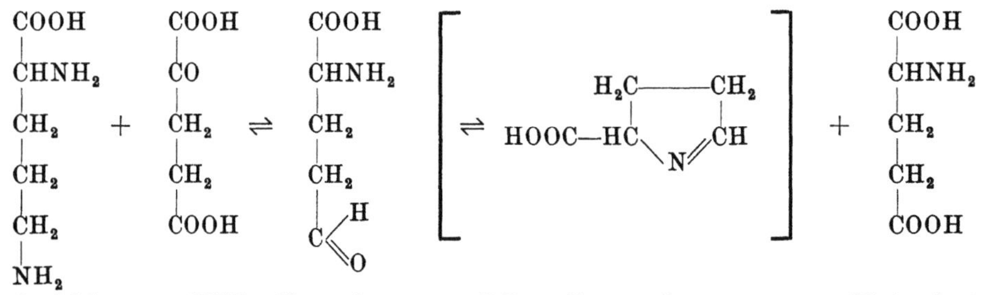

Ornithin α-KGS Glutaminsäure-γ-semialdehyd Δ¹-Pyrrolin-5-carbonsäure Glutaminsäure

FINCHAM[1] verwendete mehrere Methoden zur Aktivitätsbestimmung. Neben den herkömmlichen Methoden zur Bestimmung der an der Reaktion beteiligten Amino- und Ketosäuren, ist auch eine von ihm beobachtete Freisetzung von 0,4—0,5 Mol CO_2 aus einem Bicarbonatpuffer pro Mol umgesetztes Ornithin als Prinzip einer Aktivitätsbestimmung zu diskutieren. Weiterhin ist das Reaktionsprodukt Glutaminsäure-γ-semialdehyd bzw. Δ^1-Pyrrolin-5-carbonsäure neben Prolin ein Wachstumsfaktor für einige *E. coli*-Stämme. Auch MEISTER[2] verwandte diesen Biotest zur Bestimmung der Ornithin-Transaminase. VOGEL u. Mitarb.[3, 4] untersuchten die Farbbildung des Glutaminsäure-γ-semialdehyds und der Δ^1-Pyrrolincarbonsäure mit o-Aminobenzaldehyd, eine Methode, die FINCHAM[1] und VOGEL[5] zur Aktivitätsbestimmung der Ornithin-Transaminase ausarbeiteten.

Bestimmung der Ornithin-Transaminase nach PERAINO *und* PITOT[6].

Prinzip:

Das Reaktionsprodukt Glutaminsäure-γ-semialdehyd bildet mit o-Aminobenzaldehyd eine gefärbte Verbindung (Dihydrochinazolinium-Derivat), die bei 440 mμ maximal absorbiert.

Reagentien und Ausführung:

Der Ansatz enthält in 3 ml Gesamtvolumen folgende Endkonzentrationen: 0,25 m Kaliumphosphatpuffer, p_H 7,4, 0,2 ml Homogenat (20% g/v), 0,01 m o-Aminobenzaldehyd, 0,1 m L-Ornithin, 0,02 m α-KGS.

Kurz vor der Messung werden 25 mg o-Aminobenzaldehyd pro ml 40%igen Äthanol aufgenommen und im Wasserbad bei 40° C gelöst. Nach Mischen des Puffers mit dem Ornithin wird die o-Aminobenzaldehydlösung und die Enzymlösung zugegeben und die Reaktion mit α-KGS gestartet. Der Ansatz wird 30 min bei 37° C inkubiert und durch Zugabe von 2 ml 10%iger Trichloressigsäure die Reaktion abgestoppt. Nach 30 min Stehen bei Raumtemperatur wird vom Eiweiß abzentrifugiert und die Extinktion des Überstandes bei 440 mμ gegen dest. Wasser gemessen. Die Farbintensität bleibt 36 Std unverändert.

[1] FINCHAM, J. R. S.: Biochem. J. **53**, 313 (1953).
[2] MEISTFR, A.: J. biol. Ch. **206**, 577, 587 (1954).
[3] VOGEL, H. J., and B. D. DAVIS: Am. Soc. **74**, 109 (1952).
[4] VOGEL, H. J., and B. D. DAVIS: Am. Soc. **76**, 199 (1952).
[5] VOGEL, R. H., and M. J. KOPAC: Biochim. biophys. Acta **37**, 539 (1960).
[6] PERAINO, C., and C. PITOT: Biochim. biophys. Acta **73**, 222 (1963).

Berechnung:

An Hand einer Standard-Eichkurve mit bekannten Mengen an Δ^1-Pyrrolin-5-carbonsäure wird die Extinktion in μM gebildete Δ^1-Pyrrolin-5-carbonsäure umgerechnet.

Bei einem Lichtweg von 10 mm entspricht ein Extinktionswert von 0,49 dem Umsatz von 1 μM Ornithin in einem Gesamtvolumen von 5 ml. Die Extinktion der Blindwerte, die an Stelle der α-KGS- oder Ornithinlösung Wasser enthalten, liegt zwischen 0,04 und 0,06. Zur Ermittlung der absoluten Extinktion sind somit 0,05 Extinktionseinheiten vom Hauptwert abzuziehen.

Bemerkung. Ein Überschuß an o-Aminobenzaldehyd beeinträchtigt die Enzymaktivität nicht, während α-KGS über 0,02 m allein zu einer Farbbildung führt. Bei höheren p_H-Werten als 7,6 ergeben auch höhere Ammoniumionen-Konzentrationen eine unspezifische Färbung.

Asparagin-Transaminase.

[2.6.1.14 Asparagin-Aminotransferase.]

Glutamin-Transaminase.

[2.6.1.15 Glutamin-Aminotransferase.]

Die Transaminierung von Glutamin und Asparagin wird durch zwei voneinander verschiedene Enzyme, Glutamin-Transaminase und Asparagin-Transaminase, in Gegenwart einer großen Zahl von Ketosäuren katalysiert und ist nicht, wie man anfangs annahm, mit der Desamidierung der gebildeten ω-Amide, α-Ketoglutarsäureamid und α-Ketobernsteinsäureamid unter Ammoniakbildung gekoppelt.

Die erste Beobachtung einer derartigen Reaktion war die Aktivierung der Glutamin-Desamidierung durch Rattenleberhomogenate bei Zugabe von Pyruvat[1]. Die folgenden Untersuchungen über dieses als Amidase angesprochene Enzym ergab, daß man zwischen einer durch Phosphationen katalysierbaren Fraktion der sog. Glutaminase I[2, 3] und einer durch α-Ketosäuren katalysierbaren Fraktion[4–7] unterscheidet; letztere wurde als Glutaminase II oder Glutamin-Transaminase bezeichnet. Analog dazu wurden die Bezeichnungen Asparaginase I und Asparaginase II oder Asparagin-Transaminase gewählt. Dabei wurde anfangs bei Verwendung von Rohhomogenaten keine Abnahme der zugesetzten α-Ketosäuremenge beobachtet[1, 2, 5, 7]. Erst MEISTER[8] konnte zeigen, daß die Desamidierung mit einer Transaminierungsreaktion verknüpft ist, an der verschiedene α-Ketosäuren beteiligt sein können.

Vorkommen. Das Vorkommen von Glutamin-Transaminase und Asparagin-Transaminase ist in Tabelle 68 angegeben. Die meisten Untersuchungen wurden mit angereicherten Enzympräparaten durchgeführt, die noch Glutaminase I bzw. Asparaginase I enthielten. Es liegen also über die Aktivität von Glutamin-Transaminase und Asparagin-Transaminase in Geweben nur ungenaue Angaben vor, da auch ohne Zusatz von α-Ketosäuren eine Desamidierung von Glutamin und Asparagin und NH_3-Bildung erfolgt.

Ein Rohhomogenat aus Rattenleber setzt z. B. ohne Zusatz von Phosphat oder α-Ketosäure 0,15—0,25 μM Glutamin/Std/mg Stickstoff bei 37° C um. Dieser Umsatz steigert sich bei Zugabe von Phosphat, also durch Aktivierung der Glutaminase I auf 0,65—0,95, nach Zusatz von Pyruvat auf 0,45—0,75 μM Glutamin/Std/mg N[6].

In Leberhomogenaten der Ratte findet sich die Glutamin-Transaminase nach dem Zentrifugieren zum größten Teil im löslichen Überstand, während der Niederschlag den

[1] GREENSTEIN, J. P., and C. E. CARTER: J. nat. Cancer Inst. 7, 57 (1947).
[2] CARTER, C. E., and J. P. GREENSTEIN: J. nat. Cancer Inst. 7, 433 (1947).
[3] GREENSTEIN, J. P., and F. LEUTHARDT: Arch. Biochem. 17, 105 (1948).
[4] GREENSTEIN, J. P., and V. E. PRICE: J. biol. Ch. 178, 695 (1949).
[5] GONSALVES, J. M., and J. P. GREENSTEIN: J. nat. Cancer Inst. 7, 269, 281 (1947).
[6] ERRERA, M.: J. biol. Ch. 178, 483, 495 (1949).
[7] ERRERA, M., and J. P. GREENSTEIN: J. nat. Cancer Inst. 7, 285, 437 (1947).
[8] MEISTER, A., and S. V. TICE: J. biol. Ch. 187, 173 (1950).

größten Anteil der Glutaminase I-Aktivität enthält[1, 2]. Anders dagegen in fraktioniertem Homogenat aus Rattenhirn: hier ist die Transaminase-Aktivität nahezu ausschließlich an die Mitochondrienstruktur gebunden[3]. Der Mitochondrienextrakt, entsprechend 100 mg Gewebe, führt in Gegenwart von Glutamin ohne Zusatz zu einer Ammoniakbildung von 0,3 μM/Std/37° C. Durch Zusatz von α-Ketoglutarsäure wird die NH_3-Bildung auf 1,7 μM/Std/37° C gesteigert. Die Transaminierungsrate beträgt 1,9 μM. Die gleiche Verteilung findet sich auch in den Homogenaten des Gesamtgehirns von Kaninchen, Meerschweinchen, Katzen, Hunden, Schafen und Ziegen[4].

Eine Umsetzung von Glutamin mit Glyoxylsäure wurde in Extrakten von Leber Gehirn, Nieren und Herz von Tauben, Kaninchen und Ratten beobachtet[5, 6]. Weiterhin sind die Herzmuskelextrakte von Ratten, Kaninchen und Meerschweinchen aktiv[7]. Auch die Bildung von Asparagin durch Transaminierung von α-Ketobernsteinsäureamid mit Glutamin wurde untersucht und im Gehirn von Ratte und Kaninchen[8], ferner in *Neurospora crassa*[27] nachgewiesen. Der Nachweis in Pflanzen erfolgte besonders in Keimlingen[23, 24].

Tabelle 68. *Vorkommen der Glutamin- und Asparagin-Transaminase.*

	Glutamin-Transaminase	Asparagin-Transaminase
Rattenleber	5, 6, 9–13	10–12, 14, 15
Leber von Säugetieren	5, 6, 12	12
Niere	5, 6, 12, 16, 17	
Gehirn, menschlich und tierisch	3–6, 8, 18, 19	
Herz, tierisch	5–7	
Insekten	20, 21	
Pflanzen	22–25	23–26
Neurospora crassa	27	27

Isolierung von Glutamin-Transaminase. Eine weitgehende Reinigung der Glutamin-Transaminase und Asparagin-Transaminase ist, wie oben erwähnt, für eine genaue Aktivitätsbestimmung und Untersuchung der Eigenschaften erforderlich, da die vorhandene Amidaseaktivität stört. ERRERA[1] gelang eine vollständige Abtrennung der Glutaminase I von der Glutamin-Transaminase der Leber. Er machte sich hauptsächlich die unterschiedliche Löslichkeit der beiden Enzyme zunutze und fraktionierte das Leberhomogenat in mehreren Stufen mit Äthanol. Er erhielt dabei in 20 %iger Ausbeute ein Glutamin-Transaminase-Präparat, das in Gegenwart von Pyruvat pro mg N 10,4 μM

[1] ERRERA, M.: J. biol. Ch. **178**, 483, 495 (1949).
[2] SHEPHERD, J. A., and G. KALNITSKY: J. biol. Ch. **192**, 1 (1951).
[3] GUHA, S. R., and J. J. GHOSH: Ann. Biochem. **19**, 33 (1959).
[4] GUHA, S. R., H. S. CHAKRAVARTI and J. J. GHOSH: Ann. Biochem. exp. Med., Calcutta **18**, 103 (1958).
[5] D'ABRAMO, F., e E. TOMASOS: Boll. Soc. ital. Biol. sperim. **32**, 662 (1956).
[6] D'ABRAMO, F., e. E. TOMASOS: G. Biochim. **8**, 173 (1959).
[7] LERMAN, M. I., i S. R. MARDASHEV: Vopr. med. Chim. **8**, 431 (1962).
[8] MARDASHEV, S. R.: Clin. chim. Acta, Amsterdam **6**, 157 (1961).
[9] MEISTER, A., and S. V. TICE: J. biol. Ch. **187**, 173 (1950).
[10] MEISTER, A., H. A. SOBER, S. V. TICE and P. E. FRASER: J. biol. Ch. **197**, 309, 319 (1952).
[11] BRAUNSTEIN, A. E., and T. S. HSU: Biochim. biophys. Acta **44**, 187 (1960).
[12] MEISTER, A., and P. E. FRASER: J. biol. Ch. **210**, 37 (1954).
[13] HSU, T. S.: Biochimija, Moskva **25**, 1113 (1960).
[14] HSU, T. S.: Biochimija, Moskva **26**, 556 (1961).
[15] BRAUNSTEIN, A. E., R. M. AZARKH i T. S. HSU: Biochimija, Moskva **26**, 882 (1961).
[16] GOLDSTEIN, L., R. RICHTERICH-VAN BAERLE and E. H. DEARBORN: Enzymologia **18**, 261 (1957).
[17] GIUFFRE, R., e R. VESTRI: G. Biochim. **10**, 262 (1961).
[18] MARDASHEV, S. R., M. I. LERMAN i M. S. BENYUMOVICH: Vopr. med. Chim. **8**, 547 (1962).
[19] BEREZOV, T. T., and N. G. LUTSENKO: Dokl. Akad. Nauk SSSR **149**, 1435 (1963).
[20] CANDY, D. J., and B. A. KILBY: J. exp. Biol. **39**, 129 (1962).
[21] KILBY, B. A., and E. NEVILLE: Biochim. biophys. Acta **19**, 389 (1956).
[22] PRIEST, M.: Chem. & Indust. **1959**, 1318.
[23] OLENICHEVA, L. S.: Biochimija, Moskva **20**, 165 (1955).
[24] KRETOVICH, W. L.: Adv. Enzymol. **20**, 319 (1958).
[25] STEINER, M., u. H. KATING: B. Z. **332**, 488 (1960).
[26] SUZUKI, Y.: Phyton, Buenos Aires **12**, 27 (1959).
[27] MONDER, C., and A. MEISTER: Biochim. biophys. Acta **28**, 202 (1958).

Glutamin/Std/37° C umsetzte, was ungefähr eine 17fache Anreicherung gegenüber dem Rohhomogenat bedeutet.

MEISTER und TICE[1] reicherten die Glutamin-Transaminase nach dem gleichen Prinzip an: Die Rattenleber wird mit 3 Vol. dest. Wasser bei 0° C homogenisiert und das Homogenat 1 Std bei 20000 × g zentrifugiert. Durch Zugabe von Äthanol (— 10° C) wird die Alkoholkonzentration auf 20 % eingestellt und der Ansatz bei — 8° C 12 Std belassen. Der Niederschlag wird durch Zentrifugieren entfernt und der Überstand mit 0,2 m Essigsäure auf p_H 5,3 eingestellt. Nach 2—3 Std bildet sich bei — 8° C erneut ein Niederschlag, der abzentrifugiert und in Wasser aufgenommen wird (pro 100 g Leber 50 ml H_2O). Die Suspension wird bei 0° C 2—3 Std aufbewahrt, zentrifugiert und der aktive Überstand nach Einstellen der Lösung auf p_H 6,5 auf einen Äthanolgehalt von 35 % gebracht. Der aktive Niederschlag wird nach 12 Std Stehen bei — 8° C durch Zentrifugieren gesammelt und in 25—40 ml Wasser/100 g Leber aufgenommen; vom Unlöslichen wird abzentrifugiert.

Dieses Enzympräparat gibt bei Abwesenheit von α-Ketosäuren mit Glutamin keine NH_3-Bildung und ist gegenüber dem Rohhomogenat 30—50fach angereichert.

Ein Ansatz mit 1 mg Enzymproteinstickstoff setzt in 1 Std bei 37° C mit Pyruvat als Aminoacceptor 3,2 μM Substrat um, wobei die Abnahme von Glutamin und Pyruvat, die Bildung von NH_3 und α-KGS auf molarer Basis gleich groß sind.

BRAUNSTEIN und HSU[2, 3] verwenden neben Fällungsverfahren auch einen Hitzeschritt, da die Glutamin-Transaminase im Gegensatz zur Glutaminase I hitzestabil ist. Die Rattenleber wird mit 0,05 m Barbituratpuffer, p_H 8,0, homogenisiert und 1 Std zentrifugiert. Der Überstand wird rasch erhitzt und 12 min auf 50° C belassen. Der gebildete Niederschlag wird verworfen. Nach zehnstündiger Dialyse des Überstandes wird die Lösung bis 33 % Sättigung mit Ammoniumsulfat versetzt, der Niederschlag verworfen und die Salzsättigung auf 60 % erhöht. Der aktive Niederschlag wird isoliert, in wenig Wasser aufgenommen, zur Entfernung der Salze 12 Std bei 4—6° C gegen fließendes Wasser dialysiert und lyophilisiert. Die weitere Reinigung erfolgt durch Säulenelektrophorese in einer Cellulosesäule (2 × 90 cm) in 0,05 m Barbituratpuffer, p_H 8,4, mit 4 Volt/cm und 40—50 mA. Die Elution nach der elektrophoretischen Trennung wird mit 0,5 m Puffer durchgeführt. Eine Wiederholung der Säulenelektrophorese führt zu einer 76—84fachen Anreicherung der Glutamin-Transaminase.

Bei der Zonenelektrophorese ergab das so gewonnene Enzympräparat noch drei Proteinbanden, wobei die Bande mit der Transaminaseaktivität eine Beweglichkeit von $-5{,}1 \times 10^{-5}$ cm²/V/sec aufweist[3].

Ein zu 50—70 % elektrophoretisch einheitliches Enzympräparat kann durch anschließende Chromatographie an DEAE-Cellulose gewonnen werden[2]. Es ist frei von Glutaminase I, GOT, Asparagin-Transaminase, Phenylalanin-Glutamat-Transaminase und, was besonders betont werden muß, frei von einer Ketoamidase. Eine Abtrennung der GPT-Aktivität war in keinem Fall möglich. Im Verlauf der Reinigung nimmt die spezifische Aktivität der GPT parallel zu der der Glutamin-Transaminase zu.

Isolierung von Asparagin-Transaminase. Bei der Asparagin-Transaminase gelingt eine weitgehende spezifische Aktivitätsbestimmung allein durch eine Hitzebehandlung des Rohextraktes, doch ist infolge sekundärer Reaktionen des gebildeten Oxalacetats auch diese Aktivitätsbestimmung unzuverlässig.

Eine relativ einfache Anreicherungsmethode[4] besteht darin, daß die Rattenleber mit 2 Vol. dest. Wasser bei 0° C homogenisiert, das Homogenat rasch für 10 min auf 50° C erhitzt und ebenso rasch wieder abgekühlt wird. Bei 0° C werden 10 Vol. kaltes Aceton zugefügt, die Fällung wird rasch abgesaugt, mit Aceton und Äther gewaschen und bei

---

[1] MEISTER, A., and S. V. TICE: J. biol. Ch. **187**, 173 (1950).
[2] BRAUNSTEIN, A. E., i T. S. HSU: Biochimija, Moskva **25**, 758 (1960).
[3] HSU, T. S.: Aktual'nye Vopr. Sovrem. Biochim. Akad. Med. Nauk SSSR, Inst. Biol. med. Chim. **2**, 99 (1962).
[4] MEISTER, A., H. A. SOBER, S. V. TICE and P. E. FRASER: J. biol. Ch. **197**, 309, 319 (1952).

5° C im Vakuum getrocknet. Die Extraktion des Acetontrockenpulvers erfolgt durch kurzes Homogenisieren mit 8 Vol. dest. Wasser von 0° C und hochtouriges Zentrifugieren. Der klare Überstand wird 18 Std bei 10° C gegen fließendes Wasser dialysiert und lyophilisiert. In einem Ansatz mit 60 mg dieses Enzympräparates werden aus Asparagin ohne Zusatz von Ketosäure 0,82 μM NH_3/90 min/37° C freigesetzt und 0,36 μM Oxalacetat gebildet. Ein Pyruvatzusatz steigert diese Werte auf 10,1 bzw. 7,32 μM/90 min/37° C. Diese Werte zeigen, daß das stabile Enzym-Trockenpräparat noch eine Asparaginase I- und Oxalacetatdecarboxylase-Aktivität besitzt. Ebenso ist noch eine beträchtliche Glutamin-Transaminase-Aktivität vorhanden. Der Reinheitsgrad des Asparagin-Transaminase-Präparates entspricht einer 10—15fachen Anreicherung aus dem erhitzten Rohhomogenat.

Ein Verfahren zur Isolierung einer reinen Proteinfraktion mit Asparagin-Transaminase-Aktivität stammt von BRAUNSTEIN und HSU[1]. Das Verfahren ist mit dem zur Isolierung der Glutamin-Transaminase identisch. Bei der Elution der Cellulose mit 0,5 m Barbituratpuffer nach der Elektrophorese kann eine reine Asparagin-Transaminase-Fraktion isoliert werden. Die weitere Reinigung kann an DEAE-Cellulose erfolgen. Obwohl die Anreicherung nur 30—40fach ist, verhält sich der größte Teil der verschiedenen Fraktionen elektrophoretisch einheitlich. Das Präparat ist frei von Glutamin-Transaminase und frei von Ketoamidase.

Eigenschaften. Es galt zuerst in den relativ unreinen Enzympräparaten das Enzymsystem, das die Transaminierung-Desamidierung von Glutamin und Asparagin katalysiert, von der Glutaminase I bzw. Asparaginase I abzugrenzen. Man kannte bereits die Aktivierung des Transaminasesystems durch α-Ketosäuren und der Aminosäureamid-Desamidase durch Anionen, wie Phosphat, Arsenat und Sulfat. Weitere Unterscheidungsmerkmale sind die Hitzelabilität der Amidase, die relative Hitzestabilität des Transaminase-Desamidase-Systems[2, 3] und die unterschiedlichen Löslichkeitsverhältnisse. Weiterhin ist das Amidasesystem extrem alkali- und säurelabil und zeigt auch ein tieferes p_H-Optimum, das für die Glutaminase I der Niere z.B. bei p_H 7,4 liegt und für die Transaminase bei p_H 8,0—8,8. So gelang es in einfacher Weise, Transaminasepräparate zu erhalten, die auf Grund einer Verunreinigung mit einer α-Ketosäure-ω-amidase die Transaminierungsprodukte, d.h. die α-Ketosäure-ω-amide hydrolysieren, so daß lange Zeit das Vorliegen *eines* Enzymsystems mit einer bifunktionellen Fähigkeit der Transaminierung und Desamidierung vermutet wurde, oder das Vorliegen zweier Enzymsysteme[4–8]. Synthetisch hergestelltes α-Ketoglutarsäureamid wurde durch die noch unreine Glutamin-Transaminase rasch hydrolysiert[5–7]. Bei Verwendung von ^{15}N-Amid-Glutamin fand sich die gesamte ^{15}N-Aktivität im abgespaltenen NH_3 wieder, ein Beweis für das Vorliegen einer ω-Amidase, die aus einem Glutamin-Transaminase-Präparat frei von Transaminase-Aktivität isoliert werden konnte[7]. Es handelt sich hierbei um eine α-Ketosäure-ω-amid-Amidase, da α-Ketoglutarsäureamid und α-Ketobernsteinsäureamid und einige andere Amide rasch desamidiert werden, nicht aber Glutamin und Asparagin[9].

Es war nun zu klären, ob der 1. Schritt der Gesamtreaktion die Transaminierung oder die Desamidierung ist. Für eine Transaminierung als erste Reaktionsfolge spricht:

1. Die rasche Desamidierung der Transaminierungsprodukte verhindert deren Nachweis und Isolierung[7].

[1] BRAUNSTEIN, A. E., i T. S. HSU: Biochimija, Moskva **25**, 758 (1960).
[2] ERRERA, M.: J. biol. Ch. **178**, 483, 495 (1949).
[3] ERRERA, M., and J. P. GREENSTEIN: J. nat. Cancer Inst. **7**, 285 u. 437 (1947).
[4] MEISTER, A., and S. V. TICE: J. biol. Ch. **187**, 173 (1950).
[5] MEISTER, A., H. A. SOBER, S. V. TICE and P. E. FRASER: J. biol. Ch. **197**, 309, 319 (1952).
[6] MEISTER, A.: J. biol. Ch. **210**, 17 (1954).
[7] MEISTER, A.: J. biol. Ch. **200**, 571 (1952).
[8] MEISTER, A., and P. E. FRASER: J. biol. Ch. **210**, 37 (1954).
[9] MEISTER, A., L. LEVINTOW, R. E. GREENFIELD and P. A. ABENDSCHEIN: J. biol. Ch. **215**, 441 (1955).

2. Glutamin-Transaminase und Asparagin-Transaminase reagieren mit α-Ketosäuren, mit welchen, falls die eigentliche Transaminierung mit Glutaminsäure bzw. Asparaginsäure erfolgt, GOT und GPT nicht oder langsamer reagieren. Ausnahmen sind hier Pyruvat und α-Ketobuttersäure[1].

3. Ohne Ketosäurezusatz tritt keine NH_3-Bildung ein[1, 2].

4. γ-Methylglutamin und γ-Methylenglutamin können ebenfalls transaminiert werden, wobei kein NH_3 gebildet wird[3].

5. Nach Hemmung der Transaminierung mit INH tritt keine NH_3-Bildung auf.

Die Transaminierung von D,L-γ-Methylglutamin, das etwas langsamer umgesetzt wird als Glutamin, führt zu α-Keto-γ-methylglutarsäureamid, das sich, da es nicht desamidiert wird, anhäuft und isoliert werden konnte[3].

Auch die Transaminierung von Glutamin und α-Ketobernsteinsäureamid mit Extrakten aus *Neurospora crassa*, die nur eine geringe α-Ketosäure-ω-Amidase-Aktivität besitzen, liefert Asparagin und α-Ketoglutarsäureamid. Neben diesem direkten Nachweis des intermediären Auftretens der α-Ketosäure-ω-amide als Transaminierungsprodukte wurde als endgültiger Beweis dafür, daß die Desamidierung von einem unabhängigen Enzymsystem als Folgereaktion eintritt, durch die völlige Abtrennung der Keto-Amidase von dem Transaminasesystem erbracht[4, 5].

Die *Spezifität* von Glutamin-Transaminase und Asparagin-Transaminase in bezug auf den Aminoacceptor ist sehr breit. Diese Untersuchungen wurden zwar teilweise mit Transaminase-Präparaten gemacht, die noch mit Keto-Amidase-Aktivität verunreinigt waren, sind jedoch für die Beurteilung der α-Ketosäure-Substratspezifität brauchbar. Bereits die Ketosäureaktivierung der NH_3-Bildung in Rattenleberhomogenaten mit Glutamin und Asparagin zeigte, daß mehrere α-Ketosäuren aktiv sind. Besonders Pyruvat, Phenylpyruvat, α-Ketoisocapronsäure, α-Ketobuttersäure und α-Ketoglutarat wurden dabei verwendet. Die folgenden Ketosäuren sind Aminoacceptoren von Glutamin und von Asparagin: Pyruvat, Phenylpyruvat, α-Ketobuttersäure, p-Hydroxyphenylpyruvat, α-Ketovaleriansäure, Glyoxylsäure, α-Ketocapronsäure, α-Ketoisocapronsäure, α-Keto-γ-methylthiobuttersäure, α-Keto-δ-carbamidovaleriansäure, α-Ketoglutarsäure, α-Keto-γ-äthylthiobuttersäure, α-Keto-ε-hydroxycapronsäure, α-Keto-ε-N-chloracetylcapronsäure, α-Keto-β-indolylpropionsäure und α-Keto-β-cyclohexylpropionsäure. Ferner für die Glutamin-Transaminase: β-Hydroxypyruvat, Indolylpyruvat, α-Ketobernsteinsäureamid, β-Mercaptopyruvat, β-Sulfopyruvat, S-Benzyl-β-mercaptopyruvat, β-Oxalacetylglycin und β-Oxalacetylalanin[1–3, 6–13]. Eine Transaminierung mit α,γ-Diketosäuren ist möglich, wenn diese vorher durch Leberhomogenat zu Pyruvat hydrolysiert werden. Substanzen mit β-, γ- oder δ-Ketogruppen sind inaktiv[2]. Reine Glutamin-Transaminase katalysiert auch die Umsetzung von Glutamin mit dem β-Amid der Oxalessigsäure wie auch die Asparagin-Transaminase die Asparagin-Oxalessigsäure-β-amid-Transaminierung[14].

Ein Vergleich der Transaminierungsrate mit Glutamin und Glutaminsäure bzw. Asparagin und Asparaginsäure zeigt Tabelle 69.

---

[1] MEISTER, A., H. A. SOBER, S. V. TICE and P. E. FRASER: J. biol. Ch. **197**, 309, 319 (1952).
[2] MEISTER, A., and S. V. TICE: J. biol. Ch. **187**, 173 (1950).
[3] MEISTER, A.: J. biol. Ch. **210**, 17 (1954).
[4] BRAUNSTEIN, A. E., i T. S. HSU: Biochimija, Moskva **25**, 758 (1960).
[5] HSU, T. S.: Aktual'nye Vopr. Sovrem. Biochim. Akad. Med. Nauk SSSR, Inst. Biol. med. Chim. **2**, 99 (1962).
[6] GREENSTEIN, J. P., and C. E. CARTER: J. nat. Cancer Inst. **7**, 57 (1947).
[7] GREENSTEIN, J. P., and V. E. PRICE: J. biol. Ch. **178**, 695 (1949).
[8] GONSALVES, J. M., and J. P. GREENSTEIN: J. nat. Cancer Inst. **7**, 269, 281 (1947).
[9] ERRERA, M.: J. biol. Ch. **178**, 483, 495 (1949).
[10] ERRERA, M., and J. P. GREENSTEIN: J. nat. Cancer Inst. **7**, 285, 437 (1947).
[11] MEISTER, A., and P. E. FRASER: J. biol. Ch. **210**, 37 (1954).
[12] MEISTER, A., P. E. FRASER and S. V. TICE: J. biol. **206**, 561 (1954).
[13] OTANI, T. T., i A. MEISTER: J. biol. Ch. **224**, 137 (1957).
[14] HSU, T. S., i M. I. LERMAN: Dokl. Akad. Nauk SSSR **137**, 217 (1961).

Tabelle 69. *Vergleich der Transaminierung von Glutamin und Glutamat bzw. Asparagin und Aspartat*[1,2].

Zusatz	Glutamin		Glutamat	Asparagin		Aspartat
	Glutamin-abnahme	NH_3-Bildung	Glutamat-abnahme	Oxalacetat-Bildung	NH_3-Bildung	Oxalacetat-Bildung
Kein	0	0	0	0,36	0,82	0,82
Pyruvat	10,2	10,6	10,9	7,32	10,1	3,73
Glyoxylsäure	8,11	8,7	7,92	6,15	9,41	6,95
α-Ketobuttersäure	8,1	8,67	8,2	7,42	10,0	4,21
α-Ketovaleriansäure	9,1	9,95	0,2	6,43	9,36	0,96
α-Ketoisocapronsäure	6,4	6,78	0,03	4,74	6,30	1,12
α-Keto-γ-methylthiobuttersäure	6,06	6,60	0,15	5,31	6,44	0,86
α-Keto-γ-äthylthiobuttersäure	7,8	8,16	0	4,08	4,98	0,92
α-Keto-ε-hydroxycapronsäure	9,66	10,2	0,1	5,02	6,50	0,90
Phenylpyruvat	6,97	6,95	0,25	8,46	9,82	1,86
p-Hydroxyphenylpyruvat	7,1	7,04	0,3	7,31	8,96	2,14

Aktivität in μM/Std/37° C.

Die Glutamin-Transaminase und Asparagin-Transaminase zeigen mit α-Ketoisovaleriansäure, α-Keto-β-methylvaleriansäure und α-Keto-phenylessigsäure keine Aktivität. Mit Ausnahme von Glyoxylsäure haben alle Ketosäuresubstrate 2 H-Atome am β-C-Atom[2].

Es ist bemerkenswert, daß Glutamin mit α-Ketosäureanalogen von Aminosäuren transaminiert, die unter den gleichen Bedingungen Glutamin als Aminodonator nicht ersetzen können. So erfolgt eine Umsetzung von Glutamin mit den Ketoanalogen von Asparagin, Homoglutamin, α-Amino-δ-N-methyladipinsäureamid und γ-Glutamyldimethylamid, während diese Aminosäureamide das Glutamin bei der Transaminierung mit Ketosäuren nicht ersetzen können[3].

Bei der Umsetzung von α-Keto-γ-methylglutarsäureamid mit L-Alanin oder anderen Aminosäuren werden nur geringe Mengen von γ-Methylglutamin gebildet, jedoch zeigt Glutamin als Aminodonator eine beträchtliche Transaminierung. Die Rückreaktion von α-Ketoglutarsäureamid mit Glutamin-Transaminase ist bisher nicht beobachtet worden[4]. Glutamin kann nur durch Homoglutamin, γ-Methyl- und γ-Methylenglutamin und dem γ-Methylamid der Glutaminsäure ersetzt werden[5]. Im allgemeinen zeigt das Enzym eine höhere Affinität zu Aminodonatoren mit 5 C-Atomen mit einer nichtsubstituierten (oder monomethylsubstituierten) ω-Amidogruppe und zu Ketosäuren, die wenigstens 2 β-H-Atome besitzen. Die Reaktion mit Glutamin ist möglicherweise deshalb auf Glutamin und einige Derivate beschränkt und nicht umkehrbar, da das Transaminierungsprodukt enzymatisch hydrolysiert wird und auch bei Abwesenheit der Ketoamidase das α-Ketoglutarsäureamid oder dessen Derivate in die cyclische Ketolactamform übergehen, die enzymatisch inaktiv sind[3]. Bemerkenswerterweise ist die Asparagin-Transaminierung reversibel[6]. Dies wird dadurch begünstigt, daß die Affinität der Ketoamidase zu dem α-Ketoglutarsäureamid größer ist als zum α-Ketobernsteinsäureamid ($K_M = 0{,}7 \times 10^{-3}$ bzw. $3{,}8 \times 10^{-3}$) und das α-Ketobernsteinsäureamid zu einem größeren Teil in der linearen Form mit einer aktiven Ketogruppe vorliegt[4]. Während eine Umsetzung von α-Ketobernsteinsäureamid mit dem Glutamin-Transaminase-System nur mit Glutamin als Aminodonator erfolgt[4,6,7] ist mit dem Asparagin-Transaminase-System eine Asparaginbildung mit vielen Aminosäuren möglich (s. Tabelle 70)[6]. Die nichtenzymatische Transaminierung mit Pyridoxamin ist für α-Ketoglutarsäureamid und

[1] MEISTER, A., and S. V. TICE: J. biol. Ch. **187**, 173 (1950).
[2] MEISTER, A., H. A. SOBER, S. V. TICE and P. E. FRASER: J. biol. Ch. **197**, 309, 319 (1952).
[3] MEISTER, A.; in: Boyer-Lardy-Myrbäck, Vol. VI, S. 163.
[4] MEISTER, A.: J. biol. Ch. **200**, 571 (1952).
[5] MEISTER, A.: J. biol. Ch. **210**, 17 (1954).
[6] MEISTER, A., and P. E. FRASER: J. biol. Ch. **210**, 37 (1954).
[7] MONDER, C., and A. MEISTER: Biochim. biophys. Acta **28**, 202 (1958).

Tabelle 70. L-*Asparaginbildung durch Transaminierung mit der Asparagin-Transaminase*[1].

Aminodonator	L-Asparagin-Bildung	Aminodonator	L-Asparagin-Bildung	Aminodonator	L-Asparagin-Bildung
Kein	0,71	L-Ileu	0,65	L-Äthionin	4,37
L-Ala	7,46	L-allo-Ileu	0,60	L-Glutaminsäure	1,21
L-α-Aminobutter-säure	8,62	L-tert. Leu	0,78	L-Glutamin	7,51
		L-Phe	4,15	L-Asparaginsäure	1,01
L-Norval	6,29	L-Tyr	4,51	L-His	6,54
L-Val	0,79	L-α-Aminophenyl-essigsäure	0,72	L-Trypt	1,72
L-Norleu	5,2			Gly	0,87
L-Leu	4,59	L-Meth	6,26	L-Ser	2,22

Aktivitätsangabe in μM/2 Std/37° C bei 60 μM α-Ketobernsteinsäureamid, 40 μM Aminosäure in Veronalpuffer, p_H 8,2.

α-Ketobernsteinsäureamid nachgewiesen worden[2]. Ebenso ist eine Reaktion von Asparagin mit Pyridoxal bei 100° C möglich[1] und Glutamin und Asparagin reagieren mit Glyoxylsäure rascher als Glutaminsäure und Asparaginsäure[3].

Die besondere *Substratspezifität* der Glutamin-Transaminase und Asparagin-Transaminase in bezug auf die Aminodonatoren, d.h. Glutamin und Asparagin, stimmt nicht mit dem allgemeinen Reaktionsmechanismus der Transaminierung, der eine vollständige Umkehrbarkeit der Reaktion vorsieht, überein.

Demnach müßten die beiden Aminosäureamid-Transaminasen, entsprechend der großen Zahl von aktiven Ketosäuren als Aminoacceptoren, gruppenspezifische allgemeine α-Aminosäure-α-Ketomonocarbonsäure-Transaminasen sein. Zur Prüfung dieser Frage wurden die reinen Glutamin-Transaminase- und Asparagin-Transaminase-Präparate[4, 5] mit Pyruvat, Phenylpyruvat und α-Ketoisocapronsäure als Aminoacceptoren mit den verschiedensten Aminosäuren getestet[6]. Mit tierischen Gewebsextrakten konnten mit Phenylpyruvat und α-Ketoisocapronsäure bisher nur Transaminierungen mit Alanin, Glutamat, Glutamin und Asparagin nachgewiesen werden. Wie die Tabelle 71 zeigt, ist dies jedoch auch mit anderen Aminosäuren möglich. Dabei kann die Transaminierung von Glutamin mit Phenylpyruvat durch Zugabe von L-Alanin kompetitiv gehemmt

Tabelle 71. *Transaminierungen mit Glutamin- und Asparagin-Transaminase*[6].

Aminodonator 6,7 × 10^{-2} m	Glutamin-T, Aminoacceptor			Asparagin-T, Aminoacceptor		
	Pyruvat	Phenyl-pyruvat	α-Ketoiso-capronsäure	Pyruvat	Phenyl-pyruvat	α-Ketoiso-capronsäure
L-Glutamin (1,4 × 10^{-2} m)		5,4			0,15	
L-Glutamin					0,60	
L-Asparagin (1,4 × 10^{-2} m)		0,18		1,90	1,70	
L-Asparagin		0,54				
L-Alanin		1,20			1,29	
D,L-Aminobuttersäure	3,75*	1,5	1,08	0,47	0,40	0,34
L-Leucin	1,62			0,82		
D,L-Norleucin	2,42			0,82		
L-Methionin	2,7	2,92	3,09	1,10	1,50	1,15
L-Histidin	2,52	2,14	2,43	0,84	1,32	1,34
L-Phenylalanin	2,22			0,73		
L-Glutamat	10,1*	0	0,88	4,10*	0	0,07

* Der Wert liegt auf Grund der Verunreinigung des Enzyms mit GPT zu hoch.
Aktivitätsangabe in μM/mg Enzymprotein/2 Std/37° C.

[1] MEISTER, A., and P. E. FRASER: J. biol. Ch. **210**, 37 (1954).
[2] MEISTER, A.: J. biol. Ch. **200**, 571 (1952).
[3] NAKADA, H. J., and S. WEINHOUSE: J. biol. Ch. **204**, 831 (1953).
[4] BRAUNSTEIN, A. E., i T. S. HSU: Biochimija, Moskva **25**, 758 (1960).
[5] HSU, T. S.: Aktual'nye Vopr. Sovrem. Biochim. Akad. Med. Nauk SSSR, Inst. Biol. med. Chim. **2**, 99 (1962).
[6] BRAUNSTEIN, A. E., and T. S. HSU: Biochim. biophys. Acta **44**, 187 (1960).

werden, ein Beweis, daß der Alaninumsatz nicht auf einer Phenylalanin-Pyruvat-Transaminase-Fremdaktivität beruht.

Die Bezeichnung der beiden Enzyme als Glutamin- und Asparagin-Transaminase ist insofern gerechtfertigt, als die Affinität der Enzyme zu diesen spezifischen Substraten wesentlich höher ist als zu den übrigen Aminosäuren.

Die Versuche, eine eindeutige Spaltung der aktiven Enzyme in Co- und Apoenzym herbeizuführen und die Belege dafür, daß es sich hier um Pyridoxalphosphatenzyme handelt, sind bisher nicht befriedigend. Versuche durch Vitamin B_6-Mangel eine Aktivitätsverringerung wie bei der GPT in der Rattenleber zu erzeugen, führten zu keinem Erfolg[1–3] oder waren nicht sehr ausgeprägt[4, 5]. Dagegen führten hohe Dosen von Isonicotinsäurehydrazid (INH) in vivo zu einer signifikanten Erniedrigung der Glutamin-Transaminase-Aktivität in Rattenleberhomogenaten, die durch PLP-Zusatz nur gering aufgehoben wird. Die Aktivierungsmöglichkeit der gereinigten Enzympräparate aus der Leber von normalen und INH-behandelten Tieren durch PLP ergab nur bei den behandelten Tieren eine Aktivierung über das Doppelte der Ausgangsaktivität. Auch PMP besitzt aktivierende Wirkung[6]. Die Hemmbarkeit der Transaminasen durch INH und Desoxypyridoxin und die Aufhebung der Hemmung durch PLP sind weitere indirekte Beweise für das Vorliegen von PLP-Enzymen.

Die *Stabilität* von Trocken-Enzympräparaten ist auf Grund ihrer Hitzebeständigkeit relativ gut. So sind die lyophilisierten Glutamin-Transaminase- und Asparagin-Transaminase-Präparate bei 5° C monatelang haltbar[1, 7]; in Lösung nimmt die Aktivität hingegen auch in der Kälte rasch ab[1]. Ein Glutamin-Transaminase-Präparat aus Meerschweinchennieren verliert beim Erhitzen auf 50° C für 2 Std nur 30 % der Aktivität und bei p_H 5,0 bei Raumtemperatur 23 %. Die reinen Präparate der Glutamin- und Asparagin-Transaminase verlieren beim Erhitzen auf 80° C für 5 min nur 35 % ihrer Aktivität und überstehen auch 2 min Erhitzen im kochenden Wasserbad[8, 9].

Das *p_H-Optimum* der Glutamin-Transaminase von Nierenextrakten liegt bei 8,8[2], das aus Rattenleberextrakten ist weitgehend von der verwendeten α-Ketosäure abhängig. Bei α-KGS und Phenylpyruvat liegt es zwischen 8,0—8,5[1], mit Pyruvat bzw. α-Ketoisocaproat bei 7,0 bzw. 8,8[10]. Die p_H-Optima der einen Glutamin-Transaminase liegen mit Pyruvat, α-Ketoisocaproat und Phenylpyruvat als Aminoacceptoren bei p_H 8,2; 8,7 und 9,1; die entsprechenden Werte für die Asparagin-Transaminase sind 8,3; 8,1 und 8,4. Selbst bei p_H 10 ist die Transaminierung von Glutamin mit α-Ketoisocaproat und Phenylpyruvat noch beträchtlich[8, 9]. Die Reaktionsgeschwindigkeit der Glutamin-Transaminase-Reaktion steigt bei Temperaturerhöhung von 15 auf 45° C nur auf das Dreifache.

Die *elektrophoretische Beweglichkeit* (Tiselius-Apparatur) ist für die reine Glutamin-Transaminase in Veronalpuffer, p_H 8,4, $5{,}1 \times 10^{-5}$ cm²/V/sec und für die Asparagin-Transaminase 2,6 bis $2{,}95 \times 10^{-5}$ cm²/V/sec.

Die MICHAELIS-*Konstanten* sind für die beiden Enzyme und die jeweiligen spezifischen Substrate Glutamin und Asparagin $K_M = 3{,}33 \times 10^{-3}$ m.

Eine *Hemmung* ist wie bei allen PLP-Enzymen durch Carbonylreagentien möglich. So hemmt INH die Glutamin-Transaminase aus Rattenhirn[11] und Glutamin- und Aspara-

[1] MEISTER, A., and S. V. TICE: J. biol. Ch. **187**, 173 (1950).
[2] GOLDSTEIN, L., R. RICHTERICH-VAN BAERLE and E. H. DEARBORN: Enzymologia **18**, 261 (1957).
[3] MEISTER, A., H. P. MORRIS and S. V. TICE: Proc. Soc. exp. Biol. Med. **82**, 301 (1953).
[4] OLENICHEVA, L. S.: Biochimija, Moskva **20**, 165 (1955).
[5] BEATON, J. R., and G. OZAWA: J. biol. Ch. **214**, 685 (1955).
[6] MEISTER, A., and P. F. DOWNEY: Proc. Soc. exp. Biol. Med. **91**, 49 (1956).
[7] MEISTER, A., H. A. SOBER, S. V. TICE and P. E. FRASER: J. biol. Ch. **197**, 309, 319 (1952).
[8] HSU, T. S.: Biochimija, Moskva **25**, 1113 (1960).
[9] HSU, T. S.: Biochimija, Moskva **26**, 556 (1961).
[10] GREENSTEIN, J. P., and V. E. PRICE: J. biol. Ch. **178**, 695 (1949).
[11] GUHA, S. R., and J. J. GHOSH: Ann. Biochem. exp. Med., Calcutta **19**, 33 (1959).

gin-Transaminase aus Rattenleber[1, 2], ferner hemmen Hydroxylamin[3, 4], Semicarbazid[4] und KCN[5]. Wirksame Hemmstoffe sind für beide Enzyme auch Reagentien, die mit der Thiolgruppe reagieren, wie Jodessigsäure[5], Jodacetamid (5×10^{-3} m, 35% Hemmung) und p-Chlormercuribenzoat (10^{-4} m, 50% Hemmung); die Hemmung kann durch SH-Substanzen aufgehoben werden[6, 7]. Verschieden werden beide Enzyme durch Cycloserin gehemmt. Während die Hemmung der Glutamin-Transaminase zum unspezifischen Typ gehört, wie z.B. auch die GOT, wird die Asparagin-Transaminase in spezifischer Weise sehr stark gehemmt, wobei das Cycloserin als strukturanaloge Substanz des Asparagins wirkt.

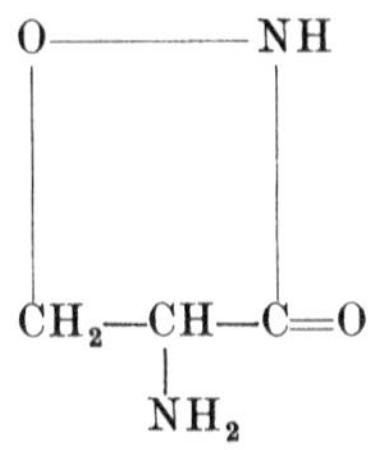

Cycloserin

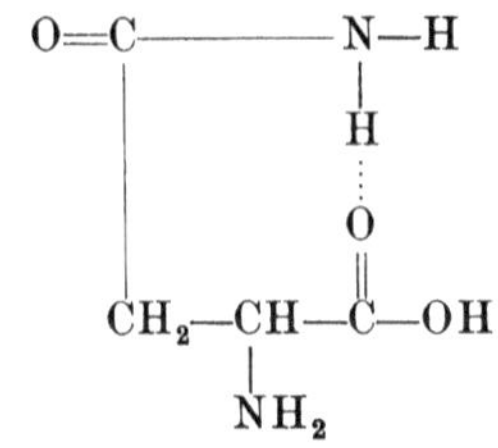

Asparagin

Eine 50%ige Hemmung wird bei der Asparagin-Transaminase durch 10^{-6} m D,L-Cycloserin, 5×10^{-7} m L-Cycloserin und 3×10^{-3} m D-Cycloserin verursacht. Die entsprechenden Werte für die Glutamin-Transaminase liegen für alle Isomeren über 10^{-3} m. Die Hemmung der Asparagin-Transaminase mit Cycloserin ist in bezug auf das Asparagin kompetitiv mit einer Hemmkonstante $K_I = 10^{-7}$ m für L-Cycloserin[8–10]. Ein weitgehend reines Glutamin-Transaminase-Präparat, das als Fremdaktivität nur noch eine geringe GPT-Aktivität aufweist, wird durch 10^{-4} m D,L-Cycloserin nur zu 15%, die GPT-Aktivität aber vollständig gehemmt. Auch dies spricht für das Vorliegen zweier getrennter Enzymsysteme mit nahezu identischen physikalischen Eigenschaften und nicht für ein bifunktionelles Enzym[11]. Glutamin-Transaminase wird durch eine 5 m Harnstofflösung zu 68% inaktiviert[6]. Im wesentlichen stimmen die Eigenschaften der beiden Aminosäureamid-Transaminasen überein.

Bestimmung der Glutamin-Transaminase und Asparagin-Transaminase. Zur Aktivitätsbestimmung beider Enzyme gibt es keine spezifische Testmethode. Solange man noch glaubte, daß die Desamidierung von der Transaminierungsreaktion nicht abzutrennen sei, galt die Bestimmung des aus dem Asparagin und Glutamin abgespaltenen Ammoniaks als einfache Testmethode. Sie erfolgte z.B. titrimetrisch nach CONWAY[12] oder auch manometrisch[13].

Die Bestimmung von Glutamin und Asparagin, wie auch von Glutaminsäure und Asparaginsäure und allen Aminosäuren, die bei der Transaminierung der verschiedenen Ketosäuren entstehen, erfolgt durch Papierchromatographie und quantitative Auswertung der Ninhydrinflecken (s. „Allgemeine Methoden", S. 313). Glutaminsäure und Asparaginsäure können auch mit den entsprechenden Aminosäure-Decarboxylasen aus Bakterien

---

1 GOLDSTEIN, L., R. RICHTERICH-VAN BAERLE and E. H. DEARBORN: Enzymologia 18, 261 (1957).
2 MEISTER, A.: Fed. Proc. 14, 683 (1955).
3 BRAUNSTEIN, A. E., R. M. AZARKH i S. G. MOGILEWSKAJA: Ukrain. biochem. J. 27, 259 (1955).
4 HORVATH, A.: Enzymologia 19, 297 (1958).
5 ERRERA, M.: J. biol. Ch. 178, 483, 495 (1949).
6 HSU, T. S.: Biochimija, Moskva 25, 1113 (1960).
7 HSU, T. S.: Biochimija, Moskva 26, 556 (1961).
8 BRAUNSTEIN, A. E., R. M. AZARKH i T. S. HSU: Biochimija, Moskva 26, 882 (1961).
9 BRAUNSTEIN, A. E.: 5. Int. Congr. Biochem., Sympos. IV, Repr. 9 Moskau 1961.
10 AZARKH, R. M., A. E. BRAUNSTEIN, T. S. PASKHINA i T. S. HSU: Biochimija, Moskva 25, 954 (1960).
11 BRAUNSTEIN, A. E., i T. S. HSU: Biochimija, Moskva 25, 758 (1960).
12 CONWAY, E. J., and A. BYRNE: Biochem. J. 27, 419 (1933).
13 BRAGANCA, B. M., H. J. QUASTEL and R. SCHUCHER: Arch. Biochem. 52, 18 (1954).

quantitativ bestimmt werden. Auf dem gleichen Weg werden auch Glutamin und Asparagin nach Desamidierung mit Glutaminase oder Asparaginase erfaßt[1].

Eine Veränderung der Konzentration von α-Ketobernsteinsäureamid im Verlauf der Transaminierung kann auch direkt durch Messung der Absorption bei 290 mμ in 0,1 m NaOH bestimmt werden[2].

Beispiel[3]. 0,3—0,5 mg des reinen Glutamin-Transaminase- oder 0,8—1 mg des reinen Asparagin-Transaminase-Präparates werden in 1 ml 0,05 m Veronalpuffer, p_H 8,4, gelöst, Glutamin bzw. Asparagin ($14—67 \times 10^{-3}$ m) und Pyruvat, Phenylpyruvat oder α-Ketoisocapronsäure ($14—28 \times 10^{-3}$ m) zugegeben. Inkubation 1—2 Std bei 37° C. Die Reaktion wird durch Enteiweißen abgestoppt. Es wird zentrifugiert und ein aliquoter Teil des Überstandes sowie je ein Leerwert ohne Aminodonator und ohne Ketosäure der Papierchromatographie unterworfen. Die Menge an gebildetem Alanin, Phenylalanin oder Leucin wird als Ninhydrin-Kupfer-Komplex quantitativ bestimmt.

L-Glutamin-Fructose-6-phosphat-Transaminase.

[2.6.1.16 Glutamin-D-Fructose-6-phosphat-Aminotransferase.]

Vorkommen. Untersuchungen über den Glucosamin-Stoffwechsel führten bei *Neurospora crassa* zur Auffindung der Transaminierungsreaktion zwischen Glutamin und Hexose-6-phosphat. Dabei wird Glucosamin-6-phosphat gebildet, das anschließend in die N-Acetylverbindung übergeführt wird[4]. Die Hexose-6-phosphat-Transaminase wurde auch in zellfreien Extrakten aus *Bacillus cereus, Micrococcus lysodeikticus, Aerobacter aerogenes* und *E. coli* aufgefunden. Meist ist der Gehalt in grampositiven Mikroorganismen höher als in gramnegativen. Die Enzymaktivität steigt meist während der Ruhe- und ersten log-Phase an und fällt während der stationären Phase wieder ab. Da meist auch die 2-Amino-2-desoxy-D-glucose-6-phosphat-Ketolisomerase [E. C. 5.3.1.10] vorhanden ist, wird das Glucosamin teilweise desaminiert, so daß nicht immer stöchiometrische Mengen der Reaktionsprodukte gebildet werden. Die Desaminase kann teilweise durch EDTA gehemmt werden[5]. Auch in vielen Pilzarten wurde das Enzym nachgewiesen[6, 7].

Es gibt auch Hinweise dafür, daß das Enzym in tierischen Geweben, so im Bindegewebe und in der Leber der Ratte vorhanden ist[8–10].

Ghosh u. Mitarb.[7] reicherten das Enzym aus *N. crassa, E. coli* und Rattenleber an und konnten nachweisen, daß nur Fructose-6-phosphat als Substrat dient. Sie nannten das Enzym L-Glutamin-D-Fructose-6-phosphat-Transaminase.

Isolierung aus Neurospora crassa nach Leloir *und* Cardini[4].

Der Wildstamm von *Neurospora crassa E-5297a* wird 3 Tage bei 30° C auf einem Minimalmedium unter guter Belüftung gezüchtet. Das Mycel wird durch Filtration gewonnen, mit Wasser gewaschen und lyophilisiert. Zur Extraktion werden 0,8 g des Trockenpulvers mit 16 ml Wasser bei 0° C homogenisiert und zentrifugiert. Der Rohextrakt enthält ca. 40 mg Protein/ml. 13 ml Rohextrakt werden mit 6,5 ml Aceton bei 0° C versetzt. Der inaktive Niederschlag wird verworfen. Der Überstand wird erneut mit 3,9 ml Aceton versetzt, der Niederschlag isoliert, mit Aceton gewaschen und getrocknet. Man erhält so 60 mg eines Trockenpräparates. Die Reinigung kann zum Schutz gegen Schwermetalle unter Zusatz von 8-Hydroxychinolin erfolgen.

1 Meister, A., and P. E. Fraser: J. biol. Ch. **210**, 37 (1954).
2 Meister, A.: J. biol. Ch. **200**, 571 (1952).
3 Braunstein, A. E., and T. S. Hsu: Biochim. biophys. Acta **44**, 187 (1960).
4 Leloir, L. F., and C. E. Cardini: Biochim. biophys. Acta **12**, 15 (1953).
5 Strange, R. E., and F. A. Dark: Nature **188**, 741 (1960).
6 Ito, T.: Seikagaku **32**, 200 (1960).
7 Ghosh, S., H. J. Blumenthal, E. Davidson and S. Roseman: J. biol. Ch. **235**, 1265 (1960).
8 Bollet, A. J., and A. Schuster: J. clin. Invest. **39**, 1114 (1960).
9 Pogell, B. M., and R. M. Gryder: Fed. Proc. **16**, 233 (1957).
10 Pogell, B. M., and R. M. Gryder: J. biol. Ch. **228**, 701 (1957).

Das Enzympräparat ist sehr thermolabil und verliert auch bei $-10°$ C seine Aktivität in wenigen Tagen.

Das Rohenzym bildet 0,04 μM Glucosamin/mg Protein/Std, das acetongereinigte Präparat 0,3 μM. Dies entspricht einer Reinigung auf das 7,5fache.

***Isolierung aus E. coli nach* Ghosh *u. Mitarb.*[1].**

1. 50 g gefrorene *E. coli*-Zellen werden in der Reibschale mit Aluminiumoxyd zerrieben und mit 125 ml 0,15 m KCl mit 1 mg SH-Glutathion/ml Lösung versetzt. Der Aufschluß wird zentrifugiert und der Rückstand nochmals mit 75 ml Lösung extrahiert (Tabelle 72).

2. Die vereinigten Rohextrakte (180 ml) werden mit 75 ml 2%iger Polymyxinsulfatlösung (mit Ammoniak auf p_H 7,0 eingestellt) versetzt. Nach 10 min Rühren wird der Niederschlag verworfen.

3. Eine Suspension von DEAE-Cellulose mit 73 mg Cellulose/ml, 0,01 m Kaliumphosphatpuffer, p_H 7,0, mit 0,02 m KCl wird zentrifugiert und das Sediment mit 240 ml Überstand der Polymyxinfällung 5—10 min gerührt. Der Hauptteil des Enzyms wird an die Cellulose gebunden. Nach Zentrifugieren wird der Überstand verworfen. Mit jeweils 200 ml-Portionen wird die DEAE-Cellulose mit 0,008 m Kaliumphosphatpuffer, p_H 7,0, und steigenden Mengen an KCl (0,1, 0,15, 0,2 und 0,5 m) 5 min extrahiert und zentrifugiert. Die Extrakte mit 0,2 und 0,5 m KCl enthalten die Enzymaktivität und werden als DEAE-Eluate I und II bezeichnet.

Tabelle 72. *Isolierung der Glutamin-Fructose-6-phosphat-Transaminase nach* Ghosh *u. Mitarb.*[1].

Fraktion	Gesamteinheiten	Spezifische Aktivität E/mg* Fructose-6-phosphat	Glucose-6-phosphat	Mannose-6-phosphat
		Isolierung aus E. coli		
Rohextrakt	195	0,13	0,13	
Polymyxin-Überstand	189	0,46	0,46	
Celluloseeluat I	63	1,3	0,35	
Celluloseeluat II	88	1,3	—	
Protamineluat I	29	4,5	0	
Protamineluat II	16	7,3	0	
		Isolierung aus Rattenleber		
I	20,2	0,023	0,023	0,018
II	20,2	0,032	0,032	0,019
IV	11,4	0,44	0	0,04
VII	5,4	4,7	0	0
		Isolierung aus N. crassa		
Rohextrakt	12,5	0,16	0,22	
Protamin-Überstand	10,1	0,45	0,47	
Geleluat I	9,0	1,85	0,44	
Geleluat II	2,4	2,05	0	

* 1 Enzymeinheit (E) bildet 1 μM Glucosamin-6-phosphat in 30 min bei 37° C.

4. 180 ml des Eluates I werden mit 14,4 ml 2%iger Protaminsulfatlösung (p_H 6,5) versetzt. Nach 5—10 min Rühren wird der Proteinniederschlag isoliert, mit 18 ml 0,015 m KCl + 0,008 m Kaliumphospatpuffer, p_H 7,0, gewaschen und mit einer Mischung aus 18 ml 0,15 m Pyrophosphatpuffer, p_H 6,7, und 1,5 ml eines Puffers, der 150 μM Kaliumphosphatpuffer, p_H 7,0, 60 μM L-Glutamin und 10 μM EDTA/ml enthält (GPV-Puffer), das Enzym eluiert (Protamineluat I). Der Überstand aus der Protaminfällung (194 ml) wird nochmals mit 67 ml einer 2%igen Protaminsulfatlösung versetzt, der Niederschlag gesammelt und mit 20 ml 0,008 m Phosphatpuffer, p_H 7,0, und 0,015 m KCl gewaschen. Die Elution erfolgt mit 5 ml 0,15 m Pyrophosphatpuffer, p_H 6,7, und 0,5 ml GPV-Puffer (Protamineluat II). In GPV-Puffer ist das Enzympräparat bei 0° C mehrere Wochen stabil. Einfrieren und Auftauen der Lösung führt zur Inaktivierung.

***Isolierung von* L-*Glutamin-Fructose-6-phosphat-Transaminase aus Rattenleber nach* Ghosh *u. Mitarb.*[1].**

30 g Leber werden in 90 ml kalter Lösung, bestehend aus 0,125 m KCl, 0,04 m EDTA und 2 mg Mercaptoäthanol/ml p_H, 7,2, rasch gekühlt, in der Reibschale mit Glasperlen

[1] Ghosh, S., H. J. Blumenthal, E. Davidson and S. Roseman: J. biol. Ch. **235**, 1265 (1960).

zerrieben und mit der obigen Lösung extrahiert (Tabelle 72). Der Rohextrakt (Fraktion I) wird mit 18 ml 2 %iger Polymyxinlösung, p_H 7,0, versetzt und der Niederschlag verworfen. Der Überstand ist Fraktion II. 7,5 g DEAE-Cellulose, die mit einer Lösung von 0,02 m KCl und 0,01 m Kaliumphosphatpuffer, p_H 7,0, äquilibriert ist, werden in 95 ml der Fraktion II eingerührt. Die Cellulose wird isoliert (der resultierende Überstand = Fraktion III) und zweimal mit 200 ml 0,1 m KCl und 0,01 m Kaliumphosphatpuffer, p_H 7,0, gewaschen. Die Cellulose wird in 50 ml 0,2 m KCl, 0,01 m Kaliumphosphat, p_H 7,2, und 25 mg Mercaptoäthanol suspendiert und nach 5 min abzentrifugiert. Die Elution wird wiederholt. Die vereinigten Extrakte (100 ml) sind Fraktion IV.

Die Fraktion IV wird 2 Std gegen 5 l 0,005 m Kaliumphosphat, 0,0005 m EDTA und 0,5 mg Mercaptoäthanol/ml (p_H 7,2) dialysiert. Der dabei auftretende Niederschlag wird entfernt; der Überstand ist Fraktion V. 100 ml der Fraktion V werden mit Calciumphosphatgel (0,3 mg Gel-Trockengewicht/mg Protein) 5 min gerührt und zentrifugiert (Überstand = Fraktion VI). Das Gel wird zweimal mit 5 ml 0,1 m Phosphatpuffer, p_H 7,0, gewaschen und mit 2 ml 0,3 m Kaliumphosphatpuffer, p_H 7,2, 0,005 m EDTA und 5 mg Mercaptoäthanol/ml zweimal eluiert (Fraktion VII). Das Enzympräparat ist sehr instabil und verliert seine Aktivität in 48 Std nahezu vollständig.

Die Anreicherung aus *N. crassa* erfolgt durch Behandlung des Rohextraktes mit Protaminsulfat und Fraktionierung mit Calciumphosphatgel, Ammoniumsulfat und erneut mit Calciumphosphatgel (Tabelle 72). Sowohl das Rohenzym als auch das angereicherte Präparat verlieren selbst bei — 18° C 50 % der Aktivität in 12 Std.

Eigenschaften. Das Enzym katalysiert eine Transaminierung mit Glucose-6-phosphat bzw. Fructose-6-phosphat. Andere Zuckerphosphate werden nicht umgesetzt. Da das Enzympräparat auch die Phosphoglucose-Isomerase enthält, stehen Glucose-6-phosphat und Fructose-6-phosphat miteinander im Gleichgewicht.

Vorläufige Untersuchungen von BLUMENTHAL u. Mitarb.[1] haben ergeben, daß nach Entfernung der Phosphoglucose-Isomerase eine Synthese des Glucosamin-6-phosphats nur aus Fructose-6-phosphat erfolgt. Das Rattenleberenzym scheint auf Grund von Untersuchungen der relativen Enzymaktivität und Stabilitätsprüfungen nur mit Glucose-6-phosphat und nicht mit Fructose-6-phosphat als Substrat zu reagieren[2]. Dies wurde jedoch durch die Arbeit von GHOSH[3] u. Mitarb. nicht bestätigt.

Glucose-1-phosphat gibt nur mit dem Rohenzym Glucosamin-6-phosphat. Als Aminodonator kann Glutamin durch Asparagin, Glutamat, Aspartat oder andere Aminosäuren nicht ersetzt werden. Das p_H-Optimum der Reaktion liegt bei 6,4—6,8. Die Reaktionsgeschwindigkeit ist bei längerer Reaktionsdauer bei 30° C optimal. PLP führt zu keiner Steigerung der Enzymaktivität.

Ein teilweise gereinigtes Enzympräparat aus *Penicillium notatum* transaminiert auch mit Glucose-1-phosphat ($K_M = 2,6 \times 10^{-3}$ m)[4]. Von den von GHOSH[3] isolierten Enzympräparaten ist nur das Enzym aus *E. coli* einigermaßen stabil. Die Präparate aus Rattenleber und *N. crassa* verlieren ihre Aktivität rasch, besonders bei Dialyse. Die Enzympräparate aus allen drei Zellmaterialien transaminieren in ungereinigtem Zustand Glucose-6-phosphat und Fructose-6-phosphat in gleichem Maße. Erst nach Abtrennung der Phosphogluco-Isomerase geht die Aktivität gegenüber Glucose-6-phosphat verloren. Das Leberenzym katalysiert auch in gereinigtem Zustand die Umsetzung von Mannose-6-phosphat. Glutamin ist als Aminodonator nicht ersetzbar. Die MICHAELIS-Konstanten für das Enzym der Rattenleber und *E. coli* sind für Glutamin $1,6 \times 10^{-3}$ bzw. $6,5 \times 10^{-4}$ m und für Fructose-6-phosphat $3,8 \times 10^{-4}$ bzw. 2×10^{-3} m. Eine angenäherte K_M für Fructose-6-phosphat mit dem Enzym aus *N. crassa* beträgt $7,5 \times 10^{-4}$ m. Das p_H-Optimum

[1] BLUMENTHAL, H. J., S. T. HOROWITZ, A. HEMERLINE and S. ROSEMAN: Proc. Soc. amer. Bact. S. 137. Baltimore 1955.
[2] POGELL, B. M., and R. M. GRYDER: J. biol. Ch. **228**, 701 (1957).
[3] GHOSH, S., H. J. BLUMENTHAL, E. DAVIDSON and S. ROSEMAN: J. biol. Ch. **235**, 1265 (1960).
[4] ITO, T.: Seikagaku **32**, 200 (1960).

liegt mit Ausnahme für das Enzym aus *N. crassa* (pH 6,7) bei pH 7,7 bis 7,9. Eine Umkehrung der Glucosamin-6-phosphat-Bildung konnte mit keinem Enzympräparat nachgewiesen werden.

Von den als Hemmstoffe wirksamen Substanzen: 6-Diazo-5-keto-L-norleucin (DON), Azaserin, γ-Glutamylhydrazid und D,L-2-Amino-4-(methylsulfinyl)-buttersäure ist DON am wirksamsten. Seine Hemmwirkung für die Purinsynthese könnte auf der Hemmung der Glucosaminbildung beruhen.

Bestimmung. Die Transaminierung von Fructose-6-phosphat mit Glutamin führt zur Bildung von Glucosamin-6-phosphat und Glutamat durch Übertragung der Säureamidgruppe des Glutamins[1].

Bisher konnte eine Umkehrung der Reaktion nicht nachgewiesen werden.

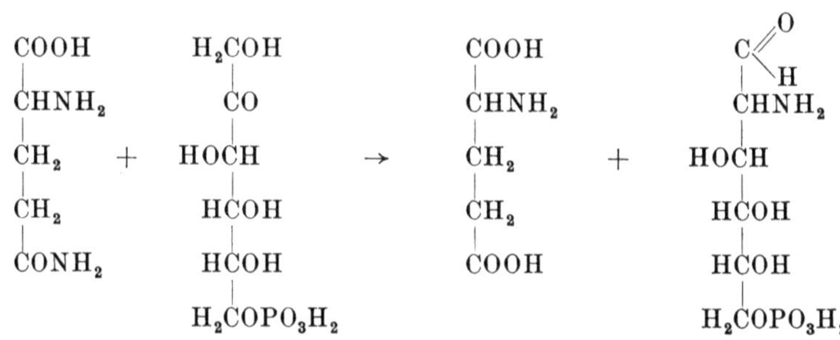

Glutamin Fructose-6-phosphat Glutaminsäure Glucosamin-6-phosphat

Die Bestimmung von Glucosamin nach BLIX[2] mit Acetylaceton wird durch die anderen an der Reaktion beteiligten Substanzen, wie Hexosephosphate, besonders Fructose-6-phosphat und Glutamin, empfindlich gestört. Da weiterhin Fructose-6-phosphat mit Glutamin zu einer stärkeren unspezifischen Farbreaktion führt als Glucose-6-phosphat und Glutamin, ist es in Gegenwart der Phosphogluco-Isomerase schwierig, die Umsetzung der beiden Hexosephosphate zu vergleichen.

***Bestimmung der Glutamin-Fructose-6-phosphat-Transaminase nach* GHOSH *u. Mitarb.*[1].**

Prinzip:

Das Verfahren beruht auf einer Modifikation der Reaktion nach ELSON und MORGAN[3], wonach Glucosamin acetyliert wird und das Pentaacetylglucosamin im alkalischen Bereich mit p-Dimethylaminobenzaldehyd eine gefärbte Verbindung ergibt.

Reagentien und Ausführung:

Bei der Verwendung des Enzyms aus Rattenleber enthält der Ansatz pro ml: 10 μM Fructose-6-phosphat; 12 μM L-Glutamin; 50 μM Kaliumphosphatpuffer, pH 7,7; 1 μM EDTA und 0,05—0,4 Einheiten des Enzyms. (Als Enzymeinheit wird die Menge definiert, die unter obigen Bedingungen 1 μM Glucosamin-6-phosphat in 30 min bildet.)

Bei Verwendung von anderen Enzympräparaten ändert sich die Testzusammensetzung etwas:

Für Extrakte aus *E. coli* (in μM/ml): 20 Fructose-6-phosphat; 15 L-Glutamin; 37,5 Kaliumphosphatpuffer. pH 7,0; 2,5 EDTA. Für Extrakte aus *N. crassa* (in μM/ml): 20 Fructose-6-phosphat; 30 L-Glutamin; 75 Kaliumphosphatpuffer, pH 6,6; 5 EDTA.

Der Ansatz wird jeweils 30 min bei 37° C inkubiert und durch Erhitzen für 2 min auf 100° C die Reaktion abgestoppt. Nach dem Zentrifugieren wird der Überstand auf den Gehalt an Glucosamin-6-phosphat untersucht. Dazu werden Proben mit 0,02—0,2 μM Glucosamin-6-phosphat mit Wasser auf 0,8 ml aufgefüllt und mit 0,1 ml einer gesättigten

[1] GHOSH, S., H. J. BLUMENTHAL, E. DAVIDSON and S. ROSEMAN: J. biol. Ch. **235**, 1265 (1960).
[2] BLIX, G.: Acta chem. scand. **2**, 467 (1948).
[3] ELSON, L. A., and W. T. J. MORGAN: Biochem. J. **27**, 1824 (1933).

$NaHCO_3$-Lösung, 0,1 ml eiskalter 5%iger wäßriger Essigsäureanhydrid-Lösung in der angegebenen Reihenfolge versetzt. Es wird heftig geschüttelt, 3 min bei Raumtemperatur belassen und 3 min in kochendem Wasserbad erhitzt, um überschüssiges Essigsäureanhydrid zu zerstören. Der Ansatz wird abgekühlt, mit 0,2 ml 0,8 m Na-boratlösung, p_H 9,0, gemischt und 3 min im kochenden Wasserbad erhitzt. Die Lösung wird abgekühlt, mit 6,0 ml EHRLICHs Reagens (1,0 g p-Dimethylaminobenzaldehyd + 1,25 ml 10 n HCl ad 100 ml mit Eisessig) versetzt und 20 min bei 37° C inkubiert. Nach dem Abkühlen auf Raumtemperatur wird die Extinktion der Lösung bei 585 mμ gemessen.

Die Berechnung erfolgt an Hand einer Eichkurve, die mit einer Standardlösung von Glucosamin-6-phosphat nach der gleichen Methode ermittelt wird. Dabei liefert Glucosamin-6-phosphat ungefähr 85% der Extinktion einer äquimolaren Glucosaminlösung.

Phenylalanin-Transaminase.

[L-Phenylalanin: 2-Ketosäure-Transaminase.]

Vorkommen (Tabelle 73). Der Hauptweg des Phenylalanin-Stoffwechsels verläuft über Tyrosin (vgl. S. 786 u. 416). Die Bildung von Phenylpyruvat als Reaktionsprodukt einer Transaminierung stellt nur einen Nebenweg dar. CAMMARATA und COHEN[1] fanden eine Transaminierung von Phenylalanin mit α-KGS in einigen Organen des Schweines. Diese betrug im Vergleich zur Umsetzung von Aspartat im Herzmuskel nur 15%, in der Leber 23% und in der Niere 7%. Bakterien-Zellsuspensionen können viele Aminosäuren mit α-KGS transaminieren. FELDMAN und GUNSALUS[2] konnten aus Trockenzellen von *E. coli* und *P. fluorescens* einen zellfreien, durch Ammoniumsulfatfraktionierung angereicherten Extrakt herstellen, der in einer reversiblen Reaktion besonders Phenylalanin und Tyrosin mit α-KGS umsetzt. Auch in *B. subtilis* wurde die Phenylalanin-Transaminase nachgewiesen[3]. Die Transaminase-Aktivität eines *E. coli*-Wildstammes gegenüber vielen Aminosäuren konnte durch Ammoniumsulfat- und Calciumphosphatgel-Fraktionierung so in zwei Fraktionen zerlegt werden, daß eine von ihnen bevorzugt Phenylalanin mit α-KGS transaminierte[4].

Der Nachweis von Transaminierungen der verschiedensten Aminosäuren mit α-KGS und Pyruvat als Aminoacceptoren war auch für Phenylalanin in folgenden tierischen Organen positiv: Herz, Leber, Niere und Prostata des Schweines[5], Leber der Maus, ferner in Niere und Leber der Ratte[6].

Nachdem LIN u. Mitarb. eine Methode zum Nachweis der Transaminierung, besonders der aromatischen Aminosäuren, entwickelt hatten[7], konnte dieser Arbeitskreis die Aktivität der Phenylalanin-Transaminierung mit α-KGS und Pyruvat in der Leber verschiedener Versuchstiere messen[8]. Sie stellten dabei eine Abhängigkeit der Enzymaktivität der Leber vom Körpergewicht fest, die durch folgende Beziehung charakterisiert ist: $E \times W^k = c$, wobei E die Gesamtaktivität des Enzyms, W das Körpergewicht und k und c sich aus der Steigung und dem Koordinatenabschnitt der Geraden ergeben. Der Wert für k beträgt für die Umsetzung mit Brenztraubensäure −0,25, für α-KGS −0,54.

Die Umsetzung von Phenylalanin wurde bei der Ratte auch in anderen Organen bestimmt. Sie beträgt in der Niere und im Herzmuskel nur einen Bruchteil der Leberaktivität; in Gehirn, Darm, Lunge, Muskel und Milz fanden sich nur Spuren einer Aktivität[9].

[1] CAMMARATA, P. S., and P. P. COHEN: J. biol. Ch. **187**, 439 (1950).
[2] FELDMAN, L. I., and I. C. GUNSALUS: J. biol. Ch. **187**, 821 (1950).
[3] HOUSEWRIGHT, R. D., and C. B. THORNE: Proc. Soc. amer. Bact. **1950**, 133.
[4] RUDMAN, D., and A. MEISTER: J. biol. Ch. **200**, 591 (1953).
[5] AWAPARA, J., and B. SEALE: J. biol. Ch. **194**, 497 (1952).
[6] ROWSELL, E. V.: Biochem. J. **64**, 235, 246 (1956). — ROWSELL, E. V., and K. CORBETT: Biochem. J. **70**, 7 P (1958).
[7] LIN, E. C. C., B. M. PITT, M. CIVEN and W. E. KNOX: J. biol. Ch. **233**, 668 (1958).
[8] LIN, E. C. C., R. S. RIVLIN and W. E. KNOX: Amer. J. Physiol. **196**, 303 (1959).
[9] LIN, E. C. C., and W. E. KNOX: J. biol. Ch. **233**, 1186 (1958).

Tabelle 73. *Vorkommen der Phenylalanin-Transaminase.*

Species	Organ	Aktivitätswert	Einheiten	Literatur
Schwein	Herz	68	μl CO_2/100 mg lyophilisierter Gewebsextrakt/Std	1
	Leber	73		
	Niere	27		

Species	Körpergewicht g	Lebergewicht g	Mit Pyruvat	Mit α-KGS	Einheiten	Literatur
Leber von:						
Maus	26	1,8	475	128	μM/g Trockengewicht/Std bei 25° C	2
Hamster. . . .	91	4,2	471	113		
Ratte	256	9,7	124	48		
Meerschweinchen	905	30	11	50		
Kaninchen . .	4300	108	48	75		
Ratte ♂	280 ± 24		129 ± 7			
Ratte ♀	178 ± 6,6		173 ± 8			

Species	Organ	Aktivitätswert	Einheiten	Literatur
Ratte	Leber	39	μM/g Frischgewicht/Std bei 25° C	3
	Herz	6		
	Niere	4		
Ratte	Leber	0,088	μM/mg Protein/Std bei 37° C	4, 5
E. coli		ohne PLP: 9 mit PLP: 191	μl/20 mg Trockenzellen/Std bei 37° C	6
E. coli	Fraktion A	446	Q_T^N	7
	Fraktion B	64,6		
Neurospora crassa		57	mμM/mg Protein/min bei 35° C	8

Species	Tage vor und nach der Geburt	Mit Pyruvat	Mit α-KGS	Einheiten	Literatur
Ratte, Leber . .	—2	< 35	< 30	μM/g Trockengewicht/Std	9
	—1	247	375		
	1	595	805		
	3	607	564		
	7	585	470		
	12	556	578		
	21	294	274		
	62	222	245		
	95—119	330	377		
	200—250	226	198		

Die Transaminierung von Phenylalanin mit α-KGS im Rohextrakt der Rattenleber beträgt 0,088 μM/mg Protein/Std bei 37° C. Dieser Wert entspricht 41 % der Umsetzung von Tyrosin[4, 5]. LIN u. Mitarb.[2] fanden eine zur Transaminierung von Tyrosin umgekehrte Geschlechtsabhängigkeit der Phenylalanin-Transaminase-Aktivität in der Rattenleber,

[1] CAMMARATA, P. S., and P. P. COHEN: J. biol. Ch. **187**, 439 (1950).
[2] LIN, E. C. C., R. S. RIVLIN and W. E. KNOX: Amer. J. Physiol. **196**, 303 (1959).
[3] LIN, E. C. C., and W. E. KNOX: J. biol. Ch. **233**, 1186 (1958).
[4] JACOBY, G. A., and B. N. LADU: J. biol. Ch. **239**, 419 (1964).
[5] JACOBY, G. A., and B. N. LADU: Biochem. biophys. Res. Comm. 8, 352 (1962).
[6] FELDMAN, L. J., and I. C. GUNSALUS: J. biol. Ch. **187**, 821 (1950).
[7] RUDMAN, D., and A. MEISTER: J. biol. Ch. **200**, 591 (1953).
[8] SEECOF, R. L., and R. P. WAGNER: J. biol. Ch. **234**, 2689, 2694 (1959).
[9] AUERBACH, V. H., and H. A. WAISMAN: J. biol. Ch. **234**, 304 (1959).

und zwar liegt der Wert bei weiblichen Ratten um 34 % höher als bei männlichen Tieren. Kastration führt zu keiner Aktivitätsveränderung. Die Aktivität der Phenylalanin-Transaminase bei Ratten zeigt im Verlauf der Entwicklung ein ausgeprägtes Maximum kurz nach der Geburt. Im Embryo ist eine gut meßbare Aktivität in der Leber erst 2 Tage vor der Geburt feststellbar[1]. Auch im Rattenhirn konnte eine Transaminierung von Phenylalanin nachgewiesen werden. Eine Fraktionierung von Hirngewebe durch Aceton und Hitzebehandlung ergab drei Fraktionen, von denen eine die Umsetzung von Phenylalanin und Tyrosin katalysierte[2].

Auch Pflanzenextrakte setzen Phenylalanin mit α-KGS um, so z.B. Extrakte aus Lupinen, Mungbohne, Gerste und Hafer[3]. Die Rückreaktion, d.h. die Transaminierung von Phenylpyruvat zu Phenylalanin wurde in Weizenkeimlingen mit Glutamat, Aspartat, Alanin, Methionin und Glutamin als Aminodonatoren nachgewiesen[4].

Frühere Untersuchungen über Transaminierungen in Extrakten von *Neurospora crassa* ergaben in jedem Fall eine bevorzugte Umsetzung von Phenylalanin mit α-KGS und anderen Ketosäuren[5, 6]. SEECOF und WAGNER[7] fanden in *Neurospora crassa* eine Phenylalanin-Transaminase-Aktivität von 57 mμM/mg Extraktprotein/min.

Über weitere Möglichkeiten einer Transaminierung von Phenylalanin s. Tabelle 1.

Darstellung. Eine Anreicherung der Phenylalanin-Transaminase ist bisher nur für Extrakte aus *Neurospora crassa* beschrieben. Aus *E. coli* wurde ein zellfreier Extrakt durch Suspendieren von 5 g Trockenzellen in 50 ml 0,1 m Phosphatpuffer, p_H 8,3, und Aufschluß mit Ultraschall hergestellt[8].

Bei tierischen Geweben erfolgte der Nachweis einer Transaminierung von Phenylalanin meist in Rohextrakten ohne weitere Anreicherung der Enzymaktivität. Einige gereinigte Tyrosin-Transaminase-Präparate setzen auch Phenylalanin mit α-KGS um, jedoch mindestens zehnmal langsamer als Tyrosin. So konnten JACOBY und LADU[9] die spezifische Aktivität der Umsetzung von Phenylalanin eines Tyrosin-Transaminase-Präparates aus einem Rattenleber-Rohextrakt von 0,088 μM/mg Protein/Std bei 37° C um das 100fache auf 9,3 steigern (s. Tyrosin-Transaminase, S. 422).

***Isolierung der Phenylalanin-Transaminase aus Neurospora crassa nach* SEECOF *und* WAGNER**[7] (Tabelle 74).

1. Gewinnung der Zellkultur. 6 l Minimalmedium nach VOGEL[10], das 0,006 m D,L-Isoleucin enthält, wird mit dem Wildstamm 5256 A beimpft. Das Pilzwachstum erfolgt

Tabelle 74. *Isolierung der Phenylalanin-Transaminase aus Neurospora crassa*[5].

Fraktion	Volumen ml	α-Keto-β-methylvalerat: spezifische Aktivität*	α-Keto-β-methylvalerat: Gesamtaktivität	Relative Aktivität: α-Ketoisovalerat	Relative Aktivität: α-KGS
Rohextrakt	113	57	123000	1,3	0,8
$AlCl_3$-Fällung	113	156	72000	1,2	0,79
$(NH_4)_2SO_4$-Fraktionierung	4	287	42000	1,5	0,53
Gelfraktionierung	8	1200	26000	1,4	0,64

* mμM/mg Protein/min.

[1] AUERBACH, V. H., and H. A. WAISMAN: J. biol. Ch. **234**, 304 (1959).
[2] FONNUM, F., R. HAAVALDSEN and O. TANGEN: J. Neurochem. **11**, 109 (1964).
[3] WILSON, D. G., K. W. KING and R. H. BURRIS: J. biol. Ch. **208**, 863 (1954).
[4] USPENSKAYA, Z. U., V. L. KRETOVICH i K. I. KASHKARAEVA: Biochimija, Moskva **28**, 1025 (1963).
[5] FINCHAM, J. R. S., and A. B. BOULTER: Biochem. J. **62**, 72 (1956). — FINCHAM, J. R. S.: Nature **168**, 957 (1951).
[6] WAGNER, R. P., and P. W. IFLAND: C. R. Lab. Carlsberg, Ser. Physiol. **26**, 381 (1956). — WAGNER, R. P., A. BERGQUIST and G. W. KARP: Arch. Biochem. **74**, 18 (1959).
[7] SEECOF, R. L., and R. P. WAGNER: J. biol. Ch. **234**, 2689, 2694 (1959).
[8] FELDMAN, L. J., and I. C. GUNSALUS: J. biol. Ch. **187**, 821 (1950).
[9] JACOBY, G. A., and B. N. LADU: J. biol. Ch. **239**, 419 (1964).
[10] VOGEL, H. J.: Microbial Genet. Bull. **13**, 42 (1956).

unter Belüftung 36 Std bei 37° C, das Mycel wird anschließend mit einem Tuch abgepreßt. Das zweimal mit Wasser gewaschene Mycel wird unter flüssigem Stickstoff in einer Reibschale gepulvert. Die folgenden Arbeitsschritte erfolgen bei einer Temperatur unterhalb 5° C.

Die Extraktion wird mit einem minimalen Volumen dest. Wasser in einem Homogenisator ausgeführt. Nach 30 min wird von den Zellrückständen abzentrifugiert. Der Überstand wird mit einer Spritze abgezogen und stellt den Rohextrakt dar.

2. Aluminiumchloridfällung. Der auf 20 mg Protein/ml mit dest. Wasser eingestellte Rohextrakt wird mit einer 0,05 m Aluminiumchloridlösung auf eine Endkonzentration von 0,0035 m gebracht. Es fällt ein Niederschlag aus, der nach 5 min abzentrifugiert und verworfen wird.

3. Ammoniumsulfatfraktionierung. Anschließend gibt man zu dem Überstand festes KH_2PO_4 und K_2HPO_4, so daß eine 0,05 m Phosphatpufferlösung, p_H 6,8, entsteht. Diese Lösung wird mit festem Ammoniumsulfat bis zur 0,35 Sättigung versetzt und der Niederschlag abzentrifugiert und verworfen. Der Niederschlag, der zwischen 0,35 und 0,6 Sättigung entsteht, wird isoliert und in 3—5 ml 0,005 m K-phosphatpuffer, p_H 8,0, mit 0,005 m β-Mercaptoäthanol aufgenommen und 3 Std gegen 2 l der gleichen Pufferlösung dialysiert.

4. Calciumphosphatgel. Das Gel wird nach PRICE[1] hergestellt und in einer Säule 2,5 × 8 cm mit 0,005 m Kaliumphosphat und 0,005 m β-Mercaptoäthanol äquilibriert. 3—5 ml der 30—50 mg Protein/ml enthaltenden Enzymlösung werden aufgetragen; die Gradientenelution erfolgt durch Zulauf eines 0,1 m Phosphatpuffers zu 100 ml des oben verwendeten 0,005 m Puffers. Bei einer Elutionsgeschwindigkeit von 8 ml/Std erscheinen 75 % der Aktivität in dem 2. Proteingipfel. Das eluierte Enzympräparat ist bei — 20° C stabil. Die Endausbeute beträgt 20 % mit einem Reinheitsgrad von 1200 mμM/mg Protein/min, was einer 15—30fachen Anreicherung entspricht.

Eine weitere Anreicherung mit anderen Methoden, z.B. Fraktionierung an DEAE-Cellulose, war bisher nicht erfolgreich.

Über die Fraktionierung eines *E. coli*-Extraktes[2], der bevorzugt Tryptophan, Phenylalanin und Tyrosin mit α-KGS umsetzt, s. S. 482.

Eigenschaften. Die Abhängigkeit der Phenylalanin-Transaminase vom PLP-Gehalt ist nicht so ausgeprägt wie bei der Tyrosin-Transaminase, jedoch ist auch hier zweifellos PLP das Coenzym. Die Phenylalanin-Transaminase-Aktivität eines Rohextraktes aus Rattenleber kann durch Zugabe von PLP von 100 ± 9,4 nur auf 107 ± 7,6 μM/g Trockengewicht/Std bei 25° C aktiviert werden. Dagegen sinkt die Aktivität in der Leber von Tieren, die 13—14 Wochen mit einer vitamin-B_6-freien Diät ernährt wurden, auf 28 ± 5,3 ab. Eine Reaktivierung dieser Aktivität in vitro durch PLP ist auf 67 ± 7,3 μM/g Trockengewicht/Std, d.h. auf das 2,4fache, möglich[3].

Auch das aus *Neurospora crassa* isolierte Präparat gibt nur mit PLP eine Aktivierung auf das Dreifache. Das isolierte Enzym liegt zu 70 % als Apoenzym vor. Eine maximale Aktivität kann bereits durch 3 μg PLP/ml erzielt werden[4].

Über die Eigenschaften der Phenylalanin-Transaminase aus tierischen Organen ist wenig bekannt, insbesondere ist nicht entschieden, ob es sich um ein selbständiges Enzym handelt. Die Abnahme der prozentualen Phenylalanin-Transaminase-Aktivität, bezogen auf die Umsetzung von Tyrosin im Verlauf der Reinigung der Tyrosin-Transaminase, von 41 auf 8,4 % spricht für das Vorliegen eines selbständigen Enzyms für Phenylalanin, das im Verlauf der Anreicherung der Tyrosin-Transaminase weitgehend abgetrennt wird[5]. KENNEY isolierte aus Rattenleber eine Tyrosin-Transaminase, die keine Aktivität gegenüber Phenylalanin besitzt, so daß die Aktivität mit Phenylalanin im Rohextrakt auf

[1] PRICE, V. E., and R. E. GREENFIELD: J. biol. Ch. **209**, 363 (1954).
[2] RUDMAN, D., and A. MEISTER: J. biol. Ch. **200**, 591 (1953).
[3] LIN, E. C. C., M. CIVEN and W. E. KNOX: J. biol. Ch. **233**, 1183 (1958).
[4] SEECOF, R. L., and R. P. WAGNER: J. biol. Ch. **234**, 2689, 2694 (1959).
[5] JACOBY, G. A., and B. N. LADU: J. biol. Ch. **239**, 419 (1964).

ein eigenes Enzym zurückzuführen sein dürfte[1]. Die Umsetzung von Phenylalanin mit Rohextrakten aus tierischen Organen erfolgt nahezu im gleichen Maße mit α-KGS und Pyruvat als Aminoacceptoren[2].

Die folgenden Eigenschaften beziehen sich auf das aus *Neurospora crassa* isolierte Präparat[3].

Substratspezifität. Wie Tabelle 74 zeigt, bleibt das Verhältnis der Umsetzungsgeschwindigkeit mit α-Ketoisovalerat, α-Keto-β-methylvalerat und α-KGS nahezu konstant und beträgt bei gereinigtem Enzym 1,4:1:0,64. Während die Rohextrakte der Stämme 5256 A und auch 126-1 A auch mit Alanin, Aspartat und Ornithin transaminieren, zeigt das gereinigte Enzym keine Aktivität mit diesen Aminosäuren. Dagegen können, wie Tabelle 75 zeigt, auch Isoleucin, Leucin, Valin und Methionin, zwar in geringerem Maße

Tabelle 75. *Relative Aktivität einiger Amino- und Ketosäuren mit einer gereinigten Phenylalanin-Transaminase aus Neurospora crassa*[3].

Substrat	Transaminierungsrate mμM/min	Substrat	Transaminierungsrate mμM/min	Substrat	Transaminierungsrate mμM/min
Phenylalanin . .	65	Methionin . . .	8	α-Keto-β-methylvalerat	72
Isoleucin	35	Phenylpyruvat .	126	α-Ketoglutarat . .	55
Leucin	31	α-Keto-isovalerat	79	Pyruvat	6
Valin	21				

Isoleucin und α-Keto-β-methylvalerat im Überschuß zur Messung der Umsatzgeschwindigkeit von Phenylpyruvat bzw. Phenylalanin.

als Phenylalanin, auch als Aminodonatoren dienen. Glutamat und α-Aminobuttersäure werden nur in Spuren, Alanin, Ornithin, Aspartat, Glycin, Serin und Threonin gar nicht transaminiert. Mit Oxalacetat werden nur Spuren von Phenylalanin transaminiert. Das p_H-Optimum liegt für α-Keto-β-methylvalerat und α-Ketoisovalerat bei p_H 8,0 und fällt zur alkalischen Seite steiler ab als zur sauren.

Aus der Arrhenius-Gleichung ergibt sich eine Aktivierungsenergie, die für α-Keto-β-methylvalerat 16500 cal und für α-Ketoisovalerat 16300 cal beträgt. Die Substrataffinität, ausgedrückt durch die MICHAELIS-*Konstanten*, ist zu den Ketosäuren größer als zu den entsprechenden Aminosäuren. Phenylpyruvat wurde in der Rückreaktion mit Isoleucin und Valin als Aminodonatoren umgesetzt und in der Hinreaktion Phenylalanin mit den Ketoanalogen von Isoleucin, Valin und mit α-KGS. Tabelle 76 verzeichnet die entsprechenden MICHAELIS-Konstanten und die jeweilige maximale Reaktionsgeschwindigkeit. Mit Ausnahme von α-KGS hemmt eine überoptimale Konzentration der Ketosäuren die Transaminierung. Bei einem 500fach angereicherten Tyrosin-Transaminase-Präparat aus Rattenleber, das noch eine geringe Aktivität mit Phenylalanin aufwies, ergab sich eine MICHAELIS-Konstante für Phenylalanin von 8×10^{-2} m[4]. Die Dissoziationskonstante für die Phenylalanin-Pyruvat-Transaminierung der Rattenleber beträgt $1{,}3 \times 10^{-2}$ m für Phenylalanin und $7{,}4 \times 10^{-3}$ m für Pyruvat[5].

Tabelle 76. MICHAELIS-*Konstanten und maximale Reaktionsgeschwindigkeiten der Phenylalanin-Transaminierung*[3].

Substrat	MICHAELIS-Konstante 10^{-4} m	Maximale Geschwindigkeit mμM/min
Phenylpyruvat	1,2	130
Phenylalanin	13	110
α-Keto-β-methylvalerat	10	120
Isoleucin	59	150
α-Ketoisovalerat . . .	15	140
Valin	111	150
α-Ketoglutarat	24	130

[1] KENNEY, F. T.: J. biol. Ch. **234**, 2707 (1959).
[2] LIN, E. C. C., R. S. RIVLIN and W. E. KNOX: Am. J. Physiol. **196**, 303 (1959).
[3] SEECOF, R. L., and R. P. WAGNER: J. biol. Ch. **234**, 2689, 2694 (1959).
[4] JACOBY, G. A., and B. N. LADU: Biochem. biophys. Res. Comm. **8**, 352 (1962).
[5] LIN, E. C. C., B. M. PITT, M. CIVEN and W. E. KNOX: J. biol. Ch. **233**, 668 (1958).

Die gemessene Gleichgewichtskonstante nach 2 Std Reaktionszeit für die Reaktion von Phenylalanin mit α-Keto-β-methylvalerat betrug 0,5, die auf Grund der kinetischen Daten nach ALBERTY[1] auf zwei Wegen errechnete Gleichgewichtskonstante 0,33 und 0,72. Die Eigenschaften eines Enzympräparates, das aus dem Stamm T-77 isoliert wurde, weichen nur gering ab. (Es handelt sich hierbei um eine Mutante des Wildstammes, die bei Züchtung auf Threonin α-Keto-β-methylvalerat und α-Ketoisovalerat in das Medium abgibt.)

Ein weiterer Befund, der für eine selektive Phenylalanin-Transaminase spricht, ist die, im Gegensatz zur Tyrosin- und Tryptophan-Transaminase, fehlende Induzierbarkeit des Enzyms durch Hydrocortison. Lediglich bei Vitamin-B_6-Mangeltieren führt die Injektion von Hydrocortison zu einer geringen Steigerung der Aktivität, die nicht signifikant ist[2]. Ebenso wurde eine geringe Aktivitätssteigerung der Phenylalanin-Transaminase nach intraperitonealer Injektion von Aminosäuren beobachtet. Nach Gabe von 3,3 mM/kg Tyrosin, Glutamat und Phenylalanin stieg die Aktivität vom Kontrollwert 129 ± 7 μM/g Trockengewicht/Std bei 25° C auf 178 ± 60, 139 ± 12 bzw. 200 an[3].

Eine Transaminierung von Phenylpyruvat mit Histamin als Aminokomponente konnte in Extrakten aus Mitochondrien und Mikrosomen der Kaninchenleber[4] und auch der Kaninchenlunge[5] nachgewiesen werden. Diese Bildung von Phenylalanin ist PLP-abhängig.

Eine kompetitive Wechselwirkung zwischen Thienylalanin und Phenylalanin wurde bei Gewebskulturen festgestellt[6].

Bestimmung. Die Phenylalanin-Transaminierung ist eine reversible Reaktion, die mit mehreren α-Ketosäuren erfolgt.

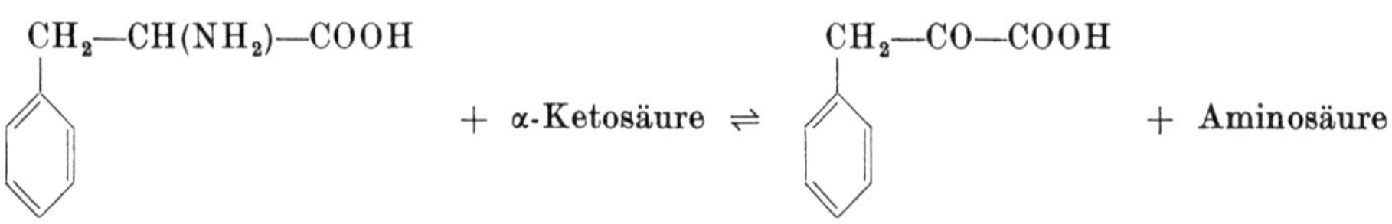

Neben den spezifischen Nachweisen für Phenylpyruvat kann die Reaktion auch durch allgemeine, hier nicht beschriebene Bestimmungen für α-Ketosäuren, z.B. α-KGS, und Aminosäuren, z.B. Glutamat, Isoleucin, quantitativ erfaßt werden.

***Spektrophotometrische Bestimmung der Phenylalanin-Transaminase nach* LIN *u. Mitarb.*[7].**

Es handelt sich hier um dasselbe Bestimmungsverfahren, wie es für den Nachweis der Tyrosin-Transaminase verwendet wurde (s. S. 438). Die Bildung des Enol-Boratkomplexes mit Phenylpyruvat wird auch hier durch die gleiche Keto-Enol-Tautomerase[8] beschleunigt. Ein Zusatz von Diäthyldithiocarbamat oder EDTA entfällt, da selbst in Rohhomogenaten das gebildete Phenylpyruvat durch sekundäre Reaktionen nicht verbraucht wird.

Bei der Ausführung des Testes werden an Stelle des Tyrosins 380 μM L-Phenylalanin zugegeben, und der Zusatz von Diäthyldithiocarbamat entfällt. Der Puffer-p_H-Wert ist 8,2. Gestartet wird die Reaktion mit 160 μM Pyruvat. Der Vergleichsansatz enthält kein Phenylalanin. Die Messung erfolgt bei 300 mμ.

Der Berechnung liegt ein molarer Extinktionskoeffizient des Enol-Boratkomplexes bei 300 mμ von 9150 zugrunde.

[1] ALBERTY, R. A.: Am. Soc. **75**, 1928 (1953).
[2] LIN, E. C. C., M. CIVEN and W. E. KNOX: J. biol. Ch. **233**, 1183 (1958).
[3] LIN, E. C. C., and W. E. KNOX: J. biol. Ch. **233**, 1186 (1958).
[4] ITO, R., T. ITO and K. MIYANA: Nippon Univ. J. Med. **2**, 459 (1960).
[5] HASHIMOTO, M.: Nippon Univ. J. Med. **3**, 151 (1961).
[6] JACQUEZ, J. A., R. K. BARCLAY and C. C. STOCK: J. exp. Med. **96**, 499 (1952).
[7] LIN, E. C. C., B. M. PITT, M. CIVEN and W. E. KNOX: J. biol. Ch. **233**, 668 (1958).
[8] KNOX, W. E., and B. M. PITT: J. biol. Ch. **225**, 675 (1957).

Die nach einer Modifikation von JACOBY und LADU[1] ermittelten molaren Extinktionskoeffizienten von Phenylalanin und seinen Derivaten sind in Tabelle 57, S. 439 angegeben.

***Bestimmung der Phenylalanin-Transaminase-Aktivität nach* SEECOF *und* WAGNER[2].**

Prinzip:

Das Verfahren beruht auf der bereits von CAMMARATA und COHEN[3, 4] beschriebenen Zunahme der Extinktion bei 300 mμ bei Zunahme der Konzentration an Phenylpyruvat.

Reagentien:

1. PLP.
2. L-Phenylalanin.
3. Protein (zellfreier Extrakt aus *Neurospora crassa*).
4. Kaliumphosphatpuffer, p_H 8,0.
5. α-Keto-β-methylvalerat.

Ausführung:

Der Testansatz mit 1,0 ml Gesamtvolumen enthält: 7,2 μg PLP, 28,6 μM L-Phenylalanin, 0,25—5 mg Protein, 0,05 m Endkonzentration an Kaliumphosphatpuffer. Nach 15 min Vorinkubation bei 35° C wird mit 1,8 μM α-Keto-β-methylvalerat gestartet. Nach 30 sec wird laufend die Extinktionsänderung bei 300 mμ verfolgt (3 min). Ein Vergleichswert ist nur bei Rohextrakten erforderlich.

Berechnung:

Der Extinktionsänderung 1,0 entspricht unter den obigen Bedingungen ein Umsatz von 3,2 μM Phenylalanin.

***Colorimetrische Bestimmung der Phenylalanin-Transaminase-Aktivität nach* ROWSELL[5].**

Prinzip:

Die Bestimmung beruht auf dem Verfahren zum Nachweis von Phenylpyruvat in Urin und Blut bei Phenylketonurie[6, 7] und besteht in der Bildung eines bei 630 mμ absorbierenden Chromogens mit $FeCl_3$ bei p_H 2,0.

Reagentien:

1. 0,08 m Phenylalanin.
2. 0,08 m α-KGS oder Pyruvat, p_H 7,4.
3. PLP 200 μg/ml.
4. 0,1 m Trishydroxyaminomethan-HCl-Puffer, p_H 7,4.
5. Trichloressigsäure, 40%ig.
6. NaOH, 10%ig.
7. 0,1 m Glycin-HCl-Puffer, p_H 2,0.
8. $FeCl_3 \cdot 6\ H_2O$, 1%ig (täglich frisch).
9. Gewebshomogenat 1:20 mit Pufferlösung *4* dialysiert.
10. 0,001 m Phenylpyruvat-Standard.

Ausführung:

Folgende Lösungen werden in ein Zentrifugenglas pipettiert: 1,0 ml Phenylalaninlösung (*1*), 1,0 ml α-KGS-Lösung (*2*), 0,2 ml PLP-Lösung (*3*) und 2,0 ml Homogenatlösung (*9*). Das Röhrchen wird mit Stickstoff begast und verschlossen. Es wird je ein Vergleichswert ohne Aminosäure bzw. ohne Ketosäure angesetzt.

Die Reaktion läuft 60 min bei 37° C und wird durch Zugabe von 0,6 ml Trichloressigsäurelösung (*5*) abgestoppt. Der Niederschlag wird abzentrifugiert.

[1] JACOBY, G. A., and B. N. LADU: J. biol. Ch. **239**, 419 (1964).
[2] SEECOF, R. L., and R. P. WAGNER: J. biol. Ch. **234**, 2689, 2694 (1959).
[3] CAMMARATA, P. S., and P. P. COHEN: J. biol. Ch. **187**, 439 (1950).
[4] CAMMARATA, P. S., and P. P. COHEN: J. biol. Ch. **193**, 53 (1951).
[5] ROWSELL, E. V.; in: Colowick-Kaplan, Meth. Enzymol., Bd. V, S. 685.
[6] JERVIS, G. A.: Proc. Soc. exp. Biol. Med. **81**, 715 (1952).
[7] WOOLF, L. I., and D. G. WULLIAMY: Arch. Dis. Childh. **26**, 487 (1951).

Je 2,5 ml Überstand werden durch Zugabe von ca. 0,24 ml 10%iger NaOH-Lösung (*6*) auf einen p_H-Wert zwischen 2 und 6 gebracht. Zur Farbentwicklung wird 1,0 ml der Reaktionslösung mit 3,5 ml Glycin-Puffer-Lösung (*7*) versetzt. Der Zeitpunkt der Zugabe von 0,5 ml Eisenchloridlösung (*8*) ist die Zeit 0 der Farbentwicklung. In 30 sec-Abständen wird die Extinktion bei 630 mμ gemessen, bis nach 2—7 min das Extinktionsmaximum überschritten wird. Der Reagentienleerwert enthält an Stelle der Reaktionslösung 1 ml Wasser. Jede Bestimmungsreihe enthält auch einen Ansatz mit Phenylpyruvat-Standard.

Berechnung:

Unter diesen Bedingungen gibt 1,0 ml einer 0,001 m Phenylpyruvatlösung (1 μM) bei 20° C einen Extinktionswert von 0,290. Das entspricht einem molaren Extinktionskoeffizienten von 1450. Die Extinktionswerte der Vergleichsansätze, die nur Pyruvat oder nur Phenylalanin enthalten, liegen unter 0,005. α-KGS gibt bei dieser Methode eine Verbindung mit einem molaren Extinktionskoeffizienten von 12,5, der bei genauer Testung berücksichtigt werden muß. Keiner der sonstigen Reaktionsteilnehmer gibt mit $FeCl_3$ bei 630 mμ eine Absorption. Phosphatpuffer über 0,05 m stört die Farbbildung.

Tryptophan-Transaminase.

Vorkommen (Tabelle 77). Die Transaminierung mit Tryptophan findet sich im Tier- und Pflanzenreich und bei Bakterien, stellt aber, wie beim Phenylalanin, nur einen Stoffwechsel-Nebenweg dar. Das Transaminierungs-Produkt Indolpyruvat vermag beim Bakterienwachstum Tryptophan zu ersetzen[1].

Tabelle 77. *Vorkommen der Tryptophan-Transaminase.*

Species	Organ	Aktivität	Einheiten	Literatur
Schwein	Herz	49	μl/100 mg lyophilisierter Gewebsextrakt/Std	2
	Leber	17		
	Niere	21		
Ratte	Leber	14,2 ± 4,38	μM/g Trockengewicht/Std	3
	Leber	0,013	μM/mg Protein/Std	4
	Leber	16 ± 2,2	μM/g Trockengewicht/Std	5
Mensch	Leukocyten	0,12	μM/mg Protein/Std	6
E. coli, Wildstamm		29,8	Q_T^N	7
Fraktion A		598	Q_T^N	7
E. coli, Stamm B		15	μM/10 mg Trockenzellen/Std	8
P. fluorescens, Stamm A 3.12		15	μM/10 mg Trockenzellen/Std	8

Neben anderen Aminosäuren wird auch Tryptophan von verschiedenen Gewebsextrakten mit α-KGS umgesetzt, so z. B. von Herz-, Leber- und Nierenextrakten des Schweines[2] und von Extrakten aus Leber von Ratten[3–5]. Extrakte aus Rattenhirn können durch Aceton und Hitzebehandlung in drei Fraktionen zerlegt werden, von denen eine spezifisch für die Transaminierung von Tryptophan ist[9].

In menschlichen Leukocyten konnte ebenfalls eine geringe Aktivität nachgewiesen werden[6].

[1] HOLDEN, J. T., R. B. WILDMAN and E. E. SNELL: J. biol. Ch. **191**, 559 (1951).
[2] CAMMARATA, P. S., and P. P. COHEN: J. biol. Ch. **187**, 439 (1950).
[3] CIVEN, M., and W. E. KNOX: Science, N.Y. **129**, 1672 (1959).
[4] JACOBY, G. A., and B. N. LADU: Biochem. biophys. Res. Comm. 8, 352 (1962).
[5] LIN, E. C. C., M. CIVEN and W. E. KNOX: J. biol. Ch. **233**, 1183 (1958).
[6] MUELLER, W. A., u. M. SCHMIDT: H. **334**, 180 (1963).
[7] RUDMAN, D., and A. MEISTER: J. biol. Ch. **200**, 591 (1953).
[8] FELDMAN, L. I., and I. C. GUNSALUS: J. biol. Ch. **187**, 821 (1950).
[9] FONNUM, F., R. HAAVALDSEN and O. TANGEN: J. Neurochem. **11**, 109 (1964).

Auch viele Mikroorganismen enthalten eine Tryptophan-Transaminase, z. B. *E. coli*[1–4], *Shigella*[5], *Mycobacterium tuberculosis*[6], *Neurospora crassa*[7]. Nur in wenigen Pflanzenextrakten konnte bisher eine Beteiligung von Tryptophan an Transaminierungsreaktionen nachgewiesen werden, so in Extrakten aus Lupinen[8] und Sonnenblumenkeimlingen[9].

***Isolierung der Tryptophan-Transaminase nach* Rudman *und* Meister[4].**

Eine Anreicherung einer Tryptophan transaminierenden Aktivität ist bisher nur für Extrakte aus *E. coli* beschrieben. In tierischen Organen wurde eine Umsetzung von Tryptophan nur in zellfreien Rohextrakten durchgeführt.

1. Zellkultur und Rohextrakt. 10 l Medium nach Davis[10] werden mit 100 ml einer Startkultur von *E. coli Stamm W* beimpft und die Zellen nach 15 Std Wachstum bei 37° C durch Zentrifugieren isoliert. Die Zellen werden mit 0,85 %iger Kochsalzlösung gewaschen und dann lyophilisiert. Einen zellfreien Extrakt erhält man durch Verreiben der Trockenzellen mit der dreifachen Menge an Aluminiumoxyd und Elution der Aktivität mit der 20fachen Menge Wasser. Der bei 18000 × g in der Kälte zentrifugierte Extrakt wird 8 Std bei 10° C gegen dest. Wasser dialysiert.

2. Gelfraktionierung. 7 ml Rohextrakt werden mit 0,8 ml 1 m Na-acetatpuffer, p_H 5,3, und 5 ml Calciumphosphatgel[11] (40 mg/ml) versetzt, 10 min bei 5° C geschüttelt und zentrifugiert. Der Rückstand wird in 7 ml 0,1 m KH_2PO_4, p_H 4,5, suspendiert und nach 10 min abzentrifugiert. Der aktive Überstand wird 10 Std gegen dest. Wasser dialysiert und mit 1 m Acetatpuffer, p_H 5,3, auf eine Endkonzentration von 0,1 m Acetat eingestellt.

3. Ammoniumsulfatfraktionierung. Bei 0° C wird gesättigte Ammoniumsulfatlösung bis 45 % Sättigung zugegeben. Der Niederschlag wird nach 1 Std abzentrifugiert und verworfen. Durch weitere Zugabe von Ammoniumsulfat wird die Konzentration auf 60 % Sättigung erhöht und nach 1 Std bei 0° C zentrifugiert. Die Fällung wird in 7 ml 0,1 m Kaliumphosphatpuffer, p_H 8,3, gelöst. Diese Fraktion A besitzt mit 598 μM/mg Protein/Std eine 20fach höhere spezifische Aktivität als der Rohextrakt.

Eigenschaften. Der Beweis für die Existenz einer selektiven Tryptophan-Transaminase fehlt bis heute.

Die Tryptophan-Transaminase-Aktivität eines Rohextraktes aus Rattenleber beträgt 0,013 μM/mg Protein/Std und reichert sich im Verlauf der Reinigung der Tyrosin-Transaminase nach Jacoby[12] (s. S. 422) auf das 140fache (1,84 μM/mg Protein/Std) an. Bezieht man diese Aktivität auf den relativen Umsatz von Tyrosin, so beträgt die Aktivität mit Tryptophan im Rohextrakt 6,2 % der Tyrosinaktivität und im gereinigten Produkt 1,7 %. Diese Abnahme spricht dafür, daß die Aktivität mit Tryptophan nicht nur auf der Wirkung einer unspezifischen Tyrosin-Transaminase beruht. Die Michaelis-Konstante dieses Tyrosin-Transaminase-Präparates beträgt für Tryptophan $3,0 \times 10^{-2}$ m gegenüber $1,5 \times 10^{-3}$ m für Tyrosin[12]. Auch die aus *E. coli* isolierte Fraktion A katalysiert die Umsetzung verschiedener Aminosäuren mit α-KGS[4] (Tabelle 78). Nach Aspartat wird Tryptophan am raschesten umgesetzt.

[1] Olenichewa, L. S.: Biochimija, Moskva **24**, 225 (1959).
[2] Nurmiko, V., and R. Raunio: Acta chem. scand. **15**, 1263 (1961).
[3] Feldman, L. I., and I. C. Gunsalus: J. biol. Ch. **187**, 821 (1950).
[4] Rudman, D., and A. Meister: J. biol. Ch. **200**, 591 (1953).
[5] Sen, R.: Nature **184**, 741 (1959).
[6] Saxena, K. C., K. L. Arora and P. D. Mathur: J. sci. indust. Res., New Delhi **18**C, 237 (1959).
[7] Fincham, J. R. S., and A. B. Boulter: Biochem. J. **62**, 72 (1956). — Fincham, J. R. S.: Nature **168**, 957 (1951).
[8] Wilson, D. G., K. W. King and R. H. Burris: J. biol. Ch. **208**, 863 (1954).
[9] Smith, J. E.: Biochim. biophys. Acta **57**, 183 (1962).
[10] Davis, B. D., and E. S. Mingioli: J. Bact. **60**, 17 (1950).
[11] Singer, T. P., and E. B. Kearney: Arch. Biochem. **29**, 190 (1950).
[12] Jacoby, G. A., and B. N. LaDu: J. biol. Ch. **239**, 419 (1964).

Der Anreicherungsfaktor der Fraktion A gegenüber dem Rohextrakt ist für Aspartat, Tryptophan, Phenylalanin und Tyrosin nahezu gleich groß und beträgt 20—30. Außer mit α-KGS wird Tryptophan auch umgesetzt mit α-Ketoisocaproat, p-Hydroxyphenylpyruvat und Oxalacetat als Aminoacceptoren, die 5,8, 41 bzw. 64% der Aktivität mit α-KGS beträgt.

Die Transaminierung von Tryptophan in Rohextrakten der Rattenleber kann durch PLP um 25% aktiviert werden. Die Aktivität dieser Extrakte von Tieren, die 13—14 Wochen vitamin-B_6-frei ernährt wurden, sinkt von $13{,}1 \pm 1{,}3$ auf $9 \pm 0{,}8$ μM/g Trockengewicht/Std ab und kann durch PLP-Zusatz in vitro auf $15 \pm 1{,}4$ gesteigert werden[1].

Das *p_H-Optimum* der Tryptophan-Transaminierung liegt für Rattenleber- und *E. coli*-Extrakte bei 8,0—8,2 [2–4].

Die *Dissoziationskonstante* für das Enzym aus Rattenleber beträgt für Tryptophan 1×10^{-2} und für α-KGS 1×10^{-3} m [4].

Die Aktivität der Tryptophan-Transaminase kann, wie auch die der Tyrosin-Transaminase, durch *Induktion* erhöht werden. Die intraperitoneale Injektion von 30 mg Hydrocortison/kg steigert die Enzymaktivität in der Rattenleber nach 5 Std von $16 \pm 2{,}2$ auf $37 \pm 2{,}9$ μM/g Trockengewicht/Std (2,3fach[1] bzw. 2,6fach[5]). Die Induktion des Enzyms durch Hydrocortison tritt auch bei Vitamin-B_6-Mangel-Ratten ein. Auch Tryptophan führt bei 500 mg/kg zu einer 1,5fachen Aktivitätssteigerung. In beiden Fällen ist eine Steigerung nach Adrenalektomie noch meßbar, beträgt jedoch nur mehr ca. 30% derjenigen bei Normaltieren. Die Kombination von Hydrocortison mit Tryptophan ist stärker wirksam als die Einzelsubstanzen[5].

Tabelle 78. *Transaminierungen mit der Fraktion A aus E. coli*[2]. *α-KGS ist Aminoacceptor.* Aktivität in Q_T^N-Werten.

Aminosäuren	Aktivität	Aktivität Fraktion A / Aktivität Rohextrakt
Asparaginsäure	1010	24,7
Tryptophan . .	598	20,2
Phenylalanin .	446	29,3
Tyrosin	257	24,9
Methionin . . .	99	7,8
Norleucin . . .	72	4,5
Leucin	33	1,9

Als Pyridoxalphosphat-Enzym kann die Tryptophan-Transaminase in üblicher Weise durch Carbonyl-Reagentien, wie Hydroxylamin, Hydrazin usw., gehemmt werden.

Blaschko[6] nimmt an, daß auch 5-Hydroxytryptophan durch Transaminierung in 5-Hydroxyindolpyruvat übergeführt wird, das oxydativ in 5-Hydroxyindolessigsäure übergeht. Dieser Weg soll parallel zur Tryptaminbildung verlaufen. Es konnte auch in der Rattenleber mit der Methode nach Lin[4] die Überführung von 5-Hydroxytryptophan in 5-Hydroxyindolpyruvat nachgewiesen werden, dessen Enol-Boratkomplex maximal bei 340 mμ absorbiert und nicht wie Indolpyruvat bei 332 mμ. Die Umsetzung erfolgt wahrscheinlich durch das gleiche Enzym, das die Transaminierung von Tryptophan katalysiert; dafür sprechen eine parallele Abnahme der Aktivität für beide Aminosäuren bei Hitzeinaktivierung der Enzymlösung, gleiche p_H-Optima und eine gleiche Steigerung der Aktivität für beide Aminosäuren durch Induktion[7]. Spencer[8], der zu den gleichen Ergebnissen kam, fand außerdem, daß das 5-Hydroxyindolpyruvat auch für die Indolpyruvat-Tautomerase ein gutes Substrat ist und die enzymatische Enolisierung eine wesentliche Voraussetzung für die Bestimmung der 5-Hydroxytryptophan-Transaminase darstellt.

[1] Lin, E. C. C., M. Civen and W. E. Knox: J. biol. Ch. **233**, 1183 (1958).
[2] Rudman, D., and A. Meister: J. biol. Ch. **200**, 591 (1953).
[3] Feldman, L. I., and I. C. Gunsalus: J. biol. Ch. **187**, 821 (1950).
[4] Lin, E. C. C., B. M. Pitt, M. Civen and W. E. Knox: J. biol. Ch. **233**, 668 (1958).
[5] Civen, M., and W. E. Knox: Science, N.Y. **129**, 1672 (1959).
[6] Blaschko, H., and D. B. Hope: J. Physiol., London **129**, 11 (1955).
[7] Sandler, M., R. G. Spector, C. Ruthven and A. N. Davison: Biochem. J. **74**, 42P (1960).
[8] Spencer, R. P., and W. E. Knox: Arch. Biochem. **96**, 115 (1962).

Bestimmung.

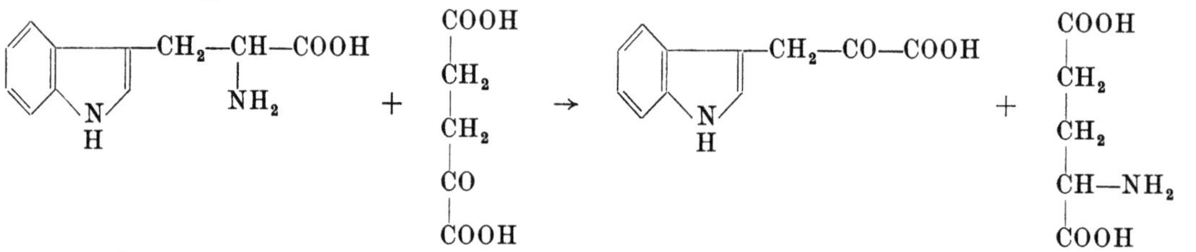

Tryptophan α-KGS Indolpyruvat Glutaminsäure

Außer durch papierchromatographische und andere Verfahren für den Nachweis von α-KGS und Glutamat kann die Tryptophan-Transaminase auch spektrophotometrisch bestimmt werden.

***Bestimmung der Tryptophan-Transaminase nach* LIN *u. Mitarb.*[1].**

Im Prinzip beruht das Verfahren auf dem spektrophotometrischen Nachweis des Enol-Boratkomplexes von Indolpyruvat bei 328 mμ, wie er für die Bestimmung der Tyrosin-Transaminase beschrieben ist (s. S. 438). Die Leber enthält eine Tautomerase für das Indolpyruvat, so daß die Enolisierung sehr rasch eintritt. Diese Tautomerase findet sich nur bei der Ratte und hier nur in der Leber; ihre Aktivität ist glutathionabhängig[2, 3]. Eine Stabilisierung des Indolpyruvates durch EDTA oder Diäthyldithiocarbamat ist nicht notwendig. In Rohhomogenaten wird der Test nur durch eine Tryptophanperoxydase gestört, deren Aktivität durch Vergleichswerte berücksichtigt wird.

Gegenüber der für die Bestimmung der Tyrosin-Transaminase beschriebenen Methode ändert sich folgendes:

An Stelle des Tyrosins werden 120 μM Tryptophan zugesetzt. Der Puffer wird auf p_H 8,2 eingestellt. Die Reaktion wird durch Zugabe von 20 μM α-KGS gestartet. Der Vergleichswert enthält keine α-KGS, so daß in diesem Ansatz eine Aktivität der Tryptophanperoxydase berücksichtigt wird. Die Messung des Enol-Boratkomplexes erfolgt bei 332 mμ.

Der Berechnung liegt ein molarer Extinktionskoeffizient bei 332 mμ von 12700 zugrunde.

JACOBY und LADU[4] ermittelten mit einem modifizierten Verfahren die Absorptionskoeffizienten der Enol-Boratkomplexe der Ketoanalogen von Tryptophan und Derivaten (Tabelle 57, S. 439).

Transaminierung von Thyroxin, Trijodthyronin und Dijodtyrosin.

Der Abbau von Thyreoidea-Hormonen erfolgt auf dem Wege der Dejodierung, Änderung in der Diphenyläther-Struktur und Desaminierung. Besonders der letzte Weg wurde lange Zeit ohne befriedigende Klärung bearbeitet[5–8]. Der Abbau von Thyroxin und Trijodthyronin mit Extrakten aus Mitochondrien der Rattenniere[9, 10] zu Tetra- bzw. Trijodthyroessigsäure wurde der Wirkung einer Transaminase oder Aminosäureoxydase zugeschrieben[11].

[1] LIN, E. C. C., B. M. PITT, M. CIVEN and W. E. KNOX: J. biol. Ch. **233**, 668 (1958).
[2] JACOBY, G. A., and B. N. LADU: Biochem. biophys. Res. Comm. 8, 352 (1962).
[3] SPENCER, R. P., and W. E. KNOX: Arch. Biochem. **96**, 115 (1962).
[4] JACOBY, G. A., and B. N. LADU: J. biol. Ch. **239**, 419 (1964).
[5] ALBRIGHT, E. C., F. C. LARSON, K. TOMITA and H. A. LARDY: Endocrinology **59**, 252 (1956).
[6] ROCHE, J., R. MICHEL and J. TATA: Biochim. biophys. Acta **15**, 500 (1954).
[7] TATA, J.: Proc. Soc. exp. Biol. Med. **95**, 362 (1957).
[8] TATA, J.: Endocrinology **60**, 83 (1956).
[9] TOMITA, K., H. A. LARDY, F. C. LARSON and E. C. ALBRIGHT: J. biol. Ch. **224**, 387 (1957).
[10] ALBRIGHT, E. C., K. TOMITA and F. C. LARSON: Endocrinology **64**, 208 (1959).
[11] ROCHE, J., R. MICHEL, N. ETLING and J. NUNEZ: Biochim. biophys. Acta **22**, 550 (1956).

Tong u. Mitarb.[1] wiesen auf den unterschiedlichen Abbau von Dijodtyrosin in der Leber, Niere und Schilddrüse der Ratte hin. Während Leber- und Nierenschnitte oder Homogenate Dijodtyrosin in Gegenwart von α-KGS oder Pyruvat zu Dijod-p-hydroxyphenylpyruvat transaminieren, wird die Substanz in Schilddrüsengewebe hauptsächlich dejodiert. Monojodtyrosin wird zum p-Hydroxyphenylpyruvat-Derivat abgebaut[2, 3]. Yatzidis[4] isolierte nach Inkubation von ^{131}J-Thyroxin mit Rattenleberhomogenat aus dem Reaktionsgemisch Tetrajodthyroessigsäure. Diese Reaktion war nur bei Zugabe von α-KGS und PLP zu beobachten. Zu ähnlichen Befunden kamen Yamamoto u. Mitarb.[5, 6], welche die Transaminierung von Thyroxin mit Mitochondrienextrakten aus Rattennieren zu Tetrajodthyroessigsäure nachwiesen. Die deutliche Abhängigkeit der Reaktion von der Zugabe von PLP und α-KGS, Pyruvat oder Oxalacetat, ferner die Unabhängigkeit der Reaktion von Sauerstoff, ein fehlender Verdünnungseffekt und die kompetitive Hemmung der Reaktion durch Glutamat und Aspartat sprechen für das Vorliegen einer Transaminase und nicht einer Aminosäureoxydase. Neben der mitochondrial gebundenen Transaminase enthalten die Mitochondrien aus Rattennieren auch eine FMN-abhängige Dejodinase. Die gleichen Enzyme katalysieren auch den Abbau von ^{131}J-Trijodthyronin durch Mitochondrien aus Rattennieren[7]. Nakano[8] konnte die Transaminase aus Rattennierenmitochondrien von einer Aminosäureoxydase abtrennen. Seine Ergebnisse sprechen dafür, daß Thyroxin, Trijodthyronin und Dijodtyrosin durch das gleiche Enzym transaminiert werden.

Transaminierung von Dijodtyrosin[9].

Die Verteilung der Dijodtyrosin-α-KGS-Transaminase auf die Zellfraktionen der Rattenniere ergab 60% der Aktivität in der Mitochondrienfraktion, 23% im löslichen Anteil, 12% in der Kernfraktion und 5% in den Mikrosomen.

Horvath[10] fand in der Mitochondrienfraktion der Rattenleber folgende Umsatzraten (μM/g Gewebe in 30 min) für 3,5-Dijodtyrosin 3,6; L-Tyrosin 2,8 und 3,5-Dinitro-L-tyrosin 1,2. Die entsprechenden Werte für die Hundeschilddrüse betragen 1,45; 2,76 bzw. 0,23.

***Herstellung der Mitochondrienextrakte aus Rattenniere nach* Nakano *u. Mitarb.*[9].**

Die Nieren werden sofort nach der Entnahme in kalter 0,25 m Saccharoselösung gekühlt, in der gleichen Lösung homogenisiert und durch fraktioniertes Zentrifugieren die Mitochondrienfraktion isoliert. Die Mitochondrien werden im 0,01 m Phosphatpuffer, p_H 7,4, suspendiert und durch mehrmaliges Einfrieren und Auftauen aufgeschlossen und bei 21600 × g zentrifugiert und der Überstand dialysiert (E_1). Der Aufschluß kann auch durch Ultraschall erfolgen (7,5 ml 0,05 m Phosphatpuffer, p_H 7,4, für eine Mitochondrienmenge aus 5 g Gewebe). Durch Zentrifugieren (30 min bei 21000 × g) erhält man Enzymlösung E_2 bzw. (30 min 100000 × g) E_3.

Eigenschaften. Die Umsetzungsrate mit 1 mg Enzymprotein E_1 mit 3,45 mg E_2 und 2,05 mg E_3 betragen in Gegenwart von 1×10^{-3} m α-KGS und $1{,}5 \times 10^{-5}$ m PLP in 1 Std bei 37° C 12,4 mμM für E_1 und 21,4 mμM für E_2 und E_3. Neben 3,5-Dijod-p-hydroxyphenylpyruvat werden noch kleine Mengen an anorganischem Jod, 3-Jod-p-hydroxyphenylpyruvat und drei weitere nicht identifizierte Substanzen als Reaktionsprodukte erhalten. Die Michaelis-Konstante für Dijodtyrosin mit den Enzympräparaten E_2 und

[1] Tong, W., A. Taurog and I. L. Chaikoff: J. biol. Ch. **207**, 59 (1954).
[2] Nakano, M.: Endocrinol. jap. **4**, 273 (1957).
[3] Nakano, M., T. S. Danowski and A. Utsumi: Endocrinology **65**, 242 (1959).
[4] Yatzidis, H.: Nature **186**, 79 (1960).
[5] Yamamoto, K.: Jap. J. Physiol. **9**, 394 (1959).
[6] Yamamoto, K., S. Shimizu and I. Ishikawa: Jap. J. Physiol. **10**, 221 (1960).
[7] Yamamoto, K., S. Shimizu and I. Ishikawa: Gunma J. med. Sci. **9**, 110 (1960).
[8] Nakano, M., and T. S. Danowski: Biochim. biophys. Acta **85**, 18 (1964).
[9] Nakano, M., S. Tsuchiya and T. S. Danowski: Endocrinology **72**, 296 (1963).
[10] Horvath, A.: Enzymologia **25**, 32 (1962).

E_3 ist $7{,}89 \times 10^{-4}$ m. Die maximale Reaktionsgeschwindigkeit beträgt $2{,}08 \times 10^{-4}$ m pro Std. pro 66 mg Feuchtgewebe. Die MICHAELIS-Konstante für α-KGS ist $2{,}58 \times 10^{-4}$ m.

Bei 56° C verliert das Enzympräparat E_3 in 5 min 80% seiner Aktivität. Auch bei — 20° C und gelegentlichem Auftauen nimmt die Enzymaktivität in 10 Tagen um 30% ab.

Die Mitochondrienextrakte setzen auch Monojodtyrosin und Tyrosin um. Die entsprechenden MICHAELIS-Konstanten liegen allerdings mit $27{,}7 \times 10^{-4}$ und $113{,}5 \times 10^{-4}$ wesentlich höher als bei Dijodtyrosin. Die Enzymaktivität des Präparates aus Hundeschilddrüse wird durch PLP-Zugabe um 50% gesteigert und durch $4{,}76 \times 10^{-5}$ m Semicarbazid zu 70% gehemmt[1].

Bestimmungsmethoden[2]. Das zur Aktivitätsbestimmung der Transaminase erforderliche ^{131}J-markierte Dijod-p-hydroxyphenylpyruvat wird durch Einwirkung einer Aminosäureoxydase auf ^{131}J-Dijodtyrosin erhalten und chromatographisch gereinigt.

Der Reaktionsansatz enthält 0,5 ml einer der drei Enzymextrakte E_1—E_3, ^{131}J-Dijodtyrosin mit nichtaktivem Dijodtyrosin 40—1254 mμM; 0,3 ml 0,1 m Phosphatpuffer, p_H 7,4, und α-KGS, NAD und PLP in verschiedenen Mengen. Der Ansatz wird mit 0,005 m Phosphatpuffer, p_H 7,4, ad 1,6 ml aufgefüllt. Nach Inkubation (1 Std bei 37° C) wird die Reaktion durch Zugabe einiger Tropfen 1 n NaOH und Kühlen im Eiswasser abgestoppt. 20 μl des Ansatzes werden auf Whatman-Papier Nr. 1 in n-Butanol-Dioxan-2n NH_4OH (4:1:2) 16 Std bei 15° C chromatographiert. Die Reaktionsprodukte können als 2,4-Dinitrophenylhydrazone quantitativ bestimmt werden[1].

Transaminierung von Thyroxin und Trijodthyronin[3].

NAKANO u. Mitarb. berichteten über die Fraktionierung von Mitochondrienextrakten aus Rattenniere in eine Enzymfraktion mit transaminierenden Eigenschaften und eine weitere, die eine oxydative Desaminierung katalysiert[3, 4].

Isolierung der Transaminase aus Rattennieren-Mitochondrien nach NAKANO *und* DANOWSKI[3].

Der Aufschluß der Mitochondrienfraktion erfolgt durch Ultraschall unter Kühlung in einem Bad bei — 5° C. Die Fraktionierung des löslichen Mitochondrienextraktes (E) (80—110 mg Protein in 20—25 ml) wird mit Ammoniumsulfat, p_H 7,0, bei folgender prozentualer Sättigung durchgeführt: 0—33% Fraktion F_1; 33—50% Fraktion F_2; 50—70% Fraktion F_3. Die jeweiligen Niederschläge werden nach 20 min Rühren durch Zentrifugieren isoliert und jeweils in 5 ml 0,01 m Phosphatpuffer, p_H 7,4, gelöst und gegen 0,005 m Phosphatpuffer, p_H 7,4 (5mal je 3 l) 24 Std dialysiert. Der Überstand der zu 70% gesättigten Enzymlösung (Fraktion F_4) und ein Teil des Rohextraktes (E) wird ebenfalls dialysiert. Die Enzymfraktion F_3 (33 mg Protein) enthält 45% der Gesamtaktivität und wird auf einer DEAE-Cellulose (Säule $1{,}2 \times 18$ cm), die mit 0,005 m Phosphatpuffer, p_H 7,4, äquilibriert wurde, fraktioniert. Die Elution erfolgt mit jeweils 100 ml 0,005, 0,05, 0,1 und 0,15 m Phosphatpuffer, p_H 7,4. Die Hauptprotein- und Trans-

Tabelle 79. *Isolierung der Thyroxin-Transaminase aus Rattenniere*[3].

Die Werte in Klammern sind die entsprechenden spezifischen Aktivitäten. Eine Enzymeinheit setzt 0,001 μM Substrat in 60 min bei 37° C um.

Enzymfraktion	Gesamtaktivität mit		
	Thyroxin	Trijodthyronin	Dijodtyrosin
Rohextrakt (E)	394,5 (4,9)	233,4 (2,9)	257,6 (3,2)
F_2	7,6 (0,25)	0 (0)	24,2 (0,8)
F_3	178,9 (8,7)	96,8 (2,2)	98,9 (4,8)

[1] HORVATH, A.: Enzymologia 25, 32 (1962).
[2] NAKANO, M., S. TSUCHIYA and T. S. DANOWSKI: Endocrinology 72, 296 (1963).
[3] NAKANO, M., and T. S. DANOWSKI: Biochim. biophys. Acta 85, 18 (1964).
[4] NAKANO, M., S. TSUCHIYA, S. SHIMIZU, S. YAMAZOE and T. S. DANOWSKI: Endocrinology 73, 237 (1963).

aminaseaktivität ist in der Elutionsfraktion mit 0,05 m (und weniger in 0,1 m) Puffer enthalten (C_2). Diese Fraktion wird zu 70% mit Ammoniumsulfat gesättigt, der Niederschlag isoliert und in 3—5 ml 0,01 m Phosphatpuffer, p_H 7,4, aufgenommen.

Eigenschaften. Die spezifische Aktivität der Fraktion C_2 beträgt mit Thyroxin 32,7, mit Trijodthyronin 22,0 und mit Dijodtyrosin 22,5; sie ist nahezu frei von Oxydase.

Das p_H-Optimum für Thyroxin bzw. Trijodthyronin als Substrat liegt zwischen 6,0—6,8. Ohne PLP-Zusatz besitzt die Fraktion C_2 nur eine geringe Transaminase-Aktivität. Die Dissoziationskonstante des Thyroxin-Transaminase-PLP-Komplexes beträgt ca. 3×10^{-6} m. Als Aminoacceptor dient α-KGS; aber auch Oxalacetat und Pyruvat reagieren mit Thyroxin, wobei jedoch, bezogen auf die Reaktion mit α-KGS, eine Umsetzungsrate von nur 65 bzw. 5% erzielt wird. Die Ergebnisse weisen darauf hin, daß Thyroxin, Trijodthyronin und Dijodtyrosin von ein und demselben Enzym transaminiert werden.

Bestimmungsmethode. Die Bestimmung der Transaminaseaktivität erfolgt durch Inkubation von 0,5 ml 0,1 m Phosphatpuffer, p_H 7,4; 0,01 μM des ^{131}J-markierten Aminosubstrates; 6 μg PLP; 1,6 μM α-KGS (Wasser ad 1,6 ml) 60 min bei 37° C. Bei Thyroxin und Trijodthyronin als Substrate werden 0,2 ml des Ansatzes nach Ablauf der Reaktionszeit zu 0,2 ml einer Mischung von Methanol-Ammoniak (3:1) gegeben, die 100 μg nichtmarkiertes Substrat und 20 μg Methyluracil enthalten. Der Ansatz mit Dijodtyrosin wird durch Zugabe von 2 Tropfen 1 n NaOH abgestoppt. Aliquote Teile der Reaktionslösung werden auf Whatman-Papier Nr. 1 in Dioxan-n-Butanol-2n-NH_4OH (1:4:2) chromatographiert und die Radioaktivität der einzelnen Flecke bestimmt. Bei Verwendung von Aminosäureoxydase-haltigen Rohpräparaten muß die Oxydaseaktivität, die durch Weglassen des Zusatzes von PLP und α-KGS gemessen wird, von der Transaminase-Aktivität abgezogen werden.

Transaminierung von α-Amino-n-buttersäure.

α-Aminobuttersäure wurde als Abbauprodukt des Threonins bei Inkubation mit Homogenaten aus Rattenleber nachgewiesen[1, 2]. Iyer u. Mitarb.[3] beobachteten eine Transaminierung der α-Aminobuttersäure mit α-KGS in Leber, Niere, Herz- und Skeletmuskel von Ratten (mit einer in der angegebenen Reihe abnehmenden Aktivität). Das Transaminierungsprodukt ist α-Ketobuttersäure. Auch Oxalacetat und Pyruvat nehmen an der Reaktion teil, letzteres jedoch gut meßbar nur in der Niere und Leber. Bei Verwendung von Oxalacetat als Aminoacceptor ist weitgehend nur Alanin nachweisbar, es wird also vor der Transaminierung die Oxalessigsäure zu Pyruvat abgebaut. Rowsell[4] erklärte die Alaninbildung mit einer Decarboxylierung des Oxalacetates zu Pyruvat.

Iyer fand weiter, daß die Umsetzung von α-Aminobuttersäure mit Oxalacetat weitaus größere Mengen Alanin bildet als bei Verwendung von Pyruvat als Aminoacceptor. Die Erklärung hierfür ist eine Hemmung der α-Aminobuttersäure-Pyruvat-Reaktion durch einen Pyruvatüberschuß, während bei Verwendung von Oxalacetat das Pyruvat angenähert in dem Maß transaminiert wird, wie es entsteht. Bei der Transaminierung von Glutamat mit Oxalacetat wird dieses so rasch umgesetzt, daß es zu keinem Abbau zu Pyruvat kommt.

N-Succinyl-L-diaminopimelinsäure-Transaminase.

Diaminopimelinsäure ist eine Vorstufe bei der Synthese von L-Lysin im Bakterienstoffwechsel und kommt in den Zellwänden der Mikroorganismen vor[5]. In einem Wildstamm

[1] Lien jr., O. G., and D. M. Greenberg: J. biol. Ch. **195**, 637 (1952).
[2] Lien jr., O. G., and D. M. Greenberg: J. biol. Ch. **200**, 367 (1952).
[3] Iyer, G. Y. N., and M. Sukumaran: Canad. J. Biochem. **37**, 599, 1517 (1959).
[4] Rowsell, E. V.: Biochem. J. **64**, 235, 246 (1956).
[5] Davis, B. D.: Nature **169**, 534 (1952).

von *E. coli* wurde folgende Transaminierung nachgewiesen: N-Succinyl-α-amino-ε-ketopimelinsäure + L-Glutamat → N-Succinyl-L-diaminopimelinsäure + α-Ketoglutarat. Daneben wurde eine Deacylase nachgewiesen, die N-Succinyl-L-diaminopimelinsäure in Succinat und Diaminopimelinsäure spaltet[1].

Einige Stämme von *E. coli* enthalten diese Acylase nicht und sind daher für die Isolierung der Transaminase sehr geeignet. N-Succinyl-L-diaminopimelinsäure und ihr Ketoderivat häufen sich daher in diesen Mutanten an[2].

Die Untersuchung der Verteilung der N-Succinyl-L-diaminopimelinsäure-Transaminase ergab nur bei Mikroorganismen eine wesentliche Enzymaktivität (Tabelle 80).

Tabelle 80. *Vorkommen der N-Succinyl-L-diaminopimelinsäure-Transaminase*[2].

Organismus	Aktivität in E*/mg	Organismus	Aktivität in E*/mg
Gramnegative Mikroorganismen		*Grampositive Mikroorganismen*	
A. faecalis	98,9	L. arabinosus	1,4
E. coli M-26-26	47,7	M. lysodeikticus	25,2
Aerobacter aerogenes	19,3	L. casei	0
A. vinelandii	6,4	N. muscorum (Alge)	3,0
Rhodopseudomonas spheroides	6,2	Bierhefe	0
		Schweineherz	0

* Eine Enzymeinheit (E) ist die Menge, die 1 μM N-Succinyl-L-diaminopimelinsäure/min aus N-Succinyl-α-amino-ε-ketopimelinsäure bildet.

***Reinigung der N-Succinyl-L-diaminopimelinsäure-Transaminase nach* Peterkofsky *und* Gilvarg[2].**

1. Ein Sediment der gewaschenen *E. coli Mutante M-2626* (enthält keine Diaminopimelinsäure-Decarboxylase) wird durch Ultraschall in 0,02 m Trispuffer, p_H 8,0, aufgeschlossen. Der Rohextrakt enthält meist zwischen 50 und 70 mg Protein/ml und wird mit 0,02 m Trispuffer auf 20 mg/ml verdünnt. 1 Vol. Extrakt wird mit $^1/_{20}$ Vol. 1 m Manganchloridlösung tropfenweise versetzt. Es bildet sich ein voluminöser Niederschlag, der nach 2 Std Stehen 10 min bei 18000 × g zentrifugiert wird. Der Überstand (Mn-Überstand I) wird bei —15° C aufbewahrt und mit 5—10 μg Pyridoxalphosphat/ml zur Konservierung versetzt. Die eingefrorene Lösung wird nach dem Auftauen erneut zentrifugiert und der Überstand (Mn-Überstand II) gegen 50—70 Vol. 0,01 m Trispuffer, p_H 8,0, dialysiert. Ein aufgetretener Niederschlag wird abzentrifugiert. Das Enzym muß zu diesem Zeitpunkt sofort weitergereinigt werden, da beim Einfrieren des Präparates ein größerer Aktivitätsverlust eintritt.

Tabelle 81. *Isolierung der N-Succinyl-L-diaminopimelinsäure-Transaminase aus E. coli*[2].

Fraktion	Protein-konzentration mg/ml	Gesamt-aktivität E*	Spezifische Aktivität	Ausbeute
Rohextrakt	20,0	11,1	0,048	100
Mn-Überstand I	3,52	9,9	0,244	89
Mn-Überstand II	1,58	6,5	0,372	59
Dialysierter Überstand	1,18	5,2	0,480	53
DEAE-Cellulose	0,032	4,1	5,33	42

* Eine Einheit Enzym setzt 1 μM Substrat/min um.

DEAE-Cellulose wird mit 10 Vol. 0,2 m Trispuffer, p_H 8,0, äquilibriert und mit 0,01 m Puffer gewaschen, bis der Auslauf den p_H-Wert der Waschlösung erreicht. Der dialysierte Überstand (83 mg Protein) wird mit einer Geschwindigkeit von 1,5 ml/min auf die DEAE-Cellulosesäule aufgezogen. Die Cellulose wird zuerst mit 0,01 m Trispuffer, p_H 8,0, gewaschen und dann durch Gradienten-Elution durch Zutropfen von 1 Vol. 0,5 m Kalium-

[1] Gilvarg, C.: J. biol. Ch. **233**, 1501 (1958); **234**, 2955 (1959); **236**, 1425 (1961).
[2] Peterkofsky, B., and C. Gilvarg: J. biol. Ch. **236**, 1432 (1961).

chlorid in 1 Vol. 0,01 m Trispuffer, p_H 8,0, eluiert. Die vereinigten aktiven Fraktionen werden mit 0,03 ml 0,2 n Essigsäure/ml Lösung auf p_H 5,3 eingestellt. Die saure Enzymlösung wird über eine kleine Säule mit Calciumphosphatgel gegeben (Kapazität 7 mg Protein/54 mg [1 ml] Gel). Die Enzymaktivität wird mit 0,1 m Phosphatpuffer, p_H 8,0, eluiert, was nur zu einer zehnfachen Konzentrierung der Enzymlösung führt, aber nicht zu einer weiteren Reinigung. Der erzielte Reinigungsfaktor beträgt 110—140.

Eigenschaften. In *E. coli* sind vier weitere Transaminasen enthalten, von denen sich die hier beschriebene Transaminase abgrenzen läßt. Die von RUDMAN und MEISTER[1] isolierte Transaminase A, nicht jedoch die Transaminase B, wird im Verlauf der Säulenchromatographie abgetrennt. Eine Abgrenzung von letzterer ist bei dem *Stamm M-42-37* möglich, der zwar N-Succinyl-diaminopimelinsäure transaminiert, aber keine Transaminase B enthält. Eine Unterscheidung von der Valin-Alanin-Transaminase und der N-Acetylornithin-Transaminase[2] aus *E. coli* ist auf Grund der Substratspezifität möglich:

Eine Transaminierung von N-Succinyl-α-amino-ε-ketopimelinsäure erfolgt nur mit Glutamat. Die umgekehrte Reaktion mit α-KGS tritt nur mit N-Succinyldiaminopimelinsäure ein, nicht jedoch mit N-Succinyl-meso-diamino-pimelinsäure, L-Diaminopimelinsäure oder Lysin. Ein Überschuß an α-KGS hemmt die Reaktion. Das Reaktionsgleichgewicht liegt ungefähr bei 1,2. Die MICHAELIS-Konstante für N-Succinyl-α-amino-ε-ketopimelinsäure und Glutamat beträgt 5×10^{-4} bzw. $5{,}2 \times 10^{-3}$ m. Die Aktivierung des Enzympräparates und die Reaktivierung durch PLP nach Lagerung, Einfrierung und Auftauen weisen auf das Vorliegen eines PLP-Enzyms hin.

Das p_H-Optimum der Transaminierung liegt bei 8; die Reaktionsgeschwindigkeit nimmt bis p_H 5,0 jedoch nur um 13 % ab. Als Beispiel eines Hemmstoffs wurde Hydroxylamin verwendet, das 0,05 m zu 95 % hemmt.

***Bestimmung der N-Succinyl-L-diaminopimelinsäure-Transaminase nach* PETERKOFSKI *u. Mitarb.*[3].**

Prinzip:

Durch Koppelung der Transaminierung von N-Succinyl-α-amino-ε-ketopimelinsäure und L-Glutamat mit der Deacylasereaktion wird das Reaktionsprodukt N-Succinyl-L-diaminopimelinsäure durch enzymatische Spaltung aus dem Reaktionsgleichgewicht entfernt. Dadurch kann die Reaktion in dieser Richtung vollständig ablaufen. Daraus ergibt sich eine Summengleichung: N-Succinyl-α-amino-ε-ketopimelinsäure + Glutamat → L-Diaminopimelinsäure + Succinat + α-KGS. Die gebildete Diaminopimelinsäure wird mit Ninhydrinreagens colorimetrisch bestimmt[4].

Reagentien (Stammlösung bestehend aus):

1 Vol. 1 m Trispuffer, p_H 8.
1 Vol. N-Succinyl-α-amino-ε-ketopimelinsäure (20 mg/ml).
2 Vol. 0,1 m L-Kaliumglutamat.
1 Vol. 0,004 m Kobaltchlorid (Cofaktor der Deacylase).
Stammlösung bei —15° C 1 Woche stabil.

Ausführung:

0,05 ml Stammlösung werden mit 0,02 ml Deacylaselösung (hergestellt nach[5], mit einer spezifischen Aktivität von 1,3 μM Substratumsatz/min/mg Protein und einer Konzentration von 4,8 mg/ml) und Transaminaselösung gemischt und 15 min bei 37° C inkubiert. Dann werden 0,47 ml eines sauren Ninhydrinreagens zugegeben, 5 min im siedenden Wasserbad erhitzt und abgekühlt. Die Farbintensität wird bei 420 mμ gemessen. Die Berechnung erfolgt an Hand einer Standard-Eichkurve.

---

[1] RUDMAN, D., and A. MEISTER: J. biol. Ch. **200**, 591 (1953).
[2] VOGEL, H. J.: Proc. nat. Acad. Sci. USA **39**, 578 (1953).
[3] PETERKOFSKY, B., and C. GILVARG: J. biol. Ch. **236**, 1432 (1961).
[4] GILVARG, C.: J. biol. Ch. **233**, 1501 (1958); **234**, 2955 (1959); **236**, 1425 (1961).
[5] KINDLER, S.: J. biol. Ch. **235**, 2532 (1960).

γ-Aminobuttersäure-Transaminase.

Vorkommen. Die erste Beobachtung einer reversiblen Transaminierung von γ-Aminobuttersäure mit α-KGS zu Bernsteinsäuresemialdehyd und Glutaminsäure wurde von BESSMAN u. Mitarb.[1] im Säugetiergehirn gemacht. Sie untersuchten die Zusammenhänge zwischen dem Vorkommen von γ-Aminobuttersäure, Glutaminsäure, Glutaminsäuredecarboxylase und der Aminierung von α-KGS im Säugetiergehirn. Dabei fanden sie eine Transaminierung von γ-Aminobuttersäure im Gehirn von Ratten, Kaninchen und Kälbern und konnten bereits feststellen, daß ein großer Teil der Enzymaktivität strukturgebunden ist. Auch in der Rattenleber konnten sie das Enzym nachweisen. ROBERTS und BREGOFF[2] fanden in Acetontrockenpulver-Präparaten und in den unlöslichen Fraktionen von Gehirn und Leber der Maus eine Transaminierungsrate von γ-Aminobuttersäure und β-Alanin mit α-KGS, die der Umsetzung mit Aspartat und Alanin gleichkommt. Eine Übersicht über das Vorkommen der γ-Aminobuttersäure-Transaminase ist in Tabelle 82 gegeben.

Die γ-Aminobuttersäure-Transaminase wurde vornehmlich im Nervengewebe von Mensch[3], Rhesusaffe[4–6], Rind[7], Kalb[1], Kaninchen[1], Ratte[1,6,8–10], Maus[2,7,11] gefunden. Die Untersuchung der Verteilung der Aktivität im Gehirn von Rhesusaffen[4] ergab eine hohe Transaminase-Aktivität in den Kerngebieten. Auch im Rattenhirn ist die Enzymaktivität weitgehend an Strukturelemente gebunden[9,12]. Der höchste Enzymgehalt findet sich im Mesencephalon[9]. Die Aktivitätsverteilung entspricht im wesentlichen der Verteilung der γ-Aminobuttersäure-Konzentration[13]. Diese Aminosäure kommt bevorzugt im Nervengewebe vor, findet sich aber auch in anderen Organen[14].

Die Transaminase-Aktivität bei jungen Ratten liegt ungefähr 30 % tiefer als bei ausgewachsenen Tieren und zeigt auch ein abweichendes Verteilungsmuster[9]. Der Einfluß des Entwicklungsstadiums auf den Gehalt der γ-Aminobuttersäure-Transaminase im Gehirn wurde an Hühnerembryonen (Lobus opticus) näher untersucht[15]. Die erste Aktivität ist in 5—7 Tage alten Embryonen feststellbar und steigt einer S-förmigen Kurve folgend von 50 % der Maximalaktivität 1 Tag vor dem Ausschlüpfen bis zur vollen Aktivität in 5 Tage alten Kücken. In einem pathologischen Fall konnte eine geringe Transaminase-Aktivität in der Rückenmarksflüssigkeit gefunden werden[16].

Aber nicht nur im Nervengewebe, sondern auch in anderen Säugetierorganen konnte eine γ-Aminobuttersäure-Aktivität, wenn auch in geringerer Konzentration, nachgewiesen werden: z. B. im Magen und Darm des Menschen[17], in der Leber von Ratte und Maus[1,2,9,10], im Herzmuskel der Ratte[8,10,18] und im Diaphragma[18], nicht dagegen im Skeletmuskel[18], in der Niere, Nebenniere und Milz der Ratte[10]. Ein indirekter Nachweis einer γ-Aminobuttersäure-Transaminase in Organextrakten kann auch durch Messung des Sauerstoffverbrauchs erfolgen, da der gebildete Aldehyd oxydiert wird. So erhöht z.B. ein Zusatz von γ-Aminobuttersäure zu einem Organhomogenat den O_2-Verbrauch um 40 %, eine

[1] BESSMAN, S. P., J. ROSSEN and E. C. LAYNE: J. biol. Ch. **201**, 385 (1953).
[2] ROBERTS, E., and H. M. BREGOFF: J. biol. Ch. **201**, 393 (1953).
[3] WAKSMAN, A., and C. FAIENZA: Clin. chim. Acta, Amsterdam **5**, 450 (1960).
[4] SALVADOR, R. A., and R. W. ALBERS: J. biol. Ch. **234**, 922 (1959).
[5] ALBERS, R. W., and R. O. BRADY: J. biol. Ch. **234**, 926 (1959).
[6] BAXTER, C. F., and E. ROBERTS: J. biol. Ch. **236**, 3287 (1961).
[7] BAXTER, C. F., and E. ROBERTS: J. biol. Ch. **233**, 191, 1135 (1958).
[8] NAKAMURA, K., and F. BERNHEIM: Jap. J. Pharmacol. **11**, 141 (1962).
[9] NAKAMURA, K., and F. BERNHEIM: Jap. J. Pharmacol. **11**, 37 (1961).
[10] CACIOPPO, F., L. PANDOLFO e G. CHIARA: Boll. Soc. ital. Biol. sperim. **35**, 465 (1959).
[11] NISHIZAWA, Y., T. KODAMA and S. KONISHI: J. Vitaminol., Kyoto **5**, 117 (1959).
[12] SALGANICOFF, L., and E. DE ROBERTIS: Life Sci. **2**, 85 (1963).
[13] BAXTER, C. F., and E. ROBERTS: Proc. Soc. exp. Biol. Med. **101**, 811 (1959).
[14] ROBERTS, E., I. P. LOWE, L. GUTH and B. JELINEK: J. exp. Zool. **138**, 313 (1958).
[15] SISKEN, B., K. SANO and E. ROBERTS: J. biol. Ch. **236**, 503 (1961).
[16] FAIENZA, C.: Lattante **33**, 721 (1962).
[17] WAKSMAN, A., and C. FAIENZA: Clin. chim. Acta, Amsterdam **5**, 450 (1960).
[18] RUBINO, F., e G. D. CHIARA: Boll. Soc. ital. Biol. sperim **35**, 1578 (1959).

Tabelle 82. *Vorkommen der γ-Aminobuttersäure-Transaminase.*

Species	Organ	Enzym-Aktivität: Homogenat	Enzym-Aktivität: unlösliche Fraktion	Einheit	Literatur
Kalb	Gehirn	0,32	0,19	μM Glutamat/150 mg Frischgewicht/Std	1
Ratte	Gehirn	0,66	0,61		
Kaninchen	Gehirn	0,37	0,58		
Ratte	Leber		0,22		
		Acetontrockenpulver	unlösliche Fraktion		
Maus	Gehirn	8,0	7,1	μM Glutamat/100 mg Acetontrockenpulver bzw. Sediment aus 750 mg Frischgewicht je 150 min/30° C	2
	Leber	6,0	3,8		
		dialysierte und lyophilisierte Extrakte			
Mensch	Gehirn			(Rückreaktion)	
	Lobus frontalis	7,9		μM γ-Aminobuttersäure/g Frischgewicht/Std/37° C	3
	Lobus temporalis	6,8			
	Lobus occipitalis	6,3			
	Magen	0—0,41			
	Darm	0,57			

Species	Gehirn und nervale Strukturen	Aktivität in μM Succinsemialdehyd/g Trockengew./Std/38° C	Gehirn und nervale Strukturen	Aktivität in μM Succinsemialdehyd/g Trockengew./Std/38° C	Literatur
Rhesusaffen	Gesamtgehirn	150	*Mittelhirn*		
	Occipitale Großhirnrinde		Substantia grisea	94 ± 14	4
	Schicht 1	30 ± 11	Substantia nigra	96 ± 9	
	Schicht 2 + 3	55 ± 9	Putamen	105 ± 4	
	Schicht 4	40 ± 8	Formatio reticularis	113 ± 21	
	Schicht 5 + 6	9 ± 1	Nucleus caudatus	114 ± 14	
	angrenzende weiße Substanz	2 ± 1	Nucleus medialis thalami	115 ± 7	
			Hypothalamus posterior	124 ± 19	
	Motorische Rinde		Colliculus rostralis, graue Schicht	137 ± 20	
	Schicht 1	34 ± 6	Nucleus hypothalamicus anterior	149 ± 16	
	Schicht 2 + 3	65 ± 11			
	Schicht 5 + 6	36 ± 2	Nucleus abducens	209 ± 18	
	angrenzende weiße Substanz	4 ± 1	Colliculus inferior	219 ± 14	
			Nucleus dentatus	252 ± 11	
	Hippocampus		Colliculus superior	276 ± 7	
	Molecularis	94 ± 9	Nucleus olivaris	294 ± 7	
	Radiata	66 ± 6	*Rückenmark*		
	Pyramidalis	68 ± 10	Substantia grisea		
			Lumbal	197—315	
	Kleinhirnrinde		Thoracal	223—240	
	Molekularschicht	150 ± 9	Cervical	261—287	
	Granularschicht	74 ± 10	*Peripheres Nervensystem*		
			Dorsale Wurzeln	0	
	Subcorticale Strukturen		Ventrale Wurzeln	0	
	Tractus opticus	0	Dorsale Ganglien	8	
	Hypophysenstiel	0	Ganglion cervicale superius	20	
	Fasciculus gracilis	0			
	Laterale Pyramiden	0			
	Globus pallidus	52 ± 3	*Nebenniere*		
	Nucleus lateralis thalami	53 ± 5	Rinde	0	
	Nucleus ruber	62 ± 11	Mark	15	

[1] BESSMAN, S. P., J. ROSSEN and E. C. LAYNE: J. biol. Ch. **201**, 385 (1953).
[2] ROBERTS, E., and H. M. BREGOFF: J. biol. Ch. **201**, 393 (1953).
[3] WAKSMAN, A., and C. FAIENZA: Clin. chim. Acta, Amsterdam **5**, 450 (1960).
[4] SALVADOR, R. A., and R. W. ALBERS: J. biol. Ch. **234**, 922 (1959).

Tabelle 82 (Fortsetzung).

Species	Organ	Extrakt aus Acetontrockenpulver mit 0,1 m Boratpuffer, p_H 8,7		Einheit	Literatur
		pro 100 mg Acetontrockenpulver	pro mg Protein		
Rind	Gehirn, Rinde	13,5	0,45	μM Glutamat/Std/37° C	1
	Gehirn, weiße Substanz	2,5	0,085		
Maus	Gehirn	13,5	0,45		
Ratte	Gesamtgehirn	30		μM Glutamat/g Frischgewicht/Std	2
	Kleinhirn	61			
	Cortex	44			

Species	Organ	Aktivität in μM/g Frischgewicht/Std bei 37° C		Einheit	Literatur
		Homogenat	lösliche Aktivität / gebundene Akt.		
Ratte	Mesencephalon	49,62 ± 4,13	0,30		3
	Lobus olfactorius	41,28 ± 4,15	0,58		
	Medulla	39,85 ± 4,61	0,43		
	Cerebellum	39,04 ± 2,65	0,43		
	Diencephalon	38,98 ± 2,72	0,28		
	Pons	36,32 ± 2,48	0,41		
	Cortex	31,67 ± 3,42	0,42		
		Homogenat	strukturgebundene Aktivität		
Ratte	Gehirn	49,35 ± 1,5	30,49 ± 3,7	μM/g Frischgewicht/Std/37° C	4
	Leber	61,12 ± 9,92	29,34 ± 7,24		
	Niere	58,02 ± 1,41	26,27 ± 3,05		
	Herz	12,81 ± 0,87	6,09 ± 1,66		
Maus	Gehirn	2,71		μM Succinsemialdehyd je 150 mg Frischgewicht/Std bei 37° C	5
Ratte	Gehirn, Rinde	21,38		mg Glutaminsäure/g Frischgewicht/Std	6
	Leber	1,56			
	Niere	9,75			
	Nebenniere	3,76			
	Milz	4,66			
	Herz	3,01			
E. coli Stamm E 26, acetatadaptiert		16,3 μM/100 mg Acetontrockenpulver/Std	2,3 μM/mg Protein/Std		1
Aspergillus fumigatus		6,0		μM Glutamat/15 mg Acetontrockenpulver je 3 Std/30° C	7
E. coli (glutamatadaptiert)		7,9			
E. coli (acetatadaptiert)		12,4			

[1] Baxter, C. F., and E. Roberts: J. biol. Ch. **233**, 191, 1135 (1958).
[2] Baxter, C. F., and E. Roberts: J. biol. Ch. **236**, 3287 (1961).
[3] Nakamura, K., and F. Bernheim: Jap. J. Pharmacol. **11**, 37 (1961).
[4] Nakamura, K., and F. Bernheim: Jap. J. Pharmacol. **11**, 141 (1962).
[5] Nishizawa, Y., T. Kodama and S. Konishi: J. Vitaminol., Kyoto **5**, 117 (1959).
[6] Cacioppo, F., L. Pandolfo e G. Chiara: Boll. Soc. ital. Biol. sperim. **35**, 465 (1959).
[7] Roberts, E., P. Ayengar and I. Posner: J. biol. Ch. **203**, 195 (1953).

alleinige Zugabe von α-KGS um 20%. Gibt man beide Substrate gleichzeitig zu, so tritt eine Erhöhung des O_2-Verbrauchs um 125% ein[1].

Auch in Mikroorganismen konnte eine Transaminierung von γ-Aminobuttersäure nachgewiesen werden. Wäßrige Extrakte aus *Aspergillus fumigatus*, der auf Ammoniumchlorid und Glucose gezüchtet wurde, setzen γ-Aminobuttersäure und β-Alanin um. Die Aktivität kann auf das 3—7fache gesteigert werden, wenn γ-Aminobuttersäure oder β-Alanin als einzige Stickstoffquelle verwendet wird[2]. Acetontrockenpulver-Extrakte aus glutamat- oder acetatadaptierten *Escherichia coli*-Kulturen setzen nur γ-Aminobuttersäure, nicht aber β-Alanin mit α-KGS um[2, 3]. Der Rohextrakt aus *E. coli* hat eine Enzymaktivität von 10,6 μM gebildeter Glutaminsäure/mg N/Std[2]. Auch andere Stämme von *E. coli* zeigen eine Transaminase-Aktivität[3, 4]. In einem Stamm von *Pseudomonas fluorescens* konnte γ-Aminobuttersäure-Transaminase nur nachgewiesen werden, wenn als Kohlenstoffquelle im Nährmedium Pyrrolidin verwendet wurde[5, 6]. Diese Adaptation führt zur Synthese von Enzymsystemen, die Pyrrolidin über Pyrrolin, γ-Aminobuttersäure, Bernsteinsäuresemialdehyd zu Bernsteinsäure abbauen. Zu diesen Enzymen gehören die γ-Aminobutyraldehyd-Dehydrogenase, die γ-Aminobuttersäure-Transaminase und die Bernsteinsäuresemialdehyd-Dehydrogenase. Dabei wird bei einem Zusatz von Pyrrolidin zum Nährmedium eine Transaminase-Aktivität entsprechend 2,3 μM Substratumsatz/mg Protein/Std gebildet, während der Zusatz von γ-Aminobuttersäure nur 1,7, Glucose 0,1 μM und Glutamat als Kohlenstoffquelle keine Aktivität hervorruft[5].

Bachrach[7] fand in *Pseudomonas aeruginosa* ein Enzymsystem, das γ-Aminobuttersäure, wie bei den oben erwähnten Umsetzungen, nicht nur mit α-KGS transaminiert, sondern auch mit Pyruvat, Oxalacetat und α-Ketovalerat. Der durch die Transaminierung gebildete Succinsemialdehyd kann durch Oxydation mit NAD oder NADP weiter oxydiert werden. Die gebildeten korrespondierenden Aminosäuren, Glutaminsäure, Alanin, Asparaginsäure und Valin, wurden papierchromatographisch nachgewiesen. Umgekehrt konnte auch die Umwandlung von Bernsteinsäure in γ-Aminobuttersäure durch primäre Reduktion mit $NADPH_2$ und nachfolgende Transaminierung mit Bernsteinsäuresemialdehyd als Zwischenprodukt demonstriert werden. Weitere Vorkommen in Bakterien: *Pseudomonas aeruginosa*[8], *Bacillus pumilus*[9] und *Achromobacter*[10].

Da viele Gemüsearten eine hohe Glutaminsäuredecarboxylase-Aktivität besitzen und damit die Bildung der γ-Aminobuttersäure gegeben ist, wäre auch eine γ-Aminobuttersäure-Transaminase zu erwarten gewesen. Jedoch ließ sie sich z.B. in Avocadofrüchten und Pfeffer nicht nachweisen[11], während sie in Kürbis und Roten Rüben in sehr geringer Menge vorgefunden wurde[12].

Isolierung. Die Untersuchungen über die γ-Aminobuttersäure-Transaminase erfolgten in den meisten Fällen an ungereinigten Gewebsextrakten, Acetontrockenpulver-Extrakten oder in Suspensionen der nach Aufschluß der Organe mit Puffer-, Saccharose- oder KCl-Lösungen isolierten Zellpartikel-Fraktionen. Auch gefriergetrocknete Gewebe oder Bakterien werden als Enzympräparate verwendet. So wird z.B. nach Roberts[11] das Gehirn oder Lebergewebe mit 10 Vol. kalter 0,25 m Rohrzuckerlösung in einem Glashomogenisator aufgeschlossen und 20 min in der Kälte bei 20000 × g zentrifugiert. Der Rückstand wird

[1] Pandolfo, L., E. Arena e S. Mogavero: Boll. Soc. ital. Biol. sperim **38**, 739 (1962).
[2] Roberts, E., P. Ayengar and I. Posner: J. biol. Ch. **203**, 195 (1953).
[3] Baxter, C. F., and E. Roberts: J. biol. Ch. **233**, 191, 1135 (1958).
[4] Wallach, D. P.: Biochem. Pharmacol. **5**, 166 (1960).
[5] Scott, E. M., and W. B. Jakoby: Science, N.Y. **128**, 361 (1958).
[6] Scott, E. M., and W. B. Jakoby: J. biol. Ch. **234**, 932 (1959).
[7] Bachrach, U.: Biochem. J. **77**, 417 (1960).
[8] Noe, F. F., and W. J. Nickerson: J. Bact. **75**, 674 (1958).
[9] Tsunoda, T., and I. Shijo: J. Biochem. **46**, 1011 (1959).
[10] Highashi, T., T. Horio and K. Okunuko: J. Biochem. **44**, 735 (1957).
[11] Roberts, E., and H. M. Bregoff: J. biol. Ch. **201**, 393 (1953).
[12] Suzuki, T., and T. Hasegawa: Bull. agric. chem. Soc. Jap. **22**, 341 (1958).

in 0,04 m Phosphatpuffer suspendiert und zum Aktivitätstest eingesetzt. Acetontrockenpulver wird durch Aufschluß der Gewebe oder Bakteriensuspension in Aceton (— 15° C) hergestellt. Die Fällung wird mit Aceton und mit Äther gewaschen und im Vakuum getrocknet. Solche Enzym-Rohpräparate sind lange Zeit in der Kälte haltbar. Die Elution erfolgt mit Wasser oder Pufferlösung; das Acetontrockenpulver kann auch als Suspension eingesetzt werden[1].

***Isolierung eines löslichen γ-Aminobuttersäure-Transaminasepräparates aus E. coli nach* Roberts *u. Mitarb.*[2].**

Aus einer acetatadaptierten *E. coli*-Kultur kann ein lösliches Enzympräparat isoliert werden, indem man das Acetontrockenpulver wäßrig extrahiert und eine Ammoniumsulfatfraktionierung anschließt.

400 mg Bakterien-Acetontrockenpulver werden mit 20 ml Wasser in einem Glashomogenisator aufgeschlossen und 20 min bei $18000 \times g$ zentrifugiert. Der Rückstand wird nochmals mit 20 ml Wasser extrahiert. 35 ml des Extraktes werden mit 35 ml einer 3,6 m $(NH_4)_2SO_4$-Lösung versetzt, der Niederschlag verworfen. Der Überstand wird erneut mit 70 ml Ammoniumsulfat-Lösung versetzt, der Niederschlag isoliert und in wenig Wasser gelöst. Die so erzielte Reinigung bedeutet gegenüber dem Rohextrakt eine sechsfache Anreicherung. Die Aktivität des Enzympräparates beträgt 63,5 μM gebildeter Glutaminsäure/mg N/Std.

Ein Verfahren zur Anreicherung des Enzyms aus tierischen Geweben ist bisher nicht beschrieben.

***Isolierung von γ-Aminobuttersäure-Transaminase aus Pseudomonas fluorescens nach* Scott *und* Jakoby[3, 4].**

Pseudomonas fluorescens (A.T.C.C. 13430)* bildet bei Wachstum auf einem Pyrrolidin als einzige C-Quelle enthaltenden Medium γ-Aminobutyraldehyd-Dehydrogenase, γ-Aminobuttersäure-Transaminase und Succinsemialdehyd-Dehydrogenase. Bei Verwendung von γ-Aminobuttersäure als Substrat kommt es zu keiner Bildung von γ-Aminobutyraldehyd-Dehydrogenase.

Das Nährmedium besteht aus: (g/l) K_2HPO_4 1,15; KH_2PO_4 0,625; $MgSO_4 \times 7\,H_2O$ 0,02; NH_4NO_3 1; Pyrrolidin 4. Das Wachstum erfolgt auf 1,5% Schrägagar. Mit diesen Kulturen wird zur Gewinnung größerer Zellmengen eine 6 l-Kulturflasche mit 1,5 l Nährmedium ohne Agar beimpft. Nach einer Wachstumsperiode von 24 Std bei 28° C unter ständigem Schütteln werden damit 90 l Kulturmedium (anorganische Salze, 1% Hefeextrakt, 0,8% neutrales Pyrrolidin und 0,001% Antischaummittel) beimpft und bei Zimmertemperatur unter heftiger Luftzufuhr 16 Std inkubiert. Die Zellen werden durch hochtouriges Zentrifugieren gewonnen, zweimal mit 5 Vol. 0,9%iger Kochsalzlösung gewaschen und bei — 20° C eingefroren. Die Ausbeute bei einem 90 l-Ansatz beträgt 100 bis 275 g Feuchtgewicht.

Zur Isolierung der γ-Aminobuttersäure-Transaminase s. Tabelle 83.

1. Die Extraktion erfolgt nach dem Auftauen der Zellen und nach Waschen mit dem zehnfachen Volumen 0,1 m Kaliumphosphatpuffer, p_H 7,35, der 0,01% Mercaptoäthanol enthält. Dabei wird ein großer Anteil der Nucleinsäuren entfernt und damit die anschließende Fraktionierung mit Protamin und Salzen erleichtert. Das Sediment wird in dem gleichen Volumen 0,1 m Phosphatpuffer suspendiert und 5 min mit einem 10 kc Raytheon-Ultraschalloscillator behandelt. Nach Verdünnen der Suspension mit

* American Type Culture Collection, 2112 M Street, N.W. Washington 7, D.C.

[1] Baxter, C. F., and E. Roberts: J. biol. Ch. **233**, 191, 1135 (1958).

[2] Roberts, E., P. Ayengar and I. Posner: J. biol. Ch. **203**, 195 (1953).

[3] Scott, E. M., and W. B. Jakoby: J. biol. Ch. **234**, 932 (1959).

[4] Jakoby, W. B.; in: Colowick-Kaplan, Meth. Enzymol. Bd. V, S. 765.

2 Vol. des gleichen Puffers wird 20 min bei 14000 × g zentrifugiert und der Rückstand nochmals ultraschallbehandelt. Die beiden Extrakte werden vereinigt und stellen den Rohextrakt dar.

2. Der Rohextrakt wird mit 12,5 mg Protaminsulfat/g Zellen in Form einer 1 %igen Lösung versetzt. Nach Entfernung des gebildeten Niederschlags werden pro 100 ml Überstand 35 g Ammoniumsulfat zugesetzt und der Niederschlag verworfen. Die Fällung bei weiterer Zugabe von Ammoniumsulfat wird isoliert und in 0,1 m Kaliumphosphatpuffer, p_H 7,35, mit 0,01 % Mercaptoäthanol gelöst.

3. Die 2-Mercaptoäthanol-Konzentration wird auf 0,1 % erhöht und diese Lösung in 10 Vol. Aceton (— 15° C) eingegossen. Der flockige Niederschlag wird abgesaugt, in einem kleinen Volumen Kaliumphosphatpuffer aufgenommen und vom Unlöslichen abzentrifugiert.

4. Der aktive Überstand wird auf einen Mercaptoäthanol-Gehalt von 0,05 % gebracht, über Nacht gegen 100 Vol. 0,05 m Phosphatpuffer dialysiert und vom Unlöslichen abzentrifugiert. Nach der Dialyse wird der Mercaptoäthanol-Gehalt auf 0,1 % erhöht und 1 Vol. Aceton (— 15° C) zugesetzt. Der resultierende Niederschlag enthält die Hauptmenge der Succinsemialdehyd-Dehydrogenase. Der Überstand wird auf einen Acetongehalt von 75 % (v/v) erhöht, der dadurch gebildete Niederschlag isoliert und in wenig 0,01 m Kaliumphosphatpuffer gelöst.

Tabelle 83. *Reinigung der γ-Aminobuttersäure-Transaminase aus Pseudomonas fluorescens*[1].

Schritt	Volumen ml	Gesamtaktivität E*	Gesamtprotein mg	Spezifische Aktivität E/mg
1. Extrakt	1040	628	10400	0,06
2. Protamin/$(NH_4)_2SO_4$	52	415	1150	0,36
3. Aceton	50	308	720	0,43
4. Dialyse, Aceton	17	126	152	0,83
5. Gel-Eluat	53	69	39	1,75
6. $(NH_4)_2SO_4$	3,2	35	10,5	3,40

* Eine Enzymeinheit ist die Enzymmenge, die einen Substratumsatz von 1 μM/min katalysiert.

5. Diese Lösung wird mehrere Male mit kleinen Mengen Calciumphosphatgel (1 mg pro mg Protein) behandelt. Der Vorgang wird solange wiederholt, bis ca. 90 % der Enzymaktivität adsorbiert sind. Dabei enthalten die ersten Gelfraktionen nur wenig Aktivität und können verworfen werden. Die Elution des Enzyms vom Gel erfolgt mit 0,1 m Kaliumphosphatpuffer.

6. Das Eluat wird mit 42 g Ammoniumsulfat/100 ml versetzt, der Niederschlag abgetrennt und verworfen. Der nach einer weiteren Zugabe von 10,5 g Ammoniumsulfat erneut gebildete Niederschlag enthält die Hauptmenge des Enzyms und wird in 0,05 m Phosphatpuffer gelöst.

Die mit diesem Verfahren durchschnittlich erzielbare spezifische Aktivität beträgt 3,4 μM/mg Protein/min, kann jedoch auch bis 4,5 ansteigen[2].

Eigenschaften. Ein exakter Beweis, daß es sich bei der γ-Aminobuttersäure-Transaminase ebenfalls um ein PLP-Enzym handelt, konnte bisher nicht erbracht werden. Für das Vorliegen eines PLP-Enzyms spricht, daß bei Enzymextrakten aus *E. coli*, Mäuse- und Rinderhirn die Aktivität je nach Isolierungsverfahren durch PLP zwischen 20 und 130 % aktiviert werden kann. Außerdem konnte die Inaktivierung des Enzyms bei leicht saurem p_H und bei erhöhten Temperaturen durch einen PLP-Zusatz verringert oder ganz verhindert werden[3]. Ein weiteres Faktum zugunsten eines PLP-Enzyms ist die Möglichkeit, die in vitro-Hemmung der Transaminase aus Mäusehirn durch Carbonylreagentien mit PLP rückgängig zu machen. Weiterhin kann ein Aktivitätsverlust, der nach 24 Std

[1] Scott, E. M., and W. B. Jakoby: J. biol. Ch. **234**, 932 (1959).
[2] Scott, E. M., and W. B. Jakoby: Science, N.Y. **128**, 361 (1958).
[3] Baxter, C. F., and E. Roberts: J. biol. Ch. **233**, 191, 1135 (1958).

Dialyse 87 % beträgt, durch PLP behoben werden[1–3]. Desgleichen ist eine Aufhebung oder Einschränkung der in vivo-Hemmung der Transaminase durch PLP möglich[1].

Mäuse, die eine Vitamin-B_6-freie Kost erhalten, zeigen bereits nach 4 Tagen einen Abfall der γ-Aminobuttersäure-Transaminase-Aktivität des Gehirns, der durch Vitamin B_6-Gaben normalisiert werden kann[1].

Diesen Ergebnissen stehen die folgenden Befunde gegenüber, die *gegen* das Vorliegen eines PLP-Enzyms sprechen: Die γ-Aminobuttersäure-Transaminase-Aktivität in Kälber-, Ratten- und Kaninchenhirnextrakten wird durch PLP und PMP nicht beeinflußt[4], und die Hemmung durch Aminooxyacetat durch PLP nicht verhindert[5]. Das aus *E. coli* durch Ammoniumsulfatfraktionierung isolierte Enzympräparat verliert nach 24 Std Dialyse seine Aktivität, die durch PLP nicht wieder hergestellt werden kann[6]. Auch in Rohextrakten und bei gereinigten Enzympräparaten aus *Pseudomonas fluorescens* wird die Aktivität durch PLP nicht beeinflußt[2].

Das reinste γ-Aminobuttersäure-Transaminase-Präparat aus *Pseudomonas*[2] besitzt eine sehr hohe Substratspezifität und katalysiert nur die reversible Transaminierung zwischen γ-Aminobuttersäure und α-KGS zu Bernsteinsäuresemialdehyd und Glutamat. Es handelt sich demnach um eine ω-Aminosäure-Transaminase.

β-Hydroxy-γ-aminobuttersäure kann auch als Substrat dienen, jedoch verläuft die Transaminierung sehr viel langsamer[7]. γ-Aminobuttersäure läßt sich nicht ersetzen durch: β-Alanin, δ-Aminovaleriansäure, ε-Aminocapronsäure, ω-Aminocaprylsäure, Ornithin oder Lysin; ebenso ist α-KGS durch Brenztraubensäure, Oxalessigsäure, Ketomalonsäure oder α-Ketoisovaleriansäure nicht ersetzbar, Glutaminsäure nicht durch: Asparaginsäure, L-2,4-Diaminoglutarsäure, Alanin oder D-Glutaminsäure, schließlich Bernsteinsäuresemialdehyd nicht durch: Glyoxylsäure, Glykolaldehyd oder Malonsemialdehyd. Außerdem wurde bei Verwendung von radioaktivem Glutamat als Substrat der Beweis erbracht, daß es sich bei der oben beschriebenen Katalyse um eine echte Transaminierung handelt und nicht um eine Transcarboxylierung. Dabei ergab die Inkubation von ^{14}C-2-D,L-Glutamat mit Bernsteinsäuresemialdehyd in Gegenwart des Enzyms nur markiertes α-Ketoglutarat, aber keine aktive γ-Aminobuttersäure[2]. BAXTER und ROBERTS[8] fanden für das durch Acetonfällung und Extraktion angereicherte Enzym als Aminoacceptor nur α-KGS aktiv, während mehrere Aminosäuren mit α-KGS reagierten. Das prozentuale Verhältnis der Reaktionsgrößen zum Umsatz von γ-Aminobuttersäure ist: γ-Aminobuttersäure 100 %, β-Alanin 96 %, δ-Aminovaleriansäure 46 %, ε-Aminocapronsäure 0 %, Glycin 10 %, α-Aminobuttersäure 80 %, α-γ-Diaminobuttersäure 13 %, α,γ-Diaminoglutarsäure 245 %.

Auch die Homogenate und Partikelfraktionen aus Gehirn, Leber, Niere und Herz der Ratte setzen verschiedene ω-Aminosäuren und Guanidylverbindungen verschieden rasch mit α-KGS um (Tabelle 84); bei diesen Reaktionen sind sicherlich verschiedene Transaminasen beteiligt[9].

Im Rohextrakt von *Aspergillus fumigatus* findet eine spezifische Transaminierung mit γ-Aminobuttersäure und α-KGS statt, dagegen wird Glutamat auch mit Phenylpyruvat, α-Ketoisovalerat und Pyruvat umgesetzt[6]. Die aus *Pseudomonas aeruginosa* isolierte Transaminase setzt γ-Aminobuttersäure mit α-KGS, aber auch mit Pyruvat, Oxalacetat und α-Ketovalerat in einem Verhältnis von 1:0, 7:0, 5:0,2 um[10]. Umsetzungen

[1] NISHIZAWA, Y., T. KODAMA and S. KONISHI: J. Vitaminol., Kyoto **5**, 117 (1959).
[2] SCOTT, E. M., and W. B. JAKOBY: J. biol. Ch. **234**, 932 (1959).
[3] JAKOBY, W. B.; in: Colowick-Kaplan, Meth. Enzymol. Bd. V, S. 765.
[4] BESSMAN, S. P., J. ROSSEN and E. C. LAYNE: J. biol. Ch. **201**, 385 (1953).
[5] WALLACH, D. P.: Biochem. Pharmacol. **8**, 328 (1961).
[6] ROBERTS, E., P. AYENGAR and I. POSNER: J. biol. Ch. **203**, 195 (1953).
[7] ALBERS, R. W., and W. B. JAKOBY: Biochim. biophys. Acta **40**, 457 (1960).
[8] BAXTER, C. F., and E. ROBERTS: J. biol. Ch. **233**, 191, 1135 (1958).
[9] NAKAMURA, K., and F. BERNHEIM: Jap. J. Pharmacol. **11**, 141 (1962).
[10] BACHRACH, U.: Biochem. J. **77**, 417 (1960).

Tabelle 84. *Transaminase-Aktivität in Homogenaten aus Gehirn, Leber, Niere und Herz der Ratte mit verschiedenen ω-Amino- und Guanidylverbindungen*[1].

Substrat	Aktivität in μM/g Frischgewicht/Std/37° C			
	Gehirn	Leber	Niere	Herz
γ-Aminobuttersäure	49,35 ± 1,50	61,12 ± 9,92	58,05 ± 1,41	12,81 ± 0,87
β-Alanin	46,35 ± 4,00	62,95 ± 2,83	70,10 ± 3,12	12,15 ± 0,92
γ-Guanidinobuttersäure	8,32 ± 0,92	10,07 ± 1,22	12,95 ± 1,28	9,35 ± 0,35
β-Guanidinopropionsäure	9,08 ± 1,41	9,95 ± 2,24	18,55 ± 4,11	8,87 ± 0,28
α-Guanidinopropionsäure	10,47 ± 2,12	13,85 ± 1,41	24,75 ± 4,12	10,82 ± 0,23
γ-Guanidinoessigsäure	8,02 ± 2,75	11,25 ± 3,35	18,50 ± 4,72	13,85 ± 1,99
L-Carnosin	31,25 ± 1,24	9,00 ± 2,75	27,12 ± 3,25	14,55 ± 2,83
γ-Aminobuttersäurecholinsulfat	31,23 ± 4,25	27,21 ± 7,74	38,87 ± 2,88	8,22 ± 1,85

von β-Alanin[2–4], δ-Aminovaleriansäure[5–7] und α,γ-Diaminoglutarsäure[5,6] sind möglicherweise auf Verunreinigungen mit anderen Enzymsystemen zurückzuführen.

Das *p*H-*Optimum* der γ-Aminobuttersäure-Transaminierung liegt für die einzelnen Enzympräparate in einem relativ engen Bereich und beträgt für das Enzym aus dem Gehirn von Affen 8,4[8], Ratten 7,8[8] bzw. 8,4[9], Rindern 8,2[5], Mäusen 8,1—8,2[3–5]. Das pH-Optimum des Enzyms von Leber, Niere und Herz der Ratte ist 8,2—8,5; 8,4 und 8,3—8,6[1].

MICHAELIS-*Konstanten* sind nur für das Enzym aus Rinderhirn aus den kinetischen Daten errechnet worden und betragen für γ-Aminobuttersäure 3×10^{-3} m und für α-KGS 4×10^{-4} m[5]. Für das gleiche Enzym wurde ein *Temperaturoptimum* von 49° C gefunden.

Zur Stabilität der Enzympräparate. Acetontrockenpulver aus Rohhomogenaten behalten ihre Transaminase-Aktivität über mehrere Monate, wenn sie trocken bei —4° C aufbewahrt werden[5]. Ein aus *E. coli* angereichertes Enzympräparat verliert schon nach 24 Std bei 4° C 33 % seiner Aktivität und wird bei einer 24 Std-Dialyse gegen dest. Wasser völlig inaktiv; PLP führt zu keiner Reaktivierung[4]. Ein hochgereinigtes Enzympräparat aus *Pseudomonas fluorescens* ist bei —20° C mehrere Monate stabil, jedoch tritt bei einer pH-Verschiebung auf über 7,5 und unter 6,5 rasch eine Inaktivierung ein[10]. Ein Boratpufferextrakt aus Rinderhirn-Acetontrockenpulver verliert innerhalb 12 Std seine gesamte Enzymaktivität; wird das Enzym hingegen eingefroren, so bleibt die Aktivität erhalten, vorausgesetzt das Auftauen erfolgt über mehrere Stunden[5]. Bei dem gleichen Enzympräparat zeigen einige Substrate eine deutliche Schutzwirkung gegen einen Aktivitätsverlust durch Inkubation des Enzyms bei 37,5 und 61° C (Tabelle 85).

Tabelle 85. *Schutzwirkung einiger Substrate gegen eine Hitzedenaturierung der γ-Aminobuttersäure-Transaminase*[5]. Substratkonzentration 3×10^{-2} m; 150 μg PLP/Ansatz.

Substanz	Restaktivität der γ-Aminobuttersäure-Transaminase		
	37° C	50° C	61° C
Keine	73	24	2
γ-Aminobuttersäure	74	24	2
α-Ketoglutarat	82	63	16
α-KGS + γ-Aminobutyrat	90	81	21
PLP	100	66	11
γ-Aminobutyrat + PLP	106	76	11
α-KGS + PLP	100	100	63
α-KGS + PLP + γ-Aminobuttersäure	101	92	63

[1] NAKAMURA, K., and F. BERNHEIM: Jap. J. Pharmacol. **11**, 141 (1962).
[2] BESSMAN, S. P., J. ROSSEN and E. C. LAYNE: J. biol. Ch. **201**, 385 (1953).
[3] ROBERTS, E., and H. M. BREGOFF: J. biol. Ch. **201**, 393 (1953).
[4] ROBERTS, E., P. AYENGAR and I. POSNER: J. biol. Ch. **203**, 195 (1953).
[5] BAXTER, C. F., and E. ROBERTS: J. biol. Ch. **233**, 191 u. 1135 (1958).
[6] ROBERTS, E.: Arch. Biochem. **48**, 395 (1954).
[7] SUDA, M.: Med. J. Osaka Univ. **5**, 119 (1954).
[8] SALVADOR, R. A., and R. W. ALBERS: J. biol. Ch. **234**, 922 (1959).
[9] NAKAMURA, K., and F. BERNHEIM: Jap. J. Pharmacol. **11**, 37 (1961).
[10] SCOTT, E. M., and W. B. JAKOBY: J. biol. Ch. **234**, 932 (1959).

Die *Gleichgewichtskonstante* der Reaktion mit dem Enzympräparat aus *Pseudomonas fluorescens* beträgt ca. 0,1 und ergibt einen ΔF-Wert von 1,4 kcal/M. Die Beziehung zwischen der Substratkonzentration und der Reaktionsgeschwindigkeit ist durch die folgende Gleichung ausgedrückt, wobei K_I die Inhibitorkonstante für α-KGS ist, K_k und K_a-Konstanten auf der Basis eines binären Reaktionsmechanismus unter einer Komplexbildung des Enzyms mit je einem Substrat und v die Anfangs- und V_{max} die maximale Reaktionsgeschwindigkeit:

$$\frac{1}{v} = \frac{1}{V_{max}} + \frac{K_k}{[\alpha\text{-KGS}]} + \frac{K_a}{[\gamma\text{-Aminobuttersäure}]}\left[1 + \frac{\alpha\text{-KGS}}{K_I}\right].$$

Die Werte dieser Konstanten für verschiedene Temperaturen und p_H-Werte zeigt die Tabelle 86. Im Bereich von 20—38° C und p_H 7,4—8,8 zeigt die Gleichgewichtskonstante keine Abhängigkeit von diesen Größen[1, 2].

Tabelle 86. *Wirkung von p_H und Temperatur auf die Reaktionskonstanten*[1, 2].

Die Angaben erfolgen: $\frac{1}{V_{max}}$ in min/M; K_k, Ka und $K'a$ in min/l und $\frac{1}{K_I}$ in l/Mol.

Temperatur °C	pH	$\frac{1}{V_{max}}$ (10⁷)	K_k (10⁴)	Ka (10⁴)	$\frac{1}{K_I}$	$K'a$*
25	8,83	12	14	6,4	150	1200
25	8,42	12	12	12	200	920
25	8,08	12	14	25	210	850
25	7,45	12	14	120	240	960
40	8,83	5	16	2,9	90	1500
30	8,83	9	15	4,5	120	1300
25	8,83	12	14	6,4	150	1300
20	8,83	17	13	8,0	250	1200
10	8,83	35	11	15,0	380	1100

* $K'a$ ist aus Ka errechnet unter der Annahme, daß nur die nichtionisierte Aminoform der γ-Aminobuttersäure mit dem Enzym reagiert.

Die Annahme, daß nur binäre Komplexe zwischen Substrat und Enzym an der Reaktion teilnehmen, wurde für Enzympräparate aus *Pseudomonas fluorescens* aufgestellt[1] und später bestätigt[3] (s. Reaktionsgleichung 1 und 2, S. 352). Dabei wird die Bildung einer Aldehyd- bzw. Aminoform des Enzyms mit PLP bzw. PMP nur als Analogieschluß zu anderen Transaminasen angenommen, da ein direkter Nachweis des Vorliegens eines PLP-Enzyms, wie oben beschrieben, bei der γ-Aminobuttersäure-Transaminase fehlt.

Die γ-Aminobuttersäure-Transaminase aus *Pseudomonas fluorescens* katalysiert auch den Isotopenaustausch zwischen 1-^{14}C-γ-Aminobuttersäure-Succinsemialdehyd und Glutamat-α-[1-2 ^{14}C]-KGS. Der Austausch zwischen γ-Aminobuttersäure und Succinsemialdehyd erfolgt rascher als zwischen L-Glutamat und α-KGS und ist für die gesamte Reaktionsgeschwindigkeit der Transaminierung bestimmend. Der Einfluß von Strukturanalogen auf die Geschwindigkeit der Austauschreaktion zwischen den C_4- und C_5-Substraten (Tabelle 87) zeigt nur für β-Hydroxy-γ-aminobuttersäure, Butyrat und Glutamat einen Hemmeffekt[3].

Bei der intracerebralen Verabreichung von ^{14}C-Glutamat konnte im Gehirn von Mäusen festgestellt werden, daß diese Verbindung die Kohlenstoffkette für die γ-Aminobuttersäure liefert[4]. ^{14}C-markierte γ-Aminobuttersäure wird in der Leber als Succinat in den Tricarbonsäurecyclus eingeschleust; dieser Mechanismus wird auch für das Gehirn diskutiert. Man fand weiter, daß nahezu 44 % des α-KGS-Umsatzes zu Succinat in Gehirn-

[1] Scott, E. M., and W. B. Jakoby: J. biol. Ch. **234**, 932 (1959).
[2] Jakoby, W. B.; in: Colowick-Kaplan, Meth. Enzymol. Bd. V, S. 765.
[3] Albers, R. W., and W. B. Jakoby: Biochim. biophys. Acta **40**, 457 (1960).
[4] Roberts, E., M. Rothstein and C. F. Baxter: Proc. Soc. exp. Biol. Med. **97**, 796 (1958).

schnitten via γ-Aminobuttersäure-Transaminierung verlaufen[1]. Dieser als ROBERTS-Cyclus bezeichnete Vorgang soll zum Teil die Energie für die Gehirntätigkeit bereitstellen[2].

Die *in vitro-Hemmung der γ-Aminobuttersäure-Transaminase* erfolgt im wesentlichen durch die gleichen Substanzen wie bei anderen Transaminasen weshalb angenommen wird, daß auch hier ein PLP-Enzym vorliegt. Die Hemmung der einzelnen Enzympräparate ist in Tabelle 88 angegeben. Als besonders wirksam haben sich Hydroxylamin und Aminooxyessigsäure erwiesen. Es bestehen hinsichtlich der Hemmwirkung einiger Substanzen unterschiedliche Befunde, z.B. bei Semicarbazid oder Cyanid, welches das Enzym aus Rindergehirn nicht hemmt[4], während es für das Enzym aus *Pseudomonas fluorescens* ein wirksamer Hemmstoff ist[5].

Tabelle 87. *Wirkung von strukturanalogen Substraten auf die Geschwindigkeit der Austauschreaktion zwischen den C_4-Substraten γ-Aminobuttersäure-Succinsemialdehyd und den C_5-Substraten Glutamat-α-KGS*[3].

Analoge	Prozent des Kontrollwertes C_4	Prozent des Kontrollwertes C_5
D,L-3-Hydroxy-γ-aminobuttersäure	50	38
β-Aminobutyrat	99	118
Butyrat	37	62
Glutarat	37	47
Succinat	85	98
α-Methylglutamat	90	78
β-Hydroxyglutamat	93	74

Tabelle 88. *Hemmung der γ-Aminobuttersäure-Transaminase.*

Hemmkörper	Konzentration $\times 10^{-4}$ m	Prozent	Literatur
Hydroxylamin	1	100	4
p-Chlormercuribenzoat	7	100	
Pyridoxaloxim	1	31	
N-Äthylmaleinimid	10	93	
N-Äthylmaleinimid	1	15	
Jodessigsäureamid	10	34	
KCN	0,1	50	5
Hydroxylamin	0,03	50	
Semicarbazid	10	50	6
Hydroxylamin	10	100	
Aminooxyessigsäure	0,066	50	7
Aminooxyessigsäure	0,1	92	4
Aminooxyessigsäure	3,3	100	8
Aminooxyessigsäure	0,033	40	8
Cycloserin	100	50—70	9

Von großer Bedeutung ist die *in vivo-Hemmung* der γ-Aminobuttersäure-Transaminase. Werden Mäuse auf einer vitamin-B_6-freien Diät gehalten, so kommt es nach dem 4. Tag zu einem Abfall der γ-Aminobuttersäure-Transaminase-Aktivität im Gehirn auf 67%. Durch Verabreichung von B_6 kann der Enzymgehalt normalisiert werden. Die Transaminase wird in vivo durch Carbonylgruppenreagentien, wie Thiosemicarbazid und Hydroxylamin, gehemmt und die Hemmung durch Gaben von Pyridoxalphosphat aufgehoben[6]. Die Verabreichung von 60 mg/kg Hydroxylamin, 30 mg/kg Pentobarbital, 50 mg/kg Diphenylhydantoin und 50 mg/kg Trimethadion führt bei der Ratte nach 30 bis 90 min zu einer Aktivitätsverminderung der γ-Aminobuttersäure-Transaminase in nahezu allen Gehirnregionen, die bei Hydroxylamin am größten ist und bis zu 48% (z.B. im Mesencephalon) betragen kann[10]. Succinsemialdehyd-Dehydrogenase wird gleichermaßen gehemmt. Von den angeführten Hemmstoffen ist in vitro nur das Hydroxylamin wirksam. Eine Injektion von Hydroxylamin bei Ratten führt zu einer Hemmung der γ-Aminobuttersäure-Transaminase und zu einer Zunahme der γ-Aminobuttersäure-

[1] MCKHANN, G. M., R. W. ALBERS, L. SOKOLOFF, O. MICKELSEN and D. B. TOWER: Symposium on the Inhibition of the Nervous System and γ-Aminobutyric Acid. p. 196. Oxford 1960.
[2] ROBERTS, E., M. ROTHSTEIN and C. F. BAXTER: Proc. Soc. exp. Biol. Med. **97**, 796 (1958).
[3] ALBERS, R. W., and W. B. JAKOBY: Biochim. biophys. Acta **40**, 457 (1960).
[4] BAXTER, C. F., and E. ROBERTS: J. biol. Ch. **233**, 191, 1135 (1958).
[5] JAKOBY, W. B.; in: Colowick-Kaplan, Meth. Enzymol. Bd. V, S. 765.
[6] NISHIZAWA, Y., T. KODAMA and S. KONISHI: J. Vitaminol., Kyoto **5**, 117 (1959).
[7] WALLACH, D. P.: Biochem. Pharmacol. **8**, 328 (1961).
[8] WALLACH, D. P.: Biochem. Pharmacol. **5**, 166 (1960).
[9] TORII, H.: Osaka Daigaku Igaku Zasshi **10**, 1999 (1958).
[10] NAKAMURA, K., and F. BERNHEIM: Jap. J. Pharmacol. **11**, 37 (1961).

Konzentration um 100 %. γ-Aminobuttersäure selber kann die Blut-Liquorschranke nicht durchdringen[1].

Im Laufe der Embryonalentwicklung nimmt der Gehalt an γ-Aminobuttersäure im zentralen Nervensystem zu[2]. Die Bildung von γ-Aminobuttersäure erfolgt über Glutaminsäure-Decarboxylase, der Abbau über γ-Aminobuttersäure-α-Ketoglutarat-Transaminase. Der Gehalt an γ-Aminobuttersäure im Gehirn steht in direkter Beziehung zu dem Spiegel der Glutaminsäuredecarboxylase, nicht jedoch zum Spiegel der γ-Aminobuttersäure-α-Ketoglutarat-Transaminase. Der Gehalt an γ-Aminobuttersäure im Gehirn wird durch Injektion (i.p. oder i.v.) zahlreicher Stoffe verändert[1, 3–7]. Eine nichttödliche i.p. Injektion von Hydroxylamin steigert den γ-Aminobuttersäuregehalt in 100 mg frischem Gehirngewebe bei Affen (7,4 mg/kg) von 14 auf 37, bei Katzen (9,6 mg/kg) von 20 auf 43, bei Ratten (37 mg/kg) von 26 auf 54 μg. Die Erhöhung ist in Gebieten des Gehirns mit der höchsten Glutaminsäure-Decarboxylase-Aktivität am größten und hält bis zu 24 Std an. Hydroxylamin und Aminooxyessigsäure hemmen die γ-Aminobuttersäure-α-Ketoglutarat-Transaminase, ohne in vivo die Glutaminsäure-Decarboxylase-Aktivität zu beeinflussen, was zur Erhöhung des γ-Aminobuttersäuregehaltes führt[8]. Zusätzlich wird in der Leber durch Hemmung der β-Alanin-α-Ketoglutarat-Transaminase der Spiegel an β-Alanin erhöht. Zum Beispiel wird im Gesamtgehirn nach Behandlung der Tiere mit Hydroxylamin in der Ratte die γ-Aminobuttersäure-α-Ketoglutarat-Transaminase-Aktivität um 45 % gesenkt. Eine Normalisierung der γ-Aminobuttersäure-Konzentration erfolgt bereits vor einer Normalisierung der Transaminasewerte. Der Hemmeffekt gegenüber der Transaminase beruht wahrscheinlich auf der Konkurrenz der Aminogruppe des Hydroxylamins und der γ-Aminobuttersäure um die Aldehydgruppe des Co-Enzyms. Die Hemmung der Transaminase ist an eine intakte Aminogruppe des Hydroxylamins gebunden, da andere Substanzen, wie Oxime, Hydroxamate und Derivate der γ-Aminobuttersäure, ohne Einfluß sind[8]. Carbonylreagentien, krampflösende und -verursachende Substanzen, Anaesthetica, Insulin und hypoxische Bedingungen beeinflussen die Transaminierung verschiedener ω-Aminosäuren und Guanidylverbindungen in Rattenhirn-Homogenaten und Partikelfraktionen meist im Sinne einer Hemmung[9].

Verbindungen mit einer Keto- oder Aldehydgruppe verhindern die Inaktivierung der γ-Aminobuttersäure-Transaminase durch Aminooxyessigsäure, die in vivo verabreicht, zu Krämpfen und zum Erstickungstod führt. Eine durch $6{,}6 \times 10^{-6}$ m Aminooxyacetat in vitro verursachte 50 %ige Hemmung dagegen wird durch Zugabe der gleichen bis zur 100fachen PLP-Menge nicht verändert. Die Hemmwirkung ist für beide Substrate streng kompetitiv[10]. Auch im Gehirn von Ratten, Mäusen, Katzen, Hunden und Meerschweinchen führt eine Verabreichung vom Aminooxyessigsäure zu einer Erhöhung des Gehaltes an γ-Aminobuttersäure auf das 4—5fache mit einem Maximum nach 6 Std. Die Werte liegen noch 24 Std nach der Verabreichung über der Norm[3].

Bei dem durch 2-Methyl-4-amino-5-hydroxy-methylpyrimidin verursachten „running fit“ ist die γ-Aminobuttersäure-Transaminase-Aktivität unverändert; die entsprechende 5-Aminoverbindung verhindert das „running fit“-Syndrom und führt zu einer Hemmung der γ-Aminobuttersäure-Transaminase. Die Hemmung der Transaminase mit Thiosemicarbazid kann durch Pyridoxin verhindert werden[11].

[1] Baxter, C. F., and E. Roberts: Proc. Soc. exp. Biol. Med. **101**, 811 (1959).
[2] Schade, J. P., and C. F. Baxter: Exp. Neurol., N.Y. **2**, 158 (1960).
[3] Wallach, D. P.: Biochem. Pharmacol. **5**, 166 (1960).
[4] Killam, K. F., and J. A. Bain: J. Pharmacol. exp. Therap. **119**, 255 (1957).
[5] Rindi, G., and G. Ferrari: Nature **138**, 609 (1959).
[6] Kessel, D.: Fed. Proc. **18**, 258 (1959).
[7] Kim, M. K.: New med. J., Seoul **4**, 91 (1961).
[8] Baxter, C. F., and E. Roberts: J. biol. Ch. **236**, 3287 (1961).
[9] Nakamura, K., and F. Bernheim: Jap. J. Pharmacol. **11**, 141 (1962).
[10] Wallach, D. P.: Biochem. Pharmacol. **8**, 328 (1961).
[11] Nishizawa, Y., T. Kodama and S. Kobayashi: J. Vitaminol., Kyoto **5**, 241 (1959).

Bestimmung. Alle Methoden zur Bestimmung der \ktivität der γ-Aminobuttersäure-Transaminase beruhen auf der Ermittlung eines der Reaktionsprodukte des Enzyms:

γ-Aminobuttersäure + α-Ketoglutarsäure ⇌ Bernsteinsäuresemialdehyd + Glutaminsäure.

Dabei werden im Prinzip die Reaktionsprodukte Glutamat oder Bernsteinsäuresemialdehyd nach folgenden Möglichkeiten quantitativ bestimmt:

1. Die Reaktionsprodukte werden papierchromatographisch getrennt und nach Elution der Flecke colorimetrisch bestimmt. Mit dem Fließmittel n-Butanol: Eisessig: Wasser = 4:1:1 ergeben sich folgende R_F-Werte: γ-Aminobuttersäure 0,41; α-KGS 0,25; Succinsemialdehyd 0,82; Glutamat 0,19[1]. Untersuchungen über die Transaminierung von γ-Aminobuttersäure und anderen Substraten mit Extrakten aus Rattenorganen ergaben in demselben Lösungsmittel mit aufsteigender Papierchromatographie die folgenden R_F-Werte: Glutamat 0,257; γ-Aminobuttersäure 0,425; γ-Aminobuttersäure-cholinsulfat 0,103; β-Hydroxy-γ-aminobuttersäure 0,344; β-Alanin 0,41; Carnosin 0,185; γ-Guanidinobuttersäure 0,708; β-Guanidinopropionsäure 0,691; α-Guanidinopropionsäure 0,70 und γ-Guanidinoessigsäure 0,334[2]. Daneben besteht auch die Möglichkeit einer quantitativen Isolierung der Reaktionsprodukte durch Säulenchromatographie[3, 4].

2. Bei vielen Untersuchungen wurde die gebildete Glutaminsäure mit *E. coli*-Glutamat-Decarboxylase manometrisch bestimmt (s. Bd. VI/A, S. 55 u. S. 317)[5–7].

***Bestimmung der γ-Aminobuttersäure nach* Ley[8] *sowie* Roberts *und* Baxter[9].**

Prinzip:

Die bei der Transaminierung gebildete Glutaminsäure wird als Kupfer-Glutaminsäure-Chelatverbindung colorimetrisch bestimmt.

Reagentien:

1. α-Ketoglutarsäure.
2. γ-Aminobuttersäure in 0,1 m Boratpuffer, p_H 8,1.
3. Trichloressigsäure, 10%ig.
4. Kupferphosphatsuspension nach Albanese. Herstellung: 1 Volumen Kupferchlorid-Lösung (27,3 g $CuCl_2 \cdot 2\,H_2O$/1000 ml) mit 2 Volumen Trinatriumphosphat (64,5 g/1000 ml) und 2 Volumen Boratpuffer (57,2 g Na-borat + 1,5 l Wasser + 100 ml n HCl ad 2000 ml auffüllen) versetzen.
5. 0,0069 m Neocuprein-Lösung in Acetatpuffer, p_H 5,0.
6. Ascorbinsäure.
7. Standardlösung von Glutaminsäure.

Ansatz und Ausführung:

Gesamtvolumen 1,4 ml mit 40 μM α-KGS, 40 μM γ-Aminobuttersäure in 0,1 m Boratpuffer, p_H 8,1, und Enzympräparat. Durch Zufügen von 0,6 ml 25%iger Trichloressigsäure wird die Reaktion nach 1 Std Inkubation bei 37° C abgestoppt. 1 ml der zentrifugierten Lösung wird mit 3 ml Kupferphosphatsuspension nach Albanese versetzt und nach 10 min abzentrifugiert. Zur Bildung des Kupfer-Chelatkomplexes wird 1 ml des Überstandes mit 3 ml einer 0,0069 m Neocuproin-Lösung in Acetatpuffer, p_H 5,0, versetzt, 50 mg Ascorbinsäure zugegeben und nach 10 min die Farbintensität bei 454 mμ gemessen.

Die Auswertung erfolgt an Hand einer Eichkurve, die mit einer Glutaminsäure-Standardlösung in gleicher Weise hergestellt worden ist.

---

[1] Scott, E. M., and W. B. Jakoby: J. biol. Ch. **234**, 932 (1959).
[2] Nakamura, K., and F. Bernheim: Jap. J. Pharmacol. **11**, 141 (1962).
[3] Waksman, A., and C. Faienza: Clin. chim. Acta, Washington **5**, 450 (1960).
[4] Albers, R. W., and W. B. Jakoby: Biochim. biophys. Acta **40**, 457 (1960).
[5] Bessman, S. P., J. Rossen and E. C. Layne: J. biol. Ch. **201**, 385 (1953).
[6] Roberts, E., and H. M. Bregoff: J. biol. Ch. **201**, 393 (1953).
[7] Roberts, E., P. Ayengar and I. Posner: J. biol. Ch. **203**, 195 (1953).
[8] Ley, H.: B. **42**, 354 (1909).
[9] Baxter, C. F., and E. Roberts: J. biol. Ch. **233**, 191, 1135 (1958).

***Bestimmung der γ-Aminobuttersäure-Transaminase nach* Nishizawa *u. Mitarb.*[1].**

Prinzip:

Der bei der Reaktion gebildete Bernsteinsäuresemialdehyd wird papierchromatographisch oder colorimetrisch als 2,4-Dinitrophenylhydrazon nachgewiesen.

Reagentien:

1. α-Ketoglutarsäure in Phosphatpuffer, p_H 7,7.
2. γ-Aminobuttersäure in Phosphatpuffer, p_H 7,7.
3. Phosphatpuffer, p_H 7,7.
4. 0,6 n Essigsäure.
5. Trichloressigsäure, 15%ig.
6. 2,4-Dinitrophenylhydrazin (5 mg/ml 5 n HCl).
7. Xylol.
8. 0,2 n NaOH.
9. KOH, 5%ig in Alkohol.

Ausführung:

Zur Reaktion werden z.B. je 1 ml 0,01 m α-KGS und γ-Aminobuttersäurelösung jeweils in 0,1 m Phosphatpuffer, p_H 7,7, und 3 ml des Organhomogenates (1:10 in 0,1 m Phosphatpuffer, p_H 7,7), 1 Std bei 37° C inkubiert. Zum Abstoppen der Reaktion wird 1 ml 0,6 n Essigsäure zugesetzt. 3 ml der Reaktionslösung werden mit 1 ml 15%iger Trichloressigsäure enteiweißt. 2 ml des Filtrates werden mit 3 ml 2,4-Dinitrophenylhydrazin-Lösung versetzt, 10 min im Eisbad inkubiert und mit 8 ml Xylol 3 min geschüttelt. 5 ml der Xylolschicht werden mit 5 ml 0,2 n NaOH 30 sec geschüttelt und 3 ml der wäßrigen Schicht entnommen; diese werden mit 2 ml alkoholischer Kalilauge gemischt und bei 425 mμ photometriert. Gemessen wird gegen einen Leerwert, der an Stelle der γ-Aminobuttersäure 1 ml Puffer enthält.

Bessman u. Mitarb.[2] verwenden eine ähnliche Methode zur Bestimmung des Bernsteinsäuresemialdehyds. R_F-Werte des 2,4-Dinitrophenylhydrazons des Bernsteinsäuresemialdehyds in Isoamylalkohol, der mit 0,1 m Acetatpuffer, p_H 5,0, bzw. 1 m Na-hydrogencarbonatlösung äquilibriert ist: sauer 0,92—0,93, alkalisch 0,22—0,23. Als Eichlösung wird der Äthylester der Formylbernsteinsäure verwendet, der zum Aldehyd hydrolysiert wird.

Bestimmung der γ-Aminobuttersäure-Transaminase nach* Velluz *u. Mitarb.*[3] *in der Modifikation nach* Salvador *und* Labers[4] *(Mikroverfahren).

Prinzip:

Die Bestimmung von α-Methylenaldehyden neben Ketosäuren durch Fluorometrie des Kondensationsproduktes mit 3,5-Diaminobenzoesäure. Das Verfahren ist sehr empfindlich und eignet sich zur Aktivitätsbestimmung in kleinen Gewebsproben.

Reagentien:

1. Substratlösung: 0,1 m α-KGS in Pufferlösung, p_H 8,4, und 0,25 m γ-Aminobuttersäure in Pufferlösung, p_H 8,4.
2. 0,25 m 3,5-Diaminobenzoesäure (ad p_H 6,0 mit K_2CO_3).
3. Succinsemialdehyd als Standard. Herstellung der Stammlösung durch Hydrolyse des Äthylesters der Formylbernsteinsäure: 1 ml Ester wird mit 10 ml 0,2 n HCl 2 Std am Rückfluß erhitzt.

Ausführung:

3—15 μg des lyophilisierten Gewebes werden mit 5 μl der gepufferten Substratlösung (*1*) 2 Std bei 38° C inkubiert. Dann wird das gleiche Volumen der Lösung *2* zugesetzt und 1 Std

[1] Nishizawa, Y., T. Kodama and S. Konishi: J. Vitaminol., Kyoto **5**, 117 (1959).
[2] Bessman, S. P., J. Rossen and E. C. Layne: J. biol. Ch. **201**, 385 (1953).
[3] Velluz, L., G. Amirad et M. Pesez: Bull. Soc. chim. France **15**, 678 (1948)
[4] Salvador, R. A., and R. W. Albers: J. biol. Ch. **234**, 922 (1959).

auf 60° C erhitzt. 1—5 μl dieser Lösung werden mit dest. Wasser, p_H 5,0, ad 1 ml verdünnt und die Fluorescenz gemessen. Primärstrahlung 405 mμ, Sekundärstrahlung 505 mμ.

Die Berechnung erfolgt an Hand einer Eichkurve, die mit dem Succinsemialdehydstandard, der mit der gepufferten Substratlösung auf $5—20 \times 10^{-4}$ m eingestellt ist, gewonnen wird. Dazu werden 5 μl von dieser Standardlösung in gleicher Weise wie die Enzymansätze behandelt.

***Bestimmung der γ-Aminobuttersäure-Transaminase-Aktivität nach* Scott *und* Jakoby[1–3].**

Prinzip:

Die Überführung von γ-Aminobuttersäure mit α-KGS in Succinsemialdehyd und Glutamat wird durch Kopplung der Transaminierungsreaktion mit der Oxydation des gebildeten Succinsemialdehyds mit Succinsemialdehyd-Dehydrogenase und NAD oder NADP zu Bernsteinsäure gemessen. Dabei wird die gebildete $NADPH_2$-Menge spektrophotometrisch bestimmt.

$$\gamma\text{-Aminobuttersäure} + \alpha\text{-KGS} + NADP^+ + H_2O \rightarrow \text{Succinat} + \text{Glutamat} + NADPH + H^+.$$

Reagentien:

1. 0,2 m Kaliumpyrophosphatpuffer, p_H 8,1.
2. 0,02 m α-Ketoglutarat auf p_H 7,0 eingestellt.
3. 0,02 m γ-Aminobutyrat auf p_H 8,1 eingestellt.
4. 0,01 m NADP auf p_H 6,5 eingestellt.
5. 0,1 m Mercaptoäthanol, 0,07 ml/10 ml Aqua dest.
6. Succinsemialdehyd-Dehydrogenase. Succinsemialdehyd-Dehydrogenase wird aus *Pseudomonas fluorescens* gewonnen[2]. Es kann auch die Aldehyd-Dehydrogenase aus Hefe verwendet werden[4].

Ausführung:

Die Reaktion wird spektrophotometrisch bei 340 mμ verfolgt. Der Reaktionsansatz, dessen Endvolumen 1,0 ml beträgt, setzt sich folgendermaßen zusammen: 0,5 ml Pyrophosphatpuffer (*1*); 0,05 ml Mercaptoäthanol (*5*); 0,05 ml NADP (*4*); 0,05 ml α-KGS (*2*); 0,05 ml γ-Aminobuttersäure (*3*); Succinsemialdehyd-Dehydrogenase (genügend für einen Umsatz von 1 μM pro min). Die Reaktion wird mit dem γ-Aminobuttersäure-Transaminase-Präparat gestartet. Die Aktivität wird in 1 min-Abständen 5 min lang gemessen. Die Transaminase-Aktivität ist bei einem Umsatz von weniger als 0,05 μM NADPH/min der Zeit und der Transaminase-Konzentration proportional.

Die *Berechnung* des Substratumsatzes erfolgt nach der allgemeinen Formel für $NADPH_2$-abhängige Reaktionen.

Als *Enzymeinheit* wurde die Enzymmenge definiert, die unter den oben angegebenen Bedingungen einen Umsatz von 1 μM NADP/min verursacht.

Einige Autoren führen die Transaminierung in umgekehrter Richtung aus und messen die Aktivität der Rückreaktion durch Bestimmung der gebildeten γ-Aminobuttersäure[5–9]. Hierfür kann das von Jakoby[2] angegebene Verfahren dienen. Bei diesem werden Rohextrakte aus *Pseudomonas fluorescens* verwendet, welche die γ-Aminobuttersäure-Transaminase und die Bernsteinsäuresemialdehyd-Dehydrogenase enthalten, und weiter das von

[1] Scott, E. M., and W. B. Jakoby: J. biol. Ch. **234**, 932 (1959).
[2] Jakoby, W. B.; in: Colowick-Kaplan, Meth. Enzymol. Bd. V, S. 765.
[3] Jakoby, W. B., and E. M. Scott: J. biol. Ch. **234**, 937 (1959).
[4] Black, S.; in: Colowick-Kaplan, Meth. Enzymol., Bd. I, S. 508
[5] Bessman, S. P., J. Rossen and E. C. Layne: J. biol. Ch. **201**, 385 (1953).
[6] Waksman, A., and C. Faienza: Clin. chim. Acta, Washington **5**, 450 (1960).
[7] Baxter, C. F., and E. Roberts: J. biol. Ch. **233**, 191, 1135 (1958).
[8] Nishizawa, Y., T. Kodama and S. Konishi: J. Vitaminol., Kyoto **5**, 117 (1959).
[9] Bachrach, U.: Biochem. J. **77**, 417 (1960).

ROBERTS[1] modifizierte Verfahren zur Bestimmung von γ-Aminobuttersäure in Geweben oder Reaktionslösungen.

Bei Verwendung radioaktiv markierter Substrate kann der Reaktionsumsatz nach papierchromatographischer oder säulenchromatographischer Trennung der Reaktionsprodukte durch Messung der Radioaktivität ermittelt werden[2].

β-Alanin-Transaminase.

Untersuchungen über die Transaminierung von ω-Aminosäuren, besonders von γ-Aminobuttersäure, führten zu der Auffindung der Transaminierung von β-Alanin in tierischen Geweben. Eine ω-Transaminase konnte in Gehirn, Leber und Niere von Ratten, Mäusen, Meerschweinchen, Schweinen und Gehirn von Kälbern nachgewiesen werden[3–5]. β-Alanin wird in Ratten rasch in Essigsäure und CO_2 übergeführt[6]. Eine Transaminierung von β-Alanin wurde auch in Mikroorganismen, wie *Aspergillus fumigatus*[7], *Pseudomonas fluorescens*[8–10], *Neurospora crassa*[11] beobachtet. Wurde *Aspergillus fumigatus* auf β-Alanin oder γ-Aminobuttersäure als einziger Stickstoffquelle gezüchtet, so stieg die Transaminase-Aktivität auf das 3—7fache gleichmäßig für beide Aminosäuren an. Eine ähnliche Steigerung erfährt auch die β-Alanin-Transaminase in *N. crassa* bei β-Alanin und PLP im Nährmedium[11].

Isolierung der β-Alanin-Transaminase. Das Enzym aus tierischen Organen wurde meist nur als Rohextrakt oder Acetontrockenpulver-Extrakt verwendet[4].

***Isolierung aus Neurospora crassa nach* AURICH[11].**

AURICH züchtete einen Wildstamm von *Neurospora crassa* (3a 6A) 5—6 Tage bei 25° C auf einem Minimalnährboden, der 0,5 μM PLP/l und als Stickstoffquelle nur β-Alanin (1 g N/l) enthielt. Das Mycel wurde nach beendetem Wachstum über Mull filtriert, mehrfach bei 0° C gewaschen und anschließend mit Seesand in 0,067 m Phosphatpuffer, p_H 7,4, homogenisiert. Sand und Zellreste wurden abzentrifugiert, das Überstehende abgehoben und 3 Std gegen Phosphatpuffer dialysiert. Nach der Dialyse wurde aus dem N-Gehalt der Proteingehalt der Enzymlösung ermittelt; er betrug durchschnittlich 5 mg/ml.

***Isolierung aus Pseudomonas fluorescens nach* HAYAISHI *u. Mitarb.*[9, 12].**

Zellkultur. Pseudomonas fluorescens (ATCC 11250) wird monatlich auf eine Schrägagarkultur, die 3 g β-Alanin, 1 g Difco-Hefeextrakt, 0,2 g $MgCl_2$, 1,5 g K_2HPO_4, 0,5 g KH_2PO_4 und 20 g Difco-Agar pro Liter Leitungswasser enthält, überimpft. Zur Gewinnung größerer Zellmengen wird ein Flüssigkeitsmedium der gleichen Zusammensetzung ohne Agar verwendet. 1 l Medium wird mit der Kultur aus dem Schrägagar beimpft und nach 17 Std bei 22° C als Schüttelkultur auf 10 l des gleichen Mediums übertragen. Unter starker Luftzufuhr wird die Inkubation noch 10 Std bei 22° C fortgesetzt. Die Zellen werden auf einer Sharples-Zentrifuge isoliert und zweimal mit 0,85 %iger NaCl-Lösung gewaschen. Die Ausbeute beträgt 2 g Zellfeuchtgewicht pro Liter Kulturmedium.

---

[1] ROBERTS, E.; in: Colowick-Kaplan, Meth. Enzymol. Bd. VI, S. 612.
[2] ALBERS, R. W., and W. B. JAKOBY: Biochim. biophys. Acta **40**, 457 (1960).
[3] BESSMAN, S. P., J. ROSSEN and E. C. LAYNE: J. biol. Ch. **201**, 385 (1953).
[4] ROBERTS, E., and H. M. BREGOFF: J. biol. Ch. **201**, 393 (1953).
[5] KUPIECKI, F. P., and M. J. COON: J. biol. Ch. **229**, 743 (1957).
[6] PIHL, A., and P. FRITZSON: J. biol. Ch. **215**, 345 (1955).
[7] ROBERTS, E., P. AYENGAR and I. POSNER: J. biol. Ch. **203**, 195 (1953).
[8] NISHIZUKA, Y., M. TAKESHITA, S. KUNO and O. HAYAISHI: Biochim. biophys. Acta **33**, 591 (1959).
[9] HAYAISHI, O., Y. NISHIZUKA, M. TATIBANA, M. TAKESHITA and S. KUNO: J. biol. Ch. **236**, 781 (1961).
[10] NISHIZUKA, Y., M. TAKESHITA, F. KANATSUNA, M. TACHIBANA, S. KUNO and O. HAYAISHI: Kaso Kagaku Shinpojiumu **14**, 107 (1960).
[11] AURICH, H.: H. **326**, 25 (1961).
[12] HAYAISHI, O., and Y. NISHIZUKA; in: Colowick-Kaplan, Meth. Enzymol. Bd. V, S. 698.

1. Rohextrakt (Tabelle 89). Alle Operationen werden in der Kälte ausgeführt und die Fraktionen bei — 20° C aufbewahrt. 40 g-Portionen von *Pseudomonas fluorescens*-Zellpaste werden in 120 ml 0,02 m Phosphatpuffer, p_H 7,0, suspendiert und 7 min lang bei 9 kc beschallt. Danach wird bei 12000 × g 20 min zentrifugiert.

2. Hitzebehandlung. Es werden 130 ml Rohextrakt erhalten, die mit 2 n Essigsäure auf p_H 6,5 gebracht und dann unter Rühren rasch auf 60° C erhitzt und 15 min bei 60° C belassen werden. Danach wird auf 0° C abgekühlt und der Niederschlag durch Zentrifugieren bei 12000 × g für 20 min entfernt.

3. Gelfraktionierung. Die hitzebehandelte Enzymlösung (120 ml) wird mit kaltem dest. Wasser auf 370 ml verdünnt und 200 ml Aluminiumhydroxyd-C_γ mit 20 mg Geltrockengewicht/ml unter Rühren zugegeben. Nach 15 min wird das Gel durch Zentrifugieren isoliert und mit 50 ml kaltem dest. Wasser und 100 ml 0,005 m Phosphatpuffer, p_H 8,0, gewaschen. Das Enzym wird durch zweimaliges Behandeln mit 50 ml 0,05 m Phosphatpuffer, p_H 8,0, eluiert.

4. Protaminsulfatbehandlung. Die vereinigten Eluate (94 ml) werden mit 2 m Essigsäure auf p_H 7,0 eingestellt und 8 ml einer 0,2 %igen Protaminsulfatlösung, p_H 7,0, unter Rühren zugegeben. Der inaktive Niederschlag wird abzentrifugiert.

Tabelle 89. *Isolierung der β-Alanin-Transaminase aus Pseudomonas fluorescens nach* HAYAISHI[1, 2].

Fraktion	Volumen ml	Einheiten je ml*	Protein mg/ml	Spezifische Aktivität	Ausbeute
Rohextrakt . . .	130	20,7	28,0	0,7	100
Hitzebehandlung	120	18,9	6,9	2,9	84
Aluminium-C_γ-Gel	94	11,6	1,1	10,5	40
Protaminsulfat .	100	10,7	0,6	17,1	39
Ammoniumsulfat	12	67,9	1,2	56,6	30

* Eine Einheit ist die Enzymmenge, die 1 μM Substratumsatz pro min katalysiert.

5. Ammoniumsulfat-Fraktionierung. 100 ml des Überstandes werden mit 24,5 g Ammoniumsulfat versetzt, nach 40 min der Niederschlag isoliert und zum Überstand erneut 11,7 g Ammoniumsulfat zugesetzt. Der Niederschlag wird nach 40 min isoliert und in 12 ml 0,02 m Phosphatpuffer, p_H 7,0, aufgenommen. Diese Lösung wird 8 Std gegen ein großes Volumen des gleichen Puffers dialysiert. Das Enzympräparat kann bei — 20° C ohne Verlust gelagert werden. Die erzielte Reinigung ist 80—150fach mit einer Ausbeute von 20—35 %. Eine weitere Reinigung ist durch Chromatographie mit DEAE-Cellulose möglich.

Eigenschaften. Während das Rohenzym aus tierischen Geweben und aus *Aspergillus fumigatus* L-α-Alanin, β-Alanin und γ-Aminobuttersäure in gleicher Weise umsetzt[3, 4], ist mit Acetontrockenpulver-Extrakten aus *E. coli* nur eine Transaminierung von γ-Aminobuttersäure möglich. Die Extrakte aus *Neurospora crassa* wurden nicht auf ihre Substratspezifität untersucht. Das von KUPIECKI[5] aus Schweineniere isolierte Enzym setzt neben β-Alanin auch β-Aminoisobuttersäure um, wobei, wie auch für das tierische Enzym[3], nur α-KGS als Aminoacceptor dient. Am eingehendsten sind die Eigenschaften der aus *Pseudomonas fluorescens* isolierten β-Alanin-Transaminase untersucht. Zur Kontrolle der Substratspezifität wurde ein Isotopenverfahren verwendet. Wie Tabelle 90 zeigt, werden auch β- und γ-Aminobuttersäure, β-Aminoisobuttersäure und ε-Aminocapronsäure rasch umgesetzt. Aminodicarbonsäuren und aromatische Aminosäuren werden nicht transaminiert. Als Aminoacceptor ist nur Pyruvat wirksam (Tabelle 91).

Die MICHAELIS-Konstanten sind relativ groß und betragen für β-Alanin bzw. Pyruvat $6{,}2 \times 10^{-2}$ bzw. $1{,}4 \times 10^{-2}$ m. Die entsprechenden Werte für das Enzym aus *Neurospora*

[1] HAYAISHI, O., Y. NISHIZUKA, M. TATIBANA, M. TAKESHITA and S. KUNO: J. biol. Ch. **236**, 781 (1961).
[2] HAYAISHI, O., and Y. NISHIZUKA; in: Colowick-Kaplan, Meth. Enzymol. Bd. V, S. 698.
[3] ROBERTS, E., and H. M. BREGOFF: J. biol. Ch. **201**, 393 (1953).
[4] ROBERTS, E., P. AYENGAR and I. POSNER: J. biol. Ch. **203**, 195 (1953).
[5] KUPIECKI, F. P., and M. J. COON: J. biol. Ch. **229**, 743 (1957).

Tabelle 90. *Aminosubstratspezifität der β-Alanin-Transaminase aus Pseudomonas fluorescens*[1].

Die Reaktionsmischung enthält 1 μM Na-Pyruvat-1-^{14}C (110000 I.p.m.); je 20 μM Aminosäuren, 100 μM Kaliumphosphatpuffer, p_H 8,0, und 0,01 Enzymeinheit in einem Endvolumen von 1,0 ml. Inkubation wurde bei 35° C, 15 min durchgeführt.

Substrate	Gebildete Radioaktivität von α-Alanin I.p.m./Glas	Relative Umsatzrate %	Substrate	Gebildete Radioaktivität von α-Alanin I.p.m./Glas	Relative Umsatzrate %
Glycin	670	15	D,L-Valin	< 10	
β-Alanin	4700	100	L-Leucin	< 10	
D,L-α-Aminobuttersäure	150	3	D,L-Isoleucin	< 20	
D,L-β-Aminobuttersäure	5430	116	L-2,4-Diaminobuttersäure	1900	38
γ-Aminobuttersäure	5550	118	L-Ornithin	40	1
δ-Aminovaleriansäure	800	17	L-Lysin	340	7
ε-Aminocapronsäure	6300	134	Aminomalonsäure	< 10	
D,L-Norleucin	< 10		L-Asparaginsäure	< 20	
D,L-Norvalin	< 10		L-Glutaminsäure	< 20	
α-Aminoisobuttersäure	190	4	D,L-Aminoadipinsäure	< 20	
D,L-β-Aminoisobuttersäure	7550	160			

Tabelle 91. *Ketosubstratspezifität der β-Alanin-Transaminase aus Pseudomonas fluorescens*[1].

Substrate	Gebildete Radioaktivität des Malonsäuresemialdehyds I.p.M./Glas	Relative Umsatzrate %	Substrate	Gebildete Radioaktivität des Malonsäuresemialdehyds I.p.m./Glas	Relative-Umsatzrate %
Glyoxylsäure	1450	17	α-Ketoisocapronsäure	300	4
Pyruvat	8700	100	Ketomalonsäure	< 10	
Essigsäure	330	4	α-Ketoglutarsäure	< 20	
α-Ketobuttersäure	810	9	β-Ketoglutarsäure	< 20	
α-Ketocapronsäure	500	6	β-Ketoadipinsäure	< 10	

Die Reaktionsmischung enthält β-Alanin-1-^{14}C (1 μM 26000 I.p.m.) je 30 μM Ketosäuren, 100 μM Kaliumphosphatpuffer, p_H 8,0, und 0,05 Einheiten Enzym im Endvolumen von 1,0 ml. Ansätze bei 35° C 15 min lang inkubiert.

crassa[2] sind $19,7 \times 10^{-3}$ für β-Alanin und $12,1 \times 10^{-3}$ für α-KGS und vergleichsweise die Konstante für die GPT $12,5 \times 10^{-3}$ für α-Alanin und $12,0 \times 10^{-3}$ für α-KGS.

Das Enzym benötigt PLP als Coenzym, das sehr fest an das Apoenzym gebunden ist. Wird das gereinigte Enzym 12 Std gegen 0,02 m Kaliumphosphatpuffer, p_H 8,0, der 0,003 m Hydroxylamin enthält, dialysiert, anschließend nochmal gegen ein großes Volumen des gleichen Puffers ohne Hydroxylamin, so ist das Enzym in Abwesenheit von PLP unwirksam. Die maximale Aktivität wird wieder hergestellt, wenn mit PLP 15 min lang präinkubiert wird. Die Affinität von PLP für das Enzymprotein ist relativ hoch; die maximale Aktivität wird erreicht mit 5×10^{-5} m PLP. PMP hatte nur $^1/_5$ der Aktivität von PLP. Das Apoenzym ist instabil, auch beim Aufbewahren bei — 20° C.

Die Ermittlung der Gleichgewichtskonstante ist schwierig, da das Reaktionsprodukt Malonsäuresemialdehyd leicht polymerisiert und dieses Polymerisat mit β-Alanin eine gefärbte Verbindung ergibt. Bei p_H 8,0 und 35° C liegt das Gleichgewicht bei der Bildung von α-Alanin bei 5. Das p_H-Optimum liegt bei p_H 9,2; die Messungen der Enzymaktivität erfolgt jedoch zweckmäßiger bei p_H 8,0, da hier weniger störende Nebenreaktionen ablaufen. Das p_H-Optimum des Enzyms aus *Neurospora crassa* liegt bei 7,5—8,0[2].

Bestimmungsmethoden[1,3]. β-Alanin wird in einer reversiblen Reaktion mit Pyruvat (in einigen Fällen auch mit α-KGS) zu Malonsäuresemialdehyd und α-Alanin transaminiert.

[1] Hayaishi, O., Y. Nishizuka, M. Tatibana, M. Takeshita and S. Kuno: J. biol. Ch. **236**, 781 (1961).
[2] Aurich, H.: H. **326**, 25 (1961).
[3] Hayaishi, O., and Y. Nishizuka; in: Colowick-Kaplan, Meth. Enzymol. Bd. V, S. 698.

Der Malonsäuresemialdehyd wird entweder in Gegenwart von NADH zu β-Hydroxypropionsäure reduziert oder in Gegenwart von CoA und NAD zu Acetyl-CoA, CO_2 und NADH oxydativ decarboxyliert.

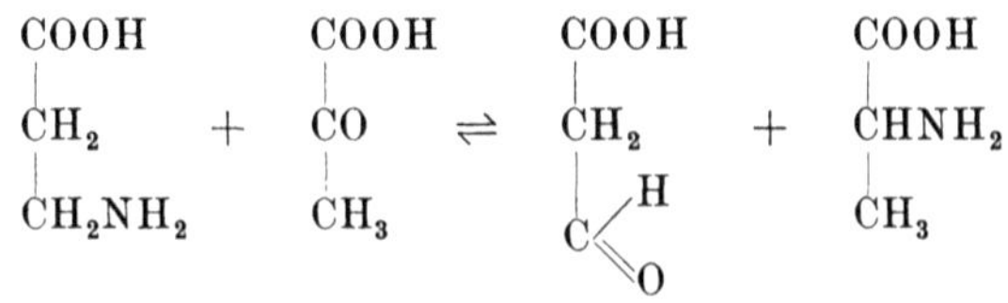

β-Alanin | Pyruvat | Malonsäure-semialdehyd | α-Alanin

Bestimmung der β-Alanin-Transaminase nach HAYAISHI *u. Mitarb.*[1,2].

Prinzip:

Das Verfahren beruht auf der colorimetrischen Bestimmung des Malonsäuresemialdehyds durch Bildung einer rotgefärbten Azoverbindung mit p-Nitranilin und Nitrit.

Reagentien:

1. 0,1 m β-Alanin.
2. 0,1 m Na-pyruvat.
3. 0,5 m Phosphatpuffer, p_H 8,0.
4. p-Nitranilin, 0,05 % in 0,05 n HCl (bei 100° C lösen).
5. $NaNO_2$, 0,5 % (täglich frisch).
6. 0,2 m Na-acetat.
7. 5 n HCl.
8. Trichloressigsäure, 20 %.
9. 1,0 m Na-acetatpuffer, p_H 5,8.
10. Äthylacetat.
11. Diazoreagens (vor der Bestimmung frisch ansetzen): 30 ml $NaNO_2$ mit 20,0 ml p-Nitranilin mischen, im Eisbad kühlen und mit 7,0 ml 0,2 m Na-acetat versetzen.

Ausführung:

Je 0,2 ml β-Alanin, Na-pyruvat und Phosphatpuffer werden mit 0,002—0,02 Einheiten Enzym in einem Endvolumen von 1,0 ml versetzt. Nach 15 min Inkubation bei 30° C wird die Reaktion durch Zugabe von 0,2 ml Trichloressigsäure abgestoppt und der Ansatz zentrifugiert. 0,6 ml des Überstandes werden in einem 10 ml-Röhrchen mit 0,4 ml 1 m Acetatpuffer auf ein p_H von 5,2 gebracht. Dazu werden 3,0 ml frisch hergestelltes Diazoreagens gegeben und der Ansatz 30 min bei 35° C inkubiert. Die Kupplungsreaktion wird durch Zugabe von 1,0 ml 5 n HCl unterbrochen und das gebildete Formazan durch Schütteln mit 5,0 ml Äthylacetat extrahiert. Die Extinktion des Äthylacetat-Extraktes wird bei 440 mμ in einer 1 cm-Küvette gemessen

Berechnung:

Eine Enzymeinheit ist die Enzymmenge, die 1 μM Malonsäuresemialdehyd unter den oben angegebenen Bedingungen in 1 min bildet. Die Extinktionsänderung bei 440 mμ beträgt pro 1 μM gebildeten Malonsäuresemialdehyds 2,22.

Bestimmung der β-Alanin-Transaminase mit der Isotopenmethode nach HAYAISHI *u. Mitarb.*[1].

Prinzip:

Das Verfahren beruht auf der Messung der Radioaktivität des ^{14}C-CO_2, das bei Verwendung von ^{14}C-β-Alanin durch Anilincitrat aus dem gebildeten ^{14}C-Malonsäuresemialdehyd freigesetzt wird.

---

[1] HAYAISHI, O., and Y. NISHIZUKA; in: Colowick-Kaplan, Meth. Enzymol. Bd. V, S. 698.

[2] HAYAISHI, O., Y. NISHIZUKA, M. TATIBANA, M. TAKESHITA and S. KUNO: J. biol. Ch. **236**, 781 (1961).

Reagentien:

1. 0,01 m 1-^{14}C-β-Alanin (ungefähr 10000 I.p.m./μM).
2. 0,1 m Na-pyruvat.
3. 0,5 m Phosphatpuffer, p_H 8,0.
4. 0,2 m NaOH.
5. Anilincitratlösung: 50% Anilin und 50% Citronensäure.

Ausführung:

Je 0,2 ml 1-^{14}C-β-Alanin, Na-pyruvat und Phosphatpuffer werden mit 0,002—0,04 Einheiten der β-Alanin-Transaminase versetzt und in der Hauptkammer eines Thunberg-Röhrchens mit Wasser ad 1,0 ml aufgefüllt. Der Seitenarm enthält 0,5 ml 0,2 m NaOH. Die Reaktion wird durch Zugabe der Enzymlösung gestartet, das Röhrchen verschlossen und 15 min bei 35° C inkubiert. Durch Zugabe von 0,2 ml NaOH zum Hauptraum wird die Reaktion abgestoppt, das Röhrchen verschlossen und evakuiert. 0,4 ml der Anilincitratlösung werden in den Seitenarm gegeben und bei Freigabe des Weges in den Hauptraum eingesaugt. Sobald nur noch ein kleiner Rest der Lösung vorhanden ist, wird das Röhrchen wieder verschlossen und 30 min bei 35° C unter Schütteln inkubiert. Nach Abkühlen auf Raumtemperatur werden 0,05 ml der Alkalilösung des Seitenarms entnommen, auf ein Plättchen aufgetragen, getrocknet und die Radioaktivität, in Anlehnung an die Methode von JAKOBY[1], gemessen.

Weitere Möglichkeiten zur Aktivitätsbestimmung der β-Alanin-Transaminase:

1. Spektrophotometrische Bestimmung der oxydativen Decarboxylierung des Malonsäuresemialdehyds, die in Gegenwart von CoA und NAD durch ein ebenfalls aus *Pseudomonas fluorescens* isoliertes Enzym katalysiert wird[2,3]. Die Reaktion kann an Hand der Bildung von NADH verfolgt werden[2].

2. Durch Dampfdestillation des Reaktionsproduktes der Transaminierung im sauren Bereich wird der Malonsäuresemialdehyd in Acetaldehyd übergeführt. Dieser kann colorimetrisch mit p-Hydroxydiphenyl[4], als 2,4-Dinitrophenylhydrazon oder enzymatisch mit der Alkohldehydrogenase[5,6] bestimmt werden.

3. α- und β-Alanin können nach säulenchromatographischer Trennung an Dowex-50 mit der Ninhydrinfärbung bestimmt werden[2].

4. Nachweis des Malonsäuresemialdehyds und des Pyruvates als 2,4-Dinitrophenylhydrazon nach papierchromatographischer Trennung[2].

δ-Aminolaevulinsäure-Transaminase.

Vorkommen. Nach SHEMIN[7] spielt die δ-Aminolaevulinsäure im Intermediärstoffwechsel eine vielseitige Rolle. Sie ist Ausgangsmaterial für Porphyrine; ihr δ-C-Atom dient zur Synthese von Ureido-Gruppen von Purinen, das β-C-Atom zur Synthese von Serin und von Methylgruppen, während aus den verbleibenden 4 C-Atomen Succinat entsteht. Durch Resynthese von δ-Aminolaevulinsäure aus Glycin und aktivem Succinat wird der sog. Succinat-Glycin-Cyclus wieder geschlossen.

Die für diesen Abbauweg notwendige Desaminierung wird durch eine spezifische Transaminase katalysiert, die von KOWALSKI u. Mitarb. in vielen Organen der Ratte aufgefunden wurde[8,9] (Tabelle 92). Es handelt sich hierbei um eine ω-Transaminierung.

[1] JAKOBY, W. B., E. OHMURA and O. HAYASHI: J. biol. Ch. **222**, 425 (1956).
[2] HAYAISHI, O., Y. NISHIZUKA, M. TATIBANA, M. TAKESHITA and S. KUNO: J. biol. Ch. **236**, 781 (1961).
[3] YAMADA, E. W., and W. B. JAKOBY: J. biol. Ch. **235**, 589 (1960).
[4] EEGRIWE, E.: Z. analyt. Chem. **95**, 323 (1933).
[5] RACKER, E.: J. biol. Ch. **184**, 313 (1950).
[6] BERGMEYER, H. U.; in: BERGMEYER, H. U. (Hrsgb.): Methoden der enzymatischen Analyse. S. 290. Weinheim 1962.
[7] SHEMIN, D.: Ciba Found. Symp. Porphyrin Biosynthesis and Metabolism. p. 4. London 1955.
[8] KOWALSKI, E., A. M. DANCEWICZ, Z. SZOT, B. LIPINSKI and O. ROSIEK: Acta biochim. pol. **6**, 257 (1959).
[9] KOWALSKI, E., A. DANCEWICZ and Z. SZOT: Bull. Acad. pol. Sci., Ser. biol. **5**, 223 (1957).

Ein direkter Nachweis des Reaktionsproduktes α-Ketoglutarsäuresemialdehyd konnte nicht erbracht werden.

Tabelle 92. *Vorkommen der δ-Aminolaevulinsäure-Transaminase in Rattenorganen*[1].

Gewebe	μM Alanin gebildet in 3 Std 37° C	μM Glutaminsäure gebildet in 3 Std 37° C	Gewebe	μM Alanin gebildet in 3 Std 37° C	μM Glutaminsäure gebildet in 3 Std 37° C
Niere . . .	18,37 ± 13,0	29,3 ± 18,5	Knochenmark	4,38 ± 1,75	10,3 ± 5,6
Dünndarm	11,88 ± 8,6	14,79 ± 11,2	Gehirn . . .	4,0 ± 1,48	8,3 ± 2,03
Milz . . .	9,64 ± 7,77	17,15 ± 9,3	Plasma . . .	5,33 ± 3,5	2,59 ± 1,8
Leber . .	6,86 ± 3,26	11,06 ± 9,9	Erythrocyten	3,44 ± 0,34	3,24 ± 1,55
Herz . . .	7,33 ± 5,27	7,35 ± 6,1	Muskel . . .	1,94 ± 0,6	4,78 ± 2,3
Lunge . .	5,41 ± 3,03	7,67 ± 4,02			

Als Aminoacceptoren dienen α-Ketoglutarsäure oder Pyruvat. Daß es sich um eine spezifische Transaminase handelt und nicht um eine Teilfunktion der GOT oder GPT, geht daraus hervor, daß bei einer Anreicherung der δ-Aminolaevulinsäure-Transaminase durch Ammoniumsulfat-Fraktionierung von Rattennieren-Homogenat auf das 18,6fache sich eine Anreicherung der GPT nur auf das 4,5fache ergab.

Die Verwertung der δ-Aminolaevulinsäure in Bakterien wurde an dem *Corynebacterium diphtheriae* untersucht. Neben der Kondensation zu Porphobilinogen wurde auch die Transaminierung mit α-KGS oder Pyruvat nachgewiesen[2]. Kowalski[3] nimmt an, daß die δ-Aminolaevulinsäure-Transaminase-Aktivität die Hämsynthese begrenzt, da Phenylhydrazin die Hämatopoese anregt, indem es die Transaminase hemmt.

Die Bedeutung der δ-Aminolaevulinsäure-Transaminase für die Hämatopoese äußert sich auch darin, daß die Aktivität der Transaminase in den kernhaltigen Erythroblasten des Knochenmarks mit 0,67 μM/mg N/3 Std mit Pyruvat und 0,32 mit α-KGS gegenüber der Aktivität der normalen Erythrocyten mit 0,02 mit Pyruvat und 0,16 μM/mg N/3 Std mit α-KGS an die Aktivität der Leber oder Niere heranreicht[1]. *Rhodopseudomonas spheroides* enthält ein Enzym, das δ-Aminolaevulinsäure bevorzugt mit Pyruvat transaminiert[4, 5].

Anreicherung der δ-Aminolaevulinsäure-Transaminase nach **Kowalski** ***u. Mitarb.***[1]. Rinderniere wird mit Wasser homogenisiert und das Homogenat zentrifugiert. Der Rohextrakt wird mit Ammoniumsulfat fraktioniert; die Fraktionen zwischen 0—40%, 40—55 und 55—70% Sättigung werden isoliert und in wenig Wasser aufgenommen (Tabelle 93).

Tabelle 93. *Anreicherung der δ-Aminolaevulinsäure-Transaminase aus Rinderniere*[1].

Fraktion	mg Stickstoff pro ml	Spezifische Aktivität μM/mgProtein-N				Anreicherung			
		a	b	c	d	a	b	c	d
Homogenat . . .	5,56	0,29	0,15	7,48	0,54				
Rohextrakt . . .	2,80	0,68	0,50	10,4	0,84	2,3	3,2	1,4	1,6
Ammoniumsulfat									
0—40% . . .	0,38	3,32	2,86	16,1	2,38	11,5	18,6	2,1	4,5
40—55% . . .	0,60	1,92	1,20	4,8	1,62	6,6	7,8	0,6	3,0
55—70% . . .	0,93	0,97	1,04	4,48	0,16	3,3	6,8	0,6	2,2

a = δ-Aminolaevulinsäure-α-KGS-Transaminase; b = δ-Aminolaevulinsäure-Pyruvat-Transaminase; c = GOT; d = GPT.

[1] Kowalski, E., A. M. Dancewicz, Z. Szot, B. Lipinski and O. Rosiek: Acta biochim. pol. **6**, 257 (1959).
[2] Bagdasarian, M.: Nature **181**, 1399 (1958).
[3] Kowalski, E., A. M. Dancewicz and Z. Szot: Pol. Arch. Med. wewn. **29**, 475 (1959).
[4] Gibson, K. D., M. Matthew, A. Neuberger and G. H. Tait: Nature **192**, 204 (1961).
[5] Neuberger, A., and J. M. Turner: Biochim. biophys. Acta **67**, 342 (1963).

***Isolierung der δ-Aminolaevulinsäure-Transaminase aus Rhodopseudomonas spheroides nach* Neuberger *und* Turner[1].**

Rhodopseudomonas spheroides NCIB-8253 werden halb anaerob bei Belichtung, 32—34° C, 44 Std auf dem Medium S nach Lascelles[2] gezüchtet, abzentrifugiert, mit 0,05 m Phosphatpuffer, p_H 7,4, gewaschen und mit 2 Vol. des gleichen Puffers aufgeschlossen. Der Rohextrakt wird 10 min auf 50° C erhitzt, zentrifugiert und bis 0,33% mit Protaminsulfat versetzt. Der Überstand wird bei 25° C zu 25% mit Ammoniumsulfat gesättigt und der Niederschlag verworfen. Der Ammoniumsulfat-Niederschlag zwischen 30—40% wird isoliert. In 40% Ausbeute wird ein zehnfach angereichertes Enzympräparat gewonnen. Eine weitere Reinigung ist mit DEAE-Cellulose möglich. Die Dialyse erfolgt jeweils gegen 10^{-3} m Mercaptoäthanol. Das Enzympräparat ist bei — 15° C stabil.

Eigenschaften. Zur Differenzierung der δ-Aminolaevulinsäure aus Rinderniere[3] von der GOT bzw. GPT wurde die Transaminierung in Rattenorganen mit Alanin, Aspartat und δ-Aminolaevulinsäure sowie α-KGS verglichen. Die Werte in μM/g Feuchtgewicht sind für den Herzmuskel: 1,7, 321 bzw. 86; Leber: 3,9, 142 bzw. 200 und Niere: 2,3, 206 bzw. 8,5. Es besteht somit unter diesen drei Enzymen kein Zusammenhang. Das p_H-Optimum der Transaminierung der δ-Aminolaevulinsäure beträgt 6,5—7,0.

Als Aminodonator für die Transaminierung von γ,δ-Diketovalerat (γ-Keto-glutarsäure-semialdehyd) mit dem Enzym aus *Rps. spheroides*[1] ist neben Alanin nur noch Glycin und Ornithin verwendbar (10% der Aktivität mit Alanin). Cystein hemmt die Reaktion. Von den anderen ω-Aminosäuren transaminieren γ-Aminobuttersäure mit 122%, δ-Aminovaleriansäure 95%, ε-Aminocapronsäure 103% der Alanin-Umsetzungsrate.

Sulfhydrylreagentien, wie Jodacetat und p-Chlormercuribenzoat sowie Aminooxyacetat, hemmen das Enzym. Die Reaktion von γ,δ-Diketovalerat mit Alanin wird durch andere Ketoverbindungen gehemmt, wie z.B. Glyoxylsäure 86%, Pyruvat 56%, Oxalacetat 21%, α-KGS 5%, Glyoxal 18%, Methylglyoxal 91%, Oxalsäure 5%, Bernsteinsäure 14%, Diacetyl 98%, Acetylaceton 32%.

Bestimmungsmethoden. Der Nachweis der Transaminierung von δ-Aminolaevulinsäure wurde von Kowalski u. Mitarb. papierchromatographisch durchgeführt[1] mit quantitativer Auswertung des Ninhydrinkomplexes.

***Bestimmung der δ-Aminolaevulinsäure-Alanin-Transaminierung nach* Gibson *u. Mitarb.*[4, 5].**

Prinzip:

δ-Aminolaevulinsäure kondensiert mit Acetylaceton und gibt ein gefärbtes Produkt, das bei 553 mμ optisch gemessen werden kann.

Ausführung:

0,1—0,4 mg Extraktprotein aus *Rps. spheroides* werden in einem Gesamtvolumen von 0,75 ml mit 10 μM L-Alanin; 1 μM γ-Ketoglutarsäuresemialdehyd; 75 μM Phosphatpuffer, p_H 7,4, versetzt. Nach Inkubation 15 min bei 37° C wird die Reaktion durch Zugabe von 0,25 ml 20% Trichloressigsäure abgestoppt.

Ein aliquoter Teil des Filtrates mit einem Gehalt an δ-Aminolaevulinsäure von 0,1 μM auf 1,0 ml auffüllen und mit 1,0 ml 1 m Na-acetatpuffer, p_H 4,6; 0,1 ml 2,5 n NaOH und 0,05 ml Acetylaceton versetzen. Der Ansatz wird 10 min auf 100° C erhitzt, abgekühlt und mit 2 ml Ehrlichs Reagens (1 g p-Dimethylaminobenzaldehyd in 30 ml Eisessig lösen + 8 ml 70% Perchlorsäure und mit Eisessig ad 50 ml auffüllen) versetzt. Nach 15 min wird die Farbintensität der Lösung bei 553 mμ gemessen. Die Auswertung erfolgt an Hand einer Standard-Eichkurve.

[1] Neuberger, A., and J. M. Turner: Biochim. biophys. Acta **67**, 342 (1963).
[2] Lascelles, J.: Biochem. J. **62**, 78 (1956).
[3] Kowalski, E., A. M. Dancewicz, Z. Szot, B. Lipinski and O. Rosiek: Acta biochim. pol. **6**, 257 (1959).
[4] Gibson, K. D., W. G. Laver and A. Neuberger: Biochem. J. **70**, 71 (1958).
[5] Gibson, K. D., A. Neuberger and G. H. Tait: Biochem. J. **83**, 539 (1962).

δ-Aminovaleriansäure-Transaminase.

Vorkommen. Nach SUDA u. Mitarb.[1] wird L-Lysin in *Pseudomonas* oxydativ zu δ-Aminovaleriansäure decarboxyliert und diese mit α-KGS unter Bildung von Glutarsäuresemialdehyd transaminiert. Auch hier handelt es sich um eine ω-Transaminierung. Sie wurde von ROBERTS auch bei Mäuseleber, *Aspergillus fumigatus* und *E. coli* beobachtet[2].

***Isolierung der δ-Aminovaleriansäure-Transaminase aus Pseudomonas nach* ICHIHARA *u. Mitarb.*[3].**

10 g Acetontrockenpulver aus *Pseudomonas* (lysinadaptiert) werden mit 400 ml 0,02 m Phosphatpuffer, p_H 7,4, homogenisiert und 12 Std bei 0° C stehengelassen. Der Extrakt wird zentrifugiert und der Überstand mit 0,1 Vol. 5%iger Streptomycinlösung versetzt. Der Niederschlag wird nach 10 min verworfen. Der Überstand wird mit Ammoniumsulfat auf 55% Sättigung gebracht (p_H-Wert mit NH_3 auf 7,5 halten) und nach 30 min der Niederschlag isoliert. Die Ammoniumsulfatsättigung des Überstandes wird auf 75% erhöht, der Niederschlag isoliert, in 30 ml 0,007 m Phosphatpuffer aufgenommen und gegen 2 l Puffer dialysiert. Das Dialysat wird mit 1 n Essigsäure bei 0° C ad p_H 5,0 eingestellt und der Niederschlag verworfen.

Der Überstand wird mit Calciumphosphatgel versetzt (1 Teil Geltrockengewicht pro 2 Teile Protein), das p_H auf 6,0 eingestellt, 20 min gerührt und zentrifugiert. Der Gelüberstand wird erneut mit Ammoniumsulfat fraktioniert und die Fällung zwischen 50—80% isoliert, in 5 ml 0,007 m Phosphatpuffer, p_H 7,4, aufgenommen und dialysiert. Bei einer Ausbeute von 30% wird eine Anreicherung auf das 20fache erzielt (Tabelle 94).

Tabelle 94. *Isolierung der δ-Aminovaleriansäure-Transaminase aus Pseudomonas*[3].

Fraktion	Gesamt-aktivität μM/Std	Spezifische Aktivität μM/mg Protein/Std
Rohextrakt	1476	0,28
Streptomycin-Überstand	1500	0,78
Ammoniumsulfat I . . .	1010	2,45
Säure-Überstand	980	2,67
Ca-Gel-Überstand . . .	665	4,02
Ammoniumsulfat II . .	509	6,19

Eigenschaften[3]. Die Substratspezifität des angereicherten Enzympräparates ist relativ groß. Wird die Umsatzrate von δ-Aminovaleriansäure mit α-KGS gleich 100% gesetzt, so ergeben sich folgende Werte für verschiedene ω-Aminosäuren: Ornithin 20%; γ-Aminobuttersäure 14%; β-Alanin 13%; Glycin 9% und α,γ-Diaminobuttersäure 4%.

α-KGS kann durch Pyruvat nicht ersetzt werden.

Die MICHAELIS-Konstanten für δ-Aminovaleriansäure bzw. α-KGS sind 1×10^{-2} m bzw. 8×10^{-3} m. Die Transaminierungsreaktion ist reversibel, dabei ergab sich ein K_M-Wert für Glutaminsäure von $4{,}1 \times 10^{-3}$ m.

Das isolierte Enzympräparat ist nur nach Zusatz von PLP maximal aktiv. Das Enzym verliert bei Dialyse gegen 7×10^{-3} m Phosphatpuffer mit 1×10^{-3} m Hydroxylamin seine Aktivität völlig und kann durch PLP-Zusatz reaktiviert werden. Als Hemmstoffe wirken 1×10^{-4} m p-Chlormercuribenzoat (75% Hemmung) und 1×10^{-3} m Hydroxylamin, Semicarbazid (94, 84% Hemmung). Na-Azid 1×10^{-3} m ist ohne Einfluß.

Der Aktivitätstest für die δ-Aminovaleriansäure beruht auf der manometrischen Bestimmung der aus α-KGS gebildeten Glutaminsäure mit Glutaminsäure-Decarboxylase.

30 μM δ-Aminovaleriansäure, 40 μM α-KGS, 20 μM Phosphatpuffer, p_H 8,0, und 0,2 ml Enzymlösung werden in einem Gesamtvolumen von 2,0 ml 60 min bei 30° C inkubiert. Danach wird der Ansatz durch Zugabe von 0,5 ml 50%iger Trichloressigsäure enteiweißt.

[1] SUDA, M., T. KAMAHORA and H. HAGIHIRA: Med. J. Osaka Univ. 5, 119 (1954).
[2] ROBERTS, E.: Arch. Biochem. 48, 395 (1954).
[3] ICHIHARA, A., E. A. ICHIHARA and M. SUDA: J. Biochem. 48, 412 (1960).

1,5 ml des Überstandes werden mit 60 μM Acetatpuffer, p_H 5,0, und Glutaminsäuredecarboxylase in einem WARBURG-Gefäß 1 Std bei 30° C inkubiert und die freigesetzte CO_2-Menge gemessen.

Die Enzymaktivität wird in μM Glutaminsäure, die in 1 Std bei 30° C gebildet werden, ausgedrückt.

β-Aminoisobuttersäure-Transaminase.

Wie die Substratspezifität der γ-Aminobuttersäure- und β-Alanin-Transaminase ergab (s. S. 495 und 505), ist auch β-Aminoisobuttersäure ein gutes Substrat für diese Enzyme. Es ist eines der Endprodukte des Valinstoffwechsels[1], wobei das Intermediärprodukt Isobutyryl-CoA in β-Hydroxyisobuttersäure übergeht, die in einer NAD-abhängigen Reaktion mit einem Enzym aus tierischen Organen und Mikroorganismen Methylmalonatsemialdehyd liefert. Dieser wird mit Glutamat zu β-Aminoisobuttersäure transaminiert. Der Nachweis der Transaminierung gelang KUPIECKI und COON[2] in Schweinenieren mit β-^{14}C-β-Aminoisobuttersäure und α-KGS, die in die markierte Aldehydsäure übergeführt und nach Decarboxylierung als ^{14}C-Propionaldehyd gemessen wurde. Die Verteilung des Enzyms in einigen Geweben und Mikroorganismen ist in Tabelle 95 angegeben.

Tabelle 95. *Vorkommen der β-Aminoisobuttersäure-Transaminase*[2].

Die Reaktionslösung enthält 400 μM Kaliumphosphatpuffer, p_H 7,4; 40 μM α-KGS; 40 μM β-^{14}C-β-Aminoisobuttersäure (462000 I.p.m./mg C); 7 mg Extraktprotein; ad 1,8 ml. Inkubation 45 min bei 38° C.

Species	Organ	Aktivität I.p.m./mg
Schwein .	Niere	627
Ratte . .	Niere	256
Schwein .	Gehirn	94
	Leber	56
	Herz	0
Kaninchen	Skeletmuskel	56

Spinat, T. pyriformis, N. crassa, P. fluorescens, Bäckerhefe zeigen keine Aktivität.

Isolierung von β-Aminoisobuttersäure-Transaminase aus Schweinenieren nach KUPIECKI *und* COON[2].

120 g Schweinenieren werden zerkleinert und 3 min in 300 ml 0,05 m Kaliumphosphatpuffer, p_H 7,4, homogenisiert (alle Arbeitsschritte bei 0° C). Das Homogenat wird 30 min gerührt und 15 min bei 13000 × g zentrifugiert. Der Extrakt wird 12 Std gegen 4 l 0,01 m Phosphatpuffer, p_H 7,4, mit 0,001 m Cystein und 0,002 m Magnesiumchlorid dialysiert. 210 ml des dialysierten Extraktes werden mit 1 m Essigsäure auf p_H 6,0 eingestellt, und die Fällung wird verworfen. Bei —5° C wird Äthanol bis zu einer Konzentration von 25% zugegeben, 20 min gerührt und der Niederschlag verworfen. Der bei 50% Äthanolgehalt isolierte Niederschlag wird in wenig 0,1 m Phosphatpuffer, p_H 7,4, aufgenommen und dialysiert. Die Lösung wird auf p_H 5,5 eingestellt, der Niederschlag verworfen und anschließend erneut mit Alkohol fraktioniert. Die Fällung zwischen 15 und 50% Äthanol wird isoliert, gelöst und dialysiert. Die Anreicherung beträgt das Zehnfache gegenüber dem Rohextrakt.

Das p_H-Optimum des Enzyms liegt bei 8,1. Die Reaktion erfolgt nur mit α-KGS als Aminoacceptor. Pyruvat, Oxalacetat, α-Ketoisocapronat und α-Keto-β-methylvalerat werden nicht umgesetzt. Als Aminodonatoren sind neben β-Aminoisobuttersäure nur noch γ-Aminobuttersäure und β-Alanin verwendbar. Nach papierchromatographischen Untersuchungen ist die Reaktion reversibel.

Bestimmung der β-Aminoisobuttersäure-Transaminase nach KUPIECKI *und* COON[2].

Prinzip:

Der bei der Transaminierung gebildete Methylmalonsäuresemialdehyd wird in einer NADH-abhängigen Reaktion zu β-Hydroxyisobuttersäure reduziert und die Extinktionsänderung bei 340 mμ gemessen.

[1] COON, M. J.: Fed. Proc. **14**, 762 (1955).

[2] KUPIECKI, F. P., and M. J. COON: J. biol. Ch. **229**, 743 (1957).

Reagentien und Ausführung:

In einem Gesamtvolumen von 3,0 ml sind enthalten: 400 μM Trispuffer, pH 8,1; 0,35 μM NADH; 0,2 μM PLP; 3,5 μM α-KGS; 90 μM β-Aminoisobuttersäure; 1,5 mg β-Hydroxyisobuttersäuredehydrogenase (hergestellt nach ROBINSON und COON[1]) und die Enzymprobe. Die Reaktion wird mit α-KGS gestartet und einige Minuten an Hand der Extinktionsänderung bei 340 mμ gemessen.

Die *Berechnung* erfolgt an Hand einer Standard-Eichkurve, die mit bekannten Substratmengen angefertigt wird.

Pyridoxamin-Transaminase.

GUNSALUS u. Mitarb.[2] reicherten aus *E. coli* eine Enzymfraktion an, die Pyridoxamin und einige Purine mit α-KGS transaminiert. Die Reaktion war reversibel und verlief nur in Gegenwart von PLP. Untersuchungen über die Aktivierung der Tryptophanase aus *E. coli* mit PLP und PMP führten zur Auffindung eines Enzyms in wäßrigen E. coli-Extrakten, das die reversible Überführung von Pyridoxaminphosphat in Pyridoxalphosphat bewirkt[3]. Die enzymatische Übertragung der Aminogruppe des Pyridoxamins auf Ketosäuren ohne NH_3-Bildung konnte in pflanzlichen[4] und tierischen Rohextrakten[5] nachgewiesen werden. Ob dabei Pyridoxamin zuerst in Pyridoxaminphosphat (PMP) übergeführt wird, ist nicht entschieden. WADA und SNELL[6, 7] isolierten aus *E. coli* und Kaninchenleber ein Enzym, das Pyridoxamin nur mit Oxalacetat in Pyridoxal überführen kann. *Pseudomonas sp. MA* baut Pyridoxamin über Pyridoxal als erstes Zwischenprodukt ab[8]. Auf Grund dieses Befundes gelang wiederum WADA und SNELL[9] der Nachweis einer Pyridoxamin-Transaminase in *Pseudomonas*, die nur mit Pyruvat als Aminoacceptor wirksam ist. Die Untersuchung dieser Pyridoxamin-Pyruvat-Transaminase wurde später von DEMPSEY und SNELL methodisch verbessert[10]. Die Vermutung von WADA und SNELL, daß es sich bei der Pyridoxamin-Oxalacetat-Transaminase um das Apoenzym einer weiteren Transaminase handeln könnte, und die Tatsache, daß die Kynurenin-Transaminase der Rattenniere bereits unter milden Bedingungen ihr Coenzym verliert, veranlaßten WU und MASON[11], das Kynurenin-Apoenzym auf Pyridoxamin transaminierende Eigenschaften zu untersuchen. Sie fanden dabei in der Rattenniere eine Pyridoxamin-Transaminase, deren Eigenschaften mit denen des Enzyms aus *E. coli* und Rattenleber identisch waren[11]. Eine Transaminierung von Pyridoxamin mit Phenylacetylcarbinol, die Norephedrin als Produkt liefert, wurde in Pflanzenextrakten beobachtet[12].

Pyridoxamin nimmt auch an der nichtenzymatischen Transaminierung teil. Mit Glyoxylat reagiert es in Gegenwart von Aluminiumionen bei pH 5 und 79—100° C sehr rasch[13].

***Isolierung der Pyridoxamin-Oxalacetat-Transaminase aus E. coli und Kaninchenleber nach* WADA *und* SNELL[7].**

Anreicherung aus E. coli. 2 g Trockenzellen von *E. coli* werden in 50 ml 0,02 m Phosphatpuffer, pH 7,0, suspendiert, mit Ultraschall (10 kc) 20 min aufgeschlossen und 30 min

[1] ROBINSON, W. G., and M. J. COON: J. biol. Ch. **225**, 511 (1957).
[2] GUNSALUS, C. F., and J. TONZETICH: Nature **170**, 162 (1952).
[3] BEECHEY, R. B., and F. C. HAPPOLD: Biochem. J. **66**, 520 (1957).
[4] WILSON, D. G., K. W. KING and R. H. BURRIS: J. biol. Ch. **208**, 863 (1954).
[5] TANENBAUM, S. W.: J. biol. Ch. **218**, 733 (1956).
[6] WADA, H., and E. E. SNELL: Fed. Proc. **20**, 228 (1961).
[7] WADA, H., and E. E. SNELL: J. biol. Ch. **237**, 127 (1962).
[8] BURG, R. W., V. W. RODELL and E. E. SNELL: J. biol. Ch. **233**, 1164 (1960).
[9] WADA, H., and E. E. SNELL: J. biol. Ch. **237**, 133 (1962).
[10] DEMPSEY, W. B., and E. E. SNELL: Biochemistry **2**, 1414 (1963).
[11] WU, H. L. C., and M. MASON: J. biol. Ch. **239**, 1492 (1964).
[12] SCHMID, G.: Diss. TH Karlsruhe 1964.
[13] METZLER, D. E., M. IKAWA and E. E. SNELL: Am. Soc. **76**, 644, 648 (1954).

bei 15000×g zentrifugiert (alle Arbeiten bei 0° C). Der Überstand (Fraktion 1) aus 8 g Zellen wird mit 35,5 ml 2 % Protaminsulfatlösung in 0,1 m Kaliumphosphatpuffer, p_H 7,0, gerührt, zentrifugiert und der Niederschlag verworfen. Der Überstand (Fraktion 2) wird mit Ammoniumsulfat fraktioniert und die Fällungen zwischen 0—30, 30—55 und 55—70 % Sättigung nach 30 min Rühren (bei p_H 7,0) durch Zentrifugieren isoliert und in 0,02 m Phosphatpuffer aufgenommen. Die Hauptaktivität ist in der 30—55 % Fraktion (Fraktion 3) enthalten. 50 ml dieser Fraktion werden mit 4 n Essigsäure tropfenweise auf p_H 4,5 eingestellt. Der Niederschlag wird nach 10 min isoliert und in 20 ml 0,1 m Phosphatpuffer, p_H 7,0, aufgenommen (Fraktion 4). Diese Lösung wird erneut mit Ammoniumsulfat versetzt und die Fraktion zwischen 40—55 % Sättigung isoliert, in Phosphatpuffer gelöst und gegen dest. Wasser dialysiert. Inaktives Protein wird abzentrifugiert (Tabelle 96).

Tabelle 96. *Isolierung der Pyridoxamin-Oxalacetat-Transaminase aus E. coli und Kaninchenleber*[1].

Fraktion	Volumen ml	Protein mg/ml	Spezifische Aktivität μM/mg Protein/Std	Ausbeute %
E. coli 1	200	25	0,027	100
2	210	13,5	0,048	98,5
3	50	23	0,22	186
4	20	12,5	0,51	92
5	8,5	10	1,12	70
6			4,56	
Kaninchenleber				
a	1500	34	0,006	100
b	1320	20	0,027	223
c	1530	6,4	0,042	128
d	215	16	0,093	105
e	44	41	0,073	41
f	12	3,7	0,80	11
g	13	1,7	1,12	7,7
h	7	1,9	0,58	2,7
i			4,83	

Ein Teil des Überstandes (Fraktion 5) mit 6 mg Protein wird über eine Säule (1,5×5,5 cm) gegeben, die eine Mischung von 156 mg Aluminiumhydroxyd C_γ und 624 mg Cellulosepulver enthält. Die Elution des Enzyms erfolgt mit Gradienten zwischen 0,005 und 0,2 m Kaliumphosphatpuffer, p_H 8,0. Die Transaminase-Aktivität erscheint in der 30.—36. 4 ml-Fraktion.

Bei einer hohen Ausbeute wird eine 170fache Anreicherung erzielt.

Anreicherung aus Kaninchenleber. 400 g Leber werden mit 1600 ml 0,02 m Kaliumphosphatpuffer homogenisiert (alle Arbeiten bei 0—4° C). Der Rohextrakt (Fraktion a) wird auf p_H 5,2 eingestellt, der Niederschlag nach 10 min entfernt, der Überstand auf p_H 7,0 zurückgestellt und erneut zentrifugiert (Fraktion b). Bei p_H 7,0 wird mit Ammoniumsulfat bis 50 % gesättigt und der Niederschlag nach 30 min verworfen. Der Überstand (Fraktion c) wird mit 4 n Essigsäure auf p_H 4,3 eingestellt, der aktive Niederschlag isoliert und in 0,1 m Phosphatpuffer, p_H 7,0, gelöst (Fraktion d). Die erneute Behandlung mit Ammoniumsulfat bei 0—60, 60—70, 70—85 und 85—95 % Sättigung ergibt die Fraktionen e—h. Die Fraktion g (70—85 %) wird, wie für das E. coli-Enzym, mit Aluminiumhydroxyd fraktioniert (Tabelle 96).

Die erzielte Anreicherung beträgt das 800fache.

***Isolierung der Pyridoxamin-Oxalacetat-Transaminase aus Rattennieren nach* Wu *und* Mason[2].**

250 ml wäßriger Rohextrakt (Fraktion A) aus Rattenniere (1:4) (alle Arbeiten bei 0—4° C) werden durch Zugabe von 0,1 m α-KGS in 0,1 m Kaliumphosphatpuffer, p_H 7,0, auf 0,0067 m α-KGS gebracht, innerhalb von 5 min wird auf 59° C erhitzt, 3 min belassen und rasch abgekühlt. Der Niederschlag wird verworfen. Der Überstand (Fraktion B) wird bei p_H 7,0 mit Ammoniumsulfat fraktioniert und die Fraktionen zwischen 50—65, 65—70 und 70—85 % Sättigung isoliert (Überstand der 50 % Fällung ist Fraktion C). Die Fraktion 70—85 % (Fraktion D) wird in 4 ml 0,02 m Phosphatpuffer, p_H 7,0, gelöst und 24 Std gegen viermal 1 l desselben Puffers dialysiert. Erneut wird mit Ammoniumsulfat ver-

[1] Wada, H., and E. E. Snell: J. biol. Ch. **237**, 127 (1962).
[2] Wu, H. L. C., and M. Mason: J. biol. Ch. **239**, 1492 (1964).

setzt und die Fraktion mit 75—85% Sättigung (Fraktion E) isoliert. Die gelöste, dialysierte Fraktion wird auf CM-Cellulose aufgetragen (Säule 2×8 cm mit 200 ml 0,005 m Kaliumphosphatpuffer, p_H 7,0, äquilibriert). Nach dem Auswaschen der bräunlichen Farbe mit 0,005 m Phosphatpuffer wird mit 0,1 m Puffer, p_H 8,0, eluiert (Fraktion F).

Tabelle 97. *Isolierung der Pyridoxamin-Oxalacetat-Transaminase aus Rattenniere nach* Wu *und* Mason[1].

Fraktion	Volumen ml	Protein mg/ml	Spezifische Aktivität µM/mg Protein/Std	Gesamtaktivität µM/Std	Ausbeute %	Reinigung
A	388	28,2	0,004	44	(100)	1
B	366	19,6	0,018	125	284	4
C	416	3,4	0,058	82	188	14
D	16	12,7	0,146	29,6	68	36
E	4	29	0,327	38	87	81
F	5,8	8,4	0,568	28	63	140
G	3,7	0,48	1,68	3	7	415
H	3,0	1,08	2,23	7,2	16	551
I	3,0	0,66	3,96	7,8	18	979

Das Enzym wird aus den aktiven Fraktionen durch Sättigung mit Ammoniumsulfat bis 90% ausgefällt, isoliert, gelöst und dialysiert. Die Fraktionierung an CM-Cellulose wird nach Waschen mit 0,005 m Phosphatpuffer, p_H 8,0, bis zur Proteinfreiheit des Eluates mit einem Gradienten zwischen 60 ml 0,005 m und 0,2 m Phosphatpuffer, p_H 8,0, wiederholt (4 ml-Fraktionen 18—20 G—I) (Tabelle 97).

Es wird eine 979fache Anreicherung erzielt.

***Isolierung einer kristallinen Pyridoxamin-Pyruvat-Transaminase aus Pseudomonas nach* Snell *u. Mitarb.*[2,3].**

Pseudomonas Stamm MA-1 wird auf einem pyridoxinhaltigen Medium gezüchtet. 2 g lyophilisierte Trockenzellen werden in 50 ml 0,02 m Phosphatpuffer, p_H 7,0, mit Ultraschall aufgeschlossen (alle Arbeitsschritte bei 0—4° C), zentrifugiert und der Rückstand nochmals eluiert. Der vereinigte Rohextrakt wird mit 30 mg Protaminsulfat (als 4%ige Lösung) pro 100 mg Extraktprotein 15 min gerührt und die Fällung verworfen. Der Überstand (Fraktion 2) wird mit 0,2 Vol. 0,5 m Phosphatpuffer, p_H 6,5, mit 60 µM Pyridoxin/ml versetzt, in einem Wasserbad von 85° C auf 70° C erhitzt und 10 min auf dieser Temperatur belassen. Nach raschem Abkühlen wird der Niederschlag verworfen. Der Überstand (Fraktion 3) wird mit gesättigter Ammoniumsulfatlösung, p_H 7,0, fraktioniert; die Fällungen zwischen 0—40, 40—45, 45—60 und über 60% Sättigung werden isoliert, gelöst und gegen 0,05 m Phosphatpuffer, p_H 7,0, 8 Std dialysiert (Fraktionen 4—7). Die Fraktion 45—60% wird bei −20° C unter Rühren viermal mit dem halben Volumen der Ausgangslösung an Aceton versetzt. Nach jeder Zugabe wird der Niederschlag bei −15° C abzentrifugiert, sofort in 0,02 m Kaliumphosphatpuffer, p_H 7,0, aufgenommen und 12 Std gegen den gleichen Puffer mit 0,001 m Pyridoxalzusatz dialysiert (Fraktionen a—d). Ausgehend

Tabelle 98. *Isolierung einer kristallinen Pyridoxamin-Pyruvat-Transaminase aus Pseudomonas*[2,3].

Fraktion	Volumen ml	Protein mg/ml	Spezifische Aktivität µM/mg Protein/Std	Ausbeute %
1 (Rohextrakt)	675	15,0	7,6	100
2	705	8,0	13,4	98
3	793	2,1	44,4	96
4	11,0	4,0	20	1,2
5	6,5	2,0	74	1,3
6	33,0	8,3	206	73,5
7			2,1	

[1] Wu, H. L. C., and M. Mason: J. biol. Ch. **239**, 1492 (1964).
[2] Wada, H., and E. E. Snell: J. biol. Ch. **237**, 133 (1962).
[3] Dempsey, W. B., and E. E. Snell: Biochemistry **2**, 1414 (1963).

von einem Enzympräparat mit einer spezifischen Aktivität von 382 μM/mg Protein/Std, enthalten die Fraktionen a—d das Enzym mit folgenden spezifischen Aktivitäten: 70,2, 120, 1388, 105. Die Hauptaktivität ist in der Fraktion c enthalten (gelbgefärbt). Die Enzymfraktion wird bei 5° C bis zur beginnenden Trübung mit Ammoniumsulfat versetzt. Dabei kristallisiert das Enzym in 12 Std aus. Es wird 5—7mal bis zu der konstanten spezifischen Aktivität von 2400 μM/mg Protein/Std in 0,02 m Kaliumphosphatpuffer, p_H 7,0, mit 0,001 m Pyridoxal umkristallisiert.

Eigenschaften. *Pyridoxamin-Oxalacetat-Transaminase.* Die Eigenschaften der gereinigten Enzympräparate aus *E. coli*, Kaninchenleber und Rattenniere sind nahezu identisch. Pyridoxamin reagiert nur mit Oxalacetat als Aminoacceptor; Pyruvat, α-KGS, β-Ketoglutarat, α-Ketoisovalerat, α-Ketoisocaproat, α-Ketocaproat, Phenylpyruvat, Mesoxalat $3{,}3 \times 10^{-3}$ m können Oxalacetat nicht ersetzen. Die Transaminierungsreaktion wird durch Glutamat und Aspartat kompetitiv gehemmt. Andere Aminosäuren sind wirkungslos. Das Enzym aus der Rattenniere setzt α-KGS nur langsam um. α-Ketomalonat, β-Ketoadipat und α-KGS $3{,}33 \times 10^{-3}$ m hemmen die Transaminierung mit Oxalacetat bei p_H 7,0 zu 34, 45 bzw. 38%.

Die MICHAELIS-Konstanten sind für die Enzyme aus *E. coli*, Kaninchenleber und Rattenniere für Oxalacetat 0,034, 0,57 bzw. $0{,}012 \times 10^{-3}$ m und für Pyrodoxamin 2,3, 0,7 bzw. $2{,}3 \times 10^{-3}$ m.

Das p_H-Optimum liegt für alle Präparate bei 8,5. Die Reaktion verläuft nur in Gegenwart von Phosphationen. In Tris-, Citrat- oder anderer Pufferlösung ist die Aktivität nicht meßbar. Pyrophosphat und Arsenat können Phosphat nur teilweise ersetzen.

Eine Abtrennung von PLP aus dem Enzympräparat war nicht möglich. Ein Zusatz von PLP oder PMP beschleunigt die Reaktion nicht, sondern führt sogar zu einer Hemmung der Transaminierung. Die Hemmung mit $0{,}033 \times 10^{-3}$ PLP beträgt 63—90%, mit $0{,}33 \times 10^{-3}$ PMP 56—93%. Die weitere Tatsache, daß Phenylhydrazin, das ein wirksamer Hemmstoff für PLP-Enzyme ist, keines der Enzympräparate hemmt, spricht für einen von PLP unabhängigen Reaktionsmechanismus der Pyridoxamin-Transaminierung. Diese Eigenschaften deuten auf die Möglichkeit hin, daß es sich hier um eine Apo-Transaminase handeln könnte. Ein Vergleich der Eigenschaften der Apo-GOT mit der Pyridoxamin-Oxalacetat-Transaminase ergibt jedoch erhebliche Unterschiede[1]. So reagiert die Apo-GOT auch mit α-KGS und mit Mesoxalat; sie hat ein etwas höheres p_H-Optimum (p_H 8,7—9,0), Phosphationen sind nicht erforderlich und hemmen die Reaktion sogar; schließlich besteht eine wesentlich geringere Affinität der Apo-GOT zu Pyridoxamin und Pyridoxal als im Falle der Pyridoxamin-Transaminase. Auch ein Vergleich des Enzyms mit der Apo-Kynurenin-Transaminase ergab keine Zusammenhänge[2]. Somit bleibt hier die Frage, ob es sich um ein Apoenzym mit unbekannten Coenzymen handelt oder um eine spezifische Transaminase, offen.

Pyridoxamin-Pyruvat-Transaminase[2, 3]. Das kristalline Enzym katalysiert die Transaminierung von Pyridoxamin nur mit Pyruvat als Aminoacceptor. 5-Desoxypyridoxamin und ω-Methylpyridoxamin können Pyridoxamin ersetzen. Einige Pyridoxylaminosäuren, besonders Pyridoxylalanin, sind wirksame Hemmstoffe. In der Rückreaktion kann Alanin durch keine andere Aminosäure ersetzt werden (α-Aminobuttersäure gibt 5% der Umsetzungsrate von Alanin).

Die MICHAELIS-Konstanten für die Hin- und Rückreaktion sind: für Pyridoxamin 6×10^{-5} m; für Pyruvat 3×10^{-4} m; für Pyridoxal $1{,}5 \times 10^{-5}$ und für Alanin 2×10^{-3} m.

Die Reaktion ist nicht phosphatabhängig, sondern verläuft in jeder Pufferart. Diese Tatsache und die Spezifität für Pyruvat sind die Hauptunterscheidungsmerkmale von der Pyridoxamin-Oxalacetat-Transaminase. PLP oder PMP hemmen die Reaktion nicht, noch sind sie Aktivatoren. Verfahren, die zur Spaltung der GOT in Co- und Apoenzym

[1] WADA, H., and E. E. SNELL: J. biol. Ch. **237**, 127 (1962).
[2] DEMPSEY, W. B., and E. E. SNELL: Biochemistry **2**, 1414 (1963).
[3] WADA, H., and E. E. SNELL: J. biol. Ch. **237**, 133 (1962).

führen, beeinflussen die spezifische Aktivität der Pyridoxamin-Transaminase nicht; auch Phenylhydrazin hemmt das Enzym nicht.

Spektrophotometrische Untersuchungen ergaben ein Absorptionsmaximum des Enzympräparates bei 410 mμ, das bei Reaktion mit Alanin abnimmt. Auf Grund von Dialyseversuchen kann es sich bei der Absorptionsbande nur um gebundenes Pyridoxal handeln.

Sedimentationskonstante ist 7,0 S; das Molgewicht wird zu 140000 berechnet. Pro Mol Enzym wurden 2 M Pyridoxal in einer Aldiminbindung angenommen. Zur Prüfung dieser Frage wurde ein Enzympräparat durch Dialyse (bei p_H 8,0) bis auf 0,1 M pro Mol Enzym von Pyridoxal befreit und unter Kontrolle der Absorption bei 410 mμ erneut mit bekannten Mengen Pyridoxal versetzt. Am Sättigungsendpunkt tritt auf Grund der verschiedenen Wellenlänge des Absorptionsmaximums von gebundenem und freiem Pyridoxal (380 mμ) ein scharfer Knick der Extinktionszunahme bei 410 mμ ein. Der Titrationsendpunkt liegt bei 1 M gebundenem Pyridoxal pro 60000 g Enzymprotein. Ähnliche Werte ergeben sich für 5'-Desoxypyridoxal. Daraus errechnet sich das Molgewicht des Enzyms zu 120000 $\pm$ 4000. Die Bindung von Pyridoxal kann weiter bewiesen werden an Hand der Reduktion des Enzymmoleküls mit $NaBH_4$. Dabei nimmt die Enzymaktivität im Laufe der Zugabe von $NaBH_4$, ab und es entsteht eine der verbrauchten $NaBH_4$-Menge äquivalente Pyridoxal-Menge. Die durch Reduktion stabilisierte Pyridoxylaminosäure konnte nach saurer Hydrolyse des Proteinmoleküls papierchromatographisch als ε-Pyridoxyllysin identifiziert werden. Die quantitative Aminosäurezusammensetzung ist in Tabelle 99 angegeben.

Tabelle 99. *Aminosäurezusammensetzung der kristallinen Pyridoxamin-Pyruvat-Transaminase aus Pseudomonas*[1].

Aminosäure	μM/mg Enzymprotein	Aminosäure	μM/mg Enzymprotein	Aminosäure	μM/mg Enzymprotein
Asparaginsäure . .	0,72	Leucin	0,76	Tyrosin . . .	0,29
Glutaminsäure . .	0,53	Methionin . .	0,24	Valin	0,59
Alanin	1,26	Phenylalanin .	0,15	Arginin . . .	0,37
Halb-Cystin . . .	0,04	Prolin	0,55	Histidin . . .	0,19
Glycin	0,73	Serin	0,36	Lysin	0,38
Isoleucin	0,44	Threonin . . .	0,41	NH_3	0,55

Bestimmungsmethoden. Die Pyridoxamin-Transaminase katalysiert die reversible Reaktion zwischen Pyridoxamin mit Oxalacetat bzw. Pyruvat.

$$\text{Pyridoxamin} + \text{Oxalacetat (bzw. Pyruvat)} \rightleftharpoons \text{Pyridoxal} + \text{Aspartat (bzw. Alanin)}$$

***Bestimmung der Pyridoxamin-Transaminase nach* WADA *und* SNELL**[2].

Prinzip:

Das bei der Reaktion gebildete Pyridoxal wird als 2,4-Dinitrophenylhydrazon colorimetrisch bestimmt.

Reagentien und Ausführung:

Die Reaktionslösung enthält in 3 ml: 10 μM Pyridoxamin; 10 μM Ketosäure; 100 μM EDTA; Enzymlösung; Pufferendkonzentration 0,1 m Kaliumphosphat zusammen mit 0,1 Trispuffer, p_H 8,5. Nach einer Inkubationszeit von 30 min bei 37° C wird die Reaktion mit 0,5 ml (w/v) 100 %iger Trichloressigsäure abgestoppt. Der Niederschlag wird abzentrifugiert.

Bei der Bestimmung der Pyridoxamin-Pyruvat-Transaminase kann der Phosphatpuffer weggelassen werden. Die Reaktion wird durch 0,5 ml 9 n H_2SO_4 abgestoppt.

Ein aliquoter Teil der enteiweißten Probe mit 0,01—0,1 μM Pyridoxal wird auf 3,8 ml mit dest. Wasser aufgefüllt und 0,2 ml Phenylhydrazinreagens (2 g Phenylhydrazin-HCl

[1] DEMPSEY, W. B., and E. E. SNELL: Biochemistry **2**, 1414 (1963).
[2] WADA, H., and E. E. SNELL: J. biol. Ch. **236**, 2089 (1961); **237**, 127 (1962).

in 100 ml 10 n H_2SO_4 lösen) werden zugegeben. Der Ansatz wird 20 min auf 60° C erhitzt, 10 min bei Raumtemperatur belassen und die Farbintensität bei 410 mμ gemessen. Die Berechnung erfolgt an Hand einer Eichkurve mit einer Pyridoxal-Standardlösung.

Eine weitere Möglichkeit zur Aktivitätsbestimmung reiner Fraktionen der Pyridoxamin-Transaminase besteht in der direkten spektrophotometrischen Messung des gebildeten Pyridoxals bei 400 mμ. Die Absorption des Pyridoxals begrenzt die maximale Konzentration auf 1×10^{-3} m.

Amin-Transaminase.

Die Transaminierung anderer Aminoverbindungen außer Aminosäuren ist nur für Pyridoxamin genauer untersucht (s. dort). Darüber hinaus wurde von der Beteiligung von Purinen an Transaminierungen berichtet[1, 2], Befunde, die sich jedoch nicht bestätigen ließen[3]. Adenin scheint mit Extrakten aus *Torula utilis*, die auf Adenin gezüchtet wurde, eine Transaminierung einzugehen. Das zuerst als Adenase bezeichnete Enzym[4] wurde später durch Ammoniumsulfat-Fraktionierung auf das 100fache angereichert und als Transaminase erkannt, die andere Purine und Pyrimidine nicht umsetzt[5].

In tierischen Geweben beobachteten Ito u. Mitarb.[6, 7] bei der Inkubation von Histamin mit Mitochondrien und Mikrosomen einiger Kaninchenorgane einen größeren Abbau, als nach dem Sauerstoffverbrauch zu erwarten war. Dieser sauerstoffunabhängige Histaminabbau wurde durch einen Zusatz von Pyruvat und weiterhin von PLP stark erhöht, so daß bis zu 70 % des Histamins in diesen Geweben via Transaminierung abgebaut werden; die gleiche Beobachtung ergab sich auch bei Zusatz von Phenylpyruvat und p-Hydroxyphenylpyruvat als Aminoacceptoren, wobei jeweils die entsprechenden Aminosäuren als Reaktionsprodukte auftraten. Die Transaminierung biogener Amine, von denen bisher angenommen wurde, daß sie nur durch oxydative Desaminierung abgebaut werden, wurde von Hasse und Schmid in Pflanzen und Mikroorganismen untersucht[8, 9]. Die Autoren fanden, daß die Amin-α-KGS-Transaminierung ein weit verbreitetes Prinzip bei den Pflanzen und Mikroorganismen ist. Die in Tabelle 100 angegebenen reversiblen Transaminierungen wurden in Erbsen, Lupinen, Tabak und Blumenkohl und in Mikroorganismen, wie Aspergillaceen, *N. crassa* und *Pseudomonas*, nachgewiesen. Bei strengem Ausschluß von Sauerstoff und unter Berücksichtigung von Leerwerten ohne α-Ketosäurezusatz kann ein Oxydaseeffekt, besonders in aminoxydasehaltigen Extrakten unterdrückt bzw. eliminiert werden.

Kim fand in *E. coli*, die auf Putrescin als einziger C- und N-Quelle gezüchtet wurden, eine Transaminierung dieses Substrates zu γ-Aminobutyraldehyd[10]. Neuerdings gelang auch der Nachweis der Transaminierung von Putrescin, Cadaverin, Norephedrin und Äthanolamin in tierischen Geweben[11].

Isolierung einer Diamin-Transaminase aus Erbsenkeimlingen, N. crassa und P. fluorescens nach Schmid[8].

Erbsenkeimlinge. 469 g 12 Tage im Dunkeln gekeimte Erbsensprosse werden mit 469 ml 0,1 m Na_2HPO_4 homogenisiert und zentrifugiert. Der Überstand wird langsam

[1] Gunsalus, I. C.; in: McElroy, W. D., and B. Glass (Hrsgb.): A Symposium on the Mechanism of Enzyme Action. p. 545. Baltimore 1955.
[2] Gunsalus, I. C., and J. Tonzetich: Nature **170**, 162 (1952).
[3] Schein, A. H., and E. M. Brown: Biochem. J. **67**, 594 (1957).
[4] Roush, A. H.: Arch. Biochem. **50**, 510 (1954).
[5] Armentrout, S. A., and E. Goldwasser: Fed. Proc. **16**, 146 (1957).
[6] Ito, R., T. Ito and K. Nakazawa: Nippon Univ. J. Med. **2**, 259 (1960).
[7] Ito, R., T. Ito and K. Miyana: Nippon Univ. J. Med. **2**, 459 (1960).
[8] Schmid, G.: Diss. TH Karlsruhe 1964.
[9] Hasse, K., u. G. Schmid: B. Z. **337**, 69 (1963).
[10] Kim, K.: J. biol. Ch. **239**, 783 (1964).
[11] Hasse, K., u. W. Neumann: Naturw. **51**, 243 (1964).

Tabelle 100. *Vorkommen und Nachweis der Amin-Transaminase in Pflanzen und Mikroorganismen*[1].

Amin	Reaktionsprodukt	Nachweis
1. Putrescin (Tetramethylendiamin)	γ-Aminobutyraldehyd → Δ^1-Pyrrolin	1. R_F (a) 0,76 2. mit o-Aminobenzaldehyd als 2,3-Trimethylen-1,2-dihydrochinazolinium-base
2. Cadaverin (Pentamethylendiamin)	δ-Aminovaleraldehyd → Δ^1-Piperidein (nur Hinreaktion)	1. R_F (a) 0,8 monomer, 0,6 dimer 2. mit o-Aminobenzaldehyd als 3-Aminopropylchinolin
3. Hexamethylendiamin	ω-Aminocapronaldehyd → Δ^1-Azacycloheptan	mit o-Aminobenzaldehyd-Gelbfärbung
4. Spermidin (Trimethylendiamin)	N-(3-Aminopropyl)-Δ^2-pyrrolin	1. Isolierung als Au-Salz 2. R_F (a) 0,15
5. Spermin	β-Aminopropionaldehyd → Spermidin	(nur langsamer Umsatz)
6. Monoacetylputrescin, Monoacetylcadaverin	N-Acetyl-γ-aminobutyraldehyd, N-Acetyl-δ-aminovaleraldehyd	Dünnschichtchromatographie R_F (b) 0,8 bzw. 0,82
7. Agmatin	γ-Guanidinobutyraldehyd	R_F (c) 0,43 (Dünnschichtchromatographie)
8. Äthanolamin	Glykolaldehyd (nur Rückreaktion)	Äthanolamin: R_F (a) 0,24; R_F (d) 0,78
9. Tyramin, 3-Hydroxytyramin	4-Hydroxyphenylacetaldehyd, 3,4-Dihydroxyphenylacetaldehyd	R_F (a) 0,36 R_F (a) 0,5
10. Histamin	β-Imidazolacetaldehyd	R_F (a) 0,89
11. L-Nor-ephedrin	Phenylacetylcarbinol	R_F (a) 0,86

(a) Bu:HAc:H_2O = (62:12:26). (b) Essigester:Äthanol:Cyclohexan (60:40:20).
(c) $CHCl_3$:Aceton:Propanol:Äthanol (50:50:20:20). (d) Phenol:H_2O (8:2).

mit 300 g Ammoniumsulfat versetzt, der Eiweißniederschlag isoliert, in 35 ml 0,05 m Na_2HPO_4 aufgenommen und gegen 0,05 m Na_2HPO_4 dialysiert. Der Rohextrakt aus Lupinen, Tabak und anderen Pflanzen wird in gleicher Weise gewonnen. Der Rohextrakt wird mit Ammoniumsulfat bei p_H 7,0 fraktioniert, die Fällungen werden bei 0—20, 20—60 und 60—85% Sättigung isoliert, in wenig 0,05 m Na_2HPO_4 aufgenommen und dialysiert; ein Niederschlag wird abzentrifugiert. Transaminasen mit verschiedener Substratspezifität sind in den Fraktionen 0—60 und 60—85% vorhanden.

Neurospora crassa. Stamm A/ATCC-10336 und *Stamm Mücke 4545* werden auf Nährmedien nach Vogel 1 Woche bei 36° C gezüchtet, das Mycel wird isoliert, gewaschen und lyophilisiert. Das Myceltrockenpulver wird mit der zehnfachen Menge Puffer eluiert und, wie oben für das Enzym aus Erbsen beschrieben, mit Ammoniumsulfat fraktioniert.

Pseudomonas fluorescens. Stamm ATCC-11250 wird auf cadaverinhaltigem Nährmedium gezüchtet. Die Zellen werden nach 28 Std Wachstum (unter Sauerstoffzutritt bei Raumtemperatur) abzentrifugiert und in einem Glasperlen-Homogenisator mit der 20fachen Menge 0,05 m Na_2HPO_4 aufgeschlossen. Der Rohextrakt wird, wie oben angegeben, fraktioniert.

***Isolierung einer Diamin-Transaminase aus E. coli nach* Kim**[2].

Die *E. coli Mutante B* wird unter Belüftung bei Raumtemperatur in einem Medium gezüchtet, das pro l 16,4 g Na_2HPO_4; 1,5 g KH_2PO_4; 0,97 g $MgSO_4$; 0,01 g $CaCl_2$; 0,01 g $FeSO_4$ und 2 g Putrescin enthält. Die Zellen werden am Ende der log. Wachstumsphase isoliert.

44 g gewaschene Zellen werden in 150 ml 0,1 m Trispuffer, p_H 7,3, mit 100 μM Glutathion suspendiert und 20 min mit Ultraschall (10 kc) aufgeschlossen. Der Extrakt wird 20 min bei 10000 × g zentrifugiert. Der Überstand wird 20 min mit 0,4 mg DNase inkubiert und 1 Std bei 105000 × g zentrifugiert. Der Überstand enthält 37 mg Protein.

[1] Schmid, G.: Diss. TH Karlsruhe 1964.
[2] Kim, K.: J. biol. Ch. **239**, 783 (1964).

Er wird rasch auf 50° C erhitzt, 5 min auf 50—53° C gehalten und rasch abgekühlt. Der gefärbte Niederschlag wird entfernt und der Überstand unter Rühren mit 0,2 m Essigsäure auf p_H 5,0 eingestellt. Nach 20 min wird der aktive Niederschlag isoliert und in 150 ml 0,1 m Trispuffer, p_H 7,3, gelöst. Die Lösung wird mit Ammoniumsulfat auf 35 % Sättigung gebracht, der Niederschlag verworfen und im Überstand stufenweise die Sättigung um je 15 % erhöht. Die einzelnen Fällungen werden in 5—10 ml 0,1 m Trispuffer, p_H 7,3, aufgenommen und gegen 4 l 0,001 m Trispuffer 12 Std dialysiert. Die Enzymaktivität findet sich hauptsächlich in der Fraktion 50—65 %. Bei —15° C wird diese mit Aceton bis zu einem Gehalt von 60 % versetzt. Der Niederschlag wird rasch isoliert und in 11 ml 0,03 m Trispuffer, p_H 7,3, aufgenommen. Diese Lösung wird auf DEAE-Cellulose gegeben (Säule 2 × 24 cm), die mit 0,03 m Trispuffer, p_H 7,3, äquilibriert wurde. Die Elution erfolgt mit einem Gradienten, wobei 300 ml 0,03 m Trispuffer, p_H 7,3, vorgelegt werden und 0,5 m NaCl-Lösung zutropft. Bei 3 ml-Fraktionen ist die Aktivität im 65. bis 88. Glas enthalten. Bei einer Ausbeute von 33 % wird eine Reinigung auf das 80fache erzielt (Tabelle 101).

Eigenschaften. Die Enzymfraktion aus Erbsen, die man bei 60—85 % Sättigung mit Ammoniumsulfat erhält[1], katalysiert die Umsetzung von Putrescin, Cadaverin und Hexamethylendiamin und in geringerem Umfang auch von Monomethylputrescin, Monomethylcadaverin und Spermidin mit α-KGS und Pyruvat. Trimethylendiamin, Decamethylendiamin, Acetylcadaverin, Acetylputrescin, Agmatin, β-Alanin und Pyridoxamin sind keine Substrate; ebenso kann α-KGS nicht durch Phenylpyruvat, Indolylpyruvat, α-Ketoisovaleriansäure und α-Ketocapronsäure ersetzt werden. Sie enthält keine Diaminoxydase-Aktivität. Das p_H-Optimum der Reaktion liegt bei 8,4. Das Enzympräparat ist sehr unbeständig und verliert beim Lagern auch in der Kälte in 1 Woche seine Aktivität vollständig. Eine Lagerung ist in einer 2 m Ammoniumsulfatlösung bei p_H 6,6 einige Wochen möglich. Das Enzym wird durch 5×10^{-4} m Isoniazid völlig gehemmt, während Iproniazid ohne Wirkung ist. 5×10^{-6} m p-Chlormercuribenzoat hemmt zu 30 % und 5×10^{-4} m Semicarbazid und Cyanid zu 100 %.

Tabelle 101. *Isolierung der Diamin-Transaminase aus E. coli*[2].

Fraktion	Volumen ml	Gesamtaktivität µM/min	Gesamtprotein mg	Spezifische Aktivität µM/mg/min
Rohextrakt	150	135	5700	0,023
Hitzebehandlung	138	110	4692	0,023
Säurefällung	150	105	1377	0,076
Ammoniumsulfat 50—65 %	32	54	437	0,124
Acetonfällung	30	48	360	0,133
DEAE-Cellulose	42	38	23	1,63

Glutaminsäure hemmt die Diamin-Transaminase kompetitiv.

Die ebenfalls aus Erbsen isolierte Fraktion von 0—60 % Sättigung mit Ammoniumsulfat eignet sich als Enzympräparat für die Transaminierung von Phenylacetylcarbinol (Norephedrin), Acetamidovaleraldehyd (Monoacetylcadaverin), Acetamidobutyraldehyd (Monoacetylputrescin), Histamin und Pyridoxamin. Die Fraktion enthält auch die gesamte Diaminoxydase-Aktivität.

Die angereicherte Diamin-Transaminase aus *E. coli*[2] transaminiert Putrescin (gleich 100 % gesetzt), Cadaverin (107 %) und in geringem Umfang 1,7-Diaminoheptan (30 %) und γ-Aminobuttersäure (11 %). 1,3-Diaminopropan, Histamin, Tyramin, Spermidin, β-Alanin, Ornithin und Lysin sind keine Substrate. Als Aminoacceptor können nur α-KGS und Pyruvat dienen (K_M $8,8 \times 10^{-4}$ bzw. $2,7 \times 10^{-3}$ m). Das Enzym verliert beim Dialysieren gegen eine Phenylhydrazin-Lösung teilweise seine Aktivität, die durch PLP wieder zurückgewonnen werden kann. Das p_H-Optimum der Diamin-Transaminase liegt zwischen 9 und 10; bei p_H 7 ist nahezu keine Aktivität vorhanden.

[1] SCHMID, G.: Diss. TH Karlsruhe 1964.
[2] KIM, K.: J. biol. Ch. **239**, 783 (1964).

***Bestimmung der Diamin-Transaminase nach* KIM[1].**

Prinzip:

Der aus dem Amin gebildete Aldehyd reagiert mit o-Aminobenzaldehyd und bildet eine gefärbte Verbindung, die bei 435 mμ photometrisch erfaßt wird[2].

Reagentien und Ausführung:

In einem Gesamtvolumen von 0,8 ml sind enthalten: 100 μM Trispuffer, p_H 9; 5 μM Putrescin; 5 μM α-KGS; 0,1 μM PLP; 2 μM o-Aminobenzaldehyd und 0,1 ml Enzymlösung. Der Ansatz wird je nach Aktivität des Präparates eine angemessene Zeit inkubiert und mit 0,2 ml 10%iger Trichloressigsäure abgestoppt. Der Überstand wird anschließend bei 435 mμ photometriert.

Die *Berechnung* erfolgt an Hand einer Standard-Eichkurve.

Die pflanzliche Enzymaktivität wird prinzipiell in gleicher Weise bestimmt, wobei das Reaktions-p_H 7,5—8 beträgt.

Allgemeine Transaminierung von L-Aminosäuren mit α-KGS oder Pyruvat.

Beim Nachweis von Transaminierungen in Gewebsschnitten oder Homogenaten von atmenden Geweben oder rohen Enzympräparaten anderer Herkunft ist es notwendig, durch Dialyse auch Spuren von Aminosäuren und Ketosäuren zu entfernen, die bereits in katalytischen Mengen zu gekoppelten Transaminierungen führen. So kann z.B. durch Kopplung der beiden folgenden Reaktionen (1 und 2) die Reaktionsgleichung 3 bereits durch Spuren von Pyruvat oder Alanin vorgetäuscht werden[3].

$$\alpha\text{-Aminosäure} + \text{Pyruvat} \rightarrow \alpha\text{-Ketosäure} + \text{Alanin} \quad (1)$$

$$\alpha\text{-Ketoglutarat} + \text{Alanin} \rightarrow \text{Glutamat} + \text{Pyruvat} \quad (2)$$

$$\alpha\text{-Aminosäure} + \alpha\text{-Ketoglutarat} \rightarrow \alpha\text{-Ketosäure} + \text{Glutamat} \quad (3)$$

Auch Nebenreaktionen, wie die Reaktion von α-Ketoglutarat mit L-Glutamat-Dehydrogenase in Gegenwart von Ammoniumionen, können eine Transaminierungsreaktion vortäuschen. Homogenate von Ratten- und Taubenleber, Taubenbrustmuskel und Schafsnierenrinde führen bei einem Überschuß von Glutamat mit katalytischen Mengen Oxalacetat zur Aspartat- und α-Ketoglutaratbildung (Gleichung 4). Dabei wird das Oxalacetat durch oxydative Decarboxylierung des anfallenden α-Ketoglutarates wieder nachgebildet (Gleichung 5, 6).

$$\text{Oxalacetat} + \text{Glutamat} \rightarrow \text{Aspartat} + \alpha\text{-KGS} \quad (4)$$

$$\alpha\text{-KGS} + 1{,}5\ O_2 \rightarrow \text{Oxalacetat} + CO_2 \quad (5)$$

$$\text{Summengleichung: Glutamat} + 1{,}5\ O_2 \rightarrow \text{Oxalacetat} + CO_2 \quad (6)$$

Umgekehrt setzen die Homogenate bei einem Überschuß an Aspartat und katalytischen Mengen von α-Ketoglutarat Glutaminsäure frei (Gleichung 7—9), wobei jedoch nur 50% der verbrauchten Asparaginsäure als Glutaminsäure wieder erscheinen[4].

$$\alpha\text{-KGS} + \text{Aspartat} \rightarrow \text{Glutamat} + \text{Oxalacetat} \quad (7)$$

$$\text{Oxalacetat} + \text{Lactat} + 1{,}5\ O_2 \rightarrow \alpha\text{-KGS} + 2\ CO_2 \quad (8)$$

$$\text{Summengleichung: Aspartat} + \text{Lactat} + 1{,}5\ O_2 \rightarrow \text{Glutamat} + 2\ CO_2 \quad (9)$$

Einige Autoren untersuchten allgemein die Möglichkeit einer Transaminierung der verschiedensten Aminosäuren durch tierische und pflanzliche Gewebsextrakte und durch Mikroorganismen.

Die bei diesen Transaminierungen umgesetzten Aminosäuren, die mit α-KGS und in wenigen Fällen mit Pyruvat als Aminoacceptor reagieren, sind in der Tabelle 1 (S. 309)

[1] KIM, K.: J. biol. Ch. **239**, 783 (1964).
[2] HOMSTEDT, B., L. LARSSON and R. THAM: Biochim. biophys. Acta **48**, 12 (1961).
[3] CAMMARATA, P. S., and P. P. COHEN: J. biol. Ch. **187**, 439 (1950).
[4] AWAPARA, J., and B. SEALE: J. biol. Ch. **194**, 497 (1952).

Tabelle 102. *Beispiele von Transaminierungen in Rohextrakten verschiedener Zellarten mit α-KGS.*

Aminosäuren	Schwein[1]			Ratte[2]			Rattenleber[3]		Lupine[4]	Sonnenblume[5], Mitochondrien	E. coli[6–8]			Rhodospirillum rubrum[9]	Mycobact. tuberculosis[10]
	Herz	Leber	Niere	Herz	Leber	Niere	Mitochondrien	Cytoplasma							
	µl/100 mg Gewebsextrakt/Std			µM/g Frischgewicht/Std			µM/0,5 g Leber/Std		Valin = 100 %	µM/mg Protein/Std	µM/10 mg Trockengewicht/Std	µM/mg Prot./Std	Aspartat = 100 %	µM/1,5 mg Protein/Std	µM/10 mg Trockengewicht/Std
Alanin . . .	170		61	130	422	98	20—33	260—350	1310	9,6			6	3,0	0,13
Arginin . .	29	132	144	0	0	30			678	0,31			5		
Aspartat . .	449	265	381	291	235	241	12—45	240—360		9,1	25	41,0	100	5,0	1,74
Cystein. . .	28	46	2						1177				12		
Glycin . . .	8	57	0	23	9	18			109	0,6	10		0		
Histidin . .	10	0	5						91	0,33	10		0	3,5	
Isoleucin . .	208	47	27	79	10	122	0,7—2,2	1,5—3,4	172	0,47	10	16,4	61	3,5	3,74
Leucin . . .	246	99	123	87	8	112	0,8—2,0	0,6—2,3	341	0,6	20	16,9	47	3,5	2,1
Lysin . . .	13	4	12	0	0	0			141	0,8	10		6	1,0	
Methionin .	57	55	12	10	9	28	1,2—2,3	2,2—2,7	108	0,27	15	12,5	42	1,0	0,8
Norleucin. .	75										20	15,9	42		
Ornithin . .	76								168	7,1			12	5,0	
Phenylalanin	68	73	27	3	12	25				0,6	15	15,3	56	5,0	0,77
Serin . . .	13	0	0										0		
Threonin . .	2	0	3	15	0	25				0,53	8		0		
Tryptophan	49	17	21							0,33	15	29,8	48	3,5	
Tyrosin . .	82	144	67							0,47	12	10,3	22	5,0	
Valin . . .	237	65	37	89	10	122	1,0—1,2	0,6—2,6		0,4	25	12,5	52	4,0	3,45

[1] Cammarata, P. S., and P. P. Cohen: J. biol. Ch. **187**, 439 (1950).
[2] Awapara, J., and B. Seale: J. biol. Ch. **194**, 497 (1952).
[3] Bässler, K. H., u. C. H. Hammar: B. Z. **330**, 555 (1958).
[4] Wilson, D. G., K. W. King and R. H. Burris: J. biol. Ch. **208**, 863 (1954).
[5] Smith, J. E.: Biochim. biophys. Acta **57**, 183 (1962).
[6] Feldman, L. J., and I. C. Gunsalus: J. biol. Ch. **187**, 821 (1950).
[7] Rudman, D., and A. Meister: J. biol. Ch. **200**, 591 (1953).
[8] Nurmiko, V., and R. Raunio: Acta chem. scand. **15**, 1263 (1961).
[9] Hug, D. H., and C. H. Werkman: Arch. Biochem. **72**, 369 (1957).
[10] Youat, J.: Biochem. J. **68**, 193 (1958).

aufgeführt. Die bereits bei den einzelnen definierten Transaminasen abgehandelten Transaminierungen sind in der Tabelle nicht mehr berücksichtigt.

Im allgemeinen wurden als Enzympräparate nur Rohextrakte verwendet. Ein Versuch, durch Bestimmung der Umsatzrate oder durch Hemmversuche zu einer Differenzierung in einzelne gruppenspezifische Transaminasen oder gar in individuelle Transaminasen zu gelangen, erfolgte nur in wenigen Fällen. Daher wurden diese sehr zahlreichen Arbeiten, die näher zu beschreiben weder möglich noch notwendig ist, in Tabelle 1 zusammengefaßt. Einige Beispiele dieser Transaminierungen sind in Tabelle 102 angegeben.

Transaminierung von γ-Hydroxyglutaminsäure und Hydroxyaspartat.

DEKKER fand mit Rattenleberextrakten eine Bildung von Glyoxylat und Alanin aus γ-Hydroxyglutamat[1], dem Hauptprodukt der enzymatischen Oxydation von Hydroxyprolin[2]. Die im Prinzip umgekehrte Reaktion, nämlich die Vereinigung von Pyruvat mit Glyoxylsäure zu α-Keto-γ-hydroxyglutarsäure, wird ebenfalls durch Extrakte aus Rattenleber katalysiert. Aus solchen Extrakten wurde durch Ammoniumsulfat-Fraktionierung eine Enzymfraktion isoliert, die γ-Hydroxyglutamat mit α-KGS oder Oxalacetat transaminiert[3]. MAITRA u. Mitarb.[4] fanden ebenfalls eine Transaminierung von γ-Hydroxyglutamat zu α-Keto-γ-hydroxyglutarat, das enzymatisch in Glyoxylsäure und Pyruvat gespalten wird. Letzteres kann zu Alanin weiter transaminiert werden. Die Autoren konnten beide beteiligten Enzyme aus Rattenleber getrennt isolieren. Die Glyoxylatbildung tritt auch mit Glutamin, Isoglutamin und Glutamat ein. γ-Hydroxyglutamat ist auch für die Glutamat-Oxalacetat-Transaminase ein gutes Substrat. Es wurde deshalb eine Identität der γ-Hydroxyglutamat-Transaminase mit der GOT vermutet.

KURATOMI u. Mitarb.[5] leiteten aus einigen Verschiedenheiten in der Transaminierung von Glutamat und γ-Hydroxyglutamat die Existenz einer separaten γ-Hydroxyglutamat-Transaminase ab, obwohl das 120fach angereicherte Enzympräparat auch die Eigenschaften der GOT besaß[6]. GOLDSTONE und ADAMS[7] reicherten aus Rattenleber ein Enzym 250fach an, das erythro- und threo-γ-Hydroxy-L-glutamat mit Oxalacetat und α-KGS in α-Keto-γ-hydroxyglutarsäure bzw. sein Isomeres überführt. Das Enzym ist höchstwahrscheinlich auf Grund seiner Eigenschaften, wie Substratspezifität, MICHAELIS-Konstante und Hemmbarkeit, mit der GOT identisch.

Zu den gleichen Ergebnissen kamen auch MAITRA und DEKKER[8]. Sie reicherten die „γ-Hydroxyglutamat-Transaminase" aus Rattenleber auf das 300fache (65% rein) an und verglichen die Eigenschaften mit denen eines weitgehend reinen GOT-Präparates.

Für die Identität beider Enzyme spricht:

1. Im Verlauf der Anreicherung des Enzyms bleibt das Umsetzungsverhältnis von Glutamat und γ-Hydroxyglutamat konstant.
2. Eine Hitzedenaturierung führt zu einem gleichmäßigen Abfall der Aktivität gegenüber beiden Substraten.
3. Die Umsetzung von γ-Hydroxyglutamat wird durch Glutamat kompetitiv gehemmt.
4. Glutarat und Maleat wirken für γ-Hydroxyglutamat und Glutamat als kompetitive Hemmstoffe. Die Inhibitorkonstanten verschiedener anderer Hemmstoffe sind für die Umsetzung mit beiden Aminosäuren dieselben.
5. Die p_H-Optima beider Enzympräparate sind gleich.

---

[1] DEKKER, E. E.: Biochim. biophys. Acta **40**, 174 (1960).
[2] ADAMS, E. A., and A. GOLDSTONE: J. biol. Ch. **235**, 3392, 3399, 3504 (1960).
[3] KURATOMI, K., and K. FUKUNAGA: Biochim. biophys. Acta **43**, 567 (1960). Koso Kagaku Shimpojiumu **15**, 214 (1961).
[4] MAITRA, U., and E. E. DEKKER: Biochim. biophys. Acta **51**, 416 (1961). Fed. Proc. **21**, 4 (1962).
[5] KURATOMI, K., K. FUKUNAGA, Y. KOBAYASHI and S. KIZUKA: Koso Kagaku Shimpojiumu **16**, 117 (1962).
[6] KURATOMI, K., and K. FUKUNAGA: Biochim. biophys. Acta **78**, 617, 629 (1963).
[7] GOLDSTONE, A., and E. ADAMS: J. biol. Ch. **237**, 3476 (1962).
[8] MAITRA, U., and E. E. DEKKER: Biochim. biophys. Acta **81**, 517 (1964).

6. Die erythro- und threo-Isomeren der γ-Hydroxyglutaminsäure sind auch für die GOT-Isoenzyme gute Substrate, wie auch die sonstige Substratspezifität übereinstimmt.

Transaminierung von Hydroxyaspartat. Die durch Extrakte aus Herz, Leber, Niere und Gehirn verschiedener Tierarten katalysierte reversible Transaminierung zwischen Dihydroxyfumarsäure und Glutaminsäure ergibt Hydroxyaspartat und α-KGS als Reaktionsprodukte[1].

Eine nähere Charakterisierung des hierbei wirksamen Enzymsystems ist bisher noch nicht erfolgt.

Transamidinase.

[2.6.2.1 L-arginine: glycine amidinotransferase.]

By

Sarah Ratner*.

Transamidinase catalyzes the transfer of the amidine group from arginine to glycine so as to form the products guanidinoacetic acid (glycocyamine) and ornithine[2]. The reaction is readily reversible[3,4] and the substrate specificity is broad[5].

1. Substrate specificity. The most thoroughly studied of the transamidinases is the preparation obtained from hog kidney[3,4]. With enzyme purified about 80-fold, arginine, canavanine and guanidinoacetic acid act as amidine donors, whereas glycine, canaline and ornithine act as amidine acceptors. All of the donors are capable of interacting with all of the acceptors. The rates of some of these transfers are given in the table below. The values are expressed on a relative basis compared to amidine transfer from arginine to glycine. Hydroxylamine (0.6 M) acts as amidine acceptor[5] at a relative rate of approximately 0.08.

Table 1. *Relative rates of amidine transfer for various donor-acceptor pairs*[3].

Arginine to glycine	1.0	Canavanine to glycine	1.50
Arginine to ornithine*	0.64	Canavanine to ornithine	0.93
Arginine to canaline	1.13	Guanidinoacetate to glycine*	0.12
Homoarginine to glycine	0.01	Guanidinoacetate to ornithine	0.17

* Investigated with ^{14}C labeled acceptor.

Optical specificity. Arginine and ornithine have been tested for optical specificity and only the naturally occurring isomers are active[4].

Distribution. No transamidinase activity has been found in the liver, heart, muscle, brain, spleen, intestine or blood of the rat[2]. Dog pancreas has about five times the activity of dog kidney[5]. Appreciable activity is present in the kidney of the rat and of all other mammalian species examined. As can be seen from the table below, the activity varies from one species to another.

***Purification of transamidinase from hog kidney according to* Ratner *and* Rochovansky**[4].

The entire procedure can be completed in 3 full days, and is planned to allow interruption after each fractionation with ammonium sulfate. All manipulations are carried

* Public Health Research Institute, New York.

[1] Sallach, H. J., and T. H. Peterson: J. biol. Ch. **223**, 629 (1956).
[2] Borsook, H., and J. W. Dubnoff: J. biol. Ch. **138**, 389 (1941).
[3] Ratner, S., and O. Rochovansky: Arch. Biochem. **63**, 296 (1956).
[4] Ratner, S., and O. Rochovansky: Arch. Biochem. **63**, 277 (1956).
[5] Walker, J. B.: Proc. Soc. exp. Biol. Med. **98**, 7 (1958).

Table 2. *Formation of guanidinoacetic acid from glycine and arginine by kidney slices and by cell-free macerate of kidney of various animals.*

Animal	Rate of formation of guanidinoacetic acid micromoles per mg protein per hr. *		Animal	Rate of formation of guanidinoacetic acid micromoles per mg protein per hr. *	
	Slices	Macerate		Slices	Macerate
Beef		0.032	Pigeon	0.005	0.003
Cat	0.016	0.005	Rabbit	0.031	0.027
Dog	0.047	0.080	Rat	0.060	0.020
Frog		0	Sheep		0.027
Guinea Pig	0.006	0.002			

* Recalculated from the data of BORSOOK and DUBNOFF[1] on the assumption that the dry weight of the tissue is 20% of the weight and that protein is 85% of the dry weight. The incubations were run for 3 hr. at 38° C.

out at 0—5° C, unless otherwise stated, and p_H measurements are made with the glass electrode at room temperature. The enzyme was found to be reasonably stable throughout the fractionation procedure. With the exceptions noted, potassium phosphate is used as buffer throughout, and all sedimentations are carried out in the Servall centrifuge at 15000 r.p.m. for 15 min. Stockpiling at intermediate stages was found inadvisable. The final fraction, in concentrated solution, is dialyzed for 24 hr. against 2 l of 0.05 M buffer, p_H 7.5, changed twice, and stored in divided samples at —18° C. Dilutions with 0.02 M buffer are made immediately before assay.

Extraction of fresh tissue. Hog kidneys, chilled immediately after slaughter, are divested of fat and medullary tissue and cut into small pieces. Ten batches of 200 g of cortex and 400 ml of 0.02 M buffer, p_H 7.1, are homogenized in the WARING blendor for 2 min at top speed. The entire homogenate is brought to p_H 5.4 with 170 ml of 2 M sodium acetate buffer, p_H 4.6, spun in the International centrifuge for 30 min at 2000 r.p.m. strained through cheesecloth to remove fat particles, and then centrifuged again in the Servall. The clear supernatant fluid, now 3620 ml containing 51 g protein, is brought to p_H 7.0 with 170 ml of 1.0 M K_2HPO_4.

First ammonium sulfate fractionation. To 3780 ml of the neutralized solution, 800 g salt is slowly added over a 1-hr. period. Mechanical stirring is continued for an additional hour, and the precipitate is discarded. The entire supernatant fluid is similarly treated with 534 g salt and kept in the cold room overnight. The precipitate is collected by centrifugation and then taken up in 166 ml of a mixture containing 66 ml of 0.02 M buffer, p_H 7.1, and 100 ml of 0.1 M L-arginine monohydrochloride; 600 ml of 0.04 M buffer, p_H 5.8, is added to bring the final p_H to 6.0 and the protein concentration to about 25 mg per ml, in preparation for the heat step.

Removal of inert protein by heat treatment. The entire volume, about 790 ml, is brought to room temperature in a 2 l beaker and then placed in a large water bath maintained with rapid stirring at 66° C. The inside temperature rises to 55° C in 7 min with rapid stirring and is kept at 55° C for 3 more min by lowering the bath temperature to 56° C with ice during the 7. min. The mixture was immediately chilled by immersion in a — 15° C bath and, after centrifugation, contained 12.5 g protein in a volume of 780 ml.

Second ammonium sulfate fractionation. Without further p_H adjustment, the entire supernatant fluid was treated with 149 g salt, in the same manner as described above, and the precipitate obtained by centrifugation is discarded. A second precipitate, obtained by further addition of 72 g salt, is collected by centrifugation and dissolved in 28 ml of 0.02 M buffer, p_H 7.5, to give 67 ml of a solution containing 7.9 g protein.

Fractional elution from calcium phosphate gel. 66 ml of the fraction obtained from the preceding step are diluted with 1070 ml of 0.01 M sodium acetate buffer, p_H 4.5, bringing

[1] BORSOOK, H., and J. W. DUBNOFF: J. biol. Ch. **138**, 389 (1941).

the p_H to 5.2 and the protein to 6 or 7 mg/ml. To this are added 306 ml of aged calcium phosphate gel[1] containing 24.4 mg dry weight/ml. The mixture, which contains 1 ml gel/25 mg protein, is allowed to stand for 20 min with intermittent stirring before centrifugation at 2000 r.p.m. in the International centrifuge. The supernatant fluid contains about 65 % of the protein and about 13 % of the units. Three successive elutions of the residue are carried out, each with 390 ml of 0.10 M buffer (1.25 times the gel volume) by stirring intermittently for 10 min at 5—10° C, the first two elutions at p_H 7.1, and the third at p_H 7.5. These contained 87 % of the protein and 23 % of the units adsorbed on the gel, and are discarded. A fourth elution with 390 ml of 0.02 M buffer, p_H 7.5, to which has been added 7.0 g ammonium sulfate/100 ml, removes about 490 mg protein and about 4000 units. The eluate is brought to 60 % saturation with 164 g ammonium sulfate, centrifuged, and the precipitate taken up in 6 ml of 0.02 M buffer, p_H 7.5. The solution has 330 mg protein in 9.5 ml, amounting to about 80 % of the units and protein in the eluate.

In preparation for the gel step, small scale trials are carried out with 0.5 ml of the second ammonium sulfate fraction, 7.0 ml of the p_H 4.5 buffer, and approximately 2.0 ml of the gel. Eluations are made with 2.5 ml volumes.

The fractionations, which are summarized in the Table 3, result in an 80- to 90-fold purification over the initial extract. The results of the last step vary somewhat with different batches of gel, necessitating slight modifications of the eluting procedure. A repetition of the gel step (not included in the Table) doubles the specific activity with a recovery of about half the units.

Properties[2,3]. *Enzyme stability.* Concentrated preparations of the dialyzed enzyme retain activity during storage for about 6 weeks and then slowly fall off, whereas undialyzed preparations begin losing activity in a few days. The enzyme withstands 24 hr. dialysis against phosphate buffer. The activity is invariably, increased a few per cent by this treatment.

Table 3. *Purification of transamidinase from hog kidney.*

Fractionation step	Volume ml	Protein mg/ml	Total protein mg	Specific activity *	Total units	Yield %
Initial extract	4000	24.2	96800	0.11	10600	
Extract after acid precipitation	3780	13.5	51000	0.20	10200	96
First $(NH_4)_2SO_4$ precipitation	870	27.0	23500	0.42	9800	92
Heat treatment	780	16.0	12500	0.66	8200	77
Second $(NH_4)_2SO_4$ precipitation	67	118.0	7900	0.86	6800	64
Fractional treatment with $Ca_3(PO_4)_2$ gel	9.5	34.8	331	8.45	2790	26
Dialysis of final preparation				8.74		

* Specific activity is expressed as μmoles of product formed/mg/hr.

The p_H optimum for the arginine to glycine transfer in the forward direction is 7.5; the activity falls off sharply to either side of a narrow optimum range. The p_H optimum for the reverse reaction lies at 8.5. The equilibrium constant has a value of 1.1 at 38° C.

The K_s values for the four participating substrates are as follows: arginine 1.3×10^{-3} M; glycine 2.4×10^{-3} M; ornithine approximately 0.10×10^{-3} M, and guanidinoacetic acid 3.9×10^{-3} M.

Ornithine inhibits the forward reaction in a manner that is competitive with both glycine and arginine. The K_i is 0.2×10^{-3} M in competition with glycine and 0.5×10^{-3} M in competition with arginine. Guanidinoacetic acid also exerts a product inhibition; the K_i in competition with arginine is 4.4×10^{-3} M. In the reverse direction, the K_i for glycine in competition with guanidinoacetic acid is 7.6×10^{-3} M.

[1] Keilin, D., and E. R. Hartree: Proc. R. Soc. London (B) **124**, 397 (1938).
[2] Ratner, S., and O. Rochovansky: Arch. Biochem. **63**, 277 (1956).
[3] Ratner, S., and O. Rochovansky: Arch. Biochem. **63**, 296 (1956).

An inhibition by p-chloromercuribenzoate, which can be reversed by glutathione and by cysteine, has been reported[1-3].

Methods available for estimating transamidinase activity. There is no general method available for the estimation of transamidinase activity that is applicable to all donor-acceptor pairs. In the method originally used for arginine to glycine transfer[4], the rate of guanidinoacetic acid formation is estimated by a modified SAKAGUCHI procedure. It is, however, necessary to remove arginine from the deproteinized filtrate with the aid of a permutit column before the colorimetric analysis can be carried out[5]. Arginine may also be removed with arginase[1]. If canavanine is used as amidine donor with glycine as acceptor, the Sakaguchi procedure may be applied directly since canavanine does not give color with the SAKAGUCHI reagents. Canavanine does, however, cause some repression of the SAKAGUCHI color and it is therefore necessary to compensate for this by adding canavanine to the guanidinoacetic acid standards[2,3,6]. Whenever it is necessary to avoid interference by arginase, amidine transfer from guanidinoacetic acid to ornithine can be followed by estimating urea[6]. In the method described below, ornithine formation is estimated by a specific and sensitive colorimetric procedure.

***Determination of transamidinase activity according to* RATNER *and* ROCHOVANSKY[6].** Enzyme activity is determined by measuring the rate of formation of ornithine according to the following reaction:

$$\text{L-arginine} + \text{glycine} \rightleftharpoons \text{L-ornithine} + \text{guanidinoacetic acid.}$$

Although the assay was primarily designed as an aid to purification or the study of mechanism, it can be used for crude extracts or homogenates providing the arginase content of the preparation is not appreciable enough to cause interference. This is usually true of kidney extracts.

One unit is defined as the amount of enzyme which catalyzes the formation of 1 μmole ornithine or guanidinoacetic acid/hr. calculated from the 20 min period for zero-order rates. Specific activity is expressed as unit/mg protein. Protein is estimated by the biuret reaction[7].

Reagents:

1. 0.1 M L-arginine monohydrochloride.
2. 0.1 M glycine.
3. 1.0 M potassium phosphate buffer, pH 7.5.
4. Trichloroacetic acid, 8.3%.
5. Reagent for estimation of ornithine: 250 mg of ninhydrin and 37.6 mg of hydrindantin* are dissolved in a mixture of 4.0 ml of 6 M H_3PO_4 and 6.0 ml of glacial acetic acid. The mixture should be heated to boiling for a few minutes. The reagent is prepared fresh each day.

Procedure:

Incubation conditions. Each tube contains 0.15 ml of L-arginine monohydrochloride, 0.25 ml of glycine and 0.10 ml of potassium phosphate buffer and enzyme in a final volume of 1.5 ml. The reaction is started by adding the enzyme. The tubes are incubated at 38° C for 20 min and the reaction is then stopped by adding 2.0 ml of trichloracetic acid.

* Hydrindantin appears to stabilize the ornithine color when crude fractions are assayed or when SH compounds such as glutathione are present.

1 VAN PILSUM, J. F., D. A. BERMAN and E. A. WOLIN: Proc. Soc. exp. Biol. Med. **95**, 96 (1957).
2 WALKER, J. B., J. biol. Ch. **218**, 549 (1956); **224**, 57 (1957).
3 NAKATSU, S.: J. Biochem. **43**, 675 (1956).
4 BORSOOK, H., and J. W. DUBNOFF: J. biol. Ch. **138**, 389 (1941).
5 DUBNOFF, J. W., and H. BORSOOK: J. biol. Ch. **138**, 381 (1941).
6 RATNER, S., and O. ROCHOVANSKY: Arch. Biochem. **63**, 277 (1956).
7 GORNALL, A. G., C. J. BARDAWILL and M. M. DAVID: J. biol. Ch. **177**, 751 (1949).

To correct for arginase activity, a second incubation tube is included which contains all the constituents of the incubation mixture except glycine. The amount of ornithine formed in 20 min should not be greater than 0.26 μmole. Within this range, the rate is linear with time and with protein concentration. However, with larger amounts of enzyme, the rate falls off with time and with protein concentration due to inhibition by ornithine.

Estimation of ornithine. Ornithine is estimated in the protein free filtrate according to the method of CHINARD with some modification[1]. For the actual estimation, 0.5 ml of the sample is added to 0.5 ml of water, 1.0 ml of warm reagent and 1.5 ml of glacial acetic acid. The tubes are covered with loose fitting aluminium caps and placed in a boiling water bath for 30 min. They are then chilled in a water bath at room temperature for 10 min. Glacial acetic acid is added to bring the volume to 6.0 ml. The optical density is read against the reagent blank at 515 mμ in a Coleman colorimeter using tubes of 19 mm diameter. A set of five standards ranging from 0.02 to 0.10 micromoles of ornithine per 0.5 ml is always included. The reagent blank contains 0.5 ml of water instead of ornithine. The reagent blank and standards are each supplemented with an 0.5 ml aliquot of a solution which contains the incubation mixture and trichloroacetic acid in the same amounts as for assay except that enzyme is omitted. This addition to each standard is necessary in order to compensate for the small but significant depressing effects which arginine and glycine have on the ornithine color.

Calculation. The amount of ornithine in μmoles per 0.5 ml aliquot is determined from the standard curve. This value, after correction for arginase, is multiplied by 7 to obtain the 20 min rate, and by 21 to obtain the hourly rate of formation in enzyme units.

In the crude extract, ornithine formation catalyzed by arginase proceeds at about the same rate as by transamidinase under the conditions of assay. Arginase is diminished thereafter, and is essentially eliminated by the gel step.

Phosphatübertragende Enzyme.

(Transphosphatasen.)

Von

Margarete Rohdewald*.

Mit 1 Abbildung.

Einteilung und Spezifität. Die in diesem Kapitel zu behandelnden Enzyme (Transphosphatasen[2]) katalysieren die Übertragung einer Phosphatgruppe von einem Substrat auf ein anderes, also von einem Donatorsubstrat auf ein Acceptorsubstrat. Die Übertragung erfolgt direkt, ohne daß freie Phosphorsäure dabei auftritt.

Der Vorgang läßt sich durch folgende Gleichung wiedergeben:

$$R{-}PO_3H_2 + R'H \rightleftharpoons RH + R'{-}PO_3H_2$$

Wir kennen zwei Arten von Phosphatübertragungen:

A. Die dabei stattfindenden Änderungen der freien Energie sind nur gering.

B. Es findet ein beträchtlicher Verlust an freier Energie statt.

Für Phosphatübertragungen, die *ohne* wesentliche Änderung der freien Energie verlaufen, also für den Fall A, bestehen wiederum zwei Möglichkeiten:

---

* Physiologisch-Chemisches Institut der Universität Bonn.

[1] RATNER, S., and O. ROCHOVANSKY: Arch. Biochem. **63**, 296 (1956).

[2] Nomenklatur nach HOFFMANN-OSTENHOF, O.: Enzymologie. Wien 1954.

I. Sie spielen sich auf der Ebene energiereicher Phosphatbindungen ab entsprechend dem Schema:

$$R\sim PO_3H_2 + R'H \rightleftharpoons RH + R'\sim PO_3H_2$$

Ein energiereich gebundener Phosphatrest wird also auf einen Acceptor übertragen, der auch eine energiereiche Bindung zu bilden vermag.

II. Sie spielen sich auf der Ebene energiearmer Phosphatbindungen ab:

$$R{-}PO_3H_2 + R'H \rightleftharpoons RH + R'{-}PO_3H_2$$

Diese Vorgänge sind in beiden Fällen reversibel.

Für den Fall A I spielt häufig ADP oder ein anderes Nucleotid die Rolle des Phosphat-Acceptors.

Als Phosphat-Donatoren kommen die vier Typen der energiereichen Phosphatverbindungen in Frage, nämlich:

1. Acylphosphat: 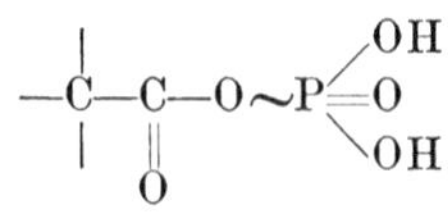

3. Amidphosphat: 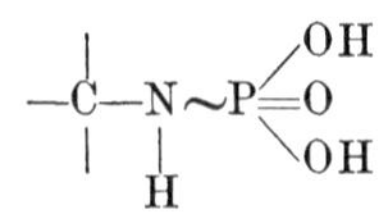

2. Enolphosphat: 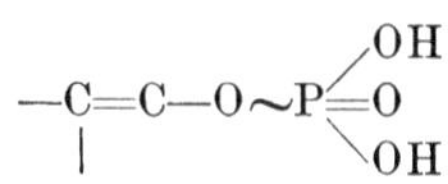

4. Anhydrid: 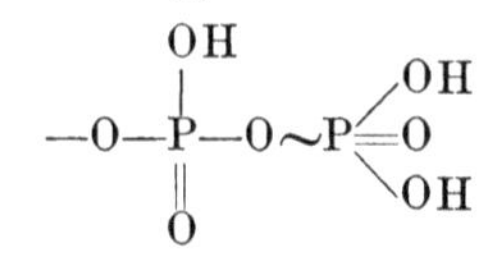

Jeder dieser Typen enthält einen organischen Rest.

An erster Stelle rangiert jedoch Typ 4 als Phosphat-Donator, dessen Hauptvertreter die Adenosintriphosphorsäure (ATP) ist, so daß dem Adenylsäuresystem eine beherrschende Rolle bei den Transphosphatasen zukommt.

Im Fall B findet ein beträchtlicher Verlust an freier Energie statt, indem eine energiereiche Phosphatbindung gelöst und der Phosphatrest unter Bildung einer energiearmen Bindung auf eine Hydroxylgruppe übertragen wird:

$$R\sim PO_3H_2 + R'OH \rightarrow RH + R'{-}OPO_3H_2.$$

Derartige Vorgänge sind weitgehend irreversibel.

Abkürzungen.

ADP	Adenosindiphosphat
AMP	Adenosinmonophosphat
A5P	Adenosin-5′-phosphat
APS	Adenosin-5′-phosphosulfat
ATP	Adenosintriphosphat
ATPase	Adenosintriphosphatase
BTS	Brenztraubensäure
CDP	Cytidindiphosphat
CMP	Cytidinmonophosphat
CoA	Coenzym A
CoASH	Coenzym A
CTAB	Cetyl-trimethyl-ammoniumbromid
CTP	Cytidintriphosphat
1,3-DPGA	1,3-Diphosphoglycerinsäure
2,3-DPGA	2,3-Diphosphoglycerinsäure
2,3-DPGS	2,3-Diphosphoglycerinsäure
DPN	Diphosphopyridinnucleotid, oxydiert
DPNH	Diphosphopyridinnucleotid, reduziert
EDTA	Äthylendiamintetraacetat
FAD	Flavinadenindinucleotid
FDP	Fructose-1,6-diphosphat
FMN	Flavinmononucleotid
GAP	Glycerinaldehydphosphorsäure
GDP	Guanosindiphosphat
GMP	Guanosinmonophosphat
G5P	Guanosin-5′-phosphat
GTP	Guanosintriphosphat
IDP	Inosindiphosphat
IMP	Inosinmonophosphat
I5P	Inosin-5′-phosphat
ITP	Inosintriphosphat
NMN	Nicotinsäureamidmononucleotid
O5P	Orotidin-5′-phosphat
PAP	3′,5′-Diphosphoadenosin
PAPS	Adenosin-3′-phosphat-5′-phosphosulfat
3PGS	3-Phosphoglycerinsäure
Pi	anorganisches Phosphat
PP	Pyrophosphat
PRPP	Phosphoribosylpyrophosphat
RNS-P	Ribosenucleinsäurephosphat
TPN	Triphosphopyridinnucleotid, oxydiert
TPNH	Triphosphopyridinnucleotid, reduziert
tris	Tris-(hydroxymethyl)-aminomethan (Trispuffer)
UDP	Uridindiphosphat
UDPG	Uridindiphosphat-glucose
UDPGA	Uridindiphosphat-N-acetylglucosamin
UMP	Uridinmonophosphat
UTP	Uridintriphosphat

A. Bestimmungsmethoden, die für eine Gruppe von Enzymen anwendbar sind.

Die Phosphatübertragungen können durch chemische, manometrische und spektrophotometrische Methoden messend verfolgt werden.

Chemische Methoden.

a) Die Methode beruht auf der verschiedenen Stabilität des Phosphat-Donators und des Phosphat-Acceptors gegenüber Säuren[1]: Die beiden endständigen Phosphatbindungen der ATP werden durch 11 min langes Erhitzen (100° C) mit n H_2SO_4 völlig hydrolysiert, während Hexose-6-phosphate unter diesen Bedingungen praktisch nicht gespalten werden. Alle Zuckerphosphorylierungen in 6-Stellung durch ATP als P-Donator können also durch Messung der Abnahme von säurelabilem Phosphat bestimmt werden. (Beispiele: Hexokinase, Gluconokinase.)

b) Amidphosphate und Acylphosphate werden bei Zimmertemperatur unter den Bedingungen der FISKE-SUBBAROW-Methode[2] völlig hydrolysiert, so daß die Reaktion von ATP mit Kreatin oder Acetat durch das Auftreten von scheinbarem anorganischem Phosphat messend verfolgt werden kann. (Beispiel: Kreatin-Kinase, Arginin-Kinase, Acetyl-Kinase.)

c) Acylphosphate werden durch Hydroxylamin in Hydroxamsäuren übergeführt. Diese geben mit Ferrichlorid eine intensive Rotfärbung, die colorimetrisch bestimmt wird[3]. (Beispiele: Acetyl-Kinase, Aspartokinase.)

Manometrische Methode.

Alle Transphosphorylierungen, bei denen die Acidität zunimmt, können mittels der manometrischen WARBURG-Methode bestimmt werden[4]. Bei jeder Phosphatübertragung, bei der ATP der Donator ist, wird ein H-Atom des Acceptors wegen des stark sauren Charakters der neuen OH-Gruppe von ADP völlig dissoziert. Ist der Wasserstoff des Acceptors an sich nur schwach dissoziert — wie bei der Reaktion von ATP mit Zuckern, Enolpyruvat oder Kreatin —, dann wird für jedes übertragene Phosphatmolekül ein Säureäquivalent in Freiheit gesetzt, z.B.:

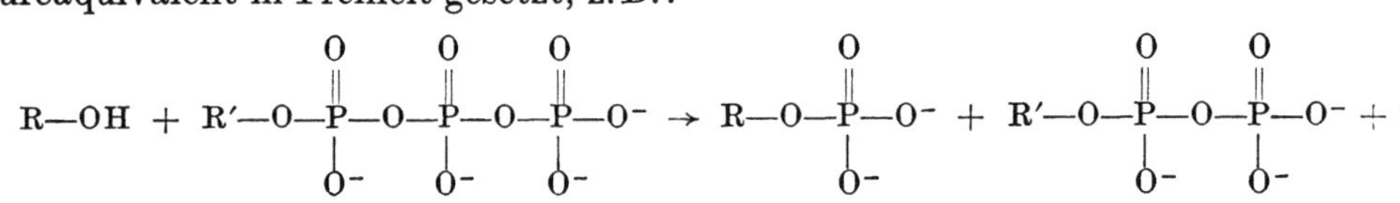

Glucose ATP Glucose-6-phosphat ADP

(anisohydrische Reaktion).

Bei der WARBURG-Methode (s. Bd. VI/A, S. 55 ff.) erfolgt die Reaktion in 0,02 m $NaHCO_3$ in N_2, der 5 % CO_2 enthält (p_H 7,5), und das durch Spaltung von ATP freigesetzte Säureäquivalent treibt aus $NaHCO_3$ die entsprechende Menge CO_2 aus, die manometrisch bestimmt wird. Statt dessen kann auch die p_H-Änderung gemessen werden. Die manometrische Methode wird vor allem bei der Zuckerphosphorylierung angewandt. (Beispiele: Hexokinase, Fructokinase, Glucokinase, Galaktokinase, Gluconokinase, Ribokinase.)

Spektrophotometrische Methode.

a) Für jede Transphosphorylierung des Gärungsschemas läßt sich eine Methode ausarbeiten, bei der Pyridinnucleotide oxydiert und reduziert werden. Detailvorschriften s. Bd. VI/A, S. 293 ff. Die ergänzenden Enzyme werden im Überschuß angewandt, so daß die Aktivität des zu untersuchenden Enzyms geschwindigkeitsbestimmend ist. Die

[1] LOHMANN, K.: B. Z. **194**, 306 (1928).
[2] FISKE, C. H., and Y. SUBBAROW: J. biol. Ch. **66**, 375 (1925).
[3] LIPMANN, F., and L. C. TUTTLE: J. biol. Ch. **161**, 415 (1945).
[4] COLOWICK, S. P., and H. M. KALCKAR: J. biol. Ch. **148**, 117 (1943).

Extinktionsänderung bei 340 mμ ist dann ein Maß für die Aktivität des betreffenden Enzyms (kombinierter optischer Test)[1]. (Beispiele: Pyruvatkinase, Hexokinase, Glucokinase, Phosphofructokinase, Glycerokinase, DPN-Kinase, Phosphoglyceromutase, Diphosphoglyceromutase, Phosphoglyceratkinase.)

b) Wenn das Substrat oder die entstandene Verbindung ein charakteristisches Absorptionsspektrum besitzt, so kann dieses zur Messung herangezogen werden. (Beispiele: Adenosin-Kinase, Pyrophosphokinase, Phosphoglyceromutase.)

c) Alle Transphosphorylierungen, bei denen ADP gebildet wird (s. Gruppe B), können dadurch verfolgt werden, daß man einen Überschuß von Myokinase und 5-Adenylsäure-desaminase von SCHMIDT zusetzt; dabei wird ADP in Inosinsäure übergeführt, was durch Bestimmung der Extinktionsänderung bei 265 mμ messend verfolgt wird[2].

B. Die einzelnen Enzyme.

I. Phosphatübertragung aus einer energiereichen Phosphatverbindung unter Bildung einer anderen energiereichen Phosphatverbindung.

1. Phosphotransferasen mit einer Carboxylgruppe als Acceptor.

3-Phosphoglycerat-Kinase.

[2.7.2.3 ATP: D-3-Phosphoglycerat-1-Phosphotransferase.]

D-1,3-Diphosphoglycerat + ADP $\rightleftharpoons$ D-3-Phosphoglycerat + ATP

Auch im menschlichen Blut (Hämolysat) ist das Enzym aufgefunden worden[3].

Tabelle 1. *Vorkommen und Normalwerte von 3-Phosphoglycerat-Kinase.*

Vorkommen	Aktivität	Ausgedrückt durch
Hefe, Lebedewsaft[4]	940	Einheiten/g Enzym/Hin-Reaktion
Hefe, Trockenpulver	9000	desgl.
Hefe, krist. Präp.	55000	desgl.
Normalserum, Ratte	$3{,}9 \times 10^{-4}$	Mol übertrag. Phosphat/ml
Tumorserum	$4{,}6 \times 10^{-4}$	desgl.
Kaninchenmuskel[5]	27,3	Aktivität/g Gewebe
Kaninchengehirn	14,0	desgl.
Kaninchenniere	12,9	desgl.
Kaninchenleber	12,8	desgl.
Kaninchenmuskel[5]		
Extrakt	24	Einheiten/mgProtein
50% Acetonfraktion	135	desgl.
Hitzebehandlung bei 50—52° C	164	desgl.
Erbsensamenextrakt[6]	6,1	desgl.
Erbsensamen, gereinigt. Präp.	64,0	desgl.
Tomate, Frucht	14,1	desgl.
Kartoffelknolle	2,1	desgl.
Sojabohnensamen	3,1	desgl.
Maissamen	18,2	desgl.
Weizenkorn	8,1	desgl.

Kristallisierte 3-Phosphoglycerat-Kinase aus Hefe[4] kann von der Firma C. F. Boehringer u. Soehne, Mannheim, bezogen werden.

[1] WARBURG, O., u. W. CHRISTIAN: B. Z. **314**, 399 (1943). — KUBOWITZ, F., u. K. OTT: B. Z. **314**, 94 (1943).
[2] KALCKAR, H. M., and M. SHAFRAN: J. biol. Ch. **167**, 461 (1947).
[3] BLANCHAER, M. C., H. R. WILLIAMS and P. WEISS: Amer. J. Physiol. **181**, 602 (1955).
[4] BÜCHER, T.: Biochim. biophys. Acta **1**, 292 (1947). Colowick-Kaplan, Meth. Enzymol., Vol. I, S. 415.
[5] RAO, D. R., and P. OESPER: Biochem. J. **81**, 405 (1961).
[6] AXELROD, B., and R. S. BANDURSKI: J. biol. Ch. **204**, 939 (1953).

***Darstellung von 3-Phosphoglycerat-Kinase aus Kaninchenmuskel nach* Rao *und* Oesper[1].**

430 g Muskelbrei mit 860 ml Wasser verrührt und 3 Std bei 2—5° C unter gelegentlichem Rühren belassen. Suspension 25 min bei 3500 ×g abzentrifugiert, klare überstehende Lösung durch Glaswolle dekantiert.

Acetonfraktionierung: 40% Acetonfraktion. Zu 800 ml Muskelextrakt (etwa 0° C) 534 ml Aceton (unter —20° C abgekühlt) während 10—15 min bei —5° C zugegeben, abzentrifugiert, Niederschlag (über 40% des Proteins enthaltend) verworfen.

45% Acetonfraktion. Gekühltes Aceton (120 ml, etwa —10° C) zur überstehenden Flüssigkeit der letzten Stufe während 5 min zugesetzt, 25 min bei 1020 ×g bei 5° C abzentrifugiert, Niederschlag verworfen.

50% Acetonfraktion. Zur überstehenden Lösung gekühltes Aceton (146 ml; etwa —10° C) während 5 min zugesetzt, 30 min bei —5° C bei 1020 ×g abzentrifugiert. Niederschlag in 30 ml eiskaltem Wasser gelöst, gefroren und gefriergetrocknet, um Aceton zu entfernen (in diesem Zustand bei —20° C 1 oder 2 Tage haltbar). Dann in eiskaltem Wasser gelöst und bei 3500 ×g abzentrifugiert, um unlösliches Material zu entfernen. Klare Lösung für nächsten Schritt verwandt.

Tabelle 2. Michaelis-*Konstanten*.

Herkunft des Enzyms	Substrat	K_M (Mol/l)
Hefe	ADP	2×10^{-4}
desgl.	ATP	$1{,}1 \times 10^{-4}$
desgl.	1,3-Diphosphoglycerinsäure	$1{,}8 \times 10^{-6}$
desgl.	3-Phosphoglycerinsäure	2×10^{-4}
Erbsensamen	ATP	$4{,}1 \times 10^{-3}$
desgl.	3-Phosphoglycerinsäure	$7{,}6 \times 10^{-3}$
Muskel[1]	desgl.	$12{,}2 \times 10^{-4}$
desgl.	ATP	$4{,}8 \times 10^{-4}$
desgl.	1,3-Di-PGS	$2{,}2 \times 10^{-6}$
desgl.	ADP	$3{,}5 \times 10^{-4}$
desgl.	Mg^{++}	$2{,}7 \times 10^{-4}$
desgl.	Mn^{++}	$3{,}0 \times 10^{-4}$

Erhitzen bei Gegenwart von Ammoniumsulfat. Zur Lösung (auf 10 mg Protein/ml gebracht) festes Ammoniumsulfat bis zu 10% Sättigung zugegeben. p_H 6,0—7,0. Lösung 5 min im Wasserbad auf 50—52° C erhitzt, auf 10° C abgekühlt, abzentrifugiert, um denaturiertes Protein zu entfernen, durch Glaswolle dekantiert. Diese Lösung bei —20° C haltbar.

Adsorption an Aluminiumhydroxyd-C_γ-Gel. Letzte Fraktion dialysiert, um Ammoniumsulfat zu entfernen, und der p_H mit 0,5 m Tris auf p_H 8,0 gebracht, Aluminiumhydroxyd-C_γ-Gel zugesetzt (Verhältnis Protein : Gel = 5—6 : 1). Mischung im Kühlraum bei 2—5° C 20 min mit magnetischem Rührer gerührt und bei 3000 ×g abzentrifugiert. Das gepackte Gel nacheinander mit 0,5, 1, 2, 4, 5, 7,5 und 10% Ammoniumsulfatlösung eluiert und jede der Fraktionen getestet. Das Enzym ist elektrophoretisch nicht einheitlich und enthält noch Triosephosphat-Isomerase.

***Darstellung von 3-Phosphoglycerat-Kinase aus Erbsensamen nach* Axelrod *und* Bandurski[2].**

100 g Erbsensamen in Mühle zerkleinert, durch Sieb gegeben, 10 min mit 200 ml H_2O extrahiert. Abzentrifugiert, überstehende Flüssigkeit mit Ammoniumsulfat fraktioniert gefällt. Fällungen bei 5° C ausgeführt und der p_H jeweils mit 2 n NaOH auf p_H 7,5 eingestellt. Bei Ammoniumsulfatsättigung 0,65—0,70 spezifische Aktivität 64,0.

Eigenschaften. *Spezifität.* Das Enzym katalysiert spezifisch die Phosphatübertragung von 1,3-Diphosphoglycerinsäure auf ADP, es reagiert nicht mit AMP, Phosphoenolbrenztraubensäure oder 2,3-Diphosphoglycerinsäure[3]. ATP kann teilweise durch ITP ersetzt werden[1].

[1] Rao, D. R., and P. Oesper: Biochem. J. 81, 405 (1961).
[2] Axelrod, B., and R. S. Bandurski: J. biol. Ch. 204, 939 (1953).
[3] Bücher, T.: Biochim. biophys. Acta 1, 292 (1947). — Colowick-Kaplan, Meth. Enzymol. Vol. I, S. 415.

p_H-Optimum. Für das Hefeenzym p_H 6,9; für das Erbsensamenenzym p_H 7,3.

Wechselzahl. Die Wechselzahl beträgt für das Muskelenzym für die Hinreaktion bei optimalen Substratkonzentrationen (25° C, p_H 6,9): $320000 \frac{\text{Mol}}{\text{min} \times 10^5 \text{ g Enzym-Protein}}$, für die Rückreaktion: $36000 \frac{\text{Mol}}{\text{min} \times 10^5 \text{ g Enzym-Protein}}$.

Nach Ansicht von BÜCHER[1] befinden sich wenigstens drei aktive Stellen im Enzymprotein.

Gleichgewichtslage der Reaktion. Die Gleichgewichtskonstante beträgt für das Hefeenzym unter den Versuchsbedingungen von BÜCHER[1]: $K = \frac{C_{ADP} \times C_{1,3\text{-DPG}}}{C_{ATP} \times C_{d\text{-3-PGA}}} = 3{,}1 \times 10^{-4}$.

Dieses Absorptionsspektrum stimmt qualitativ und quantitativ mit dem der Pyruvat-Kinase aus Menschen- und Rattenmuskeln überein.

Aktivierung und Hemmung. Für die Wirksamkeit des Enzyms ist die Anwesenheit von Mg^{++} erforderlich. Diese können auch durch Mn^{++} ersetzt werden[2]. Das pflanzliche Enzym wird durch NaF ($1{,}7 \times 10^{-2}$ m) gehemmt. Das Muskelenzym wird, im Gegensatz zum Hefeenzym, durch p-Chlormercuribenzoat und p-Chlormercuriphenylsulfonsäure gehemmt, die Hemmung kann durch Cystein oder Glutathion wieder aufgehoben werden[2].

Tabelle 3. *Absorptionsspektrum der kristallisierten Phosphoglycerat-Kinase.*

λ, mμ	e
290	0,30
280	0,50
270	0,44
260	0,31
250	0,24
240	0,80

Enzymeinheit. a) Nach BÜCHER u. Mitarb.[3] ist eine Einheit eines Enzyms, das mit Dehydrogenasen in einer gekoppelten Reaktion vorliegt, diejenige Enzymmenge, die bei 25° C und 366 mμ (bezogen auf 1 ml und 1 cm Schichtdicke) in 100 sec die Extinktion um 0,100 verändert, d.h. diejenige Menge, die 0,029 M DPN/ml oder 19,25 μg DPN/ml umsetzt.

b) Nach AXELROD und BANDURSKI[4] ist eine Enzymeinheit diejenige Enzymmenge, die unter bestimmten Versuchsbedingungen (s. unten) eine Extinktionszunahme von 1,0 bewirkt.

c) Nach RAO und OESPER[2] ist eine Enzymeinheit diejenige Enzymmenge, die unter bestimmten Testbedingungen[1] eine Extinktionsänderung von 0,1/min bewirkt.

Bestimmung der Phosphoglycerat-Kinase nach BÜCHER[1].

Prinzip:

1. D-3-Glycerinaldehydphosphorsäure + Phosphat + $DPN^+ \rightleftharpoons$
   D-1,3-Diphosphoglycerinsäure + DPNH + H^+
2. 1,3-Diphosphoglycerinsäure + ADP $\rightleftharpoons$ D-3-Phosphoglycerinsäure + ATP

Es kann sowohl die Hin- als auch die Rückreaktion zur Messung benützt werden.

a) Die Hinreaktion. Bei Überschuß des oxydierenden Gärungsenzyms ist die Phosphatübertragung nach Gleichung 2 geschwindigkeitsbestimmend.

Reagentien und Versuchsausführung:

Tabelle 4. *Zusammensetzung des Versuchsansatzes.*

K-Na-phosphatpuffer (p_H 6,9)	5×10^{-2} m	$MgSO_4$	5×10^{-3} m
D,L-3-GAP	$8{,}3 \times 10^{-4}$ m	GAP-Dehydrogenase	100 μg/ml
DPN	$4{,}15 \times 10^{-4}$ m	Glykokoll	10 g/l
ADP	$2{,}5 \times 10^{-4}$ m		

Temperatur 25° C, p_H 6,9.

[1] BÜCHER, T.: Biochim. biophys. Acta **1**, 292 (1947). — Colowick-Kaplan, Meth. Enzymol. Vol. I, S. 415.

[2] RAO, D. R., and P. OESPER: Biochem. J. **81**, 405 (1961).

[3] BEISENHERZ, G., H. J. BOLTZE, T. BÜCHER, R. CZOK, K. H. GARBADE, E. MEYER-ARENDT u. G. PFLEIDERER: Z. Naturforsch. **8b**, 555 (1953).

[4] AXELROD, B., and R. S. BANDURSKI: J. biol. Ch. **204**, 939 (1953).

Die Reagentien werden im Absorptionstrog (Schichtdicke 1 cm) vermischt, wobei das oxydierende Gärungsenzym zuletzt zugesetzt wird. Einige Minuten später gibt man das auszutestende phosphatübertragende Enzym zu. Die Lichtabsorption, gemessen bei 366 mμ, steigt entsprechend der Menge des gebildeten DPNH. Es wird die Zeit in Sekunden bestimmt, die einer Änderung der Extinktion um 0,1 entspricht.

Berechnung:

Berechnung der Einheiten gemäß Definition:

$$\text{Einheiten} = \frac{100 \times \text{Vol. Versuchsansatz}}{\text{sec pro Änderung der Absorption um } 0{,}100}\,.$$

b) Die Rückreaktion. Die Hinreaktion erfordert ziemlich reine Enzympräparate, da sie durch einige Enzyme wie Isomerase und Glycerophosphat-Dehydrogenase gestört wird. Sie wurde bei Reinigung von Enzympräparaten angewandt.

Die Rückreaktion ist zwar weniger empfindlich als die Hinreaktion, wird aber durch andere Enzyme nur wenig beeinflußt. Die Reaktionsgeschwindigkeit ist hier jedoch viermal geringer als bei der Hinreaktion. Durch Zusatz von Cystein wird das Endprodukt D-3-Phosphoglycerinaldehyd abgefangen; dadurch wird die oxydierende Rückreaktion irreversibel.

Reagentien und Versuchsausführung:

Tabelle 5. *Zusammensetzung des Versuchsansatzes.*

D-3-PGS	5×10^{-3} m	$NaHCO_3$	$1{,}75 \times 10^{-2}$ m
ATP	3×10^{-4} m	Cystein (frisch neutralisiert)	2×10^{-2} m
$MgSO_4$	5×10^{-3} m	Glykokoll	8 mg/ml
DPNH	$2{,}5 \times 10^{-4}$ m	GAP-Dehydrogenase	0,1 mg/ml

Die Lösung ist mit einer 10% CO_2 enthaltenden Gasmischung gesättigt. Temperatur 25° C; p_H 6,9.

Es wird hier die *Abnahme* der Extinktion messend verfolgt.

Berechnung:

Die Berechnung der Einheiten ist die gleiche wie oben, wobei aber zu beachten ist, daß eine Einheit der Rückreaktion vier Einheiten der Hinreaktion entspricht.

Der Ansatz der Rückreaktion wurde von Bücher für die Bestimmung von Gewebeextrakten und von Serum angewandt.

$$\text{Spezifische Aktivität} = \frac{\text{gefundene Einheiten}}{\text{mg Enzymprotein}}\,.$$

Der Proteingehalt der Präparate wird mittels der *Biuretmethode*[1] bestimmt:

Proteinlösung, enthaltend 1—6 mg Protein, wird in einem Zentrifugenglas, das zweckmäßig eine auf das Volumen 10 ml geeichte Marke besitzt, mit H_2O auf ein Volumen von etwa 0,85 ml verdünnt. Unter Rühren wird zu der Mischung 0,15 ml 3 m Trichloressigsäure zugesetzt. Nach dem Abzentrifugieren des Gefällten und sorgfältigem Entfernen der überstehenden Lösung wird der Eiweißniederschlag in etwa 5 ml H_2O aufgewirbelt, mit genau 5 ml Biuretreagens vermischt und auf 10 ml aufgefüllt.

Von der nach 30 min (Zimmertemperatur) gemessenen Extinktion wird der (konstante) Blindwert von 5 ml H_2O und 5 ml Biuretreagens abgezogen: Zuwachs der Extinktion (546 mμ, Schichtdicke 2 cm) $\times$ 17,0 = mg Protein in der Bestimmung.

Herstellung des Biuretreagens. 9 g Seignettesalz in etwa 400 ml 0,2 n NaOH (carbonatfrei) gelöst, nacheinander 3,0 g feingepulvertes $CuSO_4 \cdot 5\,H_2O$ (p.a.) und 5,0 g KJ (p.a.) hinzugefügt und gelöst. Mischung wird mit 0,2 n NaOH auf 1000 ml aufgefüllt.

[1] Beisenherz, G., H. J. Boltze, T. Bücher, R. Czok, K. H. Garbade, E. Meyer-Arendt u. G. Pfleiderer: Z. Naturforsch. 8b, 555 (1953).

Bestimmung der Phosphoglycerokinase höherer Pflanzen nach **Axelrod** ***und*** **Bandurski**[1].

Prinzip:

1. ATP + 3-Phosphoglycerinsäure ⇌ 1,3-Diphosphoglycerinsäure + ADP

2. 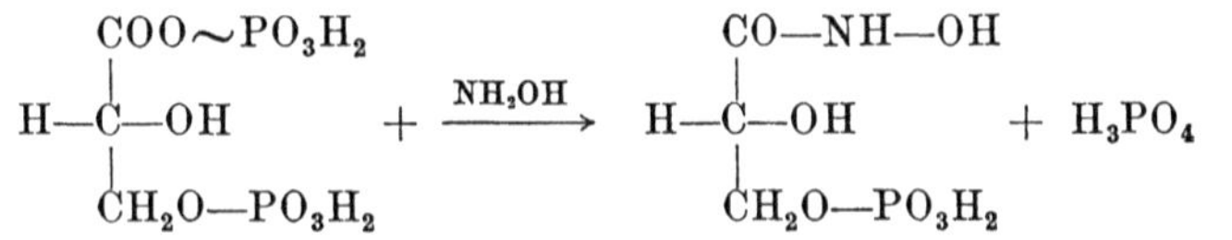

Es wird hierbei die rückwärts verlaufende Reaktion verfolgt. Die entstandene 1,3-Diphosphoglycerinsäure wird dann mit Hydroxylamin abgefangen und in Hydroxamsäure übergeführt, die mit $FeCl_3$ eine purpurrote Färbung gibt[2].

Das Enzym verträgt eine hohe Konzentration von Hydroxylamin.

Reagentien:

1. NH_2OH, auf p_H 7,3 gebracht.
2. PGS, p_H 7,3.
3. ATP, p_H 7,3.
4. $MgCl_2$.
5. $FeCl_3$-Lösung (8,3 g $FeCl_3 \cdot 6\,H_2O$, 42 ml konz. HCl und 20 g Trichloressigsäure mit Aqua dest. auf 500 ml gebracht).
6. Äthanol, 95%ig.

Ausführung:

Substratlösung (1 ml) enthält folgende Reagentien: 1,0 mM NH_2OH (auf p_H 7,3 gebracht), 0,0224 mM PGS (p_H 7,3), 0,008 mM ATP (p_H 7,3) und 0,006 mM $MgCl_2$. Zu 1,0 ml dieser Substratlösung wird Enzym und H_2O zugefügt (Endvolumen 1,3 ml). Die Reaktion wird in konischen 15 ml-Zentrifugenröhrchen bei 37° C über eine Zeit von 1600 sec ausgeführt. Dann gibt man 3 ml einer Mischung von $FeCl_3$, Trichloressigsäure und HCl hinzu, um die Reaktion zu stoppen. Nach 5 min werden 2,5 ml 95% Äthanol hinzugefügt und der Eiweißniederschlag abzentrifugiert, wenn in genügender Menge vorhanden, um die Colorimetrie zu stören. Die Extinktion wird bei 490 mμ bestimmt.

Im Leerwert fügt man das $FeCl_3$-Trichloressigsäure-HCl-Gemisch *vor* dem Enzym zum Substrat hinzu, so daß keine Enzymwirkung eintreten kann. Die Extinktion des Leerwertes wird vom Hauptwert abgezogen.

Berechnung:

Umrechnung auf Enzymeinheiten gemäß Definition (s. oben).

In der Praxis nimmt man eine Enzymmenge, die 10—20% dieser Änderung (entsprechend einer Einheit) bewirkt.

Acetylkinase*.

[2.7.2.1 ATP: Acetat-Phosphotransferase.]

Acetylphosphat + ADP ⇌ Acetat + ATP

Vorkommen und Normalwerte. Das Enzym ist bisher nur in Bakterien und nicht in Säugetiergeweben aufgefunden worden.

Darstellung. Weitgehend gereinigte Präparate wurden aus *Streptococcus haemolyticus* und aus *Escherichia coli* gewonnen.

Darstellung der Acetylkinase aus Escherichia coli nach **Rose** ***u. Mitarb.***[3,4].

Nach 40stündigem Wachstum bei 30° C werden die Bakterien *(E. coli, Stamm 4157)* geerntet, zentrifugiert, zweimal mit 0,4% NaCl ausgewaschen. Gewaschene Zellen mit H_2O in eine Paste übergeführt, lyophilisiert (4 g Zellen etwa 1 g Trockenpulver).

* Siehe auch S. 73 ff..

[1] Axelrod, B., and R. S. Bandurski: J. biol. Ch. **204**, 939 (1953).

[2] Lipmann, F., and L. C. Tuttle: J. biol. Ch. **161**, 415 (1945).

[3] Rose, I. A., M. Grunberg-Manago, S. R. Corey and S. Ochoa: J. biol. Ch. **211**, 737 (1954).

[4] Rose, I. A.; in: Colowick-Kaplan, Meth. Enzymol. Bd. I, S. 591.

Tabelle 6. *Vorkommen und Normalwerte der Acetylkinase* [1,2]*.

Bakterienstamm	Spezifische Aktivität	Bakterienstamm	Spezifische Aktivität
Proteus vulgaris	10,8	Streptococcus faecalis	2,7
Clostridium (Stamm H.F.) . . .	5,9	Clostridium kluyverii	0,04
Escherichia coli	3,0	Streptococcus haemolyticus . . .	0,4
Escherichia coli, gereinigt. Präp.	300,0	Acetobacter vinelandii	0,05

* Es handelt sich in dieser Tabelle, wenn nicht anders angegeben, um Rohextrakte dieser Bakterienstämme.

Rohextrakt. 3 g-Portionen dieses Pulvers im Mörser mit gleichem Gewicht Aluminiumoxyd A 301 (Al. Comp. of America) und anfeuchtender Menge von 0,1 m Kaliumphosphatpuffer, p_H 7,4, zerkleinert und die Gummipaste mit 30 ml Puffer 30 min bei 2° C verrieben. Verschiedene derartige Proben vereinigt und in der Kälte abzentrifugiert. Rückstand wieder mit 5 Vol. Puffer extrahiert und zentrifugiert. Überstehende Lösungen vereinigt.

Erste Aceton-Fraktionierung. Extrakt unter mechanischem Rühren mit Aceton auf 45%ige Volumenkonzentration gebracht (tropfenweise zugegeben, anfangs bei 0° C, dann bei —10° C), abzentrifugiert. Klare überstehende Lösung bei —10° C auf 55% Acetongehalt gebracht, wieder zentrifugiert, Niederschlag in 0,1 Vol. (bezogen auf ursprüngliches Extraktvolumen) 0,5 gesättigter Ammoniumsulfatlösung (35 g Ammoniumsulfat + 100 ml H_2O) mit 0,005 m Cysteingehalt bei 0° C suspendiert.

Tabelle 7. MICHAELIS-*Konstanten für Acetylkinase aus Escherichia coli.*

Substrat	K_M (Mol/l)
Acetat	0,3
Propionat . . .	0,47
Mg^{++}	0,005
ATP	0,002
ADP	0,0015
Acetylphosphat	0,005

Erste Ammoniumsulfat-Fraktionierung. Obige Suspension kalt abzentrifugieren, Niederschlag verwerfen. Bei 0° C festes Ammoniumsulfat zur überstehenden Lösung zusetzen, um drei Fraktionen bei 0,55, 0,60 und 0,65 Sättigung zu erhalten. Jeder der drei Niederschläge in wenig Phosphat-Cystein gelöst und ausgetestet; die beiden besten Fraktionen vereinigt. Gefroren gut haltbar.

Zweite Aceton-Fraktionierung. Lösung der vorigen Stufe in Phosphat-Cystein gelöst, 2 Std gegen 10 Vol. Phosphat-Cystein dialysiert (0° C), abzentrifugiert, überstehende Lösung wie vorher mit Aceton bei —10° C fraktioniert, drei Fraktionen (45—50, 50—55, 55—60%ige Acetonkonzentration) gesammelt und in wenig Phosphat-Cystein gelöst.

Zweite und dritte Ammoniumsulfat-Fraktionierung. Beste Fraktion mit Phosphat-Cystein verdünnt (5,0 mg Protein/ml) und mit 0,1 n Essigsäure auf p_H 6,7 gebracht. Lösung wird mit festem Ammoniumsulfat auf verschiedene Sättigungsgrade (0—0,45, 0,45—0,50, 0,50—0,55 und 0,55—0,60) gebracht und die Fraktionen gesammelt.

Erste Fraktion verworfen, die anderen in wenig Phosphat-Cystein gelöst und ausgetestet. Die beiden aktivsten (gewöhnlich 0,50—0,60 Sättigung) vereinigt.

Zur weiteren Reinigung obige Ammoniumsulfat-Fraktionierung zwischen Sättigungsgrad 0,45 und 0,55 wiederholt, die besten Fraktionen (meist 0,49—0,53 Sättigungsgrad) vereinigt (spezifische Aktivität 300) = 100fache Reinigung. Das Präparat ist frei von Transacetylase, kondensierendem Enzym, Myokinase und ATPase. Kann in Phosphat-Cystein bei —18° C stabil aufbewahrt werden.

Eigenschaften. *Spezifität.* Das *Escherichia coli*-Enzym vermag nur Acetat oder Propionat zu phosphorylieren, wobei Acetat zehnmal aktiver ist als Propionat. ATP kann durch ITP und ADP durch IDP ersetzt werden.

p_H-Optimum. p_H 7,4.

[1] ROSE, I. A., M. GRUNBERG-MANAGO, S. R. COREY and S. OCHOA: J. biol. Ch. **211**, 737 (1954).
[2] ROSE, I. A.; in: Colowick-Kaplan, Meth. Enzymol., Bd. I, S. 591.

Gleichgewichtskonstante. Die scheinbare Gleichgewichtskonstante der Reaktion:

$$\text{Acetylphosphat} + \text{ADP} \rightleftharpoons \text{Acetat} + \text{ATP}$$

$$K' = \frac{[\text{ADP}] \times [\text{Acetylphosphat}]}{[\text{ATP}] \times [\text{Acetat}]} = 0{,}006 \text{ (bei } p_H \text{ 7,3 und 29° C)}.$$

Aktivierung und Hemmung. Das Enzym benötigt Mg^{++} oder Mn^{++}.

50%ige Hemmung wird durch folgende Sulfhydryl-Reagentien bewirkt: Hg^{++}, 10^{-7} m, p-Chlormercuribenzoat 3×10^{-7} m, Jodosobenzoat, 3×10^{-4} m, Phenylarsinoxyd, 10^{-3} m. Die Hemmung durch die drei erstgenannten Stoffe kann zum größten Teil durch Cystein wieder aufgehoben werden. Dies spricht dafür, daß das Enzym SH-Gruppen enthält.

Jodacetat, Fluoracetat und Jodacetamid wirken nicht hemmend.

Enzymeinheit. Eine Enzymeinheit ist diejenige Enzymmenge, die unter den angegebenen Bedingungen (s. unten) 1 μM Hydroxamsäure pro min liefert.

Bestimmung der Acetylkinase nach Rose *u. Mitarb.*[1,2].

Prinzip:

1. $\text{ATP} + \text{Acetat} \rightleftharpoons \text{ADP} + \text{Acetylphosphat}$
2. $CH_3\text{—}CO\text{—}O\text{—}PO_3H_2 + NH_2OH \rightarrow CH_3\text{—}CO\text{—}NH\text{—}OH + H_3PO_4$

Das entstandene Acetylphosphat wird durch Hydroxylamin abgefangen und in Acetylhydroxamsäure übergeführt. Diese wird colorimetrisch bestimmt.

Reagentien:

1. 3,2 m K-acetat.
2. 1,0 m Tris-HCl-Puffer, p_H 7,4.
3. 1,0 m $MgCl_2$.
4. 4,0 m KOH.
5. $NH_2OH \cdot HCl$, 28%ig (kalt aufbewahrt).
6. 0,1 m ATP-Na.
7. $FeCl_3$-Reagens: 1,25% $FeCl_3$ in 1,0 n HCl.
8. Trichloressigsäure, 10%.
9. Phosphat-Cystein: 0,1 m K-phosphatpuffer, p_H 7,4; enthält 0,005 m Cystein.
10. Enzym: Vorratslösung wird mit Phosphat-Cystein verdünnt, so daß 10—100 Einheiten pro ml enthalten sind.

Ausführung:

Substrat-Stammlösung wird jeden Tag frisch bereitet, indem K-acetat, Trispuffer und $MgCl_2$ im Verhältnis 25:5:1 gemischt werden.

0,3 ml Substratlösung, 0,35 ml neutrales Hydroxylamin, 0,1 ml ATP-Na werden vermischt. Endvolumen einschließlich Enzym: 1 ml.

Das Enzym (1 Einheit oder weniger) wird zur Zeit 0 zugesetzt. Reaktion verläuft bei 29° C und wird nach wenigstens 2 min durch Zugabe von 1 ml Trichloressigsäure gestoppt. Etwaiger Niederschlag wird abzentrifugiert. Durch Zusatz von 4,0 ml $FeCl_3$-Reagens wird die Farbe entwickelt und im Klett-Colorimeter mit einem 540 mμ-Filter abgelesen.

Ein entsprechender Leerversuch mit allen Reagentien ohne Enzym wird vom Hauptwert abgezogen. Bei Ansätzen, die weniger als 2 Enzymeinheiten enthalten, verläuft die Reaktion linear.

Berechnung:

Man stellt eine Eichkurve für die reine Hydroxamsäure auf, so daß die Ablesung am Colorimeter einer bestimmten Menge Hydroxamsäure entspricht. Diese wird auf Einheiten umgerechnet. Aus den Einheiten wird die spezifische Aktivität (Einheiten/mg Protein) berechnet. Der Proteingehalt der Lösung wird mittels der Biuret-Methode ermittelt (s. Phosphoglycerat-Kinase, S. 531 ff.).

[1] Rose, I. A., M. Grunberg-Manago, S. R. Corey and S. Ochoa: J. biol. Ch. **211**, 737 (1954).
[2] Rose, I. A.; in: Colowick-Kaplan, Meth. Enzymol. Bd. I, S. 591.

β-Aspartokinase.

[2.7.2.4 ATP:L-Aspartat-4-Phosphotransferase.]

$$ATP + {}^{-}OOC—\underset{}{\overset{NH_3^+}{\overset{|}{C}}}H—CH_2—COO^{-} \xrightleftharpoons{Mg^{++}} ADP + {}^{-}OOC—\overset{NH_3^+}{\overset{|}{C}}H—CH_2—CO—PO_4^{--}$$

Darstellung von β-Aspartokinase nach Black *und* Wright [1].

Alle Operationen bei 0—5° C ausgeführt.

Extrakt. 250 g gefrorene Hefe mit 240 ml H_2O vermischt und auf 0° C erwärmt. pH mit 5 m Ammoniak auf 8,3—8,5 gebracht und die Suspension langsam 2 Tage gerührt. Abzentrifugiert: etwa 300 ml Extrakt. pH etwa 7,0.

Behandlung mit Säure und Protamin. Extrakt mit 2 m Essigsäure auf pH 5,1 gebracht, abzentrifugiert, Niederschlag verworfen. 15 ml 2 %iges Protaminsulfat zur überstehenden Flüssigkeit zugesetzt, abzentrifugiert, Niederschlag verworfen.

Tabelle 8. *Vorkommen und Normalwerte.*

Vorkommen	Spezifische Aktivität (Einheiten/mg Protein)
Hefeextrakt[1]	0,29
Protamingereinigt. Hefepräparat .	0,61
Ammoniumsulfatfraktion (Hefe) .	3,50
Chromatographisch gereinigt. Hefepräparat	26,20
Escherichia coli[2]	—

Ammoniumsulfatfällung und Elution. Überstehende Flüssigkeit mit 25 g Whatman-Cellulose-Pulver versetzt, 125 ml bei 0° C gesättigte Ammoniumsulfatlösung langsam unter Rühren zugesetzt. Suspension in Chromatographie-Rohr gegeben, überstehende Flüssigkeit von Cellulose + gefälltem Protein abgesaugt und die Säule mit 25 ml 33 %igem Ammoniumsulfat (0,02 m Na-acetat-Puffer, pH 5,0, enthaltend) gewaschen und dann zunächst mit 65 ml 33 %igem Ammoniumsulfat (pH 5,0), dann mit gleicher Menge 28 %igem Ammoniumsulfat (0,01 m $KHCO_3$ enthaltend) eluiert. Verschiedene Fraktionen (von je 6 ml) gesammelt, Fraktion 28 bei —20° C aufbewahrt und verwandt.

Eigenschaften. *Spezifität.* Das Enzym katalysiert spezifisch die Phosphorylierung von L-Aspartat durch ATP.

pH-Optimum: zwischen 5—9.

Gleichgewichtskonstante:

$$K = \frac{\beta\text{-Aspartyl-phosphat} \times \text{ADP}}{\text{L-Aspartat} \times \text{ATP}} = 3{,}5 \times 10^{-4} \text{ bei pH } 8{,}0 \text{ und } 15°\text{ C.}$$

Aktivierung und Hemmung. Das Enzym wird durch Mg^{++}, Mn^{++} oder Fe^{++} aktiviert, optimale Konzentration für Mg^{++}: 0,03 m oder mehr.

Enzymeinheit. Eine Enzymeinheit ist diejenige Enzymmenge, die unter den Bedingungen der Bestimmung (s. unten) die Bildung von 1 μM Hydroxamsäure bewirkt.

Bestimmung der β-Aspartokinase nach Black *und* Wright [1].

Prinzip:

$$\text{ATP} + \text{L-Aspartat} \rightleftharpoons \text{ADP} + \beta\text{-Aspartyl-phosphat}$$

a) Die Hinreaktion wird zur Bestimmung benützt:

Durch Hydroxylamin wird das entstandene β-Aspartyl-phosphat in Aspartylhydroxamsäure übergeführt:

$$\begin{array}{c} CO—PO_4 \\ | \\ CH_2 \\ | \\ HCNH_2 \\ | \\ COOH \end{array} + NH_2OH \rightarrow \begin{array}{c} CO—NHOH \\ | \\ CH_2 \\ | \\ HCNH_2 \\ | \\ COOH \end{array} + H_3PO_4$$

[1] Black, S., and N. G. Wright: J. biol. Ch. **213**, 27 (1955).

[2] Cohen, G. N., M. L. Hirsch, S. B. Wiesendanger et B. Nisman: Cr. **238**, 174 (1954).

Die Hydroxamsäurebildung ist proportional der Enzymkonzentration.

Reagentien:

1. L-Asparaginsäure.
2. ATP.
3. $MgCl_2$.
4. $NH_2OH \cdot HCl$.
5. β-Aspartyl-hydroxamsäure, kristallisiert (als Standard).

Ausführung:

Der Versuchsansatz (Endvolumen 1 ml) enthält 100 μM L-Asparaginsäure, 20 μM ATP, 20 μM $MgCl_2$, 400 μM $NH_2OH \cdot HCl$ und das Enzym. p_H 8,0. Das gebildete Aspartyl-phosphat wird sogleich von $NH_2OH \cdot HCl$ gebunden. Nach 15 min bei 15° C erfolgt die Bestimmung der Hydroxamsäure nach LIPMANN und TUTTLE[1] (s. Bd. III/1, S. 496). Kristalline β-Aspartyl-hydroxamsäure wird als Standard benützt.

Berechnung:

Aus der gebildeten Hydroxamsäure werden Einheiten berechnet.

b) Die Rückreaktion wird zur Bestimmung benützt:

Reagentien:

1. Trispuffer, p_H 8,0.
2. ADP.
3. $MgCl_2$.
4. β-Aspartyl-phosphat.
5. 0,1 m Na-p-chlormercuribenzoat.
6. 2 m Hydroxylamin-HCl (mit Tris-Base auf p_H 8,0 gebracht).

Ausführung:

Der Versuchsansatz (Endvolumen 0,5 ml) enthält 50 μM Trispuffer (p_H 8,0), 5 μM ADP, 10 μM $MgCl_2$, 1—2 μM β-Aspartyl-phosphat und das Enzym.

Nach 20 min bei 15° C wird die Reaktion mit 0,1 ml einer Suspension von 0,1 m Na-p-chlormercuribenzoat gestoppt. 5 min später fügt man 0,4 ml 2 m Hydroxylamin-HCl hinzu. Nach 20 min wird die Hydroxamsäure bestimmt (s. oben). Das verbrauchte β-Aspartyl-phosphat (Differenz der $t=0$ und $t=20$ min-Bestimmung) ist proportional der Enzymkonzentration.

***Bestimmung der β-Aspartokinase mittels optischen Tests nach* BLACK *und* WRIGHT[2].**

Prinzip:

$$1.\ \text{ATP} + \text{L-Aspartat} \xrightleftharpoons{\beta\text{-Aspartokinase}} \text{ADP} + \beta\text{-Aspartyl-phosphat}$$

$$2.\ \beta\text{-Aspartyl-phosphat} + \text{TPNH} + \text{H}^+ \xrightleftharpoons[\text{Dehydrogenase}]{\text{Aspartyl-}\beta\text{-semialdehyd-}} \text{Aspartyl-}\beta\text{-semialdehyd} + \text{TPN}^+ + \text{P}$$

Bei Überschuß von β-Semialdehyd-Dehydrogenase ist (1) geschwindigkeitsbestimmend und die Reaktionsgeschwindigkeit von (1) direkt proportional dem Verschwinden von TPNH.

Reagentien:

1. Imidazol-Chlorid-Puffer, p_H 7,0.
2. TPNH.
3. $MgCl_2$.
4. L- oder D-Aspartat.
5. ATP.
6. Aspartyl-β-semialdehyd-Dehydrogenase.

Ausführung:

Der Versuchsansatz (Endvolumen 1 ml) enthält 100 μM Imidazol-Chlorid-Puffer (p_H 7,0), 0,081 μM TPNH, 2 μM $MgCl_2$, 50 μM L- oder D-Aspartat, 4 μM ATP, 0,9 Einheiten Aspartyl-β-semialdehyd-Dehydrogenase und das zu bestimmende Enzym (etwa 0,8 Einheiten). Leerwert ohne Enzym. Die Abnahme der Extinktion bei 340 mμ wird bestimmt und durch Leerwert korrigiert.

Berechnung:

Die Menge des verschwundenen TPNH entspricht dem entstandenen β-Aspartyl-phosphat.

[1] LIPMANN, F., and L. C. TUTTLE: J. biol. Ch. **161**, 415 (1945).
[2] BLACK, S., and N. G. WRIGHT: J. biol. Ch. **213**, 27 (1955).

2. Phosphotransferasen mit einer Enolgruppe als Acceptor.

Pyruvat-Kinase.

[2.7.1.40 ATP:Pyruvat-Phosphotransferase.]

$$\begin{array}{ccc} CH_2 & & CH_3 \\ \| & & | \\ CO{\sim}PO_3H_2 & + ADP \rightleftharpoons ATP + & CO \\ | & & | \\ COOH & & COOH \end{array}$$

Phosphoenol-brenztraubensäure — Brenztrauben-säure

Es sind keine Anzeichen für Phosphorylierung des Enzyms vorhanden[1].

Tabelle 9. *Vorkommen und Normalwerte von Pyruvatkinase.*

Vorkommen	Aktivität	Ausgedrückt durch
Muskelextrakt (Kaninchen)[2]	308	Einheiten/mg Protein
Ammoniumsulfatfraktion	1240	desgl.
Erste Kristallisation	2800	desgl.
Zweite Umkristallisation	6900	desgl.
Erbsensamen, acetongetrocknet, dialys. Extr.[3]	7,7	μM BTS
Erbsenblätter, acetongetrocknet, dialys. Extr.[4]	1,56	μMol BTS/200 mg getrock. Erbsenblätter/30 min
Bäckerhefe[5]	—	—

Das Enzym kommt fernerhin in Erythrocyten vor[6]. Abnehmende Aktivität in der Reihenfolge: Mensch, Ratte, Hund, Kaninchen, Katze, Ochse. Erythrocyten von Küken und neugeborenen Ratten besonders aktiv. Auch in Mais und Gurkensamen ist das Enzym nachgewiesen worden[7].

Darstellung. Kristallisierte Pyruvat-Kinase ist zum erstenmal aus Rattenmuskeln von NEGELEIN[8] dargestellt worden, dessen Manuskript jedoch durch Kriegseinwirkung verlorenging. Aus Kaninchenmuskeln wurden gereinigte Präparate von KORNBERG und PRICER[9] und von KACHMAR und BOYER[10] dargestellt.

BÜCHER u. Mitarb.[2] arbeiteten dann ein Verfahren aus, bei dem aus Kaninchenmuskeln in einem Arbeitsgang verschiedene kristallisierte Enzyme gewonnen werden konnten, darunter auch Pyruvat-Kinase (s. auch TIETZ und OCHOA[11]).

Dieses Präparat kann von der Firma C. F. Boehringer, Mannheim, bezogen werden.

Kristallisierte Pyruvat-Kinase aus menschlichen Muskeln wurde von KUBOWITZ und OTT[8] gewonnen.

***Darstellung von Pyruvat-Kinase aus Bäckerhefe nach* SHIZU WASHIO *u. Mitarb.*[5].**

Macerierte Zellen mit 0,06 m Phosphatpuffer, p_H 7,2, bei 37° C 3 Std extrahiert, Extrakt mit Ammoniumsulfat (0,50—0,60 und dann 0,45—0,55 Sättigung) fraktioniert gefällt, gegen 0,005 m Phosphatpuffer, p_H 7,4, dialysiert, auf eine DEAE-Cellulose-Säule

[1] HASS, L. F., P. D. BOYER and A. M. REYNARD: J. biol. Ch. **236**, 2284 (1961).
[2] BEISENHERZ, G., H. J. BOLTZE, T. BÜCHER, R. CZOK, K. H. GARBADE, E. MEYER-ARENDT u. G. PFLEIDERER: Z. Naturforsch. 8b, 555 (1953).
[3] STUMPF, P. K.: J. biol. Ch. **182**, 261 (1950).
[4] TEWFIK, S., and P. K. STUMPF: J. biol. Ch. **192**, 519 (1951).
[5] WASHIO, S., Y. MANO and N. SHIMAZONO: J. Biochem. **46**, 1661 (1959) [C. A. **54**, 13226 (1960)].
[6] SOLVONUK, P. F., and H. B. COLLIER: Canad. J. Biochem. Physiol. **33**, 38 (1955).
[7] MCCOLLUM, R. E., R. H. HAGEMANN and E. H. TYNER: Soil Sci. **86**, 324 (1958) [C. A. **53**, 18141 (1959)].
[8] KUBOWITZ, F., u. P. OTT: B. Z. **317**, 193 (1944).
[9] KORNBERG, A., and W. E. PRICER jr.: J. biol. Ch. **193**, 481 (1951).
[10] KACHMAR, I. F., and P. D. BOYER: J. biol. Ch. **200**, 669 (1953).
[11] TIETZ, A., and S. OCHOA: Arch. Biochem. **78**, 477 (1958).

chromatographiert, dann mit 0,005 m Phosphatpuffer, p_H 7,4, und 0,025 m Puffer, p_H 6,0, eluiert. Eluate vereinigt. 15fache Reinigung. Nicht ganz frei von Aldolase, Phosphatase oder Milchsäure-Dehydrogenase. Zeigt fast dieselben Eigenschaften wie das Muskelenzym.

Eigenschaften. *Spezifität.* Die Pyruvat-Kinase überträgt die Phosphatgruppe aus der Phosphoenolbrenztraubensäure auf ADP. ADP kann auch durch IDP, UDP[1], GDP oder CDP[2] ersetzt werden, ferner durch Desoxy-ADP (in letzterem Fall nur 11% Wirksamkeit[3]) oder Desoxy-CDP[4] (Desoxy-CDP auch schwächer wirksam als CDP). Nach DAVIDSON[5] sind CDP und UDP jedoch unwirksam, ein positives Resultat ist nur auf Verunreinigung mit Nucleosid-Diphosphokinase zurückzuführen.

„Fluorkinase" hat sich als identisch mit Pyruvat-Kinase erwiesen[6] und ebenso „Hydroxylamin-Kinase" (vorher als CO_2-aktivierendes Enzym bezeichnet)[7].

p_H-Optimum. Menschenmuskel[8] 7,5; Kaninchenmuskel[6] 7,0—7,8.

Tabelle 10. MICHAELIS-*Konstanten von Pyruvat-Kinase aus Kaninchenmuskel-Enzym.*

Substrat	K_M (Mol/l)
Phosphoenolpyruvat[9,10] . .	$8,6 \times 10^{-5}$
K^+, NH_4^+, Rb^+	$1,1 \times 10^{-2}$
Phosphoenolpyruvat[11] (Überschuß Mg^{++}, p_H 8,5)	$3,2 \times 10^{-5}$
ADP[11]	$2,1 \times 10^{-4}$

Wechselzahl. Das Enzym (Kaninchenmuskel) katalysiert die Übertragung von 6000 M Phosphat von Phosphoenol-pyruvat zu ADP pro 100000 g Protein/min bei 20° C und p_H 6,77.

$$\frac{\text{Vorwärtsreaktion}}{\text{Rückwärtsreaktion}} = \frac{500}{1}.$$

Die Wechselzahl der Rückreaktion beträgt also nur den 500. Teil der Vorwärtsreaktion, nämlich 12 M/min/100000 g Protein.

Wechselzahl für Pyruvat-Kinase aus Rattenmuskeln unter entsprechenden Bedingungen: 6500 M/min[9].

Nach McQUATE und UTTER[12] ist die Geschwindigkeit der Vorwärtsreaktion (bei p_H 7,4) nur 150—200mal so groß wie die der Rückreaktion[12].

Scheinbare Gleichgewichtskonstanten der Pyruvat-Kinase-Reaktion[12]. Bei p_H 7,4 $K = 6,45 \times 10^3$; bei p_H 9 $K = 3,7 \times 10^2$; bei p_H etwa 8 ($NaHCO_3$) $K = 2 \times 10^3$ bei 30° C[13], wobei $K = \frac{C_{\text{Pyruvat}} \times C_{\text{ATP}}}{C_{\text{Phosphoenolpyruvat}} \times C_{\text{ADP}}}$.

Physikalische Eigenschaften. *Absorptionsspektrum der Pyruvat-Kinase.* Das Maximum liegt bei 280 mμ.

Spezifische Extinktion für Pyruvat-Kinase aus menschlichem Muskel 0,54[8], Kaninchenmuskel 0,54[9], Rattenmuskel 0,55[8].

Mol.-Gewicht der Pyruvat-Kinase von Rattenmuskel beträgt nach BÜCHER 166000.

Mol.-Gewicht der Pyruvat-Kinase aus Kaninchenmuskel, durch Sedimentation und Diffusion (in Phosphatpuffer, p_H 6) bestimmt, beträgt nach WARNER[14] 237000.

[1] KORNBERG, A.; in: McElroy-Glass, Phosphorus Metabolism. Bd. I, p. 392.
[2] STROMINGER, J. L.: Biochim. biophys. Acta **16**, 616 (1955).
[3] KLENOW, H., and B. ANDERSEN: Biochim. biophys. Acta **23**, 92 (1957).
[4] MALEY, F., and S. OCHOA: J. biol. Ch. **233**, 1538 (1958).
[5] DAVIDSON, E. A.: Biochim. biophys. Acta **33**, 238 (1959).
[6] TIETZ, A., and S. OCHOA: Arch. Biochem. **78**, 477 (1958).
[7] KUPIECKI, F. P., and M. J. COON: J. biol. Ch. **235**, 1944 (1960).
[8] KUBOWITZ, F., u. P. OTT: B. Z. **317**, 193 (1944).
[9] BEISENHERZ, G., H. J. BOLTZE, T. BÜCHER, R. CZOK, K. H. GARBADE, E. MEYER-ARENDT u. G. PFLEIDERER: Z. Naturforsch. **8b**, 555 (1953).
[10] BÜCHER, T., and G. PFLEIDERER; in: Colowick-Kaplan, Meth. Enzymol., Vol. I, p. 435.
[11] REYNARD, A. M., L. F. HASS, D. D. JACOBSEN and P. D. BOYER: J. biol. Ch. **236**, 2277 (1961).
[12] McQUATE, J. T., and M. F. UTTER: J. biol. Ch. **234**, 2151 (1959).
[13] MEYERHOF, O., and P. OESPER: J. biol. Ch. **179**, 1376 (1949).
[14] WARNER, R. C.: Arch. Biochem. **78**, 494 (1958).

Diffusionskoeffizient$_{(20,w)}$: $3{,}96 \times 10^{-7}$ cm²/sec.
Sedimentationskoeffizient$_{(20,w)}$: 10,04 S.
In Harnstoff tritt Zerfall in kleinere Fragmente ein[1].

Aktivierung und Hemmung. Mg^{++} sind für die Wirkung des Enzyms erforderlich[2,3]. Phosphat-Übertragung durch Pyruvat-Kinase wird durch K^+ aktiviert[3–5], die aber auch durch NH_4^+ oder Rb^+ ersetzt werden können[3,5,6]. Daß K^+ für die Umkehrbarkeit der Reaktion:

$$\text{Phosphoenol-BTS} + \text{ADP} \rightleftharpoons \text{BTS} + \text{ATP}$$

notwendig sind, erkannten LARDY und ZIEGLER[7]. Nach MUNTZ[8] benötigt die Pyruvat-Kinase dialysierter Hefeextrakte keine K^+. Li^+ und Na^+ wirken der Aktivierung durch K^+ entgegen, Na^+ allein (ohne K^+) aktivieren jedoch[6].

Ca^{++} wirken hemmend, aber die Hemmung kann durch erhöhte K^+-Konzentration wieder verringert werden. Bei K^+ 0,05 m und 0,002 m Ca^{++} beträgt die Hemmung durch Ca^{++} 50 %[6].

Inaktivierung durch Harnstoff[1]. Das Hefeenzym[1] wird durch 10^{-4} m p-Chlormercuribenzoat vollständig gehemmt, die Hemmung wird durch Glutathion teilweise aufgehoben[9]. Auch ATP und Pyrophosphat sind Hemmstoffe[9].

Enzymeinheit. Definition s. Phosphoglycerat-Kinase.

Bestimmung der Pyruvat-Kinase nach NEGELEIN[10] *sowie* BÜCHER *u. Mitarb.*[11,12].

Prinzip:

Zusammengesetzter optischer Test:

$$1.\ \text{Phosphoenol-BTS} + \text{ADP} \rightleftharpoons \text{BTS} + \text{ATP}$$
$$2.\ \text{BTS} + \text{DPNH} + \text{H}^+ \rightleftharpoons \text{Milchsäure} + \text{DPN}^+$$

In dem Maße, wie BTS entsteht, wird sie sogleich zu Milchsäure hydriert. Wenn Milchsäure-Dehydrogenase im Überschuß vorhanden ist, ist die Phosphat übertragende Reaktion geschwindigkeitsbestimmend und die Abnahme von DPNH ein Maß für die gebildete BTS.

Reagentien:

1. DPNH.
2. ADP.
3. Phosphoenolbrenztraubensäure.
4. $MgSO_4$.
5. KCl.
6. Milchsäure-Dehydrogenase.
7. 0,02 m Triäthanolamin-HCl-Puffer, p_H 7,5.

Ausführung:

Der Versuchsansatz enthält $1{,}5 \times 10^{-4}$ m DPNH, $2{,}3 \times 10^{-4}$ m ADP, $7{,}8 \times 10^{-4}$ m Phosphoenol-BTS, $8{,}0 \times 10^{-3}$ m $MgSO_4$, $7{,}5 \times 10^{-2}$ m KCl, Milchsäure-Dehydrogenase (18000 Einheiten/mg) 35 mg/l, 5×10^{-2} m 0,05 m Triäthanolamin-HCl-Puffer (p_H 7,5).

Die Reagentien werden in einer Küvette ($d = 1$ cm) gemischt, dann gibt man so viel Pyruvat-Kinase (mit quarzdestilliertem H_2O verdünnt) hinzu, daß etwa 0,2 μg auf 1 ml entfallen. Nach kurzer Laufzeit des Versuches (bei 25° C) — etwa ½ min — bestimmt

[1] MORAWIECKI, A.: Biochim. biophys. Acta **44**, 604 (1960).
[2] LOHMANN, K., u. O. MEYERHOF: B. Z. **273**, 60 (1943).
[3] SOLVONUK, P. F., and H. B. COLLIER: Canad. J. Biochem. Physiol. **33**, 38 (1955).
[4] BOYER, P. A., H. A. LARDY and R. H. PHILLIPS: J. biol. Ch. **146**, 673 (1942); **149**, 529 (1943).
[5] MCCOLLUM, R. E., R. H. HAGEMANN and E. H. TYNER: Soil Sci. **86**, 324 (1958) [Chem. Abstr. **53**, 18141 (1959)].
[6] KACHMAR, I. F., and P. D. BOYER: J. biol. Ch. **200**, 669 (1953).
[7] LARDY, H. A., and I. A. ZIEGLER: J. biol. Ch. **159**, 343 (1945).
[8] MUNTZ, J.: J. biol. Ch. **171**, 653 (1947).
[9] MORAWIECKI, A.: 3. Int. Congr. Biochem. Brüssel 1955. Résumés comm., S. 60.
[10] KUBOWITZ, F., u. P. OTT: B. Z. **317**, 193 (1944).
[11] BEISENHERZ, G., H. J. BOLTZE, T. BÜCHER, R. CZOK, K. H. GARBADE, E. MEYER-ARENDT u. G. PFLEIDERER: Z. Naturforsch. 8b, 555 (1953).
[12] BÜCHER, T., and G. PFLEIDERER; in: Colowick-Kaplan, Meth. Enzymol., Vol. I, p. 435.

man die Zeit in Sekunden, in der die Extinktion (gemessen bei 366 $m\mu$) um 0,1 abnimmt. Die Enzymkonzentration ist umgekehrt proportional der gemessenen Zeit.

Berechnung:

$$\text{gefundene Einheiten} = \frac{100 \times \text{Vol. des Vers.-Ansatzes}}{\text{sec für Absorpt.-Änderung von } 0{,}100}.$$

Auch bei rohen Muskelextrakten liefert die Bestimmung gute Werte.

***Bestimmung der Pyruvat-Kinase nach* GRISOLIA *u. Mitarb.*[1].**

Prinzip:

1. 3-PGS $\rightleftharpoons$ 2-PGS
2. 2-PGS $\xrightarrow{-H_2O}$ Phosphoenolbrenztraubensäure
3. Phosphoenolpyruvat + ADP $\rightleftharpoons$ Pyruvat + ATP
4. ATP + Glucose $\rightarrow$ Glucose-6-phosphat + ADP
5. 2 ADP $\rightleftharpoons$ AMP + ATP

An Stelle der teuren Phosphoenolbrenztraubensäure kann hier 3-Phosphoglycerinsäure verwandt werden. Brenztraubensäure wird colorimetrisch bestimmt[2]. Bei Überschuß von Phosphoglyceromutase und Enolase ist Reaktion 3 geschwindigkeitsbestimmend.

Reagentien:

1. Hexokinase, lyophilisiert (enthält auch Phosphoglyceromutase und Enolase).
2. K-3-PGS.
3. Trispuffer, p_H 7,2.
4. $MgSO_4$.
5. ATP.
6. Glucose.
7. Dinitrophenylhydrazin, 0,0125 %ig in 2 n HCl.
8. 0,6 n NaOH.

Ausführung:

0,7 mg Protein von lyophilisierter Hexokinase in 0,5 ml Wasser gelöst und dazugegeben 1 ml einer Lösung, enthaltend: 50 μM K-3-PGS; 100 μM Trispuffer, p_H 7,2; 20 μM $MgSO_4$; 1 oder 2 μM ATP; 100 μM Glucose und das zu bestimmende Enzym. Die Mischung auf Endvolumen 2 ml gebracht, 10 min bei 38° C belassen (gleichzeitig Leerwert ohne Pyruvat-Kinase), dann durch Zugabe von 1 ml kalter Lösung von 0,0125 % Dinitrophenylhydrazin in 2 n HCl gestoppt. Die Mischung wird 10 min bei 37° C belassen, dann aus dem Wasserbad entfernt, 2,0 ml Wasser und 5,0 ml 0,6 n NaOH hinzugegeben und 10 min zur Farbentwicklung stehenlassen. Kurz abzentrifugiert, um etwaiges $Mg(OH)_2$ zu entfernen, dann die Extinktion bei 510 $m\mu$ bestimmt (für Mengen von 0,01—0,2 μM Pyruvat; für größere Mengen s. Original).

3. Phosphotransferasen mit einer Phosphogruppe als Acceptor.

Polyphosphat-Kinase.

[2.7.4.1 ATP: Polyphosphat-Phosphotransferase].

$$x\,\text{ATP} + \left[\begin{matrix}(PO_3^-)_n \\ \text{„primer"}\end{matrix}\right] \rightarrow x\,\text{ADP} + (PO_3^-)_{n+x}\ ^{3*} \quad \text{bzw.} \quad (PO_3^-)_n + n\,\text{ADP} \rightleftharpoons n\,\text{ATP}\ ^{4}$$

Da Polyphosphat eine energiereiche Verbindung ist[5], ist die Reaktion nach KORNBERG[4] umkehrbar.

Die Umkehrbarkeit konnte von MUHAMMED jedoch nicht bestätigt werden[6].

* Nach MUHAMMED[6] ist ein „primer" nicht notwendig.

[1] GRISOLIA, S., L. C. MOKRASCH and V. D. HOSPELHORN: Biochim. biophys. Acta 28, 350 (1958).

[2] KACHMAR, I. F., and P. D. BOYER: J. biol. Ch. **200**, 669 (1953).

[3] KORNBERG, A., S. R. KORNBERG and E. S. SIMMS: Biochim. biophys. Acta **20**, 215 (1956).

[4] KORNBERG, S. R.: Biochim. biophys. Acta **26**, 294 (1957).

[5] ESPOSITO, R. G., and P. W. WINKLER: Biochim. biophys. Acta **22**, 186 (1956).

[6] MUHAMMED, A.: Biochim. biophys. Acta **54**, 121 (1961).

Tabelle 11. *Vorkommen und Normalwerte von Pholyphosphatkinase.*

Vorkommen	Aktivität	Ausgedrückt durch
Hefe[1]	—	—
Escherichia coli[2]		
Extrakt	14,3	Einheiten/mg Protein
Streptomycin Eluat I	52,1	desgl.
Ammoniumsulfat I	102	desgl.
Ammoniumsulfat II	265	desgl.
Ammoniumsulfat III	1600	desgl.
Corynebacterium diphtheriae[3], gereinigt. Präp.	1,75	desgl.
Azotobacter vinelandii 0 + Ca^{++} [4]	2,0	μMol PO_4 (Polymetaphosphat je 2 Std/30° C)
Mycobacterium smegmatis[5], Extrakt	—	—
Corynebacterium Xerosis[6], zerquetschte Zellen	0,01	Einheiten/mg Protein
Überstehende Flüssigkeit, 50000×g	0,02	desgl.
Protamin, überstehende Flüssigkeit	14	desgl.
Aluminiumhydroxyd-Gel	56	desgl.
Acetonextrakt	220	desgl.

***Darstellung von Polyphosphat-Kinase aus Escherichia coli nach* Kornberg *u. Mitarb.*[3].**

Extrakt. 10 g Zellen in 50 ml Glycylglycin-Puffer (0,02 m, p_H 7,0) suspendiert, im Ultraschallgerät (10 kHz) 10 min bei 0—2° C behandelt, dann 15 min bei 10000 ×g zentrifugiert und Niederschlag verworfen. Extrakt bei —13° C aufbewahrt, längere Zeit haltbar (alle weiteren Operationen bei 0—3° C ausgeführt).

Streptomycin-Eluat I. Zu 30 ml Extrakt tropfenweise unter Rühren so viel Streptomycinsulfatlösung (5%) zugesetzt, daß noch 5—10% Enzym in überstehender Flüssigkeit zurückbleiben. Nach 5 min Niederschlag abzentrifugiert, in 30 ml K-phosphatpuffer (0,02 m, p_H 6,5) mit Pistill zerteilt, nach 5 min wieder abzentrifugiert. Zur überstehenden Flüssigkeit von insgesamt fünf derartigen Ansätzen 20 ml K-phosphatpuffer (0,1 m, p_H 7,4) zugesetzt und mit H_2O auf 300 ml gebracht.

Ammoniumsulfatfraktion I. 300 ml Eluat mit 60 g Ammoniumsulfat versetzt, nach 5 min abzentrifugiert, zur überstehenden Flüssigkeit 31 g Ammoniumsulfat zugesetzt. Nach 5 min Niederschlag abzentrifugiert und in 150 ml K-phosphatpuffer (0,02 m, p_H 6,9) gelöst.

Ammoniumsulfatfraktion II. 150 ml der Ammoniumsulfatfraktion I mit 33 g Ammoniumsulfat versetzt, abzentrifugiert, Niederschlag verworfen und zur überstehenden Flüssigkeit 7 g Ammoniumsulfat zugesetzt. Niederschlag gesammelt und in 37,5 ml K-phosphatpuffer (0,02 m, p_H 6,9) gelöst.

Nucleasebehandlung und Ammoniumsulfatfraktion III. Zu 37,5 ml Ammoniumsulfatfraktion II 1,87 ml K-phosphatpuffer (1 m, p_H 7,4) hinzugesetzt, 0,93 ml $MgCl_2$ (0,1 m), 0,375 ml Desoxyribonucleaselösung (0,3 mg/ml) und 0,375 ml Ribonucleaselösung (0,5 mg/ml). Nach 30 min bei 25° C in Eis auf 0—3° C abgekühlt und mit 8,4 g Ammoniumsulfat gefällt. Niederschlag abzentrifugiert und verworfen, zur überstehenden Flüssigkeit 2,25 g Ammoniumsulfat zugesetzt und in 18,7 ml K-phosphatpuffer (0,02 m, p_H 6,9) gelöst. Innerhalb 1 Std entwickelt sich faseriger Niederschlag, der abzentrifugiert und in 18,7 ml desselben Puffers suspendiert wird (spezifische Aktivität 1600).

Weitere Reinigung[3]. Zu dieser Suspension wird 0,1 Vol. gesättigte Ammoniumsulfatlösung (5,3 m) zugesetzt, die Fällung abzentrifugiert und das Enzym ohne Verlust in

[1] Hoffmann-Ostenhof, O., J. Kenedy, K. Keck, O. Gabriel u. H. S. Schönfellinger: Biochim. biophys. Acta **14**, 285 (1954).
[2] Kornberg, A., S. R. Kornberg and E. S. Simms: Biochim. biophys. Acta **20**, 215 (1956).
[3] Kornberg, S. R.: Biochim. biophys. Acta **26**, 294 (1957).
[4] Esposito, R. G., and P. W. Winkler: Biochim. biophys. Acta **22**, 186 (1956).
[5] Winder, F., and J. M. Denneny: 3. Int. Congr. Biochem. Brüssel 1955, Résumés comm. S. 31.
[6] Muhammed, A.: Biochim. biophys. Acta **54**, 121 (1961).

der überstehenden Flüssigkeit wiedergefunden, während der Niederschlag (70% des Proteins enthaltend) verworfen wird. Die Enzymlösung fast frei von Adenylat-Kinase.

Darstellung von Polyphosphat-Kinase aus Corynebacterium Xerosis nach **MUHAMMED**[1].

Extrakt. Zellen in kalter 0,14 m NaCl, p_H 7,0, gesammelt, abzentrifugiert, Rückstand in Presse zerquetscht, bei 50000 × g 20 min abzentrifugiert, Rückstand mit 0,14 m NaCl extrahiert, Extrakte vereinigt. 230 ml Extrakt aus 60 g feuchten Zellen.

Entfernung von Nucleinsäuren. 200 ml Extrakt durch Zugabe von 1 m Essigsäure auf p_H 6,0 gebracht, 12 ml 1 m $MnCl_2$ unter Rühren zugesetzt, Niederschlag nach einstündigem Stehen bei 0—2° C abzentrifugiert. Überstehende Flüssigkeit mit 1 Tropfen $MnCl_2$-Lösung getestet und mehr $MnCl_2$ zugefügt, bis kein Niederschlag mehr fällt. Mn-Niederschlag inaktiv, verworfen.

Protaminsulfat (5%, Gewicht-%) zur überstehenden Flüssigkeit unter ständigem Rühren zugesetzt, bis kein Niederschlag mehr fällt (etwa 12 ml). Niederschlag abzentrifugiert und verworfen. Überstehende Flüssigkeit hierdurch größtenteils von Nucleinsäuren befreit.

Aluminiumhydroxyd-Adsorption. Überstehende Flüssigkeit durch vorsichtige Zugabe von 1 m Essigsäure unter ständigem Rühren auf p_H 5,0 gebracht, Niederschlag abzentrifugiert und verworfen. Überstehende Flüssigkeit gegen 2 l 0,05 m Phosphatpuffer, p_H 7,4, bei 0—2° C 2 Std dialysiert (Magnetrührer). C_γ-Aluminiumhydroxyd-Gel zur überstehenden dialysierten Flüssigkeit (25 mg/ml, insgesamt 0,3 g) bei p_H 5—6 zugegeben, abzentrifugiert, Niederschlag verworfen. Zur überstehenden Flüssigkeit 0,5 g Aluminiumhydroxyd-Gel (20 ml) zugegeben, Niederschlag gesammelt, überstehende Flüssigkeit verworfen. Niederschlag einmal mit kaltem destilliertem Wasser gewaschen und sechsmal mit kaltem 0,5 m Phosphatpuffer, p_H 7,4, extrahiert. Extrakt über Nacht gegen 0,05 m Phosphatpuffer, p_H 7,4, bei 0—2° C dialysiert und Volumen durch Zugabe von destilliertem Wasser auf 40 ml gebracht.

Aceton-Fraktionierung. Aluminiumhydroxydextrakt mit kaltem Aceton bei $-15 \pm 2°$ C fraktioniert. Aceton zum kalten Extrakt unter Rühren zugegeben und Fraktion zwischen 55—65% Sättigung bei −15° C abzentrifugiert, in 0,05 m Phosphatpuffer, p_H 7,4, gelöst. Bei −15° C lange haltbar.

Eigenschaften. *Spezifität*[2]. Daß nur die *endständige* Phosphatgruppe aus ATP übertragen wird, konnte mittels ATP bewiesen werden, dessen endständige Phosphatgruppe radioaktiven P enthielt. ADP kann nicht durch CDP, UDP oder GDP ersetzt werden[3].

Das Reaktionsprodukt der Phosphorylierung erwies sich auf Grund folgender Eigenschaften als Polyphosphat: Es bewirkt Metachromasie (Farbumschlag von Toluidinblau nach Rosa), ist nicht dialysabel, bildet einen säureunlöslichen Komplex mit Protein, ist labil gegenüber Säure und Alkali, wird durch Anionen-Austauscher-Harze fest gebunden und wird durch Nucleasen nicht angegriffen.

Tabelle 12. p_H-*Optimum.*

Herkunft des Enzyms	p_H-Optimum
Hefe[4]	etwa 6,7
Escherichia coli[2]	7,2 (Trispuffer)
Mycobacterium smegmatis[5]	etwa 6,0
Corynebacterium Xerosis[1]	7,5

Tabelle 13. MICHAELIS-*Konstanten des Escherichia coli-Enzyms*[2,3].

Substrat	K_M (Mol/l)
ATP	$1,4 \times 10^{-3}$
ADP	$4,7 \times 10^{-5}$
Polyphosphat	$2,6 \times 10^{-5}$

[1] MUHAMMED, A.: Biochim. biophys. Acta **54**, 121 (1961).
[2] KORNBERG, A., S. R. KORNBERG and E. S. SIMMS: Biochim. biophys. Acta **20**, 215 (1956).
[3] KORNBERG, S. R.: Biochim. biophys. Acta **26**, 294 (1957).
[4] HOFFMANN-OSTENHOF, O., J. KENEDY, K. KECK, O. GABRIEL u. H. W. SCHÖNFELLINGER: Biochim. biophys. Acta **14**, 285 (1954).
[5] WINDER, F., and J. M. DENNENY: 3. Int. Congr. Biochem. Brüssel 1955, Résumés comm. S. 31.

Aktivierung und Hemmung. Mg^{++} sind für die Aktivität des Enzyms notwendig[1–4]. Optimale Konzentration 4×10^{-3} m[3]. Auch Ca^{++} wirken aktivierend[5].

Ammoniumsulfat aktiviert das *E. coli*-Enzym[3], hemmt dagegen das *Corynebacterium*-Enzym[1,3].

Fluorid (5×10^{-3} m) bewirkt völlige Hemmung[6].

ADP wirkt ebenfalls stark hemmend[1–3], nach MUHAMMED[1] auch AMP bei hoher Konzentration.

Enzymeinheit. Eine Enzymeinheit ist diejenige Enzymmenge, die unter bestimmten Bedingungen (s. unten) 0,01 μM säureunlöslichen P in 15 min bildet.

Bestimmung der Polyphosphat-Kinase nach KORNBERG *u. Mitarb.*[2].

Prinzip:

Die Bildung von säureunlöslichem markiertem Polyphosphat, das durch Übertragung des endständigen markierten Phosphors aus ATP auf den „primer" entsteht, wird bestimmt.

Da ADP ein starker Hemmstoff der Reaktion ist, muß ATP durch Zusatz von Acetyl-Kinase und Acetylphosphat (das ebenfalls markiert ist) ständig regeneriert werden.

Reagentien:

1. 0,01 m ATP (10^5 c.p.m. per μMol), dessen endständige Phosphatgruppe mit ^{32}P markiert ist.
2. 0,014 m Acetylphosphat (^{32}P enthaltend) 10^5 c.p.m. per μMol.
3. 0,01 m $MgCl_2$.
4. 0,5 m Glycylglycin-Puffer (K-salz, p_H 7,0).
5. 1 m Ammoniumsulfat.
6. Acetyl-Kinase.
7. Perchlorsäure, 7 %ig.
8. Serum-Albumin.
9. Perchlorsäure, 3,5 %ig.
10. 0,5 m NaOH.

Ausführung:

Das Reaktionsgemisch (Endvolumen 0,25 ml) enthält 0,03 ml ATP, 0,03 ml Acetylphosphat, 0,01 m $MgCl_2$, 0,025 ml Puffer, 0,01 ml Ammoniumsulfat, 0,01 ml Acetyl-Kinase, 0,2—4 Einheiten des zu bestimmenden Enzyms und H_2O *.

Unter diesen Versuchsbedingungen verläuft die Reaktion annähernd proportional dem zugesetzten Enzym.

Nach 15 min bei 37° C werden 0,25 ml kalte 7 %ige Perchlorsäure hinzugegeben und dann 0,5 ml Rinderserum-Albumin (Armour Company, 1,6 mg/ml). Die Mischung wird bei 15000 × g 2 min zentrifugiert, der Niederschlag zweimal mit je 2 ml 3,5 % Perchlorsäure gewaschen, in 0,4 ml 0,5 m NaOH gelöst und 0,2 ml der Lösung auf Radioaktivität geprüft.

Berechnung:

Aus der Radioaktivität wird das entstandene säureunlösliche Polyphosphat ermittelt und auf Einheiten umgerechnet.

---

* Da kein Zusatz von „primer" angegeben ist, muß sich genügend davon in der Enzymlösung befinden.

[1] MUHAMMED, A.: Biochim. biophys. Acta **54**, 121 (1961).
[2] KORNBERG, A., S. R. KORNBERG and E. S. SIMMS: Biochim. biophys. Acta **20**, 215 (1956).
[3] KORNBERG, S. R.: Biochim. biophys. Acta **26**, 294 (1957).
[4] WINDER, F., and J. M. DENNENY: 3. Int. Congr. Biochem. Brüssel 1955. Résumés comm. S. 31.
[5] ESPOSITO, R. G., and P. W. WINKLER: Biochim. biophys. Acta **22**, 186 (1956).
[6] HOFFMANN-OSTENHOF, O., J. KENEDY, K. KECK, O. GABRIEL u. H. W. SCHÖNFELLINGER: Biochim. biophys. Acta **14**, 285 (1954).

Myokinase (Adenylat-Kinase).

[2.7.4.3 ATP: AMP-Phosphotransferase.]

$$2\ ADP \rightleftharpoons ATP + AMP$$

Nach LIEBERMAN[1] katalysiert Myokinase (Ochsenmuskel) auch die Reaktion:

$$ADP + PP\ (Pyrophosphat) \rightleftharpoons AMP + Tripolyphosphat\ (PPP)$$

Tabelle 14. *Vorkommen und Normalwerte von Myokinase.*

Vorkommen	Aktivität	Ausgedrückt durch
Skeletmuskel (Ratte), Homogenat[2]	23,30	μMol ATP/Std/mg Trockengewicht
Herzmuskel (Ratte), Homogenat	7,40	desgl.
Gehirn (Ratte), Extrakt	2,03	desgl.
Niere (Ratte), Extrakt	1,68	desgl.
Leber (Ratte), Extrakt	0,93	desgl.
Milz (Ratte), Extrakt	5,36	desgl.
Kaninchenmuskel, Rohextrakt[3,4]	0,82	μMol AMP/min/mg Protein
Kaninchenmuskel, gereinigt. Präp.	4,68	desgl.
Kaninchenmuskel[5]		
Rohextrakt	(4,5)	Einheiten/mg Protein
Kristalle	1100	desgl.
Erythrocyten (Mensch)[6], Hämolysat	0,15; 0,19	μMol ATP bzw. AMP/8 min/38° C
Erythrocyten (Mensch)[7], Hämolysat	3000	umgewandelte μMol ADP/l Erythrocyten/min
Schweineleber[8]		
Homogenat	0,06	μMol ATP/mg Protein/min
gereinigt. Präp.	40	desgl.
Ascaris lumbricoides[9]		
Rohextrakt	18	Einheiten*/mg Protein
gereinigt. Präp.	73	desgl.
Hefe[10]	—	—
Bakterien[11]		
Thiobacillus denitrificans	35	μMol ATP/Std
Clostridium kluyverii	9,8	desgl.
Rhizopus nigricans	12,0	desgl.

* Eine Einheit ist diejenige Menge Enzym, die aus dem Monophosphat 1,0 μM Nucleosiddiphosphat/Std bildet.

Darstellung. Darstellung kristallisierter Muskel-Myokinase s. NODA und KUBY[5]; s. auch CALLAGHAN[12].

Muskel-Myokinase kann von der Firma C. F. Boehringer, Mannheim, bezogen werden. Im Gegensatz zur rohen Muskel-Myokinase ist die gereinigte gegenüber Säuren unstabil[13].

Hitzestabilität. Reinigung setzt die Stabilität gegenüber Hitze herab[14,15].

[1] LIEBERMAN, I., and W. H. ETO: J. biol. Ch. **219**, 307 (1956).
[2] OLIVER, I. T.: Biochem. J. **61**, 116 (1955).
[3] COLOWICK, S. P., and H. M. KALCKAR: J. biol. Ch. **148**, 117 (1943).
[4] COLOWICK, S. P.; in: Colowick-Kaplan, Meth. Enzymol. Bd. II, S. 598.
[5] NODA, L., and S. A. KUBY: J. biol. Ch. **226**, 541 (1957).
[6] CERLETTI, P., and E. BUCCI: Biochim. biophys. Acta **38**, 45 (1960).
[7] OVERGAARD-HANSEN, K.: Acta pharmacol. toxicol., København **14**, 67 (1957).
[8] CHIGA, M., and G. W. E. PLAUT: J. biol. Ch. **235**, 3260 (1960).
[9] ENTNER, N., and C. GONZALEZ: Biochim. biophys. Acta **47**, 52 (1961).
[10] TRUCCO, R. E., R. CAPUTTO, L. F. LELOIR and N. MITTELMAN: Arch. Biochem. **18**, 137 (1948).
[11] KNIVETT, V. A.: Biochem. J. **56**, 602 (1954). — OLIVER, I. T., and J. L. PEEL: Biochim. biophys. Acta **20**, 390 (1956).
[12] CALLAGHAN, O. H.: Biochem. J. **67**, 651 (1957).
[13] KOTELNIKOVA, A. V.: Biochimija, Moskva **18**, 522 (1953).
[14] BOWEN, W. J., and T. D. KERWIN: Arch. Biochem. **64**, 278 (1956).
[15] BARGONI, N.: H. **311**, 173 (1958).

***Darstellung von Myokinase enthaltenden Gewebs- und Organextrakten nach* Oliver[1].**

Homogenisierung von Gehirn, Niere, Leber, Milz in 6 Vol. eiskalter 0,1 m KCl-Lösung. Dann wird zentrifugiert und die Extraktion mit 2 Vol. Salzlösung wiederholt.

Abtrennung von Myokinase der Leber von Nucleosidmonophosphat-Kinase s. Kotelnikova u. Mitarb.[2].

Eigenschaften. *Spezifität.* Die Myokinase des Muskels ist spezifisch auf Adeninnucleotide eingestellt. ADP kann nicht durch IDP ersetzt werden[3].

Nach Noda[4] kann auch Cytidin-5'-phosphat als Substrat für kristallisierte Muskel-Myokinase dienen. Das ist beim Enzym aus Schweineleber jedoch nicht der Fall[5].

Da das Enzym aus Schweineleber durch gewisse Reagentien, die mit SH-Gruppen reagieren, nicht gehemmt wird, z.B. durch Ag^+, p-Hydroxymercuribenzoat, halten Chiga und Plaut[5] es nicht für Myokinase, sondern für eine spezifische Nucleosidmonophosphat-Kinase*.

Umsatzzahl. Die Umsatzzahl für hochgereinigte Myokinase aus Muskel beträgt nach Callaghan[6] 220000 M ADP/100000 g Protein/min (p_H 7,5, 30° C) bzw. 52500 für Molekulargewicht 21000[7].

Gleichgewichtskonstante. $K = \frac{[ATP][AMP]}{[ADP]^2} = 0{,}444$ (bei 25° C, p_H 7,4 und 0,01 m $MgCl_2$)[8].

Tabelle 15. p_H-*Optimum.*

Herkunft des Enzyms	p_H-Optimum
Kaninchenmuskel[4] . . .	8,0
Säugetier-Erythrocyten[9]	7,5
Menschliche Placenta[10] .	7,7
Schweineleber[5]	7,4
Ascaris lumbricoides[11] . .	7—8

Tabelle 16. Michaelis-*Konstanten.*

Herkunft des Enzyms	Substrat	K_M (Mol/l)
Kaninchenmuskel[4] .	ATP	$3{,}3 \times 10^{-4}$
desgl.	AMP	$2{,}6 \times 10^{-4}$
desgl.	ADP	$3{,}3 \times 10^{-4}$ (K_I)*
Leber-Mitochondrien[12]	ADP	$1{,}3 \times 10^{-3}$

* Nach Callaghan und Weber[13]: $1{,}6 \times 10^{-3}$ m.

Nach Bowen und Kerwin[14] steigt die scheinbare Gleichgewichtskonstante mit zunehmender Mg-Konzentration an, was auf Bildung eines Mg-ATP-Komplexes zurückzuführen ist, der eine höhere Affinitätskonstante besitzt als der Mg-ADP-Komplex.

Gleichgewichtskonstante[15]. $K = \frac{[ADP][ADP]}{[AMP][ATP]} = 2{,}1$ (mit 10 mM Mg^{++}) bzw. 3,6 mit 25 mM Mg^{++} (p_H 7,0, 25° C).

Gleichgewichtskonstante (für die Synthese von anorganischem Tripolyphosphat)[16]

$$K = \frac{AMP \times PPP}{ADP \times PP} = 5.$$

Physikalische Eigenschaften[4,17]. *Isoelektrischer Punkt:* p_H 6,1.

* Das steht aber nicht in Einklang mit der Definition der Nucleosidmonophosphat-Kinase (s. dort unter Spezifität, S. 555).

1 Oliver, I. T.: Biochem. J. **61**, 116 (1955).
2 Kotelnikova, A. V., and E. L. Dovedova: Biochim. biophys. Acta **34**, 594 (1959).
3 Kleinzeller, A.: Biochem. J. **36**, 729 (1942).
4 Noda, L.: J. biol. Ch. **232**, 237 (1958).
5 Chiga, M., and G. W. E. Plaut: J. biol. Ch. **235**, 3260 (1960).
6 Callaghan, O. H.: Biochem. J. **64**, 16P (1956).
7 Callaghan, O. H.: Biochem. J. **67**, 651 (1957).
8 Eggleston, L. V., and R. Hems: Biochem. J. **52**, 156 (1952).
9 Cerletti, P., and E. Bucci: Biochim. biophys. Acta **38**, 45 (1960).
10 Cerletti, P., and L. Zichella: Clin. chim. Acta, Amsterdam **5**, 748 (1960).
11 Entner, N., and C. Gonzalez: Biochim. biophys. Acta **47**, 52 (1961).
12 Siekevitz, P., and V. R. Potter: J. biol. Ch. **200**, 187 (1953).
13 Callaghan, O. H., and G. Weber: Biochem. J. **73**, 473 (1959).
14 Bowen, W. J., and T. D. Kerwin: Arch. Biochem. **49**, 149 (1954).
15 Atkinson, M. R., R. M. Burton and R. K. Morton: Biochem. J. **78**, 813 (1961).
16 Lieberman, I., and W. H. Eto: J. biol. Ch. **219**, 307 (1956).
17 Noda, L., and S. A. Kuby: J. biol. Ch. **226**, 551 (1957).

Sedimentationskonstante $S_{25°}$: $2,30 \times 10^{-13}$ sec.

Diffusionskonstante $D_{25°}$: $1,00 \times 10^{-6}$ cm^2 sec^{-1}.

Molekulargewicht: 21000.

Aktivierung und Hemmung[1]. Die Myokinase aus Muskel[2], Leber[3], Erythrocyten[4] wird durch Mg^{++} (optimale Konzentration 0,01 m[1]) aktiviert, auch durch Ca^{++}. Fluorid[5] wirkt dagegen hemmend (0,02 m NaF hemmt 56—62%)[1], ebenso Calgon[6], die beide Mg^{++} binden. KCl oberhalb Ionenstärke 0,6 ist ein ausgesprochener Hemmstoff und wird deshalb auch zum Abstoppen der Myokinase-Reaktion benützt. Ferner ist AMP ein starker Hemmkörper für die Disproportionierung von ADP durch Muskel-Myokinase[2].

Die Vorwärts-Reaktion wird durch ATP und AMP kompetitiv gehemmt[1]. Das Muskelenzym wird durch p-Chlormercuribenzoat *nicht* kompetitiv gehemmt ($K_I = 0,015\ \mu$M)[1], durch Adenosin-5'-monosulfat kompetitiv gehemmt ($K_I = 18,6\ \mu$M).

Mg^{++} können durch Mn^{++} ersetzt werden[7].

Durch Behandlung mit oxydierenden Agentien erfolgt Inaktivierung des Muskelenzyms, die aber durch Glutathion oder Cystein wieder aufgehoben werden kann[2]. Das Enzym enthält also SH-Gruppen[8,9].

Enzymeinheit. Eine Einheit der Myokinase ist diejenige Enzymmenge, die unter bestimmten Versuchsbedingungen (s. unten) 1 μM 5'-AMP/min bildet.

Bestimmung der Myokinase nach Colowick *und* Kalckar[2,10].

Prinzip:

$$1.\ 2\ ADP \xrightleftharpoons{\text{Myokinase}} ATP + AMP$$

$$2.\ ATP + Glucose \xrightleftharpoons{\text{Hexokinase}} \text{Glucose-6-phosphat} + ADP$$

Bei Überschuß von Hexokinase ist Myokinase geschwindigkeitsbestimmend.

a) Bei der Hexokinase-Reaktion wird für jedes verbrauchte Mol ATP ein Säureäquivalent in Freiheit gesetzt, das manometrisch bestimmt werden kann (s. Hexokinase, S. 660). Statt ATP — wie bei Hexokinase — wird hier ADP als Substrat zugesetzt.

b) *Das Verschwinden des säurelabilen Phosphats wird gemessen.* Zum Reaktionsgemisch (s. Hexokinase, S. 660) wird zuletzt Myokinase zugesetzt und nach 5 min die Reaktion durch Zusatz von 10%iger Trichloressigsäure gestoppt. Um den Anfangswert zu erhalten, wird ein entsprechender Ansatz schon vor Zugabe von Myokinase durch Trichloressigsäure sistiert.

Im Filtrat wird anorganisches Phosphat vor und nach 11 min Hydrolyse in n H_2SO_4 bei 100° C ermittelt. Die Differenz ist labiles Phosphat.

Differenz des $t = 0$-Ansatzes und des $t = 5$ min-Ansatzes ergibt das verschwundene säurelabile Phosphat.

Bestimmung der Myokinase nach Colowick[11].

Prinzip:

$$1.\ 2\ ADP \xrightleftharpoons{\text{Myokinase}} ATP + AMP$$

$$2.\ AMP + H_2O \xrightleftharpoons{\text{5'-AMP-Desaminase}} IMP + NH_3$$

[1] Callaghan, O. H., and G. Weber: Biochem. J. 73, 473 (1959).
[2] Colowick, S. P., and H. M. Kalckar: J. biol. Ch. 148, 117 (1943).
[3] Siekevitz, P., and V. R. Potter: J. biol. Ch. 200, 187 (1953).
[4] Cerletti, P., and E. Bucci: Biochim. biophys. Acta 38, 45 (1960).
[5] Slater, E. C.: Biochem. J. 53, 521 (1953).
[6] Bowen, W. J., and T. D. Kerwin: Arch. Biochem. 49, 149 (1954).
[7] Oliver, I. T.: Biochem. J. 61, 116 (1955).
[8] Callaghan, O. H.: Biochem. J. 67, 651 (1957).
[9] Callaghan, O. H.: Biochem. J. 66, 7P (1957).
[10] Kalckar, H. M.: J. biol. Ch. 148, 127 (1943).
[11] Colowick, S. P.; in: Colowick-Kaplan, Meth. Enzymol. Bd. II, S. 598.

Das entstandene AMP wird mittels der 5'-Adenylsäure-Desaminase von SCHMIDT[1], die im Überschuß angewandt wird, in Inosinsäure übergeführt. Dabei sinkt die bei 265 mμ gemessene Extinktion entsprechend dem gebildeten JMP ab.

Da die beiden obigen Reaktionen bei verschiedenem p_H erfolgen — 1. bei p_H 7,5, 2. bei p_H 6,0 — wird die Bestimmung in zwei Stufen durchgeführt.

Reagentien:

1. ADP-$MgCl_2$-Trispuffer-Mischung: 1 ml 0,01 m ADP-Na wird mit 8 ml 0,1 m Tris-HCl-Puffer und 0,5 ml 0,1 m $MgCl_2$ vermischt.
2. Citratpuffer, 0,1 m p_H 6,4 (dargestellt durch Zusatz von HCl zu Trinatriumcitrat).
3. Desaminase, dargestellt nach KALCKAR[2].

Ausführung:

Zu 0,15 ml der ADP-$MgCl_2$-Tris-Mischung in einer 3 ml-Quarzküvette werden 0,05 ml verdünnte Myokinase zugefügt. Nach 5 min Stehen bei Zimmertemperatur werden 2,8 ml Citratpuffer zugefügt, um die Reaktion zu stoppen. Dann setzt man 0,03 ml (60 Einheiten) Desaminaselösung zu und mißt die Extinktion bei 265 mμ genau 15 sec und 30 sec nach dem Vermischen. Weitere Ablesungen in Intervallen von 1 min, bis die Abnahme 0,001 oder weniger pro min beträgt. Die vollständige Desaminierung sollte nicht länger als 10 min dauern. Zu der Extinktionsänderung von 15 sec bis zum Reaktionsende addiert man noch die Extinktionsänderung von 15—30 sec, um die Extinktionsänderung für die Gesamtreaktion zu erhalten. (Diese Gesamtänderung darf nicht mehr als 15% des Anfangswertes betragen.)

Berechnung:

Unter diesen Bedingungen ist die entstandene 5'-AMP proportional der gesamten Extinktionsabnahme und eine Extinktionsänderung von 0,09 entspricht 0,03 μM 5'-AMP. Daraus werden Einheiten berechnet (s. Definition).

Achtung! Bei rohen Enzymlösungen ist die vorhergehende Methode vorzuziehen, da Anwesenheit von Apyrasen, die ADP direkt oder indirekt aufspalten, bei der letztbeschriebenen Methode zu falschen Werten führen würde, bei der ersteren jedoch nicht.

Bestimmung der Myokinase nach NODA *und* KUBY[3].

1. 2 ADP ⇌ ATP + AMP
2. ATP + Kreatin ⇌ ADP + Kreatinphosphat

Das gebildete Kreatinphosphat, das dem entstandenen ATP entspricht, wird ermittelt.

Reagentien:

1. $MgSO_4$.
2. Trispuffer.
3. Kreatin.
4. 0,118 m Cystein (neutralisiert und täglich frisch bereitet).
5. Kreatinkinase, 0,2%ig.
6. 0,04 m ADP-Na.
7. Saures Molybdat.

Ausführung:

Das Gesamtvolumen von 1,6 ml (p_H 8,0), enthaltend 0,00125 m $MgSO_4$, 0,05 m Trispuffer, 0,05 m Kreatin, 0,170 ml 0,118 m Cystein, 0,05 ml 0,2% Kreatinkinase, 0,1 ml 0,04 m ADP (Na-Salz), wird 10 min im Wasserbad (30° C) erwärmt, so daß etwaige ATP (Verunreinigung von ADP) unter Bildung von Kreatinphosphat beseitigt wird. Zur Zeit 0 werden 0,08 ml der zu bestimmenden Myokinase hinzugegeben und das Gemisch 10 min bei 30° C belassen. Kreatinphosphat wird zur Zeit 0 und nach 10 min bestimmt. Es wird

[1] SCHMIDT, G.: H. **179**, 234 (1928); **208**, 185 (1932); **219**, 191 (1933).
[2] KALCKAR, H. M.: J. biol. Ch. **167**, 461 (1947).
[3] NODA, L., and S. A. KUBY: J. biol. Ch. **226**, 541 (1957).

durch 30 min langes Stehen in saurem Molybdat völlig gespalten und das frei gewordene anorganische Phosphat nach KING[1] bestimmt (s. Bd. III, S. 465 und 462).

Die Differenz entspricht dem entstandenen Kreatinphosphat bzw. ATP.

Es besteht Proportionalität zwischen Enzymmenge und gebildetem Kreatinphosphat, wenn das übertragene Phosphat *unter* 0,2 μM/ml Reaktionsmischung liegt.

Enzymeinheit. Eine Einheit ist diejenige Menge Enzym, die unter den hier beschriebenen Testbedingungen 1 μM ATP/min/ml Reaktionsgemisch bildet.

Bestimmung der Myokinase nach **OLIVER**[2].

Prinzip:

Kombinierter optischer Test.

$$1.\ 2\text{-ADP} \xrightleftharpoons{\text{Myokinase}} \text{AMP} + \text{ATP}$$

$$2.\ \text{ATP} + \text{Glucose} \xrightleftharpoons{\text{Hexokinase}} \text{Glucose-6-phosphat} + \text{ADP}$$

$$3.\ \text{Glucose-6-phosphat} + \text{TPN} \xrightleftharpoons[\text{Dehydrogenase}]{\text{Glucose-6-phosphat-}} \text{6-Phosphogluconsäure} + \text{TPNH} + H^+$$

Bei Überschuß von Hexokinase und Glucose-6-phosphat-Dehydrogenase ist Reaktion 1 geschwindigkeitsbestimmend und das entstandene TPNH äquimolar dem gebildeten ATP.

Reagentien:

1. Barbitursäurepuffer, p_H 8,6.
2. $MgCl_2$.
3. KCl.
4. TPN.
5. Hefeenzym (Hexokinase und Glucose-6-phosphat-Dehydrogenase enthaltend).
6. Glucose.
7. ADP.

Ausführung:

Das Reaktionsgemisch enthält 0,05 M Barbitursäure-Puffer, 0,01 M $MgCl_2$, 0,1 M KCl, 10^{-4} M TPN, 0,1 ml (1 mg Trockengewicht) Hefeenzym, 0,02 M Glucose, 0,001 M ADP und das zu bestimmende Enzym.

Die Substrate mit dem „kuppelnden" Hefeenzym vor Versuchsbeginn 5 min inkubiert, dann erst die Reaktion durch Zugabe der Myokinase gestartet.

Im Anfangsstadium der Reaktion wird in einem bestimmten Zeitintervall (z.B. 1 min) die Extinktionszunahme bei 340 mμ (1 cm Lichtweg) gemessen.

Berechnung:

Berechnung der entstandenen TPNH aus dem molaren Extinktionskoeffizienten s. Bd. VI/A, S. 293ff. Da jedem Mol ATP, das entsteht, 1 M TPNH entspricht, ergibt sich daraus ATP.

Verf. drückt die Aktivität des Enzyms durch μMol ATP/Std/mg Frischgewicht aus.

Nucleosid-monophosphat-Kinase.

[2.7.4.4 ATP:Nucleosidmonophosphat-Phosphotransferase.]

Nucleosid-P + *Nucleosid*-P-P-P ⇌ Nucleosid-P-P + *Nucleosid*-P-P

wobei Nucleosid-P: U5'P, A5'P, G5'P sein kann und Nucleosid-P-P-P: ATP, ITP, GTP, UTP.

Wahrscheinlich entfallen unter diesen Reaktionsmechanismus auch noch andere Nucleosid-tri- bzw. -monophosphate.

Darstellung von Nucleosid-monophosphat-Kinase aus Hefe nach **LIEBERMAN** ***u. Mitarb. sowie*** **MUNCH-PETERSEN**[3].

Alle Operationen (falls nicht anders angegeben) bei 0° C.

[1] KING, E. J.: Biochem. J. **26**, 392 (1932).
[2] OLIVER, I. T.: Biochem. J. **61**, 116 (1955).
[3] LIEBERMAN, I., A. KORNBERG and E. S. SIMMS: J. biol. Ch. **215**, 429 (1955). — MUNCH-PETERSEN, A.: Acta chem. scand. **9**, 1537 (1955).

Tabelle 17. *Vorkommen und Normalwerte von Nucleosid-monophosphat-Kinase.*

Vorkommen	Aktivität	Ausgedrückt durch
Hefe-Autolysat[1]	5,3	Einheiten/mg Protein
Gereinigtes Hefepräparat	174,0	desgl.
Nierenrinde (Schwein) (ITP → AMP)[2]	0,15	µMol gebildetes ATP/30° C/20 min/0,24 ml
Kalbsleber (partiell gereinigt. Präp.)[3]	0,27	µMol Nucleosiddiphosphat/40 min/38° C
Kalbsleber (ATP → UMP)[4]		
A. Extrakt	1,6	Einheiten/mg Protein
B. saurer Überstand	2,1	desgl.
D. Ammoniumsulfat, 57—75%	5,5	desgl.
G. Ammoniumsulfat, 55—75%	10,0	desgl.
H. Dialyse	9,3	desgl.
J. Ca-phosphat-Gel-Eluat	34	desgl.
K_4 saures Ammoniumsulfat, 60—70%	68	desgl.
K_5 saures Ammoniumsulfat, 70—90%	73	desgl.
Kalbsleber[5]		
Rohextrakt (ITP → AMP)	4,0	desgl.
A. (erstes Ammoniumsulfat)	11,5	desgl.
B. (zweites Ammoniumsulfat, 0,3—0,45)	15,0	desgl.
C. (zweites Ammoniumsulfat, 0,45—0,85)	8,5	desgl.
D. Hitze-Schritt	17,0	desgl.
Schafsleber[6] (Mitochondrien)	20	mµMol Nucleosiddiphosphat/25 µl Lösung/60 min
Schafsgehirn (Aceton-Tr.-Präp.-Extrakt)[6]	28	mµMol Nucleosiddiphosphat/25 µl Lösung/120 min
Kaninchenmuskel[7] (ATP → CMP)		
I. Rohextrakt	0,25	Einheiten/mg Protein
II. Ammoniumsulfatfällung (0,3—0,9 Sättigung)	0,7	desgl.
III. Äthanolfällung	3,4	desgl.
IV. Ammoniumsulfatfällung (0,6—0,9 Sättigung)	10,2	desgl.
V. Aluminiumhydroxyd-Gel, Eluat	30,5	desgl.
Ehrlich-Ascites-Tumor[8], Extrakt (ATP → Thymidin-monophosphat)	830	µMol gebildetes TDP/1,5 Std/mg Protein
Knochenmark (Kaninchen)[8] (ATP → Thymidin-monophosphat (TMP), Extrakt	80	desgl.
Regenerierende Rattenleber[8] partiell gereinigt. Präp.	70	desgl.
Ascaris lumbricoides[9] (ATP → GMP)		
Rohextrakt	9,6	Einheiten/mg Protein
gereinigt. Präp.	50,2	desgl.
Erbsensamen[10] (ATP → UMP)		
partiell gereinigt. Präp.	0,47	µMol UDP + UTP */30 min/30° C
Azotobacter vinelandii[11] (ATP → Desoxy-Cytidin-monophosphat (d-CMP)		
ultrabeschallter Extrakt	0,3	Einheiten/mg Protein
gereinigt. Präp.	280	desgl.
Escherichia coli[12] (ATP → d-CMP)		
Rohextrakt	100	Einheiten **/mg Protein
gereinigt. Präp.	2500	desgl.
Escherichia coli[12] (ATP → d-TMP)		
Rohextrakt	148	desgl.
gereinigt. Präp.	2100	desgl.

* Die Bildung von UTP ist auf Wirkung von Nucleosid-diphosphokinase zurückzuführen.
** Eine Einheit ist diejenige Menge Enzym, die 1 mµM d-CMP/Std in d-CDP umwandelt.

[1] Lieberman, I., A. Kornberg and E. S. Simms: J. biol. Ch. **215**, 429 (1955). — Munch-Petersen, A.: Acta chem. scand. **9**, 1537 (1955).
[2] Gibson, D. M., P. Ayengar and D. R. Sanadi: Biochim. biophys. Acta **21**, 86 (1956).
[3] Lieberman, I., A. Kornberg and E. S. Simms: Arch. Biochem. **52**, 488 (1954).
[4] Strominger, J. L., L. A. Heppel and E. S. Maxwell: Biochim. biophys. Acta **32**, 412 (1959).
[5] Heppel, L. A., L. J. Strominger and E. S. Maxwell: Biochim. biophys. Acta **32**, 422 (1959).

Tabelle 18. *Normalwerte von CMP-Kinase in Extrakten verschiedener Rattengewebe*[1].

Art des Gewebes	Aktivität (E/g Frischgewicht)	Art des Gewebes	Aktivität (E/g Frischgewicht)
Skeletmuskel	15,4	Herz . . .	12,6
Gehirn . . .	15,6	Milz . . .	5,1
Leber . . .	16,5	Lunge. . .	2,1
Niere . . .	16,5	Fettpolster	2,4

Autolysat. Getrocknete Bierhefe in 3 Vol. $KHCO_3$ (0,1 m) suspendiert, gelegentlich gerührt. Nach fünfstündigem Stehen (bei 30° C) abgekühlt und abzentrifugiert (spezifische Aktivität 5,3).

Äthanol-Fraktionierung. Zu 36 ml Hefe-Autolysat 72 ml Na-acetatpuffer (0,2 m, p_H 4,5) unter Rühren schnell zugesetzt und auf — 2° C abgekühlt. 45 ml Äthanol (—14° C) innerhalb 7 min zugesetzt, die Mischung auf —8° C abgekühlt und nochmal 29 ml Äthanol innerhalb 4 min zugesetzt. Abzentrifugiert, Niederschlag verworfen, zur überstehenden Flüssigkeit innerhalb 4 min 90 ml Äthanol bei —14° C zugesetzt, Niederschlag abzentrifugiert, in Glycylglycin-Puffer (0,025 m, p_H 7,0) gelöst, mit 1 n KOH auf p_H 7 gebracht und auf Volumen von 36 ml aufgefüllt (spezifische Aktivität 25,1).

Calciumphosphat-Fraktionierung. Zu 36 ml dieser Lösung 1,44 ml Trispuffer (0,1 m, p_H 8,0) und genügend Calciumphosphat-Gel (26,0 mg fester Rückstand) gegeben, um 40—50 % der Aktivität zu adsorbieren. Nach 5 min abzentrifugiert, Niederschlag verworfen. Spezifische Aktivität der überstehenden Lösung 53,2.

Aluminiumhydroxyd-Gel-Fraktionierung. Zu 50 ml dieser Lösung wird genügend Tonerde C_γ (22,5 mg Al_2O_3) gegeben, um 90—95 % der Aktivität zu adsorbieren, abzentrifugiert, Niederschlag mit 10 ml K-phosphatpuffer (0,01 m, p_H 7,2) gewaschen und das Enzym mit 10 ml Na-pyrophoshatpuffer (0,03 m, p_H 8,5) eluiert, spezifische Aktivität 174,0.

Darstellung von Nucleosid-monophosphat-Kinase aus Leber.

a) Trennung von Nucleosid-monophosphat-Kinasen (Kaninchenleber) von Myokinase[2]. Wäßriger dialysierter Leberextrakt mit Äthanol fraktioniert gefällt. Bei Fällung bis zu 20 % Äthanol fällt Myokinase aus, zwischen 40 und 50 % dagegen nur Nucleosid-monophosphat-Kinase. Auf diese Weise wird praktisch völlige Trennung der beiden Enzyme erreicht.

b) Trennung der ATP-Nucleosidmonophosphat-Kinasen von Nucleosidtriphosphat-AMP-Kinasen (wobei Nucleosidmonophosphat = UMP, GMP bzw. CMP und Nucleosidtriphosphat = UTP, CTP, GTP bzw. ITP).

α) Reinigung der ATP-UMP-Kinase (ATP-Nucleosidmonophosphat-Kinase) aus Kalbsleber[3].

Schritt 1: Extraktion und saure Fällung. 100 g Kalbsleber-Aceton-Trockenpräparat mit 1000 ml 0,0001 m EDTA (langsame Zugabe) durch Verreiben im Mörser extrahiert,

[1] Mendicino, J.: J. biol. Ch. **237**, 165 (1962).
[2] Kotelnikova, A. V., and E. L. Dovedova: Biochim. biophys. Acta **34**, 594 (1959).
[3] Strominger, J. L., L. A. Heppel and E. S. Maxwell: Biochim. biophys. Acta **32**, 412 (1959).

Literatur zu Tabelle 17 (Fortsetzung).

[6] Krebs, H. A., and R. Hems: Biochem. J. **61**, 435 (1955).
[7] Mendicino, J.: J. biol. Ch. **237**, 165 (1962).
[8] Gray, E. D., S. M. Weissmann, J. Richards, D. Bell, H. M. Keir, R. M. S. Smellie and J. N. Davidson: Biochim. biophys. Acta **45**, 111 (1960).
[9] Entner, N., and C. Gonzalez: Biochim. biophys. Acta **47**, 52 (1961).
[10] Kirkland, R. J. A., and J. F. Turner: Biochim. biophys. Acta **36**, 283 (1959).
[11] Maley, F., and S. Ochoa: J. biol. Ch. **233**, 1538 (1958).
[12] Hurwitz, J.: J. biol. Ch. **234**, 2351 (1959).

nach 30—45 min Stehen abzentrifugiert. Überstehende Flüssigkeit (Fraktion A, 1630 ml) durch tropfenweise Zugabe von etwa 2 ml 5 n Essigsäure unter ständigem Rühren auf p_H 5,0 gebracht. Nach 15 min Stehen abzentrifugiert, überstehende Flüssigkeit mit 1 ml 5 n NH_4OH auf p_H 5,5 gebracht (Fraktion B, 1550 ml).

Schritt 2: erste Ammoniumsulfatfällung. Fraktion B mit 525 g Ammoniumsulfat (34 g/100 ml, 0,57 Sättigung) vermischt, nach 30 min abzentrifugiert, Niederschlag verworfen. Zur überstehenden Flüssigkeit 200 g Ammoniumsulfat (13 g/100 ml Fraktion B, 0,75 Sättigung) zugefügt, nach 30 min abzentrifugiert, Niederschlag in 400 ml 0,025 m Na-acetat (in 0,0001 m EDTA gelöst) = Fraktion D. Enthält 5% Ammoniumsulfat. Durch Zugabe von 118 g Ammoniumsulfat (29,6 g/100 ml) Sättigung auf 0,55 gebracht. Niederschlag verworfen. Zur überstehenden Flüssigkeit 59 g Ammoniumsulfat zugesetzt (14,8 g/anfängliche 100 ml = 0,75 Sättigung). Nach 30 min Stehen Niederschlag abzentrifugiert und in 100 ml Acetat-EDTA gelöst (Fraktion G). Diese 5 Std gegen 0,0001 EDTA dialysiert (Fraktion H, 125 ml).

Schritt 3: Ca-phosphat-Gel. Fraktion H auf 730 ml in 0,0001 m EDTA verdünnt und 250 ml gealtertes Ca-phosphat-Gel (17,9 mg/ml, 3 Jahre alt) zugegeben (Vorversuch nötig). Nach 10 min Gel abzentrifugiert, mit 100 ml 0,0001 m EDTA ausgewaschen und zweimal mit 100 ml 0,1 m K-phosphat, p_H 5,2, eluiert. Um das Protein zu konzentrieren, 103 g Ammoniumsulfat zugegeben (51,6 g/100 ml; 0,80 Sättigung). Niederschlag abzentrifugiert und in 20 ml Acetat-EDTA gelöst (Fraktion J).

Schritt 4: zweite Ammoniumsulfatfällung. Fraktion J auf 125 ml verdünnt (0,026 Sättigung Ammoniumsulfat), 17,8 g Ammoniumsulfat zugesetzt (14,2 g/100 ml, 0,3 Sättigung), der p_H durch Zugabe von 3,5 ml 1 n Essigsäure auf 4,1 gebracht. Wiederum 7,3 g Ammoniumsulfat zugefügt (5,9 g/anfängliche 100 ml; 0,40 Sättigung) und Niederschlag abzentrifugiert (Fraktion K_1), Fraktion K_2 (0,40—0,50 Sättigung), K_3 (0,50—0,60 Sättigung), K_4 (0,60—0,70 Sättigung) und K_5 (0,70—0,90 Sättigung) in gleicher Weise durch Zugabe von 7,6, 7,8, 8,1 und 17,5 g Ammoniumsulfat zu den überstehenden Flüssigkeiten nach jeder Fällung gewonnen. Jeder Niederschlag in etwa 25 ml Acetat-EDTA gelöst (40- bis 45fache Reinigung, Ausbeute 14%). Das Präparat ist noch nicht ganz frei von Myokinase, enthält jedoch keine Nucleosidtriphosphat-AMP-Kinase mehr, die ursprünglich im Extrakt vorhanden war.

β) Reinigung der Nucleosidtriphosphat-AMP-Kinase aus Kalbsleber[1]. Alle Arbeitsgänge bei 0—3° C ausgeführt.

Schritt 1: Extraktion. 30 g Aceton-Trockenpräparat-Kalbsleber mit 600 ml kaltem destilliertem Wasser unter langsamen Rühren 30 min extrahiert, 7 min bei 13000 × g abzentrifugiert, Niederschlag verworfen.

Schritt 2: erste Ammoniumsulfatfällung. Extrakt (535 ml) mit 40 ml 0,5 n Essigsäure unter mechanischem Rühren auf p_H 5 gebracht, abzentrifugiert, Niederschlag verworfen. Überstehende Flüssigkeit (570 ml) mit 93,5 g festem Ammoniumsulfat versetzt (0,3 Sättigung), abzentrifugiert, Niederschlag verworfen. Überstehende Flüssigkeit (531 ml) mit 78,6 g Ammoniumsulfat vermischt (0,55 Sättigung). Niederschlag abzentrifugiert und in 0,05 m Na-acetat gelöst (Fraktion A, 81,5 ml).

Schritt 3: zweite Ammoniumsulfatfällung. Fraktion A mit gleichem Volumen destilliertem Wasser vermischt (Sättigung mit Ammoniumsulfat 0,02). Nach Zugabe von 26,8 g Ammoniumsulfat (0,3 Sättigung), p_H durch Zugabe von 4,9 ml 2 n Essigsäure auf 4,6 gebracht, Niederschlag abzentrifugiert, überstehende Lösung (169 ml) mit 14,5 g Ammoniumsulfat versetzt (0,45 Sättigung). Niederschlag abzentrifugiert und in 0,05 m Na-acetat gelöst (64 ml, Fraktion B). Eine zweite Fraktion erhalten durch Zusatz von 44 g Ammoniumsulfat zur überstehenden Lösung (0,85 Sättigung). Diese ebenfalls in 0,05 m Na-acetat gelöst (Fraktion C, 71 ml), p_H 6,5—7,0.

---

[1] HEPPEL, L. A., J. L. STROMINGER and E. S. MAXWELL: Biochim. biophys. Acta **32**, 422 (1959).

Schritt 4: Hitzebehandlung. Fraktion C auf 65° C 6 min erhitzt und dann schnell im Eisbad abgekühlt. Niederschlag abzentrifugiert, verworfen, volle Aktivität in überstehender Flüssigkeit enthalten (Fraktion D).

Nicht frei von Myokinase, jedoch frei von ATP-Nucleosidmonophosphat-Kinase.

Das Enzym ist aktiv bei der Einwirkung von ITP, UTP, GTP, CTP auf AMP. Fraktion B und C bei —15° C unbeschränkt haltbar (im Gegensatz zu ATP-Nucleosidmonophosphat-Kinase).

***Darstellung von Nucleosid-monophosphat-Kinase aus Kaninchenmuskel (Cytidylat-Kinase) nach* MENDICINO[1].**

Alle Arbeitsgänge bei 2° C ausgeführt, wenn nicht anders angegeben; Zentrifugieren durchweg bei 7000 × g.

Skeletmuskel zweimal durch Fleischmaschine gegeben, der Brei mit 3 Vol. kalter 0,01 n KOH vermischt und 15 min unter gelegentlichem Rühren aufbewahrt. Homogenat dann durch Käsetuch gepreßt, trübe Lösung erhalten (Fraktion I).

Lösung auf 2° C abgekühlt und mit 1 n KOH auf p_H 7,5 gebracht, festes Ammoniumsulfat bis zur Sättigung 0,3 zugegeben, nach 15 min Stehen Suspension 10 min abzentrifugiert, Niederschlag verworfen. Überstehende Flüssigkeit mit festem Ammoniumsulfat auf 0,9 Sättigung gebracht, Suspension über Nacht filtriert, feuchter Niederschlag in einem Mindestvolumen 0,05 m Tris-HCl, p_H 7,5, gelöst, Lösung unter konstantem Rühren dreimal gegen je 4 l destilliertes Wasser, enthaltend 0,001 m Tris-HCl, p_H 7,5, 8 Std dialysiert (Fraktion II). Zu 400 ml der dialysierten Lösung 200 ml Äthanol (—10° C) bei 2° C langsam im Verlauf von 15 min unter Rühren zugegeben, resultierende Suspension auf —10° C abgekühlt, 20 min abzentrifugiert, Niederschlag verworfen. Durch die gleiche Prozedur vier zusätzliche Fraktionen erhalten, in jedem Fall 50 ml Äthanol bei —10° C zugesetzt. Niederschläge abtropfen lassen, dann in 15 ml 0,02 m Tris-HCl, p_H 7,4, gelöst und Lösungen getestet. Die Fraktionen, die CMP-Kinase enthalten, werden vereinigt und 2 Std gegen 4 l destilliertes Wasser dialysiert (Fraktion III). Dialysierte Lösung in Eis abgekühlt, während gleichzeitig 1,5 Vol. bei 20° C gesättigte Ammoniumsulfatlösung zugefügt werden. Erhaltene Suspension 15 min gerührt, Niederschlag 10 min abzentrifugiert. Überstehende Flüssigkeit durch Zugabe von festem Ammoniumsulfat auf 0,9 Sättigung gebracht, Niederschlag abzentrifugiert, in 0,01 m Tris-HCl, p_H 7,4, gelöst und dialysiert (Fraktion IV).

2 ml Aluminiumhydroxyd-Gel (35 mg Trockengewicht/ml) zu 20 ml der dialysierten Lösung zugesetzt, Suspension 15 min gerührt und abzentrifugiert. Niederschlag mit 10 ml 0,1 m Phosphatpuffer, p_H 7,0, 15 min bei 3° C extrahiert, Suspension abzentrifugiert, überstehende Lösung dialysiert (Fraktion V). 120fache Reinigung.

Darstellung von Desoxycytidylat-Kinase aus Azotobacter vinelandii: s. MALEY und OCHOA[2].

Eigenschaften. *Spezifität.* Während Myokinase des Muskels nur auf Adenosin-Nucleotide einwirkt, katalysiert dieses Enzym die Transphosphorylierung zwischen Adenosin-, Inosin-, Uridin- und Guanosin-Nucleotiden. Es ist nicht mit der Myokinase des Muskels identisch. Letztere katalysiert Phosphat-Übertragung nur zwischen Adenin-Nucleotiden, während bei Nucleosid-monophosphat-Kinase die Nucleotide jedes Reaktionspaares verschiedene Basen enthalten. Eine davon sollte aber ein Adeninnucleotid sein[3]. Das Enzym unterscheidet sich ferner von der Myokinase durch seine Unbeständigkeit beim Erhitzen bei neutralem p_H. Wahrscheinlich handelt es sich bei der Nucleosid-Phosphokinase nicht nur um ein Enzym, sondern um eine ganze Reihe spezifischer Enzyme.

---

[1] MENDICINO, J.: J. biol. Ch. **237**, 165 (1962).

[2] MALEY, F., and S. OCHOA: J. biol. Ch. **233**, 1538 (1958).

[3] KOTELNIKOVA, A. V., and E. L. DOVEDOVA: Biochim. biophys. Acta **34**, 594 (1959).

Nach KOTELNIKOVA und DOVEDOVA[1] gilt die Regel:

1. Die Nucleotide von jedem Reaktionspaar sollen *verschiedene* Basen enthalten.
2. In jedem Reaktionspaar muß *eines* der Nucleotide (Phosphat-Donator oder Acceptor) ein Adenin-Nucleotid sein.

Es gelang diesen Forschern, bei wäßrigen Extrakten aus Kaninchenleber, Myokinase (Adenylat-Kinase) und Nucleosid-monophosphat-Kinase voneinander zu trennen.

Bei gereinigtem Leberenzym (Kalb) konnten STROMINGER u. Mitarb.[2] zwei Typen von Nucleosid-monophosphat-Kinase voneinander trennen:

a) ATP-Nucleosid-monophosphat-Kinase.

b) Nucleosidtriphosphat-AMP-Kinase.

Für a) gilt: Phosphat-Donator: ATP; Phosphat-Acceptor: UMP, CMP, GMP (jedoch nicht IMP*).

Für b) gilt: Phosphat-Donator: UTP, CTP, GTP bzw. ITP; Phosphat-Acceptor: AMP.

Das betrifft auch die Nucleotide dGMP, dTMP, dCMP[6].

Tabelle 19. *pH-Optimum.*

Herkunft des Enzyms	pH-Optimum
Kaninchenmuskel[3]	7,5—9,2
Kalbsleber[4]	etwa 7,5
Azotobacter vinelandii[5] . . .	7,5—8,1
Escherichia coli[6]	7,0
Ascaris lumbricoides[7]	7—8
Erbsensamen[8]	etwa 7
Hefe[9]	etwa 7,9

Für das gereinigte Muskelenzym gilt: Phosphat-Donator = ATP. Phosphat-Acceptor: CMP und in schwächerem Umfang UMP[3], während das gereinigte Leberenzym doppelt so rasch mit UMP reagiert wie mit CMP.

Die Nucleosid-monophosphat-Kinasen sind nach STROMINGER[2] und auch nach ENTNER u. Mitarb.[7] spezifisch bezüglich des Basenanteils, jedoch nicht spezifisch bezüglich des Zuckeranteils des Nucleosidmonophosphats. Letztere Autoren konnten bei *Ascaris lumbricoides* die GMP-Kinase von AMP-Kinase, CMP- und UMP-Kinase trennen und somit zum erstenmal ein ganz spezifisches Enzym erhalten. Die Desoxyribonucleotide werden durch die gleichen Kinasen phosphoryliert wie die Ribonucleotide, aber wesentlich langsamer[7]. GMP kann auch durch die Mononucleotide von 8-Azaguanin und 2,6-Diminopurin ersetzt werden[10].

Die von JOKLIK[11] bei der Hefe gefundene Reaktion: 2 IDP $\rightleftharpoons$ ITP + IMP sowie: 2 UDP $\rightleftharpoons$ UTP + UMP (nach LIEBERMAN u. Mitarb.[12], ebenfalls bei Hefe) fügt sich diesem

Tabelle 20. *Gleichgewichtskonstanten.*

Art des Enzyms	Gleichgewicht	*K*
Leber, Cytidylat-Kinase[2]	$\frac{(CMP)(ATP)}{(CDP)(ADP)} =$	0,99
Kaninchenmuskel, Cytidylat-Kinase[3]	$\frac{(CDP)(ADP)}{(ATP)(CMP)} =$	etwa 1,0
Azotobacter vinelandii, Desoxycytidylat-Kinase[5] .	$\frac{(ADP)(Desoxy\text{-}CDP)}{(ATP)(Desoxy\text{-}CMP)} =$	1,49

* Das Reaktionspaar ATP → IMP fehlt auch bei Hefe und Gehirn[2].

[1] KOTELNIKOVA, A. V., and E. L. DOVEDOVA: Biochim. biophys. Acta **34**, 594 (1959).
[2] STROMINGER, J. L., L. A. HEPPEL and E. S. MAXWELL: Biochim. biophys. Acta **32**, 412 (1959).
[3] MENDICINO, J.: J. biol. Ch. **237**, 165 (1962).
[4] HEPPEL, L. A., J. L. STROMINGER and E. S. MAXWELL: Biochim. biophys. Acta **32**, 422 (1959).
[5] MALEY, F., and S. OCHOA: J. biol. Ch. **233**, 1538 (1958).
[6] HURWITZ, J.: J. biol. Ch. **234**, 2351 (1959).
[7] ENTNER, N., and C. GONZALEZ: Biochim. biophys. Acta **47**, 52 (1961).
[8] KIRKLAND, R. J. A., and J. F. TURNER: Biochim. biophys. Acta **36**, 283 (1959).
[9] LIEBERMAN, I., A. KORNBERG and E. S. SIMMS: J. biol. Ch. **215**, 429 (1955). — MUNCH-PETERSEN, A.: Acta chem. scand. **9**, 1537 (1955).
[10] WAY, J. L., J. L. DAHL and R. E. PARKS jr.: J. biol. Ch. **234**, 1241 (1959).
[11] JOKLIK, W. K.: Biochim. biophys. Acta **16**, 610 (1955).
[12] LIEBERMAN, I., A. KORNBERG and E. S. SIMMS: Am. Soc. **76**, 3608 (1954).

Rahmen von Mononucleosid-monophosphat-Kinasen nicht ein und beruht eventuell auf dem Zusammenwirken verschiedener Enzyme.

Umsatzzahl. Überführung von 30 μM CMP in CDP/mg Protein/min bei 25° C und p_H 7,5[1]. Bildung von 3000 M Desoxy-CDP/100000 g Protein/min bei 30° C[2].

Aktivierung und Hemmung. Das Enzym benötigt Mg^{++} (optimale Mg^{++}-Konzentration $= 2 \times 10^{-3}$ m). Hohe Konzentrationen von Mg^{++} wirken etwas hemmend[3]. Für das Enzym aus *Azotobacter vinelandii* günstigstes Verhältnis von Mg^{++}: ATP = 1:1—2:1. Auch Mn^{++} aktivieren[2,4]. Das gilt auch für GMP-Kinase aus *Ascaris lumbricoides*[5]. Das in Schafsleber und -gehirn enthaltene Enzym wird durch EDTA (0,01 m) und NaF (0,05 m) vollständig gehemmt[7].

Tabelle 21. MICHAELIS-*Konstanten*.

Art des Enzyms	Substrat	K_M (Mol/l)
Kaninchenmuskel[1]	CMP	0,22
	ATP	$3,1 \times 10^{-5}$
Escherichia coli[6]	ATP	1×10^{-4}
	Mg^{++}	1×10^{-3}

Enzymeinheit. Eine Enzymeinheit ist diejenige Enzymmenge, die im Eluat, das mit starker HCl erhalten wurde, unter den Bedingungen der Bestimmung (s. unten) 1000 c.p.m. liefert.

Bestimmung der Nucleosid-monophosphat-Kinase nach LIEBERMAN *u. Mitarb.*[8].

Prinzip:

$$1.\ \text{U5'P}\ (^{14}\text{C}) + \text{ATP} \xrightleftharpoons[\text{phosphat-Kinase}]{\text{Nucleosid-mono-}} \text{UDP}\ (^{14}\text{C}) + \text{ADP}$$

$$2.\ 2\ \text{UDP}\ (^{14}\text{C}) \xrightleftharpoons[\text{phosphat-Kinase}]{\text{Nucleosid-mono-}} \text{UTP}\ (^{14}\text{C}) + \text{U5P}\ (^{14}\text{C})$$

$$3.\ \text{UDP}\ (^{14}\text{C}) + \text{Phosphopyruvat} \xrightleftharpoons{\text{Pyruvat-Kinase}} \text{UTP}\ (^{14}\text{C}) + \text{Pyruvat}$$

Bei Überschuß von Pyruvat-Kinase sind 1. und 2. geschwindigkeitsbestimmend.

Das entstandene mit ^{14}C markierte UDP und UTP wird bestimmt.

Reagentien:

1. 0,5 m Glycylglycin-Puffer, p_H 7,5.
2. 0,1 m $MgCl_2$.
3. 0,04 m ATP.
4. 0,05 m K-phosphopyruvat.
5. $6,8 \times 10^{-4}$ m 2-^{14}C-markiertes Uridin-5'-phosphat (240000 c.p.m. per μMol).
6. Pyruvat-Kinase.
7. 0,05 n HCl.
8. 4 n HCl.

Ausführung:

Der Versuchsansatz (Endvolumen 1,0 ml) enthält 0,1 ml Puffer, 0,05 ml $MgCl_2$, 0,1 ml K-phosphopyruvat, 0,1 ml ATP, 4 Einheiten Pyruvat-Kinase, 0,05 ml 2-^{14}C-Uridin-5'-phosphat und das zu bestimmende Enzym (0,6—2,6 Einheiten).

Nach 15 min bei 36° C wird 1 ml H_2O zugesetzt und die verdünnte Mischung zur Unterbrechung der Reaktion im siedenden Wasserbad erhitzt. Nach Abzentrifugieren wird die überstehende Flüssigkeit an einer Dowex 1-Säule adsorbiert (Höhe 1,5 cm; Durchmesser 1 cm). Die Flüssigkeit wird mit schwachem Saugen durch die Säule gezogen,

[1] MENDICINO, J.: J. biol. Ch. **237**, 165 (1962).
[2] MALEY, F., and S. OCHOA: J. biol. Ch. **233**, 1538 (1958).
[3] KOTELNIKOVA, A. V., and E. L. DOVEDOVA: Biochim. biophys. Acta **34**, 594 (1959).
[4] STROMINGER, J. L., L. A. HEPPEL and E. S. MAXWELL: Biochim. biophys. Acta **32**, 412 (1959).
[5] ENTNER, N., and C. GONZALEZ: Biochim. biophys. Acta **47**, 52 (1961).
[6] HURWITZ, J.: J. biol. Ch. **234**, 2351 (1959).
[7] KREBS, H. A., and R. HEMS: Biochem. J. **61**, 435 (1955).
[8] LIEBERMAN, I., A. KORNBERG and E. S. SIMMS: J. biol. Ch. **215**, 429 (1955). — MUNCH-PETERSEN, A.: Acta chem. scand. **9**, 1537 (1955).

dann mit 2,5 ml H_2O und danach mit 25 ml HCl (0,05 n) langsam gewaschen, um U5'P zu eluieren. Die Uridinpolyphosphate werden dann mit 2,5 ml HCl (4 n) unter Saugen eluiert. Ein aliquoter Teil (0,2 ml) dieses Eluates wird auf einen kreisförmigen Glasträger (Durchmesser 2,2 cm) gegeben, getrocknet und ausgezählt (s. Bd. II, S. 773ff.).

Unter den obigen Versuchsbedingungen ist die Radioaktivität des mit starker HCl erhaltenen Eluates der Nucleosid-monophosphat-Kinase proportional.

Berechnung:

Die Auszählung wird auf Einheiten umgerechnet.

Spektrophotometrische Bestimmung der Nucleosid-monophosphat-Kinase nach **MENDICINO**[1].

Prinzip:

1. ATP + CMP ⇌ ADP + CDP
2. ADP + Phosphoenol-BTS ⇌ ATP + Pyruvat
3. CDP + Phosphoenol-BTS ⇌ CTP + Pyruvat
4. 2 Pyruvat + 2 DPNH + 2 H^+ ⇌ 2-Lactat + 2 DPN

Pyruvat-Kinase führt ADP und CDP in die entsprechenden Triphosphate über, wobei 2 M Brenztraubensäure gebildet werden. Diese werden durch Milchsäure-Dehydrogenase zu Milchsäure dehydriert und die Abnahme von DPNH — gemessen durch Abnahme der Extinktion bei 340 mμ — ist ein Maß für die vorhandene Cytidylat-Kinase.

Reagentien:

1. Tris-HCl, p_H 7,5.
2. $MgCl_2$.
3. KCl.
4. DPNH.
5. ATP.
6. Cytidinmonophosphat.
7. Phosphoenol-pyruvat.
8. Pyruvat-Kinase.
9. Milchsäure-Dehydrogenase.

Ausführung:

Eine Küvette (0,5 cm Lichtweg) enthält im Gesamtvolumen von 1 ml: 20 mM Tris-HCl; 20 mM KCl; 4 mM $MgCl_2$; 0,2 mM DPNH; 0,5 mM ATP; 10 mM CMP; 2 mM Phosphoenol-pyruvat; je 2 Einheiten Pyruvat-Kinase und Milchsäure-Dehydrogenase.

Die Abnahme der Extinktion wird bestimmt.

Enzymeinheit. Eine Enzymeinheit ist diejenige Menge Enzym, die 1 μM CMP oder ein anderes Nucleosid-monophosphat/min unter den hier beschriebenen Bedingungen phosphoryliert.

Berechnung:

Die Abnahme der Extinktion ist proportional dem phosphorylierten CMP. Dieses wird auf Einheiten umgerechnet.

Nucleosiddiphosphat-Kinase.

[2.7.4.6 ATP:Nucleosiddiphosphat-Phosphotransferase.]

ITP + ADP ⇌ ATP + IDP
UTP + ADP ⇌ ATP + UDP
GTP + ADP ⇌ ATP + GDP
CTP + ADP ⇌ ATP + CDP
TTP + ADP ⇌ ATP + TDP

Das Enzym wurde auch im Taubenbrustmuskel und in Ratten-Darmschleimhaut[2] nachgewiesen, ferner in Extrakten von acetongetrockneter Kükenleber[3,4], in den Mitochondrien von Rattenleber[5] und Schweineleber[6]. Es wurde fernerhin aufgefunden in

[1] MENDICINO, J.: J. biol. Ch. **237**, 165 (1962).
[2] KREBS, H. A., and R. HEMS: Biochim. biophys. Acta **12**, 172 (1953).
[3] UTTER, M. F., K. KURAHASHI and I. A. ROSE: J. biol. Ch. **207**, 803 (1954).
[4] KURAHASHI, K., R. J. RENNINGTON and M. F. UTTER: J. biol. Ch. **226**, 1059 (1957).
[5] HERBERT, E., V. R. POTTER and Y. TAKAGI: J. biol. Ch. **213**, 923 (1955).
[6] CHIGA, M., and G. W. E. PLAUT: J. biol. Ch. **234**, 3059 (1959).

Tabelle 22. *Vorkommen und Normalwerte von Nucleosiddiphosphat-Kinase.*

Vorkommen	Aktivität	Ausgedrückt durch
Hefe-Autolysat[1]	53	Einheiten/mg Protein
Gereinigt. Hefepräp.	4000	desgl.
Kaninchenmuskelextrakt	8	desgl.
Gereinigt. Präp., Kaninchenmuskel (Fraktion III)	175	desgl.
Kaninchenmuskel, Säurefällung	50	desgl.
Ochsenherz, acetongetrocknet[2]		
a) Extrakt	0,15	desgl.
b) gereinigt. Präp.	2,5	desgl.
Ascites-Tumor-Extrakt[3], ATP → TDP	2130	μMol gebildetes TTP/mg Protein/1,5 Std
Knochenmark, Kaninchen[3] (Extrakt) ATP → TDP	130	desgl.
Regenerierende Rattenleber, partiell gereinigt. Präp.[3], ATP → TDP	50	desgl.
Ascaris lumbricoides[4], partiell gereinigt. Präp., ATP → $GD^{32}P$	498	Ausschläge/min (gebildetes $GT^{32}P$)
ATP → $CD^{32}P$	595	Ausschläge/min (gebildetes $CT^{32}P$)
Nierenrinde (Schwein)[5], partiell gereinigt. Präp., GTP + UDP	0,072	μMol gebildetes UTP/10 min/25° C
ITP + UDP	0,037	desgl.
Erbsensamen[6], partiell gereinigt. Präp.		
UTP → ADP	0,052	μMol gebildetes ATP/20 min/30° C/0,15 ml
ITP → ADP	0,082	desgl.
GTP → ADP	0,032	desgl.
CTP → ADP	0,025	desgl.
Impatiens holstii[7] (Pflanze), Homogenat ATP → UDP	0,45	μMol gebildetes UTP/30 min/0,3 ml
Weizenkeimlinge[8], partiell gereinigt. Präp. ATP → UDP	0,1	μMol gebildetes UTP/18 min/0,1 ml/21° C

Wurzeln und Keimlingen von Breitbohnen, Zuckerrohr, Gerste, in Kartoffelknollen (in letzteren ist besonders viel vorhanden[6]), in Zuckerrübenblättern[9], desgleichen in Bakterien, nämlich in gereinigten Extrakten von *Alcaligenes faecalis*[10] und im Extrakt von *Nocardia corallina*[11].

Darstellung von Nucleosiddiphosphat-Kinase aus Hefe[1].

Autolysat. Getrocknete obergärige Bierhefe 16 Std bei 37° C mit dem dreifachen Gewicht destillierten Wassers autolysiert.

Hitzefraktionierung. 50 ml-Portionen unter Rühren im Wasserbad erwärmt und sobald Temperatur 65° C erreicht hat, im Eisbad auf 5° C abgekühlt. Abzentrifugiert, Niederschlag verworfen. Überstehende Flüssigkeit = Fraktion I.

Erste Ammoniumsulfat-Fraktionierung. Zu je 10 ml dieser Lösung 3,5 g Ammoniumsulfat zugesetzt und 1 Std bei 0° C gehalten. Dann abzentrifugiert, Niederschlag verworfen und zu je 10 ml der überstehenden Flüssigkeit 0,9 g Ammoniumsulfat zugefügt.

[1] Berg, P., and W. K. Joklik: J. biol. Ch. **210**, 657 (1954).
[2] Sanadi, D. R., D. M. Gibson, P. Ayengar and M. Jacob: J. biol. Ch. **218**, 505 (1956).
[3] Gray, E. D., S. M. Weissmann, J. Richards, D. Bell, H. M. Keir, R. M. S. Smellie and J. N. Davidson: Biochim. biophys. Acta **45**, 111 (1960).
[4] Entner, N., and C. Gonzalez: Biochim. biophys. Acta **47**, 52 (1961).
[5] Gibson, D. M., P. Ayengar and D. R. Sanadi: Biochim. biophys. Acta **21**, 86 (1956).
[6] Kirkland, R. J. A., and J. F. Turner: Biochem. J. **72**, 716 (1959).
[7] Ganguli, N. C.: J. biol. Ch. **232**, 337 (1958).
[8] Keys, A. J.: Biochem. J. **70**, 11P (1958).
[9] Burma, D. P., and D. C. Mortimer: Arch. Biochem. **62**, 16 (1956).
[10] Beljanski, M.: Cr. **248**, 1446 (1959).
[11] Baugh, C. L., G. W. Claus and C. H. Werkman: Arch. Biochem. **86**, 255 (1960).

Nach 30 min abzentrifugiert und Niederschlag in $^1/_5$ des ursprünglichen Volumens von kaltem H_2O gelöst (Fraktion II).

Protaminsulfat-Reinigung. Lösung auf 0° C abgekühlt und 5 mg Protaminsulfat pro ml Enzymlösung zugesetzt, abzentrifugiert, Niederschlag verworfen. Überstehende Flüssigkeit mit sauer gewaschenem Norit (5 mg/ml) 30 min bei Zimmertemperatur behandelt und dann von Norit abzentrifugiert. Überstehende Flüssigkeit: Fraktion III.

Zweite Ammoniumsulfat-Fraktionierung. Je 10 ml von Fraktion III mit 3,9 g Ammoniumsulfat gefällt, Niederschlag abzentrifugiert und verworfen. Zu je 10 ml der überstehenden Flüssigkeit 0,5 g Ammoniumsulfat zugesetzt, nach 30 min Niederschlag abzentrifugiert und in $^1/_5$ des Volumens von Fraktion III gelöst (Fraktion IV). Bei 3° C aufbewahrt mehrere Wochen haltbar.

***Darstellung von Nucleosiddiphosphat-Kinase aus Kaninchenmuskel nach* Berg *und* Joklik[1].**

Rücken- und Beinmuskulatur gekühlt und mit Fleischmaschine zerkleinert, dann mit 1 Vol. eiskaltem H_2O 30 min extrahiert und durch Käsetuch gedrückt. Extrakt 4 Std bei 10° C gegen Leitungswasser dialysiert und Niederschlag verworfen. Zu jedem Volumen des Extraktes 0,55 Vol. gesättigter Ammoniumsulfatlösung zugesetzt und 30 min im Eisbad belassen. Niederschlag abzentrifugiert und verworfen.

Zu jedem Volumen der überstehenden Lösung 0,45 Vol. gesättigte Ammoniumsulfatlösung zugesetzt, wie oben gekühlt, Niederschlag abzentrifugiert, in halbem ursprünglichen Volumen von destilliertem H_2O gelöst und über Nacht bei 4° C gegen destilliertes Wasser dialysiert. Niederschlag verworfen. Überstehende Flüssigkeit (Fraktion I) mit 1 m Essigsäure auf 0,06 m gebracht (p_H 5,3), dann gleich mit n NaOH auf p_H 6,8 gebracht, Niederschlag abzentrifugiert und verworfen.

Zu jedem Volumen der überstehenden Flüssigkeit (Fraktion II) 1,2 Vol. gesättigte Ammoniumsulfatlösung zugesetzt, Niederschlag verworfen. Zu jedem Volumen der überstehenden Flüssigkeit 1,1 Vol. gesättigte Ammoniumsulfatlösung zugegeben, abzentrifugiert, Niederschlag in $^1/_3$ des Volumens von Fraktion II gelöst und über Nacht gegen destilliertes H_2O bei 4° C dialysiert (Fraktion III).

Kürzeres Verfahren. Muskelextrakt mit gleichem Volumen eiskaltem H_2O verdünnt, 0,05 Vol. 1 m Essigsäure zugesetzt, 1 min auf 55° C erhitzt, dann im Eisbad abgekühlt, mit 1 m NaOH auf p_H 6,8 gebracht und Niederschlag verworfen.

***Darstellung von Nucleosiddiphosphat-Kinase aus Erbsensamen nach* Turner *u. Mitarb.*[2,3].**

Erbsensamen fein zermahlen und dreimal mit Äther bei Zimmertemperatur extrahiert und luftgetrocknet (das entfettete Pulver bei 4° C lange haltbar). 15 g Pulver mit 40 ml glasdestilliertem Wasser, 5 ml Toluol und 10 ml 0,2 m $NaHCO_3$ in verschlossener Flasche 3 Std bei Zimmertemperatur geschüttelt, 20 min bei $20000 \times g$ abzentrifugiert, überstehende Flüssigkeit mit gesättigter Ammoniumsulfatlösung, p_H 7, bei 4° C versetzt und Niederschlag zwischen 45 und 55% Sättigung abzentrifugiert, in 7 ml Wasser gelöst und bei 4° C 2 Std gegen 25 mM Phosphatpuffer, p_H 7, dialysiert.

Das Präparat ist klar und farblos und bei — 15° C haltbar.

Eigenschaften. *Spezifität.* Die Nucleosiddiphosphat-Kinase ist spezifisch für eine Reaktion, bei der ein Nucleosid-triphosphat als Phosphat-Donator und ein Nucleosiddiphosphat als Phosphat-Acceptor fungiert[1,2,4]. Nach Entner u. Mitarb.[4] ist das Enzym nicht spezifisch bezüglich des Triphosphats als Phosphat-Donator und des Diphosphats

[1] Berg, P., and W. K. Joklik: J. biol. Ch. **210**, 657 (1954).
[2] Kirkland, R. J. A., and J. F. Turner: Biochem. J. **72**, 716 (1959).
[3] Turner, J. F.: Biochem. J. **67**, 450 (1957).
[4] Entner, N., and C. Gonzalez: Biochim. biophys. Acta **47**, 52 (1961).

als Phosphat-Acceptor. Nach KIRKLAND u. Mitarb.[1] jedoch muß *ein* Partner im Reaktionspaar ein Adeninnucleotid sein, also ADP oder ATP.

Günstigster Temperaturbereich. Zwischen 37 und 50° C[2].

Scheinbare Gleichgewichtskonstante (K)[1].

$$K = \frac{(\mathrm{UTP})(\mathrm{ADP})}{(\mathrm{UDP})(\mathrm{ATP})} = 0{,}91 \text{ (bei } p_H \text{ 8 und 2,5 mM } MgCl_2).$$

$$K = \frac{(\mathrm{ITP})(\mathrm{ADP})}{(\mathrm{ATP})(\mathrm{IDP})} = \text{etwa } 1^{2} \text{ (Hefeenzym).}$$

Aktivierung und Hemmung. Das Enzym ist bei Abwesenheit bivalenter Metallionen inaktiv. Optimale Mg^{++}-Konzentration: 5×10^{-3} m. Mn^{++} und Ca^{++} sind bei gleicher Konzentration ebenso wirksam (Hefeenzym). Auch beim Erbsensamen-Enzym können Mg^{++} durch Mn^{++}, Co^{++} und Ca^{++} ersetzt werden[1]. Es wird durch EDTA und durch Arsenat gehemmt[1].

Enzymeinheit. Eine Enzymeinheit ist diejenige Enzymmenge, die unter bestimmten Bedingungen die Übertragung von 1 μM Phosphat/Std und pro mg Protein katalysiert.

Tabelle 23. p_H-*Optimum.*

Art des Enzyms	p_H-Optimum
Hefe[2].	6—8
Erbsensamen[1]. .	etwa 8
Weizenkeimlinge[3]	7—9

Bestimmung von Nucleosiddiphosphat-Kinase nach **BERG** ***und*** **JOKLIK**[2].

Prinzip:

1. $2\ \mathrm{ATP} + 2\ \mathrm{IDP} \xrightleftharpoons{\text{Nucleosiddiphosphat-Kinase}} 2\ \mathrm{ITP} + 2\ \mathrm{ADP}$
2. $2\ \mathrm{ADP} \xrightleftharpoons{\text{Myokinase}} \mathrm{ATP} + \mathrm{AMP\text{-}5'}$
3. $\mathrm{AMP\text{-}5'} \xrightleftharpoons{\text{SCHMIDT-Desaminase}} \mathrm{IMP\text{-}5'} + NH_3$

Bei Überschuß von Myokinase und Desaminase ist Reaktion 1 geschwindigkeitsbestimmend. Die Abnahme von AMP-5' bzw. die Zunahme von IMP-5' ist dann ein Maß für die Aktivität der Nucleosiddiphosphat-Kinase.

Auf 2 M entstandenes ITP wird 1 M AMP-5' zu IMP-5' desaminiert.

Reagentien:

1. 0,2 m Na-succinatpuffer, p_H 6,0.
2. 0,5 m $MgCl_2$.
3. 0,022 m ATP-Na.
4. 0,064 m IDP-Na.
5. Myokinase.
6. SCHMIDT-Desaminase (s. Bd. VI/C, S. 390ff.).
7. Perchlorsäure, 70%ig.

Ausführung:

Der Versuchsansatz (Endvolumen 0,5 ml) enthält 0,4 ml Puffer, 10 μl $MgCl_2$, 10 μl ATP, 10 μl IDP, 15 μg Myokinase, 40 μg Desaminase und 5—30 μl des zu prüfenden Enzyms.

Die Mischung wird 15 min bei 37° C belassen und die Reaktion durch Zusatz von 30 μl 70%iger Perchlorsäure gestoppt. Es wird abzentrifugiert, die überstehende Flüssigkeit auf das Zehnfache mit H_2O verdünnt und die Extinktion bei 265 mμ bestimmt, ebenso die Extinktion zur Zeit $t = 0$. Die Extinktionsabnahme, vermindert um die Extinktionsänderung eines Leerwertes ohne Enzym, entspricht dem desaminierten AMP-5'.

Berechnung:

Die Desaminierung von 1 μg Adenylsäure/ml entspricht einer Extinktionsabnahme von 0,025 bei 265 mμ. Aus der gefundenen Extinktionsabnahme kann auf Grund dieses Verhältnisses die Menge des desaminierten AMP-5'/ml berechnet werden. 1 μM AMP-5' entspricht dann 2 μM ITP bzw. 2 μM übertragenem Phosphat. Daraus werden Einheiten berechnet.

[1] KIRKLAND, R. J. A., and J. F. TURNER: Biochem. J. **72**, 716 (1959).
[2] BERG, P., and W. K. JOGLIK: J. biol. Ch. **210**, 657 (1954).
[3] KEYS, A. J.: Biochem. J. **70**, 11P (1958).

4. Phosphotransferasen mit einer Stickstoffgruppe als Acceptor.

Kreatin-Kinase.

[2.7.3.2 ATP:Kreatin-Phosphotransferase.]

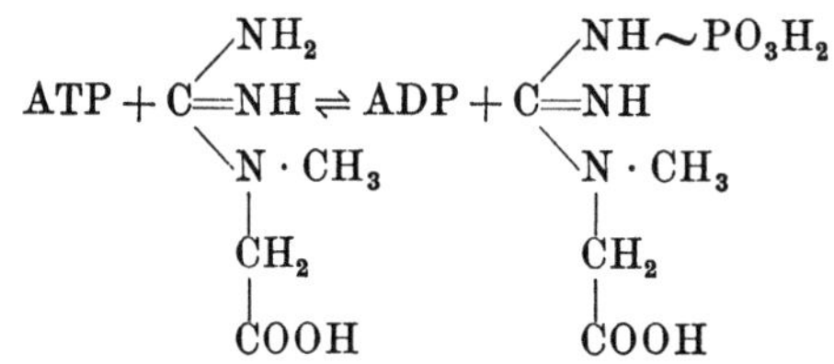

Kreatin Kreatinphosphat

bzw., da der Mg-Nucleotid-Komplex das wahre Substrat sein soll[1]:

$$MgATP^{2-} + \text{Kreatin} \rightleftharpoons Mg\,ADP^{1-} + \text{Kreatin-}P^{2-} + H^{+}$$

Für die Hin- und auch für die Rückreaktion wird die Bildung eines Enzym-Mg-Substrat-Komplexes angenommen[1,2].

Tabelle 24. *Vorkommen und Normalwerte von Kreatin-Kinase.*

Vorkommen	Aktivität	Ausgedrückt durch
Skeletmuskel, Kaninchen[3,4]		
KCl-Extrakt	4,73	Einheiten/mg Protein
Gereinigt. Fraktion II	19,8	desgl.
Gereinigt. Fraktion III	44,0	desgl.
Gereinigt. Fraktion IV	46,5	desgl.
Kristallisiertes Enzym	52,0	desgl.
Skeletmuskel, Ratte	18,0	μMol ATP/mg Frischgewicht/60 min
Herzmuskel, Ratte	2,95	desgl.
Gehirn, Ratte	1,36	desgl.
Niere, Ratte	1,42	desgl.
Magenmuskulatur, Vogel	0,0073	μMol Abnahme Kreatinphosphat/mg Protein/min
Gehirn, Meerschweinchen[5]		Abnahme Kreatinphosphat:
Homogenat	57,0	μg P/ml/2,4 mg Gewebe/60 min
NaCl-Extrakt	94,3	μg P/ml/5,7 mg Gewebe/60 min
H_2O-Extrakt	88,7	μg P/ml/4,8 mg Gewebe/60 min
Echinoid, Heliocidaris erythrogramma[6]*		
Backenmuskeln, Rohpräp.	8,3	Einheiten**/mg Protein
partiell gereinigt. Präp.	41	desgl.

* Kreatin- und Arginin-Kinase konnten voneinander getrennt werden.

** Eine Einheit ist diejenige Enzymmenge, die 1 μM Kreatin/min bei p_H 7,2 und 5° C in Freiheit setzt.

Kreatin-Kinase ist auch in Hämolysaten von Kaninchen- bzw. Ratten-Erythrocyten aufgefunden worden, in geringerer Menge in menschlichen Erythrocyten[7], ferner in Anneliden[8].

[1] Nihei, T., L. Noda and M. F. Morales: J. biol. Ch. **236**, 3203 (1961).
[2] Morrison, J. F., W. J. O'Sullivan and A. G. Ogston: Biochim. biophys. Acta **52**, 82 (1961).
[3] Kuby, S. A., L. Noda and H. A. Lardy: J. biol. Ch. **209**, 191 (1954).
[4] Noda, L., S. Kuby and H. Lardy; in: Colowick-Kaplan, Meth. Enzymol. Vol. II, p. 605.
[5] Narayanaswami, A.: Biochem. J. **52**, 295 (1952).
[6] Griffiths, D. E., J. F. Morrison and A. H. Ennor: Biochem. J. **65**, 612 (1957).
[7] Solvonuk, P. F., Sheila C. McRae and H. B. Collier: Canad. J. Biochem. Physiol. **34**, 481 (1956).
[8] Hobson, G. E., and K. R. Rees: Biochem. J. **65**, 305 (1957).

***Darstellung kristallisierter Kreatin-Kinase aus Kaninchenmuskel nach* Kuby *u. Mitarb.*[1,2].**

Homogenat. Vorder- und Hinterbeine eines Kaninchens sofort nach Dekapitation in Eis geworfen, durch gekühlte Fleischmaschine gegeben und im Homogenisator portionsweise mit 2 l 0,01 m KCl pro kg zerkleinertes Gewebe homogenisiert.

Rohextrakt (Fraktion I). Homogenat 15 min im Kühlraum gerührt, dann durch Koliertuch gepreßt.

Fällung mit Äthanol (Fraktion II). Festes NH_4Cl bis zur Konzentration 0,10 m zu Fraktion I zugesetzt, p_H mit 5 m Ammoniak auf 9 gebracht. $^1/_2$ Std im Eisbad rühren (anorganische Salze, zuerst $MgNH_4PO_4$, fallen aus), dann 1,5 Vol. kaltes Äthanol zugesetzt. Nach $2^1/_2$stündigem Rühren $^1/_2$ Std bei 1000 $\times$ g zentrifugiert, Rückstand verworfen.

Fällung und fraktionierte Extraktion (Fraktion III). Zur klaren Flüssigkeit 2,0 m $MgSO_4$ (p_H 8,5) zugesetzt, bis 0,03 m, dann kalter 95 %iger Äthylalkohol (1,5faches Volumen von $MgSO_4$). Nach $^1/_2$stündigem Rühren abzentrifugiert. Niederschlag zweimal bei 0° C mit 0,07 m Mg-acetat bei p_H 9,0 extrahiert, einmal mit 6 % und einmal mit 4 % des Volumens von Fraktion I, jeweils abzentrifugiert.

Alkoholfällung (Fraktion IV). Zu Fraktion III (0° C, p_H 8) kaltes Äthanol bis zur Konzentration von 36 % (unter Berücksichtigung des schon vorhandenen Alkohols) unter Rühren zugesetzt, nach 30 min abzentrifugiert. Zur überstehenden Lösung Äthanol bis zur 50 %igen Konzentration zufügen, abzentrifugieren, Niederschlag in 30—50 ml 0,05 m Ammoniumcitrat (p_H 9) lösen und dialysieren (gegen 0,05 m Ammoniumcitrat).

Ausbeute: 70—85 %. Aktivität/mg Protein = 45—50 Einheiten.

Kristallisation. Mit $1,7 \times 10^{-3}$ m Ammoniak bis zur Protein-Konzentration von 20—30 mg/ml verdünnen, unter Rühren bei 0° C Alkohol bis zur 56 %igen Konzentration zufügen. Ammoniak-Konzentration auf Endkonzentration $3,0 \times 10^{-3}$ m bringen, bei —10° C unter gelegentlichem Öffnen und Umschütteln stehenlassen. Impfkristalle zusetzen; große längliche Nadeln scheiden sich aus (ohne Impfen eventuell erst nach Wochen).

***Darstellung von Kreatin-Kinase aus Gehirn nach* Narayanaswami[3].**

a) Homogenat (Meerschweinchen). Gehirn rasch gewogen und in Glashomogenisator in bekannter Menge 0,9 % NaCl homogenisiert. Homogenat wird bei 0° C aufbewahrt und nach Bedarf mit eiskalter 0,9 %iger NaCl-Lösung verdünnt.

b) Extrakt. Homogenat (2 ml 0,9 % NaCl auf 1 g Gehirn) abzentrifugiert, Rückstand mit gleichem Volumen 0,9 % NaCl nochmal homogenisiert und zentrifugiert. Gleiche Behandlung wiederholt. Überstehende Flüssigkeiten vereinigt und so weit verdünnt, daß 1 ml 100 mg Gehirn entspricht.

Eigenschaften. *Spezifität.* Ennor und Rosenberg[4] sowie andere Autoren[5,6] fanden, daß nur ADP und nicht AMP die Phosphatgruppe von Kreatinphosphat aufnehmen kann, und nehmen an, daß die von Narayanaswami[3] behauptete Acceptorfähigkeit von AMP auf die Anwesenheit von Myokinase zurückzuführen ist, die AMP in ADP umwandelt. ADP kann auch durch Desoxy-ADP ersetzt werden[7].

ATP vermag auch durch ITP und CTP bei ähnlicher Maximalgeschwindigkeit vertreten zu werden, die Affinität dieser Polyphosphate zum Enzym ist aber geringer[8].

---

[1] Kuby, S. A., L. Noda and H. A. Lardy: J. biol. Ch. **209**, 191 (1954).
[2] Noda, L., S. Kuby and H. Lardy; in: Colowick-Kaplan, Meth. Enzymol. Vol. II, p. 605.
[3] Narayanaswami, A.: Biochem. J. **52**, 295 (1952).
[4] Ennor, H. A., and H. Rosenberg: Biochem. J. **57**, 203 (1954). — Rosenberg, H., and H. A. Ennor: Biochim. biophys. Acta **17**, 261 (1955).
[5] Oliver, I. T.: Biochim. biophys. Acta **14**, 587 (1954).
[6] Chappel, J. B., and S. V. Perry: Biochem. J. **57**, 421 (1954).
[7] Morrison, J. F., W. J. O'Sullivan and A. G. Ogston: Biochim. biophys. Acta **52**, 82 (1961).
[8] Nihei, T., L. Noda and M. F. Morales: J. biol. Ch. **236**, 3203 (1961).

Tabelle 25. MICHAELIS-*Konstanten*[1].

Hin- bzw. Rückreaktion	Temperatur °C	Substrat	K_M (Mol/l)
Hinreaktion, p_H 9,0	30	ATP	5×10^{-4}
	38	ATP	6×10^{-4}
	30	Kreatin	$1{,}6 \times 10^{-2}$
	38	Kreatin	$1{,}9 \times 10^{-2}$
Rückreaktion, p_H 7,0	30	ADP	8×10^{-4}
	38	ADP	1×10^{-3}
	30	Kreatinphosphat	5×10^{-3}

K_M (Muskulatur Vogelmagen; Substrat Kreatin; Hinreaktion) $= 5{,}3 \times 10^{-3}$.

Stabilitätskonstante für $MgADP^-$: 4150[2].

Aminosäure-Zusammensetzung des Enzyms: siehe FRIEDBERG[3].

p_H-Optimum. Gehirn-Kreatinkinase: p_H 5,9—7,0 (Rückreaktion); Muskel-Kreatinkinase: p_H 8,8 bis 9,0 (Hinreaktion); Muskel-Kreatinkinase: p_H 6—7 (Rückreaktion).

MICHAELIS-*Konstanten.* Diese wurden für die *kristallisierte Kreatin-Kinase* für verschiedene Substrate und zwar für die Hin- und Rückreaktion bestimmt (s. Tabelle 25).

Wechselzahl. Unter optimalen Bedingungen katalysiert 1 M kristallisiertes Enzym (80000 g) die Phosphorylierung von 25000 M Kreatin (Hinreaktion) bzw. 150000 M ADP (Rückreaktion) pro min bei 38° C[4].

Tabelle 26. *Gleichgewichtskonstanten bei 30° C in 0,10 m Puffer*[5].

μMol $MgSO_4$/ml	p_H 7,4	p_H 8,0	p_H 8,9	p_H 9,8
20	0,010	0,040	0,25	1,5
10	0,011	0,040	0,28	1,8
6	0,012	0,051	0,36	2,2
2	0,050	0,23	1,1	4,4

Verff. erklären dies durch Komplexbildung von Mg^{++} bzw. Mn^{++} mit ADP und ATP.

Gleichgewichtslage. Die Gleichgewichtskonstante $K' = \frac{[ADP][Kreatinphosphat]}{[ATP][Kreatin]}$ für die kristallisierte Kreatin-Kinase (Kaninchenmuskel) ist in hohem Maße abhängig von Mg^{++} oder Mn^{++} und vom p_H (s. Tabelle 26).

„Scheinbare" Gleichgewichtskonstante $K^{6*} = \frac{(MgADP^{1-})(Kreatin\text{-}P^{2-})}{(MgATP^{2-})(Kreatin)}$

$$= \frac{\vec{V} K_{MgADP} K_{Kreatin\text{-}P}}{\overleftarrow{V} K_{MgATP} K_{Kreatin}} = \frac{K' \times K_{MgADP} K_{Kreatin\text{-}P}}{K_{MgATP} K_{Kreatin}} = \mathit{0{,}29}$$

(p_H 8,9) berechnet bzw. *0,25* beobachtet, wobei $\vec{V}$ und $\overleftarrow{V}$ die maximalen Reaktionsgeschwindigkeiten der Hin- und Rückreaktion und die K-Werte mit Index die MICHAELIS-Konstanten sind.

Für die Reaktion:

$$MgATP^{2-} + Kreatin \rightleftharpoons MgADP^{1-} + Kreatin\text{-}P^{2-} + H^+$$

sind folgende MICHAELIS-Konstanten gefunden worden[6, 7], die im p_H-Bereich 5,8—9,0 annähernd konstant sind (s. Tabelle 27).

Tabelle 27. MICHAELIS-*Konstanten kristallisierter Kreatin-Kinase aus Kaninchenmuskel* ($T = 30°$ C).

Substrat	K_M (Mol/l)
$MgATP^{2-}$ . .	$4{,}5 \times 10^{-4}$
Kreatin . . .	$1{,}9 \times 10^{-2}$
$MgADP^{1-}$ . .	$1{,}8 \times 10^{-4}$
Kreatin-P^{2-} .	$8{,}0 \times 10^{-4}$

Aktivierung und Hemmung[8-10]. Mg^{++} sind für die Aktivität von Muskel- und Gehirn-Kreatinkinase erforderlich. Sie können durch Mn^{++} und Ca^{++} ersetzt werden. Ca^{++} sind in beiden Fällen weniger wirkungsvoll. Zn^{++} und Cu^{++} hemmen.

* Es handelt sich hierbei um kristallisierte Kaninchenmuskel-Kreatinkinase.

1 KUBY, S. A., L. NODA and H. A. LARDY: J. biol. Ch. **210**, 65 (1954).
2 MORRISON, J. F., W. J. O'SULLIVAN and A. G. OGSTON: Biochim. biophys. Acta **52**, 82 (1961).
3 FRIEDBERG, F.: Arch. Biochem. **61**, 263 (1956).
4 NODA, L., S. A. KUBY and H. A. LARDY; in: Colowick-Kaplan, Meth. Enzymol. Vol. II, p. 605.
5 NODA, L., S. A. KUBY and H. A. LARDY: J. biol. Ch. **210**, 83 (1954).
6 NIHEI, T., L. NODA and M. F. MORALES: J. biol. Ch. **236**, 3203 (1961).
7 NODA, L., T. NIHEI and M. F. MORALES: J. biol. Ch. **235**, 2830 (1960).
8 CHAPPEL, J. B., and S. V. PERRY: Biochem. J. **57**, 421 (1954).
9 NARAYANASWAMI, A.: Biochem. J. **52**, 295 (1952).
10 GEIGER, W. B.: J. biol. Ch. **220**, 871 (1956).

Weitere Inhibitoren: DPN^+ (0,002 m), Adenosin-5'-(3' oder 2')-phosphat, L-Thyroxin[1], Malonsäure, Jodessigsäure[2], Schwermetallionen[2]. Gegen die Vergiftung durch Jodessigsäure ist Kreatin-Kinase durch Kreatinphosphat, ATP > ADP, PP > AMP > P in absteigender Reihe geschützt[3].

Freie SH-Gruppen sind für das Enzym notwendig, und es wird durch Reagentien, die mit SH-Gruppen reagieren, gehemmt[4]. Anorganische Ionen wie Cl^- und SO_4^{--} sind kompetitive Inhibitoren[5]. $HATP^{3-}$ ist ein starker Inhibitor[6]. Das Enzym wird durch ^{60}Co-γ-Strahlung gehemmt. Schutzwirkung gegen diese Strahlung: S-(2-Aminoäthyl)-isothiuroniumsalze[7].

Enzymeinheit[8, 9]. Eine Einheit ist diejenige Enzymmenge, die pro 1 ml Reaktionsmischung die Transphosphorylierung zwischen 0,001 m ATP und 0,024 m Kreatin bei Gegenwart von 0,006 m $MgSO_4$ bei p_H 9 (Glycinpuffer) und 30° C katalysiert und pro μMol ATP/min so viele μMol Kreatinphosphat bildet, daß die Geschwindigkeitskonstante der scheinbaren bimolekularen Reaktion $K' = 1$ wird. Diese wird 1, wenn 0,5 μM Kreatinphosphat/min gebildet werden: $K' = \frac{X}{t(1-x)} = \frac{0,5}{1 \times 0,5} = 1$.

Physikalisch-chemische Eigenschaften der kristallisierten Kreatin-Kinase[9, 10].

Absorptionsspektrum. Ausgesprochenes Maximum bei 280 mμ.

Extinktionskoeffizient. E_{mol} (280 mμ, p_H 7,0; Phosphatpuffer) = $7,3 \times 10^4$; E_{mol} (280 mμ, p_H 9,8; Glycinpuffer) = $7,1 \times 10^4$.

Isoelektrischer Punkt. p_H 6,0—6,1.

Mol.-Gewicht. $8,1 \times 10^4$ (durch Sedimentation und Diffusion ermittelt).

Bestimmung der Kreatin-Kinase aus Kaninchenmuskeln nach* Kuby *u. Mitarb.[8, 9].

Prinzip:

$$ATP + Kreatin \rightleftharpoons ADP + Kreatinphosphat$$

Es wird die Hinreaktion benützt und das entstandene Kreatinphosphat bestimmt. Dieses wird durch 30 min langes Stehen in saurem Molybdat völlig gespalten und das frei gewordene anorganische Phosphat nach der Methode von Fiske und Subbarow[11] und King[12] bestimmt (s. Bd. III/1, S. 465 und 462).

Reagentien:

1. 0,08 m Kreatin (bei Zimmertemperatur aufbewahrt).
2. 0,10 m $MgSO_4$.
3. 0,005 m ATP-Natrium.
4. 0,40 m Glycin (Na^+), p_H 9,0.
5. $(NH_4)_6Mo_7O_{24} \cdot 4\,H_2O$, 5%ig.
6. $HClO_4$, 60%ig.
7. Reduzierendes Agens: 0,2 g umkristallisierte 1-Amino-2-naphtol-4-sulfosäure, 12 g $NaHSO_3$ und 2,4 g Na_2SO_3 mit destilliertem H_2O auf 100 ml aufgefüllt.
8. Reagentien zur Proteinbestimmung nach der Biuretmethode, s. S. 534.

Ausführung:

3 ml Kreatin (Endkonzentration 0,024 m); 0,6 ml $MgSO_4$ (Endkonzentration 0,006 m; 2 ml ATP (Endkonzentration 0,001 m); 2,4 ml Glycin (Endkonzentration 0,096 m)

[1] Askonas, B. A.: Nature **167**, 933 (1951).
[2] Solvonuk, P. F., S. C. McRae and H. B. Collier: Canad. J. Biochem. Physiol. **34**, 481 (1956).
[3] Padieu, P., and W. F. H. M. Mommaerts: Biochim. biophys. Acta **37**, 72 (1960).
[4] Geiger, W. B.: J. biol. Ch. **220**, 871 (1956).
[5] Nihei, T., L. Noda and M. F. Morales: J. biol. Ch. **236**, 3203 (1961).
[6] Noda, L., T. Nihei and M. F. Morales: J. biol. Ch. **235**, 2830 (1960).
[7] Anderson, D. R.: Arch. Biochem. **81**, 390 (1959).
[8] Kuby, S. A., L. Noda and H. A. Lardy: J. biol. Ch. **209**, 191 (1954).
[9] Noda, L., S. A. Kuby and H. A. Lardy; in: Colowick-Kaplan, Meth. Enzymol. Vol. II, p. 605.
[10] Noda, L., S. A. Kuby and H. A. Lardy: J. biol. Ch. **209**, 203 (1954).
[11] Fiske, H., and Y. Subbarow: J. biol. Ch. **66**, 375 (1925).
[12] King, E. J.: Biochem. J. **26**, 392 (1932).

werden vermischt, bei 30° C im Wasserbad temperiert, dann 2 ml Enzym (in 0,001 m Glycin, p_H 9, gelöst) hinzugesetzt und zur Zeit 0, 5, 10 und 15 min je 2 ml entnommen und direkt in kalibrierte Röhrchen pipettiert, die 1,0 ml 5% $(NH_4)_6Mo_7O_{24} \cdot 4\,H_2O$ und 0,8 ml 60% $HClO_4$ enthalten. Mit Aqua dest. wird auf 9,6 ml aufgefüllt (Enteiweißung unnötig).

Nach genau 30 min langem Stehen bei Zimmertemperatur werden 0,4 ml reduzierendes Agens zugesetzt, und nach genau 10 min langem Stehen zur Farbentwicklung wird das anorganische Phosphat bei 660 mμ bestimmt.

Der Wert zur Zeit 0 (entsprechend dem anfänglich vorhandenen anorganischen Phosphat und der geringen Menge, die aus ATP durch das saure Molybdat in Freiheit gesetzt wird) wird abgezogen. Die ermittelten P-Werte werden auf μMol Kreatinphosphat umgerechnet. Proteinbestimmung nach der Biuretmethode (s. Phosphoglycerat-Kinase).

Berechnung:

Unter den angegebenen Versuchsbedingungen kann die Reaktion hinsichtlich ATP als Reaktion II. Ordnung aufgefaßt werden.

Für diese gilt die Endgleichung: $k' = \frac{x}{t(a-x)a}$, wobei a = anfängliche Konzentration von ATP, x die Menge ATP, die während der Zeit t (min) verschwindet und äquimolar dem gebildeten Kreatinphosphat (ausgedrückt in μMol) ist. Setzt man die anfängliche Konzentration $a = 1$ so ergibt sich:

$$k' = \frac{x}{t(1-x)} \quad (k' \text{ soll zwischen } 0{,}015\text{—}0{,}025 \text{ liegen}).$$

Es muß somit für jede Versuchszeit t die gleichzeitig ermittelte Menge Kreatinphosphat (in μMol ausgedrückt) in diese Gleichung eingesetzt werden, um k' zu berechnen, das nach obiger Definition die Zahl der Einheiten/ml des Versuchsansatzes darstellt. Von den verschiedenen K-Werten wird das Mittel berechnet.

***Bestimmung der Kreatin-Kinase aus Kaninchenmuskeln nach* CHAPPELL *und* PERRY[1].**

Prinzip:

Es wird die Rückreaktion der obigen Gleichung benützt und das entstandene Kreatin bestimmt.

Reagentien:

1. Phosphat- oder Trispuffer, p_H 7,4.
2. $MgCl_2$ oder $MgSO_4$.
3. ADP.
4. Cystein.
5. Kreatinphosphat.
6. 0,05 m Phenylmercuriacetat in 50%igem wäßrigem Dioxan.
7. 0,3 n $Ba(OH)_2$; bei Verwendung von Trispuffer muß soviel NaOH zugesetzt werden, daß die enteiweißte Probe sich mit Phenolphthalein gerade rosa färbt.
8. $ZnSO_4 \cdot 7\,H_2O$.

Ausführung:

Der Versuchsansatz enthält 0,05 m Phosphat- oder Trispuffer, p_H 7,4, 0,005 m $MgCl_2$ oder $MgSO_4$, 0,002—0,005 m ADP, 0,01 m Cystein, 0,005 m Kreatinphosphat und wird mit der Enzymlösung und H_2O auf 2 ml gebracht. $T = 30°$ C. Nach 4 min Temperaturausgleich wird erst das Kreatinphosphat (als letztes Reagens) zugesetzt und nach 3—5 min die Reaktion durch Hinzufügen von 0,5 ml 0,05 m Phenylmercuriacetat in 50%igem wäßrigem Dioxan gestoppt.

Enteiweißung. a) Bei Phosphatpuffer nach SOMOGYI[2]: Nach der Unterbrechung werden 0,2 ml der $Ba(OH)_2$-Lösung hinzugefügt, dann 0,2 ml des $ZnSO_4$-Reagens.

[1] CHAPPELL, J. B., and S. V. PERRY: Biochem. J. **57**, 421 (1954).
[2] SOMOGYI, M.: J. biol. Ch. **160**, 69 (1945); s. Bd. III/1, S. 678.

b) Bei Trispuffer muß zur $Ba(OH)_2$-Lösung so viel NaOH zugesetzt werden, daß die enteiweißte Probe sich gerade rosa mit Phenolphthalein färbt.

Kreatinbestimmung nach EGGLETON, ELSDEN und GOUGH[1]: s. Bd. III/2, S. 1102.

Die Aktivität wird durch μg Kreatin/Std/ml Enzym ausgedrückt.

***Bestimmung der Kreatin-Kinase mittels kombinierten optischen Tests nach* OLIVER[2].**

Prinzip:

1. Kreatin + ATP $\xrightleftharpoons{\text{Kreatin-Kinase}}$ Kreatinphosphat + ADP
2. Glucose + ATP $\xrightleftharpoons{\text{Hexokinase}}$ Glucose-6-phosphat + ADP
3. Glucose-6-phosphat + TPN^+ $\xrightleftharpoons[\text{Dehydrogenase}]{\text{Glucose-6-phosphat-}}$ 6-Phosphogluconsäure + TPNH + H^+

Die Rückreaktion der Gleichung 1 wird zur Bestimmung benützt und die Bildung von ATP mit der Reduktion von TPN gekoppelt. Die Kreatinkinase-Reaktion ist geschwindigkeitsbestimmend, wenn Hexokinase und Glucose-6-phosphat-Dehydrogenase im Überschuß angewandt werden. Dann ist ATP direkt proportional dem gebildeten TPNH und die gemessene Zunahme von TPNH äquimolar dem entstandenen ATP.

Die Methode kann auch für sehr verdünnte Homogenate und Extrakte angewandt werden. Myokinase wird durch AMP völlig gehemmt und dadurch ausgeschaltet.

Reagentien:

1. Barbitursäurepuffer, p_H 8,6.
2. $MgCl_2$.
3. KCl.
4. Glucose.
5. ADP.
6. AMP.
7. TPN^+, a) *mit* Kreatinphosphat, b) *ohne* Kreatinphosphat.
8. Kupplungsenzym (rohe Hefe-Hexokinase, die auch Glucose-6-phosphat-Dehydrogenase enthält).

Ausführung:

Zur Reaktionsmischung, bestehend aus: 0,05 m Barbitursäure-Puffer, 0,01 m $MgCl_2$, 0,1 m KCl, 0,02 m Glucose, 0,001 m ADP, 0,01 m AMP, 10^{-4} m TPN^+, a) *ohne* Kreatinphosphat, b) *mit* Kreatinphosphat (0,01 m), wird 0,4 ml (4 mg Trockengewicht) Kupplungsenzym zugesetzt, wenige Minuten darauf die zu bestimmende Enzymlösung bzw. das Homogenat. Im Anfangsstadium der Reaktion wird in einem bestimmten Zeitintervall (z.B. 1 min) die Extinktionszunahme bei 340 mμ (1 cm Lichtweg) gemessen. Diese wird durch den Ansatz a (*ohne* Kreatinphosphat) korrigiert.

Berechnung:

Berechnung der entstandenen Menge TPNH s. Bd. VI/A, S. 293ff. Da jedem Mol ATP, das entsteht, 1 Mol TPNH entspricht, ergibt sich daraus ATP.

Verff. drücken die Aktivität des Enzyms durch μMol/Std/mg Frischgewicht aus.

***Bestimmung der Kreatin-Kinase mittels kombiniertem optischem Test nach* TANZER *und* GILVARG[3].**

Prinzip:

1. Kreatin + ATP $\rightleftharpoons$ Kreatinphosphat + ADP
2. Phosphoenol-pyruvat + ADP $\rightleftharpoons$ Pyruvat + ATP
3. Pyruvat + DPNH + H^+ $\rightleftharpoons$ Lactat + DPN^+

---

[1] EGGLETON, P., S. R. ELSDEN and N. GOUGH: Biochem. J. **37**, 526 (1943).

[2] OLIVER, I. T.: Biochem. J. **61**, 116 (1955).

[3] TANZER, M. L., and C. GILVARG: J. biol. Ch. **234**, 3201 (1959).

Bei Überschuß von Pyruvat-Kinase und Milchsäure-Dehydrogenase ist Reaktion 1 geschwindigkeitsbestimmend und die Abnahme von DPNH äquimolar dem entstandenen ADP.

Reagentien:

1. Glycinpuffer, p_H 9,0.
2. $MgCl_2$.
3. DPNH.
4. ATP.
5. Phosphoenol-pyruvat.
6. Kreatin.
7. Milchsäure-Dehydrogenase.
8. Pyruvat-Kinase.

Ausführung:

Das Gesamtvolumen von 1,0 ml in einer Quarzzelle (1 cm Lichtweg) enthält 150 μM Glycinpuffer, p_H 9,0; 1,00 μM $MgCl_2$; 0,32 μM DPNH; 1 μM ATP; 2 μM Phosphoenolpyruvat; 100 μM Kreatin; 0,024 μM Milchsäure-Dehydrogenase; 0,060 mg Pyruvat-Kinase.

Man wartet, bis keine Absorptionsänderung bei 340 mμ mehr eintritt (Verbrauch von etwa vorhandenem ADP oder Pyruvat), dann setzt man die zu bestimmende Kreatin-Kinase hinzu und mißt die Extinktionsabnahme bei 340 mμ in einem bestimmten Zeitintervall.

Berechnung:

der verschwundenen Menge DPNH s. S. 567. Da jedem Mol ADP, das entsteht, 1 M verschwundenes DPNH entspricht, ergibt sich daraus ADP.

***Bestimmung der Kreatin-Kinase nach* Cho *u. Mitarb.*[1].**

Diese Methode beruht darauf, daß bei der Reaktion zwischen ATP und Kreatin $\rightleftharpoons$ ADP + Kreatinphosphat bei p_H 9 ein H-Atom frei wird, das titrimetrisch bestimmt werden kann. Näheres s. Original.

1,3-Diphosphoglycerat: Kreatin-Phosphotransferase.

1,3-Di-PGS + Kreatin $\rightleftharpoons$ 3-PGS + Kreatinphosphat[2,3]

Tabelle 28. *Vorkommen und Normalwerte.*

Vorkommen	Aktivität (μMol Kreatinphosphat/20 min/37° C)
Skeletmuskel (Ratte)[2]	
0—90% Ammoniumsulfat .	1,8
0—65% Ammoniumsulfat .	1,1
0—80% Ammoniumsulfat .	2,6
Herzmuskel (Ratte)	0

***Darstellung von 1,3-Diphosphoglycerat:Kreatin-Phosphotransferase aus Ratten-Skeletmuskel nach* Cori *u. Mitarb.*[2].**

Rattenmuskel mit kaltem 0,01 m Trispuffer, p_H 8,0, 0,01 m KCl enthaltend (300 ml je 100 g Muskel), homogenisiert und 2 min bei 0° C extrahiert. Ammoniumsulfat-Fraktionierung bei 0° C durch Zugabe von festem Ammoniumsulfat ausgeführt, den p_H währenddessen durch Zusatz von 2 n KOH auf p_H 8 halten. Niederschläge 10 min bei 0° C und 25000 × g abzentrifugiert, in Trispuffer-KCl-Mischung, p_H 8, gelöst und über Nacht gegen 50—100 Vol. derselben Lösung bei 4° C dialysiert.

Beste Ammoniumsulfatfraktion: 0—90% Sättigung (63 g Ammoniumsulfat/100 ml Extrakt). Niederschlag nach Abzentrifugieren in $^1/_3$ des ursprünglichen Volumens Trispuffer-KCl-Mischung, p_H 8, gelöst und (wie oben) dialysiert.

---

[1] Cho, A. K., W. L. Haslett and D. J. Jenden: Biochem. J. **75**, 115 (1960).

[2] Cori, O., A. Traverso-Cori, M. Lagarrigue and F. Marcus: Biochem. J. **70**, 633 (1958).

[3] Cori, O., A. Traverso-Cori, F. Marcus, M. Tebas, M. Muñoz and M. Lagarrigue: Biochim. biophys. Acta **42**, 560 (1960).

Um Nucleotide zu entfernen, werden die Fraktionen langsam 10 min bei 0° C mit feuchter Tierkohle (0,1—0,2 g Trockengewicht/ml Lösung) gerührt und durch gesintertes Glas filtriert (Tierkohle vorher mit n HCl und dann mit Wasser gewaschen, bis 0,1 n $AgNO_3$ keine Trübung mehr zeigt). Die Haltbarkeit der Enzymlösungen wird durch die Tierkohlebehandlung herabgesetzt.

Das Präparat enthält noch Kreatin-Kinase. Weitere Trennung durch Anwendung von Aluminiumoxyd.

Weitere Trennungsversuche s. WOLF[1], Fraktionierung mit Ammoniumsulfat s. auch ABBA[2].

Eigenschaften. *Spezifität.* Das Enzym überträgt Phosphat aus 1,3-Di-PGS auf Kreatin *ohne* Anwesenheit von ADP.

Verwendet man Phosphoenol-brenztraubensäure als Phosphat-Donator (bei Gegenwart von Pyruvat-Kinase), so ist Anwesenheit von ADP nötig, das dann in ATP übergeführt wird[3].

Hitzebeständigkeit. Das Enzym ist weniger hitzebeständig als Kreatin-Kinase[1].

Hemmung. Das Enzym wird durch Monojodessigsäure und Ammoniumsulfat stärker gehemmt als Kreatin-Kinase[4].

***Bestimmung von 1,3-Diphosphoglycerat:Kreatin-Phosphotransferase nach* CORI *u. Mitarb.*[4].**

Prinzip:

1. Fructose-1,6-diphosphat ⇌ Glycerinaldehydphosphorsäure + Dihydroxyacetonphosphorsäure
2. Glycerinaldehydphosphorsäure + H_3PO_4 + DPN^+ ⇌ 1,3-Di-PGS + DPNH + H^+
3. Pyruvat + DPNH + H^+ ⇌ Lactat + DPN^+
4. 1,3-Di-PGS + Kreatin ⇌ 3-PGS + Kreatinphosphat

1,3-Di-PGS wird aus Fructose-1,6-diphosphat, H_3PO_4, DPN^+ durch Aldolase und Triosephosphat-Dehydrogenase gebildet, DPN^+ durch Pyruvat und Milchsäure-Dehydrogenase in oxydiertem Zustand erhalten. Das aus 1,3-Di-PGS und Kreatin gebildete Kreatinphosphat wird bestimmt.

Reagentien:

1. K-phosphatpuffer, p_H 7,4.
2. $MgCl_2$.
3. DPN^+.
4. Cystein.
5. Kaliumpyruvat.
6. Kreatin.
7. Fructose-1,6-diphosphat.
8. Milchsäure-Dehydrogenase.
9. Aldolase, kristallisiert.
10. Triosephosphat-Dehydrogenase, kristallisiert.
11. Trichloressigsäure, 10%ig.

Ausführung:

Das Endvolumen von 2 ml enthält: K-phosphatpuffer, p_H 7,4 (50 μM Phosphat); 10 μM $MgCl_2$; 0,5 μM DPN^+; 1 μM Cystein; 10 μM K-pyruvat; 100 μM Kreatin; 5 μM Fructose-1,6-diphosphat; 0,2 mg Milchsäure-Dehydrogenase, 1 mg kristallisierte Aldolase, 1 mg kristallisierte Triosephosphat-Dehydrogenase und das zu bestimmende Enzym (0,6—8,0 mg Protein/Ansatz). 20 min Inkubation bei 37° C. Dann mit dem gleichen Volumen kalter 10%iger Trichloressigsäure gestoppt, 10 min bei 0° C und 3500 × g abzentrifugiert, mit der überstehenden Lösung die Bestimmung ausgeführt. Bestimmung von Kreatinphosphat s. Bd. III/1, S. 508. Ein Leerwert ohne das Enzym wird vom Hauptwert abgezogen.

[1] WOLF, F. M.: An. Fac. Quím. Farm. Chile **10**, 35 (1958).
[2] ABBA, R. F.: An. Fac. Quím. Farm. Chile **8**, 55 (1956) (Pub. 1957).
[3] CORI, O., A. TRAVERSO-CORI, F. MARCUS, M. TEBAS, M. MUÑOZ and M. LAGARRIGUE: Biochim. biophys. Acta **42**, 560 (1960).
[4] CORI, O., A. TRAVERSO-CORI, M. LAGARRIGUE and F. MARCUS: Biochem. J. **70**, 633 (1958).

Arginin-Kinase.

[2.7.3.3 ATP:L-Arginin-Phosphotransferase.]

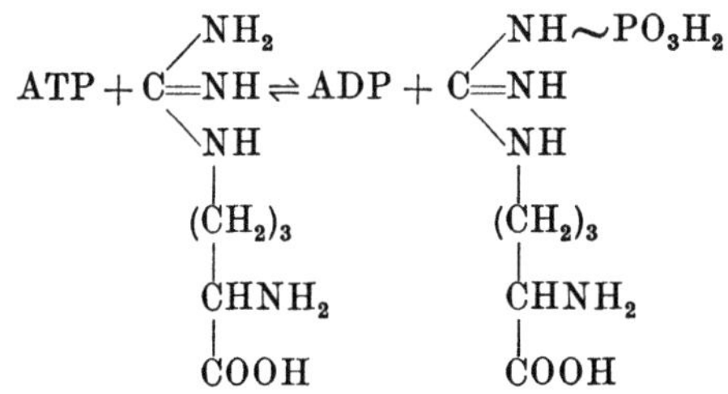

Arginin Argininphosphat

Tabelle 29. *Vorkommen und Normalwerte.*

Vorkommen	Aktivität (E/mg Protein)
Muskel verschiedener Invertebraten[1]	—
Flußkrebsmuskel[2], kristallisiertes Präp.	2700—3000
Echinoide[3]	
a) Centrostephanus rodgersii, Backenmuskeln	
Rohpräp.	230*
partiell gereinigt. Präp.	825*
b) Heliocidaris erythrogramma	
Rohpräp.	12*
partiell gereinigt. Präp.	81*
Seekrebse (Schwanzmuskel)[4]	
Extrakt	24*
erste Ammoniumsulfatfällung	34*
zweite Ammoniumsulfatfällung	67*

* Eine Einheit ist hier diejenige Enzymmenge, die 1 μM Arginin/min bei p_H 7,2 und 5° C in Freiheit setzt.

Der schnelle Adductormuskel der Kamm-Muschel enthält wesentlich mehr Arginin-Kinase als der langsame[5].

***Darstellung von Arginin-Kinase aus Flußkrebsmuskeln nach* Szorényi *u. Mitarb.*[2].**

Bein- und Scherenmuskulatur bei 0° C zerkleinert, mit Eiswasser 40 min extrahiert, ausgedrückt, zentrifugiert. Überstehende Lösung mit Ammoniumsulfat (43,2 g/100 ml) gefällt, rasch filtriert. Filtrat gibt in 24 Std zwei Arten von Kristallen, hauptsächlich bipyramidale und einige kubische. Nach 5—10tägigem Stehen in der Kälte wird abzentrifugiert und der Niederschlag in kleinem Volumen Ammoniumsulfatlösung (0,6 gesättigt) aufbewahrt. Ausbeute: 1,3 g/kg.

Trennung der beiden Kristallformen. Originallösung 40 Std bei 0° C gehalten, um Kristallisation der kubischen Form zu vervollständigen. Diese durch Zentrifugieren abtrennen, mehrere Std bei 20° C stehenlassen; bipyramidale Form kristallisiert rein aus. Letztere katalysiert obige Reaktion. Kubische Kristalle erst nach Zusatz von Mn^{++}, Mg^{++} oder Ca^{++} wirksam.

***Darstellung von Arginin-Kinase aus Seekrebsmuskel nach* Morrison *u. Mitarb.*[4].**

Alle Operationen bei 5° C ausgeführt. Die Schwanzmuskeln von sechs Krebsen *(Jasus verreauxi)* schnell herausgenommen und zweimal durch die Maschine gegeben. 500 g

[1] Lehmann, H.: B. Z. **281**, 271 (1935). — Lohmann, K.: B. Z. **282**, 109 (1935).
[2] Szorényi, E. T., P. D. Dvornikova u. R. G. Degtyar: Dokl. Akad. Nauk SSSR **67**, 341 (1949) [C. A. **43**, 8410].
[3] Griffiths, D. E., J. F. Morrison and A. H. Ennor: Biochem. J. **65**, 612 (1957).
[4] Morrison, J. F., D. E. Griffiths and A. H. Ennor: Biochem. J. **65**, 143 (1957).
[5] Tonomura, Y., and H. Matsumiya: Arch. Biochem. **59**, 76 (1955).

Muskelbrei 30 min unter Rühren mit 3 Vol. Wasser extrahiert und dann 15 min bei 1000 ×g und 0° C abzentrifugiert. Produkt setzt sich schlecht ab, vorsichtig die oberste Schicht dekantieren. Die beiden untersten Schichten durch 30 min langes Rühren mit 1,5 Vol. Wasser (750 ml) wieder extrahiert, wieder 15 min bei 0° C bei 1000 ×g abzentrifugiert. Überstehende opalescierende Flüssigkeit vom festen Rückstand abgegossen und mit erstem Extrakt vereinigt. p_H der vereinigten Extrakte = 6,6. Dritter Extrakt, nur wenig Aktivität enthaltend, verworfen.

Erste Ammoniumsulfat-Fraktionierung. Zu je 500 ml Extrakt (zwei Portionen) festes Ammoniumsulfat (31,5 g/100 ml) langsam unter mechanischem Rühren zugegeben, Niederschlag bei 5000 ×g 10 min bei 0° C abzentrifugiert und verworfen. Zur klaren farblosen überstehenden Flüssigkeit festes Ammoniumsulfat (10,5 g/100 ml ursprünglicher Extrakt) langsam unter mechanischem Rühren zugegeben. Grauer Niederschlag 10 min bei 0° C und 5000 ×g abzentrifugiert, überstehende Flüssigkeit verworfen. Die beiden Niederschläge in je 100 ml Wasser gelöst und vereinigt.

Zweite Ammoniumsulfat-Fraktionierung. Gesättigte Ammoniumsulfatlösung bei 5° C durch Zugabe von 17 n Ammoniak auf p_H 8,2 gebracht. Diese Lösung unter mechanischem Rühren zur Enzymlösung der vorangehenden Stufe bis zur Sättigung 0,7 zugegeben. Grauer Niederschlag, 10 min bei 0° C und 5000 ×g abzentrifugiert, verworfen. Überstehende Lösung durch weitere Zugabe der alkalischen Ammoniumsulfatlösung auf Sättigung 0,8 gebracht. Suspension bei 5000 ×g 15 min bei 0° C abzentrifugiert, überstehende Flüssigkeit verworfen und weißen Niederschlag in Wasser bis zum Endvolumen 50 ml gelöst.

***Darstellung von Arginin-Kinase aus den Backenmuskeln von Heliocidaris erythrogramma nach* GRIFFITHS *u. Mitarb.*[1].**

Wäßrige Extrakte enthalten sowohl Arginin- als auch Kreatin-Kinase in etwa gleicher Menge. Trennung durch Ammoniumsulfat-Fraktionierung: 28—35 g Ammoniumsulfat je 100 ml Extrakt führt zur Ausfällung von Kreatin-Kinase, 42—63 g Ammoniumsulfat je 100 ml Extrakt zur Ausfällung von Arginin-Kinase.

Eigenschaften. *Spezifität.* Das Enzym aus Seekrebsmuskeln phosphoryliert außer Arginin noch Homoarginin und Canavanin. ATP kann nicht durch ITP ersetzt werden[2].

Tabelle 30. *p_H-Optimum.*

Herkunft des Enzyms	Reaktion	p_H-Optimum
Flußkrebsmuskel[3]	Vorwärts-Reaktion	9,1
Seekrebsmuskel[2]	Vorwärts-Reaktion	8,4—8,5
Seekrebsmuskel[2]	Rückwärts-Reaktion	6,6—7,0

Tabelle 31. *Gleichgewichtskonstanten*[3].

p_H	Metallionen	K
9,1	—	6
9,1	0,01 n Mg^{++}	12
9,1	0,01 n Ca^{++}	24
9,1	0,01 n Mn^{++}	54
6,1	—	500

Das partiell gereinigte Enzym aus Backenmuskeln von *Centrostephanus rodgersii* ist spezifisch auf die Phosphorylierung von Arginin eingestellt, phosphoryliert nicht Kreatin, Glykocyamin und Taurocyamin[1].

Isoelektrischer Punkt. a) Flußkrebsmuskel[3]. Isoelektrischer Punkt der bipyramidalen Form: 3,5; der kubischen Form: 5,8. *b) Seekrebsmuskel*[2]. Isoelektrischer Punkt: 5,0.

Wechselzahl. Bei optimalen Bedingungen (Temperatur 25° C) beträgt die Wechselzahl für kristallisierte Arginin-Kinase aus dem Muskel von *Potamobus astacus* 3700[4].

Die *Gleichgewichtskonstante* $K = \frac{[\text{Arginin}][\text{ATP}]}{[\text{Argininphosphat}][\text{ADP}]}$ ist abhängig sowohl vom p_H als auch vom Zusatz zweiwertiger Metallionen[3].

[1] GRIFFITHS, D. E., J. F. MORRISON and A. H. ENNOR: Biochem. J. **65**, 612 (1957).
[2] MORRISON, J. F., D. E. GRIFFITHS and A. H. ENNOR: Biochem. J. **65**, 143 (1957).
[3] SZORÉNYI, E. T., P. D. DVORNIKOVA u. R. G. DEGTYAR: Dokl. Akad. Nauk SSSR **67**, 341 (1949) [C. A. **43**, 8410].
[4] ELODI, P., u. E. SZORÉNYI: Acta physiol. hung. **9**, 367 (1956).

Aktivierung und Hemmung. Mn^{++}, Mg^{++} und Ca^{++} wirken in beiden Richtungen aktivierend[1–3], nach MORRISON u. Mitarb.[2] wird jedoch das Muskelenzym vom Seekrebs nicht durch Ca^{++} aktiviert. Auch das Enzym aus *Centrostephanus rodgersii* und *Heliocidaris erythrogramma* wird durch Mg^{++} und Mn^{++} aktiviert, jedoch nicht durch Ca^{++} [5].

Das Enzym bildet mit Mg^{++} einen aktiven Mg-Arginin-Phosphokinasekomplex[4]. Die Rückreaktion wird kompetitiv durch ADP und durch Ca^{++} gehemmt, die Vorwärtsreaktion durch ATP (wenn $C_{ATP}:C_{ADP} = 10:1$) und etwas durch Adenylsäure[4]. Hemmung durch Jodacetat und p-Chlormercuribenzoat, das Enzym benötigt also freie SH-Gruppen für seine Aktivität[2]. Arginin-Kinase aus Flußkrebsmuskel wird bei 50° C (10 min) inaktiviert, ebenso durch Dialyse gegen destilliertes Wasser[1]. Das Enzymprotein enthält 0,267 % Mn.

Tabelle 32. MICHAELIS-*Konstanten der Arginin-Kinase aus Seekrebsmuskeln*[4].

Substrat	K_M (Mol/l)
ADP*	$2{,}4 \times 10^{-4}$
Argininphosphat	$1{,}2 \times 10^{-3}$
ATP*	$2{,}5 \times 10^{-3}$
Arginin	$3{,}2 \times 10^{-3}$

* Bei konstanter Mg^{++}-Konzentration (5×10^{-3} m für Bestimmung von ADP und 10^{-2} m für Bestimmung von ATP).

***Bestimmung der Arginin-Kinase nach* MORRISON *u. Mitarb.*[2].**

Prinzip:

$$\text{ATP} + \text{Arginin} \rightleftharpoons \text{ADP} + \text{Argininphosphat}$$

a) Hinreaktion. Das entstandene Argininphosphat wird hydrolytisch aufgespalten und das frei gewordene anorganische Phosphat bestimmt.

Reagentien:

1. 0,1 m Arginin.
2. 0,05 m ATP.
3. 0,1 m $MgSO_4$.
4. 0,5 m N-Äthylmorpholin, p_H 8,4.
5. 0,05 m N-Äthylmorpholin, p_H 8,4.

Ausführung:

0,8 ml einer Lösung, enthaltend 0,1 ml 0,1 m Arginin, 0,1 ml 0,05 m ATP, 0,1 ml 0,1 m $MgSO_4$, 0,1 ml 0,5 m N-Äthylmorpholin (p_H 8,4) und 0,4 ml Wasser, werden bei 5° C im Wasserbad äquilibriert und die Reaktion durch Zusatz von 0,2 ml des Enzyms gestartet. Das Enzym vorher mit N-Äthylmorpholin (0,05 m, p_H 8,4) verdünnt, so daß Puffer-Konzentration im Endeffekt 0,06 m.

Zu bestimmten Zeiten aliquote Teile entnommen und wie bei Kreatin-Kinase, Methode nach KUBY u. Mitarb. (S. 565), weiter behandelt.

b) Rückreaktion. Das freigesetzte Arginin wird bestimmt.

Reagentien:

1. 0,5 m N-Äthylmorpholin, p_H 7,2.
2. 0,05 m Argininphosphat.
3. 0,1 m $MgSO_4$.
4. 0,01 m ADP.
5. EDTA-NaOH-Mischung (0,4 ml 0,2 m EDTA auf p_H 7,6 gebracht und 0,6 ml 5 n NaOH).

Ausführung:

0,8 ml, enthaltend 0,1 ml 0,5 m N-Äthylmorpholin (p_H 7,2), 0,1 ml 0,05 m Argininphosphat, 0,1 ml 0,1 m $MgSO_4$, 0,1 ml 0,01 m ADP und 0,4 ml H_2O, werden im Wasserbad bei 5° C äquilibriert und die Reaktion durch Zugabe von 0,2 ml Enzym gestartet (vorher Verdünnung des Enzyms mit Puffer wie oben, nur daß der p_H hier 7,2 beträgt).

[1] SZORÉNYI, E. T., P. D. DVORNIKOVA u. R. G. DEGTYAR: Dokl. Akad. Nauk SSSR **67**, 341 (1949) [C. A. **43**, 8410].
[2] MORRISON, J. F., D. E. GRIFFITHS and A. H. ENNOR: Biochem. J. **65**, 143 (1957).
[3] LEHMANN, H.: B. Z. **281**, 271 (1935). — LOHMANN, K.: B. Z. **282**, 109 (1935).
[4] GRIFFITHS, D. E., J. F. MORRISON and A. H. ENNOR: Biochem. J. **65**, 153 (1957).
[5] GRIFFITHS, D. E., J. F. MORRISON and A. H. ENNOR: Biochem. J. **65**, 612 (1957).

Nach beendeter Inkubation wird die Reaktion durch Zugabe von 1,0 ml EDTA-NaOH-Mischung gestoppt und das in Freiheit gesetzte Arginin nach ROSENBERG u. Mitarb.[1] bestimmt.

Enzymeinheit. Eine Einheit ist diejenige Menge Enzym, die (bei der Rückreaktion) 1 μM Arginin aus Argininphosphat in 1 min bei p_H 7,2 und 5° C in Freiheit setzt.

Berechnung:

Das erhaltene Arginin wird auf Einheiten umgerechnet.

Weitere weniger bekannte Guanidinbasen-Phosphotransferasen vom Typ der Kreatin- bzw. Arginin-Kinase.

Tabelle 33. *Phosphat-Donator: ATP; Phosphat-Acceptor: Guanidinbase.*

Vorkommen	Substrat	p_H-Optimum	Aktivität	Ausgedrückt durch
Polychäten[2] gereinigt. Präp.	Taurocyamin (Amidino-taurin) spezifisch	—	16,7	μMol übertragener P/mg Protein/min
Arenicola marina[3, 4] (Muskel)	Taurocyamin spezifisch	8,9 (Hinreaktion)	—	—
Nereis diversicolor[3] (Extrakt vom Gesamtorganismus)	Glykocyamin spezifisch	7,1 (Rückreaktion)	—	—
Lumbricus terrestris L.[5] (Erdwurm) Homogenat	Lombricin (Guanidino-äthyl-serylphosphat)	9,0	22,4	μg übertragener P/5 ml
desgl.	Guanidino-äthanol-phosphat	9,0	19,6	desgl.
desgl.	Taurocyamin	9,0	18,4	desgl.
Megascolides cameroni[6] (Riesen-Erdwurm)	Lombricin *	8,4	80	% Phosphorylierung je 10 min/30° C

* L-Lombricin wird schneller phosphoryliert als die natürlich vorkommenden D-Isomeren[6].

N-Phosphoryl-lombricin ist das Phosphagen der Erdwürmer. Nur die säurehaltigen Basen (Lombricin, Guanidino-äthanol-phosphat, Taurocyamin und Glykocyamin) werden phosphoryliert. Auch bei diesen Phosphotransferasen ist die Anwesenheit von Mg^{++} oder Mn^{++} oder Co^{++} notwendig.

Tabelle 34. *Annelidenmuskel-Guanidinbasen-Phosphotransferasen*[7].

Herkunft des Enzyms, Extrakte von	Gebildete μMol Guanidinphosphat			
	Taurocyamin-phosphat	Glykocyamin-phosphat	Arginin-phosphat	Kreatin-phosphat
Arenicola marina (Körperwand)	5,0	1,25	0	0
Nereis diversicolor	0,4	6,5	0	0
N. fucata	0	5,8	0	2,0
Hermione hystrix	0	0	0	4,5
Aphrodite aculeata	0	0	0	1,25
Myxicola infundibulum	1,5	0	0	0
Nephtyscacea	0	1,7	0	1,7

In den Anneliden sind Taurocyaminphosphat, Glykocyaminphosphat und Kreatinphosphat als Phosphagene enthalten.

[1] ROSENBERG, H., A. H. ENNOR and J. F. MORRISON: Biochem. J. **63**, 153 (1956).
[2] PRADEL, L. A., and NGUYEN VAN THOAI: Coll. int. Centre nat. Rech. sci. Nr. 92, 419 (1959).
[3] NGUYEN VAN THOAI: Bull. Soc. Chim. biol. **39**, 197 (1957).
[4] NGUYEN VAN THOAI, and J. ROCHE: Biochimija, Moskva **22**, 319 (1957).
[5] PANT, R.: Biochem. J. **73**, 30 (1959).
[6] ROSENBERG, H., R. J. ROSSITTER, T. GAFFNEY, A. H. ENNOR: Biochim. biophys. Acta **37**, 387 (1960).
[7] HOBSON, G. E., and K. R. REES: Biochem. J. **65**, 305 (1957).

5. Phosphotransferasen mit Proteinen als Acceptor.

Protein-Kinase.

[2.7.1.37 ATP: Protein-Phosphotransferase.]

ATP + Casein ⇌ ADP + phosphoryliertes Casein

ATP + Dephosvitin ⇌ ADP + Phosvitin

Die Reaktion ist reversibel.

Tabelle 35. *Vorkommen und Normalwerte.*

Vorkommen	Substrat	Aktivität	Ausgedrückt durch
Brauereihefe[1]			
Rohextrakt	Dephosvitin *	0,17	Einheiten/mg Protein
Ammoniumsulfat, 0—50%	desgl.	0,81	desgl.
p_H 4,5, Niederschlag	desgl.	0,92	desgl.
Protamin-Überstand	desgl.	3,5	desgl.
DEAE-Cellulose-Filtrat	desgl.	9,2	desgl.
erste Calciumphosphat-Adsorption	desgl.	15,0	desgl.
DEAE-Cellulose-Chromatographie	desgl.	80,4	desgl.
zweite Calciumphosphat-Adsorption	desgl.	108,0	desgl.
Stärke-Elektrophorese	desgl.	260—558	desgl.
Kalbshirn[1]			
partiell gereinigt. Präp.	Dephosvitin	etwa 10	desgl.
desgl.	β-Casein-phosphopepton	99,000	c.p.m./2 Std/37° C
Rattenleber[2]			
Mitochondrien	α-Casein	3204	c.p.m./Std/37° C
partiell gereinigt. Präp. (Mitochondrien)	Casein	353	desgl.

* Aus Eigelb erhaltenes Protein, das teilweise dephosphoryliert wurde (s. Bd. IV, S. 446 u. 657).

***Darstellung von Protein-Kinase aus Brauereihefe nach* Rubinowitz *und* Lipmann[1].**

Getrocknete Brauereihefe 10 Std bei 37° C mit 4 Vol. 0,1 n $NaHCO_3$ extrahiert, klarer Extrakt abzentrifugiert, festes Ammoniumsulfat bis 0,5 Sättigung zugegeben und Niederschlag in der Hälfte des ursprünglichen Volumens 0,05 m Phosphat, p_H 6,8, gelöst, p_H dann mit 1 n Essigsäure auf 4,5 gebracht. Niederschlag in der Hälfte des ursprünglichen Volumens gelöst und der p_H mit verdünnter KOH sorgfältig auf 7,5 gebracht. 0,7 ml 2% Protamin auf 100 mg Protein zugesetzt und Niederschlag verworfen. Um mehr inaktives Material zu entfernen, die blaßgelbe überstehende Flüssigkeit durch eine 25 × 2 cm DEAE-Cellulose-Säule (200—300 ml/Std) laufen lassen, nachdem die Säule vorher mit 2 l 0,01 m Phosphat, p_H 7,2, ausgewaschen wurde. Dann das Enzym an Calciumphosphat-Gel (1,5 mg/mg Protein) adsorbiert und zweimal mit 0,3 m Phosphat, p_H 7,5, eluiert. Vereinigte Eluate 18 Std gegen 50 Vol. 0,01 m Phosphatpuffer, p_H 7,2, und $2{,}5 \times 10^{-3}$ m Versen dialysiert (zweimaliger Pufferwechsel), Ca-phosphat-Gel entfernt größten Teil der Myokinase.

Die Fraktion wird dann lyophilisiert, in wenig Wasser gelöst und 12 Std gegen 0,01 m Phosphat, p_H 7,2, dialysiert. Die konzentrierte Lösung (etwa 5 ml) wieder durch DEAE-Säule (15 × 1 cm) geschickt, dann mit 0,01 m Phosphat, p_H 7,2, eluiert (8—15 ml/Std). Aktivität in den ersten 75 ml Eluat vorhanden. Vereinigte Eluate wieder an Ca-phosphat-Gel adsorbiert (1 mg Gel/mg Protein) und wieder eluiert wie zuvor. Eluate gegen 0,01 m Phosphat, p_H 7,2, und $2{,}5 \times 10^{-3}$ m Versen 12 Std dialysiert und dann lyophilisiert.

Letzter Schritt: Stärke-Elektrophorese nach Kunkel[3]. Lyophilisierte Fraktion in 0,5 bis 1,5 ml Wasser gelöst und dialysiert gegen: 0,075 m Tris, p_H 8,1; 0,015 m K_2HPO_4; 0,025 m Versen und 0,0005 m Glutathion (Puffer für Elektrophorese). Das Enzym auf einen 30 × 5 × 1 cm Block in der Mitte zwischen Anode und Kathode gebracht. Das Enzym

[1] Rubinowitz, M., and F. Lipmann: J. biol. Ch. **235**, 1043 (1960).
[2] Burnett, G., and E. P. Kennedy: J. biol. Ch. **211**, 969 (1954).
[3] Kunkel, H. G.: Meth. biochem. Analysis Bd. I, S. 141, 1954.

wandert zur Anode, die meisten Verunreinigungen zur Kathode. Dieses hochgereinigte Enzympräparat ist in verdünnter Phosphatlösung bei $-10°$ C mehrere Monate haltbar.

***Darstellung von Protein-Kinase aus Kälberhirn nach* Rubinowitz *und* Lipmann**[1]**.** Stabile Aceton-Butanol-Trockenpräparate aus frischem Kalbshirn nach Morton[2] dargestellt, das Pulver bei 4° C mit 25 Vol. 0,1 m Phosphatpuffer, p_H 6,8, extrahiert, abzentrifugiert. Überstehende Flüssigkeit mit 1 n Essigsäure auf p_H 4,5 gebracht, Niederschlag in Hälfte des ursprünglichen Volumens 0,05 m Phosphatpuffer, p_H 6,8, gelöst, Ammoniumsulfat bis 0,3 Sättigung zugesetzt, Niederschlag verworfen. Ammoniumsulfat zur überstehenden Flüssigkeit bis 0,45 Sättigung zugegeben, diese Fällung abzentrifugiert und in 0,05 m Phosphatpuffer gelöst (15—25fache Reinigung, 60—70% Ausbeute).

Eigenschaften. *Spezifität.* Das Enzym (gereinigtes Hefeenzym) ist spezifisch auf Phosvitin, Casein und Peptide aus beiden eingestellt. Das Enzym phosphoryliert nicht Phosphorylase b, ist also verschieden von Phosphorylase b-Phosphokinase. Auch freies Serin wird nicht phosphoryliert, obwohl in Phosvitin — in dem etwa jede zweite Aminosäure Serin ist — das übertragene Phosphat an Serin gebunden sein muß. Nach Burnett und Kennedy[3] wird bei der Phosphorylierung von Casein das Phosphat auf Serin-Hydroxylgruppen übertragen.

p_H-Optimum. Vorwärtsreaktion (ATP + Dephosvitin): p_H 7—8; Rückwärtsreaktion (ADP + Phosvitin): etwa 6,5.

Gleichgewichtskonstante $K = \frac{c_{ADP} \times c_{Dephosvitin}}{c_{ATP} \times c_{Phosvitin}} = 20—50$ (p_H 6,3).

Aktivierung und Hemmung. Mg^{++} sind für die Aktivität des Enzyms notwendig[1,3]. Andere zweiwertige Kationen Mn^{++}, Co^{++}, Fe^{++}, Zn^{++} und Cu^{++} wirken bei Konzentration 10^{-3} m hemmend. Anorganisches Phosphat hemmt das Hefeenzym, aktiviert jedoch das Enzym aus Gehirn[1]. Sulfhydryl-Reagentien sind unwirksam.

Spezifische Aktivität. μMol Phosphat, die pro Std und pro mg Enzym-Protein unter bestimmten Bedingungen (s. unten) auf Phosvitin übertragen werden.

***Bestimmung der Protein-Kinase nach* Rubinowitz *und* Lipmann**[1]**.**

Prinzip:

$$AT^{32}P + \text{Dephosvitin} \rightleftharpoons ADP + \text{Phosvitin}\ (^{32}P) + H^+$$

Die übertragene Menge ^{32}P aus $AT^{32}P$ auf 20—40% dephosphoryliertes Phosvitin wird bestimmt.

Reagentien:

1. Phosvitin, partiell dephosphoryliert.
2. $AT^{32}P$ ($10—20 \times 10^3$ c.p.m. pro μMol säurelabiles Phosphat).
3. Magnesium.
4. Trischlorid, p_H 7,5 (bei Gehirnenzym statt Trispuffer Phosphatpuffer).
5. Trichloressigsäure.

Ausführung:

Das Gesamtvolumen von 1,0 ml enthält: 2 mg Phosvitin, 1 μM $AT^{32}P$, 5 μM Mg^{++}, 50 μM Trischlorid, p_H 7,5 (bei Gehirnenzym statt Trispuffer 50 μM Phosphatpuffer) und das Enzym (Enzym-Konzentration so bemessen, daß während der Versuchszeit weniger als 20% Übertragung von ^{32}P auf Phosvitin erfolgt).

Nach 15 min bei 37° C Fällung von Phosvitin durch Trichloressigsäure (Endkonzentration 10%). Niederschlag dreimal mit 10% Trichloressigsäure ausgewaschen, getrocknet und die Radioaktivität darin ermittelt.

Berechnung:

Aus der Radioaktivität errechnet sich die Menge des übertragenen Phosphors. Umrechnung auf spezifische Aktivität.

---

[1] Rubinowitz, M., and F. Lipmann: J. biol. Ch. **235**, 1043 (1960).
[2] Morton, R. K.; in: Colowick-Kaplan, Meth. Enzymol. Bd. I, S. 25.
[3] Burnett, G., and E. P. Kennedy: J. biol. Ch. **211**, 969 (1954).

6. Enzyme, die verschiedene Verbindungen mittels ATP aktivieren, wobei Phosphat oder AMP übertragen werden.

Aktivierung von Sulfat.

Zusammenwirken von Sulfat-Adenyltransferase (ATP-Sulfurylase) [2.7.7.4 ATP: Sulfat-Adenylyltransferase] und Adenylylsulfat-Kinase (APS-Kinase) [2.7.1.25 ATP: Adenylylsulfat-3′-Phosphotransferase.]

Die Sulfataktivierung verläuft in zwei Stufen[1]:

1.

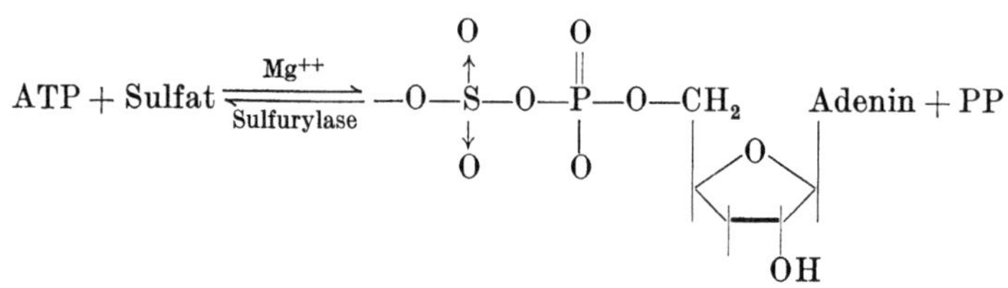

Adenosin-5′-phosphosulfat (APS)

2. ATP + Adenin-5′-phosphosulfat $\xrightarrow[\text{Adenosin-5'-phosphosulfat-Kinase (APS-Kinase)}]{Mg^{++}}$ Adenosin-3′-phosphat-5′-phosphosulfat (PAPS) + ADP

Tabelle 36. *Vorkommen und Normalwerte.*

Vorkommen	ATP-Sulfurylase		APS-Kinase	
	Aktivität	ausgedrückt durch	Aktivität	ausgedrückt durch
Bäckerhefe[2], Rohextrakt . .	5,6	μMol PP/mg Protein/Std	—	μMol PAPS/mg Protein/Std
Partiell gereinigt. Präp. aus gleichem Extrakt	32,0	desgl.	0,37	desgl.
Bäckerhefe[3], gereinigt. Präp. .	—	—	12,5	desgl.
Rattenleber[4], Extrakt	2,5	μMol ATP/ml/30 min/ 37° C	*	—
P-815 Mäuse-Tumor[5] (fest) Extrakt	—	—	31,500	c.p.m./ml (synthetisiertes PAPS)
P-815 Mäuse-Tumor (Ascites) Extrakt	—	—	28,000	desgl.
Leberextrakt, Maus	—	—	20,500	desgl.
Isthmus d. Eileiters[6] (Henne) Extrakt	—	—	—	—
Neurospora[7], dialys. Extrakt	2,13	μMol Phosphat/ Std/30° C	—	—
Küken-Embryo[8], Knorpel . .	—	—	—	—

* Leber-APS-Kinase noch nicht isoliert, das Auftreten von PAPS in der Leber zeigt aber, daß das Enzym vorhanden ist[9].

Darstellung von ATP-Sulfurylase aus Bäckerhefe nach Robbins *und* Lipmann[2].

Extraktion. 8 Pfund gefrorene Hefe zu 3,6 l 0,05 m KH_2PO_4 hinzugegeben, bei Zimmertemperatur bis zum Schmelzen der Hefe gerührt. Weitere Extraktion der Hefe

[1] Lipmann, F.: Science, N.Y. **128**, 575 (1958).
[2] Robbins, P. W., and F. Lipmann: J. biol. Ch. **233**, 681 (1958).
[3] Robbins, P. W., and F. Lipmann: Am. Soc. **78**, 6409 (1956).
[4] Robbins, P. W., and F. Lipmann: J. biol. Ch. **233**, 686 (1958).
[5] Pasternak, C. A.: J. biol. Ch. **235**, 438 (1960).
[6] Suzuki, S., and J. L. Strominger: J. biol. Ch. **235**, 257 (1960).
[7] Ragland, J. B.: Arch. Biochem. **84**, 541 (1959).
[8] D'Abramo, F., and F. Lipmann: Biochim. biophys. Acta **25**, 211 (1957).
[9] Brunngraber, E. G.: J. biol. Ch. **233**, 472 (1958).

16 Std bei 2° C unter Rühren. Alle weiteren Schritte bei 0—4° C. 1 Std abzentrifugiert bei 2500 r.p.m., Volumen der überstehenden trüben Lösung = 4,5 l (Fraktion I).

Ansäuern und Fällung mit NaCl. p_H des Extraktes durch Zufügen von 100 ml 0,2 m Essigsäure unter Rühren auf p_H 5 gebracht, bei 5000 r.p.m. 5 min zentrifugiert und Niederschlag verworfen. Zu 4,3 l der überstehenden Flüssigkeit (Fraktion II) 1,08 kg p. a. NaCl langsam unter Rühren zugegeben, Niederschlag 16 Std bei 2° C belassen. Überstehende Flüssigkeit abgesaugt und Niederschlag 8 min in Servall SS-1-Zentrifuge zentrifugiert, überstehende Flüssigkeit verworfen und das ausgefällte Protein in etwa 300 ml 0,02 m Trispuffer gelöst. p_H durch vorsichtiges Zugeben von etwas 2 n KOH auf etwa 7 gebracht. Diese Fällung (Fraktion III) ist stabil, kann monatelang im Tiefkühlschrank aufbewahrt werden.

Fraktion III 22 Std gegen 16 l 0,01 m Tris, 10^{-3} m EDTA, p_H 7,5 dialysiert und zur dialysierten Lösung verdünnte Essigsäure bis zum p_H 5,8 zugesetzt. Unter diesen Bedingungen wird ATP-Sulfurylase ausgefällt, während APS-Kinase in Lösung bleibt (Fällung = Fraktion IV). Diese 15 min bei 5000 r.p.m. zentrifugiert und die überstehende Flüssigkeit (Fraktion V) zur Isolierung der APS-Kinase benützt.

Fraktionierung von ATP-Sulfurylase mit Ammoniumsulfat. Fraktion IV in 30 ml 0,01 m Trispuffer, p_H 8, 0,001 m ATP enthaltend, gelöst auf 50 ml Vol. gebracht und 33 ml gesättigtes alkalisches Ammoniumsulfat zugefügt, sofort 10 min in Servall-Zentrifuge abzentrifugiert und braunen Niederschlag verworfen. Zur überstehenden Flüssigkeit 16 ml alkalisches Ammoniumsulfat zugegeben, nach einstündigem Stehen 10 min abzentrifugiert und der helle Niederschlag in etwa 1 ml 0,02 m Trispuffer, p_H 7,5, gelöst und über Nacht gegen Tris-EDTA dialysiert (Fraktion VI). Weitere Reinigung durch Resin-Elektrophorese[1].

Darstellung von Adenosin-5'-phosphosulfat-Kinase aus Bäckerhefe nach ROBBINS **und** LIPMANN[2].

Äthanolfällung. Fraktion V (s. oben) mit 0,2 m Essigsäure auf p_H 5,2 gebracht und 10 min bei 5000 r.p.m. zentrifugiert, Niederschlag verworfen. Überstehende Flüssigkeit in Eis-NaCl-Mischung abgekühlt und genau 0,1 Vol. kalter 95%iger Äthylalkohol unter Rühren zugegeben (Temperatur zwischen —1 und —3° C gehalten). Niederschlag bei 5000 r.p.m. und —2° C 15 min abzentrifugiert, überstehende Flüssigkeit verworfen und Niederschlag in 25 ml 0,02 m Tris, p_H 8, gelöst (Fraktion VIII). Diese stellt ziemlich stabile APS-Kinase dar.

Fraktionierung mit Ammoniumsulfat. Fraktion VIII auf 30 ml verdünnt und 20 ml alkalisches Ammoniumsulfat unter Rühren zugesetzt. Nach 15 min langem Stehen 10 min in der Servall SS-1-Zentrifuge abzentrifugiert, Niederschlag verworfen und 10 ml alkalische Ammoniumsulfatlösung zur überstehenden Flüssigkeit gegeben. Nach einstündigem Stehen 10 min abzentrifugiert und der Niederschlag in 5 ml 0,02 m Tris, p_H 7,5, gelöst (Fraktion IX).

Hierbei wurden gelegentlich Präparate erhalten, die beim Aufbewahren im Tiefkühlschrank an Aktivität verloren.

Spezifische Aktivität der verschiedenen Fraktionen s. Tabelle 37.

Eigenschaften. *Spezifität. a) ATP-Sulfurylase.* Nur Sulfat und Selenat bilden ein stabiles Säureanhydrid mit Adenylsäure (APS bzw. APSe), jedoch nicht Sulfit, Chromat, Wolframat oder Molybdat[3]. ADP, Inosintriphosphat, Uridintriphosphat, Cytidintriphosphat und Guanosintriphosphat vermögen ATP nicht zu ersetzen[1,3].

b) ADP-Sulfurylase. Es gibt außerdem (in Bäckerhefe) noch eine ADP-Sulfurylase[2], die folgende Reaktion katalysiert:

$$\text{ADP} + \text{Sulfat} \rightleftharpoons \text{APS} + \text{P}_i .$$

---

[1] ROBBINS, P. W., and F. LIPMANN: J. biol. Ch. **233**, 686 (1958).
[2] ROBBINS, P. W., and F. LIPMANN: J. biol. Ch. **233**, 681 (1958).
[3] WILSON, L. G., and S. BANDURSKI: J. biol. Ch. **233**, 975 (1958).

Tabelle 37. *Trennung von APS-Kinase und ADP-Sulfurylase von ATP-Sulfurylase*[1].

Fraktion	ATP-Sulfurylase spez. Aktivität	ADP-Sulfurylase spez. Aktivität	APS-Kinase spez. Aktivität
I. Rohextrakt	5,6	2,0	—
II. Saurer Überstand	8,1	1,0	—
III. NaCl-Fällung	32	4,6	0,37
IV. Saurer Niederschlag	47	1,2	0,15
V. 40—50 % Ammoniumsulfatfällung	2600	0	2,0
VI. Elektrophorese	7100	0	0
VII. Äthanolfällung	0	6,3	0,94
VIII. Ammoniumsulfatfällung	—	—	3,0

Sie benötigt im Gegensatz zur ATP-Sulfurylase keine Mg-Ionen und läßt sich bei der Reinigung der ATP-Sulfurylase leicht von ihr trennen (s. Tabelle 2). Sie kann ebenso wie ATP-Sulfurylase durch die Rückreaktion bestimmt werden. Die Arsenolyse von APS zu AMP + Sulfat kann sowohl von ATP-Sulfurylase als auch von ADP-Sulfurylase bewerkstelligt werden.

c) APS-Kinase. Bei APS-Kinase kann ATP auch durch Cytidintriphosphat, Inosintriphosphat, Guanosintriphosphat und Uridintriphosphat ersetzt werden. Da die Reinigung von APS-Kinase noch nicht vollständig gelungen ist, kann die Aktivität dieser anderen P-Donatoren auch durch eine Verunreinigung mit Diphosphokinase vorgetäuscht sein.

Adenosin-5'-phosphosulfat kann nicht durch Inosinphosphosulfat ersetzt werden[1].

p_H-Optimum. Das p_H-Optimum der ATP-Sulfurylase liegt zwischen p_H 7,5—9[1]. APS-Kinase hat ein scharfes p_H-Optimum zwischen p_H 8,5 und 9[2].

Energetische Daten[2].

$ATP + SO_4^{=} + H^+ \rightleftharpoons APS + PP$	ATP-Sulfurylase	$\Delta F = +11000$
$PP + H_2O \rightarrow 2\,P_i + H^+$	Pyrophosphatase	$\Delta F = -\ 5000$
$APS + ATP \rightarrow PAPS + ADP + H^+$	APS-Kinase	$\Delta F = -\ 6000$
$2\,ATP + SO_4^{=} \rightarrow PAPS + 2\,P_i + ADP + H^+$		$\Delta F = \ 0$

Gleichgewichtskonstanten. Gleichgewichtskonstante der ATP-Sulfurylase bei p_H 8 und 37° C[2]:

$$K = \frac{(APS) \times (PP)}{(ATP) \times (SO_4^{=})} = 10^{-8}.$$

Gleichgewichtskonstante der APS-Kinase: $K = 10^{-6}$ (bei Gegenwart von 0,01 m ATP, 0,01 m SO_4 und bei Abwesenheit von Pyrophosphatase)[1].

Aktivierung und Hemmung.

ATP-Sulfurylase. Das Enzym wird durch Mg^{++} und Co^{++} aktiviert. $CaCl_2$ (5×10^{-4} m) hemmt bei Abwesenheit von Mg^{++} um 73 %. Bei der Rückreaktion wirken ATP, ADP, AMP und IMP (3×10^{-3} m) weniger als 20 % hemmend[2].

APS-Kinase. Hohe Konzentrationen von Mg^{++} wirken bei niederen APS- und Enzymkonzentrationen hemmend, sonst aktivierend. Mg^{++} können durch Mn^{++} ersetzt werden. Optimale Konzentrationen 0,0001 m Mn^{++}. Co^{++} aktivieren ebenfalls, Ca^{++} dagegen nicht[1].

Enzymeinheit.

a) ATP-Sulfurylase. Spezifische Aktivität = μMol verschwindendes Pyrophosphat je mg Protein/Std (Bestimmungsmethode 1).

Für Bestimmungsmethode 2 gilt: Eine Einheit = diejenige Menge Enzym, die 1 μM anorganisches Phosphat in 60 min bei 30° C liefert.

b) APS-Kinase. Spezifische Aktivität = μMol PAPS/mg Protein/Std[1].

---

[1] Robbins, P. W., and F. Lipmann: J. biol. Ch. **233**, 681 (1958).
[2] Robbins, P. W.. and F. Lipmann: J. biol. Ch. **233**, 686 (1958).

Bestimmung der ATP-Sulfurylase nach Robbins und Lipmann[1].

Prinzip:

$$\text{ATP} + \text{Sulfat} \rightleftharpoons \text{Adenosin-5'-phosphosulfat (APS)} + \text{PP}$$

Da das Gleichgewicht sehr zugunsten von ATP und anorganischem Sulfat verschoben ist, mißt man die Reaktion in umgekehrter Richtung, d.h. die Bildung von ATP aus APS und PP, und bestimmt das verschwindende Pyrophosphat (APS wird synthetisch nach Baddiley u. Mitarb.[2] dargestellt).

Reagentien:

1. Trishydrochlorid, p_H 8,5.
2. Pyrophosphat.
3. Adenosin-5'-phosphosulfat.
4. $MgCl_2$.
5. 0,1 m $MgCl_2$.
6. Pyrophosphataselösung (100 μg/ml).

Ausführung:

Das basische Reaktionsgemisch, enthaltend 0,1 M Trishydrochlorid, p_H 8,5, 0,003 M Pyrophosphat, 0,003 M APS, 2×10^{-4} M $MgCl_2$ wird mit dem Enzym auf 0,2 ml Endvolumen gebracht. Rohextrakte müssen vorher dialysiert werden. Bei Rohpräparaten schaltet man die Pyrophosphatase aus, indem man $MgCl_2$ wegläßt (ATP-Sulfurylase-Aktivität ohne Mg^{++} beträgt etwa 60% der Aktivität bei Standardbedingungen). Die kalibrierten Röhrchen (10 ml) werden 15 min bei 37° C belassen, dann die Reaktion durch 90 sec langes Erhitzen in kochendem Wasserbad gestoppt. Man kühlt in einem Eisbad ab, gibt 0,02 ml 0,1 m $MgCl_2$ und 0,1 ml Pyrophosphataselösung (100 μg/ml) hinzu und beläßt 5 min bei 37° C, um Pyrophosphat in anorganisches Phosphat überzuführen. Dieses wird im gleichen Röhrchen bestimmt. Um verschwundenes Pyrophosphat ermitteln zu können, braucht man noch einen Kontrollansatz ohne APS, der das anfänglich vorhandene Pyrophosphat anzeigt.

Berechnung:

Anfänglich vorhandenes Pyrophosphat — gefundenes Pyrophosphat = verschwundenes Pyrophosphat. Dieses wird auf 1 Std Versuchszeit und auf 1 mg Protein umgerechnet, um die spezifische Aktivität zu ermitteln.

Bestimmung der ATP-Sulfurylase nach Robbins und Lipmann[3].

Prinzip:

$$\text{ATP} + \text{Molybdat} \xrightarrow{\text{ATP-Sulfurylase}} \text{Adenosin-5'-phosphomolybdat} + \text{PP}$$

Da Adenosin-5'-phosphomolybdat unbeständig ist und sofort in Adenylsäure und MoO_4-Ionen zerfällt, wird die Reaktion von links nach rechts geleitet, damit dieses Produkt immer wieder neu gebildet wird. Das gebildete Pyrophosphat wird in P_i übergeführt, das bestimmt wird.

Reagentien:

1. ATP.
2. Na_2MoO_4.
3. $MgCl_2$.
4. Tris-HCl-Puffer, p_H 7,5.
5. EDTA.
6. Pyrophosphatase, gereinigt.
7. Sulfurylase, gereinigt.

Ausführung:

Im Gesamtvolumen von 0,50 ml sind enthalten: 5 μM ATP, 5 μM Na_2MoO_4, 1 μM $MgCl_2$, 50 μM Tris-HCl-Puffer, p_H 7,5, 0,3 μM EDTA, 1,8 μg gereinigte Pyrophosphatase und Sulfurylase (geradliniger Anstieg der Reaktion bis zur 90%igen Spaltung von ATP).

Die Reaktion wird durch Zugabe von Alkohol oder durch Kochen gestoppt, das ausgefällte Eiweiß, wenn nötig, abzentrifugiert und in der überstehenden Flüssigkeit das

[1] Robbins, P. W., and F. Lipmann: J. biol. Ch. **233**, 681 (1958).
[2] Baddiley, J., J. G. Buchanan and R. Letters: Soc. **1957**, 1067.
[3] Robbins, P. W., and F. Lipmann: J. biol. Ch. **233**, 686 (1958).

anorganische Phosphat nach FISKE und SUBBAROW[1] bestimmt (Leerwerte ohne Enzym oder mit gekochtem Enzym, um Selbstzerfall von ATP zu kontrollieren).

Berechnung:

Das gefundene anorganische Phosphat wird auf Einheiten umgerechnet (s. Definition der Einheit).

***Bestimmung der Adenosin-5'-phosphosulfat-Kinase nach* ROBBINS *und* LIPMANN[2,3].**

Prinzip:

$$ATP + APS \rightarrow PAPS + ADP + H^+$$

Das entstandene PAPS wird indirekt bestimmt, indem es in einer zweiten Reaktion mittels Phenolsulfokinase die Sulfatgruppe auf p-Nitrophenol überträgt:

$$PAPS + \text{p-Nitrophenol} \rightarrow PAP + \text{p-Nitrophenylsulfat}$$

Reagentien:

1. Tris-HCl-Puffer, p_H 8,5.
2. ATP.
3. $MgCl_2$.
4. APS (PAP-frei*).
5. Imidazol-hydrochlorid, p_H 7,0.
6. Cystein.
7. p-Nitrophenol.
8. Phenolsulfokinase.

Ausführung:

Das Reaktionsgemisch enthält 0,1 M Tris, p_H 8,5; 0,005 M ATP; 0,002 M $MgCl_2$; 0,01 M APS und das Enzym im Endvolumen von 0,5 ml. Es verbleibt 20 min bei 37° C. Die Reaktion wird dann durch 90 sec langes Erhitzen im kochenden Wasserbad gestoppt. Ein aliquoter Teil des Ansatzes, der nicht mehr als 0,5 μM PAPS enthalten soll, wird zusammen mit 100 μM Imidazol-hydrochlorid, p_H 7,0, 10 μM Cystein, 1 μM p-Nitrophenol und 3 mg Phenolsulfokinase auf ein Endvolumen von 1 ml gebracht. Nach 30 min Inkubation bei 37° C wird das Verschwinden des p-Nitrophenols nach HILZ und LIPMANN[4] bestimmt.

Berechnung:

PAPS entspricht dem verschwindenden p-Nitrophenol und daraus wird die spezifische Aktivität (= μMol PAPS/mg Protein/Std) berechnet.

Aktivierung von $CO_2 + NH_3$ = Carbaminsäure.

Carbamat-Kinase (Bakterien).

[2.7.2.2 ATP: Carbamat-Phosphotransferase.]

$$\overbrace{CO_2 + NH_3}^{NH_2COO^-} + ATP \rightleftharpoons H_2N{-}\underset{\underset{O}{\|}}{C}{-}O{-}PO_3^{=} + ADP$$ [5]

Das Gleichgewicht der Reaktion ist weitgehend nach der Seite der ATP-Synthese verschoben[6].

***Darstellung von Carbamat-Kinase aus Streptococcus faecalis (Stamm D_{10}, Gruppe D) nach* MOKRASCH *u. Mitarb.*[6].**

Alle Operationen während der Fraktionierung bei 0° C ausgeführt, alles Zentrifugieren bei 4000 × g, wenn nicht anders angegeben. Ammoniumsulfatlösungen von p_H 7,4 und

* PAP = 3',5'-Diphosphoadenosin.

[1] FISKE, C. H., and Y. SUBBAROW: J. biol. Ch. **66**, 375 (1925).
[2] ROBBINS, P. W., and F. LIPMANN: J. biol. Ch. **233**, 681 (1958).
[3] ROBBINS, P. W., and F. LIPMANN: J. biol. Ch. **229**, 837 (1958).
[4] HILZ, H., and F. LIPMANN: Proc. nat. Acad. Sci. USA **41**, 880 (1955).
[5] JONES, M. E., and L. SPECTOR: J. biol. Ch. **235**, 2897 (1960).
[6] MOKRASCH, L. C., J. CARAVACA and S. GRISOLIA: Biochim. biophys. Acta **37**, 442 (1960).

bei 0° C gesättigt. *Stamm* D_{10}, Gruppe *D-Streptococcus* auf dem Kulturmedium von SLADE und SLAMP[1] gewachsen, außer daß Casitone durch Tripticase BBL ersetzt wurde. Nach jedem 17. Wachstum bei 38° C wurde die Kultur benutzt, um das zehnfache Volumen an frischem Medium überzuimpfen. 4—5 Passagen wurden normalerweise ausgeführt.

Tabelle 38. *Carbamat-Kinase in Streptococcus faecalis.*

Fraktion	Aktivität	Ausgedrückt durch
Streptococcus faecalis[2] (Extrakt)	6,3	μMol Citrullin/ml/30 min/30° C
Streptococcus faecalis[3] (Stamm D_{10}, Gruppe D), Rohextrakt	496	Einheiten/mg Protein
Gereinigt. Präp. Frakt. I	1130	desgl.
Gereinigt. Präp. Frakt. II	1538	desgl.
Gereinigt. Präp. Frakt. III	3700	desgl.
Gereinigt. Präp. Frakt. IV	8750	desgl.

Die Zellen wurden durch Zentrifugieren geerntet, zweimal mit destilliertem Wasser gewaschen, in Wasser (etwa $^1/_{40}$ des Volumens des benutzten Mediums) suspendiert und 25 min bei 0° C in einem Raytheon Oscillator Magnetostrictor beschallt. Das Präparat dann 30 min zentrifugiert, die überstehende Flüssigkeit nochmals bei 20000 × g 20 min lang zentrifugiert und dann lyophilisiert. Das lyophilisierte Präparat wurde in 0,04 m $NaHCO_3$ bis zu einer Konzentration von 10 mg Protein/ml aufgenommen. 60 ml der Lösung (Rohextrakt) mit 60 ml Bentonit-Suspension[4] (enthaltend 18 mg Bentonit/ml) vermischt, nach 15 min unter gelegentlichem Rühren 15 min abzentrifugiert, Niederschlag verworfen und die überstehende Flüssigkeit (Fraktion I, s. Tabelle 38) mit 2 Vol. Aceton bei — 10° C vermischt und bei dieser Temperatur 15 min zentrifugiert. Niederschlag in 25 ml Wasser aufgenommen, zentrifugiert, Rückstand verworfen. Überstehende Flüssigkeit (Fraktion II) mit 36 ml Ammoniumsulfatlösung vermischt, Niederschlag verworfen. Überstehende Flüssigkeit mit 36 ml Ammoniumsulfatlösung vermischt, Niederschlag gesammelt und mit H_2O auf ein Volumen von 16 ml gebracht (Fraktion III). Fraktion III mit 15 ml Aceton bei — 10° C 15 min belassen, überstehende Flüssigkeit gesammelt und in Wasser gelöst (Fraktion IV).

Die Präparate sind mehrere Monate bei — 20° C haltbar.

Enzymeinheit. Eine Einheit ist diejenige Enzymmenge, die unter den Bedingungen des Ansatzes bei pH 7,4 1 μM Phosphat von Carbamylphosphat auf ADP überträgt[3].

***Bestimmung der Carbamat-Kinase von Streptococcus nach* MOKRASCH *u. Mitarb.*[3].**

Prinzip:

$$1.\ ATP + Glucose \xrightleftharpoons{\text{Hexokinase}} Glucose\text{-}6\text{-}phosphat + ADP$$

$$2.\ NH_2\text{—}\overset{\overset{\displaystyle O}{\|}}{C}\text{—}PO_3^{=} + ADP \xrightleftharpoons{\text{Carbamat-Kinase}} ATP + NH_3 + CO_2$$

Die Abnahme des *leicht hydrolysierbaren* Phosphats, das der Menge des gebildeten Glucose-6-phosphats und somit der Menge des aus Carbamylphosphat auf ADP übertragenen Phosphats entspricht, wird bestimmt.

Reagentien:

1. Tris-HCl-Puffer, pH 7,4.
2. ATP.
3. Carbamylphosphat.
4. Mg^{++}.
5. Glucose.
6. Hexokinase.
7. 0,5 n HCl.

[1] SLADE, H. D., and W. C. SLAMP: J. Bact. **64**, 455 (1952).
[2] JONES, M. E., L. SPECTOR and F. LIPMANN: Am. Soc. **77**, 819 (1955).
[3] MOKRASCH, L. C., J. CARAVACA and S. GRISOLIA: Biochim. biophys. Acta **37**, 442 (1960).
[4] ITO, N., and S. GRISOLIA: J. biol. Ch. **234**, 242 (1959).

Ausführung:

Der Versuchsansatz enthält 100 μM Trispuffer, p_H 7,4; 2 μM ATP; 20 μM Carbamylphosphat und 5 μM Mg^{++}; 50 Hexokinase-Einheiten und 90 μM Glucose und die Carbamat-Kinase im Endvolumen von 1 ml. $T = 38°$ C. Nach 10 min Inkubationszeit fügt man 1 ml 0,5 n HCl hinzu und erhitzt 2 min auf 100° C. In aliquoten Teilen der überstehenden Flüssigkeit wird anorganisches Phosphat nach GOMORI[1] bestimmt. In Kontrollansätzen *ohne* Carbamat-Kinase, die in gleicher Weise behandelt werden, ermittelt man ebenfalls das anorganische Phosphat und zieht dies vom Wert des Hauptansatzes ab.

Berechnung:

Das verschwundene leicht hydrolysierbare Phosphat entspricht der Menge des von Carbamylphosphat auf ADP übertragenen Phosphats. Dies wird auf Einheiten umgerechnet.

Carbamylphosphat-Synthetase.

$$CO_2 + NH_3 + 2\,ATP \xrightarrow{\text{N-Acetyl-L-glutaminsäure}} H_2N{-}\underset{\underset{O}{\|}}{C}{-}O{-}PO_3^{=} + 2\,ADP + P_i$$ [2]

Die Reaktion ist nicht reversibel.

Tabelle 39. *Vorkommen und Normalwerte.*

Vorkommen	Aktivität	Ausgedrückt durch
Hundeleber[3]	0,428	μMol Citrullin/15 min/38° C
Ochsenleber[3]	1,63	desgl.
Darmschleimhaut[4]		
(Kaninchen, Ratte, Hund)	—	—
Froschleber[5], CTAB-Extrakt	11,8	Einheiten/mg Protein
Acetonfällung	18,7	desgl.
P-Cellulose-Eluat	23,5	desgl.
Kaulquappenleber[6]		
(mit Thyroxin behandelt) *	—	—

* Vorbehandlung von Kaulquappenleber mit Thyroxin führt zu vermehrter Bildung von Carbamylphosphat-Synthetase.

***Darstellung von Carbamylphosphat-Synthetase aus Froschleber nach* MARSHALL *u. Mitarb.*[5].**

Froschleber 45 sec bei höchster Tourenzahl mit 9 Vol. 0,15 m KCl homogenisiert, 30 min bei 4000 × g unter Kühlung zentrifugiert, überstehende Flüssigkeit verworfen und Niederschlag zweimal mit KCl ausgewaschen. Rückstand zweimal je 15 sec durch Homogenisieren mit 0,1 % CTAB (Cetyl-trimethyl-ammoniumbromid; Volumen dreimal dem ursprünglichen Gewicht der Leber entsprechend) extrahiert, 20 min abzentrifugiert bei 4000 × g und überstehende Flüssigkeit durch Glaswolle filtriert (CTAB bei Zimmertemperatur zugefügt, alle anderen Operationen bei 3° C ausgeführt).

CTAB als extrahierendes Reagens zeigte sich Wasser weit überlegen (Enzymausbeute stieg auf mindestens das Doppelte an, die spezifische Aktivität auf das Dreifache).

Fällung mit Aceton. Der CTAB-Extrakt wurde auf 0° C abgekühlt, Aceton (— 20° C) bis zur Endkonzentration von 40 % und Endtemperatur von — 8° C hinzugegeben, bei — 18° C zentrifugiert, Niederschlag in 0,005 m Na-succinatpuffer, p_H 6 (doppeltes Volumen des Lebergewichtes) gelöst, abzentrifugiert, Rückstand verworfen.

[1] GOMORI, G.: J. Lab. clin. Med. **27**, 955 (1941/42).
[2] METZENBERG, R. L., M. MARSHALL and P. P. COHEN: J. biol. Ch. **233**, 1560 (1958).
[3] METZENBERG, R. L., L. M. HALL, M. MARSHALL and P. P. COHEN: J. biol. Ch. **229**, 1019 (1958).
[4] HALL, L.-M., R. C. JOHNSON and P. P. COHEN: Biochim. biophys. Acta **37**, 144 (1960).
[5] MARSHALL, M., R. L. METZENBERG and P. P. COHEN: J. biol. Ch. **233**, 102 (1958).
[6] METZENBERG, R. L., M. MARSHALL, W. K. PAIK and P. P. COHEN: J. biol. Ch. **236**, 162 (1961).

Chromatographie auf Cellulose-phosphat. Lösung des Aceton-Niederschlages auf Cellulose-phosphat-Säule (mit 0,005 m Na-Succinat, p_H 6, äquilibriert) gebracht, die das Enzym völlig adsorbiert. Säule mit 0,005 m Succinat, p_H 6, (Volumen gleich dem der Säule) gewaschen und die Carbamylphosphat-Synthetase mit Na-succinat, p_H 6, fraktionsweise eluiert. Das Eluat portionsweise mit Ammoniumsulfat (80% Sättigung) gefällt, abzentrifugiert. Niederschlag wird mit Trockeneis gefroren. In dieser Form ist das Enzym unbegrenzt haltbar, frei von ATPase, Pyrophosphatase und Ornithin-Transcarbamylase, aber noch etwas myokinasehaltig.

Spezifische Aktivität der einzelnen Fraktionen s. Tabelle 39.

Weitere Reinigung. Chromatographie an Diäthylaminoäthyl-SolcaFloc (DEAE-SF) führt zu einem stabilen und elektrophoretisch einheitlicherem Präparat, das zudem frei von Myokinase ist: Ammoniumsulfat-Suspension bei 10000 ×g zentrifugiert, Niederschlag in 0,02 m Tris-HCl-Puffer, p_H 7,5, und 0,005 m $MgCl_2$ gelöst, so daß eine 1%ige Proteinlösung entsteht, 4 Std gegen diesen Puffer dialysiert. Dialysierte Lösung mit gleichem Volumen H_2O verdünnt und auf DEAE-SF-Säule (äquilibriert mit demselben Puffer) gebracht, mit *einem* Säule-Volumen desselben Puffers gewaschen und dann mit dem gleichen Puffer (auf 0,05 m Cl^- durch NaCl-Zusatz gebracht) eluiert. Elution zweimal wiederholt und schließlich mit *einem* Säule-Volumen des auf 0,18 m Cl^- gebrachten Puffers. Das Eluat von höchster spezifischer Aktivität mit festem Ammoniumsulfat (Endkonzentration 80%) gefällt, als Ammoniumsulfat-Suspension bei —80° C aufbewahrt (spezifische Aktivität 20,4).

***Darstellung von Carbamylphosphat-Synthetase aus Ochsenleber nach* METZENBERG *u. Mitarb.*[1].**

Die Mitochondrienfraktion von 550 g Leber 5 min mit 600 ml Wasser gerührt, 10 min bei 4000 ×g abzentrifugiert, überstehende Flüssigkeit beiseite gestellt, Niederschlag nochmal mit 400 ml H_2O extrahiert und wieder zentrifugiert, überstehende Flüssigkeiten vereinigt und mit Ammoniumsulfat auf 3,0 m gebracht. Niederschlag abzentrifugiert, in 500 ml 2,06 m Ammoniumsulfat wieder suspendiert und 30 min gerührt. Suspension zentrifugiert, überstehende Flüssigkeit verworfen, Niederschlag mit 1,68 m Ammoniumsulfat extrahiert, zentrifugiert, Niederschlag verworfen. Zur überstehenden Flüssigkeit festes Ammoniumsulfat (3,0 m Endkonzentration) zugegeben, Niederschlag in 250 ml 0,025 m Trispuffer, p_H 7,4, enthaltend $MgCl_2$ 0,02 m, gelöst. Lösung auf Säule von Hydroxylapatit (Durchmesser 2 cm, Länge 13 cm) gebracht, 250 ml 0,2 m Ammoniumsulfat, p_H 7,4, durch die Säule geschickt und Eluat verworfen. Dann 100 ml 0,5 m Ammoniumsulfat (p_H 7,4) durch die Säule geschickt, Eluat gesammelt und mit Ammoniumsulfat auf 3,0 m Endkonzentration gebracht, bei 20000 ×g abzentrifugiert und überstehende Flüssigkeit verworfen. Niederschlag bei —80° C aufbewahrt (Wirksamkeit s. Tabelle 39).

In verdünntem Puffer bei p_H 7,4 nicht haltbar.

Die Darstellung des Enzyms aus Froschleber führt zu einem stabileren Präparat als aus Säugetierleber. Jedoch scheint Carbamyl-Synthetase aus Schildkrötenleber ebenso stabil zu sein wie die aus Froschleber[2].

Eigenschaften. *p_H-Optimum* für das Froschleberenzym = 7,2—7,4[3].

Aktivierung und Hemmung. Als *Coenzym* für die Carbamylphosphat-Synthetase (aus Säugetier- und Froschleber) ist — im Gegensatz zur Carbamat-Kinase — die Anwesenheit von N-Acetyl-L-glutaminsäure notwendig[4,5]. Acetylglutaminphosphat als hypothetisches Zwischenprodukt konnte bisher nicht nachgewiesen werden[5]. Aus Isotopenversuchen vermutet man als Zwischenprodukt ein Kohlensäurederivat der N-Acetylglutaminsäure, das als CO_2-Überträger wirksam ist[6]. Salze wirken hemmend[3].

[1] METZENBERG, R. L., L. M. HALL, M. MARSHALL and P. P. COHEN: J. biol. Ch. **229**, 1019 (1958).
[2] MARSHALL, M., and P. P. COHEN: J. biol. Ch. **236**, 718 (1961).
[3] MARSHALL, M., R. L. METZENBERG and P. P. COHEN: J. biol. Ch. **233**, 102 (1958).
[4] HALL, L. M., R. L. METZENBERG and P. P. COHEN: J. biol. Ch. **230**, 1013 (1958).
[5] METZENBERG, R. L., M. MARSHALL, P. P. COHEN and W. G. MILLER: J. biol. Ch. **234**, 1534 (1959).
[6] JONES, M. E., and L. SPECTOR: J. biol. Ch. **235**, 2897 (1960).

Enzymeinheit. Eine Einheit ist diejenige Menge Enzym, die unter den Bedingungen des Ansatzes in 15 min 1,0 μM Citrullin synthetisiert[1].

***Bestimmung der Carbamylphosphat-Synthetase aus Leber nach* Marshall *u. Mitarb.*[1].**

Prinzip:

1. $CO_2 + NH_3 + 2\ ATP \rightarrow$ Carbamylphosphat $+ 2\ ADP + P_i$
2. Carbamylphosphat + Ornithin $\rightleftharpoons$ Citrullin $+ P_i$
3. 2 Phosphoenol-BTS + 2 ADP $\rightleftharpoons$ 2 BTS + 2 ATP

Das entstandene Citrullin und P_i werden bestimmt. Durch Zugabe von Phosphoenol-BTS und Pyruvat-kinase wird ATP regeneriert.

Reagentien:

1. ATP.
2. $MgSO_4$.
3. NH_4HCO_3.
4. Acetylglutaminsäure.
5. Glycylglycin, p_H 7,5.
6. Phosphoenol-brenztraubensäure.
7. Pyruvat-Kinase.
8. L-Ornithin.
9. Ornithin-Transcarbamylase.

Ausführung:

Der Versuchsansatz (Endvolumen 1 ml) enthält außer dem zu bestimmenden Enzym 5 μM ATP; 15 μM $MgSO_4$; 50 μM NH_4HCO_3 (mit CO_2 gesättigt); 5 μM Acetylglutaminsäure; 50 μM Glycylglycin; 5 μM Phosphoenol-BTS; 20 μg Pyruvat-Kinase; 5 μM L-Ornithin; 7—10 Einheiten Ornithin-Transcarbamylase für jede Einheit des zu bestimmenden Enzyms. Alle Substrate wurden auf p_H 7,4 gebracht. Nach 15 min langer Inkubation bei 37° C wird die Reaktion durch Einstellen des Kölbchens in Eis gestoppt. Entweiweißung ist wegen der geringen Proteinmenge nicht erforderlich. Citrullin[2] und anorganisches Phosphat[3] werden bestimmt.

Berechnung:

Die erhaltene Menge Citrullin wird auf Einheiten umgerechnet.

Aktivierung von Ammoniak.

$$ATP + NH_3 \rightleftharpoons AMP \sim NH_2 + PP\ ^4$$

Adenyl-amidat

***Darstellung von Ammoniak aktivierendem Enzym aus Mycobacterium avium*[4].**

Zellfreier Extrakt mit gesättigter Ammoniumsulfatlösung gefällt und gegen 0,1 m Phosphat, p_H 7,5, dialysiert.

***Darstellung von Ammoniak aktivierendem Enzym verschiedenen Ursprunges*[5].**

Gefriergetrocknete Zellen von *Leuconostoc mesenteroides* und *Escherichia coli* mit Quarzsand zermahlen und mit Trispuffer, p_H 7,5, extrahiert. Aus Bäckerhefe: gleiche Behandlung.

Aus Bakterien von Sojawurzel-Knöllchen: Knöllchen zerrieben, in 0,1 m Trispuffer, p_H 7,5, suspendiert und durch Zentrifugieren die Bakterien vom pflanzlichen Gewebe abgetrennt. Zellfreier Bakterienextrakt wie oben dargestellt. In gleicher Weise auch zellfreier Extrakt aus den Knöllchen erhalten.

***Bestimmung von Ammoniak aktivierendem Enzym nach* Cossano *und* Sankar[6].**

Prinzip:

1. $ATP + NH_3 \rightleftharpoons AMP \sim NH_2 + PP$
2. $AMP \sim NH_2$ + α-Ketoglutarsäure $\rightleftharpoons$ AMP + Glutaminsäure
   oder $AMP \sim NH_2$ + BTS $\rightleftharpoons$ AMP + Alanin

---

[1] Marshall, M., R. L. Metzenberg and P. P. Cohen: J. biol. Ch. **233**, 102 (1958).
[2] Archibald, R. M.: J. biol. Ch. **156**, 121 (1944).
[3] Fiske, C. H., and Y. Subbarow: J. biol. Ch. **66**, 375 (1925).
[4] Katunuma, N.: Arch. Biochem. **76**, 547 (1958).
[5] Ellfolk, N., and N. Katunuma: Arch. Biochem. **81**, 521 (1959).
[6] Cossano, B. J., and D. V. Sankar: Exper. **15**, 186 (1959).

Tabelle 40. *Vorkommen und Normalwerte von Ammoniak aktivierendem Enzym.*

Vorkommen	Aktivität	Ausgedrückt durch
Mycobacterium avium[1]		
partiell gereinigt. Präp. ohne CoA-SH . . .	0,320	mg gebildetes Glutamat/2 ml
partiell gereinigt. Präp. mit CoA-SH . . .	0,770	desgl.
Rattenleber-Homogenat[2]		
a) ATP + NH_3 + α-Ketoglutarsäure	28,65	μMol Glutamat
b) AMP∼NH_2 + PP + α-Ketoglutarsäure*	24,45	desgl.
Zellfreie Extrakte von		
Mycobacterium avium[3]	300	10^{-5} μM ATP/ml/mg Tr.Gew.**
Leuconostoc mesenteroides.	69	desgl.
Escherichia coli	93,6	desgl.
Bäckerhefe	180	desgl.
Wurzel-Knötchen-Bakterien	240	desgl.
Wurzeln von Soja	0	desgl.
Schweineleber	0	desgl.
Pferdeleber	0	desgl.

* Synthetisch dargestelltes Adenylamidat. Synthetische Darstellung von Adenyl-amidat nach Khorana[4], von Adenyl- und Uridyl-amidat nach Chambers und Miffatt[5]. Ferner können aus synthetisch gewonnenen Nucleotid-amidaten und Pyrophosphorsäure die entsprechenden Triphosphate (ATP, CTP, UTP) erhalten werden[6].

** Rückreaktion.

Reagentien:

1. Na-pyrophosphat.
2. Malonsäure.
3. ATP.
4. Ammoniumphosphat.
5. α-Ketoglutarsäure oder Brenztraubensäure.
6. Adenosin-phosphoramid.
7. Phosphatpuffer, p_H 7.
8. Trichloressigsäure.

Ausführung:

20 μM Na-pyrophosphat, 5 μM Malonsäure, je 20 μM ATP, Ammoniumphosphat, α-Ketoglutarsäure (oder BTS) und Adenosin-phosphoramid, 0,1 m Phosphatpuffer, p_H 7, mit dem zu bestimmenden Enzym im Gesamtvolumen von 3,2 ml. Nach 2—3 Std Inkubation bei 38° C Trichloressigsäure bis zur Endkonzentration 5 % zum Ansatz zugegeben, abzentrifugiert und die entstandenen Aminosäuren nach der Ninhydrin-Methode bestimmt. Die restliche Menge Ketosäure wird nach Friedemann und Haugen[7] ermittelt. Bei Anwendung der *Hin*-Reaktion (von Reaktion 1) werden Pyrophosphat und Adenosinphosphoramid fortgelassen, bei Anwendung der *Rück*-Reaktion hingegen ATP und Ammoniumphosphat.

***Bestimmung von Ammoniak aktivierendem Enzym nach* Ellfolk *und* Katunuma[3].**

Prinzip:

Die *Rück*-Reaktion der obigen Gleichung 1 wird der Bestimmung zugrunde gelegt. Das gebildete ATP wird dann unter Zusatz von 3-Phosphoglycerat, Phosphoglycerat-Kinase, Phosphoglycerinaldehyd-Dehydrogenase und DPNH mittels des optischen Testes von Bücher u. Mitarb.[8] bestimmt.

Reagentien:

1. Natriumpyrophosphat.
2. Adenosinmonophosphat∼NH_2.
3. Magnesiumsulfat.
4. Trispuffer, p_H 7,5.
5. Trichloressigsäure, 10 %ig.

[1] Katunuma, N.: Arch. Biochem. **76**, 547 (1958).
[2] Cossano, B. J., and D. V. Sankar: Exper. **15**, 186 (1959).
[3] Ellfolk, N., and N. Katunuma: Arch. Biochem. **81**, 521 (1959).
[4] Khorana, H. G.: Am. Soc. **79**, 4240 (1957).
[5] Chambers, R. W., and J. G. Miffatt: Am. Soc. **80**, 3752 (1958).
[6] Kessler, D., B. Moss and R. W. Chambers: Biochim. biophys. Acta **38**, 549 (1960).
[7] Friedemann, T. E., and G. E. Haugen: J. biol. Ch. **147**, 415 (1943).
[8] Bücher, T., in: Colowick-Kaplan, Meth. Enzymol. Bd. I, S. 415.

Ausführung:

Der Versuchsansatz (Gesamtvolumen 0,8 ml) enthält 2×10^{-2} m Na-pyrophosphat, 1×10^{-2} m synthetisches AMP∼NH_2, 10^{-3} m $MgSO_4$, 0,05 m Trispuffer, p_H 7,5, und das Enzym. Reaktionszeit 15 min bei 37° C. Dann Enteiweißung mit 10% Trichloressigsäure. (Kontrollansätze *ohne* Adenylamidat und Pyrophosphat, da die Enzymlösung auch etwas ATP und Pyrophosphat enthält.)

Im enteiweißten Filtrat erfolgt Bestimmung von ATP nach obigem Prinzip (s. Phosphoglycerat-Kinase S. 531), wobei die Abnahme des DPNH messend verfolgt wird.

Aktivierung von Aminosäuren (Aminosäure-RNS-Ligasen).

Die Aktivierung geht in folgender Weise vor sich[1]:

$$E + ATP + R{-}\underset{NN_2}{\underset{|}{CH}}{-}COOH \overset{Mg^{++}}{\rightleftharpoons} E{-}AMP{-}O{-}\underset{O}{\underset{\|}{C}}{-}\underset{NH_2}{\underset{|}{CH}}{-}R + PP$$

(Aminoacyl-adenylat an das Enzym [E] gebunden).

Nicht die Aminogruppe, sondern die Carboxylgruppe wird hierbei unter Bildung eines Säureanhydrids aktiviert.

Dieser aktivierte Komplex reagiert mit NH_2OH unter Bildung der entsprechenden Aminoacylhydroxamsäure (s. Bestimmungsmethode Bd. III/1, S. 496).

$$E{-}AMP{-}O{-}\underset{O}{\underset{\|}{C}}{-}\underset{NH_2}{\underset{|}{CH}}{-}R + NH_2OH \rightarrow R{-}\underset{NH_2}{\underset{|}{CH}}{-}\underset{O}{\underset{\|}{C}}{-}NHOH + AMP$$

Weitere Beweise für die Bildung derartiger Acyladenylate:

a) Darstellung und Isolierung von ^{14}C-Tryptophanyladenylat aus ^{14}C-Tryptophan und ATP bei Gegenwart von Mg^{++} und Pyrophosphatase durch Tryptophan aktivierendes Enzym aus Ochsenpankreas. Der Komplex ist enzymgebunden[2,3]. Ebenso konnte auch Seryladenylat isoliert werden[4], das sich mit synthetisch dargestelltem Seryladenylat als identisch erwies.

b) Enzymatische Übertragung von isotopem Sauerstoff (^{18}O) von der Carboxylgruppe einer Aminosäure auf AMP[5].

c) Synthetisch dargestellte Aminoacyladenylate liefern mit dem Enzym den gleichen Komplex. Aminoacyladenylat und Pyrophosphat führen umgekehrt bei Einwirkung des Enzyms zu ATP[6,7].

Darstellung von L-Methionin aktivierendem Enzym [6.1.1.10] aus Brauereihefe nach **Berg[8].**

(Zentrifugieren durchweg bei 10000 × g).

Getrocknete Brauereihefe (25 g) mit 75 ml 0,1 m $KHCO_3$ vermischt und bei 37° C 4 Std belassen. Autolysierte Mischung 10 min abzentrifugiert und Niederschlag verworfen. Überstehende Flüssigkeit (Fraktion YE) mit kaltem Wasser auf 120 ml verdünnt, 76 ml Äthylakohol bei 4° C zugefügt, Temperatur bei 7—10° C gehalten. 5 min bei 4° C abzentrifugiert und überstehende Flüssigkeit verworfen. Niederschlag mit 54 ml 0,05 m Trispuffer, p_H 8, extrahiert und von Unlöslichem abzentrifugiert. Zur überstehenden Flüssigkeit

[1] Wendell Davis, J., and G. D. Novelli: Arch. Biochem. **75**, 299 (1958).
[2] Krishnaswamy, P. R., and A. Meister: J. biol. Ch. **235**, 408 (1960).
[3] Karasek, M., P. Castelfranco, P. R. Krishnaswamy and A. Meister: Am. Soc. **80**, 2335 (1958).
[4] Webster jr., L. T., and E. W. Davie: J. biol. Ch. **236**, 479 (1961).
[5] Hoagland, M. B., P. C. Zamecnik, N. Shawn, F. Lipmann, M. P. Stulberg and P. D. Boyer: Biochim. biophys. Acta **26**, 215 (1957).
[6] Castelfranco, P., K. Moldave and A. Meister: Am. Soc. **80**, 2335 (1958).
[7] McCorquodale, D. J., and G. C. Mueller: Arch. Biochem. **77**, 13 (1958).
[8] Berg, P.: J. biol. Ch. **222**, 1025 (1956); **233**, 601 (1958).

27 ml 0,5 m Kaliumsuccinatpuffer, p_H 6, zugesetzt, auf 0° C abgekühlt und 23,5 ml Äthanol bei — 15° C zugefügt, wobei Temperatur zwischen 0—1° C gehalten wird. Niederschlag abzentrifugiert (5 min), dann in 40 ml Trispuffer 0,05 m, p_H 8, gelöst (alkoholische Fraktion 2).

Zu dieser Lösung 13,4 g Ammoniumsulfat zugegeben, nach 5 min abzentrifugiert, Niederschlag verworfen. Zur überstehenden Flüssigkeit 5 g Ammoniumsulfat zugegeben und nach 5 min abzentrifugiert. Niederschlag in 10 ml Trispuffer, p_H 8, gelöst [Ammoniumsulfat, Fraktion 1 (AS-1); spezifische Aktivität 8,1; 4,9 mg Protein/ml].

Zu 25 ml von diesem Präparat[1] 0,5 ml einer Lösung von kristallisierter Pankreasribonuclease (10 mg/ml) zugesetzt und 15 min bei Zimmertemperatur stehenlassen. Nach Abkühlung auf 3° C 6,5 g Ammoniumsulfat zugefügt und den p_H durch Hinzufügen von 0,6 ml 1 n H_2SO_4 auf 4,6 gebracht, nach 5 min Niederschlag abzentrifugiert und verworfen. Zur überstehenden Flüssigkeit 2,1 g Ammoniumsulfat zugesetzt, nach 5 min abzentrifugiert und Niederschlag in 10 ml 0,1 m Kalium-succinatpuffer, p_H 6,0, gelöst (AS-2, spezifische Aktivität 16,9; 2,5 mg Protein/ml).

Zu 4 ml von AS-2 8 ml kaltes Wasser und 1 ml gealtertes C_γ-Gel[2] (15 mg Trockengewicht pro ml) zugegeben, zentrifugiert, einmal mit 10 ml H_2O, einmal mit 10 ml 0,05 m Kaliumphosphatpuffer, p_H 6,5, gewaschen, dann zweimal mit je 5 ml 0,1 m Kaliumphosphatpuffer, p_H 7,5, eluiert. Der größere Teil der enzymatischen Aktivität erscheint in dem ersten p_H 7,5-Eluat (48 %) und weitere 10 % im zweiten p_H 7,5-Eluat (erstes C_γ-Gel-Eluat: spezifische Aktivität 32; 0,5 mg Protein/ml).

Fraktion AS-2 wurde fernerhin durch Zonen-Elektrophorese auf einer Cellulose-Säule gereinigt[3]: 2 ml des Präparates AS-2 (spezifische Aktivität 17,5), das ursprünglich in 0,02 m Trispuffer, p_H 8 (enthaltend 0,02 m KCl) gelöst und dann 3 Std bei 3° C gegen denselben Puffer dialysiert worden war, wurde auf die Spitze einer Cellulose-Säule (50 × 1 cm) aufgebracht und 15 Std bei 3° C einem Potential von 420 Volt ausgesetzt. Das Enzym wurde dann aus der Säule durch Verdrängungselution mit 0,02 m Trispuffer (enthaltend 0,02 m KCl) gewonnen. 50 % der Enzymaktivität wurden in 4 Fraktionen eluiert (spezifische Aktivität der einzelnen Fraktionen: 33,5, 42,5, 32,6 und 20,0).

***Darstellung von Tyrosin aktivierendem Enzym [6.1.1.1] aus Schweinepankreas nach* SCHWEET *und* ALLEN[4].**

Schweinepankreas im Kühlraum vom Fett befreit und in 150 g-Portionen 2 min mit 550 ml Aceton bei — 15° C homogenisiert, dann abfiltriert. Der Kuchen ein zweites Mal homogenisiert (in 550 ml Aceton) und wieder filtriert. Zwei derartige Filterkuchen vereinigt und 30 sec mit 550 ml peroxydfreiem Äther bei — 15° C homogenisiert, dann bei Zimmertemperatur so rasch wie möglich getrocknet und das Pulver bei — 20° C aufbewahrt.

*Fraktion I**. 30—40 g Acetonpulver im eiskalten Mörser mit kleinen Portionen von 0,02 m Trispuffer, p_H 7,5, verrieben, der feuchte Schlamm im Gesamtvolumen von 300 ml desselben Puffers suspendiert und gelegentlich 20 min lang gerührt, die Mischung bei 70000 × g 60 min abzentrifugiert und die überstehende Flüssigkeit durch Glaswolle dekantiert.

Fraktion II. Zur klaren überstehenden Lösung (220 ml) 40 ml Calciumphosphat-Gel zugesetzt (Gel vorher abzentrifugieren und überstehende Flüssigkeit verwerfen, um die Enzymlösung nicht zu sehr zu verdünnen). Der Schlamm wird auf p_H 7,5 gebracht und gelinde 30 min gerührt, dann 15 min bei 3500 × g abzentrifugiert, überstehende Flüssigkeit verworfen. Das Gel in 110 ml 0,2 m Kaliumphosphatpuffer, p_H 6,0, suspendiert und

* Bei allen folgenden Arbeitsgängen darf die Temperatur nicht über 4° C ansteigen.

[1] BERG, P.: J. biol. Ch. **233**, 601 (1958).
[2] WILLSTÄTTER, R., u. H. KRAUT: B. **56**, 1117 (1923).
[3] PORATH, J.: Biochim. biophys. Acta **22**, 151 (1956).
[4] SCHWEET, R. S., and E. H. ALLEN: J. biol. Ch. **233**, 1104 (1958).

gelinde 30 min gerührt, der Schlamm wieder abzentrifugiert und die überstehende Flüssigkeit verworfen. Das Gel mit 110 ml 2,0 m Kaliumphosphatpuffer, p_H 8,1, vermischt und homogenisiert, die Mischung 30 min gerührt und dann 60 min bei 70000 × g abzentrifugiert, das Gel verworfen und die überstehende Flüssigkeit unter Rühren 18 Std gegen 2 Chargen von je 2 l 0,02 m Trispuffer, p_H 7,5, dialysiert.

Fraktion III. Zur überstehenden Flüssigkeit nach Dialyse (200 ml) 120 g festes Ammoniumsulfat zugegeben, der p_H durch Zugabe von kaltem n KOH auf p_H 8 gehalten (bei Verdünnung 1:5 gemessen). Nach 2—3stündigem Stehen Mischung abzentrifugieren und überstehende Flüssigkeit verwerfen. Niederschlag in 10 ml 0,1 m Trispuffer, p_H 7,5, gelöst und über Nacht gegen 1 l 0,02 m Trispuffer, p_H 7,5, dialysiert.

Fraktion IV. Die klare dialysierte Lösung langsam mit eiskalter n Essigsäure auf p_H 5,3 bringen, abzentrifugieren, Niederschlag verwerfen. Überstehende Flüssigkeit sofort durch Zugabe von kalter n KOH auf p_H 7,5 gebracht (Zugabe von Trispuffer, p_H 7,5, bis zur End-Pufferkonzentration 0,12 m). Zur Lösung gepulvertes Ammoniumsulfat (5,4 g auf 15 ml) zugegeben (60% Sättigung), nach 10 min abzentrifugiert, überstehende Flüssigkeit durch Zugabe von 1,12 g Ammoniumsulfat auf 70% Sättigung gebracht. Nach zweistündigem Stehen abzentrifugiert, Niederschlag in 4 ml 0,1 m Trispuffer, p_H 7,5, gelöst und über Nacht gegen 500 ml 0,02 m Trispuffer, p_H 7,5, dialysiert.

Fraktion V. Zwei Ansätze von Fraktion IV für die folgende Äthanol-Fraktionierung vereinigt, zu 6,2 ml 0,7 ml 0,4 m $MgCl_2$ hinzugegeben, Lösung unter Kühlung mit Eis-NaCl-Mischung (— 15° C) mit 1,5 ml absolutem Äthanol langsam unter Rühren vermischt, dann 10 min bei — 10° C bei 10000 × g abzentrifugiert, Niederschlag in 2 ml 0,02 m Trispuffer gelöst (Fraktion Va). Zur überstehenden Flüssigkeit weitere 1,45 ml Äthanol gegeben, Niederschlag gesammelt und wie vorher behandelt (Fraktion Vb). Diese letzte Fraktion enthält das reinste Enzym. Überstehende Flüssigkeit verworfen, die zwei aktiven Fraktionen wie gewöhnlich dialysiert (Aufbewahrung bei — 15° C; spezifische Aktivität der einzelnen Fraktionen s. Tabelle 41).

Ein Verfahren zur Darstellung von Tryptophan aktivierendem Enzym aus Ochsenpankreas wurde von DAVIE, KONINGSBERGER und LIPMANN[1] beschrieben.

***Darstellung von Serin aktivierendem Enzym [6.1.1.11] aus Ochsenpankreas nach* WEBSTER *und* DAVIE[2].**

4000 g frisches Ochsenpankreas entfettet und auf 0° C gekühlt (alle weiteren Operationen bei 0—4° C ausgeführt). Drüsen mit 3800 ml 0,15 m KCl 1 min homogenisiert, das Homogenat 10 min bei 1200 × g abzentrifugiert und die resultierenden 4000 ml überstehende Flüssigkeit (enthaltend 70—90 mg Protein/ml) durch verschiedene Lagen Käsetuch gegossen, dann 80 ml 1 m $BaCl_2$ zugegeben.

Nach 10—60 min 75 ml 1 m Essigsäure mit 3900 ml dieser Lösung vermischt, 15 min bei 19000 × g abzentrifugiert und Niederschlag verworfen. 90 ml 1 m Essigsäure zur ersten überstehenden Flüssigkeit zugegeben, 15 min bei 4500 × g abzentrifugiert, Niederschlag in 200 ml 0,15 m KCl gelöst, 20 min bei p_H 5,9 gerührt, bei 19000 × g 15 min zentrifugiert, Niederschlag abgetrennt. Proteinkonzentration der überstehenden Flüssigkeit (p_H 5,9), mit 0,15 m KCl auf etwa 15 mg/ml gebracht. Zu dieser Lösung Ammoniumsulfatlösung (bei 0° C gesättigt und durch Zugabe von 1 ml gesättigter NaOH/l neutralisiert) innerhalb von 3—4 min bis zur Endsättigung von 34% zugegeben. Niederschlag durch 10 min langes Zentrifugieren bei 19000 × g abgetrennt und verworfen, die überstehende Lösung auf 44% Sättigung gebracht, Suspension abzentrifugiert und Niederschlag wieder verworfen. Die überstehende Lösung wird auf 64% Sättigung gebracht, Niederschlag bei 19000 × g abzentrifugiert und bei — 20° C aufbewahrt. Ausbeute etwa 1 g Protein (spezifische Aktivität der einzelnen Fraktionen s. Tabelle 41).

[1] DAVIE, E. W., V. V. KONINGSBERGER and F. LIPMANN: Arch. Biochem. **65**, 21 (1956).
[2] WEBSTER jr., L. T., and E. W. DAVIE: Fed. Proc. **18**, 348 (1959). J. biol. Ch. **236**, 479 (1961).

Tabelle 41. *Vorkommen und Normalwerte von Aminosäuren aktivierenden Enzymen.*

Vorkommen	Aktivierte Aminosäuren	Aktivität	Ausgedrückt durch
Rattenleber[1]	Tryptophan	1,1	μMol Hydroxamsäure/ ml/50 min/37° C
partiell gereinigt. Präp.	Leucin	1,0	desgl.
	Alanin	0,7	desgl.
	Lysin	0,3	desgl.
	Valin	0,1	desgl.
durch Ammoniumsulfatfällung gereinigt. Präp. (spezifisch für Aktivierung von Methionin)	Methionin	2,0	desgl.
Rattenleber[2]			
0,04 m Phosphatlösung	Threonin (Tyrosin)	0,01 (0,01)	Einheiten/mg Protein
Durchlauf aus DEAE-Cellulose-Säule	desgl.	0,02 (0,02)	desgl.
55—70% Ammoniumsulfatfällung	desgl.	0,18 (0,20)	desgl.
Rattenleber-Mitochondrien[3]	Tryptophan (Leucin)	—	—
Schweineleber[4]			
partiell gereinigt. Präp.	Leucin (Isoleucin)	17 (21)	μMol PP →ATP/min/mg Prot.
Meerschweinchenleber[5]			
Eluat 2	Threonin (Tyrosin)	0,07 (—)	Einheiten/mg Protein
Frakt. AS-1	desgl.	8,7 (2,9)	desgl.
Ochsenleber[6]	Citrullin *	—	—
Ochsenpankreas[7], Rohextrakt	Tryptophan **	0,4	μMol Hydroxamsäure/mg Protein/Std
gereinigt. Präp.	desgl.	86,0	desgl.
Ochsenpankreas[8]	Serin	—	—
gereinigt. Präp. (spezif. für Serin, aber mit Tryptophan aktivierendem Enzym verunreinigt)	Adenylserin + PP	—	ATP
Ochsenpankreas[9], Rohextrakt	L-Serin	0,06	μMol Hydroxamsäure/mg Protein/Std
saurer Überstand I	desgl.	0,23	desgl.
saure Fällung II	desgl.	0,43	desgl.
Überstand, pH 5,9	desgl.	1,7	desgl.
Ammoniumsulfatfällung	desgl.	4,3	desgl.
Endprodukt	desgl.	5,6	desgl.
Schweinepankreas[10]			
Extr. aus Aceton-Trockenpulver	Tyrosin	0,082	Einheiten (Hydroxamat)/mg Protein
Ca-phosphat-Gel-Eluat	desgl.	3,62	desgl.
erste Ammoniumsulfatfällung	desgl.	4,15	desgl.
zweite Ammoniumsulfatfällung	desgl.	12,3	desgl.
Äthanolfällung	desgl.	30,0	desgl.
Schweinepankreas[11]			
gereinigt. Präp.	Gemisch von 15 Aminosäuren	1,44	μMol Hydroxamsäure/10 mg Protein/Std
gereinigt. Präp.	desgl.	3,75	μMol PP-ATP/10 mg Prot./Std
gereinigt. Präp.	Tyrosin	0,92	μMol Hydroxamsäure/10 mg Protein/Std
gereinigt. Präp.	desgl.	3,30	μMol PP-ATP/10 mg Prot./Std
gereinigt. Präp.	Tryptophan	0,34	μMol Hydroxamsäure
gereinigt. Präp.	desgl.	0,38	μMol PP-ATP/10 mg Prot./Std
Kükenbrustmuskel[12]			
gereinigt. Präp.	Alanin + Histidin	42,7	gebildet. Carnosin (μMol/15 min/37° C)
Kaninchenmuskel[13]			
partiell gereinigt. Präp.	^{14}C-β-Alanin (+ Histidin)	13,000	^{14}C-Carnosin (c.p.m.)
partiell gereinigt. Präp.	β-Alanyl-adenylat (+^{14}C-Histidin)	15,800	desgl.

Tabelle 41 (Fortsetzung).

Vorkommen	Aktivierte Aminosäuren	Aktivität	Ausgedrückt durch
Skeletmuskel (Maus)[14], Zellsaft . .	Mischung von 20 Aminosäuren	20,9 ***	% Austausch PP-ATP/mg Pro
Skeletmuskel (Mensch)[14]	desgl.	20,7 ***	desgl.
Unreife Erythrocyten (Enten)[15]			
Rohextrakt	Gemisch von 14 Aminosäuren	28	% Austausch ATP-PP/20 mi 37° C
gereinigt. Präp.	desgl.	26	desgl.
Spinat[16], gereinigt. Präp.	Gemisch von 15 Aminosäuren †	0,360	μMol Hydroxamsäure/ml/ 10 min/37° C
Spinat[17], Chloroplasten-Extr. . .	18 Aminosäuren	1,05	μMol Hydroxamsäure/mg Protein/2 Std/25° C
Cytoplasma	desgl.	0,92	desgl.
Mitochondrien	desgl.	0	desgl.
Mikrosomen	desgl.	0,32	desgl.
Erbsen-Keimlinge[18], Extrakt . . .	Gemisch verschiedener Aminosäuren	1,75	μMol Hydroxamat/10 mg Protein/60 min/38° C
Erbsen-Epicodyle[19], Rohextrakt .	desgl.	56,4	% Austausch ATP-PP/30 mir mg Protein
Escherichia coli[20], Extrakt	Tryptophan	20	μMol PP-ATP/Std/ml Extr./ 37° C
desgl.	Histidin	30	desgl.
desgl.	Phenylalanin	48	desgl.
desgl.	Methionin	122	desgl.
desgl.	Tyrosin	146	desgl.
desgl.	Valin	146	desgl.
desgl.	Leucin	168	desgl.
desgl.	Isoleucin	248	desgl.
Escherichia coli[20]			
zerstörte Protoplasten	18 Aminosäuren, einzeln geprüft		μMol ^{32}PP-ATP/mg Protein/15 min
Escherichia coli[21]			
zerstörte Protoplasten	20 Aminosäuren, einzeln geprüft		desgl.
Lactobacillus arabinosus[22], Extrakt	D-Alanin	1,37	Einheiten/mg Protein
Protaminsulfat-Behandlung . .	desgl.	1,95	desgl.
Ammoniumsulfat-Fraktionierung	desgl.	3,95	desgl.
Eluat aus Säule	desgl.	29,8	desgl.
Dialysierte Extrakte von:			
L. arabinosus	desgl.	0,94	desgl.
L. casei	desgl.	3,90	desgl.
B. subtilis	desgl.	0,28	desgl.
S. aureus H	desgl.	0,53	desgl.
Bäckerhefe[23], Rohextrakt	Tyrosin	± 0,08	μMol Hydroxamsäure/mg Protein/Std
gereinigt. Präp.	Tyrosin (spezifisch)	4,5	desgl.
Brauereihefe[24], Rohextrakt . . .	Methionin	0,33	Einheiten/mg Protein
gereinigt. Präp..	desgl.	15,0	desgl.
gereinigt. Präp.[25]	Methionin-adenylat	0,25	μMol ATP/15 min
Bacillus brevis[26], gereinigt. Präp. .	Tyrosin (spezifisch)	—	Hydroxamat/mg Protein

* Durch Isotopenversuche wird die Bildung von Citrullin-adenylat als Zwischenprodukt wahrscheinlich gemacht.

** Tryptophan wird von allen untersuchten Aminosäuren weitaus am besten aktiviert.

*** Leucin und Tryptophan am aktivsten.

† L-Alanin, Arginin, Glycin, Histidin, Isoleucin, Leucin, Lysin, Methionin, Phenylalanin, Prolin, Threonin, Tryptophan, Tyrosin, Valin und D,L-Serin.

---

[1] HOAGLAND, M. B., E. B. KELLER and P. C. ZAMECNIK: J. biol. Ch. **218**, 345 (1956).

[2] HOLLEY, R. W., E. F. BRUNNGRABER, F. SAAD and H. H. WILLIAMS: J. biol. Ch. **236**, 197 (1961).

Das gereinigte Enzym ist noch mit Tryptophan aktivierendem Enzym verunreinigt.

Eigenschaften. *Spezifität.* Wahrscheinlich existieren für die Aktivierung der einzelnen Aminosäuren spezifisch wirkende Enzyme, jedoch herrscht darüber noch keine völlige Klarheit.

Einige spezifisch wirkende Enzyme wurden in gereinigtem Zustand erhalten, z.B. für die Aktivierung von Methionin[1,2], Tyrosin[3,4], Valin[5], Tryptophan[6], D-Alanin[7] und Serin[8,9].

Das gereinigte Enzym aus Ochsenpankreas aktiviert außer Tryptophan noch die Analogen 7-Azatryptophan, Tryptazan, 6-Fluortryptophan und 5-Fluortryptophan[10].

Nur die L-Formen der Aminosäuren werden aktiviert und nicht die D-Formen, mit Ausnahme von D-Alanin und in geringerem Umfang D-Aminobuttersäure und D-Serin, die durch Bakterienenzyme Aktivierung erfahren[7].

Die Spezifität ist für die *Hin-* und *Rück*-Reaktion nicht immer die gleiche, z.B. ist bei Hefeenzym die *Hin*-Reaktion für Methionin spezifisch[2], die *Rück*-Reaktion (Bildung von ATP aus Methionin-adenylat und PP) erfolgt jedoch auch — wenn auch nur in schwachem Umfang — mit Seryl- oder Phenylalanyl-adenylat[11].

Das Tryptophan aktivierende Enzym aus Ochsenpankreas ist bei der *Hin*-Reaktion spezifisch auf L-Tryptophan eingestellt, bei der Rückreaktion wird zwar Tryptophan-

---

[1] HOAGLAND, M. B., E. B. KELLER and P. C. ZAMECNIK: J. biol. Ch. **218**, 345 (1956).
[2] BERG, P.: J. biol. Ch. **222**, 1025 (1956).
[3] VEN, A. M. VAN DE, V. V. KONINGSBERGER and J. T. G. OVERBECK: Biochim. biophys. Acta **28**, 134 (1958).
[4] SCHWEET, R. S., and E. H. ALLEN: J. biol. Ch. **233**, 1104 (1958).
[5] BERG, P., and E. J. OFENGAND: Proc. nat. Acad. Sci. USA **44**, 78 (1958).
[6] DAVIE, E. W., V. V. KONINGSBERGER and F. LIPMANN: Arch. Biochem. **65**, 21 (1956).
[7] BADDILEY, J., and F. C. NEUHAUS: Biochem. J. **75**, 579 (1960).
[8] WEBSTER jr., L. T., and E. W. DAVIE: Fed. Proc. **18**, 348 (1959).
[9] WEBSTER jr., L. T., and E. W. DAVIE: J. biol. Ch. **236**, 479 (1961).
[10] SHARON, N., and F. LIPMANN: Arch. Biochem. **69**, 219 (1957).
[11] BERG, P.: J. biol. Ch. **233**, 601 (1958).

Literatur zu Tabelle 41 (Fortsetzung).

[3] CRADDOCK, V. M., and M. V. SIMPSON: Biochem. J. **74**, 10P (1960).
[4] HELE, P., and L. R. FINCH: Biochem. J. **75**, 352 (1960).
[5] ALLEN, E. M., E. GLASSMANN and R. S. SCHWEET: J. biol. Ch. **235**, 1061 (1960).
[6] ROCHOVANSKY, O., and S. RATNER: Fed. Proc. **18**, 311 (1959).
[7] DAVIE, E. W., V. V. KONINGSBERGER and F. LIPMANN: Arch. Biochem. **65**, 21 (1956).
[8] WEBSTER jr., L. T., and E. W. DAVIE: Fed. Proc. **18**, 348 (1959).
[9] WEBSTER jr., L. T., and E. W. DAVIE: J. biol. Ch. **236**, 479 (1961).
[10] SCHWEET, R. S., and E. H. ALLEN: J. biol. Ch. **233**, 1104 (1958).
[11] SCHWEET, R. S., R. W. HOLLEY and E. H. ALLEN: Arch. Biochem. **71**, 311 (1957).
[12] KALYANKAR, G. D., and A. MEISTER: J. biol. Ch. **234**, 3210 (1959).
[13] KALYANKAR, G. D., and A. MEISTER: Am. Soc. **81**, 1515 (1959).
[14] PENNINGTON, R. J.: Biochem. J. **77**, 205 (1960).
[15] ROOD, J. VAN, J. BOOT, J. W. BRUNING and A. KASSENAR: Biochim. biophys. Acta **39**, 232 (1960).
[16] CLARK jr., J. M.: J. biol. Ch. **233**, 421 (1958).
[17] BOVÉ, J., and J. D. RAACKE: Arch. Biochem. **85**, 521 (1959).
[18] WEBSTER, G. C.: J. biol. Ch. **229**, 535 (1958).
[19] WENDELL DAVIS, J., and G. D. NOVELLI: Arch. Biochem. **75**, 299 (1958).
[20] NISMANN, B., F. H. BERGMANN and P. BERG: Biochim. biophys. Acta **26**, 639 (1957).
[21] NISMANN, B.: Biochim. biophys. Acta **32**, 18 (1959).
[22] BADDILEY, J., and F. C. NEUHAUS: Biochem. J. **75**, 579 (1960).
[23] VEN, A. M. VAN DE, V. V. KONINGSBERGER and J. T. G. OVERBECK: Biochim. biophys. Acta **28**, 134 (1958).
[24] BERG, P.: J. biol. Ch. **222**, 1025 (1956).
[25] BERG, P.: J. biol. Ch. **233**, 601 (1958).
[26] SUYAMA, K.: Osaku Shiritsu Daigaku Igaku Zasshi **9**, 1321 (1960) [C. A. **55**, 1755].

Tabelle 42. *pH-Optima von Aminosäure aktivierenden Enzymen.*

Art des Enzyms	pH-Optimum bestimmt durch			Aktivierte Aminosäuren
	Hydroxamatbildung	PP-ATP-Austausch	Carnosinbildung	
Meerschweinchenleber[1]	—	7,5—9,0	—	Leucin, Isoleucin, Threonin, Tyrosin
		7,5—8,5		Lysin
Schweinepankreas[2]	7,3	8,5		Tyrosin
Ochsenpankreas[3]	— 9,0	— 9,0		Tryptophan
Ochsenpankreas[4, 5]	7,4	—		Serin
Küken-Brustmuskel[6]	—	—	7,3	β-Alanin
Unreife Enten-Erythrocyten[7]	—	5,5	—	Glutaminsäure
	—	7,3	—	Leucin
Escherichia coli[8]	—	6—6,2	—	Isoleucin
Lactobacillus arabinosus[9]	7—8,0	7,5—8,0	—	D-Alanin
Bäckerhefe[10]	7,3	—	—	Tyrosin
Bacillus brevis[11]	7,2	—	—	Tyrosin

adenylat bevorzugt, jedoch werden noch 16 andere Acyladenylate unter Bildung von ATP umgesetzt[12].

ATP kann nicht durch GTP ersetzt werden[13].

Wechselzahl für das Tyrosin aktivierende Enzym aus Schweinepankreas[2]: etwa 400.

Tabelle 43. MICHAELIS- *und Gleichgewichtskonstanten von Aminosäure aktivierenden Enzymen.*

Art des Enzyms	Substrat	Gemessen durch Hydroxamatbildung		Gemessen durch PP-ATP-Austausch	
		K_M	K_S	K_M	K_S
Schweinepankreas[2]	Tyrosin	—	—	—	6×10^{-5} m
Schweinepankreas[2]	PP	—	—	—	3×10^{-4} m
Schweinepankreas[2]	ATP	—	—	—	5×10^{-3} m
Brauereihefe[14]	Methionin	—	—	—	$2{,}6 \times 10^{-4}$ m (pH = 5,6)
Ochsenpankreas[5]	Serin	6×10^{-4} m	—	—	—
(optimal bei 10^{-2} m $MgCl_2$ oder Mn^{++})	ATP	10^{-3} m	—	—	—
Lactobacillus arabinosus[9]	D-Alanin	—	—	70 mM	
Lactobacillus arabinosus[9]	PP	—	—	0,13 mM	
Lactobacillus arabinosus[9]	ATP	—	—	2,5 mM	

Enzymeinheit für den Hydroxamsäuretest ist diejenige Menge Enzym, die 1 μM Tryptophan-hydroxamat pro Std unter bestimmten Reaktionsbedingungen (s. Bestimmungsmethode) bildet[3]. Spezifische Aktivität = Einheiten/mg Protein.

Für die Austauschreaktion (ATP-PP) ist eine Enzymeinheit diejenige Enzymmenge, die pro Std einen Austausch von 1 μM katalysiert[8].

[1] ALLEN, E. M., E. GLASSMANN and R. S. SCHWEET: J. biol. Ch. **235**, 1061 (1960).
[2] SCHWEET, R. S., and E. H. ALLEN: J. biol. Ch. **233**, 1104 (1958).
[3] DAVIE, E. W., V. V. KONINGSBERGER and F. LIPMANN: Arch. Biochem. **65**, 21 (1956).
[4] WEBSTER jr., L. T., and E. W. DAVIE: Fed. Proc. **18**, 348 (1959).
[5] WEBSTER jr., L. T., and E. W. DAVIE: J. biol. Ch. **236**, 479 (1961).
[6] KALYANKAR, G. D., and A. MEISTER: J. biol. Ch. **234**, 3210 (1959).
[7] ROOD, J. VAN, J. BOOT, J. W. BRUNING and A. KASSENAR: Biochim. biophys. Acta **39**, 232 (1960).
[8] DEMOSS, J. A., and G. D. NOVELLI: Biochim. biophys. Acta **22**, 49 (1956).
[9] BADDILEY, J., and F. C. NEUHAUS: Biochem. J. **75**, 579 (1960).
[10] VEN, A. M. VAN DE, V. V. KONINGSBERGER and J. T. G. OVERBECK: Biochim. biophys. Acta **28**, 134 (1958).
[11] SUYAMA, K.: Osaku Shiritsu Daigaku Igaku Zasshi **9**, 1321 (1960) [C. A. **55**, 1755].
[12] KRISHNASWAMY, P. R., and A. MEISTER: J. biol. Ch. **235**, 408 (1960).
[13] HOAGLAND, M. B., E. B. KELLER and P. C. ZAMECNIK: J. biol. Ch. **218**, 345 (1956).
[14] BERG, P.: J. biol. Ch. **233**, 601 (1958).

Tabelle 44. *Aktivierung und Hemmung von Aminosäure aktivierenden Enzymen.*

Art des Enzyms	Aktivierung	Hemmung	Aktivierte Aminosäuren
Schweinepankreas[1,2] . . .	K^+ (nied. Konz.)	Na^+	Tyrosin
Schweinepankreas[1,2] . . .	K^+, Na^+	—	Tryptophan
Schweinepankreas[1,2] . . .		p-Chlormercuribenzoat	Tyrosin
Schweinepankreas[1,2] . . .		Tyrosinamid	Tyrosin
Schweinepankreas[1,2] . . .		Tyramin	Tyrosin
Ochsenpankreas[3].		p-Hydroxymercuribenzoat (5×10^{-5} m, 50 % Hemmung)	Serin
Ochsenpankreas[4]		p-Chlormercuribenzoat	Tryptophan
Meerschweinchenleber[5] . .		p-Chlormercuribenzoat (5×10^{-4} m, 100 % Hemmung)	Leucin u. Threonin
Meerschweinchenleber[5] . .		Jodacetat (5×10^{-4} m, 25—35 % Hemmung)	Leucin u. Threonin
Rattenleber[6]	K^+, Rb^+, NH_4^+	Na^+, Li^+, Cs^+, Ca^{++}	Tyrosin
Erbsenkeimlinge[7]		KF (50 %)	verschiedene Aminosäuren
Escherichia coli[8]		entspr. D-Aminosäuren	L-Valin, L-Leucin, L-Isoleucin
Lactobacillus arabinosus[9] .		Glutathion	D-Alanin

***Bestimmung der Aminosäure aktivierenden Enzyme nach* DAVIE *u. Mitarb.*[4].**

Prinzip:

$$\text{a)}\quad E + ATP + R\text{—}\underset{\displaystyle NH_2}{\underset{|}{CH}}\text{—}COOH \rightleftharpoons E\text{-}AMP\text{—}O\text{—}\underset{\displaystyle O}{\underset{\|}{C}}\text{—}\underset{\displaystyle NH_2}{\underset{|}{CH}}\text{—}R + PP$$

$$\text{b)}\quad E\text{-}AMP\text{—}O\text{—}\underset{\displaystyle O}{\underset{\|}{C}}\text{—}\underset{\displaystyle NH_2}{\underset{|}{CH}}\text{—}R + NH_2OH \rightarrow R\text{—}\underset{\displaystyle NH_2}{\underset{|}{CH}}\text{—}\underset{\displaystyle O}{\underset{\|}{C}}\text{—}NHOH + AMP + E$$

Das entstandene Aminoacyl-adenylat wird durch Hydroxylamin abgefangen und in Hydroxamsäure übergeführt. Diese wird colorimetrisch bestimmt.

Reagentien:

1. ATP.
2. $MgCl_2$.
3. NH_2OH, salzfrei.
4. Trispuffer.
5. Pyrophosphatase, kristallisiert.
6. Reagens zur Bestimmung der Hydroxamsäure: 0,37 m $FeCl_3$, 0,31 m Trichloressigsäure, 0,65 m HCl.

Ausführung:

Das Reaktionsgemisch enthält 10 μM ATP, 10 μM $MgCl_2$, 10 μM Aminosäure, 1000 μM salzfreies NH_2OH, 100 μM Trispuffer, 10 μg kristallisierte Pyrophosphatase, 20—170 μg Enzym pro ml. $T = 37°$ C. $p_H = 7{,}8$.

Zu geeigneten Zeitpunkten wird je 1 ml entnommen und zur Bestimmung der Hydroxamsäure nach LIPMANN und TUTTLE[10] zu 2,3 ml vom Reagens *6* hinzugegeben. Die Extinktion wird bei 540 mμ gemessen.

---

[1] SCHWEET, R. S., and E. H. ALLEN: J. biol. Ch. **233**, 1104 (1958).
[2] SCHWEET, R. S., R. W. HOLLEY and E. H. ALLEN: Arch. Biochem. **71**, 311 (1957).
[3] WEBSTER, L. T., jr., and E. W. DAVIE: J. biol. Ch. **236**, 479 (1961).
[4] DAVIE, E. W., V. V. KONINGSBERGER and F. LIPMANN: Arch. Biochem. **65**, 21 (1956).
[5] ALLEN, E. M., E. GLASSMANN and R. S. SCHWEET: J. biol. Ch. **235**, 1061 (1960).
[6] HOLLEY, R. W., E. F. BRUNNGRABER, F. SAAD and H. H. WILLIAMS: J. biol. Ch. **236**, 197 (1961).
[7] DAVIS, J. W., and G. D. NOVELLI: Arch. Biochem. **75**, 299 (1958).
[8] NISMANN, B.: Biochim. biophys. Acta **32**, 18 (1959).
[9] BADDILEY, J., and F. C. NEUHAUS: Biochem. J. **75**, 579 (1960).
[10] LIPMANN, F., and L. C. TUTTLE: J. biol. Ch. **153**, 571 (1944).

Es besteht Proportionalität zwischen Enzymkonzentration und Hydroxamsäurebildung.

Berechnung:

Man stellt eine Eichkurve für die reine Hydroxamsäure auf. Jeder Punkt der Kurve entspricht einer bestimmten Enzymmenge, so daß sich aus der gefundenen Hydroxamsäure die entsprechende Enzymmenge ergibt. Diese wird auf Einheiten umgerechnet, und daraus ergibt sich die spezifische Aktivität (Einheiten/mg Protein).

Siehe auch RAACKE und BOVÉ[1].

Papierchromatographische Hydroxamatmethode mit ^{14}C-substituierten Aminosäuren nach LIFTFIELD und EIGNER[2].

***Bestimmung des ATP-$P^{32}P$-Austausches bei der Reaktion nach* DAVIS *und* NOVELLI[3].**

Reagentien:

1. Phosphatpuffer, p_H 6,5, oder Trispuffer, p_H 7,8.
2. Magnesiumsulfat.
3. ATP.
4. ^{32}P-Pyrophosphat.
5. Kaliumfluorid.
6. Trichloressigsäure, 10%ig.
7. Norit A-Kohle.
8. 2 n HCl.

Ausführung:

Das Reaktionsgemisch enthält im Gesamtvolumen von 1,0 ml 200 μM Phosphatpuffer bzw. Trispuffer; 5 μM $MgSO_4$; 5 μM ATP; 5 μM $P^{32}P$, 50 μM KF, 1 μM der L-Form der betreffenden Aminosäure und das Enzym.

Nach 30 min bei 37° C wird die Reaktion durch Zugabe von 2 ml 10%iger Trichloressigsäure gestoppt. Nach Kühlung wird abzentrifugiert, die Adenin-Nucleotide der überstehenden Flüssigkeit werden an aktive Kohle (Norit A) nach CRANE und LIPMANN[4] (unter Modifikation nach DEMOSS und NOVELLI[5]) adsorbiert. Die beiden endständigen P-Atome der adsorbierten ATP werden nach Zugabe von 1 ml 2 n HCl zum Norit durch 15 min langes Erhitzen im siedenden Wasserbad hydrolysiert, die Mischung abgekühlt und zentrifugiert und in aliquoten Teilen der überstehenden Flüssigkeit die Phosphorsäure nach FISKE und SUBBAROW[6] bestimmt und die Radioaktivität gemessen.

Pyrophosphat wird hydrolytisch zu Phosphat aufgespalten und dieses in gleicher Weise bestimmt.

Berechnung[7]*:*

$$\% \text{ Austausch} = \frac{AT^{32}P_t}{{}^1\!/_2\,(AT^{32}P_t + P^{32}P_t)} \times 100,$$

wobei $AT^{32}P_t$ = Radioaktivität von ATP zur Zeit t und $P^{32}P_t$ = Radioaktivität von PP zur Zeit t.

Nach DEMOSS und NOVELLI[5] ist — im Gegensatz zum %-Austausch — der *Grad* des ATP-PP-Austausches konstant, so daß derselbe eine lineare Funktion der Enzymkonzentration darstellt.

Der Grad des Austausches für 1 μM/Std wird nach der Gleichung berechnet:

$$R = \frac{[ATP][PP]}{[ATP]+[PP]}\,\frac{2{,}303}{t}\,\log\left(\frac{1}{100\,\%\text{- Austausch}}\right),$$

[1] RAACKE, J. D., and J. BOVÉ: Exper. **16**, 195 (1960).
[2] LIFTFIELD, R. B., and E. A. EIGNER: Am. Soc. **81**, 475 (1959).
[3] DAVIS, J. W., and G. D. NOVELLI: Arch. Biochem. **75**, 299 (1958).
[4] CRANE, R. K., and F. LIPMANN: J. biol. Ch. **201**, 235 (1953).
[5] DEMOSS, J. A., and G. D. NOVELLI: Biochim. biophys. Acta **22**, 49 (1956).
[6] FISKE, C. H., and Y. SUBBAROW: J. biol. Ch. **66**, 375 (1925).
[7] DAVIE, E. W., V. V. KONINGSBERGER and F. LIPMANN: Arch. Biochem. **65**, 21 (1956).

wobei t = Zeit und [ATP] und [PP] = Konzentration der austauschenden Moleküle sind (Definition der Einheit für den Grad des Austausches s. vorher).

Nach SCHWEET und ALLEN[1] bleibt das Verhältnis der nach diesen beiden Methoden ermittelten Aktivitäten des Tyrosin aktivierenden Enzyms aus Schweinepankreas bei Reinigungsoperationen konstant, beim Serin aktivierenden Enzym[2] jedoch tritt bei Reinigung eine Verschiebung dieses Quotienten ein. Bei der Alterung eines solchen Präparates gingen 80% der ATP-P^{32}P-Austauschfähigkeit verloren, während die Hydroxamatbildung erhalten blieb, bis der Austausch nur noch wenig höher war als die spezifische Aktivität der Hydroxamatbildung.

Luciferase bzw. Oxyluciferase.

Konstitution des Luciferins[3] (des Leuchtstoffes des amerikanischen Glühwürmchens *Photinus pyralis*[4]):

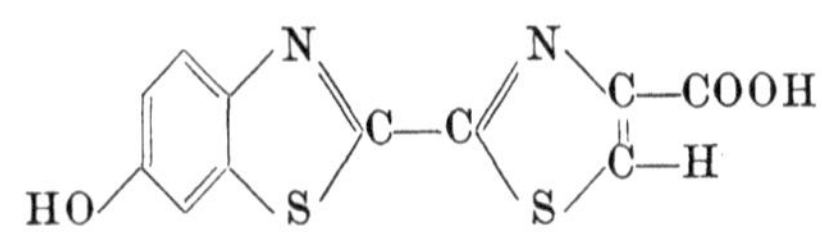

$$\text{ATP} + \text{Luciferin} \xrightleftharpoons{\text{Luciferase}} \text{Luciferyl-adenylat*} + \text{PP}$$

$$\downarrow +O_2 \quad \text{Lichtemission}$$

$$\text{Oxyluciferyl-adenylat*}$$

$$\text{ATP} + \text{Oxyluciferin} \xrightleftharpoons{\text{Luciferase}} \text{Oxyluciferyl-adenylat*} + \text{PP}$$

***Darstellung von Luciferase bzw. Oxyluciferase aus Photinus pyralis nach* GREEN *und* MCELROY[4].**

Fireflies, lebend im Vakuum über $CaCl_2$ 24 Std entwässert und im Tiefkühlschrank aufbewahrt, sind jahrelang ohne Aktivitätsverlust haltbar. 30 g Trockenpräparat (von etwa 6000 fireflies) im Mörser mit 2 g Sand zerkleinert, 100 ml kaltes Aceton zugegeben, vermischt, filtriert, zweimal mit je 200 ml kaltem Aceton ausgewaschen und luftgetrocknet.

Tabelle 45. *Vorkommen und Normalwerte von Luciferase.*

Vorkommen	Ammonium-sulfat m/ml	Aktivität Lichteinheiten/mg Protein
Photinus pyralis („Firefly")[4]		
Kombinierte Elutionen vom ersten Gel	2,87	1,400
Kombinierte erste und zweite Elutionen vom zweiten Gel	1,64	1,400
	2,05	2,500
	2,46	8,100
	2,87	4,300
Dritte Elution vom zweiten Gel . . .	2,87	2,700
Kristalle		27,000

Alle weiteren Operationen in der Kälte ausgeführt.

Aceton-Trockenpräparat im Mörser verrieben und dann mit 100 ml 10^{-3} m Versen + 7 ml n NaOH extrahiert (p_H 7,8); das Enzym immer in 10^{-3} m Versen gehalten.

* Luciferyl-adenylat und Oxyluciferyl-adenylat konnten synthetisch dargestellt und damit die Richtigkeit obiger Reaktionen nachgewiesen werden[5].

[1] SCHWEET, R. S., and E. H. ALLEN: J. biol. Ch. **233**, 1104 (1958).
[2] WEBSTER jr., L. T., and E. W. DAVIE: J. biol. Ch. **236**, 479 (1961).
[3] WHITE, E. H., F. MCCAPRA, G. F. FIELD and W. D. MCELROY: Am. Soc. **83**, 2402 (1961).
[4] GREEN, A. A., and W. D. MCELROY: Biochim. biophys. Acta **20**, 170 (1956).
[5] RHODES, W. C., and W. D. MCELROY: J. biol. Ch. **233**, 1528 (1958).

Der erste Extrakt bei 3000 r.p.m. 10 min zentrifugiert, Rückstand zweimal mit 60 ml H_2O + 1,0 ml n NaOH extrahiert, vereinigte Extrakte 30 min bei 20000 × g abzentrifugiert, Niederschlag verworfen und das Enzym (etwa 1000 Lichteinheiten/mg) aus der überstehenden Flüssigkeit an Ca-phosphat-Gel adsorbiert.

Zwei Ca-phosphat-Gel-Adsorptionen. 3 Teile Enzym mit 2 Teilen Gel, enthaltend 16,5 mg Ca-phosphat/ml, vermischt (das Gel bei p_H 7,5 erst abgemessen, dann abzentrifugiert, überstehende Flüssigkeit verworfen). Rückstand mit der Enzymlösung vermischt, *wieder zentrifugiert.* Gel mit 50 ml 10^{-3} m Versen, p_H 8, ausgewaschen, *wieder zentrifugiert,* dann Elution des Gels mit 20% gesättigtem Ammoniumsulfat. Die beiden *ersten* überstehenden Flüssigkeiten vereinigt, mit 2,2 Vol. Gel wie oben behandelt, dann aus diesem Gel ebenfalls Luciferase mit 20% gesättigtem Ammoniumsulfat in 10^{-3} m Versen bei p_H 7,9 eluiert. 3 Elutionen von je 50 ml aus dem ersten Gel und 3 Elutionen von je 100 ml aus dem zweiten Gel.

Ammoniumsulfat-Fraktionierung. Die 2 ersten Elutionen des zweiten Gels enthalten $^3/_4$ der Luciferase-Aktivität und werden sofort mit Ammoniumsulfat fraktioniert. p_H mit 1 n NaOH auf etwa 7,7—7,9 gebracht, festes Ammoniumsulfat unter Rühren zugegeben. Fraktionen bei 40, 50, 60 und 70% Ammoniumsulfat-Sättigung entnommen, Niederschläge bei 20000 × g 15 min abzentrifugiert und in 10^{-3} m Versen bei p_H 7,9 gelöst.

Kristallisation. Diese findet statt bei Dialyse gegen eine Lösung von niederer Ionenstärke. Die dialysierende Lösung enthält 10^{-3} m Versen, 0,01 m NaCl und 0,002 m Na_2HPO_4, der End-p_H wird auf 7,2—7,4 gebracht. Nach Dialyse über Nacht Kristalle in der Kälte abzentrifugiert und in 0,4 m Ammoniumsulfat und 0,001 m Versen bei p_H 7,8 gelöst, daraus durch abermalige Dialyse wieder auskristallisiert.

Kristallisiertes Enzym nicht stabil. 0,001 m Versen wirkt stabilisierend.

Eigenschaften. *Spezifität.* Das Enzym ist spezifisch für Luciferin, Oxyluciferin sowie andere Derivate des Luciferins[1].

ATP kann nicht durch Adenosintetraphosphat, UTP, CTP, GTP oder ITP ersetzt werden[1].

p_H-Optimum[2]*:* etwa 7,8.

Optimale Temperatur[2]*:* 23° C.

Physikalisch-chemische Eigenschaften[2]. *Molekulargewicht* etwa 100000, bestimmt durch Sedimentation.

Sedimentationskonstante. $S_{25°}$ (0,15 m NaCl) = 5,6. Das kristallisierte Enzym ist elektrophoretisch einheitlich.

Isoelektrischer Punkt: zwischen p_H 6,2 und 6,3.

Gleichgewichtskonstante[3]. $K = \frac{[\text{Enzym-Oxyluciferyl-adenylat}][\text{PP}]}{[\text{ATP}][\text{Oxyluciferin}]} = \text{etwa } 2{,}4.$

Dissoziationskonstante des Luciferase-oxyluciferyl-adenylat-Komplexes[3]*:* 5×10^{-10}.

Freie Energie der Hydrolyse von Oxyluciferyl-adenylat: −13,1 cal[3].

Aktivierung und Hemmung. Oxyluciferyl-adenylat hemmt das Enzym Luciferase und somit die Lichtemission[1]. Enthemmung durch Coenzym A, das Oxyluciferyl-adenylat unter Bildung von Oxyluciferyl-CoA von der Oberfläche des Enzyms entfernt[4].

Irreversible Inaktivierung bei 35° C. Diese kann durch Zusatz von 0,4 m Ammoniumsulfat verhindert werden[2].

Bestimmung der Luciferase nach Rhodes *und* McElroy[3].

Prinzip:

$$\text{ATP} + \text{Luciferin} \rightleftharpoons \text{Luciferyl-adenylat} + \text{PP}$$

Die Lichtemission, die durch Luciferyl-adenylat bewirkt wird, wird gemessen. 1 μM entstandenes Luciferyl-adenylat/ml bewirkt eine Lichtemission von $3{,}1 \times 10^6$ Einheiten.

[1] McElroy, W. D., and A. A. Green: Arch. Biochem. **64**, 257 (1956).
[2] Green, A. A., and W. D. McElroy: Biochim. biophys. Acta **20**, 170 (1956).
[3] Rhodes, W. C., and W. D. McElroy: J. biol. Ch. **233**, 1528 (1958).
[4] Hastings, J. W., W. D. McElroy and J. Coulombre: J. cellul. comp. Physiol. **42**, 137 (1953).

Reagentien:

1. Luciferin.
2. $MgSO_4$.
3. ATP.
4. 0,1 m Tris-Maleatpuffer, p_H 7,1.

Ausführung:

Das Gesamtvolumen von 2,5 ml enthält 1,6 mμM Luciferin, 10 μM $MgSO_4$, 4,0 μM ATP, 0,1 m Tris-Maleatpuffer und das Enzym.

Messung der (willkürlichen) Lichteinheiten nach HASTINGS u. Mitarb.[1].

Oxyluciferyl-adenylat kann durch Messung der Extinktion bei 353 mμ bestimmt werden (Extinktionskoeffizient $1,5 \times 10^4$).

Pyrophosphorylasen.

Diphosphopyridinnucleotid-Pyrophosphorylase.

[2.7.7.1 ATP:NMN-Adenylyltransferase.]

$$\text{ATP} + \text{NMN} \xrightleftharpoons{\text{Mg}^{++}} \text{DPN} + \text{PP}$$ [2]

AMP wird übertragen.

Dasselbe Enzym katalysiert auch die Reaktion:

$$\text{Desamido-NMN} + \text{ATP} \xrightleftharpoons{\text{Mg}^{++}} \text{Desamido-DPN} + \text{PP}$$ [3]

Darstellung von DPN-Pyrophosphorylase aus Brauereihefe nach KORNBERG[2].

100 g getrocknete Bierhefe in 300 ml 0,1 m $NaHCO_3$ (mit 5% CO_2 bei 23° C gesättigt) suspendiert und 48 Std bei 38° C belassen, abzentrifugiert und zum Autolysat das gleiche Volumen obiger $NaHCO_3$-Lösung zugegeben (alle nachfolgenden Operationen bei 3° C ausgeführt). Zu dieser Lösung 136 g Ammoniumsulfat hinzugesetzt, den geringen Niederschlag nach 10 min abzentrifugiert und in H_2O gelöst (Ammoniumsulfatfraktion I).

Ein über Nacht ausgeschiedener Niederschlag abzentrifugiert und verworfen. Zur überstehenden Flüssigkeit 7,9 g Ammoniumsulfat zugegeben, nach 10 min abzentrifugiert und Niederschlag in Wasser gelöst (trübe Lösung; zweite Ammoniumsulfatfraktion). Nochmal abzentrifugiert und geringer Niederschlag verworfen, zur überstehenden Flüssigkeit ein gleiches Volumen 0,1 m Acetatpuffer (p_H 4,8) zugesetzt, nach 10 min bei 10000 r.p.m. 7 min abzentrifugiert und den Niederschlag in 0,1 m Glycylglycinpuffer, p_H 7,4, gelöst (44% Ausbeute; nicht sehr beständig; bei 3° C 2 Wochen aufbewahrt: 25% Aktivitätsverlust).

Darstellung von DPN-Pyrophosphorylase aus Schweineleber nach KORNBERG[2].

100 g frische Schweineleber in Aceton (—10° C; 500 ml) homogenisiert, der Rückstand auf einem Filter gesammelt, wieder in kaltem Aceton suspendiert, abfiltriert und bei Zimmertemperatur getrocknet. 10 g dieses Pulvers mit 100 ml 0,1 m Na_2HPO_4 10 min bei Zimmertemperatur extrahiert. (Alle weiteren Operationen, wenn nicht anders angegeben, bei 3° C ausgeführt.) Der Niederschlag abzentrifugiert und verworfen.

Zum Extrakt 16 g Ammoniumsulfat zugegeben, abzentrifugiert, Niederschlag verworfen. Zur überstehenden Flüssigkeit 8 g Ammoniumsulfat hinzugefügt, abzentrifugiert, Niederschlag in Wasser bis zum Volumen von 40 ml gelöst und nochmals durch Zugabe von 8 g Ammoniumsulfat gefällt. Abzentrifugiert, Niederschlag in Wasser gelöst (Ammoniumsulfatfraktion I).

Diese Fraktion mit Wasser (23° C) auf 94 ml verdünnt und innerhalb 5 min an 9,4 ml (75 mg Trockengewicht) Calciumphosphat-Gel[4] adsorbiert, das Gel dreimal mit je 36 ml

---

[1] HASTINGS, J. W., W. D. MCELROY and J. COULOMBRE: J. cellul. comp. Physiol. **42**, 137 (1953).
[2] KORNBERG, A.: J. biol. Ch. **182**, 779 (1950).
[3] PREISS, J., and P. HANDLER: J. biol. Ch. **233**, 493 (1958).
[4] KORNBERG, A., and W. E. PRICER jr.: J. biol. Ch. **182**, 763 (1950).

Tabelle 46. *Vorkommen und Normalwerte von DPN-Pyrophosphorylase.*

Vorkommen	Aktivität	Ausgedrückt durch	Substrat
Brauereihefe[1], Autolysat . .	0,24	Einheiten/mg Protein	NMN
1. Ammoniumsulfatfraktion	14,5	desgl.	desgl.
2. Ammoniumsulfatfraktion	124	desgl.	desgl.
Niederschlag bei p_H 4,8 . .	453	desgl.	desgl.
dialysiertes Hefeautolysat[2]	0,70	μMol Desamido-DPN/60 min	Desamido-NMN
Ammoniumsulfatfraktion (0,4 gesättigt)	—	—	desgl.
Leber (Schwein)[1], Extrakt . .	0,11	Einheiten/mg Protein	NMN
1. Ammoniumsulfatfraktion	0,71	desgl.	desgl.
2. Ammoniumsulfatfraktion (nach Adsorption) . . .	12,4	desgl.	desgl.
Leber (Schwein)[2], Rohextrakt	0,081 (0,086)	μMol Desamido-DPN bzw. DPN	Desamido-NMN bzw. NMN
Ammoniumsulfatfraktion (0,3—0,45 Sättigung) . .	0,086 (0,070)	desgl.	desgl.
Ammoniumsulfatfraktion (0,45—0,65 Sättigung). .	0,00 (0,00)	desgl.	desgl.
Leber (Schwein), gereinigtes Präparat, Rückreaktion[2] .	0,072	μMol Desamido-NMN-^{14}C	Desamido-DPN-^{14}C
Erythrocyten[2] (acetongetrocknet)	0,21	μMol Desamido-DPN	Desamido-NMN
Rattenleber[2]*, Homogenat .	+0,38 (+0,79)	μMol DPN bzw. Desamido-DPN	NMN bzw. Desamido-NMN
Zellkerne**	+0,59 (+1,04)	desgl.	desgl.
Mitochondrien	0,00 (0,00)	desgl.	desgl.
Überstehende Flüssigkeit .	+0,18 (+0,20)	desgl.	desgl.
L. mesenteroides[3]	0,25	μg synthetis. DPN	Nicotinsäure
	0,01	desgl.	Nicotinsäureamid
S. cerevisiae[3]	0,52	desgl.	Nicotinsäure
	0,46	desgl.	Nicotinsäureamid
Escherichia coli[4]	15,0	μMol Desamido-DPN pro Std/mg Tr.Gew.	Desamido-NMN

* Der Versuch spricht für Identität von DPN- und Desamido-DPN-Pyrophosphorylase, jedoch verläuft die Desamido-DPN-Synthese rascher als die DPN-Synthese. Bei *E. coli*[4] hingegen geht die Pyrophosphorolyse von DPN durch Desamido-DPN-Pyrophosphorylase nur sehr langsam vor sich, so daß Verff. die Identität der beiden Enzyme bezweifeln.

** Das Enzym befindet sich also in den Zellkernen.

kaltem 0,02 m Phosphatpuffer (p_H 7.0) ausgewaschen und mit 37 ml kaltem 0,5 m KH_2PO_4 eluiert. Zum klaren Eluat 6,3 g Ammoniumsulfat zugegeben, abzentrifugiert und der Niederschlag in Wasser gelöst (Ammoniumsulfatfraktion nach Adsorption; 100mal reiner als Ausgangsextrakt; Ausbeute: 28%). Dieses Präparat ist haltbarer als das gereinigte Hefeenzym; kein merklicher Aktivitätsverlust bei 1—2wöchentlicher Aufbewahrung bei 3° C.

Eigenschaften. *Spezifität.* Beim gereinigten Hefeenzym kann NMN nicht durch Nicotinsäureamid-nucleosid und ATP nicht durch ADP oder 5'-AMP vertreten werden[1].

Beim gereinigten Leberenzym wird DPN nicht abgebaut, wenn Pyrophosphat durch Orthophosphat oder Metaphosphat ersetzt ist[1].

p_H-Optimum. Das p_H-Optimum für Desamido-NMN-Pyrophosphorylase aus *Escherichia coli* beträgt etwa 7,5[4].

Aktivierung und Hemmung. Mg-Ionen sind für die Reaktion erforderlich, während Mn-Ionen nur schwach wirksam sind[1]. 2,4-Dinitrophenol (1×10^{-4} m) und Fluorid

[1] KORNBERG, A.: J. biol. Ch. **182**, 779 (1950).
[2] PREISS, J., and P. HANDLER: J. biol. Ch. **233**, 493 (1958).
[3] SUNDARAM, T. K., K. V. RAJAGOPALAN, C. V. PICHAPPA and P. S. SARMA: Biochem. J. **77**, 145 (1960).
[4] IMSANDE, J.: J. biol. Ch. **236**, 1494 (1961).

Tabelle 47. *Dissoziationskonstanten und* MICHAELIS-*Konstanten von DPN-Phosphorylase.*

Art des Enzyms	Substrat	K_M	K_S(Mol/l)	V_{max} DPN- bzw. Desamido-DPN-Synthese / V_{max} DPN- bzw. Desamido-DPN-Abbau
Leber (Schwein)[1]	NMN	—	$1{,}5 \times 10^{-4}$	
Leber (Schwein)[1]	ATP	—	$4{,}6 \times 10^{-4}$	
Leber (Schwein)[1]	DPN	—	$0{,}83 \times 10^{-4}$	0,48 (DPN)
Leber (Schwein)[1]	PP	—	$1{,}9 \times 10^{-4}$	
Leber (Schwein)[1]	Mg^{++}	2×10^{-4} m	—	
Leber (Schwein)[1]	Desamido-DPN[2]	—	—	0,60 (Desamido-DPN)
Hefepräparat[1]	Mg^{++}	5×10^{-4} m	—	0,42 (DPN)
gleiches Präparat 6 Wochen aufbewahrt				0,39 (DPN)
Gereinigtes Hefepräparat[2] . .	Desamido-DPN	$1{,}4 \times 10^{-4}$ m		
Gereinigtes Hefepräparat[2] . .	ATP	6×10^{-4} m		
Gereinigtes Hefepräparat[2] . .	Mg^{++}	$1{,}3 \times 10^{-3}$ m		
Escherichia coli[3]				
partiell gereinigtes Präparat	Desamido-NMN	3×10^{-5} m		
partiell gereinigtes Präparat	ATP	5×10^{-4} m		

(5×10^{-2} m) wirken nicht hemmend[1]. Optimale Mg-Ionen-Konzentration für Desamido-DPN-Pyrophosphorylase aus *Escherichia coli* = 8×10^{-3} m [3].

Enzymeinheit. Eine Enzymeinheit ist diejenige Menge Enzym, die pro Std unter den Bedingungen des Versuchsansatzes 1 μM DPN synthetisiert (s. unten).

Bestimmung der DPN-Pyrophosphorylase nach KORNBERG[1].

Prinzip:

$$\text{NMN} + \text{ATP} \rightleftharpoons \text{DPN} + \text{PP}$$

DPN wird spektrophotometrisch nach quantitativer Überführung in DPNH mittels Triosephosphat-Dehydrogenase nach WARBURG und CHRISTIAN[4] bestimmt.

Reagentien:

1. 0,02 m ATP.
2. 0,05 m Nicotinsäureamidmononucleotid.
3. 0,25 m Glycylglycinpuffer, p_H 7,4.
4. 0,15 m Magnesiumchlorid.
5. 2 m Nicotinsäureamid.
6. Trichloressigsäure, 10%ig.
7. 2 n NaOH.
8. Indicator (Thymolblau oder Phenolrot).

Ausführung:

Das Gesamtvolumen von 1,0 ml enthält 0,1 ml 0,02 m ATP, 0,05 ml 0,05 m NMN; 0,20 ml 0,25 m Glycylglycinpuffer (p_H 7,4); 0,10 ml 0,15 m $MgCl_2$ und das zu bestimmende Enzym. (Bei Ansätzen mit rohen Leberfraktionen wird 0,1 ml 2 m Nicotinsäureamid zugesetzt, um Störungen durch DPN-Nucleosidase zu vermeiden.) Nach 20 min langer Inkubation bei 38° C wird 1,0 ml 10%ige Trichloressigsäure zugesetzt, die überstehende Lösung mit 2 n NaOH (Indicator Thymolblau oder Phenolrot) neutralisiert und 1,0 ml in jede der zwei Absorptionszellen zwecks DPN-Analyse pipettiert.

Sowohl bei rohen als auch bei gereinigten Enzympräparaten besteht in diesem Test Proportionalität zwischen Umsatz und Enzymkonzentration, wenn nicht mehr als eine Einheit im Ansatz angewandt wird.

[1] KORNBERG, A.: J. biol. Ch. **182**, 779 (1950).
[2] PREISS, J., and P. HANDLER: J. biol. Ch. **233**, 493 (1958).
[3] IMSANDE, J.: J. biol. Ch. **236**, 1494 (1961).
[4] WARBURG, O., u. W. CHRISTIAN: B. Z. **303**, 40 (1939).

Bei gereinigten Hefe- und Leberenzymen erübrigt sich die Enteiweißung mit Trichloressigsäure.

Berechnung:

Das gefundene DPNH ist äquivalent dem synthetisierten DPN und letzteres wird auf Einheiten umgerechnet.

***Bestimmung der Desamido-DPN-Pyrophosphorylase nach* Preiss *und* Handler[1].**

Prinzip:

$$\text{Desamido-NMN-}^{14}\text{C} + \text{ATP} \overset{Mg^{++}}{\rightleftharpoons} \text{Desamido-DPN-}^{14}\text{C} + \text{PP}$$

Desamido-DPN wird papierchromatographisch auf Grund seiner Radioaktivität bestimmt.

Reagentien:

1. Desamido-nicotinsäureamidmononucleotid-^{14}C.
2. ATP.
3. Trispuffer, p_H 7,4.
4. Magnesiumchlorid.

Ausführung:

Das Gesamtvolumen von 0,5 ml enthält 0,2 μM Desamido-NMN-^{14}C (1,38 $\times 10^5$ c.p.m.), 1 μM ATP, 15 μM Tris, 5 μM $MgCl_2$ und das Enzym. Die Mischung wird 20 min bei 37° C belassen.

Die Aufarbeitung ist die gleiche wie für Desamido-NMN-Pyrophosphorylase beschrieben. Nach Entwicklung des Papierchromatogramms wird auch hier die Radioaktivität der betreffenden Flecken bestimmt.

Berechnung:

Aus der gefundenen Radioaktivität berechnet man die Menge des synthetisierten Desamido-DPN.

Flavinadenindinucleotid-Pyrophosphorylase.

[2.7.7.2 ATP:FMN-Adenylyltransferase.]

$$\text{Flavinmononucleotid (FMN)} + \text{ATP} \overset{Mg^{++}}{\rightleftharpoons} \text{FAD} + \text{PP}$$

AMP wird übertragen.

***Darstellung von FAD-Pyrophosphorylase aus Brauereihefe nach* Schrecker *und* Kornberg[2].**

100 g getrocknete Bierhefe mit 300 ml 0,1 m $NaHCO_3$ (mit einer Mischung von 95% N_2 und 5% CO_2 gesättigt) 24 Std bei 23° C autolysiert. (Alle nachfolgenden Operationen, wenn nicht anders angegeben, bei 3° C ausgeführt.) Die Mischung wird abzentrifugiert und die überstehende Flüssigkeit (Autolysat) mit Wasser auf 324 ml verdünnt und mit 108 g Ammoniumsulfat gefällt. Niederschlag abzentrifugiert, in 60 ml Wasser gelöst und gegen fließendes entmineralisiertes Wasser 1 Std dialysiert.

Die dialysierte Lösung (Fraktion I, spezifische Aktivität 7,4) auf 75 ml mit Wasser verdünnt und mit 75 ml 0,1 m Na-acetatpuffer, p_H 5,0, vermischt. Nach 5 min 12 ml 95% Äthanol tropfenweise unter mechanischem Rühren bei 0—1° C zugefügt, abzentrifugiert, Niederschlag verworfen. Zur überstehenden Flüssigkeit 23 ml 95% Äthylalkohol bei —2° C zugegeben, Niederschlag abzentrifugiert und in 45 ml H_2O unter Zugabe von etwas 0,1 n NaOH annähernd neutralisiert, dann durch vorsichtige Zugabe von 0,02 n Essigsäure auf p_H 5,85 gebracht (Fraktion II, spezifische Aktivität 20,2).

Zur Lösung 13,8 ml Aluminiumhydroxyd-Gel C_γ (Trockengewicht 15,5 g/l) zugesetzt. 10 min zentrifugiert, das Adsorbat mit 13 ml 0,02 m Na-acetatpuffer, p_H 6,0, ausgewaschen und dreimal mit je 14 ml 0,02 m Phosphatpuffer, p_H 7,7, eluiert. Die vereinigten

---

[1] Preiss, J., and P. Handler: J. biol. Ch. **233**, 493 (1958).

[2] Schrecker, A. W., and A. Kornberg: J. biol. Ch. **182**, 795 (1950).

Eluate (Fraktion III, spezifische Aktivität 30,2) mit Wasser auf 48 ml verdünnt, 1,0 ml 1,0 n Essigsäure unter mechanischem Rühren bei 0° C zugegeben, danach 6,9 ml 95% Äthanol bei —1 bis —2° C. Niederschlag abzentrifugiert, in 20 ml Wasser gelöst, mit 0,1 n NaOH annähernd neutralisiert, dann mit 0,02 n Essigsäure auf p_H 6,0 gebracht (Fraktion IV, spezifische Aktivität 50,7).

Tabelle 48. *Vorkommen und Normalwerte von FAD—Pyrophosphorylase.*

Vorkommen	Aktivität	Ausgedrückt durch
Brauereihefe[1], Autolysat . .	0,91	Einheiten/mg Protein
gereinigtes Präparat. . . .	83,0	desgl.
Überstehende Flüssigkeit der Zellfraktionen von[2]:		
Mäuseleber.	36,1	μMol FAD/Std/g Gewebe
Mäusetumor	22,0	desgl.
Mäusegehirn	7,5	desgl.
Mäuseherz	6,5	desgl.
Mäusemilz (Tumor-Wirt)	5,6	desgl.
Mäuse-Skeletmuskel. . .	5,3	desgl.
Mäusesarkom	2,7	desgl.
Rattenleber	8,1	desgl.
Kaninchengehirn	0,9	desgl.
Ochsenleber	2,4	desgl.
Phaseolus radiatus[3]		
Rohextrakt	0,272	Einheiten/mg Protein
gereinigtes Präparat. . . .	22,580	desgl.
Andere Pflanzen s.[3]		

Lösung mit 21,4 ml Calciumphosphat-Gel[4] (Trockengewicht 8,2 g/l) versetzt, nach 10 min zentrifugiert, das Adsorbat mit 17 ml 0,02 m Na-acetatpuffer, p_H 6,0, gewaschen und viermal mit je 4,3 ml 0,01 m Phosphatpuffer, p_H 7,7, eluiert.

Die vereinigten Eluate (Fraktion V, spezifische Aktivität 83,0) sind klar und farblos, der Proteingehalt schwankt zwischen 1,3—1,9 mg/ml. (45% Ausbeute und 91fache Reinigung bezogen auf das Autolysat. In 4 Tagen bei 3° C aufbewahrt, Aktivitätsverlust von 20—30%.)

***Darstellung von FAD-Pyrophosphorylase aus Phaseolus radiatus nach* Giri *u. Mitarb.*[3].**

Frisch pulverisierter *Phaseolus radiatus*-Samen mit 0,1 m $NaHCO_3$-Lösung (100 g je 300 ml) 2 Std bei 0—5° C unter ständigem Rühren extrahiert, 15 min bei 1000 × g abzentrifugiert und die überstehende Flüssigkeit 18 Std bei 0—5° C gegen glasdestilliertes Wasser dialysiert. Das Dialysat (Fraktion II, spezifische Aktivität 0,861) 15 min bei 2000 × g abzentrifugiert, die überstehende Flüssigkeit mit Ammoniumsulfat (umkristallisiert) auf 0,45 Sättigung gebracht, bei 5000 × g abzentrifugiert und Niederschlag verworfen. Überstehende Flüssigkeit mit Ammoniumsulfat auf 0,55 Sättigung gebracht, 30 min bei 5000 × g abzentrifugiert, Niederschlag in glasdestilliertem Wasser gelöst und durch Dialyse von Ammoniumsulfat befreit (Fraktion III, spezifische Aktivität 7,232).

Zum dialysierten Extrakt (40 ml) 4 ml Äthanol bei 0 bis —5° C zugesetzt, abzentrifugiert und Niederschlag verworfen. Zur überstehenden Flüssigkeit 5,5 ml Äthanol zugesetzt, 20 min bei 5000 × g abzentrifugiert, Niederschlag in 35 ml glasdestilliertem Wasser gelöst (Fraktion IV, spezifische Aktivität 14,426).

Zu dieser Lösung ein gleiches Volumen C_γ-Gel (18 mg Trockengewicht/ml) zugefügt und die Enzym-Gel-Mischung unter ständigem Rühren 20 min kalt gehalten, dann 5 min

[1] Schrecker, A. W., and A. Kornberg: J. biol. Ch. **182**, 795 (1950).
[2] DeLuca, C., and N. O. Kaplan: Biochim. biophys. Acta **30**, 6 (1958).
[3] Giri, K. V., N. Appaji Rao, H. R. Cama and S. A. Kumar: Biochem. J. **75**, 381 (1960).
[4] Keilin, D., and E. F. Hartree: Proc. R. Soc. London (B) **124**, 397 (1938).

bei 1000 × g abzentrifugiert und die überstehende Flüssigkeit verworfen. Das Gel dreimal mit je 10 ml 0,02 m Na-phosphatpuffer, p_H 7,8, extrahiert und die Eluate vereinigt. Diese Mischung mit Äthanol bis zur 8%igen Konzentration gefällt, 45 min bei 5000 × g abzentrifugiert und die überstehende Flüssigkeit verworfen. Niederschlag in 20 ml glasdestilliertem Wasser gelöst und als Enzym verwandt (Fraktion V, spezifische Aktivität 22,58; 83fache Reinigung mit 26% Ausbeute).

Eigenschaften. *Spezifität.* FMN kann nicht durch Riboflavin, Lumiflavin oder Lumichrom ersetzt werden[1].

Tabelle 49. *p_H-Optimum der FAD-Pyrophosphorylase.*

Art des Enzyms	p_H-Optimum
Brauereihefe[2]. . .	7,5
Tierisches Gewebe[3]	7,5
Phaseolus radiatus[1]	7,5

Optimale Temperatur: 37° C bei *Phaseolus radiatus*[1].

Tabelle 50. *Dissoziations- und* MICHAELIS-*Konstanten der FAD-Pyrophosphorylase.*

Art des Enzyms	Substrat	K_S	K_M
Hefe-Autolysat[2] .	FMN	$1,4 \times 10^{-6}$	—
Hefe-Autolysat[2] .	ATP	$1,2 \times 10^{-5}$	—
Phaseolus radiatus[1]	FMN	—	0,043 mM
Phaseolus radiatus[1]	ATP	—	0,75 mM

Aktivierung und Hemmung. Mg^{++} sind für das Enzym erforderlich; optimale Konzentration etwa $1,5 \times 10^{-3}$ m[2]. Zn^{++} wirken ebenfalls aktivierend, Mn^{++} nur bei niederer Konzentration, bei höherer Konzentration dagegen hemmend[1].

Ni^{++}, Cu^{++}, Hg^{++} und CN^- hemmen, Co^{++}, Fe^{++}, Cd^{++} sind wirkungslos[1]. p-Chlormercuribenzoat (1×10^{-4} m) hemmt vollständig[3].

Enzymeinheit. Eine Enzymeinheit ist diejenige Enzymmenge, die unter den Bedingungen des Ansatzes in 1 Std 1 μM FAD synthetisiert[1,2].

Bestimmung der FAD-Pyrophosphorylase nach SCHRECKER *und* KORNBERG[2].

Prinzip:

$$FMN + ATP \rightleftharpoons FAD + PP$$

Das gebildete FAD wird bestimmt.

Reagentien:

1. Magnesiumchlorid.
2. ATP.
3. Flavinmononucleotid.
4. Phosphatpuffer, p_H 7,5.

Ausführung:

Im Gesamtvolumen von 1,0 ml befinden sich 3—10 Einheiten Enzym, 7,5 μM $MgCl_2$, 2 μM ATP, 20 mμM FMN und 25 μM Phosphatpuffer, p_H 7,5.

Das Reaktionsgemisch wird 6—15 min bei 37° C belassen, dann 3 min im siedenden Wasserbad erhitzt, abgekühlt und zentrifugiert.

In einem aliquoten Teil der überstehenden Flüssigkeit wird das synthetisierte FAD, das die Wirkgruppe des Enzyms D-Aminosäureoxydase ist, mittels des manometrischen D-Aminosäureoxydasetests von WARBURG und CHRISTIAN[4] bestimmt. Da nach diesen Autoren 1 M FAD unter bestimmten Versuchsbedingungen 1440 M Sauerstoff überträgt, so kann man aus dem O_2-Verbrauch die vorhandene Menge FAD ermitteln.

Berechnung:

Das gefundene FAD wird auf Einheiten umgerechnet.

Bestimmung der FAD-Pyrophosphorylase nach GIRI *u. Mitarb.*[1].

Prinzip:

Wie oben, jedoch andere Bestimmung des FAD.

[1] GIRI, K. V., N. APPAJI RAO, H. R. CAMA and S. A. KUMAR: Biochem. J. **75**, 381 (1960).
[2] SCHRECKER, A. W., and A. KORNBERG: J. biol. Ch. **182**, 795 (1950).
[3] DELUCA, C., and N. O. KAPLAN: Biochim. biophys. Acta **30**, 6 (1958).
[4] WARBURG, O., u. W. CHRISTIAN: B. Z. **298**, 150 (1938).

Reagentien:

1. Flavinmononucleotid.
2. ATP.
3. Natriumfluorid.
4. Magnesiumsulfat.
5. Veronal-HCl-Puffer, p_H 7,4.
6. Lösungsmittel: Butanol-Essigsäure-Wasser (4:1:5).

Ausführung:

Das Reaktionsgemisch (Gesamtvolumen 2 ml) enthält 1 mM FMN; 20 mM ATP; 0,1 M NaF; 0,1 mM $MgSO_4$; 0,1 M Veronal-HCl-Puffer (p_H 7,4); 0,8 ml des Enzyms (NaF zur Hemmung der Pyrophosphatase).

Die Reaktion wird durch 20 min langes Erhitzen im siedenden Wasserbad gestoppt, die Ansätze 20 min bei 3000 $\times$ g abzentrifugiert und in geeigneten Portionen der überstehenden Flüssigkeit (gewöhnlich 0,3 ml) FAD nach der circular-papierchromatographischen Technik von GIRI und KRISHNASWAMY[1] (Lösungsmittel: Butanol-Essigsäure-Wasser im Verhältnis 4:1:5) bestimmt. Die FAD-Bande wird unter UV-Licht ermittelt, mit Bleistift markiert, mit 5 ml glasdestilliertem Wasser eluiert und die Fluorescenz gemessen (Filter der Lichtquelle: 4358 Å, Fluorescenzmessung bei 5200 Å).

Cytidindiphosphat-cholin-Pyrophosphorylase.

[2.7.7.15 CTP:Cholinphosphat-Cytidylyltransferase.]

$$\text{Cytidintriphosphat (CTP)} + \text{Phosphoryl-cholin} \xrightleftharpoons{Mg^{++}} \text{CDP-Cholin} + \text{PP}$$

CMP wird übertragen.

Tabelle 51. *Vorkommen und Normalwerte.*

Vorkommen	Aktivität	Ausgedrückt durch
Rattenleber[2], partiell gereinigtes Präparat *	123	mμMol gespaltenes CDP-Cholin in 15 min/37° C
Meerschweinchenleber[3]		
partiell gereinigtes Präparat, nicht erhitzt	17,7	mμMol synthetisiertes CDP-Cholin/1 Std/37° C
auf 55° C erhitzt (10 min) **	31,6	desgl.
Samenblase (Ratte)[4]		
Partikel des Cytoplasmas	206,0	mμMol gespaltenes CDP-Cholin in 15 min/37° C

* Das Präparat enthält auch CDP-Äthanolamin-Pyrophosphorylase.

** Das Enzym ist bei 55° C hitzebeständig. Die Aktivität wird durch das Erhitzen auf 55° C sogar auf fast das Doppelte erhöht, wahrscheinlich durch Zerstörung hydrolysierender oder anderer störender Enzyme.

***Darstellung von CDP-Cholin-Pyrophosphorylase aus Meerschweinchenleber nach* BORKENHAGEN *und* KENNEDY[3].**

Leber von normalen erwachsenen männlichen Meerschweinchen bei — 15° C mehrere Wochen aufbewahrt, bei + 5° C aufgetaut und in 10 Vol. eiskalter 0,25 m Rohrzuckerlösung 45 sec homogenisiert. Alle nachfolgenden Operationen bei 0—5° C ausgeführt. Das Homogenat 5 min bei 500 $\times$ g in einer Kühlzentrifuge zentrifugiert, Niederschlag verworfen. Der p_H der überstehenden Flüssigkeit durch tropfenweises Zufügen von 2 n Essigsäure auf 5,2 gebracht, die Suspension 30 min gerührt. Niederschlag abzentrifugiert, überstehende Flüssigkeit verworfen. Niederschlag in 0,02 m Trispuffer, p_H 8,0 (enthaltend 0,001 m Versen) aufgenommen, und zwar mit dem gleichen Volumen des ursprünglichen Homogenats. Suspension dann gegen verschiedene Chargen desselben Puffers dialysiert.

[1] GIRI, K. V., and P. R. KRISHNASWAMY: J. ind. Inst. Sci. **38**, 232 (1956).
[2] KENNEDY, E. P., and S. B. WEISS: J. biol. Ch. **222**, 193 (1956).
[3] BORKENHAGEN, L. F., and E. P. KENNEDY: J. biol. Ch. **227**, 951 (1957).
[4] WILLIAMS-ASHMAN, H. G., and J. BANKS: J. biol. Ch. **223**, 509 (1956).

Dialysiertes Enzympräparat schnell unter Rühren auf 55° C erwärmt in einem Bad dieser Temperatur und 20 min bei 55° C gehalten. Das Enzym in einem Eisbad abgekühlt und bei 18000 × g in einer Winkelzentrifuge 20 min bei 0° C zentrifugiert, die überstehende Lösung verworfen. Niederschlag in Tris-Versene-Lösung suspendiert, gefroren und so aufbewahrt. Vor Gebrauch Enzym auftauen und durch 5 bis 10 min lange Ultraschallbehandlung fein verteilen. Derartige Präparate für gewöhnlich 5—10 mg Protein/ml enthaltend. (Versuche, das Enzym in löslichem Zustand zu erhalten, nicht erfolgreich.)

Tabelle 52. MICHAELIS-*Konstanten für CDP-Cholin-Pyrophosphorylase aus Meerschweinchenleber.*

Substrat	K_M
PP	0,5—1,0 × 10^{-3} m
CDP-Cholin . . .	0,2 × 10^{-3} m
CTP	3,0 × 10^{-4} m
Phosphoryl-cholin	0,5 × 10^{-3} m

Eigenschaften. *Spezifität*[1]. Das Enzym ist spezifisch auf CTP eingestellt. Dieses kann nicht durch ATP, UTP, GTP oder ITP ersetzt werden.

pH-Optimum. pH-Optimum des Meerschweinchen-Leberenzyms: etwa 7,2.

Aktivierung und Hemmung. Zweiwertige Kationen, Mg^{++} oder Mn^{++} sind für die Aktivität des Enzyms erforderlich[1].

Bestimmung der CDP-Pyrophosphorylase nach BORKENHAGEN *und* KENNEDY[1].

Prinzip:

$$\text{CTP} + \text{Phosphoryl-cholin-}^{32}\text{P} \rightleftharpoons \text{CD}^{32}\text{P-Cholin} + \text{PP}$$

Das synthetisierte $CD^{32}P$-Cholin wird bestimmt.

Reagentien:

1. Magnesiumchlorid.
2. Trispuffer, pH 7,5.
3. Cystein.
4. P-Cholin-^{32}P.
5. Cytidintriphosphat.
6. Trichloressigsäure, 5%ig.
7. Norit A-Kohle.
8. Caseinlösung, 1%ig.

Ausführung:

Das Gesamtvolumen von 1,0 ml enthält 10 μM $MgCl_2$, 50 μM Trispuffer, pH 7,5, 10 μM Cystein, 5 μM P-Cholin-^{32}P, 0,2 μM CTP und das Enzym. Das Gemisch wird 1 Std bei 37° C belassen. Die Reaktion wird dann durch Zusatz von 5 ml 5% Trichloressigsäure gestoppt, ein aliquoter Teil der überstehenden Flüssigkeit (5 ml) mit 2,0 ml einer wäßrigen Suspension von Norit A-Kohle (10 mg Trockengewicht/ml) behandelt, gelegentlich umgerührt, abzentrifugiert. Unter diesen Bedingungen ist CDP-Cholin quantitativ an die Norit-Kohle adsorbiert, P-Cholin dagegen nicht. Der Norit-Niederschlag wird viermal mit je 5 ml Wasser gewaschen und schließlich in 3 ml einer 1%igen Caseinlösung suspendiert. 2 ml-Anteile der Suspension werden getrocknet und die Radioaktivität darin bestimmt (Casein dient nur als Bindemittel).

Berechnung:

Die Gesamtzahl der Ausschläge auf dem Kohle-Niederschlag wird durch die spezifische Aktivität des P-Cholin-^{32}P (für gewöhnlich 5000 Ausschläge/μMol) dividiert und die erhaltene Zahl in mμMol synthetisiertem CDP-Cholin ausgedrückt.

Uridindiphosphat-glucose-Pyrophosphorylase.

[2.7.7.9 UTP:α-D-Glucose-1-phosphat-Uridylyltransferase.]

$$\text{UTP} + \text{Glucose-1-phosphat} \xrightleftharpoons{Mg^{++}} \text{UDP-Glucose} + \text{PP}$$

UMP wird übertragen.

[1] BORKENHAGEN, L. F., and E. P. KENNEDY: J. biol. Ch. **227**, 951 (1957).

Tabelle 53. *Vorkommen und Normalwerte von UDP-Glucose-Pyrophosphorylase.*

Vorkommen	Aktivität	Ausgedrückt durch
Brauereihefe[1]		
Rohextrakt	0,3	Einheiten/mg Protein
Äthanolfraktion I (20—24%)	11,0	desgl.
Ammoniumsulfatfraktion c (50—56% Ammoniumsulfat zur Extraktion)	77,2	desgl.
Phaseolus aureus-Keimlinge[2]		
Rohextrakt	1,04	desgl.
gereinigtes Präparat	815,0	desgl.
Meerschweinchenleber[3]		
Extrakt aus Zellkernen	100 (UDPG)*	% Umwandlung in UTP/30 min
Extrakt aus Zellkernen	50 (UDPGA)*	desgl.
Rattenleber-Homogenat[4]	2,7	μMol UDP-Glucose/min/3,5 g Leber
überstehende Flüssigkeit	2,7	desgl.
Rattenmuskel-Homogenat[5]	40—60	mMol Glucose-1-phosphat/100 g Muskel/Std
Kaninchen-Skeletmuskel[6]		
Extrakt	0,06	Einheiten/mg Protein
gereinigtes Präparat	82,5	desgl.
Milchdrüsen[7]	0,08	ΔE_{340}/min/100 μl Enzym

* UDPG = Uridindiphosphat-glucose; UDPGA = Uridindiphosphat-N-acetylglucosamin.

***Darstellung von UDP-Glucose-Pyrophosphorylase aus Brauereihefe nach* MUNCH-PETERSEN[1].**

20 g getrocknete Brauereihefe autolysiert und extrahiert durch 18 Std langes Schütteln bei 20° C mit 40 ml 0,07 M $(NH_4)_2HPO_4$, abzentrifugiert. Zur überstehenden Flüssigkeit (23 ml) 15,6 ml gesättigte Ammoniumsulfatlösung zugesetzt bis zur Ammoniumsulfat-Konzentration 40%. Nach 30 min Stehen bei 0° C abzentrifugiert, geringer Niederschlag verworfen und zur überstehenden Flüssigkeit 19 ml gesättigte Ammoniumsulfatlösung bis zur 60%igen Konzentration zugesetzt. Nach 30 min Stehen bei 0° C abzentrifugiert.

Niederschlag (bei 40—60% Sättigung erhalten) bei 0° C in 25 ml 0,15 m Acetatpuffer, pH 6,3, gelöst, $^1/_2$ Std gegen Leitungswasser dialysiert. Zur klaren Lösung (27 ml) 2 ml 1%ige Protaminsulfatlösung zugesetzt. Nach 1 Std bei 2° C abzentrifugiert, überstehende Flüssigkeit auf —2° C abgekühlt und mit Äthylakohol fraktioniert gefällt. Temperatur während der tropfenweisen Zufuhr von 50% Äthanol allmählich auf —8° C gesenkt. Fraktionen zwischen 20—24%, 24—28% und 28—31% Äthanolgehalt durch Zentrifugieren in einer vorher auf —10° C abgekühlten Zentrifuge gewonnen.

Äthanolfraktionen über Nacht bei —20° C gehalten, wobei Äthanol völlig verschwindet, dann in kaltem destilliertem Wasser gelöst. (Fraktion 20—24% Alkohol enthält noch etwas unlösliches Material, das durch Zentrifugieren entfernt wird; die anderen Fraktionen geben klare Lösungen.)

Höchste Aktivität zeigt die Fraktion zwischen 20—24% Äthanolkonzentration. Zur klaren Lösung (4 ml) 6 ml gesättigte Ammoniumsulfatlösung zugesetzt, so daß Lösung zu 60% gesättigt ist, Niederschlag abzentrifugiert und dreimal hintereinander mit je 2,5 ml Ammoniumsulfatlösung abnehmender Konzentration extrahiert, die vorher mit Ammoniak auf pH 7,5 gebracht wurden. Die bei 50—56% Ammoniumsulfat-Sättigung

[1] MUNCH-PETERSEN, A.: Acta chem. scand. **9**, 1523 (1955). — Vorangehende Arbeiten: KALCKAR, H. M., and E. CUTOLO, 2. Int. Congr. Biochem. Paris, 1952, Communications S. 260. — MUNCH-PETERSEN, A., H. M. KALCKAR, E. CUTOLO and E. E. B. SMITH: Nature **172**, 1036 (1953).
[2] GINSBURG, V.: J. biol. Ch. **232**, 55 (1958).
[3] MILLS, G. T., R. ONDARZA and E. E. B. SMITH: Biochim. biophys. Acta **14**, 159 (1954).
[4] REID, E.: Biochim. biophys. Acta **32**, 251 (1959).
[5] VILLAR-PALASI, C., and J. LARNER: Biochim. biophys. Acta **30**, 449 (1958).
[6] VILLAR-PALASI, C., and J. LARNER: Arch. Biochem. **86**, 61 (1960).
[7] SMITH, E. E. B., and G. T. MILLS: Biochim. biophys. Acta **18**, 152 (1955).

erhaltene Fraktion ist am aktivsten. Sie ist mehr als 250mal so wirksam wie der rohe Hefeextrakt, Ausbeute 15%. Als Ammoniumsulfat-Niederschlag bei — 20° C aufbewahrt.

Darstellung von UDP-Glucose-Pyrophosphorylase aus Phaseolus aureus nach GINSBURG[1].

Acetonpulverextrakt. Ausgangsmaterial = Aceton-Trockenpulver von 4 Tage alten Keimlingen von *Phaseolus aureus*. Dieses wird dargestellt durch drei Extraktionen mit auf — 20° C gekühltem Aceton. 1. Extraktion: 2 min langes Homogenisieren der Keimlinge mit 3 Vol. Aceton. Rückstände noch zweimal mit je einem Volumen kaltem Aceton homogenisieren, dann bei Zimmertemperatur auf Filtrierpapier an der Luft trocknen. Pulver in verschlossener Flasche bei — 10° C aufheben.

100 g Acetonpulver mit 1200 ml 0,1 m Trispuffer (p_H 7,5) bei 0° C unter gelegentlichem Rühren 1 Std extrahiert, abzentrifugiert und überstehende Flüssigkeit durch ein Käsetuch dekantiert.

Ammoniumsulfat-Fraktionierung. Ammoniumsulfat langsam im Verlauf von 30 min zum Acetonpulverextrakt bei 0° C unter Rühren bis zur 85%igen Sättigung zugegeben, abzentrifugiert, Niederschlag in 60 ml 65% gesättigter Ammoniumsulfatlösung suspendiert und 15 min gerührt, wieder abzentrifugiert, Niederschlag in 60 ml 35%iger Ammoniumsulfatlösung suspendiert und 15 min gerührt. Überstehende Flüssigkeit nach Abzentrifugieren 3 Std gegen 4 l destilliertes Wasser bei 3° C dialysiert und dann über Nacht gegen 4 l 0,005 m Na-phosphatpuffer, p_H 6,0 (enthaltend 0,1 ml Mercaptoäthanol), abzentrifugiert, Niederschlag verworfen, überstehende Flüssigkeit verwandt (7,2 Einheiten je mg Protein).

Aluminiumhydroxyd C_γ-Behandlung. Aluminiumhydroxyd-Suspension C_γ (12 mg Trockengewicht/ml) zur dialysierten Ammoniumsulfat-Fraktion zugesetzt ($^1/_3$ Gel bezogen auf Proteingewicht), 30 min gerührt, Suspension abzentrifugiert, Niederschlag verworfen. Überstehende Flüssigkeit über Nacht bei 3° C gegen 4 l 0,005 m Na-phosphatpuffer, p_H 7,5 (enthaltend 0,1 ml Mercaptoäthanol) dialysiert (14,6 Einheiten/mg Protein).

Chromatographie. Dialysierte Lösung der Anionen-Austauscher-Chromatographie auf einer DEAE-Cellulosesäule nach PETERSON und SOBER[2] und SOBER u. Mitarb.[3] unterworfen (Kühlraum 3° C). Durchmesser der Säule 2 cm, enthaltend 3 g DEAE-Cellulose, vor Gebrauch mit 0,005 m Na-phosphatpuffer, p_H 7,5, ausgewaschen. Die Enzymlösung (enthaltend 355 mg Protein) wird durch die Säule geschickt (2 ml/min), das Eluat in 10 ml-Fraktionen mittels eines automatischen Fraktionssammlers gesammelt. Elution des Harzes mit 0,005 m Na-phosphatpuffer, p_H 7,5, wachsende Mengen NaCl enthaltend. Elution des Proteins durch Messung der Ultraviolett-Absorption bei 280 mμ kontrolliert und diejenige mit der höchsten Aktivität verwandt. (Nach Zusatz von 0,01 ml Mercaptoäthanol gefroren bei — 7° C aufbewahrt.) Spezifische Aktivität = 815; Ausbeute: 25%.

Darstellung von UDP-Glucose-Pyrophosphorylase aus Kaninchenmuskel nach VILLAR-PALASI *und* LARNER[4].

1 oder 2 Kaninchen durch Schlag auf den Kopf getötet, dekapitiert, Muskeln von Rücken und Hinterbeinen rasch herausgenommen. (Alle weiteren Operationen bei 2—4° C im Kühlraum ausgeführt.) Muskeln zweimal in vorgekühlter Fleischmaschine zerkleinert, gewogen und mit 2 Vol. kalter 0,03 n KOH 0,005 m EDTA 30 min unter gelegentlichem Rühren extrahiert. Die Suspension durch vier Lagen Gaze filtriert, etwa 90% des zugefügten Extraktions-Mediums wiedererhalten. p_H der Extrakte zwischen 7,3—7,7. Da Enzym in diesem Zustand unstabil, sogleich nächster Schritt.

Ammoniumsulfat-Fraktionierung. Extrakt durch vorsichtige Zugabe von n Essigsäure auf p_H 6,8 gebracht (etwa 10 ml/l Extrakt). Festes Ammoniumsulfat bis 45% Sättigung

[1] GINSBURG, V.: J. biol. Ch. **232**, 55 (1958).
[2] PETERSON, E. A., and H. A. SOBER: Am. Soc. **78**, 751 (1956).
[3] SOBER, H. A., F. J. GUTTER, M. M. WYCKOFF and E. A. PETERSON: Am. Soc. **78**, 756 (1956).
[4] VILLAR-PALASI, G., and J. LARNER: Arch. Biochem. **86**, 61 (1960).

zugegeben und nach dreistündigem Stehen bei 0° C Niederschlag 10 min bei 8000 × g abzentrifugiert. (Fettige Oberschicht durch Filtrieren durch Glaswolle abgetrennt.) Zum klaren Filtrat Ammoniumsulfat bis zu 65% Sättigung zugefügt, nach dreistündigem Stehen bei 0° C abzentrifugiert. Niederschlag in 0,03 n KOH—0,005 m EDTA ($^1/_3$ Extraktvolumen) gelöst und über Nacht gegen zwei Chargen von je 50 Vol. 0,005 n KOH—0,001 m EDTA ohne Rühren dialysiert. Das dialysierte Enzym (p_H 8,2—8,8) bei 2° C wenigstens 1 Woche haltbar (0,18 Einheiten/mg Protein).

Aceton-Fraktionierung. Dialysierte 45—65 %ige Ammoniumsulfat-Fraktion mit neutralem 0,1 m $K_4P_2O_7$ auf 0,005 m Pyrophosphatgehalt und p_H auf 8,0 gebracht, Lösung im Eis-Salzbad auf 0° C abgekühlt und Aceton (auf −20° C vorgekühlt) tropfenweise bis zur Endkonzentration 37% zugegeben, dann noch 5 min bei −8 bis −10°C gerührt, 30 min bei −20° C gehalten und 10 min in vorgekühlten Gläsern abzentrifugiert. Niederschlag schnell in 0,01 m $K_4P_2O_7$—0,005 m EDTA, p_H 9,6 (Volumen = $^1/_3$ der Ammoniumsulfat-Fraktion) gelöst und unter mechanischem Rühren gegen zwei Chargen von je 100 Vol. 0,005 m $K_4P_2O_7$—0,001 m EDTA, p_H 9,6, mehrere Stunden dialysiert. Dialysierte Flüssigkeit mit n Essigsäure auf p_H 6,0 gebracht, 10 min bei 8000 × g zentrifugiert und nach Messung des Proteingehalts der überstehenden Flüssigkeit sogleich der nächste Schritt ausgeführt (0,55 Einheiten/mg Protein).

Aluminiumhydroxyd-C_γ-Behandlung. Zu 250—300 ml der Acetonfraktion bei p_H 6,0 Aluminiumhydroxyd-C_γ (20 mg Trockengewicht/ml) und so viel Wasser zugegeben, um Proteinkonzentration auf 7,5 mg/ml und Aluminiumhydroxyd-C_γ-Konzentration auf 5 mg/ml zu bringen, nach 10—15 min abzentrifugiert, Niederschlag mit 1 Vol. Wasser gewaschen, überstehende Flüssigkeit verworfen. Aktivität aus dem Adsorbat durch mehrmalige Elution mit 0,01 m $K_4P_2O_7$, p_H 9,6 (je 250—300 ml) eluiert und nur die Eluate mit höherer spezifischer Aktivität gesammelt. Zu den gesammelten Eluaten festes Ammoniumsulfat bis zur 55 %igen Sättigung zugesetzt, über Nacht bei 0° C stehenlassen, dann 15 min bei 8000 × g abzentrifugiert, Niederschlag in 0,01 m $K_4P_2O_7$—0,005 m EDTA, p_H 9,6 ($^1/_2$ Vol. der eluierten Flüssigkeit) gelöst und unter mechanischem Rühren 3 Std gegen 50 Vol. derselben Lösung dialysiert. Inaktiver Niederschlag abzentrifugiert, überstehende Flüssigkeit auf p_H 8,0 gebracht und über Nacht gegen zwei Chargen von je 70 Vol. 0,005 m $K_4P_2O_7$, p_H 8,0, dialysiert.

Tabelle 54.
p_H-Optimum der UDP-Glucose-Pyrophosphorylase.

Art des Enzyms	p_H-Optimum
Phaseolus aureus-Keimlinge[1]	etwa 8,0
Kaninchen-Skeletmuskel[2] .	7,5
Brauereihefe[3]	6,5—8,0

DEAE-Cellulose-Chromatographie. Säule (2,5 × 14 cm) mit einer Aufschlämmung von 10 g DEAE-Cellulose äquilibriert mit 0,005 m $K_4P_2O_7$, p_H 8,0, präpariert. Zunächst durch die Schwere gepackt, dann durch N_2-Druck, um die gewünschte Durchlaufrate (2 ml/min) zu erhalten. Säule mit 2 l 0,005 m $K_4P_2O_7$, p_H 8,0, gewaschen, dialysiertes Enzym (100 ml) darauf gebracht und die Durchlaufflüssigkeit in 25 ml Fraktionen gesammelt. Säule mit 300 ml 0,005 m $K_4P_2O_7$, p_H 8,0, gewaschen, dann das Enzym durch zunehmende Pyrophosphat-Konzentration eluiert. Elution des Proteins durch Messung der Ultraviolettabsorption bei 280 mμ und auch die Enzymaktivität (s. unten) bestimmt. Fraktion mit der höchsten spezifischen Aktivität verwandt (spezifische Aktivität 82,5). Ist bei p_H 9,8 am beständigsten (1300fache Reinigung mit 35% Ausbeute).

Eigenschaften. *Spezifität.* Das aus *Phaseolus aureus*-Keimlingen erhaltene, etwa 800fach gereinigte Enzym[1] und ebenso das aus Kaninchenmuskel dargestellte, um das 1300fache gereinigte Enzym[2] scheinen spezifisch auf das Substrat Glucose-1-phosphat

[1] GINSBURG, V.: J. biol. Ch. **232**, 55 (1958).
[2] VILLAR-PALASI, G., and J. LARNER: Arch. Biochem. **86**, 61 (1960).
[3] MUNCH-PETERSEN, A.: Acta chem. scand. **9**, 1523 (1955). — Vorangehende Arbeiten: KALCKAR, H. M., and E. CUTOLO, 2. Int. Congr. Biochem. Paris, 1952, Communications S. 260. — MUNCH-PETERSEN, A., H. M. KALCKAR, E. CUTOLO and E. E. B. SMITH: Nature **172**, 1036 (1953).

eingestellt zu sein. Dasselbe gilt für das gereinigte Enzym aus Brauereihefe[1] bezüglich des Substrates UDP-Glucose.

Aktivierung und Hemmung. Mg^{++} sind für die Reaktion unbedingt erforderlich[1,2]. Bei hohen Konzentrationen von Mg^{++} — großer Überschuß gegenüber der Pyrophosphat-Konzentration — tritt Hemmung ein[1,2]. Optimale Mg^{++}-Konzentration für das Hefeenzym 2×10^{-3} M.

Tabelle 55. MICHAELIS-*Konstanten.*

Art des Enzyms	Substrat	K_M
Brauereihefe[1]	UDPG	$0,7 \times 10^{-4}$ m
Phaseolus aureus-Keimlinge[3]	UDPG	$1,1 \times 10^{-4}$ m
Phaseolus aureus-Keimlinge[3]	PP	$2,3 \times 10^{-4}$ m
Kaninchen-Skeletmuskel[2] .	UDPG	$4,5 \times 10^{-5}$ m
Kaninchen-Skeletmuskel[2] .	PP	$1,0 \times 10^{-4}$ m
Kaninchen-Skeletmuskel[2] .	Mg^{++}	$1,0 \times 10^{-4}$ m

Enzymeinheit. Eine Enzymeinheit ist diejenige Enzymmenge, die unter bestimmten Versuchsbedingungen (s. unten) 1 μM Glucose-1-phosphat/min bei 30° C bildet.

Bestimmung der UDP-Glucose-Pyrophosphorylase nach MUNCH-PETERSEN[1] *sowie* VILLAR-PALASI *und* LARNER[2].

Prinzip:

1. UTP + Glucose-1-phosphat $\rightleftharpoons$ UDP-Glucose + PP
2. Glucose-1-phosphat $\rightleftharpoons$ Glucose-6-phosphat
3. Glucose-6-phosphat + TPN $\rightleftharpoons$ 6-Phosphogluconsäure + TPH-H + H^+

Die Reaktion 1 wird von rechts nach links verfolgt. Das entstandene Glucose-1-phosphat wird durch Phosphoglucomutase in Glucose-6-phosphat übergeführt, dieses durch Glucose-6-phosphat-Dehydrogenase zu 6-Phosphogluconat oxydiert. Das hierbei gebildete TPN-H wird quantitativ bestimmt (durch Zunahme der Extinktion bei 340 mμ) und ist äquivalent dem synthetisierten Glucose-1-phosphat.

Reagentien:

1. Trispuffer, p_H 7,45.
2. Uridindiphosphat-glucose.
3. Magnesiumchlorid.
4. Glucose-1,6-diphosphat.
5. Glucose-6-phosphat-Dehydrogenase, lyophilisiert.
6. Phosphoglucomutase, frisch dialysiert.
7. Kaliumpyrophosphat.

Ausführung:

Das Reaktionsgemisch enthält 0,025 M Tris-hydroxymethyl-aminomethan (Tris), p_H 7,45; 0,0004 M UDPG; 0,002 M $MgCl_2$; 0,05 mg lyophilisierte Glucose-6-phosphat-Dehydrogenase; 2×10^{-6} M Glucose-1,6-diphosphat und 0,02 ml frisch dialysierte Phosphoglucomutase/ml.

Von dieser Mischung 0,95 ml in eine Quarzzelle mit 1 cm Lichtweg gegeben, etwa 0,01 ml des zu bestimmenden Enzyms dazugegeben und dann — als Startbeginn — 0,05 ml 0,02 m $K_4P_2O_7$.

Extinktions-Ablesungen alle 30—60 sec, um die Linearität der Reaktion zu kontrollieren. In 5—10 min ist die Bestimmung beendet.

Bei großem Überschuß von Phosphoglucomutase und Glucose-6-phosphat-Dehydrogenase besteht bis zur Verdünnung der Enzymlösung auf das Zehnfache Proportionalität zwischen TPN-Reduktion und UDPG-Pyrophosphorylase-Aktivität.

Berechnung:

Aus der gemessenen Extinktionsänderung/min wird mit Hilfe des molaren Extinktionskoeffizienten von TPN-H ($6,22 \times 10^6$) die äquivalente Menge Glucose-1-phosphat berechnet, die auf Einheiten umgerechnet wird.

---

[1] MUNCH-PETERSEN, A.: Acta chem. scand. **9**, 1523 (1955). — Vorangehende Arbeiten: KALCKAR, H. M., and E. CUTOLO, 2. Int. Congr. Biochem. Paris, 1952, Communications S. 260. — MUNCH-PETERSEN, A., H. M. KALCKAR, E. CUTOLO and E. E. B. SMITH: Nature **172**, 1036 (1953).

[2] VILLAR-PALASI, G., and J. LARNER: Arch. Biochem. **86**, 61 (1960).

[3] GINSBURG, V.: J. biol. Ch. **232**, 55 (1958).

Uridindiphosphat-galaktose-Pyrophosphorylase.

[2.7.7.10 UTP: α-D-Galaktose-1-phosphat-Uridylyltransferase.]

$$\text{UTP} + \text{Galaktose-1-phosphat} \xrightleftharpoons{Mg^{++}} \text{UDP-Galaktose} + \text{PP}$$

UMP wird übertragen.

Tabelle 56. *Vorkommen und Normalwerte.*

Vorkommen	Aktivität	Ausgedrückt durch
Hefe (Saccharomyces fragilis)[1] . .	—	—
Phaseolus aureus-Keimlinge[2] . . .	0,47	μMol UDP-Galaktose/70 min/0,12 mg Protein
Tabakblätter[2]*	32	% Umwandlung von UTP in UDP-Galaktose
Zuckerrübenblätter	28	desgl.
Petersilienblätter	59	desgl.
Rote-Rüben-Keimlinge	32	desgl.
Lupinenkeimlinge	24	desgl.
Flachskeimlinge	24	desgl.
Haferkeimlinge	48	desgl.
Erbsenkeimlinge	26	desgl.
Zucchini (Fruchtbrei)	60	desgl.
Ochsenleber[3]		
Extrakt und Ammoniumsulfat I	0,97	Einheiten/mg Protein
Ammoniumsulfat II	1,61	desgl.
Ammoniumsulfat III	2,30	desgl.
Methanol	7,85	desgl.
Elektrophorese in Geonharz . .	35,1	desgl.
Verschiedene Organe der Ratte**		
Leber	0,54	desgl.
Herz	0,43	desgl.
Gehirn	0,40	desgl.
Lunge	0,26	desgl.
Skeletmuskel	0,25	desgl.
Niere	0,16	desgl.
Darmschleimhaut	0,12	desgl.

* Diese Präparate enthalten nicht nur UDP-Galaktose-Pyrophosphorylase, sondern noch andere UDP-Zucker-Pyrophosphorylasen.

** Ammoniumsulfat-Fällungen aus Extrakten.

Darstellung von UDP-Galaktose-Pyrophosphorylase aus Ochsenleber nach **Isselbacher**[3].

1. Schritt: Wäßriger Extrakt aus Aceton-Trockenpulver und erste Fällung mit Ammoniumsulfat. 25 g Aceton-Trockenpulver 30 min mit 250 ml destilliertem Wasser extrahiert, dann zentrifugiert, Niederschlag verworfen. Zu 200 ml der überstehenden Flüssigkeit langsam und unter Rühren 95 g Ammoniumsulfat zugegeben (Sättigung 70%), nach 20 min abzentrifugiert, Niederschlag (zwecks Auswaschen) in 250 ml neutralisierter gesättigter Ammoniumsulfatlösung suspendiert, 10 min gerührt, abzentrifugiert. Diese Prozedur noch dreimal wiederholt, dann Niederschlag in 160 ml Wasser gelöst (kein Glykogen mehr nachweisbar).

2. Schritt: Zweite Fällung mit neutralisiertem Ammoniumsulfat (40—55% Sättigung). Zu 150 ml der vorangehenden Lösung 101 ml neutralisiertes Ammoniumsulfat langsam unter Rühren zugesetzt, nach 20 min abzentrifugiert, Niederschlag verworfen. Zur überstehenden Flüssigkeit 83 ml Ammoniumsulfat in gleicher Weise zugesetzt, abzentrifugiert, Niederschlag in 100 ml destilliertem Wasser gelöst.

[1] Kalckar, H. M., B. Braganca and A. Munch-Petersen: Nature **172**, 1038 (1953).

[2] Neufeld, E. F., V. Ginsburg, E. W. Putman, D. Fanshier and W. Z. Hassid: Arch. Biochem. **69**, 602 (1957).

[3] Isselbacher, K. J.: J. biol. Ch. **232**, 429 (1958).

3. Schritt: Dritte Fällung mit Ammoniumsulfat (35—55% Sättigung). Zur vorangehenden Lösung (etwa 6% mit Ammoniumsulfat gesättigt) jetzt 25 ml Ammoniumsulfat zugefügt bis zur 35%igen Sättigung, abzentrifugiert, Niederschlag verworfen. Zur überstehenden Flüssigkeit 34 ml Ammoniumsulfat zugegeben, abzentrifugiert, Niederschlag in 40 ml Wasser gelöst und über Nacht gegen 4 l destilliertes Wasser dialysiert.

4. Schritt: Fraktionierung mit Methanol (16—32% Sättigung). 40 ml der Enzymlösung in ein Salzbad von —5 bis —8° C gebracht, 7,5 ml Methanol (vorher auf —10° C abgekühlt) langsam unter Rühren zugegeben, abzentrifugiert, überstehende Flüssigkeit in ein Salzbad von —10° C gestellt, dann weitere 4,5 ml Methanol zugegeben, Niederschlag in 5 ml Wasser gelöst.

5. Schritt: Elektrophorese. Methanolfraktion in 2,0 ml 0,1 m Trispuffer, p_H 8,0, gelöst, die Lösung in eine Mulde in der Mitte eines Geonharzblockes (30 × 9 × 1,5 cm) pipettiert, das vorher herausgenommene Geon-Harz wieder in die Mulde mit einem Spatel zurückgegeben und 18 Std ein Strom (150 Volt, 20—25 Amp.) durchgeschickt. Der Block dann in zehn Streifen zerschnitten (jeder 3 cm breit), diese mit je 10 ml 0,05 m KCl eluiert und dann quantitativ bestimmt. Die Hauptaktivität wandert zur Anode und ist am größten in Fraktion 8. Dieses Eluat lyophilisiert und in 2,0 ml 0,1 m Trispuffer, p_H 7,6, gelöst. Nur noch Spuren von UTPase und anorganischer Pyrophosphatase darin vorhanden.

Stabilität. Ammoniumsulfat-Fraktionen während dreiwöchiger Aufbewahrung bei —15°C stabil. Die Methanolfraktion verliert bei derselben Temperatur etwa 50% Aktivität nach 8—10 Tagen. Elektrophorese-Fraktion variabel bezüglich Beständigkeit. Nach 7 Tagen Aufbewahrung bei —15° C gewöhnlich noch 80% der Aktivität vorhanden.

Spezifität: Das Enzym ist verschieden von UDP-Glucose-Pyrophosphorylase, konnte aber nicht ganz von ihr befreit werden[1].

***Darstellung von pflanzlichen Enzympräparaten nach* Neufeld *u. Mitarb.*[2].**

Die frischen Pflanzen in 1—2 Vol. 0,01 m Phosphatpuffer, p_H 7—7,5, homogenisiert, 15 min bei 11000 × g zentrifugiert und mit festem Ammoniumsulfat aus der überstehenden Lösung das Enzym ausgefällt.

***Darstellung des Enzyms aus Phaseolus aureus nach* Neufeld *u. Mitarb.*[2].**

100 g frische oder gefrorene Keimlinge 1 min mit 70 ml 0,01 m K-phosphatpuffer, p_H 7, homogenisiert, durch ein Käsetuch filtriert, dann durch Zentrifugieren (11000 × g, 15 min) von weiterem unlöslichem Material befreit. Überstehende Flüssigkeit mit festem Ammoniumsulfat fraktioniert gefällt und die Fällung zwischen 55—65% Sättigung in 1—2 ml 0,1 m Trispuffer, p_H 7,5, gelöst. Dieses Rohpräparat nach 20 Std gegen 1—2 l 0,2% KCl dialysiert.

Tabelle 57. Michaelis-*Konstanten.*

Art des Enzyms	Substrat	K_M
Ochsenleber .	Galaktose-1-phosphat	$1{,}05 \times 10^{-3}$ m
Ochsenleber .	UTP	$3{,}8 \times 10^{-4}$ m

p_H-Optimum. Für UDP-Galaktose-Pyrophosphorylase aus Ochsenleber = 7,6[1].

Aktivierung und Hemmung. Mg^{++} sind für die Reaktion notwendig. Beste Konzentration = 10 μM/ml. p-Chlormercuribenzoat wirkt hemmend[1]. Die Hemmung wird durch Glutathion aufgehoben.

***Bestimmung der UDP-Galaktose-Pyrophosphorylase nach* Isselbacher[1].**

Prinzip:

$$\text{UTP} + \text{Galaktose-1-phosphat} \rightleftharpoons \text{UDP-Galaktose} + \text{PP}$$

Es wird 1-^{14}C-markiertes Galaktose-1-phosphat angewandt und bei Gegenwart von UTP der Einbau dieses radioaktiven C-Atoms in das Nucleotid quantitativ bestimmt.

[1] Isselbacher, K. J.: J. biol. Ch. **232**, 429 (1958).

[2] Neufeld, E. F., V. Ginsburg, E. W. Putman, D. Fanshier and W. Z. Hassid: Arch. Biochem. **69**, 602 (1957).

Reagentien:

1. Galaktose-1-phosphat, ^{14}C-markiert.
2. Uridintriphosphat.
3. Magnesiumchlorid.
4. Trispuffer, p_H 7,6.
5. Trichloressigsäure, 5%ig.
6. 0,2 m Glycinpuffer, p_H 2,5.
7. Norit.

Ausführung:

Das Gesamtvolumen von 1 ml enthält 50000 c.p.m. ^{14}C-markiertes Galaktose-1-phosphat (spezifische Aktivität 500000 c.p.m. pro μMol), 2 μM UTP, 5 μM $MgCl_2$, 40 μM Trispuffer, p_H 7,6, und das Enzym. Das Gemisch verbleibt 30 min bei 38° C, wird dann mit 0,3 ml 5% Trichloressigsäure versetzt und der Niederschlag mit 10 ml destilliertem Wasser ausgewaschen. Die überstehende Flüssigkeit der Trichloressigsäure-Fällung und das Waschwasser werden vereinigt und der p_H durch Zusatz von 1,5 ml 0,2 m Glycinpuffer (p_H 2,5) auf 2,5 gebracht. Die Nucleotide werden dann an Norit adsorbiert und mit ammoniakalischem Äthanol[1] eluiert. In einem aliquoten Teil dieses Eluats wird die Radioaktivität bestimmt.

Berechnung:

Aus der gemessenen Radioaktivität wird die Menge der entstandenen UDP-Galaktose berechnet.

Enzymeinheit. Eine Einheit ist diejenige Menge des Enzyms, die 10^3 c.p.m. in 30 min bei 38° C in das Nucleotid überträgt.

Uridindiphosphat-N-acetylglucosamin-Pyrophosphorylase.

$$\text{UTP} + \text{N-Acetylglucosamin-1-phosphat} \xrightleftharpoons{Mg^{++}} \text{UDP-N-Acetylglucosamin} + \text{PP}$$

UMP wird übertragen.

Tabelle 58. *Vorkommen und Normalwerte.*

Vorkommen	Aktivität (E/mg Protein)
Kalbsleber, acetongetrocknet[2]	
Rohextrakt	15
gereinigtes Präparat	330
Staphylococcus aureus[2]	
Rohextrakt	127
gereinigtes Präparat	2390
Schafs-Gehirnextrakt[3]	0,109
Alkohol- und Zn-acetat-Fraktionierung	0,369
Erste Ammoniumsulfat-Fraktionierung	2,45
Zweite Ammoniumsulfat-Fraktionierung	5,02

***Darstellung von UDP-N-Acetylglucosamin-Pyrophosphorylase aus Kalbsleber nach* STROMINGER *und* SMITH[2].**

Erzielung 20facher Reinigung. Alle Operationen bei 5° C ausgeführt, alle Zentrifugationen 10 min bei 24000 × g, wenn nicht anders angegeben.

1. Schritt: Darstellung des wäßrigen Extrakts. Zu 10 g Aceton-Trockenpulver von Kalbsleber (nach HORECKER[4] dargestellt*) 200 ml Wasser hinzugegeben, 15 min im Mörser zerrieben, abzentrifugiert, Niederschlag verworfen.

* Leber in dünne Streifen zerschnitten, eisgekühlt, dann in 100 g-Portionen mit 500 ml Aceton (— 10° C) homogenisiert, Niederschlag abgesaugt, nochmal mit kaltem Aceton homogenisiert, filtriert und bei Zimmertemperatur getrocknet. Pulver bei 2° C aufbewahrt und innerhalb 2 Wochen verwandt.

[1] CRANE, R. K., and F. LIPMANN: J. biol. Ch. **201**, 235 (1953).
[2] STROMINGER, J. L., and M. S. SMITH: J. biol. Ch. **234**, 1822 (1959).
[3] PATTABIRAMAN, T. N., and B. K. BACKHAWAT: Biochim. biophys. Acta **50**, 129 (1961).
[4] HORECKER, B. L.: J. biol. Ch. **183**, 593 (1950).

2. Schritt: Aceton-Fraktionierung. Zu 130 ml Extrakt 78 ml Aceton (0—37 %) bei — 10° C zugefügt, zentrifugiert, Niederschlag verworfen, zur überstehenden Flüssigkeit 117 ml Aceton (37—60 %) zugesetzt, Niederschlag in 30 ml 0,1 m Trispuffer, p_H 7,2, 0,005 m $MgCl_2$ enthaltend, gelöst.

3. Schritt: Erste Alkohol-Fraktionierung. Zu 30 ml Enzym von Stufe 2 9 ml absoluter Alkohol (0—23 %) zugesetzt bei — 10° C, zentrifugiert, 17,1 ml Äthanol zur überstehenden Flüssigkeit zugesetzt (23—47 % Gehalt an Alkohol). Wieder abzentrifugiert, Niederschlag in 6 ml 0,1 m Acetatpuffer, p_H 5,3, gelöst.

4. Schritt: Zweite Alkohol-Fraktionierung. Zu 6 ml der Lösung von Schritt 3 1,2 ml Äthanol bei — 10° C zugesetzt (0—10 %), nach 10 min abzentrifugiert, Niederschlag in 6 ml 0,1 m Tris, p_H 7,2, enthaltend 0,005 m $MgCl_2$, gelöst.

5. Schritt: Adsorption und Elution von Calciumphosphat-Gel. Zu 2,5 ml Enzym von Schritt 4 werden 7,5 ml Ca-phosphat-Gel (18 mg Trockengewicht/ml) und 2,5 ml Wasser zugegeben. (Die kleinste Gel-Menge, die nötig ist, 90—95 % der Enzymaktivität zu adsorbieren, für jedes Präparat im Vorversuch ermitteln.) Nach 10 min die Mischung bei 2500 $\times$ g abzentrifugiert, das Gel einmal mit 2,5 ml Wasser ausgewaschen und dann in 37,5 ml 0,001 m Natrium-pyrophosphatpuffer, p_H 6,0, suspendiert. Nach 15 min langem Rühren Gel abzentrifugiert, Niederschlag verworfen. Volumen des Eluates wird durch Lyophilisieren auf 7 ml reduziert.

***Darstellung von UDP-N-Acetylglucosamin-Pyrophosphorylase aus Staphylococcus aureus nach* STROMINGER *und* SMITH**[1].

1. Schritt. 25 ml Wasser zur Zellpaste (etwa 3,5 g Trockengewicht) von der Ernte von 1 l Kultur (bei $^3/_4$ des Maximalwachstums geerntet). Suspension 20 min unter Eiskühlung ultrabeschallt, abzentrifugiert.

2. Schritt: Streptomycinfällung. Zu 25 ml Extrakt 5 ml 5 % Streptomycinsulfat zugesetzt, nach 5 min abzentrifugiert, Niederschlag verworfen, überstehende Lösung häufig um das 1,5—2fache gereinigt, manchmal auch nicht.

3. Schritt: Ammoniumsulfat-Fraktionierung. Zu 29 ml der überstehenden Flüssigkeit 10,4 g Ammoniumsulfat zugegeben, abzentrifugiert, Niederschlag verworfen. Zur überstehenden Flüssigkeit 7,4 g Ammoniumsulfat zugesetzt, nach 10 min bei 144000 $\times$ g in der Spinco-Ultrazentrifuge 1 Std lang abgeschleudert und Niederschlag in etwa 6 ml 0,005 m Trispuffer, p_H 7,4, gelöst. Diese Lösung sofort gegen 2 l desselben Puffers 2 Std dialysiert.

4. Schritt: Adsorption und Elution von Ca-phosphat-Gel. Zu 6 ml des Enzyms von Schritt 3 werden 3,6 ml Ca-phosphat-Gel (18 mg/ml) zugesetzt (im Vorversuch die nötige Menge Gel wie beim Kalbsleberenzym ermitteln). Nach 10 min bei 2500 $\times$ g abzentrifugiert, das Gel einmal mit 6 ml Wasser ausgewaschen, dann in 30 ml 0,001 m Na-pyrophosphatpuffer, p_H 6,0, suspendiert, 15 min lang gerührt, dann das Gel abzentrifugiert und verworfen.

5. Schritt: Saures Ammoniumsulfat. Zwecks Enzymkonzentrierung für diesen Schritt 29 ml Gel-Eluat von Schritt 4 lyophilisieren und wieder in 5 ml Wasser lösen (90 % Ausbeute der anfänglichen Aktivität). Zu diesen 5 ml 1,56 g Ammoniumsulfat (50 % Sättigung) zugeben, den p_H auf 4,6 durch Zugabe von 1 n Essigsäure unter dauerndem Rühren bringen. Nach 10 min abzentrifugieren und Niederschlag verwerfen. Zur überstehenden Flüssigkeit 1,27 g Ammoniumsulfat (50—80 % Sättigung) zugeben und nach 10 min 1 Std in der Spinco-Ultrazentrifuge bei 144000 $\times$ g abzentrifugieren. Niederschlag in 3 ml Wasser lösen und sofort, wie in Schritt 3, dialysieren.

Reinigung um das 20fache; die spezifische Aktivität aber wesentlich höher als die des Enzyms aus Kalbsleber (s. Tabelle 58, S. 611).

Eigenschaften. *Spezifität.* Das gereinigte Bakterienenzym ist spezifisch auf UDP-N-Acetylglucosamin eingestellt, aber nicht ganz unwirksam gegenüber UDP-N-Acetylgalaktosamin (2,8 %).

[1] STROMINGER, J. L., and M. S. SMITH: J. biol. Ch. **234**, 1822 (1959).

Bei Schafshirn beträgt die Aktivität des gereinigten Enzyms gegenüber UDP-Glucose noch 36% der Wirkung gegenüber UDP-N-Acetylglucosamin[1]. Beim gereinigten Leberenzym beträgt der Grad der UDP-Glucose-Pyrophosphorolyse 30% des Wertes der UDP-N-Acetylglucosamin-Pyrophosphorolyse[2].

p_H-Optimum. Das p_H-Optimum beträgt beim Kalbsleber- und Bakterienenzym 7,2, beim Schafshirnenzym 8,0.

Tabelle 59. MICHAELIS-*Konstanten.*

Herkunft des Enzyms	Substrat	K_M
Staphylococcus aureus[2]	UDP-N-Acetylglucosamin	$0{,}94 \times 10^{-3}$ m
Staphylococcus aureus[2]	PP	$6{,}5 \times 10^{-3}$ m
Staphylococcus aureus[2]	Mg^{++}	etwa $0{,}4 \times 10^{-3}$ m
Kalbsleber[2]	UDP-N-Acetylglucosamin	$0{,}26 \times 10^{-3}$ m
Kalbsleber[2]	PP	$2{,}0 \times 10^{-3}$ m
Schafshirn[1]	UDP-N-Acetylglucosamin	$3{,}6 \times 10^{-4}$ m
Schafshirn[1]	PP	$7{,}9 \times 10^{-4}$ m

Aktivierung und Hemmung. Zweiwertige Kationen sind zur Aktivierung notwendig. Für das Enzym aus Kalbsleber und aus *Staphylococcus aureus* beträgt die optimale Mg^{++}-Konzentration 0,001—0,003 m. Höhere Konzentrationen wirken hemmend[2]. Co^{++} und Mn^{++} können Mg^{++} ersetzen, Ni^{++} wirken hemmend[1]. Fluorid (0,01 m) wirkt hemmend, aber nicht mit Mn^{++} als aktivierendem Kation. p-Chlormercuribenzoat hemmt, aber Cystein hebt die Hemmung völlig auf[1].

Enzymeinheit. Die pro min unter den Bedingungen des Versuchs (s. unten) gebildete Menge N-Acetylglucosamin, in mμMol ausgedrückt, entspricht den vorhandenen Einheiten.

***Bestimmung der UDP-N-Acetylglucosamin-Pyrophosphorylase nach* STROMINGER *und* SMITH[2].**

Prinzip:

UTP + N-Acetylglucosamin-1-phosphat ⇌ UDP-N-Acetylglucosamin + PP

N-Acetylglucosamin-1-phosphat → N-Acetylglucosamin + P_i

Das entstandene N-Acetylglucosamin wird colorimetrisch bestimmt.

Reagentien:

1. 0,1 m Trispuffer, p_H 7,4, 0,005 m Magnesiumchlorid enthaltend.
2. 0,2 m Pyrophosphat, auf p_H 7 gebracht.
3. Prostata-Phosphomonoesterase.
4. N-Acetylglucosamin-1-phosphat.
5. 0,007 m Uridindiphosphat-N-acetylglucosamin.
6. Boratreagens (bestehend aus 5%igem $K_2B_4O_7$, 0,05 n NaOH und als Indicator 0,008%iges Phenolphthalein), p_H etwa 9.
7. Eisessig.
8. Dimethylaminobenzaldehyd, 16%ig in 95% Essigsäure, 5% HCl.
9. N-Acetylglucosamin (für die Vergleichs-Standardlösung).

Ausführung:

Das Gesamtvolumen von 100 μl enthält 20 μl 0,1 m Trispuffer, p_H 7,4; 5 μl 0,2 m Pyrophosphat; genügend Prostata-Phosphomonoesterase, um 10 mμM N-Acetylglucosamin-1-phosphat pro min zu hydrolysieren, 15 μl 0,007 m UDP-N-Acetylglucosamin, das Enzym und Wasser.

Nach 15 min Inkubationszeit bei 37° C werden 27 μl Boratreagens zugesetzt. Die Kölbchen werden 7 min ins kochende Wasserbad gesetzt und nach der Abkühlung 400 μl Eisessig und 50 μl Dimethyl-aminobenzaldehyd-Reagens zugesetzt. In 5 min Inkubationszeit

[1] PATTABIRAMAN, T. N., and B. K. BACKHAWAT: Biochim. biophys. Acta **50**, 129 (1961).

[2] STROMINGER, J. L., and M. S. SMITH: J. biol. Ch. **234**, 1822 (1959).

bei 58—60° C wird die Farbe entwickelt und bei 585 mμ bestimmt. Ein Leerwert ohne Pyrophosphat wird von diesem Wert abgezogen. Als Vergleichs-Standardlösung dient eine Lösung, die an Stelle von UDP-N-Acetylglucosamin etwa 0,036 μM N-Acetylglucosamin enthält. Zwischen 4—40 mμM freigesetztem N-Acetylglucosamin verläuft die Enzym-Umsatzkurve linear.

Berechnung:

Das gefundene N-Acetylglucosamin wird auf Einheiten umgerechnet.

Guanosindiphosphat-mannose-Pyrophosphorylase.

[2.7.7.13 GTP: α-D-Mannose-1-phosphat-Guanylyltransferase.]

$$\text{GTP} + \text{Mannose-1-phosphat} \overset{Mg^{++}}{\rightleftharpoons} \text{GDP-Mannose} + \text{PP}$$

GMP wird übertragen.

Tabelle 60. *Vorkommen und Normalwerte.*

Vorkommen	Aktivität (E/mg Protein)
Brauereihefe[1]	
Rohextrakt	0,01
Äthanolfraktion	0,11
Ca-phosphat-Gel-Eluat .	0,50
Hefe (S. fragilis)[2]	—

Darstellung von GDP-Mannose-Pyrophosphorylase aus Brauereihefe nach **Munch-Petersen**[1].

50 g getrocknete Brauereihefe mit 200 ml 0,07 m $(NH_4)_2HPO_4$ bei 25° C über Nacht autolysiert und extrahiert, abzentrifugiert, überstehende Flüssigkeit (150 ml) durch Zugabe von 280 ml gesättigter Ammoniumsulfatlösung gefällt. Mischung 30 min bei 2° C stehenlassen, dann zentrifugiert. Überstehende Flüssigkeit verworfen, Niederschlag in 75 ml kaltem Wasser gelöst und p_H auf 7,5 gebracht (Vol. 90 ml). Hierzu 150 ml gesättigtes Ammoniumsulfat zugesetzt, nach 30 min Stehen bei 2° C abzentrifugiert, Niederschlag in 25 ml 0,02 m Phosphatpuffer, p_H 7,5, gelöst und Äthanol-Fraktionierung unterworfen:

Zu 40 ml Lösung (auf —1° C abgekühlt) tropfenweise 80 ml 50% Äthanol unter dauerndem Rühren zugegeben (auf —12° C abgekühlt). Mischung 5 min bei —15° C abzentrifugiert, überstehende Flüssigkeit nochmal 20 min bei —15° C stehenlassen und wieder abzentrifugiert. Letzter Niederschlag enthält die Hauptaktivität und wird über Nacht bei —20° C aufbewahrt.

Am nächsten Morgen Niederschlag in 35 ml gekühltem Trispuffer 0,001 m, p_H 7,3, gelöst, 35 ml Ca-phosphat-Gel (16 mg Trockengewicht/ml) zugegeben und vermischt, abzentrifugiert, Niederschlag mit 50 ml 0,05 M Phosphatpuffer, p_H 7,2, behandelt, abzentrifugiert, zur überstehenden Flüssigkeit 80 ml Ammoniumsulfat zugegeben. Mischung über Nacht bei 2° C gestanden, dann abzentrifugiert. Niederschlag bei —20° C aufbewahrt behält mehrere Wochen seine Aktivität. Er ist löslich in 0,05 m Trispuffer (40mal so wirksam wie Rohextrakt, Ausbeute 14%). Das gereinigte Präparat enthält keine UDP-Glucose-Pyrophosphorylase, aber noch Spuren von UDP-N-Acetylglucosamin-Pyrophosphorylase).

Enzymeinheit. Eine Einheit ist diejenige Menge Enzym, die 0,1 μM GDP-Mannose je min spaltet.

[1] Munch-Petersen, A.: Acta chem. scand. **10**, 928 (1956).
[2] Munch-Petersen, A.: Arch. Biochem. **55**, 592 (1955).

***Bestimmung der Guanosindiphosphat-mannose-Pyrophosphorylase nach* Munch-Petersen[1].**

Prinzip:
1. GDP-Mannose + PP ⇌ GTP + Mannose-1-phosphat
2. GTP + ADP ⇌ GDP + ATP
3. ATP + Glucose ⇌ ADP + Glucose-6-phosphat
4. Glucose-6-phosphat + TPN^+ ⇌ 6-Phosphogluconsäure + TPN-H + H^+

(Kombinierter optischer Test.)

TPNH wird quantitativ bestimmt (durch Zunahme der Extinktion bei 340 mμ) und ist äquivalent der umgesetzten GDP-Mannose.

Reagentien:
1. 0,002 m Guanosindiphosphat-Mannose.
2. 0,05 m Trispuffer, p_H 7,3.
3. 1 m Magnesiumchlorid.
4. 0,002 m ADP.
5. 0,01 m Glucose.
6. Hexokinaselösung (12 mg Protein/ml).
7. TPN (10 mg/ml).
8. Glucose-6-phosphat-Dehydrogenase (1 mg Protein/ml).
9. 0,1 m Pyrophosphat.

Ausführung:

100 μl GDP-Mannose, 800 μl Trispuffer, 5 μl $MgCl_2$, 20 μl ADP, 25 μl Glucose, 25 μl Hexokinaselösung, 15 μl TPN, 15 μl Glucose-6-phosphat-Dehydrogenase und 5 bis 10 μl GDP-Mannose-Pyrophosphorylase werden in eine Quarzküvette gegeben und durch Zugabe von 10 μl PP die Reaktion gestartet.

Die Extinktionsänderung bei 340 mμ im linearen Bereich wird bestimmt.

Berechnung:

Aus der gemessenen Extinktionsänderung wird mit Hilfe des molaren Extinktionskoeffizienten von TPN-H ($6{,}22 \times 10^6$) die äquivalente Menge GDP-Mannose bestimmt und auf Einheiten umgerechnet.

Bisher nur als Rohpräparate bekannte Pyrophosphorylasen.

Tabelle 61.

Art des Enzyms	Vorkommen	Normalwerte	Ausgedrückt durch	Übertragung von... auf...
UDP-Glucuronsäure- bzw. Galakturonsäure-Pyrophosphorylase[2]	Keimlinge von Phaseolus aureus	—	—	UMP auf Glucuronsäure-1-phosphat bzw. Galakturonsäure-1-phosphat
UDP-Xylose-Pyrophosphorylase[3]	Keimlinge von Phaseolus aureus	—	0,30 μM UDP-Xylose/70 min (37° C)	UMP auf Xylose-1-phosphat
desgl.	Tabakblätter	8	% Umwandlung von UTP in Zuckerphosphat/Std (37° C)	desgl.
desgl.	Zuckerrübenblätter	15	desgl.	desgl.
desgl.	Petersilienblätter	20	desgl.	desgl.
desgl.	Rotkrautkeimlinge	6	desgl.	desgl.
desgl.	Lupinenkeimlinge	7	desgl.	desgl.
desgl.	Flachskeimlinge	11	desgl.	desgl.
desgl.	Haferkeimlinge	32	desgl.	desgl.
desgl.	Erbsenkeimlinge	9	desgl.	desgl.
desgl.	Zucchinibrei	52	desgl.	desgl.

[1] Munch-Petersen, A.: Acta chem. scand. **10**, 928 (1956).
[2] Feingold, D. S., E. F. Neufeld and W. Z. Hassid: Arch. Biochem. **78**, 401 (1958).
[3] Neufeld, E. F., V. Ginsburg, E. W. Putnam, D. Fanshier and W. Z. Hassid: Arch. Biochem. **69**, 602 (1957).

Tabelle 61 (Fortsetzung).

Art des Enzyms	Vorkommen	Normalwerte	Ausgedrückt durch	Übertragung von... auf...
UDP-α-L-Arabinose- bzw. β-L-Arabinose-Pyrophosphorylase[1]	Keimlinge von Phaseolus aureus	0,41	μMol UDP-Arabinose je 70 min (37° C)	UMP auf β-L-Arabinose-1-phosphat
desgl.	Tabakblätter	8 (32)	% Umwandlung von UTP in Zuckerphosphat/Std (37° C)	UMP auf α-L-Arabinose-1-phosphat bzw. β-L-Arabinose-1-phosphat
desgl.	Zuckerrübenblätter	11 (13)	desgl.	desgl.
desgl.	Petersilienblätter	11 (32)	desgl.	desgl.
desgl.	Rotkohlkeimlinge	7 (19)	desgl.	desgl.
desgl.	Lupinenkeimlinge	4 (15)	desgl.	desgl.
desgl.	Flachskeimlinge	8 (18)	desgl.	desgl.
desgl.	Haferkeimlinge	29 (36)	desgl.	desgl.
desgl.	Erbsenkeimlinge	13 (21)	desgl.	desgl.
desgl.	Zucchinibrei	51 (59)	desgl.	desgl.
CDP-Äthanolamin-Pyrophosphorylase[2]	Rattenleber	etwa 50	% Umwandlung von CTP in CDP-Äthanolamin/Std (37° C)	CMP auf Äthanolamin
desgl.	Kükenleber[3]	45	mμMol gebildetes CDP-Äthanolamin/Std (37° C)	desgl.
CDP-Ribit-Pyrophosphorylase[4]	Lactobacillus arabinosus	—	—	CMP auf D-Ribit-5-phosphat
CDP-Glycerin-Pyrophosphorylase[4]	desgl.	—	—	CMP auf L-α-Glycerinphosphat
CDP-Diglycerid-Pyrophosphorylase	Meerschweinchenleber[5]	80	mμMol synthetisiertes CDP-Diglycerid	CMP auf Phosphatidsäure

Adenosin-Pyrophosphorylase.

[2.4.2.7 AMP:Pyrophosphat-Phosphoribosyltransferase.]

$$\text{Adenin} + \text{PRPP} \xrightleftharpoons{\text{Mg}^{++}} \text{Adenosin-5'-phosphat (A5P)} + \text{PP}$$

$$\text{Hypoxanthin} + \text{PRPP} \xrightleftharpoons{\text{Mg}^{++}} \text{Inosin-5'-phosphat (I5P)} + \text{PP}$$

$$\text{Guanin} + \text{PRPP} \xrightleftharpoons{\text{Mg}^{++}} \text{Guanosin-5'-phosphat (G5P)} + \text{PP}$$

Ribose-5-phosphat wird aus PRPP übertragen.

***Darstellung von Nucleotid-Pyrophosphorylase aus Brauereihefe nach* Kornberg *u. Mitarb.*[6].**

Alle Arbeitsgänge bei 0—3° C ausgeführt, wenn nicht anders angegeben.

Getrocknete Brauereihefe in 3 Vol. $KHCO_3$ (0,1 m) suspendiert und 5 Std bei 30° C unter gelegentlichem Rühren belassen, dann auf 5—10° C abgekühlt, bei 10000 × g abzentrifugiert. Überstehende Flüssigkeit = Autolysat. Zu 20 ml Autolysat unter Rühren 40 ml K-acetatpuffer (0,2 m, p_H 4,5) zugesetzt, die Mischung auf 0° C in einem Alkohol-Eisbad von —15° C abgekühlt und dann mit 11,5 ml Äthanol von —15° C gefällt. Niederschlag verworfen und zur überstehenden Flüssigkeit (bei —6° C) 15 ml kaltes

[1] Neufeld, E. F., V. Ginsburg, E. W. Putnam, D. Fanshier and W. Z. Hassid: Arch. Biochem. **69**, 602 (1957).
[2] Kennedy, E. P., and S. B. Weiss: J. biol. Ch. **222**, 193 (1956).
[3] Kennedy, E. P., L. F. Borkenhagen and S. W. Smith: J. biol. Ch. **234**, 1998 (1959).
[4] Shaw, D. R. D.: Biochem. J. **66**, 56P (1957).
[5] Paulus, H., and E. P. Kennedy: J. biol. Ch. **235**, 1303 (1960).
[6] Kornberg, A., J. Lieberman and E. S. Simms: J. biol. Ch. **215**, 417 (1955).

Tabelle 62. *Vorkommen und Normalwerte.*

Vorkommen	Substrat	Aktivität	Ausgedrückt durch
Brauereihefe[1]			
Autolysat	Adenin	1,20	Einheiten/mg Protein
Ca-phosphat-Gel (überstehende Flüssigkeit)	Adenin	24,00	desgl.
Aluminiumhydroxyd-Gel-Eluat	Adenin	2,26	Einheiten/ml
Aluminiumhydroxyd-Gel-Eluat	Hypoxanthin	1,20	desgl.
Aluminiumhydroxyd-Gel-Eluat	Guanin	0,50	desgl.
Ca-phosphat-Gel (überstehende Flüssigkeit)	Adenin	0,56	desgl.
Ca-phosphat-Gel (überstehende Flüssigkeit)	Hypoxanthin	0,03	desgl.
Escherichia coli[2]			
dialysierter Extrakt	Hypoxanthin	3,34	μMol I5P/Std (37° C)
dialysierter Extrakt	Adenin	3,16	μMol A5P/Std (37° C)
Acetongetrocknete Erythrocyten (Mensch)[3]			
partiell gereinigtes Präparat (PPE)* . . .	Guanin	+ 0,16	μMol G5P/15 min (35° C)
partiell gereinigtes Präparat (PPE)* . . .	Hypoxanthin	+ 0,29	μMol I5P/15 min (35° C)
partiell gereinigtes Präparat (PPE)* . . .	Adenin**	0,00	μMol A5P/3 Std (35° C)
Taubenleber[4]***			
Fraktion I + Fraktion II	Hypoxanthin	453	c.p.m. (in I5P übertragene Radioaktivität)
Ochsenleber[5] (Enzym II)***			
gereinigtes Präparat	Hypoxanthin	3,87	μMol I5P/15 min (38° C)
Ochsenleber[6] (Enzym II) + Enzym I (Taubenleber)***	Hypoxanthin	0,260	μMol I5P/7,5 min (38° C)
Ochsenleber (Enzym II)[6] + Enzym I (Taubenleber)	Adenin	0,570	μMol A5P/7 min (38° C)

* NMN-Pyrophosphorylase läßt sich von G5P und I5P synthetisierendem Enzym abtrennen.

** A5P-Pyrophosphorylase ist aber in Rohextrakten von acetongetrockneten Erythrocyten noch vorhanden.

*** Fraktion I bzw. Enzym I ist das Enzym, das Ribose + ATP in PRPP überführt = Ribose-5-phosphat-Pyrophosphokinase; Fraktion II bzw. Enzym II = I5P-Pyrophosphorylase.

Äthanol unter ständigem Rühren zugegeben. Temperatur jetzt — 10° C. Abzentrifugiert, Niederschlag in 40 ml Glycylglycinpuffer (0,025 m, p_H 6,8) gelöst und den p_H mit KOH (etwa 4 Tropfen 0,1 n) auf p_H 6,8 gebracht (Äthanolfraktion; 2,2 Einheiten/mg Protein).

Zur Äthanolfraktion (40 ml) 2,0 ml Aluminiumhydroxyd-Gel C_γ (15 mg Trockengewicht/ml) hinzugegeben, nach 5 min Stehen bei 0° C abzentrifugiert, das Gel mit 40 ml Na-acetatpuffer (0,1 m, p_H 5,95) ausgewaschen und dann das Enzym mit 40 ml K-phosphatpuffer (0,01 m, p_H 7,2) eluiert (Aluminiumhydroxyd-Gel-Eluat; 6,2 Einheiten/mg Protein).

Das Aluminiumhydroxyd-Gel-Eluat (40 ml) auf 48 ml mit Wasser verdünnt und dann 12 ml Ca-phosphat-Gel (17 mg Trockengewicht/ml) langsam unter Rühren zugesetzt. Nach 5 min Stehen bei 0° C das Gel abzentrifugiert (überstehende Flüssigkeit des Ca-phosphat-Gel).

Die mit Äthanol und Gel behandelten Fraktionen zeigen nach sechswöchigem Stehen bei — 15° C noch 65—75% Wirksamkeit.

Darstellung von Nucleotid-Pyrophosphorylase aus Erythrocyten (Mensch) s. Nicotinsäureamidmononucleotid-Pyrophosphorylase nach PREISS und HANDLER, Präparat PPE, s. S. 623/24.

[1] KORNBERG, A., J. LIEBERMAN and E. S. SIMMS: J. biol. Ch. **215**, 417 (1955).
[2] LOVE, S. H., and P. D. BOYLES: Biochim. biophys. Acta **35**, 374 (1959).
[3] PREISS, J., and P. HANDLER: J. biol. Ch. **225**, 759 (1957).
[4] WILLIAMS, W. J., and J. M. BUCHANAN: J. biol. Ch. **203**, 583 (1953).
[5] REMY, C. N., W. T. REMY and J. M. BUCHANAN: J. biol. Ch. **217**, 885 (1955).
[6] KORN, E. D., C. N. REMY, H. C. WASILEJKO and J. M. BUCHANAN: J. biol. Ch. **217**, 875 (1955).

Darstellung von Nucleotid-Pyrophosphorylase aus Ochsenleber nach KORN ***u. Mitarb.***[1, 2].

Ochsenleber (6,5 kg) in kleine Stücke geschnitten, durch Waschen von Blut befreit und mit 1,5 Vol. Wasser homogenisiert, zum Homogenat 2 Vol. Aceton (— 15° C) zugegeben und die Mischung bei Zimmertemperatur filtriert. Der Filterkuchen mit Aceton gut ausgewaschen und an der Luft getrocknet, dann mit 10 Gewichtsteilen Wasser extrahiert, abzentrifugiert (überstehende Flüssigkeit = Acetonpulverextrakt; frei von Ribose-5-phosphat-Pyrophosphokinase).

Dieser Extrakt (Proteingehalt etwa 10 mg/ml) in Portionen von 100 ml 5 min unter Rühren auf 75° C erhitzt, nach Abkühlung abzentrifugiert, Niederschlag verworfen. Überstehende Flüssigkeit = Enzym II. Weitere Reinigung von Enzym II durch Ammoniumsulfatfällung (55—80% Sättigung).

Durch Erhitzen wird Nucleosid-Phosphorylase völlig zerstört, während Nucleotid-Pyrophosphorylase erhalten bleibt. In gleicher Weise verschwinden Phosphoribomutase und Phosphatase.

Darstellung von Nucleotid-Pyrophosphorylase aus Taubenleber nach WILLIAMS ***und*** BUCHANAN[3].

1 Teil Taubenleber mit 1,5 Teilen Natriumphosphat-Puffer (0,035 m, p_H 7,4; 0,13 M KCl, 0,04 M $KHCO_3$ und 0,01 M $MgCl_2$) homogenisiert, 30 min abzentrifugiert. Zur klaren überstehenden Flüssigkeit unter Kühlung Äthanol bis zur 20%igen Konzentration zugesetzt, abzentrifugiert, Niederschlag verworfen. Zur überstehenden Flüssigkeit Äthanol bis zur 45%igen Konzentration zugesetzt, abzentrifugiert, Niederschlag (Fraktion II) in wenig destilliertem Wasser suspendiert und bei — 15° C lyophilisiert. Das lyophilisierte Pulver wenigstens einige Tage bei — 15° C stabil.

Eigenschaften. *Spezifität.* Über die Spezifität dieses Enzyms (oder dieser Enzyme) ist noch nichts Sicheres bekannt.

Nach KORNBERG, LIEBERMAN und SIMMS[5] sind A5P- und I5P-Pyrophosphorylase aus Hefe verschiedene Enzyme, während über G5P-Pyrophosphorylase nichts ausgesagt werden kann.

p_H-Optimum etwa 7,6[4].

MICHAELIS-*Konstanten des Hefeenzyms.* Mit Adenin als Substrat $< 4 \times 10^{-5}$ m; mit PRPP $< 4 \times 10^{-5}$ m; mit Mg^{++} 2×10^{-4} m.

Aktivierung und Hemmung. Mg^{++} sind für die Aktivität des Enzyms notwendig[4]. Fluorid (0,05 m) hemmt um 25—40%[4].

Enzymeinheit. Eine Einheit ist diejenige Menge Enzym, die pro Std die Bildung von 1 μM A5P bzw. die Inkorporation von 1 μM ^{14}C-Adenin bewirkt.

Bestimmung der A5P-Pyrophosphorylase nach KORNBERG ***u. Mitarb.***[4].

Prinzip:

$$A + PRPP \rightleftharpoons A5P + PP$$

A5P wird durch Desaminierung in I5P übergeführt und die Verschiebung der Extinktion bei 265 mμ gemessen.

Reagentien:

1. $1{,}4 \times 10^{-3}$ m Adenin.
2. 0,001 m Phosphoribosylpyrophosphat
3. 1 m Trispuffer, p_H 8,0.
4. 0,1 m Magnesiumchlorid.
5. 0,2 m Succinatpuffer, p_H 6,0.
6. Desaminasepräparat (s. S. 549 u. 550).

[1] KORN, E. D., C. N. REMY, H. C. WASILEJKO and J. M. BUCHANAN: J. biol. Ch. **217**, 875 (1955).
[2] KORN, E. D., and J. M. BUCHANAN: J. biol. Ch. **217**, 183 (1955).
[3] WILLIAMS, W. J., and J. M. BUCHANAN: J. biol. Ch. **203**, 583 (1953).
[4] KORNBERG, A., J. LIEBERMAN and E. S. SIMMS: J. biol. Ch. **215**, 417 (1955).

Ausführung:

Das Gesamtvolumen von 1,0 ml enthält 0,1 ml Adenin ($1,4 \times 10^{-3}$ m), 0,1 ml PRPP (0,001 m), 0,02 ml Trispuffer (1 m, p_H 8,0), 0,02 ml $MgCl_2$ (0,1 m) und weniger als 0,2 Enzymeinheiten. Die Mischung wird 15 min bei 36° C belassen, dann 1 min in ein kochendes Wasserbad gesetzt, Niederschlag abzentrifugiert und verworfen.

0,5 ml der überstehenden Lösung wird nun in einer Küvette auf A5P analysiert durch Vermischen mit 0,5 ml Succinatpuffer (0,2 m, p_H 6,0): Anfangsextinktion wird bestimmt und dann 0,02 ml eines Desaminasepräparates zugegeben. Die Abnahme der Extinktion bei 265 mμ wird bestimmt.

Berechnung:

Aus der Abnahme der Extinktion berechnet sich die vorhandene Menge A5P, die auf Einheiten umgerechnet wird. Der molare Absorptionskoeffizient für die Extinktionsabnahme bei 265 mμ beträgt 8700.

Bestimmung der ASP-Pyrophosphorylase mittels ^{14}C nach* Kornberg *u. Mitarb.[1]

Prinzip:

^{14}C-Adenin wird in unlösliches Bariumsalz von A5P-^{14}C übergeführt. Diese Methode wird bei rohen Enzymlösungen (Gewebeextrakten) angewandt.

Reagentien:

1. 0,01 m ^{14}C-Adenin (1×10^5 c.p.m. per μMol).
2. 0,01 m Phosphoribosylpyrophosphat.
3. 1 m Trispuffer, p_H 8,0.
4. 0,1 m Magnesiumchlorid.
5. Trichloressigsäure, 10%ig.
6. 0,025 m Adenosin-5'-phosphat.
7. Thymolblau, 0,04%ig.
8. 2 n KOH.
9. Bariumacetat, gesättigt.
10. Äthanol, 96%ig.
11. 0,1 n HCl.

Ausführung:

Das Gesamtvolumen von 0,4 ml enthält 0,03 ml ^{14}C-Adenin, 0,1 ml PRPP , 0,02 ml Trispuffer, 0,02 ml $MgCl_2$ und weniger als 0,2 Enzymeinheiten. Die Mischung wird 15 min bei 36° C belassen und dann mit 0,15 ml Trichloressigsäure versetzt, Niederschlag abzentrifugiert, verworfen und zur überstehenden Flüssigkeit 0,1 ml A5P als Träger hinzugesetzt, 1 Tropfen Thymolblau, 2 Tropfen 2 n KOH, 0,1 ml gesättigtes Bariumacetat und 2,4 ml Äthanol. Niederschlag wird zweimal mit je 3 ml Äthanol ausgewaschen, in 0,5 ml 0,1 n HCl suspendiert. In einem aliquoten Teil (0,1—0,2 ml) der Suspension wird die Radioaktivität gemessen.

Berechnung:

Aus der Radioaktivität ergibt sich die Menge des in ^{14}C-A5P überführten ^{14}C-Adenin. Diese wird auf Einheiten umgerechnet.

Bestimmung von I5P (aus Hypoxanthin entstanden). Nach Inaktivierung des Enzyms durch Erhitzen wird das Reaktionsgemisch (p_H 8,5) auf eine Dowex 1-Säule gebracht, einmal mit 0,001 n HCl eluiert, wobei Hypoxanthin herausgelöst wird, dann mit 0,005 n HCl—0,05 m KCl I5P eluiert. Dieses wird spektrophotometrisch bestimmt.

Bestimmung von ^{14}C-G5P (aus ^{14}C-Guanin entstanden)[1]. Chromatographie und Elution wie für I5P beschrieben. Zunächst Elution von ^{14}C-Guanin durch 0,002 n HCl, dann Elution von ^{14}C-G5P durch 0,005 n HCl—0,025 m KCl). Die Radioaktivität dieser letzten Fraktion wird bestimmt und daraus das umgewandelte ^{14}C-Guanin berechnet.

Orotidyl-Pyrophosphorylase.

[2.4.2.10 Orotidin-5'-phosphat: Pyrophosphat-Phosphoribosyltransferase.]

$$\text{Orotsäure} + \text{PRPP} \underset{}{\overset{Mg^{++}}{\rightleftharpoons}} \text{Orotidin-5'-phosphat (O5P)} + \text{PP}$$

Ribose-5-phosphat wird übertragen.

[1] Kornberg, A., J. Lieberman and E. S. Simms: J. biol. Ch. **215**, 417 (1955).

Darstellung von Orotidyl-Pyrophosphorylase aus Brauereihefe nach **Lieberman, Kornberg *und* Simms**[1].

Alle Arbeitsgänge, wenn nicht anders angegeben, bei 0° C ausgeführt.

Autolysat. Getrocknete Brauereihefe in 3 Vol. $KHCO_3$ (0,1 m) suspendiert und 5 Std bei 30° C unter gelegentlichem Rühren belassen. Suspension wird auf 5—10° C abgekühlt und überstehende Flüssigkeit bei 10000 × g abzentrifugiert. Niederschlag mit $KHCO_3$-Lösung (Volumen gleich dem anfangs zugefügten) gewaschen, zentrifugiert und die überstehenden Flüssigkeiten vereinigt (10 g Trockenhefe ergeben 45—50 ml Extrakt).

Äthanolfraktionierung. Zu 48 ml Hefeextrakt 96 ml Na-acetatpuffer (0,2 m, p_H 4,5) schnell unter Rühren zugesetzt, der angesäuerte Extrakt auf — 2° C in einem Alkohol-Eisbad abgekühlt und 48 ml Äthanol (— 14° C) in etwa 4 min zugesetzt, während die Temperatur auf — 6° C gesenkt wird. Unlösliches Material durch 4 min langes Zentrifugieren bei 10000 × g bei — 14° C abzentrifugiert, dann 144 ml Äthanol in etwa 5 min bei — 10° C zugesetzt. Niederschlag 3 min bei 10000 × g abzentrifugiert, in Glycylglycinpuffer (0,025 m, p_H 7,0) gelöst und der p_H mit 1 n KOH auf p_H 7 gebracht (Vol. 48 ml).

Tabelle 63. *Vorkommen und Normalwerte.*

Vorkommen	Aktivität (E/mg Protein)
Brauereihefe[1]	
Autolysat	0,7
Äthanolfraktion	1,7
Ca-phosphat-Gel-Fraktion	6,7
Aluminiumhydroxyd-Gel-Fraktion	17,3
Rohextrakte von:	
Taubenleber[1]	0,022
Ochsenleber	0,020
Kükenleber	0,018
Schweineleber	0,011
Lammleber	0,004
Rattenleberextrakt[2]	0,022*
Extrakte von:	
L. bulgaricus 09[3]	0,8
L. arabinosus (spätere Wachstumsphase)	1,9
L. bifidus	0,6
L. leichmanii	0,8

* Aktivität ausgedrückt in μMol umgewandelte Orotsäure/mg Protein.

Calciumphosphat-Gel-Adsorption. Zur Äthanolfraktion (48 ml) genügend Ca-phosphat-Gel[4] (170 mg feste Substanz) zufügen, um 85—90% der Enzymaktivität zu adsorbieren. Nach 5 min Mischung abzentrifugieren und überstehende Flüssigkeit verwerfen. Aus dem Niederschlag das Enzym mit 24 ml Trispuffer (0,2 m, p_H 8,0) eluieren (Ca-phosphat-Gel-Adsorption).

Aluminiumhydroxyd-Gel-Adsorption. Die Ca-phosphat-Gel-Fraktion (24 ml) mit 1 n Essigsäure auf p_H 7,0 gebracht und 24 ml Wasser hinzugefügt. Dann genügend Aluminiumhydroxyd-Gel[5] (29 mg fester Rückstand) zugesetzt, um die gesamte O5P-Pyrophosphorylase zu adsorbieren, der Niederschlag nach 5 min gesammelt und mit 48 ml K-phosphatpuffer (0,01 m, p_H 7,2) ausgewaschen. Das Enzym dann mit 48 ml K-phosphatpuffer (0,06 m, p_H 7,2) eluiert (Aluminiumhydroxyd-Gel-Fraktion).

Da das Enzym gegenüber Äthanol sehr unstabil ist, dagegen stabil bei Gegenwart von Methanol, ersetzen Dahl, Way und Parks[6] die Äthanolfraktionierung durch eine Methanolfraktionierung: Methanol (— 10° C) wird langsam zum Hefeextrakt hinzugesetzt, bis es 40% der Gesamtlösung ausmacht, die Temperatur der Lösung auf — 10° C herabgesetzt und das unlösliche Material durch 10 min langes Zentrifugieren bei 10000 × g abgetrennt. Ca-Phosphat-Gel wird dann direkt zur überstehenden Flüssigkeit bei 0° C zugesetzt, um den größten Teil des Enzyms zu adsorbieren. Das Aluminiumhydroxyd-

[1] Lieberman, J., A. Kornberg and E. S. Simms: J. biol. Ch. **215**, 403 (1955).
[2] Blair, D. G. R., J. E. Stone and V. R. Potter: J. biol. Ch. **235**, 2379 (1960).
[3] Crawford, J., A. Kornberg and E. S. Simms: J. biol. Ch. **226**, 1093 (1957).
[4] Keilin, D., and E. F. Hartree: Proc. R. Soc. London (B) **124**, 397 (1938).
[5] Willstätter, R., u. H. Kraut: B. **56**, 1117 (1923).
[6] Dahl, J. L., J. L. Way and R. E. Parks jr.: J. biol. Ch. **234**, 2998 (1959).

Gel-Eluat zeigt einen höheren Reinheitsgrad als der Rohextrakt (etwa 14fache Reinigung, 40 % Ausbeute)[1].

Darstellung von O5P-Pyrophosphorylase aus tierischen Geweben[2]. Extrakte von Leber-Aceton-Trockenpräparaten verschiedener Tierarten. Spezifische Aktivität s. Tabelle **63**.

Eigenschaften. *Spezifität.* O5P-Pyrophosphorylase ist spezifisch auf das Substrat Orotsäure und 5-Fluor-orotsäure[1] eingestellt, jedoch inaktiv gegenüber anderen 5-substituierten Orotsäuren, ferner gegenüber Adenin, Uracil, Cytosin, D,L-Ureido-succinat, L-Dihydro-orotsäure oder Orotidin[1,2]. PRPP kann nicht durch Ribose-1,5-diphosphat ersetzt werden[2].

pH-Optimum für O5P-Pyrophosphorylase aus Brauereihefe 7,5—8,5[2].

Aktivierung und Hemmung. Für die optimale Wirksamkeit der O5P-Pyrophosphorylase muß die Konzentration von Mg^{++} gleich oder größer sein als die Konzentration der PRPP, sonst wirken sie hemmend[1]. O5P wirkt hemmend[1,2]. 0,15 m Phosphat oder 0,15 m Sulfat hemmen zu 80 %, 0,15 m Chlorid um 30 %[3].

Tabelle 64. *Gleichgewichts- und* MICHAELIS-*Konstanten von Orotidyl-Pyrophosphorylase aus Brauereihefe*[1,2].

Substrat	K_S	K_M
Orotsäure	2×10^{-5} m	$1,8 \times 10^{-5}$ m
PRPP	2×10^{-5} m	—
O5P	$1,2 \times 10^{-4}$ m	—
5-Fluor-orotsäure[1]	—	$2,0 \times 10^{-5}$ m

Enzymeinheit. Eine Einheit ist diejenige Enzymmenge, die die Entfernung von 1 μM Orotat in 1 Std bewirkt[2].

Bestimmung der O5P-Pyrophosphorylase nach LIEBERMAN *u. Mitarb.*[2].

Prinzip:

1. Orotat + PRPP ⇌ Orotidin-5′-phosphat (O5P) + PP
2. O5P → U5P + CO_2

Das gebildete Orotidin-5′-phosphat, das hemmend wirkt, wird durch Decarboxylierung (durch O5P-Decarboxylase) in Uridin-5′-phosphat übergeführt. Die Abnahme von Orotat wird spektrophotometrisch bestimmt.

Reagentien:

1. 0,1 m Magnesiumchlorid.
2. 1 m Trispuffer, pH 8,0.
3. 0,01 m orotsaures Natrium.
4. 0,001 m Phosphoribosylpyrophosphat.
5. Orotidin-5′-phosphat-Decarboxylase 0,6 E = 0,05 ml der Äthanolfraktion eines Pyrophosphatasepräparates, das durch partielle Reinigung eines Extraktes aus getrockneter Bäckerhefe durch Ammoniumsulfat- und Äthanolfällung nach HEPPEL und HILMOE[4] gewonnen wird.

Ausführung:

Das Gesamtvolumen von 1 ml enthält 0,02 ml $MgCl_2$, 0,02 ml Trispuffer, 0,03 ml orotsaures Natrium, 0,1 ml PRPP, 0,6 Einheiten von O5P-Decarboxylase und das zu bestimmende Enzym. Das Verschwinden des orotsauren Natriums wird spektrophotometrisch bei 295 mμ bestimmt. Unter den Bedingungen des Versuchsansatzes ist die Abnahme des orotsauren Salzes proportional der Enzymmenge.

Berechnung:

Das verschwundene orotsaure Natrium wird auf Einheiten umgerechnet.

Enzymeinheit. Eine Einheit ist diejenige Menge Enzym, die die Decarboxylierung von 1 μM O5P (Extinktionsabnahme = 1,65) pro Stunde bewirkt, wobei der Berechnung die Anfangsgeschwindigkeit der Reaktion (0—4 min) zugrunde liegt.

[1] DAHL, J. L., J. L. WAY and R. E. PARKS jr.: J. biol. Ch. **234**, 2998 (1959).
[2] LIEBERMAN, J., A. KORNBERG and E. S. SIMMS: J. biol. Ch. **215**, 403 (1955).
[3] LIEBERMAN, J., A. KORNBERG and E. S. SIMMS: Am. Soc. **76**, 2844 (1954).
[4] HEPPEL, L. A., and R. J. HILMOE: J. biol. Ch. **192**, 87 (1951).

Uridin-5'-phosphat-Pyrophosphorylase.

[2.4.2.9 UMP:Pyrophosphat-Phosphoribosyltransferase.]

$$\text{Uracil} + \text{PRPP} \underset{}{\overset{Mg^{++}}{\rightleftharpoons}} \text{U5P} + \text{PP}$$

Ribose-5-phosphat wird übertragen.

Tabelle 65. *Vorkommen und Normalwerte.*

Vorkommen	Aktivität	Ausgedrückt durch
L. bifidus[1]		
Extrakt	0,6	Einheiten/mg Protein
Protaminfraktion (Prozedur I)	3,0	desgl.
Protaminfraktion (Prozedur II) . . .	1,8	desgl.
Äthanolfraktion (Prozedur I)	4,4	desgl.
Äthanolfraktion (Prozedur II)	8,5	desgl.
C_γ-Gel-Eluat (Prozedur I)	6,5	desgl.
C_γ-Gel-Eluat (Prozedur II)	15,0	desgl.
L. arabinosus	1,0	desgl.
spätere Wachstumsphase	1,5	desgl.
L. leichmanii	2,6	desgl.
L. bulgaricus 09 X[2]		
Rohextrakt	48	% Umwandlung zu U5P
gereinigter Extrakt	85	desgl.

Darstellung von U5P-Pyrophosphorylase aus Lactobacillus bifidus nach CRAWFORD ***u. Mitarb.***[1].

Niedere p_H*-Fraktion.* Alle Arbeitsgänge, wenn nicht anders angegeben, bei 0—4° C ausgeführt. 40 ml Extrakt (aus 8 g Trockengewicht der Zellen) mit 50 ml 0,1 m K-acetatpuffer, p_H 4,0, versetzt und dadurch auf p_H 4,5 gebracht. Nach 5 min Niederschlag abzentrifugiert und in 20 ml 0,05 m K-phosphat, p_H 7,4, gelöst.

Protaminfraktion. 4 ml 1%ige Protaminsulfatlösung zu dieser schwach trüben Lösung zugegeben, nach 5 min die Mischung zentrifugieren, Niederschlag wird verworfen.

Äthanolfraktion (Prozedur I: 20—67% Äthanol). Zu 23 ml der Protaminfraktion 4,6 ml 0,1 m K-acetat (p_H 4,0) zugesetzt und der p_H auf 6,6 gebracht, die leicht opalescierende Lösung in einem —15° C-Äthanol-Eisbad auf 0° C gebracht und 7 ml Äthanol (auf —15° C abgekühlt) unter Rühren innerhalb 1 min zugefügt, wobei Temperatur auf —2° C fällt. Niederschlag nach 30 sec Stehen bei 10000 × g 3 min abzentrifugiert, Niederschlag verworfen und zur überstehenden Flüssigkeit (bei —10° C) 50 ml Äthanol unter Rühren (6 ml/min) zugefügt, wobei Temperatur auf —14° C abfällt. Niederschlag abzentrifugiert und in 20 ml 0,01 m K-phosphatpuffer, p_H 7,4, gelöst.

Äthanolfraktion (Prozedur II, 31—42% Äthanol). Protaminfraktion mit Äthanol gefällt und die Fällung zwischen 31 und 42% Alkohol gesammelt.

C_γ-Gel-Fraktion. Die schwach opalescierende Äthanolfraktion mit 1 ml 0,1 n HCl auf p_H 6,8 gebracht und mit 2,4 ml gealtertem C_γ-Aluminiumhydroxyd-Gel[3] (15 mg Trockengewicht/ml) vermischt, nach 5 min abzentrifugiert und das Gel mit 10 ml 0,05 m K-phosphatpuffer, p_H 6,9, ausgewaschen, dann mit 0,1 m K-phosphat, p_H 6,9, eluiert.

Bei —15° C 2 Wochen aufbewahrt, weniger als 10% Aktivitätsverlust. Das C_γ-Eluat, das größte spezifische Aktivität gegenüber Uracil zeigt, ist gegenüber Orotsäure völlig inaktiv.

Darstellung von U5P-Pyrophosphorylase aus Lactobacillus bulgaricus 09X nach CANELLAKIS[2].

Extrakte werden erhalten durch 60 min lange Beschallung einer Bakterien-Suspension bei 9,0 kc in 0,1 m Trispuffer, p_H 7,4. Zu 45 ml der durch Zentrifugieren erhaltenen

[1] CRAWFORD, I., A. KORNBERG and E. S. SIMMS: J. biol. Ch. **226**, 1093 (1957).
[2] CANELLAKIS, E. S.: J. biol. Ch. **227**, 329 (1957).
[3] WILLSTÄTTER, R., u. H. KRAUT: B. **56**, 1117 (1923).

überstehenden Flüssigkeit (entsprechend 6 g Bakterien-Trockengewicht) werden 3 ml Acetatpuffer (1,0 m, p_H 5,4) und festes Ammoniumsulfat bis zur 60%igen Sättigung zugesetzt, das gefällte Protein in Trispuffer (0,05 m, p_H 7,4) gelöst und gegen zwei Chargen von je 4 l dieses Puffers 24 Std dialysiert.

Eigenschaften. MICHAELIS-*Konstante des Enzyms aus L. bifidus*[1]. Substrat PRPP; K_M $4,4 \times 10^{-5}$ m.

Aktivierung und Hemmung. Mg^{++} sind für die Reaktion notwendig. Optimale Konzentration = 10^{-2} m[2]. Phosphat (0,05 m) hemmt um 80%[2].

Enzymeinheit. Eine Einheit ist diejenige Enzymmenge, die 1 μM U5P pro Std bildet.

***Bestimmung der U5P-Pyrophosphorylase nach* CRAWFORD *u. Mitarb.*[1].**

Prinzip:

$$\text{Uracil-}^{14}\text{C} + \text{PRPP} \rightleftharpoons \text{U5P-}^{14}\text{C} + \text{PP}$$

Die Menge des entstandenen U5P-^{14}C wird durch Radioaktivitätsmessung ermittelt.

Reagentien:

1. Uracil-^{14}C (etwa 6×10^5 c.p.m. per μMol).
2. Phosphoribosylpyrophosphat.
3. Kaliumphosphatpuffer, p_H 7,4.
4. Magnesiumchlorid.
5. Glutathion.

Ausführung:

Im Gesamtvolumen von 1,0 ml befinden sich 0,1 μM Uracil-^{14}C, 0,1 μM PRPP, 0,05 m K-phosphatpuffer, p_H 7,4, 0,003 m $MgCl_2$, 0,005 m Glutathion und das zu bestimmende Enzym.

Nach 15 min langem Stehen bei 37° C wird die Mischung 30 sec in ein siedendes Wasserbad gebracht und dann abzentrifugiert. Das in der überstehenden Flüssigkeit befindliche U5P-^{14}C wird chromatographisch abgetrennt (s. unten) und in einem aliquoten Teil der Lösung die Radioaktivität bestimmt.

Chromatographische Abtrennung. Adsorption der überstehenden Flüssigkeit an eine Dowex 1-Säule (1 cm × 1 cm²). Uracil wird durch 1,5 ml 0,01 m K-acetat, p_H 5,0, eluiert und U5P durch 10 ml 0,1 m HCl.

Nicotinsäureamidmononucleotid-Pyrophosphorylase.

[2.4.2.12 Nicotinamidnucleotid:Pyrophosphat-Phosphoribosyltransferase.]

$$\text{Nicotinsäureamid} + \text{PRPP} \xrightleftharpoons{Mg^{++}} \text{Nicotinsäureamidmononucleotid (NMN)} + \text{PP}$$

Ribose-5-phosphat wird übertragen.

Tabelle 66. *NMN-Pyrophosphorylase in menschlichen Erythrocyten*[3].

Fraktion	Aktivität	Ausgedrückt durch
Hämolysat	0,070	μMol NMN/18 Std (35° C)
Aceton-Trockenpräparat	0,114	μMol NMN/5 Std (35° C)
Extrakt aus Aceton-Trockenpräparat	0,080	desgl.
Ammoniumsulfatfraktion	0,184	desgl.
durch Erhitzen gereinigte Fraktion (PPE)	0,190	desgl.

***Darstellung von gereinigter NMN-Pyrophosphorylase aus acetongetrockneten Erythrocyten nach* PREISS *und* HANDLER[3].**

60 g acetongetrocknete Erythrocyten (Mensch) mit 300 ml 0,1 m Phosphat (p_H 7,4) 30 min extrahiert, unlöslicher Rückstand verworfen und zur überstehenden Lösung festes

[1] CRAWFORD, I., A. KORNBERG and E. S. SIMMS: J. biol. Ch. **226**, 1093 (1957).
[2] CANELLAKIS, E. S.: J. biol. Ch. **227**, 329 (1957).
[3] PREISS, J., and P. HANDLER: J. biol. Ch. **225**, 759 (1957). Am Soc. **79**, 4246 (1957).

Ammoniumsulfat bis zu 0,46 Sättigung zugefügt. Nach 10 min Niederschlag abzentrifugiert, in möglichst wenig Puffer gelöst und die Fällung zweimal wiederholt. Die zuletzt erhaltene Lösung über Nacht gegen Phosphatpuffer dialysiert, in ein Wasserbad von 73° C gestellt, Temperatur auf 70° C ansteigen lassen. Nach 5 min langem Stehen bei dieser Temperatur Lösung abgekühlt, abzentrifugiert, Niederschlag verworfen, überstehende Lösung (PPE) verwandt (36,7mal aktiver als Ausgangslösung, Ausbeute 53 %). Kein Aktivitätsverlust durch die Hitzebehandlung, die fünffache Reinigung bewirkt.

Tabelle 67. MICHAELIS-*Konstanten*[1].

Substrat	K_M
Nicotinsäureamid	0,1 m
Mg^{++}	$0{,}6 \times 10^{-4}$ m

Darstellung von Hämolysat[1]. Frische Erythrocyten viermal in 0,15 m NaCl gewaschen, dann abwechselnd gefroren und wieder aufgetaut. 1 Vol. 0,5 m Puffer (Phosphat- oder Trispuffer), p_H 7,4, zu 5 Vol. roter Zellen zugefügt und die Stromata durch Zentrifugieren bei 3000 r.p.m. bei 5° C abgetrennt.

Darstellung von acetongetrockneten Erythrocyten[1]. Gewaschene Erythrocyten mit 5 Vol. Aceton bei — 12° C homogenisiert, den unlöslichen Rückstand auf einem Trichter gesammelt, noch zwei weitere Male mit Aceton homogenisiert und luftgetrocknet (bei — 10° C aufbewahrt, mindestens 6 Monate lang haltbar).

Eigenschaften. *Spezifität.* PPE ist nach weiterer Reinigung (Adsorption an Ca-phosphat-Gel oder Aluminiumhydroxyd-Gel und Elution mit 0,3 m Phosphatpuffer) spezifisch auf Nicotinsäureamid eingestellt, reagiert nicht mit Guanin oder Hypoxanthin oder Adenin[1].

p_H-Optimum. Für PPE: p_H 6,8—7,6.

Bestimmung der NMN-Pyrophosphorylase nach PREISS *und* HANDLER[1].

Prinzip:

$$\text{Nicotinsäureamid} + \text{PRPP} \rightleftharpoons \text{NMN} + \text{PP}$$

NMN wird mittels DPN-Pyrophosphorylase in DPN übergeführt und dieses spektrophotometrisch nach quantitativer Überführung in DPN-H nach WARBURG und CHRISTIAN[2] bestimmt.

Reagentien:

1. Nicotinsäureamid.
2. Phosphoribosylphosphat.
3. Magnesium-ionen
4. DPN-Pyrophosphorylase (s. S. 597).

Ausführung:

Das Reaktionsgemisch enthält im Gesamtvolumen von 1,0 ml 164 μM Nicotinsäureamid, 0,30 μM PRPP, 5 μM Mg^{++} und das Enzym bei p_H 7,4.

Nach 5 Std Stehen (bzw. 18 Std bei Hämolysat) bei 35° C wird das entstandene NMN mittels DPN-Pyrophosphorylase (s. 597) in DPN übergeführt und dieses spektrophotometrisch bestimmt.

Nicotinsäure-mononucleotid-Pyrophosphorylase.

[2.4.2.11 Nicotinatnucleotid:Pyrophosphat-Phosphoribosyltransferase.]

$$\text{Nicotinsäure} + \text{PRPP} \xrightleftharpoons{Mg^{++}} \text{Desamido-NMN} + \text{PP}$$

Ribose-5-phosphat wird übertragen.

Darstellung von Desamido-NMN-Pyrophosphorylase aus Erythrocyten (Mensch) nach PREISS *und* HANDLER[3].

20 g acetongetrocknete menschliche Erythrocyten mit 100 ml 0,05 m Trispuffer, p_H 7,4, 20 min extrahiert, dann bei 10000 r.p.m. abzentrifugiert. Zu 84 ml der überstehen-

[1] PREISS, J., and P. HANDLER: J. biol. Ch. **225**, 759 (1957). Am Soc. **79**, 4246 (1957).
[2] WARBURG, O., u. W. CHRISTIAN: B. Z. **303**, 40 (1939).
[3] PREISS, J., and P. HANDLER: J. biol. Ch. **233**, 493 (1958).

Tabelle 68. *Vorkommen und Normalwerte.*

Vorkommen	Aktivität	Ausgedrückt durch
Acetongetrocknete Erythrocyten[1] (Mensch), Extrakt	0,107	μMol Desamido-NMN/5 Std (37° C)
Dialysiertes Hefeautolysat[1]	1,20	μMol Desamido-NMN/1 Std (37° C)
Partiell gereinigtes Präparat aus Hefeautolysat (0,4—0,65 Ammoniumsulfatfraktion), frei von DPN-Pyrophosphorylase[1]	—	—
L. mesenteroides[2]	—	—
S. cerevisiae	—	—
Escherichia coli (Tonerde-Extrakt)[3]	0,8	mμMol Desamido-NMN/mg Trockengewicht/Std
Ochsenleber[4]-Extrakt	0,07	Einheiten/mg Protein
Ammoniumsulfat-Fraktionierung	0,20	desgl.
p_H und Ammoniumsulfat-Fraktionierung	3,46	desgl.
$Ca_3(PO_4)_2$-Gel-überstehende Flüssigkeit	17,80	desgl.
DEAE-Cellulose-Eluat	45,3	desgl.
Tonerde-C_γ-Eluat	74,3	desgl.

den Flüssigkeit 23 g Ammoniumsulfat zugefügt (0,4 Sättigung), abzentrifugiert und Niederschlag in 27 ml Trispuffer gelöst. Zur überstehenden Flüssigkeit nochmal 5 g Ammoniumsulfat zugesetzt (0,4—0,48 Fraktion) und Niederschlag in 0,05 m Tris, p_H 7,4, im Gesamtvolumen von 50 ml gelöst (viel Hämoglobin in dieser Fraktion vorhanden). Jede Fraktion sodann gegen 21 l 0,025 m Tris, p_H 7,4, 3—4 Std dialysiert. 22 ml der Fraktion 0,4 Sättigung mit 536 mg Aluminiumhydroxyd-C_γ 10 min gerührt und dann 10 min bei 5000 r.p.m. abzentrifugiert, das Gel mit 25 ml 0,1 m Phosphat, p_H 7,4, 10 min eluiert und wieder zentrifugiert. Überstehende Flüssigkeit des ersten Gels mit dem Phosphateluat vereinigt und festes Ammoniumsulfat bis zu 0,4 Sättigung zugegeben, Niederschlag in möglichst wenig 0,025 m Tris gelöst, 2 Std gegen dieses Lösungsmittel dialysiert und mit 0,025 m Tris, p_H 7,4, auf 16 ml verdünnt. Dieses Präparat enthält 6,3 mg Hämoglobin (24fache Reinigung bezogen auf Hämoglobin; 26 % enzymatische Ausbeute).

***Darstellung von Desamido-NMN-Pyrophosphorylase aus Ochsenleber nach* IMSANDE *und* HANDLER[4].**

1. Schritt: Extraktion. 30 g Aceton-Trockenpulver 30 min bei Zimmertemperatur mit 300 ml 0,05 m Trispuffer, p_H 7,4, unter gelegentlichem Rühren extrahiert, in der Kälte 10 min bei 10000 × g abzentrifugiert, Rückstand verworfen. Alle folgenden Schritte in der Kälte ausgeführt.

2. Schritt: Ammoniumsulfat-Fraktionierung. 61,3 g Ammoniumsulfat langsam zu 250 ml des Extraktes bis zur 35 %igen Sättigung unter gelegentlichem Rühren zugegeben, dann weitere 10 min gerührt, abzentrifugiert, überstehende Flüssigkeit verworfen. Niederschlag in 200 ml 0,01 m Tris, p_H 7,4, aufgenommen.

3. Schritt: Saure Inkubation und Ammoniumsulfat-Fraktionierung. Lösung von Schritt 2 mit etwa 3,8 ml 0,4 m HCl auf p_H 4,8 gebracht, 1 Std gerührt, abzentrifugiert, Niederschlag verworfen. Überstehende Flüssigkeit mit etwa 1,5 ml 0,5 m Tris, p_H 10,7, auf p_H 7,4 gebracht, dann mit 45,7 g Ammoniumsulfat auf 32 % Sättigung gebracht, abzentrifugiert, überstehende Flüssigkeit verworfen. Niederschlag in 70 ml Wasser aufgenommen, 1 Std gegen 6 l Wasser dialysiert, wieder zentrifugiert, wenn Trübung auftritt (totale Enzymaktivität jetzt 3—5mal größer als die „scheinbare" Aktivität des Ausgangsmaterials).

[1] PREISS, J., and P. HANDLER: J. biol. Ch. **233**, 493 (1958).
[2] SUNDARAM, T. K., K. V. RAJAGOPALAN, C. V. PICHAPPA and P. S. SARMA: Biochem. J. **77**, 145 (1960).
[3] IMSANDE, J.: J. biol. Ch. **236**, 1494 (1961).
[4] IMSANDE, J., and P. HANDLER: J. biol. Ch. **236**, 525 (1961).

4. Schritt: Entfernung von inaktiven Proteinen durch Adsorption an Calciumphosphat-Gel. Das vorangehende Präparat (70 ml) auf 490 ml verdünnt und 10 ml 0,5 m Phosphat, p_H 7,3, zugegeben. Lösung mit 2 g (Trockengewicht) gealtertem Calciumphosphat-Gel versetzt, 10 min gerührt, abzentrifugiert und Gel verworfen. Überstehende Flüssigkeit mit 122,5 g Ammoniumsulfat auf 35% Sättigung gebracht, abzentrifugiert und überstehende Flüssigkeit verworfen. Niederschlag in 25 ml Wasser aufgenommen und 2 Std gegen 4 l Wasser dialysiert.

5. Schritt: DEAE-Cellulose-Chromatographie. Die wäßrige Lösung von Schritt 4 auf eine gepackte 1,6 × 6 cm-Säule gegeben, die aus einer 0,005 m Phosphat-Suspension von DEAE-Cellulose, p_H 7,4, bereitet wird. Verunreinigende Beimengungen (als dunkles Band sichtbar) werden aus der Säule mit etwa 40 ml 0,005 m Phosphat 7,4 herausgewaschen. Säule portionsweise mit 50 ml 0,025 m Phosphat, p_H 7,4, eluiert, danach noch mit 40 ml 0,05 m Phosphat, p_H 7,4. Die beiden Fraktionen werden getrennt aufgefangen, gegen 4 l Wasser dialysiert und bestimmt. Aktivität für gewöhnlich im 0,025 m Phosphateluat vorhanden.

Tabelle 69. *p_H-Optimum.*

Art des Enzyms	p_H-Optimum
Escherichia coli[1]	8,5
Ochsenleber[2] .	7,2

6. Schritt: Aluminiumhydroxyd-Gel-C_γ-Adsorption. Aluminiumhydroxyd-Gel-C_γ (100 mg Trockengewicht) zur aktiven Lösung von Schritt 5 unter Rühren zugegeben, 10 min gerührt, 5 min bei 2000 r.p.m. abzentrifugiert. Überstehende Flüssigkeit beiseite gesetzt und das Gel mit 10 ml 0,025 m Phosphat, p_H 7,4, eluiert, abzentrifugiert, Gel verworfen. Überstehende Flüssigkeit und Eluatfraktionen bestimmt. Die Hauptaktivität für gewöhnlich in der letzteren Fraktion enthalten. Etwa 1000fache Reinigung gegenüber dem Ausgangsextrakt (bezogen auf den Proteingehalt). Mit Ausnahme des verdünnten Eluates von DEAE-Cellulose behielten alle Präparate während dreimonatiger Aufbewahrung bei −12° C mindestens 50% ihrer Aktivität.

Tabelle 70. MICHAELIS-*Konstanten.*

Art des Enzyms	Substrat	K_M
Escherichia coli[1]	Nicotinsäure	2×10^{-6} m
Escherichia coli[1]	PRPP	3×10^{-5} m
Escherichia coli[1]	ATP	4×10^{-4} m
Ochsenleber[2] .	PRPP	5×10^{-5} m
Ochsenleber[2] .	Nicotinsäure	1×10^{-6} m

Eigenschaften. *Spezifität.* Das Enzym ist spezifisch auf das Substrat Nicotinsäure eingestellt und wirkungslos gegenüber Nicotinsäureamid[3].

Aktivierung und Hemmung. Zweiwertige Metallionen sind für die Aktivität erforderlich[2]. Maximale Aktivität bei Mg^{++}-Konzentration von 2×10^{-2} m[1]. Die optimale Mg^{++}-Konzentration hängt von der ATP-Konzentration ab[2], ATP ist für Aktivierung nötig[1-4], vielleicht durch Bildung eines ATP-Mg-Komplexes[2]. ATP kann jedoch nicht PRPP bei der Desamido-NMN-Pyrophosphorylase ersetzen[2]. Auch Phosphat wirkt aktivierend[2].

NaF (0,02 m) wirkt hemmend[3] auf das Enzym (Extrakt aus acetongetrockneten Erythrocyten). Hemmung 24%. Ferner kompetitive Hemmung durch Hypoxanthin um 45%.

Desamido-NMN ist ein kompetitiver Hemmstoff für PRPP ($K_i = 3,5 \times 10^{-5}$ m) und für Nicotinsäure ($K_i = 4 \times 10^{-5}$ m)[2].

Enzymeinheit. Eine Einheit ist diejenige Enzymmenge, die 1 mμM Desamido-NMN pro Std synthetisiert.

Bestimmung der Desamido-NMN-Pyrophosphorylase nach PREISS *und* HANDLER[3] *und* IMSANDE *und* HANDLER[2].

Prinzip:

$$\text{Nicotinsäure } (^{14}C) + \text{PRPP} \rightleftharpoons \text{Desamido-NMN } (^{14}C) + \text{PP}$$

Desamido-NMN wird papierchromatographisch auf Grund seiner Radioaktivität bestimmt.

[1] IMSANDE, J.: J. biol. Ch. **236**, 1494 (1961).
[2] IMSANDE, J., and P. HANDLER: J. biol. Ch. **236**, 525 (1961).
[3] PREISS, J., and P. HANDLER: J. biol. Ch. **233**, 493 (1958).
[4] SUNDARAM, T. K., K. V. RAJAGOPALAN, C. V. PICHAPPA and P. S. SARMA: Biochem. J. **77**, 145 (1960).

Reagentien:

1. Magnesiumchlorid.
2. ATP.
3. Phosphoribosylpyrophosphat.
4. Phosphat.
5. Nicotinsäure-7-^{14}C.
6. Lösungsmittel C (7 Teile 95% Äthanol + 3 Teile 1 m Ammoniumacetat mit HCl auf p_H 5,0 gebracht).

Ausführung:

Das Gesamtvolumen von 0,8 ml enthält 5,0 μM $MgCl_2$; 2,0 μM ATP; 0,2 μM PRPP; 40 μM Phosphat, p_H 7,3; 0,1 μM Nicotinsäure-7-^{14}C und etwa 9 Einheiten des Enzyms.

Das Reaktionsgemisch wird 5 Std bei 37° C belassen, dann durch 1 min langes Erhitzen im kochenden Wasserbad enteiweißt. Ein aliquoter Teil der enteiweißten Mischung (25 μl) wird mit Lösungsmittel C papierchromatographisch (absteigende Technik) entwickelt und die Radioaktivität des entsprechenden Flecken bestimmt[1].

Berechnung:

Die gefundene Menge des synthetisierten Desamido-NMN wird auf Einheiten umgerechnet.

II. Phosphatübertragung aus einer energiearmen Phosphatverbindung unter Bildung einer anderen energiearmen Phosphatverbindung (Phosphomutasen).

Bei den Phosphomutasen findet die Verschiebung einer Phosphatgruppe innerhalb des Moleküls statt, so daß sie rein formal zu den Isomerasen gerechnet werden könnten. Da aber Coenzyme an diesen Reaktionen beteiligt sind, die dauernd regeneriert werden, sind die Vorgänge als bimolekular aufzufassen.

1. Phosphoglucomutasen.

[2.7.5.1 D-Glucose-1,6-diphosphat: D-Glucose-1-phosphat-Phosphotransferase.]

Phosphoglucomutase (α-Glucose-1-phosphat).

$$\underset{(5{,}5\,\%)}{\alpha\text{-Glucose-1-phosphat}} \rightleftharpoons \underset{(94{,}5\,\%)}{\text{Glucose-6-phosphat}}$$

Mechanismus. Als Coenzym ist hierbei Glucose-1,6-diphosphat wirksam, das immer wieder regeneriert wird[2,3].

Glucose-1,6-diphosphat + Glucose-1-phosphat ⇌ Glucose-6-phosphat + Glucose-1,6-diphosphat

Nach neuesten Vorstellungen wird intermediär das Enzym phosphoryliert[4-6]:

1. Phosphoglucomutase (Phosphoenzym) + Glucose-1-phosphat ⇌ Glucose-1,6-diphosphat + Phosphoglucomutase (entphosphoryliertes Enzym)
2. Glucose-1,6-diphosphat + Phosphoglucomutase (entphosphoryliertes Enzym) ⇌ Glucose-6-phosphat + Phosphoglucomutase (Phosphoenzym)

Vorkommen s. Tabelle 71. Das Enzym ist ferner aufgefunden worden in der Winterschlafdrüse[7], in Seeigeleiern[8], in Jack-Bohnen[9], Breitbohnen[10], Erbsenextrakten[11], Bakterien[12].

---

1 PREISS, J., and P. HANDLER: J. biol. Ch. **233**, 488 (1958).
2 LELOIR, L. F., R. E. TRUCCO, C. E. CARDINI, A. C. PALADINI and R. CAPUTTO: Arch. Biochem. **19**, 339 (1948).
3 SUTHERLAND, E. W., M. COHN, T. POSTERNAK and C. F. CORI: J. biol. Ch. **180**, 1285 (1949).
4 NAJJAR, V. A.; in: Colowick-Kaplan, Mechanism of Enzyme Action. p. 731. Baltimore 1954.
5 NAJJAR, V. A.; in: Colowick-Kaplan, Meth. Enzymol. Vol. I, p. 294.
6 MCCOY, E., and V. A. NAJJAR: J. biol. Ch. **234**, 3017 (1959).
7 GRIGOR'EVA, V. A.: Ukrain. biochem. Ž. **21**, 25 (1949).
8 YČAS, M.: J. exp. Biol. **31**, 208 (1954).
9 CARDINI, C. E.: Enzymologia **15**, 44 (1951).
10 ONODERA, K.: J. agric. chem. Soc. Jap. **25**, 377 (1951/52).
11 HANES, C. S.: Proc. R. Soc. London (B) **128**, 421 (1939).
12 CABIB, E.: Biochim. biophys. Acta **7**, 604 (1951).

Tabelle 71. *Vorkommen und Normalwerte von Phosphoglucomutase.*

Vorkommen	Aktivität	Ausgedrückt durch
Muskel (Kaninchen)[1,2]		
wäßriger Extrakt	0,5	Einheiten/mg Protein
erstes Hitzefiltrat (65° C)	2,3	desgl.
0—0,65 Ammoniumsulfatfällung	6,45	desgl.
zweites Hitzefiltrat (63° C)	13,0	desgl.
erste Kristallisation, 0,50—0,60 Ammoniumsulfat	18,0	desgl.
zweite Kristallisation, 0,50—0,60 Ammoniumsulfat	23,0	desgl.
zweite Kristallisation, 0,60—0,65 Ammoniumsulfat	26,0	desgl.
Herzextrakt[3]	23	% umgesetztes Glucose-1-phosphat/5 min
Haut-Homogenate von[4] Ratte, Mensch, Meerschweinchen, Kaninchen	35, 20, 10 bzw. 4	in Glucose-6-phosphat umgesetzte μg P
Hämolysierte Erythrocyten (Mensch)[5]	19,5—26,3	μMol umgewandeltes Glucose-1-phosphat 1 Std/30° C/ml oder g Gewebe
Knochenmark	30,2	desgl.
Leukocyten	13,1	desgl.
Erythrocyten (Hämolysate)[6] von:		
Schwein	146	μMol (Glucose-6-phosphat + Fructose-6-phosphat)/ml Erythrocyten/Std/37° C
Ratte	119	desgl.
Pferd	98	desgl.
Meerschweinchen	80	desgl.
Maus	33	desgl.
Rind	31	desgl.
Mensch	31	desgl.
Kaninchen	18	desgl.
Hammel	15	desgl.
Serum[6] von:		
Mensch	0,5	μMol (Glucose-6-phosphat + Fructose-6-phosphat)/ml Serum
Ratte	5,2	desgl.
Meerschweinchen	6,5	desgl.
Hammel	6,5	desgl.
Rind	8,4	desgl.
Schwein	31,1	desgl.
Hefe, partiell gereinigt[3]	8	% umgesetztes Glucose-1-phosphat/5 min
Bäckerhefe[7]		
1. Autolysat	0,08	Einheiten */mg Protein
2. auf 60° C erhitzt	0,24	desgl.
3. Ammoniumsulfat, 0,7 Fraktion, dialysiert	2,10	desgl.
4. Calciumphosphat und Aluminiumhydroxyd-C_γ-Gel	9,20	desgl.
Phaseolus radiatus[8]	16	% umgesetztes Glucose-1-phosphat/ml Enzym/15 min
Tunicaten[9]	1	μMol umgesetztes Glucose-1-phosphat je 0,5 ml Enzym/5 min
Kartoffeln[10] **		
Rohextrakt	0,000328	Einheiten/mg Protein
10 min auf 45° C erhitzt, Filtrat	0,000571	desgl.
50—65 % Ammoniumsulfat-Sättigung	0,0022	desgl.
dreimal Ammoniumsulfat refraktioniert, dialysierter Niederschlag	0,0803	desgl.
Tricalciumphosphat	0,30	desgl.

* Eine Enzymeinheit = mg säurestabiler Phosphor, der in 5 min gebildet wird[7].

** 915fache Reinigung der Kartoffel-Phosphoglucomutase, elektrophoretisch einheitlich[10]. Die Aktivitäten gleicher Gewichtsteile Muskel und Kartoffel verhalten sich wie 3000:1.

Darstellung kristallisierter Phosphoglucomutase aus Kaninchenmuskulatur nach NAJJAR[1,2].

Alle Arbeitsgänge, wenn nicht anders angegeben, bei 0—4° C und p_H 5,0 durchgeführt:

Rohextrakt. Kaninchen durch intravenöse Injektion von Nembutal getötet und entblutet. Die herausgenommenen Muskeln (Vorder- und Hinterbeine) durch Fleischmaschine gegeben, 1 Vol. H_2O hinzugefügt, durchgerührt, 20 min extrahiert, dann durch Gaze gegeben, Rückstand nochmal mit 1 Vol. H_2O extrahiert. Extrakte vereinigt (0,5 Einheiten/mg Protein).

1. Ammoniumsulfat-Fraktionierung. Fraktion I mit 1 n Essigsäure auf p_H 5 gebracht, Niederschlag abzentrifugiert, überstehende Flüssigkeit in Wasserbad von 85—90° C gebracht. Wenn Temperatur des Extraktes 65° C erreicht hat, sogleich im Eisbad auf 4° C abkühlen, dabei ständig gerührt; dann filtriert.

Filtrat (2,3 Einheiten/mg Protein) bei langsamem Rühren mit festem Ammoniumsulfat bis zur Sättigung 0,65 gebracht. Niederschlag abzentrifugiert, im gleichen Volumen 0,15 m Acetatpuffer, p_H 5, aufgenommen. Trübe Lösung (etwa 0,32 Sättigung mit Ammoniumsulfat) unter ständigem Rühren in Wasserbad von 65° C gebracht und nach Erreichen von 63° C 3 min bei dieser Temperatur gehalten. Schwerer Niederschlag abzentrifugiert. Aktivität der überstehenden Lösung: 13 Einheiten/mg Protein.

2. Ammoniumsulfat-Fraktionierung und Kristallisation. Lösung wird mit 0,32 gesättigter Ammoniumsulfatlösung auf Proteinkonzentration 3—5 mg/ml verdünnt. Man fügt tropfenweise gesättigte Ammoniumsulfatlösung bis zur Konzentration 0,50 hinzu, läßt 30 min in der Kälte stehen. Niederschlag wird abzentrifugiert und verworfen. Klare überstehende Flüssigkeit auf 30° C erwärmt und 30 min bei dieser Temperatur belassen. Etwaiger Protein-Niederschlag wird warm abzentrifugiert, überstehende Flüssigkeit in Eisbad gebracht und Ammoniumsulfat-Konzentration durch gesättigte Ammoniumsulfatlösung langsam auf 0,55 Sättigung gebracht. Man läßt über Nacht stehen.

Dann langsam Ammoniumsulfat zugesetzt bis zur Sättigung 0,60 (tropfenweise mit Pipette zusetzen und mit Glasstab dabei rühren). Man läßt 24 Std zur Kristallisation stehen. Kristalle werden abzentrifugiert und in 0,15 m Acetatpuffer, p_H 5, gelöst (Protein-Konzentration 2—3 mg/ml).

Erste Kristallisation enthält 18—23 Einheiten/mg Protein.

Zweite Kristallisation. Lösung wird mit Ammoniumsulfat bis 0,50 gesättigt, etwaiger Niederschlag verworfen. Überstehende Flüssigkeit auf 30° C erwärmt, abzentrifugiert. Überstehende Flüssigkeit auf 0—4° C abgekühlt, Ammoniumsulfat-Konzentration auf 0,60 gebracht. Nach Stehen über Nacht Kristalle abgetrennt (23 Einheiten/mg Protein). Ammoniumsulfat-Konzentration langsam auf 0,65 erhöht, weitere Kristalle scheiden sich aus (26 Einheiten/mg Protein). Lange, dünne zerbrechliche Plättchen, halten sich in 0,60—0,65 gesättigter Ammoniumsulfatlösung (0,05 m Acetatpuffer, p_H 5 enthaltend) monatelang.

---

[1] NAJJAR, V. A.: J. biol. Ch. **175**, 281 (1948).
[2] NAJJAR, V. A.; in: Colowick-Kaplan, Meth. Enzymol. Vol. I, p. 294.

Literatur zu Tabelle 71.

1 NAJJAR, V. A.; in: Colowick-Kaplan, Meth. Enzymol. Vol. I, p. 294.
2 NAJJAR, V. A.: J. biol. Ch. **175**, 281 (1948).
3 SUTHERLAND, E. A.: J. biol. Ch. **180**, 1279 (1949).
4 RIBUFFO, A.: Ann. ital. Derm. Sifil. **10**, 1 (1955).
5 GIUSTI, G.: Biochim. appl., Parma **4**, 143 (1957).
6 NOLTMANN, E., u. F. H. BRUNS: H. **313**, 194 (1958).
7 McCOY, E., and V. A. NAJJAR: J. biol. Ch. **234**, 3017 (1959).
8 RAMASARUM, T., I. SRI RAM and K. V. GIRI: Arch. Biochem. **53**, 167 (1954).
9 SABLE, H. Z., and C. W. CALKINS: J. biol. Ch. **204**, 695 (1953).
10 BOSER, H.: H. **307**, 240 (1957).

***Darstellung des entphosphorylierten Enzyms aus der kristallisierten Kaninchenmuskel-Phosphoglucomutase (Phosphoenzym) nach* Sidbury *und* Najjar[1].**

Das Phosphoenzym wird mit der 4—20fachen Menge Glucose-1-phosphat behandelt, dann 24 Std gegen Trispuffer, 5×10^{-2} m, p_H 7,4 dialysiert. Dies dreimal wiederholt, dann 48 Std gegen denselben Puffer dialysiert (gibt mit Glucose-1-phosphat *kein* Glucose-1,6-diphosphat, hat also allen transferablen Phosphor eingebüßt).

***Darstellung von Rohextrakten aus Muskel, Gehirn, Herz, Leber und Niere nach* Cori *u. Mitarb.*[2, 3].**

Die Gewebe bzw. Organe durch eisgekühlte Fleischmaschine gegeben, mit gleichem Volumen eiskaltem destilliertem H_2O vermischt und 2 Std bei 0° C extrahiert. Abzentrifugiert, Rückstand nochmals mit gleichem Volumen H_2O extrahiert.

Vereinigte Muskelextrakte in Collodiummembran 18 Std gegen Leitungswasser bei 8° C dialysiert, dann wochenlang unter Toluol im Eisschrank haltbar. Extrakte der übrigen Gewebe nur 4—5 Std dialysiert, nur 1—2 Tage im Eisschrank haltbar.

Hefeextrakt[3]. Lebedew-Macerationssaft 2 Std dialysiert. Reineres Präparat s. Phosphoribomutase, S. 637.

***Darstellung von Phosphoglucomutase aus Bäckerhefe nach* McCoy *und* Najjar[4].**

400 g luftgetrocknete frische Bäckerhefe 4 Std bei 38° C in 1000 ml Na_2HPO_4, 7×10^{-2} m, enthaltend 1 ml Toluol, autolysiert, dann 10 min bei 13000 $\times$ g zentrifugiert. Niederschlag mit 500 ml der Phosphatlösung extrahiert und zentrifugiert. Die vereinigte überstehende Flüssigkeit — etwa 900 ml — hat ein p_H von etwa 5,5 und eine spezifische Aktivität von etwa 0,08.

Festes Ammoniumsulfat, 5,3 g/100 ml, bei 4° C hinzugegeben bis zur Sättigung 0,1. Aliquote Teile von 250 ml dann in einem Wasserbad von 90° auf 60° C unter ständigem Rühren erhitzt, 5 min bei dieser Temperatur belassen und dann schnell in einem Eisbad abgekühlt. Weitere Manipulationen bei 4° C ausgeführt. Niederschlag abzentrifugiert und verworfen, überstehende Flüssigkeit (spezifische Aktivität 0,25) mit festem Ammoniumsulfat auf 0,6 Sättigung gebracht (30,1 g Ammoniumsulfat/100 ml) und Niederschlag verworfen. Überstehende Flüssigkeit durch Zugabe von weiteren 6,2 g Ammoniumsulfat/100 ml auf 0,7 Sättigung gebracht, Niederschlag in etwa 25 ml 0,15 m Acetatpuffer, p_H 5,0, gelöst (spezifische Aktivität 0,8). Auf dieser Reinigungsstufe 3 Monate ohne Verlust haltbar.

Lösung 16 Std gegen drei Chargen von je 1 l 0,05 m Acetatpuffer, p_H 5,0, dialysiert. Spezifische Aktivität der Lösung erhöht sich nach Abzentrifugieren des inaktiven Proteins auf etwa 2,0. Zu aliquoten Teilen von 10 ml der Lösung (60—100 mg Protein enthaltend) 2 mg Calciumphosphat-Gel/mg Protein zugesetzt, 10 min unter gelegentlichem Rühren stehen lassen. Mehr als die Hälfte des Proteins, praktisch frei von Enzym, an das Gel adsorbiert. Kombinierte überstehende Flüssigkeit über Nacht gegen 500 ml 0,1 m Na-citratpuffer, p_H 4,8, dialysiert. Adsorptions-Prozedur nochmal mit Aluminiumhydroxyd-Gel-C_γ wiederholt. Hier sind jetzt 90% der Aktivität und etwa die Hälfte des Proteins an das zentrifugierte Gel adsorbiert. Das Enzym wird zweimal mit je $^1/_2$ Vol. Citratpuffer 0,05 m, p_H 4,8, enthaltend 15 g Ammoniumsulfat/100 ml, eluiert. Die kombinierten Eluate enthalten mehr als die Hälfte des adsorbierten Enzyms. Spezifische Aktivität etwa 9 (100—150fache Reinigung).

Phosphoenzym. Dialysierte Fraktion von 0,7 Sättigung mit Ammoniumsulfat (Reinigungsstufe 3) liegt vollständig als Phosphoenzym vor (bildet bei Behandlung mit Glucose-1,6-diphosphat *kein* Glucose-6-phosphat).

---

[1] Sidbury jr., J. B., and V. A. Najjar: J. biol. Ch. **227**, 517 (1957).
[2] Cori, C. F., S. P. Colowick and G. T. Cori: J. biol. Ch. **121**, 465 (1937).
[3] Cori, G. T., S. P. Colowick and C. F. Cori: J. biol. Ch. **123**, 375 (1938).
[4] McCoy, E., and V. A. Najjar: J. biol. Ch. **234**, 3017 (1959).

Entphosphoryliertes Enzym. Das Phosphoenzym wird durch wiederholte Behandlung mit Glucose-1-phosphat oder Glucose-6-phosphat und darauffolgende Dialyse vollständig in das entphosphorylierte Enzym übergeführt.

Maximale Stabilität des Hefeenzyms: p_H 5,0 in 0,15 m Acetatpuffer oder in Ammoniumsulfat.

Das *ent*phosphorylierte Enzym ist *un*stabiler als das Phosphoenzym.

Eigenschaften. *Spezifität.* Nach BROWN[1] kann Phosphoglucomutase auch Glucosamin-6-phosphat in Glucosamin-1-phosphat umwandeln, nach LELOIR u. Mitarb.[2] N-Acetylglucosamin-1-phosphat in N-Acetylglucosamin-6-phosphat[3] und Mannose-1-phosphat in Mannose-6-phosphat[2]. Die Überführung von Galaktose-1-phosphat in Galaktose-6-phosphat wird nach POSTERNAK und ROSSELET[4] ebenfalls durch Phosphoglucomutase bewirkt.

Nach REISSIG[5] jedoch sind Phosphoglucomutase und Phosphoacetylglucosaminphosphomutase von *Neurospora* zwei verschiedene Enzyme. Über mögliche Identität zwischen Phosphoglucomutase und Phosphoribomutase s. Phosphoribomutase, S. 637.

Tabelle 72. *p_H-Optimum.*

Herkunft des Enzyms	p_H-Optimum
Muskeln[6]	7,5
Blut und Serum[7] .	7,0
Phaseolus radiatus[8]	7,5
Jackbohnen[9] . .	7,5
Tunicaten[10] . . .	7,5
Hefe[11]	7,5 (in 0,04 m Histidin)

Tabelle 73. MICHAELIS-*Konstanten.*

Art des Enzyms	Substrat	K_M (Mol/l)
Muskel[12] . .	Glucose-1,6-diphosphat	6×10^{-8}
Muskel[1] . .	Glucose-1-phosphat	1×10^{-4}
Tunicaten[10].	Glucose-1-phosphat	$4{,}8 \times 10^{-4}$
Tunicaten[10].	Mg^{++}	$1{,}2 \times 10^{-4}$
Blut[7] . . .	Glucose-1-phosphat	$1{,}2 \times 10^{-3}$

Temperatur-Koeffizient[7] *(Q_{10}).* Für den Temperaturbereich 17—42° C = 2.

Aktivierungsenergie. 12,2 kcal/Mol[7].

Molekulargewicht der kristallisierten Muskel-Phosphoglucomutase = 74000 (aus Sedimentation und Diffusion gemessen)[13].

Bau des Enzyms. Das kristallisierte Muskelenzym enthält *eine* Phosphatgruppe pro Molekül, das durch Behandlung mit SANGERs Reagens nicht abgespalten werden kann[14] (in Analogie zum Muskelenzym nimmt man an, daß auch das Hefeenzym *eine* übertragbare Phosphatgruppe enthält)[11].

Bei partieller Säurehydrolyse des Enzyms erhält man O-Phosphoserin und einige seiner Peptide[14]. Phosphoryliertes Serin an der aktiven Stelle des Enzyms wird auch von KENNEDY und KOSHLAND[15] vermutet. Als einzige N-endständige Aminosäure im gereinigten Kartoffelenzym findet BOSER[16] Phenylalanin.

Absorptionsspektrum (kristallisiertes Muskelenzym)[17]. Das Maximum liegt bei 278 mμ.

---

[1] BROWN, D. H.: J. biol. Ch. **204**, 877 (1953).
[2] LELOIR, L. F.; in: McElroy-Glass, Phosphorus Metabolism Vol. I, p. 75.
[3] LELOIR, L. F., and C. E. CARDINI: Biochim. biophys. Acta **12**, 15 (1953).
[4] POSTERNAK, T., et I. P. ROSSELET: Helv. **37**, 246 (1954).
[5] REISSIG, L.: J. biol. Ch. **219**, 753 (1956).
[6] CORI, G. T., and C. F. CORI: J. biol. Ch. **124**, 543 (1938).
[7] NOLTMANN, E., u. F. H. BRUNS: H. **313**, 194 (1958).
[8] RAMASARUM, T., I. SRI RAM and K. V. GIRI: Arch. Biochem. **53**, 167 (1954).
[9] CARDINI, C. E.: Enzymologia **15**, 44 (1951).
[10] SABLE, H. Z., and C. W. CALKINS: J. biol. Ch. **204**, 695 (1953).
[11] McCOY, E., and V. A. NAJJAR: J. biol. Ch. **234**, 3017 (1959).
[12] KLENOW, H.: Arch. Biochem. **58**, 288 (1955).
[13] KELLER, P. J., C. LOWRY and J. F. TAYLOR: Biochim. biophys. Acta **20**, 115 (1956).
[14] ANDERSON, L., and G. R. JOLLÈS: Arch. Biochem. **70**, 121 (1957).
[15] KENNEDY, E. P., and D. E. KOSHLAND jr.: J. biol. Ch. **228**, 419 (1957).
[16] BOSER, H.: H. **307**, 240 (1957).
[17] NAJJAR, V. A.; in: Colowick-Kaplan, Meth. Enzymol. Vol. I, p. 294.

Elektrophoretische Beweglichkeit[1]. $2{,}01 \times 10^{-5}$ (cm^2/Volt/sec) in Acetatpuffer, p_H 5; Ionenstärke 0,1.

Wechselzahl. Bei optimalen Bedingungen beträgt die Wechselzahl für 100000 g der kristallisierten Muskel-Phosphoglucomutase bei 30° C 16800 M pro min.

Tabelle 74. *Gleichgewichtskonstanten verschiedener Phosphoglucomutasen*[2–4].

Art des Gleichgewichts	Muskel (30° C)	Hefe (30° C)	Phaseolus radiatus (45° C)
$\frac{\text{Glucose-6-phosphat}}{\text{Glucose-1-phosphat}} = K$	17,2*	17,2	etwa 19,0
$\frac{\text{(Glucose-1,6-diphosphat) (entphosphoryliertes Enzym)}}{\text{(Glucose-1-phosphat) (Phosphoenzym) (Schritt 1)}} = k_1$	4,58	3,14	
$\frac{\text{(Glucose-6-phosphat) (Phosphoenzym)}}{\text{(Glucose-1,6-diphosphat) (entphosphoryliertes Enzym) (Schritt 2)}} = k_2$	3,76	5,48	

* Nach ATKINSON u. Mitarb.[5]: 17 ± 2.

Tabelle 75. *Änderung der freien Energie.*

Herkunft des Enzyms	Reaktion	Änderung der freien Energie (cal.)
Kaninchenmuskel[2]	Schritt 1	−914
Kaninchenmuskel[2]	Schritt 2	−800
Kaninchenmuskel[2]	Hydrolyse der Enzymphosphatbindung	−3914
Hefe[4]	Schritt 1	—
Hefe[4]	Schritt 2	−1000
Hefe[4]	Hydrolyse der Enzymphosphatbindung	−3700

Bei Muskel-Phosphoglucomutase ist die Gleichgewichtslage zwischen p_H 6,2—7,5 unabhängig vom p_H.

Aktivierung und Hemmung. a) Muskelenzym. Vom Coenzym Glucose-1,6-diphosphat ist beim kristallisierten Enzym 5×10^{-7} m erforderlich, um die halbe Maximalgeschwindigkeit zu erreichen[6].

Nach POSTERNAK und ROSSELET[7] kann Glucose-1,6-diphosphat durch Mannose-1,6-diphosphat als Coenzym ersetzt werden.

Kristallisierte Muskel-Phosphoglucomutase ist bei Abwesenheit von Cystein praktisch inaktiv. 0,01—0,05 m Cystein ergeben höchste Aktivierung. Auch Histidin, 8-Hydroxychinolin und andere metallbindende Agentien wirken aktivierend[8].

Das kristallisierte Enzym ist zwar auch ohne Zusatz von Mg^{++} aktiv, jedoch ist die Aktivität bei Gegenwart von 0,0005—0,0025 m Mg^{++} auf das Vierfache gesteigert[1,9]. Nach STICKLAND[10] ist Phosphoglucomutase nur bei Gegenwart von Mg^{++} und noch einem zweiten Metallion, z.B. Al^{+++} oder Cr^{+++} wirksam.

In rohen Muskelextrakten kann Mg^{++} durch Co^{++} oder Mn^{++} ersetzt werden. Optimale Wirkung wird bei $0{,}5 \times 10^{-3}$ m Mn^{++} oder 5×10^{-3} m Mg^{++} erzielt[11]. Einige Metallionen jedoch wirken hemmend, so z.B. Zn^{++}, Rb^{+}, Cu^{++}, Hg^{++}, Ag^{+} [8].

[1] NAJJAR, V. A.; in: Colowick-Kaplan, Meth. Enzymol. Vol. I, p. 294.
[2] SIDBURY jr., J. B., and V. A. NAJJAR: J. biol. Ch. **227**, 517 (1957).
[3] COLOWICK, S. P., and E. W. SUTHERLAND: J. biol. Ch. **144**, 423 (1942).
[4] MCCOY, E., and V. A. NAJJAR: J. biol. Ch. **234**, 3017 (1959).
[5] ATKINSON, M. R., E. JOHNSON and R. K. MORTON: Biochem. J. **79**, 12 (1961).
[6] SUTHERLAND, E. W., M. COHN, T. POSTERNAK and C. F. CORI: J. biol. Ch. **180**, 1285 (1949).
[7] POSTERNAK, T., u. I. P. ROSSELET: Helv. **36**, 1614 (1933).
[8] SUTHERLAND, E. A.: J. biol. Ch. **180**, 1279 (1949).
[9] NAJJAR, V. A.: J. biol. Ch. **175**, 281 (1948).
[10] STICKLAND, L. H.: Biochem. J. **44**, 190 (1949).
[11] CORI, G. T., and C. F. CORI: J. biol. Ch. **124**, 543 (1938).

Fluorid ist ein Hemmstoff. Die Hemmung hängt ab von der Konzentration an Mg^{++}, F^- und Glucose-1-phosphat. Wenn die Konzentration an irgendeinem Ion variiert, die der beiden anderen Ionen aber unverändert bleibt, wird eine Konstante nach folgender Gleichung erhalten:

$$(\mathrm{Mg})(\mathrm{F})^2(\text{Glucose-1-phosphat}) \times \frac{\%\ \text{Restaktivität}}{\%\ \text{Hemmung}} = K = 1{,}7 \times 10^{-12}.$$

Anscheinend wirkt hier ein Mg-fluor-phosphat-Komplex hemmend, ebenso wie bei der Enolase. Durch anorganisches Phosphat wird die Hemmung noch verstärkt (2×10^{-3} m optimal)[1].

a) Kristallisiertes Muskelenzym wird durch Diisopropyl-fluorphosphat gehemmt und durch Harnstoff in reversibler Weise inaktiviert[2].

b) Gewebs-Phosphoglucomutase[3]. Aktivität wird durch Zusatz von α-Glucose-1,6-diphosphat beträchtlich erhöht.

c) Blut- und Serumenzym[4]. Optimale Mg^{++}-Konzentration $2{,}5 \times 10^{-3}$ m, optimale Cystein-Konzentration $2{,}5 \times 10^{-2}$ m.

d) Phaseolus aureus-Enzym. Mg^{++}, Mn^{++}, Co^{++} und Na-sulfit wirken aktivierend, Na^+, Hg^{++}, Ag^+, Cu^{++}, Ca^{++}, KCN dagegen hemmend[5].

e) Tunicaten-Enzym[6]. Mg^{++} (10^{-2} bis 10^{-3} m), Ba^{++} (3×10^{-3} m) aktivieren, andere bivalente Ionen nicht.

f) Jackbohnen-Enzym. Ohne das Coenzym Glucose-1,6-diphosphat unwirksam; $0{,}1$—$1{,}0 \times 10^{-9}$ m wirkt aktivierend. Optimale Mg^{++}-Konzentration 1×10^{-3} bis 5×10^{-2} m[7].

g) Kartoffel-Enzym[8]. Maximale Aktivität (Kartoffel-Extrakte und isolierte Enzympräparate) bei 1,25 mg $MgSO_4$ und 2,5 mg Na-sulfit/ml bei 40—50° C und p_H 7,5.

Enzymeinheit. Eine Enzymeinheit ist diejenige Enzymmenge, die unter bestimmten Bedingungen (s. unten) die Bildung von 1 mg säurebeständigem P oder 32 μM Glucose-6-phosphat bewirkt[9].

Bestimmung der Phosphoglucomutase nach Najjar[1, 9].

Prinzip:

$$\underset{(5{,}5\,\%)}{\text{Glucose-1-phosphat}} \rightleftharpoons \underset{(94{,}5\,\%)}{\text{Glucose-6-phosphat}}$$

Gemessen wird entweder das Verschwinden des leicht hydrolysierbaren, aber nicht reduzierend wirkenden Glucose-1-phosphats oder die Zunahme des schwer hydrolysierbaren, aber reduzierend wirkenden Glucose-6-phosphats.

Im ersten Fall (a) wird der leicht hydrolysierbare P am Anfang und am Ende der Reaktion bestimmt. Die Differenz entspricht dem P des gebildeten Glucose-6-phosphats.

Im zweiten Fall (b) wird die Kupfer-Reduktion, die das entstandene Glucose-6-phosphat bewirkt, bestimmt.

Reagentien:

1. 6×10^{-3} m $MgSO_4$.
2. 2×10^{-2} m Glucose-1-phosphat, p_H 7,5. Enzymatisch dargestelltes Glucose-1-phosphat enthält gewöhnlich als Verunreinigung genügend Glucose-1,6-diphosphat, das als Coenzym hierbei notwendig ist. Bei einem hochgereinigten Präparat muß soviel Glucose-1,6-diphosphat zugesetzt werden, daß die Konzentration 5×10^{-7} m beträgt[10].

[1] Najjar, V. A.; in: Colowick-Kaplan, Meth. Enzymol. Vol. I, p. 294.
[2] Kennedy, E. P., and D. E. Koshland jr.: J. biol. Ch. **228**, 419 (1957).
[3] Bodansky, O.: J. biol. Ch. **232**, 859 (1958).
[4] Noltmann, E., u. F. H. Bruns: H. **313**, 194 (1958).
[5] Ramasarum, T., I. Sri Ram and K. V. Giri: Arch. Biochem. **53**, 167 (1954).
[6] Sable, H. Z., and C. W. Calkins: J. biol. Ch. **204**, 695 (1953).
[7] Cardini, C. E.: Enzymologia **15**, 44 (1951).
[8] Bolotina, T. T.: Biochimija, Moskva **23**, 616 (1958).
[9] Najjar, V. A.: J. biol. Ch. **175**, 281 (1948).
[10] Sutherland, E. W., M. Cohn, T. Posternak and C. F. Cori: J. biol. Ch. **180**, 1285 (1949).

3. 0,1 m Cystein, p_H 7,5 (frisch bereitet).
4. 5 n H_2SO_4.
5. Zuckerreagens nach SOMOGYI (s. Bd. III/1, S. 678).
6. Arsenomolybdatreagens nach NELSON (s. Bd. III/1, S. 678).

Ausführung:

Je 0,1 ml von den Reagentien *1*, *2* und *3* werden in ein Kölbchen gegeben und in einem Wasserbad von 30° C erwärmt. Dann gibt man 0,1 ml Enzymlösung hinzu, die nicht mehr als 0,1—0,3 Einheiten/ml enthalten soll (unter diesen Umständen ist die Reaktionsgeschwindigkeit direkt proportional der angewandten Enzymmenge).

a) Nach 5 min wird die Reaktion durch Zugabe von 1 ml 5 n H_2SO_4 gestoppt. Das Volumen wird auf 5 ml aufgefüllt und das Kölbchen 3 min in einem kochenden Wasserbad belassen, um das restliche Glucose-1-phosphat zu hydrolysieren. Dann wird anorganisches Phosphat nach FISKE und SUBBAROW bestimmt (s. Bd. III/1, S. 465).

Ebenso wird ein Ansatz zur Zeit $t=0$, bei dem vor Zugabe des Enzyms schon 1 ml H_2SO_4 zugesetzt war, behandelt und der leicht hydrolysierbare P bestimmt. Die Differenz entspricht dem P des entstandenen Glucose-6-phosphats.

b) Nach 5 min stoppt man die Reaktion durch Zugabe von 1,5 ml von SOMOGYIs Zuckerreagens. Man erhitzt das Kölbchen 10 min lang im kochenden Wasserbad. Nach der Abkühlung gibt man 1,5 ml von NELSONs Arsenomolybdatreagens hinzu. Man füllt auf 7,5 ml auf und bestimmt die intensiv rote Farbe colorimetrisch. Es muß eine Eichkurve mit Glucose-6-phosphat aufgenommen werden, aus der die jeweils entstandenen Mengen Glucose-6-phosphat ermittelt werden können.

Berechnung:

Aus dem ermittelten säurebeständigem P oder Glucose-6-phosphat berechnet man die Enzymeinheiten.

Bei Anwendung von rohen Enzymextrakten, die enzymarm sind, aber viel Protein enthalten, muß enteiweißt werden. Man stoppt die Reaktion, indem man das Kölbchen in ein kochendes Wasserbad bringt, zentrifugiert vom gefällten Eiweiß ab und führt die Bestimmung mit der überstehenden Flüssigkeit aus.

Bestimmung der Phosphoglucomutase nach KLENOW *und* EMBERLAND[1].

Prinzip:

$$1.\ \text{Glucose-1-phosphat} \xrightleftharpoons{\text{Phosphoglucomutase}} \text{Glucose-6-phosphat}$$

$$2.\ \text{Glucose-6-phosphat} + \text{TPN}^+ \xrightleftharpoons[\text{Dehydrogenase}]{\text{Glucose-6-phosphat-}} \text{6-Phosphogluconsäure} + \text{TPNH} + \text{H}^+$$

Die Bildung von Glucose-6-phosphat wird mit der Reduktion von TPN^+ gekoppelt. Die Phosphoglucomutase-Reaktion ist geschwindigkeitsbestimmend, da Glucose-6-phosphat-Dehydrogenase („Zwischenferment") im Überschuß angewandt wird. Dann ist Glucose-6-phosphat direkt proportional dem gebildeten TPNH und die gemessene Zunahme von TPNH äquimolekular dem entstandenen Glucose-6-phosphat.

Reagentien:

1. Glycylglycin-Cystein-Puffer, p_H 7,4.
2. Glucose-1-phosphat.
3. TPN.
4. $MgCl_2$.
5. Glucose-1,6-diphosphat.
6. Glucose-6-phosphat-Dehydrogenase.

Ausführung:

Der Versuchsansatz enthält (10^{-2} M) Glycylglycin-(6×10^{-3} M) Cystein-Puffer, 5×10^{-4}M Glucose-1-phosphat, 10^{-5}M TPN, 3×10^{-3}M $MgCl_2$, 10^{-7}M Glucose-1,6-diphosphat und Zwischenferment im Überschuß. Dann erst wird die zu bestimmende Phosphoglucomutaselösung hinzugesetzt.

[1] KLENOW, H., and R. EMBERLAND: Arch. Biochem. 58, 276 (1955).

Im Anfangsstadium der Reaktion wird in einem bestimmten Zeitintervall z.B. 5 min, die Extinktionszunahme bei 340 mμ (1 cm Lichtweg) gemessen. Diese wird durch den Leerwert (ohne Phosphoglucomutase) korrigiert.

Berechnung:

Berechnung des gebildeten TPNH s. Bd. VI/A, S. 293ff. Daraus ergibt sich die Menge des entstandenen Glucose-6-phosphats. Diese wird auf Einheiten umgerechnet.

Darstellung von Zwischenferment s. Bd. III/1, S. 555, ferner Bd. VI/A, S. 414ff.

Bei beiden Bestimmungsmethoden wird nach KLENOW und EMBERLAND[1] eine größere Aktivität erhalten, wenn man nicht das Enzym, sondern eines der beiden Substrate (Glucose-1-phosphat oder Glucose-1,6-diphosphat) zuletzt hinzusetzt.

Phosphoglucomutase (β-Glucose-1-phosphat).

β-Glucose-1-phosphat ⇌ Glucose-6-phosphat

Mechanismus noch unbekannt, wahrscheinlich aber auch hierbei mit Zwischenprodukt, in diesem Falle β-Glucose-1,6-diphosphat.

***Darstellung von Phosphoglucomutase aus Neisseria perflava nach* BEN-ZVRI *und* SCHRAMM[2].**

Roher Bakterienextrakt[3] (27 ml, 238 mg Protein) 16 Std bei 5° C gegen destilliertes Wasser dialysiert. Lösung von frisch dargestelltem Protaminsulfat bei p_H 6,5 (3,9 ml, 78 mg) zum dialysierten Enzym hinzugegeben, die Mischung 10 min bei Zimmertemperatur belassen, abzentrifugiert. Zur überstehenden Flüssigkeit (30 ml, 73 mg Protein) Phosphat-Gel (4,7 ml, 80 mg Trockengewicht) zugegeben. Nach 10 min Stehen bei Zimmertemperatur Suspension abzentrifugiert und die überstehende Flüssigkeit (33 ml, 28,4 mg Protein) auf eine Cellulose-DEAE-Ionenaustauscher-Säule (2 ml gepacktes Volumen), vorher mit 0,005 m Phosphatpuffer, p_H 6,5, ausgewaschen, gegeben. Die Säule mit 2 ml-Portionen von Lösungen (enthaltend 0,05 m Phosphatpuffer, p_H 6,5, und folgende KCl-Konzentrationen) eluiert: Lösung I 0,05 m; Lösung II 0,10 m; Lösung III 0,20 m. Der größte Teil des Enzyms befindet sich im Eluat II.

Tabelle 76. *Phosphoglucomutase in Neisseria perflava*[2].

Fraktion	Aktivität (E/mg Protein)
Dialysierter Extrakt	0,6
Protaminsulfat . .	2,1
Calciumphosphat .	4,4
DEAE-Cellulose . .	14,8

Eigenschaften. *Spezifität.* Das Enzym ist spezifisch auf die Umwandlung von β-Glucose-1-phosphat zu Glucose-6-phosphat eingestellt.

p_H-Optimum. p_H 6,4—6,8.

Gleichgewichtskonstante der Reaktion $\frac{\beta\text{-Glucose-1-phosphat}}{\text{Glucose-6-phosphat}} = 0{,}041$ bei p_H 6,5.

„*Scheinbare*" MICHAELIS-*Konstante* (Substrat β-Glucose-1-phosphat) $= 3 \times 10^{-4}$ m.

Aktivierung und Hemmung. Mn^{++} oder Mg^{++} für Aktivität notwendig. Günstigstes molares Verhältnis von β-Glucose-1-phosphat zu $Mn^{++} = 5:1$. Fluorid (10^{-3} M) hemmt um 50%.

Enzymeinheit. Eine Enzymeinheit ist diejenige Menge Enzym, die 1 μM β-Glucose-1-phosphat in 20 min in Glucose-6-phosphat umwandelt.

Bestimmung. Prinzip und Bestimmung wie Bestimmungsmethode für Phosphoglucomutase (α-Glucose-1-phosphat) nach KLENOW und EMBERLAND (s. S. 634).

Versuchsansatz. Das Gesamtvolumen von 0,25 ml enthält: β-Glucose-1-phosphat, 2 μM; $MnCl_2$, 0,4 μM; Histidinpuffer, p_H 6,5, 4 μM und das Enzym (Enzymmenge wird so gewählt, daß wenigstens 0,5 μM Glucose-6-phosphat gebildet werden). 20 min bei 37° C inkubiert, Reaktion durch Zugabe von 0,05 ml EDTA (10^{-2} m) gestoppt.

[1] KLENOW, H., and R. EMBERLAND: Arch. Biochem. 58, 276 (1955).
[2] BEN-ZVRI, R., and M. SCHRAMM: J. biol. Ch. **236**, 2186 (1961).
[3] SELINGER, Z., and M. SCHRAMM: J. biol. Ch. **236**, 2183 (1961).

2. Phosphomannomutase.

α-Mannose-1-phosphat ⇌ Mannose-6-phosphat

Wirkungsmechanismus. Als Coenzym ist hierbei α-Mannose-1,6-diphosphat wirksam, das immer regeneriert wird:

α-Mannose-1,6-diphosphat + α-Mannose-1-phosphat ⇌
Mannose-6-phosphat + α-Mannose-1,6-diphosphat

α-Mannose-1,6-diphosphat kann auch durch α-1,6-Glucose-diphosphat ersetzt werden.

Darstellung von Phosphomannomutase aus Bäckerhefe nach **GLASER *u. Mitarb.***[1]. Alle Arbeitsgänge bei 0—4° C ausgeführt. Alle Niederschläge 10 min bei 12000 × g abzentrifugiert, mit Ausnahme des Aluminiumhydroxyd-C_γ-Niederschlages, der 10 min bei 2000 × g abzentrifugiert wird. Portionen von je 30 g frischer Bäckerhefe mit 30 ml 0,1 m Tris, 0,01 m $MgCl_2$, 0,01 m Cystein, 0,001 m EDTA, p_H 8,5, vermischt, Suspension 45 min in der Kälte ultrabeschallt. Lösung 20 min bei 15000 × g abzentrifugiert und überstehende Flüssigkeit durch Glaswolle filtriert. Filtrate von vier solchen Portionen für anschließende Fraktionierung vereinigt.

Tabelle 77. *Phosphomannomutase in Bäckerhefe*[1].

Fraktion	Aktivität (E/mg Protein)	Verhältnis Aktivität Phosphoglucomutase/ Phosphomannomutase
Beschallter Extrakt	1,3	8,35
55—65 % Sättigung Ammoniumsulfat, nach Dialyse	4,3	1,74
C_γ-Gel überstehende Flüssigkeit	6,8	1,7
Ammoniumsulfatfraktion		
a) 0—57 % Sättigung	6,7	0,25
b) 57—63 % Sättigung	10,0	0,28
c) 63—72 % Sättigung	9,9	0,63

Lösung mit neutraler (p_H 7,0—7,5) gesättigter Ammoniumsulfatlösung auf 40 % Sättigung gebracht, um Partikel zu entfernen, Niederschlag verworfen. Überstehende Flüssigkeit weiter mit neutralem Ammoniumsulfat fraktioniert. Fraktion zwischen 55 und 65 % Sättigung in 20 ml 0,05 m Tris, 0,01 m $MgCl_2$, 0,001 m EDTA, p_H 7,5, gelöst und unter Rühren gegen drei Chargen (je 1 l) desselben Puffers dialysiert.

Denaturiertes Protein abzentrifugiert, überstehende Flüssigkeit mit dem gleichen Puffer bis zu einer Proteinkonzentration von 16 mg/ml verdünnt, 0,4 ml Aluminiumhydroxyd-C_γ-Gel zu jedem ml der verdünnten Enzymlösung zugegeben, Lösung abzentrifugiert und Gel verworfen.

Tabelle 78. MICHAELIS-*Konstanten.*

Substrat	K_M (Mol/l)
Glucose-1,6-diphosphat	$1{,}67 \times 10^{-4}$
Mannose-1,6-diphosphat	$1{,}25 \times 10^{-4}$

Überstehende Flüssigkeit mit neutralem Ammoniumsulfat fraktioniert, Fraktionen bei 57, 63 und 72 % Sättigung gesammelt, diese in $^1/_5$ des ursprünglichen Volumens Trispuffer, p_H 7,5 (wie oben), gelöst und unter Rühren 4 Std gegen drei Chargen von je 1 l desselben Puffers dialysiert. Jede dieser Fraktionen enthält Phosphomannomutase. In gefrorenem Zustand alle Enzymlösungen (nach der ersten Ammoniumsulfat-Fraktionierung) mindestens 2 Wochen haltbar.

Eigenschaften. *Spezifität.* Das Enzym wandelt spezifisch α-Mannose-1-phosphat in Mannose-6-phosphat um.

Haltbarkeit. Wesentlich unstabiler als Phosphoglucomutase.

Aktivierung und Hemmung. Das Enzym ist bei Abwesenheit von Glucose-1,6-diphosphat oder α-Mannose-1,6-diphosphat unwirksam.

Enzymeinheit. Eine Einheit ist diejenige Menge Enzym, die bei bestimmten Versuchsbedingungen (s. unten) in 10 min das Verschwinden von 1 μM säurelabilem Phosphor bewirkt.

[1] GLASER, L., S. KORNFELD and D. H. BROWN: Biochim. biophys. Acta **33**, 522 (1959).

***Bestimmung der Phosphomannomutase nach* Glaser *u. Mitarb.*[1].**

Prinzip:

$$\alpha\text{-Mannose-1-phosphat} \rightleftharpoons \text{Mannose-6-phosphat}$$

Das Verschwinden des säurelabilen Phosphors wird bestimmt.

Reagentien:

1. α-Mannose-1-phosphat.
2. α-Glucose-1,6-diphosphat.
3. Trispuffer, p_H 8,0.
4. EDTA.
5. $MgCl_2$.
6. Cystein.
7. 5 n H_2SO_4.

Ausführung:

Das Gesamtvolumen von 0,5 ml enthält α-Mannose-1-phosphat, 1 μM; α-Glucose-1,6-diphosphat, 0,1 μM; Trispuffer, 10 μM; EDTA, 0,1 μM; $MgCl_2$, 3 μM; Cystein, 2,5 μM und das Enzym. (Wenn nötig wird das Enzym vorher mit 0,05 m Tris, 0,01 m $MgCl_2$, 0,001 m EDTA, 0,005 m Cystein, p_H 7,5, verdünnt.) Gemisch 10 min bei 37° C inkubiert. Reaktion dann durch Zusatz von 1,0 ml 5 n H_2SO_4 gestoppt, Lösung auf 5,0 ml verdünnt, 10 min bei 100° C erhitzt, dann anorganisches Phosphat nach Fiske und Subbarow[2] bestimmt. Aus der Differenz des säurelabilen Phosphors ($t=0$ und $t=10$ min) ergibt sich die Abnahme desselben (unter Umständen vor der Phosphatbestimmung Enteiweißung mit $HClO_4$); s. auch S. 634.

Berechnung:

Umrechnung des verschwundenen säurelabilen Phosphors auf Einheiten.

3. Phosphoribomutasen.

Phosphoribomutase.

$$\text{Ribose-1-phosphat} \rightleftharpoons \text{Ribose-5-phosphat}$$

Darstellung von Phosphoribomutase.

a) Aus Muskel. Ebenso wie Phosphoglucomutase (s. S. 629).

b) Aus Leber[3]. Durchströmte Rattenleber mit dem zweifachen Gewicht kalter 0,9%iger NaCl-Lösung homogenisiert, Homogenat 3 Std bei 0° C und 15000 × g zentrifugiert, die überstehende Flüssigkeit gegen 0,9% NaCl dialysiert und in gefrorenem Zustand aufbewahrt.

Tabelle 79. *Vorkommen und Normalwerte von Phosphoribomutase.*

Vorkommen	Aktivität	Ausgedrückt durch
Muskelextrakt[4,5]	1,2	Abnahme des säurelabilen Phosphats μMol/ml/15 min
Fischmuskel[6]	—	—
Leberextrakt[3]	0,75	desgl.
Leberhomogenat[7]	0,61	μMol säurestabiles Phosphat/mg Protein/20 min/37° C
Leberzellkerne	0,70	desgl.
Nierenhomogenat	0,38	desgl.
Nierenzellkerne	0,46	desgl.
Hefeextrakt[4]	0,20	μMol verschwundenes säurelabiles Phosphat/ml/30 min
Uterusextrakt (roh)[8]	0,032	Einheiten/mg Protein
Uterusextrakt (gereinigt)	0,893	desgl.

[1] Glaser, L., S. Kornfeld and D. H. Brown: Biochim. biophys. Acta **33**, 522 (1959).
[2] Fiske, C. H., and Y. Subbarow: J. biol. Ch. **66**, 375 (1925).
[3] Abrams, A., and H. Klenow: Arch. Biochem. **34**, 285 (1951).
[4] Klenow, H.: Arch. Biochem. **46**, 186 (1953). — Klenow, H.; in: Colowick-Kaplan, Meth. Enzymol. Vol. I, p. 361.
[5] Sable, H. Z.: Biochim. biophys. Acta **8**, 687 (1952).
[6] Tarr, H. L. A.: Chem. & Indust. **1957**, 562.
[7] Lang, K., u. K. U. Hartmann: Exper. **14**, 130 (1958).
[8] Klenow, H., and R. Emberland: Arch. Biochem. **58**, 276 (1955).

c) Aus Hefe[1]. Gewaschene und getrocknete Brauereihefe 5 Std bei 37° C mit 3 Vol. H_2O extrahiert, zentrifugiert und filtriert. Zwei isoelektrische Niederschläge (bei p_H 4,6 und 8,9) werden verworfen. Der bei Fällung mit Ammoniumsulfat zwischen 0,4 und 0,6 Sättigung ausfallende Proteinniederschlag wird gesammelt und diese Fraktionierung nochmal wiederholt. Niederschlag gelöst, zu 0,4 mit Ammoniumsulfat gesättigt, 1 Std bei 40° C erhitzt. Denaturiertes Protein verworfen und Lösung 19 Std gegen destilliertes H_2O dialysiert.

Eigenschaften. *Spezifität.* Phosphoribomutase ist wahrscheinlich identisch mit Phosphoglucomutase, denn bei Fraktionierung des Enzyms bleibt bei verschiedenen Reinheitsgraden das Verhältnis der Aktivität gegenüber Glucose-1-phosphat einerseits und Ribose-1-phosphat andererseits 125:1, auch bei kristallisierter Phosphoglucomutase[2].

Nach GUARINO und SABLE[3] dagegen handelt es sich um zwei verschiedene Enzyme.

p_H-Optimum. Für Hefe und Muskel-Phosphoribomutase[2]: p_H 7,5; für Uterus-Phosphoribomutase[4]: p_H etwa 7,0.

Gleichgewichtslage. Im Gleichgewichtszustand liegt über 90% in Form von Ribose-5-phosphat vor[2,3].

Tabelle 80. MICHAELIS-*Konstanten* (für Ribose-1-phosphat).

Art des Enzyms	K_M (Mol/l)
Kristallisiertes Muskelenzym[5]	$1,7 \times 10^{-4}$
Rinder-Uterus[4]	$1,14 \times 10^{-3}$

Aktivierung und Hemmung. Glucose-1,6-diphosphat, das Coferment der Phosphoglucomutase, wirkt aktivierend auf die Phosphoribomutase-Reaktion von Muskel- oder Hefe-Phosphomutase-Präparaten, wahrscheinlich dadurch, daß Ribose-1,5-diphosphat gebildet wird, entsprechend der Gleichung[6]:

1. Ribose-1-phosphat + Glucose-1,6-diphosphat $\rightleftharpoons$ Ribose-1,5-diphosphat + Glucose-6-phosphat

Eine Verbindung, die wahrscheinlich Ribose-1,5-diphosphat ist, wurde isoliert[2] und die Bildung von Glucose-6-phosphat spektrophotometrisch gemessen[6]. Die nächstfolgende Reaktion, auch von Phosphoglucomutase katalysiert, würde dann sein:

2. Ribose-1-phosphat + Ribose-1,5-diphosphat $\rightleftharpoons$ Ribose-1,5-diphosphat + Ribose-5-phosphat

Die Hälfte der Maximalaktivität wird bei Phosphoglucomutase mit Ribose-1-phosphat als Substrat bei einer Konzentration an Glucose-1,6-diphosphat von 2×10^{-6} m erreicht[2].

Galaktose-1-phosphat, Desoxyribose-1-phosphat und Ribose-5-phosphat reagieren, wenn auch quantitativ verschieden, mit Glucose-1,6-diphosphat in gleicher Weise wie Ribose-1-phosphat, d.h. es wird das entsprechende Diphosphat gebildet[6].

8-Hydroxychinolin wirkt hemmend (10^{-3} m), die Hemmung wird aber durch Glucose-1,6-diphosphat aufgehoben[2]. Mg^{++} (10^{-3} m) aktivieren um 20—30%[2].

Viele Salze wirken hemmend, so Chloride, Phosphate, Sulfate. Es wird dabei Reaktion 1 gehemmt, und zwar kompetitiv, indem Ribose-1-phosphat und die Anionen sich gegenseitig am Enzym verdrängen, während die Hemmung durch die Anionen hinsichtlich Glucose-1,6-diphosphat nicht kompetitiv ist[5].

Die Wirkung von Mg^{++} und Cystein wird durch begleitende Anionen beeinflußt.

Enzymeinheit. Eine Einheit ist diejenige Enzymmenge, die unter bestimmten Bedingungen (s. unten) das Verschwinden von 1 mg säurelabilem P bewirkt.

Bestimmung der Phosphoribomutase nach KLENOW[2].

Prinzip:

Ribose-1-phosphat $\rightleftharpoons$ Ribose-5-phosphat

[1] SUTHERLAND, E. W.: J. biol. Ch. **180**, 1279 (1949).
[2] KLENOW, H.: Arch. Biochem. **46**, 186 (1953). — KLENOW, H.; in: Colowick-Kaplan, Meth. Enzymol. Vol. I, p. 361.
[3] GUARINO, A. I., and H. Z. SABLE: J. biol. Ch. **215**, 515 (1955).
[4] GUARINO, A. I., and H. Z. SABLE: Biochim. biophys. Acta **20**, 201 (1956).
[5] KLENOW, H., and R. EMBERLAND: Arch. Biochem. **58**, 288 (1955).
[6] KLENOW, H., and R. EMBERLAND: Arch. Biochem. **58**, 276 (1955).

Ribose-1-phosphat ist säurelabil, während Ribose-5-phosphat säurestabil ist. Man bestimmt die Abnahme des säurelabilen Ribose-1-phosphats, die der Zunahme von säurestabilem Ribose-5-phosphat entspricht.

Reagentien:

1. 0,03 m Ribose-1-phosphat (Cyclohexylaminsalz) (13 mg Cyclohexylaminsalz/ml H_2O).
2. 0,25 m Tris-HCl-Puffer, p_H 7,4.
3. 0,01 m $MgCl_2$.
4. 1 n H_2SO_4.

Ausführung:

0,03 ml Tris-HCl-Puffer werden mit 0,03 ml $MgCl_2$, 0,03 ml Ribose-1-phosphat, Enzym (etwa 0,01 Einheit) und H_2O auf 0,330 ml aufgefüllt. Nach 5 min und 10 min werden je 0,1 ml entnommen und zu 1,5 ml 1 n H_2SO_4 hinzugefügt. Nach 10 min langem Stehen — die Hydrolyse des Ribose-1-phosphats erfolgt schon bei Zimmertemperatur — wird das anorganische Phosphat nach FISKE und SUBBAROW bestimmt (s. Bd. III/1, S. 465).

Berechnung:

Die Differenz der P-Werte zur Zeit $t = 5$ min und 10 min und dem Wert zur Zeit $t = 0$ entspricht der Abnahme des Ribose-phosphats in 5 bzw. 10 min.

Die in der Versuchszeit von 5 min gefundene P-Differenz wird auf Einheiten umgerechnet.

$$\text{Spezifische Aktivität} = \frac{\text{Einheiten}}{\text{mg Protein}}.$$

Bei rohen Extrakten, die viel Eiweiß enthalten, pipettiert man bei der Bestimmung die Entnahme in soviel Perchlorsäure, daß die Endkonzentration 2% beträgt. Das Filtrat wird analysiert.

Phosphodesoxyribomutase.

$$\underset{5\,\%}{\text{Desoxyribose-1-phosphat}} \rightleftharpoons \underset{95\,\%}{\text{Desoxyribose-5-phosphat}}$$

Tabelle 81. *Phosphodesoxyribomutase in Sarcina lutea*[1].

Fraktion	Aktivität*
Extrakt	0,8
55° C erhitzt (15—120 min)	3,5
Niederschlag mit Essigsäure bei p_H 4,5	
a) überstehende Flüssigkeit	4—6
b) Niederschlag	0,5
Überstehende Flüssigkeit 48 Std gegen Wasser dialysiert	8**

* Ausgedrückt durch μMol umgewandeltes Desoxyribose-1-phosphat/mg Protein/Std.
** Das reinste erhaltene Präparat: 60.

***Darstellung von Phosphodesoxyribomutase aus Sarcina lutea nach* SMITH *und* BERNSTEIN[1].**

Extrakt. Die Bakterienzellen (8—10 g Trockengewicht/l) nach 16 Std Wachstum geerntet, mit 1 Vol. destilliertem Wasser gewaschen und einige Minuten mit gleichem Gewicht gepulvertem Pyrexglas (300 mesh) in einem Mörser gepulvert. Der gepulverte Rückstand mit 5—10 Vol. destilliertem Wasser extrahiert, Suspension bei 0° C 30 min bei 30000 × g abzentrifugiert. Überstehende Flüssigkeit = Extrakt. Extrakt bei 55° C 15, 30, 60 und 120 min erhitzt: dreifache Zunahme der Mutase, dagegen Zerstörung von

[1] SMITH, C. G., and I. A. BERNSTEIN: Biochim. biophys. Acta **52**, 184 (1961).

Phosphorylase und Aldolase. Lösung mit Essigsäure bei 0° C auf p_H 4,5 gebracht, abzentrifugiert, Niederschlag verworfen, überstehende Flüssigkeit auf p_H 6,5—7 gebracht.

50 ml dieser Lösung 48 Std gegen 5 l entionisiertes Wasser dialysiert.

Eigenschaften. *Spezifität.* Das Enzym ist spezifisch auf die Umwandlung von Desoxyribose-1-phosphat in Desoxyribose-5-phosphat eingestellt.

p_H-Optimum. p_H 7,2.

Aktivierung und Hemmung. Aktivierung durch Fructose-1,6-diphosphat, geringe Aktivierung durch Cystein. Mg^{++} ohne Wirkung auf die Reaktion.

Hemmung durch anorganisches Phosphat (niedrige Konzentration), Desoxyribose-1-phosphat, Desoxyribose-5-phosphat, Kaliumsulfat und Fructose-6-phosphat.

***Nachweis und Bestimmung der Phosphodesoxyribomutase nach* Dische[1].**

Prinzip:

1. Desoxyribose-1-phosphat $\rightleftharpoons$ Desoxyribose-5-phosphat
2. Desoxyribose-5-phosphat $\xrightarrow{\text{Desoxyribose-phosphat-Aldolase}}$ Glycerinaldehyd-phosphorsäure + Acetaldehyd

Die anfänglich vorhandene Desoxyribose und die nach Umwandlung von Desoxyribose-5-phosphat in Glycerinaldehydphosphorsäure und Acetaldehyd noch vorhandene Desoxyribose werden nach Dische[1] bestimmt. Die Differenz entspricht der in Desoxyribose-5-phosphat umgewandelten Desoxyribose, die äquimolekular der umgesetzten Desoxyribose-1-phosphorsäure ist.

Reagentien:

1. Desoxyribose-1-phosphat.
2. 0,05 m Maleatpuffer, p_H 7,5.
3. *Escherichia coli*-Extrakt (3 mg Protein/ml).
4. Diphenylamin-Reagens (1 g Diphenylamin in 100 ml Eisessig gelöst und 2,75 ml konzentrierte H_2SO_4 zugegeben).

Ausführung:

12 μM Desoxyribose-1-phosphat/ml, Maleatpuffer, das zu bestimmende Enzym (1 mg Protein/ml) und *Escherichia coli*-Extrakt (3 mg Protein/ml)*. Letzterer enthält auch Desoxyribosephosphat-Aldolase. $T = 37°$ C; Versuchszeit 1 Std; Gesamtvolumen = 6 ml.

Bestimmung von Desoxyribose nach Dische[1]. Aliquote Teile des Reaktionsgemisches (enthaltend 0,1—0,8 μM Desoxyribose in 6 ml) mit 2 Vol. Diphenylamin-Reagens versetzt, 10 min im kochenden Wasserbad erhitzt. Auftretende Blaufärbung bei 595 und 650 mμ gemessen. Δ 595—650 ist proportional der vorhandenen Desoxyribose (mit bekannten Mengen Desoxyribose werden Eichkurven bei 595 und 650 mμ aufgenommen und aus beiden eine Differenzkurve gebildet, aus der auf Grund der gefundenen Extinktions-Differenzen die entsprechenden Mengen Desoxyribose abgelesen werden können). Diese Desoxyribosebestimmungen werden zu Anfang und zu Ende der Enzymreaktion ausgeführt, und die Differenz aus beiden gibt die umgewandelte Menge Desoxyribose an (s. Prinzip).

Berechnung:

Die umgewandelte Desoxyribose ist äquimolar dem umgesetzten Desoxyribose-1-phosphat, und daraus kann die Aktivität ermittelt werden (μMol umgewandeltes Desoxyribose-1-phosphat/mg Protein/Std).

---

* Die *Escherichia coli*-Zellen werden ebenso wie die Bakterienzellen aus *Sarcina lutea* vorbehandelt und extrahiert (s. S. 639). Der Extrakt (enthaltend etwa 10 mg Protein/ml) wird jedoch keiner Wärmebehandlung unterworfen, sondern auf das Vierfache verdünnt und so verwandt.

[1] Dische, Z.: Mikrochem. 8, 4 (1930).

4. Phosphoglyceromutase (abhängig von 2,3-Diphosphoglycerinsäure).

[2.7.5.3 D-2,3-Diphosphoglycerat: D-2-Phosphoglycerat-Phosphotransferase.]

3-Phosphoglycerinsäure ⇌ 2-Phosphoglycerinsäure

Reaktionsmechanismus[1–3].

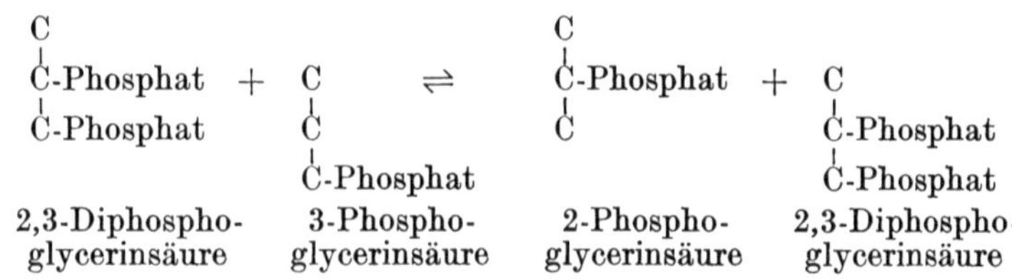

Tierische und Hefe-Phosphoglyceromutase benötigen 2,3-Diphosphoglycerinsäure als Coenzym[4].

Tabelle 82. *Phosphoglyceromutase in Kaninchenmuskulatur und Hefe.*

Vorkommen	Aktivität	Ausgedrückt durch
Kaninchenmuskelextrakt[5]	1,25	umgesetzte Phosphoglycerinsäure (μMol)/5 min
Kaninchen-Skeletmuskel[6,7]		
I. Extraktion	18,7	Einheiten/mg Protein
II. erste Hitze-Denaturierung . .	37,4	desgl.
III. Ammoniumsulfatfällung . . .	53,5	desgl.
IV. zweite Hitze-Denaturierung .	95	desgl.
V. erste Alkohol-Fraktionierung .	143	desgl.
VI. zweite Alkohol-Fraktionierung	533	desgl.
VII. Kristallisation	1300	desgl.
Hefe[8]		
Rohextrakt	59	Einheiten */mg Protein
kristallisiertes Präparat.	2200	desgl.

* Eine Enzymeinheit ist diejenige Enzymmenge, die im enolasegekoppelten Test (s. Bestimmung nach RODWELL u. Mitarb., s. S. 120) einen Anstieg der Extinktion um 0,100/min bewirkt.

Das Enzym findet sich in allen glykolysierenden Geweben.

Tabelle 83. *Phosphoglyceromutase in Geweben von Ochse, Schaf und Kaninchen* (Rohextrakte) nach RODWELL u. Mitarb.[9].

Gewebe	Aktivität (E */mg Protein)	Gewebe	Aktivität (E */mg Protein)
Ochse		Schaf	
Herz	7,8	Niere	3,5
Niere	2,5	Leber	1,0
Leber	1,6	Gehirn . . .	5,4
Gehirn	6,0	Skeletmuskel	14,0
Skeletmuskel .	7,8	Kaninchen	
Schaf		Herz	3,4
Herz	13,0	Skeletmuskel	16,0

* Eine Enzymeinheit ist diejenige Enzymmenge, die im enolasegekoppelten Test (nach RODWELL u. Mitarb., s. S. 120) einen Anstieg der Extinktion um 0,100/min bewirkt.

---

1 SUTHERLAND, E. W., T. POSTERNAK and C. F. CORI: J. biol. Ch. **179**, 501 (1949).
2 PIZER, L. I.: Am. Soc. **80**, **4431** (1958).
3 PIZER, L. I., and C. E. BALLOU: Am. Soc. **79**, 3612 (1957).
4 GRISOLIA, S., and B. K. JOYCE: J. biol. Ch. **234**, 1335 (1959).
5 SUTHERLAND, E. W., T. POSTERNAK and C. F. CORI: J. biol. Ch. **181**, 153 (1949).
6 COWGILL, R. W., and L. I. PIZER: J. biol. Ch. **223**, 885 (1956).
7 PIZER, L. I.: J. biol. Ch. **235**, 895 (1960).
8 RODWELL, V. W., J. C. TOWNE and S. GRISOLIA: Biochim. biophys. Acta **20**, 394 (1956).
9 RODWELL, V. W., J. C. TOWNE and S. GRISOLIA: J. biol. Ch. **228**, 875 (1957).

***Darstellung kristallisierter Phosphoglyceromutase (Phosphoenzym) aus Kaninchenmuskel nach* Pizer *u. Mitarb.*[1, 2].**

Alle Arbeitsgänge bei 4° C ausgeführt.

Schritt I. Zerkleinerte Muskulatur mit $1^1/_2$fachem Gewicht kalten destillierten Wassers 15 min extrahiert und durch Gaze gegeben. Extraktion nochmal mit gleichem Gewicht Wasser 10 min wiederholt.

Schritt II: erste Hitze-Denaturierung. Kombinierte Extrakte in 6 l-Flasche in Wasserbad von 65° C gebracht und *innerhalb* 8—10 min auf 55° C erhitzt — schwerer Niederschlag scheidet sich aus — 5 min bei dieser Temperatur belassen, dann in Eisbad gebracht, unter 10° C abgekühlt, 15 min bei 3000 r.p.m. abzentrifugiert, überstehende Flüssigkeit durch Glaswolle filtriert.

Schritt III: Ammoniumsulfatfällung. Zum Filtrat festes Ammoniumsulfat langsam unter Rühren bis zur Endkonzentration 550 g/l zugesetzt, über Nacht stehenlassen, 60 min bei 3000 r.p.m. abzentrifugiert, überstehende Flüssigkeit verworfen, Niederschlag in 50 ml kaltem Wasser suspendiert, Suspension 18 Std fünfmal gegen je 4 l Wasser dialysiert. Niederschlag abzentrifugiert, verworfen.

Schritt IV: zweite Hitze-Denaturierung. Zur überstehenden Flüssigkeit von Schritt III Imidazolpuffer, p_H 7, und 3-Phosphoglycerinsäure (zur Stabilisierung) bis zur Endkonzentration 2×10^{-2} m bzw. $2{,}5 \times 10^{-4}$ m zugegeben und Prozedur von Schritt II wiederholt. Trübung tritt schon eher auf. Der schwere Niederschlag 10 min bei 10000 r.p.m. abzentrifugiert und verworfen.

Schritt V: erste Alkohol-Fraktionierung. Überstehende Flüssigkeit von Schritt IV in Eisbad gesetzt und 0,1 Vol. Polyäthylenglykol zugegeben, dann 95% Alkohol (—10° C) aus Bürette unter mechanischem Rühren zugefügt. Temperatur darf 3° C nicht übersteigen. Insgesamt 35 ml Äthanol/100 ml Fraktion IV zugesetzt, 15 min nach Alkoholzugabe im Eisbad belassen, dann 20 min bei 0° C und 12500 r.p.m. abzentrifugiert, Niederschlag verworfen. Zu 100 ml überstehender Flüssigkeit werden 135 ml Alkohol wie oben während 30 min zugegeben. Nach 30 min Stehen im Eisbad 10 min bei 0° C und 10000 r.p.m. abzentrifugiert, überstehende Flüssigkeit verworfen und Niederschlag in 25 ml kaltem Wasser suspendiert, 3 Std unter dreimaligem Wasserwechsel dialysiert, abzentrifugiert, Niederschlag verworfen. Überstehende Flüssigkeit bezüglich Imidazolpuffer, p_H 7, auf 2×10^{-2} m und bezüglich 3-Phosphoglycerinsäure auf $2{,}5 \times 10^{-4}$ m gebracht.

Schritt VI: zweite Alkohol-Fraktionierung. Zu je 10 ml der Lösung von Schritt V 7,5 ml 95% Alkohol zugegeben (während 30 min im Eisbad, dort noch 16 Std belassen). Dann 10 min bei 0° C und 10000 r.p.m. abzentrifugiert, Niederschlag verworfen. Zu je 10 ml der überstehenden Flüssigkeit (im Eisbad) innerhalb 30 min wieder 5,7 ml Äthanol zugesetzt, 30 min stehenlassen, abzentrifugiert, Niederschlag in 10 ml 0,015 m Imidazolpuffer, p_H 7, gelöst, unlöslicher Rückstand abzentrifugiert und verworfen.

Kristallisation. 10 ml überstehende Flüssigkeit von Schritt VI (30—40 mg Protein/ml enthaltend) in Eis abgekühlt, das Protein durch langsame Zugabe von 3 Vol. (bei Zimmertemperatur gesättigter und mit Ammoniak auf p_H 7 gebrachter) Ammoniumsulfatlösung ausgefällt, nach 30 min Stehen im Eisbad 25 min bei 10000 r.p.m. abzentrifugiert, überstehende Flüssigkeit verworfen. Niederschlag in 3 ml kaltem glasdestilliertem Wasser suspendiert und in 15 ml-Zentrifugenglas gebracht, Wasser zugesetzt bis zum Auftreten leichter Trübung, dann im Eisbad auf —15° C abgekühlt und resultierende klare Lösung bei 5° C (unverschlossen) stehenlassen. Nach 3—4 Tagen Ausscheidung von Kristallen. Ausbeute etwa 40%.

Darstellung kristallisierter Phosphoglyceromutase aus Hefe s. Rodwell, Towne und Grisolia[3].

[1] Cowgill, R. W., and L. I. Pizer: J. biol. Ch. **223**, 885 (1956).
[2] Pizer, L. I.: J. biol. Ch. **235**, 895 (1960).
[3] Rodwell, V. W., J. C. Towne and S. Grisolia: Biochim. biophys. Acta **20**, 394 (1956).

Eigenschaften. *Spezifität.* Als Phosphatacceptor von 2,3-Diphosphoglycerinsäure können auch solche Verbindungen dienen, die eine negativ geladene Gruppe am C-Atom 1 und Hydroxylgruppen an den C-Atomen 2 und 3 besitzen, die D-erythro-Konfiguration annehmen können. Eine dieser OH-Gruppen muß phosphoryliert sein.

Als Phosphat-*Donatoren* kommen nur Verbindungen mit zwei Phosphatgruppen in Frage.

Beispiele für Acceptoren: Hydroxy-brenztraubensäure-3-phosphat, D-erythro-Dihydroxybuttersäure-3-phosphat bzw. -2-phosphat. Beispiel für Phosphat-Donatoren: D-erythro-Dihydroxybuttersäurediphosphat[1].

pH-Optimum[2]. p_H 7,0 (Muskelenzym).

Gleichgewichtslage.

Gleichgewichtskonstante (Muskelenzym) $K = \frac{\text{D-3-Phosphoglycerinsäure}}{\text{D-2-Phosphoglycerinsäure}} = 6$ [3] bzw. 5,0 [2].

Nach indirekten Berechnungen von WARBURG und CHRISTIAN[4] ist $K = 2{,}67$.

MICHAELIS-*Konstante*[5] (kristallisiertes Muskelenzym). K_M (Substrat 2,3-Diphosphoglycerinsäure) $= 2 \times 10^{-6}$ m.

Wechselzahl des kristallisierten Muskelenzyms[6]: 4×10^4.

Molekulargewicht des kristallisierten Muskelenzyms: 57000 [6].

Das *Phosphoenzym* des kristallisierten Muskelenzyms (durch Behandlung mit radioaktiver 2,3-Diphosphoglycerinsäure erhalten) enthält 1,2 M ^{32}P/Mol Protein, das Phosphoenzym des kristallisierten Hefeenzyms 6,5 M ^{32}P/Mol Protein. Ein Teil dieses radioaktiven P kann durch Säure- oder Salzbehandlung wieder abgespalten werden, dabei erhält man Phosphopeptide aus dem Muskelenzym und anorganisches Phosphat aus dem Hefeenzym[6].

Aktivierung und Hemmung. 2,3-Diphosphoglycerinsäure ist als Coenzym wirksam[7]. Die maximale Wirkung wird bei einer Konzentration von $2{,}4 \times 10^{-5}$ m erzielt[8]. Rohpräparate, die nicht besonders lange dialysiert wurden, enthalten in der Regel genügend 2,3-Di-PGS. Für die Wirksamkeit des Muskelenzyms sind freie SH-Gruppen notwendig[6]. Hemmung durch 10^{-2} m Fluorid, ferner durch Schwermetallionen und SH-Reagentien[2].

Enzymeinheit[2]. Eine Enzymeinheit ist diejenige Enzymmenge, die unter den Testbedingungen[9] 0,1 μM Phosphoenolbrenztraubensäure/min bildet.

***Bestimmung der 3-Phosphoglycerinsäuremutase nach* MEYERHOF *und* SCHULZ[10] *mit der Modifikation nach* SUTHERLAND *u. Mitarb.*[8, 11].**

Prinzip:

$$\text{3-PGS} \rightleftharpoons \text{2-PGS}$$

Es wird die Rückreaktion benützt. Beim Übergang von 2-PGS in 3-PGS tritt eine Änderung der optischen Drehung ein. In einer neutralen Molybdatlösung beträgt die spezifische Drehung $[\alpha]_D$ für D-3-PGS $-745°$, die von D-2-PGS dagegen $-68°$. Somit beträgt der Bruchteil der 3-PGS in einem Gemisch von 2- und 3-PGS $= \frac{-[\alpha]-68}{677}$.

Reagentien:

1. 0,05 m D-2-PGS, neutral.
2. 2×10^{-4} m, 2,3-Di-PGS.
3. 1 m NaF.

[1] PIZER, L. I., and C. E. BALLOU: J. biol. Ch. **234**, 1138 (1959).
[2] COWGILL, R. W., and L. I. PIZER: J. biol. Ch. **223**, 885 (1956).
[3] MEYERHOF, O., and P. OESPER: J. biol. Ch. **179**, 1371 (1949).
[4] WARBURG, O., u. W. CHRISTIAN: B. Z. **310**, 384 (1941/42).
[5] PIZER, L. I., and C. E. BALLOU: Am. Soc. **79**, 3612 (1957).
[6] PIZER, L. I.: J. biol. Ch. **235**, 895 (1960).
[7] SUTHERLAND, E. W., T. POSTERNAK and C. F. CORI: J. biol. Ch. **179**, 501 (1949).
[8] SUTHERLAND, E. W., T. POSTERNAK and C. F. CORI: J. biol. Ch. **181**, 153 (1949).
[9] RODWELL, V. W., J. C. TOWNE and S. GRISOLIA: Biochim. biophys. Acta **20**, 394 (1956).
[10] MEYERHOF, O., u. W. SCHULZ: B. Z. **297**, 60 (1938).
[11] OESPER, P.; in: Colowick-Kaplan, Meth. Enzymol., Vol. I, p. 423.

4. $NaHCO_3$, 2,6%ig, mit N_2—5% CO_2 gesättigt, p_H 7,3.
5. Trichloressigsäure, 20%ig.
6. NaOH.
7. Ammoniummolybdat-Lösung, 25%ig.
8. n HCl.

Ausführung und Berechnung:

5 ml 2-PGS, 1 ml 2,3-Di-PGS, 1 ml NaF und 1 ml $NaHCO_3$ werden vermischt und 2 ml verdünntes Enzym zugesetzt (Versuchstemperatur bis zu 60° C)[1]. In Abständen von 3 min werden je 2 ml entnommen und durch Zusatz von 1 ml 20%iger Trichloressigsäure enteiweißt. Es wird abzentrifugiert und 1,5 ml mit NaOH neutralisiert. Man gibt 0,5 Vol. Ammoniummolybdat hinzu und bestimmt sofort die Drehung in einem 2 dm-Rohr. In einem anderen aliquoten Teil bestimmt man die gesamte PGS (säurestabiler P, 60 min, 100° C in n HCl) und berechnet daraus die spezifische Drehung. Diese Zahl wird in obige Formel eingesetzt, und somit erhält man den im Gemisch von 3-PGS und 2-PGS vorliegenden Bruchteil an 3-PGS. Daraus errechnet sich die vorhandene Menge 3-PGS.

***Bestimmung der 3-Phosphoglycerinsäuremutase nach* SUTHERLAND *u. Mitarb. (spektrophotometrische Methode)*[2].**

Prinzip:

$$1.\ \text{2-PGS} - H_2O \xrightleftharpoons{\text{Enolase}} \text{2-Phosphobrenztraubensäure}$$

$$2.\ \text{2-PGS} \xrightleftharpoons{\text{Phosphoglyceromutase}} \text{3-PGS}$$

Das Verschwinden von 2-Phosphobrenztraubensäure in Abhängigkeit von der Mutaseaktivität wird hier bestimmt: Ausgehend von 2-Phosphoglycerinsäure und mutasefreier Enolase stellt man zuerst das Gleichgewicht (1) her und bestimmt die anfänglich vorhandene Menge Phosphobrenztraubensäure (Messung der Extinktion bei 240 mμ). Dann erst setzt man die Mutase hinzu und bestimmt die Abnahme der Phosphobrenztraubensäure, die der Mutase-Konzentration proportional ist, durch Messung der Extinktions*abnahme* bei 240 mμ.

Reagentien:

1. 2×10^{-3} m racem. 2-Phosphoglycerinsäure.
2. Enolase.
3. 3×10^{-6} m, 2,3-Di-PGS.
4. Phospho-BTS.

Ausführung:

Das Substrat (racem. 2-Phosphoglycerinsäure) wird mit einem Überschuß von Enolase bei p_H 7,4 vermischt, so daß sich rasch ein Gleichgewicht einstellt. Dann setzt man zur Zeit $t = 0$ die zu bestimmende Mutase und katalytische Mengen von 2,3-Di-PGS hinzu. Die Abnahme der Extinktion innerhalb bestimmter Zeiträume wird gemessen.

Berechnung:

Aus einer Eichkurve mit bekannten Mengen Phospho-BTS kann die Abnahme bestimmt werden. Diese ist äquimolar der entstandenen 3-PGS. Dieses Verfahren erfordert *gereinigte* Mutase.

***Bestimmung der 3-Phosphoglycerinsäuremutase nach* SUTHERLAND *u. Mitarb. (kombinierter optischer Test)*[2].**

Prinzip:

$$1.\ \text{3-PGS} \xrightleftharpoons{\text{Mutase}} \text{2-PGS}$$

$$2.\ \text{2-PGS} - H_2O \xrightleftharpoons{\text{Enolase}} \text{Phospho-BTS}$$

$$3.\ \text{Phospho-BTS} + \text{ADP} \xrightleftharpoons{\text{Pyruvat-Kinase}} \text{BTS} + \text{ATP}$$

$$4.\ \text{BTS} + \text{DPNH} \xrightleftharpoons[\text{Dehydrogenase}]{\text{Milchsäure-}} \text{Milchsäure} + \text{DPN}^+$$

---

[1] RODWELL, V. W., J. C. TOWNE and S. GRISOLIA: Biochim. biophys. Acta 20, 394 (1956).
[2] SUTHERLAND, E. W., T. POSTERNAK and C. F. CORI: J. biol. Ch. 181, 153 (1949).

3-PGS wird in Milchsäure überführt (man verwendet als Mutase dialysierten Muskelextrakt, der auch die übrigen glykolytischen Enzyme in genügender Menge enthält). Bei Überschuß der glykolysierenden Enzyme ist die Mutase geschwindigkeitsbestimmend und die Abnahme von DPNH äquimolar der gebildeten 2-PGS.

Reagentien:

1. D-3-PGS.
2. 2,3-Di-PGS.
3. DPNH.
4. Mg^{++}.
5. K^+.
6. Adenylsäure.

Ausführung:

Die Reaktionsmischung (p_H 7,4) enthält D-3-PGS, katalytische Mengen von 2,3-Di-PGS (1×10^{-5} m), DPNH, Mg^{++}, K^+, Adenylsäure. Dialysierter Muskelextrakt (1:10 verdünnt) wird zugesetzt und die Abnahme der Extinktion bei 340 mμ messend verfolgt.

Berechnung:

Das verschwundene DPNH wird berechnet (s. Bd. VI/A, S. 293ff.). Die verbrauchte Menge DPNH entspricht der entstandenen D-2-PGS.

***Bestimmung der 3-Phosphoglycerinsäuremutase nach* Rodwell *u. Mitarb.*[1].**

Prinzip:

$$1.\ \text{3-PGS} \xrightleftharpoons{\text{Phosphoglyceromutase}} \text{2-PGS}$$

$$2.\ \text{2-PGS} - H_2O \xrightleftharpoons{\text{Enolase}} \text{2-Phosphoenol-BTS}$$

Die aus 2-PGS gebildete Phosphoenolbrenztraubensäure ist ein Maß für die vorhandene Phosphoglyceromutase.

Reagentien:

1. K-3-phosphoglycerat (2,3-Di-PSG enthaltend).
2. $MgSO_4$.
3. Trispuffer, p_H 7,0.
4. Enolase, mutasefrei.

Ausführung:

Eine Quarzzelle enthält im Volumen von 3 ml: 50 μM K-3-phosphoglycerat (enthaltend 0,12 μM 2,3-DPGS); 10 μM $MgSO_4$; 100 μM Trispuffer, p_H 7,0; 1,2 Einheiten mutasefreie Enolase und das Enzym Phosphoglyceromutase (bis zu 0,25 Einheiten).

Die Zunahme der Extinktion bei 240 mμ, die der Bildung von Phosphoenolbrenztraubensäure entspricht, wird bestimmt.

Berechnung:

Die Extinktionszunahme wird auf Einheiten (s. oben) umgerechnet. Extinktionskoeffizient von Phospho-BTS = 1500.

5. Phosphoglyceromutase (nicht abhängig von 2,3-Diphosphoglycerinsäure).

[5.4.2.1 D-Phosphoglycerat-2,3-Phosphomutase.]

$$\text{3-Phosphoglycerinsäure} \rightleftharpoons \text{2-Phosphoglycerinsäure}$$

Die nicht von 2,3-Diphosphoglycerinsäure abhängige Phosphoglyceromutase kommt in Pflanzensamen vor (s. Tabelle 84)[2].

***Darstellung von Phosphoglyceromutase aus Reiskorn nach* Fernandez *und* Grisolia[3].**

Alle Arbeitsgänge, wenn nicht anders angegeben, bei 0° C ausgeführt. Zentrifugieren: 10 min bei 4000 × g; Ammoniumsulfatlösungen bei den jeweils angegebenen Temperaturen gesättigt.

Reiskorn mit 4 Gewichtsvolumen entionisiertem Wasser 40 min extrahiert, durch ein Tuch filtriert, dann abzentrifugiert. Je 1000 ml der überstehenden Flüssigkeit (Fraktion 1)

[1] Rodwell, V. W., J. C. Towne and S. Grisolia: Biochim. biophys. Acta 20, 394 (1956).
[2] Grisolia, S., and B. K. Joyce: J. biol. Ch. 234, 1335 (1959).
[3] Fernandez, M., and S. Grisolia: J. biol. Ch. 235, 2188 (1960).

zu 694 ml Aceton bei — 25° C zugegeben, Niederschlag abzentrifugiert und verworfen. Überstehende Flüssigkeit mit 2850 ml Aceton (bei — 10° C gemessen) vermischt, abzentrifugiert. Niederschlag in 100 ml Wasser aufgenommen, abzentrifugiert, Niederschlag verworfen. Überstehende Flüssigkeit (Fraktion 2) mit 138 ml Ammoniumsulfat, p_H 6,75, bei — 5° C vermischt, abzentrifugiert, Niederschlag verworfen. Zur überstehenden Flüssigkeit 165 ml Ammoniumsulfat bei p_H 6,75 zugegeben, abzentrifugiert, Niederschlag in Wasser gelöst und auf 50 ml gebracht (Fraktion 3).

Fraktion 3 10 min mit 40 ml Bentonit-Suspension (70 mg/ml) und 10 ml Wasser vermischt (optimale Bedingungen mit kleiner Probe ausprobieren). Mischung abzentrifugiert, überstehende Flüssigkeit 2½ Std gegen 0,005 m $NaHCO_3$ dialysiert (Fraktion 4). Je 100 ml von Fraktion 4 zu einer Mischung von 100 ml Kaolin-Suspension (100 mg/ml) und 25 ml 0,5 m Acetatpuffer, p_H 5,6, zugesetzt. Nach 12 min Stehen bei 0° C Mischung abzentrifugiert und überstehende Flüssigkeit durch Lyophilisieren konzentriert (Fraktion 5). Auf dieser Stufe sehr haltbar, kann gefroren bei — 20° C mehrere Monate aufbewahrt werden. Fraktion 5 (zu 4 mg Protein/ml konzentriert) 2 Std gegen 0,005 m $NaHCO_3$ dialysiert. Zu jedem ml von Fraktion 5 eine Mischung von 0,8 ml Bentonit-Suspension (75 mg/ml) und 0,2 ml 0,5 m Acetatpuffer, p_H 5,6, zugesetzt (Fraktion 6). Dieses Präparat (spezifische Aktivität 500) ist stabil.

Tabelle 84. *Phosphoglyceromutase in Weizen- und Reiskörnern.*

Vorkommen	Aktivität (E/mg Protein)
Weizenkorn[1]	
Rohpräparat .	2,3
gereinigt. Präp.	400
Reiskorn[2]	
Fraktion 1 . .	1,3
Fraktion 2 . .	6,9
Fraktion 3 . .	17
Fraktion 4 . .	143
Fraktion 5 . .	335
Fraktion 6 . .	518
Fraktion 6a .	750

Je 10 ml von Fraktion 5 10 min mit 6 ml einer Suspension von Hydroxylapatit in 10 ml 0,001 m Na-phosphatpuffer, p_H 6,8, vermischt. Nach Abzentrifugieren erhaltener Niederschlag 10 min mit 7,5 ml 0,025 m Na-phosphatpuffer, p_H 6,8, eluiert. Überstehende Flüssigkeit (nach Zentrifugieren) = Fraktion 6a. Unstabil, auch nach 2½stündiger Dialyse gegen 0,005 m $NaHCO_3$.

Eigenschaften. *Spezifität.* Weder rohes noch gereinigtes Enzym bedarf des Zusatzes von 2,3-PGS[1,2]. Auch das gereinigte Enzym enthält keine 2,3-PGS[2].

Molekulargewicht. Für das Weizenkorn- und Reiskornenzym etwa 30000[1,2].

Hitzestabilität. Oberhalb 50° C unstabil[1,2].

p_H-Optimum. Für das Weizenkornenzym etwa 9[1]. Für das Reiskornenzym etwa 8,9[2].

Tabelle 85. Michaelis-*Konstanten.*

Art des Enzyms	Substrat	K_M (Mol/l)
Weizenkorn[1]	3-Phosphoglycerinsäure	6×10^{-4}
Reiskorn[2] .	3-Phosphoglycerinsäure	$1{,}15 \times 10^{-3}$
Reiskorn[2] .	2-Phosphoglycerinsäure	etwa $2{,}5 \times 10^{-4}$

Aktivierung und Hemmung. Keine Aktivierung durch Mg^{++}. Mn^{++} und Zn^{++} (1×10^{-3} m oder höher) wirken hemmend[2].

Enzymeinheit. Eine Einheit ist diejenige Enzymmenge, die im enolasegekoppelten Test (vorangehendes Kapitel Methode 3) einen Anstieg der Extinktion um 0,100/min bewirkt.

Bestimmung s. Bestimmung der 3-Phosphoglycerinsäuremutase nach Rodwell u. Mitarb., S. 645.

6. Diphosphoglyceromutase.

[2.7.5.4 D-1,3-Diphosphoglycerinsäure: D-3-Phosphoglycerat-Phosphotransferase.]

$$1{,}3\text{-Di-PGS} \rightarrow 2{,}3\text{-Di-PGS}$$

Reaktionsmechanismus:

$$1{,}3\text{-Di-PGS} + 3\text{-PGS} \rightarrow 2{,}3\text{-Di-PGS} + 3\text{-PGS}$$

[1] Ito, N., and S. Grisolia: J. biol. Ch. **234**, 242 (1959).
[2] Fernandez, M., and S. Grisolia: J. biol. Ch. **235**, 2188 (1960).

Die Reaktion verläuft wahrscheinlich nicht rückwärts[1–3].

Tabelle 86. *Vorkommen und Normalwerte.*

Vorkommen	Aktivität	Ausgedrückt durch
Erythrocyten-Hämolysat[2] (Kaninchen)	2,8	μMol stabiler P gebildet/3 Std/0,5 ml Erythrocyten
Gereinigt. Erythrocyten-Präp.[1]	0,105	Extinktionsänderung/min/0,15 ml Enzym
Kükenbrustmuskel[3], Rohextrakt	2,2	Einheiten/mg Protein
Ammoniumsulfatfraktion I	3,8	desgl.
Uranylacetatfraktion	7,8	desgl.
Phosphatpufferfraktion I	15,8	desgl.
Ammoniumsulfatfraktion II	20,3	desgl.
Phosphatpufferfraktion II	36,8	desgl.
Ammoniumsulfatfraktion III	55,5	desgl.
Rattenmuskelextrakt[4]	13,1	desgl.
Taubenmuskelextrakt	19,1	desgl.
Ascites-Tumorzellen	8,0	desgl.

***Darstellung von Diphosphoglyceromutase aus Erythrocyten nach* Rapoport *und* Luebering[2].**

Hämolysat. 20 ml Kaninchen-Erythrocyten zweimal mit kalter 0,9 %iger NaCl-Lösung gewaschen, dann durch Gefrieren und Zusatz von 1 Vol. destilliertem H_2O hämolysiert.

Ammoniumsulfat-Fraktionierung. Zum Hämolysat (p_H 6,9) werden 0,33 Vol. gesättigte Ammoniumsulfatlösung zugesetzt, so daß Sättigung 0,25. Niederschlag verworfen. Überstehende Flüssigkeit mit gesättigter Ammoniumsulfatlösung auf 0,5 Sättigung gebracht, Niederschlag abzentrifugiert, überstehende Flüssigkeit auf 0,66 Sättigung gebracht. Beide Niederschläge in wenig H_2O gelöst, über Nacht gegen fließendes Wasser dialysiert. Ausfallender Niederschlag verworfen. Diese beiden Fraktionen, die $^2/_3$ der Aktivität des ursprünglichen Hämolysats enthalten, werden vereinigt. Diese Lösung durch 0,1 Vol. von 0,2 m Acetatpuffer auf p_H 5,8 gebracht und die gleiche Fraktionierung mit Ammoniumsulfat wie oben nochmal wiederholt. Das Präparat ist praktisch frei von Hämoglobin.

Das Enzym ist in Ochsen-Erythrocyten, die frei von 2,3-Di-PGS sind, nicht enthalten.

***Darstellung von Diphosphoglyceromutase aus Kükenbrustmuskel nach* Joyce *und* Grisolia[3].**

Alle Arbeitsgänge bei 0° C ausgeführt; Zentrifugieren bei 4000 $\times$ g; Ammoniumsulfatlösungen bei 0° C gesättigt.

75 g Acetontrockenpulver von Kükenbrustmuskel mit 10 Vol. entionisiertem Wasser 10 min unter leichtem Rühren extrahiert, abzentrifugiert, überstehende Flüssigkeit durch Käsetuch filtriert. Zum Filtrat (Rohextrakt) 1,25 Vol. gesättigte Ammoniumsulfatlösung, p_H 5,5 zugesetzt, 15 min zentrifugiert, Niederschlag verworfen. Zur überstehenden Flüssigkeit 1,3 Vol. gesättigtes Ammoniumsulfat, p_H 5,5, zugesetzt, Mischung 25 min zentrifugiert. Niederschlag in einigen ml der überstehenden Flüssigkeit suspendiert und 20 min bei 25000 $\times$ g abzentrifugiert. Niederschlag in Wasser gelöst, mit 1,5 n NaOH auf etwa p_H 7 neutralisiert (etwa 1 ml dazu nötig) und Protein-Konzentration dieser Fraktion, ASF I, auf 20 $\pm$ 2 mg/ml gebracht. Zu ASF I 0,1 Vol. 0,5 m Na-acetatpuffer, p_H 5,6, und 0,25 Vol. 0,01 m Uranylacetat zugefügt. Mischung $1^1/_2$ min im Wasserbad von 38° C erwärmt, abgekühlt, 15 min abzentrifugiert. Niederschlag in Wasser (Hälfte des Volumens von ASF I) gelöst und 0,1 Vol. 0,5 m Na_2HPO_4 zugesetzt. Präparat gefroren, wieder aufgetaut und 10 min zentrifugiert. Zur überstehenden Flüssigkeit (Ur F) 4 Vol. Wasser und 0,5 Vol.

[1] Rapoport, S., and J. Luebering: J. biol. Ch. **196**, 583 (1952).
[2] Rapoport, S., and J. Luebering: J. biol. Ch. **183**, 507 (1950).
[3] Joyce, B. K., and S. Grisolia: J. biol. Ch. **234**, 1330 (1959).
[4] Grisolia, S., and B. K. Joyce: J. biol. Ch. **234**, 1335 (1959).

Phosphat-Gel (21 mg/ml) zugesetzt, nach 10 min Mischung 5 min zentrifugiert, das Gel zweimal 10 min mit 0,2 m Na-phosphatpuffer, p_H 7,2 (0,45 Vol. von UrF) eluiert. Enzymatische Aktivität der vereinigten überstehenden Flüssigkeiten (PF I) durch Zusatz von 5 Vol. gesättigter Ammoniumsulfatlösung, p_H 5,5, und 1 Vol. 0,2 m EDTA konzentriert. Mischung 20 min abzentrifugiert, Niederschlag in einigen ml der überstehenden Flüssigkeit suspendiert und wieder 15 min bei $25000 \times g$ abzentrifugiert. Niederschlag in Wasser (0,1 Vol. von PF I) gelöst und Niederschlag nach Abzentrifugieren verworfen. Überstehende Flüssigkeit (ASF II) mit 3 Vol. 0,001 m Na-phosphatpuffer, p_H 6,8, und etwa 1 Vol. Hydroxylapatit vermischt (vorhergehende Titration für optimale Adsorption erforderlich). Nach 10 min Mischung 5 min abzentrifugiert und Niederschlag 10 min mit 0,1 m Na-phosphat (2 Vol. von ASF II) eluiert und 5 min abzentrifugiert. Diese Fraktion (PF II) durch Zusatz von 5 Vol. gesättigter Ammoniumsulfatlösung, p_H 7, und 1 Vol. 0,2 m EDTA konzentriert. Mischung 20 min bei $25000 \times g$ abzentrifugiert und Niederschlag in Wasser gelöst (0,1 Vol. von PF II). 10 min unlösliches Material abzentrifugiert und verworfen. Überstehende Flüssigkeit = ASF III.

Eigenschaften. *Spezifität.* Das Kükenbrustmuskelenzym ist spezifisch auf 1,3-Diphosphoglycerinsäure eingestellt[1].

p_H-Optimum. Erythrocytenenzym p_H 7,2[2,3], Kükenbrustmuskelenzym etwa p_H 9[1].

Aktivierung und Hemmung. 3-PGS, das wahrscheinliche Coenzym, aktiviert (optimale Konzentration 5×10^{-5} m)[1,4]. 2,3-Di-PGS wirkt hemmend (90% Hemmung bei 2×10^{-3} m)[4].

Enzymeinheit. Eine Einheit ist diejenige Menge Enzym, die unter bestimmten Versuchsbedingungen 1 μM 2,3-Di-PGS bildet.

***Bestimmung der Diphosphoglyceromutase nach* Rapoport *und* Luebering**[2,4] (spektrophotometrische Methode; kombinierter optischer Test).

Prinzip:

1. Fructose-1,6-diphosphat $\xrightleftharpoons{\text{Aldolase}}$ Glycerinaldehydphosphat + Dihydroxyacetonphosphat
2. Glycerinaldehydphosphat + DPN^+ + H_3PO_4 $\xrightleftharpoons[\text{Dehydrogenase}]{\text{Glycerinaldehydphosphat-}}$ 1,3-Di-PGS + DPNH + H^+
3. 1,3-Di-PGS $\xrightleftharpoons[\text{glyceromutase}]{\text{Diphospho-}}$ 2,3-Di-PGS

Bei Überschuß von Aldolase und Glycerinaldehydphosphat-Dehydrogenase ist Reaktion (3) geschwindigkeitsbestimmend. Die Bildung von DPNH wird durch Messung der Extinktion bei 340 mμ bestimmt. Diese ist äquimolar der entstandenen Menge 2,3-Di-PGS.

Reagentien:

1. Phosphat-Cysteinpuffer, 0,024 m bezüglich Phosphat, 0,0036 m bezüglich Cystein; p_H 7,2.
2. 0,15 m FDP, lackmusneutral.
3. DPN^+, 4 mg/ml.
4. 0,003 m 3-PGS.
5. Aldolase, kristallisiert (2,4 mg/ml).
6. Glycerinaldehydphosphat-Dehydrogenase, kristallisiert (3 mg/ml).

Ausführung:

Zu 2,5 ml Puffer fügt man in einer Küvette 0,2 ml FDP, 0,2 ml DPN^+, 0,05 ml 3-PGS, 0,05 ml Aldolase und 0,05 ml GAP-Dehydrogenase hinzu. Es steigt sofort die Extinktion an, da Glycerinaldehydphosphat oxydiert wird. Nach 1 min hat sich jedoch Gleichgewicht eingestellt. Man setzt nun die Mutase hinzu und mißt die Zunahme der Extinktion von

[1] Joyce, B. K., and S. Grisolia: J. biol. Ch. **234**, 1330 (1959).
[2] Rapoport, S., and J. Luebering: J. biol. Ch. **196**, 583 (1952).
[3] Rapoport, S., and J. Luebering: J. biol. Ch. **183**, 507 (1950).
[4] Oesper, P.; in: Colowick-Kaplan, Meth. Enzymol., Vol. I, p. 423.

diesem Zeitpunkt an. Diese soll zwischen 0,03—0,10 pro min liegen. Unter diesen Bedingungen ist sie proportional der Mutase.

Berechnung:

Aus der Extinktionszunahme vom Zusatz der Mutase an wird das entstandene DPNH berechnet (s. Bd. VI/A, S. 293ff.). Dieses entspricht der gebildeten 2,3-Di-PGS.

Diese Methode ist für rohe Enzymlösungen ungeeignet, da darin manche störende Enzyme, z.B. Triosephosphat-Isomerase vorhanden sind, die Glycerinaldehydphosphat in Dihydroxyacetonphosphat überführt und damit das Gleichgewicht stört.

Bestimmung der Diphosphoglyceromutase in Rohpräparaten nach **Rapoport** ***und*** **Luebering**[1,2].

Prinzip:

$$1.\ \text{ATP} + \text{3-PGS} \xrightleftharpoons{\text{3-Phosphoglycerat-Kinase}} \text{ADP} + \text{1,3-Di-PGS}$$

$$2.\ \text{1,3-Di-PGS} \xrightleftharpoons{\text{Diphosphoglyceromutase}} \text{2,3-Di-PGS}$$

Bei Anwendung von rohen Mutase-Präparaten, die noch 3-Phosphoglycerat-Kinase in genügender Menge enthalten, kann man von ATP und 3-PGS ausgehen. Bei Überschuß von 3-Phosphoglycerat-Kinase ist Reaktion (2) geschwindigkeitsbestimmend.

Man mißt hierbei die Abnahme des leicht hydrolysierbaren P, da im Endeffekt der leicht hydrolysierbare P des ATP in den schwer hydrolysierbaren der 2,3-Di-PGS übergeht.

Reagentien:

1. Natriumfluorid.
2. Jodacetat.
3. 3-PGS.
4. ATP-Na.
5. Trichloressigsäure.
6. n H_2SO_4.

Ausführung:

Der Versuchsansatz enthält pro ml: 0,5 ml Enzym, 25 μM Fluorid, 20 μM Jodacetat, 3 μM 3-PGS und 2 μM ATP. (Alle Zusätze in Form von Na-Salzen; Jodessigsäure soll die Dehydrierung von 3-PGS verhindern und Fluorid die Enolase hemmen.)

Zur Zeit $t = 0$ und nach vierstündiger Einwirkung bei 37° C wird die Reaktion durch Zugabe von Trichloressigsäure unterbrochen und in je einer Probe des enteiweißten Filtrates nach 15 min langer Hydrolyse in n H_2SO_4 anorganisches Phosphat nach Fiske und Subbarow (s. Bd. III/1, S. 465) bestimmt.

Berechnung:

Aus der Abnahme des leicht hydrolysierbaren P berechnet sich die entstandene 2,3-Di-PGS.

Bei gereinigten Mutasepräparaten muß zur Ergänzung mit 3-Phosphoglycerat-Kinase $^1/_{10}$ ihres Volumens einer 10%igen Muskel-Trockenpulver-Suspension beigefügt werden.

Bestimmung der Diphosphoglyceromutase nach **Joyce** ***und*** **Grisolia**[3] ***sowie*** **Towne, Rodwell** ***und*** **Grisolia**[4].

Prinzip:

$$1.\ \text{ATP} + \text{3-PGS} \xrightleftharpoons{\text{Phosphoglycerat-Kinase}} \text{1,3-Di-PGS}$$

$$2.\ \text{1,3-Di-PGS} \xrightleftharpoons{\text{Diphosphoglyceromutase}} \text{2,3-Di-PGS}$$

Nach Enteiweißung und Neutralisation wird eine aliquote Menge dieses Ansatzes zur Ermittlung der entstandenen 2,3-Di-PGS, die Coenzym der Phosphoglyceromutase ist, einem derartigen Ansatz zugesetzt und die entstandene 2-PGS durch Enolase in Phosphoenolbrenztraubensäure übergeführt. Diese wird spektrophotometrisch bestimmt.

$$3.\ \text{3-PGS} \xrightleftharpoons{\text{Phosphoglyceromutase}} \text{2-PGS}$$

$$4.\ \text{2-PGS} - H_2O \xrightleftharpoons{\text{Enolase}} \text{Phosphoenol-BTS}$$

[1] Rapoport, S., and J. Luebering: J. biol. Ch. **183**, 507 (1950).
[2] Oesper, P.; in: Colowick-Kaplan, Meth. Enzymol. Vol. I, p. 423.
[3] Joyce, B. K., and S. Grisolia: J. biol. Ch. **234**, 1330 (1959).
[4] Towne, J. C., V. W. Rodwell and S. Grisolia: J. biol. Ch. **226**, 777 (1957).

Bei niederer 2,3-Di-PGS-Konzentration und konstanter Phosphoglyceromutase-Konzentration besteht direkte Proportionalität zwischen 2,3-Di-PGS und der entstehenden 2-PGS. Diese ist äquimolar der durch Enolase gebildeten Phosphoenolbrenztraubensäure. Aus einer Eichkurve kann 2,3-Di-PGS ermittelt werden.

Reagentien:

1. Trisphosphatpuffer, p_H 7,3.
2. $MgSO_4$.
3. ATP.
4. 3-PGS, gereinigt.
5. Phosphoglycerat-Kinase.
6. n $HClO_4$.
7. 1,5 n KOH.
8. Trispuffer, p_H 9,0.
9. Enolase, frei von Phosphoglyceromutase.

Ausführung:

1. Teil. Das Gesamtvolumen von 1 ml enthält: 100 μM Tris-phosphatpuffer, p_H 7,3; 10 μM $MgSO_4$; 4 μM ATP; 15 μM gereinigte 3-PGS; etwa 3 Einheiten Phosphoglycerat-Kinase und das zu bestimmende Enzym. Nach 20 min bei 38° C wird die Reaktion durch Zusatz von 2 ml 1 n $HClO_4$ gestoppt. Nach Abzentrifugieren wird eine 2 ml-Probe mit 1 ml 1,5 n KOH neutralisiert. Nach dem Abkühlen wird das ausgeschiedene $KClO_4$ durch Zentrifugieren entfernt.

2. Teil. Das Gesamtvolumen von 2,9 ml enthält: 10 μM gereinigte 3-PGS; 200 μM Trispuffer, p_H 9,0; 30 μM $MgSO_4$; 40 Einheiten Enolase und das Produkt von Teil 1 (2,3-Di-PGS). Zur Zeit 0 wird 0,10 ml Phosphoglyceromutase zugesetzt und die Extinktionszunahme bei 240 mμ bestimmt.

Berechnung:

Die aus der Eichkurve abgelesene Menge 2,3-Di-PGS wird auf Einheiten umgerechnet.

III. Phosphatübertragung mit beträchtlichem Verlust an freier Energie.

1. Phosphotransferasen, die die Übertragung einer Phosphatgruppe aus ATP auf verschiedene Substrate katalysieren (Kinasen).

Hexokinase.

[2.7.1.1 ATP:D-Hexose-6-Phosphotransferase.]

ATP + Hexose → ADP + Hexose-6-phosphat

Vorkommen s. Tabelle 87. Im Gehirn von Vögeln, Fischen, Amphibien wurde Hexokinase in der gleichen Größenordnung und von gleichem Verhalten wie im Rattengehirn nachgewiesen[1].

Darstellung von Hexokinase aus Hefe.

Darstellung eines partiell gereinigten Präparates s. Bd. III/1, S. 537.

Darstellung des kristallisierten Enzyms: Das Enzym ist von Berger u. Mitarb.[2], von Kunitz und McDonald[3] und von Bailey und Webb[4] in kristallisierter Form erhalten worden. Alle drei Reinigungsverfahren machen von der stabilisierenden Wirkung der Glucose auf das Enzym Gebrauch.

Inaktivierung von Hefe-Hexokinase bei 55—60° C; maximale Stabilität bei p_H 5,8[5].

Ein hochaktives Präparat kann von der Firma C. F. Boehringer u. Soehne, Mannheim, oder von der Firma Sigma, Chemical Co., St. Louis 13, Mo., USA, bezogen werden.

***Darstellung der Hexokinase des Weizenkeimlings nach* Saltman[6].**

1. Unlösliche Fraktion. 15 g Weizenkörner mit 60 ml kaltem 0,5 m Mannit mit Sand in kaltem Mörser zerkleinert. 10 min bei 500 × g zentrifugiert, um Stärke und Zellreste

[1] Kerly, M., and D. H. Leaback: Biochem. J. **67**, 250 (1957).
[2] Berger, L., M. W. Slein, S. P. Colowick and C. F. Cori: J. gen. Physiol. **29**, 379 (1946).
[3] Kunitz, M., and M. R. McDonald: J. gen. Physiol. **29**, 293 (1946).
[4] Bailey, K., and E. C. Webb: Biochem. J. **42**, 60 (1948).
[5] Sols, A., G. de la Fuente, C. Villar-Palasi and C. Asensio: Biochim. biophys. Acta **30**, 92 (1958).
[6] Saltman, P.: J. biol. Ch. **200**, 145 (1953).

Tabelle 87. *Vorkommen und Normalwerte von Hexokinase.*

Vorkommen	Aktivität	Ausgedrückt durch
Hefeextrakt[1]	~20	Einheiten/mg Protein
Hefe-Ammoniumsulfatfraktion, 0,6 ges.	28	desgl.
Krist. Hefe-Hexokinase	900	desgl.
dreimal umkrist.	1400	desgl.
Gehirnhomogenat[2]	1,5	desgl.
Gehirnpräparat, gereinigt	71	desgl.
Hämolys. Erythrocyten[3]	96	mm^3 CO_2/Std
Leukocyten (Pferd, dialys. Zellsuspension)[4]	28,6	% verbrauchte Glucose/4,48 × 10^9 Zellen/90 min
Menschliche Blutzellen (Erythrocyten)[5]	212	μMol phosphoryl. Glucose/Std/10^{11} Zellen/25° C
WALKER-Carcinom-Homogenat (Ratte)[6]	13—25	μMol verbrauchte Glucose/g/min
EHRLICH-Ascites-Tumor[7] (acetongetrocknet, wäßriger Extrakt)	27	μl CO_2/20 min
EHRLICH-Ascites-Tumor[8] (zellfreies Homogenat)	2,47	Einheiten/mg Protein
Mitochondrien (mit Desoxycholat behandelt)	5,42	desgl.
Retina-Extrakt[9]	3,7	μMol verbrauchte Glucose/mg N/10 min
Brustdrüse[10]	—	—
Darmschleimhaut (Ratte)[11]	1,09	verbrauchte mg Glucose/ml Suspension/10 min
Darmschleimhaut (Ratte)[12]	0,30—0,35	Einheiten/mg Protein[2,13]
Samenblasenschleimhaut[14] (Meerschweinchen)	0,1	mMol verbrauchte Glucose/g Gewebe/60 min
Pankreas (Hund)[15]	0,25	Einheiten/mg Protein
Locusta migratoria (Heuschrecke, Thoraxmuskel)[16], Homogenat mit 0,05 m NaF (überstehende Flüssigkeit)	1,84	μMol phosphorylierte Glucose/15 min/30° C
Extrakt mit 0,05 m NaF	1,80	desgl.
Extrakt ohne NaF	2,03	desgl.
Speicheldrüse von Locusta (Homogenat)	0,97	desgl.
Parasitenwurm Schistosoma Mansoni[17]		
Fructosefraktion	7,1	μMol phosphorylierte Hexose/mg Protein
Mannosefraktion	2,6	desgl.
Bandwurmlarven[18]		
Fructosefraktion	30,0	desgl.
Mannosefraktion	9,7	desgl.
Glucosaminfraktion	2,1	desgl.
	Höhere Pflanzen	
Weizenkeim[19]		
a) löslicher Anteil	46,8	Einheiten/mg Protein
b) unlöslicher Anteil	93,6	desgl.
Kartoffel		
a) löslicher Anteil	0	desgl.
b) unlöslicher Anteil	16,2	desgl.
Erbsensamen		
a) löslicher Anteil	13,8	desgl.
b) unlöslicher Anteil	6,1	desgl.
Kartoffelknolle[20]	—	—
	Pilze und Bakterien	
Neurospora crassa[21]		
Überstand des Homogenats	1,81	Einheiten/mg Protein
erste Ammoniumsulfat-Fraktionierung	29,4	desgl.
zweite Ammoniumsulfat-Fraktionierung	107,0	desgl.
Aspergillus parasiticus[22]		
Rohextrakt	0,8	desgl.
gereinigtes Präparat	180,0	desgl.
Clostridium perfringens[23]	—	—
Lactobacillus bulgaricus[24]	—	—

Tabelle 87 (Fortsetzung).

Vorkommen	Aktivität	Ausgedrückt durch
Saccharomyces fragilis[25]	—	—
Aerobacter cloaccae[26]	333	µl CO_2/2 Std
Escherichia coli[27]	0,5	µMol Glucose-6-phosphat/0,04 ml dialysierter Extrakt/15 min
Clostridium oedematiens-Kultur[28]	—	—
Leuconostoc mesenteroides[29]	—	—
Streptococcus faecalis[30]	—	—
Clostridium butyricum[31]	—	—
Acetobacter suboxydans[32] (ultrabeschallter Extrakt)	—	—

[1] KUNITZ, M., and M. R. McDONALD: J. gen. Physiol. **29**, 293 (1946).
[2] CRANE, R. K., and A. SOLS: J. biol. Ch. **203**, 273 (1953).
[3] CHRISTENSEN, W. R., C. H. PLIMPTON and E. G. BALL: J. biol. Ch. **180**, 791 (1949).
[4] WAGNER, R., and A. YOURKE: Arch. Biochem. **44**, 415 (1953).
[5] GRIGNANI, F., u. G. W. LÖHR: Kli. Wo. **1960I**, 796.
[6] BOYLAND, E., G. C. L. GOSS and H. G. WILLIAMS-ASHMAN: Biochem. J. **49**, 321 (1951).
[7] KUN, E., P. TALALAY and H. G. WILLIAMS-ASHMAN: Cancer Res. **11**, 855 (1951).
[8] McCOMB, R. B., and W. D. YUSHOK: Biochim. biophys. Acta **34**, 515 (1959).
[9] HOARE, D. S., and M. KERLY: Biochem. J. **58**, 38 (1954).
[10] CRAINE, E. M., and R. G. HANSEN: J. Dairy Sci. **37**, 505 (1954).
[11] HELE, M. P.: Biochem. J. **55**, 857 (1953).
[12] SOLS, A.: Biochim. biophys. Acta **19**, 144 (1956).
[13] CRANE, R. K., and A. SOLS; in: Colowick-Kaplan, Meth. Enzymol. Vol. I, p. 277.
[14] KELLERMANN, G. M.: Austr. J. exp. Biol. med. Sci. **33**, 579 (1955).
[15] VILLAR-PALASI, C.: Rev. esp. Fisiol. **13**, 207 (1957).
[16] KERLY, M., and D. H. LEABACK: Biochem. J. **67**, 245 (1957).
[17] BUEDING, E., and J. A. MACKINNON: J. biol. Ch. **215**, 495 (1955).
[18] AGOSIN, M., and L. ARAVENA: Biochim. biophys. Acta **34**, 90 (1959).
[19] SALTMAN, P.: J. biol. Ch. **200**, 145 (1953).
[20] KOBEL'NIKOVA, V.: Dokl. Akad. Nauk SSSR **78**, 737 (1951).
[21] MEDINA, A., and D. J. D. NICHOLAS: Biochem. J. **66**, 573 (1957).
[22] DAVIDSON, E. A.: J. biol. Ch. **235**, 23 (1960).
[23] IVANOW, I., and A. V. LOBANOVA: Biochimija, Moskva **19**, 257 (1954).
[24] RUTTER, W. J., and R. G. HANSEN: J. biol. Ch. **202**, 311 (1953).
[25] CAPUTTO, R., F. L. LELOIR and R. E. TRUCCO: Enzymologia **12**, 350 (1948).
[26] LEY, J. DE: Enzymologia **16**, 99 (1953).
[27] CARDINI, E. C.: Enzymologia **14**, 362 (1950).
[28] SHEMANOVA, G. F., u. V. A. BOGOVESHCHENSKII: Biochimija, Moskva **21**, 356 (1956).
[29] MOSS, R. D. DE: J. cellul. comp. Physiol. **41**, Suppl. **207** (1953).
[30] SOKATCH, J. T., and I. C. GUNSALUS: Bact. Proc. **109**, 110 (1954).
[31] GAVARD, R.: Cr. **238**, 1620 (1954).
[32] FEWSTER, J. A.: Biochem. J. **66**, 9P (1957).

Tabelle 88. *Hexokinase-Aktivität in verschiedenen Geweben der Ratte* (verschwundene µl Glucose/mg Trockengewicht/Std)[1].

Gewebe	Aktivität	Gewebe	Aktivität	Gewebe	Aktivität
Gehirn	27,1	Dünndarm	11,7	Skeletmuskel	7,4
Colon	17,2	Caecum	10,7	Pankreas	5,6
Herz	14,5	Uterus	8,5	Lunge	4,3
Magen	14,5	Milz	8,3	Leber	1,4
Hoden	13,7	Niere	7,9		

zu beseitigen. Überstehende Flüssigkeit abgetrennt, 15 min bei 18000 × g wieder zentrifugiert. Niederschlag wieder in 20 ml 0,5 m Mannit suspendiert, 10 min bei 18000 × g zentrifugiert, Rückstand in 5 ml kaltem H_2O suspendiert. Kann 10 Tage bei 2° C aufbewahrt werden.

[1] LONG, C.: Biochem. J. **50**, 407 (1952).

2. Lösliche Fraktion. Weizenkorn mit vierfachem Gewicht kalten Wassers 30 min bei 2° C extrahiert. Mischung 20 min bei 18000 ×g zentrifugiert, trübe überstehende Flüssigkeit dekantiert, mit n Essigsäure auf p_H 5,5 gebracht, zentrifugiert. Niederschlag verworfen, klare überstehende Flüssigkeit mit n KOH auf p_H 7,0 gebracht, gesättigte Ammoniumsulfatlösung (p_H 7,0) zugesetzt, so daß Sättigung 55%, und Niederschlag verworfen. Ammoniumsulfat-Konzentration auf 65% Sättigung gebracht, abzentrifugiert, Niederschlag in destilliertem Wasser gelöst und über Nacht gegen destilliertes Wasser dialysiert.

Fünffache Erhöhung der spezifischen Aktivität.

Darstellung von tierischen Hexokinasen.

Tierische Hexokinasen konnten bisher noch nicht kristallisiert erhalten werden.

a) Gehirn-Hexokinase[1,2]. *1. Schritt: Darstellung und fraktioniertes Zentrifugieren von Homogenat (C).* 2—3 Pfund frisches eisgekühltes Kalbshirn; 250 g abgeschabte Gehirnrinde (von der weißen Substanz getrennt) portionsweise mit 3 Vol. 0,1 m Kaliumphosphat (p_H 6,8) 3 min homogenisiert. Homogenat (1 l) 20 min bei 800 g abzentrifugiert, Sediment wieder in 1 l Phosphat suspendiert, zentrifugiert. Die überstehenden Flüssigkeiten werden vereinigt und 20 min bei 3500 ×g zentrifugiert. Überstehende Flüssigkeit verworfen, Sediment in 100 ml 0,05 m Kaliumphosphat (p_H 6,2) suspendiert, bei 5000 ×g zentrifugiert, Sediment in 250 ml 0,05 m Phosphat (p_H 6,2) suspendiert.

2. Schritt: Einwirkung von Lipase (CL). Zur Suspension wird Lipase (0,1 g Protein enthaltend) zugesetzt, 2 Std bei 30° C unter gelegentlichem Rühren inkubiert. 30 min bei 13000 ×g zentrifugiert; Sediment in 100 ml 0,05 m Phosphat (p_H 7,2) suspendiert und wieder zentrifugiert.

3. Schritt: Extraktion mit Desoxycholat (CLD). Sediment mit 90 ml 0,05 m Phosphat, p_H 7,2, homogenisiert, 10 ml 3,3% Natrium-desoxycholat (p_H 7,5—8,0) hinzugefügt, 15 min gerührt, bei 13000 ×g 30 min zentrifugiert. Sediment mit 100 ml 0,01 m Histidin—0,01 m Tris—0,002 m EDTA (p_H 7,0) gut vermischt, zentrifugiert wie vorher. Das Waschen des Sediments mit demselben Puffer wird wiederholt. Das gewaschene Sediment wird mit 25 ml des gleichen Puffers gemischt und ein gleiches Volumen Glycerin zugefügt. (Störende Enzyme sind auf dieser Stufe nicht mehr vorhanden; mehrere Monate bei +4° C haltbar.)

Man kann auch direkt an Schritt 1 die Extraktion mit Desoxycholat anschließen: Sediment von Schritt 1 in Puffer von p_H 7,2 (anstatt 6,2) eintragen, dann folgt Schritt 3.

Acetontrocknung der Gehirnrinde führt zu einem Verlust von 90% der Aktivität.

b) Herzmuskel-Hexokinase[2]. *1. Schritt: Darstellung und fraktioniertes Zentrifugieren von Homogenat.* Frisches Kalbsherz auf Eis gefroren, von Fett befreit, Muskel der linken Ventrikel herausgenommen und mit Fleischmesser zerkleinert. 100 g zerkleinerter Muskel mit 200 ml 0,115 m KCl—0,02 m K-phosphat—0,01 m EDTA, p_H 7,4, 3 min homogenisiert, Homogenat auf 500 ml verdünnt und 10 min bei 1500 ×g zentrifugiert. Überstehende Flüssigkeit abgesaugt, Sediment verworfen. Überstehende Flüssigkeit 30 min bei 18000 ×g zentrifugiert und dekantiert. (Die dekantierte Flüssigkeit enthält etwa 50% der gesamten Hexokinase.) Sediment zweimal mit 100 ml des obigen Puffers gewaschen und dann in 25 ml desselben Puffers suspendiert.

2. Schritt: Hexokinase wird in Lösung gebracht. Suspension (25 ml) mit 8 ml 0,1% Triton X-100 (zu beziehen durch Rohm u. Haas, Philadelphia, Pa.) vermischt, 40 min bei 18000 ×g zentrifugiert. Sediment wieder auf 25 ml gebracht und mit 3 ml 10%igem Triton X-100 vermischt; nach einstündigem Stehen 45 min bei 50000 ×g zentrifugiert,

[1] CRANE, R. K., and A. SOLS: J. biol. Ch. **203**, 273 (1953).
[2] CRANE, R. K., and A. SOLS; in: Colowick-Kaplan, Meth. Enzymol. Vol. I, p. 277.

obere Fettschicht entfernt, überstehende Flüssigkeit enthält das Enzym; Ausbeute etwa 90%; spezifische Aktivität etwa 4. Bei — 15° C haltbar.

c) Retinaextrakt[1]. Zwölf Ochsenaugen (auf Eis) vom Schlachthof geholt, Retina sogleich herausgelöst und in 10 ml glasdestilliertem Wasser suspendiert, in gekühltem Mörser mit 2 g sauer gewaschenem Sand 1 min zerkleinert, unter Kühlung 5 min bei 1500—2000 ×g zentrifugiert. Überstehende Flüssigkeit abgenommen, Rückstand nochmal mit 10 ml H_2O extrahiert, wieder zentrifugiert. Überstehende Lösungen vereinigt, 4 Std gegen eiskaltes glasdestilliertes Wasser dialysiert. Endvolumen 16—18 ml. N-Gehalt 2—3 mg/ml. Versuche zur weiteren Reinigung erfolglos.

***Darstellung von Hexokinase aus Neurospora crassa nach* MEDINA *und* NICHOLAS**[2].

Homogenat aus Pilzmycel (durch Zerreiben desselben mit dem vierfachen Gewicht glasdestillierten Wassers, 5 mM Na-EDTA enthaltend, gewonnen) wird 5 min bei 2000 ×g abzentrifugiert. Überstehende Flüssigkeit (90% der Hexokinaseaktivität enthaltend) in der Kälte mit gesättigter Ammoniumsulfatlösung fraktioniert gefällt, die 20—75%-Fraktion in Wasser (enthaltend 5 mM-Na-EDTA) gelöst und 12 Std bei 4° C gegen 0,5 mM Na-EDTA und Trispuffer, p_H 8,0, dialysiert. Die Dialysate nochmal mit Ammoniumsulfat fraktioniert und die 30—65%-Fraktion verwandt.

Eigenschaften. *Spezifität.* Hexokinasen im engeren Sinn sind solche unspezifischen Enzyme, die die Substrate Glucose, Fructose, Mannose und Glucosamin zu phosphorylieren vermögen. Diese finden sich in der Hefe, im Gehirn, in Niere, Herz, in der Retina, in der Darmschleimhaut, in den menschlichen Blutzellen, in der Pankreasdrüse, im Ascitestumor, im Heuschrecken-Thoraxmuskel, in den höheren Pflanzen, in Pilzen und Bakterien. Hefe-, Gehirn-[3,4] und auch EHRLICH-Ascitestumor-Hexokinase[5] vermögen auch 2-Desoxyglucose zu phosphorylieren und das Hefeenzym außerdem noch 1-Desoxy-D-fructose und 2,5-Anhydro-D-mannit[6].

In weiterem Sinne werden alle Enzyme als Hexokinasen bezeichnet, die Glucose phosphorylieren. Diese werden hier auch abgehandelt mit Ausnahme von Skeletmuskel- und Leberhexokinase, die zu den Gluco- bzw. Fructokinasen gerechnet werden, da für die Phosphorylierung von Glucose bzw. Fructose zwei verschiedene Enzyme verantwortlich sind. Ein Sonderfall ist die Hexokinase des Parasitenwurms *Schistosoma Mansoni*[7] und der Bandwurmlarven[8], die sich in vier Fraktionen auftrennen läßt, von denen je eine spezifisch auf Glucose, Fructose, Mannose oder Glucosamin eingestellt ist. Die Phosphorylierung erfolgt durchweg in Stellung 6, infolgedessen kann die Fructose phosphorylierende Komponente nicht zu den Fructokinasen gerechnet werden.

Nach LANGE und KOHN[9] sind die Hexokinasen verschiedener Organe der Ratte (wie Leber, Darm, Niere) nicht identisch.

Die Phosphorylierung von Acetylglucosamin und Acetylgalaktosamin durch verschiedene Rattenorgane, die zur Bildung von Acetylglucosamin-6-phosphat bzw. Acetylgalaktosamin-1-phosphat führt, scheint nicht durch Hexokinase zu erfolgen[10].

Beim Heuschrecken-Thoraxenzym kann ATP nicht durch Inosintriphosphat ersetzt werden[11], jedoch vermag bei Rattenleber-Hexokinase Thiamintriphosphat ATP zu vertreten[12].

[1] HOARE, D. S., and M. KERLY: Biochem. J. **58**, 38 (1954).
[2] MEDINA, A., and D. J. D. NICHOLAS: Biochem. J. **66**, 573 (1957).
[3] CRAMER, F. B., and G. E. WOODWARD: J. Franklin Inst. **253**, 354 (1952).
[4] SOLS, A., and R. K. CRANE: J. biol. Ch. **210**, 581 (1954). — SOLS, A.: Biochim. biophys. Acta **19**, 144 (1956).
[5] MCCOMB, R. B., and W. D. YUSHOK: Biochim. biophys. Acta **34**, 515 (1959).
[6] BURT, J. R.: Biochem. J. **77**, 16P (1960).
[7] BUEDING, E., and J. A. MACKINNON: J. biol. Ch. **215**, 495 (1955).
[8] AGOSIN, M., and L. ARAVENA: Biochim. biophys. Acta **34**, 90 (1959).
[9] LANGE C. F., jr., and P. COHN: J. biol. Ch. **236**, 1 (1961).
[10] LELOIR, L. F., C. E. CARDINI and J. M. OLAVARRÍA: Arch. Biochem. **74**, 84 (1958).
[11] KERLY, M., and D. H. LEABACK: Biochem. J. **67**, 245 (1957).
[12] GREILING, H., u. L. KIESOW: Z. Naturforsch. **11b**, 491 (1956).

Tabelle 89. *pH-Optimum der Hexokinase.*

Art des Enzyms	pH-Optimum	Art des Enzyms	pH-Optimum
Hefeenzym, kristallisiert[1] . . .	8—9	EHRLICH-Ascites-Tumor[7]	5,6—7,8
Hefeenzym[2]	7,5	Heuschrecken-Thoraxmuskel[8] . . .	7,9
Nierenhomogenat[3]	7,5—8,0	Weizenkeimlinge[9]	8 und 11
Darmschleimhaut (Homogenat)[3]	7,5—8,0	Neurospora crassa[10]	8,3—9,45
Gehirn[4]	6—8	Aspergillus parasiticus[11]	
Herzmuskel[4]	6—8	Glucose	7,5
Retinaextrakt[5]	7,4—8,6	Galaktose	8,0
Menschliche Blutzellen[6]	7,3—7,8	Clostridiens oedematiens-Kultur[12] .	6,7—6,9

Die MICHAELIS-Konstanten für Herz-Hexokinase sind für die angeführten Substrate etwa dieselben wie bei Gehirn-Hexokinase[13].

Nach GAMBLE und NAJJAR[14] verläuft die Phosphorylierung von Glucose durch Hefe-Hexokinase auch in umgekehrter Richtung, und zwar mit $^1/_5$ der Geschwindigkeit der Hin-Reaktion.

Aktivierung und Hemmung. Alle Hexokinasen — sowohl pflanzliche als auch tierische — bedürfen der Aktivierung durch Mg^{++}.

1. Hefe-Hexokinase. Dissoziations-Konstante für den Mg-Enzymkomplex: $2{,}6 \times 10^{-3}$ [15]. Ca^{++}-Ionen sind wirkungslos[16]. Die Bildung von Komplexen zwischen Metallionen und Hefe-Hexokinase wurde von MELCHIOR u. Mitarb. eingehend untersucht[17]. Das Enzym wird außer durch Mg^{++} auch durch Mn^{++}, Co^{++}, Ni^{++}, Zn^{++} und Cd^{++} aktiviert. Dabei besteht charakteristische Abhängigkeit zwischen Aktivität des Enzyms und der Konzentration des Metallions. Mg^{++} erzielen jedoch die höchste Aktivität[19].

Tabelle 90. *Wechselzahl für kristallisierte Hefe-Hexokinase* (bei pH 7,5 und 30° C).

Substrat	Wechselzahl
Glucose[15] . . .	13000
Fructose[1] . . .	26000
Mannose[15] . . .	6500
D-Glucosamin[18]	etwa 12000

Glucose-6-phosphat ist nach WAJZER[20] ein Hemmstoff der Hexokinase, andere Autoren dagegen finden keine hemmende Wirkung[21, 22].

Sorbose-1-phosphat ist ein Hemmstoff[23]. Daher in Rohextrakten die hemmende Wirkung von L-Glycerinaldehyd, der mit Dihydroxyacetonphosphat in Sorbose-1-phosphat übergeführt wird[24].

[1] DIXON, M., and D. M. NEEDHAM: Nature **158**, 432 (1946).
[2] SOLS, A., G. DE LA FUENTE, C. VILLAR-PALASI and C. ASENSIO: Biochim. biophys. Acta **30**, 92 (1958).
[3] LONG, C.: Biochem. J. **50**, 407 (1952).
[4] SOLS, A., and R. K. CRANE: Fed. Proc. **13**, 301 (1954).
[5] HOARE, D. S., and M. KERLY: Biochem. J. **58**, 38 (1954).
[6] GRIGNANI, F., u. G. W. LÖHR: Kli. Wo. **1960**, 796.
[7] MCCOMB, R. B., and W. D. YUSHOK: Biochim. biophys. Acta **34**, 515 (1959).
[8] KERLY, M., and D. H. LEABACK: Biochem. J. **67**, 245 (1957).
[9] SALTMAN, P.: J. biol. Ch. **200**, 145 (1953).
[10] MEDINA, A., and D. J. D. NICHOLAS: Biochem. J. **66**, 573 (1957).
[11] DAVIDSON, E. A.: J. biol. Ch. **235**, 23 (1960).
[12] SHEMANOVA, G. F., u. V. A. BOGOVESHCHENSKIĬ: Biochimija, Moskva **21**, 356 (1956).
[13] CRANE, R. K., and A. SOLS; in: Colowick-Kaplan, Meth. Enzymol., Vol. I, p. 277.
[14] GAMBLE, J. L., and V. A. NAJJAR: J. biol. Ch. **217**, 595 (1955).
[15] BERGER, L., M. W. SLEIN, S. P. COLOWICK and C. F. CORI: J. gen. Physiol. **29**, 379 (1946).
[16] BAILEY, K., and E. C. WEBB: Biochem. J. **42**, 60 (1948).
[17] MELCHIOR, N. C., and J. B. MELCHIOR: J. biol. Ch. **231**, 609 (1958).
[18] BROWN, D. H.: Biochim. biophys. Acta **7**, 487 (1951).
[19] BRINTZINGER, H., S. FALLAB u. H. ERLENMEYER: Exper. **15**, 96 (1960).
[20] WAJZER, J.: Cr. **236**, 2116 (1953).
[21] WEIL-MALHERBE, H., and A. D. BONE: Biochem. J. **49**, 339 (1951).
[22] SOLS, A., and R. K. CRANE: Fed. Proc. **12**, 271 (1953).
[23] LARDY, H. A.; in: LARDY, H. A. (Hrsg.): Respiratory Enzymes. Rev. Ed., p. 184. Minneapolis 1949.
[24] LARDY, H. A., V. D. WIEBELHAUS and K. A. MANN: J. biol. Ch. **187**, 325 (1950).

Tabelle 91. MICHAELIS-*Konstanten für das Hexokinase-Hexose-ATP-System.*

Art des Enzyms	Substrat	K_M (Mol/l)
Hefeenzym, kristallisiert[1]	Mannose	1×10^{-4}
desgl.	Glucose *	$1,5 \times 10^{-4}$
desgl.	Fructose *	$1,5 \times 10^{-3}$
desgl.	2-Desoxyglucose[14]	$5,5 \times 10^{-5}$
desgl.	ATP (Glucose) **	$9,5 \times 10^{-5}$
desgl.	ATP (Fructose) **	$4,2 \times 10^{-5}$
Hefeenzym, gereinigt[2]	Glucose	1×10^{-4}
desgl.	Fructose	7×10^{-4}
desgl.	Mannose	5×10^{-5}
desgl.	2-Desoxyglucose	3×10^{-4}
desgl.	Glucosamin	$1,5 \times 10^{-3}$
desgl.	N-Acetylglucosamin	1×10^{-3}
desgl.	Glucoson	2×10^{-5}
desgl.	1-Desoxy-D-fructose[15]	$1,09 \times 10^{-2}$
Darmschleimhaut (Ratte)[3]	Glucose	etwa 2×10^{-4}
desgl.	Fructose	etwa 4×10^{-3}
Rattenleber[4]	Glucose (TTP als P-Donator)	etwa 1×10^{-3}
Menschliche Blutzellen[5] (Erythrocyten)	Glucose	$1,86 \times 10^{-4}$
desgl.	ATP	$3,10 \times 10^{-4}$
desgl.	Mg^{++}	$3,45 \times 10^{-4}$
Pankreas (Hund)[6]	Glucose	$1,0 \times 10^{-5}$
desgl.	Mannose	$1,0 \times 10^{-5}$
desgl.	Fructose	$1,5 \times 10^{-3}$
Rattentumor[7]	Glucose	$5,0 \times 10^{-4}$
EHRLICH-Ascites-Tumor[8]	Glucose	$2,8 \times 10^{-5}$
desgl.	Mannose	$1,5 \times 10^{-5}$
desgl.	2-Desoxyglucose	$1,24 \times 10^{-4}$
desgl.	Glucosamin	$1,75 \times 10^{-4}$
desgl.	Fructose	$2,52 \times 10^{-3}$
desgl.	N-Acetylglucosamin	$7,2 \times 10^{-5}$
desgl.	Glucoson	$7,8 \times 10^{-6}$
desgl.	ATP	$1,7 \times 10^{-4}$
desgl.	Mg^{++}	1×10^{-3}
Heuschrecken-Thoraxmuskel[9]	Fructose	$5,5 \times 10^{-3}$
Bandwurmlarven[10]	Fructose	$6,2 \times 10^{-4}$
desgl.	Mannose	$1,5 \times 10^{-4}$
Schistosoma Mansoni[11]	Fructose	$4,0 \times 10^{-3}$
desgl.	ATP (Fructose)	$1,5 \times 10^{-3}$
desgl.	$MgCl_2$ (Fructose)	3×10^{-3}
Neurospora crassa[12]	Glucose	$0,54 \times 10^{-3}$
Aspergillus parasiticus [13]	Glucose	$1,6 \times 10^{-4}$
desgl.	Galaktose	$2,1 \times 10^{-4}$
desgl.	Glucosamin	$3,4 \times 10^{-4}$
desgl.	Galaktosamin	$4,3 \times 10^{-4}$

* WAIJZER[16] gibt als MICHAELIS-Konstante sowohl für den Glucose- als auch für den Fructose-Enzymkomplex den Wert 5×10^{-4} an. Nach VAN HEYNINGEN (angegeben von DIXON und NEEDHAM[17]) beträgt die MICHAELIS-Konstante für den Glucose-Enzymkomplex $1,0 \times 10^{-3}$ und für den Fructose-Enzymkomplex 2×10^{-3}.

** Nach GAMBLE und NAJJAR[18] 5 bzw. 7×10^{-5}.

1 SLEIN, M. W., G. T. CORI and C. F. CORI: J. biol. Ch. **186**, 763 (1950).

2 SOLS, A., G. DE LA FUENTE, C. VILLAR-PALASI and C. ASENSIO: Biochim. biophys. Acta **30**, 92 (1958).

3 SOLS, A.: Biochim. biophys. Acta **19**, 144 (1956).

4 GREILING, H., u. L. KIESOW: Z. Naturforsch. **11b**, 491 (1956).

5 WEIL-MALHERBE, H., and A. D. BONE: Biochem. J. **49**, 339 (1951).

6 VILLAR-PALASI, C.: Rev. esp. Fisiol. **13**, 207 (1957).

7 BOYLAND, E., G. C. L. GOSS and H. G. WILLIAMS-ASHMAN: Biochem. J. **49**, 321 (1951).

8 MCCOMB, R. B., and W. D. YUSHOK: Biochim. biophys. Acta **34**, 515 (1959).

9 KERLY, M., and D. H. LEABACK: Biochem. J. **67**, 245 (1957).

Anorganische Polyphosphate und Metaphosphate wirken hemmend und vermögen ATP nicht zu ersetzen[1]. Die Hemmung durch Na-tripolyphosphat ($Na_5P_3O_{10}$) kann durch einen Überschuß von ATP oder Mg^{++} aufgehoben werden[2].

Suramin wirkt hemmend[3], desgleichen 2-C-Hydroxymethylglucose[4]. 1-Amino-1-desoxy-D-fructose wird *nicht* phosphoryliert, hemmt aber die Phosphorylierung von Glucose[5].

L-Glucoson[6] wirkt kompetitiv hemmend, und zwar bei Fructose mehr als bei Glucose. K_I für Glucoson (Fructose bzw. Glucose) etwa $6{,}0 \times 10^{-5}$.

Das Enzym wird irreversibel durch Behandlung mit Senfgas oder N-Lost inaktiviert[7,8]. Es wird durch SH-Reagentien inaktiviert und durch Thiole reaktiviert[7,8]. BERGER u. Mitarb.[9] fanden jedoch keine wesentlichen SH-Gruppen in dem Enzym.

Inaktivierung der Hefe-Hexokinase bei 55—60° C[4].

Das Enzym wird durch Trypsin inaktiviert, aber nicht durch Chymotrypsin[10]. Ebenso wird es durch die proteolytischen Fermente, die in rohen Hefeextrakten vorhanden sind, inaktiviert. Gegen diese übt aber Glucose eine schützende Wirkung aus.

In sehr verdünnten Lösungen erleidet das Enzym augenblicklich starken Aktivitätsverlust (bis zu 50 %). Diese zeitlich nicht fortschreitende Inaktivierung kann durch Zusatz verschiedener Proteine verhütet werden. Insulin ist besonders wirksam[9].

Tabelle 92. MICHAELIS-*Konstanten von Gehirn-Hexokinase (Substrat Fructose) in Gegenwart von Hemmstoffen.*

Hemmstoff	K_M (Mol/l)
N-Acetyl-D-glucosamin	8×10^{-5}
N-Methyl-D-glucosamin	2×10^{-4}
6-Desoxy-D-glucose .	2×10^{-3}
D-Xylose	2×10^{-3}
D-Lyxose	$1{,}3 \times 10^{-3}$

2. *Neurospora crassa-Hexokinase*[11]. Zn^{++} für Aktivierung erforderlich.

Kompetitive Hemmung durch N-Acetylglucosamin, nicht kompetitive Hemmung durch Glucose-6-phosphat, Äthylendiamin-tetraacetat, Jodacetat, p-Chlormercuribenzoat. Letztere durch Glutathion aufhebbar.

3. *Tierische Hexokinase. a) Kompetitive Hemmung.* Gehirn-Hexokinase (Substrat Fructose) wird kompetitiv durch einige Zucker und Zuckerderivate gehemmt[12]. K_M-Fructose erleidet Veränderung (s. Tabelle 92).

Die Hälfte der maximalen Aktivität von Gehirn-Hexokinase erhält man bei $1{,}3 \times 10^{-4}$ m ATP bei Gegenwart von 0,005 m $MgCl_2$ und bei 8×10^{-4} m $MgCl_2$ bei Gegenwart von 0,01 m ATP[13].

[1] DIRHEIMER, G., et J. P. EBEL: Bull. Soc. Chim. biol. **38**, 1337 (1956). — ROUX, H., M. L. JAQUET-FRANCILLON et A. CREVAT: 3. Int. Congr. Biochem. Bruxelles, Resumés Comm. S. 30. 1955.
[2] VISHNIAC, W.: Arch. Biochem. **26**, 167 (1950).
[3] WILLS, E. D., and A. WORMALL: Biochem. J. **47**, 158 (1950).
[4] SOLS, A., G. DE LA FUENTE, C. VILLAR-PALASI and C. ASENSIO: Biochim. biophys. Acta **30**, 92 (1958).
[5] BURT, J. R.: Biochem. J. **77**, 16P (1960).
[6] HUDSON, M. T., and G. E. WOODWARD: Biochim. biophys. Acta **28**, 127 (1958).
[7] BAILEY, K., and E. C. WEBB: Biochem. J. **42**, 60 (1948).
[8] DIXON, M., and D. M. NEEDHAM: Nature **158**, 432 (1946).
[9] BERGER, L., M. W. SLEIN, S. P. COLOWICK and C. F. CORI: J. gen. Physiol. **29**, 379 (1946).
[10] KUNITZ, M., and M. R. MCDONALD: J. gen. Physiol. **29**, 293 (1946).
[11] MEDINA, A., and D. J. D. NICHOLAS: Biochem. J. **66**, 573 (1957).
[12] SOLS, A., and R. K. CRANE: J. biol. Ch. **210**, 581 (1954). — SOLS, A.: Biochim. biophys. Acta **19**, 144 (1956).
[13] SOLS, A., and R. K. CRANE: J. biol. Ch. **206**, 925 (1954).

Literatur zu Tabelle 91 (Fortsetzung).

[10] AGOSIN, M., and L. ARAVENA: Biochim. biophys. Acta **34**, 90 (1959).
[11] BUEDING, E., and J. A. MACKINNON: J. biol. Ch. **215**, 495 (1955).
[12] MEDINA, A., and D. J. D. NICHOLAS: Biochem. J. **66**, 573 (1957).
[13] DAVIDSON, E. A.: J. biol. Ch. **235**, 23 (1960).
[14] WOODWARD, G. E., and M. T. HUDSON: J. Franklin Inst. **259**, 543 (1955).
[15] BURT, J. R.: Biochem. J. **77**, 16P (1960).
[16] WAJZER, J.: Cr. **236**, 2116 (1953).
[17] DIXON, M., and D. M. NEEDHAM: Nature **158**, 432 (1946).
[18] GAMBLE, J. L., and V. A. NAJJAR: J. biol. Ch. **217**, 595 (1955).

ADP hemmt kompetitiv die Aktivität von Gehirn- und Herzmuskel-Hexokinase, denn die Hemmung einer bestimmten Menge ADP ist abhängig von der ATP-Konzentration. K_I (ADP) ist gleich K_M (ATP)[1,2]. Auch die Hexokinase von EHRLICH-Ascites-Tumor[3], menschlichen Blutzellen[4] und Bandwurmlarven[5] (bei letzteren Substrat Fructose) wird durch ADP kompetitiv gehemmt und ebenso Pankreas-Hexokinase[6] durch N-Acetylglucosamin.

Ferner kompetitive Hemmung der Hexokinase von Gehirn und EHRLICH-Ascites-Tumor durch Glucoson[7].

b) Nichtkompetitive Hemmung. Glucose-6-phosphat hemmt *nicht* kompetitiv die Hexokinase von Gehirn[2,8], Herzmuskel, Skeletmuskel, Niere, Leber[8], roten Blutzellen[4], Darmschleimhaut[9], Heuschrecken-Thoraxmuskel[10], Bandwurmlarven (Substrat Fructose)[5], EHRLICH-Ascites-Tumor[3]. In letzterem Falle: K_I (Glucose) $= 4 \times 10^{-4}$, K_I (Fructose) $= 6 \times 10^{-4}$. Die Hemmung von Gehirn-Hexokinase durch Glucose-6-phosphat wird durch gemäßigte Konzentration von anorganischem Phosphat (8×10^{-3} M/l) um 40—60% herabgesetzt[11].

Folgende K_I-Werte von Glucose-6-phosphat und anderen Hemmstoffen der Gehirn-Hexokinase werden von SOLS und CRANE angegeben[12,13].

Tabelle 93. *K_I-Werte von Hemmstoffen der Gehirn-Hexokinase*

Hemmstoff	K_I (Mol/l)	Hemmstoff	K_I (Mol/l)
Glucose-6-phosphat	4×10^{-4}	α-Glucose-1,6-diphosphat	7×10^{-4}
1,5-Sorbit-6-phosphat	6×10^{-4}	Allose-6-phosphat	6×10^{-4}
L-Sorbose-1-phosphat	6×10^{-4}	3-Desoxyglucose-6-phosphat	$1,7 \times 10^{-2}$

p-Chlormercuribenzoat (10 M/100000 M Protein) bewirkt vollständige Hemmung von Gehirn-Hexokinase. Diese wird durch Cystein aufgehoben[1].

Das Enzym menschlicher Blutzellen wird durch Ca^{++}, Endoxan und Monojodacetat gehemmt[4].

Inaktivierung. Gereinigte Gehirn-Hexokinase wird durch Verdünnung inaktiviert. Metallbindende Agentien, wie Versene, Cystein oder Cyanid, können diese Inaktivierung verhindern, in geringerem Ausmaß auch Insulin und Serumalbumin. EDTA (Versene) bewahrt Gehirn- und Leber-Hexokinase vor der Inaktivierung durch Verdünnung[1].

Alloxan hemmt Muskel-Hexokinase, Cystein reaktiviert jedoch[14]. Glyoxal hemmt stark Gehirn- und Muskel-Hexokinase[15]. Über die Hemmung von Hexokinase durch spezifische Proteine wird von verschiedenen Autoren berichtet[2,16–19].

[1] SOLS, A., and R. K. CRANE: J. biol. Ch. **206**, 925 (1954).
[2] WEIL-MALHERBE, H., and A. D. BONE: Biochem. J. **49**, 339 (1951).
[3] MCCOMB, R. B., and W. D. YUSHOK: Biochim. biophys. Acta **34**, 515 (1959).
[4] GRIGNANI, F., u. G. W. LÖHR: Kli. Wo. **1960**, 796.
[5] AGOSIN, M., and L. ARAVENA: Biochim. biophys. Acta **34**, 90 (1959).
[6] VILLAR-PALASI, C.: Rev. esp. Fisiol. **13**, 207 (1957).
[7] BUNTON, C. A., T. A. LEWIS, D. R. LLEWELLYN, H. TRISTRAM and C. A. VERNON: Nature **174**, 560 (1954).
[8] CRANE, R. K., and A. SOLS: J. biol. Ch. **203**, 273 (1953).
[9] SOLS, A.: Biochim. biophys. Acta **19**, 144 (1956).
[10] KERLY, M., and D. H. LEABACK: Biochem. J. **67**, 245 (1957).
[11] TIEDEMANN, H., u. J. BORN: Z. Naturforsch. **14b**, 477 (1959).
[12] CRANE, R. K., and A. SOLS: J. biol. Ch. **210**, 597 (1954).
[13] CRANE, R. K., and A. SOLS; in: Colowick-Kaplan, Meth. Enzymol. Vol. I, p. 277.
[14] GRIFFITHS, M.: Arch. Biochem. **20**, 451 (1949).
[15] KUN, E.: J. biol. Ch. **194**, 603 (1952).
[16] COLOWICK, S. P.; in: Sumner-Myrbäck, Bd. II/1, S. 114.
[17] WEIL-MALHERBE, H., and A. D. BONE: Biochem. J. **49**, 348, 355 (1951).
[18] STERN, J.: Biochem. J. **58**, 536 (1954).
[19] LONG, C., and A. R. THOMSON: Biochem. J. **61**, 465 (1955).

4. Hexokinase höherer Pflanzen. Sie wird durch SH-Reagentien wenig beeinflußt[1]. Hemmstoffe der unlöslichen Weizenkeimling-Hexokinase sind: Dinitrophenol, $HgCl_2$, $CuSO_4$, $ZnCl_2$, p-Chlormercuribenzoesäure, Alloxan, Na-tripolyphosphat und Glucose-6-phosphat[1].

Enzymeinheit: a) Für Hefe-Hexokinase. Als Einheit wird diejenige Enzymmenge definiert, die unter bestimmten Bedingungen (s. unten) pro min bei p_H 7,5 und bei 5° C die Bildung von 1×10^{-8} Säureäquivalenten katalysiert[2].

b) Für tierische Hexokinase[3]. Eine Einheit wird als diejenige Menge definiert, die in 15 min bei 30° C unter optimalen Bedingungen die Phosphorylierung von 1 μM Glucose katalysiert.

Tabelle 94. *Temperaturkoeffizient der Hexokinase.*

Art der Hexokinase	Temp.-Koeff. (Q_{10})	Temp.-Bereich
Hefe-Hexokinase, krist.[2, 4]	etwa 2	0—30° C
Gehirn-Hexokinase[3] . .	2,2	30—40° C

Aktivierungsenergie. Aktivierungsenergie der Hexokinase menschlicher Blutzellen[5]: 11100 cal.

Physikalisch-chemische Eigenschaften der kristallisierten Hefe-Hexokinase[2]. Das Enzym ist ein Protein vom Albumin-Typ.

Mol.-Gewicht = 96600. Isoelektrischer Punkt etwa p_H 4,8.

Löslichkeit, Elektrophorese und Ultrazentrifugation zeigen, daß es sich um einen einheitlichen Körper handelt.

Diffusionskonstante (D°_{20}) bei 1° C in Acetatpuffer, p_H 5,5, $= 2,9 \times 10^{-7}$ cm²/sec. Sedimentationskonstante (S°_{20}) bei gleichen Bedingungen $= 3,1 \times 10^{-13}$ cm/sec/dyn/g.

Das ultraviolette Absorptions-Spektrum zeigt ein Maximum bei 278 mμ und ein Minimum bei 250 mμ.

Größte Stabilität des Enzyms bei p_H 5.

Bestimmung der Hexokinase (s. auch Bd. VI/A, S. 318).

Prinzip:

Für jedes Mol Phosphat, das von ATP auf Glucose übertragen wird, wird ein Säureäquivalent in Freiheit gesetzt. Diese Säuremenge ist bei bestimmten Versuchsbedingungen der Hexokinase-Konzentration proportional. Die entstandene Säure kann titrimetrisch, manometrisch oder spektrophotometrisch bestimmt werden.

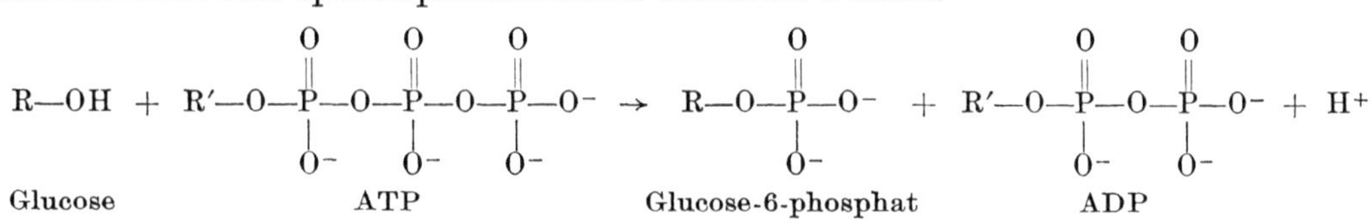

a) Titrimetrische Bestimmung nach Kunitz ***und*** McDonald[2].

Reagentien:

1. 0,01 m NaOH (6,25 ml 0,1 %iges Phenolrot im Liter enthaltend).
2. 0,01 m HCl.
3. *Lösung A:* 20 ml 0,045 m ATP + 3 ml 0,05 m $MgCl_2$ (mit Thymol bei 0—5° C aufbewahrt).
4. *Lösung B:* 8 ml 5 %ige Glucose + 3 ml 0,5 m Phosphatpuffer (p_H 7,5) auf 25 ml aufgefüllt (Aufbewahrung wie oben).
5. *Lösung C:* 0,0025 %iges Phenolrot.
6. *Farbstandardlösung:* 2,5 ml 0,1 m Phosphatpuffer (p_H 7,5) + 0,5 ml 0,0025 %iges Phenolrot.

[1] Saltman, P.: J. biol. Ch. **200**, 145 (1953).
[2] Kunitz, M., and M. R. McDonald: J. gen. Physiol. **29**, 293 (1946).
[3] Crane, R. K., and A. Sols; in: Colowick-Kaplan, Meth. Enzymol. Vol. I, p. 277.
[4] Berger, L., M. W. Slein, S. P. Colowick and C. F. Cori: J. gen. Physiol. **29**, 379 (1946).
[5] Grignani, F., u. G. W. Löhr: Kli. Wo. **1960**, 796.

Ausführung:

0,5 ml Lösung A + 0,5 ml Lösung B + 0,5 ml Lösung C werden vermischt, auf 5° C abgekühlt, dann 0,5 ml eiskalte Hexokinaselösung hinzugefügt. Dann wird unverzüglich mit 0,01 m NaOH oder HCl aus einer Mikrobürette auf die Farbe der Standardlösung titriert. 30 min bei 5° C stehenlassen, dann mit 0,01 m NaOH auf die Vergleichsfarbe bringen.

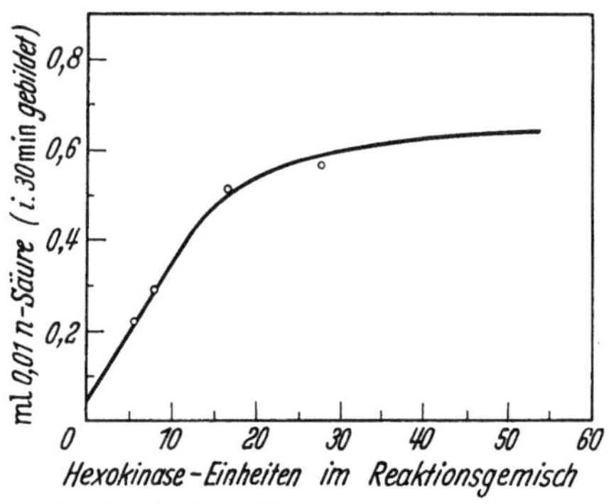

Abb. 1. Aktivitätskurve der Hexokinase.

Berechnung:

Die in 30 min verbrauchte Menge NaOH entspricht der freigesetzten Säuremenge und wird auf Einheiten umgerechnet. Die Einheiten können aus folgender Kurve sogleich abgelesen werden (s. Abb. 1).

Daraus wird die spezifische Aktivität (Einheiten/mg Protein) berechnet. Die Methode ist auch für rohe Hefe-Hexokinase-Präparate anwendbar.

b) Manometrische Bestimmung nach Colowick *und* Kalckar[1].

Reagentien:

1. 0,04 m ATP (Natriumsalz, p_H 7,5).
2. 0,04 m $NaHCO_3$.
3. $NaHCO_3$.
4. Glucose.
5. $MgCl_2$.
6. N_2 (5 % CO_2 enthaltend).

Ausführung:

Der Seitenarm des Warburg-Gefäßes enthält 0,2 ml 0,04 m ATP und 0,2 ml 0,04 m $NaHCO_3$.

Das Hauptgefäß enthält 1,2 ml Enzymlösung, 0,02 M $NaHCO_3$, 0,02 M Glucose, 0,01 M $MgCl_2$. Sättigung mit N_2 (5 % CO_2 enthaltend). $T = 30°$ C.

Nach Temperaturausgleich (5 min) wird der Inhalt des Seitenarmes in das Hauptgefäß gekippt und das freigesetzte CO_2 manometrisch bestimmt.

Bei rohen Hexokinaselösungen ist ein entsprechender Ansatz ohne Glucose notwendig, um den ATPase-Wert zu ermitteln, der abgezogen wird.

Die gebildete Menge CO_2 ist unter obigen Versuchsbedingungen (p_H 7,5) äquivalent der Menge P, die von ATP auf Glucose übertragen wird. Sie wird in Mol P und dann auf Einheiten umgerechnet.

c) Spektrophotometrische Bestimmung der Hexokinase nach Wajzer[2], *modifiziert von* Crane *und* Sols *(photometrische Indicator-Methode)*[3].

Reagentien:

1. ATP.
2. $MgCl_2$.
3. Bromthymolblau.
4. Mannose.
5. Cystein oder EDTA-$MgCl_2$.

Ausführung:

4 ml einer ATP, $MgCl_2$ und Bromthymolblau enthaltenden Mischung, so daß die betreffenden Konzentrationen nach Verdünnung auf 5 ml 0,0025 M, 0,005 M und 0,003 % bei p_H 7,2 betragen, werden in einer Klett-Summerson-Photometer-Küvette mit 0,8 ml Substratlösung und 0,2 ml Enzym (etwa 10 Einheiten) vermischt. Die Extinktion wird mit einem Filter von 560 mμ bei 30° C messend verfolgt. Infolge wechselnder Pufferkapazität der Mischung während der Reaktion verläuft die Kurve nicht linear. Infolgedessen dient der reziproke Wert der Zeit, in der eine bestimmte Abnahme der Extinktion stattfindet (durch einen Leerwert ohne Substrat korrigiert) als Maß für den Umsatz.

[1] Colowick, S. P., and H. A. Kalckar: J. biol. Ch. **148**, 117 (1943).
[2] Wajzer, J.: Cr. **229**, 1270 (1949).
[3] Crane, R. K., and A. Sols; in: Colowick-Kaplan, Meth. Enzymol. Vol. I, p. 277.

Die Methode kann geeicht werden, indem man eine bestimmte Menge Mannose (etwa 50 mμM/ml) hinzufügt und die Totalabnahme der Extinktion bei völligem Umsatz bestimmt.

Unter den obigen Bedingungen entspricht die Extinktionsabnahme um eine KLETT-Einheit ungefähr der Übertragung von 1 mμM Phosphat per min.

Man kann zur Stabilisierung des Enzyms Cystein oder EDTA-$MgCl_2$ (0,0001 M) hinzusetzen.

***Bestimmung der Hexokinase nach* SOMOGYI[1].**

Prinzip:

Der verschwindende Zucker wird ermittelt. Zu diesem Zweck werden zunächst Eiweiß und Hexose-6-phosphat durch $ZnSO_4$ und $Ba(OH)_2$ gefällt und dann der Zucker bestimmt.

Reagentien:

1. 0,3 n $Ba(OH)_2$.
2. 5% $ZnSO_4 \times 7\ H_2O$.
3. u. 4. Lösungen *A* und *B* für den Versuchsansatz wie bei der titrimetrischen Bestimmung (S. 659).

Ausführung:

0,5 ml Lösung *A* und 0,5 ml Lösung *B* werden vermischt, 0,5 ml Hexokinaselösung zugefügt. $T = 30°$ C.

Nach 10 min wird der Versuch durch Zusatz von je 1 ml $ZnSO_4$ und dann $Ba(OH)_2$ gestoppt und abzentrifugiert. Der reduzierende Zucker wird in einem aliquoten Teil der überstehenden Lösung nach SOMOGYI (s. Bd. III/1, S. 678) bestimmt.

Als Kontrollversuch benützt man dieselbe Mischung ohne Zucker und setzt diesen erst nach Zugabe von $ZnSO_4$ hinzu. Die Differenz dieses Zuckerwertes und des Zuckerwertes des Hauptversuches gibt den verbrauchten Zucker an.

***Bestimmung der Hexokinase nach* RACKER[2].**

Prinzip:

Das entstandene Hexose-6-phosphat wird im kombinierten optischen Test ermittelt:

1. $\text{ATP} + \text{Glucose} \xrightarrow{\text{Hexokinase}} \text{Glucose-6-phosphat} + \text{ADP}$
2. $\text{Glucose-6-phosphat} \xrightleftharpoons{\text{Phosphohexoisomerase}} \text{Fructose-6-phosphat}$
3. $\text{Fructose-6-phosphat} + \text{ATP} \xrightleftharpoons{\text{Phosphohexokinase}} \text{Fructose-1,6-diphosphat} + \text{ADP}$
4. $\text{Fructose-1,6-diphosphat} \xrightleftharpoons{\text{Aldolase}} \text{Glycerinaldehydphosphat} + \text{Dihydroxyacetonphosphat}$
5. $\text{Dihydroxyacetonphosphat} + \text{DPNH} + \text{H}^+ \xrightleftharpoons[\text{Dehydrogenase}]{\alpha\text{-Glycerophosphat-}} \alpha\text{-Glycerophosphat} + \text{DPN}^+$

Außer Hexokinase sind also folgende Hilfsenzyme erforderlich: Phosphohexoisomerase, Phosphohexokinase, Aldolase und α-Glycerophosphat-Dehydrogenase. Diese müssen im Überschuß vorhanden sein, damit Reaktion (1) geschwindigkeitsbestimmend ist. Dann ist das gebildete Glucose-6-phosphat proportional dem entstandenen DPN^+.

Reagentien:

1. 0,1 m Ammoniumphosphatpuffer, p_H 7,6.
2. Reduz. DPN^+, 0,1 %ig.
3. α-Glycerophosphat-Dehydrogenase 0,1 % (Proteinkonzentration) + Aldolase.
4. ATP, 0,4 %ig.
5. 0,07 m $MgCl_2$.
6. Phosphohexokinase, 0,03 %ig (Proteinkonzentration).
7. 0,24 m Glucose.

---

[1] SOMOGYI, M.: J. biol. Ch. **160**, 61, 69 (1945).

[2] RACKER, E.: J. biol. Ch. **167**, 843 (1947).

Ausführung:

0,1 ml Puffer + 0,1 ml DPNH + 0,05—0,3 ml Glycerophosphat-Dehydrogenase-Aldolase-Gemisch + 0,1 ml ATP + 0,1 ml $MgCl_2$ + 0,05—0,3 ml Phosphohexokinase + 0,08 ml Glucose werden mit H_2O und Hexokinase (0,02—0,2 ml) auf ein Endvolumen von 3 ml gebracht. Leerwert ohne DPNH. Bei rohen Enzymlösungen ist außerdem ein Leerwert mit allen Zusätzen außer Glucose erforderlich.

Die Extinktionsabnahme bei 340 mμ wird bestimmt und durch die Leerwerte korrigiert.

Berechnung:

Berechnung des entstandenen DPN^+ s. Bd. VI/A, S. 292ff.

Da jedem Mol Glucose-6-phosphat, das entsteht, 1 M DPN^+ entspricht, ergibt sich daraus Glucose-6-phosphat. Dann wird auf Einheiten umgerechnet.

Wie bei allen kombinierten optischen Testen mit Dehydrogenasen kann bei Einhaltung der BÜCHERschen Meßbedingungen die Einheit von BÜCHER zur Berechnung der Enzymaktivität angewandt werden[1].

Glucokinase.

[2.7.1.2 ATP: D-Glucose-6-Phosphotransferase.]

ATP + Glucose → ADP + Glucose-6-phosphat

Tabelle 95. *Vorkommen und Normalwerte.*

Vorkommen	Aktivität	Ausgedrückt durch
Roher Kaninchenmuskel-Extrakt[2]	83	verbrauchte μMol Glucose/g Protein/30 min
Roher Rattenmuskel-Extrakt[2]	351	desgl.
Rattenleber-Homogenat[2]	100	verbrauchte μg Glucose/200 mg Leber pro 20 min
Kaninchenleber[3], Homogenat	130—145	μg phosphorylierte Glucose/ml
Bandwurmlarven[4], gereinigtes Präparat	7,4	μMol phosphorylierte Glucose/mg Protein
Bakterienstamm W-2[5]	—	—
Clostridium tetani[6]	—	—
Glucokinasefraktion von Schistosoma Mansoni[7] (Parasitenwurm)	5,8	verbrauchte μMol Glucose/mg Protein
Pseudomonas putrefaciens[8] (getr. Zellen)	54	μg Abnahme säurelabiler P (7 min/30 min)
Bacterium coli-Fraktion[9]	—	—
Staphylococcus aureus	—	—

***Darstellung der Glucokinase aus Skeletmuskel nach* CRANE *und* SOLS[10, 11].**

1. Schritt: Darstellung von Extrakt. Rücken und Beine von Hund oder Ratte auf Eis gefroren und in Latapie-Mühle zerkleinert. Zerkleinerter Muskel wird 15 min mit 1,5 Vol. 0,01 m Tris—0,005 m EDTA, p_H 8,0, gerührt, 20 min bei 7000 × g zentrifugiert, überstehende Flüssigkeit durch Glaswolle dekantiert. (Extrakt enthält 3,5 Einheiten/ml; spezifische Aktivität etwa 0,15.)

2. Schritt: Acetonfraktionierung und Darstellung von Acetonpulver. Extrakt mit 1,0 m Acetat (p_H 4,0) bis p_H 6,5 ansäuern, 0,5 Vol. kaltes Aceton unter Rühren hinzufügen,

BEISENHERZ, G., H. J. BOLTZE, T. BÜCHER, R. CZOK, K. H. GARBADE, E. MEYER-ARENDT u. G.
[1] PFLEIDERER: Z. Naturforsch. 8b, 555 (1953).
[2] SLEIN, M. W., G. T. CORI and C. F. CORI: J. biol. Ch. 186, 763 (1950).
[3] BEKINA, R. M., u. A. N. PETROVA: Biochimija, Moskva 22, 593, 636 (1957).
[4] AGOSIN, A., and L. ARAVENA: Biochim. biophys. Acta 34, 90 (1959).
[5] SATO, R., S. TAKEMORI and M. EBATA: J. Biochem. 43, 623 (1956).
[6] MARTINEZ, R. J., and S. C. RITTENBERG: J. Bakt. 77, 156 (1959).
[7] BUEDING, E., and J. A. MCKINNON: J. biol. Ch. 215, 495 (1955).
[8] KLEIN, H. P., and M. DOUDOROFF: J. Bact. 59, 739 (1950).
[9] CARDINI, C. E.: Enzymologia 14, 362 (1951).
[10] CRANE, R. K., and A. SOLS: J. biol. Ch. 203, 273 (1953).
[11] CRANE, R. K., and A. SOLS; in: Colowick-Kaplan, Meth. Enzymol. Vol. I, p. 277.

in Eis-NaCl-Bad kalt stellen, nach 10 min bei 600×g abzentrifugieren (10 min). Überstehende Flüssigkeit verworfen, Sediment in gleichem Volumen 33% Aceton suspendiert und langsam unter Rühren in 10 Vol. kaltes Aceton gegossen. Niederschlag auf Filter abgesaugt, Filterkuchen in dünner Schicht auf Filtrierpapier ausgebreitet und im Vakuum getrocknet. Acetonpulver bei −15° C aufbewahrt haltbar. Ausbeute: etwa 50% der Aktivität des Originalextraktes. Extrakte hiervon können durch Verreiben des Pulvers mit 10 Vol. kaltem 0,01 m Tris—0,005 m EDTA-Puffer (p_H 8,0) und Zentrifugieren dargestellt werden. Die klare überstehende Flüssigkeit enthält Hexokinase von spezifischer Aktivität etwa 1.

***Darstellung der Glucokinase aus Leber nach* CRANE *und* SOLS[1,2].**

1. Schritt: Darstellung von partikelfreiem Extrakt. Gutgefütterte Ratte durch Nackenschlag töten, Thorax und Abdomen öffnen, Leber herausnehmen und mit 2 Vol. 0,15 m KCl—0,005 m EDTA—0,005 m $MgCl_2$ (p_H 7,0) homogenisieren. Homogenat 30 min bei 100000×g zentrifugieren. Überstehende rote, klare Flüssigkeit ohne Fettschicht abhebern, Niederschlag verwerfen (Präparat enthält 2—3 Einheiten/ml).

2. Schritt: Anreicherung durch Ammoniumsulfatfällung. Lösung wird zu 50% mit Ammoniumsulfat gesättigt, indem man in der Kälte das gleiche Volumen einer bei Zimmertemperatur gesättigten Ammoniumsulfatlösung (p_H 7,5) hinzufügt. Niederschlag wird in kleinem Volumen von 0,01 m Tris—0,005 m EDTA—0,005 m $MgCl_2$ (p_H 8,0) gelöst und gegen großes Volumen desselben Puffers dialysiert.

Dialysiertes Präparat bei −15° C mehrere Wochen haltbar.

Eigenschaften. *Spezifität.* Es steht noch nicht ganz fest, ob die hierzu gerechneten Typen mit Hexokinase identisch sind oder nicht, jedoch läßt sich die Fructose phosphorylierende Komponente als spezifische Fructokinase von diesen abtrennen.

p_H-Optimum. Dieses liegt für Skeletmuskel- und Leber-Hexokinase bei p_H etwa 8, bei dem Enzym des Bakterienstammes W-2[3] bei 8,4 (in letzterem Falle Barbitursäure-Puffer).

Die MICHAELIS-Konstante von Skeletmuskel-Hexokinase für Glucose und Mannose ist etwa zehnmal so groß wie die von Gehirn-Hexokinase, und die K_M-Werte von Leber-Hexokinase sind wahrscheinlich noch höher[2].

Tabelle 96. MICHAELIS-*Konstanten.*

Herkunft des Enzyms	Substrat	K_M (Mol/l)
Schistosoma mansoni[4] gereinigter Extrakt	Glucose	$1{,}5 \times 10^{-4}$
desgl.	$MgCl_2$	3×10^{-3}
desgl.	ATP	$1{,}5 \times 10^{-3}$
Bandwurmlarven[5] . .	Glucose	$1{,}07 \times 10^{-4}$
desgl.	ATP	$2{,}85 \times 10^{-4}$
desgl.	Mg^{++}	$1{,}33 \times 10^{-4}$
Rattenmuskel[6] . . .	Glucose	2×10^{-3}

Aktivierung und Hemmung. Mg^{++}-Ionen sind auch für die Aktivierung von Muskel- und Leber-Hexokinase bzw. von Glucokinase erforderlich.

ADP hemmt kompetitiv die Aktivität des Skeletmuskelenzyms[2,7], während Glucose-6-phosphat nicht kompetitiv die Glucokinase von Skeletmuskel und Leber[1] hemmt.

Glucokinase von *Schistosoma* wird durch p-Chlormercuribenzoat und andere SH-Inhibitoren gehemmt und durch Glutathion reaktiviert. Sie wird ferner durch ADP, Glucose-6-phosphat und Sorbose-1-phosphat gehemmt[4].

Auch Glucokinase aus Bandwurmlarven[5] wird durch ADP und Glucose-6-phosphat gehemmt.

Die bei Verdünnung des Leberenzyms auftretende Inaktivierung wird durch EDTA verhütet.

[1] CRANE, R. K., and A. SOLS: J. biol. Ch. **203**, 273 (1953).
[2] CRANE, R. K., and A. SOLS; in: Colowick-Kaplan, Meth. Enzymol. Vol. I, p. 277.
[3] SATO, R., S. TAKEMORI and M. EBATA: J. Biochem. **43**, 623 (1956).
[4] BUEDING, E., and J. A. MCKINNON: J. biol. Ch. **215**, 495 (1955).
[5] AGOSIN, A., u. L. ARAVENA: Biochim. biophys. Acta **34**, 90 (1959).
[6] NEIFAKH, S. A., u. M. P. FOMINA: Biochimija, Moskva **22**, 476 (1957).
[7] CRANE, R. K., and A. SOLS: J. biol. Ch. **206**, 925 (1954).

Das Skeletmuskelenzym wird durch Alloxan gehemmt und durch Cystein reaktiviert, was für das Vorhandensein wesentlicher SH-Gruppen im Enzym-Protein spricht[1].

Über die Hemmung der Muskel-Hexokinase durch spezifische Proteine s. Hexokinase.

Einfluß der Temperatur. Skeletmuskel-Hexokinase wird in 4 min bei 55° C völlig inaktiviert[2].

Bestimmungsmethoden. Siehe Hexokinase, S. 659; s. ferner BEKINA und PETROVA[3]. Die Abnahme von ATP wird bestimmt.

Ketohexokinase.

[2.7.1.3 ATP: D-Fructose-1-Phosphotransferase (Fructokinase).]

ATP + Fructose → ADP + Fructose-1-phosphat

Tabelle 97. *Vorkommen und Normalwerte.*

Vorkommen	Aktivität	Ausgedrückt durch
Rattenleber-Homogenat[4] (Phosphat)	1,62	mg verbrauchte Fructose/0,5 ml Homogenat/30 min
Ochsenleber[5], Rohextrakt	0,014	Einheiten/mg Protein
I. Methanol-Fraktionierung	0,20	desgl.
II. Methanol-Fraktionierung	0,30—0,40	desgl.
III. Methanol-Fraktionierung	0,38—0,42	desgl.
Kaninchenmuskel-Homogenat[6,7]	3,3	desgl.
Gereinigtes Kaninchenmuskel-Präparat[6,7]	74,5	desgl.
Pseudomonas saccharophila[8] (an Fructose gewöhnt)	—	—
Erbsen (gereinigtes Präparat)[9]	7,4	μMol phosphorylierte Fructose/30 min/30° C

***Darstellung von Ochsenleber-Ketohexokinase nach* PARKS *u. Mitarb.*[5].**

Dieses Verfahren führt zu einer 150fachen Reinigung des Enzyms, während HERS[10] nur eine 25fache Reinigung erzielte.

1 kg Ochsenleber wird durch eine Fleischmaschine gegeben und mit 3 l 0,15 m Phosphatpuffer, p_H 7,8, bei +2° C 2 Std gerührt. Der Extrakt wird durch ein Käsetuch filtriert, mit kalter 5 n Essigsäure (etwa 80 ml) auf p_H 5,5 gebracht und der Niederschlag abzentrifugiert. Überstehende Flüssigkeit durch ein Käsetuch gegeben, um feste Teilchen zu entfernen und auf p_H 6,0 gebracht (Rohextrakt).

1. Methanolfällung. Der Extrakt wird mit $^1/_9$ seines Volumens 0,5 m Kaliumphthalat, p_H 6,0, vermischt und die Mischung durch langsame Zugabe von 80% Methanol (auf −10° C abgekühlt) auf eine Endkonzentration von 40% Methanol gebracht. Während der Zugabe wird die Temperatur der Enzymlösung unter +5° C gehalten. Die Mischung wird dann (in einem 40° C-Bad) auf 20° C erwärmt und bei dieser Temperatur gehalten, bis das denaturierte Protein sich absetzt und die Lösung sich aufhellt. Dauert für gewöhnlich 10—15 min. Inaktiver Niederschlag wird abzentrifugiert und verworfen.

Die methanolische Lösung wird in ein Bad von −15° C gesetzt und gerührt. Wenn die Temperatur −10° C erreicht hat, werden langsam 1,5 Vol. 90%iges Methanol zu-

[1] GRIFFITHS, M.: Arch. Biochem. 20, 451 (1949).
[2] RACKER, E.: J. biol. Ch. 167, 843 (1947).
[3] BEKINA, R. M., u. A. N. PETROVA: Biochimija, Moskva 22, 593, 636 (1957).
[4] VESTLING, C. S., A. K. MYLROIE, U. IRISH and N. H. GRANT: J. biol. Ch. 185, 789 (1950).
[5] PARKS jr., R. E., E. BEN-GERSHOM and H. A. LARDY: J. biol. Ch. 227, 231 (1957).
[6] HERS, H. G.: Arch. int. Physiol. 61, 426 (1953).
[7] HERS, H. G.; in: Colowick-Kaplan, Meth. Enzymol. Vol. I, p. 286.
[8] PALLERONI, N. J., R. CONTOPOULOU and M. DOUDOROFF: J. Bact. 71, 202 (1956).
[9] MEDINA, A., and A. SOLS: Biochim. biophys. Acta 19, 378 (1956).
[10] HERS, H. G.: Biochim. biophys. Acta 8, 416 (1952).

gesetzt, um die Methanol-Konzentration auf 70% zu bringen. Mischung 1 Std bei — 10° C gehalten, Niederschlag bei — 10° C abzentrifugiert, wiederholt mit 0,05 m Phosphat, p_H 7,0, verrührt (um das Enzym zu extrahieren), und zwar mit solchen Portionen, daß die Methanol-Konzentration der extrahierenden Flüssigkeit nicht unter 15% absinkt. Die vierte Extraktion wird mit 0,05 m Phosphat ausgeführt, das 15% Methanol enthält. Das Volumen der vereinigten Extrakte soll etwa $^1/_4$—$^1/_5$ des Volumens des Ausgangsextraktes betragen.

Glykogenverdauung. Extrakt auf etwa p_H 7 mit 1 n KOH gebracht und 0,3 g NaCl zugefügt, 4 ml geklärter Speichel zugesetzt und Lösung auf 30° C erwärmt. Nach 15 min Stehen bei dieser Temperatur auf 0° C abgekühlt.

2. Methanol-Fraktionierung. Lösung wird mit 5 n Essigsäure auf p_H 6,0 gebracht und $^1/_9$ des Volumens an 0,5 m K-phthalat-puffer (p_H 6,0) zugesetzt, Methanolgehalt dann durch Zugabe von 80%igem Methanol auf 40% gebracht (wie schon vorher beschrieben), Mischung 1 Std bei 0° C gehalten, dann abzentrifugiert, Niederschlag verworfen. Überstehende Flüssigkeit auf — 10° C abgekühlt, Niederschlag abzentrifugiert. Enthält nur wenig Enzym. Methanolgehalt der überstehenden Lösung durch Zugabe von $^2/_3$ ihres Volumens an 90%igem Methanol bei — 10° C auf 60% gebracht. Nach Stehen über Nacht bei — 10° C wird Niederschlag gesammelt und mit 0,05 m Phosphatpuffer auf etwa 100 ml gebracht (spezifische Aktivität 0,30—0,40). Fraktion von 54—60%igem Methanolgehalt: spezifische Aktivität 0,38—0,42 (150fache Reinigung).

Weiteres Verfahren zur Darstellung des Enzyms aus Ochsenleber s. KUYPER und HOENSELAARS[1].

Reinigungsmethode für Rattenleber-Ketohexokinase s. STAUB und VESTLING[2].

***Darstellung einer partiell gereinigten Muskel-Ketohexokinase (Kaninchenmuskel) nach* SLEIN *u. Mitarb.*[3].**

Zerkleinerter Kaninchenmuskel wird zweimal mit 1 Vol. kalter 0,03 m KOH und einmal mit 0,5 Vol. dest. Wasser extrahiert. Man filtriert durch Gaze und behandelt das Filtrat mit gesättigter Ammoniumsulfatlösung (p_H 7,8). Die zwischen 0,41—0,5 Sättigung ausfallende Fraktion enthält Ketohexokinase, die auf das 12—40fache gereinigt ist. Frei von Glucokinase, aber nicht von 1-Phosphoketohexokinase und 6-Phosphoketohexokinase.

Eigenschaften. *Spezifität*[3,4]. Die Phosphat-Übertragung von ATP auf Fructose wird bei Muskel und Leber, auch Erbsen[5], durch spezifische Enzyme katalysiert, wobei Fructose-1-phosphat gebildet wird.

Außer Fructose können auch andere Ketosen, nämlich L-Sorbose und L-Tagatose phosphoryliert werden[6,7], jedoch nicht vom Erbsenenzym[5].

Ein Enzym, das Sedoheptulose zehnmal schneller phosphoryliert als Fructose, wurde von japanischen Forschern in einem (an Sedoheptulose gewöhnten) Bakterienstamm aufgefunden[8].

ATP kann nicht durch Inosintriphosphat oder Uridintriphosphat ersetzt werden[9].

p_H-Optimum. Leber-Ketokexokinase wirkt optimal bei p_H 5,5—7,8[9,10].

---

[1] KUYPER, C., u. J. R. A. M. HOENSELAARS: Proc. Kon. ned. Akad. Wet. Amsterdam (C) **62**, 484 (1959).
[2] STAUB, A., and C. S. VESTLING: J. biol. Ch. **191**, 395 (1951).
[3] SLEIN, M. W., G. T. CORI and C. F. CORI: J. biol. Ch. **186**, 763 (1950).
[4] CORI, G. T., S. OCHOA, M. W. SLEIN and C. F. CORI: Biochim. biophys. Acta **7**, 304 (1951).
[5] MEDINA, A., and A. SOLS: Biochim. biophys. Acta **19**, 378 (1956).
[6] LEUTHARDT, F., u. E. TESTA: Helv. **33**, 1919 (1950); **34**, 931 (1951).
[7] HERS, H. G.: Biochim. biophys. Acta **8**, 416 (1952).
[8] MITSUO EBATA, RYO SATO and TSCHANGI BAK: J. Biochem. **42**, 715 (1955).
[9] PARKS, R. E. jr., E. BEN-GERSHOM and H. A. LARDY: J. biol. Ch. **227**, 231 (1957).
[10] HERS, H. G.; in: Colowick-Kaplan, Meth. Enzymol. Vol. I, p. 286.

Aktivierung und Hemmung. a) Leber-Ketohexokinase. Mg^{++} oder Mn^{++} sind für die Aktivität notwendig. Mg^{++} im Überschuß über ATP wirken aber hemmend. Die höchste Aktivität wird bei niederer Ionenstärke bei einem Verhältnis Mg/ATP = 0,5 erzielt, bei hoher Ionenstärke bei einem Verhältnis Mg/ATP = 1. K-Ionen wirken stark aktivierend, optimale Wirkung wird bei K^+-Konzentration 1—2 m erreicht und hängt von der vorhandenen ATP- und Mg^{++}-Konzentration ab[1,3], beim höher gereinigten Enzym ist diese Abhängigkeit jedoch nicht vorhanden[4]. Kalium kann auch durch Rubidium ersetzt werden, andere einwertige Kationen jedoch wirken schwächer aktivierend[4]. CORI u. Mitarb.[7] finden in rohen Leber-Homogenaten aerob eine mehrfache Steigerung der Ketohexokinaseaktivität durch Glutamat gegenüber dem anaeroben Wert.

Tabelle 98. MICHAELIS-*Konstanten.*

Herkunft des Enzyms	Substrat	K_M (Mol/l)
Leber[1-3] . .	ATP-Mg (K^+)	1×10^{-3}
Leber[1-3] . .	ATP-Mg (Na^+)	$5,4 \times 10^{-3}$
Leber[1-3] . .	Fructose	$< 5,0 \times 10^{-4}$
Leber[4] . . .	Fructose	$> 4 \times 10^{-4}$*
Leber[4] . . .	ATP	$2,1 \times 10^{-4}$*
Leber[4] . . .	K^+	$5,2 \times 10^{-3}$*
Muskel[5] . .	Fructose	etwa 0,2
Erbsen[6] . .	Fructose	$< 1 \times 10^{-3}$

* Mit Ketohexokinase von höherem Reinheitsgrad und unter Beseitigung des hemmenden ADP gemessen.

ADP wirkt stark hemmend (nicht kompetitiv)[4], nach KUYPER und HOENSELAARS dagegen kompetitiv hinsichtlich ATP[8].

b) Muskel-Ketohexokinase. Auch dieses Enzym erfordert Mg^{++} für seine Wirksamkeit[9]. Zum Unterschied von Leber-Ketohexokinase wird es durch K^+ nicht aktiviert[5].

Bestimmungsmethoden. Eine *manometrische* Bestimmung der Ketohexokinase wurde von COLOWICK und KALCKAR[10] angegeben.

Colorimetrische Bestimmung der Ketohexokinase nach **HERS[1,3].**

Prinzip:

Die verschwundene Fructose wird colorimetrisch nach ROE, EPSTEIN und GOLDSTEIN[2,11] bestimmt.

Reagentien:

1. Fructoselösung, 0,4%ig.
2. 0,05 m ATP.
3. 0,05 m Magnesiumacetat.
4. 0,4 m Kaliumacetat.
5. 0,5 m NaF (zur Hemmung von Phosphatase).
6. 0,15 m $ZnSO_4$.
7. 0,3 n $Ba(OH)_2$.
8. Fructose-Standardlösung: Da Fructoselösung selbst nicht haltbar ist, werden 19 mg Rohrzucker und 250 mg Benzoesäure in 100 ml H_2O gelöst. 1 ml dieser Lösung wird mit 1 ml 0,01 n HCl gemischt und 20 min bei 100° C erhitzt. Nach Zusatz des Farbreagens (s. unten) entsteht eine Färbung, die 101 μg Fructose entspricht.

[1] HERS, H. G.: Biochim. biophys. Acta 8, 416 (1952).
[2] HERS, H. G.; in: Colowick-Kaplan, Meth. Enzymol. Vol. I, p. 286.
[3] HERS, H. G.: Biochim. biophys. Acta 8, 424 (1952).
[4] PARKS, R. E. jr., E. BEN-GERSHOM and H. A. LARDY: J. biol. Ch. **227**, 231 (1957).
[5] HERS, H. G.: Arch. int. Physiol. **61**, 426 (1953).
[6] MEDINA, A., and A. SOLS: Biochim. biophys. Acta **19**, 378 (1956).
[7] CORI, G. T., S. OCHOA, M. W. SLEIN and C. F. CORI: Biochim. biophys. Acta **7**, 304 (1951).
[8] KUYPER, C., u. J. R. A. M. HOENSELAARS: Proc. Kon. ned. Akad. Wet. Amsterdam (C) **62**, 484 (1959).
[9] SLEIN, M. W., G. T. CORI and C. F. CORI: J. biol. Ch. **186**, 763 (1950).
[10] COLOWICK, S. P., and H. M. KALCKAR: J. biol. Ch. **148**, 117 (1943).
[11] ROE, J. H., J. H. EPSTEIN and N. P. GOLDSTEIN: J. biol. Ch. **178**, 839 (1949).

9. Resorcin-Thioharnstoff-Reagens: 100 mg Resorcin und 250 mg Thioharnstoff in 100 ml sehr reinem Eisessig gelöst.
10. HCl, 30%ig.

Ausführung:

0,1 ml Fructoselösung wird mit 0,1 ml ATP, 0,1 ml Mg-acetat und 0,3 ml K-acetat vermischt, dann erst 0,1 ml NaF zugesetzt. Gleichzeitig wird Kontrollansatz angesetzt, der statt ATP und Mg-acetat 0,2 ml H_2O enthält. Dann gibt man zu beiden Ansätzen 0,5 ml Enzym hinzu und inkubiert 20 min bei 37° C. Dann werden zur Enteiweißung je 3 ml der $ZnSO_4$- und $Ba(OH)_2$-Lösungen zugesetzt, geschüttelt und filtriert bzw. zentrifugiert. Die Phosphatester befinden sich im $BaSO_4/Zn(OH)_2$-Niederschlag, die freie Fructose wird im Filtrat bestimmt. Je 2 ml der Filtrate und der Standardlösung des hydrolysierten Rohrzuckers (s. oben) werden mit 1 ml des Resorcin-Thioharnstoff-Reagens und 7 ml 30%iger HCl vermischt und 15 min im Wasserbad bei 75° C erhitzt. Nach Abkühlung wird die Extinktion bei 500—520 mμ gemessen und aus dem Standardwert die Fructose vom Hauptwert und Kontrollansatz ermittelt. Die Differenz von Hauptwert und Kontrollansatz entspricht dem Fructoseverbrauch.

Enzymeinheit. Eine Einheit ist nach HERS[1] diejenige Enzymmenge, die 1 μg Fructose je min phosphoryliert.

Bei genügenden Substratmengen bleibt die Reaktionsgeschwindigkeit während der ersten 20 min konstant.

***Kombinierter Test zur Bestimmung der Ketohexokinase von* PARKS *u. Mitarb.*[2].**

Prinzip:

Der Sinn dieser Methode besteht darin, daß ADP, das stark hemmend wirkt, während der Bestimmung weggeschafft wird, und zwar nach folgendem Prinzip:

1. Fructose + ATP $\rightarrow$ Fructose-1-phosphat + ADP

2. Kreatinphosphat + ADP $\xrightleftharpoons{\text{Kreatin-Kinase}}$ Kreatin + ATP

Dadurch wird Reaktion 1 beschleunigt.

Das Verschwinden der freien Fructose wird bestimmt.

Reagentien:

1. ATP-Natrium.
2. Magnesium.
3. Kalium.
4. Natriumfluorid.
5. Glycylglycinpuffer, p_H 7,3.
6. Kreatinphosphat.
7. Kreatin-Kinase.
8. $ZnSO_4$.
9. Bariumhydroxyd.

Ausführung:

Der Versuchsansatz enthält 0,004 M ATP-Natrium, 0,02 M Mg^{++}, 0,02 M K^+, 0,062 M NaF, 0,12 M Glycylglycin-Puffer, p_H 7,3, 0,01 M Kreatinphosphat und 10 Einheiten Kreatin-Kinase/ml.

Enteiweißung mit $ZnSO_4$ und Bariumhydroxyd erfolgt wie bei der colorimetrischen Bestimmung nach HERS[3,4] (s. S. 666) und ebenso die Bestimmung der verschwundenen Fructose im enteiweißten Filtrat nach ROE, EPSTEIN und GOLDSTEIN[1,5].

Enzymeinheit. Eine Enzymeinheit ist diejenige Menge Enzym, die die Phosphorylierung von 1 μM Fructose in 1 min bei 30° C unter optimalen Reaktionsbedingungen (s. oben) katalysiert[2].

---

[1] HERS, H. G.; in: Colowick-Kaplan, Meth. Enzymol. Vol. I, p. 286.
[2] PARKS, R. E. jr., E. BEN-GERSHOM and H. A. LARDY: J. biol. Ch. **227**, 231 (1957).
[3] HERS, H. G.: Biochim. biophys. Acta 8, 416 (1952).
[4] HERS, H. G.: Biochim. biophys. Acta 8, 424 (1952).
[5] ROE, J. H., J. H. EPSTEIN and N. P. GOLDSTEIN: J. biol. Ch. **178**, 839 (1949).

Galaktokinase.

[2.7.1.6 ATP: D-Galaktose-1-Phosphotransferase.]

ATP + D-Galaktose → ADP + α-D-Galaktose-1-phosphat

Tabelle 99. *Vorkommen und Normalwerte.*

Vorkommen	Aktivität	Ausgedrückt durch
Galaktosegewöhnte Hefe[1]		
a) Rohextrakt	10,00	μMol verschwundene Galaktose/ml/30 min
b) gereinigt. Enzym	13,98	desgl.
Saccharomyces fragilis[2,3] (Milchzuckerhefe)		
a) Rohextrakt	50	μMol verbrauchte Galaktose/ml Extr./min
b) gereinigt. Extrakt	250—300	desgl.
Leberextrakt, gereinigt[4]	0,2	μMol phosphoryl. Galaktose/0,05 ml Extr./10 min
Phaseolus aureus, Keimlinge[5]		
Mitochondrien-Präp.	11	% Phosphorylierung/2 Std/37° C

Darstellung von Galaktokinase aus Saccharomyces fragilis nach* TRUCCO *u. Mitarb.[2,3].

Man läßt den Pilz auf Hefeextrakt-Agar, der 2% Galaktose oder Lactose enthält, oder in Molke wachsen. Die Zellen werden nach 48stündigem Wachstum bei 30° C geerntet, mit H_2O gewaschen, in dünner Schicht ausgebreitet, bei Zimmertemperatur getrocknet und im Exsiccator aufbewahrt.

a) Rohextrakte gewinnt man durch Suspendieren der getrockneten Hefe in drei Teilen 2,2%igem Diammoniumphosphat. Nach 24stündigem Stehen bei 5° C unter gelegentlichem Rühren wird zentrifugiert (Aktivität s. Tabelle 99).

b) Reinigung mit Bentonit. Bentonit entfernt Hexokinase und einen Teil des inaktiven Proteins. 100 ml Rohextrakt bei p_H 6,4 mit 3—5 g Bentonit behandelt, überstehende Flüssigkeit der Bentonit-Adsorption mit 1 Vol. gesättigtem Ammoniumsulfat vermischt. Niederschlag verworfen und zur überstehenden Flüssigkeit 0,25 Vol. gesättigtes Ammoniumsulfat zugesetzt. Niederschlag wird dann in $^1/_{20}$ des ursprünglichen Volumens H_2O gelöst. Die so erhaltene Lösung ist für gewöhnlich 5—6mal so aktiv wie der Rohextrakt. Ausbeute: 30%.

Darstellung von Galaktokinase aus Phaseolus aureus nach* NEUFELD *u. Mitarb.[5].

Alle Arbeitsgänge werden bei 0—4° C ausgeführt.

100 g *Phaseolus aureus*-Keimlinge mit 1—2 g sauer ausgewaschenem Sand und 70 ml Puffer (enthaltend 0,4 m Rohrzucker, 0,01 m Na-K-phosphatpuffer, p_H 7,0, und 0,01 m Mercaptoäthanol) zu einem Schlamm zermahlen, Suspension durch Käsetuch filtriert, das Homogenat von rohen Trümmern und Stärke durch 5 min langes Zentrifugieren bei 2000 × g befreit, überstehende Flüssigkeit 30 min bei 18000 × g zentrifugiert, Niederschlag in 0,5 ml 0,5 m Trispuffer, p_H 7,5 (0,1 m Mercaptoäthanol enthaltend) auf Endvolumen von 1,0 ml gebracht.

Dieses Mitochondrien-Präparat enthält noch L-Arabinose-Kinase, von der es durch Fällung mit Digitonin befreit werden kann (die Fällung enthält nur Galaktokinase, die überstehende Flüssigkeit dagegen L-Arabinose-Kinase).

Eigenschaften. *Spezifität.* Galaktokinase *(Saccharomyces fragilis)* katalysiert die Phosphorylierung von D-Galaktose und solchen Verbindungen wie 2-Desoxygalaktose, Galaktosamin, Talose, die sich am C-Atom 2 von Galaktose unterscheiden[1,6]. Änderungen

[1] WILKINSON, J. F.: Biochem. J. **44**, 460 (1949).
[2] TRUCCO, R. E., R. CAPUTTO, L. F. LELOIR and N. MITTELMAN: Arch. Biochem. **18**, 137 (1948).
[3] LELOIR, L. F., and R. E. TRUCCO; in: Colowick-Kaplan, Meth. Enzymol. Vol. I, p. 290.
[4] CARDINI, C. E., and L. F. LELOIR: Arch. Biochem. **45**, 55 (1953).
[5] NEUFELD, E. F., D. S. FEINGOLD and W. Z. HASSID: J. biol. Ch. **235**, 906 (1960).
[6] ALVARADO, F.: Biochim. biophys. Acta **41**, 233 (1960).

am C-Atom 3, 4 oder 6 führen zu Verbindungen, denen gegenüber das Enzym wirkungslos ist. Das Reaktionsprodukt der Galaktose ist D-Galaktose-1-phosphat[1].

ATP kann beim *Phaseolus aureus*-Enzym nicht durch Uridintriphosphat, Guanosintriphosphat oder Cytidintriphosphat ersetzt werden[2].

pH-Optimum. Galaktokinase von *S. fragilis* wirkt bei Anwendung von Maleatpuffer optimal bei pH 6, mit Phosphatpuffer bei pH 6,8[3].

Gleichgewichtskonstante des Saccharomyces fragilis-Enzyms[4]:

$$K = \frac{[\text{ADP}][\alpha\text{-D-Galaktose-1-phosphat}]}{[\text{ATP}][(\alpha+\beta)\text{-D-Galaktose}]} = 26$$

(bei pH 7,0 und 25° C bei Gegenwart von 25 mM Mg^{++}).

Aktivierung und Hemmung. Mg^{++} oder Mn^{++} sind zur Aktivierung notwendig, die optimale Konzentration liegt bei 0,005 m Mg^{++} bzw. 0,001 m Mn^{++} [1]. Fluorid wirkt unterhalb 0,05 m nicht hemmend. Das Enzym von *S. fragilis* wird durch SH-Reagentien wie p-Chlormercuribenzoesäure, Jodosobenzoesäure und Jodacetamid gehemmt und durch Glutathion reaktiviert[5].

Enzymeinheit. Dieselbe Definition wie für tierische Hexokinase (s. Hexokinase, S. 659).

Tabelle 100. MICHAELIS-*Konstanten des Saccharomyces fragilis-Enzyms*[6].

Substrat	K_M (Mol/l)
Galaktose	3×10^{-4}
Galaktosamin . .	1×10^{-2} (pH 8)
2-Desoxygalaktose	2×10^{-2}
Talose	2×10^{-1}
ATP	1×10^{-4}

Bestimmung.

1. Titrimetrische Bestimmung.
2. Manometrische Bestimmung.

Bei beiden Methoden ist die Ausführung dieselbe wie bei Hexokinase, nur daß Glucose durch Galaktose ersetzt wird.

3. Bestimmung des verschwundenen Zuckers, indem erst Eiweiß und Hexose-1-phosphat durch $ZnSO_4$ und $Ba(OH)_2$ gefällt werden und dann die Zuckerbestimmung folgt (s. Hexokinase, S. 661).

Bestimmung der Galaktokinase nach* TRUCCO *u. Mitarb.[1,3].

Reagentien:

1. ATP, Na-Salz (40 μM/ml).
2. Galaktoselösung (10 μM/ml).
3. 0,1 m $MgSO_4$.
4. Maleatpuffer (pH 6)[7]. Herstellung: Lösung *I*: 1,160 g Maleinsäure in 100 ml 0,1 m NaOH gelöst. Lösung *II*: 1,160 g Maleinsäure in 100 ml 0,2 m NaOH gelöst. 4 ml *I* und 6 ml *II* werden vermischt.
5. 0,3 n $Ba(OH)_2$.
6. $ZnSO_4$, 5%ig.
7. Reagentien zur Zuckerbestimmung nach SOMOGYI und nach NELSON (s. Bd. III/1, S. 678).

Ausführung:

0,2 ml Puffer, 0,2 ml $MgSO_4$, 0,2 ml Galaktoselösung, 0,2 ml ATP und Enzym werden vermischt und mit H_2O auf 1 ml aufgefüllt.

Nach Enzymzugabe 10 min bei 30° C inkubieren, 0,5 ml $ZnSO_4$ hinzufügen, durchschütteln, dann 0,5 ml $Ba(OH)_2$ hinzusetzen, gut mischen, abzentrifugieren und in aliquotem Teil der überstehenden Flüssigkeit Zuckerbestimmung nach SOMOGYI und nach NELSON ausführen.

[1] TRUCCO, R. E., R. CAPUTTO, L. F. LELOIR and N. MITTELMAN: Arch. Biochem. **18**, 137 (1948).
[2] NEUFELD, E. F., D. S. FEINGOLD and W. Z. HASSID: J. biol. Ch. **235**, 906 (1960).
[3] LELOIR, L. F., and R. E. TRUCCO; in: Colowick-Kaplan, Meth. Enzymol. Vol. I, p. 290.
[4] ATKINSON, M. R., R. M. BURTON and R. K. MORTON: Biochem. J. **78**, 813 (1961).
[5] BACILA, M.: Cienc. e Cult. **3**, 292 (1951).
[6] ALVARADO, F.: Biochim. biophys. Acta **41**, 233 (1960).
[7] SMITS, G.: Biochim. biophys. Acta **1**, 280 (1947).

Kontrollversuch: Dieselbe Mischung ohne Galaktose. Erst nach Zugabe von $ZnSO_4$ wird Galaktose hinzugefügt.

Berechnung:

Differenz der beiden Zuckerwerte gibt den verbrauchten Zucker an.

Phosphohexokinase (Phosphofructokinase).

[2.7.1.11 ATP: D-Fructose-6-phosphat-1-Phosphotransferase.]

ATP + Fructose-6-phosphat → ADP + Fructose-1,6-diphosphat

Tabelle 101. *Vorkommen und Normalwerte.*

Vorkommen	Aktivität	Ausgedrückt durch
Kaninchenmuskel[1]		
a) Rohextrakt	0,49	Einheiten/mg Protein
b) gereinigt. Präp.	104	desgl.
Ochsenhirn, Aceton-Präp.[2]		
a) Extrakt	2,4	ml CO_2/mg N/Std
b) gereinigt. Präp.	19,4	desgl.
Retina-Extrakt[3]	80	μl CO_2/0,1 ml Extr./10 min
Hefepräparat A[4]	44,2	mm^2 CO_2/0,04 mg Protein/20 min (20° C)
Extrakte höherer Pflanzen[5]		
a) Erbsensamen	260,0	Einheiten/g Frischgewicht
b) Pinien-Pollen	187,3	desgl.
c) Sojabohnen-Samen	73,3	desgl.
d) Rettich-Samen	50,0	desgl.

***Darstellung von Phosphohexokinase aus Kaninchenmuskel nach* Ling *u. Mitarb.*[1, 6].** Alle Arbeitsgänge im Kühlraum ausführen.

1. Schritt: Darstellung von Rohextrakt. Rücken- und Beinmuskeln von Kaninchen (590 g) werden eisgekühlt, dann durch Fleischwolf gegeben, mit 2 Vol. (1180 ml) kalter 0,03 m KOH 15 min extrahiert, durch vier Lagen Käsetuch gedrückt. p_H des Extraktes etwa 9. Dann wird zentrifugiert, Rückstand verworfen, überstehende Flüssigkeit = Fraktion I.

2. Schritt: Reinigung mit Äthanol. Zum Rohextrakt festes Mg-acetat bis zur Endkonzentration 0,05 m hinzugefügt, p_H mit 0,2 n HCl auf p_H 7,5 gebracht (Endvolumen 800 ml). Fraktionierung mit Alkohol wird in Kältemischung (— 5° C) ausgeführt und Temperatur bei — 2 bis — 5° C gehalten. 40 ml trockenes eisgekühltes Äthanol unter Rühren langsam zugesetzt und 30 min unter Rühren im Kältebad belassen. Bei — 2° C 30 min zentrifugiert bei 1000 × g, Niederschlag verworfen. In gleicher Weise nochmal 51,4 ml 95 % Alkohol zugesetzt und Niederschlag abzentrifugiert. Fraktion II.

3. Schritt: Reinigung mit Ammoniumsulfat. Fraktion II wird in wenig kalter 0,1 m $KHCO_3$ suspendiert und gelöst (Endvolumen 71 ml), 24,2 ml gesättigte ammoniakalische Ammoniumsulfatlösung (p_H 8,2; bei 0° C gesättigt) zugesetzt und 4 Std bei 0° C gehalten. Bei 14400 × g abzentrifugiert und Niederschlag verworfen. Überstehende Flüssigkeit mit weiteren 47 ml Ammoniumsulfat gefällt, 4 Std bei 0° C belassen, dann 15 min bei gleicher Tourenzahl abzentrifugiert, gefälltes Protein in möglichst wenig 0,1 m $KHCO_3$ gelöst (Fraktion III, 11 ml). Hierzu 4,7 ml Ammoniumsulfat gegeben und Lösung 4 Std bei 0° C gehalten. Niederschlag abzentrifugiert, verworfen und 2,7 ml Ammoniumsulfat

[1] Ling, K. H., and H. A. Lardy: Am. Soc. **76**, 2842 (1954).
[2] Muntz, J. A.: Arch. Biochem. **42**, 435 (1953).
[3] Hoare, D. S., and M. Kerly: Biochem. J. **58**, 38 (1954).
[4] Negelein, E.: B. Z. **287**, 329 (1936).
[5] Axelrod, B., P. Saltman, R. S. Bandurski and R. S. Baker: J. biol. Ch. **197**, 89 (1952).
[6] Ling, K. H., W. L. Byrne and H. Lardy; in: Colowick-Kaplan, Meth Enzymol. Vol. I, p. 306.

zur überstehenden Flüssigkeit zugesetzt, Niederschlag nach 2 Std abzentrifugiert und in 4 ml 0,1 m $KHCO_3$ gelöst (Fraktion IV).

In gefrorenem Zustand haltbar (210fache Reinigung).

GULYĬ u. Mitarb.[1] berichten über die Darstellung einer kristallisierten Proteinfraktion aus Kaninchenmuskel bei 0,45 Sättigung mit Ammoniumsulfat, die bei Gegenwart von Myogen A Phosphohexokinase-Aktivität besitzt.

***Darstellung von Phosphohexokinase aus Ochsen- und Hundegehirn nach* MUNTZ[2].**

1. Schritt: Acetonpräparat. Sofort nach Herausnahme des Gehirns dieses unzerkleinert in flüssige Luft gegeben. Das gefrorene Gewebe in gekühltem Stahlmörser zerkleinert und 1—2 min mit 10 Teilen Acetat (— 10° C) homogenisiert, abgenutscht und der Kuchen nochmal mit 10 Vol. kaltem Aceton homogenisiert. Niederschlag wird abgenutscht und auf dem Filter mit 10 Vol. Aceton gewaschen und luftgetrocknet. Bei — 10° C im H_2SO_4-Exsiccator aufbewahrt lange haltbar.

Tabelle 102a. *p_H-Optimum der Phosphohexokinase.*

Art des Enzyms	p_H-Optimum
Kaninchenmuskel, gereinigt. Präp.[3]	7,2—7,3
Erbsensamenmehl[4]	6 und 9
Gehirn (Ochse), gereinigt. Präp.[2] .	7,2—7,8

2. Schritt: Extraktion und Hitzebehandlung. 1 Teil Trockenpulver mit 10 Teilen destilliertem Wasser homogenisiert, dann im Kühlraum bei 10000—12000 U/min 30 min zentrifugiert. Überstehende Flüssigkeit auf 0,0015 m ATP gebracht und im Wasserbad (80° C) 5 min auf 62° C erhitzt, sofort auf 0° C abgekühlt und im Kühlraum bei — 10° C aufbewahrt.

Beim Auftauen scheidet sich gelatinöser inaktiver Niederschlag ab, der durch Zentrifugieren entfernt wird.

Fraktionierung mit Ammoniumsulfat s. Original.

***Darstellung von Phosphohexokinase-Extrakten aus höheren Pflanzen nach* AXELROD *u. Mitarb.*[4].**

Das Pflanzenmaterial wird zerkleinert, das Mehl 1 Std mit dem zweifachen Gewicht H_2O extrahiert und zentrifugiert. Die überstehende Flüssigkeit 4 Std gegen 10^{-4} m Cystein dialysiert. Alles bei 2° C. Vor dem Versuch Ansatz auf p_H 8,5 gebracht.

Eigenschaften. *Spezifität.* Das gereinigte Muskelenzym phosphoryliert außer Fructose-6-phosphat auch folgende Substrate: D-Tagatose-6-phosphat und Sedoheptulose-7-phosphat[5].

Außer ATP können auch Inosintriphosphat, Uridintriphosphat und Cytidintriphosphat als beinahe gleichwertige Phosphatdonatoren dienen[5,6].

Nach BRESLER und RUBINA[7] kann auch phosphorylierte Ribosenucleinsäure (RNS-P) an Stelle von ATP als Phosphat-Donator für Phosphofructokinase dienen nach der Gleichung:

$$\text{RNS-P} + \text{Fructose-6-phosphat} \rightarrow \text{RNS} + \text{Fructose-1,6-diphosphat}$$

Bei gereinigter Gehirn-Phosphofructokinase besitzt ITP als Phosphatdonator 52% der Aktivität von ATP[2].

Die Phosphorylierung von Fructose-1-phosphat zu Fructose-1,6-diphosphat wird wahrscheinlich durch ein anderes spezifisches Enzym katalysiert[8].

Wechselzahl. 100000 g gereinigtes Muskelenzym (spezifische Aktivität 104) phosphorylieren 10400 M Substrat/min bei 26° C[5,6].

[1] GULYĬ, M. F., P. D. DVORNIKOVA, M. A. KOLOMIĬSCHENKO and O. J. POPADYUK: Ukrain. biochim. Ž. **26**, 130 (1954); **27**, 299 (1955); **29**, 42 (1957).
[2] MUNTZ, J. A.: Arch. Biochem. **42**, 435 (1953).
[3] NEĬFAKH, S. A., M. P. MEL'NIKOVA u. F. MOZHAĬKO: Dokl. Akad. Nauk SSSR **91**, 557 (1953).
[4] AXELROD, B., P. SALTMAN, R. S. BANDURSKI and R. S. BAKER: J. biol. Ch. **197**, 89 (1952).
[5] LING, K. H., and H. A. LARDY: Am. Soc. **76**, 2842 (1954).
[6] LING, K. H., W. L. BYRNE and H. LARDY; in: Colowick-Kaplan, Meth. Enzymol. Vol. I, p. 306.
[7] BRESLER, S. E., u. K. M. RUBINA: Biochimija, Moskva **20**, 740 (1955).
[8] SLEIN, M. W., G. T. CORI and C. F. CORI: J. biol. Ch. **186**, 763 (1950).

Nach Mel'nikova und Neifakh[1] dagegen besitzt gereinigte Muskel-Phosphofructokinase nur eine geringe Wechselzahl (350).

Molekulargewicht des Muskelenzyms nach Mel'nikova und Neĭfakh (Sedimentations- und Diffusionsmethode) = 120000 ± 10%[1].

Tabelle 102b. Michaelis-*Konstanten der Phosphohexokinase.*

Art des Enzyms	Substrat	K_M (Mol/l)
Partiell gereinigt. Muskelenzym[1,2]	Fructose-6-phosphat	1×10^{-3}
Gereinigt. Muskelenzym[3]	ATP	etwa 3×10^{-5}
Gereinigt. Muskelenzym[3]	ITP	etwa 3×10^{-5}
Gereinigt. Muskelenzym[3]	UTP	etwa 3×10^{-5}
Gereinigt. Muskelenzym[3]	CTP	etwa 3×10^{-5}
Gehirnextrakt[4]	Fructose-6-phosphat	$7{,}0 \times 10^{-4}$
Gehirnextrakt[4]	ATP	$8{,}0 \times 10^{-4}$
Erbsensamen, gereinigt[5]	Fructose-6-phosphat	$7{,}1 \times 10^{-3}$
Erbsensamen, gereinigt[5]	ATP	$2{,}4 \times 10^{-3}$

Aktivierung und Hemmung. Mg^{++} sind für die Wirksamkeit des tierischen und pflanzlichen Enzyms erforderlich. Für Gehirn-Phosphofructokinase sind außerdem NH_4^+ notwendig[6]. Das Muskelenzym wird durch Citrat, Adenylsäure, Sulfhydrylgifte und 2,6-Dichlorphenolindophenol gehemmt[2]. Für das Enzym des Erbsensamens sind folgende Inhibitoren festgestellt worden: $CuSO_4$, Jodacetat, $HgCl_2$ und $K_4P_2O_7$[5].

Mg^{++} können in gewissem Ausmaß durch Mn^{++} und Co^{++} ersetzt werden[6].

Enzymeinheit. Eine Einheit ist diejenige Enzymmenge, die unter bestimmten Bedingungen (s. unten) 1 μM Fructose-6-phosphat pro min phosphoryliert[3].

***Bestimmung der Phosphofructokinase nach* Ling *u. Mitarb.*[3,7].**

Prinzip:

Kombinierter optischer Test:

1. $\text{ATP} + \text{Fructose-6-phosphat} \xrightarrow[\text{kinase}]{\text{Phosphofructo-}} \text{ADP} + \text{Fructose-1,6-diphosphat}$
2. $\text{Fructose-1,6-diphosphat} \xrightleftharpoons{\text{Aldolase}} \text{Glycerinaldehydphosphat} + \text{Dihydroxyacetonphosphat}$
3. $\text{Glycerinaldehydphosphat} \xrightleftharpoons{\text{Isomerase}} \text{Dihydroxyacetonphosphat}$
4. $\text{Dihydroxyacetonphosphat} + \text{DPNH} + H^+ \xrightleftharpoons[\text{Dehydrogenase}]{\alpha\text{-Glycerophosphat-}} \alpha\text{-Glycerophosphat} + \text{DPN}^+$

Wenn Aldolase, Isomerase und α-Glycerophosphat-Dehydrogenase im Überschuß angewandt werden, ist Reaktion 1 geschwindigkeitsbestimmend, und 1 M FDP entspricht 2 M verschwundenem DPNH.

Reagentien:

1. 0,2 m Tris-HCl-Puffer (p_H 8,0).
2. 0,01 m Fructose-6-phosphat (p_H 7).
3. 0,02 m ATP-Na (p_H 7).
4. 0,006 m DPNH.
5. 0,01 m $MgCl_2$.

[1] Mel'nikova, M. P., u. S. A. Neĭfakh: Biochimija, Moskva **19**, 425 (1954).
[2] Neĭfakh, S. A., M. P. Mel'nikova u. F. Mozhaĭko: Dokl. Akad. Nauk SSSR **91**, 557 (1953).
[3] Ling, K. H., and H. A. Lardy: Am. Soc. **76**, 2842 (1954).
[4] Weil-Malherbe, H.: Biochem. J. **49**, 339 (1951).
[5] Axelrod, B., P. Saltman, R. S. Bandurski and R. S. Baker: J. biol. Ch. **197**, 89 (1952).
[6] Muntz, J. A.: Arch. Biochem. **42**, 435 (1953).
[7] Ling, K. H., W. L. Byrne and H. Lardy; in: Colowick-Kaplan, Meth. Enzymol. Vol. I, p. 306.

6. 0,2 m Cystein-HCl (p_H 7).
7. Aldolase.
8. Myogen A[1] (enthält α-Glycerophosphat-Dehydrogenase und Isomerase).

Ausführung:

0,5 ml Tris-Puffer, 0,3 ml ATP, 0,2 ml Fructose-6-phosphat, 0,3 ml $MgCl_2$, 0,1 ml Cystein-HCl, 0,5 ml DPNH, 0,1 ml Aldolase (etwa 100 μg) und 0,1 ml Myogen A (etwa 20 μg) werden zusammen mit dem Enzym auf 3 ml aufgefüllt und in einer 3 ml-Küvette die Extinktionsabnahme pro min bei 340 mμ 5 min lang gemessen.

Die Extinktionsabnahme des Kontrollversuches, der alle Reagentien mit Ausnahme von Phosphohexokinase enthält, wird ebenfalls bestimmt und von der des Hauptversuchs abgezogen.

Berechnung:

Berechnung des verschwundenen DPNH s. Bd. VI/A, S. 292 ff. Daraus wird das entstandene Fructose-1,6-diphosphat berechnet und auf Einheiten umgerechnet.

Bestimmung der Phosphofructokinase mittels der manometrischen Methode (s. Hexokinase, S. 660; als Substrat wird an Stelle von Glucose Fructose-6-phosphat verwandt).

Prinzip:

Bei der Phosphatübertragung wird ein Säureäquivalent in Freiheit gesetzt, das nach Colowick und Kalckar[2] manometrisch bestimmt werden kann.

Phosphoglucokinase (Glucose-1-phosphat-Kinase).

[2.7.1.10 ATP: D-Glucose-1-phosphat-6-Phosphotransferase.]

ATP + Glucose-1-phosphat → ADP + Glucose-1,6-diphosphat

***Darstellung von Phosphoglucokinase aus Kaninchenmuskel nach* Leloir, Trucco *u. Mitarb.*[3,4].**

a) Rohextrakt. Kaninchenmuskel wird durch gekühlte Fleischmaschine gegeben, mit 2 Vol. kaltem H_2O 10 min extrahiert, durch Muselin gestrichen und wieder mit 1 Vol. H_2O extrahiert. Dritte Extraktion mit 1 Vol. Salzlösung, enthaltend 0,5 m KCl und 0,1 m Phosphatpuffer, p_H 7,4.

b) Ammoniumsulfatfällung. Zu 110 ml dieses Extraktesu werden 80 m gesättigte Ammonimsulfatlösung (p_H 7,5) zugesetzt, Niederschlag im Eisschrank abfiltriert und verworfen. 150 ml des klaren Filtrates werden mit 25 ml derselben Ammoniumsulfatlösung versetzt (Sättigung 0,5), Niederschlag filtriert und in 8 ml H_2O gelöst.

Tabelle 103. *Vorkommen und Normalwerte*[3].

Vorkommen	Aktivität*
Lebedew-Saft, Hefe	$1,2 \times 10^{-3}$
Gereinigtes Hefepräparat	$3,0 \times 10^{-3}$
Muskelextrakt (Kaninchen)	$0,24 \times 10^{-3}$
Gereinigt. Muskelpräp. (Kaninchen)	$3,6 \times 10^{-3}$

* Ausgedrückt durch μMol Glucose-1,6-diphosphat/0,005 ml Enzym/10 min.

0,01 ml dieser Enzymlösung im Versuchsansatz führt zur Bildung von etwa 4×10^{-3} μM Glucose-1,6-diphosphat. Durch diese Prozedur wird das Verhältnis Kinase/Phosphoglucomutase auf das 40fache und das Verhältnis Kinase/Protein auf das Vierfache verbessert.

---

[1] Baranowski, T., and T. R. Niederland: J. biol. Ch. **180**, 543 (1949).
[2] Colowick, S. P., and H. M. Kalckar: J. biol. Ch. **148**, 117 (1943).
[3] Paladini, A. C., R. Caputto, L. F. Leloir, R. E. Trucco and C. E. Cardini: Arch. Biochem. **23**, 55 (1949).
[4] Leloir, L. F., and R. E. Trucco; in: Colowick-Kaplan, Meth. Enzymol. Vol. I, p. 354.

Eigenschaften. *Spezifität.* Das Enzym ist spezifisch auf die Phosphorylierung von Glucose-1-phosphat eingestellt. In einigen Bakterien wie *Escherichia coli* kann Glucose-1,6-diphosphat ohne Mitwirkung von ATP gebildet werden[1].

Man nimmt folgenden Reaktionsverlauf an:

2 Glucose-1-phosphat → Glucose-1,6-diphosphat + Glucose

Jedoch ist noch nicht entschieden, ob dieses Enzym mit der Bakterienphosphatase identisch ist.

p_H-Optimum. Hefe- und Muskel-Phosphoglucokinase wirken mit Maleatpuffer optimal bei p_H 6,8[2].

Aktivierung und Hemmung. Mg^{++} und Mn^{++} aktivieren das Enzym[3].

Optimale Aktivität wird bei einer Mg^{++}-Konzentration von etwa $1{,}5$—2×10^{-3} m erreicht. Mn^{++} sind etwas weniger wirksam.

ATP in höherer Konzentration als 4×10^{-4} m wirkt hemmend[2].

***Bestimmung der Phosphoglucokinase nach* CARDINI *u. Mitarb.*[2,4] *sowie* PALADINI *u. Mitarb.*[3].**

Prinzip:

Die Menge des gebildeten Glucose-1,6-diphosphats wird in der Weise bestimmt, daß die Beschleunigung der Phosphoglucomutase-Reaktion gemessen wird, für die Glucose-1,6-diphosphat als Coenzym notwendig ist.

(Glucose-1-phosphat ⇌ Glucose-6-phosphat)

Die Phosphoglucomutase-Aktivität wird wiederum durch die Bestimmung von Glucose-6-phosphat ermittelt.

Reagentien:

1. Glucose-1-phosphat (Na-Salz): 10 μM/ml.
2. ATP (Na-Salz): 10 μM/ml.
3. 0,1 m $MgSO_4$.
4. Hefe-Phosphoglucomutase.
5. Zuckerreagens nach SOMOGYI (s. Bd. III/1, S. 678).
6. Arsenmolybdatreagens nach NELSON (s. Bd. III/1, S. 678).

Ausführung:

0,05 ml Glucose-1-phosphat, 0,04 ml ATP und 0,01 ml $MgSO_4$-Lösung werden vermischt. Gesamtvolumen 0,1 ml. Dann setzt man das Enzym hinzu, beläßt die Mischung 10 min bei 37° C und stoppt dann die Reaktion, indem man das Kölbchen in ein siedendes Wasserbad setzt. Nach dem Abkühlen wird Glucose-1-phosphat und Hefe-Phosphoglucomutase hinzugesetzt, 10 min bei 37° C belassen, dann die Reaktion durch Zusatz von 1,5 ml von SOMOGYIs Zuckerreagens gestoppt. Man erhitzt dann 10 min im siedenden Wasserbad, kühlt ab, fügt 1,5 ml NELSONs Arsenmolybdat-Reagens hinzu, füllt mit H_2O auf ein bestimmtes Volumen auf und colorimetriert. Als Standard dient eine Lösung von Glucose-1,6-diphosphat von bekanntem Gehalt.

Bei rohen Enzymextrakten muß nach der Hitzeinaktivierung filtriert werden, und man benutzt nur einen aliquoten Teil des Filtrates. Zwei Leerwerte sind notwendig: der erste wird zur Zeit $t = 0$ abgestoppt, um die anfangs vorhandene Menge Glucose-1,6-diphosphat zu ermitteln. Der zweite läuft ohne Zusatz von Phosphoglucomutase, um die während der Reaktion auftretenden reduzierenden Substanzen zu erfassen.

[1] LELOIR, L. F., R. E. TRUCCO, C. E. CARDINI, A. C. PALADINI and R. CAPUTTO: Arch. Biochem. **24**, 65 (1949).

[2] LELOIR, L. F., and R. E. TRUCCO; in: Colowick-Kaplan, Meth. Enzymol. Vol. I, p. 354.

[3] PALADINI, A. C., R. CAPUTTO, L. F. LELOIR, R. E. TRUCCO and C. E. CARDINI: Arch. Biochem. **23**, 55 (1949).

[4] CARDINI, C. E., A. C. PALADINI, R. CAPUTTO, L. F. LELOIR and R. E. TRUCCO: Arch. Biochem. **22**, 87 (1949).

Berechnung:

Die Extinktionen der beiden Leerwerte werden von der Extinktion des Hauptversuchs abgezogen. Dieser Wert wird mit einer Eichkurve verglichen, die bekannte Mengen von Glucose-1,6-diphosphat im Phosphoglucomutase-Versuch ergeben. Aus dieser Kurve wird das entstandene Glucose-1,6-diphosphat abgelesen.

***Manometrische Bestimmung der Phosphoglucokinase nach* Colowick *und* Kalckar**[1] (s. Hexokinase, S. 660).

Diese Methode erfordert jedoch große Mengen von Substrat (Glucose-1-phosphat).

Gluconokinase.

[2.7.1.12 ATP: D-Gluconat-6-Phosphotransferase.]

ATP + Gluconat → ADP + 6-Phosphogluconat

Tabelle 104. *Vorkommen und Normalwerte.*

Vorkommen	Aktivität	Ausgedrückt durch
Escherichia coli (an Gluconat gewöhnt)[2]	4,13	μMol säurestabiles Phosphat
Brauereihefe-Macerationssaft, dialysiert[3]	4,0	μMol säurestabiles Phosphat/44 mg Protein/Std
Bäckerhefe-Macerationssaft, dialysiert	4,0	desgl.
Schweineniere[4]		
Rohextrakt	0,009	Einheiten/mg Protein
Erste Acetonfraktion IV	0,125	desgl.
Ammoniumsulfatfraktion II	0,32	desgl.
Zweite Acetonfraktion II	0,64	desgl.

***Darstellung von Gluconokinase aus Escherichia coli, Stamm B, auf Gluconat gewachsen nach* Cohen**[2,5].

Alle Arbeitsgänge im Kühlraum ausführen.

1 g feuchter zentrifugierter, gewaschener Bakterien mit dem 2,5fachen Gewicht Tonerde gemischt, in einem gekühlten Mörser 2—3 min gründlich mit der Hand zerkleinert. Die schleimige Paste in 0,01 m Glycylglycin- oder Trispuffer bei p_H 7 (10 ml/g feuchte Bakterien) gebracht und 30 min bei 5000 r.p.m. zentrifugiert. Über 90% des Enzyms befinden sich in der überstehenden Flüssigkeit, den Rest erhält man durch zwei weitere Elutionen. Gleiches Volumen gesättigter Ammoniumsulfatlösung bei p_H 7,6 hinzugesetzt, nach halbstündigem Stehen ein inaktiver Niederschlag abzentrifugiert. Aus überstehender Lösung Gluconokinase dann bei 75% Ammoniumsulfat-Konzentration quantitativ ausgefällt. Enthält auch etwas 6-Phosphogluconat-Dehydrogenase.

***Darstellung von Gluconokinase aus Brauereihefe nach* Sable *und* Guarino**[3,5].

Macerationssaft dargestellt, indem man getrocknete Hefe mit 3 Vol. 0,067 m Na_2HPO_4 4 Std bei 38° C beläßt (alle weiteren Manipulationen im Kühlraum ausgeführt). Zu 150 ml Macerationssaft 183,5 ml einer bei 25° C zu 0,55 gesättigten Ammoniumsulfatlösung (p_H 7,6) hinzugefügt. Nach 20—30 min langem Abkühlen abzentrifugiert, Niederschlag in 60 ml kaltem H_2O gelöst und 18 Std bei 2° C gegen große Mengen destilliertes H_2O dialysiert. Lösung durch 0,1 n Essigsäure auf p_H 4,7 gebracht und nach einigem Stehen abzentrifugiert. Überstehende Flüssigkeit durch Zusatz von 27,5 ml kaltem

[1] Colowick, S. P., and H. M. Kalckar: J. biol. Ch. **148**, 117 (1943).
[2] Cohen, S. S.: J. biol. Ch. **189**, 617 (1951).
[3] Sable, H. Z., and A. J. Guarino: J. biol. Ch. **196**, 395 (1952).
[4] Leder, J. G.: J. biol. Ch. **225**, 125 (1957).
[5] Cohen, S. S.; in: Colowick-Kaplan, Meth. Enzymol. Vol. I, p. 350.

Äthanol (95%ig) auf 23% Äthanolgehalt gebracht und gleich abzentrifugiert. Niederschlag verworfen und die Lösung (108 ml) durch Zusatz von 86 ml 95%igem Alkohol auf 55% Alkoholgehalt gebracht, abzentrifugiert, Niederschlag in 30 ml H_2O suspendiert und mit 0,1 n NaOH auf p_H 6,8 gebracht. Suspension unter Rühren 4 Std gegen 2 l destilliertes Wasser bei 2° C dialysiert, über Nacht gefroren. Nach dem Auftauen Mischung zentrifugiert und Niederschlag verworfen. Klare Lösung in gefrorenem Zustand mehrere Wochen haltbar. 6—8fache Reinigung. Frei von ATP-ase; Hexokinase nur noch spurenweise vorhanden.

***Darstellung von Gluconokinase aus Schweineniere nach* Leder[1].**

4—5 Nieren (bei — 15° C aufbewahrt) aufgetaut, die Rinde abgetrennt. 450 g Rinde 2 min mit 700 ml 0,1 m Phosphatpuffer, p_H 7,4, homogenisiert, die Suspension bei 2° C 40 min bei 4700 r.p.m. abzentrifugiert, trübe überstehende Flüssigkeit sorgfältig dekantiert und Rückstand nochmal durch Homogenisieren (1 min) mit 750 ml kaltem Wasser extrahiert. Mischung wie oben abzentrifugiert, überstehende Flüssigkeit mit dem ersten Extrakt vereinigt und das gesamte Volumen mit kaltem Wasser auf 1700 ml gebracht. Rohextrakt.

Tabelle 105. *p_H-Optimum.*

Art des Enzyms	p_H-Optimum
Hefe[2]	7,2
Schweineniere[1]	6,2

Erste Aceton-Fraktionierung. Rohextrakt mit etwa 21 ml 2 n Essigsäure auf p_H 5,0 gebracht, nach 5 min Stehen bei 3—5° C der p_H mit 4 ml 5 n KOH auf 5,5 gebracht (Niederschlag nicht abzentrifugiert). Die Mischung auf 0° C abgekühlt und 800 ml Aceton, vorher auf — 10 bis — 15° C abgekühlt, innerhalb von 30 min zugefügt. Mischung während des Zusatzes auf — 8° C abgekühlt, nach 5 min Stehen bei dieser Temperatur Niederschlag abzentrifugiert und verworfen. Zwei aufeinanderfolgende Fraktionierungen bei — 10° C mit je 172 ml Aceton. Zusatz von Aceton während je 5 min, Mischungen vor dem Abzentrifugieren noch 5 min gerührt. Niederschlag verworfen und überstehende Flüssigkeit (etwa 2500 ml) mit 1340 ml Aceton innerhalb 10 min bei — 11 bis — 12° C versetzt. Nach 5 min langem Rühren Niederschlag abzentrifugiert, in etwa 150 ml 0,02 m Phosphatpuffer, p_H 7,4, gelöst und zweimal je 2 Std gegen 2 l dieses Puffers dialysiert (erste Acetonfraktion IV, über Nacht gefroren).

Tabelle 106. Michaelis- *und Dissoziations-Konstanten.*

Art des Enzyms	Substrat	K_M (Mol/l)	K_S (Mol/l)
Hefe[2] . . .	Mg^{++}	$1{,}68 \times 10^{-3}$	
Hefe[2] . . .	Gluconat	$1{,}74 \times 10^{-3}$	
Hefe[2] . . .	ATP	$2{,}0 \times 10^{-4}$	
Niere[1] . . .	Gluconat		$1{,}4 \times 10^{-4}$

Ammoniumsulfat-Fraktionierung. Acetonfraktion IV mit Wasser so verdünnt, daß Proteingehalt 10 mg/ml, und der p_H mit 2,5 m Ammoniak auf p_H 7,5 gebracht. Etwaiger Niederschlag abzentrifugiert. Lösung (304 ml) innerhalb 40 min durch Zugabe von 84 g festem Ammoniumsulfat auf 48% Sättigung gebracht, der p_H bei 7,4 gehalten, Niederschlag abzentrifugiert und verworfen. Überstehende Flüssigkeit (325 ml) mit 15,3 g Ammoniumsulfat wie oben auf 56% Sättigung gebracht, abzentrifugiert, Niederschlag in 23 ml 0,02 m Phosphatpuffer, p_H 7,4, gelöst (Ammoniumsulfatfraktion II).

Zweite Aceton-Fraktionierung. Ammoniumsulfatfraktion über Nacht gegen 10 l langsam fließendes destilliertes Wasser dialysiert, zum dialysierten Enzym so viel Wasser hinzugegeben, daß Proteingehalt 3—5 mg/ml (116 ml Gesamtlösung). Der p_H mit einigen Tropfen 0,1 n Essigsäure auf 5,4 gebracht, 62,5 ml Aceton, auf — 10° C abgekühlt, innerhalb 10 min zugegeben. Dabei auf — 8° C abgekühlt und nach 5 min Mischung zentrifugiert und Niederschlag verworfen. Zur überstehenden Flüssigkeit (165 ml) 39,4 ml Aceton bei — 10° C innerhalb 15 min zugesetzt, 5 min gerührt, dann abzentrifugiert und

[1] Leder, J. G.: J. biol. Ch. **225**, 125 (1957).
[2] Sable, H. Z., and A. J. Guarino: J. biol. Ch. **196**, 395 (1952).

Niederschlag in 0,025 m Glycylglycin-Puffer, p_H 7,4, gelöst (15,5 ml, zweite Acetonfraktion II).

Bei dreiwöchiger Aufbewahrung bei — 15° C weniger als 10% Aktivitätsverlust.

Eigenschaften. *Spezifität.* Gluconokinase aus Hefe, aus *Bacterium coli* und aus Schweineniere ist ganz spezifisch auf die Phosphorylierung von D-Gluconat eingestellt[1-3]. ATP kann durch UTP ersetzt werden[3].

Aktivierung und Hemmung[4]. Mg^{++} sind für die Aktivierung des Enzyms notwendig. Das Hefeenzym ist bei Abwesenheit von Mg^{++} völlig inaktiv. Mn^{++} können nur teilweise Mg^{++} ersetzen. Die optimale Mg^{++}-Konzentration beträgt bei dem Hefeenzym 5—7 $\times 10^{-3}$ m, bei dem entsprechenden Enzym von *Bacterium coli* 10^{-3} m. Höhere Konzentrationen von Mg^{++} wirken in beiden Fällen hemmend. Gluconokinase aus Schweineniere wird durch Cu^{++} und p-Chlormercuribenzoat gehemmt, jedoch nicht durch Fluorid oder Jodacetat. Die Hemmung durch Cu^{++} kann teilweise durch ATP aufgehoben werden[3].

Enzymeinheit. Eine Einheit ist diejenige Menge Enzym, die in 10 min bei 34° C 1 μM 6-Phosphogluconat bildet[3].

Bestimmung der Gluconokinase nach Sable *und* Guarino[2,4].

Prinzip:

Bei der Phosphorylierung von Gluconat wird 1 M Säure pro Mol Gluconat in Freiheit gesetzt. Bestimmung der Säurezunahme:

a) Manometrisch (s. Hexokinase, S. 660; statt Hexose wird Gluconat als Substrat angewandt).

b) Messung der p_H-Änderung mittels eines Ionometers[2,4]. Die äußeren Elektroden eines Beckman-p_H-Ionometers werden in Lösungen eingetaucht, die 50 mg Protein, 0,02 m Mg^{++}, 0,007 m Trispuffer (p_H 7,0), 15 μM Gluconat und 20 μM ATP in einem Gesamtvolumen von 6 ml enthalten. Die p_H-Änderung wird bestimmt (für Reihenversuche am besten geeignet).

Reagentien:

1. Gluconat.
2. ATP.
3. 0,01 m Trispuffer, p_H 7,6.
4. Magnesium.

Ausführung:

4 μM Gluconat und 6 μM ATP werden bei 30° C mit dialysiertem Hefe-Macerationssaft (9,8 mg Protein), 0,01 m Trispuffer (p_H 7,6), 0,01 m Mg^{++} im Gesamtvolumen von 2 ml inkubiert. Sowohl zu Anfang als auch zu gewissen Zeiten werden anorganisches Phosphat und säurelabiles Phosphat in aliquoten Teilen des enteiweißten Filtrats bestimmt (Bestimmung von anorganischem Phosphat nach Fiske und Subbarow, modifiziert von King; s. Bd. III/1, S. 464 und 465; Bestimmung von säurelabilem P: Zunahme des anorganischen P nach 10 min, Hydrolyse in n H_2SO_4 bei 100° C). Die Differenz zwischen anfangs und zur Zeit *t* vorhandenem organischem säurelabilem P entspricht der Zunahme von säurestabilem Phosphat.

Bestimmung der Gluconokinase nach Scott *und* Cohen[5].

Prinzip:

Kombinierter optischer Test:

$$1.\ \text{ATP} + \text{Gluconat} \xrightarrow{\text{Gluconokinase}} \text{ADP} + \text{6-Phosphogluconat}$$

$$2.\ \text{6-Phosphogluconat} + \text{TPN}^+ \underset{\text{Dehydrogenase}}{\overset{\text{6-Phosphogluconsäure-}}{\rightleftharpoons}} \text{Ribulose-5-phosphat} + CO_2 + \text{TPNH} + H^+$$

[1] Cohen, S. S.: J. biol. Ch. **189**, 617 (1951).
[2] Sable, H. Z., and A. J. Guarino: J. biol. Ch. **196**, 395 (1952).
[3] Leder, J. G.: J. biol. Ch. **225**, 125 (1957).
[4] Cohen, S. S.; in: Colowick-Kaplan, Meth. Enzymol. Vol. I, p. 350.
[5] Scott, D. B. M., and S. S. Cohen: Biochem. J. **55**, 23 (1953).

Reagentien:

1.—4. Wie bei der Bestimmung nach SABLE und GUARINO.
5. 6-Phosphogluconsäure-Dehydrogenase.
6. TPN.

Ausführung:

Ansatz und Ausführung zunächst wie bei SABLE und GUARINO s. S. 153.

Zur enteiweißten Lösung (auf p_H 7,5 gebracht) werden 6-Phosphogluconsäure-Dehydrogenase[1,2] und TPN^+ zugesetzt und bei 340 mμ die Extinktionszunahme bestimmt.

Berechnung des entstandenen TPNH s. Bd. VI/A, S. 292 ff.

TPNH ist äquimolar dem entstandenen 6-Phosphogluconat.

Glucuronsäure-Kinase.

[ATP: D-Glucuronat-1-Phosphotransferase.]

ATP + D-Glucuronsäure → ADP + D-Glucuronsäure-1-phosphat

Tabelle 107. *Glucuronsäure-Kinase in Phaseolus aureus*[3].

Präparat	Aktivität	Ausgedrückt durch
Mitochondrien-Präp. .	60	% umgewandelte Glucuronsäure/2 Std/37° C
lösliches Präp.	100	% umgewandelte Glucuronsäure/5 Std/37° C

Darstellung einer Mitochondrien-Suspension.

100 g *Phaseolus aureus*-Keimlinge mit sauer ausgewaschenem Sand in einem gekühlten Mörser mit 70 ml Puffer (enthaltend 0,4 M Rohrzucker 0,01 M Na-K-phosphat, p_H 7, und 0,01 M Mercaptoäthanol) zerkleinert. Suspension durch Käsetuch filtriert, liefert ein schlammiges Homogenat, das bei 5000 × g abzentrifugiert wird; Niederschlag verworfen. Überstehende Flüssigkeit 30 min bei 20000 × g abzentrifugiert, Niederschlag in 0,2 ml 0,5 m Trispuffer, p_H 7,5, enthaltend 0,1 M Mercaptoäthanol/l suspendiert. Diese Suspension wird als „Mitochondrienpräparat" bezeichnet.

Darstellung eines löslichen Glucuronsäure-Kinase-Präparates.

Überstehende Flüssigkeit der letzten Zentrifugation mit festem Ammoniumsulfat fraktioniert gefällt, die Fällung zwischen 40 und 70% Sättigung im Mindestvolumen von 0,1 m Mercaptoäthanol, 0,1 m Trispuffer, p_H 7,5, gelöst und über Nacht gegen 1 l desselben Puffers dialysiert. Das Enzym wird durch eine zweite Ammoniumsulfatfällung konzentriert, die Fällung zwischen 40 und 70% Sättigung gesammelt und dialysiert. Dialyse nötig, um aktives Präparat zu erhalten, da Ammoniumsulfat hemmend auf das Enzym wirkt („lösliches Enzym"). Bei 4° C aufbewahrt, behält es mehrere Wochen lang seine Aktivität.

Eigenschaften. *Spezifität.* Das Enzym ist spezifisch auf die Phosphorylierung von D-Glucuronsäure eingestellt. ATP kann nicht durch UTP, GTP oder CTP ersetzt werden.

Aktivierung und Hemmung. Mg^{++} sind für die Aktivität des Enzyms notwendig, können aber durch Mn^{++} oder Co^{++} ersetzt werden.

***Nachweis der D-Glucuronsäure-Kinase nach* NEUFELD *u. Mitarb.*[3].**

Prinzip:

ATP + D-Glucuronsäure → ADP + D-Glucuronsäure-1-phosphat

[1] HORECKER, B. L., and P. Z. SMYRNIOTIS: J. biol. Ch. **193**, 371 (1951).
[2] SCOTT, D. B. M., and S. S. COHEN: Biochem. J. **55**, 23 (1953).
[3] NEUFELD, E. F., D. S. FEINGOLD and W. Z. HASSID: Arch. Biochem. **83**, 96 (1959). — FEINGOLD, D. S., E. F. NEUFELD and W. Z. HASSID: Fed. Proc. **18**, 224 (1959).

Reagentien:

1. D-Glucuronsäure, ^{14}C-markiert (1500 c.p.m.).
2. ATP.
3. $MgCl_2$.
4. NaF.
5. Enzymlösung (0,24 mg Protein in Trispuffer und Mercaptoäthanol).

Ausführung:

Das Gesamtvolumen von 0,035 ml enthält 4×10^{-4} μM ^{14}C-markierte D-Glucuronsäure (1500 c.p.m.), 1 μM ATP, 0,5 μM $MgCl_2$, 5 μM NaF und 0,01 ml lösliches Enzym (enthaltend 1 μM Trispuffer, 1 μM Mercaptoäthanol und 0,24 mg Protein), p_H 7,5.

Nach 1 Std Inkubation bei 37° C wird das Gemisch bei p_H 3,6 der Papierelektrophorese unterworfen, das Verschwinden der radioaktiven Glucuronsäure bestimmt und das entstandene D-Glucuronsäure-(^{14}C)-1-phosphat identifiziert.

Ribokinase.

[2.7.1.15 ATP: D-Ribose-5-Phosphotransferase.]

ATP + Ribose → ADP + Ribose-5-phosphat

Tabelle 108. *Vorkommen und Normalwerte.*

Vorkommen	Aktivität	Ausgedrückt durch
Brauereihefe[1,2]		
Hefeautolysat	0,89	Einheiten/mg Protein
Ammoniumsulfatfraktion	1,45	desgl.
saure Fällung (p_H 4,6)	4,75	desgl.
Lactobacillus plantarum[3] (auf Desoxyribose gewachsen)		
Rohextrakt	6,2 (Substrat Desoxyribose)	Einheiten */mg Protein
Rohextrakt	6,5 (Substrat Ribose)	desgl.
gereinigt. Präp.	89 (Desoxyribose)	desgl.
gereinigt. Präp.	77 (Ribose)	desgl.
Escherichia coli, Extrakt[4]	1,60	verbrauchte μMol Ribose/2 mg Trocken-Zellen/20 min/38° C
Kalbsleber[5]		
Äthanolfällung	0,317	Einheiten **/mg Protein
Ammoniumsulfatfällung	1,96	desgl.
Ca-phosphat-Gel-Eluat	4,82	desgl.
Zweite Ammoniumsulfatfällung	5,60	desgl.
Aluminiumhydroxyd-C_γ-Gel-Eluat	8,66	desgl.
Dritte Ammoniumsulfatfällung	23,2	desgl.
Kernlose Erythrocyten[6]	—	—

* μMol gebildeter Phosphatester/Std/37° C. ** μMol verschwindende Pentose/Std/30° C.

Darstellung von Ribokinase aus Hefe nach SABLE[1,2].

1. Schritt: Darstellung eines Hefeautolysates. Getrocknete Brauereihefe wird entweder:

a) in 0,067 m Na_2HPO_4 suspendiert und 4 Std bei 37° C inkubiert oder

b) 5 Tage bei 2° C mit 2,5 Vol. H_2O und 0,15 Vol. Toluol gerührt, dann abzentrifugiert.

[1] SABLE, H. Z.: Proc. Soc. exp. Biol. Med. **75**, 215 (1950).
[2] SABLE, H. Z.; in: Colowick-Kaplan, Meth. Enzymol. Vol. I, p. 357.
[3] GINSBURG, A.: J. biol. Ch. **234**, 481 (1959).
[4] HEALD, K., and C. LONG: Biochem. J. **59**, 316 (1955).
[5] AGRANOFF, B. W., and R. O. BRADY: J. biol. Ch. **219**, 221 (1956).
[6] LACHHEIN, L., u. H. MATTHIES: Acta biol. med. germ. **4**, 403 (1960).

2. Schritt: Fraktionierung mit Ammoniumsulfat. Zu eisgekühltem Autolysat langsam unter Rühren Ammoniumsulfatlösung (bei 25° C gesättigt, p_H 7,6) hinzugefügt (0,82 ml/ml Autolysat). Nach 30 min langem Abkühlen zentrifugiert und Niederschlag verworfen. Überstehende Lösung (0,45 gesättigt) wird durch Ammoniumsulfat auf 0,65 Sättigung gebracht (0,57 ml gesättigte Ammoniumsulfatlösung/ml 0,45 gesättigte Lösung), 30 min gekühlt, zentrifugiert und überstehende Flüssigkeit verworfen. Niederschlag unter Rühren in kaltem Wasser (0,5 ml/ml Autolysat) gelöst. Etwaige ausfallende Kristalle ($MgNH_4PO_4$) werden verworfen.

3. Schritt: Saure Fällung. Lösung unter Rühren zunächst 12—14 Std gegen zwei Chargen Acetatpuffer (p_H 6, Ionenstärke 0,05) und dann gegen Acetatpuffer (p_H 4,5—4,6; Ionenstärke 0,02) 6—8 Std dialysiert. Puffervolumen 200mal so groß wie das der zu dialysierenden Lösung. Viel Niederschlag während der letzten Dialyse. Dieser wird abzentrifugiert, überstehende Flüssigkeit verworfen. Niederschlag in wenig kaltem Wasser unter gelegentlichem Zusatz von 4 m Na-acetat (bis p_H 6 erreicht ist) zerdrückt, dann 25 % NaCl zugesetzt und weiter zerdrückt, bis alles gelöst bzw. fein suspendiert ist. Endlösung (0,3 m im Hinblick auf Salze) wird gegen 100 Vol. Acetatpuffer (p_H 6,0, Ionenstärke 0,30) dialysiert. Puffer wird einmal während 8 Std Dialyse gewechselt. Unlösliches abzentrifugiert.

4. Schritt: Alkohol-Fraktionierung. 80 %iges Äthanol, Ionenstärke 0,02 (NaCl), wird zur Fällung verwandt.

Lösung von Schritt 3 wird auf — 2 bis — 5° C abgekühlt, und 0,33 Vol. Alkohol werden zugesetzt. Nach 10 min Stehen bei — 2° C abzentrifugiert, Niederschlag in konzentriertem Acetatpuffer (p_H 6), vorher auf — 5° C abgekühlt, gelöst (0,2—0,5 ml/ml von Schritt 3). Diese Lösung 5 Std gegen verdünnten Acetatpuffer (p_H 6) dialysiert, etwaiger Niederschlag verworfen.

Ammoniumsulfatfraktion mehrere Wochen bei Tiefkühlung haltbar; Säurefällung weniger gut haltbar.

Darstellung von Ribokinase aus Kalbsleber nach Agranoff *und* Brady[1].

1400 g frisch gekühlte oder aufgetaute Kalbsleber portionsweise zu 2 Vol. 0,05 m K-phosphatpuffer, p_H 7,0, gegeben und 1 min homogenisiert. Mischung durch Gaze filtriert und 10 min bei 18000 ×g zentrifugiert. Überstehende Flüssigkeit durch Zugabe von Äthanol bei — 12° C fraktioniert. Alle weiteren Fraktionierungen bei 2° C durchgeführt. Die zwischen 0 und 35 %, 35 und 55 % und 55 und 65 % Äthanol ausfallenden Fraktionen 10 min bei 3900 ×g abzentrifugiert. Ribokinase in der letzten Fraktion (55—65 % Äthanol) enthalten. Dieser Niederschlag in 200 ml 0,2 m Phosphatpuffer, p_H 7,0, suspendiert und 10 min bei 18000 ×g abzentrifugiert. Die stark rot gefärbte überstehende Flüssigkeit (Fraktion I) bei p_H 5,5 mit gesättigter Ammoniumsulfatlösung behandelt. Niederschlag zwischen 40 und 50 % Sättigung (Fraktion II) in 30 ml 0,05 m Triäthanolamin-hydrochlorid-Puffer (TEA), p_H 7,0, gelöst. Fraktion II mit kaltem Wasser auf 230 ml verdünnt und der p_H mit 0,1 m K-acetatpuffer, p_H 4,5, auf 6,7 gebracht. Die Enzymlösung wird jetzt mit Ca-phosphat-Gel (25 mg/ml) behandelt (Verhältnis Gel:Protein = 3,5), die Mischung 5 min gerührt, 5 min bei 18000 ×g abzentrifugiert, überstehende Flüssigkeit verworfen. Niederschlag mit 35 ml Wasser ausgewaschen, dann mit gleichen Mengen 0,01 m und 0,02 m Phosphatpuffer, p_H 7. Ribokinase dann mit 25 ml 0,1 m Phosphatpuffer, p_H 7,0, dann mit 10 ml desselben Eluens eluiert. Eluate vereinigt (Fraktion III). Nochmalige Ammoniumsulfat-Fraktionierung und das zwischen 33 und 60 % Sättigung ausfallende Material (Fraktion IV) in 15 ml 0,05 m TEA-Puffer, p_H 7,0, aufgenommen, mit Wasser auf 70 ml verdünnt und mit Aluminiumhydroxyd-Gel-C_γ (18 mg/ml) im Gel-Protein-Verhältnis 2,0 behandelt. Gel-Niederschlag abzentrifugiert und mit je 20 ml Wasser bzw. 0,01 m Phosphatpuffer, p_H 7,0, ausgewaschen. Ribokinase

[1] Agranoff, B. W., and R. O. Brady: J. biol. Ch. **219**, 221 (1956).

mit 20 ml 0,1 m Phosphatpuffer, p_H 7,0, und 20 ml 0,1 m Phosphatpuffer, p_H 8,1, eluiert, Eluate vereinigt (Fraktion V) und noch eine dritte Ammoniumsulfat-Fraktionierung vorgenommen. Der zwischen 50 und 60% Sättigung ausfallende Niederschlag (Fraktion VI) in 4 ml Wasser oder 0,05 m TEA-Puffer, p_H 7,0, gelöst.

Fraktion IV nach zweimonatiger Aufbewahrung bei —12° C noch 65% der anfänglichen Ribokinaseaktivität enthaltend.

Eigenschaften. *Spezifität.* Das Enzym, aus Hefe und auch aus *Escherichia coli*, ist ganz spezifisch auf die Phosphorylierung von Ribose eingestellt.

Das Kalbsleberenzym phosphoryliert auch Desoxyribose[1], ebenso die Kinase aus *Lactobacillus plantarum*[2].

Tabelle 109. *p_H-Optimum.*

Herkunft des Enzyms	Substrat	p_H-Optimum
Hefe	Ribose	5,8—8,4[4]
Kalbsleber . .	Ribose	7,1—7,8[1]
L. plantarum	2-Desoxyribose	6,7—7,3[2]

Während für das Hefeenzym noch nicht exakt bewiesen ist, daß das Reaktionsprodukt der Phosphorylierung Ribose-5-phosphat ist, konnte diese Verbindung bei der Einwirkung von *Escherichia coli*[3], von Kalbsleberenzym[1] und auch von *L. plantarum*-Enzym[2] auf Ribose isoliert und identifiziert werden. Ebenso konnte 2-Desoxyribose-5-phosphat bei Einwirkung vom *L. plantarum*-Enzym auf 2-Desoxyribose nachgewiesen werden[2].

Aktivierung und Hemmung. Mg^{++} sind für die Aktivität des Enzyms erforderlich[1,2,4,5]. Für Hefe-Ribokinase liegt die optimale Mg^{++}-Konzentration bei 5×10^{-3} m. Unter 50% der maximalen Aktivität erhält man dagegen bei 10^{-3} oder 10^{-2} m Mg^{++}. Bei Kalbsleber-Ribokinase, jedoch nicht bei *L. plantarum*-Desoxyribokinase, die durch 5×10^{-2} m Mn^{++} gehemmt wird, können Mg^{++} durch Mn^{++} ersetzt werden. Bei Kalbsleber-Ribokinase bewirken 0,02 m Na^+ 30% Hemmung[1].

Tabelle 110. MICHAELIS-*Konstanten von Ribokinase.*

Art des Enzyms	Substrat	K_M (Mol/l)
Hefe.	Ribose	$1{,}2 \times 10^{-3}$
Hefe.	Mg^{++}	3×10^{-3}
Kalbsleber	Ribose	$2{,}2 \times 10^{-5}$
Kalbsleber	ATP + Mg^{++}	4×10^{-5}
Kalbsleber	2-Desoxyribose	$3{,}5 \times 10^{-5}$
Lactobacillus plantarum	2-Desoxyribose	$1{,}8 \times 10^{-3}$

Enzymeinheit. Eine Einheit ist diejenige Enzymmenge, die in 2 Std (unter Zugrundelegung der Anfangsgeschwindigkeit) die Phosphorylierung von 0,10 μMol Ribose katalysiert[4].

Bestimmung der Ribokinase nach SABLE[4].

Prinzip:

Bestimmung des verschwindenden Zuckers, indem erst Eiweiß und Ribose-5-phosphat durch $Zn(SO_4)$ und $Ba(OH)_2$ gefällt werden und dann Zuckerbestimmung nach SOMOGYI erfolgt (s. Hexokinase, S. 661).

Reagentien:

1. 0,1 m ATP (Na- oder K-Salz).
2. Ribose, 0,5%ig.
3. 0,4 m Tris-HCl-Puffer, p_H 7,5.
4. 0,1 m $MgCl_2$.
5. 0,1 m NaF.
6. 0,3 n $Ba(OH)_2$.
7. $ZnSO_4 \cdot 7\,H_2O$, 5%ig.

Ausführung:

Ribose (0,5 ml), Trispuffer (0,2 ml), $MgCl_2$ (0,25 ml) und H_2O (1,8 ml) bei 30° C vermischt. 2 ml Enzymlösung werden zugesetzt.

[1] AGRANOFF, B. W., and R. O. BRADY: J. biol. Ch. **219**, 221 (1956).
[2] GINSBURG, A.: J. biol. Ch. **234**, 481 (1959).
[3] LONG, C.: Biochem. J. **59**, 322 (1955).
[4] SABLE, H. Z.; in: Colowick-Kaplan, Meth. Enzymol. Vol. I, p. 357.
[5] HEALD, K., and C. LONG: Biochem. J. **59**, 316 (1955).

Entnahme von je 1 ml nach 0, 10, 25 und 60 min. Weitere Behandlung s. Hexokinase (S. 661) bzw. Galaktokinase (S. 669).

L-Arabinokinase.

[ATP: L-Arabinose-1-Phosphotransferase.]

ATP + L-Arabinose → ADP + β-L-Arabinose-1-phosphat

Darstellung. Mitochondrienpräparat s. Galaktokinase (S. 668).

Darstellung eines löslichen L-Arabinokinase-Präparates.

Die Mitochondrien-Suspension (1,0 ml) wird mit 1,0 ml 0,1 m Trispuffer, p_H 7,5 (0,1 m Mercaptoäthanol enthaltend) verdünnt, etwa $^1/_2$ min mit 2 ml 1%iger Digitoninlösung (ebenfalls 0,1 m Mercaptoäthanol enthaltend) mit der Hand kräftig geschüttelt. 30 min bei 18000 × g abzentrifugiert, zur überstehenden Flüssigkeit Ammoniumsulfat bis zur 70%igen Sättigung zugesetzt, der Niederschlag in 0,2 ml 0,1 m Trispuffer, p_H 7,5 (0,1 m Mercaptoäthanol enthaltend) gelöst und 4—20 Std gegen 1 l desselben Puffers dialysiert. Das Präparat enthält 7—13 mg Protein und ist praktisch frei von Galaktokinase, die durch Digitonin ausgefällt wird.

Tabelle 111. L-*Arabinokinase in Phaseolus aureus*[1].

Präparat	Aktivität*
Mitochondrien-Präp. .	18
lösliches Präp.	40

* Aktivität ausgedrückt durch % Phosphorylierung/2 Std/37° C.

Spezifität. Das lösliche Enzym ist spezifisch auf L-Arabinose eingestellt, gegenüber D-Arabinose ist es wirkungslos. UTP und GTP wirken wesentlich schwächer phosphorylierend als ATP[1].

Aktivierung und Hemmung. Das lösliche Enzym benötigt für seine Aktivität divalente Kationen wie Mg^{++}, Mn^{++} oder Co^{++}.

***Bestimmung von L-Arabinokinase nach* NEUFELD *u. Mitarb.*[1].**

Prinzip:

Das entstandene Arabinose-1-phosphat wird bestimmt.

Reagentien:

1. L-Arabinose.
2. ATP.
3. $MgCl_2$.
4. L-Arabinose-1-phosphat, mit ^{14}C markiert.

Ausführung:

Das Gesamtvolumen von 5,4 ml (p_H 7) enthält 80 μM L-Arabinose, 200 μM ATP, 50 μM $MgCl_2$ und das lösliche Enzym. Nach 2 Std wird die Reaktion durch 1 min langes Erhitzen im kochenden Wasserbad gestoppt, das denaturierte Protein abgetrennt und die überstehende Lösung bei p_H 3,6 der Elektrophorese auf mehreren Papierblättern unterworfen. Radioaktives Pentose-1-phosphat (0,1 μc, 0,003 μM) wird zugesetzt, um die Lokalisation des nicht markierten Materials zu erleichtern. Die Pentosephosphat-Region wird eluiert, das Zuckerphosphat von verunreinigendem ADP und ATP papierchromatographisch abgetrennt (Lösungsmittel: 70 Teile 95% Äthanol und 30 Teile 1,0 m Ammoniumacetat, p_H 7,3) und quantitativ bestimmt.

Ribulokinase.

[2.7.1.16 ATP: L-(oder D-)Ribulose-5-Phosphotransferase.]

ATP + Ribulose → ADP + Ribulose-5-phosphat

***Darstellung von Ribulokinase aus Lactobacillus plantarum nach* BURMA *und* HORECKER[2].**

Zellen bei 2° C abzentrifugiert, einmal mit 0,02 m $NaHCO_3$ ausgewaschen und bei — 10° C als dicke Paste aufbewahrt. Die gefrorene Paste kann monatelang aufbewahrt werden.

[1] NEUFELD, E. F., D. S. FEINGOLD and W. Z. HASSID: J. biol. Ch. **235**, 906 (1960).
[2] BURMA, D. P., and B. L. HORECKER: J. biol. Ch. **231**, 1039 (1958).

Tabelle 112. *Vorkommen und Normalwerte.*

Vorkommen	Aktivität	Ausgedrückt durch
Lactobacillus plantarum[1]		
Rohextrakt	1,5	Einheiten/mg Protein
Ammoniumsulfat I	6,5	desgl.
Calciumphosphat-Gel-Eluat . .	35,0	desgl.
C_γ-Gel-Eluat	174,0	desgl.
Aerobacter aerogenes[2]		
zellfreier Extrakt	0,21	desgl.
Streptomycin	0,53	desgl.
Hitze	0,71	desgl.
Ammoniumsulfat I	1,78	desgl.
Gel-Behandlung	5,20	desgl.
Ammoniumsulfat II	13,30	desgl.
Lactobacillus pentosus[3]		
partiell gereinigtes Präp.	2,0	μMol gebildetes ADP/15 min
Propionobacterium pentosaceum[4]		
Rohextrakt	8,7	μMol L-Ribulose-5-phosphat/Std
gereinigtes Präp.	345	desgl.

Zellfreier Extrakt. Alle folgenden Arbeitsgänge bei 2° C ausgeführt. 3 g-Portionen von gepackten Zellen werden in einer Hülse mit 8 g Glasperlen, 8 ml 0,1 m Triäthanolaminpuffer, p_H 7,5, und 0,8 ml 0,3 m Glutathion dreimal je 30 sec geschüttelt, wobei zwischen den Schüttelperioden mit Eis gekühlt wird.

Die vereinigten Extrakte von 21 g gepackten Zellen abzentrifugiert und die Rückstände zweimal mit je 14 ml 0,1 m Triäthanolamin-Puffer, p_H 7,5, extrahiert (Rohextrakt 91 ml).

Ammoniumsufat-Fraktionierung. Der Extrakt wird mit 4,55 ml (0,05 Vol.) 1 m $MnCl_2$ behandelt und 30 min bei 0° C gehalten, Niederschlag abzentrifugiert. Die überstehende Flüssigkeit (90 ml) mit 170 ml gesättigter Ammoniumsulfatlösung behandelt (2° C), so daß Lösung zu 65% gesättigt. Niederschlag abzentrifugiert, in 20 ml 0,05 m Trispuffer, p_H 7,5, gelöst und 2,0 ml 0,3 m Glutathion zugefügt. Überstehende Flüssigkeit mit 7,2 g festem Ammoniumsulfat behandelt, Niederschlag gesammelt und in einer Mischung von 10 ml 0,05 m Trispuffer, p_H 7,5, und 1,0 ml 0,3 m Glutathion gelöst. Beide Ammoniumsulfatfraktionen getrennt getestet und, wenn nötig, vereinigt. Für gewöhnlich Hauptaktivität in der ersten Fraktion enthalten (Ammoniumsulfat I, 46 ml).

Calciumphosphat-Gel-Adsorption. Vorversuch mit kleinem Volumen, um die für vollständige Adsorption nötige Gel-Menge zu ermitteln. In einem typischen Experiment wird Ammoniumsulfat I-Fraktion mit 132 ml 0,05 m Trispuffer, p_H 7,5, verdünnt und 616 ml Ca-phosphat-Gel (6 mg/ml) zugesetzt, gut vermischt, abzentrifugiert und überstehende Flüssigkeit verworfen. Das Gel zweimal mit je 174 ml 0,1 m Phosphatpuffer, p_H 6,0, eluiert. Die vereinigten Eluate (365 ml) sofort mit 160 g Ammoniumsulfat behandelt, Niederschlag abzentrifugiert und in 6 ml 0,05 m Trispuffer, p_H 7,0, gelöst und 0,6 ml 0,3 m Glutathion zugesetzt (Ca-phosphat-Gel-Eluat, 8 ml).

Aluminiumhydroxyd-Gel-Adsorption. Wiederum Vorversuche, um die für die Adsorption nötige Menge Gel zu ermitteln. 8 ml Ca-phosphat-Gel-Eluat mit 16,0 ml kaltem Wasser verdünnt und 60 ml Aluminiumhydroxyd-C_γ-Gel (12,7 mg/ml) zugefügt, abzentrifugiert, das Gel zweimal mit je 24 ml 0,1 m Phosphatpuffer, p_H 6,0, extrahiert.

Die vereinigten Eluate (50 ml) sofort mit 22 g Ammoniumsulfat behandelt, Niederschlag abzentrifugiert und in 1 ml 0,05 m Trispuffer, p_H 7,0, gelöst. Zur Lösung 0,1 ml 0,3 m Glutathion zugesetzt (Aluminiumhydroxyd-Gel-Eluat, 1,1 ml).

[1] Burma, D. P., and B. L. Horecker: J. biol. Ch. **231**, 1039 (1958).
[2] Fromm, H. J.: J. biol. Ch. **234**, 3097 (1959).
[3] Burma, D. P., and B. L. Horecker: Biochim. biophys. Acta **24**, 660 (1957).
[4] Volk, W. A.: J. biol. Ch. **234**, 1931 (1959).

80—100fache Reinigung; frei von störenden Enzymen, vor allem von L-Ribulosephosphat-4-epimerase. Im Tiefkühlschrank mehrere Monate ohne Verlust haltbar. Zusatz von Glutathion zur Stabilisierung notwendig.

***Darstellung von Ribulokinase aus Aerobacter aerogenes nach* FROMM[1].**

Alle Arbeitsgänge bei 3° C ausgeführt, wenn nicht anders angegeben. Alle Puffer bei Zimmertemperatur eingestellt und dann auf 3° C abgekühlt. Zentrifugieren jeweils 10 min bei 13000 ×g und 3° C. Ammoniumsulfatlösung (100% bei 3° C gesättigt) enthält 70,6 g per 100 ml.

Streptomycinbehandlung. Zu 80 ml zellfreiem Extrakt in 0,1 m Tris-Chloridpuffer, pH 7,4, langsam 16 ml 5%iges Streptomycinsulfat unter ständigem Rühren zugesetzt, Mischung nach 5 min Stehen abzentrifugiert, Niederschlag verworfen.

Tabelle 113. *pH-Optimum.*

Art des Enzyms	pH-Optimum
L. plantarum[2]	7,0
Aerobacter aerogenes[1]	7,0—9,5

Hitzebehandlung. Überstehende Flüssigkeit (87 ml) in einem 250 ml-Erlenmeyer-Kolben in Wasserbad bei 55° C gehalten, dann 3,5 min heftig geschüttelt und 5 min in ein Eisbad gesetzt, abzentrifugiert, Niederschlag verworfen.

Ammoniumsulfatfraktion I. Überstehende Flüssigkeit mit festem Ammoniumsulfat auf 33% Sättigung gebracht, nach 5 min Stehen zentrifugiert, Niederschlag verworfen. Festes Ammoniumsulfat bis zur 48%igen Sättigung zugegeben, nach 5 min Stehen abzentrifugiert, Niederschlag in so viel Wasser aufgenommen, daß Proteinkonzentration 3,70 mg/ml beträgt.

Ca-phosphat-Gel-Behandlung. 20 ml kaltes Ca-phosphat-Gel (21,5 mg Trockengewicht je ml) zu 50 ml obiger Lösung zugesetzt und das pH mit 0,1 m Essigsäure auf 6,0 gebracht. Das Gel sofort abzentrifugiert (2500 ×g) und überstehende Flüssigkeit bezüglich Tris-Chloridpuffer, pH 8,0, 0,1 m gemacht, das Präparat schließlich mit 0,1 m KOH auf das gleiche pH gebracht.

Tabelle 114. MICHAELIS-*Konstanten.*

Art des Enzyms	Substrat	K_M (Mol/l)
Acetobacter aerogenes[1]	D-Ribulose	$9,2 \times 10^{-4}$
Acetobacter aerogenes[1]	ATP	$8,3 \times 10^{-4}$
L. plantarum[2]	L-Ribulose	$2,8 \times 10^{-3}$
L. plantarum[2]	D-Ribulose	$6,2 \times 10^{-3}$
L. plantarum[2]	ATP	$2,1 \times 10^{-3}$
L. plantarum[2]	Mg++	$1,3 \times 10^{-3}$

Ammoniumsulfatfraktion II. Zu dieser Lösung festes Ammoniumsulfat zugesetzt, die ribulokinasehaltige Proteinfällung zwischen 35 und 45% Sättigung abzentrifugiert und in 0,05 m Trispuffer, pH 7,4, gelöst.

63fache Reinigung des zellfreien Extrakts, praktisch frei von Ribit-Dehydrogenase und ATPase, jedoch noch stark mit Phosphopentoseisomerase verunreinigt. Zur Abtrennung derselben noch folgender Schritt:

10 ml Ammoniumsulfatfraktion I mit 0,1 m Essigsäure auf pH 4,1 gebracht, abzentrifugiert und überstehende Flüssigkeit verworfen. Niederschlag (phosphopentoseisomerasefreie Ribulokinase enthaltend) in 0,1 m Tris-Chloridpuffer, pH 7,4, aufgenommen, Suspension 12 Std bei 3° C stehenlassen, dann zentrifugiert, inaktiver Proteinniederschlag verworfen. Überstehende Flüssigkeit besitzt D-Ribulokinase-Aktivität 2,61 und ist frei von Phosphopentoseisomerase und ATPase. Enthält jedoch noch etwa 1,4 Einheiten von Ribit-Dehydrogenase pro ml. Etwa 80% der D-Ribulokinase hierbei inaktiviert.

Eigenschaften. *Spezifität.* Ribulokinase ist spezifisch auf Ribulose eingestellt und unwirksam gegenüber anderen Pentosen. In den meisten Fällen reagiert das Enzym sowohl mit der D- als auch mit der L-Form der Ribulose, wobei aber *eine* Komponente bevorzugt wird. Ribulokinase aus *L. pentosus*[3] phosphoryliert vorwiegend L-Ribulose — die Aktivitäten verhalten sich wie 4:1 —, das gleiche Verhältnis findet sich auch bei Ribulokinase aus *L. plantarum*[2].

[1] FROMM, H. J.: J. biol. Ch. **234**, 3097 (1959).
[2] BURMA, D. P., and B. L. HORECKER: J. biol. Ch. **231**, 1039 (1958).
[3] BURMA, D. P., and B. L. HORECKER: Biochim. biophys. Acta **24**, 660 (1957).

Aus *Aerobacter aerogenes*, der auf L-Arabinose gewachsen war, gewannen SIMPSON und WOOD[1] L-Ribulokinase, während FROMM[2] aus diesem Bakterienstamm unter anderen Ernährungsbedingungen (nämlich Ribit) D-Ribulokinase isolierte.

ATP kann nicht durch ADP, ITP oder GTP ersetzt werden[2].

Aktivierung und Hemmung. Mg^{++} aktivieren, auch Mn^{++} und Ca^{++}, aber in geringerem Maße[2,3]. p-Chlormercuribenzoat wirkt hemmend[3].

Enzymeinheit. Eine Enzymeinheit nach FROMM ist diejenige Enzymmenge, die unter bestimmten Versuchsbedingungen (s. unten) 1 μM D-Ribulose zum Verschwinden bringt[2].— Eine Enzymeinheit nach BURMA und HORECKER ist diejenige Enzymmenge, die unter bestimmten Versuchsbedingungen (s. unten) zur Bildung von 1 μM ADP führt[3].

Bestimmung der Ribulokinase nach FROMM[2].

Prinzip:

$$ATP + Ribulose \rightarrow ADP + Ribulose\text{-}5\text{-}phosphat$$

Das Verschwinden von D-Ribulose wird bestimmt.

Reagentien:

1. Tris-Chloridpuffer, p_H 8,5.
2. D-Ribulose.
3. ATP.
4. $MgSO_4$.
5. β-Mercaptoäthanol.
6. 0,15 m $ZnSO_4$.
7. 0,15 m $Ba(OH)_2$.

Ausführung:

Das Reaktionsgemisch enthält 200 μM Tris-Chloridpuffer, p_H 8,5, 2,2 μM D-Ribulose, 2,5 μM ATP, 5 μM $MgSO_4$, 25 μM β-Mercaptoäthanol (zur Aktivierung) und das Enzym im Gesamtvolumen von 0,65 ml. Nach 15 min (38° C) wird die Reaktion durch Zusatz von 0,5 ml 0,15 m $ZnSO_4$ gestoppt, 0,3 ml 0,15 m $Ba(OH)_2$ werden zur Fällung der Phosphatester zugesetzt und dann zentrifugiert. In einem aliquoten Teil der überstehenden Flüssigkeit wird die restliche D-Ribulose nach DISCHE und BORENFREUND[4] bestimmt; in einem Leerwert, bei dem ATP erst nach der Stoppung mit $ZnSO_4$ zugesetzt wird, wird ebenfalls Ribulose ermittelt.

Berechnung:

Die verschwundene D-Ribulose wird auf Einheiten umgerechnet.

Bestimmung der Ribulokinase nach BURMA *und* HORECKER[3].

Prinzip:

ADP wird im kombinierten optischen Test ermittelt (s. Uridin-Kinase, s. S. 697).

Reagentien:

1. L-Arabinose.
2. Trispuffer, p_H 7,0.
3. $MgCl_2$.
4. Natriumfluorid.
5. Glutathion.
6. ATP.
7. L-Arabinose-Isomerase.
8. Phosphatpuffer, p_H 7,5.
9. Phosphoenol-brenztraubensäure.
10. Milchsäure-Dehydrogenase, kristallisiert, pyruvatkinasehaltig.
11. DPNH.

Ausführung:

Das Gesamtvolumen von 0,16 ml enthält 1 μM L-Arabinose, 8 μM Trispuffer, p_H 7,0, 1 μM $MgCl_2$, 2,5 μM NaF, 3 μM Glutathion, 2,5 μM ATP, 2 Einheiten L-Arabinose-Isomerase (60 μg Protein) und das Enzym. Nach 15 min bei 37° C wird der Versuch durch 1 min langes Erhitzen im kochenden Wasserbad gestoppt und nach Abkühlung abzentrifugiert.

Ein Leerwert ohne Arabinose kontrolliert die Abnahme von ATP durch ATPase.

---

1 SIMPSON, F. J., and W. A. WOOD: Am. Soc. **78**, 5452 (1956).
2 FROMM, H. J.: J. biol. Ch. **234**, 3097 (1959).
3 BURMA, D. P., and B. L. HORECKER: J. biol. Ch. **231**, 1039 (1958).
4 DISCHE, Z., and E. J. BORENFREUND: J. biol. Ch. **192**, 583 (1951).

In aliquoten Teilen der überstehenden Flüssigkeit (0,01 ml) wird ADP nach KORNBERG und PRICER[1] in 1 ml-Küvetten ermittelt, die 10 μM Phosphatpuffer, p_H 7,5, 5 μM $MgCl_2$, 0,25 μM Phosphoenol-brenztraubensäure, 0,17 mg kristallisierte pyruvatkinasehaltige Milchsäure-Dehydrogenase und 0,1 μM DPNH enthalten.

Die Abnahme der Extinktion bei 340 mμ/min wird während eines Zeitintervalles von 10 min bestimmt. Das Verschwinden von DPNH ist äquivalent dem vorhandenen ADP.

Berechnung:

Das gefundene ADP wird auf Einheiten umgerechnet.

Xylulokinase.

[2.7.1.17 ATP:D-Xylulose-5-Phosphotransferase.]

ATP + D-Xylulose → ADP + D-Xylulose-5-phosphat

Tabelle 115. *Vorkommen und Normalwerte.*

Vorkommen	Aktivität	Ausgedrückt durch
Lactobacillus pentosus[2], Rohextrakt	(0,24)	Einheiten/mg Protein
Mn, überstehende Lösung	0,98	desgl.
Calciumphosphat-Gel-Eluat	5,09	desgl.
Erste Ammoniumsulfatfällung	5,0	desgl.
Hitzebehandlung und Ammoniumsulfatfällung	16,0	desgl.
Pasteurella pestis[3]	0,71	μMol D-Xylulose-5-phosphat/30° C pro 30 min
Kalbsleber[4]		
wäßriger Extrakt	0,85	Einheiten */mg Protein
Ammoniumphosphat	2,20	desgl.
Gel-Schritt I	9,0	desgl.
Ammoniumsulfat	12,5	desgl.
Gel-Schritt II	41,0	desgl.

* Eine Einheit (nach HICKMAN und ASHWELL) ist diejenige Enzymmenge, die 1 μM D-Xylulose in 10 min phosphoryliert.

***Darstellung von Xylulokinase aus Lactobacillus pentosus nach* STUMPF *und* HORECKER[2].**

L. pentosus-Stamm 124-2 auf xylulosehaltigem Medium gewachsen. Die Zellen werden nach 24stündigem Wachstum bei 37° C geerntet, durch Abzentrifugieren bei 2° C mit 0,02 m $NaHCO_3$ gewaschen und bei —16° C als dicke Paste aufbewahrt. Gefrorene Paste ziemlich unbegrenzt haltbar. Ausbeute etwa 1,2 g pro Liter Medium.

Suspension von 10 g feuchten Zellen in 20 ml 0,01 m $NaHCO_3$ 1 Std ultrabeschallt, 1 Std bei 13000 ×g abzentrifugiert. Zellfreier Extrakt, bei 0° C mehrere Monate ohne Verlust haltbar.

Mangan-Schritt. Zellfreier Extrakt mit 0,05 Vol. 1 m $MnCl_2$ 30 min bei 4° C belassen, dann 5 min bei 13000 ×g abzentrifugiert, Niederschlag verworfen.

Calciumphosphat-Gel-Schritt. Zur klaren überstehenden Lösung 3 Vol. Ca-phosphat-Gel (17,9 mg Trockengewicht/ml) zugesetzt, Suspension bei 0° C abzentrifugiert und einmal mit 3 Vol. Wasser ausgewaschen, dann inaktive Proteine mit 20 ml 0,05 m K-phosphatpuffer, p_H 7,7, eluiert. Erstes Eluat verworfen und das Enzym dann aus dem Gel mit 20 ml 0,1 m Phosphatpuffer, p_H 7,7, eluiert.

Erster Ammoniumsulfat-Schritt. Zum Eluat (20 ml) bei 0° C 30 ml (bei Zimmertemperatur) gesättigte Ammoniumsulfatlösung zugegeben, Niederschlag verworfen. 4,7 g

[1] KORNBERG, A., and W. E. PRICER: J. biol. Ch. **193**, 481 (1951).
[2] STUMPF, P. K., and B. L. HORECKER: J. biol. Ch. **218**, 753 (1956).
[3] SLEIN, M. W.: Am. Soc. **77**, 1663 (1955).
[4] HICKMAN, J., and G. ASHWELL: J. biol. Ch. **232**, 737 (1958).

Ammoniumsulfat zur überstehenden Lösung zugegeben und Niederschlag in Wasser bis zur Endkonzentration 5 ml gelöst.

Saurer Hitze- und Ammoniumsulfat-Schritt. Lösung durch Zusatz von 0,5 m KH_2PO_4 auf p_H 4,5 gebracht, dann innerhalb 2 min auf 53° C erwärmt und 5 min bei dieser Temperatur gehalten. Höhere Temperaturen bewirken beträchtlichen Aktivitätsverlust. Erhitzte Lösung auf 4° C abgekühlt und mit 2,5 Vol. kalter gesättigter Ammoniumsulfatlösung behandelt, der schwere Niederschlag verworfen und 1,9 g Ammoniumsulfat zur überstehenden Flüssigkeit zugegeben. Niederschlag gesammelt, in 5 ml Wasser gelöst und bei 0° C aufbewahrt. Dieses Präparat enthält pro ml Enzymlösung 21 Einheiten Kinase, 1 Einheit ATPase, 0,15 Einheiten Transketolase und Phosphoketopentoseisomerase (letztere wandelt Xylulose-5-phosphat in Ribulose-5-phosphat um).

Bei 0° C aufbewahrt, mehrere Monate mit geringem Aktivitätsverlust haltbar. 50fache Reinigung.

Darstellung von Xylulokinase aus Kalbsleber nach Hickman *und* Ashwell[1].

Wasserextrakt. 10 g Kalbsleber-Aceton-Trockenpräparat (höchstens 2 Wochen alt) mit 200 ml destilliertem Wasser bei Zimmertemperatur 20 min extrahiert, abzentrifugiert, Rückstand verworfen. Überstehende Flüssigkeit = Wasserextrakt; 170 ml; unbeständig.

Tabelle 116. *p_H-Optimum*

Art des Enzyms	p_H-Optimum
Lactobacillus pentosus .	7—7,9
Kalbsleber	7,5—8,5

Ammoniumphosphat. Zu 170 ml dieses Extrakts 44,2 g zweibasisches Ammoniumphosphat zugefügt, Lösung 30 min bei 0° C stehenlassen. Niederschlag in der Kälte abzentrifugiert, in 30 ml destilliertem Wasser gelöst, die Enzymlösung über Nacht bei 0° C gegen 4 l 0,01 m K_2HPO_4 dialysiert, abzentrifugiert. Überstehende Flüssigkeit (44 ml) = Ammoniumphosphat.

Gel-Schritt I. Zur dialysierten Lösung (1,56 g Protein enthaltend) 1,56 g (Trockengewicht) Calciumphosphat-Gel zugesetzt. Hierbei, wie auch in der nächsten Stufe, wird inaktives Material adsorbiert (Gel wird vorher abzentrifugiert und als Suspension in die Enzymlösung hineingegeben, um Volumen nicht zu sehr zu vergrößern). Nach 15—20 min langem Stehen in der Kälte wird Gel abzentrifugiert und verworfen. Diese Behandlung wird nochmal wiederholt. Beste Resultate erzielt bei Gel-Protein-Verhältnis 1:1. Gel-Schritt I, 46 ml.

Ammoniumsulfat. Zur farblosen überstehenden Flüssigkeit (46 ml) ein gleiches Volumen kaltes gesättigtes Ammoniumsulfat, mit konzentriertem Ammoniak auf p_H 8,0 gebracht, zugegeben. Nach mehrstündigem Stehen in der Kälte abzentrifugiert und Niederschlag in wenig kaltem destilliertem Wasser gelöst. Auf dieser Reinigungsstufe (Ammoniumsulfat, 6,0 ml) ist das Enzym bei —12° C über 1 Monat haltbar.

Gel-Schritt II. Zu 6,0 ml der Ammoniumsulfatfraktion, 19,5 mg Protein/ml enthaltend, 117 mg Aluminiumhydroxyd-C_γ-Gel zugesetzt. Nach 15—20 min Stehen in der Kälte abzentrifugiert, überstehende Flüssigkeit (6,2 mg Protein/ml enthaltend) nochmal mit dem gleichen Volumen Aluminiumhydroxyd-C_γ-Gel behandelt, Rückstand verworfen. Überstehende Flüssigkeit: Gel-Schritt II = 6,0 ml.

Eigenschaften. *Spezifität.* Das Enzym ist spezifisch auf D-Xylulose eingestellt[1,2].

Michaelis-*Konstanten.* K_M für D-Xylulose bei Xylulokinase aus Kalbsleber etwa 4×10^{-3} m.

Aktivierung und Hemmung. Einige divalente Kationen — Mg^{++}, Mn^{++}, Fe^{++}, Zn^{++} — wirken aktivierend auf das Enzym aus *L. pentosus*[2], während bei der Kinase aus Kalbsleber Mg^{++} nicht durch Co^{++}, Mn^{++}, Ca^{++}, Fe^{++} und Zn^{++} ersetzt werden können. Günstigstes Verhältnis $MgCl_2$:ATP = 1:1.

[1] Hickman, J., and G. Ashwell: J. biol. Ch. **232**, 737 (1958).
[2] Stumpf, P. K., and B. L. Horecker: J. biol. Ch. **218**, 753 (1956).

Das Kalbsleberenzym wird durch 10^{-4} m p-Chlormercuribenzoat völlig gehemmt, die Hemmung wird aber durch 10^{-3} m Cystein wieder aufgehoben.

Enzymeinheit. Eine Einheit ist diejenige Enzymmenge, die in 1 min unter bestimmten Versuchsbedingungen (s. unten) eine Abnahme der Extinktion von 1,0 bewirkt.

***Bestimmung der Xylulokinase nach* STUMPF *und* HORECKER**[1].

Prinzip:

$$ATP + \text{D-Xylulose} \rightarrow ADP + \text{D-Xylulose-5-phosphat}$$

Das Verschwinden von Pentose wird bestimmt, nachdem die Phosphatester als alkohol-unlösliche Bariumsalze entfernt worden sind. Die Pentosebestimmung erfolgt mittels des Orcintestes nach MEJBAUM[2].

Reagentien:

1. ATP.
2. D-Xylose.
3. $MgCl_2$.
4. Trispuffer, pH 7,5.
5. Äthanol.
6. Bariumacetat, 20%ig.

Ausführung:

Das Gesamtvolumen von 0,8 ml enthält 4 μM ATP, 2 μM D-Xylose, 10 μM $MgCl_2$, 20 μM Trispuffer, pH 7,5, und das Enzym. Aliquote Teile (0,1 ml) werden in bestimmten Zeitintervallen entnommen, zu 0,5 ml Äthanol zugegeben und mit 0,01 ml 20% Bariumacetat behandelt. Die Bariumsalze werden abzentrifugiert und in der überstehenden Flüssigkeit der gesamte Pentosegehalt bestimmt (s. Bd. III/1, S. 708). Diese Methode ist bei rohen Enzympräparaten anwendbar, die Xylose-Isomerase enthalten, die Xylose in Xylulose umwandelt, so daß man von Xylose ausgehen kann.

Spektrophotometrische Methode zur Bestimmung der Xylulokinase, kombinierter optischer Test (s. Uridin-Kinase, s. S. 697).

Prinzip:

Bei Präparaten anwendbar, die frei von Xylose-Isomerase sind. Das gebildete ADP wird ermittelt.

Reagentien:

1. Phosphoenol-brenztraubensäure.
2. ATP.
3. Pyruvat-Kinase.
4. Milchsäure-Dehydrogenase.
5. Phosphatpuffer, pH 7,5.
6. $MgCl_2$.
7. Cystein bei pH 7,5.
8. DPN-H.
9. D-Xylulose.

Ausführung:

Das Gesamtvolumen von 1,2 ml enthält 0,6 μM Phosphoenol-brenztraubensäure, 0,45 μM ATP, 0,5 Einheiten Pyruvat-Kinase, 2 Einheiten Milchsäure-Dehydrogenase, 8 μM Phosphatpuffer, pH 7,5, 1 μM $MgCl_2$, 1 μM Cystein bei pH 7,5 und 0,24 μM DPN-H. Xylulokinase und 0,3 μM D-Xylulose werden zum Schluß zugesetzt.

Das verschwindende DPNH ist äquivalent dem entstandenen ADP. In einem Leerwert ohne Xylulose wird die vorhandene ATPase erfaßt und der Hauptwert entsprechend korrigiert.

Berechnung:

Die Extinktionsabnahme bei 340 mμ wird auf Einheiten umgerechnet.

Glycerokinase s. S. 713.

Glycerat-Kinase s. S. 710.

Triose-Kinase s. S. 717.

---

[1] STUMPF, P. K., and B. L. HORECKER: J. biol. Ch. **218**, 753 (1956).

[2] MEJBAUM, W.: H. **258**, 117 (1939).

Diglycerid-Kinase.

[ATP: α,β-Diglycerid-Phosphotransferase.]

Diglycerid + ATP → Phosphatidsäure + ADP

***Darstellung von Diglycerid-Kinase aus Meerschweinchen-Gehirn nach* HOKIN *und* HOKIN[1].**

a) Mikrosomen-Suspension. Die nach HOKIN und HOKIN[2] gewonnenen Mikrosomen werden in isotonischer Rohrzuckerlösung suspendiert.

b) Mit Desoxycholat behandelte Suspensionen. Zu den suspendierten Mikrosomen wird ein gleiches Volumen einer frisch bereiteten Lösung von 0,012 m Na-desoxycholat in 0,04 m Kalium-glycyl-glycin, p_H 7,0, zugegeben.

c) Löslicher Extrakt. Die mit Desoxycholat behandelten Suspensionen werden 30 min bei 105000 × g abzentrifugiert, die überstehende Flüssigkeit verwandt. Diese Extrakte unter Umständen noch gegen eine Mischung von gleichen Teilen isotonischer Rohrzuckerlösung und 0,012 m Na-desoxycholat in 0,04 m K-glycylglycin, p_H 7,0, 16 Std im Kühlraum dialysiert; die Extrakte werden bei —20° C aufbewahrt.

Tabelle 117. *Vorkommen und Normalwerte.*

Vorkommen	Substrat	Aktivität*
Meerschweinchen-Gehirn[1] Mikrosomen	Diglycerid aus Kohl	0,069
Mikrosomen + Desoxycholat	desgl.	4,00
löslicher Extrakt	desgl.	4,00
Erdnuß-Keimblätter Mitochondrien[3]	—	—

* Aktivität ausgedrückt durch mμMol synthetisierte Phosphatidsäure/Std/37° C.

Eigenschaften. *Spezifität.* Diglycerid aus Kohl-Phosphatidsäure ist das wirksamste Substrat für die Synthese der Phosphatidsäure durch Meerschweinchen-Gehirnenzym. Diglycerid aus Gehirn-Lecithin und 1-Palmityl-2-oleyldiglycerid sind weniger wirksam[1].

Aktivierung und Hemmung. Die Bildung der Phosphatidsäure wird durch kleine Mengen von Desoxycholat gehemmt, durch größere (zwischen 4×10^{-4} und $2{,}2 \times 10^{-3}$ m) jedoch stark aktiviert. Höhere Konzentrationen wirken wieder hemmend. Wahrscheinlich wird durch Desoxycholat das Enzym löslich gemacht[1].

Acetylcholin aktiviert die Diglyceridkinase von Gehirn-Mikrosomen. Die Mikrosomen-Struktur ist dabei notwendig[4].

***Bestimmung der Diglycerid-Kinase nach* HOKIN *und* HOKIN[1].**

Prinzip:

Diglycerid + ATP → Phosphatidsäure + ADP

Die entstandene Phosphatidsäure wird bestimmt.

Reagentien:

1. Diglycerid.
2. Rohrzucker.
3. Na-desoxycholat.
4. Kalium-glycylglycin, p_H 6,5.
5. $MgSO_4$.
6. ADP.
7. Li-carbamylphosphat-^{32}P.
8. Carbamat-Kinase.
9. Trichloressigsäure, 5%ig.
10. Reagentien zur Papierchromatographie s. unten.

Ausführung:

Der Ansatz enthält 0,002 M Diglycerid, 0,05 M Rohrzucker, 0,0027 M Na-desoxycholat, 0,1 M Kalium-glycylglycin, p_H 6,5, 0,002 M $MgSO_4$, 0,0005 M ADP, 0,004 M

[1] HOKIN, M. R., and L. E. HOKIN: J. biol. Ch. **234**, 1381 (1959). — HOKIN, L. E., and M. R. HOKIN: Biochim. biophys. Acta **31**, 285 (1959).
[2] HOKIN, L. E., and M. R. HOKIN: J. biol. Ch. **233**, 822 (1958).
[3] BRADBEER, C., and P. K. STUMPF: J. Lipid Res. **1**, 214 (1960).
[4] HOKIN, L. E., and M. R. HOKIN: J. biol. Ch. **234**, 1387 (1959).

Li-carbamylphosphat-^{32}P, Carbamat-Kinase (0,3 Einheiten/ml), 0,1 ml Enzym im Gesamtvolumen von 0,2 ml. 1 Std bei 37° C geschüttelt. (ATP wird aus ADP mit Carbamylphosphat und Carbamatkinase immer wieder regeneriert.)

Jeder Ansatz wird durch Zugabe von 5 ml 5% Trichloressigsäure gestoppt und zentrifugiert. Die Phosphatidsäure in der überstehenden Flüssigkeit wird papierchromatographisch isoliert. Man verwendet entweder mit Kieselsäure imprägniertes Papier mit Diisobutylketon-Essigsäure-Wasser (40:20:5) als Lösungsmittel[1,2] oder Schleicher-Schüll-Papier Nr. 2045 B mit Diisobutylketon-Methylisobutylketon-Methyläthylketon-Chloroform-Ameisensäure (98%) -Wasser (30:26:10:110:30:3) als Lösungsmittel[3].

Da die Menge der im Extrakt vorhandenen Phosphatidsäure zu gering ist, um sie auf dem Chromatogramm durch Farbreaktionen nachzuweisen, setzt man vor der Chromatographie jedem Lipidansatz 50—100 μg Phosphatidsäure aus Kohl zu und weist diese dann durch Rhodamin G nach[4]. Die Radioaktivität der Flecken wird ermittelt.

Flavokinase.

[2.7.1.26 ATP:Riboflavin-5'-Phosphotransferase.]

ATP + Riboflavin → ADP + Riboflavin-5-phosphat (FMN)

Tabelle 118. *Vorkommen und Normalwerte.*

Vorkommen	Aktivität	Ausgedrückt durch
Hefe		
Autolysat[5]	0,2—0,5	Einheiten/Protein
gereinigtes Hefepräparat	240—270	desgl.
Verschiedene Pflanzen[6]		
Cicer arietinum	99,7	mμMol FMN/2 ml/5 Std/37° C
Ricinus communis	85,8	desgl.
Brassica campesteris	82,8	desgl.
Phaseolus mungo	76,7	desgl.
Phaseolus radiatus	79,7	desgl.
Dolichos lablab	148,8	desgl.
Dolichos biflorus	99,7	desgl.
Canavalia gladiata	118,1	desgl.
Pisum sativum	99,7	desgl.
Sesamum indicum	99,7	desgl.
Cajanus indicus	99,7	desgl.
Solanum tuberosum (Kartoffel)	73,6	desgl.
Ipomea batatas (süße Kartoffel)	70,0	desgl.
Phaseolus radiatus[6]		
Reinigungsstufe I	0,39	Einheiten/mg Protein
Reinigungsstufe II	1,70	desgl.
Reinigungsstufe III	8,20	desgl.
Reinigungsstufe IV	14,51	desgl.
Reinigungsstufe V	29,93	desgl.
Kuhmilch[7]	—	—

***Darstellung von Flavokinase aus Hefe nach* Kearney *und* Englard[5].**

300 g getrocknete Hefe in 600 ml H_2O 2,5 Std bei 35—36° C autolysiert; 300 ml H_2O zugefügt und bei 35—36° C noch 15 min weiter gerührt. Niederschlag abzentrifugiert, überstehende Flüssigkeit mit 12 ml 2 n Essigsäure auf p_H 5,2 gebracht. Enzym

[1] Marinetti, G. V., and E. Stotz: Biochim. biophys. Acta 21, 168 (1956).
[2] Marinetti, G. V., J. Erbland and J. Kochen: Fed. Proc. 15, 837 (1956).
[3] Beiss, M., u. O. Z. Armbruster: Z. Naturforsch. 13b, 79 (1958).
[4] Marinetti, G. V., and E. Stotz: Am. Soc. 77, 6668 (1955).
[5] Kearney, E. B., and S. Englard: J. biol. Ch. 193, 821 (1951).
[6] Giri, K. V., P. R. Krishnaswamy and N. Appaji Rao: Biochem. J. 70, 66 (1958).
[7] Giri, K. V., N. Appaji Rao and A. K. Deb: Naturwiss. 45, 340 (1958).

mit festem Ammoniumsulfat bis zu 0,4 Sättigung gefällt und Niederschlag in 30—40 ml H_2O gelöst und gegen fließendes destilliertes Wasser 16—18 Std dialysiert. Bei Dialyse ausfallender Niederschlag abzentrifugiert und verworfen (spezifische Aktivität der überstehenden Flüssigkeit = 5—6). Überstehende Flüssigkeit mit 1/3 Vol. 0,2 m Acetatpuffer (p_H 5,0) verdünnt und 95% Alkohol bei 0° C bis zur Endkonzentration von 18 Vol.-% zugesetzt, Niederschlag verworfen und Äthanol-Konzentration der überstehenden Flüssigkeit auf 35% erhöht. Niederschlag in 0,05 m Succinat-Puffer (p_H 6,0) gelöst und lyophilisiert (spezifische Aktivität 20—50). Alle störenden Enzyme werden hierbei entfernt. Andere Darstellung s. Originalliteratur.

***Darstellung von Flavokinase aus Phaseolus radiatus nach* GIRI *u. Mitarb.*[1].**

Fein gepulverter *Phaseolus radiatus* 60 min bei 0—5° C unter regelmäßigem Schütteln mit Wasser (100 g/300 ml) extrahiert, abzentrifugiert bei 1000 × g, Extrakt 165 ml (Stufe I) in der Kälte 18—20 Std gegen Wasser dialysiert, auftretender Niederschlag bei 2500 × g abzentrifugiert. Zur überstehenden Flüssigkeit (180 ml, Stufe II) Ammoniumsulfat bis zu 0,4 Sättigung zugefügt, bei 5000 × g abzentrifugiert, Niederschlag in 50 ml Wasser gelöst und 18 Std gegen Wasser bei 0—5° C dialysiert (60 ml, Stufe III). Zur dialysierten Lösung ein gleiches Volumen Aluminiumhydroxyd-C_γ-Gel (15 mg/ml) zugegeben, 20 min in der Kälte stehen lassen, dann bei 1000 × g abzentrifugiert. Dadurch viel inaktives

Tabelle 119. *p_H-Optimum.*

Art des Enzyms	p_H-Optimum
Hefe[2]	7,8—8,5
Phaseolus radiatus[1]	8,6
Kuhmilch[3]	8,6

Tabelle 120. *Optimale Temperatur.*

Art des Enzyms	Optimale Temperatur
Hefe[2]	38° C
Phaseolus radiatus[1]	55° C
Kuhmilch[3]	37° C

Protein entfernt. Niederschlag dreimal mit je 10 ml 0,02 m Na-phosphatpuffer, p_H 7,2, eluiert und Eluate mit der überstehenden Flüssigkeit vereinigt (130 ml, Stufe IV). Dieses Präparat wird mit Ammoniumsulfat wieder bis zur Sättigung 0,40 fraktioniert; Niederschlag bei 5000 × g abzentrifugiert, in 30 ml 0,01 m Veronal-HCl-Puffer (p_H 8,6) gelöst und die Lösung 18 Std in der Kälte gegen Wasser dialysiert (40 ml, Stufe V). Aktivitäten s. Tabelle 118. 75fache Reinigung des Enzyms bei 38% Ausbeute. Dialyse entfernt anscheinend Hemmstoffe.

Tabelle 121. MICHAELIS-*Konstanten.*

Art des Enzyms	Substrat	K_M
Hefe	Riboflavin	$1,0 \times 10^{-5}$ m
Hefe	Mg^{++}	$7,5 \times 10^{-5}$ m
Hefe	ATP	$1,7 \times 10^{-5}$ m
Hefe	Arabitylflavin	$9,1 \times 10^{-6}$ m
Phaseolus radiatus[1]	Riboflavin	0,15 mM

Eigenschaften. *Spezifität.* Das Enzym phosphoryliert außer Riboflavin auch Arabitylflavin und Dichlorflavin zu den entsprechenden Nucleotiden[4].

ATP kann nicht durch ITP ersetzt werden[5].

Die angebliche Wirkung von ADP als Phosphat-Donator wurde durch Anwesenheit von Myokinase vorgetäuscht[6].

Aktivierung und Hemmung. Zur Aktivierung des Enzyms sind zweiwertige Kationen notwendig, nämlich Mg^{++}, Co^{++}, Mn^{++} oder Zn^{++}. Für Mg^{++} und Co^{++} ist die optimale Konzentration 3×10^{-4} m, für Mn^{++} und Zn^{++} 1×10^{-4} bzw. 6×10^{-4} m. Ca^{++} dagegen wirken hemmend[2].

[1] GIRI, K. V., P. R. KRISHNASWAMY and N. APPAJI RAO: Biochem. J. 70, 66 (1958).
[2] KEARNEY, E. B., and S. ENGLARD: J. biol. Ch. 193, 821 (1951).
[3] GIRI, K. V., N. APPAJI RAO and A. K. DEB: Naturwiss. 45, 340 (1958).
[4] KEARNEY, E. B.: J. biol. Ch. 194, 747 (1952).
[5] KEARNEY, E. B., and S. ENGLARD: Arch. Biochem. 32, 222 (1951).
[6] ENGLARD, S.: Am. Soc. 75, 6048 (1953).

Beim Enzym aus *Phaseolus radiatus* erweisen sich CN^-, Hg^{++}, Fe^{++}, Cu^{++}, MnO_4^- und Hydroxylamin als Hemmstoffe[1].

Enzymeinheit. Eine Enzymeinheit nach KEARNEY und ENGLARD[2] ist diejenige Enzymmenge, die in 2 Std bei 30° C pro 5 ml Reaktionsmischung unter bestimmten Versuchsbedingungen (s. unten) 1 mμM FMN synthetisiert. Eine Enzymeinheit nach GIRI, KRISHNASWAMY und APPAJI RAO[1] ist diejenige Enzymmenge, die bei p_H 8,6 und 55° C in 60 min 1 mμM FMN synthetisiert.

***Bestimmung der Flavokinase nach* KEARNEY *und* ENGLARD[2].**

Prinzip:

$$\text{ATP} + \text{Riboflavin} \rightarrow \text{ADP} + \text{FMN}$$

Das entstandene FMN wird spektrophotometrisch mittels einer Methode bestimmt, die auf den Verteilungskoeffizienten von Riboflavin und FMN zwischen Benzylalkohol und wäßriger Lösung beruht.

Reagentien:

1. Trispuffer, p_H 8,2.
2. Riboflavin.
3. ATP.
4. $MgSO_4$.
5. Trichloressigsäure, 17,5 %ig.
6. 2,4 m KH_2PO.
7. Benzylalkohol, wassergesättigt.
8. Chloroform.

Ausführung:

Im Gesamtansatz von 5 ml sind außer der Enzymlösung enthalten: $7{,}5 \times 10^{-2}$ m Trispuffer (p_H 8,2), $1{,}0 \times 10^{-4}$ m Riboflavin, $1{,}0 \times 10^{-3}$ m ATP, 3×10^{-4} m $MgSO_4$. End-p_H 8,0 bei 30° C. Die Mischung wird 2 Std bei 30° C belassen und die Reaktion durch Zusatz von 2 ml 17,5 %iger Trichloressigsäure gestoppt. Nach 10 min langem Kochen, um etwaiges gebildetes Flavin-adenin-dinucleotid (FAD) zu hydrolysieren, wird abgekühlt und filtriert.

Ein aliquoter Teil des Filtrates (5 ml) wird mit 1,25 ml 2,4 m KH_2PO neutralisiert Der gesamte Flavingehalt des neutralisierten Filtrates wird durch Messung der Extinktion bei 450 mμ bestimmt. Dann werden 5 ml des neutralisierten Filtrates mit 12,5 ml wassergesättigtem Benzylalkohol extrahiert, die beiden Phasen durch kurzes Zentrifugieren getrennt, 5 ml Chloroform zugesetzt und wieder zentrifugiert. Die obere Schicht wird direkt in eine Küvette übergeführt und wieder die Extinktion bei 450 mμ bestimmt.

Berechnung:

Da 1 mμM Flavin die Extinktion 0,0122/ml besitzt, so berechnet sich für obige 5 ml Filtrat (unter Berücksichtigung der Verdünnung auf 6,25 ml) der Gehalt an Gesamtflavin in mμMol (A) nach der Proportion:

$$A = \frac{\text{gef. Extinktion} \times 6{,}25}{0{,}0122}.$$

In gleicher Weise wird der Flavingehalt der extrahierten Lösung (bezogen auf 5 ml ursprüngliches Filtrat) ermittelt (B). Dann folgt:

$$\text{FMN (m}\mu\text{Mol)} = 1{,}25 \times B - 0{,}125 \times A.$$

Dieser Wert wird auf Einheiten umgerechnet.

***Bestimmung der Flavokinase nach* GIRI *u. Mitarb.*[1].**

Prinzip:

Das entstandene FMN wird papierchromatographisch abgetrennt und quantitativ bestimmt.

---

[1] GIRI, K. V., P. R. KRISHNASWAMY and N. APPAJI RAO: Biochem. J. **70**, 66 (1958).

[2] KEARNEY, E. B., and S. ENGLARD: J. biol. Ch. **193**, 821 (1951).

Reagentien:

1. Riboflavin.	5. Veronal-HCl-Puffer, p_H 8,6.
2. ATP.	6. Enzymlösung.
3. NaF.	7. Trichloressigsäure, 17,5%ig.
4. $MgSO_4$.	8. Butanol-Essigsäure-Wasser (4:1:5).

Ausführung:

Das Gesamtvolumen von 2,0 ml (in 10 × 1 cm Röhrchen) enthält 0,2 ml Riboflavin, 0,1 mM; 0,1 ml ATP, mM; 0,1 ml NaF, 0,1 m; 0,1 ml $MgSO_4$, 0,3 mM; 0,7 ml 0,1 m Veronal-HCl-Puffer und 0,8 ml Enzym.

Nach 60 min bei 55° C (gegen Licht geschützt) wird die Reaktion durch Zugabe von 0,8 ml 17,5%iger Trichloressigsäure gestoppt, die Röhrchen 5 min in ein kochendes Wasserbad gestellt, um Spuren von etwa gebildetem FAD zu hydrolysieren, abgekühlt, zentrifugiert und in aliquoten Teilen der überstehenden Lösung FMN mittels der circular-papierchromatographischen Methode von GIRI und KRISHNAWAMY[1] mit Butanol-Essigsäure-Wasser als Lösungsmittel-System bestimmt. FMN wird auf dem Chromatogramm durch UV-Licht lokalisiert, die Papierstreifen werden in glasdestilliertem Wasser eluiert und die Fluorescenz gemessen.

Entsprechende Leerversuche werden in Abzug gebracht.

Berechnung:

Das gefundene FMN wird auf Einheiten umgerechnet.

Adenosin-Kinase.

[2.7.1.20 ATP:Adenosin-5'-Phosphotransferase.]

ATP + Adenosin → ADP + AMP

Tabelle 122. *Vorkommen und Normalwerte.*

Vorkommen	Aktivität	Ausgedrückt durch
Bierhefe-Autolysat[2]	1,1	Einheiten/mg Protein
Gereinigt. Hefepräp.	13,1	desgl.
Hefe-Macerationssaft[3]	0,24	μMol Adenosin-Abnahme/0,01 ml Enzym/10 min
Nierenextrakt, Ratte[3]	0,27	Extinktionsabnahme (Adenosin)/0,02 ml Extrakt/20 min
Nierenextrakt, Kaninchen[3]	0,27	desgl.
Kaninchenleber-Extrakt[3]	0,40	desgl.

***Darstellung von Adenosin-Kinase aus Bierhefe nach* KORNBERG *und* PRICER[2].**

25 g getrocknete Bierhefe in 75 ml 0,1 m $NaHCO_3$ suspendiert, 6 Std bei 34° C inkubiert und abzentrifugiert (alle weitere Manipulationen bis zur Alkoholzugabe bei 2° C, dann bei −5° C).

40 ml gelbes Autolysat mit 40 ml H_2O, 20 ml n Essigsäure und 8 ml Nucleinsäurelösung (Merck, 50 mg/ml, p_H 5,0) versetzt, nach 5 min 40 ml 2 n Essigsäure zugesetzt, abzentrifugiert, Niederschlag verworfen; p_H der überstehenden Lösung durch etwa 12 ml 2 n NaOH auf p_H 6,3 gebracht, Salminsulfat zugesetzt, nach 5 min abzentrifugiert. Überstehende Flüssigkeit (etwa 120 ml) mit 7 ml 2 n Essigsäure auf p_H 5,1 gebracht, auf −5° C abgekühlt. Unter mechanischem Rühren 45 ml 50%iges Äthanol und 7 ml 0,5 m $ZnCl_2$ zur überstehenden Flüssigkeit zugesetzt. Nach 5 min abzentrifugiert und zur überstehenden Flüssigkeit 10 ml 50%iges Äthanol zugesetzt. Nach 5 min wieder abzentrifugiert, wieder 60 ml Äthanol zur überstehenden Flüssigkeit zugesetzt, abzentrifugiert und Niederschlag in Citratpuffer (0,05 m, p_H 6,2) zu Volumen von 50 ml gelöst.

[1] GIRI, K. V., and P. R. KRISHNASWAMY: J. ind. Inst. Sci. **38**, 232 (1956).
[2] KORNBERG, A., and W. E. PRICER: J. biol. Ch. **193**, 481 (1951).
[3] CAPUTTO, R.: J. biol. Ch. **189**, 801 (1951).

Lyophilisieren ergibt 930 mg weißes Pulver. Im Vakuum bei 2° C aufbewahrt stabil (spezifische Aktivität 13,1).

***Darstellung von Adenosin-Kinase aus Leber oder Niere nach* Caputto**[1].

40 g Kaninchenleber oder Niere mit 60 ml kaltem destilliertem H_2O homogenisiert, am nächsten Tag (in Eis aufbewahrt) durch Musselin gepreßt. Filtrat mit 1 n Essigsäure auf genau p_H 4,2 (Glaselektrode) gebracht, den massigen Niederschlag abzentrifugiert, zur überstehenden Flüssigkeit 0,5 Vol. gesättigte Ammoniumsulfatlösung gegeben, Niederschlag abzentrifugiert und verworfen. Überstehende Flüssigkeit ist praktisch frei von ATPase, die die Bestimmung stören würde, und auch von Adenosin-Nucleosiden.

Eigenschaften. *Spezifität.* Adenosin-Kinase ist spezifisch auf die Phosphorylierung von Adenosin und 2-Amino-adenosin eingestellt. Die Phosphatgruppe wird dabei auf das C-Atom 5 der Nucleoside übertragen.

p_H-Optimum. Optimaler p_H für das Hefeenzym: 6,8—7,9[1]. Optimaler p_H für das Enzym aus Niere und Leber: 4,9—5,0[1]. Nach Kornberg und Pricer[2] jedoch liegt es in beiden Fällen bei p_H etwa 6,0.

Aktivierung und Hemmung. Mg^{++} und Mn^{++} aktivieren das Enzym. Optimale Mg^{++}-Konzentration: 0,02 m[1]. Optimale Mn^{++}-Konzentration: 0,002 m.

***Bestimmung der Adenosin-Kinase nach* Caputto**[1].

Prinzip:

Bei der Enteiweißung mit $ZnSO_4$ und $Ba(OH)_2$ nach Somogyi[3] werden alle phosphorylierten Verbindungen gefällt, aber nicht Adenosin. Die Extinktion von Adenosin wird zur Zeit 0 und nach verschiedenen Versuchszeiten bei 260 mμ bestimmt und die Abnahme von Adenosin dadurch festgestellt. Diese ist ein Maß für die Enzymaktivität.

Reagentien:

1. Adenosin.
2. ATP.
3. $MgCl_2$.
4. Phosphatpuffer, p_H 7.
5. $ZnSO_4$, 10%ig.
6. 0,3 m $Ba(OH)_2$.

Ausführung:

Der Ansatz (Gesamt-Endvolumen 0,15 ml) enthält 0,5 μM Adenosin, 0,6 μM ATP, 1 μM $MgCl_2$ und 0,01 ml Enzym. Phosphatpuffer, p_H 7. Nach 10 min (bei 30° C) werden 0,5 ml 10% $ZnSO_4$ und 0,5 ml 0,3 m $Ba(OH)_2$ zugesetzt, mit H_2O auf 3,5 ml aufgefüllt, abzentrifugiert und die Extinktion bei 260 mμ bestimmt.

Ein zur Zeit $t = 0$ gestoppter Ansatz gibt den Anfangs-Adenosingehalt. Die Differenz entspricht dem Umsatz. Die Extinktionsabnahme eines Leerwertes ohne ATP wird vom Umsatz abgezogen.

Berechnung:

Mittels des molaren Extinktionskoeffizienten von Adenosin ($1,5 \times 10^4$) kann aus der gefundenen Extinktionsänderung die entsprechende Menge Adenosin berechnet werden.

Oder man stellt mit bekannten Mengen Adenosin eine Eichkurve auf, aus der die gefundenen Werte abgelesen werden.

Uridin-Kinase.

[ATP:Uridin-5′-Phosphotransferase.]

$$ATP + Uridin \rightarrow ADP + UMP$$

***Darstellung von Uridin-Kinase aus Rattenleber nach* Canellakis**[4].

1 g Rattenleber-Acetonpulver in 10 ml 0,05 m Trispuffer, p_H 7,4, gelöst und 24 Std gegen 2 Chargen von je 4 l dieses Puffers dialysiert, Lösung 20 min bei 20000 × g zentri-

[1] Caputto, R.: J. biol. Ch. **189**, 801 (1951).
[2] Kornberg, A., and W. E. Pricer: J. biol. Ch. **193**, 481 (1951).
[3] Somogyi, M.: J. biol. Ch. **160**, 61 (1945).
[4] Canellakis, E. S.: J. biol. Ch. **227**, 329 (1957).

Tabelle 123. *Vorkommen und Normalwerte.*

Vorkommen	Aktivität	Ausgedrückt durch
Rattenleber[1], partiell gereinigt. Präp. . . .	10	% Umwandlung von Uridin in UMP/30 min
Extrakte von Aceton-Trocken-Präp.[2] von:		
Knochenmark (Kaninchen)	2,7	mμMol UMP/mg Trocken-Präp./15 min
Knochenmark (Ratte)	8,0	desgl.
Herzmuskel (Maus)	3,8	desgl.
Gehirn (Maus)	9,5	desgl.
Leber (Ratte)	2,5	desgl.
Leber (Maus)	9,3	desgl.
Niere (Maus)	12,4	desgl.
Milz (Maus)	31,0	desgl.
Darm (Maus)	51,0	desgl.
Ehrlich-Ascites-Tumoren	50,0—140	desgl.
Ehrlich-Ascites-Tumor[3]		
Rohextrakt.	0,27	Einheiten/mg Protein
Protamin-Fraktionierung	0,62	desgl.
CM-Cellulose-Adsorption	1,26	desgl.
Ammoniumsulfatfällung	3,1	desgl.
Chromatographie auf DEAE-Cellulose .	34,3	desgl.

fugiert. Überstehende Flüssigkeit = Fraktion I. Zu dieser festes Ammoniumsulfat bis zur 25%igen Sättigung zugesetzt. Der erhaltene Niederschlag enthält 130% der im gesamten Aceton-Trockenpulverextrakt enthaltenen Menge des Enzyms. 4—5fache Reinigung. Diese Fraktion 48 Std gegen 0,05 m Trispuffer, p_H 7,4, dialysiert (alle Arbeitsgänge bei 0—3° C ausgeführt).

***Darstellung von Uridin-Kinase aus* Ehrlich*-Ascites-Tumoren nach* Sköld[3].**

Rohextrakt. Alle Arbeitsgänge bei 0—4° C ausgeführt. 20 g Aceton-Trockenpulver mit 200 ml 0,02 m Tris-Maleatpuffer, p_H 6,5, extrahiert (Extraktion in den Plastikbechern einer MSE-Zentrifuge durch drei Behandlungen — im Abstand von 10 min — mit einem gut passenden Plastik-Pistill ausgeführt). Extrakt 15 min bei 10000 $\times$g abzentrifugiert, Niederschlag einmal mit 20 ml des obigen Puffers ausgewaschen. Gesamtvolumen der vereinigten überstehenden Flüssigkeiten = 197 ml.

Protaminfällung. Zu 195 ml des Rohextraktes 39 ml einer 10%igen Protaminsulfatlösung (mit m NaOH auf p_H 6,5 neutralisiert) zugesetzt, die Mischung über Nacht bei 4° C belassen und schließlich 30 min bei 10000 $\times$g zentrifugiert. Der größte Teil der Uridinkinase-Aktivität im Niederschlag.

Extraktion des Protamin-Niederschlages. Der zähe, fadenziehende Niederschlag fünfmal mit je 23 ml 0,5 m K-phosphatpuffer, p_H 5,4, extrahiert (jede Extraktion in einem Homogenisator durch zwei Behandlungen in 10 min Abstand ausgeführt). Jede Extraktportion 15 min bei 10000 $\times$g zentrifugiert, Niederschlag verworfen. Zu den vereinigten Extrakten, 110 ml, 62 g festes Ammoniumsulfat langsam unter Rühren zugesetzt (80% Sättigung). Niederschlag 45 min bei 10000 $\times$g abzentrifugiert. Bei —15° C 1 Monat aufbewahrt; kein Aktivitätsverlust.

CM-Cellulose-Adsorption. Das so erhaltene Präparat enthält noch Protamin, das weitere Reinigung stört. Deshalb wird es durch portionsweise Behandlung mit CM-Cellulose entfernt. Der Ammoniumsulfat-Niederschlag (10,2 g Feuchtgewicht) in 62 ml 0,05 m Ammoniumacetatpuffer, p_H 8,0, gelöst. Lösung (68 ml) bisweilen trübe, klärt sich aber bei Erwärmen auf 13° C auf. Zu dieser Lösung 5,8 ml einer Suspension von CM-Cellulose (119 mg Trockengewicht/ml, Kapazität 0,8 mÄq/g) im gleichen Puffer zugefügt.

[1] Canellakis, E. S.: J. biol. Ch. **227**, 329 (1957).
[2] Sköld, O.: Biochim. biophys. Acta **44**, 1 (1960).
[3] Sköld, O.: J. biol. Ch. **235**, 3273 (1960).

Die CM-Cellulose vorher in einer Säule mit 0,1 m Ammoniumacetatpuffer, p_H 8,0, äquilibriert, Mischung nach 30 min langem Stehen unter gelegentlichem Rühren 15 min bei 10000 × g abzentrifugiert.

Ammoniumsulfat-Fraktionierung. Die überstehende Flüssigkeit (63 ml) enthält 2,9 g Ammoniumsulfat. Mehr festes Ammoniumsulfat (12,2 g) langsam unter beständigem Rühren zusetzen (40% Sättigung). Niederschlag nach Abzentrifugieren verworfen. Zur überstehenden Flüssigkeit (66 ml) weitere 4,2 g Ammoniumsulfat zugefügt (Sättigung 50%). Der nach dem Abzentrifugieren erhaltene Niederschlag enthält den größten Teil des Enzyms.

Chromatographie an DEAE-Cellulose. Niederschlag in 6 ml 0,05 m Tris, p_H 7,4, gelöst und mittels der Gel-Filtrationstechnik von PORATH und FLODIN[1] entsalzt. Zu diesem Zweck wird Proteinlösung auf eine Sephadex G 25*-Säule (Durchmesser 2,5 cm, Länge 16 cm) gebracht, die vorher mit 0,02 m K-phosphat, p_H 7,4, äquilibriert wurde. Das Protein läuft zwischen 14,5 und 28,5 ml aus, nachdem die Elution mit 0,02 m Phosphatpuffer, p_H 7,4, in Gang gesetzt worden ist. Das Haltevolumen (14,5 ml) der Säule wird vorher mit einer Hämoglobin-Bande bestimmt.

Die leicht opalescierende Lösung (172 mg Protein enthaltend) wird dann auf eine DEAE-Cellulosesäule (Kapazität 0,85 mÄq/g, Durchmesser 2 cm, Länge 8,6 cm) gebracht, und man läßt sie durchlaufen. Die Säule wurde vorher mit 2 l 0,02 m K-phosphatpuffer, p_H 7,4, äquilibriert. Die Entwicklung des Chromatogramms erfolgt durch stufenweise Elution mit Phosphatpuffer, p_H 7,4, von zunehmender Ionenstärke. 6 ml-Fraktionen werden gesammelt und die Absorption bei 280 mμ und die Enzymaktivität bestimmt. Nach anfänglichem Auswaschen mit 0,04 m Puffer wird das Enzym mit 0,08 m Puffer eluiert. Die aktiven Fraktionen werden gesammelt und auf $^1/_{10}$ ihres Volumens durch Verdampfung im Vakuum eingeengt. Sehr geringer Aktivitätsverlust. Etwa ausfallendes Protein wird abzentrifugiert und verworfen. 130fache Steigerung der spezifischen Aktivität (s. Tabelle 123). Ausbeute 27%. Bei −15° C 2—3 Monate aufbewahrt: kein Aktivitätsverlust. Das gereinigte Enzym ist frei von Myokinase und ATPase.

Tabelle 124. MICHAELIS-*Konstanten für Uridin-Kinase aus Ehrlich-Ascites-Tumor*[2].

Substrat	K_M (Mol/l)
Uridin	$4{,}8 \times 10^{-5}$
ATP	$5{,}0 \times 10^{-4}$
Cytidin * . . .	$2{,}3 \times 10^{-5}$
5-Fluoruridin * .	$3{,}8 \times 10^{-5}$

* Bei Substratkonzentrationen höher als 5×10^{-4} m tritt Hemmung ein.

Eigenschaften. *Spezifität.* Außer mit Uridin reagiert das Enzym (aus Ehrlich-Ascites-Tumor) auch mit Cytidin, 5-Fluoruridin, 6-Azauridin und 5-Fluorcytidin.

ATP kann nicht durch UTP oder CTP ersetzt werden, jedoch in geringem Umfang durch ITP und GTP.

p_H-Optimum. Für das gereinigte Enzym aus Ehrlich-Ascites-Tumor: p_H 5,5—8,0.

Aktivierung und Hemmung[2]. Mg^{++} sind für die volle Enzymaktivität erforderlich. Optimales Verhältnis von Mg^{++} zu ATP zwischen 0,5:1 und 1:1. Mg^{++} können teilweise durch Mn^{++} oder Fe^{++} ersetzt werden. Ca^{++} und Cu^{++} sind inaktiv. p-Chlormercuribenzoat wirkt hemmend. $1{,}7 \times 10^{-4}$ und $6{,}9 \times 10^{-4}$ m pCMB bewirken 67 bzw. 82% Hemmung. Die Hemmung wird jedoch durch 0,01 m Glutathion aufgehoben.

Enzymeinheit. Eine Einheit ist diejenige Menge Enzym, die unter bestimmten Bedingungen (s. unten) die Bildung von 1 μM UMP bewirkt.

Bestimmung der Uridin-Kinase mittels der Isotopen-Methode nach SKÖLD[2].

Prinzip:

$$\text{ATP} + \text{Uridin} \rightarrow \text{ADP} + \text{UMP}$$

^{14}C-markiertes Uridin wird in UMP-^{14}C übergeführt, auf eine Säule gebracht, daraus eluiert und aus der Radioaktivität die entstandene Menge UMP-^{14}C berechnet.

* Pharmacia, Uppsala, Schweden.

[1] PORATH, J., and P. FLODIN: Nature 183, 1657 (1959).

[2] SKÖLD, O.: J. biol. Ch. 235, 3273 (1960).

Reagentien:

1. Uridin-2-^{14}C.
2. ATP.
3. $MgCl_2$.
4. Trispuffer, p_H 7,4.
5. Dowex-2-acetat (Säule).
6. Eluierungslösung: 1 m Ammoniumacetat — 4 m Essigsäure.

Ausführung:

Das Gesamtvolumen von 0,23 ml enthält 0,5 μM Uridin-2-^{14}C (etwa 80000 c.p.m. pro μMol), 15,0 μM ATP, 10,0 μM $MgCl_2$, 10,0 μM Tris, p_H 7,4 und das Enzym. Der Ansatz verbleibt 15 min bei 37° C, wird dann 3 min auf 100° C erhitzt, um die Reaktion zu stoppen, und das Reaktionsgemisch auf eine Säule von Dowex-2-acetat (Durchmesser 0,4 cm, Länge 3 cm) gegeben und Uridin-2-^{14}C mit Wasser (Gesamtvolumen 15 ml) eluiert. Das markierte Uridinphosphat wird dann mit 15 ml 1 m Ammoniumacetat-4 m Essigsäure eluiert. In aliquoten Teilen jeder Fraktion wird die Radioaktivität bestimmt und daraus der Prozentsatz der Uridin-Phosphorylierung berechnet. Unter diesen Bedingungen besteht innerhalb eines weiten Bereiches Proportionalität zwischen Enzymmenge und gebildetem Uridinphosphat.

Berechnung:

Das entstandene UMP wird auf Einheiten umgerechnet.

Spektrophotometrische Bestimmung der Uridin-Kinase nach SKÖLD[1] (nur bei reinsten Enzympräparaten anwendbar).

Prinzip:

1. ATP + Uridin → ADP + UMP
2. Phosphoenol-BTS + ADP → Pyruvat + ATP
3. Pyruvat + DPN-H + H^+ → Lactat + DPN

Bei Gegenwart eines Überschusses von Milchsäure-Dehydrogenase, Pyruvat-Kinase, Phosphoenol-BTS und DPNH wird ADP quantitativ in ATP übergeführt und eine äquivalente Menge DPNH oxydiert. Das Verschwinden von DPNH — durch Abnahme der Extinktion bei 340 mμ gemessen — ist ein direktes Maß für die Aktivität der Uridin-Kinase.

Reagentien:

1. 0,01 m DPNH.
2. Phosphoenol-brenztraubensäure.
3. Milchsäure-Dehydrogenase, pyruvatkinasehaltig.
4. m KCl.
5. m $MgCl_2$.
6. 0,05 m Trispuffer, p_H 7,4.
7. 0,1 m ATP.
8. 0,1 m Uridin.

Ausführung:

Das Reaktionsgemisch — Gesamtvolumen 2,0 ml — enthält 0,04 ml 0,01 m DPNH, 0,10 ml Phosphoenol-BTS, 0,01 ml Milchsäure-Dehydrogenase (pyruvatkinasehaltig), 0,03 ml m KCl, 0,06 ml m $MgCl_2$, 1,70 ml Tris (0,05 m, p_H 7,4), 0,02 ml 0,1 m ATP, 0,02 ml 0,1 m Uridin und das Enzym.

Der Test wird in einer Quarzzelle ausgeführt. Die Reaktion wird durch Zugabe von Uridin in Gang gebracht und die Extinktionsabnahme bei 340 mμ/min während eines Zeitintervalles von 10 min bestimmt. Die Menge des verschwundenen DPNH ist äquivalent der Menge des gebildeten UMP.

Berechnung:

Wie oben.

Thymidin-Kinase.

[2.7.1.21 ATP:Thymidin-5'-Phosphotransferase.]

ATP + Thymidin → ADP + Thymidin-5'-phosphat

Darstellung von Thymidin-Kinase aus EHRLICH-***Ascites-Tumor nach*** WEISSMAN ***u. Mitarb.***[2].

Säurefällung. Ascites-Tumor-Zellen-Extrakt (3—4 mg Protein/ml enthaltend) mit 1 n Essigsäure auf p_H 4,5 gebracht, Niederschlag abzentrifugiert und überstehende Flüssigkeit

[1] SKÖLD, O.: J. biol. Ch. **235**, 3273 (1960).

[2] WEISSMAN, S. M., R. M. S. SMELLIE and J. PAUL: Biochim. biophys. Acta **45**, 101 (1960).

Tabelle 125. *Vorkommen und Normalwerte.*

Vorkommen	Aktivität	Ausgedrückt durch
Regenerierende Rattenleber[1, 2]	—	—
Kaninchengewebe[3]		
Plasma	4	% phosphoryliertes Thymidin (Thymidin-5′-phosphat)
Erythrocyten	7	desgl.
Leukocyten	9	desgl.
Muskel	8	desgl.
Gehirn	17	desgl.
Darm	27	desgl.
Leber	17	desgl.
Niere	18	desgl.
Milz	27	desgl.
Thymus	8	desgl.
Knochenmark	10	desgl.
Ehrlich-Ascites-Tumor[3]		
Extrakt	70	% phosphoryliertes Thymidin/mg Protein/ml
$AS_{4,5}$	171	desgl.
ASP_{35}	960	desgl.
ASP_{35} ECTEOLA-Fraktion	> 2500	desgl.
Mäusetumor[4]	—	—
Menschlicher Tumor[5]	—	—
Escherichia coli[6]	—	—

mit 1 n NaOH auf p_H 7 gebracht. Diese Flüssigkeit (Fraktion $AS_{4,5}$) enthält alle TMP-Kinase und TDP-Kinase und gewöhnlich mehr als 66% der Thymidin-Kinase (dreifache Reinigung von TMP- und TDP-Kinase).

Ammoniumsulfat-Fraktionierung. Zu je 100 ml $AS_{4,5}$ 21,5 g Ammoniumsulfat zugesetzt (35% Sättigung, End-p_H 6,4). Nach 30—60 min Stehen abzentrifugiert, Niederschlag in $^2/_3$ des ursprünglichen Volumens Wasser oder 0,01 m Trispuffer, p_H 7,8—7,9, gelöst (Fraktion ASP_{35}, Proteinkonzentration 0,15—0,30 mg/ml). Enthält mehr als $^2/_3$ der Thymidin-Kinase von $AS_{4,5}$ (im allgemeinen frei von TMP- und TDP-Kinase).

Säulen-Fraktionierung. 5 ml von Fraktion ASP_{35} in Wasser gelöst und auf ECTEOLA-Cellulose-Säule 3 × 1 cm gebracht. Wenn Flüssigkeit die Oberfläche der Säule erreicht hat, 5 ml 0,01 m Trispuffer, p_H 7,8, dann 5 ml 0,1 m Trispuffer, p_H 7,7, durchlaufen lassen zum Eluieren. 20—40fache Reinigung der Thymidin-Kinase.

Eigenschaften. *p_H-Optimum.* p_H 7,9.

Haltbarkeit. Thymidin-Kinase ist wesentlich stabiler als TMP- und TDP-Kinase.

Aktivierung und Hemmung. Mg^{++} notwendig für Aktivität. Maximale Aktivität bei Gegenwart von je 5 μM/ml Mg^{++} und ATP.

***Nachweis und Bestimmung von Thymidin-Kinase nach* Weissman *u. Mitarb.*[3].**

Reagentien:

1. $MgCl_2$.
2. ATP.
3. Trispuffer, p_H 7,9.
4. ^{3}H-Thymidin.
5. 4 n $HClO_4$.
6. KOH.
7. ECTEOLA-Cellulose.
8. 0,01 n HCl.
9. 0,05 n HCl.
10. 0,5 n HCl.

Ausführung:

5,5 μM $MgCl_2$, 5,5 μM ATP, 110 μM Trispuffer, p_H 7,9 und 0,5 μC [^{3}H]-Thymidin in 25 ml-Fläschchen 90 min bei 37° C mit Enzymmenge entsprechend 0,5 ml Ascites-Extrakt

[1] Weissman, S. M., J. Paul and R. Y. Thomson: Biochem. J. **76**, 1P (1960).
[2] Bianchi, P. A., J. A. V. Butler, A. R. Crathorn and K. V. Shooter: Biochim. biophys. Acta **48**, 213 (1961).
[3] Weissman, S. M., R. M. S. Smellie and J. Paul: Biochim. biophys. Acta **45**, 101 (1960).
[4] Bianchi, P. A., A. R. Crathorn and K. V. Shooter: Biochem. J. **81**, 20P (1961).
[5] Bianchi, P. A.: Biochem. J. **81**, 21P (1961).
[6] Kornberg, A.: The Chemical Basis of Heredity. S. 579. Baltimore 1957.

belassen. Endvolumen 1,1 ml. Inhalt des Fläschchens in gekühlte Zentrifugengläser gegeben, 0,15 ml 4 n $HClO_4$ zugegeben, Niederschlag abzentrifugiert, überstehende Flüssigkeit mit KOH auf p_H 7,8 gebracht und gefälltes $KClO_4$ abzentrifugiert, verworfen. 1 ml der überstehenden Flüssigkeit auf ECTEOLA-Cellulose-Säule (0,030 mÄq/ml, 8 × 1 cm) gegeben, dann mit je 50 ml Wasser, 0,01 n HCl, 0,05 n HCl und 0,5 n HCl eluiert, um nacheinander Thymidin, TMP, TDP und TPP zu erhalten.

In 0,2 ml von jedem Eluat die Radioaktivität bestimmt und daraus die vorhandene Menge Thymidinphosphat in Prozenten des phosphorylierten Thymidins berechnet.

DPN-Kinase.

[2.7.1.23 ATP:NAD-2'-Phosphotransferase.]

$$ATP + DPN^+ \rightarrow ADP + TPN^+$$

Tabelle 126. *Vorkommen und Normalwerte.*

Präparat	Aktivität	Ausgedrückt durch
Kaninchenleber (gereinigt. Präp.)[1] .	0,135	μMol TPN^+/ml Enzym/20 min
Kaninchenniere (gereinigt. Präp.)[1] .	0,195	desgl.
Taubenleber-Extrakt[2]	0,0178	Einheiten/mg Protein
Taubenleber (gereinigt. Präp.)[2] . .	0,828	desgl.
Gehirn und Leber (Ratte)[3]	—	—
Hefepräp., gereinigt (Fraktion A)[4] .	0,11	desgl.
Hefepräp., gereinigt (Fraktion C)[4] .	2,70	desgl.

***Darstellung von DPN-Kinase aus Taubenleber nach* Wang *und* Kaplan[2].**

1. Schritt: Extrakt. 6 g acetongetrocknete Taubenleber (Pulver) mit 70 ml eiskaltem 0,02 m $KHCO_3$ extrahiert (im Homogenisator), dann 15 min bei 18000 r.p.m. abzentrifugiert, Rückstand verworfen (spezifische Aktivität der überstehenden Flüssigkeit 0,0178) (alle Manipulationen bei 0—5° C ausgeführt).

2. Schritt: Protaminfällung. 0,2% Protaminsulfatlösung in 0,04 m Trispuffer (p_H 7,5) langsam unter Rühren zum Rohextrakt zugegeben, bis kein Niederschlag mehr fällt. Im allgemeinen sind 2 Vol. Protaminlösung für 1 Vol. Rohextrakt nötig. Niederschlag abzentrifugiert, zweimal mit je 20 ml 0,2 m Acetatpuffer (p_H 5,0) extrahiert, extrahierter Rückstand verworfen. Acetatextrakte werden vereinigt (37 ml, spezifische Aktivität 0,469).

3. Schritt: Adsorption an Tonerde C_γ. Zum Acetatextrakt gleiches Volumen H_2O hinzugefügt und hierzu (74 ml) allmählich 18,5 ml Tonerde C_γ (Trockengewicht 16,3 mg/ml). Nach 10 min Stehen (kalt) unter häufigem Rühren abzentrifugiert, überstehende Flüssigkeit verworfen. — Tonerde-Niederschlag dreimal mit je 18,5 ml 0,2 m Phosphatpuffer (p_H 7,5) eluiert, dann verworfen. Volumen des Eluates 55 ml (spezifische Aktivität 0,768).

4. Schritt: Ammoniumsulfatfällung. Gleiches Volumen gesättigter Ammoniumsulfatlösung (p_H 7,1) zugesetzt, Niederschlag abzentrifugiert, in 4,5 ml 0,02 m Phosphat (p_H 7,5) gelöst. Endvolumen 6,5 ml (spezifische Aktivität 0,828).

***Darstellung von DPN-Kinase aus Brauereihefe nach* Kornberg[4].**

50 g getrocknete obergärige Bierhefe in 150 ml $NaHCO_3$-Lösung (0,1 m, mit 5% CO_2 gesättigt) suspendiert und 40 Std bei 23° C gehalten (alle weiteren Manipulationen bei 2° C).

[1] Katchman, B., J. J. Betheil, A. I. Schepartz and D. R. Sanadi: Arch. Biochem. **34**, 437 (1951).
[2] Wang, T. P., and N. O. Kaplan: J. biol. Ch. **206**, 311 (1954).
[3] Coper, H.: A.e.P.P. **236**, 59 (1959).
[4] Kornberg, A.: J. biol. Ch. **182**, 805 (1950).

Mischung wird zentrifugiert und zur überstehenden Flüssigkeit (105 ml) gleiches Volumen kaltes Wasser und 70 g Ammoniumsulfat zugesetzt. Niederschlag abzentrifugiert und in H_2O gelöst (Fraktion A).

Enzym an 46 ml Ca-phosphat-Gel (360 mg Trockengewicht) adsorbiert, das Gel mit 125 ml kaltem H_2O gewaschen und dann das Enzym mit 185 ml kaltem Phosphatpuffer (0,5 m, p_H 7,7) eluiert. Zum Eluat 50 g Ammoniumsulfat zugesetzt, Niederschlag abzentrifugiert und in H_2O gelöst (Fraktion B).

Acetatpuffer (250 ml, 0,1 m p_H 4,4) wird zugesetzt, nach 10 min Niederschlag abzentrifugiert und in Glycylglycin-Puffer (0,1 m, p_H 7,4) gelöst. Lösung 45 min gegen fließendes destilliertes Wasser dialysiert, dann mit gleichem Volumen kaltem Acetatpuffer (0,1 m, p_H 6,0) versetzt und daran anschließend mit 22 ml Tonerde C_γ (341 mg Trockengewicht) adsorbiert. Das Gel zweimal mit je 43 ml kaltem Phosphatpuffer (0,1 m, p_H 7,4) gewaschen und dann das Enzym zweimal mit je 33 ml kaltem Phosphatpuffer (0,5 m, p_H 7,7) eluiert. Eluat mit 20 g Ammoniumsulfat gefällt, Niederschlag in der Zentrifuge mit kaltem 0,50 gesättigtem Ammoniumsulfat gewaschen und in Glycylglycin-Puffer (0,1 m, p_H 7,4) gelöst (Fraktion C). Bei $-15°$ C aufbewahrt wochenlang haltbar.

Eigenschaften. *Spezifität.* DPN-Kinase ist spezifisch auf die Phosphorylierung von DPN^+ eingestellt. Das Hefeenzym vermag außerdem noch DPNH in TPNH überzuführen[1]. ITP kann ATP nicht ersetzen[2].

Auch an Triosephosphat-Dehydrogenase aus Muskel gebundenes DPN kann ohne Dissoziation durch DPN-Kinase in TPN übergeführt werden und zwar das an inaktive Triosephosphat-Dehydrogenase gebundene DPN rascher als das an aktive Triosephosphat-Dehydrogenase gebundene[3].

p_H-Optimum. Optimaler p_H für das Hefeenzym etwa 8,0.

Die MICHAELIS-*Konstante* für DPN beträgt für das Taubenleber-Enzym 6×10^{-4} M/l[2].

Aktivierung und Hemmung. Für die Phosphorylierung von DPN^+ ist sowohl beim Hefe- als auch beim Leberenzym die Anwesenheit von Mg^{++} oder Mn^{++} erforderlich[1,2]. Für DPNH wird bei Taubenleber-Kinase kompetitive Hemmung gefunden, jedoch keine Phosphorylierung[2].

DPN-Kinase aus Rattengehirn und Rattenleber wird durch Cardiazol, Pikrotoxin und Coramin aktiviert[4].

Enzymeinheit. Eine Einheit DPN-Kinase ist diejenige Enzymmenge, die unter bestimmten Bedingungen (s. unten) pro Std die Bildung von 1 μM TPN bewirkt.

Bestimmung der DPN-Kinase nach WANG *und* KAPLAN[2].

Prinzip:

Kombinierter optischer Test:

1. $ATP + DPN^+ \rightarrow ADP + TPN^+$
2. $\text{D-Isocitrat}^{---} + TPN^{+*} \xrightarrow[\text{Dehydrogenase}]{Mn^{++} + \text{Isocitrat-}} \alpha\text{-Ketoglutarat}^{--} + CO_2 + TPNH$

Das durch Phosphorylierung von DPN^+ entstandene TPN^+ ist das Coenzym der Isocitrat-Dehydrogenase, die Isocitrat bei Gegenwart von Mn^{++} in α-Ketoglutarat überführt. Wenn Isocitrat-Dehydrogenase im Überschuß angewandt wird, bestimmt TPN^+ die Geschwindigkeit der Reaktion.

Die Extinktionszunahme beim Übergang von TPN^+ in TPNH wird gemessen und ist ein Maß für das entstandene TPN^+.

---

* Das enzymatisch dargestellte TPN^+ ist auch isoliert und gereinigt worden[5].

[1] KORNBERG, A.: J. biol. Ch. **182**, 805 (1950).

[2] WANG, T. P., and N. O. KAPLAN: J. biol. Ch. **206**, 311 (1954).

[3] ASTRACHAN, L., S. P. COLOWICK and N. O. KAPLAN: Biochim. biophys. Acta **24**, 141 (1957).

[4] COPER, H.: A.e.P.P. **236**, 59 (1959).

[5] WANG, P. P., N. O. KAPLAN and F. E. STOLZENBACH: J. biol. Ch. **211**, 465 (1954).

Reagentien und Ausführung (DPN-Kinase):

Der Ansatz (Endvolumen 0,5 ml) enthält 3,37 μM DPN, 4 μM ATP, 5 μM Nicotinsäureamid, 5 μM $MgCl_2$, 50 μM Trispuffer (p_H 7,5) und das Enzym.

Das Reaktionsgemisch wird 60 min bei 37° C belassen, dann werden 0,5 ml H_2O zugesetzt und die verdünnte Lösung wird 2 min im kochenden Wasserbad erhitzt. Das koagulierte Protein wird abzentrifugiert und in der klaren überstehenden Lösung TPN nach der Isocitrat-Dehydrogenasen-Methode bestimmt[1] (s. auch Bd. VI/A, S. 305 und 393).

Reagentien für die Isocitrat-Dehydrogenasen-Methode:

1. 0,25 m Glycylglycin-Puffer, p_H 7,4.
2. 0,018 m $MnCl_2$.
3. 0,006 m D,L-Isocitrat (oder 0,003 m D-Isocitrat).

Ausführung:

Das Reaktionsgemisch enthält 0,3 ml Puffer, 0,1 ml $MnCl_2$, 0,1 ml Isocitrat und wird mit der auf TPN^+ zu prüfenden Lösung, mit Isocitrat-Dehydrogenase (s. Bd. VI/A, S. 393ff.) und H_2O auf ein Endvolumen von 3,0 ml gebracht. Die Reaktion verläuft bei Zimmertemperatur und wird entweder durch Zusatz von Isocitrat oder Enzym in Gang gebracht.

Die Extinktionszunahme bei 340 mμ wird gemessen und ist ein Maß für das im Ansatz vorhandene TPN. Die Extinktionszunahme eines Leerwertes ohne TPN^+-haltige Lösung wird vom Hauptwert abgezogen.

Berechnung:

Aus der Extinktionszunahme wird TPN^+ (in μMol) berechnet, s. Bd. VI/A, S. 292ff.

Pyridoxal-Kinase.

[2.7.1.35 ATP: Pyridoxal-5'-Phosphotransferase.]

ATP + Pyridoxal → ADP + Pyridoxal-5'-phosphat

Tabelle 127. *Vorkommen und Normalwerte.*

Vorkommen	Aktivität	Ausgedrückt durch
Streptococcus faecalis R[2]	—	—
L. arabinosus[3]	—	—
Gehirnhomogenat (Maus)[4]	200	μMol CO_2/500 mg Frischgewicht/50 min
Gehirn (Mensch)[5]		
Homogenat	1,5	Einheiten */mg Protein
überstehende Flüssigkeit	14,2	desgl.
dialysierte Fraktion (löslich in 40, unlöslich in 60% Ammoniumsulfat)	26,7	desgl.
Gipfel von DEAE-Cellulose-Säule (dialysiert)	250,0	desgl.
Rattengewebe[6]	—	—
Leber[7, 8]	—	—
Brauereihefe[9]		
a) Autolysat	0,036	Einheiten/mg Protein
b) gereinigtes Präparat	44,2	desgl.

* mμMol Pyridoxalphosphat/Std/37° C.

[1] OCHOA, S.; in: Colowick-Kaplan, Meth. Enzymol., Vol. I, p. 699.

[2] UMBREIT, W. W., W. D. BELLAMY and I. C. GUNSALUS: Arch. Biochem. **7**, 185 (1945); — UMBREIT, W. W., and J. G. WADDEL: Proc. Soc. exp. Biol. Med. **70**, 293 (1949). — PUSZTAI, A.: Acta physiol. hung. **9**, 381 (1956).

[3] SNOSWELL, A. M.: Austral. J. exp. Biol. med. Sci. **35**, 427 (1957).

[4] ROBERTS, E., and S. FRANKEL: J. biol. Ch. **190**, 505 (1951).

[5] McCORMICK, D. B., and E. SNELL: Proc. nat. Acad. Sci. USA **45**, 1371 (1959).

[6] SCHLENK, F., and E. E. SNELL: J. biol. Ch. **157**, 425 (1945).

[7] BINKLEY, F., and G. M. CHRISTENSEN: Am. Soc. **73**, 3535 (1951).

[8] WADA, H., T. MORISUE, Y. NISHIMURA, Y. MORINO, Y. SAKAMOTO and K. JCHIHARA: Proc. Jap. Acad. **35**, 299 (1959).

[9] HURWITZ, J.: J. biol. Ch. **205**, 935 (1953).

***Darstellung von Pyridoxal-Kinase aus Hefe nach* HURWITZ**[1].

1. Schritt: Hefeautolysat. 500 g getrocknete Bierhefe mit 1 l H_2O 2 Std bei 35—36° C unter Rühren autolysiert, 500 ml H_2O zugesetzt, nach weiteren 15 min auf 10° C abgekühlt und 45 min bei 5000 r.p.m. abzentrifugiert (spezifische Aktivität 0,036). Weitere Reinigung bei 2° C ausgeführt.

2. Schritt: Ammoniumsulfatfällung. Überstehende Flüssigkeit bis zur Sättigung 0,4 mit festem Ammoniumsulfat versetzt (28,6 g/100 ml), 40 min gerührt, dann 20 min in Ultrazentrifuge abzentrifugiert. Niederschlag in 60 ml H_2O gelöst und 14—16 Std gegen destilliertes Wasser dialysiert. Ausfallender Niederschlag abzentrifugiert und verworfen.

Tabelle 128. *pH-Optimum.*

Art des Enzyms	pH-Optimum
Hefe[1] . . .	6,6—7,0
Gehirn[2] . .	6,5 (mit Zn^{++})
Gehirn[2] . .	etwa 7,0 (mit Mg^{++})

3. Schritt: Säure-Fraktionierung. Überstehende gelbe Flüssigkeit mit n Essigsäure auf pH 5,0 gebracht, wobei schwerer Niederschlag ausfällt. Nach 30 min langem Rühren abzentrifugiert, Niederschlag verworfen.

4. Schritt: Alkoholfällung. $^1/_{30}$ des Volumens an 2 m Acetatpuffer (pH 5,0) wird zugesetzt, auf 0° C abgekühlt und soviel 95 %iger Alkohol (bei —10° C) zugesetzt, daß Alkohol-Konzentration 12 Vol.-% beträgt. Niederschlag sofort abzentrifugiert und überstehende Flüssigkeit verworfen. Niederschlag in Exsiccator getrocknet. Trockenes Pulver stabil.

5. Schritt: Ammoniumsulfat-Fraktionierung. Das trockene Pulver in 100 ml Succinatpuffer (0,05 m, pH 6,0) gelöst, die trübe Lösung durch 15 min langes Zentrifugieren bei 10000 r.p.m. geklärt. Die klare gelbe Lösung auf 0° C abgekühlt und auf 0,42 Sättigung mit festem Ammoniumsulfat (30 g/100 ml) gebracht. Nach 30 min Rühren 30 min bei 10000 r.p.m. abzentrifugiert, Niederschlag in H_2O gelöst und gegen 3 l 0,002 m Succinatpuffer bei pH 6,0 3,5 Std lang dialysiert (spezifische Aktivität 21,4).

6. Schritt: Beseitigung etwaiger Myokinase durch Hitzefällung. Lösung hinsichtlich Succinatpuffer 0,03 m gemacht (bei pH 6,0) und 0,02 m $MgSO_4$ (0,2 ml/ml Enzymlösung) hinzugefügt. Lösung unter beständigem Rühren in ein Wasserbad bei 55° C eingetaucht, 5 min bei dieser Temperatur gehalten und rasch auf 5° C abgekühlt. Niederschlag durch Zentrifugieren entfernt; es resultiert eine klare, schwach gelb gefärbte Lösung (spezifische Aktivität 44,2).

Tabelle 129. MICHAELIS-*Konstanten.*

Art des Enzyms	Substrat	K_M (Mol/l)
Hefe[1] . . .	Pyridoxal	$1{,}4 \times 10^{-4}$
Hefe[1] . . .	ATP	$5—8 \times 10^{-4}$ *
Hefe[1] . . .	Mg^{++}	$4{,}7 \times 10^{-4}$
Gehirn[2] . .	Pyridoxal	10^{-5}
Gehirn[2] . .	ATP	5×10^{-5}
Gehirn[2] . .	Zn^{++}	10^{-6}
Gehirn[2] . .	Mg^{++}	10^{-5}

* Für ein noch höher gereinigtes Präparat betrug $K_M = 3{,}3 \times 10^{-4}$ M/l[1].

***Darstellung von Pyridoxal-Kinase aus Gehirn nach* MCCORMICK *und* SNELL**[2].

Alle Arbeitsgänge bei 0° C ausführen.

1. Gehirnrinde mit 3—4 Vol. 0,1 m K-phosphatpuffer, pH 6,5, homogenisiert, das Homogenat 30 min bei 18500 × g abzentrifugiert.

2. Klare rötliche überstehende Flüssigkeit dekantiert und mit Ammoniumsulfat auf 40 % gesättigt, 15 min bei 18500 × g abzentrifugiert, Niederschlag verworfen.

3. Zur überstehenden Flüssigkeit vom Schritt 2 Ammoniumsulfat bis zur 60 %igen Sättigung zugegeben, abzentrifugiert (15 min), Niederschlag in kleinem Volumen Wasser gelöst und gegen 0,05 m K-phosphatpuffer, pH 6,5, dialysiert, um Ammoniumsulfat zu entfernen.

4. Dialysierte Lösung nochmal zentrifugiert, überstehende gelbliche Flüssigkeit auf eine Diäthylaminoäthyl(DEAE)-Cellulose-Säule (5—20faches Gewicht) gegeben und fraktioniert mit K-phosphatpuffer (zwischen 0,05 m, pH 6,5 und 0,2 m, pH 5,5 liegend) eluiert.

[1] HURWITZ, J.: J. biol. Ch. **205**, 935 (1953).
[2] MCCORMICK, D. B., and E. SNELL: Proc. nat. Acad. Sci. USA **45**, 1371 (1959).

5. Aktive Fraktionen werden vereinigt, das Protein bei 60%iger Ammoniumsulfat-Konzentration ausgefällt, abzentrifugiert und in einer kleinen Menge 0,05 m K-phosphatpuffer, p_H 7,0, gelöst und gegen diesen Puffer dialysiert (Aktivitäten der verschiedenen Fraktionen s. Tabelle 127, S. 701). Etwa 200fache Reinigung.

Eigenschaften. *Spezifität.* Pyridoxal-Kinase phosphoryliert außer Pyridoxal noch folgende Vitamin B_6-Derivate: Desoxypyridoxin, 4,5-Dihydroxymethyl-2-methylpyridin, 3-Amino-4,5-dihydroxymethyl-2-methylpyridin, Pyridoxin und Pyridoxamin. Alle diese Verbindungen enthalten ebenso wie Pyridoxal in 5-Stellung des Pyridinringes eine Hydroxymethylgruppe, während die 6-Stellung unbesetzt ist[2].

Tabelle 130. *Hemmungskonstanten (K_I) von Purinverbindungen für das Hefeenzym*[1].

Verbindung	K_I (Mol/l)
Adenin . . .	$5{,}8 \times 10^{-4}$
Adenosin . .	$6{,}25 \times 10^{-4}$
Adenylsäure	$6{,}63 \times 10^{-4}$
ADP . . .	$2{,}29 \times 10^{-4}$

ATP kann nicht durch ITP als Phosphat-Donator ersetzt werden[1].

Temperatur-Optimum: 47° C[1].

Aktivierung und Hemmung. Das gereinigte Hefeenzym wird durch zweiwertige Metallionen wie Mg^{++}, Co^{++}, Zn^{++}, Ni^{++} und Fe^{++} aktiviert[1]. Das gereinigte Enzym aus Gehirn wird durch Zn^{++} wesentlich stärker aktiviert als durch Mg^{++}, bei p_H 6,5 um das Doppelte[3]. Adenin und Adenosin sowie ihre Derivate wie Adenylsäure, ADP zeigen kompetitive Hemmung[1]. Durch Carbonylreagentien wird das Enzym aus Gehirn gehemmt[3].

Tabelle 131. *Hemmungskonstanten von gewissen Carbonylreagentien und ihren Kondensationsprodukten mit Pyridoxal für Pyridoxal-Kinase aus menschlichem Gehirn.*

Verbindung	K_I (Mol/l)
Isoniazid	$4{,}8 \times 10^{-6}$
Semicarbazid	$1{,}5 \times 10^{-5}$
Pyridoxal-semicarbazon	$4{,}0 \times 10^{-7}$
Pyridoxal-α-methylphenäthylhydrazon	$3{,}0 \times 10^{-6}$
Pyridoxal-hydrazon	$5{,}0 \times 10^{-7}$
Pyridoxal-2,3-dinitrophenylhydrazon .	$1{,}5 \times 10^{-5}$
Pyridoxal-oxim	$5{,}0 \times 10^{-7}$

Hemmungskonstanten s. Tabelle 130.

Enzymeinheit. Eine Einheit ist diejenige Menge Pyridoxal-Kinase, die in 2 Std bei 33,5° C 1 mμM Pyridoxalphosphat unter bestimmten Bedingungen (s. unten) synthetisiert[1].

***Bestimmung von Pyridoxal-Kinase nach* Hurwitz**[1].

Prinzip:

Das entstandene Pyridoxalphosphat wird durch seine Eigenschaft bestimmt, als Coenzym der Tyrosin-Decarboxylase wirksam zu sein.

Reagentien:

1. K-phosphatpuffer, p_H 6,85.
2. ATP-Na.
3. Pyridoxal.
4. Magnesium.
5. Apyrase.
6. 0,03 m Tyrosin.
7. Tyrosin-Apodecarboxylase.
8. 0,2 m Acetatpuffer, p_H 5,5.
9. Pyridoxalphosphat.

Ausführung:

a) Bildung von Pyridoxalphosphat. 2 ml Ansatz, enthaltend 0,03 m K-phosphatpuffer (p_H 6,85), 5×10^{-3} m ATP-Na, 5×10^{-3} m Pyridoxal, 1×10^{-3} m Mg^{++} und Pyridoxal-Kinase, verbleiben 120 min bei 33,5° C. Dann wird die Reaktion durch 3 min langes Eintauchen des Kölbchens in ein siedendes Wasserbad unterbrochen, der Inhalt des Kölbchens auf 5 ml verdünnt und filtriert. Ein aliquoter Teil des Filtrates wird 30 min lang mit 0,35 ml einer 1:100 verdünnten Apyraselösung (210 Einheiten) behandelt, um überschüssiges ATP zu hydrolysieren. Dann wird das Kölbchen in ein Eisbad gesetzt und der Inhalt auf 5 ml verdünnt. Davon wird ein aliquoter Teil für die Decarboxylierung von Tyrosin verwandt.

[1] Hurwitz, J.: J. biol. Ch. **205**, 935 (1953).
[2] Hurwitz, J.: J. biol. Ch. **217**, 513 (1955).
[3] McCormick, D. B., and E. Snell: Proc. nat. Acad. Sci. USA **45**, 1371 (1959).

b) Decarboxylierung von Tyrosin. Diese wird manometrisch verfolgt: Der Seitenarm des WARBURG-Gefäßes enthält 0,5 ml 0,03 m Tyrosin; das Hauptgefäß 0,25 ml Tyrosin-Apodecarboxylase[1], 1,0 ml 0,2 m Acetatpuffer (p_H 5,5), Pyridoxalphosphat und soviel H_2O, daß das Endvolumen 3 ml beträgt. Die WARBURG-Gefäße werden zuerst 10 min bei 30° C belassen; während dieser Zeit findet Vereinigung von Apodecarboxylase und Pyridoxalphosphat statt, dann wird das Tyrosin aus dem Seitenarm in das Hauptgefäß gekippt. Nach 10 min wird die gebildete CO_2 gemessen, die der vorhandenen Menge Pyridoxalphosphat proportional ist. (Die Konzentration des Pyridoxalphosphats muß so bemessen sein, daß in 10 min 25—110 μl CO_2 in Freiheit gesetzt werden.)

Berechnung:

Aus einer Eichkurve mit bekannten Mengen Pyridoxalphosphat, die unter den gleichen Versuchsbedingungen aufgenommen wurde, kann die vorhandene Menge Pyridoxalphosphat abgelesen werden. Aus diesem Betrag wird die im ersten Ansatz entstandene Menge Pyridoxalphosphat (ausgedrückt durch mμMol) berechnet, die den Einheiten entspricht.

Cholin-Kinase.

[2.7.1.32 ATP:Cholin-Phosphotransferase.]

$$ATP + (CH_3)_3N^+—CH_2—CH_2OH \rightarrow ADP + (CH_3)_3N^+—CH_2—CH_2—O—PO_3H_2$$

Tabelle 132. *Cholin-Kinase in Hefe*[2].

Präparat	Aktivität (E/mg Protein)
Autolysat	1,0
Gereinigtes Präparat .	25,0

Das Enzym wurde auch in Aceton-Trocken-präparat-Extrakten von Leber, Gehirn, Darmschleimhaut und Niere verschiedener Tierarten nachgewiesen, jedoch mit wesentlich geringerer Aktivität[2].

***Darstellung von Cholin-Kinase aus Brauereihefe nach* WITTENBERG *und* KORNBERG**[2].

Autolysat. 150 g Trockenhefe in 3 Vol. 0,1 m Na_2CO_3 suspendiert, nach vierstündigem Stehen bei 31° C abzentrifugiert.

Ammoniumsulfat-Fraktionierung. Zu 250 ml der überstehenden Flüssigkeit 1000 ml kaltes Wasser und 438 g Ammoniumsulfat zugegeben, Niederschlag abzentrifugiert und in H_2O auf 250 ml Vol. gelöst.

Dowex-Filtrat. Lösung zur Entfernung von Sulfat-Ionen durch eine Säule von Dowex I (5 cm Durchmesser, 4 cm Höhe) geschickt. Filtrat eventuell mit NaOH auf p_H 7,2 gebracht.

Ca-phosphat-Gel-Eluat. 170 ml Ca-phosphat-Gel (3 g Trockengewicht) wird zum Filtrat zugesetzt, nach 5 min das Gel abzentrifugiert, einmal mit 250 ml Phosphatpuffer (0,01 m, p_H 7,0) gewaschen, dann mit 250 ml Phosphatpuffer (0,05 m, p_H 7,0) eluiert, dann (zwecks Entfernung von Phosphat) mit 105 g Ammoniumsulfat gefällt, Niederschlag abzentrifugiert und in 50 ml Glycylglycin-Puffer (0,05 m, p_H 8,5) gelöst. 1 Monat bei —8° C aufbewahrt: 20—40% Aktivitätsverlust.

Tabelle 133. MICHAELIS-*Konstanten von Cholin-Kinase.*

Substrat	K_M (Mol/l)
ATP	$2,9 \times 10^{-4}$
Cholin	etwa 2×10^{-5}
Aminoäthanol .	1×10^{-2}

Eigenschaften. *Spezifität.* Das Enzym katalysiert die Phosphorylierung von Cholin, Dimethylaminoäthanol, Diäthylaminoäthanol, Monomethylaminoäthanol, Monoäthylaminoäthanol und Aminoäthanol.

p_H-Optimum: p_H 8,0—9,5.

Aktivierung und Hemmung. Mg^{++} sind zur Wirkung des Enzyms erforderlich. Cystein wirkt aktivierend.

Enzymeinheit. Eine Einheit Cholin-Kinase ist diejenige Enzymmenge, die (unter bestimmten Bedingungen; s. unten) 1 μM Cholin zum Verschwinden bringt.

[1] EPPS, H. M. R.: Biochem. J. 38, 242 (1944).
[2] WITTENBERG, J., and A. KORNBERG: J. biol. Ch. 202, 431 (1953).

***Bestimmung der Cholin-Kinase nach* Wittenberg *und* Kornberg**[1].

Prinzip:

Die Abnahme des Cholins wird bestimmt. Cholin wird als Jodkomplex gefällt, während Phosphoryl-cholin unter diesen Bedingungen nicht gefällt wird.

Reagentien:

1. 0,2 m Glycylglycin-Puffer, p_H 8,5.
5. 0,3 m $MgCl_2$.
3. 0,3 m Cystein.
4. ATP-Na (30 mg/ml).
5. 0,01 m Cholinchlorid.
6. Jodreagens: 15,7 g Jod (p.a.) und 20 g KJ (p.a.) in 100 ml H_2O gelöst (45 min mechanisch geschüttelt zur völligen Lösung); bei 4° C aufbewahrt haltbar.
7. Äthylendichlorid.

Ausführung:

0,2 ml Puffer, 0,04 ml $MgCl_2$, 0,05 ml Cystein, 0,2 ml ATP, 0,2 ml Cholinchlorid, das zu bestimmende Enzym und soviel H_2O werden miteinander vermischt, daß das Gesamtvolumen 1,0 ml beträgt. (Cholin-Kinase wird so bemessen, daß 0,5—1,5 μM Cholin verbraucht werden. Unter diesen Umständen ist der Cholin-Verbrauch proportional dem angewandten Enzym.)

Nach 20 min bei 26° C wird die Reaktion durch Zusatz von 1,0 ml Perchlorsäure (6 %ig) gestoppt, vom Niederschlag abzentrifugiert und 0,5 ml Filtrat zur Cholinbestimmung benützt.

Cholinbestimmung nach Appleton *u. Mitarb.*[2]. 0,5 ml Filtrat (5—40 μg Cholin enthaltend) werden bei 4° C mit 0,2 ml kaltem Jodreagens versetzt und nach 20 min langem Stehen bei 4° C 10 min bei 2500 r.p.m. abzentrifugiert. Die überstehende Flüssigkeit wird vorsichtig mit einer Capillare abgesaugt, der Niederschlag (Cholinperjodid) in wenig Äthylendichlorid gelöst und mit dem gleichen Lösungsmittel auf 10 ml aufgefüllt. Die Extinktion dieser Lösung wird bei 365 mμ bestimmt.

Ein zur Zeit $t = 0$ gestoppter Ansatz gibt den Anfangs-Cholingehalt. Die Differenz entspricht dem Umsatz. Die Extinktionsabnahme eines Leerwertes ohne ATP wird vom Umsatz abgezogen.

Berechnung:

Aus einer Eichkurve mit bekannten Mengen Cholin kann die umgesetzte Menge Cholin bestimmt werden. Diese wird auf Einheiten umgerechnet.

Die Genauigkeit der Methode beträgt bei reinen Enzymlösungen etwa 5 %, bei rohen Enzymlösungen nur 10—15 %. Hier muß eine Korrektur angebracht werden, indem man bekannte Mengen Cholin zu solchen Mischungen zusetzt und die Rückgewinnung bestimmt.

Kinasen, die bisher nur als Rohpräparate bekannt sind.

Tabelle 134.

Art der Kinase	Vorkommen	Aktivität	Ausgedrückt durch
Monoglycerid-Kinase .	Meerschweinchen-Gehirn, Mikrosomen + Desoxycholat, löslicher Extrakt[3]	0,324	mμMol Lysophosphatidsäure/Std/37° C
Monoglycerid-Kinase	Erdnuß-Keimblätter[4], Mitochondrien	—	—
Inosin-Kinase	Ratten-Zwerchfell[5]	—	—
myo-Inosit-Kinase (?)	Hefe[6]	—	—

[1] Wittenberg, J., and A. Kornberg: J. biol. Ch. **202**, 431 (1953).
[2] Appleton, H. D., B. N. La Du, B. B. Levy, J. M. Steele and B. B. Brodie: J. biol. Ch. **205**, 803 (1953).
[3] Hokin, L. E., and M. R. Hokin: Biochim. biophys. Acta **37**, 176 (1960).
[4] Bradbeer, C., and P. K. Stumpf: J. Lipid Res. **1**, 214 (1960).
[5] Alertsen, A. R., O. Walaas and E. Walaas: Acta physiol. scand. **43**, 105 (1958).
[6] Hoffmann-Ostenhof, O., C. Jungwirth u. J. B. Dawid: Naturwiss. **45**, 265 (1958).

2. Phosphotransferasen, die die Übertragung von Pyrophosphat aus ATP auf verschiedene Substrate katalysieren (Pyrophosphotransferasen).

Thiaminkinase.

[2.7.6.2 ATP:Thiamin-Pyrophosphotransferase.]

ATP + Thiamin → AMP + Thiaminpyrophosphat (TPP)

Tabelle 135. *Vorkommen und Normalwerte.*

Vorkommen	Aktivität	Ausgedrückt durch
Leber-Autolysat[1,2] (Ratte) . .	0,8	μg Cocarboxylase/0,5 ml Homogenat/20 min (38° C)
Gereinigt. Leberpräparat . .	2,3	desgl.
Roher Hefe-Extrakt[3]	6,4	μg Cocarboxylase/mg Protein-N/60 min
Gereinigt. Hefepräparat . . .	56,0	desgl.
Lactobacillus delbrueckii[4] . .	—	—

Darstellung von Leber-Thiamin-Kinase nach LEUTHARDT[1].

Homogenat. 10%iges Homogenat aus Rattenleber in isotonischer KCl-Lösung. (Im Versuch muß ein oxydables Substrat wie Glutaminsäure zugesetzt werden, damit, wegen Anwesenheit von ATPase, ATP durch oxydative Phosphorylierung immer neugebildet wird.)

Acetonpräparat. Obiges Homogenat wird 30 min bei 0° C zentrifugiert, zur überstehenden Flüssigkeit gleiches Volumen Aceton zugefügt, Niederschlag mit Aceton gewaschen und getrocknet. Im Exsiccator in der Kälte 2 Wochen haltbar. Enthält noch etwas Cocarboxylase.

Gereinigtes Acetonpräparat. 400 mg Acetonpulver in 10 ml Phosphatpuffer, 0,04 m (p_H 7,5) suspendiert, nach 2 Std Extraktion abzentrifugiert. Zum Extrakt (9,7 ml) fügt man 10 ml Phosphatpuffer 0,05 m (p_H 6,2) hinzu, ferner 37,5 ml kaltes Wasser und 28,5 ml gesättigte Ammoniumsulfatlösung (Endsättigung $^1/_3$). Man kühlt auf −5° C ab, fügt 28,5 ml 0,1 n HCl hinzu, die zu $^1/_3$ mit Ammoniumsulfat gesättigt ist. Man zentrifugiert ab, Niederschlag wird mit 20 ml $^3/_4$ gesättigter Ammoniumsulfatlösung gewaschen, in 7 ml Phosphatpuffer 0,04 m (p_H 7,5) gelöst, abzentrifugiert, Niederschlag verworfen. Überstehende Enzymlösung ist frei von Cocarboxylase.

Darstellung von Hefe-Thiaminkinase nach STEYN-PARVÉ[3].

Roher Hefeextrakt. Frische abgepreßte Bäckerhefe dreimal mit zehnfachem Volumen H_2O gewaschen, dann in Portionen von 10 g in Metall-Zentrifugenbechern in Mischung von Aceton und fester CO_2 (Temperatur etwa −70° C) gebracht für 15 min und dann durch Eintauchen in kaltes Wasser wieder aufgetaut. Dieser Gefrier-Auftauprozeß wird zweimal wiederholt. Zu verflüssigter Hefe wird festes KCl (bis zur Molarität 0,5) zugesetzt und Mischung im Wasserbad (37° C) 3 Std geschüttelt. Nach Stehen über Nacht im Eisschrank wird Macerat abzentrifugiert, überstehende hellbraune Flüssigkeit zeigt gute Thiaminkinase-Aktivität (40 g Hefe geben etwa 25 ml Extrakt).

Gereinigtes Präparat. Fällung mit Ammoniumsulfat zwischen 55—65% Sättigung. Darauffolgende Dialyse. Protein-N-Gehalt: 1,16 mg/ml. Frei von Phosphatase.

Darstellung von Hefe-Thiaminkinase nach KAJIRO[5].

Trockenhefe mit 3 Vol. 0,1 m Na_2HPO_4 extrahiert, 10 min auf 55° C erhitzt. Niederschlag enthält Verunreinigungen, überstehende Flüssigkeit mit Aceton (36—46 Vol.-%) und dann mit Ammoniumsulfat (0,51—0,61 Sättigung) fraktioniert, an Diäthylamino-

[1] LEUTHARDT, F., u. H. NIELSEN: Helv. **35**, 1196 (1952).
[2] MANO, Y.: J. Biochem. **47**, 159 (1960).
[3] STEYN-PARVÉ, E. P.: Biochim. biophys. Acta **8**, 310 (1952).
[4] RYOKUERO SUZUE: Bull. Inst. chem. Res. Kyoto Univ. **36**, 13 (1958).
[5] KAJIRO, Y.: J. Biochem. **46**, 1523 (1959).

äthyl-cellulose-Säule bei p_H 7,4 adsorbiert und das Enzym mit 0,05 m Trispuffer (p_H 7,4), enthaltend 0,4 m NaCl, eluiert. 100fache Reinigung; frei von Myokinase und Nucleosid-diphosphokinase.

***Darstellung von Hefe-Thiaminkinase nach* FORSANDER[1].**

Phosphatpuffer-Extrakt (p_H 7,0) aus luftgetrockneter Hefe 5 min auf 50° C erhitzt, auf p_H 5,5 gebracht, Niederschlag verworfen, Ammoniumsulfat-Fraktionierung (0,5 bis 0,7 Sättigung) der überstehenden Flüssigkeit bei p_H 7,0; Adsorption dieser Fraktion an Calciumphosphat-Gel bei p_H 9,0, Elution bei p_H 10,4 und wiederholte Ammoniumsulfatfällung. 600fache Reinigung. Direkte Proportionalität zwischen Enzymkonzentration und Zeit bei p_H 7,4 über Zeitraum von 4 Std. Als lyophilisiertes Pulver im Kühlschrank monatelang haltbar.

Eigenschaften. *Spezifität.* Mit Hilfe von markiertem ATP konnte bei Hefe-Thiaminkinase der Beweis erbracht werden, daß TPP in *einer* Stufe, also durch Pyrophosphorylierung von Thiamin, gebildet wird[1,2]. ATP kann auch durch GTP, ITP, UTP, CTP ersetzt werden[3].

Optimale Temperatur. Für das Hefeenzym oberhalb 40° C [1].

p_H-Optimum. Optimaler p_H für Hefe-Thiaminkinase: 6—8[3,4] bzw. bei Gegenwart von Mn^{++} 8,6. Optimaler p_H für Leber-Thiaminkinase: 6,8—6,9[5].

Tabelle 136. MICHAELIS-*Konstanten (Hefe-Thiaminkinase)*[6].

Substrat	K_M (Mol/l)
ATP . . .	$1,0 \times 10^{-4}$
Thiamin .	$0,75 \times 10^{-4}$

Aktivierung und Hemmung. Sowohl bei Hefe- als auch bei Leber-Thiaminkinase ist die Anwesenheit von Mg^{++} notwendig. Günstigste Konzentration der Mg^{++} für Hefe-Thiaminkinase 2×10^{-2} m. Mn^{++} wirken weniger stark aktivierend. Höhere Konzentration als 2×10^{-3} m Mn^{++} wirken bereits hemmend[4].

Nach KAJIRO[6,7] dagegen wird Thiaminkinase aus Hefe durch Mn^{++} (ATP als Phosphat-Donator) stärker aktiviert als durch Mg^{++} oder Co^{++}. Der rohe Hefeextrakt enthält mindestens zwei Faktoren, die Thiaminkinase hemmen. Sie können durch Dialyse entfernt werden und sind thermostabil. Einer von ihnen ist anorganisch[4]. Leber-Thiaminkinase wird durch ADP und AMP gehemmt[5,8].

***Bestimmung der Thiaminkinase nach* WESTENBRINK *und* STEYN-PARVÉ[4,9].**

Prinzip:

$$\text{ATP} + \text{Thiamin} \rightarrow \text{AMP} + \text{Thiamin-pyrophosphat}$$

Thiamin-pyrophosphat ist das Coenzym der Pyruvat-Decarboxylase. Die aus Pyruvat in Freiheit gesetzte Menge CO_2 ist ein Maß für das entstandene Thiamin-pyrophosphat (TPP).

Reagentien:

1. Thiamin.
2. 0,02 m ATP-Kalium.
3. 0,1 m $MgSO_4$.
4. 0,1 m Phosphatpuffer, p_H 6,2.
5. 0,05 n HCl.
6. KOH, 10%ig.
7. Na-pyruvatlösung, 2,5%ig in 0,1 m Phosphatpuffer, p_H 6,2.

[1] FORSANDER, O.: Acta Soc. Sci. fenn. Ser. A. (N.S.) **19**, Nr. 2, 96 (1956).
[2] SHIMAZONO, N., Y. MANO, R. TANAKA and Y. KAJIRO: J. Biochem. **46**, 959 (1959).
[3] KAJIRO, Y., and N. SHIMAZONO: J. Biochem. **46**, 963 (1959).
[4] STEYN-PARVÉ, E. P.: Biochim. biophys. Acta **8**, 310 (1952).
[5] LEUTHARDT, F., u. H. NIELSEN: Helv. **35**, 1196 (1952).
[6] KAJIRO, Y.: J. Biochem. **46**, 1523 (1959).
[7] KAJIRO, Y.: J. Biochem. **46**, 1587 (1959).
[8] MANO, Y.: J. Biochem. **47**, 159 (1960).
[9] WESTENBRINK, H. G. K., and E. P. STEYN-PARVÉ: Int. Z. Vit.-Forsch. **21**, 461 (1950).

8. Suspension alkalisch ausgewaschener Hefe. Darstellung: 1 g getrocknete Brauereihefe wird in 20 ml destilliertem H_2O suspendiert und die Suspension einem gleichen Volumen 0,2 m Na_2HPO_4 zugesetzt, das vorher mit konz. NaOH auf p_H etwa 10 gebracht wurde. End-p_H etwa 8,5. Hefe-Suspension wird 5 min gerührt und abzentrifugiert. Niederschlag wird rasch auf der Zentrifuge dreimal mit 40 ml destilliertem H_2O ausgewaschen, um TPP zu entfernen. 1 ml 0,1 m $MnCl_2$ und 0,2 ml enthaltend 3,75 mg 2-Methyl-4-amino-5-äthoxymethyl-pyrimidin (zwecks Hemmung der Phosphatase) zur gewaschenen Hefe zugegeben, aufgerührt und dann mit 0,1 m Phosphatpuffer, p_H 6,2, auf 6 ml aufgefüllt.

Ausführung:

Ansatz (Endvolumen 5 ml) enthält 5 mg Thiamin, 0,5 ml ATP-Lösung, 0,25 oder 0,5 ml $MgSO_4$, Phosphatpuffer und Enzymlösung. Die Reaktion verläuft bei 27,5° C gewöhnlich 1 Std. Zu Beginn und Ende des Versuchs wird je 1 ml des Reaktionsgemisches entnommen, in 5 ml kochende 0,05 n HCl pipettiert und 1 min gekocht, um die Reaktion zu stoppen. Nach dem Abkühlen wird mit 10% KOH auf p_H 6,2 neutralisiert und mit 0,1 m Phosphatpuffer, p_H 6,2, auf 10 ml aufgefüllt. Der Eiweiß-Niederschlag wird abzentrifugiert und ein aliquoter Teil der überstehenden Lösung für die Bestimmung von Thiamin-pyrophosphat entnommen (Doppelbestimmungen).

Die Bestimmung des Thiaminpyrophosphats erfolgt manometrisch: 0,2 ml Na-pyruvat im Seitenarm. Hauptgefäß enthält 1 ml der Thiamin-pyrophosphatlösung und 0,5 ml Hefe-Suspension (p_H 6,2). Nach 10 min Temperaturausgleich (27,5° C) wird der Inhalt des Seitenarmes in das Hauptgefäß gekippt und nach 10, 20 und 30 min die entwickelte CO_2 abgelesen.

Berechnung:

Bei jeder Versuchsserie müssen ein Leerversuch und drei Ansätze mit bekannten Mengen TPP mitlaufen, z.B. 0,05, 0,1 und 0,2 μg. Die in 10, 20 und 30 min erhaltenen μl CO_2 werden in ein Diagramm eingetragen und aus diesen Kurven werden die Zeiten abgelesen, in denen eine bestimmte Menge CO_2 — z.B. 40 μl — von diesen TPP-Mengen und vom Leerwert gebildet wird.

Die reziproken Zeitwerte (Ordinate) werden gegen die TPP-Mengen (Abszisse) eingetragen und ergeben eine Gerade ($1/t$ des Leerwertes wird gegen TPP = 0 eingetragen).

Die unbekannten Werte für obige Anfangs- und Endbestimmung können aus dieser Geraden abgelesen werden. Die Differenz aus Endwert-Anfangswert ergibt dann die entstandene Menge TPP.

Ribose-5-phosphat-Pyrophosphokinase.

[2.7.6.1 ATP: D-Ribose-5-phosphat-Pyrophosphotransferase.]

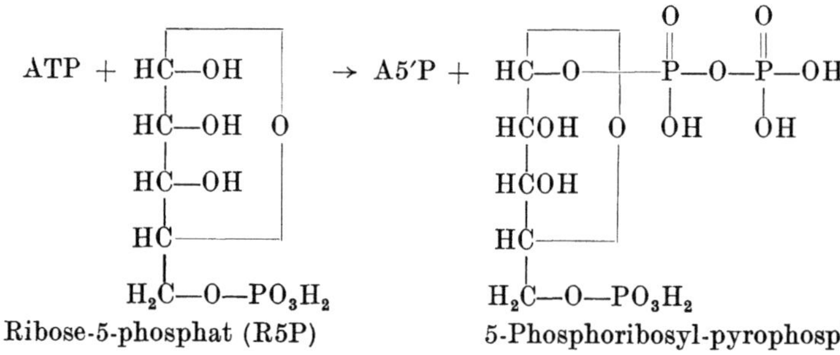

Ribose-5-phosphat (R5P) 5-Phosphoribosyl-pyrophosphat (PRPP)

***Darstellung von Ribose-5-phosphat-Pyrophosphokinase aus Taubenleber nach* KORNBERG *u. Mitarb.*[1]** (alle Arbeitsgänge bei 0—3° C ausgeführt).

4 g acetongetrocknete Taubenleber (Pulver) in 40 ml Trispuffer (0,02 m, p_H 8) suspendiert und nach 10 min abzentrifugiert. 34 ml Extrakt mit 51 ml H_2O verdünnt, dann

[1] KORNBERG, A., J. LIEBERMAN and E. S. SIMMS: J. biol. Ch. **215**, 389 (1955).

langsam 17 ml Kaliumacetatpuffer (1 m, p_H 5,4) zugesetzt, Niederschlag abzentrifugiert, in 7,0 ml Trispuffer (0,1 m, p_H 8,0) gelöst und auf 30 ml mit H_2O verdünnt. p_H mit etwa 1,3 ml 0,1 n HCl auf p_H 6,8 eingestellt und mit H_2O auf 34 ml gebracht.

Tonerde C_γ-Adsorption. 3,75 ml Gel (15 mg Trockengewicht) abzentrifugiert und überstehende Flüssigkeit verworfen. 30 ml Enzymlösung mit dem Gel vermischt, 5 min in Eis belassen, zentrifugiert, Gel-Niederschlag mit 30 ml K-phosphat-Puffer (0,05 m, p_H 6,85) gewaschen, dann mit 30 ml des gleichen Puffers (jedoch 0,10 m) eluiert (Eluat bei Gegenwart von 0,05 m Glutathion bei —10° C haltbar).

Tabelle 137. *Vorkommen und Normalwerte*[1].

Vorkommen	Aktivität (E/mg Protein)
Taubenleber-Extrakt	0,9
gereinigt. Präp. aus Trockenpräp. (Tonerde C_γ)	24,5
Extrakt aus acetongetrockneter	
a) Kükenleber	0,29
b) Mäuseleber	0,04
c) Rattenleber	0,01
d) Escherichia coli	0,34

Eigenschaften. *Spezifität.* Das Enzym ist spezifisch auf die Übertragung von Pyrophosphat aus ATP auf R5P eingestellt.

Daß es sich um eine direkte Übertragung der zwei endständigen Phosphatgruppen von ATP auf C-Atom 1 von Ribose-5-phosphat handelt, wurde von KHORANA, FERNANDES und KORNBERG[2] exakt bewiesen, die α-Konfiguration (bezüglich der Pyrophosphatgruppe) von REMY, REMY und BUCHANAN[3], ferner von TENÉR und KHORANA[4].

Die von SAFFRAN und SCARANO[5] beschriebene 5-Phosphoribokinase soll folgende Reaktion katalysieren:

$$ATP + 2\ R5P \rightarrow A5'P + 2\ \text{Ribose-1,5-diphosphat}$$

Tabelle 138. MICHAELIS-*Konstanten*[5].

Substrat	K_M (Mol/l)
ATP	4×10^{-4}
Ribose-5-phosphat	6×10^{-4}

Da kein Beweis für die chemische Struktur des Ribosediphosphats angegeben ist, könnte es sich hier nach Ansicht von KORNBERG um dasselbe Enzym handeln.

p_H-Optimum etwa p_H 7,5.

Aktivierung und Hemmung. Mg^{++} sind für die Aktivität des Enzyms erforderlich. Optimale Konzentration 3×10^{-3} m.

Fluorid ist kein Hemmstoff.

Enzymeinheit. Eine Einheit ist diejenige Enzymmenge, die in 1 Std unter bestimmten Bedingungen (s. unten) 1 μM Orotat umsetzt.

***Bestimmung der Ribose-5-phosphat-Phosphoribokinase nach* KORNBERG *u. Mitarb.*[1].**

Prinzip:

$$1.\ ATP + R5P \xrightarrow{\text{PRPP-Kinase}} A5'P + PRPP$$

$$2.\ \text{Orotat}^* + PRPP \xrightarrow{\text{O5'P-Pyrophosphorylase}} O5'P + PP$$

Bei Überschuß von O5'P-Pyrophosphorylase ist (1.) geschwindigkeitsbestimmend und die Abnahme von Orotat direkt proportional der Kinasemenge.

Bei der Umwandlung von Orotsäure in O5'P findet eine Abnahme der Extinktion bei 295 mμ statt, die gemessen wird.

* Orotat = Salz der Orotsäure (= Uracil-4-carbonsäure).

[1] KORNBERG, A., J. LIEBERMAN and E. S. SIMMS: J. biol. Ch. **215**, 389 (1955).
[2] KHORANA, H. G., J. F. FERNANDES and A. KORNBERG: J. biol. Ch. **230**, 941 (1958).
[3] REMY, C. N., W. T. REMY and J. M. BUCHANAN: J. biol. Ch. **217**, 885 (1955).
[4] TENÉR, G. M., and H. G. KHORANA: Am. Soc. **80**, 1999 (1958).
[5] SAFFRAN, M., and E. SCARANO: Nature **172**, 949 (1953). — SCARANO, E.: Nature **172**, 951 (1953).

Reagentien.

1. 0,04 m ATP.
2. 0,025 m Ribose-5-phosphat.
3. 1 m K-phosphatpuffer, p_H 7,4.
4. 0,1 m $MgCl_2$.
5. 0,5 m Glutathion.
6. 1 m Kaliumfluorid.
7. 0,01 m Orotat.
8. 1 m Trispuffer, p_H 8,0.

Ausführung:

Die Reaktion wird in zwei Stufen ausgeführt:

1. Der Ansatz (Endvolumen 1 ml) enthält 0,03 ml ATP, 0,1 ml Ribose-5-phosphat, 0,02 ml K-phosphatpuffer, 0,02 ml $MgCl_2$, 0,02 ml Glutathion, 0,05 ml Kaliumfluorid und etwa eine Einheit Enzym.

Nach 20 min bei 36° C erhitzt man 1 min im kochenden Wasserbad, um das Enzym zu inaktivieren, kühlt ab und zentrifugiert eventuell.

2. Die Reaktionsmischung (1 ml) in einer Quarz-Küvette enthält 0,02 ml Orotat, 0,02 ml Trispuffer, 0,02 ml $MgCl_2$, 0,2 ml O5'P-Pyrophosphorylase (s. S. 620) und einen aliquoten Teil der Reaktion 1 (etwa 0,03 μM PRPP enthaltend). Nach 10 min ist die Reaktion beendet. Die Extinktion bei 295 mμ zur Zeit $t = 0$ und $t = 10$ min wird gemessen. Die Differenz entspricht dem verbrauchten Orotat. Die Extinktionsänderung eines Leerwertes ohne Zusatz von Reaktionsgemisch 1 wird vom Umsatz abgezogen.

Berechnung:

Aus dem molaren Extinktions-Koeffizienten (3950) oder aus einer Eichkurve mit bekannten Mengen Orotat wird das umgesetzte Orotat berechnet.

2.7.1.24 ATP:Dephospho-CoA-3'-Phosphotransferase s. S. 22.

Triosekinasen.

(D-Glyceratkinase, Glycerinkinase und Triosekinase.)

Von

Walther Lamprecht und Fritz Heinz*.

D-Glyceratkinase.

[2.7.1.31 ATP:D-Glycerat-3-Phosphotransferase.]

Das Enzym Glyceratkinase katalysiert die Phosphorylierung von D-Glycerinsäure mit ATP zu 2-Phospho-D-glycerinsäure[1,2]:

$$\text{D-Glycerat} + \text{ATP} \rightarrow \text{2-Phospho-D-glycerat} + \text{ADP}$$

Glyceratkinase wurde von Black und Wright[3] aus Hefe, von Ichihara und Greenberg[4] aus Acetontrockenpulver der Pferdeleber und von Holzer und Holldorf[5] aus Acetontrockenpulver der Rattenleber isoliert. Lamprecht u. Mitarb.[1] gelang eine 50fache Anreicherung des Enzyms aus Rattenlebermitochondrien.

* Biochemisches Laboratorium der Technischen Hochschule München-Pasing.

[1] Lamprecht, W., T. Diamantstein, F. Heinz u. P. Balde: H. **316**, 97 (1959).
[2] Lamprecht, W., F. Heinz u. T. Diamantstein: H. **328**, 204 (1962).
[3] Black, S., and G. Wright: J. biol. Ch. **221**, 171 (1956). Fed. Proc. **15**, 222 (1956).
[4] Ichihara, A., and D. M. Greenberg: J. biol. Ch. **225**, 949 (1957).
[5] Holzer, H., u. A. Holldorf: B. Z. **329**, 283 (1957).

GPSR Compliance

The European Union's (EU) General Product Safety Regulation (GPSR) is a set of rules that requires consumer products to be safe and our obligations to ensure this.

If you have any concerns about our products, you can contact us on ProductSafety@springernature.com

In case Publisher is established outside the EU, the EU authorized representative is:

Springer Nature Customer Service Center GmbH
Europaplatz 3
69115 Heidelberg, Germany

Batch number: 10684808

Printed by Printforce, the Netherlands

HOPPE-SEYLER/THIERFELDER

HANDBUCH DER PHYSIOLOGISCH- UND PATHOLOGISCH-CHEMISCHEN ANALYSE

FÜR ÄRZTE, BIOLOGEN UND CHEMIKER

ZEHNTE AUFLAGE

HERAUSGEGEBEN VON

KONRAD LANG
MAINZ

EMIL LEHNARTZ
MÜNSTER

UNTER MITARBEIT VON

OTTO HOFFMANN-OSTENHOF
WIEN

GÜNTHER SIEBERT
MAINZ

SECHSTER BAND / TEIL B

Springer-Verlag
Berlin Heidelberg GmbH

1966

ENZYME

TEIL B

BEARBEITET VON

F. H. BRUNS · R. CAPUTTO · H. DIEKMANN · R. EHRENREICH · H. FAILLARD
H. GIBIAN · W. HARDEGG · F. HEINZ · O. HOFFMANN-OSTENHOF · F. M. HUENNEKENS
K. KESSELRING · W. LAMPRECHT · K. LANG · P. B. McCAY · B. PFANNEMÜLLER · S. RATNER
H. REINAUER · M. ROHDEWALD · L. RÓKA · H. SCHIEVELBEIN · K. G. SCRIMGEOUR
G. SIEBERT · I. TRAUTSCHOLD · R. E. TRUCCO · J. R. TURVEY · K. WALLENFELS
F. WEBER · E. WERLE · O. WIELAND · J. N. WILLIAMS JR. · O. WISS

MIT 65 ABBILDUNGEN

Springer-Verlag
Berlin Heidelberg GmbH

1966

ISBN 978-3-662-37578-5 ISBN 978-3-662-38358-2 (eBook)
DOI 10.1007/978-3-662-38358-2

Ursprünglich erschienen bei Springer-Verlag Berlin Heidelberg New York 1966.
Softcover reprint of the hardcover 10th edition 1966
Library of Congress Catalog Card Number 54-28499

Titel-Nr. 6026

Inhaltsverzeichnis.

Oxydo-Reductasen (Fortsetzung).

Coenzym A-Enzyme.

Transamidinase.

Phosphatübertragende Enzyme (Transphosphatasen).

Übersicht über den Inhalt des Bandteiles A.

Übersicht über den Inhalt des Bandteiles C.

Verzeichnis der in diesem Band über die in DIN 1502 und DIN 1502 (Beiblatt) gegebenen Empfehlungen hinaus besonders stark abgekürzten Buch- und Zeitschriftentitel.

Bücher.

Ammon-Dirscherl, Fermente, Hormone, Vitamine,	Fermente, Hormone, Vitamine und die Beziehungen dieser Wirkstoffe zueinander. Hrsg. von R. AMMON und W. DIRSCHERL, 2. Aufl., Leipzig: Thieme 1948; 3. Aufl. Bd. I, Fermente, 1959, Bd. II, Hormone, 1960. Stuttgart Thieme. Bd. III, Vitamine, in Vorbereitung.
Bamann-Myrbäck	Die Methoden der Fermentforschung. Hrsg. E. BAMANN und K. MYRBÄCK. 4 Bde. Leipzig: Thieme 1941.
Biochem. Taschenb. (Rauen)	Biochemisches Taschenbuch. Hrsg. H. M. RAUEN, Berlin-Göttingen-Heidelberg: Springer 1956. 2. Aufl. 2 Bde. 1964.
Boyer-Lardy-Myrbäck	The Enzymes. Ed. P. D. BOYER, H. LARDY and K. MYRBÄCK, 8 Bde. 2. Aufl. New York-London: Academic Press 1959—1963.
Chargaff-Davidson, Nucleic Acids	The Nucleic Acids. Ed. E. CHARGAFF, and J. N. DAVIDSON. 3 Bde. New York-London: Academic Press 1955—1960.
Colowick-Kaplan, Meth. Enzymol.	Methods in Enzymology. Ed. S. P. COLOWICK, and N. O. KAPLAN. New York-London: Academic Press. Bd. I—VII, 1955—1964.
D'Ans-Lax	Taschenbuch für Chemiker und Physiker. Hrsg. J. D'ANS und E. LAX, 2. Aufl. Berlin-Göttingen-Heidelberg: Springer 1949. 3. Aufl., Bd. II, 1964. Bd. I in Vorbereitung.
Handb. Heffter	Handbuch der experimentellen Pharmakologie. Hauptwerk: begr. von A. HEFFTER, fortgef. von W. HEUBNER, Hrsg. O. EICHLER und A. FARAH. (New Series): Hrsg. W. HEUBNER und J. SCHÜLLER, ab Bd. XI von O. EICHLER und A. FARAH. Berlin-Göttingen-Heidelberg: Springer.
Hinsberg-Lang	Medizinische Chemie für den klinischen und theoretischen Gebrauch. Von K. HINSBERG und K. LANG. 3. Aufl. München-Berlin-Wien: Urban & Schwarzenberg 1957.
McElroy-Glass, Phosphorus Metabolism	Phosphorus Metabolism. MCELROY, W. D., and B. GLASS. Baltimore: John Hopkins Press 1951.
Oppenheimer, Fermente	Die Fermente und ihre Wirkungen. Hrsg. C. OPPENHEIMER, 5. Aufl. Bd. 1—4. Leipzig: Thieme 1924—1929. Suppl. Bd. 1—2. Den Haag: Dr. Junk 1936—1939.
Sumner-Myrbäck	The Enzymes. Chemistry and Mechanism of Action. Ed. J. B. SUMNER, and K. MYRBÄCK, 2 Bde. in 4 Teilen. New York-London: Academic Press 1950—1952.

Zeitschriften.

A.	Justus Liebigs Annalen der Chemie.
A.e.P.P.	Naunyn-Schmiedebergs Archiv für experimentelle Pathologie und Pharmakologie.
Am. Soc.	Journal of the American Chemical Society.
B.	Berichte der Deutschen Chemischen Gesellschaft. Ab 1947 Bd. 80: Chemische Berichte.
B.Z.	Biochemische Zeitschrift.
C.	Chemisches Zentralblatt.
Cr.	Comptes rendus hebdomadaires des séances de l'académie des sciences.
D.m.W.	Deutsche Medizinische Wochenschrift.
Exper.	Experientia.
H.	Hoppe-Seylers Zeitschrift für physiologische Chemie.
Helv.	Helvetica Chimica Acta.
J.biol.Ch.	Journal of Biological Chemistry.
Kli.Wo.	Klinische Wochenschrift.
M.m.W.	Münchener medizinische Wochenschrift.
Naturwiss.	Die Naturwissenschaften.
Soc.	Journal of the Chemical Society, London.

Reagentien.

1. 0,04 m ATP.
2. 0,025 m Ribose-5-phosphat.
3. 1 m K-phosphatpuffer, p_H 7,4.
4. 0,1 m $MgCl_2$.
5. 0,5 m Glutathion.
6. 1 m Kaliumfluorid.
7. 0,01 m Orotat.
8. 1 m Trispuffer, p_H 8,0.

Ausführung:

Die Reaktion wird in zwei Stufen ausgeführt:

1. Der Ansatz (Endvolumen 1 ml) enthält 0,03 ml ATP, 0,1 ml Ribose-5-phosphat, 0,02 ml K-phosphatpuffer, 0,02 ml $MgCl_2$, 0,02 ml Glutathion, 0,05 ml Kaliumfluorid und etwa eine Einheit Enzym.

Nach 20 min bei 36° C erhitzt man 1 min im kochenden Wasserbad, um das Enzym zu inaktivieren, kühlt ab und zentrifugiert eventuell.

2. Die Reaktionsmischung (1 ml) in einer Quarz-Küvette enthält 0,02 ml Orotat, 0,02 ml Trispuffer, 0,02 ml $MgCl_2$, 0,2 ml O5'P-Pyrophosphorylase (s. S. 620) und einen aliquoten Teil der Reaktion 1 (etwa 0,03 μM PRPP enthaltend). Nach 10 min ist die Reaktion beendet. Die Extinktion bei 295 mμ zur Zeit $t = 0$ und $t = 10$ min wird gemessen. Die Differenz entspricht dem verbrauchten Orotat. Die Extinktionsänderung eines Leerwertes ohne Zusatz von Reaktionsgemisch 1 wird vom Umsatz abgezogen.

Berechnung:

Aus dem molaren Extinktions-Koeffizienten (3950) oder aus einer Eichkurve mit bekannten Mengen Orotat wird das umgesetzte Orotat berechnet.

2.7.1.24 ATP: Dephospho-CoA-3'-Phosphotransferase s. S. 22.

Triosekinasen.

(D-Glyceratkinase, Glycerinkinase und Triosekinase.)

Von

Walther Lamprecht und Fritz Heinz*.

D-Glyceratkinase.

[2.7.1.31 ATP: D-Glycerat-3-Phosphotransferase.]

Das Enzym Glyceratkinase katalysiert die Phosphorylierung von D-Glycerinsäure mit ATP zu 2-Phospho-D-glycerinsäure[1,2]:

D-Glycerat + ATP → 2-Phospho-D-glycerat + ADP

Glyceratkinase wurde von Black und Wright[3] aus Hefe, von Ichihara und Greenberg[4] aus Acetontrockenpulver der Pferdeleber und von Holzer und Holldorf[5] aus Acetontrockenpulver der Rattenleber isoliert. Lamprecht u. Mitarb.[1] gelang eine 50fache Anreicherung des Enzyms aus Rattenlebermitochondrien.

* Biochemisches Laboratorium der Technischen Hochschule München-Pasing.

[1] Lamprecht, W., T. Diamantstein, F. Heinz u. P. Balde: H. **316**, 97 (1959).
[2] Lamprecht, W., F. Heinz u. T. Diamantstein: H. **328**, 204 (1962).
[3] Black, S., and G. Wright: J. biol. Ch. **221**, 171 (1956). Fed. Proc. **15**, 222 (1956).
[4] Ichihara, A., and D. M. Greenberg: J. biol. Ch. **225**, 949 (1957).
[5] Holzer, H., u. A. Holldorf: B. Z. **329**, 283 (1957).

Von LAMPRECHT u. Mitarb.[1] wurde durch enzymatisch-optische Analyse der Reaktionsprodukte nachgewiesen, daß im Gegensatz zu den Ergebnissen von HOLZER und HOLLDORF[2] oder ICHIHARA und GREENBERG[3] das Reaktionsprodukt der Glyceratphosphorylierung nicht 3-Phosphoglycerinsäure, sondern 2-Phospho-D-glycerinsäure ist. Diese Befunde wurden durch papierchromatographische Analysen bestätigt[4].

Vorkommen. HOLZER und HOLLDORF[2] haben das Enzym in Rattenleber, in Rattenniere, in Spinatblättern und in geringer Aktivität in der Herz- und Skeletmuskulatur der Ratte nachgewiesen. Die Verteilung der Glyceratkinase in der Zelle wurde von LAMPRECHT und HEINZ[5] bestimmt. Bis zu 50% der Gesamtaktivität des Enzymes finden sich in Mitochondrien.

Darstellung der Glyceratkinase nach LAMPRECHT *u. Mitarb.*[1].

Mitochondrien aus Rattenleber werden nach der Methode von GOLDSCHMIDT und LAMPRECHT[6] mit isotoner Saccharoselösung isoliert. Die gewaschenen Zellpartikel werden in 4,8%iger Kaliumchloridlösung suspendiert, die Suspension wird im Kältebad eingefroren und bei Zimmertemperatur wieder aufgetaut. Nach zweimaliger Wiederholung dieser Manipulation ist die Struktur der Mitochondrien vollständig zerstört, die Suspension wird bei 20000 × g in der Kälte abzentrifugiert, das Sediment wird verworfen.

Zu 10 ml des klaren Überstandes werden in der Kälte bei 2—4° C unter Rühren 5,39 ml bei + 2° C gesättigte Ammoniumsulfatlösung von p_H 7,6 (eingestellt mit konzentrierter Ammoniaklösung) langsam zugegeben. Die Suspension bleibt $^1/_2$ Std in der Kälte stehen, wird dann bei 20000 × g abzentrifugiert, das Sediment wird verworfen und pro 10 ml des klaren gelben Überstandes werden 2,1 ml ammoniakalische Ammoniumsulfatlösung unter Rühren zugegeben. Die Suspension bleibt 1 Std im Kälteraum stehen und wird dann bei 20000 × g abzentrifugiert. Der Überstand wird verworfen und das Sediment in 0,05 m Triäthanolaminpuffer von p_H 7,6 aufgenommen. Die Enzymlösung ist in eingefrorenem Zustand einige Tage haltbar.

Tabelle 1. *Anreicherung bei der Darstellung von Glyceratkinase aus Mitochondrien der Rattenleber (ausgehend von 16 g Rattenleber).*

	Gesamtaktivität (E)	Spezifische Aktivität (E/mg)	Anreicherung	Ausbeute %
Gesamtleberextrakt .	160	0,05	—	100
Mitochondrienextrakt	80	0,5	10	50
$(NH_4)_2SO_4$-Fällung . .	75	2,5	50	47

Bemerkung. Der Gesamtleberextrakt wird aus 1 g Leber mit 10 ml 4,8%iger KCl hergestellt, er dient nur zum Vergleich der spezifischen Aktivitäten gegenüber der Enzymanreicherung aus Mitochondrienextrakten und kann bei der Enzymdarstellung unterbleiben.

Eigenschaften. *p_H-Optimum.* Nach ICHIHARA und GREENBERG[3] besitzt Glyceratkinase in Phosphatpuffer zwischen p_H 7,4 und 7,7 ein breites p_H-Optimum, nach HOLZER und HOLLDORF[2] liegt dieses in Triäthanolaminpuffer zwischen p_H 7,2 und 7,4.

Substratspezifität. Das Enzym ist spezifisch für D-Glycerinsäure. L-Glycerinsäure wird von Glyceratkinase nicht phosphoryliert, wie auch Umsetzungen mit D-Milchsäure oder Glykolsäure negativ verlaufen[1,7].

---

[1] LAMPRECHT, W., T. DIAMANTSTEIN, F. HEINZ u. P. BALDE: H. **316**, 97 (1959).
[2] HOLZER, H., u. A. HOLLDORF: B. Z. **329**, 283 (1957).
[3] ICHIHARA, A., and D. M. GREENBERG: J. biol. Ch. **225**, 949 (1957).
[4] LAMPRECHT, W., F. HEINZ u. T. DIAMANTSTEIN: H. **328**, 204 (1962).
[5] LAMPRECHT, W., u. F. HEINZ: Unveröffentl. Versuche.
[6] GOLDSCHMIDT, S., u. G. LAMPRECHT: H. **307**, 132 (1957).
[7] LAMPRECHT, W., u. F. HEINZ: H. (in Vorbereitung).

Nucleotidspezifität. Adenosintriphosphat kann nicht durch Inosintriphosphat ersetzt werden. Andere Triphosphate wurden bisher nicht untersucht. ICHIHARA und GREENBERG[1] beschreiben eine Glyceratphosphorylierung mit Adenosindiphosphat, was aber sicher auf Myokinaseverunreinigung zurückzuführen ist.

Tabelle 2. MICHAELIS-*Konstanten der* D-*Glyceratkinase.*

Substrat	K_M	Literatur
D-Glycerat . . .	$2{,}4 \times 10^{-3}$	1
D-Glycerat . . .	3×10^{-4}	2
ATP (D-Glycerat)	$9{,}7 \times 10^{-3}$	1

MICHAELIS-*Konstanten* s. Tabelle 2.

Metallaktivatoren. Glyceratkinase benötigt zur maximalen Wirksamkeit Mg^{++}. Mn^{++} kann Magnesium vollständig ersetzen, gemessene Enzymaktivitäten sind mit Mn^{++} als Aktivator sogar höher als mit Mg^{++}. Ni^{++}, Zn^{++}, Co^{++} und Cu^{++} ersetzen Mg^{++} oder Mn^{++} nur teilweise.

Inhibitoren. Sulfhydrylgruppen blockierende Substanzen, wie p-Chlormercuribenzoat oder Jodacetat beeinflussen die Wirksamkeit der Glyceratkinasereaktion nicht[3]. Natriumfluorid oder Äthylendiamintetraacetat hemmen die Enzymaktivität, die Hemmung mit Äthylendiamintetraacetat ist wahrscheinlich durch die Komplexbildung des Metallaktivators mit Äthylendiamintetraacetat zu erklären und wird durch Zugabe von Mg^{++} aufgehoben.

Bestimmung der Glyceratkinaseaktivität nach LAMPRECHT *u. Mitarb.*[3].

Prinzip:

Die Aktivität des Enzymes kann enzymatisch-optisch mit Hilfe einer gekoppelten Enzymreaktion bestimmt werden, die DPNH-Abnahme dient als Meßgröße.

Reaktionsgleichungen:

$$\text{D-Glycerat} + \text{ATP} \xrightarrow{\text{Glyceratkinase}} \text{2-Phospho-D-glycerat} + \text{ADP}$$

$$\text{2-Phospho-D-glycerat} \xrightarrow{\text{Enolase}} \text{Phosphoenolpyruvat}$$

$$\text{Phosphoenolpyruvat} + \text{ADP} \xrightarrow{\text{Pyruvatkinase}} \text{Pyruvat} + \text{ATP}$$

$$\text{Pyruvat} + \text{DPNH} + \text{H}^+ \xrightarrow{\text{Lactatdehydrogenase}} \text{Lactat} + \text{DPN}^+$$

Testansatz:

2,25 ml 0,05 m Triäthanolaminpuffer, p_H 7,6.
0,1 ml DPNH, 10 mg/ml.
0,1 ml Glycerat (50 mg Ba-glycerat/ml; Ba^{++} durch Zugabe von Na_2SO_4 entfernen).
0,1 ml ATP (Na_4ATP), 50 mg/ml.
0,2 ml 0,15 m $MgSO_4$ in 2 m KCl.
0,01 ml Enolase (20 μg).
0,02 ml Pyruvatkinase (100 μg).
0,02 ml Lactatdehydrogenase (100 μg).
0,2 ml Glyceratkinase (mindestens 0,1 EE).

Die Substanzen werden in der angegebenen Reihenfolge in eine Küvette der Schichtdicke $d = 1$ cm pipettiert, die Enzymreaktion wird durch Zugabe von Glyceratkinase gestartet, die Änderung der optischen Durchlässigkeit bei 366 mμ in Abhängigkeit von der Zeit registriert. Mit wenig gereinigten Enzympräparaten von Glyceratkinase wird gegen den gleichen Küvettenansatz, der an Stelle von ATP Puffer enthält, gemessen.

Reaktionstemperatur: 22—25° C.

Bemerkung. An Stelle der im obigen Testansatz angewendeten kristallisierten Enzympräparate kann eine Enzymfraktion aus Kaninchenmuskel, z.B. die Enzymfraktion IV

[1] ICHIHARA, A., and D. M. GREENBERG: J. biol. Ch. **225**, 949 (1957).
[2] HOLZER, H., u. A. HOLLDORF: B. Z. **329**, 283 (1957).
[3] LAMPRECHT, W., T. DIAMANTSTEIN, F. HEINZ u. P. BALDE: H. **316**, 97 (1959).

nach BÜCHER[1], verwendet werden. Bei Verwendung von kristallisiertem ATP wird durch Zugabe einer geringen Menge an ADP eine lineare Anfangsgeschwindigkeit erreicht.

Definition der Enzymeinheiten. Nach BÜCHER[1] ist eine Enzymeinheit die Enzymmenge, die bei 25° C die DPNH-Extinktion bei 366 mμ in 100 sec um 0,100 ändert, bezogen auf 1 ml und die 10 mm-Küvette.

Glycerinkinase.

[2.7.1.30 ATP: Glycerin-Phosphotransferase.]

Glycerinkinase katalysiert die Phosphorylierung von Glycerin mit Adenosintriphosphat (ATP) zu L-α-Glycerophosphat nach folgender Reaktionsgleichung:

$$\text{Glycerin} + \text{ATP} \rightarrow \text{L-}\alpha\text{-Glycerophosphat} + \text{ADP}$$

CORI und SHINE[2] haben erstmals die Phosphorylierung von Glycerin in Leberschnitten nachgewiesen. KALCKAR[3] zeigte später, daß auch Nierenextrakte die Fähigkeit zur Glycerinphosphorylierung haben, dabei gelang die Isolierung des Reaktionsproduktes L-α-Glycerophosphat[4]. LINDBERG[5] wies nach, daß dialysierter Nierenextrakt ebenso Glycerin phosphoryliert. Zur Phosphorylierung von Glycerin sind folgende Mikroorganismen befähigt: *Propionibacterium pentosaceum*[6], *Acetobacter suboxydans*[7], *Aerobacter aerogenes*[8], *Trypanosomen*[9], *Escherichia coli*[10], *Clostridium oedemutiens* und *Hefezellen*[11-13]. An Mitochondrien höherer Pflanzen hat STUMPF[14] die Phosphorylierung von Glycerin nachgewiesen.

Gereinigte Enzympräparate wurden von KENNEDY und BUBLITZ[13] aus Rattenleber, von SEIZ[15] aus Rinderleber, von BOLTRALIK[16] aus *Mycobacterium tuberculosis* und von WIELAND und SUYTER[12] aus Taubenleber erhalten. Das von WIELAND dargestellte Präparat fällt in kristalliner Form an. BERGMEYER et al.[17] gelang die Kristallisation der Glycerinkinase aus auf Glycerin gezüchteter *Candida mycoderma.*

Verteilung im Organismus s. Tabelle 3.

Darstellung. Verfahren sind von BUBLITZ und KENNEDY[13], WIELAND und SUYTER[12] und SEIZ[15] beschrieben. Ein aus *Candida mycoderma* hergestelltes kristallines Enzympräparat ist im Handel* oder kann nach BERGMEYER[17] daraus hergestellt werden.

Eigenschaften. *pH-Optimum.* Glycerinkinase hat nach BUBLITZ und KENNEDY[13] bei pH 9,8 ein enges pH-Optimum. Bei pH-Erhöhungen über pH 10 sinkt die Aktivität stark ab.

Substratspezifität. Neben Glycerin phosphoryliert das Enzym mit ATP Dihydroxyaceton und L-Glycerinaldehyd[13]. Dihydroxyaceton wird vom Enzym schneller als Glycerin

* C. F. Boehringer u. Soehne GmbH, Mannheim.

[1] BEISENHERZ, G., H. J. BOLTZE, T. BÜCHER, R. CZOK, K. H. GARBADE, E. MEYER-AHRENDT u. G. PFLEIDERER: Z. Naturforsch. 8b, 555 (1953).
[2] CORI, C. F., and W. M. SHINE: Science, N.Y. 82, 134 (1935).
[3] KALCKAR, H.: Enzymologia 2, 47 (1937).
[4] KALCKAR, H.: Biochem. J. **33**, 631 (1939).
[5] LINDBERG, O.: Biochim. biophys. Acta **7**, 349 (1951).
[6] BARKER, H. A., and F. LIPMANN: J. biol. Ch. **179**, 247 (1949).
[7] HAUGE, J. G., T. E. KING and V. H. CHELDELIN: Fed. Proc. **13**, 225 (1954).
[8] MAGASANIK, B., M. S. BROOKE and B. KARIBIAN: J. Bact. **66**, 611 (1953).
[9] GUNSALUS, I. C., and W. W. UMBREIT: J. Bact. **49**, 347 (1945).
[10] BUBLITZ, C.: Persönl. Mitt. in [12].
[11] SHEMANOVA, G. F., u. V. A. BLAYOVESHCHENSKII: Biochimija, Moskva **21**, 729 (1956) [Chem. Abstr. **52**, 11148 (1958)].
[12] WIELAND, O., u. M. SUYTER: B. Z. **329**, 320 (1957).
[13] BUBLITZ, C., and E. P. KENNEDY: J. biol. Ch. **211**, 951 (1954).
[14] STUMPF, P. K.: Plant Physiol. **30**, 53 (1955).
[15] SEIZ, W.: Diplomarbeit T. H. München 1958.
[16] BOLTRALIK, J. J., and H. NOLL: Analyt. Biochem. **1**, 273 (1960).
[17] BERGMEYER, H. U., G. HOLZ, E. M. KAUDER, U. MÖLLERING u. O. WIELAND: B. Z. **333**, 427 (1961).

Tabelle 3. *Glycerinkinasegehalt in verschiedenen Organen und Hefen (nach* WIELAND und SUYTER[1], *Enzymeinheiten nach* WIELAND *mit Glycerintest).*

Ratte .	Leber	23,9	Taube . .	Leber	30—47
	Niere	21,6	Huhn . .	Leber	5,2
	Herz	0	Mensch .	Blutserum	0 (Dihydroxyaceton-Test)
	Gehirn	0			
	Lunge	0			
	Dünndarm	0		Bäckerhefe auf Glycerin gezüchtet	500—1000
	Fettgewebe	0			
	Hoden	0		Wildhefe auf Glycerin gezüchtet	1650
	Skeletmuskel	0			

umgesetzt, das Verhältnis der Umsatzrate Dihydroxyaceton: Glycerin ist 1,5, dieses bleibt während der Enzymherstellung konstant.

Nucleotidspezifität. Bei der aus Leber hergestellten Glycerinkinase kann neben ATP Uridintriphosphat (UTP) als Phosphatdonator dienen. Die Reaktionsgeschwindigkeit ist 75% bezogen auf die von ATP gleich 100%. Mit Inosintriphosphat wird keine Substratphosphorylierung beobachtet. Glycerinkinase aus *Candida mycoderma* zeigt ein anderes Verhalten, ATP wird wohl bevorzugt umgesetzt, das Enzym reagiert aber auch mit UTP, ITP und GTP.

MICHAELIS-*Konstanten* s. Tabelle 4.

Tabelle 4. MICHAELIS-*Konstanten der Glycerinkinase.*

Substrat	K_M	Autor	Enzymquelle
Glycerin	6×10^{-5}	BERGMEYER[2]	Candida mycoderma
Glycerin	4×10^{-4}	WIELAND[1]	Taubenleber
Dihydroxyaceton	6×10^{-5}	WIELAND[1]	Taubenleber
Glycerin	4×10^{-4}	SEIZ[3]	Rinderleber
ATP	$2{,}6 \times 10^{-5}$	WIELAND[1]	Taubenleber
ATP	6×10^{-5}	BERGMEYER[2]	Candida mycoderma

Umsatzzahl. Das nach WIELAND[1] kristallisierte Enzym setzt bei Substratsättigung und 37° C 7000 M Glycerin pro 10^5 g Enzym in der Std um. Ein Mol (Molgewicht 25100) des nach BERGMEYER[2] kristallisierten Enzymes phosphoryliert 100000 M Glycerin pro min.

Metallaktivatoren. Glycerinkinase benötigt zur optimalen Wirksamkeit Mg^{++}-Ionen; Mn^{++} sind ebenfalls wirksam und können Mg^{++} völlig vertreten.

Sulfhydrylaktivatoren. BUBLITZ und KENNEDY[4] haben den Einfluß verschiedener SH-Aktivatoren auf die Glycerinphosphorylierung untersucht. Die Aktivierung der Enzymreaktion ist sehr von der Reinheit der Präparate und der Darstellungsmethode abhängig (s. Tabelle 5).

Tabelle 5. *Einfluß von Sulfhydrylaktivatoren auf die Glycerinphosphorylierung nach* BUBLITZ und KENNEDY[4].

Zugesetztes Sulfhydrylreagens 20 μM/ml	Gebildetes L-α-Glycerinphosphat in μM	Zugesetztes Sulfhydrylreagens 20 μM/ml	Gebildetes L-α-Glycerinphosphat in μM
Kein Zusatz	0,33	Thioglykolsäure	0,45
Cystein	0,39	Natriumsulfid	0,54
Mercaptoäthanol	0,44	Kaliumcyanid	0,36
BAL (Dimercaptopropanol)	0,54		

[1] WIELAND, O., u. M. SUYTER: B. Z. **329**, 320 (1957).
[2] BERGMEYER, H. U., G. HOLZ, E. M. KAUDER, U. MÖLLERING u. O. WIELAND: B. Z. **333**, 427 (1961).
[3] SEIZ, W.: Diplomarbeit T. H. München 1958.
[4] BUBLITZ, C., and E. P. KENNEDY: J. biol. Ch. **211**, 951 (1954).

Inhibitoren. Die Aktivität des Enzymes wird durch Sulfhydryl blockierende Substanzen, wie Jodacetamid und p-Chlormercuribenzoat stark, wenn nicht vollständig herabgesetzt.

Stabilität. Enzympräparate werden durch Äthylendiamintetraacetat und Zusatz geringer Glycerinmengen (10^{-5} M) stabilisiert. Größte Stabilität besitzt das Enzym zwischen p_H 4,5 und 5,5. In Gegenwart von Äthylendiamintetraacetat und Glycerin kann das Enzym bei p_H 5,1 ohne Aktivitätsverlust 80 min auf 60° C erwärmt werden.

Molekulargewicht. Das aus *Candida mycoderma* kristallisierte Enzym hat nach BERGMEYER[1] ein Molekulargewicht von 25100 ± 1%.

Bestimmung der Glycerinkinaseaktivität nach BUBLITZ *und* KENNEDY[2].

Prinzip:

Glycerin wird vom Enzym mit ATP zu L-α-Glycerophosphat phosphoryliert. In der enteiweißten Reaktionslösung kann der Gehalt an L-α-Glycerophosphat nach HOHORST[3] bestimmt werden.

Inkubationsansatz:

0,1 ml 0,250 m Kaliumfluoridlösung.
0,05 ml 0,020 m Magnesiumchloridlösung.
0,20 ml 0,125 m Phosphatpuffer, p_H 7,4.
0,1 ml 0,100 m Glycerinlösung, doppelt. dest. p.a.
0,2 ml 0,100 m Cystein (frisch neutralisiert).
0,05 ml 0,120 m Adenosintriphosphat neutralisiert.
0,3 ml Glycerinkinaselösung (2—3 Enzymeinheiten).

Die Glycerinkinaselösung kann bei Bedarf mit destilliertem Wasser, das etwas Cystein enthält, auf 6—10 Enzymeinheiten pro ml verdünnt werden.

Ausführung:

Die Mischung der Lösungen wird 30 min bei 37° C inkubiert, danach die Enzymlösung durch Zugabe von 1 ml 0,2 m Metaphosphorsäure enteiweißt, vom Eiweiß abzentrifugiert, der Überstand mit Natronlauge neutralisiert und auf den Gehalt an L-α-Glycerophosphat in 1 ml Aliquots nach HOHORST[3] analysiert.

Definition der Enzymeinheit. Eine Enzymeinheit ist nach BUBLITZ und KENNEDY[2] für Glycerinkinase die Enzymmenge, die unter den obengenannten Inkubationsbedingungen die Bildung von 0,1 μM L-α-Glycerophosphat in der Std katalysiert.

Bemerkung. Die genannte Methode eignet sich für die Bestimmung der Glycerinkinaseaktivität in Organextrakten. Nach SEIZ[4] resultieren bei der Enteiweißung mit Metaphosphorsäure keine vergleichbaren Ergebnisse, denn der gebildete Niederschlag schließt wechselnde Mengen an L-α-Glycerophosphat ein. Empfohlen wird deshalb[3] kurzes Erhitzen der Inkubationslösung ohne Zusatz von Metaphosphorsäure im kochenden Wasserbad, das koagulierte Eiweiß wird abzentrifugiert und im Überstand L-α-Glycerophosphat enzymatisch bestimmt.

Bestimmung der Glycerinkinaseaktivität nach WIELAND *und* SUYTER[5] *(„Glycerintest“).*

Prinzip:

Glycerin wird mit ATP in Gegenwart von Mg^{++} zu L-α-Glycerophosphat phosphoryliert. Das gebildete L-α-Glycerophosphat wird in Gegenwart von DPN^+ mit L-α-Glycerophosphatdehydrogenase (GDH) zu Dihydroxyacetonphosphat dehydriert, das Reaktions-

---

[1] BERGMEYER, H. U., G. HOLZ, E. M. KAUDER, U. MÖLLERING u. O. WIELAND: B. Z. **333**, 427 (1961).
[2] BUBLITZ, C., and E. P. KENNEDY: J. biol. Ch. **211**, 951 (1954).
[3] HOHORST, H.-I.; in: H. U. BERGMEYER (Hrsgb.), Methoden der enzymatischen Analyse. Weinheim, Bergstraße 1962, S. 215.
[4] SEIZ, W.: Diplomarbeit TH München 1958.
[5] WIELAND, O., u. M. SUYTER: B. Z. **329**, 320 (1957).

produkt wird mit Hydrazin abgefangen und die Änderung der DPNH-Konzentration in Abhängigkeit von der Zeit bei der Meßstrahlung 366 mμ spektrophotometrisch bestimmt.

Reaktionsgleichungen:

$$\text{Glycerin} + \text{ATP} \xrightarrow{\text{Glycerinkinase}} \text{L-}\alpha\text{-Glycerophosphat} + \text{ADP}$$

$$\text{L-}\alpha\text{-Glycerophosphat} + \text{DPN}^+ \xrightarrow{\text{GDH}} \text{Dihydroxyacetonphosphat} + \text{DPNH} + \text{H}^+$$

$$\downarrow + \text{Hydrazin}$$

$$\text{Hydrazon}$$

Testansatz:

0,05 ml 0,1 m Glycerin (doppelt destilliert).

1,8 ml Puffer. Herstellung: 20,8 g Hydrazinhydrat (Merck 24%ig), 1,5 g Glykokoll p.a. und 0,2 ml 1 m $MgCl_2$-Lösung werden mit wenigen Tropfen 10 n KOH bis zur Einstellung des p_H 9,6 versetzt und mit destilliertem Wasser auf 100 ml aufgefüllt. Der Puffer ist dann 1 m an Hydrazin, 0,2 m an Glykokoll und 0,002 m an $MgCl_2$.

0,05 ml 0,075 m ATP-Lösung.

0,05 ml 0,2 m DPN-Lösung.

0,02 ml GDH (140 μg kristallisiertes Enzym).

0,03 ml Enzymlösung (30—60 EE/ml). Konzentrierte Enzymlösungen bei Bedarf eventuell mit einer 0,001 m Äthylendiamintetraacetatlösung, die 0,01% Serumalbumin enthält, verdünnen.

Die Substanzen werden in der angegebenen Reihenfolge in eine Küvette der Schichtdicke $d = 1$ cm pipettiert. Die DPNH-Bildung wird in Abhängigkeit der Zeit bei der Meßstrahlung 366 mμ und 25° C verfolgt und registriert.

Enzymeinheit. WIELAND hat als Enzymeinheit diejenige Proteinmenge definiert, die unter den angegebenen Bedingungen eine Extinktionsänderung von 0,001/min herbeiführt.

Die Umrechnung einer Enzymeinheit nach WIELAND in die von KENNEDY und BUBLITZ (nach SEIZ)[1]: Eine Enzymeinheit nach WIELAND entspricht 0,025 Einheiten nach BUBLITZ und KENNEDY[2].

Bestimmung der Glycerinkinaseaktivität nach* WIELAND *und* SUYTER *(„Dihydroxyacetontest“).

Prinzip:

Dihydroxyaceton wird in Gegenwart von ATP zu Dihydroxyacetonphosphat phosphoryliert, das gebildete Dihydroxyacetonphosphat mit DPNH durch Glycerophosphatdehydrogenase zu L-α-Glycerophosphat reduziert.

Reaktionsgleichung:

$$\text{Dihydroxyaceton} + \text{ATP} \xrightarrow{\text{Glycerinkinase}} \text{Dihydroxyacetonphosphat} + \text{ADP}$$

$$\text{Dihydroxyacetonphosphat} + \text{DPNH} + \text{H}^+ \xrightarrow{\text{GDH}} \text{L-}\alpha\text{-Glycerophosphat} + \text{DPN}^+$$

Die Abnahme der DPNH-Konzentration wird bei 366 mμ in Abhängigkeit von der Zeit bestimmt.

Testansatz:

1,8 ml 0,05 m Triäthanolaminpuffer, p_H 7,15, 0,002 m an $MgCl_2$.

0,05 ml 0,1 m Dihydroxyaceton.

0,05 ml 0,006 m DPNH-Lösung.

0,05 ml 0,075 m ATP-Lösung.

0,02 ml GDH (140 μg kristallisiertes Enzym).

0,03 ml Enzymlösung.

Ausführung:

Die Lösungen werden in der angegebenen Reihenfolge in eine Küvette der Schichtdicke $d = 1$ cm pipettiert, die Änderung der optischen Dichte wird bei 25° C und 366 mμ in Abhängigkeit von der Zeit verfolgt.

[1] SEIZ, W.: Diplomarbeit T. H. München 1958.

[2] BUBLITZ, C., and E. P. KENNEDY: J. biol. Ch. **211**, 951 (1954).

Enzymeinheit. WIELAND hat als Enzymeinheit diejenige Proteinmenge definiert, die unter den angegebenen Bedingungen eine Extinktionsänderung von 0,001/min herbeiführt.

Störanfälligkeit. In Leberextrakten stören den Aktivitätstest mit Glycerin größere Mengen an Lactat. Den Aktivitätstest mit Dihydroxyaceton stört anwesende Alkoholdehydrogenase, welche Dihydroxyaceton DPNH-abhängig zu Glycerin reduziert und Triosekinase, die Dihydroxyaceton zu Dihydroxyacetonphosphat phosphoryliert. Bei der Anwendung von Rohextrakten scheint die Methode von KENNEDY und BUBLITZ die geeignetste zu sein.

Triosekinase (Triokinase).

[2.7.1.28 ATP: D-Glyceraldehyd-3-Phosphotransferase.]

Das Enzym Triosekinase katalysiert die ATP-abhängige Phosphorylierung von Dihydroxyaceton und D-Glycerinaldehyd:

$$\begin{matrix}\text{Dihydroxyaceton} \\ \text{D-Glycerinaldehyd}\end{matrix} + \text{ATP} \rightarrow \begin{matrix}\text{Dihydroxyacetonphosphat} \\ \text{3-Phospho-D-glycerinaldehyd}\end{matrix} + \text{ADP}$$

„Triokinase" wurde in Extrakten von Meerschweinchenleber von HERS[1,2] beschrieben. Nach LINDBERG[3] wird Glycerinaldehyd durch dialysierte Rattenleberextrakte phosphoryliert. Es fehlen noch Angaben über die Enzymverteilung im Organismus, das Enzym wurde bisher nur in der Leber nachgewiesen. Nach HERS[2] ist das Enzym im Cytoplasma lokalisiert.

Anreicherung von Triosekinase nach HEINZ *und* LAMPRECHT[4].

Rinderleber soll sofort nach der Schlachtung der Tiere zur Verfügung stehen oder zumindest bis zur Verarbeitung in Eis gekühlt werden. In eingefrorener Leber bleibt die Enzymaktivität über einige Wochen erhalten. Sämtliche folgenden Operationen werden bei etwa 2° C im Kälteraum durchgeführt.

Extraktion. 300 g Rinderleber (eingefroren und aufgetaut) werden im Starmix mit 1,5 l kalter isotoner KCl-Lösung homogenisiert. Das Homogenat wird 20 min bei 4800 U je min abzentrifugiert, das Sediment verworfen und der trübe Überstand im vorgekühlten „Batch Bowl Rotor" der präparativen Ultrazentrifuge Spinco Modell L 2 Std bei 18000 U je min abzentrifugiert. Der leicht trübe Überstand (1280 ml) wird abgegossen (Überstand I).

Erste Ammoniumsulfatfällung. Zum Überstand I wird unter Rühren langsam festes Ammoniumsulfat (p.a.) bis zu einer Sättigung von 0,5 zugegeben. Die Suspension wird nach beendeter Zugabe noch 10 min gerührt und der Niederschlag bei 4800 U/min abzentrifugiert. Der Überstand wird verworfen, das Sediment ist eingefroren einige Tage haltbar.

Gelanlagerung. Das gesamte Sediment (eventuell aufgetaut) wird in etwa 200 ml eiskaltem Wasser aufgenommen. Nach Ermittlung der Proteinkonzentration wird die Enzymlösung mit so viel eiskaltem Wasser verdünnt, daß eine Lösung von etwa 15 mg Protein/ml resultiert. Davon wird ein aliquoter Teil (etwa 150 ml) mit Calciumphosphatgel[5] versetzt. Die Suspension wird 10 min gerührt, dann das Gel abzentrifugiert, der Rückstand verworfen und der Überstand nochmals mit Gel versetzt. Diese Operation wird sooft wiederholt, bis die spezifische Aktivität des Enzyms im Überstand nicht weiter ansteigt. Diese Methode hat sich als zweckmäßig erwiesen, denn die optimalen Anlagerungsbedingungen sind bekanntlich sehr stark vom Alter und der Beschaffenheit des Gels abhängig. Nach dem Ergebnis dieses Versuches wird die Hauptmenge der Enzymlösung

[1] HERS, H. G.: Le métabolisme du fructose. Bruxelles 1957.
[2] HERS, H. G., and T. KUSAKA: Biochim. biophys. Acta **11**, 437 (1953).
[3] LINDBERG, O.: Biochim. biophys. Acta **7**, 349 (1951).
[4] HEINZ, F., u. W. LAMPRECHT: H. **324**, 88 (1961).
[5] KEILIN, D., and E. F. HARTREE: Proc. Soc. London (B) **124**, 397 (1938).

mit der dafür berechneten Menge Gel versetzt. In einem typischen Versuch wurde folgendermaßen verfahren: 2550 ml der verdünnten Enzymlösung wurde mit 910 ml Calciumphosphatgel (28 mg Trockengewicht/ml) unter Rühren versetzt. Die Suspension wurde 10 min gerührt, das Gel bei 4800 U/min abzentrifugiert und der Rückstand verworfen (Überstand II).

Zweite Ammoniumsulfatfällung. Zu dem klaren gelben Überstand II (2890 ml) wird unter Rühren festes Ammoniumsulfat bis zur Sättigung von 0,6 zugegeben, die Suspension noch 10 min gerührt und das Sediment bei 4800 U/min abzentrifugiert. Das Sediment wird in 0,5-gesättigter Ammoniumsulfatlösung (bei 2° C) suspendiert, so daß die Proteinkonzentration etwa 50 mg/ml beträgt (55 ml).

Die Ammoniumsulfatkonzentration wird unter Rühren durch langsame Zugabe von 17 ml eiskaltem Wasser auf 0,4 erniedrigt, die Suspension wird abzentrifugiert, der Überstand verworfen und der Rückstand in 50 ml 40%iger kalter Ammoniumsulfatlösung resuspendiert (57 ml). Die Ammoniumsulfatsättigung wird durch Zugabe von 19 ml kaltem Wasser auf 0,3 erniedrigt, die Suspension durch Zentrifugieren geklärt; das Sediment wird verworfen (Überstand III).

Dritte Ammoniumsulfatfällung. Zu dem klaren Überstand III (73 ml) wird eine bei + 2° C gesättigte Ammoniumsulfatlösung bis zur Ammoniumsulfatsättigung 0,33 zugegeben (3,8 ml). Der Niederschlag wird abzentrifugiert und verworfen. Zum klaren Überstand wird langsam gesättigte Ammoniumsulfatlösung bis 0,40 an Sättigung zugegeben (8,6 ml). Die Suspension wird zentrifugiert und das Sediment in wenig Wasser aufgenommen (17 ml Lösung). Die Enzymlösung ist eingefroren über Wochen haltbar.

Tabelle 6. *Reinigung von Triosekinase aus Rinderleber.*

Reinigungsschritt	Volumen in ml	EE/ml* („DHA-Test")**	Gesamt-EE*	Protein mg/ml	Spezifische Aktivität	EE DHA** / EE GA***
Leberextrakt	1280	—	—	32,5	—	—
1. Ammoniumsulfatfällung	205	31	6300	184	0,17	1,24
Gelanlagerung	2890	1,37	3950	1,7	0,8	1,59
2. Ammoniumsulfatfällung	55	62	3410	52,5	1,2	1,20
3. Ammoniumsulfatfällung	73	40	2910	1215	3,3	1,0
Rückstand in H_2O-gelöst .	17	92	1600	16,3	5,3	1,19

* EE = Enzymeinheiten nach BÜCHER[1]. ** DHA = Dihydroxyaceton. *** GA = Glycerinaldehyd.

In der Tabelle 6 sind die Schritte der Anreicherung von Triosekinase aus Rinderleber angegeben. Eine Aktivitätsbestimmung im Leberextrakt liefert infolge zu hoher Leberalkoholdehydrogenase-Aktivität (ADH-L) keine reproduzierbaren Werte. Eine exakte Ausbeutebestimmung kann deshalb nicht angegeben werden.

Die besten Enzympräparate enthalten als Verunreinigung Spuren an Alkoholdehydrogenase, Aldehyddehydrogenase und ein Enzym, welches aus ATP die Bildung von ADP katalysiert, vermutlich Myokinase oder ATPase.

Eigenschaften. *p_H-Optimum.* Das Aktivitätsmaximum der Triosekinasereaktion in Triäthanolaminpuffer liegt sowohl mit Dihydroxyaceton als mit Glycerinaldehyd bei p_H 7,0[2].

Substratspezifität. Nach HEINZ und LAMPRECHT[2] phosphoryliert Triosekinase bei Substratsättigung mit gleicher maximaler Geschwindigkeit Dihydroxyaceton und D-Glycerinaldehyd; Glucose, Fructose und Glykolaldehyd werden nicht phosphoryliert[2].

MICHAELIS-*Konstanten* s. Tabelle 7.

---

[1] BEISENHERZ, G., H. G. BOLTZE, T. BÜCHER, R. CZOK, K. H. GARBADE, E. MEYER-AHRENDT u. G. PFLEIDERER: Z. Naturforsch. 8b, 555 (1953).

[2] HEINZ, F., u. W. LAMPRECHT: H. 32, 488 (1961).

Tabelle 7. MICHAELIS-*Konstanten der Triosekinase* (nach HEINZ und LAMPRECHT[1]).

Substrat	K_M	Substrat	K_M
Dihydroxyaceton .	2×10^{-5}	D-Glycerinaldehyd	$1{,}25 \times 10^{-4}$

***Enzymatisch-optische Bestimmungsmethoden der Triosekinaseaktivität nach* HEINZ *und* LAMPRECHT[1].**

Auf Grund der Substratspezifität des Enzymes bieten sich für die Aktivitätsmessung zwei Möglichkeiten an:

a) Dihydroxyacetontest (DHA-Test).

Prinzip:

Dihydroxyaceton wird mit ATP in Gegenwart von Mg^{++}-Ionen zu Dihydroxyacetonphosphat phosphoryliert, letzteres wird DPNH-abhängig durch L-α-Glycerophosphatdehydrogenase (GDH) zu L-α-Glycerophosphat reduziert. Die Änderung der DPNH-Extinktion in der Zeiteinheit erlaubt eine spektrophotometrische Aktivitätsbestimmung, wenn die Substratphosphorylierung geschwindigkeitsbestimmend ist. Die Reaktionsgleichungen für den gekoppelten Aktivitätstest lauten:

$$\text{Dihydroxyaceton} + \text{ATP} \xrightarrow{Mg^{++}} \text{Dihydroxyacetonphosphat} + \text{ADP}$$

$$\text{Dihydroxyacetonphosphat} + \text{DPNH} + H^+ \xrightarrow{\text{GDH}} \text{L-}\alpha\text{-Glycerophosphat} + \text{DPN}^+$$

$$\text{Bilanz: Dihydroxyaceton} + \text{ATP} + \text{DPNH} + H^+ \longrightarrow \text{L-}\alpha\text{-Glycerophosphat} + \text{ADP} + \text{DPN}^+$$

Testansatz:

In eine Küvette der Schichtdicke $d = 1$ cm werden in der angegebenen Reihenfolge folgende Substanzen einpipettiert:

2,35 ml Triäthanolaminpuffer, p_H 7,5 (0,05 m).
0,1 ml Dihydroxyaceton, 50 mg/ml.
0,1 ml Adenosintriphosphat $Na_2H_2ATP \cdot 3\,H_2O$ (krist.), 50 mg/ml.
0,1 ml DPNH, 10 mg/ml.
0,2 ml $MgCl_2$ (0,2 m).
0,05 ml L-α-Glycerophosphatdehydrogenase, 1 mg/ml.
0,1 ml Triosekinase (10—100 EE/ml)*.

Nach Triosekinasezusatz wird die Extinktionsänderung bei 366 μm gegen den gleichen Küvettenansatz, der an Stelle von ATP Puffer enthält, alle 60 sec abgelesen, Temperatur: 20° C.

Die Messung gegen einen Blindwert ohne ATP schließt die eventuelle Reduktion des Substrates durch Leber-Alkoholdehydrogenase oder die einer endogenen DPNH-Oxydation aus. Die Testung der Triosekinaseaktivität gibt nur dann einwandfreie Ergebnisse, wenn die Leber-Alkoholdehydrogenase-Konzentration im Vergleich zur Triosekinase nicht dominiert.

b) Glycerinaldehydtest (GA-Test).

Prinzip:

D-Glycerinaldehyd wird von Triosekinase (TK) in Gegenwart von Mg^{++} mit ATP zu 3-Phospho-D-glycerinaldehyd phosphoryliert. Das Reaktionsprodukt wird in einer enzymatisch gekoppelten, DPNH-abhängigen Reaktion mit Triosephosphatisomerase (TIM) und L-α-Glycerophosphatdehydrogenase (GDH) zu L-α-Glycerophosphat umgesetzt. Die Änderung der DPNH-Konzentration in der Zeiteinheit wird spektrophotometrisch bei

* EE = Enzymeinheiten nach BÜCHER[2].

[1] HEINZ, F., u. W. LAMPRECHT: H. **324**, 88 (1961).

[2] BEISENHERZ, G., H. G. BOLTZE, T. BÜCHER, R. CZOK, K. H. GARBADE, E. MEYER-AHRENDT u. G. PFLEIDERER: Z. Naturforsch. 8b, 555 (1953).

366 mμ verfolgt und dient als Meßgröße. Die Reaktionsgleichungen der Aktivitätsbestimmung sind:

$$\text{D-Glycerinaldehyd} + \text{ATP} \xrightarrow{\text{Mg}^{++}\ \text{TK}} \text{3-Phospho-D-glycerinaldehyd} + \text{ADP}$$

$$\text{3-Phospho-D-glycerinaldehyd} \xrightarrow{\text{TIM}} \text{Dihydroxyacetonphosphat}$$

$$\text{Dihydroxyacetonphosphat} + \text{DPNH} + \text{H}^+ \xrightarrow{\text{GDH}} \text{L-}\alpha\text{-Glycerophosphat} + \text{DPN}^+$$

$$\text{D-Glycerinaldehyd} + \text{ATP} + \text{DPNH} + \text{H}^+ \xrightarrow{\text{Mg}^{++}} \text{L-}\alpha\text{-Glycerophosphat} + \text{DPN}^+ + \text{ADP}$$

Testansatz:

In eine Küvette der Schichtdicke $d = 1$ cm werden in der angegebenen Reihenfolge folgende Substanzen einpipettiert:

2,3 ml 0,05 m Triäthanolaminpuffer, p_H 7,5.
0,1 ml DPNH, 10 mg/ml.
0,1 ml $Na_2H_2ATP \cdot 3\ H_2O$ (krist.), 20 mg/ml.
0,2 ml D,L-Glycerinaldehyd, 20 mg/ml.
0,2 ml 0,2 m $MgCl_2$.
0,05 ml L-α-Glycerophosphatdehydrogenase/Triosephosphatisomerase, 1 mg/ml.
0,1 ml Triosekinase (10—100 EE/ml).

Die Änderung der DPNH-Extinktion wird bei 366 mμ gegen den gleichen Küvettenansatz, der kein ATP enthält, alle 60 sec abgelesen. Temperatur 20° C.

Enzymeinheit. Der Definition von BÜCHER[1] folgend, ist eine Enzymeinheit (EE) die Enzymmenge, die bei 366 mμ eine DPNH-Extinktion um 0,100 in 100 sec ändert, bezogen auf 1 ml und die 10 mm-Küvette.

Definition der spezifischen Aktivität des Enzymes. Als spezifische Aktivität werden Enzymeinheiten (EE) pro mg Protein angegeben. Die Proteinbestimmung erfolgt zweckmäßig spektrophotometrisch bei 280 und 260 mμ nach folgender Formel:

$$\text{Proteinkonzentration in mg/ml} = 1{,}55 \times E_{280\,\text{m}\mu} - 0{,}76\,E_{260\,\text{m}\mu}.$$

[1] BEISENHERZ, G., H. G. BOLTZE, T. BÜCHER, R. CZOK, K. H. GARBADE, E. MEYER-AHRENDT u. G. PFLEIDERER: Z. Naturforsch. 8b, 555 (1953).

2.7.1.32	**ATP:Cholin-Phosphotransferase**	s. S. 704
2.7.1.33	**ATP:Pantothenat-4′-Phosphotransferase**	s. S. 16
2.7.1.34	**ATP:Pantethein-4′-Phosphotransferase**	s. S. 18
2.7.1.35	**ATP:Pyridoxal-5′-Phosphotransferase**	s. S. 701
2.7.1.37	**ATP:Protein-Phosphotransferase**	s. S. 574
2.7.1.40	**ATP:Pyruvat-Phosphotransferase**	s. S. 540
2.7.2.1	**ATP:Acetat-Phosphotransferase**	s. S. 73 und S. 535
2.7.2.2	**ATP:Carbamat-Phosphotransferase**	s. S. 580
2.7.2.3	**ATP:D-3-Phosphoglycerat-1-Phosphotransferase**	s. S. 531
2.7.2.4	**ATP:L-Aspartat-4-Phosphotransferase**	s. S. 538
2.7.3.2	**ATP:Kreatin-Phosphotransferase**	s. S. 562
2.7.3.3	**ATP:L-Arginin-Phosphotransferase**	s. S. 570
2.7.4.1	**ATP:Polyphosphat-Phosphotransferase**	s. S. 543

2.7.4.3	**ATP:AMP-Phosphotransferase**	s. S. 547
2.7.4.4	**ATP:Nucleosidmenophosphat-Phosphotransferase**	s. S. 551
2.7.4.6	**ATP:Nucleosiddiphosphat-Phosphotransferase**	s. S. 558
2.7.5.1	**D-Glucose-1,6-diphosphat:D-Glucose-1-phosphat-Phosphotransferase**	s. S. 627
2.7.5.3	**D-2,3-Diphosphoglycerat-D-2-Phosphoglycerat-Phosphotransferase**	s. S. 641
2.7.5.4	**D-1,3-Diphosphoglycerat:D-3-Phosphoglycerat-Phosphotransferase**	s. S. 646
2.7.6.1	**ATP:D-Ribose-5-phosphat-Pyrophosphotransferase**	s. S. 708
2.7.6.2	**ATP:Thiamin-Pyrophosphotransferase**	s. S. 706
2.7.7.1	**ATP:NMN-Adenylyltransferase**	s. S. 597
2.7.7.2	**ATP:FMN-Adenylyltransferase**	s. S. 600
2.7.7.3	**ATP:Pantethein-4′-phosphat-Adenylyltransferase**	s. S. 20
2.7.7.4	**ATP:Sulfat-Adenylyltransferase**	s. S. 576
2.7.7.9	**UTP:α-D-Glucose-1-phosphat-Uridylyltransferase**	s. S. 604
2.7.7.10	**UTP:α-D-Galaktose-1-phosphat-Uridylyltransferase**	s. S. 609
2.7.7.13	**GTP:α-D-Mannose-1-phosphat-Guanylyltransferase**	s. S. 614
2.7.7.15	**CTP:Cholinphosphat-Cytidylyltransferase**	s. S. 603

Ribonucleasen.

[2.7.7.16 Polyribonucleotid-2′-Oligonucleotido-Transferase (cyclisierend).]
[3.1.4.8 Ribonucleat-3′-Guanylohydrolase.]

Von

Günther Siebert *.

Mit 8 Abbildungen.

Einleitung. Ribonucleasen greifen Internucleotid-Bindungen von Ribonucleinsäuren an und sind damit eine spezielle Gruppe von Phosphodiesterasen[1]. Ihre Abgrenzung kann auf Grund verschiedener Kriterien erfolgen[1]:

1. nach der Art des Substrates, Ribonucleinsäure oder Desoxyribonucleinsäure, damit wesentlich abhängend von der Art der Pentose und mit entsprechender Rückwirkung auf den Reaktionsmechanismus (Fehlen von 2′-OH in DNS);

2. nach der Lage der angegriffenen Bindung in der Polynucleotid-Kette als Exonuclease oder Endonuclease (in Analogie zu Exopeptidase bzw. Endopeptidase);

3. nach der Natur der Spaltprodukte mit 3′-Phosphoryl- oder 5′-Phosphoryl-Endgruppen (was speziell zur weiteren Unterteilung von Ribonucleasen und Desoxyribonucleasen nützlich zu sein scheint);

4. nach den Strukturerfordernissen in der Umgebung der sensitiven Bindung, z.B. Purin- oder Pyrimidin-Derivate; freies Hydroxyl in 3′- oder 5′-Stellung;

5. nach der Form des makromolekularen Substrates als einsträngiges oder zweisträngiges Molekül[2].

---

* Physiologisch-Chemisches Institut der Johannes Gutenberg-Universität, Mainz.

Die Literatur ist mit geringen Ausnahmen bis Ende 1962 berücksichtigt.

[1] SCHMIDT, G., and M. LASKOWSKI sen.: Boyer-Lardy-Myrbäck, Enzymes Bd. V, S. 3.

[2] LEHMAN, I. R.: J. biol. Ch. **235**, 1479 (1960).

Keines dieser Kriterien ist in voller Schärfe gültig, doch versteht man im allgemeinen unter klassischen Ribonucleasen Enzyme mit Spezifität für Ribonucleinsäuren, die nach Art von Endonucleasen wirken und dadurch hinreichend genau von Phosphodiesterasen unterschieden werden können. An diese Einteilung lehnt sich die nachfolgende Darstellung an.

Ribonucleasen katalysieren einen Transfer-Mechanismus (s. S. 753) und werden daher nach den Beschlüssen der Enzymkommission bei 2.7.7, den Nucleotidyl-Transferasen, eingeordnet: „... überträgt das 3'-Phosphat eines Pyrimidin-Nucleotidrestes eines Polynucleotids aus der 5'-Stellung des benachbarten Nucleotids auf die 2'-Stellung desselben Pyrimidin-Nucleotids unter Bildung eines cyclischen Nucleotids". Damit werden sie in diesem Handbuch an einem anderen Ort als die Desoxyribonucleasen (s. bei Hydrolasen, S. 1061) behandelt. Obwohl der Transfer-Mechanismus noch nicht für alle Ribonucleasen absolut schlüssig bewiesen ist, wird in diesem Kapitel keine Unterscheidung vorgenommen, vielmehr werden alle Ribonucleasen gemeinsam behandelt, was auch aus praktischen Gründen (allgemein anwendbare Bestimmungsmethoden) ratsam ist.

Ribonuclease aus Rinderpankreas hat sich in den letzten Jahren als ein entscheidend wichtiges Modell-Protein erwiesen; ein großer Teil der Kenntnis von Sekundär- und Tertiär-Struktur von Proteinen ist an diesem Enzym erarbeitet oder überprüft worden. Für die Zwecke des vorliegenden Handbuches, das vorwiegend die methodischen Gesichtspunkte berücksichtigt, stellt sich daher die Aufgabe, eine Grenze zwischen reiner Protein-Chemie und klassischer Enzymologie zu finden. An sich ist dies unmöglich, da Proteinstruktur und katalytische Qualität notwendig und unlösbar miteinander verknüpft sind; es wird daher versucht werden, vorzugsweise die für den katalytischen Mechanismus erkennbar wichtigen proteinchemischen Daten zu berücksichtigen.

Zusammenfassende Literatur neueren Datums s.[1–5].

Historisches. Ribonuclease wurde erstmals von JONES[6] in Pankreas entdeckt; der Name wurde 15 Jahre später von DUBOS und THOMPSON[7] geprägt. Reindarstellung und Kristallisation sind das Verdienst von KUNITZ[8]. Erst in neuerer Zeit wurde die Spezifität für Pyrimidin-ribonucleosid-3'-phosphat-Ester erkannt[9] und der Transfer-Mechanismus unter Bildung cyclischer Intermediärprodukte beschrieben[10]. Die Bearbeitung der Proteinstruktur und die Charakterisierung von Ribonucleasen aus anderen Quellen als Pankreasgewebe sind neuesten Datums.

Vorkommen. Ribonucleasen haben ubiquitären Charakter. Gewebe oder Zellen, in denen Ribonucleasen fehlen, müssen offenbar noch entdeckt werden. Die beste Quelle ist Pankreasgewebe, wo Ribonuclease als Verdauungsenzym gebildet wird. Die meisten anderen Gewebe enthalten möglicherweise mehrere Ribonucleasen neben einem Inhibitor (s. unten); dadurch werden Schwierigkeiten der Aktivitätsbestimmung bedingt, die auch heute noch nicht überwunden sind und quantitative Angaben über das Vorkommen verfrüht erscheinen lassen.

Wegen dieser Inhibitoreffekte ist gegenwärtig nicht einmal die Frage zu entscheiden, ob es in tierischen Geweben eine wahre saure und eine wahre alkalische Ribonuclease gibt (s. S. 750). Kompliziert wird das Bild auch durch die „Latenz" bestimmter Ribo-

---

1 SCHMIDT, G., and M. LASKOWSKI sen.: Boyer-Lardy-Myrbäck, Enzymes Bd. V, S. 3ff.
2 KHORANA, H. G.: Boyer-Lardy-Myrbäck, Enzymes Bd. V, S. 79ff.
3 ANFINSEN, C. B., and F. H. WHITE jr.: Boyer-Lardy-Myrbäck, Enzymes Bd. V, S. 95ff.
4 JOSEFSSON, L., and S. LAGERSTEDT: Meth. biochem. Analysis **9**, 39 (1962).
5 SCHERAGA, H. A., and J. A. RUPLEY: Adv. Enzymol. **24**, 161 (1962).
6 JONES, W.: Amer. J. Physiol. **52**, 302 (1920).
7 DUBOS, R. J., and R. H. S. THOMPSON: J. biol. Ch. **124**, 501 (1938).
8 KUNITZ, M.: J. gen. Physiol. **24**, 15 (1940).
9 SCHMIDT, G., R. CUBILES, N. ZÖLLNER, L. HECHT, N. STRICKLER, K. SERAIDARIAN, M. SERAIDARIAN and J. S. THANNHAUSER: J. biol. Ch. **192**, 715 (1951).
10 MARKHAM, R., and J. D. SMITH: Biochem. J. **52**, 552, 558 (1952).

nucleasen, die erst nach Harnstoffbehandlung Aktivität zeigen[1–6]; offenbar muß eine Superstruktur erst zusammenbrechen, ehe Ribonuclease-Aktivität auftritt. Diese „Latenz" ist in ihrer biologischen Bedeutung noch nicht zu beurteilen; für praktische Zwecke ist sie wichtig, da dadurch die Isolierung von nativer Ribonucleinsäure entscheidend beeinträchtigt werden kann. Im allgemeinen kommen solche latenten Ribonucleasen vergesellschaftet mit Ribonucleoproteiden in der Zelle vor[7, 8]. Polyamine wie z.B. Spermin beeinflussen die Latenz offenbar durch Stabilisierung (und damit Ribonuclease-Maskierung) von Ribosomen[9].

Für praktische Zwecke wichtig ist das Vorkommen von Ribonucleasen auf der Haut[10, 11], da diese Enzyme beim Experimentieren an Glasgeräte, Dialysierschläuche usw. geraten können.

Die intracelluläre Verteilung von Ribonucleasen ist in tierischen Geweben schon viel untersucht worden, z.B. für Rattenleber[12–18] und Lebergewebe anderer Tierarten (Meerschweinchen[19], Maus[20]), Kalbsthymus[21], Rattenfettgewebe[22], Rattenniere[23] und Meerschweinchenpankreas[24, 25]. Im ganzen geben diese Lokalisationsuntersuchungen ein nur wenig klares Bild, jedenfalls zeigen sie keine auffällige Bevorzugung eines bestimmten Zellortes. Eine Erklärung liegt vielleicht darin, daß die vermutete Vielfalt intracellulärer Ribonucleasen erst in ihre Einzelkomponenten aufgelöst sein muß, ehe die intracelluläre Lokalisation klare Verteilungsbilder erkennen läßt. Pankreas-Ribonuclease wird auf Grund ihres sekretorischen Charakters vorzugsweise in der Fraktion der Zymogengranula angetroffen[24, 25]; saure Ribonuclease der Rattenleber wird als typisches Lysosomen-Enzym beschrieben[26]. Ribonuclease-Inhibitoren finden sich stets im hochtourigen Zentrifugier-Überstand der Rattenleber[27–29] und des Rattenfettgewebes[22]. Zur histochemischen Lokalisierung mit fluorescierenden Antikörpern von Ribonuclease im Pankreas s. [30].

---

[1] ELSON, D.: Biochim. biophys. Acta **27**, 216 (1958); **36**, 372 (1959).
[2] BOLTON, E. T., and B. J. MCCARTHY: Biophys. Soc. Meet. Abstr. No. P9 (1959). — ANFINSEN, C. B., and F. H. WHITE jr.: Boyer-Lardy-Myrbäck, Enzymes Bd. V, S. 95ff.
[3] SPAHR, P. F., and B. R. HOLLINGWORTH: J. biol. Ch. **236**, 823 (1961).
[4] ZILLIG, W., W. KRONE u. M. ALBERS: H. **317**, 131 (1959).
[5] BALTUS, E.: Arch. int. Physiol. **68**, 671 (1960).
[6] BLOEMENDAL, H., L. BOSCH and M. SLUYSER: Biochim. biophys. Acta **41**, 454 (1960).
[7] KELLER, P. J., E. COHEN and R. D. WADE: Biochemistry **2**, 315 (1963).
[8] MADISON, J. T., and S. R. DICKMAN: Biochemistry **2**, 321 (1963).
[9] THOMAS, G. H., and E. J. HERBST: Fed. Proc. **22** (I), 349 (1963).
[10] STEIGLEDER, G. K., u. W. RAAB: Kli. Wo. **1961**, 598.
[11] HOLLEY, R. W., J. APGAR and S. H. MERRILL: J. biol. Ch. **236**, PC 42 (1961).
[12] SCHNEIDER, W. C., G. H. HOGEBOOM, E. SHELTON and M. J. STRIEBICH: Cancer Res. **13**, 285 (1953).
[13] STEVENS, B. M., and E. REID: Biochem. J. **64**, 735 (1956).
[14] ROTH, J. S.: J. biol. Ch. **208**, 181 (1954).
[15] ROTH, J. S.: J. biophys. biochem. Cytol. **8**, 665 (1960).
[16] ROTH, J. S.: Arch. Biochem. **60**, 7 (1956).
[17] ALLARD, C., G. DE LAMIRANDE, G. WEBER and A. CANTERO: Canad. J. Biochem. **34**, 170 (1956).
[18] REID, E., and F. LOTZ: Brit. J. Cancer **12**, 419 (1958). — REID, E., and B. M. STEVENS: Biochem. J. **68**, 367 (1958). — REID, E., and J. T. NODES: Ann. N.Y. Acad. Sci. **81**, 618 (1959).
[19] PIROTTE, M., et V. DESREUX: Bull. Soc. chim. belg. **61**, 167 (1952).
[20] SCHNEIDER, W. C., and G. H. HOGEBOOM: J. biol. Ch. **198**, 155 (1952).
[21] BROWN, K. D., G. JACOBS and M. LASKOWSKI: J. biol. Ch. **194**, 445 (1952).
[22] EICHEL, H. J., E. M. FIGUEROA and E. K. GOLDENBERG: Biochim. biophys. Acta **51**, 216 (1961).
[23] REID, E., and B. M. STEVENS: Biochem. J. **68**, 367 (1958).
[24] BARTOS, E., and M. UZIEL: J. biol. Ch. **236**, 1697 (1961).
[25] SIEKEVITZ, P., and G. E. PALADE: J. biophys. biochem. Cytol. **4**, 203 (1958).
[26] DUVE, C. DE, B. C. PRESSMAN, R. GIANETTO, R. WATTIAUX and F. APPELMANS: Biochem. J. **60**, 604 (1955).
[27] SHORTMAN, K.: Biochim. biophys. Acta **51**, 37 (1961).
[28] ROTH, J. S.: J. biol. Ch. **231**, 1085 (1958).
[29] HIGASHI, T., and F. HASEGAWA: J. Biochem. **48**, 71 (1960).
[30] MARSHALL jr., J. M.: Exp. Cell Res. **6**, 240 (1954).

Darstellung aus Rinderpankreas. Das kristallisierte Enzym wird nach der von McDonald[1] entwickelten Modifikation des Kunitzschen Verfahrens[2] gewonnen; es ist bei praktisch allen Biochemikalien-Firmen käuflich zu erwerben, so daß hier auf Details der Methode verzichtet werden kann.

Im allgemeinen ist kristalline Pankreas-Ribonuclease kein einheitliches Protein, vielmehr läßt sich das Enzym chromatographisch in verschiedene Fraktionen aufteilen[3,4], die ebenfalls zum Teil bereits im Handel sind (Ribonuclease A z.B. bei Mann, New York; Worthington, Freehold, N.J.; Sigma, St. Louis, Mo. — Ribonuclease B z.B. bei Mann, New York; Sigma, St. Louis, Mo. — Ribonuclease D z.B. bei Mann, New York). Nachstehend werden diese chromatographischen Verfahren beschrieben.

***Darstellung von Ribonuclease A aus kristalliner Rinderpankreas-Ribonuclease nach* Hirs *u. Mitarb.*[3].**

Vorbereitung des Harzes. Man verwendet Amberlite XE-64 von 200—400 mesh. 1,5 kg Harz werden mit 3,5 l Wasser 20 min gerührt; nach 30 min Absitzen wird die Schaumschicht entfernt und der Überstand abgezogen. Das Absetzenlassen wird 4—5mal wiederholt mit je 2 l Wasser, bis der Überstand nach 15 min Absetzzeit klar ist. Das Harz wird auf einem Büchner-Trichter an der Luft getrocknet und in 4 l Aceton für 3 Std unter Rühren suspendiert; danach filtriert man ab und wäscht auf dem Filter mit etwa 8 l Aceton, bis das Filtrat klar ist. Das Harz wird erneut an der Luft getrocknet, in Wasser suspendiert, bis zur Entfernung aller Luftblasen gerührt und mit 24 l Wasser zur Entfernung von Acetonspuren auf dem Filter gewaschen.

Das Harz wird in 5 l Wasser suspendiert und mit 560 g NaOH versetzt, die als 40%ige Lösung während 30 min zugegeben werden; dabei steigt der p_H der Suspension auf etwa 11. Man rührt weiter, bis (nach etwa 3 Std) keine Wärme mehr entwickelt wird, und wäscht den Austauscher durch Dekantieren fünfmal mit 2 l Wasser. Dann wird das Harz auf dem Filter mit etwa 12 l Wasser gewaschen, bis das Filtrat p_H von etwa 10 zeigt. Jetzt läßt man auf dem Filter 10 l 3 n HCl während 4 Std durchlaufen und wäscht anschließend mit 6 l Wasser.

Zur Einstellung auf p_H 6,47 $\pm$ 0,02 suspendiert man den Austauscher in 5 l folgender Natriumphosphat-Pufferlösung (0,2 m an Phosphat, 0,28 n an Na): 165,6 g $NaH_2PO_4 \cdot H_2O$ und 113,6 g wasserfreies Na_2HPO_4 werden unter Zusatz von etwas Thymol ad 10 l gelöst. Beim Verrühren des Harzes mit dem Puffer fällt der p_H unmittelbar; er wird durch alle paar Minuten erfolgende Zugaben von je etwa 30 ml 40%iger NaOH bei etwa p_H 5,5 gehalten und dann durch Alkalizugabe in 15 min-Abständen auf p_H 6,4 gebracht. Wenn die Suspension den p_H-Wert 6,55 während 15 minütigen Rührens beibehält, wird die Alkalizugabe unterbrochen und die Suspension über Nacht gerührt. Sobald der p_H konstant zwischen 6,45 und 6,50 bleibt, wird der Austauscher auf dem Filter mit 30 l des obengenannten Phosphatpuffers gewaschen; der p_H-Wert des zugegebenen und des ablaufenden Puffers muß identisch sein.

Vorbereitung der Säule. Man füllt eine Säule von 7,5 $\times$ 120 cm, indem Höhenabschnitte von etwa 15 cm eingefüllt werden: Bei mit Schlauchklemme verschlossenem Auslaufrohr wird die Suspension des Harzes in der Säule gerührt. Man läßt dann absitzen, bevor die Schlauchklemme geöffnet wird, und wiederholt diese Prozedur bis zur Füllhöhe von 120 cm; wichtig ist die horizontale Lage der Harzoberfläche, die mit Filtrierpapier abgedeckt wird. Die Säule wird dann mit 25—30 Bettvolumina Pufferlösung (je etwa 830 ml) gewaschen. Man arbeitet für den Versuch mit einer Durchflußgeschwindigkeit von 60—80 ml/Std; die Temperatur kann einige Grade um 25° C schwanken. Die Säule

---

[1] McDonald, M. R.: J. gen. Physiol. **32**, 39 (1948).
[2] Kunitz, M.: J. gen. Physiol. **24**, 15 (1940).
[3] Hirs, C. H. W., S. Moore and W. H. Stein: J. biol. Ch. **200**, 493 (1953).
[4] Taborsky, G.: J. biol. Ch. **234**, 2652 (1959).

kann mehrfach benutzt werden; verunreinigtes Harz wird in die H^+-Form überführt und einige Std mit 4 n HCl auf dem Dampfbad erhitzt, ehe es wieder mit dem Puffer äquilibriert wird.

Der Proteingehalt der Eluatfraktionen wird durch Ninhydrin-Analyse ermittelt[1] (s. Bd. III, S. 1716ff.); Ribonuclease gibt hierbei eine Farbausbeute von 0,65 μM Leucin-Äquivalenten pro mg Protein; s. hierzu auch S. 763.

Chromatographie. Kristalline Ribonuclease wird in dem obengenannten 0,2 m Phosphatpuffer gelöst. Eine Säule von 7,5 × 60 cm kann mit bis zu 750 mg Protein in 40 ml Pufferlösung beschickt werden. Ribonuclease A erscheint mit scharfem Gipfel bei etwa 3 l Eluatvolumen, mit einer Ausbeute von 400 mg Protein. Das Enzym kann nach Lyophilisierung aus wäßrigem Äthanol nach KUNITZ[2] in Form großer Platten kristallisiert werden. Bei stärker alkalischem Puffer erfolgt keine Auftrennung an der Säule; Phosphatpuffer von p_H 6,25 bzw. 6,01 bedingen eine Verdoppelung bzw. Verdreifachung der Wanderungsgeschwindigkeit.

Anwendung auf Pankreas-Rohextrakte. Mit dem beschriebenen Verfahren erhält man Ribonuclease A auch unmittelbar aus schwefelsauren Pankreas-Extrakten. Hierzu wird das absolut frische (!) Gewebe mit dem 5—10fachen Betrag an CO_2-Schnee im Mixer zerkleinert und dann lyophilisiert; es kann so einige Monate bei —20° C aufbewahrt werden. Man extrahiert 2 g Trockenpulver mit 15 ml 0,25 n H_2SO_4 15 min bei 4° C. Nach Zentrifugieren wird die klare, wäßrige Schicht entnommen, die nicht mit oben schwimmenden Schleim- und Fettsubstanzen verunreinigt sein darf. Nach Filtration wird mittels 1 n NaOH auf p_H 5,5—6,0 gebracht und nach 10 min von ausgefallenem Protein abzentrifugiert. Vom klaren Zentrifugat werden aliquote Teile unmittelbar auf die Säule gegeben; kleine Säulen von 0,9 × 30 cm trennen mit Sicherheit noch Protein aus 270 mg Pankreas-Frischgewicht, große Säulen von 7,5 × 60 cm noch aus 20 g Pankreas-Frischgewicht. Das chromatographische Verhalten ist mit dem kristalliner Ribonuclease völlig identisch, so daß also die Fremdproteine im Rohextrakt nicht stören. Nach Konzentrierung und Entsalzung an Austauschern werden aus 20 g Pankreas-Frischgewicht 20 mg reine Ribonuclease A (etwa 40 % Ausbeute) erhalten, die nicht von der aus kristalliner Ribonuclease erhaltenen Fraktion A zu unterscheiden ist.

Rasche chromatographische Prüfung von Ribonuclease auf Einheitlichkeit nach CRESTFIELD *u. Mitarb.*[3].

Zu diesem Zweck wird die vorstehend beschriebene chromatographische Methode mittels einer Milton Roy-Minipumpe[4] bei etwa zehnfacher Geschwindigkeit eingesetzt, d.h. bei Durchflußraten von 30—50 ml/Std. Hierzu muß das Adsorbens (Amberlite IRC-50 [CG-50], 400—600 mesh, Mallinckrodt) durch hydraulische Fraktionierung[5,6] so vorbereitet werden, daß die feinen Partikel von etwa 25 μ Durchmesser erhalten werden. Diese setzen sich in der Na^+-Form mit etwa 0,2—0,5 cm/min ab und werden dadurch von zu feinen Harzteilchen befreit. Eine Säule von 0,9 × 30 cm wird mit 3 mg Protein beladen, wie vorstehend beschrieben, mit 0,2 m Phosphat, p_H 6,47, entwickelt und ist bei einer Geschwindigkeit von 30 ml/Std innerhalb 1 Std vollständig eluiert; das Enzym erscheint in symmetrischem Gipfel in der 16.—24. Fraktion zu je 1 ml. Der Chromatographieverlauf wird durch Ninhydrin-Analyse nach alkalischer Hydrolyse verfolgt[5], die enzymatische Aktivität titrimetrisch (s. auch S. 774) mit Cytidin-2′,3′-phosphat[7] ermittelt.

[1] MOORE, S., and W. H. STEIN: J. biol. Ch. **176**, 367 (1948).
[2] KUNITZ, M; in: J. H. NORTHROP, M. KUNITZ and R. M. HERRIOTT (Hrsgb.): Crystalline Enzymes. 2. Aufl. New York 1948.
[3] CRESTFIELD, A. M., W. H. STEIN and S. MOORE: J. biol. Ch. **238**, 618 (1963).
[4] SPACKMAN, D. H., W. H. STEIN and S. MOORE: Analyt. Chem., Washington **30**, 1190 (1958).
[5] HAMILTON, P. B.: Analyt. Chem., Washington **30**, 914 (1958).
[6] MOORE, S., D. H. SPACKMAN and W. H. STEIN: Analyt. Chem., Washington **30**, 1185 (1958).
[7] CRESTFIELD, A. M.: Analyt. Chem., Washington **28**, 117 (1956).

***Handhabung von Ribonuclease nach Darstellung in präparativem Maßstab nach* CRESTFIELD *u. Mitarb.*[1].**

Seit die proteinchemische Untersuchung von Ribonuclease begonnen wurde, liegen bezüglich Haltbarkeit, Lyophilisierung usw. Erfahrungen vor, die nachstehend kurz erwähnt werden sollen. 1 g-Portionen kommerziellen, kristallinen Enzyms werden bei der Durchflußrate von 40—60 ml/Std (Druckluft) an 4 × 30 cm-Säulen von Amberlite IRC-50 getrennt; die Chromatographie ist S. 724 beschrieben, die Gewinnung des Harzes von genügender Feinheit der Partikel im voranstehenden Abschnitt erwähnt. Pilzwachstum wird am besten durch 0,1 % Phenol im Phosphatpuffer verhindert. Will man vermeiden, daß die Säule rasch mit nicht wanderndem Proteinmaterial verunreinigt wird, so schiebt man eine Chromatographie an einer 0,9 × 6 cm-Säule davor, an der festhaftende Proteine hängenbleiben, so daß die große Säule bis zu zehnmal ohne Regeneration verwendbar ist.

Das Enzym ist am stabilsten, wenn es in dem bei der Chromatographie verwendeten Phosphatpuffer bei — 20° C aufbewahrt wird. Eine Erhöhung der Proteinkonzentration gelingt durch Ultrafiltration unter Stickstoff; bei 5 cm Durchmesser erreicht man Filtrationsraten bis zu 20 ml/Std bei 500 p.s.i. (Microcell Filter Co., Große Pointe Farms 36, Mich.).

Ersatz des Phosphatpuffers durch irgendein anderes Lösungsmittel erfolgt am besten an Sephadex G-25 (Partikelgröße —270 mesh; 0,9 ×60 cm-Säulen), das mit 10 ml/Std eluiert wird; bis zu 100 mg Enzym, gelöst in 5 ml 1 m Phosphat, können auf einmal eingesetzt werden.

Zur Entsalzung wird die Verwendung von Austauschern empfohlen. Man verdünnt z.B. 120 ml Eluat von der Chromatographie von 1 g Enzym mit 2 Vol. 5 %iger Essigsäure und filtriert durch eine 4 ×15 cm-Säule von IRC-50, das mit 2 l luftfreier 5 %iger Essigsäure bei 600 ml/Std vorbehandelt worden ist. Nach dem Aufgeben des Enzyms wird die Säule mit weiteren 1800 ml dieser Essigsäure gewaschen und das Enzym dann mit 600 ml 50 %iger Essigsäure eluiert[2]. Das Eluat wird im Rotationsverdampfer bei nicht mehr als 35° C auf 10 ml eingeengt, mit 5 ml Wasser versetzt, durch eine 2 ×40 cm-Säule von Sephadex G-25 (äquilibriert mit 5 %iger Essigsäure) gegeben, wodurch die Hauptmenge Essigsäure entfernt wird, erneut zu einem dünnen Sirup im Rotationsverdampfer eingeengt, mit Wasser auf eine Proteinkonzentration von weniger als 1 % gebracht und lyophilisiert.

Schneller geht anscheinend ein Verfahren, das jüngst angegeben worden ist.

***Entsalzung und Konzentrierung von Ribonucleasen mittels Phenol nach* RUSHIZKY *u. Mitarb.*[3].**

Man geht, basierend auf den Versuchen von KICKHÖFEN und BÜRGER[4], folgendermaßen vor: Eine Ribonuclease-Lösung mit einer Salzkonzentration bis zu 2 molar wird 15 min bei Raumtemperatur mit $^1/_5$ Vol. wassergesättigtem Phenol gerührt. Nach Phasentrennung auf der Zentrifuge wird mit $^1/_{10}$ Vol. wassergesättigtem Phenol nachextrahiert. Die vereinigten Phenolphasen, die das Enzym enthalten, werden lyophilisiert, in $^1/_{10}$ des Ausgangsvolumens an Wasser gelöst und zur Entfernung von Phenolspuren fünfmal mit je dem gleichen Volumen Äther extrahiert. Es ist auch möglich, das Enzym aus der Phenolphase mit 3 Vol. kaltem Aceton zu fällen.

Bei diesem Vorgehen wird die Salzkonzentration auf $^1/_{20}$ bis $^1/_{30}$ herabgesetzt; die Ausbeute beträgt 100 %, die spezifische Aktivität ändert sich nicht. Das Verfahren ist angewendet worden für Rinderpankreas-Ribonuclease, Ribonuclease T_1, B. subtilis-Ribonuclease und Mikrokokken-Nuclease.

---

1 CRESTFIELD, A. M., W. H. STEIN and S. MOORE: J. biol. Ch. **238**, 618 (1963).
2 DIXON, H. B. F.: Biochim. biophys. Acta **34**, 251 (1959).
3 RUSHIZKY, G. W., A. E. GRECO, R. W. HARTLEY jr. and H. A. SOBER: Biochem. biophys. Res. Comm. **10**, 311 (1963).
4 KICKHÖFEN, B., u. M. BÜRGER: Biochim. biophys. Acta **65**, 190 (1962).

***Chromatographische Auftrennung von kristalliner Ribonuclease aus Rinderpankreas an Carboxymethyl-cellulose nach* TABORSKI[1].**

Vorbereitung des Austauschers. CM-Cellulose wird in Portionen von etwa 30 g mit 500 ml 0,005 m Trispuffer, p_H 8,00±0,02, bei 2° C für 1—2 Std gerührt und dann 10 min bei 1000 ×g zentrifugiert; dieser Vorgang wird etwa zehnmal wiederholt. Die überstehende Pufferlösung variiert dann um nicht mehr als 0,04 p_H-Einheiten von der ursprünglichen Pufferlösung. Die Cellulose wird über Nacht im Puffer aufbewahrt und noch mehrere Male am nächsten Tag wie oben gewaschen. Der fertig vorbereitete Austauscher kann, in Puffer unter Toluol suspendiert, bei 2° C mehrere Wochen aufbewahrt werden. Toluol muß vor Gebrauch durch mehrfaches Waschen mit Pufferlösung entfernt werden. Nach Gebrauch kann die CM-Cellulose regeneriert werden[2].

Vorbereitung der Säule. Der aufgeschlämmte Austauscher wird in eine Säule von 0,9×21 cm in 6—7 Portionen eingefüllt und setzt sich durch Schwerkraft ab (etwa 1,5 g CM-Cellulose Trockengewicht pro Füllung). Die Säule wird unter einem hydrostatischen Druck von 50 cm mit 50—100 ml Pufferlösung bei der Rate von 15—20 ml/Std gewaschen, wobei sie 1 cm Füllhöhe verliert.

Chromatographie. Die Säule wird mit bis zu 200 mg kristalliner Ribonuclease aus Rinderpankreas in weniger als 10 ml obiger Pufferlösung beschickt. Die Elution erfolgt mit der Pufferlösung in einem leicht gekrümmten Kochsalz-Gradienten nach [3] mit dem Endwert 0,10 oder 0,15 m NaCl bei 2° C. Der steilere Gradient bis 0,15 m NaCl reicht aus, die Hauptkomponente, Ribonuclease D, abzutrennen; eine Auftrennung der Nebenfraktionen B und C gelingt im weniger steilen Gradienten bis 0,10 m NaCl (s. Tabelle 1).

Tabelle 1. *Chromatographisches Verhalten der Fraktionen A—D aus Rinderpankreas-Ribonuclease an Carboxymethyl-cellulose nach* TABORSKY[1].
Chromatographiebedingungen s. im Text.

Fraktion	Gradient 0—0,10 m NaCl		Gradient 0—0,15 m NaCl	
	Elutionsvolumen des Gipfels ml	NaCl-Konzentration m	Elutionsvolumen des Gipfels ml	NaCl-Konzentration m
A	11	0,002	20	0,004
B	296	0,044	227	0,055
C	348	0,050	251	0,060
D	412	0,056	292	0,068

Die Ausbeuten an Protein und enzymatischer Aktivität sind in Tabelle 2 zusammengestellt. Ribonuclease B nach HIRS u. Mitarb. (s. S. 728) liefert an CM-Cellulose die Fraktionen B und C, während Ribonuclease A nach HIRS offenbar mit Ribonuclease D nach TABORSKY identisch ist.

Ausführliche Angaben zur Chromatographie von Ribonuclease aus Rinderpankreas an Amberlite CG-50 und an Carboxymethylcellulose finden sich auch bei SLOBODIAN u. Mitarb.[4], technische Daten für CM-Cellulose-Chromatographie bei SHAPIRA[5]. Die Chromatographie von Ribonuclease an einer Säule aus granuliertem Agar[6] und an einer Dünnschicht aus Hydroxylapatit[7] ist beschrieben; Daten zur Gegenstromverteilung des Enzyms finden sich bei CRAIG u. Mitarb.[8], während die Papierchromatographie von Ribonuclease

[1] TABORSKY, G.: J. biol. Ch. **234**, 2652 (1959).
[2] PETERSON, E. A., and H. A. SOBER: Am. Soc. **78**, 751 (1956).
[3] ALM, R. S., R. J. P. WILLIAMS and A. TISELIUS: Acta chem. scand. **6**, 826 (1952).
[4] SLOBODIAN, E., M. FLEISHER, W. NEWMAN and S. RUBENFELD: Arch. Biochem. **97**, 59 (1962).
[5] SHAPIRA, R.: Analyt. Biochem. **4**, 322 (1962).
[6] POLSON, A.: Biochim. biophys. Acta **50**, 565 (1961).
[7] HOFMANN, A. F.: Biochim. biophys. Acta **60**, 458 (1962).
[8] KING, T. P., and L. C. CRAIG: Am. Soc. **80**, 3366 (1958).

in einem Salz- und/oder p_H-Gradienten ebenfalls bearbeitet ist[1]. Diesen Verfahren kommt wahrscheinlich nur in Sonderfällen Bedeutung zu.

Chromatographische Verfahren für die Isolierung von Ribonuclease aus Pankreas-Rohextrakten sind beschrieben für Menschenpankreas[2], Schweinepankreas[3], Schafpankreas[3, 4], Rinderpankreas[4–6], Mäusepankreas[5, 7], Meerschweinchenpankreas[8] und Rattenpankreas[6]. Weiterhin ist eine chromatographische Isolierung aus Rinder-Pankreassaft, in welchem 2,4% der Proteine auf Ribonuclease A entfallen, angegeben[9].

Ribonuclease B, die zuerst bei der Chromatographie von kristalliner Pankreas-Ribonuclease abgetrennt worden ist[10, 11], kann aus Pankreassaft vom Rind direkt isoliert werden[12]; es ist ein Glykoproteid.

***Darstellung von Ribonuclease B aus Rinderpankreassaft nach* PLUMMER *jr. und* HIRS[12].**

Pankreassaft wird durch Kanülierung des Ductus pancreaticus nach BUTLER u. Mitarb.[13] gewonnen und in sterilen Serumflaschen unter Eiskühlung aufgefangen. Man erhält ca. 8 l/Tag und wechselt die Flaschen alle 8—12 Std. Nach Zugabe von Soyabohnen-Trypsininhibitor zu 3%, bezogen auf das Proteingewicht, wird der Saft eingefroren. Es werden nur solche Proben weiterverwendet, die eine Trypsinaktivität von weniger als 10^{-3} % Trypsin enthalten. Nach Zugabe von Diisopropylfluorphosphat in Isopropanol zur Endkonzentration von 5×10^{-4} m wird lyophilisiert. Das Trockenpulver wird in 0,005 m Kaliumphosphat, p_H 8,0, gelöst, so daß eine Proteinkonzentration von 1% resultiert. Man gibt Diisopropylfluorphosphat zur Endkonzentration 1×10^{-3} m zu, rührt 1 Std bei 0° C, dialysiert gegen Wasser und dann gegen 0,005 m Kaliumphosphat, p_H 8,0. Ausgefallene Proteine werden hochtourig in der Kälte abzentrifugiert.

Tabelle 2. *Ausbeuten der Chromatographie von Rinderpankreas-Ribonuclease an Carboxymethyl-cellulose nach* TABORSKY[14].

Bezeichnung der Fraktionen s. Tabelle 1; Werte der Ausgangslösung gleich 100.

Fraktion	Ausbeute (%) an		Spezifische Aktivität
	Protein ($E_{280\,m\mu}$)	enzymatischer Aktivität	
A	7,6	0	0
B	4,5	4,4	98
C	7,7	8,2	106
D	64,8	71,3	110
E *	3,7	2,9	78
Summe (A—E)	88,3	86,8	98

* Fraktion E tritt nur bei Chromatographie größerer Mengen von Ribonuclease auf.

DEAE-Cellulose wird mit dem eben genannten Phosphatpuffer äquilibriert und in einer Menge von 30 g Feuchtgewicht pro g Protein mit der Enzymlösung verrührt. Nach 10 min Rühren wird durch einen Büchner-Trichter abfiltriert, der Rückstand in 500 ml Puffer je 6 g Protein resuspendiert und wieder abfiltriert. Soyabohnen-Trypsininhibitor wird zu 3% des Proteingewichtes zugesetzt und die Lösung lyophilisiert. Nach Herstellen

[1] MUIĆ, N., A. MENIGA and M. FLEŠ: Arch. Biochem. **77**, 20 (1958). — MENIGA, A., and N. MUIĆ: Analyt. Biochem. **1**, 502 (1960).
[2] DELANEY, R.: Biochemistry **2**, 438 (1963).
[3] BROWN, R. K., B. C. TACEY and C. B. ANFINSEN: Biochim. biophys. Acta **39**, 528 (1960).
[4] ÅQUIST, S. E., and C. B. ANFINSEN: J. biol. Ch. **234**, 1112 (1959).
[5] DICKMAN, S. R., G. A. MORRILL and K. M. TRUPIN: J. biol. Ch. **235**, 169 (1960).
[6] CRADDOCK, V. M., and C. E. DALGLIESH: Bull. Soc. chim. belg. **65**, 76 (1956). Biochem. J. **66**, 250 (1957).
[7] MORRIS, A. J., and S. R. DICKMAN: J. biol. Ch. **235**, 1404 (1960).
[8] BARTOS, E., and M. UZIEL: J. biol. Ch. **236**, 1697 (1961).
[9] KELLER, P. J., E. COHEN and H. NEURATH: J. biol. Ch. **233**, 344 (1958).
[10] MARTIN, A. J. P., and R. R. PORTER: Biochem. J. **49**, 215 (1951).
[11] HIRS, C. H. W., S. MOORE and W. H. STEIN: J. biol. Ch. **200**, 493 (1953).
[12] PLUMMER jr., T. H., and C. H. W. HIRS: J. biol. Ch. **238**, 1396 (1963).
[13] BUTLER, H. C., D. C. BRINKMAN and P. A. KLAVANO: Amer. J. vet. Res. **21**, 205 (1960).
[14] TABORSKY, G.: J. biol. Ch. **234**, 2652 (1959).

einer 2 %igen Lösung in Wasser wird gegen 0,001 n HCl dialysiert und wieder lyophilisiert; dieses Material wird als kationische Fraktion bezeichnet. Es enthält 95% der Ribonuclease-Aktivität des Pankreassaftes und kann bei $-10°$ C aufbewahrt werden.

3,2—5 g der kationischen Fraktion werden in 50 ml 0,2 m Natriumphosphat, p_H 6,02, gelöst. Es wird wieder wie oben auf Trypsin getestet. Die Enzymlösung wird an Amberlite IRC-50 bei 4° C in einer Säule von $7{,}6 \times 70$ cm mit einer Elutionsrate von 1,45 cm/Std chromatographiert; Fraktionsvolumen 20 ml. Die der Region von Ribonuclease B entsprechenden Fraktionen (4,6—5,4 l Eluat) werden lyophilisiert, im Minimalvolumen von Wasser gelöst, mit 12 n HCl auf p_H 3,0 gebracht und über eine Säule von Sephadex G-25 ($7{,}6 \times 40$ cm) entsalzt. Die Protein enthaltenden Fraktionen werden lyophilisiert. Zur Entfernung von Chymotrypsinogen A wird erneut an Amberlite IRC-50 in einer $3{,}8 \times 70$ cm-Säule chromatographiert und Ribonuclease B wie oben an Sephadex entsalzt. Meist ist eine dritte Chromatographie unter den gleichen Bedingungen in einer $1{,}9 \times 68$ cm-Säule ratsam. Nach Entsalzung erhält man 1,25 mg reine Ribonuclease B aus 1 g Pankreassaft-Protein.

Darstellung aus Kälbermilz. Von allen, nicht mit der Verdauungsfunktion befaßten tierischen Organen enthält Milzgewebe die größte Ribonuclease-Aktivität. Das nachstehend beschriebene Verfahren führt zu einem reinen Produkt.

***Darstellung von Ribonuclease aus Kälbermilz nach* KAPLAN *und* HEPPEL**[1].

Milzen von frisch geschlachteten Kälbern werden sorgfältig mit Eis gekühlt und innerhalb 1—$1^1/_2$ Std verarbeitet. Man arbeitet bei 0—3° C; die Kapsel wird entfernt, das Gewebe in kleine Stücke geschnitten und im Starmix mit 3 Vol. 0,05 m Natriumacetat in 0,001 m Natriumäthylendiamintetraacetat von p_H 7,2 homogenisiert *(Homogenat)*. Portionen von 3 l Homogenat werden unter Rühren tropfenweise mit 200 ml 1 n HCl bis p_H 3,5 versetzt. Je Liter angesäuerten Homogenats werden 226 g $(NH_4)_2SO_4$ zugesetzt = 0,4 Sättigung. Man filtriert über Nacht durch Schleicher & Schüll-Filter Nr. 588, verwirft den Niederschlag und versetzt das Filtrat mit 258 g $(NH_4)_2SO_4$ je Liter Filtrat = 0,8 Sättigung. Der abfiltrierte Niederschlag wird in 0,05 m Natriumacetat in 10^{-4} m Natriumäthylendiamintetraacetat, p_H 7,2, gelöst *(saures Ammoniumsulfat)*. Die dunkelrote Lösung wird mit etwa 50 ml 1 n HCl auf p_H 3,5 gebracht (tropfenweise unter Rühren) und in aliquoten Teilen von höchstens 500 ml in Erlenmeyer-Kolben erhitzt: Man bringt in einem Wasserbad von 80° C innerhalb 1—5 min auf 60° C, hält 10 min bei dieser Temperatur und kühlt rasch. Der p_H wird mit 1 n NaOH auf 6,5—7,0 gebracht und der Niederschlag 7 min bei $13000 \times g$ abzentrifugiert. Der Niederschlag wird im doppelten Volumen 0,05 m Natriumacetat mit 10^{-4} m Natriumäthylendiamintetraacetat gewaschen; Zentrifugat und Waschflüssigkeit werden vereinigt *(Hitzeschritt)*. Nach Ermittlung der Ammoniumsulfat-Konzentration in der Enzymlösung wird durch Zugabe von festem Salz 0,5 Sättigung eingestellt; meist hat man am Beginn 0,1 Sättigung und benötigt 23,3 g/100 ml. Nach 15 min wird zentrifugiert und je 100 ml Überstand 23 g Ammoniumsulfat = 0,85 Sättigung zugegeben; den Niederschlag löst man in 0,05 m Natriumacetat in 10^{-4} m Natriumäthylendiamintetraacetat *(neutrales Ammoniumsulfat)*. Über Nacht wird eine Schütteldialyse gegen fließendes 10^{-4} m Äthylendiamintetraacetat durchgeführt; der entstandene Niederschlag wird durch Zentrifugieren entfernt *(Dialyse)*. Die dialysierte Enzymlösung wird auf 0,6—1 % Protein verdünnt; zu je 72 ml verdünnter Lösung gibt man 18 ml 1 m Natriumacetat und dann 72 ml auf $-10°$ C gekühltes Aceton langsam unter gutem Rühren zu; dabei läßt man die Temperatur bis $-15°$ C fallen. 5 min nach Acetonzugabe wird 3 min bei $13000 \times g$ zentrifugiert und der Niederschlag verworfen. Zum Überstand werden 108 ml Aceton zugegeben und der Niederschlag durch Zentrifugieren gewonnen; man läßt bei $-10°$ C das Sediment abtropfen und löst nach 30 min in 0,05 m Natriumacetat in 10^{-4} m Versen. Dieser Schritt ist offenbar etwas kritisch *(Aceton)*.

[1] KAPLAN, H. S., and L. A. HEPPEL: J. biol. Ch. **222**, 907 (1956).

Man gibt zur Enzymlösung 16,4 g $(NH_4)_2SO_4$ je 100 ml = 0,3 Sättigung und bringt mit etwa 15 ml 1 n HCl/100 ml auf p_H 2,0. Nach Zentrifugieren werden 3—4 weitere Fraktionen mit Ammoniumsulfat erhalten, die Aktivität fällt meist zwischen 0,7 und 0,8 Sättigung. Die aktiven Niederschläge werden in 0,05 m Natriumacetat in 10^{-4} m Versen gelöst *(saures Ammoniumsulfat)*. 20—35 ml Enzymlösung werden in 50 ml-Zentrifugengläsern mit Amberlite XE-64 (Vorbereitung nach HIRS u. Mitarb.; s. S. 724) verrührt: 1—5 mg Protein auf 4—5 ml abzentrifugiertes Harz; nach 5 min Rühren wird zentrifugiert und der Überstand verworfen. Das Harz wird zweimal mit 3—5 Vol. 0,2 m Phosphat, p_H 6,6, gewaschen und dann in 5 Vol. 0,35 m Phosphat, p_H 7,4, suspendiert; unter gutem Durchmischen setzt man 2 n NH_4OH zu, bis p_H 7,4 erreicht ist, und zentrifugiert. Der Austauscher wird mit 3 Vol. 0,25 m Phosphat, p_H 7,4, nacheluiert, und beide Eluate werden vereinigt *(Adsorptionsschritt)*. Die Reinigung ist rund 700fach bei 22% Ausbeute; Details der Einzelschritte sind in Tabelle 3 zusammengefaßt.

Tabelle 3. *Reinigung von Ribonuclease aus Kälbermilz nach* KAPLAN *und* HEPPEL[1].

Fraktionierungsschritt	Volumen ml	Aktivität in relativen Einheiten	Ausbeute %	Relative spezifische Aktivität
Homogenat	20200	55000	100	0,1
Saures Ammoniumsulfat	900	83000		3,4
Hitzeschritt	1015	31410	57	2,5
Neutrales Ammoniumsulfat	230	31000	56	5,7
Dialyse	255	27800	50,5	6,0
Aceton	255	20200	37	12,6
Saures Ammoniumsulfat	90	20200	37	29,6
Adsorptionsschritt	90	12100	22	72

Von den Autoren[1] wird kein Anhaltspunkt für eine saure und eine alkalische Ribonuclease in Milz erhalten, was im Widerspruch zu Angaben anderer Laboratorien steht. So beschreiben MAVER und GRECO[2,3] die Trennung von saurer und alkalischer Ribonuclease aus Kälbermilz, die nach DEAE-Chromatographie zur höchsten Reinheit führt, nach CM-Cellulose-Chromatographie dagegen zur vollständigen Abtrennung von Desoxyribonuclease, saurer Phosphatase und Phosphodiesterase. Dabei wird die saure Ribonuclease im ganzen 540fach und die alkalische Ribonuclease 350fach angereichert. Auch DELANEY[4] findet in der Menschenmilz nur eine Ribonuclease.

Darstellung aus anderen tierischen Quellen. Aus *Lebergewebe* lassen sich durch Methoden, die den eben geschilderten für Milz analog sind, ebenfalls Ribonuclease-Präparationen gewinnen; so wird für Kalbsleber eine 20fache Reinigung bei 50% Ausbeute von KAPLAN und HEPPEL[1] beschrieben; aus Rinderleber dagegen haben MAVER und GRECO[3] eine saure Ribonuclease 75fach und eine alkalische Ribonuclease 700fach angereichert. ZYTKO u. Mitarb.[5] geben ein Verfahren an, um aus Rattenleber saure Ribonuclease 36fach bei 8% Ausbeute und alkalische Ribonuclease 35fach bei 4% Ausbeute zu reinigen; REID und NODES[6] haben speziell die Trennung von saurer und alkalischer Ribonuclease aus Rattenleber-Mitochondrien bearbeitet, ohne allerdings eine stärkere Reinigung zu erreichen. Eine Darstellungsmethode für diese beiden Ribonucleasen von ROTH[7] wird nachstehend beschrieben.

[1] KAPLAN, H. S., and L. A. HEPPEL: J. biol. Ch. **222**, 907 (1956).
[2] MAVER, M. E., E. A. PETERSON, H. A. SOBER and A. E. GRECO: Ann. N.Y. Acad. Sci. **81**, 599 (1959).
[3] MAVER, M. E., and A. E. GRECO: J. biol. Ch. **237**, 736 (1962).
[4] DELANEY, R.: Biochemistry **2**, 438 (1963).
[5] ZYTKO, J., G. DE LAMIRANDE, C. ALLARD and A. CANTERO: Biochim. biophys. Acta **27**, 495 (1958).
[6] REID, E., and J. T. NODES: Ann. N.Y. Acad. Sci. **81**, 618 (1959).
[7] ROTH, J. S.: J. biol. Ch. **227**, 591 (1957).

Darstellung von saurer und alkalischer Ribonuclease aus Rattenleber-Mitochondrien nach **ROTH**[1].

Die Mitochondrien werden nach SCHNEIDER und HOGEBOOM[2] aus der Leber 200—350 g schwerer Wistar-Ratten gewonnen. Die aus zwei Lebern von 10—14 g Frischgewicht isolierten Mitochondrien werden einmal in 0,25 m Rohrzuckerlösung gewaschen und dann in 100 ml dest. Wasser suspendiert. 90 ml dieser Suspension werden mit 14 ml 1 %iger Natriumdesoxycholatlösung versetzt; man zentrifugiert 20 min bei 8700 × g *(Desoxycholatfraktion)*. Diese Lösung wird durch Zugabe von Ammoniumsulfat in Substanz auf 27,5 % Sättigung gebracht, 20 min bei 8700 × g zentrifugiert und der klare Überstand auf 55 % Sättigung an Ammoniumsulfat gebracht. Das Sediment wird in 10 ml dest. Wasser gelöst, 20 min bei 60 000 × g klarzentrifugiert und für 24 Std gegen zweimal 1 l dest. Wasser dialysiert *(Ammoniumsulfat)*.

Nach etwa zehnstündiger Dialyse beginnt sich im Dialysierschlauch ein Niederschlag zu bilden, der am Ende bei 60 000 × g für 20 min abzentrifugiert wird. Dieser Niederschlag enthält die alkalische Ribonuclease, der klare Überstand die saure Ribonuclease. Zur weiteren Reinigung der alkalischen Ribonuclease wird das Präcipitat mit 5 ml 0,25 m Schwefelsäure in der Kälte in einem kleinen Glashomogenisator durchgearbeitet und über Nacht stehengelassen; man neutralisiert dann mit NaOH bis p_H 7,0 und zentrifugiert 20 min bei 60 000 × g *(alkalische Ribonuclease)*.

Zur weiteren Reinigung der sauren Ribonuclease wird der Überstand nach Dialyse auf p_H 4,5 eingestellt und 5 min auf 45° C erwärmt; nach Abtrennen unlöslichen Proteins auf der Zentrifuge wird Ammoniumsulfat bis 55 % Sättigung zugesetzt. Der 20 min bei 60 000 × g abzentrifugierte Niederschlag wird in wenig dest. Wasser gelöst *(saure Ribonuclease)*. Ausbeuten und Reinheitsgrade der Fraktionen sind in Tabelle 4 zusammengestellt.

Tabelle 4. *Reinigung von saurer und alkalischer Ribonuclease aus Rattenleber-Mitochondrien nach* ROTH[1].

Fraktion	Saure Ribonuclease		Alkalische Ribonuclease	
	relative spezifische Aktivität	Ausbeute %	relative spezifische Aktivität	Ausbeute %
Homogenat	0,035	—	0,019	—
Mitochondrien-Suspension	0,193	100	0,124	100
Desoxycholatfraktion	0,217	100	0,140	97
Ammoniumsulfat	0,175	34	0,190	54
Alkalische Ribonuclease			21	25
Saure Ribonuclease	0,645	5		

Die Reinigung einer sauren Ribonuclease aus Kalbsthymus beschreibt BERNARDI[3]; neben einer gewissen Reinigung wird die Abtrennung der sauren Desoxyribonuclease bewirkt. Aus verschiedenen Fischmuskeln hat TOMLINSON[4] eine Ribonuclease angereichert und von Phosphomonoesterase sowie Phosphodiesterase getrennt. Mit 8 %iger Ausbeute haben EDMONDS und ROTH[5] eine saure Ribonuclease aus der Coecalsack-Flüssigkeit des Tintenfisches 300fach gereinigt; das Präparat hat eine spezifische Aktivität wie kristalline Rinderpankreas-Ribonuclease und ist frei von Phosphodiesterase, Desoxyribonuclease, saurer und alkalischer Phosphatase. Die Darstellung zweier Ribonuclease-Fraktionen aus Menschenharn beschreiben DICKMAN u. Mitarb.[6]. Eine neuere Vorschrift[7] folgt nachstehend.

[1] ROTH, J. S.: J. biol. Ch. **227**, 591 (1957).
[2] SCHNEIDER, W. C., and G. H. HOGEBOOM: J. nat. Cancer Inst. **10**, 969 (1950).
[3] BERNARDI, G.: Biochim. biophys. Acta **53**, 216 (1961).
[4] TOMLINSON, N.: Canad. J. Biochem. **36**, 633 (1958); **37**, 945 (1959).
[5] EDMONDS, M., and J. S. ROTH: Arch. Biochem. **89**, 207 (1960).
[6] DICKMAN, S. R., L. H. WHITE and J. O. MASON: Arch. Biochem. **74**, 476 (1958).
[7] DELANEY, R.: Biochemistry **2**, 438 (1963).

***Darstellung von zwei Ribonucleasen aus Menschenharn nach* DELANEY[1].**

Portionen von ca. 15 l frischem Harn werden unter Thymol gesammelt. Eine Äthanolfraktionierung erfolgt nach den Angaben von DICKMAN u. Mitarb.[2]; das Sediment wird in Wasser gelöst, mit 6 n HCl auf p_H 2,5 gebracht und 15 min bei Raumtemperatur gehalten. Anwesendes Uropepsinogen wird dadurch aktiviert; anschließend wird der p_H mit 6 n NaOH auf 8 eingestellt, wobei Uropepsin danaturiert wird. Nach Entfernung des Niederschlages auf der Zentrifuge wird wieder auf p_H 2,5 gebracht, abgekühlt und mit Ammoniumsulfat nach den Angaben von DICKMAN u. Mitarb.[2] zwischen 45 und 85% Sättigung fraktioniert. Die Ammoniumsulfat-Niederschläge aus 2000 l Harn werden nach Dialyse lyophilisiert und bei —24° C aufbewahrt *(Ammoniumsulfat)*. In Anteilen von 2—4 g wird das Enzymmaterial an Carboxymethylcellulose-Säulen von 2,2 × 30 cm adsorbiert; die Säule ist mit 0,03 m Natriumacetat-Puffer von p_H 5,4 äquilibriert und wird nach dem Aufgeben des Enzyms mit 10 Vol. dieses Puffers gewaschen. Das Enzym wird eluiert, indem man mit 1 m Natriumacetat so lange auswäscht, bis alle Enzymaktivität von der Säule gelöst ist *(1. Carboxymethylcellulose)*. Dieser Chromatographieschritt wird mit einer Carboxymethylcellulose-Säule wiederholt, die mit 0,2 m Natriumacetat, p_H 5,4, äquilibriert ist; die Elution erfolgt wieder mit 1 m Natriumacetat-Lösung *(2. Carboxymethylcellulose)*.

Tabelle 5. *Reinigung von zwei Ribonucleasen aus Menschenharn nach* DELANEY[1].

Fraktion	Relative spezifische Aktivität	Ausbeute %
Harn	—	100
Ammoniumsulfat	5	33
1. Carboxymethylcellulose	114	30
2. Carboxymethylcellulose	270	15
Amberlite	500	7
Ribonuclease P	1000	2
Ribonuclease U	1000	1

Die ribonucleaseaktiven Fraktionen werden an Amberlite IRC-50 adsorbiert, der mit einem Puffer aus 0,2 m Natriumacetat und 0,2 m Natriumphosphat von p_H 6,0 äquilibriert ist; die aktiven Fraktionen erhält man zwischen 17,5 und 38 ml Eluat *(Amberlite)*. Sie erscheinen bei Rechromatographie einheitlich, lassen sich aber wie folgt auftrennen: Man äquilibriert zwei Säulen von Amberlite IRC-50 mit einem Puffer aus 0,12 m Natriumacetat und 0,2 m Natriumphosphat von p_H 5,8. Jede Säule wird mit 80—90 mg Enzympräparation beladen; das Eluat zwischen 2,1 und 3,9 Säulenvolumina wird gesammelt und wie eben rechromatographiert *(Ribonuclease P)*. Das Eluat zwischen 4 und 14 Säulenvolumina wird ebenfalls gesammelt; es erweist sich bei Chromatographie an phosphorylierter Cellulose (p_H 5,08; 0,12 m Natriumacetat plus 0,2 m Natriumphosphat) als einheitlich *(Ribonuclease U)*. Reinigungserfolg und Ausbeuten sind in Tabelle 5 zusammengestellt.

***Darstellung von Ribonuclease aus Meerschweinchenserum nach* RABINOVITCH *und* DOHI[3].**

Man verdünnt das Serum mit dem gleichen Volumen von McILVAINEs Citrat-Phosphatpuffer von p_H 3,0 und erhitzt 20 min auf 80° C. Nach dem Abkühlen wird 30 min bei 2° C und 6000 × g zentrifugiert *(saure Erhitzung)*. Der klare Überstand wird bei — 15° C langsam mit 80%igem Äthanol von — 25° C bis 40 Vol.-% Alkohol versetzt; man läßt über Nacht bei — 15° C stehen, zentrifugiert dann 30 min bei — 10° C und 1000 × g und bringt den klaren Überstand mit absolutem Äthanol von — 25° C langsam auf 70 Vol.-% Alkohol. Nach Stehen über Nacht wird 2 Std bei — 10° C und 1000 × g zentrifugiert, der Niederschlag in 0,85%igem NaCl gelöst und in der Kälte gegen diese Salzlösung dialysiert *(Äthanolfraktion)*. Das Präparat ist frei von Phosphodiesterase-Aktivität. Reinigungseffekt und Ausbeute sind in Tabelle 6 zusammengestellt.

Darstellung aus pflanzlichen Quellen. *Ribonuclease aus Ryegrass.* Dieses Enzym wird von einer Desoxyribonuclease (s. S. 1061 ff.) und einer 3'-Nucleotidase (s. S. 1057) begleitet;

[1] DELANEY, R.: Biochemistry **2**, 438 (1963).
[2] DICKMAN, S. R., L. H. WHITE and J. O. MASON: Arch. Biochem. **74**, 476 (1958).
[3] RABINOVITCH, M., and S. R. DOHI: Arch. Biochem. **70**, 239 (1957).

die Ribonuclease kann gegenüber der 3'-Nucleotidase rund 23fach und gegenüber der Desoxyribonuclease rund achtfach angereichert werden[1].

***Darstellung von Ribonuclease aus Ryegrass nach* SHUSTER[1].**

500 g Ryegrass-Samen werden 2 Tage bei Zimmertemperatur zum Keimen angesetzt; dann werden sie portionsweise für je 3 min mit insgesamt 1 l kaltem Wasser homogenisiert. Nach Passieren von Gaze wird zentrifugiert *(Rohextrakt)*. Zum Rohextrakt wird Ammoniumsulfat bis 0,9 Sättigung zugesetzt; der Niederschlag wird abfiltriert, in 150 ml kaltem Wasser gelöst und über Nacht gegen fließendes Leitungswasser dialysiert *(Ammoniumsulfat)*. Der dialysierten Enzymlösung werden 150 ml Aluminiumhydroxyd C_γ (22 mg/ml Trockengewicht) unter Rühren zugesetzt; man läßt 10 min bei 8° C stehen, zentrifugiert, wäscht das Gel zweimal mit 150 ml Wasser und zweimal mit 150 ml 0,5 m $(NH_4)_2SO_4$ und eluiert dann mit viermal 150 ml 1 m $NaHCO_3$. Die vereinigten Eluate werden über Nacht gegen kaltes Wasser dialysiert *(1. Aluminiumhydroxyd)*. Nun werden 150 ml Calciumphosphat-Gel mit 13 mg Trockengewicht/ml zugegeben; das Gel wird abzentrifugiert, zweimal mit 150 ml dest. Wasser gewaschen und mit dreimal 50 ml 1 m $(NH_4)_2SO_4$ eluiert *(Calciumphosphat)*. Ohne Dialyse wird die Enzymlösung mit 50 ml Aluminiumhydroxyd C_γ versetzt, wodurch die Hauptmenge an 3'-Nucleotidase adsorbiert wird. Der Überstand nach Zentrifugieren wird über Nacht gegen dest. Wasser dialysiert *(2. Aluminiumhydroxyd)*. Die dialysierte Lösung wird mit 5 ml Aluminiumhydroxyd C_γ versetzt und das abzentrifugierte Gel mit 10 ml 1 m $(NH_4)_2SO_4$ eluiert *(3. Aluminiumhydroxyd)*. Dem Eluat werden 3 ml Aluminiumhydroxyd C_γ zugesetzt. Die nach Zentrifugieren erhaltene überstehende Lösung wird über Nacht gegen 2 l dest. Wasser dialysiert *(4. Aluminiumhydroxyd)*. Reinigungserfolg und Ausbeuten sind in der nachfolgenden Tabelle 7 angegeben.

Tabelle 6. *Reinigung von Ribonuclease aus Meerschweinchenserum nach* RABINOVITCH *und* DOHI[2].

Fraktion	Relative spezifische Aktivität	Ausbeute %
Serum	12	100
Saure Erhitzung	59	75
Äthanolfraktion	8571	8

Tabelle 7. *Reinigung von Ribonuclease, 3'-Nucleotidase und Desoxyribonuclease aus Ryegrass nach* SHUSTER[1].

Fraktion	Volumen	Ribonuclease			Desoxyribonuclease			3'-Nucleotidase		
	ml	relative spezifische Aktivität	Ausbeute %	Reinigung	relative spezifische Aktivität	Ausbeute %	Reinigung	relative spezifische Aktivität	Ausbeute %	Reinigung
Rohextrakt	800	4,4	100	1	1,5	100	1	42,5	100	1
Ammoniumsulfat . .	170	7,1	86	1,6				55	71	1,2
1. Aluminiumhydroxyd	680	31,6	34	7,2	7,2	24	4,9	332	38	7,8
Calciumphosphat . .	200	130	24	29	19,4	11	13,2	792	15	19
2. Aluminiumhydroxyd	250	152	22	35	13,8	6	9,4	165	2,5	3,9
3. Aluminiumhydroxyd	250	157	8	35	11,7	1,7	8,0	69	0,4	1,6
4. Aluminiumhydroxyd	15	255	2,5	58	10,3	0,3	7,0	420	0.4	10

Wegen des beträchtlichen Interesses, das pflanzlichen Ribonucleasen als möglichen Hilfsmitteln der Nucleinsäure-Analytik gebührt, werden noch weitere Präparationen aufgeführt.

***Darstellung von Ribonuclease aus Spinatblättern nach* TUVE *und* ANFINSEN[3].**

Alle Arbeitsschritte werden im Kühlraum durchgeführt. 10 kg frische Spinatblätter werden gewaschen, durch den Fleischwolf gedreht und in einer Trockeneiskiste zweimal gefroren und aufgetaut; sie werden dann portionsweise mit insgesamt 5 l 0,1 m Kalium-

[1] SHUSTER, L.: J. biol. Ch. **229**, 289 (1957).
[2] RABINOVITCH, M., and S. R. DOHI: Arch. Biochem. **70**, 239 (1957).
[3] TUVE, T. W., and C. B. ANFINSEN: J. biol. Ch. **235**, 3437 (1960).

phosphat, p_H 5,7, je 2 min homogenisiert; das Homogenat wird noch 2 Std gerührt und dann 20 min bei mittlerer Geschwindigkeit zentrifugiert. Der Überstand wird mit kalter 1 n HCl auf p_H 5,1 gebracht und der Niederschlag nach Stehen über Nacht auf der Zentrifuge entfernt. Der Überstand wird über Hyflo Super-Cel abgesaugt und, wenn nötig, der p_H auf 5,1 korrigiert *(Homogenat)*. Eine Amberlite XE-64-Säule von 10 × 20 cm wird nach HIRS (s. S. 724) hergestellt und mit 0,1 m Kaliumphosphat, p_H 5,1, äquilibriert; man läßt die Enzymlösung mit 20 ml/min durchlaufen und wäscht anschließend die Säule mit der Kaliumphosphat-Pufferlösung, bis das Eluat ein $E_{280\,m\mu}$ von weniger als 0,100 hat. Das Enzym wird mit 1 m Kaliumphosphat, p_H 6,0, eluiert und in 100 ml-Aliquots aufgefangen; die aktiven Fraktionen werden vereinigt *(Amberlite)*. Je Liter Eluat werden 144 g $(NH_4)_2SO_4$ zugesetzt; der Niederschlag wird auf der Zentrifuge entfernt. Durch weiteren Zusatz von 370 g $(NH_4)_2SO_4$ wird das Enzym präcipitiert und nach 1 Std Rühren für 10 min bei 20000 × g zentrifugiert. Das Sediment wird in 250 ml Wasser suspendiert und 24 Std gegen mehrfach gewechseltes dest. Wasser dialysiert; nach Entfernung unlöslichen Materials auf der Zentrifuge wird der Überstand lyophilisiert: 1,8 g eines leicht bräunlichen Pulvers *(Ammoniumsulfat)*. Man löst das Trockenpulver in etwa 30 ml Wasser und dialysiert unter Rühren für 1 Std gegen 200 ml 0,01 m Natriumphosphat, p_H 7,0. Dann belädt man eine DEAE-Cellulose-Säule von 5 × 20 cm, die mit diesem Puffer äquilibriert ist, mit der Enzymlösung, wäscht kurz mit dem 0,01 m Phosphatpuffer und dann mit 0,04 m Natriumphosphat, p_H 7,0, bis das Eluat ein $E_{280\,m\mu}$ von weniger als 0,050 zeigt. Die Elution des Enzyms erfolgt mit einem Gradienten, der aus 0,04 m bis 1 m Natriumphosphat, p_H 7,0, gebildet wird; man fängt 5 ml-Fraktionen auf; das Enzym kommt scharf bei etwa 0,07 m Puffer aus der Säule. Die aktivsten Fraktionen werden vereinigt, dialysiert und lyophilisiert *(DEAE-Cellulose)*. Eine Erhöhung des $E_{280\,m\mu}/E_{260\,m\mu}$-Wertes bis auf 1,2 kann durch Passage über Sephadex G-50 erzielt werden. Reinigungseffekte und Ausbeuten sind in Tabelle 8 zusammengestellt.

Tabelle 8. *Reinigung von Ribonuclease aus Spinatblättern nach* TUVE *und* ANFINSEN[1].

Fraktion	Volumen ml	Relative spezifische Aktivität	Ausbeute %
Homogenat . .	10600	1,2	100
Amberlite . . .	1800	17	30
Ammoniumsulfat	360	88	50
DEAE-Cellulose	310	2950	21

Eine ebenfalls recht weitgehende Reinigung von Ribonuclease aus *junger Gerste* wird von FIERS[2] beschrieben; auch eine Ribonuclease-Darstellung aus *Erbsenblättern* ist angegeben[3], ferner eine 100fache Reinigung bei 24facher Ausbeute von Ribonuclease aus Tabakblättern[4]; dabei sind Phosphatasen und Phosphodiesterasen praktisch vollständig entfernt. Eine 50fache Reinigung einer Soyabohnen-Ribonuclease bei 25% Ausbeute ist kürzlich beschrieben worden[5].

Darstellung aus Takadiastase. Japanische Takadiastase enthält mehrere Ribonucleasen, von denen Ribonuclease T_1 durch ihre Spezifität (s. S. 758) auffällt, die dieses Enzym für analytische Zwecke außerordentlich wichtig erscheinen läßt. Nachstehend werden zwei Darstellungsverfahren beschrieben, die das ursprünglich von TAKAHASHI[6] angegebene Verfahren verbessern. Eine Darstellungsvorschrift für Ribonuclease T_2 folgt anschließend.

[1] TUVE, T. W., and C. B. ANFINSEN: J. biol. Ch. **235**, 3437 (1960).
[2] FIERS, W., and L. VANDENDRIESSCHE: Arch. int. Physiol. **69**, 339 (1961). — FIERS, W.: J. Chromatogr. **7**, 269 (1962).
[3] HOLDEN, M., and N. W. PIRIE: Biochem. J. **60**, 39 (1955). — PIERPOINT, W. S.: Biochim. biophys. Acta **21**, 136 (1956).
[4] FRISCH-NIGGEMEYER, W., and K. K. REDDI: Biochim. biophys. Acta **26**, 40 (1957).
[5] MEROLA, A. J., and F. F. DAVIS: Biochim. biophys. Acta **55**, 431 (1962).
[6] TAKAHASHI, K.: J. Biochem. **49**, 1 (1961).

Darstellung von Ribonuclease T_1 aus Takadiastase nach TAKAHASHI[1].

1 kg Takadiastase (Sankyo Company, Ltd., Tokyo) wird mit 5 l Wasser extrahiert und das Filtrat bei p_H 1,5 für 2 min auf 80° C erhitzt. Das Filtrat wird auf p_H 6 eingestellt und auf 0,6 Sättigung an $(NH_4)_2SO_4$ gebracht; das Sediment enthält Ribonuclease T_2 und wird verworfen. Man stellt den p_H auf 4 ein und sättigt mit $(NH_4)_2SO_4$; das auf der Zentrifuge gewonnene Sediment löst man in Wasser und dialysiert gegen Wasser. Durch Zugabe von saurer Tonerde (japanisches Kaolin) wird bei 0,2—1% Proteinkonzentration, p_H zwischen 4 und 7 und Salzkonzentration zwischen 0 und 0,3 m gefärbtes Material entfernt: Man verrührt die dialysierte Enzymlösung mit der $3^1/_2$fachen Gewichtsmenge an Kaolin, bezogen auf Protein. Anschließend wird die Enzymlösung zweimal an DEAE-Cellulose chromatographiert (auch TEAE-Cellulose oder Ecteola-Cellulose sind geeignet), indem ein Gradient von 0,005 m Na_2HPO_4 bis 0,25 m Na_2HPO_4 plus 0,25 m NaCl angelegt wird. Ist die spezifische Aktivität noch unbefriedigend oder die Lösung nicht wasserhell, so kann unter den oben angegebenen Bedingungen erneut mit Kaolin behandelt werden.

Die Enzymlösung wird jetzt bei p_H 4 auf 0,7 Sättigung an Ammoniumsulfat gebracht; das Sediment löst man in Wasser zu einer Proteinkonzentration von mindestens 0,3%, stellt den p_H auf 4 nach und gibt gesättigte Ammoniumsulfatlösung von p_H 4 bis zur eben beginnenden Trübung zu. Man läßt einige Tage in der Kälte stehen oder dialysiert gegen eine auf p_H 4 eingestellte, 0,55 gesättigte Ammoniumsulfatlösung; dabei fällt das Enzym in regelmäßiger Partikelform aus. Je nach Verwendungszweck kann das Enzym unter den eben genannten Bedingungen umgefällt, gegen dest. Wasser dialysiert und gegebenenfalls danach lyophilisiert werden. Man erhält aus 1 kg Takadiastase 100—200 mg Enzym bei rund 600facher Reinigung.

Darstellung von Ribonuclease T_1 aus Takadiastase nach RUSHIZKY ***und*** SOBER[2].

Man verrührt 100 g Takadiastase (Bezugsquelle s. oben) mit 500 ml Wasser für 2 Std bei Raumtemperatur *(Rohextrakt)*. Nach Abkühlen auf 0° C werden 12 ml eiskalte 36 n H_2SO_4 vorsichtig zugegeben, so daß bei einer Verdünnung 1:100 der p_H 2,6 beträgt. Man hält 2 Tage bei 4° C und arbeitet auch weiterhin bei dieser Temperatur. Zur Erhöhung des p_H auf 5,3 gibt man 25 ml konz. NH_4OH (28%ig an NH_3) in 500 ml Wasser zu und läßt über Nacht stehen. Nach Abtrennen unlöslichen Materials auf der Zentrifuge wird die braun gefärbte Enzymlösung gegen dreimal 10 l dest. Wasser für je 8—12 Std dialysiert, wonach ein Volumen von 1400 ml erreicht ist *(Säureschritt)*. Durch Zugabe von m Ammoniumacetat, p_H 5,2, wird auf 0,1 m Ammoniumacetat eingestellt und dann unter Rühren vorsichtig mit 3 l Aceton versetzt; nach 30 min Stehen wird die überstehende Lösung abgegossen und der viscöse Niederschlag in 200 ml Wasser gelöst. Die abgegossene, überstehende Lösung wird zentrifugiert, das Sediment mit 25 ml Wasser gelöst und mit dem oben erhaltenen Sediment vereinigt; unlösliches Material wird abzentrifugiert *(Aceton)*.

Es folgt eine viermalige Chromatographie an DEAE-Cellulose unter Benutzung eines neunkammerigen „Varigrad"[3] zur Gradienteneinstellung. Die Chromatographieschritte erfolgen unter folgenden Bedingungen: Säulenabmessungen für I $= 2{,}2 \times 75$ cm, für II—IV 1×52 cm; Säulenfüllung I $=$ 30 g DEAE-Cellulose, II—IV $=$ 8 g; Anfangspuffer I $=$ 0,01 m Natriumphosphat, p_H 9,2; II und III $=$ 0,05 m Natriumphosphat, p_H 7,0; IV $=$ 0,01 m Natriumphosphat, p_H 7,0; Grenzpuffer (limit buffer, L) I $=$ 0,25 m NaH_2PO_4 plus 0,2 m NaCl; II $=$ 0,15 m NaH_2PO_4 plus 0,2 m NaCl; III $=$ 0,1 m Natriumphosphat, p_H 7,0, plus 0,2 m NaCl; IV $=$ 0,2 m Natriumphosphat, p_H 7,0, plus 0,2 m NaCl; Gradientenvolumen I $=$ 1350 ml; II—IV $=$ 500 ml; Fraktion des Grenzpuffers (L) in den Kammern

[1] TAKAHASHI, K.: J. Biochem. **51**, 95 (1962).
[2] RUSHIZKY, G. W., and H. A. SOBER: J. biol. Ch. **237**, 834 (1962).
[3] PETERSON, E. A., and H. A. SOBER: Analyt. Chem., Washington **31**, 857 (1959). — PETERSON, E. A., and J. ROWLAND: J. Chromatogr. **5**, 330 (1961).

für I = 5—9; II = 5—9; III = 3 (mit 0,2 L), 7 (mit 0,8 L), 5 und 9 mit L; IV = 3 (mit 0,2 L), 7 (mit 0,8 L), 8 und 9 mit L; die nicht mit Ziffern bezeichneten Kammern enthalten nur Anfangspuffer, bei I also z.B. 1—5. Nach jedem Chromatographieschritt werden die vereinigten aktiven Fraktionen gegen dest. Wasser dialysiert und in Anfangspuffer auf die Säule gebracht; die Gradienten sind so bemessen, daß das Enzym zwischen $^1/_2$ und $^3/_4$ des Gesamtvolumens eluiert wird. Nach der 4. Chromatographie wird dialysiert, lyophilisiert, in 0,1 m NaCl gelöst zu etwa 1 mg/ml und bei 4° C aufbewahrt. Ausbeuten und Reinigungseffekte sind in Tabelle 9 zusammengestellt.

Tabelle 9. *Reinigung von Ribonuclease T_1 aus Takadiastase nach* Rushizky und Sober[1].

Fraktion	Relative spezifische Aktivität	Ausbeute %
Rohextrakt . . .	1,27	100
Säureschritt . . .	1,60	83
Aceton	13,7	61
1. DEAE-Cellulose	126	54
2. DEAE-Cellulose	370	49
3. DEAE-Cellulose	500	39
4. DEAE-Cellulose	510	33

Nach der 4. Chromatographie ist das Enzym frei von Phosphatase-, Phosphodiesterase- und Desoxyribonuclease-Aktivität.

***Darstellung von Ribonuclease T_2 aus Takadiastase nach* Rushizki *und* Sober[2].**

Man löst 300 g Takadiastasepulver (Sankyo Co., Ltd., Tokyo) in 1500 ml Wasser, indem 2 Std bei Raumtemperatur gerührt wird *(Rohextrakt)*. Der Extrakt wird bei 0° C mit 38 ml eiskalter 36 n H_2SO_4 langsam versetzt, so daß nach 1:1000-Verdünnung (bei 23° C) p_H gleich 3,55 ist. Man läßt 2 Tage bei 5° C stehen und versetzt dann mit 500 ml einer Lösung, die 75 ml konz. Ammoniak (28 %ig an NH_3) enthält, so daß der p_H (unverdünnt bei 23° C gemessen) auf 5,2 steigt. Nach Stehen über Nacht wird bei 6000 × g zentrifugiert und der braune Überstand 3 mal energisch gegen je 10 l dest. Wasser je 8—16 Std dialysiert. Die Enzymlösung (Volumen etwa 2200 ml) wird mit $^1/_9$ Vol. m Ammoniumacetat, p_H 5,2, vermischt und dann mit 2 Vol. eiskaltem Aceton langsam versetzt; nach 30 min Stehen wird dekantiert und bei 3000 × g zentrifugiert. Man vereinigt die Bodensätze, löst in 100 ml Wasser und zentrifugiert von Ungelöstem ab.

Tabelle 10. *Reinigung von Ribonuclease T_2 aus Takadiastase nach* Rushizky und Sober[2].

Fraktion	Relative spezifische Aktivität	Ausbeute %
Rohextrakt* .	0,034	100
DEAE-Cellulose	0,85	51
1. CM-Cellulose	10,2	43
2. CM-Cellulose	18,4	29

* Die Aktivität wurde unter Bedingungen gemessen, unter denen Ribonuclease T_1 nicht interferiert.

Es folgt eine dreimalige Chromatographie an modifizierten Cellulosen unter Benutzung eines neunkammerigen „Varigrad" [3] zur Gradienteneinstellung. Die Chromatographieschritte erfolgen unter folgenden Bedingungen: Säulenabmessungen für I = 4 × 54 cm, für II = 2,2 × 75 cm, für III = 1 × 52 cm; Säulenfüllung I = 85 g DEAE-Cellulose, II = 28 g CM-Cellulose, III = 8 g CM-Cellulose; Anfangspuffer I = 0,05 m Natriumphosphat, p_H 7,0, II = 0,05 m Ammoniumacetat, p_H 4,35, III wie II; Grenzpuffer (limit buffer, L) I = 0,2 m NaCl in 0,15 m NaH_2PO_4; II = 0,1 m Ammoniumacetat, p_H 7,6 (in der Originalarbeit vermutlich ein Fehler); III = 0,1 m Ammoniumacetat, p_H 5,7; Gradientenvolumen I = 4500 ml, II = 1350 ml und III = 450 ml; Durchflußgeschwindigkeit I = 36 ml/Std, II = 24 ml/Std und III = 8 ml/Std; Fraktion des Grenzpuffers (L) in den Kammern für I = 5—9; II = 5 (mit 0,1 L), 6 und 7 (mit 0,5 L), 8 und 9 mit L; Kammern 3 und 4 enthalten bei II die zehnfache Konzentration an Anfangspuffer, bei III befindet sich die doppelte Konzentration in Kammer 2 und die dreifache Konzentration in Kammer 3; III = 4 (mit o,1 L), 5 (mit 0,2 L), 6 (mit 0,3 L), 7 (mit 0,5 L), 8 und 9 mit L. Die nicht mit Ziffern aufgeführten Kammern enthalten nur Anfangspuffer, bei I also z.B. 1—4.

[1] Rushizky, G. W., and H. A. Sober: J. biol. Ch. **237**, 834 (1962).
[2] Rushizky, G. W., and H. A. Sober: J. biol. Ch. **238**, 371 (1963).
[3] Peterson, E. A., and H. A. Sober: Analyt. Chem., Washington **31**, 857 (1959). — Peterson, E. A., and J. Rowland: J. Chromatogr. **5**, 330 (1961).

Unter den angegebenen Bedingungen wird das Enzym etwa im zweiten Drittel des jeweiligen Eluates erhalten; nach jedem Chromatographieschritt werden die vereinigten aktiven Fraktionen gegen dest. Wasser dialysiert und im nächsten Anfangspuffer auf die Säule gebracht. Nach der letzten Chromatographie wird dialysiert, lyophilisiert, in 0,05 n NaCl bei neutralem p_H gelöst und in der Kälte aufbewahrt; unter diesen Bedingungen ist das Enzym stabil. Ausbeuten und Reinigungseffekte sind in Tabelle 10 zusammengestellt.

Darstellung aus Mikroorganismen.

Darstellung von Ribonucleasen aus Bacillus subtilis nach NISHIMURA[1].

Die Bakterien werden entsprechend früheren Angaben[2,3] gezüchtet (I). Medium und Zellen werden dann mit 4 n H_2SO_4 auf p_H 2 gebracht, über Nacht bei 4° C belassen und über Hyflo Super-Cel filtriert (II). Man wäscht den Filterkuchen mit Wasser und bringt dann das gesamte Filtrat mittels 10 n NaOH auf p_H 4,2. Dann trägt man in das Filtrat 2% des Filtratgewichtes an Amberlite XE-64 (Feuchtgewicht) ein, das mit 0,01 m Natriumphosphat, p_H 7,3, äquilibriert war. Man stellt die Suspension wieder auf p_H 4,2 ein und saugt rasch ab. Die Elution wird bewirkt, indem das abgesaugte Harz in 0,2 m Natriumphosphat, p_H 7,3 (5% des Volumens des ursprünglichen Kulturmediums) suspendiert und der p_H mit 8%iger NH_4OH auf 7,3 nachgestellt wird. Man filtriert und wäscht den Rückstand einmal mit der gleichen Pufferlösung (III). Adsorption und Elution sollen aus Gründen der Ausbeute innerhalb 15 min geschehen. Die vereinigten Filtrate werden dann bei p_H 5,9 zwischen 0,4 und 0,7 Sättigung an Ammoniumsulfat (310—530 g/l) fraktioniert (IV). Der Niederschlag wird gelöst, kurz mit H_2SO_4 auf p_H 2 gebracht und dann erneut bei p_H 5,9 zwischen 0,48 und 0,62 Sättigung an Ammoniumsulfat (370 bis 470 g/l) fraktioniert (V). Ausbeuten und Reinigungseffekte bis zu dieser Stufe sind in Tabelle 11 zusammengestellt.

Tabelle 11. *Reinigung von Ribonucleasen aus Bacillus subtilis nach* NISHIMURA[1].

Fraktion	Volumen ml	Relative spezifische Aktivität	Ausbeute %
I	12500	0,011	100
II	12500	0,013	86
III	800	0,11	46
IV	50	0,18	30
V	4	1,6	10

Der das Enzym enthaltende Niederschlag wird in dest. Wasser gelöst, 6 Std dialysiert und auf p_H 3,5 gebracht; der dabei entstehende Niederschlag wird auf der Zentrifuge entfernt. Dann folgt eine Chromatographie an Amberlite XE-64, das mit 0,2 m Natriumphosphat, p_H 5,9, äquilibriert ist; die Säule hat 5×20 cm. Eluiert wird mit dem gleichen Puffer bei etwa 1 ml/cm²/Std. Dabei treten bei 300 ml Elutionsvolumen ein kleiner und bei 450 ml Elutionsvolumen ein sehr großer Gipfel mit Ribonuclease-Aktivität aus der Säule. Die vereinigten aktiven Fraktionen der jeweiligen Gipfel werden 4 Std gegen redest. Wasser dialysiert, lyophilisiert und unter den gleichen Bedingungen wie eben getrennt rechromatographiert; man erhält je einen einzelnen Gipfel aus einer $0,9 \times 20$ cm-Säule, die mit 5—10 mg Protein in 2—5 ml beladen werden kann. Die kleine, zuerst eluierte Fraktion wird Ribonuclease I genannt; die spezifische Aktivität liegt bei 0,02 (vgl. Tabelle 11); die große Fraktion, Ribonuclease II, erreicht nach Rechromatographie eine spezifische Aktivität bis zu 4,1 (s. Tabelle 11); die Ausbeute bei jedem Chromatographieschritt liegt zwischen 50 und 75%.

Aus Ribonuclease I kann ein Protein kristallisiert werden, das jedoch keine Ribonuclease-Aktivität besitzt. Ribonuclease II wird folgendermaßen kristallisiert: Man dialysiert das Eluat nach Rechromatographie 4 Std, läßt aber etwas Phosphat in der Enzymlösung und lyophilisiert bis fast zur vollständigen Trocknung. Die feuchte Paste wird bei p_H 5,9 in redest. Wasser gelöst und langsam mit gesättigter Ammoniumsulfatlösung

[1] NISHIMURA, S.: Biochim. biophys. Acta **45**, 15 (1960).
[2] NOMURA, M., J. HOSODA and S. NISHIMURA: Biochim. biophys. Acta **29**, 161 (1958).
[3] NISHIMURA, S., and M. NOMURA: Biochim. biophys. Acta **30**, 430 (1958).

versetzt, bis die erste Trübung auftritt; man läßt 2 Tage in der Kälte stehen, wobei sich kleine nadelförmige Kristalle bilden. Während weiterer 2 Tage wird die Salzkonzentration bis 0,7 Sättigung erhöht, so daß etwa $^2/_3$ des Proteins kristallisiert sind. Die spezifische Ribonuclease-Aktivität ist in diesem Stadium in Kristallisat und Mutterlauge identisch und liegt in der gleichen Größenordnung wie die von kristalliner Ribonuclease aus Rinderpankreas. Modifizierte Chromatographiebedingungen für die *B. subtilis*-Ribonuclease s. [1].

***Darstellung von Ribonuclease aus Escherichia coli-Ribosomen nach* Spahr *und* Hollingworth[2].**

Die Ribosomen (30 S, 50 S, 70 S) werden nach Tissières u. Mitarb.[3] gewonnen. Eine Ribosomen-Suspension, enthaltend 29,3 mg/ml, in 0,005 m Trispuffer, pH 7,4 + 0,01 m $MgCl_2$ wird mit dem gleichen Volumen dieser Pufferlösung, die zusätzlich 0,1 m NaCl und 8 m Harnstoff enthält, verdünnt. 30 ml dieser verdünnten Ribosomen-Suspension werden für 24 Std gegen dreimal 1 l folgender Pufferlösung dialysiert: 0,005 m Tris, pH 7,4; 0,05 m NaCl; 4 m Harnstoff. Zur Entfernung von Harnstoff wird dann gegen viermal 3 l dest. Wasser dialysiert und der entstandene Niederschlag auf der Zentrifuge entfernt; der Überstand wird durch Zugabe von 5 ml 0,2 m Acetatpuffer auf pH 4,5 gebracht *(Harnstoff)*. Die Enzymlösung wird in der Kälte durch langsame Zugabe von 11,2 g $(NH_4)_2SO_4$ auf 0,5 Sättigung gebracht und nach 10 min zentrifugiert. Der Überstand (40 ml) wird durch Zugabe von 8,3 g Salz auf 0,8 Sättigung gebracht und nach 10 min zentrifugiert; das Sediment wird in 10 ml Wasser gelöst und gegen dreimal 3 l Wasser dialysiert. Nach Entfernung ungelösten Materials durch Zentrifugierung wird lyophilisiert *(Ammoniumsulfat)*.

Tabelle 12. *Reinigung von Ribonuclease aus Escherichia coli-Ribosomen nach* Spahr und Hollingworth[2].

Fraktion	Relative spezifische Aktivität	Ausbeute %
Ribosomen . . .	2,8	100
Harnstoff . . .	5,0	100
Ammoniumsulfat	14,8	82
Amberlite . . .	1072	65

Man bereitet eine Säule 1 × 30 cm von Amberlite CG-50, Typ II oder III, gepuffert mit 0,2 m Phosphat, pH 7,18, entsprechend den Angaben von Hirs u. Mitarb. (s. S. 724). Die Säule wird bei Raumtemperatur gründlich mit Puffer gewaschen und mit 25 mg lyophilisierter Enzymlösung in 1,2 ml 0,2 m Phosphat, pH 7,18, beschickt; die Enzymlösung muß von unlöslichem Material auf der Zentrifuge befreit worden sein. Die Elution erfolgt mit dem gleichen Puffer bei Raumtemperatur mit der Rate 1—1,5 ml/Std; der Puffer enthält zur Verhinderung des Bakterienwachstums ein paar Kristalle Chlorbutanol. Man fängt Fraktionen zu je 1 ml auf und gibt zu jedem Röhrchen ab Nr. 30 25 μl 4 %ige Rinderserumalbumin-Lösung. Die ribonucleaseaktiven Fraktionen (etwa Nr. 115—130) werden vereinigt, dreimal je 3 Std gegen 2 l Wasser in der Kälte dialysiert, lyophilisiert und bei — 20° C aufbewahrt *(Amberlite)*. Ausbeute und Reinigungseffekt sind in Tabelle 12 wiedergegeben.

Die Reinigung einer Ribonuclease aus *Thiobacillus thioparus* beschreiben Ostrowski und Walczak[4]. Aus *Streptomyces erythreus* hat Tanaka[5] eine Ribonuclease rund 1700fach gereinigt.

***Darstellung einer Nuclease aus Azotobacter agilis nach* Stevens *und* Hilmoe[6].**

Verfasser beschreiben zwei verschiedene Verfahren, von denen hier nur das besser reproduzierbare wiedergegeben wird. Man züchtet die Zellen in folgendem Medium: 0,64 g

[1] Nishimura, S., and H. Ozawa: Biochim. biophys. Acta **55**, 421 (1962).
[2] Spahr, P. F., and B. R. Hollingworth: J. biol. Ch. **236**, 823 (1961).
[3] Tissières, A., J. D. Watson, D. Schlesinger and B. R. Hollingworth: J. mol. Biol. **1**, 221 (1959).
[4] Ostrowski, W., u. Z. Walczak: Acta biochim. pol. **8**, 345 (1961).
[5] Tanaka, K.: J. Biochem. **50**, 62 (1961).
[6] Stevens, A., and R. J. Hilmoe: J. biol. Ch. **235**, 3016 (1960).

K_2HPO_4; 0,16 g KH_2PO_4; 0,20 g $MgSO_4 \cdot 7\,H_2O$; 0,20 g NaCl; 0,05 g $CaSO_4 \cdot 2\,H_2O$; 20,0 g Rohrzucker; 2,52 mg $Na_2MoO_4 \cdot 2\,H_2O$; 18 mg Eisen(III)-citrat gleich 3 mg Fe; Wasser ad 1 l; p_H 7,3—7,5. Die Kultur wird in einem 300 l-Gefäß bei starker Belüftung auf 29—30° C gehalten, bis $E_{650\,m\mu}$ im Beckman DU 0,95 beträgt, und dann auf der Sharples-Zentrifuge geerntet; die Zellen können bis zu 1 Jahr gefroren aufbewahrt werden. Im Kühlraum bei — 16° C werden 150 g Zellen mit 80 ml 0,01 m Kaliumphosphat, p_H 7,5, im Starmix gemischt mit etwa $^1/_4$ der Maximalgeschwindigkeit; dann gibt man 450 g auf — 16° C gekühlte Glasperlen von 200 μ Durchmesser langsam hinzu und homogenisiert 15 min bei $^2/_3$ der Maximalgeschwindigkeit; die Temperatur darf nicht über 10° C steigen. Man mischt dann mit weiteren 400 ml Pufferlösung, rührt für 10 min, läßt die Glasperlen absitzen, entfernt den Überstand und wäscht die Glasperlen zweimal mit 150 ml Pufferlösung. Die vereinigten Lösungen werden 30 min bei 20000 $\times$g zentrifugiert; der Überstand (500 ml; 15—20 mg Protein/ml gleich 70% des Zellproteins) kann 1 Jahr bei — 20° C aufbewahrt werden.

500 ml Rohextrakt werden mit 0,01 m Kaliumphosphat, p_H 7,5, auf 10 mg Protein/ml verdünnt; während 15 min gibt man 208 mg $(NH_4)_2SO_4$ pro ml gleich 0,35 Sättigung zu und zentrifugiert nach 15 min Stehen für 30 min bei 23000 $\times$g. Die überstehende Lösung wird mit 127 mg Salz/ml gleich 0,55 Sättigung versetzt, das Sediment wie oben erhalten und in 75 ml 0,01 m Tris, p_H 7,7; 0,001 m Mercaptoäthanol; 0,001 m Versen gelöst. Die Enzymlösung wird gegen 200 Vol. dieser Trislösung für 18 Std dialysiert *(1. Ammoniumsulfat)*. Die Enzymlösung wird mit 0,01 m Tris, p_H 7,7, + 0,001 m Mercaptoäthanol auf 10 mg Protein/ml verdünnt und während 10 min mit gesättigter Ammoniumsulfatlösung (so neutralisiert, daß in 1:5-Verdünnung p_H 8,0) auf 0,45 Sättigung gebracht. Nach 15 min Rühren wird 10 min bei 23000 $\times$g zentrifugiert. Dann wird in derselben Weise die Sättigung 0,75 eingestellt und der wie oben erhaltene Niederschlag in 50 ml 0,01 m Tris, p_H 7,7; 0,001 m Mercaptoäthanol; 0,001 m Versen gelöst und wie oben dialysiert *(2. Ammoniumsulfat)*. Die Enzymlösung wird wieder mit 0,01 m Tris, p_H 7,7, + 0,001 m Mercaptoäthanol auf 10 mg Protein/ml eingestellt und mit $^1/_4$ Vol. 1%iger Protaminsulfatlösung unter Rühren versetzt. Nach 10 min wird für 20 min bei 23000 $\times$g zentrifugiert und der Überstand mit 1 m Natriumacetat, p_H 5,6, auf p_H 6,3 eingestellt *(Protamin)*.

Tabelle 13. *Reinigung einer Nuclease aus Azotobacter agilis nach* STEVENS und HILMOE[1].

Fraktion	Relative spezifische Aktivität	Ausbeute %
1. Ammoniumsulfat . .	30	—*
2. Ammoniumsulfat . .	100	100
Protamin	217	73
Aluminiumhydroxyd .	222	45
Carboxymethyl-cellulose	1000	17

* Da im Rohextrakt vermutlich ein Inhibitor vorliegt und viel Phosphodiesterase vorhanden ist, sind Ausbeuteangaben erst ab einem bestimmten Reinheitsgrad sinnvoll.

Man fügt zu der Enzymlösung $^1/_4$ Vol. einer Aluminiumhydroxyd C_γ-Suspension, rührt 10 min und zentrifugiert 10 min bei 9100 $\times$g. Der Überstand wird mit 0,5 n Essigsäure auf p_H 5,0 gebracht, 20 min bei 55° C gehalten, abgekühlt und mit 0,5 n NH_4OH auf p_H 7,7 eingestellt *(Aluminiumhydroxyd)*. Das Aluminiumhydroxyd[2] enthält 21,6 mg Trockengewicht/ml. Man präpariert Carboxymethyl-cellulose, indem unmittelbar vor Gebrauch mit Wasser und dann mit 0,03 m Tris, p_H 7,7, gewaschen und in diesem Puffer suspendiert wird (40 mg/ml). 8 ml des Überstandes nach dem Hitzeschritt werden mit 2,4 ml Carboxymethyl-cellulose-Suspension versetzt, 5 min gerührt und durch einen groben Glassintertiegel langsam filtriert (0,8 cm Durchmesser des Tiegels). Der Austauscher wird dreimal mit 5 ml 0,03 m Tris, p_H 7,7, gewaschen und mit Druckluft soviel Flüssigkeit wie möglich ausgepreßt. Die Elution erfolgt, wieder unter Druck, mit zweimal 1 ml 0,25 m NaCl in 0,03 m Tris, p_H 7,7 *(Carboxymethyl-cellulose)*. Ausbeuten und

[1] STEVENS, A., and R. J. HILMOE: J. biol. Ch. **235**, 3016 (1960).
[2] WILLSTÄTTER, R., u. H. KRAUT: B. **56**, 1117 (1923).

Reinigungseffekte sind in Tabelle 13 zusammengestellt. Die Enzymlösung kann nach dem Hitzeschritt gefroren mehrere Monate aufbewahrt werden; die letzte Fraktion hält sich nur bei 2—4° C mehrere Monate. Eine Dialyse nach Zusatz von 0,05% Rinderserumalbumin bringt Verluste und macht das Enzym noch labiler. Die letzte Fraktion ist frei von Phosphatase-Aktivität.

Diese Nuclease spaltet sowohl Ribonucleinsäuren als auch Desoxyribonucleinsäuren[1]. Auch CUNNINGHAM u. Mitarb.[2] beschreiben eine hochgereinigte Nuclease aus *Micrococcus pyogenes*, die beide Substrate angreift.

Eine ausführliche Studie über Ribonucleasen in 242 Pilzarten stammt von MÄKITALO[3]; dort ist auch eine 330fache Reinigung der Ribonuclease von *Lactarius torminosus* beschrieben.

Ribonucleasen-Inhibitoren.

Darstellung des Ribonuclease-Inhibitors aus Rattenleber nach SHORTMAN[4].

Die ganze Prozedur muß innerhalb 24 Std ohne Unterbrechung durchgeführt werden; Arbeitstemperatur unter 4° C. Die Chromatographiebedingungen sind kritisch!

Die Lebern von 7—8 Albinoratten-Männchen werden nach Entblutung in Äthernarkose entnommen und in 0,15 m NaCl gewogen. Sie werden dann in der Reibschale grob zerkleinert und mit 2 Vol. 0,25 m Rohrzuckerlösung im Glashomogenisator mit Teflonstempel bei 2000 U/min unter 4—5 raschen Auf- und Abwärtsbewegungen homogenisiert. Dann wird auf 3,5 Vol. Rohrzuckerlösung, bezogen auf Lebergewicht, verdünnt *(Homogenat)*. Das Homogenat wird zweimal 65 min bei 60000 × g zentrifugiert und das Sediment verworfen *(Überstand)*.

Man bereitet eine DEAE-Cellulose-Säule wie folgt: 4 g DEAE-Cellulose (Eastman Organic Chemicals) werden in 0,15 m NaCl suspendiert, in eine Säule gepackt und mit 0,5 n NaOH bis zur Entfernung gelben Farbstoffs gewaschen; dann wird mit Wasser und anschließend mit 1 m Kaliumphosphat, p_H 6,4, gewaschen, bis die ausfließende Lösung p_H 6,4 zeigt. Man entnimmt die Cellulose aus der Säule, suspendiert in Puffer (0,15 m NaCl; 0,01 m Kaliumphosphat; 0,005 m Versen; p_H 6,4) und bereitet unter N_2-Druck eine Säule von 15 × 1,5 cm. Die Säule wird mit dem Puffer gewaschen und über Nacht in der Kälte aufbewahrt. Der Überstand aus der Rattenleber wird je 100 ml mit 8,1 ml 2 m NaCl, 0,54 ml 2 m Kaliumphosphat, p_H 6,4, und 0,54 ml 0,2 m Versen, p_H 6,4, versetzt. Diese Mischung wird mit 100—130 ml/Std auf die Säule gegeben. Die Säule wird mit folgender Pufferlösung bei 160—180 ml/Std gewaschen: 0,15 m NaCl; 0,01 m Kaliumphosphat, p_H 6,4; 0,001 m Versen; dann wird die Säule mit einem Kochsalzgradienten bis 1,4 m NaCl in der eben genannten Pufferlösung entwickelt. Details des Gradienten (Fall 4; $K = 2$; $V_1 = 40$ ml) sind bei DRAKE beschrieben[5]. Die Elution erfolgt mit 25 ml/Std, eingestellt durch entsprechende Reservoirhöhe, und es wird in 4,5 ml-Aliquots aufgefangen. Die dem ersten Proteingipfel ($E_{280\,m\mu}/E_{260\,m\mu}$ nahe 1) entsprechenden Fraktionen 15—17 werden vereinigt *(DEAE-Cellulose)*.

Man bereitet eine Hydroxylapatit-Säule (TISELIUS u. Mitarb.[6]) von der Dimension 20 × 1,1 cm, wäscht sie mit mehreren Vol. 0,15 m NaCl in 0,045 m Kaliumphosphat, p_H 6,4, und bewahrt über Nacht in der Kälte auf. Die von der DEAE-Cellulose erhaltenen Fraktionen 15—17 werden mit $^2/_3$ Vol. Wasser verdünnt und sofort mit 30 ml/Std auf die Calciumphosphat-Säule gegeben. Die Entwicklung erfolgt mit einem Phosphatgradienten (0,045 m Kaliumphosphat, p_H 6,4, bis 0,15 m Kaliumphosphat, p_H 6,4, in

[1] STEVENS, A., and R. J. HILMOE: J. biol. Ch. **235**, 3023 (1960).
[2] CUNNINGHAM, L., B. W. CATLIN and M. P. DE GARILHE: Am. Soc. **78**, 4642 (1956). — CUNNINGHAM, L.: Am. Soc. **80**, 2546 (1958).
[3] MÄKITALO, R.: Ann. Med. exp. Biol. Fenn. **37**, Suppl. **3** (1959).
[4] SHORTMAN, K.: Biochim. biophys. Acta **51**, 37 (1961).
[5] DRAKE, B.: Ark. Kemi **8**, 1, 18 (1955).
[6] TISELIUS, A., S. HJERTÉN and Ö. LEVIN: Arch. Biochem. **65**, 132 (1956).

0,15 m NaCl) nach DRAKE[1] (Fall 4; $K = 2$; $V_1 = 28$ ml); die mit etwa 25 ml/Std erhaltenen Fraktionen werden zu je 2,8 ml aufgefangen. Die Fraktionen 1—6 entsprechen dem Ausgangspuffer, 7 bis Ende dem Phosphatgradienten. Proben der Fraktionen werden bei 280 und 260 mμ gemessen (280/260 = etwa 1) und nach 300facher Verdünnung auf Inhibitoraktivität getestet (s. S. 778). Die aktivsten Fraktionen, 20—22, werden vereinigt und mit Versen zur Endkonzentration 0,001 m versetzt *(Calciumphosphat)*. Die Inhibitorlösung wird im Kühlschrank oder nach Lyophilisierung bei —20° C im Vakuum aufbewahrt. Ausbeuten und Reinigungseffekte sind in Tabelle 14 zusammengestellt.

Tabelle 14. *Reinigung des Ribonuclease-Inhibitors aus Rattenleber nach* SHORTMAN[2].

Fraktion	Relative spezifische Aktivität	Reinigung	Ausbeute %
Homogenat . . .	7—10	1	100
Überstand . . .	26—37	4	80—93
DEAE-Cellulose .	920—1150	115—140	46—49
Calciumphosphat	43000—51000	5000—6500	19—21

Die Inhibitorlösung kann an Sephadex G-25 nach den Angaben von PORATH[3] entsalzt werden: Man wäscht eine Säule mit 4 g Trockengewicht des Dextrangels mit 0,15 m NaCl, mit 0,005 m Versen, p_H 7,8, und mit Wasser. 6 ml Inhibitorlösung können mit 88% Ausbeute entsalzt werden; dabei erhöht sich noch etwas der $E_{280\,m\mu}/E_{260\,m\mu}$-Wert, aber der Inhibitor wird labil und büßt seine Aktivität in 2 Tagen völlig ein.

Ebenfalls aus Rattenleber hat ROTH[4] den Ribonuclease-Inhibitor bei 28% Ausbeute etwa zehnfach angereichert. Eine Abtrennung des Inhibitors aus der hochtourigen Überstandsfraktion von Pferdeleber mittels Dowex 50 beschreiben HIGASHI und HASEGAWA[5].

Chemische Eigenschaften. *Ribonuclease aus Rinderpankreas.* Ribonuclease ist, wie eingangs bereits erwähnt, das derzeit wohl am besten untersuchte Enzymprotein (Übersichten s. [6,7]). Nach der endgültigen Sequenzaufklärung durch MOORE und STEIN[8] sowie ANFINSEN u. Mitarb.[6] wendet sich das Interesse jetzt vornehmlich der Sekundär- und Tertiärstruktur des Enzyms zu. Obwohl von SCHERAGA[9] und von LINDLEY[10] bereits dreidimensionale Modelle der Superstruktur vorgeschlagen worden sind, ist es heute noch nicht möglich, die Fülle der bekanntgewordenen Einzeltatsachen in ein widerspruchsfreies Bild zu integrieren; so fehlt z.B. noch die Konfrontation der bisher erarbeiteten Daten mit Röntgen-Beugungsdiagrammen[11]. Insbesondere bietet der Zusammenhang zwischen Proteinstruktur und katalytischer Aktivität noch viele Rätsel. So kann z.B. die Aminosäuresequenz 14—19 ausgelassen werden, ohne daß die katalytische Aktitität entscheidend geschwächt wird: Synthetisches Tridekapeptid (Positionen 1—13) und S-Protein (Positionen 21—124) ergeben, im Verhältnis 30:1 Mol gemischt, $^2/_3$ der Aktivität des intakten Proteins[12].

---

[1] DRAKE, B.: Ark. Kemi **8**, 1, 18 (1955).
[2] SHORTMAN, K.: Biochim. biophys. Acta **51**, 37 (1961).
[3] PORATH, J., and P. FLODIN: Nature **183**, 1657 (1959). — PORATH, J.: Biochim. biophys. Acta **39**, 193 (1960).
[4] ROTH, J. S.: J. biol. Ch. **231**, 1085 (1958).
[5] HIGASHI, T., and F. HASEGAWA: J. Biochem. **48**, 71 (1960).
[6] ANFINSEN, C. B., and F. H. WHITE jr: Boyer-Lardy-Myrbäck, Enzymes Bd. V, S. 95ff.
[7] LINDERSTRØM-LANG, K. U., and J. A. SCHELLMAN: Boyer-Lardy-Myrbäck, Enzymes, Bd. I, S. 443ff.
[8] HIRS, C. H. W., S. MOORE and W. H. STEIN: J. biol. Ch. **235**, 633 (1960). — SMYTH, D. G., W. H. STEIN and S. MOORE: J. biol. Ch. **238**, 227 (1963).
[9] SCHERAGA, H. A.: Am. Soc. **82**, 3847 (1960).
[10] LINDLEY, H.: Biochim. biophys. Acta **55**, 206 (1962).
[11] WESTHEIMER, F. H.: Adv. Enzymol. **24**, 441 (1962).
[12] HOFMANN, K., F. FINN, W. HAAS, M. J. SMITHERS, Y. WOLMAN and N. YANAIHARA: Am. Soc. **85**, 833 (1963).

Folgende Wechselwirkungen sind auf Grund von SCHERAGAS[1] Modell möglich bis wahrscheinlich:

Wasserstoffbrücken	Hydrophobe Bindungen
Glu 2 . . . Tyr 115	Ala 6 . . . Val 116
Lys 7 . . . Ser 15	Met 13 . . . Ileu 81
Glu 9 . . . AN 113	
Arg 10 . . . Ser 75	
Ser 16 . . . Thr 82	
Ser 18 . . . Thr 78	
His 12 . . . Arg 85	
Asp 14 . . . GN 74	

Recht weitgehende Übereinstimmung herrscht jedenfalls darüber, daß mindestens zwei relativ weit auseinander liegende Abschnitte der Polypeptidkette — unter entsprechender Faltung — am Aufbau des aktiven Ortes beteiligt sind. Die Histidinreste 119 und 12

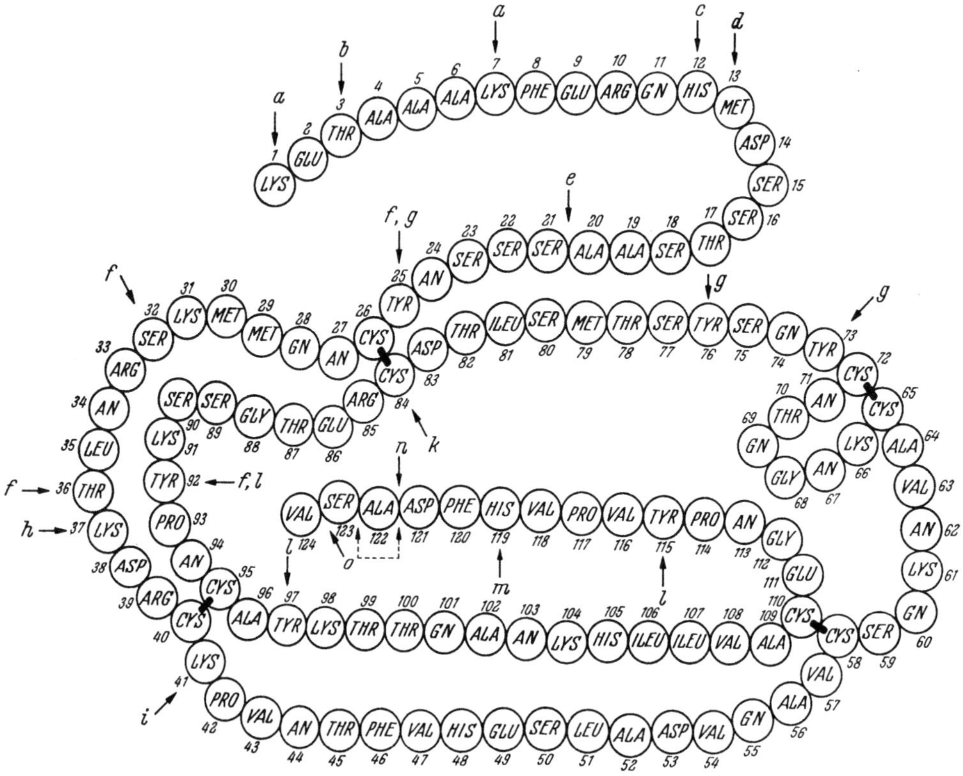

Abb. 1. Aminosäure-Sequenz von Ribonuclease aus Rinderpankreas (modifiziert nach ANFINSEN und WHITE[2] sowie SMYTH, STEIN und MOORE[3]). GN = Glutamin; AN = Asparagin. a Die beiden Lysinreste können ohne Beeinträchtigung der Aktivität guanidiert werden. b Bei Ribonuclease aus Schafpankreas steht hier Serin. c Photooxydation dieses Histidinrestes führt zu Aktivitätsverlust; Umsetzung mit Jodacetat beeinträchtigt die Aktivität. d Perameisensäure-Oxydation zum Sulfon läßt die Aktivität intakt. e Spaltort des ersten Subtilisin-Angriffs. f Möglicherweise an der Substratbindung beteiligte Orte. g Jodierbare Tyrosinreste. h Bei Ribonuclease aus Schafpankreas steht hier Glutaminsäure. i Dies ist die reaktivste ε-NH_2-Gruppe gegenüber 2,4-Dinitrofluorbenzol (Inaktivierung); sie ist resistent gegen Polypeptidylierung. k Diese Disulfidbrücke kann ohne Aktivitätsverlust reduziert werden. l „Verborgene" Tyrosinreste. m Umsetzung dieses Histidinrestes mit Bromacetat führt zu Aktivitätsverlust; Aktivitätsverhalten nach Photooxydation nicht klar. n Spaltort von Pepsin; Inaktivierung. o Carboxypeptidase kann ohne Aktivitätsverlust bis zu den angegebenen Orten einwirken. Thermische Auffaltung erfolgt bei den Positionen 26, 31—34, 73—80 und 97. Desamidierung von GN(11) inaktiviert. Methylierung von Glu (2), Glu (9) und Asp (14) inaktiviert nicht.

werden mit gutem Grund für den aktiven Ort in Anspruch genommen[4] (s. auch zum katalytischen Mechanismus S. 754).

[1] SCHERAGA, H. A.: Am. Soc. **82**, 3847 (1960).
[2] ANFINSEN, C. B., and F. H. WHITE jr.: Boyer-Lardy-Myrbäck, Enzymes Bd. V, S. 95ff.
[3] SMYTH, D. G., W. H. STEIN and S. MOORE: J. biol. Ch. **238**, 227 (1963).
[4] CRESTFIELD, A. M.: Fed. Proc. **22** (I), 419 (1963).

Tabelle 15. *Aminosäurezusammensetzung von Ribonuclease A aus Rinderpankreas* (Mol Aminosäure-Reste pro Mol Protein).

Alanin	12	Glutaminsäure	6	Leucin	2	Serin	15
Arginin	4	Glutamin	6	Lysin	10	Threonin	10
Asparaginsäure	4	Glycin	3	Methionin	4	Tyrosin	6
Asparagin	11	Histidin	4	Phenylalanin	3	Valin	9
1/2 Cystin	8	Isoleucin	3	Prolin	4		

In Tabelle 15 ist die Aminosäure-Zusammensetzung von Ribonuclease A aus Rinderpankreas zusammengestellt. Daraus folgt, daß pro Mol Enzym folgende dissoziierenden Gruppen vorhanden sind: 1 α-COOH, 10 β- bzw. γ-COOH, 4 Imidazol, 1 α-NH_2, 10 ε-NH_2, 6 Phenol und 4 Guanidyl; hiervon sind, mit Ausnahme von drei „verborgenen" Tyrosylresten[1], alle Gruppen in ausgezeichneter Übereinstimmung mit der Theorie titrierbar[2].

Die Aminosäure-Sequenz ist in Abb. 1 wiedergegeben; die Darstellung basiert auf einem Schema von ANFINSEN[3], ist aber inhaltlich wesentlich modifiziert. Zur Erleichterung des Überblickes ist in der nachfolgenden Tabelle 16 noch die Aufteilung der einzelnen Aminosäuren (s. Tabelle 15) auf die Sequenzpositionen (s. Abb. 1) des Ribonuclease-Moleküls angegeben.

Tabelle 16. *Sequenzpositionen der Aminosäuren in Rinderpankreas-Ribonuclease.*

Aminosäure	Position
Glycin	68, 89, 112
Alanin	4, 5, 6, 19, 20, 52, 56, 64, 95, 102, 109, 122
Valin	43, 47, 54, 57, 63, 108, 116, 118, 124
Leucin	35, 51
Isoleucin	81, 106, 107
Histidin	12, 48, 105, 119
Lysin	1, 7, 31, 37, 41, 61, 66, 91, 98, 104
Arginin	10, 33, 39, 85
Asparaginsäure	14, 38, 53, 83, 121
Asparagin	24, 27, 34, 44, 62, 67, 70, 94, 101, 113
Glutaminsäure	2, 9, 49, 86, 111
Glutamin	11, 28, 55, 60, 71, 74, 103
Serin	15, 16, 18, 21, 22, 23, 32, 50, 59, 75, 77, 80, 87, 90, 123
Threonin	3, 17, 36, 45, 69, 78, 82, 88, 99, 100
Prolin	42, 93, 114, 117
Phenylalanin	8, 46, 120
Tyrosin	25, 73, 76, 92, 97, 115
Cystin (1/2)	26, 40, 58, 65, 72, 84, 96, 110
Methionin	13, 29, 30, 79

Zur Theorie des Sequenzmusters s.[4]. In Abb. 1 sind zugleich auch einige proteinchemische Befunde eingetragen, die Beziehungen zur katalytischen Wirkung haben. Weitere chemische und physikalische Eigenschaften des Enzyms sind in Tabelle 17 enthalten; der zur Verfügung stehende Raum verbietet eine detaillierte Diskussion; der Leser wird auf die ausführliche Übersicht von SCHERAGA und RUPLEY[5] verwiesen.

Bemerkenswert ist die zuerst 1920 entdeckte[6] hohe Hitzeresistenz des Enzyms, das längeres Erhitzen auf 100° C bei p_H 3 ohne merklichen Aktivitätsverlust verträgt[7–9]; bei p_H 1,0 und 100° C werden in 30 min bei 5 mg Enzym/ml 40—50% inaktiviert; 90 min Kochen läßt unter diesen Bedingungen noch 16% der Aktivität intakt[10] (s. auch [11]). Selbst in Phenol (90%ig) wird die Aktivität erst nach 30 min bei 120° C auf 50% vermindert[12].

1 TANFORD, C., J. D. HAUENSTEIN and D. G. RANDS: Am. Soc. **77**, 6409 (1955).
2 TANFORD, C., and J. D. HAUENSTEIN: Am. Soc. **78**, 5287 (1956).
3 ANFINSEN, C. B., and F. H. WHITE jr.: Boyer-Lardy-Myrbäck, Enzymes Bd. V, S. 95ff.
4 LANNI, F.: Proc. nat. Acad. Sci. USA **46**, 1563 (1960); **47**, 261 (1961). — MORGAN, R. S.: J. mol. Biol. **2**, 243 (1960).
5 SCHERAGA, H. A., and J. A. RUPLEY: Adv. Enzymol. **24**, 161 (1962).
6 JONES, W.: Amer. J. Physiol. **52**, 203 (1920).
7 KUNITZ, M.: J. gen. Physiol. **24**, 15 (1940).
8 McDONALD, M. R.: J. gen. Physiol. **32**, 33 (1948).
9 KLECZKOWSKI, A.: Biochem. J. **42**, 523 (1948).
10 WRIGHT, L. D., and R. TRAGER: Proc. Soc. exp. Med. Biol. **106**, 21 (1961).
11 TRAMER, Z., and S. SHUGAR: Acta biochim. pol. **6**, 235 (1959).
12 KICKHÖFEN, B., u. M. BÜRGER: Biochim. biophys. Acta **65**, 190 (1962).

Tabelle 17. *Eigenschaften von Ribonuclease aus Rinderpankreas.*

	Literatur
48,2% C, 6,2% H, 16,1% N, 3,6% S	1
17,8% N in aschefreier, wasserfreier Ribonuclease A	2
Molekulargewicht 13683 (aus der Formel berechnet)	—
Osmotischer Druck	3
Kristallabmessungen 18 × 30 × 38 Å, Kristallformen	4–12
Magnetisches Kern-Resonanz-Spektrum	13–16
Spezifisches Partialvolumen 0,695	17
0,709	18
0,699—0,712, je nach Bedingungen	19
Sedimentationskoeffizient $s_{20,w}$ $1,92 \times 10^{-13}$	17
$1,85 \times 10^{-13}$	19
weitere Messungen bei	20–22
Diffusionskoeffizient $10,6 \times 10^{-7}$ cm²/sec	1, 18
Oberflächenpotential gegen Luft und n-Octadecan	23
Ultraviolett-Absorptionsspektren (auch Verhalten von Tyrosin-Resten)	24–45
λ_{max} 277,5 mμ	30, 46, 47
ε bei 280 mμ $9,80 \times 10^3$	30
$9,63 \times 10^3$	48
$11,0 \times 10^3$	49
$10,0 \times 10^3$	50
$8,4 \times 10^3$	51
$7,1 \times 10^3$	52
ε bei 278 mμ $9,74 \times 10^3$	53
Infrarot-Spektrum	54, 55
Optische Drehung	1, 22, 24, 28, 30, 36–39, 45–47, 56–65
$[\alpha]_D^{20}$ – 71,7°	28, 30
$[\alpha]_D$ – 74,4°	46
$[\alpha]_D$ – 74,2°	47
Brechungsindex	66
Titrationskurven	27, 35, 36, 42, 45, 67–70
Isoelektrischer Punkt	18, 71–74, 76, 77
sehr stark von Pufferart und Ionenstärke abhängig 9,7	74
9,45	18, 73
7,8	18, 73
7,6	71
Isoionischer Punkt 9,65	20, 67
Werte zwischen 9,604 ($\mu = 0,001$) und 9,658 ($\mu = 1,0$)	41
Nettoladung des Proteins am isoelektrischen Punkt ($\mu = 0,10$) + 2,0	74
Polarographische Untersuchung	75
Elektrophorese	18, 49, 72, 74, 76–79
sehr gründliche Untersuchung, Einzelwerte nicht tabellierbar	74
Papierelektrophorese	71, 80
Stärkegel-Elektrophorese	68, 81, 82
Verhalten in wasserfreien Säuren	17, 83, 84
Löslichkeit in Formamid, Dimethylformamid und Äthylenglykol	70
Deuterium-Austausch	24, 55, 61, 85, 87–90
Viscosität, Werte für $[\eta] \times 10^2$ zwischen 3,30 und 5,10 je nach Bedingungen	17, 24, 28, 47, 57, 58, 61, 22, 62, 95
Zeitverlauf der sauren Hydrolyse	96
Wärmedenaturierung, Messung des thermischen Übergangs	26, 34, 36, 38, 41, 60, 97–100
Harnstoff-Denaturierung	37, 38, 101
Säure- und Basen-Denaturierung	40
Chlorid-Bindung	38, 41, 53, 102
Phosphat-Bindung	30, 38, 71
Sulfat-Bindung	38, 53
Acetat-, Citrat-, Tartrat- und Pyrophosphat-Bindung	38
Einwirkung hohen Druckes	103
Bestrahlungswirkungen	86, 91–94
Ultraschall-Einwirkung	33
Immunologie	104–114

Literatur zu Tabelle 17

[1] Kunitz, M.: J. gen. Physiol. **24**, 15 (1940).
[2] Hirs, C. H. W., S. Moore and W. H. Stein: J. biol. Ch. **200**, 493 (1953).
[3] Kupke, D. W.: C. R. Lab. Carlsberg **32**, 107 (1961).
[4] Bello, J., and D. Harker: Nature **192**, 756 (1961).
[5] Carlisle, C. H., and H. Scouloudi: Proc. R. Soc. London (A) **207**, 496 (1951).
[6] Harker, D. H.: Ann. N.Y. Acad. Sci. **69**, 321 (1957).
[7] Bello, J.: Brookhaven Symp. Biol. **13**, 23 (1961).
[8] King, M. V.: Biochim. biophys. Acta **27**, 503 (1958).
[9] Carlisle, C. H., H. Scouloudi and M. Spier: Proc. R. Soc. London (B) **141**, 85 (1953).
[10] Magdoff, B. S., F. H. C. Crick and V. Luzzati: Acta crystallogr., London **9**, 156 (1956).
[11] Bello, J., D. Harker and E. de Jarnette: J. biol. Ch. **236**, 1358 (1961).
[12] Doscher, M., and F. M. Richards: Fed. Proc. **22** (I), 419 (1963).
[13] Kowalsky, A.: J. biol. Ch. **237**, 1807 (1962).
[14] Saunders, M., A. Wishnia and J. G. Kirkwood: Am. Soc. **79**, 3289 (1957).
[15] Jardetzki, O., and C. Jardetzki: Am. Soc. **79**, 5322 (1957).
[16] Bovey, F. A., and G. V. D. Tiers: J. polymer Sci. **33**, 73 (1959).
[17] Josefsson, L.: Ark. Kemi **12**, 183, 195 (1958). Biochim. biophys. Acta **59**, 128 (1962).
[18] Rothen, A.: J. gen. Physiol. **24**, 203 (1940).
[19] Cox, D. J., and V. N. Schumaker: Am. Soc. **83**, 2433 (1961).
[20] Åquist, S. E. G., and C. B. Anfinsen: J. biol. Ch. **234**, 1112 (1959).
[21] Klainer, S. M., and G. Kegeles: Arch. Biochem. **63**, 247 (1956).
[22] Kickhöfen, B., u. M. Bürger: Biochim. biophys. Acta **65**, 190 (1962).
[23] Ghosh, S., and H. B. Bull: Biochemistry **2**, 411 (1963).
[24] Anfinsen, C. B., W. F. Harrington, A. Hvidt, K. Linderstrøm-Lang, M. Ottesen and J. Schellman: Biochim. biophys. Acta **17**, 141 (1955).
[25] Bigelow, C. C.: C. R. Lab. Carlsberg **31**, 305 (1960).
[26] Harrington, W. F., and J. Schellman: C. R. Lab. Carlsberg **30**, 21 (1956).
[27] Scheraga, H. A.: Biochim. biophys. Acta **23**, 196 (1957).
[28] Sela, M., C. B. Anfinsen and W. F. Harrington: Biochim. biophys. Acta **26**, 502 (1957).
[29] Shugar, D.: Biochem. J. **52**, 142 (1952).
[30] Sela, M., and C. B. Anfinsen: Biochim. biophys. Acta **24**, 229 (1957).
[31] Yanari, S., and F. A. Bovey: J. biol. Ch. **235**, 2818 (1960).
[32] Herskovits, T. T., and M. Laskowski jr.: J. biol. Ch. **235**, PC 56 (1960).
[33] El'piner, I. E., and O. M. Zorina: Biofizika **5**, 573 (1960).
[34] Foss, J. G.: Biochim. biophys. Acta **47**, 569 (1961).
[35] Tanford, C., J. D. Hauenstein and D. G. Rands: Am. Soc. **77**, 6409 (1955).
[36] Hermans jr., J., and H. A. Scheraga: Am. Soc. **83**, 3283, 3293 (1961).
[37] Nelson, C. A., and J. P. Hummel: J. biol. Ch. **237**, 1567 (1962).
[38] Nelson, C. A., J. P. Hummel, C. A. Swenson and L. Friedman: J. biol. Ch. **237**, 1575 (1962).
[39] Anfinsen, C. B., E. Haber, M. Sela and F. H. White jr.: Proc. nat. Acad. Sci. USA **47**, 1309 1961).
[40] Bigelow, C. C.: J. biol. Ch. **236**, 1706 (1961).
[41] Tanford, C., and J. D. Hauenstein: Am. Soc. **78**, 5287 (1956).
[42] Bigelow, C. C., and M. Ottesen: Biochim. biophys. Acta **32**, 574 (1959).
[43] Blumenfeld, O. O., and M. Levy: Arch. Biochem. **76**, 97 (1958).
[44] Bigelow, C. C., and M. Sonenberg: Biochemistry **1**, 197 (1962).
[45] Sage, H. J., and S. J. Singer: Biochemistry **1**, 305 (1962).
[46] Anfinsen, C. B., M. Sela and J. P. Cooke: J. biol. Ch. **237**, 1825 (1962).
[47] Haber, E., and C. B. Anfinsen: J. biol. Ch. **237**, 1839 (1962).
[48] Taborsky, G.: J. biol. Ch. **234**, 2652 (1959).
[49] Taborsky, G.: C. R. Lab. Carlsberg **30**, 309 (1958).
[50] Harrington, W. F., and J. A. Schellman: C. R. Lab. Carlsberg **30**, 21 (1958).
[51] King, T. P., and L. C. Craig: Am. Soc. **80**, 3366 (1958).
[52] Keller, P. J., E. Cohen and H. Neurath: J. biol. Ch. **233**, 344 (1958).
[53] Saroff, H. A., and W. R. Carroll: J. biol. Ch. **237**, 3384 (1962).
[54] Hakim, A. A.: Arch. Biochem. **83**, 390 (1959).
[55] Hermans, J., and H. A. Scheraga: Am. Soc. **82**, 5156 (1960).
[56] Doty, P.: Coll. czech. chem. Comm. **22**, 5 (1957).
[57] Weber, R. E., and C. Tanford: Am. Soc. **81**, 3255 (1959).
[58] Kalnitsky, G., J. P. Hummel, H. Resnick, J. R. Carter, L. B. Barnett and C. Dierks: Ann. N.Y. Acad. Sci. **81**, 542 (1959).
[59] Hermans, J., and H. A. Scheraga: Biochim. biophys. Acta **36**, 534 (1959).
[60] Foss, J. G., and J. A. Schellman: J. physic. Chem. **63**, 2007 (1959).
[61] Stracher, A.: C. R. Lab. Carlsberg **31**, 468 (1961).

Wie aus Abb. 1 hervorgeht, enthält Ribonuclease keine Sulfhydrylgruppen; dies wird durch enzymatische[1,2] und chemisch-analytische[3-6] Versuche widerspruchsfrei bestätigt.

[1] DAVIS, F. F., and F. W. ALLEN: J. biol. Ch. **217**, 13 (1955).
[2] RABINOVITCH, M., and E. S. G. BARRON: Biochim. biophys. Acta **18**, 316 (1955).
[3] WEIL, L., and T. S. SEIBLES: Arch. Biochem. **54**, 368 (1955).
[4] GAWRON, O., J. KEIL and A. J. GLAID III: Biochim. biophys. Acta **19**, 170 (1956).
[5] CARTER, J. R.: J. biol. Ch. **234**, 1705 (1959).
[6] RESNICK, H., J. R. CARTER and G. KALNITSKY: J. biol. Ch. **234**, 1711 (1959).

Literatur zu Tabelle 17 (Fortsetzung).
[62] JIRGENSONS, B.: Arch. Biochem. **92**, 216 (1961).
[63] SCHELLMAN, J. A., and C. G. SCHELLMAN: Arch. Biochem. **65**, 58 (1956).
[64] YANG, J. T., and P. DOTY: Am. Soc. **79**, 761 (1957).
[65] JIRGENSONS, B.: Arch. Biochem. **96**, 314 (1962).
[66] MCMEEKIN, T. L., M. WILENSKY and M. L. GROVES: Biochem. biophys. Res. Comm. **7**, 151 (1962).
[67] TANFORD, C., and J. D. HAUENSTEIN: Biochim. biophys. Acta **19**, 535 (1956).
[68] RABINOVITCH, M., and S. R. DOHI: Arch. Biochem. **70**, 239 (1957).
[69] CHA, C.-Y., and H. A. SCHERAGA: Am. Soc. **82**, 54 (1960).
[70] SAGE, H. J., and S. J. SINGER: Biochim. biophys. Acta **29**, 663 (1958).
[71] CRESTFIELD, A. M., and F. W. ALLEN: J. biol. Ch. **211**, 363 (1954).
[72] ANDERSON, E. A., and R. A. ALBERTY: J. physic. Colloid Chem. **52**, 1345 (1948).
[73] ALBERTY, R. A., E. A. ANDERSON and J. W. WILLIAMS: J. physic. Colloid Chem. **52**, 217 (1948). — ANDERSON, E. A., and R. A. ALBERTY: J. physic. Colloid Chem. **52**, 1245 (1948).
[74] BARNETT, L. B., and H. B. BULL: Arch. Biochem. **89**, 167 (1960).
[75] KALOUS, V., and Z. PAVLIČEK: Biochim. biophys. Acta **57**, 44 (1962).
[76] BARNETT, L. B., and H. B. BULL: Am. Soc. **81**, 5133 (1959).
[77] DOUGLAS, H. W., and D. J. SHAW: Trans. Faraday Soc. **53**, 512 (1957).
[78] ROSEMEYER, M. A., and E. M. SHOOTER: Biochem. J. **69**, 28P (1958).
[79] WELLNER, D., H. I. SILMAN and M. SELA: J. biol. Ch. **238**, 1324 (1963).
[80] CRADDOCK, V. M., and C. E. DALGLIESH: Bull. Soc. chim. belg. **65**, 76 (1956).
[81] RAACKE, I. D., and C. H. LI: Biochim. biophys. Acta **14**, 290 (1954).
[82] URIEL, J., et J. COURCON: Cr. **253**, 1876 (1961).
[83] KOCH, A. L., W. A. LAMONT and J. J. KATZ: Arch. Biochem. **63**, 106 (1956).
[84] KATZ, J. J.: Nature **173**, 265; **174**, 509 (1954). Arch. Biochem. **51**, 293 (1954).
[85] OTTESEN, M., and A. STRACHER: C. R. Lab. Carlsberg **31**, 457 (1960).
[86] RAY, D. K., F. HUTCHINSON and M. J. MOROWITZ: Nature **186**, 312 (1960).
[87] HVIDT, A.: Biochim. biophys. Acta **18**, 306 (1955).
[88] SCHILDKRAUT, C. L., and H. E. SCHERAGA: Am. Soc. **82**, 58 (1960).
[89] ENGLANDER, S. W.: Fed. Proc. **22** (I), 418 (1963).
[90] HAGGIS, G. H.: Biochim. biophys. Acta **23**, 494 (1957).
[91] MCLAREN, A. D., and R. A. LUSE: Science, N.Y. **134**, 836 (1961).
[92] COLLINSON, E., F. S. DAINTON and B. HOLMES: Nature **165**, 266 (1950).
[93] SLOBODIAN, E., M. FLEISHER, W. NEWMAN and S. RUBENFELD: Arch. Biochem. **97**, 59 (1962).
[94] BRIGHENTI, L., e A. FALASCHI: Biochim. biophys. Acta **59**, 376 (1962).
[95] YANG, J. T., and J. F. FOSTER: Am. Soc. **77**, 2374 (1955).
[96] SCHULTZ, J., H. ALLISON and M. GRICE: Biochemistry **1**, 694 (1962).
[97] SCHRIER, E. E., and H. A. SCHERAGA: Biochim. biophys. Acta **64**, 406 (1962).
[98] GAJEWSKA, D., and D. SHUGAR: Bull. Acad. pol. Sci., Cl. 2, **4**, 157 (1956).
[99] RUPLEY, J. A., and H. A. SCHERAGA: Biochemistry **2**, 421 (1963).
[100] OOI, T., J. A. RUPLEY and H. A. SCHERAGA: Biochemistry **2**, 432 (1963).
[101] BIGELOW, C. C.: Fed. Proc. **22** (I), 419 (1963).
[102] BARNETT, L. B., and H. B. BULL: Arch. Biochem. **88**, 328 (1960).
[103] VIGNAIS, P., E. BARBU, J. BASSET et M. MACHEBOEUF: Cr. **232**, 2364 (1951).
[104] CINADER, B., and J. H. PEARCE: Brit. J. exp. Path. **37**, 541 (1956).
[105] BROWN, R. K., L. LEVINE and H. VAN VUNAKIS: Fed. Proc. **16**, 159 (1957).
[106] BROWN, R. K., B. C. TACEY and C. B. ANFINSEN: Biochim. biophys. Acta **39**, 528 (1960).
[107] VUNAKIS, H. VAN, E. LEIKHIM, R. DELANEY, L. LEVINE and R. K. BROWN: J. biol. Ch. **235**, 3430 (1960).
[108] BROWN, R. K., J. DURIEUX, R. DELANEY, E. LEIKHIM and B. J. CLERK: Ann. N.Y. Acad. Sci. **81**, 524 (1959).
[109] BROWN, R. K., R. DELANEY, L. LEVINE and H. VAN VUNAKIS: J. biol. Ch. **234**, 2043 (1959).
[110] SMOLENS, J., and M. G. SEVAG: J. gen. Physiol. **26**, 11 (1942).
[111] BROWN, R. K.: J. biol. Ch. **237**, 1162 (1962).
[112] SINGER, S. J., and F. M. RICHARDS: J. biol. Ch. **234**, 2911 (1959).
[113] CINADER, B., and K. J. LAFFERTY: Ann. N.Y. Acad. Sci. **103**, 653 (1962).
[114] BROWN, R. K.: Ann. N.Y. Acad. Sci. **103**, 754 (1962).

Tabelle 18. *Derivate von Ribonuclease aus Rinderpankreas.*

	Literatur
Phosphorylierung	1, 2
Guanidierung	3–5
Polypeptidylierung	
Poly-D,L-valyl-Ribonuclease (20 Mol Val/Mol Protein)	6, 7
Poly-D,L-phenylalanyl-Ribonuclease (8 Mol Phe/Mol Protein)	6, 7
Polyglycyl-Ribonuclease (28 Mol Gly/Mol Protein)	6, 7
Poly-D,L-alanyl-Ribonuclease (11—78 Mol Ala/Mol Protein)	8
Poly-D,L-alanyl-Ribonuclease (94—130 Mol Ala/Mol Protein)	9
Poly-L-tyrosyl-Ribonuclease (4—6 Mol Tyr/Mol Protein)	8
Benzoyl-phenylalanyl-seryl-Ribonuclease	10
Reduktion, Carboxymethylierung	11–13
Reduktion, Reoxydation	11, 14–28
Reduktion, enzymatische Reoxydation	28, 29
Subtilisin-Spaltung, S-Protein und S-Peptid	5, 11, 25, 30–40
Methylierung	11
Photooxydation	31, 32, 41
„Thiolierung" (an ε-NH_2-Gruppen)	17
Desaminierung	3, 5, 42
Desamidierung	5
Carboxymethylierung	5, 43–47
Tyrosinase-Oxydation	48
Polyphenoloxydase-Oxydation	49
Umsatz mit Carboxymethyl-cellulose-hydrazid, Reduktion und Reoxydation	50
Carbamylierung	51
Dinitrophenylierung	52–54
Carbobenzoxylierung	55
Jodierung	56
S-Sulfonierung	57
Sulfhydrylierung	58
Formylierung	59
H_2O_2-Oxydation	44
Trifluoracetylierung	60
Thiolierung	61
Acetylierung	5, 62

[1] TABORSKY, G.: C. R. Lab. Carlsberg **30**, 309 (1958).
[2] TABORSKY, G.: J. biol. Ch. **234**, 2915 (1959).
[3] BROWN, R. K., L. LEVINE and H. VAN VUNAKIS: Fed. Proc. **16**, 159 (1957).
[4] KLEE, W. A., and F. M. RICHARDS: J. biol. Ch. **229**, 489 (1957).
[5] VITHAYATHIL, P. J., and F. M. RICHARDS: J. biol. Ch. **235**, 1029, 2343 (1960); **236**, 1380, 1386 (1961).
[6] BECKER, R. R.: Proteinanalytisches Symposium Göttingen 1962 (Manuskriptdruck).
[7] BECKER, R. R., and F. SAWADA: Fed. Proc. **22** (I), 419 (1963).
[8] ANFINSEN, C. B., M. SELA and J. P. COOKE: J. biol. Ch. **237**, 1825 (1962).
[9] WELLNER, D., H. I. SILMAN and M. SELA: J. biol. Ch. **238**, 1324 (1963).
[10] BOTVINIK, M. M., and A. P. ANDREEVA: Dokl. Akad. Nauk SSSR **133**, 359 (1960).
[11] HABER, E., and C. B. ANFINSEN: J. biol. Ch. **237**, 1837 (1962).
[12] SELA, M., C. B. ANFINSEN and W. F. HARRINGTON: Biochim. biophys. Acta **26**, 502 (1957).
[13] CRESTFIELD, A. M., S. MOORE and W. H. STEIN: J. biol. Ch. **238**, 622 (1963).
[14] ANFINSEN, C. B., and E. HABER: J. biol. Ch. **236**, 1361 (1961).
[15] ANFINSEN, C. B., E. HABER, M. SELA and F. H. WHITE jr.: Proc. nat. Acad. Sci. USA **47**, 1309 (1961).
[16] WHITE jr., F. H.: J. biol. Ch. **235**, 383 (1960).
[17] SELA, M., F. H. WHITE jr., and C. B. ANFINSEN: Biochim. biophys. Acta **31**, 417 (1959).
[18] RESNICK, H., J. R. CARTER and G. KALNITSKY: J. biol. Ch. **234**, 1711 (1959).
[19] MOORE, S., R. D. COLE, H. G. GUNDLACH and W. H. STEIN: IV. Int. Congr. Biochem. Wien 1958. Symposium VIII.
[20] WETLAUFER, D. B.: Abstr. amer. chem. Soc. 135th Meet. Boston 1949. S. 27C.
[21] GAWRON, O., J. KEIL and A. J. GLAID III: Biochim. biophys. Acta **19**, 170 (1956).
[22] WHITE jr., F. H., and C. B. ANFINSEN: Ann. N.Y. Acad. Sci. **81**, 515 (1959).
[23] BELLO, J.: Brookhaven Symp. biol. **13**, 23 (1961).
[24] SELA, M., and S. LIFSON: Biochim. biophys. Acta **36**, 471 (1959).
[25] BROWN, W. D.: Biochim. biophys. Acta **44**, 365 (1960).
[26] HABER, E., and C. B. ANFINSEN: J. biol. Ch. **236**, 422 (1961).
[27] WHITE jr., F. H.: J. biol. Ch. **236**, 1353 (1961).

Ribonuclease B (s. S. 728), die zweitgrößte Komponente von Rinderpankreas-Ribonuclease, soll sich von Ribonuclease A durch den Mehrgehalt von einer titrierbaren Carboxylgruppe unterscheiden[1]; entsprechend anders liegt der isoionische Punkt mit 9,23[2]. Ribonuclease B hat eine mit Ribonuclease A identische Aminosäurezusammensetzung[3]; das Molekulargewicht wird (nicht ganz sicher) mit 14700 ± 300 gefunden. Bezüglich der UV-Absorption und der spezifischen Aktivität gegenüber Ribonucleinsäure und Cytidin-2',3'-monophosphat bestehen keine Differenzen zwischen den Ribonucleasen A und B. Dagegen enthält Ribonuclease B pro Mol des Proteins 5 M Mannose und 2 M Glucosamin; Ribonuclease B-ähnliche Fraktionen, die aus kristalliner Ribonuclease des Handels isoliert worden sind, weisen zum Teil einen geringeren Kohlenhydratgehalt auf als aus Pankreassaft isolierte Ribonuclease B[3].

Chemisch modifizierte Ribonucleasen aus Rinderpankreas. Neben dem nativen Enzym ist eine größere Zahl von Derivaten bekannt, die vorzugsweise zum Studium der Sekundär- und Tertiärstruktur hergestellt worden sind. Eine detaillierte Beschreibung[4] würde den Rahmen der Abhandlung weit überschreiten. Als Anhaltspunkt sind daher in Tabelle 18

[1] ÅQUIST, S. E. G., and C. B. ANFINSEN: J. biol. Ch. **234**, 1112 (1959).
[2] TANFORD, C., and D. J. HAUENSTEIN: Biochim. biophys. Acta **19**, 535 (1956).
[3] PLUMMER jr., T. H., and C. H. W. HIRS: J. biol. Ch. **238**, 1396 (1963).
[4] SCHERAGA, H. A., and J. A. RUPLEY: Adv. Enzymol. **24**, 161 (1962).

Literatur zu Tabelle 18 (Fortsetzung).

28 GOLDBERGER, R. F., C. J. EPSTEIN and C. B. ANFINSEN: J. biol. Ch. **238**, 628 (1963).
29 VENETIANER, P., and F. B. STRAUB: Biochim. biophys. Acta **67**, 166 (1963).
30 RICHARDS, F. M.: C. R. Lab. Carlsberg **29**, 322, 329 (1955).
31 RICHARDS, F. M.: Proc. nat. Acad. Sci. USA **44**, 162 (1958).
32 RICHARDS, F. M., and P. J. VITHAYATHIL: J. biol. Ch. **234**, 1459 (1959).
33 RICHARDS, F. M., and A. D. LOGUE: J. biol. Ch. **237**, 3693 (1962).
34 POTTS, J. T., A. BERGER, J. COOKE and C. B. ANFINSEN: J. biol. Ch. **237**, 1851 (1962).
35 GROSS, E., and B. WITKOP: J. biol. Ch. **237**, 1856 (1962).
36 SINGER, S. J., and F. M. RICHARDS: J. biol. Ch. **234**, 2911 (1959).
37 ALLENDE, J. E., and F. M. RICHARDS: Biochemistry **1**, 295 (1962).
38 POTTS jr., J. T., and D. M. YOUNG: Fed. Proc. **22** (I), 418 (1963).
39 DOSCHER, M., and F. M. RICHARDS: Fed. Proc. **22** (I), 419 (1963).
40 OTTESEN, M., and M. SZÉKELY: C.R. Lab. Carlsberg **32**, 319 (1962).
41 WEIL, L., and T. S. SEIBLES: Arch. Biochem. **54**, 368 (1955).
42 VAN VUNAKIS, H., E. LEIKHIM, R. DELANEY, L. LEVINE and R. K. BROWN: J. biol. Ch. **235**, 3430 (1960).
43 GUNDLACH, H. G., W. H. STEIN and S. MOORE: J. biol. Ch. **234**, 1754 (1959).
44 NEUMANN, N. P., S. MOORE and W. H. STEIN: Biochemistry **1**, 68 (1962).
45 CRESTFIELD, A. M.: Fed. Proc. **22** (I), 419 (1963).
46 BARNARD, E. A., and W. D. STEIN: J. mol. Biol. **1**, 339 (1959). Biochim. biophys. Acta **37**, 371 (1960).
47 STEIN, W. D., and E. A. BARNARD: J. mol. Biol. **1**, 350 (1959).
48 YASUNOBU, K. T., and W. B. DANDLIKER: J. biol. Ch. **224**, 1065 (1957).
49 LISSITZKY, S., M. ROLLAND et S. LASRY: Biochim. biophys. Acta **39**, 379 (1960).
50 EPSTEIN, C. J., and C. B. ANFINSEN: J. biol. Ch. **237**, 2175 (1962).
51 STARK, G. R., W. H. STEIN and S. MOORE: J. biol. Ch. **235**, 3177 (1960).
52 REDFIELD, R. R., and C. B. ANFINSEN: J. biol. Ch. **221**, 385 (1956).
53 WALLENFELS, K., u. A. ARENS: B. Z. **333**, 395 (1960).
54 HIRS, C. H. W., M. HALMANN and J. H. KYCIA; in: Biological Structure and Function (T. W. GOODWIN and O. LINDBERG, Hrsg.) Bd. I, S. 41. London, New York 1961.
55 ANFINSEN, C. B., M. SELA and H. TRITCH: Arch. Biochem. **65**, 156 (1956).
56 CHA, C.-Y., and H. A. SCHERAGA: Biochem. biophys. Res. Comm. **5**, 67 (1961); **6**, 369 (1961).
57 BAILEY, J. L., and R. D. COLE: J. biol. Ch. **234**, 1733 (1959).
58 KLOTZ, I. M., and R. E. HEINEY: Arch. Biochem. **96**, 605 (1962).
59 JOSEFSSON, L.: Biochim. biophys. Acta **58**, 575 (1962).
60 GOLDBERGER, R. F., and C. B. ANFINSEN: Biochemistry **1**, 401 (1962).
61 WHITE jr., F. H., and A. SANDOVAL: Biochemistry **1**, 938 (1962).
62 BROWN, R. K., J. DURIEUX, R. DELANEY, E. LEIKHIM and B. J. CLARK: Ann. N.Y. Acad. Sci. **81**, 524 (1959).

lediglich die wichtigsten Ribonuclease-Derivate zusammengestellt, so daß der Zugang zur Originalliteratur erleichtert wird. Viele der an diesen Derivaten erhobenen Befunde haben eine über die eigentliche Proteinchemie hinausgehende Bedeutung, z.B. für die allgemeine Enzymologie, die Immunologie und die Genetik.

Andere Ribonucleasen. Keine Ribonuclease ist auch nur annähernd so gut untersucht wie die Pankreas-Ribonuclease; konkrete Angaben sind daher außerordentlich spärlich. Die beiden aus Menschenharn isolierten Ribonucleasen P und U sowie die Ribonuclease aus Menschenmilz haben Molekulargewichte von 13770, 18840 bzw. 18320[1]. Immunologisch verhält sich Ribonuclease P offenbar identisch mit Ribonuclease A aus Rinderpankreas, während Ribonuclease U und Menschenmilz-Ribonuclease immunologisch keine Verwandtschaft mit Pankreas-Ribonuclease zeigen[1]. Die Aminosäurezusammensetzung der drei eben genannten Ribonucleasen ist in Tabelle 19 zusammengestellt.

Tabelle 19. *Aminosäurezusammensetzung von Ribonuclease P und Ribonuclease U aus Menschenharn sowie von Ribonuclease aus Menschenmilz*[1].

Aminosäure	Ribonuclease P		Ribonuclease U		Menschenmilz-Ribonuclease	
	g Aminosäurerest/100 g Protein	Mol Aminosäure/Mol Protein	g Aminosäurerest/100 g Protein	Mol Aminosäure/Mol Protein	g Aminosäurerest/100 g Protein	Mol Aminosäure/Mol Protein
Asparaginsäure	13,0	15,4	16,4	26,1	15,1	24,1
Threonin . . .	7,6	10,3	7,3	13,2	6,7	12,1
Serin	9,7	15,3	3,3	7,0	4,1	8,6
Glutaminsäure	11,7	12,4	13,1	18,6	12,4	17,5
Prolin . . .	3,2	4,5	7,9	14,9	7,8	14,7
Glycin . . .	1,3	3,1	1,2	3,7	1,7	5,5
Alanin . . .	6,2	11,8	2,9	7,5	3,0	7,8
1/2 Cystin . . .	5,6	7,5	4,6	8,3	4,6	8,3
Valin	6,3	8,7	5,7	10,6	5,4	10,0
Methionin . .	3,6	3,7	3,2	4,4	2,9	4,0
Isoleucin . .	2,8	3,0	4,9	8,0	5,0	8,1
Leucin. . . .	1,8	2,1	3,7	6,0	4,1	6,7
Tyrosin . . .	7,0	5,8	4,2	4,8	4,8	5,4
Phenylalanin .	3,3	2,8	4,8	5,9	4,8	6,0
Lysin	9,0	9,6	3,6	5,1	4,5	6,4
Histidin . . .	3,9	3,9	4,5	6,0	4,4	6,0
Arginin . . .	4,5	3,9	7,8	9,2	7,6	8,9
Tryptophan .			1,0	1,0	1,0	1,0
Amid		14,4		32,9		(49,8)

Nachstehend folgen ferner in 3 Tabellen Angaben über die Aminosäure-Zusammensetzung zweier mikrobieller Enzyme, über einige weitere Eigenschaften dreier mikrobieller Enzyme und über die Hitzestabilität einer größeren Zahl von Ribonucleasen der verschiedensten Herkunft.

Ribonuclease T_1 erleidet durch Desaminierung der beiden freien Aminogruppen (endständiges Alanin und ein Lysin) keine Aktivitätseinbuße[2]. Photooxydation greift je nach Bedingungen an den Histidinresten und gegebenenfalls dem Tryptophanrest an und führt zu Verlust der enzymatischen Aktivität[3]. Reduktion einer Disulfidbrücke ergibt 80% Aktivitätsabnahme; Reaktivierung durch Spontanoxydation an Luft ist wie bei Rinderpankreas-Ribonuclease möglich[4].

Katalytische Eigenschaften. *p_H-Optimum.* Pankreas-Ribonuclease hat ein p_H-Optimum nahe am Neutralpunkt, das in Bestätigung von KUNITZ[5] meist mit p_H 7,6—7,8

[1] DELANEY, R.: Biochemistry **2**, 438 (1963).
[2] SHIOBARA, Y., K. TAKAHASHI and F. EGAMI: J. Biochem. **52**, 267 (1962).
[3] YAMAGATA, S., K. TAKAHASHI and F. EGAMI: J. Biochem. **52**, 261 (1962).
[4] YAMAGATA, S., K. TAKAHASHI and F. EGAMI: J. Biochem. **52**, 272 (1962).
[5] KUNITZ, M.: J. gen. Physiol. **24**, 15 (1940).

angegeben wird. Ganz ähnlich verhält sich eine Anzahl von Ribonucleasen aus tierischem Material, wie z.B. Urin und Serum; in diesen Fällen wird die Herkunft aus dem Pankreas-Sekret angenommen. Die Ribonucleasen P und U aus Menschenharn unterscheiden sich durch ihr bei p_H 8,0 bzw. 6,5 gelegenes p_H-Optimum[1].

Tabelle 20. *Aminosäure-Zusammensetzung der Ribonuclease T_1 aus Takadiastase und der B. subtilis-Ribonuclease.*

Aminosäure	Takadiastase-Ribonuclease T_1 [2]		*Bacillus subtilis*-Ribonuclease [3]	
	g Aminosäure-Rest/100 g Protein	Mol Aminosäure/Mol Protein	g Aminosäure-Rest/100 g Protein	Mol Aminosäure/Mol Protein
Aspartat	15,6	15	14,2	17,4
Threonin	5,7	6	6,3	8,8
Serin	13,7	17	5,7	9,3
Glutamat	11,8	10	7,4	7,8
Prolin	3,9	4	3,6	5,3
Glycin	6,3	12	4,3	10,8
Alanin	4,5	7	4,0	8,0
$^1/_2$ Cystin	3,5	4	0	0
Valin	6,6	7	3,0	4,3
Methionin	0	0	0,6	0,7
Isoleucin	1,8	2	5,7	7,1
Leucin	3,0	3	5,7	7,1
Tyrosin	12,1	8	8,6	7,5
Phenylalanin	5,1	4	6,1	5,9
Lysin	1,2	1	7,6	8,5
Histidin	3,7	3	2,8	3,0
Arginin	1,4	1	6,8	6,1
Tryptophan	1,8	1	5,9	4,0
Amid-NH_3		11		14,8

Eine ganze Reihe von tierischen Geweben dagegen zeigt zwei p_H-Optima der Ribonucleasewirkung, woraus auf zwei verschiedene Enzyme geschlossen wird[4-22]. Sie werden entsprechend dem p_H-Optimum saure und alkalische Ribonuclease genannt; s. auch S. 722 und 777. Die Frage der Existenz zweier Ribonucleasen ist jedoch aus zwei Gründen nicht völlig geklärt: Einmal haben aus dem gleichen Ausgangsmaterial, der Kälbermilz, HEPPEL und KAPLAN *ein* Enzym (s. S. 729), MAVER und GRECO dagegen *zwei* Ribonucleasen (s. S. 730) angereichert. Ferner wird berichtet, daß nach Ausschaltung des Ribonuclease-

[1] DELANEY, R.: Biochemistry **2**, 438 (1963).
[2] TAKAHASHI, K.: J. Biochem. **51**, 95 (1962).
[3] NISHIMURA, S., and H. OZAWA: Biochim. biophys. Acta **55**, 421 (1962).
[4] LAMIRANDE, G. DE, C. ALLARD and A. CANTERO: Canad. J. Biochem. **32**, 35 (1953).
[5] ALLARD, C.: J. nat. Cancer Inst. **15**, (Suppl.) 1607 (1955).
[6] ROTH, J. S.: J. biol. Ch. **208**, 181 (1954); **227**, 591 (1957). Arch. Biochem. **60**, 7 (1956).
[7] MAVER, M. E., and A. E. GRECO: J. nat. Cancer Inst. **17**, 503 (1956); **28**, 1095 (1962).
[8] STEVENS, B. M., and E. REID: Biochem. J. **64**, 735 (1956).
[9] ALLARD, C., G. DE LAMIRANDE, G. WEBER and A. CANTERO: Canad. J. Biochem. **34**, 170 (1956).
[10] EICHEL, H. J., E. M. FIGUEROA and E. K. GOLDENBERG: Biochim. biophys. Acta **51**, 216 (1961).
[11] ELLEM, K. A. O., and J. S. COLTER: J. cellul. comp. Physiol. **58**, 267 (1961).
[12] MAVER, M. E., and A. E. GRECO: J. biol. Ch. **237**, 736 (1962).
[13] ELLEM, K. A. O., J. S. COLTER and J. KUHN: Nature **184**, 984 (1959).
[14] SLATER, T. F.: Biochem. J. **78**, 500 (1961).
[15] PILERI, A., L. LEDOUX et H. POZNANSKA: Rev. franç. Ét. clin. biol. **3**, 890 (1958).
[16] PILERI, A., L. LEDOUX, S. L. LIU et F. VANDERHAEGHE: Arch. int. Physiol. **67**, 119 (1959).
[17] REID, E., and F. LOTZ: Brit. J. Cancer **12**, 419 (1958).
[18] NODES, J. T., E. REID and J. M. WHITCUTT: Biochem. J. **84**, 33P (1962).
[19] REID, E., and J. T. NODES: Ann. N.Y. Acad. Sci. **81**, 618 (1959).
[20] SPENCER, B.: Biochem. J. **71**, 500 (1959).
[21] ZYTKO, J., G. DE LAMIRANDE, C. ALLARD and A. CANTERO: Biochim. biophys. Acta **27**, 495 (1958).
[22] BERNARDI, G.: Biochim. biophys. Acta **53**, 216 (1961).

Tabelle 21. *Eigenschaften verschiedener mikrobieller Ribonucleasen.*

	Ribonuclease T_1 aus Takadiastase	Ribonuclease T_2 aus Takadiastase	Ribonuclease aus *Bacillus subtilis*
Stickstoffgehalt (%)	16 [1] 16,5 [2]	16 [5]	
$E_{280\,m\mu}/E_{260\,m\mu}$	1,75 [1] 2,2 [2]	1,51 [5]	
Sedimentationskonstante ($s_{20,w}$)	1,70 [1,4]	3,1 [5]	1,4 [7]
Säurestabilität	verträgt 48 Std 0,4 n HCl bei 4° C		
Kohlenhydratgehalt (als D-Xylose; %)	unter 0,2 [2]		
Isoelektrischer Punkt	2,9 [2]	7,0 [9]	
Molekulargewicht	etwa 11000 [2]	etwa 30500 [5]	
Aminosäure-Zusammensetzung	s. Tabelle 20 [2]		s. Tabelle 20 [8]
Fehlende Reaktion mit Jodacetat	[3]		
Reaktion mit N-Bromsuccinimid			[8]
N-terminale Aminosäure(n)	Ala-Lys-Cys-S Asp* [6] Tyr Thr Asp*		Serin [8]
C-terminale Aminosäuren	Thr-Val-(Ala, Asp, Ser)- [6]		

* Ein —NH_2 an einem Asp.

Inhibitors mittels SH-Reagentien (s. S. 762) das saure und das alkalische p_H-Optimum zugunsten eines einzigen, am Neutralpunkt gelegenen p_H-Optimums verschwänden[10].

Ribonucleasen aus Pflanzen und aus Mikroorganismen haben relativ häufig p_H-Optima im schwach sauren Gebiet, so unter anderem die Enzyme aus Erbsenblättern, Tabakblättern, Ryegrass und Spinat[11]. Ribonuclease T_1 aus Takadiastase hat das p_H-Optimum 7,5[12], Ribonuclease T_2 dagegen den Wert 4,5[9].

Ionen-Effekte. Es herrscht Übereinstimmung darüber, daß die Ionenstärke des Mediums die Geschwindigkeit der durch Ribonuclease katalysierten Reaktionen ganz erheblich beeinflußt. Optimale Werte der Ionenstärke hängen von der Art des Enzyms, von der Art des Substrats und von der Substrat-Konzentration ab; meist wird $\mu = 0{,}1$ angegeben[13], doch kann der Wert 0,35 erreichen[14-16]. Die Wirkung höherer Ionenstärken, die meist mit NaCl eingestellt werden, ist wohl im Sinne einer Auflockerung der eher rigiden Struktur der Ribonuclease und einer partiellen Entfaltung des hochmolekularen RNS-Substrats zu verstehen, jedenfalls soweit Pankreas-Ribonuclease betroffen ist[15,17-20].

[1] Rushizky, G. W., and H. A. Sober: J. biol. Ch. **237**, 834 (1962).
[2] Takahashi, K.: J. Biochem. **51**, 95 (1962).
[3] Sato, K., and F. Egami: J. Biochem. **44**, 753 (1957).
[4] Ui, N., and O. Tarutani: J. Biochem. **49**, 9 (1961).
[5] Rushizky, G. W., and H. A. Sober: J. biol. Ch. **238**, 371 (1963).
[6] Takahashi, K.: J. Biochem. **52**, 72 (1962).
[7] Nishimura, S.: Biochim. biophys. Acta **45**, 15 (1960).
[8] Nishimura, S., and H. Ozawa: Biochim. biophys. Acta **55**, 421 (1962).
[9] Naoi-Tada, M., K. Sato-Asano and F. Egami: J. Biochem. **46**, 757 (1959).
[10] Ellem, K. A. O., and J. S. Colter: J. cellul. comp. Physiol. **58**, 267 (1961).
[11] Anfinsen, C. B., and F. H. White jr.: Boyer-Lardy-Myrbäck, Enzymes Bd. V, S. 95ff.
[12] Sato, K., and F. Egami: J. Biochem. **44**, 753 (1957). — Sato-Asano, K.: J. Biochem. **46**, 31 (1959).
[13] Dickman, S. R., J. P. Aroskar and R. B. Kropf: Biochim. biophys. Acta **21**, 539 (1956).
[14] Davis, F. F., and F. W. Allen: J. biol. Ch. **217**, 13 (1955).
[15] Dickman, S. R., and B. Ring: J. biol. Ch. **231**, 741 (1958).
[16] Litt, M.: Biochim. biophys. Acta **60**, 644 (1962).
[17] Buzzell, J. G., and C. Tanford: J. physic. Chem. **60**, 1204 (1956).
[18] Elödi, P.: Biochim. biophys. Acta **53**, 218 (1961).
[19] Hummel, J. P., and G. Kalnitsky: J. biol. Ch. **234**, 1517 (1959).
[20] Kalnitsky, G., J. P. Hummel and C. Dierks: J. biol. Ch. **234**, 1512 (1959).

Tabelle 22. *Hitzestabilität verschiedener Ribonucleasen**.

		Literatur
Leber-Mitochondrien, Ratte, alkalische Ribonuclease	++	1
Leber-Mitochondrien, Ratte, saure Ribonuclease . .	—	1
Milz, Kalb	+	2
Milz, Kalb, alkalische Ribonuclease	+	3
Milz, Kalb, saure Ribonuclease	—	3
Serum, Meerschweinchen	—	4
Harn, Mensch	++	5
Coecalsack, Tintenfisch	—	6
Ryegrass	+	7
Spinatblätter	++	8
Tabakblätter	++	9
Erbsenblätter	—	10
Bacillus subtilis	—	11
Escherichia coli, Ribosomen	+	12

* ++ Hitzestabil; vergleichbar mit Ribonuclease aus Rinderpankreas (s. S. 743). + Mäßig hitzestabil; keine völlige Inaktivierung unter den Stabilitätsbedingungen für Rinderpankreas-Ribonuclease (s. S. 743). — Instabil; völlige Inaktivierung.

Damit steht in Übereinstimmung, daß auch Harnstoff-Gegenwart in nicht zu hohen Konzentrationen die Reaktionsgeschwindigkeit eher erhöht als vermindert[13]; bei hohen Harnstoff-Konzentrationen geht naturgemäß die Enzymaktivität hochgradig zurück[14].

Spezifische Ionenwirkungen scheinen für Anionen (außer für Phosphat, s. Tabelle 17, ferner S. 760 und [15]) nicht bekannt zu sein[16]. Hinsichtlich der Kationeneffekte herrscht ein regelrechtes Chaos, das ANFINSEN tabelliert hat[17]. Offenbar hängt die Kationenwirkung (Hemmung; kein Effekt; Aktivierung) von einer Reihe weiterer Faktoren ab, die bisher nicht ausreichend kontrolliert worden sind, so daß eine detaillierte Darstellung wenig Sinn hat. Ein Teil der beobachteten Effekte ist sicher mit der oben diskutierten Wirkung der Ionenstärke zu erklären. Eine Ausnahme machen lediglich Cu^{++} und Zn^{++}, deren Hemmwirkung wohletabliert ist; diese beiden Ionen werden unter Hemmstoffen (S. 759) besprochen.

Kinetische Daten. Für Ribonucleinsäure als Substrat wird ein K_M-Wert zwischen 0,2 und 1,25 mg/ml, abhängig von der Natur der Ribonucleinsäure, angegeben[18]; einen um $^1/_3$ höheren Wert findet man für das Enzym aus Meerschweinchenserum verzeichnet[4]; die Bedeutung dieser Werte ist nicht geklärt. EDELHOCH und COLEMAN[18] haben auch Versuche unternommen, die Kinetik der RNS-Hydrolyse zu beschreiben und die Produkthemmung zu berechnen; diese Versuche sind von anderer Seite bestätigt worden[19],

[1] ROTH, J. S.: J. biol. Ch. **227**, 591 (1957).
[2] KAPLAN, H. S., and L. A. HEPPEL: J. biol. Ch. **222**, 907 (1956).
[3] MAVER, M. E., and A. E. GRECO: J. biol. Ch. **237**, 736 (1962).
[4] RABINOVITCH, M., and S. R. DOHI: Arch. Biochem. **70**, 239 (1957).
[5] DICKMAN, S. R., L. H. WHITE and J. O. MASON: Arch. Biochem. **74**, 476 (1958).
[6] EDMONDS, M., and J. S. ROTH: Arch. Biochem. **89**, 207 (1960).
[7] SHUSTER, L.: J. biol. Ch. **229**, 289 (1957).
[8] TUVE, T. W., and C. B. ANFINSEN: J. biol. Ch. **235**, 3437 (1960).
[9] FRISCH-NIGGEMEYER and K. K. REDDI: Biochim. biophys. Acta **26**, 40 (1957).
[10] HOLDEN, M., and N. W. PIRIE: Biochem. J. **51**, 433 (1952).
[11] NISHIMURA, S., and M. NOMURA: Biochim. biophys. Acta **30**, 430 (1958).
[12] SPAHR, P. F., and B. B. HOLLINGWORTH: J. biol. Ch. **236**, 823 (1961).
[13] KALNITSKY, G., J. P. HUMMEL, H. RESNICK, J. R. CARTER, L. B. BARNETT and C. DIERKS: Ann. N.Y. Acad. Sci. **81**, 542 (1959).
[14] BARNARD, E. A.: Biochem. J. **83**, 14P (1962).
[15] UKITA, T., K. WAKU, M. IRIE and O. HOSHINO: J. Biochem. **50**, 405 (1961).
[16] NELSON, C. A., J. P. HUMMEL, C. A. SWENSON and L. FRIEDMAN: J. biol. Ch. **237**, 1575 (1962).
[17] ANFINSEN, C. B., and F. H. WHITE jr.: Boyer-Lardy-Myrbäck, Enzymes Bd. V, S. 95ff.
[18] EDELHOCH, H., and J. COLEMAN: J. biol. Ch. **219**, 351 (1956).
[19] BARKER, G. R., M. D. MONTAGUE, R. J. MOSS and M. A. PARSONS: Soc. **1957**, 3786.

doch sind wegen der Natur des Substrats die Verhältnisse so kompliziert, daß detaillierte Aussagen nicht gemacht werden können.

Ribonuclease zeigt in ausgesprochener Weise das Phänomen der Produkthemmung; Mononucleotide sind die wirksamsten Verbindungen; sie werden S. 759 bei Hemmstoffen näher behandelt.

Wiederum mit Ribonucleinsäure als Substrat, haben KALNITSKY und RESNICK[1] den Temperaturkoeffizienten zwischen 30 und 80° C bestimmt; die Versuche haben Bedeutung für die Superstruktur des Enzymproteins, da oberhalb der Temperatur des thermischen Übergangs keine Enzymaktivität mehr gefunden wird.

Wesentlich tiefere Einblicke erhält man durch Verwendung von Substraten, die die beiden Reaktionsschritte (s. S. 755) getrennt erfassen lassen. So wird eine Maximalgeschwindigkeit der Hydrolyse von Cytidin-2',3'-monophosphat von 2 M pro sec und Mol Enzym angegeben[2]. MICHAELIS-Konstanten für cyclische Nucleotide sind mehrfach gemessen worden: $9{,}9 \times 10^{-4}$ M bei p_H 6,7, $\mu = 0{,}11$ und 25° C [3] bzw. $3{,}4 \times 10^{-3}$ M bei p_H 6,5, $\mu = 0{,}20$ und 25° C [4], auch in Abhängigkeit vom p_H-Wert[4]. Weitere Daten für cyclische Diester (2. Reaktionsschritt, s. S. 756) und Dinucleosid-3',5'-phosphate (1. Reaktionsschritt, s. S. 755) stammen von WITZEL und BARNARD[5] und sind in Tabelle 23 zusammengestellt.

Tabelle 23. *Kinetische Konstanten für definierte Substrate und Ribonuclease aus Rinderpankreas*[6].

Substrat	1. Reaktionsschritt		Substrat	2. Reaktionsschritt	
	K_M	k_3		K_M	k_3
CpA	1×10^{-3}	3000	Cytidin-2',3'-monophosphat		
CpG	3×10^{-3}	500	p_H 7,0	$3{,}3 \times 10^{-3}$	5,5
CpC	4×10^{-3}	240	p_H 5,8	$0{,}4 \times 10^{-3}$	2,0
CpU	$3{,}7 \times 10^{-3}$	27	N^6-Acetylcytidin-2',3'-monophosphat		
UpA	$1{,}9 \times 10^{-3}$	1200	p_H 7,0	$5{,}5 \times 10^{-3}$	0,45
UpC	3×10^{-3}	40	p_H 5,8	$0{,}4 \times 10^{-3}$	0,17
UpU	$3{,}7 \times 10^{-3}$	11	Uridin-2',3'-monophosphat		
3'-CMP-			p_H 7,0	$5{,}0 \times 10^{-3}$	2,2
benzylester	3×10^{-3}	2	p_H 5,8	$0{,}5 \times 10^{-3}$	1,0
			p_H 5,0	$0{,}6 \times 10^{-3}$	0,5
			p_H 4,0	$2{,}0 \times 10^{-3}$	0,16
			Dihydrouridin-2',3'-monophosphat		
			p_H 7,0	6×10^{-3}	0,5

Reaktionsmechanismus. Übersicht s.[7]. Eine ganze Reihe von Befunden, die zum Teil schon vor längerer Zeit erhoben wurden[8–12], muß bei Überlegungen zum Reaktionsmechanismus berücksichtigt werden:

1. Ribonucleinsäure wird von Pankreas-Ribonuclease nur unvollständig abgebaut, es bleibt ein „core" zurück.

2. Alle bei der Reaktion gebildeten Mononucleotide enthalten eine Pyrimidinbase.

[1] KALNITSKY, G., and H. RESNICK: J. biol. Ch. **234**, 1714 (1959).
[2] CRESTFIELD, A. M., W. H. STEIN and S. MOORE: J. biol. Ch. **238**, 618 (1963).
[3] HUMMEL, J. P., M. FLORES and G. NELSON: J. biol. Ch. **233**, 717 (1958).
[4] HERRIES, D. G., A. P. MATHIAS and B. R. RABIN: Biochem. J. **85**, 127 (1962).
[5] WITZEL, H., and E. A. BARNARD: Biochem. biophys. Res. Comm. **7**, 289, 295 (1962).
[6] EDELHOCH, H., and J. COLEMAN: J. biol. Ch. **219**, 351 (1956).
[7] WESTHEIMER, F. H.: Adv. Enzymol. **24**, 441 (1962).
[8] VOLKIN, E., and W. E. COHN: J. biol. Ch. **205**, 767 (1953).
[9] MARKHAM, R., and J. D. SMITH: Biochem. J. **52**, 552, 558, 565 (1952).
[10] SCHMIDT, G., R. CUBILES and S. J. THANNHAUSER: J. cellul. comp. Physiol. **38**, Suppl. 1, 61 (1951). — SCHMIDT, G., R. CUBILES, N. ZÖLLNER, L. HECHT, N. STRICKLER, K. SERAIDARIAN, M. SERAIDARIAN and S. J. THANNHAUSER: J. biol. Ch. **192**, 715 (1951).
[11] BARKER, G. R., M. D. MONTAGUE, R. J. MOSS and M. A. PARSONS: Soc. **1957**, 3786.
[12] KHORANA, H. G.: Boyer-Lardy-Myrbäck, Enzymes Bd. V, S. 79ff.

3. Alle entstehenden Oligonucleotide enthalten endständig ein Pyrimidinnucleotid.

4. Im Verlauf der Reaktion treten die cyclischen 2′,3′-Monophosphate der Pyrimidinnucleoside auf, die späterhin zu den 3′-Nucleotiden hydrolysiert werden.

5. Auch die entstehenden Oligonucleotide tragen zwischenzeitlich am Pyrimidinnucleotid-Ende eine cyclische 2′,3′-Phosphatgruppe, die im weiteren Reaktionsverlauf wieder hydrolysiert wird.

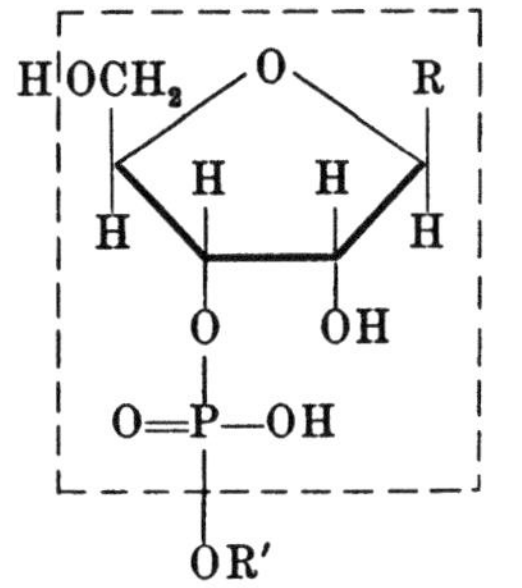

Abb. 2. Spezifitätserfordernisse für synthetische Substrate von Ribonuclease. R = Cytosin oder Uracil; R′ = Alkyl.

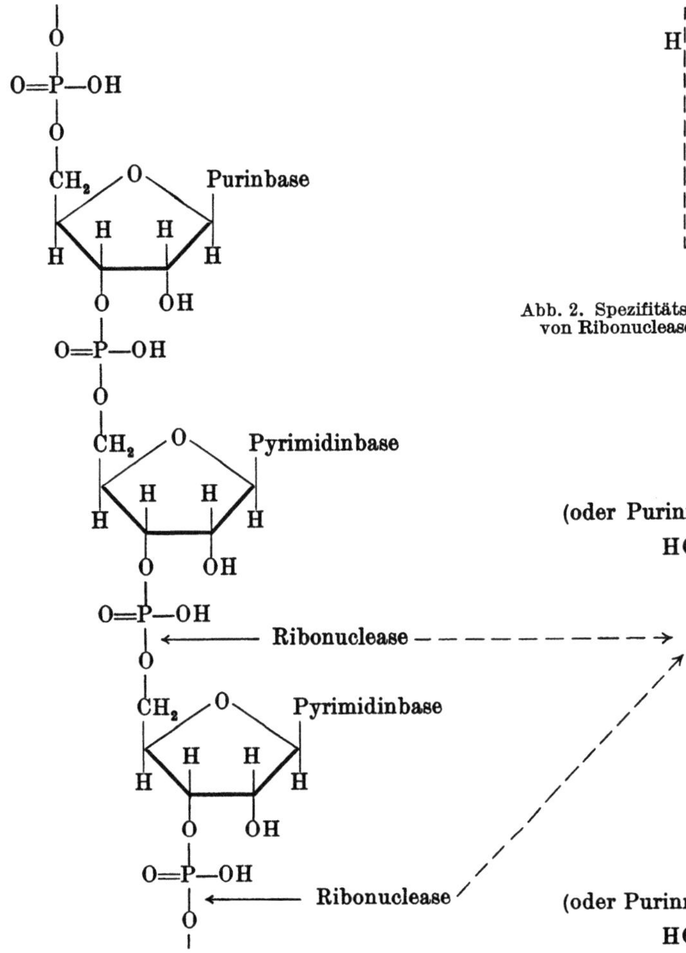
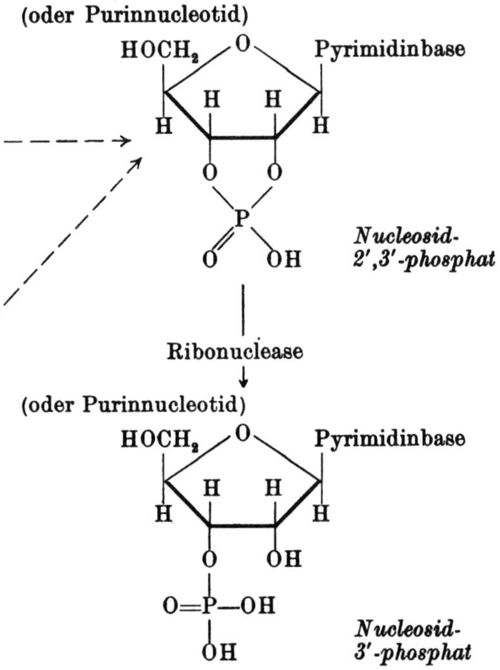

Abb. 3. Die durch Ribonuclease katalysierten Reaktionen.

6. Synthetische Substrate der allgemeinen Formel Pyrimidin-ribonucleosid-3′-phosphat-alkylester werden unter intermediärer Bildung eines cyclischen 2′,3′-Monophosphates zum 3′-Nucleotid hydrolysiert.

7. Cyclische 2′,3′-Monophosphate und ein primärer Alkohol liefern einen Alkylester; ist der Alkohol ein Nucleosid, so erhält man Dinucleotide und Trinucleotide.

Aus diesen Befunden folgt zunächst zur Spezifität, daß sie offenbar bedingt wird durch die Natur der Basen und durch die Fähigkeit zur Hydrolyse cyclischer Nucleotide; dies wird S. 756 noch im Detail behandelt. Die Spezifitätserfordernisse für synthetische Substrate sind in Abb. 2 wiedergegeben. An Stelle von Cytosin oder Uracil können unter anderem auch folgende Basen stehen: 2-Thiouracil, Uracil in Pseudo-uridin-Bindung, Dihydro-uracil, 5-Bromuracil, 5-Methyluracil, Dihydrocytosin, N(6)-Acetyl-cytosin.

Die vorstehend genannten Befunde haben es ermöglicht, folgendes Bild der Enzymwirkung zu entwickeln: Der erste Reaktionsschritt besteht in der Spaltung einer Phosphodiester-Bindung zwischen den 3'- und den 5'-Positionen der Ribosereste in der Ribonucleinsäure-Kette; dabei werden Oligonucleotide gebildet, die endständig eine cyclische 2',3'-Phosphatgruppe tragen.

Der zweite Reaktionsschritt besteht in einer Hydrolyse der cyclischen Phosphate zum Monoesterphosphat, fast immer zum 3'-Nucleotid. In Abb. 3 sind diese Verhältnisse veranschaulicht.

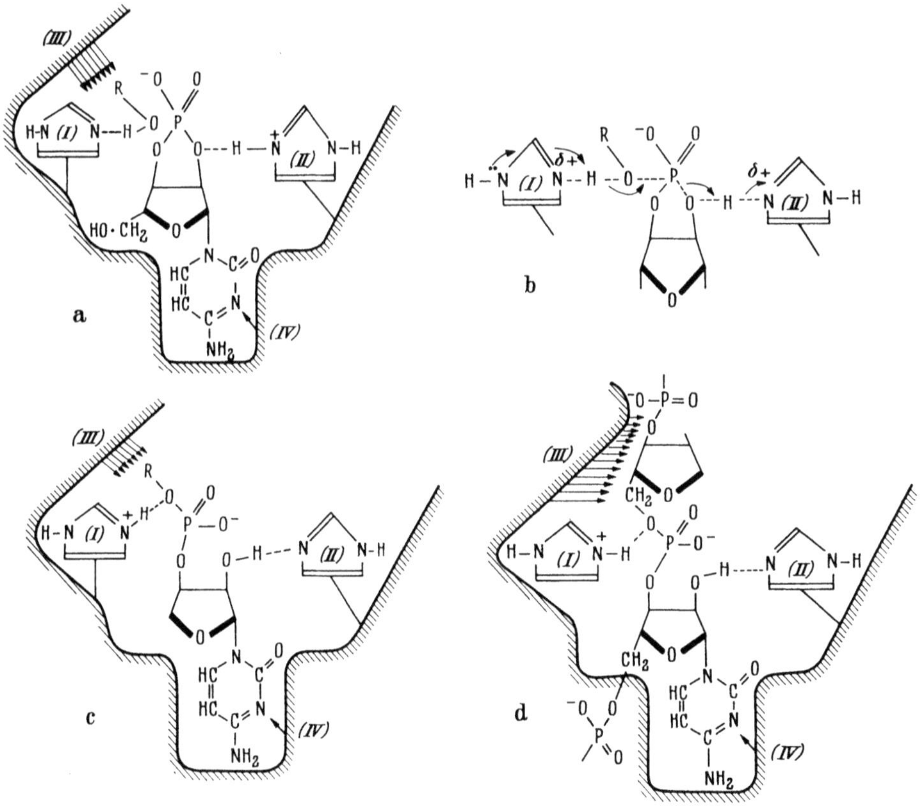

Abb. 4. Hypothese zum Wirkungsmechanismus von Ribonuclease[1]. Erläuterungen s. im Text.

In Analogie zu den Verhältnissen bei Phosphomonoesterasen[2] spaltet auch Pankreas-Ribonuclease mit Cytidin-3'-benzylphosphat und Cytidin-2',3'-monophosphat als Substraten in ^{18}O-Gegenwart an der P—O-Bindung[3].

Bei allen Ribonucleasen, die bisher in dieser Hinsicht untersucht worden sind, gilt offenbar der Reaktionsmechanismus mit dem zweistufigen Verlauf — Transfer und Hydrolyse; er gilt sogar auch für Polyribosephosphat (s. S. 758), das ebenfalls intermediär cyclische Ester liefert, und wird auch durch alle einschlägigen Untersuchungen über Inhibitoren (s. S. 760) gestützt. Gewisse Differenzen existieren anscheinend lediglich beim 2. Reaktionsschritt, indem manche Ribonucleasen, die bei der Ribonucleinsäure-Spaltung identische Spezifität zu haben scheinen (s. Tabelle 24, S. 757), gegenüber synthetischen Substraten Unterschiede erkennen lassen.

[1] Findlay, D., D. G. Herries, A. P. Mathias, B. R. Rabin and C. A. Ross: Biochem. J. 85, 152 (1962).
[2] Cohn, M.: J. cellul. comp. Physiol. 54, Suppl. 1 (1959).
[3] Hilmoe, R. J., L. A. Heppel, S. S. Springhorn and D. E. Koshland jr.: Biochim. biophys. Acta 53, 214 (1961).

Eine Weiterentwicklung der vorgehend geschilderten Vorstellungen vom Reaktionsmechanismus ist im Augenblick noch nicht in entscheidender Weise von der Kenntnis der Sekundär- und Tertiärstruktur der Ribonuclease her möglich. Indessen haben eingehende kinetische Untersuchungen des 2. Reaktionsschrittes (Methanolyse, Bindungsort für Wasser am Enzym, Beteiligung zweier Histidinreste am aktiven Ort usw.) zu einer detaillierteren Hypothese des Wirkungsmechanismus von Rinderpankreas-Ribonuclease geführt, wie es in Abb. 4a—d dargestellt ist[1]. In Abb. 4a ist der Enzym-Substrat-Komplex gezeigt, in welchem I das H_2O oder Alkohol bindende Imidazol und II das den 2'-Sauerstoff des cyclischen Esters bindende Imidazol darstellen. III ist der Ort zusätzlicher Wechselwirkungen mit dem Alkohol, der aus den kinetischen Messungen gefolgert werden muß. IV ist der die Basenspezifität bestimmende Ort, der anscheinend mit dem N(1) des Pyrimidins reagiert. Die Übergänge zwischen dem Enzym-Substrat-Komplex der Abb. 4a und dem Enzym-Produkt-Komplex der Abb. 4c sind in Abb. 4b dargestellt, die keine weitere Erläuterung benötigen. Da die hier behandelte Reaktion erwiesenermaßen reversibel ist (Synthese-Reaktionen, s. S. 754), ist der in Abb. 4c gezeigte Enzym-Produkt-Komplex der Hydrolysereaktion zugleich der Enzym-Substrat-Komplex der Cyclisierung eines Cytidin-3'-phosphat-Esters; ist dieser Ester ein Teil der Ribonucleinsäure-Kette, dann gilt Abb. 4d.

Eine andere Hypothese ist von WITZEL[2] entwickelt worden, deren wesentliches Kriterium die Teilnahme des Substrat-Pyrimidins am katalytischen Mechanismus ist:

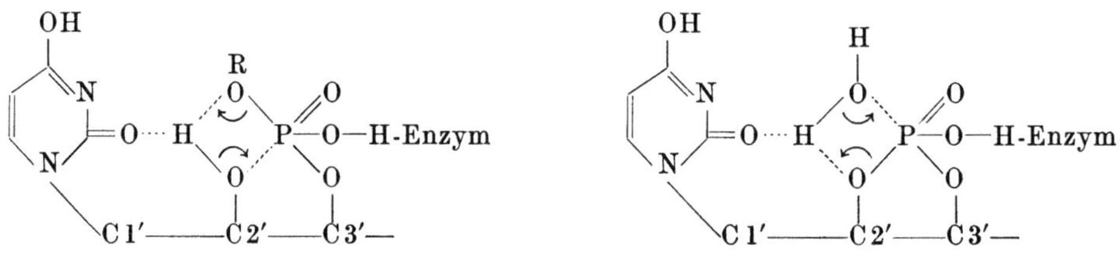

1. Reaktionsschritt 2. Reaktionsschritt

Auch diese Vorstellung ist durch eine Reihe von Befunden gut gestützt; wieweit sich die Hypothesen von MATHIAS und RABIN und die von WITZEL zwingend gegenseitig ausschließen bzw. ob sie, sich ergänzend, nebeneinander Bestand haben werden, ist im Augenblick noch nicht abzusehen.

Ribonuclease aus Rinderpankreas zeigt auch eine imidazol-katalysierte Hydrolyse von p-Nitrophenylacetat[3].

Spezifität: Übersicht[4]. Spezifitätsstudien sind, neben der eigentlichen Enzymologie, auch von erheblicher praktischer Bedeutung für die Nucleinsäure-Analytik. Je stärker die Spezifität ausgeprägt ist, desto größeres Interesse verdienen die Enzyme; Pankreas-Ribonuclease und Ribonuclease T_1 aus Takadiastase stehen hier an der Spitze, während pflanzliche Enzyme offenbar nur geringere Bedeutung haben.

Aus den Angaben zum Reaktionsmechanismus folgt, daß die Spezifität einer Ribonuclease gegenüber natürlich vorkommenden Substraten vor allem durch die Natur der Basenbausteine, ferner durch die Angreifbarkeit cyclischer Nucleosid-2',3'-monophosphate bestimmt wird. Dementsprechend ordnen sich die verschiedenen Enzyme mit Ribonucleasewirkung in folgender Weise (Tabelle 24).

Pankreas-Ribonuclease. Einzelangaben zur Spezifität der Pankreas-Ribonuclease, die den Rahmen der Tabelle 24 sprengen würden, sind nachfolgend zusammengestellt. Ribo-

[1] HERRIES, D. G., A. P. MATHIAS and B. R. RABIN: Biochem. J. **85**, 127 (1962). — FINDLAY, D., A. P. MATHIAS and B. R. RABIN: Biochem. J. **85**, 134, 139 (1962). — ROSS, C. A., A. P. MATHIAS and B. R. RABIN: Biochem. J. **85**, 145 (1962). — FINDLAY, D., D. G. HERRIES, A. P. MATHIAS, B. R. RABIN and C. A. ROSS: Biochem. J. **85**, 152 (1962).

[2] WITZEL, H.: A. **635**, 191 (1960). — WITZEL, H., and E. A. BARNARD: Biochem. biophys. Res. Comm. **7**, 289, 295 (1962).

[3] ROSS, C. A., A. P. MATHIAS and B. R. RABIN: Biochem. J. **85**, 145 (1962).

[4] DEKKER, C. A.: Ann. Rev. **29**, 453 (1960).

Tabelle 24. *Spezifität von Ribonucleasen* (modifiziert nach [1]).
(cycl = 2',3'-Nucleosid-monophosphat; A = Adenin; G = Guanin; C = Cytosin; U = Uracil.)

Enzymquelle	Spezifitätsbestimmende Basen in RNS (Nucleosid-3'-phosphat-Bindung)	Hydrolysierte Nucleosid-2',3'-monophosphate	Literatur
Rinderpankreas . .	Pyrimidine	cycl U, cycl C	2
	C bevorzugt vor U (sehr eingehende Untersuchung)	cycl C bevorzugt vor cycl U	3
Mäusepankreas . .	Pyrimidine	cycl U, cycl C	4
Kälbermilz	Pyrimidine	cycl U, cycl C	5
	saure und alkalische Ribonuclease etwas verschieden, aber keine scharf ausgeprägte Differenz		6
Kalbsleber	wie Kälbermilz	wie Kälbermilz	6
Ribonuclease T_1. .	G	cycl G	7–10
Ribonuclease T_2. .	A, alle anderen in mäßigem Umfang auch	cycl A	11, 12
E. coli-Ribosomen	alle	cycl A, cycl C	13
Erbsenblätter. . .	alle	cycl G, cycl A	14
Tabakblätter . . .	alle	cycl G, cycl A	15
Rye grass	alle	alle	16
Spinatblätter . . .	alle	alle	17

apyrimidinsäure[18,19] und Methyl-α- (oder β-)ribofuranosid-2',3'-monophosphat[18] werden nicht abgebaut, im Gegensatz zur Apurinsäure, die hydrolysiert wird[20]. Bromierte Ribonucleinsäure, die an den Guanin-, Cytosin- und Uracilresten bromiert ist, wird wie reguläre Ribonucleinsäure gespalten[21]. Auch Ribonucleinsäure, die biosynthetisch 8-Azaguanosinphosphat eingebaut enthält, ist Substrat der Rinderpankreas-Ribonuclease[22].

Umfangreicher sind Daten zur Ribonucleasewirkung gegenüber synthetischen Polynucleotiden, von denen PolyA[23], PolyI[23], PolyC[24–26], PolyU[25,26], Poly-Pseudo-U[26] und

[1] ANFINSEN, C. B., and F. H. WHITE jr.: Boyer-Lardy-Myrbäck, Enzymes, Bd. V, S. 95ff.
[2] BROWN, D. M., and A. R. TODD: Chargaff-Davidson, Nucleic Acids Bd. I, S. 409ff.
[3] RUSHIZKY, G. W., C. A. KNIGHT and H. A. SOBER: J. biol. Ch. **236**, 2732 (1961).
[4] DICKMAN, S. R., and G. A. MORRILL: Ann. N.Y. Acad. Sci. **81**, 585 (1959). — DICKMAN, S. R., and K. M. TRUPIN: Biochim. biophys. Acta **30**, 200 (1958).
[5] KAPLAN, H. S., and L. A. HEPPEL: J. biol. Ch. **222**, 907 (1956).
[6] MAVER, M. E., and A. E. GRECO: J. biol. Ch. **237**, 736 (1962).
[7] SATO, K., and F. EGAMI: J. Biochem. **44**, 753 (1957).
[8] SATO-ASANO, K.: J. Biochem. **46**, 31 (1959).
[9] RUSHIZKY, G. W., and H. A. SOBER: J. biol. Ch. **237**, 834 (1962).
[10] RUSHIZKY, G. W., and H. A. SOBER: J. biol. Ch. **237**, 2883 (1962).
[11] NAOI-TADA, M., K. SATO-ASANO and F. EGAMI: J. Biochem. **46**, 757 (1959).
[12] RUSHIZKY, G. W., and H. A. SOBER: J. biol. Ch. **238**, 371 (1963).
[13] SPAHR, P. F., and B. R. HOLLINGWORTH: J. biol. Ch. **236**, 823 (1961).
[14] HOLDEN, M., and N. W. PIRIE: Biochem. J. **60**, 53 (1955).
[15] FRISCH-NIGGEMEYER, W., and K. K. REDDI: Biochim. biophys. Acta **26**, 40 (1957). — REDDI, K. K.: Biochim. biophys. Acta **28**, 386 (1958); **33**, 164 (1959).
[16] SHUSTER, L.: J. biol. Ch. **229**, 289 (1957). — SHUSTER, L., H. G. KHORANA and L. A. HEPPEL: Biochim. biophys. Acta **33**, 452 (1959).
[17] TUVE, T. W., and C. B. ANFINSEN: J. biol. Ch. **235**, 3437 (1960).
[18] UKITA, T., and M. IRIE: Chem. pharmaceut. Bull., Tokyo **6**, 445 (1958).
[19] TAKEMURA, S., M. TAKAGI, M. MIYAZAKI and F. EGAMI: J. Biochem. **46**, 1149 (1959).
[20] DURAND, M. C., and R. THOMAS: Biochim. biophys. Acta **12**, 416 (1953).
[21] KANNGIESSER, W.: H. **316**, 146 (1959).
[22] MATTHEWS, R. E. F., and J. D. SMITH: Nature **177**, 271 (1956). — MANDEL, H. G., and R. MARKHAM: Biochem. J. **69**, 297 (1958).
[23] BEERS jr., R. F.: J. biol. Ch. **235**, 2393 (1960).
[24] SCHILDKRAUT, C. L., J. MARMUR, J. R. FRESCO and P. DOTY: J. biol. Ch. **236**, PC 2 (1961).
[25] HEPPEL, L. A., P. J. ORTIZ and S. OCHOA: J. biol. Ch. **229**, 679 (1957).
[26] MICHELSON, A. M.: Soc. **1959**, 1371.

Poly-azaguanylsäure[1] gespalten werden; ein PolyAU-Copolymeres[2,3] und ein Poly-AGCU-Copolymeres[3] verhalten sich dagegen wie Ribonucleinsäure, indem die Spezifität gegenüber Pyrimidin-Bausteinen (s. Tabelle 24) hervortritt. Ein hybrider Helixkomplex aus PolyC und Poly-desoxyguanosin[4] wird nicht gespalten. Gegenüber Polyribosephosphat hat Pankreas-Ribonuclease etwa $^1/_{2500}$ der Aktivität wie gegenüber Ribonucleinsäure[5,6]. PolyG wird offenbar nicht angegriffen[7], dagegen wird Polyribothymidylsäure hydrolysiert[8].

Cytidin-2'-benzyl-phosphat wird im Gegensatz zum 3'-Ester nicht angegriffen[9]. Adenosin-2',3'-monophosphat kann bei der Oligonucleotid-Synthese aus cyclischen Pyrimidin-Nucleotiden als Acceptor dienen[10]. Ribothymidin-2',3'-monophosphat wird gespalten[11]. Wie auf S. 755 bereits erwähnt, können auch substituierte Pyrimidine noch Baustein in hydrolysierbaren Substraten sein, so z.B. 5-Bromuridin-2',3'-monophosphat[12,13] und 5-Methyluridin-2',3'-monophosphat[12] sowie Dihydropyrimidin-Nucleoside[14], jedoch nicht N(3)-Methyl-5-bromuridin-2',3'-monophosphat[12]. Ester von Pseudo-uridin-3'-phosphat werden hydrolysiert[11,15,16]. Eine Methode, Uridylatreste in Ribonucleinsäure so umzusetzen, daß Ribonuclease nicht mehr an diesen Orten einwirken kann, ist von GILHAM[17] beschrieben; es gelingt so, die U-Reste dem enzymatischen Angriff zu entziehen, so daß das Substrat nur noch an C-Resten hydrolysiert werden kann. Das 1-N-Oxyd von Cytidin-2',3'-monophosphat wird nicht hydrolysiert, während partiell oxydiertes PolyC auch noch partiell angegriffen wird[18].

Ribonuclease T_1 aus Takadiastase. Dieses Enzym, das für Guanosinreste spezifisch ist (s. Tabelle 24), ist auch von McCULLY und CANTONI[19] eingehend untersucht worden. Die Spezifitätsangaben japanischer Autoren sind damit bestätigt und insoweit erweitert worden, als 6-Hydroxy-2-dimethyl-aminopurin und 1-Methylguanin nicht als Substrate geeignet sind; Ribonuclease T_1 erfordert daher bezüglich der Guaninstruktur freies 6-OH, freies 2-NH_2 und freien N(1).

Desamino-ribonucleinsäure[20] und Ribo-apyrimidinsäure[21] werden von diesem Enzym abgebaut. Auch PolyAGCU-Copolymeres wird attackiert, ebenso Polyazaguanylsäure[1], nicht dagegen PolyA, Cytidin-2',3'-monophosphat und Adenosin2',3'-monophosphat[22]. Ribonuclease T_1 ist ferner, analog zur Pankreas-Ribonuclease (s. S. 754), zu Synthesereaktionen befähigt[23,24]. Eine der Ribonuclease T_1 offenbar ganz ähnliche Spezifität hat

[1] LEVIN, D. H.: Biochim. biophys. Acta **61**, 75 (1962).
[2] BEERS jr., R. F.: J. biol. Ch. **235**, 2393 (1960).
[3] HEPPEL, L. A., P. J. ORTIZ and S. OCHOA: J. biol. Ch. **229**, 695 (1957).
[4] SCHILDKRAUT, C. L., J. MARMUR, J. R. FRESCO and P. DOTY: J. biol. Ch. **236**, PC 2 (1961).
[5] ZAMENHOF, S., G. LEIDY, P. L. FITZGERALD, H. E. ALEXANDER and E. CHARGAFF: J. biol. Ch. **203**, 695 (1953).
[6] ROSENBERG, E., and S. ZAMENHOF: J. biol. Ch. **236**, 2845 (1961).
[7] SINGER, M. F., R. J. HILMOE and L. A. HEPPEL: J. biol. Ch. **235**, 751 (1960).
[8] GRIFFIN, B. E., A. R. TODD and A. RICH: Proc. nat. Acad. Sci USA **44**, 1123 (1958).
[9] HEPPEL, L. A., and P. R. WHITFELD: Biochem. J. **60**, 1 (1955).
[10] HEPPEL, L. A., P. R. WHITFELD and R. MARKHAM: Biochem. J. **60**, 8 (1955).
[11] DAVIS, F. F., A. F. CARLUCCI and I. F. ROUBEIN: J. biol. Ch. **234**, 1525 (1959).
[12] SZER, W., and D. SHUGAR: Acta biochim. polon. 8, 363 (1961).
[13] BARKER, G. R., M. E. HALL and R. J. MOSS: Biochim. biophys. Acta **46**, 203 (1961).
[14] JANION, C., and D. SHUGAR: Acta biochim. pol. **7**, 309 (1960).
[15] MICHELSON, A. M.: Soc. **1959**, 3655.
[16] DAVIS, F. F., and F. W. ALLEN: J. biol. Ch. **227**, 907 (1957).
[17] GILHAM, P. T.: Am. Soc. **84**, 687 (1962).
[18] CRAMER, F.: Persönliche Mitteilung.
[19] McCULLY, K. S., and G. L. CANTONI: Biochim. biophys. Acta **51**, 190 (1961).
[20] SATO-ASANO, K., and Y. FUJII: J. Biochem. **47**, 608 (1960).
[21] TAKEMURA, S., and M. MIYAZAKI: J. Biochem. **46**, 1281 (1959).
[22] SATO, K., and F. EGAMI: J. Biochem. **44**, 753 (1957).
[23] SATO-ASANO, K., and F. EGAMI: Biochim. biophys. Acta **29**, 655 (1958).
[24] SATO-ASANO, K.: J. Biochem. **48**, 284 (1960).

auch die Ribonuclease aus *Streptomyces erythreus*[1]. Eine Ribonuclease aus dem Pilz *Ustilago sphaerogena* ist hinsichtlich der Spezifität für Guanosinreste mit Ribonuclease T_1 identisch[2].

Andere Ribonucleasen. Verschiedene Ribonucleasen sind noch gegenüber synthetischen Polynucleotiden geprüft worden; so findet man Abbau von PolyA durch saure und alkalische Ribonuclease aus Kälbermilz und durch saure Ribonuclease aus Kalbsleber, nicht aber durch alkalische Ribonuclease aus Kalbsleber[3]. PolyC wird von allen vier Enzymen hydrolysiert[3]. Tabakblätter-Ribonuclease greift PolyC und PolyU an[4], Spinatblätter-Ribonuclease PolyA, PolyC, PolyU und PolyAU-Copolymeres[5].

Hemmstoffe: Metallionen. Wie S. 752 bereits erwähnt, hemmen Schwermetalle Ribonucleasen sehr stark, obwohl das Enzym keine Sulfhydrylgruppen enthält (s. S. 746). Die Hemmung durch Cu^{++} ist angegeben für Pankreas-Ribonuclease[6–9] (Inaktivierung bei 10^{-7} m Cu^{++} [10]), Milz-Ribonuclease[11], Fischmuskel-Ribonuclease[12] und Ribonuclease T_1 aus Takadiastase[13]. Zn^{++}, das die Nucleotidbindung an das Enzym beeinflußt (s. unten), hemmt eine Reihe verschiedener Ribonucleasen[8–15]. Co^{++} und Ni^{++} sind gegenüber Pankreas-Ribonuclease und *Tetrahymena pyriformis*-Ribonuclease wirksam[16]; auch Ag^{+} hemmt Pankreas-Ribonuclease[9].

Nucleotide und Derivate. Auf Produkthemmung ist bereits S. 752f. kurz hingewiesen worden; sie wurde zuerst von Zittle[17] beobachtet und beruht auf der Reaktion des aktiven Ortes mit Mononucleotiden. Zur Spezifität dieses Effektes sei auf Ukita u. Mitarb.[18] verwiesen, die die Hemmwirkung von über 60 Substanzen, die Nucleotide sind oder ihnen chemisch nahestehen, tabelliert haben. Dieselben Autoren haben ferner Lyxo-uridin-2',3'-monophosphat untersucht, das sich von der entsprechenden Riboseverbindung durch entgegengesetzte Konfiguration an C(2') und C(3') unterscheidet, also auch leicht ein cyclisches Phosphat bildet[19]; es ist weder Substrat noch Inhibitor, wird also offenbar nicht gebunden.

Während die Produkthemmung auf der Wirkung von Cytidin-3'-phosphat und Uridin-3'-phosphat beruht, ist die Hemmwirkung von Cytidin-2'-phosphat noch stärker ausgeprägt; sie wurde zuerst von Davis und Allen entdeckt[8]. Cytidin-2'-phosphat bildet einen 1:1-Komplex mit dem Enzym[20,21], wie aus Messungen mit der Gleichgewichtsdialyse und mit der Ultrazentrifuge hervorgeht. Die Bindung an das Enzym, die durch Guanidierung nicht, aber durch Carboxymethylierung aufgehoben wird, geht mit zunehmender Auffaltung des Proteins in Harnstoffgegenwart zurück[22] und hängt nicht von Zn^{++} ab[23].

[1] Tanaka, K.: J. Biochem. **50**, 62 (1961).
[2] Glitz, D. G., and C. A. Dekker: Fed. Proc. **22** (I), 349 (1963).
[3] Maver, M. E., and A. E. Greco: J. biol. Ch. **237**, 736 (1962).
[4] Reddi, K. K.: Biochim. biophys. Acta **30**, 638 (1958).
[5] Tuve, T. W., and C. B. Anfinsen: J. biol. Ch. **235**, 3437 (1960).
[6] Dickman, S. R., and J. P. Aroskar: Fed. Proc. **14**, 202 (1955).
[7] Lamanna, C., and M. F. Malette: Arch. Biochem. **24**, 451 (1949).
[8] Davis, F. F., and F. W. Allen: J. biol. Ch. **217**, 13 (1955).
[9] Houck, J. C.: Biochim. biophys. Acta **26**, 649 (1957).
[10] Zittle, C. A.: J. biol. Ch. **163**, 111 (1946).
[11] Kaplan, H. S., and L. A. Heppel: J. biol. Ch. **222**, 907 (1956).
[12] Tomlinson, N.: Canad. J. Biochem. **36**, 633 (1958).
[13] Sato, K., and F. Egami: J. Biochem. **44**, 753 (1957).
[14] Bain, J. A., and H. P. Rusch: J. biol. Ch. **153**, 659 (1944).
[15] Holden, M., and N. W. Pirie: Biochem. J. **60**, 53 (1955).
[16] Roth, J. S.: Exp. Cell Res. **10**, 146 (1956).
[17] Zittle, C. A.: J. biol. Ch. **160**, 527 (1945).
[18] Ukita, T., K. Waku, M. Irie and O. Hoshino: J. Biochem. **50**, 405 (1961).
[19] Ukita, T., H. Hayatsu and K. Waku: J. Biochem. **50**, 550 (1961).
[20] Barnard, E. A., and A. Ramel: Nature **195**, 243 (1962).
[21] Nelson, C. A., J. P. Hummel, C. A. Swenson and L. Friedman: J. biol. Ch. **237**, 1575 (1962).
[22] Barnard, E. A.: Biochem. J. **83**, 14P (1962).
[23] Ross, C. A., A. P. Mathias and B. R. Rabin: Biochem. J. **85**, 145 (1962).

Bindung dieses Nucleotids — wie auch anderer Anionen — hemmt die Harnstoff-Denaturierung des Enzyms[1]. Im UV-Spektrum erhält man nichtadditive Änderungen bei Reaktion zwischen Enzym und Nucleotid[1,2].

Die durch Cytidin-2'-phosphat ausgeübte Hemmung der Ribonuclease-Aktivität ist kompetitiv[3] und betrifft sowohl Ribonucleinsäure als auch Cytidin-2',3'-monophosphat als Substrat[4], was mit den Vorstellungen von der Identität des aktiven Ortes für beide Reaktionsschritte (s. S. 755) übereinstimmt. Folgende Dissoziations- bzw. Hemmungs-Konstanten sind bestimmt worden: Dissoziations-Konstante bei Ultrazentrifugierung[5] 10^{-6}, Gleichgewichtsdialyse[1] 3×10^{-4}, optischer Wechselwirkung[1,2] $3{,}4 \times 10^{-4}$, Hemmung der Harnstoff-Denaturierung[1] 3×10^{-4}; K_M- bzw. K_i-Wert im enzymatischen Versuch mit hochmolekularer Ribonucleinsäure[3] 2×10^{-3}, mit Cytidin-2',3'-monophosphat als Substrat 3×10^{-4} [4], $2{,}7 \times 10^{-4}$ [1] und 7×10^{-4} bzw. $1{,}5 \times 10^{-4}$ [6] bei p_H 7,50 bzw. 7,00, 25° C und $\mu = 0{,}20$.

Cytidin-3'-phosphat, das zur Produkthemmung führende Nucleotid, hemmt schwächer als das 2'-Nucleotid[3,6]; die Bindung an das Enzym läßt sich wiederum optisch verfolgen[2,7] und zeigt eine enorme Abhängigkeit von der Gegenwart von Zn^{++} [7], was das Vorliegen eines ternären Komplexes aus Enzym, Metall und Nucleotid sehr wahrscheinlich macht. Mit Cytidin-2',3'-monophosphat als Substrat liefert Cytidin-3'-phosphat als Inhibitor folgende MICHAELIS-Konstanten: $6{,}5 \times 10^{-4}$ bei p_H 7,00, $3{,}7 \times 10^{-4}$ bei p_H 6,56, jeweils bei 25° C und $\mu = 0{,}20$[6].

Auch Desoxycytidin-3'-phosphat[2] und Cytidin-5'-phosphat[7] werden schwach an das Enzym gebunden, desgleichen liegen Bindungsstudien für Uridin-2'-phosphat und Uridin-3'-phosphat vor[2]. 4,5-Dihydro-uridin-2',3'-monophosphat wird nicht gebunden[5].

Anders sind die Verhältnisse bei Adenin-Nucleotiden; Adenosin-2'-phosphat, Adenosin-3'-phosphat und Adenosin-5'-phosphat sind in dieser Reihenfolge abnehmend Inhibitoren[8]; AM2'P und AM3'P[2] und AM5'P[9] werden gebunden. Von Adenosin-5'-phosphat werden 2 Mol pro Mol Enzym gebunden, davon eines am aktiven Ort; 0,02 m Adenosin-5'-phosphat ist der K_i-Wert der kompetitiven Hemmung[9].

Eine kompetitive Hemmung geben auch andere Anionen, die keinen Nucleotid-Charakter haben, wie Phosphat, Sulfat und Pyrophosphat[1].

Polyanionen. Auf der Suche nach Substanzen, die nach ihrer Ladungsverteilung und Ladungsdichte gewisse Ähnlichkeiten mit Ribonucleinsäure haben könnten, fand sich die Hemmung von Ribonuclease durch Heparin[10]. Seitdem ist ein umfangreiches experimentelles Material über die Hemmwirkung von Polyanionen zusammengekommen, das nachstehend tabelliert wird (Tabelle 25).

Wie zu erwarten, ist die Hemmwirkung dieser Substanzen vom p_H, von der Ionenstärke und von der Anwesenheit anderer Proteine abhängig. Die Abhängigkeit von der Ionenstärke hat besonders MORA[11] untersucht; bei geringer Ionenstärke sind die wirksamen Kräfte sicher elektrostatischer Natur, doch überwiegen andere Bindungskräfte bei höherer Ionenstärke, wobei die Spezifitätsbeziehungen zwischen Ribonucleinsäure und Enzym stärker als elektrostatische Kräfte werden. Auch SELA[12] nimmt hydrophobe

[1] NELSON, C. A., J. P. HUMMEL, C. A. SWENSON and L. FRIEDMAN: J. biol. Ch. **237**, 1575 (1962).
[2] HUMMEL, J. P., D. A. VERPLOEG and C. A. NELSON: J. biol. Ch. **236**, 3168 (1961).
[3] HUMMEL, J. P., M. FLORES and G. NELSON: J. biol. Ch. **233**, 717 (1958).
[4] NELSON, C. A., and J. P. HUMMEL: J. biol. Ch. **236**, 3173 (1961).
[5] BARNARD, E. A., and A. RAMEL: Nature **195**, 243 (1962).
[6] HERRIES, D. G., A. P. MATHIAS and B. R. RABIN: Biochem. J. **85**, 127 (1962).
[7] ROSS, C. A., A. P. MATHIAS and B. R. RABIN: Biochem. J. **85**, 145 (1962).
[8] DAVIS, F. F., and F. W. ALLEN: J. biol. Ch. **217**, 13 (1955).
[9] MYER, Y. P., and J. A. SCHELLMAN: Biochim. biophys. Acta **55**, 361 (1962).
[10] ZÖLLNER, N., and J. FELLIG: Amer. J. Physiol. **173**, 223 (1953).
[11] MORA, P. T.: J. biol. Ch. **237**, 3210 (1962).
[12] SELA, M.: J. biol. Ch. **237**, 418 (1962).

Kräfte für die enorme Hemmkraft des Tyrosin-Glutaminsäure-Copolymeren in Anspruch. Wie schon bei den Nucleotiden erwähnt, ist der 2. Reaktionsschritt auch gegen Polyanionen empfindlicher als der 1. Reaktionsschritt.

Durch Polykationen, wie z.B. Protamin oder Poly-L-ornithin, läßt sich die Heparinhemmung aufheben[6].

Nicht selten taucht das Problem der Ribonuclease-Hemmung auf, um Ribonucleinsäure ohne Gefahr enzymatischer Zerstörung isolieren zu können. Wegen des ubiquitären Vorkommens von Ribonucleasen scheint die Isolierung von Virus-Ribonucleinsäuren der sicherste Weg zur Vermeidung von Artefakten zu sein, da in reinen Viren keine Ribonuclease-Aktivität existiert. Andere Wege sind die Verwendung von Bentonit, an das Ribonuclease unter Inaktivierung adsorbiert wird[15, 21–24], oder die Fällung der Ribonucleinsäure mit Indiumtrichlorid; das Indiumsalz der Ribonucleinsäure ist gegen Ribonuclease-Angriff resistent[25], desgleichen die Quecksilber(II)- und Silberverbindungen[26];

Tabelle 25. *Polyanionen und verwandte Substanzen mit Hemmwirkung auf Ribonuclease.*

Substanz	Literatur
Heparin	1–7
Sulfatierte Polysaccharide	7–9
Synthetische Polysaccharid-Makroanionen	10, 11
Polyglucose-carboxylat	12
Sulfoniertes Pektin	6
Hyaluronat	7
Chondroitinsulfat A	7
Treburon	2
Polyphloretinphosphat	6, 13
Polyxenylphosphat	14
Polyäthylensulfonat	4
Sulfatierter Polyvinylalkohol	9
Polyvinylsulfonat	9, 15
Poly-L-aspartat	6
L-Tyrosin-L-Glutaminsäure-Copolymeres 1:1,1	15, 16
Tetrametaphosphat	6
Poly-p,p-dihydroxy-dibenzylphosphat	6
Poly-p,p-dihydroxy-diphenyl-dimethyl-metaphosphat	6
Natriumlaurylsulfat	17
Natriumdodecylsulfat	18, 19
Silicowolframat	8
Phosphormolybdat	8
66 saure polymere Substanzen	20

[1] ZÖLLNER, N., and J. FELLIG: Amer. J. Physiol. **173**, 223 (1953).
[2] ROTH, J. S.: Arch. Biochem. **44**, 265 (1953).
[3] LORENZ, B., R. LORENZ u. N. ZÖLLNER: Z. Naturforsch. **15**b, 62 (1960).
[4] WRIGHT, L. D., M. LOEB and R. HANSON: Proc. Soc. exp. Biol. Med. **103**, 546 (1960).
[5] LAMIRANDE, G. DE, C. ALLARD, H. C. DA COSTA and A. CANTERO: Science, N.Y. **119**, 351 (1954).
[6] VANDENDRIESSCHE, L.: Arch. Biochem. **65**, 347 (1956).
[7] HOUCK, J. C.: Biochim. biophys. Acta **26**, 649 (1957).
[8] DICKMAN, S. R.: Science, N.Y. **127**, 1392 (1958).
[9] FELLIG, J., and C. E. WILEY: Arch. Biochem. **85**, 313 (1959).
[10] MORA, P. T., and B. G. YOUNG: Arch. Biochem. **82**, 6 (1959).
[11] MORA, P. T.: J. biol. Ch. **237**, 3210 (1962).
[12] MORA, P. T., B. G. YOUNG and M. J. SHEAR: Makromol. Chem. **38**, 212 (1960).
[13] STOCKX, J.: Enzymologia **21**, 189 (1959).
[14] HUMMEL, J. P., D. O. ANDERSON and C. PATEL: J. biol. Ch. **233**, 712 (1958). — HUMMEL, J. P., M. FLORES and G. NELSON: J. biol. Ch. **233**, 717 (1958).
[15] LITTAUER, U. Z., and M. SELA: Biochim. biophys. Acta **61**, 609 (1962).
[16] SELA, M.: J. biol. Ch. **237**, 418 (1962).
[17] DICKMAN, S. R., J. P. AROSKAR and R. B. KROPF: Biochim. biophys. Acta **21**, 539 (1956).
[18] GRUBHOFER, N.: H. **302**, 217 (1955).
[19] CRESTFIELD, A. M., K. C. SMITH and F. W. ALLEN: J. biol. Ch. **216**, 185 (1955).
[20] HEYMANN, H., Z. R. GULICK, C. J. DEBOER, G. DE STEVENS and R. L. MAYER: Arch. Biochem. **73**, 366 (1958).
[21] BROWNHILL, T. J., A. S. JONES and M. STACEY: Biochem. J. **73**, 434 (1959).
[22] SINGER, B., and H. FRAENKEL-CONRAT: Virology **14**, 59 (1961).
[23] PETERMANN, M. L., and A. PAVLOVEC: J. biol. Ch. **238**, 318 (1963).
[24] HUPPERT, J., and J. PELMONT: Arch. Biochem. **98**, 214 (1962).
[25] ALDRIDGE, W. G.: Nature **195**, 284 (1962).
[26] SINGER, B., and H. FRAENKEL-CONRAT: Biochemistry **1**, 852 (1962).

Zusatz von Äthylendiamintetraacetat dagegen stellt die ursprünglichen Verhältnisse wieder her. Auch das Tyrosin-Glutaminsäure-Copolymere[1] ist zur sicheren Unterdrückung von Ribonuclease-Aktivität empfohlen worden.

Spezifische Inhibitorproteine. Ein Ribonuclease-Inhibitor wurde von ROTH[2] in verschiedenen Rattengeweben entdeckt und vor allem in der Rattenleber untersucht. Es handelt sich um ein relativ labiles Protein[3,4], wie auch aus den Details der Darstellungsmethode (s. S. 740) hervorgeht; der Inhibitor ist hitzelabil[4]. Er kommt neben der Rattenleber[2–5] auch in regenerierender Rattenleber[6], in präcanceröser Rattenleber nach 2-Acetamidofluoren[7], im Novikoff- und im Dunning-Hepatom[8], im Rattenuterus[8], im Ratten-Fettgewebe[5] und in einer Zellkultur[8] vor.

Wie aus den $E_{280\,m\mu}/E_{260\,m\mu}$-Werten hervorgeht[9], ist der Inhibitor bisher nicht nucleinsäurefrei dargestellt worden; das Verhalten gegen Perjodat macht das Vorliegen von Kohlenhydrat möglich[10]. Die Bindung des Inhibitors an das Enzym erfolgt über Sulfhydrylgruppen des Inhibitors[2,4,10–12], s. hierzu auch S. 750 bei p_H-Optimum und S. 777f. bei Bestimmung. Der enzymatisch inaktive Komplex zwischen Inhibitor und Enzym kann daher durch alle SH-Reagentien wieder gelöst werden[2,4,10–12].

Das Verhalten an DEAE-Cellulose[9] und die Enthemmung durch Protamin[10] scheinen nahezulegen, daß auch der Inhibitor Polyanion-Charakter (s. S. 760) hat, doch bedarf diese Frage sicher noch weiterer Bearbeitung, da sich die Hemmungswirkungen des Inhibitors und von Desoxyribonucleinsäure additiv verhalten[8]. Der Inhibitor zeigt eine gewisse Spezifität seiner Wirkung, indem Pankreas-Ribonuclease sowie alkalische Ribonucleasen aus Rattenleber-Mitochondrien und Rattenleber-Überstand gehemmt werden, Ribonuclease aus Gersten, Ribonuclease T_1 aus Takadiastase und saure Ribonuclease aus Rattenleber-Lysosomen dagegen nicht[2,10].

Inhibitoren aus Pflanzen. Von BERNHEIMER und STEELE[13] wurde die Hemmwirkung von Extrakten aus Syringa vulgaris und Ligustrum vulgare auf Pankreas-Ribonuclease entdeckt. Die Hemmung durch Ligusterextrakt ist p_H-abhängig und kann durch Histidin partiell unterdrückt werden[14]; auch Ribonucleasen anderer Herkunft werden gehemmt. Diese Hemmung benötigt eine Vorinkubationszeit des Enzyms in Abwesenheit von Substrat und ist unabhängig von Schwermetall-Gegenwart. Eine andersartige Hemmwirkung zeigt auch α-Angelicalacton; in Gegenwart von Cu^{++}-Spuren (10^{-5} m) bewirkt 10^{-3} m Lacton vollständige Hemmung, die durch Versenzusatz aufgehoben wird[14].

Bestimmungsmethoden. *Übersicht.* Bestimmungen der Ribonuclease-Aktivität werden für sehr verschiedene Zwecke vorgenommen, z.B. für:

1. Aktivitätsermittlung in Zellen und Zellfraktionen;
2. Verfolgung von Enzym-Reinigungen;
3. kinetische Studien an gereinigten Enzymen;
4. Verhalten der Aktivität nach proteinchemischen Eingriffen am Ribonuclease-Molekül;
5. Spezifitätsuntersuchungen an Ribonucleasen.

---

[1] SELA, M.: J. biol. Ch. **237**, 418 (1962).
[2] ROTH, J. S.: Biochim. biophys. Acta **21**, 34 (1956).
[3] SHORTMAN, K.: Biochim. biophys. Acta **51**, 37 (1961); **55**, 88 (1962).
[4] ROTH, J. S.: J. biol. Ch. **231**, 1085 (1958).
[5] EICHEL, H. J.: Proc. Soc. exp. Biol. Med. **109**, 804 (1962).
[6] SHORTMAN, K.: Biochim. biophys. Acta **61**, 50 (1962).
[7] ROTH, J. S.: Cancer Res. **17**, 991 (1957).
[8] ROTH, J. S.: Biochim. biophys. Acta **61**, 903 (1962).
[9] SHORTMAN, K.: Biochim. biophys. Acta **51**, 37 (1961).
[10] SHORTMAN, K.: Biochim. biophys. Acta **55**, 88 (1962).
[11] HILZ, H., u. E. J. KLEMPIEN: B. Z. **331**, 563 (1959).
[12] ROTH, J. S.: J. biol. Ch. **231**, 1097 (1958).
[13] BERNHEIMER, A. W., and J. M. STEELE: Proc. Soc. exp. Biol. Med. **89**, 123 (1955).
[14] PHILPOT, J. ST L., and J. E. STANIER: Biochem. J. **87**, 373 (1963).

Daneben gewinnen Ribonucleasen unterschiedlicher Spezifität eine immer größer werdende Bedeutung für Zwecke der Nucleinsäure-Analytik.

Keine Bestimmungsmethode (Übersicht s.[1–4]) kann naturgemäß allen diesen Zwecken in gleicher Weise gerecht werden. Es scheint daher zweckmäßig, die verschiedenen Testverfahren nach der Art des Reaktionsschrittes (s. S. 755), den man mit ihnen messen kann, wie folgt zu unterteilen:

1. Erfassung der Gesamtreaktion;
2. Mikromethoden für die Gesamtreaktion;
3. Messung der Bildung cyclischer Phosphatester;
4. Messung der Hydrolyse cyclischer Monophosphatester;
5. Sonderfälle;
6. Ribonuclease-Inhibitoren natürlicher Herkunft;
7. Untersuchungen zur Spezifität.

Für jede dieser Gruppen von Bestimmungsverfahren folgt nachstehend eine allgemeine Diskussion mit Beschreibung bewährter Methoden. Auf Spezifitätsstudien kann im Rahmen dieses Beitrages nicht im Detail eingegangen werden; deren Rüstzeug gehört zur Analytik von Oligonucleotid-Gemischen. Gehaltsbestimmungen an reinen Ribonuclease-Lösungen können auch auf Grund der UV-Absorption des Proteins vorgenommen werden; die Zahlenwerte sind in Tabelle 17, S. 744 zusammengestellt. Verfahren zur Proteinbestimmung mit[5] oder ohne[6] alkalische Hydrolyse mittels Ninhydrin sind beschrieben (s. auch S. 725).

Optimale Bedingungen für die Gesamtreaktion sind oft untersucht worden; soweit klare Ergebnisse vorliegen, sind sie S. 764 zusammengestellt. Hier werden in den einzelnen Vorschriften lediglich die Resultate solcher Studien verarbeitet. Um nichtkatalytische Nebeneffekte hintanzuhalten, arbeitet man relativ häufig nicht beim p_H-Optimum des Enzyms, sondern bei stärker sauren p_H-Werten; p_H-Angaben bei den einzelnen Methoden sind also kein Indiz für das p_H-Optimum. Da häufig hohe Enzymverdünnungen hergestellt werden müssen, ist auf Adsorptionseffekte an Glasoberflächen, die näher untersucht sind[7], zu achten; es empfiehlt sich Zugabe eines inerten Proteins, wie z.B. Gelatine.

Gesamtreaktion. Erfaßt wird der Abbau von hochmolekularer Ribonucleinsäure zu säurelöslichen Spaltprodukten von Oligonucleotid- und Mononucleotid-Charakter; nicht berücksichtigt werden die intermediäre Bildung und der nachfolgende Zerfall cyclischer 2',3'-Monophosphatester von Pyrimidinnucleotiden.

Von Bedeutung sind die Eigenschaften des Substrats; obwohl Ribonuclease aus Pankreas keine Sulfhydrylgruppen enthält, können Schwermetallspuren in Ribonucleinsäurepräparaten beträchtliche Enzymhemmung bewirken[8]. Durch Dialyse (5—6 Tage gegen bidest. Wasser, bis die Außenflüssigkeit keine Änderung der Absorption bei 260 mμ mehr zeigt)[9] oder durch Versenzugabe[8,10] ist Abhilfe möglich. Eine nach CRESTFIELD u. Mitarb.[11] präparierte Ribonucleinsäure aus Hefe scheint am besten als Substrat geeignet zu sein[1,12].

Keines der zur Messung der Gesamtreaktion ausgearbeiteten Verfahren erlaubt es, die Zahl der hydrolysierten Bindungen exakt anzugeben, da sich Ausbildung und Spaltung

[1] ANFINSEN, C. B., and F. H. WHITE jr.: Boyer-Lardy-Myrbäck, Enzymes Bd. V, S. 95ff.
[2] JOSEFSSON, L., and S. LAGERSTEDT: Meth. biochem. Analysis 9, 39 (1962).
[3] FIERS, W., and K. M. MØLLER: C. R. Lab. Carlsberg 31, 507 (1960).
[4] MCDONALD, M. R.: Colowick-Kaplan, Meth. Enzymol. Bd. II, S. 427ff.
[5] HAMILTON, P. B.: Analyt. Chem., Washington 30, 914 (1958).
[6] SLOBODIAN, E., G. MECHANIC and M. LEVY: Science, N.Y. 135, 441 (1962).
[7] SHAPIRA, R.: Biochem. biophys. Res. Comm. 1, 236 (1959).
[8] ROTH, J. S., and R. WOJNAR: Biochem. biophys. Res. Comm. 6, 151 (1961).
[9] FIERS, W.: Analyt. Biochem. 2, 126 (1961).
[10] EICHEL, H. J.: Proc. Soc. exp. Biol. Med. 109, 804 (1962).
[11] CRESTFIELD, A. M., K. C. SMITH and F. W. ALLEN: J. biol. Ch. 216, 185 (1955).
[12] KALNITSKY, G., J. P. HUMMEL, H. RESNICK, J. R. CARTER, L. B. BARNETT and C. DIERKS: Ann. N.Y. Acad. Sci. 81, 542 (1959).

cyclischer 2',3'-Monophosphate überlagern; molare Ausdrücke für die Enzymaktivität können daher nicht gewonnen werden. Dieser Umstand sowie die Tatsache, daß hoch-

Tabelle 26. *Fällungsmittel für Ribonuclease zur Erfassung löslich gewordener Spaltprodukte.*

Zusammensetzung	Endkonzentration im Inkubationsgemisch	Literatur
HCl	0,2 n	1
	0,25 n	2
	0,5 n	3
	0,54 n	4
	1 n	5
$HClO_4$	2%	6, 7
	3%	7, 8
Eisessig	10 Vol.-%	3
HCl-Äthanol	0,5 n — 38 Vol.-%	9
HCl-Äthanol-$LaCl_3$	0,5 n — 38 Vol.-% — 0,25%	10
Trichloressigsäure-Uranylacetat*	5—0,125%	11
	5,7—0,21%	12
	1,25—0,125%	13
	6,7—0,63%	14
Trichloressigsäure-Uranylnitrat	1,25—0,25%	15
Trichloressigsäure-$AlCl_3$	2,5—0,25%	7, 16, 17
Trichloressigsäure-$LaCl_3$	2,5—0,25%	17
	4,5—0,22%	18
Acetat, p_H 5,0	0,1 m	19
Eisessig-tert. Butanol	25—50%	20
Äthanol-Acetat	82% Äthanol — 5,3% Essigsäure — 0,4% 2 n NaOH	21
Äthanol-$ZnCl_2$	33% — 0,1 m	22
Isopropanol-$Ba(ClO_4)_2$-Äthanol	2—0,8—19%	23
Äthoxy-äthanol (Cellosolve)-$Ba(ClO_4)_2$	75—6,6%	24
$HClO_4$-Uranylacetat	4—0,125%	25
HCl-Aceton	0,1 n — 40%	26

* MACFADYENs Reagens: MACFADYEN, D. A.: J. biol. Ch. **107**, 297 (1934).

[1] DUBOS, R. J., and R. H. S. THOMPSON: J. biol. Ch. **124**, 501 (1938).
[2] SHUSTER, L.: J. biol. Ch. **229**, 289 (1957).
[3] KUNITZ, M.: J. gen. Physiol. **24**, 15 (1940).
[4] FRISCH-NIGGEMEYER, W., and K. K. REDDI: Biochim. biophys. Acta **26**, 40 (1957).
[5] RUSHIZKY, G. W., and H. A. SOBER: J. biol. Ch. **237**, 834 (1962).
[6] SCHNEIDER, W. C., and G. H. HOGEBOOM: J. biol. Ch. **198**, 155 (1952).
[7] EICHEL, H. J.: Proc. Soc. exp. Biol. Med. **109**, 804 (1962).
[8] MAVER, M. E., and A. E. GRECO: J. biol. Ch. **237**, 736 (1962).
[9] ROTH, J. S., and S. W. MILSTEIN: J. biol. Ch. **196**, 489 (1952).
[10] ROTH, J. S., and R. WOJNAR: Biochem. biophys. Res. Comm. **6**, 151 (1961).
[11] BRODY, S.: Acta chem. scand. **7**, 721 (1953).
[12] SPENCER, B.: Biochem. J. **71**, 500 (1959).
[13] DAVIDSON, J. N., and C. WAYMOUTH: Biochem. J. **38**, 39 (1944).
[14] MÉTAIS, P., et P. MANDEL: Bull. Soc. Chim. biol. **37**, 999 (1955).
[15] HOLDEN, M., and N. W. PIRIE: Biochem. J. **60**, 53 (1955).
[16] EICHEL, H. J., E. M. FIGUEROA and E. K. GOLDENBERG: Biochim. biophys. Acta **51**, 216 (1961).
[17] EDMONDS, M., and J. S. ROTH: Arch. Biochem. **89**, 207 (1960).
[18] BRODY, S.: Biochim. biophys. Acta **24**, 502 (1957).
[19] GAWRON, O., K. KEIL and A. J. GLAID III: Biochim. biophys. Acta **19**, 170 (1956).
[20] DICKMAN, S. R., J. P. AROSKAR and R. B. KROPF: Biochim. biophys. Acta **21**, 539 (1956).
[21] SCHUCHER, R., and L. E. HOKIN: J. biol. Ch. **210**, 551 (1954).
[22] BROWNHILL, T. J., A. S. JONES and M. STACEY: Biochem. J. **73**, 434 (1959).
[23] FIERS, W., u. J. STOCKX: Naturwiss. **44**, 115 (1957).
[24] FIERS, W.: Analyt. Biochem. **2**, 126 (1961).
[25] ANFINSEN, C. B., R. R. REDFIELD, W. L. CHOATE, J. PAGE and W. R. CARROLL: J. biol. Ch. **207**, 201 (1954).
[26] RABINOVITCH, M., and S. R. DOHI: Arch. Biochem. **70**, 239 (1957).

molekulares Ribonucleinsäure-Substrat physikochemisch uneinheitlich ist, machen die Angabe von internationalen Einheiten (s. Bd. VI/A, S. 14ff.) für die Ribonuclease-Wirksamkeit unmöglich und die Bestimmung von K_M-Werten wenig sinnvoll. Vielmehr werden von den einzelnen Autoren willkürliche Einheiten verwendet, die meist auf der gemessenen Extinktionsdifferenz beruhen; eine international vereinbarte Standardisierung eines Referenz-Enzympräparates existiert nicht.

Die Erfassung der Gesamtreaktion hat jedoch von allen Bestimmungsmethoden die größte Verbreitung gefunden, da sie besonders auch bei den meisten Routine-Untersuchungen dienlich ist. Folgende Möglichkeiten der Verfolgung der Gesamtreaktion sind bisher beschrieben:

1. Manometrisch (s. unten).
2. Ausfällung nicht abgebauter Ribonucleinsäure und Bestimmung löslich gewordener Spaltprodukte (s. S. 766f.): a) säurelösliches Phosphat nach Veraschung; b) säurelösliche Pentose colorimetrisch; c) säurelösliche Purin- und Pyrimidin-Derivate an Hand ihrer UV-Absorption bei 260 mμ; d) säurelösliche ^{32}P-Verbindungen aus ^{32}P-Ribonucleinsäure.
3. Ausfällung nicht abgebauter Ribonucleinsäure mit anschließender Turbidimetrie (s. S. 770f.).
4. Änderung des metachromatischen Verhaltens von Farbstoffen in Abhängigkeit vom Polymerisationsgrad der Ribonucleinsäure (s. S. 767f.).
5. Änderung der Viscosität von Ribonucleinsäurelösungen[1].
6. Änderung der spezifischen Drehung von Ribonucleinsäurelösungen[2].

Die unter 2d und 3 genannten Verfahren sind Mikromethoden und werden S. 768ff. beschrieben. Die weiteste Verbreitung haben die unter 2c genannten Methoden der UV-Messung von Abbauprodukten gefunden. Allerdings bereitet die reproduzierbare Trennung des Inkubationsgemisches in unlösliche und lösliche Bestandteile offenbar Schwierigkeiten, wie schon aus der Vielzahl der vorgeschlagenen Fällungsmittel hervorgeht (s. Tabelle 26).

Das Gemisch Perchlorsäure-Uranylacetat führt im allgemeinen zu sehr guten Ergebnissen; allerdings ist der Enzymtest wegen der Eigenabsorption des Uranyl-Ions weniger empfindlich, als wenn Fällungsmittel verwendet werden, die bei 260 mμ praktisch optisch leer sind (z.B. Eisessig-Butanol oder Cellosolve-Bariumperchlorat). Für exakte Messungen ist zu beachten, daß die Fällungswirkung von Perchlorsäure-Uranylacetat von der im Ansatz vorhandenen Menge an Ribonucleinsäure abhängt. Nach TAKEMURA u. Mitarb.[3] sind 3 mg Ribonucleinsäure/ml optimal für reproduzierbare Fällungen; NELSON und HUMMEL[4] stellen unmittelbar vor Zugabe der Perchlorsäure den p_H des Inkubationsgemisches auf 3,5 und den RNS-Gehalt auf 3,3 mg/ml durch eine Ribonucleinsäure-Lösung passender Konzentration in 0,5 m Essigsäure ein.

***Manometrische Bestimmung der Ribonuclease-Aktivität nach* RABINOVITCH *und* BARRON[5].**

Prinzip:

Aus einem Bicarbonatpuffer wird CO_2 entsprechend der Zahl der hydrolysierten Phosphodiester-Bindungen freigesetzt.

Reagentien:

1. Kristallisierte Pankreas-Ribonuclease, 10 mg-%ig in Reagens 2.
2. 0,1 m NaCl — 0,1 m $NaHCO_3$, p_H 7,6.
3. Hefe-Ribonucleinsäure, 2%ige Lösung in Reagens 2.

[1] ANFINSEN, C. B., W. F. HARRINGTON, A. HVIDT, K. LINDERSTRØM-LANG, M. OTTESEN and J. SCHELLMAN: Biochim. biophys. Acta 17, 141 (1955).
[2] KALNITSKY, G., J. P. HUMMEL and C. DIERKS: J. biol. Ch. 234, 1512 (1959).
[3] TAKEMURA, S., M. TAKAGI, M. MIYAZAKI and F. EGAMI: J. Biochem. 46, 1149 (1959).
[4] NELSON, C. A., and J. P. HUMMEL: J. biol. Ch. 236, 3173 (1961).
[5] RABINOVITCH, M., and E. S. G. BARRON: Biochim. biophys. Acta 18, 316 (1955).

Ausführung:

Der Hauptraum enthält 2,0 ml Kochsalz-Hydrogencarbonat-Gemisch, 0,3 ml Ribonucleinsäurelösung und gegebenenfalls Wasser zum Gesamtvolumen von 3,0 ml. In den Anhang pipettiert man 0,4 ml Enzymlösung und gegebenenfalls weitere Zusätze (0,3 ml). Es wird mit 5 % CO_2/95 % N_2 begast. Man arbeitet bei 18° C. Bei diesem Vorgehen führen 40 μg Enzym in 15 min zur Freisetzung von 45 μl CO_2.

Manometrische Versuche wurden erstmals von BAIN und RUSCH[1] durchgeführt und später von ZITTLE[2] eingehend studiert. Das manometrische Verfahren führt zu Aktivitätswerten, die in guter Übereinstimmung mit den nach anderen Verfahren erhaltenen Daten stehen[3]. ZITTLE[2] verwendet höhere Mengen an Ribonucleinsäure und prüft auf eventuelle CO_2-Retention, indem aus einem weiteren Anhang 0,3 ml 0,01 n Citronensäure bei Versuchsende zugekippt werden.

***Spektrophotometrische Bestimmung der Ribonuclease-Aktivität nach* ANFINSEN *u. Mitarb.*[4].**

Prinzip:

Der Zuwachs an säurelöslichen Purin- und Pyrimidin-Derivaten wird an Hand ihrer UV-Absorption bei 260 mμ gemessen.

Reagentien:

1. Ribonuclease, Stammlösung in 0,1 m Acetat, p_H 5,0; zum Gebrauch wird mit diesem Puffer auf 0—10 μg Enzym/ml verdünnt.
2. Hefe-Ribonucleinsäure, 48 Std gegen Wasser dialysiert, 0,8 %ig.
3. Uranylacetat, 0,75 %ig in 25 %iger Perchlorsäure.

Ausführung:

Man inkubiert 1,5 ml Enzymlösung und 1,0 ml Ribonucleinsäure-Lösung 25 min bei 25° C. Die Reaktion wird durch Zugabe von 0,5 ml Uranylacetat in Perchlorsäure unterbrochen und der Niederschlag abzentrifugiert. 0,1 ml des klaren Zentrifugats wird mit 3,0 ml Wasser verdünnt und zur Extinktionsmessung bei 260 mμ verwendet.

Dies ist die Methode der Wahl für Routine-Untersuchungen. Modifikationen, die vorzugsweise das Fällungsreagens betreffen, sind in Tabelle 26 zusammengestellt. Zwei Verfahren, bei denen die Eigenabsorption des Uranyl-Ions nicht stört, so daß die Empfindlichkeit wesentlich steigt, werden weiter unten beschrieben.

Das Zentrifugat, das wie oben erhalten wird, kann auch zur Bestimmung säurelöslicher Phosphatverbindungen verwendet werden; hierzu muß ein aliquoter Teil des Zentrifugates verascht werden[5–9]. Andererseits kann in diesem Zentrifugat der Zuwachs an säurelöslichen Ribose-Verbindungen colorimetrisch erfaßt werden[10,11].

***Spektrophotometrische Bestimmung der Ribonuclease-Aktivität nach* DICKMAN *u. Mitarb.*[12].**

Prinzip:

Der Zuwachs an säurelöslichen Purin- und Pyrimidin-Derivaten wird an Hand ihrer UV-Absorption bei 260 mμ gemessen.

[1] BAIN, J. A., and H. P. RUSCH: J. biol. Ch. **153**, 659 (1944).
[2] ZITTLE, C. A., and E. H. READING: J. biol. Ch. **160**, 519 (1945).
[3] KALNITSKY, G., J. P. HUMMEL, H. RESNICK, J. R. CARTER, L. B. BARNETT and C. DIERKS: Ann. N.Y. Acad. Sci. **81**, 542 (1959).
[4] ANFINSEN, C. B., R. R. REDFIELD, W. L. CHOATE, J. PAGE and W. R. CARROLL: J. biol. Ch. **207**, 201 (1954).
[5] DAVIDSON, J. N., and C. WAYMOUTH: Biochem. J. **38**, 39 (1944).
[6] STECKERL, F., J. KING and A. OFODILE: Exper. **14**, 26 (1958).
[7] HILZ, H., u. E. J. KLEMPIEN: B. Z. **331**, 563 (1959).
[8] MCDONALD, M. R.: Colowick-Kaplan, Meth. Enzymol. Bd. II, S. 427ff.
[9] HEYMANN, H., Z. R. GULICK, C. J. DEBOER, G. DE STEVENS and R. L. MAYER: Arch. Biochem. **73**, 366 (1957).
[10] BRODY, S.: Acta chem. scand. **7**, 721 (1953).
[11] RABINOVITCH, M., and S. R. DOHI: Arch. Biochem. **70**, 239 (1957).
[12] DICKMAN, S. R., J. P. AROSKAR and R. B. KROPF: Biochim. biophys. Acta **21**, 539 (1956).

Reagentien:

1. 0,05 m Trispuffer, 0,2 m NaCl und 0,001 % Gelatine als Puffer für p_H 7,5.
2. 0,2 m Acetat und 0,001 % Gelatine als Puffer für p_H 5,0.
3. Enzymlösung, 1 μg-%ig in Puffer, p_H 7,5, oder 20 μg-%ig in Puffer, p_H 5,0.
4. Ribonucleinsäure, 0,3 %ig, auf benötigtes p_H eingestellt.
5. Eisessig-tert. Butanol 1:2.

Ausführung:

Man inkubiert 0,5 ml gepufferte Enzymlösung und 0,5 ml Ribonucleinsäure-Lösung für 10 min bei 37° C. Dann wird die Reaktion durch 3 ml Eisessig-Butanol unterbrochen; nach 15 min Stehen wird zentrifugiert und 1 ml klares Zentrifugat mit 5 ml dest. Wasser verdünnt. Die Extinktion wird bei 260 mμ abgelesen. Die Erfassungsgrenze der Methode liegt bei 5 ng kristallisierter Ribonuclease aus Rinderpankreas.

***Spektrophotometrische Bestimmung der Ribonuclease-Aktivität nach* Fiers *und* Stockx[1].**

Prinzip:

Der Zuwachs an säurelöslichen Purin- und Pyrimidin-Derivaten wird an Hand ihrer UV-Absorption bei 260 mμ gemessen.

Reagentien:

1. Hefe-Ribonucleinsäure wird längere Zeit gegen dest. Wasser dialysiert, mit 3 Vol. Aceton bei p_H 5,0 gefällt und zu 1 % in Puffer gelöst.
2. 0,05 m Succinatpuffer, p_H 6,2.
3. Enzymlösung, 1 μg-%ig.
4. Fällungsreagens aus 10 ml Isopropanol, 5 ml 83,5 %iger Bariumperchlorat-Lösung in Wasser und 96 %igem Äthanol ad 100 ml.

Ausführung:

Man inkubiert 2 ml Substratlösung und 2 ml Enzymlösung bei 30° C. Zur gewünschten Zeit wird 1 ml Inkubationsgemisch entnommen und rasch unter kräftigem Schütteln in 5 ml eiskaltes Fällungsreagens pipettiert. Das sofortige und wirksame Durchmischen mit dem Fällungsreagens ist für die Reproduzierbarkeit entscheidend. Nach 10 min Stehen wird 20 min in der Kälte bei 4000 U/min zentrifugiert und die Extinktion bei 260 mμ gemessen. 20 ng kristallisierte Ribonuclease aus Rinderpankreas geben unter diesen Bedingungen einen Extinktionsanstieg von 0,100 in 1 Std.

***Spektrophotometrische Bestimmung der Ribonuclease-Aktivität nach* Shapira[2].**

Prinzip:

Thionin, das wie andere basische Farbstoffe zur Bildung von Oligomeren neigt[3,4], wird in Gegenwart von hochmolekularer Ribonucleinsäure zum Monomeren depolymerisiert. Der enzymatische Abbau von Ribonucleinsäure bedingt Aufhebung der Komplexbindung zwischen Ribonucleinsäure und Farbstoff; Thionin-Monomeres polymerisiert dann wieder zu oligomeren Formen, was sich an Änderungen des Absorptionsspektrums erkennen läßt. Die Abnahme an Thionin-Monomeren wird gemessen.

Reagentien:

1. Thionin-Stammlösung. Eine $4{,}4 \times 10^{-4}$ m Lösung wird hergestellt, indem 400 mg Thionin (National Aniline Division, Allied Chemical Corporation) in 4 l dest. Wasser in einer dunklen Flasche gelöst werden. Vollständigkeit der Lösung wird durch mehrstündiges Rühren oder mehrtägiges Stehenlassen mit gelegentlichem Umschütteln erreicht.
2. Thionin-Bezugslösung. 100 ml Thionin-Stammlösung werden mit Pufferlösung (s. unten) auf 500 ml verdünnt.

[1] Fiers, W., u. J. Stockx: Naturwiss. **44**, 115 (1957).
[2] Shapira, R.: Analyt. Biochem. **3**, 308 (1962).
[3] Michaelis, L., and S. Granick: Am. Soc. **67**, 1212 (1945).
[4] Michaelis, L.: Cold Spring Harbor Symp. quant. Biol. **12**, 131 (1947).

3. Thionin-Testlösung. Man löst 200 mg Natrium-ribonucleat in 4,0 ml dest. Wasser, entnimmt 3,0 ml und mischt sie mit 450 ml Thionin-Bezugslösung. Thionin-Bezugslösung und Thionin-Testlösung sind bei Kühlung und Lichtschutz mehrere Tage haltbar.
4. 0,05 m Natriumacetat, p_H 5,0.
5. 0,05 m Tris-Acetat-Puffer, p_H 7,3.
6. 0,05 m Natriumboratpuffer, p_H 9,0.
7. Enzymlösung: 0,5%ig in Pufferlösung 5 bzw. 2,5%ig in Pufferlösungen 4 oder 6. Gegebenenfalls verdünnen.

Ausführung:

Die Bezugsküvette enthält 3 ml Thionin-Bezugslösung, die Versuchsküvette 3,0 ml Thionin-Testlösung. Bei 625 mμ und enger Spaltöffnung beträgt die Extinktionsdifferenz zwischen 0,9 und 1,0; man fügt 1—25 μl Enzymlösung zu und verfolgt die Extinktionsabnahme. Proportionalität zur Enzymmenge ist gewahrt, wenn die Extinktion um nicht mehr als die Hälfte fällt. 33 ng kristallisierte Ribonuclease aus Rinderpankreas geben in 10 min bei p_H 7,35 eine Extinktionsabnahme von 0,050 (Temperaturangabe fehlt).

Bei hohen Substratkonzentrationen kann separat inkubiert werden; man entnimmt aliquote Teile, entsprechend 1 mg Ribonucleinsäure, gibt sie zu 3 ml Thionin-Bezugslösung und mißt unmittelbar. Im Original[1] ist im Detail ein Versuchsplan beschrieben, nach dem eine Arbeitskraft bis zu 40 Aktivitätsbestimmungen in der Stunde schafft.

Eine auf dem gleichen Prinzip beruhende Methode mit Methylenblau hat SHUGAR[2] beschrieben.

Mikromethoden für die Gesamtreaktion. Bezüglich Kinetik und Einheitendefinition gilt für diese Verfahren das oben (S. 765) Gesagte. Die Empfindlichkeit der Methoden, die die Freisetzung säurelöslicher Spaltprodukte erfassen, kann verbessert werden durch Erhöhung der Nachweisgrenze der Spaltstücke (^{32}P-Markierung) oder durch Verwendung von Mikro-Geräten. So haben ROTH und MILSTEIN[3] die Verwendung von ^{32}P-markierter Hefe-Ribonucleinsäure als Substrat beschrieben; die säurelöslichen Spaltprodukte werden mit dem Zählrohr gemessen. Die Nachweisbarkeitsgrenze erreicht 0,1 ng (10^{-10} g) kristallisierte Ribonuclease aus Rinderpankreas.

Gleich hohe Empfindlichkeit (0,1 ng) wird erreicht, wenn der Verlust der Infektiosität einer Virus-Ribonucleinsäure nach Ribonuclease-Einwirkung erfaßt wird[4]; als Substrat dient mit Phenol extrahierte Ribonucleinsäure aus Maul- und Klauenseuche-Virus, die verbliebene Infektiosität wird durch Auszählen der Plaque-Bildung in einer Kalbsnieren-Zellkultur ermittelt. Auch der Verlust der Aminosäure-Acceptor-Aktivität[5] einer Transfer-Ribonucleinsäure aus Hefe kann zur Ribonuclease-Auswertung dienen[6]; 1 ng kristallisierte Ribonuclease aus Rinderpankreas ist erfaßbar.

Die Wahl des Ribonucleinsäure-Substrates ist für solche Mikromethoden kritisch; Virus-Ribonucleinsäure ist wohl mit Sicherheit ein Substrat, dem keine latente Ribonuclease (s. S. 761) anhaftet. Ribonucleinsäuren anderer Herkunft sollten mehrfach mit Phenol extrahiert sein, um Spuren des Enzyms möglichst zu beseitigen[6].

Mikrobestimmung der Ribonuclease-Aktivität nach FIERS *und* MØLLER[7].

Prinzip:

Der Zuwachs an löslichen Purin- und Pyrimidin-Derivaten wird an Hand ihrer UV-Absorption bei 260 mμ gemessen.

---

[1] SHAPIRA, R.: Analyt. Biochem. **3**, 308 (1962).
[2] SHUGAR, D.: Bull. pol. Acad. Sci., Cl. II **1**, 39 (1953).
[3] ROTH, J. S., and S. W. MILSTEIN: J. biol. Ch. **196**, 489 (1952).
[4] POLATNIK, J., and H. L. BACHRACH: Proc. Soc. exp. Med. Biol. **105**, 486 (1960). Analyt. Biochem. **2**, 161 (1961).
[5] HOLLEY, R. W., J. APGAR, B. P. DOCTOR, J. FARROW, M. A. MARINI and S. H. MERRILL: J. biol. Ch. **236**, 200 (1961).
[6] HOLLEY, R. W., J. APGAR and S. H. MERRILL: J. biol. Ch. **236**, PC 42 (1961).
[7] FIERS, W., and K. M. MØLLER: C. R. Lab. Carlsberg **31**, 507 (1960).

Reagentien:

1. Substratlösung: Zur Reinigung von Hefe-Ribonucleinsäure wird diese in Wasser gelöst (notfalls etwas NaOH zugeben), auf p_H 5 gebracht und bei etwa 15%iger Konzentration 4 Tage energisch gegen Wasser dialysiert. Wenn $E_{260\,m\mu}$ der Außenflüssigkeit sich nicht mehr ändert, wird 12 Std gegen 0,1 m Acetat, p_H 5,0, dialysiert. Jetzt wird durch rasche Zugabe von 3 Vol. Aceton gefällt, nach 1 Std zentrifugiert und mit Äthanol, NaCl-gesättigtem Äthanol sowie zweimal mit trockenem Äther gewaschen. Das Präparat wird im Exsiccator über KOH und Paraffinschnitzeln aufbewahrt.

   Eine 2%ige Lösung von Natriumribonucleat wird 24 Std bei 4° C gehalten und dann in Portionen von 150—200 μl eingefroren (je ein Tagesbedarf). Die Lösungen sind 2 Monate bei — 14° C haltbar und werden nach dem Auftauen mit dem gleichen Volumen 0,4 m Puffer-Stammlösung (s. unten) versetzt; dann wird am Vibrator (s. unten) gemischt.
2. Pufferlösungen: Entweder 0,4 m Acetatpuffer[1] oder Kakodylatpuffer aus 0,4 m $As(CH_3)_2O_2H$ + 0,4 m NaCl, eingestellt mit 0,4 m $As(CH_3)_2O_2Na$ oder 0,4 m Trispuffer aus 0,4 m Tris-HCl, eingestellt mit 0,4 m Tris + 0,4 m NaCl oder mit 0,4 m NaOH + 0,4 m NaCl. In jedem Falle wird so verdünnt, daß die Ionenstärke im Reaktionsgemisch 0,1 beträgt.
3. 2-Äthoxy-äthanol („Cellosolve"), Kp 133—135° C, von Eastman Nr. 1697 wird unter N_2 fraktioniert destilliert in Gegenwart von 20 g $SnCl_2 \cdot 2\,H_2O$/1 l: Eine Kolonne von 2,5 × 60 cm mit Stahldrahtgewebe (nach STEDMAN, 51 Stück linsenförmige Scheiben) wird mit einem Rückfluß-Verhältnis von 10/1 betrieben; die bei 132° C übergehende Fraktion wird mehrfach redestilliert und soll $E^{1\,cm}_{260\,m\mu}$ von 0,076 zeigen. Die Aufbewahrung erfolgt im Dunkeln bei — 10° C.
4. Bariumperchlorat wird aus Wasser umkristallisiert und 6 Std bei 260° C getrocknet. Eine 10%ige wäßrige Lösung soll ein $E^{1\,cm}_{260\,m\mu}$ von 0,012 haben.
5. Fällungsreagens: 90 Vol. 2-Äthoxy-äthanol und 10 Vol. einer 80%igen $Ba(ClO_4)_2$-Lösung in Wasser werden gemischt; mindestens 1 Monat haltbar.

   Bei p_H-Werten über 7 können mit Bariumperchlorat Störungen auftreten, die mit einem sauren Fällungsreagens zu beseitigen sind: 99 Vol. 2-Äthoxy-äthanol + 10 Vol. 80%iges $Ba(ClO_4)_2$ in Wasser + 1 Vol. 1 m Essigsäure.

Geräte:

Konstriktionspipetten, silikonierte Zentrifugengläschen von 4 × 30 mm (1 mm Wandstärke), Gummikappen, Mikrozentrifuge (10000 U/min gleich 3900 × g), Misch-Vibratoren[2], Zusatzeinrichtung zum Spektralphotometer[3].

Ausführung:

Im Zentrifugengläschen werden 10 μl Substratlösung bei 25° C mit 10 μl Enzymlösung am Vibrator gemischt. Die Röhrchen werden mit Gummikappen verschlossen und 1 Std bei 25° C im Wasserbad inkubiert. $1^1/_2$ min vor Ablauf dieser Zeit werden die Röhrchen herausgenommen; an der Innenwand werden 100 μl Fällungsreagens deponiert. Das Unterbrechen der Reaktion muß zeitlich genau und mit größter Mischwirkung am Vibrator erfolgen, was durch Variation von Anpreßdruck und Winkel am Motorschaft erreicht werden kann. Die Röhrchen werden mit Parafilm verschlossen und nach 10 min Stehen für 10 min zentrifugiert. Die Röhrchen werden nun in der Zentrifuge um 180° gedreht, so daß das Sediment nach außen zeigt, und erneut zentrifugiert; dadurch wird das Sediment regelrecht in die Spitze der Zentrifugengläschen gebracht. 100 μl des klaren Zentrifugats werden bei 260 mμ photometriert. Die Reaktion verläuft proportional zur Enzymmenge und zur Zeit bis zu einer Extinktionsänderung von 0,800. Bei p_H 7,7, 37° C und

[1] GREEN, A. A.: Am. Soc. **55**, 2331 (1933).
[2] LOWRY, O. H., N. R. ROBERTS, K. Y. LEINER, M.-L. WU and A. L. FARR: J. biol. Ch. **207**, 1 (1954).
[3] LOWRY, O. H., and O. A. BESSEY: J. biol. Ch. **163**, 633 (1946).

1 Std Inkubation ergeben 2,5 ng kristallisierte Ribonuclease aus Rinderpankreas eine Extinktionsänderung von 0,100. Die Methode eignet sich gut zur Untersuchung roher Gewebsextrakte. Wenn man bei p_H 5,0 arbeitet, können Komplexbildungen zwischen Substrat und Protein die Fällungsreaktion beeinträchtigen; dann wird bei Inkubationsende für 15 sec im kochenden Wasserbad erhitzt, 15 sec im Wasserbad von 25° C abgekühlt und nun die Fällung vorgenommen.

Eine ähnliche Mikromethode mit Uranylacetat-Trichloressigsäure als Fällungsreagens hat SPENCER[1] beschrieben.

***Turbidimetrische Bestimmung der Ribonuclease-Aktivität nach* HOUCK[2].**

Prinzip:

Nicht abgebaute Ribonucleinsäure reagiert mit Serumalbumin unter geeigneten Bedingungen zu einem unlöslichen Komplex, der turbidimetrisch gemessen wird.

Reagentien:

1. Ribonucleinsäure, 50 mg-%ig, in 0,13 m NaCl-Lösung, enthaltend 0,02 m Phosphat, p_H 7,6.
2. Trübungsreagens: 0,1 m Acetat, p_H 4,0, 6 mg-%ig an Serumalbumin.
3. Gelatinelösung, 0,6%ig.
4. Enzymlösung in 0,13 m NaCl + 0,02 m Phosphat, p_H 7,6.

Ausführung:

Man inkubiert 0,5 ml Substratlösung mit 0,5 ml Enzymverdünnung (10—50 ng kristallisierte Ribonuclease aus Rinderpankreas) bei 37° C für 30 min. Dann werden 5 ml Trübungsreagens zugegeben; nach dem Mischen wird 1 ml Gelatinelösung zugegeben, wonach die Trübungsstärke bei 400 mμ abgelesen werden kann. Zur Auswertung bezieht man sich auf eine Standardkurve mit abgestuften Enzymmengen. Die Nachweisbarkeitsgrenze liegt bei 1 ng kristallisiertem Enzym aus Rinderpankreas.

Das Ausmaß der erzielbaren Trübung hängt direkt von der Kettenlänge der Ribonucleinsäure ab[3]. Turbidimetrische Methoden sind wegen der einfachen Durchführung häufiger beschrieben worden[4], obwohl die Messung von Trübungen gelegentlich experimentelle Schwierigkeiten macht.

Bildung cyclischer Phosphatester. Die Erfassung dieses ersten Reaktionsschrittes erfordert heute noch hochmolekulare Ribonucleinsäure als Substrat, da synthetische Substrate bisher nicht verfügbar sind[5]. Die Reaktion kann dilatometrisch verfolgt werden, wobei Volumenerhöhung eintritt[6]; der nachfolgende zweite Reaktionsschritt läßt sich nicht separat hemmen, so daß er die erste Reaktion stets überlagert; da der zweite Schritt mit Volumenverminderung einhergeht (s. unten), werden kinetisch komplexe Reaktionsverläufe erhalten.

Eine andere Möglichkeit, die Bildung cyclischer Phosphatester zu verfolgen, besteht in der Messung der Änderungen der UV-Absorption: Bei 260 mμ kommt es zu einem Anstieg der Extinktion[7,8], der ähnlich wie bei der alkalischen Hydrolyse von Ribonucleinsäure und bei der Desoxyribonucleinsäure-Hydrolyse auf einen Zusammenbruch der Superstruktur zu beziehen ist, vorzugsweise auf eine Sprengung von Wasserstoffbrücken. Der Hyperchromie-Effekt erreicht bei 258 mμ etwa 15% Absorptionsanstieg bei p_H 5,0[8].

---

[1] SPENCER, B.: Biochem. J. **71**, 500 (1959).
[2] HOUCK, J. C.: Arch. Biochem. **73**, 384 (1958).
[3] PEARCE, R. H.: Biochem. J. **55**, 472 (1953).
[4] McCARTY, M.: J. exp. Med. **88**, 181 (1948).
[5] KHORANA, H. G.: Boyer-Lardy-Myrbäck, Enzymes Bd. V, S. 79ff.
[6] VANDENDRIESSCHE, L.: C. R. Lab. Carlsberg **27**, 341 (1951); **29**, 315 (1955). Acta chem. scand. **7**, 699 (1953). Arch. Biochem. **65**, 347 (1956). — STOCKX, J., and P. THIJSSEN: Biochem. J. **66**, 22P (1957). — DIERICK, W., and J. STOCKX: Biochem. J. **66**, 22P (1957).
[7] KUNITZ, M.: J. biol. Ch. **164**, 563 (1946).
[8] MALLETTE, M. F., and C. LAMANNA: Arch. Biochem. **51**, 217 (1954).

Dieses Phänomen ist bisher nur selten zum Aufbau eines Ribonuclease-Tests benutzt worden[1].

Bei 300 mμ dagegen kommt es zu einem Abfall der Absorption[2], der auf der Bildung cyclischer Nucleosid-2′,3′-phosphate beruht[3,4]; der hypochrome Effekt wird auf eine Störung des Resonanz-Gleichgewichtes von Cytidylat und Guanylat bezogen[5]. Man erhält 33—41 % Hypochromie bei 300 mμ mit 150 μg Ribonucleinsäure/ml 0,05 m Acetat, p_H 5,0[6]. Die Hydrolyse der entstandenen cyclischen 2′,3-Phosphatester verläuft unter Hyperchromie[7]. Absolutwerte für die UV-Absorption von Ribonucleinsäure bei 300 mμ haben bei der Aktivitätsbestimmung der Ribonuclease keine Bedeutung, da $E_{300\,m\mu}$ sehr erheblich von der Ionenstärke des Mediums abhängt[8,9]. Aus diesen Gründen sind die Meßergebnisse nicht in Mol hydrolysierter Bindung bzw. Mol entstandenen cyclischen Esters umzurechnen; vielmehr muß man sich mit einer Standard-Aktivitätskurve eines Bezugsenzyms begnügen. Die Absorptionsverminderung bei 300 mμ dient als Grundlage des von KUNITZ[2] angegebenen Ribonuclease-Tests, der als Routinemethode weite Verbreitung gefunden hat.

Jüngst ist von WITZEL und BARNARD[10] die Verwendung definierter Substrate zur Messung des ersten Reaktionsschrittes vorgeschlagen worden; die Verff. verwenden Dinucleosid-3′,5′-phosphate, deren Hydrolyse mit Hypochromie (Bildung cyclischer Monoester; s. unten) einhergeht und bei 284 mμ verfolgt wird. Unter der Voraussetzung, daß der 1. Schritt rasch genug erfolgt, tritt Extinktionsabnahme ein, bevor sich infolge Hydrolyse des cyclischen Monoesters die Anfangsextinktion wieder einstellt. Details der Methode sind noch nicht publiziert.

***Spektrophotometrische Bestimmung der Ribonuclease-Aktivität nach* KUNITZ[2].**

Prinzip:

Die Entstehung cyclischer Nucleosid-2′,3′-phosphate geht mit einer Absorptionsverminderung bei 300 mμ einher, die unter geeigneten Bedingungen der Enzymkonzentration proportional ist.

Reagentien:

1. Hefe-Ribonucleinsäure, 0,1 %ig in 0,1 m Acetat, p_H 5,0.
2. Enzymlösung, in Wasser verdünnt.

Ausführung:

Man mischt gleiche Volumina beider Reagentien und liest die Extinktionsänderung bei 300 mμ während einiger min ab. Weniger als 1 μg kristalline Ribonuclease aus Rinderpankreas ist erfaßbar. Die Methode ist für wenig gereinigte Extrakte nicht zu empfehlen.

Hydrolyse cyclischer Phosphatester. Die Hydrolyse cyclischer Nucleosid-2′,3′-phosphate geht mit dem Freiwerden eines Säure-Äquivalents pro Mol hydrolysierter Bindung einher; daneben treten Änderungen der UV-Absorption und Volumen-Kontraktion auf.

Dilatometrische Methoden werden wegen des etwas umständlichen Verfahrens nur selten benutzt. Pro Mol hydrolysiertes cyclisches 2′,3′-Phosphat kommt es bei p_H 4,6 zu einer Volumenänderung von — 14 ml[11].

1 KALNITSKY, G., J. P. HUMMEL and C. DIERKS: J. biol. Ch. **234**, 1512 (1959).
2 KUNITZ, M.: J. biol. Ch. **164**, 563 (1946).
3 MARKHAM, R., and J. D. SMITH: Biochem. J. **52**, 552 (1952).
4 VANDENDRIESSCHE, L.: Acta chem. scand. **7**, 699 (1953).
5 STOCKX, J.: Arch. int. Physiol. **68**, 364 (1960).
6 MALLETTE, M. F., and C. LAMANNA: Arch. Biochem. **51**, 217 (1954).
7 STOCKX, J., L. VANDENDRIESSCHE and R. VAN PARIJS: Arch. int. Physiol. **68**, 417 (1960).
8 DICKMAN, S. R., and B. RING: J. biol. Ch. **231**, 741 (1958).
9 LORENZ, B., R. LORENZ u. N. ZÖLLNER: Z. Naturforsch. **15b**, 62 (1960).
10 WITZEL, H., and E. A. BARNARD: Biochem. biophys. Res. Comm. **7**, 295 (1962).
11 VANDENDRIESSCHE, L.: C. R. Lab. Carlsberg **27**, 341 (1951); **29**, 315 (1955). Acta chem. scand. **7**, 699 (1953). Arch. Biochem. **65**, 347 (1956). — STOCKX, J., and P. THIJSSEN: Biochem. J. **66**, 22P (1957). — DIERICK, W., and J. STOCKX: Biochem. J. **66**, 22P (1957). — STOCKX, J., and W. DIERICK: Enzymologia **21**, 189 (1959).

Titrimetrische Verfahren sind mit Ribonucleinsäure als Substrat[1–10] und mit synthetischen Nucleosid-2',3'-phosphaten[11–16] beschrieben. Für Versuche mit Ribonucleinsäure als Substrat ist zu bedenken, daß damit die Gesamtreaktion (s. oben) und nicht der 2. Reaktionsschritt der Esterhydrolyse gesondert erfaßt wird: Mit aller Wahrscheinlichkeit kann man — mit Ribonucleinsäure als Substrat — keine Sättigung des Enzyms bezüglich des cyclischen Esters erreichen. Damit wird die Reaktionskinetik höchst unübersichtlich, zumal volle Substrat-Sättigung wegen der starken Produkthemmung bei dieser Reaktion besonders wichtig ist (s. S. 759).

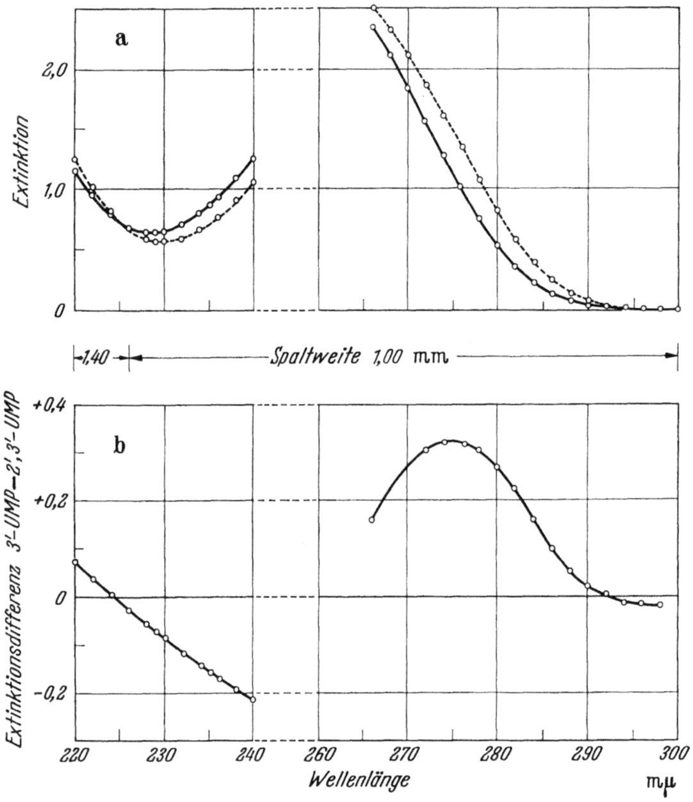

Abb. 5 a u. b. a UV-Absorptionsspektrum von Uridin-2',3'-monophosphat (—) und Uridin-3'-phosphat (- - -)[19]. 1 mg Nucleotid/ml 0,1 m Acetatpuffer, pH 5,0; 0,86 mm Lichtweg. b Differenzspektrum (Uridin-3'-phosphat minus Uridin-2',3'-monophosphat) unter oben angegebenen Bedingungen.

Deswegen sind für kinetische Studien am 2. Reaktionsschritt nur die synthetischen, cyclischen Nucleosid-2',3'-phosphate verwendbar. Je ein Verfahren für Ribonucleinsäure und für 2',3'-CMP werden unten beschrieben. Die zur Berechnung benötigten pK-Werte der sekundären Phosphatgruppe werden mit 6,0—6,5 angegeben; der wahrscheinlichste Wert ist 6,3 [6,7,17,18].

Auch die Änderung der UV-Absorption bei der Hydrolyse cyclischer Nucleosid-2',3'-phosphate[19–22] ist für die Verfolgung des 2. Reaktionsschrittes ausgezeichnet geeignet; diese

[1] Allen, F. W., and J. J. Eiler: J. biol. Ch. **137**, 757 (1941).
[2] Grégoire, J.: Les acides ribonucléiques. Paris 1945.
[3] Chantrenne, H.: Bull. Soc. chim. belg. **55**, 5 (1946).
[4] Schramm, G., G. Bergold u. H. Flammersfeld: Z. Naturforsch. **1**, 328 (1946).
[5] Chantrenne, H., K. Linderstrøm-Lang and L. Vandendriessche: Nature **159**, 877 (1947).
[6] Wiener, S., E. L. Duggan and F. W. Allen: J. biol. Ch. **185**, 163 (1950).
[7] Edelhoch, H., and J. Coleman: J. biol. Ch. **219**, 351 (1956).
[8] Kalnitsky, G., J. P. Hummel and C. Dierks: J. biol. Ch. **234**, 1512 (1959).
[9] Sela, M., C. B. Anfinsen and W. F. Harrington: Biochim. biophys. Acta **26**, 502 (1957).
[10] Taborsky, G.: C. R. Lab. Carlsberg **30**, 309 (1958).
[11] Davis, F. F., and F. W. Allen: J. biol. Ch. **217**, 13 (1955).
[12] Vandendriessche, L.: Acta chem. scand. **7**, 699 (1953).
[13] Anfinsen, C. B., W. F. Harrington, A. Hvidt, K. Linderstrøm-Lang, M. Ottesen and J. Schellman: Biochim. biophys. Acta **17**, 141 (1955).
[14] Hummel, J. P., M. Flores and G. Nelson: J. biol. Ch. **233**, 717 (1958).
[15] Gundlach, H. G., W. H. Stein and S. Moore: J. biol. Ch. **234**, 1754 (1959).
[16] Nelson, C. A., and J. P. Hummel: J. biol. Ch. **236**, 3173 (1961).
[17] Loring, H. S., H. W. Bortner, L. W. Levy and M. L. Hammell: J. biol. Ch. **196**, 807 (1952).
[18] Josefsson, L., and S. Lagerstedt: Meth. biochem. Analysis **9**, 39 (1962).
[19] Richards, F. M.: C. R. Lab. Carlsberg **29**, 315 (1955).
[20] Brown, D. M., C. A. Dekker and A. R. Todd: Soc. **1952**, 2715.
[21] Richards, F. M.: Proc. nat. Acad. Sci. USA **44**, 162 (1958).
[22] Richards, F. M., and P. J. Vithayathil: J. biol. Ch. **234**, 1459 (1959).

Verfahren gewinnen immer weitere Verbreitung. Das Absorptionsverhalten von Uridin-2′,3′-monophosphat und Uridin-3′-phosphat ist in Abb. 5 wiedergegeben[1], mit Ausnahme des Bereiches zwischen 240 und 265 mμ, wo die Absorption extrem hoch ist und für die hier zu diskutierenden Effekte nicht interessiert. Isosbestische Punkte liegen bei 225 und bei 260 mμ. Obwohl bei 275 mμ die maximale Absorptionsdifferenz zwischen cyclischem Ester und Mononucleotid liegt, mißt man aus praktischen Gründen meist bei höheren Wellenlängen, um Streulichteffekte hintanzuhalten. Cytidin-2′,3′-monophosphat und Cytidin-3′-phosphat zeigen ein etwas anderes Spektrum[2] (Abb. 6), wobei sich der Hyperchromieeffekt bis über 300 mμ hinaus erstreckt. Die maximale Absorptionsdifferenz liegt bei 284 mμ, ein isosbestischer Punkt bei 265 mμ. Ribonuclease-Aktivitätsbestimmungen auf der Grundlage der Hydrolyse cyclischer Nucleosid-2′,3′-phosphate sind für kinetische Untersuchungen hervorragend geeignet[2], allerdings nur auf weitgehend gereinigte oder reine Enzympräparate anwendbar, da andernfalls die Proteinabsorption bei 280 mμ zu Störungen führt. Auch eine Methode bei 300 mμ ist beschrieben[3], ohne daß besondere Vorteile ersichtlich sind.

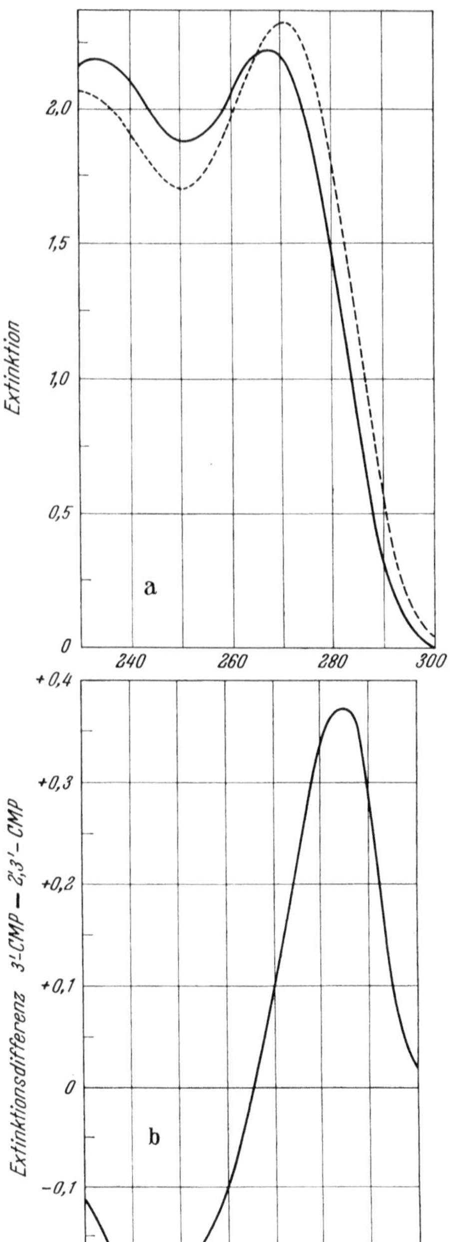

Abb. 6a u. b. a UV-Absorptionsspektrum von Cytidin-2′,3′-monophosphat (—) und Cytidin-3′-phosphat (- - -)[2]. 0,1 mg Nucleotid/ml Trispuffer, p_H 7,13, Ionenstärke 0,2. b Differenzspektrum (Cytidin-3′-phosphat minus Cytidin-2′,3′-monophosphat) unter oben angegebenen Bedingungen.

***Titrimetrische Bestimmung der Ribonuclease-Aktivität nach* Taborsky[4].**

Prinzip:

Die Zahl der infolge Enzymwirkung aus Ribonucleinsäure freigesetzten sauren Gruppen ist proportional dem Alkaliverbrauch, der zur Konstanthaltung des p_H im Reaktionsgemisch benötigt wird.

Reagentien:

1. Ribonucleinsäure, 2 %ig in Wasser, auf p_H 7,5 eingestellt.
2. Ribonuclease, 0,1 %ig in Wasser.
3. 0,100 n NaOH.

Ausführung:

10 ml Ribonucleinsäurelösung werden 30 bis 60 min bei 30° C vorinkubiert; man stellt im Autotitrator (s. Bd. VI/A, S. 279ff.) den p_H auf 7,5 ein, der nach kurzer Zeit konstant bleiben sollte. Dann gibt man 10—50 μl Enzymlösung hinzu und inkubiert weitere 45 min. Nach etwa 15 min nimmt der Laugenverbrauch pro Zeiteinheit einen konstanten Wert an, der der Enzymkonzentration proportional ist. Zur Auswertung trägt man den Alkaliverbrauch gegen die Zeit auf, entnimmt die Steigung im Bereich

[1] Richards, F. M.: C. R. Lab. Carlsberg **29**, 315 (1955).
[2] Crook, E. M., A. P. Mathias and B. R. Rabin: Biochem. J. **74**, 234 (1960).
[3] Stockx, J., L. Vandendriessche and R. van Parijs: Arch. int. Physiol. **68**, 417 (1960).
[4] Taborsky, G.: C. R. Lab. Carlsberg **30**, 309 (1958).

zwischen 30 und 45 min aus dem Diagramm und bezieht auf eine Standardkurve oder mitgeführte Kontrollen. Unter den angegebenen Bedingungen führen 10 μg kristallisierte Ribonuclease aus Rinderpankreas zu einem Verbrauch von 0,05 μÄq Lauge pro min.

***Titrimetrische Bestimmung der Ribonuclease-Aktivität nach* GUNDLACH *u. Mitarb.*[1].**

Prinzip:

Die Hydrolyse von Cytidin-2',3'-monophosphat durch Ribonuclease geht dem Alkaliverbrauch parallel, der zur Konstanthaltung des p_H im Reaktionsgemisch benötigt wird.

Reagentien:

1. Cytidin-2',3'-monophosphat, etwa 0,007 m; 33 mg Bariumsalz werden in 5 ml ausgekochter, CO_2-freier 0,25 m Na_2SO_4-Lösung gelöst. Man zentrifugiert das Bariumsulfat ab, wäscht es mit 0,25 m Na_2SO_4 aus und füllt Zentrifugat und Waschflüssigkeit mit dieser Natriumsulfatlösung auf 10 ml auf. Die Lösung wird bei $-10°$ C aufbewahrt.
2. 0,02 n NaOH in 0,25 m Na_2SO_4.
3. Ribonuclease, 0,05 %ig.

Ausführung:

Man bringt 2 ml Substratlösung mit Reagens 2 auf p_H 7,0 bei 30° C. Dabei wird unter N_2 magnetisch gerührt (Beckman p_H-Meter G oder ähnliches Gerät). Nach Zugabe von 10—50 μl Enzymlösung wird Alkali in 2,5 μl-Portionen zugegeben und die Zeit notiert, bis der p_H auf 7,0 zurückkehrt. Bis zu einem Verbrauch von etwa 50 μl Alkali besteht linearer Reaktionsverlauf zur Zeit. In einem Bereich zwischen 5 und 50 μg Enzym pro Ansatz ist Proportionalität zur Enzymmenge gewahrt.

***Spektrophotometrische Bestimmung der Ribonuclease-Aktivität nach* CROOK *u. Mitarb.*[2].**

Prinzip:

Der bei der Hydrolyse cyclischer Nucleosid-2',3'-phosphate auftretende Anstieg der UV-Absorption wird im Photometer verfolgt; er ist ein Maß der Enzymaktivität.

Reagentien:

1. Cytidin-2',3'-monophosphat, 10 mg-%ig in Reagens 2. Darstellung s. [3].
2. Trispuffer, p_H 7,13 bei 25° C, Ionenstärke 0,2: Man löst 3,0285 g Tris und 1,5725 g NaCl in Wasser, gibt 23,055 mMol HCl hinzu und bringt mit entionisiertem, CO_2-freiem Wasser auf 250 ml. Es empfiehlt sich, Tris aus heißem Methanol-Wasser (20:3 v/v) umzukristallisieren.
3. Enzymlösung, 50 mg-%ig in Reagens 2.

Ausführung:

Man inkubiert 2,5 ml Substratlösung in einer Quarzküvette bei 25° C und gibt nach Temperierung 25 μl Enzymlösung hinzu. Der Absorptionsanstieg wird bei 284 mμ verfolgt. Unter diesen Bedingungen besteht Proportionalität zu Enzymmenge und Zeit bis 30 % Hydrolyse und zwischen 5 und 35 μg Enzym pro Ansatz. Für genaue Versuche wird die Anfangsgeschwindigkeit graphisch ermittelt. Die Originalarbeit läßt erkennen, daß die Verfasser erhebliche Extinktionseinbußen infolge Streulichts haben; dem sollte durch Benutzung (handelsüblicher) Quarzküvetten von 0,1 cm Lichtweg abgeholfen werden.

Verschiedentlich ist die Hydrolyse der cyclischen Nucleosid-2',3'-phosphate mit Ribonuclease auch durch papierchromatographische Trennung der Reaktionsprodukte gemessen worden; detaillierte Angaben s. [4–6].

---

[1] GUNDLACH, H. G., W. H. STEIN and S. MOORE: J. biol. Ch. **234**, 1754 (1959).
[2] CROOK, E. M., A. P. MATHIAS and B. R. RABIN: Biochem. J. **74**, 234 (1960).
[3] CROOK, E. M., A. P. MATHIAS and B. R. RABIN: Biochem. J. **74**, 230 (1960).
[4] DAVIS, F. F., and F. W. ALLEN: J. biol. Ch. **217**, 13 (1955).
[5] HUMMEL, J. P., M. FLORES and G. NELSON: J. biol. Ch. **233**, 717 (1958).
[6] NODES, J. T.: Biochim. biophys. Acta **32**, 551 (1959).

Sonderfälle. In diesem Abschnitt werden Verfahren behandelt, die sich nicht ohne Zwang den vorangehenden Abschnitten einordnen lassen.

***Nachweis von Ribonuclease-Aktivität nach Stärkegel-Elektrophorese nach* Uriel *und* Courcon[1].**

Die nach der Elektrophorese erhaltenen Stärkestückchen werden in einer 0,1 %igen Ribonucleinsäurelösung für verschiedene Zeiten inkubiert. Man fixiert dann in verdünntem, essigsaurem Äthanol und färbt mit Pyronin[2]. Die in das Stärkegel diffundierte Ribonucleinsäure ist an den Orten mit Ribonuclease-Aktivität abgebaut worden, so daß die Pyroninfärbung dort ausbleibt. Die Nachweisbarkeitsgrenze liegt bei etwa 50 ng kristallisierter Ribonuclease aus Rinderpankreas.

***Hydrolyse von Polyadenylsäure durch Ribonuclease nach* Beers[3].**

Die Spaltung von Polyadenylsäure, in Kenntnis der Enzymspezifität (s. S. 756ff.) ein unerwartetes Ereignis, läßt sich mit verschiedenen Methoden verfolgen, die nachstehend kurz beschrieben werden, da sich die Verwendung synthetischer Substrate immer weiter durchsetzen wird. Angeschlossen wird eine Mikromethode für Polyadenylsäure-Hydrolyse[4], die zur Verfolgung der Enzymreinigung aus *Azotobacter agilis* diente.

Freisetzung säurelöslichen Materials aus Polyadenylsäure.

Reagentien:

1. Polyadenylsäure, 1 mM gelöst in 10 ml 0,017 m Trispuffer, p_H 7,0.
2. Enzymlösung, 1 mg-%ig in obigem Puffer.
3. Perchlorsäure, 10 %ig.

Ausführung:

Man inkubiert 10 ml Substratlösung mit 2 ml Enzymlösung bei 37° C. Zu den gewünschten Zeiten werden aliquote Teile von 2 ml entnommen, mit 1 ml Perchlorsäure vermischt und zentrifugiert. Der Nucleotidgehalt des klaren Zentrifugats wird mittels Orcin ermittelt[5].

Messung des Viscositätsabfalles von Polyadenylsäure durch Ribonuclease-Einwirkung[3].

Reagentien:

1. Polyadenylsäure, 1 mM gelöst in 5 ml 0,017 m Trispuffer, p_H 7,0.
2. Enzymlösung, 1 mg-%ig in obigem Puffer.

Ausführung:

Man vermischt 5 ml Substratlösung und 1 ml Enzymlösung und verfolgt den Viscositätsabfall in einem Ostwald-Viscosimeter, das eine Zeitkonstante von etwa 35 sec hat.

Änderung der UV-Absorption von Polyadenylsäure durch Ribonuclease-Einwirkung[3].

Reagentien:

Siehe oben bei Freisetzung säurelöslichen Materials.

Ausführung:

Man inkubiert, wie oben bei Freisetzung säurelöslichen Materials angegeben, entnimmt zu den gewünschten Zeiten aliquote Teile, verdünnt passend mit Wasser und liest die Extinktion bei 260 mμ ab. Man kann auch den Reaktionsverlauf direkt im Spektrophotometer bei 260 mμ verfolgen, muß dann aber mit geringeren Substratkonzentrationen arbeiten.

---

[1] Uriel, J., et J. Courcon: Cr. **253**, 1876 (1961).
[2] Uriel, J., et S. Avrameas: Cr. **252**, 1524 (1961).
[3] Beers jr., R. F.: J. biol. Ch. **235**, 2393 (1960).
[4] Stevens, A., and R. J. Hilmoe: J. biol. Ch. **235**, 3016 (1960).
[5] Mejbaum, W.: H. **258**, 117 (1939).

***Mikromethode der Ribonuclease-Bestimmung mit Polyadenylsäure als Substrat nach* Stevens *und* Hilmoe[1].**

Prinzip:

Die Freisetzung säurelöslichen Nucleotidmaterials wird an Hand der UV-Absorption bei 257 mμ gemessen.

Reagentien:

1. Polyadenylsäure, 0,34 μM gelöst in 20 μl Wasser.
2. 0,0125 m Trispuffer, p_H 7,7.
3. 5×10^{-4} m Mercaptoäthanol in Wasser.
4. Enzymlösung in Wasser; hochgereinigte Fraktionen werden mit Rinderserum-Albuminlösung so verdünnt, daß eine Albuminkonzentration von 0,15% resultiert.
5. Perchlorsäure, 3%ig.

Ausführung:

Man inkubiert 20 μl Substratlösung, 20 μl Pufferlösung, 10 μl Mercaptoäthanol und 10 μl Enzymlösung 30 min bei 37° C. Die Reaktion wird durch Zugabe von 0,34 ml Perchlorsäure abgebrochen; man läßt 10 min im Eisbad stehen und zentrifugiert dann in der Kälte vom Niederschlag ab. 0,1 ml des klaren Zentrifugats wird mit Wasser zehnfach verdünnt, bevor die Extinktion bei 257 mμ gemessen wird. Da die Proportionalität zu Zeit und Enzymmenge zu wünschen übrigläßt, entnimmt man die Aktivität des Enzyms aus einer Standardkurve.

Saure und alkalische Ribonuclease aus tierischen Geweben. Die Aktivitätsbestimmung dieser Enzyme muß Rücksicht darauf nehmen, daß saure und alkalische Ribonuclease mindestens teilweise an Zellpartikel gebunden sind; die Freisetzung aus dieser Bindung ist Vorbedingung für verläßliche Aktivitätsbestimmungen. Nachstehend werden zwei Verfahren beschrieben.

***Bestimmung der Aktivität der sauren und alkalischen Ribonuclease in Rattenleber-Zellfraktionen nach* Reid *und* Lotz[2].**

Prinzip:

Die Freisetzung säurelöslicher Nucleotide wird in Anlehnung an die Standardmethode von Anfinsen (s. S. 766) verfolgt.

Reagentien:

1. Ribonucleinsäure, 0,25%ig in 0,1 m Acetatpuffer, p_H 5,0.
2. n HCl.
3. 0,5 n NaOH.
4. Ribonucleinsäure, 0,75%ig in 0,1 m Histidinpuffer, p_H 8,0.
5. Perchlorsäure, 10%ig, enthaltend 0,25% Uranylacetat.

Ausführung:

Saure Ribonuclease: Die in 0,25 m Rohrzuckerlösung erhaltenen Zellfraktionen werden nach Verdünnung mit Wasser achtmal einem Gefrier-Tau-Prozeß unterworfen. Zur Inkubation mischt man 0,4 ml Substratlösung 1 mit 0,3 ml Enzymquelle und inkubiert 30 min bei 37° C unter Schütteln. Bei Reaktionsende werden 0,7 ml Perchlorsäure-Reagens 5 zugesetzt; nach dem Zentrifugieren werden 0,5 ml klarer Überstand auf 6,0 ml mit Wasser verdünnt und zur Absorptionsmessung bei 260 mμ verwendet.

Alkalische Ribonuclease: Die in 0,25 m Rohrzuckerlösung erhaltenen Zellfraktionen werden nach Verdünnung mit Wasser mittels n HCl auf p_H 3,5 gebracht und 10 min bei 65° C gehalten; dabei werden saure Ribonuclease und Ribonuclease-Inhibitor zerstört. Nach dem Abkühlen wird mit NaOH neutralisiert und das Material achtmal einem Gefrier-Tau-Prozeß unterworfen. Zur Inkubation mischt man 0,2 ml Substratlösung (4) mit 0,1 ml Enzymquelle und inkubiert 30 min bei 37° C unter Schütteln. Die Reaktion

[1] Stevens, A., and R. J. Hilmoe: J. biol. Ch. **235**, 3016 (1960).

[2] Reid, E., and F. Lotz: Brit. J. Cancer **12**, 419 (1958).

wird mit 0,3 ml Perchlorsäure-Reagens 5 unterbrochen. 0,25 ml des klaren Zentrifugier-Überstandes werden auf 4,0 ml mit Wasser verdünnt und zur Absorptionsmessung bei 260 mμ verwendet.

Saure Ribonuclease gibt Proportionalität zur Enzymmenge bis zu einem $\Delta E_{260\,m\mu}$ von 0,8, alkalische Ribonuclease dagegen nur bis zu einem $\Delta E_{260\,m\mu}$ von 0,1.

***Bestimmung der Aktivität der sauren und alkalischen Ribonuclease in Rattenbrustdrüsen-Zellfraktionen nach* Slater[1].**

Prinzip:

Die Freisetzung säurelöslicher Nucleotide wird in Anlehnung an die Standardmethode von Anfinsen (s. S. 766) verfolgt.

Reagentien:

1. Ribonucleinsäure, 0,4%ig in 0,1 m Natriumphosphat-Puffer, p_H 5,8.
2. Ribonucleinsäure, 1%ig in 0,1 m Trispuffer, p_H 8,0.
3. Triton X-100, 1%ig (v/v).
4. Perchlorsäure, 10%ig, enthaltend 0,2% Uranylacetat.
5. Triton X-100, 0,001%ig (v/v).

Ausführung:

Die in wäßriger Suspension vorliegenden Zellfraktionen werden bei 37° C 1 min mit Triton X-100, Reagens 3, im Verhältnis 1:1—2:1 inkubiert. Dann vermischt man mit 1 ml Substratlösung 1 oder 2 und hält 10 min bei 37° C. Die Reaktion wird durch Zugabe von 2 ml Perchlorsäurereagens unterbrochen; die Gefäße werden über Nacht bei —20° C aufbewahrt, am nächsten Morgen aufgetaut, auf 20—40 ml mit Reagens 5 verdünnt und durch ein Whatman-Filter Nr. 42 filtriert. Die Absorption bei 260 mμ wird am Filtrat gemessen. Unter den angegebenen Bedingungen ist die Nucleinsäurespaltung proportional zur Gewebsmenge bis zu 50 mg Frischgewicht.

Ribonuclease-Inhibitoren natürlicher Herkunft. Ribonuclease-Inhibitoren aus tierischen Geweben binden sich über ihre SH-Gruppen an das Enzym. Umsetzung der SH-Gruppe mit z.B. p-Chlorquecksilber(II)-benzoat hebt die Bindung zwischen Inhibitor und Enzym auf; da Ribonuclease kein Sulfhydryl-Enzym ist (s. S. 746), mißt man also mit p-Chlorquecksilber(II)-benzoat die Gesamtaktivität (freie und „inaktive" Ribonuclease), ohne p-Chlorquecksilber(II)-benzoat nur die freie (ungehemmte) Ribonuclease.

Wegen der Sulfhydryl-Natur der Inhibitorwirkung kann Versen die Hemmwirkung dann verstärken, wenn die Metall-Chelierung zusätzlich noch SH-Gruppen des Inhibitors für die Hemmung verfügbar macht. In Abwesenheit des Inhibitors hat Versen keinen Effekt auf die Ribonuclease-Aktivität. Umgekehrt kann auch eine Metall-Verunreinigung in einem Ribonucleinsäure-Präparat (s. S. 763) dazu führen, daß der Inhibitor inaktiviert und damit erhöhte Aktivität der Gewebs-Ribonucleasen vorgetäuscht wird[2].

Zur Erfassung des Inhibitor-Enzym-Systems in Rohextrakten und Zellfraktionen zerstört man den Inhibitor durch Erhitzen bei saurem p_H (s. S. 762 u. 776) oder durch p-Chlorquecksilber(II)-benzoat (s.[3,4] und nachfolgende Methode) und vergleicht die Aktivität im behandelten (Gesamtaktivität) und unbehandelten (freie Aktivität) Ansatz. Gereinigter Inhibitor wird auf seine Wirksamkeit gegenüber kristallisierter Ribonuclease aus Rinderpankreas ausgewertet. Zwei bewährte Verfahren werden nachstehend beschrieben.

***Bestimmung von inaktiver (gehemmter) Ribonuclease und von Ribonuclease-Inhibitor nach* Roth[5].**

Prinzip:

Siehe vorangehenden Abschnitt.

[1] Slater, T. F.: Biochem. J. **78**, 500 (1961).
[2] Eichel, H. J.: Proc. Soc. exp. Biol. Med. **109**, 804 (1962).
[3] Colter, J. S., J. Kuhn and K. A. O. Ellem: Cancer Res. **21**, 48 (1961).
[4] Ellem, K. A. O., and J. S. Colter: J. cellul. comp. Physiol. **58**, 267 (1961).
[5] Roth, J. S.: J. biol. Ch. **231**, 1085 (1958).

Reagentien:

1. 0,1 m Veronalacetat-Puffer, p_H 7,8.
2. Ribonuclease, kristallisiert aus Rinderpankreas, 20 μg-%ig in 0,1%iger Gelatine.
3. Ribonucleinsäure, 1%ig.
4. 1 n HCl in 76%igem Äthanol.
5. 0,01 m p-Chlorquecksilber(II)-benzoat, auf p_H 8,2 eingestellt.

Ausführung:

Inaktive Ribonuclease: Man inkubiert 1 ml Pufferlösung, 0,83 ml Wasser, 0,12 ml Reagens *5* und 0,05 ml Enzymquelle bei 37° C, startet die Reaktion durch Zugabe von 1 ml Substratlösung und unterbricht nach 30 min durch Zugabe von 3 ml Reagens 4. Nach 8 min Stehen wird filtriert (Whatman Nr. 42), wobei Verdampfungsverluste durch Abdecken mit einem Uhrglas vermieden werden. Ein Teil des Filtrats wird 1:50 mit Wasser verdünnt und zur Extinktionsmessung bei 260 mμ verwendet. Der Gegenversuch enthält statt 0,12 ml SH-Reagens (Nr. 5) 0,12 ml Wasser und liefert die Aktivität an freier Ribonuclease. Inaktive (gehemmte) Ribonuclease wird aus der Differenz erhalten.

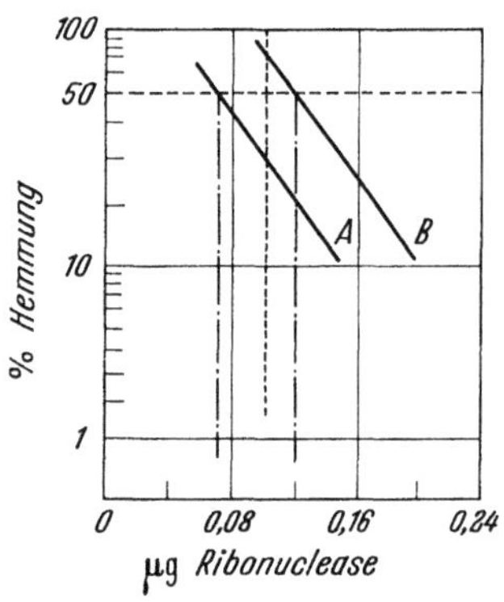

Abb. 7. Auswertung des Ribonuclease-Inhibitors nach Roth[1]. *A* entspricht 0,07 Einheiten, *B* 0,12 Einheiten Inhibitor; zur Erklärung s. den Text.

Ribonuclease-Inhibitor: Zu einer Mischung von 1 ml Pufferlösung, 0,45 ml Wasser und 0,5 ml Enzymlösung (Reagens 2) gibt man 0,05 ml der auf Inhibitorwirkung zu untersuchenden Lösung und bringt auf 37° C. Die Reaktion wird durch Zugabe von 1 ml Substratlösung gestartet. Nach 30 min Inkubation unterbricht man durch Zugabe von 3 ml Reagens *4* und verfährt zur Extinktionsmessung weiter wie oben. Der Gegenversuch enthält 0,05 ml Wasser statt der Inhibitorlösung. Man berechnet die prozentuale Hemmung und entnimmt die Inhibitorwirksamkeit einer graphischen Darstellung wie in Abb. 7, bei der % Hemmung halblogarithmisch gegen Ribonucleasemenge aufgetragen ist. Der Schnittpunkt der Geraden, die man aus Versuchen mit konstanter Inhibitor- und wechselnder Enzymmenge erhält, mit der 50%-Linie ergibt die Inhibitor-Aktivität in Einheiten; hat man eine solche Standardkurve wie in Abb. 7 aufgestellt, genügt ein Meßpunkt zur Bestimmung unbekannter Lösungen.

***Bestimmung von inaktiver (gehemmter) Ribonuclease und von Ribonuclease-Inhibitor nach* Shortman[2].**

Prinzip:

Siehe vorangehende Methode.

Reagentien:

1. 0,03 m Veronalpuffer, p_H 7,8, enthaltend 0,45 m NaCl.
2. 0,03 m Acetatpuffer, p_H 5,8, enthaltend 0,45 m NaCl.
3. 0,01 m p-Chlorquecksilber(II)-benzoat.
4. 0,002 m p-Chlorquecksilber(II)-benzoat.
5. Ribonucleinsäure, 1%ig.
6. Ribonuclease, kristallisiert aus Rinderpankreas, 5 μg-%ig in 0,1%iger Gelatine.
7. 1 n HCl in 76%igem Äthanol.

Ausführung:

Ribonuclease: Man inkubiert 0,1 ml Wasser, 0,2 ml Acetatpuffer, 0,1 ml Enzymlösung (Reagens 6) und 0,2 ml Substratlösung 30 min bei 37° C. Dann kühlt man 1 min im Eisbad und fügt 0,6 ml Reagens 7 hinzu. Nach 30 min Zentrifugieren bei 2000 $\times$ g in

[1] Roth, J. S.: J. biol. Ch. **231**, 1085 (1958).
[2] Shortman, K.: Biochim. biophys. Acta **51**, 37 (1961).

der Kälte verdünnt man 0,5 ml Überstand sechsfach mit Wasser und liest die Absorption bei 260 mμ ab; der Aktivitätswert entspricht 5 ng Enzym.

Ribonuclease-Inhibitor: Man verdünnt die auf Inhibitorwirkung auszutestende Lösung mit einer 0,005 m Versenlösung so, daß unter den eben genannten Bedingungen etwa 50% Hemmung resultieren. 0,1 ml dieser Inhibitorverdünnung wird an Stelle von 0,1 ml Wasser im obigen Testsystem eingesetzt und die prozentuale Hemmung errechnet. Eine Einheit des Inhibitors ist definiert als diejenige Menge, die unter den oben genannten Bedingungen 5 ng kristallisierte Ribonuclease aus Rinderpankreas zu 50% hemmt. In Abb. 8 ist der Proportionalitätsbereich für diesen Inhibitortest wiedergegeben.

Inaktive alkalische Ribonuclease: Man inkubiert 0,1 ml eines 1:20 verdünnten Rattenleber-Homogenates mit 0,2 ml Veronalpuffer, 0,1 ml Reagens 3 und 0,2 ml Substratlösung für 30 min bei 37° C. Unterbrechung der Reaktion und weitere Verarbeitung erfolgen wie oben angegeben. Als Gegenversuch wird Reagens 3 durch Wasser ersetzt und die inaktive (gehemmte) Ribonuclease aus der Differenz der beiden Werte errechnet.

Inaktive saure Ribonuclease: Man inkubiert 0,1 ml eines 1:5 verdünnten Rattenleber-Homogenates mit 0,2 ml Acetatpuffer, 0,1 ml Reagens 4 und 0,2 ml Substratlösung für 30 min bei 37° C. Das weitere Vorgehen entspricht den bei alkalischer Ribonuclease angegebenen Daten. Man erzielt mit p-Chlorquecksilber(II)-benzoat keine maximale Freisetzung des Enzyms vom Inhibitor, da saure Ribonuclease aus Rattenleber sensitive SH-Gruppen enthält.

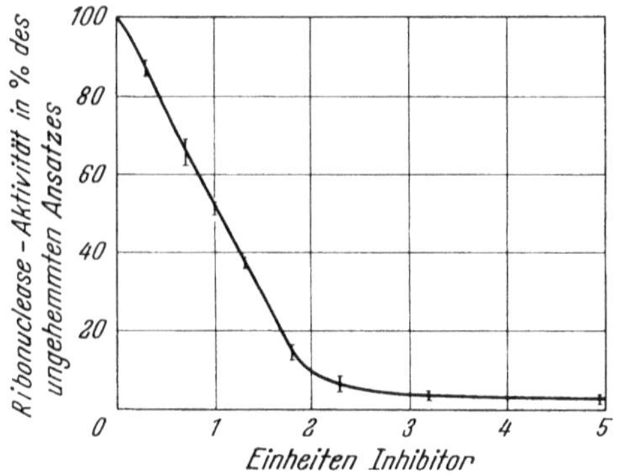

Abb. 8. Auswertung des Ribonuclease-Inhibitors nach SHORTMAN[1]; zur Erklärung s. den Text.

Untersuchungeen zur Spezifität. Wie S. 763 erwähnt, geht eine Schilderung der Methoden, mit denen man die Wirkungsspezifität der verschiedenen Ribonucleasen ermittelt hat, über den Rahmen dieses Beitrages hinaus. Eine sorgfältige Untersuchung hat jedoch gezeigt, daß die zu Routine-Messungen verwendeten Fällungsmethoden (s. S. 764) unter guter p_H-Kontrolle so geleitet werden können, daß nur Uridinphosphate in Lösung bleiben, dagegen alle Nucleotide mit aminosubstituierten Basen von Uranylacetat in Perchlorsäure gefällt werden[2]. Diese Methode wird nachstehend beschrieben.

Spezifische Erfassung von Uridinphosphaten beim Abbau von Ribonucleinsäure durch Ribonuclease nach DICKMAN und TRUPIN[3].

Prinzip:

Siehe oben.

Reagentien:

1. Hefe-Ribonucleinsäure, 2%ig in Wasser, auf p_H 5,0 eingestellt.
2. Hefe-Ribonucleinsäure, 2%ig in Wasser, auf p_H 7,5 eingestellt.
3. Ribonuclease, kristallisiert aus Rinderpankreas, 1 mg-%ig in 0,2 m Acetatpuffer, p_H 5,0.
4. Ribonuclease, kristallisiert aus Rinderpankreas, 20 μg-%ig in 0,05 m Tris, p_H 7,5, und 0,2 m NaCl.
5. 0,2 m Acetatpuffer, p_H 5,0.
6. 0,05 m Trispuffer, p_H 7,5, enthaltend 0,2 m NaCl.
7. Fällungsreagens für Versuche bei p_H 5,0: 0,8% Uranylacetat · 2 H_2O in 0,85%iger Perchlorsäure; vor Gebrauch mit 5 Vol. H_2O verdünnen.
8. Fällungsreagens für Versuche bei p_H 7,5: 0,8% Uranylacetat · 2 H_2O in 0,33%iger Perchlorsäure; vor Gebrauch mit 5 Vol. H_2O verdünnen.

---

[1] SHORTMAN, K.: Biochim. biophys. Acta **51**, 37 (1961).
[2] DICKMAN, S. R., and K. TRUPIN: Biochim. biophys. Acta **30**, 200 (1958).
[3] DICKMAN, S. R., and K. TRUPIN: Arch. Biochem. **82**, 355 (1959).

Ausführung:

Man inkubiert 0,5 ml Substratlösung, 0,4 ml Pufferlösung und 0,1 ml Enzymlösung (zusammengesetzt jeweils für den gewünschten p_H-Wert) für 10 min bei 37° C und unterbricht dann die Reaktion durch Zugabe von 3 ml des passenden Fällungsreagens. Man läßt 15 min stehen, zentrifugiert, verdünnt 1 ml Überstand mit 5 ml Wasser und liest die Absorption bei 260 mμ ab. Enthält der Ansatz Orthophosphat, so ist ein spezielles Fällungsreagens zu verwenden, das im Original angegeben ist. Unter den geschilderten Bedingungen erhält man ein $\Delta E_{260\,m\mu}$ von 0,100 mit 1 μg Ribonuclease bei p_H 5,0 und mit 20 ng Ribonuclease bei p_H 7,5.

Vielfach sind chromatographische und elektrophoretische Verfahren angegeben worden, um die Spezifität der Ribonuclease-Wirkung zu verfolgen; für die wichtigsten Methoden s. [1–6] und die S. 756ff. zitierte Literatur.

Rhodanese.

[2.8.1.1 Thiosulfat-Cyanid-Sulfurtransferase]
(Thiosulfat-Sulfurtransferase).

Von

Konrad Lang*.

Einleitung. Das Enzym wurde von LANG[7] entdeckt und erstmalig von SORBÖ[8] kristallisiert. Es überträgt Schwefel von Thiosulfat auf Cyanid unter Bildung von Rhodanid:

$$CN^- + S \rightarrow CNS^-$$

Die Rückreaktion ist bisher nicht beobachtet worden. SORBÖ[9] hatte gefunden, daß die Annahme, daß auch β-Mercaptopyruvat als S-Donator verwertet werden könne, unzutreffend ist. Neuere Untersuchungen haben ergeben, daß die β-Mercaptopyruvat-Cyanid-Sulfurtransferase von der Rhodanese verschieden ist[10,11]. KUN und FANSHIER[12,13] zeigten, daß die β-Mercaptopyruvat-Cyanid-Sulfurtransferase, im Gegensatz zu der Thiosulfat-Cyanid-Sulfurtransferase, ein Kupferenzym ist.

Das einzige Substrat der Rhodanese außer Thiosulfat ist Thiosulfonat[14,15]. Alle anderen untersuchten S-haltigen Verbindungen wirken nicht als S-Donator[16]. Das Cyanid läßt sich nicht durch Cyanat[17] oder Nitrile[7,18] ersetzen.

* Physiologisch-Chemisches Institut der Universität Mainz.

1 GUNDLACH, H. G., S. MOORE and W. H. STEIN: J. biol. Ch. **234**, 1761 (1959).
2 KALNITSKY, G., J. P. HUMMEL, H. RESNICK, J. R. CARTER, L. B. BARNETT and C. DIERKS: Ann. N.Y. Acad. Sci. **81**, 542 (1959).
3 SHUSTER, L., H. G. KHORANA and L. A. HEPPEL: Biochim. biophys. Acta **33**, 452 (1959).
4 DAVIS, F. F., and F. W. ALLEN: J. biol. Ch. **217**, 13 (1955).
5 REDDI, K. K.: Biochim. biophys. Acta **28**, 386 (1958).
6 RUSHIZKY, G. W., C. A. KNIGHT and H. A. SOBER: J. biol. Ch. **236**, 2732 (1961).
7 LANG, K.: B. Z. **259**, 17; **263**, 262 (1933).
8 SORBÖ, B. H.: Acta chem. scand. **7**, 1129 (1953).
9 SORBÖ, B. H.: Acta chem. scand. **8**, 694 (1954).
10 FIEDLER, H., and J. L. WOOD: J. biol. Ch. **222**, 387 (1956).
11 HYLIN, J. W., and J. L. WOOD: J. biol. Ch. **234**, 2141 (1959).
12 KUN, E., and D. W. FANSHIER: Biochim. biophys. Acta **32**, 338 (1959).
13 FANSHIER, D. W., and E. KUN: Biochim. biophys. Acta **58**, 266 (1962).
14 SORBÖ, B. H.: Acta chem. scand. **7**, 32 (1953).
15 SORBÖ, B. H.: Acta chem. scand. **7**, 1137 (1953).
16 SORBÖ, B. H.: Svensk kem. T. **65**, 169 (1953).
17 SORBÖ, B. H.: Acta chem. scand. **5**, 1218 (1951).
18 GAL, E. M., F. H. FUNG and D. M. GREENBERG: Cancer Res. **12**, 574 (1952).

Vorkommen. Das Enzym wurde in nahezu allen Organen bei Mensch, Säugetieren, Vögeln und dem Frosch nachgewiesen. Hinsichtlich der Verteilung bestehen jedoch große quantitative Unterschiede zwischen den einzelnen Species. Angaben über das

Tabelle 1. *Vorkommen der Rhodanese im tierischen Organismus.*

Mensch . . .	Leber[1,7]
	Niere[7]
	Nebenniere[7]
	Schilddrüse[7]
	Pankreas[7]
	Testis[7]
	Ovar[7]
	Herz[7]
	Muskel[7]
	Gehirn[7]
	Magen[7]
	Lunge[7]
	Milz[7]
Affe	Leber[3]
	Niere[3]
	Nebenniere[3]
	Pankreas[3]
	Testis[3]
	Herz[3]
	Gehirn[3]
	Lunge[3]
	Speicheldrüse[3]
Hund	Leber[1]
	Niere[1,3]
	Nebenniere[1,3]
	Schilddrüse[3]
	Pankreas[3]
	Testis[3]
	Ovar[3]
	Herz[3]
	Gehirn[1,3]
	Darm[3]
	Lunge[3]
	Milz[1]
	Speichel-drüsen[1]
	Auge[3]
	Lymphknoten[3]
	Erythrocyten[3]
Katze	Leber[1]
Pferd	Leber[7,8]
	Niere[7,8]
	Nebenniere[7]
	Schilddrüse[7]
	Pankreas[7]
	Herz[7]
	Gehirn[7]
	Magen[7]
	Lunge[7]
	Milz[7]
Rind	Leber[1,7,8]
	Niere[7,8]
	Nebenniere[7]
	Schilddrüse[7]
	Pankreas[7]
	Herz[7]
	Gehirn[7]
	Magen[7]
	Lunge[7]
	Milz[7]
Schaf	Leber[7,8]
	Niere[7]
	Nebenniere[7]
	Schilddrüse[7]
	Pankreas[7]
	Herz[7]
	Gehirn[7]
	Magen[7]
	Lunge[7]
	Milz[7]
Schwein . . .	Leber[7]
	Niere[7]
	Nebenniere[7]
	Schilddrüse[7]
	Pankreas[7]
	Herz[7]
	Gehirn[7]
	Magen[7]
	Lunge[7]
	Milz[7]
Ratte	Leber[1,4,6,7]
	Niere[3,4,7]
	Nebenniere[3,7]
	Schilddrüse[7]
	Testis[3,4,7]
	Herz[4,7]
	Muskel[4,7]
	Gehirn[3,4,7]
	Magen[4,7]
	Darm[4]
	Lunge[4,7]
	Milz[4,7]
	Tumor[2]
	Erythrocyt[4]
Maus	Tumor[2]
Meerschweinchen . . .	Leber[4,8]
	Niere[4]
	Testis[4]
	Herz[4]
	Muskel[4]
	Gehirn[4]
	Magen[4]
	Darm[4]
	Lunge[4]
	Milz[4]
	Erythrocyt[4]
Kaninchen . .	Leber[1]
	Niere[4]
	Nebenniere[3]
	Testis[4]
	Ovar[3]
	Herz[4]
	Gehirn[3]
	Darm[5]
	Lunge[3]
Huhn	Leber[1]
Taube	Leber[1,4]
	Niere[4]
	Testis[4]
	Herz[4]
	Muskel[4]
	Gehirn[4]
	Magen[4]
	Darm[4]
	Lunge[4]
	Milz[4]
	Erythrocyt[4]
Frosch. . . .	Leber[1,4]
	Niere[4]
	Herz[4]
	Muskel[4]
	Gehirn[4]
	Magen[4]
	Darm[4]
	Lunge[4]
	Milz[4]
	Erythrocyt[4]

[1] LANG, K.: B. Z. **259**, 17 (1933).
[2] ROSENTHAL, O.: Fed. Proc. **7**, 181 (1948).
[3] HIMWICH, W. A., and J. P. SAUNDERS: Amer. J. Physiol. **153**, 348 (1948).
[4] KOJ, A., u. J. FRENDO: Acta biochim. polon. **9**, 373 (1962).
[5] ROSENTHAL, O.: Acta Un. int. Cancr., Bruxelles **6**, 307 (1948).
[6] ROSENTHAL, O., C. S. ROGERS, H. M. VARS and C. C. FERGUSON: J. biol. Ch. **185**, 669 (1950).
[7] REINWEIN, D.: H. **326**, 94 (1961).
[8] SORBÖ, B. H.: Acta chem. scand. **5**, 724 (1951).

Vorkommen sind in der Tabelle 1 zusammengestellt. Bei allen untersuchten Species war die Aktivität immer in der Leber am größten. Hohe Enzymaktivitäten finden sich noch in Niere, Nebennieren, Schilddrüse und Pankreas. Zwischen Rhodaneseaktivität und Rhodanidgehalt der Organe wurden keine Beziehungen aufgefunden[1]. Das Serum ist frei von dem Enzym. Quantitative Angaben über die in der neueren Zeit in der Rattenleber gemessenen Rhodaneseaktivitäten finden sich in der Tabelle 2. Wie man sieht, sind die Aktivitäten beträchtlich. Bei einer ausreichenden Substratversorgung könnte eine Rattenleber von 5 g Gewicht in der Minute etwa 50—100 mg CNS^- bilden.

Bei eiweißfreier Ernährung nimmt die Aktivität der Rhodanese in der Leber stark ab, und zwar wesentlich stärker, als dem Eiweißverlust des Organs entspricht[2]. Eine Abnahme des Enzyms wurde auch während der durch Cancerogene (2-Acetylaminofluoren, p-Dimethylaminoazobenzol) verursachten Entstehung von Lebertumoren festgestellt[5]. Nach Otagiri scheiden Sarkomratten, im Gegensatz zu gesunden Tieren, Rhodanese im Harn aus[6]. Eine Röntgenbestrahlung der Ratte hat keinen Einfluß auf die Aktivität des Enzyms[7].

Tabelle 2. *In der Rattenleber festgestellte Aktivitäten der Rhodanese.*

μMol CNS^-/5 min/g Trockengewicht	882 ± 110[3]
μMol CNS^-/1 min/g Feuchtgewicht	215 ± 12[4]
μMol CNS^-/1 min/g Protein	913 ± 8[2]

In der fetalen Rattenleber ist die Aktivität der Rhodanese zunächst sehr gering, sie nimmt dann aber bald bis zur Geburt steil zu[8]. Die Placenta enthält keine Rhodanese, dagegen wurde eine beträchtliche Aktivität im Chorion gefunden[9].

Das Enzym ist in der Rattenleber ausschließlich in den Mitochondrien lokalisiert[4,7,10]. In intakten Mitochondrien ist die Aktivität weitgehend latent. Durch Schwellen oder Zerstören der Mitochondrien wird die Aktivität erheblich erhöht[11]. Dagegen ist das Enzym im Herzen (Kalb) etwa zu gleichen Teilen zwischen den Zellkernen und dem Überstehenden verteilt[12].

Die Angaben von Gemeinhardt[13], daß Rhodanese auch in Pflanzen (Preßsäfte von Weißkohl und Rüben) vorkomme, konnte von Sorbö[14] nicht bestätigt werden.

Das aus der Rinderleber isolierte Enzym erwies sich in allen seinen Eigenschaften identisch mit dem aus der Rinderniere isolierten[15,16].

Thiobacillus thiooxydans enthält Rhodanese[17].

Wirkungsmechanismus. Unter Verwendung von ^{35}S konnte der folgende Wirkungsmechanismus der Rhodanese festgestellt werden[16,18]:

$$1.\ \text{Rhodanese} + 2\ SSO_3^{=} \rightleftharpoons \text{Rhodanese-}S_2 + 2\ SO_3^{=}$$

$$2.\ \text{Rhodanese-}S_2 + 2\ CN^- \rightleftharpoons \text{Rhodanese} + 2\ SCN^-$$

[1] Reinwein, D.: H. **326**, 94 (1961).
[2] Rosenthal, O., C. S. Rogers, H. M. Vars and C. C. Ferguson: J. biol. Ch. **185**, 669 (1950).
[3] Koj, A., u. J. Frendo: Acta biochim. polon. **9**, 373 (1962).
[4] Duve, C. de, B. C. Pressman, R. Gianetto, R. Wattiaux and F. Appelmans: Biochem. J. **60**, 604 (1950).
[5] Ichii, S., M. Inaba and K. Mori: Gann, Tokyo **45**, 637 (1954).
[6] Otagiri, Y., S. Sumitomi, S. Hokai and K. Sasamoto: J. Biochem. **39**, 18 (1953).
[7] Ludewig, S., and A. Chanutin: Arch. Biochem. **29**, 441 (1950).
[8] Gal, E. M., F. H. Fung and D. M. Greenberg: Cancer Res. **12**, 574 (1952).
[9] Sorbö, B. H.: Svensk kem. T. **65**, 169 (1953).
[10] Rosenthal, O., and H. M. Vars: Proc. Soc. exp. Biol. Med. **86**, 555 (1954).
[11] Greville, G. D., and J. B. Chappell: Biochim. biophys. Acta **33**, 267 (1959).
[12] Moyle, J. M.: Nature **172**, 508 (1953).
[13] Gemeinhardt, K.: Ber. dtsch. bot. Ges. **56**, 275 (1938).
[14] Sorbö, B. H.: Acta chem. scand. **7**, 1129 (1953).
[15] Westley, J.: J. biol. Ch. **234**, 1857 (1959).
[16] Westley, J., and T. Nakamoto: J. biol. Ch. **237**, 547 (1962).
[17] McChesney, C. A.: Nature **181**, 347 (1958).
[18] Green, J. R., and J. Westley: J. biol. Ch. **236**, 3047 (1961).

Die Rhodanese-Substratverbindung (Rhodanese-S_2) wurde in kristallisierter Form isoliert. Denaturierung des Enzyms bewirkt eine Abgabe des aktivierten Substratschwefels in Form von kolloidalem Schwefel.

Unlängst wurde festgestellt, daß krist. Rhodanese auch die Reduktion von Thiosulfat zu Sulfid und Sulfit katalysiert, wobei als Reduktionsmittel nur reduzierte Liponsäure verwendet wird[1].

$$\text{Red. Lipoat} + SSO_3^{=} \xrightleftharpoons{\text{Rhodanese}} \text{ox. Lipoat} + HS^- + SO_3^{=} + H^+.$$

Auch die Rückreaktion wurde beobachtet. Krist. Rhodanese enthält keine Lipoinsäure.

Eigenschaften. Rohe Enzympräparate sind außerordentlich stabil. Gefrorene Organe können monatelang ohne Einbuße an Aktivität aufbewahrt werden. Dagegen ist das kristallisierte Enzym recht instabil. Durch Gegenwart eines inerten Proteins, z.B. Serumalbumin, wird es stabilisiert. In Lösung verliert das Enzym rasch an Aktivität. Dies kann durch Zugabe von Thiosulfat verhindert werden[2,3].

Tabelle 3. *Hemmstoffe für die Rhodanese* (etwa 50%ige Hemmung).

3 m	Guanidin[5]
10^{-3} m	Cu^{++} [2]
10^{-3} m	Fe^{+++} [2]
10^{-2} m	Jodacetat[2]
4×10^{-3} m	Na_2S [2]
0,42 m	Cystein[2]
10^{-3} m	N-Äthylmaleinimid[9]

Für das kristallisierte Enzym fand SORBÖ[4] ein breites p_H-Optimum zwischen p_H 8 und 9; nach WESTLEY[5] ist das p_H-Optimum bei 9,1 gelegen. Mit rohen Präparaten fanden SAUNDERS und HIMWICH 9,2[2], LANG 8,3[6]. Folgende K_M-Werte wurden gemessen: für Thiosulfat $5{,}5 \times 10^{-3}$ m [7], für Cyanid $3{,}8 \times 10^{-3}$ m [7] und 6×10^{-3} m [5]. Die Aktivierungswärme wurde zu 7900 cal[4] bzw. 5800 cal[5] berechnet. Das Molekulargewicht wurde von SORBÖ[8] zu 37000 und die Wechselzahl zu 20000 (20° C, p_H 8,6) bestimmt. Die Sedimentationskonstante beträgt $S = 3{,}0$, die Diffusionskonstante $7{,}5 \times 10^{-7}$ cm^2 sec^{-1}, das spezifische Partialvolumen 0,74.

Hemmstoffe. Die für Rhodanese aufgefundenen Hemmstoffe sind in der Tabelle 3 zusammengestellt.

Thiosemicarbazid und andere Carbonylreagentien hemmen nicht. Sulfhydrylgruppen blockierende Substanzen haben nur bei hohen Konzentrationen eine schwache Hemmwirkung. Stark hemmend wirken Sulfit und Cyanid in Abwesenheit von Thiosulfat[10].

***Darstellung kristallisierter Rhodanese aus Rinderniere nach* WESTLEY *und* GREEN[11].**

Diese Methode ist einfacher und ergiebiger als das Verfahren von SORBÖ[8], der als erster das Enzym kristallisiert hatte.

Ausführung

1. Eine Rinderniere (600 g) wird mit 800 ml eines Puffers aus Glykokoll und Essigsäure (beide 0,1 m) von p_H 5 homogenisiert. Das Homogenat wird 30 min bei 3000 × g zentrifugiert. Der Rückstand wird erneut mit 400 ml Pufferlösung extrahiert.

2. Die vereinigten Extrakte werden mit Ammoniumsulfat in Substanz bis zu einer Konzentration von 0,4 m versetzt und der p_H durch Zusatz kalter n HCl auf 3,8 gebracht. Man beseitigt den Niederschlag durch Zentrifugieren und bringt dann die Ammoniumsulfatkonzentration auf 1,4 m. Nach 3 Std Stehen wird zentrifugiert, der Niederschlag

[1] VILLAREJO, M., and J. WESTLEY: J. biol. Ch. **238**, PC 1185 (1963).
[2] SAUNDERS, J. P., and W. H. HIMWICH: Amer. J. Physiol. **163**, 404 (1950).
[3] ROSENTHAL, O., C. S. ROGERS, H. M. VARS and C. C. FERGUSON: J. biol. Ch. **185**, 669 (1950).
[4] SORBÖ, B. H.: Acta chem. scand. **7**, 1137 (1953).
[5] WESTLEY, J.: J. biol. Ch. **234**, 1857 (1959).
[6] LANG, K.: B. Z. **259**, 243 (1933).
[7] ROSENTHAL, O.: Fed. Proc. **7**, 181 (1948).
[8] SORBÖ, B. H.: Acta chem. scand. **7**, 1129 (1953).
[9] COLFORTI, M., e G. GIUSTI: Boll. Soc. ital. Biol. sperim. **32**, 1094 (1956).
[10] SORBÖ, B. H.: Svensk. kem. T. **65**, 169 (1953).
[11] WESTLEY, J., and J. R. GREEN: J. biol. Ch. **234**, 2325 (1959).

verworfen und Ammoniumsulfat bis 2,0 m zugesetzt. Das Enzym fällt hierbei aus. Zur Vervollständigung des Ausfallens läßt man 3 Std stehen, zentrifugiert und löst den Niederschlag in 100 ml Pufferlösung folgender Zusammensetzung: 10^{-3} m Tris (Tris-hydroxymethyl)-aminomethan, 10^{-3} m $Na_2S_2O_3$ und 0,2 m Glykokoll, p_H Wert 7,6 (Puffer A).

3. Zur Entfernung des $(NH_4)_2SO_4$ wird gegen folgenden Puffer (Puffer B) dialysiert: 10^{-3} m Tris, 10^{-3} m $Na_2S_2O_3$, p_H 7,6, bis die Ionenstärke (Leitfähigkeitsmessung) niedriger als die des Puffers A geworden ist. Man zentrifugiert die dialysierte Enzymlösung und verdünnt sie mit dem Puffer A auf eine Proteinkonzentration von 4 mg/ml.

DEAE-Cellulose (N,N-Diäthylaminoäthyl-cellulose) wird gegen einen Puffer äquilibriert, der je 0,1 m ist an Tris, Thiosulfat und Glykokoll und p_H 7,7 besitzt. Man wäscht dann frei von ungebundenen Ionen. Der so behandelte Austauscher wird in 1:200 verdünntem Äquilibrierungspuffer suspendiert (50 mg Trockengewicht/ml).

Die verdünnte Enzymlösung (500 ml) wird dann zu 750 ml dieser Suspension gegeben. Man rührt 5 min und filtriert dann durch ein Whatman-Filter Nr. 1 (Büchner-Trichter 32 cm). Man wäscht den Austauscher mit dem 1:200 verdünnten Äquilibrierungspuffer auf dem Filter einmal aus. Das Enzym wird zehnmal mit je 150 ml einer Lösung, bestehend aus Puffer A, der mit Ammoniumsulfat auf 3×10^{-3} m versetzt ist, eluiert. Die Filterflasche, in welche das Eluat fließt, wird vorher mit 300 ml Stabilisierungsflüssigkeit beschickt, bestehend aus 1 m Glykokoll und 0,1 m Thiosulfat, p_H 4,5. Man fällt dann das Enzym aus der Flüssigkeit aus, indem man mit Ammoniumsulfat auf 2,5 m bringt und mit 1 m Essigsäure auf p_H 4,5 einstellt. Nach 3 Std Stehen wird zentrifugiert, in 20 ml Puffer A gelöst und, wie oben beschrieben, gegen Puffer B dialysiert.

4. Der p_H der dialysierten Lösung wird mit 0,1 m Essigsäure auf 4,8 gebracht. Man fraktioniert dann bei $-10°$ C mit Aceton. Das Enzym fällt mit der Fraktion aus, die bei Steigerung der Acetonkonzentration (v/v) von 30 auf 45 erhalten wird. Man löst dann in 5 ml Puffer A und dialysiert gegen Puffer B.

5. Man zentrifugiert, um ein geringfügiges Präcipitat zu entfernen, stellt auf p_H 4,8 ein und fällt das Enzym durch Zusatz eines gleichen Volumens 3,78 m Ammoniumsulfat aus. Der Niederschlag wird abzentrifugiert und mit 1,5 ml einer Lösung, enthaltend 1,8 m Ammoniumsulfat und 0,01 m $Na_2S_2O_3$, p_H 7,9, extrahiert. Die zunächst amorph ausgefallene Rhodanese wird abzentrifugiert und durch Resuspension in 0,1 ml 1 m Ammoniumsulfat, p_H 7,9, zum Kristallisieren gebracht. Man kristallisiert durch Lösen in Puffer A und Fällung mit Ammoniumsulfat bei p_H 7,9 um.

Mit derselben Methode kann man auch, ausgehend von 100—500 g, das Enzym aus Rinderleber kristallisiert gewinnen.

Tabelle 4. *Ausbeuten bei der Darstellung kristallisierter Rhodanese aus Rinderniere und Rinderleber*[1] (Aktivität angegeben in Einheiten nach SORBÖ).

	Gesamtaktivität		Ausbeute an Protein mg		Spezifische Aktivität	
	Niere	Leber	Niere	Leber	Niere	Leber
Rohextrakt	25000	81000	64000	54000	0,39	1,5
1. Ammoniumsulfatfraktionierung	15500	60000	3700	3000	4,2	20
2. Ammoniumsulfatfraktionierung	6000	17000	240	160	25	106
Acetonfällung	2500	10000	43	70	56	143
Kristallisation	234	5080	0,93	20	252	254

Nach Umkristallisation beträgt die spezifische Aktivität (Einheiten/mg Protein) bei Darstellung aus Rinderniere 260 ± 6, aus Rinderleber 265 ± 8. Das Enzym kristallisiert in flachen Platten oder Nadeln, mitunter auch als Mischung beider Formen. Das Enzym aus beiden Organen hat sich bei allen bisher verwendeten Kriterien als identisch erwiesen.

[1] WESTLEY, J., and J. R. GREEN: J. biol. Ch. **234**, 2325 (1959).

Bestimmung. Alle mitgeteilten Bestimmungsverfahren beruhen auf der photometrischen Erfassung des bei der Enzymreaktion gebildeten Rhodanids. Einschlägige Bestimmungsmethoden wurden mitgeteilt von LANG[1], COSBY et al.[2], ROSENTHAL et al.[3] sowie HIMWICH et al.[4]. Gereinigte Enzymlösungen werden durch Verdünnen mit Wasser oder Pufferlösung inaktiviert. Thiosulfat verhütet die Inaktivierung. Andererseits wird das reine Enzym durch zu hohe Thiosulfatkonzentrationen inaktiviert. Es zeigte sich, daß es am besten ist, Thiosulfat und Cyanid vor Zusatz des Enzyms zu mischen. Bei Aktivitätsbestimmungen des kristallisierten Enzyms empfiehlt es sich, das Enzym mit 0,0125 m Thiosulfatlösung und 0,025 %igem Rinder-Serumalbumin zu verdünnen[5]. Zur Bestimmung der Rhodanese wird zumeist die Methode von SORBÖ[5] verwendet.

***Bestimmung der Rhodanese nach* SORBÖ[5].**

Prinzip

Das bei der Enzymreaktion entstehende Rhodanid wird photometrisch bestimmt. Die Bildung des blauen Eisen-Thiosulfat-Komplexes, welcher die Bestimmung stört, wird durch Zusatz von Formaldehyd verhindert.

Reagentien

1. 0,125 m Natriumthiosulfat.
2. 0,20 m KH_2PO_4.
3. 0,25 m KCN.
4. Formaldehyd, 38 %ig.
5. Eisen(III)-nitrat-Reagens, enthaltend 100 g $Fe(NO_3)_3 \cdot 9\ H_2O$ und 200 ml 65 %ige HNO_3 in 1000 ml.

Ausführung

In einem 50 ml-Erlenmeyer-Kolben mischt man 1 ml Thiosulfat, 0,5 ml KH_2PO_4 sowie 0,5 ml Cyanid und gibt dazu 0,5 ml der Enzymlösung. Man inkubiert 5 min bei 20° C und stoppt die Reaktion dann durch Zusatz von 0,5 ml Formaldehyd. Dann werden 2,5 ml Eisennitrat-Reagens und 25 ml destilliertes Wasser zugefügt. Man photometriert bei 460 mμ. Verwendet man als Enzymlösungen Organhomogenate oder Rohextrakte, so müssen die Trübungen vor dem Photometrieren durch Zentrifugieren beseitigt werden. Unter diesen Bedingungen ergibt 1 μM HSCN eine Extinktion von 0,104. Die Farbe ist für mindestens 1 Std beständig.

Leerwert. Er wird genauso angesetzt wie die Analysenprobe, jedoch mit dem Unterschied, daß der Formaldehyd schon vor dem Zusatz der Enzymlösung zugegeben wird.

Eine Enzymeinheit entspricht der Enzymmenge, welche unter den angegebenen Bedingungen 10 μM Rhodanid bildet. Die Enzymeinheiten werden auf 1 mg Trockensubstanz bezogen.

Biologische Bedeutung. Die biologische Bedeutung der Rhodanese ist ungeklärt. Auffallend ist die hohe Aktivität des Enzyms, verglichen mit der Größenordnung des Rhodanidstoffwechsels. In einem Bilanzversuch am Menschen fanden STUBER und LANG[6] eine tägliche Rhodanidbildung im Organismus in der Größenordnung von 2—3 mg und eine alimentäre Zufuhr von 1,2 mg. Schon seit langer Zeit wird Thiosulfat als Antidot bei Cyanidvergiftungen benützt. Die Wirksamkeit dürfte auf die weite Verbreitung der Rhodanese im tierischen Organismus zurückzuführen sein. Allerdings ist die Schutzwirkung des Thiosulfats beschränkt, die Grenze ist etwa bei der 3—4fachen letalen Dosis

[1] LANG, K.: B. Z. **259**, 243 (1933).
[2] COSBY, E. L., and J. B. SUMNER: Arch. Biochem. **7**, 457 (1945).
[3] ROSENTHAL, O., C. S. ROGERS, H. M. VARS and C. F. FERGUSON: J. biol. Ch. **185**, 669 (1950).
[4] HIMWICH, W. A., and J. P. SAUNDERS: Amer. J. Physiol. **153**, 348 (1948).
[5] SORBÖ, B. H.: Acta chem. scand. **7**, 1129 (1953).
[6] STUBER, B., u. K. LANG: Dtsch. Arch. klin. Med. **176**, 213 (1933).

des Cyanids gelegen. Die Theorie von MENDEL et al.[1], welche das Fehlen der Pasteur-Reaktion in der Retina und Tumoren auf die niedere Rhodaneseaktivität zurückzuführen versuchten, ist inzwischen von verschiedenen Seiten widerlegt worden[2,3]. KOJ und FRENDO[4] weisen auf eine Parallelität hinsichtlich der Verteilung der Cysteinsulfhydrase und der Rhodanese im tierischen Organismus hin und suchen die Bedeutung derRhodanese in der von SZCZEPKOWSKI[5] vermuteten Thiosulfatbildung aus Cystein + H_2S + Sulfit:

$$\text{Cystin} + H_2S + SO_3^{=} \xrightarrow{\text{Rhodanese}} 2\ \text{Cystein} + \text{Thiosulfat}^{=}.$$

2.8.3.4. Acetyl-CoA:Butyrat-CoA-Transferase s. S. 61

2.8.3.5. Succinyl-CoA:3-Ketosäure-CoA-Transferase s. S. 62

Am Tyrosin-Stoffwechsel beteiligte Enzyme.

Von

Ladislaus Róka*.

Phenylalanin-Hydroxylase-System.

Einführung. Als Phenylalanin-Hydroxylase wird ein Enzymsystem bezeichnet[6], welches L-Phenylalanin zu L-Tyrosin hydroxyliert, entsprechend der Formel[6–8]:

$$\text{L-Phenylalanin} + O_2 + \begin{Bmatrix}\text{DPNH}\\ \text{TPNH}\end{Bmatrix} + H^+ \rightleftarrows \text{L-Tyrosin} + H_2O + \begin{Bmatrix}\text{TPN}^+\\ \text{DPN}^+\end{Bmatrix}$$

Diese Reaktionsgleichung ist offenbar die Summengleichung mehrerer Teilreaktionen, von denen sich folgende abzugrenzen beginnen[7,9–12]:

$$1.\quad \text{Phenylalanin} + O_2 + \text{Cofaktor}_{\text{red}} \xrightarrow{\text{PAH**}} \text{Tyrosin} + H_2O + \text{Cofaktor}_{\text{oxyd}}$$

$$2a.\quad \text{Cofaktor}_{\text{oxyd}} + \text{TPNH, } H^+ \xrightleftharpoons{\text{TPNH-Oxydase}} \text{Cofaktor}_{\text{red}} + \text{TPN}^+$$

$$2b.\quad \text{Cofaktor}_{\text{oxyd}} + \text{DPNH, } H^+ \xrightleftharpoons{\text{DPNH-Oxydase}} \text{Cofaktor}_{\text{red}} + \text{DPN}^+$$

Demnach kann der hydroxylierende Cofaktor sowohl durch TPNH als auch durch DPNH mit jeweils spezifischen Enzymen, einer TPNH-Oxydase und einer DPNH-Oxy-

* Aus dem Institut für vegetative Physiologie der Universität Frankfurt a.M.

** PAH = Phenylalanin-Hydroxylase im eigentlichen Sinn.

[1] MENDEL, B., H. RUDNEY and M. C. BOWMAN: Cancer Res. **6**, 495 (1946).
[2] HIMWICH, W. A., and J. P. SAUNDERS: Amer. J. Physiol. **153**, 348 (1948).
[3] ROSENTHAL, O.: Acta Un. int. Cancr., Bruxelles **6**, 307 (1948).
[4] KOJ, A., u. J. FRENDO: Acta biochim. polon. **9**, 373 (1962).
[5] SZCZEPKOWSKI, T. W.: Acta biochim. polon. **8**, 251 (1961).
[6] MITOMA, C.: Arch. Biochem. **60**, 476 (1956).
[7] KAUFMAN, S.: J. biol. Ch. **226**, 511 (1957).
[8] KAUFMAN, S.: Biochim. biophys. Acta **23**, 445 (1957).
[9] KAUFMAN, S.: J. biol. Ch. **230**, 931 (1958).
[10] KAUFMAN, S.: Science, N.Y. **128**, 1506 (1958).
[11] KAUFMAN, S.: J. biol. Ch. **234**, 2677 (1959).
[12] KAUFMAN, S., and B. LEVENBERG: J. biol. Ch. **234**, 2683 (1959).

dase, regeneriert werden[1–3]. Der reduzierte Cofaktor läßt sich ersetzen durch Tetrahydropteridin[4–6].

Bestimmungsmethoden. Zum Nachweis des Enzymsystems können verwendet werden:

a) Die Tyrosinbildung. Zur Bestimmung von Tyrosin werden die Methode von UDENFRIEND und COOPER[7] und die Tyrosinbestimmung durch Jodierung[2] empfohlen.

b) Der Verbrauch von Phenylalanin wurde bisher nur bei Einsatz von markiertem Phenylalanin benutzt.

c) Der Sauerstoffverbrauch mit der WARBURG-Technik.

d) Die Abnahme von TPNH bzw. DPNH mit dem optischen Test.

e) Auftreten von markiertem Tyrosin bei Einsatz von markiertem Phenylalanin: Bei Einsatz von markiertem D,L-Phenalalanin-3-^{14}C wurden Phenylalanin und Tyrosin papierchromatographisch getrennt; die Konzentrationen wurden durch Messung der Radioaktivitäten bestimmt[8].

I. Phenylalanin-Hydroxylase im eigentlichen Sinn.

[1.99.1.2 Phenylalanin-4-Hydroxylase.]

Spezifität. Das Substrat ist L-Phenylalanin[1,2]. Phenylbrenztraubensäure soll ebenfalls den Sauerstoffverbrauch und die TPNH-oxydation signifikant vergrößern[2]. Da hierbei Glutaminsäure und Pyridoxalphosphat nicht aktivieren, scheint Phenylbrenztraubensäure direkt und nicht erst nach Umwandlung in Phenylalanin als Substrat zu dienen[2]. Dagegen können D-Phenylalanin, N-Acetyl-L-phenylalanin, N-Chloracetyl-L-phenylalanin, L-Phenylalanin-äthylester, D,L-Phenylglycin, Phenylserin, Phenyläthylamin, Benzoesäure, Hippursäure, Zimtsäure, Mandelsäure, Phenylacetat, Tryptophan, Kynurenin, Anthranilsäure, Alanin und Acetamid nicht als Substrate verwendet werden[1,9].

Neben L-Phenylalanin ist Sauerstoff als Substrat erforderlich. Wasserstoffacceptoren, wie Methylenblau, sind inaktiv, ebenso Wasserstoffperoxyd[9].

Bei der Reaktion entsteht ausschließlich p-Tyrosin, kein o-Tyrosin oder m-Tyrosin[1].

Tabelle 1.
Enzymaktivität in Lebergewebe verschiedener Herkunft.

Enzymquelle	Einheiten */mg Leberfrischgewicht
Ratte[3]	24—30
Mensch, gesund[3]	11—12
Mensch, Oligophrenia phenylpyruvica[3]	1,2

* 1 Einheit = 0,1 μM L-Tyrosin × 39 min^{-1} in Reaktionsansatz 2 (S. 794).

Vorkommen. Phenylalanin-Hydroxylase kommt ausschließlich in der Leber vor[1,2,9], am reichlichsten in der Rattenleber[1–3]. Daneben wurde sie auch im Homogenat der Leber von Kaninchen[2,9], Meerschweinchen[9], Schafen[4] und Menschen[9–12] nachgewiesen sowie in Leberschnitten von Hund und Huhn[9], nicht jedoch in Leberextrakten von Schwein, Pferd, Rind, Schaf, Huhn, Meerschweinchen und Hamster[2]. Das Enzym ist bei Ratte, Schwein und Kaninchen[13] erst nach der Geburt nachweisbar und erreicht

[1] MITOMA, C.: Arch. Biochem. **60**, 476 (1956).
[2] KAUFMAN, S.: J. biol. Ch. **226**, 511 (1957).
[3] KAUFMAN, S.: Science, N.Y. **128**, 1506 (1958).
[4] KAUFMAN, S.: J. biol. Ch. **234**, 2677 (1959).
[5] KAUFMAN, S., and B. LEVENBERG: J. biol. Ch. **234**, 2683 (1959).
[6] KAUFMAN, S.: Biochim. biophys. Acta **27**, 428 (1958).
[7] UDENFRIEND, S., and J. R. COOPER: J. biol. Ch. **196**, 227 (1952).
[8] UDENFRIEND, S.: J. biol. Ch. **203**, 961 (1953).
[9] UDENFRIEND, S., and J. R. COOPER: J. biol. Ch. **194**, 503 (1952).
[10] JERVIS, G. A.: Proc. Soc. exp. Biol. Med. **82**, 514 (1953).
[11] WALLACE, H. W., K. MOLDAVE and A. MEISTER: Proc. Soc. exp. Biol. Med. **94**, 632 (1957).
[12] MITOMA, C., R. M. AULD and S. UDENFRIEND: Proc. Soc. exp. Biol. Med. **94**, 634 (1957).
[13] KENNEY, F. T., G. H. REEM and N. KRETCHMER: Science, N. Y. **127**, 86 (1957).

(bei der Ratte) seine volle Aktivität ab 4.—12. Lebenstag[1]. Auch bei zwei unreif geborenen Kindern fehlte das Enzym[2].

Bei Patienten mit Oligophrenia phenylpyruvica ist das Enzym stark vermindert oder fehlt ganz[3–6] (vgl. Tabelle 1).

Das Enzym ist nicht strukturgebunden und im partikelfreien Überstand der Zellen enthalten[7].

Darstellung. Es werden zwei Darstellungsmethoden beschrieben[8–10], von denen die Methode nach KAUFMAN u. Mitarb. zu einem reineren Enzympräparat führt und die Abtrennung vom Cofaktor erlaubt.

***Darstellung der Phenylalanin-Hydroxylase nach* MITOMA[8].**

Erwachsenen männlichen Sprague-Dawley-Ratten werden die Lebern entnommen und mit 3 Vol. 1,15%igem KCl homogenisiert, das Homogenat 30 min bei 15000 × g zentrifugiert und der Überstand durch zwei Lagen Seihtuch gefiltert, sodann unter Rühren gesättigte, mit Ammoniak neutralisierte Ammoniumsulfatlösung bis zu $^1/_3$-Sättigung zugegeben und 15 min bei 10000 × g zentrifugiert. Der Niederschlag wird verworfen und der Überstand mit Ammoniumsulfat auf 45% Sättigung gebracht, wie vorher zentrifugiert und der Niederschlag in 0,05 m Kaliumphosphatpuffer, p_H 7,0, gelöst, so daß eine etwa 8%ige Lösung entsteht, die in 10 ml-Portionen bei — 15° C aufbewahrt wird.

Unmittelbar vor Gebrauch wird eine Portion aufgetaut, mit Wasser auf eine Eiweißkonzentration von etwa 5% verdünnt und erneut mit Ammoniumsulfat refraktioniert. Die zwischen 25 und 40% Ammoniumsulfatsättigung ausfallende Fraktion wird in 0,05 m Kaliumphosphatpuffer zu einer Lösung mit etwa 3% Eiweiß gelöst.

Diese Lösung stellt die Phenylalanin-Hydroxylase zusammen mit dem Cofaktor dar. Der Überstand der auf 45% Ammoniumsulfatsättigung gebrachten Fraktion wird zur Darstellung der DPNH-Oxydase verwendet (s. dort).

***Darstellung der Phenylalanin-Hydroxylase nach* KAUFMAN[9] *sowie* KAUFMAN *und* LEVENBERG[10].**

Erreicht wird eine etwa 70—100fache Reinigung und vollständige Abtrennung des Cofaktors. Ausbeute 15—20%.

Ratten wurden durch Kopfschlag getötet, die Lebern rasch herausgenommen und in kaltes Wasser gelegt. Nach Abtrocknen und Wiegen werden die Lebern in kleine Stücke geschnitten und mit 1,5 Vol. 2—4° C kalter 0,01 m Essigsäure für 30 sec homogenisiert, weitere 1,5 Vol. 0,01 m Essigsäure zugegeben und nochmal 30 sec homogenisiert. Zu langes Homogenisieren bei zu hoher Geschwindigkeit führt zu erheblichen Aktivitätsverlusten. Das Homogenat wird 45 min bei 18000 × g zentrifugiert, das Sediment verworfen und zum Überstand auf — 30 bis — 40° C gekühltes Äthanol im Verlauf von 30 min unter Rühren zugesetzt. Die Hauptmenge an Aktivität fällt zwischen 10—21 Vol.-% Äthanol aus. Dieser durch 15 min bei 4000 × g abzentrifugierte Niederschlag wird in etwa $^1/_4$ des Ausgangsvolumens 0,033 m Kaliumphosphatpuffer, p_H 7,4, gelöst.

In je 100 ml dieser auf 2—4° C gekühlten Fraktion werden unter Rühren erst 20,3 g Ammoniumsulfat gelöst, dann zentrifugiert (20 min bei 18000 × g), der Niederschlag verworfen und im Überstand weitere 5,6 g Ammoniumsulfat gelöst, dann wie oben zentri-

---

[1] REEM, G. H., and N. KRETCHMER: Proc. Soc. exp. Biol. Med. **96**, 458 (1957).
[2] KENNEY, F. T., G. H. REEM and N. KRETCHMER: Science, N.Y. **127**, 86 (1957).
[3] KAUFMAN, S.: Science, N.Y. **128**, 1506 (1958).
[4] JERVIS, G. A.: Proc. Soc. exp. Biol. Med. **82**, 514 (1953).
[5] WALLACE, H. W., K. MOLDAVE and A. MEISTER: Proc. Soc. exp. Biol. Med. **94**, 632 (1957).
[6] MITOMA, C., R. M. AULD and S. UDENFRIEND: Proc. Soc. exp. Biol. Med. **94**, 634 (1957).
[7] UDENFRIEND, S., and J. R. COOPER: J. biol. Ch. **194**, 503 (1952).
[8] MITOMA, C.: Arch. Biochem. **60**, 476 (1956).
[9] KAUFMAN, S.: J. biol. Ch. **226**, 511 (1957).
[10] KAUFMAN, S., and B. LEVENBERG: J. biol. Ch. **234**, 2683 (1959).

fugiert und der Niederschlag in 0,033 m Trispuffer, p_H 6,8, gelöst. Zu je 100 ml dieser Lösung werden 10 ml kalte 0,1 m L-Phenylalaninlösung und 100 ml kaltes Wasser zugesetzt und dazu innerhalb 15 min unter Rühren 73 ml 0,35 Volumenteile Calciumposphatgel* (mit 20 mg Trockengewicht pro ml) zugegeben und nach weiteren 10 min Rühren zentrifugiert.

Das Gel wird hintereinander mit 210 ml 0,02 m und 160 ml 0,1 m Kaliumphosphatpuffer, p_H 6,8, eluiert. Das zweite Eluat enthält das Enzym. In 100 ml davon werden 18,2 g Ammoniumsulfat gelöst, der auftretende Niederschlag abzentrifugiert, im Überstand weitere 7,35 g Ammoniumsulfat gelöst, und der abzentrifugierte Niederschlag in 0,3 Vol. 0,0033 m Trispuffer, p_H 6,8, gelöst.

Zu je 100 ml dieser Fraktion werden 13 ml Aluminium C_γ-Gel** (15 mg Trockengewicht/ml) unter Rühren zugesetzt. Das Gel wird abzentrifugiert und hintereinander mit 100 ml 0,01 m Kaliumphosphatpuffer, p_H 6,8, und 100 ml 0,05 m Kaliumphosphatpuffer, p_H 6,8, eluiert. Das zweite Eluat enthält eine 70—100fach gereinigte Phenylalanin-Hydroxylase frei von Cofaktor und von TPNH- und DPNH-Oxydase.

Die Fraktionierung kann jederzeit unterbrochen und die Fraktionen bei —15° C aufbewahrt werden.

II. Der Cofaktor[1].

Vorkommen. Bisher nachgewiesen im Kochsaft der Leber von Ratte, Kaninchen, Schaf, Rind sowie in der menschlichen Leber und im Kochsaft der Rindernebenniere. Er fehlt dagegen beim Rind in Milz, Herz, Hirn, Schilddrüse, Niere, Pankreas, im Kaninchenmuskel, in Bäckerhefe, Brauereihefe, *E. coli*, Weizen- und Reiskleie, Kohl.

In der Leber von Patienten mit Oligophrenia phenylpyruvica ist er in normaler Menge oder sogar vermehrt vorhanden (vgl. Tabelle 2).

Tabelle 2.
Cofaktoraktivität in Lebergewebe verschiedener Herkunft

Gehalt an Cofaktor[2]	Einheiten*/mg Lebertrockengewicht
Ratte	0,018—0,022
Mensch, gesund	0,007—0,015
Mensch, Oligophrenia phenylpyruvica	0,027—0,033

* 1 Einheit = 1 μM Tyrosin × 60 min^{-1} unter Standardbedingungen (S. 790).

***Darstellung des Cofaktors der Phenylalanin-Hydroxylase nach* Kaufman *u. Mitarb.*[1,3].**

Ausbeute etwa 20—30%, Reinigung etwa 1000fach. Rattenlebern werden mit 1,5 Vol. Wasser homogenisiert, dann werden erneut 1,5 Vol. kochendes Wasser zugegeben, nochmals homogenisiert, das Homogenat 1 min aufgekocht, dann so rasch wie möglich abgekühlt und bei 2—4° C 15 min bei 18000 × g zentrifugiert. Der opalescent-gelbe Überstand, der bei — 2° C über Monate seine Aktivität behält, wird mit 1 n H_2SO_4 auf p_H 1,6—1,7 gebracht und 20 min gerührt. Nach Abzentrifugieren des ausgefallenen Eiweißes (20 min bei 3000 × g) wird der Überstand tropfenweise mit 2 n KOH auf p_H 6,15 gebracht. Dann werden unter Rühren innerhalb von 20 min 3 Vol. absolutes Äthanol und 7 Vol. Äther zugetropft und anschließend 15 min bei 3000 × g vom inaktiven Niederschlag abzentrifugiert. Der Überstand wird im Vakuum fast bis zur Trockne eingeengt und mit Wasser auf $^1/_{10}$ des Ausgangsvolumens aufgefüllt.

12 ml dieser Reinigungsstufe werden mit KOH auf p_H 6,7—7,0 eingestellt und auf eine Dowex 1***-Säule (2,4 × 4,2) aufgetragen, der Ausfluß sowie 50 ml Waschwasser

* Calciumphosphatgel nach Keilin und Hartree [Proc. R. Soc. London (B) **124**, **397** (**1958**)] im Dunkeln gealtert.

** Bamann-Myrbäck Bd. II, S. 1426.

*** Dowex-1 10%ig vernetzt, 100—200 mesh, als Chlorid.

[1] Kaufman, S.: Biochim. biophys. Acta **23**, **445** (1957).

[2] Kenney, F. T., G. H. Reem and N. Kretchmer: Science, N.Y. **127**, 86 (1957).

[3] Kaufman, S., and B. Levenberg: J. biol. Ch. **234**, 2683 (1959).

vereinigt, dann mit 2 m Essigsäure auf p_H 3,0 eingestellt und auf 4° C gekühlt; bei 4° C wird auf eine Dowex 50-X 2 (Na^+) (200—400 mesh)-Säule (2,4 × 7,0) aufgetragen, mit 0,05 m Kaliumphosphatpuffer, p_H 6,2, eluiert und das Eluat in 10 ml-Fraktionen gesammelt. Nach etwa 70 ml erscheint die Aktivität im Eluat.

Zu 100 ml der vereinigten aktiven Eluate werden bei 4° C unter Rühren 2,75 ml 1 n Schwefelsäure und 2,9 ml frisch hergestellter 20%iger Phosphorwolframsäure zugegeben und weitere 3 Std gerührt. Der 20 min bei 1500 × g abzentrifugierte hellgelbe Niederschlag wird in 15 ml kalter 0,1 n H_2SO_4 suspendiert und bei 4° C zweimal mit 2 Vol. 37%igem n-Butanol in Äthyläther und einmal mit 2 Vol. Äthyläther extrahiert. Die wäßrige Phase wird dann durch Zutropfen von 1 n KOH auf p_H 5,0—5,5 eingestellt und bei 4° C dreimal mit je 3 Vol. n-Butanol extrahiert. Diese Extrakte werden im Vakuum auf wenige ml eingeengt und dann auf eine Silicagelsäule aufgetragen.

Herstellen der Silicagelsäule: 6,5 g SiO_2 werden im Mörser mit 3,9 ml Wasser verrührt und unter weiterem Rühren 23 ml 15% $CHCl_3$ in n-Butanol zugegeben. Diesen Brei füllt man dann in ein 1 cm-Chromatographierohr ein, läßt 20 min absitzen und drückt dann durch N_2-Druck auf ein konstantes Volumen zusammen. Dabei erreicht die Säule eine Höhe von 14—16 cm.

Eluiert wird unter N_2-Druck, je 0,7 ml pro min, mit wassergesättigtem 15%igem $CHCl_3$ in n-Butanol. Gesammelt werden 5 ml Fraktionen. Der Cofaktor erscheint zwischen 50—100 ml Eluat. Die vereinigten aktiven Eluate werden im Vakuum vom organischen Lösungsmittel befreit und der zurückbleibende Cofaktor in Wasser gelöst.

Die wäßrige Cofaktorlösung bleibt bei 4° C über Wochen aktiv.

Eigenschaften. *Stabilität.* Relativ säurestabil und sehr alkaliempfindlich. So behält er volle Aktivität in 0,2 n HCl bei 10 min langem Erhitzen auf 50° C, wird aber bei 100° C völlig inaktiviert. 10 min Erhitzen auf 50° C in 0,1 n KOH inaktiviert vollständig.

Chemisches Verhalten. Mit PAULY-Reagens bei p_H 6,0 Rotfärbung, die in wenigen Sekunden in Gelb übergeht (identisches Verhalten zeigt Dihydrofolsäure).

Nach Erhitzen mit Alkali auf 100° C tritt ein stark fluorescierendes inaktives Derivat auf, dessen Aktivierungsmaximum bei 380—400 mμ und dessen Fluorescenzmaximum bei 470—480 mμ liegt (entsprechendes Fluorescenzverhalten zeigen Pteridine).

Beziehungen zu bekannten Substanzen. Von allen geprüften Coenzymen und sonstigen Faktoren besitzen nur Tetrahydropteridine Cofaktoraktivität[1-3]. Am wirksamsten läßt sich der reduzierte Cofaktor ersetzen durch 2-Amino-4-hydroxy-6-monomethyl-5,6,7,8-tetrahydropteridin. Auch 2-Amino-4-hydroxy-6,7-dimethyl-5,6,7,8-tetrahydropteridin und deutlich schwächer auch Tetrahydrofolsäure und noch schwächer 5,10-Formyltetrahydrofolsäure[1] sind wirksam. Dagegen sind Dihydropteridine und nichtreduzierte Pteridine wirkungslos. Auch das Isomere 2-Hydroxy-4-amino-6-monomethyl-5,6,7,8-tetrahydropteridin ist inaktiv.

Das Tetrahydropteridin liefert wie der reduzierte Cofaktor die Elektronen für die Hydroxylierung. Dabei entsteht ein noch nicht definiertes „oxydiertes" Pteridin, das durch TPNH wieder zu Tetrahydropteridin reduziert wird. Diese Reduktion erfolgt spontan, wird aber durch TPNH-Oxydase sehr stark beschleunigt[2]. Fehlen TPNH und TPNH-Oxydase, dann wird das „oxydierte" Pteridin zu Dihydropteridin umgewandelt, das nicht mehr durch TPNH oder DPNH-Oxydase reduziert werden kann[2].

Cofaktoreinheit. Eine Einheit liefert bei Überschuß an Substrat und Phenylalanin-Hydroxylase und TPNH-Oxydase in 60 min unter Standardbedingungen (s. Bestimmung des Enzymsystems) 1,0 μM Tyrosin.

---

[1] KAUFMAN, S.: J. biol. Ch. **230**, 931 (1958).
[2] KAUFMAN, S.: J. biol. Ch. **234**, 2677 (1959).
[3] KAUFMAN, S., and B. LEVENBERG: J. biol. Ch. **234**, 2683 (1959).

III. Die DPNH-Oxydase.

Vorkommen. In Leber (Ratte, Kaninchen, Kalb, Hund, Schwein, Mensch), Herz (Kalb, Schwein), Niere (Kalb, Schwein)[1], Hirn[2] und Milz[3].

Ist bei Patienten mit Oligophrenia phenylpyruvica voll aktiv[2,4,5].

Darstellung. Überstand von der Darstellung der Phenylalanin-Hydroxylase nach Methode I wird mit Ammoniumsulfat bis auf 60% Sättigung gebracht, der Niederschlag abzentrifugiert und in Wasser bis zu einer Konzentration von 2,3% Eiweiß gelöst. Diese Lösung wird mit gleichem Volumen Chloroform bei Zimmertemperatur geschüttelt und zentrifugiert. Der wäßrige Überstand wird über Nacht gegen 100 Vol. destilliertes Wasser dialysiert. Die dialysierte Lösung wird auf p_H 6,0 eingestellt, mit einer kleinen Menge Darco-G-60 (Aktivkohle) geschüttelt und zentrifugiert. Der Überstand stellt die gereinigte DPNH-Oxydase dar.

Eigenschaften. Stabilität: Läßt sich bei $-15°$ C ohne Aktivitätsverlust 1 Monat aufbewahren. Behält volle Aktivität beim Dialysieren, wird durch 10 min Erhitzen auf 60° C völlig inaktiviert.

IV. Die TPNH-Oxydase.

Vorkommen. Bisher nachgewiesen in Leber von Ratte und Schaf[6].

***Darstellung der TPNH-Oxydase nach* Kaufman *und* Levenberg**[7].

Reinigung auf etwa 80—100fach.

Unmittelbar nach dem Tode entnommene Schaflebern wurden bis zur Aufarbeitung bei $-20°$ C eingefroren. Zur Verarbeitung läßt man die Lebern teilweise auftauen, zerschneidet sie und homogenisiert sie 1 min lang mit 1,5 Vol. 2—4° C kalter 0,03 m Essigsäure. Nach Zusatz von weiteren 1,5 Vol. 0,03 m Essigsäure wird nochmals für 1 min homogenisiert und 35 min bei $4000 \times g$ der inaktive Niederschlag abzentrifugiert.

In je 100 ml Überstand werden unter Rühren innerhalb 30 min 29,3 g Ammoniumsulfat gelöst, die Lösung zentrifugiert und der Niederschlag verworfen. Zum Überstand werden nochmals wie vorher 17,5 g Ammoniumsulfat zugegeben und der auftretende Niederschlag durch Zentrifugieren gewonnen, in etwa 15 ml 0,025 m Trispuffer, p_H 7,4, gelöst und über Nacht gegen einen großen Überschuß 0,01 m Trispuffer, p_H 7,4, dialysiert. Die dialysierte Fraktion wird mit 0,01 m Trispuffer, p_H 7,4, auf etwa 12,5 mg Protein pro ml verdünnt und mit 0,135 Vol. 0,2 m Zinkacetat versetzt. Die trübe Lösung wird mit Äthanol bis 6,5 Vol.-% Endkonzentration bei $-1°$ C, dann bei $-6°$ C bis zu einer Äthanolendkonzentration von 25 Vol.-% versetzt. Die Fällung zwischen 6,5 und 25 Vol.-% Äthanol wird in $^1/_8$ des unverdünnten Ausgangsvolumens 0,033 m Kaliumphosphatpuffer, p_H 6,8, gelöst, vom Nichtgelösten abzentrifugiert und der klare Überstand über Nacht gegen einen großen Überschuß desselben Puffers dialysiert. Die dialysierte Lösung wird mit 0,033 m Kaliumphosphatpuffer, p_H 6,8, auf eine Proteinkonzentration von etwa 10 mg/ml verdünnt und in je 100 ml dieser Lösung 14 g Ammoniumsulfat gelöst und der p_H durch Zutropfen von normaler NH_4OH auf p_H 8,2 gebracht. Zu 100 ml dieser Lösung werden weitere 23,8 g Ammoniumsulfat zugegeben, der Niederschlag abzentrifugiert und im Überstand weitere 18,3 g Ammoniumsulfat gelöst. Der jetzt durch Zentrifugieren gewonnene Niederschlag wird in 0,01 m Trispuffer, p_H 7,4, gelöst, gegen Puffer über Nacht dialysiert und auf etwa 10 mg Protein pro ml verdünnt,

[1] Mitoma, C.: Arch. Biochem. **60**, 476 (1956).
[2] Jervis, G. A.: Proc. Soc. exp. Biol. Med. **82**, 514 (1953).
[3] Kenney, F. T., G. H. Reem and N. Kretchmer: Science, N.Y. **127**, 86 (1957).
[4] Kaufman, S.: Biochim. biophys. Acta **27**, 428 (1958).
[5] Udenfriend, S., and J. R. Cooper: J. biol. Ch. **194**, 503 (1952).
[6] Kaufmann, S.: J. biol. Ch. **226**, 511 (1957).
[7] Kaufman, S., and B. Levenberg: J. biol. Ch. **234**, 2683 (1959).

Dann werden 0,3 Vol. Calciumphosphatgel (Trockengewicht 20—22 mg/ml) zugesetzt. Der abzentrifugierte Niederschlag wird hintereinander mit 0,008 m und 0,1 m Kaliumphosphatpuffer, p_H 6,8, eluiert. Das zweite Eluat enthält die Hauptmenge an Aktivität. Es wird gegen einen großen Überschuß an 0,01 m Trispuffer, p_H 7,4, dialysiert; dann mit 0,1 m Essigsäure auf p_H 5,4 gebracht und 0,06—0,08 Vol. Aluminium C_γ-Gel (Trockengewicht 12 mg/ml) zugesetzt. Das durch Zentrifugieren gesammelte Gel wird hintereinander mit 0,008 m und 0,1 m Kaliumphosphatpuffer, p_H 6,8, eluiert. Das zweite Eluat enthält 80—100fach gereinigte TPNH-Oxydase und behält, bei —20° C eingefroren, über Monate volle Aktivität.

Eigenschaften[1]. Durch Maßnahmen zum Abtrennen einer Flavinkomponente[2] (Vorbehandeln mit $MgSO_4$ und anschließender Dialyse) vermindert sich die Aktivität, die durch nachträglich zugesetztes Flavinadenindinucleotid oder Riboflavinphosphat nicht reaktiviert werden kann.

TPNH-Oxydase wird durch Aminopterin gehemmt[3].

V. Eigenschaften des Phenylalanin-Hydroxylasesystems.

Bisher liegen fast nur Angaben über die Eigenschaften des gesamten Enzymsystems vor. Die spärlichen Angaben über Eigenschaften der einzelnen Komponenten wurden bei diesen erwähnt. Hier werden die Eigenschaften des gesamten Enzymsystems noch einmal zusammengefaßt.

Stabilität. Phenylalanin-Hydroxylase und Cofaktor sind instabil. Durch Altern wird Phenylalanin-Hydroxylase und/oder Cofaktor inaktiviert. So läßt sich im Extrakt einer 4 Std nach dem Tode entnommenen menschlichen Leber das Phenylalanin-Hydroxylasesystem nicht mehr nachweisen, auch nicht auf Zusatz von DPNH-Oxydase, d.h. Phenylalanin-Hydroxylase oder der Cofaktor oder beide sind bereits inaktiv[4]. Das Enzymsystem des Gesamthomogenates einer 10 Std nach dem Tode entnommenen menschlichen Leber zeigte dagegen noch Aktivität[5]. Dialysieren trennt den Cofaktor von Phenylalanin-Hydroxylase. Die dadurch bedingte Inaktivierung der Phenylalanin-Hydroxylase tritt bei der Neugeborenenrattenleber rascher ein als bei Enzym aus Lebern erwachsener Ratten[6,7].

Temperaturabhängigkeit. Das Temperaturoptimum liegt bei 35° C. Bei dieser Temperatur ist jedoch die Enzyminaktivierung durch den Luftsauerstoff bereits sehr deutlich. Daher ist der geeignetste Temperaturbereich zur Messung der Enzymaktivität 20—25° C[8].

Einfluß des p_H. Das Optimum für das gesamte Enzymsystem liegt bei p_H 7,0[8].

Kinetik der Enzymreaktion. Die MICHAELIS-Konstante der nach der Methode I dargestellten Phenylalanin-Hydroxylase, die noch Cofaktor enthält, mit DPNH-Oxydase beträgt für Phenylalanin 2×10^{-4} M, für DPNH $1{,}5 \times 10^{-5}$ M[9]. Die MICHAELIS-Konstante der nach Methode II gewonnenen Phenylalanin-Hydroxylase mit Cofaktor und TPNH-Oxydase beträgt für TPNH 1×10^{-4} M und für DPNH 4×10^{-4} M[1].

Bevor die nach Methode II gewonnene Phenylalanin-Hydroxylase zusammen mit dem Cofaktor und TPNH und O_2 mit der Hydroxylierung des Substrates beginnt, verstreicht eine Zeitspanne von etwa 6 min. Diese läßt sich verkürzen oder aufheben, wenn

---

[1] KAUFMAN, S.: J. biol. Ch. **226**, 511 (1957).
[2] MORELL, D. B.: Biochem. J. **51**, 657 (1952).
[3] KAUFMAN, S., and B. LEVENBERG: J. biol. Ch. **234**, 2683 (1959).
[4] MITOMA, C., R. M. AULD and S. UDENFRIEND: Proc. Soc. exp. Biol. Med. **94**, 634 (1957).
[5] JERVIS, G. A.: Proc. Soc. exp. Biol. Med. **82**, 514 (1953).
[6] KENNEY, F. T., G. H. REEM and N. KRETCHMER: Science, N.Y. **127**, 86 (1957).
[7] REEM, G. H., and N. KRETCHMER: Proc. Soc. exp. Biol. Med. **96**, 458 (1957).
[8] UDENFRIEND, S., and J. R. COOPER: J. biol. Ch. **194**, 503 (1952).
[9] MITOMA, C.: Arch. Biochem. **60**, 476 (1956).

man die TPNH-Oxydase mit Cofaktor und TPNH unter Ausschluß von Sauerstoff vorinkubiert. Wird anschließend vor dem Substrat wieder Sauerstoff zugesetzt, dann tritt die Latenzperiode erneut auf[1].

Tabelle 3. *Beeinflussung der Aktivität des Phenylalanin-Hydroxylasesystems.*

Substanz	Konzentration	Beeinflussung	Lit.
Fe^{II}	2 M/Ansatz	30% Aktivierung	2
Cu^{II}	2 M/Ansatz	inaktiviert	2
α,α'-Dipyridyl	10^{-3} m	inaktiviert	3
zu 50% reaktivierbar durch $2{,}5 \times 10^{-4}$ m Fe^{II}, nachdem α,α'-Dipyridyl abdialysiert wurde[2]			
Azid	8×10^{-3} m	100% Hemmung*	4
Cyanid	8×10^{-3} m	78% Hemmung*	4
Fluorid	8×10^{-3} m	ohne Wirkung*	4
Arsenit	8×10^{-3} m	22% Hemmung*	4
Arsenat	8×10^{-3} m	ohne Wirkung*	4
β-2-Thienyl-alanin	$1{,}2 \times 10^{-2}$ m	66% Hemmung*	4
β-2-Thienyl-alanin	$2{,}0 \times 10^{-2}$ m	74% Hemmung*	4
Cyclohexyl-D,L-glycin	$2{,}4 \times 10^{-3}$ m	ohne Wirkung*	4
Cyclohexyl-D,L-alanin	$2{,}4 \times 10^{-3}$ m	26% Hemmung*	4
Cyclohexyl-D,L-alanin	$1{,}6 \times 10^{-2}$ m	43% Hemmung*	4
Cyclohexyl-D,L-α-aminobuttersäure	$2{,}4 \times 10^{-3}$ m	ohne Wirkung*	4
D,L-α-Alanin	5×10^{-3} m	ohne Wirkung*	4
D,L-Phenylalanin	$2{,}4 \times 10^{-3}$ m	ohne Wirkung*	4
D,L-Phenylglycin	$2{,}4 \times 10^{-3}$ m	9% Hemmung*	4
Phenylserin	$2{,}4 \times 10^{-3}$ m	ohne Wirkung*	4
Pyruvat	$2{,}4 \times 10^{-3}$ m	85% Hemmung*	4
Acetanilid	$2{,}4 \times 10^{-3}$ m	ohne Wirkung*	4
L-Tyrosin	$4{,}2 \times 10^{-2}$ m	ohne Wirkung*	4
L-Phenylalanin	Überschuß	hemmt	4
Glutaminsäure	nicht angegeben	ohne Wirkung	2
Pyridoxalphosphat	nicht angegeben	ohne Wirkung	2
Flavinadenin-dinucleotid	10 μg/Ansatz	leichte Hemmung	2
Flavin-mononucleotid	10 μg/Ansatz	leichte Hemmung	2
Ascorbinsäure	nicht angegeben	ohne Wirkung	2
Glutathion	nicht angegeben	ohne Wirkung	2
Cystein	nicht angegeben	ohne Wirkung	2
Katalase	nicht angegeben	ohne Wirkung	2
Fe^{III}	nicht angegeben	ohne Wirkung	3
Molybdat	nicht angegeben	ohne Wirkung	3
O_2	Überschuß	inaktiviert	2–4
Citratpuffer	nicht angegeben	hemmt	4
Aminopterin	5×10^{-5} m	44% Hemmung**	5
Aminopterin	5×10^{-4} m	82% Hemmung**	5
Amethopterin	1 mg/Ratte i.m. tgl. für 4 Tage	75% Hemmung	5

* Bei Verwendung von $2{,}4 \times 10^{-3}$ m L-Phenylalanin als Substrat.
** Hemmt spezifisch die TPNH-Oxydase.

Wird der Cofaktor durch Tetrahydropteridine ersetzt, so hat die Hydroxylierung keine Latenz[6]. Jedoch verbraucht sich die Aktivität der Tetrahydropteridine sehr rasch, offenbar durch Übergang in die inaktiven Dihydropteridine[5], während der Cofaktor wie ein Katalysator unvermindert aktiv bleibt[6].

[1] Kaufman, S.: J. biol. Ch. **230**, 931 (1958).
[2] Kaufman, S.: J. biol. Ch. **226**, 511 (1957).
[3] Mitoma, C.: Arch. Biochem. **60**, 476 (1956).
[4] Udenfriend, S., and J. R. Cooper: J. biol. Ch. **194**, 503 (1952).
[5] Kaufman, S., and B. Levenberg: J. biol. Ch. **234**, 2683 (1959).
[6] Kaufman, S.: Biochim. biophys. Acta **27**, 428 (1958).

VI. Bestimmung der Aktivität des Phenylalanin-Hydroxylasesystems.

Zur Bestimmung der Aktivität werden verschiedene Ansätze angegeben. Der Reaktionsansatz 1[1] bedient sich der Kombination Phenylalanin-Hydroxylase mit der DPNH-Oxydase, die Reaktionsansätze 2[2–4] und 3[2,5] der Kombination Phenylalanin-Hydroxylase mit TPNH-Oxydase. Im Reaktionsansatz 3 wird radioaktiv markiertes Phenylalanin eingesetzt.

Die Reaktionsansätze werden in offenen Gefäßen (etwa 20 ml) mechanisch im Thermostaten geschüttelt.

Die Zusammensetzung der einzelnen Reaktionsansätze ergibt sich aus Tabelle 4.

Tabelle 4. *Reaktionsansätze zum Nachweis des Phenylalanin-Hydroxylase-Systems sowie Aktivitätsbestimmung von Phenylalanin—Hydroxylase bzw. des Cofaktors.*

	Ansatz 1	Ansatz 2	Ansatz 3
Kaliumphosphatpuffer (μM/Ansatz)	150 (p_H 7,0)	100 (p_H 6,8)	150 (p_H 6,8)
L-Phenylalanin (μM/Ansatz)	2	4	
D,L-Phenylalanin (0,5 mC/mM) oder L-Phenylalanin-3-^{14}C (56000 cpm) (μM/Ansatz)			0,4
Gasphase	Luft	Luft	Luft
H-Donator (μM/Ansatz)	DPNH, H^+, 0,5—2	TPNH, H^+ 0,08—4*	TPNH, H^+ 4*
Nicotinsäureamid (μM/Ansatz)	5		
Enzymsystem ** (mg Eiweiß/Ansatz)			
PAH	2,5 (Methode I, enthält Cofaktor)	2,8	8,5
DPNH-Oxydase	23,3		
TPNH-Oxydase		2—10	4
Cofaktor		10 μg/Ansatz	10 μg/Ansatz
Endvolumen	1,5—1,7 ml	1,0 ml	1,0 ml
Reaktionstemperatur	37° C	25° C	26,2° C
Reaktionszeit	15—30 min	30—45 min	75 min
Leerwert	ohne Phenylalanin oder Trichloressigsäure (TCE) vor Enzym zugesetzt		
Beendigung der Reaktion	Zugabe von TCE, bis Endkonzentration von 5—7 % erreicht (0,5 ml 25 % TCE oder 2 ml 12 % TCE)		
Auswertung	im TCE-Überstand: Tyrosinbestimmung nach[6] oder durch Jodierung[2], während der Reaktion: Abnahme der Extinktion bei 340 mμ im optischen Test		chromatographische Trennung von Phenylalanin und Tyrosin und Bestimmung der Radioaktivitäten[5]

* An Stelle von TPNH kann auch die Kombination: TPN (0,12 μM/Ansatz) + Glucose (75 μM je Ansatz) + Glucosedehydrogenase (im Überschuß) verwendet werden.

** Eiweißbestimmung der Enzymkomponenten nach WARBURG und CHRISTIAN [B. Z. **310**, 384 (1941)].

Die *Vorinkubation* zur Beseitigung der Latenzperiode wird in THUNBERG-Röhrchen vorgenommen. Der Hauptraum enthält TPNH-Oxydase (2 mg Eiweiß) und Cofaktor (10 μg), das Birnchen: Kaliumphosphatpuffer, p_H 6,8 (100 μM) und TPNH (0,08 μM). Nachdem 2 min evakuiert ist, werden die beiden Lösungen zusammengeschüttet und 15 min bei Raumtemperatur stehengelassen. Anschließend wird mit den übrigen Zusätzen wie Ansatz 2 bei 25° C in Luft geschüttelt[2,3,7].

Bestimmung des Cofaktors[3] erfolgt genau wie die Bestimmung des gesamten Enzymsystems nach Reaktionsansatz 2 oder 3, wobei Phenylalanin-Hydroxylase, dargestellt

[1] MITOMA, C.: Arch. Biochem. **60**, 476 (1956).
[2] KAUFMAN, S.: J. biol. Ch. **226**, 511 (1957).
[3] KAUFMAN, S.: J. biol. Ch. **230**, 931 (1958).
[4] KAUFMAN, S.: Biochim. biophys. Acta **27**, 428 (1958).
[5] WALLACE, H. W., K. MOLDAVE and A. MEISTER: Proc. Soc. exp. Biol. Med. **94**, 632 (1957).
[6] KAUFMAN, S.: J. biol. Ch. **234**, 2677 (1959).
[7] KAUFMAN, S.: Biochim. biophys. Acta **23**, 445 (1957).

nach KAUFMAN[1,2], (vgl. S. 794), TPNH-Oxydase und TPNH im Überschuß vorhanden sein müssen und an Stelle von Cofaktor der zu prüfende Extrakt eingesetzt wird.

Eine Kontrolle mit 10 μg Cofaktor und ein Leeransatz ohne Cofaktor sind mitzuführen.

Enzymeinheiten. 1. Eine Phenylalanin-Hydroxylaseeinheit katalysiert die Bildung von 0,1 μM L-Tyrosin pro Ansatz in 30 min unter den Bedingungen des Reaktionsansatzes 2 wobei TPNH, TPNH-Oxydase und Cofaktor im Überschuß vorhanden sein müssen[2].

2. Eine TPNH-Oxydase-Einheit katalysiert die Bildung von 0,1 μM L-Tyrosin pro Ansatz in 45 min unter den Bedingungen von Reaktionsansatz 2, wobei TPNH, Phenylalanin-Hydroxylase und Cofaktor im Überschuß vorhanden sein müssen[2].

3. Eine Cofaktoreinheit liefert 1 μM L-Tyrosin in 60 min unter den Bedingungen des Reaktionsansatzes 2, wobei TPNH, Phenylalanin-Hydroxylase und TPNH-Oxydase im Überschuß vorhanden sein müssen.

4. Für DPNH-Oxydase liegen keine Angaben über Enzymeinheiten vor.

L-Tyrosin-Ketosäure-Transaminasen.

Der erste Schritt beim Abbau von L-Tyrosin ist die Transaminierung mit einer α-Ketosäure zu p-Hydroxyphenylpyruvat. Bisher konnten zwei Transaminasen nachgewiesen werden. Am eingehendsten studiert ist die L-Tyrosin-α-Ketoglutarat-Transaminase[3–5].

Daneben läßt sich auch noch eine L-Tyrosin-Pyruvat-Transaminase nachweisen[6–8], die bisher jedoch noch nicht isoliert untersucht wurde.

Darüber hinaus vermag L-Tyrosin auch noch mit Oxalacetat[6,9] und Phenylpyruvat zu transaminieren[6]. Ob hierfür spezifische Enzyme erforderlich sind, ist noch nicht bekannt.

L-Tyrosin-α-Ketoglutarat-Transaminase katalysiert folgende Reaktion:

$$\text{L-Tyrosin} + \alpha\text{-Ketoglutarat} \rightleftharpoons \text{p-Hydroxyphenylpyruvat} + \text{L-Glutamat}$$

L-Tyrosin-Pyruvat-Transaminase katalysiert folgende Reaktion:

$$\text{L-Tyrosin} + \text{Pyruvat} \rightleftharpoons \text{p-Hydroxyphenylpyruvat} + \text{L-Alanin}$$

Ob bei der Transaminierung p-Hydroxyphenylpyruvat in der Ketoform oder in der Enolform entsteht, ist noch nicht geklärt[10]. Einzelheiten über Transaminasen vgl. diesen Band, S. 306 ff.

p-Hydroxyphenylpyruvat-Keto-Enol-Tautomerase[9].

p-Hydroxyphenylpyruvat-Keto-Enol-Tautomerase katalysiert die Keto-Enol-Tautomerisation von p-Hydroxyphenylpyruvat (I) und Phenylpyruvat (II): (I): R = —OH; (II): R = —H.

$$R{-}C_6H_4{-}CH_2{-}\overset{\overset{\displaystyle O}{\|}}{C}{-}COO^- \rightleftharpoons R{-}C_6H_4{-}CH{=}\overset{\overset{\displaystyle OH}{|}}{C}{-}COO^-$$

Tabelle 5. *Spezifität.*

	k_e/k_0^*
p-Hydroxyphenylpyruvat .	370
Phenylpyruvat	160
m-Hydroxyphenylpyruvat .	45
p-Methoxyphenylpyruvat. .	50
2,5-Dihydroxyphenylpyruvat	7

* Maß der Enzymaktivität (siehe Nachweis S. 797).

[1] KAUFMAN, S.: J. biol. Ch. **234**, 2677 (1959).
[2] KAUFMAN, S.: J. biol. Ch. **226**, 511 (1957).
[3] KNOX, W. E., and M. LE MAY-KNOX: Biochem. J. **49**, 686 (1951).
[4] SCHEPARTZ, B.: J. biol. Ch. **193**, 293 (1951).
[5] CANELLAKIS, Z. N., and P. P. COHEN: J. biol. Ch. **222**, 53 (1956).
[6] FELIX, K., E. G. BOCK, D. GERATZ, I. v. GLASENAPP, L. ROKA and K. WEISENBERGER: H. **292**, 157 (1958).
[7] LUDWIG, H.: Diss. Frankfurt/Main 1960.
[8] LA DU, B. N., and D. M. GREENBERG: J. biol. Ch. **190**, 245 (1951).
[9] KNOX, W. E. and B. M. PITT: J. biol. Ch. **225**, 675 (1957).
[10] LIN, E. C. C., R. S. RIVLIN and W. E. KNOX: Amer. J. Physiol. **196**, 303 (1959).

Tabelle 6. *p-Hydroxyphenylpyruvat-Keto-Enol-Tautomerase in den Organen verschiedener Species.*

	k_e/ml*		k_e/ml*
Kaninchenniere	2,6	Meerschweinchenleber	0,33—0,90
Rattenleber	1,7	Kaninchenherz	0,26
Kaninchenleber	1,3	Schweineniere	0,30—0,90
Rinderniere	0,67	Kaninchen-Erythrocyten, gewaschen	0,21
Hundeleber	0,51	Kaninchenmuskeln	0,072
Rinderleber	0,45—1,3	Pferdeserum	0,03
Schweineleber	0,43—1,1		

* Die angegebene Aktivität bezieht sich auf den Überstand eines 33 %igen Homogenates.

Tabelle 7. *Darstellung von p-Hydroxyphenylpyruvat-Keto-Enol-Tautomerase.*

Darstellung aus Schweineleber oder -niere. Ausgangsmaterial: 33 %iges Homogenat von schlachtfrischem Organ in 0,15 m KCl oder Acetontrockenpulver.

	Ausbeute %	k_e/mg Protein
Partikelfreier Extrakt	100	0,0082
Nach Erhitzen für 4 min auf 56° C	83	0,015
1. Ammoniumsulfatfällung bei 40—65 % Sättigung	65	0,061
2. Ammoniumsulfatfällung bei 40—50 % Sättigung	32	0,12
Alkoholfällung 0—50 % bei 0° C	15	0,086
Alkoholfällung 50—75 % bei 0° C	9,7	0,37

Tabelle 8. *Beeinflussung der Aktivität von p-Hydroxyphenylpyruvat-Keto-Enol-Tautomerase.*

	Aktivität
Nach Dialyse	erhalten
Aceton-Trockenpulver	erhalten
Wiederholtes Auftauen und Einfrieren	erhalten
Nach Erhitzen auf 56° C	100 % erhalten
Nach Erhitzen auf 65° C	82 % erhalten
Nach Erhitzen auf 80° C	23 % erhalten
Nach Erhitzen auf 100° C	zerstört

Tabelle 9. *Aktivierung und Hemmung der Reaktion.*

	Konzentration m × 10^3	Kontrollaktivität %
α,α'-Dipyridyl	1,5	95
H_2S	3,0	75
NaCN	1,0	144
Versene	3,0	106
Quecksilberacetat	0,015	75
	0,03	30
Quecksilberacetat + Cystein (3 × 10^{-3} M)	0,03	57
JCH_2COOH	30,0	20
p-Chlormercuribenzoat	0,04	59
p-Chlormercuribenzoat + Cystein (3 × 10^{-3} M)	0,04	83
Maleinsäure	100,0	48
Cystein	3,0	107
	6,0	135
α-Ketoglutarat	38,0	34
α-Acetoxyzimtsäure	2,0	61
Zimtsäure	10,0	61
Acetat	170,0	50
Phosphat	170,0	100
Glycin	170,0	100

Gleichgewicht: Keto:Enolform = 96:4.

Spezifität. vgl. Tabelle 5.

Inaktiv sind: Imidazol-4-pyruvat, Imidazol-acetol, Pyruvat (?), α-Ketoglutarat (?), Oxalacetat (?).

Kompetitive Hemmung durch: α-Ketoglutarat, α-Acetoxy-phenylpyruvat, Zimtsäure.

Vorkommen. Tierart: Meerschweinchen, Kaninchen, Ratte, Rind, Hund, Schwein, Pferd; außerdem noch nachgewiesen bei *Pseudomonas* und *Neurospora*, jedoch nicht bei *Aerobacter* (vgl. Tabelle 6).

Darstellung. vgl. Tabelle 7.

Eigenschaften. *p_H-Optimum:* breites Niveau zwischen 6,0 und 8,5. Übrige Eigenschaften: Tabelle 8 und 9.

Bestimmung der p-Hydroxyphenylpyruvat-Keto-Enol-Tautomeraseaktivität nach **KNOX *und* PITT**[3].

Ansatz:

3,3 ml enthalten 0,5 m Borsäure, 0,2 m Natriumphosphatpuffer, p_H 6,2; 0,2 ml 0,005 m p-Hydroxyphenylpyruvat* bzw. Phenylpyruvat* in 0,05 m Acetatpuffer, p_H 6,0.

Leerwert. Enthält den gleichen Ansatz ohne Substrat.

Vergleichsansatz. Ohne Enzym zur Messung der Spontan-Tautomerisation.

Gemessen wird die UV-Absorption von Hauptwert gegen Leerwert bei 330 mμ für die Ketoform, bei 336 mμ für die Enolform (zur Vermeidung zu hoher Extinktionen). Die Reaktion wird verfolgt bis zum Eintritt des Gleichgewichtes.

Enzymaktivität:

$$k_e = k_r - k_0.$$

k_r = Reaktionskonstante mit Enzym; k_0 = Reaktionskonstante ohne Enzym.

Reaktionskonstante:

$$k = \lg (E_t - E_\infty)/t.$$

E = Extinktion; t = nach Zeit t; ∞ = nach Erreichen des Gleichgewichtes.

p-Hydroxyphenylpyruvat-Oxydase.

[1.99.1.14 p-Hydroxyphenylpyruvat-Hydroxylase.]

Als p-Hydroxyphenylpyruvat-Oxydase wird ein Enzymsystem bezeichnet, welches p-Hydroxyphenylpyruvat (I) (p-HPP) zu Homogentisat (II) oxydiert[1], entsprechend der Formel:

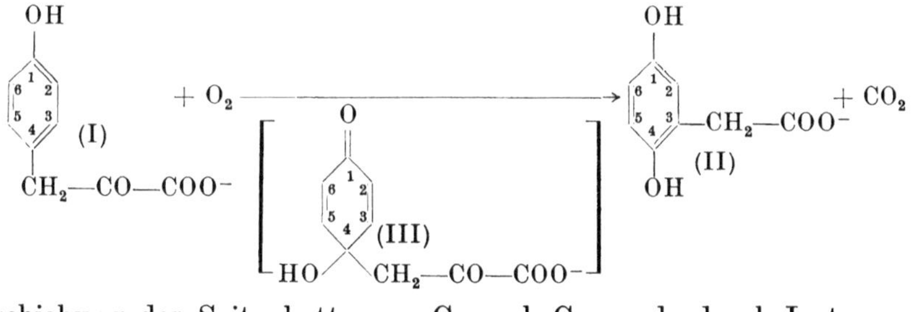

Die Verschiebung der Seitenkette von C_4 nach C_3 wurde durch Isotopenmarkierung nachgewiesen[2].

Diese Reaktionsgleichung ist offenbar die Summengleichung mehrerer Teilreaktionen, die jedoch noch nicht genau formuliert werden können. Alle bisherigen Versuche, den Reaktionsablauf in zwei oder mehrere Schritte zu unterteilen, sind mißlungen, ebenso

* Entweder in Enolform (direkt nach Auflösen) oder in Ketoform (nach 2—30 Tagen Stehen der Lösung bei 5° C).

[1] KNOX, W. E., and M. LE MAY-KNOX: Biochem. J. **49**, 686 (1951).

[2] SCHEPARTZ, B., and S. GURIN: J. biol. Ch. **180**, 663 (1949). — LERNER, A. B.: J. biol. Ch. **181**, 281 (1949). — WEINHOUSE, S., and R. H. MILLINGTON: J. biol. Ch. **175**, 995 (1948). — WEINHOUSE, S., and R. H. MILLINGTON: J. biol. Ch. **181**, 633 (1949).

[3] KNOX, W. E., and B. M. PITT: J. biol. Ch. **225**, 675 (1957).

die Auftrennung des Enzymsystems in Einzelenzyme[1,2]. Als mögliche Zwischenstufe wird das p-Chinol mit Pyruvat-Seitenkette (III) diskutiert[3,4]. Ein Coenzym ist noch nicht eindeutig nachgewiesen. Einzelheiten s. Abschnitt Eigenschaften.

Zum Nachweis des Enzymsystems können verwendet werden: a) die Bildung von Homogentisat, jodometrisch[5] oder colorimetrisch[2], weitere Bestimmungsmethoden[6–8]; b) der Verbrauch von p-HPP[6,7,9–11]; c) der Verbrauch von O_2, d) die Bildung von CO_2, beides mit der WARBURG-Technik oder O_2- bzw. CO_2-Elektrode. a) und b) können nebeneinander in demselben Ansatz bestimmt werden[4,12].

Tabelle 10. *Hemmstoffe der p-Hydroxyphenylpyruvat-Oxydase*[12].

Hemmstoff	Hemmung bei (Hemmstoff)/(Substrat) = 4 %
Phenylpyruvat	95
m-Hydroxyphenylpyruvat	95
Salicylaldehyd	75
p-Hydroxybenzaldehyd .	50

Tabelle 11. *Aktivität der p-Hydroxyphenylpyruvat-Oxydase.*

	nMol p-HPP/Std/g
Leber (Meerschweinchen)	17,9 ± 6,9
Niere (Meerschweinchen)	6,6 ± 0,9

Spezifität. Das einzige vom Enzym abgebaute Substrat ist p-HPP. Außer p-HPP muß noch O_2 anwesend sein. O_2 läßt sich durch H-Acceptoren nicht ersetzen[2,13].

Nicht verändert werden: L-Tyrosin[6]; 2,5-D-hydroxyphenylpyruvat[2,7,11,14,15]; L-Tyramin[6]; Gentisinsäure[6]; 2,5-Dihydroxyphenylpyruvat-lacton[6,7]; L-2,5-Dihydroxyphenylalanin[6,7]; o-Hydroxyphenylpyruvat[6,7,15,16]; m-Hydroxyphenylpyruvat[6,7,15,16]; p-Hydroxyphenyllactat[6,7,15,16]; p-Hydroxyphenylaceton[6,7,15,16]; p-Hydroxyphenylacetat[6,15,16]; p-Chinolacetat[16]; Phenylacetat[12]; p-Hydroxybenzoat[12]; Homogentisat[12]; Phenylpyruvat[12]; Salicylaldehyd[12]; p-Hydroxybenzaldehyd[12].

Von 2,5-Dihydroxyphenylpyruvat[2,7,12], Phenylacetat[12], p-Hydroxyphenyllactat[12], p-Hydroxybenzoat[12] und Homogentisat[12] konnte außerdem gezeigt werden, daß sie den Abbau von p-HPP *nicht* hemmen.

Außerdem hemmen 0,01 m Pyruvat und 0,01 m Oxalacetat[7].

Vorkommen. *Species:* Ratte[2,6,15]; Meerschweinchen[6,17,18]; Kaninchen[6]; Hund[2]; Schwein[2]; Mensch. *Organ:* Leber[6,17–19]; Niere[20]. *Zellfraktion:* Löslicher Überstand[6,19].

Darstellung der p-Hydroxyphenylpyruvat-Oxydase nach LA DU *und* ZANNONI[15].

460 g Hundeleber und 690 ml 0,1 m Phosphatpuffer, pH 6,5, bei 0—5° C im Starmix 2 min lang homogenisieren und 5 min bei 0—5° C bei 9000 × g zentrifugieren. Überstand

[1] EDWARDS, S. W., D. Y.-Y. HSIA and W. E. KNOX: Fed. Proc. **14**, 206 (1955).
[2] ROKA, L., G. KÖNIG u. H. RÜBNER: H. **313**, 87 (1958).
[3] WITKOP, B., and S. GOODWIN: Exper. **8**, 377 (1952).
[4] KÖNIG, G.: Diss. Frankfurt/Main 1958.
[5] METZ, E.: B. Z. **190**, 261 (1927).
[6] KNOX, W. E., and M. LE MAY-KNOX: Biochem. J. **49**, 686 (1951).
[7] LA DU jr., B. N., and V. G. ZANNONI: J. biol. Ch. **217**, 777 (1955).
[8] LA DU, B. N., K. G. ZANNONI, L. LASTER and J. E. WEGMÜLLER: J. biol. Ch. **230**, 251 (1958).
[9] FELIX, K., u. R. TESKE: H. **267**, 173 (1941).
[10] LIN, E. C. C., B. M. PITT, M. CIVEN and W. E. KNOX: J. biol. Ch. **233**, 668 (1958).
[11] HAGER, S. E., R. I. GREGERMANN and W. E. KNOX: J. biol. Ch. **225**, 935 (1957).
[12] ZANNONI, V. G., and B. N. LA DU: J. biol. Ch. **234**, 2924 (1959).
[13] YOSUNOBU, K., T. TANAKA, W. E. KNOX and H. S. MASON: Fed. Proc. **17**, 340 (1958).
[14] SCHEPARTZ, B., and S. GURIN: J. biol. Ch. **180**, 663 (1949). — LERNER, A. B.: J. biol. Ch. **181**, 281 (1949). — WEINHOUSE, S., and R. H. MILLINGTON: J. biol. Ch. **175**, 995 (1948). — WEINHOUSE, S., and R. H. MILLINGTON: J. biol. Ch. **181**, 633 (1949).
[15] LA DU jr., B. N., and V. G. ZANNONI: J. biol. Ch. **219**, 273 (1956).
[16] LA DU jr., B. N., and V. G. ZANNONI: Fed. Proc. **13**, 246 (1954).
[17] RIENITS, K. G.: J. biol. Ch. **182**, 11 (1950).
[18] PAINTER, H. A., and S. S. ZILVA: Biochem. J. **46**, 542 (1950).
[19] WILLIAMS jr., J. N., and A. SREENIVASAN: J. biol. Ch. **203**, 109 (1953).
[20] ZANNONI, V. G., and B. N. LA DU: J. biol. Ch. **235**, 2667 (1960).

mit gleicher Menge $CHCl_3$ mischen, 15 min heftig schütteln und 30 min bei Raumtemperatur stehenlassen. Emulsion dann 10 min bei 9000 × g zentrifugieren, 300 ml klaren Überstand (50—60 mg Eiweiß/ml) mit 0,2 m Phosphatpuffer, p_H 6,5, auf 400 ml verdünnen und auf 0—3° C kühlen. Langsam Ammoniumsulfatlösung, p_H 6,5, unter Rühren bis zu 0,4facher Sättigung zugeben. Nach 1 Std Stehen zentrifugieren, Niederschlag verwerfen. Zum Überstand Ammoniumsulfat bis 0,55-Sättigung zugeben und Niederschlag gewinnen; erneut Ammoniumsulfat bis 0,75-Sättigung zugeben und Niederschlag gewinnen. Niederschläge 0,4—0,55 und 0,55—0,75 in Phosphatpuffer (0,1 m, p_H 6,5) lösen und gegen Aqua dest. über Nacht dialysieren; dabei Niederschlagbildung. Wieder lösen in 30 ml 0,1 m Phosphatpuffer, p_H 6,5. Niederschlag 0,55—0,75 enthält 75% der ursprünglichen Aktivität. Diese wird erneut mit Ammoniumsulfat fraktioniert.

0—0,5-Sättigung Fraktion A, 0,5—0,75-Sättigung Fraktion B (vgl. Tabelle 12).

Ein weiterer Reinigungsschritt kann angeschlossen werden[1]: Adsorption an Ca-Phosphatgel und Elution. Reinigung 100fach.

Keine Trennung in zwei Fraktionen möglich bei Rattenleber[2] und Schweineleber[3-5].

Weitere Reinigungsmethoden bei[4,5].

Tabelle 12. *Spezifische Aktivität der p-Hydroxyphenylpyruvat-Oxydase.*

	nMol p-HPP/ Std/mg Protein
Homogenatüberstand	0,4
Nach $CHCl_3$-Behandlung	0,8
0,4—0,55-Niederschlag	2,1
0,55—0,75-Niederschlag	4,9
Fraktion A + Fraktion B	4,0

Eigenschaften. Für die Enzymaktivität sind zwei Eiweißkomponenten erforderlich: Faktor A und Faktor B. Jeder ist für sich allein inaktiv. Die jeweils in geringster Konzentration vorhandene Fraktion bestimmt die Aktivität[2]. Komponente A soll mit Katalase identisch sein, während Hämoglobin, Ferritin und Cytochrom c unwirksam sind[6].

Daneben ist für die Enzymaktivität noch ein labiler Faktor erforderlich, der während der Inkubation und insbesondere während der Reaktion inaktiviert wird. Dieser labile Faktor soll ein Chinon[7] und mit der Fraktion B des Enzyms verbunden sein[2]. Der labile Faktor verliert an Aktivität a) spontan und b) durch ein während der Reaktion entstehendes Zwischen- oder Seitenprodukt.

Diese Inaktivierung ist bei Substratüberschuß (mehr als 5 μM Substrat/ml Enzym) besonders deutlich. Sie setzt erst nach einer Lagphase ein, wobei die Dauer der Lagphase durch die Enzymkonzentration bestimmt wird, das Ausmaß der einsetzenden Hemmung durch das Verhältnis Substrat zu Enzym. Dieselbe Substratmenge, die das Enzym hemmt, ist wirkungslos, wenn sie in kleinen Portionen zugesetzt wird. Die Hemmung durch das Substrat läßt sich durch Struktur-Analoge imitieren (s. Spezifität).

Das Ausmaß der Substrathemmung steigt mit dem Ascorbinsäuremangel. Skorbuttiere enthalten normale Mengen Enzym, das jedoch bereits durch geringe Mengen Substrat inaktiviert wird. Das spontan oder durch den Hemmstoff inaktivierte Enzym läßt sich durch Zusatz von Reduktionsmitteln wieder aktivieren.

Wirksam sind: 2,6-Dichlorphenolindophenol; D- und L-Ascorbinsäure; D-Isoascorbinsäure; Hydrochinon; Kochsaft von frischem Enzym; D-Glucoascorbinsäure wirkt schwächer, offenbar da es nicht so gut an das Enzym herankommt[8]. Die erforderliche Dichlorphenolindophenol-Menge richtet sich nach der Substratmenge. Für 20 μM Substrat sind 2000 μg Dichlorphenolindophenol notwendig. Die molare Aktivität von Dichlorphenolindophenol ist 700mal größer als die von Ascorbinsäure[1,2]. Von L-Ascorbinsäure reichen

[1] ZANNONI, V. G., and B. N. LA DU: J. biol. Ch. **234**, 2924 (1959).
[2] LA DU jr., B. N., and V. G. ZANNONI: J. biol. Ch. **219**, 273 (1956).
[3] EDWARDS, S. W., D. Y.-Y. HSIA and W. E. KNOX: Fed. Proc. **14**, 206 (1955).
[4] ROKA, L., G. KÖNIG u. H. RÜBNER: H. **313**, 87 (1958).
[5] KÖNIG, G.: Diss. Frankfurt/Main 1958.
[6] ZANNONI, V. G., and B. N. LA DU: Fed. Proc. **15**, 391 (1956).
[7] ZANNONI, V. G., and B. N. LA DU: Fed. Proc. **20**, 5 (1961).
[8] ZANNONI, V. G., and B. N. LA DU: J. biol. Ch. **235**, 2667 (1960).

katalytische Mengen aus, d. h. 1 Teil Ascorbinsäure reicht für die 50fache Menge p-HPP[1]. Andere Befunde dagegen zeigen, daß eine stöchiometrische Menge erforderlich ist[2–4]. Reduziertes Dichlorphenolindophenol hemmt in sehr hohen Dosen, wahrscheinlich über Oxydation von Ascorbinsäure. Diese Hemmung läßt sich durch Glutathion verhindern[5].

Als Cofaktoren unwirksam sind: Homogentisinsäure[6]; Dehydroascorbinsäure[5,7]; 2,2—21,9 $\times 10^{-4}$ m 3-Methylascorbinsäure[8]; 2,0—14,6 $\times 10^{-4}$ m 2,3-Dimethylascorbinsäure[8]; 8,2 $\times 10^{-4}$ m Reducton[8]; 1,1—2,4 $\times 10^{-4}$ m Glutathion[1,4,8,9]; Cystein[1]; Dihydroxymaleinsäure[1]; H_2O_2[1]; Folsäure[1]*; L-Citrovorumfaktor (Leukovorin)[9,10]; Cu^I[9]; Methylenblau[7]; DPN[9] (2 mg/3,9 ml); DPNH[2]; TPNH[2]; Chininsulfat (als FAD-Hemmstoff) (2240 μg/3,9 ml)[9]; oxydiertes Dichlorphenolindophenol[11]; Resorcin[11]; Catechol[11].

Der Hemmungsmechanismus ist noch nicht bekannt. Für eine *Substratinaktivierung* spricht, daß eine große Substratmenge hemmt, dieselbe Menge, in Portionen dem Enzym zugesetzt, jedoch ohne Hemmung umgesetzt wird[12]. Für eine *Produktinaktivierung* spricht, daß sich der Hemmstoff nach Einwirkung von Enzym auf das Substrat im eiweißfreien Extrakt nachweisen läßt[13]. Für eine *Reaktionshemmung* des Enzyms spricht, daß a) eine Mischung von gehemmtem Enzym und normalem Enzym keine zusätzliche Inaktivierung bewirkt[14], b) das gehemmte Enzym auch nach Dialyse inaktiv bleibt[14].

Vielleicht erfolgt die Hemmung so, daß noch der erste Reaktionsschritt abläuft, nicht aber der zweite. Der zweite Reaktionsschritt ist der spezifischere, d. h. während der erste Reaktionsschritt auch bei Substrat-Analogen noch zu Produkten führt, ist der zweite Reaktionsschritt blockiert.

Ein nicht kompetitiver, ohne Lagphase wirkender Hemmstoff des Enzyms ist Diäthyldithiocarbamat. Diese Hemmung wird nicht beeinflußt durch Ascorbinsäure oder Dichlorphenolindophenol und konnte in vitro[15] und in vivo[16] nachgewiesen werden.

Chemische Eigenschaften.

Stabilität:	gegen pH	bleibt aktiv, wenn 15 min bei Raumtemperatur auf pH 5 gebracht[1]
	gegen Temperatur	5 min bei 55° C inaktiviert (Fraktion A und Fraktion B)[6]
	gegen Dialyse	24 Std gegen Phosphatpuffer, pH 6,5, Fraktion A und Fraktion B: Aktivität bleibt erhalten[6] (Gesamtsystem p-HPP zu Acetoacetat wird inaktiviert[9])
	gegen Alterung	(am gesamten System p-HPP zu Acetoacetat geprüft) Aktivitätsverlust bei Inkubation ohne Substrat für 60 min bei 37° C[17], oder 72 Std bei 5° C[9]
	gegen Acetontrocknung	behält Aktivität über Monate (bei Hund und Ratte); nur 3 bis 5 Wochen bei Kaninchen[15]

* Die beobachtete Steigerung des O_2-Verbrauches in Ansätzen mit Substrat durch 200 μg Folsäure bzw. 2 μg 6-Formylpteridin pro 3,9 ml Ansatz kommt offenbar indirekt zustande über eine Beeinflussung der im Ansatz mitenthaltenen Xanthinoxydase[11].

[1] Knox, W. E., and M. Le May-Knox: Biochem. J. **49**, 686 (1951).
[2] Roka, L., G. König u. H. Rübner: H. **313**, 87 (1958).
[3] König, G.: Diss. Frankfurt/Main 1958.
[4] Rübner, H.: Diss. Frankfurt/Main 1957.
[5] Williams jr., J. N., and A. Sreenivasan: J. biol. Ch. **203**, 109 (1953).
[6] La Du jr., B. N., and V. G. Zannoni: J. biol. Ch. **219**, 273 (1956).
[7] La Du jr., B. N., and D. M. Greenberg: Science, N.Y. **117**, 111 (1953).
[8] Sealock, R. R., R. L. Goodland, W. N. Sumerwell and J. M. Brierly: J. biol. Ch. **196**, 761 (1952).
[9] Williams jr., J. N., and A. Sreenivasan: J. biol. Ch. **203**, 613 (1953).
[10] Gabuzda jr., G. J.: Proc. Soc. exp. Biol. Med. **81**, 62 (1952).
[11] Edwards, S. W., D. Y.-Y. Hsia and W. E. Knox: Fed. Proc. **14**, 206 (1955).
[12] Zannoni, V. G., and B. N. La Du: J. biol. Ch. **235**, 2667 (1960).
[13] Zannoni, V. G., and B. N. La Du: J. biol. Ch. **234**, 2924 (1959).
[14] Knox, W. E., and M. N. D. Goswami: J. biol. Ch. **235**, 2662 (1960).
[15] La Du jr., B. N., and V. G. Zannoni: J. biol. Ch. **217**, 777 (1955).
[16] La Du, B. N., and V. G. Zannoni: Fed. Proc. **17**, 260 (1958).
[17] Williams jr., J. N., H. H. Gordon, and E. Marples: J. clin. Invest. **20**, 199 (1941).

Reaktionsbedingungen
p_H-Optimum breites Niveau zwischen 6,3—7,8[1]

Dissoziationskonstante (MICHAELIS-MENTEN) K_M
K_M-Enzym-Substrat 42×10^{-6} M[2]
K_M-Enzym-Ascorbinsäure $0{,}71 \times 10^{-4}$ M

Biologische Eigenschaften. *Ontogenese.* Entwickelt sich erst in den letzten Schwangerschaftsmonaten; daher haben prämature Kinder eine unzureichende Enzymaktivität[3].

Adaptive Enzymbildung in der Leber läßt sich unterdrücken durch Hydrocortison (10 mg täglich für 1 Woche) von normal: $7{,}9 \pm 0{,}83$ auf $4{,}1 \pm 0{,}47$ μM p-HPP/Std/ml (25% Homogenat)[4]; ohne Einfluß: Tyrosinbelastung (Ratte[5,6]).

Bestimmung der p-Hydroxyphenylpyruvat-Oxydaseaktivität mit der WARBURG-*Methode nach* HAGER *u. Mitarb.*[7].

Reagentien:
1. 0,2 m Natriumphosphatpuffer, p_H 6,5.
2. α',α-Dipyridyl.
3. Reduziertes Glutathion, neutral.
4. Ascorbinsäure oder 2,6-Dichlorphenolindophenol.
5. p-HPP.
6. KOH, 20%ig.

Der Hauptraum enthält 0,2 m Natriumphosphatpuffer; 2 μM α',α-Dipyridyl (zur Hemmung der Homogentisinsäureoxydase); 20 μM neutrales, reduziertes Glutathion; 0,5 ml oder mehr des Enzyms; als Cofaktoren Ascorbinsäure oder 2,6-Dichlorphenolindophenol. Seitenarm: 0,5 ml 0,2 m Phosphatpuffer, p_H 6,5, bei Kontrollen; oder 0,5 ml p-HPP in Phosphatpuffer in den Hauptansätzen.

Gesamtflüssigkeitsvolumen 2 oder 2,5 ml, Mittelraum 0,2 ml 20% KOH.

Nach 5 min langem Temperaturausgleich bei 37° C wurde die Reaktion durch Einkippen des Seitenarmes gestartet. Gasraum: Luft. Schüttelfrequenz 180; Bestimmung des Sauerstoffverbrauchs.

Bestimmung der p-Hydroxyphenylpyruvat-Oxydaseaktivität durch Bestimmung von p-HPP-Abnahme nach LIN *u. Mitarb.*[8].

Abnahme der Absorption des Enolboratkomplexes bei 308 mμ oder bei hohen Substratkonzentrationen bei 340 mμ. Extinktion: 308 mμ/340 mμ = 5,95. Molare Extinktion bei 340 mμ = 2400.

Reagentien:
1. 0,2 m Phosphatpuffer, p_H 6,5.
2. Reduziertes Glutathion, neutral.
3. Ketoenoltautomerase (mit mindestens 1 Enzymeinheit).
4. 0,42 m Borsäure, 0,17 m Natriumphosphatpuffer, p_H 6,2.
5. α',α-Dipyridyl.
6. 2,6-Dichlorphenolindophenol.

Zur Bestimmung wurde in 1 cm-Quarzküvetten 0,25—2 μM p-HPP in 0,2 m Phosphatpuffer, p_H 6,5; 15 μM reduziertes und neutralisiertes Glutathion; 0,2 ml Ketoenoltautomerase; 0,42 m Borsäure — 0,17 m Natriumphosphatpuffer, p_H 6,2; bis zu einem Endvolumen von 2,8 ml gegeben. Die Kontrollküvette enthielt alles bis auf das Substrat.

---

1 LA DU jr., B. N., and V. G. ZANNONI: J. biol. Ch. **217**, 777 (1955).
2 ZANNONI, V. G., and B. N. LA DU: J. biol. Ch. **234**, 2924 (1959).
3 LEVINE, S. Z., H. H. GORDON and E. MARPLES: J. clin. Invest. **20**, 199 (1941).
4 KNOX, W. E., and M. N. D. GOSWAMI: J. biol. Ch. **235**, 2662 (1960).
5 ZANNONI, V. G., and B. N. LA DU: J. biol. Ch. **235**, 2667 (1960).
6 LIN, E. C. C., and W. E. KNOX: Proc. Soc. exp. Biol. Med. **96**, 501 (1957).
7 HAGER, S. E., R. I. GREGERMANN and W. E. KNOX: J. biol. Ch. **225**, 935 (1957).
8 LIN, E. C. C., B. M. PITT, M. CIVEN and W. E. KNOX: J. biol. Ch. **233**, 668 (1958).

Die Tautomerisation des Substrates wurde bei 340 mμ gemessen, bis Gleichgewicht erreicht war (nach etwa 5 min), dann wurde α',α-Dipyridyl beiden Küvetten zugesetzt (Endkonzentration 7×10^{-4} M) zur Vermeidung der Bildung von Maleylacetoacetat, dann wurde zu beiden Küvetten das Enzym zugegeben und die Abnahme der Extinktion bei 340 mμ gemessen. In einigen Ansätzen wurde zu beiden Küvetten noch 100 μg 2,6-Dichlorphenolindophenol zugesetzt.

Enzymeinheit. 1. Die Menge, die erforderlich ist, um 1 mM p-HPP pro Std zu oxydieren — unter Berücksichtigung der Anfangsgeschwindigkeit — gemessen am Sauerstoffverbrauch:

spezifische Aktivität = Enzymeinheiten/mg Eiweiß[1].

2. p-HPP-Abbaugeschwindigkeit in μM/ml in 25% Leberhomogenat in 1 Std, berechnet aus der Anfangsgeschwindigkeit der ersten 2 min[2].

Homogentisat-Oxydase[3].

[1.99.2.5 Homogentisat-Oxygenase.]

Homogentisatoxydase katalysiert die Reaktion Homogentisat plus Sauerstoff = 4-Maleylacetoacetat (MAcAc).

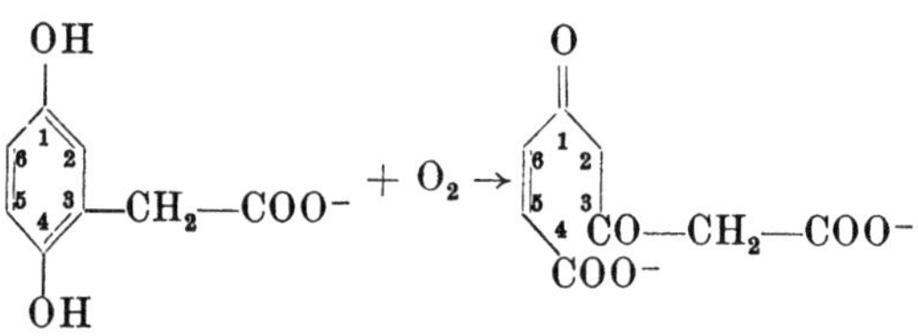

Das Enzym ist verwandt, aber nicht identisch mit Pyrocatechase und Protocatechusäureoxydase[4].

Spezifität. Soweit bisher bekannt, ist das Enzym spezifisch für Homogentisinsäure.

Vorkommen. *Species:* Mensch, Ratte, Kaninchen, Meerschweinchen, Rind, Schwein, Pferd, Taube[5], *Pseudomonas*[6]. *Organ:* Leber, Niere. *Keine Aktivität:* in Hirn, Milz, Herz, Skeletmuskel, Darm, Blut, Pankreas, Hoden, Speicheldrüsen. *Fraktion:* partikelfreier Überstand nach 45 min Zentrifugieren bei $14000 \times g$.

Darstellung der Homogentisat-Oxydase nach Knox *und* Edwards[3].

Alle Schritte müssen bei 4° C und $p_H \geqq 7$ durchgeführt werden, damit das Eisen erhalten bleibt und Glutathion entfernt wird. Frische Rattenleber wird 2 min im doppelten Volumen 0,9%igem KCl homogenisiert und anschließend 15 min bei $12000 \times g$ zentrifugiert. Der Überstand ist Fraktion I mit der Enzymaktivität von 200 μl O_2/10 min/ml. Fraktion I wird bei p_H 7 und 0° C mit 0,5 Vol. 5%igem Äthylalkohol vorsichtig versetzt und der Niederschlag unmittelbar abzentrifugiert. Der möglichst trocken genutschte Niederschlag wird in 32%igem Alkohol bei 0° C durch Suspension gewaschen; anschließend

Tabelle 13. *Aktivatoren der Homogentisat-Oxydase.*

Aktivatoren	$M \times 10^3$	Aktivität %
Ascorbinsäure	0,8	+ 183
Glutathion	0,8	+ 151
Coenzym A	0,3	+ 138
Mercaptoacetat	0,8	+ 138
Denaturiertes Leberprotein *		+ 164

* 60—70% Alkoholfällung aus dialysiertem Rattenleberhomogenat, dann 5 min auf 60° C erhitzen. Nitroprussidreaktion positiv.

[1] La Du jr., B. N., and V. G. Zannoni: J. biol. Ch. **219**, 273 (1956).
[2] Knox, W. E., and M. N. D. Goswami: J. biol. Ch. **235**, 2662 (1960).
[3] Knox, W. E., and S. W. Edwards: J. biol. Ch. **216**, 479 (1955).
[4] Stanier, R. Y., and J. L. Ingraham: J. biol. Ch. **210**, 799 (1954).
[5] Crandall, D. J., and D. H. Halikis: J. biol. Ch. **208**, 629 (1954).
[6] Suda, M., and Y. Takeda: J. Biochem. **37**, 381 (1950).

in Wasser (halbes Volumen der Fraktion I) gelöst und bei p_H 7,5 2 Std gegen Wasser dialysiert, dann bei $-9°$ C eingefroren. Nach Wiederauftauen wird der aufgetretene Niederschlag abzentrifugiert. Der Überstand (Fraktion II) kann als Enzym verwendet werden. Eine weitere Reinigung durch Ammoniumsulfatfällung ist möglich. Die Fraktion zwischen 50—70 %iger Sättigung ist frei von MAcAc-Isomerase, jedoch sehr empfindlich gegen Säure und läßt sich nur wenige Tage aktiv erhalten. Für vollständige Aktivität muß ein Reduktionsmittel zugesetzt werden.

Eigenschaften.

1. bleibt nach ausgiebiger Dialyse aktiv;
2. wird bei $p_H \leqq 5$ irreversibel inaktiviert;
3. enthält essentielle SH-Gruppen;
4. enthält Eisen, das für die Aktivität zweiwertig sein muß;
5. Fe^{++} und SH-Gruppen sollen zusammenwirken;
   bei der Umsetzung des Substrates geht Fe^{++} in Fe^{+++} über;
6. bei der Umsetzung des Substrates wird kein Peroxyd gebraucht.

Tabelle 14. *Hemmstoffe der Homogentisat-Oxydase.*

Hemmstoffe	$M \times 10^3$	Hemmung %	Hemmstoffe	$M \times 10^3$	Hemmung %
α,α'-Dipyridyl[1]	5,0	100	Semicarbazid[2]	3,3	30
	1,7	80	Dimedon[2]	3,3	55
α,α'-Dipyridyl[2]	11,0	28	Bisulfit[2]	3,3	61
o-Phenanthrolin[2]	5,0	78	Anilin[2]	0,13	10
Äthylendiamintetraacetat[2]	3,3	92		1,3	48
Diäthyldithiocarbamat[2]	7,7	84		13,0	60
8-Hydroxychinolin[2]	3,3	100		130,0	84
Na-azid[1]	3,3	83	Hydrochinon[2]	3,3	73
KCN[2]	3,3	73	p-Benzochinon[2]	3,3	62
NaCN[1]	3,3	27	p-Tolu-hydrochinon[2]	3,3	63
Hydroxylamin[2]	3,3	98	p-Tolu-chinon[2]	0,22	27
CO im Dunkeln	80,0	0	Benzochinonacetat	0,2	84
Phosphat[1]	30,0	28—40*	$HgSO_4$	0,03	100
Pyrophosphat[1]	30,0	44*		0,015	63[+]
Cystein[1]	3,0	73**		0,006	0
	4,5	53**	p-Chlormercuribenzoat	0,03	66[+]
Cysteinsäure[1]	4,5	15	H_2O_2 durch Glucoseoxydase	0,05	65[++]
Hydrazin[2]	3,3	44	Eisencyanid	10,0	100

* Vergleiche mit Collidin gepuffertem Ansatz.
** Nicht reversibel, wenn 0,005 m Glutathion 5 min nach dem Hemmstoff zugesetzt wird.
[+] Hemmung vollständig reversibel, wenn Glutathion (10^{-3} m) 5 min nach Substrat zugesetzt wird.
[++] Hemmung durch vorherigen Zusatz von 1 mg Katalase verhindert, aber nicht reversibel.

Nachweis der Homogentisat-Oxydaseaktivität.

Die Enzymaktivität kann nachgewiesen werden:

1. durch den Sauerstoffverbrauch (z. B. WARBURG-Methode),

2. durch das Auftreten von Maleylacetoacetat[1]; dieses läßt sich durch Zunahme der Extinktion bei 330 mμ (molare Extinktion E_{330} für Maleylacetoacetat [MAcAc] 13500 bei p_H 7,2) spektrophotometrisch nachweisen. Diese Methode ist nur anwendbar, wenn das Enzym so weit gereinigt ist, daß MAcAc nicht weiter abgebaut wird.

Tabelle 15. *Absinken der Homogentisat-Oxydase-Aktivität beim Skorbut.*

		Nach 400 mg Tyrosin
Normalwert	127,0 ± 22,4	152,0 ± 20,5
Skorbut	69,5 ± 12,0	101,9 ± 19,7

[1] KNOX, W. E., and S. W. EDWARDS: J. biol. Ch. **216**, 479 (1955).
[2] SCHEPARTZ, B.: J. biol. Ch. **205**, 185 (1953).
[3] KNOX, W. E., and M. N. D. GOSWAMI: J. biol. Ch. **235**, 2662 (1960).

Reaktionsansatz. 3 ml mit Enzympräparat, 5—8 μM Homogentisinsäure und 1 ml 0,1 m 2,3,6-Collidinpuffer, p_H 7,2.

Als Leerwert wird derselbe Ansatz ohne Homogentisinsäure mitgeführt.

Maleylacetoacetat-Isomerase[1] (MAcAc-Isomerase).

[5.2.1.2 4-Maleylacetoacetat-cis, trans-Isomerase.]

Maleyacetoacetat-Isomerase katalysiert die cis-trans-Isomerisierung von MAcAc zu Fumarylacetoacetat (FAcAc).

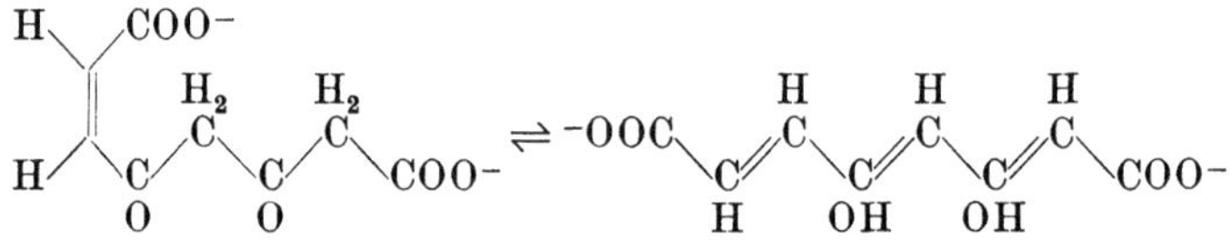

Tabelle 16. *Aktivierung und Hemmung der Maleylacetoacetat-cis, trans-Isomerase.*

	Konzentration M × 10³	Relative Aktivität %
Glutathion	1	490
Glutamylcystein	0,8	320
Cysteinylglycin	0,8	400
Cystein	1	250
Thioglykolat	1	40
Hydrogensulfit	5	60
Ascorbat	1	140
Diäthyldithiocarbamat	1	20*
Mercurichlorid	0,1	20*
N-Äthylmaleinimid	0,5	0
p-Chlormercuribenzoat	0,5	10*
Cu^{++}	1	68
Mn^{++}	1	gering
Fe^{++}	1	gering
Ca^{++}	1	gering
Mg^{++}	1	gering
α,α'-Dipyridyl	10	gering
8-Hydroxychinolin	0,3	gering
Phenylthioharnstoff	0,3	gering
Collidinpuffer		30
Pyrophosphat		130

Gleichwertige Puffer: Versen, Borat, Phosphat.
* Reaktivierung durch Zusatz von 0,005 m Glutathion.

Die Reaktion verläuft auch ohne Enzym allein mit Glutathion, jedoch 100mal langsamer[2].

Spezifität. Spezifisch für MAcAc. Nicht verändert werden: Maleinsäure, Angelicasäure, Triglykolsäure, cis-cis-Muconsäure, cis-trans-Muconsäure, Isocrotonsäure und Crotonsäure (alle 0,5 mM).

Vorkommen. *Species:* bisher nachgewiesen bei Mensch, Ratte, Rind. *Organ:* bisher nachgewiesen in Leber, Niere[2]. *Fraktion:* partikelfreier Überstand.

Normalwerte (k/ml 33 % Homogenat). Rattenleber: 80; Rinderleber: 58. (In allen Organen größer als FAcAc-Hydrolaseaktivität[1].)

Darstellung. Dem auf p_H 7,2 eingestellten Überstand eines 33 %igen Rinder- oder Rattenleberhomogenats wird bei — 5° C bis 0° C Alkohol zugesetzt. Der Niederschlag zwischen 75 und 85 % Alkoholkonzentration wird in 0,03 m Natriumacetat, p_H 7,2, gelöst und stellt ein 18fach gereinigtes Enzym dar, das nur noch Spuren von FAcAc-Hydrolase enthält.

Eigenschaften. Das Enzym enthält essentielle SH-Gruppen und benötigt als Coferment reduziertes Glutathion. Das p_H-Optimum liegt bei 8,5. Bei — 10° C eingefroren, bleibt die Aktivität für 6 Monate erhalten.

Nachweis der Maleylacetoacetat-Isomeraseaktivität.

Zum Nachweis wird ein optischer Test angewendet, bei dem das Enzym mit FAcAc-Hydrolase zusammen inkubiert wird. Dabei laufen folgende zwei Reaktionsschritte ab:

$$1.\ \text{MAcAc} \xrightarrow{\text{Isomerase}} \text{FAcAc}$$

$$2.\ \text{FAcAc} \xrightarrow{\text{Hydrolase}} \text{AcAc} + \text{Fumarsäure}$$

[1] EDWARDS, S. W., and W. E. KNOX: J. biol. Ch. **220**, 79 (1956).
[2] MEISTER, A., and J. P. GREENSTEIN: J. biol. Ch. **175**, 573 (1948).

Die Reaktion[1] läßt sich an der Abnahme der Extinktion bei 330 mμ messen (molare Extinktion für MAcAc = 10700)[2].

Reaktionsansatz. MAcAc in einer Konzentration, die einer Extinktion von 1,5 entspricht, plus Überschuß an FAcAc-Hydrolase, plus 2,5 μM Glutathion (Endkonzentration 10^{-3} m). Anschließend wird die Extinktionsabnahme 2 min lang verfolgt.

Dieser Leerwert entspricht der Summe aus der nicht fermentativen Isomerisierung durch Glutathion plus der in dem Hydrolasepräparat enthaltenen Verunreinigung an Isomerase. Nach 3 min wird Isomerase zugesetzt und 3—4 min lang alle 30 sec die Extinktion gemessen.

Enzymeinheit

$$k = k_e - k_0$$

$$k_e = E_0 - E_t/t - t_0 .$$

k_e entspricht der Reaktion in Gegenwart von Isomerase; k_0 entspricht der Reaktion vor Zusatz der Isomerase; E_0 entspricht der Extinktion bei 330 mμ zur Zeit t_0; E_t entspricht der Extinktion nach t min.

Fumarylacetoacetat-Hydrolase[1] (FAcAc-Hydrolase).

[3.7.1.2 4-Fumarylacetoacetat-Fumarylhydrolase.]

Fumarylacetoacetat-Hydrolase katalysiert die Reaktion Fumarylacetoacetat plus H_2O = Acetoacetat plus Fumarsäure. Die Reaktion ist offenbar irreversibel.

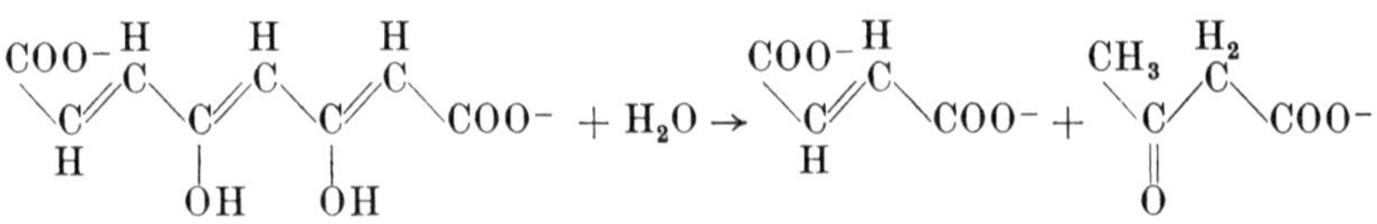

Dieses Enzym ist identisch mit Acylpyruvase[3] und mit dem Triacetat hydrolysierenden Enzym[4].

Spezifität. Neben FAcAc werden auch noch α,γ-Diketovalerat und andere Diketosäuren hydrolysiert.

Vorkommen. *Species:* Mensch, Ratte, Rind, Maus, Kaninchen, Katze[4,5]. *Organ:* Leber, Niere[4,5]. *Keine Aktivität:* in Pankreas, Lunge, Hirn, Herz, Milz, Darm, Magen, Hoden, Skeletmuskulatur, primäres Hepatom[4]. *Fraktion:* partikelfreier Überstand.

Tabelle 17. *Normalwerte der Fumarylacetoacetat-Hydrolase.*

	k/ml 33 % Homogenat
Rattenleber . . .	3,7
Rinderleber . . .	2,8

Tabelle 18. *Eigenschaften. pH-Optimum: richtet sich nach Substrat*[4].

Diketosäuren	pH	Diketosäuren	pH
C_5—C_7	7,2—7,9	C_8—C_{11}	8,0—8,9

Darstellung. Der partikelfreie, auf pH 7,2 eingestellte Überstand eines 33 %igen Rinderleberhomogenats wird bei — 5° C und 0° C mit Alkohol gefällt. Der Niederschlag zwischen 32 und 60 % Alkoholkonzentration wird in 0,03 m Natriumacetatpuffer, pH 7,3, gelöst und bei 50 %iger Alkoholkonzentration erneut ausgefällt. Anschließend wird mit 60 %igem Alkohol gewaschen und wiederum im Acetatpuffer gelöst. Dieses Enzym ist zehnfach angereichert, enthält aber immer noch eine Spur von Isomerase.

[1] Edwards, S. W., and W. E. Knox: J. biol. Ch. **220**, 79 (1956).
[2] Knox, W. E., and S. W. Edwards: J. biol. Ch. **216**, 489 (1955).
[3] Connors, W. M., and E. Stotz: J. biol. Ch. **178**, 881 (1949).
[4] Meister, A., and J. P. Greenstein: J. biol. Ch. **175**, 573 (1948).
[5] Crandall, D. J., and D. H. Halikis: J. biol. Ch. **208**, 629 (1954).

***Nachweis der Fumarylacetoacetat-Hydrolaseaktivität nach* Edwards *und* Knox**[1]. Der Abbau von FAcAc läßt sich spektrophotometrisch verfolgen, da die Extinktion bei 330 mμ bei der Hydrolyse verschwindet.

Reaktionsansatz. 3 ml mit 1 ml 0,2 m Phosphatpuffer, p_H 7,5, FAcAc in einer Konzentration, die einer Extinktion von 1,2 entspricht. Die Abnahme im Verlaufe von 5 min bei 26° C, verglichen mit einem Ansatz ohne Substrat, werden verfolgt.

Enzymaktivität $= k$. Änderung der Extinktion durch 1 ml Enzym in 3 ml Ansatz in 1 min.

Am Tryptophan-Stoffwechsel beteiligte Enzyme.

Von

Fritz Weber und Oswald Wiss*.

Einleitung.

Die beschriebenen Enzyme sind in der Reihenfolge ihrer Behandlung in Tabelle 1 zusammengestellt, welche gleichzeitig Angaben über Michaelis-Konstanten, p_H-Optima und Cofaktoren, soweit diese bis jetzt bekannt sind, enthält. Die Angaben beziehen sich auf Enzympräparate, die aus dem in Tabelle 1 angegebenen Ausgangsmaterial in mehr oder weniger reiner Form isoliert wurden. Über Vorkommen der Enzyme finden sich Angaben in den einzelnen Unterkapiteln. In Tabelle 1 sind außerdem andere für das gleiche Enzym verwendete Bezeichnungen aufgenommen, wobei die auf Grund des Wirkungsmechanismus des Enzyms zu bevorzugende Bezeichnung (nach der trivialen Nomenklatur) zuerst genannt ist.

Tryptophan-Decarboxylase[2, 3] (4.1.1.27 L-Tryptophan-Carboxy-Lyase) sowie das für die Hydroxylierung von Tryptophan zu 5-Hydroxytryptophan verantwortliche Enzymsystem[4, 5] (1.99.1.4 Tryptophan-5-Hydroxylase) werden im einzelnen nicht beschrieben, da es in ersterem Falle nicht erwiesen ist, ob es sich tatsächlich um eine nur spezifisch auf Tryptophan eingestellte Decarboxylase handelt[2, 6] (vgl. unter 5-Hydroxytryptophan-Decarboxylase den Abschnitt Spezifität, S. 856). In bezug auf die Hydroxylierung von Tryptophan zu 5-Hydroxytryptophan s. den Beitrag von Staudinger et al. (Bandteil A, S. 917). Außerdem enthält das vorliegende Kapitel keine Angaben über die erst neuerdings nachgewiesenen Stoffwechselreaktionen, die sich an den Abbau der 3-Hydroxyanthranilsäure zu Acrolein-amino-fumarsäure mittels der 3-Hydroxyanthranilsäure-Oxydase (s. S. 850) anschließen. Es betrifft dies vor allem die mit Hilfe eines Enzympräparates aus Rattenleber katalysierte Bildung von Nicotinsäureribonucleotid aus 3-Hydroxyanthranilsäure in Gegenwart von 5-Phosphoribosyl-1-pyrophosphat[7] und den Abbau von 3-Hydroxyanthranilsäure zu Glutarsäure und Kohlendioxyd mit Hilfe eines Enzymsystems aus Katzenleber[8]; in beiden Fällen wird die Acrolein-amino-fumarsäure als

* Abteilung für Vitamin- und Ernährungsforschung der F. Hoffmann-La Roche & Co. AG., Basel.

[1] Edwards, S. W., and W. E. Knox: J. biol. Ch. **220**, 79 (1956).
[2] Werle, E., u. G. Mennicken: B. Z. **291**, 325 (1937).
[3] Mitoma, C., and S. Udenfriend: Biochim. biophys. Acta **37**, 356 (1960).
[4] Mitoma, C., H. Weissbach and S. Udenfriend: Nature **175**, 994 (1955).
[5] Freedland, R. A., I. M. Wadzinski and H. A. Waisman: Biochem. biophys. Res. Comm. **5**, 94 (1961).
[6] Weissbach, H., W. Lovenberg and S. Udenfriend: Biochem. biophys. Res. Comm. **3**, 225 (1960).
[7] Nishizuka, Y., and O. Hayaishi: J. biol. Ch. **238**, PC 483 (1963).
[8] Gholson, R. K., Y. Nishizuka, A. Ichiyama, H. Kawai, S. Nakamura and O. Hayaishi: J. biol. Ch. **237**, PC 2043 (1962).

Tabelle 1. *p_H-Optima,* Michaelis-*Konstanten und Cofaktoren der am Tryptophan-Stoffwechsel beteiligten Enzyme.*

Enzym	Isoliert aus	p_H-Optimum	K_M in Mol/l	Cofaktor
Tryptophan-Synthetase[1] (= Tryptophan-Desmolase[4], Tryptophan-Desmase[5], Indolserin-Ligase[6])	Neurospora	7,8[2]	$3{,}4 \times 10^{-3}$ für L-Serin[1], $5{,}6 \times 10^{-5}$ für Indol[1], 10^{-6} für Pyridoxal-5′-phosphat[1]	Pyridoxal-5′-phosphat[2,3]
Tryptophanase	E. coli	7,5[7]	$4{,}1 \times 10^{-4}$ für L-Tryptophan[7], $1{,}7 \times 10^{-4}$ für L-Tryptophan[8], $2{,}1 \times 10^{-6}$ für Pyridoxal-5′-phosphat[8]	Pyridoxal-5′-phosphat[7,8]
Tryptophan-α-Ketoglutarsäure-Transaminase	E. coli	8,0[9,10]		Pyridoxal-5′-phosphat[9,11]
	Rattenleber	8,2[12]	10^{-2} für L-Tryptophan[12], 10^{-3} für α-Ketoglutarsäure[12]	
Tryptophan-Pyrrolase[13,14] (= Tryptophan-Peroxydase-Oxydase[16])	Pseudomonas	7,0—7,2[14]	$3{,}5 \times 10^{-4}$ für L-Tryptophan[14]	Fe(III)-Protoporphyrin
	Rattenleber	7,0[15]	4×10^{-4} für L-Tryptophan[15]	
Kynurenin-Formamidase[17] (= Formylase[18])	Neurospora	7,3—7,8[17]	$1{,}1 \times 10^{-4}$ für L-N′-Formylkynurenin[17]	
	Kaninchenleber	6—8[18]		
Kynureninase	Rattenleber	7,3—8,0[19]	$1{,}05 \times 10^{-4}$ für L-Kynurenin[20]	Pyridoxal-5′-phosphat[21,22]
	Pseudomonas	8,1[23]	$3{,}9 \times 10^{-5}$ für L-Kynurenin[23]	
	Neurospora	8,5[24]	6×10^{-6} für L-Kynurenin[24], 3×10^{-6} für L-3-Hydroxykynurenin[24], 6×10^{-7} für Pyridoxal-5′-phosphat[24]	
Kynurenin-α-Ketoglutarsäure-Transaminase	Neurospora	7,5[25,26]	$1{,}5 \times 10^{-3}$ für L-Kynurenin[25], 7×10^{-4} für α-Ketoglutarsäure[25], 10^{-6} für Pyridoxal-5′-phosphat[25]	Pyridoxal-5′-phosphat[25,27]
Kynurenin-3-Hydroxylase	Rattenleber	8,0[28]	$2{,}3 \times 10^{-5}$ für L-Kynurenin[28], $2{,}5 \times 10^{-5}$ für NADPH[28]	NADPH[28]
3-Hydroxyanthranilsäure-Oxydase	Rinderleber	6,5—8,0[29,30]	$2{,}6 \times 10^{-5}$ für 3-Hydroxyanthranilsäure[30], 7×10^{-6} für 3-Hydroxyanthranilsäure[32]	Fe(II)-Ionen[31]
5-Hydroxytryptophan-Decarboxylase	Nieren von Meerschweinchen	8,0—8,1[33,34]	4×10^{-5} für L-5-Hydroxytryptophan[35]	Pyridoxal-5′-phosphat[36]

[1] Yanofsky, C.; in: Colowick-Kaplan, Meth. Enzymol. Vol. II, S. 233.
[2] Yanofsky, C.: J. biol. Ch. **194**, 279 (1952).
[3] Umbreit, W. W., W. A. Wood and I. C. Gunsalus: J. biol. Ch. **165**, 731 (1946).
[4] Gordon, M., and H. K. Mitchell: Genetics **35**, 110 (1950).
[5] Monod, J., et G. Cohen-Bazire: Cr. **236**, 530 (1953).
[6] Tatum, E. L., and D. Shemin: J. biol. Ch. **209**, 671 (1954).
[7] Dawes, E. A., and F. C. Happold: Biochem. J. **44**, 349 (1949).
[8] Wood, W. A., I. C. Gunsalus and W. W. Umbreit: J. biol. Ch. **170**, 313 (1947).
[9] Feldman, L. I., and I. C. Gunsalus: J. biol. Ch. **187**, 821 (1950).
[10] Rudman, D., and A. Meister: J. biol. Ch. **200**, 591 (1953).
[11] Lin, E. C. C., M. Civen and W. E. Knox: J. biol. Ch. **233**, 1183 (1958).

Zwischenprodukt angenommen. Ferner sind im einzelnen nicht aufgeführt: die Umwandlung von 3-Hydroxyanthranilsäure in 2-Amino-3-oxophenoxazin-1,8-dicarbonsäure (Cinnabarinsäure[1]) durch Leberenzyme von Ratten[1] und poikilothermen Tieren[2], die Bildung von Catechol aus Anthranilsäure mit Hilfe eines als Anthranilsäure-Hydroxylase bezeichneten Enzyms aus *Pseudomonas*[3] und der oxydative Abbau von Kynurensäure zu α-Ketoglutarsäure, Oxalessigsäure und Ammoniak durch Mikroorganismen wie *Pseudomonas*[4] und *Aerococcus*[5]. Alle diese Reaktionen wurden nicht aufgenommen, weil die dabei beteiligten Enzymsysteme bis jetzt noch zu wenig charakterisiert sind.

Tryptophan-Synthetase.

[4.2.1.20 L-Serin-Hydro-Lyase (Indol hinzufügend).]

Vorkommen und Normalwerte. Tryptophan-Synthetase, die Tryptophan aus Indol oder Indol-3-glycerinphosphat und L-Serin bildet, konnte ursprünglich nur in Mikroorganismen nachgewiesen werden. Außer den in Tabelle 2 zusammen mit den Normalwerten der Enzymaktivität genannten Organismen wurden auch *Glomerella cingulata*[6], *Neurospora sitophila*[7], *Shigella dysenteriae*[8] und *Bacillus subtilis*[9] für Untersuchungen der Tryptophan-Synthetase verwendet. Erst neuerdings ist es gelungen, das Enzym auch in höheren Pflanzen (in der *Rauwolfia serpentina*[10] und der Kichererbse *Cicer arietinum*[11]

[1] Subba Rao, P. V., N. S. Jegannathan and C. S. Vaidyanathan: Biochem. biophys. Res. Comm. **16**, 145 (1964).
[2] Morgan jr., L. R., and D. M. Weimorts: Biochim. biophys. Acta **82**, 645 (1964).
[3] Taniuchi, H., M. Hatanaka, S. Kuno, O. Hayaishi, M. Nakajima and N. Kurihara: J. biol. Ch. **239**, 2204 (1964).
[4] Behrman, E. J.: Nature **196**, 150 (1962).
[5] Dagley, S., and P. A. Johnson: Biochim. biophys. Acta **78**, 577 (1963).
[6] Yanofsky, C.; in: Colowick-Kaplan, Meth. Enzymol. Vol. II, S. 233.
[7] Umbreit, W. W., W. A. Wood and I. C. Gunsalus: J. biol. Ch. **165**, 731 (1946).
[8] Eisenstein, R. B., and C. Yanofsky: J. Bact. **83**, 193 (1962).
[9] Schwartz, A. K., and D. M. Bonner: Biochim. biophys. Acta **89**, 337 (1964).
[10] Bose, B. C., and R. Vijayvargiya: J. Pharm. Pharmacol. **15**, 215 (1963).
[11] Nair, P. M., and C. S. Vaidyanathan: Arch. Biochem. **104**, 405 (1964).

Literatur zu Tabelle 1 (Fortsetzung).

12 Lin, E. C. C., B. M. Pitt, M. Civen and W. E. Knox: J. biol. Ch. **233**, 668 (1958).
13 Kotake, Y., u. T. Masayama: H. **243**, 237 (1936).
14 Tanaka, T., and W. E. Knox: J. biol. Ch. **234**, 1162 (1959).
15 Knox, W. E.; in: Colowick-Kaplan, Meth. Enzymol. Vol. II, S. 242.
16 Knox, W. E.: Biochim. biophys. Acta **14**, 117 (1954).
17 Jakoby, W. B.: J. biol. Ch. **207**, 657 (1954).
18 Mehler, A. H., and W. E. Knox: J. biol. Ch. **187**, 431 (1950).
19 Wiss, O.: Helv. **32**, 1694 (1949).
20 Kupke, G.: Ernährungsforsch. **5**, 184 (1960).
21 Braunštejn, A. E., E. V. Gorjačenkova u. T. S. Paschinaja: Biochimija, Moskva **14**, 163 (1949) [Ber. Physiol. **148**, 152].
22 Wiss, O., u. H. Thoelen: Helv. physiol. Acta **8**, C 42 (1950).
23 Hayaishi, O., and R. Y. Stanier: J. biol. Ch. **195**, 735 (1952).
24 Jakoby, W. B., and D. M. Bonner: J. biol. Ch. **205**, 699 (1953).
25 Jakoby, W. B., and D. M. Bonner: J. biol. Ch. **221**, 689 (1956).
26 Mason, M.: J. biol. Ch. **211**, 839 (1954).
27 Wiss, O.: H. **293**, 106 (1953).
28 Saito, Y., O. Hayaishi and S. Rothberg: J. biol. Ch. **229**, 921 (1957).
29 Miyake, A., A. H. Bokman and B. S. Schweigert: J. biol. Ch. **211**, 391 (1954).
30 Stevens, C. O., and L. M. Henderson: J. biol. Ch. **234**, 1188 (1959).
31 Wiss, O.: Proc. int. Sympos. Enzyme Chem., Tokyo and Kyoto 1957. S. 200.
32 Iaccarino, M., E. Boeri and V. Scardi: Biochem. J. **78**, 65 (1961).
33 Buzard, J. A., and P. D. Nytch: J. biol. Ch. **227**, 225 (1957).
34 Clark, C. T., H. Weissbach and S. Udenfriend: J. biol. Ch. **210**, 139 (1954).
35 Yuwiler, A., E. Geller and S. Eiduson: Arch. Biochem. **89**, 143 (1960).
36 Weissbach, H., D. F. Bogdanski, B. G. Redfield and S. Udenfriend: J. biol. Ch. **227**, 617 (1957).

aufzufinden. Die Blätter der *Rauwolfia* weisen eine größere Enzymaktivität auf als die Wurzeln[1].

Die Tryptophan-Synthetase kommt in zwei verschiedenen Formen in der Natur vor. Während das Enzym aus *Escherichia coli*[2], *Shigella dysenteriae*[3] und *Bacillus subtilis*[4] aus zwei Proteinkomponenten (A und B) besteht, deren Bildung auch von zwei verschiedenen Genen abhängig ist, scheint das Enzym aus *Neurospora crassa* ein einheitliches Protein zu sein[5]. Für die Tryptophan-Synthetase aus höheren Pflanzen liegen noch keine Untersuchungen über die Einheitlichkeit des Enzyms vor. Weitere Angaben über die Unterschiede der beiden Enzymformen s. unter Abschnitt Eigenschaften.

Tabelle 2. *Vorkommen und Wirksamkeit der Tryptophan-Synthetase.*

Vorkommen	Enzymaktivität (Menge des gebildeten Tryptophans)	Literatur
E. coli, Stamm T—3	857 μg/mg Protein des Bakterienextraktes in 20 min	6
Stamm K—12	67 μg/mg Protein des Bakterienextraktes in 20 min	6
Stamm B	47 μg/mg Protein des Bakterienextraktes in 20 min	6
Stamm T—8	15 μg/mg Protein des Bakterienextraktes in 20 min	7
Stamm T—16	13 μg/mg Protein des Bakterienextraktes in 20 min	7
Aerobacter aerogenes	469 μg/mg Stickstoff des Bakterienextraktes in 60 min	8
Neurospora crassa	180 μg/mg Protein des Mycelextraktes in 40 min	9

Darstellung. Für die Darstellung der Tryptophan-Synthetase eignen sich alle Wildstämme von *Neurospora crassa*. Nach der unten beschriebenen Methode gelingt eine 70fache Anreicherung des Enzyms bei 15—20% Ausbeute.

Bei *E. coli* als Ausgangsmaterial kann das Enzym durch Chromatographie an Diäthylaminoäthylcellulose (DEAE-Cellulose) in seine beiden Komponenten A und B zerlegt werden[10]. Die Komponenten können aber auch aus spezifischen Mutanten isoliert werden, welche die Fähigkeit zur Biosynthese der einen oder anderen Komponente verloren haben. Der Stamm B-8, eine Mutante des *E. coli*-Stammes K-12, synthetisiert unter geeigneten Wachstumsbedingungen 30—40mal mehr Enzymkomponente A als der Wildstamm, während die Komponente B nur in sehr kleinen Mengen und zudem in einer instabilen Form entsteht. Henning et al.[11] haben aus diesem Stamm B-8 die Komponente A bis zur Kristallisation gereinigt. Umgekehrt bildet der Stamm A-2, ebenfalls eine Mutante von *E. coli* K-12, nur die Enzymkomponente B; die A-Komponente fehlt vollständig. Dieser Stamm wurde von Hatanaka et al.[12] zur teilweisen Reinigung der Enzymkomponente B verwendet.

Bei *Bacillus subtilis* gelang die Trennung der beiden Komponenten der Tryptophan-Synthetase mit Hilfe der Chromatographie an Sephadex G-75[4].

***Reinigung der Tryptophan-Synthetase aus Neurospora crassa nach* Yanofsky[9].**

Alle Reinigungsstufen sind bei Temperaturen unter 5° C durchzuführen.

1. Lyophilisiertes, fein pulverisiertes Mycel wird mit der 16fachen Menge 0,1 m Phosphatpuffer, p_H 7,8, der 307 mg Glutathion/l enthält, durch Schütteln in einem Gefäß

[1] Bose, B. C., and R. Vijayvargiya: J. Pharm. Pharmacol. **15**, 215 (1963).
[2] Yanofsky, C.: Bact. Rev. **24**, 221 (1960).
[3] Eisenstein, R. B., and C. Yanofsky: J. Bact. **83**, 193 (1962).
[4] Schwartz, A. K., and D. M. Bonner: Biochim. biophys. Acta **89**, 337 (1964).
[5] Ensign, S., S. Kaplan and D. M. Bonner: Biochim. biophys. Acta **81**, 357 (1964).
[6] Yanofsky, C.: Biochim. biophys. Acta **31**, 408 (1959).
[7] Yanofsky, C.: J. biol. Ch. **224**, 783 (1957).
[8] Monod, J., et G. Cohen-Bazire: Cr. **236**, 530 (1953).
[9] Yanofsky, C.; in: Colowick-Kaplan, Meth. Enzymol. Vol. II, S. 233.
[10] Crawford, I. P., and C. Yanofsky: Proc. nat. Acad. Sci. USA **44**, 1161 (1958).
[11] Henning, U., D. R. Helinski, F. C. Chao and C. Yanofsky: J. biol. Ch. **237**, 1523 (1962).
[12] Hatanaka, M., E. A. White, K. Horibata and I. P. Crawford: Arch. Biochem. **97**, 596 (1962).

mit Glasperlen während 2—3 Std extrahiert. Durch Filtrieren über Gaze und Zentrifugieren des Filtrates bei 12000 U/min (Servall-Zentrifuge) während 3 min gewinnt man den Extrakt, der bei — 15° C aufbewahrt werden kann.

Nach SUSKIND[1] kann bei der Extraktion des Mycels eine 3—5fach höhere spezifische Enzymaktivität erhalten werden, wenn man das getrocknete Mycelpulver zu 0,1 m Phosphatpuffer, p_H 7,8, unter leichtem Rühren hinzufügt, bis das ganze Pulver gerade benetzt ist. Nach dem Stehenlassen bei 2—5° C während 30 min wird bei 10000 × g 30 min lang zentrifugiert; der Niederschlag wird verworfen.

2. Der Extrakt wird mit kalter 1 n Essigsäure auf p_H 6,6 eingestellt, dann mit 1,5 %iger Protaminsulfatlösung so vermischt, daß 1 ml dieser Lösung pro 100 mg Protein des Extraktes verbraucht wird, und nach gründlichem Durchmischen 15 min stehen gelassen. Den zu verwerfenden Niederschlag entfernt man durch Zentrifugieren.

3. Der Überstand wird mit 1 n Essigsäure auf p_H 5,8 eingestellt, mit 15 g pulverisiertem Ammoniumsulfat pro 100 ml Enzymlösung unter Rühren versetzt und 20 min bei gelegentlichem Umrühren stehen gelassen. Der das Enzym enthaltende Niederschlag wird abzentrifugiert und in 0,1 m Phosphatpuffer, p_H 7,8, der 307 mg Glutathion/l enthält, gelöst (15 ml Puffer für den Niederschlag aus 100 ml Überstand; vierfache Anreicherung der Tryptophan-Synthetase bei 52 % Ausbeute).

4. Zur Enzymlösung gibt man pro 10 mg Protein 6 mg Calciumphosphatgel (aus einem Gel, das 30 mg Calciumphosphat/ml enthält) hinzu, rührt 5 min, entfernt das Gel durch Zentrifugieren und wiederholt die Behandlung des Überstandes mit 10 mg Calciumphosphatgel/10 mg der anfänglichen Proteinkonzentration. Das Gel wird abzentrifugiert und verworfen (achtfache Anreicherung des Enzyms bei 44 % Ausbeute).

Darstellung des Calciumphosphatgels[2]: 150 ml 0,6 m Lösung von $CaCl_2 \times 6\ H_2O$ werden mit Leitungswasser auf etwa 1,6 l verdünnt, mit 150 ml 0,4 m Lösung von $Na_3PO_4 \times 12\ H_2O$ versetzt und nach gründlichem Mischen mit verdünnter Essigsäure auf p_H 7,4 eingestellt. Der Niederschlag ist 3—4mal mit 15—20 l Leitungswasser, zum Schluß mit destilliertem Wasser durch Dekantieren zu waschen und zu zentrifugieren. Es werden 9,1 g Calciumphosphat erhalten.

5. Zu 100 ml Überstand aus Stufe 4 gibt man 14,4 g pulverisiertes Ammoniumsulfat hinzu, zentrifugiert nach 20 min den Protein-Niederschlag ab und versetzt den Überstand mit 8,6 g Ammoniumsulfat/100 ml. Der nach 20 min durch Zentrifugieren gewonnene Niederschlag wird in 0,01 m Phosphatpuffer, p_H 6,8, ($^1/_4$ des anfänglichen Volumens des Überstandes) aufgelöst. Nach Zugabe von 15,4 mg Glutathion und 1 mg Pyridoxal-5'-phosphat/50 ml Enzymlösung wird diese 2 Std gegen 0,01 m Phosphatpuffer, p_H 6,8, der 154 mg Glutathion und 2 mg Pyridoxal-5'-phosphat/l enthält, dialysiert (25fache Anreicherung bei 28 % Ausbeute).

6. Die dialysierte Enzymlösung wird zweimal mit je 1 mg Calciumphosphatgel/mg Protein (s. Stufe 4) behandelt. Der Überstand nach der 2. Adsorption enthält die Tryptophan-Synthetase in 70facher Anreicherung. Die Enzymlösung kann bei — 15° C eingefroren und aufbewahrt werden.

Eigenschaften. Die Tryptophan-Synthetase katalysiert die drei folgenden Reaktionen:

1. Indol-3-glycerinphosphat* + L-Serin → L-Tryptophan + D-Glycerinaldehyd-3-phosphat;
2. Indol + L-Serin → L-Tryptophan + Wasser;
3. Indol + D-Glycerinaldehyd-3-phosphat ⇌ Indol-3-glycerinphosphat.

Werden dem Enzym Indol und Indol-3-glycerinphosphat gleichzeitig als Substrat angeboten, so erfolgt zuerst die Umsetzung von Indol, dann diejenige von Indol-3-

* Systematische Bezeichnung: 3-(3-Indolyl)-glycerin-1-phosphat.

[1] SUSKIND, S. R.: J. Bact. **74**, 308 (1957).

[2] KEILIN, D., and E. F. HARTREE: Proc. R. Soc. London **B 124**, 397 (1938) [Colowick-Kaplan, Meth. Enzymol. Vol. I, S. 98].

glycerinphosphat[1, 2]. Als die eigentliche physiologische Enzymreaktion wird jedoch die Tryptophanbildung aus Indol-3-glycerinphosphat und L-Serin angenommen[3, 4]. Untersuchungen mit radioaktivem Indol-3-glycerinphosphat[1] haben frühere Resultate[3, 5] bestätigt, wonach bei der Umwandlung von Indol-3-glycerinphosphat in Tryptophan freies Indol nicht als Zwischenprodukt auftritt. Für die Bindung von Indol und Indol-3-glycerinphosphat an die Oberfläche des Enzyms sind wahrscheinlich zwei verschiedene Haftstellen verantwortlich[1].

Während sich die Tryptophan-Synthetase aus *Neurospora crassa* als ein einheitliches Enzymprotein erwies[6], besteht das Enzym aus *E. coli* aus zwei Komponenten, A und B, die zusammen die obengenannten Enzymreaktionen 1—3 katalysieren. Die Komponente A vermag Indol-3-glycerinphosphat zu binden und ist demzufolge an den Reaktionen Nr. 1 und 3 beteiligt, während die Komponente B eine Bindungsstelle für Indol besitzt und somit hauptsächlich an der Tryptophanbildung aus Indol und L-Serin (Reaktion Nr. 2) teilnimmt[7, 8]. Mit diesen Befunden stimmt überein, daß bei Mutationen von *E. coli*, welche die Komponente B betreffen, das Enzym kein Tryptophan mehr aus Indol und L-Serin synthetisieren kann, während bei Mutationen, die eine Veränderung der Komponente A zur Folge haben, die mit Indol-3-glycerinphosphat ablaufenden Enzymreaktionen (Nr. 1 und 3) nicht mehr funktionieren[9]. Die Einzelkomponenten A und B weisen für sich allein jedoch eine wesentlich geringere Enzymaktivität auf als im Komplex AB[8].

Die Enzymkomponente A besteht aus einer einzigen Polypeptidkette, deren Aminoende die Sequenz H_2N-Met-Glu(NH_2)-Arg-Tyr aufweist[10], für das Carboxylende wurde die Sequenz Ala-Ala-Thr-Arg-Ser-COOH ermittelt[11]. Im aktiven Zentrum der Komponente A sind wahrscheinlich Cystein, Histidin und Methionin enthalten, wobei die Sulfhydrylgruppe des Cysteins für die Enzymwirkung essentiell ist[12]. In bezug auf die Aminosäurenzusammensetzung der Komponente A, die frei von Tryptophan ist, sei auf die Originalliteratur verwiesen[13]. Das Molekulargewicht der aus der Mutante B-8 von *E. coli* K-12 isolierten Komponente A, die rechteckige Kristalle bildet, beträgt 29500[13, 14], der isoelektrische Punkt liegt bei p_H 4,9—5,0[13]. Das UV-Spektrum der Komponente A ist für das Spektrum eines Proteins vom „Tyrosin-Typ" charakteristisch und weist einen sehr niedrigen speziellen Extinktionskoeffizienten von $\varepsilon'_{280\,m\mu} = 0{,}46$ [cm^2/mg] auf[13]. Die Komponente B der Tryptophan-Synthetase besitzt ein Molekulargewicht von ungefähr 100000[8].

Das Molekulargewicht der Tryptophan-Synthetase aus *Neurospora crassa* ist der Summe des Molekulargewichtes der Komponenten A und B des Enzyms aus *E. coli* ziemlich ähnlich. Für ein teilweise gereinigtes Enzym aus dem Stamm *Neurospora crassa* C-84 wurde ein annäherndes Molekulargewicht von 140000 ± 28000 ermittelt[15], während Untersuchungen mit einem reinen Enzympräparat aus der Mutante td-141 des Stammes *Neurospora crassa* 74 A ein Molekulargewicht von 110000 ± 10000 ergaben[6]. Im letzteren Falle handelt es sich allerdings um ein durch Mutation verändertes Enzym, das von den

---

[1] DEMOSS, J. A.: Biochim. biophys. Acta **62**, 279 (1962).
[2] RACHMELER, M.; zit. in: CRAWFORD, I. P., Biochim. biophys. Acta **45**, 405 (1960).
[3] YANOFSKY, C., and M. RACHMELER: Biochim. biophys. Acta **28**, 640 (1958).
[4] CRAWFORD, I. P., and C. YANOFSKY: Proc. nat. Acad. Sci. USA **44**, 1161 (1958).
[5] YANOFSKY, C.: Biochim. biophys. Acta **31**, 408 (1959).
[6] ENSIGN, S., S. KAPLAN and D. M. BONNER: Biochim. biophys. Acta **81**, 357 (1964).
[7] YANOFSKY, C.: Bact. Rev. **24**, 221 (1960).
[8] HATANAKA, M., E. A. WHITE, K. HORIBATA and I. P. CRAWFORD: Arch. Biochem. **97**, 596 (1962).
[9] YANOFSKY, C., and I. P. CRAWFORD: Proc. nat. Acad. Sci. USA **45**, 1016 (1959).
[10] CARLTON, B. C., and C. YANOFSKY: J. biol. Ch. **237**, 1531 (1962).
[11] CARLTON, B. C., and C. YANOFSKY: J. biol. Ch. **238**, 636 (1963).
[12] HARDMAN, J. K., and C. YANOFSKY: Fed. Proc. **23**, 423 (1964).
[13] HENNING, U., D. R. HELINSKI, F. C. CHAO and C. YANOFSKY: J. biol. Ch. **237**, 1523 (1962).
[14] HELINSKI, D. R., and C. YANOFSKY: Biochim. biophys. Acta **63**, 10 (1962).
[15] MOHLER, W. C., and S. R. SUSKIND: Biochim. biophys. Acta **43**, 288 (1960).

drei, oben angeführten Enzymreaktionen nur noch die Reaktion Nr. 2 katalysiert. Die annähernde Aminosäurenzusammensetzung der Tryptophan-Synthetase aus der *Neurospora crassa*-Mutante td-141 wurde von ENSIGN et al.[1] bestimmt.

Die Tryptophan-Synthetase benötigt Pyridoxal-5'-phosphat als Coenzym, jedoch nur für diejenigen Reaktionen, an denen L-Serin teilnimmt (Reaktionen Nr. 1 und 2); die reversible Bildung von Indol-3-glycerinphosphat aus Indol und D-Glycerinaldehyd-3-phosphat ist unabhängig von Pyridoxal-5'-phosphat[2].

Die MICHAELIS-Konstanten für die verschiedenen Substrate und das Coenzym der Tryptophan-Synthetase sind in Tabelle 3 zusammengestellt (weitere Angaben s. Tabelle 1).

Tabelle 3. MICHAELIS-*Konstanten für Substrate und Coenzym der Tryptophan-Synthetase.*

Enzymquelle	K_M in Mol/l für					Literatur
	L-Serin	Indol	Indol-3-glycerinphosphat	D-Glycerinaldehyd-3-phosphat	Pyridoxal-5'-phosphat	
Neurospora crassa						
Stamm 74A		7×10^{-5}*	2×10^{-4}	6×10^{-4}**		2
		2×10^{-3}**				2
Mutante td-71		3×10^{-3}**				2
Mutante td-201		6×10^{-5}*				2
E. coli, Stamm K-12,						
Mutanten A-2 und B-8:						
Enzymkomponente B. .	$1{,}7 \times 10^{-2}$	$2{,}3 \times 10^{-4}$			$2{,}25 \times 10^{-5}$	3
Komponentenkomplex AB	$2{,}46 \times 10^{-2}$	$1{,}65 \times 10^{-4}$			$1{,}1 \times 10^{-6}$	3
Cicer arietinum	$4{,}1 \times 10^{-4}$	$0{,}66 \times 10^{-4}$				4
	$8{,}6 \times 10^{-4}$***					4

* Für die Reaktion Indol + L-Serin → L-Tryptophan + Wasser.
** Für die Reaktion Indol + D-Glycerinaldehyd-3-phosphat ⇌ Indol-3-glycerinphosphat.
*** Für D,L-Serin als Substrat.

Das pH-Optimum liegt für das Enzym aus *Cicer arietinum* bei pH 5,5[4], für das Enzym aus *Neurospora crassa* bei pH 7,8 (Tabelle 1).

Die Apoenzymbiosynthese der Tryptophan-Synthetase wird bei *Aerobacter aerogenes* durch L-Tryptophan (5×10^{-3} M/l Kulturflüssigkeit) und Indol (10^{-3} M/l) spezifisch gehemmt[5]. Auch bei *E. coli*, Stamm K-12[6], und *Neurospora*[7] wirkt L-Tryptophan hemmend auf die Enzymsynthese, obgleich hier der Effekt geringer ist. Wahrscheinlich beruht die Hemmung auf einer Repression der Enzymsynthese[8] oder auf einer Beeinträchtigung der von Desoxyribonucleinsäure abhängigen Reaktionen bei der Enzymbildung[9]. Andererseits wird in Mutanten von *E. coli*, die auxotroph für Tryptophan sind, die Biosynthese der Tryptophan-Synthetase durch Tryptophan wesentlich stimuliert[10]; der Mechanismus ist jedoch noch unklar. Einige Transduktionshybriden von *E. coli* und *Shigella dysenteriae* weisen eine sehr hohe Bildungsrate für das Enzym auf[11], die wahrscheinlich als Folge einer teilweisen Blockierung der endogenen Biosynthese von Tryptophan aus Shikimisäure zu verstehen ist.

[1] ENSIGN, S., S. KAPLAN and D. M. BONNER: Biochim. biophys. Acta **81**, 357 (1964).
[2] DEMOSS, J. A.: Biochim. biophys. Acta **62**, 279 (1962).
[3] HATANAKA, M., E. A. WHITE, K. HORIBATA and I. P. CRAWFORD: Arch. Biochem. **97**, 596 (1962).
[4] NAIR, P. M., and C. S. VAIDYANATHAN: Arch. Biochem. **104**, 405 (1964).
[5] MONOD, J., et G. COHEN-BAZIRE: Cr. **236**, 530 (1953).
[6] YANOFSKY, C.: J. biol. Ch. **224**, 783 (1957).
[7] YANOFSKY, C.; in: Colowick-Kaplan, Meth. Enzymol. Vol. II, S. 233.
[8] YANOFSKY, C.: Bact. Revs. **24**, 221 (1960).
[9] IMAI, M., T. YURA and K. MARUSHIGE: Biochem. biophys. Res. Comm. **11**, 270 (1963).
[10] NEWTON, W. A., and E. E. SNELL: Proc. nat. Acad. Sci. USA **48**, 1431 (1962).
[11] EISENSTEIN, R. B., and C. YANOFSKY: J. Bact. **83**, 193 (1962).

Spezifität. Die Tryptophan-Synthetase ist spezifisch auf L-Serin eingestellt[1]; gegenüber Indol ist die Spezifität weniger ausgeprägt. 7-Hydroxyindol[2] und verschiedene Methylindole[3] können teilweise in die entsprechend substituierten Tryptophanverbindungen umgewandelt werden; die Umsatzrate ist jedoch kleiner als für Indol. Von den methylierten Indolverbindungen ist 7-Methylindol das relativ wirksamste Substrat, gefolgt von 4-, 6- und 5-Methylindol[3].

Aktivatoren. Die Komponente B der Tryptophan-Synthetase aus *E. coli* (Mutante A-2 des Stammes K-12) besitzt für sich allein eine gewisse Aktivität in der Tryptophanbildung aus Indol und L-Serin, die aber beträchtlich geringer ist als diejenige des Enzymkomplexes AB. Die Wirksamkeit der Komponente B kann jedoch durch NH_4-Ionen (bei einer optimalen Konzentration von 3 M/l) fast bis zur Aktivität des Komplexes AB gesteigert werden[4]. Die Aktivierung hängt wahrscheinlich mit einer Stabilisierung der Tertiärstruktur der Enzymkomponente zusammen, welche das Protein in eine für die Reaktion günstige Konfiguration bringt[4]. Li-, K- und Na-Ionen sind (in absteigender Reihenfolge) wesentlich weniger wirksam als NH_4-Ionen.

Tabelle 4. *Inhibitoren der Tryptophan-Synthetase aus Neurospora*[1].

Hemmer	Konzentration in Mol/l	Hemmung in %	Hemmer	Konzentration in Mol/l	Hemmung in %
L-Tryptophan	2×10^{-3}	50	Co^{++}	10^{-3}	38
	10^{-3}	30	CN^-	10^{-3}	36
NH_2OH . . .	10^{-3}	99	NH_4Cl	0,19	32
Zn^{++}	10^{-3}	70		1,1	83

Inhibitoren. In Tabelle 4 sind einige Inhibitoren der Tryptophan-Synthetase aus *Neurospora* zusammengestellt. 4-Methyltryptophan hemmt bei dreifachem Überschuß von Indol das Enzym kompetitiv zu 50%[5]. 5- und 6-Methylindol beeinträchtigen gleichfalls den Einbau von Indol in Tryptophan[3]. D-Serin (6×10^{-2} M/l) hat keinen hemmenden Einfluß auf die Enzymwirksamkeit[2].

Tabelle 5. *Inhibitoren der Tryptophan-Synthetase aus Cicer arietinum*[6].

Hemmer	Konzentration in Mol/l	Hemmung in %	Hemmer	Konzentration in Mol/l	Hemmung in %
Indol-3-propionsäure . .	$2,5 \times 10^{-5}$	15	Isonicotinsäurehydrazid	5×10^{-5}	47
	5×10^{-5}	46		5×10^{-4}	95
	$7,5 \times 10^{-5}$	60	L-Penicillamin	5×10^{-5}	40
	10^{-4}	100		10^{-4}	63
Indol-3-essigsäure	10^{-4}	10	HSO_3^-	10^{-4}	100
Indol-3-milchsäure . . .	10^{-4}	10	Fe^{++}	10^{-4}	100
Indol-3-acetaldehyd . . .	10^{-4}	8	Fe^{+++}	10^{-4}	100
Indol-3-brenztraubensäure	10^{-4}	0	Ag^+	10^{-4}	80
Brenztraubensäure . . .	10^{-4}	40	Hg^{++}	10^{-4}	62

Ausführliche Untersuchungen über die Hemmbarkeit der Tryptophan-Synthetase aus der Kichererbse *Cicer arietinum* ergaben, daß Indol-3-propionsäure die Tryptophanbildung aus Indol und L-Serin kompetitiv hemmt[6]. Weitere Inhibitoren sind in Tabelle 5 enthalten. Die Hemmung des Enzyms durch Isonicotinsäurehydrazid und Penicillamin wird durch Zugabe von Pyridoxal-5'-phosphat aufgehoben; Pyridoxal ist weniger wirksam[6].

[1] YANOFSKY, C.: J. biol. Ch. **194**, 279 (1952).
[2] YANOFSKY, C.; in: Colowick-Kaplan, Meth. Enzymol. Vol. II, S. 233.
[3] HALL, A. N., D. J. LEA and H. N. RYDON: Biochem. J. **84**, 12 (1962).
[4] HATANAKA, M., E. A. WHITE, K. HORIBATA and I. P. CRAWFORD: Arch. Biochem. **97**, 596 (1962).
[5] TRUDINGER, P. A., and G. N. COHEN: Biochem. J. **62**, 488 (1956).
[6] NAIR, P. M., and C. S. VAIDYANATHAN: Arch. Biochem. **104**, 405 (1964).

Bei der Tryptophan-Synthetase aus *Bacillus subtilis*, die wie bei *E. coli* ebenfalls aus zwei Komponenten besteht, werden die drei vom Enzym katalysierten Reaktionen (vgl. S. 810) durch Hitzeeinwirkung verschieden stark inaktiviert[1]. Bei 52° C ist die Reaktion Nr. 2 (Indol + L-Serin → L-Tryptophan + Wasser) am empfindlichsten, während die Reaktion Nr. 1 (Indol-3-glycerinphosphat + L-Serin → L-Tryptophan + D-Glycerinaldehyd-3-phosphat) relativ am wenigsten beeinträchtigt wird. Die relative Inaktivierung beträgt, bei einem Bezugswert von 1,0 für die Reaktion Nr. 1, etwa 1,4 für die Reaktion Nr. 3 (Indol + D-Glycerinaldehyd-3-phosphat ⇌ Indol-3-glycerinphosphat) und 2,5 für die Reaktion Nr. 2 [1].

Bestimmungsmethoden. Die Wirksamkeit der Tryptophan-Synthetase läßt sich durch Bestimmung des gebildeten Tryptophans[2] oder durch Messung der Konzentrationsabnahme des zur Tryptophansynthese verbrauchten Indols[3] ermitteln. Es hat sich bei Untersuchungen mit Extrakten und gereinigten Enzympräparaten aus *Neurospora* und *E. coli* gezeigt, daß Indolverbrauch und Tryptophanbildung einander äquivalent sind[2,3].

Bestimmung von Tryptophan-Synthetase nach Yanofsky *und* Stadler[4].

Prinzip:

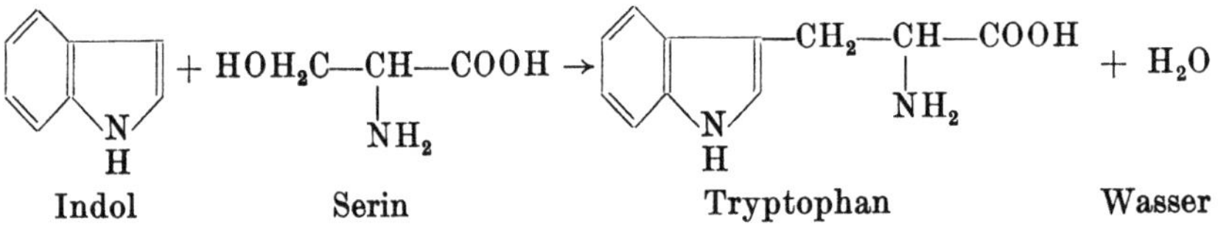

Es wird der Verbrauch des Indols bestimmt, indem man die Konzentration des nach Inkubationsbeendigung nicht umgesetzten Indols mittels Farbreaktion mit p-Dimethylaminobenzaldehyd nach einer modifizierten Methode von Stanley und Spray[5] colorimetrisch mißt. Zur Trennung von Indol und Tryptophan, das ebenfalls mit Ehrlichs Reagens reagiert, extrahiert man das Indol aus den Inkubationsansätzen mit Toluol. Dadurch ergibt sich zugleich die Möglichkeit, in denselben Testansätzen Indol und Tryptophan zu bestimmen (s. unter Anmerkungen).

Reagentien:

1. Indollösung (58,6 mg/100 ml Wasser).
2. D,L-Serinlösung (210,2 mg/100 ml Wasser).
3. Pyridoxal-5'-phosphatlösung, 20 mg-%ig (etwa eine Woche bei 2° C haltbar).
4. 0,5 m Tris-(hydroxymethyl)-aminomethanpuffer, p_H 7,8.
5. NaCl-Lösung, gesättigt.
6. NaOH, 5%ig.
7. Toluol.
8. p-Dimethylaminobenzaldehydlösung: 36 g werden in 500 ml Äthanol gelöst, mit 180 ml konz. HCl versetzt und nach dem Abkühlen mit Äthanol auf 1 l aufgefüllt.
9. Äthanol.

Ausführung:

0,08 ml Indollösung, 0,4 ml Serinlösung, 0,1 ml Pyridoxal-5'-phosphatlösung, 0,12 ml Puffer, 0,03 ml NaCl-Lösung und 0,07—0,27 ml Enzymlösung (je nach Aktivität) werden miteinander vermischt und, falls erforderlich, mit Wasser auf 1 ml ergänzt. Ein Kontrollansatz enthält die gleichen Zusätze mit Ausnahme von Enzymlösung. Nach 20 min dauernder Inkubation bei 37° C gibt man zu den Ansätzen 0,2 ml NaOH hinzu und extrahiert anschließend mit 4 ml Toluol das in den Ansätzen noch vorhandene Indol. Aliquote Teile der Toluolschicht (0,2—1 ml) vermischt man mit 2 ml p-Dimethyl-

[1] Schwartz, A. K., and D. M. Bonner: Biochim. biophys. Acta 89, 337 (1964).
[2] Nason, A., N. O. Kaplan and S. P. Colowick: J. biol. Ch. 188, 397 (1951).
[3] Yanofsky, C.: J. biol. Ch. 194, 279 (1952).
[4] Yanofsky, C., and J. Stadler: Proc. nat. Acad. Sci. USA 44, 245 (1958).
[5] Stanley, A. R., and R. S. Spray: J. Bact. 41, 251 (1941).

aminobenzaldehydlösung, verdünnt mit Äthanol auf 7 ml und läßt 30—60 min zur vollständigen Farbentwicklung stehen. Die Absorptionsmessung erfolgt bei 540 mμ gegen ein Gemisch von 2 ml p-Dimethylaminobenzaldehydlösung und 5 ml Äthanol.

Berechnung. Die bei der Enzymreaktion verbrauchte Menge an Indol kann unter Bezugnahme auf den mitgeführten Standardwert berechnet oder aus einer Eichkurve abgelesen werden. Die Differenz zur eingesetzten Menge ergibt diejenige Indolmenge, die in Tryptophan umgewandelt wurde. Zum Anlegen der Eichkurve werden Standardmengen von Indol unter den gleichen Bedingungen wie für die Enzymansätze extrahiert und aufgearbeitet.

Als Tryptophan-Synthetaseeinheit wird diejenige Enzymmenge bezeichnet, die zur Umwandlung von 11,7 μg (0,1 μM) Indol in Tryptophan unter den obigen Bedingungen nötig ist. Die spezifische Aktivität ist durch die Anzahl der Tryptophan-Synthetaseeinheiten/mg Protein gegeben.

Anmerkungen. Wenn das in den Testansätzen gebildete Tryptophan bestimmt werden soll, verwendet man dazu aliquote Teile aus der wäßrigen Phase nach erfolgter Toluolextraktion des Indols aus den Ansätzen. Über Bestimmung von Tryptophan s. dieses Handb., Bd. III/2, S. 1738—1742.

Um die Tryptophanbildung aus Indol-3-glycerinphosphat und L-Serin (Enzymreaktion Nr. 1; vgl. S. 810) zu messen, können dieselben Testansätze, wie sie oben für die Reaktion Nr. 2 (Indol + L-Serin $\rightarrow$ L-Tryptophan + Wasser) beschrieben sind, verwendet werden mit Ausnahme davon, daß an Stelle von 0,08 ml Indollösung 0,08 ml Indol-3-glycerinphosphatlösung (14,4 mg/10 ml Wasser) einzusetzen sind[1]. Nach Beendigung der Inkubation (20 min bei 37° C) gibt man zu den Testansätzen 0,4 ml 1 m Acetatpuffer, p_H 5,0, und 2 ml 0,1 m Natriummetaperjodatlösung hinzu und läßt 20 min bei Zimmertemperatur stehen, um das während der Enzymreaktion nicht verbrauchte Indol-3-glycerinphosphat mit Hilfe des Perjodats zum Indol-3-aldehyd zu oxydieren[2]. Nach Zugabe von 0,8 ml 1 n NaOH und 10 ml Essigsäureäthylester werden die Ansätze kräftig durchgeschüttelt und dann bei niedriger Tourenzahl zentrifugiert, um die beiden Phasen zu trennen. Die mit dem Essigsäureäthylester extrahierte Menge des Indol-3-aldehyds bestimmt man spektrophotometrisch bei 290 mμ. Bei einem mutmaßlichen Extinktionskoeffizienten von 11400 für Indol-3-aldehyd[2] entspricht eine Extinktion von 0,100 der Menge von 12,72 μg Indol-3-aldehyd in 10 ml Essigsäureäthylester. Wegen der Auswertung nach einer Eichkurve vgl. oben unter Berechnung.

Das Substrat Indol-3-glycerinphosphat kann auf folgendem Wege synthetisiert werden: Durch Umsetzung von Indol mit Oxalylchlorid entsteht Indol-3-glyoxylsäurechlorid, das durch Behandlung mit Diazomethan 3-Diazopyruvoylindol liefert[3]; Umsetzung des 3-Diazopyruvoylindols mit Diphenylphosphat ergibt den entsprechenden Ester (F 127—128° C), dessen Phenylgruppen leicht durch milde alkalische Hydrolyse bei Zimmertemperatur entfernt werden können; Reduktion mit Kaliumborhydrid führt dann zum Indol-3-glycerinphosphat, das nach Reinigung an einem Ionenaustauscher als Lithiumsalz isoliert werden kann[4].

Zur Messung der Enzymreaktion Nr. 3 der Tryptophan-Synthetase (Indol-3-glycerinphosphat $\rightleftharpoons$ Indol + D-Glycerinaldehyd-3-phosphat) inkubiert man ein Gemisch von 86 μg Indol-3-glycerinphosphat, Enzymlösung (Menge je nach Aktivität), 66 μg Hydroxylamin und 0,2 ml 0,5 m Phosphatpuffer, p_H 7,0, in einem Endvolumen von 0,5 ml während 20 min bei 37° C. Der Zusatz von Hydroxylamin ist vor allem bei Enzymextrakten, die möglicherweise noch Serin enthalten, notwendig, um die Enzymreaktionen Nr. 1 und 2 (vgl. S. 810) zu hemmen. Standardansätze mit Indol und Indol-3-glycerinphosphat sollen bei jeder Versuchsreihe mitlaufen. Nach Inkubationsbeendigung kann

[1] Crawford, I. P., and C. Yanofsky: Proc. nat. Acad. Sci. USA **44**, 1161 (1958).
[2] Smith, O. H., and C. Yanofsky; in: Colowick-Kaplan, Meth. Enzymol. Vol. V, S. 794.
[3] Lingens, F., u. H. Hellmann: Angew. Chem. **69**, 97 (1957).
[4] Archer, A. A. P. G., and J. Harley-Mason: Proc. chem. Soc. **1958**, 285.

entweder das nicht verbrauchte Indol-3-glycerinphosphat mit der oben beschriebenen Perjodat-Methode bestimmt werden, wobei von allen zuzusetzenden Lösungen — entsprechend dem Endvolumen der Testansätze von nur 0,5 ml — nur die halben Mengen zu verwenden sind; oder man bestimmt die Konzentration des während der Enzymreaktion entstandenen Indols nach Extraktion mit Toluol (s. S. 814), wobei man nur 2 ml Toluol einsetzt, um die Indolkonzentration im Toluol zu erhöhen[1, 2].

Für alle drei Enzymreaktionen wird die Aktivität in Einheiten angegeben, wobei eine Einheit dem Verbrauch von 0,1 μM Substrat oder der Bildung von 0,1 μM Reaktionsprodukt während 20 min bei 37° C entspricht[2]. Die spezifische Enzymaktivität ergibt sich aus den Enzymeinheiten/mg Protein. Wenn für die Tryptophan-Synthetase aus Bakterien nur die Aktivität der Enzymkomponente A oder B gemessen werden soll, so ist zu beachten, daß diejenige Komponente, welche nicht getestet wird, mindestens in dreifachem Überschuß gegenüber der zu messenden Enzymkomponente vorliegen muß, damit die maximale Aktivität der Komponente A oder B bestimmt wird[1] (vgl. S. 811).

Tryptophanase.

Vorkommen und Normalwerte. Die für den Abbau von Tryptophan zu Indol, Brenztraubensäure und Ammoniak verantwortliche Tryptophanase kommt in *E. coli* vor[3]. Über die Verbreitung des Enzyms in anderen Organismen ist bis jetzt nichts bekannt. Normalwerte der Tryptophanaseaktivität liegen bei einer Bildungsrate von 21—40 μg Indol/mg Bakterienzellen (Trockengewicht) in 10 min[4, 5].

Darstellung. Das Enzym konnte bis zur 25fachen Anreicherung nach der unten beschriebenen Methode gereinigt werden.

Reinigung der Tryptophanase aus E. coli nach Gunsalus ***u. Mitarb.***[6].

1. Die Extraktion des Enzyms aus acetongetrockneten Zellen von *E. coli* (Crookes Stamm) gelingt entweder durch Verreiben der getrockneten Zellen mit der zweifachen Gewichtsmenge Aluminiumoxyd in 15fachem Volumen 0,066 m Kaliumphosphatpuffer, p_H 7,0, und anschließender $^1/_2$stündiger Zentrifugation bei 15000 × g, oder durch 20 min lange Beschallung einer Suspension von 100 mg Trockenpulver/ml 0,02 m Phosphatpuffer, p_H 7,0, mit einem 200W-Oscillator bei 10 kHz. Nach dem Abzentrifugieren der Zelltrümmer enthält der Extrakt etwa 90% der Tryptophanaseaktivität der getrockneten Bakterienzellen.

2. Durch Zusatz von 16,64 g festem Ammoniumsulfat zum Extrakt bei 2° C wird unwirksames Protein ausgefällt und abzentrifugiert. Zusatz von 17,75 g Ammoniumsulfat zu 100 ml Überstand führt zur Fällung des Enzyms. Der durch Zentrifugieren gewonnene Niederschlag wird in wenig 0,02 m Phosphatpuffer, p_H 7,0, dem 307 mg Glutathion/l zugesetzt sind, aufgelöst.

3. Die Enzymlösung wird mit demselben Puffer so verdünnt, daß 10 mg Protein/ml Lösung enthalten sind, mit 1 m Essigsäure auf p_H 6,0 eingestellt und mit soviel 2 mg-%iger Protaminsulfatlösung (p_H 5,0) versetzt, bis eine Probe (nach Zentrifugation) ein Absorptionsverhältnis 280:260 mμ von etwa 0,8 aufweist (etwa 1 ml Protaminsulfatlösung/10 ml Tryptophanaselösung, p_H 6,0). Der entstandene Niederschlag wird durch Zentrifugieren entfernt, der Überstand 12 Std in der Kälte gegen destilliertes Wasser dialysiert. Der dabei gebildete Niederschlag wird abzentrifugiert und verworfen (zweifache Anreicherung der Tryptophanase bei 70% Ausbeute).

---

[1] Smith, O. H., and C. Yanofsky; in: Colowick-Kaplan, Meth. Enzymol. Vol. V, S. 794.
[2] Yanofsky, C., and I. P. Crawford: Proc. nat. Acad. Sci. USA **45**, 1016 (1959).
[3] Happold, F. C., and L. Hoyle: Biochem. J. **29**, 1918 (1935).
[4] Dawes, E. A., J. Dawson and F. C. Happold: Biochem. J. **41**, 426 (1947).
[5] Yamada, K., S. Sawaki and S. Hayami: J. Vitaminol, Kyoto **3**, 68 (1957).
[6] Gunsalus, I. C., C. C. Galeener and J. R. Stamer; in: Colowick-Kaplan, Meth. Enzymol. Vol. II, S. 238.

4. Aus dem Überstand wird durch 40%ige Sättigung mit Ammoniumsulfat (22,31 g je 100 ml bei 2° C) Begleitprotein ausgefällt und abzentrifugiert. Durch Erhöhung der Ammoniumsulfatkonzentration des Überstandes auf 55% (9,04 g/100 ml) bildet sich ein Niederschlag, der die Tryptophanase in vierfacher Anreicherung enthält und nach dem Abzentrifugieren in wenig 0,02 m Phosphatpuffer, p_H 7,0 (307 mg Glutathion/l enthaltend), gelöst wird. Durch Erhöhung der Salzkonzentration des Überstandes auf 65% (6,23 g je 100 ml) wird Tryptophanase in neunfacher Anreicherung ausgefällt. Der abzentrifugierte Niederschlag wird ebenfalls in wenig Puffer gelöst und mit der anderen Lösung vereinigt.

5. Die Enzymlösung wird mit Puffer so verdünnt, daß 10 mg Protein/ml enthalten sind, mit 1 m Essigsäure auf p_H 6,0 eingestellt und mit 20%igem Calciumphosphatgel (Darstellung s. S. 810) im Verhältnis 1:1 versetzt (Adsorption von mehr als 50% Protein, während das Enzym in Lösung bleibt). Entfernung des Gels durch Zentrifugieren, Behandlung des Überstandes mit der gleichen Gelmenge und Elution der Tryptophanase von dem abzentrifugierten Calciumphosphatgel mit 0,1 m Phosphatpuffer, p_H 7,0, führen zur 25fachen Anreicherung des Enzyms.

Die Wirksamkeit der Enzymreinigung durch Adsorption läßt sich verbessern, wenn man die günstigste Menge des Calciumphosphatgels für die negative und positive Adsorptionsstufe ermittelt. Zusatz von Glutathion oder Cystein zum Eluat stabilisiert das Enzym.

Eigenschaften. Die Bildung der Tryptophanase in *E. coli*-Zellen wird durch Tryptophan induziert. Bei steigendem Gehalt des Nährmediums an Tryptophan kommt es zu einem entsprechenden Anstieg der Enzymaktivität, während umgekehrt die Tryptophan-Synthetase [4.2.1.20 L-Serin-Hydro-Lyase (Indol hinzufügend)] (vgl. S. 812) mehr und mehr abnimmt[1]. Bei Vorhandensein von Glucose im Nährmedium (3,96 g/200 ml) wird die durch Tryptophan (250 μg/ml Nährlösung) bedingte Induktion der Tryptophanase um 75% gehemmt. Ribose hat im Vergleich dazu nur eine geringe Hemmwirkung[2]. Wenn in der Nährlösung für *E. coli* Tryptophan und Glucose zusammen vorhanden sind, so verstärkt der Zusatz von L-Tyrosin oder L-Phenylalanin den hemmenden Effekt der Glucose auf die Induktion der Tryptophanase. Bei Abwesenheit von Glucose im Nährmedium beeinflussen L-Tyrosin und L-Phenylalanin die Enzymbildung jedoch nicht[1].

Das Molekulargewicht der Tryptophanase aus *E. coli*, Stamm T3, der unter geeigneten, für die Induktion des Enzyms optimalen Kulturbedingungen (500 μg L-Tryptophan/ml Nährlösung) eine hohe Tryptophanasewirksamkeit aufweist, beträgt etwa 490000[3]. Jedoch ist die Möglichkeit, daß das hohe Molekulargewicht einem Komplex von zwei oder mehreren katalytisch wirksamen Untereinheiten des Enzyms zuzuordnen ist, nicht völlig ausgeschlossen. Das Maximum der UV-Absorption der gereinigten Tryptophanase, die frei von Tryptophan-Synthetaseaktivität ist, liegt bei 278 mμ mit einem molaren Extinktionskoeffizienten von $\varepsilon_{278\,m\mu} = 6{,}9 \times 10^5$ [cm²/mM]; das Absorptionsverhältnis 280/260 mμ des Enzyms beträgt 1,8 in 0,05 m Kaliumphosphatpuffer, p_H 7,5[3]. Hinsichtlich der Aminosäurenzusammensetzung der Tryptophanase sei auf die Originalliteratur verwiesen[3].

Untersuchungen mit radioaktiv markierter Tryptophanase haben gezeigt, daß (bei maximaler Enzyminduktion) etwa 7,5% des Gesamtproteins der *E. coli*-Zellen aus dem Enzymprotein bestehen. Die Berechnung der Umsatzzahl der Tryptophanase ergab, daß bei 37° C ein Molekül des Enzyms etwa 19600 Moleküle Indol/min bildet[3].

Über p_H-Optimum, MICHAELIS-Konstanten und Cofaktor s. Tabelle 1.

Spezifität. Tryptophanase greift außer L-Tryptophan auch 4-, 5-, 6- oder 7-Methyltryptophan sowie die entsprechenden Chlorverbindungen an[4,5]. Die Umsatzgeschwindigkeit ist jedoch bei den Derivaten erheblich kleiner als beim natürlichen Substrat.

[1] SCOTT, T. A., and F. C. HAPPOLD: Biochem. J. **82**, 407 (1962).
[2] BOEZI, J. A., and R. D. DE MOSS: Biochim. biophys. Acta **49**, 471 (1961).
[3] BURNS, R. O., and R. D. DEMOSS: Biochim. biophys. Acta **65**, 233 (1962).
[4] BEERSTECHER jr., E., and E. J. EDMONDS: J. biol. Ch. **192**, 497 (1951).
[5] HALL, A. N., J. A. LEESON, H. N. RYDON and J. C. TWEDDLE: Biochem. J. **74**, 209 (1960).

D-Tryptophan[1], 5-Hydroxytryptophan[2], Indol-3-brenztraubensäure und andere Indol-3-fettsäuren[1,3] werden von dem Enzym nicht abgebaut.

Tabelle 6. *Inhibitoren der Tryptophanase.*

Hemmer	Konzentration in Mol/l	Hemmung in %	Literatur
Indol	$1,4 \times 10^{-2}$	90*	1
	7×10^{-3}	38**	1
2,3-Dimercaptopropanol (BAL)	5×10^{-3}	90	4
D-Cycloserin (D-4-Amino-3-isoxazolidinon)	5×10^{-3}	90	5
	6×10^{-4}	50	5
Semicarbazid	10^{-2}	64	4
$H_2N—NH_2$	10^{-3}	100	4
NH_2OH	10^{-3}	100	4
$HgCl_2$	10^{-3}	100	4
KCN	10^{-3}	95	6
$CuSO_4$	10^{-2}	92	4
NaN_3	10^{-2}	50	4
$FeSO_4$	10^{-2}	23	4

* Bei einer L-Tryptophankonzentration von $9,8 \times 10^{-2}$ M/l. Bei doppelter oder vierfacher Tryptophankonzentration beträgt die Hemmung 51—73% bzw. 33—57%.

** Bei einer L-Tryptophankonzentration von $9,8 \times 10^{-2}$ M/l. Wird diese verdoppelt, so sinkt die Hemmung durch Indol auf 22—33% ab.

Aktivatoren. NH_4-, K- und Rb-Ionen aktivieren dialysierte Tryptophanase in Gegenwart von Pyridoxal-5'-phosphat[7]. Die Aktivierung setzt bei einer Konzentration von 10^{-3} M/l ein und ist bei 7×10^{-2} M/l optimal. Je nach Ausgangsmaterial und Alterung des Enzyms kann dessen Aktivität durch Glutathion ($0,2 \times 10^{-2}$ M/l bei Vorinkubation mit der Enzymlösung während 30—60 min) mehr oder weniger gesteigert werden[8]. Ein Ersatz des Glutathions durch Cystein ist nur dann möglich, wenn Pyridoxal-5'-phosphat erst am Ende der Vorinkubation der Enzymlösung mit Cystein zugesetzt wird. Im anderen Falle kommt es zu keiner Aktivierung der Enzymwirksamkeit (es kann im Gegenteil sogar eine Verringerung der Aktivität eintreten), weil Cystein bei Vorinkubation der Tryptophanase in Gegenwart von Pyridoxal-5'-phosphat das Coenzym wahrscheinlich durch Bildung einer SCHIFFschen Base blockiert[8].

Tabelle 7. *Hemmung der Tryptophanase durch Sulfhydrylreagentien und ihre Verhinderung durch Glutathion*[8].

Hemmer	Konzentration des Hemmers in Mol/l*	Konzentration von Glutathion in Mol/l**	Hemmung in %
Chloracetophenon	$0,2 \times 10^{-5}$		5
	$0,4 \times 10^{-5}$		44
	$0,2 \times 10^{-4}$		73
	$0,2 \times 10^{-3}$		100
	$0,2 \times 10^{-3}$	$0,2 \times 10^{-3}$	86
	$0,2 \times 10^{-3}$	$0,2 \times 10^{-2}$	28
p-Chlorquecksilberbenzoat	8×10^{-4}		100
	8×10^{-4}	8×10^{-4}	0

* Die Enzymlösung wurde 30 min lang mit dem Hemmer vorinkubiert.

** Glutathion und Enzymlösung wurden 60 min lang vorinkubiert, dann nach Zugabe des Hemmers weitere 30 min vorinkubiert.

[1] GOODER, H., and F. C. HAPPOLD: Biochem. J. 57, 369 (1954).
[2] ICHIHARA, K., Y. SAKAMOTO, H. WADA, N. OKADA, K. ITO and T. SHINKAI: J. Biochem. 43, 821 (1956).
[3] HAPPOLD, F. C., and L. HOYLE: Biochem. J. 29, 1918 (1935).
[4] DAWES, E. A., and F. C. HAPPOLD: Biochem. J. 44, 349 (1949).
[5] YAMADA, K., S. SAWAKI and S. HAYAMI: J. Vitaminol., Kyoto 3, 68 (1957).
[6] GUNSALUS, I. C., C. C. GALEENER and J. R. STAMER; in: Colowick-Kaplan, Meth. Enzymol. Vol. II, S. 238.
[7] HAPPOLD, F. C., and A. STRUYVENBERG: Biochem. J. 58, 379 (1954).
[8] TURNER, J. M., and F. C. HAPPOLD: Nature 185, 763 (1960).

Inhibitoren. Über die Hemmung der Tryptophanase gibt Tabelle 6 Aufschluß. Die hemmende Wirkung des Indols hängt von der Konzentration des L-Tryptophans ab. D-Tryptophan[1], Brenztraubensäure und Ammoniak[2] beeinflussen die Enzymwirksamkeit nicht. Sulfhydrylreagentien hemmen die Tryptophanase, wenn die Enzymlösung 20 bis 30 min mit den Inhibitoren vorinkubiert wird; Glutathion schützt das Enzym vor der Hemmwirkung der Sulfhydrylreagentien[3] (Tabelle 7). Anthranilsäure erwies sich als ein kompetitiver Hemmer der Tryptophanase[4].

Bestimmungsmethoden. Zur Ermittlung der Tryptophanasewirksamkeit hat sich die Bestimmung von Indol als die einfachste und rascheste Methode erwiesen. Bestimmung von Brenztraubensäure (dieses Handb., Bd. III/1, S. 560—562) oder Ammoniak (dieses Handb., Bd. III/1, S. 11—19) sind weitere Möglichkeiten, da bei der Enzymreaktion Indol, Brenztraubensäure und Ammoniak in äquimolaren Mengen entstehen[2]. Im Zusammenhang mit der Brenztraubensäurebestimmung wäre vielleicht ein gekoppelter optischer Test mit Milchsäuredehydrogenase [1.1.1.27 L-Lactat:NAD-Oxydoreductase] (s. Bandteil A, S. 356) und reduziertem Nicotinamid-adenindinucleotid (NADH) eine elegante Methode zum Nachweis der Tryptophanasewirksamkeit.

Bestimmung von Tryptophanase nach* W**OOD ***u. Mitarb.[2].

Prinzip:

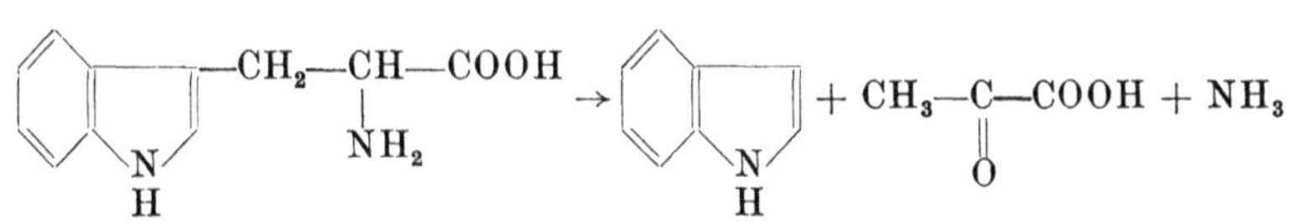

Tryptophan Indol Brenztraubensäure Ammoniak

Es wird das durch die Enzymreaktion freigesetzte Indol nach Extraktion mit Toluol durch EHRLICHS Farbreaktion mit p-Dimethylaminobenzaldehyd photometrisch bestimmt.

Reagentien:

1. m Phosphatpuffer, p_H 8,3.
2. Pyridoxal-5'-phosphatlösung, 10 mg-%ig (etwa eine Woche bei 2° C haltbar).
3. L-Tryptophanlösung (100 mg/10 ml Wasser).
4. Trichloressigsäure, 100%ig.
5. Toluol.
6. p-Dimethylaminobenzaldehydlösung, 5%ig in 95%igem Äthanol.
7. Äthanol-H_2SO_4-Gemisch: zu 1 l Äthanol werden 80 ml konz. H_2SO_4 langsam und unter Kühlung zugesetzt.

Ausführung:

Je 0,2 ml Phosphatpuffer und Pyridoxal-5'-phosphatlösung werden mit 0,2—1 ml Enzymlösung (je nach Aktivität) vermischt, mit Wasser auf 1,8 ml ergänzt und 10 min bei 37° C gehalten. Nach Zugabe von 0,2 ml L-Tryptophanlösung werden die Ansätze 10 min bei 37° C inkubiert, dann mit 0,2 ml Trichloressigsäure versetzt und mit 2 ml Toluol ausgeschüttelt. Nach Trennung der Phasen vermischt man 0,2—1 ml der Toluolschicht (1—15 μg Indol enthaltend) mit 1 ml p-Dimethylaminobenzaldehydlösung, füllt mit Äthanol-H_2SO_4-Gemisch auf 10 ml auf und mißt 10 min nach Zugabe von EHRLICHS Reagens die Absorption bei 540 mμ gegen ein Gemisch von 1 ml Toluol, 1 ml Reagens und 8 ml Äthanol-H_2SO_4-Gemisch.

Berechnung. Die in einem aliquoten Teil des Toluolextraktes enthaltene Indolmenge wird aus einer Eichkurve abgelesen und auf den Gesamtgehalt umgerechnet. Zur Anlegung der Eichkurve werden Standardmengen von Indol in 0,1 m Phosphatpuffer, p_H 8,3,

[1] GOODER, H., and F. C. HAPPOLD: Biochem. J. **57**, 369 (1954).
[2] WOOD, W. A., I. C. GUNSALUS and W. W. UMBREIT: J. biol. Ch. **170**, 313 (1947).
[3] TURNER, J. M., and F. C. HAPPOLD: Nature **185**, 763 (1960).
[4] BURNS, R. O., and R. D. DEMOSS: Biochim. biophys. Acta **65**, 233 (1962).

gelöst und in gleicher Weise wie oben behandelt. Bei Indolmengen von mehr als 20 μg verläuft die Eichkurve nicht mehr linear.

Als Tryptophanaseeinheit gilt diejenige Enzymmenge, die zur Bildung von 1 μg Indol unter den obigen Testbedingungen nötig ist. Die spezifische Aktivität ergibt sich aus den Enzymeinheiten/mg Protein.

Anmerkungen. Infolge der Tryptophanasehemmung durch Indol (s. unter Eigenschaften) besteht keine Proportionalität zwischen Tryptophanspaltung und Enzymmenge, wenn mehr als 10—12 μg Indol/Testansatz gebildet werden[1].

An Stelle von p-Dimethylaminobenzaldehyd kann für die colorimetrische Bestimmung des Indols auch p-Dimethylaminozimtaldehyd (Aldrich Chemical Company, 3747 N. Booth Street, Milwaukee 12, Wisconsin, USA) verwendet werden. Die Empfindlichkeit der Bestimmungsmethode ist mit diesem Reagens um mehr als das Doppelte größer als mit p-Dimethylaminobenzaldehyd[2]. Herstellung der Lösung: 2,34 g p-Dimethylaminozimtaldehyd in 780 ml Äthanol lösen, 100 ml konz. HCl hinzugeben und mit Wasser auf 1000 ml auffüllen.

Tryptophan-α-Ketoglutarsäure-Transaminase.

Vorkommen und Normalwerte. Über Vorkommen und Aktivität der Tryptophan-α-Ketoglutarsäure-Transaminase, die die Aminogruppe des Tryptophans auf α-Ketoglutarsäure unter Bildung von Indol-3-brenztraubensäure und Glutaminsäure überträgt, orientiert die Tabelle 8. Neuerdings konnte das Enzym auch in grünen Sprossen der

Tabelle 8. *Vorkommen und Wirksamkeit der Tryptophan-α-Ketoglutarsäure-Transaminase.*

Vorkommen	Enzymaktivität (Menge der in 60 min gebildeten Indol-3-brenztraubensäure)	Literatur
E. coli, Stamm W	6,04 mg/mg Stickstoff des Bakterienextraktes	3
Stamm B	0,34 mg/mg Bakterienzellen (Trockengewicht)	4
Pseudomonas fluorescens, Stamm A 3.12	0,34 mg/mg Bakterienzellen (Trockengewicht)	4
Rattenleber	2,88 ± 0,89 mg/g Leber (Trockengewicht)	5

Erbse *(Pisum sativum)* nachgewiesen werden[6], nachdem frühere Untersuchungen bereits gezeigt hatten, daß Indol-3-brenztraubensäure die Vorstufe des Pflanzenwuchsstoffes Indol-3-essigsäure darstellt[7, 8]. Untersuchungen über die Transaminierungsreaktionen im Gehirn der Ratte ergaben, daß die Tryptophan-α-Ketoglutarsäure-Transaminase mit großer Wahrscheinlichkeit spezifisch für Tryptophan ist und daß ebenfalls für andere aromatische Aminosäuren wie Phenylalanin, Tyrosin, 3,4-Dihydroxyphenylalanin und 5-Hydroxytryptophan spezifische Transaminasen im Rattengehirn vorkommen[9].

Darstellung. Für Tryptophan-α-Ketoglutarsäure-Transaminase ist aus *E. coli* eine 20fache Anreicherung gelungen. Aus Leber wurde das Enzym bisher nur in Form eines hochtourig zentrifugierten Extraktes isoliert.

Reinigung der Tryptophan-α-Ketoglutarsäure-Transaminase aus E. coli nach Rudman *und* Meister[3].

1. Lyophilisierte Zellen von *E. coli* (Stamm W) werden mit der dreifachen Menge Aluminiumoxyd verrieben, in der 20fachen Menge Wasser einige min geschüttelt und bei

[1] Wood, W. A., I. C. Gunsalus and W. W. Umbreit: J. biol. Ch. **170**, 313 (1947).
[2] Turner, J. M.: Biochem. J. **78**, 790 (1961).
[3] Rudman, D., and A. Meister: J. biol. Ch. **200**, 591 (1953).
[4] Feldman, L. I., and I. C. Gunsalus: J. biol. Ch. **187**, 821 (1950).
[5] Civen, M., and W. E. Knox: Science, N.Y. **129**, 1672 (1959).
[6] Libbert, E.: Naturwiss. **49**, 423 (1962).
[7] Kaper, J. M., and H. Veldstra: Biochim. biophys. Acta **30**, 401 (1958).
[8] Libbert, E., u. K. Brunn: Naturwiss. **48**, 741 (1961).
[9] Albers, R. W., G. J. Koval and W. B. Jakoby: Exp. Neurol. **6**, 85 (1962).

$18000 \times g$ in der Kälte 45 min zentrifugiert. Der zellfreie Extrakt ist gegen destilliertes Wasser 8 Std bei 10° C zu dialysieren.

2. 7 ml Extrakt werden mit 0,8 ml 1 m Acetatpuffer, p_H 5,3, und 5 ml Calciumphosphatgel (40 mg Trockengewicht/ml) versetzt und 10 min bei 5° C unter mehrmaligem Schütteln stehen gelassen. Von dem abzentrifugierten Gel wird das Enzym mit 7 ml 0,1 m KH_2PO_4-Lösung (p_H 4,5) durch 10 min langes Stehenlassen bei 5° C eluiert. Nach dem Zentrifugieren ist der Überstand 10 Std gegen destilliertes Wasser zu dialysieren und anschließend mit 1 m Acetatpuffer, p_H 5,3, bis zur 0,1 m Endkonzentration an Acetat zu verdünnen.

Darstellung des Calciumphosphatgels[1]: 2 l 0,25 m $CaCl_2$-Lösung gibt man unter heftigem Rühren zu 2 l 0,165 m $Na_3PO_4 \times 12\ H_2O$-Lösung hinzu. Das Gel wird zehnmal mit der 5—10fachen Menge Wasser durch Zentrifugieren gewaschen, dann resuspendiert und mit 2 n HCl bis zur Entfärbung von Phenolphthalein neutralisiert und weiterhin gewaschen, bis der Überstand der Zentrifugate keine Cl-Ionen mehr enthält. Nach Bestimmung des Trockengewichtes läßt man das Gel 3—5 Wochen in der Kälte altern.

3. Die Enzymlösung aus Stufe 2 wird mit gesättigter Ammoniumsulfatlösung zu 45% gesättigt und nach 1 Std zentrifugiert. Im Überstand erhöht man die Sättigung an Ammoniumsulfat auf 60%, läßt 1 Std bei 2° C stehen und zentrifugiert. Der Niederschlag wird in 7 ml 0,1 m Kaliumphosphatpuffer, p_H 8,3, gelöst (20fache Anreicherung des Enzyms). Die Enzympräparation enthält noch Phenylalanin- und Tyrosin-α-Ketoglutarsäure-Transaminase [2.6.1.5 L-Tyrosin:2-Oxoglutarat-Aminotransferase].

***Extraktion der Tryptophan-α-Ketoglutarsäure-Transaminase aus Leber nach* Lin *u. Mitarb.*[2].**

Rattenleber wird mit der vierfachen Menge alkalischer 0,14 m KCl-Lösung (0,005 n bezüglich des NaOH-Gehaltes) 2 min im Waring Blendor homogenisiert und 30 min bei $100000 \times g$ und 5° C zentrifugiert. Der Überstand ist innerhalb weniger Stunden für den Enzymtest zu verwenden. Durch intraperitoneale Injektion von 100 mg L-Tryptophan je 100 g Körpergewicht der Ratten, 5 Std vor dem Abtöten der Tiere, kann die Enzymaktivität nahezu verdoppelt werden.

Eigenschaften. Tryptophan-α-Ketoglutarsäure-Transaminase aus Rattenleber besitzt die Eigenschaften eines adaptiven Enzyms, dessen Aktivität durch intraperitoneale Injektion von L-Tryptophan (0,5—1 g/kg Körpergewicht, 5 Std vor dem Abtöten der Tiere) oder Hydrocortison (30 mg/kg) um 50 bis nahezu 100% bzw. 160% gesteigert wird[2, 3]. Bei adrenalektomierten Ratten hat die Verabreichung von Tryptophan keine Induktion zur Folge, während Hydrocortison wirksam ist. Die Induktion der Tryptophan-α-Ketoglutarsäure-Transaminase ist bei Injektion beider Substanzen jedoch größer. Vitamin B_6-Mangel hat keinen Einfluß auf die Induktion des Enzyms durch Hydrocortison[4].

Auch bei *E. coli* (Stamm T3A) scheint die Bildung der Tryptophan-α-Ketoglutarsäure-Transaminase durch Tryptophan (50 μg/ml Nährlösung) induziert zu werden. Zusatz eines Gemisches von Aminosäuren aus einem Caseinhydrolysat zum Nährmedium (in einer Konzentration von 1%) hat eine Hemmung der Enzymbildung um über 50% zur Folge[5].

Über p_H-Optimum, Michaelis-Konstanten und Cofaktor s. Tabelle 1.

Spezifität. Mit Oxalessigsäure als Acceptor der Aminogruppe des Tryptophans an Stelle von α-Ketoglutarsäure weist die Transaminase aus *E. coli* nur 70% der Wirksamkeit auf[6].

[1] Singer, T. P., and E. B. Kearney: Arch. Biochem. **29**, 190 (1950).
[2] Lin, E. C. C., B. M. Pitt, M. Civen and W. E. Knox: J. biol. Ch. **233**, 668 (1958).
[3] Civen, M., and W. E. Knox: Science, N.Y. **129**, 1672 (1959).
[4] Lin, E. C. C., M. Civen and W. E. Knox: J. biol. Ch. **233**, 1183 (1958).
[5] Boezi, J. A., and R. D. de Moss: Biochim. biophys. Acta **49**, 471 (1961).
[6] Rudman, D., and A. Meister: J. biol. Ch. **200**, 591 (1953).

Inhibitoren. Tryptophan-α-Ketoglutarsäure-Transaminase ist durch Carbonylreagentien (Hydrazin, Hydroxylamin, Semicarbazid) hemmbar.

Bestimmungsmethoden. Die Wirksamkeit der Tryptophan-α-Ketoglutarsäure-Transaminase läßt sich durch Bestimmung der gebildeten Indol-3-brenztraubensäure[1] oder der Glutaminsäure[2,3] nachweisen. Für die Bestimmung der Glutaminsäure haben RUDMAN und MEISTER[2] die Enzymansätze mit Tryptophan-α-Ketoglutarsäure-Transaminase nach Beendigung der Inkubation enteiweißt und in dem durch Zentrifugieren gewonnenen Überstand die Glutaminsäure in einem manometrischen Test mittels L-Glutaminsäure-Decarboxylase [4.1.1.15 L-Glutamat-1-Carboxy-Lyase] aus *Clostridium welchii*[4] bestimmt (s. dieses Handb., Bd. III/2, S. 1761—1763). Über weitere Methoden zur Glutaminsäurebestimmung s. dieses Handb., Bd. III/2, S. 1748—1751.

***Bestimmung von Tryptophan-α-Ketoglutarsäure-Transaminase nach* LIN *u. Mitarb.*[1].**

Prinzip:

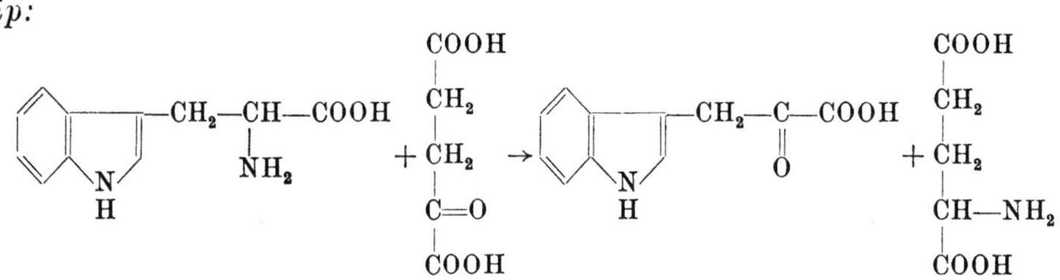

Indol-3-brenztraubensäure bildet in der Enolform einen Boratkomplex, dessen Absorptionsmaximum bei 328 mμ zur Bestimmung der Indol-3-brenztraubensäure benützt wird. Der Ablauf der Enzymreaktion kann auf diese Weise infolge der Extinktionszunahme optisch verfolgt werden.

Reagentien:

1. m Natriumborat-HCl-Puffer, p_H ungefähr 7,9. Der p_H soll so eingestellt sein, daß die fertigen Enzymansätze einen p_H-Wert von 8,2 aufweisen.
2. Pyridoxal-5′-phosphatlösung, 6 mg-%ig (etwa eine Woche bei 2° C haltbar).
3. L-Tryptophanlösung (245 mg/10 ml Boratpuffer).
4. α-Ketoglutarsäurelösung (29,2 mg/10 ml Boratpuffer).

Ausführung:

In 2 Quarzcuvetten werden je 0,5—1 ml Enzymlösung (je nach Aktivität) mit 0,5 ml Pyridoxal-5′-phosphatlösung 3—5 min bei 25° C vorinkubiert, anschließend mit 1 ml Tryptophanlösung vermischt und, wenn notwendig, mit Wasser auf ein Volumen von 2,5 ml ergänzt. In die Blindwertcuvette gibt man 1 ml Boratpuffer, in die Meßwertcuvette 1 ml α-Ketoglutarsäurelösung und verfolgt den Ablauf der Enzymreaktion während 5—10 min bei 25° C im Spektrophotometer bei 328 mμ durch Ablesen der Extinktionswerte in Abständen von je 1 min.

Berechnung. Unter Berücksichtigung des molaren Extinktionskoeffizienten von 14000 für das im Gleichgewicht stehende Gemisch von Indol-3-brenztraubensäure und Borat entspricht unter den obigen Testbedingungen eine Extinktionszunahme von 0,100 bei 328 mμ der Bildung von 5,07 μg Indol-3-brenztraubensäure.

Anmerkung. Die Reaktion der Tryptophan-α-Ketoglutarsäure-Transaminase folgt einer Reaktion nullter Ordnung während der ersten 5—10 min. Bei längeren Inkubations-

[1] LIN, E. C. C., B. M. PITT, M. CIVEN and W. E. KNOX: J. biol. Ch. **233**, 668 (1958).
[2] RUDMAN, D., and A. MEISTER: J. biol. Ch. **200**, 591 (1953).
[3] FELDMAN, L. I., and I. C. GUNSALUS: J. biol. Ch. **187**, 821 (1950).
[4] MEISTER, A., H. A. SOBER and S. V. TICE: J. biol. Ch. **189**, 591 (1951).

zeiten ist eine scheinbare Abnahme der Enzymaktivität festzustellen, die wahrscheinlich auf eine langsam erfolgende sekundäre Umwandlung von Indol-3-brenztraubensäure durch ein anderes Enzym des Leberextraktes zurückzuführen ist[1]. Das Ausmaß des Indol-3-brenztraubensäureabbaues im Extrakt kann 15—30% des Ausmaßes der Transaminierungsreaktion betragen. — Weitere Angaben über Transaminasen s. S 306ff.

Tryptophan-Pyrrolase.

[1.13.1.12 L-Tryptophan: O_2-Oxydoreductase*.]

Vorkommen und Normalwerte. Die Tryptophan zu N′-Formylkynurenin aufspaltende Tryptophan-Pyrrolase kommt in Bakterien (*Pseudomonas*[2,3]) und in Säugetierleber vor. Neben den in Tabelle 9 zusammen mit Angaben über die Enzymaktivität aufgeführten Tierarten konnte das Enzym auch in den Lebern weiterer Laboratoriums- und Haustiere nachgewiesen werden[4,5]. Andere Organe als Leber scheinen keine Tryptophan-Pyrrolase zu enthalten[4,6]. In den Geweben einiger transplantierter Lebertumoren (z.B. Hepatom 134 bei der Maus, NOVIKOFF-Hepatom, 3′-Methyl-4-dimethylaminoazobenzol-Hepatom[7] und MORRIS-Hepatom 5123[8] bei der Ratte) sind nur sehr geringe Enzymkonzentrationen vorhanden. Ferner ist die Tryptophan-Pyrrolase in Larven[9] und Imagines[10] der Taufliege *Drosophila melanogaster* sowie in der Mehlmotte *Ephestia kühniella*[11] aufzufinden.

Tabelle 9. *Vorkommen und Wirksamkeit der Tryptophan-Pyrrolase.*

Vorkommen	Enzymaktivität (Menge des in 60 min gebildeten Kynurenins)	Literatur
Mäuseleber . . .	3,496 ± 0,131 mg/g Leber (Trockengewicht)	12
Rattenleber . . .	1,186 ± 0,071 mg/g Leber (Trockengewicht)	13
	0,167—0,412 mg/g Leber (Frischgewicht)	14
Kaninchenleber .	0,187—0,437 mg/g Leber (Frischgewicht)	14
Katzenleber . . .	0,048—0,094 mg/g Leber (Frischgewicht)	6

Darstellung. Tryptophan-Pyrrolase kann aus Leber bei dreifacher Anreicherung so weit gereinigt werden, daß das Enzympräparat nur noch Spuren von Kynurenin-Formamidase- und Katalasewirksamkeit aufweist[15]. Aus *Pseudomonas* läßt sich das Enzym 35fach mit 25% Ausbeute anreichern[16]. Neuerdings ist eine 300—1000fache Reinigung des Apoenzyms der Tryptophan-Pyrrolase aus Rattenleber gelungen[17].

* Nach der 2. Aufl. von Enzyme Nomenclature, Recommendations (1964) of the International Union of Biochemistry on the Nomenclature and Classification of Enzymes (Elsevier, Amsterdam 1965); erschienen in der Reihe Comprehensive Biochemistry (Ed. FLORKIN, M., and E. H. STOTZ), Vol. 13.

[1] LIN, E. C. C., B. M. PITT, M. CIVEN and W. E. KNOX: J. biol. Ch. **233**, 668 (1958).
[2] HAYAISHI, O., and R. Y. STANIER: J. Bact. **62**, 691 (1951).
[3] STANIER, R. Y., O. HAYAISHI and M. TSUCHIDA: J. Bact. **62**, 355 (1951).
[4] KNOX, W. E., and A. H. MEHLER: J. biol. Ch. **187**, 419 (1950).
[5] GORDON, M. W.; in: KOREY-NURNBERGER, Progress in Neurobiology. Vol. I, S. 92. New York 1956.
[6] DE CASTRO, F. T., R. R. BROWN and J. M. PRICE: J. biol. Ch. **228**, 777 (1957).
[7] CHAN, S. K., T. A. MCCOY and D. E. KIZER: Cancer Res. **20**, 1303 (1960).
[8] PITOT, H. C., V. R. POTTER and H. P. MORRIS: Cancer Res. **21**, 1001 (1961).
[9] MORRISON, W. W., and W. J. FRAJOLA: Biochem. biophys. Res. Comm. **17**, 597 (1964).
[10] BAGLIONI, C.: Nature **184**, 1084 (1959).
[11] EGELHAAF, A.: Z. Naturforsch. **13b**, 275 (1958).
[12] WOOD jr., S., R. S. RIVLIN and W. E. KNOX: Cancer Res. **16**, 1053 (1956).
[13] KNOX, W. E., and V. H. AUERBACH: J. biol. Ch. **214**, 307 (1955).
[14] KNOX, W. E., and A. H. MEHLER: Science, N.Y. **113**, 237 (1951).
[15] KNOX, W. E.; in: Colowick-Kaplan, Meth. Enzymol. Vol. II, S. 242.
[16] TANAKA, T., and W. E. KNOX: J. biol. Ch. **234**, 1162 (1959).
[17] GREENGARD, O., and P. FEIGELSON: J. biol. Ch. **237**, 1903 (1962).

***Reinigung der Tryptophan-Pyrrolase aus Leber nach* KNOX[1].**

Die Reinigung des Enzyms hat bei Temperaturen von 2—5° C zu erfolgen.

1. Ratten oder Kaninchen injiziert man intraperitoneal 6 Std vor dem Abtöten 1,5 g L-[2] oder 2 g D,L-Tryptophan/kg Körpergewicht[3] zur Induktion der adaptiven Bildung von Tryptophan-Pyrrolase[4, 5]. Die Lebern werden mit der dreifachen Menge alkalischer 0,14 m KCl-Lösung (0,0025 M NaOH/l enthaltend) homogenisiert und 20 min bei 11000×g zentrifugiert.

2. Zu 100 ml des Überstandes gibt man 10 ml 0,5 m NaH_2PO_4-Lösung hinzu, stellt mit etwa 5 ml 1 %iger Essigsäure in 0,5 m NaH_2PO_4-Lösung auf p_H 5,4 ein und zentrifugiert den Niederschlag ab. Dieser wird in 0,1 m Acetatpuffer, p_H 5,4 (gleiche Menge wie der Überstand anfänglich hatte), suspendiert, erneut abzentrifugiert und mit Wasser in gleicher Weise gewaschen. Der Niederschlag ist in 0,2 m Na_2HPO_4-Lösung aufzulösen ($^1/_{20}$ des Volumens vom anfänglichen Überstand), mit 1 n NaOH auf p_H 7,0 einzustellen und mit Wasser auf etwa $^1/_5$ des ursprünglichen Volumens zu verdünnen. Die Aufarbeitung des Enzyms in Stufe 2 soll innerhalb von 45 min beendet sein. Das Enzym bleibt bei — 10° C für etwa eine Woche aktiv.

***Reinigung der Tryptophan-Pyrrolase aus Pseudomonas nach* TANAKA *und* KNOX[6].**

Für die Präparation der Tryptophan-Pyrrolase ist die Temperatur stets unter 5° C zu halten.

1. Zellen (25 g Feuchtgewicht) von *Pseudomonas sp.* (American Type Culture Collection 11299) werden mit 50 g Aluminiumoxyd zu einem teigartigen Gemisch verrieben, mit 50 μg kristalliner Desoxyribonuclease (Mann Research Laboratories, Inc., 136 Liberty Street, New York 6) versetzt, dann langsam mit 80 ml 0,1 m Natriumphosphatpuffer, p_H 7,2, verrührt und 40 min bei 10000×g zentrifugiert. Der Niederschlag wird ein zweites Mal mit 80 ml und ein drittes Mal mit 40 ml Puffer extrahiert.

2. Die vereinigten Extrakte werden mit 1 mg kristalliner Ribonuclease (Mann Research Laboratories, Inc., 136 Liberty Street, New York 6) versetzt, 30 min im Eisbad stehen gelassen, mit 66,7 ml gesättigter, mit konz. Ammoniak auf p_H 7,2 eingestellter Ammoniumsulfatlösung/100 ml Extrakt vermischt und nach 30 min bei 6000×g $^1/_2$ Std zentrifugiert. Der Niederschlag wird in 0,1 m Phosphatpuffer ($^1/_5$ des ursprünglichen Volumens) gelöst und über Nacht gegen 0,01 m Phosphatpuffer, p_H 7,2 (38 mg Tetranatriumsalz der Äthylendiamintetraessigsäure/l enthaltend), dialysiert. Der entstandene Niederschlag wird bei 10000 × g während 30 min abzentrifugiert und verworfen (zehnfache Anreicherung der Tryptophan-Pyrrolase bei 83 % Ausbeute).

3. Die Enzymlösung wird mit Essigsäure auf p_H 6,0 eingestellt und zur Abtrennung des Niederschlages zentrifugiert. Zum Überstand gibt man Calciumphosphatgel (20 mg Trockengewicht/ml. Darstellung s. S. 810) im Verhältnis 3:2 hinzu, läßt 15 min stehen (Adsorption des Enzyms zu 80—90 %) und zentrifugiert 10 min bei 6000 × g. Nach dem Waschen des Gels mit Wasser wird die Tryptophan-Pyrrolase dreimal mit 0,2 m Natriumphosphatpuffer, p_H 6,5, (halbes Volumen der ursprünglichen Enzymlösung) eluiert (15fache Anreicherung des Enzyms bei 35 % Ausbeute).

4. Die vereinigten Eluate werden mit 1 n NaOH auf p_H 7,2 eingestellt, mit gesättigter Ammoniumsulfatlösung, p_H 7,2 (vgl. Stufe 2), im Verhältnis 2:1 versetzt und nach 30 min bei 10000×g $^1/_2$ Std zentrifugiert. Den Niederschlag löst man in 7 ml 0,1 m Natriumphosphatpuffer, p_H 7,2, auf (35fache Anreicherung bei 25 % Ausbeute).

---

[1] KNOX, W. E.; in: Colowick-Kaplan, Meth. Enzymol. Vol. II, S. 242.
[2] AUERBACH, V. H., R. A. PIERINGER and H. A. WAISMAN: Arch. Biochem. **82**, 370 (1959).
[3] THOMSON, J. F., and E. T. MIKUTA: Proc. Soc. exp. Biol. Med. **85**, 29 (1954).
[4] KNOX, W. E., and A. H. MEHLER: Science, N.Y. **113**, 237 (1951).
[5] KNOX, W. E.: Brit. J. exp. Path. **32**, 462 (1951).
[6] TANAKA, T., and W. E. KNOX: J. biol. Ch. **234**, 1162 (1959).

Die gereinigte Tryptophan-Pyrrolase ist sehr instabil und verliert bei Aufbewahrung bis zum nächsten Tag bereits 50% an Aktivität.

***Reinigung des Apoenzyms der Tryptophan-Pyrrolase aus Rattenleber nach* Greengard *und* Feigelson**[1,2].

Zur Induktion der Tryptophan-Pyrrolase injiziert man den Tieren 4—5 Std vor dem Abtöten 100 mg L-Tryptophan/kg Körpergewicht intraperitoneal. Fünf Lebern werden dann mit dem vierfachen Volumen von 0,14 m KCl-Lösung in einem Messerhomogenisator homogenisiert und 50 min lang bei 74000 × g zentrifugiert. Den Überstand stellt man mit verdünnter Essigsäure auf p_H 5,0 ein, zentrifugiert den Proteinniederschlag ab und löst denselben in 0,001 m Kaliumphosphatpuffer von p_H 7,0 auf, der 10^{-3} M/l L-Tryptophan enthält. Den „p_H 5-Niederschlag" gibt man auf eine Säule (2,5 × 20 cm) von Diäthylaminoäthylcellulose (DEAE-Cellulose) Nr. 40, die mit 0,001 m Kaliumphosphatpuffer, p_H 7,0 (10^{-3} M/l L-Tryptophan enthaltend), vorbehandelt wurde. Die Säule wird nacheinander mit 0,1 und 0,2 m Kaliumphosphatpuffer, p_H 7,0, entwickelt und das Enzym dann mit 0,25 m Kaliumphosphatpuffer, p_H 7,0, eluiert, wobei jeder Puffer 10^{-3} M/l L-Tryptophan enthält, um das Enzym zu stabilisieren. Man sammelt Fraktionen von je 25 ml mit einer Fließgeschwindigkeit von etwa 15 ml/Std, wobei jede einzelne Fraktion nach der auf S. 834 beschriebenen Methode auf Enzymwirksamkeit zu prüfen ist. Bei Verwendung von 0,001 m Puffer für die Fraktionen 1—6, von 0,1 m Puffer für die Fraktionen 7—26, von 0,2 m Puffer für die Fraktionen 27—41 und von 0,25 m Puffer für die Fraktionen 42—61 befindet sich die Tryptophan-Pyrrolase etwa in den Fraktionen 47—51, die nach Vereinigung das Enzym im Durchschnitt in 300facher Anreicherung enthalten. In manchen Fällen konnte das Enzym nach der angegebenen Methode sogar bis zur 1000fachen Reinigung angereichert werden. Da das Enzym nach der DEAE-Chromatographie praktisch frei von Eisenprotoporphyrin ist, gewinnt man nach dieser Methode die gereinigte Apo-Tryptophan-Pyrrolase.

Eine weitere Reinigungsstufe haben Tokuyama und Knox[3] an die im wesentlichen nach der obigen Methode durchgeführten DEAE-Chromatographie angeschlossen, indem sie die Apo-Tryptophan-Pyrrolase aus den vereinigten Chromatogrammfraktionen mit Ammoniumsulfat bei einer Sättigung von 27—45% gefällt haben. Die beiden Präparationen unterscheiden sich dadurch, daß die Apo-Tryptophan-Pyrrolase nach der Aufarbeitung von Greengard und Feigelson durch Hämatin allein aktiviert werden kann[2], während bei der Präparation des Apoenzyms nach Tokuyama und Knox Hämatin und ein reduzierendes Agens (0,8 mM Ascorbinsäure, 0,07 M $NaBH_4$ oder 0,8 mM $Na_2S_2O_4$ auf 0,67 μM Hämatin) zur Aktivierung der Tryptophan-Pyrrolase nötig sind[3]. H_2O_2 (6×10^{-8} M) ist nur dann für die Reduktion des an Apoenzym gebundenen Hämatins zum Häm geeignet, wenn überschüssiges H_2O_2 durch Zusatz von Katalase zersetzt wird (vgl. S. 833).

Eigenschaften. Die im Zellsaft lokalisierte[4,5] Tryptophan-Pyrrolase benötigt als Cofaktor ein Eisen(III)-Protoporphyrin[6,7], das sich überwiegend in den Mikrosomen befindet und von diesen an den Zellsaft abgegeben wird[8]. Der Cofaktor weist sehr ähnliche Eigenschaften wie Hämatin auf oder ist möglicherweise damit identisch[9]. In vitro kann das Eisen(III)-Protoporphyrin der Mikrosomen durch Hämatin ersetzt werden[8]. Mit

[1] Greengard, O., and P. Feigelson: J. biol. Ch. **237**, 1903 (1962).
[2] Feigelson, P., and O. Greengard: Biochim. biophys. Acta **50**, 200 (1961).
[3] Tokuyama, K., and W. E. Knox: Biochim. biophys. Acta **81**, 201 (1964).
[4] Hayaishi, O.: Biochem. Prep. **3**, 108 (1953).
[5] Thomson, J. F., and E. M. Moss: Proc. Soc. exp. Biol. Med. **89**, 230 (1955).
[6] Tanaka, T., and W. E. Knox: J. biol. Ch. **234**, 1162 (1959).
[7] Greengard, O., and P. Feigelson: J. biol. Ch. **236**, 158 (1961).
[8] Feigelson, P., and O. Greengard: J. biol. Ch. **236**, 153 (1961).
[9] Kawachi, T., S. Fujii, T. Suzuki and Y. Yamamura: J. Biochem. **50**, 273 (1961) [Chem. Abstr. **56**, 7684 (1962)].

gereinigtem Apoenzym der Tryptophan-Pyrrolase bildet Hämatin nach der Reduktion mit Natriumdithionat ein Hämoproteid, das an der Ausbildung der typischen Absorptionsmaxima bei 430, 530 und 560 mμ zu erkennen ist[1]. Die Bindung des Hämatins an die Apo-Tryptophan-Pyrrolase, wobei vermutlich das Eisen eine wichtige Rolle spielt[1], scheint relativ locker zu sein[2].

Die chemischen Eigenschaften der Tryptophan-Pyrrolase aus Rattenleber und *Pseudomonas* sind offenbar einander ähnlich. Beide Enzyme sind in gereinigtem Zustand und bei Abwesenheit von Substrat und Hämatin sehr instabil, vor allem in Lösungen mit niedriger Ionenstärke und geringer Proteinkonzentration[3]. Das Eisenprotoporphyrin dissoziiert in reduziertem Zustand leichter ab als in der oxydierten Form und wird durch Chromatographie über DEAE-Cellulose (vgl. S. 825) oder Sephadex abgetrennt. L-Tryptophan verhindert weitgehend diese Abspaltung[3].

Untersuchungen mit der Tryptophan-Pyrrolase aus *Pseudomonas* ergaben Hinweise, daß für die katalytische Wirksamkeit des Enzyms das Eisenion des Protoporphyrins in der reduzierten Form vorliegen muß und daß der Enzymkomplex mit Eisen(III)-Protoporphyrin inaktiv ist. Ferner wurde angenommen, daß H_2O_2 oder Ascorbinsäure zur Reduktion des Eisenprotoporphyrins nötig ist[4]. Nach neueren Untersuchungen erscheint es jedoch möglich, daß während des Ablaufes der enzymatischen Katalyse das Eisen(III)-Ion des Enzymkomplexes durch Tryptophan selber reduziert und anschließend durch Sauerstoff wieder oxydiert wird[5, 6]. FEIGELSON[7] nimmt an, daß sich für diese cyclische Reduktion und Oxydation ein ternärer Tryptophan-Hämatin-Sauerstoffkomplex an der Enzymoberfläche ausbildet. Unter anaeroben Bedingungen kann die Oxydation des reduzierten Enzyms auch durch Dichlorphenolindophenol und andere Elektronenacceptoren (Methylenblau, Cytochrom c) erfolgen[6]. Folgender Reaktionsmechanismus wird vermutet[7]:

$$\text{Tryptophan} + \text{Hämatin}\,(Fe^{+++})\text{-Enzym} \rightarrow \text{Tryptophan}^{\text{oxydiert}} + \text{Häm}(Fe^{++})\text{-Enzym} \quad (1)$$

$$O_2 + \text{Häm}(Fe^{++})\text{-Enzym} \rightarrow O_2^{\text{reduziert}} + \text{Hämatin}(Fe^{+++})\text{-Enzym} \quad (2)$$

$$\text{Tryptophan}^{\text{oxydiert}} + O_2^{\text{reduziert}} \rightarrow N'\text{-Formylkynurenin} \quad (3)$$

$$\text{Summe: Tryptophan} + O_2 \rightarrow N'\text{-Formylkynurenin}$$

Unter „steady state"-Bedingungen scheint das Enzym zum größten Teil in der oxydierten Form vorzuliegen[5].

Die Tryptophan-Pyrrolase ist im Leberzellsaft normalerweise nur zu einem Drittel mit ihrem Cofaktor, dem Eisenprotoporphyrin, abgesättigt[8]. Im Gegensatz zum erwachsenen Tier findet man bei jungen Ratten, 6—13 Tage nach der Geburt, nur Holoenzym. Jedoch 24 Tage nach der Geburt sind dieselben Verhältnisse wie beim erwachsenen Tier zu beobachten: 35% Holoenzym und 65% Apoenzym[9]. In regenerierender Leber liegt das gleiche Verhältnis von Holo- zu Apoenzym wie in der Normalleber vor[9]. Die Halbwertszeit der Tryptophan-Pyrrolase in Rattenleber beträgt 2—4 Std[10, 11]. Sie wird durch die von L-Tryptophan bewirkte Induktion des Enzyms nicht verändert[11].

Die an hochgereinigter Apo-Tryptophan-Pyrrolase aus Rattenleber erfolgte Messung der MICHAELIS-Konstante für Hämatin ergab den Wert von $2{,}5 \times 10^{-8}$ M/l bei Abwesenheit von L-Tryptophan. Der Wert sinkt auf $1{,}2 \times 10^{-8}$ M/l bei zunehmender Tryptophankonzentration ab. K_M für L-Tryptophan nimmt von 3×10^{-4} M/l auf $1{,}5 \times 10^{-4}$ M/l ab,

[1] GREENGARD, O., and P. FEIGELSON: J. biol. Ch. **237**, 1903 (1962).
[2] FEIGELSON, P., and O. GREENGARD: Biochim. biophys. Acta **50**, 200 (1961).
[3] TOKUYAMA, K., W. E. KNOX and E. STELLA: Fed. Proc. **23**, 163 (1964).
[4] TANAKA, T., and W. E. KNOX: J. biol. Ch. **234**, 1162 (1959).
[5] FEIGELSON, P., Y. ISHIMURA and O. HAYAISHI: Biochem. biophys. Res. Comm. **14**, 96 (1964).
[6] FEIGELSON, P.: Fed. Proc. **23**, 163 (1964).
[7] FEIGELSON, P.: Biochim. biophys. Acta **92**, 187 (1964).
[8] FEIGELSON, P., and O. GREENGARD: J. biol. Ch. **236**, 153 (1961).
[9] GREENGARD, O., and P. FEIGELSON: Ann. N. Y. Acad. Sci. **111**, 227 (1963).
[10] GOLDSTEIN, L., and W. E. KNOX: Ann. N.Y. Acad. Sci. **111**, 233 (1963).
[11] NEMETH, A. M.: J. biol. Ch. **237**, 3703 (1962).

wenn die Hämatinkonzentration erhöht wird. Die K_M-Werte erreichen somit für jede Komponente ein Minimum, wenn das Enzym mit der anderen Komponente gesättigt ist. Es muß daher angenommen werden, daß Cofaktor und Substrat gegenseitig ihre Bindung an das Enzym begünstigen[1]. Weitere Angaben über MICHAELIS-Konstanten s. Tabelle 1.

Tryptophan-Pyrrolase weist die Eigenschaften eines adaptiven Enzyms auf, dessen Aktivität in Kaninchen, Ratten oder Meerschweinchen durch orale oder parenterale Verabreichung von Tryptophan[2, 3], Glucocorticoiden[4, 5], einigen weiteren Aminosäuren

Tabelle 10. *Induktion der Tryptophan-Pyrrolase bei der Ratte.*

Induzierende Substanz	Dosierung	Induktionsperiode in Std	Faktor der Enzymaktivitätssteigerung	Literatur
L-Tryptophan	1,5 g/kg*	3	9	6
D,L-Tryptophan	2 g/kg	6	15,7	7
D-Tryptophan	613 mg/kg	4—5	6,5	8
D,L-α-Methyltryptophan	218 mg/kg	8	26	9
L-Histidin	210 mg/Tier	4—8	7,8	10
L-Tyrosin	180—360 mg/Tier	5—8	3,7	10
L-Phenylalanin	165—330 mg/Tier	5—8	3,7	10
Histaminphosphat	2 mg/Tier	5	1,9	2
Adrenalin	0,2 mg/Tier	5	2,6	2
Cortison	1,25 mg/Tier	5	2,5	4
Hydrocortisonacetat	30 mg/kg	4—5	5	8
Prednisolon	5 mg/kg	5	4,7	11
Adrenocorticotropin (ACTH)	25 Einheiten/Tier	6	2,4	12
Insulin	500 Einheiten/kg	6	3,6	13
Reserpin**	2,5 mg/kg i.v.	8	2,7	14
Raunescin	2,5 mg/kg i.v.	8	3	14
Rescinnamin	2,5 mg/kg i.v.	8	2,6	14

* Wenn nicht anders vermerkt, erfolgte die Verabreichung der induzierenden Substanzen durch intraperitoneale Injektion.

** Bei den *Rauwolfia*-Alkaloiden Reserpin, Raunescin und Rescinnamin kommt die Wirkung wahrscheinlich über eine Mehrausschüttung von ACTH zustande[14].

und Hormonen sowie von *Rauwolfia*-Alkaloiden (Tabelle 10) um ein Mehrfaches gesteigert werden kann. Die Induktion der Tryptophan-Pyrrolase durch Tryptophan und Cortison scheint bei der Maus und beim Meerschweinchen geringer zu sein als bei der Ratte[15]. Substrat und Hydrocortison wirken auch in isolierten, durchströmten Kaninchen- und Rattenlebern[16, 17], in Schnitten[13, 18] und Homogenaten der Rattenleber[19] induzierend auf das Enzym.

[1] GREENGARD, O., and P. FEIGELSON: J. biol. Ch. **237**, 1903 (1962).
[2] KNOX, W. E.: Brit. J. exp. Path. **32**, 462 (1951).
[3] DE CASTRO, F. T., R. R. BROWN and J. M. PRICE: J. biol. Ch. **228**, 777 (1957).
[4] KNOX, W. E., and V. H. AUERBACH: J. biol. Ch. **214**, 307 (1955).
[5] KNOX, W. E.: Trans. N.Y. Acad. Sci. **25**, 503 (1962/63).
[6] AUERBACH, V. H., R. A. PIERINGER and H. A. WAISMAN: Arch. Biochem. **82**, 370 (1959).
[7] THOMSON, J. F., and E. T. MIKUTA: Proc. Soc. exp. Biol. Med. **85**, 29 (1954).
[8] ROSEN, F., and R. J. MILHOLLAND: J. biol. Ch. **238**, 3730 (1963).
[9] SANKOFF, I., and T. L. SOURKES: Canad. J. Biochem. **40**, 739 (1962).
[10] KNOX, W. E., and A. H. MEHLER: Science, N.Y. **113**, 237 (1951).
[11] GINOULHIAC, E., e L. T. TENCONI: Acta vitaminol., Milano **17**, 101 (1963).
[12] GESCHWIND, I. I., and C. H. LI: Nature **172**, 732 (1953).
[13] SCHOR, J. M., and E. FRIEDEN: J. biol. Ch. **233**, 612 (1958).
[14] MAICKEL, R. P., E. O. WESTERMANN and B. B. BRODIE: J. Pharmacol. exp. Therap. **134**, 167 (1961).
[15] CHIANCONE, F. M.: Acta vitaminol., Milano **17**, 183 (1963).
[16] GOLDSTEIN, L., and W. E. KNOX: Ann. N.Y. Acad. Sci. **111**, 233 (1963).
[17] PRICE jr., J. B., and L. S. DIETRICH: J. biol. Ch. **227**, 633 (1957).
[18] CIVEN, M., and W. E. KNOX: J. biol. Ch. **234**, 1787 (1959).
[19] CLOUET, D. H., and M. W. GORDON: Arch. Biochem. **84**, 22 (1959).

Während die Adaptation der Tryptophan-Pyrrolase normalerweise nach mehreren Stunden ihr Maximum erreicht hat und dann wieder abnimmt, stieg bei chronischer Verabreichung von L-Tryptophan (täglich intraperitoneal 750 mg/kg bei Ratten während 50 Tagen) die Enzymaktivität in den ersten 17 Tagen kontinuierlich an bis fast zur doppelten Wirksamkeit, wie sie nach einer einzigen Tryptophaninjektion zu erzielen war. Anschließend fiel die Aktivität wieder langsam ab, war aber am Ende der 50tägigen Versuchsperiode immer noch 8—10mal höher als bei den unbehandelten Kontrolltieren[1]. D,L-α-Methyltryptophan (218 mg/kg intraperitoneal) bewirkte bei der Ratte im Vergleich zu Tryptophan eine doppelt so starke Induktion der Tryptophan-Pyrrolase[2, 3], wobei die Enzymaktivität am 5. Tag nach der Injektion immer noch deutlich über dem Normalwert lag, während sich die Enzymwirksamkeit nach Tryptophaninjektion bereits nach 24 Std normalisiert hatte[2]. Die länger anhaltende Aktivitätserhöhung des Enzyms durch α-Methyltryptophan ist wahrscheinlich auf dessen längere Verweildauer im Körper zurückzuführen[5].

Tabelle 11. *Induktion der Tryptophan-Pyrrolase durch Indolderivate und Hydrocortison in normalen, adrenalektomierten und hypophysektomierten Ratten*[4].

Induzierende Substanz *	Faktor der Enzymaktivitätssteigerung in den Lebern von		
	normalen Ratten	adrenalektomierten Ratten	hypophysektomierten Ratten
L-Tryptophan	6,5	5,4	1,3—2,4
D-Tryptophan	4	1,5	
D,L-5-Hydroxytryptophan	2,5	1,3	1,1
Serotonin	3	1,5	1,2
Indol-3-essigsäure	3,3	0,9	
Hydrocortisonacetat . . .	5	5,6	4,8—5,3

* Von den Indolderivaten wurden mit Ausnahme von Serotonin je 3 mM/kg, beim Serotonin 1 mM/kg und beim Hydrocortisonacetat 30 mg/kg intraperitoneal 4—5 Std vor dem Abtöten der Tiere verabreicht.

Von den in Tabelle 10 aufgeführten Substanzen mit induzierender Wirkung auf die Tryptophan-Pyrrolase sind bei Adrenalektomie der Ratte nur noch L-Tryptophan[6, 7] und Glucocorticoide[8, 9] wirksam (Tabelle 11). Auch die nach Ganzkörperbestrahlung mit Röntgenstrahlen (1000 r) beobachtete Zunahme der Enzymwirksamkeit läßt sich in adrenalektomierten Ratten nicht mehr nachweisen[7, 9]. Adrenalektomie selber hat eine Erniedrigung der normalen Enzymaktivität zur Folge[8]. In der hypophysektomierten Ratte ist auch die induzierende Wirkung des L-Tryptophans verringert[10, 11], während Hydrocortison immer noch dieselbe Wirksamkeit wie beim Normaltier besitzt[4] (Tabelle 11).

Bei der Induktion der Tryptophan-Pyrrolase durch ihr Substrat läuft die Adaptation des Enzyms in zwei Phasen ab. In der ersten Phase findet eine Aktivierung des Enzyms statt, indem die im Leberzellsaft normalerweise nur zu einem Drittel als Holoenzym vorliegende Tryptophan-Pyrrolase[12] fast vollständig mit Eisen(III)-Protoporphyrin abgesättigt wird[13, 14]. Im Zusammenhang damit konnte nach parenteraler Verabreichung von Tryptophan an Ratten ein Konzentrationsanstieg des Eisenprotoporphyrins in den Lebermikrosomen um 20% beobachtet werden[13]. Außerdem begünstigt Tryptophan die

[1] Clouet, D. H., M. Ratner and R. Michels: Arch. Biochem. **98**, 492 (1962).
[2] Sankoff, I., and T. L. Sourkes: Canad. J. Biochem. **40**, 739 (1962).
[3] Civen, M., and W. E. Knox: J. biol. Ch. **235**, 1716 (1960).
[4] Rosen, F., and R. J. Milholland: J. biol. Ch. **238**, 3730 (1963).
[5] Moran, J. F., and T. L. Sourkes: J. biol. Ch. **238**, 3006 (1963).
[6] Knox, W. E.: Brit. J. exp. Path. **32**, 462 (1951).
[7] Thomson, J. F., and E. T. Mikuta: Proc. Soc. exp. Biol. Med. **85**, 29 (1954).
[8] Knox, W. E., and V. H. Auerbach: J. biol. Ch. **214**, 307 (1955).
[9] Thomson, J. F., and E. T. Mikuta: Endocrinology **55**, 232 (1954).
[10] Geschwind, I. I., and C. H. Li: Nature **172**, 732 (1953).
[11] Rosen, F., and R. J. Milholland: Fed. Proc. **21**, 237 (1962).
[12] Feigelson, P., and O. Greengard: J. biol. Ch. **236**, 153 (1961).
[13] Greengard, O., and P. Feigelson: J. biol. Ch. **236**, 158 (1961).
[14] Feigelson, P., and O. Greengard: J. biol. Ch. **237**, 3714 (1962).

Bindung zwischen Apoenzym und Cofaktor[1, 2] und möglicherweise spielt dabei auch eine Stabilisierung des Enzymproteins durch Tryptophan eine Rolle[3, 4]. Diese Umwandlung von inaktivem Apoenzym in wirksames Holoenzym, die während der ersten 2 Std nach Tryptophanverabreichung erfolgt, führt zu einer dreifachen Aktivitätserhöhung der Tryptophan-Pyrrolase[5, 6]. In der zweiten Phase, der eigentlichen Induktionsphase, die 2—5 Std nach Tryptophanapplikation einsetzt, kommt es durch Neubildung von Enzymprotein zu einem weiteren, mehrfachen Anstieg der Enzymaktivität[6]. Diese Zunahme der Enzymproteinkonzentration während der Induktionsphase konnte mit Hilfe von immunochemischer Titration bewiesen werden[6, 7]. Außerdem läßt sich diese Induktionsphase durch Puromycin (6-Dimethylamino-9-[3-desoxy-3-(p-methoxy-L-phenylalanyl-amino)-β,D-ribofuranosyl]-β-purin), einen Inhibitor der Proteinsynthese[8, 9], hemmen[10].

Da die fast völlige Absättigung der Tryptophan-Pyrrolase mit Eisen(III)-Protoporphyrin und der Beginn der Enzymneubildung zeitlich zusammenfallen und da sich andererseits die Enzymkonzentration verringert, sobald der Sättigungsgrad des Enzyms mit seinem Cofaktor auf Normalwerte absinkt[5], erscheint es möglich, daß die während der Aktivierungsphase erfolgende Sättigung des Apoenzyms mit Eisenprotoporphyrin letztlich die Neubildung des Enzymproteins stimuliert[1, 11]. Die Konzentration des Cofaktors würde somit die Konzentration des Apoenzyms regulieren. In Übereinstimmung mit dieser Hypothese stehen Untersuchungen, wonach experimentelle Porphyrie ebenfalls zu einer Aktivierung der Tryptophan-Pyrrolase und damit zu einer Induktion der Enzymproteinsynthese führte[11] und andererseits bei der lang anhaltenden Induktion des Enzyms durch D,L-α-Methyltryptophan (1 g/kg intraperitoneal bei adrenalektomierten Ratten) gezeigt werden konnte, daß 3 Tage nach dessen Verabreichung das Enzym immer noch zu etwa 80% mit Cofaktor gesättigt war[12].

Im Gegensatz zur substratbedingten Induktion der Tryptophan-Pyrrolase ist die Induktion durch Cortison nicht mit einer Aktivierung des Enzyms infolge Sättigung mit Eisen(III)-Protoporphyrin verknüpft[13]. Das normale Verhältnis von Holoenzym zu Apoenzym (etwa 1:3) verändert sich nicht. Weitere Unterschiede zwischen den beiden Induktionsmechanismen ergeben sich aus folgenden Befunden: Während Puromycin, das vermutlich den Einbau von Aminosäuren auf einer Stufe zwischen Aminosäurenpool und löslicher Ribonucleinsäure blockiert[14], sowohl die substrat- als auch die hormonbedingte Induktion der Tryptophan-Pyrrolase hemmt[15], verhindert Actinomycin D, ein Inhibitor der von Desoxyribonucleinsäure abhängigen Synthese von Ribonucleinsäure[16], nur die Enzyminduktion durch Cortison[10]. Daraus ist zu schließen, daß die Induktion der Tryptophan-Pyrrolase durch Cortison über die Bildung neuer Ribonucleinsäure erfolgt, während bei der Induktion des Enzyms durch Tryptophan die Synthese von neuem Enzymprotein aus Aminosäuren von der Neubildung von Ribonucleinsäure unabhängig ist[17]. Der Unterschied der beiden Induktionsmechanismen zeigt sich außerdem darin,

---

[1] FEIGELSON, P., and O. GREENGARD: J. biol. Ch. **237**, 1908 (1962).
[2] GREENGARD, O., and P. FEIGELSON: Biochem. Pharmacol. **8**, 23 (1961).
[3] SCHIMKE, R. T., C. M. BERLIN and E. W. SWEENEY: Fed. Proc. **23**, 481 (1964).
[4] SCHIMKE, R. T., E. W. SWEENEY and C. M. BERLIN: Biochem. biophys. Res. Comm. **15**, 214 (1964).
[5] GREENGARD, O., and P. FEIGELSON: J. biol. Ch. **236**, 158 (1961).
[6] FEIGELSON, P., and O. GREENGARD: J. biol. Ch. **237**, 3714 (1962).
[7] GREENGARD, O., and P. FEIGELSON: Biochem. J. **84**, 111P (1962).
[8] YARMOLINSKY, M. B., and G. L. DE LA HABA: Proc. nat. Acad. Sci. USA **45**, 1721 (1959).
[9] MUELLER, G. C., J. GORSKI and Y. AIZAWA: Proc. nat. Acad. Sci. USA **47**, 164 (1961).
[10] GREENGARD, O., M. A. SMITH and G. ACS: J. biol. Ch. **238**, 1548 (1963).
[11] FEIGELSON, P., and O. GREENGARD: Biochim. biophys. Acta **52**, 509 (1961).
[12] GREENGARD, O.: Biochim. biophys. Acta **85**, 492 (1964).
[13] GREENGARD, O., and P. FEIGELSON: Nature **190**, 446 (1961).
[14] NEMETH, A. M., and G. DE LA HABA: J. biol. Ch. **237**, 1190 (1962).
[15] GOLDSTEIN, L., E. J. STELLA and W. E. KNOX: J. biol. Ch. **237**, 1723 (1962).
[16] GOLDBERG, I. H., and M. RABINOWITZ: Science, N.Y. **136**, 315 (1962).
[17] GREENGARD, O., and G. ACS: Biochim. biophys. Acta **61**, 652 (1962).

daß sie miteinander nicht interferieren; bei gleichzeitiger Verabreichung von Tryptophan und Hydrocortison an adrenalektomierte Ratten addiert sich die induzierende Wirkung beider Substanzen[1]. Die Konzentration der Tryptophan-Pyrrolase in der Leber scheint somit durch die Konzentration von Tryptophan und Glucocorticoiden reguliert zu werden[2].

Eine Reihe von Substanzen wirkt hemmend auf die Induktion der Tryptophan-Pyrrolase. Die durch das Substrat verursachte Enzyminduktion wird bei der Ratte durch D,L-Äthionin (625 mg/kg) teilweise unterbunden[3]. Möglicherweise handelt es sich dabei um eine indirekte Hemmung der Proteinsynthese infolge Konzentrationserniedrigung des Adenosintriphosphates in der Leber[4, 5]. In der adrenalektomierten Ratte wird die Induktion durch 8-Azaguanin (je 100 mg/kg intraperitoneal, 24 und 12 Std vor der Tryptophanverabreichung) teilweise unterdrückt[6]. In der regenerierenden Rattenleber hemmt 5-Fluoruracil (4 × 400 mg/kg intraperitoneal, 4, 3, 2 und 1 Std vor dem Abtöten) die Induktion zu 70%[7]. Bei Behandlung von Ratten mit Tetrachlorkohlenstoff (1 ml/kg intraperitoneal) verliert die geschädigte Leber nach 18—24 Std weitgehend die Fähigkeit zur Induktion der Tryptophan-Pyrrolase durch ihr Substrat[8]. Auch in einigen transplantierten Lebertumoren der Ratte (z.B. MORRIS-Hepatom 5123[9], NOVIKOFF-Hepatom und 3'-Methyl-4-dimethylaminoazobenzol-Hepatom[10]) läßt sich das Enzym nicht mehr durch L-Tryptophan, L-Histidin oder Cortison induzieren, obgleich in der Wirtsleber eine normale Induktion zu beobachten war[9]. Bei Verfütterung von 3'-Methyl-4-dimethylaminoazobenzol (0,06% im Futter) während 90 Tagen konnte hingegen keine wesentliche Beeinträchtigung der Enzyminduktion während der Carcinogenese festgestellt werden[10, 11]. In einigen anderen Tumoren der Ratte (z.B. REUBER-Hepatom H-35, MORRIS-Hepatome 7316, 7793, 7794 und 7795) ist die Enzyminduktion durch L-Tryptophan normal[12].

Bei der Induktion der Tryptophan-Pyrrolase durch Hydrocortison wirken in der Ratte L(+)-Äthionin (210 mg/kg oral)[13], 2-Thiouracil (100 mg/kg oral) und 2-Thiouracil zusammen mit Uridin (66 bzw. 200 mg/kg oral)[14] hemmend. Die Substanzen blockieren entweder die Enzymneubildung oder führen zur Synthese von katalytisch inaktivem Enzymprotein[15].

Spezifität. Die Tryptophan-Pyrrolase setzt nur L-Tryptophan um. α-Hydroxy- und N-Methyltryptophan[16], Tryptamin, Indol-3-fettsäuren, Skatol, Oxindol und Isatin[17] werden nicht angegriffen.

Aktivatoren. Der Zusatz von Mikrosomen, von einem HCl-Aceton-Extrakt aus Mikrosomen, der Eisenprotoporphyrin enthält, oder von Hämatin ($8{,}3 \times 10^{-6}$ M/l) zu Enzymansätzen mit Leberzellsaft hat eine mehrfache Steigerung der Tryptophan-Pyrrolaseaktivität zur Folge. Das in den Mikrosomen vorkommende Eisen(III)-Protoporphyrin wird zur Aktivierung des Enzyms an den Zellsaft abgegeben[18]. Bei Tieren, denen zur

[1] KNOX, W. E.: Trans. N.Y. Acad. Sci. **25**, 503 (1962/63).
[2] FEIGELSON, P., M. FEIGELSON and O. GREENGARD: Recent Progr. Hormone Res. **18**, 491 (1962).
[3] LEE, N. D., and R. H. WILLIAMS: Biochim. biophys. Acta **9**, 698 (1952).
[4] SHULL, K. H.: J. biol. Ch. **237**, PC 1734 (1962).
[5] VILLA-TREVINO, S., and E. FARBER: Biochim. biophys. Acta **61**, 649 (1962).
[6] KVAM, D. C., and R. E. PARKS jr.: J. biol. Ch. **235**, 2893 (1960).
[7] NEMETH, A. M.: J. biol. Ch. **237**, 3703 (1962).
[8] ALEMÁN, V. A., and C. GITLER: Arch. Biochem. **96**, 77 (1962).
[9] PITOT, H. C., and H. P. MORRIS: Cancer Res. **21**, 1009 (1961).
[10] CHAN, S. K., T. A. MCCOY and D. E. KIZER: Cancer Res. **20**, 1303 (1960).
[11] KIZER, D. E.: J. nat. Cancer Inst. **27**, 1503 (1961).
[12] DYER, H. M., P. M. GULLINO and H. P. MORRIS: Cancer Res. **24**, 97 (1964).
[13] DEGENHARDT, G., H. J. HÜBENER u. I. ALESTER: H. **323**, 278 (1961).
[14] EWALD, W., H. J. HÜBENER u. E. WIEDEMANN: H. **333**, 57 (1963).
[15] HÜBENER, H. J.: D.m.W. **87**, 438 (1962).
[16] HAYAISHI, O., and R. Y. STANIER: J. Bact. **62**, 691 (1951).
[17] KNOX, W. E., and A. H. MEHLER: J. biol. Ch. **187**, 419 (1950).
[18] FEIGELSON, P., and O. GREENGARD: J. biol. Ch. **236**, 153 (1961).

Induktion des Enzyms Tryptophan verabreicht wurde, bewirken Mikrosomen keine weitere Aktivitätssteigerung der Tryptophan-Pyrrolase mehr, da das Enzym bereits mit Cofaktor gesättigt ist[1]. Die Aktivierung der Tryptophan-Pyrrolase durch Hämatin erfolgt wahrscheinlich in zwei Stufen, indem zuerst das Holoenzym gebildet und dann das dreiwertige Eisen reduziert wird[2]. Eine Sättigung der Tryptophan-Pyrrolase mit Hämatin war auch in vivo 1—2 Std nach der intravenösen Injektion von 5—10 μM Hämatin/kg an Ratten zu beobachten[5].

In einem durch 60 min lange Inkubation bei 38° C gealterten Enzympräparat reaktivierte der Zusatz von Hämatin (10^{-2} μM/ml) und cyclischem Adenosin-3',5'-phosphat (0,25 μM/ml) die Tryptophan-Pyrrolase stärker als die Zugabe von Hämatin allein[6]. Mn-Ionen ($7{,}5 \times 10^{-4}$ M/l) haben eine Aktivitätssteigerung des Enzyms um 90 % zur Folge[7]. Hg(II)-Ionen ($2{,}4 \times 10^{-3}$ bis $4{,}8 \times 10^{-2}$ M/l) sollen eine 2—5fache Aktivierung von hochgereinigter Tryptophan-Pyrrolase bewirken[9].

Tabelle 12. *Hemmung der Tryptophan-Pyrrolase aus Rattenleber durch Steroide*[3, 4].

Hemmer*	Konzentration in Mol/l	Hemmung in %
Oestronsulfat	10^{-3}	82
17β-Hydroxy-1-methyl-Δ¹-5α-androstenon-(3)-sulfat	10^{-3}	75
Androstenolonsulfat	10^{-3}	36
Oestradiol-(17β)	2×10^{-4}	20
Oestriol	3×10^{-4}	20
Oestron	3×10^{-4}	15

* Die Ansätze zur Prüfung der Steroide enthielten 10^{-6} M/l Hämatin zur Aktivierung des Enzyms.

Tabelle 13. *Hemmung der Tryptophan-Pyrrolase aus Rattenleber durch Phenole*[8].

Hemmer	Konzentration in Mol/l	Hemmung in %
L-Dihydroxyphenylalanin	10^{-4}	74
Brenzcatechin	3×10^{-4}	89
Hydrochinon*	3×10^{-4}	81
Noradrenalin	3×10^{-4}	66
Resorcin	3×10^{-4}	54
L-Adrenalin	3×10^{-3}	99
Phenol	3×10^{-3}	83
Phloroglucin	3×10^{-3}	81
Tyrosin	3×10^{-3}	46

* p-Benzochinon hemmt bei der gleichen Konzentration das Enzym zu 90 %.

Inhibitoren. Eisenfreie Porphyrine wie Meso- oder Protoporphyrin hemmen kompetitiv die Aktivierung der Tryptophan-Pyrrolase durch Hämatin[10]. Globin[11] oder Serumalbumin[10] (0,5 μg/ml Testansatz), die leicht Metallporphyrine binden, reduzieren die Enzymaktivität um 50 %. Sulfatester von Steroidhormonen[3] und unveresterte Oestrogene[4] (Tabelle 12) beeinträchtigen die Tryptophan-Pyrrolaseaktivität, indem sie die Bindung des Hämatins an das Apoenzym hemmen[4]. Die Hemmwirkung von Phenolen (Tabelle 13) beruht wahrscheinlich ebenfalls auf einer Wechselwirkung mit dem Eisenprotoporphyrin des Enzyms[8].

Die Aktivität der Tryptophan-Pyrrolase aus Rattenleber wird auch durch eine Reihe von Indolderivaten, die im Vergleich zum L-Tryptophan in der Seitenkette oder/und im Indolkern verändert sind, gehemmt (Tabelle 14). Tryptamin, Indol-3-acrylsäure, -buttersäure, -propionsäure und -essigsäure erwiesen sich als kompetitive Inhibitoren[8]. Außerdem bewirken verschiedene Abbauprodukte des Tryptophans, die als Zwischenprodukte bei der Biosynthese von Nicotinamid-adenindinucleotid (NAD) auftreten[12], eine Hemmung

[1] GREENGARD, O., and P. FEIGELSON: Biochim. biophys. Acta **39**, 191 (1960).
[2] TOKUYAMA, K., and W. E. KNOX: Biochim. biophys. Acta **81**, 201 (1964).
[3] OELKERS, W., u. H.-J. DULCE: H. **337**, 150 (1964).
[4] OELKERS, W., u. W. NOLTEN: H. **338**, 105 (1964).
[5] JAGO, M. V., J. F. NELSON and S. ROSE: Biochim. biophys. Acta **92**, 44 (1964).
[6] CHYTIL, F., and J. SKŘIVANOVÁ: Biochim. biophys. Acta **67**, 164 (1963).
[7] CHYTIL, F., and J. SKŘIVANOVÁ: Nature **193**, 377 (1962).
[8] FRIEDEN, E., G. W. WESTMARK and J. M. SCHOR: Arch. Biochem. **92**, 176 (1961).
[9] KOIKE, K., and S. OKUI: Biochim. biophys. Acta **81**, 602 (1964).
[10] GREENGARD, O., and P. FEIGELSON: J. biol. Ch. **237**, 1903 (1962).
[11] FEIGELSON, P., and O. GREENGARD: Biochim. biophys. Acta **50**, 200 (1961).
[12] NISHIZUKA, Y., and O. HAYAISHI: J. biol. Ch. **238**, 3369 (1963).

der Enzymaktivität[1] (Tabelle 15). Inhibitoren, die an der Tryptophan-Pyrrolase aus *Pseudomonas* geprüft wurden[2], sind in Tabelle 16 zusammengestellt.

Tabelle 14. *Hemmung der Tryptophan-Pyrrolase aus Rattenleber durch Tryptophan-Analoge und andere Indolderivate*[3].

Hemmer	Konzentration in Mol/l	Hemmung in %
Indol-3-acrylsäure	10^{-3}	98
Serotonin	10^{-3}	91
D,L-5-Hydroxytryptophan	10^{-3}	90
Tryptamin	3×10^{-3}	88
Indol-3-buttersäure	3×10^{-3}	84
Indol-3-propionsäure	3×10^{-3}	78
Indol	3×10^{-3}	69
6-Fluortryptophan	3×10^{-3}	68
Indol-3-essigsäure	3×10^{-3}	61
5-Fluortryptophan	3×10^{-3}	52
Tryptazan	3×10^{-3}	50
β-Methyltryptophan	3×10^{-3}	43
5-Methyltryptophan	3×10^{-3}	38
D-Tryptophan*	3×10^{-3}	34
5-Methylindol-2-carbonsäure	3×10^{-3}	34
6-Methyltryptophan	3×10^{-3}	33
5-Hydroxyindol-3-essigsäure	3×10^{-3}	30

* Bei einer Substratkonzentration von 3×10^{-3} M/l. Diese Konzentration von L-Tryptophan wurde auch in den Ansätzen mit den anderen Inhibitoren verwendet.

Tabelle 15. *Hemmung der Tryptophan-Pyrrolase aus Rattenleber durch Zwischenprodukte in der Abbaufolge Tryptophan → NAD*[1].

Hemmer*	Konzentration in Mol/l	Hemmung in %
Kynurenin	5×10^{-5}	36
3-Hydroxykynurenin	5×10^{-5}	95
3-Hydroxyanthranilsäure	5×10^{-5}	85
Chinolinsäure	5×10^{-3}	12
Nicotinsäure-mononucleotid	5×10^{-3}	83
Desamido-NAD	5×10^{-3}	64
NAD	5×10^{-3}	42
Nicotinamid-mononucleotid	5×10^{-3}	50

* Folgende Tryptophanmetaboliten zeigten keine Hemmung (bei 5×10^{-3} M/l): Anthranilsäure, Nicotinsäure und Nicotinamid.

Bestimmungsmethoden. Die Aktivität der Tryptophan-Pyrrolase kann manometrisch[4] oder — die am meisten verwendete Methode — durch Bestimmung des in Gegenwart von Kynurenin-Formamidase gebildeten Kynurenins bestimmt werden. Da für die Wirksamkeit des Enzyms die darin enthaltenen Eisenionen vermutlich in der reduzierten Form vorliegen müssen[2], ist es in manchen Fällen notwendig, die Enzymansätze durch ein zur Reduktion der Eisen(III)-Ionen befähigtes peroxydbildendes System zu ergänzen.

Tabelle 16. *Inhibitoren der Tryptophan-Pyrrolase aus Pseudomonas*[2].

Hemmer	Konzentration in Mol/l	Hemmung in %	Hemmer	Konzentration in Mol/l	Hemmung in %
Cystein	$5{,}7 \times 10^{-4}$	88	Cu^{++}	$5{,}7 \times 10^{-4}$	100
Glutathion	$5{,}7 \times 10^{-4}$	70	KCN	2×10^{-3}	84
Kohlenmonoxyd	80% CO—20% O_2	100	NH_2OH	2×10^{-3}	75
$Na_2S_2O_4$	$5{,}7 \times 10^{-4}$	100	NaN_3	2×10^{-3}	70
$K_3[Fe(CN)_6]$	$5{,}7 \times 10^{-4}$	100			

***Bestimmung von Tryptophan-Pyrrolase in Leberhomogenaten nach* Knox *und* Auerbach**[5].

Prinzip:

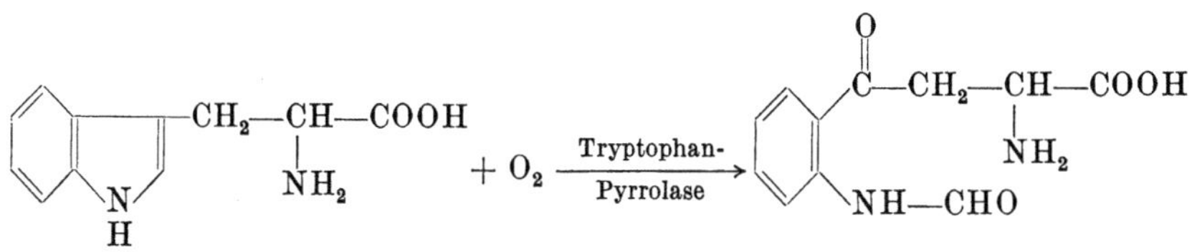

Tryptophan Sauerstoff N′-Formylkynurenin

[1] Wagner, C.: Biochem. biophys. Res. Comm. **17**, 668 (1964).
[2] Tanaka, T., and W. E. Knox: J. biol. Ch. **234**, 1162 (1959).
[3] Frieden, E., G. W. Westmark and J. M. Schor: Arch. Biochem. **92**, 176 (1961).
[4] Hayaishi, O., and R. Y. Stanier: J. Bact. **62**, 691 (1951).
[5] Knox, W. E., and V. H. Auerbach: J. biol. Ch. **214**, 307 (1955).

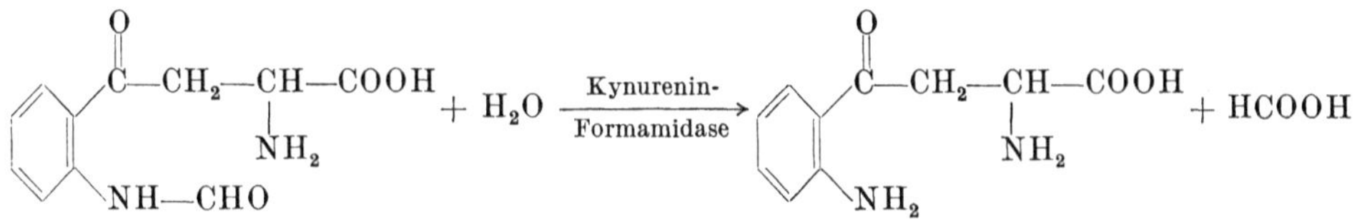

N'-Formylkynurenin Wasser Kynurenin Ameisensäure

Das durch die Tryptophan-Pyrrolase gebildete N'-Formylkynurenin wird durch die in Leberhomogenaten in starkem Überschuß vorhandene Kynurenin-Formamidase in Kynurenin umgewandelt, dessen Konzentration spektrophotometrisch gemessen wird.

Reagentien:

1. 0,2 m Natriumphosphatpuffer, p_H 7,0.
2. L-Tryptophanlösung: 153 mg werden in 20 ml Wasser unter Zugabe von mehreren Tropfen 6 n NaOH gelöst, sofort neutralisiert und mit Wasser auf 25 ml aufgefüllt (bei 5° C aufbewahren und wöchentlich erneuern).
3. Metaphosphorsäure, 15%ig (1 ml soll durch 1 ml 1 n NaOH neutralisiert werden können; Lösung bei 5° C aufbewahren und monatlich erneuern).
4. n NaOH.

In bestimmten Fällen werden außerdem benötigt:

5. Glucoselösung (1,8 g/10 ml Wasser).
6. Glucoseoxydase (Boehringer & Soehne GmbH. Mannheim).
7. Katalase (Boehringer & Soehne GmbH. Mannheim).

Ausführung:

1 ml Phosphatpuffer wird mit 0,3 ml Tryptophanlösung und je nach Enzymaktivität mit 0,5—2 ml Rattenleberhomogenat (bei Leberhomogenaten anderer Tierarten s. unter Anmerkungen) vermischt und mit Wasser auf 4,0 ml ergänzt. Ein Leerwertansatz enthält die gleichen Zusätze mit Ausnahme von Tryptophan. Nach Inkubation während 60 min bei 38° C unter O_2 und ständigem Schütteln gibt man 2 ml Metaphosphorsäure hinzu, läßt die Gefäße noch 5 min schütteln, filtriert, neutralisiert 3 ml des Filtrates mit 1 ml 1 n NaOH (p_H 6,5—7,5) und bestimmt spektrophotometrisch die Absorption des gebildeten Kynurenins bei 365 mμ in 1 cm-Cuvetten gegen Wasser als Blindwert.

Berechnung. Die Extinktionsdifferenz zwischen Meßwert und Leerwert stellt das Maß für das gebildete Kynurenin dar. Bei dessen molarem Extinktionskoeffizienten von 4540 unter den obigen Bedingungen entspricht eine Extinktion von 0,100 einer Kynureninmenge von 18,34 μg in 3 ml des Filtrates, somit 36,68 μg Kynurenin im gesamten Testansatz.

Die spezifische Aktivität der Tryptophan-Pyrrolase wird durch die gebildete Menge des Kynurenins/mg Protein oder g Lebergewicht angegeben.

Anmerkungen. Für die Aktivierung der Tryptophan-Pyrrolase, die wahrscheinlich durch Reduktion des inaktiven Ferri-Enzym-Komplexes zum aktiven Ferro-Komplex zustande kommt, ist H_2O_2 nötig[1], das in frischem Rattenleberhomogenat in ausreichender Menge produziert wird. Bei Homogenaten von Mäuselebern[2] und Lebern anderer Tiere[3] ist jedoch der Zusatz eines H_2O_2-erzeugenden Systems notwendig. Dafür sind Glucose und Glucoseoxydase geeignet. Erforderlich ist andererseits die Zugabe von Katalase, um die Tryptophan-Pyrrolase vor Hemmung durch überschüssiges H_2O_2 zu schützen.

In diesem Falle sind zu den oben beschriebenen Testansätzen (bei bleibendem Endvolumen von 4 ml) 10 μg Katalase, 0,1 ml der unter Reagentien beschriebenen Glucoselösung und 20 Einheiten Glucoseoxydase (1 Einheit katalysiert die Aufnahme von 1 ml O_2 in 10 min bei 37° C in Luft bei 0,3 m Glucose-, 0,007 m Phosphat (p_H 5,6)- und 0,005 m Tetranatriumäthylendiamintetraacetat-Konzentration und Gegenwart von 10 μg Katalase[2]) zuzusetzen[3,4].

[1] TANAKA, T., and W. E. KNOX: J. biol. Ch. **234**, 1162 (1959).
[2] WOOD jr., S., R. S. RIVLIN and W. E. KNOX: Cancer Res. **16**, 1053 (1956).
[3] KNOX, W. E.; in: Colowick-Kaplan, Meth. Enzymol. Vol. II, S. 242.
[4] CIVEN, M., and W. E. KNOX: J. biol. Ch. **234**, 1787 (1959).

Bei Verwendung von Glashomogenisatoren an Stelle von Messerhomogenisatoren (einschließlich „Starmix") zur Bereitung des Leberhomogenates ist es möglich, daß Kynurenin weiter abgebaut und demzufolge eine zu geringe Aktivität der Tryptophan-Pyrrolase gemessen wird. Durch rasches Einfrieren und Auftauen eines solchen Homogenates vor der Inkubation kann man diesen „sekundären" Abbau des Kynurenins zu Kynurensäure, Anthranilsäure und 3-Hydroxykynurenin wesentlich reduzieren. Den gleichen Effekt erreicht man durch Homogenisieren der Leber in einem Messerhomogenisator[1]. Tryptophan ($1,5 \times 10^{-3}$ M/l) stabilisiert die Tryptophan-Pyrrolase in Leberhomogenaten und anderen Enzympräparaten während der Aufbewahrung[2].

***Bestimmung von Tryptophan-Pyrrolase in wenig gereinigten Enzympräparaten nach* Tanaka *und* Knox[3].**

Prinzip:

Der Ablauf der Enzymreaktion wird bei einem Überschuß von Kynurenin-Formamidase direkt spektrophotometrisch durch die Absorptionszunahme bei 365 mμ, durch die Bildung von Kynurenin bedingt, verfolgt. Ascorbinsäure dient zur Bildung kleiner Peroxydmengen oder zur Reduktion des Eisen(III)-Protoporphyrins zum Eisen(II)-Protoporphyrin, um das Enzym zu aktivieren.

Reagentien:

1. 0,1 m Natriumphosphatpuffer, p_H 7,2.
2. Ascorbinsäurelösung: 352,2 mg in Wasser lösen, auf p_H 7,2 einstellen und auf 100 ml auffüllen (Lösung frisch herstellen).
3. L-Tryptophanlösung (40,8 mg/10 ml Wasser).
4. Kynurenin-Formamidaselösung. Darstellung des Enzyms s. S. 835. Die Enzymlösung soll so eingestellt sein, daß 0,1 ml davon unter den auf S. 837 beschriebenen Bedingungen eine Extinktionszunahme von mindestens 1,0/min verursacht.

Ausführung:

In 1 cm-Cuvetten vermischt man 2,5 ml Puffer mit 0,1 ml Ascorbinsäurelösung, 0,4 ml Tryptophanlösung, 0,1 ml Kynurenin-Formamidaselösung, 0,1 ml Enzymlösung (0,2—0,6 Einheiten; s. unten) und Wasser, um das Volumen auf 3,5 ml zu ergänzen. Die Enzymreaktion wird durch Zugabe des Substrates gestartet. Die Ablesungen im Spektrophotometer erfolgen bei 25° C in Abständen von je 1 min bei 365 mμ gegen einen Leerwert, der alle Zusätze mit Ausnahme des L-Tryptophans enthält.

Berechnung. Unter den obigen Testbedingungen entspricht eine Extinktionszunahme von 0,100 einer Kynureninmenge von 16,14 μg. Eine Tryptophan-Pyrrolaseeinheit bildet 208,2 μg Kynurenin (1 μM) in 10 min. Die spezifische Aktivität des Enzyms wird in Einheiten/mg Protein angegeben.

***Bestimmung von hochgereinigter Tryptophan-Pyrrolase nach* Greengard *und* Feigelson[4].**

Prinzip:

Da bei der Reinigung der Apo-Tryptophan-Pyrrolase durch Chromatographie an DEAE-Cellulose (s. S. 825) die Kynurenin-Formamidase [3.5.1.9 Arylformylamin-Amidohydrolase] vollständig abgetrennt wird, ist es möglich, das während der Enzymreaktion entstehende N'-Formylkynurenin direkt spektrophotometrisch zu messen.

Reagentien:

1. 0,1 m Natriumphosphatpuffer, p_H 7,0.
2. 5×10^{-6} m Hämatinlösung (kurz vor dem Gebrauch durch Auflösen von Hämin in verdünnter NaOH herstellen).
3. 0,03 m L-Tryptophanlösung.

[1] Jago, M. V., J. F. Nelson and S. Rose: Biochim. biophys. Acta **67**, 513 (1963).
[2] Feigelson, P., M. Feigelson and O. Greengard: Recent Progr. Hormone Res. **18**, 491 (1962).
[3] Tanaka, T., and W. E. Knox: J. biol. Ch. **234**, 1162 (1959).
[4] Greengard, O., and P. Feigelson: J. biol. Ch. **237**, 1903 (1962).

Ausführung:

1,5 ml Puffer, 0,1 ml Hämatinlösung, 0,3 ml L-Tryptophanlösung, Enzymlösung und Wasser (zur Ergänzung des Endvolumens auf 2,5 ml) werden in 1 cm-Cuvetten in einem heizbaren Cuvettenhalter des Spektrophotometers bei 37° C inkubiert. Die Blindwertcuvette enthält an Stelle von L-Tryptophan Wasser. Die Enzymreaktion verfolgt man direkt durch Ablesen der Extinktionszunahme bei 321 mμ, dem Absorptionsmaximum für N'-Formylkynurenin.

Berechnung. Bei einem molaren Extinktionskoeffizienten von 3750 für N'-Formylkynurenin bei 321 mμ und p_H 7,0 entspricht eine Extinktionszunahme von 0,100 der Bildung von 15,75 μg N'-Formylkynurenin. Die spezifische Aktivität der Tryptophan-Pyrrolase ergibt sich entweder aus der Menge des gebildeten N'-Formylkynurenins (in μg oder μM) oder aus der Extinktionszunahme in einer bestimmten Zeiteinheit, jeweils bezogen auf 1 mg Protein.

Kynurenin-Formamidase.

[3.5.1.9 Arylformylamin-Amidohydrolase.]

Vorkommen und Normalwerte. Kynurenin-Formamidase, die N'-Formylkynurenin in Kynurenin und Ameisensäure spaltet, wurde in den Lebern von Tauben, Ratten, Kaninchen, Meerschweinchen, Hunden und Schweinen nachgewiesen[1]. Das Enzym weist in allen Fällen ähnliche Aktivität wie in Rattenleber (Bildung von 8,1 μg Kynurenin/mg Protein des Leberextraktes/min) auf[2]. Beim Kaninchen ist auch in Nieren, Milz und Darm Kynurenin-Formamidasewirksamkeit vorhanden, jedoch ist diese beträchtlich geringer als in der Leber[1]. Das Enzym findet sich im löslichen Proteinanteil der Zellen. Kynurenin-Formamidase kommt auch in *Neurospora crassa*[3] und *Pseudomonas*[4] vor. Enzymaktivität in *Neurospora crassa*: in 10 min werden 28,6 μg Kynurenin/mg Protein des Mycelextraktes gebildet[3].

Darstellung. Kynurenin-Formamidase kann aus Leber in 8—10facher Anreicherung bei 20% Ausbeute oder aus *Neurospora crassa* 17fach bei 40% Ausbeute gereinigt werden. In diesem Falle ist das Enzympräparat frei von Kynureninase und Kynurenin-α-Ketoglutarsäure-Transaminase [2.6.1.7 L-Kynurenin:2-Oxoglutarat-Aminotransferase].

***Reinigung der Kynurenin-Formamidase aus Rattenleber nach* Mehler *und* Knox[1].**

1. Lebern werden mit der dreifachen Menge alkalischer 0,14 m KCl-Lösung (0,0025 n bezüglich des NaOH-Gehaltes) homogenisiert und 20 min bei 11000 × g zentrifugiert. Der Überstand wird pro 100 ml mit 10 ml 0,5 m NaH_2PO_4-Lösung versetzt, mit 1%iger Essigsäure in 0,5 m NaH_2PO_4-Lösung (etwa 5 ml) auf p_H 5,4 eingestellt und das ausgefallene Protein abzentrifugiert.

2. Der Überstand wird rasch mit 1 n NaOH auf p_H 7,0 eingestellt, dann unter ständigem Rühren in einem Wasserbad von 90° C innerhalb von etwa 2 min auf 60° C erwärmt und 5 min bei dieser Temperatur gehalten. Nach dem Abkühlen in einem Eisbad wird das denaturierte Protein abzentrifugiert.

3. 100 ml des Filtrates werden bei 5° C mit 82 ml gesättigter Ammoniumsulfatlösung versetzt. Nach dem Abzentrifugieren des Niederschlages gibt man zum Überstand 72 ml gesättigte Ammoniumsulfatlösung/100 ml hinzu, zentrifugiert den Niederschlag ab, löst diesen in wenig Wasser auf und dialysiert gegen Wasser (8—10fache Anreicherung der Kynurenin-Formamidase bei 23% Ausbeute). Das Enzym ist in der Kälte mehrere Wochen bis Monate haltbar.

---

[1] Mehler, A. H., and W. E. Knox: J. biol. Ch. **187**, 431 (1950).
[2] Knox, W. E.; in: Colowick-Kaplan, Meth. Enzymol. Vol. II, S. 246.
[3] Jakoby, W. B.: J. biol. Ch. **207**, 657 (1954).
[4] Hayaishi, O., and R. Y. Stanier: J. Bact. **62**, 691 (1951).

Reinigung der Kynurenin-Formamidase aus Neurospora crassa nach Jakoby[1].

1. Lyophilisiertes, pulverisiertes Mycel von *Neurospora crassa* (Stamm 5256 A), die in einer mit 120 mg L-Tryptophan/l ergänzten Nährlösung gewachsen ist, wird in der 15fachen Menge 0,1 m Phosphatpuffer, p_H 8,1, suspendiert, mit Glasperlen (Durchmesser 3 mm) 2 Std bei 4° C geschüttelt, durch Gaze filtriert und 40 min bei 10000 × g zentrifugiert (1 g Mycel ergibt etwa 12 ml Extrakt).

2. 160 ml Extrakt werden mit 9 ml 1 n Essigsäure auf p_H 6,5 eingestellt, nach Zugabe von 800 mg Norit 5 min gerührt und bei 20000 × g und 3° C zentrifugiert. Zum Überstand setzt man 16 ml 2%ige Protaminsulfatlösung hinzu und entfernt den Niederschlag durch Zentrifugieren wie oben. Der Überstand wird mit 6 ml 1 n NaOH auf p_H 7,1 eingestellt.

3. Durch Zugabe von 21 g Ammoniumsulfat zu 100 ml Enzymlösung wird inaktives Protein ausgefällt und abzentrifugiert. Der Überstand wird mit 9 g Ammoniumsulfat je 100 ml versetzt. Den durch Zentrifugation gewonnenen Niederschlag löst man in 40 ml 0,05 m Phosphatpuffer, p_H 6,5, auf.

4. 40 ml Enzymlösung werden mit 8 ml Calciumphosphatgel (34 mg Trockengewicht je ml) vermischt und nach 10 min zentrifugiert. Der Überstand wird ein zweites Mal in genau gleicher Weise behandelt. Das Enzym ist im Überstand nach der zweiten Zentrifugation enthalten.

Darstellung des Calciumphosphatgels[2]: 100 ml 1 m $CaCl_2$-Lösung werden mit 3—4 l Wasser verdünnt und unter ständigem Rühren mit 133,4 ml 0,5 m $Na_3PO_4 \times 12\ H_2O$-Lösung vermischt. Den Niederschlag wäscht man mehrmals mit Wasser durch Dekantieren, bis die überstehende Flüssigkeit p_H 8,0 aufweist, filtriert denselben in einer Nutsche (Durchmesser etwa 18 cm) ab (nicht saugen!) und bringt das gut getrocknete Gel mit Wasser auf das gewünschte Gesamtgewicht. Das Gel kann sofort verwendet oder in der Kälte aufbewahrt werden.

5. Im Überstand aus Stufe 4 löst man 23 g Ammoniumsulfat/100 ml auf, filtriert den Niederschlag ab, gibt zum Überstand 9,1 g Ammoniumsulfat/100 ml und löst den die Kynurenin-Formamidase enthaltenden Niederschlag nach dem Abzentrifugieren in 12 ml 0,1 m Phosphatpuffer, p_H 7,5, auf (17fache Anreicherung des Enzyms bei 40% Ausbeute).

Eigenschaften. Im Gegensatz zum Leberenzym (s. unter Darstellung) ist die Kynurenin-Formamidase aus *Neurospora* weniger hitzestabil. Sie wird bereits bei 56° C in 2 min zu 30% inaktiviert. Über p_H-Optimum und Michaelis-Konstante des Enzyms s. Tabelle 1.

Spezifität. Kynurenin-Formamidase hydrolysiert eine Reihe von aromatischen Formylaminoverbindungen, die in o-Stellung eine Carboxyl- oder Nitrogruppe besitzen[1,3]. Zum N'-Formylkynurenin besitzt das Enzym jedoch die größte Affinität. N'-Formylanthranilsäure, die nach dem N'-Formylkynurenin an zweiter Stelle in der Reihe von Substratverbindungen steht, wird bereits 4—6mal langsamer gespalten ($K_M = 33 \times 10^{-4}$ M/l). Aromatische Acetylamino- sowie aliphatische Formylaminoverbindungen werden von der Kynurenin-Formamidase nur spurenweise oder überhaupt nicht hydrolysiert.

Inhibitoren. Kynurenin-Formamidase aus Leber wird durch Anthranilsäure (10^{-4} M/l) zu 20% gehemmt[4]. Im Gegensatz dazu wirkt Anthranilsäure (2×10^{-4} M/l) auf das Enzym aus *Neurospora* nicht hemmend[1]. Kynurenin beeinträchtigt die Enzymwirksamkeit nicht. Natriumhydrogensulfit hemmt die Kynurenin-Formamidase aus *Neurospora* kompetitiv, wahrscheinlich durch Verbindung mit der Formylaminogruppe des N'-Formylkynurenins[1].

Bestimmungsmethoden. Die Wirksamkeit der Kynurenin-Formamidase wird in der einfachsten Weise durch Bestimmung des gebildeten Kynurenins ermittelt, kann aber auch manometrisch in Hydrogencarbonatpuffer (unter 95% N_2 und 5% CO_2) durch Mes-

[1] Jakoby, W. B.: J. biol. Ch. **207**, 657 (1954).
[2] Kunitz, M.: J. gen. Physiol. **35**, 423 (1952).
[3] Mehler, A. H., and W. E. Knox: J. biol. Ch. **187**, 431 (1950).
[4] Knox, W. E.; in: Colowick-Kaplan, Meth. Enzymol. Vol. II, S. 246.

sung des durch Säurebildung freigesetzten Kohlendioxyds bestimmt werden[1]. JAKOBY[2] hat N'-Formylanthranilsäure als Substrat verwendet und die Bildung von Anthranilsäure spektrophotometrisch verfolgt.

***Bestimmung von Kynurenin-Formamidase nach* KNOX[3].**

Prinzip:

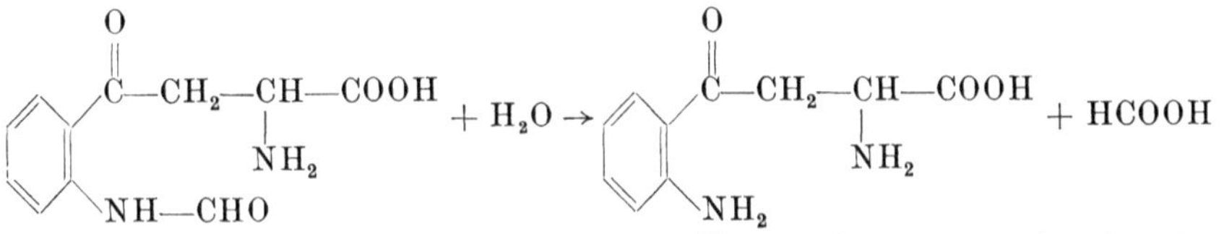

N'-Formylkynurenin Kynurenin Ameisensäure

Der Ablauf der Enzymreaktion wird durch spektrophotometrische Messung des entstehenden Kynurenins bei 365 mμ verfolgt.

Reagentien:

1. 0,2 m Phosphatpuffer, p_H 7,5.
2. L-N'-Formylkynureninlösung: 24 mg werden in 10 ml Wasser gelöst und sehr schnell mit 0,1 n NaOH auf p_H 7,0 eingestellt, um spontane Hydrolyse zu vermeiden (Lösung täglich frisch herstellen). Über die Darstellung von L-N'-Formylkynurenin s. unten.

Ausführung:

In 1 cm-Cuvetten werden 1 ml Phosphatpuffer und 0,2 ml N'-Formylkynureninlösung mit 0,5—1,5 ml Enzymlösung (je nach Aktivität) vermischt und mit Wasser auf 3 ml ergänzt. Die Leerwert-Cuvette enthält an Stelle des Substrates Wasser. Die Enzymlösung gibt man zuletzt hinzu und liest anschließend die Extinktion bei 365 mμ in Abständen von je 30 sec während 3 min ab. Inkubationstemperatur 25° C.

Berechnung. Da N'-Formylkynurenin bei 365 mμ nicht wesentlich absorbiert, kann die Extinktionszunahme als Maß für die gebildete Kynureninmenge verwendet werden. Bei einem molaren Extinktionskoeffizienten des Kynurenins von 4540 unter den obigen Bedingungen entspricht eine Extinktionszunahme von 0,100 der Bildung von 13,8 μg Kynurenin.

Die spezifische Aktivität der Kynurenin-Formamidase kann durch die Menge des gebildeten Kynurenins oder durch die Extinktionszunahme/min und mg Protein angegeben werden.

Anmerkung. Im allgemeinen sind auch Testansätze mit Leberextrakten unter den obigen Bedingungen für die spektrophotometrische Messung bei 365 mμ genügend durchlässig. Sollte sich jedoch in gewissen Fällen für die Messung des entstandenen Kynurenins eine Enteiweißung der Testansätze als notwendig erweisen, so darf diese nur bei neutralem p_H (z. B. mit 2 ml 5%iger Zinkacetatlösung und 2 ml 0,18 n NaOH) erfolgen, um die leichte Hydrolyse von N'-Formylkynurenin in saurer Lösung zu vermeiden.

Darstellung von L-*N'-Formylkynurenin*[4]*:* Zu 2 ml 98—100%iger Ameisensäure gibt man unter Kühlung 1 ml Essigsäureanhydrid hinzu, läßt 30 min bei Zimmertemperatur stehen und mischt eine Lösung von 2 g L-Kynurenin in 4,5 ml 98—100%iger Ameisensäure darunter. Nach 2 Std wird das Reaktionsgemisch unter Schütteln in das 50fache Volumen wasserfreien Äthers eingetragen und 2 Std im Eisbad stehen gelassen. Das ausgefallene amorphe Produkt (etwa 2,4 g) wird abfiltriert, mit Äther gewaschen

[1] HAYAISHI, O., and R. Y. STANIER: J. Bact. **62**, 691 (1951).
[2] JAKOBY, W. B.: J. biol Ch. **207**, 657 (1954).
[3] KNOX, W. E.; in: Colowick-Kaplan, Meth. Enzymol. Vol. II, S. 246.
[4] DALGLIESH, C. E.: Soc. **1952**, 137. — AUERBACH, V. H., and W. E. KNOX; in: Colowick-Kaplan, Meth. Enzymol. Vol. III, S. 622.

und sofort getrocknet, um Hydrolyse des N'-Formylkynurenins zu vermeiden. Die Substanz kann aus Wasser umkristallisiert werden, sofern man dafür sorgt, daß der p_H-Wert während der Lösung der Substanz genau 7,0 bleibt (F 162° C unter Zersetzung).

Kynureninase.

[3.7.1.3 L-Kynurenin-Hydrolase.]

Vorkommen und Normalwerte. Die Kynureninase spaltet Kynurenin und 3-Hydroxykynurenin in Anthranilsäure bzw. 3-Hydroxyanthranilsäure und Alanin auf. Das Enzym konnte in Mikroorganismen (*Neurospora*[1], *Pseudomonas*[2]) sowie in der Leber von Mäusen, Meerschweinchen, Kaninchen und Kälbern nachgewiesen werden[3,4]. Weitere Tierarten sind in Tabelle 17 aufgeführt, die gleichzeitig Normalwerte der Enzymwirksamkeit enthält. Kynureninase kommt auch in den Nieren der Säugetiere vor[5], jedoch ist die Enzymaktivität in der Leber um ein Mehrfaches höher als in den Nieren[6]. Das Enzym findet sich im löslichen Proteinanteil der Zellen[7].

Tabelle 17. *Vorkommen und Wirksamkeit der Kynureninase.*

Vorkommen	Enzymaktivität (Menge der gebildeten Anthranilsäure)	Literatur
Neurospora .	60,3 μg/mg Protein des Mycelextraktes in 30 min	1
Rattenleber .	4,7 μg/mg Protein des Leberextraktes in 60 min	8
Katzenleber .	4,0 μg/mg Protein des Leberextraktes in 60 min	8
Schweineleber	1,3 μg/mg Protein des Leberextraktes in 60 min	8
Hundeleber .	0,5 μg/mg Protein des Leberextraktes in 60 min	8

Darstellung. Kynureninase kann aus *Neurospora crassa* 70—100fach bei 10% Ausbeute oder aus Schweineleber 100—150fach bei 6% Ausbeute angereichert werden. Das Enzympräparat erwies sich in diesem Fall elektrophoretisch und in der Ultrazentrifuge als einheitliches Protein.

Reinigung der Kynureninase aus Neurospora crassa nach **Jakoby** ***und*** **Bonner**[1].

1. Stufe 1 ist in allen Einzelheiten mit Stufe 1 für die Reinigung der Kynurenin-Formamidase (s. S. 836) identisch.

2. Durch 25%ige Sättigung des Extraktes mit Ammoniumsulfat (zur vollständigen Sättigung sind 72 g/100 ml nötig) wird inaktives Eiweiß in der Kälte ausgefällt und abzentrifugiert. Erhöhung der Ammoniumsulfatkonzentration des Überstandes auf 42% führt zum Ausfallen weiteren Begleitproteins (abzentrifugieren). Kynureninase fällt zwischen 42 und 60% Ammoniumsulfat aus, jedoch ist es zweckmäßig, die Fällung des Enzyms in drei Fraktionen bei 48, 54 und 60% Ammoniumsulfat durchzuführen. Die durch Zentrifugieren gewonnenen Niederschläge der drei Fraktionen werden in 0,1 m Phosphatpuffer, p_H 8,1 ($^1/_5$ des ursprünglichen Extraktvolumens), gelöst und auf Kynureninasewirksamkeit geprüft. Die aktivsten Fraktionen (meistens bei 48 und 54% Sättigung) vereinigt man (neunfache Anreicherung bei 60% Ausbeute).

3. Die Enzymlösung vermischt man mit Protaminsulfatlösung so, daß 30 mg Protaminsulfat/100 mg Protein verbraucht werden. Nach Zentrifugieren dialysiert man die überstehende Lösung in der Kälte 4 Std gegen destilliertes Wasser und entfernt ausgefallenes Protein durch Zentrifugieren (elffache Anreicherung bei 57% Ausbeute).

[1] Jakoby, W. B., and D. M. Bonner: J. biol. Ch. **205**, 699 (1953).
[2] Hayaishi, O., and R. Y. Stanier: J. biol. Ch. **195**, 735 (1952).
[3] Wiss, O.: Helv. **32**, 1694 (1949).
[4] Itagaki, C., u. Y. Nakayama: H. **270**, 83 (1941).
[5] Braunštejn, A. E., E. V. Gorjačenkova u. T. S. Paschinaja: Biochimija, Moskva **14**, 163 (1949) [Ber. Physiol. **148**, 152].
[6] De Castro, F. T., R. R. Brown and J. M. Price: J. biol. Ch. **228**, 777 (1957).
[7] Wiss, O.: H. **293**, 106 (1953).
[8] Wiss, O., and F. Weber: Med. J. Osaka Univ. 8 (Suppl.), 41 (1958).

4. Die Enzymlösung wird mit 95%igem Äthanol (auf —30° C abgekühlt) so vermischt, daß in 10 min 20%ige Äthanolkonzentration erreicht wird (die Temperatur der Enzymlösung soll anfänglich —2° C betragen und während der Äthanolzugabe auf —14° C erniedrigt werden). Die Äthanolkonzentration bringt man in 10 min auf 55%, läßt die Lösung 10 min stehen und zentrifugiert. Im Überstand erhöht man die Äthanolkonzentration in 5 min auf 70%, rührt 5 min, zentrifugiert und löst den Niederschlag in 0,1 m Phosphatpuffer, p_H 8,1, auf (1/5 des ursprünglichen Extraktvolumens). Es folgen Dialyse gegen destilliertes Wasser (3 Std) und Abzentrifugieren des ausgefallenen Proteins (55—60fache Anreicherung bei 24% Ausbeute).

5. Zu 10 ml Enzymlösung gibt man 1 ml Calciumphosphatgel (45 mg Calciumphosphat/ml, Darstellung s. S. 836), das mit Essigsäure so vermischt wurde, daß die überstehende Flüssigkeit des zentrifugierten Gels p_H 6,5 aufweist, hinzu, rührt die Suspension 20 min in einem Eisbad und zentrifugiert. Die Kynureninase ist im Überstand enthalten (70—100fache Anreicherung bei 10% Ausbeute).

***Reindarstellung der Kynureninase aus Schweineleber nach* Wiss *und* Weber**[1]**.**

1. 250 g Acetontrockenpulver von Schweineleber extrahiert man 15 min in der Kälte mit 3,75 l 0,066 m Phosphatpuffer, p_H 7,4, unter Rühren. Der unlösliche Rückstand wird abzentrifugiert.

2. Der Extrakt wird in kleinen Portionen unter intensivem Rühren in kochendem Wasser auf 65—66° C erwärmt, anschließend 3 min in einem Thermostaten bei 68° C gehalten, sofort abgekühlt und zentrifugiert (3—5fache Anreicherung der Kynureninase im Überstand bei 92% Ausbeute).

3. Zum Überstand gibt man 25,34 g Ammoniumsulfat/100 ml (44%ige Sättigung) hinzu, läßt in der Kälte unter Rühren 20 min stehen, zentrifugiert den Niederschlag ab und erhöht im Überstand die Ammoniumsulfatkonzentration auf 52% (4,73 g/100 ml). Nach 60 min (bei leichtem Rühren) wird der Proteinniederschlag abzentrifugiert, in 60—80 ml 0,01 m Phosphatpuffer, p_H 6,0, aufgelöst und gegen denselben Puffer 18—20 Std in der Kälte unter mehrmaligem Wechseln der Außenflüssigkeit dialysiert. Die Enzymlösung wird mit dem obigen Puffer so verdünnt, daß die Endkonzentration an Protein 6 mg/ml beträgt (7—12fache Anreicherung bei 25—30% Ausbeute).

4. Zur 0,6%igen Proteinlösung gibt man 1 ml sekundäres Calciumphosphatgel/12 ml hinzu, läßt 30 min im Eisbad unter öfterem Umrühren stehen, zentrifugiert das Gel ab und behandelt den Überstand unter den gleichen Bedingungen mit der 2,5fachen Menge an sekundärem Calciumphosphatgel. Von dem mit der Kynureninase beladenen, durch Zentrifugieren abgetrennten Gel wird das Enzym wie folgt eluiert: für jede Elution beträgt die Puffermenge die Hälfte von jenem Volumen, das die Enzymlösung zu Beginn der 4. Reinigungsstufe hatte. Das Elutionsgemisch bleibt nach Zugabe des Puffers 15 min im Eisbad bei öfterem Umrühren stehen und wird zentrifugiert. Während der Überstand zur Aktivitätsbestimmung des Enzyms aufbewahrt wird, setzt man den Niederschlag des Calciumphosphates für die nächste Elution ein. Auf diese Weise erfolgen der Reihe nach je drei Elutionen mit 0,01 m Phosphatpuffer, p_H 6,0 (Fraktionen 1—3), mit 0,01 m Phosphatpuffer, p_H 7,0 (Fraktionen 4—6), mit 0,0125 m Phosphatpuffer, p_H 7,0 (Fraktionen 7—9) und schließlich mit 0,022 m Phosphatpuffer, p_H 7,0 (Fraktionen 10—12). Die aktivsten Fraktionen sind im allgemeinen die Fraktionen 10—12 (100—150fache Anreicherung bei 6% Ausbeute).

Darstellung des sekundären Calciumphosphatgels[2]: Zu 500 ml 1 m $CaCl_2$-Lösung gibt man unter Rühren 2 l 0,35 m Na_2HPO_4-Lösung hinzu, nutscht den Niederschlag ab, wäscht denselben mehrmals mit Wasser und anschließend mit 0,01 m Phosphatpuffer, p_H 6,0. Das Gel wird mit etwa 200 ml desselben Puffers verrührt und eventuell mit mehr Puffer

[1] Wiss, O., u. F. Weber: H. **304**, 232 (1956).
[2] Tiselius, A.: Ark. Kemi **7**, 443 (1954).

so verdünnt, daß aus einer 2 ml-Meßpipette mit einem Durchmesser der Spitze von etwa 1,5 mm bei gefüllter Pipette und senkrechter Haltung derselben 1,5 ml des Gels austropfen.

Eigenschaften. Da Kynureninase Pyridoxal-5'-phosphat als Coenzym benötigt (vgl. Tabelle 1), führt Vitamin B_6-Mangel beim Säugetier zu einer beträchtlichen Verringerung der Enzymaktivität[1, 2]. Die Kynureninase reagiert sehr empfindlich auf den Vitaminmangel und wird daher schon bei Beginn des Mangelzustandes geschädigt[3]. Hypophysektomie der Ratte hat ebenfalls eine signifikante Erniedrigung der Enzymwirksamkeit zur Folge[4].

In *Neurospora crassa* kann die Bildung der Kynureninase durch Kynurenin oder Tryptophan induziert werden[5].

Über p_H-Optimum und MICHAELIS-Konstanten s. Tabelle 1.

Spezifität. L-Kynurenin und L-3-Hydroxykynurenin bilden das natürliche Substrat der Kynureninase[6,7]. Das Enzym kann auch 5-Hydroxykynurenin[8], D,L-α-Amino-β-benzoylpropionsäure und D,L-α-Amino-γ-hydroxy-γ-phenylbuttersäure spalten, während D,L-α-Amino-β-(o-nitrobenzoyl)-propionsäure („Nitrokynurenin") nicht angegriffen wird[9].

Aktivatoren. Mg-Ionen (2×10^{-3} M/l) aktivieren die Kynureninase aus *Neurospora crassa* um 15—45 %[10], während für das Enzym aus Leber keine Aktivierung nachgewiesen werden konnte[11]. Das Isonicotinoylhydrazon des Pyridoxal-5'-phosphates besitzt dieselbe aktivierende Wirkung auf das Enzym wie das Coenzym selber[12]. Auch die Hydrazone

Tabelle 18. *Inhibitoren der Kynureninase.*

Die zwei zuletzt genannten Inhibitoren wurden an Leber-Kynureninase, die übrigen an *Neurospora*-Kynureninase geprüft.

Hemmer	Konzentration in Mol/l	Hemmung in %	Literatur
D,L-Dihydroxyphenylalanin	5×10^{-3}	92	13
L-Lysin	10^{-2}	63	13
D,L-Ornithin	10^{-2}	60	13
L-Cystein	10^{-2}	47	13
L-Histidin	10^{-2}	38	13
L-Arginin	10^{-2}	30	13
L-Alanin	10^{-2}	27	13
Putrescin	10^{-2}	65	13
Cadaverin	10^{-2}	62	13
p-Chlorquecksilberbenzoat	10^{-4}	90	14
NH_2OH	10^{-4}	68	10
KCN	10^{-3}	58	10
$NaHSO_3$	10^{-3}	17	10
Isonicotinsäurehydrazid	$9{,}6 \times 10^{-6}$	50	15
4'-Desoxypyridoxin	$3{,}7 \times 10^{-2}$	50	15

[1] BRAUNŠTEJN, A. E., E. V. GORJAČENKOVA u. T. S. PASCHINAJA: Biochimija, Moskva **14**, 163 (1949) [Ber. Physiol. **148**, 152].
[2] WISS, O., u. H. THOELEN: Helv. physiol. Acta **8**, C 42 (1950).
[3] WEBER, F., u. O. WISS: H. **331**, 124 (1963).
[4] GINOULHIAC, E., e L. T. TENCONI: Boll. Soc. ital. Biol. sper. **35**, 1801 (1959).
[5] WAINWRIGHT, S. D., and D. M. BONNER: Canad. J. Biochem. **37**, 741 (1959).
[6] WISS, O.: Z. Naturforsch. **7b**, 133 (1952).
[7] DALGLIESH, C. E., W. E. KNOX and A. NEUBERGER: Nature **168**, 20 (1951).
[8] BUTENANDT, A., G. SCHULZ u. G. HANSER: H. **295**, 404 (1953).
[9] WISS, O., u. H. FUCHS: Exper. **6**, 472 (1950).
[10] JAKOBY, W. B., and D. M. BONNER: J. biol. Ch. **205**, 699 (1953).
[11] WISS, O., u. F. WEBER: H. **304**, 232 (1956).
[12] GONNARD, P., et N. BOIGNÉ: Enzymologia **21**, 375 (1959/60).
[13] JAKOBY, W. B., and D. M. BONNER: J. biol. Ch. **205**, 709 (1953).
[14] SARAN, A.: Biochem. J. **70**, 182 (1958).
[15] KUPKE, G.: Ernährungsforsch. **5**, 184 (1960).

von Nicotinsäure-, Picolinsäure-, Benzoesäure-, p-Aminosalicylsäure- und Thiophencarbonsäurehydrazid mit dem Pyridoxal-5'-phosphat sind wirksam[1].

Inhibitoren. Hemmversuche mit der Kynureninase aus *Neurospora crassa* haben gezeigt, daß Aminosäuren, Amine, Sulfhydryl- und Carbonylreagentien die Enzymwirksamkeit beeinträchtigen (Tabelle 18). Vitamin B_6-Antagonisten (4'-Desoxypyridoxin) und Carbonylreagentien hemmen auch die Leber-Kynureninase in vivo und in vitro. Die Enzymhemmung durch p-Chlorquecksilberbenzoat ist bei Zusatz von Cystein oder Glutathion reversibel[2]. D-Kynurenin wirkt hemmend auf die Spaltung von L-Kynurenin[3].

Das zum Kynurenin analoge D,L-Nicotinoylalanin reduziert bei der Ratte die Kynureninasewirksamkeit sowohl in vitro ($3{,}3 \times 10^{-3}$ M/l) als auch in vivo (0,9 mM/Tier). In vitro beträgt die Hemmung des Enzyms 63%[4]. D,L-Penicillamin (täglich 200 mg/kg intraperitoneal bei Ratten an zwei aufeinanderfolgenden Tagen) hat eine 90%ige Aktivitätsverminderung des Enzyms zur Folge[5]. Verfütterung von 3'-Methyl-4-dimethylaminoazobenzol (0,054% im Futter) an Ratten führt bereits nach 1 Woche zu einer signifikanten Erniedrigung der Enzymaktivität[6]. In transplantierten NOVIKOFF-Hepatomen der Ratte ist praktisch keine Kynureninasewirksamkeit nachweisbar[6].

Tabelle 19. *Molare Extinktionskoeffizienten von Kynurenin, Kynurensäure und Anthranilsäure*[7].
(In 1%iger Borsäure in 95%igem Äthanol.)

	Kynurenin	Kynurensäure	Anthranilsäure
$\varepsilon_{365\,m\mu}$	5150	151	98
$\varepsilon_{330\,m\mu}$	2060	8850	2290
$\varepsilon_{310\,m\mu}$	894	3990	3280

Bestimmungsmethoden. Für die Bestimmung der Kynureninaseaktivität gibt es eine Reihe von Möglichkeiten. Die bei der Enzymreaktion entstehende Anthranilsäure kann fluorometrisch[8, 9] (s. unten) oder auch colorimetrisch nach Ausfällen des Kynurenins mit dem Quecksilberreagens von HOPKINS-COLE (s. dieses Handb., Bd. III/2, S. 1735) bestimmt werden. Die Enzymwirksamkeit kann fernerhin durch quantitative Bestimmung des gebildeten Alanins[10] oder manometrisch durch Messung des aus Hydrogencarbonatpuffer unter 95% N_2 und 5% CO_2 bei 30° C infolge Säurebildung freigesetzten Kohlendioxyds[11] ermittelt werden. Bei Alaninbestimmung ist allerdings in Betracht zu ziehen, daß in Leberhomogenaten Alanin sekundär verändert werden kann (Transaminierungsreaktionen). Schließlich besteht die Möglichkeit, die Wirksamkeit der Kynureninase durch spektrophotometrische Messung der Kynureninabnahme zu bestimmen[12]. In diesem Fall wird von zwei Testansätzen gleicher Zusammensetzung der eine vor, der andere nach Inkubation mit der vierfachen Menge Äthanol enteiweißt und die Differenz der Kynureninabsorption bei 365 mμ gemessen. Diese Methode hat den Nachteil, daß bei Organhomogenaten der Umsatz des Kynurenins durch Kynurenin-α-Ketoglutarsäure-Transaminase und Kynurenin-3-Hydroxylase mitbestimmt wird. Eine gewisse Korrektur ist jedoch möglich, indem in denselben Testansätzen die durch die Kynureninase gebildete Anthranilsäuremenge durch Messung der Extinktionszunahme bei 310 mμ und die durch die Transaminasereaktion entstandene Kynurensäure durch Messung der Extinktionszunahme bei 330 mμ berechnet werden können. Der Berechnung lassen sich die in Tabelle 19

[1] GONNARD, P., et N. BOIGNÉ: Bull. Soc. Chim. biol. **43**, 609 (1961).
[2] SARAN, A.: Biochem. J. **70**, 182 (1958).
[3] WISS, O.: Helv. **32**, 1694 (1949).
[4] DECKER, R. H., R. R. BROWN and J. M. PRICE: J. biol. Ch. **238**, 1049 (1963).
[5] OGASAWARA, N., Y. HAGINO and Y. KOTAKE: J. Biochem. **52**, 162 (1962).
[6] PETASNICK, J. P., R. R. BROWN and J. M. PRICE: Cancer Res. **21**, 1400 (1961).
[7] KNOX, W. E.: Biochem. J. **53**, 379 (1953).
[8] JAKOBY, W. B., and D. M. BONNER: J. biol. Ch. **205**, 699 (1953).
[9] WISS, O., u. F. WEBER: H. **304**, 232 (1956).
[10] WISS, O.: Helv. **31**, 22 (1948).
[11] HAYAISHI, O., and R. Y. STANIER: J. biol. Ch. **195**, 735 (1952).
[12] DALGLIESH, C. E., W. E. KNOX and A. NEUBERGER: Nature **168**, 20 (1951).

zusammengestellten molaren Extinktionskoeffizienten zugrunde legen, wenn die Testansätze mit 1 %iger Borsäure in 95 %igem Äthanol enteiweißt werden[1].

***Bestimmung von Kynureninase nach* WISS *und* WEBER[2].**

Prinzip:

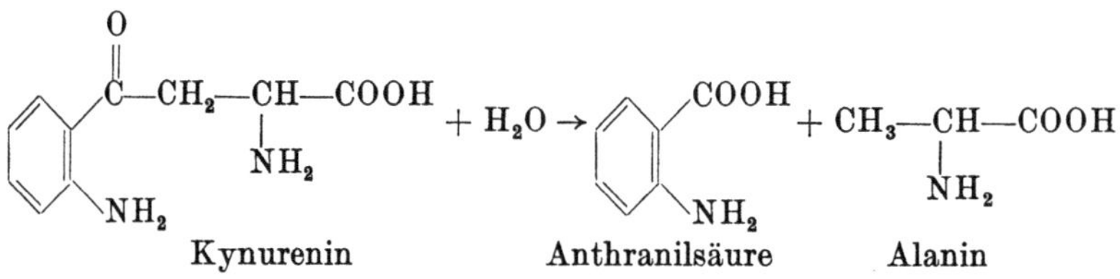

Es wird die bei der Enzymreaktion entstehende Menge an Anthranilsäure fluorometrisch bestimmt. Die Enzymreaktion läuft am besten in Phosphatpuffer ab. Wird dieser z.B. durch Boratpuffer ersetzt, so sinkt die Enzymaktivität stark ab[3].

Reagentien:

1. 0,066 m Phosphatpuffer, p_H 7,4.
2. D,L-Kynureninlösung (20,8 mg/10 ml Puffer).
3. Pyridoxal-5'-phosphatlösung, 3 mg-%ig in Puffer (etwa eine Woche bei 2° C haltbar).
4. Zinksulfatlösung: 25 g $ZnSO_4 \times 7\, H_2O$ werden in 250 ml 0,25 n H_2SO_4 gelöst und mit destilliertem Wasser auf 500 ml verdünnt.
5. 0,066 m Phosphatpuffer, p_H 7,0.
6. 0,75 n NaOH. Diese und Zinksulfatlösung sollen so eingestellt sein, daß 0,5 ml NaOH das Zink aus 1 ml Lösung, mit 3—4 ml Wasser verdünnt, quantitativ als Hydroxyd ausfällen. Der p_H-Wert des Filtrates soll 5—6 betragen. Gibt man zu 1—2 ml des Filtrates 3—5 ml Puffer, p_H 7,0, hinzu, so darf keine Trübung entstehen, da sonst die fluorometrische Bestimmung der Anthranilsäure gestört würde. Bildet sich eine Trübung im Filtrat oder ist dessen p_H-Wert alkalisch (der durch Puffer nicht mehr neutralisiert werden kann), so ist die Menge der NaOH zur Fällung des Zinks etwas zu erhöhen bzw. zu verringern.

Ausführung:

Je nach Aktivität werden 0,5—2 ml Enzymlösung mit 1 ml Kynureninlösung vermischt und, falls notwendig, mit Puffer, p_H 7,4, auf ein Endvolumen von 3 ml gebracht. Bei gereinigten Enzympräparaten ist der Zusatz von 0,1 ml Pyridoxal-5'-phosphatlösung erforderlich. Nach Beendigung der Inkubation von 1—2 Std bei 38° C werden 0,5 ml der Testlösung in ein Zentrifugengläschen pipettiert, das bereits 1 ml Zinksulfatlösung und 3 ml Wasser enthält. (Bei stark proteinhaltigen Ansätzen beschickt man das Gläschen mit 2 ml Zinksulfatlösung und 1,5 ml Wasser.) Nach Zugabe von 0,5 ml NaOH (bzw. 1 ml bei stark eiweißhaltigen Ansätzen) wird das Protein mit dem Zinkhydroxyd ausgefällt[4] und abzentrifugiert. (Benötigt man etwas mehr oder weniger NaOH als 0,5 bzw. 1 ml (s. unter Reagentien), so ist die Wassermenge entsprechend so zu variieren, daß das Endvolumen von 5 ml eingehalten wird.) Zu 1 ml des Überstandes gibt man 4 ml Puffer, p_H 7,0, hinzu und bestimmt fluorometrisch die Konzentration der Anthranilsäure bei einer Primärstrahlung zwischen 310 und 370 mμ (s. unten).

Berechnung. Zur Auswertung der fluorometrischen Anthranilsäurebestimmung wird eine Standardkurve verwendet, die unter den gleichen Bedingungen wie oben anzulegen ist: von wäßrigen Lösungen mehrmals umkristallisierter Anthranilsäure, die 50, 100, 200 usw. bis 500 μg Substanz/ml enthalten, wird in derselben Reihenfolge je 1 ml mit 0,79 bzw. 0,76, 0,70 usw. bis 0,52 ml einer Lösung von 2,54 mg D,L-Kynurenin/ml Phosphat-

[1] KNOX, W. E.: Biochem. J. **53**, 379 (1953).
[2] WISS, O., u. F. WEBER: H. **304**, 232 (1956).
[3] WISS, O.: Helv. **32**, 1694 (1949).
[4] SOMOGYI, M.: J. biol. Ch. **86**, 655 (1930).

puffer, p_H 7,4, vermischt und mit demselben Puffer auf 3 ml verdünnt. (Die Kynureninkonzentration nimmt in diesen Ansätzen auf äquimolarer Basis in demselben Maße ab, wie die Konzentration an Anthranilsäure zunimmt.) Von diesen Ansätzen werden je 0,5 ml entnommen und genau wie oben behandelt. Die Anregung der Anthranilsäure-Fluorescenz kann im Bereich von 310—370 mμ erfolgen. Die Auswahl des Sekundärfilters ist je nach Apparat auszuprobieren. (Der Zusatz von Kynurenin zu den Standardansätzen von Anthranilsäure ist erforderlich, da Kynurenin im angegebenen Bereich der Primärstrahlung absorbiert und dadurch einen Teil der Strahlungsenergie der Fluorescenzanregung entzieht.)

Die Enzymaktivität kann durch die Menge der gebildeten Anthranilsäure/mg Protein angegeben werden.

Kynurenin-α-Ketoglutarsäure-Transaminase.

[2.6.1.7 L-Kynurenin: 2-Oxoglutarat-Aminotransferase.]

Vorkommen und Normalwerte. Kynurenin-α-Ketoglutarsäure-Transaminase katalysiert die Übertragung der α-Aminogruppe von Kynurenin auf α-Ketoglutarsäure unter Bildung von Glutaminsäure und o-Aminobenzoylbrenztraubensäure, aus der durch spontanen Ringschluß Kynurensäure entsteht. Das Enzym konnte sowohl in Mikroorganismen wie *Pseudomonas fluorescens*[1] und *Neurospora crassa*[2] als auch in Säugetieren[3, 4] nachgewiesen werden (Tabelle 20). Bei Ratten[4, 5], Mäusen und Meerschweinchen[6] weisen die

Tabelle 20. *Vorkommen und Wirksamkeit der Kynurenin-α-Ketoglutarsäure-Transaminase.*

Vorkommen	Enzymaktivität (Menge der gebildeten Kynurensäure)	Literatur
Pseudomonas.	0,096 mg/mg Bakterienzellen (Trockengewicht) in 72 min	1
Rattennieren .	2,268 mg/g Nieren (Frischgewicht) in 60 min	7
Rattenleber .	0,888 mg/g Leber (Frischgewicht) in 60 min	7

Nieren eine höhere Kynurenin-α-Ketoglutarsäure-Transaminaseaktivität auf als die Lebern. Die Enzymwirksamkeit in den Nieren nimmt in der angegebenen Reihenfolge der Tierarten ab[6]. In Hundeleber ist das Enzym aktiver, in Schweineleber weniger aktiv als in Rattenleber[8]. Primäre Lebertumoren, die durch Verfütterung von 3'-Methyl-4-dimethylaminoazobenzol induziert wurden, besitzen eine sehr geringe Enzymaktivität; NOVIKOFF-Hepatome enthalten nur Spuren von Kynurenin-α-Ketoglutarsäure-Transaminasewirksamkeit[9].

In der Rattenleber befindet sich die Enzymaktivität hauptsächlich in den Mitochondrien[10]. In den Nieren der Ratte sind etwa 43% der gesamten Kynurenin-α-Ketoglutarsäure-Transaminasewirksamkeit in den Mitochondrien und 54% im Cytoplasma lokalisiert[11].

Darstellung. Kynurenin-α-Ketoglutarsäure-Transaminase wurde aus *Neurospora crassa* so weit gereinigt, daß eine vollständige Abtrennung der Kynureninase von der Transaminase gelungen ist[2]. Aus Rattennieren ist eine sechsfache[12] oder durch Anwendung von

[1] MILLER, I. L., M. TSUCHIDA and E. A. ADELBERG: J. biol. Ch. **203**, 205 (1953).
[2] JAKOBY, W. B., and D. M. BONNER: J. biol. Ch. **221**, 689 (1956).
[3] WISS, O.: Z. Naturforsch. 7b, 133 (1952).
[4] MASON, M.: J. biol. Ch. **211**, 839 (1954).
[5] TENCONI, L. T.: Acta vitaminol., Milano **16**, 207 (1962).
[6] HOTTA, K., I. ISHIGURO and Z. NAITO: Seikagaku **33**, 713 (1961) [Chem. Abstr. **56**, 12158].
[7] DE CASTRO, F. T., R. R. BROWN and J. M. PRICE: J. biol. Ch. **228**, 777 (1957).
[8] WISS, O., and F. WEBER: Med. J. Osaka Univ. 8 (Suppl.), 41 (1958).
[9] PETASNICK, J. P., R. R. BROWN and J. M. PRICE: Cancer Res. **21**, 1400 (1961).
[10] WISS, O.: H. **293**, 106 (1953).
[11] OGASAWARA, N., Y. HAGINO and Y. KOTAKE: J. Biochem. **52**, 162 (1962).
[12] MASON, M.: J. biol. Ch. **227**, 61 (1957).

Chromatographie an Hydroxylapatit eine 165—180fache Anreicherung[1] des Enzyms möglich. Nach einer neueren Methode kann das Apoenzym der Kynurenin-α-Ketoglutarsäure-Transaminase aus Pferdenieren 380fach angereichert werden[2].

***Reinigung der Kynurenin-α-Ketoglutarsäure-Transaminase aus Neurospora crassa nach* Jakoby *und* Bonner[3].**

1. Lyophilisiertes Mycel von *Neurospora crassa* extrahiert man mit der 15fachen Menge 0,1 m Phosphatpuffer, p_H 8,1, durch Schütteln mit Glasperlen (Durchmesser 3 mm) 2 Std bei 4° C, filtriert durch Gaze und zentrifugiert 40 min bei 18000 × g.

2. Der Extrakt wird mit 1 n Essigsäure (5,6 ml/100 ml) auf p_H 6,5 eingestellt, mit 500 mg Norit/100 ml versetzt, 5 min gerührt und kurz bei 20000 × g zentrifugiert. Den Überstand vermischt man mit 10 ml 2%iger Protaminsulfatlösung/100 ml und zentrifugiert den Niederschlag ab.

3. Den Überstand sättigt man mit Ammoniumsulfat zu 45% (s. dieses Handb., Bd. IV/1, S. 33), zentrifugiert den Niederschlag ab, erhöht im Überstand die Ammoniumsulfatkonzentration auf 60% und entfernt den Niederschlag, der zum größten Teil die Kynureninase enthält, durch Zentrifugieren. Nach Erhöhung der Ammoniumsulfatkonzentration des Überstandes auf 75% und Zentrifugieren löst man den Niederschlag in 20 ml 0,1 m Phosphatpuffer, p_H 7,5, auf und fraktioniert diese Lösung wiederum mit Ammoniumsulfat, wobei die Fraktion zwischen 55 und 75% Sättigung die Kynurenin-α-Ketoglutarsäure-Transaminase frei von Kynureninase enthält.

***Teilweise Reinigung der Kynurenin-α-Ketoglutarsäure-Transaminase aus Rattennieren nach* Mason[4].**

Rattennieren homogenisiert man mit der vierfachen Menge kalten Wassers, zentrifugiert das Homogenat und sättigt den Überstand zu 25% mit Ammoniumsulfat. Nach Zentrifugieren wird der Überstand mit Ammoniumsulfat zu 75% gesättigt, der durch Zentrifugieren gewonnene Niederschlag in Wasser ($^1/_3$ des Volumens vom Homogenat) gelöst und 20 Std gegen 0,001 m Phosphatpuffer, p_H 7,0, dialysiert. Durch Einfrieren und Auftauen der Lösung fällt weiteres Protein aus, das abzentrifugiert wird. Der Überstand enthält das Enzym in sechsfacher Anreicherung. Die Enzymlösung kann in gefrorenem Zustand 2 Monate ohne signifikanten Aktivitätsverlust aufbewahrt werden.

***Reinigung des Apoenzyms der Kynurenin-α-Ketoglutarsäure-Transaminase aus Pferdenieren nach* Ueno *u. Mitarb.*[2].**

Alle Reinigungsoperationen sind im Kältelabor durchzuführen; zentrifugiert wird immer bei 8000 × g während 20 min bei 3° C.

1. Zwei Pferdenieren (etwa 1 kg) werden weitgehend von großen Blutgefäßen und Fettgewebe befreit, zur Entfernung von Blutresten mit 0,9%iger NaCl-Lösung gewaschen, in einem Messerhomogenisator oder „Fleischwolf“ zerkleinert und mit derselben Menge von 0,01 m Natriumphosphatpuffer, p_H 7,0, in einem Becherglas während 30 min unter Rühren extrahiert. Die Suspension preßt man durch Gaze hindurch und extrahiert den Rückstand noch einmal mit dem halben Puffervolumen während 10 min. Man vereinigt die beiden Extrakte, gibt unter Rühren 1 m $MnSO_4 \times 4\ H_2O$-Lösung bis zur 0,1 m Endkonzentration hinzu, wobei der p_H-Wert mit 1 n NaOH auf p_H 7,0 zu halten ist, und entfernt den Niederschlag durch Zentrifugation.

2. Der Überstand wird mit festem Ammoniumsulfat zu 30% unter Rühren gesättigt, zentrifugiert und in der überstehenden Lösung die Konzentration des Ammoniumsulfates auf 65% erhöht. Den durch Zentrifugation gewonnenen Niederschlag löst man in etwa

---

[1] Ogasawara, N.: J. Vitaminol., Kyoto 8, 292 (1962).
[2] Ueno, Y., K. Hayashi and R. Shukuya: J. Biochem. **54**, 75 (1963).
[3] Jakoby, W. B., and D. M. Bonner: J. biol. Ch. **221**, 689 (1956).
[4] Mason, M.: J. biol. Ch. **227**, 61 (1957).

300 ml 0,01 m Phosphatpuffer, p_H 7,0, auf und dialysiert über Nacht gegen 5—6 l desselben Puffers (siebenfache Anreicherung der Enzymaktivität).

3. Die dialysierte Enzymlösung sättigt man mit Ammoniumsulfat zu 35%, zentrifugiert den Niederschlag ab und erhöht die Konzentration an Ammoniumsulfat im Überstand auf 50%. Den abzentrifugierten Niederschlag löst man in 100 ml 0,005 m Natriumphosphatpuffer, p_H 6,6, auf und dialysiert über Nacht gegen 3—4 l desselben Puffers (neunfache Anreicherung des Enzyms bei 29% Ausbeute).

4. Die Enzymlösung wird auf eine Säule (4 × 25 cm) von Carboxymethylcellulose, die mit 0,005 m Natriumphosphatpuffer, p_H 6,6, vorbehandelt wurde, aufgegeben und das Enzym mit 100 ml desselben Puffers von der Säule wieder eluiert. Im Eluat fällt man das Enzym durch Ammoniumsulfat bei 50%iger Sättigung aus, zentrifugiert den Niederschlag ab, löst denselben in einer kleinen Menge von 0,005 m Natriumphosphatpuffer, p_H 6,9, auf und dialysiert über Nacht gegen denselben Puffer (zehnfache Anreicherung des Enzyms bei 19% Ausbeute). Die Enzymlösung wird für die folgende Reinigungsstufe in zwei bis drei Portionen von je 10—12 ml aufgeteilt.

5. 10—12 ml Enzymlösung chromatographiert man an einer Säule (2,5 × 20 cm) von Diäthylaminoäthylcellulose (DEAE-Cellulose), die mit 0,005 m Phosphatpuffer, p_H 6,9, vorbehandelt wurde. Die Elution des Enzyms erfolgt mit Hilfe eines linearen Gradientensystems zwischen je 150 ml von 0,005 m und 0,02 m Natriumphosphatpuffer, p_H 6,9, und zwischen je 250 ml von 0,02 m und 0,1 m Natriumphosphatpuffer von gleichem p_H. Es werden Fraktionen von je 10—12 ml Eluat gesammelt und diejenigen Fraktionen, die Enzymaktivität aufweisen (etwa Fraktionen 30—40), vereinigt und mit Ammoniumsulfat zu 50% gesättigt. Der abzentrifugierte Niederschlag wird in wenig 0,02 m Natriumphosphatpuffer, p_H 6,9, aufgelöst und über Nacht gegen denselben Puffer dialysiert (124fache Anreicherung der Enzymwirksamkeit bei 12% Ausbeute).

6. Die dialysierte Enzymlösung wird an DEAE-Cellulose rechromatographiert, wobei für das lineare Gradientensystem je 250 ml von 0,02 m und 0,1 m Natriumphosphatpuffer, p_H 6,9, zu verwenden sind. Die Enzymaktivität ist meistens in den Fraktionen 12—22 enthalten mit einem Anreicherungsfaktor von 380 bei 4% Ausbeute. Da es sich um das Apoenzym der Kynurenin-α-Ketoglutarsäure-Transaminase handelt, weist das Präparat ohne Zugabe von Pyridoxal-5'-phosphat keine Enzymwirksamkeit auf.

Eigenschaften. Da die Kynurenin-α-Ketoglutarsäure-Transaminase Pyridoxal-5'-phosphat als Coenzym benötigt, führt Vitamin B_6-Mangel zu einer Beeinträchtigung der Enzymaktivität. Bei der Ratte beträgt diese Reduktion in der Leber etwa 40%[1]. Dabei wird der im Zellplasma vorkommende Anteil des Enzyms wesentlich stärker geschädigt als der in den Mitochondrien lokalisierte Anteil[2]. Untersuchungen an dem gereinigten Apoenzym der Kynurenin-α-Ketoglutarsäure-Transaminase aus Pferdenieren haben gezeigt, daß Pyridoxal-5'-phosphat durch Pyridoxamin-5'-phosphat, nicht aber durch Pyridoxal ersetzt werden kann[3]. Während des Ablaufes der Transaminierungsreaktion zwischen Kynurenin und α-Ketoglutarsäure entsteht aus Pyridoxal-5'-phosphat Pyridoxamin-5'-phosphat. Umgekehrt wird bei der Inkubation des Apoenzyms mit Pyridoxamin-5'-phosphat und α-Ketoglutarsäure Pyridoxal-5'-phosphat gebildet[3].

Während die 165fach gereinigte Kynurenin-α-Ketoglutarsäure-Transaminase aus Rattennieren (bei neutralem p_H) Absorptionsmaxima bei 280 mμ (Proteinabsorption) und 410 mμ (Pyridoxal-5'-phosphat) sowie eine Schulter bei 330 mμ (Pyridoxamin-5'-phosphat?) aufweist[4], absorbiert das aus Pferdenieren 380fach gereinigte Apoenzym nur bei 280 mμ[3]. Die p_H-Optima liegen bei p_H 6,8 für das Enzym aus Rattennieren[4] und bei p_H 6,5 für das Enzympräparat aus Pferdenieren[3].

[1] Weber, F., u. O. Wiss: H. **331**, 124 (1963).
[2] Ogasawara, N., Y. Hagino and Y. Kotake: J. Biochem. **52**, 162 (1962).
[3] Ueno, Y., K. Hayashi and R. Shukuya: J. Biochem. **54**, 75 (1963).
[4] Ogasawara, N.: J. Vitaminol., Kyoto **8**, 292 (1962).

Am gereinigten Apoenzym der Kynurenin-α-Ketoglutarsäure-Transaminase aus Pferdenieren konnten folgende MICHAELIS-Konstanten ermittelt werden: $1{,}8 \times 10^{-3}$ M/l für L-Kynurenin, 10^{-4} M/l für α-Ketoglutarsäure, $1{,}4 \times 10^{-6}$ M/l für Pyridoxal-5'-phosphat und $2{,}6 \times 10^{-6}$ M/l für Pyridoxamin-5'-phosphat[1]. Weitere Angaben über MICHAELIS-Konstanten s. Tabelle 1.

Spezifität. Vermutlich transaminiert die Kynurenin-α-Ketoglutarsäure-Transaminase sowohl L-Kynurenin als auch L-3-Hydroxykynurenin mit α-Ketoglutarsäure unter Bildung von o-Amino- bzw. m-Hydroxy-o-aminobenzoylbrenztraubensäure und Glutaminsäure. Da die beiden Ketosäuren durch Ringschluß spontan Kynurensäure bzw. Xanthurensäure bilden, ist das Gleichgewicht der Transaminierungsreaktion zugunsten dieser Säuren verschoben[2]. Nach neueren Untersuchungen wird jedoch auch die Möglichkeit in Betracht gezogen, daß es sich bei Kynurenin-α-Ketoglutarsäure-Transaminase und 3-Hydroxykynurenin-α-Ketoglutarsäure-Transaminase um zwei verschiedene Enzyme handelt[3,4].

Während bei der Kynurenin-α-Ketoglutarsäure-Transaminase aus *Neurospora* die Aminogruppe des L-Kynurenins annähernd gleich gut auf Brenztraubensäure wie auf α-Ketoglutarsäure übertragen werden kann[5], ist bei dem Enzym aus tierischen Organen die Brenztraubensäure als Acceptor der Aminogruppe viel weniger wirksam[2,6]. Bei der gereinigten Kynurenin-α-Ketoglutarsäure-Transaminase aus Pferdenieren beträgt die Wirksamkeit von Brenztraubensäure oder Oxalessigsäure als Acceptor der Aminogruppe nur 20% von derjenigen der α-Ketoglutarsäure[1].

Tabelle 21. *Hemmung der Kynurenin-α-Ketoglutarsäure-Transaminase aus Rattennieren durch organische Säuren*[7].

Hemmer*	Hemmung in %	Hemmer*	Hemmung in %
n-Heptylsäure	8	Azelainsäure	35
Caprylsäure	15	Sebacinsäure	65
Pelargonsäure	24	Decandicarbonsäure-(1,10)**	74
Caprinsäure	41	Undecandicarbonsäure-(1,11)**	78
Glutarsäure	8	Tetradecandicarbonsäure-(1,14)**	87
2-Methylglutarsäure	15	Thiodibuttersäure	11
3-Methylglutarsäure	47	Citronensäure	9
2,2-Dimethylglutarsäure	35	α-Phenylbuttersäure	11
2,4-Dimethylglutarsäure	33	γ-Phenylbuttersäure	9
3,3-Dimethylglutarsäure	56	γ-Cyclohexylbuttersäure	64
3-Methyl-3-äthylglutarsäure	39	m-(Phenylendioxy)-diessigsäure	23
3,3-Diäthylglutarsäure	20	o-(Carboxymethoxy)-benzoesäure	38
3-Hydroxy-3-methylglutarsäure	27	Phthalsäure***	14
Adipinsäure	65	Isophthalsäure***	35
β-Hydromuconsäure	33	Chinolinsäure	8
β-Ketoadipinsäure	33	Diphensäure	30
Pimelinsäure	30	Naphthalindisulfosäure-(1,5)	24

* Wenn nicht anders vermerkt, betrug die Konzentration des Inhibitors 6×10^{-3} M/l.
** Bei 3×10^{-3} M/l gemessen.
*** Messung bei 12×10^{-3} M/l.

Inhibitoren. Die Aktivität der Kynurenin-α-Ketoglutarsäure-Transaminase wird durch eine Reihe verschiedener organischer Säuren kompetitiv gehemmt[7] (Tabelle 21). Die Hemmung des Enzyms durch Ester von oestrogenen Hormonen (Tabelle 22) beruht

[1] UENO, Y., K. HAYASHI and R. SHUKUYA: J. Biochem. **54**, 75 (1963).
[2] WISS, O.: H. **293**, 106 (1953).
[3] BROWN, R. R., M. J. THORNTON and J. M. PRICE: J. clin. Invest. **40**, 617 (1961).
[4] KORBITZ, B. C., J. M. PRICE and R. R. BROWN: J. Nutrit. **80**, 55 (1963).
[5] JAKOBY, W. B., and D. M. BONNER: J. biol. Ch. **221**, 689 (1956).
[6] MASON, M.: J. biol. Ch. **227**, 61 (1957).
[7] MASON, M.: J. biol. Ch. **234**, 2770 (1959).

wahrscheinlich auf einer Konkurrenz mit dem Pyridoxal-5'-phosphat um die Bindungsstellen zwischen Co- und Apoenzym[1]. Stilboestroldiphosphat und Oestradioldiphosphat sind dabei wirksamer als die entsprechenden Sulfatester[2]. Eine geringere Hemmwirkung als diese besitzen Oestronsulfat sowie Pregnandiolglucuronid und Gallensäuren (Tabelle 22). Nicht veresterte Oestrogene und Steroide wie Stilboestrol, 3-(6-Methoxy-2-naphthyl)-2,2-dimethylvaleriansäure, Oestron, Oestradiol, Pregnandiol, Hydroxybisnorcholensäure und Hydrocortison beeinträchtigen die Kynurenin-α-Ketoglutarsäure-Transaminaseaktivität nicht[1]. Angaben über die Hemmung des Enzyms durch verschiedene Kationen, Cyanidionen und Hydroxylamin[3] sind in Tabelle 23 enthalten.

Tabelle 22. *Hemmung der Kynurenin-α-Ketoglutarsäure-Transaminase aus Rattennieren durch Ester von Oestrogenen und Pregnandiol sowie durch Gallensäuren*[1].

Hemmer	Konzentration in Mol/l	Hemmung in %
Stilboestroldisulfat	10^{-5}	85
Oestradioldisulfat	10^{-5}	77
Oestronsulfat	10^{-3}	88
Pregnandiolglucuronid	10^{-3}	49
Desoxycholsäure	$1{,}5 \times 10^{-3}$	28
Lithocholsäure	$1{,}5 \times 10^{-3}$	17
Cholsäure	$1{,}5 \times 10^{-3}$	10
Dehydrocholsäure	$1{,}5 \times 10^{-3}$	7

Tabelle 23. *Hemmung der Kynurenin-α-Ketoglutarsäure-Transaminase aus Rattennieren durch anorganische Substanzen*[3].

Hemmer	Konzentration in Mol/l	Hemmung in %
NH_2OH	10^{-3}	100
Ni(II)-Ionen	10^{-2}	100
Sn(II)-Ionen	10^{-2}	99
Zn-Ionen	10^{-2}	99
Co(II)-Ionen	10^{-2}	97
Hg(II)-Ionen	10^{-2}	96
KCN	10^{-2}	95

Intraperitoneale Verabreichung von D,L-Penicillamin an Ratten (je 200 mg/kg an zwei aufeinanderfolgenden Tagen) hat eine Verringerung der Kynurenin-α-Ketoglutarsäure-Transaminasewirksamkeit im Cytoplasma der Nierenzellen um 50% zur Folge, während die in den Mitochondrien lokalisierte Enzymaktivität nicht reduziert wird[4].

Bestimmungsmethoden. Die Aktivität der Kynurenin-α-Ketoglutarsäure-Transaminase kann entweder durch Messung der gebildeten Glutaminsäure (vgl. dazu Tryptophan-α-Ketoglutarsäure-Transaminase, S. 822) oder durch Bestimmung der entstandenen Kynurensäure ermittelt werden.

Bestimmung von Kynurenin-α-Ketoglutarsäure-Transaminase nach **Mason**[5].

Prinzip:

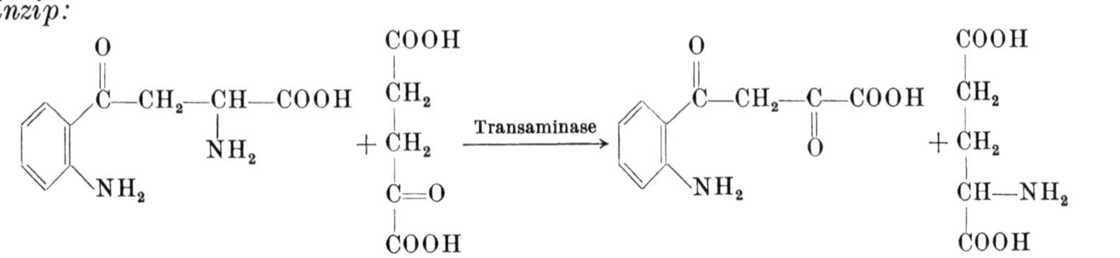

Kynurenin — α-Ketoglutarsäure — o-Aminobenzoylbrenztraubensäure — Glutaminsäure

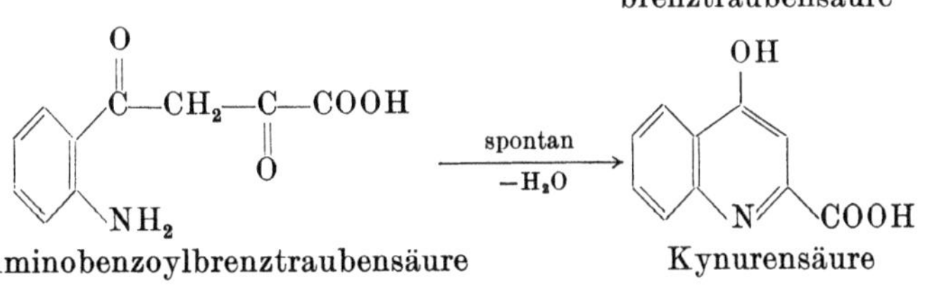

o-Aminobenzoylbrenztraubensäure — Kynurensäure

[1] Mason, M., and E. H. Gullekson: J. biol. Ch. **235**, 1312 (1960).
[2] Scardi, V., M. Iaccarino and E. Scarano: Biochem. J. **83**, 413 (1962).
[3] Ogasawara, N.: J. Vitaminol., Kyoto **8**, 292 (1962).
[4] Ogasawara, N., Y. Hagino and Y. Kotake: J. Biochem. **52**, 162 (1962).
[5] Mason, M.: J. biol. Ch. **211**, 839 (1954).

Die bei der Transaminierungsreaktion aus Kynurenin entstehende o-Aminobenzoylbrenztraubensäure bildet in spontaner Reaktion Kynurensäure, die spektrophotometrisch bestimmt wird. Die Inkubation erfolgt bei p_H 6,3, weil bei diesem p_H die Wirksamkeit der Kynureninase, die Kynurenin in Anthranilsäure und Alanin spaltet, verringert ist[1].

Reagentien:

1. 0,1 m Phosphatpuffer, p_H 6,3 (bei gereinigten Präparaten von Kynurenin-α-Ketoglutarsäure-Transaminase, die frei von Kynureninase sind, kann p_H 7,5 gewählt werden).
2. L-Kynureninlösung (20 mg/10 ml Puffer, p_H 6,3).
3. α-Ketoglutarsäurelösung (117 mg/10 ml Puffer, p_H 6,3).
4. Pyridoxal-5'-phosphatlösung, 6 mg-%ig in Puffer, p_H 6,3.
5. Borsäure, 1%ig in 95%igem Äthanol.

Ausführung:

1 ml Kynureninlösung, je 0,5 ml α-Ketoglutarsäure- und Pyridoxal-5'-phosphatlösung werden je nach Aktivität mit 0,2—1 ml Enzymlösung vermischt, wenn nötig mit Wasser auf 3 ml ergänzt und 1—2 Std bei 37° C inkubiert. Danach wird ein aliquoter Teil der Ansätze mit der 20fachen Menge Borsäure in Äthanol enteiweißt und im Filtrat die Konzentration der gebildeten Kynurensäure bei 330 mμ und die noch vorhandene Kynureninmenge bei 365 mμ gegen Borsäure in Äthanol gemessen.

Berechnung. Da Kynurenin bei 330 mμ ebenfalls absorbiert, ist die Messung der Kynurensäure bei dieser Wellenlänge durch die Absorption des Kynurenins zu korrigieren. Auf Grund der molaren Extinktionskoeffizienten der Substanzen (Tabelle 19) läßt sich die Korrektur für Kynurenin berechnen, indem die bei 365 mμ gemessene Extinktion des Kynurenins mit 0,4 multipliziert und von der bei 330 mμ gemessenen Extinktion der Kynurensäure abgezogen werden muß. Nach erfolgter Korrektur entspricht eine effektive Extinktionszunahme von 0,100 bei 330 mμ der Bildung von 2,14 μg Kynurensäure/ml Filtrat. Unter Berücksichtigung des Verdünnungsfaktors von 63 ergibt sich daraus eine Gesamtmenge von 134,8 μg Kynurensäure im Enzymansatz.

Die spezifische Enzymaktivität kann durch die Menge der gebildeten Kynurensäure/mg Protein angegeben werden.

Kynurenin-3-Hydroxylase.

[1.14.1.2 L-Kynurenin-$NADPH_2$:O_2-Oxydoreductase (3-hydroxylierend).]

Vorkommen und Normalwerte. Die für die Hydroxylierung von Kynurenin zu 3-Hydroxykynurenin verantwortliche Kynurenin-3-Hydroxylase kommt in besonders aktiver Form in Leber und Nieren von Ratten und Katzen vor (Tabelle 24). Die Lebern von

Tabelle 24. *Vorkommen und Wirksamkeit der Kynurenin-3-Hydroxylase*[2].

Vorkommen	Enzymaktivität (Menge des in 60 min gebildeten 3-Hydroxykynurenins)
Katzenleber .	0,791—1,231 mg/g Leber (Frischgewicht)
Katzennieren .	0,410—0,614 mg/g Nieren (Frischgewicht)
Rattenleber .	0,304—1,042 mg/g Leber (Frischgewicht)
Rattennieren .	0,186—0,372 mg/g Nieren (Frischgewicht)

Tauben, Mäusen, Meerschweinchen, Kaninchen, Schweinen, Kälbern und Rindern sowie Hefe enthalten das Enzym in geringerer Wirksamkeit[3,4]. Das Enzym ist in den Mitochondrien lokalisiert[3].

[1] MASON, M.: J. biol. Ch. **211**, 839 (1954).
[2] DE CASTRO, F. T., R. R. BROWN and J. M. PRICE: J. biol. Ch. **228**, 777 (1957).
[3] SAITO, Y., O. HAYAISHI, P. K. AYENGAR and S. ROTHBERG: Med. J. Osaka Univ. 8 (Suppl.), 37 (1958).
[4] HOTTA, K., I. ISHIGURO and Z. NAITO: Seikagaku **33**, 713 (1961) [Chem. Abstr. **56**, 12158 (1962)].

Transplantierte Hepatome der Ratte (NOVIKOFF-Hepatom, DUNNING-Hepatom) und der Maus (Hepatome 129 und 134) sowie primäre Hepatome der Ratte, die durch 4-Dimethylaminoazobenzol, 3′-Methyl- oder 4′-Fluor-4-dimethylaminoazobenzol induziert wurden, sind praktisch frei von Kynurenin-3-Hydroxylasewirksamkeit[1].

Darstellung. Kynurenin-3-Hydroxylase kann aus isolierten Mitochondrien nach den unten beschriebenen Methoden bei 4—14facher Anreicherung in Lösung gebracht werden. Die Isolierung der Lebermitochondrien erfolgt nach SCHNEIDER[2] (s. dieses Handb., Bd. II, S. 564).

***Isolierung der Kynurenin-3-Hydroxylase nach* STEVENS *und* HENDERSON[3].**

Das Enzym wird durch Behandlung von Mitochondrien in 0,25 m Rohrzuckerlösung mit der gleichen Menge 2%iger Natriumcholat- oder 1%iger Digitoninlösung während 90 min bei 0° C unter ständigem Rühren in Lösung gebracht. Die Mischung ist nach Zugabe des gleichen Volumens 0,25 m Rohrzuckerlösung bei 29000 × g und — 5° C 15—20 min zu zentrifugieren. Der Überstand wird anschließend 90 min bei 105000 × g oder 60 min bei 144000 × g zentrifugiert.

Nach Behandlung mit Natriumcholat ist die Kynurenin-3-Hydroxylase hauptsächlich im Überstand nach Zentrifugieren bei 144000 × g enthalten (fünffache Anreicherung), während das Enzym nach Behandlung mit Digitonin sowohl im Überstand als auch im Niederschlag nach Zentrifugieren bei 144000 × g vorhanden ist (10—14fache Anreicherung).

***Isolierung der Kynurenin-3-Hydroxylase nach* SAITO *u. Mitarb.*[4].**

Mitochondrien werden 5 min mit einem 200 W-Oscillator bei 10 kHz beschallt und anschließend 60 min bei 100000 × g zentrifugiert. Den Überstand fraktioniert man mit gesättigter Ammoniumsulfatlösung, die 1 % Ammoniak enthält. Das Enzym fällt zwischen 35 und 55 % Sättigung aus (2—4fache Anreicherung).

Eigenschaften. Kynurenin-3-Hydroxylase wandelt L-Kynurenin unter optimalen Bedingungen und bei genügendem Angebot von reduziertem Nicotinamid-adenindinucleotid-phosphat (NADPH) quantitativ in L-3-Hydroxykynurenin um. NADPH kann durch reduziertes Nicotinamid-adenindinucleotid (NADH) nicht ersetzt werden. Untersuchungen mit ^{18}O haben gezeigt, daß molekularer Sauerstoff für die Hydroxylierung des L-Kynurenins benötigt wird[4].

Über p_H-Optimum und MICHAELIS-Konstanten s. Tabelle 1.

Spezifität. Das Enzym ist spezifisch auf L-Kynurenin eingestellt und hydroxyliert das Substrat ausschließlich in der 3-Stellung. o-Hydroxybenzoylalanin und o-Nitrobenzoylalanin werden beträchtlich langsamer angegriffen als L-Kynurenin. D-Kynurenin, 5-Hydroxykynurenin, N^{α}-Acetylkynurenin, Kynuramin, o-Aminobenzoylpropionsäure, N′-Formylkynurenin und Anthranilsäure werden von dem Enzym nicht hydroxyliert.

Aktivatoren. Die Wirksamkeit der Kynurenin-3-Hydroxylase wird durch KSCN, NaN_3, KCl, NaCl und KBr um das 3—10fache gesteigert[4]. Maximale Aktivierung erfolgt bei 10^{-2} M/l für KCl und 5×10^{-3} M/l für NaN_3.

Inhibitoren. D,L-Nicotinoylalanin, das eine ähnliche Struktur wie Kynurenin aufweist, hemmt die Kynurenin-3-Hydroxylase in isolierten Rattenlebermitochondrien bei einem Substrat:Inhibitor-Verhältnis von 1:2 um 53 %[5].

Bestimmungsmethoden. Die Wirksamkeit der Kynurenin-3-Hydroxylase kann entweder manometrisch oder spektrophotometrisch, in diesem Falle durch Bestimmung des gebildeten Hydroxykynurenins oder durch Messung des NADPH-Verbrauches, ermittelt werden.

[1] KIZER, D. E., and B. A. HOWELL: J. nat. Cancer Inst. **30**, 675 (1963).
[2] SCHNEIDER, W. C.: J. biol. Ch. **176**, 259 (1948).
[3] STEVENS, C. O., and L. M. HENDERSON: J. biol. Ch. **234**, 1191 (1959).
[4] SAITO, Y., O. HAYAISHI and S. ROTHBERG: J. biol. Ch. **229**, 921 (1957).
[5] DECKER, R. H., R. R. BROWN and J. M. PRICE: J. biol. Ch. **238**, 1049 (1963).

***Bestimmung von Kynurenin-3-Hydroxylase nach* Saito *u. Mitarb.*[1].**

Prinzip:

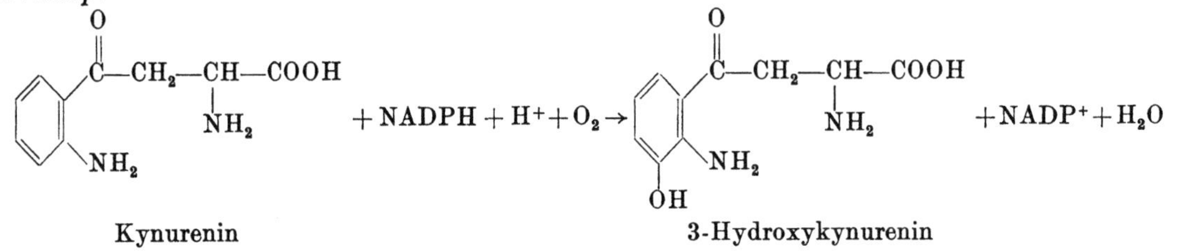

Die Enzymaktivität wird spektrophotometrisch durch Messung des NADPH-Verbrauches bei 340 mμ oder durch Bestimmung des gebildeten 3-Hydroxykynurenins bei 400 mμ ermittelt.

Reagentien:

1. 0,34 m Kaliumphosphatpuffer, p_H 8,0.
2. 0,1 m KCl-Lösung.
3. NADPH-Lösung (17 mg des Natriumsalzes/10 ml Wasser).
4. L-Kynureninlösung (20,8 mg/100 ml Wasser).

Ausführung:

Das Inkubationsgemisch in Quarzcuvetten besteht aus 0,3 ml Puffer, je 0,1 ml KCl-, NADPH- und Kynureninlösung sowie 0,05—0,4 ml Enzymlösung (je nach Aktivität) und ist, falls erforderlich, mit Wasser auf 1 ml zu ergänzen. Der Ablauf der Enzymreaktion wird im Spektrophotometer 15 min bei 23° C durch Messung der Extinktionsabnahme bei 340 mμ verfolgt. Die Meßwerte sind durch die endogene Oxydation von NADPH zu korrigieren, die sich aus einem Ansatz gleicher Zusammensetzung mit Ausnahme von Kynureninlösung unter den obigen Bedingungen ergibt. Als Blindwert dient jeweils ein entsprechender Ansatz ohne NADPH.

Die Enzymaktivität kann jedoch auch durch Zunahme der Absorption bei 400 mμ infolge 3-Hydroxykynureninbildung verfolgt werden.

Berechnung. Unter Berücksichtigung der molaren Extinktionskoeffizienten für NADPH, Kynurenin (3290) und 3-Hydroxykynurenin (2200) bei 340 mμ entspricht bei dieser Wellenlänge unter den obigen Bedingungen eine Extinktionsabnahme von 0,100 der Bildung von 3,08 μg 3-Hydroxykynurenin (bei Oxydation der äquivalenten Menge an NADPH).

Bei Verfolgung der Enzymreaktion bei 400 mμ entspricht unter Berücksichtigung der molaren Extinktionskoeffizienten für Kynurenin (1150) und 3-Hydroxykynurenin (2450) eine Extinktionszunahme von 0,100 der Bildung von 17,3 μg 3-Hydroxykynurenin.

Die spezifische Enzymaktivität ergibt sich aus der gebildeten Menge von 3-Hydroxykynurenin/mg Protein.

3-Hydroxyanthranilsäure-Oxydase.

[1.13.1.6 3-Hydroxyanthranilat: O_2-Oxydoreductase.]

Vorkommen und Normalwerte. 3-Hydroxyanthranilsäure-Oxydase spaltet 3-Hydroxyanthranilsäure zu Acrolein-amino-fumarsäure auf, welche nach Umlagerung zu Acrolein-amino-maleinsäure durch Ringschluß Chinolinsäure ergibt. Das Enzym konnte in Lebern und Nieren von Ratten, Schweinen, Rindern und Katzen nachgewiesen werden[2,3]. 3-Hydroxyanthranilsäure-Oxydase kommt im löslichen Proteinanteil der Zelle vor. Normalwerte für die Enzymwirksamkeit liegen bei einer Bildungsrate von 3,7 μg Acrolein-amino-fumarsäure/mg Protein von Ratten- oder Rinderleberhomogenat in 1 min[4].

[1] Saito, Y., O. Hayaishi and S. Rothberg: J. biol. Ch. **229**, 921 (1957).
[2] Wiss, O.: Z. Naturforsch. **9**b, 740 (1954).
[3] Miyake, A., A. H. Bokman and B. S. Schweigert: J. biol. Ch. **211**, 391 (1954).
[4] Iaccarino, M., E. Boeri and V. Scardi: Biochem. J. **78**, 65 (1961).

Darstellung. 3-Hydroxyanthranilsäure-Oxydase kann nach verschiedenen Methoden aus Schweineleber[1], Ratten- oder Rinderleber[2,3] zum Teil weitgehend gereinigt werden. Für die bisher stärkste Reinigung des Enzyms wurde Kalbsleber als Ausgangsmaterial verwendet[4].

***Reinigung der 3-Hydroxyanthranilsäure-Oxydase aus Schweineleber nach* Wiss *u. Mitarb.*[1].**

Acetontrockenpulver von Schweineleber wird mit der zehnfachen Menge 0,1 m Tris-(hydroxymethyl)-aminomethanpuffer, p_H 7,4, 15 min extrahiert. In dem durch Zentrifugieren gewonnenen Überstand wird durch Zugabe von festem Ammoniumsulfat bis zum Sättigungsgrad von 30% unwirksames Eiweiß gefällt und durch Zentrifugieren abgetrennt. Das wirksame Protein fällt bei 45% Sättigung mit Ammoniumsulfat aus. Der durch Zentrifugieren gewonnene Niederschlag wird in möglichst wenig 0,033 m Tris-(hydroxymethyl)-aminomethanpuffer, p_H 7,4, gelöst und gegen denselben Puffer einige Stunden dialysiert. Durch Lyophilisieren wird ein Enzymtrockenpulver gewonnen, das während einiger Wochen seine Aktivität behält.

***Reinigung der 3-Hydroxyanthranilsäure-Oxydase aus Kalbsleber nach* Vescia *und* di Prisco[4].**

Frische Kalbsleber (250 g) wird mit 500 ml kalter 0,25 m Rohrzuckerlösung in einem Messerhomogenisator 1 min lang bei 0° C homogenisiert. Nach Zentrifugation des Homogenates bei 18000 × g während 45 min verwirft man den Niederschlag, versetzt den Überstand mit 3-Hydroxyanthranilsäure (bis zu einer Endkonzentration von 3×10^{-4} M/l), Cystein (Endkonzentration $1{,}5 \times 10^{-3}$ M/l) und $FeSO_4 \times 7\,H_2O$ (10^{-3} M/l) und fügt tropfenweise unter leichtem mechanischen Rühren Aceton (auf −15° C abgekühlt) hinzu bis zu einer Endkonzentration von 45% (Vol.-%). Während der Proteinfällung mit Aceton ist die Temperatur bei −10° C zu halten. Die Suspension wird anschließend bei −10° C 10 min lang bei 3500 × g zentrifugiert, der Niederschlag verworfen und im Überstand die Acetonkonzentration auf 58% erhöht. Das ausgefallene Protein zentrifugiert man bei 3500 × g ab und löst es in 0,033 m Collidinpuffer, p_H 6,5, auf, wobei der Puffer 3-Hydroxyanthranilsäure, Cystein und $FeSO_4$ in denselben Endkonzentrationen enthält, wie oben angegeben ist. Die Proteinlösung dialysiert man bei 3° C gegen denselben Puffer, der vorher mit Stickstoff gesättigt wurde, um überschüssiges Aceton zu entfernen.

Die Enzymlösung wird anschließend unter mechanischem Rühren in einem Wasserbad auf 55° C erhitzt, 5 min lang bei dieser Temperatur gehalten, rasch in einem Eisbad wieder abgekühlt und durch Zentrifugation vom Niederschlag befreit. Das Erhitzen der Enzymlösung hat unter Ausschluß von Sauerstoff zu erfolgen, um die Inaktivierung des Enzyms (wahrscheinlich durch Oxydation des zweiwertigen Eisens) zu verhindern.

Die überstehende Enzymlösung versetzt man mit festem Ammoniumsulfat bis zu einer Sättigung von 35% (s. dieses Handbuch, Bd. IV/1, S. 33), zentrifugiert den Niederschlag ab und erhöht im Überstand die Salzkonzentration auf 52%. Der Niederschlag, der das Enzym enthält, wird durch Zentrifugation gewonnen, in $6{,}6 \times 10^{-3}$ m Collidinpuffer, p_H 6,5, der Cystein ($1{,}5 \times 10^{-3}$ M/l) und $FeSO_4 \times 7\,H_2O$ (10^{-3} M/l) enthält, aufgelöst und gegen denselben Puffer dialysiert, bis alles Ammoniumsulfat aus der Enzymlösung entfernt ist.

Es schließt sich eine Chromatographie der Enzymlösung an Carboxymethylcellulose (CM-Cellulose) an, wobei das Adsorbens zuerst gründlich mit 1 n NaOH und dann mit Wasser zu waschen ist, um überschüssiges Alkali zu entfernen. Unter Vakuum wird aus dem CM-Cellulosepulver (Na-Form) möglichst viel Luft entfernt und anschließend die

[1] Wiss, O., H. Simmer u. H. Peters: H. **304**, 221 (1956).
[2] Iaccarino, M., E. Boeri and V. Scardi: Biochem. J. **78**, 65 (1961).
[3] Decker, R. H., H. H. Kang, F. R. Leach and L. M. Henderson: J. biol. Ch. **236**, 3076 (1961).
[4] Vescia, A., and G. di Prisco: J. biol. Ch. **237**, 2318 (1962).

Säule (1×25 cm) präpariert. Sie wird mit Eisen(II)-Ionen, d.h. unter Verwendung von 3×10^{-3} M/l $FeSO_4 \times 7\,H_2O$ und 2×10^{-3} M/l Cystein in $6{,}6 \times 10^{-3}$ m Collidinpuffer, p_H 6,5, gesättigt, bevor die Enzymlösung aufgegeben wird. Die Chromatographie hat bei 3° C und unter Einleitung von Stickstoff in den Puffer während der ganzen Operation zu erfolgen. Nach dem Aufgeben der Enzymlösung läßt man Collidinpuffer, p_H 6,5, der Cystein ($1{,}5 \times 10^{-3}$ M/l) und $FeSO_4 \times 7\,H_2O$ (10^{-3} M/l) enthält, mit einer Fließgeschwindigkeit von 5 ml/Std durch die Säule laufen, wobei Fraktionen von je 2,5 ml gesammelt werden. Nach einer Laufzeit von etwa 10 Std enthalten die Fraktionen Enzymaktivität. Die Fraktionen mit der höchsten Aktivität sättigt man mit Ammoniumsulfat zu 75%, zentrifugiert den Niederschlag 20 min lang bei $15000 \times g$ ab, löst denselben in 1—2 ml Collidinpuffer auf und dialysiert gegen denselben Puffer, um alles Ammoniumsulfat aus der Enzymlösung zu entfernen.

Nach dieser Methode ist es gelungen, gegenüber dem Überstand des Leberhomogenates eine 3500fache Anreicherung der spezifischen Enzymaktivität zu erreichen.

Tabelle 25. *Inhibitoren der 3-Hydroxyanthranilsäure-Oxydase.*

Hemmer	Konzentration in Mol/l	Hemmung in %	Literatur
o-Phenanthrolin	10^{-3}	100	1
Äthylendiamin-tetraessigsäure	$1{,}4 \times 10^{-3}$	98	2
α,α'-Dipyridyl	$1{,}4 \times 10^{-3}$	92	2
Citronensäure	$1{,}4 \times 10^{-3}$	64	2
KCN	5×10^{-3}	80	3
p-Chlorquecksilberbenzoat	10^{-3}	72	4
$HgCl_2$	10^{-4}	60	5
Jodessigsäure	$1{,}4 \times 10^{-3}$	33	2
2,6-Dichlorphenol-indophenol	10^{-3}	85	6
Thionin	$1{,}1 \times 10^{-3}$	50	6
Methylenblau	8×10^{-4}	19	6

Eigenschaften. Die gereinigte 3-Hydroxyanthranilsäure-Oxydase ist sehr instabil und wird bei p_H 8,0 und Zimmertemperatur innerhalb von Minuten inaktiviert. Bei p_H 6,5 ist die Inaktivierung des Enzyms weniger rasch[7]. Durch Zugabe von $FeSO_4$ zu einer inaktiven Enzymlösung bei p_H 3,5 kann die 3-Hydroxyanthranilsäure-Oxydase wieder reaktiviert werden[8]. Vermutlich ist die Inaktivierung des Enzyms auf eine Oxydation der gebundenen Eisen(II)-Ionen durch molekularen Sauerstoff zurückzuführen[8]. Hinsichtlich der Funktion des Eisens bei der Katalyse durch 3-Hydroxyanthranilsäure-Oxydase erscheint es möglich, daß die Eisenionen mehr für die Bindung des Sauerstoffes als für die Bindung des Substrates an die Enzymoberfläche benötigt werden[8].

Bei einem sehr stark gereinigten Enzympräparat aus Kalbsleber wurde die Michaelis-Konstante für 3-Hydroxyanthranilsäure mit $7{,}7 \times 10^{-6}$ M/l ermittelt[9]. Weitere Angaben über p_H-Optimum, Michaelis-Konstante und Cofaktor s. Tabelle 1.

Aktivatoren. Die Aktivität der 3-Hydroxyanthranilsäure-Oxydase wird durch Zusatz von Eisen(II)-Ionen (10^{-3} M/l), vor allem in Gegenwart von Cystein ($3{,}3 \times 10^{-3}$ M/l) erheblich gesteigert[4]. Glutathion und Ascorbinsäure sind weniger wirksam als Cystein[6], oxydiertes Glutathion aktiviert das Enzym nicht[5].

Inhibitoren. Dialyse der 3-Hydroxyanthranilsäure-Oxydase gegen Tris-(hydroxymethyl)-aminomethanpuffer, der 0,1% 8-Hydroxychinolin enthält, führt zur beinahe völligen Inaktivierung des Enzyms. Zusatz von Eisen(II)-Ionen und Cystein zur Enzymlösung haben eine vollständige Reaktivierung zur Folge[4]. Die Hemmung des Enzyms durch Komplexbildner, SH-Reagentien und Redoxindicatoren ist aus Tabelle 25 er-

[1] Long, C. L., H. N. Hill, I. M. Weinstock and L. M. Henderson: J. biol. Ch. **211**, 405 (1954).
[2] Miyake, A., A. H. Bokman and B. S. Schweigert: J. biol. Ch. **211**, 391 (1954).
[3] Wiss, O.: Z. Naturforsch. **9b**, 740 (1954).
[4] Wiss, O.: Z. Naturforsch. **11b**, 54 (1956).
[5] Stevens, C. O., and L. M. Henderson: J. biol. Ch. **234**, 1188 (1959).
[6] Wiss, O.: Proc. int. Sympos. Enzyme Chem., Tokyo and Kyoto 1957. S. 200.
[7] Vescia, A., and G. di Prisco: J. biol. Ch. **237**, 2318 (1962).
[8] Mitchell, R. A., H. H. Kang and L. M. Henderson: J. biol. Ch. **238**, 1151 (1963).
[9] Di Prisco, G., A. Vescia and E. Boeri: Arch. Biochem. **95**, 400 (1961).

sichtlich. Die Hemmwirkung der Komplexbildner und SH-Reagentien auf die 3-Hydroxyanthranilsäure-Oxydase kann durch Eisen(II)-Ionen und Cystein oder Glutathion aufgehoben bzw. verhindert werden. Die Hemmung des Enzyms durch verschiedene Metallionen ist in Tabelle 26 zusammengestellt. Eisen(III)-Ionen, die zu den stärksten Inhibitoren der 3-Hydroxyanthranilsäure-Oxydase zählen, hemmen das Enzym auf nichtkompetitive Weise[1]. Tabelle 27 enthält eine Reihe von Substanzen mit ähnlicher Struktur wie das Substrat des Enzyms, die ebenfalls eine Hemmwirkung auf die 3-Hydroxyanthranilsäure-Oxydase ausüben. Dabei handelt es sich nur im Falle der Anthranilsäure um eine kompetitive Hemmung. Alle anderen Verbindungen hemmen das Enzym in nichtkompetitiver Weise[1]. Keine der in Tabelle 27 angeführten Substanzen kann vom Enzym als Substrat verwertet werden[1].

Bestimmungsmethoden. Die Aktivität der 3-Hydroxyanthranilsäure-Oxydase kann durch spektrophotometrische Messung der entstehenden Acrolein-amino-fumarsäure oder auch manometrisch bestimmt werden, wobei für die Oxydation von 1 M 3-Hydroxyanthranilsäure 1 M Sauerstoff verbraucht wird. Der optische Test ist jedoch viel empfindlicher als der manometrische.

Tabelle 26. *Hemmung der 3-Hydroxyanthranilsäure-Oxydase durch Metallionen.*

Hemmer	Konzentration in Mol/l	Hemmung in %	Literatur
Fe^{+++} .	5×10^{-4}	74	1
	9×10^{-4}	100	2
Cu^{++} . .	5×10^{-4}	76	1
	8×10^{-4}	100	2
Cd^{++} . .	10^{-3}	41	1
Mg^{++} .	10^{-3}	21	1
Ni^{++} . .	10^{-3}	21	1
Ca^{++} . .	10^{-3}	16	1
Mn^{++} .	10^{-3}	10	1

Tabelle 27. *Hemmung der 3-Hydroxyanthranilsäure-Oxydase durch Strukturanaloge der 3-Hydroxyanthranilsäure*[1].

Hemmer*	Hemmung in %
Anthranilsäure	45
m-Aminobenzoesäure .	41
p-Aminobenzoesäure .	36
o-Aminophenol	42
m-Aminophenol	0
p-Aminophenol	68
Salicylsäure	39
m-Hydroxybenzoesäure	43
p-Hydroxybenzoesäure .	29

* Bei einer Konzentration von 10^{-4} M/l und p_H 6,5 gemessen; bei p_H 8,0 ist die prozentuale Hemmung des Enzyms niedriger.

Bestimmung von 3-Hydroxyanthranilsäure-Oxydase nach Wiss[2,3].

Prinzip:

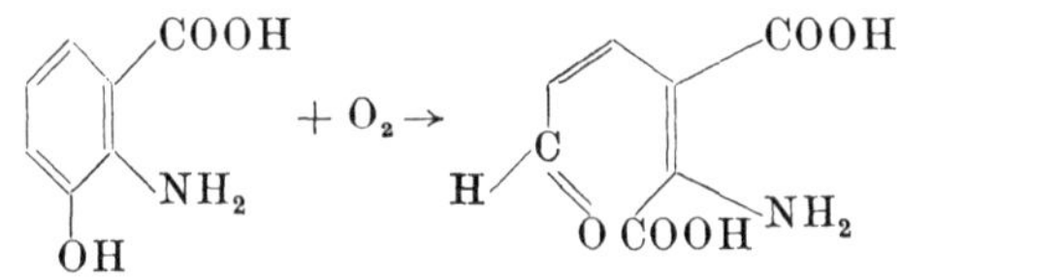

Acrolein-amino-fumarsäure, das Reaktionsprodukt der 3-Hydroxyanthranilsäure-Oxydasewirkung, weist im UV-Spektrum [in Tris-(hydroxymethyl)-aminomethanpuffer, p_H 7,4, gemessen] ein sehr hohes Absorptionsmaximum bei 360 mμ mit einem molaren Extinktionskoeffizienten von 47000 auf[4], das zur Ermittlung der Enzymaktivität verwendet wird. Um eine spontane Zersetzung der labilen Acrolein-amino-fumarsäure zu verhüten, erfolgt die Inkubation der Enzymansätze bei 0° C. Die tiefe Temperatur verhindert außerdem die nichtenzymatische Oxydation von 3-Hydroxyanthranilsäure, die über das Chinonimin zu gelben Farbstoffen führt. Cystein und Eisen(II)-Ionen wirken als Aktivatoren der 3-Hydroxyanthranilsäure-Oxydase.

[1] Vescia, A., and G. di Prisco: J. biol. Ch. **237**, 2318 (1962).
[2] Wiss, O.: Proc. int. Sympos. Enzyme Chem., Tokyo and Kyoto 1957. S. 200.
[3] Wiss, O.: Z. Naturforsch. **11b**, 54 (1956).
[4] Wiss, O., H. Simmer u. H. Peters: H. **304**, 221 (1956).

Reagentien:

1. 0,033 m Tris-(hydroxymethyl)-aminomethanpuffer, p_H 7,4.
2. Lösung von Ferroammoniumsulfat (MOHRsches Salz), 210 mg-%ig in Puffer, p_H 7,4.
3. Cysteinlösung, 240 mg-%ig in Puffer, p_H 7,4.
4. 3-Hydroxyanthranilsäurelösung (12 mg/10 ml Puffer, p_H 7,4). Lösung immer frisch herstellen.

Ausführung:

Je 0,5 ml Cysteinlösung und Ferroammoniumsulfatlösung werden mit 1 ml 3-Hydroxyanthranilsäurelösung und 0,2—1 ml Enzymlösung (je nach Aktivität) vermischt und, falls notwendig, mit Puffer auf 3 ml ergänzt. Nach Inkubation von 10 oder 20 min bei 0° C (Eiswasser) unter Schütteln werden 0,05 ml dem Reaktionsgefäß entnommen, zu 5 ml Puffer, p_H 7,4, in 2 cm-Cuvetten hinzugegeben und sofort die Extinktion bei 360 mμ ermittelt. Die Messung von Zwischenwerten während der Inkubation geschieht auf gleiche Weise.

Berechnung. Unter den obigen Bedingungen (2 cm-Cuvetten) entspricht eine Extinktionszunahme von 0,508 der Bildung von 1 μg Acrolein-amino-fumarsäure/ml des Meßansatzes. Bei Berücksichtigung der für die Absorptionsmessung notwendigen Verdünnung ergibt sich, daß bei einer Extinktionszunahme von 0,508 im gesamten Enzymansatz 303 μg Acrolein-amino-fumarsäure gebildet wurden (der Verdünnungsfaktor von 303 gilt für eine einmalige Entnahme von 0,05 ml aus dem Enzymansatz; bei mehrmaliger Entnahme von je 0,05 ml verringert sich der Verdünnungsfaktor jeweils um den Wert von 5).

Die spezifische Enzymaktivität kann durch die Extinktionszunahme/min und mg Protein oder durch die Menge der Acrolein-amino-fumarsäure/mg Protein in einer bestimmten Zeiteinheit angegeben werden.

5-Hydroxytryptophan-Decarboxylase.

[4.1.1.28 5-Hydroxy-L-tryptophan-Carboxy-Lyase.]

Vorkommen und Normalwerte. 5-Hydroxytryptophan-Decarboxylase, die Serotonin (5-Hydroxytryptamin) aus 5-Hydroxytryptophan bildet, kommt in zahlreichen Geweben des tierischen Organismus vor (Tabelle 28). Das Enzym konnte ferner in Mastzellen von Ratten und Mäusen nachgewiesen werden[1]. Über die Verteilung und Wirksamkeit der 5-Hydroxytryptophan-Decarboxylase in verschiedenen Geweben des zentralen Nervensystems sind Angaben in Tabelle 29 zusammengestellt. Das Enzym findet sich ausschließlich im löslichen Proteinanteil der Zelle[2].

Tabelle 28. *Vorkommen und Wirksamkeit der 5-Hydroxytryptophan-Decarboxylase*[3].

Die Enzymaktivität ist in mg-Mengen des in 60 min gebildeten Serotonins/g Organ (Trockengewicht) angegeben.

Organ	Meerschweinchen	Kaninchen	Ratten	Organ	Meerschweinchen	Kaninchen	Ratten
Nieren . .	10,90—14,78	4,23—8,63	2,64—5,28	Herz . . .	0,352	0,176	
Leber . .	1,76—2,29	0,35—0,70	3,70—5,81	Lunge . . .	0,176	0,176	0,176
Dünndarm	7,82—10,54	0,35—0,88	3,70—3,78	Milz . . .	0,176	0,176	0,176
Gehirn .	0,528	0,176	0,35—0,71	Nebennieren	0,528	0,176	

Darstellung. Für die Darstellung der 5-Hydroxytryptophan-Decarboxylase eignen sich besonders Nieren von Meerschweinchen, da diese eine hohe Enzymaktivität (vgl. Tabelle 28) aufweisen. Das Enzym kann 20fach bei 35—40% Ausbeute angereichert werden. Vgl. außerdem S. 860 unter Anmerkungen.

[1] SCHINDLER, R.: Biochem. Pharmacol. **1**, 323 (1958/59).
[2] LANGENDORFF, H., u. U. HAGEN: Naturwiss. **50**, 665 (1963).
[3] DAVIS, V. E., and J. AWAPARA: J. biol. Ch. **235**, 124 (1960).

Tabelle 29. *Vorkommen und Wirksamkeit der 5-Hydroxytryptophan-Decarboxylase in verschiedenen Geweben des zentralen Nervensystems*[1].

Die Enzymaktivität ist in μg-Mengen des in 60 min gebildeten Serotonins/g Gewebe (Frischgewicht) angegeben.

Gewebe	Rind	Schwein	Hund
Ganglion stellatum	44,7		
Vereinigtes Ganglion stellatum und Ganglion cervicale craniale			16,6
Pedunculi	6,7		
Pons VAROLI	2,6		
Medulla oblongata	2,6		4,7
Nucleus caudatus	0,6	12,7	
Hypothalamus	0,45	1,72	
Fundus des IV. Ventrikels		1,5	

***Reinigung der 5-Hydroxytryptophan-Decarboxylase nach* CLARK *u. Mitarb.*[2].**

Alle Reinigungsstufen sind bei 3—5° C auszuführen.

1. Nieren von Meerschweinchen werden mit der vierfachen Menge Wasser 1 min in einem Waring-Blendor homogenisiert und 30 min hochtourig zentrifugiert. Die auf dem Extrakt schwimmende Fettschicht entfernt man durch Absaugen.

2. Der Extrakt wird mit 55,9 ml einer gesättigten, auf p_H 8,0 eingestellten Ammoniumsulfatlösung/100 ml vermischt, 20 min in der Kälte stehen gelassen und 20 min hochtourig zentrifugiert. Den Überstand versetzt man mit 40 ml Ammoniumsulfatlösung/100 ml, läßt 20 min stehen und zentrifugiert 20 min bei hohen Touren. Den Niederschlag löst man in destilliertem Wasser ($^1/_{10}$ des Volumens des mit Ammoniumsulfatlösung vermischten Überstandes) auf und dialysiert 3 Std gegen destilliertes Wasser (fünffache Anreicherung des Enzyms bei 75% Ausbeute). Das Enzympräparat ist relativ stabil und kann in gefrorenem Zustand mehrere Wochen ohne große Aktivitätsverluste aufbewahrt werden.

3. Die dialysierte Enzymlösung (Proteingehalt etwa 15 mg/ml) stellt man mit 0,02 n Essigsäure auf p_H 5,8 ein, versetzt mit Aluminiumhydroxyd $C\gamma$[3] (1 mg Adsorbens/mg Protein), läßt 30 min bei gelegentlichem Umrühren stehen und zentrifugiert. Das niedergeschlagene Aluminiumhydroxyd $C\gamma$ wäscht man mit 10 ml destilliertem Wasser und eluiert die 5-Hydroxytryptophan-Decarboxylase vom Adsorbens viermal mit je 10 ml 0,1 m Phosphatpuffer, p_H 6,3 (20fache Anreicherung des Enzyms bei 35—40% Ausbeute). Das Enzympräparat ist nach dieser Reinigungsstufe sehr instabil und muß sofort verwendet werden.

Eigenschaften. Da 5-Hydroxytryptophan-Decarboxylase Pyridoxal-5'-phosphat als Coenzym benötigt, führt Vitamin B_6-Mangel der Ratte zu einer Beeinträchtigung der Enzymaktivität in Leber, Gehirn[4] und Nieren[5]. In Nieren von Vitamin B_6-Mangelratten konnte auch eine Verringerung der Apoenzymkonzentration nachgewiesen werden[6]. Im Gehirn von Vitamin B_6-Mangelratten, die Funktionsstörungen des Zentralnervensystems aufweisen, ist die Aktivität des Enzyms wesentlich stärker reduziert als bei Mangeltieren, die keine cerebralen Symptome zeigen[7, 8]. Verfütterung einer Tryptophan-Mangeldiät hat bei Ratten eine signifikante Erniedrigung der 5-Hydroxytryptophan-Decarboxylasewirksamkeit in der Leber zur Folge[9].

---

[1] GADDUM, J. H., and N. J. GIARMAN: Brit. J. Pharmacol. **11**, 88 (1956).
[2] CLARK, C. T., H. WEISSBACH and S. UDENFRIEND: J. biol. Ch. **210**, 139 (1954).
[3] BAUER, E.; in: Bamann-Myrbäck Bd. II, S. 1449.
[4] WISS, O., and F. WEBER: Med. J. Osaka Univ. **8** (Suppl.), 41 (1958).
[5] BUXTON, J., and H. M. SINCLAIR: Biochem. J. **62**, 27P (1956).
[6] BUZARD, J. A., and P. D. NYTCH: J. biol. Ch. **229**, 409 (1957).
[7] WEBER, F., u. O. WISS: H. **331**, 124 (1963).
[8] WISS, O., and F. WEBER: Vitamins & Hormones **22**, 495 (1964).
[9] REID, J. D., and D. M. SHEPHERD: Biochim. biophys. Acta **81**, 560 (1964).

Über p_H-Optimum und Michaelis-Konstante s. Tabelle 1.

Spezifität. 5-Hydroxytryptophan-Decarboxylase ist nach neueren Untersuchungen[1, 2] möglicherweise mit der 3,4-Dihydroxyphenylalanin-Decarboxylase (Dopa-Decarboxylase) identisch. Mit einem 25fach gereinigten Enzympräparat aus Nieren von Meerschweinchen konnten folgende Decarboxylierungen durchgeführt werden[2] (die in Klammern angegebenen Zahlen stellen die Menge der gebildeten biogenen Amine in μg/mg Protein/Std dar): 5-Hydroxytryptophan (1000), 3,4-Dihydroxyphenylalanin (3000), Tryptophan (40), Phenylalanin (15), Tyrosin (2) und Histidin (1). Das Konstantbleiben des Verhältnisses der Decarboxylierungsraten bei den verschiedenen Aminosäuren während der Reinigung des Enzyms sowie die gegenseitige kompetitive Hemmung der Enzymaktivität durch die verschiedenen Substrate und die Hemmung aller genannten Decarboxylierungsreaktionen durch 3,4-Dihydroxyphenyl-α-methylalanin (α-Methyl-Dopa) werden sogar als Hinweis dafür angesehen[2], daß es in tierischen Geweben möglicherweise nur eine einzige Decarboxylase aromatischer L-Aminosäuren gibt. Dafür spricht außerdem der Befund, daß in der Rattenleber die Aktivitäten der 5-Hydroxytryptophan-Decarboxylase, der Dopa-Decarboxylase und der Histidin-Decarboxylase durch Tryptophanmangel in gleichem Ausmaße reduziert werden[3].

Während die 5-Hydroxytryptophan-Decarboxylase auch 4-Hydroxytryptophan umsetzt[4], werden 6- und 2-Hydroxytryptophan sowie Ätherderivate von 5-Hydroxytryptophan oder in 5-Stellung anders substituierte Tryptophanderivate (Nitro- oder Aminogruppe)[4] nicht decarboxyliert.

Inhibitoren. Die Wirksamkeit der 5-Hydroxytryptophan-Decarboxylase wird durch eine Reihe von Substanzen, vor allem von einigen aromatischen Aminosäuren und Carbonsäuren, verschiedenen Aminen sowie Carbonylreagentien und Komplexbildnern gehemmt (Tabelle 30). Bei der Hemmung der Enzymaktivität durch L-Phenylalanin sowie Phenylbrenztraubensäure, -milchsäure und -essigsäure handelt es sich um eine kompetitive Hemmung[5]. Serotonin oder Tryptophan beeinflussen die Aktivität der 5-Hydroxytryptophan-Decarboxylase nicht[6].

Von besonderem Interesse ist die Hemmung der 5-Hydroxytryptophan-Decarboxylase durch α-Methylaminosäuren. Wenn das Enzym mit α-Methyl-Dopa oder α-Methyl-5-hydroxytryptophan in Abwesenheit von Pyridoxal-5'-phosphat oder Substrat vorinkubiert wird, so erhält man eine nichtkompetitive Hemmung des Enzyms. Erfolgt hingegen die Vorinkubation des Enzyms mit den α-Methylaminosäuren in Gegenwart von Pyridoxal-5'-phosphat oder werden Substrat und Inhibitor gleichzeitig mit dem Enzym bei Abwesenheit von Pyridoxal-5'-phosphat zusammengebracht, so ergibt sich eine kompetitive Hemmung der 5-Hydroxytryptophan-Decarboxylase[7]. Nur die L-Isomeren der α-Methylaminosäuren besitzen eine Hemmwirkung. α-Methylserotonin hemmt ebenfalls das Enzym, im Vergleich zu den α-Methylaminosäuren jedoch in einem geringeren Ausmaß[7].

Eine starke und irreversible Hemmung des Enzyms bewirken N^1-(D,L-Seryl)-N^2-(2,3,4-trihydroxybenzyl)-hydrazin[8, 9] und N-(2,3,4-Trihydroxybenzyl)-hydrazin[10].

Bestimmungsmethoden. Die Wirksamkeit der 5-Hydroxytryptophan-Decarboxylase kann manometrisch[11] durch Messung des freigesetzten Kohlendioxyds oder durch Bestim-

[1] Werle, E., u. D. Aures: Psychiat. Neurol., Basel **140**, 227 (1960).
[2] Udenfriend, S., W. M. Lovenberg and H. Weissbach: Fed. Proc. **19**, 7 (1960).
[3] Reid, J. D., and D. M. Shepherd: Biochim. biophys. Acta **81**, 560 (1964).
[4] Erspamer, V., A. Glässer, C. Pasini and G. Stoppani: Nature **189**, 483 (1961).
[5] Huang, I., and D. Yi-Yung Hsia: Proc. Soc. exp. Biol. Med. **112**, 81 (1963).
[6] Yuwiler, A., E. Geller and S. Eiduson: Arch. Biochem. **80**, 162 (1959).
[7] Lovenberg, W., J. Barchas, H. Weissbach and S. Udenfriend: Arch. Biochem. **103**, 9 (1963).
[8] Burkard, W. P., and K. F. Gey: Biochem. Pharmacol. **12** (Suppl.), 112 (1963).
[9] Pletscher, A., K. F. Gey u. W. P. Burkard: Helv. physiol. Acta **21**, C 46 (1963).
[10] Burkard, W. P., K. F. Gey and A. Pletscher: Arch. Biochem. **107**, 187 (1964).
[11] Clark, C. T., H. Weissbach and S. Udenfriend: J. biol. Ch. **210**, 139 (1954).

Tabelle 30. *Inhibitoren der 5-Hydroxytryptophan-Decarboxylase.*

Hemmer	Konzentration in Mol/l	Hemmung in %	Literatur
3,4-Dihydroxyphenyl-α-methylalanin (α-Methyl-Dopa)	10^{-4}	100	1
3,4-Dihydroxyphenylalanin	5×10^{-3}	78	2
L-Phenylalanin	$3{,}3 \times 10^{-2}$	13	3
Phenylessigsäure	$3{,}3 \times 10^{-2}$	83	3
Phenylbrenztraubensäure	$3{,}3 \times 10^{-2}$	79	3
Phenylmilchsäure	$3{,}3 \times 10^{-2}$	52	3
m-Hydroxyphenyl-propanolamin	5×10^{-3}	63	2
m-Hydroxytyramin	5×10^{-3}	53	2
Noradrenalin	5×10^{-3}	52	2
Semicarbazid · HCl	10^{-4}	75	4
NaSCN	10^{-3}	25	4
$NH_2OH \cdot HCl$	5×10^{-3}	70	4
Natriumnitroprussid	5×10^{-3}	40	4
KCN	5×10^{-3}	35	4
Thiosemicarbazid	5×10^{-3}	30	5
$NaHSO_3$	10^{-2}	50	4
Tetraäthylthiuram-disulfid	10^{-4}	35	4
Diphenylthiocarbazon	10^{-3}	35	4
Tetranatriumsalz der Äthylendiamintetraessigsäure	10^{-3}	35	4
3,5-Dimethylpyrazol	10^{-2}	25	4

mung des gebildeten Serotonins ermittelt werden. In letzterem Falle stehen für die Abtrennung des Serotonins vom 5-Hydroxytryptophan zwei Methoden zur Verfügung: Extraktion mit Butanol[6,7] und Chromatographie an Ionenaustauscher[8]. Quantitativ kann Serotonin entweder spektrophotometrisch[6,7], colorimetrisch[6,7] oder fluorometrisch bestimmt werden[9].

***Bestimmung von 5-Hydroxytryptophan-Decarboxylase nach* Clark *u. Mitarb.*[6,7].**

Prinzip:

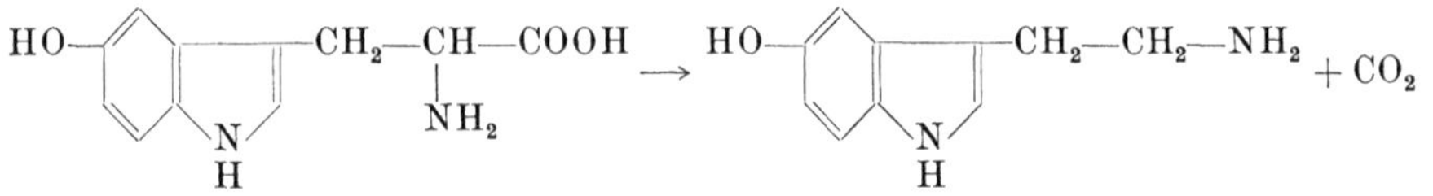

5-Hydroxytryptophan Serotonin Kohlendioxyd

Es wird das bei Ablauf der Enzymreaktion gebildete Serotonin (5-Hydroxytryptamin) spektrophotometrisch oder colorimetrisch bestimmt. Serotonin kann vom 5-Hydroxytryptophan abgetrennt werden durch Extraktion mit Butanol, Auswaschen des Extraktes (zur Entfernung von 5-Hydroxytryptophan, Tryptophan und anderen, die Nachweisreaktion störenden Substanzen) und Reextraktion des Serotonins aus Butanol mit wäßrigen Säuren.

Reagentien:

1. 0,25 m Phosphatpuffer, p_H 8,0.
2. D,L-5-Hydroxytryptophanlösung (22 mg/10 ml Puffer, p_H 8,0).

1 Smith, S. E.: Brit. J. Pharmacol. **15**, 319 (1960).
2 Buzard, J. A., and P. D. Nytch: J. biol. Ch. **234**, 884 (1959).
3 Davison, A. N., and M. Sandler: Nature **181**, 186 (1958).
4 Beiler, J. M., and G. J. Martin: J. biol. Ch. **211**, 39 (1954).
5 Yuwiler, A., E. Geller and S. Eiduson: Arch. Biochem. **80**, 162 (1959).
6 Clark, C. T., H. Weissbach and S. Udenfriend: J. biol. Ch. **210**, 139 (1954).
7 Udenfriend, S., H. Weissbach and C. T. Clark: J. biol. Ch. **215**, 337 (1955).
8 Davis, V. E., and J. Awapara: J. biol. Ch. **235**, 124 (1960).
9 Bogdanski, D. F., A. Pletscher, B. B. Brodie and S. Udenfriend: J. Pharmacol. exp. Therap. **117**, 82 (1956).

3. Pyridoxal-5'-phosphatlösung, 2 mg-%ig (etwa eine Woche bei 2° C haltbar).
4. Boratpuffer, ungefähr p_H 10: 94,2 g Borsäure werden in 3 l Wasser gelöst und mit 165 ml 10 n NaOH vermischt. Die Lösung wird mit 300 ml Butanol (s. unter 5.) und 1,2 kg NaCl durch Schütteln gesättigt. Nach Trennung der Phasen wird das überschüssige Butanol abgesaugt, das restliche NaCl als Bodensatz in der Flasche gelassen.
5. n-Butanol (mit derselben Menge 0,1 n NaOH, dann mit 0,1 n HCl ausgeschüttelt und zweimal mit destilliertem Wasser gewaschen).
6. Heptan (in der gleichen Weise wie n-Butanol behandelt).
7. 0,5 m Formiatpuffer, p_H 4,0 (wird nur zur spektrophotometrischen Bestimmung des Serotonins benötigt).

Wird das Serotonin colorimetrisch bestimmt, so werden die folgenden Reagentien benötigt:

8. 0,2 n HCl.
9. α-Nitroso-β-naphthollösung, 0,1%ig in 95%igem Äthanol.
10. Salpetrige Säure: Zu 5 ml 2 n H_2SO_4 werden 0,2 ml von 2,5%iger $NaNO_2$-Lösung hinzugegeben (täglich frisch herstellen).
11. Äthylenchlorid.

Ausführung:

1 ml 5-Hydroxytryptophanlösung, 0,5 ml Pyridoxal-5'-phosphatlösung und 0,5—2 ml Enzymlösung (je nach Aktivität) werden vermischt und, falls erforderlich, mit Wasser auf 3,5 ml ergänzt. Nach Inkubation unter Stickstoff bei 37° C in einem Thermostaten mit Schüttelvorrichtung während 30—60 min pipettiert man einen aliquoten Teil des Ansatzes (30—350 μg Serotonin enthaltend) in ein mit Schliffzapfen verschließbares Fläschchen, das bereits 1 ml Boratpuffer, 2 g NaCl und 15 ml Butanol enthält, schüttelt 5 min, dekantiert die Flüssigkeit vom denaturierten Protein und zentrifugiert 5 min bei 3000—4000 U/min in einem verschließbaren Zentrifugenglas zur Trennung der Phasen. Nach Entfernung der wäßrigen Phase durch Absaugen gibt man zur Butanolphase 15 ml Boratpuffer hinzu, schüttelt 5 min und läßt zur Trennung der Phasen stehen. Die wäßrige Phase wird wiederum abgesaugt, das Butanol erneut mit 15 ml Boratpuffer wie vorher gewaschen und zentrifugiert. Nach dem Absaugen der wäßrigen Phase entnimmt man aus der Butanolphase 10 ml, gibt diese in einem verschließbaren Zentrifugenglas zu einem Gemisch von 20 ml Heptan und 3 ml Formiatpuffer, wenn Serotonin spektrophotometrisch gemessen wird, bzw. zu einem Gemisch von 20 ml Heptan und 3 ml 0,2 n HCl, wenn die colorimetrische Bestimmung angewendet wird. Nach Schütteln (5 min) zentrifugiert man, saugt die überstehende organische Phase ab und bestimmt in der wäßrigen Phase das Serotonin nach einer der beiden folgenden Methoden.

Bei der spektrophotometrischen Methode mißt man die Absorption des Serotonins in Formiatpuffer bei 275 mμ gegen Puffer als Blindwert. Die Absorption verläuft bis zu 70 μg Serotonin/ml linear. Störende Verunreinigungen scheinen im Pufferextrakt nicht enthalten zu sein.

Zur Durchführung der colorimetrischen Bestimmung versetzt man 2 ml des salzsauren Serotoninextraktes (5—150 μg Serotonin enthaltend) mit 1 ml α-Nitroso-β-naphthollösung und 1 ml salpetriger Säure in einem verschließbaren Zentrifugenglas, schüttelt kurz durch, stellt das Glas 5 min in ein Wasserbad von 55° C, gibt 10 ml Äthylenchlorid (zur Extraktion des überschüssigen α-Nitroso-β-naphthols) hinzu und schüttelt 3—5 min. Nach kurzem Zentrifugieren bei niedrigen Tourenzahlen wird die überstehende, violett gefärbte Lösung abgesaugt und deren Absorption bei 540 mμ bestimmt. Die Farbverbindung des Serotonins ist mindestens 1 Std stabil.

Berechnung. Die Serotoninkonzentration wird aus einer Eichkurve abgelesen und unter Berücksichtigung, daß ein aliquoter Teil der Testansätze zur Serotoninbestimmung verwendet wurde, auf die Gesamtmenge des Serotonins im Enzymansatz umgerechnet.

Da bei der Verteilung von Serotonin zwischen Butanol und NaCl-gesättigtem Boratpuffer unter den obigen Bedingungen die Ausbeute an Serotonin ungefähr 85% beträgt, ist es notwendig, Serotonin-Standardlösungen für eine Eichkurve in genau gleicher Weise wie oben beschrieben zu behandeln.

Die spezifische Enzymaktivität wird durch die Menge des gebildeten Serotonins/mg Protein angegeben.

***Bestimmung von 5-Hydroxytryptophan-Decarboxylase nach* Davis *und* Awapara**[1].

Prinzip:

Die Konzentration des aus 5-Hydroxytryptophan gebildeten Serotonins wird spektrophotometrisch bestimmt. Die Abtrennung des Serotonins vom 5-Hydroxytryptophan erfolgt durch Chromatographie über Ionenaustauscher.

Reagentien:

1. 0,02 m Phosphatpuffer, p_H 8,0.
2. D,L-5-Hydroxytryptophanlösung (44 mg/10 ml Puffer, p_H 8,0).
3. Pyridoxal-5'-phosphatlösung, 2 mg-%ig (etwa eine Woche bei 2° C haltbar).
4. Äthanol.
5. Amberlite CG-50 (Rohm & Haas, Philadelphia), Typ 2, Maschenzahl 200—400, das in der H^+-Form zur Anwendung gelangt. Das Adsorbens ist wie folgt zu reinigen[2]: Zu 1,5 kg Adsorbens gibt man mindestens 3,5 l Wasser hinzu und rührt 20 min. Nach dem Absetzen des Adsorbens während 30 min werden der Schaum von der Oberfläche und die überstehende Suspension entfernt. Die Reinigung wird 4—5mal mit je 2 l Wasser wiederholt, bis die überstehende Flüssigkeit nach etwa 15 min dauerndem Absetzen des Adsorbens klar ist. Anschließend trocknet man das Adsorbens auf einer Nutsche an der Luft, gibt es danach zu 4 l Aceton hinzu, rührt 3 Std, filtriert und wäscht mit etwa 8 l Aceton, bis das Filtrat klar ist. Das an der Luft getrocknete Adsorbens suspendiert man nun in Wasser und rührt so lange, bis alle Luftblasen entwichen sind, und entfernt die letzten Acetonspuren durch Waschen des Adsorbens auf einem Filter mit 24 l Wasser. Zu dem Adsorbens in 5 l Wasser werden unter ständigem Rühren in 30 min 1,4 l 40%ige NaOH hinzugefügt (Anstieg des p_H-Wertes auf etwa 11). Das Rühren ist so lange fortzusetzen, bis keine Wärmeentwicklung mehr stattfindet (etwa 3 Std). Das Natriumsalz des Adsorbens wird fünfmal mit je 2 l Wasser durch Dekantieren und anschließend auf einem Filter mit ungefähr 12 l Wasser gewaschen, bis das Filtrat einen p_H-Wert von etwa 10 aufweist. Die Umwandlung des Adsorbens in die saure Form geschieht dadurch, daß man in 4 Std 10 l 3 n HCl durch das Adsorbens auf einem Filter durchlaufen läßt. Anschließend wird mit mindestens 6 l Wasser gewaschen.
6. 4 n Essigsäure.

Ausführung:

Die Enzymansätze, bestehend aus je 0,5 ml 5-Hydroxytryptophan- und Pyridoxal-5'-phosphatlösung sowie 1 ml Enzymlösung werden nach Inkubation während 20—60 min unter Stickstoff bei 37° C mit 7 ml Äthanol und durch Erhitzen im kochenden Wasserbad (1 min) enteiweißt und 5 min bei 2000 U/min zentrifugiert. Der Überstand sowie zweimal je 3 ml Wasser nach dem Ausspülen der Zentrifugenbecher, werden in einem 50 ml Erlenmeyer-Kölbchen zu 1 g Amberlite CG-50 H^+ hinzugegeben. Das Kölbchen wird mit Stickstoff begast, mit Schliffzapfen oder Parafilm (Marathon, American Can Co. Menasha, Wisconsin) verschlossen und 1 Std geschüttelt. Danach gießt man die Suspension in eine Chromatographiesäule (1 cm Durchmesser, 25 cm hoch), die bereits 1 g Adsorbens enthält, spült das Kölbchen zweimal mit je 5 ml Wasser aus und gibt das Waschwasser ebenfalls auf die Säule. Nach dem Waschen der Säule mit 100 ml Wasser wird das

---

[1] Davis, V. E., and J. Awapara: J. biol. Ch. **235**, 124 (1960).

[2] Hirs, C. H. W., S. Moore and W. H. Stein: J. biol. Ch. **200**, 493 (1953).

Serotonin mit 20 ml 4 n Essigsäure eluiert. Die Konzentration des Serotonins im Eluat wird spektrophotometrisch bei 279 mμ bestimmt.

Berechnung. Die Konzentrationsbestimmung des Serotonins erfolgt nach einer Eichkurve. Die spezifische Enzymaktivität wird durch die Menge des gebildeten Serotonins/mg Protein angegeben.

Manometrische Bestimmung von 5-Hydroxytryptophan-Decarboxylase nach CLARK ***u. Mitarb.***[1].

Es wird die im Verlaufe der Enzymreaktion aus 5-Hydroxytryptophan freigesetzte CO_2-Menge nach der üblichen Methode bestimmt. WARBURG-Gefäße mit zwei Birnen enthalten im Hauptraum 0,5—2 ml Enzymlösung, 0,1 ml 10 mg-%ige Pyridoxal-5'-phosphatlösung und, falls notwendig, Wasser bis zum Endvolumen von 2,1 ml. In dem einen Seitenarm des Gefäßes befinden sich 0,5 ml D,L-5-Hydroxytryptophanlösung (44 mg/5 ml 0,2 m Phosphatpuffer, p_H 8,0), im zweiten Seitenarm 0,1 ml 4 n H_2SO_4. Die Gefäße werden 5 min mit Stickstoff begast, Inkubation erfolgt bei 37° C. Ein Leerwert, der an Stelle von 5-Hydroxytryptophanlösung Phosphatpuffer enthält, dient zur Korrektur der Meßergebnisse durch das in den Testlösungen vorhandene Kohlendioxyd.

Die spezifische Enzymaktivität kann durch die Menge des gebildeten Kohlendioxyds/Std und mg Protein angegeben werden.

Anmerkungen bei der Korrektur.

LOVENBERG et al.[2] haben die 5-Hydroxytryptophan-Decarboxylase aus Nieren von Meerschweinchen bis zur 100fachen Anreicherung der spezifischen Enzymaktivität gereinigt, indem sie die Eluate nach der Adsorption an Aluminiumhydroxyd C_γ (s. S. 855) an Diäthylaminoäthylcellulose (DEAE-Cellulose) chromatographierten: 30—50 ml C_γ-Eluat (2—4 mg Protein/ml enthaltend) wurden gegen 0,005 m Phosphatpuffer, p_H 7,0, dialysiert, auf eine DEAE-Cellulosesäule (1,5 × 10 cm), die mit 0,005 m Phosphatpuffer, p_H 7,0, vorbehandelt wurde, aufgegeben und dann einer Gradientenelution mit 500 ml 0,005 m Phosphatpuffer, p_H 7,0, im unteren Mischgefäß und 0,03 m Phosphatpuffer, p_H 7,0, im oberen Gefäß unterworfen. Man sammelte Fraktionen von je 12 ml; das Enzym wurde bei einer Phosphatkonzentration von etwa 0,008 m eluiert. Das so gewonnene Enzympräparat ist relativ stabil; bei Aufbewahrung bei 3° C während 10 Tagen verliert es weniger als 40 % an Aktivität.

Das Enzympräparat vermag alle natürlich vorkommenden aromatischen L-Aminosäuren bei unterschiedlichem Aktivitätsverhältnis zu decarboxylieren, so daß die Autoren für dieses Enzym die Bezeichnung „Aromatische L-Aminosäuren-Decarboxylase" vorziehen (vgl. S. 856 unter Spezifität).

Im Gegensatz zu diesem Enzympräparat gewannen AWAPARA et al.[3] ein 80fach gereinigtes Enzym aus Rattenleber, das nur o-Tyrosin, m-Tyrosin, 3,4-Dihydroxyphenylalanin und 5-Hydroxytryptophan, nicht aber p-Tyrosin, Histidin und Tryptophan decarboxyliert. Die Reinigungsstufen bestanden aus Hitzeinaktivierung, Fraktionierung mit Ammoniumsulfat, Chromatographie an Sephadex-25 und anschließend an DEAE-Sephadex-A-50, Fällung mit Ammoniumsulfat und Rechromatographie an DEAE-Sephadex-A-50. Das UV-Spektrum des Enzympräparates weist außer der Proteinabsorption ein Absorptionsmaximum bei 415 mμ auf, das auf gebundenes Pyridoxal-5'-phosphat zurückzuführen ist.

---
[1] CLARK, C. T., H. WEISSBACH and S. UDENFRIEND: J. biol. Ch. **210**, 139 (1954).
[2] LOVENBERG, W., H. WEISSBACH and S. UDENFRIEND: J. biol. Ch. **237**, 89 (1962).
[3] AWAPARA, J., R. P. SANDMAN and C. HANLY: Arch. Biochem. **98**, 520 (1962).

Cholinacylasen.

[2.3.1.6 Acetyl-CoA:Cholin-O-Acetyltransferasen.]
(Cholinacetylasen; Cholinacetyltransferasen.)

Von

Wolfgang Hardegg*.

Definition. Als Cholinacylasen** werden Enzyme bezeichnet, die einen Acylrest von einem Acyl-CoA auf Cholin oder einen ihm nahe verwandten Alkohol übertragen.

Der Begriff Cholinacetylase wurde 1943 zum erstenmal von NACHMANSOHN und MACHADO[1] geprägt; sie wiesen nach, daß Extrakte aus Gehirn und elektrischen Organen Cholin bei Anwesenheit von ATP acetylieren. Die Annahme, daß nur *ein* Enzym die Reaktion zwischen Acyldonator, Cholin, ATP und CoA katalysiert, ließ sich nicht halten; die ChA sind nur für die Übertragung des Acylrestes von einem Acyl-CoA auf Cholin verantwortlich[2].

Vorkommen. Die Daten über das Vorkommen der ChA sind bis in die neueste Zeit sehr ausführlich in der Übersicht von HEBB[3] zusammengestellt worden. Auf eine gesonderte Darstellung kann daher verzichtet werden. Bei den bestehenden Schwierigkeiten für eine exakte Messung der ChA sind die Literaturangaben zum großen Teil nur für qualitative Vergleiche geeignet. Die quantitativen Daten sind kritisch zu betrachten, da mit den verschiedenen Methoden keineswegs übereinstimmende Ergebnisse erzielt werden. Aus der in vitro bestimmten ChA-Aktivität, die bezüglich der Substratkonzentrationen unter optimalen Bedingungen gemessen werden muß, sind Schlüsse auf die physiologische Funktion von Acetylcholin in dem betreffenden Gewebe nur erlaubt, wenn sorgfältige Kontrollexperimente annehmen lassen, daß der Ester auch in vivo mit genügender Geschwindigkeit synthetisiert werden kann. Auf das Vorhandensein konkurrierender Enzymsysteme, die Acetyl-CoA verbrauchen, und auf eine mögliche partielle Inaktivierung der ChA ist unbedingt zu achten.

Darstellung. Die ChA benötigen für ihre volle Aktivität ein komplexes Reaktionssystem, dessen Zusammensetzung und Funktionen im einzelnen auch heute noch nicht eindeutig geklärt sind. Durch die verschiedenen gängigen Reinigungsprozeduren können notwendige Bestandteile entfernt werden, wodurch die Ausbeute scheinbar verringert wird. Es empfehlen sich daher entsprechende Kontrollansätze, wenn sie die Fragestellung erforderlich macht. Bei dem ersten Nachweis einer ACh-Synthese in zellfreien Extrakten aus dem Gehirn und aus elektrischen Organen[4] wurde eine vernünftig meßbare Aktivität nur durch den Zusatz von ATP und Natriumfluorid erzielt, jedoch war das Enzympräparat sehr instabil. Größere Stabilität zeigten Extrakte aus Acetontrockenpulver von Ratten- und Meerschweinchengehirn[5]. Sehr viel höhere Aktivitäten wurden in Extrakten

Abkürzungen: ACh = Acetylcholin; ChA = Cholinacylase.

* Physiologisches Institut der Ruprecht-Karl-Universität Heidelberg.

** Zusammenfassende Literatur: FELDBERG, W.: Meth. med. Res. **3**, 95 (1950). — BERMAN REISBERG, R.: Yale J. Biol. Med. **29**, 403 (1957). — HEBB, C. O.: Physiol. Rev. **37**, 196 (1957); in: Handb. Heffter, Bd. XV, S. 55. — WHITTAKER, V. P.; in: Handb. Heffter, Bd. XV, S. 1. — NACHMANSOHN, D.; in: Handb. Heffter, Bd. XV, S. 40. — SMALLMAN, B. N.: Meth. med. Res. **9**, 203 (1961). — NACHMANSOHN, D., and I. B. WILSON; in: Colowick-Kaplan, Meth. Enzymol. Vol. I, S. 619 (1955). — NACHMANSOHN, S.: Chemical and Molecular Basis of Nerve Activity. New York 1959. — MARQUARDT, P., u. H. FALK: Arzneim.-Forsch. **6**, 168, 309 (1956); **7**, 203 (1957).

[1] NACHMANSOHN, D., u. A. L. MACHADO: J. Neurophysiol. **6**, 397 (1943).

[2] KOREY, S. R., B. DE BRAGANZA and D. NACHMANSOHN: J. biol. Ch. **189**, 705 (1951).

[3] HEBB, C.; in: Handb. Heffter, Bd. XV, S. 63f.

[4] NACHMANSOHN, D., and A. L. MACHADO: J. Neurophysiol. **6**, 397 (1943).

[5] NACHMANSOHN, D., and H. M. JOHN: Proc. Soc. exp. Biol. Med. **57**, 361 (1944); J. biol. Ch. **158**, 157 (1945). — NACHMANSOHN, D., and M. BERMAN: J. biol. Ch. **165**, 551 (1946).

aus Acetontrockenpulver von Kopfganglien des Tintenfisches gemessen[1]. Die ChA gehören zu den Sulfhydrylenzymen[2, 3], für ihre volle Aktivität ist die Anwesenheit von Cystein und EDTA erforderlich. (Über weitere Einzelheiten s. den Abschnitt Bestimmungsmethoden.)

Die Synthese von ACh kann in Gewebsschnitten, Homogenaten und in aufbereitetem Gewebe (z.B. Acetontrockenpulver) nach Reinigung gemessen werden.

Gewebsschnitte. Die Schnitte werden aerob inkubiert. Als Puffer kann Phosphat oder Hydrogencarbonat verwendet werden. Im letzteren Falle muß das Gasgemisch 5—7% CO_2, je nach dem gewünschten p_H-Wert, enthalten. Zusatz von Acetat, Cholin und CoA ist zu empfehlen, um eine höhere Synthesegeschwindigkeit zu erreichen. Die optimale Temperatur ist jeweils festzustellen. Bei 37° C ist die Synthesegeschwindigkeit bei Säugergewebe höher als bei tieferen Temperaturen, allerdings verläuft die Geschwindigkeit bei höheren Temperaturen häufig nicht linear. Letzteres ist in jedem Fall zu prüfen. Bezüglich der Einzelheiten s. u.a.[4, 5]. Die Gewebsschnittmethode hat den Vorteil, daß sie den physiologischen Verhältnissen besser entspricht als die Messung in Homogenaten oder in gereinigten Enzympräparaten. Es muß aber beachtet werden, daß die Ergebnisse keineswegs allein auf die Aktivität der ChA zu beziehen sind, sondern durch die Geschwindigkeit der Bildung und der Zufuhr der Substrate Acetyl-CoA und Cholin und die Akkumulation des Produktes ACh stark beeinflußt werden können (s. dazu die Abschnitte über subcelluläres Vorkommen, Bestimmung und Hemmung der ChA).

Homogenate. Die Aktivität der ACh-Synthese in Gewebshomogenaten ist in vielen Fällen geringer als in Extrakten aus Acetontrockenpulver. Die Ursache kann zum Teil darin liegen, daß die ChA an subcelluläre Strukturen gebunden ist, die erst durch massivere Einwirkungen zerstört werden und das Enzym freisetzen[6]. Allerdings liegt eine Reihe von Beobachtungen vor, die sich mit dieser Annahme nicht erklären lassen. Die Aktivität von Homogenaten aus Kaninchengehirn läßt sich durch Behandlung mit Äther, Aceton oder in geringerem Umfang mit Chloroform erhöhen[6]: Das Homogenat wird 1:1 bis 1:3 mit einer höherkonzentrierten NaCl-Lösung verdünnt, so daß die Endkonzentration an NaCl mindestens 1% beträgt. Nach Zusatz von 0,25 ml Äther/ml Enzymlösung läßt man das Präparat unter gelegentlichem Umschütteln 20 min in der Kälte stehen[7] und entfernt den Äther anschließend in einem Strom von N_2.

Acetontrockenpulver. Häufig wurde als Enzympräparat Acetontrockenpulver benutzt, das eine recht hohe Stabilität besitzt und dessen Aktivität durchschnittlich höher liegt als die frischer Homogenate. Da Ausnahmen vorkommen (z.B. beim Frosch), empfehlen sich bei Untersuchungen von Geweben, über die noch keine hinreichenden Erfahrungen vorliegen, Kontrollansätze. Acetontrockenpulver wird besonders bei Geweben von Säugetieren und Vögeln als günstig bezeichnet, es ist aber auch bei anderen Vertebraten und Invertebraten und als Ausgangsmaterial zur weiteren Reinigung geeignet. Für seine Herstellung werden hier zwei Vorschriften angeführt:

Herstellung von Cholinacylase enthaltendem Acetontrockenpulver aus Kopfganglien des Tintenfisches nach Korey *u. Mitarb.*[8]

40—60 g gefrorene Kopfganglien werden in 100—150 ml kaltem 0,001 m Na_2HPO_4-Puffer, der auf p_H 7 eingestellt wird, homogenisiert. Die Suspension gibt man in 3 l Aceton (— 2° C). Nach 10 min wird filtriert und das Präcipitat in 2 l Aceton reextrahiert.

[1] Nachmansohn, D., and M. S. Weiss: J. biol. Ch. **172**, 677 (1948).
[2] Nachmansohn, D., and A. L. Machado: J. Neurophysiol. **6**, 397 (1943).
[3] Berman Reisberg, R.: Biochim. biophys. Acta **14**, 442 (1954). Yale J. Biol. Med. **29**, 403 (1957).
[4] Mann, P. J. G., M. Tennenbaum and J. H. Quastel: Biochem. J. **32**, 243 (1938); **33**, 822 (1939).
[5] Braganca, B. M., P. Faulkner and J. H. Quastel: Biochim. biophys. Acta **10**, 83 (1953).
[6] Hebb, C. O., and B. N. Smallman: J. Physiol., London **134**, 385 (1956).
[7] Hebb, C.: Handb. Heffter, Bd. XV, S. 61.
[8] Korey, S. R., B. de Braganza and D. Nachmansohn: J. biol. Ch. **189**, 705 (1951).

Nach 30 min wird erneut filtriert; das Präcipitat läßt man in der Luft trocknen. Ausbeute 2 g aus 10 g Frischgewebe. Bei Aufbewahrung in der Kälte (— 10° C) bleibt die Aktivität mehr als 1 Jahr erhalten. Für den Versuch wird das Trockenpulver bei 10° C über 1 Std in Puffer (40 mg/ml) extrahiert. Die überstehende Flüssigkeit nach Zentrifugieren wird als Enzymlösung benutzt.

***Herstellung von Cholinacylase enthaltendem Acetontrockenpulver aus Warmblütergewebe nach* Hebb[1].**

Das Gewebe wird gewogen, auf etwa 0° C abgekühlt und in einen kalten Mörser gegeben, dessen Volumen mindestens 100mal größer ist als das des Gewebes. Nach Zugabe des 100fachen Volumens an trockenem Aceton, das vorher auf — 10° C abgekühlt wurde, wird das Gewebe mit dem Pistill zerquetscht und das überstehende Aceton durch einen Büchner-Trichter, der mit zwei Lagen Filterpapier (Whatman Nr. 30) bestückt ist, gegossen. Die Extraktion wird 4—6mal mit jeweils der Hälfte des ursprünglichen Acetonvolumens, weiterem Zerquetschen des Gewebes und Abgießen des überstehenden Acetons wiederholt, bis das Gewebe völlig maceriert und zu einem feinen Pulver zerfallen ist. Das Pulver wird nach der letzten Extraktion 5 min im Trichter und anschließend auf dem Filterpapier in einem Exsiccator im Vakuum über Phosphorpentoxyd bei 3—10° C 3—5 Std getrocknet. Nach dem Trocknungsprozeß wiegt man das Pulver und suspendiert es (10—100 mg/ml) in frischer, eiskalter und neutralisierter 0,9 %iger NaCl-Lösung mit einem Zusatz von 3 mg/ml L-Cystein-HCl. Die Suspension wird bei — 15° C aufbewahrt und vor dem Versuch 8—10 min zentrifugiert. Die überstehende Flüssigkeit dient als Enzympräparat.

Reinigungsverfahren. Völlig reine oder auch nur annähernd reine ChA-Präparate liegen bis heute nicht vor. ChA wurde u.a. aus Kopfganglien des Tintenfisches durch Ammoniumsulfatfällung und Adsorption an Calciumphosphatgel[2], aus Taubenleber (ChA III) durch Ammoniumsulfatfällung[3] und aus dem Kopf von Hausfliegen durch Ammoniumsulfatfällung[4] angereichert. Möglicherweise läßt sich durch Hochspannungselektrophorese eine weitere Reinigung verschiedener ChA erreichen, s. [5]. Mehrfach wurde das von Kumagai und Ebashi[6] angegebene Verfahren zur Reinigung der ChA aus Gehirn verwendet.

***Darstellung eines gereinigten Cholinacylase-Präparates aus Gehirn nach* Kumagai *und* Ebashi[6].**

a) 1 g gefriergetrocknetes Gehirnpulver in 10 ml 0,02 m Phosphatpuffer (p_H 6,8) suspendieren.

b) 20 min bei 1500 × g zentrifugieren, Überstand mit Essigsäure auf p_H 4,5 einstellen und auf 0° C abgekühlt 5 Std oder länger stehenlassen, anschließend zentrifugieren.

c) Klaren Überstand bis p_H 6,8 neutralisieren, 15 g/100 ml Ammoniumsulfat zusetzen, zentrifugieren.

d) Zum Überstand Ammoniumsulfat zusetzen, bis eine Endkonzentration von 35 g pro 100 ml erreicht ist, zentrifugieren.

e) Bodensatz in 1 ml 0,02 m Phosphatpuffer (p_H 6,8) aufschwemmen und gegen den gleichen Puffer dialysieren.

f) Lösung mit Essigsäure auf p_H 5,0 einstellen und 30 min auf 0° C abgekühlt stehenlassen, zentrifugieren.

g) Überstand bis p_H 6,8 neutralisieren.

[1] Hebb, C. O.: Quart. J. exp. Physiol. **40**, 176 (1955). Handb. Heffter, Bd. XV, S. 60.
[2] Berman, R., I. B. Wilson and D. Nachmansohn: Biochim. biophys. Acta **12**, 315 (1953).
[3] Berry, J. F., and V. P. Whittaker: Biochem. J. **73**, 447 (1959).
[4] Boccacci, M., G. Natalizi and S. Bettini: J. Insect Physiol. **4**, 20 (1960). — Mehrotra, K. N.: J. Insect Physiol. **6**, 215 (1961).
[5] Rentsch, G.: Naturwissensch. **48**, 308 (1961).
[6] Kumagai, H., and S. Ebashi: Nature **173**, 871 (1954).

Bei allen Reinigungsschritten soll die Temperatur nicht über 4° C ansteigen. Das Präparat enthält keine acetataktivierenden Systeme mehr. Die Methode kann auch für frisches Gehirn verwendet werden, die besten Resultate wurden allerdings mit gefriergetrocknetem Gehirn (Meerschweinchen) erzielt.

In Anlehnung an diese Methode wurde ein Verfahren zur Anreicherung von ChA aus menschlicher Placenta angegeben, das zu einer zehnfachen Reinigung mit einer Ausbeute von 24% führt[1].

Neuerdings wurden drei einfache Vorschriften angegeben[2], mit denen man die gleiche Aktivierung der Gewebs-ChA wie mit Aceton oder Äther erreichen kann. Während man bei der Behandlung mit Aceton oder Äther mindestens 50 mg Gewebe benötigt, sind jetzt genauso exakte Messungen mit sehr viel kleineren Gewebsmengen möglich.

a) 0,01—0,05 ml Homogenat werden auf Filterpapier (Whatman Nr. 50) pipettiert und in einem kalten Luftstrom getrocknet. Der mit dem Enzympräparat imprägnierte Teil des Papiers wird in kleine Stücke geschnitten, auf den Boden des Inkubationsröhrchens (Pyrex, 0,7 cm innerer Durchmesser) gebracht und mit der Inkubationslösung (0,4 ml) überschichtet. Gute Ergebnisse wurden mit der Mitochondrienfraktion aus Kaninchengehirn und Gehirnhomogenat von Hühnern erzielt.

b) Ein Gewebsstück (0,5—2,0 mg) wird auf eine Seite eines kleinen Stückes gefalteten Cellophans (z.B. Dialysierschlauch) gelegt, gewogen und anschließend zwischen den beiden Blättern zerquetscht, bis es sich auf einer Fläche von etwa 1 cm^2 ausgebreitet hat. Das Cellophan wird gerollt, so daß sich die Schicht des Gewebes auf der Innenseite befindet, und in das Inkubationsröhrchen eingeführt. Mit etwas Erfahrung ist es leicht zu erreichen, daß die Inkubationslösung das Cellophanstück völlig bedeckt. Diese Methode ist nur bei relativ weichem Gewebe anwendbar.

c) Gefrierschnitte (10—60 μ) werden auf ein kleines Cellophanstück innerhalb einer Fläche von 1×2 cm gelegt, mit dessen Hilfe in das Inkubationsröhrchen überführt und mit der Inkubationslösung überschichtet. An Stelle von Cellophan können auch gebrochene Stücke von Deckgläschen verwendet werden. Die Schnitte müssen während der Inkubation nicht an dem Träger haftenbleiben. Diese Methode ist sowohl bei peripheren Nerven, für die die Methode b ungeeignet ist, als auch bei Gehirn anwendbar.

Die Ursachen für die Aktivierung der ChA sind noch unklar, vermutlich spielt die Vergrößerung der Oberfläche eine entscheidende Rolle.

Herstellung subcellulärer Fraktionen[3–5]. ChA kommen besonders in granulären Zellbestandteilen vor. Für die Gewinnung der ChA-reichen Fraktionen wird eine 0,32 m Saccharose-Konzentration empfohlen; Saccharose beeinflußt selbst in sehr hohen Konzentrationen die ChA-Aktivität nicht. Kritisch ist jedoch die Gefahr eines Aktivitätsverlustes durch Verdünnung, die häufig beim Waschen und erneuten Zentrifugieren bestimmter Fraktionen nicht zu umgehen ist. Vermutlich wird die Inaktivierung durch Oxydation von SH-Gruppen verursacht, da sie durch Zusatz von Cystein in verschiedenen Fällen verhindert werden kann. Zur Dichte-Gradienten-Zentrifugierung s.[4, 5].

Eigenschaften. Über die *chemische Zusammensetzung* der ChA und ihre *Wechselzahlen* liegen keine verläßlichen Angaben vor, da weder reine Enzympräparate zur Verfügung stehen noch spezifische Hemmstoffe bekannt sind, die die Bestimmung der Enzymkonzentration gestatten. Alle Befunde sprechen jedoch dafür, daß SH-Gruppen für die Aktivität unbedingt erforderlich sind[6]. Das aktive Zentrum enthält vermutlich eine negativ ge-

[1] Kato, J.: J. Biochem., Tokyo **48**, 768 (1960).
[2] Bull, G., C. Hebb and D. Ratkovic: Biochim. biophys. Acta **67**, 138 (1963).
[3] Hebb, C.; in: Handb. Heffter, Bd. XV, S. 61.
[4] Hebb, C. O., and V. P. Whittaker: J. Physiol., London **142**, 187 (1958).
[5] Whittaker, V. P.: Biochem. J. **72**, 694 (1959).
[6] Berman Reisberg, R.: Biochim. biophys. Acta **14**, 442 (1954).

ladene Gruppe zur Bindung des quartären Stickstoffs des Cholins und weitere Gruppen zur Bindung des Acyl-CoA[1].

Die *Kinetik* der Esterbildung folgt nach bisherigen Untersuchungen in erster Annäherung der MICHAELIS-MENTEN-Gleichung. Bei ChA aus Kopfganglien vom Tintenfisch wurde der K_M-Wert für Acetyl-CoA mit 5×10^{-3} und für Cholin mit 2×10^{-3} angegeben[2]. Bei der ChA der Hausfliege wurde insofern eine Besonderheit festgestellt, daß der K_M-Wert für Cholin bei Verwendung von synthetischen Acetyl-CoA mit $4{,}4 \times 10^{-4}$ höher liegt als bei Verwendung von enzymatisch gebildeten Acetyl-CoA mit $3{,}3 \times 10^{-4}$; V_M ist in letzterem Fall dreimal größer als im ersteren[3]. Die Ursachen für die Differenz sind unbekannt; ihre Aufklärung könnte möglicherweise weitere Aufschlüsse über den Mechanismus der Reaktion geben. Die Werte bei Rattengehirn-ChA betragen für Cholin $1{,}6 \times 10^{-3}$, für N-Dimethyläthyl-äthanolamin $3{,}3 \times 10^{-3}$, für N-Dimethyl-n-propyl-äthanolamin $1{,}3 \times 10^{-2}$ und für N-Dimethyl-n-butyl-äthanolamin $2{,}7 \times 10^{-2}$ [4].

Spezifität. Die ChA sind nicht spezifisch für Cholin und Acetyl-CoA. Von verschiedenen Acyl-CoA-Verbindungen werden die Säuregruppen auch auf eine Reihe von Cholinderivaten übertragen.

ChA aus Kopfganglien des Tintenfisches acetyliert Monomethylaminoäthanol und Dimethylaminoäthanol; die Reaktionsgeschwindigkeit bei einem partiell gereinigten Präparat betrug, verglichen mit Cholin, 8% bei der Dimethyl- und 2% bei der Monomethylverbindung[2]; bei ungereinigten Präparaten war der Unterschied zwischen der Dimethyl- und der Trimethylverbindung sehr viel geringer[2, 5], vermutlich war in dem angereicherten Präparat ein weiteres acetylierendes Enzym vorhanden; zwischen Acetyl-CoA und Propionyl-CoA als Substraten bestanden keine größeren Unterschiede, während die Bildung von Butyrylcholin aus Butyryl-CoA langsamer (ca. 10%) verlief[2].

Zur Acylgruppenspezifität der ChA im Taubengehirn s.[6].

Ein Präparat aus Rattengehirn acetylierte von 24 dem Cholin verwandten Alkanolaminen besonders stark diejenigen, bei denen die Basizität nicht herabgesetzt war. Veränderungen der Hydroxyäthylgruppe hoben die Acetylierung auf bzw. verminderten sie sehr stark[7]. Im Gehirn von Tauben, Schafen und Ratten wurden drei verschiedene Cholinacylasen festgestellt: Die ChA I (eigentliche Cholinacetylase) synthetisiert ACh und Propionylcholin, die ChA II Acylcholine von C_4—C_6 und die ChA III Palmitylcholin[8]. Die ChA II ist im Gehirn von Fliegen, das die Bildung von ACh und Propionylcholin katalysiert, offenbar nicht enthalten[9]. Die N-Alkylgruppenspezifität der ChA im Rattengehirn wurde neuerdings eingehender untersucht; Veränderungen am quartären Stickstoff erhöhten den K_M-Wert[4].

Hemmung. Im Gegensatz zu den Cholinesterasen sind spezifische Hemmstoffe für die ChA noch nicht bekannt. Die in neueren Arbeiten festgestellten Hemmungen durch verschiedene Pharmaka stehen vermutlich mit ihrem Wirkungsmechanismus in keinem Zusammenhang. Die Entwicklung derartiger Hemmstoffe ist für die Aufklärung der Eigenschaften und der physiologischen Funktion der ChA eine vordringliche Aufgabe der Zukunft. Bei Untersuchungen über die Hemmung der ChA muß unterschieden werden, ob mit gereinigten Präparaten oder mit mehr oder weniger intakten Geweben gearbeitet wird. So hemmen die sog. Hemicholinium-Verbindungen die Acetylcholinsynthese im

---

[1] Vgl. u.a. BERMAN REISBERG, R.: Yale J. Biol. Med. **29**, 403 (1957).
[2] BERMAN, R., I. B. WILSON and D. NACHMANSOHN: Biochim. biophys. Acta **12**, 315 (1953).
[3] MEHROTRA, K. N.: J. Insect Physiol. **6**, 215 (1961).
[4] DAUTERMAN, W. C., and K. N. MEHROTRA: J. Neurochem. **10**, 113 (1963).
[5] KOREY, S. R., B. DE BRANGANZA and D. NACHMANSOHN: J. biol. Ch. **189**, 705 (1951). — Vgl. auch BERMAN REISBERG, R.: Yale J. Biol. Med. **29**, 403 (1957).
[6] GARDINER, J. E., and V. P. WHITTAKER: Biochem. J. **58**, 24 (1954).
[7] BURGEN, A. S. V., G. BURKE and M.-L. DESBARATS-SCHONBAUM: Brit. J. Pharmacol. **11**, 308 (1956).
[8] BERRY, J. F., and V. P. WHITTAKER: Biochem. J. **73**, 447 (1959).
[9] FRONTALI, N.: J. Insect Physiol. **1**, 319 (1958). R. C. Ist. sup. Sanità **22**, 94 (1959).

Gewebe, besitzen aber keinen stärkeren Einfluß auf die ChA[1]. Der Unterschied ist vermutlich darauf zurückzuführen, daß die Hemicholinium-Verbindungen den Transport von Cholin an die Strukturen hemmen, an die die ChA gebunden sind.

Die Aktivität der ChA wird u.a. von folgenden Stoffen beeinflußt: Vitamin P-Derivate[2]; Tetramethylammonium, Trimethylamin, Dimethyläthanolamin, Acetylcholin[3]; Nicotin[4]; verschiedenen quartären Stickstoffverbindungen[5]; Benzoyl-CoA[3]; Sulfhydryl-Reagentien[3].

Der *Einfluß von anorganischen Ionen*, außer solchen, die mit Sulfhydrylgruppen reagieren, ist im allgemeinen gering[6].

Die p_H-*Aktivitätskurven* der ChA aus den einzelnen untersuchten Tierarten zeigen gewisse Verschiedenheiten. Das p_H-Optimum bei Kopfganglien vom Tintenfisch liegt bei 6,9, der Abfall der Kurve ist auf der alkalischen Seite steiler als auf der sauren[3]. Bei der ChA aus Fliegenköpfen beträgt das Optimum 7,3[7].

Die Ergebnisse über die *Temperaturabhängigkeit* der ChA-Aktivität sind nicht einheitlich, da sie von der speziellen Methode abhängig sind und die Einzelschritte nicht immer kontrolliert wurden. Die Temperaturkurve für den Vorhof und das Gehirn vom Menschen ist unter 21° C sehr viel steiler als zwischen 21 und 33° C (Q_{10} etwa 7 bzw. 2)[8]. Bei Insekteneiern liegt das Temperaturoptimum bei 25° C[9], bei erwachsenen Insekten etwas höher.

Bestimmung. Bei allen Bestimmungen der ChA-Aktivität muß dafür gesorgt werden, daß die Konzentration der Substrate Acetyl-CoA und Cholin optimal ist. Besonders kritisch ist die ausreichende Konzentration von Acetyl-CoA, damit dessen Bildung nicht geschwindigkeitsbestimmend für die Bruttoreaktion wird. In Gewebsextrakten, Homogenaten und Gewebsschnitten, die ChA enthalten, finden sich auch Systeme für die Acetylierung von CoA. In den meisten Fällen reicht aber ihre Aktivität nicht aus, um die geforderten Bedingungen zu erfüllen[10,11].

Das Reaktionssystem kann auf verschiedene Weise mit genügend Acetyl-CoA versorgt werden:

a) Zusatz von Acetyl-CoA-bildenden Enzymsystemen: Günstige Ergebnisse wurden mit Extrakten aus Taubenleber[10] und aus *Escherichia coli*[12] oder *Clostridium Kluyverii*[13] erzielt, die keine ChA enthalten.

b) Verwendung der im Enzympräparat vorkommenden Acetyl-CoA-bildenden Enzyme mit der Zweistufenreaktion von SMALLMAN[11,14]: In der ersten Stufe wird das Präparat mit allen für die ACh-Synthese notwendigen Bestandteilen mit Ausnahme von Cholin so lange inkubiert, bis sich genügend Acetyl-CoA angereichert hat. In der zweiten Stufe wird Cholin zugesetzt und die Bildung von ACh verfolgt. Bei hoher ChA-Aktivität wird häufig keine streng lineare ACh-Bildung mit der Zeit erreicht oder sie besteht nur so kurz,

---

[1] MACINTOSH, F. C.: Canad. J. Biochem. **37**, 343 (1959). — Siehe auch BULL, G., and B. A. HEMSWORTH: Nature **199**, 487 (1963).
[2] BEILER, J. M., R. BRENDEL, M. GRAFF and G. J. MARTIN: Arch. Biochem. **26**, 72 (1950).
[3] BERMAN REISBERG, R.: Yale J. Biol. Med. **29**, 403 (1957).
[4] FAHMY, A. R., B. E. RYMAN and E. O'F. WALSH: J. Pharm. Pharmacol. **6**, 607 (1954).
[5] BURGEN, A. S. V., G. BURKE and M.-L. DESBARATS-SCHONBAUM: Brit. J. Pharmacol. **11**, 308 (1956).
[6] BERMAN REISBERG, R.: Yale J. Biol. Med. **29**, 403 (1957). — KOREY, S. R., B. DE BRAGANZA and D. NACHMANSOHN: J. biol. Ch. **189**, 705 (1951).
[7] FRONTALI, N.: R. C. Ist. sup. Sanità **22**, 94 (1959).
[8] BURN, J. H., and A. S. MILTON: Brit. J. Pharmacol. **14**, 493 (1959).
[9] MEHROTRA, K. N.: J. Insect Physiol. **5**, 128 (1960).
[10] HEBB, C. O.: Quart. J. exp. Physiol. **40**, 176 (1955).
[11] SMALLMAN, B.: J. Neurochem. **2**, 119 (1958).
[12] COHEN, M.: Arch. Biochem. **60**, 284 (1956).
[13] Siehe HEBB, C.: in: Handb. Heffter, Bd. XV (1963).
[14] SMALLMAN, B. N.: J. Physiol., London **132**, 343 (1956).

daß in dieser Periode nicht genau gemessen werden kann. Der Vorteil der Methode besteht in der Einfachheit, da kein zusätzliches Enzymsystem hergestellt werden muß; außerdem gibt sie Informationen über das Acetyl-Donorsystem.

c) Zusatz von synthetischem Acetyl-CoA: Nach den bisherigen Kenntnissen wäre die Verwendung von synthetischem Acetyl-CoA den beiden vorgenannten Methoden vorzuziehen. Überraschenderweise konnte jedoch mit Acetyl-CoA keine lineare Reaktionsgeschwindigkeit erzielt werden; unter optimalen Bedingungen betrug die Aktivität nur die Hälfte bis ein Drittel der Aktivität, die bei Zusatz von Acetyl-CoA synthetisierenden Enzymsystemen gemessen wurde[1]. Die Ursachen für die Differenz sind noch nicht genau bekannt. Die Vorteile dieser Methode liegen darin, daß keine weiteren Enzymsysteme zugesetzt werden müssen. Sie wurde u.a. für Untersuchungen über die Kinetik und die Substratspezifität verwendet[2].

Das Reaktionssystem soll einige Zusätze enthalten, um eine optimale Aktivität zu erreichen. Die wichtigsten sind:

a) Cystein: Es hat die Aufgabe, die freien SH-Gruppen von CoA und der ChA vor der Oxydation zu schützen[3]. Da Cystein einerseits als Acylgruppen-Acceptor wirken kann und andererseits das Reaktionsprodukt N,S-Diacetylcystein die chemische Bestimmung der gebildeten Ester mit der Hydroxamsäure-Methode von HESTRIN stören kann, wurde an seiner Stelle Kaliumborhydrid (KBH_4, 5×17^{-4} m im Endansatz) vorgeschlagen[4].

b) Äthylendiamintetraessigsäure (EDTA): Der Zusatz ist dann zu empfehlen, wenn mit der Anwesenheit von Schwermetallen zu rechnen ist, die mit SH-Gruppen reagieren können[5].

c) Cholinesterase-Hemmstoffe: Der Zusatz ist in jedem Fall angezeigt, da ChA und Cholinesterasen meistens vergesellschaftet vorkommen. Eventuell ist zu prüfen, ob andere hydrolytische Enzyme, die die gebildeten Ester spalten, in dem Enzympräparat vorhanden sind. Als Hemmstoffe werden im allgemeinen Eserin (10^{-5} bis 10^{-4} m) oder organische Phosphate (Tetraäthylpyrophosphat, Diisopropylfluorphosphat, 10^{-6} bis 10^{-5} m) verwendet. In den Konzentrationen, die die Aktivität der Cholinesterasen ausschalten, beeinflussen die Hemmstoffe die ChA nicht, eventuell ist ein möglicher Einfluß durch Kontrollexperimente auszuschließen. Durch die Acetonextraktion wird die Cholinesterase sehr stark oder völlig inaktiviert.

d) Natriumfluorid: Der Zusatz ist bei Verwendung von ATP vorzusehen, um die besonders in frischen Homogenaten möglicherweise enthaltene ATP-ase zu hemmen. Bei der Acetonextraktion wird die ATP-ase praktisch völlig eliminiert.

Es ist zu beachten, daß in den Enzympräparaten andere Systeme vorkommen können, die Acetyl-CoA deacetylieren[6]; zweckmäßigerweise mißt man in den Fällen, in denen die ChA-Bestimmung gestört werden könnte, in einem Parallelansatz mit der gleichen Zusammensetzung, jedoch ohne den Acceptor Cholin, die Veränderungen der Acetyl-CoA- oder CoA-Konzentration. Durch partielle Reinigung des ChA-Präparates oder durch genügend hohe Zufuhr oder Bildung von Acetyl-CoA kann diese Schwierigkeit in den meisten Fällen überwunden werden.

---

[1] BERMAN REISBERG, R.: Yale J. Biol. Med. **29**, 403 (1957). — SMALLMAN, B. N.: J. Neurochem. **2**, 119 (1958).

[2] BERMAN, R., I. B. WILSON and D. NACHMANSOHN: Biochim. biophys. Acta **12**, 315 (1953). — BERMAN REISBERG, R.: Biochim. biophys. Acta **14**, 442 (1954).

[3] NACHMANSOHN, D., and A. L. MACHADO: J. Neurophysiol. **6**, 397 (1943). — BERMAN REISBERG, R.: Biochim. biophys. Acta **14**, 442 (1954).

[4] BERRY, J. F., and V. P. WHITTAKER: Biochem. J. **73**, 447 (1959).

[5] BERMAN REISBERG, R.: Yale J. Biol. Med. **29**, 403 (1957).

[6] Vgl. z.B. BURGEN, A. S. V., G. BURKE and M.-L. DESBARATS-SCHONBAUM: Brit. J. Pharmacol. **11**, 308 (1956).

Parallel wird in jedem Versuch ein Leerwert bestimmt, der alle Bestandteile des Reaktionssystems enthält, dessen ChA-Präparat aber vorher durch Erhitzen inaktiviert wurde.

Von HEBB[1] wurden zwei Vorschriften zur Messung der ChA angegeben, die auf den langjährigen Erfahrungen der Arbeitsgruppe beruhen. Die erste hat allgemeinere Bedeutung, da sie über einen weiteren Temperaturbereich benutzt werden kann; Acetyl-CoA wird mit Hilfe von Acetylphosphat und CoA durch Phosphotransacetylase gebildet. In der zweiten wird für die Synthese Citrat, ATP und gealterter Extrakt von Taubenleber[2] (s. S. 88) zugesetzt; aus noch ungeklärten Gründen sind die Erfolge bei einigen ChA-Präparaten nicht gut. An Stelle von gealtertem Leberextrakt kann auch die Fraktion aus frischem Leberextrakt verwendet werden, die bei 20—30% Ammoniumsulfatzusatz ausfällt.

***Bestimmungen der Cholinacylase-Aktivität nach* HEBB[1].**

1. Reagentien:

a) 0,05 ml CoA-Lösung (mit 15—20 E).
b) 0,08 ml Cholin-KCl-Lösung (2% Cholinchlorid, 15% KCl).
c) 0,14 ml Acetylphosphatlösung (1%).
d) 0,08 ml $MgCl_2$-Lösung (1,2% $MgCl_2 \cdot 6\,H_2O$).
e) 0,12 ml Cysteinlösung (60 mg L-Cystein-HCl werden in Wasser gelöst, mit KOH neutralisiert und auf ein Volumen von 2 ml aufgefüllt).
f) 0,10 ml Phosphatacetyltransferase-Lösung [EC 2.3.1.8; Phosphotransacetylase] 2,5 mg werden in 1 ml 0,02 m $KHCO_3$ gelöst (aus *Clostridium Kluyverii* nach den Angaben des Herstellers Sigma Chemical Co., St. Louis, USA), s. auch S. 55ff.
g) 0,10 ml Eserinlösung (0,1% Eserinsulfat).

2. Reagentien:

a) 0,05 ml CoA-Lösung (mit 15—20 E).
b) 0,08 ml Cholin-KCl-Eserinlösung (2% Cholinchlorid, 6,6% KCl, 0,05% Eserinsulfat).
c) 0,20 ml ATP-Lösung (K-ATP „Pabst" wird mit KOH neutralisiert und zu einer 2%igen Lösung aufgefüllt).
d) 0,08 ml $MgCl_2$-Lösung (1,2% $MgCl_2 \cdot 6\,H_2O$).
e) 0,08 ml Citratlösung (6,6% Natriumcitrat).
f) 0,08 ml Acetatlösung (1,36% Natriumacetat $\cdot\, 2\,H_2O$).
g) 0,12 ml Cysteinlösung (60 mg L-Cystein-HCl werden in Wasser gelöst, mit KOH neutralisiert und auf ein Volumen von 2 ml aufgefüllt.
h) 0,10—0,20 ml gealtertes Taubenleberenzym (s. oben).

Ausführung:

Die zusammengegebenen Lösungen der Vorschriften 1 bzw. 2 werden 5—20 min inkubiert. Die Inkubationszeit richtet sich nach der Bildungsgeschwindigkeit von Acetyl-CoA und dem zu erwartenden Verbrauch durch die ChA. Bei ChA-Präparaten aus Säugetiergeweben wählt man gewöhnlich eine Inkubationstemperatur von 38° C, bei Geweben von niederen Tieren eine geringere. Danach wird mit dem ChA-Präparat, das geeignet verdünnt wurde, auf 1 ml aufgefüllt und die Inkubation im allgemeinen 1 Std fortgesetzt. Die Inkubationszeit hängt von der Aktivität der ChA ab und kann zwischen 10 min und 2 Std variiert werden. In jedem Fall ist es zweckmäßig, zu prüfen, ob die Synthesegeschwindigkeit von ACh linear mit der Zeit verläuft und ob sie proportional zu der Enzymkonzentration ist. Für Acetontrockenpulver aus Nervengewebe wird eine Konzen-

---

[1] HEBB, C.: in Handb. Heffter, Bd. XV, S. 59.
[2] KAPLAN, N. O., and F. LIPMANN: J. biol. Ch. **174**, 37 (1948).

tration von 0,5—10 mg/ml Inkubat und für Homogenate eine Konzentration von 4 bis 12,5 mg frisches Gewebe/ml angegeben. Im Gewebe können noch nicht identifizierte Hemmstoffe vorkommen, in diesem Fall sollte mit möglichst kleinen Gewebsmengen gearbeitet werden.

Für die *Bestimmung der ChA in kleinen Gewebsmengen*[1] (s. S. 864) wird eine Inkubationslösung verwendet, die in 1 ml 40 E CoA und 0,32 mg Phosphatacetyltransferase in 0,21 m KCl, 0,17 m Cholin, 0,0125 m Acetylphosphat, 0,006 m $MgCl_2$, 0,03 m Cystein, 0,16 m Natriumphosphat (p_H 6,9) und 10^{-4} m Eserinsulfat enthält. Für eine Messung werden 0,4 ml verwendet. Inkubationszeit 1 Std bei 38° C bei einer Vorinkubationszeit von 10 min.

Bestimmung der Reaktionsgeschwindigkeit der ChA. Die Methoden zur Bestimmung der ChA-Aktivität basieren in den meisten Fällen auf dem biologischen oder chemischen Nachweis des gebildeten Produktes. Es kann aber auch die Freisetzung von Sulfhydrylgruppen[2] oder die Deacetylierung von Acetyl-CoA[3] gemessen werden.

Nach der Inkubationszeit wird die Lösung rasch abgekühlt und $^1/_3$ m HCl zugesetzt (etwa im Verhältnis 1:5). Die Lösung wird anschließend wieder neutralisiert oder kann vor dem Neutralisieren kurz (etwa 1 min) auf 100° C erwärmt werden. Anwesendes Acetylphosphat, das bei der chemischen Bestimmung mit der Hydroxamsäure-Methode stört, wird dadurch entfernt, daß die Inkubationslösung durch HCl auf p_H 4,5 gebracht wird und 4 min auf 100° C erhitzt wird.

***Chemischer Nachweis von Acetylcholin und anderen Estern mit der Hydroxamsäure-Eisen(III)-chlorid-Methode von* Hestrin[4].**

Die chemische Bestimmung wird dann verwendet, wenn viel ACh gebildet wurde, da die Methode sehr viel zeitsparender ist als der unten beschriebene biologische Nachweis.

Reagentien:

1. Hydroxylamin-hydrochlorid 2,0 m (= 13,0 g in 100 ml H_2O). Lösung in der Kälte aufbewahren.
2. Natronlauge 3,5 n (= 14,0 g in 100 ml H_2O).
3. Salzsäure konzentriert (1,18), verdünnt mit 2 Teilen H_2O.
4. Eisen(III)-chlorid 0,37 m in 0,1 n HCl (= 10,0 g $FeCl_3 \cdot 6\,H_2O$ in 100 ml 0,1 n HCl).
5. Substrat, z.B. Acetylcholinchlorid 0,004 m, in 0,001 n Natriumacetat (p_H 4,5) 14 Tage in der Kälte haltbar. Man kann auch eine Stammlösung (0,04 m = 0,7266 g Acetylcholinchlorid in 100 ml HCl-Lösung mit einem p_H-Wert von 4,0) ansetzen, die vor dem Versuch 1:10 mit dem Puffer verdünnt wird.
6. Puffer, z.B. Phosphatpuffer 0,66 m, p_H 7,2 (2,72 g KH_2PO_4 und 16,72 g $Na_2HPO_4 \cdot 12\,H_2O$ gelöst in 1 l H_2O).

Apparative Ausrüstung:

Colorimeter zur Messung bei 540 mμ oder besser ein Spektralphotometer.

Ausführung:

1 ml der Testlösung wird mit 2 ml einer alkalischen Hydroxylaminlösung gemischt, die aus gleichen Teilen von Reagens *1* und *2* jeweils frisch zubereitet wird und die bis zu 3 Std bei Raumtemperatur haltbar ist. Frühestens 1 min später wird der p_H-Wert durch 1,0 ml Reagens *3* auf 1,2 ($\pm$0,2) erniedrigt und 1,0 ml Reagens *4* zugegeben. Die Dichte der purpurroten Farbe wird sofort in einem photoelektrischen Colorimeter bzw. Spektralphotometer bei 540 mμ bestimmt.

---

[1] Bull, G., C. Hebb and D. Ratkovic: Biochim. biophys. Acta **67**, 138 (1963).
[2] Berman, R., I. B. Wilson and D. Nachmansohn: Biochim. biophys. Acta **12**, 315 (1953).
[3] Berry, J. F., and V. P. Whittaker: Biochem. J. **73**, 447 (1959).
[4] Hestrin, S.: J. biol. Ch. **180**, 249 (1949).

Zur Korrektur der unspezifischen Absorption benutzt man den gleichen Ansatz, jedoch werden zuerst die Säure und dann erst die alkalische Hydroxylaminlösung zugegeben; unter diesen Bedingungen bildet sich keine Hydroxamsäure.

Die Lösungen müssen nach jeder Zugabe gut geschüttelt werden, damit keine störenden Luftblasen bei der Bestimmung auftreten. Zu dunkle Lösungen werden mit einer 0,074 m Eisen(III)-chlorid-Lösung in 0,1 n HCl (2,0 g $FeCl_3 \cdot 6\,H_2O$ in 100 ml 0,1 n HCl) entsprechend verdünnt. Beimengungen von Eiweiß werden durch die Säure und das Eisensalz gefällt und müssen gegebenenfalls durch kurzes Zentrifugieren oder Filtrieren entfernt werden. Bei Anwesenheit eines Puffers muß die Stärke der Säure angepaßt werden; es empfiehlt sich, den p_H-Wert nach Zugabe von Reagens *4* in Vorversuchen zu kontrollieren. Sind Stoffe vorhanden, die Eisen binden, muß die Eisen(III)-chlorid-Konzentration erhöht werden.

Der Konzentrationsbereich, in dem gemessen werden kann, liegt zwischen 5 und 0,04 μm Acetylcholin/ml der Endlösung.

Die Konzentrationsberechnung aus der Extinktion kann mit Hilfe eines Proportionalitätsfaktors, der mittels der Standardsubstratlösung (Reagens *5*) gewonnen wird, oder an Hand einer Eichkurve erfolgen. Die Eichkurve wird hergestellt, indem 0,0, 0,2, 0,4, 0,8 und 1 ml Reagens *5* in Reagensgläser gegeben werden und jeweils auf 1 ml mit Wasser oder Puffer aufgefüllt wird. Anschließend wird, wie oben angegeben, alkalische Hydroxylaminlösung, Salzsäure und Eisen(III)-chlorid-Lösung zugesetzt und gegen den Leerwert ohne Substrat photometriert.

Weitere Einzelheiten s. den Abschnitt über Cholinesterasen, S. 946.

Biologische Bestimmung von Acetylcholin[1].

Die gebräuchlichsten Testobjekte für den quantitativen ACh-Nachweis sind:

a) Der M. rectus abdominalis vom Frosch[2]: In bezug auf Reproduzierbarkeit der Ergebnisse, Schnelligkeit der Bestimmung, Verfügbarkeit usw. ist er in den meisten Fällen den anderen Testobjekten vorzuziehen. Die Empfindlichkeit hängt etwas von der Jahreszeit ab und liegt unter günstigen Umständen bei etwa 5×10^{-6} m ACh; sie ist geringer als beim Rückenmuskel vom Blutegel und dem Katzenblutdruck. Durch Aceton kann die Empfindlichkeit verstärkt werden[3]. Ein Überspülungsverfahren wurde genauer beschrieben[4].

b) Meerschweinchenileum: Der Aufwand und die Gefahr von Störungen durch andere Substanzen sind größer, die Reproduzierbarkeit ist geringer, dafür ist das Präparat empfindlicher (Schwellendosis bei 10^{-9} m) als beim Froschrectus[5]. In CoA-Präparaten kann eine Substanz vorhanden sein (wahrscheinlich Dephospho-CoA), die am Ileum acetylcholinähnliche Kontraktionen verursacht; zur Sicherung der Ergebnisse empfiehlt es sich, die Leerwertskontraktionen vom jeweiligen Meßwert abzuziehen[6].

c) Blutdruck der Katze und der Ratte: Die Messungen am Blutdruck der Katze gehören zu den gängigen Methoden für den ACh-Nachweis bei Serienbestimmungen; auch die Ratte ist ein geeignetes Objekt[7].

---

[1] Siehe Zusammenfassungen von MacIntosh, F. C., and W. L. M. Perry: Meth. med. Res. **3**, 78 (1950). — Feldberg, W.: Meth. med. Res. **3**, 95 (1950). — Whittaker, V. P.; in: Handb. Heffter, Bd. XV, S. 1.

[2] Chang, C. H., and J. H. Gaddum: J. Physiol., London **79**, 255 (1933).

[3] Siehe Chang, H.-C., T.-M. Lin and T.-Y. Lin: Proc. Soc. exp. Biol. Med. **70**, 129 (1949).

[4] Ahmed, A., and N. R. W. Taylor: J. Pharm. Pharmacol. **9**, 536 (1957).

[5] Birmingham, A. T.: J. Pharm. Pharmacol. **13**, 510 (1961). — Blaber, L. C., and A. W. Cuthbert: J. Pharm. Pharmacol. **13**, 445 (1961). — Beani, L., and C. Bianchi: J. Pharm. Pharmacol. **15**, 281 (1963).

[6] Rentsch, G.: Med. exp., Basel **6**, 145 (1962).

[7] Straughan, D. W.: J. Pharm. Pharmacol. **10**, 783 (1958).

d) Weiter können zur ACh-Bestimmung der Rückenmuskel des Blutegels[1], das Herz von *Venus mercenaria*[2] oder *Mya Arenaria*[3] verwendet werden. Gegenüber dem Froschrectus soll der M. semispinalis cervicis von Küken eine Reihe von Vorteilen bieten[4]. Eine Mikromethode am chronisch denervierten M. sartorius vom Frosch, bei der nur 0,15 μl Lösung bei einer Schwellenkonzentration von etwa $2,5\times 10^{-8}$ m ACh benötigt werden, wird möglicherweise bei Verbesserung der Bestimmungsmethoden der ChA in der Zukunft eine größere Rolle spielen[5].

Enzymeinheiten. Die Aktivität der ChA wird im allgemeinen in mg synthetisiertem Acetylcholin pro g Acetontrockenpulver, Frischgewebe oder mg Eiweiß $\times$ Std ausgedrückt.

Serinsynthetase*.

[2.1.2.1 L-Serin:Tetrahydrofolsäure-5,10-Hydroxymethylentransferase.]
(Serin-Hydroxymethylase, Serinaldolase, Serinhydroxymethyltransferase.)

Von

Helmut Schievelbein und Eugen Werle**.

L-Serin + Tetrahydrofolat $\rightarrow$ Glycin + 5,10-Methylentetrahydrofolat

Die Leber von Säugetieren und Vögeln enthält ein Enzymsystem, welches die reversible Synthese von Serin aus Glycin und Formaldehyd katalysiert, wozu Tetrahydropteroylglutaminsäure als Coenzym notwendig ist. An der Serinsynthese ist auch Pyridoxalphosphat als Coenzym beteiligt[6,7]. An welcher Stelle der Synthese das Pyridoxalphosphat eingreift, ist nicht bekannt. Es wird angenommen, daß Pyridoxalphosphat mit Glycin eine SCHIFFsche Base bildet.

Vorkommen. Das Enzymsystem kommt in Lebern von Vögeln und von anderen Tieren, z.B. von Kaninchen, vor. Der Enzymgehalt der Leber variiert beträchtlich und ist abhängig von dem allgemeinen Gesundheitszustand des Tieres, weniger von dem betreffenden Stamm.

Darstellung der Serinsynthetase aus Kaninchenleber nach BLAKLEY[7,8].

Frische Kaninchenleber wird mit Aceton getrocknet. Das Pulver wird bei 3×10^{-2}mm Quecksilber 2 Std über P_2O_5 getrocknet, dann mit dem 15fachen Gewicht kalter 0,01 m

Abkürzung: PLP = Pyridoxal-5′-phosphat.

* Vgl. S. 186 und SCRIMGEOUR, K. G., and F. M. HUENNEKENS: Colowick-Kaplan, Meth. Enzymol., Bd. V, S. 838.

** Klinisch-Chemisches Institut an der Chirurgischen Klinik der Universität München.

1 Siehe MURNAGHAN, M. F.: Nature **182**, 317 (1958).
2 Siehe WELSH, J. H., and R. TAUB: Biol. Bull. Woods Hole **95**, **346** (**1948**). — WELSH, J. H., and A. G. SLOCOMBE: Biol. Bull. Woods Hole **102**, 48 (1952).
3 MEETER, E.: Acta physiol. pharmacol. neerl. **4**, 233 (1955). — HUGHES, B.: Brit. J. Pharmacol. **10**, 36 (1955).
4 CHILD, K. J., and E. ZAIMIS: Brit. J. Pharmacol. **15**, 412 (1960).
5 NASTUK, W. L., and L. LEVINE: Proc. Soc. exp. Biol. Med. **106**, 502 (1961).
6 KISLIUK, R., and W. SAKAMI: Fed. Proc. **13**, 242 (1954).
7 BLAKLEY, R. L.: Nature **173**, 729 (1954).
8 BLAKLEY, R. L.: Biochem. J. **61**, 315 (1955).

Kaliumphosphatpufferlösung, p_H 7,5, 1 min homogenisiert. Der Extrakt wird 30 min bei 5° C belassen, bevor er 1 Std bei 4300×g bei 2° C zentrifugiert wird. Das Überstehende wird innerhalb 5 min auf 53° C gebracht, bei dieser Temperatur 10 min belassen und dann rasch in Eiswasser abgekühlt. Dann wird bei 4300×g 30 min lang zentrifugiert. Man erhält eine klare überstehende Flüssigkeit, die mit Ammoniumsulfat, das auf p_H 7,5 eingestellt war, fraktioniert wird. Die Fraktion, die zwischen 1,47 und 2,06 m Ammoniumsulfatlösung ausfällt, wird gesammelt, in einem kleinen Volumen 0,01 m Phosphatpuffer, p_H 7,5, aufgenommen und 3 Std bei 5°C gegen 100 Vol. 0,02 m Kaliumphosphatpuffer, p_H 7,5, dialysiert, dann 3 weitere Std gegen 0,001 m Phosphatpuffer, p_H 6,3. Eine weitere Anreicherung des Enzyms erfolgt durch Fraktionierung mit Äthanol bei 0 bis —3° C und anschließende Fraktionierung mit Ammoniumsulfat bei p_H 7,5. In gefrorenem Zustand war das Präparat einigermaßen haltbar. Öfteres Auftauen und Frieren führt zu Aktivitätsverlusten.

***Reinigung der Serinsynthetase aus Schafsleber nach* Alexander *und* Greenberg[1].**

Die Schafsleber wird in kaltem destilliertem Wasser gewaschen und in einem Homogenisator zerkleinert. Es wird 15 min bei 21000× g zentrifugiert, die überstehende Flüssigkeit abgesaugt und ihr p_H auf 7,2 mit 6 n NaOH eingestellt. Für je 100 ml Lösung werden 18,3 g festes $(NH_4)_2SO_4$ hinzugefügt unter ständigem Rühren bis zur Konzentration von 31%. Man bringt den p_H mit 6n Natronlauge auf 7,2 und läßt den Niederschlag 1—15 Std im Kühlschrank absitzen. Der Niederschlag wird abzentrifugiert und verworfen. Zu der überstehenden Flüssigkeit wird unter Rühren Ammoniumsulfat (11,9 g pro 100 ml) bis zu 50% Sättigung zugefügt. Nach 2—15 Std im Kühlschrank wird der Niederschlag durch Zentrifugieren gesammelt und die überstehende Flüssigkeit verworfen. Der Niederschlag wird in kalter 0,02 m Phosphatpufferlösung bei p_H 7,2 gelöst; es ergibt sich eine braune Lösung mit einer Proteinkonzentration von 1—2%. Dann wird gegen 0,01 m Phosphatpuffer, p_H 7,2, dialysiert, bis die Lösung sulfatfrei ist. Wiederholung der Fraktionierung mit 31 und 50% Ammoniumsulfat-Sättigung steigert die Aktivität und die Reinheit des Präparates. Bei diesem Punkt kann bei Abdialysieren des Ammoniumsulfats das Präparat lyophilisiert oder weiterer Fraktionierung unterworfen werden. Hitzebehandlung bei 47° C für 7 min führt zu Enzymverlusten von 40—50% ohne Steigerung der spezifischen Aktivität. Aufbewahren des Enzyms in Lösung bei 3° C in 0,02 m Phosphatpuffer, p_H 7,2, bis zu 2 Wochen ist ohne ernstlichen Aktivitätsverlust möglich. Zusatz von Glycin (0,1%) steigert die Haltbarkeit der Enzymlösung für längere Zeit bei 3° C; es stabilisiert anscheinend eines der aktiven Zentren des Enzyms. Auch Lyophilisieren und Aufbewahren bei —15° C begünstigt die Stabilität des Enzyms. Stehen bei Zimmertemperatur für 4 Tage in Lösung verursacht einen Abfall der spezifischen Aktivität von 3,49 auf 0,69. Das Enzym ist stabil über Nacht im p_H-Bereich von 6—8. Durch die Ammoniumsulfatfraktionierung wurde eine 5,5fache Reinigung bei 19% Ausbeute erzielt. Versuche, das Enzym weiter zu reinigen, sind fehlgeschlagen; es wurden Calciumphosphatgel, Aluminiumgel A, Bentonit und Protamin versucht, ferner Fraktionierung mit Äthanol und Aceton.

***Reinigung der Serinsynthetase aus Hühnerleber nach* Scrimgeour *und* Huennekens[2].**

Frische Hühnerleber einfrieren oder sofort mit Aceton in ein Trockenpulver überführen[3].

Alle folgenden Schritte bei 0—5° C durchführen. Zentrifugieren je 10 min bei 8200× g.

---

[1] Alexander, N., and D. M. Greenberg: J. biol. Ch. **220**, 775 (1956).
[2] Scrimgeour, K. G., and F. M. Huennekens: Colowick-Kaplan, Meth. Enzymol., Bd. V, S. 838.
[3] Huennekens, F. M., Y. Hatefi and L. D. Kay: J. biol. Ch. **224**, 435 (1957).

1. Schritt. Bereitung des rohen Extraktes. Acetongetrocknete Hühnerleber (7,5 g) 1 Std unter Rühren mit 45 ml 0,05 m Phosphatpuffer, p_H 7,5, extrahieren. Zentrifugieren. Überstehendes (34 ml) mit 0,2 Vol. 2 % (w/v) Protaminsulfat versetzen, 5 min rühren, zentrifugieren, Niederschlag verwerfen.

2. Schritt. Erste Ammoniumsulfatfraktionierung. Überstehendes aus Schritt 1 (36 ml) wird mit gesättigter und mit Ammoniak auf p_H 8 eingestellter Ammoniumsulfatlösung behandelt. Den 0—40 %-Niederschlag verwerfen. Fraktion mit 40—55 % Sättigung durch Zentrifugieren anreichern. Den Niederschlag in 12 ml Wasser aufnehmen und gegen Wasser 4 Std dialysieren.

3. Schritt. Behandlung des Präparates mit Calciumphosphatgel und zweite Ammoniumsulfatfraktionierung. Die dialysierte erste (40—55 %) Ammoniumsulfatfraktion (12 ml) einstellen auf p_H 6,5 durch vorsichtiges Zugeben von 1 n Essigsäure. 0,5 Vol. Calciumphosphatgel nach [1] (17,5 mg/ml) zugeben. p_H einstellen auf 6,5. 5 min rühren, zentrifugieren, Gel verwerfen. Zum Überstehenden unter ständigem Rühren festes Ammoniumsulfat in kleinen Portionen geben, 0—35 %-Fraktion verwerfen. 35—50 %-Fraktion durch Zentrifugieren anreichern, in 6 ml 0,1 m Phosphatpuffer, p_H 7,5, aufnehmen, gegen Wasser 3 Std, dann gegen 0,002 m Phosphatpuffer, p_H 7,2, 4 Std dialysieren.

4. Schritt. Chromatographie an DEAE-Cellulose. DEAE-Cellulose mehrmals durch Suspension in 1,0 m Na_2HPO_4 bis zur Farblosigkeit der Waschflüssigkeit und anschließend mit Wasser waschen, bis Waschflüssigkeit p_H 7 hat. Unter Wasser aufbewahren! Säule (3×30 cm) 20 cm hoch ohne Druck einschlämmen; Säule waschen mit ungefähr 100 ml 0,002 m Kaliumphosphat, p_H 7,2. Lösung aus Schritt 3 vorsichtig in Säule einbringen und nach Adsorption mit 0,002 m Phosphatpuffer, p_H 7,2, eluieren. Eluat in 7,5 ml-Fraktionen sammeln. Röhrchen 5 und 6 enthalten die Aktivität.

5. Schritt. Selektive Hitzedenaturierung in Gegenwart von Substrat. Dieser Schritt kann an Stelle der Schritte 3 und 4 benutzt werden, da die Säulenchromatographie zeitraubend und das Präparat sehr unstabil ist.

Das Präparat aus der ersten Ammoniumsulfatfraktionierung (2. Schritt) (12 ml) wird auf p_H 6,5 eingestellt. L-Serin zufügen bis zu einer Endkonzentration von 0,017 m. Mischung in Erlenmeyer-Kolben überführen, welcher mit Thermometer versehen ist. Kolben in Wasserbad von 80—85° C bringen und ständig schütteln. So schnell wie möglich Temperatur im Erlenmeyer-Kolben auf 70° C bringen und 2 min durch wechselndes Herausnehmen und Eintauchen belassen. Dann schnell in Eisbad abkühlen. Denaturiertes Protein abzentrifugieren und Serin durch Dialyse 12 Std gegen 0,001 m Phosphatpuffer, p_H 7,5, entfernen. Dieser Schritt bewirkt dreifache Reinigung bei 70 % Ausbeute an Enzym. Die meisten anderen Enzyme, die an dem Stoffwechsel von C_1-Verbindungen beteiligt sind, werden durch den Schritt 5 entfernt. In 0,05 m Phosphatpuffer, p_H 7,5, kann das Enzym aufbewahrt werden ohne Verlust an Aktivität.

Nach Schritt 4 ist das Enzym 38fach gereinigt mit einer Gesamtausbeute von 18 %. Es hat eine schwachgelbe Farbe. Bei Lyophilisierung oder Aufbewahren bei 0—5° C verliert es über Nacht etwa 30 % seiner Aktivität. Eingefroren kann es einige Tage aufbewahrt werden.

Eigenschaften. Das Enzym wird unterhalb p_H6 oder oberhalb p_H8 rasch zerstört. Nach Belassen des Enzyms bei p_H 8,6—9,6 und 37° C für 30 min geht die Aktivität weitgehend verloren. Sie wird zu einem großen Teil wiederhergestellt durch rasches Einstellen der Enzymlösung mit 0,01 n $NaHCO_3$ unter $N_2 + CO_2$ auf p_H 7,2 und Zufügen von PLP. Halbmaximale Reaktivierung wird erreicht durch 10^{-6} m PLP. Die Reaktivierung erfolgt innerhalb weniger Minuten.

Die Serinsynthese wird durch Pyridoxinphosphat und Desoxypyridoxinphosphat gehemmt. Werden PLP und Desoxypyridoxinphosphat in einer Konzentration von 5×10^{-5}

[1] Keilin, D., and E. F. Hartree: Proc. R. Soc. London (B) **124**, 397 (1938).

der Enzymlösung vor dem Substrat zugesetzt, so wird die Synthese zu etwa 35% gehemmt. Wird das bei p_H 9 inaktivierte Enzym 15 min mit Desoxypyridoxinphosphat vorinkubiert, dann 15 min mit PLP inkubiert, so erfolgt eine 67%ige Hemmung, wenn beide Substanzen in einer Konzentration von 5×10^{-5} m zugegeben worden sind. Pyridoxinphosphat hemmt schwächer als Desoxypyridoxinphosphat. Cu^{++}, Zn^{++}, Ni^{++}, Mg^{++}, Cd^{++}, Co^{++} und Fe^{++} hemmen die Serinsynthese stark; in 0,001 m Lösung zu 96, 87, 99, 39, 71, 61, 62 bzw. 41%. EDTA 0,01 m hemmt die Serinsynthese nicht. Dialyse des Enzyms aus Hühnerleber gegen Semicarbazid, Behandlung mit Dowex 1 (Chloridform) oder Inkubation bei p_H 9 resultiert in einer teilweisen Inaktivierung, welche durch Zufügung von PLP aufgehoben werden kann[1].

Serinsynthetase aus *Cl. welchii* (Stamm HF) wird stimuliert durch Mn^{++}, aber das Enzym aus Vogel- und Säugetiergewebe braucht anscheinend keine zweiwertigen Metallionen[2].

p_H-Optimum: Reaktion I besitzt ein breites p_H-Optimum bei 6,6; Reaktion III hat ihr p_H-Optimum bei 7,0. MICHAELIS-Konstanten für das Enzym aus Hühnerleber[1]: Glycin $1,0\times 10^{-2}$; HCHO $4,1\times 10^{-3}$; D,L-Tetrahydrofolsäure $1,0\times 10^{-4}$.

Coenzym:

Das teilweise gereinigte Enzym hat einen absoluten Bedarf für PLP, das durch Pyridoxin, Pyridoxal oder Pyridoxamin nicht ersetzt werden kann. Präinkubation mit Pyridoxalphosphat ist dem gleichzeitigen Zufügen von Coenzym und Substrat überlegen. Nach PLP-Zusatz steigt die Aktivität des Enzyms auf das 20fache an. Das Enzym ist auch zum Abbau von Serin zu Glycin und Formaldehyd befähigt. Für den Abbau wird weniger PLP benötigt als für die Synthese. Möglicherweise tritt das Serinmolekül leichter in geeigneter Weise an das aktive Zentrum heran als die zwei Hälften, die für die Synthese notwendig sind. Ein Metallioneneffekt wurde nicht beobachtet, Sequestren hemmt die Reaktion nicht. MICHAELIS-Konstante für Formaldehyd und Glycin sind $1,4\times 10^{-3}$ und $1,5\times 10^{-3}$. Die wahrscheinliche Gleichgewichtskonstante der Gesamtreaktion ist $2,76\times 10^{-3}$.

Bestimmung der Serinsynthetase nach SCRIMGEOUR *und* HUENNEKENS[1].

Prinzip:

Serinsynthetase (Serinaldolase[3]) katalysiert die reversible hydrolytische Spaltung von L-Serin in Glycin und Formaldehyd (I)

$$\text{L-Serin} \rightleftharpoons \text{Glycin} + \text{HCHO} \qquad \text{(I)}$$

Wenn das Gleichgewicht der Reaktion auf der rechten Seite liegt, kann die Reaktion verfolgt werden durch die Kopplung von Formaldehyd mit der TPN-abhängigen N^5,N^{10}-Methylen-tetrahydrofolsäuredehydrogenase. Die enzymatische Reaktion kann, wenn das Gleichgewicht auf der linken Seite liegt, durch Messung des Serins bestimmt werden, welches durch Perjodat zersetzt wird. Es wird dann die C_1-Verbindung entweder als HCHO oder als CO_2 gemessen. Die unten beschriebene Methode mißt das glycinabhängige Verschwinden von HCHO.

Die Reaktion I (von rechts nach links) besteht aus zwei Schritten: N^5,N^{10}-Methylentetrahydrofolsäure wird zuerst durch Reaktion von HCHO mit Tetrahydrofolsäure gebildet (II).

$$\text{HCHO} + \text{Tetrahydrofolsäure} \rightleftharpoons N^5,N^{10}\text{-Methylentetrahydrofolat} + H_2O \qquad \text{(II)}$$

---

[1] SCRIMGEOUR, K. G., and F. M. HUENNEKENS: Colowick-Kaplan, Meth. Enzymol., Bd. V, S. 838.
[2] WRIGHT, B. E.: Biochim. biophys. Acta **16**, 165 (1955).
[3] ALEXANDER, N., and D. M. GREENBERG: J. biol. Ch. **220**, 775 (1956).

Das p_H-Optimum für Reaktion II liegt zwar bei 4,5, doch ist die Geschwindigkeit der Reaktion bei neutralem p_H noch bedeutend größer als die Serinhydroxymethylasereaktion selbst, wenn sie unter diesen Bedingungen gemessen wird. Glycin reagiert unter diesen Bedingungen mit N^5,N^{10}-Methylentetrahydrofolsäure nach Gleichung (III).

$$N^5,N^{10}\text{-Methylentetrahydrofolsäure} + \text{Glycin} + H_2O \rightleftharpoons \text{Tetrahydrofolsäure} + \text{L-Serin} \qquad \text{(III)}$$

So ergeben die Reaktionen II und III rückläufig die Reaktion I. Das freie HCHO und der an N^5,N^{10}-Methylentetrahydrofolsäure gebundene Formaldehyd werden colorimetrisch mit dem Acetyl-acetonreagens[1, 2] gemessen.

Reagentien:

1. 1,0 m Glycinlösung.
2. 0,025 m HCHO, täglich frisch bereiten.
3. 0,5 m Phosphatpuffer, p_H 7,5.
4. 0,0003 m Pyridoxalphosphatlösung.
5. D,L-Tetrahydrofolsäure, 3 mg/ml. Wird in Wasser gelöst durch Zugabe von einigen Tropfen 1 n KOH. Unmittelbar vor Gebrauch zubereiten.
6. Trichloressigsäure, 15%ig,
7. NASHs Reagens B[1]: 2 ml redestilliertes Acetylaceton, 3 ml Eisessig, 150 g Ammoniumacetat mit Wasser aufgefüllt auf 1 l.
8. 0,005 m Monomethylol-dimethyl-hydantoin (E.I. du Pont de Nemours and Co. Electrochemicals Department).

Ausführung:

In ein 12 ml-Zentrifugenröhrchen werden gegeben: 0,05 ml Glycinlösung, 0,10 ml HCHO-Lösung, 0,10 ml Tetrahydrofolatlösung, 0,15 ml Phosphatpuffer, p_H 7,5, 0,10 ml PLP-Lösung, 0,05—0,20 ml Enzymsuspension. Mit Wasser auf 1,2 ml auffüllen. Im Kontrollgläschen wird Glycin weggelassen. Inkubation 8 min bei 37° C. Die Reaktion wird gestoppt durch Zugabe von 0,3 ml 15%iger Trichloressigsäurelösung. 5 min zentrifugieren. 0,5 ml des Überstehenden wird in 2,0 ml von NASHs Reagens B einpipettiert, 45 min bei 37° C inkubiert. Dann wird aufgefüllt auf 10 ml mit Wasser und gegen einen Leerwert abgelesen, welcher nur aus dem Reagens besteht. Kristallines Monomethylol-dimethyl-hydantoin in Mengen zwischen 0,1 und 1,2 μM wird zur Erstellung der Eichkurve benutzt. Es wurde auch versucht, zur Bestimmung des Formaldehyd Chromotropsäure zu benutzen, aber Folsäure enthaltendes Material stört diese Reaktion.

***Bestimmung der Serinsynthetase nach* ALEXANDER *und* GREENBERG[3] *sowie* BLAKLEY[4].**

Es wird unter Standardbedingungen die Serinmenge, die in 1 Std gebildet wird, bestimmt. Das Enzympräparat wird in Gegenwart von Tetrahydropteroylglutaminsäure (0,0013 m) und Bicarbonat (0,01 m) unter $N_2 + CO_2$ (95:5, V:V) bei 37° C in WARBURG-Gefäße gegeben. Nach Temperaturausgleich werden Glycin und Formaldehyd eingekippt, Endkonzentration 0,1 bzw. 0,01 m. Nach 1 Std werden die verschlossenen WARBURG-Gefäße 2 min lang in ein kochendes Wasserbad zur Inaktivierung des Enzyms getaucht. Nach dem Abkühlen der Gefäße werden 0,3 ml 0,5 m Natriumperjodat, eingestellt auf p_H 6, in die Kipper jedes Gefäßes gegeben. Die Gefäße werden an ihre Manometer angeschlossen, mit reiner Kohlensäure durchströmt und auf 37° C gebracht. Das Per-

[1] NASH, T.: Biochem. J. **55**, 416 (1953).
[2] OSBORN, M. J., P. T. TALBERT and F. M. HUENNEKENS: Am. Soc. **82**, 4921 (1960).
[3] ALEXANDER, N., and D. M. GREENBERG: J. biol. Ch. **220**, 775 (1956).
[4] BLAKLEY, R. L.: Biochem. J. **61**, 315 (1955).

jodat wird dann in das Hauptgefäß gekippt, Serin wird oxydiert unter Entwicklung von 1 μM CO_2/M Serin. Die Reaktion ist in 20 min abgeschlossen. Nur sehr geringe Mengen Kohlensäure, etwa 3 μM werden durch andere Reaktionen entwickelt, als der Serinoxydation durch Perjodat entspricht. Sie werden als Leerwerte der CO_2-Produktion abgezogen. 1—30 μM zugefügten Serins werden quantitativ wiedergefunden mit einer Genauigkeit von $\pm 5\%$.

Spezifische Aktivität des Enzyms: in M Serin, gebildet pro Stunde pro mg Protein unter Standardbedingungen. Eine Einheit des Enzyms ist die Enzymmenge, die 1 M Serin pro Stunde unter Standardbedingungen bildet. Die spezifische Aktivität eines Rohextraktes aus Kaninchenleber beträgt 1,9, die einer reinen Äthanolfraktion 27,4.

Hydrolasen.

Carboxylester-Hydrolasen *.

(Carbonsäure-Esterasen.)

Von

Otto Hoffmann-Ostenhof ** und Richard Ehrenreich *.**

Mit 3 Abbildungen.

Unter den Carboxylester-Hydrolasen (Carbonsäure-Esterasen) [System-Nr. 3.1.1] unterscheidet man gewöhnlich zwei Gruppen nach dem Grade ihrer Spezifität. Die erste, welche wir hier als „gruppenspezifische Carbonsäure-Esterasen" bezeichnen wollen, umfaßt Enzyme mit verhältnismäßig geringer Substratspezifität; hierher gehören die in der älteren Literatur oftmals als Lipasen und Esterasen im engeren Sinne bzw. auch als Aliesterasen bezeichneten Enzyme. Eine Abgrenzung dieser Klasse von den in einem anderen Kapitel behandelten Cholinesterasen (s. S. 921ff.) auf Grund der Substratspezifität ist kaum möglich; diese Enzyme werden heute allgemein von den übrigen Carbonsäure-Esterasen nur durch ihre wesentlich größere Empfindlichkeit gegenüber dem Hemmstoff Eserin unterschieden.

Die zweite Gruppe umfaßt die Carbonsäure-Esterasen mit strengerer Substratspezifität, zu denen man die sog. Phospholipasen, insoweit sie die Abspaltung von Carbonsäuren aus Phospholipoiden bewirken, weiters die Cholesterin-Esterase, deren Existenz als selbständiges Enzymindividuum allerdings noch nicht sicher ist, und schließlich die Chlorophyllase, die Pectinesterase und die Tannase zählt. Die zuletzt genannten drei Enzyme finden sich ausschließlich in pflanzlichem Material und sollen deshalb hier nicht behandelt werden.

Die geschilderte Einteilung in zwei Gruppen bedeutet aber keinesfalls, daß zwischen den Enzymen dieser Klasse irgendwelche prinzipielle Unterschiede bestehen. Es handelt sich hier vielmehr um eine überlieferte und vielleicht auch zweckentsprechende Einteilung.

A. Gruppenspezifische Carbonsäure-Esterasen.

Einteilung und Spezifität.

Innerhalb dieser Gruppe wurde bisher traditionsgemäß zwischen *Lipasen* und *Esterasen im engeren Sinne* (im angelsächsischen Schrifttum meist als *Aliesterasen* bezeichnet) unterschieden. Die ursprüngliche Vorstellung, auf der diese Einteilung beruht, daß nämlich die Lipasen bevorzugt Glycerinester längerkettiger Fettsäuren hydrolysieren, während die Esterasen im engeren Sinne für die Fettsäureester einwertiger Alkohole spezifisch sind, konnte aber auf Grund der im Laufe der Jahre erhobenen Befunde nicht aufrechterhalten werden. Es erwies sich vielmehr, daß die Grenzen zwischen diesen beiden Gruppen ziemlich fließend sind; die berichteten Unterschiede der relativen Spezifität der Enzyme waren verhältnismäßig gering und machten eine Differenzierung so schwierig, daß es

* Zu diesem Beitrag befindet sich eine Ergänzung mit wichtigen Methoden aus der letzten Zeit am Schluß von Bandteil C, S. 745f. Vgl. dazu die Handbuchartikel: MYERS, D. K.; in: Boyer-Lardy-Myrbäck, Enzymes, Bd. IV, S. 475. — HOFSTEE, B. H. J.: ibidem, S. 485.

** Organisch-Chemisches Institut der Universität Wien.

*** Medizinisch-Chemisches Laboratorium der Internen Abteilung der Allgemeinen Poliklinik der Stadt Wien.

oft fast eine Geschmackssache wurde, ob man ein bestimmtes Enzym als Lipase oder als Esterase bzw. Aliesterase bezeichnen wollte. Auch in der Literatur werden die beiden Begriffe häufig wahllos — manchmal auch in irreführender Weise — nebeneinander gebraucht.

Im Falle einer bestimmten Lipase, nämlich derjenigen der Pankreasdrüse, ist allerdings in letzter Zeit eine Eigenschaft bekanntgeworden, welche dieses Enzym scharf von anderen Esterasen differenziert. Es konnte gezeigt werden, daß die Pankreaslipase ausschließlich auf emulgierte, wasserunlösliche Substrate einwirkt, während derjenige Anteil derselben Substrate, der gelöst vorliegt, praktisch nicht angegriffen wird. Das Enzym, dessen Affinität offenbar auf die Oberfläche von Emulsionen gerichtet ist, unterscheidet sich somit von den anderen Esterasen weniger durch seine Substratspezifität als vielmehr durch den Dispersionsgrad seiner Substrate. Es ist bisher noch nicht untersucht worden, ob auch andere als Lipasen bezeichnete Enzyme ein ähnliches Verhalten zeigen.

Eine Differenzierung der anderen Esterasen ist ein schwieriges Unterfangen, das vor allem auch dadurch erschwert wird, daß oft in einem biologischen Material, wie z.B. im Serum, mehrere in ihrer Substratspezifität verschiedene Esterasen nachweisbar sind. Die Unterschiede in der Spezifität sind allerdings nicht sehr bedeutend. Bei Durchsicht der Literatur findet man außerdem, daß die Methoden der Spezifitätsermittlung bei den zahlreichen Bearbeitern sehr verschieden sind und auch die Beweiskraft der verwendeten Verfahren unterschiedlich ist. Ein in letzter Zeit häufig geübtes Mittel zur Differenzierung von Esterasen ist auch ihre Hemmbarkeit durch verschiedene Inhibitoren, von denen besonders das Diisopropylfluorphosphonat und andere Organophosphate hervorzuheben sind. Doch auch bei Verwendung dieser Methode ist es sehr schwierig, zu einer Klassifizierung der einzelnen Enzyme dieser Gruppe zu kommen.

Aus den angeführten Gründen ist eine Tabellierung der vorliegenden Befunde kaum möglich; im Abschnitt über das Vorkommen dieser Enzyme (S. 882) wird wohl zwischen einzelnen Typen dieser Enzyme unterschieden werden. Die dort verwendete Einteilung, die den vorliegenden Literaturangaben entspricht, darf aber auf keinen Fall als endgültig aufgefaßt werden. Die Enzymkommission unterscheidet in ihrer offiziellen Liste zwischen Carboxylesterasen (3.1.1.1; systematischer Name Carboxylester-Hydrolase), Arylesterasen (3.1.1.2; Arylester-Hydrolase) und Lipasen (3.1.1.3; Glycerinester-Hydrolase).

Eine gewisse Sonderstellung nimmt auch die Lipoproteid-Lipase ein, ein Enzym, das in letzter Zeit wegen seiner vermuteten medizinischen Bedeutung eingehend studiert wurde. Das Enzym läßt sich durch eine etwas verschiedene Substratspezifität von den anderen Lipasen und Esterasen abgrenzen. Seine bevorzugten Substrate sind nämlich Lipoproteide, deren Triglyceridanteil durch das Enzym hydrolysiert wird, während freie Triglyceride überhaupt nicht oder nur in ganz geringem Ausmaß angegriffen werden.

Was die Wirkungsspezifität der einzelnen Enzyme dieser Gruppe betrifft, so scheint heute mit Sicherheit festzustehen, daß das Wesen ihres katalytischen Effekts in der Übertragung einer Acylgruppe auf einen entsprechenden Acceptor, der natürlich meist Wasser ist, besteht[1–4]. Manche typische Esterasen spalten aber nicht nur Carbonsäure-Esterbindungen, sondern auch Carbonsäure-anhydride[1], Thioester[5], C—N-Bindungen[6] und wahrscheinlich auch Phosphoesterbindungen[7]. Als einzige Bedingung für die Spaltbarkeit eines Substrats scheint sicherzustehen, daß der auf Wasser übertragene Rest einen doppeltgebundenen Sauerstoff neben der Spaltstelle trägt ($R—\underset{\underset{O}{\|}}{C}—R_1$)[8].

[1] BERGMANN, F., M. WURZEL and E. SHIMONI: Biochem. J. 55, 888 (1953).
[2] BARNARD, E. A., and W. D. STEIN: Adv. Enzymol. 20, 51 (1958).
[3] DAVIES, D. R., and A. L. GREEN: Adv. Enzymol. 20, 283 (1958).
[4] PILZ, W., u. H. HÖRLEIN: H. 335, 221 (1964).
[5] SUZUOKI, J., and T. SUZUOKI: Nature 173, 83 (1954).
[6] BERGMANN, F., and M. WURZEL: Biochim. biophys. Acta 12, 412 (1953).
[7] ALDRIDGE, W. N.: Biochem. J. 53, 110 (1953).
[8] HOFSTEE, B. H. J.; in: Boyer-Lardy-Myrbäck, Enzymes, Bd. IV, S. 485.

Im Gegensatz zu der so wenig strengen Substratspezifität ist es bemerkenswert, daß die Esterasen eine deutliche relative optische Spezifität besitzen, die sich bei ihrer Wirkung gegenüber Racematen optisch aktiver Ester zeigen. Dies wurde bereits 1903 von DAKIN festgestellt und war seither oft der Gegenstand eingehender Untersuchungen.

Die dafür verwendete Technik wurde von BAMANN und AMMON[1] ausführlich beschrieben; das am einfachsten erscheinende Verfahren wird im folgenden wiedergegeben.

***Bestimmung der stereochemischen Spezifität einer Esterase nach* BAMANN *und* AMMON[1].**

Es wird in einer phosphatgepufferten Lösung gearbeitet; dabei soll die Phosphatkonzentration so hoch bemessen sein, daß bei vollständiger Hydrolyse des Esters die p_H-Verschiebung nicht mehr als 0,1 Einheiten beträgt. Die Autoren schlagen für Mandelsäureester als Substrat den folgenden Ansatz vor: 0,5 g Ester, 4 g Phosphat (je nach Wahl p_H 6—8) und das entsprechende Enzympräparat in 100 ml Reaktionsvolumen. Dieser Ansatz kann beliebig vergrößert oder verkleinert werden. Nach einer bestimmten Zeit, die derart bemessen sein muß, daß noch keine vollständige Verseifung eingetreten ist, pipettiert man eine Probe — z. B. 50 ml — aus der Versuchslösung heraus, macht schwach sodaalkalisch und äthert sorgfältig und wiederholt aus. Die vom unverseiften Ester befreite Lösung säuert man mit einer in Äther unlöslichen Säure (Phosphorsäure oder Schwefelsäure) an, sättigt dann mit Ammoniumsulfat und äthert die organische Säure aus.

Der zuletzt beschriebene Ätherauszug wird mit wenig Wasser gewaschen, mit Natriumsulfat getrocknet und dann der Äther durch Abdampfen entfernt. Der Rückstand wird in 10 ml Wasser (bzw. bei in Wasser unlöslichen Säuren in Alkohol) gelöst, im 2 dm-Rohr polarisiert und zur Bestimmung des Hydrolysengrades mit 0,1 n oder 0,04 n KOH titriert.

Untersuchungen dieser Art werden in letzter Zeit von der Schule von BAMANN vor allem mit der Absicht durchgeführt, durch das Studium der Stereospezifität bestimmter Esterasen verschiedener Arten zu Aussagen über deren Verwandtschaft zu kommen. So wurde die Esterase der Leber des Menschens und verschiedener Affen auf ihre Konfigurationsspezifität untersucht und dabei festgestellt, daß die Enzyme des Menschen und des Schimpansen sich völlig gleichartig verhalten, während sie bei anderen Affen abweichen[2].

Reversibilität der Wirkung.

Obwohl man heute allgemein der Ansicht ist, daß hydrolysierende Enzyme, wenn überhaupt, nur sehr selten für die Biosynthese ihrer Substrate verantwortlich sind, so ist es doch schon seit langem bekannt, daß Lipasen und andere Esterasen, unter allerdings extremen Bedingungen, die Synthese von Estern aus Säuren und Alkoholen katalysieren können. Bereits 1906 zeigten BODENSTEIN und DIETZ[3] in eindrucksvollen Versuchen eine derartige von einem Esterasepräparat bewirkte Synthese. Ein Reaktionsgemisch, das aus *iso*-Amylalkohol, Buttersäure und dem Enzym in einem geeigneten Medium bestand, hatte nach einer bestimmten Reaktionszeit die gleiche konstante Zusammensetzung wie ein Reaktionsgemisch aus Buttersäureisoamylester und dem Enzym im gleichen Medium und nach derselben Zeit. Es konnte eindeutig gezeigt werden, daß es sich hier um eine Gleichgewichtsreaktion handelt. Die Bedingungen für eine solche Synthesereaktion sind allerdings als sehr unphysiologisch zu bezeichnen.

Die Versuche von BODENSTEIN und DIETZ[3] wurden von zahlreichen Autoren reproduziert und auf andere Substrate und Enzympräparate ausgedehnt. Es konnte dabei

[1] BAMANN, E., u. R. AMMON; in: Bamann-Myrbäck, Bd. II, 1704.
[2] BAMANN, E., u. H. GEBLER: H. S. **319**, 180 (1960).
[3] BODENSTEIN, M., u. W. DIETZ: Z. Elektrochem. **12**, 605 (1906).

vor allem festgestellt werden, daß die Esterasen auch bei der Synthese — ebenso wie bei der Hydrolyse — eine relative stereochemische Spezifität zeigen. Eine ausführliche Beschreibung der experimentellen Bedingungen für Studien über die enzymatische Estersynthese findet sich bei AMMON[1]; ein Beispiel für einen solchen Versuch wird im folgenden wiedergegeben.

Enzymatische Butylbutyrat-Synthese durch Umkehr der Esterasewirkung nach AMMON[1].

In einem mit Stopfen versehenen Meßglas werden 500 mg Aceton-Äther-Trockenpulver aus Schweinepankreas mit 5 ml Wasser und 0,46 ml Buttersäure versetzt; dann wird mit n-Butanol auf 50 ml aufgefüllt und das Gemisch kräftig durchgeschüttelt. Eine Probe des Gemisches von 5 ml wird zur Bestimmung des Anfangssäurewertes benützt, der Rest wird in einem Wasserbadthermostaten bei 37° C geschüttelt. Jede Stunde werden 5 ml entnommen. Zur Bestimmung der Säurewerte wird zentrifugiert und je 2 ml der klaren überstehenden Lösung mit 0,05 n Natronlauge titriert. Bei wirksamen Präparaten soll die Veresterung nach 20 Std 60—70% betragen.

Als Modifikation wird vorgeschlagen, den Ansatz von vornherein in kleine Fläschchen von etwa je 20 ml Inhalt zu verteilen. So werden z.B. je 100 mg Pankreas-Trockenpulver mit 10 ml des Wasser-Butanol-Buttersäuregemisches versetzt, der Inhalt jedes Fläschchens gut durchgeschüttelt und eines der Fläschchen zur Bestimmung des Anfangssäurewerts benützt, während alle anderen Fläschchen in den Schüttelthermostaten kommen. Zur Bestimmung des Fortschreitens der Reaktion wird dann jeweils ein Fläschchen verwendet.

Vorkommen.

Eine eingehende Untersuchung von MENDEL u. Mitarb.[2] scheint eindeutig zu zeigen, daß Carbonsäure-Esterasen der gruppenspezifischen Typen (Lipasen und Esterasen im engeren Sinne) in der Natur ubiquitär verbreitet sind. Es ist wohl anzunehmen, daß jede lebende Zelle Enzyme dieser Art besitzt.

Was die quantitativen Verhältnisse betrifft, ist man allerdings nur selten ausreichend informiert; dies ist vor allem dadurch bedingt, daß die verschiedenen Untersucher mit unterschiedlichen Methoden arbeiten, denen durchaus nicht immer die gleiche Beweiskraft zukommt. Vergleiche über den Gehalt verschiedener Ausgangsmaterialien an Esterasen sind deshalb nur selten möglich und zulässig.

Im folgenden soll versucht werden, die wichtigsten Angaben über das Vorkommen von gruppenspezifischen Carbonsäure-Esterasen in Sekreten, Exkreten und Geweben zusammenzufassen; was die versuchte Differenzierung in verschiedene Typen nach Substratspezifität und Hemmbarkeit durch spezifische Inhibitoren betrifft, muß nochmals auf die Schwierigkeiten der dabei zur Anwendung gelangenden Methoden hingewiesen werden. Es soll hier auch erwähnt werden, daß manche der beobachteten Esterasewirkungen möglicherweise nicht durch Carbonsäure-Esterasen im hier geschilderten Sinne hervorgerufen werden, sondern Nebenwirkungen von Enzymen anderer Klassen (vor allem proteolytischer Enzyme, vielleicht aber auch Acyltransferasen) sein können.

1. Blutserum.

Wie bereits eingangs erwähnt wurde, kommen im Serum mehrere nahe miteinander verwandte Carbonsäure-Esterasen vor, deren Spezifitätsbereiche sich weitgehend überschneiden, weshalb die befriedigende Bestimmung der einzelnen Enzymaktivitäten auf beträchtliche Schwierigkeiten stößt.

[1] AMMON, R.; in: Bamann-Myrbäck, Bd. II, S. 1716.
[2] MENDEL, B., D. K. MYERS, I. E. ULYDERT, A. C. RUYS and W. M. D. BRUYN: Brit. J. Pharmacol. 8, 217 (1953).

Die wesentlichsten Arbeiten zur Charakterisierung der einzelnen im Serum enthaltenen Enzyme wurden von ALDRIDGE[1], GUTH u. Mitarb.[2], GOMORI[3] und AUGUSTINSSON[4] durchgeführt.

ALDRIDGE[1] klassifiziert die Carbonsäureesterasen des Serums entsprechend ihrem verschiedenartigen Verhalten gegenüber bestimmten Hemmstoffen (Eserin und bestimmten organischen Phosphorverbindungen). Er kommt dabei zum Schluß, daß in den Seren der meisten Arten neben einer Pseudocholinesterase, deren Wirkung durch Eserin komplett ausgeschaltet werden kann, zumindest zwei weitere Esterasetypen vorhanden sind, die p-Nitrophenylacetat sowie die entsprechenden Propionsäure- und Buttersäureester hydrolysieren können. Beide Enzyme sind gegen Eserin unempfindlich; der eine Typus wird aber bereits durch sehr geringe Mengen (10^{-8} bis 10^{-7} molar) von E 600 (Diäthyl-p-nitrophenylphosphat) und ähnlichen Organophosphorverbindungen komplett gehemmt, während der andere Typus dadurch in seiner Aktivität nicht beeinflußt wird. Die Methode, um die Esterasen des Serums auf diese Weise nebeneinander bestimmen zu können, wird weiter unten (S. 903) dargestellt werden.

Die Beobachtung, daß das gegen E 600 widerstandsfähige Enzym Ester der Essigsäure („acetic acid") besser spaltet als Ester der Buttersäure, gab den Anlaß, diesen Enzymtypus als „A-Esterase" zu bezeichnen, während dementsprechend das durch E 600 hemmbare Enzym „B-Esterase" genannt wird.

Nach ALDRIDGE[5] sind die Enzyme des A-Esterasetypus nicht nur gegen E 600 unempfindlich, sondern können diese Substanz sogar in p-Nitrophenol und Diäthylphosphat spalten; die von ALDRIDGE erhobenen Befunde lassen mit Sicherheit darauf schließen, daß die A-Esterase mit dem „E 600-Enzym" identisch ist.

In einer vergleichenden Untersuchung der Serumesterasen von insgesamt 13 Tierarten fand ALDRIDGE[1], daß alle geprüften Seren außer dem Entenserum A-Esterase enthalten.

Im wesentlichen bestätigt und erweitert wurden diese Ergebnisse durch die Versuche von AUGUSTINSSON[4], die Serumesterasen elektrophoretisch voneinander zu trennen. In den einzelnen Fraktionen wurden die Spezifitätsverhältnisse geprüft, und auf Grund dieser Resultate kommt der Autor zu folgender Einteilung:

1. A-Esterase (Arylesterase). Dieses Enzym ist eine „aromatische Esterase" (MOUNTER und WHITTAKER[6]); es hydrolysiert Phenylacetat schneller als Phenylbutyrat und ist gegenüber Eserin und Organophosphorverbindungen resistent. Es findet sich in der am schnellsten wandernden Fraktion zusammen mit der oder in der Nähe der Albuminfraktion.

2. B-Esterase (aliphatische Esterase, Lipase). Dieses Enzym hydrolysiert sowohl aliphatische als auch aromatische Ester; es scheint verschiedene Typen zu geben, je nachdem ob Acetyl-, Propionyl- oder Butyrylester schneller gespalten werden. Cholinester werden hingegen nicht angegriffen. Enzyme dieses Typus sind bereits gegen sehr geringe Konzentrationen von Organophosphorverbindungen empfindlich, sind aber resistent gegen Eserin; manche B-Esterasen sind allerdings durch höhere Konzentrationen dieser Substanz als 10^{-5} m hemmbar. B-Esterasen wandern bei der Elektrophorese langsamer als die A-Esterasen; sie finden sich immer in oder zumindest sehr nahe der α_1-Globulin-Fraktion.

3. C-Esterase (Cholinesterasen). Enzyme dieses Typus hydrolysieren Cholinester schneller als aliphatische oder aromatische Ester. Sie sind sowohl gegenüber Organophosphorverbindungen vom Typus des E 600 als auch gegenüber Eserin sehr empfindlich (komplette Hemmung bei 10^{-5} m Konzentration von Eserin). Sie weisen die geringste

[1] ALDRIDGE, W. N.: Biochem. J. **53**, 110 (1953).
[2] GUTH, P., S. A. KAMAROW, H. SHAY and C. ZISLIN: Amer. J. med. Sci. **225**, 464 (1953).
[3] GOMORI, G.: Amer. J. clin. Path. **27**, 170 (1957).
[4] AUGUSTINSSON, K. B.: Nature **181**, 1786 (1958).
[5] ALDRIDGE, W. N.: Biochem. J. **53**, 117 (1953).
[6] MOUNTER, L. A., and V. P. WHITTAKER: Biochem. J. **54**, 553 (1953).

elektrophoretische Wanderungsgeschwindigkeit auf und finden sich gewöhnlich zwischen den α_2- und β-Globulinbanden.

Verteilung und Spezifität der Esterasen bei verschiedenen Species[1].

Sowohl die Verteilung als auch die Spezifität der einzelnen Esterasen im Serum sind artspezifisch; im folgenden werden die an 18 Species erhobenen Befunde zusammengefaßt.

Mensch. Nur A- und C-Esterasen. Die A-Esterase spaltet Phenylacetat 100mal schneller als Phenylbutyrat und ist gegen alle untersuchten Inhibitoren resistent. Aliphatische Ester werden nicht hydrolysiert.

Die C-Esterase ist eine Butyrylcholinesterase mit geringer relativer Spezifität, da auch Buttersäureester von Phenolen sowie ein- und mehrwertigen aliphatischen Alkoholen angegriffen werden. Es werden auch Benzoylcholin, Succinylcholin, Procain, Atropin und Tween 20 hydrolysiert. Das Enzym ist besonders empfindlich gegenüber Eserin, wird aber auch durch alle Organophosphorverbindungen gehemmt.

Pferd. Alle drei Esterasetypen. Die A-Esterase hat ähnliche Eigenschaften wie diejenige des Menschen. Die B-Esterase hydrolysiert Propionylester am schnellsten, ist gegen Tetraisopropylpyrophosphoramid resistent, wird aber von „Mipafox" (Bis-monoisopropylaminofluorphosphinoxyd) gehemmt. Die C-Esterase verhält sich wiederum ähnlich wie diejenige des Humanserums.

Hund. Nur A- und C-Esterasen; in ihrem Verhalten sehr ähnlich wie im Humanserum; die C-Esterase hydrolysiert Triglyceride nur mit sehr geringer Geschwindigkeit.

Rind. Größere Mengen einer A-Esterase mit bevorzugter Spezifität für Arylacetate. Daneben findet sich im Serum eine geringe Konzentration einer C-Esterase vom Propionylcholinesterasetypus, die durch Substratüberschuß gehemmt wird.

Schwein. Nur A- und C-Esterasen. Die Konzentration der A-Esterase (Acetylarylesterase) ist von Serum zu Serum sehr verschieden. Die C-Esterase kommt nur in geringer Konzentration vor; sie hydrolysiert Benzoylcholin und verhält sich gegenüber Inhibitoren wie eine Butyrylcholinesterase.

Katze. Hier finden sich alle drei Esterasetypen im Serum. Die A-Esterase ist eine Propionylarylesterase. Die B-Esterase spaltet zahlreiche Ester; die Hydrolysengeschwindigkeit ist zur Hauptsache von der Natur der Alkoholkomponente des Substrats abhängig. So wird unter den Glycerinestern Tripropionin schneller gespalten als Tributyrin, hingegen wird der Propionsäureester des Isoamylakohols schneller hydrolysiert als der entsprechende Buttersäureester. Die C-Esterase ist eine Butyrylcholinesterase, die sich ähnlich verhält wie die entsprechenden Fermente aus den Seren des Menschen und des Pferdes, nur ist sie gegenüber Atoxyl und Chinin etwas weniger empfindlich als diese Enzyme.

Meerschweinchen. Im Serum des Meerschweinchens finden sich sogar vier Esterasen, und zwar eine A-Esterase, zwei verschiedene B-Esterasen und eine C-Esterase. Die erste B-Esterase (B_1), die in der Elektrophorese mit der für diesen Typus üblichen Geschwindigkeit wandert, hydrolysiert Propionyl- und Buttersäureester etwa gleich schnell und jedenfalls besser als Essigsäureester. Auch Tween 20 wird durch dieses Enzym gespalten. Die zweite B-Esterase (B_2) wandert bei der Elektrophorese langsamer als B_1, aber wesentlich schneller als die C-Esterase. Sie ist gegen Eserin resistent, läßt sich aber durch Tetraisopropylpyrophosphorylamid hemmen. Sowohl B_1 als auch B_2 hydrolysieren Isoamylbuttersäureester. Im Gegensatz dazu kann die C-Esterase aus Meerschweinchenserum, die als Butyrylcholinesterase zu klassifizieren ist, diesen Ester nicht spalten.

Interessanterweise konnte ein Substrat gefunden werden, das von allen vier Esterasen des Meerschweinchenserums gespalten wird; es ist dies das Phenylacetat.

Kaninchen. Hier enthält das Serum zumindest drei, wahrscheinlich sogar vier Esterasen, da anscheinend zwei A-Esterasen vorliegen, die bei der Elektrophorese nahe bei-

[1] Aldridge, W. N.: Biochem. J. **53**, 110 (1953).

einander wandern. Die Konzentration der B-Esterase, die bevorzugt Propionsäureester hydrolysiert, ist starken individuellen Schwankungen unterworfen. Die C-Esterase ist eine Acetylcholinesterase und verhält sich ähnlich wie die Cholinesterasen der Erythrocyten und des Nervengewebes.

Ratte. Im Serum der Ratte finden sich eine A-Esterase und eine B-Esterase, die den entsprechenden Enzymen des Meerschweinchens (A und B_1) sehr ähnlich sind. Eine zweite B-Esterase fehlt aber. Die C-Esterase ist eine Propionylcholinesterase, die sich gegenüber Hemmstoffen anders verhält als die gewöhnlich vorgefundene Butyrylcholinesterase.

Huhn. Das Plasma des Huhns enthält nur eine C-Esterase vom Propionylcholinesterasetypus, die gegen „Mipafox“ (Bis-monoisopropyl-aminofluor-phosphinoxyd) äußerst empfindlich ist, während das Enzym gegen Atoxyl und Chinin eine beachtliche Resistenz aufweist.

Frosch (Rana temporaria). Das Plasma des Frosches enthält Esterasen aller drei Typen. Die A-Esterase stimmt in ihren Eigenschaften mit den meisten entsprechenden Enzymen überein; die B-Esterase weist eine stärkere Empfindlichkeit gegenüber Eserin auf, als das sonst der Fall ist. Die C-Esterase zeichnet sich vor allem dadurch aus, daß sie in der Elektrophorese schneller wandert als die B-Esterase. Sie ist eine Propionylcholinesterase, die aber auch Butyrylcholin gut spaltet.

Aal (Anguilla anguilla). Während im Plasma des Aals nur ganz geringe Konzentrationen an A-Esterase gefunden werden, enthält dieses Plasma die größte Menge an B-Esterase, die in irgend einem biologischen Material bisher nachgewiesen werden konnte. Dementsprechend hat das Plasma eine etwa 100fach höhere „Lipase“-Aktivität als das Plasma des Menschen und entspricht in seiner Wirkung gegenüber Phenylbutyrat jener Aktivität, welche die elektrischen Organe bestimmter Fische gegenüber Acetylcholin aufweisen. Diese B-Esterase hydrolysiert auch Heroin recht gut. Die in geringerer Menge vorhandene C-Esterase entspricht in ihrem Typus einer Acetylcholinesterase.

Dorsch. Das Serum enthält vor allem eine B-Esterase, die bevorzugt Acetylester spaltet, gegen Mipafox, nicht aber gegen Tetraisopropylpyrophosphorylamid empfindlich ist. Eserin hemmt erst bei 10^{-4} molarer Konzentration zu etwa 50%. Daneben ist eine geringe Menge einer Acetylcholinesterase vorhanden.

Froschfisch (Lophius piscatorius). Hier findet sich nur eine, allerdings in hoher Konzentration vorliegende B-Esterase, die bevorzugt Acetylester, darunter auch Heroin, hydrolysiert. Das Enzym ist in seinem Verhalten gegenüber Hemmstoffen demjenigen des Dorsches ähnlich.

Katzenhai (Squalus acanthias). Nur geringe Esteraseaktivität im Serum, die auf kleine Mengen einer B-Esterase und einer Acetylcholinesterase zurückzuführen ist.

Schleim- oder Wurmfisch (Myxine glutinosa). Dieses Plasma enthält nur Spuren einer Esterase, vermutlich einer B-Esterase,

2. *Milch.*

In der Milch findet sich eine Carbonsäure-Esteraseaktivität mit geringer Substratspezifität. Es werden Butterfett, diverse Samenöle, Olivenöl, Tributyrin, Triacetin, Essigsäureäthylester und Naphthylester hydrolysiert; die Milch der meisten Säugetierarten enthält aber offensichtlich keine Enzyme, welche Cholinester spalten[1]. Als Ausnahme sind die Milch und das Colostrum des Schweins sowie das Colostrum des Hundes zu erwähnen[2].

[1] Augustinsson, K. B.: Acta physiol. scand. **15**, Suppl. **52**, (1948). — Alm, A., and K. B. Augustinsson: Acta physiol. scand. **39**, 203 (1957).
[2] McCance, R. A., A. O. Hutchinson, R. F. A. Dean and P. E. Jones: Biochem. J. **45**, 493 (1949). — Hines, B. E., and R. A. McCance: J. Physiol., London **122**, 188 (1953).

Nach allerdings nicht völlig beweiskräftigen Angaben verschiedener Autoren soll es sich bei der Esterasewirkung der Kuhmilch um die Aktivität zweier verschiedener Enzyme handeln[1].

Die Lipaseaktivität der Kuhmilch nimmt innerhalb der ersten Stunden nach ihrer Gewinnung auch dann sehr schnell ab, wenn die Milch kühl gelagert wird. Es wird postuliert, daß dieser Aktivitätsverlust mit dem Gehalt der Milch an gelöstem Sauerstoff in Zusammenhang steht[2]. Tatsächlich konnte gezeigt werden, daß in einer Milchprobe, die nach dem Melken 20 min lang mit einem N_2-Strom durchspült worden war, die Lipasewirksamkeit erhalten blieb[3].

Die Esterase der Schweinemilch, die ja insoweit eine Ausnahme darstellt, als Cholinester gespalten werden, wurde kürzlich einer eingehenderen Untersuchung unterzogen[4]. Es handelt sich um eine Butyrylcholinesterase, während andere Esterasetypen fehlen. Interessanterweise findet sich in der Milchdrüse des Schweines auch eine Arylesterase, die aber nicht sezerniert wird.

3. *Gehirn.*

Nach Myers[5] können in Rattenhirnhomogenaten neben einer Cholinesterase noch drei Carbonsäureesterasen durch ihr verschiedenes Verhalten gegenüber dem Hemmstoff Diisopropyl-p-nitrophenylphosphat (DINP) (5×10^{-5} m) und gegenüber Alkali unterschieden werden, die vom Autor als DINP-sensitive Aliesterase, DINP-resistente Tributyrinase und DINP-resistente Triacetinase bezeichnet werden; die beiden erstgenannten Enzyme werden durch 30 min Behandlung bei p_H 10,5 irreversibel inaktiviert, während die DINP-resistente Triacetinase unter diesen Bedingungen in ihrer Wirkung kaum beeinflußt wird. Im Gegensatz zur Cholinesterase wird keines dieser Enzyme durch Eserin gehemmt. DINP-sensitive Aliesterase und DINP-resistente Triacetinase hydrolysieren beide sowohl Phenylester als auch Triglyceride; Phenylester werden allerdings wesentlich schneller gespalten als Triglyceride. Fettsäureester mit kurzkettigen Fettsäuren werden schneller hydrolysiert als solche mit langkettigen; beim DINP-sensitiven Enzym ist die optimale Kettenlänge 3 (Propionsäureester), bei der DINP-resistenten Triacetinase hingegen werden Essigsäureester bevorzugt gespalten.

DINP-resistente Tributyrinase hydrolysiert bevorzugt Tributyrin, während Phenylester nur sehr langsam gespalten werden. In seiner Spezifität soll das Enzym an die Pankreaslipase erinnern, obwohl seine Aktivität (oder seine Konzentration im Hirn) um Größenordnungen geringer ist.

Die Aufteilung der Gesamtaktivität auf die einzelnen Komponenten des Enzymgemisches kann hier nicht wiedergegeben werden und ist in der Originalarbeit[5] einzusehen.

4. *Leber.*

Obwohl die Esteraseaktivität der Säugetierleber schon seit langem bekannt ist und Leber ein sehr häufig verwendetes Ausgangsprodukt zur Herstellung von Esterasepräparationen (vgl. S. 888) ist, wurde erst in letzter Zeit bekannt, daß es in der Leber mehr als ein einziges Enzym mit Esteraseaktivität gibt[6]. Hinweise in diese Richtung finden sich bereits bei Falconer und Taylor[7] sowie bei Fodor[8].

---

[1] Herrington, B. L., and V. N. Krukowsky: J. Dairy Sci. **22**, 127 (1939). — Peterson, M. H., M. J. Johnson and W. V. Price: J. Dairy Sci. **26**, 233 (1943). — Albrecht, T. W., and H. O. Jaynes: J. Dairy Sci. **38**, 136 (1955).

[2] Krukowsky, V. N., and P. F. Sharp: J. Dairy Sci. **23**, 119 (1940). — Peterson, M. H., M. J. Johnson and W. V. Price: J. Dairy Sci. **26**, 233 (1943).

[3] Forster, T. L., C. Jensen and E. Plath: J. Dairy Sci. **39**, 1120 (1956).

[4] Augustinsson, K. B., and B. Olsson: Biochem. J. **71**, 477, 484 (1959).

[5] Myers, D. K.: Biochem. J. **64**, 740 (1956).

[6] Ecobichon, D. J., and W. Kalow: Can. J. Biochem. Physiol. **39**, 1329 (1961).

[7] Falconer, J. S., and D. P. Taylor: Biochem. J. **40**, 831 (1946).

[8] Fodor, P.: Nature **158**, 375 (1946).

Eine eingehende Untersuchung der Esterasen der Leber, wobei vor allem die selektive Inaktivierung durch Hitze und Alkali sowie die Wirkung verschiedener Hemmstoffe zur Differenzierung verwendet wurde[1], macht es wahrscheinlich, daß in der Säugetierleber neben einer atoxyl-unempfindlichen Lipase und einer Cholinesterase, die durch Eserin gehemmt wird, drei verschiedene Esterasen vorkommen. Diese unterscheiden sich voneinander durch verschiedene Inaktivierbarkeit bei Erhitzen auf 62° C während 10 min, bei alkalischer Behandlung (p_H 10, 40 min) sowie in Anwesenheit von 0,005 %iger Lösung von Tri-o-kresylphosphat. Alle drei Enzyme werden durch Diäthyl-p-nitrophenylphosphat (E 600) und Atoxyl gehemmt.

5. *Darmschleimhaut.*

Nach ALDRIDGE[2] finden sich in der Darmschleimhaut der Ratte zwei Esterasen, die der Nomenklatur dieses Verfassers entsprechend (vgl. S. 881) den beiden Typen der A- bzw. B-Esterasen zuzuordnen sind. Von diesen beiden Enzymen könnte die A-Esterase mit der Pankreaslipase identisch sein.

6. *Pankreas.*

Im Pankreasgewebe lassen sich außer der Pankreaslipase, die als Hauptmenge vorhanden ist, noch weitere Esterasen nachweisen. Dies geht bereits aus älteren Arbeiten von WOLVEKAMP und GRIFFJIOEN[3] sowie von FODOR[4] hervor; nach einer späteren Arbeit von MYERS u. Mitarb.[5] finden sich in frischen Suspensionen aus Rattenpankreas neben der Lipase zwei weitere lipolytische Enzyme, nämlich eine Esterase I, die sich in ihrer Spezifität etwa wie die A-Esterase des Serums verhält, aber durch kleine Mengen Organophosphorverbindungen gehemmt wird, und eine Esterase II, die Triglyceride und Phenylester nicht angreift, hingegen Salicylester hydrolysiert[6] und gegen alle geprüften Organophosphorverbindungen unempfindlich ist. Es wird vermutet, daß dieses Enzym mit der Carboxypeptidase des Pankreas (vgl. Bd. VI/C S. 85ff.) identisch ist[7].

7. *Harn.*

Bis vor kurzem war die Frage, ob im Harn Esterasen überhaupt vorkommen, ziemlich umstritten. Ein eindeutiger Nachweis für die Existenz eines lipaseähnlichen Enzyms wurde erst von SELIGMAN u. Mitarb.[8] erbracht; mit Hilfe der colorimetrischen Methode von NACHLAS und SELIGMAN[9] konnten diese Autoren zeigen, daß im Harn gesunder Menschen immer eine relativ konstante Menge eines derartigen Enzyms zu finden ist, wobei erstaunlicherweise die pro ml Harn gemessenen Aktivitäten häufig höher waren als die höchsten beobachteten Aktivitäten in pathologischen Seren. Zu ähnlichen Ergebnissen kamen NOTHMANN u. Mitarb.[10] mit einer von ihnen entwickelten Titrationsmethode. Diese Autoren postulieren, daß die im Harn zu findende Lipaseaktivität ursprünglich aus dem Pankreas stammt.

Zu gleichen Schlußfolgerungen kommen NACHLAS und BLACKBURN[11], die außerdem die Anwesenheit eines Hemmstoffs der Lipase im Harn beobachteten. Dieser Hemmstoff erweist sich als thermostabil und läßt sich durch 24stündige Dialyse aus dem Harn entfernen. Seine Hemmwirkung ist besonders deutlich, wenn man bei der colorimetrischen

[1] MYERS, D. K., and B. MENDEL: Biochem. J. **53**, 16 (1953).
[2] ALDRIDGE, W. N.: Biochem. J. **57**, 692 (1954).
[3] WOLVEKAMP, H. P., u. K. GRIFFJIOEN: H. **223**, 36 (1934).
[4] FODOR, P. J.: Nature **158**, 375 (1946). Arch. Biochem. **26**, 307, 331 (1950).
[5] MYERS, D. K., A. SCHOTTE, H. BOER and H. BORSJE-BAKKER: Biochem. J. **61**, 521 (1955).
[6] HOFSTEE, B. H. J.: J. biol. Ch. **199**, 457, 365 (1952).
[7] MYERS, D. K.: Biochem. J. **64**, 740 (1956).
[8] SELIGMAN, A. M., P. GLOTZER and M. MOLLOMO: Bull. New Engl. med. Center **12**, 28 (1950).
[9] SELIGMAN, A. M., and M. M. NACHLAS: J. clin. Invest. **29**, 31 (1950).
[10] NOTHMANN, M. M., J. H. PRATT and A. D. CALLOW: A. M. A. Arch. internal Med. **100**, 221 (1957).
[11] NACHLAS, M. M., and R. BLACKBURN: J. biol. Ch. **230**, 1051 (1958).

Lipasebestimmung β-Naphthyllaurat als Substrat benützt. Die Autoren entwickelten deshalb eine colorimetrische Methode, bei der β-Naphthylcaprylat als Substrat verwendet wird; unter diesen Bedingungen ist keine Antilipasewirkung zu beobachten.

Darstellung.

Lipase- und Esterasepräparate verschiedener Herkunft und sehr wechselnder Qualität und Aktivität sind wohl überall im Handel erhältlich. Diese käuflichen Präparate sind sicherlich für verschiedene Zwecke sehr brauchbar. Da es sich hier aber in keinem Falle um hochgereinigte Enzyme handelt, wird man wohl in vielen Fällen, so z. B. zur Untersuchung bestimmter Eigenschaften dieser Enzyme, besser daran tun, sich seine Enzympräparate selbst herzustellen. Aus diesem Grunde werden hier Vorschriften zur Herstellung gereinigter Pankreaslipase bzw. Leberesterase wiedergegeben, welche die zur Zeit weitestgehende Konzentrierung der Enzyme erlauben.

Obwohl in der Literatur bereits Berichte über die Kristallisation dieser Enzyme vorliegen, muß es wohl als sehr fraglich angesehen werden, ob es sich hier um einheitliche Proteinindividuen gehandelt hat.

1. Darstellung von Pankreaslipase.

Obwohl die Lipase des Pankreas schon sehr lange bekannt ist, konnte erst vor kurzer Zeit eine befriedigende Vorschrift zur Herstellung eines hochgereinigten Präparates dieses Enzyms ausgearbeitet werden. Dies dürfte vor allem darauf zurückzuführen sein, daß man die außergewöhnlichen Eigenschaften des Enzyms (vgl. S. 389) erst spät erkannte.

***Darstellung einer hochgereinigten Pankreaslipase nach* MARCHIS-MOUREN *u. Mitarb.*[1].**

Die neueste Modifikation der von DESNUELLE und seiner Schule ausgearbeiteten Vorschrift erlaubt eine 135fache Reinigung des Enzyms mit einer Ausbeute von 20%. Die mit Hilfe dieser Methode erhaltenen reinsten Fraktionen erwiesen sich sowohl bei elektrophoretischer als auch bei papierchromatographischer Prüfung als homogen.

Erste Anreicherung. Schweinepankreas, welches im Schlachthaus 15 min nach dem Tod der Tiere eingefroren wurde, wird in Stücke zerteilt, aufgetaut und sofort darauf 10 sec lang in einem Mixer mit der gleichen Menge Aceton homogenisiert. Darauf wird abzentrifugiert, das Sediment dreimal mit dem gleichen Volumen Aceton, zweimal mit einer Aceton-Äthermischung 1:1 und schließlich zweimal mit Äther extrahiert. Nach 48 Std langem Trocknen im Vacuum wird das erhaltene Pulver durch ein 100-Maschen-Sieb von Fasern befreit und darauf im Kühlschrank aufbewahrt.

10 g dieses Pulvers werden bei 0° C unter mechanischer Rührung mit 60 ml Wasser 15 min lang extrahiert; die Mischung wird bei 20000 × g 15 min in der Kälte zentrifugiert und das feste Sediment noch einmal in gleicher Weise mit 40 ml Wasser extrahiert. Die klaren Extrakte (E_1, 85—90 ml; spezifische Aktivität etwa 50) werden vereinigt und in der Kälte mit dem gleichen Volumen gesättigter Ammoniumsulfatlösung versetzt. Nach 15 min wird diese Mischung 5 min lang in der Kälte zentrifugiert (20000 × g), darauf der erhaltene Niederschlag mit 90 ml halbgesättigtem Ammoniumsulfat gewaschen und dann in 90 ml 0,1 m Tris-Puffer von p_H 8,0 bei 0° C gelöst. Zu dieser Lösung werden langsam und unter Rühren 32,4 ml gesättigte Ammoniumsulfatlösung zugesetzt, wodurch eine 0,25fache Sättigung der Mischung erreicht wird. Nach 15 min wird wiederum zentrifugiert und die überstehende Lösung mit weiterer gesättigter Ammoniumsulfatlösung so lange versetzt, bis 0,45fache Sättigung erreicht wird. Der darauf durch Zentrifugieren in der Kälte erhaltene Niederschlag (C_2) enthält 70% der Lipaseaktivität von E_1; seine spezifische Aktivität ist 100—120. Auf diese Weise werden größere Mengen von eiweißfremden Verunreinigungen — Nucleinsäuren, Zucker — entfernt.

C_2 wird in 41 ml Eiswasser und 4 ml molarer Ammoniumsulfatlösung gelöst; die Proteinkonzentration der Lösung beträgt etwa 2%. Sie wird auf −12°C gebracht, und

[1] MARCHIS-MOUREN, G., L. SARDA and P. DESNUELLE: Arch. Biochem. 83, 309 (1959).

unter Rühren wird langsam so viel Aceton der gleichen Temperatur eingebracht, daß die Konzentration dieses Lösungsmittels (*v/v*) 46% erreicht. Nach 30 min wird die Mischung bei $-12°$ C zentrifugiert, das Sediment (C_3) in 45 ml Eiswasser suspendiert und der p_H dieser Mischung durch Zugabe von 0,1 n Ammoniak auf 6,0 gebracht. Die unlöslichen Anteile werden durch Zentrifugieren entfernt; die spezifische Aktivität der klaren Lösung beträgt 500—510.

Adsorption an Calciumtriphosphat- und Aluminiumhydroxyd-Gele. 8 g Tricalciumphosphat-Gel (Herstellung s. weiter unten) werden bei 0° C 10 min lang mit 45 ml der eben beschriebenen p_H 6,0-Lösung von C_3 verrührt. Das Gel, an das die Lipaseaktivität komplett adsorbiert ist, wird dann durch 5 min langes Zentrifugieren ($2000 \times g$) abgetrennt und schließlich durch 20 min langes Rühren mit 0,02 m Na_2HPO_4-Lösung eluiert. Man bringt dann das Eluat durch Zugabe festen Ammoniumsulfats auf halbe Sättigung, löst darauf den entstandenen Niederschlag in 40 ml 0,1 m Citratpuffer von p_H 5,5 und mischt die Lösung mit 8 g Aluminiumhydroxyd C_γ-Gel (Herstellung s. weiter unten). Man verrührt 10 min bei 0° C, zentrifugiert in der Kälte ($2000 \times g$), wobei diesmal der Rückstand verworfen wird, und fällt schließlich wiederum das Protein aus der klaren Lösung durch Halbsättigung mit Ammoniumsulfat. Das Produkt (C_5) enthält 45% der Lipaseaktivität von C_3; seine spezifische Aktivität beträgt 1000—1200.

Zonenelektrophorese in Stärkesäulen. Mit Hilfe dieser Methode gelingt es, ausgehend von C_3 oder C_5 noch weitere Anreicherungen zu erzielen. Dabei werden nach den neuesten Angaben hohe Potentialgradienten (8 v/m) für die Dauer von 48 Std angewandt; man arbeitet mit einem sauren Puffer (0,025 m Acetatpuffer, p_H 5,25), welcher 0,005 m $CaCl_2$ enthält. Ausgehend von C_5 kann auf diese Weise eine spezifische Aktivität von 3500 erreicht werden, wobei die Ausbeute 85% (bezogen auf die Aktivität des eingesetzten C_5) beträgt. Für Details über die Ausführung der Zonenelektrophorese, die eine spezielle apparative Einrichtung erfordert, muß auf die Originalliteratur verwiesen werden[1].

Herstellung der Adsorbentien Calciumtriphosphat-Gel und Aluminiumhydroxyd C_γ. Zur Herstellung von Calciumtriphosphat-Gel[2] werden 150 ml einer Calciumchloridlösung (132 g $CaCl_2 \cdot 6\,H_2O$ pro l) mit Leitungswasser auf etwa 1600 ml verdünnt und dann mit 150 ml Natriumtriphosphat-Lösung (152 g $Na_3PO_4 \cdot 12\,H_2O$ pro l) geschüttelt. Nach etwa 2 Std wird die Mischung mit verdünnter Essigsäure auf p_H 7,4 gebracht und der Niederschlag viermal durch Dekantieren mit größeren Mengen Leitungswasser (15—20 l) gewaschen. Zum Schluß wäscht man den Niederschlag noch einmal mit destilliertem Wasser in der Zentrifuge. Er wird dann in destilliertem Wasser aufgenommen und etwa 1 Monat lang im Dunkeln stehengelassen. Nach Entfernung der überstehenden Schicht klaren Wassers wird dann das Gel gut geschüttelt und das Trockengewicht pro ml bestimmt. Es ist dann für den Gebrauch fertig, muß aber ständig im Dunkeln aufbewahrt werden. Auf die geschilderte Weise erhält man etwa 9 g Trockengewicht.

Für die Erzeugung von Aluminiumhydroxyd C_γ nach WILLSTÄTTER und WALDSCHMIDT-LEITZ[3] werden 330 g Ammoniumsulfat in 6,5 l Wasser gelöst, die Lösung auf 60° C gebracht und mit 420 ml 20%iger (Gew.-%) Ammoniaklösung versetzt. Während der darauffolgenden Operation muß die Lösung stets schwach alkalisch bleiben. In diese Lösung wird eine heiße Lösung von 500 g $Al_2(SO_4)_3 \cdot 18\,H_2O$ in 1 l Wasser unter heftigem Rühren eingebracht. Das Rühren wird 15 min fortgesetzt, wobei die Temperatur nicht unter 60° C sinken darf. Dann wird auf 40 l verdünnt. Der Niederschlag soll sich rasch absetzen. Wenn dies erfolgt ist, wird dekantiert und dann mehrmals durch Dekantieren gewaschen, wobei dem vierten Waschwasser 80 ml 20% Ammoniak zugesetzt werden. Nach 12—20 Waschungen bleibt das Waschwasser opalescierend; nach Erreichen dieses

[1] SARDA, L., G. MARCHIS-MOUREN, M. J. CONSTANTIN et P. DESNUELLE: Biochim. biophys. Acta, **23**, 264 (1957). — MARCHIS-MOUREN, G., L. SARDA and P. DESNUELLE: Arch. Biochem. **83**, 309 (1959).

[2] KEILIN, D., and E. F. HARTREE: Proc. R. Soc. London (B) **124**, 379 (1938).

[3] WILLSTÄTTER, R., E. WALDSCHMIDT-LEITZ u. R. F. HESSE: H. **142**, 14 (1925).

Punktes soll noch zweimal gewaschen werden. Das so behandelte Produkt muß mehrere Wochen stehen, bevor es in Gebrauch genommen wird.

2. Darstellung von Leberesterase.

Die zur Zeit wohl beste Vorschrift zur Herstellung einer hochaktiven Präparation von Leberesterase stammt von CONNORS, PIHL, DOUNCE und STOTZ[1]. Wohl hatte bereits vorher MOHAMMED[2] über eine Kristallisation von Leberesterase berichtet; nach CONNORS u. Mitarb.[1] zeigt aber die kristalline Präparation nach MOHAMMED nur geringe Esteraseaktivität, die außerdem beim Umkristallisieren verlorengeht.

CONNORS u. Mitarb.[1] gehen von frischer Pferdeleber aus; aus Rinderleber, die weitaus geringere Esterasewerte zeigt, kann mit Hilfe der folgenden Vorschrift kein hochaktives Präparat gewonnen werden.

***Darstellung einer hochgereinigten Leberesterase aus Pferdeleber nach* CONNORS *u. Mitarb.*[1].**

1. Stufe. 2000 g fein zerkleinerter Pferdeleber werden bei Raumtemperatur mit 8 l eiskaltem Aceton gründlich verrührt. Die Mischung wird dann durch einen großen Büchnertrichter (ohne Papier) filtriert und das restliche Aceton mit der Hand abgepreßt. Das Material wird dann zweimal mit 8 l eiskaltem Aceton gewaschen, darauf in dünner Schicht ausgebreitet und 12 Std bei Zimmertemperatur trocknen gelassen. Man vermahlt schließlich die erhaltene Masse zu einem feinen Pulver, wobei man darauf achten muß, daß bei dem Mahlvorgang keine Überhitzung eintritt. Man erhält etwa 560 g Aceton-Trockenpulver; dieses behält seine Esteraseaktivität bei Lagerung bei 5° C mindestens 3 Monate. 1 g Pulver enthält etwa 1000 Esteraseeinheiten (vgl. S. 899), der Reinheitsgrad (Esteraseeinheiten pro mg Trockengewicht) ist 1,02.

2. Stufe. 100 g Aceton-Trockenpulver werden in 1 l kaltes destilliertes Wasser eingebracht und die Mischung 12 Std lang in der Kälte gerührt. Man zentrifugiert dann unter Kühlung ab; die überstehende Flüssigkeit (etwa 840 ml) enthält 55430 Esteraseeinheiten; Reinheitsgrad 3,2.

3. Stufe. Zu den 840 ml Lösung wird ein gleich großes Volumen bei 5° C gesättigter Ammoniumsulfatlösung, welche mit Ammoniak auf p_H 7,5 gebracht wurde, hinzugefügt. Man läßt die Mischung 12 Std in der Kälte stehen und entfernt dann den Niederschlag durch Zentrifugieren.

Zu der überstehenden Lösung werden pro 100 ml Flüssigkeit 10 g festes Ammoniumsulfat unter Rühren hinzugefügt. Man läßt die Mischung wiederum 12 Std in der Kälte stehen, zentrifugiert dann und löst den Niederschlag in 0,145 m Phosphatpufferlösung, p_H 7,5. Die Lösung wird auf ein Volumen von 130 ml gebracht. Sie enthält 42750 Esteraseeinheiten, der Reinheitsgrad ist nunmehr 8,6.

4. Stufe. Die 130 ml der Lösung werden innerhalb 1 min in einem Wasserbad auf 63° C gebracht und 5 min lang auf dieser Temperatur gehalten. Darauf läßt man schnell in einem Eisbad erkalten, zentrifugiert ab und erhält 96 ml der überstehenden Lösung, die 32250 Esteraseeinheiten enthält; der Reinheitsgrad ist jetzt 17.

5. Stufe. Zu 90 ml der zuletzt erhaltenen Lösung werden unter Rühren 30 ml eiskaltes Aceton hinzugefügt. Die Mischung läßt man dann 12 Std in der Kälte stehen, worauf man den entstandenen Niederschlag abzentrifugiert und verwirft. Zu 106 ml der überstehenden Flüssigkeit, die gekühlt sein muß, gibt man weitere 38,5 ml kaltes Aceton und läßt 8 Std in der Kälte stehen. Nach dem Zentrifugieren wird diesmal die überstehende Flüssigkeit verworfen, während man den Niederschlag in etwa 30 ml kaltem destilliertem Wasser suspendiert und 5 Std zur Extraktion des Enzyms in der Kälte stehenläßt. Die Mischung wird dann zentrifugiert; man erhält 38 ml einer klaren gelb-

[1] CONNORS, W. M., A. PIHL, A. L. DOUNCE and E. STOTZ: J. biol. Ch. **184**, 29 (1950). — STOTZ, E.; in: Colowick-Kaplan, Meth. Enzymol., Bd. I, S. 657.

[2] MOHAMMED, S. M.: Acta chem. scand. **2**, 90 (1948); **3**, 56 (1949).

lichen Flüssigkeit, in welcher 18600 Esteraseeinheiten enthalten sind. Der Reinheitsgrad ist nunmehr 41.

6. Stufe Zu den erhaltenen 38 ml Enzymlösung werden unter Rühren 450 mg festes $Cu(CH_3COO)_2 \cdot H_2O$ hinzugefügt. Man läßt die Mischung 4 Std in der Kälte stehen, worauf abzentrifugiert und der Niederschlag verworfen wird.

Die überstehende Lösung (Reinheitsgrad 103) wird nunmehr so lange gegen kaltes destilliertes Wasser dialysiert, bis keine Proteine mehr ausfallen; der Niederschlag wird wiederum verworfen. Das Volumen der so erhaltenen Lösung wird schließlich durch Filtration durch Cellophan unter Stickstoffdruck auf etwa 10 ml reduziert. Man dialysiert dann so lange gegen destilliertes Wasser, bis keine Proteine mehr ausfallen. Nach Entfernen der Proteine durch Zentrifugieren hat die Lösung einen Reinheitsgrad von 277; sie enthält etwa 2 mg Trockensubstanz im ml und kann bei 5° C mindestens 1 Monat ohne Aktivitätsverlust aufbewahrt werden.

Eigenschaften. Die nach der beschriebenen Methode erhaltene Esterasepräparation hydrolysiert Methylbutyrat 50mal schneller als Acetylcholin. Das p_H-Optimum ihrer Wirkung in Boratpuffer ist 8,0. Die MICHAELIS-Konstante wird mit 0,022 m Methylbutyrat angegeben. Die Aktivierungsenergie der enzymkatalysierten Hydrolyse von Methylbutyrat läßt sich mit etwa 4400 cal/Mol berechnen. Die Präparation ist ziemlich hitzeempfindlich; bei 30° C tritt teilweise Inaktivierung ein.

Andere Präparationen. Andere Vorschriften zur Herstellung von Carboxylesterase aus Säugetierleber, die aber gegenüber dem hier berichteten Verfahren keine wesentlichen Vorteile bieten, wurden von ROZENGART u. Mitarb.[1] und von BURCH[2] angegeben.

ADLER und KISTIAKOWSKY berichten über die Herstellung einer Präparation aus Schweineleber[3]. Durch Chromatographieren einer bereits weitgehend gereinigten Enzymlösung an DEAE-Cellulose wird das Enzym in einem in der Ultrazentrifuge und bei der Elektrophorese einheitlichem Zustand erhalten, ohne daß die Präparation allerdings wesentlich aktiver ist als die bisher bekannten Produkte. Die Methode scheint verhältnismäßig verlustreich zu sein. Die Autoren bestimmten auch die physikalischen Eigenschaften ihrer einheitlichen Esterase. Auf Grund des Verhaltens in der Ultrazentrifuge wird ein Mol.-Gewicht von 150000 bis 200000 angenommen; der isoelektrische Punkt des Enzyms liegt bei $5{,}0 \pm 0{,}5$. Entsprechende Versuche konnten die Beteiligung eines niedermolekularen Cofaktors bei der Enzymreaktion eindeutig ausschließen. In bezug auf die Kinetik der Reaktion (vgl. S. 892) verhielt sich die einheitliche Präparation vollständig gleich wie weniger gereinigte Zubereitungen; die oft berichteten Abweichungen von der MICHAELIS-MENTEN-Kinetik sind somit nicht auf eine Verunreinigung der früher benützten Präparationen mit anderen Esterasen zurückzuführen.

Eigenschaften einiger Esterasen und Lipasen.

1. Pankreaslipase.

Das Enzym spaltet Triglyceride, Diglyceride und Monoglyceride mit in dieser Reihenfolge abnehmender Geschwindigkeit; aber auch Ester einfacher Alkohole, wie z.B. Methylbutyrat, werden hydrolysiert, wenn sie in Emulsionen vorliegen[4]. Alle Fette werden mit etwa gleicher Geschwindigkeit angegriffen, es scheint aber, daß Fettsäurereste mit weniger als 7 C-Atomen langsamer abgespalten werden als höhere Fettsäurereste. Primäre Esterbindungen werden bevorzugt hydrolysiert. Bei tieferer Temperatur ändert sich die Spezifität so weit, daß man, wenn dieses Verhalten allein bekannt wäre, die Lipase als

[1] ROZENGART, V. I., C. A. KIBARDIN, E. I. BERNARDELLI i P. A. FINOGENOV: Dokl. Akad. Nauk SSSR **82**, 293 (1952).
[2] BURCH, J.: Biochem. J. **58**, 415 (1954).
[3] ADLER, A. J., and G. B. KISTIAKOWSKY: J. biol. Ch. **236**, 3240 (1961).
[4] MARCHIS-MOUREN, G., L. SARDA and P. DESNUELLE: Arch. Biochem. **83**, 309 (1959).

ein Enzym, welches spezifisch niedrige und ungesättigte Fettsäurereste hydrolysiert, bezeichnen würde[1].

Ca^{++} und auch Mg^{++} erhöhen die Aktivität des Enzyms; der Mechanismus dieses Effektes ist noch nicht bekannt. Ebenso haben verschiedene Gallensalze, Albumin und andere oberflächenaktive Substanzen, wie z. B. Octylalkohol, einen deutlich aktivierenden Effekt. Es steht zur Diskussion, ob dies einzig der emulgierenden Wirkung zuzuschreiben ist oder ob ein direkter Einfluß auf das Enzym vorliegt.

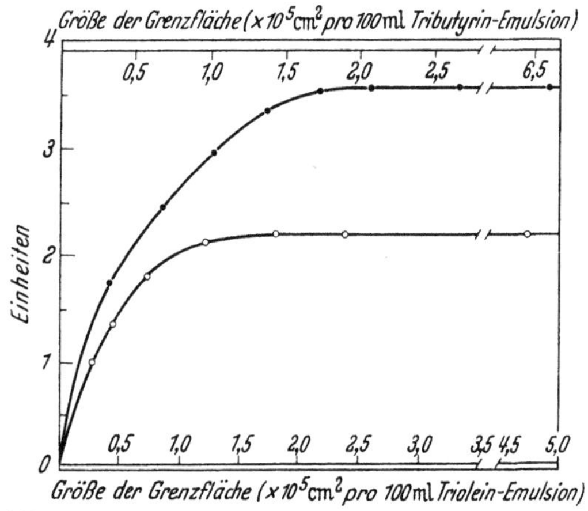

Abb. 1. Aktivität der Pankreaslipase gegenüber Triolein und Tributyrin in Abhängigkeit von der Grenzflächengröße der Emulsionspartikeln. Die untere Kurve bezieht sich auf Triolein, die obere auf Tributyrin.

Pankreaslipase ist verhältnismäßig wenig empfindlich gegenüber organischen Phosphorverbindungen; Diisopropylfluorphosphat zeigt sogar eine stabilisierende Wirkung, was vielleicht dadurch zustande kommt, daß es in der Präparation vorhandene proteolytische Enzyme inaktiviert[2]. Diäthyl-p-nitrophenylphosphat wirkt allerdings hemmend[2,3]. Ein weiterer wichtiger Inhibitor ist Chinin.

Wie vor allem aus neueren Arbeiten aus der Schule von DESNUELLE[4,5] hervorgeht, scheint sich die Pankreaslipase vor allem dadurch auszuzeichnen, daß sie ihre Wirkung fast ausschließlich gegenüber unlöslichen, in Emulsion vorliegenden Substraten entfaltet, während gelöste Substrate kaum oder überhaupt nicht angegriffen werden. Das Enzym

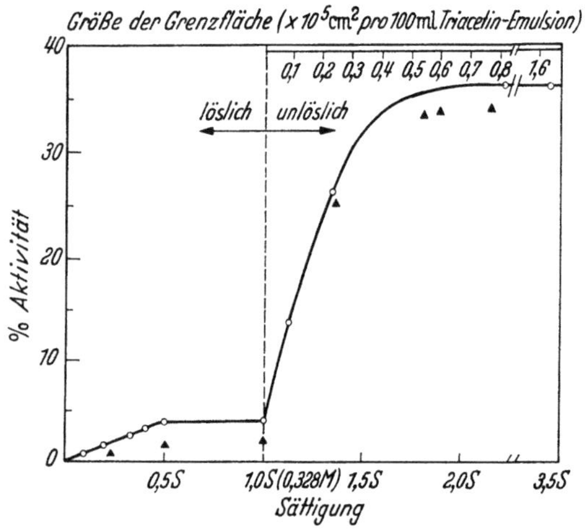

Abb. 2.

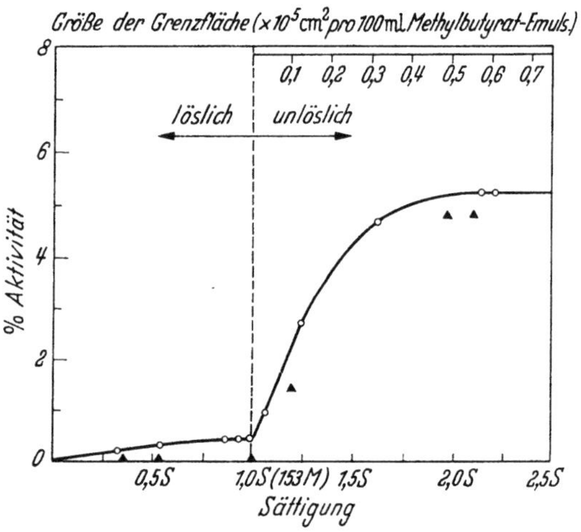

Abb. 3.

Abb. 2. Abhängigkeit der Aktivität der Pankreaslipase gegenüber Triacetin von der Menge des angewandten Substrats. Die Ordinate (Aktivität in %) erlaubt einen Vergleich der Enzymaktivität unter den Bedingungen dieses Versuchs mit der Maximalaktivität, welche eine gleiche Menge des Enzyms gegenüber Triolein ausüben kann (100%). o—o Resultate mit einer Präparation der Fraktion C_3 (spez. Aktivität 400). ▲—▲ Resultate mit einer durch Elektrophorese gereinigten Präparation (spez. Aktivität 4230).

Abb. 3. Abhängigkeit der Aktivität der Pankreaslipase gegenüber Methylbutyrat von der Menge des angewandten Substrats. Gleiche Bedingungen wie in Abb. 2.

besitzt offensichtlich eine ganz eigenartige Struktur, welche ihm eine Affinität zu den Phasengrenzen Fett/Wasser verleiht. Wie die Abb. 1 deutlich zeigt, ist die Aktivität des Enzyms gegenüber einem unlöslichen Substrat von der Größe der Phasengrenzflächen

[1] BALLS, A. K., M. B. MATLACK and I. W. TUCKER: J. biol. Ch. **122**, 125 (1937).
[2] DESNUELLE, P., M. J. CONSTANTIN et L. SARDA: Bull. Soc. Chim. biol. **38**, 625 (1956).
[3] MYERS, D. K., A. SCHOTTE, H. BOER and H. BORSJE-BAKKER: Biochem. J. **61**, 521 (1955).
[4] SARDA, L., G. MARCHIS-MOUREN et P. DESNUELLE: Biochim. biophys. Acta **24**, 525 (1957).
[5] SARDA, L., et P. DESNUELLE: Biochim. biophys. Acta **30**, 513 (1958).

in einer Emulsion abhängig, d.h. also vom Emulsionsgrad. Aus den Abb. 2 und 3 geht hervor, daß bei teilweise wasserlöslichen Substraten bei steigender Substratkonzentration die Aktivität erst dann scharf ansteigt, wenn die Sättigung des Systems überschritten ist und unlösliches Substrat in emulgierter Form vorliegt. Dabei handelt es sich bei den hier wiedergegebenen Kurven um eine Zusammenstellung von Werten, die mit einer noch wenig gereinigten Lipasepräparation erhalten wurden. Versuche derselben Autoren[1] mit elektrophoretisch gereinigten Präparationen ergeben, daß gelöster Buttersäuremethylester überhaupt nicht hydrolysiert wird, während eine Emulsion desselben Substrats sehr gut angegriffen wird. Wie bereits eingangs (S. 878) kurz erwähnt wurde, liegt also der Unterschied zwischen der Pankreaslipase und den Aliesterasen offensichtlich nicht in der Verschiedenheit der angegriffenen Substrate (Kettenlänge der veresterten Fettsäuren), sondern vielmehr, wie das bereits 1951 von DESNUELLE postuliert wurde[2], eben in der Löslichkeit oder Unlöslichkeit der Substrate.

Übrigens sind es nicht nur die Substrate der Pankreaslipase, welche im ungelösten Zustand mit dem Enzym in Wechselwirkung treten. In einer jüngst erschienenen Arbeit von DESNUELLE u. Mitarb.[3] wird gezeigt, daß Diäthyl-p-nitrophenylphosphat in wäßriger Lösung die Lipasewirkung in keiner Weise hemmt. Wenn man hingegen dieselbe Verbindung in Form einer Emulsion in Gummi arabicum zusetzt, erfolgt eine starke, irreversible Hemmung des Enzyms. Obgleich diese Resultate bisher nur mit einem einzigen Hemmstoff erhalten wurden, zeigen sie doch deutlich das in fast jeder Hinsicht außergewöhnliche Verhalten der Pankreaslipase.

Eine ausführliche Beschreibung der Darstellung von hochgereinigter Pankreaslipase wird an anderer Stelle (S. 886) gegeben; ebenso wird in einem späteren Abschnitt (S. 898) die Messung der Lipaseaktivität abgehandelt.

2. *Leberesterase.*

Wie bereits erwähnt, finden sich in der Säugetierleber mehrere Carbonsäure-Esterasen, welche sich durch ihre Spezifität, ihr Verhalten gegen Inhibitoren und ihre Inaktivierbarkeit unterscheiden. Eines dieser Enzyme, welches vorzüglich Ester mit langkettigen Fettsäuren hydrolysiert, liegt in verhältnismäßig hoch gereinigter Form vor. Eine Darstellungsmethode ist auf S. 888 wiedergegeben. Meist wird mit dem Enzym aus Pferdeleber gearbeitet.

Das Molekulargewicht dieses Enzyms wurde mit 96000 berechnet[4] (vgl. aber S. 889). Es hydrolysiert — im Gegensatz zur Pankreaslipase — ausschließlich gelöste Substrate. Methylbutyrat wird 50mal schneller gespalten als Acetylcholin[5]; unter den Monoglyceriden der n-Fettsäuren wird Monocaproin am besten hydrolysiert[6].

Das Enzym ist auch zu einer Übertragungswirkung befähigt; in Anwesenheit von Hydroxylamin und Fettsäure-Estern werden Hydroxamsäuren gebildet[7]. Andererseits kann es aber —CO—NH-Bindungen nicht hydrolysieren. Verschiedene Säureamide wirken sogar als kompetitive Inhibitoren[8].

Das p_H-Optimum der Leberesterase-Wirkung gegenüber Methylbutyrat liegt bei 8,0, wenn in Boratpuffer gearbeitet wird[5]; das Enzym ist sehr hitzeempfindlich, es wird bereits bei 30° C schnell zerstört.

Atoxyl ist ein starker Hemmstoff der Leberesterase, während diese Substanz auf Pankreaslipase keinen Einfluß hat. Hingegen ist Chinin, welches Pankreaslipase deutlich hemmt, ohne Wirkung auf Leberesterase.

[1] SARDA, L., et P. DESNUELLE: Biochem. biophys. Acta **30**, 513 (1958).
[2] DESNUELLE, P.: Bull. Soc. Chim. biol. **33**, 909 (1951).
[3] DESNUELLE, P., L. SARDA et G. ALLHAUD: Biochim. biophys. Acta **37**, 570 (1960).
[4] BOURSNELL, J. C., and E. C. WEBB: Nature **164**, 875 (1949).
[5] STOTZ, E.; in: Colowick-Kaplan, Meth. Enzymol., Bd. I, 657.
[6] WEBER, H. H. R., and C. G. KING: J. biol. Ch. **108**, 131 (1935).
[7] BERGMANN, F., and M. WURZEL: Biochim. biophys. Acta **12**, 412 (1953).
[8] SCHWERT, G. W., and A. J. GLAID: J. biol. Ch. **199**, 632 (1952).

Eserin und Prostigmin zeigen wohl eine Hemmwirkung; im Vergleich zu den Verhältnissen bei den Cholinesterasen ist aber dieser Effekt sehr gering[1].

Verschiedene Lactone, wie z.B. γ-Hydroxybutyrolacton, üben eine offensichtlich kompetitive Hemmwirkung aus; nach STEENSHOLT sollen sie durch das Enzym langsam hydrolysiert werden[2].

Diisopropylfluorphosphonat und andere Organophosphorverbindungen sind starke Inhibitoren der Esterase[2–5]. Aus mit Diisopropylfluorphosphat behandelter Leberesterase konnte nach partieller Hydrolyse ein Peptid isoliert werden, das den Inhibitorrest am Hydroxyl des Serins trug. Dieses Peptid, welches offenbar einen Teil des aktiven Zentrums des Enzyms darstellt, hatte die Zusammensetzung Gly·Glu·Ser·Ala[6]; es ist somit zwar ähnlich aufgebaut, aber nicht identisch mit dem auf gleiche Weise sowohl aus Trypsin als auch aus Chymotrypsin isolierten Peptid. Dieselbe Zusammensetzung eines solchen Peptids des aktiven Zentrums wurde aber auch bei der Pseudocholinesterase aus Pferdeserum festgestellt[7]; dieser Befund mag dahindeuten, daß der Unterschied in den aktiven Zentren zwischen Rindertrypsin bzw. -chymotrypsin einerseits und den beiden Pferde-Esterasen andererseits vielleicht weniger durch die Verschiedenheit der Enzyme als durch die Artspezifität bedingt ist.

Über eine Hemmung durch NaF, welche kompetitiver Natur sein soll, wurde berichtet[8].

Kinetik.

Bei der Kinetik der gruppenspezifischen Carbonsäure-Esterasen muß grundsätzlich zwischen zwei Fällen unterschieden werden, nämlich der Enzymwirkung auf wasserlösliche und derjenigen auf wasserunlösliche Substrate. Der erstgenannte Fall wird in der Literatur eingehend an Hand der Leberesterase behandelt; die Wirkung gegenüber wasserunlöslichen Substraten wurde bisher ausschließlich bei der Pankreaslipase untersucht.

1. Wirkung auf wasserlösliche Substrate.

In den meisten neueren Arbeiten über die Kinetik der Leberesterase[4, 9–13] wird grundsätzlich festgestellt, daß die mit den verschiedensten Substraten erhaltenen kinetischen Daten nicht mit der MICHAELIS-MENTEN-Gleichung übereinstimmen. Dafür wird meist die Erklärung gegeben, daß die bisher benützten Präparationen nicht einheitlich waren, d.h. daß darin zwei oder mehr Enzyme ähnlicher Wirkung vorhanden sind, wodurch Abweichungen von der klassischen Kinetik verursacht werden. Allerdings erhielt HOFSTEE[4] mit m-Heptoylbenzoesäure als Substrat beim Auftragen von v gegen v/S eine Kurve, die sowohl oberhalb als auch unterhalb einer ganz schmalen Substratkonzentration streng linear ist. Beim Zusammenwirken zweier Enzyme wäre aber eine im gesamten Verlauf gekrümmte Kurve zu erwarten.

Im Jahr 1961 haben nun ADLER und KISTIAKOWSKY[14] über die Herstellung einer chromatographisch, elektrophoretisch und auch in der Ultrazentrifuge einheitlichen Präparation von Schweineleber-Esterase berichtet und auch die Kinetik der durch die

---

[1] WEBB, E. C.: Biochem. J. **42**, 96 (1948).
[2] STEENSHOLT, G.: Acta physiol. scand. **5**, 71 (1943).
[3] MYERS, D. K., and B. MENDEL: Biochem. J. **53**, 16 (1953).
[4] HOFSTEE, B. H. J.: J. biol. Ch. **207**, 211 (1954).
[5] OOSTERBAAN, R. A., H. S. JANSZ and J. A. COHEN: Biochim. biophys. Acta **20**, 402 (1956).
[6] JANSZ, H. S., C. H. POSTHUMUS and J. A. COHEN: Biochim. biophys. Acta **33**, 387 (1959).
[7] JANSZ, H. S., D. BRONS and M. G. P. J. WARRINGA: Biochim. biophys. Acta **34**, 573 (1959).
[8] BAMANN, E., u. M. SCHNELLER: H. **194**, 14 (1930/31).
[9] SCHØNHEYDER, F.: Biochim. biophys. Acta **6**, 461 (1951).
[10] BURCH, J.: Biochem. J. **59**, 97 (1955).
[11] CHRISTIANSEN, A., and J. GRAAE: Acta chem. scand. **10**, 1258 (1956).
[12] KISTIAKOWSKY, G. B., and P. C. MANGELSDORF jr.: Am. Soc. **78**, 2964 (1956).
[13] CRAIG, N. C., and G. B. KISTIAKOWSKY: Am. Soc. **80**, 1574 (1960).
[14] ADLER, A. J., and G. B. KISTIAKOWSKY: J. biol. Ch. **236**, 3240 (1961).

Reinpräparation katalysierten Reaktion untersucht. Es wurde dabei festgestellt, daß auch hier die Verhältnisse nicht der klassischen MICHAELIS-MENTEN-Kinetik entsprechen. Interessanterweise zeigte es sich, daß teilweise hitzedenaturierte Präparationen dieser einheitlichen Esterase sich anders verhielten. Die von der Restaktivität bewirkte Reaktion zeigt kinetisch eine deutliche Annäherung an die der Theorie entsprechenden Verhältnisse.

Grundsätzlich können für die Abweichungen von der klassischen Kinetik nach MICHAELIS und MENTEN folgende Ursachen verantwortlich sein: 1. Es können zwei oder mehr Enzyme beim Zustandekommen der Reaktion mitwirken; 2. das für die Reaktion verantwortliche Enzym kann zwei oder mehr nicht identische aktive Zentren besitzen; 3. es kann auch zwei oder mehr identische, aber zu gemeinsamer Wirkung befähigte aktive Zentren besitzen; 4. es kann schließlich entweder ein zweiter Typus eines Substrates oder ein Inhibitor als „modifier" fungieren.

Von diesen Möglichkeiten kann die erste ausgeschlossen werden, weil ADLER und KISTIAKOWSKY[1] sehr gewichtige Argumente für die Einheitlichkeit ihrer Präparation geltend machen. Auch die oben berichteten Experimente von HOFSTEE[2] sprechen deutlich gegen diesen Mechanismus. Untersuchungen von JANSZ, POSTHUMUS und COHEN[3] an der Pferdeleber-Esterase scheinen eindeutig zu beweisen, daß dieses Enzym nur einen einzigen Typus von aktiven Zentren besitzt, der einen Serinrest enthält. Da sich das Enzym aus Schweineleber in seinem chemischen und auch im kinetischen Verhalten völlig wie dasjenige aus Pferdeleber verhält, was auf eine weitgehende Übereinstimmung im Aufbau der Proteine schließen läßt, würde dies auch den zweiten Mechanismus ausschließen.

Auf Grund aller bisher bekannten Daten ist es durchaus vorstellbar, daß ein Molekül Esterase zwei identische aktive Zentren besitzt, die imstande sind, sowohl allein als auch im Zusammenwirken ihre katalytischen Fähigkeiten zu entfalten. Es wäre möglich, daß bei hoher Substratkonzentration ein Mechanismus in Erscheinung tritt, der durch das Zusammenwirken von zwei aktiven Zentren charakterisiert ist, während bei niedriger Substratkonzentration die Reaktion nach einem anderen Mechanismus verläuft, bei dem nur ein einziges aktives Zentrum beteiligt ist. Dies ergäbe eine gute Erklärung für die beobachteten Abweichungen; auch die Annäherung an die klassische Kinetik bei partiell hitzedenaturiertem Enzym, die ja als Zerstörung eines Teils der ursprünglich vorhandenen aktiven Zentren zu deuten ist, wodurch der geschilderte Mechanismus des Zusammenwirkens zweier aktiver Zentren weniger oder nicht mehr zur Geltung käme, spricht für die dritte obenerwähnte Möglichkeit.

Aber auch der vierte Mechanismus in der Form einer Substrataktivierung kann nicht völlig ausgeschlossen werden. Das Enzym müßte dann neben den katalytisch aktiven Zentren auch noch Aktivationszentren besitzen. Diese wären gegenüber der Hitzeaktivierung empfindlicher als die eigentlichen aktiven Zentren, so daß die Annäherung an die klassische Kinetik bei den partiell hitzedenaturierten Präparationen als Verschwinden der Substrataktivierung zu deuten wäre.

Die Entscheidung zwischen den beiden geschilderten und vielleicht auch noch anderen bisher nicht in Erwägung gezogenen Mechanismen, welche für die Abweichung der Esterasereaktionen von der klassischen Kinetik verantwortlich sein sollten, wird wohl erst nach weiterem eingehenden Studium dieser Verhältnisse getroffen werden können.

2. *Wirkung auf wasserunlösliche Substrate.*

Die Wirkung der Pankreaslipase auf ein wasserunlösliches Substrat wurde von SARDA und DESNUELLE[4] eingehend studiert. Die Autoren versuchten, die Verhältnisse bei der

[1] ADLER, A. J., and G. B. KISTIAKOWSKY: J. biol. Ch. **236**, 3240 (1961).
[2] HOFSTEE, B. H. J.: J. biol. Ch. **207**, 211 (1954).
[3] JANSZ, H. S., C. H. POSTHUMUS and J. A. COHEN: Biochim. biophys. Acta **33**, 387, 396 (1959).
[4] SARDA, L., et P. DESNUELLE: Biochim. biophys. Acta **30**, 513 (1958).

Einwirkung dieses Enzyms auf seine wasserunlöslichen Substrate durch eine Modifikation der klassischen Vorstellungen von MICHAELIS und MENTEN zu behandeln.

Die molare Konzentration eines löslichen Substrats ist die Anzahl von Gramm-Molekülen pro Liter Lösung, dementsprechend kann man als die „molare Grenzflächenkonzentration" eines unlöslichen Substrates (C_{mg}) die Anzahl von Gramm-Molekülen bezeichnen, welche sich an den Oberflächen der Partikel eines Liters Emulsion befinden. Die MICHAELIS-Konstante wäre in diesem Fall somit diejenige molare Grenzflächenkonzentration des Substrats, bei welcher die Reaktionsgeschwindigkeit die Hälfte der Maximalgeschwindigkeit ist. Um eine Abschätzung der Grenzflächenkonzentration vornehmen zu können, sind allerdings verschiedene Annahmen erforderlich.

a) Die molare Konzentration eines löslichen Substrats umfaßt die Anzahl von Substratmolekülen, mit welchen das Enzym in Wechselwirkung treten kann. Wenn man nun die molare Grenzflächenkonzentration, wie sie oben definiert wurde, als gleichwertige Größe einsetzt, macht man damit die Annahme, daß nur diejenigen Substratmoleküle, welche direkt an der Oberfläche der Emulsionspartikel sitzen, für das Enzym erreichbar sind, während alle anderen, die im Innern der Partikel sind, nicht reagieren können. Dies ist zwar wahrscheinlich, aber zur Zeit nicht streng beweisbar. Eine gleichartige Proportionalität, wie sie zwischen dem Emulsionsgrad des Substrats und der Aktivität der Lipase beobachtet wird, könnte auch dann vorliegen, wenn das Enzym gleichzeitig auf die Substratmoleküle an der Partikeloberfläche und auf diejenigen, welche sich in einer oder mehreren Schichten weiter im Innern der Partikel befinden, einwirken würde.

b) Wenn man annimmt, daß das Substrat nur an der Partikeloberfläche reagieren kann, läßt sich C_{mg} nach der Gleichung $C_{mg} = A/A_m = A/Na$. Hier sind A die gesamte Oberfläche aller Partikel in 1 Liter Emulsion, A_m der Teil der Grenzfläche, der von 1 Gramm-Molekül des Substrats eingenommen wird, a der Teil der Grenzfläche, der von einem einzigen Molekül Substrat eingenommen wird, und N die Zahl von AVOGADRO. Nun muß man aber annehmen, daß ein gewisser Teil der gesamten Grenzfläche nicht vom Substrat, sondern vom Emulgator eingenommen wird, wobei über die Größe dieses Anteils nichts bekannt ist. Dies verursacht natürlich eine wesentliche Ungenauigkeit. Bei der Berechnung muß man aber die Grenzflächenkonzentration mit A/Na gleichsetzen, obwohl sie sicher kleiner ist.

c) Die Größe a, also der mittlere Teil der Oberfläche, der von 1 Molekül Substrat eingenommen wird, ist nicht nur von seinen Dimensionen, sondern auch von seiner Form, von seiner Lage und von der Packung der Moleküle in der Oberfläche abhängig. Die meisten dieser Größen sind nicht berechenbar. SARDA und DESNUELLE[1] helfen sich damit, daß sie auf Grund der Ähnlichkeiten zwischen einer Grenzflächenschichte in der Emulsion und einer monomolekularen, auf Wasser ausgespreiteten Schichte sich auf die Kompressionsisothermen einer solchen Schichte beziehen. Man hat hier die Wahl zwischen zwei Grenzzuständen: der Grenzflächenanteil, der bei Sättigung eingenommen wird, und der Grenzflächenanteil bei der Verdampfung. Für das Triolein sind diese Daten bekannt[2,3]. Bei Verwendung dieser Werte (95 Å^2 bei gesättigter Grenzflächenschicht, 134 Å^2 bei der Verdampfung) und den experimentell gefundenen Daten (Abb. 1, S. 890) ergeben sich K_{mg} (Triolein) $= 5{,}5 \times 10^{-5}$ m bzw. $3{,}9 \times 10^{-5}$ m, wobei allerdings der erste Wert unter den Bedingungen der Sättigung wahrscheinlicher ist. Sehr ähnliche Werte werden auch für Tributyrin und Triacetin erhalten.

Die Autoren geben selbst zu, daß diese Berechnungen auf Annahmen beruhen, die nicht alle streng beweisbar sind, weshalb die Resultate nur als Näherungswerte aufgefaßt werden können. Es besteht aber kein Zweifel darüber, daß mit diesen Berechnungen ein Weg beschritten wurde, der die Kinetik der Einwirkung von Enzymen auf unlösliche Substrate einer rationellen Untersuchung zugänglich macht.

---

[1] SARDA, L., et P. DESNUELLE: Biochim. biophys. Acta **30**, 513 (1958).
[2] DERVICHIAN, D. G.: Ann. Physique (11) **8**, 361 (1937).
[3] DERVICHIAN, D. G.: J. Physique Radium **10**, 337 (1939).

Bestimmungsmethoden.

Grundsätzlich lassen sich die Bestimmungsmethoden für die Lipasen und Esterasen in drei Gruppen einteilen. Die erste davon beruht darauf, die bei der katalysierten Reaktion entstehende Säure analytisch zu erfassen; für diesen Zweck können verschiedene Verfahren verwendet werden, von denen die wichtigsten die folgenden sind:

1. Acidimetrie,
2. Potentiometrie,
3. manometrische Bestimmung des durch die enstandene Säure aus einem Bicarbonatpuffer freigesetzten Kohlendioxyds.

Als zweite Gruppe sind diejenigen Verfahren zu nennen, die darauf beruhen, daß man die bei der Enzymreaktion freigesetzte Alkohol- bzw. Phenolkomponente bestimmt. Dies ist vor allem dann leicht möglich, wenn diese Komponenten des ursprünglichen Substrats körperfremd und chromogen sind, d.h. durch einfache Reaktionen in farbige Substanzen umgewandelt werden können, während die ursprünglichen Ester dabei unverändert bleiben. Schließlich wären als dritte Gruppe Methoden zu nennen, die darauf beruhen, daß die Abnahme des eingesetzten Substrats der Enzymreaktion, also des Esters, bestimmt wird. Auf diesem Prinzip beruht z.B. das stalagmometrische Verfahren, das allerdings heute nur mehr wenig verwendet wird.

1. Titrimetrische Methoden.

Das Prinzip der Messung ist die acidimetrische Bestimmung der durch das Enzym freigesetzten Säure. Die klassischen Methoden dieser Art wurden von WILLSTÄTTER u. Mitarb.[1] ausgearbeitet; im folgenden werden Arbeitsvorschriften beschrieben, die wohl auf den ursprünglichen Methoden von WILLSTÄTTER aufbauen, aber durch wesentliche Verbesserungen modifiziert sind.

***Titrimetrische Bestimmung der Lipase- und Esterasewirkung gegenüber wasserlöslichen Substraten nach* GOMORI[2] *und* ARCHIBALD[3], *modifiziert von* BIER[4].**

Bei dieser Bestimmungsmethode wird als Substrat das kommerziell erhältliche Produkt „Tween 20", ein Monolaurinsäureester des Sorbits, verwendet.

Reagentien:

1. Tween 20. Obwohl man das kommerzielle Produkt auch direkt verwenden kann, ist es doch vorzuziehen, vorerst die freien Fettsäuren daraus zu entfernen. Man bringt 30 ml Tween 20 und 50 ml einer Mischung Äther-Petroläther 1:1 in ein mit einem Glasstöpsel verschließbares 100 ml-Zentrifugenglas, säuert mit 0,25 ml Phosphorsäure an, schüttelt und zentrifugiert. Die Ätherschicht wird entfernt und verworfen. Dann wird die Extraktion noch einmal durchgeführt. Darauf entfernt man den im Tween 20 gelösten Äther im Vakuum, neutralisiert die zurückbleibende Mischung mit NaOH und dekantiert schließlich von den entstandenen Natriumphosphat-Kristallen ab.
2. 0,2 n Natriumacetat-Lösung.
3. Phenolrot, 0,02%ige wäßrige Lösung.
4. 0,02 n NaOH.
5. Decylalkohol.

Ausführung:

Die Substratlösung wird dadurch hergestellt, daß man 100 ml Natriumacetatlösung mit 50 ml Tween 20, 10 ml Indicatorlösung und 90 ml Wasser vermischt. Der p_H

---

[1] WILLSTÄTTER, R., E. WALDSCHMIDT-LEITZ u. F. MEMMEN: H. **125**, 93 (1923). — WILLSTÄTTER, R., u. F. MEMMEN: H. **133**, 229 (1924).
[2] GOMORI, G.: Proc. Soc. exp. Biol. Med. **58**, 362 (1945).
[3] ARCHIBALD, R. M.: J. biol. Ch. **165**, 443 (1946).
[4] BIER, M.; in: Colowick-Kaplan, Meth. Enzymol., Bd. I, S. 627.

dieser Mischung ist etwa 7,2; sie hält sich etwa 1 Woche, wobei allerdings der p_H-Wert langsam absinkt und die Blindwerte entsprechend ansteigen.

5 ml dieser Substratlösung werden in einem Reagensglas mit 1 ml der Enzympräparation versetzt, das Reagensglas verschlossen und in einen Thermostaten bei 20° C gebracht. Nach 9 min wird ein Tropfen Decylalkohol zur Vermeidung des Schäumens hinzugefügt und darauf die Lösung mit 0,02 n NaOH titriert, wobei der Endpunkt nach Möglichkeit genau 10 min nach Mischung von Enzym und Substrat erreicht werden soll. Zu Beginn der Titration ist die Farbe des Indicators gelb; der Übergang von rosa zu violettrot wird als Endpunkt (p_H 8,3) betrachtet.

Es ist notwendig, unter sonst gleichen Bedingungen je 1 ml der Enzympräparation und 5 ml der Substratlösung zu titrieren. Um das Versuchsergebnis zu erhalten, muß man vom Resultat des Hauptversuchs die Summe der beiden Blindwerte abziehen. Bis zu einem Verbrauch von 3 ml 0,02 n NaOH besteht eine direkte Proportionalität zwischen Enzymmenge und verbrauchtem Alkali.

Bei dieser Methode setzen die Autoren den Verbrauch von 1 ml 0,02 n NaOH 100 Lipaseeinheiten gleich.

Die sehr brauchbare ***titrimetrische Bestimmung der Lipasewirkung nach* Tuba *und* Hoare**[1], bei welcher als Substrate Tributyrin, Tripropionin oder Buttersäureäthylester Verwendung finden, ist bereits in Bd. V, S. 172 dieses Handbuchs ausführlich dargestellt, weshalb auf eine Beschreibung in diesem Abschnitt verzichtet werden kann. Ergänzend darf festgestellt werden, daß die Methode von Tuba und Hoare nicht nur zur Bestimmung von Serumlipase, sondern auch für andere Enzyme ähnlicher Spezifität gut verwendbar ist.

Titrimetrische Bestimmung der Esterasewirkung nach* Harrer *und* King[2] *(vgl. auch* Knaffl-Lenz[3]*).

Diese verhältnismäßig einfache Modifikation der titrimetrischen Esterasebestimmung verwendet Buttersäureäthylester als Substrat.

Reagentien:

1. Gesättigte wäßrige Lösung von redestilliertem Buttersäureäthylester.
2. Bromthymolblau, 0,1 %ig.
3. 0,01 n NaOH.

Ausführung:

Zu einer Mischung von 2 ml gesättigter wäßriger Lösung von Buttersäureäthylester, 0,25 ml Bromthymolblaulösung und 5,75 ml destilliertem Wasser in einem kleinen Erlenmeyer-Kolben werden 2 ml Enzympräparation hinzugefügt. Die Mischung wird 30 min lang bei Zimmertemperatur inkubiert; während der Inkubation wird aus einer Bürette tropfenweise 0,01 n NaOH zugegeben, um den ursprünglichen p_H-Wert (erkenntlich aus der Farbtönung des Indicators) zu erhalten. Die Esteraseaktivität wird in ml 0,01 n NaOH, welche zur Neutralisierung der entstandenen Buttersäure notwendig ist, pro mg Trockengewicht der Enzympräparation angegeben. Nach Angabe der Autoren ist die Geschwindigkeit der Hydrolyse unter den geschilderten Bedingungen proportional zur angewandten Enzymmenge und bleibt im Zeitraum von 30 min konstant.

Im folgenden wird noch ein Verfahren beschrieben, das nach der Erfahrung der Referenten für die Lipasebestimmung im Serum anderen Methoden vorzuziehen ist.

***Bestimmung der Serum-Lipase nach* Tietz *u. Mitarb.*[4].**

Reagentien:

1. Olivenölemulsion. Zu 93 ml destilliertem Wasser werden 0,2 g Natriumbenzoat (als Konservierungsmittel) und 7 g Gummi arabicum zugegeben. Man mischt in

[1] Tuba, J., and R. Hoare: Canad. J. Res. (E) **28**, 106 (1950). Canad. J. med. Sci. **29**, 25 (1951); J. Lab. clin. Med. **38**, 308 (1951). — Hoare, R., and J. Tuba: J. Lab. clin. Med. **38**, 613 (1951).

[2] Harrer, C. J., and C. G. King: J. biol. Ch. **138**, 111 (1941).

[3] Knaffl-Lenz, E.: A.e.P.P. **97**, 242 (1923).

[4] Tietz, N. W., T. Borden and J. D. Stepleton: Amer. J. clin. Path. **31**, 148 (1959).

einem Mixer mit geringer Geschwindigkeit, bis sich die Zusätze gelöst haben. Sodann gibt man langsam 93 ml reinstes Olivenöl dazu, läßt den Mixer weitere 3 min bei niedriger und dann 5 min lang bei der höchsten Tourenzahl laufen. (Der Mixer [Waring-Blendor oder ähnliches] kann auch durch einen Handhomogenisator ersetzt werden; dabei ist es allerdings notwendig, die Mischung wenigstens zehnmal durch den Homogenisator laufen zu lassen.) Das Reagens soll bei 10—14° C aufbewahrt werden; Frieren oder höhere Temperatur zerstört die Emulsion, die unter geeigneten Bedingungen bis 6 Monate haltbar ist. Vor dem Gebrauch muß aufgeschüttelt werden.

2. 0,05 n NaOH.
3. Thymolphthaleinlösung (1 %ige alkoholische Lösung).
4. Veronalpuffer, p_H 8,0. 0,8583 g Natriumdiäthylbarbiturat und 0,4183 g Diäthylbarbitursäure werden in etwa 90 ml heißem Wasser gelöst und nach Abkühlung auf 100 ml aufgefüllt. Darauf stellt man den genauen p_H mit Hilfe eines p_H-Meters ein. Man setzt 2—3 Tropfen Toluol oder Chloroform als Konservierungsmittel zu. Die Pufferlösung ist bei Aufbewahrung im Kühlschrank haltbar.

Ausführung:

In zwei Teströhrchen werden je 2,5 ml Wasser, 3 ml Olivenölemulsion und 1 ml Veronalpuffer-Lösung einpipettiert. Dann setzt man zu dem einen Röhrchen 1 ml des zu untersuchenden hämolysefreien Serums hinzu. Der Rest des Serums muß während der Versuchsdauer im Kühlschrank aufbewahrt werden. Beide Röhrchen werden mindestens 5 sec kräftig geschüttelt und dann 3 oder 6 Std in einem Wasserbad-Thermostaten bei 37° C inkubiert. Nach Ablauf der Einwirkungszeit wird dem zweiten Röhrchen ebenfalls 1 ml des Serums zugesetzt. Hierauf werden in beide Röhrchen 3 ml Äthanol (95 %) zugegeben, wodurch die Enzymwirkung gestoppt wird. Man schüttelt gut durch, setzt vier Tropfen Thymolphthaleinlösung zu beiden Lösungen zu und titriert mit der NaOH auf einen schwachen Blauton.

Berechnung:

Titrationswert des Testes minus Titrationswert der Blindprobe ergibt den Lipasewert. Dieser entspricht also den ml 0,05 n NaOH, welche zur Neutralisation der enzymatisch freigesetzten Ölsäure verbraucht wurden.

Der an Hand von 100 Normalfällen ermittelte Normalmittelwert beträgt bei 6 Std Einwirkungsdauer 0,41 für Männer und 0,45 für Frauen. Werte bis zu 1,0 können als normal angesehen werden. Bei der verkürzten Einwirkungszeit (3 Std) liegt die obere Grenze des Normalwertes bei 0,6 Einheiten.

Bemerkungen. Die beschriebene Methode eignet sich besonders für den Klinikbetrieb und wurde von einem der beiden Verfasser während vieler Monate bei über 100 Patienten angewandt. Von diesen wurden 28 auf Grund des Ergebnisses als akute Pankreatitiden diagnostiziert, wobei sich der klinische Befund mit dem Laboratoriumsergebnis deckte. Für den Routinebetrieb genügt es, den Einwirkungszeitraum auf 3 Std zu reduzieren. Bei hohen Lipaseaktivitäten ist der 3 Std-Wert meist wesentlich höher als 50 % des 6 Std-Wertes; dieses Verhalten ist bei akuter Pankreatitis besonders häufig.

2. *Potentiometrische Methoden.*

Besonders in letzter Zeit wurden für die Bestimmung von Esterasen und Lipasen potentiometrische Verfahren ausgearbeitet, die wegen der mit ihrer Hilfe erreichbaren Genauigkeit vor allem für kinetische Untersuchungen zu empfehlen sind. Durch Verwendung eines p_H-Stats, etwa vom Typus des Radiometer-Titrigraph (Fa. Radiometer, Kopenhagen) (vgl. Bd. VI/A, S. 279ff.) kann die potentiometrische Methode der Esterasebestimmung weitgehend automatisiert werden.

Im folgenden ist als Beispiel für eine solche Bestimmungsmethode ein von DESNUELLE u. Mitarb.[1,2] ausgearbeitetes Verfahren zur Messung der Aktivität der Pankreaslipase gegenüber wasserunlöslichen emulgierten Substraten wiedergegeben; diese Vorschrift läßt sich aber mit geringen Modifikationen für die Bestimmung der Wirkung anderer Esterasen adaptieren. Eine andere Methode unter Verwendung des p_H-Stabs wurde von CRAIG und KISTIAKOWSKY[3] beschrieben. Vor kurzem ist auch eine wertvolle Diskussion dieser Methoden erschienen[4].

***Potentiometrische Bestimmung der Pankreaslipase-Wirkung nach* MARCHIS-MOUREN *u. Mitarb.*[2].**

Reagentien:

1. Neutralisiertes Olivenöl.
2. Gummi arabicum, 10%ig.
3. Natriumtaurocholat, 20%ig.
4. 0,1 n NaOH, CO_2-frei.
5. Stickstoff, CO_2-frei.

Apparatur:

Ein direkt anzeigendes p_H-Meßgerät.

Ausführung:

In einem Mixer wird eine Emulsion aus 165 ml Gummi arabicum-Lösung, 15 g zerschlagenem Eis und 20 ml neutralisiertem Olivenöl durch 10 min langes Rühren hergestellt. 10 ml dieser Emulsion werden dann mit 0,3 ml der Taurocholat-Lösung in ein 50 ml-Becherglas eingefüllt und mit Wasser auf 30 ml aufgefüllt. Das Becherglas wird in ein temperaturkonstantes Bad von 37° C gestellt und mit einem kleinen Rührwerk und einer Capillare, durch die dauernd ein langsamer Strom von CO_2-freiem Stickstoff geleitet wird, versehen. Dann taucht man die Elektroden des direkt anzeigenden p_H-Meßgeräts ein und bringt den p_H der Mischung durch Zusatz von 0,1 n CO_2-freier Natronlauge aus einer Bürette auf p_H 9,1—9,2. Darauf wird die auf ihre Aktivität zu prüfende Enzymlösung zugegeben. Der p_H-Wert beginnt sofort langsam abzusinken; sobald p_H 9,0 erreicht ist, wird eine Stoppuhr gestartet und es werden in kurzen Abständen kleine Portionen 0,1 n Natronlauge aus der Bürette zugegeben, um den p_H konstant zu halten. Die zugegebenen Mengen werden in einem Diagramm gegen die Zeit aufgetragen.

Unter den geschilderten Bedingungen ist die Reaktion nullter Ordnung; die Steigung der erhaltenen Geraden ist in weiten Bereichen proportional zur Enzymkonzentration.

Die Autoren definieren als Lipaseeinheit diejenige Menge Enzym, welche unter den Bedingungen dieser Methode in 1 min 10 Mikroäquivalente Säure freisetzt. Die spezifische Aktivität einer Lipasepräparation wird als die Anzahl Lipaseeinheiten/0,5 mg Proteinstickstoff (bestimmt nach LOWRY[5]) definiert.

3. *Manometrische Methoden.*

Die bei der Esterspaltung entstehende Säure kann auch dadurch gemessen werden, daß man sie auf Hydrogencarbonatlösung einwirken läßt und das entstehende CO_2 im WARBURG-Apparat manometrisch bestimmt. Eine auf diesem Prinzip beruhende Methodik wurde seinerzeit von RONA und LASNITZKY[6] ausgearbeitet; im folgenden wird eine modernere Modifikation beschrieben.

---

[1] DESNUELLE, P., M. J. CONSTANTIN et J. BALDY: Bull. Soc. Chim. biol. **37**, 285 (1955).
[2] MARCHIS-MOUREN, G., L. SARDA and P. DESNUELLE: Arch. Biochem. **83**, 309 (1960).
[3] CRAIG, N. C., and G. B. KISTIAKOWSKY: Am. Soc. **80**, 1574 (1958).
[4] DESNUELLE, P., S. P. REBOUD et A. BEN ABDELJLIL: Pure appl. Chem. **3**, 423 (1962).
[5] LOWRY, O. H., N. J. ROSEBROUGH, A. L. FARR and R. J. RANDALL: J. biol. Ch. **193**, 265 (1951).
[6] RONA, P., u. A. LASNITZKY: B. Z. **152**, 504 (1924).

***Manometrische Bestimmung durch Esterasewirkung nach* CONNORS *u. Mitarb.*[1].**

Reagentien:

1. Buttersäuremethylester (redestilliert).
2. 0,15 m $NaHCO_3$-Lösung.
3. Gasmischung 95% N_2 und 5% CO_2.

Apparatur:

WARBURG-Apparatur mit Standardgefäßen.

Ausführung:

Die Hauptteile der Gefäße enthalten 0,45 ml $NaHCO_3$-Lösung, 0,038 ml Buttersäuremethylester und werden mit destilliertem Wasser auf 2,70 ml aufgefüllt. In den Seitenarmen befinden sich 0,10 ml Hydrogencarbonatlösung, 0,1—0,4 ml der Enzympräparation und die erforderliche Menge destilliertes Wasser, um ein Volumen von 0,6 ml zu erreichen. Durch die Gefäße läßt man 4 min lang einen Strom der N_2—CO_2-Mischung durchfließen, schließt dann die Hähne und wartet, bis konstante Temperatur (30° C) erreicht ist. Nach Einkippen des Inhalts der Seitenarme in die Hauptteile der Gefäße (Endvolumen 3,3 ml, p_H 7,4) wird 30 min lang alle 4 min abgelesen.

Die Enzymkonzentration wird nach Möglichkeit so gewählt, daß pro 30 min 150 bis 200 μl CO_2 entwickelt werden. Unter den beschriebenen Bedingungen ist die stattfindende Reaktion nullter Ordnung und ihre Geschwindigkeit proportional der Enzymkonzentration.

Die Autoren definieren ihre Einheit der Esterasewirkung als diejenige Enzymmenge, welche unter den beschriebenen Bedingungen 1000 μl CO_2 pro Std freisetzt.

4. *Colorimetrische Methoden.*

Colorimetrische Methoden zur Bestimmung der Esterasewirkungen beruhen darauf, daß man farblose Substrate verwendet, die durch die Enzymwirkung in gefärbte Produkte oder in Produkte, die sich durch einfache chemische Reaktionen in Farbstoffe überführen lassen, umgewandelt werden.

***Colorimetrische Bestimmung der Esterasewirkung mit p-Nitrophenylacetat als Substrat nach* HUGGINS *und* LAPIDES[2].**

Diese Methode, bei welcher im Gegensatz zu den vorher besprochenen Vorschriften nicht die freiwerdende Säure, sondern die phenolische Komponente gemessen wird, gilt als besonders empfindlicher Test für Esterasewirkung, die auch den Nachweis sehr geringer Enzymaktivitäten gestattet. Da die entsprechenden Ester der längerkettigen Fettsäuren fast unlöslich sind, läßt sich die Methode nicht für die Bestimmung der Wirkung typischer Lipasen adaptieren; ein Enzym dieser Art, die Ricinus-Lipase, soll nach BIER[3] p-Nitrophenylacetat überhaupt nicht spalten. Ein weiterer Nachteil der Methode ist die sehr geringe Haltbarkeit des Substrats.

Reagentien:

1. p-Nitrophenylacetat. Dieses wird dadurch hergestellt, daß man 13,9 g (0,1 M) p-Nitrophenol, 1,2 g Magnesiumspäne und 9,4 g (0,12 M) Acetylchlorid in 30 ml Benzol 1 Std lang unter Rückfluß kocht. Die entstandene Lösung wird in 150 ml Äther aufgenommen, mit Wasser, wäßriger Hydrogencarbonatlösung und wieder mit Wasser gewaschen, worauf der Äther im Vakuum entfernt wird. Das so erhaltene kristalline Produkt wird schließlich dreimal aus etwa 150 ml Äther umkristallisiert; obwohl durch diese Behandlung nicht das gesamte p-Nitrophenol entfernt wird, genügt das Präparat den Anforderungen der Bestimmung.

[1] CONNORS, W. M., A. PIHL, A. L. DOUNCE and E. STOTZ: J. biol. Ch. **184**, 29 (1950). — STOTZ, E.; in: Colowick-Kaplan, Meth. Enzymol., B. I, S. 657.
[2] HUGGINS, C., and J. LAPIDES: J. biol. Ch. **170**, 467 (1947).
[3] BIER, M.; in: Colowick-Kaplan, Meth. Enzymol., Bd. I, S. 627.

2. 0,067 m Phosphatpufferlösung, p_H 7,0.
3. 0,1 n NaOH.
4. Standardlösungen von p-Nitrophenol. Man bereitet Lösungen, die 0,1—0,7 μM Nitrophenol pro ml enthalten. (Das Mol.-Gewicht von p-Nitrophenol ist 139,1.)

Herstellung der Substratlösung. Eine Vorratslösung wird durch Auflösen von 63 mg p-Nitrophenylacetat in 10 ml Methanol hergestellt. Bei Aufbewahrung im Kühlschrank ist diese Lösung 1 Woche lang brauchbar.

1 ml der Vorratslösung läßt man langsam aus einer Pipette unter ständigem Schütteln in 100 ml destilliertes Wasser einlaufen, wobei die Spitze der Pipette im Wasser eintauchen muß. Diese Vorsichtsmaßregeln sind zur Verhinderung von Niederschlägen erforderlich. Die so hergestellte Substratlösung muß täglich frisch bereitet werden; sie enthält etwas mehr als 0,333 μM/ml und ist für qualitative oder semiquantitative Bestimmungen sofort brauchbar. Für genauere Messungen ist es allerdings erforderlich, die Substratkonzentration exakt auf den Wert von 0,333 μM/ml einzustellen. Für diesen Zweck werden Eichkurven aufgestellt für Lösungen, die je 1 ml der einzelnen Standardlösungen von p-Nitrophenol und (a) 9 ml 0,067 m Phosphatpufferlösung (p_H 7,0) oder (b) 9 ml 0,1 n NaOH enthalten. Die colorimetrischen Messungen, die möglichst schnell durchgeführt werden sollen, erfolgen mit einem 400 mμ-Filter. Die Resultate werden auf der logarithmischen Skala eines halblogarithmischen Millimeterpapiers gegen die Konzentration von p-Nitrophenol in Mikromolen/ml aufgetragen. Kurz vor Durchführung der Bestimmung der Enzymaktivität werden dann analoge colorimetrische Messungen mit 1 ml der Substratlösung + 9 ml 0,067 m Phosphatpufferlösung, sowie 1 ml Substratlösung + 9 ml 0,1 n NaOH durchgeführt. Die erste Bestimmung gibt die Konzentration von freiem Nitrophenol in der Substratlösung wieder (k_1); während die zweite die Totalkonzentration an freiem und verestertem Nitrophenol (k_2) darstellt, da der Ester in 0,1 n NaOH sofort hydrolysiert. Die Menge Wasser, die zugegeben werden muß, um genau die gewünschte Konzentration (0,333 μM/ml) zu erhalten, läßt sich nach der Gleichung

$$X = \frac{98\,(k_2 - k_1)}{0{,}333} - 98$$

berechnen; X stellt hier die Anzahl ml dar, die zum Volumen 98 ml der Substratverdünnung (100 ml weniger 2 ml, die für die Teste verwendet wurden) hinzugefügt werden müssen, um genau auf 0,333 einzustellen.

Ausführung:

1 ml Enzymlösung wird mit 2 ml 0,067 m Phosphatpufferlösung und 5 ml Wasser in einem Reagensglas (oder besser in einem Colorimetertrog) vermischt und auf 25° C gebracht. Nach einer bestimmten Zeit, gewöhnlich 1 min, werden 2 ml Substratlösung hinzugegeben; der Trog wird dann in das Colorimeter eingebracht und das Galvanometer auf 100 gestellt. Nach Entfernen des Troges liest man den Blindwert des Galvanometers bei dieser Einstellung ab („Luft-Blindwert"). Nach 20 min Inkubation stellt man das Galvanometer auf denselben Luft-Blindwert ein, bringt den Trog wieder ein und nimmt die Ablesung vor. In analoger Weise, aber mit 1 ml gekochter Enzymlösung, wird die nichtenzymatische Hydrolyse des Substrats unter gleichen Bedingungen bestimmt. Aus der Eichkurve für p-Nitrophenol in 0,067 m Phosphatpuffer lassen sich dann die Werte der enzymatischen Hydrolyse, von welchen die Werte für die nichtenzymatische Spaltung abgezogen werden müssen, berechnen.

Nach Angabe der Autoren ist es bei der Esterasebestimmung in menschlichem Serum am bequemsten, das Serum auf das 25fache zu verdünnen; bei Kaninchenserum ist sogar eine 100fache Verdünnung vorzuziehen.

Als eine *Einheit der Esteraseaktivität* wird hier diejenige Menge Enzym bezeichnet, die unter den oben angegebenen Bedingungen 1 Mikromol p-Nitrophenol freisetzt.

Bemerkung. Die beschriebene Methode ist nur dann zu verwenden, wenn die Enzymlösung keine Enzyme enthält, welche Nitroverbindungen reduzieren. Eine Blindprobe mit Enzymlösung und p-Nitrophenol gibt darüber Aufschluß.

Eine Methode zur Bestimmung von Lipase- bzw. Esterasewirkungen, die darauf beruht, daß man das Enzym auf Naphthyllaurat einwirken läßt und dann das durch die Hydrolyse freigesetzte β-Naphthol mit tetraazotiertem Di-o-anisidin zu einem roten Farbstoff koppelt, stammt von SELIGMAN und NACHLAS[1] und wurde bereits an anderer Stelle dieses Handbuchs (Bd. V, S. 173) beschrieben. Eine Verbesserung dieser Methode wurde von RAMSEY[2] vorgeschlagen; auf einem ähnlichen Prinzip beruht auch ein Verfahren von FORSTER, JENSEN und PLATH[3], bei welchem die wasserlöslichen Buttersäure-, Capronsäure- und Caprinsäure-Ester der 2-Naphthyl-6-sulfosäure als Substrate verwendet werden. Hierbei wird die aus dem Ester freigesetzte Naphthylsulfosäure mit dem Phenolreagens von FOLIN und CIOCALTEU[4] zur Reaktion gebracht und der entstehende blaue Farbstoff colorimetriert. Die Vorteile aller dieser colorimetrischen Verfahren gegenüber den anderen hier referierten Methoden sind aber nicht so bedeutend, um eine ausführliche Darstellung an dieser Stelle zu rechtfertigen.

Wertvoller erscheint uns eine Methode, welche darauf beruht, daß man das aus Monoolein durch die Enzymwirkung freigesetzte Glycerin nach dem Verfahren von LAMBERT und NEISH[5] bestimmt.

Colorimetrische Bestimmung der Lipase- und Esteraseaktivität mit Glycerinmonooleat als Substrat nach LUCHSINGER *u. Mitarb.*[6].

Prinzip:

Bei dieser Methode wird die Lipase- oder Esteraseaktivität gegenüber einer Monoolein-Emulsion durch Messung des freigesetzten Glycerins bestimmt. Dies erfolgt derart, daß das Glycerin vom Substrat vermittels seiner Wasserlöslichkeit abgetrennt, mit Perjodat behandelt und der entstehende Formaldehyd colorimetrisch bestimmt wird.

Reagentien:

1. Substrat: 10 g käufliches Monoolein (z.B. Glyco Products Inc., Brooklyn, N.Y.) werden zuerst in Äther gelöst und dann anteilweise mit 2%iger $NaHCO_3$-Lösung und destilliertem Wasser gewaschen. Der Ätherauszug wird einer Lösung zugesetzt, die 0,1 g Gallensalzgemisch (75% Natriumtaurocholat und 25% andere Gallensalze, Difco Laboratories) in 89,9 ml destilliertem Wasser enthält. Die Mischung wird im Waring-Blendor 5 min unter Stickstoff homogenisiert und die so erhaltene Emulsion 45 min am kochenden Wasserbad mit Rückflußkühlung erhitzt. Die auf diese Weise gewonnene Stammlösung muß im Kühlschrank aufbewahrt werden; vor dem Gebrauch wird sie mit dem 1,5fachen Volumen destillierten Wassers verdünnt.
2. 0,1 m Phosphatpufferlösung, p_H 7,0.
3. Inaktivierungsgemisch: 5 g $CaCl_2 \cdot 2\,H_2O$ und 10 g Trichloressigsäure werden in 85 ml destilliertem Wasser gelöst.
4. 0,1 m Perjodatlösung in 2,4 n H_2SO_4.
5. 1,0 m Natriumarsenit-Lösung.
6. Chromotropsäure-Reagens. 1 g Chromotropsäure (1,8-Dihydroxynaphthalin-3,6-disulfosäure) wird in 100 ml destilliertem Wasser gelöst und filtriert. Durch Zusatz einer Mischung von 2 Teilen H_2SO_4 und 1 Teil Wasser wird auf 500 ml aufgefüllt.

[1] SELIGMAN, A. M., and M. M. NACHLAS: J. clin. Invest. **29**, 31 (1950).
[2] RAMSEY, H. A.: Clin. Chem., N.Y. **3**, 186 (1957).
[3] FORSTER, T. L., C. JENSEN and E. PLATH: J. Dairy Sci. **38**, 764 (1956).
[4] FOLIN, O., and V. CIOCALTEU: J. biol. Ch. **73**, 627 (1927).
[5] LAMBERT, M., and A. C. NEISH: Canad. J. Res. (B) **28**, 83 (1950).
[6] LUCHSINGER, W. W., L. S. CUENDENT, P. D. BOYER and W. F. GEDDES: Cereal Chem. **32**, 395 (1955).

Das Reagens muß in einer braunen Glasflasche aufbewahrt und alle 2 Wochen frisch bereitet werden.

Ausführung:

1 ml Substratemulsion, 1 ml Phosphatpufferlösung und 1 ml destilliertes Wasser werden in einem Reagensglas vermischt und in einen Wasserbadthermostaten von 30° C gebracht. Nach erfolgter Temperaturangleichung setzt man 1 ml der auf ihre Enzymwirksamkeit zu prüfenden Lösung, die vorher ebenfalls auf 30° C gebracht wurde, zu und inkubiert 30 min. Ein entsprechender Leerwert wird dadurch hergestellt, daß man ein analoges Reaktionsgemisch herstellt, dem aber erst nach Ablauf der Inkubationszeit 1 ml Enzymlösung zugesetzt wird. Nach Beendigung der Inkubation werden sowohl der Probe als auch dem Leerwert 0,4 ml Inaktivierungsgemisch zugesetzt, gut geschüttelt, wobei die Emulsion zerstört wird und darauf 10 min bei 3000 Upm zentrifugiert.

1 ml der wäßrigen Phase wird nunmehr in ein Reagensglas pipettiert und zuerst mit 0,1 ml Perjodat-Schwefelsäure und nach genau 5 min mit 0,1 ml Arsenitlösung versetzt. Die Mischung wird dann geschüttelt und 5—10 min stehen gelassen. Dann werden 10 ml des Chromotropsäure-Reagens zugesetzt und das Gemisch 30 min auf dem kochenden Wasserbad erhitzt. Die Lösung wird im Wasserbad auf 23—27° C abgekühlt und bei 570 mμ gegen den Leerwert, der gleich behandelt wurde, colorimetriert.

Eichkurve. Die Aufstellung der Eichkurve erfolgt mit bekannten Mengen Glycerin p. a., die der Perjodsäure-Spaltung unterworfen und wie oben beschrieben weiter behandelt werden. Die gemessene Extinktion ist der Glycerinkonzentration in weiten Bereichen proportional. Die Methode ist sehr empfindlich.

Modifikation für Serum. Bei der Bestimmung von Esterase- bzw. Lipaseaktivitäten im Serum arbeitet man besser in Veronalpuffer, p_H 8. Hier genügt eine Serummenge von 0,5 ml, entsprechend auch 0,5 ml Pufferlösung und dann, nach der Inkubationszeit, 0,3 ml Inaktivierungsgemisch. Vor dem Zentrifugieren setzt man 2 ml Petroläther zu, wodurch sich eine leichtere Trennung der Phasen ergibt.

Bemerkung. Die Methode ist für Esterase- bzw. Lipasebestimmungen im Harn nicht geeignet.

5. *Stalagmometrische Methoden.*

Tributyrin, ein Substrat der Esterasen und Lipasen, ist eine sehr stark oberflächenaktive Substanz. Seine Hydrolyse kann daher durch Messen des Anstiegs der Oberflächenspannung verfolgt werden. Eine auf diesem Prinzip beruhende Methode ist das stalagmometrische, d. h. Tropfenzähl-Verfahren, welches von Rona und Michaelis[1] erstmalig für die Bestimmung der Esteraseaktivität ausgearbeitet wurde und an anderer Stelle dieses Handbuchs (Bd. V, S. 171) ausführlich besprochen wird.

Diese Methode wurde von zahlreichen Autoren[2-5] modifiziert, um sie speziellen Bedingungen besser anzupassen. Es muß betont werden, daß die mit Hilfe dieses Verfahrens erhaltenen Ergebnisse nicht immer exakt mit denjenigen Werten übereinstimmen, die mit Hilfe anderer Verfahren gemessen werden. So berichteten bereits Sobotka und Glick[6], daß bei der stalagmometrischen Esterasebestimmung im Vergleich zu anderen Methoden immer zu hohe Anfangswerte beobachtet werden. Trotzdem mag die stalagmometrische Methode auch heute noch für qualitative und semiquantitative Bestimmungen — besonders bei Serienversuchen — wegen ihrer raschen und bequemen Durchführbarkeit von Nutzen sein.

---

[1] Rona, P., u. L. Michaelis: B. Z. **31**, 345 (1911).
[2] Rona, P., H. Petrow u. H. Schreiber: Kli. Wo. **1922 II**, 2366.
[3] Willstätter, R., u. F. Memmen: H. **129**, 1 (1923); **138**, 216 (1924). — Willstätter, R., F. Haurowitz u. F. Memmen: H. **140**, 203 (1924).
[4] Bamann, E., u. E. Ullmann: B. Z. **312**, 9 (1942).
[5] Lagerlöf, H. O.: Acta physiol. scand. **13**, 301 (1947).
[6] Sobotka, H., and D. Glick: J. biol. Ch. **105**, 199 (1934).

6. *Methoden zur Lokalisierung von Lipasen und Esterasen innerhalb der Gewebe und der Zellen.*

Methoden zur Lokalisierung der esterspaltenden Enzyme in der Zelle und in Geweben werden bereits in diesem Handbuch an anderer Stelle (Bd. II, S. 358ff.) abgehandelt. Ergänzend darf noch auf eine später erschienene Monographie[1] aufmerksam gemacht werden, in der diese Verfahren etwas breiter besprochen werden, ohne daß allerdings prinzipiell neue Methoden dargestellt werden.

7. *Spezielle Methoden.*

Hier muß das Verfahren zur Differenzierung der Esterasen des Serums von ALDRIDGE[2] behandelt werden, welches die Grundlage der auf S. 881ff. gegebenen Klassifikation der Esterasen in den verschiedenen Arten bildet. Es handelt sich dabei um eine manometrische Methode, bei der eine selektive Hemmung der einzelnen Enzyme vorgenommen wird.

***Manometrische Methode zur Differenzierung der Esterasen des Serums von* ALDRIDGE[2].**

Reagentien:

1. Substratemulsion: Diese wird dadurch hergestellt, daß man 100 mg der Ester unter Erwärmen in 0,5 ml Methanol löst, diese Lösung schnell mit Hilfe einer Pipette in 25 ml der Hydrogencarbonat-Pufferlösung einbläst und stark schüttelt, um eine feine Emulsion zu erreichen.
2. Bicarbonat-Pufferlösung (0,031 m $NaHCO_3$; 0,031 m NaCl; Gelatine, 1 Gew.-%).
3. E 600 (Diäthyl-p-nitrophenylphosphat)-Lösung, 8×10^{-5} molar. 0,1 ml einer 1 %igen Lösung von E 600, die als Stammlösung dient, werden mit dem Bicarbonatpuffer auf 100 ml verdünnt. Die Verdünnung muß täglich frisch bereitet werden.
4. Eserinlösung, $3,6\times10^{-5}$ molar. Eine 0,26 %ige wäßrige Lösung von Eserinsulfat wird mit dem Bicarbonatpuffer auf das 100fache verdünnt. Diese Verdünnung muß täglich frisch bereitet werden.
5. N_2-CO_2-Gemisch (95:5 Volumteile).

Ausführung:

Je 5 ml der zu untersuchenden Enzymlösung (mit Hydrogencarbonatpuffer verdünntes Serum) werden in zwei Reagensgläser pipettiert; zu einem von diesen wird nun 5 ml Eserinlösung, zum anderen 5 ml E 600-Lösung hinzugegeben. Beide Ansätze werden 30 min bei 37° C inkubiert. In der Zwischenzeit werden je 3 ml der Substratemulsion in WARBURG-Kölbchen eingefüllt. 1 ml der mit den Hemmstoffen vorbehandelten Enzymlösungen werden in die Seitenarme der WARBURG-Gefäße eingebracht, diese im WARBURG-Thermostaten mit dem N_2-CO_2-Gemisch begast und auf 37° C gebracht. Dann wird die Enzymlösung in das Hauptgefäß eingekippt und 40 min lang alle 10 min abgelesen.

Deutung der Ergebnisse. Die Meßergebnisse, welche mit dem Eserinserum erhalten werden, entsprechen der Summe aller im Serum enthaltenden Esterasen mit Ausnahme der Cholinesterasen, welche durch Eserin komplett gehemmt werden. Die Ergebnisse der mit E 600 versetzten Probe entsprechen der E 600-resistenten Esterase (A-Esterase); die Aktivität der gegenüber E 600 empfindlichen Esterase (B-Esterase) entspricht der Differenz der beiden Werte.

Bemerkungen. A-Esterase ist auch imstande, E 600 hydrolytisch zu spalten. Es muß besonders darauf geachtet werden, daß die Eserinkonzentration niemals 10^{-5} m unterschreitet. Die Eserinhemmung der Cholinesterase ist nämlich reversibel, und deshalb würde bei größeren Eserinverdünnungen die Wirkung der Cholinesterasen das Resultat verfälschen. Hingegen ist die Hemmung der B-Esterase durch E 600 irreversibel.

[1] DEANE, H. W., R. J. BARNETT u. A. M. SELIGMAN: Handb. Histochem. (GRAUMANN-NEUMANN), Bd. VII/1.

[2] ALDRIDGE, W. N.: Biochem. J. **53**, 110 (1953).

B. Lipoproteid-Lipase[1].

Allgemeines. Im Blutplasma findet sich nach Heparininjektion ein Enzym, welches bei Lipämie klärend auf das Serum wirkt („heparin-induced lipemia clearing factor")[2] und seine Wirkung dadurch ausübt, daß es den Fettbestandteil von Lipoproteiden, z. B. aus den sog. Chylomikronen des Plasmas, hydrolysiert. Ein gleichartiges Enzym findet sich in verschiedenen Geweben, darunter besonders im Herz und im Fettgewebe; auch dieses läßt sich durch Heparin sowohl *in vitro* als auch *in vivo* aktivieren[3, 4]. Das Enzym unterscheidet sich von der Pankreaslipase vor allem dadurch, daß es freie Fette kaum angreift und seine Wirkung fast ausschließlich gegenüber proteingebundenem Fett entfaltet. Dabei werden künstlich hergestellte Lipoproteide in gleicher Weise hydrolysiert wie die Chylomikronen[5]. Diese Unterschiede wurden aber von der Enzymkommission nicht als ausreichend angesehen, um eine selbständige Klassifikation zu rechtfertigen. Im Bericht dieser Kommission wird die Lipoproteid-Lipase nur in einer Anmerkung bei System-Nr. 3.1.1.3 (Glycerinester-Hydrolase, Lipase) erwähnt.

Darstellung. Eine Arbeitsvorschrift zur Erhaltung gereinigter Enzympräparationen aus Heparinplasma wurde von HOLLETT und MENG[6] ausgearbeitet. Die Methode führt zwar zu einer Konzentrierung des Enzyms bis auf das 1480fache; die Ausbeute an so hochgereinigtem Enzym ist aber sehr gering.

Darstellung der Lipoproteid-Lipase aus Blutplasma nach HOLLET *und* MENG[6].

„Postheparin-Plasma" wird aus Hunden gewonnen, welche 1 mg Natriumheparinat (100 Einheiten/mg) pro kg Körpergewicht erhalten hatten. 80 ml des Plasmas werden mit kaltem destilliertem Wasser auf das 15fache verdünnt; dann wird der p_H-Wert mit Hilfe von 0,1 n HCl auf 5,7 gebracht. Man läßt die Mischung 2 Std bei 4° C stehen und zentrifugiert darauf. Der erhaltene Niederschlag (Fraktion I) wird in 20 ml 0,067 m Phosphatpufferlösung aufgenommen und sofort eingefroren. Fraktion I ist im gefrorenen Zustand mehrere Wochen lang beständig.

Tabelle 1. *Reinigung der Lipoproteid-Lipase aus „Postheparin"-Plasma durch Ammoniumsulfat-Fraktionierung.*

Fraktion	ml	Protein in mg/ml	Einheiten (willkürlich gewählt)	Spezif. Aktivität (Einheiten pro mg Protein)	Erhöhung der spezif. Aktivität
Postheparin-Plasma	80	52	102	0.025	—
Fraktion I	20	33,92	130	0,19	8
Fraktion II (25%)	13	14	52	0,29	12
Fraktion III (33%)	2,6	24	43	0,70	28
Fraktion IV (40%)	3,5	32	47	0,42	17
Fraktion V (50%)	3,5	20,75	44	0,60	24
Fraktion VI (64%)	2,1	0,50	38	36	1480
Überstehende Lösung	54,0	1,06	14	0,23	9

Es folgt eine Ammoniumsulfat-Fraktionierung bei 0° C, wobei eine bei 0° C gesättigte Ammoniumsulfatlösung von p_H 5,7 verwendet wird. Es wird wie folgt vorgegangen: Fraktion I wird durch tropfenweise Zugabe der Ammoniumsulfatlösung auf 25%ige Ammoniumsulfatsättigung gebracht. Der entstehende Niederschlag (Fraktion II) wird abzentrifugiert und bei —20° C aufbewahrt. Die Fraktionierung wird dann derart fortgesetzt, daß man die überstehenden Lösungen sukzessive auf 33%ige, 40%ige, 50%ige

[1] Übersichtsreferat: KORN, E. D.: Meth. biochem. Analysis **7**, 145 (1959).
[2] HAHN, F.: Science, N.Y. **98**, 19 (1943).
[3] KORN, E. D.: Science, N.Y. **120**, 399 (1954).
[4] KORN, E. D.: J. biol. Ch. **215**, 1, 15 (1955).
[5] KORN, E. D., and T. W. QUIGLEY jr.: J. biol. Ch. **226**, 833 (1957).
[6] HOLLETT, C., and H. C. MENG: Biochim. biophys. Acta **20**, 421 (1956).

und 64%ige Sättigung bringt und die jeweils erhaltenen Niederschläge in gleicher Weise abtrennt und aufbewahrt wie Fraktion II. Die letzte überstehende Lösung wird in der Kälte 5 Std lang gegen 0,067 m Phosphatpufferlösung dialysiert. Die einzelnen Fraktionen werden aufgetaut und in je 2 ml 0,067 m Phosphatpufferlösung gelöst; bei Fraktion II sind dafür 10 ml erforderlich. Die Lösungen werden dann in gleicher Weise, wie für die überstehende Lösung beschrieben, diaylsiert. Jede Fraktion wird auf Proteingehalt und Aktivität untersucht. In Tabelle 1 werden die von den Autoren erhaltenen Resultate wiedergegeben.

Darstellung der Lipoproteid-Lipase aus Blutplasma nach NIKKILÄ[1].

Eine Reinigungsmethode, welche zwar nicht zu einer so hohen Aktivitätssteigerung führt, aber mit weitaus besserer Ausbeute durchgeführt werden kann, wurde von NIKKILÄ[1] beschrieben.

Als Ausgangsmaterial wird Postheparin-Plasma von menschlichen Spendern verwendet, das diesen 10—15 min nach Verabreichung von 75 mg Na-Heparin abgenommen wurde. Dem Blut wurde $^1/_{30}$ seines Volumens 0,1 m Natriumoxalat hinzugesetzt und der endstandene geringe Niederschlag durch Zentrifugieren entfernt.

Ein Volumenteil Postheparin-Plasma wird mit drei Volumenteilen physiologischer Kochsalzlösung verdünnt. Dann werden 0,10—0,15 Volumenteile Calciumphosphat-Gel hinzugefügt (das optimale Volumen für das Gel wechselt bei jeder Präparation und muß deshalb vorher bestimmt werden). Dann schüttelt man sanft 45 min lang und zentrifugiert darauf ab. Das Gel wird zweimal durch Suspension in dem Doppelten des ursprünglichen Volumens an 0,2 m Natriumoxalatlösung gewaschen und das Enzym schließlich aus dem gewaschenen Gel mit 0,01 m Natriumcitratlösung extrahiert. Alle Schritte sollen bei höchstens + 4° C durchgeführt werden. Der Autor konnte mit dieser Methode eine Aktivitätssteigerung auf das 600—700fache bei 60% Enzymausbeute gegenüber dem Ausgangsmaterial erzielen.

Darstellung der Lipoproteid-Lipase aus Gewebe nach KORN[2].

Das Gewebe (Herz oder Fettgewebe) wird in einem WARING-Blendor mit 20 Volumenteilen kaltem Aceton (— 20° C) behandelt und dann rasch durch einen BÜCHNER-Trichter abfiltriert. Der Filterkuchen wird dann noch so lange mit kaltem Aceton extrahiert, bis das gesamte Fett entfernt ist. Der Rückstand wird an der Luft getrocknet und kann in der Kälte in einem Vacuumexsiccator aufbewahrt werden. Bei Fettgewebe ist es möglich, die beschriebenen Operationen auch bei Zimmertemperatur durchzuführen, ohne daß dabei ein wesentlicher Aktivitätsverlust eintritt. Dies ist eine wesentliche Erleichterung bei der Abtrennung größerer Mengen von Lipoiden.

Das so erhaltene Aceton-Trockenpulver (bei Fettgewebe wird allerdings kein Pulver, sondern ein pergamentartiges Material gewonnen) wird nunmehr mit 0,025 m Ammoniak (50 mg pro l) bei 0° C 1 Std extrahiert. Man entfernt dann das Unlösliche durch Zentrifugieren und lyophilisiert die überstehende Lösung. Das so erhaltene Pulver läßt sich ohne Verlust der Aktivität im Vacuumexsiccator in der Kälte aufbewahren.

Obwohl diese Methode nur eine geringe Erhöhung der spezifischen Aktivität im Vergleich zum Ausgangsmaterial ergibt und weitere Reinigungsversuche bisher erfolglos blieben, ist die spezifische Aktivität der Präparationen doch etwa 100mal so groß wie diejenige von „Postheparin"-Plasma und damit in derselben Größenordnung wie diejenige gereinigter Präparate aus „Postheparin-Plasma".

Vor Verwendung zu Enzymversuchen wird das Pulver in 0,025 m Ammoniak gelöst und von manchmal auftretenden unlöslichen Rückständen durch Zentrifugieren befreit.

Spezifität. Die Lipoproteid-Lipase katalysiert vor allem die Hydrolyse des Neutralfettes aus Lipoproteiden, wobei natürliche Chylomikronen etwa ebenso rasch angegriffen

[1] NIKKILÄ, E. A.: Biochim. biophys. Acta **27**, 612 (1958).
[2] KORN, E. D.: Meth. biochem. Analysis **7**, 145 (1959).

werden wie lösliche Lipoproteide. Die Aktivität gegenüber reinen Neutralfetten ist — wenn überhaupt vorhanden — sehr gering. Durch Zusatz von Proteinen zu den Neutralfetten — z. B. durch Inkubation mit Serum — werden aber diese für das Enzym besser angreifbar.

Aktivatoren und Inhibitoren. Die bei der durch das Enzym katalysierten Reaktion frei werdenden Fettsäuren bilden Seifen, welche eine starke Hemmwirkung auf die weitere Hydrolyse ausüben, wenn sie nicht entfernt werden. Als geeignete Fettsäureakzeptoren können Serumalbumin[1, 2] oder auch Ca^{++} dienen[3, 4].

Für die Aktivität aller bisher untersuchten Lipoproteid-Lipasen ist die Anwesenheit von bestimmten Kationen — NH_4^+, Ca^{++}, Mg^{++}, Mn^{++} oder Sr^{++} — unbedingt erforderlich; höhere Konzentrationen dieser Kationen wirken allerdings hemmend. Na^+ ist ohne aktivierende Wirkung.

Bei Enzympräparaten aus Rattenherz und Rattenfettgewebe wirken kleine Konzentrationen von Heparin (etwa 1 μg/ml) aktivierend. Wesentlich höhere Konzentrationen von Heparin (etwa 0,1 mg/ml) wirken hingegen hemmend auf alle bisher untersuchten Enzympräparate.

Protamin ist ein starker Inhibitor der Enzymaktivität; als weitere Hemmkörper werden Orthophosphat, Pyrophosphat, Nucleotide, p-Chlormercuribenzoat, NaCl (0,3 m), NaCN (0,01 m), Äthylendiamintetraacetat, Diisopropylfluorphosphat (10^{-4} m) und Diäthyl-p-nitrophenylphosphat (10^{-4} m) genannt. Einige dieser Hemmwirkungen lassen sich durch Heparin aufheben.

Der letztgenannte Effekt wie auch die bereits berichtete Tatsache, daß die Zugabe von Heparin eine Klärung lipämischen Plasmas durch Aktivierung der im Serum enthaltenen Lipoproteid-Lipase bewirkt, läßt annehmen, daß Heparin oder ein nahe verwandter Stoff bei der Wirkung der Lipoproteid-Lipase die Funktion eines Cofaktors inne hat. Die Wirkung des Heparins bei der Aktivierung des Enzyms ist allerdings nicht völlig spezifisch, da auch Phosphorwolframat, Silicowolframat, Polymetaphosphat und gewisse heparinähnliche Substanzen den gleichen Effekt hervorrufen können[5].

Eine starke Stütze für die Annahme, daß Heparin oder ein sehr nahe verwandter Körper eine cofaktorähnliche Funktion bei der Lipoproteid-Lipase-Wirkung inne hat, stellt der Befund von KORN[6] dar, nach welchem eine bakterielle „Heparinase"-Präparation — ein Enzymgemisch, das Heparin und verwandte Substanzen hydrolytisch abbauen kann — unter bestimmten Bedingungen Lipoproteid-Lipase inaktiviert. Über den Mechanismus der Wirkung eines derartigen Cofaktors bestehen allerdings noch keine Vorstellungen.

Verschiedene Detergentien, wie z. B. die Tweene und Triton R-1339, sind starke Inhibitoren; ebenso wirken Gallensäuren im Gegensatz zu den Verhältnissen bei der Pankreas-Lipase als Hemmstoffe. Ein natürlicher Inhibitor soll sich im normalen Plasma finden[7].

p_H-Optimum der Wirkung. Während das p_H-Optimum der Lipoproteid-Lipase in ungereinigtem „Postheparin"-Plasma zwischen 6,4 und 7,5 liegt, findet man bei nach HOLLETT und MENG[8] gereinigten Präparationen eine optimale Wirkung bei p_H 8,5. Dasselbe p_H-Optimum wird für die Gewebeenzym-Präparationen angegeben.

Stabilität. Lipoproteid-Lipase ist sehr wärmeempfindlich. 10 min Erhitzen auf 50—60° C inaktiviert komplett. Die Stabilität wird noch stark verringert, wenn man das Enzym aus „Postheparin"-Plasma über einen Anionenaustauscher laufen läßt, wobei

---

[1] ROBINSON, D. S., and J. E. FRENCH: Quart. J. exp. Physiol. **38**, 233 (1953).
[2] GORDON, R. S.: J. clin. Invest. **34**, 810 (1955).
[3] KORN, E. D.: J. biol. Ch. **215**, 1 (1955).
[4] SEIFTER, J., and D. H. BAEDER: Proc. Soc. exp. Biol. Med. **89**, 511 (1955).
[5] BRAGDON, J. H., and R. HAVEL: Science, N. Y. **120**, 113 (1954). Circulation **10**, 591 (1954).
[6] KORN, E. D.: J. biol. Ch. **226**, 827 (1957).
[7] HOLLETT, C., and H. C. MENG: Fed. Proc. **16**, 60 (1957).
[8] HOLLETT, C., and H. C. MENG: Biochim. biophys. Acta **20**, 421 (1956).

zumindest das freie Heparin der Präparation entfernt wird. Durch Zugabe von Heparin zum Eluat kann allerdings die ursprüngliche Stabilität wieder hergestellt werden[1].

Wirkungsweise. Über den allgemeinen Mechanismus der Lipoproteid-Lipase-Wirkung berichten KORN und QUIGLEY[2], daß primär — entsprechend unseren Vorstellungen über die Enzymwirkung im allgemeinen — ein Enzym-Substrat-Komplex entsteht, welcher aber, was außergewöhnlich ist, leicht abzutrennen und quantitativ zu bestimmen ist. Für die Bildung dieses Enzym-Substrat-Komplexes ist die Anwesenheit von Metallionen erforderlich. Es zeigt sich, daß das Enzym eine weit größere Affinität für „aktiviertes", d.h. mit Serum inkubiertes Cocosnußöl besitzt als für solches, das nicht vorbehandelt wurde. Quantitative Daten im Sinne einer MICHAELIS-Konstante oder Affinitätskonstante werden allerdings nicht gegeben.

Bestimmungsmethoden. Es stehen zahlreiche Verfahren zur Verfügung, um die Wirkung der Lipoproteid-Lipase zu verfolgen. Am einfachsten ist es, die Abnahme der Trübung im Enzym-Substrat-Gemisch, welches ein lipämisches Plasma, eine Suspension von Chylomikronen oder eine Triglyceridemsulsion sein kann, turbidimetrisch zu bestimmen. Das Verfahren ist nicht sehr genau. Man kann natürlich auch die Produkte der Reaktion — freie Fettsäuren, Glycerin, Monoglyceride und Diglyceride — sowie auch das übriggebliebene, nicht hydrolysierte Triglycerid zur Messung der Enzymaktivität bestimmen. Zahlreiche dieser Methoden sind beschrieben worden und mögen für verschiedene Zwecke sehr nützlich sein; eine ausführliche Darstellung findet sich bei KORN[3].

An dieser Stelle soll nur eine einzige Methode genau referiert werden, welche den Vorzug guter Genauigkeit und einfacher Durchführbarkeit hat.

***Bestimmung der Lipoproteid-Lipase-Aktivität gegenüber einem künstlich hergestellten Lipoproteid nach* KORN[4].**

Prinzip:

Es wird das bei der Hydrolyse von Lipoproteiden freigesetzte Glycerin nach der Methode von LAMBERT und NEISH[5] bestimmt. Durch die Oxydation mit Perjodat entstehen aus 1 M Glycerin 2 M Formaldehyd, während aus 1 M α-Monoglycerid 1 M Formaldehyd gebildet wird; das verwendete Chromotropsäure-Reagens ist für Formaldehyd spezifisch.

Reagentien:

1. 0,05 m Natriumperjodatlösung. Herstellung: 11,5 g HJO_4 werden in 900 ml Wasser gelöst und mit n NaOH gegen Methylrot neutralisiert.
2. 0,5 m Natriumarsenitlösung. Herstellung: 22,5 g NaOH und 50 g As_2O_3 werden in 1 l Wasser gelöst.
3. n H_2SO_4.
4. 0,25 m NH_4Cl-NH_3-Pufferlösung, p_H 8,5.
5. Chromotropsäure-Reagens. Herstellung: 1 g Chromotropsäure (käuflich z.B. bei Eastman Kodak, practical grade; s. auch S. 901) wird in 100 ml Wasser gelöst und durch Filtration von etwa vorhandenen Unlöslichem befreit. Dann wird mit Schwefelsäure (2 Teile Schwefelsäure auf 1 Teil Wasser) auf 500 ml aufgefüllt. Da dabei starke Hitzeentwicklung auftritt, arbeitet man mit kalter Schwefelsäure und kühlt auch die Mischung in einer Kältemischung. Die Lösung hält sich im Dunkeln einige Tage.
6. Eine etwa 0,025 m Standard-Glycerinlösung, deren Gehalt an Glycerin genau bekannt ist.

---

[1] ROBINSON, D. S.: Quart. J. exp. Physiol. **41**, 195 (1956).
[2] KORN, E. D., and T. W. QUIGLEY jr.: J. biol. Ch. **226**, 833 (1957).
[3] KORN, E. D.: Meth. biochem. Analysis **7**, 145 (1959).
[4] KORN, E. D.: J. biol. Ch. **215**, 1 (1955). Meth. biochem. Analysis **7**, 145 (1959).
[5] LAMBERT, M., and A. C. NEISH: Canad. J. Res. **28**, 83 (1950).

Herstellung der Substratlösung: Eine im Handel erhältliche Emulsion von Sojabohnenöl, Cocosnußöl oder Sesamöl wird mit Wasser so weit verdünnt, daß der Gehalt an Triglyceriden 2% beträgt. Diese Emulsion wird mit der gleichen Menge Serum 30 min bei 37° C inkubiert. Man zentrifugiert und trennt die ölige Phase, die sich oben befindet, ab. Diese wird mehrmals durch Zentrifugieren mit physiologischer Kochsalzlösung gewaschen und dann in der Kälte aufbewahrt. Für die Enzymversuche wird eine 4%ige wäßrige Lösung dieser Emulsion verwendet.

Ausführung:

Man vermischt die Bestandteile der Reaktionslösung (0,1 ml Enzymlösung, 0,1 ml Substratlösung, eventuelle Zusätze in NH_4Cl-NH_3-Pufferlösung, p_H 8,5, gelöst und mit derselben Pufferlösung auf 1 ml aufgefüllt) bei 0° C und inkubiert dann bei 37° C. Proben von 0,05—0,2 ml, welche 0,005—0,1 μM Glycerin enthalten sollen, werden nach 0, 15, 30 und 60 min entnommen und sofort mit 0,1 ml kalter H_2SO_4 vermischt. Die Probe wird nunmehr auf Zimmertemperatur gebracht und mit 0,1 ml Perjodatlösung versetzt. Nach 5 min wird zur Entfernung des Perjodatüberschusses 0,1 ml 0,5 m Arsenitlösung zugesetzt. Nach weiteren 10 min versetzt man mit 9 ml Chromotropsäure-Reagens, mischt gut durch und bringt das Gemisch für 20 min auf ein im Dunkeln stehendes kochendes Wasserbad. Nach Abkühlen mit Wasser wird auf 10 ml aufgefüllt und die Extinktion bei 570 mμ gemessen. Zur Bestimmung der absoluten Menge freigesetzten Formaldehyds wird eine entsprechende Menge der Standard-Glycerinlösung in gleicher Weise behandelt und dient als Standard. Die gemessenen Werte für Formaldehyd sind nach Angabe des Autors nach 30, 60 und 120 min proportional zur Reaktionsdauer.

Bemerkungen: Die beschriebene Methode ist für Routineuntersuchungen gut geeignet; es lassen sich bis 50 Glycerinbestimmungen zur gleichen Zeit durchführen, besonders wenn man mit automatischen Büretten für die Zugabe der Perjodat- und Arsenitlösungen arbeitet.

C. Phospholipasen[1,2].

Einteilung und Spezifität. Als Phospholipasen werden Enzyme bezeichnet, welche imstande sind, die weitverbreiteten Phospholipoide (Lecithin, Kephalin, Sphingomyelin, Protagon, Cerebron, Plasmalogene, usw.) hydrolytisch zu spalten. An dieser Stelle werden nur diejenigen Phospholipasen besprochen, welche Carboxylesterbindungen hydrolysieren; eine weitere Gruppe sog. Phospholipasen wird unter den Phosphodiesterasen behandelt.

Das Lecithinmolekül kann an vier verschiedenen Stellen hydrolytisch gespalten werden.

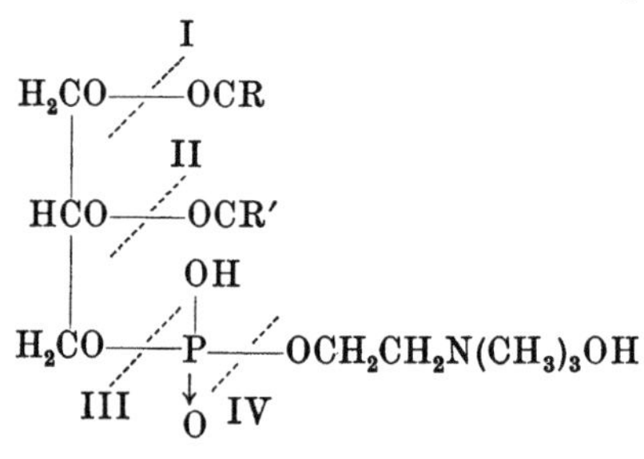

Die an dieser Stelle besprochenen Enzyme greifen somit an den Spaltstellen I und II an. Tatsächlich kennen wir auch zwei verschiedene Enzyme, welche aus Lecithin und anderen Phospholipoiden Fettsäurereste abspalten. Sie wurden ursprünglich Lecithinasen A und B genannt; die heute gebräuchliche Bezeichnungsweise ist Phospholipasen A und B; Phospholipase B wird auch Lysophospholipase genannt. In der offiziellen Liste der Enzymkommission werden diese Enzyme unter den System-Nummern 3.1.1.4 (systematischer Name Phosphatid-Acylhydrolase) und 3.1.1.5 (Lysolecithin-Acylhydrolase) geführt.

[1] SLOTTA, K. H.; in: Boyer-Lardy-Myrbäck, Enzymes, Bd. IV, S. 551.
[2] HAYAISHI, O.; in: Colowick-Kaplan, Meth. Enzymol., Bd. I, S. 660.

Es scheint gesichert zu sein, daß die Enzyme vom Typus der Phospholipasen A außer Lecithin auch Phosphatidyläthanolamin und Phosphatidylserin angreifen, während Cerebroside, Sphingomyelin und Acetalphosphatide nicht gespalten werden. Hingegen wurde bis vor kurzem angenommen, daß die Enzyme dieses Typus aus intaktem Lecithin ausschließlich ungesättigte Fettsäurereste abspalten. Untersuchungen[1-3] zeigen, daß die Enzyme, welche als Phospholipasen A klassifiziert werden, auch gesättigte Fettsäurereste abspalten. Die Wirkung dieser Enzyme beschränkt sich aber fast ausschließlich — Ausnahmen sind bekannt — auf die Abspaltung der — gesättigten oder ungesättigten — Fettsäurereste in α-Stellung; der Ort des Angriffs sei somit die Spaltstelle I in unserem Schema. Die Produkte der Phospholipase A-Wirkung werden Lysolecithin bzw. Lysophosphatide genannt.

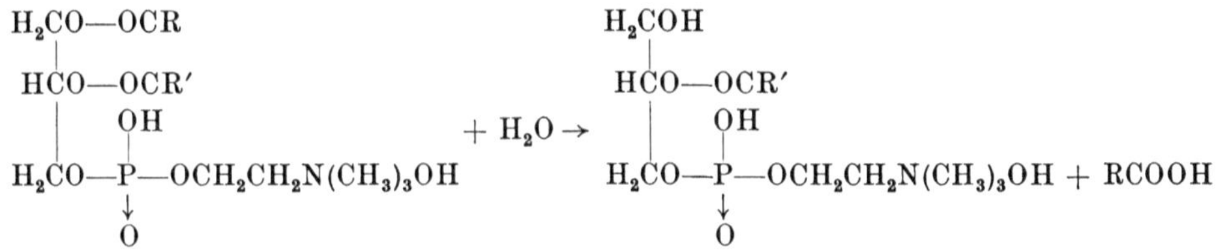

Lecithin Lysolecithin

Mit den Namen Lysophospholipase oder Phospholipasen B werden Enzyme bezeichnet, welche aus Lysolecithin und anderen Lysophosphatiden den in β-Stellung verbliebenen Fettsäurerest abspalten. Das Produkt der Phospholipase B-Wirkung auf Lysolecithin ist demnach α-Glycerophosphorylcholin.

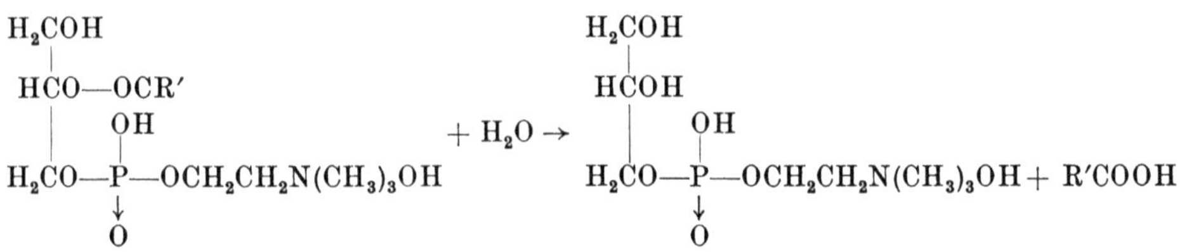

Lysolecithin α-Glycerophosphorylcholin

Phospholipase A.

Vorkommen. Enzyme vom Typus der Phospholipasen A finden sich in allen bisher darauf untersuchten Schlangengiften sowie auch in den Giften anderer Tiere, wie z.B. Echinodermen, Skorpionen, Tausendfüßlern, Bienen und Wespen[4-6] (vgl. auch Bd. IV, (S. 801ff.). Es wird aber auch über Vorkommen im Pankreas, in der Leber, der Niere, im Herzmuskel, im Skeletmuskel, in den Nebennieren und in anderen Geweben berichtet[7-9].

Im Pflanzenreich scheinen Phospholipasen A kaum vorzukommen; einzig in dem höheren Pilz *Lycoperdon giganteum*, nicht aber in nahe verwandten Arten konnte ein Enzym dieser Spezifität nachgewiesen werden[10]. Hingegen scheinen manche Bakterien Phospholipasen A in reichlicher Menge zu produzieren; eine besonders reiche Quelle stellt *Serratia plymouthicum* dar[11].

---

[1] Zeller, E. A.: Fed. Proc. **11**, 316 (1952).
[2] Hanahan, D. J., M. Rodbell and L. D. Turner: J. biol. Ch. **206**, 431 (1954).
[3] Hanahan, D. J.: J. biol. Ch. **207**, 879 (1954).
[4] Fürth, O. v.: Vergleichende chemische Physiologie der Tiere. Jena 1903.
[5] Bocquet, P.: Venins des serpents et antivenins. Paris 1948.
[6] Lévy, R.: Cr. **177**, 326 (1923); **179**, 1093 (1924); **181**, 690 (1925).
[7] Belfanti, S., et C. Arnaudi: Bull. Soc. int. Microbiol. **4**, 399 (1932).
[8] Nikuni, Z.: Bull. agric. chem. Soc. Jap. **8**, 104 (1932).
[9] Francioli, M.: Fermentforsch. **14**, 241 (1935).
[10] Francioli, M.: Fermentforsch. **14**, 493 (1935).
[11] Hayaishi, O., and A. Kornberg: J. biol. Ch. **206**, 647 (1954).

Darstellung. Die Darstellung von hochgereinigten Phospholipase A-Präparationen, ausgehend vom Gift von *Crotalus terrificus terrificus* und von Bienengift, wurde bereits an anderer Stelle dieses Handbuchs (Bd. IV, S. 821 und 841) beschrieben.

Ein leicht zugängliches Ausgangsmaterial zur Herstellung einer Phospholipase A-Präparation ist das käufliche Pankreatin, aus dem nach einer alten Vorschrift von GRONCHI[1] ein wirksames und von störenden Enzymen anderer Spezifität weitgehend freies Präparat einer Phospholipase A erhalten werden kann: 100 g Pankreatin werden mit 1000 ml Wasser versetzt und 30 min lang auf 80—90° C erhitzt. Man kühlt rasch ab und filtriert dann. Der Filterrückstand wird darauf 4 Std lang mit 1000 ml 48 %igem Äthanol bei 45° C extrahiert und schließlich abfiltriert. Der klare Extrakt wird lyophylisiert. Man erhält 1 g einer Phospholipase A-aktiven Präparation.

Eine Vorschrift zur Herstellung hochaktiver Phospholipase A-Präparate aus dem Bakterium *Serratia plymouthicum* stammt von HAYAISHI und KORNBERG[2].

Eigenschaften. Das p_H-Optimum der Wirkung der einzelnen Phospholipasen A scheint je nach der Herkunft der Enzympräparationen verschieden zu sein; die meisten Angaben liegen zwischen p_H 6,8 und 7,7. Mit der manometrischen Methode fand HABERMANN[3] bei der Phospholipase A des Bienengiftes ein p_H-Optimum von 8,0—8,3, während dasselbe Enzym, wenn die hämolytische Wirkung in einem Methanol enthaltenden Reaktionsgemisch gemessen wird, ein scheinbares Optimum bei p_H 7,0—7,5 aufweist[4].

Phospholipasen A verschiedenster Herkunft zeichnen sich durch ungewöhnliche Hitzebeständigkeit aus. Schlangengift-Phospholipase A kann bei p_H 5,9 ohne Verlust der Aktivität gekocht werden[5]. Das Enzym aus *Serratia* verträgt bei p_H 9,0 5 min Erhitzen auf 97° C ohne meßbaren Wirkungsverlust[2].

Nach Untersuchungen mit hochgereinigten Präparationen sind Ca^{++} und Albumin Aktivatoren der Phospholipase A. Fluorid, Citrat und Schwermetallionen wirken hemmend, während Cyanid keinen Effekt zeigt[4]. Es wurde berichtet, daß auch ein synthetisches quaternäres Ammoniumsalz, 2,3-Distearyloxypropyl-(dimethyl)-β-hydroxyäthyl-ammoniumacetat Phospholipase A aus Schlangengift stark zu hemmen vermag[6].

Phospholipase A kann, wenn man sie Ratten injiziert, auch als Antigen wirken; es wird eine Antiphospholipase gebildet[7].

Bestimmungsmethoden. Als Substrat für die Verfolgung der Wirkung von Phospholipase A wird allgemein gereinigtes Lecithin aus Ei verwendet, das käuflich zu erhalten ist. Die Verfahren, welche zur Messung der Phospholipase A-Aktivität benützt werden, lassen sich grundsätzlich in zwei Gruppen einteilen: Entweder wird das freigesetzte Lysolecithin oder die abgespaltene Fettsäure bestimmt.

Auf der Bestimmung des Lysolecithins beruhen vor allem die zahlreichen Verfahren, welche die Fähigkeit des Lysolecithins, Erythrocyten zu hämolysieren, benützen. Hier sind die klassische Methode von SLOTTA und SZYSZKA[8], sowie ihre verbesserte Modifikation von SLOTTA und BORCHERT[9] zu erwähnen. Diese Methoden haben allerdings verschiedene Nachteile. Bei der Verfolgung der Phospholipase A-Wirkung von Schlangengift-Präparationen muß berücksichtigt werden, daß zahlreiche Schlangengifte Substanzen enthalten, welche eine direkte Hämolyse bewirken; dieser Effekt interferiert mit der Hämolyse, welche das durch die Enzymwirkung entstehende Lysolecithin verursacht. Um die Phospholipase A-Wirkung isoliert von derjenigen der direkt wirkenden Hämolysine

[1] GRONCHI, V.: Sperimentale **90**, 223, 262 (1936).
[2] HAYAISHI, O., and A. KORNBERG: J. biol. Ch. **206**, 647 (1954).
[3] HABERMANN, E.: B. Z. **328**, 474 (1957).
[4] NEUMANN, W., u. E. HABERMANN: H. **296**, 166 (1954).
[5] HUGHES, A.: Biochem. J. **29**, 437 (1935).
[6] ROSENTHAL, A. F., and R. P. GEYER: J. biol. Ch. **235**, 2202 (1960).
[7] HABERMANN, E., and M. M. L. EL KAREMI: Nature **178**, 1349 (1956).
[8] SLOTTA, K. H., u. G. SZYSZKA: B. **71**, 258 (1938).
[9] SLOTTA, K., and P. BORCHERT: Mem. Inst. Butantan **26**, 297 (1954).

verfolgen zu können, haben NEUMANN und HABERMANN[1] eine Methode ausgearbeitet, bei der die Einwirkung der Phospholipase A auf Lecithin von der Reaktion des entstandenen Lysolecithins mit den Erythrocyten komplett getrennt wird.

Ein anderer Nachteil der Hämolyseverfahren liegt aber auch darin, daß Erythrocyten ein in ihrem Vermögen zur Hämolyse schwer zu reproduzierendes Material darstellen. Nicht nur, daß Erythrocyten verschiedener Species eine ganz verschiedene Empfindlichkeit gegenüber Lysolecithin aufweisen; auch bei vollständig gleichartig hergestellten Aufschwemmungen von Erythrocyten der gleichen Art werden, wie der Referent aus eigener Erfahrung berichten kann, sehr deutliche Unterschiede in der Empfindlichkeit beobachtet. Diese Nachteile dürften vermutlich dazu führen, daß die Hämolysemethoden in Zukunft von exakteren Verfahren — vor allem von der manometrischen Methode — verdrängt werden.

Ein anderes Verfahren beruht auf dem interessanten Effekt, daß Phospholipase A — vermutlich durch das entstehende Lysolecithin — imstande ist, die Koagulation von Eidotter zu hemmen[2,3]. Suspensionen von Eidotter in Pufferlösung von p_H 7 werden 2 Std bei 37° C mit dem Enzym inkubiert. Die Reagensgläser mit den Proben werden dann in kochendem Wasser erhitzt und die Zeit des Gerinnungseintritts gemessen. Die Hemmung der Eidotter-Koagulation soll mit der auf andere Weise gemessenen Enzymaktivität völlig parallel gehen. Obwohl dieses Verfahren den Vorteil großer Einfachheit hat, ist den Methoden mit besser durchschaubarem Reaktionsmechanismus der Vorzug zu geben.

Eine alte Methode von HUGHES[4], die sich durch besonders große Empfindlichkeit auszeichnet, beruht auf der Tatsache, daß die Oberflächenspannung von Lecithin und Lysolecithin sehr stark verschieden ist. Lecithin wird auf der Oberfläche einer Salzlösung als monomolekularer Film ausgespreitet. Bei Zugabe des Enzyms fällt die Oberflächenspannung des Films proportional zur Lysolecithin-Bildung ab. Für die Durchführung des Verfahrens wird allerdings ein relativ großer apparativer Aufwand benötigt.

HAYAISHI und KORNBERG[5] bestimmen das durch Phospholipase freigesetzte Lysolecithin mit Hilfe zweier anderer Enzyme, einer Phospholipase B und einer Glycerophosphorylcholin-Phosphodiesterase. Durch das Zusammenwirken dieser beiden Enzyme wird Cholin freigesetzt, das dann nach APPLETON u. Mitarb.[6] bestimmt wird. Die Methode zeichnet sich durch große Genauigkeit aus; die Herstellung der beiden Hilfsenzyme ist allerdings zeitraubend und recht schwierig. Auf eine Wiedergabe der Einzelheiten an dieser Stelle wird auch vor allem deshalb verzichtet, weil sich eine solche bereits in einem anderen Handbuch findet[7].

Die Messung der Phospholipase A-Aktivität durch Bestimmung der freigesetzten Fettsäure kann entweder titrimetrisch oder manometrisch erfolgen. Für die Titration muß eine Abtrennung erfolgen, was nach einem alten und recht zeitraubenden Verfahren von FRANCIOLI und ERCOLI[8] durch Filtration oder mit Hilfe organischer Lösungsmittel[9,10] erfolgen kann.

Am vorteilhaftesten dürfte aber allgemein die manometrische Bestimmung der Phospholipase A-Aktivität sein, welche von HABERMANN[11] zu einer exakten Methode ausgearbeitet wurde.

---

1 NEUMANN, W., u. E. HABERMANN: H. **296**, 166 (1954).
2 FLECKENSTEIN, A., u. B. FETTIG: Z. Naturforsch. **6** b, 212 (1951).
3 HABERMANN, E., u. W. NEUMANN: H. **297**, 180 (1954).
4 HUGHES, A.: Biochem. J. **29**, 437 (1935).
5 HAYAISHI, O., and A. KORNBERG: J. biol. Ch. **206**, 647 (1954).
6 APPLETON, H. D., B. N. LA DUE jr., B. B. LEVY, J. M. STEELE and B. B. BRODIE: J. biol. Ch. **205**, 803 (1953).
7 HAYAISHI, O.; in: Colowick-Kaplan, Meth. Enzymol., Bd. I, S. 660.
8 FRANCIOLI, M., and A. ERCOLI; in: Bamann-Myrbäck, Bd. II, S. 1685.
9 FAIRBAIRN, D.: J. biol. Ch. **157**, 633 (1945).
10 HABERMANN, E.: B. Z. **329**, 405 (1957).
11 HABERMANN, E.: B. Z. **328**, 474 (1957).

Manometrische Bestimmung von Phospholipase A nach HABERMANN[1].

Prinzip:

Die bei der Lecithinspaltung durch Phospholipase A freigesetzte Säure wirkt auf eine Hydrogencarbonatlösung ein; das dabei entstehende CO_2 wird im WARBURG-Apparat manometrisch bestimmt.

Reagentien:

1. Lecithinemulsion, 2%ig, in 0,85%iger NaCl-Lösung. Das Lecithin wird aus Eidotter chromatographisch gewonnen (vgl. dieses Handbuch, Bd. III, S. 922, Methode nach HANAHAN u. Mitarb.).
2. Tween 20, 12,5%ig.
3. 0,0033 m $CaCl_2$-Lösung.
4. 0,3 m $NaHCO_3$-Lösung.
5. N_2-CO_2-Gemisch (95:5).

Apparatur:

WARBURG-Apparatur mit einarmigen Standardgefäßen. Diese werden 30—60 min lang in heiße Chrom-Schwefelsäure eingelegt, dann zunächst mit Hilfe eines Scheuermittels (Vim) und dann mit destilliertem Wasser gründlich gewaschen. Nach dem Trocknen wird mit einem Siliconöl (Desicote der Fa. Beckman, Pasadena, Calif.) siliconisiert, mehrmals mit Leitungswasser und dann mit doppelt destilliertem Wasser gespült und darauf abermals getrocknet. Wenn das Glas durch mehrmaligen Gebrauch rauh und trübe wird, kann man mehrere Siliconfilme übereinanderlegen.

Ausführung:

Im Hauptgefäß befinden sich 1 ml der Lecithin-Emulsion, 1 ml Tween 20, 0,5 ml $CaCl_2$-Lösung und 0,5 ml $NaHCO_3$-Lösung. In den Seitenarm bringt man 0,3 ml Enzymlösung, deren Hydrogencarbonatkonzentration derjenigen des Hauptgefäßes entspricht. Wenn zur Aktivierung Albumin verwendet wird, so setzt man dieses (0,5%) der Enzymlösung zu. Die Kölbchen werden im Wasserbad bei 38° C mit einem N_2-CO_2-Gemisch durchströmt. Nach 15 min schließt man die Hähne und kippt den Inhalt des Seitenarmes zum Hauptgefäß. Man arbeitet mit einer Schüttelfrequenz von 110/min bei einer Versuchsdauer bis 60 min.

Bemerkungen. Die Methode hat den Vorteil der weitgehenden Reproduzierbarkeit, vorausgesetzt, daß die Gefäße entsprechend sorgfältig vorbehandelt wurden. Sie arbeitet mit definiertem Substrat und unter definierten Bedingungen. Die Empfindlichkeit ist sehr bedeutend: die Grenze der Nachweisbarkeit gereinigter Phospholipase liegt bei 0,01 μg/Ansatz. Die Methode erlaubt eine zeitliche Verfolgung der Enzymreaktion und auch die Bestimmung von solchen Inhibitoren und Aktivatoren der Reaktion, welche bei den anderen Methoden (Hämolyse-Verfahren) die Indicator-Reaktion stören. Ein gewisser Nachteil ist die begrenzte Genauigkeit, die allen manometrischen Verfahren eigen ist, und die umständliche Vorbereitung der Versuchsgefäße.

Einheit der Enzymaktivität. HABERMANN[1] bezeichnet als eine Einheit der Phospholipase A-Wirkung diejenige Menge Enzyms, welche die Spaltung von 3 μM Lecithin in 30 min unter Standardbedingungen katalysiert.

Phospholipase B.

Vorkommen. Phospholipase B findet sich im Pankreas[2–4], in der Leber, Niere, Milz, im Hirn und im Blut[5, 6], im Wespengift[7] sowie in zahlreichen pflanzlichen und mikrobiellen Materialien.

[1] HABERMANN, E.: B. Z. **328**, 474 (1957).
[2] BELFANTI, S.: Fisiol. e Med. **4**, 821 (1933).
[3] FAIRBAIRN, D.: J. biol. Ch. **173**, 705 (1948).
[4] SHAPIRO, B.: Biochem. J. **53**, 663 (1953).
[5] DAWSON, R. M. C.: Biochem. J. **64**, 192 (1956).
[6] FRANCIOLI, M.: Fermentforsch. **14**, 241 (1935).
[7] CONTARDI, A., u. P. LATZER: B. Z. **197**, 222 (1928).

Darstellung. Als Ausgangsmaterial zur Herstellung wirksamer Phospholipase B-Präparationen kann z. B. Pankreas dienen. Im folgenden wird die Vorschrift zur Herstellung einer gereinigten und sehr aktiven Präparation aus Pankreas nach SHAPIRO[1] wiedergegeben.

Darstellung von gereinigter Phospholipase B aus Pankreas nach SHAPIRO[1].

Ein Acetontrockenpulver aus Rinderpankreas wird zweimal mit kaltem Äther extrahiert und darauf im Exsiccator getrocknet. Das trockene Pulver läßt sich ohne Verlust an Aktivität einige Wochen lang im Kühlschrank aufbewahren. 10 g dieses Pulvers werden dann mit 75 ml 50%igem Glycerin durch Verreiben in einem Mörser 15 min lang bei Raumtemperatur extrahiert; darauf werden 75 ml 0,1%iger $NaHCO_3$-Lösung hinzugefügt und die Extraktion wird weitere 15 min lang fortgesetzt. Die so erhaltene Suspension wird dann 15 min lang bei 10000 U/min zentrifugiert. Man erhält 118 ml eines Glycerinextrakts, den man längere Zeit in der Kälte aufbewahren kann. Dieser Extrakt hat eine Totalaktivität von 650 Enzym-Einheiten und eine spezifische Aktivität von 0,15 Einheiten pro mg Protein. (Eine Enzym-Einheit wird hier als diejenige Enzymmenge definiert, welche bei 37° C und p_H 6,0 in 1 Std die Hydrolyse von 1 M Lysolecithin katalysiert.)

110 ml des Glycerinextrakts werden mit 440 ml Wasser verdünnt, worauf man unter Rühren 1 n Essigsäure hinzusetzt, bis p_H 5,0 erreicht ist. Dabei bildet sich ein Niederschlag, welcher durch Zentrifugieren abgetrennt und darauf in 100 ml 0,04 m Phosphatpuffer vom p_H 6,0 suspendiert wird.

Diese Suspension wird 15 min lang gerührt, worauf man das bis dahin ungelöste Material durch Zentrifugieren abtrennt und verwirft. Die Lösung wird in Eis gekühlt; dann setzt man innerhalb 30 min unter ständigem Rühren in kleinen Portionen 35 g $(NH_4)_2SO_4$ pro 100 ml Lösung hinzu. Der entstehende Niederschlag wird in der Kälte abzentrifugiert und in 30 ml Wasser gelöst. Wegen der sehr geringen Beständigkeit des Enzyms in wäßriger Lösung soll sofort weitergearbeitet werden.

Die Lösung wird nun 1 Std lang unter ständigem Rühren gegen eiskaltes destilliertes Wasser dialysiert. Die dialysierte Lösung wird mit Wasser auf 80 ml verdünnt, worauf man den p_H-Wert durch Zugabe von Essigsäure auf 5,0 bringt. Nach Abzentrifugieren des Niederschlags wird dieser verworfen; die klare überstehende Lösung wird mit Eis gekühlt und einer fraktionierten Fällung mit Ammoniumsulfat [Zugabe von 20 g $(NH_4)_2SO_4$ pro 100 ml Lösung unter mechanischem Rühren] unterzogen. Der entstehende Niederschlag wird wiederum verworfen und zu der überstehenden Lösung nochmals 5 g Ammoniumsulfat pro 100 ml hinzugesetzt. Der nunmehr sich bildende Niederschlag enthält die größte Menge des Enzyms und weist eine hohe spezifische Aktivität auf (240 Enzym-Einheiten; spezifische Aktivität 1,4 Einheiten pro mg Protein). Durch Zugabe von weiteren 3 g Ammoniumsulfat zu je 100 ml der überstehenden Lösung erhält man eine Fällung von weiterem aktiven Material; es werden wohl kleinere Mengen erhalten, doch die Aktivität beträgt 200 Enzym-Einheiten und die spezifische Aktivität 4,0 Einheiten pro mg Protein.

In geringerer Ausbeute kann ein besonders aktives Material kristallin erhalten werden, wenn man die nach Zugabe von 25 g Ammoniumsulfat pro 100 ml erhaltene überstehende Lösung auf 25° C erwärmt und 24 Std bei dieser Temperatur stehenläßt. Dabei scheiden sich Kristalle aus, welche eine spezifische Aktivität von 6,5 Einheiten pro mg Protein aufweisen. Diese Aktivität bleibt auch bei mehrfacher Rekristallisation unverändert.

Man kann also mit Hilfe der hier beschriebenen Reinigungsschritte eine etwa 25fache Anreicherung des Enzyms mit der beträchtlichen Ausbeute von 30—35% erhalten. Die weitergehende Reinigung durch Kristallisation bedeutet eine Anreicherung auf die etwa 45fache Aktivität; die Ausbeute ist hier allerdings sehr gering.

[1] SHAPIRO, B.: Biochem. J. **53**, 663 (1953).

Eigenschaften. Die p_H-Optima der Wirkung von Phospholipasen B variieren je nach dem Ausgangsmaterial zwischen 3,8 und 6,0. Das Optimum des Pankreasenzyms, dessen Herstellung oben beschrieben wurde, liegt bei p_H 6,0. Die Hitzestabilität der Phospholipasen B ist wesentlich geringer als diejenige der Phospholipasen A. Die Stabilität hochgereinigter Präparationen des Pankreasenzyms kann durch Zusatz von Glycerin erhöht werden.

Eine Enzympräparation aus *Penicillium notatum* wird in ihrer Wirksamkeit durch Palmitinsäure, ein präsumptives Reaktionsprodukt, gehemmt[1]; es wurde bisher noch nicht untersucht, ob dasselbe für das Pankreasenzym oder das Leberenzym zutrifft. Das Pankreasenzym wird in seiner Aktivität weder durch Calcium-, Magnesium- und Kaliumionen noch durch Cystein beeinflußt.

Bestimmungsmethoden. Lysolecithin + H_2O → α-Glycerophosphorylcholin + Fettsäure.

Die Bestimmung der Phospholipase B-Aktivität kann sowohl durch Messung der Abnahme des Lysolecithins als auch durch Messung des entstehenden Glycerophosphorylcholins erfolgen.

Zur Bestimmung des ungespaltenen Lysolecithins kann man wiederum den Hämolyse-Test (vgl. S. 910) verwenden; eine neuere Methode wurde von SHAPIRO[2] ausgearbeitet, der sich zur Bestimmung des vorhandenen Acylester-Gehalts einer colorimetrischen Hydroxamsäuremessung bedient.

Das entstandene α-Glycerophosphorylcholin wird nach enzymatischer oder saurer Hydrolyse als Cholin bestimmt.

Bestimmung der Phospholipase B-Aktivität nach SHAPIRO[2].

Prinzip:

Die Methode beruht auf einer Bestimmung des mit Säure aus Glycerophosphorylcholin freigesetzten Cholins. Hierbei wird das Cholin nach ROMAN[3] mit Jod gefällt und dann gegen Natriumthiosulfat titriert. Die Bestimmung des mit Jod gefällten Cholins kann auch nach APPLETON u. Mitarb.[4] spektrophotometrisch bei 365 mμ vorgenommen werden.

Reagentien:

1. Lysolecithin. Dieses kann durch Behandlung von Lecithin mit einer Phospholipase A (z.B. aus *Crotalus*-Gift, das nicht weiter gereinigt werden muß) hergestellt werden. Die wachsartige Masse, welche man dabei erhält, löst sich bei 37° C leicht in Wasser, fällt aber in der Kälte aus. Durch Erwärmen kann das Lysolecithin wieder in Lösung gebracht werden.
2. Phosphatpuffer, p_H 6,0.
3. Glycerin.
4. Serumalbumin-Lösung, 5%ig.
5. Trichloressigsäure, 5%ig (5 g/100 ml).
6. 10 n HCl.
7. Phenolphthalein-Lösung, 0,1%ig.
8. NH_3, konzentriert.
9. 1 n Essigsäure.
10. Jodreagens: 157 g J und 200 g KJ in 1 l Wasser.
11. Chloroform.
12. 0,005 n gestellte $Na_2S_2O_3$-Lösung.

---

[1] FAIRBAIRN, D.: J. biol. Ch. **173**, 705 (1948).
[2] SHAPIRO, B.: Biochem. J. **53**, 663 (1953).
[3] ROMAN, W.: B. Z. **219**, 218 (1930).
[4] APPLETON, H. D., B. N. LADU jr., B. B. LEVY, J. M. STEELE and B. B. BRODIE: J. biol. Ch. **205**, 803 (1953).

Ausführung:

1 ml der zu prüfenden Lösung enthält 5 μM Lysolecithin, 40 μM Phosphatpuffer, p_H 6,0, und wechselnde Mengen der Enzymlösung. Bei Verwendung hochgereinigter Enzymlösungen ist es notwendig, Glycerin bis zu einer Konzentration von 25 Vol.-% zuzusetzen, um die sonst stattfindende rasche Inaktivierung zu verhindern. Die Mischungen werden bei 37° C inkubiert, wobei vermieden werden soll, daß die enzymatische Hydrolyse des eingesetzten Lysolecithins 40% überschreitet.

Zur Bestimmung des entstandenen Glycerophosphorylcholins setzt man zur Reaktionsmischung 0,1 ml einer 5%igen Serumalbuminlösung und 4 ml 5%ige Trichloressigsäure hinzu, wodurch die Eiweißstoffe und das Lysolecithin ausgefällt werden. Nach Entfernung des Niederschlags durch Zentrifugieren pipettiert man je 2 ml der überstehenden Lösung in 15 ml-Zentrifugenröhrchen, setzt 0,2 ml 10 n HCl hinzu und erhitzt die Röhrchen 20 min lang im kochenden Wasserbad. Durch diese Behandlung wird das Cholin aus Glycerylphosphorylcholin freigesetzt, während Phosphorylcholin nicht angegriffen wird. Nach Abkühlen setzt man einen Tropfen 0,1%ige Phenolphthaleinlösung hinzu, worauf so lange konzentrierte NH_3-Lösung zugegeben wird, bis eine deutliche Rotfärbung erscheint. Hierauf setzt man so lange 1 n Essigsäure zu, bis die Rotfärbung gerade verschwindet. Die Lösung wird nunmehr in einem Eisbad gekühlt und darauf 0,8 ml Jodreagens hinzugegeben. Die Röhrchen werden gut durchmischt und 10 min lang im Eisbad stehengelassen. Dann zentrifugiert man 10 min lang bei 2500 U/min, dekantiert sorgfältig die überstehende Flüssigkeit und wäscht den Niederschlag mehrmals mit eiskaltem Wasser nach. Der gewaschene Niederschlag wird schließlich in 2 ml Chloroform aufgelöst und unter kräftigem Schütteln mit 0,005 n Natriumthiosulfatlösung titriert. 1 ml der Natriumthiosulfatlösung entspricht 0,55 μM Cholin.

Hayaishi und Kornberg[1] bestimmen die Phospholipase B-Aktivität dadurch, daß sie auf das entstehende Glycerophosphorylcholin eine spezifische Glycerophosphorylcholin-Phosphodiesterase einwirken lassen und das durch die kombinierte Wirkung beider Enzyme gebildete Cholin mit einer Mikromethode[2] messen. Das Verfahren ergibt sehr genaue Resultate; sein Nachteil liegt darin, daß das Hilfsenzym schwer herstellbar ist. Die Methode ist in einem Handbuchartikel[3] beschrieben.

Fairbairn[4] trennt das nichthydrolysierte Lysolecithin durch Ausfällen mit kolloidem Eisen-magnesiumsulfat ab und analysiert den gesamten Niederschlag auf Phosphat.

D. Sterinester-Hydrolase.

[3.1.1.13 Sterinester-Hydrolase.]

(Cholesterinesterase.)

Allgemeines. Unter der Bezeichnung Cholesterinesterase versteht man ein Enzym, welches Fettsäure-Ester des Cholesterins hydrolytisch spaltet, bzw. die umgekehrte Reaktion, die Synthese derartiger Ester aus Cholesterin und den freien Fettsäuren katalysieren kann. Cholesterinester höherer Fettsäuren kommen neben freiem Cholesterin im Blut und in verschiedenen Organen des tierischen und menschlichen Organismus vor (vgl. Bd. III/2, S. 1391 dieses Handbuchs).

Obwohl eine ziemlich weitgehende Konzentrierung eines Enzyms dieser Aktivität bereits gelungen ist, ist die Frage, ob es sich tatsächlich um ein eigenes Enzym handelt, noch durchaus nicht geklärt. Für den Fall der Cholesterinesterase des Pankreas wird

---

[1] Hayaishi, O., and A. Kornberg: J. biol. Ch. **206**, 647 (1954).
[2] Appleton, H. D., B. N. La Due jr., B. B. Levy, J. M. Steele and B. B. Brodie: J. biol. Ch. **205**, 803 (1953).
[3] Hayaishi, O.; in: Colowick-Kaplan, Meth. Enzymol., Bd. I, 660.
[4] Fairbairn, D.: J. biol. Ch. **173**, 705 (1948).

von einer Seite postuliert, daß das Enzym mit der Pankreas-Lipase identisch ist[1], während andere eine Gleichsetzung mit der Pankreas-Esterase I vornehmen[2].

Auch in einer anderen Hinsicht nimmt der Typus der Cholesterinesterasen eine Sonderstellung ein. Auf Grund der Tatsache, daß alle bisher untersuchten Präparationen solcher Enzyme sowohl eine hydrolysierende Wirkung auf Cholesterinester zeigen, als auch imstande sind, solche aus Cholesterin und freien Fettsäuren zu synthetisieren, wobei beide Prozesse in etwa der gleichen Größenordnung vor sich gehen, wird vielfach angenommen, daß die Synthese der Cholesterinester auch *in vivo* durch diese Enzyme katalysiert wird. Dies steht in einem deutlichen Gegensatz zu den Verhältnissen bei fast allen anderen Esterasen, denen man allgemein als biologische Funktion ausschließlich die Hydrolyse ihrer Substrate zuschreibt, während deren Synthese, wie in vielen Fällen experimentell bewiesen wurde, durch andere Enzyme bzw. Enzymsysteme bewirkt wird.

Vorkommen. Cholesterinesterasen konnten bisher in folgenden tierischen Materialien nachgewiesen werden: Pankreasdrüse, Darmschleimhaut, Leber, Niere, Milz und Blutserum; es bestehen deutliche Artunterschiede: ein derartiges Enzym konnte z.B. im Serum des Hundes nachgewiesen werden, während es sich nicht im Serum der Ratte, des Kaninchens, des Meerschweinchens und des Menschen findet[3]. Die bestenfalls als semiquantitativ zu bezeichnenden Daten der verschiedenen Untersucher machen einen Vergleich über die Menge des Enzyms in den verschiedenen Organen unmöglich.

Auch in verschiedenen Bakterienarten (*Eberthella typhosa*, *Serratia marcescens*, *Proteus vulgaris* und *Micrococcus aureus*) konnten Enzyme nachgewiesen werden, welche Cholesterinester hydrolysieren[4]. Dies ist auch für die Untersuchung tierischen Materials auf Enzyme dieser Spezifität nicht ohne Bedeutung, da unter Umständen eine gefundene Aktivität auf eine bakterielle Verunreinigung zurückzuführen sein könnte.

Darstellung. Die folgende Methode führt zur Zeit wohl zu den am weitesten gereinigten Präparationen einer Cholesterinesterase.

***Darstellung von Cholesterinesterase aus Schweinepankreas nach* Hernandez *und* Chaikoff**[5].

40 g Aceton-Trockenpulver aus Schweinepankreas werden mehrmals mit 100 ml-Portionen einer 0,154 m Phosphatpufferlösung (p_H 6,15) extrahiert, wobei man etwa 500 ml einer trüben Lösung erhält. Jede einzelne Fraktion wird durch Zentrifugieren mit 3000 U/min und Filtrieren durch *Whatman No. 41* von den Trübungen befreit. Alle diese Operationen werden bei Zimmertemperatur vorgenommen.

Zu 500 ml der so erhaltenen klaren Extrakte werden bei Zimmertemperatur 110 g festes Ammoniumsulfat hinzugegeben. Der dabei entstehende Niederschlag wird durch Zentrifugieren bei 10000 U/min durch 10 min abgetrennt und verworfen. Die Verfasser der Vorschrift bemerken hier, daß dieser Niederschlag wohl beträchtliche Aktivität enthält, aber von ihnen nicht weiter gereinigt werden konnte.

Zu der nach dem letzten Zentrifugieren erhaltenen überstehenden Lösung werden wiederum bei Zimmertemperatur weitere 100 g festes Ammoniumsulfat hinzugegeben und der sich bildende Niederschlag auf gleiche Weise durch Zentrifugieren abgetrennt. Er wird dann in eiskalter 0,154 m Phosphatpufferlösung, p_H 6,15, gelöst und zuerst 24 Std bei 0° C gegen laufendes destilliertes Wasser und darauf weitere 24 Std gegen glasdestilliertes Wasser, das häufig gewechselt wird, dialysiert. Dabei bildet sich im Dialysierschlauch ein weißer Niederschlag, welcher durch Zentrifugieren abgetrennt und wiederum in eiskalter Phosphatpufferlösung der bisherigen Zusammensetzung gelöst

[1] Swell, L., R. E. Daily, H. Field jr. and C. R. Treadwell: Arch. Biochem. **59**, 393 (1955).
[2] Fodor, P. J.: Arch. Biochem. **26**, 331 (1950).
[3] Swell, L., and C. R. Treadwell: J. biol. Ch. **185**, 349 (1950).
[4] Imazumi, M.: J. Biochem. **27**, 227 (1938).
[5] Hernandez, H. H., and I. L. Chaikoff: J. biol. Ch. **228**, 447 (1957).

wird. Die leicht gelblichen Lösungen, welche aus zehn derartigen Präparationen erhalten werden, werden vereinigt und mit der gleichen Phosphatpufferlösung auf 100 ml aufgefüllt.

Zu dieser eisgekühlten Lösung werden unter Rühren innerhalb von 5 min 33 ml eiskaltes, redestilliertes 95%iges Äthanol hinzugegeben, wobei man die Temperatur bis auf 10° C ansteigen läßt, wodurch inaktives Protein denaturiert wird. Darauf wird die Lösung wieder auf 0° C abgekühlt, der Niederschlag durch Zentrifugieren entfernt und verworfen. Zur Entfernung des Äthanols wird die überstehende Lösung 24 Std gegen destilliertes Wasser bei 0° C dialysiert. Das Volumen des Dialysats wird mit destilliertem Wasser auf 225 ml aufgefüllt.

Das so erhaltene Dialysat wird nunmehr sorgfältig mit 0,1 n HCl auf p_H 5,0 gebracht und dann pro 100 ml der Lösung 25 g festes Ammoniumsulfat hinzugesetzt. Dann zentrifugiert man die Mischung und verwirft den Niederschlag. (Obwohl die Autoren keine Angaben darüber machen, dürfte es sich empfehlen, diesen und die folgenden Reinigungsschritte durchwegs im Kühlraum durchzuführen.)

Zu der klaren überstehenden Lösung werden darauf zuerst 5 g Cellulosepulver (*Whatman*) und dann 5 g festes Ammoniumsulfat pro 100 ml der Lösung hinzugegeben, wodurch die Ammoniumsulfatkonzentration auf 30 g pro 100 ml erhöht wird. Die Mischung wird zentrifugiert und die überstehende Lösung verworfen. Der Cellulose-Protein-Niederschlag wird in einer Lösung von 35 g Ammoniumsulfat in 100 ml Wasser suspendiert. Es wird eine Chromatographiesäule von 15 mm Durchmesser vorbereitet, welche 2 cm Cellulosepulver am Grunde enthält. Oberhalb dieser Säule befinden sich zwei miteinander verbundene Gefäße, von denen das niedrigere eine Lösung von 70 g Ammoniumsulfat in 200 ml Wasser und das höhere eine Lösung von 100 g Ammoniumsulfat in 500 ml Wasser enthalten. Die Suspension wird auf die Säule gebracht und durch Zufließenlassen aus dem niedrigeren Gefäß eluiert. Da die schwächere Konzentration des höheren Gefäßes dauernd in das niedrigere Gefäß tropft, entsteht ein ständiger Konzentrationsgradient.

Mit Hilfe eines Fraktionssammlers werden Fraktionen von 15 ml erhalten, welche man einzeln auf ihren Proteingehalt untersucht. Die beobachteten Proteinmaxima werden auf ihre Cholesterinesterase-Aktivität geprüft. Nach Angabe der Autoren enthält das zeitlich als drittes erscheinende Proteinmaximum die höchste Enzymaktivität. Die Lösung dieser Fraktionen wird nunmehr mit mehr Ammoniumsulfat (5 g pro 100 ml) behandelt, das dabei ausfallende Protein durch Zentrifugieren abgetrennt und in destilliertem Wasser gelöst.

Die so erhaltene Präparation zeigt gegenüber dem Ausgangsmaterial eine auf das 400-fache erhöhte spezifische Aktivität, erweist sich aber bei der Untersuchung in der Ultrazentrifuge nicht als einheitlich.

Vermutliche Identität der hydrolysierenden und synthetisierenden Enzyme. Fast alle bisherigen Untersucher der Cholesterinesterase stimmen damit überein, daß dasselbe Enzym sowohl die Hydrolyse der Cholesterinester als auch deren Synthese in vergleichbarer Größenordnung synthetisiert. Im Verlauf der oben beschriebenen Reinigungsschritte studierten HERNANDEZ und CHAIKOFF[1] auch dieses Problem, indem sie die Produkte der einzelnen Reinigungsstufen sowohl auf ihre Aktivität zur Hydrolyse von Cholesterinestern als auch auf ihre Fähigkeit diese zu synthetisieren, prüften. Die Ergebnisse zeigen, daß das Verhältnis der beiden Aktivitäten während der verschiedenen Reinigungsschritte konstant bleibt (Tabelle 2). Gleichartige Resultate werden auch von KORZENOVSKY u. Mitarb.[2] berichtet. Dies läßt, obwohl der Befund etwas außergewöhnlich ist, darauf schließen, daß tatsächlich beide Aktivitäten einem einzigen Enzymprotein zuzuschreiben sind.

[1] HERNANDEZ, H. H., and I. L. CHAIKOFF: J. biol. Ch. **228**, 447 (1957).
[2] KORZENOVSKY, M., A. C. RUST and E. R. DILLER: Fed. Proc. **14**, 239 (1955).

Verständlicherweise sind die Bedingungen für die beiden Wirkungen verschieden; dies gilt vor allem für die p_H-Optima. Für die Hydrolyse von Cholesteryloleat geben KORZENOVSKY u. Mitarb.[1] als p_H-Optimum 7,0 an; nach denselben Autoren erfolgt die Synthese dieser Substanz optimal bei p_H 6,1. Andere Autoren berichten ähnliche Werte.

Tabelle 1. *Reinigung der Cholesterinesterase ausgehend von 400 g Aceton-Trockenpulver aus Schweinepankreas.*

Fraktion	Volumen ml	Spezifische Aktivität (Einheiten pro mg Protein)	Protein mg	Gesamt-Aktivität Einheiten	Ausbeute in bezug auf Ausgangsmaterial %
Suspension des Aceton-Trockenpulvers	500*	0,20	400000	80000	(190)
Phosphatextrakt	500	0,50	96000	48000	60
1. Ammoniumsulfat-Niederschlag (verworfen)	100	6,4	3800	24000	30
2. Ammoniumsulfat-Niederschlag	100	7,8	1200	9600	11
Überstehende Lösung nach Äthanolbehandlung	225	25	330	8200	10
Überstehende Lösung nach 3. Ammoniumsulfat-Behandlung	225	44	85	3700	4,6
3. Proteinmaximum der fraktionierten Elution	2	89	6	550	0,7

* Die Präparation wurde zehnmal mit 40g-Portionen Aceton-Trockenpulver bis zur zweiten Ammoniumsulfatfällung durchgeführt und die erhaltenen Lösungen dann vereinigt.

Spezifität der Cholesterinesterase. Fast alle Angaben über die Spezifität dieses Enzyms wurden mit demjenigen aus Pankreas erarbeitet; es ist durchaus möglich, daß Cholesterinesterase-Präparationen aus anderen Materialien andere Spezifitätsverhältnisse aufweisen.

Tabelle 2. *Relative synthetische und hydrolytische Aktivitäten verschiedener während der Reinigung der Cholesterinesterase aus Pankreas erhaltener Fraktionen.*

Fraktion	Synthese von Cholesteryloleat (spezifische Aktivität)	Hydrolyse von Cholesterylbutyrat (spezifische Aktivität)	spezifische Aktivität Synthese / spezifische Aktivität Hydrolyse
Suspension des Aceton-Trockenpulvers	0,22	0,10	2,2
Überstehende Lösung nach Äthanol-Behandlung	25	11	2,3
3. Proteinmaximum der fraktionierten Elution	89	42	2,2

Das Enzym verestert langkettige Fettsäuren leichter als solche mit kurzen Ketten[2,3]; unter den langkettigen werden solche mit Doppelbindungen wie Ölsäure und Linolsäure am schnellsten verestert[4]. Kettenverzweigungen in den Fettsäuren verhindern besonders dann, wenn die Verzweigung nahe der Carboxylgruppe liegt, die Veresterung fast vollständig[2,5]. Im Gegensatz zu den Verhältnissen bei der Synthese werden die Ester

[1] KORZENOVSKY, M., E. R. DILLER, A. C. MARSHALL and B. M. AUDA: Biochem. J. 76, 238 (1960).
[2] SWELL, L., and C. R. TREADWELL: J. biol. Ch. 212, 141 (1955).
[3] SWELL, L., H. FIELD jr. and C. R. TREADWELL: Proc. Soc. exp. Biol. Med. 87, 216 (1954).
[4] HERNANDEZ, H. H., and I. L. CHAIKOFF: J. biol. Ch. 228, 447 (1957).
[5] STERN, H. S., and C. R. TREADWELL: Proc. Soc. exp. Biol. Med. 97, 579 (1958).

kurzkettiger Fettsäuren schneller hydrolysiert als diejenigen von langkettigen Fettsäuren.

Was die Sterinkomponente betrifft, wird berichtet, daß die Hydroxylgruppe am Kohlenstoffatom 3 in β-Stellung sein muß und daß außerdem eine A/B-*trans*-Dekalinkonfiguration des Sterins für die Veresterung erforderlich ist[1]. Der Phenanthrenteil des Sterins muß intakt sein. Demgemäß sind außer Cholesterin auch Cholestanol, β-Sitosterin und β-Sitostanol geeignete Substrate für die Veresterung, während die entsprechenden *epi*-Verbindungen nicht oder nur in einem sehr geringen Ausmaß verestert werden.

Aktivatoren und Inhibitoren. Cholesterinesterase benötigt für ihre volle Wirkung die Anwesenheit von Gallensäuren und auch hier ist eine ziemlich strenge Spezifität zu beobachten, da Cholsäure[1] bzw. deren Konjugat Taurocholsäure[2] am stärksten aktivieren, während andere Gallensäuren weitaus geringere Effekte hervorrufen. Künstliche Emulgatoren vom Typus der Tweens können die Gallensäuren nicht ersetzen, sondern wirken sogar als Hemmkörper[2].

Daneben fördert auch die Anwesenheit von Albumin sowie ein entsprechendes Ionenmilieu (vor allem einwertige Ionen) deutlich sowohl die hydrolysierende als auch die esterifizierende Wirkung der Cholesterinesterasen[1].

Unter den zweiwertigen Metallionen zeigen Mg^{++}, Mn^{++}, Fe^{++} und Co^{++} eine schwach aktivierende Wirkung auf die Syntheseaktivität des Enzyms, während Cu^{++}, Zn^{++} und Hg^{++} hemmen. Ebenfalls als Inhibitor wirkt p-Chlormercuribenzoat, welcher Effekt durch Glutathion zumindest teilweise aufgehoben wird. Glutathion oder Cystein allein haben kaum eine Wirkung auf die Reaktion; trotzdem nehmen HERNANDEZ und CHAIKOFF[2] an, daß freie Sulfhydrylgruppen für die Enzymwirkung von Bedeutung sind.

Nach ARRIGO und MONTINI[3] hemmt 2-Methylnaphthochinon die synthetisierende Wirkung des Enzyms, hat aber auf die Hydrolyse keinen Einfluß.

Bestimmung. Obwohl bereits zahlreiche Methoden zur Bestimmung der Cholesterinesterase-Wirkung beschrieben sind, ist erst vor wenigen Jahren durch Einführung der Manometrie ein Verfahren ausgearbeitet worden[1], das sowohl den Ansprüchen auf rasche Durchführbarkeit als auch denjenigen auf Genauigkeit voll entspricht. Ältere Verfahren, wie z.B. das colorimetrische von SPERRY und WEBB[4], litten entweder darunter, daß ihre Durchführung sehr zeitraubend war, oder — wie das bei der turbidimetrischen Methode von HERNANDEZ und CHAIKOFF[2] der Fall ist — unter geringer Genauigkeit.

Wir geben im folgenden die Beschreibung der manometrischen Bestimmungsmethode wieder.

***Manometrische Bestimmung der Cholesterinesterase-Aktivität nach* KORZENOVSKY *u. Mitarb.*[1].**

Prinzip:

Die Methode beruht darauf, daß pro Mol durch das Enzym hydrolysiertem oder synthetisiertem Ester ein Mol CO_2 von einer Bicarbonatlösung abgegeben bzw. aufgenommen wird.

Substratgemische:

1. Substrat für Synthese-Versuche. Das Substrat für Esterifizierungsversuche besteht aus einer Mischung von Sterin, Fettsäure (meist als Lithiumsalz) und Gallensäure.

---

[1] KORZENOVSKY, M., E. R. DILLER, A. C. MARSHALL and B. M. AUDA: Biochem. J. **76**, 238 (1960).
[2] HERNANDEZ, H. H., and I. L. CHAIKOFF: J. biol. Ch. **228**, 447 (1957).
[3] ARRIGO, L., e T. MONTINI: Boll. Soc. ital. Biol. sperim. **28**, 809 (1952).
[4] SPERRY, W. M., and M. WEBB: J. biol. Ch. **187**, 97 (1950).

Entsprechende Mengen dieser Substanzen werden mit der notwendigen Menge Wasser in einem Kolben vermischt. Zu der Mischung wird etwa die Hälfte des Volumens Äthyläther hinzugegeben und der Kolben so lange geschüttelt, bis nur mehr eine Phase vorliegt. Der Äther wird dann unter sanftem Rühren und Erhitzen am Wasserbad entfernt, wobei die Temperatur 50° C nicht übersteigen darf. Die Mischung wird dann mit 0,1 m H_2SO_4 auf p_H 6,5—6,6 eingestellt und auf das gewünschte Volumen aufgefüllt. Dann wird wieder Äther hinzugegeben und so lange geschüttelt, bis nur mehr eine Phase vorhanden ist. Darauf wird der Äther, wie bereits geschildert, wiederum entfernt.

Obwohl das Substratgemisch für die Syntheseversuche nach dieser Vorschrift praktisch in jeder Konzentration hergestellt werden kann, wenn nur die korrekten molaren Verhältnisse der Bestandteile eingehalten werden, geben die Autoren folgende Daten zur Herstellung eines Standard-Substratgemischs für die Bildung von Cholesteryloleat: 0,04 m Cholesterin, 0,12 m Lithiumoleat und 0,02 m Cholsäure; 0,8 ml eines solchen Gemischs wurden bei jedem Ansatz verwendet. Die schließlich in jedem Versuchsansatz angewandten Mengen in 2,2 ml waren: 0,014 m $NaHCO_3$, 0,09 m NaCl oder 0,045 m $(NH_4)_2SO_4$, 0,0145 m Cholesterin, 0,044 m Lithiumoleat und 0,0073 m Cholsäure. Das Volumen soll 2,2 ml nicht übersteigen, damit ein kompletter Gasaustausch möglich ist. Nach 30 min Behandlung mit CO_2 zeigt die komplette Reaktionsmischung ein p_H von 6,1—6,2.

2. *Substratgemisch für Hydrolyseversuche.* Die Bestandteile des Versuchsansatzes für den Hydrolyseversuch, Cholesterinester, Gallensäure und Lithiumoleat, werden in einer entsprechenden Menge einer 0,67 %igen Lösung von kristallisiertem Rinderalbumin suspendiert. Die Mischung wird mit dem halben Volumen an Äther versetzt und geschüttelt, bis nur mehr eine Phase vorliegt. Nach Entfernen des Äthers durch mildes Erhitzen wird der p_H auf 6,9—7,0 eingestellt und auf das gewünschte Volumen mit Albuminlösung aufgefüllt. Dann verfährt man, wie oben bei der Herstellung des Substratgemischs für den Syntheseversuch beschrieben wurde.

Das Standard-Substratgemisch für die Hydrolyseversuche besteht aus 0,07 m Cholesteryloleat, 0,014 m Cholsäure und 0,035 m Lithiumoleat emulgiert in Albuminlösung. Das molare Verhältnis der beiden erstgenannten Bestandteile soll 5:1 sein. Die angegebenen Konzentrationen für Lithiumoleat und Albumin sind Minimalwerte, die ohne weiteres überschritten werden dürfen. In einem Standardansatz befinden sich die folgenden Bestandteile, welche in der angegebenen Reihenfolge zugegeben werden müssen, um den Dispersitätsgrad der Emulsion nicht zu zerstören: 0,8 ml der Substratemulsion, genügend Wasser um ein Endvolumen von 2,2 ml zu erreichen, $NaHCO_3$, auf p_H 7,0 eingestelltes $(NH_4)_2SO_4$ und das Enzympräparat. Die schließlich in jedem Versuchsansatz angewandten Mengen in 2,2 ml Volumen sind: 0,18 m $NaHCO_3$, 0,72 m $(NH_4)_2SO_4$, 0,025 m Cholesteryloleat, 0,0015 m Cholsäure, 0,0127 m Lithiumoleat und 0,24 % Albumin. Nach Behandlung mit CO_2 zeigt die komplette Reaktionsmischung ein p_H von 6,9 bis 7,0.

Ausführung der Bestimmung:

Die Reaktionen werden in WARBURG-Gefäßen mit einem Arm und einem Volumen von etwa 16 ml bei 37° C durchgeführt. Die Enzymlösung wird in den Seitenarm gegeben, während das geschilderte Substratgemisch in den Hauptteil eingefüllt wird. Nach Behandlung mit 100 %igem CO_2 und nach Temperaturausgleich wird die Reaktion durch Überführen des Enzyms in den Hauptteil gestartet. Die erste Ablesung wird nach 3—6 min durchgeführt; man läßt dann die Reaktion unter häufigem Ablesen noch weitere 30 min laufen. Die Ergebnisse können in μl CO_2 ausgedrückt werden. Die Absorption von Gas wird durch ein Minuszeichen bezeichnet und weist auf stattfindende Estersynthese hin. Wenn eine Hydrolyse erfolgt, wird Gas abgegeben, was man bei der Niederschrift der Resultate mit einem Pluszeichen bezeichnet.

Cholinesterasen.

[3.1.1.7 Acetylcholin-acetylhydrolase.]

[3.1.1.8 Acylcholin-acylhydrolase.]

Von

Wolfgang Hardegg*.

Definition. Als Cholinesterasen (ChE)** werden verschiedene mehr oder minder nahe verwandte Carboxylesterhydrolasen bezeichnet, die 1. Cholinester mit höherer Geschwindigkeit als andere Ester spalten und die 2. durch Eserin spezifisch gehemmt werden. Es hat sich eingebürgert, als ChE nur solche Enzyme zu bezeichnen, die durch eine Eserinkonzentration von 10^{-5} m sehr stark oder völlig gehemmt werden***. Ausnahmen kommen vor. Eine eindeutige Definition ist deshalb unmöglich, da fließende Übergänge zu anderen Hydrolasen vorkommen.

Typen der Cholinesterasen. Der Name ,,Cholinesterase" wurde zuerst von STEDMAN[1] in die Literatur eingeführt. Seit den Untersuchungen von ALLES und HAWES[2] über die ChE im Blut von Menschen werden zwei Haupttypen unterschieden, die in der Folgezeit verschiedene Bezeichnungen erhielten[3]:

	Gruppe I	*Gruppe II*
	echte ChE[4]	Pseudo-ChE[4]
	e-Typ[5]	s-Typ[5]
	spezifische ChE[6]	unspezifische ChE[7]
	Acetylcholinesterase[8]	Cholinesterase[8]
	Aceto-ChE[9]	Butyro-ChE[9]
	Typ I[10]	Typ II[10]
	α-ChE[11]	β-ChE[11]
systematischer Name nach[12]		
	Acetylcholin-acetylhydrolase [3.1.1.7]	Acylcholin-acylhydrolase [3.1.1.8]
Trivialname nach[12]		
	Acetylcholinesterase	Cholinesterase

* Physiologisches Institut, Universität Heidelberg.

** Seit den Untersuchungen von DALE (1914) und LOEWI (1926) sind mehr als 5000 Arbeiten über Cholinesterasen erschienen. An dieser Stelle kann daher nur eine Auswahl von Veröffentlichungen, besonders neueren Datums, berücksichtigt werden. Bezüglich älterer — teilweise nicht weniger wichtiger — Arbeiten muß auf frühere Zusammenfassungen und auf die hier zitierten Arbeiten verwiesen werden.

*** Bei der Prüfung muß Eserin vor dem Substratzusatz mindestens 30 min mit dem Enzympräparat inkubiert werden.

Zusammenfassende Literatur: AMMON, R.: Ergebn. Enzymforsch. **4**, 102 (1935); **9**, 35 (1943). — Handb. Enzymol. (NORD-WEIDENHAGEN) Bd. I, S. 394 (1940). — Bamann-Myrbäck Bd. II, S. 1585. — AUGUSTINSSON, K.-B.: Acta physiol. scand. **15**, Suppl. **52** (1948). Sumner-Myrbäck, Enzymes, Vol. I/1, S. 443. Meth. biochem. Analysis **5**, 1 (1957). Boyer-Lardy-Myrbäck, Enzymes, 2. Ed., Vol. IV, S. 521. — BERGMANN, F.: Adv. Catalysis **10**, 130 (1958). — BODANSKY, O.: Ann. N.Y. Acad. Sci. **47**, 521 (1946). — DAVIES, D. R.: J. Pharmacy Pharmacol. **6**, 1 (1954). — DAVIES, D. R., and A. L. GREEN: Adv. Enzymol. **20**, 283 (1958). — GEREBTZOFF, M. A.: Cholinesterases, Int. Ser. of Monographs on Pure and Applied Biology. London, New York, Paris, Los Angeles 1959. — KOELLE, G. B. (Ed.), in: Handb. Heffter, Bd. XV. 1963. — LEVY, J.: J. Physiol., Paris **39**, 413 (1947). — MENDEL, B., and R. D. HAWKINS: Meth. med. Res. **3**, 107 (1950). — NACHMANSOHN, D.: Chemical and Molecular Basis of Nerve Activity. New York, London 1959. — NACHMANSOHN, D., in: ELLIOTT, K. A. C., I. H. PAGE and J. H. QUASTEL: Neurochemistry, Springfield, 1955, p. 390. — NACHMANSOHN, D., and I. B. WILSON: Adv. Enzymol. **12**, 259 (1951). Colowick-Kaplan, Meth. Enzymol. Vol. I, S. 642. — WHITTAKER, V. P.: Physiol. Rev. **31**, 312 (1951). — WILSON, I. B.; in: MCELROY, W. D., and B. GLASS (Hrsg.): The Mechanism of Enzyme Action. S. 642. Baltimore 1954. Ann. N.Y. Acad. Sci. **81**, 307 (1959). Fed. Proc. **18**, 752 (1959). Boyer-Lardy-Myrbäck, Enzymes, Vol. IV, S. 501.

Literatur s. S. 922.

Es besteht kein Zweifel, daß es ChE mit verschiedener Substratspezifität und verschiedenen Eigenschaften gibt. Die Einteilung in zwei Haupttypen ist jedoch willkürlich, da zwischen beiden fließende Übergänge bestehen; Ansätze für weitere Unterteilungen sind bereits vorhanden. Die Klassifizierung kann nur als vorläufig angesehen werden. Sie hat zur Zeit noch ihre Berechtigung, muß aber später ergänzt werden. Keine Bezeichnung ist befriedigend. Die Bezeichnungen „echte"- bzw. „Pseudo-ChE" und „spezifische" bzw. „unspezifische ChE" sollten nicht mehr gebraucht werden, da sie den gegebenen Tatsachen in keiner Weise gerecht werden. Die Bezeichnung Pseudo-ChE kann, abgesehen von dem sprachlich falschen Ausdruck, zu der irrigen Meinung führen, daß dieser Typ überhaupt keine physiologische Bedeutung für den Acetylcholinstoffwechsel besitzt; letzteres ist heute noch keineswegs gesichert. Auch der Nomenklaturvorschlag der „Commission on Enzymes" (1961)[1] entspricht nicht allen Forderungen. Zur Frage der ChE-Isozyme s. S. 925, 931 und 951.

Im folgenden wird die erste Gruppe mit *ChE I* und die zweite mit *ChE II* bezeichnet.

Die ChE I spalten Acetylcholin schneller als Cholinester mit längeren Acylketten; Butyrylcholin wird durch sie nicht oder nur sehr langsam hydrolysiert. Sie zeigen bei höheren Acetylcholinkonzentrationen eine Abnahme der Spaltgeschwindigkeit (Optimum meistens zwischen 10^{-3} und 10^{-2} m). Sie kommen vornehmlich im ZNS, in der Skeletmuskulatur, in den Erythrocyten der meisten Tiere, in elektrischen Organen und im Gift bestimmter Schlangen (sog. Ophio-ChE) vor. Die ChE II spalten Butyrylcholin schneller als Acetylcholin, sie zeigen bei steigenden Acetylcholinkonzentrationen keine Abnahme der Spaltungsgeschwindigkeit und kommen vornehmlich in der Leber, im Darm, im Plasma der meisten Vertebraten und zusammen mit der ChE I auch im ZNS und in anderen Geweben vor.

Methoden zur Differenzierung der Typen. *1. Auf Grund der Aktivitäts-pS-Kurven mit Acetylcholin als Substrat.* Die ChE I zeigen bei höheren Acetylcholinkonzentrationen (Optimum etwa bei $3—5 \times 10^{-3}$ m) eine Abnahme der Spaltgeschwindigkeit, die ChE II dagegen nicht. Im ersten Fall ist die Aktivitäts-pS-Kurve annähernd glockenförmig, im zweiten Fall S-förmig. Die Differenzierung mit Hilfe der Aktivitäts-pS-Kurven von Acetylcholin ist nach [2,3] den folgenden anderen Verfahren vorzuziehen, hat jedoch nur mehr oder weniger formale Bedeutung (s. auch Kinetik der Substratspaltung). Sie gilt nur für Acetylcholin, da bei anderen Substraten die Verhältnisse genau umgekehrt liegen können (bei ChE II zeigen Benzoylcholin, halogenisierte aliphatische Ester u.a.[2,4] eine glockenförmige Aktivitäts-pS-Kurve, bei ChE I 3-Acetoxyphenyltrimethylammonium[5], Triacetin[2,6] und andere aliphatische Ester eine S-förmige Kurve).

[1] Report of the Commission on Enzymes of the International Union of Biochemistry. I. U. B. Symposium Series, Vol. 20. Oxford, London, New York, Paris 1961.
[2] AUGUSTINSSON, K.-B.: Acta physiol. scand. **15**, Suppl. **52** (1948).
[3] AUGUSTINSSON, K.-B. and D. NACHMANSOHN: Science, N.Y. **110**, 98 (1949).
[4] BERGMANN, F. and A. SHIMONI: Biochem. J. **55**, 50 (1953).
[5] WESCOE, W.C., W.F. RIKER jr. and V.L. BEACH: J. Pharmacol. exp. Therap. **99**, 265 (1950).
[6] AUGUSTINSSON, K.-B.: Arch. Biochem. **23**, 111 (1949).

Literatur zu S. 921.

[1] STEDMAN, E., E. STEDMAN and L. H. EASSON: Biochem. J. **26**, 2056 (1932).
[2] ALLES, G. A., and R. C. HAWES: J. biol. Ch. **133**, 375 (1940).
[3] Siehe auch AUGUSTINSSON, K.-B., Handb. Heffter, Bd. XV, S. 89.
[4] MENDEL, B., and H. RUDNEY: Biochem. J. **37**, 59 (1943).
[5] ZELLER, E. A., u. A. BISSEGGER: Helv. **26**, 1619 (1943).
[6] Siehe GLICK, D.: Science, N.Y. **102**, 100 (1945).
[7] NACHMANSOHN, D., and M. A. ROTHENBERG: J. biol. Ch. **158**, 653 (1945).
[8] AUGUSTINSSON, K.-B., and D. NACHMANSOHN: Science, N.Y. **110**, 98 (1949).
[9] STURGE, L. M., and V. P. WHITTAKER: Biochem. J. **47**, 518 (1950).
[10] AUGUSTINSSON, K.-B.: Acta physiol. scand. **15**, Suppl. **52** (1948). — BURGEN, A. S. V., and L. M. CHIPMAN: J. Physiol., London **114**, 296 (1951).
[11] STEDMAN, E.: Chem. & Indust. **1954**, 414.
[12] Report of the Commission on Enzymes of the International Union of Biochemistry. I. U. B. Symposium Series, Vol. 20. Oxford, London, New York, Paris 1961.

An Hand der Aktivitäts-pS-Kurven kann nicht sicher entschieden werden, ob eine Mischung von ChE I und II vorliegt. Zur Differenzierung der ChE im Gewebe s. u. a.[1].

2. Durch die Verwendung von spezifischen Substraten[2]. a) Acetyl-β-methylcholin ist ein mehr oder weniger spezifisches Substrat für die ChE I, es wird von ChE II nicht gespalten[3,4]. Ausnahme!: Serum-ChE von Vögeln spaltet neben Butyrylcholin auch Acetyl-β-methylcholin, obwohl sie auf Grund anderer Eigenschaften als ChE II bezeichnet werden muß[5].

b) ChE II hydrolysieren Benzoylcholin und Butyrylcholin, ChE I nicht oder nur mit sehr geringer Geschwindigkeit. Welches der beiden Substrate im Einzelfall vorgezogen werden soll, hängt von den Versuchsbedingungen ab. Butyrylcholin wird wesentlich schneller gespalten als Benzoylcholin, Butyrylcholin wird also besonders bei geringer Enzymkonzentration vorteilhaft sein[6] (z.B. Nachweis der ChE im Liquor). Benzoylcholin wird dagegen durch die in ungereinigten Enzympräparaten häufig vorkommenden Aliesterasen nicht hydrolysiert. Es ist jedoch zu beachten, daß in einigen Geweben eine „Benzoylcholinesterase" vorkommt[7], die Acetylcholin nicht spaltet, und daß die ChE im Schweineserum[8] und im Gewebe von Wiederkäuern[9] Benzoylcholin nicht hydrolysieren. Eine fehlende Spaltung von Benzoylcholin darf daher nicht zu dem Schluß führen, das betreffende Gewebe enthalte keine ChE II. ChE II und Benzoylcholinesterase können durch Eserin (10^{-6} bis 10^{-5} m) differenziert werden, das die Benzoylcholinesterase nicht beeinflußt[10]. Die Messungen der ChE II mit Butyrylcholin in Geweben, die gleichzeitig eine sehr hohe ChE I-Aktivität besitzen (z.B. im ZNS), können zu verfälschten Ergebnissen führen, da die an sich sehr geringe Spaltung dieses Substrats durch die ChE I merklich wird. In diesem Fall muß zusätzlich mit spezifischen Hemmstoffen gearbeitet werden[11].

Das als ChE I bezeichnete Enzym in Fliegenköpfen spaltet auch Butyrylcholin mit hoher Geschwindigkeit, die Aktivitäts-pS-Kurve ist glockenförmig[12].

3. Durch spezifische Hemmstoffe. In Frage kommende Substanzen sind:

Für ChE I:

1. N-p-Chlorphenyl-N-methylcarbaminsäureester von m-Hydroxyphenyltrimethylammonium-bromid (Ro 2—1250)[13].

2. β,β-Dichlordiäthyl-N-methylamin[14].

3. Diäthojodid von 1,5-Di-(8'-chinolyloxy)-pentan (RP 3381) und Dimethojodid von 1,5-Di-(O-dimethylaminophenoxy)-pentan (RP 3565)[15,16].

---

[1] Bergmann, F., and R. Segal: Biochim. biophys. Acta **16**, 513 (1955).
[2] Mendel, B., D.B. Mundell and H. Rudney: Biochem. J. **37**, 473 (1943).
[3] Augustinsson, K.-B.: Acta physiol. scand. **15**, Suppl. **52** (1948).
[4] Metcalf, R.L., R.B. March and M.G. Maxon: Ann. entomol. Soc. Amer. **48**, 222 (1955).
[5] Earl, C.J. and R.H.S. Thompson: Brit. J. Pharmacol. **7**, 261 (1952). — Myers, D.K.: Biochem. J. **55**, 67 (1953). — Austin, L., and W.K. Berry: Biochem. J. **54**, 695 (1953). — Blaber, L.C., and A.W. Cuthbert: Biochem. Pharmacol. **11**, 113 (1962).
[6] Cohen, J.A., F. Kalsbeek and M.G.P.J. Warringa: Acta brev. neerl. Physiol. **17**, 32 (1949).
[7] s. Levine, M.G., R.E. Hoyt and A.A. Suran: Proc. Soc. exp. Biol. Med. **73**, 100 (1950). — Koelle, G.B.: Biochem. J. **53**, 217 (1953). — Augustinsson, K.-B.: Acta physiol. scand. **15**, Suppl. **52** (1948). — Hagiwara, Y.: J. Showa med. Ass. **19**, 11 (1960). Jap. J. Pharmacol. **9**, 137 (1960).
[8] Levine, M.G., and A.A. Suran: Nature **166**, 698 (1950). Enzymologia **15**, 17 (1951). — s. dagegen Augustinsson, K.-B., and B. Olsson: Biochem. J. **71**, 477 (1959).
[9] s. Mendel, B., and D.K. Myers: Nature **176**, 783 (1955).
[10] Goutier-Pirotte, M., et R. Goutier: Arch. int. Physiol. **64**, 20 (1956).
[11] s. Bayliss, B.J., and A. Todrick: Biochem. J. **62**, 62 (1956).
[12] Asperen, K. van: Entomol. exp. appl., Amsterdam **1**, 130 (1958). — s.a. Wolfe, L.S., and B.N. Smallmann: J. cell. comp. Physiol. **48**, 215 (1956).
[13] Hawkins, R.D., and B. Mendel: Biochem. J. **44**, 260 (1949).
[14] Adams, D.H., and R.H.S. Thompson: Biochem J. **42**, 170 (1948).
[15] Bovet, D., S. Courvoisier, R. Ducrot et R. Horclois: Arch. int. Pharmacodyn. Thérap. **80**, 137 (1949).
[16] Todrick, A.: Biochem. J. **52**, XXVIII (1952).

4. Dimethobromid von 1,5-Di-(p-N-allyl-N-methylaminophenyl)-pentan-3-on (BW 284 C 51 o. 297 C 50)[1,2].
5. Verschiedene quartäre Diphenylpentanone (25 C 48, 298 C 50, 455 C 50, 62 C 47)[2].
6. Dijodäthylat und Dijodpropylat von Bis-(2-diäthylaminoäthyl)-terephthalat (302 I. S. bzw. 452 I. S.)[3].
7. Methylfluorphosphorylhomocholin und Methyläthoxyphosphorylthiocholin[4].
8. Bis-(piperidinomethyl-cumaranyl-5)-keton-dimethyljodid (3318 C T)[5].

Für ChE II:

1. Diisopropylfluorphosphat (DFP)[6].
2. Dimethylcarbaminsäureester von 2-Hydroxy-5-phenylbenzyltrimethylammoniumbromid (Ro 2—0683)[7].
3. N-(2-Diäthylaminoäthyl)-phenothiazin (Diparcol)[8].
4. Diäthylaminoäthylester der 1-Phenylcyclopentancarbonsäure (Parpanit)[8].
5. N,N'-Diisopropylphosphordiamidanhydrid (DPDA o. Iso-OMPA)[1,9].
6. Bismonoisopropylamino-fluorphosphinoxyd (Isopestox, Mipafox)[9].
7. Dijodäthylat und Dijodpropylat von Bis-(2-diäthylaminoäthyl)-phthalat (306 I. S. bzw. 449 I. S.)[10].
8. Isoamylhydrocuprein (Eucupin)[11].
9. 10-(α-Diäthylaminopropionyl)-phenothiazin (Astra 1397)[12].
10. 10-(2-Diäthylamino-2-methyläthyl)-phenothiazin (RP 3356, Parsidol, Lysivan)[13].

In den meisten Fällen wurden die Hemmstoffe an Erythrocyten, Plasma und Gehirn geprüft. Es muß ausdrücklich darauf hingewiesen werden, daß das Verhältnis der Hemmung bei ChE I zu der Hemmung bei ChE II bei verschiedenen Tierarten und auch verschiedenen Organen der gleichen Art stark schwanken kann. In jedem Fall sind sorgfältige Kontrollexperimente notwendig. Von den aufgeführten Substanzen empfehlen sich für die selektive Hemmung der ChE I besonders Nr. 4, 5, 7 und 8 und der ChE II besonders Nr. 5, 6, 9 und 10. Teilweise handelt es sich um irreversible oder langsam mit den ChE reagierende Stoffe; die günstigsten Inkubationszeiten sind in Vorversuchen zu bestimmen. Die ChE bei Vögeln zeigen in ihrer Empfindlichkeit gegen selektive Hemmstoffe Unterschiede gegenüber den ChE bei Säugern[14].

Zur Charakterisierung einer ChE ist zu empfehlen, nach Möglichkeit alle drei Verfahren zu verwenden[15].

Vorkommen und Substratspezifität. ChE bzw. Cholinester spaltende Enzyme kommen in verschiedenen Einzellern und in fast allen mehrzelligen Tierarten vor. Das vorliegende Material ist so umfangreich, daß auf Einzelheiten verzichtet werden muß. Es sei auf die zusammenfassenden Darstellungen verwiesen.

---

[1] AUSTIN, L., and W.K. BERRY: Biochem. J. **54**, 695 (1953).
[2] FULTON, M.P., and G.A. MOGEY: Brit. J. Pharmacol. **9**, 138 (1954). — BAYLISS, B.J., and A. TODRICK: Biochem. J. **62**, 62 (1956).
[3] BOVET-NITTI, E., u. D. BOVET: A.e. P.P. **220**, 52 (1953).
[4] TAMMELIN, L.-E.: Ark. Kemi **12**, 287 (1958).
[5] S. JACOB, J., et M. DECHAVASSINE: Exper. **11**, 434 (1956). — FERRARI, W.: Nature **180**, 144 (1957).
[6] ADRIAN, E.D., W. FELDBERG and B.A. KILBY: Brit. J. Pharmacol. **2**, 56 (1947). — MAZUR, A., and O. BODANSKY: J. biol. Ch. **163**, 261 (1946). — HAWKINS, R.D., and B. MENDEL: Brit. J. Pharmacol. **2**, 173 (1947). — ADAMS, D.H., and R.H.S. THOMPSON: Biochem. J. **42**, 170 (1948).
[7] HAWKINS, R.D., and J.M. GUNTER: Biochem. J. **40**, 192 (1946).
[8] TODRICK, A.: Biochem. J. **52**, XXVIII (1952).
[9] ALDRIDGE, W. N.: Biochem. J. **53**, 62 (1953).
[10] BOVET-NITTI, F., u. D. BOVET: A.e.P.P. **220**, 52 (1953). — s.a. BARSTAD, J.A.B., K.H. SKRAMSTAD and S. ÖKSNE: Arch. int. Pharmacodyn. Thérap. **121**, 395 (1959).
[11] s. FERRARI, W.: Nature **180**, 144 (1957).
[12] AUGUSTINSSON, K.-B.: Scand. J. clin. Lab. Invest. **7**, 284 (1955).
[13] TODRICK, A.: Brit. J. Pharmacol. **9**, 76 (1954). — BAYLISS, B.J., and A. TODRICK: Biochem. J. **62**, 62 (1956).
[14] s. BLABER, L.C., and A.W. CUTHBERT: Biochem. Pharmacol. **11**, 113 (1962).
[15] s. a. MYERS, D.K.: Studies on Selective Esterase Inhibitors. 's Gravenhage 1954.

Relativ hohe Aktivitäten finden sich in der grauen Substanz des Gehirns und in den peripheren Nerven, und zwar besonders in den synaptischen Gebieten, in Erythrocyten und in elektrischen Organen; auch im Serum, Magendarmkanal und in der Leber ist die Aktivität häufig hoch.

In sehr vielen Fällen fehlen noch genauere Angaben über die Art und die Eigenschaften der nachgewiesenen Acetylcholin spaltenden Enzyme. Es ist davor zu warnen, jedem Enzym, das Cholinester hydrolysiert, eine physiologische Bedeutung beim Abbau von Acetylcholin zuzusprechen.

In den verschiedenen Organen kommen sehr oft die beiden Typen und Unterarten des gleichen Typs vor. Rattenerythrocyten enthalten neben ChE I auch eine mehr oder minder fest gebundene ChE II[1].

Von praktischem klinischen Interesse ist die in der letzten Zeit stärker bearbeitete Frage, ob im Blutplasma des Menschen mehrere ChE II vorkommen. Befunde mit der Harvard-Fraktion IV-6-3 sprechen für die Anwesenheit von zwei Butyrylcholin hydrolysierenden ChE II[2], und Versuche mit Acetylcholin, Benzoylcholin und bestimmten Hemmstoffen lassen die Möglichkeit der Anwesenheit von drei ChE II zu[3]. Siehe dazu auch die Abschnitte über elektrophoretische Trennung (S. 931) und die atypische Serum-ChE (S. 951).

Von neueren Untersuchungen sei erwähnt, daß in der Muskulatur direkt an das Myosin gebundene ChE nachgewiesen (sog. Myosin-ChE) wurde[4].

Die *Spezifität* der ChE ist gering. Beide Typen hydrolysieren auch einfache aliphatische und aromatische Ester. Bisher ist noch keine ,,spezifische" ChE nachgewiesen worden. Die Spezifität und andere Eigenschaften bei verschiedenen Tierarten zeigen teilweise sehr große Unterschiede. Bei allen Untersuchungen muß die Enzymquelle genau angegeben werden. Die bisherigen Untersuchungen lassen sich folgendermaßen zusammenfassen[5]:

Von den ChE I werden im allgemeinen sowohl von Cholinestern als auch Nicht-Cholinestern die Acetate mit optimaler Geschwindigkeit gespalten; Butyrate werden nicht oder nur langsam hydrolysiert. Der optimale Acylrest bei den ChE II ist meistens die Butyratgruppe. Von den Nicht-Cholinestern werden diejenigen relativ rasch gespalten, deren Alkoholanteil sich strukturell am stärksten der Cholinkonfiguration nähert, z.B. bei ChE I 3,3-Dimethylbutanolacetat[6] und bei ChE II 3,3-Dimethylbutanolbutyrat[7]. Von der Regel kommen Ausnahmen vor, z.B. spaltet die ChE im Colostrum und in der Milch vom Schwein von Cholinestern das Acetat schneller als das Butyrat, von Phenylestern dagegen das Butyrat schneller als das Acetat[8]. Auf der Basis ihrer Befunde schlugen STURGE und WHITTAKER[7] für die ChE I die Bezeichnung ,,Aceto-ChE" und für die ChE II die Bezeichnung ,,Butyro-ChE" vor. In einer eingehenden Arbeit bei 12 Säugetier- und 3 Vogelarten zeigte MYERS[9,10], daß die ChE in verschiedenen Organen der Ratte Propionsäureester mit maximaler Geschwindigkeit spalten; diese ChE können damit als ,,Propiono-ChE" bezeichnet werden. In einem Stamm von *Pseudomonas fluorescens* wurde eine adaptive ChE nachgewiesen, die sich nicht in das übliche Schema einordnen läßt[11].

---

1 DAVIES, D.R., and J.P. RUTLAND: Nature **178**, 697 (1956).
2 HEILBRONN, E.: Acta chem. scand. **12**, 1879 (1958).
3 BERRY, W.K.: Biochim. biophys. Acta **39**, 346 (1960).
4 VARGA, E., J. SZIGETI u. E. KISS: Acta physiol. hung. **5**, 383 (1954). — VARGA, E., T. KÖNIG, E. KISS, T. KOVÁCS and L. HEGEDÜS: Acta physiol. hung. **7**, 171 (1955). — s.a.: LUNDIN, S.J.: J. cell. comp. Physiol. **59**, 93 (1962). — SZÖÖR, A., A. KÖVER and Ö. POHANKA: Acta physiol. hung. **23**, 333 (1963); **24**, 157, 165 (1963).
5 s. WHITTAKER, V.P.: Physiol. Rev. **31**, 312 (1951).
6 MOUNTER, L.A., and V.P. WHITTAKER: Biochem. J. **47**, 525 (1950).
7 STURGE, L.M., and V.P. WHITTAKER: Biochem. J. **47**, 518 (1950).
8 AUGUSTINSSON, K.-B.: Acta chem. scand. **12**, 1150 (1958).
9 MYERS, D.K.: Biochem. J. **55**, 67 (1953).
10 s.a. ORD, M.G., and R.H.S. THOMPSON: Biochem. J. **49**, 191 (1951).
11 GOLDSTEIN, D.B., and A. GOLDSTEIN: J. gen. Microbiol. **8**, 8 (1953).

Die ChE zeigen eine deutliche stereochemische Spezifität; so wird von den beiden optischen Antipoden von Acetyl-β-methylcholin nur die D-Form gespalten[1], was bei seiner Benutzung als spezifisches Substrat häufig nicht beachtet wird.

Von den isomeren Mandelsäurecholinestern wird die D-Form stärker durch ChE II und die L-Form stärker durch ChE I angegriffen[2].

Die Frage der Substratspezifität bei den ChE ist noch keineswegs gelöst. Die meisten Untersuchungen wurden bei nur einer Substratkonzentration im Bereich zwischen 10^{-3} und 10^{-1} m durchgeführt. Unabhängig vom Enzymtyp hemmen die verschiedenen Substrate in wechselndem Ausmaß ihre Hydrolyse durch die ChE (Autokatastase[3]). Korrekterweise muß damit zwischen einer Spezifität für die Spaltung und einer Spezifität für die Autokatastase unterschieden werden[4]. Das ist jedoch ohne eingehende kinetische Analyse nicht möglich. Spezifitätsuntersuchungen, bei denen nur eine Substratkonzentration benutzt wurde, können nur als Orientierung gewertet werden.

Zur Frage der *Substratspezifität* s. unter anderem die Arbeiten über folgende Gewebe: Erythrocyten von Mensch[5-7] und Pferd[8]; Serum von Mensch[6,7,9-11], Kaninchen[10,12,13], Schwein[10,14,15], Affe[10], Pferd[10,16,17], Hund[10,18], Meerschweinchen[10,19], Rind[10], Ratte[10,20], Ziege[10]; verschiedene Gewebe von Ratten[21,22] und von Schafen[22]; Leber vom Meerschweinchen[23]; Gehirn von Tauben[24]; Kobragift[7,25]; Milch vom Schwein[15]; Hausfliege[26,27]; Küchenschaben *(Blatella germanica* L.*)*[28]; elektrische Organe[29]; s. auch [30].

ChE spalten u.a.[31] auch: Thiocholinester[32], Succinyl-bis-cholin[33], bis-Cholinester aliphatischer Dicarbonsäuren[34], Benzoylcholinderivate[35], Mandelsäurecholinester[2], γ-Amino-

[1] Glick, D.: J. biol. Ch. **125**, 729 (1938). — s. dazu auch Augustinsson, K.-B., and T. Isachsen: Acta chem. scand. **11**, 750 (1957). — Hoskin, F. C. G.: Proc. Soc. exp. Biol. Med. **113**, 320 (1963).

[2] Ammon, R., u. H. Meyer: H. **314**, 198 (1959).

[3] Hardegg, W., u. R. Poche: Kli. Wo. **1952**, 799.

[4] s. Hardegg, W.: Die Kinetik der Cholinesterasen. Hab.-Schrift. Heidelberg 1958.

[5] Adams, D.H.: Biochim. biophys. Acta **3**, 1 (1949).

[6] Adams, D.H., and V. P. Whittaker: Biochim. biophys. Acta **4**, 543 (1950).

[7] Mounter, L.A., and V.P. Whittaker: Biochem. J. **54**, 551 (1953).

[8] Mounter, L.A., and V.P. Whittaker: Biochem. J. **47**, 525 (1950).

[9] Adams, D.H., and V.P. Whittaker: Biochim. biophys. Acta **3**, 358 (1949).

[10] Levine, M.G., and A.A. Suran: Enzymologia **15**, 17 (1951).

[11] Lévy, J.: J. Physiol., Paris **43**, 103 (1951).

[12] Levine, M.G., R.E. Hoyt and A.A. Suran: Proc. Soc. exp. Biol. Med. **73**, 100 (1950).

[13] Lévy, J.: J. Physiol., Paris **43**, 127 (1951).

[14] Levine, M.G., and A.A. Suran: Nature **166**, 698 (1950).

[15] Augustinsson, K.-B., and B. Olsson: Biochem. J. **71**, 477 (1959).

[16] Glick, D.: J. biol. Ch. **125**, 729 (1938).

[17] Sturge, L.M., and V.P. Whittaker: Biochem. J. **47**, 518 (1950).

[18] Lévy, J.: J. Physiol., Paris **44**, 663 (1952).

[19] Lévy, J.: J. Physiol., Paris **43**, 229 (1951).

[20] Lévy, J.: J. Physiol., Paris **43**, 217 (1951).

[21] Myers, D.K.: Biochem. J. **55**, 67 (1953).

[22] Davies, D.R., J.E. Risley and J.P. Rutland: Biochem. J. **53**, XV (1953).

[23] Lévy, J., et B. Tchoubar: J. Physiol., Paris **44**, 95 (1952).

[24] Whittaker, V.P.: Biochem. J. **54**, 660 (1953).

[25] Mounter, L.A.: Biochem. J. **49**, XLV (1951); **50**, 122 (1951).

[26] Asperen, K. van: J. Insect Physiol. **3**, 306 (1959).

[27] Dauterman, W.C., A. Talens and K. van Asperen: J. Insect Physiol. **8**, 1 (1962). — Dauterman, W. C., and K. N. Mehrotra: J. Insect Physiol. **9**, 257 (1963).

[28] Lord, K.A.: Biochem. J. **78**, 483 (1961).

[29] Mounter, L. A., and R. M. Cheatham: Enzymologia **25**, 215 (1963).

[30] Augustinsson, K.-B.: Ann. N.Y. Acad. Sci. **94**, 844 (1961).

[31] Ältere Literatur s. bes. Augustinsson, K.-B.: Acta physiol. scand. **15**, Suppl. **52** (1948). — weiter s. Tammelin, L.-E.: Svensk kem. T. **70**, 157 (1958).

[32] Glick, D.: J. biol. Ch. **130**, 527 (1939). — Heilbronn, E.: Acta chem. scand. **13**, 1547 (1959); s.a. **12**, 1481, 1492 (1958).

[33] Glick, D.: J. biol. Ch. **137**, 357 (1941). — Whittaker, V.P.: Exper. **7**, 217 (1951). — Whittaker, V.P., and S. Wijesundera: Biochem. J. **52**, 475 (1952). — Fraser, P.J.: Brit. J. Pharmacol. **9**, 429 (1954). — Foldes, F.F., R.S. Vandervort and S.P. Shanor: Anesthesiology **16**, 11 (1955).

butyrylcholin[1], Triacetin[2], Tributyrin[3], n-Alkylfluoracetate[4], Äthyl- und n-Propylchloracetat[4], Äthylbromacetat[4], Thioessigsäure[5], Säureanhydride[6], Phenylester[7], Nitrophenylester[8], p-substituierte Phenylacetate[9], 3-Acetoxyphenyltrimethylammonium[10], p-Acetoxyphenyläthylamine[11], D,L-2-Trimethylammoniumcyclohexanol[12], Salicylsäureester[13], Fettsäureester (C_2—C_{10}) von m-Hydroxybenzoesäure[14], Indoxylester[15], Indophenylester[16], [β-(4-Imidazolyl)-acrylyl]-cholin (Murexin)[17,18], [β-(4-Imidazolyl)-propionyl]-cholin (Dihydromurexin)[17], N,N-Dimethyl-β-acetoxyperidinium[19], N,N-Dimethyl-6-morpholinium[19], Novocain und andere Lokalanaesthetica[20], Eucain (Benzamin)[21], α-Cocain[21]. Zur Hydrolyse ungesättigter Ester s. [22].

Herstellung von ChE-Präparaten und Reinigung. Bisher sind noch keine mit Sicherheit völlig reinen ChE-Präparate dargestellt worden; sie werden mit fortschreitender Reinigung immer instabiler[23]. Die ChE sind unter physiologischen Bedingungen wahrscheinlich mit inerten Eiweißkörpern assoziiert[24], die das Molekül stabilisieren. Verdünnte ChE-Lösungen verlieren ihre Aktivität rascher als konzentriertere. Wenn mit hochgereinigten und verdünnten Präparaten gearbeitet wird, müssen Stabilisatoren, z.B. reines Albumin aus Rinderplasma (bis 4%) oder Gelatine (0,1%), zugesetzt werden. Auch anorganische Ionen oder die Substrate besitzen eine gewisse Schutzwirkung. Nach SCAIFE[25] scheint der Stabilitätsverlust bei starker Verdünnung auf einem Oberflächen-

[1] HOLMSTEDT, B., and F. SJÖQVIST: Biochem. Pharmacol. **3**, 297 (1960).
[2] BODANSKY, O.: Ann. N.Y. Acad. Sci. **47**, 521 (1946). — BLASCHKO, H., and P. HOLTON: Brit. J. Pharmacol. **4**, 181 (1949). — AUGUSTINSSON, K.-B.: Acta chem. scand. **4**, 948 (1950).
[3] s. dazu PILZ, W.: Z. ges. exp. Med. **132**, 310 (1959).
[4] BERGMANN, F., R. SEGAL, A. SHIMONI and M. WURZEL: Biochem. J. **63**, 684 (1956).
[5] WILSON, I.B.: Biochim. biophys. Acta **7**, 520 (1951).
[6] BERGMANN, F., M. WURZEL and A. SHIMONI: Biochem. J. **55**, 888 (1953).
[7] s. GOMORI, G.: Amer. J. clin. Path. **24**, 99 (1954). — ALDRIDGE, W. N.: Biochem. J. **57**, 692 (1954).
[8] s. ALDRIDGE, W.N.: Biochem. J. **53**, 110 (1953); **57**, 692 (1954).
[9] MOUNTER, L.A.: Biochim. biophys. Acta **27**, 219 (1958). — MOUNTER, L.A., and V.P. WHITTAKER: Biochem. J. **54**, 551 (1953).
[10] AUGUSTINSSON, K.-B.: Arch. Biochem. **23**, 111 (1949). — WESCOE, W.C., W.F. RIKER jr. and V.L. BEACH: J. Pharmacol. exp. Therap. **99**, 265 (1950).
[11] WOLFE, L.S., and G.D. THORN: Canad. J. Biochem. **36**, 145 (1958).
[12] BALDRIDGE, H.D., W.J. MCCARVILLE and S.L. FRIESS: Am. Soc. **77**, 739 (1955).
[13] AUGUSTINSSON, K.-B.: Acta chem. scand. **4**, 948 (1950). — HOFSTEE, B.H.J.: Science, N.Y. **114**, 128 (1951). — GRAUERS, S.: Acta chem. scand. **6**, 1223 (1952).
[14] HOFSTEE, B.H.J.: J. Pharmacol. exp. Therap. **123**, 108 (1958); **128**, 299 (1960).
[15] HOBBIGER, E.E.: Biochem. J. **67**, 600 (1957). — UNDERHAY, E.E.: Biochem. J. **66**, 383 (1957).
[16] KRAMER, D.N., and R.M. GAMSON: J. biol. Ch. **235**, 1785 (1960).
[17] FOLDES, F.F., E.G. ERDÖS, N. BAART and S.P. SHANOR: Proc. Soc. exp. Biol. Med. **94**, 500 (1957). — GRELIS, M.E., and I.I.A. TABACHNICK: Brit. J. Pharmacol. **12**, 320 (1957).
[18] TABACHNICK, I.I.A., F.E. ROTH, J.S. MERSHON, A.A. RUBIN, E.T. ECKHARDT and W.M. GOVIER: J. Pharmacol. exp. Therap. **123**, 98 (1958). — TABACHNICK, I.I.A., and M.E. GRELIS: Nature **182**, 935 (1958).
[19] SCHUELER, F.W.: J. amer. pharmaceut. Ass., sci. Ed. **45**, 197 (1956).
[20] FOLDES, F.F., D.L. DAVIS, S. SHANOR and G. VAN HEES: Am. Soc. **77**, 5149 (1955). — AUGUSTINSSON, K.-B.: Acta physiol. scand. **27**, 10 (1952). — KALOW, W.: J. Pharmacol. exp. Therap. **104**, 122 (1952). — BECKER, C. E.: J. dent. Res. **42**, 852 (1963).
[21] BLASCHKO, H., J.M. HIMMS and B.C.R. STRÖMBLAD: Brit. J. Pharmacol. **10**, 442 (1955).
[22] SEKUL, A.A., W.C. HOLLAND and A.E. BRELAND jr.: Biochem. Pharmacol. **11**, 487 (1962).
[23] s. z.B. ROTHENBERG, M.A., and D. NACHMANSOHN: J. biol. Ch. **168**, 223 (1947). — GOLDSTEIN, A., and M.E. DOHERTY: Arch. Biochem. **33**, 22 (1951). — GREGOIRE, J., et Y. DERRIEN: C.R. Soc. Biol. **146**, 1491 (1952). — AUGUSTINSSON, K.-B.: Ark. Kemi **4**, 277 (1952).
[24] ZITTLE, C.A., E.S. DELLA MONICA, J.H. CUSTER and R. KRIKORIAN: Arch. Biochem. **56**, 469 (1955).
[25] SCAIFE, J.F.: Nature **183**, 541 (1959).

Literatur zu S. 926 (Fortsetzung).
[34] GINZEL, K.H., H. KLUPP u. G. WERNER: Arch. int. Pharmacodyn. Thérap. **87**, 351 (1951). — KLUPP, H., u. C. STUMPF: Enzymologia **16**, 189 (1953).
[35] ORMEROD, W.E.: Biochem. J. **54**, 701 (1953). — SCHÄTZLE, E., u. M. ROTTENBERG: Helv. **45**, 1008 (1962).

phänomen zu beruhen, stärkeres Schütteln sollte bei der Herstellung von gereinigten Präparaten vermieden werden; als Stabilisierungsmedium wird ein Veronalpuffer (0,02 m, pH 7,4) mit 0,3 m KCl und 0,1 % Albumin aus Rinderplasma vorgeschlagen, in der gereinigte ChE aus elektrischen Organen 1—2 Wochen ohne Aktivitätsverluste in der Kälte aufbewahrt werden konnte.

Die Fähigkeit zur Assoziierung an andere Eiweißkörper hängt offenbar mit der physiologisch bedeutsamen häufigen Bindung der ChE an unlösliche Gewebsstrukturen zusammen. Im gleichen Organ kommen meistens lösliche und unlösliche ChE vor. Nichtbeachtung dieser Tatsachen kann zu Fehlinterpretationen führen. Im allgemeinen sind ChE II sehr viel leichter löslich als ChE I. Oft ist es für einwandfreie Messung und für die Reinigung notwendig, die ChE in lösliche Form zu bringen (z.B. durch Butanol, Ammoniak, Lysolecithin, Chlorophyll, Chloroform). Durch Trypsin (50 mg/100 ml) konnte die ChE im Rattenherz von den unlöslichen Bestandteilen getrennt werden, ohne daß Verluste auftraten[1], während beim Hund das gleiche Vorgehen nicht zu einer Zunahme der Aktivität im Überstand führte[2]; gereinigte ChE aus elektrischen Organen wurde durch Trypsin sogar sehr rasch zerstört[2]. Durch Behandlung mit Lysolecithin läßt sich die ChE I und II im Rattengehirn ohne Aktivitätsverluste in Lösung bringen[3]. Siehe zu dem Problem auch die eingehenden Untersuchungen von Toschi[4], die im folgenden angeführten Reinigungsverfahren und die Übersicht von Morton[5].

Die Herstellung von Gewebshomogenaten für ChE-Bestimmungen bietet keine besonderen Schwierigkeiten; Homogenate können meist ohne stärkere Aktivitätsverluste über längere Zeit im gefrorenen Zustand aufbewahrt werden.

Bei Bestimmungen im Blut verwendet man zur Gerinnungshemmung am besten Heparin (2—10 IE/ml), das keinen Einfluß auf die ChE-Aktivität besitzt; Citrat oder Oxalat sind nicht so vorteilhaft, da durch die Ausfällung von Calcium Aktivitätsänderungen auftreten können.

Da die ChE-Aktivität von der Anwesenheit verschiedener Salze und ihrer Konzentration stärker beeinflußt werden kann, ist zu erwägen, ob die Homogenate, besonders wenn verschiedene Gewebe verglichen werden sollen, vorher dialysiert und eine konstante Salzkonzentration nachher eingestellt werden sollte.

Die Aktivitätsverluste beim Gefriertrocknen sind bei den einzelnen ChE verschieden und abhängig vom Reinigungsgrad.

Zur Prüfung der Reinheit eines ChE-Präparates ist möglicherweise seine Fähigkeit, Antikörper zu bilden, geeignet, da die ChE selber keine antigenen Eigenschaften zu besitzen scheint[6].

Reinigungsverfahren

Gereinigte Präparate der Serum-ChE vom Pferd (ChE II) wurden zuerst von Stedman und Stedman[7] durch fraktionierte Ammoniumsulfatfällung gewonnen. Augustinsson[8] beschrieb eine einfache Methode zur Anreicherung der ChE im Serum verschiedener Wirbeltiere: Bei 50 %iger Sättigung mit Ammoniumsulfat bleibt die ChE in Lösung, der pH-Wert wird auf etwa 4,5 erniedrigt, wobei der größere Anteil der Albumine ausfällt. Die ChE wird dann durch Erhöhen der Ammoniumsulfatkonzentration auf 70 %ige Sättigung niedergeschlagen und das Präcipitat gegen Aqua dest. dialysiert (Reinigung etwa 20—25fach, Ausbeute etwa 50 %).

[1] Ord, M. G., and R. H. S. Thompson: Biochem. J. **49**, 191 (1951).
[2] Bergmann, F., and R. Segal: Biochim. biophys. Acta **16**, 513 (1955).
[3] Marples, E. A., R. H. S. Thompson and G. R. Webster: J. Neurochem. **4**, 62 (1959).
[4] Toschi, G.: Exp. Cell Res. **16**, 232 (1959).
[5] Morton, R. K.: Colowick-Kaplan, Meth. Enzymol. Vol. I, S. 25.
[6] Carter, M. K., and G. L. Marx: Proc. Soc. exp. Biol. Med. **99**, 712 (1958).
[7] Stedman, E., and E. Stedman: Biochem. J. **29**, 2563 (1935).
[8] Augustinsson, K. B.: Acta physiol. scand. **15**, Suppl. **52** (1948).

Ein für viele Zwecke brauchbares, nach STURGE und WHITTAKER[1] praktisch aliesterasefreies Präparat kann durch fraktionierte Ammoniumsulfatfällung aus Pferdeserum mit den ersten drei Stufen der Methode von STRELITZ[2] gewonnen werden; in vier weiteren Stufen wurde eine Reinigung auf das 5000fache erzielt, allerdings sind die Ergebnisse in den letzten Stufen nicht immer befriedigend. Zur Anwendung der Methode bei Schweineserum s. [3].

JANSZ und COHEN[4] gelang durch zusätzliches Ultrazentrifugieren und durch Säulenelektrophorese eine weitere Reinigung auf das 14000fache bei einer Ausbeute von 10%; das Präparat enthielt auf Grund der Analysen nur eine Komponente. HEILBRONN[5], die ebenfalls von den ersten drei Stufen der Methode von STRELITZ ausging, trennte das Präparat zonenelektrophoretisch und chromatographisch weiter auf (Reinigung bis 2200fach); das reinste Präparat enthielt zwei Komponenten.

BADER u. Mitarb.[6] berichteten über ein phosphor- und schwefelfreies kristallisiertes Mucoproteid mit hoher ChE-Aktivität, das sie durch fraktionierte Ammoniumsulfatfällung, Ätherextraktion und Adsorption gewonnen hatten; die Befunde wurden allerdings nie bestätigt.

Sehr reine Präparate der menschlichen Serum-ChE lassen sich aus der Fraktion IV-6[7] durch Fällung und Extraktion bei verschiedenen Ionenstärken, p_H-Werten und Alkoholkonzentrationen gewinnen (Reinigung 3400fach)[8]; Analysen in der Ultrazentrifuge ergaben eine neue Komponente in der Fraktion IV-6-3, die möglicherweise identisch mit der ChE ist; das Enzym wurde bei den α_2-Globulinen gefunden. Das Präparat wurde in neuerer Zeit häufiger für verschiedene Untersuchungen benutzt.

Die menschliche Serum-ChE kann weiter durch Ätherfraktionierung (48fache Reinigung)[9] und Alkoholfraktionierung mit nachfolgender Chromatographie auf Calciumphosphatgel und Dowex 2 bei niedriger Ionenstärke und Elution mit steigenden Pufferkonzentrationen bei 4° C[10] gewonnen werden. Durch Behandlung mit Neuraminidase wird der isoelektrische Punkt der Serum-ChE von dem der Globuline entfernt, so daß die Trennung von letzterer erleichtert wird[11].

Präparate aus Erythrocyten (ChE I) von Mensch, Pferd, Schaf und Rind wurden durch Adsorption an Kieselgur hergestellt[12]. Durch Elution mit ammoniakalischem Wasser und Adsorption an Calciumphosphat konnte eine weitere Anreicherung der Rinder-Erythrocyten-ChE bei einem sehr niedrigen Eiweißgehalt erreicht werden[13]. Erythrocyten-ChE vom Pferd läßt sich ebenfalls durch Adsorption an Kieselgur und nachfolgende Elution mit Bicarbonatlösung anreichern; das Präparat enthält praktisch keine Aliesterase[14]. Ein weiteres Verfahren s. [15]. Eine sehr einfache Anreicherung der menschlichen Erythrocyten-ChE ist durch Extraktion mit NaCl-Ammoniak-Lösung bei p_H 8,3[16] möglich.

Das zur Zeit wohl beste Verfahren für die Reinigung der Erythrocyten-ChE vom Rind wurde von COHEN und WARRINGA[17] angegeben, das in der Behandlung mit Cotazym

[1] STURGE, L.M., and V.P. WHITTAKER: Biochem. J. **47**, 518 (1950).
[2] STRELITZ, F.: Biochem. J. **38**, 86 (1944).
[3] OLIVER, W. T., and H. S. FUNNELL: Amer. J. veterin. Res. **24**, 32 (1963).
[4] JANSZ, H.S., and J. A. COHEN: Biochim. biophys. Acta **56**, 531 (1962).
[5] HEILBRONN, E.: Biochim. biophys. Acta **58**, 222 (1962).
[6] BADER, R., F. SCHÜTZ and M. STACEY: Nature **154**, 183 (1944).
[7] SURGENOR, D.M., L.E. STRONG, H.L. TAYLOR, R.S. GORDON jr. and D.M. GIBSON: Am. Soc. **71**, 1223 (1949).
[8] SURGENOR, D.M., and D. ELLIS: Am. Soc. **76**, 6049 (1954).
[9] KEKWICK, R.G.O., M.E. MACKAY and N.H. MARTIN: Biochem. J. **53**, 36 (1953).
[10] MALMSTRÖM, B.G., Ö. LEVIN and H.G. BOMAN: Acta chem. scand. **10**, 1077 (1956).
[11] AUGUSTINSSON, K.-B., and G. EKEDAHL: Biochim. biophys. Acta **56**, 392 (1962).
[12] MENDEL, B., and H. RUDNEY: Biochem. J. **37**, 59 (1943).
[13] ARRAGON, G., et E. SALA: Bull. Soc. Chim. biol. **30**, 51 (1948).
[14] MOUNTER, L.A., and V.P. WHITTAKER: Biochem. J. **47**, 525 (1950).
[15] ALDRIGDE, W.N.: Biochem. J. **53**, 62 (1953).
[16] MENTHA, J., H. SPRINZ and R. BARNARD: J. biol. Ch. **167**, 623 (1947).
[17] COHEN, J.A., and M.G.P.J. WARRINGA: Biochim. biophys. Acta **10**, 195 (1953). — WARRINGA, M.G. P.J., and J.A. COHEN: Biochim. biophys. Acta **16**, 300 (1955).

(Pankreasextrakt), Ammoniumsulfat, Alkohol und Adsorption an Calciumphosphatgel besteht.

Aus Erythrocyten vom Menschen wurde von ZITTLE u. Mitarb.[1] die ChE durch Behandlung mit Polyoxyäthylen-sorbitanmonolaurat (Tween 20) und Extraktion mit Aceton und Äthanol in Lösung gebracht; die weitere Anreicherung kann papierelektrophoretisch, durch Ultrazentrifugieren oder durch fortlaufende Extraktion mit Ammoniumsulfat erfolgen.

Das Gewebe, das die höchste ChE-Aktivität aufweist, ist das elektrische Organ, z.B. von *Electrophorus electricus*, *Torpedo marmorata* und *Torpedo oscellata*. Mit der von ROTHENBERG und NACHMANSOHN[2] angegebenen Methode sind sehr aktive ChE-Präparate bei *Electrophorus electricus* dargestellt worden. Nach Entfernung des reichlich vorhandenen Mucins wird das Enzym durch fraktionierte Ammoniumsulfatfällung bei verschiedenen p_H-Werten und durch Ultrazentrifugieren gereinigt. Das Enzym wie auch das von *Torpedo*[3] ist recht stabil. Der Zeitbedarf von etwa 1 Monat in der ersten Stufe für die Entfernung des Mucins konnte auf 2 Tage verringert werden[4]. Eine weitere Vereinfachung wurde von LAWLER[5] beschrieben. Durch Chromatographie auf Sephadex G-200 konnte neuerdings die spezifische Aktivität der Präparate weiter erhöht werden[6].

ChE-Präparate können weiter gewonnen werden: aus Hundepankreas durch fraktionierte Ammoniumsulfatfällung, Adsorption an Kieselgur und Elution mit Ammoniumsulfat[7]; aus dem Muskel vom Kaninchen durch Ammoniumsulfatfällung und Adsorption an Calciumphosphatgel[8]; aus Rattenherz durch Behandlung mit Trypsin und Ammoniumsulfat[9]; aus Rattengehirn durch Lösen der ChE in verdünntem Ammoniak und Behandlung mit oberflächenaktiven Substanzen[9]; aus dem Darm von Kaninchen durch fraktionierte Fällung mit Natriumsulfat[10]; aus dem Gehirn von Schweinen nach Autolyse als stabiles und lösliches Trockenpräparat[11]; aus dem Gehirn von Rindern durch Gel-Filtration auf Sephadex G-200[12]; aus dem Gehirn vom Kalb nach Behandlung mit Aceton (Trockenpulver), Ultraschall und Pankreaslipase durch fraktionierte Ammoniumsulfatfällung[13]; aus Kobragift durch Anionenchromatographie, Gel-Filtration, Kationenchromatographie und Calciumphosphat-Chromatographie[14]; aus dem Gift von *Bungarus multicinctus* und *Naja naja atra* zonenelektrophoretisch auf Stärke[15]; aus Küchenschaben durch Ammoniumsulfatfällung, Behandlung mit Protaminsulfat und Acetonfällung[16]; aus Fliegenköpfen durch Butanolextraktion, Ammoniumsulfatfällung, Wärmedenaturierung mit Zusatz von Acetylcholin zum Schutz der ChE, Adsorption an Calciumphosphatgel und Acetonfraktionierung[17]; aus *Pseudomonas fluorescens* durch Ultraschallbehandlung, Ultrazentrifugieren, Ammoniumsulfat- und Acetonfällung[18]. Ein gereinigtes Präparat aus Rindererythrocyten ist im Handel erhältlich[19].

---

[1] ZITTLE, Ch.A., E.S. DELLA MONICA and J.H. CUSTER: Arch. Biochem. **48**, 43 (1954). — ZITTLE, Ch.A., E.S. DELLA MONICA, J.H. CUSTER and R. KRIKORIAN: Arch. Biochem. **56**, 469 (1955).
[2] ROTHENBERG, M.A., and D. NACHMANSOHN: J. biol. Ch. **168**, 223 (1947).
[3] AUGUSTINSSON, K.-B.: Pubbl. Staz. zool. Napoli **27**, 189 (1955).
[4] HARGREAVES, A.B., and L.C.G. LOBO: Arch. Biochem. **46**, 481 (1953).
[5] LAWLER, H.C.: J. biol. Ch. **234**, 799 (1959).
[6] KREMZNER, L. T., and I. B. WILSON: J. biol. Ch. **238**, 1714 (1963).
[7] MENDEL, B., and D.B. MUNDELL: Biochem. J. **37**, 64 (1943).
[8] SZÖÖR, A., A. KÖVER and T. KOVACS: Acta physiol. hung. **23**, 333 (1963).
[9] ORD, M.G., and R.H.S. THOMPSON: Biochem. J. **49**, 191 (1951).
[10] KOELLE, G.B.: Biochem. J. **53**, 217 (1953).
[11] TAUBER, H.: Am. Soc. **75**, 326 (1953).
[12] JACKSON, R. L., and M. H. APRISON: Life Sci. **1963**, 415.
[13] LAWLER, H. C.: Biochim. biophys. Acta **81**, 280 (1964).
[14] BJÖRK, W.: Biochim. biophys. Acta **49**, 195 (1961).
[15] YANG, C.-C., W.-C. CHIU and K.-C. KAO: J. Biochem. **48**, 706, 714 (1960).
[16] LORD, K.A.: Biochem. J. **78**, 483 (1961).
[17] DAUTERMAN, W.C., A. TALENS and K. VAN ASPEREN: J. Insect Physiol. **8**, 1 (1962).
[18] FITCH, W. M.: Biochemistry **2**, 1221 (1963).
[19] Winthrop-Laboratories, 33 Riverside Avenue, Rensselaer, New York; in Deutschland zu beziehen über Serva-Entwicklungslabor, Heidelberg, Römerstr. 118.

Elektrophoretische und chromatographische Trennung.

Papierelektrophoretische, zonenelektrophoretische und chromatographische Untersuchungen haben in der letzten Zeit größere Bedeutung für die Charakterisierung und Differenzierung der ChE erlangt. Die optimalen Versuchsbedingungen sind bei den einzelnen Enzymquellen verschieden. Zu berücksichtigen ist die Bindung der ChE an inerte Proteine, die die Wanderungsgeschwindigkeit offenbar stark bestimmen kann. Wahrscheinlich beruhen die verschiedenen Aktivitätszonen, die im Plasma und in Geweben nachgewiesen wurden, tatsächlich auf dem Vorkommen mehrerer Isozyme der ChE und nicht nur auf einem einheitlichen Enzymtyp, der mit verschiedenen Proteinen assoziiert ist. Bezüglich der Einzelheiten sei auf den vorhergehenden Abschnitt und auf folgende Arbeiten verwiesen (weiter s. S. 925 und 951):

Zur Stärkegel-Elektrophorese von menschlichem Serum[1-4], Serum vom Kaninchen und Meerschweinchen[5], Rattengehirn[6] und menschlichem Gehirn[7]; s. auch [8].

Zur Elektrophorese auf Cellulose-Säulen bei Plasma verschiedener Säuger, Vögel, Reptilien, Amphibien und Fische[9]; bei Plasma, Colostrum und Milch vom Schwein[10]; bei Serum vom Pferd[11].

Zur Chromatographie auf DEAE-Cellulose bei menschlichem Serum[12], Serum vom Pferd[11] und Gehirn vom Schaf[13]. Bei Chromatographie von menschlichem Serum auf Hydroxylapatit wurden mehrere Isozyme nachgewiesen[14].

Zur Papierelektrophorese von menschlichem Serum (ChE wandert zwischen α_2- und β-Globulinen)[15], Serum von Ratten (ChE wandert zwischen β- und γ-Globulinen)[16,17], Serum von Kaninchen und Meerschweinchen (ChE wandert im Bereich der γ-Globuline)[5], Serum vom Pferd (ChE wandert im Bereich der β-Globuline)[11,18], Leber von Ratten[17]. Zum Nachweis der ChE auf dem Papier bei Serum von Mensch, Hund, Pferd, Ratte, Kaninchen und Katze wurde β-Naphthylacetat als Substrat, kombiniert mit Eserin als Hemmstoff, verwendet[19].

Bei der Gegenstrommethode von Pokrovsky[20] laufen Substrat (Butyrylcholin) und Serum gegeneinander; als Indicatoren werden Bromthymolblau oder Phenolrot verwendet; der Treffpunkt von Enzym und Substrat hebt sich durch einen gelben Streifen vom dunklen Untergrund ab.

1 Bernsohn, J., K. D. Barron and A. Hess: Proc. Soc. exp. Biol. Med. **108**, 71 (1961).
2 Dubbs, C.A., C. Vivonia and J. M. Hilburn: Science, N.Y. **131**, 1529 (1960).
3 Ecobichon, D.J., and W. Kalow: Canad. J. Biochem. **39**, 1329 (1961).
4 Harris, H., D.A. Hopkinson and E.B. Robson: Nature **196**, 1296 (1962). — Harris, H., and E.B. Robson: Biochim. biophys. Acta **73**, 649 (1963). — Harris, H., D. A. Hopkinson, E. B. Robson and M. Whittaker: Ann. hum. Genet. **26**, 359 (1963).
5 Goutier, R.: Biochim. biophys. Acta **19**, 524 (1956).
6 Barron, K.D., J.I. Bernsohn and H. Hess: J. Histochem. **9**, 656 (1961). — Eränkö, O., A. Kokko and U. Söderholm: Nature **193**, 778 (1962).
7 Bernsohn, J., K. D. Barron and A. R. Hess: Nature **195**, 285 (1962). — Bernsohn, J., K. D. Barron and M. T. Hedrick: Biochem. Pharmacol. **12**, 757 (1963).
8 Wright, T.R.F., and K. Keck: Analyt. Biochem. **2**, 610 (1961).
9 Augustinsson, K.-B.: Nature **181**, 1786 (1958). Acta chem. scand. **13**, 571, 1081, 1097 (1959).
10 Augustinsson, K.-B.: Acta chem. scand. **12**, 1150 (1958). — Augustinsson, K.-B., and B. Olsson: Biochem. J. **71**, 477, 484 (1959). [s. auch Ann. N.Y. Acad. Sci. **94**, 844 (1961)].
11 Heilbronn, E.: Biochim. biophys. Acta **58**, 222 (1962).
12 Svensmark, O.: Acta physiol. scand. **52**, 267 (1961).
13 Got, K., and J. B. Polya: Nature **198**, 884 (1963).
14 Becker, C. E.: J. dent. Res. **42**, 852 (1963).
15 Vincent, D., et G. Segonzac: C. R. Soc. Biol. **151**, 787 (1957). — Marton, A., and W. Kalow: Canad. J. Biochem. **37**, 1367 (1959).
16 Halliday, R., and R. Mihailowic: Proc. R. Soc. London (B) **153**, 541 (1961).
17 Asano, B.-I.: Gann, Tokyo **51**, 249 (1960).
18 Togni, G.P., and O. Meier: Exper. **9**, 106 (1953).
19 Pinter, I.: Acta physiol. Acad. Sci. hung. **11**, 39 (1957).
20 Pokrovsky, A.A.: Biochemistry, USSR **24**, 274 (1959).

Im menschlichen Liquor cerebrospinalis wurde eine ChE I im Gebiet der τ-Globuline, eine ChE II zwischen den α- und β-Globulinen (α-β-Typ) und eine zweite ChE II im Gebiet der γ-Globuline (γ-Typ) nachgewiesen[1], s. auch S. 934 oben.

Durch Gelfiltration auf Sephadex G-200 läßt sich die in der menschlichen Leber vorkommende ChE in 3 Fraktionen auftrennen[2].

ChE in subcellulären Fraktionen.

Die ChE-Aktivität ist in den Zellen gleicher Gewebe häufig auf verschiedene Strukturelemente verteilt. In der gleichen Zellart können offensichtlich verschiedene ChE-Typen vorkommen. Im folgenden sind eine Reihe von Arbeiten angeführt, die sich mit der Trennung aus den einzelnen Zellfraktionen beschäftigen: In elektrischen Organen ist die ChE hauptsächlich an die unlöslichen Membranstrukturen gebunden[3]. In der Leber von Meerschweinchen, Ratten und Kaninchen enthält die Mikrosomenfraktion 40—60%, die Mitochondrienfraktion 15—25% der Aktivität, in der Kernfraktion ist keine ChE nachweisbar[4]. Im Gegensatz dazu wurde im Pankreas vom Hund die höchste Aktivität im letzten Überstand nachgewiesen (35—45%), während die Mikrosomen- und Mitochondrienfraktion nur geringe Aktivität aufwiesen[5]. Im Nebennierenmark vom Rind enthält die Mikrosomenfraktion die höchste Aktivität[6]. Die ChE in Köpfen von Hausfliegen und Bienen läßt sich in eine lösliche und eine particuläre Fraktion trennen[7]. ALDRIDGE und JOHNSON[8] fanden im Rattengehirn 38% der Gesamtaktivität in der Mikrosomenfraktion, die anderen Fraktionen (Kerne, Mitochondrien, Überstand) enthielten ebenfalls deutliche Aktivität. HOLMSTEDT und TOSCHI[9] wiesen ChE I im Rattengehirn vornehmlich in der Mitochondrien- und Mikrosomenfraktion nach, während die ChE II im Überstand stärker konzentriert war. Im Gegensatz zum Rattengehirn ist in der Rinderhypophyse die ChE auf alle Fraktionen ziemlich gleichmäßig verteilt[10]. Die Untersuchungen von TOSCHI[11] machen es wahrscheinlich, daß ein Teil der ChE-Aktivität in der Mikrosomen- und Kernfraktion vom Rattengehirn durch Beimengungen von mikrosomalen Strukturen verursacht wird; die ChE ist in der Mikrosomenfraktion stark an die Stellen gebunden, die einen hohen Anteil an Membranstrukturen aufweisen. Zu ähnlichen Schlüssen kamen UNDERHAY[12] u. Mitarb.; sie wiesen in der Rattenleber mit Acetylcholin als Substrat von der Gesamtaktivität 19% in der Kernfraktion, 4% in der Fraktion der schweren Mitochondrien, 5% in der Fraktion der leichten Mitochondrien, 62% in der Mikrosomenfraktion und 19% im Überstand nach. Rattenlebermitochondrien enthalten eine höhere ChE II- als ChE I-Aktivität[13].

Eigenschaften. *Chemische Zusammensetzung, Bau der aktiven Zentren und Mechanismus der katalytischen Wirksamkeit.* Über die chemische Zusammensetzung der ChE ist nur wenig bekannt, da noch keine chemisch völlig reinen Präparate dargestellt werden konnten. Der isoelektrische Punkt der menschlichen Plasma-ChE wurde mit p_H 4,4[14] und der der Serum-ChE vom Pferd mit p_H 4[15] angegeben. Erythrocyten-ChE wird durch Eiweiß abbauende Enzyme inaktiviert[16].

[1] SVENSMARK, O.: Acta physiol. scand. **52**, 372 (1961).
[2] SVENSMARK, O.: Acta physiol. scand. **59**, 378 (1963).
[3] FRONTALI, N., and G. TOSCHI: Exp. Cell Res. **15**, 446 (1958).
[4] GOUTIER, R., et M. GOUTIER-PIROTTE: Biochim. biophys. Acta **16**, 361 (1955).
[5] GOUTIER, R., et M. GOUTIER-PIROTTE: Biochim. biophys. Acta **16**, 558 (1955).
[6] HAGEN, P.: J. Physiol., London **129**, 50 (1955).
[7] WOLFE, L. S., and B. N. SMALLMAN: J. cellul. comp. Physiol. **48**, 215 (1956).
[8] ALDRIDGE, W. N., and M. K. JOHNSON: Biochem. J. **73**, 270 (1959).
[9] HOLMSTEDT, B., and G. TOSCHI: Acta physiol. scand. **47**, 280 (1959).
[10] PARMAR, S. S., M. C. SUTTER and M. NICKERSON: Canad. J. Biochem. **39**, 1335 (1961).
[11] TOSCHI, G.: Exp. Cell Res. **16**, 232 (1959).
[12] UNDERHAY, E., S. J. HOLT, H. BEAUFAY and C. de DUVE: J. biophys. biochem. Cytol. **2**, 635 (1956).
[13] ZACKS, S. I., and J. H. WELSH: Amer. J. Physiol. **165**, 620 (1951).
[14] SURGENOR, M. D., and D. ELLIS: Am. Soc. **76**, 6049 (1954).
[15] HEILBRONN, E.: Biochim. biophys. Acta **58**, 22 (1962).
[16] HERZ, F., E. KAPLAN and J. H. STEVENSON jr.: Nature **200**, 901 (1963).

Ein Modell der aktiven Zentren bei den ChE wurde zuerst von ZELLER und BISSEGGER[1] entworfen, nach dem die ChE I zwei Gruppen, die ChE II nur eine Gruppe besitzt, die das Substrat binden. In den letzten Jahren wurden die Vorstellungen über den Bau der aktiven Zentren durch die Arbeiten von WILSON und BERGMANN[2] wesentlich erweitert. Auf Grund von Untersuchungen über die Abhängigkeit der Aktivität bei verschiedenen Substraten vom p_H-Wert und über die Hemmung durch verschiedene Substanzen bei ChE aus elektrischen Organen wurde ein Modell entworfen und gleichzeitig eine Theorie über den Spaltungsvorgang[3] unter Berücksichtigung moderner physikalisch-chemischer Anschauungen vorgeschlagen: Danach enthält das aktive Areal zwei Gruppen: eine negativ geladene Stelle („anionic site"), mit der der positiv geladene Teil des Substrats vornehmlich durch elektrostatische Kräfte reagiert, und weiter eine Stelle mit einer basischen und einer sauren Gruppe („esteratic site"), die die Esterbrücke des Substrats bindet. Ein noch differenzierteres Modell wurde von KRUPKA und LAIDLER[4] entworfen. Die ursprüngliche Ansicht, daß die aktiven Areale der ChE II nur *eine* wesentliche Gruppe enthalten, mußte fallengelassen werden[5]. Zwischen den aktiven Zentren der ChE I und ChE II bestehen wahrscheinlich keine prinzipiellen Unterschiede. Zur Theorie der Spaltung s. weiter[6]. Die Annahme, daß die ChE zu den Sulfhydrylenzymen gehören, ließ sich nicht aufrechterhalten[7].

Ein integrierender Bestandteil der aktiven Zentren ist mit hoher Wahrscheinlichkeit Serin[8]. Die Struktur des phosphorbindenden Peptids in der Serum-ChE vom Pferd, das vermutlich einen Teil der aktiven Zentren darstellt, ist nach JANSZ, BRONS und WARRINGA[9]:

Phe · Gly · Glu · Ser · Ala · Gly · (Ala_2, Ser)
P

Die Diskussion, ob im aktiven Zentrum der ChE ein Histidinrest vorkommt, ist noch nicht abgeschlossen[10].

[1] ZELLER, E.A., und A. BISSEGGER: Helv. **26**, 1619 (1943).

[2] WILSON, I.B., and F. BERGMANN: J. biol. Ch. **185**, 479; **186**, 683 (1950). — WILSON, I.B., F. BERGMANN and D. NACHMANSOHN: J. biol. Ch. **186**, 781 (1950). — NACHMANSOHN, D., and I.B. WILSON: Adv. Enzymol. **12**, 259 (1951). — WILSON, I.B.: Biochim. biophys. Acta **7**, 466, 520 (1951). J. biol. Ch. **197**, 215 (1952). — BERGMANN, F., I.B. WILSON and D. NACHMANSOHN: J. biol. Ch. **186**, 693 (1950). — BERGMANN, F., and A. SHIMONI: Biochim. biophys. Acta **8**, 347, 520; **9**, 473 (1952). — BERGMANN, F.: Adv. Catalysis **10**, 130, (1958). Expos. ann. Biochim. méd. **21**, 1 (1959). — BERGMANN, F., R. SEGAL, A. SHIMONI and M. WURZEL: Biochem. J. **63**, 684 (1956). — BERGMANN, F., S. RIMON and R. SEGAL: Biochem. J. **68**, 493 (1958). — s. weiter: FRIESS, S.L., and W.J. McCARVILLE: Am. Soc. **76**, 1363, 2260 (1954). — BALDRIDGE, H.D. jr., W.J. McCARVILLE and S.L. FRIESS: Am. Soc. **77**, 739 (1955). — FRIESS, S.L., and H.D. BALDRIDGE: Am Soc. **78**, 199, 2482 (1956). — FRIESS, S.L., A.A. PATCHETT and B. WITKOP: Am. Soc. **79**, 459 (1957).

[3] s. WILSON, I.B.: in McELROY, W.D., and B. GLASS (Hrsg.): The Mechanism of Enzyme Action. S. 642. Baltimore 1954.

[4] KRUPKA, R.M., and K.J. LAIDLER: Am. Soc. **81**, 1445, 1448, 1454, 1458 (1961). — HEIN, G.E., R.M. KRUPKA and K.J. LAIDLER: Nature **193**, 1155 (1962). — KRUPKA, R.M.: Canad. J. Biochem. **42**, 677 (1964).

[5] MYERS, D.K.: Arch. Biochem. **31**, 29 (1951); **37**, 469 (1952). — BERGMANN, F., and M. WURZEL: Biochim. biophys. Acta **11**, 440 (1953); **13**, 251 (1954). — BERGMANN, F., and R. SEGAL: Biochem. J. **58**, 692 (1954). — WILSON, I.B.: J. biol. Ch. **208**, 123 (1954).

[6] BENTLEY, R., and D. RITTENBERG: Am. Soc. **76**, 4883 (1954). — STEIN, S.S., and D.E. KOSHLAND jr: Arch. Biochem. **45**, 467 (1953).

[7] GOLDSTEIN, A., and M.E. DOHERTY: Arch. Biochem. **33**, 35 (1951). — MARKWARDT, F.: H. **295**, 264 (1953). — MOUNTER, L.A., and V.P WHITTAKER: Biochem. J. **53**, 167 (1953). — HARGREAVES, A.B.: Arch. Biochem. **57**, 41 (1955).

[8] COHEN, J.A., R.A. OOSTERBAAN and M.G.P.J. WARRINGA: Arch. int. Physiol. **62**, 574 (1954). — SCHAFFER, N.K., S.C. MAY jr. and W.H. SUMMERSON: J. biol. Ch. **206**, 201 (1954). — OOSTERBAAN, R.A., H.S. JANSZ and J.A. COHEN: Biochim. biophys. Acta **20**, 402 (1956).

[9] JANSZ, H.S., D. BRONS and M.G.P.J. WARRINGA: Biochim. biophys. Acta **34**, 573 (1959).

[10] s. LAIDLER, K.J.: Trans. Faraday Soc. **51**, 550 (1955). — WILSON, I.B.: Discuss. Faraday Soc. **20**, 119 (1955). — MYERS, D.K.: Biochem. J. **62**, 556 (1956). — MOUNTER, L.A., H.C. ALEXANDER, K.D. TUCK and L.T.H. DIEN: J. biol. Ch. **226**, 867, 873 (1957). — AUGUSTINSSON, K.-B.: Ann. N.Y. Acad. Sci. **94**, 844 (1961).

Nach Behandlung von menschlichem Serum mit Sialidase[1] (Neuraminidase) wird der isoelektrische Punkt der ChE von unter 3,5 auf 7 verschoben. Die Abnahme der Beweglichkeit erfolgt ohne Auftreten von Stufen. Die Aktivität liegt normalerweise zwischen den α_2- und β-Globulinen und nach der Behandlung im Gebiet der γ-Globuline. Die Aktivität gegen Acetylcholin wird nicht beeinflußt. Danach ist das Enzym vermutlich ein saures Glykoproteid (Sialoproteid), das mehrere Sialinsäurereste enthält. Im Liquor wurden 2 ChE II nachgewiesen, der sog. γ-Typ entsteht möglicherweise aus dem sog. α-β-Typ durch Einwirkung von Sialidase. Siehe auch [2]. Gleichartige Befunde wurden bei Serum-ChE vom Pferd erhoben[3].

Es muß sehr stark mit der Möglichkeit gerechnet werden, daß die ChE aus einer Aggregation vieler gleichartiger Subeinheiten mit je einem aktiven Zentrum bestehen. Daraus fließen wichtige Hinweise für die Interpretation verschiedener Befunde[4]. Von biochemischer und physiologischer Bedeutung ist die teilweise recht starke Bindung an unlösliche Strukturelemente.

Die Wechselzahlen und das Molekulargewicht der ChE. Über die Wechselzahlen und Molekulargewichte liegen eine Reihe von Angaben vor, die aber alle mehr oder weniger kritisch zu betrachten sind. Einwandfreie Bestimmungen scheiterten bisher an dem Fehlen reiner Präparate. Sie erfolgten meistens mit Hemmstoffen, die eine sehr hohe Affinität zu den ChE besitzen oder sich mehr oder weniger irreversibel binden. Dabei war es in keinem Fall mit Sicherheit auszuschließen, daß die Hemmstoffe auch mit anderen, nicht katalytisch wirksamen Gruppen des Enzyms oder mit Begleitstoffen in den Präparaten reagieren[5]. Die besten Ergebnisse sind heute mit Hilfe von radioaktiven Phosphathemmstoffen zu gewinnen.

Mit Hilfe der theoretischen Überlegungen von GOLDSTEIN[6] wurden von MYERS[7] für die molare Konzentration der ChE im Serum folgende Werte gewonnen: beim Menschen $7{,}9 \times 10^{-8}$, beim Pferd $8{,}8 \times 10^{-8}$, bei der Maus $5{,}8 \times 10^{-8}$, beim Hund $4{,}6 \times 10^{-8}$ und bei der Ratte $1{,}7 \times 10^{-8}$. Das Molekulargewicht für die ChE aus den elektrischen Organen von *Electrophorus electricus* könnte bei etwa 3×10^6 liegen; daraus wurde eine Wechselzahl von 20×10^6 min^{-1} berechnet[8]. SERLIN und FLUKE[9] berechneten aus der Abnahme der Enzymaktivität nach Bestrahlung das Molekulargewicht einer Einheit der gleichen ChE auf 105000. Unter Zugrundelegen des Wertes von 3×10^6 für das Gesamtmolekül würden in ihm etwa 30—50 Einheiten enthalten sein. Das Molekulargewicht der menschlichen Plasma-ChE wurde mit 300000[10] und ihr Äquivalentgewicht mit 26000[11] angegeben. Die Wechselzahl der menschlichen Serum-ChE wurde mit 58000 (min^{-1}) bestimmt[12]. Die von BERRY[13] angegebenen Wechselzahlen sind vorsichtig zu beurteilen, da die benutzten Hemmstoffe nicht ausschließlich mit den ChE reagieren[14]. In Anlehnung an die Methode von JANSEN, NUTTING, JANG und BALLS[15] wurde von COHEN und WARRINGA[14]

---

[1] SVENSMARK, O.: Acta physiol. scand. **52**, 267, 372 (1961). Danish med. Bull. **8**, 28 (1961); **9**, 16 (1962). — AUGUSTINSSON, K.-B., and G. EKEDAHL: Biochim. biophys. Acta **56**, 392 (1962).
[2] SVENSMARK, O.: Acta physiol. scand. **59**, 378 (1963).
[3] HEILBRONN, E.: Acta chem. scand. **16**, 516 (1962). Biochim. biophys. Acta **58**, 222 (1962).
[4] HARDEGG, W.: Habil.-Schrift, Heidelberg 1958.
[5] s. z.B. MYERS, D.K.: Science, N.Y. **115**, 568 (1952).
[6] GOLDSTEIN, A.: J. gen. Physiol. **27**, 529 (1944).
[7] MYERS, D.K.: Biochem. J. **51**, 303 (1952).
[8] ROTHENBERG, M.A., and D. NACHMANSOHN: J. biol. Ch. **168**, 223 (1947). — s.a. NACHMANSOHN, D., and I.B. WILSON: Adv. Enzymol. **12**, 259 (1951).
[9] SERLIN, I., and D.J. FLUKE: J. biol. Ch. **223**, 727 (1956).
[10] SURGENOR, D.M., and D. ELLIS: Am. Soc. **76**, 6049 (1954).
[11] JANSEN, E.F., R. JANG and A.K. BALLS: J. biol. Ch. **196**, 247 (1952).
[12] MYERS, D.K.: Biochem. J. **52**, 46 (1952).
[13] BERRY, W.K.: Biochem. J. **49**, 615 (1951).
[14] COHEN, J.A., and M.G.P.J. WARRINGA: Biochim. biophys. Acta **11**, 52 (1953). — s.a. COHEN, J.A., R.A. OOSTERBAAN and M.G.P.J. WARRINGA: Arch. int. Physiol. **62**, 574 (1954).
[15] JANSEN, E.F., M.D.F. NUTTING, R. JANG and A.K. BALLS: J. biol. Ch. **179**, 189 (1949).

eine Methode ausgearbeitet, bei der radioaktives Diisopropylfluorphosphat verwendet wird und die auch bei ungereinigten Enzympräparaten brauchbar ist; die Wechselzahl der Erythrocyten-ChE vom Rind wurde mit 295000 (min^{-1}) berechnet, was etwa 520 aktiven Zentren pro Erythrocyt entspricht. Die Wechselzahl der ChE aus elektrischen Organen wurde mit 720000 (min^{-1}) bestimmt[1].

Eine neue Methode zur Bestimmung der Wechselzahl wurde von WILSON und HARRISON entwickelt[2]. Ausgangspunkt ist die Annahme, daß Carbaminsäurederivate (z.B. Dimethylcarbamylfluorid) Substrate der ChE sind. Die hydrolytische Spaltung verläuft so langsam, daß die Geschwindigkeitskonstanten der Partialreaktionen bestimmbar sind. Aus den Konstanten und der Bruttoreaktionsgeschwindigkeit der Substratspaltung läßt sich die Normalität und aus letzterer und den kinetischen Konstanten der Substratspaltung die Wechselzahl berechnen. Bei ChE I aus elektrischen Organen ergab sich für Acetylcholin ($2{,}5 \times 10^{-3}$ m) bei p_H 7,0 und 25° C eine Wechselzahl von $7{,}4 \times 10^5$ min^{-1}. Die Halbwertzeit für die Bildung des acetylierten Enzyms wird mit 7 μsec, seine Halblebenszeit mit 42 μsec, die Wechselzahl pro besetzte Stelle mit $8{,}3 \times 10^5$ min^{-1} und das Äquivalentgewicht des Enzyms mit $1{,}7 \times 10^5$ angegeben. LAWLER[3] berechnete für die gleiche ChE eine Wechselzeit von 100 μsec. Sie verwendete Phospholin und radioaktives Tetraäthylpyrophosphat und erhob den für weitere Bestimmungen wichtigen Befund, daß die Stärke der Hemmung nicht, wie bisher bei der Benutzung von organischen Phosphaten vorausgesetzt wurde, proportional der Menge an gebundenem Hemmstoff zunahm. Bei Korrektur der Größe der Wechselzeiten auf die Anfangsaktivität des Enzyms ergaben sich niedrigere Werte von 55 und 37 μsec, was Wechselzahlen von $10{,}9 \times 10^5$ bzw. 16×10^5 M Substrat, min^{-1}, Mol aktive $Zentren^{-1}$ entspricht. Falls das Enzym als Polymer vorliegen sollte, was die Abweichungen von der bisherigen Theorie erklären könnte, wären die Wechselzahlen pro Molekül sehr viel höher. Die Wechselzahlen wurden immer unter der Annahme berechnet, daß die Kinetik der Substratspaltung der Gleichung von MICHAELIS und MENTEN folgt.

Die Kinetik der Substratspaltung. Bei den ChE nimmt häufig die Spaltgeschwindigkeit bei höheren Substratkonzentrationen wieder ab. Die Substrathemmung (Autokatastase) ist nicht auf einen Enzymtyp beschränkt, sondern ist auch von der Art des Substrats abhängig. Wenn sie fehlt, besitzen die Aktivitäts-pS-Kurven oft den nach der MICHAELIS-MENTEN-Theorie zu fordernden Verlauf einfacher Dissoziationskurven. Die Frage, ob in diesen Fällen die MICHAELIS-MENTEN-Theorie zugrunde gelegt werden kann, ist noch offen. Bei verschiedenen Systemen, für die sie als bewiesen galt, muß sie nach neueren Untersuchungen in Zweifel gezogen werden[4] (z.B. bei gereinigter Serum-ChE[5]). Zur Erklärung der Abweichungen steht einerseits das Vorhandensein mehrerer Isozyme mit verschiedenen Werten für K_M zur Diskussion. Andererseits besteht die Möglichkeit (s. oben), daß die ChE aus Aggregationen vieler Subeinheiten besteht, deren Reaktion mit den Substraten benachbarte aktive Zentren beeinflußt und so zu einer anderen Formalkinetik führt.

Letztere Ansicht ist die Grundlage für die von SCHAEFER[6] vorgeschlagene Theorie, mit der die Kinetik der Spaltung von Acetylcholin und anderen Estern bei beiden ChE-Typen formal mit *einer* Gleichung beschrieben werden kann, und zwar unabhängig davon, ob bei höheren Substratkonzentrationen die Spaltgeschwindigkeit wieder kleiner wird oder nicht.

---

[1] MICHEL, H.O., and S. KROP: J. biol. Ch. **190**, 119 (1951).
[2] WILSON, I.B., and M.A. HARRISON: J. biol. Ch. **236**, 2292 (1961).
[3] LAWLER, H.C.: J. biol. Ch. **236**, 2296 (1961).
[4] s. HARDEGG, W.: Die Kinetik der Cholinesterasen. Habil.-Schrift, Heidelberg 1958.
[5] WILSON, I.B.: J. biol. Ch. **208**, 123 (1954). — HEILBRONN, E.: Acta chem. scand. **12**, 1879 (1958). Biochim. biophys. Acta **58**, 222 (1962). — s.a. MALMSTRÖM, B.G., Ö. LEVIN and H.G. BOMAN: Acta chem. scand. **10**, 1077 (1956).
[6] SCHAEFER, H.: Pflügers Arch. **249**, 405 (1947). — HARDEGG, W., D. BECHINGER u. R. DOHRMANN: Pflügers Arch. **263**, 33 (1956). — s. auch GIRARDIER, L., F. BAUMANN et J.M. POSTERNAK: Helv. physiol. Acta **18**, 467 (1960).

Die neuesten Vorstellungen[1] gehen von der allgemeinen Reaktionsgleichung

$$E + S \underset{k_{-1}}{\overset{k_1}{\rightleftharpoons}} ES \overset{k_2}{\longrightarrow} ES' + P_1 \overset{k_3}{\longrightarrow} E + P_2$$

aus. Von dem MICHAELIS-Komplex ES wird zunächst der Alkoholanteil des Substrats P_1 abgespalten. Das acylierte Enzym (ES') reagiert später mit Wasser. Mit dem Schema läßt sich erklären, daß verschiedene Substanzen die ChE sowohl kompetitiv als auch nichtkompetitiv hemmen. Die Art der Hemmung hängt von dem Verhältnis von $k_2 : k_3$ und davon ab, ob der Hemmstoff nicht nur mit dem freien Enzym, sondern auch mit dem acylierten Enzym reagiert. Die Substrathemmung erfolgt nach der Theorie durch die Bindung eines zweiten Substratmoleküls an die acylierte ChE. Die Prüfung der Theorie ist schwierig und erfordert zur Zeit noch einige nicht direkt beweisbare Annahmen. Zu ihrer Kritik s. auch[2].

Von MAIN[3] wurde ein Verfahren zur Messung von K_s bei Serum-ChE angegeben, das auf kinetischen Messungen über die Aktivierung der Hydrolyse von o-Nitrophenylbutyrat durch Butanol beruht. Die Beschleunigung der Substrathydrolyse soll durch eine k_3-Aktivierung verursacht werden ($K_s = 7{,}2 \times 10^{-5}$; $K_M = 1{,}39 \times 10^{-4}$).

Die in der folgenden Tabelle angegebenen Werte für K_M (MICHAELIS-Konstante) und K_{S2} (Dissoziationskonstante für den inaktiven ES_2-Komplex) sind kritisch zu betrachten. Die Meßwerte wurden nach LINEWEAVER und BURK[4] oder bei Vorliegen einer Substrathemmung nach der Gleichung von HALDANE[5] ausgewertet.

Der Einfluß von anorganischen Ionen auf die ChE-Aktivität. Der Einfluß anorganischer Ionen, besonders der Kationen, auf die ChE-Aktivität ist sehr groß; die Widersprüche der Literatur sind hauptsächlich auf die verschiedenen Enzymquellen, Substrate, Konzentrationen und Meßmethoden zurückzuführen. Die Ergebnisse der bisherigen Arbeiten über die Wirkung von Kationen auf die ChE-Aktivität lassen sich etwa folgendermaßen zusammenfassen[6]: Die Hydrolyse von Acetylcholin durch ChE I wird durch ein- und zweiwertige Kationen bei kleinen Substratkonzentrationen gehemmt, bei höheren beschleunigt; die optimale Substratkonzentration wird auf höhere Werte verschoben. Die Hydrolyse von Acetylcholin durch ChE II wird durch einwertige Kationen gehemmt, durch zweiwertige aktiviert. Die Hydrolyse von Nicht-Cholinestern durch ChE II wird durch $CaCl_2$ stärker aktiviert als die von Cholinestern, bei den ChE I bestehen keine wesentlichen Unterschiede. Die Differenzen in der Literatur über die Stärke der aktivierenden Wirkung von Natrium und Kalium bei den ChE I sind auf methodische Unterschiede zurückzuführen: Natriumbicarbonat hemmt die Aktivierung durch NaCl[7]; d.h. bei Verwendung der manometrischen Methode ist die Stärke der Aktivierung geringer als bei Verwendung der titrimetrischen oder elektrometrischen Methode. Der Einfluß von Ionen sollte daher nicht manometrisch untersucht werden. Kobragift-ChE wird durch zweiwertige Kationen deutlich stabilisiert (Mg > Ba > Ca > Sr). In rein wäßriger Lösung ist das Enzym sehr instabil[8]. Die Werte für K_M werden durch steigende Konzentrationen an KCl[9] und NaCl[10] erhöht. Kalium erhöht die Reaktivierungsgeschwindigkeit bei phos-

[1] KRUPKA, R.M., and K. LAIDLER: Nature **190**, 916 (1961). Am. Soc. **83**, 1445, 1448, 1454, 1458 (1961). s. weiter WILSON, I.B., and J. ALEXANDER: J. biol. Ch. **237**, 1326 (1962). — KRUPKA, R.M.: Canad. J. Biochem. **42**, 677 (1964).

[2] HEIN, G.E., R.M. KRUPKA and K.J. LAIDLER: Nature **193**, 1155 (1962).

[3] MAIN, A.B.: Biochem. J. **79**, 246 (1961).

[4] LINEWEAVER, H., and D.J. BURK: Am. Soc. **56**, 658 (1934).

[5] HALDANE, J.B.S., u. K.G. STERN: Allgemeine Chemie der Enzyme. Dresden, Leipzig 1932. — s. dazu besonders MYERS, D.K.: Arch. Biochem. **37**, 469 (1952).

[6] MEER, C. VAN DER: Nature **171**, 78 (1953). — s.a. MYERS, D.K.: Arch. Biochem. **37**, 469 (1952). — CHADWICK, L.E., J.B. LOVELL and V.E. EGNER: Biol. Bull. **104**, 323 (1953).

[7] SMALLMAN, B.N., and L.S. WOLFE: Enzymologia **17**, 133 (1954).

[8] AUGUSTINSSON, K.-B., and M. GRAHN: Ark. Kemi **4**, 277 (1952). — s.a. YANG, C.-C., W.-C. CHIU and K.-C. KAO: J. Biochem. **48**, 706 (1960).

[9] GREGOIRE, J., N. LIMOZIN et J. GREGOIRE: Bull. Soc. Chim. biol. **38**, 147 (1956).

[10] WOLFE, L.S., and B.N. SMALLMAN: J. cellul. comp. Physiol. **48**, 215 (1956).

Tabelle. 1. K_M und K_{S2}-*Werte*.

Die Werte sind nicht unbedingt vergleichbar, da sie bei verschiedenen Versuchsbedingungen gewonnen wurden. ACh = Acetylcholin; APTA = Acetoxyphenyltrimethylammonium; BeCh = Benzoylcholin; BuCh = Butyrylcholin; AMCh = Acetyl-β-methylcholin. Weitere Werte in den zusammenfassenden Darstellungen.

Enzymquelle	Substrat	K_M	K_{S2}	Zitat
Elektrische	ACh	$2{,}6 \times 10^{-4}$	3×10^{-2}	1
Organe	ACh	$9{,}2 \times 10^{-5}$	3×10^{-2}	2
Erythrocyten,	ACh	$1{,}9 \times 10^{-4}$	1×10^{-2}	3
Mensch	ACh	$0{,}5 - 5{,}5 \times 10^{-4}$	$1{,}1 - 2{,}2 \times 10^{-2}$	4
	APTA	$3{,}8 \times 10^{-3}$	—	5
Erythrocyten, Rind	ACh	6×10^{-4}	$1{,}5 \times 10^{-2}$	6
Gehirn, Hund	ACh	3×10^{-4}	5×10^{-2}	6
Serum,	ACh	$1{,}1 - 1{,}4 \times 10^{-3}$	—	7, 8
Mensch	BeCh	$4{,}5 \times 10^{-6}$	$1{,}3 \times 10-4$	9
	APTA	$8{,}6 \times 10^{-4}$	—	5
	Novocain	$3 - 6 \times 10^{-6}$	—	10
Serum,	ACh	8×10^{-5}	—	11
Pferd		$3{,}2 \times 10^{-3}$	—	6
		$1{,}2 \times 10^{-3}$	—	8
	BuCh	$8{,}8 \times 10^{-5}$	—	11
	BeCh	$4{,}5 \times 10^{-5}$	—	8
Serum, Hund	ACh	5×10^{-4}	—	8
Fliegen	ACh	$6{,}3 \times 10^{-4}$	8×10^{-2}	12
	AMCh	4×10^{-4}	2×10^{-2}	12
Bienen	ACh	$6{,}5 \times 10^{-4}$	$8{,}7 \times 10^{-3}$	12
	AMCh	$8{,}5 \times 10^{-3}$	1,06	12

phorylierter ChE durch Oxime[13]. Durch $MgCl_2$, $CaCl_2$ u. a. wird besonders stark die Hydrolyse negativ geladener Fettsäureester von m-Hydroxybenzoesäure aktiviert[14]. Anorganische Ionen können auch die Hemmung durch dritte Stoffe stark beeinflussen[15]. Die Frage, ob Magnesiumionen überhaupt für die Aktivität der ChE unbedingt notwendig sind, ist noch nicht entschieden[16]. Folgendes optimales Medium für die manometrische Bestimmung der ChE wurde vorgeschlagen: 0,15 m NaCl, 0,04 $MgCl_2$ und 0,025 m $NaHCO_3$[17]. Untersuchungen, bei denen Medien mit verschiedenen Ionenkonzentrationen benutzt wurden, sind nicht direkt vergleichbar.

Der Einfluß des p_H-*Wertes auf die ChE-Aktivität*[18]. Er ist abhängig von der Art der ChE, dem Substrat und dem Medium, was die verschiedenen Widersprüche in der Literatur

[1] NACHMANSOHN, D., and I.B. WILSON: Adv. Enzymol. **12**, 259 (1951).
[2] WILSON, I.B., and E.J. CABIB: Am. Soc. **78**, 202 (1956). — s.a. WILSON, I.B., and M.A. HARRISON: J. biol. Ch. **236**, 2292 (1961).
[3] SABINE, J.C.: Blood **6**, 151 (1951).
[4] MYERS, D.K.: Arch. Biochem. **37**, 469 (1952).
[5] WESCOE, W.C., W.F. RIKER jr. and V.L. BEACH: J. Pharmacol. exp. Therap. **99**, 265 (1950).
[6] AUGUSTINSSON, K.-B.: Acta physiol. scand. **15**, Suppl. 52 (1948).
[7] SHUKUYA, R.: J. Biochem., **38**, 225 (1951).
[8] GREGOIRE, J., J. GREGOIRE et N. LIMOZIN: Bull. Soc. Chim. biol. **37**, 81 (1955).
[9] KALOW, W., K. GENEST and N. STARON: Canad. J. Biochem. **34**, 637 (1956).
[10] FOLDES, F.F., D.L. DAVIS, S. SHANOR and G. VAN HEES: Am. Soc. **77**, 5149 (1955).
[11] ROEPKE, M.H.: J. Pharmacol. exp. Therap. **59**, 246 (1937).
[12] WOLFE, L.S., and B.N. SMALLMAN: J. cellul. comp. Physiol. **48**, 215 (1956).
[13] GREEN, A.L., and H.J. SMITH: Biochim. biophys. Acta **27**, 212 (1958).
[14] HOFSTEE, B.H.J.: J. Pharmacol. exp. Therap. **123**, 108 (1958).
[15] s. HOFSTEE, B.H.J.: J. Pharmacol. exp. Therap. **128**, 299 (1960).
[16] WILSON, I.B., and E. CABIB: Am. Soc. **76**, 5154 (1954). — FRIESS, S.L., I.B. WILSON and E. CABIB: Am. Soc. **76**, 5156 (1954).
[17] AUGUSTINSSON, K.B.; in: Sumner-Myrbäck, Enzymes, Bd. I/1, S. 443.
[18] s. bes. die Arbeiten von WILSON und von BERGMANN: l. c. S. 933. — weiter: HESTRIN, S.: Biochim. biophys. Acta **4**, 310 (1951). — GRAUERS, S.: Acta chem. scand. **6**, 1223 (1952). — HASE, E.: J. Biochem. **39**, 259 (1952). — HEILBRONN, E.: Acta chem. scand. 8, 1368 (1954). — LAIDLER, K.J.: Trans. Faraday Soc. **51**, 550 (1955). — KEKWICK, R.G.O.: Biochem. J. **76**, 420 (1960).

erklären kann. Bei Untersuchungen über die Spezifität, besonders bei Verwendung von geladenen Substraten, muß der p_H-Wert unbedingt beachtet werden. Der optimale Wert liegt im allgemeinen zwischen p_H 8 und 9. Das Optimum der Aktivitäts-pS-Kurve ist bei ChE I und Acetylcholin als Substrat im niedrigeren p_H-Bereich auf höhere Werte verschoben. Die prozentuale Hemmung durch H-Ionen wird durch die Substratkonzentration nur sehr wenig beeinflußt[1]. Während bei Acetylcholin als Substrat die Aktivität der ChE aus elektrischen Organen bei p_H-Werten über 8,0 stark abfällt, ist die Hydrolyse von Acetylthiocholin und von verschiedenen Phenylestern zwischen p_H 7,0 und 9,5 weitgehend unabhängig von der H^+-Konzentration[2].

Die Stabilität gereinigter Serum-ChE vom Menschen ist im alkalischen Bereich viel geringer als im schwach sauren; bei p_H 10 und 25° C wird das Enzym innerhalb von 2 Std völlig inaktiviert; die optimale Aktivität mit Acetylcholin als Substrat (0,01 m) liegt zwischen p_H 9,0 und 9,5[3]. Bei Fliegenkopf-ChE liegt das Optimum zwischen p_H 8,5 und 9[4,5], das Enzym wird bei p_H-Werten < 5 und >10 rasch zerstört[5]; das p_H-Optimum zeigt keine Abhängigkeit von der Substratkonzentration, der pK-Wert beträgt 7,6[4]. Im Gegensatz zu anderen ChE ist bei *Blatella germanica* L. das p_H-Optimum bei Acetylcholin als Substrat sehr breit[6]. Zur Abhängigkeit der Hydrolyse von Benzoylcholin vom p_H-Wert s.[7].

Auch die Stärke der Hemmung durch verschiedene Verbindungen ist p_H-abhängig, wobei einerseits Änderungen am Enzymmolekül und andererseits Änderungen der Dissoziation bei den für die ChE typischen elektrisch geladenen Hemmstoffen zu berücksichtigen sind.

Der Einfluß der Temperatur auf die ChE-Aktivität. Die ChE in ungereinigten Präparaten sind meistens sehr stabil und lassen sich unter aseptischen Bedingungen unter Umständen mehrere Jahre ohne wesentliche Aktivitätsverluste aufbewahren. Mit fortschreitender Reinigung nimmt die Stabilität beträchtlich ab; sie zeigt eine deutliche Temperaturabhängigkeit. Die Kinetik der Temperaturinaktivierung wurde bei gereinigter Plasma-ChE[8] und bei löslicher und strukturgebundener Insekten-ChE[4] genauer untersucht. Die Wärmeinaktivierung verläuft über 50° C sehr rasch; Insekten-ChE scheint empfindlicher als Säuger-ChE zu sein. Bei thermischer Inaktivierung von Erythrocyten-ChE wurde eine Abnahme vom K_M bei Konstantbleiben von K_{S2} beobachtet; Salze stabilisierten; der optimale p_H-Wert für die Thermostabilität lag zwischen 6,5 und 7,5[9].

Die optimale Temperatur für die ChE-Aktivität höherer Tiere liegt bei etwa 40° C; für die der Insekten offenbar tiefer (30—35° C)[4]. Die Abnahme der Aktivität bei Temperaturen über 40° C soll einerseits auf einer Abnahme der Hydrolysegeschwindigkeit und andererseits auf der davon unabhängigen Enzymdenaturierung beruhen, letztere soll erst bei 50° C stärker beteiligt sein[10].

Die Q_{10}-Werte liegen im allgemeinen zwischen 1,3 und 1,5. Bei vielen Präparaten besteht unter 35° C eine lineare Beziehung zwischen Aktivität und Temperatur. Bei anderen scheint die ARRHENIUS-Gleichung erfüllt zu werden; Abweichungen kommen vor. Nach SHUKUYA[11] beträgt der Temperaturkoeffizient bei menschlicher Erythrocyten-ChE 1,3 und bei menschlicher Plasma-ChE 1,7; die Aktivierungsenergie wurde mit 3,7 Cal/Mol bzw. 7,7 Cal/Mol bestimmt; K_M war in beiden Fällen unabhängig von der Tem-

[1] SHUKUYA, R., and M. SHINODA: J. Biochem. **43**, 315 (1956).
[2] BERGMANN, F., S. RIMON and R. SEGAL: Biochem. J. **68**, 493 (1958).
[3] HEILBRONN, E.: Acta chem. scand. **13**, 1255 (1959).
[4] WOLFE, L. S. and B. N. SMALLMAN: J. cellul. comp. Physiol. **48**, 215 (1956).
[5] CHADWICK, L. E., J. B. LOVELL and V. E. EGNER: Biol. Bull. **106**, 139 (1954).
[6] LORD, K. A.: Biochem. J. **78**, 483 (1961).
[7] KALOW, W.: Canad. J. Physiol. **42**, 161 (1964).
[8] GOLDSTEIN, M., and M. E. DOHERTY: Arch. Biochem. **33**, 22 (1951).
[9] COLEMAN, M. H., and D. D. ELEY: Biochim. biophys. Acta **67**, 646 (1963).
[10] GLICK, D.: Proc. Soc. exp. Biol. Med. **40**, 140 (1939).
[11] SHUKUYA, R.: J. Biochem. **40**, 135 (1953).

peratur; die Berechnung nach der VAN'T HOFFschen Gleichung ergab eine positive Entropie. Bei ChE aus elektrischem Organ war ebenfalls keine Abhängigkeit der K_M-Werte von der Temperatur festzustellen; die Temperaturabhängigkeit der Werte von V_m bei Acetylcholin als Substrat entsprechen nicht der ARRHENIUS-Theorie[1].

Die Temperaturabhängigkeit der Hydrolyse verschiedener Cholinester durch gereinigte menschliche Serum-ChE kann nach MOUNTER[2] nicht mit der ARRHENIUS-Gleichung beschrieben werden, die Punkte liegen auf gekrümmten Kurven; eine gute Übereinstimmung liegt mit der Gleichung von KAVANAN vor, nach der ein temperaturabhängiges Gleichgewicht zwischen einer aktiven und einer inaktiven Form des Enzyms besteht.

Die Aktivierungsenergie für die Hydrolyse von Benzoylcholin durch Serum-ChE wird mit 11200 Cal, $Grad^{-1}$, mol^{-1} angegeben[3].

Synthetisierende Wirkung der ChE. Wie theoretisch zu erwarten und schon lange bekannt ist[4], katalysieren ChE die Bildung von Cholinestern aus ihren Spaltprodukten. Genauere Untersuchungen liegen für die ChE aus elektrischen Organen[5] und aus menschlichen Erythrocyten[6] vor. Die Geschwindigkeit der Synthese nimmt mit fallendem p_H-Wert (p_H 7—5) zu, die der Hydrolyse ab. Die Bildung von Hydroxamsäuren aus Hydroxylamin und Acetaten, Formiaten, Propionaten und Butyraten und die Veresterung von Cholin durch Carbonsäureanhydride wird ebenfalls beschleunigt.

Methoden zur Bestimmung der ChE-Aktivität. Für die Bestimmung der ChE-Aktivität ist eine große Anzahl von Methoden und Modifikationen entwickelt worden, die in der ausführlichen Übersicht von AUGUSTINSSON[7] kritisch erörtert wurden. Leider führte die Vielzahl dazu, daß die Vergleichbarkeit der Befunde oft sehr schwierig, ja teilweise unmöglich ist. Es wäre deshalb angebracht, wenn sich die Untersucher in Zukunft besonders bei klinischen Routineuntersuchungen an wenige, erprobte Methoden halten würden.

Die Wahl der Methode hängt von dem Ziel der Untersuchungen, der gewünschten Genauigkeit, der Zahl der gleichzeitig auszuführenden Bestimmungen und der Laborausrüstung ab. Die Bestimmungsmethoden lassen sich in zwei große Gruppen unterteilen. In der ersten werden die Spaltprodukte, und zwar in den allermeisten Fällen der Säureanteil, bestimmt; zu ihr gehören die titrimetrischen, elektrometrischen, manometrischen, histochemischen und bestimmte photometrische Verfahren. In der zweiten wird das noch nicht umgesetzte Substrat gemessen; zu ihr gehören bestimmte colorimetrische, papierchromatographische und spektrophotometrische Verfahren. Die heute wichtigsten Methoden sind 1. die automatische Titration, 2. die elektrometrische Messung, 3. die manometrische Messung und 4. die Hydroxamsäuremethode.

Im allgemeinen wird die ChE mit Acetylcholin als Substrat gemessen (sein Chlorid ist stark hygroskopisch, weniger stark sein Bromid, das Jodid ist nicht hygroskopisch). In wäßriger Lösung erfolgt eine Selbsthydrolyse, die vom p_H-Wert abhängig ist; bei p_H 4 sind die Lösungen relativ stabil. Bei Serienuntersuchungen, bei denen die Genauigkeit nicht so groß sein muß, können Acetylcholinlösungen in verdünnter HCl bei p_H 4 im Kühlschrank über längere Zeit aufbewahrt werden; sie werden direkt vor dem Versuch auf den gewünschten p_H-Wert eingestellt. Nicht-Cholinester sollten nur verwendet

[1] WILSON, I.B., and E. CABIB: Am. Soc. **78**, 202 (1956).
[2] MOUNTER, L.A.: Enzymologia **21**, 67 (1959).
[3] KALOW, W., and H.A. LINDSAY: Canad. J. Biochem. **33**, 568 (1955).
[4] ABDERHALDEN, E., u. H. PAFFRATH: Fermentforsch. **8**, 299 (1926). — AMMON, R., u. H. KWIATKOWSKI: Pflügers Arch. **234**, 296 (1934).
[5] HESTRIN, S.: J. biol. Ch. **180**, 879 (1949). Biochim. biophys. Acta **4**, 310 (1950). — WILSON, I.B., F. BERGMANN and D. NACHMANSOHN: J. biol. Ch. **186**, 781 (1950). — s.a. WILSON, I.B., and D. NACHMANSOHN: Adv. Enzymol. **12**, 259 (1951).
[6] COLLIER, H.B., and P.F. SOLVONUK: Biochim. biophys. Acta **16**, 583 (1955).
[7] AUGUSTINSSON, K.-B.: Meth. biochem. Analysis **5**, 1 (1957). — s. a. GOMORI, G.: Amer. J. clin. Path. **24**, 99 (1954). — POCHET, A.: J. Pharmacie Belg. **10**, 339 (1955). — STUMPF, C.: Z. Vit.-Horm.-Ferm.-forsch. **8**, 36 (1956). — WITTER, R. F.: Arch. environ. Hlth. **6**, 537 (1963).

werden, wenn die Fragestellung es erfordert und sichergestellt werden kann, daß sie nicht gleichzeitig durch andere in den Präparaten vorhandene Fermente angegriffen werden.

Zur Wahl eines spezifischen Substrats für einen ChE-Typ s. S. 923.

1. Die biologischen Bestimmungen, bei denen die Konzentration des nicht abgebauten Substrats am Blutegelrückenmuskel, am M. rectus abdom. vom Frosch, am Froschherz, am Kaninchen- oder Meerschweinchendarm oder am Katzenblutdruck gemessen wird, benutzt man heute nur noch selten (s. u. a.[1]), da sie sehr ungenau sind. Sie haben jedoch den Vorteil, daß bei ihnen mit physiologischen Substratkonzentrationen gearbeitet werden kann. Die im folgenden beschriebenen chemischen Methoden bedürfen sehr viel höherer Substratkonzentrationen, was häufig bei der Interpretation der Resultate vergessen wird. Die Ergebnisse der biologischen und chemischen Methoden sind meist kaum oder nicht vergleichbar. Die Messung der Hydrolyse von Acetylcholin bei kleinen Konzentrationen ist auch über die biologische Bestimmung des freigesetzten Cholins an *Neurospora crassa* versucht worden[2]; das Verfahren ist sehr zeitraubend, s. auch [3].

2. Die titrimetrischen Bestimmungen mit Indicatoren. Die bei der Hydrolyse des Substrats frei werdende Säure wird mit Alkali neutralisiert. Aus der verbrauchten Menge wird die ChE-Aktivität berechnet. Als Indicator können unter anderem Phenolrot, Kresolrot oder Bromthymolblau benutzt werden. Die Methode wurde zuerst von STEDMAN, STEDMAN und EASSON[4] bei der ChE benutzt. GLICK[5] arbeitete eine Mikromethode aus, die von SAWYER[6] weiter modifiziert wurde. Häufiger wurde auch die Modifikation von HALL und LUCAS[7] und MORAND und LABORIT[8] verwendet.

Titrimetrische Bestimmungen mit Indicatoren werden heute nur noch zu informativen Versuchen benutzt. Sie benötigen zwar nur eine geringe Ausrüstung, ihre Fehlerbreite ist aber groß, da die Beobachtung des Farbumschlags ungenau ist, die Reagentien und Hemmstoffe den Indicator ändern können, ein möglicher Einfluß des Indicators auf die ChE nicht immer auszuschließen ist und außerdem durch die Änderungen des p_H-Wertes während der Reaktion die Substratspaltung nicht linear verläuft.

3. Die elektrotitrimetrische und elektrometrische Bestimmung. Benötigt wird in beiden Fällen ein sehr genau arbeitendes p_H-Meter. Bei der *elektrotitrimetrischen Methode* wird der p_H-Wert direkt nach dem Substratzusatz abgelesen und in Abständen von 5—10 min mit Alkali wieder auf den Anfangswert eingestellt. Aus der verbrauchten Alkalimenge (0,01 n) wird die Aktivität berechnet (z.B. μMol NaOH/ml Blut $\times t$). Es empfiehlt sich, unter CO_2-freien Bedingungen zu arbeiten. Die Methode hat den Nachteil, daß das Reaktionsvolumen nicht konstant bleibt. Elektrotitrimetrische Methoden wurden unter anderen von GLICK[9], ALLES und HAWES[10], SANZ[11] und MOMMAERTS u. Mitarb.[12] angegeben.

Elektrotitrimetrische Bestimmungen werden in Zukunft durch die zunehmende Einsatzmöglichkeit *automatischer Titratoren* größere Bedeutung erhalten. Der von LARSSON und HANSEN[13] beschriebene automatische Titrator ist für die Messung rascher Reaktionen und bei kinetischen Untersuchungen sehr geeignet[14]. Zur automatischen Titration im

[1] WURZEL, M.: Bull. Res. Coun. Israel (A) **9**, 5 (1960).
[2] NEUBERT, D., u. D. MAIBAUER: A.e.P.P. **233**, 163 (1958).
[3] SCHATZBERG-PORATH, G., J. ZAHAVY and S. GITTER: Nature **198**, 686 (1963).
[4] STEDMAN, E., E. STEDMAN and L.H. EASSON: Biochem. J. **26**, 2056 (1932).
[5] GLICK, D.: J. gen. Physiol. **21**, 289 (1938).
[6] SAWYER, C.H.: J. exp. Zool. **92**, 1 (1943).
[7] HALL, G.E., and C.C. LUCAS: J. Pharmacol. exp. Therap. **59**, 34 (1937).
[8] MORAND, P., and H. LABORIT: Rev. Méd. navale **1**, 15 (1946). Presse méd. **55**, 131 (1947).
[9] GLICK, D.: Biochem. J. **31**, 521 (1937). — Verwendet z.B. von SMALLMAN, B.N., and L.S. WOLFE: Enzymologia **17**, 133 (1954).
[10] ALLES, G.A., and R.C. HAWES: J. biol. Ch. **133**, 375 (1940).
[11] SANZ, M.C: Helv. physiol. Acta **2**, C 29 (1944). Exper. **2**, 111 (1946).
[12] MOMMAERTS, W.F.H.M., P.A. KHAIRALLAH and M.F. DICKENS: Circulation Res. **1**, 460 (1953).
[13] LARSSON, L., and B. HANSEN: Svensk kem. T. **68**, 521 (1956).
[14] TAMMELIN, L.-E.: Svensk kem. T. **70**, 157 (1958).

Blut und Gewebshomogenaten s.[1] und im Serum s.[2]. Eine weitere wichtige Verbesserung ist die Einführung der Doppelspritzenausrüstung, mit der recht genaue chemische Bestimmungen der ChE bei niedrigen und damit den physiologischen Verhältnissen angepaßteren Substratkonzentrationen bis herunter auf 2×10^{-6} möglich geworden sind[3]. Die Apparatur ist mit 2 Spritzen ausgerüstet; die erste enthält NaOH, die zweite Substratlösung in äquivalenter Konzentration; die Vorschubgeschwindigkeit ist bei beiden gleich. Dadurch wird das verbrauchte Substrat sofort wieder ersetzt, und die Titrationskurve verläuft auch bei sehr kleinen Substratkonzentrationen genügend lange linear. Ein einfaches Verfahren ohne komplizierte elektronische Schaltung wurde von DELAUNOIS angegeben[4].

Bei der *elektrometrischen Methode* wird der p_H-Wert vor und eine bestimmte Zeit nach dem Mischen von Enzym und Substrat bestimmt und aus der Differenz der Werte die Aktivität der ChE berechnet. In diesem Falle kann sich die Aktivität während der Beobachtungszeit durch die p_H-Verschiebung merklich ändern; der Fehler wird in der im folgenden beschriebenen Methode von MICHEL weitgehend korrigiert.

Die elektrometrische Methode von MICHEL[5] hat sich besonders bei klinischen Untersuchungen über die ChE-Aktivität der Erythrocyten und des Plasmas bewährt. Sie ist einfach und benötigt nur ein p_H-Meter mit Glaselektrode (Empfindlichkeit 0,01 p_H-Einheiten) und ein Wasserbad mit 25° C. Eine große Anzahl von Bestimmungen kann gleichzeitig ausgeführt werden. Da die ChE-Aktivität mit fallendem p_H-Wert (zwischen p_H 8 und p_H 6) abnimmt, wird ein Veronalpuffer benutzt, dessen Pufferkapazität sich in etwa gleicher Stärke vermindert. Die Pufferwirkung der Erythrocyten und des Plasmas ist wesentlich geringer als die des Mediums. Werden andere Enzymquellen benutzt (z.B. Gewebshomogenate), sollten ihre Pufferkapazität und die Korrekturwerte der unten angeführten Tabelle überprüft werden.

***Bestimmung der Plasma-Cholinesterase nach* MICHEL[5].**

Reagentien:

1. Pufferlösung: 0,006 m Natriumdiäthylbarbitursäure (1,2371 g), 0,001 m KH_2PO_4 (0,1361 g), 0,3 m NaCl (17,535 g). Die Substanzen werden in etwa 900 ml Aqua dest. gelöst, 11,6 ml 0,1 n HCl unter Schütteln zugesetzt und auf 1000,0 ml mit CO_2-freiem Aqua dest. aufgefüllt. Abweichungen vom Soll-p_H-Wert 8,0 bei 25° C, der vor jedem Versuch kontrolliert werden sollte, können durch Zugabe von HCl oder NaOH korrigiert werden. Die Lösung ist mehrere Wochen im Kühlschrank haltbar, danach nehmen der p_H-Wert und die Pufferkapazität langsam ab, und die Lösung ist zu verwerfen.
2. Substratlösung: 0,165 m Acetylcholinchlorid (3,0 g in 100,0 ml Aqua dest.).

Ausführung:

Plasma wird mit Aqua dest. so weit verdünnt, daß 1 ml der Lösung 0,02 ml Plasma enthält. 1 ml verdünntes Plasma wird mit 1 ml Pufferlösung gemischt und in einem Wasserbad auf 25° C eintemperiert. Dann mißt man den p_H-Wert (p_{H_1}) und gibt 0,2 ml der Acetylcholinlösung dazu. (Nach Zugabe der Substratlösung darf sich der p_H-Wert um nicht mehr als 0,01 p_H ändern. Stärkeres Absinken deutet auf Zersetzung der Substratlösung hin.) Nach 1—$1^1/_2$ Std wird der p_H-Wert wieder bestimmt (p_{H_2}) und die Aktivität nach der unten angegebenen Formel berechnet.

---

[1] JENSEN-HOLM, J., H. H. LAUSEN, K. MILTHERS and K. O. MØLLER: Acta pharmacol. toxicol., København 15, 384 (1959).
[2] JØRGENSEN, K.: Scand. J. clin. Lab. Invest. 11, 282 (1959).
[3] JENSEN-HOLM, J.: Acta pharmacol. toxicol., København 18, 379 (1961). — HEILBRONN, E.: Acta chem. scand. 12, 1879 (1958).
[4] DELAUNOIS, A. L.: Arch. int. Pharmacodyn. Thérap. 140, 351 (1962).
[5] MICHEL, H. O.: J. Lab. clin. Med. 34, 1564 (1949).

Bestimmung der Erythrocyten-Cholinesterase nach **Michel**[1].

Reagentien:

1. Pufferlösung: 0,02 m Natriumdiäthylbarbitursäure (4,1236 g), 0,004 m KH_2PO_4 (0,5446 g), 0,6 m KCl (44,73 g). Die Substanzen werden in etwa 900 ml CO_2-freiem Aqua dest. gelöst, 28,0 ml 0,1 n HCl unter Schütteln zugefügt und mit Aqua dest. auf 1000,0 ml aufgefüllt (p_H 8,10 bei 25° C).
2. Substratlösung: 0,11 m Acetylcholinchlorid (2,0 g in 100,0 ml Aqua dest.).
3. 0,01 %ige Saponinlösung.
4. 0,9 %ige NaCl-Lösung.

Ausführung:

5 ml heparinisiertes Blut werden in einem graduierten Röhrchen 15 min bei etwa 2000 U/min (etwa 800 g) zentrifugiert. Nach Entfernen des Plasmas werden die Erythrocyten mehrmals mit der NaCl-Lösung gewaschen. Danach wird nochmals 20 min zentrifugiert, die überstehende Flüssigkeit abgesaugt, das Volumen der Erythrocyten festgestellt und auf das doppelte Volumen mit NaCl-Lösung aufgefüllt. Kräftig schütteln! 0,4 ml dieser Erythrocytensuspension werden durch Zugabe von 9,6 ml der Saponinlösung hämolysiert. 1 ml dieser Lösung wird mit 1 ml der Pufferlösung gemischt und in einem Wasserbad auf 25° C eintemperiert. Der p_H-Wert der Lösung wird bestimmt (p_{H_1}), und dann werden 0,2 ml Acetylcholinlösung zugegeben. Nach 1—1½ Std bestimmt man den p_H-Wert (p_{H_2}) und berechnet die Aktivität. Die Aktivität wird ausgedrückt in p_H-Verschiebung/Std und berechnet nach:

$$p_H/\text{Std} = \frac{p_{H_1} - p_{H_2} - b}{t} f.$$

p_{H_1} = p_H-Wert zu Beginn der Bestimmung; p_{H_2} = p_H-Wert am Schluß der Bestimmung; b = Korrektur für die Selbsthydrolyse von Acetylcholin; t = Zeit in Std; f = Korrektur, um die Fehler auszuschalten, die durch die Verminderung der Enzymaktivität und der Pufferkapazität bei abnehmendem p_H-Wert entstehen. Die Werte für b und f bei verschiedenen p_{H_2}-Werten sind in der obenstehenden Tabelle angegeben. Die Werte sind der Originalarbeit entnommen.

Tabelle 2. *Korrekturfaktoren für elektrometrische ChE-Bestimmung nach* Michel[1].

p_{H_2}	Korrekturfaktoren für Erythrocyten-ChE		Korrekturfaktoren für Plasma-ChE	
	b	*f*	*b*	*f*
7,9	0,03	0,94	0,09	0,98
7,8	0,02	0,95	0,07	1,00
7,7	0,01	0,96	0,06	1,01
7,6	0,00	0,97	0,05	1,02
7,5	0,00	0,98	0,04	1,02
7,4	0,00	0,99	0,03	1,01
7,3	0,00	1,00	0,02	1,01
7,2	0,00	1,00	0,02	1,00
7,1	0,00	1,00	0,02	1,00
7,0	0,00	1,00	0,01	1,00
6,8	0,00	0,99	0,01	1,00
6,6	0,00	0,97	0,01	1,01
6,4	0,00	0,97	0,01	1,02
6,2	0,00	0,97	0,01	1,04
6,0	0,00	0,99	0,01	1,09

Die Faktoren gelten für 0,02 ml Erythrocyten oder Plasma.

Mit der Methode von Michel wurden folgende Normalwerte im menschlichen Blut gewonnen; in den meisten zitierten Arbeiten finden sich auch Angaben über pathologische Veränderungen besonders bei Lebererkrankungen:

Serum-ChE: Männer 0,70[1]; 0,94[2]; 0,98[3]; Männer 0,95, Frauen 0,78[4]; 1,08[5]; Kinder 0,96[6]; 0,60[7]; 0,91[8]; Männer 0,91, Frauen 0,76[9]; Männer 0,93, Frauen 0,82[10]; Männer

[1] Michel, H. O.: J. Lab. clin. Med. **34**, 1564 (1949).
[2] Vorhaus, L. J., H. H. Scudamore and R. M. Kark: Gastroenterology **15**, 304 (1950).
[3] Scudamore, H. H., L. J. Vorhaus and R. M. Kark: Blood **6**, 1260 (1951). J. Lab. clin. Med. **37**, 860 (1951).
[4] Fremont-Smith, K., W. Volwiller and P. A. Wood: J. Lab. clin. Med. **40**, 692 (1952).
[5] Mann, J. D., W. I. Mandel, P. L. Eichman, M. A. Knowlton and V. M. Sborov: J. Lab. clin. Med. **39**, 543 (1952).
[6] Saunders, J. P., H. R. Sandstead, R. E. Butler and O. Mickelsen: J. Nutr. **47**, 191 (1952).
[7] Strehler, E., u. H. Meyer: Helv. med. Acta **19**, 555 (1952).
[8] Wolfsie, J. H., and G. D. Winter: A. M. A. Arch. indust. Hyg. **6**, 43 (1952).
[9] Limperos, G., and K. E. Ranta: Science, N. Y. **117**, 453 (1953).
[10] Reinhold, J. G., L. G. Tourigny and V. L. Yonan: Amer. J. clin. Path. **23**, 645 (1953).

0,65; Frauen 0,62; Kinder 0,71[1]; Männer 0,87, Frauen 0,95[2]; 0,79[3]; Männer 0,95, Frauen 0,82[4].

Die Übersicht zeigt die bekannten großen Schwankungen der Serum-ChE, die bei der Beurteilung der Messungen im Einzelfall berücksichtigt werden müssen. Nach STREHLER und MEYER nimmt bei längerem Lagern des Serums die Aktivität zu, Rauchen vor der Blutentnahme senkt sie[5].

Erythrocyten-ChE: 0,75[6]; 0,71[7]; 0,86[8]; 0,77[9]; 0,75[10]; 0,77[11]; Männer 0,71, Frauen 0,66, Kinder 0,68[1]; Frauen 0,74, Neugeborene 0,50[12]; Männer 0,77, Frauen 0,75[4].

Die Aktivität der Serum- und Erythrocyten-ChE schwankt bei demselben Menschen über längere Zeiten in gewissem Umfang, die Schwankungen sind nicht jahreszeitlich bedingt[13].

Die Methode wurde von TAMMELIN[14] apparativ so erweitert, daß sechs Messungen gleichzeitig registriert werden können; sie wurde unter anderem geprüft und leicht modifiziert von ALCALDE[15], ALDRIDGE und DAVIES[16] und STREHLER und MEYER[5]. Eine weitere Verbesserung der Modifikation von TAMMELIN konnte durch Einsatz eines automatischen Titrators erzielt werden[17].

Das gleiche Prinzip wie MICHEL benutzten COURVILLE und LEDINGTON[18]. Sie maßen genau die Zeit (3—4 min), in der der p_H-Wert von 8,20 auf 7,80 bei 24° C abfiel. Der Reaktionsansatz bestand aus 5 ml H_2O, 5 ml 0,1 m Acetylcholinbromidlösung (p_H 6,0), 5 ml Carbonat-Hydrogencarbonatlösung (hergestellt durch Mischen von 0,1 m Na_2CO_3-Lösung und 0,1 m $NaHCO_3$-Lösung auf p_H 8,8) und 1 ml Serum. GREENBERG und CALVERT[19] vermieden den Arbeitsgang der Plasmaverdünnung, indem sie direkt zu einer 1:1-Mischung der Pufferlösung und Aqua dest. 0,02 ml Plasma mit einer Sahli-Hämoglobinometer-Pipette zugaben. In der Arbeit wird außerdem eine Vorrichtung zur schnellen Reinigung der Pipetten angegeben. HANSSON[20] erzielte bei Untersuchungen über die Hydrolyse besonders von Succinylcholin und weiter von Acetylcholin, Acetyl-β-methylcholin und Butyrylcholin durch Blut und Muskulatur von Pferden, Rindern, Schweinen und Hunden genauere Resultate, wenn der MICHEL-Puffer im Verhältnis 1:3 verdünnt verwendet wurde.

BURMAN[21] modifizierte die Methode für die Erythrocyten-ChE, um die Aktivität auch bei Kindern, die eine geringere ChE-Aktivität im Blut besitzen, messen zu können: 0,3 ml der Erythrocyten-Suspension werden durch Zugabe von 9,7 ml der Saponinlösung hämolysiert. 0,4 ml dieser Lösung werden mit 2,0 ml des Puffers gemischt und in einem Wasser-

---

[1] OKA, M.: Acta med. scand. **149**, Supp. **239** (1954); **150**, 313 (1954).
[2] HEINECKER, R., u. H. LOSSE: Kli. Wo. **1955**, 870.
[3] MOORE, C.B., R. BIRCHALL, H.M. HORACK and H.M. BATSON: Amer. J. med. Sci. **234**, 538 (1957).
[4] RIDER, J.A., J.L. HODGES jr., J. SWADER and A.D. WIGGINS: J. Lab. clin. Med. **50**, 376 (1957).
[5] STREHLER, E., u. H. MEYER: Helv. med. Acta **19**, 555 (1952).
[6] MICHEL, H.O.: J. Lab. clin. Med. **34**, 1564 (1949).
[7] SCUDAMORE, H.H., L.J. VORHAUS and R.M. KARK: Blood **6**, 1260 (1951). J. Lab. clin. Med. **37**, 860 (1951).
[8] WOLFSIE, J.H., and G.D. WINTER: A.M.A. Arch. indust. Hyg. **6**, 43 (1952).
[9] MARCHAND, J.F.: J. amer. med. Ass. **149**, 738 (1952).
[10] SUMERFORD, W.T., W.J. HAYES jr., J.M. JOHNSTON, K. WALKER and J. SPILLANE: A.M.A. Arch. indust. Hyg. **7**, 383 (1953).
[11] FRYER, J.H., R.G.D. STEEL and H.H. WILLIAMS: Arch. indust. Hlth. **12**, 406 (1955).
[12] PRITCHARD, J.A., and R. WEISMAN jr.: J. Lab.clin. Med. **47**, 98 (1956).
[13] GAGE, J.C.: Brit. med. J. **1955 I**, 1370.
[14] TAMMELIN, L.-E.: Scand. J. clin. Lab. Invest. **5**, 267, 271 (1953). — s.a. HEILBRONN, E.: Scand. J. clin. Lab. Invest. **5**, 308 (1953).
[15] ALCALDE, J.M.O.: J. Lab. clin. Med. **36**, 391 (1950).
[16] ALDRIDGE, W.N., and D.R. DAVIES: Brit. med. J. **1952 I**, 945.
[17] EINSEL, D.W. jr., H.J. TRURNIT, S.D. SILVER and E.C. STEINER: Analyt. Chem., Washington **28**, 408 (1956).
[18] COURVILLE, D.A., and W. LEDINGTON: J. biol. Ch. **190**, 575 (1951).
[19] GREENBERG, S., and C. CALVERT: Med. Techn. Bull. **8**, 59 (1957).
[20] HANSSON, C.-H.: Acta pharmacol. toxicol., København **12**, 142 (1956); **13**, 142 (1957).
[21] BURMAN, D.: Amer. J. clin. Path. **37**, 134 (1962).

bad auf 37° C eintemperiert. Der p_H-Wert wird notiert (p_{H1}), und anschließend werden 0,6 ml der Acetylcholin-Lösung zugegeben. Genau nach 30 min wird wieder abgelesen (p_{H2}) und die Aktivität berechnet nach

$$\frac{p_{H1} - p_{H2} - 0{,}06}{0{,}12 \times V} = \text{E/ml Erythrocytenvolumen}$$

(0,06 = Korrektur für die Selbsthydrolyse, V = Volumen des Erythrocytenbreis in der Zellsuspension als Verhältnis zu 1).

Durch die geringere Pufferkapazität und die höhere Versuchstemperatur können niedrigere Aktivitäten (z.B. bei Neugeborenen) mit der gleichen Genauigkeit gemessen werden, wie mit der Originalmethode. Außerdem wird der Zeitbedarf für eine Bestimmung reduziert. Normalwerte von 71 Erwachsenen $9{,}96 \pm 0{,}90$ E.

Die Erfahrungen bei der Überwachung von Arbeitern, die in der Industrie und Landwirtschaft mit organischen Phosphaten in Berührung kommen, wurden eingehend besprochen[1]. MEYER und WILBRANDT[2] benutzten für ihre Messungen nur 0,3 ml Blut aus der Fingerbeere. Die Aktivität der Serum-ChE bestimmten sie im Vollblut mit Butyrylcholin als Substrat. Zur raschen aber nur angenäherten Bestimmung der Erythrocyten-ChE im Vollblut s.[3]. Zur Bestimmung im Hundeblut s.[4]. Eine photometrische Indicatormethode, bei der Phenolrot als Indicator benutzt wird und bei der die Werte in Einheiten nach MICHEL umgerechnet werden, wurde von REINHOLD u. Mitarb.[5] angegeben.

4. Die manometrische Bestimmung. Die manometrische Methode nach WARBURG wurde zum erstenmal von AMMON[6] für die Bestimmung der ChE-Aktivität benutzt. Sie gehört heute zu den gebräuchlichen Routinemethoden und kann für alle Enzympräparate verwendet werden. Sie hat den großen Vorteil, daß viele Ansätze und die Kontrollen gleichzeitig beobachtet und die Reaktionsverläufe in den Einzelansätzen durch häufige Ablesungen genau festgelegt werden können. Sie ist daher besonders bei kinetischen Untersuchungen sehr vorteilhaft. Sie hat den Nachteil, daß die Messungen auf einen sehr engen p_H-Bereich beschränkt sind. Das Medium enthält grundsätzlich Hydrogencarbonat; daher sind manometrische Bestimmungen bei Untersuchungen über den Einfluß von anorganischen Ionen auf die ChE nicht zu empfehlen.

Prinzip: Die bei der Hydrolyse der Ester frei werdende Säure setzt aus dem Medium, das Natriumhydrogencarbonat enthält, äquivalente Mengen an CO_2 frei, die manometrisch bestimmt werden.

Bezüglich der allgemeinen Technik und Ausrüstung s. Bd. VI/A, S. 55ff. sowie [7].

Allgemeine Richtlinien: Als Reaktionsgefäße werden am besten die gewöhnlichen Nicolai-Tröge mit einem Seitenansatz benutzt (Volumen etwa 15 ml). Hemmungsversuche, bei denen Hemmstoff und Substrat getrennt zu bestimmten Zeiten mit dem Enzym gemischt werden sollen (z.B. bei Versuchen mit organischen Phosphaten oder Carbamaten), führt man in Gefäßen mit zwei Seitenansätzen aus. Beim Mischen von Substrat und Enzym werden die Gefäße aus dem Wasserbad genommen, dadurch wird das Temperaturgleichgewicht gestört, und man muß einige Minuten warten, bis wieder genaue Ablesungen möglich sind. Diese thermischen Effekte lassen sich durch eine Kippvorrichtung im Wasserbad[8] oder durch Verwendung von Gefäßen mit magnetischer

---

[1] WOLFSIE, J.H.: A.M.A. Arch. indust. Hlth. **16**, 403 (1957).
[2] MEYER, A., und W. WILBRANDT: Helv. physiol. Acta **12**, 206 (1954). — s. a. STEFENELLI, N.: Kli. Wo. **1961**, 1019.
[3] MACDONALD, W.E. jr., C.B. POLLARD and A.H. GROPP: A.M.A. Arch. indust. Hyg. **6**, 271 (1952).
[4] CLANET, F., et P. ANDRÉ: Rev. Méd. navale **13**, 139 (1958).
[5] REINHOLD, J.G., L.G. TOURIGNY and V.L. YONAN: Amer. J. clin. Path. **23**, 645 (1953). — s.a. MOLANDER, D.W., M.M. FRIEDMAN and J.S. LA DUE: Ann. internal Med., Chicago **41**, 1139 (1954).
[6] AMMON, R.: Pflügers Arch. **233**, 486 (1934).
[7] UMBREIT, W.W., R.H. BURRIS and J.F. STAUFFER: Manometric Techniques and Tissue Metabolism. Minneapolis, 3. Ed., II. Printing, 1959.
[8] HARDEGG, W., u. H. SCHAEFFER: Pflügers Arch. **255**, 136 (1952).

2. Natronlauge 3,5 n (= 14,0 g in 100 ml H_2O).
3. Salzsäure konzentriert (1,18), verdünnt mit 2 Teilen H_2O.
4. Eisen(III)chlorid 0,37 m in 0,1 n HCl (= 10,0 g $FeCl_3 \cdot 6\,H_2O$ in 100 ml 0,1 n HCl).
5. Substrat, z.B. Acetylcholinchlorid 0,004 m in 0,001 n Natriumacetat (p_H 4,5) 14 Tage in der Kälte haltbar. Man kann auch eine Stammlösung (0,04 m = 0,7266 g Acetylcholinchlorid in 100 ml HCl-Lösung mit einem p_H-Wert von 4,0) ansetzen, die vor dem Versuch 1:10 mit dem Puffer verdünnt wird.
6. Puffer, z.B. Phosphatpuffer 0,66 m, p_H 7,2 (2,72 g KH_2PO_4 und 16,72 g $Na_2HPO_4 \cdot 12\,H_2O$ gelöst in 1 l H_2O).

Apparative Ausrüstung:

Colorimeter zur Messung bei 540 mμ oder besser ein Spektralphotometer.

Ausführung:

ChE-Präparat und Substrat werden in dem gewünschten Medium bei konstanter Temperatur miteinander inkubiert. Ein Ansatz, in dem das Enzym durch die gleiche Menge Wasser oder Puffer ersetzt ist, dient zur Bestimmung der Selbsthydrolyse des Substrats, die aber meistens sehr klein ist und dann vernachlässigt werden kann. Nach der Inkubationszeit werden 1,0 ml der Lösung mit 2,0 ml einer alkalischen Hydroxylaminlösung gemischt, die aus gleichen Teilen von Reagens 1 und 2 jeweils frisch zubereitet wird und die bis zu 3 Std bei Raumtemperatur haltbar ist. Frühestens 1 min später wird der p_H-Wert durch 1,0 ml Reagens 3 auf 1,2 ($\pm$ 0,2) erniedrigt und 1,0 ml Reagens 4 zugegeben. Die Dichte der purpurroten Farbe wird sofort in einem photoelektrischen Colorimeter bzw. Spektrophotometer bei 540 mμ bestimmt.

Zur Korrektur der unspezifischen Absorption benutzt man den gleichen Ansatz, jedoch werden zuerst die Säure und dann erst die alkalische Hydroxylaminlösung zugegeben; unter diesen Bedingungen bildet sich keine Hydroxamsäure.

Die Lösungen müssen nach jeder Zugabe gut geschüttelt werden, damit keine störenden Luftblasen bei der Bestimmung auftreten. Zu dunkle Lösungen werden mit einer 0,074 m Eisen(III)chloridlösung in 0,1 n HCl (2,0 g $FeCl_3 \cdot 6\,H_2O$ in 100 ml 0,1 n HCl) entsprechend verdünnt. Beimengungen von Eiweiß werden durch die Säure und das Eisensalz gefällt und müssen gegebenenfalls durch kurzes Zentrifugieren oder Filtrieren entfernt werden. Bei Anwesenheit eines Puffers muß die Stärke der Säure angepaßt werden; es empfiehlt sich, den p_H-Wert nach Zugabe von Reagens 4 in Vorversuchen zu kontrollieren. Sind Stoffe vorhanden, die Eisen binden, muß die Eisen(III)chlorid-Konzentration erhöht werden.

Der Konzentrationsbereich, in dem gemessen werden kann, liegt zwischen 5 und 0,04 μm Acetylcholin/ml der Endlösung.

Die Konzentrationsberechnung aus der Extinktion kann mit Hilfe eines Proportionalitätsfaktors, der mit der Standardsubstratlösung (Reagens 5) gewonnen wird, oder an Hand einer Eichkurve erfolgen. Die Eichkurve wird hergestellt, indem 0,0, 0,2, 0,4, 0,8 und 1 ml Reagens 5 in Reagensgläser gegeben werden und jeweils auf 1 ml mit Wasser oder Puffer aufgefüllt wird. Anschließend wird, wie oben angegeben, alkalische Hydroxylaminlösung, Salzsäure und Eisen(III)chloridlösung zugesetzt und gegen den Leerwert ohne Substrat photometriert.

Die relative Extinktion von etwa 40 anderen Estern, Säureanhydriden und Lactonen gegenüber Acetylcholin ist in der Originalarbeit angegeben. Zur Extinktion bei weiteren Estern s. GRAUERS[1], HEILBRONN[2], PILZ[3]. Die Färbung des Eisen(III)-Komplexes blaßt mit der Zeit ab, und zwar besonders bei p_H-Werten über 1,2; er ist nach AKSNES[4] an sich recht stabil, jedoch reduziert das Hydroxylamin, das im Überschuß zugesetzt werden muß, teilweise das Fe(III) zu Fe(II).

[1] GRAUERS, S.: Acta chem. scand. **6**, 1223 (1952).
[2] HEILBRONN, E.: Acta chem. scand. **10**, 337 (1956).
[3] PILZ, W.: Z. analyt. Chem. **166**, 189 (1959).
[4] AKSNES, G.: Acta chem. scand. **11**, 710 (1957); dort Weiteres zur Theorie der Komplexbildung.

Der Einfluß des p_H-Wertes und der Eisenkonzentration auf die Reaktionsgeschwindigkeit und die Extinktion bei verschiedenen Essigsäureestern wurde von PILZ[1] genauer untersucht.

Die Methode von HESTRIN wurde vielfach angewendet und je nach dem benutzten Enzympräparat mehr oder weniger modifiziert. Für die Bestimmung im Blut empfiehlt sich eine Plasmamenge von 4—10 μl/1 ml gepufferte Acetylcholinlösung, Inkubation 30 min bei 37° C. Bei Erythrocyten nimmt man eine Menge von etwa 2—5 μl gewaschenes Sediment; die Erythrocyten sind gegebenenfalls vorher zu hämolysieren (durch Zusatz von Aqua dest. im Verhältnis 1:5). Eine mehrfach benutzte Modifikation für die Plasma- und Erythrocyten-ChE wurde von METCALF[2] zur schnellen Erkennung von Phosphatvergiftungen und von DE LA HUERGA u. Mitarb.[3] angegeben. Siehe unter anderem zur Bestimmung im Blut[4], im Serum[5], in Erythrocyten[6] und im Rattenvollblut[7].

FLEISHER und POPE[8] arbeiteten eine Modifikation zur Bestimmung im Vollblut aus, die zur Prophylaxe von Phosphatvergiftungen geeignet ist: 0,05 ml Blut werden mit einer Mikropipette abgenommen und mit 0,95 ml einer 0,01 %igen Saponinlösung gemischt. Nach Zugabe von 1,0 ml Phosphatpuffer (0,134 m, p_H 7,2) mit 0,004 m Acetylcholin wird 10 min bei 25° C inkubiert und die Reaktion mit 4,0 ml der alkalischen Hydroxylaminlösung abgestoppt. Frühestens 1 min später werden 2,0 ml der konzentrierten Salzsäure und 2,0 ml der Eisen(III)-chloridlösung zugesetzt. Die Lösung wird filtriert und 10 min später die Bestimmung ausgeführt. Unter normalen Verhältnissen ist die ChE-Aktivität zu etwa 80 % auf die Erythrocyten und zu etwa 20 % auf das Plasma zurückzuführen. Bei je 25 Männern und Frauen wurden durchschnittlich 2,38 bzw. 2,18 μm Acetylcholin hydrolysiert.

Für die Modifikation von COOK[9] zum Nachweis von organischen Phosphatinsecticiden, die auf der Bestimmung der Hemmung von menschlicher Serum-Cholinesterase beruht, wurde vorgeschlagen[10], das Eisen(III)chlorid erst nach dem Filtrieren oder Zentrifugieren unmittelbar vor der Messung zuzusetzen, um die Fehler durch das Abblassen der Farbe des Komplexes zu vermeiden.

BONTING und FEATHERSTONE[11] adaptierten die Methode für die gleichzeitige Bestimmung der ChE und der Eiweißkonzentration in sehr kleinen Gewebsmengen (z.B. 50 μg Nervengewebe oder 0,2 μl Serum). Die Modifikation soll sich für den Routinegebrauch eignen.

***Bestimmung der Cholinesterase mit der Eisen(III)nitrat-Methode von* BENGER *und* KAISER[12].**

Die Methode von HESTRIN wurde von BENGER und KAISER kritisch überprüft. Sie schlugen an Stelle von Eisen(III)-chlorid in salzsaurer Lösung die Verwendung von Eisen(III)nitrat in salpetersaurer Lösung vor und erhielten ein deutlich ausgeprägtes Absorptionsmaximum bei 505 mμ; die Extinktionen lagen um etwa 30 % höher als bei Verwendung von Eisen(III)-chlorid.

---

[1] PILZ, W.: Z. analyt. Chem. **162**, 81 (1958).
[2] METCALF, R.L.: J. econ. Entomol. **44**, 883 (1951).
[3] DE LA HUERGA, J., C. YESINICK and H. POPPER: Amer. J. clin. Path. **22**, 1126 (1952).
[4] PILZ, W.: Kli. Wo. **1958**, 1017. Z. ges. exp. Med. **132**, 310 (1959).
[5] VINCENT, D., et G. SEGONZAC: Ann. Biol. clin., Paris **16**, 227 (1958).
[6] GUYOT, H.: C. R. Soc. Biol. **155**, 1649 (1961). — JANAH, S., B.R. CHATTERJEE, D.N. BHOWMIK, B.C. RUDRA and S.N. CHAUDHURI: Expos. ann. Biochim. méd. **16**, 17 (1956).
[7] PILZ, W., u. G. KIMMERLE: H. **327**, 280 (1962).
[8] FLEISHER, J. H., and E. J. POPE: A.M.A. Arch. indust. Hyg. **9**, 323 (1954). — FLEISHER, J.H., E.J. POPE and S.F. SPEAR: A.M.A. Arch. indust. Hyg. **11**, 332 (1955). — s.a. SABINE, J.C.: Blood **10**, 1132 (1955).
[9] COOK, J.W.: J. Ass. agric. Chem. **37**, 561 (1954).
[10] ROSENTHAL, N.R.: J. Ass. agric. Chem. **43**, 737 (1960).
[11] BONTING, S.L., and R.M. FEATHERSTONE: Arch. Biochem. **61**, 89 (1956).
[12] BENGER, H., u. E. KAISER: Sci. pharmaceut., Wien **25**, 1 (1957).

Reagentien:

1. Hydroxylamin-nitrat: 17,5 g Silbernitrat und 7,0 g Hydroxylaminhydrochlorid werden getrennt in je 25 ml H_2O gelöst und beide Lösungen unter gutem Umschütteln vereinigt. Man läßt einige Zeit stehen und saugt anschließend das gebildete Silberchlorid ab. Die Lösung ist im Kühlschrank gut haltbar.
2. Natronlauge 3,5 n (14,0 g in 100 ml H_2O).
3. Salpetersäure, etwa 3,5 n (1 Teil konz. HNO_3, $D = 1{,}40 + 3$ Teile H_2O).
4. Eisen(III)nitrat 15%; 15,0 g $Fe(NO_3)_3 \cdot 9\,H_2O$ und 4,0 ml konz. HNO_3 ($D = 1{,}40$) werden auf 100,0 ml in H_2O gelöst.
5. Substratlösung.
6. Pufferlösung.

Ausführung:

Sie gleicht im Prinzip der bei der Eisen(III)chlorid-Methode. 1,0 ml der zu untersuchenden Lösung werden mit 2,0 ml einer alkalischen Hydroxylaminlösung gemischt, die direkt vor dem Gebrauch aus gleichen Teilen von Reagens 1 und 2 hergestellt und filtriert wird, um das ausgeschiedene Silber zu entfernen; die Lösung ist nur kurze Zeit haltbar! Nach 10 min werden 1,0 ml Salpetersäure (Reagens 3) und anschließend 1,0 ml Eisen(III)nitratlösung (Reagens 4) zugegeben.

Die Messung erfolgt bei 505 mμ gegen einen Leerwert, bei dem an Stelle der zu untersuchenden Lösung 1,0 ml H_2O oder, um unspezifische Absorptionen auszuschalten, 1,0 ml der Enzymlösung ohne Substrat verwendet wird. Die Farbreaktion gehorcht dem LAMBERT-BEERschen Gesetz in einem Konzentrationsbereich von 0,25—4 μm Acetylcholin/ml Endansatz (0,05—0,8 mg). Die Konzentration liest man an einer Eichkurve ab, die mit verschiedenen Acetylcholinkonzentrationen zwischen 0,5—4 μm/ml bestimmt wird.

Die Extinktionen von Acetylcholin und einigen Bernsteinsäure- und Adipinsäureestern von Cholin und dessen Homologen sind in der Originalarbeit angegeben.

Die bisherigen Erfahrungen mit der Eisen(III)nitrat-Methode bei der ChE-Bestimmung sind noch gering. Sie wurde mit Erfolg bei der Bestimmung von Gewebs-ChE eingesetzt und hat gegenüber der titrimetrischen Methode den Vorteil, daß nur etwa 10% an Gewebe benötigt wird[1].

Weitere photometrische Methoden. Die bei der Substrathydrolyse auftretende p_H-Änderung läßt sich an Hand der Farbänderung eines Indicators verfolgen. Als Indicatoren wurden Phenolrot[2], Phenolphthalein[3] und Bromthymolblau[4] verwendet. Das Verfahren ist für Routineuntersuchungen geeignet, es gelten aber im Prinzip die gleichen Einschränkungen wie bei der titrimetrischen Bestimmung mit Indicatoren.

Die colorimetrische Methode von RAVIN, TSOU und SELIGMAN[5] benutzt als Substrat β-Carbonaphthoxycholin. Aus der frei werdenden β-Naphthylcarbonsäure bildet sich spontan β-Naphthol, das mit einem Diazoniumsalz gekoppelt und colorimetrisch bestimmt werden kann. Die Methode hat einige Nachteile, sie wurde verbessert von ERDÖS und DEBAY[6]: Die Hydrolyse wird im UV-Bereich mit einem registrierenden Spektralphotometer verfolgt, das Absorptionsmaximum für β-Naphthol liegt bei 327,5 mμ. β-Carbonaphthoxycholin ist nicht, wie ursprünglich angenommen wurde, ein spezifisches Substrat

---

[1] JENSEN-HOLM, J., H. H. LAUSEN, K. MILTHERS and K. O. MØLLER: Acta pharmacol. toxicol., København **15**, 384 (1959).

[2] REINHOLD, J. G., L. G. TOURIGNY and V. L. YONAN: Amer. J. clin. Path. **23**, 645 (1953). — LOWRY, O. H., N. R. ROBERTS, M.-L. WU, W. S. HIXON and E. J. CRAWFORD: J. biol. Ch. **207**, 19 (1954). — MOLANDER, D. W., M. M. FRIEDMAN and J. S. LADUE: Ann. internal Med., Chicago **41**, 1139 (1954). — CARAWAY, W. T.: Amer. J. clin. Path. **26**, 945 (1956). — RAPPAPORT, F., J. FISCHL and N. PINTO: Clin. chim. Acta, Amsterdam **4**, 227 (1959).

[3] GRÉGOIRE, J., J. GRÉGOIRE et N. LIMOZIN: Bull. Soc. Chim. biol. **37**, 65, 81 (1955); **38**, 147 (1956).

[4] BIGGS, H. G., S. CAREY and D. B. MORRISON: Amer. J. clin. Path. **30**, 181 (1958).

[5] RAVIN, H. A., K.-C. TSOU and A. M. SELIGMAN: J. biol. Ch. **191**, 843 (1951). — s. a. SLEISENGER, M. H., T. P. ALMY, H. GILDER and G. PERLE: J. clin. Invest. **32**, 466 (1953).

[6] ERDÖS, E. G., and C. R. DEBAY: Biochim. biophys. Acta **39**, 551 (1960).

der Serum-ChE (ChE II), es wird auch durch Erythrocyten- und Schlangengift-ChE angegriffen.

Die colorimetrische Methode von HANKER, GELBERG und WITTEN[1] beruht auf dem Prinzip, daß unter anderem Acetylcholin, Acetyl-β-methylcholin, Succinylcholin und weiter auch Phenylbenzoat und Phenylacetat eine positive SCHÖNEMANN-Reaktion geben; gemessen wird die Konzentration des nicht hydrolysierten Substrats.

Indophenylacetat wird durch ChE hydrolysiert; das purpurblau gefärbte Spaltprodukt kann bei 625 mμ in einem Konzentrationsbereich von $2{,}5 \times 10^{-5}$ bis 6×10^{-4} m gemessen werden[2]; zur Bestimmung bei Anwesenheit von ChE-Hemmstoffen s. [3].

Die einfache colorimetrische Methode von GOMORI[4] zur Bestimmung der Serum-ChE mit Phenylbenzoat als Substrat wurde neuerdings modifiziert und verbessert[5]. Die ChE im Glaskörper wurde direkt photometrisch bei 270 mμ mit Phenylacetat bestimmt[6].

Bei der Routinemethode von MAIN[7] zur raschen spektrophotometrischen Bestimmung der Serum-ChE mit o-Nitrophenylbutyrat als Substrat wird das frei werdende o-Nitrophenol bei 414 mμ gemessen; die Genauigkeit liegt bei 2,5%, für jeden Ansatz werden 2—3 min Arbeitszeit benötigt.

Thioester weisen im UV-Bereich charakteristische Absorptionsbanden auf; die Aktivität gereinigter ChE läßt sich bei 200 mμ mit Acetylthiocholin oder Butyrylthiocholin rasch bestimmen[8]. Von GAL und ROTH[9] wurden zwei Methoden mit Acetylthiocholin als Substrat beschrieben; die erste beruht auf der Abnahme seiner optischen Dichte bei 229 mμ durch die Aufspaltung der C—S-Bindung, die zweite auf der Reduktion von 2,6-Dichlorindophenol durch das bei der Hydrolyse frei werdende Thiocholin, die bei 600 mμ gemessen wird; die Methode gestattet die Bestimmung der ChE in 1—10 μl Blut oder Gewebsextrakt. Die frei werdenden Sulfhydrylgruppen lassen sich auch mit der Nitroprussid-Reaktion bei 520 mμ nachweisen[10]. Bei der neuerdings beschriebenen Methode von ELLMAN u. Mitarb.[11] läßt man das Thiocholin mit 5,5-Dithio-bis-2-nitrobenzoat reagieren, das dem Reaktionsgemisch schon vor der Inkubation zugesetzt wird. Das sich bildende gelbe Anion von 5-Thio-2-nitrobenzoesäure wird bei 412 mμ gemessen; die Methode ist sehr empfindlich und erlaubt die Festlegung der Spaltkurven in jedem einzelnen Ansatz. Thiocholin läßt sich auch polarographisch bestimmen, daraus wurde eine Bestimmungsmethode mit Acetylthiocholin als Substrat entwickelt[12]. Siehe weiter [13].

BOCKENDAHL[14] beschrieb neuerdings eine Methode, bei der das freigesetzte Cholin unter Reduktion von Cytochrom c durch Leber-Cholindehydrogenase oxydiert wird. Das reduzierte Cytochrom c wird photometrisch bestimmt.

Weiter kann die Hydrolyse von Benzoylcholin (s. unten), die Hydrolyse von Murexin[15] bei 317 mμ, die Hydrolyse von Acetylsalicylsäure[16] bei 290—300 mμ und die Hydrolyse

[1] HANKER, J.S., A. GELBERG and B. WITTEN: J. amer. pharmaceut. Ass., sci. Ed., **47**, 728 (1958).
[2] KRAMER, D.N., and R.M. GAMSON: Analyt. Chem., Washington **30**, 251 (1958).
[3] ARCHER, T.E., and G. ZWEIG: J. agric. Food Chem. **7**, 178 (1959).
[4] GOMORI, G.: J. Lab. clin. Med. **34**, 275 (1949). — s. a. RIDER, J.A., H.C. MOELLER and K.P. DUBOIS: Proc. Soc. exp. Biol. Med. **76**, 427 (1951).
[5] SMITH, R.L., H. LOEWENTHAL, H. LEHMANN and E. RYAN: Clin. chim. Acta, Amsterdam **4**, 384 (1959).
[6] ZELLER, E.A.: Arch. Biochem. **61**, 231 (1956).
[7] MAIN, A. R., K. E. MILES and P. E. BRAID: Biochem. J. **78**, 769 (1961).
[8] TABACHNICK, I.I.A.: Biochim. biophys. Acta **21**, 580 (1956). — TABACHNICK, I.I.A., J. MERSHON, M.E. GRELIS and A.A. RUBIN: Arch. int. Pharmacodyn. Thérap. **114**, 351 (1958).
[9] GAL, E.M., and E. ROTH: Clin. chim. Acta, Amsterdam **2**, 316 (1957).
[10] McOSKER, D.E., and L.J. DANIEL: Arch. Biochem. **79**, 1 (1959).
[11] ELLMAN, G.L., K.D. COURTNEY, V. ANDRES, jr. and R.M. FEATHERSTONE: Biochem. Pharmacol. **7**, 88 (1961).
[12] FISEROVA-BERGEROVA: Coll. Czech. chem. Comm. **27**, 693 (1962); **28**, 3311 (1963).
[13] CURTAIN, C. C.: Analyt. Biochem. **8**, 184 (1964).
[14] BOCKENDAHL, H.: H. **336**, 172 (1964).
[15] FOLDES, F.F., E.G. ERDÖS, N. BAART and S.P. SHANOR: Proc. Soc. exp. Biol. Med. **94**, 500 (1957).
[16] HOFSTEE, B.H.J.: Science, N.Y. **114**, 128 (1951).

verschiedener Fettsäureester von m-Hydroxybenzoesäure[1] bei 300 mμ direkt verfolgt werden.

***Spektrophotometrische Bestimmung der Serum-Cholinesterase mit Benzoylcholin als Substrat nach* Kalow *und* Lindsay[2].**

Reagentien:

1. Phosphatpuffer, 0,66 m, p_H 7,4 (7,584 g wasserfreies Na_2HPO_4 und 1,8156 g wasserfreies KH_2PO_4 auf 1000 ml H_2O).
2. Substrat Benzoylcholinchlorid 1×10^{-4} m (12,2 mg auf 500 ml Puffer).

Ausrüstung:

Spektralphotometer für UV-Messung, nach Möglichkeit mit Temperaturkonstanthalter. Quarzküvetten 10 mm.

Ausführung:

2,0 ml Substratlösung und 2,0 ml verdünntes Serum (0,1 ml Serum + 10,0 ml Puffer) werden rasch gemischt und in eine Quarzküvette gegeben, Substratkonzentration im Endansatz 5×10^{-5} m. Über 4 min wird bei 240 mμ alle 20 sec abgelesen. Der Leerwert wird mit 2,0 ml verdünntem Serum und 2,0 ml Puffer angesetzt. Auf Temperaturkonstanz ist zu achten. Als Einheit wird die Abnahme der Extinktion in 3 min benutzt. Korrekturfaktoren für Temperaturänderungen sind in der Originalarbeit angegeben. Die Fehlerbreite beträgt $\pm 2{,}5\,\%$. Die Serummenge kann verringert werden, wenn über längere Zeit abgelesen wird. Zur klinischen Messung s. [3].

Nachweis der atypischen Serum-Cholinesterase beim Menschen.

Von größerer klinischer Bedeutung ist die Feststellung, daß die menschliche Serum-ChE in mindestens zwei verschiedenen, genetisch determinierten Varianten vorkommt. Man unterscheidet drei Phänotypen, die normale, die intermediäre und die atypische Form. Die atypische ChE unterscheidet sich von der normalen hauptsächlich durch ihre geringere Affinität gegen die gebräuchlichen Substrate und gegen bestimmte Hemmstoffe[4-6]. Sie ist wahrscheinlich dafür verantwortlich, daß ihre Träger außergewöhnlich empfindlich gegen das Muskelrelaxans Succinyl-bis-cholin sind. Das Gen für die atypische ChE kommt in $1{,}9 \pm 0{,}2\,\%$ der Fälle vor[7].

Prinzip:

Die atypische ChE wird durch die sog. Dibucain-Zahl bestimmt[8]. Hierbei wird die Hydrolyse von Benzoylcholin spektrophotometrisch nach Kalow und Lindsay (s. oben) verfolgt.

Ausführung:

Menschliches Serum (oder Plasma) wird 1:50 (bei einem automatisch registrierenden Gerät) oder 1:100 (bei einem gewöhnlichen Gerät) mit 0,66 m Phosphatpuffer (p_H 7,4) verdünnt. Stammlösungen von Benzoylcholinchlorid (2×10^{-4} m) und Dibucain (Nupercain, 4×10^{-5} m) im Puffer werden zu gleichen Teilen gemischt und 2,0 ml der Lösung zu 2,0 ml des verdünnten Serums gegeben. Im Kontrollansatz wird die Dibucainlösung durch Puffer ersetzt. Die Änderungen der Extinktion werden bei 240 mμ und einer Temperatur von etwa 25° C über 3—6 min gemessen und die Dibucainzahl (DZ) nach

$$DZ = 100 \times \left(1 - \frac{\text{Abnahme der Extinktion mit Dibucain}}{\text{Abnahme der Extinktion ohne Dibucain}}\right)$$

---

[1] Hofstee, B. H. J.: J. Pharmacol. exp. Therap. **123**, 108 (1958); **128**, 299 (1960).

[2] Kalow, W., and H. A. Lindsay: Canad. J. Biochem. **33**, 568 (1955). — s.a. Kalow, W., K. Genest and N. Staron: Canad. J. Biochem. **34**, 637 (1956).

[3] Dawson, R. L., and H. A. Lindsay: Arch. int. Pharmacodyn. Thérap. **133**, 16 (1961).

[4] Kalow, W., and R. O. Davies: Biochem. Pharmacol. **1**, 183 (1958).

[5] Harris, H., and M. Whittaker: Nature **183**, 1808 (1959).

[6] Davies, R. O., A. V. Marton and W. Kalow: Canad. J. Biochem. **38**, 545 (1960).

[7] Kalow, W., and D. R. Gunn: Ann. hum. Genet. **23**, 239 (1959).

[8] Kalow, W., and K. Genest: Canad. J. Biochem. **35**, 339 (1957).

berechnet; sie entspricht der prozentualen Hemmung der ChE unter den Standardbedingungen. Die DZ beträgt bei der normalen Form etwa 80, bei der intermediären 45—60 und bei der atypischen etwa 20[1-3].

Analog läßt sich die sog. Fluoridzahl definieren, die bei gleichem experimentellen Vorgehen durch Verwendung von Natriumfluorid (5×10^{-5} m) an Stelle von Dibucain gewonnen wird[3]; sie beträgt bei der normalen Form etwa 60, bei der intermediären 45—50 und bei der atypischen 20—25; genauere Analysen lassen je eine Untergruppe bei dem normalen und intermediären Phänotyp annehmen. Wahrscheinlich ist mit dem Vorkommen weiterer für die Bildung der Serum-ChE wesentlicher Gene zu rechnen[4,5]; s. auch [6]. Zur weiteren Differenzierung mit Solanin und Solanidin s. [7]. Ein Schnelltest zur Differenzierung der Typen wurde von Harris und Robson[8], eine Modifikation von Goedde und Fuss[9] angegeben. Menschliche Serum-ChE kann völlig fehlen[10].

Auch bei Ratten wurde im Gehirn eine genetische Abhängigkeit der ChE beobachtet; Ratten mit hoher und niedriger ChE-Aktivität können gezüchtet werden[11].

6. Andere Bestimmungsmethoden und Hinweise. Die zunehmende Verwendung von ChE-Hemmstoffen in Industrie und Landwirtschaft machte es notwendig, *Schnelltests* für die ChE-Aktivität im Blut zur frühzeitigen Erkennung von Vergiftungen zu entwickeln. Bei der Methode von Limperos und Ranta[12], die von Wolfsie und Winter[13] vereinfacht und von Davies und Nicholls[14] und von Fleisher, Woodson und Simet[15] weiter ausgearbeitet wurde, wird Blut mit einer Hämoglobinpipette entnommen und mit einer alkalischen Bromthymolblaulösung gemischt. Es wird die Zeit bestimmt, in der nach Zusatz von Acetylcholin die Farbe tieforange wird. Die Bestimmung kann direkt an der Arbeitsstelle durchgeführt werden; im Vollblut lassen sich die Erythrocyten-ChE mit Acetyl-β-methylcholin und die Plasma-ChE mit Butyrylcholin getrennt bestimmen[16].

***Klinischer Schnelltest zur Bestimmung der Serum-Cholinesterase von* Herzfeld *und* Stumpf[17].**

Der Test ist für Routineuntersuchungen bei Lebererkrankungen und vor der Applikation von Succinyl-bis-cholin geeignet.

Prinzip:

Ein mit Acetylcholin und Bromthymolblau imprägniertes Filterpapier wird auf einen Tropfen Serum gelegt. Die bei der Hydrolyse von Acetylcholin frei werdende Essigsäure senkt den p_H-Wert, die Farbe des Papiers schlägt von Blau über Blaugrün, Grün, Gelbgrün nach Gelb um. Das Papier ist jetzt unter dem Namen „Acholest"-Papier im

[1] Kalow, W., and N. Staron: Canad. J. Biochem. **35**, 1305 (1957).
[2] Harris, H., M. Whittaker, H. Lehmann and E. Silk: Acta genet. Basel **10**, 1 (1960).
[3] Harris, H., and M. Whittaker: Nature **191**, 496 (1961).
[4] Lehmann, H., E. Silk, H. Harris and M. Whittaker: Acta genet., Basel **10**, 241 (1960).
[5] Liddell, J., H. Lehmann and E. Silk: Nature **193**, 561 (1962). — Harris, H., and M. Whittaker: Ann. hum. Genet. **26**, 59 (1962). — Harris, H., D. A. Hopkinson, E. B. Robson and M. Whittaker: Ann. hum. Genet. **26**, 359 (1963).
[6] Lehmann, H., and E. Silk: Brit. med. Bull. **17**, 230 (1961). — Goedde, H. W., K. Altland u. K. Bross: D. m. W. **1963**, 2510. — Simpson, N. E., and W. Kalow: Amer. J. hum. Genet. **15**, 280 (1963).
[7] Harris, H., and M. Whittaker: Ann. hum. Genet. **26**, 73 (1962).
[8] Harris, H., and E. B. Robson: Lancet **1963 II**, 218.
[9] Goedde, H. W., u. W. Fuss: Kli. Wo. **1964**, 286.
[10] Doenicke, A., Th. Gürtner, G. Kreutzberg, I. Remes, W. Spiess and K. Steinbereithner: Acta anaesth. scand. **7**, 59 (1963).
[11] Roderick, T.H.: Genetics **45**, 1123 (1960).
[12] Limperos, G., and K.E. Ranta: Science, N.Y. **117**, 453 (1953).
[13] Wolfsie, J.H., and G.D. Winter: A.M.A. Arch. indust. Hyg. **9**, 396 (1954).
[14] Davies, D.R., and J.D. Nicholls: Brit. med. J. **1955 I**, 1373.
[15] Fleisher, J.H., G.S. Woodson and L. Simet: A.M.A. Arch. indust. Hlth. **14**, 510 (1956).
[16] Kalow, W., and D. R. Gunn: Ann. hum. Genet. **23**, 239 (1959).
[17] Herzfeld, E., u. C. Stumpf: Wien. klin. Wschr. **1955**, 874.

Handel[1]. Als Maß für die ChE-Aktivität dient die Zeit, in der die Farbe des Papiers die des beiliegenden Vergleichsstreifens erreicht.

Ausführung[2]:

Benötigt werden Stoppuhr, peinlichst saubere Objektträger, Mikropipette (50 μl), Raumthermometer und Testpapier mit Vergleichsstreifen. In den Mittelpunkt eines Objektträgers werden 50 μl Serum aufgetragen. Ein halber Testpapierstreifen wird mit einer Pinzette auf den Tropfen gelegt und die Zeit gestoppt. Ist das Serum durch das Papier aufgesaugt, wird ein zweiter Objektträger vorsichtig aufgelegt; Luftblasen müssen vermieden werden; das Papier sollte nicht berührt werden. Während der ersten Zeit wird die Farbe häufiger kontrolliert (z.B. alle 30 sec). Später liest man in größeren Intervallen (z.B. 1 min) ab. Sobald die Farbe auf dem Testpapier die des Vergleichsstreifens erreicht hat, wird die Zeit wieder gestoppt. Die Aktivität wird nach

$$1\ \text{E}/50\ \mu\text{l Serum} = \frac{1000 \times f\ (\text{Temp.})}{\text{Entfärbungszeit in min}}$$

berechnet.

Die Korrekturwerte (f) betragen nach RICHTERICH[2] bei

14°	1,33	19°	1,05	24°	0,83	29°	0,67
15°	1,25	20°	1,00	25°	0,80	30°	0,65
16°	1,18	21°	0,95	26°	0,77		
17°	1,11	22°	0,91	27°	0,74		
18°	1,11	23°	0,87	28°	0,71		

Sie sind auf eine Standardtemperatur von 20° C bezogen. Es empfiehlt sich, die beiden Hauptfehlerquellen Temperatur und Licht (Tageslicht oder weißes Kunstlicht) zu standardisieren. Der Normalbereich liegt nach Messungen bei 111 Blutspendern zwischen 44 und 100 E, Mittelwert 72 ± 28 E. Bei hoher Aktivität beträgt die Zeit weniger als 10 min, bei mittlerer Aktivität 12—20 min und bei erniedrigter Aktivität 20—35 min oder länger; die einzelnen Chargen des Papiers scheinen kleinere Unterschiede aufzuweisen[3]. Bei 99 Patienten wurde ein Normalwert von 12,8 ± 2,71 min[4] und bei 186 Neugeborenen ein Mittelwert von 14,2 min[5] gewonnen.

Die Methode wurde kritisch mit der manometrischen verglichen, ihre Fehler fallen bei den klinisch wichtigen erniedrigten Aktivitäten stärker ins Gewicht, so daß in fraglichen Fällen eine Kontrolle mit einer genaueren Methode angezeigt ist[6]. Weiter s.[7].

MEYER und WILBRANDT[8] bestimmten die Erythrocyten- und Plasma-ChE getrennt im Vollblut; als spezifisches Substrat für die Plasma-ChE ist Butyrylthiocholin geeignet; die Erythrocyten-ChE wird mit Acetylthiocholin gemessen, wobei die Plasma-ChE vorher durch Diparcol (10^{-3} m) spezifisch inaktiviert wird. Das gebildete Thiocholin läßt sich in beiden Fällen jodometrisch nachweisen. Die Methode wurde durch AUGUSTINSSON[9] verbessert; als spezifischer Hemmstoff ist auch Äthopromazin ($1{,}65 \times 10^{-4}$ m) geeignet; für eine Bestimmung benötigt man 0,05 ml Blut, das auf Filterpapier getrocknet werden kann. Die Erythrocyten-ChE im Vollblut läßt sich annähernd bestimmen, wenn eine möglichst kleine Acetylcholinkonzentration gewählt wird[10]. Eine radiometrische Methode,

[1] Österreichische Stickstoff-Werke AG, Linz. Außerdem erhältlich bei Lentia GmbH, München 15; Globopharm AG, Küsnacht-Zürich; Will-Pharma N.V., Amsterdam-C; Laboratoire Delagrange, B.P.: 11, Longjumeau.

[2] RICHTERICH, R.: Schweiz. med. Wschr. **92**, 263 (1962).

[3] CHURCHILL-DAVIDSON, H.C., and W.J GRIFFITHS: Brit. med. J. **1961 II**, 994.

[4] SAILER, S., u. H. BRAUNSTEINER: Kli. Wo. **1959**, 986.

[5] STUR, O., u. O. THALHAMMER: Wien. Z. inn. Med. **42**, 29 (1961).

[6] JABSA, Z., M. SCHÖNFELDER u. H. BREUER: Kli. Wo. **1961**, 966.

[7] LANG, W., u. G. INTSESULOGLU: Kli. Wo. **1962**, 312. — VINCENT, D., G. SEGONZAC et M. C. MARQUES-VINCENT: Ann. Biol. Clin., Paris **21**, 481 (1963).

[8] MEYER, A., u. W. WILBRANDT: Helv. physiol. Acta **12**, 206 (1954).

[9] AUGUSTINSSON, K.-B.: Scand. J. clin. Lab. Invest. **7**, 284 (1955).

[10] FLEISHER, J.H., E.J. POPE and S.F. SPEAR: A.M.A. Arch. indust. Hlth. **11**, 332 (1955).

die nur sehr geringe Mengen an Enzympräparat und Substrat benötigt, wird möglicherweise größere Bedeutung erlangen[1].

Als *Standardpräparat* zum Vergleich verschiedener Methoden und ihrer Kontrolle kann gereinigte ChE I (0,2—1%) aus Rindererythrocyten (s. S. 929) in einem stabilisierenden Medium (0,3 m KCl, 0,5% Rinderhämoglobin, 4% Rinderalbumin und 0,008 m Phosphatpuffer, p_H 7,4) gelöst und in Mengen von je 0,02 ml auf Filterpapierstücke (Whatman Nr. 31) gebracht werden; nach 30 min Trocknen bei Raumtemperatur werden die Papierstücke in der Kälte über einem Trockenmittel aufbewahrt. Vor der Aktivitätsbestimmung wird mit der entsprechenden Reaktionslösung etwa 1 Std eluiert; die Differenzen zwischen den einzelnen Papierstücken sollen nicht mehr als 2—3% betragen; die Aktivität bleibt mehr als 6 Monate konstant[2]. Gleiches gilt für ChE aus elektrischen Organen[3].

Blut (0,05 ml), das mit einer heparinisierten Blutpipette entnommen wird, kann auch auf Filterpapierstücke (5—7 cm Durchmesser) gebracht und nach Lufttrocknen (30 min) in Laboratorien zur ChE-Bestimmung eingeschickt werden. Die Aktivität bleibt bei 20° C über 1 Woche und unter trockenen Bedingungen in der Kälte 1—2 Monate unverändert[4]. Analog dazu können Blut und Serum auf Kieselgur-Tabletten aufbewahrt werden[5]. Es ist auch möglich, Blut oder Serum in eine Capillarampulle einzufüllen, die Öffnung zuzuschmelzen und die Probe einzuschicken oder in der Kälte zu lagern[6].

Die Methode von Conway[7] zur quantitativen Erfassung von Essigsäure nach Mikrodiffusion wurde für die ChE-Bestimmung von Serlin und Cotzias[8] modifiziert, die Empfindlichkeit beträgt 3 μg Essigsäure/ml $\times$ Std. In Anlehnung an den Acetylcholinnachweis von Whittaker und Wijesundera[9] wurde eine papierchromatographische Methode zur ChE-Bestimmung von Homann[10] ausgearbeitet. Für Serienuntersuchungen wurde eine vollautomatisch arbeitende Apparatur (Auto-Analyzer) erprobt, die unter anderem mit einem Dialysator und einem registrierenden Colorimeter bestückt ist und mit der bis zu 40 Proben/Std verarbeitet werden können[11].

Die Bestimmung der ChE im intakten Gewebe bei Untersuchungen über ihre Aufgabe bei Erregungsprozessen ist schwierig, da Acetylcholin nicht oder nur sehr langsam durch Zellmembranen permeiert; an Stelle von Acetylcholin wurden die leichter permeierenden Substrate Dimethylaminoäthylacetat[12] oder Äthylchloracetat[13] vorgeschlagen.

Zur Messung der Regeneration von ChE in vivo s. [14], ihrer Aktivität am isolierten durchströmten Ganglion cerv. sup. in vivo s. [15] und ihrer Aktivität an der Leiche s. [16].

Bei Bestimmungen in Organhomogenaten und nicht mehr ganz frischem Blut kann unspezifisch Säure freigesetzt werden, die je nach der verwendeten Methode erhebliche

[1] Winteringham, F. P. W., and R. W. Disney: Biochem. J. **91**, 506 (1964).
[2] Fleisher, J.H., S. Spear and E.J. Pope: Analyt. Chem., Washinton **27**, 1080 (1955).
[3] Augustinsson, K.-B.: Pubbl. Staz. zool. Napoli **27**, 189 (1955).
[4] Augustinsson, K.-B., and G. Heimbürger: Acta physiol. scand. **30**, 45 (1953). — Augustinsson, K.-B.: Acta physiol. scand. **35**, 40 (1955). — Heilbronn, E.: Scand. J. clin. Lab. Invest. **5**, 308 (1953).
[5] Simmonds, R.A.: Clin. Chem., N.Y. **6**, 162 (1960).
[6] Hamblin, D.O., and J.F. Marchand: Cholinesterase Tests and their Applicability in the Field. American Cyanamid Company. New York 1951. — Marchand, J.F.: J. amer. med. Ass. **149**, 738 (1952). — Kuroda, K., M. Fujino and K. Irino: Tokushima J. exp. Med. **6**, 73 (1959).
[7] Conway, E.J.: Micro-Diffusion Analysis and Volumetric Error. London. 1950.
[8] Serlin, I., and G.C. Cotzias: J. biol. Ch. **215**, 263 (1955).
[9] Whittaker, V.P., and S. Wijesundera: Biochem. J. **51**, 348 (1952).
[10] Homann, W.: A.e.P.P. **224**, 176 (1955).
[11] Winter, G.D.: Ann. N.Y. Acad. Sci. **87**, 629, 875 (1960).
[12] Wilson, I. B., and M. Cohen: Biochim. biophys. Acta **11**, 147 (1953). — Siehe dazu: Dettbarn, W.-D., and F. C. G. Hoskin: Biochim. biophys. Acta **62**, 566 (1962). — Dettbarn, W.-D., and P. Rosenberg: Biochem. Pharmacol. **11**, 1025 (1962).
[13] Schleyer, W.L.: Biochim. biophys. Acta **16**, 396 (1955).
[14] Koenig, E., and G.B. Koelle: Science, N.Y. **132**, 1249 (1960). J. Neurochem. **8**, 169 (1961).
[15] Feher, O., u. E. Bokri: Acta physiol. hung. **18**, 1, 11, (1960).
[16] Pribilla, O.: Dtsch. Z. gerichtl. Med. **46**, 79 (1957).

Fehler verursacht, wenn sie nicht durch Leeransätze berücksichtigt wird; die Säurefreisetzung scheint durch das Substrat nicht beeinflußt zu werden[1].

Die gemessene Aktivität im Rattengehirn ist stark von der Präparation des Gewebes abhängig; bei gleicher Gewebsmenge betrug die Aktivität der ChE I im Homogenat nur 70% und in Schnitten nur 30% der im Gehirnbrei; wahrscheinlich gilt das auch für andere Gewebe[2].

Enzym-Induktion: Zusatz von Acetylcholin zu embryonalem Gewebe induziert die Bildung von ChE; die Induktion wird durch Puromycin, einen Hemmstoff der Synthese von Eiweiß, aufgehoben[3].

7. *Zum histochemischen Nachweis der ChE.* Die Methoden zum histochemischen Nachweis der ChE sind in Bd. II, S. 361—365 beschrieben. Bezüglich der neueren Literatur sei auf die Zusammenfassungen von GEREBTZOFF[4] und von PEARSE[5] verwiesen. Meistens wird heute mit der Thiocholinmethode von KOELLE gearbeitet. Die besten Ergebnisse erzielt man mit frischem unfixiertem Material, das im Kryostaten geschnitten wird. HOLMSTEDT[6] schlug vor, das Medium nicht mit Kupferthiocholin zu sättigen und die Schnitte nicht mit Ammoniumsulfid zu entwickeln, um Diffusionsartefakte zu vermindern. Jeder histochemischen Untersuchung sollte unbedingt eine Bestimmung der Fermentaktivität im Homogenat des betreffenden Gewebes parallel gehen; die Versuchsbedingungen (Medium, p_H-Wert, Substratkonzentration usw.) müssen gleichartig sein.

Die Intensität der Färbung bei der Entwicklung der Schnitte mit Ammoniumsulfid hängt sehr stark von dessen Konzentration und der Einwirkungszeit ab; wahrscheinlich wandelt sich das niedergeschlagene Kupfersulfid langsam in einen löslichen Kupferammonium-Komplex um[7]. Eine Methode zur kontinuierlichen gravimetrischen Messung von Kupferthiocholin im Cartesianischen Taucher wurde von BRZIN und ZEUTHEN[8] beschrieben. Es werden nur 30—50% des gebildeten Thiocholins präcipitiert, der größere Teil wird vermutlich in das lösliche Disulfid umgewandelt; deshalb ist die Methode von KOELLE zum quantitativen histochemischen Nachweis der ChE nicht geeignet. Die Thiocholinester werden auch durch unspezifische Thioesterasen gespalten, deren Anwesenheit durch Kontrollversuche ausgeschlossen werden muß[9].

Enzymeinheiten. Eine allgemein anerkannte Einheit für die ChE-Aktivität gibt es nicht. Die Aktivität sollte immer in absoluten Einheiten ausgedrückt werden, besonders bei den Methoden, bei denen eine Rückrechnung nicht möglich ist (z.B. bei Messungen der p_H-Verschiebung und Lichtabsorption). Wenn möglich, sollte die spezifische Aktivität $= \mu$mol umgesetztes Substrat/Zeiteinheit $\times$ mg Eiweiß angegeben werden. Die Aktivität beziehe man grundsätzlich auf die Anfangsgeschwindigkeit. Bei der manometrischen Methode benutzt man gewöhnlich die Menge an μl CO_2, die pro Zeiteinheit (min oder Std) pro mg Enzympräparat oder mg Trockengewicht entwickelt wird, bei den titrimetrischen Methoden die Menge an verbrauchtem Alkali, bei den elektrometrischen Methoden die p_H-Verschiebung und bei den photometrischen Methoden die gespaltene Menge an Substrat in μmol. Immer sind die Versuchstemperatur, das Reaktionsmedium, der p_H-Wert und die Substratkonzentration anzugeben.

---

1 JENSEN-HOLM, J., H. H. LAUSEN, K. MILTHERS and K. O. MØLLER: Acta pharmacol. toxicol., København **15**, 384 (1959).
2 PAVLIN, R., and R. H. S. THOMPSON: Guy's Hosp. Rep. **110**, 168 (1961).
3 BURKHALTER, A.: Nature **199**, 598 (1963).
4 GEREBTZOFF, M. A.: Cholinsterases, A. Histochemical Contribution to the Solution of Some Functional Problems: Int. Ser. of Monogr. on Pure and Appl. Biology. Vol. III. London, New York, Paris, Los Angeles 1959.
5 PEARSE, A. G. E.: Histochemistry, Theoretical and Applied. 2. Ed. Boston 1960. — s. a. DEANE, H. W., R. J. BARRNETT u. A. M. SELIGMAN: Handb. Histochem. (GRAUMANN-NEUMANN) Bd. VII/1, S. 107.
6 HOLMSTEDT, B.: Acta physiol. scand. **40**, 322, 331 (1957).
7 PALKAMA, A.: Ann. Med. exp. Biol. Fenn. **39**, 273 (1961).
8 BRZIN, M., and E. ZEUTHEN: C. R. Lab. Carlsberg **32**, 139 (1961).
9 JACOB, J., et M. PECOT-DECHAVASSINE: Exper. **14**, 330 (1958).

Zur Bestimmung der Hemmung bei ChE. Die Zahl der Substanzen, bei denen eine hemmende Wirkung auf die ChE festgestellt wurde, ist kaum noch zu übersehen. In den meisten Fällen handelt es sich um Stoffe, deren Hemmkraft gering ist und deren pharmakologische Wirkung nicht über eine ChE-Hemmung erklärt werden kann. An dieser Stelle können nur einige Hinweise für die Bestimmung der Hemmung gegeben werden, um häufig gemachte Fehler vermeiden zu helfen.

Zur Bestimmung bei leicht reversiblen Hemmstoffen. Als leicht reversible Hemmstoffe werden solche Substanzen bezeichnet, bei denen sich das Gleichgewicht am Enzym nicht kommensurabel rasch einstellt; in diesem Fall ist die Stärke der Hemmung in vitro gleich groß, unabhängig davon, ob das Enzym vor dem Substratzusatz mit dem Hemmstoff inkubiert wird oder ob Substrat und Hemmstoff gleichzeitig zum Enzym gegeben werden.

Es ist davor zu warnen, aus Untersuchungen über die Hemmung in vitro, bei denen nur eine Substratkonzentration benutzt wurde, weitgehende Schlüsse (z.B. auf die Affinität) zu ziehen. Die verschiedenen ChE werden durch ihre Substrate mehr oder minder stark gehemmt. Unabhängig von den im Augenblick diskutierten Mechanismen für die Substrathemmung beeinflussen viele Substanzen nicht nur die zur Spaltung des Substrats führenden Reaktionen, sondern vermindern auch die Substrathemmung. Beide Wirkungen können sich überlagern, so daß trotz höherer Affinität eine geringe Hemmung oder, besonders bei Substraten mit starker Selbsthemmung, scheinbare Aktivierungen auftreten können.

Beschleunigungen der Hydrolyse, die wahrscheinlich auf einem derartigen Mechanismus beruhen, wurden unter anderem beobachtet bei Cholin[1–5], Tetraäthylammonium[6], verschiedenen aliphatischen Alkoholen[7,8], Aceton[8], Coffein[9], Dihydrooxycodeinon[10], Morphin[11], Hyoscyamin[11], Hexamethonium[11], Novocain[11], Procyclidin[11], Cocain[11], Morphinderivaten[12], Atropin[13], quartären Ammoniumsalzen[14], Triazolen[15], Histamin[16], Tryptamin[16,17], Serotonin[18,19], Lysergsäurediäthylamid[18,19], Chlorpromazin[19] und organischen Lösungsmitteln[20].

Die gebräuchlichen Analyseverfahren (z.B. nach LINEWEAVER und BURK) lassen nicht immer den Typ der Hemmung erkennen. Die in der Literatur mitgeteilten Daten über die Werte von K_I sind mit großer Vorsicht zu beurteilen. Bis zur Klärung der strittigen kinetischen Probleme ist höchste Kritik am Platz.

Genauere Untersuchungen der neueren Zeit lassen vermuten, daß bei Substanzen, die bisher als kompetitive Hemmstoffe angesehen wurden, auch eine nichtkompetitive

---

1 AUGUSTINSSON, K.-B.: Acta chem. scand. **5**, 699 (1951).
2 HARDEGG, W., E. RIEKEN u. H. SCHMALZ: B. Z. **324**, 115 (1953).
3 HOFSTEE, B.H.J.: J. Pharmacol. exp. Therap. **128**, 299 (1960).
4 SPRINCE, H., and I. LICHTENSTEIN: A.M.A. Arch gen. Psychiat. **2**, 385 (1960).
5 NAKAMUTSU, H.: Jap. J. Pharmacol. **10**, 109 (1961).
6 KENSLER, C., and R.W. ELSNER: J. Pharmacol. exp. Therap. **102**, 196 (1951).
7 TODRICK, A., K.P. FELLOWES and J.P. RUTLAND: Biochem. J. **48**, 360 (1951).
8 MAIN, A.R.: Biochem. J. **79**, 246 (1961).
9 VINCENT, D., et M. PARANT: C. R. Soc. Biol. **148**, 1078 (1954).
10 HAZARD, R., A. CORNEC et P. PIGNARD: C. R. Soc. Biol. **144**, 358 (1950).
11 FRASER, P.J.: Brit. J. Pharmacol. **11**, 7 (1956).
12 ERDÖS, E.G., F.F. FOLDES, N. BAART, E.K. ZSIGMOND and J. ZWARTZ: Biochem. Pharmacol. **2**, 97 (1959).
13 HARDEGG, W., E. RIEKEN u. H. SCHMALZ: Pflügers Arch. **259**, 317 (1954). — HARDEGG, W., D. BECHINGER u. R. DOHRMANN: Pflügers Arch. **263**, 33 (1956).
14 ERDÖS, E.G., F.F. FOLDES, E.K. ZSIGMOND, N. BAART and J.A. ZWARTZ: Science, N.Y. **128**, 92 (1958). — ERDÖS, E.G., and C.R. DEBAY: Biochim. biophys. Acta **39**, 551 (1960).
15 POLYA, J.B.: Nature **176**, 1175 (1955).
16 ERDÖS, E.G., F.F. FOLDES, N. BAART and S.P. SHANOR: Fed. Proc. **16**, 294 (1957).
17 ERDÖS, E.G., N. BAART, F.F. FOLDES and E.K. ZSIGMOND: Science, N.Y. **126**, 1176 (1957).
18 TONINI, G.: Boll. Soc. ital. Biol. sperim. **31**, 766, 768 (1955).
19 FRIED, G.H., and W. ANTOPOL: J. appl. Physiol. **11**, 25 (1957).
20 HAGIWARA, Y.: Jap. J. Pharmacol. **9**, 137 (1960).

Komponente vorliegen kann[1], s. dazu S. 936. Von großer Bedeutung ist bei den meisten elektrisch geladenen Hemmstoffen der p_H-Wert, auf den sehr genau geachtet werden muß.

In rohen Enzympräparaten muß mit der Anwesenheit von natürlich vorkommenden Hemmstoffen gerechnet werden; die Erfahrungen über diese Frage sind allerdings noch nicht sehr umfangreich[2].

Zur Bestimmung bei Carbamaten. Bei Carbaminsäurederivaten (z.B. Eserin, Prostigmin) erfolgen die Bindung an das Enzym und die Dissoziation des Enzym-Hemmstoff-Komplexes relativ langsam. Es ist daher nicht gleichgültig, ob der Hemmstoff vor dem Substratzusatz mit dem Enzym inkubiert wird oder ob Hemmstoff und Substrat gleichzeitig zu dem Enzym gegeben werden. Im ersten Fall ist die Hemmung anfangs stark und nimmt dann im Laufe der Zeit ab; im zweiten Fall ist die Hemmung zu Beginn gering und nimmt dann langsam zu. Es empfiehlt sich, die Ansatzkombinationen [(Enzym + Hemmstoff) + Substrat] und [Enzym + (Hemmstoff + Substrat)] gleichzeitig zu untersuchen. Der Verlauf der Spaltkurven muß genau aufgenommen werden. Versuche, bei denen die gespaltene Menge an Substrat nur einmal nach einer bestimmten Zeit gemessen wird, lassen unter diesen Voraussetzungen keine Rückschlüsse zu.

Nach neueren Untersuchungen sind Carbamate ebenfalls Substrate der ChE[3]. Sie werden hydrolysiert, das acylierte — in diesem Fall carbamylierte — Enzym reagiert aber nur sehr langsam mit Wasser, wodurch sich die teilweise extrem starken Hemmungen erklären.

Die Hemmung durch Carbamate kann durch andere Substanzen, die die ChE beeinflussen, abgeschwächt oder aufgehoben werden. Möglicherweise handelt es sich dabei um eine Beschleunigung des Zerfalls des carbamylierten Enzyms im Sinne einer Reaktivierung, wie sie bei der phosphorylierten ChE beobachtet wurde (s. unten). Von Bedeutung ist die Tatsache, daß das bei der Hydrolyse von Acetylcholin frei werdende Cholin die Hemmung durch Carbamate vermindert[4]. Der im in vitro-Versuch zu beobachtende Reaktionsverlauf und die Stärke der Hemmung bei Carbamaten sind daher abhängig vom Alkoholanteil des Substrats.

N,N-Diäthylcarbamoylhalogenide, die starke ChE-Hemmstoffe sind, werden durch bestimmte Esterasen (in Leber, Niere, Plasma) hydrolysiert, was bei Untersuchungen mit rohen ChE-Präparaten zu berücksichtigen ist[5].

Zum Nachweis von Prostigmin über seine ChE-hemmende Aktivität s. [6]; die Methode ist im Prinzip auch für andere hochwirksame Hemmstoffe geeignet.

Zur ChE-Hemmung durch Carbamate und ihre klinische Anwendung s. [7], zu ihrer Verwendung als Insecticide s. [8].

Bei Untersuchungen über die Stärke der Hemmung, die unter in vitro- und in vivo-Bedingungen auftritt, muß bei reversiblen Hemmstoffen beachtet werden, daß nach Entnahme des zu untersuchenden Gewebes durch die Verdünnung mit dem Medium die molare Konzentration des Hemmstoffs abnimmt. Die Theorie des Verdünnungseffektes wurde von GOLDSTEIN[7] genauer dargestellt.

---

[1] WILSON, I.B., and J. ALEXANDER: J. biol. Ch. **237**, 1323 (1962). — KRUPKA, R.M., and K.J. LAIDLER: Am. Soc. **83**, 1445, 1448, 1454, 1458 (1961). — HEIN, G.E., R.M. KRUPKA and K.J. LAIDLER: Nature **193**, 1155 (1962).

[2] s. u.a. CARTER, M.K., and G.L. MARX: Proc. Soc. exp. Biol. Med. **99**, 712 (1958).

[3] MYERS, D.K.: Biochem. J. **62**, 556 (1956). — AUGUSTINSSON, K.-B., and J.E. CASIDA: Biochem. Pharmacol. **3**, 60 (1959). — AUGUSTINSSON, K.-B., T. FREDRIKSSON, A. SUNDWALL and G. JONSSON: Biochem. Pharmacol. **3**, 68 (1959). — WILSON, I.B., M.A. HATCH and S. GINSBURG: J. biol. Ch. **235**, 2312 (1960). — WILSON, I. B., M. A. HARRISON and S. GINSBURG: J. biol. Ch. **236**, 1498 (1961). — WILSON, I.B., and J. ALEXANDER: J. biol. Ch. **237**, 1323 (1962).

[4] MAIER, E., u. H.G. BAMMER: B. Z. **322**, 85 (1951). — HARDEGG, W.: A. e. e. P. **214**, 540 (1952).

[5] s. AUGUSTINSSON, K.-B., and J.E. CASIDA: Biochem. Pharmacol. **3**, 60 (1959).

[6] BUCKLES, J., and K. BULLOCK: J. Pharmacy Pharmacol. 8, 946 (1956).

[7] STEMPEL, A., and J.A. AESCHLIMAN: in BLICKE, F.F., and R.H. COX: Medicinal Chemistry. Vol. III, S. 238—339. New York, 1956.

[8] METCALF, R.L.: Organic Insecticides, S. 317. New York, 1955.

Zur Kinetik der Hemmung durch Carbamate s. weiter [1,2].

Zur Bestimmung bei organischen Phosphaten[3]. Eine große Anzahl organischer Phosphate, die als Insecticide vielfach angewendet werden und auch als Kampfgase dienen konnten, hemmen die ChE unter Umständen bereits in Konzentrationen von 10^{-9} bis 10^{-10} m. Der Mechanismus der Hemmung ist in der heute allgemein anerkannten Phosphorylierungstheorie zusammengefaßt[4]: Die Phosphate sind Substrate der ChE; sie bilden zunächst einen lockeren Additionskomplex, der in einen festeren Komplex überführt wird. Nach Aufspaltung der Esterbrücke wird der Alkoholanteil frei, während der Phosphatrest gebunden bleibt; das Enzym ist damit phosphoryliert. Im Gegensatz zum acetylierten Enzym, das als Zwischenprodukt bei der Acetylcholinhydrolyse auftritt, reagiert die phosphorylierte ChE nur sehr langsam mit Wasser. Die ChE ist damit mehr oder minder irreversibel inaktiviert. Die spontane Reaktivierung in wäßrigen Lösungen hängt von der Art des Phosphats und der Art der ChE ab[5]. Wird phosphorylierte ChE längere Zeit aufbewahrt, nimmt ihre Reaktivierbarkeit durch nucleophile Stoffe ab (sog. Alterungsprozeß). Bei ChE, die durch Diisopropylfluorphosphat inaktiviert ist, beruht der Alterungsprozeß wahrscheinlich auf einer Umwandlung des zunächst diisopropylphosphorylierten Enzyms in die monoisopropylphosphorylierte Form[6]. Zur Messung und zur Kinetik s. weiter [7].

Reaktivierung und Alterungsprozeß sind von der stereoisomeren Form des Phosphats abhängig[8].

Die Phosphorylierungstheorie wird durch die Tatsache gestützt, daß durch Phosphate gehemmte ChE durch eine Vielzahl nucleophiler Reagentien reaktiviert werden kann, z.B. durch Wasser, Cholin und Hydroxylamin[9], durch Nicotinhydroxamsäuremethyljodid[10], Picolinhydroxamsäure[11], Pyridinaldoximmethyljodid (PAM)[12], N,N-Polymethylen-

---

[1] Straus, O.H., and A. Goldstein: J. gen. Physiol. **26**, 559 (1943). — Goldstein, A.: J. gen. Physiol. **27**, 529 (1944). — Goldstein, A., O. Krayer, M.A. Root, G.H. Acheson and M.E. Doherty: J. Pharmacol. exp. Therap. **96**, 56 (1949).

[2] Augustinsson, K.-B., and D. Nachmansohn: J. biol. Ch. **179**, 543 (1949). — Goldstein, A.: Arch. Biochem. 34, 169 (1951). — Goldstein, A., and R.E. Hamlisch: Arch. Biochem. **35**, 12 (1952). — Myers, D.K.: Arch. Biochem. **27**, 341 (1950). Biochem. J. **52**, 46 (1952); **62**, 556 (1956). — Hobbiger, F.: Chem. & Indust. **1954**, 415. — Casida, J.E., K.-B. Augustinsson and G. Jonsson: J. econ. Entomol. **53**, 205 (1960).

[3] Übersichten: O'Brien, R.D.: Toxic Phosphorus Esters, Chemistry, Metabolism and Biological Effects. New York, London 1960. — Heath, D.F.: Organophosphorus Poisons, Anticholinesterases and Related Compounds. Oxford, London, New York, Paris 1961. — Holmstedt, B.: Pharmacol. Rev. **11**, 567 (1959). Handb. Heffter, Bd. XV, 428.

[4] Aldridge, W.N.: Biochem. J. **46**, 451 (1950); **53**, 62; **54**, 442 (1953). — Aldridge, W.N., and A.N. Davison: Biochem. J. **51**, 62 (1952); **55**, 763 (1953). — Burgen, A.S.V., and F. Hobbiger: Brit. J. Pharmacol. **6**, 593 (1951). — Wilson, I.B.: J. biol. Ch. **190**, 111 (1951). — Augustinsson, K.-B., and M. Grahn: Acta chem. scand. **6**, 1477 (1952). — Augustinsson, K.-B., and G. Heimbürger: Acta chem. scand. **8**, 753, 762, 915, 1533 (1954); **9**, 310 (1955). — Hobbiger, F.: Brit. J. Pharmacol. **9**, 159; **10**, 356 (1955). — Davison, A.N.: Biochem. J. **60**, 339 (1955).

[5] Hobbiger, F.: Brit. J. Pharmacol. **6**, 21 (1951). — Aldridge, W.N.: Biochem. J. **54**, 442 (1953). — Davison, A.N.: Biochem. J. **54**, 583 (1953); **60**, 339 (1955). — Vandekar, M., and D.F. Heath: Biochem. J. **67**, 202 (1957).

[6] Jansz, H.S., D. Brons and M.G.P.J. Warringa: Biochim. biophys. Acta **34**, 573 (1959). — Brends, F., C.H. Posthumes, I.v.d. Sluys and F.A. Deierkauf: Biochim. biophys. Acta **34**, 576 (1959).

[7] Aldridge, W.N., and A.N. Davison: Biochem. J. **52**, 663 (1952). — Davies, D.R., and A.L. Green: Biochem. J. **63**, 529 (1956). — Asperen, K. van, and H.M. Dekhuijzen: Biochim. biophys. Acta **28**, 603 (1958). — Asperen, K. van: Biochem. Pharmacol. **3**, 136 (1960).

[8] Berends, F.: Biochim. biophys. Acta **81**, 190 (1964).

[9] Wilson, I.B.: J. biol. Ch. **190**, 111 (1951); **199**, 113 (1952). — Augustinsson, K.-B., and M. Grahn: Acta chem. scand. **6**, 1477 (1952).

[10] Wilson, I.B., and E. Meislich: Am. Soc. **75**, 4628 (1953).

[11] Wilson, I.B., and S. Ginsburg: Arch. Biochem. **54**, 569 (1955).

[12] Wilson, I.B., and S. Ginsburg: Biochim. biophys. Acta **18**, 168 (1953). — Davies, D.R., and A.L. Green: Discuss. Faraday Soc. **20**, 269 (1955). — Hobbiger, F.: Brit. J. Pharmacol. **11**, 295 (1956).

bis-(4-hydroxyiminomethylpyridinium) sowie Derivate[1] und Isonitroso-Verbindungen (Oxoaldoxime)[2]. In den zitierten Arbeiten finden sich Angaben über das methodische Vorgehen bei Reaktivierungsstudien. Für die Reaktivierung ist offenbar eine vorherige Komplexbildung zwischen Reaktivator und der phosphorylierten ChE notwendig, die formal mit der MICHAELIS-MENTEN-Theorie beschrieben werden kann; zur Kinetik des Vorgangs und seiner Bedeutung für die Messung der Reaktivierung s. [3]. Zur Abhängigkeit der Reaktivierung von der Kationenkonzentration s. [4] und zur Theorie der Reaktivierung s. weiter [5]. Beachte, daß zwischen Phosphathemmstoffen und Reaktivatoren direkte Reaktionen stattfinden können[6]; die Reaktionsprodukte können selber starke ChE-Hemmstoffe sein[7].

Für Reaktivierungsversuche wurde die Herstellung einer diäthylphosphorylierten ChE aus Schweinegehirn als lösliches Trockenpulver angegeben[8]; mit dem Präparat läßt sich auch die Anwesenheit natürlich vorkommender Reaktivatoren nachweisen, wie sie offenbar im Serum von Menschen, Pferden und Mäusen[9], in der Leber (wahrscheinlich Lävulinsäure)[10] und in Köpfen der Hausfliege[11] vorkommen.

Bestimmte Phosphate werden erst im Organismus in hochaktive Hemmstoffe umgewandelt; die Stärke der Hemmung muß daher im in vivo-Versuch und im in vitro-Versuch nicht parallel laufen.

Im Serum und in verschiedenen Organen sind eine Reihe von Enzymen nachgewiesen worden, die organische Phosphate hydrolysieren (Phosphorylphosphatasen, DFP-ase, Tabunase, Sarinase, A-Esterasen usw.); auf diese Tatsache ist besonders bei Verwendung von rohen Enzympräparaten zu achten!

Einige Verbindungen wurden ursprünglich als starke ChE-Hemmstoffe angesehen, bis sich herausstellte, daß die Aktivität auf Spuren von Begleitstoffen in den benutzten Chargen zurückgeführt werden muß[12]. Zur Prüfung, ob die Hemmstoffpräparate einheitlich sind, kann die Hydrolysetechnik verwendet werden[13]: Die Geschwindigkeit der Selbsthydrolyse der Phosphate in wäßriger Lösung wird einerseits chemisch (z.B. titrimetrisch) und andererseits biochemisch an Hand der ChE-Hemmung bestimmt. Ergeben sich Unterschiede mit beiden Methoden, enthält die betreffende Hemmstoffcharge sehr wahrscheinlich mehrere Komponenten. Die Methode versagt, wenn die Bestandteile gleiche Geschwindigkeiten der Selbsthydrolyse aufweisen.

Die Stärke der Hemmung wird in vitro im allgemeinen so gemessen, daß das Enzympräparat eine bestimmte Zeit (10—60 min) mit dem Hemmstoff inkubiert wird. Nach

[1] HOBBIGER, F., D. G. O'SULLIVAN and P.W. SADLER: Nature 182, 1498 (1958. — POZIOMEK, E.J., B.F. HACKLEY and G.M. STEINBERG: J. org. Chem. 23, 74 (1958). — BERRY, W.K., D.R. DAVIES and A.L. GREEN: Brit. J. Pharmacol. 14, 186 (1959). — WILSON, I.B., and S. GINSBURG: Biochem. Pharmacol. 1, 200 (1959). — HOBBIGER, F., M. PITMAN and P.W. SADLER: Biochem. J. 75, 363 (1960).

[2] CHILDS, A.F., D.R. DAVIES, A.L. GREEN and J.P. RUTLAND: Brit. J. Pharmacol. 10, 462 (1955). — DAVIES, D.R., and A.L. GREEN: Biochem. J. 63, 529 (1956).

[3] GREEN, A.L., and H.J. SMITH: Biochem. J. 68, 28, 32 (1958).

[4] GREEN, A.L., and H.J. SMITH: Biochim. biophys. Acta 27, 212 (1958). — WILSON, I.B., S. GINSBURG and C. QUAN: Arch. Biochem. 77, 286 (1958).

[5] SCAIFE, J.F.: Canad. J. Biochem. 37, 1301 (1959). — GILBERT, G., T. WAGNER-JAUREGG and G.M. STEINBERG: Arch. Biochem 93, 469 (1961).

[6] HACKLEY, B.E. jr., R. PLAPINGER, M. STOLBERG and T. WAGNER-JAUREGG: Am. Soc. 77, 3651 (1955).

[7] HACKLEY, B.E. jr., G.M. STEINBERG and J.C. LAMB: Arch. Biochem. 80, 211 (1959).

[8] KEWITZ, H., u. V. NEUHOFF: ct. A. e. P. P. 240, 126 (1960).

[9] NEUBERT, D., J. SCHÄFER u. H. KEWITZ: Naturwiss. 45, 290 (1958).

[10] NEUHOFF, V., and H. KEWITZ: Int. J. Neuropharmacol. 1, 169 (1962).

[11] RASMUSON, B., and B. HOLMSTEDT: Ann. R. agric. Coll. Sweden 24, 89 (1958). — MENGLE, D.C., and R.D. O'BRIEN: Biochem. J. 75, 201 (1960).

[12] s. u. a. DIGGLE, W.M., and J.C. GAGE: Nature 168, 998 (1951). Biochem. J. 49, 491 (1951). — GAGE, J.C.: Biochem. J. 54, 426 (1953). — ALDRIDGE, W.N.: Biochem. J. 56, 185 (1954). — HEATH, D.F., and M. VANDEKAR: Biochem. J. 67, 187 (1957).

[13] ALDRIDGE, W.N., and A.N. DAVISON: Biochem. J. 51, 62; 52, 663 (1952).

Zusatz des Substrats wird die weitere Reaktion mit der ChE bei den progressiv wirkenden Phosphaten sehr stark verlangsamt oder praktisch unterbrochen. Die Spaltkurven verlaufen linear, solange die Substratkonzentration noch nicht merklich abgenommen hat; man wählt für derartige Versuche also eine möglichst hohe Substratkonzentration (etwa 5×10^{-2} m). Ist allerdings die Hemmstoffkonzentration und/oder die Geschwindigkeitskonstante für die Bindung des Phosphats an die ChE sehr hoch, kann auch nach Zusatz des Substrats die Hemmung weiter zunehmen; deshalb empfiehlt es sich immer, die Linearität der Substratspaltung zu prüfen. Neben den Substraten[1] schützen auch reversible Hemmstoffe[1,2] die ChE gegen die Inaktivierung durch organische Phosphate.

Bei den in vitro-Versuchen müssen unter anderem folgende Punkte berücksichtigt werden[3]:

1. Die Geschwindigkeitskonstanten für die Bildung der phosphorylierten ChE. Bei einer praktisch vollkommen irreversiblen Hemmung und keiner weiteren Nebenreaktion inaktiviert jeder Hemmstoff nach kürzerer oder längerer Zeit die ChE vollkommen, sofern seine Konzentration höher ist als die der aktiven Enzymzentren.

2. Die Enzym- und Hemmstoffkonzentration. Bei hochaktiven Hemmstoffen muß die Konzentration häufig so niedrig gewählt werden, daß sie während der Reaktion merklich abnimmt. Die Reaktion verläuft dann nach dem Zeitgesetz II. Ordnung. Bei weniger aktiven Stoffen, deren Konzentration sehr viel höher als die des Enzyms ist, kann für die Analyse vom Zeitgesetz I. Ordnung ausgegangen werden (pseudomonomolekulare Reaktion). Für Vergleichsuntersuchungen genügt im allgemeinen die Bestimmung der Konzentration, die unter den Versuchsbedingungen eine 50%ige Hemmung verursacht (I_{50}-Wert oder pI_{50}-Wert).

3. Die Inkubationszeit für Enzym und Hemmstoff vor dem Substratzusatz; sie ist von der Hemmstoffkonzentration und der Geschwindigkeitskonstanten für die Bildung der inaktivierten ChE abhängig.

4. Das Reaktionsmedium, Temperatur und p_H-Wert. Bei wasserunlöslichen Phosphaten muß unter allen Umständen ein möglicher Einfluß des Lösungsmittels, wie Methanol, Äthanol, Propylenglykol, ausgeschlossen werden[4].

5. Die Enzymquelle. Bei rohen Enzympräparaten können zusätzliche Fehler auftreten, die bedingt sind:

a) durch Reaktion der Stoffe mit anderen Bestandteilen des Präparates, z.B. durch Bindung an unspezifische Proteine;

b) durch Anwesenheit von Enzymen, die die Phosphate abbauen;

c) durch Auftreten von Sekundärstoffen während der Reaktion, die ihrerseits in die Bindung des Phosphats an die ChE eingreifen oder eine Reaktivierung verursachen;

d) durch Anwesenheit natürlicher Reaktivatoren;

e) durch Anwesenheit von Stoffen, die die ChE vor der Reaktion mit dem Phosphat schützen;

6. Die spontane Hydrolyse des Phosphats, die recht groß sein kann.

7. Die spontane Reaktivierung der gehemmten ChE während der Inkubationszeit[5].

8. Der Alterungsprozeß (s. oben), wichtig besonders bei Reaktivierungsuntersuchungen.

---

[1] u.a. Burgen, A.S.V.: Brit. J. Pharmacol. **4**, 219 (1949). — Bain, J.A.: Proc. Soc. exp. Biol. Med. **72**, 9 (1949). — Augustinsson, K.-B., and D. Nachmansohn: J. biol. Ch. **179**, 543 (1949). — Augustinsson, K.-B.: Svensk Kem. T. **64**, 87 (1952). Acta pharmacol. toxicol., København **9**, 245 (1953). — Cohen, J.A., M.G.P.J. Warringa and B.R. Bowens: Biochim. biophys. Acta **6**, 469 (1951).

[2] Koster, R.: J. Pharmacol. exp. Therap. **88**, 39 (1946). — Koelle, G.B.: J. Pharmacol. exp. Therap. **88**, 232 (1946). — Depierre, F., and L. Martin: Cr. **246**, 183 (1958). — Scaife, J.F.: Canad. J. Biochem. **38**, 301 (1960).

[3] s. dazu Augustinsson, K.-B.: Ark. Kemi **6**, 331 (1953).

[4] s. O'Brien, R.D.: J. biol. Ch. **219**, 927 (1956).

[5] s. dazu: Friedberg, K.D., u. W.D. Erdmann: A. e. P.P. **237**, 1 (1959). — Latki, O., u. W.D. Erdmann: A. e. P. P. **240**, 514 (1961).

Bei in vivo-Versuchen, bei denen Phosphate Tieren appliziert werden und die restliche ChE-Aktivität in den Geweben anschließend gemessen wird, dürfen neben den eben besprochenen Faktoren folgende weitere Punkte bei dem methodischen Vorgehen und bei den Schlußfolgerungen nicht außer acht gelassen werden:

1. Die Verteilung der Substanzen auf den Blut- und Lymphweg.

2. Der Übertritt der Substanzen aus den Säftewegen in das Gewebe und in die Zellen, damit die Abhängigkeit der Permeabilität von den physikalisch-chemischen Eigenschaften der Hemmstoffe (Lipoidlöslichkeit!) und der Grenzflächen.

3. Lokalisation der ChE im Gewebe (intercellulär, auf den Membranoberflächen oder intracellulär).

Bei der Bestimmung der restlichen ChE-Aktivität können erhebliche Fehler auftreten, da einerseits im lebenden Körper ein Teil der ChE durch Strukturbarrieren vor den Hemmstoffen geschützt ist und andererseits im Gewebe meistens noch nicht gebundenes, sog. paraesteratisches Phosphat vorhanden ist. Während des Homogenisierens werden die Barrieren zerstört, und das freie Phosphat kann mit dem noch nicht inaktivierten Ferment reagieren. Die Messungen ergeben also niedrigere Aktivitäten als sie in vivo geherrscht haben. KEWITZ und NACHMANSOHN[1] versuchten den freien Hemmstoff (Paraoxon) durch Trocknung des Gewebes im Vakuum und durch anschließende Extraktion mit Chloroform zu entfernen.

Das Verfahren wurde überprüft und kritisiert[2-5]. Es empfiehlt sich bei derartigen Versuchen[2]

a) das Gewebe sofort in einem Eisbad oder in einer Kältemischung abzukühlen, in der Kälte zu homogenisieren und die ChE möglichst bald zu bestimmen (falls die Aktivität nicht sofort gemessen werden kann, müssen die Proben tief eingefroren werden, unter $-10°$ C),

b) das Homogenat möglichst stark zu verdünnen,

c) die Proben erst unmittelbar vor dem Substratzusatz auf die gewünschte Versuchstemperatur zu bringen,

d) die Aktivität aus der Anfangsgeschwindigkeit der Hydrolyse zu berechnen und

e) in einem Parallelansatz die spontane Freisetzung unspezifischer Säure zu messen.

Zur Berechnung der tatsächlichen Hemmung in vivo s. [6].

Eine weitere Reaktion zwischen ungebundenem Hemmstoff und nicht inaktivierter ChE läßt sich nach VAN ASPEREN[7] durch Zusatz hoher Konzentrationen des Substrats ($2—5 \times 10^{-2}$ m) zum Homogenisiermedium vermeiden. Die Schutzwirkung des Substrats ist allerdings nicht absolut. Man muß sehr rasch arbeiten, nach dem Homogenisieren sofort mit der Messung beginnen und die Hydrolysekurve genau aufnehmen. Verläuft letztere über längere Zeit linear, so kann eine zu berücksichtigende weitere Inaktivierung freier ChE in der Zeit zwischen dem Beginn des Homogenisierens und dem Beginn der Messung ausgeschlossen werden.

Der Wiederanstieg der ChE-Aktivität in vivo nach Zufuhr eines Phosphates kann in zwei Stadien erfolgen; er hängt von der spontanen Hydrolyse der phosphorylierten ChE, von dem Alterungsprozeß und der Neubildung des Enzyms ab[8]. Eine spontane Reaktivierung kann auch noch nach dem Tode des Versuchstieres beobachtet werden[9].

[1] KEWITZ, H.: Arch. Biochem. **66**, 263 (1957). — KEWITZ, H., and D. NACHMANSOHN: Arch. Biochem. **66**, 271 (1957).

[2] JENSEN-HOLM, J.: Acta pharmacol. toxicol., København **17**, 255 (1960).

[3] SCHAUMANN, W.: Arch. Biochem. **93**, 563 (1961). s.a. A. e. P. P. **239**, 81, 96, 114, 126 (1960).

[4] SCAIFE, J.F. and J. SHUSTER: Canad. J. Biochem. **38**, 1087 (1960).

[5] FRIEDBERG, K.D., and W.D. ERDMANN: A. e. P. P. **237**, 1 (1959).

[6] SCHAUMANN, W.: Brit. J. Pharmacol. **15**, 432 (1960). A. e. P. P. **239**, 81 (1960).

[7] ASPEREN, K. VAN: Nature **181**, 355 (1958). Biochem. Pharmacol. **3**, 136 (1960). — ASPEREN, K. VAN, and H.M. DEKUIJZEN: Biochim. biophys. Acta **28**, 603 (1958). — COLHOUN, E.H.: Canad. J. Biochem. **37**, 259 (1959). — SCHAUMANN, W.: Brit. J. Pharmacol. **15**, 432 (1960). — SEUME, F.W., J.E. CASIDA and R.D. O'BRIEN: J. agric. Food. Chem. **8**, 43 (1960).

[8] s. BLABER, L.C., and N.W. CREASEY: Biochem. J. **77**, 591, 597 (1960).

[9] BERGNER, A.D.: Amer. J. Path. **35**, 807 (1959).

Die starke ChE-hemmende Aktivität verschiedener Phosphate kann zu ihrem Nachweis in pflanzlichem und tierischem Material benutzt werden[1].

Inaktivierung der ChE durch Strahlen. Gereinigte ChE aus elektrischen Organen wird durch hohe Dosen von UV-Strahlen wahrscheinlich direkt und nicht über eine indirekte Oxydation von SH-Gruppen inaktiviert[2]. UV-Strahlen zerstören die ChE I in peripheren Nerven[3].

An Strukturen gebundene ChE ist im frischen und getrockneten Zustand gleich resistent gegen γ-Strahlen, Plasma-ChE wird dagegen im gelösten Zustand schneller inaktiviert als im getrockneten[4]. Menschliche Serum-ChE ist am stabilsten bei einem Wassergehalt von 12%; in wäßriger Lösung verläuft die Dosis-Effekt-Kurve in halblogarithmischer Darstellung linear[5].

3.1.1.11 Pektin-Pektylhydrolase s. S. 1144

3.1.2.1 Acetyl-CoA-Hydrolase s. S. 49

3.1.2.2 Palmitoyl-CoA-Hydrolase s. S. 50

3.1.2.3 Succinyl-CoA-Hydrolase s. S. 47

3.1.2.4 3-Hydroxyisobutyryl-CoA-Hydrolase s. S. 162

3.1.2.5 3-Hydroxy-3-methylglutaryl-CoA-Hydrolase s. S. 157

3.1.2.6 S-2-Hydroxyacylglutathion-Hydrolase s. Bd. VI/C, S. 679

Phosphoester-Hydrolasen*.

(Phosphoesterasen).

Von

Otto Hoffmann-Ostenhof und Richard Ehrenreich***.**

Mit 3 Abbildungen.

Einführung. Die früher unter dem Sammelbegriff Phosphatasen zusammengefaßten Enzyme werden heute je nach den von ihnen katalysierten Wirkungen in zwei Gruppen eingeteilt. Enzyme, die Phosphorsäureester hydrolytisch spalten, klassifiziert man als Phosphoester-Hydrolasen oder Phosphoesterasen, während diejenigen Enzyme, welche Polyphosphate und Acylphosphate hydrolysieren, in der Gruppe der Anhydrid hydrolysierenden Enzyme zusammengefaßt werden.

* Zu diesem Beitrag findet sich eine Ergänzung über wichtige Methoden in Bandteil C, S. 745. Vgl. dazu SCHMIDT, G., and M. LASKOWSKI sen.; in: Boyer-Lardy-Myrbäck, Enzymes, Bd. V, S. 3. — SCHMIDT, G.; in: Boyer-Lardy-Myrbäck, Enzymes, Bd. V, S. 37. — STADTMAN, T. C.; in: Boyer-Lardy-Myrbäck, Enzymes, Bd. V, S. 55.

** Organisch-Chemisches Institut der Universität Wien.

*** Medizinisch-Chemisches Laboratorium der Internen Abteilung der Allgemeinen Poliklinik der Stadt Wien.

[1] s. u.a. AUGUSTINSSON, K.-B., and G. JONSSON: Acta chem. scand. **11**, 275 (1957). Exper. **13**, 438 (1957). — BOYD, G.R.: J. agric. Food Chem. **7**, 615 (1959). — COOK, J.W.: J. Ass. agric. Chem. **37**, 561 (1954); **38**, 664 (1955). — GIANG, P.A., and S.A. HALL: Analyt. Chem., Washington **23**, 1831 (1951). — LAWS, E.Q., and D.J. WEBLEY: Analyst **84**, 28 (1959). — NESHEIM, E.D., and J.W. COOK: J. Ass. agric. Chem. **42**, 187 (1959). — MODDES, R.E., and J.W. COOK: J. Ass. agric. Chem. **42**, 208 (1959).

[2] HARGREAVES, A.B.: Arch. Biochem. **57**, 41 (1955).

[3] PATTAY, J.: Arch. int. Pharmacodyn. Thérap. **99**, 251 (1954).

[4] SERLIN, I., and G.C. COTZIAS: Radiat. Res. **6**, 55 (1957).

[5] AUGUSTINSSON, K.-B., G. JONSSON and B. SPARRMAN: Acta chem. scand. **15**, 11 (1961).

Unter den Phosphoesterasen können wir wiederum nach der Art der hydrolysierten Substrate zwischen Phosphomonoesterasen und Phosphodiesterasen unterscheiden. Die durch Phosphomonoesterasen katalysierte Hydrolyse der Phosphorsäuremonoester kann man durch die allgemeine Gleichung

$$R{-}O{-}\underset{\displaystyle OH}{\overset{\displaystyle OH}{\underset{|}{\overset{|}{P}}}}{=}O + H_2O \rightarrow R{-}OH + HO{-}\underset{\displaystyle OH}{\overset{\displaystyle OH}{\underset{|}{\overset{|}{P}}}}{=}O$$

darstellen, während die von den Phosphodiesterasen bewirkten Reaktionen der Gleichung

$$R{-}O{-}\underset{\displaystyle OH}{\overset{\displaystyle OR'}{\underset{|}{\overset{|}{P}}}}{=}O + H_2O \rightarrow R{-}OH + HO{-}\underset{\displaystyle OH}{\overset{\displaystyle OR'}{\underset{|}{\overset{|}{P}}}}{=}O$$

entsprechen. Während also bei der enzymatischen Spaltung der Phosphorsäuremonoester Orthophosphorsäure und ein Alkohol bzw. ein Phenol entstehen, sind die Produkte der Phosphodiesterasewirkung ein Phosphorsäuremonoester und ein Alkohol bzw. ein Phenol.

A. Phosphomonoester-Hydrolasen.

(Phosphomonoesterasen.)

Innerhalb dieser Enzymgruppe (systematische Untergruppe 3.1.3) finden sich in bezug auf die Spezifität Verhältnisse, die denjenigen, welche wir bei den Carbonsäureesterasen gefunden haben, weitgehend gleichen. Wir können wiederum zwischen einer Gruppe von Enzymen mit einer verhältnismäßig breiten Spezifität, den gruppenspezifischen Phosphomonoesterasen, und strenger spezifischen Phosphomonoesterasen unterscheiden. Eine Unterteilung der gruppenspezifischen Phosphomonoesterasen erfolgt der Tradition entsprechend nach dem p_H-Optimum ihrer Wirkung; die Enzymkommission unterscheidet in ihrem Bericht zwischen zwei Enzymen mit dem gleichen systematischen Namen Orthophosphomonoester-Phosphohydrolase (3.1.3.1 und 3.1.3.2), welche trivial als alkalische und saure Phosphatase bezeichnet werden. Daneben gibt es aber, wie schon ausgeführt, Enzyme, die spezifisch bestimmte Substrate, wie z.B. Glucose-6-phosphat, Fructose-1,6-diphosphat, 5′-Nucleotide, 3′-Nucleotide, Phosphoproteide, Phosphatidylsäure, Phosphoserin und andere Phosphorsäuremonoester, hydrolysieren. In manchen der zuletzt genannten Fälle mag es vielleicht noch fraglich sein, inwieweit es sich bei den für diese Wirkungen verantwortlichen Katalysatoren tatsächlich um selbständige Enzymindividuen handelt, doch dürfte dies zumindest in den meisten der genannten Beispiele bereits feststehen.

Gruppenspezifische Phosphomonoesterasen.

Einteilung und Spezifität. Wie bereits erwähnt wurde, klassifiziert man die gruppenspezifischen Phosphomonoesterasen vor allem nach dem p_H-Optimum ihrer Wirkung. Die ursprüngliche Einteilung in vier Gruppen nach einem Vorschlag von FOLLEY und KAY[1], wobei auch geringfügige Unterschiede in der relativen Spezifität in Betracht gezogen werden, läßt sich heute nur mehr mit Mühe aufrechterhalten, weil in der Zeit seit Aufstellung dieses Schemas zahlreiche gruppenspezifische Phosphomonoesterasen beschrieben wurden, die sich kaum in eine der Klassen einteilen lassen und als Übergangsformen aufgefaßt werden müssen. Andererseits ist die Unterteilung in nur zwei Klassen, wie sie von der Enzymkommission durchgeführt wurde, vielleicht doch zu dürftig.

Beim gegenwärtigen Stand der Kenntnisse ist allerdings eine Klassifikation nach dem p_H-Optimum der Wirkung doch nur formaler Natur. Seither angewandte Kriterien, wie

[1] FOLLEY, S. J., and H. D. KAY: Ergebn. Enzymforsch. 5, 159 (1936).

z. B. Hemmbarkeit und elektrophoretisches Verhalten, sind bisher nicht systematisch mit dem Schema von FOLLEY und KAY zur Deckung gebracht worden. Es kann jedoch bezweifelt werden, ob ein derartiger Versuch zur Zeit sinnvoll wäre.

Da aber der Klassifikation von FOLLEY und KAY auch heute noch besonders für Phosphomonoesterasen menschlichen und tierischen Ursprungs einige Bedeutung zukommt und durch nichts Besseres ersetzt werden kann, wird sie hier in einer etwas modifizierten Form wiedergegeben (Tabelle 1).

Tabelle 1. *Einteilung der Phosphomonoesterasen, modifiziert nach* FOLLEY und KAY.

Bezeichnung	pH-Optimum	Aktivierbar durch	Hemmbar durch	Spaltung von α- und β-Glycerophosphat
Typus I oder alkalische Phosphatase	9,3	Mg^{++}, Mn^{++}, Zn^{++}, Co^{++}	CN^-, SH-Verbindungen	β-Ester > α-Ester
Typus II oder saure Phosphatase I	5,4		F^-	β-Ester > α-Ester
Typus III oder saure Phosphatase II	3,8		Mg^{++}	β-Ester > α-Ester
Typus IV oder saure Phosphatase III	5,7	Mg^{++}		α-Ester > β-Ester

Was die Spezifität der gruppenspezifischen Phosphomonoesterasen betrifft, so spalten die verschiedenen Enzymtypen dieser Klasse sehr viele — aber durchaus nicht alle — Phosphorsäuremonoester, wobei die Hydrolysegeschwindigkeit von Substrat zu Substrat verschieden ist. Es scheint festzustehen, daß Phosphorsäurediester ebenso wie Anhydride der Phosphorsäure (Pyrophosphat, Tripolyphosphat, Trimetaphosphat, ATP, ADP usw.) nicht angegriffen werden; vereinzelte Befunde über derartige Wirkungen von Phosphomonoesterasen dürften auf die Verwendung von nicht ausreichend gereinigten Präparationen zurückzuführen sein. Dies ist um so wahrscheinlicher, weil ja bis heute noch kein Präparat einer Phosphomonoesterase vorliegt, das den Reinheitskriterien der Proteinchemie Genüge leistet.

Tabelle 2. *Relative Spezifitäten von gruppenspezifischen Phosphomonoesterasen gegenüber einigen organischen Phosphorsäureverbindungen* (nach TSUBOI u. Mitarb.[1], modifiziert von SCHMIDT[2]).

Substrat (0,01 m)	Relative Aktivität (in Prozenten der Maximalaktivität)		
	α-Glycerophosphatase aus Hefe (bei pH 6,5)	Phosphomonoesterase aus Erythrocyten (bei pH 6,0)	Saure Phosphatase der Prostata (bei pH 5,5)
Phenylphosphat	1	100	100
α-Glycerophosphat	100	33	69
β-Glycerophosphat	1	2	84
1-Propandiolphosphat	76	17	53
3-Phosphoglycerat	0	4	sehr gering
Glucose-1-phosphat	0	1	19
Glucose-6-phosphat	0	0	gering
Ribose-5-phosphat	0	8	41
Riboflavinphosphat	0	40	35
Hefeadenylsäure (2′+3′)	0	1	95
Hefecytidylsäure (2′+3′)	0	2	94
5′-Adenylsäure	0	3	60
Adenosintriphosphat	0	0	0
Diphenylphosphat	0	0	0

Die relativen Spezifitäten der einzelnen Enzymtypen dieser Klasse unterscheiden sich sehr wesentlich; es muß allerdings festgestellt werden, daß die Resultate, welche von verschiedenen Autoren über die relative Spezifität von Enzymen des gleichen Typus und der gleichen Herkunft gewonnen wurden, oft sehr unterschiedlich sind, was vielleicht auf den verschiedenen Reinigungsgrad der verwendeten Präparationen zurückzuführen ist. Auch die hier gegebene Tabelle 2, die dem Handbuchartikel von SCHMIDT[2] entnommen wurde, soll nicht die absoluten Größen darstellen, sondern ein Bild von den gewaltigen Unterschieden der relativen Spezifitäten der verschiedenen Typen der Phosphomonoesterasen geben.

Wie durch Versuche in mit ^{18}O angereichertem Wasser gezeigt wurde, erfolgt die Spaltung an der P—O-Bindung. STEIN und KOSHLAND[3] untersuchten dies bei Phosphomono-

[1] TSUBOI, K. K., G. WIENER and P. B. HUDSON: J. biol. Ch. **224**, 621 (1957).
[2] SCHMIDT, G.; in: Boyer-Lardy-Myrbäck, Enzymes, Bd. V, S. 46.
[3] STEIN, S. S., and D. E. KOSHLAND jr.: Arch. Biochem. **39**, 229 (1952).

esterasen verschiedener Herkunft (alkalische Phosphatase der Dünndarmschleimhaut, Prostataphosphatase und Kartoffelphosphatase) und fanden immer eine Aufnahme von 1 Atom ^{18}O in jedes freigesetzte Molekül Orthophosphat. Die Autoren deuten diese Befunde in dem Sinne, daß wahrscheinlich eine Verdrängungsreaktion im „transition state" vorliegt; dieser Mechanismus sei jedenfalls wesentlich wahrscheinlicher als eine Zwischenverbindung mit fünfwertig covalentem Phosphor, denn dann müßte ein höherer Anteil an ^{18}O im Orthophosphat zu finden sein. Die alkalische Phosphatase der Dünndarmschleimhaut ist übrigens nach Angabe derselben Autoren auch imstande, eine langsame Aufnahme von ^{18}O in Orthophosphat zu bewirken, wenn das Enzym mit Orthophosphat allein inkubiert wird.

Wie viele andere Hydrolasen zeigen auch die Phosphomonoesterasen — sowohl die gruppenspezifischen als auch diejenigen mit strengerer Spezifität — die Fähigkeit, den Phosphatrest aus ihren Substraten nicht nur im Sinne der Hydrolyse auf Wasser, sondern auch als echte Übertragungsreaktion auf andere Acceptoren des Typus ROH zu übertragen. Für diese Auffassung sprechen die Ergebnisse zahlreicher Autoren[1-7]; die weitgehende Parallelität zwischen den Reaktionsgeschwindigkeiten von Hydrolyse und Transferreaktion ebenso wie das gleichartige Verhalten der beiden Aktivitäten bei der Reinigung und auch bei Hemmversuchen lassen wohl den Schluß zu, daß es sich zumindest in den meisten Fällen um ein und dasselbe Enzymprotein handelt, welches beide Wirkungen katalysiert. Im Falle der gereinigten Phosphatase der Karotte ist es allerdings Tunis und Chargaff[8,9] gelungen, die beiden Aktivitäten voneinander zu trennen.

Als Acceptoren kommen vor allem Alkohole zur Verwendung; als Phosphatdonatoren werden Phenylphosphat, Kreatinphosphat und Phosphoenolpyruvat benützt. Um eine meßbare Transferasewirkung zu erzielen, muß die Konzentration des Acceptors relativ sehr groß sein. Dies macht es auch unwahrscheinlich, daß der Transferasewirkung eine biologische Funktion zukommt.

In bezug auf die biologische Bedeutung dürfte derselbe Vorbehalt auch für die Fähigkeit der Phosphomonoesterasen gelten, aus Alkoholen und Orthophosphat die entsprechenden Phosphorsäuremonoester aufzubauen. Mit einem gereinigten Präparat der alkalischen Phosphatase aus Dünndarmschleimhaut unternahmen es Meyerhof und Green[10], die Bildung von Phosphomonoestern aus relativ hohen Konzentrationen von anorganischem Phosphat und Alkoholen (Glycerin und natürlichen Zuckern) zu verfolgen. Es konnte tatsächlich die Bildung dieser Ester nachgewiesen und sogar quantitativ bestimmt werden; die Autoren konnten aus den erhaltenen Daten die freie Energie der Hydrolyse der Phosphorsäureester berechnen.

Vorkommen. Es scheint fast sicher, daß alle lebenden Zellen gruppenspezifische Phosphomonoesterasen enthalten. Dies ist deshalb besonders beachtenswert, weil wir zur Zeit nur in seltenen Fällen irgendwelche Informationen über die biologische Rolle dieser Enzyme besitzen und in dieser Hinsicht noch weitgehend auf Vermutungen angewiesen sind.

Quantitative Angaben über das Vorkommen von gruppenspezifischen Phosphomonoesterasen (saure und alkalische Phosphatasen) finden sich bereits in Bd. V, S. 728 dieses Handbuches. Den Zahlenwerten und sonstigen Angaben an dieser Stelle ist auch heute noch kaum etwas hinzuzufügen, wenn wir davon absehen, daß die für die saure Phosphatase

[1] Axelrod, B.: J. biol. Ch. **172**, 1 (1948).
[2] Appleyard, J.: Biochem. J. **42**, 596 (1948).
[3] Meyerhof, O., and H. Green: J. biol. Ch. **183**, 377 (1950).
[4] Brawerman, G., and E. Chargaff: Am. Soc. **75**, 4113 (1953).
[5] Tsuboi, K. K., and P. B. Hudson: Arch. Biochem. **43**, 339 (1953).
[6] Morton, R. K.: Biochem. J. **70**, 139 (1958).
[7] Nigam, V. N., and W. H. Fishman: J. biol. Ch. **234**, 2394 (1959).
[8] Tunis, M., and E. Chargaff: Biochim. biophys. Acta **21**, 204 (1956).
[9] Tunis, M., and E. Chargaff: Arch. Biochem. **69**, 295 (1957).
[10] Meyerhof, O., and H. Green: J. biol. Ch. **178**, 655 (1949).

angegebenen Werte in manchen Fällen vermutlich sowohl die Aktivität der Enzyme des Typs II als auch solcher des Typus IV umfassen und somit eine Nachuntersuchung mit Methoden, die zwischen diesen beiden Typen differenzieren lassen (S. 972f.), wünschenswert wäre.

Eine besondere Bedeutung hat das Vorkommen der einzelnen Phosphomonoesterase-Typen im Blutserum bzw. -plasma sowie in Exkreten, da Konzentrationserhöhungen dieser Enzyme für die Erkennung bestimmter pathologischer Veränderungen von größter Bedeutung sind. Auch über dieses Gebiet findet sich bereits eine ausführliche Darstellung der Verhältnisse in Bd. V, S. 173ff. Seit Erscheinen dieses Bandes wurden allerdings Methoden entwickelt, die noch exaktere Angaben über das quantitativ veränderte Vorkommen bestimmter Phosphomonoesterasen im Serum und in Exkreten erlauben und diagnostisch von großer Bedeutung sind; diese Verfahren werden im folgenden Abschnitt besprochen werden.

Bezüglich der Verteilung der einzelnen Phosphomonoesterase-Typen in den einzelnen Organismen und Geweben soll hier nur eine kurze Übersicht gegeben werden; für eine tabellarische Behandlung sind die vorliegenden Daten kaum geeignet.

Typus I, die alkalische Phosphatase, scheint in allen Lebewesen außer den grünen Pflanzen vorzukommen; unter den Phosphomonoesterasen der höheren Tiere gehören unter anderem die Hauptmenge dieser Enzyme in Serum, Darmschleimhaut, Niere, Leber, Knochen und Milch diesem Typus an.

Hier konnte kürzlich gezeigt werden, daß es sich bei den alkalischen Phosphatasen aus den verschiedenen Organen nicht um ein und dasselbe Enzymprotein handelt; wir haben hier Isoenzyme vor uns, die sich in ihren Eigenschaften und vermutlich auch in ihrer chemischen Zusammensetzung deutlich unterscheiden, wenngleich die beobachteten Differenzen relativ klein sind[1]. Nach elektrophoretischer Reinigung der Enzyme aus Darmschleimhaut, Niere, Leber und Knochen bestimmten Moss u. Mitarb.[1] die mittleren K_M-Werte dieser Enzyme für ein bestimmtes Substrat (β-Naphthylphosphat), wobei sie dafür die Reaktionsgeschwindigkeit beim optimalen p_H-Wert für jede Substratkonzentration auswerteten (vgl. S. 988) und fanden signifikante Unterschiede. Unter den angegebenen Bedingungen sind die K_M-Werte für die Enzyme aus den einzelnen Organen die folgenden: Knochen 0,110 mM; Leber 0,067 mM; Niere 0,103 mM; Darmschleimhaut 0,090 mM.

Da unter pathologischen Bedingungen eine Vermehrung von Enzymen aus den betroffenen Organen im Serum zu erwarten ist, haben Moss u. Mitarb.[2] in einer weiteren Untersuchung die K_M-Werte der alkalischen Phosphatase des Serums bei verschiedenen Krankheitszuständen bestimmt. Die Ergebnisse bestätigen die geschilderte Annahme; bei bestimmten Erkrankungen des Knochensystems (PAGET-Krankheit, Knochenmetastasen) entspricht der K_M-Wert der alkalischen Phosphatase des Serums völlig demjenigen des Knochensystems, während bei pathologischen Zuständen der Leber (z.B. Lebermetastasen) sehr niedrige K_M-Werte, die denjenigen des Leberenzyms nahekommen, gefunden werden.

Typus II findet sich beim Menschen und bei den Säugern in der Prostata und im Serum; derartige Enzyme sind aber vor allem in den grünen Pflanzen, daneben auch in Pilzen und Mikroorganismen weit verbreitet.

Das Vorkommen von Typus III scheint auf Schimmelpilze und Hefen beschränkt zu sein, wenngleich ältere Befunde auch einen Hinweis auf derartige Enzyme in höheren Pflanzen geben. Typus IV findet sich schließlich vor allem in Erythrocyten und in Unterhefe.

Was die intracelluläre Lokalisation der Phosphomonoesterasen betrifft, so ist unser Wissen trotz zahlreicher histochemischer Methoden (vgl. Bd. II, S. 352ff.) erstaunlich

[1] MOSS, D. W., D. M. CAMPBELL, E. ANAGNOSTOU-KAKARAS and E. J. KING: Biochem. J. 81, 441 (1961).
[2] MOSS, D. W., D. M. CAMPBELL, E. ANAGNOSTOU-KARAKAS and E. J. KING: Pure appl. Chem. 3, 397 (1962).

unsicher[1]. Obwohl von verschiedener Seite behauptet wird, daß die Beobachtungen über ein Vorkommen von Phosphomonoesterase des Typus I in den Kernstrukturen durch sekundäre Adsorption zustande kommt[2,3], dürften doch die vorliegenden Befunde eindeutig dafür sprechen, daß zumindest im wachsenden Gewebe das Enzym im Zellkern lokalisiert ist[4,5]. Jedenfalls ist ein großer Teil des Typus I-Enzyms in der Zelle eng an Strukturen gebunden und läßt sich nur schwer in eine lösliche Form überführen. Wie EMERY und DOUNCE[6] bei fraktionierter Zentrifugation von Leberhomogenaten zeigen konnten, ist aber in diesem Gewebe auch eine lösliche alkalische Phosphomonoesterase vorhanden, die sich von dem partikulär (am Zellkern) gebundenen Enzym durch ihr Aktivierungsverhalten unterscheidet.

Die saure Phosphomonoesterase der Prostata läßt sich leicht mit Wasser aus Homogenaten der Drüse extrahieren und dürfte daher ein cytoplasmatisches Enzym darstellen. Nach WATTIAUX und DE DUVE[7] und nach RUTENBURG und SELIGMAN[8] sind hingegen die entsprechenden Enzyme der Leber und der Niere an Zellpartikel gebunden; die am stärksten aktiven Strukturen in der Niere scheinen die Mitochondrien zu sein.

Bestimmungsmethoden. Grundsätzlich können zur Bestimmung der Phosphomonoesterase-Aktivität drei *Prinzipien* zur Anwendung gelangen:

Messung der Substratabnahme. Dies wird nur in seltenen Fällen zur Grundlage einer Enzymbestimmung verwendet.

Messung des durch die Enzymwirkung enstehenden Orthophosphats. Hier ist vor allem die seit vielen Jahren bewährte Methode von FISKE und SUBBAROW[9] zu erwähnen, die in Bd. III dieses Handbuches, S. 465ff., ausführlich beschrieben und besprochen ist. Eine Diskussion der quantitativen Orthophosphatbestimmung findet sich im selben Band, S. 459ff., ebenso sind dort auch verschiedene, für bestimmte Sonderfälle vorzuziehende Modifikationen der Methode von FISKE und SUBBAROW, und zwar die Bestimmungsmethoden von LOWRY und LOPEZ[10] und von MARTIN und DOTY[11] dargestellt (Bd. III, S. 465f.). Obwohl diese Verfahren wohl allen normalen Ansprüchen bei der Bestimmung der Phosphomonoesterasewirkung genügen, soll im folgenden noch die Methode von ZELLER[12] beschrieben werden, die an sich eine Modifikation des Verfahrens von BERENBLUM und CHAIN[13] darstellt und sich im Laboratorium der Verfasser als genaue und schnell durchzuführende Methode bewährt hat.

Bestimmung von Orthophosphat in biologischen Medien nach ZELLER[12].

Prinzip:

Anorganisches Phosphat beschleunigt die Reduktion von Molybdat zu Molybdänblau. Dieser Vorgang, der die Grundlage für zahlreiche Methoden der colorimetrischen Phosphatbestimmung ist, wird durch zahlreiche Stoffe gehemmt, die entweder im zu untersuchenden Material vorliegen oder beim Studium von Enzymreaktionen zugesetzt werden. Beim vorliegenden Verfahren wird nach BERENBLUM und CHAIN[14] Phosphormolybdat aus der verdünnten H_2SO_4 in Isobutanol überführt, wodurch sowohl die

[1] Vgl. DEANE, H. W., R. J. BARNETT and A. M. SELIGMAN: Handb. Histochem. (GRAUMANB-NEUMANN) Bd. VII/1, S. 122.
[2] MORI, T.: Tohoku J. exp. Med. **58**, 119 (1953).
[3] HERMAN, E., and H. W. DEANE: J. cellul. comp. Physiol. **41**, 201 (1953).
[4] DE DUVE, C., and J. BERTHET: Int. Rev. Cytol. **3**, 225 (1954).
[5] FIRKET, H.: Bull. Microscop. appl. **2**, 57 (1952).
[6] EMERY, A. J. jr., and A. L. DOUNCE: J. biophys. biochem. Cytol. **1**, 315 (1955).
[7] WATTIAUX, R., and C. DE DUVE: Biochem. J. **63**, 608 (1956).
[8] RUTENBURG, A. M., and A. M. SELIGMAN: J. Histochem. **3**, 455 (1955).
[9] FISKE, C. H., and Y. SUBBAROW: J. biol. Ch. **66**, 375 (1925).
[10] LOWRY, O. H., and J. A. LOPEZ: J. biol. Ch. **162**, 421 (1946).
[11] MARTIN, J. B., and D. M. DOTY: Analyt. Chem., Washington **21**, 965 (1949).
[12] ZELLER, E. A.: Helv. **32**, 2512 (1949).
[13] BERENBLUM, I., and E. CHAIN: Biochem. J. **49**, 286 (1938).
[14] BERENBLUM, I., and E. CHAIN: Biochem. J. **32**, 295 (1938).

interferierenden Substanzen ausgeschaltet als auch das System gegenüber Änderungen in der Konzentration der Reaktionsteilnehmer unabhängiger gemacht wird. Um eine serienmäßige Durchführung zu ermöglichen, erfolgt die Extraktion in einem büretten-artigen Gefäß mit Hilfe eines Gasstroms.

Reagentien:

1. 10 n H_2SO_4.
2. n H_2SO_4.
3. Ammoniummolybdatlösung, 2,5%ig. Eine Vorratslösung wird in einer paraffinierten Flasche aufbewahrt und der ungefähre Tagesbedarf in ein Reagensglas abgefüllt.
4. Isobutanol.
5. Zinn(II)-chloridlösung. Herstellung: 10 g $SnCl_2$ werden in 25 ml konz. HCl gelöst und in einer dunklen Glasstöpselflasche aufbewahrt. Diese Stammlösung wird für den Gebrauch mit destilliertem Wasser auf das 50fache verdünnt. Die Gebrauchslösung ist in der Kälte 24 Std haltbar.
6. 95%iges Äthanol.

Alle Reagentien außer Äthanol werden in Reagensgläser eingefüllt und diese in eisgekühltem Wasser — der Autor benützt kleine Thermosflaschen — aufbewahrt.

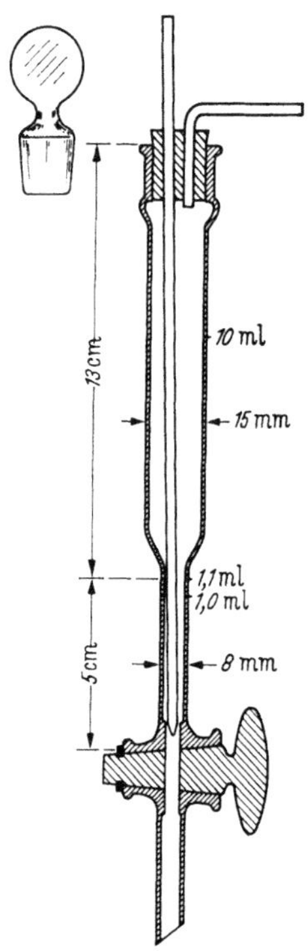

Abb. 1. Form und Abmessungen einer einzelnen „unit".

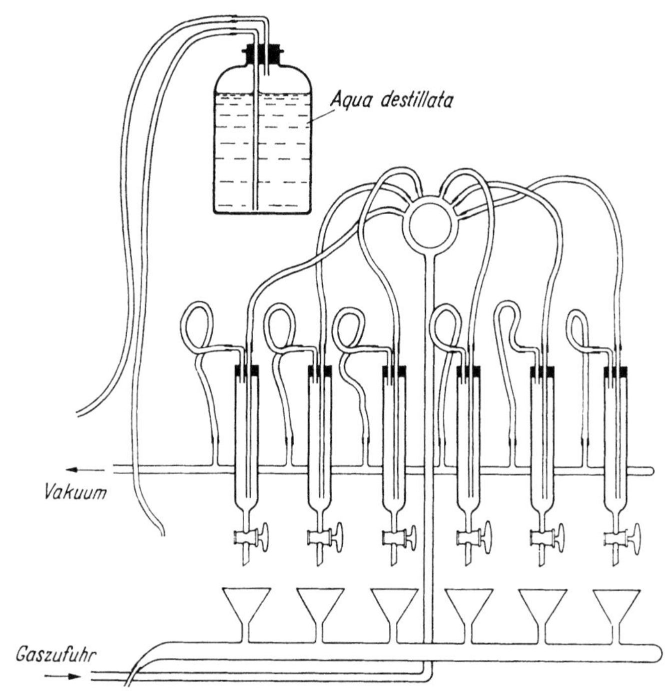

Abb. 2. Schematische Darstellung der Gesamtapparatur.

Apparatur:

Diese besteht aus einer Serie von „units" in einer entsprechenden Anordnung. Form und Abmessungen der „unit" sind in Abb. 1 wiedergegeben. Von Wichtigkeit ist die Form des eintauchenden Endes des Gaseinleitungsrohrs, dessen Öffnung so eng sein muß, daß genügend Gasdruck erhalten bleibt, um eine Durchströmung der Reaktionsflüssigkeit zu erreichen, auch wenn die übrigen mit der gleichen Gasleitung verbundenen Gaseinleitungsrohre offen, d.h. nicht eingetaucht sind.

Die Gesamtapparatur ist in Abb. 2 dargestellt. Als Halterung der „units" dienen Thermometerklammern. Oberhalb der „units" wird eine entsprechende Serie weiterer Klammern angebracht, in die die Stopfen eingehängt werden, wenn die Gaseinleitungsrohre nicht in die Flüssigkeit eintauchen sollen. Unterhalb der „units" befindet sich eine Reihe von Trichtern, die die Waschflüssigkeiten aufnehmen. Aus einer zuoberst auf dem Stativ angebrachten Flasche mit destilliertem Wasser werden mit Hilfe von Gummischlauch, Quetschhahn und gebogenem Glasrohr die „units" gespült.

Bei Verwendung mehrerer „units" verdampft so viel Isobutanol, daß es vorteilhaft ist, die Apparatur im Abzug zu installieren.

Eine Vorbedingung für die Gewinnung zuverlässiger Ergebnisse ist die ständige Reinhaltung der Reaktionsgefäße. Diese sollen sofort nach der Entleerung dreimal mit destilliertem Wasser nachgewaschen und häufig mit Chromschwefelsäure gereinigt werden.

Ausführung:

In die „units" werden folgende Lösungen einpippetiert: 0,7 ml der auf Orthophosphat zu untersuchenden Lösung, d.h. also bei Enzymversuchen des Reaktionsgemisches; 0,05 ml 10 n H_2SO_4; 0,25 ml 2,5%ige Ammoniummolybdat-Lösung; 1 ml Isobutanol.

Hierauf wird der Gasstrom eingeschaltet, was einfach dadurch geschieht, daß die Stopfen aufgesetzt werden, da der Gasstrom die ganze Zeit, solange der Apparat in Betrieb ist, angestellt bleibt. Die mit der Stoppuhr kontrollierte Extraktionsdauer beträgt 60 sec. Nach Ausschalten des Gaseinleitungsrohrs wird die wäßrige Phase entleert und 1 ml n H_2SO_4 eingeführt, worauf man wieder 30 sec den Gasstrom durch das Reaktionsgemisch führt. Dieser Waschprozeß wird nach Entfernung der wäßrigen Phase in genau gleicher Weise wiederholt. Nach dem letzten Waschen wird die wäßrige Phase besonders sorgfältig entfernt. Dann wird der Isobutanolextrakt mit 2 ml Zinn(II)-chloridlösung versetzt und nochmals während 30 sec durchgeperlt. Dabei wird der blaue Farbstoff entwickelt. Das Gaseinleitungsrohr wird danach ausgehängt, mit einigen Tropfen n H_2SO_4 abgespült und schließlich aus dem Gefäß entfernt und auf der oberhalb befindlichen Stativklammer aufgehängt. Nach Ablassen der wäßrigen Phase wird mit Äthanol bis zur Marke 1,1 ml und dann mit n H_2SO_4 bis zur Marke 10 ml aufgefüllt. Mit aufgesetztem Glasstopfen wird das Gemisch kräftig durchgeschüttelt, damit Isobutanol und Farbstoff in Lösung gehen.

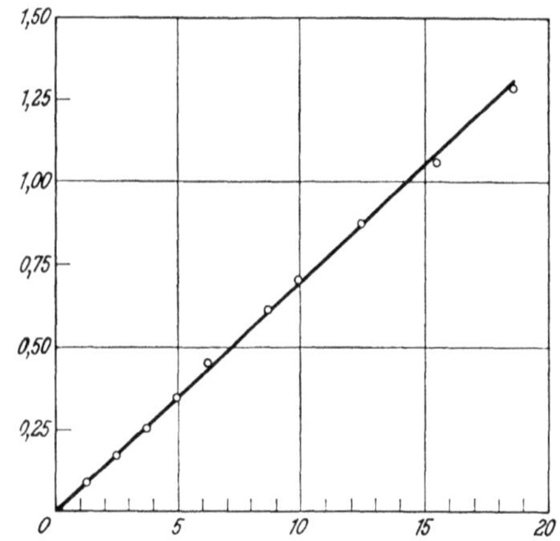

Abb. 3. Abszisse: μg Phosphat-P pro 0,7 ml; Ordinate: Extinktion (Filter 660 des Evelyn-Photometers).

Die Extinktion der Farbstofflösung wird in einem dazu geeigneten Colorimeter, z.B. LANGE-Photometer, EVELYN-Photometer usw. unter Vorschaltung eines Orangefilters gemessen. Man vergleicht mit einer vorher aufgestellten Eichkurve (Abb. 3).

Bemerkungen. Eine gewisse Schwierigkeit des Verfahrens liegt in der Regulierung des Gasstroms, der einerseits eine kräftige Durchmischung bewirken soll, andererseits aber nicht so groß sein darf, daß eine stärkere Verdampfung des Isobutanols und ein Verspritzen der Flüssigkeit an die Wand des Gefäßes erfolgt. Es ist darauf zu achten, daß sowohl alle „units" als auch die Öffnungen der Gaseinleitungsrohre möglichst gleich groß sind, damit die Verdampfung des Isobutanols in allen Gefäßen die gleiche ist, was sich auf die Genauigkeit des Verfahrens sehr günstig auswirkt.

Der günstigste Meßbereich der Methode liegt zwischen 2 und 15 μg, doch ist es durchaus möglich, bis zu 0,2 μg brauchbare Meßwerte zu erhalten.

Die wesentlichsten Vorteile des Verfahrens sind wohl die Ausschaltung sämtlicher Faktoren, die auf die Farbstoffbildung störend wirken, was durch die Extraktion geschieht, und auch die serienmäßige Durchführbarkeit der Bestimmungen. Bei einiger Übung ist Abtrennung der Waschflüssigkeiten, Einfüllung des nächsten Agens und Ingangsetzen des Gasstroms in weniger als 30 sec nach Unterbrechung der Gaszufuhr möglich. Wenn 6 „units" in Betrieb sind, werden für eine Bestimmung durchschnittlich 3—4 min benötigt.

Eine Anwendung der Phosphat-Bestimmungsmethode von FISKE und SUBBAROW zur Bestimmung der alkalischen Plasmaphosphatase nach JENNER und KAY[1] ist in Bd. V dieses Handbuches, S. 176ff, beschrieben.

Als drittes Prinzip für die Phosphomonoesterase-Bestimmung findet auch die *Messung des durch die Reaktion freigesetzten organischen Substratteils* häufig Anwendung. Dabei werden Phosphorsäureester von Phenol und substituierten Phenolen als Substrate verwendet. Phenol selbst läßt sich z.B. leicht nach dem Verfahren von FOLIN und CIOCALTEU[2] colorimetrisch bestimmen, während bei der Verwendung von p-Nitrophenylphosphat bzw. Phenolphthaleinphosphat die freigesetzten substituierten Phenole direkt colorimetriert werden können.

In Bd. V dieses Handbuches, S. 177ff., sind drei Methoden zur Bestimmung von Phosphomonoesterasen im Serum beschrieben, die auf diesen Prinzipien beruhen. Mit kleinen, den Einzelfällen angepaßten Modifikationen lassen sich diese Methoden auch zur Bestimmung gleichartiger Enzyme aus anderen Ausgangsmaterialien gut verwenden.

Eine vor allem für das klinische Laboratorium gedachte Methode, die auf demselben Prinzip beruht, wobei aber α-Naphthylphosphat als Substrat Verwendung findet, wurde kürzlich entwickelt[3]. Es wird angegeben, α-Naphthylphosphat sei ein bevorzugtes Substrat der sauren Phosphomonoesterase im Serum, die aus der Prostata stammt; die Tatsache, daß sämtliche Reagentien in bereits gebrauchsfertiger Form kommerziell erhältlich sind, dürfte bei der heute häufigen Überlastung der klinischen Laboratorien einen wesentlichen Vorteil bedeuten.

Bestimmung der sauren Prostataphosphatase im Serum nach BABSON *und* READ[3].

Prinzip:

α-Naphthylphosphat wird durch das Enzym hydrolysiert und das freigesetzte α-Naphthol mit Tetraazo-di-o-anisidin gekoppelt. Der entstehende Farbstoff wird colorimetrisch bestimmt.

Reagentien:

Sämtliche Reagentien werden in einer gebrauchsfertigen Packung unter dem Namen „Phosphotabs, acid" von der Firma Warner-Chilcott, Morris Plains, New Jersey, USA, geliefert.

1. Puffer-Substrat: Die Tablette enthält 0,67 mg α-Naphthylphosphat in einer Citratmischung, die in der Reaktionsmischung ein p_H von 5,2 einstellt.
2. Farbentwickler: Die Tablette enthält 0,4 mg Tetraazo-di-o-anisidin in stabilisierter Form.
3. Standard-α-Naphthol in Serum: 94,5 mg reines α-Naphthol werden in einem 100 ml fassenden Meßkolben in 10 ml reinem Äthanol gelöst, sodann wird mit destilliertem Wasser auf 100 ml aufgefüllt. Diese Lösung wird darauf im Verhältnis 1:10 mit Serum verdünnt; sie enthält dann somit 9,45 mg α-Naphthol in 100 ml. Die obengenannte Firma liefert den Standard als Service in lyophilisierter Form; er kann durch Zusatz von 1 ml destilliertem Wasser gebrauchsfertig gemacht werden.
4. Physiologische Kochsalzlösung (NaCl, 0,85%ig).

Durchführung:

In einem Reagensglas, an dem eine Marke das Volumen von 5 ml anzeigt, wird eine Tablette Puffer-Substrat in 0,5 ml destilliertem Wasser gelöst und die Mischung bis zur Temperaturangleichung in einen Wasserbadthermostaten von 37° C gestellt. Man setzt

[1] JENNER, H. D., and H. D. KAY: Brit. J. exp. Path. **13**, 22 (1932).
[2] FOLIN, O., and V. CIOCALTEU: J. biol. Ch. **73**, 627 (1927).
[3] BABSON, A. L., and P. A. READ: Amer. J. clin. Path. **32**, 88 (1959).

dann mit Hilfe einer Capillarpipette 0,2 ml des zu prüfenden Serums zu, vermischt durch Umrühren mit der Pipette und läßt diese während der genau 30 min dauernden Inkubationszeit in der Lösung.

Danach nimmt man das Reagensglas aus dem Wasserbad, kühlt unter der Wasserleitung ab und setzt dann eine Tablette Farbentwickler hinzu, die mit Hilfe der Pipette zerstoßen wird. Darauf wird die Pipette mit destilliertem Wasser abgespült und die Mischung bis zur 5 ml-Marke mit destilliertem Wasser aufgefüllt.

Die colorimetrische Messung geschieht genau 3 min nach Zugabe der Farbtablette. Man mißt bei 530 mμ gegen Wasser. Der *Serumleerwert* wird durch Verdünnen von 0,2 ml Serum mit physiologischer Kochsalzlösung auf 5 ml gegen Wasser bei 530 mμ bestimmt. Die optische Dichte des Standards wird in gleicher Weise wie diejenige der Hauptprobe gemessen. Nur entfällt die Inkubation bei 37° C.

Berechnung. Die Autoren bezeichnen als 1 Einheit der sauren Phosphatasewirkung diejenige Menge Enzym, die 1 mg α-Naphthol in 1 Std in Freiheit setzt. Diese Einheit entspricht etwa 0,18 BODANSKY-Einheiten (vgl. Bd. V dieses Handbuches, S. 174).

Die Aktivität der sauren Phosphatase in einer derart gemessenen Serumprobe berechnet sich nach der Formel

$$\text{Einheiten pro 100 ml} = \frac{m-p}{n-p} \times 20 - 1{,}1,$$

wobei m die optische Dichte der Probe, n die optische Dichte des Standards und p den Serumleerwert bedeutet. Diese Berechnung enthält bereits Korrekturen für diejenigen Farbwerte, die nicht durch α-Naphthol bedingt sind, nämlich die Eigenfarbe des Serums und der Reagentien sowie der Produkte, die bei der Reaktion zwischen dem Diazoniumsalz und den Serumproteinen entstehen.

Bemerkungen. Mit der beschriebenen Methode können Seren mit einer Phosphomonoesterase-Aktivität bis zu etwa 50 Einheiten gemessen werden. Bei höheren Aktivitäten müssen die Reaktionszeiten verkürzt werden; bei einer weniger als 10 min dauernden Inkubation werden die Resultate allerdings unverläßlich.

Wenn die Farbe bereits entwickelt ist, kann man, um in einen meßbaren Bereich zu gelangen, die Probe durch Zusatz von 5 bzw. 10 ml destilliertem Wasser auf das 2- oder 3fache verdünnen. Höhere Verdünnungen sollen aber vermieden werden, da unter diesen Umständen der Azofarbstoff die Tendenz hat, auszufallen.

Schwankungen des Proteingehaltes der Probe zwischen 4 und 8% haben keinen Einfluß auf die Farbentwicklung. Da aber eine bestimmte Menge Protein erforderlich ist, um den Farbstoff in Lösung zu halten, können besonders stark aktive Sera nicht mit Wasser oder physiologischer Kochsalzlösung verdünnt werden. Hier empfiehlt sich die Verwendung von phosphomonoesterasefreiem Serum. Serum, das einige Std bei 37° C inkubiert wurde oder über Nacht bei Zimmertemperatur gestanden ist, ist praktisch frei von saurer Phosphatase[1].

Normalwerte. Die Autoren geben als Normalwerte bei Männern 2,0 $\pm$ 0,7 Einheiten (Extremwerte 0,9 und 5,5) und bei Frauen 1,5 $\pm$ 0,5 (Extremwerte 0,5 und 2,6) an.

Unter Verwendung desselben Substrats (α-Naphthylphosphat) wurde von CAMPBELL und MOSS[2] eine spektrofluorimetrische Methode zur Bestimmung von saurer Phosphomonoesterase entwickelt.

Eine andere wertvolle, ebenfalls auf dem Prinzip der Bestimmung des freigesetzten organischen Substratanteils beruhende Methode wurde von KIND und KING[3] zur Messung der Phosphoesterasen im Blutplasma entwickelt. Sie läßt sich ohne Zweifel für die Bestimmung von Phosphomonoesterasen anderen Ursprungs modifizieren.

[1] WOODARD, H. Q.: J. Urol., Baltimore **65**, 688 (1951).
[2] CAMPBELL, D. M., and D. W. MOSS: Clin. chim. Acta, Amsterdam **6**, 307 (1961).
[3] KIND, P. R. N., and E. J. KING: J. clin. Path. **7**, 322 (1954).

***Bestimmung der Phosphomonoesterasen des Plasmas nach* Kind *und* King**[1].

Prinzip:

Man läßt die Phosphomonoesterasen auf Phenylphosphat unter Standardbedingungen einwirken. Das freigesetzte Phenol reagiert in Gegenwart alkalischer Oxydationsmittel mit 4-Aminoantipyrin [1-Phenyl-4-amino-2,3-dimethylpyrazolon-(5)] unter Bildung chinoider Substitutionsprodukte[2], deren Menge derjenigen des vorhandenen Phenols proportional ist und die dank ihrer roten Farbe colorimetrisch bestimmt werden können. 4-Aminoantipyrin reagiert nicht mit den Plasmaproteinen[3]; ihre Entfernung ist deshalb bei der Bestimmung nicht notwendig, was einen wesentlichen Vorteil gegenüber der sonst ähnlichen Arbeitsvorschrift von King und Armstrong[4] darstellt.

Reagentien:

1. p_H 10-Puffer: 0,1 m Natriumcarbonat-Natriumhydrogencarbonatlösung (6 Na_2CO_3 zu 4 $NaHCO_3$). 6,36 g wasserfreies Natriumcarbonat und 3,36 g Natriumhydrogencarbonat werden in destilliertem Wasser gelöst und auf 1 l aufgefüllt.
2. p_H 4,9-Puffer: 21 g krist. Citronensäure werden in destilliertem Wasser gelöst, 188 ml 1 n NaOH hinzugefügt und die Mischung auf 500 ml aufgefüllt. Zur Zerstörung etwa vorhandener Mikroorganismen muß die Lösung kurz aufgekocht werden. Man stellt dann mit n NaOH oder n HCl genau auf p_H 4,9 ein, setzt einige Tropfen Chloroform zu und bewahrt in der Kälte auf.
3. Substratlösung (0,01 m Dinatriumphenylphosphatlösung). Man löst 2,18 g Dinatriumphenylphosphat in 1 l destilliertem Wasser, kocht die Lösung kurz auf und läßt rasch abkühlen. Man setzt einige Tropfen Chloroform hinzu und bewahrt in der Kälte auf.
4. Phenol-Stammlösung: 1 g reines krist. Phenol wird in 1 l 0,1 n HCl gelöst und in der Kälte aufbewahrt. Durch Verdünnen dieser Stammlösung mit destilliertem Wasser im Verhältnis 1:100 werden die bei der Bestimmung erforderlichen Standardlösungen hergestellt.
5. 0,5 n NaOH.
6. 0,5 m Natriumbicarbonatlösung.
7. 4-Aminoantipyrin, wäßrige Lösung, 0,6%ig.
8. $K_3[Fe(CN)_6]$, wäßrige Lösung, 2,4%ig.

Durchführung:

1 ml Substratlösung wird mit 1 ml der entsprechenden Pufferlösung (p_H 10 für die Bestimmung der alkalischen Phosphatase, p_H 4,9 für die Bestimmung der sauren Phosphatase) vermischt und im Wasserbadthermostaten auf 37° C gebracht. Dann werden 0,1 ml des zu untersuchenden Plasmas zugesetzt und 15 min (alkalische Phosphatase) bzw. 1 Std (saure Phosphatase) bei 37° C inkubiert.

Bei der Bestimmung des alkalischen Enzyms werden nunmehr 0,8 ml 0,5 n NaOH und 1,2 ml 0,5 m $NaHCO_3$-Lösung hinzugefügt, darauf 1 ml der 4-Aminoantipyrinlösung. Nach gutem Vermischen wird 1 ml der 2,4%igen $K_3[Fe(CN)_6]$ zugesetzt und wiederum gut vermischt. Man mißt möglichst bald nach der fast sofort auftretenden Farbentwicklung mit grünem Filter (Ilford 624, 510 mμ).

Zur Bestimmung der sauren Phosphatase werden anfangs 1 ml 0,5 n NaOH und 1 ml 0,5 m $NaHCO_3$-Lösung hinzugefügt. Im weiteren Verlauf wird völlig analog gearbeitet wie bei der alkalischen Phosphatase.

Der Leerwert wird auf genau die gleiche Weise bestimmt, nur das Plasma erst nach Hinzufügung der Natronlauge zugesetzt.

Der Phenolstandard für die alkalische Phosphatase wird derart bestimmt, daß man 1 ml der 1:100 verdünnten Phenol-Stammlösung mit 1,1 ml p_H 10-Pufferlösung, 0,8 ml

[1] Kind, P. R. N., and E. J. King: J. clin. Path. **7**, 322 (1954).
[2] Gottlieb, S., and P. B. Marsh: Indust. engng. Chem., analyt. Ed. **18**, 16 (1946).
[3] Grifols-Lucas, J. A.: Brit. med. J. **2**, 295 (1951).
[4] Vgl. King, E. J.: Micro-Analysis in Medical Biochemistry. 2nd Ed. London 1952.

0,5 n NaOH, 1,2 ml 0,5 m $NaHCO_3$-Lösung, 1 ml 4-Aminoantipyrinlösung und 1 ml der $K_3[Fe(CN)_6]$-Lösung gut vermischt und die Extinktion mißt.

Zur Bestimmung der sauren Phosphatase wird der Phenolstandard analog mit 1,1 ml p_H 4,9-Pufferlösung, 1 ml 0,5 n NaOH und 1 ml 0,5 m Natriumhydrogencarbonatlösung hergestellt. Die übrigen Reagentien werden in genau denselben Verhältnissen beigemischt wie bei der alkalischen Phosphatase.

Der Standardleerwert wird schließlich in genau gleicher Weise wie der Phenolstandard gemessen, nur wird an Stelle der verdünnten Phenol-Stammlösung dieselbe Menge Wasser hinzugefügt.

Berechnung und Einheiten. Man berechnet die Einheiten einer gemessenen Probe durch die Formel

$$\text{Einheiten pro 100 ml} = \frac{m - p}{n - q} \times 10,$$

wobei m die Extinktion der gemessenen Probe, p die Extinktion des Leerwerts, n die Extinktion des Phenolstandards und q die Extinktion des Standardleerwerts bedeuten.

Als Einheit wird diejenige Enzymmenge bezeichnet, die in 30 min 1 mg Phenol freisetzt. Diese Einheit ist mit derjenigen von KING und ARMSTRONG[1] identisch; die beschriebene Methode gibt auch Aktivitätswerte, die mit denjenigen, die durch die Methode von KING und ARMSTRONG erhalten werden, gut übereinstimmen.

Modifikationen. Die Methode von KIND und KING läßt sich leicht zu den heute klinisch sehr interessanten Bestimmungen der formolstabilen und der tartratlabilen sauren Phosphatasen modifizieren.

Die Bestimmung der formolstabilen sauren Phosphatase wird genauso wie diejenige der gesamten sauren Phosphatase durchgeführt, nur müssen der Probe, dem Leerwert, dem Phenolstandard und dem Standardleerwert je 0,02 ml neutrales 40%iges Formalin zugesetzt werden. Das neutrale Formalin wird durch Zusatz von Natronlauge zu einer 40%igen Formalinlösung bis zur Rosafärbung mit Phenolphthalein erhalten.

Für die Bestimmung der tartratlabilen sauren Phosphatase im Serum, die wohl die genaueste Messung der aus der Prostata stammenden Anteile der sauren Phosphatase darstellt und deshalb für die Frühdiagnose des Prostata-Carcinoms von größter Bedeutung ist, wurden zahlreiche Methoden ausgearbeitet (z.B.[2,3]), von denen diejenige von KING und JEGATHEESAN[4] und diejenige von FISHMAN und LERNER[2] vermutlich die meisten Vorteile aufweisen. Bei der erstgenannten handelt sich hier um eine einfache Modifikation des eben beschriebenen Verfahrens von KIND und KING.

Dabei bedient man sich einer 1 m Tartratlösung, die folgendermaßen hergestellt wird: 15 g L(+)-Weinsäure (p.a.) werden in etwa 70 ml destilliertem Wasser gelöst, 18,5 ml 10 n NaOH zugesetzt, der p_H auf 4,9 eingestellt und die Lösung auf 100 ml aufgefüllt. Sie kann unter Zusatz von einigen Tropfen Chloroform im Kühlschrank aufbewahrt werden.

Die Autoren arbeiten auch insoweit mit einer etwas veränderten Vorschrift, als sie 4-Aminoantipyrin und Natriumhydrogencarbonat gemeinsam hinzufügen. Das Reagens wird durch Mischung von 0,5 m $NaHCO_3$-Lösung und 0,6%iger 4-Aminoantipyrinlösung im Verhältnis 1:1 hergestellt; diese Mischung ist bei Aufbewahrung in einer dunklen Flasche in der Kälte monatelang haltbar.

Bei der Durchführung der Bestimmung der tartratlabilen sauren Phosphatase sollte das Serum unmittelbar nach seiner Gewinnung, d.h. kurz nach der Retraktion des Blutkuchens, verarbeitet werden. Wenn das nicht möglich ist, muß das Serum sofort nach

[1] KING, E. J., and A. R. ARMSTRONG: Canad. med. Ass. J. **31**, 376 (1934); vgl. auch dieses Handb. Bd. V, S. 174.
[2] FISHMAN, W. H., and F. LERNER: J. biol. Ch. **200**, 89 (1953).
[3] DAVIS, R. J., and E. WARD: Clin. Chem., N.Y. **2**, 248 (1956).
[4] KING, E. J., and K. A. JEGATHEESAN: J. clin. Path. **12**, 85 (1959).

seiner Gewinnung in den Kühlschrank gestellt werden und nach spätestens 24 Std die Bestimmung erfolgen.

Dabei werden 3 Proberöhrchen vorbereitet (A zur Bestimmung der gesamten sauren Phosphatase, B zur Bestimmung der tartratlabilen Phosphatase und C als Kontrollwert). Alle 3 Röhrchen enthalten 1 ml Substratlösung und 1 ml p_H 4,9-Pufferlösung. Dem Röhrchen B wird außerdem 1 Tropfen (0,05 ml) 1 m Tartratlösung hinzugefügt (die Tartratkonzentration im Röhrchen ist dann 0,023 m). Alle 3 Röhrchen werden in einen Wasserbadthermostaten von 37° C gestellt und nach etwa 3 min in die Röhrchen A und B genau je 0,1 ml Serum zugegeben. Es wird gut vermischt und 1 Std lang bei 37° C inkubiert.

Die enzymatische Hydrolyse wird durch Zusatz von je 1 ml 0,5 n NaOH zu allen drei Röhrchen abgestoppt. Man mischt wiederum gut durch und gibt nun auch zu Röhrchen C 0,1 ml Serum. Darauf werden zu allen 3 Röhrchen je 2 ml der beschriebenen 4-Aminoantipyrin-Hydrogencarbonatlösung und 1 ml 2,4 %iger $K_3[Fe(CN)_6]$-Lösung hinzugefügt und die entstehende Rotfärbung colorimetrisch bestimmt.

Der Phenolstandard besteht aus 1,1 ml p_H 4,9-Pufferlösung, 1 ml 0,001 %iger Phenollösung, 1 ml 0,5 n NaOH, 2 ml 4-Aminoantipyrin-Hydrogencarbonatlösung und 1 ml 2,4 %iger $K_3[Fe(CN)_6]$-Lösung. Der Standardleerwert enthält genau dieselben Bestandteile wie der Phenolstandard, nur ist die Phenollösung durch die gleiche Menge destillierten Wassers ersetzt.

Die Gesamtmenge an saurer Phosphatase im Serum wird berechnet nach der Gleichung

$$\text{Einheiten pro 100 ml} = \frac{a - c}{n - q} \times 10,$$

wobei a die Extinktion der Probe aus Röhrchen A, c die Extinktion des Inhalts aus Röhrchen C, n die Extinktion des Phenolstandards und q die Extinktion des Standardleerwerts bedeuten.

Die tartratlabile saure Phosphatase berechnet sich dann nach

$$\text{Einheiten pro 100 ml} = \frac{a - b}{n - q} \times 10,$$

hier bedeutet b die Extinktion der Probe aus Röhrchen B.

In normalen und auch in den meisten klinischen Fällen werden a und b fast identische Meßwerte ergeben, da normalerweise der Anteil der aus der Prostata stammenden tartratlabilen Phosphatase im Serum sehr gering ist. Bereits Werte über 0,7 Einheiten für die tartratlabile saure Phosphatase lassen ein Prostata-Carcinom vermuten.

Eine ältere, aber auch heute noch vielfach verwendete Methode zur Bestimmung der sauren Phosphatase prostatischen Ursprungs im Serum stammt von Fishman und Lerner[1], beruht auf ähnlichen Prinzipien. Auch hier wird die Gefahr, falsche erhöhte Werte durch eine Hämolyse, welche Erythrocyten-Phosphatase freisetzt, zu erhalten, durch Bestimmung des tartrathemmbaren Anteils an Enzym ausgeschlossen.

***Bestimmung der sauren Phosphatase prostatischen Ursprungs im Serum nach* Fishman *und* Lerner[1].**

Reagentien:

1. Citrat-Pufferlösung, p_H 4,9. 18,9 g Citronensäure werden in 500 ml Wasser gelöst und dazu je 100 ml 1 n NaOH und 0,1 n HCl zugesetzt. Man füllt mit destilliertem Wasser auf 1 l auf. Der p_H-Wert der Lösung wird mit 0,1 n NaOH oder 0,1 n HCl genau auf 4,9 eingestellt. Die Lösung wird in einer Glasschliffflasche in der Kälte aufbewahrt.
2. Substratlösung. Es wird eine 1 %ige wäßrige Lösung von Dinatriumphenylphosphat bereitet; diese muß nach spätestens 2 Wochen erneuert werden bzw. auch dann, wenn der Leerwert mehr als 0,015 mg pro ml enthält.

[1] Fishman, W. H., and F. Lerner: J. biol. Ch. 200, 89 (1953).

3. Wäßrige Natriumcarbonatlösung, 20%ig (aus wasserfreiem Natriumcarbonat p.a., Merck, hergestellt); die Lösung muß täglich vor dem Gebrauch filtriert werden.
4. Standard-Phenollösung. Diese Lösung, die durch Auflösen von Phenol (krist., p.a.) in dest. Wasser bereitet wird, soll genau 0,01 mg in 100 ml enthalten, was durch jodometrische Titration eingestellt wird.
5. 0,2 m Tartratlösung. 3,002 g L(+)-Weinsäure (Merck, p.a.) werden in 50 ml dest. Wasser gelöst. Man fügt 35 ml 1 n NaOH hinzu, stellt auf p_H 4,9 ein und füllt auf 100 ml auf. Die Lösung wird in einer Glasschliffflasche in der Kälte aufbewahrt.
6. Phenolreagens nach FOLIN und CIOCALTEU[1] (vgl. Bd. V, S. 178).

Ausführung:

Für jede Bestimmung werden vier Ansätze in folgender Weise bereitet:

Ansatz A (Serumleerwert): 10 ml Wasser, 0,5 ml Serum.

Ansatz B (Substrat-Leerwert): 9 ml Pufferlösung, 0,5 ml Wasser, 1 ml Substratlösung.

Ansatz C (Gesamtphosphatase): 0,5 ml Serum, 9 ml Pufferlösung, 1 ml Substratlösung.

Ansatz D (mit Tartrat): 0,5 ml Serum, 8 ml Pufferlösung, 1 ml 0,2 m Tartratlösung, 1 ml Substratlösung.

Bei den Ansätzen B, C und D ist die Substratlösung als letzter Bestandteil hinzuzugeben.

Ansatz A wird mit 4,5 ml Phenolreagens versetzt und nach 15 min filtriert. Die Ansätze B, C und D werden nach sorgfältiger Vermischung verschlossen und in einem Wasserbadthermostaten bei 38° C inkubiert. Die Dauer der Inkubationszeit muß je nach der zu erwartenden Aktivität variiert werden: Bei Werten über 20 Einheiten nach KING und ARMSTRONG (vgl. dieses Handbuch, Bd. V, S. 174) genügt eine Inkubationszeit von 30 min; bei zu erwartenden Werten zwischen 6 und 19 Einheiten inkubiert man 1 Std, und bei einer noch geringeren Aktivität wird man eine Inkubationszeit von 3 Std wählen. Die Hydrolysegeschwindigkeiten bleiben während der gesamten Zeiträume linear.

Nach Beendigung der Inkubation werden zu jedem inkubierten Ansatz 4,5 ml Phenolreagens zugesetzt und nach 15 min filtriert.

Zur photometrischen Messung verwendet man je 10 ml der Filtrate der einzelnen Ansätze, versetzt sie mit je 2,5 ml 20%iger Natriumcarbonatlösung und beläßt 5 min bei 38° C. Danach wird in einem dazu geeigneten Photometer unter Vorschaltung eines Filters (660 mμ) gegen den Reagens-Leerwert (7 ml H_2O, 3 ml Phenolreagens, 2,5 ml 20%ige Natriumcarbonatlösung) gemessen. Vorher ist es notwendig, eine Eichkurve aufzunehmen, wobei man verschiedene Verdünnung der Standard-Phenollösung in gleicher Weise wie die einzelnen Ansätze behandelt und gegen den Reagens-Leerwert mißt. Die eingesetzten Phenolkonzentrationen werden in einem Diagramm gegen die gemessenen Extinktionswerte aufgetragen; die Eichkurve bildet eine gerade Linie und ist meist gut reproduzierbar.

Berechnung der Ergebnisse. Die mit Hilfe der Eichkurve ermittelten Werte der Phenolmengen in den einzelnen Ansätzen (A, B, C, D) in mg werden zur Errechnung der Enzymaktivität in folgende Gleichungen eingesetzt:

1. $\frac{C\,\text{mg} - (A\,\text{mg} + B\,\text{mg})}{\text{Std Inkubationszeit}} \times 300 =$ Totaleinheiten/100 ml Serum.

2. $\frac{D\,\text{mg} - (A\,\text{mg} + B\,\text{mg})}{\text{Std Inkubationszeit}} \times 300 =$ Einheiten ungehemmtes Enzym/100 ml Serum.

3. Totaleinheiten — Einheiten ungehemmtes Enzym = Einheiten prostatischer Phosphatase/100 ml Serum.

[1] FOLIN, O., and V. CIOCALTEU: J. biol. Ch. **73**, 627 (1927).

Eine neuartige Bestimmungsmethode, welche ebenfalls auf der Messung des durch die Reaktion entstehenden organischen Substratteils beruht und besonders für kinetische und thermodynamische Studien von Wert sein sollte, wurde kürzlich von FISCHER und SIEBERT[1] entwickelt. Im folgenden wird die von den Autoren beschriebene Messung der Aktivität der alkalischen Phosphatase im Serum beschrieben; es ist aber sicher, daß sich dieses Verfahren auch für viele andere gruppenspezifische Phosphoesterasen anwenden läßt.

***Bestimmung der alkalischen Phosphatase im Serum nach* FISCHER *und* SIEBERT[1].**

Prinzip:

Als Substrat für die Phosphomonoesterase wird Phosphoenolpyruvat verwendet. Bei der Spaltung entstehen Pyruvat und Orthophosphat in äquivalenten Mengen. Pyruvat läßt sich mit Hilfe von Lactat-Dehydrogenase und NADH genau bestimmen, wobei das Verschwinden von NADH spektrophotometrisch gemessen wird. Insgesamt laufen also folgende Reaktionen ab

1. $\text{Phosphoenolpyruvat} + H_2O \xrightarrow{\text{Phosphatase}} \text{Phosphat} + \text{Pyruvat}.$
2. $\text{Pyruvat} + \text{NADH} + H^+ \xrightarrow{\text{Lactat-Dehydrogenase}} \text{Lactat} + \text{NAD}^+.$

Die bei 340 oder 366 mμ gemessene Abnahme von DPNH kann also unter geeigneten Bedingungen als direktes Maß der Phosphatase-Aktivität dienen.

Reagentien:

1. Phosphoenolpyruvat, kristallines Barium-Silbersalz + 2 H_2O (Boehringer). Man löst 1 mM (446,3 mg Phosphoenolpyruvat, krist. Ba-Ag-Salz + 2 H_2O) in 4,0 ml HNO_3 und versetzt dann mit 1 ml m Na_2SO_4 (14,205 g Na_2SO_4 in 100 ml H_2O) und 1 ml m NaCl (5,845 g NaCl in 100 ml H_2O), wodurch Barium und Silber ausgefällt werden. Man entfernt den Niederschlag durch Zentrifugieren und prüft durch Tüpfelprobe mit m Na_2SO_4 und m NaCl, ob die Entfernung von Ag und Ba vollständig war. Dann stellt man mit n NaOH auf p_H 8,5 ein. Die genaue Phosphoenolpyruvatkonzentration der Lösung wird nach BÜCHER[2] bestimmt (vgl. S. 292ff. und Bd. VI/A, S. 322). Schließlich verdünnt man die Lösung auf 3×10^{-2} m.
2. NADH (DPNH), Dinatriumsalz, reinst (Boehringer). Es wird eine $1{,}5 \times 10^{-2}$ m Lösung (29,94 mg/3 ml) verwendet.
3. Lactat-Dehydrogenase. Die käufliche Suspension wird unverdünnt verwendet.
4. Diäthanolamin-Pufferlösung. 21,03 g Diäthanolamin puriss. (Fluka, Buchs) werden in 1000 ml Wasser gelöst und der p_H mit n HCl auf 8,5 bei 37° C eingestellt.

Ausführung:

Die Bestimmung wird in einem Ansatz von 3 ml Gesamtvolumen bei 37° C durchgeführt. Das Serum soll klar und hämolysefrei sein. In eine Küvette von 10 mm Schichtdicke werden zu 0,18 ml destilliertem Wasser die Reaktionsteilnehmer in folgender Reihenfolge zugesetzt: 1,5 ml Pufferlösung, 1,00 ml Phosphoenolpyruvatlösung, 0,1 ml NADH-Lösung und 0,02 ml Lactat-Dehydrogenase-Suspension. Neben jedem Bestimmungsansatz wird ein Leerwert ohne NADH und Lactat-Dehydrogenase angesetzt, dem aber Serum zugegeben wird.

Man läßt die oben beschriebene Reaktionsmischung 3—4 min stehen; in dieser Zeit reagiert das in der Phosphoenolpyruvatlösung vorhandene Pyruvat unter NADH-Verbrauch ab, was man im Spektrophotometer kontrolliert. Wenn sich die Lichtmarke nicht mehr ändert, werden 0,2 ml des zu untersuchenden Serums zugesetzt und nun die Reduktion des aus dem Serum stammenden Pyruvats abgewartet (maximal 5 min). Dann beginnt die eigentliche Messung durch Ablesung der Änderung der optischen Dichte

[1] FISCHER, F., und G. SIEBERT: Kli. Wo. **1961**, 202.

[2] BEISENHERZ, G., H. J. BOLTZE, T. BÜCHER, R. CZOK, K. H. GARBADE, E. MEYER-ARENDT u. G. PFLEIDERER: Z. Naturforsch. 8b, 555 (1953).

gegen den Leerwert bei 340 mμ. Die Meßdauer beträgt bei normaler Phosphatase-Aktivität 20 min.

Einheiten und Berechnung. Die Autoren definieren eine Phosphatase-Einheit als diejenige Enzymmenge, die in 1000 ml Serum aus Phosphoenolpyruvat in 60 min unter Standardbedingungen 1 mMol Pyruvat abspaltet.

Die im Testansatz von 3 ml entstandene Menge Pyruvat beträgt

$$\frac{\Delta E_{340} \times v}{\varepsilon \times 10^{-6}} \,\mu\text{M},$$

wobei v der Inhalt der Küvette, in der beschriebenen Versuchsanordnung 3 ml und $\varepsilon \times 10^{-6}$ der mikromolare Extinktionskoeffizient von NADH für die Schichtdicke 10 mm bei 340 m$\mu = 6{,}29$ sind. Bei der hier gewählten Inkubationszeit (20 min) und der Serummenge von 0,2 ml pro Ansatz ist somit

$$1 \text{ Einheit} = \frac{\Delta E_{340} \times v}{\varepsilon \times 10^{-6}} A\, t\, V.$$

Hier sind A der Umrechnungsfaktor von μMol in mMol, t der Umrechnungsfaktor der Meßzeit von 20 min in 60 min, hier also 3, und V der Umrechnungsfaktor der benutzten Serummenge in 1000 ml, hier also 5000.

Unter Einhaltung der oben beschriebenen Bedingungen errechnet sich somit die Einheit als

$$\Delta E_{340} \times 7{,}15.$$

Bemerkungen. Die hier beschriebene Methode besitzt alle Vorteile der optischen Meßverfahren für Enzyme, wie z.B. die Schnelligkeit der Durchführung und die leichte Verfolgbarkeit der Reaktionskinetik. Ihr Empfindlichkeitsbereich ist mit demjenigen ausgesprochener Mikromethoden vergleichbar. Selbstverständlich kann das Verfahren nur dann angewendet werden, wenn in der zu untersuchenden Enzympräparation keine interferierenden Enzyme zugegen sind, d.h. also Enzyme, welche unter den Versuchsbedingungen Phosphoenolpyruvat oder Pyruvat angreifen. Im Falle des Serums konnten die Autoren solche Störungen ausschließen; bei der Untersuchung von Enzympräparationen anderer Herkunft wird es wohl in jedem Falle notwendig sein, sicherzustellen, daß die Resultate nicht durch Enzyme wie Pyruvat-Kinase, Pyruvat-Decarboxylase usw. verfälscht werden.

Die Proportionalität der Aktivität zu Zeit und Enzymmenge ist unter den geschilderten Versuchsbedingungen innerhalb eines weiten Bereichs gegeben. Als begrenzender Faktor ist dabei die vorgelegte NADH-Konzentration aufzufassen. Die Konzentration an NADH darf am Ende der Messung nicht unter 60% des Ausgangswertes absinken; bei hohen Enzymkonzentrationen (mehr als 5 Einheiten) ist deshalb die Meßzeit zu verkürzen oder das Serum mit physiologischer Kochsalzlösung zu verdünnen.

Wie wir noch später sehen werden (S. 988), haben Phosphatasen kein ausgesprochenes p_H-Optimum; dieses ist abhängig von der Substratkonzentration. Es wird um so mehr Substrat benötigt, je alkalischer das Medium ist; bei steigender Substratkonzentration wird das p_H-Optimum ins Alkalische verschoben. Andererseits liegt das Gleichgewicht der Reaktion der Lactat-Dehydrogenase für die Messung um so ungünstiger, je weiter man im Alkalischen arbeitet. Der von den Autoren vorgeschlagene p_H-Wert für die Bestimmung nimmt auf diese Verhältnisse insoweit Rücksicht, als bei p_H 8,5 die Substratkonzentration relativ gering gehalten werden kann und das Gleichgewicht der Lactatdehydrogenase-Reaktion so weit auf der Seite der Lactatbildung liegt, daß der dadurch entstehende Fehler vernachlässigt werden kann.

Normalwerte. Die Autoren berichten über insgesamt 60 Einzelmessungen mit Seren gesunder Personen und geben als Mittelwert aus 42 Bestimmungen mit Seren von Kindern 1,44 Einheiten an, wobei der Schwankungsbereich 0,44—2,86 Einheiten beträgt. Als Mittelwert aus 18 Bestimmungen mit Seren von Erwachsenen geben sie 0,64 Einheiten an, mit einem Schwankungsbereich von 0,34—0,90 Einheiten. Auf einen Vergleich mit den mit Hilfe anderer Methoden erhaltenen Werten wird verzichtet, da dabei ja durchweg andere Substrate verwendet werden und bei den einzelnen Methoden p_H-Wert, Inkubationsdauer und Mg^{++}-Zusatz sehr verschieden sind.

Auf eine Beschreibung histochemischer Methoden zur Lokalisierung von Phosphomonoesterasen wird an dieser Stelle verzichtet, da eine gründliche Darstellung solcher Verfahren bereits in Bd. II, S. 352ff. dieses Handbuches vorliegt und wesentliche Fortschritte auf dem Gebiet in den Jahren seit dem Erscheinen dieses Beitrages nicht zu verzeichnen sind. Es soll aber hier auch auf eine zusammenfassende kritische Darstellung derartiger Methoden in einem anderen Handbuch verwiesen werden[1].

Wie bereits an früherer Stelle berichtet wurde (S. 965), sind manche gruppenspezifischen Phosphomonoesterasen imstande, außer der hydrolytischen Wirkung auf ihre Substrate auch eine Transferasewirkung in der Weise zu katalysieren, daß der Phosphatrest aus dem Substrat auf einen Acceptor übertragen wird. Zur Bestimmung solcher Effekte wurden verschiedene Methoden ausgearbeitet. MORTON[2], der vor allem die zwei Reaktionen

Phenylphosphat + Glucose → Phenol + Glucose-6-phosphat

und

Phenylphosphat + Glycerin → Phenol + α-Glycerophosphat

untersuchte, bestimmt die beiden Reaktionsprodukte Glucose-6-phosphat und α-Glycerophosphat mit Hilfe von enzymatischen Methoden. Für Glycerophosphat wird die Reduktion von Ferricytochrom durch die α-Glycerophosphatdehydrogenase in den unlöslichen Partikeln des Kaninchenmuskels benützt, während Glucose-6-phosphat mit Hilfe der TPN-spezifischen Glucose-6-phosphatdehydrogenase („Zwischenferment") bestimmt wird. Dabei wird bei p_H-Werten gearbeitet, die mit den optimalen Werten für die Hydrolyse von Phenylphosphat nicht identisch sind; weiter werden verhältnismäßig hohe Donor- (Phenylphosphat) und Acceptorkonzentrationen (Glucose bzw. Glycerin) eingesetzt. MORTON[2] benützt zur Bestimmung der Transferasewirkung der alkalischen Phosphatase eine Mischung, die in bezug auf Phenylphosphat 0,01 m, in bezug auf Glucose oder Glycerin sogar 2 m bzw. 4 m, während für die analoge Messung an der sauren Phosphatase 0,001 m Phenylphosphat, aber 3 m Glucose oder 5 m Glycerin verwendet wird.

Da eine genaue Beschreibung dieser Methoden in einem anderen Handbuch vorliegt[1], wird an dieser Stelle auf eine ausführliche Beschreibung dieses Verfahrens verzichtet.

Selbstverständlich können zur Untersuchung der Transferasewirkung der Phosphatasen auch mit ^{32}P markierte Donoren oder mit ^{14}C markierte Acceptoren benützt werden; ein durch Modifizierung wohl allgemeiner anwendbares Beispiel für eine Methode, die auf dem zweiten der genannten Prinzipien beruht, ist auf S. 1000 besprochen.

Schließlich geben NIGAM und FISHMAN[3] eine verhältnismäßig einfache Methode zur Bestimmung der Übertragungswirkung der Prostata-Phosphatase an, welche sich wohl mit wenigen Abänderungen auch für andere gruppenspezifische Phosphomonoesterasen anwenden lassen sollte.

***Bestimmung der Transferasewirkung der Prostata-Phosphatase nach* NIGAM *und* FISHMAN[3].**

Prinzip:

Während bei der Hydrolyse von Phenylphosphat äquivalente Mengen von Phenol und Orthophosphat entstehen müssen, wird, wenn der Phosphatrest des Phenols teilweise auf einen alkoholischen Acceptor übertragen wird, mehr Phenol als Orthophosphat freigesetzt werden.

---

[1] DEANE, H. W., R. J. BARNETT and A. M. SELIGMAN; in: Handb. Histochem. (GRAUMANN-NEUMANN). Bd. VII/1, S. 122ff.

[2] MORTON, R. K.; in: Colowick-Kaplan, Meth. Enzymol. Bd. II, S. 556.

[3] NIGAM, V. N., and W. H. FISHMAN: J. biol. Ch. 234, 2394 (1959).

Reagentien:

1. 0,1 m Acetatpuffer, p_H 5,0.
2. 0,022 m Dinatriumphenylphosphatlösung.
3. Eine Lösung des Acceptoralkohols; die Konzentration des Acceptors in der Reaktionsmischung soll zwischen 0,5 und 3,6 m liegen.
4. Trichloressigsäure, 10%ig.
5. Reagentien für die Bestimmung von Phenol, z.B. nach FOLIN und CIOCALTEU (Bd. V, S. 178).
6. Reagentien zur Bestimmung von Orthophosphat, z.B. nach ZELLER (S. 967).

Ausführung:

In zwei Reagensgläser werden je 2,5 ml Acetatpufferlösung, p_H 5,0, und 1 ml der 0,022 m Dinatriumphenylphosphatlösung gegeben; dann werden dem einen 3 ml der Acceptoralkohollösung zugesetzt, während in das andere 3 ml destilliertes Wasser zugegeben werden. Die Mischungen werden im Wasserbadthermostaten auf 37,5° C gebracht und dann die Reaktion durch Zugabe von 0,5 ml Enzymlösung gestartet. Man inkubiert 30 min, setzt dann je 3 ml Trichloressigsäure hinzu und entnimmt aus beiden Röhrchen je zwei Proben zu 1 ml zur Bestimmung von Phenol und Orthophosphat.

Berechnung. Die Differenz in Mikromolen zwischen freigesetztem Phenol und freigesetztem Orthophosphat entspricht dem Ausmaß des Phosphat-Transfers. Wenn man diese Differenz durch die Mikromole Phenol, welche bei der Reaktion freigesetzt werden, dividiert, erhält man eine Größe, die die Autoren als Mole Phosphat-Transfer definieren. Wenn man die Mole Phosphat-Transfer mit 100 multipliziert, erhält man den prozentualen Mol-Phosphat-Transfer.

Bemerkungen. Mit dieser Methode haben die Autoren vier verschiedene Donorsubstanzen (Phenylphosphat, p-Nitrophenylphosphat, β-Glycerophosphat und Propandiolphosphat) sowie insgesamt 21 verschiedene alkoholische Acceptoren untersucht. Es wurden Werte bis zu einem 84%igen Mol-Phosphat-Transfer beobachtet (Donor-β-Glycerophosphat, Acceptor 1,4-Butandiol). Die Methode dürfte jedenfalls zu einer schnellen und serienmäßigen Untersuchung der Transferasewirkung von Phosphatasen sehr gut geeignet sein.

Darstellungsverfahren. Obwohl Hunderte von Vorschriften für die Herstellung von Präparaten der verschiedenen Phosphomonoesterasen existieren, scheint bisher doch noch kein Verfahren zu einer nach den proteinchemischen Kriterien absolut reinen Präparation geführt zu haben.

Im folgenden sollen nun einige Methoden zur Herstellung von wichtigen Phosphomonoesterasen beschrieben werden; der Referent ist sich wohl bewußt, daß die Auswahl den Eindruck einer gewissen Willkür machen kann, doch glaubt er, mit den angegebenen Vorschriften diejenigen, die am ehesten zur Herstellung nennenswerter Mengen hochgereinigter Präparationen dienen können, ausgewählt zu haben.

Für die Herstellung der Prostata-Phosphatase existiert eine Vorschrift von BOMAN[1], die es erlauben soll, das Enzym in eine bei der Elektrophorese und in der Ultrazentrifuge homogene Form zu bringen. Das Verfahren ist aber sehr verlustreich, so daß die vom Autor erhaltenen Mengen kaum ausreichten, um die Präparation genauer zu untersuchen.

Ein allerdings durchaus nicht zu so hohen Reinigungsgraden führendes Verfahren, das aber den Vorteil der Einfachheit hat und beträchtliche Ausbeuten ergibt, wurde von DAVIDSON und FISHMAN[2] entwickelt.

Reinigung der sauren Phosphatase der menschlichen Prostata nach DAVIDSON *und* FISHMAN[2].

Extraktion. Menschliche Prostatadrüsen, die bei Autopsien oder Operationen anfallen, werden in der Tiefkühltruhe gefroren. Die gefrorenen Drüsen werden mit einem scharfen

[1] BOMAN, H. G.: Ark. Kemi **12**, 453 (1958).
[2] DAVIDSON, H. M., and W. H. FISHMAN: J. biol. Ch. **234**, 526 (1959).

Messer in Stücke zerschnitten und dann im Waring-Blendor mit dem gleichen Volumen feingehackten Eises und dem doppelten Volumen eiskalten Tris-Citratpuffers, p_H 3,7 (10 g Citronensäure-monohydrat und 5 g Tris-[hydroxymethyl]-aminomethan werden in destilliertem Wasser gelöst und auf 1 l aufgefüllt) 1 min lang homogenisiert. Danach wird das Homogenat ohne Saugen bei 5° C durch Filterpapier abfiltriert. Das Filtrat, das etwa p_H 4,2 zeigt, wird nur dann weiterverarbeitet, wenn seine spezifische Aktivität (Bestimmung s. unten) nicht weniger als 20 beträgt.

Ammoniumsulfatfällung. Der p_H-Wert des Filtrats wird zuerst dadurch erhöht, daß man ihm eine Menge 22%iger Tris-Pufferlösung zusetzt, die 3% seines Volumens entspricht. Dann setzt man verdünntes Ammoniak zu, bis der p_H-Wert 7,5—8,5 erreicht (Glaselektrode!). Die Mischung wird dann in Eis gekühlt und unter dauerndem mechanischem Rühren festes Ammoniumsulfat so lange zugesetzt, bis 0,65fache Sättigung erreicht wird. Wenn sich das gesamte Ammoniumsulfat gelöst hat, wird die Mischung 10 min bei 0° C bei 15000 U/min zentrifugiert. Die überstehende Lösung wird verworfen.

Extraktion. Der feuchte Niederschlag (Sediment I) wird dann in einer Menge von Tris-Citratpufferlösung, p_H 3,7, welche nicht größer sein darf als $^1/_{10}$ des ursprünglichen Filtrats, suspendiert und das Unlösliche durch Zentrifugieren entfernt. Der so erhaltene Extrakt I soll etwa p_H 4,5 haben, die Konzentration an Ammoniumsulfat soll nicht höher sein als 0,20fache Sättigung, und die Proteinkonzentration beträgt mehr als 1,5%.

Zweite Ammoniumsulfatfällung. Extrakt I wird in gleicher Weise, wie oben beschrieben wurde, auf eine Ammoniumsulfatkonzentration gebracht, die einer 0,45fachen Sättigung entsprechen würde, wenn der Extrakt salzfrei wäre. Die dabei erhaltene überstehende Lösung II enthält das gereinigte Enzym und wird in der Kälte aufbewahrt. Der unlösliche Rückstand (Sediment II) wird mit so viel Tris-Citratpufferlösung, p_H 3,7, extrahiert, daß eine Mischung erhalten wird, welche etwa 1% Protein enthält. Dabei wird eine klare Lösung (Extrakt II) erhalten, die man wiederum auf gleiche Weise, wie schon beschrieben wurde, auf eine Ammoniumsulfatkonzentration bringt, die einer 0,45fachen Sättigung entsprechen würde, wenn der Extrakt salzfrei wäre. Die überstehende Lösung III enthält noch beträchtliche Mengen Enzym in reiner Form.

Ein Schema der Methode wird im folgenden gegeben:

Gefrorene menschliche Prostatadrüsen
| Homogenisieren mit Tris-Acetat (p_H 3,7)
Unlösliches (verworfen) — Filtrat
| 0,65fache Ammoniumsulfatsättigung (p_H 7,5—8,5)
Sediment I — Überstehende Lösung I (verworfen)
| Extraktion mit Tris-Citrat (p_H 3,7)
Extrakt I
| 0,45fache Sättigung mit Ammoniumsulfat
Sediment II — Überstehende Lösung II
| Extraktion mit Tris-Citrat (p_H 3,7)
Extrakt II
| 0,45fache Sättigung mit Ammoniumsulfat
Sediment III (verworfen) — Überstehende Lösung III

Bemerkungen. Die geschilderte Methode bedient sich verschiedener Eigenschaften der sauren Prostata-Phosphatase und der sie begleitenden anderen (alkalischen) Phosphomonoesterase. Die saure Phosphatase ist in einem Tris-Citrat-Puffer mit saurem p_H

löslich und beständig; die anderen Phosphomonoesterasen sind bei 0,65facher Ammoniumsulfatkonzentration in Lösung, während sie bei 0,45facher Ammoniumsulfatkonzentration unlöslich sind.

Die Autoren berichten, daß sie mit Hilfe dieser Methode 25% der in den ursprünglichen Extrakten vorliegenden Aktivität mit einer spezifischen Aktivität von über 5000 Einheiten pro mg Protein erhielten, während die spezifische Aktivität der Ursprungslösung 108 Einheiten betrug.

Als Einheit der Enzymwirkung wählen die Autoren diejenige Enzymmenge, welche aus Phenylphosphat 1 mg Phenol pro Std unter Standardbedingungen freisetzt. Die Reaktionsmischung enthält 5 ml Citratpufferlösung, p_H 4,9 (18,9 g Citronensäure-monohydrat werden in 500 ml destilliertem Wasser gelöst und dann 180 ml n NaOH und 100 ml 0,1 n HCl hinzugefügt; nach Einstellen des genauen p_H-Wertes, p_H 4,9, wird auf 1 l aufgefüllt), 0,5 ml einer 0,03%igen Rinderserumalbuminlösung, 0,5 ml der Enzymlösung (entsprechende Verdünnung in Citratpuffer) sowie 1 ml einer 1%igen Lösung von Dinatriumphenylphosphat. Es wird sofort nach Zusatz des Substrats 15 min lang bei 37,5 °C inkubiert und dann das Phenol nach der Methode von FOLIN und CIOCALTEU (vgl. Bd. V, S. 178) bestimmt.

Eine Methode zur Darstellung der alkalischen Phosphatase aus der Dünndarmschleimhaut von Kälbern ist bereits in Bd. IV, S. 1426 beschrieben. Ein mit Hilfe dieses Verfahrens erhaltenes Präparat genügt vielen Anforderungen; es handelt sich dabei aber durchaus nicht um eine Reinpräparation.

PORTMANN[1] hat vor einigen Jahren ein Verfahren ausgearbeitet, das aus demselben Ausgangsmaterial weitaus höher gereinigte Präparationen ergibt. Diese Darstellungsmethode soll im folgenden beschrieben werden.

***Darstellung der gereinigten alkalischen Phosphatase aus der Dünndarmschleimhaut von Kälbern nach* PORTMANN[1].**

Herstellung des Aceton-Schleimhauttrockenpulvers (STP). Etwa 2 m lange Dünndarmstücke (Duodenum und oberes Jejunum) frischgeschlachteter Kälber werden mit Wasser ausgespült und flach auf eine Glasplatte gelegt. Durch kräftiges Ausstreichen der nicht eröffneten Därme mit einem Messer gelingt es leicht, die gesamte Schleimhaut aus dem Muskelrohr zu pressen. Diese wird mit Aceton in einem „Turmix" zerkleinert und entwässert. Der abzentrifugierte Schleimhautbrei wird nochmals mit frischem Aceton im Turmix homogenisiert und wieder abzentrifugiert. Die so erhaltene feine acetonfeuchte Schleimhautmasse wird nun zwischen Filtrierpapier ausgepreßt, mit der Hand zerbröckelt und 1 Tag lang in Vakuumexsiccator über $CaCl_2$ unter ständigem Absaugen mit der Wasserstrahlpumpe getrocknet. Das angetrocknete grobe Pulver wird dann zum drittenmal mit Aceton homogenisiert, zentrifugiert, auf Filterpapier aufgepreßt und weitere 2—4 Tage im Vakuumexsiccator getrocknet, bis der Gewichtsverlust etwa 80% des Frischgewichtes der Schleimhaut beträgt. Das leicht bräunliche Trockenpulver enthält dann 9—10% N. Aus 30 Därmen können etwa 4 kg Schleimhautbrei erhalten werden, die nach dem Trocknen etwa 750 g STP ergeben.

Extraktion und Reinigung des Enzyms. 250 g STP werden mit 750—800 ml n-Butanol etwa 5 min im Turmix homogenisiert, wobei die Temperatur 40° C nicht übersteigen soll. Darauf zentrifugiert man sofort und gießt das Butanol ab. Der butanolfeuchte Rückstand wird dann dreimal mit 0,01 m Natriumacetat-Magnesiumacetatlösung (1500, 800 und 800 ml) im Turmix extrahiert, wobei nach jeder Extraktion zentrifugiert und der ungelöste Rückstand für die neue Extraktion verwendet wird. Die drei vereinigten Extrakte (etwa 2800 ml) enthalten etwa 90% der im STP enthaltenen Phosphatase. Durch Zusatz von 6 l 95%igem Äthanol unter ständigem Rühren werden nunmehr das gesamte Enzym und die in 65 Vol.-% unlöslichen Proteine ausgefällt. Der Niederschlag

[1] PORTMANN, P.: H. **309**, 121 (1958).

wird abzentrifugiert und dann mit 750 ml Wasser im Turmix extrahiert; man entfernt das Unlösliche durch Zentrifugieren und zieht es nochmals mit 100 ml Wasser aus. Zu den vereinigten Extrakten fügt man nunmehr so viel krist. Magnesiumacetat hinzu, daß die Lösung 0,5 m wird (etwa 92 g). Zu dieser Lösung gibt man unter gutem Schütteln 1 l 95 %iges Äthanol hinzu, wodurch die Äthanolkonzentration 50 Vol.-% erreicht. Dabei fallen inerte Proteine aus, die abzentrifugiert und verworfen werden. Nun bringt man den Äthanolgehalt der überstehenden Lösung durch Hinzufügen von 4,6 l 95 %igem Äthanol auf 80 %. Es entsteht ein Niederschlag, der 90 % des Enzyms enthält. Dieser wird abzentrifugiert und in 120 ml 0,5 m Magnesiumacetat homogenisiert.

Ohne den geringen unlöslichen Anteil abzutrennen, wird nunmehr durch langsame Zugabe von 165 ml 95 %igem Äthanol eine erste Fraktion bei 55 %iger Äthanolkonzentration ausgefällt. Aus der überstehenden Lösung gewinnt man durch Zusatz von 475 ml Äthanol eine zweite Fraktion bei einer Äthanolkonzentration zwischen 55 und 75 Vol.-%.

Der Niederschlag bei der ersten Fraktionierung enthält oft beträchtliche Mengen (bis 15 %) der Phosphatase und muß in diesem Falle nochmals mit 50 ml 0,5 m Magnesiumacetat extrahiert werden, worauf man nach Abtrennung des Unlöslichen die Fraktionierung zuerst mit 55 Vol.-% und dann zwischen 55 und 75 Vol.-% Äthanol wiederholt. Durch Vereinigung dieses zweiten Niederschlages mit der zweiten Hauptfraktion erhält man praktisch die gesamte Aktivität zurück.

Die vereinigten Fällungen zwischen 55 und 75 Vol.-% Äthanol werden dann in 70 ml 0,5 m Magnesiumacetat gelöst und langsam 47 ml Aceton hinzugegeben. Dabei fällt ein fast inaktiver, flockiger Niederschlag aus, der durch Zentrifugieren entfernt wird. Dann bringt man durch Zugabe von weiteren 58 ml Aceton die Acetonkonzentration auf 60 Vol.-%, wobei eine klebrige Fällung entsteht, welche die Phosphatase enthält. Diese ist leicht in 15 ml 0,01 m Magnesiumacetat löslich.

Aus der so erhaltenen Lösung fällt man bei 35, 40, 45 und 50 Vol.-% Aceton 4 Fraktionen aus, indem man unter Schütteln tropfenweise aus einer Bürette zuerst 5 ml, nach Abzentrifugieren weitere 5, dann 2, 3 und 2,7 ml Aceton zur jeweils zentrifugierten überstehenden Lösung gibt. Der erste und der letzte Aceton-Niederschlag sowie die 50 %ige Acetonlösung enthalten zusammen etwa 10 %, der zweite und dritte Niederschlag dagegen etwa 70 % der vor der fraktionierten Acetonfällung in der Lösung vorhandenen Phosphatase. Je nach der spezifischen und der Gesamt-Aktivität reinigt man die zweite und die dritte Fraktion oder nur die enzymreichere der beiden Fraktionen weiter. Dazu löst man sie in 10 ml destilliertem Wasser auf und fällt sie durch Hinzufügen von 15 ml Aceton (60 Vol.-%) um. Nach scharfem Abzentrifugieren und gutem Abtropfenlassen der überstehenden Lösung löst man den Niederschlag in 4 ml Wasser auf und setzt 4,3 g krist. Magnesiumsulfat hinzu. Der bei Sättigung entstehende feine Niederschlag wird auf einem Glasfrittenfilter abgesaugt und mit gesättigter Magnesiumsulfatlösung gewaschen. Nach möglichst vollständigem Absaugen der Lösung wird der Niederschlag auf dem Filter in 3 ml destilliertem Wasser gelöst und durch das gleiche Filter in ein anderes Gefäß abgesaugt. Nach Nachwaschen der Glasfritte mit 2 ml Wasser erhält man etwa 5 ml einer leicht trüben Enzymlösung, die man einige Tage im Kühlschrank stehenläßt, wobei sich der größte Teil der Trübung in zentrifugierbarer Form abscheidet. Nach Abzentrifugieren dieser Fällung dialysiert man, um das in der Lösung in hoher Konzentration vorhandene Magnesiumsulfat zu entfernen, 6—8 Std gegen 0,02 m Magnesiumacetat. Gleichzeitig wird dabei auch eine kleine Menge dialysabler Stickstoffverbindungen entfernt, und es bildet sich eine geringe Proteinflockung. Deshalb filtriert man die Lösung durch Celite; sie besitzt dann eine spezifische Aktivität von 360000—440000 Phosphatase-Einheiten pro mg N.

Um die einzelnen Arbeitsschritte dieser doch recht komplizierten Vorschrift anschaulicher zu gestalten, ist nebenstehend ein vom Autor stammendes Schema wiedergegeben.

Schematische Darstellung der Phosphatasereinigung aus Kälberdünndarmmucosa-Schleimhaut-Acetontrockenpulver (250 g mit ungefähr 25 g N).

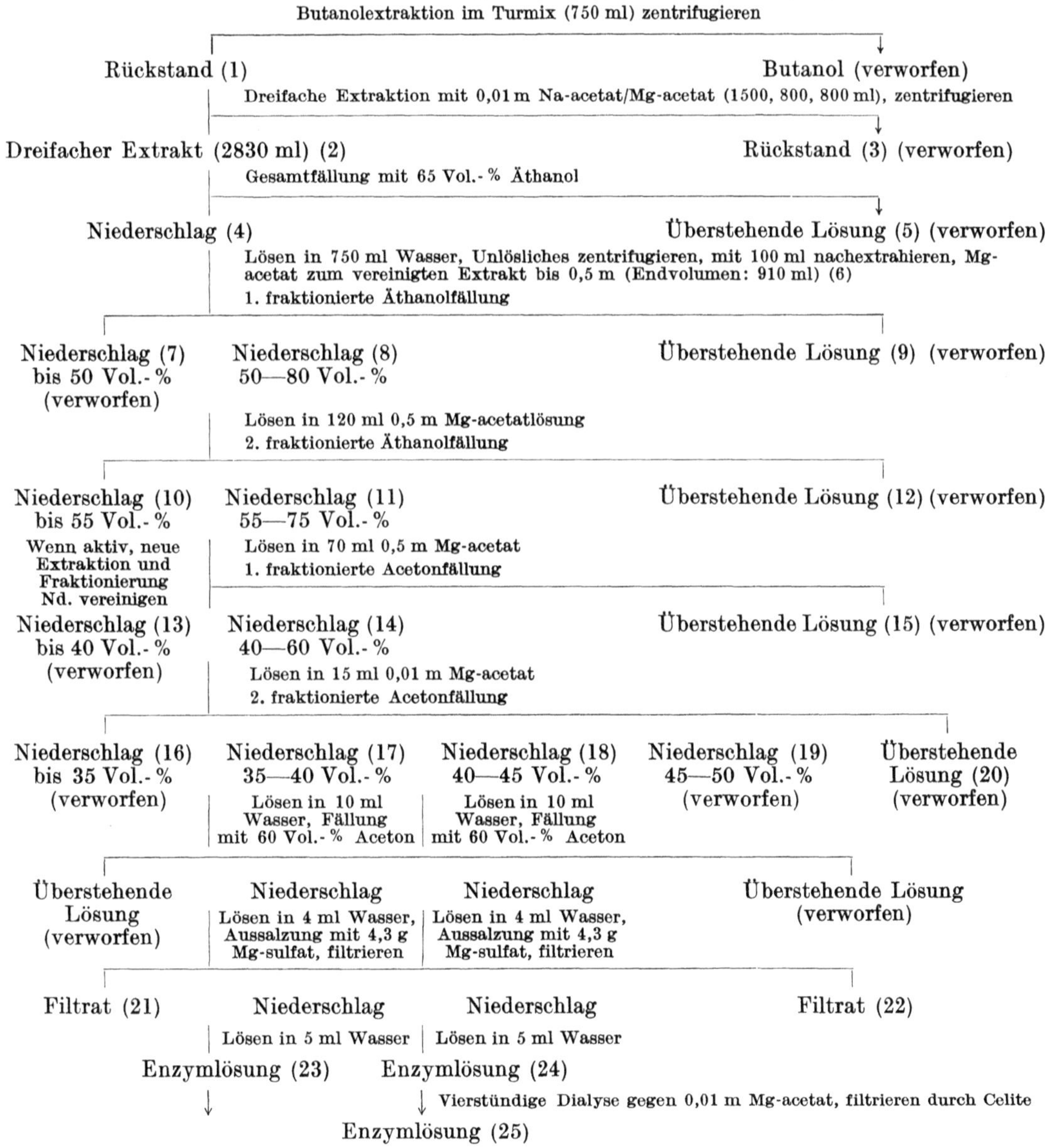

Tabelle 3. *Änderung der spezifischen Aktivität im Laufe der Reinigung der alkalischen Darmphosphatase bei 3 unabhängig voneinander und mit 3 verschiedenen Acetontrockenpulvern ausgeführten Extraktionen.*

Reinigungsstufe	Spezifische Aktivität Aufarbeitung			Reinigungsstufe	Spezifische Aktivität Aufarbeitung		
	I	II	III		I	II	III
Trockenpulver .	175	—	115	Niederschlag (14)	77000	90000	—
Dreifacher Extrakt	640	—	826	Niederschlag (17)	—	140000	63000
Niederschlag (4) *	—	—	4700	Niederschlag (18)	150000	—	—
Niederschlag (6)	4600	1560	5900	Niederschlag (24)	240000	280000	240000
Niederschlag (8)	38500	15000	21000	Enzymlösung (25)	420000	380000	368000
Niederschlag (11)	60000	77500	38000				

* Die eingeklammerten Zahlen beziehen sich auf die obenstehende schematische Darstellung.

Bemerkungen. Die Methode ist nach Angabe des Autors gut reproduzierbar; sie wurde von ihm mit etwa 10 verschiedenen Ansätzen von 250—2500 g Schleimhauttrockenpulver überprüft. Trotzdem empfiehlt es sich, jede Fraktion jedes Reinigungsschrittes durch Aktivitäts- und Stickstoffbestimmungen zu überprüfen, damit Verluste durch eine Abweichung der Enzymverteilung vermieden werden können. Die Enzymausbeute wird bei genauem Arbeiten mit 30—35% der im Schleimhauttrockenpulver vorhandenen Phosphatase angegeben.

Für die dauernde Verfolgung der Aktivität der einzelnen Fraktionen benützt der Autor eine *Aktivitätsbestimmung* mit Dinatrium-β-glycerophosphat als Substrat; er arbeitet bei einer Mg^{+}-Konzentration von 10^{-2} m. Pro Ansatz wird eine so kleine Enzymkonzentration gewählt, daß höchstens 3% des vorhandenen Substrats während der Inkubationszeit (10 bzw. 5 min) gespalten werden; es wird bei 37 bzw. 38° C inkubiert. Da die späteren Fraktionen sehr aktiv sind, ist es notwendig, das Enzym für die Bestimmung sehr stark zu verdünnen; der Autor gibt ein Enzymverdünnungsschema zum Gebrauch für die Bestimmungen während der einzelnen Reinigungsschritte an, auf dessen Wiedergabe aber hier verzichtet wird, da man die entsprechenden Verdünnungen durch Vorversuche leicht feststellen kann.

Als *Einheit der Enzymwirkung* wird diejenige Menge Enzym bezeichnet, die 1 μg P in 1 min aus β-Glycerophosphat freisetzt, wobei sowohl die Bedingungen von ROCHE[1] (37° C, p_H 9,9, Inkubationszeit 10 min) als auch bei den späteren Schritten die Bedingungen von MORTON[2] (38° C, p_H 9.8, Inkubationszeit 5 min) zur Anwendung kommen.

Zur Herstellung hochgereinigter Präparationen von alkalischen Phosphatasen sind zahlreiche andere Methoden beschrieben worden, die meist Schweinenieren als Ausgangsmaterial verwenden. Unter diesen sollen hier diejenigen von ALVAREZ und LORA TAMAYO[3], MATHIES[4], SCHALES und ARAI[5] sowie BINKLEY[6,7] erwähnt werden. Alle diese Verfahren sind ziemlich kompliziert und führen über zahlreiche Reinigungsstufen; die Ausbeute an hochaktivem Enzym ist meist ziemlich gering.

Für Phosphomonoesterase der Erythrocyten, welche α-Glycerophosphat schneller spaltet als β-Glycerophosphat, dürfte die Herstellungsmethode von TSUBOI und HUDSON[8] die höchste Konzentrierung erreichen, obgleich die relativ niedrigen Aktivitäten der auf diese Weise erhaltenen Präparationen darauf schließen lassen, daß diese noch beträchtliche Mengen von Verunreinigungen enthalten.

Darstellung der sauren Phosphomonoesterase aus menschlichen Erythrocyten nach TSUBOI *und* HUDSON[8].

Ausgangsmaterial. Menschliches Blut, das bereits nicht mehr für Transfusionen benützt werden kann, läßt sich von einer Blutbank eines Spitals meist leicht erhalten. Die Erythrocyten werden daraus abgetrennt und gründlich mit 1%iger Kochsalzlösung gewaschen, um die Plasmaproteine und Leukocyten zu entfernen.

Herstellung des Calciumphosphat-Gels. Die Autoren berichten, daß sie die günstigsten Resultate mit Hilfe eines nach ihren Angaben hergestellten Gels erzielen konnten. Dieses wird auf folgende Weise bereitet: 200 ml 0,5 m Na_2HPO_4-Lösung werden mit 30 ml frisch hergestellter 3 n NH_4OH-Lösung versetzt. Sofort darauf werden 1500 ml einer knapp vorher bereiteten 0,1 m $CaCl_2$-Lösung unter Rühren der Mischung hinzugefügt, wobei der p_H-Wert des entstehenden Gemisches zwischen 6 und 7 sein sollte. Das Gel wird so lange mit ionenfreiem Wasser in der Zentrifuge gewaschen, bis in der Waschflüssigkeit keine Chloridspuren mehr nachweisbar sind. Dann wird es in 1 l Wasser suspendiert; es enthält etwa 0,045 M Tricalciumphosphat. Es kann entweder sofort verwendet oder

[1] ROCHE, J., et S. BOUCHILLOUX: Bull. Soc. Chim. biol. **32**, 732 (1950).
[2] MORTON, R. K.: Biochem. J. **60**, 573 (1955).
[3] ALVAREZ, E. F., and M. LORA TAMAYO: Biochem. J. **69**, 312 (1958).
[4] MATHIES, J. C.: J. biol. Ch. **233**, 1121 (1958).
[5] SCHALES, O., and K. ARAI: Arch. Biochem. **83**, 152 (1959).
[6] BINKLEY, F., V. ALEXANDER, F. E. BELL and C. LEA: J. biol. Ch. **228**, 559 (1957).
[7] BINKLEY, F.: J. biol. Ch. **236**, 735 (1961).
[8] TSUBOI, K. K., and P. B. HUDSON: Arch. Biochem. **53**, 341 (1954).

im Kühlschrank, wo es keine merkbaren Veränderungen seiner Eigenschaften erfährt, aufbewahrt werden.

Adsorption des Enzyms an Calciumphosphat-Gel. Zu 1 l gewaschenen Erythrocyten werden 4 l destilliertes Wasser hinzugegeben und nach gründlicher Mischung unter Rühren 400 ml der beschriebenen Calciumtriphosphat-Gel-Suspension hinzugefügt. Das Gel wird dann durch Zentrifugieren entfernt und zweimal mit wenig Wasser gewaschen. Der ursprünglichen überstehenden Lösung werden die Waschflüssigkeiten hinzugefügt; das Gel, welches kaum Enzym enthält, wird verworfen. Zu der Lösung werden nunmehr 1600 ml der Gel-Suspension hinzugefügt, welche etwa 90% des vorhandenen Enzyms adsorbiert. Man wäscht so lange mit Wasser, bis die Waschflüssigkeit farblos wird. Im Kühlschrank ist das am Gel adsorbierte Enzym mehrere Wochen beständig.

Selektive Elution des Enzyms aus dem Calciumphosphat-Gel. Das gewaschene Gel wird gleichmäßig in 1 l Wasser suspendiert. Man setzt dann 1000 ml einer Lösung hinzu, welche in bezug auf Natriumacetat 0,3 m und in bezug auf Trinatriumcitrat 0,03 m ist und ein p_H von 4,5 aufweist. Man vermischt einige min und entfernt dann das Gel durch Zentrifugieren. Die Farbe des Eluats ist rosa; es enthält 65—70% des adsorbierten Enzyms. Gegenüber dem Ausgangsmaterial ist die spezifische Aktivität auf das 150 bis 200fache gestiegen.

Ammoniumsulfatfällung. Das Enzym im Eluat ist stark verdünnt und sehr unbeständig. Man bringt deshalb die Lösung durch Zugabe von festem Ammoniumsulfat unter Rühren auf 0,55fache Ammoniumsulfatsättigung, wobei ein Niederschlag ausfällt, der das Enzym enthält und in der Ammoniumsulfatlösung mehrere Wochen beständig ist.

Dialyse. Man trennt das Enzym durch Zentrifugieren von der Ammoniumsulfatlösung und löst es in möglichst wenig Wasser (etwa $^1/_{75}$ des vorhergehenden Eluat-Volumens) und dialysiert dann gegen mehrere Hundert Volumenteile 0,01 m Acetat von p_H 5,0. Nach der Dialyse kann eine größere Menge unlösliches denaturiertes Protein durch Zentrifugieren entfernt werden. Die Farbe des dialysierten Enzymauszugs ist ein dunkles Braunrot, was auf Katalase und Hämoglobin als wichtigste Verunreinigungen deutet.

Wiederholung der vorhergehenden Schritte. Da das so gewonnene Enzym wegen seiner großen Empfindlichkeit durch andere Reinigungsschritte nicht weiter aufgearbeitet werden kann, wiederholen die Autoren die vorhergehenden Schritte und erzielen auf diese Weise noch eine beträchtliche Konzentrierung. Zu dem Dialysat wird eine gerade so große Menge Gel zugesetzt, daß höchstens 10% der Enzymaktivität adsorbiert werden. Dieser Gel-Anteil wird nach Waschen verworfen. Dann wird so viel Gel zugesetzt, daß fast das gesamte Enzym adsorbiert wird. Das Gel wird gewaschen und mit einer Mischung, die 0,15 m in bezug auf Natriumacetat und 0,015 m in bezug auf Trinatriumcitrat ist und einen p_H-Wert von 4,5 hat, eluiert, wobei 1 Volumenteil der Elutionsflüssigkeit auf 1 Mol Gel-Suspension angewandt wird. Das Eluat ist gelbbraun. Wiederum wird festes Ammoniumsulfat hinzugefügt, um 0,55fache Sättigung zu erreichen. Der so erhaltene Niederschlag enthält fast die ganze Enzymmenge des Eluats. Auf diese Weise können bis zu 1100fache Konzentrierungen im Vergleich mit dem Ausgangsmaterial erreicht werden.

Bemerkungen. Wie die Autoren selbst feststellen, ist es sicher, daß die auf dem geschilderten Wege erhaltenen Präparationen noch keinesfalls rein sind. Es lassen sich darin kleine Mengen von Katalase und Nucleosid-Phosphorylase nachweisen, nicht aber Aldolase und Pyrophosphatase. Die große Schwierigkeit liegt hier offensichtlich in der Unbeständigkeit des Enzyms in reinerer Form. Die Endstufe des beschriebenen Verfahrens ist aber recht stabil, wenn es im sedimentierten Zustand in der Ammoniumsulfatlösung belassen wird.

Chemische Eigenschaften. Wie bereits berichtet wurde, ist keine von den gruppenspezifischen Phosphomonoesterasen tierischen Ursprungs bisher in einen Zustand gebracht worden, der den Reinheitskriterien der Proteinchemie entspricht. Die Aussagen, welche man über ihren chemischen Charakter machen kann, sind deshalb noch einigermaßen eingeschränkt.

Was die gereinigte *Prostata-Phosphatase mit saurem Wirkungsoptimum* betrifft, so deuten alle Befunde darauf hin, daß es sich hier um ein Protein mit Albumincharakter handelt. BOMAN[1], der sehr kleine Mengen eines hochgereinigten Präparates darstellen konnte, beobachtete eine ganz ungewöhnlich hohe Extinktion bei 280 mμ, welche p_H-abhängig war. Dieses Faktum deutet auf einen großen Gehalt an aromatischen Aminosäureresten im Enzymprotein. Die relativ gute Löslichkeit in 0,45fach gesättigter Ammoniumsulfatlösung, welche ja auch von DAVIDSON und FISHMAN[2] bei ihrer oben berichteten Reinigungsmethode benützt wurde, muß ebenfalls als charakteristisch bezeichnet werden. Das Protein ist gegen Oberflächen-Denaturierung sehr empfindlich und enthält sicher SH-Gruppen, welche für die Wirksamkeit wesentlich sind[3].

Im Falle der *alkalischen Phosphatase aus Schweinenieren* konnte MATHIES[4] wohl mit Sicherheit feststellen, daß es sich um ein Zn-Protein handelt. Aus dem Zn-Gehalt der Präparation, welcher 80—90%ige Reinheit zugesprochen wird, läßt sich ein Mol.-Gew. von 37000 bzw. ein Vielfaches davon berechnen. Die Präparationen von MATHIES[4], von denen er annimmt, daß sie 80—90% rein sind, enthalten 0,15% fest gebundenes Zink. Wenn man das Zink durch Dialyse gegen Versen oder auch gegen Magnesiumversenatlösung entfernt, erfolgt ein graduelles Absinken der Aktivität. Mg^{++} hingegen, dessen Anwesenheit für die Wirkung der alkalischen Phosphatasen essentiell ist (s. unten), dürfte keinen Bestandteil des Enzyms darstellen.

In diesem Zusammenhang müssen die neuartigen Befunde von BINKLEY[5] erwähnt werden, dem eine sehr weitgehende Reinigung der alkalischen Phosphatase aus Schweinenieren gelungen ist. Bei seinen höchstgereinigten Präparaten findet er wohl eine UV-Absorption, welche ähnlich derjenigen ist, die bei Proteinen beobachtet ist; es ist ihm hingegen nicht möglich, in Hydrolysaten seiner Enzympräparationen irgendwelche Aminosäuren zu finden. Als Bestandteile kann er Glucose, eine Pentose sowie einen stickstoffhaltigen Körper, den er für ein tri- oder tetrasubstituiertes Pyrimidin hält, nachweisen. Es muß allerdings festgehalten werden, daß diese Ergebnisse noch einer genauen Überprüfung bedürfen; die Nicht-Eiweißnatur eines Enzyms, wie sie für die alkalische Phosphatase von BINKLEY[5] postuliert wird, darf wohl zumindest als überraschender Befund bezeichnet werden.

Nach PORTMANN[6], der wohl die weitestgehende Reinigung der *alkalischen Phosphatase der Kälberdünndarm-Schleimhaut* durchgeführt hat, enthalten seine hochaktiven Präparate immer gewisse Mengen von Hexosamin und Hexose (bestimmt nach der WINZLERschen Modifikation der Methode von ELSON und MORGAN[7] sowie mit Hilfe der Anthron- und der Orcin-Methoden). Obwohl der Autor ausdrücklich feststellt, daß bisher kein strenger Beweis für diese Vorstellung besteht, nimmt er an, daß eine kleine Menge der beiden Bestandteile Strukturelemente des Enzyms sind.

Bei diesem Enzym ist es schwer, zu deuten, daß verschiedene Autoren über elektrophoretisch einheitliche Enzympräparationen berichten, die aber sehr unterschiedliche Aktivitäten aufweisen. Ein solches Enzym von SCHRAMM und ARMBRUSTER[8] zeigt nach Inkubation mit Alanin und Mg^{++} eine Aktivität von 57000 ROCHE-Einheiten (vgl. S. 984) pro mg N, während vor der Inkubation die Aktivität noch beträchtlich niedriger liegt. Die Präparation von MORTON[9] weist eine Aktivität von 83000 ROCHE-Einheiten pro mg N

[1] BOMAN, H. G.: Ark. Kemi **12**, 453 (1958).
[2] DAVIDSON, H. M., and W. H. FISHMAN: J. biol. Ch. **234**, 526 (1959).
[3] TSUBOI, K. K., and P. B. HUDSON: Arch. Biochem. **55**, 191 (1955).
[4] MATHIES, J. C.: J. biol. Ch. **233**, 1121 (1958).
[5] BINKLEY, F.: J. biol. Ch. **236**, 735 (1961).
[6] PORTMANN, P.: H. **309**, 87 (1958).
[7] WINZLER, R. J.: Meth. biochem. Analysis **2**, 292 (1955).
[8] SCHRAMM, G., u. O. ARMBRUSTER: Z. Naturforsch. **9b**, 114 (1954).
[9] MORTON, R. K.: Biochem. J. **57**, 595 (1954).

und läßt sich noch in einem beschränkten Ausmaß durch Alanin aktivieren. Schließlich zeigen die Präparate von PORTMANN[1] Aktivitäten bis zu 400000 ROCHE-Einheiten pro mg N, ohne aktivierbar zu sein. Alle diese Präparationen werden als elektrophoretisch einheitlich bezeichnet. PORTMANN[1] deutet diese Befunde damit, daß sich in einem praktisch einheitlichen Enzympräparat nicht alle Moleküle im aktiven Zustand befinden müssen, auch wenn die gesamte elektrische Ladung und damit die elektrophoretische Beweglichkeit einheitlich erscheint; er diskutiert allerdings auch die Möglichkeit, daß es verschiedene Typen von alkalischer Phosphatase der Kälberdünndarm-Schleimhaut geben könnte und die einzelnen Autoren verschiedene Typen in den Händen gehabt haben.

Die Präparationen der *Erythrocyten-Phosphatase* mit saurem Wirkungsoptimum, welche bisher dargestellt wurden, sind noch nicht ausreichend rein, um über ihre chemischen Eigenschaften weitergehende Aussagen machen zu können. Mit der sauren Prostata-Phosphatase hat dieses Enzym gemeinsam, daß es gegen Oberflächen-Denaturierung sehr empfindlich ist; gegen diese Einwirkung läßt es sich aber durch nichtionisierte oberflächenaktive Stoffe (Tween-80, Triton X-100) schützen[2].

Zum Abschluß dieses Abschnittes soll noch kurz auf die verschiedenen Befunde über *Coenzyme der Phosphomonoesterasen* gesprochen werden. Obwohl bisher bei keinen anderen Hydrolasen Coenzyme nachgewiesen werden konnten, postulierten ALBERS u. Mitarb.[3], daß für die Phosphatasen der verschiedenen Typen ein gemeinsames Coenzym existieren müsse. Zur Stütze dieser Behauptung wurden Befunde berichtet, nach welchen es gelungen war, das Coenzym der Hefe-Phosphatase auf das durch Dialyse coenzymfrei gemachte Apoenzym der alkalischen Nierenphosphatase zu übertragen und diese dadurch zu reaktivieren. Verschiedene Autoren versuchten — fast durchaus an wenig gereinigten Präparationen — die chemische Natur des Coenzyms zu erforschen. Nach ABDUL-FADL und KING[4] handelt es sich um eine organische stickstoffhaltige Substanz, nach THOAI u. Mitarb.[5] um Alanin, nach EK, EULER und HAHN[6] um ein Peptid, nach KUTSCHER und SIEG[7] um Cholinpyrophosphat und nach LORA TAMAYO[8] um ein Diphosphonucleosid oder Uridylsäure. Die Vielfalt der postulierten Coenzyme ist jedenfalls erstaunlich und läßt darauf schließen, daß es bei den wenig gereinigten Präparationen schwierig ist, zwischen einer Coenzym- und einer Aktivatorfunktion zu unterscheiden. In den reinsten Präparaten, über die wir berichtet haben, läßt sich aber weder chemisch noch spektroskopisch ein Hinweis auf ein Coenzym finden. Die Fähigkeit von Aminosäuren, Phosphatasen zu aktivieren, läßt sich nach MATHIES[9] dadurch erklären, daß diese Spuren von hemmenden Metallionen binden können.

Kinetische Untersuchungen. *1. Alkalische Phosphatasen.* Die Kinetik der von alkalischen Phosphatasen katalysierten Reaktionen wurde von vielen Autoren eingehend studiert; die meisten davon scheinen aber nur in einem übereinzustimmen, nämlich in der Feststellung, daß diese Reaktionen in ihrem kinetischen Verhalten nicht mit der klassischen Theorie von MICHAELIS und MENTEN übereinstimmen.

Erst in jüngerer Zeit wurden exakte Untersuchungen bekannt, welche zumindest teilweise die Verhältnisse aufklären[10–12]. Es konnte gezeigt werden, daß sich die K_M-Werte bei einem derartigen Enzym mit der Konzentration des Substrats veränderten, wenn die

---

[1] PORTMANN, P.: H. **309**, 87 (1958).
[2] TSUBOI, K. K., and P. B. HUDSON: Arch. Biochem. **55**, 191 (1955).
[3] ALBERS, H., E. BEYER, A. BOHNENKAMP u. G. MÜLLER: B. **71**, 1913 (1938).
[4] ABDUL-FADL, M. A. M., and E. J. KING: Biochem. J. **44**, 435 (1949).
[5] NGUYEN-VAN THOAI, E. J. ROCHE et M. ROGER: Biochim. biophys. Acta **1**, 61 (1947).
[6] EK, B., H. v. EULER u. L. HAHN: Ark. Kemi **1**, 117 (1949).
[7] KUTSCHER, W., u. H. SIEG: Naturwiss. **37**, 451 (1950).
[8] LORA TAMAYO, M.: Bull. Soc. Chim. biol. **38**, 983 (1956).
[9] MATHIES, J. C.: J. biol. Ch. **233**, 1121 (1958).
[10] MOTZOK, I.: Biochem. J. **72**, 169 (1959).
[11] MOTZOK, I., and H. D. BRANION: Biochem. J. **72**, 177 (1959).
[12] MORTON, R. K.: Biochem. J. **65**, 674 (1957).

Messungen bei gleichem p_H durchgeführt wurden. Wenn hingegen die Aktivität beim Optimal-p_H-Wert für jede Konzentration gemessen werden, bleiben die K_M-Werte ziemlich konstant (vgl. Tabelle 4). Zusätzlich wurde gefunden, daß man, wenn man LINEWEAVER und BURK[2] die reziproken Werte der Reaktionsgeschwindigkeiten und Konzentrationen gegeneinander aufgetragen wurden, die erhaltenen Daten in zwei deutlich unterscheidbare Teile zerfallen, aus welchen sich zwei Werte für K_M berechnen lassen, nämlich K_{M_1} aus den Daten, die mit niedriger Substratkonzentration erhalten werden, und K_{M_2} aus den Daten mit hoher Substratkonzentration (Tabelle 5).

Tabelle 4. *K_M-Werte der alkalischen Phosphatase aus Darmschleimhaut verschiedener Tierarten.*

Die Aktivitäten wurden bei einem p_H-Wert gemessen, der den Optimalwert für eine genügend große Konzentration, um eine Reaktion nullter Ordnung zu ermöglichen, darstellt. (Nach MOTZOK und BRANION[1]).

Substrat	Tierart	p_H	K_M (mM)
β-Glycerophosphat	Huhn	9,7	7,6—10,9
	Taube	9,95	6,1
	Kaninchen	9,9	2,6
	Kalb	9,9	11,5
	Schwein	9,95	8,8
Phenylphosphat	Küken	10,0	3,1
	Kalb	10,0	4,0

Bei steigender Substratkonzentration verschiebt sich das p_H-Optimum der Wirkung sehr deutlich ins alkalische Gebiet. MOTZOK[3], der für solche Versuche alkalische Phosphatase aus Hühnerplasma verwendete, zeigte, daß mit β-Glycerophosphat das p_H-Optimum von etwa 9,5 (bei einer Substratkonzentration von 1 mM) bis über 10,0 (bei 120 mM Substrat im Reaktionsansatz) verschoben wird.

Diese Untersuchungen zeigen deutlich, daß das p_H-Optimum und die K_M-Werte bei den alkalischen Phosphatasen nicht nur Funktionen der betreffenden Enzympräparation und des Substrats sind, wie das bei den meisten anderen Enzymen der Fall ist. Diese Größen sind vielmehr außerdem von den Konzentrationen von Enzym und Substrat, schließlich auch von der Art des Metallkomplementes und auch von der Art der Pufferlösung, in welcher der Versuch ausgeführt wird, abhängig. Daraus läßt sich auch ableiten, daß p_H-Optima, K_M-Werte und Anfangsgeschwindigkeiten von Reaktionen nur für genau definierte Versuchsbedingungen von Bedeutung sind und nur unter völlig gleichen Bedingungen eine Aussage über die mögliche Identität von Enzymen in verschiedenen Präparationen erlauben. Besonders bei noch wenig gereinigten Enzympräparationen ist hier Vorsicht geboten.

Tabelle 5. *K_{M1}- und K_{M2}-Werte (in Millimolen) der alkalischen Phosphatasen aus Ratte, Kaninchen und Taube.*

Die Aktivität wurde bei den jeweils optimalen p_H-Werten für die verschiedenen Konzentrationen von β-Glycerophosphat bestimmt. Die K_{M1}- und K_{M2}-Werte wurden aus den Aktivitäten bei niedrigen bzw. bei hohen Konzentrationen nach LINEWEAVER und BURK[2] berechnet. (Nach MOTZOK und BRANION[1]).

Herkunft des Enzyms	Ratte		Kaninchen		Taube	
	K_{M_1}	K_{M_2}	K_{M_1}	K_{M_2}	K_{M_1}	K_{M_2}
Plasma	1,3	16	—	—	—	—
Darmschleimhaut	1,6	9	1,2	5	2,4	11
Knochen	1,6	11	1,9	11	1,9	10
Niere	1,3	11	2,1	—	3,0	11
Leber	—	—	2,0	—	2,1	19

Unter Berücksichtigung aller dieser Kautelen mag es aber doch möglich sein, die genannten Größen — besonders den Mittelwert von K_M — zur Identifizierung von alkalischen Phosphatasen heranzuziehen. Wie bereits oben (S. 966) berichtet, haben Moss u. Mitarb.[4] eine Methode ausgearbeitet, die es erlaubt, auf Grund der mittleren K_M-Werte die Herkunft von alkalischen Phosphatasen im Serum bei verschiedenen Krankheitszuständen festzustellen.

[1] MOTZOK, I., and H. D. BRANION: Biochem. J. 72, 177 (1959).
[2] LINEWEAVER, H., and D. BURK: Am. Soc. 56, 658 (1934).
[3] MOTZOK, I.: Biochem. J. 72, 169 (1959).
[4] MOSS, D. W., D. M. CAMPBELL, E. ANAGNOSTOU-KAKARAS and E. J. KING: Pure appl. Chem. 3, 397 (1962).

2. Saure Phosphatasen. Auch hier sind die Verhältnisse offensichtlich nicht ganz einfach; allerdings wurde bei den sauren Phosphatasen bisher noch keine derartige Abhängigkeit der K_M-Werte von den Konzentrationen von Enzym und Substrat beobachtet wie bei den alkalischen Phosphatasen. Die von den verschiedenen Autoren angegebenen K_M-Werte für ein Enzym gleichen Ursprungs (der Prostata-Phosphatase) zeigen aber sehr starke Variationen (vgl. die Tabelle 1 bei SCHMIDT[1]).

In diesem Zusammenhang ist ein Vergleich der K_M-Werte und der maximalen Anfangsgeschwindigkeiten (V_{max}) für verschiedene Substrate von Interesse. Solche Untersuchungen wurden an der Prostataphosphatase durchgeführt[2–5]; es ergibt sich, daß bei gleicher Substrat-Konzentration sehr deutliche Unterschiede in der Reaktionsgeschwindigkeit zu beobachten sind. Bei 0,02molarer Konzentration werden Phenylphosphat sowie 2'- und 3'-Nucleotide am schnellsten gespalten, weniger schnell β-Glycerophosphat und 5'-Nucleotide und am langsamsten Hexose-6-phosphate und Fructose-1,6-diphosphat[3]. Diese Unterschiede in der Reaktionsgeschwindigkeit können aber bei den meisten der genannten Substrate dadurch weitgehend aufgehoben werden, daß man ihre Konzentration erhöht. Daraus läßt sich schließen, daß die Unterschiede in der Reaktionsgeschwindigkeit durch verschiedene Affinitäten bedingt sind; K_M für Phenylphosphat in Acetatpuffer wird mit $1{,}5 \times 10^{-4}$ (Ref.[2]) bzw. $7{,}5 \times 190^{-4}$ (Ref.[4]) angegeben; die Werte für die Nucleotide liegen noch niedriger[3], z.B. K_M für 3'-Adenylat $6{,}8 \times 10^{-5}$. K_M für Glycerophosphat hingegen liegt bei $2{,}0 \times 10^{-3}$. Andererseits zeigen die Beobachtungen, daß die Zerfallsgeschwindigkeiten für die entsprechenden Enzym-Substrat-Komplexe, wenn sie einmal gebildet sind, nicht wesentlich verschieden sein kann.

Ähnliche Unterschiede, die bei der Reaktionsgeschwindigkeit von Alkylphosphaten mit Prostataphosphatase beobachtet wurden, bei welchen diejenigen mit der höchsten Kettenlänge am schnellsten gespalten werden, lassen sich aber durch Konzentrationserhöhung nicht ausgleichen[5]. Hier sind offenbar auch die Zerfallsgeschwindigkeiten für die Enzym-Substrat-Komplexe verschieden.

Aktivatoren und Inhibitoren. *1. Alkalische Phosphatasen.* Es ist schon seit langem bekannt, daß Ionen bestimmter zweiwertiger Metalle, vor allem Mg^{++}, daneben aber auch — manchmal in einem schwächeren Ausmaße — Mn^{++}, Zn^{++} und Co^{++}, die alkalischen Phosphatasen aktivieren. Bei vollständiger Entfernung der Metallionen, entweder durch Dialyse oder durch Substanzen, welche die Metallionen binden, erfolgt eine komplette Inaktivierung des Enzyms. Dies gilt, wenngleich die quantitativen Verhältnisse von Fall zu Fall verschieden sind, für alle alkalischen Phosphatasen. Die optimale Konzentration an Mg^{++} beträgt in fast allen Fällen 5×10^{-3} bis 10^{-2} m. Eine sehr genaue Untersuchung dieser Verhältnisse findet sich bei MORTON[6]. Die verhältnismäßig hohe Konzentration an Mg^{++} wird von MATHIES[7] im Sinne der Metallsubstrat-Theorie von NAJJAR[8] gedeutet: Das Enzym greife in Wahrheit die Magnesiumsalze seiner anscheinenden Substrate an; die Salze seien als die wirklichen Substrate zu bezeichnen.

Die aktivierenden Wirkungen von Aminosäuren auf die alkalischen Phosphatasen wurden schon oben besprochen; es dürfte sich dabei um eine Schutzwirkung dadurch handeln, daß die Aminosäuren wie auch andere Verbindungen, die ähnliche Effekte hervorrufen (Aminoalkohole, Peptide, Amine, Imidazol und geringe Konzentration von α,α'-Dipyridyl und Cyanid), bestimmte hemmend wirkende Schwermetallionen, wie z.B. Cu^{++}, binden. Ihre Wirkung ist somit eher als Aufhebung einer Hemmung denn als wahre Aktivierung zu deuten.

[1] SCHMIDT, G.; in: Boyer-Lardy-Myrbäck, Enzymes Bd. V, S. 37.
[2] TSUBOI, K. K., and P. B. HUDSON: Arch. Biochem. **55**, 191 (1955).
[3] KILSHEIMER, G. S., and B. AXELROD: J. biol. Ch. **227**, 879 (1957).
[4] NIGAM, V. N., H. M. DAVIDSON and W. H. FISHMAN: J. biol. Ch. **234**, 1550 (1959).
[5] BARTSCH, G., S. J. THANNHAUSER and G. SCHMIDT: Fed. Proc. **19**, 332 (1960).
[6] MORTON, R. K.: Biochem. J. **65**, 674 (1957).
[7] MATHIES, J. C.: J. biol. Ch. **233**, 1121 (1958).
[8] NAJJAR, V. A.; in: McElroy-Glass, Phosphorus Metabolism Bd. I, S. 500.

Unter den Inhibitoren der alkalischen Phosphatasen lassen sich nach STADTMAN[1] drei Gruppen unterscheiden: metallchelatbildende Agentien, bestimmte zweiwertige Kationen und Orthophosphat sowie verwandte polyvalente Anionen.

Unter den Metallchelatbildnern sind vor allem Äthylendiamintetraacetat (EDTA), Cystein, Cyanid, α-Phenanthrolin und α,α'-Dipyridyl zu erwähnen; unter diesen Verbindungen wirken manche in sehr geringen Konzentrationen aktivierend, wofür die Gründe bereits angegeben wurden. PORTMANN[2] konnte zeigen, daß Dialyse gegen EDTA auch die letzten Metallspuren aus dem Enzympräparat entfernt, ohne daß gleichzeitig sofort eine Denaturierung stattfindet. Wenn man dann rechtzeitige Metallionen zusetzt, wird die ursprüngliche Aktivität wiedergewonnen, in manchen Fällen sogar — wahrscheinlich wiederum dadurch, daß auch hemmende Ionen entfernt worden waren — überschritten.

Unter den zweiwertigen Metallionen, die hemmend wirken, sind vor allem Cu^{++} und Be^{++} zu nennen. Im Bereich von 10^{-5} m wirkt Cu^{++} bereits sehr stark hemmend; MATHIES[2a] konnte beobachten, daß diese Hemmung durch Dialyse gegen Alanin fast völlig aufgehoben wird. Be^{++} wirkt etwa in derselben Konzentration[3,4]; hier dürfte es sich um einen ausgesprochenen Antagonismus gegenüber Mg^{++} handeln. Zn^{++}, das ja offenbar ein Bestandteil des Enzymproteins ist, wirkt wohl in geringen Konzentrationen (10^{-6} m) aktivierend; die hundertfache Konzentration hemmt aber sehr deutlich.

Orthophosphat, das als Reaktionsprodukt wahrscheinlich eine Affinität zum aktiven Zentrum hat, aber auch Arsenat, Borat, Pyrophosphat und Carbonat sind Inhibitoren der alkalischen Phosphatasen. Eine wahrscheinlich auf einem gleichartigen Prinzip wie die Wirkung des Orthophosphats beruhende Hemmung wird bei Polyanionen, wie Oestradiolpolyphosphat und Phloretinpolyphosphat beobachtet[5,6]. Oestradiolpolyphosphat ist ein Oestrogen mit protrahierter Wirkung; übrigens ist auch Oestradiol-3,17-diphosphat ein starker Inhibitor.

Wie bereits SIZER[7] feststellen konnte, sind organische Quecksilberverbindungen und alkylierende Verbindungen wie z.B. Jodessigsäure gegenüber der alkalischen Phosphatase ohne Hemmwirkung, woraus geschlossen wird, daß das Enzym für seine Wirkung keiner freien SH-Gruppen im Molekül bedarf. Auch schwache Oxydantien wirken nicht inhibierend; eine Ausnahme in dieser Hinsicht sind die Chinone, deren Wirkungsweise aber noch nicht geklärt ist[7-9].

2. Saure Phosphatasen (Typus II). Für die sauren Phosphatasen vom Typus des Prostataenzyms sind bisher noch keine Aktivatoren bekanntgeworden. Das Enzym, das wahrscheinlich kein Metallenzym ist, läßt sich durch Komplexbildner nicht hemmen. Auch Cu^{++} hat nur eine geringe Inhibitorwirkung.

Eine sehr deutliche Hemmung wird hingegen durch Fluorionen bewirkt; REINER u. Mitarb.[10], die dieser Erscheinung eine genauere Untersuchung gewidmet haben, finden, daß 0,01 m Fluoridkonzentration bei 0,13 m Konzentrationen des Substrats β-Glycerophosphat eine fast komplette Hemmung ergibt, während die Hemmung sowohl bei höheren als auch bei geringeren Fluoridkonzentrationen abnimmt. Bestimmte Dicarbonsäuren und Tricarbonsäuren, besonders Oxalsäure und Malonsäure, in einem geringeren Ausmaß auch Äpfelsäure und Citronensäure können das Enzym gegen die Wirkung des Fluorids schützen. Die Autoren deuten diese Erscheinungen mit der Annahme, daß die

---

[1] STADTMAN, T. C.; in: Boyer-Lardy-Myrbäck, Enzymes Bd. V, S. 55.
[2] PORTMANN, P.: H. **309**, 87 (1957). — [2a] MATHIES, J. C.: J. biol. Ch. **233**, 1121 (1958).
[3] KLEMPERER, F. W., J. M. MILLER and C. J. HILL: J. biol. Ch. **180**, 281 (1949).
[4] GRIER, R. S., M. B. HOOD and M. B. HOAGLAND: J. biol. Ch. **180**, 289 (1949).
[5] DICSFALUSY, E., O. FERNÖ, H. FEX, B. HÖGBERG, T. LINDEROT and T. ROSENBERG: Acta chem. scand. **7**, 913 (1953).
[6] FERNÖ, O., H. FEX, B. HÖGBERG, T. LINDEROT, S. VEIGE and E. DICSFALUSY: Acta chem. scand. **12**, 1675 (1958).
[7] SIZER, I. W.: J. biol. Ch. **145**, 405 (1942).
[8] HOFFMANN-OSTENHOF, O., u. E. PUTZ: Mh. Chem. **79**, 421 (1948).
[9] HOFFMANN-OSTENHOF, O., u. E. PUTZ: Mh. Chem. **81**, 703 (1950).
[10] REINER, J. M., K. K. TSUBOI and P. B. HUDSON: Arch. Biochem. **56**, 165 (1955).

Fluoridionen (vermutlich in polymeren Formen), die Substratmoleküle und auch die Anionen der schützenden Säuren eine Affinität zu kationischen Gruppen des aktiven Zentrums des Enzyms zeigen und untereinander kompetitiv sind.

Die Beobachtung von ABDUL-FADL und KING[1], daß L(+)-Weinsäure, nicht aber D(—)-Weinsäure, die Prostata-Phosphatase hemmt, ist, wie wir gesehen haben, von eminenter Bedeutung für die klinische Untersuchung (vgl. S. 974). Es handelt sich hier um eine kompetitive Hemmung[2], die aber nicht auf die L-Weinsäure beschränkt ist; KILSHEIMER und AXELROD[3] berichten, daß folgende Bedingungen erfüllt sein müssen, damit eine α-Hydroxycarbonsäure als Hemmstoff wirkt: Die α-Hydroxylgruppe muß in D-Konfiguration stehen, während der Kohlenstoff in β-Stellung entweder selbst einer Carboxylgruppe angehören oder einer Hydroxylgruppe, einer Alkohol- oder einer Carboxylgruppe benachbart sein muß. Die Carboxylgruppe kann frei oder auch verestert sein oder in Säureamidform vorliegen. Nach diesen Autoren[3] ist bei Substratsättigung (p-Nitrophenylphosphat) eine 0,0016 m Konzentration an L(+)-Tartrat für eine 50%ige Aktivitätshemmung erforderlich. Die Tartrathemmung konnte bisher nur bei der sauren Prostata-Phosphatase beobachtet werden.

p-Chlormercuribenzoat hat gegenüber der Prostata-Phosphatase eine deutliche Hemmwirkung, die aber durch Cysteinzusatz komplett aufgehoben werden kann, wenn dieser bald erfolgt. Länger mit der organischen Quecksilberverbindung inkubierte Enzymlösungen lassen sich allerdings nicht mehr komplett reaktivieren[2]. Ebenso hemmen auch Fe^{+++} und Cu^{++}; die letztgenannte Wirkung kann durch vorhergehende Zugabe von EDTA (Äthylendiamintetraacetat) oder Citrat verhindert oder auch aufgehoben werden, wenn man die gehemmte Enzympräparation mit ETDA und darauf mit Cystein behandelt.

Alkylierende Agentien haben, obwohl es sich bei dem Enzym sicher um ein Sulfhydrylprotein handelt, bemerkenswerterweise keine hemmende Wirkung; eine solche üben aber Chinone aus[4].

Nach TSUBOI und HUDSON[2] sind verdünnte Lösungen der Prostata-Phosphatase gegen Schütteln in Glasgefäßen und gegen Schäumen sehr empfindlich. Die dadurch bewirkte Inaktivierung kann durch Zusatz nichtionisierter oberflächenaktiver Stoffe, wie Triton X, weiter durch langkettige Diamine (Spermidin[5]) und durch Albuminzusatz hintangehalten werden.

3. Saure Erythrocytenphosphatase. Im Gegensatz zur sauren Prostata-Phosphatase handelt es sich hier wiederum um ein Enzym, das für seine volle Wirksamkeit die Anwesenheit von Mg^{++} oder anderen zweiwertigen Kationen benötigt. Es wird von Cu^{++} in weitaus stärkerem Ausmaß gehemmt als das Prostataenzym[1], hingegen ist es gegen F^- weitaus weniger empfindlich. Von differentialdiagnostischer Bedeutung ist die Tatsache, daß Tartrat überhaupt keine Hemmwirkung entfaltet[6]. Ebenfalls für die klinische Unterscheidung (vgl. S. 973) ist es wichtig, daß Formaldehyd eine starke Inhibitorwirkung zeigt[6].

Cyanid und Cystein haben wenig Einfluß; in bezug auf die Oberflächeninaktivierung ist das Erythrocytenenzym etwa gleich empfindlich wie dasjenige aus der Prostata[6].

Glucose-6-phosphatase[7,8].

[3.1.3.9 Glucose-6-phosphat-Phosphohydrolase.]

Einführung. Die Existenz einer spezifischen, von den gruppenspezifischen Phosphomonoesterasen verschiedenen Glucose-6-phosphatase konnte erstmals von FANTL und

[1] ABDUL-FADL, M. A. M., and E. J. KING: Biochem. J. **45**, 51 (1949).
[2] TSUBOI, K. K., and P. B. HUDSON: Arch. Biochem. **55**, 191 (1955).
[3] KILSHEIMER, G. S., and B. AXELROD: J. biol. Ch. **227**, 879 (1957).
[4] HOFFMANN-OSTENHOF, O., u. E. PUTZ: Mh. Chem. **81**, 703 (1950).
[5] JEFFRIES, G. M.: Biochim. biophys. Acta **20**, 503 (1956).
[6] TSUBOI, K. K., and P. B. HUDSON: Arch. Biochem. **55**, 206 (1955).
[7] SWANSON, M. A.; in: Colowick-Kaplan, Meth. Enzymol. Bd. II, S. 541.
[8] ASHMORE, J., and G. WEBER: Vitamins & Hormones **17**, 91 (1959).

ROME[1] wahrscheinlich gemacht werden. Die Autoren untersuchten die Hydrolyse des sog. EMBDEN-Gleichgewichtsesters, einer Mischung von Fructose-6-phosphat und Glucose-6-phosphat, durch ein Leberhomogenat. Wenn ein gruppenspezifisches Enzym für die Phosphatabspaltung aus den Hexosemonophosphaten verantwortlich gewesen wäre, hätte doppelt so viel Glucose wie Fructose entstehen sollen. Tatsächlich wurde aber das Verhältnis 8:1 von Glucose zu Fructose beobachtet. Dies war ein eindeutiger Hinweis auf die Existenz einer spezifischen Glucose-6-phosphatase.

Spezifität. Das Enzym zeigt keine absolute Spezifität für Glucose-6-phosphat. Verschiedene Spezifitätsuntersuchungen, die allerdings mit Lebermikrosomen vorgenommen wurde, da keine höher gereinigte Enzympräparation zur Verfügung steht, zeigten, daß außer Glucose-6-phosphat auch Allose-6-phosphat, 1,5-Sorbitan-6-phosphat, Mannose-6-phosphat, Galaktose-6-phosphat und Ribose-5-phosphat in zwar etwas geringerem, aber vergleichbarem Ausmaß gespalten werden[2-4]. Die wesentlich schwächere Hydrolyse anderer Phosphatester dürfte anderen, in den Mikrosomen noch vorhandenen Phosphoesterasen zuzuschreiben sein. Eine transphosphorylierende Wirkung wird vermutet (vgl. [5]).

Tabelle 6. *Glucose-6-phosphatase-Aktivität in normalen Rattenorganen.*

Organ	Aktivität in μg P, freigesetzt durch 100 mg Feuchtgewicht des betreffenden Organs in 15 min bei 31° C	Spezifische Aktivität: μg P freigesetzt pro mg N in 15 min bei 31° C
Leber	213	71,0
Niere	203	73,0
Milz	16	5,4
Hirn	11	4,9
Dünndarmschleimhaut	8	4,2
Lunge	1	1,0
Muskel	1	1,0

Vorkommen. Das Enzym kommt vor allem in der Leber und in der Niere vor. In Tabelle 6 finden sich diesbezügliche Daten, die der Arbeit von WEBER und CANTERO[6] entnommen sind.

Alle Untersucher (z.B. HERS u. Mitarb.[7], DE DUVE u. Mitarb.[8], WEBER u. Mitarb.[9]) stimmen überein, daß die weitaus größte Menge des Enzyms in den Mikrosomen-Fraktionen der Leber und der Niere enthalten ist.

Isolierung und Reinigung des Enzyms. Die Schwierigkeit, eine gereinigte Präparation von Glucose-6-phosphatase herzustellen, ist die Folge ihrer sehr geringen Stabilität und auch der Tatsache zuzuschreiben, daß das Enzym offenbar sehr fest an die Mikrosomen gebunden ist. Diese können durch Zentrifugieren bei 30000 × g aus einer isotonen Rohrzuckerlösung sedimentiert werden. Durch Waschen mit Pufferlösung von p_H 5,4 kann die begleitende Phosphoglucomutase entfernt werden; Hexoseisomerase, ATPase, AMPase und eine schwache Glycerophosphatase-Aktivität bleiben aber in der Präparation. Versuche, das Enzym durch Behandlung mit Gallensalzen oder Detergentien in Lösung zu bringen, waren bisher von wenig Erfolg begleitet.

Eigenschaften. *p_H-Optimum der Wirkung.* Alle Untersucher stimmen überein, daß das p_H-Optimum der Glucose-6-phosphatasewirkung bei p_H 6,5 liegt. Auf beiden Seiten dieses Optimums ist ein starker Wirkungsabfall zu beobachten; bei p_H 5 und bei p_H 9

[1] FANTL, P., and M. N. ROME: Austral. J. exp. Biol. med. Sci. **23**, 20 (1945).
[2] BEAUFAY, H., et C. DE DUVE: Bull. Soc. Chim. biol. **36**, 1525 (1954).
[3] CRANE, R.: Biochim. biophys. Acta **17**, 443 (1955).
[4] MALEY, G. F., and H. A. LARDY: Am. Soc. **78**, 1393 (1956).
[5] ASHMORE, J., and G. WEBER: Vitamins & Hormones **17**, 91 (1959).
[6] WEBER, G., and A. CANTERO: Cancer Res. **15**, 105 (1955).
[7] HERS, H. G., J. BERTHET, L. BERTHET et C. DE DUVE: Bull. Soc. Chim. biol. **33**, 21 (1951).
[8] DE DUVE, C., R. PRESSMAN, R. GIANETTO, R. WATTIAUX and F. APPLEMANS: Biochem. J. **60**, 604 (1955).
[9] WEBER, G., C. ALLARD, G. DE LAMIRANDE and A. CANTERO: Endocrinology **58**, 40 (1956).

ist die Aktivität weniger als 20% der optimalen Aktivität. Durch sein p_H-Optimum unterscheidet sich das Enzym deutlich sowohl von den sauren als auch von den alkalischen gruppenspezifischen Phosphomonoesterasen.

Stabilität. Die Glucose-6-phosphatase ist extrem instabil. Bereits Aufbewahren der Homogenate bei 6° C führt in kurzer Zeit zur Inaktivierung des Enzyms, die allerdings durch Zusatz von Versen etwas hintangehalten werden kann (BEAUFAY u. Mitarb.[1]). Bei Zimmertemperatur sinkt die Aktivität von Vollhomogenaten bereits in wenigen min stark ab. Interessanterweise ist das Enzym bei p_H 8,0 am stabilsten, also weit von seinem Wirkungsoptimum (BEAUFAY und DE DUVE[2]).

Einfluß von Aktivatoren und Inhibitoren. Die üblicherweise Phosphomonoesterasen aktivierenden zweiwertigen Metallionen, wie z.B. Mg^{++}, haben nach Angaben von SWANSON[3] keinen Einfluß auf die Aktivität des Enzyms; Mg^{++} und Ca^{++} in höheren Konzentrationen inaktivieren sogar etwas.

Zn^{++}, Cu^{++} und J^- inhibieren irreversibel. Ebenfalls als starke Hemmstoffe wirken Fluorid (0,1 m), Molybdat und Arsenat. Unter den SH-Reagentien wirken N-Äthylmaleinimid und p-Chlormercuribenzoat hemmend, während Jodacetat ohne Einfluß ist. Immerhin lassen die Daten eher eine Beteiligung von SH-Gruppen im Enzym vermuten.

Obwohl alle Kenntnisse über den Wirkungsmechanismus der Phloridzins dafür sprechen, daß diese Substanz ihre Wirkung über eine Hemmung der Glucose-6-phosphatase ausübt, konnte ein solcher Effekt bisher nur bei Rohpräparaten beobachtet werden, während auch nur zum Teil gereinigte Mikrosomenpräparationen unbeeinflußt bleiben (SWANSON[3]).

Durch Dialyse wird Glucose-6-phosphatase schnell inaktiviert; die Aktivität wird komplett durch kurzen Kontakt mit geringen Mengen von Aceton oder Äthanol bei 0° C zerstört.

Bei Versuchen, eine Loslösung des Enzyms von den Mikrosomen mit Hilfe von Gallensäuren zu erreichen, wurde festgestellt, daß alle verwendeten Gallensäuren im Bereich von 10^{-4} bis 10^{-3} m eine aktivierende Wirkung auf die Glucose-6-phosphatase ausüben, während sowohl höhere als auch niedrigere Konzentrationen hemmen.

Biologische Bedeutung. Der Glucose-6-phosphatase wird eine wesentliche Bedeutung für die Glucoseproduktion der Leber zugeschrieben. Ihre Aktivität wird durch Gabe verschiedener Stoffe endokrinen Ursprungs stark verändert. Das Fehlen des Enzyms scheint die Ursache für die v. GIERKEsche Glykogenspeicherkrankheit zu sein[4]; es fehlt auch komplett in Hepatomen. Eine ausführliche Diskussion der physiologischen und pathologischen Bedeutung der Glucose-6-phosphatase findet sich bei ASHMORE und WEBER[5].

Bestimmungsmethoden. Zur Bestimmung der Glucose-6-phosphatase-Aktivität mißt man gewöhnlich die Menge anorganischen Phosphats, die im Verlauf der Inkubation der Enzympräparation mit dem Substrat freigesetzt wird[3,6]. Eine manometrische Methode für Glucose-6-phosphatase wurde von ASHMORE u. Mitarb.[7] ausgearbeitet, die auf der Bestimmung der freigesetzten Glucose beruht. Diese wird in Anwesenheit von Katalase durch eine Glucoseoxydase zu Gluconsäure oxydiert; der Sauerstoffverbrauch wird gemessen.

Im folgenden wird die wohl gebräuchlichste Methode von SWANSON[8] beschrieben.

---

1 BEAUFAY, H., H. G. HERS, J. BERTHET et C. DE DUVE: Bull. Soc. Chim. biol. **36**, 1539 (1954).
2 BEAUFAY, H., et C. DE DUVE: Bull. Soc. Chim. biol. **36**, 1525 (1954).
3 SWANSON, M. A.: J. biol. Ch. **184**, 647 (1950).
4 CORI, G. T., and C. F. CORI: J. biol. Ch. **199**, 661 (1952).
5 ASHMORE, J., and G. WEBER: Vitamins & Hormones **17**, 91 (1959).
6 DE DUVE, C., J. BERTHET, H. G. HERS et L. DUPRET: Bull. Soc. Chim. biol. **31**, 1242 (1949).
7 ASHMORE, J., A. B. HASTINGS and F. B. NESBETT: Proc. nat. Acad. Sci USA **40**, 673 (1954).
8 SWANSON, M. A.; in: Colowick-Kaplan, Meth. Enzymol. Bd. II, S. 541.

***Bestimmung der Glucose-6-phosphatase nach* Swanson[1].**

Prinzip:

Die Methode beruht auf der Inkubation des Enzyms mit seinem spezifischen Substrat und der darauffolgenden Bestimmung des freigesetzten anorganischen Phosphats nach Fiske und Subbarow (vgl. Bd. III dieses Handbuches, S. 465).

Reagentien:

1. Substratlösung: 260 mg kommerziell erhältliches Bariumsalz von Glucose-6-phosphat (mit 7 M Kristallwasser) werden in 2 ml destilliertem Wasser suspendiert und dann gerade so viel n HCl hinzugefügt, daß Lösung eintritt. Man setzt dann 72 mg wasserfreies Na_2SO_4 zu, entfernt den entstandenen Niederschlag von $BaSO_4$ durch Zentrifugation und prüft auf Bariumfreiheit durch Zugabe einer ganz kleinen Menge Na_2SO_4. Die überstehende Lösung wird mit NaOH auf p_H 6,5 eingestellt und auf 5 ml aufgefüllt. Sie ist in bezug auf Glucose-6-phosphat 0,1 m.
2. Pufferlösung. 116 mg Maleinsäure werden in wenig Wasser gelöst, die Lösung mit NaOH auf p_H 6,5 eingestellt und auf 10 ml mit destilliertem Wasser aufgefüllt.
3. Trichloressigsäure, 10%ig.
4. Reduktionsreagens nach Fiske und Subbarow (vgl. Bd. III, S. 465).
5. 10 n H_2SO_4.
6. Ammoniummolybdatlösung, 2,5%ig.

Ausführung:

0,1 ml Substratlösung und 0,3 ml Pufferlösung werden in ein konisches, kalibriertes Zentrifugenglas von etwa 12 ml Inhalt eingefüllt und im Wasserbadthermostaten auf 37° C gebracht. Man setzt dann 0,1 ml der Enzympräparation (z. B. Leberhomogenat) hinzu und inkubiert 15 min lang. Dann stoppt man die Reaktion durch Zugabe von 1 ml 10%iger Trichloressigsäure, kühlt in Eis und verdünnt nach 5 min auf 2,5 ml. Darauf wird zentrifugiert und in 2 ml der überstehenden Lösung die Menge des freigesetzten Phosphats nach Fiske und Subbarow bestimmt.

Als Kontrolle bestimmt man das anorganische Phosphat in einer gleichartigen Mischung von Substratlösung, Pufferlösung, Trichloressigsäure und Enzympräparation, die derart hergestellt wird, daß die gleichen Mengen der einzelnen Bestandteile wie im Hauptansatz verwendet werden, wobei aber das Inkubieren entfällt und zuerst Trichloressigsäure und erst dann die Enzympräparation zugesetzt wird.

Eine Aktivitätseinheit ist bisher noch nicht festgelegt worden.

Fructose-1,6-diphosphatase[2].

[3.1.3.11 D-Fructose-1,6-diphosphat-1-Phosphohydrolase.]

Einführung. Dieses Enzym wurde zuerst von Gomori[3] beschrieben. Seine ziemlich strenge Spezifität läßt keine Zweifel darüber zu, daß es sich um ein Enzymindividuum handelt, welches nicht mit einer gruppenspezifischen Phosphomonoesterase identisch ist.

Spezifität. Die Wirkung des Enzyms gegenüber Fructose-1,6-diphosphat läßt sich durch die Gleichung

$$\text{Fructose-1,6-diphosphat} + H_2O \rightarrow \text{Fructose-6-phosphat} + H_3PO_4$$

veranschaulichen. Es wird also nur ein Phosphatrest, und zwar derjenige in 1-Stellung, aus dem Hexosediphosphat abgespalten. Die Spezifität ist nicht absolut, da auch Fructose-1-phosphat und L-Sorbose-1,6-diphosphat in einem, allerdings weitaus geringeren

[1] Swanson, M. A.; in: Colowick-Kaplan, Meth. Enzymol. Bd. II, S. 541.
[2] McGilvery, R. W.; in: Colowick-Kaplan, Meth. Enzymol. Bd. II, S. 543.
[3] Gomori, G.: J. biol. Ch. **148**, 139 (1943).

Ausmaß angegriffen werden. Glucose-1-phosphat, Glucose-6-phosphat, Fructose-6-phosphat, Phosphoglycerinsäure und L-Sorbose-1-phosphat werden nicht angegriffen.

Vorkommen. Das Enzym kommt in der Leber und in der Niere der Säugetiere vor. Die Menge der in der Leber vorhandenen Fructose-1,6-diphosphatase ist von der Ernährung abhängig[1]; eine höhere Konzentration wird beobachtet, wenn die Tiere mit einer glucosearmen, aber an Proteinen und Fructose reichen Diät ernährt werden. Ebenfalls wird eine Erhöhung des Enzymgehalts in der Leber nach Gaben von Cortison beobachtet. Es ist allerdings möglich, daß diese Effekte nicht auf eine Neubildung des Enzyms zurückzuführen sind, sondern eine Aktivierung durch Proteolyse darstellen.

Darstellungsmethoden. Verfahren zur Herstellung von Präparaten von gereinigter Fructose-1,6-diphosphatase wurden schon seinerzeit von GOMORI[2] und später von POGELL und McGILVERY[3,4] ausgearbeitet. Diese Methoden beginnen mit einer Autolyse des Gewebes und führen zu relativ instabilen Präparationen. In letzter Zeit ist es MOKRASCH und McGILVERY[5] gelungen, eine Methode zur Reinigung des Enzyms ohne vorhergehende Autolyse auszuarbeiten, die zu sehr aktiven und relativ stabilen Präparationen führt. Diese sind allerdings nicht völlig homogen und konnten auch nicht zur Kristallisation gebracht werden.

Eigenschaften. *p_H-Optimum.* Unter den unten angegebenen Testbedingungen zeigen Rohpräparate und Enzympräparationen, die nach den verschiedenen Reinigungsmethoden gewonnen wurden, ihre stärksten Wirksamkeiten bei p_H 9,5. Das nach MOKRASCH und McGILVERY[5] hergestellte Präparat hat bei p_H 7,0 und 11,0 etwa 30% seiner Maximalaktivität.

Aktivatoren und Inhibitoren. Für die Wirkung der Fructose-1,6-diphosphatase ist die Anwesenheit von Mg^{++} oder Mn^{++} erforderlich, wobei in Rohextrakten Mg^{++} eine weitaus höhere Aktivierung bewirkt. In solchen Präparationen verursacht die Zugabe von Mn^{++} und auch von Cystein eine Aktivitätsminderung. Bei gereinigten Präparationen hingegen wirken Mn^{++} und Cystein aktivierend, wobei allerdings der Effekt von einer Präparation zur anderen schwankt. Bei der höchstgereinigten Zubereitung von MOKRASCH und McGILVERY[5] erwies sich Mn^{++} in 0,001 m Konzentration als ebenso aktiv wie ein Gemisch mit den Konzentrationen von 0,0025 m Mg^{++}, 0,0005 m Mn^{++} und 0,003 m Cystein. Dies gilt allerdings nicht für das Enzympräparat, das mit Hilfe von Autolyse hergestellt wurde.

MOKRASCH und McGILVERY[5] berichten auch über eine Aktivierbarkeit des Enzyms durch eine kurze Behandlung mit Papain; dabei wird die Wirksamkeit der Fructose-1,6-diphosphatase bis auf das Doppelte gesteigert. Auch die relative Spezifität wird durch die Proteolyse etwas verändert; während vor der Papainbehandlung das Verhältnis der Spaltungen von Fructose-1,6-diphosphat und Fructose-1-phosphat etwa 17:1 ist, wird nach der Proteolyse ein Verhältnis von 39:1 gemessen.

Fructose-1,6-diphosphatase ist offenbar ein Protein, für dessen enzymatische Wirkung SH-Gruppen mitverantwortlich sind. SH-Reagentien, wie J_2, $HgCl_2$ und p-Chlormercuribenzoat, bewirken schon in kleinen Konzentrationen sehr deutliche Hemmungen, die aber durch Cystein aufgehoben oder zumindest abgeschwächt werden. Dabei hat die Reihenfolge der Zugabe (Hemmstoff, Cystein) keinen Effekt auf die resultierende Enzymaktivität.

Fructose-6-phosphat, das selbst nicht hydrolysiert wird, hemmt — offenbar kompetitiv; hingegen haben die Produkte der Wirkung, Fructose-1-phosphat und anorganisches Phosphat, keinen Einfluß. Fluorid zeigt eine Hemmwirkung nur in Reaktionsmischungen, denen kein Mn^{++} zugesetzt wurde.

---

[1] MOKRASCH, L. C., W. D. DAVIDSON and R. W. McGILVERY: J. biol. Ch. **222**, 179 (1956).
[2] GOMORI, G.: J. biol. Ch. **148**, 139 (1943).
[3] POGELL, B. M., and R. W. McGILVERY: J. biol. Ch. **197**, 293 (1952).
[4] POGELL, B. M., and R. W. McGILVERY: J. biol. Ch. **208**, 149 (1954).
[5] MOKRASCH, L. C., and R. W. McGILVERY: J. biol. Ch. **221**, 909 (1956).

Stabilität. Das Enzym ist in Rohextrakten recht stabil; bei der Reinigung mit Hilfe der Autolysenmethode werden allerdings Präparationen erhalten, deren Stabilität sehr gering ist. Die ohne Autolyse hergestellte Präparation von MOKRASCH und McGILVERY[1] ist wiederum wesentlich stabiler; ihre Stabilität gegenüber höheren Temperaturen bei wechselnden p_H-Werten wurde geprüft. Es ergab sich, daß bei 30 min währender Inkubation bei 50° C in 0,05 m Pufferlösungen sowohl in Glykokollpuffer, p_H 10,0, als auch in Acetatpuffer, p_H 4,7, über 90 % der Aktivität erhalten blieben. Hingegen blieben weniger als 10 % der Aktivität bei gleichartiger Behandlung mit Lactatpuffer, p_H 3,1, und Lysinpuffer, p_H 11,4, erhalten.

Bestimmungsmethode. Die wohl exakteste Methode zur Bestimmung der Fructose-1,6-diphosphatase-Aktivität wurde von McGILVERY[2] beschrieben.

Bestimmung der Fructose-1,6-diphosphatase nach McGILVERY[2].

Prinzip:

Die Methode beruht auf der Inkubation des Enzyms mit seinem spezifischen Substrat und der darauffolgenden Bestimmung des freigesetzten anorganischen Phosphats nach LOWRY und LOPEZ (vgl. Bd. III, S. 465f.).

Reagentien:

1. 0,05 m Lösung des Natriumsalzes von Fructose-1,6-diphosphat. Man benütze, wenn möglich, ein über das Cyclohexylammoniumsalz gereinigtes Präparat.
2. 0,05 m Borsäure-NaOH-Pufferlösung, p_H 9,5.
3. 0,05 m $MgSO_4$-Lösung.
4. 0,005 m $MnCl_2$-Lösung.
5. 0,05 m Cystein-NaOH-Pufferlösung, p_H 9,5 (muß täglich frisch zubereitet werden).
6. Enzymlösung. Es ist notwendig, die Enzympräparation mit Wasser auf eine solche Konzentration zu verdünnen, daß darin 5—20 Einheiten pro ml enthalten sind (Definition der Einheit s. unten). Ungereinigte Präparate sollen ganz kurz vor der Messung auf p_H 9,5 gebracht werden.
7. Reagentien zur Phosphatbestimmung nach LOWRY und LOPEZ (vgl. Bd. III, S. 465).
8. 0,1 m Trichloressigsäure.

Ausführung:

0,1 ml der Substratlösung, 0,4 ml Boratpuffer, 0,1 ml der Magnesiumsulfatlösung und 0,1 ml der Mangan(II)-chloridlösung werden in einem Zentrifugengläschen vermischt und in einem Wasserbadthermostaten auf 38° C erwärmt. Die Enzymlösung wird auf dieselbe Temperatur gebracht, ebenso die Cystein-NaOH-Lösung. Dann werden 0,2 ml der Enzymlösung und sofort danach 0,1 ml der Cystein-NaOH-Lösung hinzugefügt und 20 min lang inkubiert. Darauf wird 1 ml 0,1 m Trichloressigsäure hinzugegeben und die Menge entstandenen anorganischen Phosphats nach LOWRY und LOPEZ (dieses Handbuch, Bd. III, S. 465f.) bestimmt. Eine entsprechende Blindprobe wird derart durchgeführt, daß man sämtliche Reagentien außer der Enzymlösung in gleicher Weise zusammenmischt, aber nicht inkubiert, sondern sofort die Trichloressigsäure und erst dann die Enzymlösung zusetzt und die Menge anorganischen Phosphats nach LOWRY und LOPEZ bestimmt.

Einheiten und spezifische Aktivität. Als Fructose-1,6-diphosphatase-Einheit wird diejenige Enzymmenge definiert, welche bei linearer Kinetik in 1 Std unter den beschriebenen Bedingungen 1 μM anorganisches Phosphat freisetzt.

Die spezifische Aktivität wird in solchen Einheiten pro mg Protein angegeben; die Eiweißkonzentration wird durch Multiplikation des nach KJELDAHL gemessenen Stickstoffwerts mal 6,25, oder, was nur bei klaren Lösungen möglich ist, durch die Formel ($1,55\ E_{280} - 0,76\ E_{260}$) mg/ml bestimmt (vgl. Bd. IV, S. 6—14).

---

[1] MOKRASCH, L. C., and R. W. McGILVERY: J. biol. Ch. **221**, 909 (1956).
[2] McGILVERY, R. W.; in: Colowick-Kaplan, Meth. Enzymol. Bd. II, S. 543.

Bemerkungen. Die beschriebene Methode erlaubt nur dann exakte Bestimmungen, wenn keine gruppenspezifischen Phosphomonoesterasen, welche bei p_H 9,5 aktiv sind, zugegen sind. Eine Korrektur für diese Aktivität kann dadurch vorgenommen werden, daß man die Enzympräparation auch unter gleichen Bedingungen auf Fructose-6-phosphat einwirken läßt und den dabei gefundenen Phosphatwert von dem Phosphatwert, der mit Fructose-1,6-diphosphat erhalten wird, abzieht.

Während bei gereinigten Extrakten und Präparationen die Zugabe von Cystein und Mn^{++} eine aktivierende Wirkung ausübt, hemmen dieselben Komponenten die Wirksamkeit der Fructose-1,6-diphosphatase in ungereinigten Extrakten und Homogenaten und sollten deshalb bei der Bestimmung weggelassen werden.

Phosphatidatphosphatase.

[3.1.3.4 L-α-Phosphatidat-Phosphohydrolase.]

Einführung. Ein Enzym, das Phosphatidsäure hydrolytisch zu D-1,2-Diglycerid dephosphoryliert, wurde zuerst von SMITH, WEISS und KENNEDY[1] in der Hühnerleber und in zahlreichen Geweben der Ratte nachgewiesen.

$$\begin{array}{lcccl}
CH_2OCOR_1 & & & CH_2OCOR_1 & \\
| & & & | & \\
CHOCOR_2 & + H_2O & \rightarrow & CHOCOR_2 & + H_3PO_4 \\
| & & & | & \\
CH_2OPO_3H_2 & & & CH_2OH & \\
\text{Phosphatidsäure} & & & \text{D-1,2-Diglycerid} &
\end{array}$$

Der katalysierten Reaktion wird eine wesentliche Bedeutung bei der Biosynthese der Fette und Phosphatide zugeschrieben.

Vorkommen. Bisher scheinen nur wenige Ausgangsmaterialien auf ihren Gehalt an diesem Enzym geprüft worden zu sein. Auf Grund der angenommenen biologischen Bedeutung der Phosphatidatphosphatase kann aber eine sehr weite Verbreitung des Enzyms erwartet werden. Eine vergleichende Untersuchung über die Verteilung des Enzyms in verschiedenen Geweben der Ratte ergab die höchste Aktivität in den Nieren, gefolgt von der Leber und dem Hirn. Herz- und Skeletmuskel zeigen eine etwas geringere Aktivität; die Unterschiede sind aber nicht bedeutend.

Spezifität. Die bisher am weitesten gereinigte Präparation des Enzyms, das bisher noch nicht in löslicher Form erhalten werden konnte, spaltet außer Phosphatidsäure auch D,L-α-Glycerophosphat, β-Glycerophosphat und Glucose-6-phosphat, wobei aber die Aktivität des Enzyms gegenüber diesen Substraten um etwa eine Größenordnung niedriger ist als gegenüber der Phosphatidsäure. Es ist durchaus vorstellbar, daß diese Nebenaktivitäten durch Verunreinigungen der Enzympräparation mit einer gruppenspezifischen Phosphomonoesterase bedingt sind. Lecithin wird von der Präparation nicht angegriffen.

Darstellungsmethode. Wie bereits erwähnt, konnte bisher noch keine lösliche Präparation des Enzyms hergestellt werden. KENNEDY u. Mitarb.[1] berichten über eine Darstellung des Enzyms aus Hühnerleber, wobei allerdings nur eine gewisse Anreicherung erzielt wurde. Alle Operationen bei dieser im folgenden beschriebenen Methode werden bei 0—5° C ausgeführt. Kommerziell erhältliche Hühnerleber wird im vierfachen Volumen einer 0,25 m Saccharoselösung, die in bezug auf Versene 0,001 m ist, in einem Glas-Homogenisator des POTTER-ELVEHJEM-Typus homogenisiert. Das Homogenat wird in einer gekühlten Zentrifuge 30 min bei 20000 × g zentrifugiert und der Niederschlag verworfen. Zur überstehenden Lösung wird $^1/_{10}$ Volumen 1 m Acetatpuffer, p_H 5,0, hinzugefügt, der Niederschlag durch Zentrifugieren abgetrennt und in 0,02 m Tris-Pufferlösung, p_H 8,0, die in bezug auf Versene 0,001 m ist, aufgenommen. Diese Lösung wird gegen eine Tris-Pufferlösung der gleichen Zusammensetzung über Nacht dialysiert. Nach der Dialyse wird die

[1] SMITH, S. W., S. B. WEISS and E. P. KENNEDY: J. biol. Ch. **228**, 915 (1957).

Suspension 45 min bei 20000 × g zentrifugiert, die überstehende Lösung verworfen und der Niederschlag in einem Tris-Versene-Puffergemisch der obengenannten Zusammensetzung aufgenommen, wobei die Endkonzentration an Protein etwa 5 mg pro ml betragen soll.

Eigenschaften. *p_H-Optimum.* Phosphatidatphosphatase aus Hühnerleber zeigt ein breites Plateau der Aktivität zwischen den p_H-Werten 5,0 und 8,0; in Maleatpuffer ist ein Optimum zwischen p_H 6,0 und 6,5 schwach ausgebildet.

Inhibitoren. Tween 20 in einer Konzentration von 3 mg pro ml hemmt das Enzym in Tris-Pufferlösung, p_H 7,4, zu 50%. Auch schon kleine Mengen von Mg^{++} bewirken eine sehr deutliche Hemmung des Enzyms, was wahrscheinlich durch die Bildung eines unlöslichen Mg-Salzes der Phosphatidsäure verursacht ist. Dafür spricht auch unter anderem, daß die Hemmung durch Mg^{++} in Maleatpuffer bei p_H 6,3 weitaus geringer ist als in Tris-Puffer bei p_H 7,4; der alkalischere p_H-Wert dürfte die Bildung des Salzes begünstigen. Ähnliche Effekte werden auch von Ca^{++}, Ba^{++} und Mn^{++} verursacht.

Bestimmung. Eine spezielle Methode zur Bestimmung dieses Enzyms ist bisher noch nicht ausgearbeitet worden. Die Enzymaktivität läßt sich wohl am vorteilhaftesten messen, wenn man die während der Reaktion freigesetzte Orthophosphorsäure in Trichloressigsäure- oder Perchlorsäure-Extrakten des Reaktionsgemisches nach einer der üblichen Phosphatbestimmungsmethoden (S. 967) bestimmt.

Phosphoserinphosphatase*.

[3.1.3.3 Phosphoserin-Phosphohydrolase.]

Einführung. In der Leber von Hühnern und Ratten konnte vor kurzem ein Enzym entdeckt werden, das O-Phosphoserin hydrolytisch dephosphoryliert und auch die Übertragung des Phosphatrestes von Phosphoserin auf L-Serin katalysiert[1–5].

Spezifität. Das Enzym weist eine ziemlich enge Spezifität auf. Wohl berichten NEUHAUS und BYRNE[3], daß ihre Präparation auch p-Nitrophenylphosphat mit vergleichbarer Geschwindigkeit hydrolysiert, doch dürfte diese Aktivität auf einer Beimischung einer gruppenspezifischen Phosphomonoesterase in der Präparation beruhen; dafür spricht vor allem, daß die Hydrolyse von p-Nitrophenylphosphat durch Zusatz von Phosphoserin nicht gehemmt wird. BORKENHAGEN und KENNEDY[5] berichten auch, daß O-Phospho-L-threonin durch ihre Präparation nur sehr langsam hydrolysiert wird; dies dürfte tatsächlich eine Wirkung der Phosphoserinphosphatase darstellen, während die von denselben Autoren beobachtete Spaltung von O-Phospho-L-tyrosin als die Wirkung eines die Präparation verunreinigenden Begleitenzyms angesehen wird. Phospho-L-serin und Phospho-D-serin werden von den Präparationen fast mit der gleichen Geschwindigkeit hydrolysiert, obwohl die Affinität des Enzyms für die beiden Substrate sehr verschieden ist. Für Phospho-L-serin wurde K_s mit 5×10^{-6} m nach LINEWEAVER und BURK[6] bestimmt während K_s für Phospho-D-serin 5×10^{-3} m beträgt[5].

Die Übertragungsreaktion verhält sich in ihrer Spezifität noch strenger als die Hydrolyse. Phospho-D-serin kann nicht als Donator fungieren; die einzige bisher beobachtete Übertragungsreaktion, welche von dem Enzym katalysiert wird, ist ein Phosphat-Transfer von Phospho-L-serin auf ^{14}C-markiertes L-Serin.

Darstellungsmethoden. Eine weitergehende Reinigung der Phosphoserinphosphatase ist bisher noch nicht gelungen. Methoden zur Darstellung wurden von NEUHAUS und

* Vgl. dazu BYRNE, W. L.; in: Boyer-Lardy-Myrbäck, Enzymes, Bd. V, S. 73.

[1] NEUHAUS, F. C., and W. L. BYRNE: Biochim. biophys. Acta **28**, 223 (1958).
[2] NEUHAUS, F. C., and W. L. BYRNE: J. biol. Ch. **234**, 109 (1959).
[3] NEUHAUS, F. C., and W. L. BYRNE: J. biol. Ch. **234**, 113 (1959).
[4] BORKENHAGEN, L. F., and E. P. KENNEDY: Biochim. biophys. Acta **28**, 222 (1958).
[5] BORKENHAGEN, L. F., and E. F. KENNEDY: J. biol. Ch. **234**, 849 (1959).
[6] LINEWEAVER, H., and D. BURK: Am. Soc. **56**, 658 (1934).

BYRNE[1] sowie von BORKENHAGEN und KENNEDY[2] angegeben; im folgenden wird das Verfahren der letztgenannten Autoren wiedergegeben.

Darstellung der Phosphoserinphosphatase aus Rattenleber nach BORKENHAGEN _und_ KENNEDY[2].

Erwachsene weibliche Albinoratten werden durch Köpfen getötet; sofort danach werden die Lebern herausgenommen und im neunfachen Volumen eiskalter Tris-Pufferlösung, p_H 7,4, 1 min lang in einem Waring-Blendor homogenisiert. Alle folgenden Operationen werden bei 0° C ausgeführt.

Der p_H des Homogenats wird durch tropfenweise Zugabe von 1 m Essigsäure auf 5,2 gebracht; der reichliche Niederschlag wird durch Zentrifugieren in einer Kühlzentrifuge abgetrennt und verworfen.

Die überstehende Lösung wird durch Zugabe von 0,5 m Tris-Pufferlösung, p_H 8,8, auf p_H 6,4 gebracht und $MgCl_2$ zugegeben, bis die Konzentration an diesem Salz 0,015 m ist. Dann wird die Temperatur der Enzympräparation schnell durch Eintauchen in ein heißes Wasserbad auf 60° C gebracht und unter dauerndem Rühren 40 min lang aufrechterhalten. Die entstandene Suspension wird dann auf Raumtemperatur abgekühlt und der Niederschlag durch Zentrifugieren entfernt und verworfen.

Die Proteinkonzentration der überstehenden Lösung, die beim letzten Schritt erhalten wird, ist gewöhnlich etwa 4 mg/ml. Die Lösung wurde auf 0° C abgekühlt und mit $^1/_5$ ihres Volumens einer Suspension von Calciumphosphat-Gel, das nach der Methode von TSUBOI und HUDSON[3] hergestellt wurde, behandelt. Das Gel wird dann durch Zentrifugieren abgetrennt und successive je dreimal mit Wasser, 0,1 m Ammoniumsulfatlösung und 0,5 m Ammoniumsulfatlösung gewaschen. Die größte Menge und höchste spezifische Aktivität des Enzyms findet sich in den Extrakten mit 0,5 m Ammoniumsulfatlösung. Die aktiven Extrakte werden schließlich gegen 0,02 m Tris-Pufferlösung, p_H 7,4, welche in bezug auf $MgCl_2$ 0,005 m ist, dialysiert.

Mit Hilfe der hier beschriebenen Methode lassen sich Präparationen erhalten, deren spezifische Aktivität 25—40mal höher ist als diejenige des ursprünglichen Homogenats. Das Enzym ist damit natürlich noch in keiner Weise rein; immerhin werden durch die Hitzebehandlung mehrere störende Enzymaktivitäten, darunter vor allem die Aktivität der unspezifischen Phosphomonoesterasen, zerstört.

Eigenschaften. *p_H-Optimum.* Das p_H-Optimum für die Hydrolyse von Phosphoserin wird von NEUHAUS und BYRNE[1] mit 5,9—6,6 angegeben. Für die Austausch- bzw. Übertragungsreaktion liegt das p_H-Optimum etwas weiter im alkalischen Gebiet und zwar zwischen 6,9 und 7,3.

Aktivierung durch zweiwertige Metallionen. Die Wirksamkeit des Enzyms wird durch die Anwesenheit von Mg^{++} beträchtlich gesteigert; Ni^{++}, Zn^{++}, Co^{++} und Fe^{++} verursachen ebenfalls eine Aktivierung, die allerdings schwächer ist als diejenige durch Mg^{++}. Einen noch geringeren Effekt hat Mn^{++}. Es wurde gezeigt, daß Mg^{++} einen Komplex mit dem Enzym bildet; NEUHAUS und BYRNE[1] bestimmten eine MICHAELIS-Konstante für Mg^{++} von 7×10^{-4} M, die bei Variierung der Phosphoserinkonzentration unverändert bleibt; dies wird als Beweis für die Existenz eines Mg^{++}-Enzymkomplexes gewertet. Mg^{++} schützt das Enzym auch gegenüber Hitze-Einwirkung; eine Enzympräparation ohne Mg^{++}, welche 5 min bei p_H 5,0 auf 50° C erwärmt worden war, verlor 57 % ihrer Aktivität, während in Anwesenheit von 0,05 m Mg^{++} unter den gleichen Bedingungen die Aktivitätsabnahme nur 16 % betrug.

Inhibitoren. Phosphoserinphosphatase ist offenbar ein Sulfhydrylprotein; typische SH-Reagentien, wie Jodessigsäure und p-Chlormercuribenzoat, hemmen die Enzymwirkung.

[1] NEUHAUS, F. C., and W. L. BYRNE: J. biol. Ch. **234**, 113 (1959).
[2] BORKENHAGEN, L. F., and E. F. KENNEDY: J. biol. Ch. **234**, 849 (1959).
[3] TSUBOI, K. K., and P. B. HUDSON: J. biol. Ch. **224**, 879 (1957).

Auch Fluorid inhibiert. Hingegen zeigen Hydroxylamin, Isonicotinsäurehydrazid, Cyanid und Diisopropylfluorphosphat keine Hemmwirkungen.

Bestimmung der Aktivität. Die hydrolytische Aktivität der Phosphoserinphosphatase wird am besten derart bestimmt, daß man das durch die Wirkung des Enzyms abgespaltene Orthophosphat mit Hilfe einer der üblichen Phosphat-Bestimmungsmethoden in Perchlorsäure- oder Trichloressigsäure-Extrakten des Reaktionsgemisches mißt.

Für die Bestimmung der Übertragungsreaktion verwenden NEUHAUS und BYRNE[1] die Messung des Einbaus von L-Serin-^{14}C in einen Phosphoserin-„Pool". Die Reaktionsmischung enthielt 10 μM $MgCl_2$, 5 μM D,L-Phosphoserin, 50 μM Tris-Puffer, p_H 7,12, 2,63 μM L-Serin-^{14}C (spezifische Aktivität $= 0{,}574 \times 10^5$ cpm. pro μMol) und Enzym in einem Gesamtvolumen von 1,0 ml. Diese Mischung wurde 20 min bei 38° C inkubiert. Danach wurde auf p_H 3—4 eingestellt und 1 ml 0,5%iger Perfluoroctansäure zugesetzt. Das proteinfreie Filtrat wurde dann auf p_H 8,0 gebracht und das Phosphoserin an einer Säule (1 × 20 cm) von Dowex 1 × 2 (200—400 mesh) in der Chloridform adsorbiert. Die Säule wurde dann mit 3 Säulenvolumina 0,012 n HCl gewaschen und darauf das Phosphoserin mit 2,5 Säulenvolumina 0,015 n HCl eluiert. Die Durchflußgeschwindigkeit war dabei etwa 0,6 ml pro min. Die einzelnen Fraktionen wurden mittels eines Fraktionskollektors gesammelt und aus jedem Röhrchen eine kleine Menge auf Filtrierpapier (Whatman No. 1) aufgetragen, dieses 5 min bei 80° C getrocknet, darauf in 0,25%ige Ninhydrinlösung in Aceton getaucht und schließlich noch einmal 5—10 min bei 80° C getrocknet, um die Farbe zu entwickeln. 1 ml-Anteile aus denjenigen 4 Röhrchen, welche die größte Menge ninhydrinpositives Material enthielten, wurden auf ihre spezifische Aktivität gemessen. Der prozentuelle Austausch wurde nach der Formel

$$\frac{\text{beobachtete spezifische Aktivität von Phospho-L-serin} \times 100}{\text{spezifische Aktivität von Phospho-L-serin bei komplettem Austausch}}$$

berechnet, wobei die spezifische Aktivität des Phospho-L-serins bei komplettem Austausch aus dem Ausdruck

$$\frac{\mu\text{Mol zugegebenes L-Serin} \times \text{spezifische Aktivität des zugegebenen L-Serins}}{\mu\text{Mol Phospho-L-serin} + \mu\text{Mol L-Serin}}$$

entnommen wird. Sämtliche Konzentrationen in diesem Ausdruck beziehen sich auf 1 ml.

Die verwendeten Dowex 1-Säulen konnten wiederverwendet werden, nachdem man sie zuerst 1 Std mit n HCl und dann mit destilliertem Wasser so lange gewaschen hatte, bis nur mehr eine vernachlässigbare Menge an Chloridion (bestimmt mit 1%iger $AgNO_3$ in 10%iger Salpetersäure) im Waschwasser zu finden ist.

Phosphoproteidphosphatase.

[3.1.3.16 Phosphoprotein-Phosphohydrolase.]

Einführung. Schon seit mehreren Jahren ist es bekannt, daß Enzyme einer nicht sehr gut definierten Spezifität imstande sind, aus Phosphoproteiden Phosphat hydrolytisch abzuspalten. Erst in letzter Zeit ist es gelungen, diese Enzyme, die hier als Phosphoproteidphosphatasen bezeichnet werden, in gereinigter Form darzustellen und näher zu charakterisieren. Dabei konnte gezeigt werden, daß es sich hier um einen Enzymtyp handelt, der zwar nicht eine absolute Spezifität für Phosphoproteide aufweist, sich aber deutlich von den gruppenspezifischen Phosphomonoesterasen unterscheidet, weshalb eine gesonderte Klassifikation berechtigt erscheint.

Spezifität. Auch die bisher höchst gereinigten Enzympräparationen zeigen eine ziemlich breite Spezifität. Neben der Abspaltung der Phosphatreste aus dem Casein ist

[1] NEUHAUS, F. C., and W. L. BYRNE: J. biol. Ch. **234**, 109, 113 (1959).

das Enzym auch zur Hydrolyse von Phosphoamiden, Pyrophosphat, Adenosintriphosphat, Acetylphosphat sowie von Phenylphosphorsäureestern, wie z.B. o-Carboxyphenylphosphat und p-Nitrophenylphosphat, imstande, während Phosphorsäureester aliphatischer Alkohole, wie z.B. α-Glycerophosphat, 3-Phosphoglycerinsäure, Phosphoserin u.a.m., nicht angegriffen werden[1–3]. Die Untersuchungen der am weitesten gereinigten Präparationen des Enzyms scheinen zu ergeben, daß die Phosphoamidase-Wirkung (vgl. Bd. VI/C, S. 412) eine wirkliche Nebenaktivität der Phosphoproteidphosphatase ist. Die manchmal beobachtete, um Größenordnungen geringere Hydrolyse der anderen genannten Substanzen durch die Enzympräparationen mag hingegen verunreinigenden gruppenspezifischen Phosphomonoesterasen zuzuschreiben sein. Bemerkenswerterweise konnte bisher noch keine Klarheit über die Frage erhalten werden, welche Art von Bindungen das Enzym bei der Dephosphorylierung des Caseins angreift (vgl. dazu HOFMAN[4]).

Vorkommen. Das Enzym wurde das erstemal in Froscheiern entdeckt[5]. Es findet sich aber auch in zahlreichen anderen biologischen Materialien; eine systematische Untersuchung über sein Vorkommen liegt jedoch noch nicht vor. Nach den bisherigen Befunden scheint die Milz die reichste Quelle für Phosphoproteidphosphatase darzustellen. In der Leber scheinen zwei Enzyme dieser Spezifität vorzukommen; eine davon ist löslich, die andere partikulär[6].

Darstellungsmethoden. Zahlreiche Methoden zur Darstellung gereinigter Präparationen des Enzyms aus Rindermilz[1–3, 7] sowie eine für die Herstellung der partikulären Präparation aus Leber[8] sind in den letzten Jahren ausgearbeitet worden. Von diesen werden in Bd. IV, S. 640—641, zwei Verfahren[2, 7] ausführlich behandelt. Eine neuere, zu sehr reinen Präparaten führende Methode stammt von GLOMSET[3], welcher eine nach SINGER und FRUTON[1] hergestellte Präparation einer weiteren Reinigung mit Hilfe eines chromatographischen Verfahrens und einer Elektrophorese unterwarf.

***Darstellung der Phosphoproteidphosphatase nach* SINGER *und* FRUTON[1].**

1325 g gefrorene Rindermilz werden mit 2650 ml eiskaltem Wasser im Waring-Blendor homogenisiert. Dem Homogenat (4200 ml) werden dann unter Rühren 114 ml 2 n H_2SO_4 zugesetzt, wodurch der p_H-Wert 3,0 eingestellt werden soll. Man läßt das Homogenat 1 Std bei Zimmertemperatur stehen, und stellt dann wiederum mit Hilfe von 2 n H_2SO_4 den p_H-Wert, der sich inzwischen auf etwa 3,5 erhöht hat, auf 3,0 ein. Dann fügt man 22 ml Toluol zu der Mischung hinzu und läßt 22 Std bei Zimmertemperatur stehen. Der entstandene Niederschlag wird danach durch 30 min Zentrifugieren bei $2000 \times g$ und 0° C entfernt und verworfen. Man filtriert dann die überstehende Lösung durch Glaswolle und erhält so etwa 2600 ml einer rötlichgelben Lösung. Zu dieser werden dann unter Rühren bei 4° C 900 g festes Ammoniumsulfat hinzugesetzt und der Niederschlag durch 30 min Zentrifugieren bei $2500 \times g$ in der Kälte entfernt. Zu der nunmehr erhaltenen überstehenden Lösung werden unter Rühren in der Kälte weitere 565 g festes Ammoniumsulfat hinzugefügt, so daß eine 90%ige Sättigung erreicht wird. Der Niederschlag wird abzentrifugiert und die überstehende Lösung verworfen. Man suspendiert den Niederschlag in 15 ml Wasser und dialysiert die Suspension bei 4° C 20 Std gegen 6 l destilliertes Wasser, wobei das Wasser fünfmal gewechselt werden muß. Das so erhaltene Dialysat wird dann unter Rühren 5 min lang auf 70° C erhitzt, eisgekühlt und der Niederschlag durch Zentrifugieren entfernt. Die überstehende Lösung wird gefriergetrocknet und dann im Vakuumexsiccator bei — 18° C aufbewahrt.

[1] SINGER, M. F., and J. S. FRUTON: J. biol. Ch. **229**, 111 (1957).
[2] HOFMAN, T.: Biochem. J. **69**, 135 (1958).
[3] GLOMSET, J. A.: Biochim. biophys. Acta **32**, 349 (1959).
[4] HOFMAN, T.: Biochem. J. **69**, 139 (1958).
[5] HARRIS, D. L.: J. biol. Ch. **165**, 541 (1946).
[6] PAIGEN, K., and S. K. GRIFFITHS: J. biol. Ch. **234**, 299 (1959).
[7] SUNDARARAJAN, T. A., and P. S. SARMA: Biochem. J. **65**, 261 (1957).
[8] PAIGEN, K.: J. biol. Ch. **233**, 388 (1958).

Weitere Reinigung der Enzympräparation nach **GLOMSET**[1].

1 g der nach SINGER und FRUTON erhaltenen Enzympräparation wird in 4 ml destilliertem Wasser gelöst, wobei eine dunkelbraune Lösung entsteht. Diese wird dann auf eine Säule, welche 20 g Triäthylaminoäthylcellulose (Chloridform) im Gleichgewicht mit 0,01 m Tris-HCl-Pufferlösung, p_H 7,4 enthält, aufgebracht und mit derselben Pufferlösung eluiert. Das Eluat wird mit Hilfe eines Fraktionskollektors in 5 ml-Fraktionen aufgefangen. Die Durchflußgeschwindigkeit soll 60 ml pro Std betragen. Das Enzym findet sich bereits in den ersten proteinhaltigen Fraktionen; nur ganz geringe Enzymmengen sind in den späteren Fraktionen vorhanden.

Bei besonders enzymreichen Ausgangsfraktionen ist der Enzymanteil auf der Säule durch seine blaue Färbung charakterisiert. Auch die erhaltenen Fraktionen, welche Enzym enthalten, zeigen eine blauviolette Färbung. Durch Konzentrierung der Lösungen mit Hilfe von Ultrafiltration durch Collodiummembranen (Membrangesellschaft, Göttingen) erhalten diese eine sehr deutliche violette Farbe, die offenbar für das gereinigte Enzym typisch ist.

Mit Hilfe dieser chromatographischen Methode läßt sich eine Reinigung auf etwa das Fünffache erzielen. Durch mehrfache Elektrophorese nach der Methode von MÜLLER-EBERHARD und KUNKEL[2] auf einem Block von „Pevikon", einem Copolymeren von Polyvinylchlorid und Polyvinylacetat (Superfosfatbolaget, Stockholm) in 0,06 m Essigsäure-Natriumacetat-Pufferlösung, p_H 5,6, läßt sich eine weitere Anreicherung bis auf das 17fache erzielen.

Man verwendet dabei die dem ersten Protein-„peak" entsprechenden Fraktionen, konzentriert sie durch Ultrafiltration auf 3 ml und bringt diese Lösung in eine kleine Vertiefung, die auf dem „Pevikon"-Block, 15 cm von der Anode entfernt, angebracht war. Größe des „Pevikon"-Blocks $1 \times 30 \times 60$ cm. Es wird in der Kälte gearbeitet; die Spannung ist 5,5—6,0 V/cm, die Stromstärke 120 mA; die Dauer der Elektrophorese 15 Std.

Während des Experimentes kann man beobachten, daß die blauviolette Zone in Richtung der Kathode wandert; ihre Lage entspricht nach Beendigung der Elektrophorese derjenigen der Enzymaktivität. GLOMSET[1] berichtet, daß er nach dreifacher Elektrophorese auf diese Art eine einheitliche Fraktion erhielt, deren spezifische Aktivität etwa viermal größer war als diejenige der Fraktion, die mit Hilfe der Chromatographie an Triäthylaminoäthylcellulose hergestellt worden war.

Eigenschaften. *p_H-Optimum.* Die verschiedenen Autoren, die die Phosphoproteidphosphatase der Milz bearbeitet haben, stimmen mit Ausnahme von HOFMAN[3] überein, daß das p_H-Optimum des Enzyms bei 6,0 liegt; HOFMAN gibt etwas niedrigere Werte, p_H 5,0—5,5, an. Auch das Enzym aus Leber wirkt optimal bei oder etwas unter p_H 6,0[4].

Stabilität. Das Enzym aus Milz ist im p_H-Bereich um 6,0 recht stabil; nach HOFMAN[3] läßt es sich in Lösung 4 Std lang auf 70° C erhitzen, ohne an Wirksamkeit einzubüßen. Eine Präparation, die 2 Jahre lang bei —15° C im eingefrorenen Zustand aufbewahrt worden war, erfuhr keine Verminderung ihrer Aktivität[3].

Aktivatoren und Inhibitoren. Nach Angaben der verschiedenen, bereits zitierten Autoren handelt es sich bei der Phosphoproteidphosphatase um ein Sulfhydrylenzym. Jodosobenzoat und p-Chlormercuribenzoat, nicht aber Jodacetat oder Jodacetamid hemmen in bereits sehr niedrigen Konzentrationen (10^{-4} m) die Enzymwirkung zu etwa 50%; hingegen haben Sulfhydrylverbindungen, wie Thioglykolsäure, Cystein und β-Mercaptoäthanol, einen deutlichen aktivierenden Effekt. Das Enzym wird durch höhere Konzentrationen als 10^{-3} m Orthophosphat gehemmt; dies erklärt vielleicht auch eine manchmal beobachtete Aktivierung durch Mg^{++}, die möglicherweise dadurch zustande

[1] GLOMSET, J. A.: Biochim. biophys. Acta **32**, 349 (1959).
[2] MÜLLER-EBERHARD, H. J., and H. G. KUNKEL: J. exp. Med. **104**, 253 (1956).
[3] HOFMAN, T.: Biochem. J. **69**, 135 (1958).
[4] PAIGEN, K.: J. biol. Ch. **233**, 388 (1958).

kommt, daß Mg^{++} Orthophosphat durch Bildung von Magnesiumammoniumphosphat aus der Lösung entfernt. Nach SINGER und FRUTON[1] wirkt auch Fluorid hemmend; Konzentrationen über 10^{-2} m inhibieren komplett.

In seiner Arbeit über die partikuläre Phosphoproteidphosphatase aus Leber berichtet PAIGEN[2], daß seine Enzympräparation durch Cu^{++}, Ni^{++} und Fe^{++} aktiviert wird; ähnliche, aber geringere Effekte werden auch durch Co^{++} und Mn^{++} bewirkt, während alle anderen geprüften Metallionen, darunter Mg^{++}, Zn^{++} und Ca^{++} ohne Einfluß sind. Hingegen hat Ammoniummolybdat in sehr kleinen Konzentrationen (10^{-6} m) bereits eine sehr deutliche Hemmwirkung auf das Enzym; dies gilt aber nur für das partikuläre Enzym, während das lösliche Leberenzym gegen Molybdat unempfindlich ist[3]. Unter den geprüften metallkomplexierenden Substanzen erwies sich nur 1,10-Phenanthrolin als Inhibitor. Der Autor postuliert auf Grund seiner Ergebnisse, daß die Phosphoproteidphosphatase nicht nur ein Sulfhydrylenzym ist, sondern auch als Metallenzym zu bezeichnen sei, wobei seiner Ansicht nach Fe^{++} unter biologischen Verhältnissen die Rolle eines Cofaktors spielt. Er berichtet auch über analoge Versuche an Präparationen des Enzyms aus Milz, wobei er ebenfalls eine Aktivierung durch Fe^{++} fand. Dies steht im Gegensatz zu früheren Ergebnissen[4,5], nach welchen Fe^{++} sogar eine Inhibitorwirkung zuzuschreiben ist. PAIGEN[2] erklärt diese Diskrepanz damit, daß die älteren Autoren mit einer Caseinpräparation als Substrat arbeiteten, die bereits genügend Eisen für die maximale Enzymaktivität enthielten, während sein Substrat durch Dialyse von Eisen befreit worden war. Die Enzymhemmung durch Fe^{++} sei in solchen Fällen durch eine teilweise Ausfällung des Substrats zu erklären.

Anmerkung. Über die Phosphoamidasewirkung der Phosphoproteidphosphatase vgl. S. 1101.

f) Bestimmungsmethoden. Eine spezielle Methode zur Messung der Aktivität der Phosphoproteidphosphatase ist noch nicht ausgearbeitet worden; HOFMAN[6] mißt die Enzymwirkung, indem er 4 ml einer Caseinlösung in 0,1 n Essigsäure-Natriumacetat-Pufferlösung, p_H 5,9 (1 ml der Caseinlösung enthält dabei 10 γ-Atome Casein-Phosphor), mit 1 ml einer entsprechend verdünnten Enzymlösung 30 min bei 37° C inkubiert. Das in dieser Zeit freigesetzte Phosphat wird nach der Methode von MARTIN und DOTY bestimmt (vgl. Bd. III, S. 465), wobei das Protein mit Trichloressigsäure und Silicowolframsäure gefällt wird. Blindversuche werden ausgeführt, indem man 1. eine Lösung inkubiert, der an Stelle von Enzymlösung die gleiche Menge Wasser hinzugefügt wurde, und 2. einen gleichartigen Versuch mit Enzym aber ohne Casein durchführt.

B. Phosphodiester-Hydrolasen (Phosphodiesterasen)*.

[Systematische Untergruppe 3.1.4]

In dieser Gruppe von Enzymen finden sich zahlreiche Enzyme, die Nucleinsäuren bzw. Polynucleotide hydrolytisch spalten, wie ja allgemein der hydrolytische Abbau von diesen Substraten als Phosphodiesterase-Wirkung aufzufassen ist. Enzyme, welche den Abbau von Nucleinsäuren und Polynucleotiden katalysieren, werden auf S. 1009ff. behandelt, so daß an dieser Stelle nur diejenigen Phosphodiesterasen besprochen werden sollen, die auf andere Substrate wirken.

Es handelt sich dabei um Enzyme, welche die Phosphodiesterbindung in Phosphatiden und deren Abbauprodukt, dem Glycerophosphorylcholin, spalten; weiters um ein nicht

* Siehe auch S. 1009ff.

1 SINGER, M. F., and J. S. FRUTON: J. biol. Ch. **229**, 111 (1957).
2 PAIGEN, K.: J. biol. Ch. **233**, 388 (1958).
3 PAIGEN, K., and S. K. GRIFFITH: J. biol. Ch. **234**, 299 (1959).
4 FEINSTEIN, R. N., and M. E. VOLK: J. biol. Ch. **177**, 339 (1949).
5 NORBERG, B.: Acta chem. scand. **4**, 1206 (1950).
6 HOFMAN, T.: Biochem. J. **69**, 135 (1958).

sehr gut charakterisiertes Enzym, das als gruppenspezifische Phosphodiesterase aufgefaßt werden kann, wobei als Leitsubstrat Bis-(*p*-nitrophenyl)-phosphat angewandt wird. Es kann aber noch nicht als entschieden angesehen werden, ob es sich hierbei tatsächlich um ein selbständiges Enzym handelt, oder ob die Hydrolyse des genannten Substrats und von Diphenylphosphat nicht nur eine Nebenwirkung anderer Phosphoesterasen ist.

Glycerophosphorylcholin-Diesterase.

[3.1.4.2 L-3-Glycerylphosphorylcholin-Glycerophosphohydrolase.]

Vorkommen und Spezifität. Obwohl schon ältere Befunde vorliegen, welche die Existenz eines Enzyms in tierischen Geweben wahrscheinlich machen, das Glycerophosphorylcholin zu Cholin und 1-Glycerophosphat hydrolysiert[1], wurde ein Enzym dieser Spezifität mit Sicherheit erst 1954 in Bakterien *(Serratia plymuthicum)* nachgewiesen[2]. Bald darauf konnte eine Glycerophosphorylcholin-di-esterase in Rattenleber[3] und in Nervengewebe[4] gefunden werden.

Die Hydrolyse von L-3-Glycerylphosphorylcholin durch diese Enzyme erfolgt durch Freisetzung von Cholin und 1-Glycerophosphat; die an sich ebenfalls vorstellbare Hydrolyse zu Glycerin und Cholinphosphat wurde bisher noch niemals beobachtet. Außer Glycerylphosphorylcholin wird auch L-3-Glycerylphosphoryläthanolamin in gleicher Weise hydrolysiert. Die Beobachtung von DAWSON[3], daß Glycerylphosphoryläthanolamin kompetitiv die Hydrolyse von Glycerylphosphorylcholin hemmt, läßt darauf schließen, daß ein und dasselbe Enzym für die Diester-Spaltung in beiden Substraten verantwortlich ist.

Darstellung. Bisher wurden nur relativ rohe Extrakte aus tierischem Material hergestellt, welche das Enzym enthalten. WEBSTER u. Mitarb.[4] arbeiten mit wäßrigen Homogenaten (1 g Gewebe in 3 ml Wasser), die sie mit Hilfe eines Homogenisators nach POTTER und ELVEHJEM (vgl. Bd. II, S. 542) erhalten. Diese Homogenate werden entweder direkt oder nach Dialyse gegen eiskaltes Wasser (ca. 100faches Volumen an Wasser, 20—24 Std) verwendet.

DAWSON[3] stellt Extrakte aus acetongetrockneter Rattenleber her; die Präparation muß, wie der Autor betont, sehr sorgfältig durchgeführt werden, da die Extrakte sonst nur sehr wenig Aktivität enthalten. Die Leber einer Ratte wird in einem Mörser auf —20° C abgekühlt und dann in kleine Stücke zerbrochen. Darauf werden zwei Volumteile eiskalten Wassers langsam zugegeben und die Mischung dabei kräftig mit dem Pistill verrieben, um eine möglichst homogene Suspension zu erhalten. Diese wird dann 15 min bei 0° C gehalten und darauf wieder eingefroren. Man läßt wieder unter kräftigem Verreiben mit dem Pistill auftauen, gibt 5 Volumteile Aceton (—20° C) hinzu und filtriert sofort die Suspension bei vermindertem Druck. Gleich darauf wäscht man den Filterkuchen mit weiteren 10 Volumteilen Aceton (—20° C) und schließlich mit kaltem Äther. Er wird dann in einem Vakuum-Exsiccator über flüssigem Paraffin und festem NaOH von den letzten Spuren der Lösungsmittel befreit. Das so erhaltene fast farblose Pulver wird in einem Mörser mit 4 Volumteilen eiskaltem Wasser verrieben und dann über Nacht gegen 100 Volumteile destilliertes Wasser bei 0° C dialysiert. Die Suspension zentrifugiert man 12 min mit 8000 × g. Das Enzym befindet sich in der klaren überstehenden Lösung; in gefrorenem Zustand erhält es einige Tage lang seine Aktivität.

Eigenschaften. Die bisher beschriebenen Enzympräparationen aus tierischem Material unterscheiden sich einigermaßen in ihren Eigenschaften. Das Wirkungsoptimum des Enzyms aus Leber[3] liegt bei p_H 7,5. Das Enzym wird durch 10^{-3} Mg^{++} etwas aktiviert; höhere Konzentrationen hemmen allerdings. Andere zweiwertige Metallionen sind durchwegs Inhibitoren. Äthylendiamintetraessigsäure (EDTA, Versene) hemmt in 10^{-3} m

[1] CONTARDI, A., u. A. ERCOLI: B. Z. **261**, 275 (1933).
[2] HAYAISHI, O., and A. KORNBERG: J. biol. Ch. **206**, 647 (1954).
[3] DAWSON, R. M. C.: Biochem. J. **62**, 689 (1956).
[4] WEBSTER, G. R., E. A. MARPLES and R. H. S. THOMPSON: Biochem. J. **65**, 374 (1957).

Konzentration komplett. Weder Fluorid noch Jodessigsäure, Eserin oder Diisopropylfluorphosphat zeigen irgendeinen Einfluß auf die Enzymaktivität.

Das Enzym aus Nervengewebe[1] hat seine höchste Aktivität bei p_H 9,5; zweiwertige Metallionen haben keinen Einfluß auf die unbehandelte Enzympräparation. Wenn das Enzym aber durch EDTA gehemmt ist, so läßt sich dieser Effekt durch Zusatz von Metallionen (Mn^{++}, Mg^{++}, Ca^{++} und in geringerem Ausmaß auch Co^{++}, Zn^{++} und Cu^{++}) teilweise aufheben.

Bestimmung. Bisher ist noch keine Standardmethode zur Bestimmung der Glycerophosphorylcholin-Diesterase-Akitvität bekanntgeworden. Wohl messen alle Autoren die Enzymaktivität durch colorimetrische Messung des entstehenden Cholins, doch sind die Versuchsbedingungen von Fall zu Fall ziemlich verschieden.

Im folgenden soll die Synthese des Substrats und die vermutlich am besten geeignete Methode zur Cholin-Bestimmung beschrieben werden.

***Darstellung von kristallinem* L*-3-Glycerylphosphorylcholin nach* TATTRIE *und* MCARTHUR[2].**

100 g rohes Eierlecithin, welches etwa 70% Lecithin enthält, werden im Waring-Blendor mit 2000 ml H_2O homogenisiert. Die entstehende Emulsion wird mit dem gleichen Volumen 99%igem Äthanol, das 200 g Mercurichlorid enthält, vermischt. Man kocht die so erhaltene Mischung 26 Std unter Rückflußkühlung, kühlt ab und extrahiert dann viermal mit je 600 ml Äther. Der Rückstand wird mit Bariumcarbonat versetzt und dann mit H_2S behandelt, worauf das entstehende Mercurosulfid abfiltriert wird. Man konzentriert das klare Filtrat im Vakuum bei 45° C, bis der gesamte Äther und der größte Teil des Äthanols entfernt sind. Die dabei erhaltene gelbe Lösung läßt man nunmehr durch eine Mischung von 2 Volumteilen Amberlite IR-45-Base und 1 Volumteil Amberlite IRC-50-Säure passieren. Das klare, farblose Eluat konzentriert man dann weiter im Vakuum bei 45° C, bis man einen Sirup erhält. Dieser wird in 500 ml 99%igem Äthanol gelöst. Man setzt dann so lange eine gesättigte Lösung von Cadmiumchlorid in 95%igem Äthanol hinzu, bis keine weitere Fällung mehr beobachtet werden kann. Nach 3 Std Stehen im Kühlschrank wird über einen Büchner-Filter abfiltriert, mit 99%igem Alkohol und mit Äther gewaschen und schließlich über P_2O_5 im Vakuum-Exsiccator getrocknet. Man erhält 34 g eines amorphen Cadmiumkomplexes, der auf 2 Moleküle Glycerophosphorylcholin 3 Moleküle $CdCl_2$ enthält.

Dieser Komplex wird nunmehr nach BAER und KATES[3] in einen anderen Cadmiumkomplex des Glycerophosphorylcholins überführt, der kristallisierbar ist. 12,4 g des amorphen Komplexes werden in 150 ml Wasser gelöst und dann langsam mit 600 ml 99%igem Äthanol verdünnt. Die klare Lösung läßt man zuerst 12 Std bei Zimmertemperatur stehen und dann weitere 12 Std im kalten Raum bei + 5° C. Man filtriert den kristallinen Niederschlag ab und wäscht mit einer kleinen Menge 80%igem Äthanol. Man erhält bei Lufttrocknung etwa 7 g eines Cadmiumchlorid-Glycerophosphorylcholin-Komplexes, der noch 3 Moleküle Wasser enthält. Das Verhältnis zwischen Cadmiumchlorid und Glycerophosphorylcholin in diesem Komplex ist 1:1. Durch Trocknen im Vakuum über P_2O_5 bei 56° C wird das Kristallwasser entfernt; die optische Drehung des Kompexes ist $\alpha_D^{25} = -1{,}33°$.

Zur Herstellung von kristallinem Glycerophosphorylcholin läßt man eine 2%ige wäßrige Lösung des kristallinen Cadmiumchlorid-Glycerophosphorylcholin-Komplexes durch die bereits oben beschriebene Mischung von Amberliten passieren. Das dabei erhaltene klare und farblose Filtrat wird im Vakuum bei 45° C zu einem Sirup eingedickt, der dann wiederum 48 Std im Vakuum bei 56° C über Phosphopentoxyd getrocknet wird. 3 g des dabei entstehenden glasigen Materials werden in 20 ml 99%igem Äthanol bei

[1] WEBSTER, G. R., E. A. MARPLES and R. H. S. THOMPSON: Biochem. J. **65**, 374 (1957).
[2] TATTRIE, N. H., and C. S. MCARTHUR: Canad. J. Biochem. Physiol. **33**, 761 (1955).
[3] BAER, E., and M. KATES: Am. Soc. **70**, 1394 (1948).

60° C gelöst, diese Lösung zuerst 3 Std bei 5° C gehalten und dann weitere 3 Std bei 15° C. Die sich bildenden farblosen Kristalle werden nach dem Abfiltrieren mit kaltem 99%igem Äthanol und zuletzt mit Äther gewaschen. Nach Trocknen im Vakuum bei 56° C über Phosphopentoxyd erhält man ca. 2 g Kristalle, welche das reine Glycerylphosphorylcholin darstellen.

***Bestimmung von Cholin nach* Appleton *u. Mitarb.*[1], *modifiziert nach* Dawson[2].**

Für die Messung der Enzymaktivität der Glycerophosphorylcholin-Diesterase dürfte diese Methode, welche im vorliegenden Handbuch noch nirgends referiert wurde, diejenige der Wahl sein.

Prinzip:

Cholin wird mit Kaliumtrijodid in Cholinenneajodid (Cholinperjodid) überführt. Diese Substanz ist in Äthylendichlorid löslich und zeigt eine Ultraviolettabsorption, die deutlich von derjenigen des freien Jods verschieden ist. Nach Webster[3] kann an Stelle von Äthylendichlorid auch Chloroform verwendet werden.

Reagentien:

1. Kaliumtrijodid-Reagens. 15,7 g Jod (p.a.) und 20 g KJ (p.a.), werden in 100 ml Wasser gelöst. Die Mischung wird mechanisch 45 min geschüttelt, wodurch komplette Lösung erreicht wird. Das Reagens ist bei Aufbewahrung bei 4° C unbeschränkt haltbar.
2. Äthylendichlorid. Dieses Lösungsmittel enthält manchmal Beimengungen, die eine langsame Zersetzung des Cholinperjodids verursachen. Äthylendichlorid von Eastman Kodak Co. (purified grade) oder solches von Union Carbide and Carbon Corp. (technical grade) sind im allgemeinen frei von derartigen Beimengungen.
3. Cholinperjodid zur Herstellung einer Standardlösung. Der Komplex wird folgendermaßen hergestellt: Zu 30 mg Cholinchlorid, welche in 5 ml Wasser gelöst sind, werden 2,5 ml Kaliumtrijodid-Reagens hinzugefügt. Man läßt die Mischung 20 min bei 4° C stehen, zentrifugiert und entfernt die überstehende Lösung. Der Niederschlag wird mehrmals mit eiskaltem Wasser gewaschen, bis er frei von adsorbiertem Jodreagens ist. Dann wird über „Drierite" im Exsiccator bei 4° C getrocknet. Zur Herstellung der Standardlösung werden 16,9 mg des so erhaltenen Komplexes in 1 l Äthylenchlorid gelöst; diese Lösung enthält 1,65 μg Cholin pro ml. Sie ist im Kühlschrank fast unbeschränkt haltbar.
4. Perchlorsäure, 9%ig.

Ausführung:

Zu 1 ml Inkubationsgemisch werden 0,5 ml eiskalte 9%ige Perchlorsäure hinzugefügt. Die ausfallenden Eiweißstoffe werden durch Zentrifugieren entfernt und das Cholin in einer Probe von 1 ml bestimmt. (In der Originalvorschrift, die zur Bestimmung von Cholin im Plasma ausgearbeitet wurde, werden zuerst Reinigungsschritte, und zwar Extraktion von störendem Material mit Hilfe von n-Butanol, das mit 2 n HCl gesättigt wurde, und mit gleichartig behandeltem Isobutanol vorgenommen, die sich aber bei Enzymversuchen erübrigen.)

Zu 1 ml Probe werden 0,2 ml des kalten Kaliumtrijod-Reagens hinzugefügt. Man läßt mindestens 20 min bei 4° C stehen und zentrifugiert dann 10 min bei 2500 U/min. Die überstehende Flüssigkeit wird sorgfältig durch Absaugen entfernt, bis das Zentrifugenglas komplett trocken ist. Dies ist möglich, weil der Niederschlag unter den geschilderten Bedingungen sehr fest zusammengepackt ist. Man löst möglichst schnell den Niederschlag an Cholinperjodid unter Rühren in wenig Äthylendichlorid und verdünnt dann mit dem

[1] Appleton, H. D., B. N. La Du jr., B. B. Levy, J. M. Steele and B. B. Brodie: J. biol. Ch. **205**, 803 (1953).
[2] Dawson, R. M. C.: Biochem. J. **62**, 689 (1956).
[3] Webster, G. R.: Biochim. biophys. Acta **20**, 432 (1956).

gleichen Lösungsmittel auf ein Gesamtvolumen von 10 ml. Davon werden 3 ml in eine Küvette überführt und die optische Dichte der Probe bei 365 mμ gegen Äthylendichlorid gemessen. Ein Reagens-Blindwert, der in gleicher Weise wie die Hauptprobe, aber mit Wasser an Stelle des Inkubationsgemisches behandelt wird, soll eine geringere Ablesung als 0,030 gegen Äthylendichlorid ergeben.

Mit Hilfe der Standard-Cholinperjodid-Lösung wird eine Eichkurve aufgestellt, aus der die im Hauptversuch gefundene Menge abgelesen werden kann.

Bemerkungen:

Nach DAWSON[1] empfiehlt es sich, sämtliche Schritte dieser Methode bei 0° C durchzuführen. Der Grund dafür liegt darin, daß Cholinperjodid, das 9 Jod-Atome enthält, bei höherer Temperatur allmählich in das stabilere Cholinhexajodid umgewandelt wird, welches ein schwarzes Öl ist. Qualitativ sind die UV-Absorptionsspektren der beiden Verbindungen wohl identisch, doch ist die optische Dichte des Hexajodids nur etwa Zweidrittel derjenigen des Perjodids.

WEBSTER u. Mitarb.[2] entfernen die Eiweißstoffe mit 8,3%iger Trichloressigsäure; DAWSON[1] findet hingegen Perchlorsäure vorteilhafter als Trichloressigsäure und Wolframsäure.

Phospholipasen C und D.

[3.1.4.3 Phosphatidylcholin-Cholinphosphohydrolase
und 3.1.4.4 Phosphatidylcholin-Phosphatidohydrolase.]

Vorkommen. Die bisher vorliegenden Berichte über das Vorkommen dieser beiden Enzyme in tierischem Material sind recht spärlich. Nach einer noch nicht bestätigten Arbeit soll im Gift von *Bothrops alternata* eine Phospholipase C zugegen sein[3]; andererseits scheinen sonstige Schlangengifte nach alten Arbeiten[4] eher dem Typus der Phospholipase D anzugehören. Auch über ein Vorkommen von Phospholipase D in Nervengewebe wird berichtet[5].

Die wesentlichste Quelle für Phospholipase C, welches Enzym Lecithin in der Weise spaltet, daß ein 1,2-Diglycerid und Phosphorylcholin freigesetzt werden, sind bakterielle Toxine und Mikroorganismen; am besten untersucht ist das im Toxin von *Clostridium welchii* enthaltene Enzym dieser Spezifität (α-Toxin)[6] (vgl. auch dieses Handbuch, Bd. IV, S. 792f.).

Bestimmung. Phospholipase C-Aktivität kann dadurch gemessen werden, daß man die Zunahme des wasserlöslichen Phosphats bestimmt[6]; da Phosphorylcholin wasserlöslich ist, während das Substrat (Lecithin) unlöslich ist, kann die Methode recht genau ausgestaltet werden. Ein etwas neueres Verfahren beruht darauf, daß bei der Freisetzung von Phosphorylcholin (pK_2 5,6) aus Bicarbonat-Pufferlösung eine äquivalente Menge von CO_2 frei wird.

***Bestimmung der Phospholipase C-Aktivität nach* ZAMECNIK *u. Mitarb.*[7].**

Reagentien:

1. Lecithin reinst, 4%ig in Wasser.
2. m $NaHCO_3$-Lösung.
3. 0,04 m $CaCl_2$-Lösung.

Apparatur:

Die übliche manometrische Ausrüstung nach WARBURG.

---

[1] DAWSON, R. M. C.: Biochem. J. **62**, 689 (1956).
[2] WEBSTER, G. R., E. A. MARPLES and R. H. S. THOMPSON: Biochem. J. **65**, 374 (1957).
[3] BREARD, J. J. V., y V. E. ELIAS: Arch. Farmacia Bioquím., Tucuman **5**, 77 (1950).
[4] UDAGAWA, U.: J. Biochem. (Japan) **22**, 323 (1936).
[5] DRUZHININA, K. V., i M. G. KRITZMAN: Biochimija, Moskva **17**, 77 (1952).
[6] MCFARLANE, M. G., and B. C. J. G. KNIGHT: Biochem. J. **35**, 884 (1941).
[7] ZAMECNIK, P. G., L. E. BREWSTER and F. LIPMANN: J. exp. Med. **85**, 381 (1947).

Ausführung:

In dem Hauptteil des WARBURG-Gefäßes werden 0,7 ml der Lecithin-Lösung, 0,1 ml $NaHCO_3$-Lösung, 0,1 ml Wasser und 0,1 ml der $CaCl_2$-Lösung eingefüllt, während man die verdünnte Enzymlösung (in 0,1 l 1%iger Albuminlösung; das Albumin dient als Stabilisator; die Lösung soll an $CaCl_2$ 0,004 m sein) in den Seitenarm füllt. Das Gefäß wird mit CO_2 beschickt. Man mißt nach Einkippen der Enzymlösung das entstehende CO_2.

Bemerkung:

Die Genauigkeit der Methode ist etwa $\pm 5\%$.

Phospholipase D hydrolysiert Lecithin in der Weise, daß Phosphatidsäure und Cholin als Produkte entstehen; Enzyme dieser Spezifität finden sich vor allem in höheren Pflanzen.

Zur Bestimmung der Aktivität von Phospholipase D kann man die Tatsache benützen, daß Lecithin und Phosphatidsäure ätherlöslich sind, während Cholin, das während der Reaktion freigesetzt wird, in die wäßrige Phase geht. HANAHAN und CHAIKOFF[1] bestimmen deshalb die Enzymaktivität durch Messung der Abnahme an ätherlöslichem Stickstoff.

Eine andere brauchbare Methode läßt sich mit Hilfe des oben (S. 1006) beschriebenen Verfahrens zur Bestimmung von Cholin nach APPLETON, LA DU, LEVY, STEELE und BRODIE[2] leicht entwickeln; dabei empfiehlt es sich, nach Beendigung der Inkubation das Reaktionsgemisch mehrfach auszuäthern und dann Cholin in der wäßrigen Phase zu bestimmen.

Gruppenspezifische Phosphodiesterase.

[3.1.4.1 Orthophosphatdiester-Phosphohydrolase.]

Wie bereits zu Eingang dieses Abschnitts erwähnt, ist die Frage, ob das für die sehr häufig zu beobachtende hydrolytische Spaltung von Diphenylphosphat und analogen Substanzen verantwortliche Enzym als selbständiges Enzymindividuum aufgefaßt werden muß oder ob es sich dabei um eine Nebenwirkung anderer, spezifischerer Phosphodiesterasen handelt, zur Zeit noch nicht mit Sicherheit zu klären. Die genannten Substrate werden nämlich von den meisten Nucleotide spaltenden Phosphodiesterasen angegriffen; eine Ausnahme wurde erst vor kurzem bei einem derartigen Enzym aus *Escherichia coli* berichtet[3]. Andererseits konnte kürzlich wahrscheinlich gemacht werden, daß eine Phospholipase C aus Hefe ebenfalls die Hydrolyse von Diphenylphosphat und bis-(p-Nitrophenyl)-phosphat katalysieren kann[4].

Nachweis. Im folgenden soll deshalb nur eine Standardmethode zum Nachweis der unspezifischer Phosphodiesterase-Wirkung berichtet werden. Das Substrat, das Calciumsalz der bis-(p-Nitrophenyl)-phosphorsäure wird nach YOSHIDA[5] derart hergestellt, daß zu 110 g $POCl_3$ unter Eiskühlung und ständigem Rühren 200 g Phenol in kleinen Portionen hinzugefügt werden. Darauf erhitzt man die Mischung so lange, bis im Dampf kein HCl mehr festzustellen ist. Nach Abkühlen gießt man die Lösung in 1 l 2 n NaOH, wobei sich ein schwerer Niederschlag bildet. Diesen saugt man durch einen Büchner-Filter ab und wäscht so lange mit Wasser, bis die ablaufende Flüssigkeit nicht mehr alkalisch ist. Der Niederschlag, der aus Triphenylphosphat besteht, wird nunmehr nitriert; man löst 100 g davon unter ständigem Schütteln in 500 ml vorgekühlter rauchender Salpetersäure ($d = 1{,}5$—$1{,}6$) auf. Man läßt 1 Std lang reagieren und fällt dann mit 1 l destilliertem Wasser. Der Niederschlag, der im wesentlichen aus Tris-(p-nitrophenyl)-phosphat besteht, wird am Rückfluß in kochendem Aceton gelöst und durch Zusatz des gleichen Volumens Wasser wieder ausgefällt, abfiltriert und getrocknet. 10 g davon werden in 100 ml Äthanol suspendiert, diese Suspension zum Sieden erhitzt und dann 20 ml 10%ige NaOH hinzu-

---

[1] HANAHAN, J. D., and I. L. CHAIKOFF: J. biol. Ch. **169**, 699 (1947); **172**, 191 (1948).
[2] APPLETON, H. D., B. N. LA DU jr., B. B. LEVY and B. B. BRODIE: J. biol. Ch. **205**, 803 (1953).
[3] LEHMAN, I. R.: J. biol. Ch. **235**, 1479 (1960).
[4] HOFFMANN-OSTENHOF, O., M. GEYER-FENZL and E. WAGNER; in: P. DESNUELLE (Hrsg.): Enzymes of Lipid Metabolism. S. 39, Oxford 1961.
[5] YOSHIDA, S.: J. Biochem., Tokyo **34**, 23 (1942).

gefügt, wodurch fast vollständige Klärung erfolgt. Die Lösung wird filtriert und mit 500 ml Wasser verdünnt. Nach dem Abkühlen extrahiert man dreimal mit Äther, bringt die wäßrige Schicht mit 6 n HCl auf p_H 4,0 und konzentriert im Vakuum auf die Hälfte des Volumens. Dann wird so lange gesättigte $CaCl_2$-Lösung hinzugesetzt, bis die überstehende Flüssigkeit bei weiterem Zusatz keine Trübung mehr zeigt. Man läßt über Nacht stehen und saugt am nächsten Tag ab. Durch wiederholtes Zerreiben und Aufschlämmen mit Äther entfernt man das anhaftende p-Nitrophenol; eine Aufbewahrung des Produkts in der Kälte ist empfehlenswert.

Für die Bestimmung der enzymatischen Spaltung des so hergestellten Calcium-bis-(p-nitrophenyl)-phosphats, die auf der colorimetrischen Messung des aus dem Substrat abgespaltenen p-Nitrophenols in alkalischer Lösung beruht, geht man nach SINSHEIMER und KOERNER[1] derart vor, daß man das Substrat durch längeres Schütteln mit destilliertem Wasser in Lösung bringt, wobei man wegen seiner Schwerlöslichkeit nur etwa 10^{-3} m Lösungen herstellen kann. Man inkubiert unter entsprechender Pufferung mit dem Enzym und stoppt nach der gewählten Reaktionszeit mit 0,5 n Natronlauge ab. Die Extinktion des entstandenen p-Nitrophenols in alkalischer Lösung wird hierauf colorimetrisch oder im Beckman-Spektrophotometer bei 440 $m\mu$ gemessen.

Phosphodiesterasen.

(Phosphodiester-Hydrolasen.)

[3.1.4.1 Orthophosphorsäure-diester-Phosphohydrolase.]

Von

Günther Siebert und Kurt Kesselring*.

Mit 2 Abbildungen.

Einleitung. Phosphodiesterasen hydrolysieren zweifach verestertes Phosphat zu einem Phosphomonoester und einem Alkohol entsprechend folgender allgemeiner Gleichung:

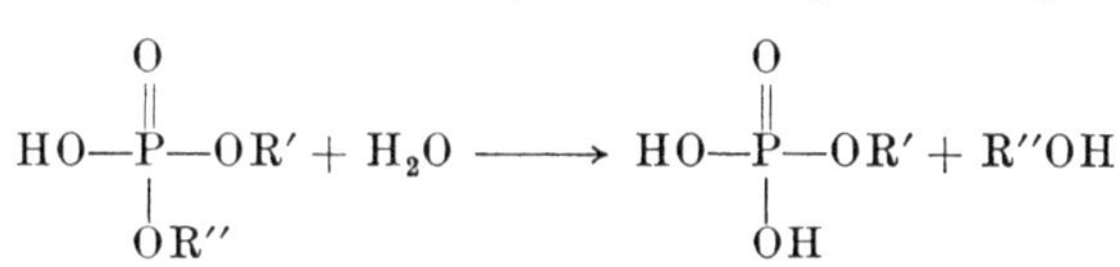

Im Falle cyclischer Diester sind R′ und R″ zwei verschiedene C-Atome einer Kohlenstoffkette, z. B. von D-Ribose. Hier erfolgt die Hydrolyse durch Phosphodiesterasen nach folgendem Schema:

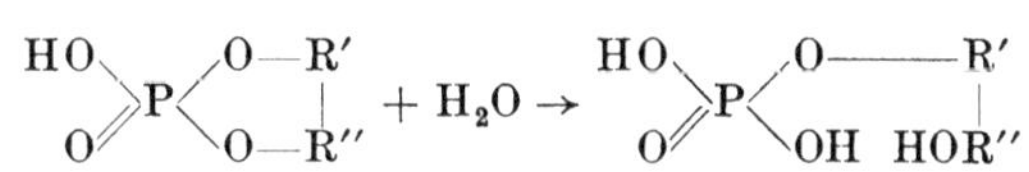

Phosphodiesterasen und Phosphomonoesterasen (s. S. 963 ff.) können unterschieden werden mittels geeigneter Substrate wie z. B. Phenylphosphat und Diphenylphosphat, von denen nur das letztgenannte angegriffen wird. Die Differenzierung[2] gegenüber spezifischen Phosphodiesterasen, den Ribonucleasen (s. S. 721 ff.) und den Desoxyribonucleasen (s. S. 1061) gelingt bei tierischen Phosphodiesterasen indem

a) die Spezifität nicht auf Nucleotidderivate beschränkt ist;

* Physiologisch-Chemisches Institut der Johannes Gutenberg-Universität Mainz.

[1] SINSHEIMER, R. L., and J. F. KOERNER: J. biol. Ch. **198**, 293 (1952).

[2] SCHMIDT, G., and M. LASKOWSKI sen.; in: Boyer-Lardy-Myrbäck, Enzymes, Bd. V. S. 3ff.

b) an Oligonucleotiden stets eine „Exonuclease“-Wirkung gefunden wird, also sukzessiver Abbau von einem Ende her erfolgt;

c) mit Nucleotiden als Substraten die Zuckerspezifität nur partiell, nie absolut ist[1];

d) mit Nucleotiden als Substraten keine auffällige Basenspezifität erkennbar ist.

Phosphodiesterasen aus Mikroorganismen nehmen anscheinend eine Mittelstellung ein, indem häufig die Spezifität für den Pentosebaustein des Substrates stark ausgeprägt ist und indem Substrate von Nicht-Nucleotid-Charakter nur sehr langsam oder gar nicht gespalten werden.

Phosphodiesterasen wurden vor rund 30 Jahren von japanischen Forschern entdeckt[2]; sie sind ein charakteristischer Bestandteil von Schlangengiften (s. Bd. IV, S. 822ff.) und z.B. bei den Arten *Agkistrodon, Crotalus* und *Vipera* nicht mit Phosphomonoesterasen vergesellschaftet[3].

Phosphodiesterasen haben in den letzten Jahren eine enorme Bedeutung als analytisches Hilfsmittel zur Identifizierung und Charakterisierung von Naturprodukten, insbesondere Abbaugemischen von Nucleinsäuren und von synthetischen Verbindungen erlangt[4]. Zusammenfassende Literatur s. [3,5,6].

Einteilung. Gemäß ihrer Definition als Orthophosphorsäurediester hydrolysierende Enzyme wurden die heute bekannten Phosphodiesterasen in der älteren Literatur als eine einheitliche Enzymgruppe betrachtet. Eingehende Studien der Eigenschaften der Phosphodiesterasen aus verschiedenen Säugetiergeweben, aus Bakterien und aus Schlangengiften haben jedoch ergeben, daß es sich um verschiedene Enzymindividuen mit unterschiedlicher Substratspezifität handelt. Zusammenfassende Darstellungen hierzu s. [4,5,7].

Die Unterschiede in der Substratspezifität der einzelnen Phosphodiesterasen veranschaulicht Abb. 1. Es gibt drei verschiedene Phosphodiesterasetypen:

Abkürzungen.

Tris	Tris-(hydroxymethyl)-aminomethan	AMP	Adenosinmonophosphat
		GMP	Guanosinmonophosphat
EDTA	Äthylendiamintetraacetat	UMP	Uridinmonophosphat
DEAE-Cellulose	Diäthylaminoäthyl-cellulose	CMP	Cytidinmonophosphat

Die Abkürzung von Mononucleotiden und von Nucleotidsequenzen folgt den Empfehlungen der Herausgeber des Journal of Biological Chemistry[8] und den von KHORANA beschriebenen Kurzformeln[9]. So bedeutet z.B.:

pA	Adenosin-5′-monophosphat	ApUp	Adenylyl-3′,5′-uridin-3′-phosphat
Ap	Adenosin-3′-monophosphat		
pT	Thymidin-5′-monophosphat	d-pCpApT	Thymidylyl-5′,3′-desoxyadenylyl-5′,3′-desoxycytidin-5′-monophosphat
Tp	Thymidin-3′-monophosphat		
Tp-nitrophenyl	Thymidin-3′-p-nitrophenylphosphat	d-CpApTp	Desoxycytidylyl-3′,5′-desoxyadenylyl-3′,5′-thymidin-3′-monophosphat
Nitrophenyl-pT	Thymidin-5′-p-nitrophenylphosphat		
ApU	Adenylyl-3′,5′-uridin	U(2′,3′-cycl.)p	cyclisches Uridin-2′,3′-monophosphat
2′→5′ UpU	Uridylyl-2′,5′-uridin		
TpT	Thymidylyl-3′,5′-thymidin	A(2′,3′-cycl.)p	cyclisches Adenosin-2′,3′-monophosphat
pApU	Uridylyl-5′,3′-adenosin-5′-phosphat	C(2′,3′-cycl.)p	cyclisches Cytidin-2′,3′-monophosphat

1 RAZZELL, W. E., and H. G. KHORANA: J. biol. Ch. **234**, 2105, 2114 (1959).

2 UZAWA, T.: J. Biochem. **15**, 19 (1932). — TAKAHASHI, H.: J. Biochem. **16**, 447, 463 (1932). — UDAGAWA, U.: J. Biochem. **22**, 323 (1935).

3 ZELLER, E. A.; in: Sumner-Myrbäck, Bd. I. S. 986ff.

4 HILMOE, R. J.: Ann. N.Y. Acad. Sci. **81**, 660 (1959).

5 HEPPEL, L. A., and J. C. RABINOWITZ: Ann. Rev. **27**, 613 (1958).

6 SCHMIDT, G., and M. LASKOWSKI sen.; in: Boyer-Lardy-Myrbäck, Enzymes, Bd. V. S. 3ff.

7 KHORANA, H. G.; in: Boyer-Lardy-Myrbäck, Enzymes, Bd. V. S. 79ff.

8 Editorial: Use of Abbreviations. J. biol. Ch. **234** (1959).

9 KHORANA, H. G.; in: Chargaff-Davidson, Nucleic Acids. Vol. III, S. 105 (1960).

1. Phosphodiesterasen, welche aus einem Oligonucleotid 5'-Monophosphate freisetzen, und zwar gewöhnlich schrittweise von dem Ende des Oligonucleotids beginnend, das eine nicht veresterte 3'-Hydroxylgruppe des Zuckeranteils aufweist: Phosphodiesterase I, Schlangengift-Typ (a in Abb. 1).

2. Phosphodiesterasen, welche aus einem Oligonucleotid 3'-Monophosphate freisetzen. Gewöhnlich beginnt der Abbau an dem Nucleotidende, dessen 5'-Hydroxyl des Zuckeranteils nicht verestert ist: Phosphodiesterase II, Milz-Typ (b in Abb. 1).

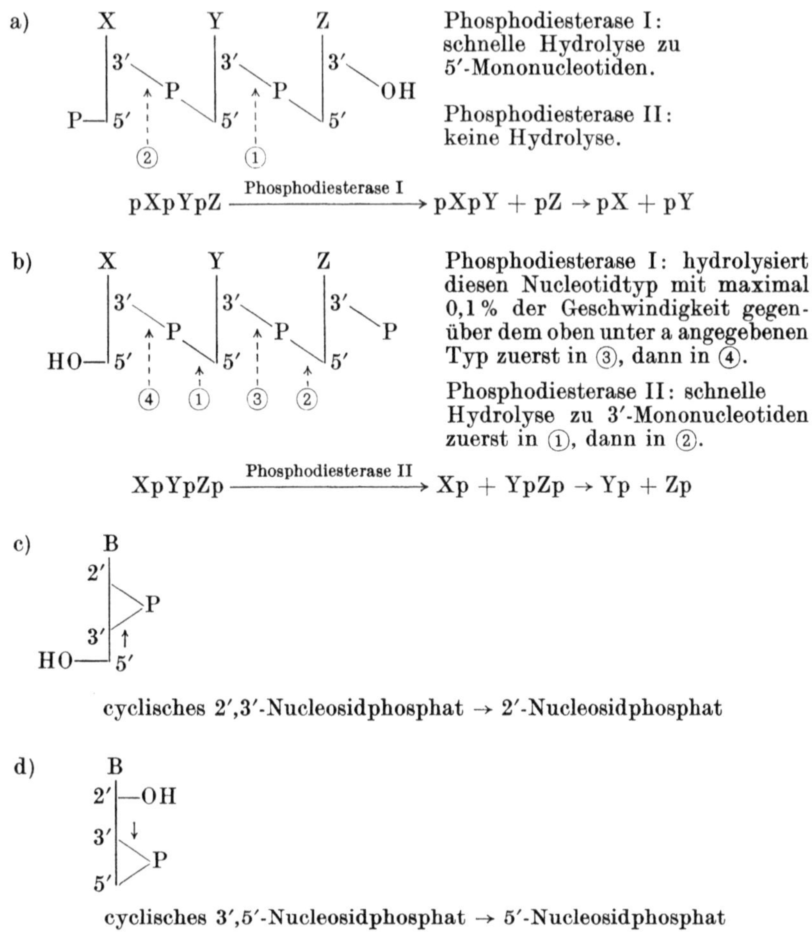

Abb. 1. Angriffspunkte verschiedener Phosphodiesterasen an Oligonucleotiden und cyclischen Mononucleotiden. B, X, Y, Z = Basen; die umrandeten Zahlen geben die Reihenfolge der Spaltungsorte an.

3. Phosphodiesterasen, welche cyclisch veresterte Nucleosidphosphate zu Mononucleotiden hydrolysieren. Hierbei wird weiterhin noch zwischen 3',5'-cyclischen Phosphodiesterasen und 2',3'-cyclischen Phosphodiesterasen unterschieden (c und d in Abb. 1).

Die Einteilung der einzelnen Typen der Phosphodiesterase erfolgt mittels spezifischer Substrate (s. S. 1016f. und 1038). Besonders bewährt haben sich hierbei die von KHORANA u. Mitarb. entwickelten synthetischen Substrate Thymidin-5'-p-nitrophenylphosphat (Nitrophenyl-pT) und Thymidin-3'-p-nitrophenylphosphat (Tp-nitrophenyl). Auf diese Substrate wird weiter unten näher eingegangen (s. S. 1020 und 1042f.).

Seit der Abfassung des Berichtes der Enzymkommission ist die Aufteilung in untereinander verschiedene Enzymindividuen weiter fortgeschritten, so daß die Zuordnung der EC-Nr. 3.1.4.1 zu einem der nachstehend behandelten Enzyme dem gegenwärtigen Stand nicht mehr gerecht wird. Die zusammen mit HOFFMANN-OSTENHOF erarbeiteten Nomenklaturvorschläge werden bei den einzelnen Enzymen gebracht.

Tierische Phosphodiesterasen I (Schlangengift-Typ).

Beim gegenwärtigen Stand der Kenntnis wäre das Enzym wie folgt zu benennen: Oligonucleotid-5'-Nucleotidohydrolase.

Vorkommen. Phosphodiesterase I ist ein wesentlicher Bestandteil von verschiedenen Schlangengiften; vor allem wurden die Gifte von *Crotalus adamanteus*[1-3] und *Bothrops atrox*[2,4,5] untersucht. Auch verschiedene Säugetiergewebe sind reich an Phosphodiesterase I, so Schweinenieren[6], Darmschleimhaut[7], verschiedene Gewebe der Ratte[8] und des Menschen[8]. Eine in ihren Substratspezifitäten etwas abweichende Phosphodiesterase I wurde in Leukämiezellen nachgewiesen[9]. Die Verteilung der Phosphodiesterase I in verschiedenen Wirbeltierorganen ist an der Ratte und an einigen menschlichen Organen untersucht worden[8]. Die Ergebnisse sind in der Tabelle 1 wiedergegeben.

Tabelle 1. *Phosphodiesterase I in verschiedenen Organen der Ratte und des Menschen nach* RAZZELL[8].

Aktivitäten in μMol hydrolysiertes Nitrophenyl-pT pro Std pro mg Protein.

Gewebe	Ratte	Mensch *	Gewebe	Ratte	Mensch *
Herz	1,3	0,32	Leber	3,2	1,3
Niere	4,9	1,9	Darm	2,5	—
Thymus	1,9	—	Lunge	2,3	—
Milz	1,25	—	Muskel	0,52	—
Testes	1,5	—	Tumor (Leber)	—	0,74

* Pathologisches Material verschiedener Herkunft.

Intracelluläre Verteilung. Die intracelluläre Verteilung der Phosphodiesterasen ist an Schweinenierenhomogenaten untersucht worden (Tabelle 2). Offenbar verhalten sich die beiden Enzyme verschieden, da Phosphodiesterase I vorzugsweise in den Mikrosomen, Phosphodiesterase II vorwiegend in den Mitochondrien angetroffen wird.

Tabelle 2. *Intracelluläre Lokalisation der Phosphodiesterasen I und II in verschiedenen Zellfraktionen der Schweineniere nach* RAZZELL[8].

Die addierten Aktivitäten aller Fraktionen wurden als 100% eingesetzt. Die Aktivität der Phosphodiesterase II im Gesamthomogenat beträgt nur 4% der Phosphodiesterase I-Aktivität.

Zellfraktion	Phosphodiesterase I Substrat: Nitrophenyl-pT in % vom Gesamthomogenat	Phosphodiesterase II Substrat: Tp-nitrophenyl in % vom Gesamthomogenat
Zellkerne	18,5	14,5
Mitochondrien	2,5	37,0
Lysosomen	23,5	12,0
Mikrosomen	43,5	13,5
Cytoplasma	12,0	23,0

Darstellung. Es werden drei Methoden zur Darstellung der Phosphodiesterase I beschrieben, wobei Schlangengift und Schweinenieren als Ausgangsmaterial dienen. Soweit es in den Vorschriften nicht anders erwähnt wird, werden alle Präparationen bei +2 bis 4° C durchgeführt.

***Darstellung von Phosphodiesterase I aus dem Gift von Crotalus adamanteus nach* KOERNER *und* SINSHEIMER[10], *modifiziert von* RAZZELL *und* KHORANA[1].**

Eine wäßrige Lösung von 16,7 mg lyophilisiertem *Crotalus*-Gift pro 1 ml wird 1 Std bei Zimmertemperatur stehengelassen und anschließend klarzentrifugiert. Durch dieses Stehenlassen wird erreicht, daß drei chromatographisch isolierbare Proteinfraktionen mit identischen Phosphodiesterase-Aktivitäten in eine chromatographisch einheitliche Phosphodiesterase-Fraktion umgewandelt werden. Alle nun folgenden Schritte werden in der Kälte durchgeführt.

[1] RAZZELL, W. E., and H. G. KHORANA: J. biol. Ch. **234**, 2105 (1959).
[2] FELIX, F., J. L. POTTER and M. LASKOWSKI: J. biol. Ch. **235**, 1150 (1960).
[3] BJÖRK, W., and H. G. BOMAN: Biochim. biophys. Acta **34**, 503 (1959).
[4] WILLIAMS, E. J., S.-C. SUNG and M. LASKOWSKI sen.: J. biol. Ch. **236**, 1130 (1961).
[5] BJÖRK, W.: J. biol. Ch. **238**, 2487 (1963).
[6] RAZZELL, W. E.: J. biol. Ch. **236**, 3031 (1961).
[7] CARTER, C. E.: Am. Soc. **73**, 1537 (1951).
[8] RAZZELL, W. E.: J. biol. Ch. **236**, 3028 (1961).
[9] ANDERSON, E. P., and L. A. HEPPEL: Biochim. biophys. Acta **43**, 79 (1960).
[10] KOERNER, I. F., and R. L. SINSHEIMER: J. biol. Ch. **228**, 1049 (1957).

Die klare wäßrige Lösung wird mit 0,67 Vol. 0,5 m Ammoniumacetatpuffer, p_H 4,0, versetzt. Unter kräftigem Rühren werden zu 10 ml der gepufferten Lösung 7,25 ml Aceton p.A. (— 20° C!) schnell zugegeben. Nach 30 min wird ein Niederschlag abzentrifugiert und verworfen. Zum Überstand (eventuell noch etwas trüb) werden unter den gleichen Bedingungen wie oben weitere 1,4 ml Aceton zugegeben; das Gemisch wird verschlossen 12 Std stehengelassen. Nach dem Abzentrifugieren der leichten Fällung werden weitere 1,2 ml Aceton zum Überstand zugegeben, und nach 30 min Stehen wird der Niederschlag, der die gesamte Aktivität an Phosphodiesterase I enthält, abzentrifugiert. Auf dieser Stufe der Reinigung ist das Enzym bei einer Ausbeute von 30—40% etwa 12—15fach angereichert.

Diäthylaminoäthyl-cellulose (DEAE-Cellulose) wird durch Schlämmen mit Wasser von feinen Partikeln befreit, anschließend mit 0,02 m Tris, p_H 8,9, bei + 2° C äquilibriert und die Cellulose in eine Säule von 30 × 3 cm gefüllt. Der Acetonniederschlag wird in 3 ml 0,02 m Tris, p_H 8,9, gelöst. Anschließend wird das Enzym an DEAE-Cellulose nach einer von Boman und Kaletta[1] beschriebenen Methode chromatographiert. Der gelöste Acetonniederschlag wird auf die Säule gegeben. Man wäscht mit 30 ml 0,02 m Tris, p_H 8,9, nach. Die Elution erfolgt mit 0,33 m Tris, p_H 8,9; die Phosphodiesterase-Aktivität erscheint als ein einheitlicher Gipfel. Bei einer Nachelution mit 0,6 m Tris, p_H 8,9, sollte keine Enzymaktivität mehr erscheinen. Nach diesem Verfahren erhält man eine 70fach angereicherte Schlangengift-Phosphodiesterase I. Das Enzym ist frei von 5'-Nucleotidase und verliert im gefrorenen Zustand nur wenig Aktivität.

***Darstellung von Phosphodiesterase I aus dem Gift von Bothrops atrox nach* Björk[2].**

Diese Methode legt besonderen Wert auf vollständige Abtrennung der 5'-Nucleotidase und bestmögliche Abtrennung von Phosphomonoesterasen. 10 g Schlangengift-Trockenpulver werden in 600 ml kaltem Wasser gelöst, 30 min im Eisbad gerührt und anschließend über eine Nutsche abgesaugt *(Rohlösung)*. Zum Filtrat werden 400 ml 0,5 m Acetatpuffer, p_H 3,8, unter Rühren zugegeben. Gleich anschließend werden schnell 725 ml auf — 20° C vorgekühltes Aceton zugesetzt (ergibt 42% Aceton-Endkonzentration) und weitere 30 min gerührt. Dann wird 20 min bei 10000 × g zentrifugiert. Das Sediment kann zur Gewinnung von 5'-Nucleotidase und unspezifischen Phosphomonoesterasen als Ausgangsmaterial dienen[3]. Der Überstand wird in einem Kältebad auf — 17° C abgekühlt. Unter Rühren werden 95 ml — 20° C kaltes Aceton zugegeben (ergibt eine Aceton-Endkonzentration von 45%) und weitere 2 Std bei — 17° C gerührt. Die Fällung wird bei — 17° C abzentrifugiert und verworfen. Im — 17° C kalten Bad werden zum Überstand 180 ml — 20° C kaltes Aceton unter Rühren zugegeben und 1 weitere Std gerührt. Das Sediment wird bei — 17° C abgeschleudert und in 0,1 m Tris, p_H 8,9, gelöst. Der p_H wird, wenn nötig, mit Natronlauge auf 8,9 nachgestellt. Die Proteinkonzentration wird so eingestellt, daß eine 1:10-Verdünnung bei 280 mμ eine Extinktion von 1,0 ergibt *(1. Acetonfällung)*. Bei 0° C werden zu der Lösung 0,5 Vol. kaltes 95%iges Äthanol zugesetzt (33% Endkonzentration an Äthanol; hierbei wird 95%iges Äthanol als 100% eingesetzt); die Fällung wird abzentrifugiert und verworfen. Der Überstand wird auf — 17° C vorgekühlt und mit weiteren 1,5 Vol. Äthanol von — 17° C versetzt (66% Endkonzentration an Äthanol). Das ausgefallene Protein wird abzentrifugiert, in wenig Wasser gelöst und so weit verdünnt, bis seine Absorption bei 280 mμ 11,0 beträgt *(Äthanolfällung)*.

Die anschließende Acetonfraktionierung wird nach der Vorschrift von Sulkowski und Laskowski durchgeführt[4]. Die Lösung wird mit 0,1 Vol. 2 m Acetatpuffer, p_H 4,0, versetzt; im Eisbad wird — 20° C kaltes Aceton bis zu einer Endkonzentration von 45%

[1] Boman, H. G., and U. Kaletta: Biochim. biophys. Acta **24**, 619 (1957).
[2] Björk, W.: J. biol. Ch. **238**, 2487 (1963).
[3] Williams, E. J., S.-C. Sung and M. Laskowski sen.: J. biol. Ch. **236**, 1130 (1961).
[4] Sulkowski, E., and M. Laskowski sen.: J. biol. Ch. **237**, 2620 (1962).

an Aceton zugegeben und bei — 17° C 30 min stehengelassen. Die Fällung wird bei — 17° C abzentrifugiert und verworfen. Zum Überstand wird bei — 17° C Aceton bis 50 % Endkonzentration zugegeben. Nach 1 Std wird bei — 17° C die Fällung abzentrifugiert und in 35 ml 0,1 m Tris, p_H 8,9, aufgenommen. Der Überstand wird verworfen *(2. Acetonfällung)*. Sephadex G-100 wird mit 0,02 m Tris, p_H 8,9, äquilibriert und in eine Säule gefüllt (4,4 × 50 cm; 760 ml Gesamtvolumen). Die in 0,1 m Tris, p_H 8,9, gelöste Fällung wird auf die Säule gegeben. Danach wird mit 0,02 m Tris, p_H 8,9, eluiert, die ersten 150 ml Eluat werden verworfen. Anschließend werden 6 ml-Fraktionen aufgefangen, und ab 120 ml erhält man die gesamte Phosphodiesterase-Aktivität, jedoch auch alle 5'-Nucleotidase- und Phosphomonoesterase-Aktivität (s. Tabelle 3). Da man

Tabelle 3. *Reinigung der Phosphodiesterase I aus dem Gift von Bothrops atrox*[1].

Reinigungsschritt	Phosphodiesterase: Ausbeute in %	Phosphodiesterase: relative spezifische Aktivität	5'-Nucleotidase * (Gesamtaktivität)	Unspezifische Phosphomonoesterase ** (Gesamtaktivität)
Rohlösung	100	0,0093	8107	15,9
1. Acetonfällung	69	0,02	0,084	0,11
Äthanolfällung	45,4	0,12	0,015	0,057
2. Acetonfällung	40,8	0,18	0,0078	0,05
Gelfiltration	34,8	1,78	0,0066	0,043
DEAE-Cellulose	20,9	2,39	0,0021	0,026
Dialyse und Hitzebehandlung	9,4	1,14	—	0,006

* AMP als Substrat. ** p-Nitrophenylphosphat als Substrat.

mit diesem Schritt eine zehnfache Reinigung bei 85 % Ausbeute erreicht, wird die Nichtabtrennung anderer Phosphatasen in Kauf genommen *(Gelfiltration)*. Die Phosphodiesterase enthaltenden Fraktionen aus Sephadex G-100 werden an DEAE-Cellulose adsorbiert (Säule 1,9 × 34 cm, Gesamtvolumen 96 ml, Cellulose vorher mit 0,02 m Tris, p_H 8,9, äquilibriert). Die Elution erfolgt zuerst mit 0,02 m Tris, p_H 8,9, anschließend stufenweise mit 0,05 m und 0,4 m Tris von p_H 8,9; 6 ml-Fraktionen werden gesammelt. Die Hauptmenge der Phosphodiesterase und die unspezifischen Phosphatase mit etwas 5'-Nucleotidase werden mit 0,05 m Tris eluiert *(DEAE-Cellulose)*. Die an Phosphodiesterase reichen Eluate werden vereinigt und gegen 0,1 m Acetatpuffer, p_H 6,0, unter mehrfachem Wechsel der Außenflüssigkeit dialysiert. Anschließend wird die Enzymlösung in einem Wasserbad von genau 60° C für 80 min gehalten. Dann wird schnell abgekühlt und die Enzymlösung eingefroren *(Dialyse und Hitzebehandlung)*. Das Enzym ist bei — 20° C zwischen p_H 6 und 9 über 2 Monate haltbar.

***Entfernung von 5'-Nucleotidase-Aktivität aus Schlangengift-Rohlösung nach* Nikolskaya *u. Mitarb.*[2].**

Im Anschluß an die verschiedenen Vorschriften zur Reinigung von Phosphodiesterase I aus Schlangengift soll noch eine Methode beschrieben werden, welche die Eliminierung der 5'-Nucleotidase aus dem ungereinigten Schlangengift erlaubt; sie ist für das Gift von *Vipera lebetina* ausgearbeitet. Eine 0,1 %ige Schlangengiftlösung (eine Angabe des Lösungsmittels für das Gift fehlt) wird auf 60° C vorgewärmt und mit 1 Vol. einer ebenfalls auf diese Temperatur vorgewärmten 0,0048 m $ZnCl_2$-Lösung versetzt. Das Gemisch wird 10 min bei 60° C gerührt, anschließend abgekühlt und im Eisschrank 48 Std stehengelassen. Danach wird die Fällung abzentrifugiert und verworfen. Der Überstand enthält 91—93 % der ursprünglichen Phosphodiesterase-Aktivität und ist völlig frei von 5'-Nucleotidaseaktivität.

[1] Björk, W.: J. biol. Ch. **238**, 2487 (1963).
[2] Nikolskaya, I. I., N. M. Shalina and E. I. Budowski: Biochim. biophys. Acta **64**, 197 (1962).

***Darstellung von Phosphodiesterase I aus Schweinenieren nach* RAZZELL[1].**

Schweinenieren wurden auf dem Schlachthof möglichst schnell entnommen. Die Nierenrinde wird in Stücke von etwa 0,5 cm Kantenlänge zerschnitten und in einem Mixer bei höchster Drehzahl mit 2 Vol. 0,25 m Rohrzuckerlösung 2 min lang zerkleinert. Danach werden 1,3 Vol. kalte Rohrzuckerlösung zugegeben und während weiterer 30 sec vermischt *(Homogenat)*. Der Gewebebrei wird 15 min bei 8000 × g und der daraus resultierende Überstand anschließend 2 Std bei 55000 × g zentrifugiert. Der Überstand wird verworfen und der Niederschlag im ursprünglichen Volumen 0,02 m Tris, p_H 9, suspendiert. Die Partikelsuspension wird 2 min lang mit 10 kc beschallt. Die Partikel verlieren dadurch inaktives Material, während die Phosphodiesterase strukturgebunden verbleibt. Die Partikelsuspension wird erneut 2 Std bei 45000 × g zentrifugiert; der Überstand wird verworfen und der Niederschlag wie oben in 0,02 m Tris, p_H 9, suspendiert. Zu je 100 ml Partikelsuspension werden bei 2° C unter ständigem Rühren 33 ml kalter tertiärer Amylalkohol zugegeben und 1 Std gerührt. Anschließend wird 15 min bei 10000 × g zentrifugiert. Man erhält unterhalb der Grenzschicht eine helle wäßrige Schicht, die sich von einer darunter befindlichen dunkleren Schicht abhebt. Diese helle Schicht wird mit Hilfe einer Kanüle abgesaugt und fünfmal mit dem gleichen Volumen kalten Äthers extrahiert; dazwischen wird, wie oben beschrieben, zentrifugiert und die Äther-Phase abgesaugt. Am Wasserstrahlvakuum wird aus der klaren wäßrigen Lösung noch vorhandener Äther bei Zimmertemperatur abgedampft, danach wird über Nacht gegen 10 Vol. 5×10^{-3} m Tris, p_H 8,5, im Kühlraum dialysiert *(lösliches Enzym)*.

Tabelle 4. *Reinigung der Phosphodiesterase I aus Schweinenieren nach* RAZZELL[1].

Fraktion	Relative spezifische Aktivität	Ausbeute in %
Homogenat	7,4	100
Lösliches Enzym . .	36,0	65
Trypsin	35,0	62
Acetonfällung . . .	362	54
ECTEOLA-Cellulose	930—1740	48

Zur dialysierten Lösung wird auf je 250 mg Protein 1 mg kristallines Trypsin zugegeben. Nach Zugabe einiger Kristalle Thymol wird das Gemisch 24 Std verschlossen bei 50° C inkubiert. Der p_H-Wert wird während der Inkubation auf p_H 8,5 gehalten. Sofort nach der Hitzebehandlung wird die Enzymlösung unter ständigem Rühren im Eisbad auf 0° C abgekühlt *(Trypsin)*. Im Eisbad werden zu je 100 ml Enzymlösung 20 ml 2 m Kaliumacetat und 66 ml — 20° C kaltes Aceton unter Rühren zugegeben. Nach weiteren 15 min Rühren wird 20 min bei 10000 × g zentrifugiert. Der Niederschlag wird verworfen, zum Überstand werden unter den eben beschriebenen Bedingungen 58 ml kaltes Aceton zugegeben. Nach erneutem 15 min Rühren wird die Fällung wie oben abzentrifugiert und in ($^1/_5$ des Volumens nach Trypsinbehandlung) 0,02 m Tris, p_H 8, gelöst *(Acetonfällung)*.

Im Kühlraum wird Ecteola-Cellulose zu einem Säulenvolumen von 2 × 35 cm aus einer wäßrigen Aufschlämmung eingefüllt und durch den Druck von 35 cm Wasser gepackt. Danach läßt man durch die Säule 100 ml 1 m NaCl in 0,1 m NaOH laufen und wäscht so lange mit bidestilliertem Wasser nach, bis p_H 8,0 unterschritten wird. Annähernd 70 mg Protein aus der Acetonfraktion können an diese Säule adsorbiert werden, nachdem die Enzymlösung fünffach mit 0,05 m Trisacetat, p_H 8,0, verdünnt wurde. Schrittweise wird anschließend mit 0,05 m Trisacetat, p_H 8,0, eluiert (jeweils annähernd 50 ml), dem KCl in steigender Konzentration — 0,05 m, 0,09 m, 0,12 m, 0,15 m — zugesetzt wird. Eluiert man in dieser Reihenfolge mit einer Durchflußrate von annähernd 0,5 ml pro min, so wird die gesamte Phosphodiesterase-Aktivität bei 0,15 m KCl in Trisacetat eluiert *(Ecteola-Cellulose)*. Das so gewonnene Enzym ist annähernd 250fach angereichert, wie die Tabelle 4 zeigt. Durch die Trypsin- und Hitzebehandlung wird der weitaus größte Teil der bei p_H 8,5—8,9 wirksamen 5'-Nucleotidase-Aktivität eliminiert.

Eigenschaften. *Substratspezifität und* MICHAELIS-*Konstanten.* In der Reihe der Nucleotid-Substrate werden von Phosphodiesterasen I alle Verbindungen hydrolysiert, welche

[1] RAZZELL, W. E.: J. biol. Ch. **236**, 3031 (1961).

die untenstehenden Strukturerfordernisse erfüllen. Essentiell ist demnach die 5'-Phosphorylgruppe eines Nucleosidphosphates. R' kann ein einfaches Alkyl, p-Nitrophenyl oder Nucleosid sein. Bestes Substrat bei den meisten Phosphodiesterasen I ist Thymidin-5'-nitrophenylphosphat[1]. Dieses Substrat erlaubt eine genaue Unterscheidung zwischen Phosphodiesterasen der Typen I und II (s. Abb. 1, S. 1011), ferner auch eine bessere Differenzierung der Phosphodiesterasen I verschiedener Herkunft, als es früher mit Di-p-nitrophenylphosphat als Substrat möglich war. Quantitative Daten für die Hydrolyse des heute nicht mehr zu empfehlenden Substrates Di-p-nitrophenylphosphat, s. bei[2,3].

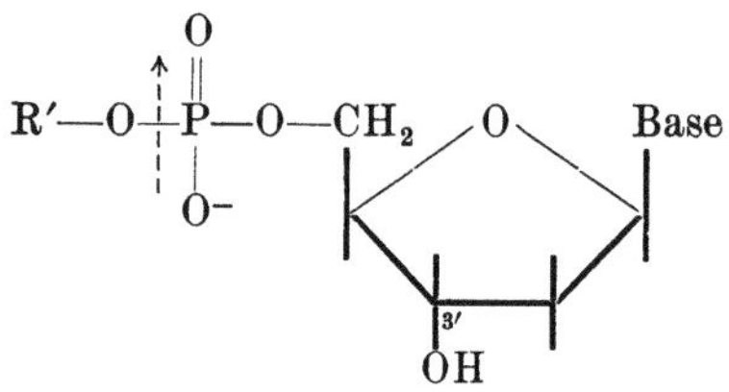

Phosphodiesterase aus Schlangengiften[1] und aus Schweineniere[4] hydrolysieren Nitrophenyl-pT sehr schnell (s. Tabelle 5). Im Gegensatz dazu wird jedoch Nitrophenyl-pT von Phosphodiesterase I aus Leukämiezellen[5] nicht hydrolysiert. Phosphodiesterasen aus Leukämiezellen hydrolysieren auch Benzylester von Nucleosid-5'-phosphaten nicht. Bevorzugtes Substrat für die Phosphodiesterase aus Leukämiezellen ist Polyadenylsäure. Dieses Enzym ist der einzige Vertreter von Phosphodiesterasen des Typ I, der Dinucleotide oder höhere Polymere als Substrat unbedingt benötigt. Als weiteres synthetisches Substrat für Schlangengift-Phosphodiesterase ist 3-Pyridyl-thymidin-5'-phosphat angegeben[6]. Die MICHAELIS-Konstanten für dieses Substrat gegenüber Schlangengift-Phosphodiesterase liegen zwischen $1{,}5 \times 10^{-5}$ M/l bei p_H 8,1 und $1{,}1 \times 10^{-3}$ M/l bei p_H 10,3. Die aus diesen Daten berechnete[7] p_H-unabhängige MICHAELIS-Konstante beträgt $9{,}1 \times 10^{-5}$ M/l, die entsprechende Maximalgeschwindigkeit 0,87 μM pro sec pro mg Protein. Die pK-Werte des freien Enzyms betragen 7,8 und 9,4, die pK-Werte des Enzym-Substrat-Komplexes 9,3 und 10,5.

Die Spaltung von Oligonucleotiden durch Phosphodiesterase I beginnt an dem Ende der Nucleotidkette mit freier 3'-Hydroxylgruppe[4,8,9]. Acetylierung des 3'-Hydroxyls am Nitrophenyl-pT bewirkt sowohl beim Crotalus- als auch beim Schweinenierenenzym eine Verminderung der Maximalgeschwindigkeit (Tabelle 5). Beschleunigend auf die Hydrolyse von Oligonucleotiden wirkt dagegen ein terminales 5'-Monophosphat, wie ebenfalls aus Tabelle 5 hervorgeht: pTpT wird rund 20mal schneller hydrolysiert als TpT. Methylierung der 5'-terminalen Monophosphatgruppe bewirkt keine Verminderung der Enzymaktivität[10]. Wird das 5'-veresterte Monophosphat eines Nucleotidtyps pXpYpZ durch saure Phosphatase abgespalten, so erhält man den Nucleotidtyp XpYpZ, der mit nur 5 % der Geschwindigkeit des ursprünglichen Nucleotids von Schlangengift-Phosphodiesterase hydrolysiert wird[11]. Oligonucleotide des Typs XpYpZp oder pXpYpZp, welche also in 3'-Position einfach verestertes Phosphat tragen, werden von Phosphodiesterase I mit maximal 0,1 % der Geschwindigkeit im Vergleich zu pXpYpZ hydrolysiert[8,9]. Hierbei wird zuerst ein Nucleosid-3',5'-diphosphat freigesetzt (s. S. 1011, Abb. 1)[8]. Diese Oligonucleotide werden jedoch auch von Schlangengift-Phosphodiesterase gebunden und sind starke kompetitive Inhibitoren[1]. Die Affinität dieses Nucleotidtyps zur Phosphodiesterase I steigt mit der Anzahl der Nucleotideinheiten im Molekül[1]. Untersuchungen an Polyribonucleotiden zeigten, daß eine cyclische 2',3'-Phosphodiester-Endgruppe die

[1] RAZZELL, W. E., and H. G. KHORANA: J. biol. Ch. **234**, 2105 (1959).
[2] SINSHEIMER, R. L., and J. F. KOERNER: J. biol. Ch. **198**, 293 (1952).
[3] PRIVAT DE GARILHE, M., and M. LASKOWSKI: Biochim. biophys. Acta **18**, 370 (1955).
[4] RAZZELL, W. E.: J. biol. Ch. **236**, 3028, 3031 (1961).
[5] ANDERSON, E. P., and L. A. HEPPEL: Biochim. biophys. Acta **43**, 79 (1960).
[6] WIEGLER, P. W.: J. biol. Ch. **238**, 1767 (1963).
[7] ALBERTY, R. A., and V. MASSEY: Biochim. biophys. Acta **13**, 347 (1954).
[8] RAZZELL, W. E., and H. G. KHORANA: J. biol. Ch. **234**, 2114 (1959).
[9] WILLIAMS, E. J., S.-C. SUNG and M. LASKOWSKI sen.: J. biol. Ch. **236**, 1130 (1961).
[10] KHORANA, H. G.: Am. Soc. **81**, 4657 (1959).
[11] FELIX, F., J. L. POTTER and M. LASKOWSKI: J. biol. Ch. **235**, 1150 (1960).

Tabelle 5. MICHAELIS-*Konstanten und Maximalgeschwindigkeiten von gereinigter Phosphodiesterase I aus Crotalus adamanteus und aus Schweinenieren mit verschiedenen Substraten.*

Angaben der Maximalgeschwindigkeit V_{max} in μM pro Std pro mg Protein; MICHAELIS-Konstanten $(K_M) = $ Mol/l.

Enzymquelle	Substrat	V_{max}	K_M
Crotalus adamanteus[1], pH 8,9	Di-p-nitrophenylphosphat	39	$7{,}7 \times 10^{-4}$
	Benzyl-p-nitrophenylphosphat	315	$6{,}8 \times 10^{-3}$
	Methyl-p-nitrophenylphosphat	714	$1{,}2 \times 10^{-2}$
	Nitrophenyl-pT	36500	$5{,}0 \times 10^{-4}$
	Nitrophenyl-pU	1275	$5{,}4 \times 10^{-4}$
	Thymidylyl-(3',5')-thymidin (TpT)	278	$5{,}3 \times 10^{-4}$
	Thymidylyl-(5',5')-thymidin	163	$2{,}4 \times 10^{-4}$
	pTpT	6840	$2{,}1 \times 10^{-4}$
	d-pTpA	3520	$2{,}1 \times 10^{-4}$
	cyclo-pTpT*	0,9	—
Crotalus adamanteus[1], pH 8,0	Nitrophenyl-pT	19700	$4{,}9 \times 10^{-4}$
	3'-O-Acetylnitrophenyl-pT	7250	$1{,}5 \times 10^{-4}$
Schweineniere, pH 9,1[2]	Nitrophenyl-pT	3000	$4{,}6 \times 10^{-5}$
Schweineniere, pH 8,0[2]	Nitrophenyl-pT	849	$1{,}7 \times 10^{-4}$
	3'-O-Acetylnitrophenyl-pT	1030	$2{,}6 \times 10^{-4}$

* Diese Geschwindigkeit wurde nicht aus dem LINEWEAVER-BURK-Diagramm ermittelt.

Phosphodiesterae I weniger behindert als eine 3'-Phosphomonoestergruppe[3,4]. Makrocyclische Oligonucleotide, welche über das 3'-Hydroxyl mit der 5'-Phosphomonoestergruppe der beiden terminalen Nucleotide einer Nucleotidkette zu einem cyclischen Oligonucleotid verestert sind, werden sehr langsam hydrolysiert[5] (s. Tabelle 5).

Die Hydrolysegeschwindigkeit des p-Nitrophenylesters von Thymidin-5'-phosphat ist annähernd 30mal so groß wie die Hydrolyse des entsprechenden Uridin-5'-phosphatesters (Tabelle 5)[6], wenn Schlangengift als Enzymquelle verwendet wird. Es scheint eine Eigenheit dieser Phosphodiesterasen zu sein, daß Desoxyribonucleotide schneller hydrolysiert werden als die entsprechenden Ribonucleotide. Hingegen kann eine Bevorzugung bestimmter Nucleobasen nicht beobachtet werden. Phosphodiesterasen aus Schlangengift hydrolysieren zu einem geringen Teil auch Adenosin-5'-triphosphat und Thymidin-5'-triphosphat zu den entsprechenden 5'-Monophosphaten und Pyrophosphat[6]. Ebenso wird auch Thymidylyl-(5',5')-thymidin von *Crotalus*-Phosphodiesterase hydrolysiert (Tabelle 5). Es ist daher möglich, daß Phosphodiesterase I und Pyrophosphatase aus Schlangengift identisch sind[6,7]. So wird auch im Verlauf einer 60—80fachen Reinigung einer Phosphodiesterase aus dem Gift von *Naja nivea* das Verhältnis der Phosphodiesterase zur ATP-Pyrophosphatase-Aktivität konstant gefunden[8].

Die für Oligonucleotide beschriebenen Eigenschaften der Phosphodiesterasen I gelten gleichermaßen für Ribopolynucleotide[9,10] und natürliche oder synthetische Desoxyribopolynucleotide[5,11,12].

[1] RAZZELL, W. E., and H. G. KHORANA: J. biol. Ch. **234**, 2105, 2114 (1959).
[2] RAZZELL, W. E.: J. biol. Ch. **236**, 3031 (1961).
[3] MARKHAM, R., and J. D. SMITH: Biochem. J. **52**, 558 (1952).
[4] HEPPEL, L. A., P. J. ORTIZ and S. OCHOA: J. biol. Ch. **229**, 679 (1957).
[5] RAZZELL, W. E., and H. G. KHORANA: J. biol. Ch. **234**, 2114 (1959).
[6] RAZZELL, W. E., and H. G. KHORANA: J. biol. Ch. **234**, 2105 (1959).
[7] BOMAN, H. G.: Ann. N.Y. Acad. Sci. **81**, 800 (1959).
[8] PFLEIDERER, G., u. F. ORTANDERL: B. Z. **337**, 431 (1963).
[9] VOLKIN, E., and W. E. COHN: J. biol. Ch. **205**, 767 (1953).
[10] CRESTFIELD, A. M., and F. W. ALLEN: J. biol. Ch. **219**, 103 (1956).
[11] PRIVAT DE GARILHE, M., L. CUNNINGHAM, U.-R. LAURILA and M. LASKOWSKI: J. biol. Ch. **224**, 751 (1957).
[12] TURNER, A. F., and H. G. KHORANA: Am. Soc. **81**, 4651 (1959).

p_H-Optimum. Das p_H-Optimum von Phosphodiesterase I aus verschiedenen Quellen liegt in allen Fällen im schwach alkalischen Bereich (im Unterschied zur Phosphodiesterase II, deren p_H-Optimum im schwach sauren bis neutralen Milieu liegt, s. S. 1039f.). Vor allem die Phosphodiesterase aus Leukämiezellen hat ein relativ breites p_H-Optimum (s. Tabelle 6).

Tabelle 6. *p_H-Optima von Phosphodiesterasen I*

Enzymquelle	p_H-Optimum	Literatur
Crotalus adamanteus	8,9	1
Bothrops atrox	7,2	2, 3
Schweineniere	9,1	4
Verschiedene Rattengewebe	8,8—9,0	5
Leukämiezellen	7—8	6

Aktivatoren. Phosphodiesterase I aus verschiedenen Quellen benötigt zur maximalen Aktivität in den meisten Fällen Mg^{++}. Für das Schlangengiftenzym[1] ist kein zusätzliches Mg^{++} notwendig, da das Magnesium in fest enzymgebundener Form vorzuliegen scheint. Die starke Hemmung durch EDTA (s. Tabelle 7) spricht aber auch hier für einen absoluten Mg^{++}-Bedarf. Die Phosphodiesterase I aus Leukämiezellen zeigt maximale Aktivität bei 3×10^{-3} m Mg^{++}, Konzentrationen höher als 10^{-2} m wirken dagegen hemmend[6]. Vergleichbare Mn^{++}-Konzentrationen können Mg^{++} teilweise ersetzen (60 % der Aktivität mit Mg^{++}), Ca^{++} ist als Ersatz für Mg^{++} bedeutend weniger wirksam[6]. Auf die Phosphodiesterase aus Leukämiezellen wirken außerdem β-Mercaptoäthanol und Glutathion stimulierend[6]. Wird bei diesem Enzym Polyadenylsäure als Substrat eingesetzt, erreicht

Tabelle 7. *Inhibitoren von Phosphodiesterase I.*
Aktivität ohne Inhibitor = 100 %.

Enzymquelle	Inhibitor	Konzentration in Mol/l	Restliche Aktivität
Crotalus adamanteus[1]	Cystein	1×10^{-3}	54
Substrat: Nitrophenyl-pU		5×10^{-3}	71
	Glutathion	5×10^{-3}	16
	Thioglykolat	5×10^{-3}	16
	Ascorbinsäure	5×10^{-3}	46
	Na-citrat	5×10^{-3}	94
	EDTA	3×10^{-5}	77
		$1{,}1 \times 10^{-4}$	46
		$4{,}1 \times 10^{-4}$	9
	Harnstoff	4,0	55
		6,0	33
Schweineniere[4]	Cu^{++}	4×10^{-3}	75
Substrat: Nitrophenyl-pT	EDTA	5×10^{-4}	94
		$2{,}5 \times 10^{-3}$	60
	5'-AMP	1×10^{-3}	0
		3×10^{-4}	84
	ADP	1×10^{-3}	60
		3×10^{-4}	100
	ATP	1×10^{-3}	79
	pT	1×10^{-3}	40
	Desoxy-AMP	1×10^{-3}	10
Leukämiezellen[6]	Pyrophosphat	1×10^{-2}	60
Substrat: Polyadenylsäure	Fluorid	4×10^{-2}	0
	5'-AMP	$2{,}8 \times 10^{-3}$	70
	Adenosin	$1{,}9 \times 10^{-3}$	30
	pApA	$1{,}6 \times 10^{-3}$	38

[1] Razzell, W. E., and H. G. Khorana: J. biol. Ch. **234**, 2105 (1959).
[2] Williams, E. J., S.-C. Sung and M. Laskowski sen.: J. biol. Ch. **236**, 1130 (1961).
[3] Björk, W.: J. biol. Ch. **238**, 2487 (1963).
[4] Razzell, W. E.: J. biol. Ch. **236**, 3031 (1961).
[5] Razzell, W. E.: J. biol. Ch. **236**, 3028 (1961).
[6] Anderson, E. P., and L. A. Heppel: Biochim. biophys. Acta **43**, 79 (1960).

man bei 0,04 m Orthophosphat eine Aktivitätszunahme um das Vierfache[1]. Bei der Phosphodiesterase I aus Schweinenieren erhöht eine Endkonzentration von 10^{-3} m Mg^{++} die Enzymaktivität um 12%, 10^{-2} m Mg^{++} um 46% [2].

Inhibitoren. Bedingt durch den Metallbedarf der Phosphodiesterase I sind vor allem Chelatbildner sehr wirksame Inhibitoren. Außer Sulfhydrylverbindungen sind auch Nucleotidderivate als Inhibitoren wirksam, deren hemmende Eigenschaften möglicherweise auf eine Konkurrenz mit dem Substrat zurückzuführen sind (Tabelle 7). Für das *Crotalus*-Enzym sind kompetitive Inhibitoren bereits erwähnt worden (s. S. 1016).

Bestimmung. Wie auf S. 1010 dargelegt wurde, ist eine eindeutige Abgrenzung der Phosphodiesterase I gegenüber anderen Phosphodiesterasen nur mit spezifischen Substraten möglich. Besonders geeignet ist hierzu Nitrophenyl-pT (s. S. 1017, Tabelle 5). Das in älteren Arbeiten vorwiegend, aber auch heute noch häufig verwendete Substrat Di-p-nitrophenylphosphat sollte exakterweise nur dann eingesetzt werden, wenn man sicher ist, daß ein einheitliches Phosphodiesterasepräparat vorliegt. Im folgenden werden zwei Methoden mit Nitrophenyl-pT bzw. Di-p-nitrophenylphosphat als Substraten beschrieben. Di-p-nitrophenylphosphat als Substrat eignet sich auch zur Bestimmung der Phosphodiesterase II (s. S. 1040).

***Bestimmung der Phosphodiesterase I mit Calcium-di-p-nitrophenylphosphat nach* Sinsheimer *und* Koerner[3].**

Prinzip:

Aus Di-p-nitrophenylphosphat wird durch Phosphodiesterasen p-Nitrophenol freigesetzt. p-Nitrophenolat absorbiert bei 440 mμ in Abhängigkeit vom p_H (!). Die Zunahme der Extinktion bei 440 mμ wird verfolgt.

Reagentien:

1. 0,1 m Glycinpuffer, p_H 8,8.
2. 0,3 m Magnesiumacetat.
3. 10^{-3} m Calcium-di-p-nitrophenylphosphat (zu beziehen z.B. durch Mann Research Laboratories, Inc., 136 Liberty Street, New York 6, USA).

Ausführung:

1,0 ml Substrat, 0,6 ml Puffer, 0,2 ml Magnesiumacetat und Wasser werden auf 37° C vorgewärmt; die Reaktion wird durch Zugabe des Enzyms gestartet. Das Endvolumen des Ansatzes beträgt 2,2 ml. Nach 3 Std Inkubation bei 37° C wird 1 ml Inkubat zu 2 ml H_2O in eine 1 cm-Küvette gegeben und die Extinktion bei 440 mμ gemessen. Als Kontrolle dient ein Parallelansatz ohne Enzym.

Berechnung:

Unter den hier beschriebenen Bedingungen ergibt eine komplette Hydrolyse des eingesetzten Di-p-nitrophenylphosphats (1 μM) bei 440 mμ eine Extinktion von 2,0.

***Bestimmung der Phosphodiesterase I nach* Razzell *und* Khorana[4].**

Prinzip:

Aus Nitrophenyl-pT wird durch Phosphodiesterase I p-Nitrophenol freigesetzt. Dieser Vorgang wird bei 400 mμ im Spektralphotometer direkt verfolgt.

Reagentien:

1. 0,1 m Trispuffer, p_H 8,9.
2. 5×10^{-4} m Nitrophenyl-pT. Darstellung s. unten.

Ausführung:

1,0 ml Pufferlösung, 1,0 ml Nitrophenyl-pT, Wasser und Enzym auf 3,0 ml werden in eine 1 cm-Küvette pipettiert. Vor der Zugabe des Enzyms wird das Gemisch auf

[1] Anderson, E. P., and L. A. Heppel: Biochim. biophys. Acta **43**, 79 (1960).
[2] Razzell, W. E.: J. biol. Ch. **236**, 3031 (1961).
[3] Sinsheimer, R. L., and J. F. Koerner: J. biol. Ch. **198**, 293 (1952).
[4] Razzell, W. E., and H. G. Khorana: J. biol. Ch. **234**, 2105 (1959).

37° C vorgewärmt. Bei 37° C wird in Abständen von 1 min die Extinktion bei 400 mμ mindestens 5 min lang verfolgt.

Berechnung:

Unter den beschriebenen Bedingungen entspricht eine Extinktionszunahme um 1,2 der Hydrolyse von 1 μM Substrat.

Darstellung von Thymidin-5'-nitrophenylphosphat (Nitrophenyl-pT) nach RAZZELL und KHORANA[1].

2 mM Thymidin-5'-phosphat (864 mg des Tetrahydrates) werden mit Amberlite IR-120 (Pyridiniumform) in das Pyridiniumsalz überführt und getrocknet. Das gummiartige Produkt wird in einem Gemisch von 9,72 ml Pyridin und 0,28 ml Triäthylamin gelöst und im Vakuum bei Zimmertemperatur eingedampft. Der Rückstand wird noch zweimal mit wenig Pyridin gelöst, wiederum eingedampft und zuletzt in 75 ml wasserfreiem Pyridin gelöst. 2,78 g (20 mM) p-Nitrophenol und 4,12 g (20 mM) Dicyclohexylcarbodiimid werden zugegeben; das Gemisch wird bei Zimmertemperatur 7 Tage lang im Dunkeln stehengelassen. Danach wird das Gemisch im Vakuum eingedampft und der Rückstand in 25 ml 0,08 n Natronlauge gelöst. Die wäßrige Lösung wird dreimal mit Äther extrahiert und anschließend durch eine Amberlite IR-120-Säule (Säureform) geschickt. Das saure Eluat wird mit Natronlauge auf p_H 3,5 eingestellt und so oft mit Äther extrahiert, bis die Extrakte nach Schütteln mit Natronlauge keine gelbe Farbe mehr geben. Die wäßrige Lösung wird eingedampft und der Rückstand in 10 ml Methanol aufgenommen. Nach dem Filtrieren der methanolischen Lösung werden zum Filtrat 100 ml Aceton-Äther (1:1, vorher gemischt) zugegeben. Nach kurzem Stehen wird ein flockiger Niederschlag abzentrifugiert, mit Aceton-Äther gewaschen und im Vakuum getrocknet (Ausbeute 805 mg Nitrophenyl-pT).

Papierchromatographie an Whatman 3 MM (n-Butanol-Eisessig-Wasser im Verhältnis 5:2:3) zeigt, daß das Präparat noch mit wenig Thymidin-5'-phosphat verunreinigt ist. Es wird durch Chromatographie an einer Cellulosesäule (20 $\times$ 3 cm) gereinigt. Die Elution erfolgt mit 75%igem Isopropanol. Werden die Eluate in 10 ml-Anteilen aufgefangen, so erscheint Nitrophenyl-pT in den Fraktionen 19—24 klar getrennt vom Thymidin-5'-phosphat. Die gesammelten Fraktionen werden eingedampft, in etwas Methanol aufgenommen und mit 10 Vol. Äther versetzt. Die entstandene Fällung wird abzentrifugiert und bei Zimmertemperatur getrocknet.

Ausbeute: 600 mg chromatographisch reines Natriumsalz von Nitrophenyl-pT.

Analyse: P = 6%; $\lambda_{max} = 270$ mμ (p_H 2); $\varepsilon_{270\,m\mu} = 16250$.

***Histochemischer Nachweis der Phosphodiesterase I nach* SIERAKOWSKA *und* SHUGAR[2].**

Prinzip:

Phosphodiesterase I kann histochemisch mit α-Naphthyl-pT als Substrat spezifisch nachgewiesen werden. Das durch die Phosphodiesterasewirkung freigesetzte α-Naphthol wird mit 5-Chlor-o-toluidin zu einem unlöslichen Farbstoff gekuppelt.

Inkubationsmedium:

In 0,1 m Tris, p_H 9,0, sind pro ml 2 mg Naphthyl-pT und 4 mg „Fast Red TR" (5-Chlor-o-toluidin) gelöst. Der Farbstoff soll erst unmittelbar vor Versuchsbeginn dem Medium zugesetzt werden.

Ausführung:

Unter Äthernarkose werden die gewünschten Gewebe dem Versuchstier entnommen und über Nacht bei +4° C in Formol-Calcium fixiert. Einzelheiten der histochemischen Arbeitsweise s. Bd. II, S. 345ff. In dem beschriebenen Inkubationsmedium werden 15 μ dicke Schnitte bis zu 30 min inkubiert. Werden Gefrierschnitte verwendet, genügen je nach Dicke der Schnitte bereits Inkubationszeiten um 15 sec. Als Kontrollen dienen erhitzte Schnitte, oder die Inkubation erfolgt ohne das Substrat Naphthyl-pT.

[1] RAZZELL, W. E., and H. G. KHORANA: J. biol. Ch. **234**, 2105 (1959).
[2] SIERAKOWSKA, H., and D. SHUGAR: Biochem. biophys. Res. Comm. **11**, 70 (1963).

Darstellung von α-Naphthyl-thymidin-5'-phosphat (Naphthyl-pT) nach SIERAKOWSKA *und* SHUGAR[1].

Die Darstellung von Naphthyl-pT erfolgt analog zur Präparation des Nitrophenyl-pT, wie sie bereits auf S. 1020 beschrieben ist. 5'-Tritylthymidin und α-Naphthyl-phosphoryl-dichlorid[2] dienen als Ausgangsmaterial. Das gewonnene Produkt Naphthyl-pT muß noch von anwesendem α-Naphthylphosphat befreit werden. Dies geschieht durch eine längere Inkubation mit einer Phosphomonoesterase und anschließende Papierchromatographie an Whatman No. 1-Papier. In absteigender Chromatographie mit H_2O-gesättigtem Butanol als Laufmittel werden folgende R_F-Werte gefunden: Thymidin = 0,52, Tp-naphthyl = 0,36, Naphthyl-pT = 0,32.

Mikrobielle Phosphodiesterasen I.

In *E. coli* sind drei verschiedene Phosphodiesterasen nachgewiesen und charakterisiert worden. Gemeinsam mit den bisher beschriebenen Phosphodiesterasen aus Schlangengift und aus verschiedenen tierischen Geweben haben die Phosphodiesterasen aus *E. coli* die Eigenschaft, aus Oligonucleotiden oder Polynucleotiden sukzessive 5'-Mononucleotide freizusetzen[3]. Damit ist eine Zuordnung der Phosphodiesterasen aus *E. coli* zur Gruppe der Phosphodiesterasen I gerechtfertigt.

Die Phosphodiesterasen aus *E. coli* unterscheiden sich von den bisher beschriebenen Phosphodiesterasen I durch

1. eine zusätzliche Spezifität für Pentosebausteine[3–6],
2. sie sind zum Teil mit anderen Enzymen in bisher nicht trennbarer Weise vergesellschaftet[5–8],
3. bei DNS-Substraten sprechen sie auf die Superstruktur der DNS an[3–9].

Untereinander sind die *E. coli*-Phosphodiesterasen durch folgende Eigenschaften zu differenzieren:

1. Die *E. coli*-Phosphodiesterase „Exonuclease I" bevorzugt denaturierte DNS als Substrat[9].
2. *E. coli*-Phosphodiesterase „Exonuclease II" verwendet Oligonucleotide, native und denaturierte DNS als Substrat. Die „Exonuclease II" ist vergesellschaftet mit der DNS-Polymerase und durch irgendwelche physikalische oder chemische Methoden bisher nicht von der DNS-Polymerase zu trennen[4,7,8].
3. *E. coli*-Phosphodiesterase „Exonuclease III" bevorzugt native DNS als Substrat, Desoxy-Oligonucleotide werden nicht als Substrate verwertet. Die „Exonuclease III" ist identisch mit einer für DNS spezifischen Phosphatase und von diesem Enzym durch physikalische oder chemische Methoden bisher nicht abtrennbar. DNS mit 3'-terminalem Phosphat wird zunächst in das Derivat mit terminalem 3'-Hydroxyl umgewandelt und anschließend weiter abgebaut[5,6].

Die für die Phosphodiesterasen aus *E. coli* vom Arbeitskreis KORNBERG verwendeten Bezeichnungen Exonuclease I, Exonuclease II und Exonuclease III decken sich nicht mit den für alle anderen Phosphodiesterasen gebräuchlichen Bezeichnungen. Sie sollen laut KORNBERG nur für die Enzyme aus *E. coli* verwendet werden. Zur Vermeidung von Verwechslungen wird die Nomenklatur der amerikanischen Autoren im vorliegenden Artikel in Anführungsstrichen verwendet.

[1] SIERAKOWSKA, H., and D. SHUGAR: Biochem. biophys. Res. Comm. **11**, 70 (1963).
[2] FRIEDMAN, O. M., and A. M. SELIGMAN: Am. Soc. **72**, 624 (1950).
[3] LEHMAN, I. R.; in: J. N. DAVIDSON and W. COHN (Edit.): Progress in Nucleic Acid Research. Vol. II, S. 83, New York 1963.
[4] LEHMAN, I. R., and C. C. RICHARDSON: J. biol. Ch. **239**, 233 (1964).
[5] RICHARDSON, C. C., and A. KORNBERG: J. biol. Ch. **239**, 242 (1964).
[6] RICHARDSON, C. C., I. R. LEHMAN and A. KORNBERG: J. biol. Ch. **239**, 251 (1964).
[7] LEHMAN, I. R.: Fed. Proc. **21**, 378 (1962).
[8] APOSHIAN, H. V., C. C. RICHARDSON and C. SCHILDKRAUT: Fed. Proc. **21**, 381 (1962).
[9] LEHMAN, I. R.: J. biol. Ch. **235**, 1479 (1960).

„*Exonuclease I*".

Darstellung von „*Exonuclease I*" nach LEHMAN[1].

E. coli (Stamm B oder *ML 30)* wurde in folgendem Medium gezüchtet[2]: 1,1 % K_2HPO_4, 0,85 % KH_2PO_4, 0,6 % Hefeextrakt (Difco), 1 % Glucose. 2 Std nach Beendigung der exponentiellen Wachstumsphase wird die Kulturlösung durch Zugabe von Eisstücken abgekühlt, anschließend werden die Bakterien in der Kälte abzentrifugiert. Pro Liter Kulturlösung erhält man ungefähr 8 g gepackte Zellen. Pro Gramm Bakterien werden 3 ml 0,5 % NaCl, 0,5 % KCl zugegeben, und die Bakteriensuspension wird im Mixer kurz aufgewirbelt. Die Bakterien werden abzentrifugiert und können bei —12° C 1 Monat lang aufbewahrt werden. Die Bakterienzellen werden in 4 ml 0,05 m Glycylglycinpuffer, p_H 7,0, pro Gramm suspendiert und durch 15 min dauernde Ultraschallbehandlung (Raytheon; 10 kc) aufgeschlossen. Danach wird die Suspension 15 min bei 12000 ×g zentrifugiert und der Extrakt mit Glycylglycinpuffer bis zu einer Proteinkonzentration von 20 mg pro ml verdünnt. 800 ml Extrakt aus *E. coli* werden mit dem gleichen Volumen 0,05 m Glycylglycinpuffer, p_H 7,0, verdünnt; anschließend werden unter Rühren 160 ml 2 %iges Protaminsulfat zugegeben. Nach 10 min wird 15 min bei 10000 ×g zentrifugiert. Der gummiartige Niederschlag wird mit 1600 ml 0,07 m Kaliumphosphatpuffer, p_H 8,0, 5 min lang im Mixer zerkleinert; anschließend wird die Suspension 3 Std bei 44000 ×g zentrifugiert. 1600 ml des Protamineluates werden mit 904 g festem Ammoniumsulfat versetzt; nach 10 min wird die Fällung durch 30 min Zentrifugieren bei 10000 ×g abgeschleudert und in 300 ml 0,05 m Kaliumphosphatpuffer, p_H 6,8, gelöst *(Protamineluat)*. 300 ml des Protamineluates werden mit 36 g Ammoniumsulfat versetzt. Nach 10 min Stehen wird die Fällung durch 10 min Zentrifugieren bei 12000 ×g sedimentiert. Der Niederschlag wird in 36 ml 0,02 m Kaliumphosphatpuffer, p_H 7,5, gelöst und gegen den gleichen Puffer dialysiert *(Ammoniumsulfatfraktion)*.

Die Enzymlösung wird an eine DEAE-Cellulosesäule (10 × 2,2 cm) adsorbiert, nachdem die Cellulose mit 0,02 m Kaliumphosphatpuffer, p_H 7,5, äquilibriert wurde. Nach der Adsorption wird die Säule mit 10 ml 0,02 m Kaliumphosphat, p_H 7,5, nachgewaschen. Bei einer Durchflußgeschwindigkeit von 70 ml pro Std wird mit einem linearen Gradienten zwischen 150 ml 0,1 m und 150 ml 0,5 m Kaliumphosphat, p_H 6,5, eluiert. Über 90 % der eingesetzten Enzymaktivität erscheinen als einheitlicher Gipfel, nachdem 3,6—5,0 Säulenvolumina Elutionspuffer durchgelaufen sind. Die Fraktionen mit der höchsten spezifischen Aktivität werden vereinigt. 36 ml der vereinigten Eluate werden mit 10 g festem Ammoniumsulfat versetzt, und nach 10 min Stehen wird die Fällung durch 20 min Zentrifugieren bei 12000 ×g sedimentiert. Das Sediment wird in 6,0 ml 0,05 m Trispuffer, p_H 7,5, gelöst und bis zur völligen Entfernung von Orthophosphat gegen 0,05 m Tris, p_H 7,5, dialysiert *(DEAE-Eluat)*. Diese Fraktion ist bei —20° C über 2 Monate stabil, nach 6 Monaten sind noch 40 % der ursprünglichen Aktivität vorhanden.

Eine weiterführende Reinigung der „Exonuclease I"[3] benutzt zunächst die für die „Exonuclease II" beschriebenen Präparationsstufen bis inklusive der Autolyse (s. S. 1026 und Tabelle 10). Die zu diesen Schritten gehörenden Aktivitätsdaten der „Exonuclease I" sind mit den in Tabelle 10 benutzten Bezeichnungen der Fraktionen in der Tabelle 8 eingetragen.

Bis zur Gewinnung des ersten Ammoniumsulfat-Niederschlages wird die Präparation der „Exonuclease I", wie auf S. 1026f. für die „Exonuclease II" beschrieben ist, durchgeführt. Dieser Niederschlag *(1. Ammoniumsulfat)* wird in 1 l 0,02 m Kaliumphosphat, p_H 7,2, gelöst, danach werden ca. 140 g festes Ammoniumsulfat unter Rühren zugegeben. Die genaue Menge wird in Vorversuchen an kleinen Aliquots ermittelt; wegen der aus der vorangehenden Fällung eingeschleppten Ammoniumsulfat-Reste kann die hier benötigte

[1] LEHMAN, I. R.: J. biol. Ch. **235**, 1479 (1960).
[2] LEHMAN, I. R., M. J. BESSMAN, E. S. SIMMS and A. KORNBERG: J. biol. Ch. **233**, 163 (1958).
[3] LEHMAN, I. R., and A. L. NUSSBAUM: J. biol. Ch. **239**, 2628 (1964).

Salzmenge etwas schwanken. 10 min nach der letzten Salzzugabe zum ganzen Ansatz wird eine Fällung durch 10 min Zentrifugieren bei 15000 × g gewonnen, in 150 ml 0,02 m Kaliumphosphat, p_H 7,4, aufgenommen und von ungelösten Anteilen durch 30 min Zentrifugieren bei 15000 × g befreit. Man erhält 170 ml klare Lösung *(2. Ammoniumsulfat)*.

Mehrere Säulen DEAE-Cellulose (12 × 2,2 cm) werden mit je 1 l 0,02 m Kaliumphosphat, p_H 7,4, 10^{-3} m an 2-Mercaptoäthanol, äquilibriert. Gegen 4 l dieses Puffers wird die 2. Ammoniumsulfat-Fraktion 12—15 Std dialysiert, je 40 ml der dialysierten Lösung werden pro Säule mit Durchlaufraten von 30 ml pro Stunde adsorbiert. Die Elution erfolgt im linearen Gradienten mit je 200 ml 0,1 m und 0,5 m Kaliumphosphat, p_H 7,4, 10^{-3} m an 2-Mercaptoäthanol, bei Elutionsraten von 60 ml pro Stunde. Die „Exonuclease I" wird annähernd in der Mitte des Gradienten eluiert, die Fraktionen mit der höchsten spezifischen Aktivität werden vereinigt (320 ml) *(DEAE-Cellulose)* und 6 Std gegen 0,05 m Kaliumphosphat, p_H 6,4, 10^{-3} m an 2-Mercaptoäthanol, dialysiert.

Zwei Hydroxylapatit-Säulen werden für die 320 ml aus der DEAE-Cellulose gewonnenen Eluate benötigt; jede 15 × 2,2 cm große Hydroxylapatit-Säule wird mit 1500 ml des Dialysierpuffers äquilibriert. 225 ml der dialysierten Fraktion aus der DEAE-Cellulose werden bei einer Durchflußrate von 45 ml je Std an der Hydroxylapatit-Säule adsorbiert. Danach wird mit 10 ml des Dialysepuffers nachgewaschen. Mit linearem Gradienten aus je 250 ml 0,05 m und 0,25 m Kaliumphosphat — 10^{-3} m an 2-Mercaptoäthanol — wird bei Durchflußgeschwindigkeiten von 72 ml pro Std eluiert. Auch hier wird das Aktivitätsmaximum annähernd in der Mitte des Gradienten eluiert *(Hydroxylapatit)*. 270 ml der nach Chromatographie an Hydroxylapatit gewonnenen Fraktion werden mit 96 g Ammoniumsulfat unter Rühren versetzt, 20 min stehengelassen und danach 60 min bei 15000 × g zentrifugiert. Das Sediment sird in 3,8 ml 0,05 m Trispuffer, p_H 7,5, gelöst; geringe ungelöste Anteile werden bei 60000 × g × min abgeschleudert *(Hydroxylapatit, konzentriert)*.

Tabelle 8. *Reinigung der „Exonuclease I" aus E. coli.*

	Fraktion	Relative spezifische Aktivität	Ausbeute %
Nach LEHMAN[1]	Extrakt	10,6	100
	Protamineluat	47,3	60
	Ammoniumsulfat-fraktion	159	41
	DEAE-Eluat	1460	22
Nach LEHMAN und NUSSBAUM[2]	Extrakt*	10,7	100
	Streptomycinfällung*	29,4	52
	Autolyse*	230	54
	1. Ammoniumsulfat	215	50
	2. Ammoniumsulfat	730	22
	DEAE-Cellulose	5950	14
	Hydroxylapatit	14700	9
	Hydroxylapatit, konzentriert	12500	7

* Diese Fraktionen sind mit den in Tabelle 10 auf S. 1028 angegebenen Fraktionen identisch.

Die „Exonuclease I" ist nach diesem Verfahren 1400fach angereichert (s. Tabelle 8), jedoch nach physikalischen Kriterien noch nicht einheitlich: Sedimentationsanalyse zeigt 3, Stärkegel-Elektrophorese 4 Komponenten. Die nach DEAE-Cellulose gewonnene Fraktion ist bei —12° C über 2 Jahre lang stabil; die Fraktion nach Hydroxylapatit verliert unter gleichen Bedingungen nach einem Monat 50% der Aktivität.

Eigenschaften. *Substratspezifität.* Substrat der „Exonuclease I" sind vor allem denaturierte DNS[1, 2] und Desoxyoligonucleotide; essentiell ist eine 3'-terminale Hydroxylgruppe[2]. Native *E. coli*-DNS wird von der „Exonuclease I" rund 40000mal langsamer hydrolysiert als hitzedenaturierte DNS aus *E. coli*. Native DNS aus *Hämophilus influenzae* verliert nach langer Inkubation mit hohen Konzentrationen an „Exonuclease I"

[1] LEHMAN, I. R.: J. biol. Ch. **235**, 1479 (1960).
[2] LEHMAN, I. R., and A. L. NUSSBAUM: J. biol. Ch. **239**, 2628 (1964).

ihre Transformations-Aktivität nicht, wogegen native DNS der Phagen λ diese Eigenschaft teilweise verliert[1]. Bemerkenswert ist auch, daß DNS aus Phagen Φ X 174, welche glucosyliertes Hydroxymethylcytosin als Nucleotidbaustein enthält, von der „Exonuclease I" ebenfalls sehr schnell abgebaut wird[2].

d-AT-Copolymeres wird in geringem Maße von der „Exonuclease I" hydrolysiert[1, 3], wogegen das d-GdC-Polymere nicht als Substrat verwendet wird[4]. Ribonucleinsäure scheint von der „Exonuclease I" nicht hydrolysiert zu werden: Sehr hohe Enzymkonzentrationen und lange Inkubationsdauer bewirken einen RNS-Abbau bis zu 12%[2]; unter den gleichen Bedingungen wird hitzedenaturierte DNS mindestens 100mal schneller hydrolysiert. Transfer-RNS aus *E. coli* verliert diese Eigenschaft nach Inkubation mit „Exonuclease I" nicht[5]. 1000fach größere Enzymmengen, als sie üblicherweise eingesetzt werden, bewirken einen 60%igen Verlust der Infektiosität der Tabakmosaik-Virus-RNS[1].

Tabelle 9. MICHAELIS-*Konstanten* (K_M) *und Maximalgeschwindigkeiten* (V_{max}) *der „Exonuclease I" nach* LEHMAN *und* NUSSBAUM[1].

K_M = Mol/l, V_{max} = μMol entstandenes Mononucleotid pro min pro mg Protein.

Substrat	K_M	V_{max}
d-pTpTpT	$2,5 \times 10^{-3}$	8,3
d-TpTpT	$1,3 \times 10^{-3}$	17,1
d-pTpTpTpTpT	$1,4 \times 10^{-3}$	15,7
d-TpTpTpTpT	$1,3 \times 10^{-3}$	17,6
Hitzedenaturierte DNS aus E. coli *	$6,2 \times 10^{-9}$	4,7

* Eine Kettenlänge von 10^4 Nucleotideinheiten wurde angenommen.

Die hier dargelegten Spezifitäten geben noch kein einheitliches Bild, was daran liegen mag, daß die Spezifität gegenüber verschiedenen Polynucleotiden noch nicht eindeutig geklärt ist. Jedenfalls hydrolysiert „Exonuclease I" Oligonucleotide und Polynucleotide zu 5'-Mononucleotiden, beginnend am freien 3'-Hydroxyl der Nucleotidkette[1, 6]. Werden Oligonucleotide am 3'-terminalen Hydroxyl acetyliert, so können sie nicht mehr von der „Exonuclease I" hydrolysiert werden[1, 6]. Im Gegensatz zu den tierischen Phosphodiesterasen I hat das terminale 5'-Phosphat weniger Einfluß auf die Substrateigenschaften eines Oligonucleotids: d-pTpTpT wird doppelt so schnell von der „Exonuclease I" hydrolysiert wie d-TpTpT (Tabelle 9), wogegen Oligonucleotide ohne 5'-terminales Phosphat von Schlangengift-Phosphodiesterase I nur sehr langsam hydrolysiert werden (s. S. 1016).

Der Abbau von Desoxypolynucleotiden durch „Exonuclease I" erfolgt — im Gegensatz zur „Exonuclease II" (s. S. 1028) — nicht vollständig zu 5'-Desoxymononucleotiden, sondern endet, wenn nur noch Dinucleotide vorhanden sind. Auf Grund dieser Eigenschaft ist dieses Enzym auch gut für die präparative Darstellung von Desoxydinucleotiden aus hitzedenaturierter DNS geeignet. Nach LEHMAN[2] kann man mit der weniger hoch gereinigten „Exonuclease I" rund 50% der als Substrat eingesetzten hitzedenaturierten DNS als folgende Dinucleotide gewinnen: d-pCpA, d-pTpA, d-pApA, d-pGpG, d-pGpA d-pTpG und d-pCpT. Diese hohe Ausbeute an Dinucleotiden ist aus dem Exonuclease-Charakter des Enzyms nur schwer verständlich.

*p*H-*Optimum.* Das pH-Optimum der „Exonuclease I" in 0,07 m Glycin liegt zwischen 9,2 und 9,8. Bei pH 8,5 in 0,05 m Glycin beträgt die Aktivität nur 60% derjenigen des Optimums. Ein Zusatz von K_2HPO_4 vom pH 8,5 bis 0,07 m ermöglicht die gleiche Rate, wie sie in Glycin bei pH 9,2 gefunden wird[2].

Aktivatoren und Inhibitoren. Für die „Exonuclease I" sind Mg^{++}-Ionen essentiell, sie können durch Ca^{++} nicht ersetzt werden. Die optimale Magnesium-Konzentration liegt zwischen $1,5 \times 10^{-3}$ und 3×10^{-2} m; ohne Magnesium ist das Enzym nur noch $^1/_3$—$^1/_5$ so aktiv. EDTA in einer Endkonzentration von 2×10^{-2} hemmt die „Exonuclease I" vollständig, Zn^{++} bei 3×10^{-4} m Endkonzentration bewirkt eine 36%ige Hemmung[2].

[1] LEHMAN, I. R., and A. L. NUSSBAUM: J. biol. Ch. **239**, 2628 (1964).
[2] LEHMAN, I. R.: J. biol. Ch. **235**, 1479 (1960).
[3] JOSSE, J., A. D. KAISER and A. KORNBERG: J. biol. Ch. **236**, 864 (1961).
[4] RADDING, C. M., J. JOSSE and A. KORNBERG: J. biol. Ch. **237**, 2869 (1962).
[5] OFENGAND, E. J., M. DIECKMANN and P. BERG: J. biol. Ch. **236**, 1741 (1961).
[6] FALASCHI, A., J. ADLER and H. G. KHORANA: J. biol. Ch. **238**, 3080 (1963).

Bestimmung der „Exonuclease I“ aus E. coli nach LEHMANN[1].

Prinzip:

Die Phosphodiesterase setzt aus teilweise abgebauter, mit ^{32}P markierter *E. coli*-Desoxyribonucleinsäure ^{32}P-haltige 5'-Mononucleotide frei. Diese werden im Überstand nach Perchlorsäurefällung durch ihre Radioaktivität bestimmt.

Reagentien:

1. 0,1 m Glycinpuffer, p_H 9,2, 10^{-2} m an $MgCl_2$.
2. Teilweise abgebaute ^{32}P-markierte DNS aus *E. coli*, 2 μC/μM P (Darstellung wird unten beschrieben).
3. Kalbsthymus-DNS als Träger, 2,5 mg in 1 ml H_2O.
4. 0,5 n Perchlorsäure.
5. 1 n KOH.

Ausführung:

0,1 ml Puffer, 10 nM teilweise abgebaute DNS, Enzym und H_2O ad 0,3 ml werden 30 min bei 37° C inkubiert, anschließend werden 0,2 ml Thymus-DNS als Träger und 0,5 ml kalte Perchlorsäure zugegeben und 5 min im Eisbad stehengelassen. Danach wird 3 min bei 10000 × g zentrifugiert. 0,2 ml des gewonnenen Überstandes werden mit einem Tropfen Kalilauge auf einem Meßschälchen eingetrocknet.

Als Kontrolle dient ein paralleler Ansatz ohne Enzym. In beiden Fällen wird die auf das Meßschälchen aufgetragene Radioaktivität gemessen. Die Enzymaktivität wird in willkürlichen Einheiten als Freisetzung von perchlorsäurelöslicher Radioaktivität aus der markierten DNS definiert.

Darstellung ^{32}P-markierter DNS aus E. coli nach LEHMAN[1]. 200 ml Glycerin-Lactat-Medium[2] mit 0,6 μM Orthophosphat pro ml (spezifische Aktivität 50 μC pro μMol) werden mit 0,2 ml einer 7 Std alten Kultur von *E. coli Stamm B* beimpft. Nach 18 Std werden die Zellen durch Zentrifugieren gewonnen und zweimal mit 0,9% KCl gewaschen. Man erhält 0,7 g gepackte Zellen, die in 4,5 ml 0,14 m NaCl, 10^{-2} m an Natriumcitrat, suspendiert werden. 320 mg umkristallisiertes Natriumdodecylsulfat werden der Suspension zugegeben, anschließend wird 1 Std lang bei Zimmertemperatur gerührt. Hierbei klärt sich die Suspension auf und wird stark viscös. Die Suspension wird mit 2 Vol. 95%igem Äthanol versetzt, das fädige Sediment wird gewonnen und mit 5 ml 1,4 m NaCl + 0,01 m an Natriumcitrat homogenisiert, anschließend wird 10 min bei 12000 × g zentrifugiert. Der Überstand wird dekantiert, der Rückstand wird noch zweimal in der gleichen Weise extrahiert. Die vereinigten Überstände werden mit 2 Vol. kaltem 95%igem Äthanol versetzt, das danach gewonnene fädige Sediment wird in 5 ml 0,14 m NaCl, 0,01 m an Natriumcitrat, gelöst. 22,5 mg Natriumdodecylsulfat werden zugegeben, und die Lösung wird 1 Std bei Zimmertemperatur gerührt. Anschließend wird festes NaCl bis 1 m Endkonzentration zugegeben; eine hierbei entstehende Fällung wird 20 min bei 12000 × g sedimentiert und verworfen. Die überstehende Lösung wird erneut mit 2 Vol. Äthanol versetzt und die aufgetretene Fällung in 3 ml 0,14 m NaCl + 0,01 m Natriumcitrat aufgenommen. 40 μg Pankreas-Ribonuclease werden zugegeben, bei Zimmertemperatur wird 15 min lang inkubiert. Anschließend wird die Lösung mit 1,5 ml Norit-Suspension versetzt (20 Vol.-% des Adsorbens enthaltend) und 5 min bei 0° C gerührt. Das Adsorbens wird abzentrifugiert, die Lösung erneut mit der gleichen Menge Norit versetzt, und nach 5 min wird das Adsorbens erneut abzentrifugiert. Die Norit-Niederschläge werden mit 2 ml 0,14 m NaCl + 0,01 m Natriumacetat gewaschen, die Waschflüssigkeit wird mit dem Überstand vereinigt. Mit 2 Vol. Äthanol wird die DNS erneut aus dem Überstand ausgefällt, in 4 ml 0,02 m NaCl gelöst und 30 min bei 105000 × g zentrifugiert. Der resultierende Überstand wird erneut mit 2 Vol. Äthanol versetzt und die ausgefällte DNS in 4 ml 0,02 m NaCl gelöst. Dieses DNS-Präparat enthält 2% oder weniger Protein; der

[1] LEHMAN, I. R.: J. biol. Ch. **235**, 1479 (1960).
[2] HERSHEY, A. D., and M. CHASE: J. gen. Physiol. **36**, 39 (1952/53).

Extinktionskoeffizient bei 260 mμ, bezogen auf 1 M Desoxypentose nach DISCHE, beträgt $6{,}9 \times 10^3$.

Darstellung teilweise abgebauter DNS[1]. 1,0 ml 0,05 m Tris, p_H 7,5, 0,1 ml 0,05 m $MgCl_2$, *E. coli*-DNS (entsprechend 2 μM Phosphat, spezifische Aktivität 3 μC/μM P) und 0,005 μg Pankreas-DNase in 0,5 ml 0,1 %iger Rinderalbuminlösung werden mit H_2O auf 5,0 ml aufgefüllt und 1 Std bei 37° C inkubiert. Nach dem Abkühlen im Eisbad werden 0,5 ml kalte 70 %ige Trichloressigsäure zugegeben; nach 10 min Stehen bei 0° C wird 5 min lang bei 12000 × g zentrifugiert. Der Niederschlag wird in 4 ml 0,02 n NaOH gelöst. Durch Zugabe von 4 ml eiskalter 1 n Perchlorsäure wird die teilweise abgebaute DNS wieder ausgefällt. Das Lösen der Fällung in 0,02 n NaOH und Ausfällen mit Perchlorsäure werden wie beschrieben wiederholt. Die so gewonnene teilweise abgebaute DNS wird in 2 ml 0,02 n NaOH gelöst, mit 0,1 n HCl auf p_H 7 eingestellt und auf 8 ml mit Wasser aufgefüllt. Diese Lösung enthält annähernd 0,2 μM P pro ml und kann direkt in den Testansatz für „Exonuclease I" eingesetzt werden. Darüber hinaus kann auch mit unmarkierter, denaturierter DNS als Substrat die „Exonuclease I" bestimmt werden, indem man gleichzeitig 5'-Nucleotidase zusetzt und die Bildung von organischem Phosphat verfolgt[1]. Es ist jedoch empfehlenswert, nur gereinigte Enzymlösungen in dieser Weise zu bestimmen, da nach dieser Methode auch die „Exonuclease II" mit erfaßt werden kann.

„Exonuclease II".

Darstellung. Diese Methode ist auch für DNS-Polymerase bisher nicht beschrieben und daher für die Darstellung der beiden Enzyme anwendbar.

***Darstellung der „Exonuclease II" aus E. coli (identisch mit DNS-Polymerase) nach* RICHARDSON *u. Mitarb.*[2].**

E. coli Stamm B wurde in einem Medium gezogen, das 1,1 % K_2HPO_4, 0,85 % KH_2PO_4, 0,6 % Difco-Hefeextrakt und 1 % Glucose enthält. Die Zellen werden in der späten log-Phase abzentrifugiert und bei —20° C bis zur Verwendung aufbewahrt. 450 g teilweise aufgetaute Zellen werden mit 300 ml 0,05 m Glycylglycinpuffer, p_H 7,0, in einem Mixer langsam gerührt, nach 5 min werden 1350 g mit Säure gewaschener Glasstaub (Superbrite, durchschnittliche Korngröße 200 μ, Minnesota Mining and Manufacturing Company) zugegeben und weitere 20 min mit $^1/_3$ der Maximalgeschwindigkeit gerührt. 1200 ml Puffer werden dann zugesetzt, und über 10 min wird langsam weitergerührt. Bei der beschriebenen Extraktion soll die Temperatur der Suspension 12° C nicht überschreiten. Den Glasstaub läßt man sedimentieren und dekantiert die überstehende Suspension. Danach wird der Staub mit weiteren 800 ml Puffer ausgewaschen (10 min niedertourig homogenisieren) und die Suspension stehengelassen. Der Überstand wird dekantiert und mit dem vorher gewonnenen vereinigt. Die vereinigten Extrakte ergeben ca. 2 l und sind bei 0° C 2 Wochen haltbar *(Extrakt)*. Alle weiteren Schritte werden, wie üblich, in der Kälte durchgeführt. 10 l Extrakt werden mit 10 l 0,05 m Trispuffer, p_H 7,5, 10^{-3} m an EDTA versetzt, danach werden unter konstantem Rühren 1440 ml frisch bereitete 5 %ige Streptomycinsulfatlösung über 45 min zugegeben. Die Fällung wird abzentrifugiert und der Überstand verworfen. Das Sediment wird mit 1000 ml 0,05 m Kaliumphosphatpuffer, p_H 7,4, versetzt, 12 Std lang langsam gerührt und danach mit dem Phosphatpuffer auf 2500 ml aufgefüllt. Den Extrakt kann man bei 0° C 1 Monat lang ohne Aktivitätsverlust stehenlassen *(Streptomycinfällung)*.

11 l der Streptomycinfraktion werden durch Zugabe von 0,5 m Magnesiumchlorid auf eine Magnesium-Endkonzentration von 3×10^{-3} m eingestellt und 7—12 Std bei 30° C inkubiert, bis 95 % des bei 260 mμ absorbierenden Materials in 0,5 n Perchlorsäure löslich sind; dann wird auf 0° C abgekühlt. Hierbei wird wie folgt vorgegangen: In Abständen

[1] LEHMAN, I. R.: J. biol. Ch. **235**, 1479 (1960).

[2] RICHARDSON, C. C., C. L. SCHILDKRAUT, H. V. APOSHIAN and A. KORNBERG: J. biol. Ch. **239**, 222 (1964).

von 1 Std werden 1 ml-Aliquots entnommen und zentrifugiert; im Überstand wird nach Verdünnung mit 0,05 m Tris, p_H 7,4, die Extinktion bei 260 mμ bestimmt. Ein anderer Teil des Überstandes wird mit einem Volumen kalter 1 n Perchlorsäure versetzt, die Fällung abzentrifugiert und im Überstand wiederum die Extinktion bei 260 mμ ermittelt. Eine während der Autolyse aufgetretene Fällung wird abzentrifugiert und verworfen, der Überstand ist bei 0° C ohne Aktivitätsverlust 1 Woche haltbar *(Autolyse)*.

10 l des Autolysates werden mit 50 ml 0,2 m EDTA und 50 ml 0,2 m Glutathion versetzt, anschließend werden, über 1 Std verteilt, 3 kg Ammoniumsulfat unter Rühren zugegeben; nach weiteren 30 min wird die entstandene Fällung abzentrifugiert. Diese Fällung ist Ausgangsmaterial für die auf S. 1022f. beschriebene Darstellung der „Exonuclease I". Zum Überstand werden, wiederum im Verlauf 1 Std, weitere 1150 g Ammoniumsulfat eingerührt und 30 min in der Kälte stehengelassen. Die Fällung wird abzentrifugiert und in 1,1 l 0,02 m Kaliumphosphatpuffer, p_H 7,2, gelöst *(Ammoniumsulfat)*. Diese Fraktion kann 3 Jahre ohne Aktivitätsverlust bei —20° C aufbewahrt werden. 1,1 l dieser Fraktion werden 12 Std gegen 35 l Natriumacetatpuffer, p_H 5,55, der Ionenstärke 0,08 dialysiert, eine hierbei auftretende Fällung wird abzentrifugiert und verworfen. Der Überstand wird sofort weiterverarbeitet *(Säurefällung)*. 1,1 l Überstand aus der Säurefällung werden unter schnellem Rühren mit 46 ml —20° C kaltem absolutem Äthanol während 1 Std versetzt; nach Zugabe von annähernd 10 ml Äthanol soll die Lösung —1° C nicht mehr überschreiten. Nach weiteren 10 min Stehen bei 0° C wird ein Sediment abgeschleudert und verworfen, der resultierende Überstand *(1. Äthanol)* wird unter Rühren während 1 Std mit weiteren 110 ml absolutem —20° C kaltem Äthanol versetzt; hierbei sinkt die Temperatur auf —4° C. Das Gemisch läßt man nach Erwärmen auf 0° C 10 min stehen; anschließend wird die Fällung abzentrifugiert und in 350 ml 0,02 m sekundärem Kaliumphosphat, 0,01 m an 2-Mercaptoäthanol, aufgenommen *(2. Äthanol)*.

Eine DEAE-Cellulosesäule (16 $cm^2 \times$ 10 cm) wird wie folgt vorbereitet: Man wäscht mit 5 l 0,02 m K_2HPO_4 + 0,01 m 2-Mercaptoäthanol + 0,002 m Na-EDTA und äquilibriert anschließend mit 0,02 m K_2HPO_4 + 0,01 m 2-Mercaptoäthanol. 350 ml der 2. Äthanolfällung (1,5 g Protein) werden bei Durchlaufraten von 250 ml/Std adsorbiert, anschließend wird mit 160 ml 0,02 m K_2HPO_4 + 0,01 m 2-Mercaptoäthanol nachgewaschen. Bei der oben gegebenen Durchflußgeschwindigkeit wird mit Kaliumphosphatpuffern, p_H 6,5, + 0,01 m 2-Mercaptoäthanol in folgender Reihenfolge eluiert: 160 ml 0,05 m, 160 ml 0,1 m und 160 ml 0,2 m. Die mit 0,2 m Phosphat eluierten Fraktionen, die 70% der eingesetzten Enzymaktivität enthalten, werden in 10 ml-Anteilen aufgefangen und die Fraktionen mit der größten spezifischen Aktivität vereinigt *(DEAE-Cellulose)*.

Eine 15 $cm^2 \times$ 21 cm große Säule von Phosphocellulose wird mit 5 l 0,02 m Kaliumphosphatpuffer, p_H 6,5, + 0,01 m 2-Mercaptoäthanol gewaschen, mit demselben Puffer werden 50 ml der oben an DEAE-Cellulose gewonnenen Fraktion (275 mg Protein) auf 500 ml verdünnt und unter Druck während 1 Std an P-Cellulose adsorbiert. Danach wird mit 160 ml des obengenannten Puffers nachgewaschen. Die Elution erfolgt bei einer Durchlaufgeschwindigkeit von 180 ml/Std mit einem linearen Gradienten zwischen 0,02 m und 0,3 m Kaliumphosphatpuffer, p_H 6,5. Das gesamte Elutionsvolumen soll 1500 ml betragen; alle zur Elution eingesetzten Lösungen enthalten 2-Mercaptoäthanol in einer Endkonzentration von 0,01 m. Die Eluate werden in 20 ml-Anteilen aufgefangen, 75% der eingesetzten Enzymaktivität erscheinen als einheitlicher Gipfel zwischen 0,17 und 0,25 m Phosphat (zwischen 2,7 und 3,8 Säulenvolumina Elutionspuffer). Fraktionen mit der höchsten spezifischen Aktivität werden vereinigt *(Phosphocellulose)*.

Eine Hydroxylapatit-Säule (1 $cm^2 \times$ 10 cm) wird mit 350 ml 0,02 m Kaliumphosphatpuffer, p_H 6,5, + 0,01 m 2-Mercaptoäthanol gewaschen. 20 ml Eluat aus der vorangegangenen Chromatographie (5 mg Protein) werden gegen 2 l des obengenannten Puffers dialysiert und anschließend in 1 Std an der Säule adsorbiert. Die Säule wird mit 12 ml 0,05 m Kaliumphosphatpuffer, p_H 6,5, 0,01 m an 2-Mercaptoäthanol, gewaschen. Die

Elution erfolgt mit einem linearen Gradienten zwischen 0,05 und 0,3 m Kaliumphosphat, p_H 6,5, + 0,01 m 2-Mercaptoäthanol bei einer Durchflußrate von 5 ml/Std. Insgesamt sollen 130 ml Elutionslösung die Säule passieren und werden in 2 ml-Fraktionen aufgefangen. 91 % der eingesetzten Enzymaktivität erscheinen als scharfer Gipfel zwischen 8,0 und 9,0 Säulenvolumina Elutionspuffer (0,2—0,25 m Kaliumphosphat). Die „Exonuclease II" enthaltenden Fraktionen werden vereinigt, in 0,15 m Kaliumphosphat, p_H 6,5, + 0,01 m 2-Mercaptoäthanol ist das Enzym bei 0° C über mehrere Monate haltbar *(Hydroxylapatit)*.

Das Enzym ist frei von Desoxyribonuclease, Ribonuclease, Nucleotidase, „Exonuclease I" und „Exonuclease III".

Eigenschaften. Exonuclease II zeigt sich nach annähernd 5000facher Reinigung in der Elektrophorese und Sedimentation einheitlich[1]. Das Enzym ist identisch mit der DNS-Polymerase aus *E. coli:* Über 5000fache Reinigung bleibt der Quotient Polymerase/Exonuclease konstant (s. Tabelle 10), Hitzedenaturierung und Harnstoffdenaturierung beeinflussen beide Aktivitäten in gleichem Maße[2–4].

Tabelle 10. *Darstellung der „Exonuclease II" aus E. coli (identisch mit DNS-Polymerase) nach* Richardson *u. Mitarb.*[1].

Fraktion	Relative spezifische Aktivität	Polymerase / Exonuclease	Ausbeute in %
Extrakt	1,0	—	100
Streptomycinfällung	4,9	—	47
Autolyse	19,3	—	40
Ammoniumsulfat	39,0	3,0	36
Säurefällung	52,7	—	33
1. Äthanol	155	—	30
2. Äthanol	534	2,7	30
DEAE-Cellulose	2000	2,6	23
Phosphocellulose	5000	2,8	14
Hydroxylapatit	4950	2,8	13

Substratspezifität. „Exonuclease II" setzt aus Desoxyoligonucleotiden und Desoxypolynucleotiden 5'-Desoxyribosidmonophosphate frei, beginnend an dem Ende der Nucleotidkette, die über eine freie 3'-Hydroxylgruppe verfügt[4]; der Abbau erfolgt — im Gegensatz zur „Exonuclease I" — vollständig zu 5'-Desoxymononucleotiden. Wie aus Tabelle 11 hervorgeht, werden jedoch im Unterschied zu den beiden anderen Phosphodiesterasen aus *E. coli* bevorzugt Oligonucleotide als Substrate verwertet; auch Nitrophenyl-pT wird von der „Exonuclease II" hydrolysiert. Anders als die aus Schweinenieren und Schlangengift gewonnene Phosphodiesterase I (s. S. 1016) ist Nitrophenyl-pT für die „Exonuclease II" nicht ein optimales Substrat. Thymidinoligonucleotide der Typen pTpTpT und TpTpT werden von der „Exonuclease II" gleich schnell hydrolysiert, d.h. das 5'-terminale Phosphat des Oligonucleotids hat nicht — wie bei den tierischen Phosphodiesterasen I (s. Tabelle 5, S. 1017) — eine Verminderung der Reaktionsgeschwindigkeit zur Folge. In zehnfachem Überschuß zugesetzte Oligonucleotide oder Polynucleotide mit terminalem 3'-Phosphat bewirken keine Hemmung der „Exonuclease II"-Aktivität[4], wogegen diese Verbindungen für Phosphodiesterase I aus Schlangengift als kompetitive Inhibitoren wirken (s. S. 1016).

Ribonucleinsäure wird von der „Exonuclease II" nicht hydrolysiert[4]: Eine annähernd 100fache Enzymmenge, wie sie beim „Exonuclease II"-Test eingesetzt wird, greift ribosomale RNS nicht meßbar an. Transfer-RNS verliert unter ähnlichen Bedingungen nicht ihre biologische Wirksamkeit.

Im Vergleich zur DNS-Polymerase-Aktivität ist bemerkenswert, daß DNS-Polymerase Dinucleotide und Trinucleotide nicht als Starter verwerten kann[5], diese Nucleotidverbindungen jedoch sehr gutes Substrat der „Exonuclease II" sind (s. oben). Ebenso ist

[1] Richardson, C. C., C. L. Schildkraut, V. Aposhian and A. Kornberg: J. biol. Ch. **239**, 222 (1964).
[2] Lehman, I. R.: Fed. Proc. **21**, 378 (1962).
[3] Aposhian, H. V., C. C. Richardson and C. Schildkraut: Fed. Proc. **21**, 381 (1962).
[4] Lehman, I. R., and C. C. Richardson: J. biol. Ch. **239**, 233 (1964).
[5] Bessman, M. J., I. R. Lehman, E. S. Simms and A. Kornberg: J. biol. Ch. **233**, 171 (1958).

DNS mit 3'-terminaler Phosphorylgruppe als Primer nicht geeignet und hemmt die DNS-Polymerase[1], ist andererseits abei ohne Einfluß auf die „Exonuclease II"-Aktivität.

p_H-Optimum. Das p_H-Optimum der „Exonuclease II" ist 9,2 in 0,07 m Glycin, wenn DNS als Substrat eingesetzt wird. Bei p_H 7,4 in Kaliumphosphatpuffer sind noch 6% der Aktivität des Optimums erhalten, wenn DNS als Substrat verwendet wird, doch 25% der Aktivität des Optimums mit dAT-Copolymer als Substrat[2]. Abweichend von der „Exonuclease II"-Aktivität liegt das p_H-Optimum der DNS-Polymerase bei 7,4 mit DNS als Starter[1].

Aktivatoren und Inhibitoren. „Exonuclease II" hat einen absoluten Bedarf an Mg^{++}- oder Mn^{++}-Ionen. Bei 7×10^{-3} bis 2×10^{-2} m Mg^{++} werden optimale Enzymaktivitäten erzielt, höhere Mg^{++}-Konzentrationen wirken hemmend. Die optimale Mn^{++}-Konzentration liegt zwischen 7×10^{-3} und 5×10^{-3} M/l, doch werden nur 80% der Aktivität gegenüber Magnesium erreicht[2]; Ca^{++} ist ohne Effekt. 0,1 m KCl oder NaCl hemmen die „Exonuclease II" zu 60—75%, 0,3 m KCl hemmt das Enzym vollständig[2].

Bestimmung. Dieser Typ der Exonuclease verwendet bevorzugt d-AT-Copolymere und Desoxythymidinoligonucleotide als Substrat (s. Tabelle 11), in geringerem Maße auch das bereits beschriebene (s. S. 1016f.) Nitrophenyl-pT. Es wird auf die Originalarbeiten zur Darstellung der beiden erstgenannten Substrate[3, 4] und ihre Verwendung im Enzymtest[2] verwiesen. Hier wird nur eine Methode mit Nitrophenyl-pT als Substrat beschrieben, dessen Darstellung S. 1020 behandelt ist.

Tabelle 11. MICHAELIS-*Konstanten und Maximalgeschwindigkeiten der „Exonuclease II" gegenüber verschiedenen Substraten*[2].

MICHAELIS-Konstante K_M = Mol/l, Maximalgeschwindigkeit V_{max} = μMol/Std/mg Enzymprotein.

Substrat	K_M	V_{max}
Nitrophenyl-pT . . .	$6{,}0 \times 10^{-3}$	2,3
pTpT	$3{,}4 \times 10^{-4}$	8,0
pTpTpT	$1{,}0 \times 10^{-4}$	43,8
TpTpT	$0{,}9 \times 10^{-4}$	41,6
pTpTpTpTpT	$1{,}5 \times 10^{-4}$	82,3
DNS aus *E. coli*		
nativ*	$1{,}7 \times 10^{-10}$	4,3**
denaturiert* . . .	$2{,}1 \times 10^{-10}$	1,5
Poly-d-AT*	$1{,}9 \times 10^{-10}$	59,0

* Angenommenes Mol.-Gewicht = 6×10^6.

** Je nach DNS-Präparation werden Maximalgeschwindigkeiten zwischen 2,6 und 8,1 gefunden.

Bestimmung der „Exonuclease II" aus E. coli nach LEHMAN *und* RICHARDSON[2].

Prinzip:

„Exonuclease II" spaltet Nitrophenyl-pT hydrolytisch zu Thymidin-5'-phosphat und p-Nitrophenol. Die Freisetzung von p-Nitrophenolat wird bei 400 mμ optisch verfolgt.

Reagentien:

1. 0,14 m Glycinpuffer, p_H 9,2.
2. 0,14 m $MgCl_2$.
3. 0,01 m 2-Mercaptoäthanol.
4. 0,04 m Nitrophenyl-pT.

Ausführung:

0,5 ml Puffer, 0,05 ml Magnesiumlösung, 0,1 ml 2-Mercaptoäthanol, 0,012—0,1 ml Substrat, Enzymlösung und Wasser ad 1,0 ml werden in einer Küvette auf 37° C temperiert. Nach Enzymzusatz wird in Abständen von 1 min die Extinktion bei 400 mμ abgelesen.

Berechnung:

Unter den beschriebenen Bedingungen gilt für p-Nitrophenol $\varepsilon = 18000$.

---

[1] RICHARDSON, C. C., C. L. SCHILDKRAUT, H. V. APOSHIAN, A. KORNBERG, W. BODMER and J. LEDERBERG; in: VOGEL, H. (Edit.): Symposium on Informational Macromolecules. S. 13. New York 1963.
[2] LEHMAN, I. R., and C. C. RICHARDSON: J. biol. Ch. **239**, 233 (1964).
[3] KHORANA, H. G., and J. P. VIZSOLYI: Am. Soc. **83**, 675 (1961).
[4] TURNER, A. F., and H. G. KHORANA: Am. Soc. **81**, 4651 (1959).

„*Exonuclease III*" (*DNS-Phosphatase-Exonuclease*).

Darstellung der „Exonuclease III" (Phosphatase-Exonuclease) aus E. coli nach RICHARDSON und KORNBERG[1].

Soweit es nicht anders beschrieben wird, erfolgen alle Präparationen bei 0—4° C; zentrifugiert wird in der Regel jeweils 10 min bei 15000 × g.

Zur Züchtung der Zellen und Gewinnung des Extraktes verfährt man, wie auf S. 1026 für die „Exonuclease II" bereits beschrieben ist. Aus 450 g gepackter Zellen erhält man 2000 ml Extrakt *(Extrakt)*. 2500 ml Extrakt werden mit demselben Volumen 0,05 m Trispuffer, p_H 7,5, $+ 10^{-3}$ m EDTA verdünnt, anschließend werden über 45 min 360 ml 5%ige Streptomycinsulfatlösung eingerührt. Nach 10 min Stehen wird die Fällung abzentrifugiert und verworfen, der Überstand wird sofort weiterfraktioniert *(Streptomycin)*. Zum Überstand der Streptomycinfällung wird Glutathion bis zu einer Endkonzentration von 0,001 m zugegeben, danach werden 5000 ml des Überstandes über einen Zeitraum von 45 min unter konstantem Rühren mit 325 ml Aceton versetzt; nach weiteren 10 min Rühren wird die Fällung abzentrifugiert und verworfen. Zum Überstand werden während 90 min weitere 1425 ml Aceton unter ständigem Rühren zugegeben; nach weiteren 10 min Rühren wird erneut zentrifugiert. Den Überstand verwirft man, die Fällung wird in 1000 ml 0,01 m Kaliumphosphatpuffer, p_H 7,5, $+ 10^{-3}$ m 2-Mercaptoäthanol gelöst *(Acetonfällung)*. Auch die Acetonfällung und das Sedimentieren der Niederschläge erfolgen bei 0 bis + 4° C.

Tabelle 12. *Darstellung der „Exonuclease III" aus E. coli nach* RICHARDSON *und* KORNBERG[1].

Fraktion	Relative spezifische Aktivität	Phosphatase / Exonuclease	Ausbeute
Extrakt	1	2,9	100
Streptomycin	1,4	—	91,2
Aceton	2,7	2,6	63,6
DEAE-Cellulose	62,7	3,2	34,1
P-Cellulose	1280	—	17,0
Eingeengte P-Cellulose	1280	3,0	14,7

Eine mit DEAE-Cellulose gefüllte Säule (85 cm² × 18 cm) wird mit ungefähr 5 l 0,1 m Kaliumphosphatpuffer, p_H 7,5, gewaschen, danach wird die Säule mit 10 l 0,01 m Kaliumphosphatpuffer, p_H 7,5, $+ 10^{-3}$ m 2-Mercaptoäthanol gewaschen. 1000 ml der gelösten Acetonfällung werden während 1 Std adsorbiert, anschließend wird mit 800 ml des Adsorptionspuffers nachgewaschen. Eluiert wird mit insgesamt 13000 ml Phosphatpuffer, p_H 7,5, der 10^{-3} m an 2-Mercaptoäthanol ist, mit linearem Gradienten von 0,01—0,16 m an Kaliumphosphat, bei einer Durchflußgeschwindigkeit von 2 l/Std. Eluate werden in 200 ml-Anteilen aufgefangen, 80% der eingebrachten Aktivität an „Exonuclease III" werden als ein Gipfel zwischen 4,0 und 5,5 Säulenvolumina eluiert. Die Eluate (1800 ml) werden anschließend 8 Std gegen 15 Vol. 0,02 m Kaliumphosphat, p_H 6,5, $+ 10^{-3}$ m 2-Mercaptoäthanol dialysiert *(DEAE-Cellulose)*. Eine Phosphocellulose-Säule (25 cm² × 14 cm) wird mit 10 l 0,02 m Kaliumphosphatpuffer, p_H 6,5, $+ 10^{-3}$ m 2-Mercaptoäthanol gewaschen. Die dialysierten Eluate aus der DEAE-Cellulose (1800 ml) werden an der P-Cellulose-Säule bei einer Durchflußrate von 1500 ml/Std adsorbiert, anschließend wird mit 1250 ml Adsorptionspuffer nachgewaschen. Eluiert wird mit Kaliumphosphatpuffer, p_H 6,5, $+ 10^{-3}$ m 2-Mercaptoäthanol und linearem Gradienten zwischen 0,02 m und 0,28 m an Phosphat. Insgesamt werden 4300 ml Elutionspuffer verwendet, 25 ml-Fraktionen werden bei einer Elutionsrate von 750 ml/Std aufgefangen. Ein scharfer Proteingipfel, der zwischen 6,2- und 7,2-Säulenvolumina auftritt, enthält 85% der an P-Cellulose adsorbierten „Exonuclease III"-Aktivität *(Phosphocellulose)*. Die vereinigten Eluate aus der Phosphocellulose werden durch Druckdialyse eingeengt: Eine 4 l-Saugflasche wird bis unterhalb des Vakuumanschlusses mit 0,1 m Kaliumphosphatpuffer, p_H 7,4, der reduziertes Glutathion in einer Endkonzentration von 10^{-3} m enthält, gefüllt. Ein 30 cm langer Visking 8-Dialyseschlauch wird an einem Ende verschlossen, das andere Ende des

[1] RICHARDSON, C. C., and A. KORNBERG: J. biol. Ch. **239**, 242 (1964).

Schlauches wird über ein Glasrohr durch einen Gummistopfen, der die Saugflasche verschließt, nach außen geführt. Der Vakuumanschluß der Saugflasche wird an eine Wasserstrahlpumpe angeschlossen. Von Zeit zu Zeit wird durch das Glasrohr neue Enzymlösung nachgefüllt, nach ca. 20 Std sind 166 ml Enzymlösung auf 13 ml eingeengt *(eingeengte P-Cellulose)*. Die eingeengte Enzymlösung wird gegen 0,05 m Trispuffer, p_H 7,5, $+ 10^{-3}$ m reduziertes Glutathion + 0,1 m KCl oder gegen 0,1 m Kaliumphosphat, p_H 7,5, $+ 10^{-3}$ m reduziertes Glutathion dialysiert, um 2-Mercaptoäthanol zu entfernen, und anschließend eingefroren. Im Phosphatpuffer ist das gereinigte Enzym in gefrorenem Zustand ohne Aktivitätsverlust 3 Monate sicher haltbar.

Das Enzym ist frei von „Exonuclease I", „Exonuclease II", Endonuclease, alkalischer Phosphatase und 5'-Nucleotidase.

Eigenschaften. Die „Exonuclease III" ist identisch mit einer DNS-spezifischen Phosphatase, wie im Abschnitt „Spezifität" noch weiter ausgeführt wird. Im Verlauf einer rund 1300fachen Reinigung bleibt das Verhältnis Phosphatase zu Exonuclease konstant[1, 2], wie auch aus Tabelle 12 zu ersehen ist. Inhibitoren (s. unten) und Hitzedenaturierung[2] wirken in gleichem Maße sowohl auf die DNS-Phosphatase als auch auf die Exonuclease-Aktivität. Das p_H-Optimum (s. unten) ist für beide Aktivitäten gleich.

Substratspezifität. „Exonuclease III" ist spezifisch für native oder teilweise abgebaute DNS. Beginnend am 3'-terminalen Hydroxyl oder am 3'-terminalen Phosphorylende werden sukzessive 5'-Desoxymononucleotide freigesetzt[2]. Ist ein Polydesoxyribonucleotid mit 3'-terminalem Phosphat das Substrat der „Exonuclease III", wird zuerst das 3'-terminale Phosphat hydrolytisch freigesetzt[1], es entstehen anorganisches Phosphat und ein Polydesoxyribonucleotid mit terminalem 3'-Hydroxyl (Reaktion a in Abb. 2). Danach setzt die „Exonuclease"-Wirkung ein, die — beginnend von dem so freigewordenen 3'-terminalen Hydroxyl — sukzessive Desoxyribonucleosid-5'-monophosphate freisetzt (Reaktion b in Abb. 2)[2]. Es wird so verständlich, warum DNS mit terminalem 3'-Phosphat und DNS mit terminalem 3'-Hydroxyl annähernd gleich schnell durch „Exonuclease III" hydrolysiert werden (Nr. 1—3 in Tabelle 13). DNS mit 5'-terminalem Phosphat wird von diesem Enzym nicht angegriffen (Nr. 5 in Tabelle 13). Im Gegensatz zu den vorher beschriebenen Enzymen „Exonuclease I" und „Exonuclease II" geht der DNS-Abbau durch „Exonuclease III" nicht bis zur Stufe der Dinucleotide oder Mononucleotide, sondern erliegt, wenn 35—45 % der im DNS-Molekül vorhandenen Mononucleotideinheiten freigesetzt worden sind. Hierfür wird von den Autoren eine biologisch plausible Deutung gegeben[2]; der weitere Abbau des Rest-Polymeren kann durch die „Exonuclease I"

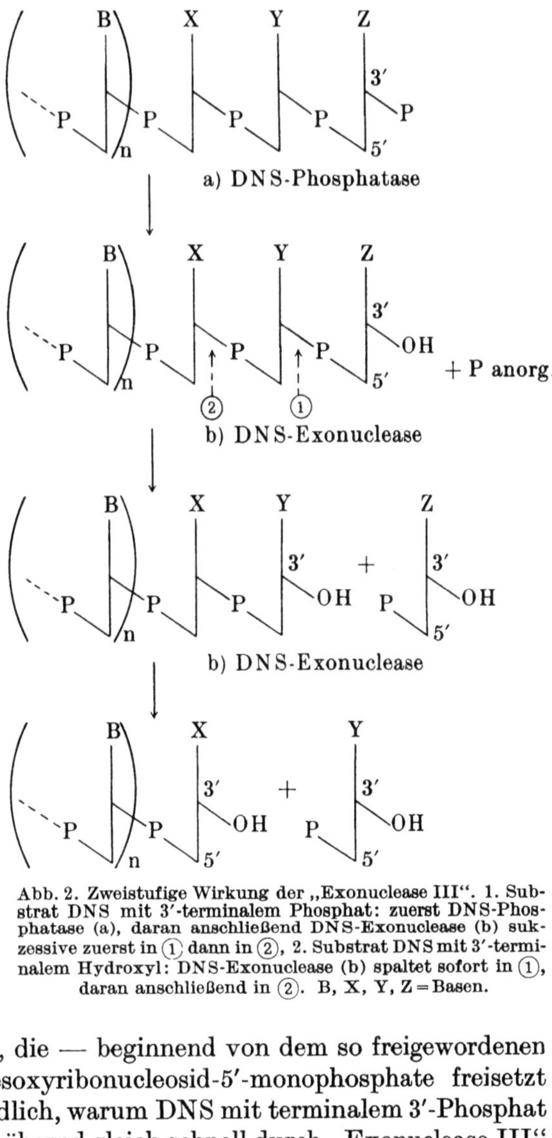

Abb. 2. Zweistufige Wirkung der „Exonuclease III". 1. Substrat DNS mit 3'-terminalem Phosphat: zuerst DNS-Phosphatase (a), daran anschließend DNS-Exonuclease (b) sukzessive zuerst in ① dann in ②, 2. Substrat DNS mit 3'-terminalem Hydroxyl: DNS-Exonuclease (b) spaltet sofort in ①, daran anschließend in ②. B, X, Y, Z = Basen.

[1] RICHARDSON, C. C., and A. KORNBERG: J. biol. Ch. **239**, 242 (1964).
[2] RICHARDSON, C. C., I. R. LEHMAN and A. KORNBERG: J. biol. Ch. **239**, 251 (1964).

erfolgen[1, 2]. Ein Enzym, das, ähnlich wie die „Exonuclease III", auch als DNS-Phosphatase-Exonuclease wirkt, ist auch in DNS-Polymerase-Präparationen von B. subtilis beschrieben worden[3].

Tabelle 13. *Spezifität der „Exonuclease III"*.

Nr.	Substrat	Relative spezifische Aktivität	
		DNS-Phosphatase[4]	„Exonuclease III"[1] (Phosphodiesterasewirkung)
	DNS mit 3'-terminalem Phosphat aus *E. coli*		
1	nach Micrococcen-DNase	100	100
2	nach Milz-DNase	91	—
3	DNS mit 3'-terminalem Hydroxyl	—	105
4	DNS mit 3'-terminalem Phosphat nach 10 min 100° C	48	—
5	DNS mit 5'-terminalem Phosphat	< 0,3	—
6	native *E. coli*-DNS	—	81
7	native *B. subtilis*-DNS	—	151
8	hitzedenaturierte *E. coli*-DNS	—	25
9	dAT-Copolymer	—	99
10	RNS mit 3'-terminalem Phosphat	< 0,1	—
11	RNS aus Ribosomen	—	< 0,07
12	AU-Copolymer	—	< 0,07
13	pTpTpTpTpT	—	< 0,4
14	TpTpTp	< 0,3	—
15	3'-dAMP, dTMP, dCMP, dGMP-Gemisch	< 0,1	—
16	5'-dAMP	< 0,2	—
17	5'-dTMP	< 0,3	—
18	Nitrophenyl-pT	—	< 0,9
19	Tp-nitrophenyl	—	< 0,9
20	Di-p-nitrophenylphosphat	—	< 2,0

Verschiedene Ribonucleinsäuren und das AU-Copolymere werden von der „Exonuclease III" nicht als Substrate verwertet (Nr. 10—12 in Tabelle 13). Es ist daher erstaunlich, daß ein gemischtes Polymeres, welches auf 10 Desoxymononucleotideinheiten 1 Ribonucleotid (CMP) enthält, von der „Exonuclease III" ebenfalls in der beschriebenen Weise abgebaut wird[1].

Gegenüber Oligonucleotiden, Mononucleotiden, Nitrophenyl-pT, Tp-nitrophenyl und Di-p-nitrophenylphosphat ist die „Exonuclease III" inaktiv (Nr. 13—20 in Tabelle 13).

p_H-Optimum. Das p_H-Optimum sowohl für die DNS-Phosphatase als auch für die Exonucleasewirkung liegt zwischen 6,8 und 7,4 in 0,05 m Kaliumphosphat und zwischen 6,7 und 7,0 in 0,05 m Trismaleat. In beiden Puffern wird bei p_H 7,0 die gleiche maximale Aktivität gemessen[4]. Eine Verschiebung erleidet das p_H-Optimum bei niederen Mg^{++}-Konzentrationen: Bei optimaler Mg^{++}-Konzentration (1×10^{-2} m; s. unten) gelten die beschriebenen p_H-Optima, bei einer Mg^{++}-Endkonzentration von 7×10^{-4} m liegt das p_H-Optimum dagegen bei 7,7—8,4[4].

Aktivatoren und Inhibitoren. „Exonuclease III" benötigt unbedingt Mg^{++}-Ionen, die optimale Mg-Konzentration ist 1×10^{-2} m [4], es kann durch Mn^{++} oder Ca^{++} nur teilweise ersetzt werden (s. Tabelle 14). Zur maximalen Aktivitätsausbeute sind 2-Mercaptoäthanol oder reduziertes Glutathion in einer Endkonzentration von 1×10^{-3} m unerläßlich[1, 4], was Rückschlüsse auf die Sulfhydryleigenschaften des Enzymproteins zuläßt, ebenso wie der Befund, daß p-Chlorquecksilber(II)-benzoat als starker Inhibitor wirksam ist (s. Tabelle 14). Ein besonders potenter Inhibitor ist Zinkchlorid (s. Tabelle 14). Wie man der

[1] RICHARDSON, C. C., I. R. LEHMAN and A. KORNBERG: J. biol. Ch. **239**, 251 (1964).
[2] LEHMAN, I. R.: J. biol. Ch. **235**, 1479 (1960).
[3] OKAZAKI, T., and A. KORNBERG: J. biol. Ch. **239**, 259 (1964).
[4] RICHARDSON, C. C., and A. KORNBERG: J. biol. Ch. **239**, 242 (1964).

Tabelle 14 entnehmen kann, sind die beschriebenen Inhibitoren gleichermaßen hinsichtlich der DNS-Phosphatase wie auch der DNS-Exonuclease-Aktivität der „Exonuclease III" wirksam.

Tabelle 14. *Metallbedarf, Hemmbarkeit und Hitzedenaturierung der „Exonuclease III".*

Zusätze	Konzentration in Mol/l	Relative spezifische Aktivität	
		DNS-Phosphatase-wirkung[1]	DNS-Exonuclease-wirkung[2]
$MgCl_2$	1×10^{-2}	100	100
	—	6,2	6
$MnCl_2$	1×10^{-2}	65,2	—
$CaCl_2$	3×10^{-3}	6,2	—
$ZnCl_2$	3×10^{-3}	3	—
EDTA	1×10^{-2}	3	0
$MgCl_2$	1×10^{-2}		
+ $CaCl_2$	3×10^{-3}	93,7	100
+ $MnCl_2$	3×10^{-3}	43,7	—
+ $ZnCl_2$	$3{,}3 \times 10^{-4}$	3	—
	$3{,}3 \times 10^{-5}$	12,5	12
p-Chlorquecksilber-(II)-benzoat . . .	3×10^{-5}	80,3	—
	1×10^{-4}	50,0	10
Hitzedenaturierung 30 min bei 37° C .		7	7

Bestimmung der „Exonuclease III" nach Richardson *und* Kornberg[1].

Prinzip:

Es wird die Freisetzung von säurelöslicher, an Norit nicht adsorbierbarer Radioaktivität aus ^{32}P-markierter DNS mit 3'-terminalem Phosphat gemessen.

Reagentien:

1. 0,4 m Kaliumphosphat, p_H 7,0.
2. 0,1 m $MgCl_2$.
3. 0,01 m 2-Mercaptoäthanol.
4. ^{32}P-markierte DNS mit 3'-terminalem Phosphat (Darstellung s. unten).
5. DNS aus Kalbsthymus 2,5 mg/ml H_2O.
6. 10%ige Trichloressigsäure.
7. 1 n HCl.
8. 20%ige Suspension von Norit A (Fisher Scientific Company), zuvor mit 1 n HCl gerührt und mit bidestilliertem Wasser gewaschen, bis das p_H über 3,0 liegt.
9. Norit-Trägerlösung, 0,025 m Natriumpyrophosphat + 0,025 m Natriumphosphat, p_H 7,0, enthält pro ml 5 mg kristallisiertes Rinderalbumin.
10. 3 n NaOH.

Ausführung:

Mit einer Mikropipette werden nacheinander 0,05 ml Puffer, 0,03 ml Magnesiumlösung und 0,03 ml 2-Mercaptoäthanol in ein kleines Zentrifugenglas einpipettiert. Nach Zugabe von 50 nM ^{32}P-markierter DNS mit 3'-terminalem Phosphat wird das Gemisch auf 37° C vorgewärmt und durch Zugabe der Enzymlösung die Reaktion gestartet. Das Endvolumen beträgt 0,3 ml. Nach 30 min Inkubation bei 37° C werden 0,2 ml kalte Thymus-DNS-Lösung und danach 0,5 ml Trichloressigsäure zugegeben. Nach 5 min Stehen im Eisbad wird bei $60000 \times g \times$ min zentrifugiert. Ein zweites Zentrifugenglas enthält 0,7 ml Wasser, 0,15 ml Noritträger, 0,05 ml 1 n Salzsäure und 0,2 ml Noritsuspension ebenfalls bei 0° C. Diesem Gemisch werden 0,5 ml des oben gewonnenen Trichloressigsäure-Überstandes zugesetzt und 1 min geschüttelt. Nach 5 min Stehen bei 0° C wird das Norit abzentrifugiert und der Überstand quantitativ in ein weiteres Zentrifugenglas überführt, welches 0,2 ml Noritsuspension enthält. Wie oben beschrieben, wird erneut geschüttelt und zentrifugiert. Anschließend werden 1 ml des Noritüberstandes und 1 Tropfen 3 n NaOH auf einem Meßschälchen eingetrocknet, die Radioaktivität wird gemessen. Als Kontrolle dient ein Ansatz ohne Enzym. Die Enzymeinheit wird willkürlich in nM an Norit nicht-adsorbierbarem ^{32}P definiert, das pro Zeiteinheit aus der markierten DNS freigesetzt wird.

Darstellung von DNS mit 3'-terminalem Phosphat nach Richardson *und* Kornberg[1]. 20 μM ^{32}P-markierte DNS (Darstellung s. S. 1025f.) werden in 10 ml 0,1 m Glycin, p_H 9,2, gelöst, nach Zugabe von 2 ml 0,1 m $CaCl_2$ und 74 Einheiten Mikrokokken-Desoxyribonuclease (s. Desoxyribonucleasen, S. 1093) wird mit Wasser auf 20 ml aufgefüllt und 3 Std

[1] Richardson, C. C., and A. Kornberg: J. biol. Ch. **239**, 242 (1964).
[2] Richardson, C. C., I. R. Lehman and A. Kornberg: J. biol. Ch. **239**, 251 (1964).

bei 37° C inkubiert. Nach dieser Zeit sind 29% der eingesetzten Radioaktivität in Perchlorsäure löslich. Das Inkubat wird abgekühlt und bei 4° C viermal 12 Std gegen je 100 Vol. 1 m KCl dialysiert, daran anschließend noch 12 Std gegen 0,02 m KCl. Das Dialysat enthält teilabgebaute DNS mit 3'-terminalem Phosphat, durch Perchlorsäure sind 97% der DNS fällbar. Die DNS-Lösung wird bei —20° C aufbewahrt und kann ohne Entfernung der Desoxyribonuclease zur Bestimmung der „Exonuclease III" eingesetzt werden, da der Test in Abwesenheit von Ca^{++}-Ionen erfolgt, die für die Desoxyribonuclease unbedingt erforderlich sind (s. Desoxyribonucleasen, S. 1093).

Phosphodiesterase I aus Lactobacillus casei.

Aus *Lactobacillus casei* ist eine Phosphodiesterase I bei 13% Ausbeute 30fach angereichert worden[1]. Anscheinend ist das Enzym ohne Analogien zu bisher beschriebenen Phosphodiesterasen, da während der 30fachen Reinigung sowohl die Relation zwischen 2 p_H-Optima (7,4 und 8,0) als auch die Relation von Exonuclease- zu Endonuclease-Wirkung gleich bleibt. Proteinchemische Homogenitätsprüfungen liegen noch nicht vor. Das Enzym hat anscheinend keinen spezifischen Metallbedarf; für maximale Aktivität ist jedoch K^+ in einer Endkonzentration 0,16 m erforderlich.

Eindeutig scheint die Spezifität hinsichtlich der Substrate und der angegriffenen Bindungen festzustehen: Nur RNS wird hydrolysiert, native und hitzedenaturierte Thymus-DNS sind kein Substrat. Als Spaltprodukte treten nur Nucleotide mit 5'-terminalem Phosphat auf: Wegen der kombinierten Endonuclease- und Exonuclease-Wirkung überwiegen zunächst die Oligonucleotide, bei erschöpfender Hydrolyse liegen nur noch 5'-Mononucleotide vor. Für eine Basenspezifität dieses Enzyms finden sich keine Hinweise.

Phosphodiesterase II (Milz-Typ).

Beim gegenwärtigen Stand der Kenntnis wäre das Enzym wie folgt zu benennen: Oligonucleotid-3'-Nucleotidohydrolase.

Vorkommen. Phosphodiesterase II ist in verschiedenen Wirbeltiergeweben und in Mikroorganismen nachgewiesen worden. Eine bevorzugte Quelle für das Enzym ist Kälbermilz[2]. Phosphodiesterase II ist in Fischmuskeln[3], verschiedenen Geweben der Ratte und des Menschen[4] und in *Lactobacillus acidophilus*[5] genauer studiert worden. Besondere Eigenheiten hinsichtlich seiner Substratspezifität weist das Enzym aus *Lactobacillus* auf (s. S. 1038f.). Die Verteilung der Phosphodiesterase II in verschiedenen Organen der Ratte und des Menschen zeigt Tabelle 15 (vgl. dazu Tabelle 1 auf S. 1012).

Tabelle 15. *Phosphodiesterase II-Aktivität in verschiedenen Organen der Ratte und des Menschen nach* RAZZELL[4].

Aktivitäten in μMol hydrolysiertem Tp-nitrophenyl pro Std pro mg Protein.

Gewebe	Ratte	Mensch *	Gewebe	Ratte	Mensch *
Herz . .	0,13	0,27	Leber	0,31	0,17—0,21
Niere . .	0,32	0,16—0,23	Darm	0,37	—
Thymus .	0,45	—	Lunge	0,42	—
Milz. . .	0,62	—	Muskel . . .	0,37	—
Testes . .	0,40	—	Tumor (Leber)	—	0,12

* Pathologisches Material verschiedener Herkunft.

Intracelluläre Verteilung. Die intracelluläre Lokalisation der Phosphodiesterase II in Schweinenierenhomogenaten ist im Vergleich zur Phosphodiesterase I bereits in Tabelle 2

[1] KEIR, H. M., R. H. MATHOG and C. E. CARTER: Biochemistry **3**, 1188 (1964).
[2] HILMOE, R. J.: J. biol. Ch. **235**, 2117 (1960).
[3] TOMLINSON, N.: Canad. J. Biochem. Physiol. **36**, 633 (1958); **37**, 945 (1959).
[4] RAZZELL, W. E.: J. biol. Ch. **236**, 3028 (1961).
[5] FIERS, W., and H. G. KHORANA: J. biol. Ch. **238**, 2780 (1963).

auf S. 1012 wiedergegeben. 37 % der Phosphodiesterase II-Aktivität finden sich in der Mitochondrienfraktion und fast ein Viertel in der löslichen Cytoplasmafraktion. Eine ähnliche Enzymverteilung findet man in Homogenaten der Rattenniere und der Rattenleber; nur ist in diesen Geweben die Phosphodiesterase II in höherem Maße in der löslichen Zellfraktion anzutreffen[1], während die Phosphodiesterase I vorwiegend an die Zellstrukturen gebunden ist. In der Rattenniere findet man 57 % der gesamten Phosphodiesterase II in der Cytoplasmafraktion, in der Rattenleber 63 %, gegenüber 13 % (Rattenniere) bzw. 15 % (Rattenleber) löslichem Anteil für die Phosphodiesterase I.

Darstellung. Es werden zwei Methoden zur Darstellung der Phosphodiesterase II aus *Lactobacillus acidophilus* und aus Kälbermilz beschrieben. Soweit es in den Vorschriften nicht anders erwähnt wird, werden alle Präparationen bei + 2° bis 4° C durchgeführt.

***Darstellung von Phosphodiesterase II aus Lactobacillus acidophilus R 26 nach* Fiers *und* Khorana[2].**

240 g gefrorene *Lactobacillus acidophilus*-Zellen, 200 ml 0,05 m Tris, p_H 7,0, und 600 g vorher mit Säure gewaschener Glasstaub (Superbrite, Type 100, Minneapolis Mining and Manufacturing Company) werden in einem Mixer zehnmal 2 min lang homogenisiert. Zwischendurch wird im Eisbad gekühlt, so daß die Temperatur 10° C nicht überschreitet. Nach der Zugabe von weiteren 560 ml Tris wird bei möglichst niedriger Drehzahl in einer Kühlzentrifuge der Glasstaub sedimentiert; der Überstand wird anschließend 30 min bei 16000 $\times$ g zentrifugiert. Der Rückstand und das vorher gewonnene Glasstaub-Sediment werden noch dreimal mit je 100 ml Trispuffer nachhomogenisiert und, wie oben angegeben, zentrifugiert. Alle Extrakte werden vereinigt *(Extrakt)*. 0,15 Vol. einer 2 %igen Protaminsulfat-Lösung werden unter Rühren tropfenweise zum Extrakt während 1 Std zugesetzt. Nach weiteren 15 min Rühren wird die Fällung durch 25 min Zentrifugieren bei 3500 $\times$ g abgeschleudert und verworfen. Mit 1 n Ammoniak wird der Überstand auf p_H 7,0 eingestellt *(Protamin)*. Zum Überstand der Protaminfällung wird festes Ammoniumsulfat gleichmäßig und langsam bis 0,55-Sättigung unter Rühren zugegeben (33,2 g pro 100 ml). Nach weiteren 15 min Rühren wird eine kleine Fällung durch 25 min Zentrifugieren bei 3500 $\times$ g abgeschleudert und verworfen. Der Überstand wird durch weitere Zugabe von Ammoniumsulfat (20,1 g/100 ml) auf 0,85-Sättigung gebracht, wie oben zentrifugiert und die Fällung in 120 ml 0,0025 m Kakodylat-HCl-Puffer, p_H 6,0, aufgenommen *(1. Ammoniumsulfatfällung)*. Die gelöste Fällung wird über Nacht (etwa 10 Std) gegen 100 Vol. des gleichen Kakodylatpuffers dialysiert. Eine während der Dialyse eventuell auftretende Fällung wird durch 15 min Zentrifugieren bei 5000 $\times$ g abgetrennt und verworfen. Der Überstand nach der Dialyse wird in drei Erlenmeyer-Kolben (etwa 300 ml Inhalt) verteilt und unter leichtem Bewegen 15 min in ein 60° C warmes Wasserbad gehalten; nach 6 min haben die Lösungen 59° C erreicht. Nach weiteren 9 min wird schnell in einem Eisbad abgekühlt und 15 min bei 5000 $\times$ g zentrifugiert; der Niederschlag wird verworfen *(Hitzebehandlung)*.

Zum Überstand werden 0,05 Vol. Calciumphosphatgel (16,4 mg Trockengewicht pro ml) unter Rühren tropfenweise zugegeben. Nach 15 min Rühren wird das Gel bei 6500 $\times$ g über 15 min abzentrifugiert und verworfen. Zum Überstand werden weitere 0,95 Vol. Calciumphosphatgel, wie oben beschrieben, zugegeben; nach dem Abzentrifugieren des Gels wird der Überstand verworfen. Zunächst wird das Gel durch 15 min Rühren mit 80 ml 0,02 m Phosphatpuffer, p_H 6,0, gewaschen und 6 min bei 3000 $\times$ g zentrifugiert. Danach wird die Phosphodiesterase II aus dem Gel durch 15 min Rühren mit 20 ml 0,95 m Ammoniumsulfat + 0,04 m Kaliumphosphat, p_H 7,2, eluiert. Das Gel wird abzentrifugiert und mit 10 ml der obengenannten Lösung nacheluiert. Beide Eluate werden vereinigt *(Calciumphosphatgel)*. Wie oben beschrieben, wird das Enzym durch Zugabe von 36,8 g Ammoniumsulfat pro 100 ml Eluat ausgefällt. Nach 15 min wird die Fällung

[1] Razzell, W. E.: J. biol. Ch. **236**, 3028 (1961).
[2] Fiers, W., and H. G. Khorana: J. biol. Ch. **238**, 2780 (1963).

über 15 min bei 10000 ×g abzentrifugiert und in 8 ml 0,05 m NaCl—0,02 m Tris, p_H 8,0, gelöst. Nicht gelöste Anteile werden abzentrifugiert und verworfen *(2. Ammoniumsulfatfällung)*. Noch vorhandenes Ammoniumsulfat wird durch Gelfiltration an einer Sephadex G-25-Säule entfernt; Äquilibrierung der Säule und Elution erfolgen mit 0,05 m NaCl—0,02 m Tris, p_H 8,0. Die Eluate werden in kleinen Anteilen aufgefangen; zuerst wird die Hauptmenge der Enzymaktivität (etwa 90%) eluiert, getrennt vom anschließend auswaschbaren Ammoniumsulfat mit einer kleineren aktiven Komponente, welche weniger als 10% der eingesetzten Enzymaktivität enthält. Nur die Hauptkomponente wird für die weitere Reinigung verwendet *(Gelfiltration)*. Eine DEAE-Cellulosesäule wird mit 0,05 m NaCl—0,02 m Tris, p_H 8,0, äquilibriert, die Enzymlösung daran adsorbiert und die Säule mit 30 ml 0,05 m NaCl—0,02 m Tris, p_H 8,0, nachgewaschen. Die Elution erfolgt mit linearem Gradienten: Ein Mischgefäß enthält 250 ml 0,05 m NaCl—0,02 m Tris, p_H 8,0; aus einem zweiten Gefäß läßt man 250 ml 0,25 m NaCl—0,02 m Tris, p_H 8,0, zulaufen. Anteilweise werden die Eluate aufgefangen und in ihnen Protein (280 mμ) sowie Phosphodiesterase-Aktivität bestimmt. Zuerst wird eine große inaktive Proteinfraktion eluiert, die Phosphodiesterase-Aktivität erscheint bei annähernd 0,18 m NaCl. Die Fraktionen mit der höchsten spezifischen Aktivität werden vereinigt und bis 0,85-Sättigung (56,8 g pro 100 ml Eluat), wie oben beschrieben, mit Ammoniumsulfat versetzt. Die Fällung wird durch 15 min Zentrifugieren bei 10000 ×g gewonnen, in 5 ml 0,05 m NaCl—0,01 m Tris, p_H 7,0, aufgenommen und zweimal gegen je 100 Vol. 0,05 m NaCl—0,01 m Tris, p_H 7,0, dialysiert *(DEAE-Cellulose)*. Ausbeute und Reinigungserfolg sind in Tabelle 16 zusammengestellt.

Tabelle 16. *Reinigung der Phosphodiesterase II aus Lactobacillus acidophilus nach* FIERS *und* KHORANA[1].

Fraktion	Relative spezifische Aktivität	Ausbeute in %
Extrakt	0,060	100
Protamin	0,068	81,5
1. Ammoniumsulfatfällung	0,123	89,7
Hitzebehandlung	0,208	60,7
Calciumphosphat-Gel	0,380	49,2
2. Ammoniumsulfatfällung	0,474	38,0
Gelfiltration	1,03	40,7
DEAE-Cellulose	7,14	31,6

Darstellung der Phosphodiesterase II aus Kälbermilz nach **HILMOE**[2].

Kälbermilz wird im Schlachthof möglichst frisch entnommen und sofort in Eis gekühlt. Die Präparation des Acetontrockenpulvers der Kälbermilz ist möglichst in den nächsten 2—3 Std vorzunehmen. Unterbricht man die Fraktionierung, so wird die Enzymlösung bei —15° C aufbewahrt.

Als Ausgangsmaterial dienen 2 kg in kleine Stücke zerschnittene Kälbermilz. Nacheinander werden je 100 g Gewebe mit 200 ml 17%iger Rohrzuckerlösung, 100 g fein zerkleinertem Eis (aus destilliertem Wasser bereitet) und 100 ml Wasser 2 min lang in einem Mixer zerkleinert und anschließend 10 min bei 1300 ×g zentrifugiert. Die vereinigten trüben Überstände (8,8 l) werden mit 2 n Essigsäure (ungefähr 65 ml) auf p_H 5,1 gebracht und 30 min bei 1700 ×g zentrifugiert. Der Überstand wird verworfen und der Niederschlag mit 8,5%iger Rohrzuckerlösung (Volumen des Überstandes) gewaschen; es wird wiederum 30 min bei 1700 ×g zentrifugiert und der Überstand verworfen. Der Niederschlag wird im fünffachen Volumen —10° C kaltem Aceton suspendiert und 15 sec lang im Mixer zerkleinert; das Aceton wird auf einer vorgekühlten Nutsche abgesaugt und der Niederschlag mehrmals mit —10° C kaltem Aceton gewaschen. Anschließend wird das Pulver bei Zimmertemperatur getrocknet und im Kühlschrank aufbewahrt. Aus 2 kg Kälbermilz erhält man annähernd 250 g Acetontrockenpulver. Zu 140 g Trockenpulver werden im Verlauf von 15 min 1250 ml 0,2 m Acetatpuffer, p_H 6,0, unter ständigem Rühren zugegeben, anschließend mit einemmal weitere 1550 ml Acetatpuffer. Nach weiteren

[1] FIERS, W., and H. G. KHORANA: J. biol. Ch. **238**, 2780 (1963).
[2] HILMOE, R. J.: J. biol. Ch. **235**, 2117 (1960).

15 min Extraktion wird der Rückstand durch 8 min Zentrifugieren bei 13000 $\times$g abgetrennt und verworfen. Man erhält 2400 ml Extrakt *(Trockenpulverextrakt)*. Zu 2400 ml Extrakt werden 466 ml gesättigte Ammoniumsulfatlösung zugegeben, mit 2 n Essigsäure wird p_H 4,9 eingestellt (etwa 140 ml), dann erfolgt die Aussalzung mit weiteren 190 g festem Ammoniumsulfat. Nach 20 min Stehen wird die Fällung abfiltriert (Schleicher & Schüll, No. 588 Faltenfilter) und verworfen. Zu 2735 ml Filtrat werden weitere 427 g Ammoniumsulfat zugegeben, und nach 30 min Stehen wird die Fällung über Nacht im Kühlraum abfiltriert. Die Fällung wird in 0,05 m Acetatpuffer, p_H 6,0, aufgenommen und die Lösung auf 350 ml aufgefüllt. Bis zu dieser Stufe soll die Präparation nicht unterbrochen werden *(1. Ammoniumsulfatfällung)*.

Zwei Wasserbäder werden vorbereitet: Das eine wird auf 55° C eingestellt, im zweiten befindet sich kochendes Wasser. Nachdem der gelöste Ammoniumsulfatniederschlag mit 0,5 Vol. Wasser verdünnt wurde (p_H soll jetzt 5,2 sein), wird im kochenden Wasserbad unter Rühren die Lösung schnell auf 55° C erwärmt, anschließend im 55° C-Wasserbad 5 min lang gerührt und danach sofort abgekühlt. Unlösliches wird durch 8 min Zentrifugieren bei 13000 $\times$g abgeschleudert und verworfen. Der Überstand wird 7 Std gegen fließendes destilliertes Wasser dialysiert und eine eventuell auftretende Fällung nach der Dialyse abzentrifugiert (8 min bei 13000 $\times$g) und verworfen *(Hitzedenaturierung)*. Die dialysierte Lösung wird mit annähernd 8,8 ml 2 m Ammoniak auf p_H 8,0 eingestellt. Unter Rühren werden langsam 854 ml gesättigte Ammoniumsulfatlösung zugegeben; die gesättigte $(NH_4)_2SO_4$-Lösung ist so mit Ammoniak einzustellen, daß nach fünffacher Verdünnung mit Wasser p_H 8,0 gemessen wird. Nach 20 min wird die Fällung über 8 min bei 13000 $\times$g abzentrifugiert und in 100 ml 0,01 m Succinat-HCl-Puffer, p_H 6,5, aufgenommen *(2. Ammoniumsulfatfällung)*. Zur gelösten Ammoniumsulfatfraktion (108,5 ml) werden 1,0 ml 1 n Essigsäure und 2,2 ml 2 m Acetatpuffer, p_H 5,2, gegeben, um p_H 5,2 und eine Acetatkonzentration von 0,05 m einzustellen. 43 ml vorgekühltes Aceton werden im Verlauf von 10 min eingerührt, dabei wird in einem Kältebad die Lösung gleichzeitig auf —10° C abgekühlt. Nach 10 min Stehen bei — 10° C wird eine Fällung durch 5 min Zentrifugieren bei 1400 $\times$g und + 2° C abgetrennt und verworfen. Der Überstand wird wiederum auf — 10° C gekühlt, und weitere 40 ml Aceton werden unter Rühren während 10 min zugegeben. Nach 10 min Stehen bei —10° C wird die Fällung wie oben abzentrifugiert, in 0,01 m Succinat-HCl-Puffer, p_H 6,5, gelöst und auf 48 ml aufgefüllt *(Acetonfällung)*. Die etwas trübe Acetonfraktion wird klarzentrifugiert (7 min bei 13000 $\times$g) und mit ungefähr 1 ml 1 n Essigsäure auf p_H 4,8 eingestellt. In Vorversuchen mit kleinen Aliquots wird ermittelt, wieviel Aluminiumhydroxyd-C_γ-Gel benötigt werden, um 90 bis 95% der Enzymaktivität zu adsorbieren. Meistens werden 0,6 Vol. eines C_γ-Gels von 9,9 mg Trockensubstanz pro ml benötigt. Anschließend wird die gesamte Acetonfraktion mit der berechneten Menge Aluminiumhydroxyd-C_γ-Gel vermischt, das Gel durch 2 min Zentrifugieren bei 13000 $\times$g sedimentiert und der Überstand verworfen. Das Gel wird nacheinander mit je 50 ml Wasser und 0,001 m Pyrophosphat, p_H 8,5, auf der Zentrifuge gewaschen. Anschließend wird das Enzym mit 40—50 ml 0,01 m Pyrophosphat, p_H 8,5, eluiert und das Eluat mit 0,2 n HCl auf p_H 6,9 eingestellt *(Aluminiumhydroxyd-C_γ-Gel)*. In gefrorenem Zustand bleibt das Enzym unter diesen Bedingungen mehrere Wochen haltbar. Eine Zusammenfassung des Reinigungsverfahrens ist in Tabelle 17 wiedergegeben.

Tabelle 17. *Reinigung der Phosphodiesterase II aus Kälbermilz nach* HILMOE[1].

Fraktion	Relative spezifische Aktivität	Ausbeute in %
Trockenpulverextrakt . .	1,1	100
1. Ammoniumsulfatfällung	3,0	70,5
Hitzedenaturierung . . .	4,7	41
2. Ammoniumsulfatfällung	16,0	27
Acetonfällung	26,6	19
Aluminiumhydroxyd C_γ-Gel	60,5	8

[1] HILMOE, R. J.: J. biol. Ch. **235**, 2117 (1960).

Eigenschaften. *Substratspezifität und* MICHAELIS-*Konstanten.* Nucleotidderivate werden von der Phosphodiesterase II als Substrat verwertet, wenn sie nebenstehende Strukturbedingung erfüllen. Unbedingt erforderlich ist die 3'-Phosphorylgruppe eines Nucleosidphosphates. R' kann ein einfaches Alkyl, p-Nitrophenyl oder ein Nucleosid sein. Wie für die Phosphodiesterase I, haben sich auch für die Phosphodiesterase II solche Nucleotide als bevorzugte Substrate erwiesen, in welchen R' ein p-Nitrophenylrest ist[1,2].

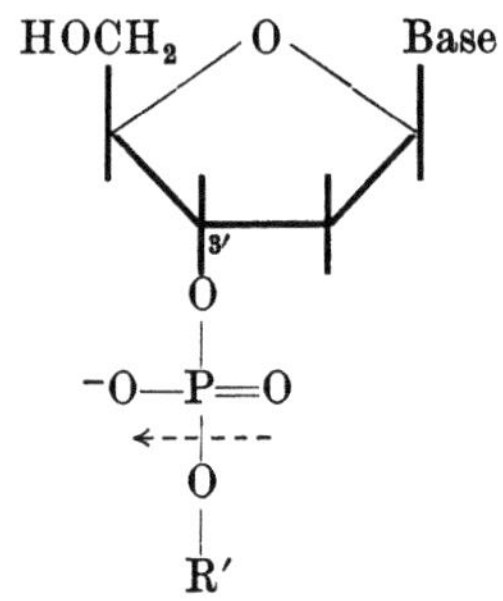

Tp-nitrophenyl wird von Phosphodiesterase II aus Kälbermilz[1], aus *Lactobacillus acidophilus*[3], aus Fischmuskeln[4] und aus verschiedenen Säugetiergeweben[5] hydrolysiert. Dagegen werden Nucleotidverbindungen, welche in der 2'- oder 5'-Position ihres Zuckeranteiles eine Phosphorsäuregruppe tragen, von Phosphodiesterase II nicht angegriffen[2,6]. Mit Hilfe dieser Substrate ist somit eine genaue Abgrenzung gegenüber den Phosphodiesterasen I möglich (s. auch S. 1016).

Tabelle 18. *Aktivität der Phosphodiesterase II aus Kälbermilz und aus Lactobacillus acidophilus mit verschiedenen Substraten.*

Nr.	Substrat	Phosphodiesterase II aus Kälbermilz[1], pH 5,9; Spaltung von Tp-nitrophenyl = 100%	Phosphodiesterase II aus *Lactobacillus*[3], Spaltung von Tp-nitrophenyl bei pH 7,8 = 100%	
			pH 7,8	pH 4,5
1	Tp-nitrophenyl	100	100	33,5
2	Nitrophenyl-pT	—	0,05	0,44
3	Di-p-nitrophenylphosphat	—	0,2	18,2
4	TpT	128	52,1	27,6
5	TpTp	132	15,5	2,4
6	TpTpTpT	128	—	—
7	pTpT	—	0,07	0,08
8	pTpTpT	< 0,0001	—	—
9	ApApA	172	—	—
10	ApUp	172	—	—
11	2'→5' UpU	—	0,1	0,09
12	UpA	—	65,0	28,6
13	pApA	—	0,4	0,04
14	Polyadenylsäure	2,1	—	—
15	d-CpCpC	128	—	—
16	Tp-methyl	—	0,2	0,2
17	cyclo-pTpTpT	< 0,0001	—	—
18	cyclo-pTpTpTpT	—	0,03	0,04
19	U(2',3'-cycl.)p	—	0,9	1,14
20	C(2',3'-cycl.)p	—	0,3	0,15
21	A(2',3'-cycl.)p	—	0,9	0,40

Die Spaltung von Oligonucleotiden durch Phosphodiesterase II aus verschiedenen Quellen beginnt an dem Ende der Nucleotidkette, das eine nicht veresterte 5'-Hydroxylgruppe besitzt[7,8], unter Freisetzung von Nucleosid-3'-phosphaten[1,7–10]. Dinucleotide mit

[1] RAZZELL, W. E., and H. G. KHORANA: J. biol. Ch. **236**, 1144 (1961).
[2] TURNER, A. F., and H. G. KHORANA: Am. Soc. **81**, 4651 (1959).
[3] FIERS, W., and H. G. KHORANA: J. biol. Ch. **238**, 2780 (1963).
[4] TOMLINSON, N.: Canad. J. Biochem. Physiol. **37**, 945 (1959).
[5] RAZZELL, W. E.: J. biol. Ch. **236**, 3028 (1961).
[6] BROWN, D. M., L. A. HEPPEL and R. J. HILMOE: Soc. **1954**, 40.
[7] RAZZELL, W. E., and H. G. KHORANA: Am. Soc. **80**, 1770 (1958).
[8] HILMOE, R. J.: Ann. N.Y. Acad. Sci. **81**, 660 (1959).
[9] HILMOE, R. J.: J. biol. Ch. **235**, 2117 (1960).
[10] FIERS, W., and H. G. KHORANA: J. biol. Ch. **238**, 2789 (1963).

terminalem 3'-Hydroxyl und 5'-Phosphat, wie pTpT oder pApA, werden von Phosphodiesterase II nicht hydrolysiert (Tabelle 18, Nr. 7 und 13). Werden Thymidintrinucleotide bzw. Thymidintetranucleotide durch Reaktion zwischen dem terminalen 5'-Hydroxyl und 3'-Phosphat cyclisiert, sinkt die Spaltungsrate auf sehr kleine Werte ab (Tabelle 18, Nr. 17 und 18). Während bei Phosphodiesterasen I die Reaktionsgeschwindigkeit vom Vorhandensein oder Fehlen des terminalen 5'-Phosphat beeinflußt wird, ist dies bei Phosphodiesterase II bezüglich terminalem 3'-Phosphat nicht der Fall (Tabelle 18, Nr. 4—6): TpT, TpTp und TpTpTpT werden von Phosphodiesterase II aus Kälbermilz gleich schnell hydrolysiert.

Eine Bevorzugung bestimmter Nucleobasen besteht nicht: Durch die Phosphodiesterase II aus Kälbermilz werden TpT und d-CpCpC mit der gleichen Geschwindigkeit hydrolysiert (Tabelle 18, Nr. 4 und 15). Zu ganz analogen Resultaten gelangt man mit dem Enzym aus *Lactobacillus*, wenn die p-Nitrophenylverbindungen verschiedener Nucleosidphosphate als Substrat eingesetzt werden, wie in Tabelle 19 gezeigt wird. Gleichfalls vermögen die Phosphodiesterasen II nicht zwischen Ribonucleotiden und Desoxyribonucleotiden zu unterscheiden; das Kälbermilzenzym hydrolysiert ApUp und TpTp mit annähernd gleicher Geschwindigkeit (Tabelle 18, Nr. 10 und 5), ebenso wird UpA und TpT vom *Lactobacillus*-Enzym gleich schnell gespalten (Tabelle 18, Nr. 12 und 4). Mit sehr niedriger Aktivität werden auch cyclische 2',3'-Nucleosidphosphate vom *Lactobacillus*-Enzym hydrolysiert (Tabelle 18, Nr. 19—21). Es ist jedoch möglich, daß es sich hier um eine Fremdaktivität handelt.

Tabelle 19. MICHAELIS-*Konstanten und Maximalgeschwindigkeiten der Phosphodiesterase II aus Lactobacillus acidophilus nach* FIERS *und* KHORANA[1].

V_{max} in μMol pro Std pro mg Protein; MICHAELIS-Konstante (K_M) = Mol/l.

Substrat	V_{max}	K_M
Tp-nitrophenyl .	291	$4{,}3 \times 10^{-4}$
d-Cp-nitrophenyl	316	$6{,}3 \times 10^{-4}$
d-Ap-nitrophenyl	423	$5{,}9 \times 10^{-4}$
d-Gp-nitrophenyl	225	$2{,}8 \times 10^{-4}$
TpT	287	$(\ll 3 \times 10^{-3})$

Während bisher die allen Phosphodiesterasen II gemeinsamen Eigenschaften beschrieben worden sind, weist die mikrobielle Phosphodiesterase II aus *Lactobacillus acidophilus* auch eine Reihe Unterschiede gegenüber den tierischen Phosphodiesterasen II auf. Besonders bemerkenswert ist die Hydrolyse des Di-p-nitrophenylphosphat bei p_H 7,8 und 4,5 (Tabelle 18, Nr. 3): Bei p_H 4,5 wird Di-p-nitrophenylphosphat vom *Lactobacillus*-Enzym rund 90mal schneller hydrolysiert als bei p_H 7,8, dem p_H-Optimum für alle untersuchten Nucleotidsubstrate (s. auch unten). Ob dies durch eine weitere Phosphodiesterase II bedingt ist, kann nicht entschieden werden. Auch wenn Polyribonucleotide als Substrate verwendet werden, zeigt die Phosphodiesterase II aus *Lactobacillus acidophilus* abweichende Eigenschaften: Mit steigender Kettenlänge von Oligonucleotiden nimmt ihre Eignung als Substrat ab; lösliche RNS aus Hefe, Polyadenylsäure und Polyuridylsäure werden von diesem Enzym nicht gespalten[2].

Phosphodiesterase II aus Kälbermilz kann auch — in geringem Maße — Transferreaktionen katalysieren: Werden Nucleosid-3'-benzylphosphate in 2,6 m äthanolischer Lösung mit dem Milzenzym inkubiert, so kann Nucleosid-3'-äthylphosphat nachgewiesen werden[3,4]. Ebenso können aus d-CpCpC oder d-TpTpC die nächsthöheren Homologen d-CpCpCpC bzw. d-TpTpTpC gebildet werden[5]. Zu diesen Transferreaktionen ist die Phosphodiesterase II aus *Lactobacillus acidophilus* nicht befähigt[2].

p_H-Optimum. Das p_H-Optimum der Phosphodiesterasen II liegt im schwach sauren bis neutralen Bereich. Ein sehr breites p_H-Optimum besitzt die Phosphodiesterase aus *Lactobacillus acidophilus;* abhängig vom eingesetzten Substrat (Tabelle 18, Nr. 1 und 3)

[1] FIERS, W., and H. G. KHORANA: J. biol. Ch. **238**, 2780 (1963).
[2] FIERS, W., and H. G. KHORANA: J. biol. Ch. **238**, 2789 (1963).
[3] HEPPEL, L. A., and P. R. WHITFELD: Biochem. J. **60**, 1 (1955).
[4] HEPPEL, L. A., P. R. WHITFELD and R. MARKHAM: Biochem. J. **60**, 8 (1955).
[5] RAZZELL, W. E., and H. G. KHORANA: J. biol. Ch. **236**, 1144 (1961).

liegt das p_H-Optimum bei p_H 4,5 oder 7,8 [1]. Auf diesen Befund ist oben bereits eingegangen worden. In der Tabelle 20 sind die p_H-Optima verschiedener Phosphodiesterasen II zusammengefaßt.

Tabelle 20. *p_H-Optima von Phosphodiesterasen II.*

Enzymquelle	Substrat	p_H-Optimum	Literatur
Kälbermilz	RNS-core	6,6	2
	Tp-nitrophenyl	5,9—6,5	3
Lactobacillus acidophilus	Di-p-nitrophenylphosphat	4,5	1
	Tp-nitrophenyl	7,8	1
Ophiodon elongatus (pazifischer Dorsch)	Tp-nitrophenyl	6,5	4
Verschiedene Rattengewebe	Tp-nitrophenyl	6,0	5

Aktivatoren. Phosphodiesterasen II bedürfen anscheinend keiner Aktivatoren. Für das Milzenzym wird angegeben, daß durch 10^{-3} m oxydiertes Glutathion eine 27 %ige, durch Cystein in gleicher Konzentration eine 17 %ige Aktivierung eintritt [2]. 10^{-4} m EDTA erhöht die Aktivität um 56 % [2]. Die Aktivität des Enzyms aus *Lactobacillus acidophilus* wird durch 4×10^{-3} m Orthophosphat nicht beeinflußt [1].

Inhibitoren. Für die Phosphodiesterase II aus *Lactobacillus acidophilus* sind TpT, UpA und Tp kompetitive Inhibitoren, wenn Tp-nitrophenyl als Substrat verwendet wird. die K_i-Werte für TpT und UpA liegen bei 3×10^{-3} M/l, der K_i-Wert für Tp liegt bei $1{,}5 \times 10^{-2}$ M/l [1]. Einige weitere Inhibitoren sind in Tabelle 21 aufgeführt. Eine Untersuchung der Sulfhydryl-Eigenschaften der Phosphodiesterase II liegt nicht vor.

Tabelle 21. *Inhibitoren von Phosphodiesterase II.*
Aktivität ohne Inhibitor = 100 %.

Enzymquelle	Inhibitor	Konzentration in Mol/l	Restliche Aktivität
Kälbermilz [2]	Ca^{++}	10^{-3}	77—92
Substrat: RNS-core	Mg^{++}	10^{-3}	
	Mn^{++}	10^{-3}	
	Co^{++}	10^{-3}	
	Cu^{++}	10^{-3}	5
	Hg^{++}	10^{-3}	9
	Zn^{++}	10^{-3}	19
Lactobacillus acidophilus [1]	Thioglykolat	10^{-2}	87,5
Substrat: Tp-nitrophenyl	EDTA	10^{-3}	97,4
Ophiodon elongatus [6]	Zn^{++}	5×10^{-3}	31
(pazifischer Dorsch)	Cu^{++}	5×10^{-3}	7
Substrat: Tp-nitrophenyl	F^-	5×10^{-3}	79

Bestimmung. Di-p-nitrophenylphosphat kann zur Bestimmung der Phosphodiesterase II herangezogen werden, es ist aber zugleich auch Substrat für Phosphodiesterase I (s. S. 1019) und somit unspezifisch für die Phosphodiesterase II. Häufig verwendetes Substrat ist der RNS-core [2], den man durch erschöpfenden Ribonucleaseabbau von RNS erhält. RNS-core ist als spezifisches Substrat für Phosphodiesterase II gut geeignet, da Phosphodiesterase I dieses Substrat praktisch nicht angreift [2] (s. hierzu auch Abb. 1, S. 1011). Es handelt sich dabei aber um ein analytisch nur mangelhaft definiertes Substrat,

[1] FIERS, W., and H. G. KHORANA: J. biol. Ch. **238**, 2780 (1963).
[2] HILMOE, R. J.: J. biol. Ch. **235**, 2117 (1960).
[3] RAZZELL, W. E., and H. G. KHORANA: J. biol. Ch. **236**, 1144 (1961).
[4] TOMLINSON, N.: Canad. J. Biochem. Physiol. **37**, 945 (1959).
[5] RAZZELL, W. E.: J. biol. Ch. **236**, 3028 (1961).
[6] TOMLINSON, N.: Canad. J. Biochem. Physiol. **36**, 633 (1958).

das bei der unten beschriebenen Bestimmungsmethode nicht zu molaren Ausdrücken der Enzymaktivität führt; eine titrimetrische Bestimmungsmethode ist bisher nicht ausgearbeitet worden. Ein absolut spezifisches Substrat für Phosphodiesterase II ist Thymidin-3'-p-nitrophenylphosphat (Tp-nitrophenyl)[1], das ja auch als Leitsubstrat für die Unterscheidung zwischen Phosphodiesterasen der Typen I und II dient. Nachstehend werden zwei Bestimmungsmethoden für Phosphodiesterasen II beschrieben, bei denen RNS-core bzw. Tp-nitrophenyl als Substrate eingesetzt werden.

***Bestimmung der Phosphodiesterase II-Aktivität mit RNS-core als Substrat nach* Hilmoe[2].**

Prinzip:

Aus RNS-core werden durch Phosphodiesterase II Mononucleotide freigesetzt. Nach Ausfällung des RNS-core werden die Nucleotide im Überstand durch ihre Absorption bei 260 mμ bestimmt (s. auch Abschnitt Ribonucleasen, S. 762ff.).

Reagentien:

1. 0,2 m Succinat-HCl-Puffer, p_H 6,6.
2. 1,7 %ige wäßrige Lösung von RNS-core. Darstellung des RNS-core s. unten.
3. Perchlorsäure 2,5 %ig, 0,25 % Uranylacetat enthaltend.

Ausführung:

0,05 ml Puffer, 0,05 ml Substratlösung, Enzym und Wasser auf 0,2 ml Gesamtvolumen werden 30 min bei 37° C inkubiert. Die Enzymreaktion wird durch Zugabe von 0,2 ml Perchlorsäure-Uranylacetatlösung abgestoppt und das Gemisch im Eisbad abgekühlt; eine Fällung wird anschließend abzentrifugiert. 0,1 ml des Überstandes werden mit Wasser auf 4,0 ml verdünnt, und die Extinktion wird bei 260 mμ in einer 1 cm-Küvette bestimmt. Als Leerwert dient ein Parallelansatz ohne Enzym. Als eine Enzymeinheit nach Hilmoe gilt die Menge Enzym, die unter den beschriebenen Bedingungen eine Extinktion von 2,0 in 4 ml Meßlösung ergibt.

Darstellung von RNS-core nach Hilmoe[2]. 10 g Natriumribonucleat aus Hefe werden in 100 ml Wasser gelöst; der ungelöste Teil wird abzentrifugiert und der Überstand auf p_H 7,5 eingestellt. Noch vorhandene Proteinanteile werden durch Schütteln mit einem Volumen Isoamylalkohol-Chloroform[3] (1:1) entfernt. Die wäßrige RNS-Lösung wird mit 10 mg kristallisierter Pankreas-Ribonuclease versetzt und bei 24° C inkubiert. Die durch die Hydrolyse bedingte p_H-Änderung wird mit der Glaselektrode verfolgt, und durch Zugabe von Natronlauge wird p_H 7,5 konstant gehalten. Die Reaktion ist beendet, wenn keine p_H-Änderung mehr eintritt. Nun wird das Inkubat bei +2 bis 4° C 72 Std gegen fließendes destilliertes Wasser dialysiert und anschließend gefriergetrocknet. Vor Gebrauch wird das Dialysat in Wasser gelöst und neutralisiert.

***Bestimmung der Phosphodiesterase II-Aktivität mit Tp-nitrophenyl als Substrat nach* Razzell *und* Khorana[1].**

Prinzip:

Aus Tp-nitrophenyl wird durch Phosphodiesterasen II p-Nitrophenol freigesetzt. p-Nitrophenol wird bei 400 mμ im Spektralphotometer bestimmt.

Reagentien:

1. 0,5 m Ammoniumsuccinatpuffer, p_H 5,9 oder 0,5 m Ammoniumacetatpuffer, p_H 5,7.
2. 0,01 m EDTA.
3. 0,04 m Tp-nitrophenyl. Darstellung s. unten.
4. Tween 80, 1 %ig (zu beziehen z.B. durch Atlas Powder Company, Wilmington, Delaware).
5. 0,1 n NaOH.

[1] Razzell, W. E., and H. G. Khorana: J. biol. Ch. **236**, 1144 (1961).
[2] Hilmoe, R. J.: J. biol. Ch. **235**, 2117 (1960).
[3] Sevag, M. G., D. B. Lackman and J. Smolens: J. biol. Ch. **124**, 425 (1938).

Ausführung:

0,1 ml Puffer, 0,02 ml EDTA, 0,01 ml Tween 80, 0,03 ml Tp-nitrophenyl, Wasser und Enzym auf 0,3 ml werden bei 37° C inkubiert. Vor der Enzymzugabe muß das Inkubationsgemisch auf 37° C vorgewärmt werden. Je nach der eingesetzten Enzymmenge werden in Abständen von 1—5 min 0,05 ml des Inkubationsgemisches abpipettiert und in eine vorbereitete 1 cm-Küvette gegeben, die bereits 1 ml 0,1 n Natronlauge enthält. Die Extinktion bei 400 mμ wird abgelesen.

Berechnung:

Unter den beschriebenen Bedingungen entspricht eine Extinktionszunahme von 0,2 der Hydrolyse von 0,1 μM Substrat.

***Darstellung von Thymidin-3'-p-nitrophenylphosphat nach* Khorana *u. Mitarb.*[1–3].**

1. 5'-O-Tritylthymidin[1]. 456 mg Thymidin löst man mit 536 mg Tritylchlorid in 13 ml Pyridin und läßt 1 Woche bei Zimmertemperatur stehen. Das Gemisch wird dann unter starkem Rühren in 100 ml kaltes Wasser gegossen und 2 Std weitergerührt. Das entstandene feste Produkt wird abfiltriert, mit Wasser gewaschen und im Vakuum getrocknet. Es wird aus Benzol umkristallisiert. Man erhält so 5'-O-Tritylthymidin, das pro Mol noch 1 Mol Benzol einschließt, als feine Nadeln. Das kristalline Produkt wird 7 Std im Vakuum auf 118° C erhitzt und das entweichende Benzol in einer Kühlfalle aufgefangen. Das so gewonnene amorphe Produkt 5'-O-Tritylthymidin schmilzt bei 158—160° C.

2. p-Nitrophenyl-phosphorsäuredichlorid[2]. 41 g fein gepulvertes wasserfreies Na-p-nitrophenol[3] werden unter Verwendung eines Rückflußkühlers langsam in 250 ml vorgekühltes Phosphoroxychlorid eingerührt; wegen der heftigen Reaktion sollte in einem Eis-Salz-Gemisch gut gekühlt werden. Nach etwa 1 Std wird entstandenes NaCl abfiltriert, der Überschuß Phosphoroxychlorid im Vakuum entfernt und 1 weitere Std bei 0,01 mm Hg evakuiert. Das ölige Produkt wird durch Kurzwegdestillation gereinigt (Kp = 128° C, 0,02 mm Hg); bei der Destillation ist Vorsicht geboten, da sich das Produkt explosionsartig zersetzen kann. Das so gewonnene, leicht gelb gefärbte ölige p-Nitrophenylphosphorsäuredichlorid kristallisiert bei Normaldruck (F = 43,5—44,5). Ausbeute um 40%.

3. Thymidin-3'-p-nitrophenylphosphat[2]. Zu einer Lösung von 1,016 g (3,92 mM) p-Nitrophenylphosphorsäuredichlorid in 5 ml wasserfreiem Dioxan und 0,63 ml (7,84 mM) trockenem Pyridin werden 1,12 g (1,98 mM) 5'-O-Tritylthymidin in 5 ml wasserfreiem Dioxan unter Feuchtigkeitsausschluß tropfenweise zugegeben. Das Zutropfen soll sich über 1 Std erstrecken, anschließend wird 2 Std bei Zimmertemperatur weitergerührt. Danach wird ein Gemisch von 0,65 ml Pyridin und 3,0 ml Wasser unter Rühren schnell zugegeben und die gesamte Lösung im Vakuum zu einer zähen Masse eingeengt. Der Rückstand wird in einem Chloroform-Wasser-Gemisch aufgenommen; nach sorgfältigem Durchmischen und Trennen der Phasen wird die Chloroformschicht abgetrennt und mit 1 m Pyridin-HCl, p_H 5,5, extrahiert.

Papierchromatographie an Whatman MM No. 1 oder 3 (Laufmittel n-Butanol-Eisessig-Wasser = 5:2:3) zeigt, daß die Chloroformphase vor allem p-Nitrophenyl-5'-O-trityl-thymidin-3'-phosphat enthält, die wäßrige Phase hingegen p-Nitrophenylphosphat und p-Nitrophenylpyrophosphate. Die Chloroformlösung wird zur Trockne eingedampft, der Rückstand in wenig 80%iger Essigsäure aufgenommen und im kochenden Wasserbad 20 min lang erhitzt.

Im Vakuum wird wiederum eingeengt, der Rückstand mit wenig Wasser verdünnt und 18 Std im Kühlschrank stehengelassen. Der kristalline Niederschlag von Triphenyl-

[1] Gilham, P. T., and H. G. Khorana: Am. Soc. 80, 6212 (1958).
[2] Turner, A. F., and H. G. Khorana: Am. Soc. 81, 4651 (1959).
[3] Moffat, J. G., and H. G. Khorana: Am. Soc. 79, 3741 (1957).

carbinol wird abfiltriert und die wäßrige Lösung gefriergetrocknet. Die trockene Substanz wird erneut in Wasser aufgenommen und lyophilisiert. Das Produkt wird nun in wenig Wasser gelöst und über einen Amberlite IR-120 (H^+)-Austauscher in die freie Säure überführt; gleichzeitig wird noch vorhandenes p-Nitrophenol entfernt. Nach dem Passieren der Austauschersäule wird die wäßrige Lösung mit Ammoniak neutralisiert. Nach Gefriertrocknen erhält man das Ammoniumsalz von Thymidin-3'-p-nitrophenylphosphat.

Ausbeute: 0,86 g = 94% in Stufe 3.

Analyse: $\lambda_{max} = 270{,}5\ m\mu$; $\varepsilon_{\lambda_{max}}/P = 15400$.

Cyclische Ribonucleosid-2',3'-monophosphate hydrolysierende Phosphodiesterasen.

Einleitung. In verschiedenen tierischen Geweben sind Enzyme beschrieben worden (s. unten), die cyclische Ribonucleosid-2',3'-monophosphate hydrolysieren. In einigen Fällen ist ein Ribonucleosid-3'-phosphat als Spaltprodukt identifiziert worden[1–3]. So hydrolysiert das Gift von *Crotalus adamanteus* in geringem Maße auch cyclische Ribonucleosid-2',3'-monophosphate zu Ribonucleosid-3'-phosphaten, und zwar im Gegensatz zu manchen Ribonucleasen (s. Tabelle 24, S. 757) unabhängig davon, ob es sich um 2',3'-cyclisierte Purinmononucleotide oder Pyrimidinmononucleotide handelt[1]. Diese Enzymaktivität kann im Laufe der Reinigung der Phosphodiesterase I aus dem Gift von *Crotalus adamanteus* von der Phosphodiesterase I abgetrennt werden. Im Dünndarm wurde eine Hydrolyse von cyclischen Ribonucleosid-2',3'-monophosphaten sowohl zu Ribonucleosid-2'-phosphaten als auch zu Ribonucleosid-3'-phosphaten beobachtet[3].

Die Hydrolyse cyclischer Nucleosid-2',3'-phosphate ist eine inhärente Eigenschaft aller Ribonucleasen, die aus diesen Substraten die Nucleosid-3'-phosphate bilden. Eine Abgrenzung der cyclische Nucleosid-2',3'-monophosphate hydrolysierenden Phosphodiesterasen von den Ribonucleasen ist dann sicher möglich, wenn das Hydrolyseprodukt ein Nucleosid-2'-monophosphat ist. Tritt jedoch ein Nucleosid-3'-monophosphat als Spaltprodukt auf, so würde der Beweis des Nichtvorhandenseins einer Ribonuclease fordern, daß die Bildung cyclischer Ribonucleosid-2',3'-monophosphate aus Oligonucleotiden oder Polynucleotiden (Transferreaktion der Ribonuclease) gemessen wird (s. S. 753ff.). Eine solche Transferreaktion ist in wäßrigen Reaktionssystemen von Phosphodiesterasen, die cyclische Nucleosidphosphate hydrolysieren, nicht zu erwarten.

Ausführliche Spezifitätsstudien wurden an den obenerwähnten Phosphodiesterasen[1–3] noch nicht durchgeführt, so daß deren Eigenständigkeit und Klassifizierung bis jetzt nicht eindeutig geklärt sind. Es wird in diesem Kapitel deshalb nur auf solche Phosphodiesterasen eingegangen, die cyclische Ribonucleosid-2',3'-phosphate zu den entsprechenden Ribonucleosid-2'-monophosphaten hydrolysieren (s. Abb. 1, S. 1011).

Definition. Die cyclische 2',3'-Nucleosidmonophosphate hydrolysierende Phosphodiesterase ist eine spezifische Phosphodiesterase, die folgende Reaktion katalysiert:

$$\text{cyclisches Nucleosid-2',3'-monophosphat} + H_2O \rightarrow \text{Nucleosid-2'-monophosphat}$$

Beim gegenwärtigen Stand der Kenntnis wäre das Enzym wie folgt zu benennen: Ribonucleosid-2',3'-monophosphat-2'-Nucleotidohydrolase.

Vorkommen. Cyclische Ribonucleosid-2',3'-phosphate werden durch Enzyme aus Gehirngewebe von Rind, Hund, Ratte[4] und aus Rinderpankreas[5] zu Ribonucleosid-2'-phosphaten hydrolysiert, in geringem Maße auch durch Extrakte aus Kälbermilz[6] und eine Phosphodiesterase II aus *Lactobacillus acidophilus* (s. Tabelle 18, Nr. 19—21 und S. 1039).

[1] DEKKER, C. A.: Fed. Proc. **13**, 197 (1954).
[2] RAZZELL, W. E., and H. G. KHORANA: J. biol. Ch. **234**, 2105 (1959).
[3] WHITFELD, P. R., L. A. HEPPEL and R. MARKHAM: Biochem. J. **60**, 15 (1955).
[4] DRUMMOND, G. I., N. T. IYER and J. KEITH: J. biol. Ch. **237**, 3535 (1962).
[5] DAVIS, F. F., and F. W. ALLEN: Biochim. biophys. Acta **21**, 14 (1956).
[6] HEPPEL, L. A., and R. J. HILMOE; in: Colowick-Kaplan, Meth. Enzymol. Vol. II, S. 565

Darstellung. Darstellungsvorschriften für teilgereinigte cyclische 2′,3′-Nucleosidphosphate hydrolysierende Phosphodiesterasen sind für Rinderpankreas[1] und Rinderhirn[2] als Ausgangsmaterial verfügbar; alle anderen Untersuchungen sind an Gewebshomogenaten durchgeführt worden.

***Darstellung einer Ribonucleosid-2′,3′-cyclische Phosphate hydrolysierenden Phosphodiesterase aus Rinderhirn nach* DRUMMOND *u. Mitarb.*[2].**

Soweit nicht anders erwähnt, werden alle Präparationen in der Kälte bei +2 bis 4° C durchgeführt. 100 g gefrorenes Rinderhirn werden mit 500 ml —15° C kaltem Aceton bei —15° C 4 min lang im Mixer zerkleinert, die Suspension wird schnell filtriert und der Rückstand noch zweimal mit 500 ml kaltem Aceton, wie oben beschrieben, extrahiert und im Vakuum getrocknet. Das trockene Pulver wird mit 200 ml n-Butanol nochmals 4 min lang im Mixer zerkleinert (0° C), weitere 150 ml n-Butanol werden danach zugegeben, und die Suspension wird 5 Std bei 0° C gerührt. Anschließend wird 10 min bei 10000 × g zentrifugiert und der Niederschlag mit 200 ml Petroläther bei 0° C 30 min lang gerührt. Die Suspension wird schnell abfiltriert, der Rückstand erneut mit 150 ml Petroläther gewaschen und getrocknet. Man erhält 13 g Trockenpulver. Das Trockenpulver wird in einem Mixer mit 350 ml 0,02 m Kaliumphosphat, p_H 7,5, 3 min lang homogenisiert und 2 Std langsam gerührt, anschließend wird 90 min bei 30000 × g zentrifugiert und der Überstand verworfen. Dieser enthält 5 % der Phosphodiesterase-Aktivität und über 50 % des gesamten Proteins.

Das Sediment wird 3 min mit 300 ml 3 m NaCl in 0,02 m Kaliumphosphat, p_H 7,5, unter Zusatz von 20 ml Tween 20 und 0,5 ml 5 n KOH homogenisiert, 2 Std gerührt und durch 2 Std Zentrifugieren bei 30000 × g von ungelöstem Material getrennt. Der ungelöste Anteil wird nochmals, wie beschrieben, mit 150 ml Salz-Tween-Gemisch extrahiert und zentrifugiert. Die Überstände werden vereinigt (480 ml), bis zur völligen Abwesenheit von Chlorid gegen Aqua dest. (etwa 60 l) dialysiert und anschließend gefriergetrocknet. Zur Entfernung des Tween 20 wird die gefriergetrocknete Fraktion dreimal mit 300 ml —15° C kaltem Aceton bei —15° C auf der Zentrifuge gewaschen und anschließend erneut im Vakuum gefriergetrocknet. Man erhält so 4 g eines leicht braunen Pulvers, das 90 % der ursprünglichen Phosphodiesteraseaktivität bei 10—20facher Anreicherung enthält. Als Trockenpulver ist das Enzym über Monate bei —18° C haltbar; zum Gebrauch wird es in 10^{-2} m Trispuffer, p_H 7,7, suspendiert.

Um noch vorhandene Spuren Ribonuclease zu entfernen, wird nachfolgende Prozedur empfohlen. 200 mg des angereicherten Trockenpulvers werden in 10 ml bidestilliertem Wasser suspendiert und 10 min bei 4° C beschallt (20 kc), danach wird die opalescierende Lösung 30 min mit 1 g Dowex 1 in Acetatform verrührt. Durch niedertouriges Zentrifugieren wird der Austauscher sedimentiert und dreimal mit 2—3 ml Wasser gewaschen. Die Waschfraktionen und der erste Überstand werden vereinigt. Diese Präparation ist frei von Ribonuclease. Sie neigt dazu, unlösliche Aggregate zu bilden, die das Enzym enthalten. Dies kann durch Zusatz von Desoxycholsäure, Digitonin oder 0,5 m Natriumthiocyanat ohne Einfluß auf die Enzymaktivität verhindert werden.

Eigenschaften. *Substratspezifität.* Die aus Rinderhirn gewonnene Phosphodiesterase hydrolysiert bevorzugt cyclisches Adenosin-2′,3′-monophosphat zu Adenosin-2′-monophosphat[1]. Setzt man diese Hydrolyserate gleich 100 %, so wird das entsprechende Guanosinnucleotid mit 55 %, das Cytidinnucleotid mit 31 % und das Uridinnucleotid mit 17,5 % der Geschwindigkeit zu den entsprechenden Nucleosid-2′-monophosphaten hydrolysiert; GpC(2′,3′-cyclisch)p wird zu GpCp2′ und ApC(2′,3′-cyclisch)p zu ApCp2′ gespalten. RNS-core, TpT, TpTp, pTpTp und CpC werden nicht hydrolysiert[2]. Nitrophenyl-pT und Tp-nitrophenyl, die als Leitsubstrate für Phosphodiesterasen I und II gelten, werden

[1] DAVIS, F. F., and F. W. ALLEN: Biochim. biophys. Acta **21**, 14 (1956).
[2] DRUMMOND, G. I., N. T. IYER and J. KEITH: J. biol. Ch. **237**, 3535 (1962).

ebenfalls von diesem Rinderhirnenzym nicht gespalten. Auch Propyl- und Benzylester von Nucleosid-2'-phosphaten und Nucleosid-3'-phosphaten können nicht als Substrate verwertet werden[1]. Analoge Spezifitäten wurden für das cyclische Nucleosid-2',3'-monophosphate hydrolysierende Enzym aus Rinderpankreas beschrieben[2]: Es hydrolysiert alle vier cyclischen Nucleosid-2',3'-monophosphate zu den entsprechenden Nucleosid-2'-monophosphaten, nicht jedoch Nucleosid-2'-benzylphosphate, Nucleosid-3'-benzylphosphate und Nucleosid-5'-benzylphosphate[2].

p_H-Optimum. Das Enzym aus Rinderhirn[1] besitzt ein breites p_H-Optimum zwischen p_H 6 und 7.

Aktivatoren. Die cyclische Nucleosid-2',3'-monophosphate hydrolysierenden Enzyme haben keinen Metallbedarf, eine geringe Aktivierung bis 10% beim Rinderhirnenzym bewirkt EDTA[1].

Inhibitoren. Als Inhibitoren des Rinderhirnenzyms sind Schwermetalle wirksam: 0,002 m Cu^{++} vermindert die Aktivität auf 74%, 0,002 m Zn^{++} auf 25%; 0,001 m Hg^{++} zerstört die Aktivität völlig. Diisopropylfluorphosphat (10^{-4} m), Physostigmin (10^{-4} m), Jodacetamid (0,001 m), Arseniat (0,001 m) wirken nicht als Inhibitoren, ebenso hemmen Fluorid, Coffein, 3'-AMP, 2'-AMP in 0,01 m Endkonzentration nicht[1].

Bestimmung. Die bisher beschriebenen Methoden basieren auf der Trennung des Spaltproduktes vom Substrat. Spektrophotometrische Methoden, wie sie bei der Verfolgung der Hydrolyse cyclischer 2',3'-Nucleosidphosphate durch Ribonucleasen angewendet werden (s. S. 772ff.), sind bisher nicht ausgearbeitet, dürften aber für teilgereinigte Enzympräparationen wertvoll sein, sobald die Abwesenheit von Ribonucleasen sichergestellt ist.

***Bestimmung der cyclische Ribonucleosid-2',3'-monophosphate hydrolysierenden Phosphodiesterase nach* Drummond *u. Mitarb.*[1].**

Prinzip:

Die Bestimmung dieser Phosphodiesterase beruht auf der unterschiedlichen elektrophoretischen Beweglichkeit von cyclischem Adenosin-2',3'-monophosphat und dem Reaktionsprodukt 2'-Adenosinmonophosphat. Nach der elektrophoretischen Auftrennung werden beide Substanzen eluiert und durch ihr UV-Absorptionsspektrum bestimmt.

Reagentien:

1. 0,1 m Trispuffer, p_H 7,5, 0,25%ig an Eialbumin.
2. 0,03 m cyclisches Adenosin-2',3'-monophosphat in bidestilliertem Wasser. Die Darstellung von cyclischem 2',3'-AMP wurde von Smith, Moffatt und Khorana beschrieben[3].
3. Eisessig.
4. 0,05 m Kaliumphosphat, p_H 7,5, zur Papierelektrophorese.

Ausführung:

0,1 ml Pufferlösung, 0,05 ml Substrat, Enzym und Wasser ad 0,2 ml werden in ein kleines Reagensglas einpipettiert; nach Vorwärmen auf 30° C wird die Reaktion durch Zugabe von 1—20 μg Enzym gestartet. Nach 20 min Inkubation bei 30° C werden 0,02 ml Eisessig zugegeben, und das Reaktionsgemisch wird im Eisbad schnell abgekühlt. Ein Aliquot von 0,025 ml wird entnommen und auf einen Papierstreifen zur Elektrophorese aufgetragen. Als Kontrolle dient ein Ansatz, dem an Stelle der Enzymlösung bidestilliertes Wasser zugesetzt wurde. Er wird in gleicher Weise zur Papierelektrophorese verwendet, wie für den Testansatz beschrieben. Die Papierelektrophorese wird mit 0,05 m Kaliumphosphatpuffer, p_H 7,5, bei 25 Volt pro cm durchgeführt. Nach 90 min Elektrophoresedauer sind cyclisches 2',3'-Adenosinmonophosphat und das Reaktionsprodukt 2'-Adenosin-

[1] Drummond, G. I., N. T. Iyer and J. Keith: J. biol. Ch. **237**, 3535 (1962).
[2] Davis, F. F., and F. W. Allen: Biochim. biophys. Acta **21**, 14 (1956).
[3] Smith, M., J. G. Moffatt and H. G. Khorana: Am. Soc. **80**, 6204 (1958).

monophosphat genügend voneinander getrennt. Die Flecken können unter einer UV-Lampe lokalisiert werden. Das nicht umgesetzte cyclische 2',3'-Adenosinmonophosphat des Testansatzes und der Kontrolle werden ausgeschnitten, mit H_2O eluiert und auf 1,5 ml aufgefüllt. Ihre Extinktion bei 260 mμ wird in einer Quarzküvette von 0,5 cm Schichtdicke bestimmt. Bis zu 60%iger Hydrolyse des Substrates verläuft die Reaktion proportional zur Enzymmenge und zur Zeit.

Cyclische Ribonucleosid-3',5'-monophosphate hydrolysierende Phosphodiesterasen.

Definition. Die cyclische Ribonucleosid-3',5'-phosphate hydrolysierende Phosphodiesterase ist eine spezifische Phosphodiesterase, die folgende Reaktion katalysiert:

cyclisches Ribonucleosid-3',5'-monophosphat + H_2O → Ribonucleosid-5'-monophosphat

Beim gegenwärtigen Stand der Kenntnis wäre das Enzym wie folgt zu benennen: Ribonucleosid-3',5'-monophosphat-5'-Nucleotidohydrolase.

Vorkommen. Eine Phosphodiesterase, die cyclische Ribonucleosid-3',5'-monophosphate zu den entsprechenden Nucleosid-5'-monophosphaten hydrolysiert (s. Abb. 1, S. 1011), ist in zahlreichen Geweben von Wirbellosen und Wirbeltieren nachgewiesen worden. Der enge Zusammenhang zwischen der Funktion dieses Enzyms und bestimmten Hormonwirkungen[1] legt ein fast ubiquitäres Vorkommen nahe. Besonders stark ist es in Hirnrinde, Hirnstamm, in der Nebennierenrinde, in Nierenrinde und Nierenmark sowie im Herzmuskel von Hunden anzutreffen[2]; in Rinderhirn und Rinderherz[2,3] wie auch in verschiedenen Geweben der Ratte und des Kaninchens[4] kommt dieses Enzym vor. In Leberegeln, Regenwürmern, Fliegenlarven und Elritzen ist das Enzym ebenfalls nachgewiesen worden[3]. In allen Fällen ist diese Phosphodiesterase nicht auf bestimmte Zellfraktionen beschränkt, sondern verteilt sich gleichermaßen zwischen löslichem und partikulärem Anteil der Zellen.

Darstellung. Falls es nicht anders vermerkt ist, werden alle Präparationen in der Kälte bei +2 bis 4° C durchgeführt.

Darstellung einer cyclische Nucleosid-3',5'-monophosphate hydrolysierenden Phosphodiesterase aus Rinderherzen nach Butcher *und* Sutherland[2].

Frisch entnommene Rinderherzen werden in Eis transportiert, möglichst innerhalb 1 Std zerschnitten, von Fett und Bindegewebe befreit und in 0,33 m Rohrzuckerlösung gewaschen. Die Ventrikelmuskulatur wird vorzerkleinert und bei möglichst hoher Drehzahl 2 min lang im Multimix in 0,33 m Rohrzucker homogenisiert. Das Homogenat wird 45 min bei 2000 × g zentrifugiert und der gewonnene Überstand durch Glaswolle (vorher mit 0,33 m Saccharose gewaschen) filtriert *(Extrakt)*. Im Eisbad wird der Extrakt auf 0,5-Sättigung an Ammoniumsulfat gebracht, während p_H 7 mit 1 n KOH aufrechterhalten wird. Nach 30 min Stehen wird die Fällung durch 40 min Zentrifugieren bei 8000 × g sedimentiert und in 15% des Extraktionsvolumens 10^{-3} m Imidazol + 10^{-3} m $MgSO_4$, p_H 7,5, aufgenommen. Unter Rühren wird neutralisierte gesättigte Ammoniumsulfatlösung bis 0,45-Sättigung zugegeben; nach weiteren 30 min Rühren wird die Fällung abzentrifugiert (40 min bei 8000 × g) und der Niederschlag in obigem Imidazolpuffer (5% des Extraktionsvolumens) gelöst *(Ammoniumsulfatfällung)*. Der gelöste Ammoniumsulfatniederschlag wird 16—18 Std gegen die jeweils 10—20fache, 4—5mal gewechselte Menge obigen Imidazolpuffers dialysiert. Das Dialysat mit dem während der Dialyse ausgefällten Material wird bei —20° C eingefroren. Nach dem Wiederauftauen wird die Fällung durch 40 min Zentrifugieren bei 20000 × g abzentrifugiert *(Dialyse und Frieren)*.

[1] Sutherland, E. W., and T. W. Rall: Pharmacol. Rev. **12**, 265 (1960).
[2] Butcher, R. W., and E. W. Sutherland: J. biol. Ch. **237**, 1244 (1962).
[3] Sutherland, E. W., and T. W. Rall: J. biol. Ch. **232**, 1077 (1958).
[4] Drummond, G. I., and S. Perrott-Yee: J. biol. Ch. **236**, 1126 (1961).

DEAE-Cellulose wird vorbereitet: Nach dem Schlämmen und Dekantieren feiner Partikel wird die Cellulose in 0,02 m Imidazol + 0,08 m KCl, p_H 7,0, suspendiert und durch Zugabe von 1 n HCl auf p_H 7,0 eingestellt. Die Cellulose wird in eine Säule gefüllt und mit 20 Vol. 0,01 m Imidazol in 0,08 m KCl, p_H 7,0, gewaschen. Unter N_2-Druck wird die Säule so gepackt, daß die Durchflußrate 0,5—0,8 ml pro min beträgt. Die Phosphodiesteraselösung wird gegen 0,01 m Imidazol in 0,08 m KCl, p_H 7,0, dialysiert; 1 g Protein kann an 0,6—0,8 g Cellulose-Trockengewicht adsorbiert werden. Nach der Adsorption wird mit zwei Säulenvolumina 0,01 m Imidazol in 0,08 m KCl, p_H 7,0, nachgewaschen. Die Elution erfolgt mit 0,02 m Imidazol in 0,4 m KCl, p_H 6,0. Die Eluate mit der höchsten spezifischen Aktivität werden sofort 12 Std gegen das 10—20fache Vol. 10^{-3} m Imidazol + 10^{-3} m $MgSO_4$, p_H 7,7, dialysiert, der Dialysepuffer wird dreimal gewechselt *(DEAE-Cellulose)*. Die dialysierten Eluate in 0,01 m Imidazol, p_H 7,5, werden mit 1 Vol. 0,02 m Glycin, p_H 10,0, versetzt und anschließend auf p_H 9,6 gebracht. In einem 60° C warmen Wasserbad wird die Lösung schnell auf 45° C aufgewärmt, 16 min darin stehengelassen und anschließend schnell abgekühlt. Unter Rühren wird tropfenweise 0,1 n Essigsäure zugegeben, bis bei annähernd p_H 5,8 eine Trübung auftritt. Die Fällung wird durch 45 min Zentrifugieren bei 105000 × g sedimentiert und verworfen. Der Überstand wird 12 Std gegen 10—20 Vol. 10^{-3} m Imidazol + 10^{-3} m $MgSO_4$, p_H 7,5, dialysiert, die Außenflüssigkeit wird dreimal gewechselt *(Hitzedenaturierung und Säurefällung)*. Zur dialysierten Flüssigkeit in 0,02 m Imidazol wird unter Rühren Calciumphosphat-Gel nach KEILIN und HARTREE[1] (19,2 mg Trockengewicht pro ml) zugegeben, bis das Verhältnis Gel zu Protein 1,8 beträgt. Nach weiteren 30 min Rühren wird das Gel über 15 min bei 2000 × g abzentrifugiert, 15 min lang mit 0,1 m Imidazol, p_H 6,0, gerührt und wiederum abzentrifugiert. Dieses Auswaschen des Gels wird nochmals mit 0,01 m Imidazol, p_H 7,5, wiederholt. Die Phosphodiesterase wird darauf mit 0,1-gesättigtem Ammoniumsulfat in 0,1 m Glycin, p_H 9,8, durch 30 min Rühren eluiert und das Gel wie oben abzentrifugiert. Anschließend wird das Eluat wiederum gegen 10—20 Vol. 10^{-3} Imidazol + 10^{-3} m $MgSO_4$ unter mehrmaligem Wechsel der Dialysierflüssigkeit 12 Std lang dialysiert *(Calciumphosphat-Gel)*. Reinigungserfolg und Ausbeute dieses Verfahrens zeigt Tabelle 16.

Tabelle 16. *Reinigung der cyclische Nucleosid-3',5'-monophosphate hydrolysierenden Phosphodiesterase aus Rinderherz nach* BUTCHER *und* SUTHERLAND[2].

Reinigungsschritt	Relative spezifische Aktivität	Ausbeute %
Extrakt	2,8	100
Ammoniumsulfatfällung	12,7	79,7
Dialyse und Frieren	13,7	59,7
DEAE-Cellulose	72,9	24,2
Hitzedenaturierung und Säurefällung	119,0	14,5
Calciumphosphat-Gel	256,0	7,3

Eigenschaften. *Substratspezifität.* Die cyclische Nucleosid-3',5'-monophosphate hydrolysierende Phosphodiesterase aus Rinderhirn und aus Rattenhirn bevorzugt cyclisches 3',5'-AMP als Substrat[2–4]; die MICHAELIS-Konstante für dieses Substrat ist $4{,}6 \times 10^{-5}$ M/l[2]. Das Enzym aus Rattenhirn hydrolysiert cyclisches 3',5'-GMP nur mit 33%, cyclisches 3',5'-UMP nur mit 11% der für das cyclische 3',5'-AMP angegebenen Geschwindigkeit; cyclisches 3',5'-CMP wird nicht hydrolysiert[4]. Das gereinigte Enzym aus Rinderherz ist völlig inaktiv gegenüber cyclischem 2',3'-AMP, dagegen wird dieses Substrat von Rattenhirnextrakt sehr schnell zu 2'-AMP hydrolysiert[4] (s. S. 1045); es ist jedoch sehr wahrscheinlich, daß im Rattenhirn zwei verschiedene Enzyme für die Hydrolyse 2',3'-cyclischer bzw. 3',5'-cyclischer Nucleosidmonophosphate vorhanden sind. Dies wird unter anderem durch den unterschiedlichen Metallbedarf für die Hydrolyse von cyclischem 3',5'-AMP und cyclischem 2',3'-AMP durch Rattenhirnextrakt nahegelegt (s. unten).

[1] KEILIN, D., and E. F. HARTREE: Proc. R. Soc. London (B) **124**, 397 (1938).
[2] BUTCHER, R. W., and E. W. SUTHERLAND: J. biol. Ch. **237**, 1244 (1962).
[3] SUTHERLAND, E. W., and T. W. RALL: J. biol. Ch. **232**, 1077 (1958).
[4] DRUMMOND, G. I., and S. PERROTT-YEE: J. biol. Ch. **236**, 1126 (1961).

p_H-Optimum. Das p_H-Optimum des Enzyms aus Kaninchengewebe und aus Rattenhirn[1] liegt bei p_H 7,5, wenn cyclisches 3',5'-AMP als Substrat eingesetzt wird; bei p_H 8,1 erfolgt keine Hydrolyse, bei p_H 6,0 beträgt die Aktivität noch 73% der des Optimums. Das p_H-Optimum des gereinigten Enzyms aus Rinderherz ist 7,9 in 0,04 m Trispuffer und 7,4 bei 0,04 m Imidazol[2]; zugleich wirkt Imidazol als Aktivator (s. unten).

Aktivatoren. Die cyclische Nucleosid-3',5'-phosphate spaltende Phosphodiesterase benötigt unbedingt Mg^{++}[1–3], optimal ist 8×10^{-4} m Mg^{++}; höhere Mg^{++}-Konzentrationen wirken hemmend. Magnesium kann teilweise durch Mn^{++} oder Co^{++}, nicht aber durch Ca^{++} und Zn^{++} ersetzt werden[1]. Imidazolpuffer erhöht die Aktivität des gereinigten Rinderherzens um 40—60% gegenüber Trispuffer, gleichzeitig erfolgt eine Verschiebung des p_H-Optimums (s. oben)[3].

Inhibitoren. Bedingt durch den absoluten Mg^{++}-Bedarf, hemmt EDTA die Hydrolyse von cyclischem 3',5'-AMP durch die beschriebene Phosphodiesterase vollständig; Perjodat bewirkt ebenso eine 100%ige Hemmung; 0,002 m Cocain vermindert die Aktivität um 15%[1]. 0,004 m Jodacetamid und Diisopropylfluorphosphat verursachen keine Hemmung[1]. Als wirksamer kompetitiver Inhibitor für das gereinigte Rinderherzenzym ist Theophyllin beschrieben[2], dessen K_i bei 1×10^{-4} M/l liegt; Theobromin und Coffein sind annähernd ein Fünftel so wirksam wie Theophyllin[2].

Bestimmung. Die bisher beschriebenen Bestimmungsmethoden basieren darauf, daß 5'-Nucleotidase (s. S. 1049) 3',5'-cyclische Phosphodiester nicht angreift, 5'-AMP dagegen in Adenosin und Orthophosphat spaltet. Da die im Prinzip mögliche Erfassung entstehenden Adenosins mittels Adenosindesaminase[3] störanfälliger ist als die Erfassung frei werdenden Orthophosphats, wird die letztgenannte Methode hier beschrieben.

***Bestimmung einer cyclische Nucleosid-3',5'-phosphate spaltenden Phosphodiesterase nach* Butcher *und* Sutherland[2].**

Prinzip:

Cyclisches 3',5'-AMP wird durch die Phosphodiesterase aus Rinderherz in 3'-Position hydrolysiert; es entsteht 5'-AMP. Das während der Phosphodiesteraseeinwirkung entstandene 5'-AMP wird durch im Überschuß zugesetzte 5'-Nucleotidase aus Schlangengift gespalten und das freigesetzte anorganische Phosphat bestimmt.

Reagentien:

1. $3,6 \times 10^{-3}$ m cyclisches Adenosin-3',5'-monophosphat (zu beziehen z.B. durch California Corporation for Biochemical Research, Los Angeles 63, California, 3625 Medford Street). Die Synthese cyclischer Ribonucleosid-3',5'-monophosphate wurde von Smith, Drummond und Khorana beschrieben[4].
2. 0,18 m Trispuffer, p_H 7,5.
3. 0,018 m $MgSO_4$-Lösung.
4. 5'-Nucleotidase; 1 mg Schlangengift von *Bothrops atrox* in 1 ml 0,01 m Tris, p_H 7,5.
5. Trichloressigsäure, 55%ig.
6. Reagentien zur Phosphatbestimmung s. Bd. III, S. 466.

Ausführung:

0,2 ml Pufferlösung, 0,1 ml Substratlösung, 0,1 ml $MgSO_4$-Lösung, Wasser und das zu testende Enzym ad 0,9 ml werden bei 30° C inkubiert. Nach 20 min Inkubation wird dem Ansatz 0,1 ml 5'-Nucleotidase zugesetzt und weiter inkubiert. Nach einer gesamten Inkubationsdauer von 30 min wird die Enzymreaktion mit 0,1 ml kalter Trichloressigsäure abgestoppt. Das Inkubationsgemisch wird im Eisbad abgekühlt und zentrifugiert. In einem aliquoten Teil wird Orthophosphat bestimmt (s. Bd. III, S. 466).

---

[1] Drummond, G. I., and S. Perrott-Yee: J. biol. Ch. **236**, 1126 (1961).
[2] Butcher, R. W., and E. W. Sutherland: J. biol. Ch. **237**, 1244 (1962).
[3] Sutherland, E. W., and T. W. Rall: J. biol. Ch. **232**, 1077 (1958).
[4] Smith, M., G. I. Drummond and H. G. Khorana: Am. Soc. **83**, 698 (1961).

5'-Nucleotidase.

[3.1.3.5 5'-Ribonucleotid-Phosphohydrolase.]

Von

Günther Siebert*.

Einleitung. 5'-Nucleotidase ist eine spezifische Phosphatase, die folgende Reaktion katalysiert:

$$\text{Nucleosid-5'-phosphat} + H_2O \rightarrow \text{Nucleosid} + \text{Phosphat}$$

Das Enzym wurde zuerst in tierischen Geweben von REIS[1] und in Schlangengiften von GULLAND und JACKSON[2] entdeckt. 5'-Nucleotidasen haben auf Grund ihrer Spezifität eine erhebliche Bedeutung erlangt, da sie ein wichtiges Hilfsmittel der Nucleinsäureanalytik sind. Dabei ist allerdings zu bedenken, daß eine häufig benutzte Enzymquelle, Samenplasma vom Bullen, auch Dinucleotid-Pyrophosphatasen (s. Bd. VI/C, S. 466ff.) enthält[3]. Viele Studien an 5'-Nucleotidase entspringen aus ihrer analytischen Verwendung; Übersichtsartikel s. [4–6].

Vorkommen. Ein Beweis des Vorkommens von 5'-Nucleotidase muß berücksichtigen, daß auch unspezifische Phosphomonoesterasen (s. S. 963ff.) 5'-Nucleotide zu spalten vermögen; unspezifische Phosphatasen kommen ubiquitär vor. Der Existenzbeweis für eine 5'-Nucleotidase hängt daher von Spezifitätsstudien ab, z.B. vom Vergleich der Aktivitäten gegenüber β-Glycerophosphat und gegenüber 3'-Nucleotiden; Einzelheiten solcher Differenzierungsversuche s. bei Bestimmung, S. 1056.

5'-Nucleotidase kommt in den meisten tierischen Geweben vor, doch fehlt es noch an systematischen Untersuchungen der neueren Zeit[5]. Das Enzym ist ein charakteristischer Bestandteil von Schlangengiften (s. Bd. IV, S. 809ff.). In Pflanzen ist die 5'-Nucleotidase häufig mit der 3'-Nucleotidase vergesellschaftet (s. die dort, S. 1057, zitierte Literatur). Auch in Mikroorganismen wird das Enzym gefunden.

Untersuchungen zur intracellulären Verteilung in tierischen Geweben haben gezeigt, daß die Hauptmenge der 5'-Nucleotidaseaktivität partikelgebunden vorkommt[7–9], doch ist die Art der Partikel noch nicht gut charakterisiert und die Frage, ob es ein oder mehrere homospezifische Enzyme gibt, noch offen. Die obenerwähnten Schwierigkeiten, 5'-Nucleotidase von unspezifischen Phosphatasen abzugrenzen, machen eine Beurteilung histochemischer Daten außerordentlich unsicher.

***Darstellung von 5'-Nucleotidase aus Samenplasma des Bullen nach* HEPPEL *und* HILMOE[10].**

Man verwendet Sammelproben der Tierzucht, die bis zu $^1/_2$ Jahr bei $-8°$ C aufbewahrt werden können *(Samenplasma)*. Man mischt 110 ml Samenplasma mit 550 mg Protaminsulfat, die in 330 ml destilliertem Wasser gelöst sind, und entfernt den Niederschlag durch Zentrifugieren *(Protamin)*. Der Überstand wird auf ein Volumen von

* Physiologisch-Chemisches Institut der Johannes Gutenberg-Universität Mainz.

1 REIS, J.: Bull. Soc. Chim. biol. **16**, 385 (1934).
2 GULLAND, J. M., and E. M. JACKSON: Biochem. J. **32**, 597 (1938).
3 BROWNLEE, S. T., and R. W. WHEAT: J. biol. Ch. **235**, 3567 (1960).
4 LASKOWSKI, M.; in: Sumner-Myrbäck, Enzymes Bd. I. S. 956f.
5 HEPPEL, L. A.; in: Boyer-Lardy-Myrbäck, Enzymes Bd. V. S. 49ff.
6 HEPPEL, L. A., and R. J. HILMOE; in: Colowick-Kaplan, Meth. Enzymol. Bd. II. S. 546ff.
7 AHMED, Z., and E. J. KING: Biochim. biophys. Acta **34**, 313 (1959).
8 NOVIKOFF, A. B., E. PODBER, J. RYAN and E. NOE: J. Histochem. Cytochem. **1**, 27 (1953).
9 SEGAL, H. L., and B. M. BRENNER: J. biol. Ch. **235**, 471 (1960).
10 HEPPEL, L. A., and R. J. HILMOE: J. biol. Ch. **188**, 665 (1951).

490 ml und auf p_H 6,7 gebracht; man gibt 95 g Ammoniumsulfat und danach 66 ml 1 n Essigsäure (p_H jetzt 4,2) zu, versetzt mit 139 ml 0,2 m Acetatpuffer, p_H 4,2, und gibt weitere 84,5 g Ammoniumsulfat zu. Nach 15 min Stehen wird 7 min bei 13000 $\times$g zentrifugiert und der Niederschlag verworfen. Die 745 ml Überstand werden mit 225 g Ammoniumsulfat versetzt, wie oben zentrifugiert; der durch Zentrifugation erhaltene Niederschlag wird in 45 ml destilliertem Wasser gelöst; man dialysiert 4 Std gegen fließenden 0,01 m Acetatpuffer, p_H 6,0 *(1. Ammoniumsulfat)*.

Die Enzymlösung (74 ml) wird klar zentrifugiert und mit 8,2 ml 1 m Acetatpuffer, p_H 6,0, sowie 26,4 g Ammoniumsulfat versetzt; man verwirft den durch Zentrifugieren erhaltenen Niederschlag und versetzt die 91,5 ml Überstand mit weiteren 5,6 g Ammoniumsulfat. Nach Zentrifugieren wird das Sediment wie oben gelöst und dialysiert *(2. Ammoniumsulfat)*. Die Enzymlösung von 35 ml wird mit 4,5 ml 0,1 n Essigsäure auf p_H 4,6 gebracht und dann mit so viel 1 m Acetat, p_H 4,6, versetzt, daß die Endkonzentration an Acetat 0,1 m beträgt. 41 ml Lösung werden auf — 0,5° C abgekühlt und mit absolutem Äthanol in folgenden Mengen versetzt: 3,5, 0,7, 0,5, 0,5, 0,3, 0,5, 1,0 und 2,0 ml; man muß gut rühren und die Temperatur nahe beim Gefrieren halten; nach jeder Äthanolzugabe wird 5 min gewartet, dann kurz zentrifugiert, das Sediment in 0,01 m Acetat, p_H 6,5, gelöst, die Aktivität geprüft. Die besten Fraktionen werden vereinigt *(1. Äthanol)*. Diese Äthanolprozedur wird einmal wiederholt *(2. Äthanol)*.

Tabelle 1. *Reinigung von 5'-Nucleotidase aus Samenplasma vom Bullen nach* HEPPEL *und* HILMOE[1].

Fraktion	Relative spezifische Aktivität	Ausbeute %
Samenplasma . . .	50	100
Protamin	111	93
1. Ammoniumsulfat	274	43
2. Ammoniumsulfat	476	24
1. Äthanol	986	20
2. Äthanol	1350	6
Aluminiumhydroxyd	2500	4

Die Enzymlösung wird auf p_H 6,8 eingestellt, innerhalb 90 sec auf 60° C gebracht und 20 min bei dieser Temperatur gehalten. Man kühlt rasch und verwendet kleine aliquots zu Probeadsorptionen mit Aluminiumhydroxyd C_γ[2], das 11 mg pro ml enthält und mindestens 3 Monate gealtert ist. Die überstehenden Lösungen dieser aliquots werden auf Aktivität geprüft; danach wird die Menge Gel für maximale Adsorption von Fremdprotein ohne ernste Ausbeuteminderung ermittelt und auf die Hauptmenge der Enzymlösung angewendet *(Aluminiumhydroxyd)*. Ausbeute und Reinigungserfolg sind in Tabelle 1 zusammengestellt.

***Darstellung von 5'-Nucleotidase aus Schlangengift nach* HURST *und* BUTLER[3].**

Man löst 10 mg Trockengift in 10 ml Wasser und chromatographiert an einer Säule aus gemahlenem Whatman Nr. 5-Papier. Die Säule mißt 0,8 $\times$ 10 cm. Sie wird mit 1 ml/min betrieben. Nach Aufgeben der Giftlösung wird mit 45 ml Wasser gewaschen, mit 80 ml 0,1 %igem NaCl und danach mit 30 ml 1 %igem NaCl eluiert. Der mit 1 %igem NaCl erhaltene Proteingipfel zeigt 5'-Nucleotidaseaktivität. Will man das Enzym für analytische Zwecke verwenden, ist auf Abwesenheit von Phosphodiesterase zu prüfen (s. S. 1009ff.).

Verschiedene weitere Verfahren für die Isolierung von 5'-Nucleotidase aus Schlangengiften sind beschrieben, so die Chromatographie von Habugift[4] sowie *Crotalus atrox*-Gift[5] und die Zonenelektrophorese von Cobragift[6]. Eine sehr weitgehende Reinigung ist für das Gift aus *Bothrops atrox* ausgearbeitet[7].

[1] HEPPEL, L. A., and R. J. HILMOE: J. biol. Ch. **188**, 665 (1951).
[2] WILLSTÄTTER, R., u. H. KRAUT: B. **56**, 1117 (1923).
[3] HURST, R. O., and G. C. BUTLER: J. biol. Ch. **193**, 91 (1951).
[4] MAENO, H., and S. MITSUHASHI: J. Biochem. **50**, 434 (1961).
[5] PFLEIDERER, G., and G. SUMYK: Biochim. biophys. Acta **51**, 482 (1961).
[6] SASAKI, T.: Yakugaku Zasshi **80**, 736 (1960) [Chem. Abstr. **54**, 23086i].
[7] SULKOWSKI, E., W. BJÖRK and M. LASKOWSKI sen.: J. biol. Ch. **238**, 2477 (1963).

Darstellung von 5'-Nucleotidase aus Bothrops atrox-Gift nach SULKOWSKI ***u. Mitarb.***[1].

30 g Gift von *Bothrops atrox* werden nach KOERNER und SINSHEIMER[2] bei p_H 4,0 mit Aceton fraktioniert; das bei 42 Vol.-% erhaltene Sediment wird in 500 ml 0,1 m Trispuffer, p_H 8,0, gelöst, 1 Std bei 5° C gerührt und klar zentrifugiert; die Enzymlösung wird über Nacht gegen 4 l redest. Wasser dialysiert *(1. Aceton)*. Die dialysierte Enzymlösung wird mit 0,11 Vol.-% 2 m Acetatpuffer, p_H 4,0, versetzt und in einem Kältebad von −17° C mit auf −20° C gekühltem Aceton bis auf 42 Vol.-% Aceton gebracht; nach 30 min Rühren wird 30 min bei −17° C zentrifugiert. Der Niederschlag wird sofort in 70 ml 0,05 m Trispuffer, p_H 7,0, suspendiert, 30 min bei 5° C gerührt und klar zentrifugiert. Der Überstand wird zweimal gegen 4 l 0,01 m Trispuffer, p_H 7,0, dialysiert *(2. Aceton)*. Die dialysierte, klar zentrifugierte Enzymlösung wird mit 1 m Trispuffer, p_H 7,5, bis 0,05 m Endkonzentration versetzt. Im Eisbad wird festes Ammoniumsulfat zu 60% Sättigung zugegeben; nach 30 min Stehen wird zentrifugiert und der Überstand auf 65% Sättigung gebracht. Nach 60 min Stehen wird wieder zentrifugiert und der Überstand auf 70% Sättigung gebracht; der nach 60 min Stehen erhaltene Niederschlag wird in 5 ml 0,05 m Trispuffer, p_H 7,5, gelöst *(Ammoniumsulfat)*.

Tabelle 2. *Reinigung von 5'-Nucleotidase aus Bothrops atrox-Gift nach* SULKOWSKI, BJÖRK *und* LASKOWSKI sen.[1].

Fraktion	Relative spezifische Aktivität	Ausbeute %
Rohgift	0,62	—
1. Aceton . . .	2,4	100
2. Aceton . . .	5,4	98
Ammoniumsulfat	35,3	31
Sephadex . . .	133	26
DEAE-Cellulose	630	11

Es wird eine 4,4 × 50 cm-Säule von Sephadex G-100 bereitet; Fraktionsvolumen 3,8 ml; Fließgeschwindigkeit 15 Fraktionen pro Std bei 4° C. Die in 0,05 m Trispuffer, p_H 7,5, gelöste Enzymfraktion wird auf die Säule gegeben; es wird mit der gleichen Pufferlösung nachgewaschen. 5'-Nucleotidase erscheint im ansteigenden Teil des 1. Proteingipfels, so daß der Inhalt der Röhrchen 68—88 gesammelt und vereinigt wird. Diese Enzymlösungen werden über Nacht gegen 6 l 0,01 m Trispuffer, p_H 7,5, dialysiert *(Sephadex)*. Man bereitet eine Säule aus DEAE-Cellulose (0,83 mÄq/g) von 1 × 30 cm und äquilibriert sie nach Waschen mit 1 n NaOH und Wasser mit 0,01 m Trispuffer, p_H 7,5. Fraktionsvolumen 3,7 ml; Fließgeschwindigkeit 5 Fraktionen pro Std bei 4° C. Die Enzymlösung des vorangegangenen Schrittes wird auf die Säule gegeben und stufenweise mit 0,01 m, 0,05 m und 0,2 m Trispuffer, p_H 7,5, entwickelt. Die Hauptmenge an 5'-Nucleotidase wird mit 0,05 m Tris eluiert und mit dem Gipfel in Röhrchen 47 erhalten *(DEAE-Cellulose)*.

Ausbeute und Reinigung sind in Tabelle 2 zusammengestellt; die gereinigte 5'-Nucleotidase ist chromatographisch noch nicht rein und zeigt im Gipfel eine zweimal höhere Aktivität als in Tabelle 2 angegeben.

Darstellung von 5'-Nucleotidase aus Kartoffeln nach KORNBERG ***und*** PRICER[3].

1 kg geschälter Kartoffeln wird im Mixer portionsweise mit 2 Vol. destilliertem Wasser homogenisiert; nach Filtration werden 2,8 l Überstand mit 950 g Ammoniumsulfat versetzt und nach Abfiltrieren des Niederschlages mit weiteren 550 g (auf 2,5 l Filtrat). Dieser Niederschlag wird auf dem Filter gewonnen, in Wasser gelöst und 90 min gegen fließendes destilliertes Wasser dialysiert. Man säuert 71 ml Enzymlösung mit 2,7 ml 0,1 n Essigsäure auf p_H 4,5 an und versetzt bei −5 bis −10° C mit 95%igem Äthanol. Der zwischen 30 und 130 ml Äthanol anfallende Niederschlag wird in 15 ml Wasser gelöst. Man erreicht so eine etwa 25fache Anreicherung des Enzyms.

[1] SULKOWSKI, E., W. BJÖRK and M. LASKOWSKI sen.: J. biol. Ch. **238**, 2477 (1963).
[2] KOERNER, J. F., and R. L. SINSHEIMER: J. biol. Ch. **228**, 1049 (1957).
[3] KORNBERG, A., and W. E. PRICER jr.: J. biol. Ch. **186**, 557 (1950).

Eine rund 200fache Reinigung der Kartoffel-5'-Nucleotidase beschreibt KLEIN[1]; in beiden Fällen wird jedoch keine vollständige Abtrennung der 3'-Nucleotidase erreicht[1,2].

Die Reinigung zweier 5'-Nucleotidasen (75- bzw. 5fach, je 7% Ausbeute) aus *Clostridium propionicum* ist ebenfalls beschrieben[3].

Tabelle 3. *pH-Optima von 5'-Nucleotidasen.*

Enzymquelle	pH-Optimum	Literatur
Samenplasma, Bulle . .	8,5	4
Schlangengift	9,0	5
Schlangengift	8,4	6
Schlangengift	6,8—7,0	7
Kartoffel	5,0	1
Serum, Mensch	7,5—8,0	8, 9
Mikrosomen, Leber . . .	6,5—8,0	10
Mikrosomen, Nebenniere	7,5—9,5	11
Bodenbacterium	6,5—7,5	12
Clostridium sticklandii	7,0—9,5	13
Clostridium propionicum	6,0—9,2	3

Eigenschaften. *pH-Optimum.* Je nach Herkunft des Enzyms werden verschiedene Werte angegeben; sie sind in Tabelle 3 zusammengestellt.

Stabilität. Das aus Samenplasma gereinigte Enzym ist nach Einfrieren und nach Lyophilisierung stabil[4]. Die beiden Clostridienenzyme zeigen eine bemerkenswerte Hitzestabilität: 50% Aktivitätsverlust nach 5 min bei 100° C beim Enzym aus *Cl. sticklandii*[13] bzw. 50% Aktivitätsverlust nach 10 min bei 100° C beim Enzym aus *Cl. propionicum*[3]. Das Enzym aus *Bothrops atrox*-Gift ist hinsichtlich von Metalleffekten näher untersucht[5].

Tabelle 4. MICHAELIS-MENTEN-*Konstanten von 5'-Nucleotidasen.*

Substrat	Enzymquelle	K_M (Mol/l)	Literatur
Adenosin-5'-phosphat	Samenplasma	unter 1×10^{-4}	4
Adenosin-5'-phosphat	Cl. propionicum	1×10^{-4}	3
Adenosin-5'-phosphat	Kartoffeln	2×10^{-5}	14
Adenosin-5'-phosphat	Lebermikrosomen	1×10^{-5}	10
Adenosin-5'-phosphat	Nebennierenmikrosomen	1×10^{-4}	11
Adenosin-5'-phosphat	Schlangengift	unter 1×10^{-4}	15
Inosin-5'-phosphat	Samenplasma	unter 1×10^{-4}	4
Uridin-5'-phosphat	Samenplasma	unter 1×10^{-4}	4
Cytidin-5'-phosphat	Samenplasma	unter 1×10^{-4}	4
Nicotinamidmononucleotid	Samenplasma	$1{,}6 \times 10^{-3}$	4
Nicotinamidmononucleotid	Schlangengift	8×10^{-4}	15
Ribose-5-phosphat	Samenplasma	$2{,}6 \times 10^{-3}$	4
Ribose-5-phosphat	Schlangengift	$1{,}7 \times 10^{-3}$	15

K_M-Werte. 5'-Nucleotidasen zeichnen sich durch bemerkenswert hohe Affinitäten zu 5'-Nucleotiden aus; dies ist einer der Gründe, die die analytische Anwendung erleichtern. Die K_M-Werte sind in Tabelle 4 zusammengestellt.

Inhibitoren. 5'-Nucleotidasen zeigen gegenüber Nucleosiden, dem einen Spaltprodukt, zum Teil beträchtliche Empfindlichkeit; die Hemmung ist wahrscheinlich kompetitiv.

[1] KLEIN, W.: H. **307**, 247 (1957).
[2] KORNBERG, A., and W. E. PRICER jr.: J. biol. Ch. **186**, 557 (1950).
[3] BROWN jr., E. B., and E. R. STADTMAN: J. biol. Ch. **235**, 2928 (1960).
[4] HEPPEL, L. A., and R. J. HILMOE: J. biol. Ch. **188**, 665 (1951).
[5] SULKOWSKI, E., W. BJÖRK and M. LASKOWSKI sen.: J. biol. Ch. **238**, 2477 (1963).
[6] HURST, R. O., and G. C. BUTLER: J. biol. Ch. **193**, 91 (1951).
[7] KAYE, M. A.: Biochim. biophys. Acta **38**, 34 (1960).
[8] YOUNG, I. I.: Ann. N.Y. Acad. Sci. **75**, 357 (1958).
[9] CAMPBELL, D. M.: Biochem. J. **82**, 34P (1962).
[10] SEGAL, H. L., and B. M. BRENNER: J. biol. Ch. **235**, 471 (1960).
[11] HILF, R., C. BREUER and A. BORMAN: Arch. Biochem. **94**, 319 (1961).
[12] WANG, T. P.: J. Bact. **68**, 128 (1954).
[13] HERMAN jr., E. C., and B. E. WRIGHT: J. biol. Cb. **234**, 122 (1959).
[14] KLEIN, W.: H. **307**, 254 (1957).
[15] HEPPEL, L. A., and R. J. HILMOE; in: Colowick-Kaplan, Meth. Enzymol. Bd. II. S. **546**ff.

K_i beträgt für das Kartoffelenzym mit Adenosin 4×10^{-4} m [1], das Enzym aus Aortenmedia wird dagegen durch 1×10^{-3} m Adenosin nicht gehemmt [2]. Mit Adenosin-5'-phosphat als Substrat gibt ein 25facher molarer Überschuß an Adenosin 31 % und ein 120facher Überschuß 53 % Hemmung; die entsprechenden Werte lauten für Inosin 34 bzw. 54 % Hemmung, jeweils gemessen mit dem Enzym aus Lebermikrosomen [3]. Cytidin gibt bei 50fachem molarem Überschuß über Adenosin-5'-phosphat 30 % Hemmung und bei 240fachem Überschuß 41 % Hemmung; die entsprechenden Werte lauten für Uridin 46 bzw. 70 % Hemmung. Orthophosphat, das andere Spaltprodukt, hemmt nur in hohen Konzentrationen, wenn überhaupt; so werden 40 % Hemmung für 5'-Nucleotidase aus Lebermikrosomen angegeben [3] bei 2×10^{-2} m PO_4^{---}. Bei dem Enzym aus Aortenmedia und aus Placenta ist 1×10^{-3} m Phosphat ohne Effekt [2], die 5'-Nucleotidase aus *Clostridium propionicum* wird durch 1×10^{-2} m Phosphat nicht gehemmt [4].

Hemmende Anionen sind unter anderen Fluorid, Borat und Arsenat. So hemmt F^- das Enzym aus Samenplasma bei 1×10^{-2} m um 73 % [5] und das Enzym aus *Clostridium propionicum* bei 5×10^{-3} m um 87 % [4], hat gegenüber dem Placentaenzym jedoch keine Hemmwirkung [2]. 8×10^{-2} m Borat hemmt die Samenplasma-5'-Nucleotidase [5] um 85 %; 1×10^{-2} m Arsenat hemmt das Enzym aus *Clostridium propionicum* [4] um 50 %.

Auch von Metallionen sind zum Teil sehr starke Hemmwirkungen bekannt (s. dazu aber auch aktivierende Effekte von Metallionen im nächsten Abschnitt). Zn^{++} hemmt, und Äthylendiamintetraacetat enthemmt dementsprechend die Schlangengift-5'-Nucleotidase [6]; Schlangengift hat einen gewissen natürlichen Zinkgehalt. Die 5'-Nucleotidase aus *Bothrops atrox*-Gift wird durch Äthylendiamintetraacetat (10^{-5} m = 50 %), Zn^{++} (10^{-3} m = 60 %), Ni^{++} (10^{-3} m = 50 %) und höhere Mengen Mn^{++} (10^{-2} m = 55 %) gehemmt [7]. 1×10^{-3} m Zn^{++} hemmt das Placentaenzym um 98 % und das Enzym aus Aortenmedia um 88 % [2]. Die beiden letztgenannten Enzyme werden von 1×10^{-3} m Co^{++} um 75 % und von 1×10^{-3} m Ni^{++} um praktisch 100 % gehemmt; die Nickelhemmung wird auch als Hilfsmittel zur Enzymdifferenzierung verwendet (s. S. 1056). 1×10^{-3} m Cu^{++} hemmt die 5'-Nucleotidase aus Placenta um 60 %.

Sulfhydrylreagentien sind bisher nur an Clostridienenzymen untersucht worden; 1×10^{-3} m Jodacetat gibt bei dem Enzym aus *Cl. propionicum* 21 % Hemmung [4]; $2{,}5 \times 10^{-3}$ m Jodacetat sind ohne Effekt auf das *Cl. sticklandii*-Enzym, die zehnfache Menge gibt 30 % Hemmung [8]. p-Chlormercuribenzoat hemmt bei $2{,}5 \times 10^{-4}$ m das *Cl. sticklandii*-Enzym nicht, dagegen das *Cl. propionicum*-Enzym bei 5×10^{-5} m um 26 % [4].

Teils hemmende, teils aktivierende Wirkung auf 5'-Nucleotidase aus Samenplasma haben L-Histidin und in geringerem Umfang L-Glutaminsäure und Glycin; die Histidinwirkungen sind von p_H und Mg^{++} abhängig [9].

Aktivierung durch Metallionen. 5'-Nucleotidasen benötigen im allgemeinen Mg^{++} für volle Aktivität, z.B. die Enzyme aus Serum [10], einem Bodenbacterium [11], Lebermikrosomen [3], Samenplasma [5] und Schlangengift [12]; das Enzym aus Placenta und aus Aortenmedia wird durch Mg^{++} nicht beeinflußt [2]. Ca^{++} ist wirksam bei dem Enzym aus einem Bodenbacterium [11], aber unwirksam bei Samenplasma [5], Placenta und Aortenmedia [2].

---

1 KLEIN, W.: H. **307**, 254 (1957).
2 AHMED, Z., and J. L. REIS: Biochem. J. **69**, 386 (1958).
3 SEGAL, H. L., and B. M. BRENNER: J. biol. Ch. **235**, 471 (1960).
4 BROWN jr., E. B., and E. R. STADTMAN: J. biol. Ch. **235**, 2928 (1960).
5 HEPPEL, L. A., and R. J. HILMOE: J. biol. Ch. **188**, 665 (1951).
6 KAYE, M. A. G.: Biochim. biophys. Acta **18**, 456 (1955).
7 SULKOWSKI, E., W. BJÖRK and M. LASKOWSKI sen.: J. biol. Ch. **238**, 2477 (1963).
8 HERMAN jr., E. C., and B. E. WRIGHT: J. biol. Ch. **234**, 122 (1959).
9 BODANSKY, O., and M. K. SCHWARTZ: J. biol. Ch. **238**, 3420 (1963).
10 YOUNG, I. I.: Ann. N.Y. Acad. Sci. **75**, 357 (1958).
11 WANG, T. P.: J. Bact. **68**, 128 (1954).
12 KAYE, M. A. G.: Biochim. biophys. Acta **38**, 34 (1960).

Mn^{++} wird bei der 5'-Nucleotidase aus Samenplasma unwirksam gefunden[1], hat aber beim Schlangengiftenzym und bei den Placenta- und Aortenenzymen erhebliche Wirkung, die zum Teil über die von Mg^{++} hinausgeht[2-4]. Ba^{++} stimuliert etwas die Placenta- und Aortenenzyme[3], Co^{++} das Schlangengiftenzym[2,4].

Einen Sonderfall stellen die 5'-Nucleotidasen aus Clostridien dar, die Fe^{++} für ihre Wirksamkeit benötigen; wie auch bei anderen Fe^{++}-bedürftigen Enzymen, wird die Eisenwirkung durch reduzierende Substanzen (Glutathion, Cystein, 2-Mercaptoäthanol) erheblich gesteigert[5,6]. Zwei Enzyme aus *Cl. propionicum* haben beide diesen Fe^{++}-Bedarf, unterscheiden sich aber durch (vorhandene bzw. fehlende) Hemmbarkeit mittels Äthylendiamintetraacetat[6].

Spezifität. Die Spezifität gegenüber 5'-Nucleotiden schließt die Desoxynucleosid-5'-phosphate mit ein[7]; in dieser Hinsicht unterscheidet sich 5'-Nucleotidase von 3'-Nucleotidase (s. S. 1057ff.). Es wird wie bei anderen Phosphatasen auch die P—O-Bindung gelöst[8]. Dihydro-pyrimidinnucleotide werden ebenfalls hydrolysiert[9,10]; ferner wird relativ häufig auch Aktivität gegenüber Nucleosid-5'-diphosphaten und Nucleosid-5'-triphosphaten gefunden, ohne daß bisher klar ersichtlich ist, ob dies eine inhärente Eigenschaft der 5'-Nucleotidase ist oder durch Verunreinigungen bedingt wird. Der 5'-ständige Phosphatrest von Adenosin-3',5'-diphosphat und von Oligonucleotiden und Polynucleotiden wird nicht hydrolysiert[11]. Auch Adenosin-2',5'-diphosphat ist gegenüber den 5'-Nucleotidasen aus Samenplasma[12], Schlangengift[11] und einem Bodenbacterium[1] resistent, doch vermag ein Enzym aus Kartoffeln[13] den 5'-Phosphatrest abzuspalten.

Die 5'-Nucleotidase aus *Bothrops atrox*-Gift hat folgende Spezifitätserfordernisse: a) C-(1') der Ribose muß basensubstituiert sein; b) OH an C-(3') der Ribose muß frei sein; c) H oder OH an C-(2') der Pentose ist von geringerem Einfluß (s. dazu Tabelle 4)[4].

Relativ häufig sind Vergleiche der Hydrolysenraten für verschiedene 5'-Nucleotide durchgeführt worden; einschlägige Zahlen findet man in Tabelle 5 zusammengestellt.

Bestimmung. Wie eingangs erwähnt (S. 1049), erfordert die Aktivitätsbestimmung der 5'-Nucleotidase — außer in gereinigten Enzympräparationen — die Berücksichtigung der durch unspezifische Phosphatasen (s. S. 963ff.) bewirkten Hydrolyse von 5'-Nucleotiden. Manche Autoren messen deshalb zugleich mit der Hydrolyse von Adenosin-5'-phosphat diejenige von β-Glycerophosphat[14] oder von Phenylphosphat[3,15], da diese P-Ester keine Substrate für 5'-Nucleotidase sind. Weil jedoch die Hydrolyseraten der unspezifischen Phosphatasen mit β-Glycerophosphat und Phenylphosphat als Substraten von derjenigen mit Adenosin-5'-phosphat differieren, bedingen diese Methoden einen negativen oder positiven Fehler unbekannter Größe[3].

Eine andere Möglichkeit besteht in der selektiven Hemmung der 5'-Nucleotidase durch 1×10^{-3} m Ni^{++}; unspezifische Phosphatasen wie diejenigen in Placenta[3] und Serum[16] werden von Nickelionen nicht gehemmt. Dieses Verfahren dürfte den Vorzug gegenüber den Differenzmethoden mit verschiedenen Substraten verdienen, muß allerdings für

[1] WANG, T. P.: J. Bact. **68**, 128 (1954).
[2] KAYE, M. A. G.: Biochim. biophys. Acta **38**, 34 (1960).
[3] AHMED, Z., and J. L. REIS: Biochem. J. **69**, 386 (1958).
[4] SULKOWSKI, E., W. BJÖRK and M. LASKOWSKI sen.: J. biol. Ch. **238**, 2477 (1963).
[5] HERMAN jr., E. C., and B. E. WRIGHT: J. biol. Ch. **234**, 122 (1959).
[6] BROWN jr., E. B., and E. R. STADTMAN: J. biol. Ch. **235**, 2928 (1960).
[7] CARTER, C. E.: Am. Soc. **73**, 1537 (1951).
[8] KOSHLAND jr., D. E., and S. S. SPRINGHORN: J. biol. Ch. **221**, 469 (1956).
[9] JANION, C., and D. SHUGAR: Acta biochim. polon. **7**, 309 (1960).
[10] MOKRASCH, L. C., and S. GRISOLIA: Biochim. biophys. Acta **39**, 361 (1960).
[11] HEPPEL, L. A.; in: Boyer-Lardy-Myrbäck, Enzymes Bd. V. S. 49ff.
[12] HEPPEL, L. A., and R. J. HILMOE: J. biol. Ch. **188**, 665 (1951).
[13] KORNBERG, A., and W. E. PRICER jr.: J. biol. Ch. **186**, 557 (1950).
[14] WANG, D. Y.: Biochem. J. **83**, 633 (1962).
[15] AHMED, Z., and E. J. KING: Biochim. biophys. Acta **34**, 313 (1959).
[16] CAMPBELL, D. M.: Biochem. J. **82**, 34P (1962).

Tabelle 5. *Vergleich der Hydrolysenraten verschiedener 5'-Nucleotide durch 5'-Nucleotidasen.*

Substrat	Relative Raten (in Prozent)														
Adenosin-5'-phosphat	100	100	100	100	100	100	100	100	100	100	100	100	100	100	100
Guanosin-5'-phosphat			0				26	55		90	81	45	42		106
Inosin-5'-phosphat	113					125	27	60	92	87	0	55	41		72
Cytidin-5'-phosphat	268		0	108			55	95	56	89	34	97	89		66
Uridin-5'-phosphat	220	97	0	23		133	67	132	37	94	89	105	36		97
Desoxyadenosin-5'-phosphat							10					30	39	103	
Desoxyguanosin-5'-phosphat						94							33	95	
Desoxycytidin-5'-phosphat						112							62	48	
Thymidin-5'-phosphat													76	35	
Ribose-5-phosphat	1			2	3	0	0		0	11		9	0		
Nicotinamid-mononucleotid	67			25	2					159	119		15		
Flavin-mononucleotid	0		0		1		16			10			0		
Dihydrouridin-5'-phosphat		133													
Carbamyl-β-alanin-ribosid-5'-phosphat		0,4													
	1	2	3	4	5	6	7	8	9	10	11	12	13	14	15

jede noch nicht untersuchte Enzymquelle auf Anwendbarkeit geprüft werden, da 5'-Nucleotidasehemmung durch Ni^{++} und Phosphatase-Resistenz gegenüber Ni^{++} möglicherweise keine universellen Phänomene sind.

Die Bestimmungsmethoden für 5'-Nucleotidase basieren meist auf der Erfassung freigesetzten Orthophosphats; für kinetische Studien vorteilhaft ist ein optischer Test, bei dem freigesetztes Adenosin zu Inosin desaminiert und die dabei eintretende Extinktionsänderung verfolgt wird.

Bestimmung der 5'-Nucleotidaseaktivität nach HEPPEL *und* HILMOE[16].

Prinzip:

Freigesetztes Orthophosphat wird gemessen; der Reaktionsverlauf ist linear zur Zeit, bis fast alles Substrat verbraucht ist.

Reagentien:

1. 1,0 m Glycinpuffer, p_H 8,5.
2. 0,1 m $MgCl_2$.

[1] HEPPEL, L. A., and R. J. HILMOE: J. biol. Ch. **188**, 665 (1951). — Samenplasma.
[2] MOKRASCH, L. C., and S. GRISOLIA: Biochim. biophys. Acta **39**, 361 (1960). — Samenplasma.
[3] WHEAT, R. W.: Proc. Soc. exp. Biol. Med. **105**, 336 (1960). — Samenplasma.
[4] HEPPEL, L. A., and R. J. HILMOE: J. biol. Ch. **188**, 665 (1951). — Schlangengift.
[5] KAYE, M. A. G.: Biochim. biophys. Acta **38**, 34 (1960). — Schlangengift.
[6] KLEIN, W.: H. **307**, 254 (1957). — Kartoffel.
[7] SEGAL, H. L., and B. M. BRENNER: J. biol. Ch. **235**, 471 (1960). — Lebermikrosomen.
[8] WANG, D. Y.: Biochem. J. **83**, 633 (1962). — Brustdrüse.
[9] HERMAN jr., E. C., and B. E. WRIGHT: J. biol. Ch. **234**, 122 (1959). — *Clostridium sticklandii.*
[10] BROWN jr., E. B., and E. R. STADTMAN: J. biol. Ch. **235**, 2928 (1960). — *Clostridium propionicum;* EDTA-sensitiv.
[11] BROWN jr., E. B., and E. R. STADTMAN: J. biol. Ch. **235**, 2928 (1960). — *Clostridium propionicum;* EDTA-resistent.
[12] HILF, R., C. BREUER and A. BORMAN: Arch. Biochem. **94**, 319 (1961). — Nebennieren-Mikrosomen.
[13] SULKOWSKI, E., W. BJÖRK and M. LASKOWSKI sen.: J. biol. Ch. **238**, 2477 (1963). — *Bothrops atrox*-Gift.
[14] CARTER, C. E.: Am. Soc. **73**, 1537 (1951). — Samenplasma.
[15] WANG, D. Y.: Biochem. J. **83**, 633 (1962). — Ratten-Milch.
[16] HEPPEL, L. A., and R. J. HILMOE; in: Colowick-Kaplan, Meth. Enzymol. Bd. II. S. 546ff.

3. 3×10^{-2} m Adenosin-5′-phosphat.
4. Trichloressigsäure, 30%ig.
5. Reagentien zur Phosphatbestimmung; s. Bd. III, S. 466.

Ausführung:

Man pipettiert 0,1 ml Puffer, 0,1 ml Mg^{++}-Lösung und 0,1 ml Substratlösung in ein Zentrifugenglas, ergänzt mit Wasser und inkubiert nach Enzymzusatz im Gesamtvolumen von 1,25 ml 15 min bei 37° C. Die Reaktion wird durch Zugabe von 0,25 ml Trichloressigsäure unterbrochen und das freigesetzte Phosphat mit einer der bei Reagens *5* angeführten Methoden bestimmt.

***Bestimmung der 5′-Nucleotidaseaktivität nach* CAMPBELL[1].**

Prinzip:

Man ermittelt das in Gegenwart und in Abwesenheit von Nickelionen freigesetzte Phosphat. Der in Ni^{++}-Anwesenheit erhaltene Wert entspricht der durch unspezifische Phosphatasen bedingten Hydrolyse von Adenosin-5′-phosphat; in Abwesenheit von Ni^{++} mißt man die Summe von 5′-Nucleotidase und unspezifischen Phosphatasen. Die Differenz der beiden Werte ergibt die 5′-Nucleotidaseaktivität.

Reagentien:

1. 0,02 m $MnSO_4$.
2. 0,04 m Veronalpuffer, p_H 7,5.
3. 0,01 m Adenosin-5′-phosphat.
4. Trichloressigsäure, 10%ig.
5. 0,1 m $NiCl_2$.
6. Reagentien zur Phosphatbestimmung; s. vorangehend beschriebene Methode.

Ausführung:

Man pipettiert 0,1 ml Mangansalz, 1,5 ml Pufferlösung, 0,2 ml Serum und 0,2 ml Substratlösung in ein Zentrifugenglas und inkubiert 30 min bei 37° C. Die Reaktion wird durch Zugabe von 2 ml Trichloressigsäure unterbrochen. Das freigesetzte Phosphat wird mit einer der unter Reagens *6* aufgeführten Methoden bestimmt.

Im Nickelionen enthaltenden Ansatz ersetzt man 0,2 ml der Pufferlösung durch 0,2 ml $NiCl_2$-Lösung und verfährt im übrigen wie oben.

***Bestimmung der 5′-Nucleotidaseaktivität nach* SEGAL *und* BRENNER[2].**

Prinzip:

Freigesetztes Adenosin wird mit Adenosindesaminase in Inosin umgewandelt; die bei 265 mμ eintretende Absorptionsänderung wird verfolgt.

Reagentien:

1. 0,1 m Trispuffer, p_H 7,5.
2. 0,01 m Adenosin-5′-phosphat.
3. Trichloressigsäure, 30%ig.
4. 0,1 m Tris-Kakodylatpuffer, p_H 6,5.
5. $1{,}56 \times 10^{-3}$ m Adenosin-5′-phosphat.
6. Adenosin-Desaminase nach KALCKAR[3] (s. Bd. VI/C, S. 389); 0,005 ml der Enzymlösung sollten bei $5{,}8 \times 10^{-5}$ m Adenosin ein $\Delta E_{265\,m\mu}$ von 0,022/min geben; bei p_H 6,5 und $5{,}2 \times 10^{-5}$ m Adenosin-5′-phosphat sollte mit 0,05 ml Enzym keine meßbare Extinktionsänderung auftreten.

Ausführung:

Verfahren A: Man pipettiert 1,5 ml Trispuffer, 0,2 ml Substratlösung *2* und 0,1 ml Enzymlösung (hier: Rattenlebermikrosomen) in ein Zentrifugenglas, ergänzt mit Wasser

[1] CAMPBELL, D. M.: Biochem. J. **82**, 34P (1962).
[2] SEGAL, H. L., and B. M. BRENNER: J. biol. Ch. **235**, 471 (1960).
[3] KALCKAR, H. M.: J. biol. Ch. **167**, 445 (1947).

auf 2,0 ml und inkubiert 10 min bei 30° C. Die Reaktion wird mit 0,4 ml Trichloressigsäure abgebrochen. Der Überstand kann zur Phosphatbestimmung verwendet werden (s. oben); ein Aliquot dient zur Adenosinbestimmung nach KORNBERG und PRICER[1].

Verfahren B: Man pipettiert in eine Quarzküvette 1,5 ml Tris-Kakodylatpuffer, 0,1 ml Enzymlösung (wie oben), 0,05 ml Adenosin-Desaminase, ergänzt mit Wasser auf 2,9 ml und startet die Reaktion durch Zugabe von 0,1 ml Substratlösung *5*. Die Vergleichsküvette enthält Wasser statt Adenosin-5′-phosphat. Zur Auswertung benutzt man den Extinktionskoeffizienten der Umwandlung von Adenosin in Inosin bei 265 mμ von 8,69 pro Millimol und cm Lichtweg[2].

3′-Nucleotidase.

[3.1.3.6 3′-Ribonucleotid-Phosphohydrolase.]

Von

Günther Siebert*.

Einleitung. 3′-Nucleotidase ist eine spezifische Phosphatase, die folgende Reaktion katalysiert:

$$\text{Nucleosid-3'-phosphat} + H_2O \rightarrow \text{Nucleosid} + \text{Phosphat}$$

3′-Nucleotidasen haben auf Grund ihrer Spezifität eine erhebliche Bedeutung erlangt, da sie ein unentbehrliches Hilfsmittel der Nucleinsäure-Analytik sind. Die an diesem Enzym ausgeführten Studien betreffen daher vor allem die Spezifität, und die ausgearbeiteten Darstellungsvorschriften berücksichtigen mehr die Entfernung von Fremdaktivitäten als die eigentliche Anreicherung des Enzyms.

Vorkommen. Ein Beweis des Vorkommens von 3′-Nucleotidase muß berücksichtigen, daß auch unspezifische Phosphomonoesterasen (s. S. 963ff.) 3′-Nucleotide zu spalten vermögen; unspezifische Phosphatasen kommen ubiquitär vor. Der Existenzbeweis für eine 3′-Nucleotidase hängt daher von Spezifitätsstudien ab, z.B. vom Vergleich der Aktivitäten gegenüber β-Glycerophosphat und Adenosin-3′-phosphat. Das Vorkommen einer 3′-Nucleotidase ist bisher trotz der Angaben von NOVIKOFF[3] für tierische Gewebe nicht klar bewiesen worden; die Existenz einer 2′-Nucleotidase ist überhaupt unwahrscheinlich.

3′-Nucleotidasen sind in Pflanzengeweben (Gerste[4], Roggen[4], Weizen[4], Mais[4], Bohnen[5,6], Kartoffeln[7] und Grasarten[4]), in Paramaecien[8] und in Mikroorganismen *(Aspergillus oryzae*[9], *Neurospora crassa*[4] und *Lactobacillus casei*[4]*)* gefunden worden. Rye grass-Samen ist die beste Quelle.

Darstellung von 3′-Nucleotidase aus Rye grass nach SHUSTER *und* KAPLAN[10].

Man weicht 500 g Rye grass-Samen in einer flachen Schale in Wasser ein und hält sie 2—3 Tage bei Raumtemperatur. Dann wird portionsweise je 3 min mit insgesamt

* Physiologisch-Chemisches Institut der Johannes Gutenberg-Universität Mainz.

[1] KORNBERG, A., and W. E. PRICER jr.: J. biol. Ch. **193**, 481 (1951).
[2] SEGAL, H. L., and B. M. BRENNER: J. biol. Ch. **235**, 471 (1960).
[3] NOVIKOFF, A. B.: J. Histochem. **6**, 251 (1958).
[4] SHUSTER, L., and N. O. KAPLAN: J. biol. Ch. **201**, 535 (1953).
[5] STOCKX, J., et R. VAN PARIJS: Arch. int. Physiol. **69**, 194 (1961).
[6] WALTERS, T. L., J. E. MCLENNAN and H. S. LORING: Fed. Proc. **22** (I), 349 (1963).
[7] KLEIN, W.: H. **307**, 247, 254 (1957).
[8] LEVINE, M.: J. cellul. comp. Physiol. **45**, 409 (1955).
[9] KUNINAKA, A.: J. agric. chem. Soc. Jap. **29**, 801 (1955).
[10] SHUSTER, L., and N. O. KAPLAN: Colowick-Kaplan, Meth. Enzymol., Bd. II. S. 551.

1 l kaltem Wasser im Mixer homogenisiert; man preßt durch Gaze aus und kann den Saft für weitere Homogenisierungen verwenden; zur Entfernung von Stärke und Zelltrümmern wird zentrifugiert *(Rohextrakt)*. Festes Ammoniumsulfat wird bis zu 90% Sättigung zugegeben und das unlösliche Material, das flotiert, durch Filtrieren oder Zentrifugieren gewonnen. Man löst es in 150 ml Wasser und dialysiert über Nacht gegen Wasser *(Ammoniumsulfat)*. Man gibt Aluminiumhydroxyd C_γ (22 mg/ml) hinzu, bis etwa 90% der Enzymaktivität adsorbiert sind (meist 100—150 ml Gel). Man hält 10 min bei 8° C, zentrifugiert ab, wäscht das Sediment zweimal mit Wasser und zweimal mit 0,5 m Ammoniumsulfat. Dann wird mit viermal 150 ml 1 m Natriumhydrogencarbonat eluiert; die vereinigten Eluate werden gegen Wasser dialysiert *(1. Aluminiumhydroxyd)*.

Man verrührt die Enzymlösung mit 100—150 ml Calciumphosphat-Gel-Suspension, die 13 mg/ml enthält, läßt 10 min bei 8° C stehen und zentrifugiert ab. Das Gel wird zweimal mit 150 ml Wasser gewaschen und dann mit fünfmal 50 ml 1 m Ammoniumsulfat eluiert *(1. Calciumphosphat)*. Eine zweite Adsorption an Aluminiumhydroxyd C_γ wird durchgeführt, indem die ammoniumsulfathaltige Enzymlösung mit 50 ml C_γ-Gel (Gehalt wie oben) verrührt wird; dabei sollten etwa 80% der Aktivität adsorbiert werden. Man zentrifugiert nach 30 min bei 8° C ab, wäscht dreimal mit 50 ml Wasser und eluiert mit fünfmal 50 ml 1 m $NaHCO_3$. Die vereinigten Eluate werden über Nacht gegen Wasser dialysiert *(2. Aluminiumhydroxyd)*. Die Enzymlösung wird mit 10 ml Calciumphosphat-Gel (Gehalt wie oben) versetzt und nach 10 min zentrifugiert. Nach zweimaligem Waschen mit je 40 ml Wasser wird mit dreimal 10 ml 1 m $(NH_4)_2SO_4$ eluiert. Die vereinigten Eluate werden über Nacht gegen 4 l destilliertes Wasser dialysiert und können dann ohne wesentliche Verluste im Kühlschrank oder in der Gefriertruhe über einige Monate aufbewahrt werden *(2. Calciumphosphat)*. Erfolg und Ausbeute der Reinigungsvorschrift sind in Tabelle 1 zusammengestellt.

Tabelle 1. *Reinigung von 3'-Nucleotidase aus Rye grass-Samen nach* SHUSTER *und* KAPLAN[1].

Fraktion	Protein mg/ml	Relative spezifische Aktivität	Ausbeute %
Rohextrakt	1,64	42,5	100
Ammoniumsulfat	4,25	55	72
1. Aluminiumhydroxyd	0,095	332	38
1. Calciumphosphat	0,054	792	15
2. Aluminiumhydroxyd	0,015	1100	7
2. Calciumphosphat	0,028	1680	4

Die nachfolgende Vorschrift führt zu einer Präparation mit etwas abweichenden Eigenschaften, weshalb sie hier aufgeführt wird[2].

***Darstellung von 3'-Nucleotidase aus Rye grass-Samen nach* MOKRASCH *und* GRISOLIA[2].**

250 g Samen werden 2 Tage bei 24° C zum Keimen angesetzt; das Material wird 3 min im Waring-Blendor mit 500 ml Wasser homogenisiert, abfiltriert und die restliche Flüssigkeit ausgepreßt. Man zentrifugiert 15 min bei 3900 $\times g$ und erhält den *Rohextrakt*. Nach Zugabe von festem Ammoniumsulfat bis 3,6 m wird 40 min gerührt und dann 20 min bei 3000 $\times g$ zentrifugiert. Die flotierende Enzymfraktion wird auf grobem Filtrierpapier gesammelt, in 100 ml Wasser suspendiert und zweimal je 2 Std gegen 8 l Wasser dialysiert; Trübungen werden durch 10 min Zentrifugieren bei 3900 $\times g$ entfernt *(1. Ammoniumsulfat)*. Die Enzymlösung wird mit festem Ammoniumsulfat und 15 m NH_4OH versetzt, so daß 1,7 m Salzkonzentration und p_H 8,0 resultieren. Nach 10 min Rühren wird 10 min bei 3900 $\times g$ zentrifugiert und der Überstand mit 3,75 m Salzlösung von p_H 8,0 bis zu 3,0 m Ammoniumsulfat-Konzentration versetzt. Nach 10 min Rühren zentrifugiert man 10 min bei 3900 $\times g$ und löst das Sediment in 8 ml Wasser *(2. Ammoniumsulfat)*. Die Enzymlösung wird zweimal 10 Std gegen 8 l Wasser dialysiert, bis zur beginnenden Eisbildung abgekühlt und mit 0,35 Vol. 2-Propanol von —30° C versetzt. Man rührt

[1] SHUSTER, L., and N. O. KAPLAN: Colowick-Kaplan, Meth. Enzymol., Bd. II. S. 551.
[2] MOKRASCH, L. C., and S. GRISOLIA: Biochim. biophys. Acta **39**, 361 (1960).

vorsichtig 10 min bei -10° C und zentrifugiert 10 min bei $3400 \times g$. Bezogen auf das Ausgangsvolumen an dialysierter Enzymlösung, werden jetzt 0,45 Vol. 2-Propanol zugegeben, und es wird wieder wie oben zentrifugiert; das Sediment wird in 5 ml Wasser gelöst und gegen 8 l Wasser dialysiert *(Propanol)*. Ausbeute und Erfolg dieser Darstellungsmethode sind in Tabelle 2 zusammengestellt.

Eine partielle Anreicherung aus Kartoffeln[1] sowie die Chromatographie von 3'-Nucleotidase aus Weizenkeimen[2] und Gerste[3] sind beschrieben, ferner die Gewinnung aus Mung-Bohnen[4].

Eigenschaften. *pH-Optimum.* Das pH-Optimum für die Enzyme aus Rye grass und Gerste liegt ziemlich scharf bei pH 7,5[5,6]; für das Bohnenenzym wird pH 7,3[7] bzw. pH 7,5[4] und für das Kartoffelenzym pH 6,5 angegeben[1].

Stabilität. Manche Präparationen des Enzyms aus Rye grass sind relativ hitzestabil (40% Aktivität bleibt erhalten nach 3 min bei 100° C und pH 9,0[5]), die meisten aber hitzelabil wie sonst Enzyme auch[6,8]. Das Enzym aus Mung-Bohnen wird durch Dialyse gegen H_2O inaktiviert; Aminosäurezusatz reaktiviert. Inaktivierung durch Versen kann durch Zn^{++} umgekehrt werden[4].

Tabelle 2. *Reinigung von 3'-Nucleotidase aus Rye grass-Samen nach* MOKRASCH *und* GRISOLIA[8].

Fraktion	Protein mg/ml	Relative spezifische Aktivität	Ausbeute %
Rohextrakt	7,3	4,5	100
1. Ammoniumsulfat	2,0	26,5	57
2. Ammoniumsulfat	12,3	42,5	37
Propanol	8,6	54	18

K_M-Werte. Die Enzyme aus Rye grass[6] und aus Kartoffeln[1] haben für Adenosin-3'-phosphat einen K_M-Wert von 3×10^{-4} M; für Cytidin-3'-phosphat und Uridin-3'-phosphat[6] liegen die K_M-Werte mit dem Rye grass-Enzym bei $2,5 \times 10^{-3}$ M.

Inhibitoren. Von den Spaltprodukten hemmt Phosphat das Rye grass-Enzym[6] nur mäßig ($K_i = 5,9 \times 10^{-3}$ M); in zum Substrat äquimolaren Konzentrationen hemmt Phosphat das Kartoffelenzym gar nicht[1]; Adenosin hemmt das Kartoffelenzym mit K_i von $1,7 \times 10^{-3}$ M[1]. Unwirksam als Inhibitoren sind Fluorid[7] und Jodacetat[9].

Sulfhydrylverbindungen hemmen bei neutralem und alkalischem pH anscheinend nichtkompetitiv, z.B. Cystein ($K_i = 9,1 \times 10^{-4}$ m)[6], Glutathion ($K_i = 5 \times 10^{-3}$ m)[6], aber auch Coenzym A[9] und Cyanid ($K_i = 5,2 \times 10^{-3}$ m)[6]. Bei sauren pH-Werten wird dagegen die Aktivität der 3'-Nucleotidase abhängig von der Konzentration stimuliert. Optimale Bedingungen sind 1×10^{-3} m Cystein bei pH 4,5, die zu 100% Aktivitätszunahme führen[9].

Spezifität. Abgebaut werden alle 3'-Nucleotide, mit jeweils wechselnder relativer Geschwindigkeit; gibt man ein Gemisch verschiedener Nucleosid-3'-phosphate als Substrat vor, so tritt keine Additivität ein, woraus auf das Vorliegen eines Enzyms für alle Nucleotide geschlossen wird[6]. Die relativen Raten mit 3'-Nucleotiden sind in Tabelle 3 zusammengestellt.

Ferner werden vom Enzym abgebaut: Adenosin-3',5'-diphosphat[10,11] zu Adenosin-5'-phosphat und Orthophosphat, das 3'-Analoge von TPN[12] zu DPN und Orthophosphat sowie Uridin-3',5'-diphosphat und Cytidin-3',5'-diphosphat[13] zu den entsprechenden

[1] KLEIN, W.: H. **307**, 247, 254 (1957).
[2] MATSUSHITA, S., and F. IBUKI: Mem. Res. Inst. Food Sci., Kyoto **19**, 5 (1959) [C. A. **54**, 13198a].
[3] FIERS, W.: J. Chromatogr. **7**, 269 (1962).
[4] WALTERS, T. L., J. E. MCLENNAN and H. S. LORING: Fed. Proc. **22** (I), 349 (1963).
[5] SHUSTER, L.: J. biol. Ch. **229**, 289 (1957).
[6] SHUSTER, L., and N. O. KAPLAN: J. biol. Ch. **201**, 535 (1953).
[7] STOCKX, J., et R. VAN PARIJS: Arch. int. Physiol. **69**, 194 (1961).
[8] MOKRASCH, L. C., and S. GRISOLIA: Biochim. biophys. Acta **39**, 361 (1960).
[9] SHUSTER, L.: Arch. Biochem. **75**, 345 (1958).
[10] WANG, T. P., L. SHUSTER and N. O. KAPLAN: J. biol. Ch. **206**, 299 (1954).
[11] BADDILEY, J., J. G. BUCHANAN and R. LETTERS: Soc. **1958**, 1000.
[12] SHUSTER, L., and N. O. KAPLAN: J. biol. Ch. **215**, 183 (1955).
[13] HALL, R. H., and H. G. KHORANA: Am. Soc. **77**, 1871 (1955).

5'-Phosphaten. Nicht abgebaut wurden dagegen Adenosin-2',3',5'-triphosphat[1], Desoxyadenosin-3'-phosphat[2] und Spongouridin-3',5'-diphosphat[3] (3-β-D-Arabofuranosyl-uracil-3',5'-diphosphat). Aus diesen Daten folgt, daß 3'-Nucleotidase ein freies, cis-ständiges Hydroxyl an C-2' des Zuckerrestes des Nucleotids benötigt[3]. Das Mung-Bohnenenzym hydrolysiert die 3'-Phosphorylgruppe von Coenzym A[4].

Zu den Substanzen, die — erwartungsgemäß — kein Phosphat liefern, gehören ferner[6] α- und β-Glycerophosphat, Glucose- und Fructosephosphate, Ribulose-5-phosphat, ein Gemisch von Ribose-2-phosphat und Ribose-3-phosphat, DPN, TPN und alle Nucleosid-5'-phosphate sowie[4] Adenosin-2'-phosphat, Adenosin-5'-phosphat, o-Carboxyphenylphosphat und Adenosindiphosphat.

Tabelle 3. *Reaktionsgeschwindigkeiten der 3'-Nucleotidase mit verschiedenen 3'-Nucleotiden* (Adenosin-3'-phosphat = 100 %).

Substrat	3'-Nucleotidase aus		
	Kartoffeln[5]	Rye grass[6]	Rye grass[7]
Adenosin-3'-phosphat	100	100	100
Inosin-3'-phosphat	77	47	—
Uridin-3'-phosphat	75	37	52
Guanosin-3'-phosphat	40	27	97
Cytidin-3'-phosphat	—	11	—
Coenzym A	—	43	—
Dihydrouridin-3'-phosphat	—	—	19
Carbamoyl-β-alanin-ribosid-3'-phosphat	—	—	14

Bestimmung. Im allgemeinen ermittelt man die freigesetzte Menge an Orthophosphat nach einem Standardverfahren. Eine Methode, aus Adenosin-3'-phosphat freigesetztes Adenosin mittels Adenosin-Desaminase zu erfassen, s.[8] sowie die Ausführungen bei 5'-Nucleotidase (S. 1056f.).

***Bestimmung von 3'-Nucleotidase nach* Shuster *und* Kaplan[9].**

Reagentien:

1. 0,04 m Adenosin-3'-phosphat in 0,1 m $NaHCO_3$; gefroren lange haltbar.
2. 0,1 m Trispuffer, p_H 7,5.
3. Trichloressigsäure, 20 %ig.
4. Reagentien zur Phosphatbestimmung; s. Bd. III, S. 466.

Ausführung:

Man mischt je 0,1 ml Substrat und Pufferlösung mit der Enzymlösung und füllt mit destilliertem Wasser auf 2,0 ml auf. Nach passender Zeit, z.B. 15 min bei 37° C, wird die Reaktion mit 1 ml Trichloressigsäure abgebrochen und das freigesetzte Phosphat mit einer der angeführten Methoden (Reagens *4*) bestimmt.

Zur Korrektur auf unspezifische Phosphatasen in Rohextrakten wird empfohlen, gleichzeitig einen Versuch mit Adenosin-2'-phosphat anzusetzen und den hierbei erhaltenen Wert vom Versuchswert mit Adenosin-3'-phosphat abzuziehen. Zur Problematik dieses Vorgehens s. die Ausführungen bei 5'-Nucleotidase (S. 1054).

Die oben bereits erwähnten Schwierigkeiten, 3'-Nucleotidase von unspezifischen Phosphatasen abzugrenzen, machen eine Beurteilung histochemischer Daten[10] außerordentlich unsicher.

[1] Baddiley, J., J. G. Buchanan and R. Letters: Soc. **1958**, 1000.
[2] Cunningham, L.: Am. Soc. **80**, 2546 (1958).
[3] Barker, G. R., and G. Lund: Biochim. biophys. Acta **55**, 987 (1962).
[4] Walters, T. L., J. E. McLennan and H. S. Loring: Fed. Proc. **22** (I), 349 (1963).
[5] Klein, W.: H. **307**, 247, 254 (1957).
[6] Shuster, L., and N. O. Kaplan: J. biol. Ch. **201**, 535 (1953).
[7] Mokrasch, L. C., and S. Grisolia: Biochim. biophys. Acta **39**, 361 (1960).
[8] Kornberg, A., and W. E. Pricer jr.: J. biol. Ch. **193**, 481 (1951).
[9] Shuster, L., and N. O. Kaplan: Colowick-Kaplan, Meth. Enzymol., Bd. II. S. 551.
[10] Novikoff, A. B.: J. Histochem. **6**, 251 (1958). — Takeuchi, T., and T. Okawara: Igaku to Seibutsugaku **28**, 123 (1953) [Chem. Abstr. **48**, 2141g]. — Nasu, S.: Igaku Kenkyu **23**, 1617, 1651 (1953) [Chem. Abstr. **48**, 3409c]. — Takemori, K.: Igaku to Seibutsugaku **34**, 261 (1955) [Chem. Abstr. **52**, 2239h]. — Takeuchi, T., and S. Takamatsu: Igaku to Seibutsugaku **34**, 108 (1955) [Chem. Abstr. **52**, 2218d].

Desoxyribonucleasen.

[3.1.4.5 Desoxyribonucleat-Oligonucleotido-Hydrolase.]
[3.1.4.6 Desoxyribonucleat-3'-Nucleotidohydrolase.]

Von

Günther Siebert*.

Mit 1 Abbildung.

Einleitung. Desoxyribonucleasen greifen Internucleotid-Bindungen in Desoxyribonucleinsäuren an und sind damit eine spezielle Gruppe von Phosphodiesterasen. Sie werden von den „unspezifischen" Diesterasen (s. S. 1009ff.) und von Ribonucleasen (s. S. 721ff.) wie folgt abgegrenzt:

1. Im Unterschied zu Phosphodiesterasen werden nur Polynucleotide und Oligonucleotide der Desoxyribose-Reihe angegriffen; Substanzen von Nicht-Nucleotid-Charakter wie z. B. Bis-p-nitrophenylphosphat werden nicht hydrolysiert; es liegt reine „Endonuclease"-Wirkung vor, da terminal stehende Mononucleotide nicht abgespalten werden.

2. Im Unterschied zu Ribonucleasen besteht eine absolute, nur in Ausnahmefällen durchbrochene Spezifität für den Nucleinsäure-Baustein Desoxyribose — mit allen Konsequenzen hinsichtlich des bei Desoxyribonucleasen rein hydrolytischen Reaktionsmechanismus, da ein Hydroxyl an C-2' für eine Transfer-Reaktion nicht verfügbar ist; ferner ist die Basen-Spezifität wenig ausgeprägt, da die chemische Natur der Nucleobase (z. B. Pyrimidin oder Purin bzw. Guanin) nicht ausschließlich darüber entscheidet, welche Internucleotid-Bindung gespalten wird.

Diese Abgrenzung ist entsprechend auch in den Abschnitten über Ribonucleasen (s. S. 721ff.) und Phosphodiesterasen (s. S. 1009ff.) durchgeführt, so daß diese drei Beiträge gemeinsam das Gesamtgebiet der Hydrolyse von Internucleotid-Bindungen in Nucleinsäuren und Oligonucleotiden im wesentlichen berücksichtigen.

Abkürzungen.

Tris	Tris-(hydroxymethyl)-aminomethan	Pu p	Purinribonucleosid-3'-monophosphat
CM-Cellulose	Carboxymethyl-cellulose	Py p	Pyrimidinribonucleosid-3'-monophosphat
DEAE-Cellulose	Diäthylaminoäthyl-cellulose		
DNS	Desoxyribonucleinsäure	C	Cytosin
RNS	Ribonucleinsäure	T	Thymin
Pu	Purinribonucleosid	A	Adenin
Py	Pyrimidinribonucleosid	G	Guanin
dPu	Purindesoxyribonucleosid	U	Uridin
dPy	Pyrimidindesoxyribonucleosid	Poly A	Polyadenylsäure
pPu	Purinribonucleosid-5'-monophosphat	Poly T	Polythymidylsäure
		Poly U	Polyuridylsäure
pPy	Pyrimidinribonucleosid-5'-monophosphat		

Die Abkürzungen von Mononucleotiden und Nucleotidsequenzen folgen den Empfehlungen der Herausgeber des Journal of Biological Chemistry[1].

pA	Adenosin-5'-monophosphat	d-pC	Desoxycytidin-5'-monophosphat
Ap	Adenosin-3'-monophosphat		
pAp	Adenosin-3',5'-diphosphat	d-pM	Desoxymethylcytidin-5'-monophosphat
d-pA	Desoxyadenosin-5'-monophosphat		
		d-CpTp	Desoxycytidylyl-3',5'-thymidin-3'-phosphat
d-pG	Desoxyguanosin-5'-monophosphat		
		UpGp	Uridylyl-3',5'-guanosin-3'-phosphat

* Physiologisch-Chemisches Institut der Johannes Gutenberg-Universität Mainz.

[1] Editorial: Use of Abbreviations. J. biol. Ch. **234** (1959).

Einteilung. In tierischen Geweben werden im allgemeinen zwei Typen von Desoxyribonucleasen unterschieden, die nach den entstehenden Reaktionsprodukten 5'-Monoester-Bildner und 3'-Monoester-Bildner bzw. nach den optimalen Reaktionsbedingungen neutrale oder Desoxyribonuclease I und saure oder Desoxyribonuclease II genannt werden[1]. Diese zwei Unterscheidungsprinzipien decken sich nicht völlig, können aber für die Zwecke des vorliegenden Handbuchbeitrages als gleichsinnig angesehen werden.

In dieser für tierische Gewebe gültigen Einteilung lassen sich nicht alle mikrobiellen Desoxyribonucleasen unterbringen; diese werden daher gesondert behandelt.

Wie im einzelnen unten noch näher auszuführen ist, benötigen Desoxyribonucleasen meist hochmolekulare, zweistrangige DNS als Substrat. Die auffälligsten Veränderungen am DNS-Molekül nach Einwirkung von Desoxyribonucleasen werden an den Merkmalen der Superstruktur beobachtet; diese unterliegen jedoch nicht direkt dem enzymatischen Angriff, da Desoxyribonucleasen nur eine Hydrolyse einer begrenzten Zahl von Phosphodiester-Bindungen katalysieren, welche am Aufbau der Primärstruktur mitwirken.

Dies bedingt, daß die Kenntnisse auf dem Desoxyribonuclease-Gebiet sehr viel weniger fortgeschritten sind als auf dem Ribonuclease-Gebiet (S. 721ff.): Der komplizierte Aufbau von DNS erschwert außerordentlich eine in die Tiefe gehende Bearbeitung von Wirkungsmechanismus und Substrat-Spezifität der Desoxyribonucleasen. Infolgedessen haftet den nachfolgenden Abschnitten etwas Unbefriedigendes an, weil die rationale Durchdringung der Experimentalbefunde noch zu wünschen übrigläßt. Verschiedene Zusammenfassungen über Desoxyribonucleasen sind in den letzten Jahren erschienen[1, 2].

Desoxyribonuclease I

(neutrale Desoxyribonuclease, 5'-Monoester bildend).

Entdeckung. Die erste Beschreibung von katalytischen Effekten, die nach dem heutigen Stand der Desoxyribonuclease-Wirkung zuzuschreiben sind, geht wohl auf ARAKI[3] und SACHS[4] zurück, die Pankreaspräparate untersucht haben. Es ist das Verdienst von KUNITZ[5], Pankreas-Desoxyribonuclease erstmals kristallisiert zu haben.

Tabelle 1. *Vorkommen von Desoxyribonuclease I in Mäuseorganen nach* SHACK[6].

Gewebe	Relative Aktivität in Viscositäts-Einheiten
Milz . . .	100
Thymus .	38
Lymphom	57
Leber . .	430
Niere . .	275

Vorkommen. Die beste Quelle für Desoxyribonuclease I ist Pankreasgewebe; das Enzym erfüllt nach Abgabe in den Dünndarm Verdauungsfunktionen. In den Zymogen-Granula des Rinderpankreas und im Pankreassaft des Rindes ist Desoxyribonuclease zu rund 1% der sezernierten Proteine enthalten[7, 8].

Auch Gewebe, die nicht der Verdauungsfunktion dienen, enthalten neutrale Desoxyribonucleasen, die jedoch noch nicht gut charakterisiert sind. Vermutlich ist das Vorkommen ubiquitär. In verschiedenen Körperflüssigkeiten ist ebenfalls Desoxyribonuclease I gefunden worden; Einzelheiten sind in den Tabellen 1 und 2 zusammengestellt. Die Unklarheiten über die Verbreitung der Desoxyribonuclease I in tierischen Geweben rühren zum Teil von der Existenz wirksamer Inhibitoren her[1], zum Teil von der Verwendung wenig eindeutiger Bestimmungsverfahren[9], teils auch von Messungen unter nichtoptimalen Reaktions-

[1] LASKOWSKI sen., M.: Boyer-Lardy-Myrbäck, Enzymes, Bd. V, S. 123ff.
[2] KURNICK, N. B.: Meth. biochem. Analysis **9**, 1 (1962).
[3] ARAKI, T.: H. **38**, 84 (1903).
[4] SACHS, F.: H. **46**, 337 (1905).
[5] KUNITZ, M.: Science, N.Y. **108**, 19 (1948).
[6] SHACK, J.: J. biol. Ch. **226**, 573 (1957).
[7] KELLER, P. J., E. COHEN and H. NEURATH: J. biol. Ch. **233**, 344 (1958).
[8] GREENE, L. J., C. H. W. HIRS and G. E. PALADE: J. biol. Ch. **238**, 2054 (1963).
[9] LASKOWSKI, M.: Sumner-Myrbäck, Bd. I, S. 956.

bedingungen[1,2] und an partiell denaturierten Gewebspräparationen[1], die alle die sichere Erfassung der Desoxyribonuclease I-Aktivität beeinträchtigen können. Daher sind umfangreiche ältere Arbeiten[3] hier nicht berücksichtigt.

Mit den Daten der Tabelle 1 übereinstimmende Befunde sind auch in zahlreichen Säugetiergeweben (s. Tabelle 15, S. 1081) erhalten worden[4].

Tabelle 2. *Vorkommen von Desoxyribonuclease I in Blut und seinen Bestandteilen vom Menschen nach* GUPTA *und* HERRIOTT[5] *.

Blut(bestandteil)	Aktivität in μg kristallinem Pankreas-Enzym pro ml bzw. daraus gewonnener Fraktion
Frisches Blut	5×10^{-4}
Frisches Plasma	1×10^{-3}
Frisches Serum aus geronnenem Gesamtblut	6×10^{-3}
Frisches Serum aus geronnenem, zellfreiem Plasma	3×10^{-4}
Thrombocyten	5×10^{-3}
Leukocyten	0

* Diese Arbeit enthält zahlreiche weitere Zitate zum Vorkommen von Desoxyribonuclease im Blut.

In verschiedenen Körperflüssigkeiten ist Desoxyribonuclease-Aktivität gefunden worden, so in Harn[6], Liquor cerebrospinalis[7], Galle[8], ferner auch in Gewebekultur-Zellen[9], in Schlangengiften[10] und auf der Haut des Meerschweinchens[11].

Intracelluläre Verteilung. Im Pankreasgewebe findet sich Desoxyribonuclease I fast ausschließlich in den Zymogen-Granula[12]; in anderen Geweben, wie z.B. der Schweineniere[13] und der Rattenleber[14], enthält der Zellkern beträchtliche Aktivitäten; gegenteilige Angaben der Literatur[15] sind aus den oben genannten Gründen nicht stichhaltig. Generell wird Partikelbindung in Mäusegeweben angegeben[16]; in der Rattenleber wird das Enzym in die Mitochondrien lokalisiert[17]. Die demnach offene Frage, ob Desoxyribonuclease I eine einheitliche Verteilung zeigt oder in mehr als einer Zellfraktion angetroffen wird[18], wird nur nach weiteren gründlichen Studien entschieden werden können; ein Beispiel, in welchem Umfang gealterte Extrakte — wohl infolge Inhibitor-Zerstörung — erhöhte

[1] ALLFREY, V., and A. E. MIRSKY: J. gen. Physiol. **36**, 227 (1952).
[2] SCHNEIDER, W. C., and G. H. HOGEBOOM: J. biol. Ch. **198**, 155 (1952).
[3] GREENSTEIN, J. P., and W. V. JENRETTE: J. nat. Cancer Inst. **1**, 845 (1941); **2**, 301 (1942). — GREENSTEIN, J. P.: J. nat. Cancer Inst. **2**, 357 (1942); **4**, 55 (1944).
[4] SIEBERT, G., K. LANG, S. LUCIUS-LANG, L. HERKERT, G. STARK, G. ROSSMÜLLER u. H. JÖCKEL: H. **295**, 229 (1953).
[5] GUPTA, S., and R. M. HERRIOTT: Arch. Biochem. **101**, 88 (1963).
[6] KOWLESSAR, O. D., K. I. ALTMAN and L. H. HEMPELMANN: Arch. Biochem. **43**, 240 (1953); **52**, 362 (1954).
[7] KOVACS, E.: J. Pediatr. **45**, 569 (1954).
[8] KURNICK, N. B., and A. E. CARRERA: Proc. Soc. exp. Biol. Med. **84**, 618 (1953).
[9] KOVACS, E.: Z. Naturforsch. **13**b, 34 (1958).
[10] TABORDA, A. R., L. C. TABORDA, J. N. WILLIAMS jr. and C. A. ELVEHJEM: J. biol. Ch. **194**, 227; **195**, 207 (1952). — BOMAN, H. G., and U. KALETTA: Nature **178**, 1394 (1956). Biochim. biophys. Acta **24**, 619 (1957). — LANGEN, P.: B. Z. **334**, 65 (1961).
[11] TABACHNICK, J., and R. FREED: Nature **190**, 921 (1961).
[12] GREENE, L. J., C. H. W. HIRS and G. E. PALADE: J. biol. Ch. **238**, 2054 (1963).
[13] LANG, K., G. SIEBERT, I. BALDUS u. A. CORBET: Exper. **6**, 59 (1950). — SIEBERT, G., K. LANG, S. LUCIUS-LANG, L. HERKERT, G. STARK, G. ROSSMÜLLER u. H. JÖCKEL: H. **295**, 229 (1953).
[14] KEIR, H. M., R. M. S. SMELLIE and G. SIEBERT: Nature **196**, 752 (1962).
[15] ALLFREY, V., and A. E. MIRSKY: J. gen. Physiol. **36**, 227 (1952). — SCHNEIDER, W. C., and G. H. HOGEBOOM: J. biol. Ch. **198**, 155 (1952).
[16] SHACK, J.: J. biol. Ch. **226**, 573 (1957).
[17] BEAUFAY, H., D. S. BENDALL, P. BAUDHUIN and C. DE DUVE: Biochem. J. **73**, 623 (1959). — BEAUFAY, H., D. S. BENDALL, P. BAUDHUIN, R. WATTIAUX and C. DE DUVE: Biochem. J. **73**, 628 (1959).
[18] ROTHERHAM, J., D. D. SCHOTTELIUS, J. L. IRVIN and E. M. IRVIN: J. biol. Ch. **223**, 817 (1956).

Enzymaktivität zeigen können, ist für Zellkerne aus regenerierender Rattenleber beschrieben[1]: 12fache Aktivitätszunahme bei 3wöchiger Kaltlagerung.

Darstellung. Kristallisierte Desoxyribonuclease I aus Rinderpankreas, nach der Vorschrift von KUNITZ[2] gewonnen, ist im Handel erhältlich, z.B. bei Fa. Worthington, Freehold, N.J., USA. Die chromatographische Abtrennung aus Pankreassaft ist beschrieben[3], desgleichen eine papierelektrophoretische Methode zur Gewinnung von Desoxyribonuclease I und II aus Harn[4]. Detaillierte Reinigungsvorschriften aus anderen tierischen Geweben, die zu einem homogenen Produkt führen, liegen noch nicht vor.

Hier wird daher nur eine Vorschrift gebracht, die Pankreas-Desoxyribonuclease in wesentlich höherer Ausbeute und mit einer dem kristallinen Enzym[2] vergleichbaren spezifischen Aktivität liefert, ferner wird ein Verfahren zur Entfernung von Spuren an Ribonuclease aus kristallisierter Pankreas-Desoxyribonuclease beschrieben und die Gewinnung haltbarer Rohextrakte aus Geweben zur Messung der Desoxyribonuclease I-Aktivität geschildert.

Darstellung von Desoxyribonuclease I aus Rinderpankreas nach BAUMGARTEN ***u. Mitarb.***[5].

150 kg gefrorenes Rinderpankreas werden durch einen Fleischwolf gegeben und dann 1 Std in 330 l kalter 0,25 n H_2SO_4 gerührt. Nach Zusatz von 47,3 kg Ammoniumsulfat wird eine weitere Stunde gerührt und der p_H von 1,5 mittels 50%iger NaOH auf 4,5 eingestellt, wozu 5—6 l Lauge benötigt werden. Man läßt 16 Std in der Kälte stehen und filtriert dann durch ein entfettendes Spezialpapier (August Giese and Sons, New York). *(1. Filtrat).* Durch langsame Zugabe von 5—7 l 20%iger Schwefelsäure wird p_H 1,5 bis 2,0 eingestellt; man läßt den Niederschlag 18 Std in der Kälte absitzen und entfernt ihn in der Durchlaufzentrifuge. Durch Zugabe von 121 g Ammoniumsulfat pro Liter klaren Zentrifugates wird das Enzym ausgefällt; man zentrifugiert den Niederschlag nach 16 Std Stehen in der Kälte in der Durchlaufzentrifuge ab und suspendiert ihn in 9 l kaltem dest. Wasser. Nach 1 Std Rühren wird vom Ungelösten abzentrifugiert *(2. Niederschlag).*

Tabelle 3. *Darstellung von Desoxyribonuclease I aus Rinderpankreas nach* BAUMGARTEN u. Mitarb.[5].

Fraktion	Relative spezifische Aktivität	Ausbeute %
1. Filtrat . .		100
2. Niederschlag . .		55
4. Niederschlag . .		39
Lyophilisat . . .	168	25
Gereinigtes Enzym	1050	10

Zur Enzymlösung werden 205 ml einer bei Zimmertemperatur gesättigten Ammoniumsulfatlösung pro Liter zugegeben; nach 18 Std Stehen in der Kälte wird zentrifugiert. Die überstehende Lösung wird mit 225 ml Ammoniumsulfat pro Liter Ausgangsvolumen des gelösten 2. Niederschlages versetzt und der Niederschlag nach 16—72 Std Stehen in der Kälte auf der Zentrifuge gewonnen; er wird sofort in 3 l dest. Wasser unter Rühren gelöst *(4. Niederschlag).* Der p_H der Enzymlösung wird, wenn nötig, mit 1 n H_2SO_4 auf Werte unter 3,3 eingestellt und die Lösung dann 72 Std in der Kälte gegen 15 Volumina 0,0025 n H_2SO_4 dialysiert; danach soll der p_H der Enzymlösung unter 3,0 liegen. Man wäscht die Filterlagen eines Sterilfilters mit 3 l 0,0025 n H_2SO_4, dann mit 3 l dest. H_2O und läßt die Enzymlösung passieren, die anschließend lyophilisiert wird *(Lyophilisat).*

1 g lyophilisierte Desoxyribonuclease wird in 100 ml kaltem dest. Wasser gelöst und der p_H mit 1 n NaOH auf 4,0 eingestellt. Nach Zugabe von 8 ml bei $+3°$ C gesättigter Ammoniumsulfatlösung werden bei genau 0° C 13 ml Äthanol (95%ig; $-20°$ C) langsam zugegeben; der Niederschlag wird nach 16—24 Std Stehen bei $+3°$ C auf der Zentrifuge

[1] KEIR, H. M., R. M. S. SMELLIE and G. SIEBERT: Nature **196**, 752 (1962).
[2] KUNITZ, M.: Science, N.Y. **108**, 19 (1948).
[3] KELLER, P. J., E. COHEN and H. NEURATH: J. biol. Ch. **233**, 344 (1958).
[4] KOSZALKA, T. R., K. SCHREIER and K. I. ALTMAN: Biochim. biophys. Acta **15**, 194 (1954).
[5] BAUMGARTEN, W., R. F. JOHNSON, R. F. FINGER and F. E. PAGENKEMPER: Arch. Biochem. **77**, 206 (1958).

entfernt. Der klare Überstand wird auf $-7°$ C gekühlt und langsam mit 4,3 ml Äthanol (95%ig; $-20°$ C) versetzt; man hält zur Vervollständigung der Fällung 18—24 Std bei $-8°$ C, zentrifugiert dann bei dieser Temperatur und löst den Niederschlag in kaltem dest. Wasser. Anschließend wird lyophilisiert *(gereinigtes Enzym)*. Die gereinigte Desoxyribonuclease I zeigt bei der Papierelektrophorese zwei Banden und unterscheidet sich damit nicht von kristalliner Desoxyribonuclease I des Handels; die spezifischen Aktivitäten sind praktisch identisch. Ausbeute und Reinigungserfolg sind in Tabelle 3 zusammengestellt.

***Entfernung von Ribonuclease-Spuren aus kristalliner Pankreas-Desoxyribonuclease I nach* POLATNICK *und* BACHRACH[1].**

Ribonuclease-Aktivität wird an Hand der Zerstörung der Infektiosität einer Virus-RNS gemessen[2]. Man präpariert eine Diäthylaminoäthyl-cellulose-Säule, indem der Austauscher zunächst mit 0,25 m Phosphat von p_H 8,0 gewaschen wird. Dann wird eine Säule von 85—92 × 10 mm gefüllt und bei $+4°$ C mit 0,01 m Phosphatpuffer, p_H 8,0, äquilibriert. Die Säule wird mit 5 ml einer Desoxyribonuclease-Lösung von 1 mg/ml in 0,01 m Phosphat, p_H 8,0, beladen und mit folgenden Lösungen entwickelt: 20 ml 0,01 m Kaliumphosphat, p_H 8,0; 30 ml 0,01 m Kaliumphosphat, p_H 8,0, + 0,075 m NaCl; 50 ml 0,01 m Kaliumphosphat, p_H 8,0, + 0,10 m NaCl. Bei einer Durchflußgeschwindigkeit von 20—30 ml/Std werden 5 ml-Fraktionen aufgefangen. 75% der ursprünglichen Ribonuclease-Aktivität werden in den Fraktionen 1—11 erhalten, während die Fraktion 13 61% der ursprünglichen Desoxyribonuclease- und 10% der Ribonuclease-Aktivität enthält. Damit ist die Ribonuclease-Verunreinigung auf 1 ppm gefallen. Eine weitergehende Reinigung kann durch langsamere Durchflußgeschwindigkeit oder durch Rechromatographie erreicht werden.

***Extraktion und Stabilisierung von Desoxyribonuclease I aus tierischen Geweben nach* FEINSTEIN *und* HAGEN[3].**

Pankreasgewebe, das gefroren vom Schlachthof erhalten wird, wird im Mixer mit 19 Vol. einer 1%igen Lösung von Igepal CO 630, einem nichtionischen Detergens, zerkleinert und bei 5000 × g zentrifugiert; dann wird Ei-Albumin zur Endkonzentration 0,5% zugesetzt. Unter diesen Bedingungen erhält man 4—6mal höhere Enzymausbeuten als bei Homogenisierung in Salzlösungen, und die Enzymaktivität bleibt bei 37° C während 36 Std erhalten, während in rein wäßrigen Extrakten die Aktivität bereits nach spätestens 1 Std zerstört ist.

Dünndarm- und Nierengewebe der Maus werden in 9 Vol. der obigen Igepal-Lösung homogenisiert, mit Ei-Albumin zu 0,5%iger Endkonzentration versetzt und in Thymol-Gegenwart bei 37° C gehalten; nach 24—36 Std ist maximale Aktivität der Desoxyribonuclease I erreicht, die etwa $^1/_{200}$ der Aktivität im Pankreas beträgt.

In dest. Wasser zu 4 μg/ml gelöste kristalline Pankreas-Desoxyribonuclease I behält ihre Aktivität in Gegenwart von 0,1—1% Ei-Albumin über einige Stunden bei 37° C.

***Darstellung von Desoxyribonuclease I aus menschlichem Plasma nach* DOCTOR[4].**

Man gewinnt nach der Methode 10 von COHN (s. Bd. IV, S. 237ff.) die Fraktion VI-2, welche die Desoxyribonuclease-Aktivität des Plasmas rund 600fach angereichert enthält. Alle anderen Fraktionen der Methode 10 sind praktisch inaktiv.

Eigenschaften. Wie einleitend kurz erwähnt, sind die Desoxyribonucleasen I oder neutralen Desoxyribonucleasen charakterisiert durch:

1. p_H-Optimum am Neutralpunkt;
2. Spaltprodukte mit 5'-Phosphomonoester-Gruppierung.

[1] POLATNICK, J., and H. L. BACHRACH: Analyt. Biochem. **2**, 161 (1961).
[2] POLATNICK, J., and H. L. BACHRACH: Proc. Soc. exp. Biol. Med. **105**, 486 (1960).
[3] FEINSTEIN, R. N., and U. HAGEN: Biochim. biophys. Acta **55**, 56 (1962).
[4] DOCTOR, V. M.: Arch. Biochem. **103**, 286 (1963).

Der Mg^{++}-Bedarf ist zur Charakterisierung nicht geeignet (s. S. 1087).

Chemische Zusammensetzung. Pankreas-Desoxyribonuclease I ist ein Protein vom Mol.-Gewicht ca. 60000[1, 2]. Die Elementaranalyse ist in Tabelle 4 angegeben.

Der isoelektrische Punkt beträgt 4,7[1, 3]. Papierelektrophoretisch lassen sich zwei enzymaktive Banden nachweisen[4, 5]. Der Extinktionskoeffizient für eine 1%ige Lösung des Enzyms wird mit 11,5[7] bzw. mit 11,4[1] in 0,1 m HCl bei 280 mμ angegeben. Die Hitzeresistenz hält sich im üblichen Rahmen; 5 min bei 55° C führt zu 50%iger Inaktivierung[8]; 15 min Erhitzen auf 55° C führt zu 90% Verlust[9], gleichgültig ob das Enzym in 0,01 n HCl, in Acetatpuffer, p_H 5,0, oder in Veronalpuffer, p_H 7,8, gelöst ist. Wird dagegen bei p_H 2,8 erhitzt (0,1 mg Enzym in 10 ml 0,0022 m HCl), so findet sich zwar nach 5 min bei 70° C vollständige Inaktivierung, die jedoch bei nachfolgendem Aufbewahren der Enzymlösung bei 20° C auf 70% des Ausgangswertes innerhalb 10 Std wieder ansteigt[1]. Auch von DOCTOR[10] wird die vollständige Inaktivierung von kristalliner Pankreas-Desoxyribonuclease I innerhalb 30 min bei 100° C und p_H 2,8, 7,0 oder 9,0 beschrieben; die Desoxyribonuclease I des menschlichen Plasmas dagegen ist unter den genannten Bedingungen praktisch stabil.

Tabelle 4. *Elementaranalyse von Pankreas-Desoxyribonuclease I.*

Element (Prozent vom Trockengewicht)	Daten von KUNITZ[1]	Daten von GEHRMANN u. OKADA[6]
Kohlenstoff	50,16	49,00
Wasserstoff	6,91	
Stickstoff	14,88	15,27
Schwefel . .	1,09	3,28*
Asche . . .	0,47	0,2
Phosphor . .	0	

* Nicht korrigiert für Spuren Ammoniumsulfat.

Nach BECKING und HURST[11] erweist sich kommerzielle Pankreas-Desoxyribonuclease I als heterogen bei Papierelektrophorese und bei Chromatographie an Carboxymethylcellulose in 0,07 m Acetat, p_H 4,6 bis 5,2; eine getrennte Untersuchung der Komponenten unter analytischen Gesichtspunkten liegt nicht vor.

Tabelle 5. *Aminosäurezusammensetzung von Desoxyribonuclease I aus Rinderpankreas nach* GEHRMANN *und* OKADA[6].

Die Angaben beziehen sich auf das trockene, aschefreie Protein und sind für Hydrolyseverluste korrigiert; Tryptophan wurde gesondert bestimmt.

Aminosäure	g Aminosäure-rest/100 g Protein	Aminosäure	g Aminosäure-rest/100 g Protein	Aminosäure	g Aminosäure-rest/100 g Protein
Asparaginsäure	11,94	Alanin	3,90	Tyrosin	7,50
Threonin . . .	5,81	Valin	6,55	Phenylalanin .	4,67
Serin	8,59	Cystin + Cystein	1,19	Lysin	6,79
Prolin	2,94	Methionin . . .	2,44	Histidin	4,67
Glutaminsäure	8,84	Isoleucin . . .	3,68	Tryptophan . .	1,43
Glycin	2,33	Leucin	7,41	Arginin	6,34

Pro 100 g Protein werden 3,70 g Ammoniak, davon 2,25 g Amid-NH_3 bestimmt.

Die Aminosäurezusammensetzung der kristallinen Pankreas-Desoxyribonuclease I ist in Tabelle 5 wiedergegeben.

[1] KUNITZ, M.: J. gen. Physiol. **33**, 349 (1950).
[2] SMITH, C. L.: Arch. Biochem. **45**, 83 (1953).
[3] POLSON, G.: Biochim. biophys. Acta **22**, 61 (1957).
[4] LASKOWSKI sen., M.: Boyer-Lardy-Myrbäck, Enzymes, Bd. V, S. 123.
[5] BAUMGARTEN, W., R. F. JOHNSON, R. F. FINGER and F. E. PAGENKEMPER: Arch. Biochem. **77**, 206 (1958).
[6] GEHRMANN, G., and S. OKADA: Biochim. biophys. Acta **23**, 621 (1957).
[7] NEURATH, H., and G. W. SCHWERT: Chem. Reviews **46**, 69 (1950).
[8] LASKOWSKI, M., and M. K. SEIDEL: Arch. Biochem. **7**, 465 (1945).
[9] MCCARTY, M.: J. gen. Physiol. **29**, 123 (1945/46).
[10] DOCTOR, V. M.: Arch. Biochem. **103**, 286 (1963).
[11] BECKING, G. C., and R. O. HURST: Canad. J. Biochem. Physiol. **40**, 165 (1962).

Aus den Daten der Tabelle 5 errechnet sich, unter der Annahme eines Mol.-Gewichtes von 63000, die Aminosäurezusammensetzung aus 540 Aminosäureresten wie folgt: Asp_{65}, Thr_{36}, Ser_{62}, Pro_{19}, Glu_{43}, Gly_{26}, Ala_{35}, Val_{42}, $(CySS + CySH)_3$, $Meth_{12}$, $Ileu_{21}$, Leu_{41}, Tyr_{29}, Phe_{20}, Lys_{33}, His_{22}, Try_5, Arg_{26}, $(—CONH_2)_{83}$.

Behandlung von Kaninchen mit Pankreas-Desoxyribonuclease I führt zur Bildung hochaktiver Antikörper, die die Enzymaktivität hemmen[1, 2]. Verwendet man zur Immunisierung hitzeinaktiviertes Enzym, so treten präcipitierende Antikörper wie bei Immunisierung mit nativem Enzym auf, aber eine Hemmwirkung gegenüber dem Enzym fehlt[2].

Kinetik. Die Reaktion folgt einem Verlauf 1. Ordnung, wenn die Bildung säurelöslichen Materials aus DNS gemessen wird. Dabei wird allerdings eine Verzögerungsphase beobachtet, deren Ausmaß mit steigender Substratkonzentration zunimmt[3]. Im viscosimetrischen Test[1] zeigt sich Substratsättigung im Bereich zwischen 0,05 und 0,1 %iger Endkonzentration an DNS. Die Schwierigkeiten, die sich bei der Ausdeutung kinetischer Experimente ergeben, resultieren unter anderem aus dem mit der Substratkonzentration wechselnden Mg^{++}-Bedarf (s. unten) und hängen außerdem damit zusammen, daß jede Meßmethode einen anderen Teilprozeß des DNS-Abbaues erfaßt, was unter Bestimmungsmethoden (S. 1073ff.) näher ausgeführt wird. Nach CAVALIERI und HATCH[4] zeigt Pankreas-Desoxyribonuclease sowohl Substrathemmung als auch Produkthemmung.

Tabelle 6. *Abhängigkeit des Mg^{++}-Bedarfs der Pankreas-Desoxyribonuclease I von der vorgelegten Substratmenge*[9].

mg DNS/ml Ansatz	Optimale Mg^{++}-Konzentration
0,083	8×10^{-3} m
0,165	$1,2 \times 10^{-2}$ m
0,33	$1,5 \times 10^{-2}$ m
0,50	2×10^{-2} m

p_H-Optimum. Die in der Literatur angegebenen Werte liegen einheitlich zwischen p_H 7,0 und 7,5[1, 3, 5–7]. Bei Aktivierung mit Fe^{++} wird ein p_H-Optimum von 5,7 angegeben[8]; während die Natrium-, Magnesium- und Mangan-Salze der DNS p_H-Optima bei p_H 6,5 ergeben, zeigt das Zinksalz ein p_H-Optimum bei p_H 6,0[10]. In Gegenwart von Kobalt und Calcium als Aktivatoren[8, 11] ist das p_H-Optimum ebenfalls 6,5.

Kationen-Effekte. Seit den ersten Beschreibungen von Desoxyribonuclease I aus Rinderpankreas ist bekannt, daß Mg^{++} zur Aktivität benötigt wird[1, 5–7, 9]. Dem entspricht die Hemmbarkeit durch Citrat[1], das jedoch besser durch Äthylendiamintetraacetat[12, 13] ersetzt wird. Die optimale Mg^{++}-Konzentration hängt von der vorgegebenen Menge an DNS ab, wie sich z.B. aus Tabelle 6 ergibt[9].

Im Gegensatz zu älteren Angaben[1] ist Mn^{++} ein besserer Aktivator der Desoxyribonuclease I als Mg^{++}, wie sich aus Tabelle 7 ergibt[12]. Die starke synergistische Wirkung von Mg^{++} plus Ca^{++} ist seither mehrfach bestätigt worden[11, 14] und beruht eventuell darauf, daß Mg^{++} den Angriff des Enzyms an der makromolekularen DNS, Ca^{++} dagegen den Angriff von Oligonucleotiden bevorzugt aktiviert[11]. Die in Tabelle 7 wiedergegebenen Konzentrationen sind jeweils Optimal-Konzentrationen.

Wenn die Enzymaktivität bei p_H 5 verfolgt wird, aktiviert Zn^{++} doppelt so stark wie Mg^{++}, jeweils bei 3×10^{-3} m Endkonzentration[10].

[1] MCCARTY, M.: J. gen. Physiol. **29**, 123 (1945/46).
[2] SORU, E., et M. STERNBERG: Bull. Soc. Chim. biol. **39**, 377 (1957).
[3] KUNITZ, M.: J. gen. Physiol. **33**, 349 (1950).
[4] CAVALIERI, L. F., and B. HATCH: Am. Soc. **75**, 1110 (1953).
[5] FISCHER, F. G., I. BÖTTGER and H. LEHMANN-ECHTERNACHT: H. **271**, 246 (1941).
[6] LASKOWSKI, M., and M. K. SEIDEL: Arch. Biochem. **7**, 465 (1945).
[7] ZAMENHOF, S., and E. CHARGAFF: J. biol. Ch. **180**, 727 (1949).
[8] MIYAJI, T., and J. P. GREENSTEIN: Arch. Biochem. **32**, 414 (1951).
[9] KUNITZ, M.: J. gen. Physiol. **33**, 363 (1950).
[10] ERKAMA, J., and P. SUUTARINEN: Acta chem. scand. **13**, 323 (1959).
[11] DESREUX, V., R. HACHA and E. FRÉDÉRICQ: J. gen. Physiol. **45**, Suppl., 93 (1962).
[12] WIBERG, J. S.: Arch. Biochem. **73**, 337 (1958).
[13] ZAHN, R. K., E. TIESLER, A. K. KLEINSCHMIDT u. D. LANG: B. Z. **336**, 281 (1962).
[14] FEINSTEIN, R. N.: J. biol. Ch. **235**, 733 (1960).

Auch zahlreiche andere Ionen sind untersucht worden[1], von denen sich Pb^{++}, Hg^{++}, Cu^{++}, Fe^{+++}, Al^{+++} und Cr^{+++} als unwirksam erwiesen haben. Aktivierende Ionen sind in Tabelle 8 zusammengestellt, doch wäre aus methodischen Gründen eine Nachuntersuchung wünschenswert[2]; qualitativ ähnliche Befunde haben DESREUX u. Mitarb.[3] erhalten.

Tabelle 7. *Aktivierung der Pankreas-Desoxyribonuclease I durch zweiwertige Kationen nach* WIBERG[2].

Kation	Konzentration	Prozent Aktivität, mit Mg^{++} willkürlich = 100% gesetzt
Mg^{++}	2×10^{-2} m	100
Mn^{++}	2×10^{-2} m	350
Ca^{++}	1×10^{-3} m	6
Mg^{++} plus Ca^{++}	$4{,}5 \times 10^{-2}$ m plus $4{,}5 \times 10^{-3}$ m	340
Mn^{++} plus Ca^{++}	$4{,}5 \times 10^{-2}$ m plus $4{,}5 \times 10^{-3}$ m	360
Mg^{++} plus Mn^{++}	1×10^{-2} m plus 1×10^{-2} m	400

Viele der hier wiedergegebenen Befunde sind nicht direkt miteinander vergleichbar, da der Versuchsausfall offenbar von der jeweils verwendeten Meßmethode mit abhängt[2,3] (s. dazu auch S. 1073ff.). Die Befunde bezüglich Fe^{++} und Co^{++} sind bestätigt worden[3].

Mit ansteigender Ionenstärke nimmt die Aktivität der Pankreas-Desoxyribonuclease I ab, unabhängig davon, ob die Ionenstärke durch Na^{+} oder Mg^{++} eingestellt wird[4]; so beträgt sie z.B. bei Ionenstärke 0,04 100%, bei 0,10 50% und bei 0,16 nur noch 20%.

Tabelle 8. *Aktivierung der Pankreas-Desoxyribonuclease I durch zweiwertige Kationen nach* MIYAJI *und* GREENSTEIN[1].

Kation	Konzentration (µMol pro µMol DNS-P; jeweils Optimal-Konzentration)	Prozent Aktivität, mit Mg^{++} willkürlich = 100% gesetzt
Mg^{++}	3	100
Co^{++}	3	100
Fe^{++}	3	80
Mn^{++}	0,3	100
Ni^{++}	0,3	50
Ba^{++}	1,7	30
Ca^{++}	3	30
Sr^{++}	3	50
Zn^{++}	0,3	25
Cd^{++}	0,3	10

Spezifität. Eine Übersicht über die bis 1960 vorliegende Literatur s.[5]. Desoxyribonuclease I bildet Spaltprodukte, die 5'-verestertes Monophosphat tragen[6–10]. Das in Mg^{++}-Gegenwart erreichbare Ausmaß der Spaltung beträgt rund 25% aller Phosphodiester-Bindungen der DNS[4,11–13]; davon liegt ca. 1% als Gemisch der Mononucleotide vor[6,7,13–15], während rund 17% Dinucleotide gefunden werden; 85—90% der eingesetzten DNS werden dialysabel[16], wobei die Kettenlänge bis zu Octanucleotiden reicht. 15 der 16 möglichen Dinucleotide sind aufgefunden worden[17]; in diesen ist die Sequenz d-pPypPu häufiger als d-pPupPy. Da die höheren Oligonucleotide relativ reich an Purinresten und arm an Cytosinresten sind[16,18] und da die Dinucleotide relativ reich an Pyrimidinresten incl. Methylcytosinresten sind[13], gilt die Bindung d-pPupPy als bevorzugt spaltbar.

[1] MIYAJI, T., and J. P. GREENSTEIN: Arch. Biochem. **32**, 414 (1951).
[2] WIBERG, J. S.: Arch. Biochem. **73**, 337 (1958).
[3] DESREUX, V., R. HACHA and E. FRÉDÉRICQ: J. gen. Physiol. **45**, Suppl., 93 (1962).
[4] KUNITZ, M.: J. gen. Physiol. **33**, 363 (1950).
[5] LASKOWSKI sen., M.: Boyer-Lardy-Myrbäck, Enzymes, Bd. V, S. 123ff.
[6] SINSHEIMER, R. L., and J. F. KOERNER: J. biol. Ch. **198**, 293 (1952).
[7] POTTER, J. L., K. D. BROWN and M. LASKOWSKI: Biochim. biophys. Acta **9**, 150 (1952).
[8] SMITH, J. D., and R. MARKHAM: Biochim. biophys. Acta **8**, 350 (1952).
[9] HURST, R. O., J. A. LITTLE and G. C. BUTLER: J. biol. Ch. **188**, 705 (1951). — HURST, R. O., A. M. MARKO and G. C. BUTLER: J. biol. Ch. **204**, 847 (1953).
[10] CARTER, C. E.: Am. Soc. **73**, 1537 (1951).
[11] FISCHER, F. G., H. LEHMANN-ECHTERNACHT u. I. BÖTTGER: J. prakt. Chem. **158**, 79 (1941).
[12] LITTLE, J. A., and G. C. BUTLER: J. biol. Ch. **188**, 695 (1951).
[13] SINSHEIMER, R. L.: J. biol. Ch. **208**, 445 (1954).
[14] SINSHEIMER, R. L., and J. F. KOERNER: Science, N.Y. **114**, 42 (1951).
[15] PRIVAT DE GARILHE, M., and M. LASKOWSKI: Biochim. biophys. Acta **18**, 370 (1955).
[16] HODES, M. E., and E. CHARGAFF: Biochim. biophys. Acta **22**, 361 (1956).
[17] SINSHEIMER, R. L.: J. biol. Ch. **215**, 579 (1955).
[18] OVEREND, W. G., and M. WEBB: Soc. **1950**, 2746.

Eingehende Studien mit synthetischen Oligonucleotiden[1] sprechen jedoch gegen eine so einfache Deutung. Da der erste Angriff der Desoxyribonuclease I am nativen DNS-Molekül erfolgt, entstehen während der Anfangsphase des DNS-Abbaues ständig Oligonucleotide, die ebenfalls noch Substrate des Enzyms sind. Dinucleotide werden definitiv nicht hydrolysiert; welche Dinucleotide aber aus höheren Oligonucleotiden (zusammen mit etwas Mononucleotiden) gebildet werden, hängt offenbar nicht nur von der wenig ausgeprägten Basen-Spezifität des Enzyms ab, sondern mindestens gleich stark von der Kettenlänge und der Nähe des Monoester-Phosphats am Oligonucleotid, wie Untersuchungen an PolyT gezeigt haben[2].

Zweifel, ob kristalline Pankreas-Desoxyribonuclease I mehr als ein Enzym mit unterschiedlicher Wirkungsweise[3] enthalte, scheinen nicht berechtigt zu sein. Eine nicht nur experimentelle Schwierigkeit tritt jedoch deswegen auf, weil die Enzymwirkung in Gegenwart von Mg^{++} offenbar anders verläuft als in der von Mn^{++}; so findet sich unter Bedingungen der erschöpfenden Hydrolyse eine Spaltung von rund 50% aller Phosphodiester-Bindungen der DNS in Mn^{++}-Anwesenheit[4]. In Tabelle 9 sind Befunde zusammengestellt, die zeigen, daß auch die Zusammensetzung des Spaltgemisches entscheidend von der Art des aktivierenden Metalls abhängt[5, 6].

Tabelle 9. *Mononucleotide und Dinucleotide nach erschöpfender Hydrolyse von DNS mit Pankreas-Desoxyribonuclease I.*

Die Zahlenwerte bedeuten den prozentualen Anteil der Verbindung am gesamten Oligonucleotid-P; Daten in Gegenwart von Mn^{++} nach [5], von Mg^{++} nach [7].

Verbindung	Mn^{++}-Versuche	Mg^{++}-Versuche	Verbindung	Mn^{++}-Versuche	Mg^{++}-Versuche	Verbindung	Mn^{++}-Versuche	Mg^{++}-Versuche
d-pA	1,16	0,08	AA	7,89	0,46	GC	3,61	0,87
d-pG	0,17	0,06	AG	0	1,17	GM	0,11	1,03
d-pC	1,04	0,17	AC	8,46	3,32	GT	4,97	2,77
d-pM	0,05	0	AT	5,14	1,46	CC	3,52	1,11
d-pT	2,90	0,63	GG	0	0,82	CT	9,71	3,12
						TT	5,54	1,38

Die Kenntnis der Spezifität der Desoxyribonuclease I ist damit noch unbefriedigend; Fortschritte sind von der Verwendung synthetischer Substrate zu erwarten. Ältere Arbeiten, nach denen Apurinsäure[8] und Apyrimidinsäure[9] schlecht, jodierte DNS[10] dagegen gut gespalten werden, haben zur Aufklärung des Spezifitätsproblems nicht viel beigetragen.

Hemmstoffe. Inhibitoren gegenüber der Desoxyribonuclease I lassen sich wie folgt einteilen:

1. Substanzen, die durch Entzug des zur Aktivität unerläßlichen zweiwertigen Kations (s. S. 1067f.) hemmend wirken;
2. Substanzen, die sich nicht an Hand ihrer chemischen Natur systematisieren lassen;
3. Substanzen mit Polyanionen-Charakter, die in Wechselwirkung mit dem polyanionischen Substrat treten (s. hierzu auch bei Ribonuclease, S. 760f.);
4. spezifische Inhibitoren von Proteinnatur, deren es eine ganze Reihe gibt; sie werden auf S. 1101ff. gesondert behandelt.

[1] Ralph, R. A., R. K. Smith and H. G. Khorana: Biochemistry **1**, 131 (1962).
[2] Khorana, H. G.: J. cellul. comp. Physiol. **54**, Suppl. 1, 5 (1959).
[3] Hurst, R. O., and D. Findlay: Canad. J. Biochem. Physiol. **38**, 347 (1960).
[4] Becking, G. C., and R. O. Hurst: Canad. J. Biochem. Physiol. **40**, 165 (1962).
[5] Becking, G. C., and R. O. Hurst: Canad. J. Biochem. Physiol. **41**, 1433 (1963).
[6] Hurst, R. O., and G. C. Becking: Canad. J. Biochem. Physiol. **41**, 469 (1963).
[7] Sinsheimer, R. L.: J. biol. Ch. **208**, 445 (1954); **215**, 579 (1955).
[8] Tamm, C., H. S. Shapiro and E. Chargaff: J. biol. Ch. **199**, 313 (1952).
[9] Takemura, S.: J. Biochem. **46**, 1285 (1959).
[10] Schimizu, T., and M. Iwafuchi: Biochim. biophys. Acta **61**, 838 (1962).

Tabelle 10. *Hemmstoffe für Desoxyribonuclease I.*

Substanz	Konzentration m	Hemmung %	Literatur
Citrat*	0,01	ca. 95	1
Citrat	0,1	100	2
Fluorid	0,02—0,1	ca. 95	1
Fluorid	0,1	100	2
Hg^{++}	1×10^{-4}	0	3
Cu^{++}	0,01	100	2
Cu^{++}	0,01	ca. 80	4
Cu^{++}	1×10^{-4}	100	3
Zn^{++}	0,01	100	2
Zn^{++}	1×10^{-4}	40	3
Zn^{++}	0,01	91	5
Pb^{++}	1×10^{-4}	0	3
Sulfid	0,125	100	2
Borat	0,1	100	2
Semicarbazid	0,01	35	2
Hydroxylamin	0,01	10	2
Hydrogensulfit	0,01	10	2
Jodacetat	6×10^{-4}	0	2
Jodacetat	2×10^{-3}	ca. 95	6
Jodacetamid	6×10^{-4}	0	2
Thioglykolat	0,5	55	2
Arsenat	1×10^{-3}	100	2
Arsenat	0,01	100	7
Arsenat	1×10^{-3}	ca. 95	4
Arsenat	0,01	86	5
Selenit	0,01	100	2
Arsanilat	1×10^{-3}	ca. 95	4
Ag^{+}	1×10^{-4}	40	3
Ag^{+}	0,01	ca. 10	4
Li^{+}	1×10^{-4}	10	3
Usninsäure	0,25 mg/ml	86	5
Myristat	0,1	100	5
Palmitat	0,1	100	5
Arsenit	2×10^{-3}	0	6
p-Chlorquecksilber(II)-benzoat	2×10^{-3}	ca. 95	6
Triäthylen-thiophosphor-amid	0,54 mg/ml	ca. 25	8
Nitromin	?	ca. 80	6
Methyl-bis-(β-chlor-äthyl)-amin-HCl (nicht kompetitiv)	0,54 mg/ml	ca. 20	8
Methyl-bis-(β-chloräthyl)-amin-HCl	0,67 mg/ml	64	9
Methyl-bis-(β-chlor-äthyl)-amin-HCl	0,01	ca. 50	10
Chinacrin	$1,5 \times 10^{-4}$	ca. 50	11
Chinacrin	1 M/ca. 4 M Nucleotid	100	12
Methylgrün	$1,5 \times 10^{-4}$	ca. 50	11
Chinin			
Chinidin	vergleichbar mit Chinacrin	ca. 20	12
Chlorochin			
Amethopterin (kompetitiv)	0,54 mg/ml	ca. 20	8
6-Thioguanin	0,54 mg/ml	19	8
6-Mercaptopurin	0,54 mg/ml	8	8

* Die Citratwirkung hängt vom aktivierenden Metall ab; zur Komplexbindungskonstante zwischen Citrat und Mn^{++} s. [14].

Tabelle 10 (Fortsetzung).

Substanz	Konzentration m	Hemmung %	Literatur
Pr^{+++}	2×10^{-4}	ca. 40	13
La^{+++}	2×10^{-4}	ca. 40	13
Gd^{+++}	2×10^{-4}	ca. 40	13
Nd^{+++}	2×10^{-4}	33	13
Y^{+++}	2×10^{-4}	50	13
Spermin	keine näheren Angaben		15

Die bisher beschriebenen, hemmend wirkenden Substanzen sind in Tabelle 10 zusammengestellt; es sei bemerkt, daß das Ergebnis eines Hemmversuches von der angewandten Bestimmungsmethode zur Aktivitätsmessung beeinflußt werden kann[1] und daß umgekehrt die Benutzung von Inhibitoren die analytische Sicherheit mancher Bestimmungsverfahren beeinträchtigen kann[2].

Wenn es darauf ankommt, bei der Gewinnung von DNS einen Abbau durch Desoxyribonuclease I mit Sicherheit zu unterbinden, empfiehlt sich die Verwendung von Komplexbildnern wie z.B. Äthylendiamintetraacetat[3] (s. auch S. 1067) und/oder die Verwendung von Bentonit[4], wie nachstehend beschrieben wird.

Entfernung von Spuren Desoxyribonuclease I aus biologischen Flüssigkeiten mittels Bentonit nach Zahn u. Mitarb.[3].

Man bereitet Bentonit (z.B. von British Drug Houses Ltd. oder Süd-Chemie, München) vor[4], indem 10 g in 200 ml Wasser verrührt und dann zur Entfernung grober Partikel 15 min bei 2600 U/min zentrifugiert werden. Die überstehende Suspension wird 20 min bei 9000 $\times$g zentrifugiert und der Überstand verworfen. Das Sediment wird in Acetatpuffer, p_H 6,0, Ionenstärke 0,01, im Mixer resuspendiert und wie oben bei 9000 $\times$g zentrifugiert; nun wird so lange mit Acetatpuffer gewaschen (Zentrifugierung jetzt bei 20000 $\times$g), bis der klarzentrifugierte Überstand bei 260 mμ und 1 cm Lichtweg eine Extinktion von ca. 0,7 hat.

Zur Entfernung von Desoxyribonucleasen wird 1 g (Trockengewicht) Bentonit mit 1 l der zu behandelnden Lösung, die p_H 7 haben soll, 30 min in der Kälte verrührt und dann mindestens 15 min bei 3000 $\times$g zentrifugiert, nachdem der p_H vorher wieder auf 7 gestellt worden ist. Viscöse DNS-Lösungen können auch filtriert werden (Glasfritte G4).

[1] Gilbert, L. M., W. G. Overend and M. Webb: Exp. Cell Res. **2**, 349 (1951).
[2] Wiberg, J. S.: Arch. Biochem. **73**, 337 (1958).
[3] Zahn, R. K., E. Tiesler, A. K. Kleinschmidt u. D. Lang: B. Z. **336**, 281 (1962).
[4] Brownhill, T. J., A. S. Jones and M. Stacey: Biochem. J. **73**, 434 (1959).

Literatur zu Tabelle 10.

[1] McCarty, M.: J. gen. Physiol. **29**, 123 (1945/46).
[2] Gilbert, L. M., W. G. Overend and M. Webb: Exp. Cell Res. **11**, 349 (1951).
[3] Houck, J. C.: Arch. Biochem. **82**, 135 (1959).
[4] Fischer, F. G., I. Böttger u. H. Lehmann-Echternacht: H. **271**, 246 (1941).
[5] Kowlessar, O. D., K. I. Altman and L. H. Hempelmann: Arch. Biochem. **54**, 355 (1955).
[6] Sugiishi, M.: Nagoya J. med. Sci. **22**, 26 (1959).
[7] Overend, W. G., and M. Webb: Soc. **1950**, 2746.
[8] Doctor, V. M.: Arch. Biochem. **103**, 286 (1963).
[9] Doctor, V. M.: Arch. Biochem. **96**, 475 (1962).
[10] Wheeler, G. P., and J. A. Alexander: Arch. Biochem. **72**, 476 (1957).
[11] LePecq, J.-B., J.-Y. LeTalaer, B. Festy et R. Truhaut: Cr. **254**, 3918 (1962).
[12] Kurnick, N. B., and I. E. Radcliffe: J. Lab. clin. Med. **60**, 669 (1962).
[13] Clayton, R. A.: Arch. Biochem. **85**, 559 (1959).
[14] Wiberg, J. S.: Arch. Biochem. **73**, 337 (1958).
[15] Keister, D. L.: Thesis (M. D., Univ. Maryland) 1958 [Ann. Rev. **30**, 600 (1961)].

Unwirksam als Inhibitoren sind[1] bis zu 0,01 m: Jodacetat, Bromacetat, Diisopropylfluorphosphat und p-Chlorquecksilber(II)-benzoat, ferner in 1000—10000fachem molarem Überschuß über das Enzym: Zimtalkohol, Zimtaldehyd, Indol, Arginin, Morpholin, Histidin und Tryptophan, schließlich[2] Myleran, Chlorambucil, Cytoxan und 2,6-Diaminopurin.

Bei der Untersuchung des Einflusses polyanionischer Substanzen auf das Desoxyribonuclease I-DNS-System hat sich gezeigt, daß Desoxyribonuclease I sehr viel schwächer reagiert als Desoxyribonuclease II; dies ist eher auf Unterschiede der Enzymproteine als auf die unterschiedlichen p_H-Werte bei der Aktivitätsbestimmung zurückzuführen[4]; Einzelheiten s. S. 1090f.. Homologe RNS ist auf den Abbau der entsprechenden DNS durch Pankreas-Desoxyribonuclease I ohne Einfluß[5]. Bei p_H 4 lassen sich Wechselwirkungen zwischen Desoxyribonuclease I mit Polyanionen durch Trübungsmessung verfolgen[6]; maximale Trübung wird unter diesen Bedingungen pro Mol Enzym erhalten mit 60 M Heparin, 60—130 M Dodecylsulfat, 210 M RNS-P bzw. 50—65 M DNS-P. Heparin hemmt die Desoxyribonuclease I-Aktivität bei 4 mg/ml um 50 %[7], nach anderen Angaben[8] bei 20 μg/ml um 65 %. Polyxenylphosphat hemmt bei 1×10^{-5} n (bezogen auf Phosphat) um 25 %[9].

Tabelle 11. *Hemmung von Pankreas-Desoxyribonuclease I durch anionische Polymere nach* HEYMANN, GULICK *und* MAYER[3].

Polymeres aus	Konzentration für 50% Hemmung (μg/ml)
Gentisinsäure + CH_2O	4
Gentisinsäure + $K_2S_2O_8$	10
(Gentisinsäure + CH_2O) + HNO_2 + Gentisinsäure	3
Hydrochinonsulfosäure + CH_2O	32
Anthranilsäure + $FeSO_4$ + H_2O_2	17
Hydrochinon + $K_2S_2O_8$	6

Tabelle 12. *Strahlenbedingte Veränderungen der Aminosäurezusammensetzung von Pankreas-Desoxyribonuclease I nach* OKADA *und* GEHRMANN[10].

Aminosäure	Zahl der Aminosäurereste pro Mol Enzym	
	vor Bestrahlung	nach Bestrahlung
Asparaginsäure	65	58
Isoleucin	21	13
Lysin	33	14
Histidin	22	13
Tryptophan	5	2
Ammoniak (gesamt)	137	184
Gesamtzahl der Aminosäurereste	560	496

Tabelle 13. *Dosisabhängigkeit der strahlenbedingten Tryptophanzerstörung in Pankreas-Desoxyribonuclease I nach* OKADA *und* GEHRMANN[10].

Strahlendosis r	Tryptophan-Konzentration (g Tryptophan/100 g trockenes Protein)	Enzymaktivität %
0	1,32	100
47300	1,12	76
142000	1,00	45
284000	0,88	8
568000	0,70	0,3

Im allgemeinen sind die für 50 %ige Hemmung erforderlichen Konzentrationen an anionischen Polymeren[3] etwa dreimal höher als für Pankreas-Ribonuclease (s. S. 760f.). Außer für Heparin, Chitinsulfat, Germanin u.a. liegen die in Tabelle 11 zusammengestellten Daten vor[3].

Strahlenwirkung. Wegen der hohen Empfindlichkeit von DNS gegen jede Art von Bestrahlung ist auch die strahlenbedingte Inaktivierung von Desoxyribonuclease I näher

[1] OKADA, S., and G. L. FLETCHER: Radiat. Res. **15**, 452 (1961).
[2] DOCTOR, V. M.: Arch. Biochem. **103**, 286 (1963).
[3] HEYMANN, H., Z. R. GULICK and R. L. MAYER: Nature **182**, 1234 (1958).
[4] TUNIS, M., and W. REGELSON: Arch. Biochem. **101**, 448 (1963).
[5] LE TALAER, J.-Y., B. FESTY, J.-B. LE PECQ and C. PAOLETTI: Nature **194**, 1176 (1962).
[6] GRUBHOFER, N.: H. **302**, 217 (1955).
[7] SUGIISHI, M.: Nagoya J. med. Sci. **22**, 26 (1959).
[8] HOUCK, J. C.: Arch. Biochem. **82**, 135 (1959).
[9] HUMMEL, J. P., D. O. ANDERSON and C. PATEL: J. biol. Ch. **233**, 712 (1958).
[10] OKADA, S., and G. GEHRMANN: Biochim. biophys. Acta **25**, 179 (1957).

untersucht worden. Zu den Bedingungen wirksamer Strahleninaktivierung s.[1]. Über die p_H-Abhängigkeit der Strahlenempfindlichkeit gehen die Meinungen auseinander[1, 2]. Der Effekt einer Bestrahlung des Enzyms in trockenem Zustand hängt von der Anwesenheit von Salzen und dem p_H vor der Lyophilisierung ab; darüber hinaus bewirkt aber DNS-Gegenwart einen zusätzlichen, spezifischen Schutz vor Strahleninaktivierung[3].

Nach massiver Bestrahlung von Pankreas-Desoxyribonuclease I mit 680000 r treten Veränderungen der Aminosäurezusammensetzung ein, die in Tabelle 12 zusammengestellt sind[4]. Die Dosisabhängigkeit der Tryptophanzerstörung ist in Tabelle 13 angegeben[4] (vgl. dazu die Angaben der Tabelle 12).

Wie Tabelle 13 zeigt, gehen Tryptophanabnahme und Aktivitätsverlust einander parallel. Wird die Bestrahlung unter Bedingungen durchgeführt, unter denen Histidin nicht angegriffen wird, so erhält man eine schnelle und eine langsame Reaktion des Tryptophanabbaues. Die schnelle Reaktion betrifft zwei der fünf Tryptophanreste des Enzymmoleküls und ist für den Aktivitätsverlust verantwortlich[4]. Aus der Treffertheorie wird abgeleitet, daß ein Tryptophanrest am Aufbau des aktiven Ortes beteiligt ist[5]. Die Hydrolysekapazität des Enzyms und die Fähigkeit zur Substratbindung werden durch Bestrahlung in unterschiedlichem Ausmaß herabgesetzt[6]; die katalytische Funktion ist empfindlicher.

Ein erstaunlicher Schutz vor Bestrahlung des gelösten Enzyms wird erreicht, wenn das Enzym an Oberflächen adsorbiert ist; so erhöht sich die ED_{37} von 780 r für das gelöste Enzym auf 11000 r für das an Cellulosepulver adsorbierte Enzym[7]. In adsorbiertem Zustand weist das Enzym noch 65—90% der Aktivität auf[8]. Geeignete Adsorbentien sind in Tabelle 14 zusammengestellt.

Tabelle 14. *Schutz von Pankreas-Desoxyribonuclease I vor strahlenbedingter Inaktivierung durch Adsorbentien nach* FLETCHER *und* OKADA[7].

Adsorbens*	Verbleibende Aktivität %
Keines	33
Dowex 50	106
Dowex 2	61
Knochenmehl	79
Silicagel	68
Flo-Brite	73
Knochenasche	102
Celite	107
Cellulose	56
Palmitinsäure	44
Cholesterin	56
Baumwollsamenöl	56
Monoglyceride	75
Sojabohnen-Lecithin	73
Keines	0
Rattenleber-Mitochondrien**	90
Rattenmilz-Mitochondrien**	99

* In 10 ml waren enthalten 5 μg Enzym und 5 mg Adsorbens.
** In 10 ml waren enthalten 5 μg Enzym und Mitochondrien aus 100 mg Frischgewebe.

Bestimmung. Zusammenfassende Literatur s. [9, 10]. Die hier diskutierten Methoden sind im Prinzip unabhängig vom Typ der zu messenden Desoxyribonucleasen; Ausnahmen werden gesondert erwähnt.

Die durch Desoxyribonucleasen katalysierte Reaktion besteht in der Hydrolyse einer Phosphodiester-Bindung; sekundär kommt es zum Aufbruch von Wasserstoffbrücken-Bindungen[11, 12] am hochmolekularen Substrat. Die entstehenden Abbauprodukte sind chemisch uneinheitlich; synthetische Substrate für Desoxyribonucleasen sind nicht verfügbar. Ein Ausdruck für die Enzymaktivität in molaren Einheiten ist daher nur zu gewinnen, wenn (auf irgendeine Weise) die durch die Hydrolyse bedingte Änderung der Wasserstoffionen-Konzentration verfolgt wird; für kinetische Untersuchungen sind solche Verfahren

[1] OKADA, S.: Arch. Biochem. **67**, 95 (1957).
[2] ROBINS, A. B., and J. A. V. BUTLER: Radiat. Res. **16**, 7 (1962).
[3] WILSON, D. E.: Int. J. Rad. Biol. **1**, 360 (1959).
[4] OKADA, S., and G. GEHRMANN: Biochim. biophys. Acta **25**, 179 (1957).
[5] OKADA, S., and G. L. FLETCHER: Radiat. Res. **15**, 452 (1961).
[6] OKADA, S., and G. FLETCHER: Radiat. Res. **16**, 646 (1962).
[7] FLETCHER, G., and S. OKADA: Radiat. Res. **11**, 291 (1959).
[8] FLETCHER, G. L., and S. OKADA: Nature **176**, 882 (1955).
[9] LASKOWSKI, M., sen.; in: Boyer-Lardy-Myrbäck, Enzymes, Bd. V, S. 123.
[10] KURNICK, N. B.: Meth. biochem. Analysis **9**, 1 (1962).
[11] REICHMANN, M. E.: J. physic. Chem. **60**, 831 (1956).
[12] THOMAS jr., C. A.: Am. Soc. **78**, 1861 (1956).

unerläßlich. Für die meisten Routinezwecke sind bequeme Verfahren verfügbar, die weiter unten diskutiert werden. Auch Mikromethoden, die sich chemischer oder biologischer Messungen bedienen, sind beschrieben.

Histochemische Versuche zum Desoxyribonucleasen-Nachweis sind beschrieben[1, 2], ferner ein sehr eindrucksvolles Verfahren, Gewebsschnitte auf einen DNS-haltigen Agarfilm aufzubringen, so daß näherungsweise die histologische und intracelluläre Zuordnung studiert werden kann[3].

Bei Verwendung von Gewebsextrakten als Enzymquellen ist zu beachten, daß Desoxyribonucleasen in Partikelbindung vorliegen oder daß sie sekundär proteolytisch verändert werden können und daß Inhibitoren von Proteinnatur offenbar sehr weit verbreitet sind (s. S. 1101f.); maximaler Aktivitätsausbeute aus Geweben muß daher besondere Aufmerksamkeit gewidmet werden.

Nach KURNICK[4] und anderen Autoren ist der möglichst native Zustand des DNS-Substrats die Vorbedingung für seine Eignung als Substrat; die Erfahrung bestätigt, daß partiell denaturierte DNS-Präparate schlechtere Resultate geben und daß Präparate verschiedener Herkunft im allgemeinen nicht miteinander verglichen werden können.

Die zur Messung der Desoxyribonuclease-Aktivität existierenden Methoden lassen sich in folgende Gruppen einteilen:

1. Messung der Änderung der H^+-Konzentration. Diese Verfahren versagen, wenn $[H^+]$ gegenüber $\Delta [H^+]$ zu groß ist, und sind daher für die Messung der Desoxyribonuclease II-Aktivität mit p_H-Optimum bei p_H 5 nicht verwendbar. Da alle unspezifischen Nebenreaktionen, die Säure liefern oder verbrauchen, mit erfaßt werden, sollte das Enzym mindestens teilgereinigt sein. Die reaktionsbedingte p_H-Änderung kann z.B. mittels Indicatoren im Photometer verfolgt werden[5, 6]; ein solches Verfahren wird unten beschrieben; ferner kann manometrisch gearbeitet werden[7]. Eine direkte Titration der Reaktionslösung wird von verschiedenen Autoren durchgeführt[8–10], andere Verfasser benutzen den p_H-Stat[11, 12]. Wird bei p_H 7 titriert, so sind rund 90 % der vorhandenen sekundären Phosphatgruppen (pK bei 6) dissoziiert; es ist daher unwahrscheinlich, daß freigesetzte Protonen von Phosphat gebunden und in nennenswertem Umfang der Titration entzogen werden[5].

2. Messung von Veränderungen am Substratmolekül. Diesen Verfahren liegen vorzugsweise, aber nicht ausschließlich physiko-chemische Messungen zugrunde, die sich das Zusammenwirken von Hydrolyse und Zusammenbruch der Superstruktur des Doppelstranges zunutze machen. Hierzu gehört vor allem die Viscosimetrie, die zuerst von DE LA BLANCHARDIÈRE[13] für Desoxyribonuclease-Bestimmungen verwendet worden ist. Kritische Auseinandersetzungen mit dieser Methode s.[4,11,14–16] sowie S. 1077; ein Verfahren wird unten beschrieben. Ferner ist der Hyperchromie-Effekt, der eine reaktionsbedingte Zunahme der UV-Absorption bei 260 mμ von 30 % oder mehr ergibt, ausgezeichnet zur

[1] ARONSON, J., L. H. HEMPELMANN and S. OKADA: J. Histochem. Cytochem. **6**, 255 (1958).
[2] MARSHALL jr., J. M.: Exp. Cell Res. **6**, 240 (1954).
[3] DAOUST, R.; in: DANIELLI, J. F. (Hrsg.): General Cytochemical Methods. Bd. II, S. 153. New York 1961.
[4] KURNICK, N. B.: Meth. biochem. Analysis **9**, 1 (1962).
[5] CAVALIERI, L. F., and B. HATCH: Am. Soc. **75**, 1110 (1953).
[6] WIBERG, J. S.: Arch. Biochem. **73**, 337 (1958).
[7] ZITTLE, C. A.: J. biol. Ch. **166**, 491 (1946). Arch. Biochem. **13**, 191 (1947).
[8] KUNITZ, M.: J. gen. Physiol. **33**, 363 (1950).
[9] ZITTLE, C. A.: Arch. Biochem. **13**, 191 (1947).
[10] FISCHER, F. G., H. LEHMANN-ECHTERNACHT u. I. BÖTTGER: J. prakt. Chem. **158**, 79 (1941).
[11] THOMAS jr., C. A.: Am. Soc. **78**, 1861 (1956).
[12] SCHUMAKER, V. N., E. G. RICHARDS and H. K. SCHACHMAN: Am. Soc. **78**, 4230 (1956).
[13] BLANCHARDIÈRE, P. DE LA: H. **87**, 291 (1913).
[14] HENSTELL, H. H., and R. J. FREEDMAN: Cancer Res. **12**, 341 (1952).
[15] LASKOWSKI, M., and M. K. SEIDEL: Arch. Biochem. **7**, 465 (1945).
[16] FEINSTEIN, R. N.: J. biol. Ch. **235**, 733 (1960).

Messung geeignet[1], allerdings muß die DNS wirklich nativ sein, und das Enzym sollte mindestens teilgereinigt sein. Ein dilatometrisches Verfahren ist beschrieben[2], s. dazu auch bei Ribonucleasen, S. 771. Ferner sind Änderungen der Strömungsdoppelbrechung[3,4], der Lichtzerstreuung[5], des Sedimentationsverhaltens[6–8], der Dielektrizitätskonstanten[9] und des Farbstoff-Bindungsvermögens zur Messung der Desoxyribonuclease-Aktivität herangezogen worden.

Das letztgenannte Verfahren (zur Theorie s.[10]) beruht auf dem Effekt der Heterochromasie; für Thionin als Beispiel eines heterochromatischen Farbstoffs sei auf Ribonuclease, S. 767f., verwiesen; das dort beschriebene Verfahren eignet sich in gleicher Weise auch für Desoxyribonucleasen. Mit Methylenblau arbeitende Verfahren s.[11]; Methylgrün[10] bietet den zusätzlichen Vorteil, daß durch DNS-Abbau frei gewordener Farbstoff bei p_H 7,5 ausbleicht, was die Empfindlichkeit wesentlich erhöht; die Methode wird unten beschrieben.

Die Ausfällung nicht abgebauter DNS mit anschließender Turbidimetrie ist ebenfalls zur Verfolgung der Desoxyribonuclease-Wirkung benutzt worden[12–14]; zwecks genügender Empfindlichkeit darf der Umsatz nicht zu gering gehalten werden. Ein quantitatives Verfahren[15] wird unten beschrieben; s. auch turbidimetrische Methoden der Ribonuclease-Messung, S. 770. Für semiquantitative Zwecke kann man auch Platten mit DNS gießen und die Hofgröße ausmessen[16–18].

3. Messung des Zuwachses an säurelöslichen Spaltprodukten. Die ersten Versuche dieser Art sind an Dialysaten[19] durchgeführt worden, was aber zusätzliche Unsicherheiten einführt[20, 21]. Fällt man zu Ende der Reaktion Enzym und nichtabgebaute DNS aus, so ist zu bedenken, daß die Fällungsbedingungen sorgfältig kontrolliert werden müssen, besonders bei Verwendung wenig gereinigter Enzymquellen oder bei Zusätzen zum Inkubat[20]; zahlreiche Fällungsreagentien[22] sind bei Ribonuclease, S. 764, zusammengestellt; die dort erwähnten Gesichtspunkte dürften auf Desoxyribonuclease übertragbar sein. Am klaren Filtrat kann die Menge an Spaltprodukten an Hand des organischen Phosphats[12, 23], an Hand der UV-Absorption der Nucleobasen[19, 24–26] oder mittels Desoxyribose-Farbreaktion erfaßt werden. Als Zuckerreagens sind Cystein[27], Diphenylamin[28],

---

[1] Kunitz, M.: J. gen. Physiol. **33**, 349 (1950).
[2] Vandendriessche, L.: Acta chem. scand. **7**, 699 (1953).
[3] Frajola, W. J., J. G. Rabatin and H. C. Smith: Biochim. biophys. Acta **19**, 540 (1956).
[4] Hammarsten, E.: B. Z. **144**, 383 (1924).
[5] Thomas jr., C. A.: Am. Soc. **78**, 1861 (1956).
[6] Schumaker, V. N., E. G. Richards and H. K. Schachman: Am. Soc. **78**, 4230 (1956).
[7] Rabatin, J. G., R. Friedland and W. J. Frajola: J. biol. Ch. **203**, 23 (1953).
[8] Dekker, C. A., and H. K. Schachman: Proc. nat. Acad. Sci. USA **40**, 894 (1954).
[9] Jungner, G., J. Jungner and L. G. Allgén: Nature **163**, 869; **164**, 1009 (1949).
[10] Kurnick, N. B.: Meth. biochem. Analysis **9**, 1 (1962).
[11] Vercauteren, R.: Arch. int. Physiol. **57**, 214 (1949). Nature **165**, 603 (1950). Enzymologia **14**, 134 (1950).
[12] Gilbert, L. M., W. G. Overend and M. Webb: Exp. Cell Res. **2**, 349 (1951).
[13] Weckman, B. G., and B. W. Catlin: J. Bact. **73**, 747 (1957).
[14] Oakley, C. L., and G. H. Warrack: J. Path. Bacteriology **63**, 45 (1951).
[15] Houck, J. C.: Arch. Biochem. 82, 135 (1959).
[16] Jeffries, C. D., D. F. Holtman and D. G. Guse: J. Bact. **73**, 590 (1957).
[17] Di Salvo, G. W.: Med. Techn. Bull. **9**, 191 (1958).
[18] Heinicke, H., u. H. Venner: Z. Naturforsch. **13**b, 576 (1958).
[19] Carter, C. E., and J. P. Greenstein: J. nat. Cancer Inst. **7**, 29 (1946).
[20] Wiberg, J. S.: Arch. Biochem. **73**, 337 (1958).
[21] Chargaff, E., and H. S. Shapiro: Exp. Cell Res., Suppl. **3**, 64 (1955).
[22] Boman, H. G.: Ark. Kemi **12**, 467 (1958).
[23] Laskowski, M.: Arch. Biochem. **11**, 41 (1946). J. biol. Ch. **166**, 555 (1946).
[24] Kunitz, M.: J. gen. Physiol. **33**, 363 (1950).
[25] Schneider, W. C., and G. H. Hogeboom: J. biol. Ch. **198**, 155 (1952).
[26] Boman, H. G., and U. Kaletta: Biochim. biophys. Acta **24**, 621 (1957).
[27] Brody, S.: Acta obstet. scand. **32**, Suppl. **6** (1953). Acta chem. scand. **7**, 721 (1953).
[28] Allfrey, V., and A. E. Mirsky: J. gen. Physiol. **36**, 227 (1952).

p-Nitrophenylhydrazin, welches auch in Rohrzuckergegenwart brauchbar ist[1], und Indol[2] benutzt worden; ein Verfahren wird unten beschrieben. Diese Verfahren verdienen bei der Untersuchung von relativ rohen Enzymfraktionen den Vorzug.

4. Biologische Verfahren. Die empfindlichste Meßmethode besteht in der Verfolgung des Verlustes an transformierender Aktivität von geeignet präparierter DNS; hierzu sind zwei Verfahren bekanntgeworden[3,4], von denen eines unten kurz erläutert wird.

Eine ganze Reihe der unter 1.—3. genannten Verfahren ist vergleichend untersucht worden. Da keine stöchiometrische Beziehung zwischen der Hydrolyse einer Phosphodiester-Bindung und der darauf folgenden Lösung von Wasserstoffbrücken-Bindungen existiert, ist es klar, daß man je nach Meßverfahren unterschiedliche Resultate und Verzögerungsphasen erhalten wird. Dasselbe gilt für Vergleiche mit der Säurelöslichkeit der Spaltprodukte, da jedenfalls in den Anfangsstadien des DNS-Abbaues keine Proportionalität zwischen Zahl der hydrolysierten Phosphodiester-Bindungen und Säurelöslichkeit der Spaltprodukte besteht. Daher wird man zu Beginn der Desoxyribonuclease-Wirkung differente Reaktionsgeschwindigkeiten messen, je nachdem, ob titriert, viscosimetriert, die Hyperchromie oder die Säurelöslichkeit verfolgt wird. Einzelheiten zu diesen Fragen s.[3, 5–12].

***Bestimmung der Desoxyribonuclease-Aktivität durch Erfassung freigesetzter Säure-Äquivalente im Photometer nach* Wiberg[13].**

Prinzip:

Nach dem von Cavalieri und Hatch[14] angegebenen Prinzip werden die bei Hydrolyse der Phosphodiester-Bindungen auftretenden Säureäquivalente photometrisch in einem p-Nitrophenol-Puffer gemessen. Die Methode ist für Desoxyribonuclease II nicht verwendbar.

Reagentien:

1. Enzymlösung: 50—500 μg/ml in CO_2-freiem dest. Wasser.
2. DNS, 0,064 %ig in CO_2-freiem dest. Wasser.
3. 0,0020 m p-Nitrophenol, mit NaOH auf p_H 7,4—7,5 eingestellt.
4. 0,1 m Mg^{++} in NaCl-Lösung der Ionenstärke 0,3.
5. p-Nitrophenol in 0,01 m Na_2CO_3, so verdünnt, daß die Extinktion bei 440 mμ etwa 0,5 beträgt.

Ausführung:

Man mischt in einem Reagensglas 4 ml Substratlösung, 1 ml p-Nitrophenol-Lösung und 5 ml Salzlösung, bedeckt mit Parafilm und hält die Mischung 45 min bei 27° C. Dann werden 0,2 ml oder weniger Enzymlösung zugesetzt, vermischt, und es wird eine bei 27° C äquilibrierte Küvette gefüllt. Man liest die Extinktionsänderung in passenden Abständen während 10—15 min ab und verwendet den linearen Teil der Kurve, der mindestens 5 min dauern soll. Der Leerwert wird mit Reagens *5* eingestellt. Eine Hydrolyse von rund 5 % der insgesamt hydrolysierbaren Phosphodiester-Bindungen entspricht

[1] Koszalka, T. R., S. Horne, B. Schlegel and K. I. Altman: Biochim. biophys. Acta **35**, 197 (1959).
[2] Miller, L. L., H. L. Segal and P. A. Harrington: Proc. Soc. exp. Biol. Med. **106**, 270 (1961).
[3] Zamenhof, S., H. E. Alexander and G. Leidy: J. exp. Med. **98**, 373 (1953).
[4] Connolly, J. H., R. M. Herriott and S. Gupta: Brit. J. exp. Path. **43**, 392 (1962).
[5] Thomas jr., C. A.: Am. Soc. **78**, 1861 (1956).
[6] Oth, A., E. Frédéricq and R. Hacha: Biochim. biophys. Acta **29**, 287 (1958).
[7] Frédéricq, E.: Bull. Soc. chim. Belg. **69**, 475 (1960).
[8] Kunitz, M.: J. gen. Physiol. **33**, 349, 363 (1950).
[9] Sherry, S., A. Johnson and W. Tillett: J. clin. Invest. **28**, 1094 (1949).
[10] Jungner, G., I. Jungner and L.-G. Allgén: Nature **164**, 1009 (1949).
[11] Overend, W. G., and M. Webb: Soc. **1950**, 2746.
[12] Vercauteren, R.: Nature **165**, 603 (1950).
[13] Wiberg, J. S.: Arch. Biochem. **73**, 337 (1958).
[14] Cavalieri, L. F., and B. Hatch: Am. Soc. **75**, 1110 (1953).

unter diesen Bedingungen einem Extinktionsabfall bei 440 mμ von 0,1; eine Endkonzentration von 0,5 μg/ml kristallisierter Pankreas-Desoxyribonuclease I bedingt eine Extinktionsabnahme von etwa 0,007/min.

Viscosimetrische Bestimmung der Desoxyribonuclease-Aktivität nach **FEINSTEIN**[1].

Prinzip:

Der durch enzymatischen Abbau bedingte Abfall der Viscosität der DNS-Lösung wird gemessen und dient als Maß der Enzymaktivität.

Reagentien:

1. DNS: 2 mg/ml in Veronal-Puffer, p_H 7,4.
2. 0,45 m $MgSO_4$.
3. 0,045 m $CaCl_2$.

Ausführung:

Man mischt in einem silikonisierten Röhrchen 4 ml DNS-Lösung, 2 ml Mg^{++}-Lösung, 1 ml Ca^{++}-Lösung und 2 ml Wasser; die Mischung wird in einem Wasserbad auf 25° C vorgewärmt und gleichzeitig die Enzymlösung separat vorgewärmt. Nach 3 min werden die Inhalte der beiden Röhrchen durch rasches Hin- und Hergießen vermischt und 5 ml zur Füllung eines Ostwald-Viscosimeters verwendet, das sich in einem Wasserbad von 25° C befindet und eine Durchflußzeit für Wasser von 10 sec hat. In passenden Zeitabständen wird die Viscosität des Reaktionsgemisches gemessen. Viele andere Autoren verwenden Viscosimeter mit längerer Durchlaufzeit für Wasser.

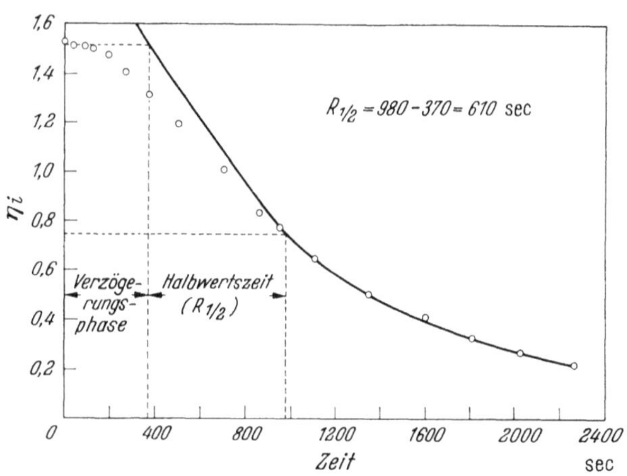

Abb. 1. Auswertung der viscosimetrischen Desoxyribonuclease-Bestimmung nach FEINSTEIN[1]. Die Meßpunkte sind mit ○ eingetragen; die ausgezogene Linie entspricht dem auf Verzögerungsphase korrigierten Abfall von η_i, die gestrichelte Linie der extrapolierten Anfangsviscosität.

Die Auswertung der Messungen ist insofern etwas problematisch, als keine strikte Proportionalität zu Zeit und Enzymmenge in größeren Bereichen erwartet werden kann. Von LASKOWSKI und SEIDEL[2] wird die Geschwindigkeitskonstante ermittelt nach

$$K = (1/t) \log (\eta_0/\eta_t).$$

Hierbei ist η_0 die spezifische Viscosität zur Zeit 0 und η_t die spezifische Viscosität zur Zeit t. Ähnliche Formeln haben WARRACK u. Mitarb.[3] nach Angaben von SWYER und EMMENS[4] benutzt:

$$v = 1000\ (f_s - f_e)/(f_s - f_0).$$

Hierbei ist f_0 die Durchflußzeit für den Puffer, f_s für die Substratlösung und f_e für das vollständige Reaktionsgemisch.

Viele Autoren bevorzugen es, die Zeitspanne zu ermitteln, die zum Abfall der Anfangsviscosität auf die Hälfte erforderlich ist; eine graphische Auswertungsmethode ist von HENSTELL und FREEDMAN[5] angegeben und von FEINSTEIN[1] verfeinert worden. Einzelheiten sind aus Abb. 1 ersichtlich. Die Einführung einer Verzögerungsphase und deren graphische Eliminierung sind aus kinetischen Gründen nicht zwingend erforderlich, sondern offenbar empirischer Natur.

[1] FEINSTEIN, R. N.: J. biol. Ch. **235**, 733 (1960).
[2] LASKOWSKI, M., and M. K. SEIDEL: Arch. Biochem. **7**, 465 (1945).
[3] WARRACK, G. H., E. BIDWELL and C. L. OAKLEY: J. Path. Bacteriology **63**, 293 (1951).
[4] SWYER, G. I. M., and C. W. EMMENS: Biochem. J. **41**, 29 (1947).
[5] HENSTELL, H. H., and R. I. FREEDMAN: Cancer Res. **12**, 341 (1952).

***Spektrophotometrische Bestimmung der Desoxyribonuclease-Aktivität nach* KUNITZ[1].**

Prinzip:

Der durch den Enzymangriff ausgelöste Zusammenbruch der Superstruktur der DNS führt zu einem Anstieg der UV-Absorption bei 260 mμ um ca. 30%; die Extinktionszunahme bei 260 mμ wird gemessen.

Reagentien:

1. DNS-Stammlösung: 2 mg DNS/ml Wasser; in der Kälte einige Wochen haltbar.
2. 0,05 m $MgSO_4$.
3. 1,0 m Acetatpuffer, p_H 5,0.
4. Substratlösung: 2 ml DNS-Stammlösung plus 10 ml Mg^{++}-Lösung plus 10 ml Pufferlösung plus Wasser ad 100 ml; 1 Woche in der Kälte haltbar.

Ausführung:

Je 3 ml der Substratlösung *4* werden im Wasserbad auf 25° C vorgewärmt. Eine Probe wird mit 1 ml Wasser versetzt und dient als Leerwert. Eine zweite Probe wird mit 1 ml Enzymlösung (2—8 μg kristalline Pankreas-Desoxyribonuclease I) versetzt. Man überführt die Proben in Quarzküvetten und mißt in passenden Abständen für einige Minuten die Extinktionszunahme bei 260 mμ. 1,25 μg Enzym/ml führt zu einer Extinktionszunahme von rund 0,06 in 5 min.

Die in der Originalvorschrift von KUNITZ empfohlene Zugabe von Mg^{++} wird an Hand neuerer Befunde besser durch eine Mg^{++}-Ca^{++}-Mischung (s. S. 1067f.) ersetzt.

***Bestimmung der Desoxyribonuclease-Aktivität mittels Methylgrün-Bindung nach* KURNICK[2].**

Prinzip:

Enzymbedingter Abbau von DNS führt zum Verlust der Bindungsfähigkeit für Methylgrün; während der DNS-Farbstoff-Komplex bei p_H 7,5 beständig ist, bleicht freier Farbstoff unter diesen Bedingungen aus. Die Extinktionsabnahme bei 640 mμ wird gemessen.

Reagentien:

1. DNS: 2 mg/ml in Wasser.
2. 0,1 m $MgSO_4$.
3. 0,05 m Trispuffer[3], p_H 7,6.
4. Methylgrün, 0,04%ig in 0,02 m Acetat, p_H 4,2; erschöpfend mit Chloroform extrahiert.
5. Merthiolat, 10 mg/ml.
6. Substratlösung für Desoxyribonuclease I: 15 ml DNS-Lösung plus 15 ml Mg^{++}-Lösung plus 100 ml Tris plus 15 ml Methylgrün plus 0,2 ml Merthiolat mit Wasser ad 200 ml; p_H, wenn nötig, auf 7,5 nachgestellt. Die Substratlösung läßt man 18 Std bei 37° C ausbleichen und bewahrt sie dann in der Kälte auf.
7. 0,33 m Natriumcitrat.

Ausführung für Desoxyribonuclease I:

15 ml Substratlösung werden auf 37° C vorgewärmt und dann mit 4 ml Enzymlösung (plus Wasser) versetzt. Zu den gewünschten Zeiten entnimmt man Aliquots von 3 ml, versetzt sie mit 0,5 ml Citratlösung und läßt sie über Nacht bei Zimmertemperatur in gedämpftem Licht stehen. Dann wird die Extinktion bei 640 mμ gemessen.

Reagentien:

1. DNS: 2 mg/ml in Wasser.
2. Methylgrün, 0,04%ig in Wasser; aus 0,4%iger Stammlösung nach erschöpfender Extraktion mit Chloroform.
3. 0,05 m Acetat, p_H 4,6 (oder anders, wenn nötig).
4. 0,6 n $MgSO_4$.

---

[1] KUNITZ, M.: J. gen. Physiol. **33**, 349 (1950).
[2] KURNICK, N. B.: Meth. biochem. Analysis **9**, 1 (1962).
[3] GOMORI, G.: Proc. Soc. exp. Biol. Med. **62**, 33 (1946).

5. Natrium-äthylquecksilber(II)-thiosalicylat, 1%ig in Wasser.
6. Substratlösung für Desoxyribonuclease II: 100 ml DNS-Lösung plus 100 ml Farbstofflösung plus 200 ml Acetat plus 100 ml Mg^{++}-Lösung plus 1 ml Reagens *5* plus 700 ml dest. Wasser.
7. 0,33 m Natriumcitrat.
8. 0,05 m Trispuffer, p_H 7,5.

Ausführung für Desoxyribonuclease II:

12 ml Substratlösung werden auf 37° C vorgewärmt und mit 1 ml Enzymlösung versetzt. Zu den gewünschten Zeiten entnimmt man Aliquots von 2 ml und versetzt sie mit 2 ml einer Mischung aus 0,5 ml Citratlösung und 1,5 ml Tris. Man läßt über Nacht bei Zimmertemperatur in gedämpftem Licht stehen und mißt die Extinktion bei 640 mμ.

Turbidimetrische Bestimmung der Desoxyribonuclease-Aktivität nach Houck[1].

Prinzip:

Nicht abgebautes Substrat wird durch eine angesäuerte Serumalbuminlösung ausgefällt und die entstehende Trübung photometrisch gemessen; s. auch Ribonuclease, S. 770.

Reagentien:

1. DNS, 80—120 mg/ml in 0,1 m Acetatpuffer, p_H 6,3, der 0,10 m Mg^{++} enthält, gelöst.
2. Enzymlösung in dest. Wasser.
3. Krist. Serumalbumin (Armour, Fraktion V), 0,3 mg/ml gelöst in 0,10 m Acetatpuffer, p_H 3,7, der 0,1% Gelatine (Knox) enthält.

Ausführung:

Man inkubiert je 0,5 ml Substrat- und Enzym-Lösung 30 min bei 26° C, gibt 5 ml Albumin-Reagens hinzu, läßt mindestens 5 min bei 37° C stehen und photometriert bei 450 mμ. 0,3—3 μg/ml kristalline Pankreas-Desoxyribonuclease I sind bequem erfaßbar. Die notwendige Konstanz der Fällungsbedingungen erfordert es, eventuelle Zusätze sorgfältig auf eine Beeinflussung des Reaktionsablaufes zu prüfen.

Bestimmung der Desoxyribonuclease-Aktivität an Hand der Freisetzung säurelöslicher, UV-absorbierender Substanzen nach Boman **und** Kaletta[2].

Prinzip:

Die durch Enzymwirkung in angesäuertem Lanthannitrat löslich gewordenen Spaltprodukte der DNS werden an Hand ihrer Absorption bei 260 mμ erfaßt.

Reagentien:

1. DNS, 0,6%ig in 0,05 m Tris gelöst und nach vollständiger Lösung auf p_H 8,9 mit n HCl eingestellt.
2. 0,01 m Lanthannitrat in 0,1 n HCl.

Ausführung:

Man inkubiert 100 μl Substratlösung und 10 μl Enzymlösung 1 Std bei 37° C, unterbricht die Reaktion durch Zusatz von 1—2 ml Lanthan-Reagens, zentrifugiert und liest am klaren Überstand die Extinktion bei 260 mμ ab. Der Leerwert enthält Wasser statt Enzym. Bei Verwendung von Gewebsextrakten als Enzymquelle ist der Leerwert meist beträchtlich (RNS-Abbauprodukte); dann empfiehlt sich eher eine Bestimmungsmethode, bei der säurelöslich gewordene Desoxyribose-Verbindungen erfaßt werden.

Bestimmung der Desoxyribonuclease-Aktivität an Hand der Freisetzung säurelöslicher Desoxyribose-Verbindungen nach Miller **u. Mitarb.**[3].

Prinzip:

Die durch Enzymwirkung in Trichloressigsäure löslich gewordenen Spaltprodukte der DNS werden durch die Desoxyribose-Reaktion mit Indol erfaßt.

---

[1] Houck, J. C.: Arch. Biochem. **82**, 135 (1959).
[2] Boman, H. G., and U. Kaletta: Biochim. biophys. Acta **24**, 619 (1957).
[3] Miller, L. L., H. L. Segal and P. A. Harrington: Proc. Soc. exp. Biol. Med. **106**, 270 (1961).

Reagentien:

1. DNS, 0,2 %ig.
2. 2,88 m Trichloressigsäure.
3. Indol, 0,04 %ig in dest. Wasser.
4. 12 n HCl.
4. Benzol, thiophenfrei.
6. Trispuffer, hergestellt aus 75 ml 0,2 m Tris plus 100 ml 0,1 n HCl, eingestellt auf p_H 7,5 und mit 300 ml Wasser sowie 100 ml 0,1 m $MgCl_2$ versetzt.
7. Caseinlösung, 1 %ig; 1 g Casein (Vitamintest, Gen. Biochemicals) plus 20 ml Wasser plus 1 n NaOH bis zur Lösung, dann mit 1 n Essigsäure vorsichtig auf p_H 7 bringen und mit obigem Puffer auf 100 ml auffüllen.

Ausführung:

Man inkubiert je 1 ml Puffer, Enzymlösung, Substratlösung und Caseinlösung bei 37° C. Zur Unterbrechung wird 1 ml Trichloressigsäure zugegeben und das Inkubat durch Whatman Nr. 40-Filter filtriert. 2 ml klares Filtrat werden mit je 1 ml Indollösung und HCl für 10 min im kochenden Wasserbad erhitzt, sofort in kaltem Wasser gekühlt und dann so lange mit je 6—8 ml Benzol extrahiert, bis die Benzolphase farblos ist. Die wäßrige Phase wird zur Klärung 10 min bei 2000 U/min zentrifugiert und bei 490 mμ gegen einen Blindwert aus 2 Teilen Puffer, 1 Teil Trichloressigsäure und 1 Teil Wasser photometriert.

Die Standardlösung enthält 0,5 mg Desoxyadenosinmonophosphat pro ml 10 %ige Trichloressigsäure; sie ist im Kühlschrank über Monate stabil; jeweils 10 und 20 μg Standardsubstanz werden stets mit analysiert. Unter den angegebenen Versuchsbedingungen werden folgende mikromolare Extinktionswerte erhalten: Desoxyadenosinmonophosphat 8,05; Desoxyguanosinmonophosphat 7,85; Desoxycytidinmonophosphat 0,49; Thymidinmonophosphat 1,91; Desoxyadenosin 0,15; Desoxyguanosin 0,13; Desoxyuridin 0,07; Thymidin 0,09; 2-Desoxy-D-ribose 0,12; Fructose-6-phosphat 0,14; Hexosediphosphat 0,11; Ribose-5-phosphat 0,09.

Die angegebene Methode ist für die Bestimmung von Desoxyribonuclease im Harn ausgearbeitet; das Verfahren ist vermutlich für andere Enzymquellen brauchbar; es ist von allen Desoxyribose-Verbindungen erfassenden Methoden das empfindlichste.

Mikromethode der Desoxyribonuclease-Bestimmung nach CONNOLLY *u. Mitarb.*[1].

Prinzip:

DNS mit transformierender Aktivität verliert bereits nach geringfügigem Abbau diese Fähigkeit; dieser Verlust wird biologisch erfaßt. 1 ng kristallisierte Pankreas-Desoxyribonuclease I zerstört 1 μg transformierende DNS in 6 min zu 90 %.

Reagentien:

1. Salzlösung aus 233 mg Na_2HPO_4, 50 mg $NaH_2PO_4 \cdot H_2O$, 142 mg Na_2SO_4, 7,118 g $CH_3COONa \cdot 3H_2O$, 4,914 g NaCl, 373 mg KCl, 1,210 g Tris und 8,5 ml 1 n HCl ad 500 ml mit Wasser.
2. Salzlösung aus 176 mg $CaCl_2 \cdot 2H_2O$ und 244 mg $MgCl_2 \cdot 6H_2O$ ad 500 ml mit Wasser.
3. Je 500 ml der Lösungen *1* und *2* werden gemischt, steril filtriert und zur Herstellung einer 0,1 %igen Serumalbumin-Lösung benutzt, die mit NaOH auf p_H 7,4 eingestellt und zum Gebrauch 100fach verdünnt wird.
4. DNS mit Transformationseigenschaften aus *Haemophilus influenzae* für Streptomycin-Resistenz; 25 μg/ml 0,15 m NaCl.
5. 0,15 m NaCl.

Ausführung:

Man inkubiert 0,1 ml DNS-Lösung, 2,3 ml Albumin-Salzlösung und 0,1 ml Enzymlösung (1,25—5 ng/0,1 ml) unter guter Temperaturkontrolle. Aliquots werden zu ver-

[1] CONNOLLY, J. H., R. M. HERRIOTT and S. GUPTA: Brit. J. exp. Path. **43**, 392 (1962).

schiedenen Zeiten so mit 0,15 m NaCl verdünnt, daß bei der anschließenden Untersuchung auf Streptomycin-Resistenz etwa 200 Kolonien pro Schälchen erhalten werden. Die Methode ist auch für Blut, Serum und andere Blutbestandteile brauchbar.

***Entfernung von Desoxyribonuclease aus Inkubationsansätzen nach* Rosenkranz *und* Bendich[1].**

Das Verfahren ist geeignet, aus neutralen Lösungen Pankreas-Desoxyribonuclease I zu entfernen, ohne daß DNS oder ihre Abbauprodukte von Oligonucleotid-Charakter quantitativ oder qualitativ verändert werden. Man benutzt Carboxymethyl-cellulose (reagent grade, Typ 20; 0,47 mÄq/g von Brown Co., Berlin, N.H., USA). Zum Beispiel schüttelt man 2 Std eine Suspension von 100 mg CM-Cellulose in 8 ml 0,02 m Phosphat, p_H 7, 3,2 mg kristallines Enzym enthaltend. Nach Zentrifugieren ist der Überstand frei von Enzymaktivität und reagiert nicht mit Desoxyribonuclease-Antikörper. Wird Desoxyribonuclease zuerst mit DNS inkubiert und dann mit CM-Cellulose behandelt, so ist die 260 mμ-Absorption des Ansatzes vor und nach Austauscherbehandlung identisch.

Tabelle 15. *Relative spezifische Aktivität von Desoxyribonuclease II in einigen Säugetierorganen nach* Siebert u. Mitarb.[5].

Der Wert für Rinderleber ist willkürlich gleich 100% gesetzt.

Tierart	Leber	Niere	Milz	Lunge
Rind	100	158	172	95
Kalb	148	158	232	118
Hammel	71	86	142	116
Schwein	107	151	260	90
Pferd	83	105	168	65
Hund	126	167	267	154
Kaninchen (6 Monate alt)	94	215	307	146
Kaninchen (neugeboren)	217	460	670	365
Ratte	132	—	303	126
Maus	188	241	390	224

Desoxyribonuclease II

(saure Desoxyribonuclease, 3'-Monoester bildend).

Entdeckung. Die erste Beschreibung einer bei p_H 5 maximal aktiven Desoxyribonuclease in Milz- und Thymusgewebe liegt rund 15 Jahre zurück[2, 3]; spätere Mitteilungen, die diese Befunde bestätigt und erweitert haben, sind bei [4] zusammengestellt.

Vorkommen. Umfangreiche Daten zum Vorkommen des Enzyms in Säugetiergeweben stammen von Siebert u. Mitarb.[5]; sie sind in Tabelle 15 zusammengestellt. Ferner liegen unter anderem Angaben vor für Placenta (auch in Abhängigkeit vom Alter[6, 7]), Prostata[8], Pankreas[5], Knochenmark[9], Tumoren[10, 11], regenerierende Rattenleber[12], Gewebekulturen[13], Plasma[14], Harn[15], Milch[16], Schlangengift[16, 17] und Lampretengewebe[16]. Offenbar ist Desoxyribonuclease II ein Enzym von ubiquitärem Vorkommen.

[1] Rosenkranz, H. S., and A. Bendich: Biochim. biophys. Acta **51**, 186 (1961).
[2] Catcheside, D. G., and B. Holmes: Symp. Soc. exp. Biol. **1**, 225 (1947).
[3] Maver, M. E., and A. E. Greco: J. biol. Ch. **181**, 853, 861 (1949).
[4] Privat de Garilhe, M., and M. Laskowski: J. biol. Ch. **215**, 269 (1955).
[5] Siebert, G., K. Lang, S. Lucius-Lang, L. Herkert, G. Stark, G. Rossmüller u. H. Jöckel: H. **295**, 229 (1953).
[6] Brody, S.: Acta chem. scand. **7**, 721 (1953).
[7] Stark, G., u. G. Siebert: Arch. Gynäk. **185**, 50 (1954).
[8] Boman, H. G.: Ark. Kemi **12**, 467 (1958).
[9] Brody, S., and B. Thorell: Biochim. biophys. Acta **25**, 579 (1957).
[10] Maver, M. E., and A. E. Greco: J. nat. Cancer Inst. **17**, 503 (1956).
[11] Regelson, W., M. Tunis and S. Kuhar: Acta Un. int. Cancr., Bruxelles **16**, 729 (1960).
[12] Adams, R. L. P.: Biochem. J. **87**, 532 (1963).
[13] Kovacs, E.: Z. Naturforsch. **13**b, 34 (1958).
[14] Kowlessar, O. D., K. I. Altman and L. H. Hempelmann: Arch. Biochem. **54**, 355 (1955).
[15] Kowlessar, O. D., K. I. Altman and L. H. Hempelmann: Arch. Biochem. **52**, 362 (1954).
[16] Haessler, H. A., and L. Cunningham: Exp. Cell Res. **13**, 304 (1957).
[17] Georgatsos, J. G., and M. Laskowski sen.: Biochemistry **1**, 288 (1962).

Intracelluläre Verteilung. Diese Frage ist relativ häufig bearbeitet worden[1–5]. Zum gegenwärtigen Zeitpunkt sind offenbar diese älteren Befunde, nach denen das Enzym in den Mitochondrien lokalisiert ist, als überholt zu betrachten. Es spricht alles dafür, daß die Hauptmenge der intracellulären Desoxyribonuclease II in den Lysosomen enthalten ist[6,7]. Zellkerne enthalten anscheinend ebenfalls Desoxyribonuclease, wie für Kalbsthymus[1], Schweineniere[8] und verschiedene andere Gewebe[9] angegeben wird.

Darstellung. Die Entwicklung guter Verfahren ist noch nicht sehr weit fortgeschritten; hier werden daher nur Methoden zur Isolierung von Desoxyribonuclease II aus Milz, Thymus und Lachshoden beschrieben. Von verschiedenen Methoden zur Gewinnung von Desoxyribonuclease II aus Milz[10–13], die mit 100—1000facher Anreicherung bei 2—20% Ausbeute arbeiten, scheint das nachfolgend beschriebene Verfahren[11] das derzeit beste zu sein; ein physiko-chemisch einheitliches Produkt wird nach BERNARDI u. Mitarb.[14] erhalten.

***Darstellung von Desoxyribonuclease II aus Kälbermilz nach* HODES *und* SWENSON[11].**

Kalbsthymus wird von Bindegewebe befreit und dann über Trockeneis aufbewahrt. Zur Extraktion werden 104 g aufgetaut und in 200 ml 0,2 m Natriumacetat-Puffer, pH 4,5, plus 0,05 m Na_2SO_4 homogenisiert. Man läßt über Nacht in der Kälte stehen und zentrifugiert dann 15 min bei 0° C und 40000 ×g *(Rohextrakt)*. Der Überstand wird 1 Std bei 60° C gehalten, bei 40000 ×g klar zentrifugiert und während 18 Std in der Kälte gegen zweimal 2 l 0,005 m Phosphat, pH 6, dialysiert; dann wird wieder bei 40000 ×g klar zentrifugiert *(Dialysat)*. Man bereitet eine Säule von 18 ×2,5 cm mit Carboxymethyl-cellulose, die mit 0,005 m Phosphat, pH 6,0, äquilibriert ist, und gibt bei Zimmertemperatur 193 ml der dialysierten Enzymlösung auf. Das Eluat wird in 5 ml-Fraktionen aufgefangen. Zunächst wird bis zur Fraktion 65 mit 0,005 m Phosphat, pH 6,0, nachgewaschen; dann wird schrittweise die Phosphatkonzentration erhöht auf 0,01 m bei Fraktion 65, 0,05 m bei Fraktion 85, 0,1 m bei Fraktion 122 und 0,15 m bei Fraktion 175; die Fraktionen 146 bis 170 werden vereinigt *(1. CM-Cellulose)* und an einer CM-Cellulose-Säule unter identischen Bedingungen rechromatographiert, indem

Tabelle 16. *Darstellung von Desoxyribonuclease II aus Kälbermilz nach* HODES *und* SWENSON[11].

Fraktion	Relative spezifische Aktivität	Ausbeute %	Desoxyribonuclease / Phosphodiesterase	Desoxyribonuclease / Phosphatase
Rohextrakt . .	0,06	100	0,27	0,28
Dialysat . . .	0,99	84	0,6	1
1. CM-Cellulose	2,5	21	3,3	
2. CM-Cellulose	32,4	1,5	91,7	keine Phosphatase meßbar

[1] BROWN, K. D., G. JACOBS and M. LASKOWSKI: J. biol. Ch. **194**, 445 (1952).
[2] SCHNEIDER, W. C., and G. H. HOGEBOOM: J. biol. Ch. **198**, 155 (1952).
[3] ROTHERHAM, J., D. D. SCHOTTELIUS, J. L. IRVIN and E. M. IRVIN: J. biol. Ch. **223**, 817 (1956).
[4] STEVENS, B. M., and E. REID: Biochem. J. **64**, 735 (1956).
[5] GOUTIER-PIROTTE, M., et A. THONNARD: Biochim. biophys. Acta **22**, 396 (1956).
[6] Ciba Found. Symp. on Lysosomes. London 1963.
[7] STRAUS, W.: J. biophys. biochem. Cytol. **2**, 513 (1956).
[8] SIEBERT, G., K. LANG, S. LUCIUS-LANG, L. HERKERT, G. STARK, G. ROSSMÜLLER u. H. JÖCKEL: H. **295**, 229 (1953).
[9] ALLFREY, V., and A. E. MIRSKY: J. gen. Physiol. **36**, 227 (1952).
[10] SHIMOMURA, M., and M. LASKOWSKI sr.: Biochim. biophys. Acta **26**, 198 (1957).
[11] HODES, M. E., and M. K. SWENSON: Biochim. biophys. Acta **61**, 612 (1962).
[12] KOERNER, J. F., and R. L. SINSHEIMER: J. biol. Ch. **228**, 1039 (1957).
[13] KOSZALKA, T. R., R. FALKENHEIM and K. I. ALTMAN: Biochim. biophys. Acta **23**, 647 (1957).
[14] BERNARDI, G.: Biochim. biophys. Acta **53**, 216 (1961). — BERNARDI, G., M. GRIFFÉ and E. APPELLA: Nature **198**, 186 (1963).

die Elutionspuffer 0,05 m bei Fraktion 42, 0,1 m bei Fraktion 95 und 0,15 m bei Fraktion 150 angewendet werden. Die aktiven Fraktionen erhält man in den Eluaten 109 bis 115 *(2. CM-Cellulose)*. Reinigungserfolg und Ausbeute sind in Tabelle 16 zusammengestellt.

***Darstellung von Desoxyribonuclease II aus Schweinemilz nach* Bernardi *u. Mitarb.*[1].**
Zunächst wird in Anlehnung an eine Vorschrift von Bernardi[2] zur Gewinnung von saurer Ribonuclease vorgegangen: Das Gewebe wird im vierfachen Volumen seines Gewichtes an 0,15 m NaCl plus 0,02 m $CaCl_2$, 0,3 % Isooctanol enthaltend, homogenisiert. Man rührt 20 Std in der Kälte und zentrifugiert 1 Std bei 20000 $\times$g. Durch geeignete Zugabe von Ammoniumsulfat wird die Fraktion zwischen 34 und 100 % Sättigung erhalten. Der Niederschlag wird in 0,4 Volumen (der Homogenisierlösung) an Wasser gelöst, auf p_H 2,5 gebracht und klarzentrifugiert. Der Überstand wird zwischen 40 und 80 % Sättigung an Ammoniumsulfat fraktioniert und der aktive Niederschlag in Wasser gelöst; nach Dialyse und Klärung auf der Zentrifuge wird lyophilisiert. Man erhält ungefähr 1 g Material pro kg Gewebe *(Rohenzym)*.

Man präpariert eine Diäthylaminoäthyl-cellulose-Säule mit 0,005 m Phosphat, p_H 8,0, an der die Desoxyribonuclease nicht festgehalten wird. Anschließend wird an Hydroxylapatit chromatographiert, indem die folgenden Puffer benutzt werden: linearer Gradient von 0,05 bis 0,5 m Phosphat, p_H 6,8; das Enzym erscheint unmittelbar nach einer roten Fraktion, die wahrscheinlich Cytochrom c ist. Eine Rechromatographie an Hydroxylapatit führt zur Elution des Enzyms bei 0,2 m Phosphat. Nun wird an Amberlite IRC-50 chromatographiert, indem das Enzym in 0,1 m Phosphat, p_H 6,0, aufgegeben und mit einem linearen Gradienten zwischen 0,1 und 0,5 m Phosphat, p_H 6,0, eluiert wird. Gegenüber dem Rohenzym ist eine 70fache Reinigung bei 25 % Ausbeute erreicht. Technische Details der Prozedur sind noch nicht bekanntgegeben.

***Darstellung von Desoxyribonuclease II aus Kalbsthymus nach* Frédéricq *und* Oth[3].**
In Abänderung eines früheren Verfahrens[4] wird folgendermaßen vorgegangen: 1,5 kg Kalbsthymus, das auf dem Schlachthof unmittelbar eingefroren wird und so aufbewahrt werden kann, werden anteilsweise mit insgesamt 4 l 0,14 m NaCl plus 0,02 m $CaCl_2$ homogenisiert. Nach Einstellen des p_H auf 5 wird über Nacht im Kühlraum gerührt, dann 20 min bei 20000 $\times$g zentrifugiert und der Überstand zwischen 0,3 und 0,9 Sättigung mit Ammoniumsulfat fraktioniert *(1. Ammoniumsulfat)*. Der Niederschlag wird in 800 ml H_2O gelöst und auf p_H 2,5 eingestellt. Der Niederschlag wird nach 3 Std Stehen für 15 min bei 3000 $\times$g abzentrifugiert und der Überstand bei diesem p_H zwischen 60 und 80 % Sättigung mit Ammoniumsulfat fraktioniert *(2. Ammoniumsulfat)*.

Der Niederschlag wird in Wasser bei p_H 3 gelöst und so verdünnt, daß die Extinktion bei 280 mμ und 1 cm Lichtweg 5—10 beträgt; es wird zwischen 50 und 80 % Sättigung an Ammoniumsulfat fraktioniert und der Niederschlag wieder in Wasser bei p_H 3 zu einer Extinktion von etwa 7 gelöst. Jetzt werden die Ammoniumsulfat-Fraktionen 56—61 %, 61—67 % und 67—72 % isoliert; aus den 56—61- und 67—72-Fraktionen werden durch Nachfraktionierung die Unterfraktionen 58—61 % und 67—70 % Sättigung an Ammoniumsulfat gewonnen und mit der zwischen 61 und 67 % Sättigung erhaltenen Fraktion vereinigt *(3. Ammoniumsulfat)*.

Ein Alternativ-Verfahren, das zu weitergehender Reinigung führt, benutzt die als 2. Ammoniumsulfat bezeichnete Fraktion; sie wird so in Wasser gelöst, daß die Extinktion bei 280 mμ und 1 cm Lichtweg 4—5 beträgt. Man bereitet eine Hydroxylapatit-Säule von 18 $\times$ 220 mm, die mit 0,01 m Phosphat, p_H 6,8, äquilibriert und bei 15—20 ml/Std

[1] Bernardi, G., M. Griffé and E. Appella: Nature 198, 186 (1963).
[2] Bernardi, G.: Biochim. biophys. Acta 53, 216 (1961).
[3] Frédéricq, E., and A. Oth: Biochim. biophys. Acta 29, 281 (1958).
[4] Frédéricq, E., and A. Oth: Biochem. J. 66, 33P (1957).

betrieben wird. Nach Aufgabe des Enzyms wird mit je 50 ml Phosphatpuffer der Molaritäten 0,1, 0,15, 0,2, 0,3 und 0,5 eluiert, indem Fraktionen zu je 10 ml aufgefangen werden. Das Enzym erscheint meist mit 0,2 m Phosphat *(1. Hydroxylapatit)*. Diese Fraktion wird bei 95% Sättigung mit Ammoniumsulfat gesammelt und so in Wasser gelöst, daß die Extinktion bei 280 mμ und 1 cm Lichtweg etwa 1 beträgt. Diese Lösung wird an einer Hydroxylapatitsäule von 12 $\times$ 120 mm chromatographiert, indem mit je 20 ml 0,14 m, 0,15 m, 0,16 m und 0,17 m Phosphatpuffer eluiert wird; man fängt Fraktionen zu je 3 ml auf und erhält die Hauptaktivität bei 0,15 und 0,16 m Phosphat, allerdings mit sehr niedrigem Proteingehalt (Extinktion bei 280 mμ und 1 cm Lichtweg = 0,07) *(2. Hydroxylapatit)*. Deren Rechromatographie unter identischen Bedingungen führt zur Fraktion *3. Hydroxylapatit*. Ausbeute und Reinigungserfolg sind in Tabelle 17 zusammengestellt.

Tabelle 17. *Darstellung von Desoxyribonuclease II aus Kalbsthymus nach* FRÉDÉRICQ *und* OTH[1].

Fraktion	Relative spezifische Aktivität	Ausbeute %
1. Ammoniumsulfat	0,002	—
2. Ammoniumsulfat	0,12	100
3. Ammoniumsulfat	0,46	40
1. Hydroxylapatit	4,0	60
2. Hydroxylapatit	20	40
3. Hydroxylapatit	100	15

Das gleiche Verfahren kann auch mit 500facher Reinigung und 37% Ausbeute auf Milz angewandt werden, wenn die erste Ammoniumsulfatfällung bei p_H 2,5 durchgeführt wird.

Darstellung von Desoxyribonuclease II aus Lachshoden nach McDONALD[2].

22 kg gefrorene Lachshoden läßt man 18 Std auftauen, dann gibt man durch einen Fleischwolf und suspendiert in 50 l 0,05 n H_2SO_4. Nach 6—8 Std, wobei gelegentlich gerührt wird, wird durch Whatman Nr. 12 filtriert; man erhält ca. 54 l Filtrat von p_H 4,0 *(Rohextrakt)*. Das Filtrat wird mit 561 g Ammoniumsulfat/l versetzt, wobei sich ein ganz feiner Niederschlag bildet; dieser wird auf einem Eaton-Dikeman-Filter Nr. 612 gesammelt, nachdem 0,5 g Standard-Supercel/l eingerührt worden sind. Der Filterkuchen wird in 1 l dest. Wasser suspendiert und die Mischung nach 1 Std Rühren wie oben filtriert; man extrahiert mit 300 und mit 200 ml dest. Wasser nach und gibt zu den vereinigten Filtraten 430 g Ammoniumsulfat/l. Nach 18 Std Stehen wird durch Schleicher und Schuell Nr. 576 filtriert und der Filterkuchen aufbewahrt, bis insgesamt 112 kg Lachshoden aufgearbeitet sind. Die vereinigten Filterkuchen werden bei Zimmertemperatur im 4fachen ihres Gewichtes an Wasser suspendiert, 1 Std gerührt und mit 1 g Standard-Supercel/100 ml über Eaton-Dikeman-Filter Nr. 612 filtriert. Der Rückstand wird mit $^1/_4$ des vorangehenden Volumens an Wasser nachextrahiert; die vereinigten Filtrate bilden die Fraktion *1. Ammoniumsulfat*.

Die Enzymlösung wird pro 100 ml mit 233 ml Ammoniumsulfatlösung versetzt, die 760 g Salz pro l Wasser enthält. Nach 18—24 Std Stehen in der Kälte wird durch Schleicher und Schuell Nr. 576 filtriert und der Filterkuchen im 5fachen Volumen seines Gewichtes an Wasser gelöst. Die Enzymlösung wird mit 82 ml gesättigtem Ammoniumsulfat pro 100 ml versetzt und nach 1—3 Std Stehen mittels 2,5 g Standard-Supercel pro 100 ml durch Eaton-Dikeman-Filter Nr. 612 filtriert. Das Filtrat wird mit weiteren 83 ml gesättigter Salzlösung versetzt und durch Schleicher und Schuell Nr. 576 filtriert. Der Filterkuchen wird, wie eben für 82 und 83 ml gesättigte Salzlösung (0,45 bis 0,7 Sättigung) beschrieben, refraktioniert. Das Produkt wird in der Kälte aufbewahrt, bis insgesamt 450 kg Lachshoden aufgearbeitet sind; es wird dann in 1 Volumen Wasser (w/v) gelöst *(2. Ammoniumsulfat)*. Durch vorsichtige Zugabe von 1 n H_2SO_4 wird p_H 3,8 eingestellt und, wenn nötig, zur Klärung zentrifugiert. Man braucht ungefähr 0,1 ml pro 1 g Filterkuchen. Dann gibt man gesättigte Ammoniumsulfatlösung bis zur eben beginnenden Trübung zu (ca. 0,3 ml/g Filterkuchen) und läßt bei 20° C stehen. Dabei

[1] FRÉDÉRICQ, E., and A. OTH: Biochim. biophys. Acta **29**, 281 (1958).
[2] McDONALD, M. R.: J. gen. Physiol. **45**, Suppl. 77 (1962).

bildet sich ein Niederschlag, der kristallines und amorphes Material enthält und nach 1 Woche über Schleicher und Schuell Nr. 576 abfiltriert wird. Der Filterkuchen wird im Doppelten seines Gewichts an Wasser gelöst, so daß die Kristalle in Lösung gehen, das amorphe Material aber ungelöst bleibt. Diese Suspension wird durch Eaton-Dikeman-Filter Nr. 612 filtriert und das klare Filtrat bei 20° C erneut zur Kristallisation gebracht; nach 48 Std wird über Schleicher und Schuell Nr. 576 abfiltriert. Die vereinigten Mutterlaugen (das kristalline Material ist inert) werden mit gesättigter Ammoniumsulfatlösung auf 0,7 Sättigung gebracht, und der Niederschlag wird auf Schleicher und Schuell Nr. 576 gesammelt. Der Filterkuchen wird im 25fachen Volumen seines Gewichtes an Wasser gelöst *(3. Ammoniumsulfat)*.

Die Enzymlösung wird mit einigen Tropfen 1 n H_2SO_4 auf p_H 4,0 gebracht, rasch auf 65° C erwärmt, nach 15 min bei dieser Temperatur rasch auf 25° C gekühlt und bleibt 1 Std bei Raumtemperatur stehen. Trübungen werden über Eaton-Dikeman-Filter Nr. 612 nach Zusatz von 1 g Standard-Supercel/100 ml abgetrennt; das Filter wird mit Wasser nachgewaschen, bis das Waschwasser fast farblos abläuft. Die vereinigten Filtrate werden mit 472 g Ammoniumsulfat/l versetzt und der Niederschlag über Schleicher und Schuell Nr. 576 abfiltriert. Der Filterkuchen wird im 5fachen seines Gewichtes an Wasser gelöst *(Hitzeschritt)*.

Tabelle 18. *Darstellung von Desoxyribonuclease II aus Lachshoden nach* McDonald[1].

Fraktion	Relative spezifische Aktivität	Ausbeute %
Rohextrakt . . .	nicht angegeben	
1. Ammoniumsulfat	11	100
2. Ammoniumsulfat	59	88
3. Ammoniumsulfat	86	73
Hitzeschritt . . .	150	71
4. Ammoniumsulfat	280	59
Äthanol	580	56

Durch Zugabe von 82 ml gesättigter Ammoniumsulfatlösung wird 0,45 Sättigung eingestellt und nach Zusatz von 2,5 g Standard-Supercel über Eaton-Dikeman-Filter Nr. 612 abfiltriert. Das Filtrat wird durch Zugabe von 37,5 ml gesättigter Ammoniumsulfatlösung/100 ml auf 0,6 Sättigung gebracht und der Niederschlag auf Schleicher und Schuell Nr. 576 gesammelt. Der Filterkuchen wird im 4fachen seines Gewichtes an Wasser gelöst und 24 Std in der Kälte gegen 20 l fließendes dest. Wasser dialysiert *(4. Ammoniumsulfat)*. Wenn nötig, wird zur Klärung zentrifugiert und bei +1° C(!) mit 22 ml abs. Äthanol/100 ml versetzt; nach 10 min Stehen wird 15 min in der Kälte zentrifugiert. Das Sediment wird in einem kleinen Volumen Wasser gelöst und bei —20° C aufbewahrt *(Äthanol)*. Ausbeute und Reinigungserfolg sind in Tabelle 18 zusammengestellt.

***Darstellung von Desoxyribonuclease II aus Bothrops atrox-Gift nach* Georgatsos *und* Laskowski *sen.*[2].**

Der erste Schritt entspricht dem für die Reinigung von Phosphodiesterase[3] angegebenen Verfahren: Man löst 2 g Gift in 120 ml Wasser, rührt 30 min in der Kälte, filtriert über einen Büchner-Trichter mit Whatman Nr. 3 und versetzt dann im Eisbad die Enzymlösung mit 80 ml kaltem 0,5 m Acetatpuffer, p_H 4,0. Hierzu werden 145 ml Aceton von —20° C unter Rühren zugegeben; nach 30 min zentrifugiert man in der Kälte hochtourig *(Aceton)*. Der Niederschlag wird in einem kleinen Volumen Wasser suspendiert und lyophilisiert. 4,5 g Lyophilisat werden in 300 ml kaltem Wasser suspendiert, 12 Std gerührt und dann vom Ungelösten abzentrifugiert. Der Überstand wird 30 min im Wasserbad auf 60° C gehalten, im Eisbad auf Raumtemperatur gekühlt und vom Unlöslichen durch Zentrifugieren befreit *(Hitzeschritt)*.

Zum Überstand wird so viel an 0,2 m Calciumphosphat-Gel zugesetzt, daß die Endkonzentration 0,03 m an Calciumphosphat ist; nach 30 min Rühren wird zentrifugiert und der Überstand in der Kälte über Nacht gegen 20 Vol. Wasser dialysiert. Die Gel-

[1] McDonald, M. R.: J. gen. Physiol. **45**, Suppl. 77 (1962).
[2] Georgatsos, J. G., and M. Laskowski sen.: Biochemistry **1**, 288 (1962).
[3] Williams, E. J., S.-C. Sung and M. Laskowski sen.: J. biol. Ch. **236**, 1130 (1961).

Adsorption muß in unmittelbarem Anschluß an die Hitzebehandlung und rasch durchgeführt werden *(Gel)*. Die dialysierte Enzymlösung wird mit festem Ammoniumsulfat auf 50% Sättigung gebracht und zentrifugiert; der Überstand wird auf 90% Sättigung gebracht und das Sediment in $^1/_{20}$ des Ausgangsvolumens an 0,1 m Tris-Puffer, p_H 8,0, gelöst; man dialysiert gegen 4 l 0,05 m Tris, p_H 7,25 *(Ammoniumsulfat)*.

Man bereitet eine Säule von 20 × 1 cm mit DEAE-Cellulose, die mit 0,05 m Tris, p_H 7,25, äquilibriert ist, gibt das Enzym auf und wäscht mit dem Äquilibrierungspuffer nach. Die Fließgeschwindigkeit beträgt rund 15 ml/Std; es werden Fraktionen zu 3 ml aufgefangen. Nach 36 Fraktionen wird mit 0,1 m Trispuffer, p_H 7,15, eluiert, nach 75 Fraktionen mit 0,15 m Tris, p_H 7,15. Die Desoxyribonuclease-Aktivität erscheint scharf in der 80.—85. Fraktion; aktive Fraktionen werden vereinigt, bis auf ca. $^1/_3$ des Originalvolumens lyophilisiert und gegen 6 l Wasser für 12 Std dialysiert *(1. DEAE-Cellulose)*. Lyophilisierung und Dialyse werden noch einmal wiederholt, und die Enzymlösung wird gefroren aufbewahrt, bis mehrere Chargen aufgearbeitet sind. Man bereitet eine Säule von 20 × 1 cm mit Amberlite XE-64, 200—400 mesh, die mit 0,05 m Acetatpuffer, p_H 5,75, äquilibriert ist. Die Enzymlösung wird ebenfalls gegen diesen Puffer dialysiert, auf die Säule gegeben und mit dem Äquilibrierungspuffer nachgewaschen, bis kein Protein mehr austritt. Durchflußgeschwindigkeit und Fraktionsvolumen sind wie oben bei DEAE-Cellulose angegeben.

Tabelle 19. *Reinigung von Desoxyribonuclease II aus Bothrops atrox-Gift nach* GEORGATSOS *und* LASKOWSKI sen.[1].

Fraktion	Relative spezifische Aktivität	Ausbeute %
Aceton	0,002	100
Hitzeschritt . . .	0,007	118
Gel	0,008	87
Ammoniumsulfat .	0,015	76
1. DEAE-Cellulose	0,14	28
Amberlite	1,0	22
2. DEAE-Cellulose	2,0	18
Ammoniumsulfat .	2,5	16

Nach 10 Fraktionen wird auf 0,2 m Acetat, p_H 6, und nach 24 Fraktionen auf 0,4 m Acetat, p_H 6, umgeschaltet; Desoxyribonuclease-aktive Fraktionen werden mit 0,4 m Acetat nach dem Haupt-Proteingipfel bei ca. Fraktion 65—70 erhalten; die aktiven Fraktionen werden vereinigt und, wie oben für DEAE-Cellulose beschrieben, durch zweimalige partielle Lyophilisierung und Dialyse auf ein Volumen von 1—2 ml gebracht *(Amberlite)*.

Man bereitet eine Säule von 0,5 × 25 cm mit DEAE-Cellulose, die mit 0,075 m Tris, p_H 7,15, äquilibriert ist, und dialysiert die Enzymlösung vom vorangehenden Schritt für 12 Std gegen 2 l dieses Puffers. Die Säule wird mit 6—9 ml/Std betrieben, und es werden Fraktionen à 3 ml aufgefangen. Nach dem Aufgeben der Enzymlösung auf die Säule wird sofort mit einem Varigrad verbunden, der einen linearen Gradienten der Elutionslösung von 0,075 bis 0,150 m Tris, p_H 7,15, liefert (Gesamtvolumen 250 ml). Desoxyribonuclease-Aktivität wird etwa in den Fraktionen 65—70 erhalten; reicht die Füllung des Varigrad nicht zur vollständigen Elution des Proteins aus, so wird mit 0,15 m Tris, p_H 7,15, nacheluiert. Die vereinigten, aktiven Eluate werden, wie oben beschrieben, durch mehrfache schrittweise Lyophilisierung und Dialyse bis auf ein Volumen von 1 ml gebracht *(2. DEAE-Cellulose)*. Die Enzymlösung wird mit gesättigter Ammoniumsulfatlösung bis zur ersten Trübung versetzt, die sich nach einigen Stunden zu einem semikristallinen Niederschlag umbildet. Dieses Material wird nach Zentrifugieren verworfen und der Überstand mit festem Ammoniumsulfat bis zur Ganzsättigung versetzt; man zentrifugiert den Niederschlag ab, löst ihn in Wasser, dialysiert gegen Wasser und bewahrt die Enzymlösung bei −20° C auf *(Ammoniumsulfat)*. Die Ausbeute beträgt rund 3 mg aus 100 g Rohgift; die Haltbarkeit ist begrenzt. Reinigungserfolg und Einzelausbeuten sind in Tabelle 19 zusammengestellt. Die spezifische Aktivität der letzten Fraktion ist etwa $^1/_3$ derjenigen der kristallinen Desoxyribonuclease I aus Pankreas.

Eigenschaften. *Chemische Zusammensetzung.* Eine Aminosäurenanalyse ist nur an dem Enzym aus Schweinemilz ausgeführt worden; man findet soviel Ammoniak, daß wohl

[1] GEORGATSOS, J. G., and M. LASKOWSKI sen.: Biochemistry 1, 288 (1962).

alle Dicarbonsäuren als Amide vorliegen dürften. Damit in Einklang steht der isoelektrische Punkt bei p_H 10,2. Die Sedimentationskonstante wird zu $S^0_{20,w} = 3,4$ S gefunden[1].

Die *Hitzestabilität* saurer Desoxyribonucleasen ist mehrfach untersucht worden (s. dazu auch Angaben bei Kinetik); 2 min Erhitzen auf 70° C zerstört das Milzenzym[2] zu rund $^2/_3$. Die Hitzeresistenz ist offenbar p_H-abhängig, da 30 min Erwärmen in 0,1 m Ameisensäure auf 60° C nichts ausmacht und die 50%ige Inaktivierung bei 65° C in 0,2 m Acetat, p_H 4,5, in 100 min, bei p_H 8,5 und 45° C in 10 min erreicht wird[3]. Ähnliche Werte geben MAVER und GRECO[4]: 50% Inaktivierung bei p_H 4,5 in 10 min bei 70° C (s. auch [5, 6]).

Kinetik. Auch Desoxyribonucleasen II benötigen DNS in nativer Form als Substrat, wie z.B. von[7, 8] gezeigt worden ist, und zeigen Substrathemmung bei dessen Überschuß[9]. Das Milzenzym zeigt Anstieg der Reaktionsgeschwindigkeit mit der Temperatur bis zu 90° C, wobei es bei 90° C 6,5mal schneller reagiert als bei 40° C[2]. Dies gilt jedoch nicht für das Enzym aus Lachshoden mit scheinbarem Temperaturoptimum bei 55° C[8]. Von LASKOWSKI u. Mitarb.[10] wird angegeben, daß die Reaktionsgeschwindigkeit zwischen 13 und 37° C um das 20fache ansteige; die Aktivierungsenergie ist von MCDONALD[8] zu 24 kcal zwischen 1 und 14° C und zu 14 kcal zwischen 14 und 46° C bestimmt worden; eine weitere Angabe[9] lautet 23 kcal. Es ist jedoch noch offen, ob bei diesen Temperatureffekten Substrat, Enzym, oder Substrat und Enzym betroffen sind. Mittels Lichtzerstreuung ist die Anfangsphase des DNS-Abbaues durch Desoxyribonuclease II näher untersucht worden[11]. Danach läßt sich eine ohne Verzögerung einsetzende erste Phase erkennen, die zur Reduktion des Mol.-Gewichtes der DNS von einigen Millionen auf ca. $^1/_{10}$ führt. In einer zweiten Phase fällt das Mol.-Gewicht langsamer, und nun treten säurelösliche Spaltprodukte auf, und es zeigt sich Hyperchromie bei 260 mμ. Zur Deutung dieser Befunde sei an die oben (S. 1073 und 1076) gemachten Bemerkungen erinnert; die Autoren[11] nehmen Einzelstrang- für die 1. und Doppelstrang-Abbau für die 2. Phase an.

p_H-Optimum. Das p_H-Optimum von Desoxyribonucleasen II wird übereinstimmend zwischen p_H 4,2 und 5,5 angegeben[12]; es hat sich als abhängig von der Natur des aktivierenden zweiwertigen Kations und von Natur und Konzentration des die Ionenstärke einstellenden Salzes erwiesen, wie SHACK[6] nicht als erster, aber besonders eindrücklich gezeigt hat. Nach Bestrahlung soll sich das p_H-Optimum zum Sauren verschieben[13].

Kationeneffekte. Die ursprüngliche Annahme, daß Desoxyribonucleasen kein Mg^{++} benötigen, ist unrichtig und beruht wohl darauf, daß das Substrat fast immer (unbekannte) Mengen an Mg^{++} enthält. Äthylendiamintetraacetat kann bei nicht zu hohen Konzentrationen aktivieren (10^{-7} bis 10^{-4} m), was sowohl auf Entfernung von Spuren an Schwermetallen als auch auf Entfernung überschüssiger, hemmender Mg-Ionen zurückzuführen sein dürfte; oberhalb 10^{-3} m hemmt Äthylendiamintretaacetat[14]. Mg^{++} hemmt bei zu hohen Konzentrationen, wie z.B. von WEBB[15] sowie MAVER und GRECO[4] angegeben wird; das Optimum an Mg^{++} soll bei[15] 0,01—0,02 m bzw. bei 0,04 m liegen[3]. 10^{-3} m Mg^{++}

[1] BERNARDI, G., M. GRIFFÉ and E. APPELLA: Nature **198**, 186 (1963).
[2] HODES, M. E., and M. K. SWENSON: Biochim. biophys. Acta **61**, 612 (1962).
[3] KOERNER, J. F., and R. L. SINSHEIMER: J. biol. Ch. **228**, 1039 (1957).
[4] MAVER, M. E., and A. E. GRECO: J. biol. Ch. **181**, 861 (1949).
[5] GEORGATSOS, J. G., and M. LASKOWSKI sen.: Biochemistry **1**, 288 (1962).
[6] SHACK, J.: J. biol. Ch. **234**, 3003 (1959).
[7] SEIFERT, J., and Z. ŠORMOVÁ: Coll. czech. chem. Comm. **27**, 1009 (1962).
[8] MCDONALD, M. R.: J. gen. Physiol. **45**, Suppl., 77 (1963).
[9] OTH, A., E. FRÉDÉRICQ et R. HACHA: Biochim. biophys. Acta **29**, 287 (1958).
[10] SHIMOMURA, M., and M. LASKOWSKI: Biochim. biophys. Acta **26**, 198 (1957).
[11] BERNARDI, G., M. CHAMPAGNE et C. SADRON: Biochim. biophys. Acta **49**, 1 (1961). — BERNARDI, G., and C. SADRON: Nature **191**, 809 (1961).
[12] LASKOWSKI sr., M.: Boyer-Lardy-Myrbäck, Enzymes, Bd. V, S. 123.
[13] GOUTIER-PIROTTE, M., et A. THONNARD: Biochim. biophys. Acta **22**, 396 (1956).
[14] DESREUX, V., R. HACHA and E. FRÉDÉRICQ: J. gen. Physiol. **45**, Suppl., 93 (1962).
[15] WEBB, M.: Exp. Cell Res. **5**, 27 (1953).

schützt Desoxyribonucleasen II vor Inaktivierung durch Dialyse[1]. Vergleichende Untersuchungen zur Kationenwirkung sind in Tabelle 20 zusammengestellt. Früher haben diese Autoren[2] folgende optimalen Verhältnisse von Atom Metall zu Atom P aus DNS angegeben: Zn^{++} 9, Ca^{++} 7,5, Mn^{++} 2, Mg^{++} 1,4; s. hierzu auch Tabelle 22.

Tabelle 20. *Einfluß zweiwertiger Kationen auf die Aktivität von Desoxyribonuclease II nach* DESREUX, HACHA *und* FRÉDÉRICQ[1].

Kation	Konzentration m	Aktivität (Prozent der Kontrolle)
Ba^{++}	0,02	160
Sr^{++}	0,01	220
Ca^{++}	0,005	220
Zn^{++}	0,005	190
Mg^{++}	0,001	240
Mn^{++}	0,001	200
Co^{++}	0,005	50
Ni^{++}	0,005	80
Cd^{++}	0,002	20
Cu^{++}	0,0012	40
Fe^{++}	0,004	90

Ionenstärke. Desoxyribonucleasen II erfordern relativ hohe Ionenstärken für maximale Wirksamkeit; Optimalwerte hängen von den übrigen Reaktionsteilnehmern ab; so wird eine Ionenstärke von 0,2[3] bzw. 0,15—0,25 m KCl[4] oder ca. 0,15 m NaCl[5] angegeben. Für das Enzym aus Lachshoden ist 0,3 m Acetat von p_H 5,0 optimal[6]; wird jedoch bei 0,002 m Acetat, p_H 5,0, untersucht, so erweisen sich die in Tabelle 21 zusammengestellten Konzentrationen verschiedener Salze als jeweils optimal. Wie man sieht, hängt der Effekt auch von der Ionenart ab, ohne daß Sulfat Hemmwirkungen zeigt, wie sie sonst für Desoxyribonucleasen II gefunden werden (s. unten). Unterhalb und oberhalb der in Tabelle 21 angegebenen Bereiche wird keine Maximalaktivität erhalten.

Die eingehendste Untersuchung der gegenseitigen Abhängigkeit des p_H-Optimums von Ionenart und Ionenstärke ist von KURNICK und SANDEEN[7] durchgeführt worden. Einige Daten sind in Tabelle 22 zusammengestellt.

Spezifität. Desoxyribonuclease II bildet Spaltprodukte, die in 3'-Stellung Monoester-Phosphat tragen[8–11]. Das Substrat liefert in nativem Zustand rund 10mal höhere Reaktionsgeschwindigkeiten als nach Denaturierung[6, 12]. Erschöpfende Hydrolyse ist eingetreten, wenn rund 30% aller Phosphodiester-Bindungen der DNS gespalten sind[9].

Tabelle 21. *Optimalkonzentrationen verschiedener Salze zur Aktivierung von Desoxyribonuclease II aus Lachshoden nach* McDONALD[6].

Salz	Ionenstärke
$MgSO_4$	2×10^{-3}
$CaSO_4$	2×10^{-3}
$MgCl_2$	$3 \times 10^{-3} - 7 \times 10^{-3}$
$CaCl_2$	$3 \times 10^{-3} - 8 \times 10^{-3}$
Na_2SO_4	2×10^{-2}
K_2SO_4	$1,5 \times 10^{-2}$
NaCl	5×10^{-2}
KCl	4×10^{-2}

Im Vergleich mit Desoxyribonuclease I (s. S. 1068) bildet Desoxyribonuclease II mehr Mononucleotide, weniger Dinucleotide und Trinucleotide sowie mehr Oligonucleotide[13]. Das Gemisch der Oligonucleotide hat im Durchschnitt eine Kettenlänge von 6,2 Nucleotid-Einheiten[14] und ist ein gutes Substrat für den weiteren Abbau durch Desoxyribonuclease I, was aber umgekehrt nicht gilt, da das Oligonucleotid-Gemisch nach Desoxyribonuclease I-Einwirkung von Desoxyribonuclease II nicht weiter angegriffen wird[13]. Nach erschöpfender Hydrolyse finden sich im Spaltgemisch 7,3% Mono-

[1] DESREUX, V., R. HACHA and E. FRÉDÉRICQ: J. gen. Physiol. **45**, Suppl., 93 (1963).
[2] OTH, A., E. FRÉDÉRICQ et R. HACHA: Biochim. biophys. Acta **29**, 287 (1958).
[3] ROTHERHAM, J., D. D. SCHOTTELIUS, J. L. IRVIN and E. M. IRVIN: J. biol. Ch. **223**, 817 (1956).
[4] KOERNER, J. F., and R. L. SINSHEIMER: J. biol. Ch. **228**, 1039 (1957).
[5] SHACK, J.: J. biol. Ch. **234**, 3003 (1959).
[6] McDONALD, M. R.: J. gen. Physiol. **45**, Suppl., 77 (1962).
[7] KURNICK, N. B., and G. SANDEEN: Arch. Biochem. **85**, 323 (1959).
[8] PRIVAT DE GARILHE, M., L. CUNNINGHAM, U.-R. LAURILA and M. LASKOWSKI: J. biol. Ch. **224**, 751 (1957).
[9] KOERNER, J. F., and R. L. SINSHEIMER: J. biol. Ch. **228**, 1039, 1049 (1957).
[10] LAURILA, U.-R., and M. LASKOWSKI: J. biol. Ch. **228**, 49 (1957).
[11] GEORGATSOS, J. G., and M. LASKOWSKI sr.: Biochemistry **1**, 288 (1962).
[12] SEIFERT, J., and Z. ŠORMOVA: Coll. czech. chem. Comm. **27**, 1009 (1962).
[13] PRIVAT DE GARILHE, M., and M. LASKOWSKI: J. biol. Ch. **215**, 269 (1955).
[14] VANECKO, S., and M. LASKOWSKI sr.: Biochim. biophys. Acta **61**, 547 (1962).

nucleotide, 3,3% Dinucleotide und 5,5% Trinucleotide; unter diesen sind identifiziert worden: d-CpCp, d-CpTp, d-ApTp, d-ApAp und d-GpAp als Dinucleotide und d-GpApCp als Trinucleotid[1].

Tabelle 22. *Optimalkonzentrationen verschiedener Salze zur Aktivierung von Desoxyribonuclease II aus Mäusemilz-Homogenaten nach* KURNICK *und* SANDEEN[2]; p_H 4,6.

Kation	Anion	Konzentration n	Aktivität (Prozent der Kontrolle)	Kation	Anion	Konzentration n	Aktivität (Prozent der Kontrolle)
Mn^{++}	Cl^-	0,04	600	Rb^+	Cl^-	0,12	300
Ba^{++}	Cl^-	0,06	530	K^+	Cl^-	0,16	310
Sr^{++}	Cl^-	0,07	440	Cs^+	Cl^-	0,16	280
Mg^{++}	Cl^-	0,06	330	Na^+	Cl^-	0,14	270
Co^{++}	Cl^-	0,05	300	Li^+	Cl^-	0,15	260
Sr^{++}	J^-	0,05	340	K^+	SO_4^{--}	0,03	220
Sr^{++}	NO_3^-	0,05	380	K^+	J^-	0,10	270
Sr^{++}	Br^-	0,07	420	K^+	NO_3^-	0,12	270
Sr^{++}	Cl^-	0,07	430	K^+	Br^-	0,13	270
				K^+	Cl^-	0,15	290

Tabelle 23. *Spezifität der Desoxyribonuclease II, abgeleitet aus Endgruppen-Bestimmungen zu verschiedenen Zeiten des DNS-Abbaues.*

a = Werte nach [3], b = Werte nach [4]; wegen gewisser Unterschiede in der Methodik ist völlige Übereinstimmung der Zahlen von a und b nicht zu erwarten. Die Zahlen bedeuten Prozentanteile der Basen im jeweiligen Spaltgemisch.

Spaltgemisch	Base	5'-Ende		3'-Ende	
		a	b	a	b
1. Stufe					
mittlere Kettenlänge = 95 (a)	C	31	49	8	12
ca. 18% Hydrolyse (b)	T	10	12	9	15
	A	21	16	15	20
	G	38	23	68	53
2. Stufe					
mittlere Kettenlänge = 54 (a)	C	28	46	13	15
ca. 43% Hydrolyse (b)	T	11	18	18	18
	A	20	14	16	22
	G	41	22	53	45
3. Stufe					
mittlere Kettenlänge = 17 (a)	C	32	44	12	13
ca. 76% Hydrolyse (b)	T	6	13	17	18
	A	25	18	28	31
	G	37	25	43	38
4. Stufe					
mittlere Kettenlänge = 6,2 (a)	C	35	32	11	16
ca. 95% Hydrolyse (b)	T	15	24	23	30
	A	20	15	34	17
	G	31	29	33	37

Die Basen-Spezifität von Desoxyribonuclease II ist seit längerem untersucht worden; entgegen früher geäußerten Vermutungen über suszeptible und resistente Bindungen (Übersicht s.[5]) hat sich bei zeitlicher Verfolgung der Endgruppenhäufigkeit in den Spaltprodukten ergeben[3,4], daß, wie bei anderen Desoxyribonucleasen auch, die Zusammensetzung des „Substrates" mit fortschreitender Hydrolyse sich ständig ändert, wie es aus

[1] LAURILA, U.-R., and M. LASKOWSKI: J. biol. Ch. **228**, 49 (1957).
[2] KURNICK, N. B., and G. SANDEEN: Arch. Biochem. **85**, 323 (1959).
[3] VANECKO, S., and M. LASKOWSKI sr.: Biochim. biophys. Acta **61**, 547 (1962).
[4] DOSKOČIL, J., and F. ŠORM: Coll. czech. chem. Comm. **27**, 1476 (1962).
[5] LASKOWSKI sen., M.; in: Boyer-Lardy-Myrbäck, Enzymes, Bd. V, S. 123ff.

der Natur einer Endonuclease-Wirkung zu fordern ist; damit einher geht, je mehr man sich dem Ende der Reaktion nähert, eine laufende Verschiebung der Basen-Spezifität des Enzyms, die daher nur für jeweils ein Stadium des DNS-Abbaues mit einiger Schärfe formuliert werden kann. Zur Erläuterung dieses Verhaltens dienen die Angaben in Tabelle 23.

Apurinsäure wird auch von Desoxyribonuclease II nicht angegriffen[1]; über den Angriff auf Nucleohiston-Präparate aus Kalbsthymus und künstlich rekonstituierte DNS-Histon-Komplexe s.[2].

Eine von den vorstehenden Angaben, die vorzugsweise am Milz-Enzym erarbeitet worden sind, durchaus abweichende Spezifität hat die Desoxyribonuclease II aus Schlangengift[3]; nach dem p_H-Optimum und der Bildung von Spaltstücken mit 3'-Monoester-Phosphat gehört sie zweifellos zu den Desoxyribonucleasen II. Andererseits wird neben DNS auch RNS angegriffen. Die Reaktionsgeschwindigkeit mit PolyAU ist ca. 90% derjenigen mit DNS; Transfer-RNS aus Bäckerhefe und gewöhnliche Hefe-RNS werden mit etwa 50% der Geschwindigkeit abgebaut, während RNS-core, ein bewährtes Phosphodiesterase-Substrat (s. S. 1040ff.), PolyA und PolyU kaum nennenswert hydrolysiert werden. Wenn die Oligonucleotidfraktion eines Inkubates von DNS mit Schlangengift-Desoxyribonuclease II anschließend mit Schlangengift-Phosphodiesterase nachinkubiert wird, erhält man Nucleoside und Nucleosid-diphosphate, die den endständigen Gruppen der Oligonucleotide entsprechen und, wie oben in Tabelle 23 gezeigt, Aussagen über eine eventuelle Basen-Präferenz des Enzyms erlauben. Einzelheiten sind in Tabelle 24 zusammengestellt, aus der hervorgeht, daß offenbar d-GpGp die sensitivste Bindung in DNS ist, da Guanin als Endgruppe weit überwiegt.

Tabelle 24. *Endständige Basen in DNS-Hydrolysaten nach Einwirkung von Schlangengift-Desoxyribonuclease II*[3].

Die Zahlen bedeuten Prozentanteile der endständigen Basen in der untersuchten Oligonucleotidfraktion.

Gefundene Substanz	Nahezu vollständige Hydrolyse	Partielle Hydrolyse	Frühe Reaktionsstadien
A	25,5	21,2	14,7
G	29,9	45,8	51,0
C	31,7	19,8	9,7
T	11,9	13,1	11,9
pAp	20,6	16,1	
pGp	38,2	54,0	
pCp	21,5	13,5	
pTp	19,5	16,3	

Hemmstoffe. Hemmwirkungen von Mg^{++} und anderen zweiwertigen Kationen sowie von Äthylendiamintetraacetat sind oben bereits erwähnt; spezifische Inhibitoren von Proteinnatur werden unten gesondert behandelt (s. S. 1101ff.).

Weitere Substanzen mit Hemmwirkung auf Desoxyribonucleasen II sind in Tabelle 25 zusammengestellt. Es hat sich mit polyanionischen Substanzen gezeigt, daß Pankreas-Desoxyribonuclease I mehr als 10mal soviel an diesen Inhibitoren benötigt wie Desoxyribonuclease II, was nicht von dem p_H abhängt, bei dem gemessen wird, sondern offenbar auf Differenzen der Enzymproteine zurückgeführt werden muß[4]. Höhere Ionenstärken unterdrücken die Hemmwirkung polyanionischer Substanzen, z.B. wird eine 90%ige Hemmung bei der Ionenstärke 0,005 auf 10% in 0,17 m NaCl gesenkt[4].

Sulfat ist als der im Harn vorkommende Inhibitor von Desoxyribonuclease II identifiziert worden[5]. Zu den Substanzen, die ebenfalls auf Hemmwirkung untersucht worden sind, aber im Vergleich mit den in Tabelle 25 genannten polyanionischen Stoffen geringere Effekte zeigen, gehören unter anderen: Äthylen-Maleinsäure-anhydrid-Copolymere, Polyacrylsäure, Polyacrylamid[4], ferner Dextransulfat, Polymetaphosphat, sulfatiertes Chitosan, sulfatiertes Pektinsäureamid, sulfatierte oxydierte Cellulose, sulfatierte Alginsäure, Polystyrolphosphat, sulfatierte Polymannuronsäure, Laminarinsulfat, phosphoryliertes Hesperidin, Tripolyphosphat, Hexametaphosphat, Pyrophosphat[6].

[1] McDonald, M. R.: J. gen. Physiol. **45**, Suppl., 77 (1962).
[2] Frédéricq, E.: Biochim. biophys. Acta **68**, 167 (1963).
[3] Georgatsos, J. G., and M. Laskowski sen.: Biochemistry **1**, 288 (1962).
[4] Tunis, M., and W. Regelson: Arch. Biochem. **101**, 448 (1963).
[5] Rauenbusch, E. C., and K. I. Altman: Proc. Soc. exp. Biol. Med. **104**, 385 (1960).
[6] Regelson, W., M. Tunis and S. Kuhar: Acta Un. int. Cancr. **16**, 729 (1960).

Bestrahlungswirkungen. Wie aus der Partikelbindung von Desoxyribonuclease II zu erwarten, bewirkt Bestrahlung einen Aktivitätsanstieg, vermutlich im Sinne der Minderung der „Latenz". Dies findet sich in vivo an der Milz[9, 10] und verschiedenen Rattenorganen[11] wie auch in vitro an Rattenleber-Partikeln, bei denen aber eine Bestrahlung mit 126500 r nur $^1/_4$ so wirksam ist (Anstieg auf 136% der Kontrolle) wie eine Ultraschallbehandlung[12].

Tabelle 25. *Substanzen mit Hemmwirkung auf Desoxyribonucleasen II.*

Substanz	Enzymquelle	Konzentration (m, wenn nicht anders angegeben)	Aktivität (Prozent der Kontrolle)	Literatur
Sulfat	Kälbermilz	0,004	50	1
Phosphat	Kälbermilz	0,007	50	1
Arsenat	Kälbermilz	0,01	50	1
Arsenat	Rattenplasma	0,01	105	2
Citrat	Rattenplasma	0,33	60	2
Zinksulfat	Rattenplasma	0,01	100	2
Cu^{++}	Rattenleber	1×10^{-4}	45	3
Cu^{++}	Rattenleber	0,001	13	3
Cu^{++}	Rattenleber	0,01	2	3
p-Chlorquecksilber(II)-benzoat	Rattenleber	5×10^{-4}	69	3
p-Chlorquecksilber(II)-benzoat	Rattenleber	0,001	40	3
p-Chlorquecksilber(II)-benzoat	Kälbermilz, Thymus	8×10^{-4}	ca. 10	4
o-Jodosobenzoat	Rattenleber	1×10^{-4}	93	3
o-Jodosobenzoat	Rattenleber	0,001	86	3
Usninsäure	Rattenplasma	250 μg/ml	100	2
Usninsäure	Mäuseleukämie	250 μg/ml	ca. 10	5
Myristat	Rattenplasma	0,1	40	2
Palmitat	Rattenplasma	0,1	0	2
Natriumdodecylsulfat	Kälbermilz	0,01%	0	6
Polyäthylensulfonat	Kälbermilz	0,6 μg/ml	50	7
Polyäthylensulfonat	Ascitestumor	1×10^{-4}	8	8
Polyäthylensulfonat	Ascitestumor	5×10^{-5}	18	8
Polyäthylensulfonat	Ascitestumor	1×10^{-5}	57	8
Heparin	Kälbermilz	0,9 μg/ml	68	7
Heparin	Kälbermilz	3 μg/ml	7	7

Bestimmung. Prinzipien und Ausführungsformen der Bestimmung der Desoxyribonuclease II-Aktivität sind S. 1073—1081 ausführlich erörtert. Nach LASKOWSKI[13] empfiehlt es sich, folgende Konzentrationen einzuhalten: 0,15% DNS, 0,3 m Acetatpuffer, p_H 4,5; ein Zusatz von 1—5 $\times 10^{-3}$ m Äthylendiamintetraacetat kann versucht werden. Wie S. 1074 ausgeführt, sind titrimetrische Verfahren nicht anwendbar, was denn auch experimentell gezeigt worden ist[14].

[1] KOERNER, J. F., and R. L. SINSHEIMER: J. biol. Ch. **228**, 1039 (1957).
[2] KOWLESSAR, O. D., K. I. ALTMAN and L. H. HEMPELMANN: Arch. Biochem. **54**, 355 (1955).
[3] ROTHERHAM, J., D. D. SCHOTTELIUS, J. L. IRVIN and E. M. IRVIN: J. biol. Ch. **223**, 817 (1956).
[4] MAVER, M. E., and A. E. GRECO: J. biol. Ch. **181**, 861 (1949).
[5] WEBB, M.: Exp. Cell Res. **5**, 27 (1953).
[6] DESREUX, V., R. HACHA and E. FRÉDÉRICQ: J. gen. Physiol. **45**, Suppl., 93 (1962).
[7] TUNIS, M., and W. REGELSON: Arch. Biochem. **101**, 448 (1963).
[8] REGELSON, W., M. TUNIS and S. KUHAR: Acta Un. int. Cancr. **16**, 729 (1960).
[9] FELLAS, V. M., I. MESCHAN, P. L. DAY and C. D. DOUGLASS: Proc. Soc. exp. Biol. Med. **87**, 231 (1954).
[10] KURNICK, N. B., B. W. MASSEY and A. MONTANO: Radiat. Res. **13**, 263 (1960).
[11] OKADA, S., E. R. GORDON, R. KING and L. H. HEMPELMANN: Arch. Biochem. **70**, 469 (1957).
[12] OKADA, S., and E. KALLEE: Exp. Cell Res. **11**, 212 (1956).
[13] LASKOWSKI sen., M.: Boyer-Lardy-Myrbäck, Enzymes, Bd. V, S. 123.
[14] ALLFREY, V., and A. E. MIRSKY: J. gen. Physiol. **36**, 227 (1952).

Mikrobielle Desoxyribonucleasen.

Vorkommen und Verbreitung von Desoxyribonucleasen bei Einzellern und Bakterien sind zum Teil schon sehr lange bekannt[1–10]; offenbar muß mit ubiquitärem Vorkommen gerechnet werden[11]. In manchen Fällen ist für einen Mikroorganismus die Bildung mehrerer, verschiedener Desoxyribonucleasen beschrieben worden[12,13]. Ferner gibt es mikrobielle Desoxyribonucleasen, die im Gegensatz zu den tierischen Enzymen denaturierte DNS leichter angreifen als native DNS[13–15]. Nachstehend werden einige mikrobielle Enzyme beschrieben, die näher untersucht worden sind.

Desoxyribonuclease aus *Staphylococcus aureus (Micrococcus pyogenes).*

Dieses Enzym ist wegen seiner möglichen Bedeutung für Zwecke der DNS-Analytik ausführlich bearbeitet worden.

Darstellung. Laskowski[11] hat eine Übersicht über verschiedene Darstellungsverfahren gegeben. Die Wahl des Stammes ist entscheidend, da die Ausscheidung von Desoxyribonuclease in das Kulturmedium von der Pathogenität der Staphylokokken abhängt[16].

***Darstellung von Desoxyribonuclease aus Staphylococcus aureus (Micrococcus pyogenes) nach* Privat de Garilhe *u. Mitarb.*[17].**

Etwa 2 l Kulturmedium werden durch Zentrifugieren von den Bakterien befreit und bei Raumtemperatur mit Ammoniumsulfat gesättigt. Man läßt während 5 Std auf +4° C abkühlen und gewinnt das gummiartige Präcipitat durch Filtration, z.B. über Whatman Nr. 3 mit Celite-Zusatz. Der Niederschlag wird in 400 ml dest. Wasser gelöst und gegen dest. Wasser dialysiert *(Ammoniumsulfat)*. 610 ml der dialysierten Enzymlösung werden bei Unterdruck auf 100 ml konzentriert und mit 600 ml Äthanol versetzt. Man filtriert sofort wie oben, löst den Niederschlag in dest. Wasser und lyophilisiert; die Ausbeute beträgt rund 5 g Trockenpulver *(Äthanol)*.

Tabelle 26. *Darstellung von Desoxyribonuclease aus Staphylococcus aureus nach* Privat de Garilhe u. Mitarb.[17].

Fraktion	Relative spezifische Aktivität	Ausbeute %
Ammoniumsulfat	1700	100
Äthanol . . .	33000	100
Amberlite 1 . .	455000	26 } 56
Amberlite 2 . .	520000	30 } 56

Zur Chromatographie wird Amberlite XE-64, wie S. 724 beschrieben[18], vorbereitet und mit 0,2 m Phosphat, p_H 7,0, äquilibriert. Man löst 0,8 g des Trockenpulvers in dem genannten Phosphatpuffer und gibt die Enzymlösung auf eine Säule von 2 × 30 cm. Die Säule wird so lange mit dem Puffer nachgewaschen, bis die Extinktion der in 5 ml-Fraktionen aufgefangenen Eluate bis fast auf den Ausgangswert gefallen ist (ca. 500 ml). Dann wird mittels gesättigter Dinatriumhydrogenphosphat-

[1] Iwanoff, L.: H. **39**, 31 (1903).
[2] Plenge, H.: H. **39**, 190 (1903).
[3] McCarty, M., and O. T. Avery: J. exp. Med. **83**, 97 (1946).
[4] Cohen, S. S.: J. biol. Ch. **168**, 511 (1947).
[5] Tillett, W. S., S. Sherry and L. R. Christensen: Proc. Soc. exp. Biol. Med. **68**, 184 (1948).
[6] Brown, A. L.: J. Bact. **60**, 673 (1950).
[7] Warrack, G. H., E. Bidwell and C. L. Oakley: J. Path. Bact. **63**, 293 (1951).
[8] Muggleton, P. W., and M. Webb: Biochim. biophys. Acta **9**, 343 (1952).
[9] Masui, M., Y. Honda, K. Hikita, T. Iwata and I. H. Pan: Osaka City med. J. **2**, 33 (1956).
[10] Jeffries, C. D., D. F. Holtman and D. G. Guse: J. Bact. **73**, 590 (1957).
[11] Laskowski sen., M.: Boyer-Lardy-Myrbäck, Enzymes, Bd. V, S. 123ff.
[12] Wannamaker, L. W.: J. exp. Med. **107**, 797 (1958).
[13] Lehman, I. R.: Fed. Proc. **18**, 271 (1959).
[14] Catlin, B. W., and L. S. Cunningham: J. gen. Microbiol. **19**, 522 (1958).
[15] Dirksen, M. L., and C. A. Dekker: Biochem. biophys. Res. Comm. **2**, 147 (1960).
[16] Weckman, B. G., and B. W. Catlin: J. Bact. **73**, 747 (1957).
[17] Privat de Garilhe, M., G. Fassina, F. Pochon et J. Pillet: Bull. Soc. Chim. biol. **40**, 1905 (1958).
[18] Hirs, C. H. W., S. Moore and W. H. Stein: J. biol. Ch. **200**, 493 (1953).

Lösung ein Gradient angelegt, der bei 530 und bei 560 ml 2 scharfe Proteingipfel, die beide Desoxyribonuclease-Aktivität haben, austreten läßt *(Amberlite 1 bzw. 2).*

Zwei weitere Verfahren, die mit vergleichbaren Ausbeuten und Reinigungserfolgen arbeiten, sind beschrieben[1, 2].

Eigenschaften. Desoxyribonuclease aus *Staph. aureus*, meist Mikrokokken-Nuclease genannt, hat ein p_H-Optimum bei p_H 8,6 und erfordert zur maximalen Aktivität den Zusatz von 0,01 m $CaCl_2$[3]. Die Sedimentationskonstante ist zu etwa 1,8 bestimmt worden, was einem Mol.-Gewicht von rund 12000 entspricht[2].

Das Enzym verwendet sowohl DNS als auch RNS als Substrate[4–7] und unterscheidet sich dadurch von allen anderen Desoxyribonucleasen, die zum Teil (s. unten) von RNS in kompetitiver Weise außerordentlich stark gehemmt werden. Mikrokokken-Nuclease ist eine Endonuclease, doch machen es Befunde beim Abbau von Oligonucleotiden wahrscheinlich, daß auch eine gewisse Exonuclease-Wirkung ausgeübt wird, was besonders von LASKOWSKI u. Mitarb.[8] diskutiert wird. Die Spaltprodukte tragen am 3'-Ende Monoester-Phosphat, unabhängig, ob es Ribonucleotide oder Desoxyribonucleotide sind[3, 9].

Bei erschöpfender Hydrolyse werden von DNS rund 70%[10], von RNS rund 75% der Phosphodiester-Bindungen[11] hydrolysiert. Denaturierte DNS wird 20—100mal schneller abgebaut als native DNS; die Abbaugeschwindigkeit eines dAT-Polymeren liegt dazwischen[12, 13]. Oligonucleotide bis herunter zur Trinucleotid-Stufe werden noch hydrolysiert[14]; ein freies 5'-Phosphat am Oligonucleotid hemmt jedoch dessen Abbau[2]; cyclische 2',3'-Ribonucleosid-monophosphate werden nicht angegriffen[2, 15]. Das nach erschöpfender Spaltung von DNS mit Desoxyribonuclease II aus Milz erhaltene Produktgemisch wird durch die Mikrokokken-Nuclease noch weiter abgebaut[16].

Der Temperaturkoeffizient Q_{10} (gemessen zwischen 25 und 35° C) beträgt 2,6 für denaturierte DNS und 4,9 für native DNS[12]; hierin kommt zum Ausdruck, daß bei üblichen Meßtemperaturen eine partielle Denaturierung der DNS die Reaktionsgeschwindigkeit entscheidend beeinflußt (s. hierzu jedoch eingehende Studien bei höheren Temperaturen)[17].

Neben DNS und RNS werden auch synthetische Polymere von der Mikrokokken-Nuclease angegriffen, jedoch vollständig zu Mononucleotiden und Dinucleotiden hydrolysiert[2, 5, 15]. Die Basenspezifität des Enzyms ist ziemlich ausgeprägt, indem es gegenüber DNS eine AT-Präferenz[10, 18] und gegenüber RNS eine AU-Präferenz[11] zeigt, wie sich auch aus Tabelle 27 ergibt; diese Spezifitätsangaben sind später von LASKOWSKI u. Mitarb. noch bestätigt und erweitert worden[14]. Einzelheiten sind der Tabelle 27 zu entnehmen.

---

[1] DIRKSEN, M. L.: Ph. D. Thesis, Univ. Cal., Berkeley, 1959.
[2] ALEXANDER, M., L. A. HEPPEL and J. HURWITZ: J. biol. Ch. **236**, 3014 (1961).
[3] CUNNINGHAM, L., B. W. CATLIN and M. PRIVAT DE GARILHE: Am. Soc. **78**, 4642 (1956).
[4] CUNNINGHAM, L.: Am. Soc. **80**, 2546 (1958).
[5] CUNNINGHAM, L.: Ann. N.Y. Acad. Sci. **81**, 788 (1959).
[6] REDDI, K. K.: Proc. nat. Acad. Sci. USA **45**, 293 (1959).
[7] LASKOWSKI sr., M.: Boyer-Lardy-Myrbäck, Enzymes, Bd. V, S. 123.
[8] WILLIAMS, E. J., S.-C. SUNG and M. LASKOWSKI sr.: J. biol. Ch. **236**, 1130 (1961).
[9] PRIVAT DE GARILHE, M., L. CUNNINGHAM, U.-R. LAURILA and M. LASKOWSKI: J. biol. Ch. **224**, 751 (1957).
[10] ROBERTS, W. K., C. A. DEKKER, G. W. RUSHIZKY and C. A. KNIGHT: Biochim. biophys. Acta **55**, 664 (1962).
[11] RUSHIZKY, G. W., C. A. KNIGHT, W. K. ROBERTS and C. A. DEKKER: Biochim. biophys. Acta **55**, 674 (1962).
[12] DIRKSEN, M. L., and C. A. DEKKER: Biochem. biophys. Res. Comm. **2**, 147 (1960).
[13] HIPPEL, P. H. v., and G. FELSENFELD: Fed. Proc. **22** (I), 349 (1963).
[14] SULKOWSKI, E., and M. LASKOWSKI sr.: J. biol. Ch. **237**, 2620 (1962).
[15] REDDI, K. K.: Biochim. biophys. Acta **36**, 132 (1959).
[16] DOSKOČIL, J., and F. ŠORM: Coll. czech. chem. Comm. **27**, 1476 (1962).
[17] HIPPEL, P. H. v., and G. FELSENFELD: Biochemistry **3**, 27 (1964).
[18] DIRKSEN, M. L., and C. A. DEKKER: Biochem. biophys. Res. Comm. **2**, 147 (1960). — RUSHIZKY, G. W., C. A. KNIGHT, W. K. ROBERTS and C. A. DEKKER: Biochem. biophys. Res. Comm. **2**, 153 (1960).

Tabelle 27. *Spaltprodukte nach Hydrolyse von Kalbsthymus-DNS bzw. Tabakmosaik-Virus-RNS durch Mikrokokken-Nuclease nach* ROBERTS u. Mitarb.[1] bzw. RUSHIZKY u. Mitarb.[2].

Nucleotid aus DNS	Mol-% Nucleotid bei vollständiger Hydrolyse, Tp = 100 % gesetzt	Quotient 50:100 % Hydrolyse	Nucleotid aus RNS	Mol-% Nucleotid bei vollständiger Hydrolyse, Up = 100 % gesetzt	Quotient 50:100 % Hydrolyse
d-Tp	100,0	0,61	Up	100,0	0,39
d-Ap	99,1	0,46	Ap	116,0	0,46
d-Cp	84,0	0,19	Cp	47,6	0,05
d-Gp	16,4	0,13	Gp	34,6	0,11
d-ApTp	5,7	0,46	ApUp	8,4	0,27
d-TpAp	10,1	0,44	UpAp	2,9	0,31
d-TpTp	13,5	0,40	UpUp	10,8	0,17
d-ApAp	9,3	0,37	ApAp	8,7	0,29
d-TpGp	34,3	0,29	UpGp	23,8	0,20
d-ApCp	18,8	0,26	ApCp	12,7	0,13
d-TpCp	25,7	0,25	UpCp	17,5	0,12
d-ApGp	27,6	0,23	ApGp	30,3	0,21
d-CpCp	4,8	0*	CpCp	0	—
d-CpGp	4,3	0*	CpGp	0	—
d-GpGp	1,8	0*	GpGp	0	—
d-CpAp	0,8	0*	CpAp	0	—
d-GpAp	1,2	0*	GpAp	0	—
d-TpGpAp	1,4	1,20	Up(ApGp)	2,7	0,41
d-ApApGp	0,9	1,02	Ap(ApGp)	2,6	0,96
d-TpTpGp	1,7	0,57	UpUpGp	4,8	0,40
d-ApCpCp	3,9	0,39	ApCpCp	2,4	0*
d-ApGpCp	9,0	0,31	Ap(GpCp)	7,2	0,18
d-TpGpCp	9,6	0,30	Up(GpCp)	7,0	0,10
d-TpCpCp	5,6	0,24	UpCpCp	1,2	0*
d-ApGpGp	8,1	0,22	ApGpGp	6,8	0,29
d-TpGpGp	10,2	0,21	UpGpGp	7,3	0,52
d-CpGpCp	0,5	0*	Cp(GpCp)	0	—
d-Ap(ApCp)	0	—	Ap(CpAp)	2,0	1,10
d-Ap(TpGp)	0	—	Ap(UpGp)	6,2	0,60
d-Ap(CpTp)	0	—	Ap(CpUp)	3,6	0,42
d-Tp(ApCp)	0	—	Up(ApCp)	1,8	0,72

* Dieses Nucleotid tritt erst nach vollständiger Hydrolyse auf, fehlt noch bei 50%igem Abbau.

Aufbauend auf den Spezifitätsuntersuchungen und auf dem Vergleich des Abbaues von hochmolekularem Substrat und Oligonucleotiden sind Hypothesen über den Wirkungsmechanismus der Mikrokokken-Nuclease entwickelt worden[3, 4].

Den Unterschied der Reaktionsgeschwindigkeiten mit nativer und denaturierter DNS haben v. HIPPEL und FELSENFELD[5] zu eingehenden Studien über die Wechselwirkung zwischen Enzym und Substrat benutzt; im nativen Substrat werden AT-reiche Regionen bevorzugt angegriffen, während das denaturierte Substrat keine Präferenz irgendeiner Basensequenz erkennen läßt. Auch die optimalen Konzentrationen an NaCl und $CaCl_2$ variieren in Abhängigkeit vom Nativitätszustand der DNS. Native DNS schützt das Enzym in bemerkenswerter Weise gegen Hitzeinaktivierung, ein Effekt, der durch kleinste Mengen anderer Proteine wie z.B. Serumalbumin, Ribonuclease oder Polylysin noch potenziert wird. Die in diesen Untersuchungen erhaltenen kinetischen und thermo-

[1] ROBERTS, W. K., C. A. DEKKER, G. W. RUSHIZKY and C. A. KNIGHT: Biochim. biophys. Acta **55**, 664 (1962).
[2] RUSHIZKY, G. W., C. A. KNIGHT, W. K. ROBERTS and C. A. DEKKER: Biochim. biophys. Acta **55**, 674 (1962).
[3] SULKOWSKI, E., and M. LASKOWSKI sen.: J. biol. Ch. **237**, 2620 (1962).
[4] DIRKSEN, M. L., and C. A. DEKKER: Biochem. biophys. Res. Comm. **2**, 147 (1960). — RUSHIZKY, G. W., C. A. KNIGHT, W. K. ROBERTS and C. A. DEKKER: Biochem. biophys. Res. Comm. **2**, 153 (1960).
[5] HIPPEL, P. H. v., and G. FELSENFELD: Biochemistry **3**, 27 (1964).

dynamischen Daten geben nicht nur näheren Einblick in das Enzymverhalten des Mikrokokken-Nuclease-Proteins, sondern dürften in Zukunft auch noch für Konformationsstudien an DNS verschiedener Zustände wichtig werden.

Desoxyribonuclease aus Streptokokken.

Streptokokken-Desoxyribonuclease, häufig als Streptodornase bezeichnet[1,2], wird als Gemisch von Desoxyribonuclease und Streptokinase industriell hergestellt, z.B. als Varidase von Lederle. Zur klinischen Anwendung s.[3].

Darstellung. Eine über das kommerzielle Produkt etwa 6fach hinausgehende Reinigung der Streptokokken-Desoxyribonuclease ist von LASKOWSKI u. Mitarb.[4] beschrieben. Dieses Material hat eine beträchtlich höhere spezifische Aktivität als kristalline Pankreas-Desoxyribonuclease I. Mittels Träger-Elektrophorese sind aus den Kulturfiltraten geeigneter Streptokokkenstämme 4 Desoxyribonucleasen abgetrennt worden, die mit A bis D bezeichnet werden[5,6]. Desoxyribonuclease A entspricht der Streptodornase.

***Reinigung von Streptokokken-Desoxyribonuclease A nach* GEORGATSOS *u. Mitarb.*[4].**
Der Inhalt von 23 Ampullen Streptodornase wird in 20 ml H_2O suspendiert und in der Kälte während 24 Std gegen 2mal 6 l dest. Wasser dialysiert; dann wird gegen 1 l 0,05 m Tris, p_H 7,5, 12 Std dialysiert und ein auftretender Niederschlag auf der Zentrifuge entfernt. Man bereitet eine Säule von 8 $\times$ 210 mm mit DEAE-Cellulose, die mit 0,05 m Tris, p_H 7,5, äquilibriert ist, gibt das Enzym auf und fängt bei einer Durchflußgeschwindigkeit von 18 ml/Std Fraktionen zu 3 ml auf. Nach 75 ml wird 0,1 m Trispuffer, p_H 7,15, angewandt, nach weiteren 165 ml 0,2 m Tris, p_H 7,15, und schließlich nach insgesamt über 360 ml 1 m Tris, p_H 7,0. In den Fraktionen 85—94 findet sich die Hauptaktivität, die $^1/_4$ der aufgegebenen Enzymmenge entspricht. Die Reinigung ist in diesen Fraktionen etwa 5,5fach gegenüber Streptodornase, in der besten Fraktion 9fach.

Eigenschaften. Das p_H-Optimum liegt wie für Pankreas-Desoxyribonuclease I am Neutralpunkt[2,4,7]; die Streptokokken-Desoxyribonucleasen A und B haben ihr p_H-Optimum bei p_H 7,5—8,5, das Enzym C jedoch bei p_H 5,5[5]. Nach anderen Autoren[8] haben die Desoxyribonucleasen A und B ihr p_H-Optimum bei p_H 8—9, das Enzym C bei p_H 5—6 und das Enzym D bei p_H 6—7.

Streptokokken-Desoxyribonuclease benötigt zweiwertige Metallionen zur maximalen Aktivität; eine Hemmung durch Äthylendiamintetraacetat[5,8] oder Citrat[5,9] ist daher zu erwarten. Die eingehendste Untersuchung der Aktivierung durch zweiwertige Kationen stammt von STONE und BURTON[10]; sie ist von anderer Seite bestätigt worden[4]. Nach den englischen Autoren wirkt Mg^{++} optimal bei 5×10^{-4} m; Mn^{++} (optimal $1{,}5 \times 10^{-4}$ m) und Fe^{++} (optimal 5×10^{-5} m) geben nur 40% der mit Mg^{++} erzielbaren Reaktionsgeschwindigkeit. Ca^{++}, Sr^{++}, Ba^{++}, Zn^{++}, Cd^{++} oder Na^{+} sind unwirksam. Ein Überschuß von Mg^{++}, Mn^{++} oder Fe^{++} hemmt. Zusatz von $1{,}5 \times 10^{-4}$ m Ca^{++} zu optimalen Mg^{++}-Konzentrationen erhöht die Reaktionsgeschwindigkeit um das 5fache; Sr^{++} kann Ca^{++} nur sehr schlecht ersetzen, andere Ionen hemmen nur. Auch das Paar $Fe^{++} + Ca^{++}$ zeigt Synergismus. Verwendet man hitzedenaturierte DNS als Substrat, so ist kein

[1] SHERRY, S., W. S. TILLETT and L. R. CHRISTENSEN: Proc. Soc. exp. Biol. Med. **68**, 179 (1948). — TILLETT, W. S., S. SHERRY and L. R. CHRISTENSEN: Proc. Soc. exp. Biol. Med. **68**, 184 (1948). — CHRISTENSEN, L. R.: J. clin. Invest. **28**, 163 (1949).
[2] MCCARTY, M.: J. exp. Med. **88**, 181 (1948).
[3] RICHTERICH, R.: Enzymopathologie. S. 278—294. Berlin, Göttingen, Heidelberg 1958.
[4] GEORGATSOS, J. G., W. C. UNTERHOLZNER and M. LASKOWSKI sen.: J. biol. Ch. **237**, 2626 (1962).
[5] WANNAMAKER, L. W.: J. exp. Med. **107**, 797 (1958).
[6] YASMINEH, W. G., E. D. GRAY and L. W. WANNAMAKER: Fed. Proc. **22** (I), 348 (1963).
[7] TILLETT, W. S., S. SHERRY and L. R. CHRISTENSEN: Proc. Soc. exp. Biol. Med. **68**, 184 (1948).
[8] WINTER, J. E., and A. W. BERNHEIMER: J. biol. Ch. **239**, 215 (1964).
[9] MCCARTY, M., and O. T. AVERY: J. exp. Med. **83**, 97 (1946).
[10] STONE, A. B., and K. BURTON: Biochem. J. **83**, 492 (1962).

Kation allein imstande, die Reaktion in Gang zu bringen; bei optimalen Mg^{++}- und Ca^{++}-Konzentrationen jedoch setzt DNS-Abbau ein. Ähnliche, schwächer ausgeprägte, synergistische Wirkungen von Mg^{++} und Ca^{++} sind auch für andere Desoxyribonucleasen beschrieben (s. S. 1067 und 1077); einer klaren Deutung entziehen sich diese Befunde noch zur Zeit. Jede der 4 Desoxyribonucleasen A bis D reagiert individuell verschieden auf Mg^{++}, Ca^{++}, deren Kombination und auf die Natur des Substrats (nativ oder hitzedenaturiert)[1], wie aus Tabelle 28 hervorgeht. Das Verhalten der Enzyme gegenüber zugesetzten Kationen kann mit nativer und erhitzter DNS als Substraten zur Differenzierung der 4 Typen verwendet werden.

Tabelle 28. *Ioneneffekte auf die Aktivität der Streptokokken-Desoxyribonucleasen A bis D in Abhängigkeit vom Zustand der DNS*[1].

	DNS nativ			
	DNase A	DNase B	DNase C	DNase D
Mg^{++}	2×10^{-4} 0,18	2×10^{-3} 0,36	2×10^{-3} 0,20	2×10^{-4} 0,32
Ca^{++}	2×10^{-4} 0,20	2×10^{-3} 0,20	2×10^{-5} 0,14	2×10^{-4} 0,29
$Mg^{++} + Ca^{++}$	2×10^{-2} 0,47	2×10^{-2} 0,37	2×10^{-2} 0,47	2×10^{-2} 0,60
	DNS erhitzt			
	DNase A	DNase B	DNase C	DNase D
Mg^{++}	2×10^{-4} 0,17	2×10^{-3} 0,19	2×10^{-5} 0,30	2×10^{-3} 0,51
Ca^{++}	2×10^{-4} 0,18	2×10^{-3} 0,23	2×10^{-5} 0,27	2×10^{-3} 0,42
$Mg^{++} + Ca^{++}$	2×10^{-2} 0,47	2×10^{-2} 0,60	2×10^{-3} 0,69	2×10^{-2} 0,69

Streptokokken-Desoxyribonuclease wird auch durch Ribonucleinsäuren gehemmt[2,3]. Mikrobielle, insbesondere Streptokokken-RNS scheint eine gewisse Spezifität zu zeigen, indem zu gleich starker Hemmung geringere Mengen als von tierischer oder pflanzlicher RNS benötigt werden. Ribonuclease hebt diese Hemmung auf; gleichwohl wird man bei einem eingehenderen Studium dieser Hemmung dem Metallgehalt der RNS-Präparationen besondere Aufmerksamkeit widmen müssen. Von den 4 Streptokokken-Desoxyribonucleasen A bis D sind nur die Enzyme B und D durch RNS hemmbar; die Hemmung hat kompetitiven Charakter[2].

Tabelle 29. *Nucleosid-Häufigkeit in terminalen Gruppen von Oligonucleotiden nach Streptodornase-Wirkung*[6].

Nucleosid	5'-Phosphat-Ende	3'-Phosphat-Ende
Adenosin	24	29
Cytidin	19	21
Thymidin	13	30
Guanosin	44	20

Die 3 Streptokokken-Enzyme A bis C lassen sich immunologisch einwandfrei differenzieren[4].

Die Spezifität der Streptokokken-Desoxyribonuclease A ist mehrfach studiert worden[5,6]. Das Enzym bildet Spaltstücke mit in Stellung 5' verestertem Phosphat. Läßt man das Substrat erschöpfend hydrolysieren, wozu die oben angegebene Kombination von Mg^{++} und Ca^{++} erforderlich ist, so treten etwa 1,5% des eingesetzten Materials als Oligonucleotide auf, während 90% Kettenlängen zwischen Trinucleotid und Dekanucleotid haben. Dinucleotide werden nicht hydrolysiert. In der 90% betragenden Oligonucleotid-Fraktion verteilen sich die endständigen Basen wie folgt (Tabelle 29):

Demnach überwiegen am 5'-Ende die Purine stark, am 3'-Ende das Paar A + T deutlich. Insgesamt werden unter Optimalbedingungen 16,7%[7] bzw. 18%[5] der Internucleotid-Bindungen gelöst; die Spaltprodukte nach Streptodornase-Einwirkung werden durch Pankreas-Desoxyribonuclease I weiter abgebaut[5].

---

[1] Winter, J. E., and A. W. Bernheimer: J. biol. Ch. **239**, 215 (1964).
[2] Yasmineh, W. G., E. D. Gray and L. W. Wannamaker: Fed. Proc. **22** (I), 348 (1963).
[3] Bernheimer, A. W.: Biochem. J. **53**, 53 (1953).
[4] Wannamaker, L. W.: J. exp. Med. **107**, 797 (1958).
[5] Potter, J. L., and M. Laskowski: J. biol. Ch. **234**, 1263 (1959).
[6] Georgatsos, J. G., W. C. Unterholzner and M. Laskowski sr.: J. biol. Ch. **237**, 2626 (1962).
[7] Stone, A. B., and K. Burton: Biochem. J. **83**, 492 (1962).

Die für Streptodornase erarbeiteten Spezifitätsmerkmale gelten nur zum Teil für die Streptokokken-Desoxyribonucleasen A bis D[1]. Alle Enzyme liefern Spaltstücke mit 5'-ständigem Phosphat. Die Basenverteilung am 5'- und am 3'-Ende der Spalt-Oligonucleotide ist in Tabelle 30 zusammengestellt. Während am 3'-Ende die Basenverteilung annähernd

Tabelle 30. *Basen-Häufigkeit in 5'- und 3'-Stellung der Oligonucleotide nach Einwirkung der Streptokokken-Desoxyribonucleasen A bis D*[1].

Base	Enzym A			Enzym B			Enzym C			Enzym D		
	5'	3'	3'	5'	3'	3'	5'	3'	3'	5'	3'	3'
Adenin	14	26	28	15	31	21	19	32	32	54	35	39
Guanin	47	30	28	50	26	19	35	23	27	17	10	11
Cytosin.	12	10	9	12	13	9	15	14	11	12	18	17
Thymin	27	34	35	23	30	51	31	31	30	17	37	33
Erläuterungen. .	*	**	***	*	**	***	*	**	***	*	**	***
Durchschnittliche Kettenlänge der Oligonucleotide	6,2			4,6			2,6			2,7		

* Bestimmt aus den mit Schlangengift-Phosphodiesterase freigesetzten Nucleosiden.
** Bestimmt aus den mit Milz-Phosphodiesterase freigesetzten Nucleosiden.
*** Bestimmt aus den mit Mikrokokken-Nuclease freigesetzten Nucleosiden.

dem statistischen Mittel entspricht, ergibt sich aus den Daten für das 5'-Ende, daß die Enzyme A und B vorzugsweise Phosphodiester-Bindungen in Nachbarschaft zu Desoxyguanosin spalten, während das Enzym D entsprechend Desoxyadenosin bevorzugt; das Enzym C läßt keine so ausgesprochene Spezifität erkennen.

Desoxyribonucleasen aus *Escherichia coli*.

Man findet in *E. coli* mehrere Desoxyribonucleasen, von denen die Enzyme mit Exonuclease-Wirkung bei Phosphodiesterasen (S. 1021ff.) abgehandelt werden. Zusammenfassende Darstellung s. [2].

Ein Teil der intracellulären Desoxyribonuclease ist in *E. coli* an die Ribosomen gebunden[3–5] und liegt dort „latent" vor; Desaggregation der 70 S-Ribosomen, die das Enzym gebunden enthalten, führt zur Freisetzung des Enzyms. Wenn die Desaggregation durch Mg^{++}-Entzug bewirkt wurde, wird bei erneuter Reaggregation (durch Erhöhung der Mg^{++}-Konzentration) Desoxyribonuclease wieder an die 70 S-Ribosomen gebunden[5].

Bei Phageninfektion steigt die Aktivität der Desoxyribonuclease zugleich mit den anderen Enzymen der „early events" an[6–8].

Darstellung. Die Zerstörung der Zellen zur Freilegung der Desoxyribonuclease kann mit etwa gleich gutem Erfolg durch Ultraschall-Behandlung, Vermahlen mit Aluminiumpulver[9] oder Lysis mit T_3-Bakteriophagen vorgenommen werden; Lyophilisierung, Extraktion mit Desoxycholat oder Behandlung mit N_2O geben weniger gute Resultate[10].

---

1 Winter, J. E., and A. W. Bernheimer: J. biol. Ch. **239**, 215 (1964).
2 Lehman, I. R.: Progr. Nucleic Acid Res. **2**, 83 (1963).
3 Elson, D.: Biochim. biophys. Acta **36**, 372 (1959).
4 Tal, M., and D. Elson: Biochim. biophys. Acta **53**, 227 (1961).
5 Tal, M., and D. Elson: Biochim. biophys. Acta **72**, 439 (1963).
6 Kunkee, R. E., and A. B. Pardee: Biochim. biophys. Acta **19**, 236 (1956).
7 Weissbach, A., and D. Korn: J. biol. Ch. **237**, PC 3312 (1962). — Korn, D., and A. Weissbach: J. biol. Ch. **238**, 3390 (1963).
8 Kozloff, L. M.: Ann. Rev. **29**, 475 (1960).
9 McIlwain, H.: J. gen. Microbiol. **2**, 288 (1948).
10 Pardee, A. B., and R. E. Kunkee: J. biol. Ch. **199**, 9 (1952).

***Darstellung von Desoxyribonuclease aus E. coli nach* Lehman *u. Mitarb.*[1].**

Die Zellen werden, wie früher beschrieben[2], gezüchtet. 450 g Frischgewicht an Zellen werden mit 300 ml 0,15 m Kaliumphosphat, p_H 7,0, im Waring-Blendor mit $^1/_3$ der Maximalgeschwindigkeit gerührt und langsam mit 1350 g Glaskugeln von 200 μ Durchmesser („Superbrite" der Minnesota Mining and Manufacturing Co.) versetzt; nach vollständiger Vermischung wird 20 min bei voller Geschwindigkeit homogenisiert, nachdem weitere 1500 ml Puffer zugesetzt wurden. Nach Absetzen der Glasperlen (ca. 10 min) wird 10 min bei 15000 ×g zentrifugiert *(Rohextrakt)*. 800 ml Extrakt werden unter Rühren mit 400 ml 1%iger Protaminsulfat-Lösung versetzt und nach 10 min Stehen für 10 min bei 15000 ×g zentrifugiert; der Niederschlag wird im Waring-Blendor mit 800 ml 0,2 m Kaliumphosphat, p_H 7,4, für 5 min mit $^1/_4$ der Maximalgeschwindigkeit durchgearbeitet und dann 10 min bei 15000 ×g zentrifugiert. Das Sediment wird nun mit 800 ml 0,5 m Kaliumphosphatpuffer, p_H 7,4, 10 min im Waring-Blendor bei $^1/_4$ der Maximalgeschwindigkeit extrahiert; nach 10 min Zentrifugieren bei 15000 ×g wird der klare Überstand mit dem gleichen Volumen dest. H_2O sowie mit 5 ml 0,5 m $MgCl_2$ versetzt und 2 Std bei 37° C gehalten. Ausgefallenes Protein wird auf der Zentrifuge entfernt *(Protamin)*.

Tabelle 31. *Reinigung von Desoxyribonuclease aus E. coli nach* Lehman u. Mitarb.[1].

Fraktion	Relative spezifische Aktivität	Ausbeute %	Ribonuclease / Desoxyribonuclease
Rohextrakt . . .	10,2	100	7,3
Protamin	140	47	—
Ammoniumsulfat	260	30	8,1
DEAE-Cellulose	528	23	7,9
CM-Cellulose . .	6360	14	1,3
Amberlite . . .	—	11	0,2

1600 ml Protamineluat werden unter Rühren mit 565 g Ammoniumsulfat versetzt; nach 10 min Stehen wird für 10 min bei 15000 ×g zentrifugiert und die überstehende Lösung mit 512 g Ammoniumsulfat versetzt. Der auf der Zentrifuge gewonnene Niederschlag wird in 80 ml 0,02 m Kaliumphosphat, p_H 7,4, gelöst und 12 Std gegen 75 Vol. 0,01 m Kaliumphosphat, p_H 7,4, dialysiert; ein dabei entstehender Niederschlag wird auf der Zentrifuge entfernt *(Ammoniumsulfat)*. Man bereitet eine Säule von DEAE-Cellulose (16 ×3,3 cm), die mit 0,01 m Kaliumphosphat, p_H 7,4, äquilibriert wird, und gibt die dialysierte Enzymlösung mit einer Rate von 80 ml/Std auf. Mit 130 ml Kaliumphosphat (0,01 m; p_H 7,4) werden ca. 80% der Aktivität eluiert *(DEAE-Cellulose)*.

Man bereitet mit CM-Cellulose eine Säule von 16 ×2,2 cm und äquilibriert sie mit 0,01 m Kaliumphosphat, p_H 6,5. 126 ml Eluat von DEAE-Cellulose, die mit 1 ml 1 m Kaliumdihydrogenphosphat versetzt sind, werden mit einer Rate von 40 ml/Std aufgegeben; dann wird mit 0,25 ml 0,01 m Kaliumphosphat, p_H 6,5, nachgewaschen. Mit einem linearen Gradienten zwischen 0,04 und 0,2 m Kaliumphosphat, p_H 7,4 (Gesamtvolumen 600 ml), wird bei 48 ml/Std eluiert, und es werden Fraktionen zu 8 ml aufgefangen. Die desoxyribonucleaseaktiven Fraktionen erscheinen zwischen 4,4 und 6,4 Säulenbett-Volumina, werden 5 Std gegen 2mal 4 l 0,01 m Trispuffer, p_H 7,4, dialysiert, lyophilisiert und in 4 ml dest. H_2O gelöst *(CM-Cellulose)*. Man bereitet mit Amberlite XE-64 eine Säule von 20,5 ×0,7 cm, die mit 0,1 m Kaliumphosphat, p_H 6,48, äquilibriert wird. 34 ml Eluat von CM-Cellulose werden ohne Lyophilisierung gegen 0,1 m Kaliumphosphat, p_H 6,48, dialysiert, mit einer Rate von 10 ml/Std auf die Säule gegeben und mit 5 ml Puffer nachgewaschen. Mit einem linearen Gradienten zwischen 0,3 und 1 m KCl in 0,1 m Kaliumphosphat, p_H 7,4 (Gesamtvolumen 100 ml), wird bei 12 ml/Std eluiert, und es werden Fraktionen zu 2 ml aufgefangen. Bei etwa 50 ml erscheint Desoxyribonuclease mit scharfem Gipfel *(Amberlite)*. Reinigungserfolg und Ausbeuten sind in Tabelle 31 zusammengestellt.

[1] Lehman, I. R., G. G. Roussos and E. A. Pratt: J. biol. Ch. **237**, 819 (1962).
[2] Lehman, I. R., M. J. Bessman, E. S. Simms and A. Kornberg: J. biol. Ch. **233**, 163 (1958).

***Auftrennung verschiedener Desoxyribonucleasen aus E. coli K 12λ nach* Weissbach *und* Korn**[1].

Die Zellen werden bei 37° C und kräftiger Belüftung in folgendem Medium gezüchtet: 10 g Bacto-Tryptone, 5 g NaCl, 203 mg $MgCl_2 \cdot 6H_2O$ und 74 mg $CaCl_2 \cdot 2H_2O$ im Liter. Die Zellen werden bei einer Dichte von 3—5 $\times 10^8$/ml geerntet und einmal mit kaltem H_2O gewaschen. 2—3 g Zellen (Frischgewicht) werden mit 8 g Superbrite-Glasperlen Nr. 100 und 8 ml 0,01 m Tris, p_H 7,4, in einer hochtourigen Schüttelmaschine aufgeschlossen, 15 min bei 10000 $\times$ g und dann 3 Std bei 105000 $\times$ g zentrifugiert *(Rohextrakt)*. Der Überstand wird mit 0,1 Vol. 5%igem Streptomycinsulfat versetzt und 1 Std in der Kälte stehengelassen; der Niederschlag wird auf der Zentrifuge gesammelt und mit 0,5 Vol. 5%igem Streptomycinsulfat, bezogen auf das Volumen des 105000 $\times$ g-Überstandes, 30 min bei Raumtemperatur durchgearbeitet. Nach 5 min Zentrifugieren bei 15000 $\times$ g wird der Überstand über eine Sephadex G 75-Säule gegeben, deren Volumen dem 2,5fachen des 105000 $\times$ g-Überstandes entspricht und die mit 0,2 m NaCl in 0,01 m Trispuffer, p_H 7,4, äquilibriert ist; mit diesem Puffer wird das Protein aus der Sephadex-Säule eluiert *(Streptomycin-Eluat)*.

Die Enzymlösung wird 3 Std gegen 100 Vol. 0,02 m Tris, p_H 7,4, dialysiert. Man bereitet eine Säule mit DEAE-Cellulose, die etwa 100 ml Säulenpackung pro 30 mg Protein enthält, und äquilibriert sie mit 0,02 m Tris, p_H 7,4. Die Elution wird schrittweise vorgenommen, indem mit 1,2 Säulenvolumina 0,02 m Trispuffer, p_H 7,4, gearbeitet wird, der folgende Konzentrationen an NaCl enthält: 0; 0,05; 0,10; 0,20; 0,30; 0,40; 0,50. Es werden Fraktionen zu je 25 ml aufgefangen. Man erhält 4 Proteine mit Desoxyribonuclease-Aktivität, die etwa bei folgenden Fraktionen ihren Gipfel haben: I = 7; II = 16; III = 28; IV = 33. Die Desoxyribonucleasen I und II sind echte Endonucleasen, während die Gipfel III und IV Phosphodiesterasen zugehören, die S. 1021 ff. besprochen werden. Reinigungserfolg und Ausbeuten sind in Tabelle 32 zusammengestellt. Der gleiche Fraktionierungsgang läßt sich auch auf *E. coli* K 12 λ nach lysogener Induktion mittels Mitomycin C oder Thymin-Mangel und nach Infektion mit dem Phagen λ C-57 anwenden[2].

Tabelle 32. *Reinigung mehrerer Desoxyribonucleasen aus E. coli K 12 λ nach* Weissbach *und* Korn[1].

Fraktion	Relative spezifische Aktivität	Ausbeute %
Rohextrakt . . .	0,33	100
Streptomycin-Eluat	18,7	180
DEAE-Cellulose I	20,2	11
DEAE-Cellulose II	143	29
DEAE-Cellulose III	10,8	18
DEAE-Cellulose IV	3,5	3

Eigenschaften. Das in Rohextrakten gemessene p_H-Optimum (z.B. etwa 6,2[3]) dürfte die Resultante aus allen am DNS-Abbau beteiligten Enzymen sein; für gereinigte *E. coli*-Desoxyribonuclease[4] wird das p_H-Optimum zwischen p_H 7,5 und 8,5 gefunden, für die Desoxyribonucleasen I und II[1] bei p_H 7 bis 8.

Mg^{++} ist für die Enzymwirkung unbedingt nötig; das Optimum liegt für die Desoxyribonucleasen I und II[1] bei 2,5 $\times 10^{-3}$ m, für gereinigte *E. coli*-Desoxyribonuclease[4] bei 7 $\times 10^{-3}$ m, während 1 $\times 10^{-3}$ m 66% und 3,4 $\times 10^{-2}$ m 50% der Maximalgeschwindigkeit ergeben.

Als K_M-Wert wird 2,5 $\times 10^{-5}$ m DNS-Nucleotid angegeben[5].

Gereinigte *E. coli*-Desoxyribonuclease[4] benötigt native DNS als Substrat (s. auch [1]); es werden Spaltprodukte gebildet, die in 5'-Stellung Monoesterphosphat tragen. Im Durchschnitt haben die Spaltprodukte nach erschöpfender Hydrolyse eine Kettenlänge von 7 Nucleotid-Einheiten; sie sind auch bei erneuter Inkubation gegen weiteren Abbau resistent. *E. coli*-DNS wird unter den Bedingungen der erschöpfenden Hydrolyse zu

[1] Weissbach, A., and D. Korn: J. biol. Ch. **238**, 3383 (1963).
[2] Korn, D., and A. Weissbach: J. biol. Ch. **238**, 3390 (1963).
[3] Kersten, H.: H. **329**, 31 (1962).
[4] Lehman, I. R., G. G. Roussos and E. A. Pratt: J. biol. Ch. **237**, 819 (1962).
[5] Lehman, I. R., G. G. Roussos and E. A. Pratt: J. biol. Ch. **237**, 829 (1962).

85—90 % in säurelösliche Produkte überführt; ein dAT-Polymeres wird rascher als native DNS, ein dGC-Polymeres nur sehr langsam abgebaut.

Bezüglich der Basenspezifität scheint die Bindung -pCpX- bevorzugt gegenüber der Bindung -pApX- hydrolysiert zu werden, doch besteht keine absolute Basenspezifität[1]. Verschiedene Befunde sprechen dafür, daß die gereinigte *E. coli*-Desoxyribonuclease[1] mit der Desoxyribonuclease II anderer Autoren[2] identisch ist.

In relativ spezifischer Weise hemmt Ribonucleinsäure die Desoxyribonucleasen aus *E. coli*, im Unterschied zu den DNS abbauenden Phosphodiesterasen aus *E. coli*, die durch RNS nicht inhibiert werden. *E. coli*-RNS hat gegenüber kristalliner Pankreas-Desoxyribonuclease I keine Hemmwirkung[3, 4]. Charakteristisch ist, daß Ribonuclease-Zusatz rasch enthemmt[3, 4]. Die Hemmung ist proportional der eingesetzten RNS-Menge und läßt sich daher leicht messen; am aktivsten ist die Transfer-RNS aus *E. coli*, während andere RNS (ribosomale RNS aus *E. coli*, Tabakmosaikvirus-RNS, Transfer-RNS aus Meerschweinchenleber) nur etwa $^1/_3$ so aktiv sind. Poly-AGUC hat 1 % der Hemmwirkung von *E. coli*-Transfer-RNS, Poly-A und Polyphosphat sind wirkungslos[4]. Die Hemmung erfordert die Anwesenheit von Mg^{++} und hat kompetitiven Charakter; K_i beträgt 9×10^{-9} m RNS-Nucleotid[4]; 5×10^{-7} m RNS-Nucleotid gibt 90—95 % Hemmung der Desoxyribonucleasen I und II aus *E. coli*, während vollständige Hemmung bei 5×10^{-6} m eintritt[2].

Bestimmung. Nach LEHMAN u. Mitarb.[1] empfiehlt es sich, bei wenig gereinigten Enzymfraktionen dem Inkubationsansatz von 0,30 ml ca. 50 μg kristalline Pankreas-Ribonuclease zuzusetzen, um Hemmeffekte durch RNS auszuschalten. Die Messung der Enzymaktivität kann nach irgendeinem der S. 1073—1081 beschriebenen Verfahren vorgenommen werden; eine Methode mit ^{32}P-markierter DNS als Substrat, bei der die Radioaktivität säurelöslich gewordener Spaltprodukte verfolgt wird, ist angegeben[1].

Desoxyribonuclease aus *Azotobacter agilis*[5].

Die Darstellung[6] dieses Enzyms ist im Abschnitt Ribonucleasen (S. 738ff.) beschrieben. Die *Azotobacter agilis*-Desoxyribonuclease spaltet sowohl RNS als auch DNS und wird meist einfach als Nuclease bezeichnet; der Abbau von DNS wird hier behandelt.

DNS wird etwas schneller als Polyadenylsäure angegriffen; das Enzym benötigt Mg^{++} zu seiner Wirksamkeit, optimal ist 1 Äq Mg^{++} pro 1 Mol Phosphat der DNS. Die Spaltprodukte haben Oligonucleotid-Charakter und tragen eine 5'-Phosphomonoester-Gruppe. Hitzedenaturierung der DNS ist ohne Einfluß auf ihre Eignung als Substrat.

Desoxyribonuclease aus *Clostridium septicum*.

Desoxyribonuclease-Aktivität in *Clostridium welchii Typ A* ist schon länger bekannt[7]. Filtrate von *Clostridium septicum* enthalten neben einem Letalfaktor (α-Toxin) eine Desoxyribonuclease (β-Toxin), die sich serologisch vom *Cl. welchii*-Enzym unterscheidet[8]. Kaninchen-Antiserum gegen *Cl. septicum* enthält eine Anti-Desoxyribonuclease; die Titerstellung des Antiserums kann in sehr eleganter Weise an Hand der Desoxyribonuclease-Hemmung erfolgen[8]. Das Enzym aus *Cl. septicum* hat ein p_H-Optimum bei p_H 7,1; 3×10^{-3} m Mg^{++} ist im viscosimetrischen Test ohne Einfluß auf die Reaktionsgeschwindigkeit[9].

---

[1] LEHMAN, I. R., G. G. ROUSSOS and E. A. PRATT: J. biol. Ch. **237**, 819 (1962).
[2] WEISSBACH, A., and D. KORN: J. biol. Ch. **238**, 3383 (1963).
[3] KOZLOFF, L. M.: Cold Spring Harbor Symp. quant. Biol. **18**, 209 (1953).
[4] LEHMAN, I. R., G. G. ROUSSOS and E. A. PRATT: J. biol. Ch. **237**, 829 (1962).
[5] STEVENS, A., and R. J. HILMOE: J. biol. Ch. **235**, 3023 (1960).
[6] STEVENS, A., and R. J. HILMOE: J. biol. Ch. **235**, 3016 (1960).
[7] ROBB-SMITH, A. H. T.: Lancet **1945 II**, 362.
[8] WARRACK, G. H., E. BIDWELL and C. L. OAKLEY: J. Path. Bact. **63**, 293 (1951).
[9] SIEBERT, G., K. LANG, S. LUCIUS-LANG, L. HERKERT, G. STARK, G. ROSSMÜLLER u. H. JÖCKEL: H. **295**, 229 (1953).

Desoxyribonuclease aus *Pseudomonas*[1].

Dieses Enzym aus einem nichtidentifizierten Stamm ist nicht näher charakterisiert, aber deswegen bemerkenswert, weil es durch eine pseudomonaseigene RNS gehemmt wird; Ribonuclease-Zusatz enthemmt.

Desoxyribonuclease aus *Saccharomyces cerevisiae*[2].

Diese Desoxyribonuclease findet sich in den Hefezellen in Gegenwart eines Inhibitors von Proteinnatur, über den unten gesondert berichtet wird. Das Enzym benötigt Mg^{++}, hat ein p_H-Optimum bei p_H 6 und wird durch 15 min Erhitzen auf 55° C vollständig inaktiviert. Das Enzym ist nur in Salzlösungen löslich; man erhält es aus den gewaschenen und gemahlenen Zellen durch 4monatige Extraktion mit m NaCl-Lösung in der Kälte, wobei der Inhibitor abgebaut wird. Durch Dialyse und Lyophilisierung, Ammoniumsulfatfraktionierung zwischen 0 und 60% Sättigung, NaCl-Extraktion aus der dialysierten Lösung und erneute Lyophilisierung wird eine 90fache Anreicherung bei 28% Ausbeute erreicht.

Desoxyribonuclease aus *Tetrahymena pyriformis*.

Diese Ciliaten, für die Kulturbedingungen angegeben sind[3], enthalten intracelluläre Desoxyribonuclease, sezernieren aber ferner große Mengen ins Medium. Das p_H-Optimum beträgt 6,2; ein Mg^{++}-Bedarf ist nicht erkennbar[3]. Bestrahlung intakter Zellen mit Dosen bis zu 500000 r hat praktisch keinen Einfluß auf die Desoxyribonuclease-Aktivität; in Homogenaten dagegen wird sie nach 500000 r auf 50% gesenkt[4]. Die gleiche Strahlendosis in Gegenwart von $2{,}8 \times 10^{-3}$ m p-Chlorquecksilber(II)-benzoat bewirkt 86% Abnahme der Aktivität[5]. Cystein hemmt ($1{,}7 \times 10^{-3}$ m $= -30\%$), $1{,}1 \times 10^{-3}$ m p-Chlorquecksilber(II)-benzoat hemmt um 55%, $1{,}1 \times 10^{-3}$ m o-Jodosobenzoat ist ohne Effekt[5], desgleichen p-Chlorquecksilber(II)-benzoat bei Konzentrationen unterhalb $5{,}6 \times 10^{-4}$ m[5].

Desoxyribonuclease-Inhibitoren von Proteincharakter.

Einleitung. In zahlreichen Geweben und Zellen ist das Vorkommen hochmolekularer, hitzelabiler, durch Proteasen zerstörbarer Substanzen mit starker Hemmwirkung gegenüber Desoxyribonucleasen beschrieben worden. Solche labilen Inhibitoren können der Grund für eine „Latenz" der Desoxyribonuclease-Aktivität sein, ohne daß Partikelbindung (s. S. 1063 und 1082) mitspielt. Die bisher vorliegenden Daten sprechen dafür, daß es sich bei den Inhibitoren um Proteine handelt. Im allgemeinen sind diese Inhibitoren spezifisch für einen bestimmten Typ von Desoxyribonucleasen und zeigen also keine Kreuzreaktion mit Enzymen anderer Herkunft oder anderen Wirkungstyps. Diese Inhibitoren entstehen nicht aus Antigen-Antikörper-Reaktionen.

Vorkommen. Inhibitoren sind wohl zuerst in Pankreasgewebe beobachtet worden[6, 7]; der Inhibitor aus der Kropfdrüse der Taube[8] ist nur gegen Desoxyribonuclease I, nicht gegen Desoxyribonuclease II wirksam[9]. Mehrfach finden sich Angaben über die Inhibitor-Aktivität in Abhängigkeit vom Funktionszustand der Gewebe, so für Taubenkropf[8], Placenta[10] und leukämische Zellen[11], doch gilt dies z.B. für die regenerierende Rattenleber[12] anscheinend nicht; s. dazu aber die Angaben auf S. 1064[13].

[1] Catlin, B. W.: Science, N.Y. **124**, 441 (1956).
[2] Zamenhof, S., and E. Chargaff: J. biol. Ch. **180**, 727 (1949).
[3] Haessler, H. A., and L. Cunningham: Exp. Cell Res. **13**, 304 (1957).
[4] Eichel, H. J., and J. S. Roth: Biol. Bull. **104**, 351 (1953).
[5] Roth, J. S., and H. J. Eichel: Biol. Bull. **108**, 308 (1955).
[6] McCarty, M.: J. gen. Physiol. **29**, 123 (1946).
[7] Laskowski, M.: Arch. Biochem. **11**, 41 (1946).
[8] Dabrowska, W., E. J. Cooper and M. Laskowski: J. biol. Ch. **177**, 991 (1949).
[9] Kowlessar, O. D., K. I. Altman and L. H. Hempelmann: Arch. Biochem. **54**, 355 (1955).
[10] Brody, S.: Acta chem. scand. **7**, 721 (1953).
[11] Henstell, H. H., R. I. Freedman and B. Ginsburg: Cancer Res. **12**, 346 (1952).
[12] Cooper, E. J., M. L. Trautmann and M. Laskowski: Proc. Soc. exp. Biol. Med. **73**, 219 (1950).
[13] Keir, H. M., R. M. S. Smellie and G. Siebert: Nature **196**, 752 (1962).

Bekannt und wichtig ist der Inhibitorgehalt von Leukocyten[1–5]; die physiologische Rolle ist unbekannt. Weitere tierische Gewebe mit Inhibitor-Aktivität sind Erythrocyten[4], Stierhoden[6], Knochenmark[1, 6], Darm[7], Hoden[6, 7], Milz[6, 7], Gehirn[7], Niere[6, 7], Herz[6], Lunge[6] und Leber[6–9]. In der Rattenleber findet sich der Inhibitor im partikelfreien Überstand[9]. Desoxyribonuclease-Inhibitor findet sich auch in Rhesus-Nieren und in der Kulturflüssigkeit dieser Zellen[10]. Die bis hierher gemachten Angaben über das Vorkommen betreffen alle die Hemmung der Desoxyribonuclease I oder der Serum-Desoxyribonuclease, die mit dem Pankreas-Enzym identisch oder zumindest ganz eng verwandt ist.

Ein davon definitiv verschiedener Inhibitor findet sich in der Hefe[11]; Desoxyribonuclease I aus Pankreas und anderen Quellen wird nicht gehemmt. Die Frage des Vorkommens spezifischer Inhibitor-Proteine für Desoxyribonuclease II ist noch nicht endgültig geklärt; eine Angabe über die Hemmung der (sauren) Desoxyribonuclease II aus Milz durch Pferdeleukocyten-Hemmstoff[5] ist weder bestätigt noch widerlegt worden.

Darstellung. Der Desoxyribonuclease-Inhibitor aus Leukocyten wird gewonnen, indem zunächst heparinisiertes Blut vom Menschen wie folgt aufgearbeitet wird[3]: 1 l heparinisiertes Blut wird in der Kälte 15 min bei 1000 U/min zentrifugiert und der Überstand, der Plasma und Leukocyten enthält, abgezogen; dieser Überstand wird nun 20 min bei 3000 U/min in der Kälte zentrifugiert, wobei sich die Leukocyten absetzen. Man dekantiert vom Plasma und wäscht das Leukocyten-Sediment dreimal in 0,14 m NaCl. Die Leukocyten werden in 20 ml 0,14 m NaCl suspendiert, im Potter-Elvehjem-Ganzglas-Homogenisator homogenisiert und zur Gewinnung der Inhibitorlösung zentrifugiert.

Andere Verfahren gehen von isolierten Leukocyten aus, welche durch Ultraschall[4], mehrfaches Frieren—Tauen[2] oder Extraktion 1:100 mit redest. Wasser[1] aufgearbeitet werden.

Nach Laskowski u. Mitarb. werden tierische Gewebe im Verhältnis 1:3 mit dest. Wasser nicht zu scharf homogenisiert; der klarzentrifugierte Extrakt wird zwischen 30 und 60 % Sättigung an Ammoniumsulfat fraktioniert und der dabei anfallende Niederschlag gegen Wasser dialysiert[6, 12]. In der Rattenleber wird durch 2 Std Zentrifugieren bei 105000 × g, Ammoniumsulfatfällung bis 35 % Sättigung und kontinuierliche Papierelektrophorese eine mehrfache Anreicherung bewirkt[9].

Der Desoxyribonuclease-Inhibitor aus Hefe[11] wird gewonnen, indem 350 g frische Bäckerhefe mit Wasser gewaschen werden; die Zellen werden in 60 ml Wasser suspendiert und in einer Bakterienmühle aufgebrochen. Man zentrifugiert 2 Std bei 1900 × g und erhält den Inhibitor im 135 ml messenden, opalescenten Überstand. Dieser wird noch über Kielselgur filtriert und mit Ammoniumsulfat bis 84 % Sättigung versetzt; nach 1 Std Zentrifugieren bei 1900 × g wird das sorgfältig vom Überstand befreite Sediment in 42 ml Wasser gelöst und 7 Std energisch gegen Wasser dialysiert. Nach erneuter Filtration durch Kieselgur und Lyophilisierung erhält man 1,2 g weißliches Material.

Eigenschaften. Alle bisher untersuchten Inhibitoren, besonders aus Hefe[11] und tierischen Geweben[6, 12], sind leicht lösliche Proteine. Die Inhibitoren sind hitzelabil, passieren Dialysemembranen nicht, werden durch Proteasen wie Trypsin oder Ficin inaktiviert und

[1] Henstell, H. H., R. I. Freedman and B. Ginsburg: Cancer Res. **12**, 346 (1952).
[2] Kurnick, N. B., L. I. Schwartz, S. Pariser and S. L. Lee: J. clin. Invest. **32**, 193 (1953).
[3] Doctor, V. M.: Arch. Biochem. **96**, 475 (1962).
[4] Gupta, S., and R. M. Herriott: Arch. Biochem. **101**, 88 (1963).
[5] Siebert, G., K. Lang, S. Lucius-Lang, L. Herkert, G. Stark, G. Rossmüller u. H. Jöckel: H. **295**, 229 (1953).
[6] Cooper, E. J., M. L. Trautmann and M. Laskowski: Proc. Soc. exp. Biol. Med. **73**, 219 (1950).
[7] Feinstein, R. N.: J. biol. Ch. **235**, 733 (1960).
[8] Keir, H. M., R. M. S. Smellie and G. Siebert: Nature **196**, 752 (1962).
[9] Loiselle, J.-M., and R. Carrier: Canad. J. Biochem. **41**, 2423 (1963).
[10] Kovacs, E.: Z. Naturforsch. **13**b, 34 (1958).
[11] Zamenhof, S., and E. Chargaff: J. biol. Ch. **180**, 727 (1949).
[12] Dabrowska, W., E. J. Cooper and M. Laskowski: J. biol. Ch. **177**, 991 (1949).

werden durch Ansäuern zerstört. Sie sind beim Aufbewahren von Gewebsextrakten labiler als die Desoxyribonuclease, wie an Tumorgeweben[1], Lymphknoten[1] und Rattenleber[2] gefunden wurde.

Während für den Leukocyten-Hemmstoff Proportionalität zwischen Hemmungswirkung und Inhibitorkonzentration angegeben wird[3, 4], trifft dies für die Inhibitoren aus tierischen Geweben[1] und Hefe[5] nicht zu.

Bestimmung. Die Ermittlung der Inhibitor-Aktivität kann grundsätzlich mit jedem der S. 1073ff. genannten Bestimmungsverfahren für die Desoxyribonuclease-Aktivität erfolgen. Bei viscosimetrischen Tests (z.B. [1, 3, 4]) nimmt man die Auswertung am besten nach dem S. 1077 geschilderten graphischen Verfahren[6] vor. Dabei ist auf Proportionalität zwischen Hemmeffekt und Inhibitormenge zu achten; ferner sollten die Reaktionsbedingungen, besonders hinsichtlich des Ionenmilieus (S. 1067f.), Maximalgeschwindigkeiten lauben.

Mißt man die durch Desoxyribonuclease katalysierte Freisetzung säurelöslichen Materials aus DNS, so findet sich bei Auftragung von Spaltprodukt gegen Inhibitormenge ein nichtlinearer Verlauf mit dem Inhibitor aus Stierhoden[1]; mit dem Leukocyten-Hemmstoff[7] erhält man dagegen Geraden, wenn die Kehrwerte von Spaltprodukt und Substratkonzentration eingetragen werden.

3.1.4.8 Ribonucleat-3′-guanylhydrolase s. S. 721.

Schwefelsäureester-Hydrolasen*.

(Sulfatasen; Schwefelsäure-Esterasen.)

Von

Otto Hoffmann-Ostenhof.**

Einteilung und Spezifität.

Als Sulfatasen oder korrekter als Schwefelsäureester-Hydrolasen [System-Nr. in der Klassifikation der Enzymkommission 3.1.6] werden Enzyme bezeichnet, welche Schwefelsäure-Ester alkoholischer oder phenolischer Körper nach der allgemeinen Gleichung

$$ROSO_3H + H_2O \rightarrow ROH + H_2SO_4$$

hydrolysieren. Nach der chemischen Natur der Substrate kann man die Schwefelsäureester-Hydrolasen in folgende Gruppen einteilen:

1. *Arylsulfatasen* [Arylsulfat-Sulfohydrolase, 3.1.6.1], welche die Hydrolase von Phenolschwefelsäure-Estern katalysieren.

* Vgl. die Handbuchartikel und Übersichtsreferate: DODGSON, K. S., and B. SPENCER: Meth. biochem. Analysis 4, 211 (1957). — FROMAGEOT, C.: Colowick-Kaplan, Meth. Enzymol. Bd. II, S. 324.

** Organisch-Chemisches Institut der Universität Wien.

1 COOPER, E. J., M. L. TRAUTMANN and M. LASKOWSKI: Proc. Soc. exp. Biol. Med. **73**, 219 (1950).
2 KEIR, H. M., R. M. S. SMELLIE and G. SIEBERT: Nature **196**, 752 (1962).
3 HENSTELL, H. H., R. I. FREEDMAN and B. GINSBURG: Cancer Res. **12**, 346 (1952).
4 SIEBERT, G., K. LANG, S. LUCIUS-LANG, L. HERKERT, G. STARK, G. ROSSMÜLLER u. H. JÖCKEL: H. **295**, 229 (1953).
5 ZAMENHOF, S., and E. CHARGAFF: J. biol. Ch. **180**, 727 (1949).
6 FEINSTEIN, R. N.: J. biol. Ch. **235**, 733 (1960).
7 DOCTOR, V. M.: Arch. Biochem. **96**, 475 (1962).

2. *Steroidsulfatasen* [Steroidsulfat-Sulfohydrolase, 3.1.6.2], welche für die hydrolytische Spaltung bestimmter Steroidschwefelsäure-Ester spezifisch sind; es scheint mehrere Arten von Steroidsulfatasen zu geben, wenngleich bisher nur eine einzige, mit einer Spezifität gegenüber 3β-Sulfaten der 5α- oder Δ^5-Steroide eingehender beschrieben wurde.

3. *Glykosulfatasen* [Zuckersulfat-Sulfohydrolase, 3.1.6.3]; die Enzyme dieses Typus spalten Substanzen vom Typus des Glucose-6-sulfats, nicht aber Chondroitinschwefelsäure, Mucoitinschwefelsäure oder deren Abbauprodukte.

4. *Chondrosulfatasen* [Chondroitinsulfat-Sulfohydrolase, 3.1.6.4]. Von diesen Enzymen nahm man lange Zeit an, daß sie Chondroitinschwefelsäure direkt angreifen; erst DODGSON und LLOYD zeigten, daß das Enzym in den Präparationen meist mit einer Polysaccharidase vergesellschaftet ist. Diese muß die Chondroitinschwefelsäure zuerst zu Oligosaccharidsulfaten aufspalten, bevor die Sulfatase ihre Wirkung entfalten kann. Die wahren Substrate des Enzyms sind somit Oligosaccharidsulfate.

5. *Sinigrinsulfatase* (meist als Myrosulfatase bezeichnet) [Sinigrin-Sulfohydrolase, 3.1.6.5]; ein pflanzliches Enzym, welches gemeinsam mit einer Thioglucosidase den Abbau des Glykosids Sinigrin katalysieren soll. Manche Arbeiten[1] lassen allerdings die Existenz von Enzymen dieser Spezifität als fraglich erscheinen.

Die Individualität der einzelnen Enzymtypen scheint weitgehend festzustehen; Enzyme irgendeiner der genannten Gruppen sind nicht imstande, die Substrate einer anderen Enzymgruppe anzugreifen.

Bestimmungsmethoden, welche für alle Schwefelsäureester-Hydrolasen anwendbar sind.

Die Sulfatase-Wirkung kann entweder durch Bestimmung der freigesetzten Schwefelsäure oder durch Bestimmung des organischen Anteils des Substrats bestimmt werden; der erstgenannte Weg kann verständlicherweise zur Aktivitätsmessung sämtlicher Enzymtypen dieser Klasse dienen.

Zur Bestimmung der freigesetzten Schwefelsäure wurden gravimetrische[2], manometrische[3] und potentiometrische Methoden[2] vorgeschlagen, die sich aber alle als recht unempfindlich erwiesen, weshalb oft Inkubationszeiten von mehreren Tagen erforderlich waren.

Eine den meisten Ansprüchen genügende Methode wurde von DODGSON und SPENCER[4] ausgearbeitet. Sie beruht auf der Fällung der Schwefelsäure als Benzidinsulfat; dieses wird abgetrennt, diazotiert und mit Thymol zu einem roten Azofarbstoff gekoppelt, der sich sehr genau colorimetrisch bestimmen läßt. Die Methode erfordert allerdings, wie die Autoren selbst berichten, viel Übung und muß mit größter Sorgfalt ausgeführt werden, da auch kleine Abweichungen von den vorgeschriebenen Bedingungen bereits zu bedeutenden Fehlern Anlaß geben. Aus diesem Grund und auch in Anbetracht der Tatsache, daß sich eine ausführliche Beschreibung in einem anderen Handbuch[5] findet, wird auf eine Wiedergabe an dieser Stelle verzichtet.

LLOYD[6] berichtete über eine von ihm im Laboratorium von DODGSON ausgearbeitete exakte Methode zur Bestimmung von enzymatisch freigesetztem Sulfat mit Hilfe des von BERTOLACINI und BARNEY[7] für die Sulfatanalyse eingeführten Bariumchloranilats. Auf diese Weise ist es möglich, in verhältnismäßig kurzer Zeit eine größere Anzahl von Bestimmungen serienmäßig durchzuführen. Eine wesentliche Schwierigkeit besteht allerdings darin, daß mehrwertige Kationen in verhältnismäßig niedrigen Konzentrationen

[1] ETTLINGER, M. G., and A. J. LUNDEEN: Am. Soc. **78**, 4172 (1956); **79**, 1764 (1957).
[2] SODA, T., and C. HATTORI: Bull. chem. Soc. Jap. **6**, 258 (1931).
[3] LINDAHL, P. E.: Ark. Zool. **28**, (2B) Nr. 4 (1935).
[4] DODGSON, K. S., and B. SPENCER: Biochem. J. **55**, 436 (1953).
[5] FROMAGEOT, C.: Colowick-Kaplan, Meth. Enzymol. Bd. II, S. 324.
[6] LLOYD, A. G.: Biochem. J. **72**, 133 (1959).
[7] BERTOLACINI, R. J., and J. E. BARNEY: Analyt. Chem., Washington **29**, 281 (1957).

bereits deutlich stören, so daß es unter Umständen nötig ist, diese mit Hilfe eines Kationenaustauschers zu entfernen, wie das auch in der ursprünglichen Ausarbeitung[1] vorgeschlagen wurde.

***Bestimmung von Sulfationen mit Hilfe der Chloranilatmethode nach* Lloyd[2].**

Prinzip:

$$SO_4^{--} + BaC_6Cl_2O_4 + H^+ \rightarrow HC_6Cl_2O_4^- + BaSO_4$$

Reagentien und Apparaturen:

1. Bariumchloranilat. Dieses Reagens wird dadurch hergestellt, daß man 1 l 0,1 %iger Chloranilsäurelösung in Wasser mit 1 l 5 %iger wäßriger Bariumchloridlösung vermischt und die Mischung über Nacht bei Zimmertemperatur stehenläßt. Der so gealterte Niederschlag wird durch Zentrifugieren abgetrennt und dann so lange mit Wasser gewaschen, bis in der überstehenden Lösung keine Chlorionen mehr nachweisbar sind. Das Wasser wird dann durch zweimaliges Waschen mit Äthanol und einmaliges Waschen mit Äther entfernt, worauf das Produkt 1 Std lang bei 60° C im Vakuum getrocknet wird.
2. Glasgeräte. Alle Versuche werden in 3 ml-Reagensgläsern mit möglichst gleicher lichter Weite durchgeführt; bei der Reinigung müssen sulfathaltige Mittel (Chromschwefelsäure!) vermieden werden. Es empfiehlt sich die Verwendung von rauchender Salpetersäure.
3. Zentrifuge. Es soll nach Möglichkeit in den oben beschriebenen Reagensgläsern zentrifugiert werden.
4. Schüttelvorrichtung.
5. Spektrophotometer. Der Autor verwendet ein Uvispek-Spektrophotometer mit 1 ml-Zellen.

Ausführung (am Beispiel der Bestimmung der Aktivität einer Glykosulfatase dargestellt):

0,1 ml einer 0,01 m Lösung von Kalium-glucose-6-sulfat in 0,2 m Essigsäure-Acetat pufferlösung von p_H 5,5 werden mit 0,1 ml einer Glykosulfatase-Präparation aus *Littorina littorea* in derselben Pufferlösung bei 37° C inkubiert. Nach Ende der Inkubationszeit werden 0,8 ml Äthanol hinzugefügt. Darauf setzt man 0,5 ml einer Suspension von Bariumchloranilat (etwa 8 mg/10 ml) in 0,25 m Essigsäure-Acetatpuffer von p_H 4,0 hinzu*, verschließt das Reagensglas und schüttelt etwa 20 min. Darauf entfernt man den Überschuß an Bariumchloranilat und das ausgefallene Bariumsulfat durch 10 min langes Zentrifugieren bei 4000 × g und 0° C. Die Menge des freigesetzten Chloranilations wird gegen eine Blindprobe des Reagens im Spektrophotometer bei 530 mμ gemessen.

Modifikationen der Benzidin- und Chloranilat-Methoden zur Bestimmung besonders kleiner Sulfatmengen wurden von Spencer[3] beschrieben.

Für die Bestimmung von Sulfat in biologischen Flüssigkeiten wurde seinerzeit auch eine *turbidimetrische Methode* entwickelt[4], welche Dodgson[5] für die Messung der Aktivität von Glykosulfatase adaptiert hat. Die Methode beruht im wesentlichen darauf, daß man die inkubierte Lösung nach Enteiweißung mit Trichloressigsäure mit einem Bariumchlorid-Gelatine-Reagens versetzt, wobei der Gelatine offenbar die Aufgabe zufällt, das entstehende Bariumsulfat in einer fein verteilten Suspension zu halten. Die Trübungsmessung erfolgt bei 360 mμ in Quarzzellen in einem Spektrophotometer; Dodgson benützt das Modell H 700.308 Uvispek-Spektrophotometer.

---

* Da Bariumchloranilat weitgehend unlöslich und immer im Überschuß vorhanden ist, erübrigt sich die Zugabe einer genau abgewogenen Menge.

[1] Bertolacini, R. J., and J. E. Barney: Analyt. Chem., Washington **29**, 281 (1957).
[2] Lloyd, A. G.: Biochem. J. **72**, 133 (1959).
[3] Spencer, B.: Biochem. J. **75**, 435 (1960).
[4] Berglund, F., and B. Sörbo: Acta chem. scand. **13**, 2121 (1959).
[5] Dodgson, K. S.: Biochem. J. **78**, 312 (1961).

Nach den Angaben des Autors ist das Verfahren weniger empfindlich als die Benzidin- oder die Chloranilat-Methode; dieser Nachteil werde aber durch die Einfachheit der Bestimmung aufgehoben. Enzymexperimente mit gereinigter Glykosulfatase, die sonst 1—2 Tage dauern, können damit in 2—3 Std durchgeführt werden.

Ein anderer Nachteil der Methode liegt darin, daß verhältnismäßig hohe Substratmengen benötigt werden, um kinetisch einwandfreie Messungen zu ermöglichen. Sie ist daher nur bei solchen Enzymen anzuwenden, bei denen die Optimalkonzentration des Substrats vergleichsweise hoch ist, wie z.B. der Glykosulfatase, während bei anderen Enzymen — etwa der 3β-Steroidsulfatasen (vgl. S. 1117) — Substratkonzentrationen verwendet werden müßten, welche die Optimalkonzentration weit überschreiten. Unter diesen Bedingungen verursacht der Substratüberschuß bereits eine Hemmung, so daß hier das Verfahren nicht empfohlen werden kann.

Die einzelnen Enzyme.

Arylsulfatasen (Phenolsulfatasen).

[3.1.6.1 Arylsulfat-Sulfohydrolase.]

Allgemeines und Einteilung. Obwohl der erste Bericht über den Nachweis einer Arylsulfatase-Wirkung bereits aus dem Jahre 1911 stammt[1], konnten die Enzyme dieses Typus erst viel später eingehender charakterisiert werden. Dabei konnte vor allem durch die Arbeiten der Schulen von DODGSON und von ROY nachgewiesen werden, daß es sich bei den Arylsulfatasen nicht um einen einheitlichen Enzymtypus handelt. Wir haben hier offensichtlich mindestens drei Enzymtypen verschiedener relativer Spezifität und von deutlich unterschiedlichem Verhalten gegenüber verschiedenen Inhibitoren vor uns. Da zumindest in einem Organ, der Leber, das Vorkommen aller drei bisher bekannter Arylsulfatasen eindeutig nachgewiesen wurde, wird eine Untersuchung der Verhältnisse dadurch erschwert, daß man mit mehreren Substraten und unter verschiedenen Bedingungen arbeiten muß.

DODGSON[2] unterscheidet primär zwei Typen der Arylsulfatasen, von den sich der zweite Typus wieder in zwei verschiedene Enzymindividuen auftrennen läßt.

Typus 1. Arylsulfatasen dieses Typus kommen in Säugetiergewebe (in der Rattenleber in den Mikrosomen als unlösliches Enzym: Arylsulfatase C), in Pilzen und in manchen Bakterien vor. Sie zeigen besonders starke Aktivität gegenüber p-Acetylphenylsulfat und p-Nitrophenylsulfat, während ihre Wirkung gegenüber 2-Hydroxy-5-nitrophenylsulfat (Nitrobrenzcatechinsulfat) wesentlich geringer ist[3], obwohl die Enzyme offenbar eine starke Affinität zu diesem Substrat besitzen[4]. Sie werden durch Cyanid in ihrer Aktivität gehemmt, während Phosphat oder Sulfat kaum eine Wirkung ausüben.

Typus 2. Enzyme dieses Typus kommen in Säugetiergewebe und im Harn sowie in Mollusken vor; sie zeigen geringe Aktivität und Affinität gegenüber p-Acetylphenylsulfat und p-Nitrophenylsulfat, während ihre Spaltwirkung gegenüber Nitrobrenzcatechinsulfat sehr beträchtlich ist. Sie werden in ihrer Aktivität durch Phosphat- und Sulfationen stark gehemmt, während Cyanid ohne Einfluß ist[5].

In der Leber, und zwar in den Mitochondrien, lassen sich zwei Enzyme dieses Typus nachweisen, die beide nach Aufbrechen der Mitochondrien-Membran in Lösung gehen. Die gleichen Enzyme finden sich auch im Harn. Von den Bearbeitern des Gebietes werden sie als Arylsulfatasen A und B bezeichnet. Die Verschiedenheit dieser beiden Enzyme konnte vor allem durch physikalische Methoden (Elektrophorese, Fraktionierung mit

[1] DERRIEN, M.: Bull. Soc. Chim. biol. 9, 110 (1911).
[2] DODGSON, K. S., and B. SPENCER: Meth. biochem. Analysis 4, 211 (1957).
[3] DODGSON, K. S., B. SPENCER and J. THOMAS: Biochem. J. 59, 29 (1955). — DODGSON, K. S., B. SPENCER and C. WYNN: Biochem. J. 62, 500 (1956).
[4] DODGSON, K. S., B. SPENCER and K. WILLIAMS: Biochem. J. 61, 374 (1955).
[5] ROY, B. A.: Biochem. J. 55, 653 (1953); 57, 465 (1954).

Hilfe der Löslichkeit) nachgewiesen werden[1]; eine Bestimmung der Aktivitäten der beiden Enzyme nebeneinander stieß lange auf große Schwierigkeiten, weil jedes der beiden Enzyme unter den Optimalbedingungen des anderen eine deutliche Wirksamkeit zeigt, keine spezifischen Inhibitoren bekannt waren und außerdem die Arylsulfatase A in dem Verhältnis Enzymkonzentration/Wirksamkeit bemerkenswerte Abweichungen von der Linearität aufweist[2].

Es ist gelungen, eine Methode zur Bestimmung der beiden Enzyme nebeneinander auszuarbeiten, die im wesentlichen auf folgenden Tatsachen beruht[3]:

1. Bei geringen Substratkonzentrationen zeigt die Arylsulfatase A in Gegenwart von $2{,}5 \times 10^{-4}$ m Natriumpyrophosphat ein normales kinetisches Verhalten.

2. Unter diesen Bedingungen wird Arylsulfatase B stark in ihrer Wirksamkeit gehemmt.

3. Arylsulfatase B wird spezifisch durch Chlorionen gehemmt, wenn 2-Hydroxy-5-nitrophenylsulfat als Substrat verwendet wird, während die Aktivität von Arylsulfatase A unter diesen Bedingungen nicht beeinflußt wird.

4. Arylsulfatase A zeigt, entsprechend ihrem anomalen kinetischen Verhalten, nach den ersten 20 min bei hoher Substratkonzentration in Anwesenheit von Barium und Abwesenheit störender anderer Ionen nur eine geringe Restaktivität, die sich graphisch berechnen läßt. Bariumionen haben keinen Einfluß auf die Wirksamkeit der Arylsulfatase B.

Das auf diesen Grundlagen entwickelte Verfahren zur Bestimmung der Arylsulfatasen A und B nebeneinander wurde bisher nur für die Untersuchung des Harns auf diese Enzyme ausgearbeitet; es ist aber sehr wahrscheinlich, daß es sich auch auf andere Materialien (Serum, Gewebe) übertragen läßt. Eine Beschreibung der Methode wird auf S. 1116 gegeben.

Tabelle 1. *Durchschnittswerte der Arylsulfatase-Aktivität acetongetrockneter menschlicher Gewebe nach* DODGSON *u. Mitarb.*[1].
Da es für die Zwecke dieses Referats nur auf die Größenordnungen ankommt, wurden die Angaben der Autoren über die weitere Auftrennung des Gewebes in eine lösliche und eine unlösliche Fraktion (Arylsulfatasen Typus 2 und 1) weggelassen.

Gewebe	Aktivität von 1 g acetongetrocknetem Gewebe in μg freigesetztem Phenol, gemessen in 0,5 m Acetatpuffer mit 0,008 m p-Nitrophenylsulfat (pH 7,3) und 0,008 m 2-Hydroxy-5-nitrophenylsulfat (pH 6,0) in 1 Std bei 37° C	
	p-Nitrophenylsulfat	2-Hydroxy-5-nitrophenylsulfat
Leber	35550	13260
Pankreas	16600	8000
Niere	13700	22750
Lunge	1150	4780
Hirn	510	2900
Herz	100	2100
Dickdarm	950	390
Dünndarm	2500	4200
Milz	3500	3900

Vorkommen. Arylsulfatasen konnten bisher in niedrigen Tieren, vor allem in Mollusken, in den meisten Organen der Säugetiere und des Menschen sowie im Harn, weiter in Bakterien und in Schimmelpilzen (*Aspergillus oryzae*) nachgewiesen werden. In Anbetracht der erst jüngst bekanntgewordenen Befunde über die Existenz mehrerer Arylsulfatase-Typen mit verschiedener relativer Spezifität sind die meisten quantitativen Angaben über den Gehalt biologischer Materialien an diesen Enzymen revisionsbedürftig, da ja bisher fast ausschließlich mit einem einzigen Substrat gearbeitet wurde und auf diese Weise die Gesamtaktivität der Arylsulfatasen nicht erfaßt werden kann. Dasselbe gilt wohl auch für manche Befunde, nach welchen unter bestimmten pathologischen Umständen die Arylsulfatase-Aktivität erhöht ist. So enthalten nach einer Angabe von HUGGINS und SMITH[4] bestimmte Tumoren von Ratten signifikant größere Mengen Arylsulfatasen als die ihnen homologen Gewebe. BOYLAND u. Mitarb.[5] sowie DZIALOSZYNSKI[6]

[1] DODGSON, K. S., B. SPENCER and C. H. WYNN: Biochem. J. **62**, 500 (1956).
[2] ROY, B. A.: Biochem. J. **55**, 653 (1953); **57**, 465 (1954).
[3] BAUM, H., K. S. DODGSON and B. SPENCER: Clin. chim. Acta, Amsterdam **4**, 453 (1959).
[4] HUGGINS, C., and D. R. SMITH: J. biol. Ch. **170**, 391 (1947).
[5] BOYLAND, E., D. M. WALLACE and D. C. WILLIAMS: Biochem. J. **56**, XXIX (1954).
[6] DZIALOSZINSKI, L. M.: Clin. chim. Acta, Amsterdam **2**, 542 (1957).

berichteten über wesentlich erhöhte Arylsulfatase-Aktivität im Harn bei bestimmten pathologischen Zuständen.

Den neueren Erkenntnissen entsprechende Angaben über das Vorkommen von Arylsulfatasen in biologischen Materialien finden sich z. B. für menschliche Gewebe bei DODGSON u. Mitarb.[1] und für den Harn von Gesunden bei BAUM u. Mitarb.[2].

Für den Harn gesunder Menschen werden von BAUM u. Mitarb.[2] für Arylsulfatase A zwischen 3,8 und 22,2 und für Arylsulfatase B zwischen 0,3 und 2,8 Einheiten (μg freigesetztes 4-Nitrobrenzcatechin pro ml Probe in 1 Std) angegeben.

Herstellung von Enzympräparationen. a) Die Herstellung einer gereinigten Präparation der Arylsulfatase A aus Rinderleber wurde von ROY[3] beschrieben. Dabei wird das Enzym auf etwa das 1000fache angereichert.

Darstellung gereinigter Arylsulfatase A aus Rinderleber nach ROY[3, 4].

60 g Aceton-Trockenpulver aus Rinderleber[4] werden 1 Std lang bei 37° C mit 400 ml Wasser inkubiert und das unlösliche Material durch Zentrifugieren entfernt. Der Rückstand wird mit weiteren 150 ml Wasser gewaschen und die vereinigten überstehenden Lösungen durch 30 min langes Zentrifugieren geklärt.

Stufe A. 400 ml des so erhaltenen Extrakts werden mit 40 ml 0,2 m Phosphatpufferlösung, p_H 7,0, versetzt und das Volumen auf 450 ml aufgefüllt. Dabei stellt sich ein p_H von 6,8 ein. Man bringt auf 0° C und setzt langsam und unter ständigem Rühren 340 ml Aceton hinzu, wobei die Temperatur auf — 9° C gesenkt wird. Nach dem Hinzufügen des Acetons beläßt man 30 min bei — 9° C, filtriert dann den Niederschlag bei derselben Temperatur ab und verwirft ihn. Zu der überstehenden Lösung (650 ml), welche auf — 9° C gehalten wird, gibt man 15 ml des Phosphatpuffers und dann weitere 280 ml kalten Acetons. Man läßt die Mischung wieder 30 min bei — 9° C stehen und zentrifugiert dann bei derselben Temperatur den Niederschlag der rohen Arylsulfatase A ab. Dieser wird dann sofort in 75 ml Wasser gelöst und über Nacht gegen Wasser dialysiert, wobei man 140 ml einer klaren roten Flüssigkeit erhält, welche das Enzym enthält.

Stufe B. Zu 140 ml dieser Lösung werden 10 ml 0,5 m Natriumacetatlösung, p_H 6,5, und 1,5 ml 0,3 m $CaCl_2$ hinzugefügt, wobei sich ein p_H von 7,0 einstellt. Bei — 9° C werden dann in ähnlicher Weise, wie oben beschrieben wurde, bei — 9° C 115 ml Aceton langsam hinzugegeben und der inaktive Niederschlag durch Zentrifugieren entfernt und verworfen. Die überstehende Lösung, welche bei dieser Temperatur gehalten wird, versetzt man dann mit weiteren 115 ml Aceton, gewinnt den aktiven Niederschlag durch Zentrifugieren und löst ihn in 25 ml Wasser. Durch Dialysieren dieser Lösung über Nacht erhält man 40 ml einer Flüssigkeit, die weiter verwendet wird.

Stufe C. Diese Lösung wird mit so viel festem Ammoniumsulfat versetzt, daß eine 30%ige Sättigung erreicht wird. Nach 5 Std Stehen wird der Niederschlag, der das Enzym enthält, abzentrifugiert, dann in 10 ml Wasser gelöst und über Nacht dialysiert.

Stufe D. Diese Lösung wird auf 20%ige Sättigung an Ammoniumsulfat gebracht und dann das inaktive Präcipitat durch Zentrifugieren entfernt. Die überstehende Lösung wird dann mit so viel Ammoniumsulfat behandelt, bis eine 40%ige Sättigung erreicht wird. Der das Enzym enthaltende Niederschlag, welcher dabei entsteht, wird in 5 ml Wasser gelöst und über Nacht dialysiert, wobei 8 ml einer schwach strohgelben Lösung entstehen.

Stufe E. Die zuletzt erhaltene Lösung wird 48 Std lang bei 0° C gegen destilliertes Wasser dialysiert, wobei dieses mindestens zwölfmal gewechselt werden muß. Dabei wird ein weißer, flockiger Niederschlag gebildet, den man abzentrifugiert. Er wird dann 24 Std

[1] DODGSON, K. S., B. SPENCER and C. H. WYNN: Biochem. J. **62**, 500 (1956).
[2] BAUM, H., K. S. DODGSON and B. SPENCER: Clin. chim. Acta, Amsterdam **4**, 453 (1959).
[3] ROY, A. B.: Biochem. J. **55**, 653 (1953).
[4] ROY, A. B.: Biochem. J. **53**, 12 (1953).

bei 0° C mit 4 ml 0,1 m NaCl-Lösung extrahiert, wobei der größte Anteil des Enzyms in Lösung geht. Das Ungelöste wird abzentrifugiert, in der Zentrifuge mit 0,1 m NaCl gewaschen, und die vereinten überstehenden Lösungen bei — 10° C aufbewahrt.

Die so erhaltenen Enzymlösungen sind sogar bei 0° C vollkommen stabil; wenn sie aber — z.B. zur Durchführung von Aktivitätsmessungen — verdünnt werden, so geht die Enzymaktivität sehr schnell verloren (50% Aktivitätsabnahme während 24 Std bei 0° C).

In Tabelle 2 findet sich eine Darstellung der Aktivitätsverhältnisse im Verlauf der beschriebenen Reinigung. Die darin verwendete Einheit ist diejenige Enzymmenge, welche unter den von Roy verwendeten Bedingungen 1 μg p-Nitrobrenzcatechin aus seinem Sulfat freisetzt.

Tabelle 2. *Verlauf einer Reinigung der Arylsulfatase A aus Rinderleber nach* Roy[1]

Stufe	Gesamtaktivität (Einheiten)	Spezifische Aktivität (Einheiten pro mg N)
Unfraktionierter Extrakt aus Aceton-Trockenpulver	126000	38
A	150000	330
B	120000	3000
C	90000	nicht bestimmt
D	40000	6700
E	29000	40000

b) Für die Reinigung der *Arylsulfatase B* existieren mehrere Vorschriften. Als erster berichtete Roy[2] über eine Reinigung des Enzyms ausgehend von Rinderleber. Ein Verfahren zur Herstellung einer Arylsulfatase B aus menschlicher Leber wurde von Dodgson und Wynn[3] angegeben. Die Methode, welche zu Präparationen mit der höchsten spezifischen Aktivität führt, scheint aber diejenige von Webb und Morrow[4] zu sein, welche wiederum von Rinderleber ausgeht.

***Darstellung gereinigter Arylsulfatase B aus Rinderleber nach* Webb *und* Morrow[4].**

Nach dieser Vorschrift geht man von einem Acetontrockenpulver aus frischer Rinderleber aus; dieses bewahrt mehrere Monate lang seine Aktivität. 600 g dieses Pulvers werden mit 10 l 0,1 m Acetatpufferlösung, p_H 5,1, unter mechanischem Rühren 2 Std extrahiert. Der unlösliche Rückstand wird durch Abzentrifugieren entfernt, noch einmal mit 2,5 l Wasser aufgerührt und wieder zentrifugiert. Die beiden überstehenden Lösungen, die stark dunkelrot gefärbt sind, werden auf p_H 6,0 gebracht, worauf so viel festes Ammoniumsulfat zugesetzt wird, bis eine 45 %ige Sättigung erreicht wird. Man läßt das Gemisch über Nacht bei 4° C stehen, entfernt den Niederschlag durch Zentrifugieren und setzt dann weiter festes Ammoniumsulfat bis zur 70 %igen Sättigung zu. Diese Mischung läßt man wiederum 12 Std bei 4° C stehen, danach gewinnt man den Niederschlag durch Abzentrifugieren in einer gekühlten Zentrifuge. Der Niederschlag wird in möglichst wenig Wasser gelöst und die Lösung zuerst zweimal gegen destilliertes Wasser, dann gegen 0,1 m NaCl-Lösung und schließlich noch einmal gegen destilliertes Wasser dialysiert. Sie wird dann mit n HCl auf p_H 4,0 eingestellt, innerhalb 10 min auf 38° C gebracht und dann weitere 30 min auf dieser Temperatur gehalten. Dabei bildet sich eine geringe Menge eines Niederschlages. Durch Zusatz von n NaOH bringt man auf p_H 5,0 und entfernt den entstandenen dunkelfarbigen Niederschlag durch Zentrifugieren bei 0° C. Die überstehende Lösung wird nunmehr mit n NaOH auf p_H 6,0 gebracht und dann der halbe Teil ihres Volumens an Calciumphosphat-Gel (Trockengewicht 30 mg/ml) zugegeben. Nach 5 min Stehenlassen wird dieses wieder durch Zentrifugieren bei 0° C entfernt und verworfen. Die überstehende Lösung wird nun auf 70 %ige Ammoniumsulfatsättigung gebracht und über Nacht bei 4° C stehengelassen. Nach Abzentrifugieren wird

[1] Roy, A. B.: Biochem. J. **55**, 653 (1953).
[2] Roy, A. B.: Biochem. J. **57**, 465 (1954).
[3] Dodgson, K. S., and C. H. Wynn: Biochem. J. **68**, 387 (1958).
[4] Webb, E. C., and P. F. W. Morrow: Biochem. J. **73**, 7 (1959).

der Niederschlag in Wasser suspendiert und nacheinander gegen Wasser, gegen 0,01 m Natriumacetat, pH 6,0, gegen Wasser, wiederum gegen 0,01 m Natriumacetat, pH 6,0, und schließlich gegen zwei Chargen von glasdestilliertem Wasser dialysiert. Dabei bildet sich eine geringe Menge eines Niederschlags, der durch Zentrifugieren entfernt wird. Die überstehende Lösung stellt die Enzympräparation dar; sie ist klar und strohgelb gefärbt. Für kinetische Untersuchungen muß man sie gewöhnlich auf das Fünffache verdünnen. Die Präparation ist, wenn man sie im gefrorenen Zustand bei —20° C aufbewahrt, mindestens 6 Monate haltbar.

Nach späteren Angaben der Autoren[1] führt diese Vorschrift zu Präparationen, die mehr als doppelt so aktiv sind als die besten seinerzeit von ROY[2] hergestellten Enzympräparate.

c) *Arylsulfatase C* konnte bisher noch niemals in löslicher Form hergestellt werden; eine Vorschrift zur Herstellung einer partikulären Präparation mit Arylsulfatase-C-Aktivität wurde von ROY[3] gegeben.

Darstellung gereinigter Arylsulfatase C aus Rinderleber nach **ROY**[3].

200 g Rinderleber werden in kleine Stückchen geschnitten und in einem Mixer 2 min lang mit eiskaltem Wasser zerkleinert. Alle weiteren Schritte werden, soweit nicht speziell angegeben, bei 0° C durchgeführt. Man zentrifugiert die Suspension 5 min bei 2000 U/min und verwirft den Rückstand, der Bindegewebe und anderes enthält. Die überstehende Lösung wird dann 30 min lang bei 20000 × g zentrifugiert und das lockere Sediment zweimal durch Suspendieren und Zentrifugieren mit Wasser gewaschen. Dann wird es in 100 ml Wasser suspendiert und mit 0,2 Volumteilen Lissapol NX (Imperial Chemical Industries, Ltd., London) behandelt. Nach Stehen über Nacht wird bei 35000 × g zentrifugiert und das Sediment verworfen. Dabei entsteht eine klare Lösung der Arylsulfatase C. Das Enzym wird dann dadurch gefällt, daß man diese Lösung in das vierfache Volumen von auf —20° C gekühltem Aceton einbringt und bei —15° C zentrifugiert. Das Sediment wird dann bei —20° C hintereinander mit Aceton und Äther gewaschen und schließlich schnell im Vakuum über P_2O_5 getrocknet. Die so erhaltene Arylsulfatase C ist ein rotbraunes, unlösliches Pulver.

Die letzten Spuren löslicher Enzyme können dadurch entfernt werden, daß man das Pulver in Wasser suspendiert, darauf in einem lockersitzenden Glashomogenisator behandelt, um eine homogene Suspension zu erhalten, und wieder bei 35000 × g zentrifugiert. Der Niederschlag wird dann zweimal mit Wasser gewaschen, in einem entsprechenden Volumen Wasser suspendiert und darauf gefriergetrocknet. Es wird etwa 1 g eines Pulvers erhalten, das sich leicht in Wasser suspendieren läßt.

Die Ausbeute an Arylsulfatase C bei dieser Methode beträgt 40 %, bezogen auf den Gehalt der ursprünglichen Lebersuspension; es wird damit eine 40fache Konzentrierung des Enzyms, bezogen auf das Trockengewicht, erreicht. Für Aktivitätsmessungen wird das Pulver in Wasser suspendiert, wobei eine Konzentration von 10 mg/ml erreicht werden soll.

Eigenschaften der verschiedenen Arylsulfatasen. ROY hat, nachdem er Präparationen aller drei Arylsulfatasen der Rinderleber hergestellt hatte, die wichtigsten Eigenschaften dieser Enzyme und anderer Sulfatasen zusammengefaßt (s. Tabelle 3).

Eine interessante Eigenschaft einer Arylsulfatase aus Rinderleber, die später als Arylsulfatase B identifiziert wurde, berichten WEBB und MORROW[4]. Die Autoren fanden, daß die Spaltung von p-Nitrobrenzcatechinsulfat durch das Enzym bei Anwesenheit von Chlorid und auch anderen einwertigen Anionen stark aktiviert wird, wogegen die Hydrolyse von p-Nitrophenylsulfat unter denselben Bedingungen gehemmt ist. Es handelt sich

[1] WEBB, E. C., and P. F. W. MORROW: Biochim. biophys. Acta **39**, 542 (1960).
[2] ROY, A. B.: Biochem. J. **57**, 465 (1954).
[3] ROY, A. B.: Biochem. J. **64**, 651 (1954).
[4] WEBB, E. C., and P. F. W. MORROW: Biochem. J. **73**, 7 (1959). Biochim. biophys. Acta **39**, 542 (1960).

Tabelle 3. *Eigenschaften verschiedener Arylsulfatasen*[1].

	Aryl-sulfatase A (Rinder-leber)	Aryl-sulfatase B (Rinder-leber)	Aryl-sulfatase C (Rinder-leber)	Enzym aus *Aspergillus oryzae*	Enzym aus *Alcaligenes metalcaligenes*
K_M, p-Nitrobrenzcatechinsulfat (mM)	0,8	70	8,0	0,35	0,22
K_M, p-Nitrophenylsulfat (mM)	40	25	2,0	0,17	0,47
K_i, SO_4^{--} (mM)	0,7	70	∞	∞	∞
K_i, SO_3^{--} (mM)	0,002	0,5	0,1	—	—
pH-Optimum, p-Nitrobrenzcatechinsulfat	4,9	6,0	7,5	5,9	8,0
pH-Optimum, p-Nitrophenylsulfat	5,7	—	8,0	6,2	8,8
Prozentuale Hemmung durch 0,10 m KCN	2	0	60	100	69
Prozentuale Hemmung durch 0,01 m NaF	95	—	40	50	0
Verhältnis der Hydrolysengeschwindigkeit p-Nitrobrenzcatechinsulfat:p-Nitrophenylsulfat	20	>50	0,5	0,5	0,2

hier um einen der seltenen Fälle von Aktivierung durch Anionen; die anderen Beispiele für ein solches Verhalten sind die α-Amylase (vgl. S. 1125) und die Fumarathydratase (vgl. Bd. VI/C, S. 645ff.).

Bestimmung. Die Messung der Enzymwirksamkeit der Arylsulfatasen kann entweder durch Bestimmung des freigesetzten Sulfations oder durch Bestimmung des entsulfurierten Arylrestes erfolgen. Für den erstgenannten Weg dürfte wohl die bereits (S. 1105) beschriebene Methode von LLOYD am vorteilhaftesten sein. Für die Bestimmung des freigesetzten Phenolrestes sind grundsätzlich zwei Möglichkeiten vorhanden:

1. Das Phenol wird *colorimetrisch* bestimmt mit Hilfe einer Reaktion, welche nur von der freien Phenolgruppe gegeben wird, während das entsprechende Arylsulfat nicht reagiert. Das bekannteste Beispiel für eine derartige Bestimmungsmethode ist die Messung von aus Phenylsulfat freigesetztem Phenol mit der Farbreaktion nach FOLIN und CIOCALTEU[2], wie seinerzeit von ABBOTT[3] vorgeschlagen wurde.

2. Man benützt zu einer *spektrophotometrischen Bestimmung* die Tatsache, daß manche anionische Formen von freien Phenolen im sichtbaren oder ultravioletten Gebiet hohe Absorptionsmaxima aufweisen, während die entsprechenden Arylsulfate in diesen Bereichen entweder gar nicht oder sehr wenig absorbieren. Dieses Bestimmungsprinzip wurde seinerzeit von MORIMOTO[4] eingeführt, welcher p-Nitrophenol mißt, das aus p-Nitrophenylsulfat freigesetzt wurde, durch Bestimmung des gelben Anions, das bei Alkalizusatz entsteht. Andere Phenole, deren Anionen im sichtbaren Licht absorbieren und für derartige Bestimmungen vorgeschlagen wurden, sind Phenolphthalein (freigesetzt aus Phenolphthaleindisulfat)[5] und 4-Nitrobrenzcatechin (2-Hydroxy-5-nitrophenol; freigesetzt aus 2-Hydroxy-5-nitrophenylsulfat)[6]. Die aus p-Chlorphenylsulfat und p-Aldehydophenylsulfat[7] sowie aus p-Acetylphenylsulfat[8] enzymatisch freisetzbaren Phenole absorbieren im ultravioletten Licht und können dadurch spektrophotometrisch bestimmt werden. Die zuletzt genannten Methoden leiden allerdings unter der Schwierigkeit, daß manche der freigesetzten Phenole ähnliche Absorptionsmaxima aufweisen wie Proteine, so daß eine komplette Enteiweißung vor der spektrophotometrischen Bestimmung unbedingt erforderlich ist. Besonders im Falle von frisch hergestellten Gewebehomogenaten ist dies oft kaum zu erreichen.

[1] ROY, A. B.: Biochem. J. **64**, 651 (1956).
[2] FOLIN, O., and V. CIOCALTEU: J. biol. Ch. **73**, 627 (1927).
[3] ABBOTT, L. D.: Arch. Biochem. **15**, 205 (1947).
[4] MORIMOTO, K. J.: J. Biochem. **26**, 259 (1937).
[5] WHITEHEAD, J. E. B., A. R. MORRISON and L. YOUNG: Biochem. J. **51**, 585 (1952).
[6] ROBINSON, D., J. N. SMITH and R. T. WILLIAMS: Biochem. J. **49**, LXXIV (1951).
[7] ROBINSON, D., J. N. SMITH, B. SPENCER and R. T. WILLIAMS: Biochem. J. **51**, 202 (1952).
[8] DODGSON, K. S., and B. SPENCER: Biochem. J. **53**, 444 (1953).

Eine häufig auftretende Fehlerquelle bei diesen Bestimmungen besteht darin, daß es beim Arbeiten mit frischen Gewebehomogenaten oft unmöglich ist, die Gesamtmenge der freigesetzten Phenole analytisch zu bestimmen, da diese entweder durch Enzyme der Gewebe verändert oder — besonders bei einer Fällung der Proteine im sauren Gebiet — an die Proteine adsorbiert werden. Bei Untersuchungen an Material, dessen Eigenschaften in dieser Hinsicht noch unbekannt ist, empfiehlt sich eine genaue Überprüfung der Verhältnisse durch Zusatz der entsprechenden Phenole zu den Präparationen und Versuche, diese quantitativ wieder zu gewinnen.

Was die Wahl der entsprechenden Substrate gilt, postulieren DODGSON und SPENCER[1], daß man folgende Gesichtspunkte im Auge behält:

1. Es könne mehr als eine einzige Arylsulfatase in der Enzympräparation zugegen sein.
2. Für die Bestimmung der Arylsulfatasen der Typen 1 und 2 sind verschiedene Substrate erforderlich.
3. Bei der Untersuchung von Enzymen des Typus 2 dürfen Phosphatpuffer nicht verwendet werden.
4. Die Frage, inwieweit die freigesetzten Phenole quantitativ bestimmbar sind, ist zu prüfen.
5. Die Möglichkeit der Anwesenheit endogener Inhibitoren muß in Betracht gezogen werden.
6. Ebenso muß auch die Möglichkeit abnormaler kinetischer Verhältnisse, wie das bei der Arylsulfatase A tierischer Gewebe der Fall ist, in Betracht gezogen werden.

Nach den genannten Autoren sind unsere Kenntnisse über die Arylsulfatasen zur Zeit noch nicht ausreichend, um diese Fragen für alle Enzympräparationen befriedigend beantworten zu können; insbesondere bei der Untersuchung der Arylsulfatase-Aktivität bisher noch nicht geprüfter Materialien wird es deshalb immer empfehlenswert sein, mit mehreren — zumindest zwei — Substraten zu arbeiten und die Versuchsbedingungen möglichst weitgehend zu variieren.

***Darstellung von Arylsulfaten nach* BURKHARDT *und* LAPWORTH[2].**

Mit Hilfe dieser Methode oder einfachen Modifikationen davon ist es möglich, die meisten als Substrate verwendeten Arylsulfate darzustellen.

100 g Diäthylanilin (oder die äquivalente Menge Dimethylanilin) werden in 100 ml Schwefelkohlenstoff gelöst und diese Lösung bei — 10° C mechanisch gerührt. In stetigem Fluß läßt man innerhalb von 15 min 34 g Chlorsulfonsäure zutropfen, wobei die Temperatur — 10° C nicht übersteigen darf. 1 Mol des Phenols, das mit Schwefelsäure verestert werden soll, wird in 50 ml Schwefelkohlenstoff gelöst oder suspendiert, zu der vorher beschriebenen Mischung hinzugefügt und alles zusammen eine weitere Stunde gerührt. Darauf wird der sich abscheidende Schwefelkohlenstoff abgegossen und der kalte, sehr viscose Rückstand langsam in Kalilauge (22 g KOH in 150 ml H_2O) unter lebhaftem Rühren eingetragen, wobei die Temperatur unter 35° C gehalten wird. Dabei scheidet sich der größere Anteil des Diäthylanilins sowie der noch zurückgebliebene Schwefelkohlenstoff ab und wird durch Schütteln mit zwei Portionen von je 200 ml Äther entfernt. Man fällt nun das anorganische Sulfat aus der wäßrigen Lösung durch langsame Zugabe von in der Kälte gesättigter Bariumhydroxydlösung aus, wobei besonders darauf geachtet werden muß, daß kein Überschuß an Bariumionen auftritt. Nach Abfiltrieren des Bariumsulfats engt man bei 35° C im Vakuum weitgehend ein. Beim Abkühlenlassen scheiden sich Kristalle des Kaliumsalzes des gewünschten Arylsulfats aus. Dieses Salz wird so oft aus kleinen Mengen Wasser umkristallisiert, bis kein anorganisches Sulfat und auch kein unverändertes Phenol mehr nachgewiesen werden können.

---

[1] DODGSON, K. S., and B. SPENCER: Meth. biochem. Analysis 4, 211 (1957).
[2] BURKHARDT, J. N., and A. LAPWORTH: Soc. **1926**, 684.

2-Hydroxy-5-nitrophenylsulfat (Nitrobrenzcatechinsulfat) und p-Nitrophenylsulfat sind käuflich erhältlich (California Corporation for Biochemical Research, 3625 Medford Street, Los Angeles, Calif.).

***Bestimmung des enzymatisch aus Phenylsulfat freigesetzten Phenols mit dem Reagens von* Folin *und* Ciocalteu**[1].

Reagentien:

1. 0,5 m Essigsäure-Natriumacetat-Pufferlösung, p_H 6,2.
2. 0,04 molare Lösung des Substrats (Phenylsulfat) in der unter 1. beschriebenen Pufferlösung.
3. Das Reagens nach Folin und Ciocalteu (vgl. Bd. III/1, 600). Dieses wird unmittelbar vor Gebrauch auf das Fünffache verdünnt.
4. Natriumcarbonatlösung 2,7 %ig.

Ausführung:

0,5 ml der auf p_H 6,2 eingestellten Enzymlösung werden zuerst 4 min lang bei 37,5° C vorinkubiert, worauf 0,5 ml der Substratlösung, welche ebenfalls auf dieselbe Temperatur vorgewärmt wurden, hinzugesetzt werden. Nachdem man die Mischung die gewünschte Zeit hat inkubieren lassen, stoppt man die Reaktion durch Zugabe von 2 ml des verdünnten Reagens nach Folin und Ciocalteu ab. Um ausgeschiedenes Protein zu entfernen, wird die Mischung zentrifugiert. Zu 2 ml der klaren überstehenden Lösung werden nunmehr 4 ml der Natriumcarbonatlösung hinzugefügt, die Mischung 1 min lang im kochenden Wasserbad erhitzt und sofort darauf abgekühlt. Die Absorption der Blaufärbung wird dann in einem Photometer mit einem Orangefilter gemessen und mit einer vorher aufgestellten Eichkurve verglichen. Neben dem Hauptversuch muß ein Blindversuch durchgeführt werden, bei welchem Substratlösung und Enzymlösung getrennt inkubiert und erst ganz kurz vor Zugabe des Reagens vermischt werden. Den aus der Eichkurve erhaltenen Wert in g freigesetztes Phenol muß man mit 3 multiplizieren und durch die Inkubationszeit (in Std) dividieren, um die Maßzahl μg freigesetztes Phenol je ml Enzymlösung/Std zu erhalten.

Anwendbarkeit. Die Hydrolyse von Phenylsulfat kann zur Bestimmung der Aktivität von Arylsulfatasen aus verschiedenen — aber durchaus nicht allen — Materialien verwendet werden. Die Methode versagt bei allen Arylsulfatasen des Typus 2 sowie zumindest bei einem Enzym des Typus 1, weil die Geschwindigkeit der Hydrolyse von Phenylsulfat, wie sie von diesen Enzymen katalysiert wird, sehr gering ist. Aus bereits oben geschilderten Gründen (hohe Blindwerte, Adsorption des freigesetzten Phenols an das ausgefällte Eiweiß) ist die Methode auch für die Aktivitätsbestimmung sehr eiweißreicher Präparationen ungeeignet.

***Bestimmung des enzymatisch aus dem Kaliumsalz von p-Acetylphenylsulfat freigesetzten p-Hydroxyacetophenon nach* Dodgson *und* Spencer**[2].

Reagentien:

1. 0,5 m Essigsäure-Natriumacetat-Pufferlösung, p_H 7,2.
2. Äthanol.
3. 1 n NaOH-Lösung.
4. Substratlösung 0,014 m Kalium-p-acetylphenylsulfat im Acetatpuffer von p_H 7,2.

Ausführung:

0,6 ml der auf p_H 7,2 eingestellten Enzymlösung werden in einem 15 ml-Zentrifugenröhrchen zuerst 4 min lang bei 37,5° C vorinkubiert, worauf 0,6 ml der Substratlösung, welche ebenfalls auf dieselbe Temperatur vorgewärmt wurden, hinzugesetzt werden.

[1] Beschrieben nach Dodgson, K. S., and B. Spencer: Meth. biochem. Analysis 4, 211 (1957).

[2] Dodgson, K. S., and B. Spencer: Biochem. J. 53, 444 (1953). — Dodgson, K. S., B. Spencer and J. Thomas: Biochem. J. 53, 452 (1953).

Nach der Vermischung wird das Röhrchen verschlossen und 1 Std lang inkubiert. Danach stoppt man die Enzymreaktion durch Zusatz von 4,8 ml Äthanol ab, wobei gleichzeitig die Proteine ausfallen. Diese werden durch 10 min langes Zentrifugieren bei 2500 × g niedergeschlagen. Zu einer Probe von 5 ml der klaren überstehenden Lösung wird 1 ml 1 n NaOH-Lösung hinzugegeben und die Absorption des freigesetzten p-Hydroxyacetophenons in einer 1 ml-Quarzküvette in einem geeigneten UV-Spektrophotometer bei 327,5 mμ (der Wellenlänge des Absorptionsmaximums) gemessen. Es muß ein entsprechender Blindversuch durchgeführt werden, bei welchem Enzympräparation und Substratlösung einzeln inkubiert und erst ganz kurz vor Zugabe des Alkohols vermischt werden.

Die Berechnung des Resultats erfolgt nach der Formel

$$\text{Aktivität} = \frac{(E_T - E_C) \times 136 \times 5{,}88 \times 5{,}94 \times 10^6}{21700 \times 5 \times 10^3 \times 0{,}6} = (E_T - E_C) \times 73{,}1 .$$

Die Aktivität wird hier in γ freigesetztes Phenol/ml Enzymlösung/Std gemessen. In der Formel bedeuten E_T und E_C die Extinktionskoeffizienten der Probe und der Kontrollprobe (Blindwert), 21700 ist der molare Extinktionskoeffizient von p-Hydroxyacetophenon bei 327,5 mμ, 136 das Molekulargewicht dieses Körpers. Die Zahlen 5,88 und 5,94 stellen die Volumenverminderung dar, welche eintritt, wenn 4,8 ml Äthanol zum Reaktionsgemisch (1,2 ml) und wenn 5 ml der überstehenden Lösung zu 1 ml Natronlauge hinzugefügt werden. Das LAMBERT-BEERsche Gesetz wird unter den beschriebenen Bedingungen im Bereich von Extinktionskoeffizienten von 0,05 bis 1,50 befolgt.

Anwendbarkeit. Die Methode wurde seinerzeit für die Bestimmung der Arylsulfatase-Aktivität in Homogenaten aus frischem Gewebe ausgearbeitet; sie dürfte aber in der hier beschriebenen Form ziemlich allgemein anwendbar sein.

Bestimmung des enzymatisch aus dem Kaliumsalz von p-Nitrophenylsulfat freigesetzten p-Nitrophenols[1].

Reagentien:

1. 0,5 m Essigsäure-Natriumacetat-Pufferlösung des gewünschten p_H-Werts.
2. Eine Lösung von Kalium-p-nitrophenylsulfat der gewünschten Molarität in der Pufferlösung.
3. 0,2 n NaOH.

Ausführung:

0,5 ml der Enzymlösung und 0,5 ml der Substratlösung werden einzeln auf 37,5° C erwärmt, dann zusammen in ein Reaktionsgefäß eingebracht und 1 Std lang bei der genannten Temperatur inkubiert. Danach wird die Reaktion durch Zugabe von 4 ml der Natronlauge-Lösung abgestoppt und das freigesetzte gelbe p-Nitrophenol bei 400 mμ spektrophotometrisch bestimmt. Wenn erforderlich, wird eine Trübung der Lösung durch Zentrifugieren vor der spektrophotometrischen Bestimmung entfernt. Blindversuche werden in analoger Weise, wie bei der vorhergehenden Bestimmungsmethode ausgeführt wurde, gemacht.

Die Aktivität der Enzympräparation, gemessen in γ freigesetztes p-Nitrophenol/ml Enzymlösung/Std, läßt sich nach der Formel berechnen

$$\text{Aktivität} = \frac{(E_T - E_C) \times 139 \times 10^6 \times 5}{18200 \times 10^3 \times 0{,}5} = (E_T - E_C) \times 76{,}4 .$$

In dieser Formel bedeuten wiederum E_T und E_C die Extinktionskoeffizienten des Testes und der Blindprobe, 18200 ist der molare Extinktionskoeffizient von p-Nitrophenol bei 400 mμ und 139 sein Molekulargewicht.

Anwendbarkeit. Diese Methode wurde vor allem für die Messung von Arylsulfatasen aus Bakterien und Pilzen ausgearbeitet, kann aber auch bei teilweise gereinigten Präpara-

[1] Beschrieben nach DODGSON, K. S., and B. SPENCER: Meth. biochem. Analysis 4, 211 (1957).

tionen aus anderen Materialien gut verwendet werden; allerdings bestehen besonders bei proteinreichen Präparationen Schwierigkeiten, weil p-Nitrophenol aus solchen Lösungen häufig nicht quantitativ wiedergewonnen wird. Die Gründe für dieses Verhalten wurden schon an anderer Stelle (S. 1112) diskutiert.

Eine Adaptation der hier beschriebenen Methode für den Mikromaßstab wurde von GLICK u. Mitarb.[1] beschrieben.

Bestimmung des enzymatisch aus 2-Hydroxy-5-nitrophenylsulfat freigesetzten Nitrobrenzcatechins nach GLICK ***u. Mitarb.***[1,2].

Reagentien:

1. 0,5 m Essigsäure-Natriumacetat-Pufferlösung des gewünschten p_H-Werts.
2. 1 n NaOH.
3. Eine Lösung des Kaliumsalzes von 2-Hydroxy-5-nitrophenylsulfat in der Pufferlösung.

Ausführung:

0,2 ml der Enzympräparation werden in einem 15 ml-Zentrifugenröhrchen 4 min lang bei 37,5° C vorgewärmt; dann werden 0,2 ml der Substratlösung, die ebenfalls auf dieselbe Temperatur vorgewärmt wurde, hinzugefügt, das Röhrchen verschlossen und die Mischung 1 Std lang bei 37,5° C inkubiert. Nach dieser Zeit wird die Reaktion durch Zusatz von 2 ml 1 n NaOH abgestoppt und die Mischung — wenn nötig — durch Zentrifugieren von Trübungen befreit. Innerhalb 1 Std nach Zugabe der Lauge wird die rote Farbe des freigesetzten Nitrobrenzcatechins bei 515 mμ, der Wellenlänge des Absorptionsmaximums des Nitrobrenzcatechin-Anions, im Spektrophotometer gemessen. Die Aktivität der Enzympräparation, gemessen in μg freigesetztes Nitrobrenzcatechin/ml Enzymlösung/Std ergibt sich dann nach

$$\text{Aktivität} = \frac{(E_T - E_C) \times 155 \times 10^6 \times 2{,}4}{11200 \times 10^3 \times 0{,}2} = (E_T - E_C) \times 160{,}7,$$

wobei hier wiederum E_T und E_C die Extinktionskoeffizienten des Testes bzw. der Blindprobe, 11200 der molare Extinktionskoeffizient des Nitrobrenzcatechin-Anions bei 515 mμ und 155 das Molekulargewicht dieser Substanz darstellen.

Die Messung der Farbe des Nitrobrenzcatechins kann auch in einem einfachen Photometer mit entsprechenden Filtern nach Aufstellen einer Eichkurve erfolgen.

Anwendbarkeit. Die hier geschilderte Methode ist vor allem für Arylsulfatasen des Typus 2 geeignet, da derartige Enzyme eine starke Affinität und eine hohe Aktivität gegenüber dem Nitrobrenzcatechinsulfat aufweisen. Allerdings haben auch oft Arylsulfatasen des Typus 1 eine gut meßbare Aktivität gegenüber diesem Substrat, so daß es nicht ohne weiteres angängig ist, die Wirksamkeit bei dieser Methode mit der Aktivität von Arylsulfatasen des Typus 2 gleichzusetzen.

Auch bei Nitrobrenzcatechin besteht die Schwierigkeit, daß es an Eiweißstoffe adsorbiert und auch — wahrscheinlich durch Reduktion der Nitrogruppe — von den Enzympräparationen verändert und dadurch der Messung entzogen wird. Nach ROY[3] kann der letztgenannte Vorgang dadurch hintangehalten werden, daß man anstelle von 1 n Natronlauge eine alkalische Hydrochinonlösung, welche Natriumsulfit enthält, zum Abstoppen verwendet. Diese wird kurz vor der Verwendung dadurch hergestellt, daß man 5 ml einer 4%-Lösung von Hydrochinon in 0,1 n HCl mit 100 ml 2,5 n NaOH-Lösung, die 5% $Na_2SO_3 \cdot 7H_2O$ enthält, vermischt. Dies wird vor allem bei solchen Bestimmungsversuchen notwendig sein, bei welchen der Ansatz besonders hohe Eiweißkonzentrationen enthält. Die ebenfalls von ROY vorgeschlagene Enteiweißung mit Hilfe von Phosphor-

[1] GLICK, D., H. R. STECKLEIN and B. G. MALMSTROM: Arch. Biochem. **54**, 513 (1955).
[2] Beschrieben nach DODGSON, K. S., and B. SPENCER: Meth. biochem. Analysis **4**, 211 (1957).
[3] ROY, A. B.: Biochem. J. **53**, 12 (1953).

wolframsäure, die nach der Inkubation und vor der eigentlichen Messung vorgenommen werden soll, ist nach DODGSON und SPENCER[1] meist nicht erforderlich.

Bestimmung der Arylsulfatasen A und B nebeneinander im menschlichen Urin nach BAUM *u. Mitarb.*[2].

Diese erst vor kurzem ausgearbeitete Methode, deren Prinzip bereits oben geschildert wurde, wird hier vor allem deshalb ausführlich beschrieben, weil sie die einzige bisher bekannte Möglichkeit der quantitativen Unterscheidung zwischen den beiden löslichen Arylsulfatasen aus Säugetiermaterial darstellt und vermutlich mit kleinen Modifikationen auch auf andere Ausgangsmaterialien als Urin anwendbar ist.

Reagentien:

1. Reagens A; eine Lösung von 0,01 m 2-Hydroxy-5-nitrophenylsulfat (Nitrobrenzcatechinsulfat) in einem 0,5 m Essigsäure-Natriumacetatpuffer, der an $Na_4P_2O_7$ 5×10^{-4} molar ist, 10 Gew.-% NaCl enthält und den p_H-Wert 5,0 aufweist.
2. Reagens B; eine Lösung von 0,05 m Nitrobrenzcatechinsulfat in einem 0,5 m Essigsäure-Natriumacetatpuffer, der 10^{-2} m Bariumacetat enthält und den p_H-Wert von 6,0 aufweist.
3. 1 n NaOH.

Vorbereitung des Urins für die Bestimmung:

Urinproben, welche während der Sammlung bei 0° C aufbewahrt wurden, werden auf p_H 6,0—6,3 gebracht und durch Zentrifugieren von Zelltrümmern befreit. Dann werden Portionen von je 4 ml 18 Std lang unter Rühren gegen mehrfach gewechseltes Leitungswasser von höchstens 2° C dialysiert. Schließlich wird mit Leitungswasser auf 6 ml aufgefüllt.

Ausführung:

1. Arylsulfatase A. 0,5 ml des dialysierten Urins werden mit 0,5 ml des Reagens A 1 Std lang bei 37,5° C inkubiert. Danach werden 1,5 ml 1 n NaOH hinzugegeben und das freigesetzte 4-Nitrobrenzcatechin durch Messung der Absorption (T) bei 515 mμ in 1 ml-Zellen in einem Spektrophotometer bestimmt. Eine entsprechende Kontrollmessung (C) wird so durchgeführt, daß der dialysierte Urin und das Reagens getrennt inkubiert werden und erst knapp vor Zusatz der 1 n NaOH vermischt werden. Die Menge freigesetzten 4-Nitrobrenzcatechins in μg/Std/ml Urin wird durch den folgenden Ausdruck gegeben

$$\frac{(T - C) \times 155 \times 10^6 \times 2{,}5 \times 6}{12400 \times 10^3 \times 0{,}5 \times 4} = (T - C) \times 94.$$

In diesem Ausdruck bedeuten 155 das Molekulargewicht des 4-Nitrobrenzcatechins und 12400 den molaren Extinktionskoeffizient dieser Substanz. Die anderen Faktoren ergeben sich aus den verschiedenen Verdünnungen der Probe während der Dialyse und der Aktivitätsbestimmung.

Unter diesen Bedingungen ist die Aktivität der in der Probe vorhandenen Arylsulfatase B 2% derjenigen Aktivität, die man unter den unten beschriebenen Optimalbedingungen mißt. Man kann also im allgemeinen die Arylsulfatase B-Aktivität ohne jede Korrektur vernachlässigen.

2. Arylsulfatase B. 1,2 ml des dialysierten Urins werden mit 1,2 ml des Reagens B bei 37,5° C inkubiert. Nach 30 min und nach 90 min werden je 1 ml des Reaktionsgemisches entnommen und mit 1,5 ml 1 n NaOH-Lösung versetzt. Man bestimmt die freigesetzte Menge 4-Nitrobrenzcatechin spektrophotometrisch, wie oben beschrieben wurde. Ebenso werden auch Blindproben so durchgeführt, daß der dialysierte Urin und das Reagens getrennt inkubiert und erst knapp vor Zusatz der Natronlauge vermischt

[1] DODGSON, K. S., and B. SPENCER: Meth. biochem. Analysis 4, 211 (1957).
[2] BAUM, H., K. S. DODGSON and B. SPENCER: Clin. chim. Acta, Amsterdam 4, 453 (1959).

werden. Die unter Berücksichtigung der Blindwerte korrigierten Meßwerte $E=(T-C)$ werden in einem Diagramm gegen die Zeit aufgetragen und durch die beiden Werte eine Gerade bis zur Ordinate gezogen. Der so erhaltene Ordinatenabschnitt (X) ist ein ungefähres Maß der in der Probe vorhandenen Arylsulfatase A und ist proportional dem Anteil am linearen Teil der Reaktionskurve, welcher von der Arylsulfatase A bewirkt wird. Es konnte gezeigt werden, daß der Wert dieses Ordinatenabschnitts X unter den beschriebenen Bedingungen zwischen der 30. und der 90. Minute das Fünffache des maximalen Beitrags der Arylsulfatase A zur Gesamtreaktion beträgt. Die Aktivität der Arylsulfatase B in 1 Std kann deshalb durch den Ausdruck ($E_{90}-E_{30}-0{,}2X$) ausgedrückt werden, und die Menge 4-Nitrobrenzcatechin, welche durch Arylsulfatase B freigesetzt wird, gemessen in γ/Std/ml Urin beträgt — analog zur Berechnung bei Arylsulfatase A — $(E_{90}-E_{30}-0{,}2X)\times 94$.

Normalwerte für diese Methode wurden bereits an anderer Stelle (S. 1107) wiedergegeben.

Steroidsulfatasen.

[3.1.6.2 Steroidsulfat-Sulfohydrolase.]

Allgemeines. In den letzten Jahren berichteten verschiedene Autoren über das Vorkommen von Enzymen, welche zur Hydrolyse bestimmter im Urin vorkommender Steroidsulfate imstande sind. Derartige Enzyme konnten in Mollusken, und zwar im Verdauungssaft der Weinbergschnecke *Helix pomatia*[1], in den Eingeweiden der afrikanischen Landschnecke *Otala punctata*[2] und der Meeresschnecke *Patella vulgata*[3] sowie in der Rinderleber[4,5] nachgewiesen werden.

Die Enzyme dieses Typus weisen eine recht strenge *Spezifität* auf; sie hydrolysieren ausschließlich die 3β-Sulfate der 5α- und Δ^5-Steroide. Wohl fand Roy[6] in seiner sehr ausführlichen Studie über die Steroidsulfatase aus *Patella vulgata*, daß Extrakte aus diesem Organismus auch Cortison-21-sulfat spalten; der Autor nimmt aber auf Grund verschiedener Befunde an, daß die Hydrolyse dieser Verbindung nicht durch das für die Spaltung der 3β-Steroidsulfate verantwortliche Enzym, sondern durch ein anderes in kleinen Mengen vorhandenes Enzym verursacht wird.

Darstellung. Roy berichtet, daß die von ihm beschriebene Methode zur Herstellung von Steroidsulfatase gleichzeitig auch eine Methode zur Reinigung der Arylsulfatase im selben Material *(Patella vulgata)* ist[6], obwohl es sicher ist, daß die beiden Enzyme nicht identisch sind.

Darstellung von Steroidsulfatase aus Patella vulgata nach Roy[6].

Als Ausgangsmaterial dient ein Aceton-Trockenpulver aus den Eingeweiden von *Patella vulgata*, der gewöhnlichen Napf- oder Schüsselschnecke; die Tiere werden gesammelt und der Eingeweidebogen so schnell wie möglich herausgeschnitten. 122 g davon werden mit 800 ml eiskaltem Aceton in einem gekühlten Homogenisator maceriert, das Macerat wird schnell durch Absaugen abfiltriert und der Rückstand noch einmal mit 600 ml Aceton in gleicher Weise behandelt. Nach Abfiltrieren wird dreimal mit je 50 ml Aceton gewaschen, die Flüssigkeit abgesaugt und der Rückstand im Vakuum getrocknet. Auf diese Weise werden 22 g eines lichtgrauen Pulvers gewonnen.

1. Reinigungsschritt. 50 g des Aceton-Trockenpulvers werden 1 Std bei Raumtemperatur mit 500 ml 0,1 n KCl-Lösung extrahiert und der Extrakt dann durch Zentrifugieren abgetrennt. Der Rückstand wird nochmals mit 250 ml KCl-Lösung behandelt. Die

[1] Henri, R., M. Thevenet et P. Jarrige: Bull. Soc. Chim. biol. **34**, 897 (1952).
[2] Savard, H., E. Bagnoli and R. I. Dorfman: Fed. Proc. **13**, 289 (1954).
[3] Stitch, R. S., and I. D. Halkerston: Nature **172**, 398 (1953).
[4] Gibian, H., u. G. Bratfisch: H. **305**, 265 (1956).
[5] Roy, A. B.: Biochem. J. **66**, 700 (1957).
[6] Roy, A. B.: Biochem. J. **62**, 41 (1956).

vereinigten Extrakte werden auf 0° C abgekühlt, der p_H mit n HCl vorsichtig auf 2,5 gebracht und dann bereits nach 2 min durch Zugabe von m Natriumacetat wieder auf 5,0 eingestellt. Auf diese Weise wird der größte Teil der im Extrakt anwesenden β-Glucuronidase sowie eine Cellulase zerstört, ohne daß dabei die Sulfatasen inaktiviert werden. Die Mischung wird dann durch Zugabe der notwendigen Mengen von gesättigter Ammoniumsulfatlösung auf 0,3fache Sättigung gebracht. Nach 3 Std Stehen bei 0° C wird der entstandene Niederschlag abzentrifugiert und verworfen. Die überstehende Lösung wird auf 0,7fache Ammoniumsulfat-Sättigung gebracht. Man läßt die Mischung bei 0° C über Nacht stehen, zentrifugiert dann ab, löst den schweren Niederschlag in 50 ml Wasser und dialysiert über Nacht gegen fließendes Leitungswasser bei Zimmertemperatur, wobei ein Volumen von 160 ml erreicht werden soll.

2. Reinigungsschritt. Zu 140 ml der so erhaltenen Lösung werden 20 ml 0,5 m Natriumacetat, p_H 6,5, und 2 ml 0,3 m $CaCl_2$-Lösung hinzugefügt. Man bringt das Volumen durch Zugabe von Wasser auf 200 ml und setzt dann langsam 100 ml Aceton zu, wobei die Temperatur auf −9° C gebracht wird. Der entstehende Niederschlag wird abzentrifugiert und verworfen; die überstehende Lösung, die auf −9° C gehalten wird, wird widerum mit 100 ml Aceton versetzt. Dieses Mal wird nach dem Zentrifugieren die überstehende Lösung verworfen, während man den Niederschlag in 20 ml Wasser löst und über Nacht gegen Wasser dialysiert, wodurch ein Volumen von 80 ml erreicht werden soll.

3. Reinigungsschritt. 50 ml der mittels Schritt 2 erhaltenen Lösung werden mit Natriumacetat auf p_H 5 gebracht und in gleicher Weise, wie oben beschrieben, auf 0,4fache Ammoniumsulfat-Sättigung gebracht. Nach Abzentrifugieren verwirft man den Niederschlag und erhöht die Ammoniumsulfat-Konzentration in der überstehenden Lösung auf 0,7fache Sättigung. Nach Stehen bei 0° C über Nacht zentrifugiert man den Niederschlag ab, löst in 20 ml Wasser und dialysiert gegen Fließwasser bis zu einem Volumen von 50 ml. Diese Präparation wird nun gefriergetrocknet; man erhält 450 mg eines leicht löslichen, voluminösen Pulvers, das in trockenem Zustand bei Aufbewahrung bei −10° C sehr haltbar ist. Für eine Bestimmung der Steroidsulfatase-Aktivität wird diese Präparation in einer Konzentration von 150 μg/ml angewandt.

Nach Angabe des Autors werden bei dieser Herstellungsmethode 50% der in den ursprünglichen Extrakten vorhandenen Steroidsulfatase wiedergewonnen; die spezifische Aktivität des Enzyms wird durch die drei Reinigungsschritte auf das 50fache erhöht.

Die oben erwähnte Steroidsulfatase aus Rinderleber konnte bisher noch nicht weiter gereinigt werden; es handelt sich dabei um ein unlösliches Enzym.

Eigenschaften. Während die Steroidsulfatase aus Mollusken löslich ist, ist diejenige aus Rinderleber ein Mikrosomen-Enzym, das sehr eng mit der Arylsulfatase C vergesellschaftet ist. ROY[1] postuliert auf Grund seiner Befunde, daß Arylsulfatase C und Steroidsulfatase aus diesem Material nicht identisch sind, und begründet dies mit dem verschiedenen Verhalten der beiden Aktivitäten bei Zusatz von Elektrolyten.

Das p_H-Optimum des Mollusken-Enzyms liegt bei 4,5, dasjenige der Steroidsulfatase aus Rinderleber bei 7,8. Für beide Enzyme wird als optimale Substratkonzentration (Dehydroepiandrosteronsulfat) 0,2 mM und als K_M für dasselbe Substrat $0{,}4 \times 10^{-4}$ angegeben. Sulfationen, Phosphationen und Fluorid wirken als Inhibitoren.

Bestimmung. Bisher wurde die Aktivität von Steroidsulfatasen vor allem nach zwei Methoden gemessen: 1. Man bestimmt die Menge des nicht gespaltenen Substrats, oder 2. man bestimmt das freigesetzte Steroid. Da nunmehr in der oben beschriebenen Methode von LLOYD (S. 1105) ein einfacher Weg zur Bestimmung des abgespaltenen Sulfations zur Verfügung steht, wäre vielleicht daran zu denken, eine Aktivitätsmessung auf diese Weise zu versuchen.

---

[1] ROY, A. B.: Biochem. J. **66**, 700 (1957).

Herstellung des Substrats[1]. Das wichtigste Substrat für den Nachweis der Steroidsulfatase ist das Sulfat des 3β-Hydroxyandrost-5-en-17-on (Trivialname: Dehydroepiandrosteron), welches sich leicht auf folgende Weise herstellen läßt:

50 mg Dehydroepiandrosteron werden in 3 ml trockenem Benzol gelöst und das gleiche Volumen an Pyridin-Schwefeltrioxyd hinzugefügt. Die Mischung wird 90 min auf dem Wasserbad unter Rückflußkühlung gekocht, abkühlen gelassen und darauf mit 30 ml Petroläther (K.P. 60—80° C) verdünnt. Man läßt 1 Std bei 0° C stehen, filtriert darauf den entstandenen Niederschlag des Pyridiniumsalzes des Steroidsulfats ab und wäscht mit Petroläther. Um das Pyridiniumsalz aus dem Überschuß des Schwefeltrioxydreagens herauszulösen, extrahiert man fünfmal mit je 2 ml kochendem Chloroform. Die vereinigten Extrakte werden im Vakuum zur Trockne eingedampft. Das trockene Material wird in möglichst wenig kochendem 70%igem Äthanol gelöst und zur Lösung das gleiche Volumen einer heißen, kaltgesättigten Kaliumsulfatlösung hinzugefügt. Zu der kochenden Mischung setzt man dann tropfenweise Wasser hinzu, bis sich alles gelöst hat. Beim Abkühlen kristallisiert das Kaliumsalz des Dehydroepiandrosteronsulfats aus, das man aus Wasser umkristallisiert. Dabei muß darauf geachtet werden, daß die Präparation möglichst kurz mit kochendem Wasser in Berührung bleibt, da sonst eine Hydrolyse des Esters eintritt. Die Methode läßt sich für die Herstellung anderer Steroidsulfate modifizieren.

Bestimmung der Aktivität der Steroidsulfatase durch Messung des unverbrauchten Substrats nach Roy[1].

Prinzip:

Nach Beendigung der Inkubation wird das unverbrauchte Substrat mit Chloroform als Salz des Methylenblaus extrahiert und colorimetrisch bestimmt. Das freigesetzte Steroid bildet mit Methylenblau kein Salz.

Reagentien:

1. 0,5 m Acetatpuffer, p_H 4,5.
2. Chloroform, reinst.
3. Methylenblau-Reagens. 250 mg Methylenblau werden in Wasser gelöst, 50 g Natriumsulfat und 10 ml konz. Schwefelsäure hinzugesetzt und mit Wasser auf 1 l aufgefüllt.
4. Äthanol, 75%ig.
5. Substratlösung. Das Kaliumsalz des Dehydroepiandrosteronsulfat in 0,0004 m wäßriger Lösung.

Ausführung:

Zu 0,25 ml des Acetatpuffers werden 0,5 ml Substratlösung und 0,25 ml der Enzympräparation hinzugefügt. Nach 1 Std Inkubation bei 37° C wird die Reaktion durch Eintauchen des Gefäßes in kochendes Wasser für 5 min abgestoppt. Daneben wird ein Kontrollansatz hergestellt, in welchem Enzym und Substrat getrennt inkubiert und erst nach dem Eintauchen in das kochende Wasserbad vereinigt werden. Nach dem Abkühlen wird 1 ml Methylenblau-Reagens zu jedem Reaktionsgefäß hinzugefügt und die Mischung darauf durch Schütteln mit 5 ml Chloroform in einem mit einem Glasstopfen verschlossenen Reagensglas extrahiert. Eine etwa auftretende Emulsion wird durch Zentrifugieren zerstört, die wäßrige Phase wird entfernt, und 2 ml der klaren Chloroformlösung werden mit 10 ml 75%igem Äthanol vermischt. Die Intensität der blauen Färbung wird colorimetrisch bestimmt; der Autor benützt das Hilger-„Spekker"-Absorptiometer mit dem Ilford-Filter No. 608 (700 mμ). Es wird gegen einen Reagentien-Blindwert, der analog wie oben beschrieben, aber unter Auslassung von Enzym und Substrat hergestellt wird, gemessen.

Eine Eichkurve läßt sich auf dieselbe Weise herstellen, wenn man an Stelle der Inkubationsmischung 1 ml verschiedener Verdünnungen des Steroidsulfats (von 20—100), die 0,25 ml des Acetatpuffers enthalten, verwendet.

[1] Roy, A. B.: Biochem. J. **62**, 41 (1956).

Die Enzymaktivität ist proportional dem Unterschied zwischen der Menge von Kalium-Dehydroepiandrosteronsulfat, gemessen in Anwesenheit und in Abwesenheit des Enzyms.

Bemerkungen:

Bei dieser Methode werden nur etwa 95% des unverbrauchten Dehydroepiandrosteronsulfats bestimmt, da durch das Abstoppen der Enzymwirkung mit kochendem Wasser eine kleine Menge des ungespaltenen Substrats hydrolysiert wird. Die Methode kann auch für andere Steroidsulfate benützt werden; es besteht kein Unterschied in den Eichkurven, die mit Dehydroepiandrosteronsulfat, Androsteronsulfat, Epiandrosteronsulfat oder Pregnenolonsulfat aufgestellt werden. Die vorliegende Vorschrift gilt für das Mollusken-Enzym.

Bestimmung der Aktivität der Steroidsulfatase durch Messung des freigesetzten Steroids nach **Roy**[1].

Prinzip:

Es wird das durch die Enzymwirkung freigesetzte Steroid mit der Methode von Zimmermann[2] bestimmt.

Reagentien:

1. 0,5 m Acetatpuffer, p_H 4,5.
2. Äthanol. Zu 1 l absolutem Äthanol werden 4 g m-Phenylendiamin hinzugefügt, die Mischung 1 Woche lang im Dunkeln stehengelassen und dann destilliert, wobei der Vorlauf und der Nachlauf verworfen werden.
3. m-Dinitrobenzol. 20 g m-Dinitrobenzol werden in 750 ml 95%igem Äthanol gelöst, dann auf 40° C erwärmt und 100 ml 2 n Natronlauge hinzugefügt. Nach 5 min wird die Lösung abgekühlt und 2,5 l Wasser hinzugegeben. Das ausgefallene m-Dinitrobenzol wird abgenutscht, gründlich mit Wasser gewaschen und dann trockengesaugt. Man kristallisiert es schließlich einmal aus 120 ml und ein zweites Mal aus 80 ml absolutem Äthanol um. Das Produkt ist bei Aufbewahrung in einem dunklen Schliffgefäß 10—14 Tage beständig. Kurz vor der Bestimmung stellt man eine 2%ige Lösung in absolutem Äthanol her.
4. Kalilauge. 9 g Kaliumhydroxyd werden in 50 ml absolutem Äthanol gelöst und durch ein gehärtetes Filterpapier abfiltriert. Die Konzentration wird durch Titration auf 2,48—2,52 n gebracht. Die Lösung wird bei 0° C aufbewahrt und muß verworfen werden, wenn sich eine — auch nur spurenweise — Färbung beobachten läßt.
5. Chloroform, reinst.
6. Substratlösung. Das Kaliumsalz des Dehydroepiandrosteronsulfats in 0,0004 m wäßriger Lösung.

Ausführung:

Die Inkubationsbedingungen sind genau die gleichen wie bei der obenbeschriebenen Methylenblau-Methode; auch hier wird die Enzymwirkung durch 5 min langes Eintauchen in kochendes Wasser abgestoppt. Der Kontrollansatz wird ebenfalls in gleicher Weise wie bei der Methylenblau-Methode hergestellt. Nach dem Abkühlen werden 5 ml Chloroform hinzugefügt, die Mischung gründlich geschüttelt und dann zentrifugiert. 4 ml der Chloroform-Schichte werden in ein Reagensglas abpipettiert und auf dem Wasserbad zur Trockne eingedampft. Hierbei ist die Zugabe von Siedesteinchen erforderlich. Der Rückstand wird in 0,2 ml Äthanol gelöst, dann 0,2 ml des m-Dinitrobenzol-Reagens (2%ige Lösung in absolutem Äthanol) und schließlich 0,2 ml der 2,5 n äthanolischen Kalilauge hinzugefügt. Die Mischung wird 1 Std bei 25° C im Dunkeln stehengelassen und dann mit 8 ml Äthanol verdünnt. Die entstandene Rosafärbung im Haupttest und in den

[1] Roy, A. B.: Biochem. J. **62**, 41 (1956).
[2] Zimmermann, W.: H. **245**, 47 (1936).

Kontrollversuchen wird colorimetrisch gegen Wasser bestimmt; der Autor verwendet das Hilger-„Spekker“-Absorptiometer mit dem Ilford-Filter 604 (520 mμ). Eine Eichkurve wird mit verschiedenen Konzentrationen von Dehydroepiandrosteron (10—80 μg) hergestellt.

Glykosulfatasen.

[3.1.6.3 Zuckersulfat-Sulfohydrolase.]

Allgemeines. SODA und HATTORI[1] berichteten bereits 1931, daß in manchen tropischen Mollusken ein Enzym vorkommt, welches aus Glucose-6-sulfat Schwefelsäure freisetzt. Erst vor verhältnismäßig kurzer Zeit fanden DODGSON und SPENCER[2] ein gleichartiges Enzym in *Littorina littorea*, einem Angehörigen derselben Tierklasse, der aber auch in der gemäßigten Zone vorkommt. Nach einer persönlichen Mitteilung von SODA[3] sollen Enzyme der gleichen Spezifität auch in manchen Fischen und Säugetieren nachzuweisen sein; ebenso wurde über Vorkommen in Bakterien berichtet[4,5], doch sind offensichtlich alle eingehenden Untersuchungen über Glykosulfatasen an Molluskenenzymen durchgeführt worden.

Die Glykosulfatasen sind imstande, zahlreiche Schwefelsäureester von Kohlenhydraten, darunter auch Dischwefelsäureester, Trischwefelsäureester und sogar Tetraschwefelsäureester von Galaktose, Saccharose, Maltose usw. zu hydrolysieren. Glucose-6-sulfat wird am schnellsten gespalten. Chondroitinschwefelsäure wird von Mollusken-Enzymen dieses Typus nicht angegriffen.

Darstellung. Während frühere Arbeiten über die Glykosulfatase ausschließlich mit ungereinigten Präparationen durchgeführt wurden, wobei durch Entfernung von Phosphationen, welche hemmend wirken, eine gewisse Aktivitätserhöhung erzielt wurde[6], wurden kürzlich zwei Vorschriften zur Herstellung teilweise gereinigter Enzympräparationen aus Mollusken veröffentlicht. TAKAHASHI[7] reinigte ein Enzym aus *Charonia* durch Chromatographie an einer Carboxymethylcellulose-Säule. Dabei wurde eine Erhöhung der spezifischen Aktivität auf das 160fache erreicht. Mit klassischen Methoden der Enzymreinigung gelang DODGSON[8] eine Erhöhung der Aktivität des Enzyms aus *Littorina littorea* auf das 20fache.

Tabelle 4. *p*H*-Optima, Substratkonzentrations-Optima,* MICHAELIS*-Konstanten und relative Aktivitäten unter Optimalbedingungen der Glykosulfatase aus Littorina littorea für ihre Wirkung gegenüber drei verschiedenen Zuckersulfaten in Gegenwart von 0,5 m Tris-Acetatpufferlösung (nach* DODGSON[8]*).*

Substrat	pH-Optimum	$10^2 \times$ optimale Substrat-konzentration	$10^2 \times K_M$	Relative Aktivität
K-glucose-3-O-sulfat	5,7—5,9	7,0	3,0	1,0
K-glucose-6-O-sulfat	5,5—5,6	4,0	1,7	10,0
K-galaktose-6-O-sulfat	5,2	>8,0	7,2	2,1*

* Bestimmt bei einer Substratkonzentration von 80 mM.

Eigenschaften. Die wesentlichsten kinetischen Daten für das Enzym aus *Littorina* bei seiner Wirkung gegenüber drei Substraten sind in Tabelle 4 wiedergegeben.

In Tris-Acetatpufferlösung kann ein vollkommen regulärer Verlauf der Substratkonzentration-Aktivitätskurve beobachtet werden, während in Acetatpufferlösung kinetische Unregelmäßigkeiten auftreten.

[1] SODA, T., and C. HATTORI: Bull. chem. Soc. Jap. **6**, 258 (1931).
[2] DODGSON, K. S., and B. SPENCER: Biochem. J. **57**, 310 (1954).
[3] Zitiert nach DODGSON, K. S., and B. SPENCER: Meth. biochem. Analysis **4**, 211 (1957).
[4] TANKO, B.: B. Z. **247**, 486 (1932).
[5] BUEHLER, H. J., P. A. KATZMAN and E. A. DOISY: Proc. Soc. exp. Biol. Med. **78**, 3 (1951).
[6] SODA, T., and F. EGAMI: Bull. chem. Soc. Jap. **8**, 148 (1933). J. chem. Soc. Jap. **54**, 1069 (1933).
[7] TAKAHASHI, N.: J. Biochem. **48**, 508 (1960).
[8] DODGSON, K. S.: Biochem. J. **78**, 324 (1961).

Phosphat, Pyrophosphat und Fluorid hemmen die Enzymaktivität, während $MgCl_2$ und $MnCl_2$ schwach aktivierend wirken.

Die Eigenschaften des von TAKAHASHI[1] aus *Charonia* isolierten Enzyms stimmen mit denjenigen der Glykosulfatase aus *Littorina* weitgehend überein (DODGSON[2]).

In Präparationen aus Mollusken, welche Glucosesulfatase enthalten, findet sich ständig auch eine Sulfatase-Aktivität gegenüber Cortison-21-sulfat. ROY[3], der dies zuerst an Präparationen aus *Patella* beobachtet hatte, nahm an, daß diese Wirkung eine Nebenaktivität der Glykosulfatase ist. DODGSON[2], der in seinen Präparationen aus *Littorina* ebenfalls diese Aktivität sowie eine Sulfatase-Aktivität gegenüber Dehydroisoandrosteronsulfat beobachtete, konnte aber in Versuchen mit Substratgemischen eindeutig zeigen, daß die Glykosulfatase nicht für die Wirkung gegenüber den Steroidsulfaten verantwortlich ist, da zwischen den verschiedenen Substraten keine kompetitive Hemmung feststellbar war. Dies läßt darauf schließen, daß die Präparation aus *Littorina* außer der Glykosulfatase sowohl eine Steroidsulfatase des oben (S. 1117) beschriebenen Typus, welche für 3β-Sulfate spezifisch ist, als auch noch eine weitere Sulfatase, welche Cortison-21-sulfat hydrolysiert, enthält. Die vorhandenen Befunde reichen allerdings noch nicht aus, um mit Sicherheit die Existenz des letztgenannten Enzyms zu postulieren.

Bestimmung. Hier kommt fast ausschließlich die Bestimmung des durch die Wirkung der Enzympräparation freigesetzten Sulfations in Frage. SODA u. Mitarb. verwendeten ziemlich unempfindliche Methoden, weshalb sehr lange Inkubationszeiten erforderlich waren. Einen wesentlichen Fortschritt bedeutete hier die Einführung der Benzidin-Methode, über die bereits oben berichtet wurde (S. 1104), durch DODGSON und SPENCER[4]. Aber auch diese Arbeitsweise ist recht schwierig; außerdem war für die Erforschung dieses Enzyms sehr hinderlich, daß das wichtigste Substrat, Glucose-6-sulfat, lange nur sehr schwer — wenn überhaupt — in reiner Form zugänglich war. Das unreine Substrat verursacht aber leicht kinetische Unregelmäßigkeiten, weshalb ältere Arbeiten über dieses Enzym nur mit gewisser Vorsicht betrachtet werden können.

Erst vor einiger Zeit sind sowohl hinsichtlich der Sulfat-Bestimmungsmethode wie auch des Substrates wesentliche Fortschritte erzielt worden. Die der Benzidin-Methode offensichtlich überlegene Chloranilat-Methode von LLOYD[5] kann sehr gut für die Aktivitätsbestimmung von Glucosesulfatase verwendet werden; eine Arbeitsvorschrift wurde bereits auf S. 1105 gegeben. Aber auch eine turbidimetrische Methode[6] läßt sich für das Enzym mit Vorteil anwenden (vgl. S. 1105). LLOYD[7] hat auch vor kurzem eine Vorschrift zur Herstellung von reinem Glucose-6-sulfat und anderen Zuckersulfaten veröffentlicht, die zwar sehr umständlich ist, aber gegenüber dem früher verwendeten Verfahren[8] den Vorteil hat, daß das Produkt tatsächlich einwandfrei rein ist. Es ist zu erwarten, daß auf diese Weise hergestelltes Glucose-6-sulfat in absehbarer Zeit im Handel erhältlich sein wird. Deshalb und auch weil die Beschreibung des Verfahrens in einer leicht zugänglichen Zeitschrift vorliegt[7], wird auf ihre Wiedergabe an dieser Stelle verzichtet.

Chondrosulfatasen.

[3.1.6.4 Chondroitinsulfat-Sulfohydrolase.]

Wie schon lange bekannt ist, enthalten verschiedene Bakterien und Mollusken Enzyme, welche imstande sind, aus Chondroitinschwefelsäure Schwefelsäure abzuspalten. Während aber bis vor kurzem angenommen wurde, daß diese Enzyme das Polysaccharid direkt

[1] TAKAHASHI, N.: J. Biochem. **48**, 508 (1960).
[2] DODGSON, K. S.: Biochem. J. **78**, 324 (1961).
[3] ROY, A. B.: Biochem. J. **62**, 41 (1956).
[4] DODGSON, K. S., and B. SPENCER: Biochem. J. **57**, 310 (1954).
[5] LLOYD, A. G.: Biochem. J. **72**, 133 (1959).
[6] DODGSON, K. S.: Biochem. J. **78**, 312 (1961).
[7] LLOYD, A. G.: Biochem. J. **75**, 478 (1960).
[8] DUFF, R. B.: Soc. **1949**, 1597.

angreifen, scheint jetzt festzustehen, daß frühere Enzympräparationen Gemische einer Polysaccharidase mit einer Sulfatase waren[1]. Es gelang eine Trennung eines solchen Enzymgemisches aus *Proteus vulgaris* durch Adsorption und fraktionierte Elution von einem Calciumphosphat-Gel, und es zeigte sich, daß das wahre Substrat der Sulfatase nicht das intakte Polysaccharid Chondroitinschwefelsäure ist, sondern Produkte, die aus dieser durch die Wirkung der Polysaccharidase, die als Chondroitinase bezeichnet wird, entstehen und offenbar Oligosaccharidsulfate sind. Ähnliche Verhältnisse scheinen bei der enzymatischen Desulfurierung von Heparin durch eine Enzympräparation aus *Flavobacterium heparinum* zu bestehen[2]; auch hier muß das Polysaccharid durch ein Begleitenzym depolymerisiert werden, bevor die Sulfatase angreift. Die Oligosaccharidsulfate, welche die Substrate der Chondrosulfatase darstellen, werden von Glykosulfatase nicht angegriffen[3], was als Beweis für die Verschiedenheit dieser Enzyme gewertet wird.

Zur Zeit sind weder standardisierte Testvorschriften noch Herstellungsverfahren für Präparationen tierischer Chondrosulfatasen bekannt.

Polysaccharases.

By

James Robert Turvey *.

A. Enzymes concerned in the metabolism of starch and glycogen.

I. Amylases.

Classification and Specificity[4].

Amylases are enzymes which catalyse the hydrolysis of polysaccharides composed mainly of α-1:4-linked glucose units, such as starch and its components (amylose and amylopectin), glycogen and certain degradation products derived from these sources. In contrast to phosphorylases (see p. 232), they do not require the presence of phosphate buffer to bring about this hydrolysis. They have been divided into four main categories. — (a) α-Amylases (dextrinogenic or endoamylases) which bring about a rapid fall in viscosity of the substrate solution as a result of the random hydrolysis of glucosidic linkages, followed in the later stages of reaction by the production of reducing sugars (chiefly maltose). (b) β-Amylases (saccharogenic or exo-amylases) which catalyse the production of maltose from the substrate at an early stage of the reaction without any great loss in viscosity. These enzymes function by an endwise attack on the substrate from the non-reducing ends. (c) Gluc-amylases from various micro-organisms which, like β-amylases, are exoamylases but differ from the two preceding enzymes in that glucose instead of maltose is the end product of their action. (d) The amylase of *Bacillus macerans*, which produces cyclic (SCHARDINGER) dextrins from the substrates. This enzyme will not be considered in detail.

Both α- and β-amylases act only where there is a chain of at least three contiguous α-1:4-linked glucose units and thus will not hydrolyse maltose. They have no action on β-1:4-linkages or α-1:6-linkages such as are present at the branching points in amylopectin

* Chemistry Department, University College, Bangor, N. Wales.

[1] DODGSON, K. S., and A. G. LLOYD: Biochem. J. **66**, 532 (1957).

[2] MEYER, K., A. LINKER, P. HOFFMAN and E. D. KORN: Proc. int. Symp. Enzyme Chem. 1957. S. 132.

[3] DODGSON, K. S., and A. G. LLOYD: Biochem. J. **78**, 319 (1961).

[4] See MYRBÄCK, K., and G. NEUMÜLLER: Sumner-Myrbäck, Enzymes, Vol. 1, p. 653.

or glycogen. In the case of β-amylase, end-wise attack on the substrate ceases at the branch linkage leaving a high-molecular-weight "limit" dextrin, but α-amylase can bypass the branch linkages, which it leaves as "non-fermentable" dextrins of low molecular weight. Gluc-amylase can act on a substrate containing a single α-1:4-linked glucose unit at the non-reducing end and can thus hydrolyse maltose in addition to the other substrates. End-wise attack on these substrates gives glucose, but the rate of reaction decreases markedly as branch points are reached. Preparations of gluc-amylase from some sources are able to hydrolyse or by-pass the branch linkages in amylopectin at a slow rate but have little or no action on α-1:6-glucosidic linkages in other substrates[1,2].

General Methods of Determining Activity[3,4].

The methods used fall into three main classes:

a) Measurement of changes in colour of the substrate with iodine. The substrate, starch or starch fractions, stains with iodine but the stain alters in shade and eventually disappears when hydrolysis has proceeded beyond a certain stage. The rate at which the stain with iodine alters or disappears can be used as a measure of enzyme activity. Several modifications of the original method of WOHLGEMUTH[5] have been described and are still used. The disadvantages of the method are that different preparations of the substrate will stain differently with iodine, and that a measure of the change in iodine stain is not necessarily an accurate measure of the extent of hydrolysis. For quick, routine work involving α-amylases of low purity and activity the method is very useful[6,7].

b) Measurement of change in viscosity. When starch or glycogen is hydrolysed by α-amylase action, the reaction is characterised by a rapid fall in viscosity of the substrate solution and this fall can be used as a measure of enzyme activity. This method is particularly useful where only small concentrations of α-amylase are being investigated, and where mixtures of α-amylase and either β-amylase or gluc-amylase occur since neither β-amylase nor gluc-amylase affects the viscosity in the early stages of the reaction. One particular disadvantage of the method is that the results are very dependent on the mode of preparation of the substrate solution, its initial viscosity, salt content, etc. Despite this, many variations of the method have been reported, generally with detailed accounts of the substrate preparation and variations in the method of determining the amylase activity from the viscosity measurements[4,8].

c) Measurement of reducing power. In this method, the reducing groups liberated by hydrolysis of the glucosidic bonds are estimated by any of the conventional methods used for the estimation of reducing sugars. Of these, the WILLSTÄTTER and SCHUDEL hypoiodite method[9], and various modifications, have often been employed, but these suffer from the disadvantage that iodine may be used up in side-reactions, especially where impure substrates or enzymes are used. The advantage of this method is that iodine reacts stoichiometrically with reducing groups irrespective of the size of the saccharide and thus gives an accurate measure of the number of glycosidic bonds hydrolysed. Alkaline copper reagents and reagents of the HAGEDORN-JENSEN type have also found extensive use but do not react stoichiometrically with reducing groups so that the extent of hydrolysis is expressed as apparent maltose (or glucose). In the case of β-amylase and gluc-amylase this is desirable but for α-amylase, where the oligosaccharide products have

[1] PHILLIPS, L. L., and M. L. CALDWELL: Am. Soc. **73**, 3559, 3563 (1951).
[2] FRENCH, D., and D. W. KNAPP: J. biol. Ch. **187**, 463 (1950).
[3] See MYRBÄCK, K., and G. NEUMÜLLER: Sumner-Myrbäck, Enzymes, Vol. I, p. 653.
[4] Bamann-Myrbäck Vol. II, p. 1837, 1862.
[5] WOHLGEMUTH, J.: Biochem. Z. **9**, 1 (1908).
[6] SMITH, B. W., and J. H. ROE: J. biol. Ch. **179**, 53 (1949).
[7] STREET, H. V., and J. R. CLOSE: Clin. chim. Acta, Amsterdam **1**, 256 (1956).
[8] HULTIN, E.: Acta chem. scand. **1**, 32 (1947).
[9] WILLSTÄTTER, R., u. G. SCHUDEL: B. **51**, 780 (1918).

various chain lengths, the result has little meaning in terms of the number of linkages hydrolysed. The reducing power method of SUMNER[1], employing dinitrosalicyclic acid, has been shown to be reliable and will be given later.

With all these methods, it should be remembered that other enzymes in the amylase preparations may vitiate the results. Thus the presence of phosphorylase (and phosphate ion) will affect methods (a) and (b), while maltase impurity in α- or β-amylase will affect method (c). Control experiments to detect these and other impurities should be included whenever crude enzymes are being investigated and, where possible, allowance made for their presence.

α-Amylase.

[3.2.1.1 α-1,4-glucan 4-glucanohydrolase.]

Occurrence. The enzyme occurs widely in the animal kingdom being present in high concentration in the saliva of many mammals (410 Bernfeld units per ml in man), the pancreas (17000 Bernfeld units per g defatted tissue) and the liver, and at lower concentration in various body fluids such as blood (100 Teller units per 100 ml, but varies widely in certain diseases), urine (40 Teller units per 100 ml) and muscle[2]. It is present in high concentration in germinating cereals and malts, but at low concentration in ungerminated cereals and is usually accompanied in these sources by β-amylase. Microorganisms are rich sources of α-amylase, the enzyme occurring in both moulds and bacteria[3,4] from which it is obtained commercially (e.g. "Clarase", Takamine Laboratories, USA, activity 1800 Bernfeld units per g). It should be noted that the enzyme from moulds may not be of the α-amylase type, or it may be a mixture of α-amylase and other amylases. Other sources include amoeba[5] and the honey-bee.

Preparation. The enzyme is prepared from tissue extracts or culture filtrates by the usual procedures of fractional precipitation and adsorption on starch, alumina or other adsorbents. Commercial preparations from both moulds and bacteria are readily available under a variety of trade names ("Taka-diastases"), and also from pancreas under the name "pancreatin". Most of these preparations contain varying amounts of other enzymes in addition to α-amylase and should be used with caution. Crystalline enzymes have been prepared from human saliva[6] and pancreas[7], pig pancreas[8], malt[9], *Bacillus subtilis*[10], *Aspergillus oryzae*[11], *Bacillus coagulans*[12] and *Pseudomonas saccharophila*[13]. Few attempts have yet been made to purify the enzyme from serum or other body fluids.

Properties. Some typical properties of the crystalline α-amylases are listed in Table 1. The figures for human pancreatic amylase have not been included since this enzyme appears to be identical with that from human saliva. The enzymes from man differ slightly from those of the pig in their activity per mg nitrogen and in their stability at various p_H values; pig pancreatic amylase is only stable over the p_H range 7.0—8.5 compared with 5—11 for human amylase. All the pure α-amylases appear to consist entirely of protein and have a light absorption maximum at 280 mμ in the ultraviolet. An important feature of α-amylases is their requirement of various ions in order to display

[1] SUMNER, J. B.: J. biol. Ch. **62**, 287 (1925).
[2] PURR, A.: Bamann-Myrbäck Vol. II, p. 1862.
[3] See MYRBÄCK, K., and G. NEUMÜLLER: Sumner-Myrbäck, Enzymes, Vol. 1, p. 653.
[4] THAYSEN, A. C., and L. D. GALLOWAY: The Microbiology of Starch and Sugars. Oxford 1930.
[5] HOLTER, H., and W. L. DOYLE: C. R. Lab. Carlsberg, Sér. chim. **22**, 219 (1938).
[6] MEYER, K. H., E. H. FISCHER, A. STAUB et P. BERNFELD: Helv. **31**, 2158 (1948). — MUUS, J.: Cr. **28**, 317 (1953).
[7] MEYER, K. H., E. H. FISCHER, P. BERNFELD and F. DUCKERT: Arch. Biochem. **18**, 203 (1948).
[8] FISCHER, E. H., et P. BERNFELD: Helv. **31**, 1831 (1948).
[9] SCHWIMMER, S., and A. K. BALLS: J. biol. Ch. **179**, 1063 (1949).
[10] MEYER, K. H., M. FULD et P. BERNFELD: Exper. **3**, 411 (1947).
[11] UNDERKOFLER, L. A., and D. K. ROY: Cereal Chem. **28**, 18 (1951).
[12] CAMPBELL, L. L. jr.: Am. Soc. **76**, 5256 (1954).
[13] MARKOVITZ, A., H. P. KLEIN and E. H. FISCHER: Biochim. biophys. Acta **19**, 267 (1956).

Table 1. *Some Properties of Crystalline α-Amylases.*

Property	Human Saliva	Pig Pancreas	Barley Malt	Aspergillus oryzae	Bacillus subtilis	Pseudomonas saccharophila
Activity per mg N * . . .	6200	4000	2350	2400	3600	5700
% N	15.8	15.8	13.4	12.9	15.8	—
p_H optimum (activity) ** .	6.9	6.9	4.7—5.4	5.5—5.9	5.3—6.8	5.25—5.75
Energy of Activation (cal) .	13350	13500	7050	10650	13350 (0—15°) 9150 (15—40°)	14400 (0—15°) 8500 (15—40°)
Michaelis Constant, K_M (g starch per litre) . . .	0.6 ± 0.2	0.6 ± 0.2	0.24	—	—	0.6
Isoelectric Point	5.3	5.3	5.6	4.2	—	—
Activation by Ca^{++} . . .	—	—	+	—	—	—
Activation by Cl^-	+	+	—	—	+	—

* In Bernfeld units[1]. ** In the presence of optimum concentration of salts.

maximum activity[2]. Animal amylases in general require the presence of chloride ion at a concentration of 0.01 M or greater, and sub-optimal quantities of the ion reduce the activity as well as alter the p_H optimum towards the acid side. Other ions that can replace chloride, but are not as effective, are bromide and iodide. Malt α-amylase is not affected by chloride, but is rapidly inactivated at acid p_H values or by high temperatures unless it is stabilised by the presence of calcium ions (0.02 M). The effect of the calcium ions is one of stabilisation and of activation. Amylases from micro-organisms differ in their activation by ions; some require chloride or calcium ions for maximum activity but others are not affected by the absence of these ions. Amylases in general are inhibited by heavy metal ions such as copper and mercury, by cyanide ion (0.1 M), molybdate, tungstate and by general protein precipitants such as picric acid.

Determination. The method of determining the activity of a given amylase preparation will depend on the source of the amylase, its purity and on the nature of other substances present. So many methods have been reported in the literature, that it is difficult to choose any one particular method as being better than the others. Two methods will be given, each dependent on estimation of reducing power. The first method, due to NOELTING and BERNFELD[1], is suitable for fairly pure amylase preparations such as are obtained from saliva, pancreas or micro-organisms; the second method, the TELLER[3] modification of the method of SOMOGYI[4], is suitable for estimation of low concentration of amylase in biological fluids such as serum and urine.

***Estimation of α-amylase after* NOELTING *and* BERNFELD[1].**

Principle:

The estimation depends on the fact that amylase catalyses the scission of glucosidic linkages and hence the production of new reducing groups. The reducing power is estimated (as maltose) by the dinitrosalicyclic acid method[5] in which the brown reduction product is estimated colorimetrically.

Reagents:

1. Substrate: It can be soluble starch (Lintner, Merck) or, preferably, potato amylopectin, or B-fraction from corn starch[6]. Dissolve 1 g in 100 ml 0.02 M phosphate buffer containing 0.039 g NaCl. For animal amylases the p_H of the buffer should be 6.9; for micro-organisms a p_H of 5.5 and for malt amylase a p_H of 5.0 are suggested

[1] NOELTING, G., et P. BERNFELD: Helv. **31**, 286 (1948). — BERNFELD, P.: Colowick-Kaplan, Meth. Enzymol., Vol. I, p. 149.
[2] See MYRBÄCK, K., and G. NEUMÜLLER: Sumner-Myrbäck, Enzymes, Vol. I, p. 653.
[3] TELLER, J. D.: J. biol. Ch. **185**, 701 (1950).
[4] SOMOGYI, M.: J. biol. Ch. **125**, 399 (1938).
[5] SUMNER, J. B.: J. biol. Ch. **62**, 287 (1925).
[6] SCHOCH, T. J.: Adv. Carbohydrate Chem. **1**, 247 (1945).

and, in addition, for malt the NaCl is replaced by $CaCl_2$. If the starch does not readily dissolve in water, it should be dispersed in 50 ml of water containing the sodium chloride, boiled for 5 min, cooled and diluted with 50 ml 0.04 M phosphate buffer and water to 100 ml.

2. The dinitrosalicylate reagent is prepared by dissolving in the cold, 1 g 3:5-dinitrosalicylic acid in 20 ml 2 N NaOH and 50 ml water, adding 30 g of Rochelle salt and diluting to 100 ml with water. This solution must be protected from CO_2.

Procedure:

The enzyme solution is diluted with water so that it contains 1—2 units per ml. In a water bath at 20° C place a tube containing 1 ml of substrate solution. Warm the enzyme solution to 20° C and add 1 ml to the tube. After exactly 3 min add 2 ml of the dinitrosalicylate reagent, heat the tube in boiling water for 5 min and cool in running water. Add 20 ml water and read the optical density of the resulting solution in a suitable spectrophotometer at 540 mμ, using as a blank the solution prepared by substituting 1 ml of water for the enzyme solution in the above procedure. A calibration curve is constructed by heating 2 ml maltose solution (0.2—2 mg) with 2 ml dinitrosalicylate reagent and treating as above. From this curve, the apparent maltose concentration produced by the enzyme is read off; this amount of maltose is produced by 1 ml of the diluted enzyme solution. Amylase activity (in Bernfeld units) is defined as the number of mg of maltose (apparent) liberated in 3 min under these conditions.

***Estimation of amylase in blood and urine after* TELLER[1].**

In this method, the large amount of protein present in normal body fluids interferes with the normal estimation of reducing sugars, and so is removed after incubation of the enzyme and substrate but before the estimation of reducing sugar. The reducing sugar is estimated, after suitable dilution, by the Nelson-Somogyi method[2].

Reagents:

1. Substrate solution: 1.5 g soluble starch (Lintner) is stirred into a paste with a little cold water and poured into 100 ml boiling water, the solution boiled for 1 min, and the flask stoppered and allowed to cool.
2. Acidified NaCl is prepared by dissolving 1 g NaCl and 3 ml 0.1 N HCl in water and diluting to 100 ml.
3. Copper sulphate solution: 5 g $CuSO_4 \cdot 5\,H_2O$ in 100 ml water.
4. Sodium tungstate: 6 g in 100 ml water.
5. Somogyi Reagent (1952): Solution *1* contains 24 g anhydrous sodium carbonate, 12 g Rochelle salt, 16 g sodium hydrogen carbonate and 144 g anhydrous sodium sulphate in 800 ml solution. Solution *2* contains 4 g copper sulphate ($CuSO_4 \cdot 5\,H_2O$) and 36 g anhydrous sodium sulphate dissolved in water and diluted to 200 ml. Store both solutions in well-stoppered bottles. Shortly before use, 4 volumes of solution *1* are mixed with 1 volume of solution *2*.
6. Nelson Reagent: 25 g ammonium molybdate are dissolved in 450 ml water and 12 ml conc. H_2SO_4 are added, followed by a solution containing 3 g sodium arsenate ($Na_2HAsO_4 \cdot 7\,H_2O$) in 25 ml water. The resulting solution should be almost colourless.

Procedure:

In one of three tubes place 5.0 ml substrate solution and 2 ml NaCl solution, place in a bath at 40° C and, when warm, add 1 ml serum or urine (Tube A). Tube B contains the reagents as for Tube A but 1 ml water is added in place of 1 ml serum. The third tube C contains 5 ml water, 2 ml NaCl solution and 1 ml serum but is not heated at 40° C. Exactly 30 min after the serum (or water) was added, the reaction is stopped by adding

[1] TELLER, J. D.: J. biol. Ch. **185**, 701 (1950).

[2] NELSON, N.: J. biol. Ch. **153**, 375 (1944). — SOMOGYI, M.: J. biol. Ch. **195**, 19 (1952).

1 ml copper sulphate solution to each tube and then 1 ml sodium tungstate, the contents of each tube are mixed and centrifuged or filtered. To 1 ml, of each supernatant solution add 4 ml water, mix and pipette out 1 ml into a 10 ml graduated tube containing 1 ml Somogyi reagent. After mixing the solutions, cover the tubes with glass bulbs, heat for 20 min in boiling water, cool in running water and slowly add 0.5 ml Nelson reagent. The contents of each tube are diluted to 10 ml and the percentage transmission read (15 min to 1 hr. afterwards) in a suitable spectrophotometer using light of wavelength 660 mμ. The spectrophotometer is adjusted to 100 % transmission using a blank prepared by treating 1 ml water with 1 ml Somogyi reagent in the above procedure.

A calibration curve is prepared by treating 1 ml of a solution containing 0.01—0.05 mg glucose with 1 ml Somogyi reagent as above. Find the apparent glucose content (in mg) of each coloured solution. Deduct the value given by B and C from that of A; the resulting figure (mg glucose) is multiplied by the dilution factor, 50, to give the apparent number of mg glucose liberated by 1 ml serum. This is the activity (Teller units) per ml. The activity is generally expressed as units per 100 ml serum or urine. This unit is almost the same as that defined by SOMOGYI[1]. For activities greater than 250 units per 100 ml, the serum or urine must be diluted before the amylase estimation.

β-Amylase.

[3.2.1.2 α-1,4-glucan maltohydrolase.]

Occurrence. β-Amylase occurs together with α-amylase in malts but practically free from α-amylase in ungerminated cereals such as wheat, barley and rye, in soya-bean and in sweet potato[2]. It is probably present in nearly all seeds and in certain other parts of higher plants. The best source for β-amylase comparatively free from α-amylase is probably the soya-bean[3].

Preparation. From soya-bean an active preparation can be obtained by defatting the ground seed with ether, extracting the flour with 20 % alcohol and precipitating the enzyme by increasing the alcohol concentration to 65 %[4]. Such a preparation contains about 2 Bernfeld units per mg. Extraction of cereal-flours with water or dilute salt solution gives fairly active preparations, but much of the amylase in these sources is present in an insoluble form only liberated by digestion with proteolytic enzymes such as papain. The enzyme has been prepared in crystalline form from malt[5], wheat[6], soya bean[7] and sweet potato[8].

Properties. The p_H optimum of most cereal β-amylases and soya-bean is at 4.8—5.3 and is rather broad, that of sweet potato is 4—5 in acetate buffer and 5—6 in citrate buffer. For the crystalline enzyme from sweet potato a molecular wt. of 152000 and a Turnover Number of 250000 bonds hydrolysed per min at 30° C and p_H 4.8 are given[9,10]. For the enzymes from wheat and malt the Activation Energies reported are 13000 and 16000 cals/mole (0—20° C), and 9300 and 5530 cals/mole (20—40° C), respectively[6].

The enzymes require no activating ion, but are inhibited by reagents specific for —SH groups in proteins, e.g. Cu^{++} (10^{-3} M), Hg^{++} (10^{-5} M), Ag^{+} (10^{-5} M), p-chloromercuri-

[1] SOMOGYI, M.: J. biol. Ch. **125**, 399 (1938).
[2] See MYRBÄCK, K., and G. NEUMÜLLER: Sumner-Myrbäck, Enzymes, Vol. I, p. 653.
[3] NEWTON, J. M., and N. M. NAYLOR: Cereal Chem. **16**, 71 (1939).
[4] BOURNE, E. J., A. MACEY and S. PEAT: Soc. **1945**, 882.
[5] MEYER, K. H., E. H. FISCHER et A. PIGUET: Helv. **34**, 316 (1951).
[6] MEYER, K. H., P.-F. SPAHR et E. H. FISCHER: Helv. **36**, 1924 (1953).
[7] FUKUMOTO, J., and Y. TSUJISAKA: Sci. & Industr. Jap. **28**, 282 (1954).
[8] BALLS, A. K., M. K. WALDEN and R. R. THOMPSON: J. biol. Ch. **173**, 9 (1948).
[9] ENGLARD, S., and T. P. SINGER: J. biol. Ch. **187**, 213 (1950).
[10] ENGLARD, S., S. SOROF and T. P. SINGER: J. biol. Ch. **189**, 217 (1951).

benzoate (10^{-6} M). Other inhibitors include NaCN (0.1%), hydroquinone, ascorbic acid and certain acid dyes.

d) Method of Determination. The usual method of determining activity is by estimation of reducing power. As such the method of NOELTING and BERNFELD given for α-amylases (see p. 1126) can be applied except that the phosphate buffer is replaced by 0.016 M acetate buffer at p_H 4.8. The unit of activity is defined as for α-amylase.

For the determination of α- and β-amylase together in a mixture, the reader is referred to the work of KNEEN and SANDSTEDT[1].

Gluc-amylase.

[3.2.1.3 α-1,4-glucan glucohydrolase.]

Occurrence. The enzyme is confined to certain micro-organisms such as *Clostridium acetobutylicum*[2, 3], *Rhizopus delemar*[4], *Aspergillus niger*[5, 6], *A. oryzae*[7] and *S. diastaticus*[8]. In all these sources however it is contaminated with much α-amylase. Concentrates from *Rhizopus delemar* are available commercially (Takamine Laboratories Inc., USA).

Preparation. The enzyme may be present in culture filtrate or can be extracted with water from the ground mycelium. It is generally precipitated by ammonium sulphate and subsequently purified by repeated fractionation with ammonium sulphate and ethyl alcohol. The α-amylase impurity is then preferentially inactivated by adjusting the p_H to 2.2—2.9 and leaving the solution for 7—12 days at 5—10° C. The gluc-amylase and α-amylase activities in *A. niger* extracts have been separated by paper-chromatography using 50% acetone as solvent[9]. The enzyme from *R. delemar* has been prepared in crystalline form[10].

Properties. The properties of the purified enzyme differ somewhat with the source. Thus for *A. niger* enzyme the optimum temperature and p_H are 52° C and 4.0 and optimum activity is only displayed in acetate buffer of concentration 0.02 M or greater[9], while for *R. delemar* enzyme the corresponding figures are 40° C and 4.3—4.7 in presence of 0.01 M acetate buffer[11]. The latter enzyme in crystalline form is inactivated by I_2 and $NaNO_2$ but is stable to formalin[11], and the former enzyme, in contrast with most amylases, is stable to $HgCl_2$[9]. First Order Rate Constants for the *Clostridium* enzyme acting on maltose, starch and β-amylase-limit dextrin (all at 0.5% concentration) are 6.7×10^{-5}, 3.7×10^{-5} and 2.0×10^{-5} sec^{-1} respectively[12]. The Michaelis Constants K_M for the *R. delemar* enzyme acting on maltose, amylose and amylopectin are 6.6×10^{-3} M, 4.4×10^{-5} M and 4.1×10^{-7} M respectively[4].

Determination. Since the action of the enzyme is confined to the liberation of glucose any of the conventional reducing power methods are applicable, but the results will be influenced by the presence of α-amylase impurities especially in crude preparations. Thus, for crude enzymes, PHILLIPS and CALDWELL[4] use a cuprimetric method designed to detect glucose only, coupled with an iodometric method for the determination of total reducing sugars. If the two results agree then α-amylase is absent but, where they do not agree, corrections have to be applied to the former result in order to estimate the activity of the gluc-amylase. The method of BARKER and FLEETWOOD[6] as used for

[1] KNEEN, E., and R. M. SANDSTEDT: Cereal Chem. **18**, 237 (1941).
[2] FRENCH, D., and D. W. KNAPP: J. biol. Ch. **187**, 463 (1950).
[3] HOCKENHULL, D. J. D., and D. HERBERT: Biochem. J. **39**, 102 (1945).
[4] PHILLIPS, L. L., and M. L. CALDWELL: Am. Soc. **73**, 3559, 3563 (1951).
[5] KERR, R. W., F. C. CLEVELAND and W. J. KATZBECK: Am. Soc. **73**, 3916 (1951).
[6] BARKER, S. A., and J. G. FLEETWOOD: Soc. **1957**, 4857.
[7] DREWS, B., H. SPECHT and H. OLBRICH: Branntw.-Wirtsch. **76**, 21 (1954).
[8] HOPKINS, R. H., and D. KULKA: Arch. Biochem. **69**, 45 (1957).
[9] BARKER, S. A., and J. G. FLEETWOOD: Soc. **1957**, 4857.
[10] HOPKINS, R. H., and D. KULKA: Arch. Biochem. **69**, 45 (1957).
[11] FUKUMOTO, J., Y. TSUJISAKA and K. MINAMII: Sci. & Indust. Jap. **28**, 92 (1954).

the *A. niger* enzyme is rather more convenient, but only tests for the presence of α-amylase and does not allow for its action. It is thus only applicable to enzymes comparatively free from α-amylase impurity.

Estimation of Gluc-amylase after BARKER and FLEETWOOD[1].

Principle:

In this method the glucose liberated by action of the enzyme on amylose is estimated cuprimetrically by the Shaffer-Hartmann method[2]. At the same time, the iodine-stain of the remaining substrate is measured and the fall related to the glucose produced. Any undue fall in the iodine stain is related to the presence of α-amylase impurity.

Reagents:

1. The substrate is potato-amylose of Blue Value[3] 1.2 or greater. Amylose (80—100 mg) is moistened with ethanol and dissolved in 0.2 N sodium hydroxide by warming at 60° C for 2—3 min. After cooling, the solution is diluted to 25 ml and portions containing 25 mg of amylose are withdrawn, exactly neutralised with 0.5 N sulphuric acid and incorporated in the digest given below.
2. M Acetate buffer: 13.6 g hydrated sodium acetate dissolved in 80 ml water, the p_H adjusted to 4.0 and the solution diluted to 100 ml.
3. Shaffer-Hartmann reagent: Dissolve 40 g anhydrous sodium carbonate in 400 ml warm water and into this pour, with stirring, a solution of 5 g copper sulphate pentahydrate and 7.5 g tartaric acid in 150 ml water. Dissolve 0.7 g potassium iodate, 10 g potassium iodide and 18.4 g potassium oxalate in 250 ml water and add slowly to the previous solution. Cool the solution and dilute to 1 l.
4. Sodium thiosulphate: 1.24 g $Na_2S_2O_3 \cdot 5\,H_2O$ and 0.1 g Na_2CO_3 dissolved in water and diluted to 1 l.
5. Iodine solution: 0.2 g iodine and 2.0 g potassium iodide per 100 ml solution.
6. Standard glucose solution: 50 mg anhydrous glucose per 100 ml.

Procedure:

The amylose solution and 2 ml acetate buffer are mixed in a stoppered bottle with the gluc-amylase solution (1—5 ml) and the volume adjusted to 25 ml. The digest is incubated in a water-bath at 50° C and, at intervals, 1 ml portions are removed and stained with 1 ml iodine solution in a final volume of 100 ml. The Absorptions Values (A.V.) of these solutions are measured in a suitable spectrophotometer at 680 mμ using 4 cm cells, and calculated as percentages of the A.V. of 1 mg amylose stained under the same conditions. At the same time intervals, 4 ml portions of the digest are added to 5 ml Shaffer-Hartmann reagent in boiling tubes, 1 ml standard glucose solution is added and the tubes are heated in boiling water for 15 min. After cooling for 4 min in cold water, 2.5 ml 2 N sulphuric acid are added to each tube, and the liberated iodine titrated after 1 min with sodium thiosulphate using starch indicator if necessary. A blank digest containing the enzyme and buffer, but no starch, is treated similarly to give the blank titre. The difference between these two titres can be converted to glucose using a calibration curve prepared by treating 4 ml glucose solutions (0.5—2.5 mg) in the same procedure. Calculate the apparent percentage conversion of the amylose into glucose at the various time intervals. Find by interpolation the apparent percentage conversion into glucose after 4 hours' incubation. This is used as a measure of the activity present in the amount of enzyme added to the digest.

To test for the presence of α-amylase in the enzyme, plot the curve of percentage A.V. against percentage conversion into glucose at the same time interval. For a purified enzyme, the curve should be almost linear and the percentage conversion into glucose when the A.V. has fallen to 50% of its original value should not be less than 30%; lower values or pronounced curves indicate the presence of α-amylase or other impurities[1].

[1] BARKER, S. A., and J. G. FLEETWOOD: Soc. **1957**, 4857.
[2] SHAFFER, P. A., and A. F. HARTMANN: J. biol. Ch. **45**, 377 (1921).
[3] BOURNE, E. J., N. HAWORTH, A. MACEY and S. PEAT: Soc. **1948**, 924.

II. Branching Enzymes*.

Classification and Specificity.

Nearly all the known branching enzymes, which convert linear amylose-type molecules into branched polysaccharides, operate by a transglycosidic mechanism. Thus they break an α-1:4-glucosidic linkage in a linear amylose-type chain (the donor) and attach the fragment so produced by an α-1:6-linkage to another α-1:4-linked chain (the acceptor), which may be part of the donor molecule or of another molecule. Thus no reducing power is developed as a result of their action, and phosphate ion plays no part in the reaction. The enzymes are therefore classified as amylo-1:4→1:6-transglucosidases[1], although they are generally termed "branching enzymes" if from animal sources[2] and "Q-enzymes" if from plants or micro-organisms[3]. A third type, termed "amylose-isomerase", has also been reported[4].

The specificities of branching enzymes from the various sources differ somewhat. Thus it has been shown that the minimum chain length for the donor molecules, for Q-enzyme from potatoes, is 40 glucose units since amylosaccharides of shorter chain lengths are not branched at a significant rate[5]. It has, however, been shown that branched polysaccharides, in which outer chains are 13—14 glucose units in length, are further branched by Q-enzyme action, whereas for branching enzyme from liver, the outer chains need only be 6—11 units in length for further branching to occur[1]. The acceptor specificity is less well defined. Thus the Q-enzyme from *Polytomella coeca* can utilise added oligosaccharides, such as maltose, as acceptors for the transferred fragment provided that these consist of linear α-1:4-glucosidically linked units[6]. Maltose, isomaltose and panose cannot act as acceptors for branching enzyme from liver or for Q-enzymes from plant sources[7]. Amylose-isomerase appears to resemble closely the branching enzyme from animal sources except that its action appears to be reversible in the sense that the enzyme has α-1:6-glucosidase activity in addition to its branching activity.

Branching Enzyme.

[2.4.1.18 α-1,4-glucan:α-1,4-glucan 6-glycosyltransferase.]
(α-glucan-branching glycosyltransferase.)

Occurrence. The enzyme has been isolated from the livers[2], leg muscles[1] and brown adipose tissue of fasted rats[8], and from dog and rabbit heart[2]. Of these, the best source is probably rat-liver (490 units per ml aqueous extract).

Preparation. The tissue is homogenized with 2 vol. water and inactive protein removed by isoelectric precipitation at p_H 5.8. The enzyme from adipose tissue is then adsorbed on Cγ alumina, eluted with 0.25 M sodium glycerophosphate, and precipitated by ammonium sulphate at 40% saturation. The enzyme from liver is adjusted to p_H 7 with hydrogencarbonate, treated with corn starch at 0° C to remove amylase, and precipitated at −5° C from 0.1 saturated ammonium sulphate at p_H 7 with ethanol at 40% concentration. The precipitate is redissolved in 0.001 M cysteine at p_H 7 and should then have a specific activity of over 500 units per mg protein. For further details see p. 253.

* See page 253 also.

[1] LARNER, J.: J. biol. Ch. **202**, 491 (1953).
[2] CORI, G. T., and C. F. CORI: J. biol. Ch. **151**, 57 (1943).
[3] BOURNE, E. J., and S. PEAT: Soc. **1945**, 877.
[4] PETROVA, A. N.: Biochimija, Moskva **14**, 155 (1949); **17**, 129 (1952). — PETROVA, A. N., i E. L. ROZENFEL'D: Biochimija, Moskva **15**, 309 (1950).
[5] See WHELAN, W. J.: Handb. Pfl.-Physiol. (RUHLAND), Bd. VI, S. 199.
[6] BARKER, S. A., A. BEBBINGTON and E. J. BOURNE: Soc. **1953**, 4051.
[7] LARNER, J., and D. N. UWAH: Am. Soc. **78**, 3647 (1956).
[8] CREASEY, N. H., and C. H. GRAY: Biochem. J. **50**, 74 (1951).

Properties. Few properties of the enzyme have been reported. The enzyme prepared as above usually contains phosphorylase-b impurity and may also contain traces of α-amylase.

Determination. During the action of the enzyme on starch substrates, the iodine stain of the substrate decreases in intensity and the light-absorption maximum moves to shorter wavelengths. This feature can be used to measure enzymic activity. α-Amylase will interfere with this method and crude enzymes should be treated with corn starch[1] to adsorb α-amylase before assay.

***Estimation of Liver Branching Enzyme after* LARNER[2, 3].**

Reagents:

1. The substrate is corn amylopectin at 1% concentration.
2. 0.19 M Tris buffer: 13 g Tris(hydroxymethyl)aminomethane are dissolved in 800 ml water, the p_H adjusted to 7.9 with 2 N hydrochloric acid and the solution diluted to 1 l.
3. Iodine solution: 0.2 g Iodine and 0.4 g potassium iodide per 100 ml.
4. Perchloric acid: 3% in water.
5. Enzyme solution: This should be at p_H 7 and diluted to contain about 300 units per ml.

Procedure:

In a tube place 0.3 ml substrate solution and 0.5 ml enzyme solution, and incubate at 30° C. At zero time and at 10 min intervals 0.15 ml portions are removed and mixed with 0.15 ml perchloric acid. After shaking, the precipitated protein is removed on the centrifuge and 0.15 ml of the clear supernatant solution is mixed with 1 ml Tris buffer, 0.15 ml iodine solution, and water to a final volume of 3 ml. The optical density of the iodine-polysaccharide complex is measured (1 cm cells) at 570 mμ within 10 min, using as blank a similarly treated digest containing no polysaccharide.

The unit is defined as that amount of enzyme effecting a decrease in optical density of 0.001 per min under the above conditions.

Q-Enzyme[4].

Occurrence. The enzyme (see p. 268 also) occurs widely in plants having been reported from the potato, broad bean, wrinkled pea, green gram and maize, and similar enzymes have been reported from the starch synthesising micro-organisms *Polytomella coeca*[5] and *Neisseria perflava*[6].

Preparation. From potato juice the enzyme is prepared by precipitation as the lead complex, elution with sodium hydrogen carbonate and repeated fractionation with neutral ammonium sulphate between 0 and 19% concentration[7]. It has been prepared in crystalline form by adsorption on amylose from aqueous alcoholic solution, elution with citrate buffer and subsequent precipitation with ammonium sulphate[8].

Properties. The enzyme from the potato requires the presence of salts to display maximum activity and in this respect ammonium sulphate and chloride, sodium acetate, citrate (0.05 M) and phosphate are all effective[9, 10]. In presence of sufficient salt the

---

[1] LARNER, J.: J. biol. Ch. **202**, 491 (1953).
[2] LARNER, J., and D. N. UWAH: Am. Soc. **78**, 3647 (1956).
[3] LARNER, J.: Colowick-Kaplan, Meth. Enzymol., Vol. 1, p. 222.
[4] See WHELAN, W. J.: Handb. Pfl.-Physiol. (RUHLAND) Vol. VI, S. 199.
[5] BEBBINGTON, A., E. J. BOURNE, M. STACEY and I. A. WILKINSON: Soc. **1952**, 240, 246.
[6] HEHRE, E. J., D. M. HAMILTON and A. S. CARLSON: J. biol. Ch. **177**, 267 (1949).
[7] BARKER, S. A., E. J. BOURNE and S. PEAT: Soc. **1949**, 1705.
[8] BAUM, H., and G. A. GILBERT: Nature **171**, 983 (1953).
[9] GILBERT, G. A., and A. J. SWALLOW: Soc. **1949**, 2849.
[10] BARKER, S. A., E. J. BOURNE, I. A. WILKINSON and S. PEAT: Soc. **1950**, 93.

optimum p_H and temperature for potato enzyme are 7.0 and 21° C respectively, and for green gram enzyme the optimum temperature is 24° C. The enzyme from the potato is inhibited by mercuric chloride[1] and by sodium borate[2].

Determination. As with branching enzyme, the reaction is conveniently followed by measuring the decrease in intensity of the iodine stain of the substrate consequent upon branching by the enzyme. In this case however, only amylose or whole starch are suitable substrates since the enzyme has little action on amylopectin. It should again be emphasised that enzyme impurities, such as α-amylase, R-enzyme or D-enzyme, in the preparation may also affect the iodine stain and tests for these should be carried out when crude enzyme preparations are being studied.

***Estimation of Q-enzyme after* Barker *and coll.*[3].**

Reagents:

1. Substrate solution: Potato amylose prepared by either the thymol or butanol method is preferred; ca. 220 mg are moistened with 1 ml ethanol and 12 ml 0.5 N sodium hydroxide are added. The amylose is dissolved by warming at 100° for 3 min, cooled and diluted to 100 ml. A portion (= 186.6 mg amylose) is transferred to a 100 ml flask, exactly neutralised with 0.5 N sulphuric acid and diluted to 100 ml.
2. M Acetate buffer: 13.6 g hydrated sodium acetate dissolved in 80 ml water, the p_H adjusted to 7.04 with glacial acetic acid, and the solution diluted to 100 ml.
3. Iodine solution: 200 mg Iodine and 2 g potassium iodide per 100 ml.
4. Shaffer-Hartmann reagent: As described under gluc-amylase (p. 1130).

Procedure:

The digest contains 7.5 ml substrate solution, 2.5 ml acetate buffer, 1.5 ml maltose solution (3 mg maltose) and is preheated to 20.5° C in a water-bath. The enzyme in 2.5 ml solution is added and incubation continued at 20.5° C for a suitable time interval (30 min for purified enzymes but longer if necessary). A blank digest containing the reagents but water instead of amylose solution is similarly treated. A 1 ml portion is then removed, stained with 1 ml iodine solution in a final volume of 100 ml and the Optical Density (A.V.) of this solution is determined in a suitable spectrophotometer at 680 mμ using 4 cm cells. At the same time interval a 4 ml portion of the digest is added to 5 ml Shaffer-Hartmann reagent and 1 ml water. The reducing power is then determined as described under gluc-amylase, except that the reagent is standardised against maltose (1—5 mg), and the apparent conversion of the amylose into maltose is calculated. Finally the A.V. of the amylose substrate (1 mg stained with 1 ml iodine solution in 100 ml) is determined, and the fall in A.V. of the digest expressed as a percentage of this value.

The activity of the enzyme is expressed as the percentage fall in A.V. after a suitable time interval (usually 30 min) under the above conditions. If no α-amylase is present, the apparent conversion into maltose found by the reducing power measurement should not be greater than 2—3%, when the fall in A.V. is over 80%.

III. Debranching Enzymes.

Classification and Specificity.

The name debranching enzyme is here taken to mean those enzymes which cause hydrolysis of the α-1:6-glucosidic branch linkages in amylopectin, glycogen and related substrates. They thus belong to the class of α-1:6-glucosidases, but should be distinguished from other α-1:6-glucosidases by the prefix "amylo-". The name "amylo-1:6-glucosidase" has already been used to indicate a particular debranching enzyme from muscle[4]. A

[1] Bailey, J. M., G. J. Thomas and W. J. Whelan: Biochem. J. **49**, lvi (1951).
[2] Gilbert, G. A., and A. J. Swallow: Soc. **1949**, 2849.
[3] Barker, S. A., E. J. Bourne and S. Peat: Soc. **1949**, 1705.
[4] Cori, G. T., and J. Larner: Fed. Proc. **9**, 163 (1950).

similar enzyme from plant sources is called "R-enzyme"[1] and another from yeast is called "isoamylase" (amylosynthease)[2,3]. Reference has already been made to "amylose-isomerase" (see under Branching Enzymes), which has debranching, in addition to branching, activity. Two other enzymes may be included under this heading but are usually referred to as oligosaccharases. They are the "limit-dextrinase" from malt and certain yeasts[4], which hydrolyses the limit dextrins produced by action of α-amylase on branched substrates, and the "oligo-1:6-glucosidase" (α-limit dextrinase) from intestinal mucosa with similar activity[5]. Only the first three enzymes will be considered under this heading. The specificity of each enzyme differs markedly from the others and is best considered under the individual enzymes but an abbreviated list is given in Table 2.

Table 2. *Specificities of Debranching Enzymes.*

Enzyme	Sources	Substrates hydrolysed	Products	Substrates not hydrolysed
Amylo-1:6-glucosidase	Muscle	Phosphorylase limit dextrins	Glucose + further dextrin	Intact glycogen or amylopectin
R-Enzyme	Potato, broad bean, Malt	Amylopectin and its limit dextrins	Linear amylosaccharides	Glycogen, iso-maltose, panose
Isoamylase	Yeast	Glycogen, amylopectin, limit dextrins, isomaltose	linear amylosaccharides	—
Limit dextrinase	Malt, fungi.	α-Amylase limit dextrins, isomaltose, panose	glucose, maltose, maltotriose, etc.	Amylopectin, glycogen (?)
Oligo-1:6-glucosidase	Intestine	α-Amylase limit dextrins, isomaltose, panose	glucose, maltose, maltotriose, etc,	Phosphorylase limit dextrins

It should be noted that, with the exception of amylose-isomerase, the action of none of these enzymes is reversible, although transglucosidic activity has been reported for oligo-1:6-glucosidase.

Amylo-1:6-glucosidase.

[3.2.1.9 Starch 6-glucanohydrolase.]

Action and Specificity[6]. The enzyme can only hydrolyse single glucose units attached by α-1:6-linkage to chains of α-1:4-linked glucose units. Such units occur in outer branches of phosphorylase-limit dextrins from amylopectin and glycogen. The enzyme cannot hydrolyse a 1:6-linkage if it is the point of attachment of more than one glucose unit and thus has no action on intact glycogen, amylopectin or their β-amylase limit dextrins. It has only slow action on isomaltose and this activity may be due to impurity.

Occurrence and Preparation. The enzyme is usually isolated from rabbit muscle but probably occurs in other parts of the animal body. The procedure for its preparation follows closely the preparation of crystalline muscle phosphorylase* and it is present in the mother liquor left after crystallisation of the phosphorylase[7,8]. Addition of ammonium sulphate to 0.33 saturation precipitates the enzyme, which is redissolved in 0.0027 M versene containing 0.003 M cysteine at p_H 7.2 and dialysed against the same buffer for 3 hr. Muscle extract has a specific activity of ca. 120 units per mg protein but is contaminated with α-amylase; the final product has a specific activity of 2000—6000 units per mg protein.

* See PFANNEMÜLLER, p. 232.

[1] HOBSON, P. N., W. J. WHELAN and S. PEAT: Soc. **1951**, 1451.
[2] MARUO, B., and T. KOBAYASHI: Nature **167**, 606 (1951).
[3] MANNERS, D. J., and KHIN MAUNG: Chem. & Indust. **1955**, 950.
[4] WHELAN, W. J.: Handb. Pfl.-Physiol. (RUHLAND) Vol. VI, p. 221.
[5] SEIJI, M.: J. Biochem. **40**, 519 (1953). — LARNER, J., and C. M. McNICKLE: Am. Soc. **76**, 4747 (1954).
[6] CORI, G. T., and J. LARNER: J. biol. Ch. **188**, 17 (1951).
[7] See CORI, G. T.: Colowick-Kaplan, Meth. Enzymol. Vol. I, p. 200, 211.
[8] LARNER, J., and L. H. SCHLISELFELD: Biochim. biophys. Acta **20**, 53 (1956).

Properties. The purified enzyme is unstable in aqueous solution and is best kept in the frozen state. The presence of cysteine (0.003 M) and versene (0.0027 M) both help to stabilise the enzyme[1] and addition of glutathione will restore some of the activity lost on freezing and thawing[2]. The p_H optimum is between 7.2 and 7.6, and the Michaelis Constant K_M for its action on the phosphorylase-glycogen limit dextrin is 14 mg per cent, or 2.7×10^{-5} M expressed as outer branchpoint glucose units (moles)[2]. The enzyme is inhibited completely by *p*-chloromercuribenzoate (5×10^{-5} M) and partially by *o*-iodosobenzoate (60 % at 10^{-4} M) but gluthatione reverses the inhibition in both cases. Debranched limit dextrin is also inhibitory.

Determination. The enzyme, when acting on phosphorylase-glycogen limit dextrin, produces some glucose but also renders the dextrin susceptible to further attack by phosphorylase. In presence of excess phosphorylase, the activity of the enzyme can be determined by measuring the rate of liberation of "total" glucose (glucose plus glucose-1-phosphate). Provided that the limit dextrin is not degraded to more than about 60 %, the rate of liberation of total glucose is proportional to the enzyme concentration. The method given is suitable for the assay of crude enzymes provided that tests are included for the absence of α-amylase.

***Estimation of Amylo-1:6-glucosidase after* CORI[1].**

Reagents:

1. The substrate is the limit dextrin produced by prolonged action of recrystallised muscle phosphorylase on glycogen. The limit dextrin is dissolved in water to give a 0.2 % solution.
2. Phosphate buffer: M potassium phosphate at p_H 6.8.
3. Phosphorylase: Six to eleven times recrystallised muscle phosphorylase suspended in 0.03 M sodium glycerophosphate containing 0.0012 M versene at p_H 6.8 (4—5 mg per ml).
4. Schenk deproteinising reagent: 2.5 % mercuric chloride in 0.5 N hydrochloric acid.
5. Enzyme solution: diluted with 0.0012 M versene at p_H 6.8.
6. 0.3 N NaOH.
7. Phenol red indicator.
8. Shaffer-Somogyi reagent[2]: Modified reagent No. 60 is prepared as follows. Solution I contains 40 g anhydrous sodium carbonate and 25 g Rochelle salt dissolved in water and diluted to 800 ml. Solution 2 contains 7.5 g copper sulphate ($CuSO_4 \cdot 5\,H_2O$) per 200 ml. Shortly before use mix 4 vol. solution I with 1 vol. solution 2.
9. Nelson reagent: See p. 1127.

Procedure:

In a water bath at 30° C place a tube containing 0.5 ml limit dextrin and 0.05 ml phosphate buffer. When warm add 0.35 ml phosphorylase suspension followed by 0.1 ml enzyme solution. After exactly 20 min add 1 ml deproteinising reagent, mix, filter and pass H_2S through the filtrate. Filter off the precipitate and aerate the filtrate for some minutes. The filtrate is then heated at 100° C for 7 min to hydrolyse glucose-1-phosphate, cooled and 0.5 ml pipetted into a tube. After neutralisation with 0.3 N NaOH (phenol red indicator), dilute the contents of the tube to 5 ml and add 5 ml Shaffer-Somogyi reagent. Cover the tube with a glass bulb and heat at 100° C for 30 min. After cooling in water, add 2 ml Nelson reagent, mix and after 10—15 min find the percentage transmission at 660 mμ in a suitable spectrophotometer. The instrument is set to 100 % transmission using a blank digest, containing no limit dextrin, which is similarly treated. A calibration curve is constructed by treating 5 ml glucose solution (50—200 μg) with Shaffer-Somogyi reagent as described above. From the calibration curve find the weight

[1] See CORI, G. T.: Colowick-Kaplan, Meth. Enzymol. Vol. 1, p. 200, 211.
[2] SHAFFER, P. A., and M. SOMOGYI: J. biol. Ch. **100**, 695 (1933).

of glucose present and multiply by the dilution factor 4 to find the total glucose liberated in the digest. The unit of activity is defined as the liberation of 1 μg glucose (free plus phosphorylated) in 10 min in the above digest.

It is important to carry out a blank digest containing phosphorylase but no glucosidase and to correct for any glucose produced by glucosidase impurity in the phosphorylase preparation. Similarly, if crude enzymes are being studied, a digest in which the phosphate buffer is replaced by 0.7 M sodium chloride should be included to correct for any action due to α-amylase impurity.

R-Enzyme[1].

[3.2.1.10 Dextrin 6-glucanohydrolase.] (Oligo-1,6-glucosidase.)

Occurrence and Specificity. The enzyme has been isolated from the potato, broad bean[2] and malt[3], but it undoubtedly occurs in other plants as well. It catalyses the hydrolysis of the 1:6-branch linkages of amylopectin and amylopectin limit dextrins produced by both β-amylase and salivary α-amylase, but cannot hydrolyse glycogen or its β-limit dextrin. If glycogen is fragmented with α-amylase, however, the branch linkages in the fragments become susceptible to hydrolysis by the enzyme[4]. The enzyme is unable to hydrolyse single glucose units attached by α-1:6-linkages to amylosaccharides and therefore has no action on isomaltose or panose. A maltose unit attached by 1:6-linkage to a chain of at least three α-1:4-linked glucose units is susceptible to attack[5]. The enzyme preparations from malt and broad bean have recently been shown to consist of two enzymes; one, the R-enzyme, debranches amylopectin and the other, possibly a limit-dextrinase, debranches α-amylase limit dextrins and panose[6].

Preparation. From potato and broad bean, the enzyme is prepared by lead-complexing and ammonium sulphate precipitation as for Q-enzyme (p. 1132), followed by removal of other enzymes by their adsorption on starch from 20% ethanolic solution[2]. Fractionation of the enzyme from malt has been obtained by passing through a column of Brockmann alumina buffered at p_H 4.0, when the R-enzyme is not adsorbed[6].

Properties. The optimum temperature of the enzyme is 34° C and the optimum p_H (at 21° C) is 6.5—7.0[2]. The enzyme is inhibited by ammonium molybdate.

Determination. When amylopectin or its β-limit dextrin are debranched by R-enzyme action, the iodine stain of the substrate increases in intensity and this increase can be used as a measure of enzymic activity. If much α-amylase is present, as impurity in the preparation, it may mask this effect and the method is only suitable for preparations containing little or no amylase.

***Estimation of R-Enzyme after* Hobson *and coll.*[2].**

Reagents:

1. The substrate is the β-limit dextrin prepared by prolonged action of purified β-amylase on potato amylopectin and having a Blue Value[7] of ca. 0.145.

   Substrate solution: 46.7 mg β-dextrin are moistened with ethanol and dissolved by warming at 100° C for 1 min in 15 ml 0.012 N sodium hydroxide. After cooling, the solution is exactly neutralised with 0.1 N sulphuric acid and diluted to 25 ml.
2. 0.2 M Citrate buffer: 47.2 g anhydrous disodium hydrogen citrate dissolved in 800 ml water, the p_H adjusted to 7.0 with sodium hydroxide and the solution diluted to 1 l.
3. Toluene.
4. Iodine solution: 0.2 g iodine and 2.0 g potassium iodide per 100 ml.

[1] Whelan, W. J.: Handb. Pfl.-Physiol. (Ruhland) Vol. VI, p. 219.
[2] Hobson, P. N., W. J. Whelan and S. Peat: Soc. **1951**, 1451.
[3] MacWilliam, I. C., and G. Harris: J. Inst. Brewing **63**, 29 (1957).
[4] Peat, S., W. J. Whelan, P. N. Hobson and G. J. Thomas: Soc. **1954**, 4440.
[5] Roberts, P. J. P.: Ph. D. Thesis. Univ. Wales. 1953.
[6] MacWilliam, I. C.: Nature **181**, 1143 (1958).
[7] Bourne, E. J., N. Haworth, A. Macey and S. Peat: Soc. **1948**, 924.

Procedure:

The digest contains 3.75 ml substrate solution, 1.5 ml citrate buffer, 0.75 ml water and 1 ml enzyme solution (20—100 mg enzyme). The digest is covered with a layer of toluene and incubated at 21° C. At zero time and subsequent time intervals a 0.5 ml portion is withdrawn and stained with 0.5 ml iodine solution in a final volume of 50 ml. The optical density (Absorption Value) of the complex is measured in a suitable spectrophotometer using 4 cm cells and light of wavelength 680 mμ. A similar digest containing water instead of substrate solution is used as a blank. The Absorption Value (A.V.) is plotted against time, and the time taken for the A.V. to increase from 0.15 to 0.20 is noted. This time is used as a measure of enzyme activity but the relationship is, of course, inverse. For a typical preparation from broad bean, the time was 4.4 hr. per 28 mg.

The reaction is followed for 48 hr. as a check for the presence of α-amylase impurity. If no amylase is present the A.V. should reach a maximum and thereafter remain constant, but small amounts of amylase impurity will result in a maximum being reached and thereafter the A.V. will decrease.

Isoamylase (amylosynthease, amyloglucosidase).

Occurrence and Specificity. The enzyme occurs in extracts and autolysates of brewer's yeast[1–3]. It is not as specific in its action as either of the preceding enzymes since it can hydrolyse branch linkages in the outer chains of amylopectin and glycogen, and of all their limit dextrins, although its action does not result in complete debranching of these substrates. It is able to hydrolyse single glucose units attached by 1:6-linkages to the main chains of glycogen and also hydrolyses isomaltose[4]. It has, however, no action on dextran[5].

Preparation. From extracts of brewer's yeast, the enzyme is prepared by adjusting the p_H to 7.8 with sodium hydroxide and then acidifying to p_H 5.3 in order to precipitate phosphorylase. The enzyme is obtained from the remaining solution by precipitation with ammonium sulphate[3]. Another method involves fractionation of yeast extract with acetone at − 10° C[4].

Properties. The optimum p_H and temperature are 6.2 and 20° C respectively[2, 6].

Determination. As with the other debranching enzymes, the reaction may be followed by measuring the increase in the light absorption of the iodine complex when amylopectin is debranched by the enzyme. A method for the estimation of activity has been published but was only available to the writer in abstract form[6] and so cannot be given in detail. Briefly, the method consists of allowing the enzyme to act on 1 % glutinous rice-starch at p_H 6.2 and 20° C. After 24 hr. 0.2 ml mixture is stained with 2 ml 0.01 N iodine in a final volume of 25 ml. The optical density of the complex is measured in a 1 cm cell at 620 mμ. The unit of activity is defined as the amount of enzyme giving an increase in optical density of 0.02 under the above conditions.

IV. Other Enzymes.

D-Enzyme[7].

Classification and Specificity. This enzyme (see p. 267 also) catalyses the synthesis of iodine-staining substances from achroic maltodextrins[8]. The nature of the reaction suggests that the enzyme is an amylo-1:4-transglucosidase since it breaks an α-1:4-linkage

[1] Maruo, B., and T. Kobayashi: Nature **167**, 606 (1951).
[2] Nishimura, S.: J. agric. chem. Soc. Jap. **6**, 160, 485, 987 (1930) [Chem. Abstr. **25**, 2449].
[3] Meyer, K. H., et P. Bernfeld: Helv. **25**, 399 (1942).
[4] Manners, D. J., and Khin Maung: Chem. & Indust. **1955**, 950.
[5] Maruo, B., T. Kobayashi and Y. Tsukano: J. agric. chem. Soc. Jap. **25**, 34 (1951).
[6] Kobayashi, T.: Bull. agric. chem. Soc. Jap. **19**, 163 (1955) [Chem. Abstr. **50**, 16898].
[7] Whelan, W. J.: Handb. Pfl.-Phyisol. (Ruhland) Vol. VI, p. 197.
[8] Peat, S., W. J. Whelan and W. R. Rees: Soc. **1956**, 44.

in the substrate (donor) and transfers one of the fragments to another dextrin (acceptor) with formation of an α-1:4-linkage. Thus, with maltotriose as substrate, the products formed are glucose, malto-triose, -tetraose, -pentaose, etc.[1]. The reaction is reversible in the sense that the enzyme can transfer fragments from starch fractions to glucose, again with formation of maltodextrins. Maltose is unique in that it is not a donor substrate for the enzyme and does not readily appear as a product of the reaction. The acceptor specificity has been defined recently[2] and it appears that glucose is the best acceptor with methyl-D-glucosides, D-mannose, maltose, leucrose and a few other sugars acting as less efficient acceptors. Isomaltose, lactose, glucose-1-phosphate and sugar alcohols are among those substances having no acceptor activity.

Occurrence and Preparation. The enzyme is present in potato juice and in extracts from broad bean. From potato juice, the enzyme is prepared by addition of copper sulphate to 0.2% concentration, precipitation with ammonium sulphate (p_H 7.0) at 23% concentration and repeated fractionation with 0 to 20% ammonium sulphate[2]. A purer preparation can be obtained by adsorption on amylose as for Q-enzyme (p. 1132), removal of loosely bound enzymes by elution with citrate buffer and then elution of D-enzyme with maltotriose solution (0.05% in 0.05 M citrate buffer, p_H 7.0). The eluate is dialysed against the citrate buffer to remove maltotriose[3].

Properties. The enzyme is inhibited by mercuric chloride and the optimum temperature and p_H are 45° C and 6.7 respectively.

Determination. Two main methods have been used for estimation of activity. In the first method, the enzyme is allowed to act on maltotriose and the glucose produced is separated from other dextrins by chromatography on charcoal and estimated by its optical rotation[2]. In the second method, the enzyme is incubated with amylopectin and glucose, when the enzyme transfers fragments from the amylopectin to glucose thus resulting in a decrease in intensity of the iodine stain of the amylopectin[3]. This method is rather more convenient for routine work than the first method but will be affected by the presence of other starch degrading enzymes as impurities.

***Estimation of D-Enzyme after* Jones[3].**

Reagents:

1. Substrate solution: Waxy maize amylopectin is dissolved by boiling in water and diluted to 1% concentration.
2. Citrate buffer: 0.2 M at p_H 7.0 (p. 1136).
3. Iodine solution: (p. 1136).

Procedure:

Two digests each contain 2 ml substrate solution and 4 ml citrate buffer. In one digest is dissolved 20 mg glucose, and both digests are warmed to 20° in a water bath. The enzyme, suitably diluted and in 4 ml solution, is added to each digest and incubation is continued at 20°. At 10 min intervals, 1 ml samples are withdrawn from each digest, stained with 1 ml iodine solution in a total volume of 50 ml and the optical density of the complex measured in 4 cm cells at 680 mμ using as blank 1 ml iodine solution diluted to 50 ml. The initial optical density is determined on a blank digest containing water in place of enzyme solution. The fall in optical density due to enzyme action is noted for both digests after 30 min incubation and the difference between the fall in the glucose-containing digest and that in the other digest is used as a measure of D-enzyme activity. No definite unit of activity has been proposed. The digest containing no glucose is used as a control for the presence of α-amylase and R-enzyme. If the optical density in this digest falls markedly, then much amylase is present, but a slight fall will not affect the estimation. If R-enzyme, but little amylase, is present then the optical density in this digest will rise.

[1] Peat, S., W. J. Whelan and G. W. F. Kroll: Soc. **1956**, 53.
[2] Peat, S., W. J. Whelan and G. Jones: Soc. **1957**, 2490.
[3] Jones, G.: Ph. D. Thesis. Univ. Wales. 1957.

B. Mucopolysaccharases (Mucases)*.

Classification and Specificity.

Enzymes which catalyse the hydrolysis of mucopolysaccharides are not well characterised except for hyaluronidase. The term hyaluronidase has in the past been used to denote any enzyme system which acts on mucopolysaccharides, but in this article it will be used to denote only those enzyme systems that cause the depolymerisation of hyaluronic acid, irrespective of whether the system attacks other mucopolysaccharides as well. Thus, hyaluronidase from mammalian tissue, in particular the testes, attacks both hyaluronic acid and chondroitin sulphates A and C[1], while that from micro-organisms attacks only hyaluronic acid. The source of hyaluronidase also determines the linkage in hyaluronic acid which is hydrolysed and the nature of the end products. Hyaluronidases from testes and snake venom are glucosaminidases and the end products of their action are disaccharides with glucosamine at the reducing end; hyaluronidases from micro-organisms are also glucosaminidases but produce disaccharides containing unsaturated sugar residues[2]; leech hyaluronidase differs from the others in that it is a glucuronidase, producing disaccharides with a uronic acid at the reducing end[3]. Hyaluronidase will not hydrolyse other mucopolysaccharides such as heparin, acetylated or sulphated hyaluronic acid, or any polysaccharide that has been sulphated (see Inhibitors).

Enzymes which attack heparin are known but these generally hydrolyse other mucopolysaccharides as well. According to KORN[4], the essential function of heparinase from bacteria is that of a sulphamidase specific for heparin, followed by sulphesterase and glycosidase actions which bring about the hydrolysis of other mucopolysaccharides in addition to heparin. Heparinase from mammalian organs may, however, display a greater specificity when it has been examined in detail. Enzymes other than hyaluronidase which attack chondroitin sulphate are known but are usually associated with sulphatases and have not yet been purified to any marked extent[5].

Methods of Estimation.

The methods most commonly employed for the estimation of mucopolysaccharases fall into three main classes: (a) Biochemical methods which rely on a particular physiological effect, such as the estimation of "spreading factor" and the decapsulation of mucoid streptococci. (b) Physicochemical methods by which the decrease in concentration of the substrate, consequent upon hydrolysis, are measured. In this class can be placed the viscosity reduction (V.R.), turbidity reduction (T.R.) and mucin clot prevention (M.C.P.) tests for hyaluronidase[6], and the decrease in metachromasia of heparin for heparinase[7, 8]. (c) Estimation of the increase in the concentration of the products of hydrolysis. In this category the methods employed are estimation of reducing power (R.P.) and of acetylhexosamine or free hexosamine. The methods in group (a) are useful for following, qualitatively, changes in enzyme concentration but are very difficult and laborious to make quantitative. The methods in the second group are commonly used, together with those in group (c) where additional information regarding the mechanism of enzyme action is required. Difficulties inherent in the physicochemical methods are

* See also GIBIAN, p. 1211.

[1] MEYER, K., and M. M. RAPPORT: Science, N.Y. **113**, 596 (1951). — HAHN, L.: Ark. Kemi, Mineral. Geol. A **21**, No. 1 (1945).

[2] LINKER, A., K. MEYER and P. HOFFMAN: J. biol. Ch. **219**, 13 (1956).

[3] LINKER, A., P. HOFFMAN and K. MEYER: Nature **180**, 810 (1957).

[4] KORN, E. D.: J. biol. Ch. **226**, 841 (1957).

[5] DODGSON, K. S., A. G. LLOYD and B. SPENCER: Biochem. J. **65**, 131, 4P (1957).

[6] See: MEYER, K., and M. M. RAPPORT: Adv. Enzymol. **13**, 199 (1952). — MATHEWS, M. B., and A. DORFMAN: Physiol. Rev. **35**, 381 (1955).

[7] CHO, M. H., and L. B. JAQUES: Canad. J. Biochem. Physiol. **34**, 799 (1956).

[8] PAYZA, A. N., and E. D. KORN: J. biol. Ch. **223**, 853 (1956).

due to differences in the purity and source of the substrates used, and in reproducing exactly the experimental conditions such as salt concentration, p_H, etc. Despite this, when rigorously standardised conditions are used, they have been shown to be reliable and to give a better measure of enzyme concentration than the other methods. The chief disadvantage of the methods in group (c) is that in order to have measureable reducing power or free hexosamine, the reaction must have proceeded to a fairly advanced stage and the reaction rate may not be constant at this stage of the hydrolysis. Good correlation has been reported between R.P., and T.R. methods by RAPPORT[1] for testicular hyaluronidase but this is not so for bacterial hyaluronidase[2]. The poor correlation reported in certain cases may be attributed to the impure nature of the preparations: If muco-oligosaccharases are present, they will affect the reducing power of the reaction mixture by hydrolysing the products of mucopolysaccharase action without affecting the rate of depolymerisation of the mucopolysaccharide[3, 4]. Thus they will affect the R.P. method without affecting the physico-chemical methods. Details about mucopolysaccharases see p. 1211, about glucosaminidases see p. 1234.

Heparinase*.

[3.2.1.19 Heparin glycanohydrolase.]

Occurrence. Enzyme systems which catalyse the degradation of heparin are reported from the liver and kidney of many mammals, from the muscle of the rabbit and guinea pig[5] and from *Flavobacterium heparinum* adapted to growth on heparin[6, 7]. Crude enzymes prepared by extraction of liver with 0.15 M KCl and ammonium sulphate precipitation brought about the hydrolysis of 20—100 μg heparin in 12 hr. at 37° C per 100 mg enzyme.

Preparation. A method for the preparation of enzymes from mammalian organs consists of extraction of the tissue with 0.15 M KCl, precipitation with 33 % ammonium sulphate, isoelectric precipitation at p_H 6.0 with dil. acetic acid, elution of the precipitate with 1 % NaCl at 37° C and p_H 7.0, and reprecipitation at p_H 5.0[5]. The enzyme is best prepared from bacteria by extraction of an acetone powder with 0.025 M phosphate buffer (p_H 8.0) for 1 hr. at 0° C[7].

Properties. The enzyme from liver is inhibited by excess of the substrate, heparin, an optimum substrate concentration of 0.2 mg per ml existing for purified enzyme preparations[5]. No such inhibition has been reported for the bacterial enzyme. The optimum p_H and temperature for purified enzymes are as follows: bacterial, 7.0—7.5 and 24° C; liver 4.8—5.0 and 37° C. The bacterial enzyme is very sensitive to salts, being quite inactive in glycine buffer but activated by 0.01 M phosphate, NaCl, Na_2SO_4, KCl, $MgCl_2$, ammonium sulphate and citrate. Higher concentrations (0.2 M) and lower concentrations of sodium chloride inhibit the enzyme as do pyrophosphate and EDTA[7, 8]. The liver enzyme is active in phosphate buffer but is inhibited by $HgCl_2$, $MgCl_2$, LiCl, iodoacetate, citrate and EDTA[5].

Determination. At present no satisfactory method has been reported for heparinase estimation. Both determination of reducing power and decrease in metachromasia of heparin on hydrolysis have been used. The latter method as used by CHO and JAQUES[5] for purified liver enzyme will be given. The method depends on the fact that the light

* See also p. 1233.

[1] RAPPORT, M. M.: J. biol. Ch. **186**, 615 (1950).
[2] See: MEYER, K., and M. M. RAPPORT: Adv. Enzymol. **13**, 199 (1952). — MATHEWS, M. B., and A. DORFMAN: Physiol. Rev. **35**, 381 (1955).
[3] HAHN, L.: Ark. Kemi, Mineral. Geol. A **21**, No. 1 (1945).
[4] HAHN, L.: Ark. Kemi, Mineral. Geol. A **22**, No. 1, No. 2 (1946).
[5] CHO, M. H., and L. B. JAQUES: Canad. J. Biochem. Physiol. **34**, 799 (1956).
[6] PAYZA, A. N., and E. D. KORN: J. biol. Ch. **223**, 853 (1956).
[7] KORN, E. D., and A. N. PAYZA: J. biol. Ch. **223**, 859 (1956).
[8] KORN, E. D.: J. biol. Ch. **226**, 841 (1957).

absorption of Azure A solutions is increased markedly by addition of heparin. If the heparin is hydrolysed, it no longer increases the light absorption of the dye. The rate of decrease in light absorption of the heparin-Azure A complex can be used as a measure of the enzyme concentration.

***Determination of heparinase activity according to* Cho *and* Jaques[1].**

Reagents:

1. Substrate solution: Sodium heparinate (90—120 units/mg) is dissolved in 0.15 M acetate buffer (p_H 5.0) to give a concentration of 1 mg per ml. This solution is stored at 0° and before use is diluted with 4 vol. of the same buffer.
2. Phenol, 80%.
3. Borate buffer: 19.1 g Sodium tetraborate ($Na_2B_4O_7 \cdot 10\ H_2O$) and 12.4 g boric acid (H_3BO_3) are dissolved in 1.9 l water, the p_H adjusted to 8.3 with NaOH or HCl, and the solution diluted to 2 l.
4. Azure A solution: 100 mg dye are dissolved in 100 ml water and stored at 0° C. For use 1 vol. is diluted with 9 vol. water.
5. Ether.

Procedure:

To each of several tubes (15 × 125 mm) is added 0.5 ml substrate solution and the tubes are warmed to 37° C in a waterbath. The enzyme in acetate buffer at p_H 5.0 (0.5 ml) is added to each tube and the tubes are agitated in the waterbath at 37° C. At suitable time intervals the reaction in a tube is stopped by addition of 1 ml 80% phenol, the tube is shaken and the precipitated protein removed by centrifugation (15 min at 3000 × g). Excess phenol is then extracted with a few ml ether and the last traces of ether removed by warming the tube for 30 min at 60° C. After cooling, 0.3 ml of the solution is added to 2.7 ml borate buffer and then 1 ml Azure A added. After mixing, the light absorption is measured in a suitable spectrophotometer at 500 mμ against a blank consisting of the above reagents treated in the same way except that the substrate solution is replaced by 0.5 ml acetate buffer. Control tubes, in which the same amounts of substrate solution and enzyme are incubated separately at 37° C for the same time intervals and mixed just prior to addition of the phenol, are also included. The light absorption of the two sets of tubes are plotted against time, and the difference between the control and experimental tubes at a fixed time is estimated.

A standard curve, relating heparin concentration to light absorption, is constructed by adding 0.3 ml (10—50 μg) heparin in acetate buffer to 2.7 ml borate buffer and then adding 1 ml Azure A solution. The solutions are mixed and immediately read on the spectrophotometer at 500 mμ using a blank of the reagents without heparin. Using this curve, the difference between experimental and control tubes can be converted into μg heparin hydrolysed. The activity of the enzyme is expressed as μg (or units) of heparin hydrolysed in a given time at 37° C under these conditions. Since the curves obtained are not linear, no absolute unit is used. Suitable incubation times are 1—3 hr. for purified enzymes but increase to 12 hr. with crude preparations.

Note. It is important to include the control tubes in each experiment since varying amounts of heparin are bound up in the precipitated protein, and sometimes an apparent increase in heparin concentration occurs in the control tubes, probably due to removal of compounds which affect heparin metachromasia.

Dextranase.

[3.2.1.11 α-1,6-Glucan 6-glucanohydrolase.]

Classification. Enzymes which catalyse the hydrolysis of the α-1:6-links present in dextran have been reported from various sources but, as yet, little is known concerning

[1] Cho, M. H., and L. B. Jaques: Canad. J. Biochem. Physiol. **34**, 799 (1956).

their specificities. From those examined, it appears that the presence in dextran of linkages other than α-1:6-glucosidic hinders the action of the enzyme since branched dextrans are hydrolysed at a slower rate than linear[1]. Also it has been reported that an enzyme from *Penicillium funiculosum*, cultured in a medium containing one type of dextran, showed a varying activity towards dextrans of different microbiological origin[2]. Two main types of dextranase have been reported; one, an endo-enzyme* produces random hydrolysis of the 1:6-linkages in dextran thus giving a rapid decrease in viscosity in the early stages of reaction, followed by a slower liberation of sugars in later stages[3, 4]; the second type, an exo-enzyme*, produces sugars in the early stages of reaction without any great loss in viscosity[6]. In some preparations there is evidence that both types of dextranase are present[7]. The end products of the hydrolysis differ with enzymes from different sources, some producing glucose as the only low molecular weight sugar[6], while others give isomaltose and higher saccharides[4] although this difference may be due to the presence of an isomaltase (α-1:6-glucosidase) impurity in the former case.

Occurrence. Dextranase action has been reported from extracts of the spleen of bulls, rabbits and dogs, of liver and, to a lesser extent, of brain, kidney and lung[6]. The enzyme is also produced adaptively in the culture media of many organisms grown on dextran, especially various species of *Aspergillus*, *Penicillium*, *Cellvibrio* and *Spicaria violacea*[2–4]. A bacterioides isolated from human colon also adaptively produced dextranase[7], and activity has been found in amylase preparations from *Aspergillus niger*[2]. Of these, the preparations from animal organs appear to be exo-dextranases producing glucose as the end product, those from microorganisms are mainly endo-dextranases producing isomaltose and higher oligosaccharides, but both types of enzyme may be present in the bacterioides preparation.

Preparation. At present only crude preparations (from the various sources) have been described. From spleen extracts an active preparation is obtained by ammonium sulphate precipitation between the limits 0.4 and 0.5 saturation[1]. From culture filtrates the enzyme is usually obtained by dialysis and ammonium sulphate precipitation[4, 7], or the whole organism may be ground with sand, toluene and acetate buffer (p_H 5.0), the residues extracted with acetate buffer and the filtered extracts used as source of enzyme[8].

Properties. The p_H optimum for the enzyme from *Penicillium* species is 5.9[8], from *Cellvibrio* 5.2—5.3[3], from *Aspergillus niger* 4.4[7] and from bull spleen extracts 4.8[9]. Enzymes from animal organs vary in their stability at different p_H values; spleen, liver and kidney enzymes are quite stable at p_H 4.8 while brain enzyme rapidly loses activity at this p_H; liver enzyme is active, while spleen enzyme is inactive at p_H 7.0. The enzyme from *Penicillium* species is inactivated by salts of copper, mercury and silver, and by iodine.

Determination. The method chosen will depend on the type of enzyme present. If an endo-enzyme* is being studied then a study of the change in substrate viscosity

* The terms endo- and exo-enzyme are here used in the same context as for amylases[5], *i.e.* an endo-enzyme acts on inner linkages whereas an exo-enzyme acts only on linkages at, or near, the ends of the substrate molecule. The terms have no cytological significance.

1 Rozenfel'd, E. L.: Biochimija, Moskva **21**, 84 (1956).
2 Tsuchiya, H. M., A. Jeanes, J. M. Bricker and C. A. Wilham: J. Bact. **64**, 513 (1952).
3 Ingelman, B.: Acta chem. scand. **2**, 803 (1948).
4 Whiteside-Carlson, V., and W. W. Carlson: Science, N.Y. **115**, 43 (1952). — Kobayashi, T.: J. agric. chem. Soc. Jap. **28**, 352 (1954).
5 See Myrbäck, K., and G. Neumüller: Sumner-Myrbäck, Enzymes, Vol. I, p. 653.
6 Rozenfel'd, E. L., i I. S. Lukomskaya: Biochimija, Moskva **21**, 412 (1956).
7 Sery, T. W., and E. J. Hehre: J. Bact. **71**, 373 (1956).
8 Hultin, E., and L. Nordström: Acta chem. scand. **3**, 1405 (1949).
9 Rozenfel'd, E. L., A. I. Shubina i A. A. Kuznetsov: C. R. Acad. Sci. USSR **104**, 115 (1955) [Chem. Abstr. **50**, 5806f].

is rather better than estimation of reducing power for the reasons given before. For exo-enzymes* the reducing power method is the only choice. The reducing power method is given below but, for an uncharacterised enzyme, viscosity measurements should be carried out in conjunction with reducing power estimation and an outline of this method is also given.

***The Estimation of Dextranase after* HULTIN *and* NORDSTRÖM[1].**

Reagents:

1. Substrate solution: Dextran produced by *Leuconostoc mesenteroides* (CIENKOWSKI) is preferred since this has few branch linkages. Dextran (15—30 g) is dissolved in 1 l boiling water, poured into a Pasteur flask and sterilised at 125°. The concentration is determined by evaporating 25 g of the solution to dryness at 105°.
2. Phosphate buffer: Mix 0.3 M KH_2PO_4 and 0.3 M Na_2HPO_4 in the proportions necessary to give the optimum p_H of the enzyme.
3. Carbonate buffer: 21.1 g Anhydrous sodium carbonate and 4.2 g sodium hydrogencarbonate are dissolved in water and diluted to 1 l.
4. 0.2 N Iodine solution: 2.54 g Iodine (resublimed) and 4.0 g pure potassium iodide per 100 ml solution. Store in a wellstoppered bottle.
5. 0.02 N Sodium thiosulphate: 4.96 g $Na_2S_2O_3 \cdot 5\,H_2O$ and 0.1 g sodium carbonate dissolved in water and diluted to 1 l. This solution should be standardised regularly.

Procedure:

Mix dextran solution ($\equiv$ 1 g dextran), 5 ml phosphate buffer and water to a total volume of 95 ml. Heat to 30° C in a water-bath and then add 5 ml enzyme solution preheated to 30° C. Incubate at 30° C and at intervals pipette 5 ml samples into 5 ml 0.2 N iodine solution contained in a 100 ml stoppered flask. Quickly add 20 ml carbonate buffer, shake the flask and leave for 30 min at room temperature. The stopper is washed with a few ml water, the washings being added to the contents of the flask, and 5 ml 4 N sulphuric acid are added. The remaining iodine is titrated with 0.02 N sodium thiosulphate using starch indicator. A blank consisting of the above reagents, but substituting water for the enzyme solution, is treated similarly. The difference in the titrations between the blank and the enzyme digest is converted to milli-equivalents of reducing sugar (1 ml 0.02 N thiosulphate = 0.02 milli-equivalent of reducing sugar). The enzyme concentration should be adjusted to give a titration difference of not more than 3—4 ml at the end of the digestion period. Plot the milli-equivalents of sugar liberated against time and draw the straight line through the first few points. From the slope of this line find the rate of liberation of reducing sugar in milli-equivalents per min which is the amount given by 0.25 ml enzyme solution. The activity is defined as the milli-equivalents of reducing sugar liberated per min per ml (or g) of enzyme under these conditions.

***The Estimation of Dextranase by Viscosity Measurements according to* HULTIN *and* NORDSTRÖM[1].**

This method is rather complicated and time consuming but briefly it consists of the following. The viscometer is an Ostwald type, whose constants are determined by measuring the outflow times of water and various concentrations of cane sugar at 30° C, using the viscosity and specific gravity data given in standard reference books. The buffer and substrate solutions are as described above. Twenty ml dextran solution and 1 ml buffer are warmed in a 100 ml flask in a water-bath at 30 $\pm$ 0.02° C. Two ml suitably diluted enzyme are added and the outflow time of the digest measured in the viscometer at 30° C immediately, and after various time intervals. Using the calibration constants of the viscometer, the viscosity of the dextran solution is calculated from the outflow time and measured specific gravity data. From this the specific viscosity, η_{sp}, is calculated for each

* See Footnote p. 1142.

[1] HULTIN, E., and L. NORDSTRÖM: Acta chem. scand. 3, 1405 (1949).

time, and $1/\eta_{sp}$ plotted against the time in min. A straight line can be drawn through the points (points obtained in the early stages of reaction may not lie on the line). The slope $d(1/\eta_{sp})/dt$ is measured and the enzyme activity calculated from the equation $A^{t^\circ} = C_S^2 \times$ slope, where C_S = concentration of substrate, in g per g solution, and A = Activity per min in 1 g solution. For convenience the activity is expressed in $\mu A = A \times 10^{-6}$.

For endo-dextranase from moulds the activity as measured by the two methods gave the following conversion: 1 μA is equivalent to the liberation of 0.00032 m-equiv. reducing sugar per min. For an exo-dextranase the sugar liberated per μA would be very much greater.

C. Pectic Enzymes.

Classification and Specificity.

Pectin (the naturally-occurring methyl ester of polygalacturonic acid) is degraded by at least two enzyme systems, pectinesterase and pectinase (polygalacturonase)[1, 2]. Pectinesterase catalyses the hydrolysis of the methyl ester groups of pectin to give the polygalacturonic acid, pectic acid. This enzyme appears to be specific for methyl ester groups since glycol and glycerol esters of pectic acid are not hydrolysed and ethyl esters only slowly, and also to show a preference for those esters of pectic acid in which some free carboxyl groups are present. Thus a fully esterified (methyl) pectic acid and methyl galacturonate are only slowly hydrolysed. Pectinase causes the hydrolysis of the α-1:4-galacturonidic bonds in pectic acid and is generally more active towards pectic acid than towards the methyl ester, pectin. It is suggested that this enzyme requires the presence of several free carboxyl groups in the substrate for its action[3], although preparations from different sources vary in this respect. It is also very specific in that it has no action on methyl-α-D-galacturonic acid, or on polyglucuronic acids, polymannuronic acids and the polygalacturonic acid of pneumococcus Type I[4]. For this reason it should be designated pectin-polygalacturonase. The source and purity of pectinase preparations will govern the exact nature of the end products of their action. These products are usually di- and oligo-galacturonic acids but galacturonic acid itself is often formed. Whether the liberation of galacturonic acid is due to pectinase action or to the action of a separate galacturonidase, acting on the oligosaccharides, is still an open question[5].

Pectinesterase.

[3.1.1.11 Pectin pectyl-hydrolase.]

Occurrence. The enzyme occurs widely in plants, moulds and bacteria. Preparations with high acitivity are obtained from tomato fruit, citrus peel (0.1 units per g wet weight), alfalfa and other plants (0.02 units per g). It is generally found, in association with pectinase, in species of *Aspergillus*, *Saccharomyces* (yeasts)[5], in many bacteria and in aphids[6].

Preparation. In plants the enzyme is usually bound up with insoluble cell constituents, from which it is best obtained by extraction with 10% sodium chloride at p_H 7—8. The enzyme is precipitated by dialysis and redissolved in salt solution a number of times[7], or it can be adsorbed on inert materials (*e.g.* Celite) and subsequently eluted

[1] See: KERTESZ, Z. I.: Sumner-Myrbäck, Enzymes, Vol. I, p. 745. Colowick-Kaplan, Meth. Enzymol., Vol. I, p. 158.
[2] See: BOCK, H.: Bamann-Myrbäck, Vol. II, p. 1914. — LINEWEAVER, H., and E. F. JANSEN: Adv. Enzymol. **11**, 267 (1951).
[3] JANSEN, E. F., and L. R. MACDONNELL: Arch. Biochem. **8**, 97 (1945).
[4] LINEWEAVER, H., R. JANG and E. F. JANSEN: Arch. Biochem. **20**, 137 (1949).
[5] (a) AYRES, A., J. DINGLE, A. PHIPPS, W. W. REID and G. L. SOLOMONS: Nature **170**, 834 (1952); (b) PHAFF, H. J., and A. L. DEMAIN: J. biol. Ch. **218**, 875 (1956).
[6] MCALLAN, J. W., and M. L. CAMERON: Canad. J. Zool. **34**, 559 (1956).
[7] MCCOLLOCH, R. J., J. C. MOYER and Z. I. KERTESZ: Arch. Biochem. **10**, 479 (1946).

with salt solutions. Commercial pectinase preparations ("Pectinols", Röhm and Haas Co., Darmstadt, Germany; etc.) contain some pectinesterase but are rich sources of pectinase and contain other enzymes and sugars. The sugars can be removed by continuous extraction with cold 80% ethanol for 24 hr.[1].

Properties. Pectinesterase activity is influenced greatly by the salt content of the solution: Enzymes from plants have low activity in salt free solutions at acid p_H but the activity increases with increasing p_H. The presence of salts increases activity and lowers the range of optimum activity into the acid p_H. Not all salts are equally effective, optimum concentrations for a few being $CaCl_2$—0.05 M; $MgCl_2$—0.05 M; NaCNS—0.1 M; NaCl—0.15 M[2]. With optimum salts, the enzyme from plants has maximum activity in the p_H range 6—7.5. Fungal and yeast enzymes are not as sensitive to salts as plant enzymes, the effect being attributable to a normal salt effect, and they have p_H optima in the region 4.5—5.0. The enzyme is not readily inhibited by chemical reagents such as cyanide and formaldehyde, but is sensitive to soaps and detergents, the actual sensitivity depending on the enzyme source. Both plant and fungal enzymes have energies of activation in the region 5000 to 7000 cal.

Determination. Two reliable methods are available for the estimation of activity, one depending on estimation of the methanol liberated and the other on titration with alkali of carboxyl groups liberated from pectin. The latter method has been used extensively and will be given.

Estimation of pectinesterase activity after **Kertesz**[3].

Reagents:

1. Substrate Solution: Purified pectin is dissolved in water to give a 2% stock solution; 0.2 M sodium chloride contains 11.7 g per l. For use mix equal volumes of the two solutions.
2. Enzyme solution: The extract or enzyme solution should be in *ca* 0.1 M sodium chloride and should contain no buffer solution.
3. Sodium hydroxide: 0.1 N or 0.02 N NaOH, depending on the activity; crude preparations usually require the lower concentration.

Procedure:

Twenty ml substrate solution are placed in a water bath at 30° C and adjusted to p_H 7.5 using either a p_H meter with glass electrodes or an indicator solution with a suitable range. The enzyme solution (0.1—5.0 ml) is added and the p_H rapidly adjusted to 7.5, noting the time. The sodium hydroxide is then added at such a rate that the p_H remains at 7.5 for 10 min or, for enzymes of low activity, for 30 min. The volume of sodium hydroxide used is noted. One ml N sodium hydroxide corresponds to the liberation of 1 milli-equivalent of acid group or of 31 mg CH_3O-group. The activity is expressed as the milli-equivalents of acid liberated per min (PE units) or as the mg CH_3O-group liberated in 30 min (PM units) under these conditions.

Pectinase.

[3.2.1.15 Polygalacturonide glycanohydrolase.]

Occurrence. The enzyme does not occur as extensively in plants as does pectinesterase, but preparations have been obtained from tomatoes[4] and barley malt. More usual sources are yeasts, fungi and, to a lesser extent, bacteria[5]. The snail is the only known animal source.

---

[1] Fish, V. B., and R. B. Dustman: Am. Soc. **67**, 1155 (1945).
[2] Macdonnell, L. R., E. F. Jansen and H. Lineweaver: Arch. Biochem. **6**, 389 (1945).
[3] See Kertesz, Z. I.: Colowick-Kaplan, Meth. Enzymol., Vol. I, p. 158.
[4] McColloch, R. J., and Z. I. Kertesz: Arch. Biochem. **17**, 197 (1948).
[5] Matus, J.: Ber. schweiz. bot. Ges. **58**, 319 (1948).

Preparation. Crude preparations are obtained commercially from fungi either by drying the whole culture, or by ethanol precipitation from salt-buffer extracts of the culture. Commercial preparations are available in nearly every country under many trade-names (e.g. "Filtragol", "Pectinol", "Hydrolase".) but are relatively crude and contain other enzymes, and also may contain much sugar (see under pectinesterase). Purification procedures used involve adsorption on alginic acid at p_H 3.0 and subsequent elution with 1 M NaCl[1], ion-exchange chromatography[2], and inactivation of the pectinesterase at acid p_H.

Properties. The activity of the enzyme is increased to a limited extent by salts, the extent of activation following the Schulze-Hardy ionic series[3]. Inhibitors of the fungal enzymes include urea, formaldehyde, detergents and, in some cases, $MgCl_2$ (0.1 M). For yeast enzyme the optimum p_H is 4.4[4b], for commercial fungal enzymes 3.5—4.2, but a double optimum (4.5, 5.3) is reported for some fungal preparations indicating that more than one enzyme may be involved in the hydrolysis[4a]. The fungal enzyme is rapidly inactivated in solution, even at room temperature unless stabilised by alginate, gelatin, glycerol, etc. Dry preparations on the other hand are quite stable even at relatively high temperatures. The Michaelis Constant, K_M, for fungal preparations acting on pectic acid is *ca.* 0.03 % but increases to more than 1 % as hydrolysis proceeds[5].

Determination. Three main methods have been employed for estimating pectinase activity. (a) The rate of disappearance of the substrate as measured by precipitation methods, or by formation of the insoluble calcium gel. The latter method is often used for comparative purposes but is not very reliable since factors other than enzyme action affect the formation of the gel. (b) The decrease in the viscosity of the substrate. This method has the advantages and disadvantages usually associated with viscosity methods (see under amylases), but it may become more important as a guide to the reaction mechanism when purer enzyme preparations are available. (c) Estimation of reducing power, the method usually employed for accurate and reproducible results. This method is given below, but it must be emphasised that sugar-free enzyme preparations should be used. Other methods that have been used, either for rapidity or to help in elucidating the mechanism, include the "cup-plate" method[6] and the paper chromatographic method[7]. Both of these are suitable for enzymes of low activity but have not yet been tested widely.

Estimation of Pectinase after OWENS *et al.*[8].

Reagents:

1. Pectic acid solution: 5 g in 1 l water.
2. M Sodium carbonate.
3. 0.1 N Iodine: 1.27 g iodine (resublimed) and 2 g potassium iodide (iodate free) in 100 ml solution. Store in a well-stoppered bottle.
4. 2 N Sulphuric acid.
5. 0.05 N Sodium thiosulphate: 12.40 g $Na_2S_2O_3 \cdot 5\,H_2O$ and 0.1 g sodium carbonate dissolved in water and diluted to 1 l. Check the normality at frequent intervals.
6. Starch indicator.
7. Galacturonic acid monohydrate.

[1] LINEWEAVER, H., R. JANG and E. F. JANSEN: Arch. Biochem. **20**, 137 (1949).
[2] McCOLLOCH, R. J., and Z. I. KERTESZ: J. biol. Ch. **160**, 149 (1945).
[3] MATUS, J.: Ber. schweiz. bot. Ges. **58**, 319 (1948).
[4] (a) AYRES, A., J. DINGLE, A. PHIPPS, W. W. REID and G. L. SOLOMONS: Nature **170**, 834 (1952); (b) PHAFF, H. J., and A. L. DEMAIN: J. biol. Ch. **218**, 875 (1956).
[5] JANSEN, E. F., and L. R. MACDONNELL: Arch. Biochem. **8**, 97 (1945).
[6] REID, W. W.: Nature **166**, 569 (1950).
[7] MCALLAN, J. W., and M. L. CAMERON: Canad. J. Zool. **34**, 559 (1956).
[8] OWENS, H. S., R. M. MCCREADY, A. D. SHEPHERD, T. H. SCHULTZ, E. L. PIPPEN, H. A. SWENSON, J. C. MIERS, R. F. ERLANDSEN and W. D. MACLAY: U.S. Dep. Agric. AIC-340, June, 1952.

Procedure:

Pectic acid solution (99 ml) is adjusted to p_H 4.0 and warmed to 25° C in a water bath. One ml suitably diluted enzyme solution is added and the digest maintained at 25° C. After various times 5 ml portions are pipetted into 0.9 ml sodium carbonate in a stoppered flask. 5 ml Iodine solution are added, the contents of the flask mixed and left to stand for exactly 20 min; 2 ml sulphuric acid are added and the excess iodine titrated with sodium thiosulphate using starch indicator. A blank containing substrate and enzyme solution (1 ml previously heated to 100° C for a few minutes) is treated similarly. The difference between the digest and the blank titrations is noted. A calibration curve is constructed using 1 ml galacturonic acid monohydrate (0—30 mg) diluted with 99 ml water and treated as above. From this curve can be found the amount of reducing sugar, in millimoles, liberated at each time interval (1 millimole galacturonic acid monohydrate = 213 mg). From this can be found the average rate of liberation of reducing sugar in millimoles per min. The activity in PG units is defined as the millimoles reducing sugar liberated in 1 min under these conditions.

D. Cellulase, Lichenase and Hemicellulases.

The decomposition of cellulose, lichenin and hemicelluloses has been the subject of many reviews[1-3]. These enzymes are classed together because of a similarity in the type or source of substrate and because the enzymes often occur together in natural sources. The specificities of the enzymes are best discussed under the individual enzymes since they differ somewhat. Of the hemicellulases, xylanase has received the most attention but enzymes which act on mannans and galactomannans have not yet been purified to any marked extent although many reports of their occurrence are available[1].

Cellulase.

[3.2.1.4 β-1,4-Glucan 4-glucanohydrolase.]

Classification and Specificity.

Cellulases catalyse the hydrolysis of the β-1:4-linkages present in cellulose, cellulose derivatives and possibly in lichenin. Hydrolysis of the latter substrate is probably due to another enzyme system, lichenase (p. 1150), but many preparations with activity towards this substrate are also active towards cellulose. However, there are many reports of the separation of cellulase and lichenase activities from enzyme preparations and so these enzymes will be considered separately. In general, cellulases attack native cellulose only slowly, possibly because of the heterogeneous nature of the reaction, but attack on "regenerated" or swollen cellulose is more rapid and on certain soluble derivatives of cellulose it may be relatively fast. Derivatives of cellulose, such as sulphates, carboxymethyl ethers and oxycelluloses, are attacked only if the degree of substitution is small. One substituent per anhydroglucose unit is sufficient to render the polysaccharide inert to enzyme attack[4], and it is suggested that the two units adjacent to a linkage must be unsubstituted for hydrolysis of that linkage to occur[2], although this may not be true for the barley malt enzyme[5]. Various workers have questioned whether the same enzyme attacks both cellulose and its soluble derivatives and others have postulated at least three enzymes in crude cellulase preparations from cellulolytic organisms[4]. (a) A "swelling factor", C_1-enzyme, which renders the more insoluble, undegraded celluloses amenable to attack by (b) the C_x-enzyme, which hydrolyses the β-1:4-glucosidic linkages in the

---

[1] Pigman, W.: Sumner-Myrbäck, Enzymes, Vol. I, p. 725.
[2] Tracey, M. V.: Biochem. Soc. Symp. **11**, 49 (1953).
[3] Weidenhagen, R.: Bamann-Myrbäck Vol. II, p. 1903, 1910. — Eichhorn, F.: Bamann-Myrbäck Vol. II, p. 2939. — Fåhraeus, G.: Handb. Pfl.-Physiol. (Ruhland) Bd. VI, p. 305.
[4] Reese, E. T., R. G. H. Siu and H. S. Levinson: J. Bact. **59**, 485 (1950).
[5] Kristiansson, I.: Svensk kem. T. **62**, 133 (1950).

solubilised cellulose, and is therefore responsible for the hydrolysis of cellodextrins and soluble derivatives of cellulose. The third enzyme is a cellobiase which hydrolyses cellobiose and cellodextrins, liberating glucose by endwise attack. Noncellulolytic organisms have little or no C_1-enzyme, but may have C_x-enzyme and cellobiase activity[1, 2]. Since there is some doubt concerning the existance of (a), the term cellulase will be used here to denote those enzymes that will attack swollen cellulose and soluble cellulose derivatives, irrespective of activity, or lack of it, towards native cellulose.

The end products of cellulase action are again the subject of some controversy. Some workers postulate glucose as the end product, while others suggest cellobiose and cellodextrins, which may be hydrolysed subsequently to glucose by cellobiase action. One pure enzyme, that of WHITAKER from a fungal source[3], forms cellobiose and glucose in equimolar quantities from cellulose but is without action on cellobiose. The study of these enzymes is also complicated by the fact that glucose and cellobiose may be competitive inhibitors of the enzyme action. Until a number of pure enzyme preparations are available, little real progress can be made with the question of absolute specificity.

Table 4. *Properties of Cellulase Preparations.*

Source	Optimum pH	Optimum temperature (° C)
Helix pomatia	5.2—5.5	36°
Aspergillus oryzae . . .	4.6	50°
Aspergillus niger . . .	4.5	47°
Myrothecium verrucaria	5.1	
Myrothecium verrucaria	6.5 (6.0) *	42—45° (55°) *
Barley malt	5.0	

* Values reported by KOOIMAN[5], those in brackets referring to enzyme which had been heated.

Occurrence[4]. Cellulase activity is found in seeds, malts and sprouts of various plants. The fungi are rich sources of the enzyme; in particular, activity is found in species of *Aspergillus*, *Myrothecium verrucaria*, and various wood-destroying moulds. A few bacterial sources are known and activity has been reported in extracts from marine algae[6]. Perhaps the most potent source is that from the digestive juice of the snail, *Helix pomatia*, but the enzyme also occurs in various worms, termites, wood-roaches and larvae, possibly arising from the microflora of the gut rather than from the digestive juices. The enzyme can be isolated from cultures of the micro-organisms present in the gut and rumen of many animals.

Preparation. From *Helix pomatia*, a preparation is obtained by grinding the intestinal tract with sand, dialysing the extract, and removing the cellobiase by adsorption on aluminium metahydroxide from acetate buffer at p_H 3.5[7]. Preparations from micro-organisms are obtained by precipitation from culture filtrates or mycellial extracts with ammonium sulphate or organic solvents. Further purification has been achieved by the usual techniques of fractional precipitation, by precipitation with polymethacrylic acid[3], adsorption on alumina[7], zone electrophoresis on starch[8] and paper chromatography[9]. The preparation obtained by WHITAKER from *Myrothecium verrucaria* is probably one of the purest yet obtained[3].

Properties. The optimum p_H and temperature given in the literature for some preparations are listed in Table 4, but these values depend somewhat on the substrate used, its concentration and the method of assay.

[1] REESE, E. T., R. G. H. SIU and H. S. LEVINSON: J. Bact. **59**, 485 (1950).
[2] KRISTIANSSON, I.: Svensk kem. T. **62**, 133 (1950).
[3] WHITAKER, D. R.: Arch. Biochem. **43**, 253 (1953); **49**, 259 (1954).
[4] PIGMAN, W.: Sumner-Myrbäck, Enzymes, Vol. I, p. 725.
[5] KOOIMAN, P.: Enzymologia **18**, 371 (1957).
[6] DUNCAN, W. A. M., D. J. MANNERS and A. G. ROSS: Biochem. J. **63**, 44 (1956).
[7] GRASSMANN, W., R. STADLER u. R. BENDER: A. **502**, 20 (1933). — GRASSMANN, W., L. ZECHMEISTER, G. TOTH u. R. STADLER: A. **503**, 167 (1933).
[8] MILLER, G. L., and R. BLUM: J. biol. Ch. **218**, 131 (1956).
[9] REESE, E. T., and W. GILLIGAN: Arch. Biochem. **45**, 74 (1953).

Data on activators and inhibitors is rather limited except for the crude enzyme from *Aspergillus oryzae* acting on carboxymethyl cellulose, which is inhibited by cyanide, dithionite and cupferron, although inhibition by cupferron is reversed by Fe^{3+}[1]. Snail cellulase is inhibited by a mixture of 1% copper sulphate and 3% HCN but malt enzyme is not affected by these reagents. Glutathione and cysteine are inhibitors of snail enzyme in phosphate buffer but not in citrate buffer. WHITAKER has shown that very pure enzyme preparations, when acting on insoluble substrates, are apparently activated by a number of proteins (*e.g.* bovine albumin, lysozyme, gelatin, *etc.*, all at 50 mg per l) and that added protein also affects the optimum p_H[2]. Basic dyes have a similar effect at acid p_H, while acid dyes are inhibitory[3]. These effects are probably due to adsorption of the reagent on the surface of the insoluble substrate rather than to any effect on the enzyme itself. The enzyme from *Myrothecium verrucaria* is reported to have an Activation Energy ranging from 12100—12500 cal per mole when acting on cellodextrins of various chain-lengths. That from *Aspergillus oryzae* has Activation Energies of 10800 and 10250 cal per mole and Michaelis Constants 4.4×10^{-3} and 3.2×10^{-3} M when acting on carboxymethyl cellulose and cellodextrins respectively[1].

Determination. Attempts to measure the activity of cellulase preparations are complicated by the insolubility of the natural substrate, cellulose, so that conditions other than concentration of the enzyme affect the rate of hydrolysis. Most workers in the past have used "regenerated" or partly hydrolysed cellulose as substrate but the recent tendency has been to use soluble cellulose derivatives, such as carboxymethyl ethers and sulphates, in order that the reaction can be followed by viscometry in addition to estimation of reducing power. Of the methods using cellulose, that of KARRER et al.[4] employing fibrous cuprammonium rayon ("Zellvag") is worthy of note; KARRER defines his unit of activity as the amount of enzyme which in 50 ml at p_H 5.28 and 36° C will bring about 20% hydrolysis of 1 g of "Zellvag" in 96 hr. For fungal preparations, REESE and co-workers[5] have employed carboxymethyl cellulose as substrate, and this gives reproducible results provided a reproducible substrate is used.

***Estimation of Cellulase after* REESE *and collab.*[5].**

Reagents:

1. Substrate solution: The carboxymethyl cellulose (sodium salt) should have a degree of substitution of about 0.5 per glucose unit (e.g. C.M.C. 50 T, Hercules Powder Corp., USA., degree of substitution 0.52). Dissolve 1 g in 100 ml water.
2. Citrate buffer: 0.1 M citrate-NaOH, p_H 5.4.
3. Enzyme solution: made up in 0.1 M citrate buffer.
4. Dinitrosalicylate reagent: As for α-amylase (p. 1127).

Procedure:

In a water bath at 50°, warm a tube containing 5 ml substrate and 4 ml buffer. Add 1 ml enzyme solution and incubate at 50° for 1 hr. Pipette 2 ml into 2 ml dinitrosalicylate reagent and proceed as described for estimation of α-amylase by NOELTING and BERNFELD (see p. 1127). The dinitrosalicylate reagent is calibrated for glucose (0.1—1 mg) and the glucose content of the 2 ml read from the curve. Multiply by 5 to give the mg glucose liberated by 1 ml enzyme under these conditions. The cellulase unit (C_x unit) is defined as the amount of enzyme which will liberate 4.0 mg reducing sugar (as glucose) in 1 hr under the above conditions. The amount of enzyme should be adjusted to give a reading falling on the calibration curve, or a shorter incubation period may be employed and the necessary correction made.

[1] JERMYN, M. A.: Austral. J. sci. Res. (B) **5**, 409, 433 (1952).
[2] WHITAKER, D. R.: Science, N.Y. **116**, 90 (1952).
[3] BASU, S. N., and D. R. WHITAKER: Arch. Biochem. **42**, 12 (1953).
[4] KARRER, P., P. SCHUBERT u. W. WEHRLI: Helv. **8**, 797 (1925).
[5] LEVINSON, H. S., and E. T. REESE: J. gen. Physiol. **33**, 601 (1950). — MANDELS, M., and E. T. REESE: J. Bact. **73**, 269 (1957).

Lichenase.

[3.2.1.5 Lichenin 4-glucanohydrolase.]

Classification and Specificity.

Lichenin, a reserve polysaccharide from Iceland Moss and from oats, is now known to consist of β-1:4- and 1:3-linked glucose units. Therefore any enzyme system which hydrolyses this substrate completely to glucose must be able to hydrolyse both types of linkage. Much of the early work on lichenase was hampered by the fact that cellulose and lichenin were considered to be essentially similar in constitution and it was not surprising therefore when it was found that many enzyme systems hydrolysed both substrates. That the two substrates were hydrolysed by different enzymes was demonstrated, however, by separation of the two enzymes and by the fact that they had different p_H optima[1,2] The relationship between lichenase and laminarase (p. 1152) is not so clear since many crude enzyme preparations hydrolyse both substrates. It is probable that the enzyme which hydrolyses barley β-glucosan is identical with lichenase.

The rate of attack of lichenase depends on the physical properties of the lichenin used as substrate, whether it is pure, the method of drying and the age of the substrate solution. Thus hard, dried lichenin is attacked at a slower rate than lichenin freshly precipitated by ethanol and dried with ether[3], and the rate decreases as the solution ages.

The end products of lichenase action depend on the purity and source of the enzyme; crude enzymes usually give an almost quantitative yield of glucose, but cellobiose[4, 5], and a trisaccharide "lichtotriose" plus glucose[6] are the products of purer enzyme action.

Occurrence[7]**.** The enzyme is present at low concentration in most cereals, the potato and hyacinth bulb, and at higher concentration in sprouted cereals (green malt contains *ca.* 1 Karrer unit per 20 g). It occurs at high concentration in extracts from the fungi *Aspergillus niger*, *A. oryzae* ("Luicym"; Taka-diastase) and *Merulius lachrymans* (dry rot), and also in the Cytophaga. The snails *Helix pomatia* (2—3 Karrer units per snail) and *H. aspersa* are good sources and activity has been reported from many other invertebrates. Cattle and swine stomachs, and rabbit pancreas are also reported to contain lichenase. Recently some activity has been found in extracts from marine algae[8].

Preparation. Extracts from any of the above sources may be used as crude enzymes but most of these will also contain cellulase and cellobiase impurities. The method of purification will depend on the source, but some indications of the methods employed are as follows. The juice from the intestinal tract of *Helix pomatia*, when dialysed for 36 hr. and then left standing for 14 days contains much of the original lichenase but no cellobiase[4]. Dialysed extracts from *A. oryzae* ("Luicym"), on fractional precipitation with ethanol-ether mixtures, give lichenase in the first fractions precipitated and cellulase in later fractions. Similar results are obtained with snail enzyme[1]. Some purification of the enzyme from green malt is obtained by dialysing the malt extract and adsorbing on β-alumina at p_H 3. The enzyme is eluted with dipotassium phosphate but still contains cellulase and cellobiase[9]. The cellobiase activity is inactivated by keeping malt extracts for several months[5].

Properties. Some reported values for the optimum p_H of lichenase are given in Table 5. The presence of an excess of many sugars inhibits somewhat the action of the

[1] Freudenberg, K., u. T. Ploetz: H. **259**, 19 (1939). — Ploetz, T.: H. **261**, 183 (1939).
[2] Ullmann, T.: Z. vergl. Physiol. **17**, 520 (1932).
[3] Karrer, P., B. Joos u. M. Staub: Helv. **6**, 800 (1923).
[4] Karrer, P., M. Staub u. B. Joos: Helv. **7**, 154 (1924).
[5] Pringsheim, H., u. L. Leibowitz: H. **131**, 262 (1923). — Pringsheim, H., u. W. Kusenack: H. **137**, 265 (1924).
[6] Karrer, P., u. H. Illing: Helv. **8**, 248 (1925).
[7] Pigman, W.: Sumner-Myrbäck, Enzyme, Vol. I, p. 725.
[8] Duncan, W. A. M., D. J. Manners and A. G. Ross: Biochem. J. **63**, 44 (1956).
[9] Pringsheim, H., u. K. Baur: H. **173**, 188 (1928).

enzyme from plants and malt, glucose, cellobiose and gentiobiose being particularly effective in this respect[1]. The enzyme from Cytophaga is activated by magnesium chloride but not by sodium or calcium chloride. Snail enzyme is not affected by sodium chloride, albumin or soap.

Determination. The method usually employed for the estimation of lichenase is to find the amount of enzyme which hydrolyses a given weight of lichenin to a given extent (calculated as glucose) under specified conditions. Thus KARRER et al.[2] defined a lichenase unit (L.U.) as the amount of enzyme which at 37° C and in presence of 0.04 M phosphate buffer at p_H 5.28 hydrolyses 1 g of lichenin (in 1.5% solution) to the extent of 20% (calculated as glucose) in 2 hr. This unit is presumably applicable to snail and malt enzymes, both of which have p_H optima in the region 5—5.2. For the fungal enzyme, GRASSMANN et al.[5] used a p_H of 4.5 and proposed a similar unit (Li.-e.), which will be given below. A fungal enzyme preparation estimated by both methods gave the following conversion figure, — 1 L.U. = 19.2 Li.-e.

Table 5. *Reported p_H optima for lichenase preparations.*

Enzyme source	p_H	Ref.
Snail	5.2 (4.5—5.9)	3, 4
A. oryzae . .	5.9	3
A. oryzae . .	4.5	5
Malt	5.0	6
Cytophaga .	7.0	7

***Estimation of Fungal Lichenase after* GRASSMANN *and collab.*[5].**

Reagents:

1. Substrate: The substrate must be purified lichenin which is readily soluble in water and does not precipitate from solution during the reaction. It is best to dissolve the lichenin just before it is wanted.
2. 0.2 M Acetate buffer: 27.2 g hydrated sodium acetate dissolved in 800 ml water, the p_H adjusted to 4.5 with acetic acid and the solution diluted to 1 l.
3. 0.02 N Iodine solution: 2.54 g resublimed iodine and 4 g potassium iodide per l. Store in a well-stoppered bottle.
4. 0.01 N Sodium thiosulphate: 2.48 g $Na_2S_2O_3 \cdot 5\,H_2O$ and 0.1 g sodium carbonate per l. Standardize against the iodine solution before use.
5. Carbonate buffer: As on p. 1143, Reagent 3.
6. 4 N sulphuric acid.

Procedure:

Lichenin (equivalent to 32.0 mg on a dried and ash-free basis) is dissolved by warming in 5 ml water, the solution cooled and 2 ml acetate buffer added. The volume of solution is then adjusted with water so that the final volume, after addition of the enzyme, is exactly 10 ml and the solution is warmed to 30° C in a water-bath. The enzyme solution (0.1—1 ml) is then added and incubation continued at 30° C. A blank digest containing boiled enzyme is similarly treated. After exactly 2 hr., 4 ml of the digest are removed and added to 5 ml iodine solution in a 100 ml stoppered flask, and 20 ml carbonate buffer are added. The flask is stoppered, the contents mixed, and left at room temperature for 30 min. The stopper is then washed with water, the washings being added to the flask, 5 ml 4 N sulphuric acid are added and the remaining iodine titrated with thiosulphate using starch indicator. By comparing with the titration of the blank digest, the amount of iodine consumed by the sugars liberated in the 4 ml portion of the digest is calculated. One unit (Li.-e.) is defined as the amount of enzyme which liberates sugars such that 2 ml 0.02 N iodine are consumed by 4 ml of the above digest. This corresponds

[1] KARRER, P., u. M. STAUB: Helv. **7**, 916 (1924).
[2] KARRER, P., B. JOOS u. M. STAUB: Helv. **6**, 800 (1923).
[3] FREUDENBERG, K., u. T. PLOETZ: H. **259**, 19 (1939). — PLOETZ, T.: H. **261**, 183 (1939).
[4] KARRER, P., u. H. ILLING: Helv. **8**, 248 (1925).
[5] GRASSMANN, W., R. STADLER and R. BENDER: A. **502**, 20 (1933). — GRASSMANN, W., L. ZECHMEISTER, G. TOTH and R. STADLER: A. **503**, 167 (1933).
[6] PRINGSHEIM, H., u. K. SEIFERT: H. **128**, 284 (1923).
[7] FÅHRAEUS, G.: Exper. **2**, 413 (1956).

to 25% hydrolysis of the lichenin (calculated as glucose). Since the reaction is linear only over the region 0—35%, the enzyme concentration should be adjusted to give an iodine uptake between 1 and 2.5 ml.

Xylanase.

[3.2.1.8 Xylan 4-xylanohydrolase.]

Specificity.

Enzymes, which cause hydrolysis of the xylans present in wheat, straw, corn cob, hemicelluloses from various woods, and plum and cherry pits, are known but their specificities have not been studied in detail. One recent report indicates that the hydrolyses of corn cob xylan and hemicellulose-B (corn cob) are catalysed by different enzymes in a fungal preparation[1] and the possibility therefore exists that each substrate may require a different enzyme. SØRENSEN[2], however, found that the rate of hydrolysis of a wood hemicellulose by a fungal preparation was the same as for wheat straw xylan. The products of hydrolysis have been studied and include xylose, xylobiose and oligosaccharides, but whether xylose is a product of xylanase action or only of the subsidiary action of a xylobiase is not yet known.

Occurrence. Activity towards various xylans has been reported from the snail, *Helix pomatia*, various molluscs and larvae, and from malt. *Aspergillus oryzae, A. niger, A. foetidus* and *Chaetomium globosum* are known sources, and an unspecified species of *Bacillus* has recently been used[3]. Activity towards esparto and algal xylans has been reported from marine algae[4].

Preparation. Preparatory methods used are similar to those used for cellulase. From fungi, active extracts are prepared by grinding the mycelium with sand and salt or buffer solution. The extract is then precipitated with ammonium sulphate. Further purification has been achieved by column chromatography using ion-exchange resins and carboxymethyl cellulose[1]. The crystalline enzyme from Bacillus was prepared by precipitation of the culture medium with ammonium sulphate, removal of impurities with basic lead acetate and rivanol, and acetone fractionation of the crude product[3].

Properties. The optimum p_H for most of the sources is in the region 4—5, but for *Chaetomium globosum* it is 6.5 and for a purified preparation from *A. foetidus* 3.8. Temperature optima are usually in the region 37—45° C. The crystalline *Bacillus* enzyme is activated by calcium and magnesium ions.

Determination. No satisfactory general method has yet been reported since such a large number of substrates have been used. SØRENSEN[5] used a wheat-straw hemicellulose fraction, solubilised by heating with sodium hydroxide, as substrate for the estimation but this may not be satisfactory if an enzyme specific for a different substrate is obtained. For the enzyme from *A. oryzae*, GRASSMANN et al.[6] propose a xylanase unit (Xy.-e.) which is defined exactly as for their lichenase unit and is determined under the same conditions (p. 1151) using beechwood xylan as substrate.

Laminarase.

[3.2.1.6 Laminarin 3-glucanohydrolase.]

Classification and Specificity.

Since laminarin is known to consist essentially of β-1:3-linked glucose units together with a few β-1:6-linked units and small amounts of mannitol, an enzyme system that

[1] WHISTLER, R. L., and E. MASAK jr.: Am. Soc. **77**, 1241 (1955).
[2] SØRENSEN, H.: Physiol. Plant. **5**, 183 (1952). Nature **172**, 305 (1953).
[3] INAOKA, M., and H. SODA: Nature **178**, 202 (1956).
[4] DUNCAN, W. A. M., D. J. MANNERS and A. G. ROSS: Biochem. J. **63**, 44 (1956).
[5] LINKER, A., K. MEYER and P. HOFFMAN: J. biol. Ch. **219**, 13 (1956).
[6] GRASSMANN, W., R. STADLER u. R. BENDER: A. **502**, 20 (1933). — GRASSMANN, W., L. ZECHMEISTER, G. TOTH u. R. STADLER: A. **503**, 167 (1933).

causes its hydrolysis must contain a β-1:3-glucosanase, or laminarase. Little is known of the specificity of this enzyme although it has been suggested that laminarase and lichenase are similar, if not identical enzymes, since the two activities often occur together in natural sources and have not yet been separated. Similarly, the hydrolysis of barley β-glucosan (a polysaccharide similar to lichenin) has been attributed partly to laminarase action and partly to cellulase action[1]. Laminarase also attacks the insoluble cell-wall polysaccharide, yeast glucan, which has a structure somewhat similar to laminarin.

The end products of the action of laminarase on laminarin have been variously reported as glucose, glucose plus laminaribiose, and laminaribiose plus laminaridextrins. MANNERS and his collaborators[2] suggest that extracts from marine algae contain an endo-laminarase, giving random hydrolysis of laminarin to laminaribiose and laminaridextrins, and an exo-β-1:3-glucosidase which hydrolyses the oligosaccharides to glucose by endwise attack*. The laminarase present in Z-enzyme preparations appears to be an exo-β-1:3-glucosidase since glucose is the sole product of its action[3].

Occurrence*. The enzyme was first reported from extracts of the snails *Helix pomatia* and *aspersa*[4]. Subsequently it has been shown to occur in wheat, oats, barley, potato and hyacinth bulb[5, 6], and is also present in Z-enzyme preparations from soya bean and emulsin[3]. Extracts from marine algae contain some activity, *Cladophora rupestris* being the most active of those studied[2]. The fungus *Myrothecium verrucaria* is also an active source[1].

Preparation. In general, dialysed aqueous extracts of cereals and tubers can be used as source of the enzyme but the Z-enzyme preparation from soya bean or almond emulsin may also be used[3]. Partial purification of the laminarase in emulsin has been achieved by fractional precipitation with ammonium sulphate between the limits 50 and 66% saturation[7]. From fresh algae, the enzyme is extracted with 0.25% sodium carbonate, dialysed and precipitated with ammonium sulphate at 70% saturation. After dialysing to remove ammonium sulphate, the extracts are freeze-dried.

Properties. The optimum p_H of the enzyme varies with the source; that of the cereal and potato enzyme is at p_H 5[6], of soya bean at 5.6, and of the algal enzyme varying from 5.5 to 6.3 with different species. All the enzyme preparations appear to be inactivated readily by heat (60° C generally), but the plant enzymes are not inactivated by mercuric chloride at 10^{-6} M. The activity of the algal enzyme is not affected by common ions.

Determination. No unit of activity has yet been proposed and the activities of preparations are generally compared on the basis of the reducing power produced when acting on laminarin for a given time. Thus NEUFELD and HASSID[7] compared the activities of preparations from emulsin by allowing 1 ml enzyme solution to act on 10 mg laminarin in 2.5 ml 0.04 M citrate buffer at p_H 5.6 for 20 hr. at 30° C and measured the apparent conversion into glucose (5.5% per 0.5 ml enzyme from emulsin). DUNCAN, MANNERS and ROSS[2] compared the algal and malt enzymes by allowing 5—20 mg of the freeze-dried extract to act on 16—25 mg laminarin in 0.2 M acetate buffer (p_H 5.1) and water to 50 ml. The digests were incubated at 35° C, and the reducing power (as glucose) measured on 5 ml portions at daily intervals, using the cuprimetric method of SOMOGYI[8]. The results are expressed as apparent percentage conversion into glucose and typical results obtained by this method were 87% conversion by 5 mg barley enzyme and 74% by 20 mg *Cladophora rupestris* enzyme after 2 days.

* See also CHESTERS, C. G. C., and A. T. BULL: Biochem. J. *86*, 28, 31, 38 (1963).

[1] AITKEN, R. A., B. P. EDDY, M. INGRAM and C. WEURMAN: Biochem. J. **64**, 63 (1956).
[2] DUNCAN, W. A. M., D. J. MANNERS and A. G. ROSS: Biochem. J. **63**, 44 (1956).
[3] PEAT, S., G. J. THOMAS and W. J. WHELAN: Soc. **1952**, 722.
[4] COLIN, H., and P. RICARD: Bull. Soc. Chim. biol. **12**, 88 (1930). — BARRY, V. C.: Sci. Proc. R. Dublin Soc. **22**, 423 (1941).
[5] DILLON, T., and P. O'COLLA: Chem. & Industr. **1951**, 111.
[6] MANNERS, D. J.: Biochem. J. **61**, xiii (1955).
[7] NEUFELD, E. F., and W. Z. HASSID: Arch. Biochem. **59**, 405 (1955).
[8] SOMOGYI, M.: J. biol. Ch. **160**, 61 (1945).

Inulase.

[3.2.1.7 Inulin 1-fructanohydrolase.]

Classification and Specificity.

Inulin, the reserve polysaccharide of certain plants (e.g. Compositae), contains chains of β-2:1-linked fructofuranoside units but the chains are usually terminated by a glucose unit linked as in sucrose. The action of inulase therefore will be essentially that of a β-fructofuranosidase specific for 2:1-links, although complete hydrolysis of the polysaccharide would also require invertase to hydrolyse the terminal sucrose linkage. The relationship of inulase to the β-fructofuranosidase (sucrase) of invertase preparations is not yet clear but it is probable that in yeast and artichoke tubers the two activities are due to different enzymes[1-4]. There is still a possibility, however, that the weak inulase activity of some invertase preparations may be due to a slow, non-specific β-fructofuranosidase activity and that the slow hydrolysis of sucrose by most inulase preparations is due to the same cause[5].

In addition to its action on inulin (and sucrose), the enzyme has some action on irisin, asparagosin and related fructosans, including those present in grasses and cereals, but the reaction is generally incomplete and slower than on inulin, possibly because of the branched structure of these substrates. It has been suggested recently that inulase from Jerusalem artichoke and from fungi consists of two enzymes differing from one another in p_H optima, and that one of these acts on substrates composed of linear chains, while the other is more active towards substrates containing branched chains[6]. The products of inulase action on inulin are fructose and sucrose although the latter is usually hydrolysed to glucose and fructose by subsidiary action. In general, inulases function by end-wise attack, liberating fructose only but the reaction is complicated by the possibility that transfructosylation of fructose units, to fructose or other sugars present in the digest, may occur[3].

Occurrence. Autolysates of brewer's and baker's yeasts contain weak inulinase activity in addition to invertase and other enzymes. Putrid baker's yeast is reported to yield an extract containing inulase but little invertase activity[2]. The enzyme has been prepared from extracts of Jerusalem artichoke *(Helianthus tuberosus)* and from other inulin-storing plants. The most active sources are probably the fungi, in particular species of *Penicillium*, *Aspergillus* (Taka-diastase) and *Citromyces*[4,7,8], and activity has been reported from *Sterigmatocystis nigra* grown on inulin or sucrose[9]. Weak activity is also present in extracts from *Helix pomatia*[10].

Preparation. The enzyme in resting tubers of Jerusalem artichoke is reported to be present in an inactive form but is activated by germination or by treatment of the pressed juice with papain[6]. The extract contains much carbohydrate but this can be removed and the enzyme purified by fractional precipitation with ammonium sulphate between the limits 0.25 and 0.55 saturation[3]. The enzyme from *A. niger* has been purified by adsorption on B-alumina (WILLSTÄTTER) at p_H 3.8 and elution with phosphate buffer at p_H 6.8[7], and more recently the enzyme from extracts of Taka-diastase has been obtained

[1] ADAMS, M., N. K. RICHTMYER and C. S. HUDSON: Am. Soc. **65**, 1369 (1943).
[2] LEGRAND, G., and C. LEWIS: Cr. **232**, 1439 (1951).
[3] EDELMAN, J., and J. S. D. BACON: Biochem. J. **49**, 446 (1951).
[4] PIGMAN, W. W.: J. Res. nat. Bur. Stand. **30**, 159 (1943).
[5] WEIDENHAGEN, R.: Z. Ver. dtsch. Zuckerindust. **82**, 912 (1932).
[6] MURAKAMI, S.: Misc. Rep. Res. Inst. nat. Resour., Tokyo **17—18**, 87 (1950) [Chem. Abstr. **47**, 657]. Sci. Rep. Saitama Univ. Ser. B **1**, 17, 153 (1954) [Chem. Abstr. **49**, 4799]. Symp. Enzyme Chem., Tokyo **8**, 120 (1953).
[7] PRINGSHEIM, H., u. P. OHLMEYER: B. **65**B, 1242 (1932).
[8] ASAI, T.: J. agric. chem. Soc. Jap. **13**, 1165 (1937).
[9] DEDONDER, R.: Cr. **228**, 941 (1949).
[10] BIERRY, H.: Cr. **150**, 116 (1910). — HOLDEN, M., and M. V. TRACEY: Biochem. J. **47**, 407 (1950).

by saturation with ammonium sulphate, dissolving the precipitate in water, dialysing and finally precipitating the enzyme with acetone[1].

Properties. Some reported values for the p_H optima of various preparations are given in Table 6. The optimum temperature for *Penicillium* enzymes is 50—55° C. The course of hydrolysis of inulin by yeast inulase is unimolecular during the early stages of hydrolysis but the velocity constant varies slightly as hydrolysis proceeds[2,3]. The enzyme from artichokes is reported to be activated by proteinases and salts[1].

Table 6. *The p_H optima of Inulase preparations.*

Enzyme source	p_H	Ref.
Jerusalem artichoke	5.0	4
Jerusalem artichoke	(a) 3, (b) 6	1
Yeast	3.2—4.0	2
Aspergillus niger . .	3—4, 3.8	5, 6
Aspergillus oryzae .	5—5.5	5
Aspergillus oryzae .	(a) 3, (b) 5.2	1
Penicillium sp. . . .	4.1	7

Determination. Since the hydrolysis of inulin is accompanied by a change in optical rotation, the reaction can be followed polarimetrically but the recent tendency has been to measure the rate of liberation of fructose by reducing power methods. For comparative purposes, the "normal conditions" of WEIDENHAGEN[8] may be used (1.125 g inulin in 50 ml assay medium at the optimum p_H in 0.16 M acetate buffer and 30° C) and the enzyme unit is defined as the amount of enzyme which will effect 50% hydrolysis of the inulin in 1 min. PRINGSHEIM et al. have proposed an inulase unit (I. A.) as that amount of enzyme which hydrolyses 150 mg inulin (in 1% solution) to 30% in 3 hr. at 37° C. The following procedure based on that of PRINGSHEIM and OHLMEYER[6] but employing the Hagedorn-Jensen method of estimating reducing power as modified by HANES[9] is suggested for the estimation.

***Estimation of Inulase according to* PRINGSHEIM *and* OHLMEYER[6], *modified by* HANES[9].**

Reagents:

1. Substrate: A purified inulin preparation (from dahlia tubers) which has been air-dried only is recommended.
2. Buffer: 0.2 M acetic acid and 0.2 M sodium hydroxide are mixed in the proportions necessary to give the optimum p_H (see Table 6).
3. Reagent A: 8.25 g pure potassium ferricyanide and 10.6 g anhydrous sodium carbonate in 1 l solution. Keep for 2—3 days before use and store in amber bottles.
4. Reagent B: 12.5 g potassium iodide, 25.0 g zinc sulphate and 125.0 g sodium chloride in 500 ml solution. Before use filter through a pad of filter papers to remove iodine.
5. Acetic acid, 5%: 5 ml glacial acetic acid diluted to 100 ml with water.
6. 0,0133 N Sodium thiosulphate: 3.33 g crystalline sodium thiosulphate and 1 g sodium carbonate in 1 l solution. Standardise at frequent intervals.

Procedure:

Dissolve 150 mg inulin (calculated on moisture free basis) in 10 ml warm water, cool and add 2 ml acetate buffer. Warm to 37° C and add the enzyme solution (1—3 ml) and water to a total volume of 15 ml. A blank digest contains inulin, buffer and enzyme previously boiled for 5 min. Incubate the digests at 37° C for 3 hr. and then pipette out

[1] MURAKAMI, S.: Misc. Rep. Res. Inst. nat. Resour., Tokyo **17**—**18**, 87 (1950) [Chem. Abstr. **47**, 657]. Sci. Rep. Saitama Univ. Ser. B **1**, 17, 153 (1954) [Chem. Abstr. **49**, 4799]. Symp. Enzyme Chem., Tokyo **8**, 120 (1953).
[2] ADAMS, M., N. K. RICHTMYER and C. S. HUDSON: Am. Soc. **65**, 1369 (1943).
[3] WEIDENHAGEN, R.: Z. Ver. dtsch. Zuckerindust. **82**, 912 (1932).
[4] EDELMAN, J., and J. S. D. BACON: Biochem. J. **49**, 446 (1951).
[5] PIGMAN, W. W.: J. Res. nat. Bur. Stand. **30**, 159 (1943).
[6] PRINGSHEIM, H., u. P. OHLMEYER: B. **65** B, 1242 (1932).
[7] ASAI, T.: J. agric. chem. Soc. Jap. **13**, 1165 (1937).
[8] WEIDENHAGEN, R.: Bamann-Myrbäck Vol. II, p. 1723.
[9] HAGEDORN, H. C., u. B. N. JENSEN: B. Z. **135**, 46 (1923). — HANES, C. S.: Biochem. J. **23**, 99 (1929).

0.5 ml portions into boiling tubes containing 5 ml reagent A and 4.5 ml water. Mix the contents of the tube carefully, cover the tubes with glass bulbs, heat in boiling water for exactly 15 min and then cool for 3 min in running water. Add 5 ml reagent B, mix and then add 3 ml 5% acetic acid. The liberated iodine is then titrated with thiosulphate using starch indicator. The difference between the blank titre and that of the digest is a measure of the fructose liberated. A calibration curve is constructed by adding 5 ml fructose solution (0—3 mg) to 5 ml reagent A and treating as in the above procedure*. From the calibration curve find the amount of fructose liberated by the 0.5 ml portion of the digest and hence the total fructose liberated in the digest. Calculate the percentage conversion (as fructose) of the inulin. The number of enzyme units (I.A.) in the enzyme added to the digest is given by the percentage conversion divided by 30. Since there is a linear relationship between enzyme concentration and percentage conversion over the range 10—50%, the amount of enzyme added should be adjusted to fall within this range.

3.2.1.10 Dextrin-6-glucanohydrolase s. auch S. 1175.

3.2.1.14 Chitin-Glykanohydrolase s. S. 1211.

3.2.1.17 N-Acetylmuramid-Glykanohydrolase s. S. 1213.

3.2.1.18 N-Acetylneuraminat-Glykohydrolase s. S. 1241.

Glykosidasen.

Von

Kurt Wallenfels und Hans Diekmann.**

(Mitbearbeitet von Jürgen Fischer, Jochen Lehmann und Om Prakash Malhotra)

Mit 1 Abbildung.

Einleitung. In der Geschichte der Enzymforschung nehmen die Glykosidasen eine ganz besondere Stellung ein: Die spezifische katalytische Wirkung, welche Extrakten von lebenden Zellen zukommt, wurde zuerst an der Hydrolyse von Kohlenhydraten erkannt.

Abkürzungen.

ADH	Alkoholdehydrogenase	6-PG	6-Phosphogluconsäure
ADP	Adenosindiphosphat	s	Sättigungsgrad einer Lösung
AMP	Adenosinmonophosphat	TPN^+	Triphosphopyridinnucleotid, oxydierte Form
ATP	Adenosintriphosphat	TPNH	Triphosphopyridinnucleotid, reduzierte Form
DPN^+	Diphosphopyridinnucleotid, oxydierte Form	Trilon	Äthylendiamintetraessigsäure
DPNH	Diphosphopyridinnucleotid, reduzierte Form	Tris	Tri-(hydroxymethyl)-aminomethan
E	Extinktion oder Enzymeinheit	TTC	Triphenyltetrazoliumchlorid
G-6-P	Glucose-6-phosphat	V_{max}	maximale Reaktionsgeschwindigkeit
K_M	MICHAELIS-Konstante	ε	Extinktionskoeffizient [$cm^2 \times mMol^{-1}$]
PCMB	p-Chlormercuribenzoat		

* For very accurate work, the fructose calibration should be carried out on solutions containing fructose, inulin and enzyme in the proportions present in the digest[1].

** Chemisches Laboratorium der Universität Freiburg.

[1] ADAMS, M., N. K. RICHTMYER and C. S. HUDSON: Am. Soc. 65, 1369 (1943).

PLANCHE zeigte 1810, daß Extrakte von Pflanzenwurzeln eine Substanz enthalten, die Guajactinktur blau färbt, und PAYEN und PERSOZ isolierten 1833 die „Diastase" aus Gerstenmalz, nachdem schon KIRCHHOFF (1814) beobachtet hatte, daß eine Verzuckerung der Stärke auch durch einen wäßrigen Malzauszug erfolgt. Zu den ersten Enzympräparaten, die genauer untersucht wurden, gehören das „Emulsin" aus Mandeln und das „Invertin" aus Hefe. Der Meinung, daß die Enzyme Proteine sind, hat E. FISCHER auf Grund seiner Untersuchungen über Glykosidasen zuerst Ausdruck gegeben[1]. Auch die ersten Ansätze zum Kernproblem der Enzymologie, der rationellen Erklärung der Spezifität, wurden an Hand der Untersuchungen von glykosidspaltenden Enzymen von E. FISCHER gewonnen[1].

Gründliche, messende Untersuchungen über die Abhängigkeit der Enzymaktivität vom Ionenmilieu wurden ebenfalls zuerst an Invertase durch SÖRENSEN[2] durchgeführt. Bei dieser Gelegenheit wurde der p_H-Begriff geschaffen, ohne welchen heute nicht nur in der Enzymologie, sondern auch im Gesamtbereich der Chemie rationales Denken kaum möglich ist.

Auch bei der für die Enzymforschung grundlegenden Arbeit von MICHAELIS und MENTEN[3], welche die Anwendung des Massenwirkungsgesetzes auf die enzymgesteuerten Reaktionen brachte, diente eine Glykosidase — wiederum die Invertase — als Prototyp des Biokatalysators.

Einen weiteren speziellen Fortschritt brachte dann die Entdeckung des Gruppentransfers, welcher von Invertasepräparaten oder anderen Glykosidasen neben der Hydrolyse noch katalysiert wird und durch welchen neue Oligosaccharide synthetisiert werden[4–6].

Die noch bis vor kurzem offene Frage, ob dies auf einer Beimengung von spezifisch synthetisierendem Enzym im hydrolysierenden Enzym beruht, ist bezüglich der β-Galaktosidase der Colibakterien nunmehr eindeutig entschieden: Hydrolyse und Synthese durch Gruppentransfer werden vom gleichen Protein katalysiert[7]. Danach ist Wasser nur einer von verschiedenen möglichen Acceptoren für den vom Enzym übertragenen Glykosylrest und zudem bei weitem nicht der beste. Transferprodukte können in überwiegendem Ausmaß mit „Hydrolasen" erhalten werden, auch wenn Wasser — verglichen mit dem anderen Acceptor — in einer etwa 100mal größeren molaren Konzentration vorhanden ist[8]. Für viele physiologische Fragestellungen dürften daher die synthetisierenden Wirkungen der glykosidspaltenden Enzyme im Vordergrund des Interesses stehen. Eine weitere Wirkung dieser Enzyme gewinnt in diesem Zusammenhang Bedeutung: Wie schon CROFT-HILL im vorigen Jahrhundert zeigte[9], katalysieren sie unter geeigneten Bedingungen auch die Synthese der Glykoside aus Monosacchariden. E. FISCHER u. Mitarb. (s. z. B.[10]) und BOURQUELOT u. Mitarb. (s. z. B.[11]) haben diese Eigenschaft zur Synthese zahlreicher Glykoside benutzt. Daß die Fähigkeit zu diesen Synthesen ebenfalls dem gleichen Protein zukommt, konnte wiederum in Experimenten mit dem reinen β-Galaktosidaseprotein nachgewiesen werden. Für dieses ist also auch freie Galaktose ein Substrat, es überträgt den Galaktosylrest entweder auf geeignete Zucker, wobei Disaccharide verschiedener Verknüpfung entstehen[12], oder aber auch auf Wasser, wie man erkennen kann, wenn man das Enzym mit Galaktose in $H_2{}^{18}O$ inkubiert. Man erhält dann ^{18}O-markierte Galaktose[13].

[1] FISCHER, E.: B. **27**, 2985 (1894).
[2] SÖRENSEN, S. P. L.: B. Z. **21**, 131 (1909).
[3] MICHAELIS, L., u. M. L. MENTEN: B. Z. **49**, 333 (1913).
[4] BACON, J. S. D., and J. EDELMAN: Arch. Biochem. **28**, 467 (1950).
[5] BLANCHARD, P. H., and N. ALBON: Arch. Biochem. **29**, 220 (1950).
[6] WALLENFELS, K.: Naturwiss. **38**, 306 (1951).
[7] WALLENFELS, K., M. L. ZARNITZ, G. LAULE, H. BENDER u. M. KESER: B. Z. **331**, 459 (1959).
[8] WALLENFELS, K., u. D. BECK: A. **630**, 46 (1960).
[9] CROFT-HILL, A.: Soc. **73**, 634 (1898).
[10] FISCHER, E., u. E. F. ARMSTRONG: B. **35**, 3144 (1902).
[11] BOURQUELOT, E., H. HÉRISSEY et J. COIRRE: Cr. **157**, 732 (1913).
[12] WALLENFELS, K.: Bull. Soc. Chim. biol. **42**, 1715 (1960).
[13] WALLENFELS, K., O. P. MALHOTRA, H. DAHN u. H. MOLL: Unveröffentlicht.

Hiernach besteht kein prinzipieller Unterschied zwischen glykosidspaltenden Enzymen, die bisher als „Hydrolasen" klassifiziert wurden, und solchen, die man auf Grund ihrer Wirkung als „Transferasen" oder „Synthetasen" katalogisierte.

Allgemeiner Teil.

A. Hydrolyse.

I. Bestimmung der freigesetzten Zuckerkomponente*.

1. Polarimetrie.

Eine der ältesten Methoden zur Bestimmung freigesetzter Zuckerkomponenten ist die Polarimetrie. Sie wurde unter anderem von MICHAELIS und MENTEN[1] bei der Untersuchung der Saccharosespaltung durch Invertasen mit Erfolg angewandt. Voraussetzung für eine quantitative Bestimmung des freigesetzten Zuckers oder restlichen Glykosids ist das Fehlen von optisch aktiven Verunreinigungen. Diese würden besonders störend wirken, wenn sie eine gegenüber dem zu bestimmenden Zucker hohe spezifische Drehung aufweisen. Die Messung des Verlaufs der enzymatischen Spaltung eines Glykosids kann vor allem durch auftretende Syntheseprodukte[2] erheblich verfälscht werden; deshalb werden heute für genaue Messungen der Hydrolysengeschwindigkeit Methoden bevorzugt, die die spezifische Erfassung der freigesetzten Zuckerkomponente erlauben.

Dank der leichten Durchführbarkeit wird jedoch immer noch (vor allem für Routinemessungen der Aktivität von Enzymen, deren Substrat Saccharose ist) die Polarimetrie angewandt. Die spezifische Drehung wird nach folgender Gleichung berechnet:

$$[\alpha]_D^{20} = \frac{100 \times \alpha}{l \times c}$$

wobei α die gemessene optische Drehung, l die Länge der Küvette in Dezimeter und c die Konzentration der Zuckerlösung in g/100 ml bei 20° C ist.

Der jeweilige Gehalt z. B. an Saccharose kann mit Hilfe der CLERGET-Formel[3] ermittelt werden:

$$S = \frac{100\,(p - p')}{133 - 0{,}5\,(t - 20)}$$

p und p' sind die beobachteten optischen Drehungen vor und nach der Hydrolyse, t die Temperatur (in ° C), bei der die Messung erfolgt und S der Prozentgehalt Saccharose (s. auch Bd. I, S. 479 und Bd. III, S. 648).

2. Reduktometrie.

a) Reduktion von Metallsalzen durch freie Zucker in alkalischer Lösung. Von den bisher verwendeten Metallsalzen des Kupfers, Silbers, Quecksilbers und Wismuts nimmt Kupfer(II)-salz bei der quantitativen Bestimmung von Zuckern einen besonderen Platz ein. Das Ergebnis der Reduktion von Metallsalzen durch den Zucker kann — wie im Falle der Silbersalze — elementares Metall oder — wie im Fall der Kupfer(II)-salze — Kupfer(I)-oxyd sein. Man muß sich dabei klar darüber sein, daß die angeführten Reaktionen

* Eine ausführliche Beschreibung der in diesem Abschnitt erwähnten (und weiterer) Methoden findet sich in WHISTLER-WOLFROM: Methods in Carbohydrate Chemistry, Bd. I, S. 337—550, New York und London 1962.

[1] MICHAELIS, L., u. M. L. MENTEN: B.Z. **49**, 333 (1913).

[2] WALLENFELS, K.; in: Biologie und Wirkung der Fermente. 4. Mosbacher Coll., S. 160. 1953.

[3] CLERGET, M. T.: Ann. Chim. Physique [3] **26**, 175 (1849) [NOGGLE, G. R.: PIGMAN, W. (Hrsgb.): The Carbohydrates. S. 610, New York 1957]. — Für die genaue Beschreibung der Meßbedingungen s. BATES, F. J., u. Mitarb.: Circ. nat. Bur. Stand. C 440, S. 126—164. Washington 1942.

nicht stöchiometrisch verlaufen und daher für jeden Zucker Eichmessungen an Lösungen bekannter Konzentration und unter Standardbedingungen durchgeführt werden müssen. Das durch die Reduktion gewonnene Metall oder Metallsuboxyd kann direkt gravimetrisch bestimmt oder im Fall des Kupfer(I)-oxyds volumetrisch mit Hilfe von Eisen(III)-salzen und Permanganat, Jod und Thiosulfat oder Dichromat und Eisen(II)-salzen bestimmt werden (s. auch S. 1182 und Bd. III, S. 668ff.).

b) Reduktion von Kaliumferricyanid durch freie Zucker in alkalischer Lösung. Diese Methode ist den gleichen Einschränkungen wie die Kupfersalzmethode durch nichtstöchiometrische Reaktion unterworfen. Zu erwähnen ist hier die oft angewendete Zuckerbestimmung nach HAGEDORN-JENSEN. Bei ihr wird nach Fällung des bei der Reaktion mit Zucker aus Ferricyanid entstehenden Ferrocyanids mit Zinksalz der Überschuß an Ferricyanid jodometrisch titriert (s. auch Bd. III, S. 680).

c) Reduktion von Hypojodit durch freie Aldosen. Diese unter dem Namen WILLSTÄTTER-SCHUDEL-Titration[1] bekannte Methode zur Bestimmung von Zuckern wird speziell auf Aldosen angewendet (mit Ketosen tritt keine Reaktion ein). Die Oxydation mit Hypojodit hat gegenüber den bisher angeführten Methoden den Vorteil, daß sie stöchiometrisch verläuft, wobei allerdings Fremdsubstanzen wie Alkohol, Glycerin, Mannit, Ameisensäure, Aminosäuren und viele andere, die mit Jod in alkalischer Lösung reagieren, nicht anwesend sein dürfen. Außerdem ist die Reaktion stark von Konzentration, Zeit und Temperatur abhängig, da diese Größen die Nebenreaktion

$$3\ NaJO \longrightarrow NaJO_3 + 2\ NaJ$$

stark beeinflussen (Natriumjodat reagiert nicht mehr mit Zuckern) (s. auch Bd. III, S. 698ff.).

3. Colorimetrie.

Es gibt eine große Anzahl von Reaktionen, bei denen durch Einwirkung von Zuckern gefärbte Produkte entstehen, die colorimetrisch bestimmt werden können. Zu erwähnen sind hier die Reaktionen mit Orcin (3,5-Dihydroxy-toluol)[2,3] und Anthron[4,5] in starker Säure, die aber nur angewendet werden können, wenn der freigesetzte Zucker zuvor vom nichtgespaltenen Glykosid abgetrennt werden kann, da sonst eine Erfassung des Gesamtzuckergehaltes erfolgt.

Eine wichtige Methode zur Bestimmung freigesetzter Zucker ist die Reduktion mit Triphenyltetrazoliumchlorid zu rotem Triphenylformazan, das in Isopropanol oder Pyridin/HCl gelöst und colorimetriert werden kann[6–10].

Diese Reaktion eignet sich auch sehr gut zur quantitativen Bestimmung von Zuckern im Anschluß an ihre Trennung durch Papierchromatographie. Die colorimetrische Bestimmung von Zuckern mit Hilfe der Dinitro-salicylsäure wird im Kapitel über Invertasen ausführlich beschrieben (s. S. 1210).

Zur Abtrennung der reduzierenden Zuckerkomponente, die colorimetrisch erfaßt wird, kommt neben der Papierchromatographie auch die Säulenchromatographie in Frage (s. auch Bd. III, S. 686ff.).

---

[1] WILLSTÄTTER, R., u. G. SCHUDEL: B. **51**, 780 (1918).
[2] SØRENSEN, M., u. G. HAUGAARD: B.Z. **260**, 247 (1933).
[3] GURIN, S., and D. B. HOOD: J. biol. Ch. **139**, 775 (1941).
[4] MORRIS, D. L.: Science, N.Y. **107**, 254 (1948).
[5] VILES, F. J., and L. SILVERMAN: Analyt. Chem., Washington **21**, 950 (1949).
[6] MATTSON, A. M., and C. O. JENSEN: Analyt. Chem., Washington **22**, 182 (1950).
[7] WALLENFELS, K.: Naturwiss. **37**, 491 (1950).
[8] FAIRBRIDGE, R. A., K. J. WILLIS and R. G. BOOTH: Biochem. J. **49**, 423 (1951).
[9] WALLENFELS, K., E. BERNT u. G. LIMBERG: Angew. Chem. **65**, 581 (1953).
[10] AVIGAD, G., R. ZELIKSON and S. HESTRIN: Biochem. J. **80**, 57 (1961).

4. Papierchromatographie[1-4].

Wie schon in den Kapiteln 1—3 angeführt wurde, sind die dort beschriebenen Methoden zur quantitativen Bestimmung von freigesetzten Zuckern stark von der Einheitlichkeit und Reinheit der Zuckerlösung abhängig. Dieser Umstand ist jedoch in den wenigsten Fällen bei Enzymreaktionen mit Glykosiden oder Oligosacchariden gegeben. Fehler bei solchen Bestimmungen können durch das Enzymprotein und vor allem bei der Spaltung des Substrates in verschiedene Zuckerkomponenten entstehen, die gegenüber dem Reagens nicht dieselbe Reduktionskraft besitzen (z. B. Lactose $\rightarrow$ Galaktose + Glucose oder Saccharose $\rightarrow$ Fructose + Glucose; auch die Bildung von Transferprodukten kann zu erheblichen Fehlern führen). In solchen Fällen empfiehlt es sich, das Reaktionsgemisch zuerst mit Hilfe von Ionenaustauschern oder noch besser mit „Ultrasorb“ (Aktivkohle)[5] vom Protein und eventuell anwesenden Salzen zu befreien und anschließend eine quantitative papierchromatographische Analyse durchzuführen. Für die Chromatographie von Monosacchariden empfiehlt es sich, als Papier Schleicher und Schüll Nr. 2043b oder Whatman Nr. 1 zu benutzen.

Als Lösungsmittelgemisch wird am zweckmäßigsten n-Butanol-Pyridin-Wasser im Volumenverhältnis 6:4:3 verwendet.

Man chromatographiert absteigend in einem Glaskasten, der etwa die Abmessungen $50 \times 35 \times 25$ cm hat und in dessen Öffnung ein Trog aus V2A-Stahl mit dem Lösungsmittelgemisch eingesetzt wird. Der Kasten wird durch eine Glasplatte verschlossen und mit aufgeklebtem Schaumgummistreifen abgedichtet. Die Papierbogen werden zwischen Glasschienen geklemmt und so in den Trog gehängt, daß sie etwa 1,5 cm in das Lösungsmittel eintauchen, während das lange Ende über den Trogrand frei nach unten hängt. Am Boden des Kastens steht eine Schale mit dem Lösungsmittelgemisch, um eine Sättigung der Kastenatmosphäre zu gewährleisten. Die Temperatur ist konstant zu halten.

Das Papier wird auf ein Format von etwa 27×48 cm zugeschnitten und an einem Ende in kurzen Abständen eingeschnitten, um ein gleichmäßiges Abtropfen des Laufmittels zu erreichen. 8 cm vom andern Ende entfernt wird die Startlinie gezogen, auf der die Startpunkte mit je 3 cm Zwischenraum markiert werden. Die Zuckerlösung, die durch die Behandlung mit Ionenaustauschern oder „Ultrasorb“ (s. o.) stark verdünnt wurde, muß durch Einengen (Vakuum bei 35° C oder Gefriertrocknung) auf eine Konzentration von etwa 1—8 % gebracht werden.

Von dieser Lösung setzt man mit einer geeichten Mikro-Pipette eine abgemessene Zuckerlösung (etwa 0,1 ml) auf die Startpunkte, hängt das Papier ein und chromatographiert etwa 30 Std bei 20° C. Danach trocknet man das Chromatogramm im Luftstrom bei Zimmertemperatur.

Auswertung der Chromatogramme nach der TTC-Methode[6, 7]. Das getrocknete Papier wird mit einem frisch bereiteten Gemisch aus 2%iger wäßriger Triphenyltetrazoliumchlorid-(TTC)-Lösung und 1n Natronlauge (1:1) von beiden Seiten gleichmäßig besprüht* (für ein Chromatogramm etwa 35 ml Reagenslösung). Man läßt hierauf etwas trocknen und hängt das Chromatogramm anschließend 1 min lang in Wasserdampf von 75° C. Die Zucker erscheinen auf hellrosa Grund als dunkelrote Flecke. Man trocknet die Chromatogramme im Luftstrom bei 30—35° C. Lichteinwirkung ist bei allen Operationen zu vermeiden. Der Fleck des zu bestimmenden Zuckers sowie eine Blindprobe ohne Fleck werden so aus dem Papier ausgeschnitten, daß man jeweils Stücke von gleichem

* Es muß bei möglichst vollständigem Lichtausschluß gearbeitet werden.

[1] Rauen, H. M., dieses Handbuch Bd. I, S. 217.
[2] Ploetz, T., dieses Handbuch Bd. III/1, S. 654.
[3] Hais, I. M., u. K. Macek: Handbuch der Papierchromatographie. Jena 1958, 1960.
[4] Cramer, F.: Papierchromatographie. 5. Aufl. Weinheim 1962.
[5] Hughes, R. C., and W. J. Whelan: Chem. & Indust. **1958**, 884.
[6] Wallenfels, K.: Naturwiss. **37**, 491 (1950).
[7] Wallenfels, K., E. Bernt u. G. Limberg: Angew. Chem. **65**, 581 (1953).

Flächeninhalt (etwa 10 cm^2) erhält. Die Stücke werden zweimal mit je 2 ml einer Mischung von 9 Teilen Pyridin und 1 Teil konz. HCl extrahiert. Zum anschließenden Photometrieren bei 578 mμ muß man für jede Zuckerart eine Eichkurve aufstellen und den Papierleerwert der Blindprobe abziehen.

Es ist darauf zu achten, daß die Messung der Eichwerte von Zuckerlösungen unbekannter Konzentration unter den gleichen Bedingungen erfolgt.

Die TTC-Methode ist dank ihrer einfachen Handhabung und Genauigkeit in einem weiten Konzentrationsbereich (5—100 μg Zucker pro Fleck) der Silbernitrat-Methode[1] vorzuziehen.

Selbstverständlich kann eine Erfassung der Zuckerkomponente auch durch Elution des Zuckers vom Papier und anschließende quantitative Messung mit einer im Kapitel I/3 beschriebenen Methode erfolgen. Die Auffindung des unsichtbaren Zuckerflecks mit Hilfe von Suchstreifen[2] ist jedoch mit Schwierigkeiten verbunden und birgt eine große Fehlerquelle in sich.

5. Enzymtests *.

a) Der *von* PFLEIDERER und GREIN[3] *beschriebenen Methode zur Bestimmung der enzymatisch freigesetzten Glucose* liegt folgende Reaktionsgleichung zugrunde:

$$\text{Glucose} + \text{ATP} \xrightarrow[\text{Mg}^{++}]{\text{HK}} \text{G-6-P} + \text{ADP}$$

$$\text{P-BTS} + \text{ADP} \xrightleftharpoons[\text{K}^+,\ \text{Mg}^{++}]{\text{PK}} \text{BTS} + \text{ATP}$$

$$\text{BTS} + \text{DPNH} + \text{H}^+ \xrightleftharpoons{\text{LDH}} \text{Milchsäure} + \text{DPN}^+$$

(HK = Hexokinase **, PK = Pyruvatkinase, P-BTS = Phosphoenolbrenztraubensäure, BTS = Brenztraubensäure, LDH = Milchsäuredehydrogenase.)

Der *Testansatz* hat folgende Zusammensetzung:

0,05 m Tris-Puffer (p_H 7,6)	1,85 ml
0,01 m $MgSO_4$ + 2 m KCl	0,10 ml
ATP (c = 20 mg/ml)	0,10 ml
DPNH (c = 10 mg/ml)	0,10 ml
P-BTS (0,05 m)	0,10 ml
PK + LDH (je 0,5 mg/ml)	0,05 ml
HK (0,5 mg/ml)	0,10 ml
Testlösung	0,10 ml
Gesamtvolumen	2,50 ml

Die Extinktionsabnahme des DPNH ist der Glucosemenge proportional und wird bei 366 mμ oder 340 mμ im Photometer gemessen. Ein Teil des DPNH wird schon vor dem Zusatz der glucosehaltigen Testlösung oxydiert. Das ist auf einen Gehalt des ATP an ADP und AMP zurückzuführen. Dieses ADP reagiert zunächst. Ferner enthalten viele Hexokinase-Präparate Myokinase, die die Reaktion ATP + AMP $\rightleftharpoons$ 2ADP katalysiert, worauf letzteres dann weiterreagiert und eine teilweise Oxydation des DPNH bewirkt. Nach dem Zusammenpipettieren der sieben zuerst genannten Lösungen läßt man die Probe deshalb 10 min bei 25° C stehen und liest dann den Extinktionswert, den sog.

* Die Aktivität von Enzymen, die die Umwandlung $DPN^+ \rightleftharpoons DPNH$ katalysieren, kann auch automatisch bestimmt werden: SCHWARTZ, M. K., G. KESSLER and O. BODANSKY: J. biol. Ch. **236**, 1207 (1961).

** Zur Spezifität der Hexokinasen aus Rattenhirn: SOLS, A., and R. K. CRANE: J. biol. Ch. **210**, 581 (1954); aus Hefe: SOLS, A., G. DE LA FUENTE, C. VILLAR-PALASI and C. ASENSIO: Biochim. biophys. Acta **30**, 92 (1958).

[1] WALLENFELS, K., E. BERNT u. G. LIMBERG: Angew. Chem. **65**, 581 (1953).
[2] WALLENFELS, K., u. J. LEHMANN: B. **90**, 1000 (1957).
[3] PFLEIDERER, G., u. L. GREIN: B.Z. **328**, 499 (1957).

„Startwert“*, ab. Darauf wird sofort die glucosehaltige Lösung („Testlösung“) hinzupipettiert und die Extinktionsabnahme während 15—20 min verfolgt, indem man jede Minute einen Wert abliest. Die Extinktionsdifferenz ΔE zwischen Start- und Endwert wird graphisch ermittelt.

Der Extinktionskoeffizient ε für DPNH beträgt bei 366 mμ und 25° C $3{,}30 \times 10^3$ [cm²/mMol]; bei 340 mμ $6{,}22 \times 10^3$ [cm²/mMol].

Die Glucosemenge wird auf folgende Weise berechnet (1 μM Glucose = 0,180 mg):

$$\frac{\Delta E \times 2{,}5 \times 10^3}{\varepsilon \times 0{,}1} = \mu\text{M Glucose/ml der Testlösung.}$$

b) Bei der *Glucose-Bestimmung von* LARNER *und* McNICKLE[1] wird das in der Hexokinase-Reaktion gebildete G-6-P mit einem Hilfssystem oxydiert. Die Extinktionszunahme durch das entstehende TPNH wird bei 340 oder 366 mμ abgelesen:

$$\text{Glucose} + \text{ATP} \xrightarrow[\text{Mg}^{++}]{\text{HK}} \text{G-6-P} + \text{ADP}$$

$$\text{G-6-P} + \text{TPN}^+ \xrightleftharpoons{\text{G-6-PDH}} \text{6-PG} + \text{TPNH} + \text{H}^+$$

(HK = Hexokinase, G-6-PDH = Glucose-6-phosphat-Dehydrogenase).

Der *Testansatz* hat folgende Zusammensetzung:

Glycylglycin-Puffer (0,25 m, p_H 7,4)	1,00 ml
$MgCl_2$ (0,3 m)	0,10 ml
G-6-PDH (3 mg lyophilisiertes Pulver/ml)	0,05 ml
HK (2,8 % = 20 % rein)	0,02 ml
TPN^+ (0,005 m)	0,10 ml
ATP (0,1 m)	0,01 ml

Das Gesamtvolumen des Ansatzes soll 3,0 ml betragen. Es wird mit der Testlösung gestartet. Aus der Extinktionsdifferenz wird die Glucosemenge analog — wie unter a) beschrieben — berechnet.

c) Die *Glucose-Bestimmung von* HUGGETT *und* NIXON[2]** benutzt die Enzyme Glucoseoxydase (GOD) und Peroxydase (POD) sowie o-Dianisidin, das in folgender Reaktion zu einem rotbraunen Farbstoff oxydiert wird, dessen Extinktion man bei 436 mμ mißt:

$$\text{Glucose} + O_2 + H_2O \xrightarrow{\text{GOD}} \text{Gluconsäure} + H_2O_2$$

$$\text{o-Dianisidin} + H_2O_2 \xrightarrow{\text{POD}} 2\,H_2O + \text{Farbstoff}$$

Diese Methode hat gegenüber den zuvor genannten den Vorteil, daß die GOD für D-Glucose und 2-Desoxy-D-glucose relativ spezifisch ist. Eine Fehlermöglichkeit entsteht allerdings dadurch, daß die GOD-Präparate meist hohe Aktivitäten an disaccharid- (vor allem maltose-) spaltenden Enzymen, die durch Transferwirkung Glucose freisetzen, enthalten.

Es wurde berichtet, daß in Trispuffer (0,02 m bei p_H 7,6 bzw. 0,5 m bei p_H 7,0) die Maltase- und Isomaltase-Aktivitäten gehemmt werden können[3,4] und Trehalase-Aktivität durch Chromatographie an DEAE-Cellulose entfernt wird[5]. Dadurch ergibt sich die

* Der „Startwert“ muß für die Berechnung durch einen Verdünnungsfaktor korrigiert werden. Dieser beträgt für den Fall, daß das Volumen des Testansatzes 2,5 ml, das der Testlösung 0,1 ml ist, 2,4/2,5; d.h. abgelesener Startwert · 0,96 = korrigierter Startwert.

** Vorschrift und Testkombination: „Blutzucker, enzymatische Bestimmung der ‚wahren Glucose‘“, Biochemica „Boehringer“; s. auch KINGSLEY, G. R., and G. GETCHELL: Clin. Chem., N.Y. **6**, 466 (1960).

[1] LARNER, J., and C. M. McNICKLE: J. biol. Ch. **215**, 723 (1955).
[2] HUGGETT, A. S. G., and D. A. NIXON: Lancet **1957 II**, 368. Biochem. J. **66**, 12P (1957).
[3] WHITE, J. W., and M. H. SUBERS: Analyt. Biochem. **2**, 380 (1961).
[4] DAHLQVIST, A.: Biochem. J. **80**, 547 (1961).
[5] FRIEDMAN, S.: Arch. Biochem. **87**, 252 (1960).

Möglichkeit, mit der GOD Maltase, Isomaltase und Trehalase zu bestimmen. Die Methode wurde von DAHLQVIST[1] ausführlich beschrieben.

Diese Methode wurde auch für die Verfolgung der Lactosespaltung durch β-Galaktosidase angewandt[2]: Man entnimmt dem Spaltungsansatz, der Substrat und Enzym unter den gewünschten Bedingungen enthält, nach bestimmten Zeiten je 0,5 ml und stoppt die Reaktion durch Zusatz von 0,5 ml einer verdünnten Perchlorsäurelösung (5 ml 70%ige $HClO_4$ mit Wasser auf 100 ml auffüllen). 0,2 ml des Überstandes nach dem Zentrifugieren werden zur Glucosebestimmung verwendet. Es hat sich als notwendig erwiesen, die Eichkurve täglich neu aufzustellen.

d) Die *Galaktose-Bestimmung* von WALLENFELS und KURZ[3].

Prinzip:

D-Galaktose wird mit DPN^+ und Galaktose-Dehydrogenase aus *Ps. saccharophila* (Kultur und Anreicherung s.[3]) zu D-Galaktonolacton oxydiert. Die stöchiometrisch gebildete Menge DPNH wird photometrisch bestimmt.

Reagentien:

1. 5×10^{-4} m DPN^+ in Tris-HCl-Puffer, p_H 8,6.
2. D-Galaktose-Dehydrogenase (500—1000 E*/ml).
3. 0,033 m Tris-HCl-Puffer, p_H 8,6.

Ausführung:

Man pipettiert nacheinander in eine 3 ml-Küvette ($d = 1$ cm): 0,1 ml DPN^+-Lösung; 2,7 ml Tris-HCl-Puffer; 0,1 ml D-Galaktose-Dehydrogenase-Lösung, liest die Extinktion bei 366 mμ ab und gibt anschließend 0,1 ml der zu prüfenden Zuckerlösung hinzu. Die Änderung der Extinktion wird nach 90—100 min abgelesen und daraus die Menge D-Galaktose im Testansatz berechnet (1 μM Galaktose = 0,180 mg):

$$\Delta E \times 0{,}914 = \mu\text{M Galaktose im Testansatz}$$

D-Galaktose kann enzymatisch auch mit der Galaktokinase aus *Saccharomyces fragilis*[4, 5] oder der D-Galaktoseoxydase aus *Polyporus circinatus*[6] bestimmt werden. Man beachte die unterschiedliche Substratspezifität der drei genannten Enzyme.

II. Bestimmung des Aglykons.

Die Hydrolyse von Glykosiden kann man durch Bestimmung der Menge des freigesetzten Aglykons verfolgen. Das Aglykon kann entweder ein anderer Zucker (d. h. das Substrat ist ein Holosid) oder ein aliphatisches oder aromatisches Hydroxylderivat (das Substrat ist ein Heterosid) sein. Für die Bestimmung der Spaltung von Holosiden wird auf den Abschnitt über die Bestimmung von Monosacchariden verwiesen. Bei den Heterosiden kann das Aglykon in dem Maße, wie es freigesetzt wird (kontinuierlich), oder aber nach dem Abstoppen der enzymatischen Reaktion (z. B. durch Erhitzen) bestimmt werden (diskontinuierlich).

1. Arylglykoside.

a) Kontinuierliche Methode. Die Hydrolyse von Arylglykosiden läßt sich leicht kontinuierlich verfolgen, da freie Phenole Licht stärker absorbieren als deren Glykoside. Die

* Eine Einheit ist die Enzymmenge, die bei 25° C in 1 ml bei 366 mμ in 100 sec eine Änderung der Extinktion von 0,1 bewirkt ($d = 1$ cm).

[1] DAHLQVIST, A.: Analyt. Biochem. **7**, 18 (1964).
[2] WALLENFELS, K., J. LEHMANN u. O. P. MALHOTRA: B.Z. **333**, 209 (1960).
[3] WALLENFELS, K., u. G. KURZ: B. Z. **335**, 559 (1962).
[4] ALVARADO, F.: Biochim. biophys. Acta **41**, 233 (1960).
[5] HEINRICH, M. R.: J. biol. Ch. **239**, 50 (1964).
[6] AVIGAD, G., D. AMARAL, C. ASENSIO and B. L. HORECKER: J. biol. Ch. **237**, 2736 (1962).

Zunahme der optischen Dichte bei einer geeigneten Wellenlänge ist demnach ein Maß für das Fortschreiten der Hydrolyse. Man hat verschieden substituierte Phenole als Aglykon bei verschiedenen Enzymen benutzt. Sie sind in Tabelle 1 zusammengestellt. Dazu wird die Wellenlänge angegeben.

Methoden dieser Art werden in den Abschnitten über die Aktivitätsbestimmung von α-Glucosidasen und β-Galaktosidasen ausführlich beschrieben.

b) Diskontinuierliche Methode. Die freigesetzten Phenole können auch in der Lösung nach Abstoppen der Enzymreaktion bestimmt werden. Jede Methode ist geeignet, die empfindlich genug ist. Im wesentlichen sind zwei Typen von Methoden angewendet worden: Colorimetrie und Fluorometrie.

Tabelle 1.

Phenol	Enzym	Wellenlänge	Literatur
o-Nitrophenol	β-Galaktosidase	420	1
		405	2
p-Nitrophenol	β-Glucosidase	400	3, 4
	α-Glucosidase	400	5
	β-Galaktosidase	405	6
	β-Glucuronidase	400	7
Salicylsäure	β-Glucosidase	310	8
Salicylsäuremethylester	β-Galaktosidase	313	9
Phenol	β-Galaktosidase	280	9

α) Aus Phenylglykosiden freigesetztes Phenol wurde mit dem Reagens von FOLIN und CIOCALTEU bestimmt (β-Glucuronidase[10], α-Galaktosidase, β-Mannosidase, β-Xylosidase, α- und β-N-Acetylglucosaminidase[11]; siehe S. 1192). COHEN u. Mitarb. haben 6-Brom-2-naphthyl-glykoside als Testsubstrate zur Aktivitätsbestimmung von β-Galaktosidase[12] und β-Glucosidase[13] benutzt; Enzym und Substrat werden eine bestimmte Zeit inkubiert; zum Abstoppen der Reaktion wird alkalisch gemacht und das freigesetzte 6-Brom-β-naphthol mit tetraazotiertem Di-o-anisidin gekuppelt. Der Farbstoff wird nach Ansäuern mit Chloroform extrahiert und die optische Dichte bestimmt. 2-Naphthyl-α-D-galaktopyranosid erwies sich als geeignetes Substrat für die α-Galaktosidase[14].

β) 4-Methylumbelliferon-glucuronid, -β-glucosid und -N-acetyl-β-glucosaminid sind als Testsubstrate für β-Glucuronidase[15], β-Glucosidase[16] und N-Acetyl-β-glucosaminidase[17] benutzt worden. Enzym und Substrat werden 30 min bei dem p_H-Optimum in 0,2 m Acetat- oder Succinatpuffer inkubiert. Die Reaktion wird gestoppt, indem die Lösung durch Zugabe von 0,2 m Glycinpuffer, p_H 10,3, alkalisch gemacht wird. Die Fluorescenzintensität wird gegen einen Chininstandard (4 μg Chininsulfat/ml in 0,1 n H_2SO_4) gemessen. Diese Methode soll sehr empfindlich und beim Nachweis kleiner Enzymmengen im Gewebe höherer Tiere leicht anzuwenden sein.

[1] COHN, M., and J. MONOD: Biochim. biophys. Acta 7, 153 (1951).
[2] WALLENFELS, K., M. L. ZARNITZ, G. LAULE, H. BENDER u. M. KESER: B.Z. **331**, 459 (1959).
[3] DUERKSEN, J. D., and H. HALVORSON: J. biol. Ch. **233**, 1113 (1958).
[4] JERMYN, M. A.: Austral. J. biol. Sci. 8, 541 (1955).
[5] HALVORSON, H. and L. ELLIAS: Biochim. biophys. Acta **30**, 28 (1958).
[6] WALLENFELS, K., O. P. MALHOTRA u. D. DABICH: B.Z. **333**, 377 (1960).
[7] NIMMO-SMITH, R. H.: Biochim. biophys. Acta **50**, 166 (1961).
[8] HOFSTEE, B. H. J.: Arch. Biochem. **59**, 398 (1955).
[9] WALLENFELS, K., J. LEHMANN u. O. P. MALHOTRA: B.Z. **333**, 209 (1960).
[10] KERR, L. M. H., A. F. GRAHAM and G. A. LEVVY: Biochem. J. **42**, 191 (1948).
[11] CONCHIE, J., J. FINDLAY and G. A. LEVVY: Biochem. J. **71**, 318 (1959).
[12] COHEN, R. B., K.-C. TSOU, S. H. RUTENBURG and A. M. SELIGMAN: J. biol. Ch. **195**, 239 (1952).
[13] COHEN, R. B., S. H. RUTENBURG, K.-C. TSOU, M. A. WOODBURY and A. M. SELIGMAN: J. biol. Ch. **195**, 607 (1952).
[14] GILLMAN, S. M., K.-C. TSOU and A. M. SELIGMAN: Arch. Biochem. **98**, 229 (1962).
[15] MEAD, J. A. R., J. N. SMITH and R. T. WILLIAMS: Biochem. J. **61**, 569 (1955).
[16] ROBINSON, D.: Biochem. J. **63**, 39 (1956).
[17] LEABACK, D. H., and P. G. WALKER: Biochem. J. **78**, 151 (1961).

ROTMAN[1] fand im 6-Hydroxyfluoran-β-D-galaktopyranosid ein Substrat für die β-Galaktosidase, mit dem höchste Empfindlichkeit und möglicherweise der Nachweis eines einzelnen Enzymmoleküls erreicht wird.

2. Alkylglykoside.

Im allgemeinen wird eine diskontinuierliche Methode angewandt. Bei Äthyl-β-D-galaktosid z. B. wurde die Reaktion (Spaltung mit β-Galaktosidase) durch Zugabe von Trichloressigsäure oder durch Erhitzen in einem kochenden Wasserbad (2 min) gestoppt[2]. In der Lösung wird dann der Äthylalkohol nach WIDMARK[3, 4] oder enzymatisch[5] * mit ADH und DPN^+ bestimmt.

B. Quantitativer papierchromatographischer Nachweis von Transferprodukten[2,6].

Zur Messung der Transferaktivität von Enzymen empfiehlt es sich, als Substrat ein Phenyl- oder Nitrophenylglykosid zu verwenden. Im Gegensatz zu Holosiden stören sie die papierchromatographische Untersuchung der gebildeten Syntheseprodukte nicht, da sie im allgemeinen nichtreduzierend sind und zudem sich ihre R_F-Werte stark von denen der gebildeten Holoside unterscheiden.

Die *Lösungen* sind etwa wie folgt zusammengesetzt (Beispiel: β-Galaktosidase):

A. 1,0 ml Zuckerlösung (100 mg Acceptor [z. B. Glucose] und 3,0 mg Phenylglykosid in dem für die Aktivität optimalen Puffer).

B. 0,1 ml Enzymlösung (100000—120000 E** in dem für die Aktivität optimalen Puffer).

0,09 ml Lösung A und 0,01 ml Lösung B werden vermischt und bei einer bestimmten Temperatur (20—40° C) stehengelassen. Man läßt eine Blindprobe ohne Enzym mitlaufen und bricht die Reaktion nach einer bestimmten Inkubationszeit (1—120 min) durch kurzes Erhitzen der Probe im kochenden Wasserbad ab. Bei geringen Salzkonzentrationen oder Verwendung von Tris-Puffer erübrigt sich die Reinigung der Probe mit Ionenaustauscher oder Ultrasorb.

Chromatographiert wird wie S. 1160 beschrieben, nur erhöht man die Laufzeit der Chromatogramme entsprechend den geringeren R_F-Werten der Syntheseprodukte auf 48—60 Std***. Die Auswertung der Chromatogramme erfolgt mit der bereits beschriebenen TTC-Methode (s. S. 1160).

Es ist darauf zu achten, daß für Disaccharide, Trisaccharide und Tetrasaccharide getrennte Eichkurven aufgestellt werden müssen. 1 → 1- und 1 → 2-verknüpfte Zucker reagieren nicht mit TTC.

Im allgemeinen genügt es, eine Eichkurve mit leicht zugänglichen isomeren Zuckern (z. B. Lactose für 1 → 6- und 1 → 3-β-D-Galaktosido-D-glucose) anzufertigen. Die Unterschiede im Reduktionswert liegen innerhalb der Fehlergrenze der Bestimmung.

Disaccharide, Trisaccharide und Tetrasaccharide usw. lassen sich auch durch Borat-Elektrophorese trennen[6, 7] (s. auch Bd. III, S. 666).

* „Äthylalkoholbestimmung im Blut auf fermentativem Wege." Klinisch-chemische Untersuchungsmethoden mit dem Photometer Eppendorf.

** Siehe Aktivitätsbestimmung (Standardtest) der β-Galaktosidase, S. 1197.

*** Zur Trennung von Disacchariden und Trisacchariden werden mit dem Lösungsmittelgemisch Essigester-Pyridin-Wasser wie 10:4:3 (v/v) nur 24 Std Laufzeit benötigt.

[1] ROTMAN, B.: Proc. nat. Acad. Sci. USA **47**, 1981 (1961).
[2] WALLENFELS, K., J. LEHMANN u. O. P. MALHOTRA: B.Z. **333**, 209 (1960).
[3] WIDMARK, E. M. P.: B.Z. **270**, 297 (1934).
[4] HINSBERG, K., dieses Handbuch Bd. V, S. 97.
[5] BÜCHER, T., u. H. REDETZKI: Kli. Wo. **1951**, 615.
[6] WALLENFELS, K., u. D. BECK: A. **630**, 46 (1960).
[7] FOSTER, A. B.: Adv. Carbohydrate Chem. **12**, 81 (1957).

Spezieller Teil.

A. α-Glykosidasen.

I. α-1→4-Glucosidasen.

[3.2.1.20 α-D-Glucosid-Glucohydrolase.]

Vorkommen. Von den Enzymen, die α-glucosidische Bindungen spalten, werden üblicherweise diejenigen, deren bevorzugte Substrate polymer sind, gesondert behandelt (s. S. 1125ff.). Die Abgrenzung gegenüber den α-Glucosidasen, die in diesem Abschnitt besprochen werden sollen, ist jedoch nicht scharf. So hydrolysieren die aus Mikroorganismen isolierten Gluc-Amylasen auch Maltose und andere niedermolekulare α-Glucoside, und die Maltasen aus tierischen Organen greifen auch hochmolekulare Substrate an. α-Glucosidasen sind weit verbreitet. Eine Zusammenstellung über Vorkommen bei Mikroorganismen, Pflanzen und Tieren gibt GOTTSCHALK[1], dessen Artikel auch die folgende Tabelle über die p_H-Optima von α-Glucosidasen aus verschiedenen Quellen im wesentlichen entnommen ist.

Neuere Arbeiten über α-Glucosidasen (die in diesem Abschnitt nicht an anderer Stelle besprochen werden) beschäftigen sich mit den Enzymen aus Darmschleimhaut von Mensch[2] und Ratte[3, 4], aus Leber von Mensch[5], Hund[6] und Ratte[6, 7], aus Luzerne[8], *Sophora japonica* und *Sophora tetraptera*[9], *Saccharomyces cerevisiae*[10–12], *Clostridium oedematiens*[13], *Neurospora*[14]. Aus *Aspergillus niger*[15, 16] und *Aspergillus oryzae*[17, 18] wurden kristallisierte bzw. stark gereinigte Enzympräparate dargestellt. Arbeiten über transglucosidierende Eigenschaften von Maltasen werden auf S. 1172 zitiert und besprochen.

Darstellung von Maltase aus Hefe.

Die meisten Arbeiten über Maltasen wurden mit Rohextrakten des Enzyms aus Hefe durchgeführt. Wenn auch in neuerer Zeit die Maltasen aus einem *Saccharomyces*-Stamm und aus Pferdeserum vielfach gereinigt wurden und daher für das Studium der Eigenschaften besonders geeignet sind, werden Rohextrakte auch weiterhin für Enzymstudien gebraucht und sollen daher im folgenden beschrieben werden.

Bei der Extraktion der Maltase ist darauf zu achten, daß eventuell bei der Cytolyse entstehende Säure neutralisiert wird, da sonst das Enzym inaktiviert werden kann. Verwendet man als Ausgangsprodukt getrocknete Hefe, so wird wenig Säure gebildet,

---

1 GOTTSCHALK, A.: Sumner-Myrbäck, Enzymes, Bd. I/1, S. 551.
2 AURICCHIO, S., A. RUBINO, R. TOSI, G. SEMENZA, M. LANDOLT, H. KISLTER u. A. PRADER: Enzymol. biol. clin., Basel **3**, 193 (1963).
3 GITZELMANN, R., E. A. DAVIDSON and J. OSINCHAK: Biochim. biophys. Acta **85**, 69 (1964).
4 RUTTLOFF, H., R. FRIESE u. K. TÄUFEL: H. **337**, 137 (1964).
5 HERS, H. G.: Biochem. J. **86**, 11 (1963).
6 TORRES, H. N., and J. M. OLAVARRIA: J. biol. Ch. **239**, 2427 (1964).
7 LEJEUNE, N., D. THINES-SEMPOUX and H. G. HERS: Biochem. J. **86**, 16 (1963).
8 HUTSON, D. H., and D. J. MANNERS: Biochem. J. **93**, 545 (1964).
9 BAILEY, R. W.: Arch. Biochem. **107**, 355 (1964).
10 AVIGAD, G.: Biochem. J. **73**, 587 (1959).
11 FROWEIN, Y. Z., and J. LEIBOWITZ: Enzymologia **24**, 211 (1962).
12 HARRIS, G., and D. J. MILLIN: Biochem. J. **88**, 89 (1963).
13 SHEMANOVA, G. F., and V. A. BLAGOVESHCHENSKII: Biochimija, Moskva **22**, 799 (1957) [Chem. Abstr. **52**, 5537].
14 EBERHARDT, B. M.: J. cellul. comp. Physiol. **58**, 11 (1961).
15 TSUJISAKA, Y., and J. FUKUMOTO: Symp. Eng. Chem., Tokyo **13**, 84 (1958) [Chem. Abstr. **53**, 13226].
16 PAZUR, J. H., and K. KLEPPE: J. biol. Ch. **237**, 1002 (1962).
17 SUGAWARA, S., Y. NAKAMURA and T. SHIMOMURA: Bull. agric. chem. Soc. Jap. **23**, 156 (1959); **24**, 112 (1960).
18 MATSUSHIMA, T.: J. Biochem., **47**, 830; **48**, 138 (1960).

und diese wird vom wäßrigen Medium verdünnt. WILLSTÄTTER und STEIBELT[1] neutralisierten (nach Verflüssigung der Hefe mit Essigester) mit 0,1 n Ammoniak:

10 g Hefe werden in einem Becherglas mit 1 ml Essigester versetzt und mit einem Glasstab 10—15 min bis zur vollständigen Verflüssigung verrieben. Darauf wird die Hefe mit 20 ml Wasser durchgerührt und mit 0,1 n Ammoniak neutralisiert (etwa 10 ml).

Nach WILLSTÄTTER und BAMANN[2] ist die Verflüssigung auch mit Hilfe von Diammoniumphosphat* oder Kochsalz möglich.

a) Die 2,5 g Trockensubstanz entsprechende Menge Hefe (etwa 10 g) verreibt man mit 1 g feingepulvertem Diammoniumphosphat bis zur vollständigen Verflüssigung, die in 8—10 min erreicht ist. Dann verdünnt man mit Wasser auf 50 ml und kann dann die Probe so zur Maltosespaltung verwenden.

b) Die Hefe wird mit 10% des Frischgewichtes mit NaCl versetzt. Die Verflüssigung erfolgt dann in etwa 10 min unter Säurebildung. Nach Verdünnen mit Wasser wird neutralisiert und auf 50 ml aufgefüllt.

KRIEBLE u. Mitarb.[3] geben folgende Extraktionsmedien an: a) 4,6 g $Na_2HPO_4 \cdot 2H_2O$; b) 2 g $MgCO_3$; c) 4,6 g $Na_2HPO_4 \cdot 2H_2O$ + 6 ml n NaOH; je auf 80 ml Lösung. Nach Zugabe der Hefe stellt sich der p_H der einzelnen Lösungen bei a) auf 8,3—8,5; b) 10—10,5; c) 11,5—12 ein.

Tabelle 2. *Vorkommen und* p_H*-Optima von α-Glucosidasen.*

Quelle	pH-Optimum	Literatur
Escherichia coli	7,0	4
Lactobacillus delbrückii	6,5	5
Sulfatase-Bakterium	6,2—6,5	6
Brauerei-Unterhefe	6,1—6,8	7
Brauerei-Unterhefe	6,75—7,25	2,8
Brauerei-Unterhefe	6,1—6,7	9
Schizosaccharomyces octosporus	4,5	10
S. pombe	4,5	10
S. mellacei	4,5	10
S. italicus Y 1225	6,6—6,8	11
A. oryzae (Takadiastase)	4,5	12
A. niger	4,2—4,6	5
Gerstenmalz	4,6	13
Sorghum vulgare	4,2	14
Solanum indicum	5,5	15
Bombyx mori (Darm)	6,8	16
Schweinedarm	6,5—7,5	17
Schweinedarmschleimhaut	6,5	18
Milchdrüsengewebe (Kuh)	6,8—7,0	19
Skeletmuskel (Kaninchen)	5,6—6,8	20
Blutserum (Hund, Schwein)	6,6	21
Blutserum (Pferd)	6,3—7,2	22

Die Extraktion kann aus frischer Hefe (etwa 70% Wasser) oder auch nach dem Trocknen erfolgen. Zum Trocknen verreibt man die Hefe durch ein 40—60-mesh-Sieb, gibt sie auf eine Glasplatte und trocknet sie vor einem Ventilator 18—24 Std. Sie

* 7 g $(NH_4)_2HPO_4 \cdot 12\ H_2O$ auf 100 g Frischhefe[23], nach 2 Std Dialyse.

[1] WILLSTÄTTER, R., u. W. STEIBELT: H. **111**, 157 (1920).
[2] WILLSTÄTTER, R., u. E. BAMANN: H. **151**, 242 (1926).
[3] KRIEBLE, V. K., E. L. SKAU and E. W. LOVERING: Am. Soc. **49**, 1728 (1927).
[4] KARSTRÖM, H.: B.Z. **231**, 399 (1931).
[5] HOFMANN, E.: B.Z. **275**, 320 (1934).
[6] HOFMANN, E.: B.Z. **272**, 133 (1934).
[7] MICHAELIS, L., u. P. RONA: B.Z. **57**, 70 (1913).
[8] WILLSTÄTTER, R., u. E. BAMANN: H. **151**, 273 (1926).
[9] ISAIEV, V. J.: J. Inst. Brewing **32**, 552 (1926).
[10] HOFMANN, E.: B.Z. **272**, 417 (1934).
[11] HALVORSON, H., and L. ELLIAS: Biochim. biophys. Acta **30**, 28 (1958).
[12] LEIBOWITZ, J., u. P. MECHLINSKI: H. **154**, 64 (1926).
[13] JØRGENSEN, O. B.: Acta chem. scand. **17**, 2471 (1963).
[14] ACHARYA, C. N.: Ind. J. agric. Sci. **4**, 476 (1934) [Chem. Abstr. **28**, 6737].
[15] TAUBER, H., and I. S. KLEINER: J. biol. Ch. **105**, 679 (1934).
[16] SHINODA, O.: J. Biochem. **11**, 345 (1930) [Chem. Abstr. **24**, 3566].
[17] DAHLQVIST, A.: Acta chem. scand. **14**, 1 (1960).
[18] STEENHOLT, G., u. S. VEIBEL: Acta physiol. scand. **6**, 62 (1943) [Chem. Abstr. **39**, 4636].
[19] KLEINER, I. S., and H. TAUBER: J. biol. Ch. **99**, 241 (1932).
[20] PETROVA, A. N.: Biochimija, Moskva **12**, 209 (1947) [Chem. Abstr. 41, 6907].
[21] KOKURYO, T.: Jap. J. med. Sci. (II) Biochem. **2**, 115 (1933) [Chem. Abstr. **28**, 1063].
[22] LIEBERMAN, I., and W. H. ETO: J. biol. Ch. **225**, 899 (1957).
[23] PHILLIPS, A. W.: Arch. Biochem. **80**, 346 (1959).

wird dann zu einem feinen Pulver zermahlen und in einem Vakuumexsiccator über P_2O_5 bis zur Gewichtskonstanz weitergetrocknet. Die Maltaseaktivität bleibt bei dem auf diese Weise präparierten Pulver lange Zeit erhalten.

Zur Extraktion wird das Hefepulver mit dem Salz und etwas Wasser zerrieben, in eine Flasche gegeben und auf 80 ml aufgefüllt. Die Mischung wird dann mehrere Stunden in einen Thermostaten bei 30° C gestellt und anschließend nach mehrmaligem Umschütteln zentrifugiert oder filtriert. Als günstigstes Extraktionsmedium hat sich bei Anwendung von Trockenhefe $Na_2HPO_4 \cdot 2H_2O$ (p_H 8,3—8,5) herausgestellt. Es genügt dann eine vierstündige Extraktion bei 30° C.

PHILLIPS[1] chromatographierte das lyophilisierte und dialysierte Autolysat von Bierhefe a) an einem Gemisch von $Al(OH)_3$-C_γ (hergestellt nach WILLSTÄTTER und KRAUT, zitiert bei COLOWICK[2]) und Cellulosepulver, und nach erneutem Lyophilisieren und Dialyse b) an einem Gemisch von Calciumphosphat-Gel (hergestellt nach KEILIN und HARTREE[3]) und Cellulosepulver. In den aktivsten Fraktionen war die Maltase 75fach angereichert.

Trennung von Maltase und Saccharase in Hefeautolysaten. Zu dieser Trennung wurde Tonerdegel der Formel AlO_2H empfohlen[4]. Die Maltase wird stärker adsorbiert, dagegen zeigt das Gel nur eine geringe Affinität für die Saccharase. Auf diese selektive Adsorption folgt eine selektive Elution. Die Saccharase wird mit KH_2PO_4 vom Gel gelöst; die Maltase bleibt dabei zurück und kann anschließend schwach alkalisch mit $(NH_4)_2HPO_4$ eluiert werden. — WEIDENHAGEN[5] empfiehlt als Adsorbens Aluminiumhydroxyd B in kleinen Mengen.

***Darstellung von Maltase aus Pferdeserum nach* LIEBERMAN *und* ETO[6].**

Die Autoren konnten eine 1520fache Reinigung des Enzyms erzielen:

1. Pferdeblut bleibt 2 Std bei 37° C, dann 16—24 Std bei 3° C stehen. Das Serum erhält man daraus durch Zentrifugieren. (Die weitere Reinigung wird bei 0—3° C durchgeführt.)

2. Fällung mit Ammoniumsulfat. 360 ml Serum werden mit 720 ml Wasser verdünnt und unter Rühren mit 294 g festem Ammoniumsulfat versetzt. Nach 5 min wird der Niederschlag abzentrifugiert und verworfen. Zum Überstand werden weitere 102 g Ammoniumsulfat zugeführt. Der Niederschlag wird nach 5 min abzentrifugiert, in Wasser gelöst, auf 120 ml verdünnt und gegen 0,2 m Natriumacetat dialysiert, bis die Lösung frei von NH_4^+ ist. (Prüfung mit NESSLERS Reagens.)

Tabelle 3. *Reinigung der Maltase aus Pferdeserum.*

Schritt	Volumen ml	Gesamt-aktivität E*	Gesamt-protein mg	spez. Aktivität E*/mg.
1	360	71 710	38 880	1,84
2	120	51 240	3 650	14,0
3	30	33 060	108	306,0
4	30	28 560	10,2	2800,0

* Eine Einheit spaltet 1 µM Maltose bei 37° C und p_H 6,4 in 1 Std.

3. Die Lösung (120 ml) wird mit Essigsäure (1 m) auf p_H 6,4 eingestellt (etwa 1 ml). Dann werden 120 ml Wasser hinzugegeben und die Lösung in Eis-Alkohol-Mischung auf —1° C gekühlt. Innerhalb von 30 min läßt man dann 200 ml Alkohol unter starkem Rühren zutropfen, während die Temperatur gleichzeitig auf —12° C gesenkt wird. Die Lösung wird bei —12° C zentrifugiert (10000 × g) und der Niederschlag verworfen. Zum Überstand tropft man weitere 160 ml Äthanol (absolut). Der Niederschlag wird abzentrifugiert, in 0,01 m Na-acetat gelöst und auf 30 ml verdünnt.

4. Die Lösung wird mit 1 m Essigsäure auf p_H 4,3 eingestellt (etwa 1,5 ml). Darauf rührt man 10 min in einem Wasserbad von 30° C, zentrifugiert und löst den Niederschlag

[1] PHILLIPS, A. W.: Arch. Biochem. **80**, 346 (1959).
[2] COLOWICK, S. P.: Colowick-Kaplan, Meth. Enzymol. Bd. I, S. 97.
[3] KEILIN, D., and E. F. HARTREE: Biochem. J. **49**, 88 (1951).
[4] WILLSTÄTTER, R., u. E. BAMANN: H. **151**, 273 (1926).
[5] WEIDENHAGEN, R.: Z. Ver. dtsch. Zucker-Indust. **80**, 155 (1930).
[6] LIEBERMAN, I., and W. H. ETO: J. biol. Ch. **225**, 899 (1957).

in 0,2 m Na-acetat (ad 30 ml). Unlösliche Bestandteile werden abzentrifugiert. Die Lösung wird dann bei $-10°$ C aufbewahrt und ist über 2 Monate ohne nennenswerten Aktivitätsverlust haltbar.

Einen Überblick über den Reinigungsgang und die dabei erzielte Anreicherung gibt Tabelle 3.

***Darstellung von α-Glucosidase aus Saccharomyces italicus Y 1225 nach* Halvorson *und* Ellias[1].**

Die Autoren konnten das Enzym bei einer Ausbeute von 6,1 % 100fach anreichern.

Zur Vorbereitung des Ausgangsproduktes wurde *S. italicus Y 1225* in 20-Gallonen-Stahl-Fermentern bei starker Belüftung und unter Rühren auf Maltose-Medium gezogen. 12 Std nach Zugabe von 5 % Inoculum wurde wieder Maltose bis zu einer Endkonzentration von 3 % zugegeben. Nach 4 Std kann in einer Sharples-Zentrifuge geerntet werden. Der Zellbrei wird mit einer minimalen Menge Wasser gewaschen, die sedimentierten Zellen dann eingefroren und bei $-20°$ C aufbewahrt. Die α-Glucosidase-Aktivität bleibt sehr lange erhalten.

1. Zu 200 ml Zellbrei gibt man langsam 20 ml Essigester und rührt 10 min. Die Mischung bleibt 30 min bei Zimmertemperatur stehen, dann werden 300 ml Wasser hinzugegeben und der p_H auf 7,0 mit 0,1 n NH_3 eingestellt, und man läßt die Suspension 15 Std bei Zimmertemperatur stehen.

2. Es wird 15 min bei 15000 U/min zentrifugiert, der Rückstand nochmals in Wasser suspendiert und abzentrifugiert. Beide Überstände werden vereinigt und der Rückstand verworfen.

3. Die Lösung (370 ml) wird eingefroren, bei $-20°$ C über Nacht stehengelassen, darauf langsam bei 3° C aufgetaut. Vom Niederschlag wird abzentrifugiert (20 min bei 15000 U je Minute).

4. Der Überstand wird bei 2° C 24 Std gegen 4 l 0,011 m K-phosphat (p_H 6,8; 10^{-4} m Ähylmercaptan enthaltend) dialysiert. Es wird gerührt, die Phosphatlösung alle 8 Std gewechselt. Ein aufgetretener schwacher Niederschlag wird abzentrifugiert und verworfen.

Zu 380 ml ausdialysierter Lösung gibt man bei 3° C (Kühlraum) 53 ml $Ca_3(PO_4)_2$-Gel. (Gel-Konzentration: 54 mg/ml; 1 mg Gel/mg Protein in der Lösung.) Die Mischung wird 15 min gerührt, dann 10 min zentrifugiert. Der Überstand wird verworfen, der Rückstand mit etwa 60 ml kaltem Wasser gewaschen und zentrifugiert. Die Elution des Enzyms nimmt man mit 53 ml 1 m K-phosphatlösung (p_H 6,8) vor. Nach 15 minütigem Rühren wird zentrifugiert; der Rückstand wird darauf ein zweites Mal mit 24 ml K-phosphat extrahiert und zentrifugiert. Beide Eluate werden vereinigt (77 ml).

5. Diese Lösung wird nun 20 Std bei 3° C gegen 10^{-4} m Äthylmercaptan und 20 Std gegen 0,011 m K-phosphat (p_H 6,8; 10^{-4} m Äthylmercaptan enthaltend) dialysiert. Die Enzymlösung, die nun ein Volumen von etwa 120 ml hat, wird dann wie oben mit Calcium-phosphat-Gel behandelt. Es wird das gleiche Gel-Protein-Verhältnis eingehalten. Der Niederschlag wird mit 40 ml K-phosphat gewaschen, darauf zentrifugiert und mit 30 ml Phosphatlösung eluiert. Es folgt wiederum eine Dialyse gegen 10^{-4} m Äthylmercaptan (20 Std).

6. Das Enzym kann durch eine Dialyse gegen 15 %ige Polyvinylpyrrolidonlösung konzentriert werden. Durch Zentrifugieren erhält man 2,2 ml Überstand, der Rückstand wird verworfen.

Als letzter Reinigungsschritt folgt nun eine Zonenelektrophorese. Vorher wird die Lösung (2,2 ml) 24 Std gegen 0,02 m K-pyrophosphat und 10^{-4} m Äthylmercaptan (p_H 8,4) dialysiert.

[1] Halvorson, H., and L. Ellias: Biochim. biophys. Acta **30**, 28 (1958).

Der Apparat ist im wesentlichen der nach KUNKEL und SLATER[1] mit einem halbkreisförmigen Glastrog (40 × 5,5 cm). Das Trägermedium ist gewaschene, unlösliche Kartoffelstärke, die mit dem gleichen Puffer, wie oben angegeben, befeuchtet wird. Die dialysierte Fraktion wird mit trockener Stärke gemischt und in eine 9—10 cm lange Rinne gefüllt. Der Apparat wird vollständig mit Puffer gefüllt und ein Potential von 140 V bei einer Stromstärke von 25 mA angelegt. Die Elektrophoresedauer beträgt 18 Std. Um p_H-Verschiebungen zu vermeiden, muß frischer Puffer kontinuierlich nachgefüllt werden. Die Temperatur in der Stärke steigt von 4 auf 7° C. Eine höhere Spannung kann nicht angelegt werden, weil bei einem p_H von 8,4 Temperaturen über 10° C das Enzym inaktivieren.

Tabelle 4. *Reinigung der α-D-Glucosidase aus Saccharomyces italicus Y 1225.*

Schritt	Gesamt-Volumen	E*/ml × 10^{-3}	E* Gesamt × 10^{-6}	mg Protein pro ml	E*/mg	Ausbeute**
1	320	288	91,7	70,0	4100	
2	370	244	90,8	15,7	15500	99
3	370	235	87,0	8,0	29700	96,5
4	77	685	52,9	15,4	44400	60,8
5	80	442	35,3	4,5	98000	67,5
6	2,2	5810	12,65	42,7	136000	36,4
7	20	281	5,62	0,63	444000	44,0

* Zur Definition s. Aktivitätsbestimmung S. 1173.

** In Prozent des vorhergehenden Schrittes.

Die getrennten Zonen von Protein und Enzym werden bestimmt, indem man alle 0,5 cm mit einer Injektionsspritze eine Probe nimmt. Das Enzymband liegt dann im allgemeinen zwischen 18 und 20 cm; es wird herausgeschnitten und mit 20 ml 0,067 m Phosphatpuffer (p_H 6,8) eluiert (Endvolumen 20 ml).

***Darstellung von Maltase aus Schweinedarmschleimhaut (Abtrennung von Oligo-1,6-glucosidase) nach* LARNER *und* GILLESPIE[2].**

Das Trennungsverfahren führt zu einer sechsfach gereinigten Maltase, die vollkommen frei von Oligo-1,6-glucosidase ist. Dieses Enzym ist wenig stabil und konnte noch nicht im gleichen Prozeß in aktivem Zustand abgetrennt werden.

1. Acetontrockenpulver: 150 g Schleimhaut werden mit 225 ml Aceton bei —12° C im Waring-Blendor homogenisiert, in 1 l Aceton gegossen, kräftig gerührt und dann schnell durch Absaugen bei 3° C filtriert. Der Rückstand wird zunächst zwischen Filterpapier trockengepreßt, dann im Vakuumexsiccator bei Zimmertemperatur über P_2O_5 und Paraffinöl getrocknet, bis kein Acetongeruch mehr vorhanden ist. Man erhält ein hellbraunes Pulver, das bei 3° C im Vakuum aufbewahrt wird.

2. (Die folgenden Schritte werden bei 3° C ausgeführt.) 5 g Trockenpulver werden mit 50 ml 0,9% NaCl in 0,001 m Trilonlösung (p_H 7,0) extrahiert, darauf zentrifugiert. Man erhält einen klaren, rötlichen Extrakt, der mit festem Ammoniumsulfat fraktioniert wird. Dabei wird der p_H durch festes $KHCO_3$ auf 7,0 gehalten. Die Fraktion zwischen 0,35 und 0,80 Sättigung wird zentrifugiert und in einem kleinen Volumen NaCl-Trilonlösung gelöst. Man verdünnt auf 1% Protein-Konzentration und gibt langsam unter Rühren Aluminiumhydroxyd-Cγ zu, bis zu einem Gel-Protein-Verhältnis von 0,15.

Die Mischung wird zentrifugiert und der Überstand bei —2 bis —5° C mit 95%igem Äthanol fraktioniert. Die Fraktionen zwischen 32 und 46% sowie 46 und 59% werden zentrifugiert und in einem kleinen Volumen NaCl-Trilonlösung gelöst. Darauf wird 2—3 Std gegen die gleiche Lösung dialysiert, um Äthanol zu entfernen. (Allen wäßrigen Lösungen wurde 0,001 m Trilon zugesetzt.)

Eigenschaften. Die Eigenschaften der unter „Darstellung" beschriebenen α-Glucosidasen sind in der Tabelle 5 zusammengestellt. Die α-1→4-Glucosidasen (Maltasen,

[1] KUNKEL, H. G., and R. J. SLATER: Proc. Soc. exp. Biol. Med. **80**, 42 (1952).

[2] LARNER, J., and R. E. GILLESPIE: J. biol. Ch. **223**, 709 (1956).

Tabelle 5. *Eigenschaften von α-Glucosidasen.*

Enzym	pH-Optimum	MICHAELIS-Konstante	Hemmungen	Spezifität: gespalten werden	Spezifität: nicht gespalten werden	Mol.-Gewicht	Temperaturbeständigkeit
α-Glucosidase aus Saccharomyces cerevisiae	6,1—6,8[1] 6,75—7,25[2]	0,12 m (Maltose, Löwenbräuhefe)[4]	Hemmstoffkonzentration $1,6 \times 10^{-5}$ m Hemmung[5] $CuSO_4$ . . . 100 % $HgCl_2$ . . . . 100 $ZnSO_4$ . . . 32 PCMB . . . 49	Maltose, Methyl-β-maltosid, Maltoson, Maltosazon, Maltobionsäure, α-Ketomaltobionsäure, Maltosecarboxylsäure, Ureidomaltose, Maltosephosphorsäure, die α-D-Glucoside von Methanol, Äthanol, Propanol, Allylalkohol, Äthylenglykol, Trimethylenglykol, D-Mannit, Phenol, o-Kresol, Saligenin, Hydrochinon, Menthol[3]	Methyl-α-D-isorhamnosid, Methyl-α-D-glucosid-6-methyläther und -chlorhydrin, Methyl-α-D-gentiobiosid, Phenyl-α-lactosid und -cellobiosid, Methyl-α-D-galaktosid und -2-desoxyglucosid[3]		Inaktivierung oberhalb 45° C[5]
Maltase aus Pferdeserum	6,3—7,2[6]	$3,8 \times 10^{-4}$ m (Maltose)[6]		Maltose = 100: Maltose, β-Methylmaltosid (100), Turanose (3,9), α-Phenylglucosid (0,74), Isomaltose (0,15), Glykogen, Stärke[6]	Cellobiose, α-Methylglucosid, α-Methylmannosid, Lactose, Melibiose, o-Nitrophenyl-α-D-galaktosid, Saccharose, Trehalose, Dextran[6], Pullulan[11]		
α-Glucosidase aus Saccharomyces italicus Y 1225	6,6—6,8[7]	$2,8 \times 10^{-4}$ m (p-Nitrophenylglucosid)[7]	Metallionenkonzentration $3,3 \times 10^{-4}$ m Hemmung Cu^{++} . . . . 100 % Fe^{++} . . . . 47,6 Hg^{++} . . . . 100 Ag^{+} . . . . 100 Pb^{++} . . . . 100 Zn^{++} . . . . 84,8 Co^{++} . . . . 0 Die Hemmung durch PCMB und Jodessigsäure ist durch Cystein aufzuheben. Folgende Amine hemmen: Tris, Histidin, Chinin, Benzylamin, Anilin[7]	Phenyl-, p-Nitrophenyl-, Methyl-, Butyl-α-D-glucopyranosid, Maltose, β-Methyl-maltosid, Saccharose, Turanose[7]	Thiogluco-pyranoside und -furanoside, Isomaltose, Trehalose, Raffinose, Melibiose, Cellobiose, Methyl-α-D-xylopyranosid, Methyl-α-L-arabinosid[7]	85000 ± 30000[7]	bei p_H 6,8 und 51° C in 500 bis 600 sec inaktiviert[7]
Invertase aus Bienenhonig	5,5—6,3[8]			Saccharose, Maltose, Raffinose, Melizitose[9], α-Maltosyl-β-D-fructofuranosid[10]	Melibiose, Lactose, Cellobiose[9]		

Amylomaltasen) sind wie die meisten anderen Glykosidasen zur Synthese von Oligosacchariden befähigt; dabei scheint je nach Herkunft des Enzyms — ebenso wie bei den β-Galaktosidasen[1] — ein bestimmter Reaktionstyp bevorzugt[2,3]:

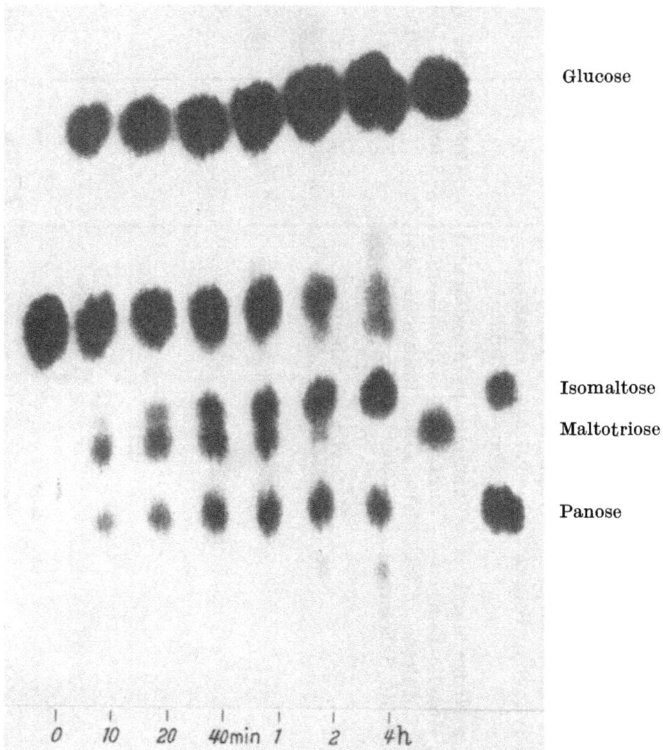

Abb. 1. Papierchromatogramme der Reaktionsprodukte der Inkubation von Maltose mit Enzym aus *Aspergillus oryzae*. Im Chromatogramm rechts: Vergleichssubstanzen.

Bei den Enzymen aus Rinderserum[4] (Trans-α-glucosidase), Pferde- und Kälberdarm[2], Schweine- und Rattenleber[5,6], *Escherichia coli*[7] (Amylomaltase) und *Phaseolus radiatus*[8] werden als Syntheseprodukte ausschließlich 1→4-verknüpfte Zucker (Maltotriose, Maltotetraose) gefunden.

Eine weitere Maltase aus Rattenleber[9] sowie Enzyme aus Kartoffeln[10] (T-Enzym), *Penicillium chrysogenum*[11] und *Aspergillus niger*[12,13] (Transglucosylase) synthetisieren 1→6-verknüpfte Oligosaccharide (Isomaltose, Isomaltotriose, Panose).

Transfer der Glucosyleinheit auf C-4 *und* C-6 einer Glucose oder Maltose wurde bei Enzymen aus *Aspergillus oryzae*[2,14], *Cladophora rupestris*[15], *Tetrahymena pyriformis*[16] und Bierhefe[17,18] beobachtet.

Bei der Bewertung der Analyse von Transferprodukten für die Klassifizierung von Enzymen ist große Vorsicht geboten, wie folgendes Beispiel zeigt: Nach zwei- und mehr-

[1] Wallenfels, K., E. Bernt u. G. Limberg: A. **584**, 63 (1953).
[2] Wallenfels, K.; in: Biologie und Wirkung der Fermente. 4. Mosbacher Coll., S. 160. 1953.
[3] Manners, D. J.: Bull. Soc. Chim. biol. **42**, 1789 (1960).
[4] Miller, K. D., and W. H. Copeland: J. biol. Ch. **231**, 997 (1958).
[5] Giri, K. V., A. Nagabhushanam, V. N. Nigam and B. Belavadi: Science, N.Y. **121**, 898 (1955).
[6] Stetten, M. R.: Am. Soc. **81**, 1437 (1959).
[7] Wiesmeyer, H., and M. Cohn: Biochim. biophys. Acta **39**, 427 (1960).
[8] Nigam, V. N., and K. V. Giri: J. biol. Ch. **235**, 947 (1960).
[9] Lukomskaya, I. S.: Dokl. Akad. Nauk SSSR **129**, 1172 (1959).
[10] Abdullah, M., and W. J. Whelan: Biochem. J. **75**, 12 P (1960).
[11] Saroja, K., R. Venkataraman and K. V. Giri: Biochem. J. **60**, 399 (1955).
[12] Pazur, J. H., and T. Ando: Arch. Biochem. **93**, 43 (1961).
[13] Tsujisaka, Y., and J. Fukumoto: Nippon Nôgeikagaku Kaishi **37**, 747 (1963).

Literatur zu Tabelle 5.

1 Michaelis, L., u. P. Rona: B.Z. **57**, 70 (1913).
2 Willstätter, R., u. E. Bamann: H. **151**, 242 (1926).
3 Gottschalk, A.: Sumner-Myrbäck, Enzymes, Bd. I/1, S. 556.
4 Willstätter, R., R. Kuhn u. H. Sobotka: H. **134**, 224 (1924).
5 Chiba, S., S. Sugawara, T. Shimomura, and Y. Nakamura: Bull. agric. chem. Soc. Jap. **26**, 787 (1962).
6 Lieberman, I., and W. H. Eto: J. biol. Ch. **225**, 899 (1957).
7 Halvorson, H., and L. Ellias: Biochim. biophys. Acta **30**, 28 (1958).
8 Nelson, J. M., and D. J. Cohn: J. biol. Ch. **61**, 193 (1924).
9 White, J. W., and J. Maher: Arch. Biochem. **42**, 360 (1953).
10 White, J. W., and J. Maher: Am. Soc. **75**, 1259 (1953).
11 Wallenfels, K., u. D. Freudenberger: Unveröffentlicht.

stündiger Inkubation von Maltose mit der Transglucosidase aus *A. oryzae* zeigten die Papierchromatogramme Panose, Isomaltose, Dextrantriose und 4-Glucosyldextrantriose. Das Ergebnis wurde so interpretiert[1], daß das genannte Enzym die α-1→4-Bindung spaltet und den Glucosylrest auf geeignete Acceptoren in 1→6-Bindung überträgt. Erst die eingehende Untersuchung mit sehr viel kürzeren Inkubationszeiten zeigte, daß zunächst ausschließlich Maltotriose gebildet wird, die aber schnell aus dem Hydrolysat verschwindet, da sie vom Enzym leicht gespalten wird[2]. Bei Verlängerung der Inkubationszeiten erscheinen Panose und Isomaltose im Papierchromatogramm (s. Abb. 1). Man findet also nach längeren Inkubationszeiten vor allem die Syntheseprodukte, die vom synthetisierenden Enzym schwer gespalten werden.

Aktivitätsbestimmung. Die Bestimmung der enzymatischen Aktivität erfolgt entweder durch die Messung der durch das Enzym in Freiheit gesetzten Glucosemenge oder durch Bestimmung der Mengen an freigesetztem Aglykon; s. dazu die Beschreibung im allgemeinen Teil, S. 1158. Eine spezielle Methode für die α-Glucosidasebestimmung, die ebenfalls allgemein anwendbar ist, wurde von HALVORSON und ELLIAS bei der Reinigung von α-Glucosidase aus *S. italicus* beschrieben[3].

***Bestimmung der α-Glucosidase nach* HALVORSON *und* ELLIAS[3].**

Prinzip:

Es wird die Absorption von p-Nitrophenol, das aus p-Nitrophenyl-α-D-glucopyranosid freigesetzt wird, bestimmt.

Reagentien:

1. 0,067 m K-phosphatpuffer, p_H 6,8.
2. Reduziertes Glutathion (1 mg/ml).
3. p-Nitrophenyl-α-D-glucopyranosid (3 mg/ml).

Durchführung:

0,1 ml Enzymextrakt werden mit 2,7 ml Phosphatpuffer gemischt und 0,1 ml Glutathionlösung hinzugegeben. Die Mischung wird 10 min in einen Thermostaten von 30° C gebracht und dann mit 0,1 ml Substrat (Reagens 3) versetzt. Nach verschiedenen Zeiten wird die Extinktion der Lösung bei 400 mμ, dem Absorptionsmaximum von p-Nitrophenol, gemessen ($\varepsilon = 9,6 \times 10^3$ [cm²/mMol]).

Eine *Enzymeinheit* wird als Änderung der Extinktion um 0,001/100 sec in 3 ml Reaktionslösung definiert.

II. Andere α-Glykosidasen.

Glucosido-Invertase.

Vorkommen. Über das Vorkommen von Enzymen mit Spezifität für den Glucose-Teil des Rohrzuckers wird in Tabelle 32, S. 1207, berichtet.

***Darstellung von Invertase aus Honig (α-Glucosidase) nach* NELSON *und* COHN[4].**

Die Bienenwaben (etwa 400 g, Buckweat Honey) wurden zerkleinert und zerquetscht und mit 150 ml Wasser gewaschen. Das an der Oberfläche schwimmende Bienenwachs

[1] PAZUR, J. H., and D. FRENCH: J. biol. Ch. **196**, 265 (1952).
[2] WALLENFELS, K.; in: Biologie und Wirkung der Fermente. 4. Mosbacher Coll., S. 160. 1953.
[3] HALVORSON, H., and L. ELLIAS: Biochim. biophys. Acta **30**, 28 (1958).
[4] NELSON, J. M., and D. J. COHN: J. biol. Ch. **61**, 193 (1924).

Literatur zu S. 1172 (Fortsetzung).
[14] PAZUR, J. H., and D. FRENCH: J. biol. Ch. **196**, 265 (1952).
[15] DUNCAN, W. A. M., and D. J. MANNERS: Biochem. J. **69**, 343 (1958).
[16] ARCHIBALD, A. R., and D. J. MANNERS: Biochem. J. **73**, 292 (1959).
[17] GUNJA, Z. H., and D. J. MANNERS: J. Inst. Brewing **66**, 409 (1960).
[18] CHIBA, S., S. SUGAWARA, T. SHIMOMURA, and Y. NAKAMURA: Bull. agric. chem. Soc. Jap. **26**, 787 (1962).

Tabelle 6. *Eigenschaften von α-Glykosidasen.*

Enzym	pH-Optimum	MICHAELIS-Konstante	Hemmung	Spezifität: gespalten werden	Spezifität: nicht gespalten werden	Temperaturstabilität
Oligo-1 → 6-glucosidase aus Schweinedarmschleimhaut	6,2—6,4[1]	9×10^{-4} m [2] (Isomaltose)	Cu^{++} (10^{-3} m 34 %), Zn^{++} (10^{-3} m 44 %), Tris, Histidin[2]	Isomaltose, Panose, α-Amylase-Dextrine[1], Isomaltotriose[3]	Glykogen, Muskelphosphorylase-Grenzdextrin, Dextran[1], Gentiobiose[10]	
Trehalase	5,4 (aus Hefe)[4] 4,0 (aus A. niger)[5]			Trehalose, 6-Methansulfonyltrehalose, Trehalosemonophosphorsäure[6,7]		Enzym aus A. niger wird oberhalb 54° C inaktiviert
Trehalase aus Larven der Wachsmotte	5,5[8]	$1,3\times10^{-4}$ m[8]		Trehalose[8]	Cellobiose, Lactose, Saccharose, Maltose, Turanose, Raffinose, Melizitose, Stärke, Glykogen, Glucose-1-phosphat, α- und β-Methylglucosid, o-Nitrophenyl-β-D-glucosid, p-Nitrophenyl-α-D-glucosid[8]	
α-Mannosidase aus Luzerne	4,0			α-D-Mannoside, α-Phenyl-D-lyxosid		bis 45° C stabil
α-Mannosidase aus Nebenhoden der Ratte	5,0[9]	13×10^{-3} m (p-Nitrophenyl-α-mannosid) 57×10^{-3} m (Phenyl-α-mannosid)[9]	50 % Hemmung bei 2×10^{-3} m Mannono-1 → 4-lacton; Cu^{++} 5×10^{-4} m 36 %; Ag^{+} 1×10^{-5} m 12 %; Hg^{++} 5×10^{-6} m 45 %[9]	Phenyl-α-D-mannosid, p-Nitrophenyl-α-D-mannosid[9]		bei p_H 5,5 5 min bei 50° C stabil, bei 57° C völliger Aktivitätsverlust
α-Galaktosidase aus Kaffee	5,3[11]			Melibiose, α-Galaktoside, Stachyose, Raffinose, β-L-Arabinoside		

[1] LARNER, J., and C. M. MCNICKLE: J. biol. Ch. **215**, 723 (1955). — [2] LARNER, J., and R. E. GILLESPIE: J. biol. Ch. **223**, 709 (1956). — [3] LARNER, J.: Am. Soc. **77**, 6385 (1955). — [4] MYRBÄCK, K., u. B. ÖRTENBLAD: B.Z. **291**, 61 (1937). — [5] WILLSTAEDT, H., u. M. BORGGARD: Ark. Kemi, Mineral. Geol. B **23**, Nr. 3 (1946). — [6] HELFERICH, B., u. F. v. STRYK: B. **74**, 1794 (1941). — [7] BABA, T.: B.Z. **273**, 207 (1934). — [8] KALF, G. F., and S. V. RIEDER: J. biol. Ch. **230**, 691 (1958). — [9] CONCHIE, J., and A. J. HAY: Biochem. J. **73**, 327 (1959). — [10] LARNER, J., and R. E. GILLESPIE: Am. Soc. **78**, 882 (1956). — [11] PETEK, F., et TO DONG: Enzymologia **23**, 133 (1961).

wurde abgeschöpft, der Rest filtriert. Zum Filtrat wurden 7—10 Vol. 90%igen Äthylalkohols gegeben. Der sich bildende gummiartige Niederschlag setzt sich besonders schnell ab, wenn man die gesamte Alkoholmenge auf einmal zusetzt. Der Überstand wird abgesaugt, der Rest ohne Saugen filtriert. Der gummiartige Rückstand ist in seiner Hauptmenge unlöslich. Wenn man ihn jedoch mit Wasser durchrührt und die Mischung dann filtriert, erhält man eine klare, Invertase enthaltende Lösung (zum Auswaschen sollen nicht mehr als 10 ml verwendet werden). Dieses Präparat kann ohne weitere Reinigung gebraucht werden (Präparat HA). Daraus erhält man durch 48-, 72- bzw. 60stündige Dialyse die Präparate HB, HC und HD.

Die aus einer Wabe gewonnene Enzymmenge bewirkt in 100 ml einer 10%igen Saccharose-Lösung beim p_H-Optimum und 25° C eine Inversion von 5 g Saccharose in 2,5 Std.

Eigenschaften. Die Eigenschaften der Invertase aus Honig sind in der Tabelle 5 aufgeführt.

Aktivitätsbestimmung. Die Bestimmung der freigesetzten Glucose kann nach einer der im allgemeinen Teil beschriebenen Methoden erfolgen.

α-N-Acetyl-glucosaminidase.

Conchie u. Mitarb. fanden Enzyme, die Phenyl-N-acetyl-α-D-glucosaminid spalten, in *Patella vulgata*[1] und in spontanen Milchdrüsentumoren von C3H-Mäusen[2].

Grenzdextrinasen und Oligo-1→6-glucosidase.

[3.2.1.10 Dextrin-6-glucanohydrolase.]

Vorkommen. Wie bei den α-1→4-Glucosidasen ist auch bei den α-1→6-Glucosidasen die Abgrenzung zwischen Enzymen mit polymeren und niedermolekularen Substraten nicht ohne weiteres möglich. In einem anderen Abschnitt dieses Handbuches werden die Enzyme, die Verzweigungen in Amylopektin, Glykogen und Phosphorylasegrenzdextrinen hydrolysieren (S. 1134ff.) sowie Dextranasen (S. 1141ff.) behandelt.

Substrate für die im folgenden besprochenen Enzyme sind α-Amylase-Grenzdextrine, Panose und teilweise auch Isomaltose. Enzyme dieser Spezifität kommen vor in der Darmschleimhaut von Mensch[3, 4], Rind[5], Schwein[6–8], Kaninchen[8], Ratte[8] und Gerstenmalz[9], *Aspergillus niger NRRL 330*[10] und *NRRL 337*[11], *Aspergillus oryzae*[12], *Aspergillus versicolor*, *Aspergillus flavus*, *Aspergillus candidus*, *Penicillium purpurogenum*, *Penicillium luteum*[13], *Clostridium acetobutylicum*[14], *Leuconostoc mesenteroides*, *Streptococcus bovis*[15] und *Lactobacillus bifidus*[16], *Saccharomyces*[17]. Im Gerstenmalz kommt neben der Grenzdextrinase[9] noch eine α-Glucosidase vor, die Isomaltose, Panose *und* Maltose hydrolysiert[18, 19].

[1] Conchie, J., G. A. Levvy and C. A. Marsh: Biochem. J. **62**, 24P (1956).
[2] Conchie, J., J. Findlay and G. A. Levvy: Biochem. J. **71**, 318 (1959).
[3] Dahlqvist, A., S. Auricchio, G. Semenza and A. Prader: J. clin. Invest. **42**, 556 (1963).
[4] Auricchio, S., A. Dahlqvist and G. Semenza: Biochim. biophys. Acta **73**, 582 (1963).
[5] Seiji, M.: J. Biochem. **40**, 519 (1953).
[6] Larner, J., and C. M. McNickle: J. biol. Ch. **215**, 723 (1955).
[7] Dahlqvist, A.: Acta chem. scand. **14**, 72 (1960).
[8] Larner, J., and C. M. McNickle: Am. Soc. **76**, 4747, 6423 (1954).
[9] MacWilliam, I. C., and G. Harris: Arch. Biochem. **84**, 442 (1959).
[10] Tsuchiya, H. M., E. M. Montgomery and J. Corman: Am. Soc. **71**, 3265 (1949).
[11] Pan, S. C., L. W. Nicholson and P. Kolachov: Arch. Biochem. **42**, 406 (1953).
[12] Underkofler, L. A., and D. K. Roy: Cereal Chem. **28**, 18 (1951).
[13] Gosh, J. J.: Ind. J. Physiol. **6**, 28 (1952) [Chem. Abstr. **46**, 10282].
[14] Roy, D. K., and M. K. Roy: Sci. & Cult., Calcutta **18**, 339 (1953) [Chem. Abstr. **47**, 5483].
[15] Bailey, R. W., and E. J. Bourne: Nature **191**, 277 (1961).
[16] Bailey, R. W., and A. M. Roberton: Biochem. J. **82**, 272 (1962).
[17] Terui, G., H. Okada and Y. Oshima: Technology Rep. Osaka Univ. **9**, 237 (1959). Hakko Kogaku Zasshii **37**, 177 (1959) [Chem. Abstr. 54, 15520].
[18] Jørgensen, B. B., and O. B. Jørgensen: Acta chem. scand. **17**, 1765 (1963).
[19] Jørgensen, O. B.: Acta chem. scand. **17**, 2471 (1963).

Die Kristallisation einer Grenzdextrinase aus *Aspergillus oryzae* wurde berichtet[1]; nähere Angaben über Einheitlichkeit und Eigenschaften des Enzymes sind jedoch nicht bekannt.

Darstellung von Oligo-1→6-glucosidase aus Schweinedarmschleimhaut nach **LARNER *und* McNICKLE**[2].

Frischer Schweinedarm wird geöffnet, mit kaltem destilliertem Wasser gewaschen und die Schleimhaut mit einem Messer abgeschabt. Diese wird dann in einem Mörser mit der gleichen Menge gewaschenen Sandes zerrieben. Darauf wird die Masse durch weiteres Verreiben mit dem fünffachen Volumen kalten destillierten Wassers extrahiert. Die Mischung wird dann 30 min in einer Servall-Zentrifuge bei Höchstgeschwindigkeit zentrifugiert. Man filtriert die rötliche, opalescierende Flüssigkeit durch ein Whatman Nr. 1-Papier und dialysiert sie 4—6 Std gegen 0,85 %ige NaCl-Lösung. Diese Rohenzymfraktion wird bei 3° C aufbewahrt, am besten mit einigen Tropfen Toluol überschichtet. Sie ist dann 3 Wochen ohne Aktivitätsverlust haltbar.

Alle beschriebenen Operationen wurden bei 3° C im Kühlraum ausgeführt.

Durch Fällungs- und Adsorptionsmethoden konnte das Enzym achtfach angereichert werden[2]. In der Tabelle 7 sind Reinigungsgang und Ausbeute angegeben.

Tabelle 7. *Reinigung der Oligo-1→6-glucosidase aus Schweinedarmschleimhaut.*

Reinigungsschritt	E*/ml	Protein mg/ml	Spezifische Aktivität E*/mg	Volumen ml	Gesamt-E*	Ausbeute in Gesamt-%
Extrakt	104	9,8	10,6	170,0	17680	—
Ammoniumsulfatfällung s = 0,35—0,80	440	25,0	17,7	30,0	13200	74,6
Überstand nach $Al(OH)_3$-Cγ-Adsorption	94	2,1	44,7	72,5	6810	38,5
Ammoniumsulfatfällung s = 0—0,80 .	320	9,4	34,0	12,5	4000	22,6
Überstand nach Phosphatgeladsorption **	232	4,8	48,3	5,5	1275	16,9
Äthanolfällung** (18—44 %)	384	4,8	80,0	1,8	692	10,1

* Test s. S. 1162. Als Einheit wurde die Menge Enzym definiert, die unter den Testbedingungen mit Isomaltose (0,0004 m) als Substrat eine Änderung der Extinktion von 0,001 (bei 340 mμ) pro min bewirkt.

** Es wurde nur ein Aliquot entnommen und die Ausbeute auf das Ganze umgerechnet.

Eigenschaften. Die Eigenschaften dieses Enzyms sind in Tabelle 6 aufgeführt.

Aktivitätsbestimmung. Die Bestimmung der Aktivität dieses Enzyms unter Verwendung von Isomaltose als Substrat erfolgte in der oben angegebenen Reinigung durch enzymatische Glucosebestimmung[2] (vgl. die im allgemeinen Teil beschriebenen Methoden).

Eine Methode, bei der Grenzdextrine Substrat sind und die Reduktionskraft der Zucker bestimmt wird, wurde von BACK, STARK und SCALF[3] angegeben.

Trehalasen.

[3.2.1.28 Trehalose-1-Glucohydrolase.]

Vorkommen. Trehalasen sind in der Pflanzen- und Tierwelt weit verbreitet (s. Zusammenstellungen bei MYRBÄCK[4] und GOTTSCHALK[5]).

Die pH-Optima einiger Trehalasen, die in letzter Zeit bearbeitet wurden, sind in Tabelle 8 angegeben. Von DAHLQVIST[6] wurde die Trehalase aus Schweinedarm 20fach, von FRIEDMAN[7] das Enzym aus *Phormia regina* 1025fach angereichert. Das Enzym aus *Neurospora crassa*[8] konnte in kristalliner Form erhalten werden.

[1] UNDERKOFLER, L. A., and D. K. ROY: Cereal Chem. **28**, 18 (1951).
[2] LARNER, J., and C. M. McNICKLE: J. biol. Ch. **215**, 723 (1955).
[3] BACK, T. M., W. H. STARK and R. E. SCALF: Analyt. Chem., Washington **20**, 56 (1948).
[4] MYRBÄCK, K.: Ergeb. Enzymforsch. **10**, 168 (1949).
[5] GOTTSCHALK, A.; in: Sumner-Myrbäck, Enzymes, Vol. I/1, S. 580.
[6] DAHLQVIST, A.: Acta chem. scand. **14**, 9 (1960).
[7] FRIEDMAN, S.: Arch. Biochem. **87**, 252 (1960).
[8] HILL, E. P., and A. S. SUSSMAN: Arch. Biochem. **102**, 389 (1963).

Darstellung von Trehalase aus Aspergillus niger nach BOURQUELOT[1] ***und*** HARANG[2].

Das Mycel wird ausgewaschen und zerrieben. Man vermischt mit der vierfachen Menge 95%igen Alkohols und läßt 3 Std stehen. Dann wird abgenutscht und der Rückstand im Vakuum getrocknet.

Darstellung von Trehalase aus Hefe nach MYRBÄCK ***und*** ÖRTENBLAD[3].

Zu 500 g Bäckerhefe (Preßhefe) werden 300 ml Wasser und 50 ml Essigester gegeben. Die Mischung bleibt 5 Tage bei Zimmertemperatur stehen und wird dann filtriert. Löst man in 10 ml dieses Filtrats 1 g Trehalose, so wird diese in 47 Std bei 20° C zu 57% hydrolysiert.

Beide genannten Präparate sind nur als Rohextrakte zu betrachten und enthalten noch andere Enzyme, wie z. B. Maltase.

Auch LUKES und PHAFF[4] beschrieben für das Enzym aus *Candida tropicalis* nur eine teilweise Reinigung. Dabei werden autolysierte Zellen bei p_H 6,7 extrahiert und der Extrakt bei −18° C einer Fällung mit 40% Äthanol unterzogen.

Tabelle 8. *p_H-Optima von Trehalasen.*

Quelle	pH-Optimum	Literatur
Mensch, Blutserum	5,3—5,5	7
Rind, Leber	6,0	8
Schwein, Darmschleimhaut	6,0	9
Schnecke, Verdauungssaft	6,0	8
Phormia regina	5,6	10
Bombyx mori	5,2	11
Maikäfer	6,5	12
Leucophaea maderae	6,0	13
Russula sardonia	4,0	8
Plantago ovata, Samen	6,5	12
Hefe	4,1; 5,4	12
Candida tropicalis	4,1—5,3	4
Neurospora crassa	5,5	14
Mycobacterium tuberculosis	7,1	15

Darstellung von Trehalase aus Larven der Wachsmotte nach KALF ***und*** RIEDER[5].

1. Larven der Wachsmotte, *Galleria mellonella*, werden in Glasgefäßen gezüchtet. Die Diät (modifiziert nach[6]) bestand aus Getreide, Hundefutter, Honig und Glycerin. Die Insekten wurden kurz vor der Verpuppung gesammelt und bei −20° C bis zur Aufarbeitung aufbewahrt.

2. *Extraktion.* 50 g der gefrorenen Larven werden aufgetaut. Man fügt 300 ml eiskalten 0,05 m Maleatpuffer (p_H 6,5) zu und homogenisiert 1—2 min im Waringblendor. Die Extraktion wird 30 min unter Rühren fortgesetzt, das Homogenat danach bei hoher Geschwindigkeit 20 min zentrifugiert. Man erhält 250 ml eines gelb-braunen Überstandes, der gleiche Aktivitäten gegen Trehalose und Maltose enthält.

3. *Hitzeschritt.* Zu diesen 250 ml (p_H 6,5) gibt man 44 g festes Ammoniumsulfat (Rühren) und bringt die Lösung so auf 30% Sättigung. Ein geringer Niederschlag wird durch Zentrifugation entfernt. Der klare Überstand wird in einem kochenden Wasserbad unter dauerndem Rühren erhitzt, bis die Temperatur 65° C erreicht hat. Man hält 5 min bei dieser Temperatur und kühlt dann schnell in einem Eisbad ab. Der Niederschlag wird

[1] BOURQUELOT, E.: Bull. Soc. mycol. France **9**, 189 (1893).
[2] HARANG, P.: J. Pharmacie Chim. (6) **23**, 16 (1906).
[3] MYRBÄCK, K., u. B. ÖRTENBLAD: B.Z. **291**, 61 (1937).
[4] LUKES, T. M., u. H. J. PHAFF: Leeuwenhoek **18**, 323 (1952) [Chem. Abstr. 47, 3369].
[5] KALF, G. F., and S. V. RIEDER: J. biol. Ch. **230**, 691 (1958).
[6] GOOD, M. E., F. O. MORRISON and E. MANKIEWITZ: Canad. Entomol. **85**, 282 (1953).
[7] COURTOIS, J. E., M. M. DEBRIS et J. C. GEORGET: Clin. Chem., N.Y. **9**, 481 (1963).
[8] FREREJAQUE, M.: Cr. **236**, 2451 (1953).
[9] DAHLQVIST, A.: Acta chem. scand. **14**, 9 (1960).
[10] FRIEDMAN, S.: Arch. Biochem. **87**, 252 (1960).
[11] SAITO, S.: J. Biochem. **48**, 101 (1960).
[12] COURTOIS, J. E., F. PETEK et M. A. KOLAHI-ZANOUZI: Bull. Soc. Chim. biol. **44**, 735 (1962).
[13] ZEBE, E. C., and W. H. MCSHAN: J. cellul. comp. Physiol. **53**, 21 (1959).
[14] HILL, E. P., and A. S. SUSSMAN: Arch. Biochem. **102**, 389 (1963).
[15] BLOCH, H., and H. SÜLLMANN: Exper. **1**, 94 (1945).

durch Zentrifugieren entfernt. Der Überstand enthält nur noch eine geringe Maltase-Aktivität.

4. *Ammoniumsulfat-Fällung.* Zu 250 ml aus Schritt 3 wird unter Rühren 15 g festes Ammoniumsulfat gegeben (40 % Sättigung). Nach 15 min wird zentrifugiert, der Niederschlag verworfen und zum Überstand wieder 33 g Ammoniumsulfat gegeben (70 % Sättigung). Man läßt 15 min stehen, zentrifugiert und löst den Niederschlag in 30 ml 0,05 m Maleatpuffer, p_H 6,5. (Das Enzympräparat kann auf dieser Stufe bei 0° C aufbewahrt werden.) Die Lösung wird gegen 0,05 m Maleatpuffer dialysiert, bis der Test auf Sulfat negativ ist. Dabei bildet sich ein Niederschlag, der abzentrifugiert wird. Der Überstand hat keine Maltase-Aktivität.

Tabelle 9. *Reinigung der Trehalase aus Larven der Wachsmotte.*

Schritt	Volumen ml	Gesamt-E*	Gesamt-protein mg	spezifische Aktivität
2	250	15000	6000	2,5
3	250	10500	1500	7,0
4	34	5000	425	11,5
5	16	5000	48	114,0

* Eine Einheit setzt aus Trehalose (0,02 m) bei p_H 5,5 und 30° C in 15 min 0,1 μM Glucose frei.

5. *Aceton-Fällung.* Die Lösung aus Schritt 4 (34 ml) wird in einer Eis-Salz-Mischung auf −1° C gekühlt. Dazu gibt man unter Rühren innerhalb 15—20 min 23 ml Aceton, das auf −20° C vorgekühlt wurde. Der Niederschlag wird abzentrifugiert und verworfen, zum Überstand werden unter gleichen Bedingungen 29 ml Aceton gegeben. Der Niederschlag wird abzentrifugiert und in 16 ml 0,05 m Maleatpuffer, p_H 6,5, gelöst.

Eigenschaften. Die Eigenschaften der beschriebenen Trehalasen sind in Tabelle 6 aufgeführt.

Aktivitätsbestimmung. KALF und RIEDER[1] bestimmten die Aktivität der Trehalase durch Messung der freigesetzten Glucose nach der auf S. 1162 dieses Artikels beschriebenen Methode von HUGGETT und NIXON; prinzipiell ist jedoch auch jede andere der genannten Methoden zur Glucose-Bestimmung geeignet.

α-Mannosidase.

[3.2.1.24 α-D-Mannosid-Mannohydrolase.]

Vorkommen. Über das Vorkommen von α-Mannosidase unterrichtet Tabelle 10.

***Darstellung von α-Mannosidase aus Nebenhoden der Ratte nach* CONCHIE *und* HAY[2].**

Nebenhoden (0,6 g) von Ratten werden in 10 ml Wasser mit einem Glashomogenisator homogenisiert und 1 Std bei 37° C in 0,1 m Essigsäure-NaOH-Puffer, p_H 5,0, inkubiert. Die Suspension wird bei 1500 × g 15 min zentrifugiert und der Überstand mit Ammoniumsulfatlösung, p_H 5,0, fraktioniert. Der Niederschlag zwischen Sättigung 0,2 und 0,8 wird bei 10000 × g abzentrifugiert und in 10 ml Wasser gelöst. Diese Lösung kann nur wenige Tage bei 0° C ohne Verlust an α-Mannosidase-Aktivität aufbewahrt werden. Die gleichzeitig vorhandene β-Galaktosidase ist mehrere Wochen stabil.

***Darstellung von α-Mannosidase aus Luzernensamen nach* HÉRISSEY[3].**

Zur Extraktion des Enzyms aus gekeimtem Luzernensamen weicht man den Samen in Wasser ein, läßt ihn 48 Std bis zum Keimen stehen. Dann wird er bei einer Temperatur, die 45° C nicht übersteigt, getrocknet und schließlich pulverisiert. Zur Mannosidspaltung werden 4—5 g dieses Pulvers zu 100 ml Mannosidlösung gegeben.

Eine weitere Reinigung des Enzyms hat vor allem HILL[4] zu erreichen versucht: β-Galaktosidase kann durch Hitzeinaktivierung abgetrennt werden. Die α-Mannosidase ist bis zu 45° C ziemlich stabil.

[1] KALF, G. F., and S. V. RIEDER: J. biol. Ch. **230**, 691 (1958).
[2] CONCHIE, J., and A. J. HAY: Biochem. J. **73**, 327 (1959).
[3] HÉRISSEY, H.: Thèse, Paris 1899.
[4] HILL, K.: Ber. Verh. sächs. Akad. Wiss., math. phys. Kl. **86**, 115 (1934) [Chem. Abstr. **28**, 5843].

Eine weitere Möglichkeit zur Anreicherung bietet die Tanninfällung. 1,8 g Enzym werden in 250 ml Acetatpuffer gelöst. Die Fällung wird in drei Stufen vorgenommen:

1. 25 ml 0,2%ige Tanninlösung; 2. 15 ml 2%ige Tanninlösung; 3. 10 ml 10%ige Tanninlösung.

Die Hauptaktivität findet sich in der 2. Fraktion. Bei dieser Anreicherung läuft die Aktivität der β-Galaktosidase derjenigen der α-Mannosidase parallel.

Tabelle 10. *Vorkommen von α-Mannosidase.*

Quelle	E/g Feucht-gewicht	Literatur	Quelle	E/g Feucht-gewicht	Literatur
Mensch			Ratte		
Niere	1110	1	Leber	1710	1
Rind			Niere	3770	1
Samenblasensekret	1530	2	Dünndarm	1000	1
Hoden	2700	3	Pankreas	2650	1
Nebenhoden	3800	3	Prostata	2540	1
Pferd			Nebenhoden	75390	1
Samenplasma des Nebenhodens	26400	2	Sperma des Nebenhodens	7730	1
Affe			Maus		
Samenblasensekret	1212	2	Leber	2600	1
Schwein			Milz	1510	1
Hoden	3900	3	Niere	4010	1
Nebenhoden	15000	3	Dünndarm	1110	1
Schaf			Vorhaut	1490	1
Leber	2640	1	Hoden	1690	1
Hoden	2600	3	Samenblase	2890	1
Nebenhoden	5000	3	Nebenhoden	16340	1
Kaninchen			Uterus	1700	4
Samenplasma	1320	2			

Eigenschaften. Die Eigenschaften der α-Mannosidasen aus Luzerne und Nebenhoden sind in der Tabelle 6 auf S. 1174 aufgeführt.

***Aktivitätsbestimmung der α-Mannosidase nach* CONCHIE *u. Mitarb.*[1].**

Prinzip:

Das bei der Reaktion

p-Nitrophenyl-α-mannosid → p-Nitrophenol + Mannose

freigesetzte p-Nitrophenol wird im alkalischen Bereich colorimetrisch bestimmt.

Reagentien:

1. 0,2 m Na_2HPO_4—0,1 m Citronensäurepuffer, p_H 4,6.
2. 16×10^{-3} m p-Nitrophenyl-α-mannosid.
3. 0,4 m Glycin-NaOH-Puffer, p_H 10,8.

Durchführung:

3,0 ml des Citrat-Phosphat-Puffers, 0,5 ml der p-Nitrophenyl-α-mannosid-Lösung und 0,5 ml Enzymlösung werden gemischt und die Mischung 1 Std bei 37° C inkubiert. Dann wird die Reaktion durch Zugabe von 4,0 ml des Glycin-NaOH-Puffers gestoppt. Es wird 20 min bei 1500 × g zentrifugiert und die Extinktion bei 430 mμ gemessen.

Eine Einheit setzt unter genannten Bedingungen 1 μg p-Nitrophenol frei.

[1] CONCHIE, J., J. FINDLAY and G. A. LEVVY: Biochem. J. **71**, 318 (1959).
[2] CONCHIE, J., and T. MANN: Nature **179**, 1190 (1957).
[3] CONCHIE, J., J. FINDLAY and G. A. LEVVY: Nature **183**, 615 (1959).
[4] CONCHIE, J., and J. FINDLAY: J. Endocrinol. **18**, 132 (1959).

α-Galaktosidasen.

[3.2.1.22 α-D-Galaktosido-Galaktohydrolase.]

Vorkommen. α-Galaktosidase kommt vor in Süßmandelemulsin[1–3], Kaffeebohnen[4, 5], in Samen von Coniferen[6] (im besonderen *Pinus thunbergii*[7]), Bockshornklee[8], *Plantago ovata*[9], und Luzerne[3, 10], in Gerstenmalz[11, 12], Weizenkleie[13], *Phaseolus vulgaris*[14, 15], *Vicia faba*[16], *Epidinium ecaudatum*[17], *Penicillium paxillus*[18], *Aspergillus oryzae*[11], *Aspergillus niger*[19], Bierhefe[11, 20, 21], *Saccharomyces hienipiensis*[22], *Aerobacter aerogenes*[23], *Escherichia coli B*[24], *Streptococcus bovis*[25], *Diplococcus pneumoniae*[26], *Trichomonas foetus*[27]. Schnecken[28–30], Austern[31] und Insekten[32–34]. Courtois u. Mitarb.[35] fanden α-Galaktosidase-Aktivität in Niere, Lunge, Leber, Milz, Hirn und Herz des Kaninchens und in den Nieren von Schwein, Schaf, Frischling, Reh, Kaninchen, Wildkatze, Rind und Pferd (jeweils in der Reihenfolge abnehmender Aktivität), Conchie, Findlay und Levvy in der Niere des Menschen sowie Nebenhoden und Pankreas der Ratte[36]. Gillman, Tsou und Seligman[37] bestimmten die Aktivität in 7 Organen des Menschen und in 19 Organen der Ratte (s. Tabelle 11). In Milz und Schilddrüse von weiblichen Ratten wurden höhere α-Galaktosidase-Aktivitäten als bei männlichen Tieren gefunden. Angaben über pH-Optima sind in der Tabelle 12 zusammengestellt.

***Darstellung von Süßmandel-Melibiase nach* Zechmeister *u. Mitarb.*[2].**

Das Verfahren beruht auf der selektiven Elution von Melibiase nach Adsorption an Bauxit. Käuflicher (ungarischer) Bauxit (18 g) wird mit 30% seines Gewichtes an

1 Neuberg, C.: B. Z. **3**, 519 (1907).
2 Zechmeister, L., G. Toth u. H. Balint: Enzymologia **5**, 302 (1938).
3 Hill, K.: Ber. Verh. sächs. Akad. Wiss., math.-phys. Klasse **86**, 115 (1934).
4 Helferich, B., u. F. Vorsatz: H. **237**, 254 (1935).
5 Courtois, J. E., C. Anagnostopoulos et F. Petek: Bull. Soc. Chim. biol. **35**, 731 (1953).
6 Hasegawa, M., M. Takayama u. S. Yoshida: J. jap. Forest. Soc. **35**, 156 (1953) [Chem. Abstr. **48**, 9482].
7 Hattori, S., and T. Shiroya: Arch. Biochem. **34**, 121 (1951).
8 Courtois, J. E., et F. Percheron: Bull. Soc. Chim. biol. **43**, 167 (1961).
9 Courtois, J. E., F. Petek et To Dong: Bull. Soc. Chim. biol. **45**, 95 (1963).
10 Hutson, D. H., and D. J. Manners: Biochem. J. **93**, 545 (1964).
11 Weidenhagen, R., u. A. Renner: Z. Ver. dtsch. Zuckerindust. **86**, 22 (1936) [Chem. Abstr. **30**, 3839].
12 Helferich, B., S. Demant, J. Goerdeler u. R. Bosse: H. **283**, 179 (1948).
13 Wohnlich, J.: Bull. Soc. Chim. biol. **45**, 1171 (1963).
14 Lechevallier, D.: Cr. **250**, 2825 (1960) [Chem. Abstr. **54**, 18689].
15 Cooper, R. A., and R. N. Greenshields: Biochem. J. **81**, 6P (1961).
16 Bourne, E. J., J. B. Pridham, and M. W. Walter: Biochem. J. **82**, 44P (1962).
17 Bailey, R. W., and B. H. Howard: Biochem. J. **87**, 146 (1963).
18 Courtois, J. E., C. Carrere et F. Petek: Bull. Soc. Chim. biol. **41**, 1251 (1959).
19 Hofmann, E.: B. Z. **273**, 198 (1934).
20 Fischer, E., u. P. Lindner: B. **28**, 3034 (1895).
21 Rosa, M., and J. Barta: Indust. aliment. agric. **12**, 889 (1957) [Chem. Abstr. **52**, 8453].
22 Santa Maria, J.: J. gen. Microbiol. **28**, 375 (1962).
23 Hogness, D. S., and E. H. Battley: Fed. Proc. **16**, 197 (1957).
24 Sheinin, R., and B. F. Crocker: Canad. J. Biochem. Physiol. **39**, 55, 63 (1961).
25 Bailey, R. W.: Biochem. J. **86**, 509 (1963).
26 Li, Y.-T., S.-C. C. Li and M. R. Shetlar: Arch. Biochem. **103**, 436 (1963).
27 Watkins, W. M.: Nature **181**, 117 (1958).
28 Bierry, H.: B. Z. **44**, 446 (1912).
29 Nagaoka, T.: Tôhoku J. exp. Med. **51**, 137 (1949) [Chem. Abstr. **46**, 1600].
30 Conchie, J., G. A. Levvy and C. A. Marsh: Biochem. J. **62**, 24P (1956).
31 Courtois, J. E., F. Petek et To Dong: Bull. Soc. Chim. biol. **44**, 11 (1962).
32 Koike, H.: Zool. Mag., Tokyo **63**, 228 (1954) [Chem. Abstr. **49**, 7759].
33 Webber, L. G.: Austral. J. Zool. **5**, 164 (1957) [Chem. Abstr. **51**, 13242].
34 Courtois, J. E., C. Chararas et M. M. Debris: Bull. Soc. Chim. biol. **43**, 1173 (1961).
35 Debris, M. M., J. E. Courtois et F. Petek: Bull. Soc. Chim. biol. **44**, 291 (1962).
36 Conchie, J., J. Findlay and G. A. Levvy: Biochem. J. **71**, 318 (1959).
37 Gillman, S. M., K.-C. Tsou and A. M. Seligman: Arch. Biochem. **98**, 229 (1962).

gesiebtem Sand gemischt und in ein Chromatographierohr (2×10 cm) bis zu einer Höhe von 5 cm gefüllt. Die Säule wird dann mit 10 ml 0,1 m Acetat-Puffer (p_H 4,7) gewaschen. Der Puffer wird unter leichtem Vakuum durchgesaugt, bis die Oberfläche der Säule gerade noch bedeckt ist. 1 g Emulsin (Merck) wird in 5 ml Puffer gelöst, filtriert und das Filtrat mit Wasser auf 25 ml aufgefüllt. 10 ml dieser Lösung werden auf die Säule gegeben. Man legt nun Vakuum an, bis 9—10 ml dieses enzymfreien Filtrates durchgelaufen sind und die Säule noch mit Lösungsmittel bedeckt ist. Die restlichen 15 ml werden nun ebenfalls durchgesaugt, bis man 14—15 ml erhalten hat. Die Lösung enthält Melibiase und Chitinase. 97% der ursprünglichen β-Glucosidaseaktivität werden auf der Säule zurückgehalten, wogegen 70% der α-Galaktosidaseaktivität im Filtrat wiedererhalten werden.

28 ml des Filtrates werden weiter chromatographiert auf einer Säule, die mit 10 g Adsorbens bis zu einer Höhe von 3,5 cm gefüllt ist. Die Säule wird zuerst mit 5 ml Acetat-Puffer angefeuchtet, dann wird das Filtrat durchgesaugt. Das herausgestoßene und pulverisierte Adsorbens wird mit 13 ml 0,1 n Ammoniak-Lösung extrahiert, mit 13 ml Wasser verdünnt, zentrifugiert, dekantiert und dann zweimal mit 25 ml Wasser gewaschen. Die vereinigten Lösungen (75 ml) werden zentrifugiert, um die restlichen Spuren des Adsorbens zu entfernen. Die α-Galaktosidase erhält man so in 78%iger Ausbeute frei von Chitinase.

Tabelle 11. *Vorkommen von α-Galaktosidase*[1].

Organ	Aktivität*	
	Ratte	Mensch
Nebenniere . . .	0,08—0,10	0,017
Hypophyse . . .	0,05—0,06	
Schilddrüse . . .	0,10—0,18	0,003—0,014
Nebenschilddrüse		0,005
Eierstock . . .	0,09—0,10	0,002
Niere	0,08—0,11	0,012
Milz	0,06—0,10	0,004—0,005
Lymphknoten . .	0,02—0,04	0,000
Speicheldrüse . .	0,02—0,03	
Leber	0,02	
Magen	0,03	
Dünndarm . . .	0,03—0,04	
Dickdarm . . .	0,04—0,05	
Lunge	0,03	

* μMol β-Naphthol, freigesetzt in 1 Std bei p_H 4,3 und 37° C. 5 mg Organ/ml wurden homogenisiert und zentrifugiert. Inkubation des Substrates mit dem Überstand (0,6 ml).

Tabelle 12. *p_H-Optima von α-Galaktosidasen.*

Enzym aus	pH-Optimum	Substrat	Literatur
Ratte, Niere	4,0—4,5	2-Naphthyl-α-D-galaktosid	1
Kaninchen, Niere . .	5,2	Phenyl-α-D-galaktosid	2
Auster	6,5	Phenyl-α-D-galaktosid	3
Kaffee	5,3; 6,0	Phenyl-α-D-galaktosid	4
Weizenkleie	3,5; 5,5—6,0	Phenyl-α-D-galaktosid	5
Luzernekeimlinge . .	5,0	Melibiose	6
Bierhefe	3,5—5,3	Melibiose	7
Streptococcus bovis .	6,0	Melibiose	8

Darstellung von α-Galaktosidase aus Kaffee nach HELFERICH ***und*** VORSATZ[9], ***modifiziert von*** ARNAUD[10].

500 g grüner Kaffee werden pulverisiert und das erhaltene Pulver 2 Std mit der fünffachen Menge einer Mischung von Aceton und Wasser (3:1) gerührt. Das Pulver wird dann auf einer Nutsche mit der Aceton-Wasser-Mischung bis zur vollständigen

[1] GILLMAN, S. M., K.-C. TSOU and A. M. SELIGMAN: Arch. Biochem. **98**, 229 (1962).
[2] DEBRIS, M. M., J. E. COURTOIS et F. PETEK: Bull. Soc. Chim. biol. **44**, 291 (1962).
[3] COURTOIS, J. E., F. PETEK et TO DONG: Bull. Soc. Chim. biol. **44**, 11 (1962).
[4] PETEK, F., et TO DONG: Enzymologia **23**, 133 (1961).
[5] WOHNLICH, J.: Bull. Soc. Chim. biol. **45**, 1171 (1963).
[6] HUTSON, D. H., and D. J. MANNERS: Biochem. J. **93**, 545 (1964).
[7] HOFMANN, E.: B. Z. **273**, 198 (1934).
[8] BAILEY, R. W.: Biochem. J. **86**, 509 (1963).
[9] HELFERICH, B., u. E. VORSATZ: H. **237**, 254 (1935).
[10] ARNAUD, M.: Diss. Paris 1958.

Entfernung von Tannin gewaschen (keine Farbreaktion der Lösung mit $FeCl_3$). Dann bleibt das Pulver bei Zimmertemperatur stehen, bis das Aceton verdampft ist.

Das so vom Tannin befreite Produkt wird darauf in einem Turmix-Apparat weiter pulverisiert, dann mit der dreifachen Gewichtsmenge toluolgesättigten Wassers vermischt. Die Mischung bleibt 24 Std bei 20° C, dann noch 24 Std bei 4° C stehen und wird häufig umgeschüttelt. Darauf werden die unlöslichen Bestandteile durch Filtration durch Gaze entfernt und die trübe Lösung zentrifugiert. Der Überstand wird mit 15 % seines Volumens einer 2 %igen Tanninlösung versetzt. Es bildet sich ein weißer Niederschlag, der abzentrifugiert und in reinem, auf —20° C vorgekühltem Aceton suspendiert wird. Die Mischung wird dann durch eine Nutsche filtriert und mit kaltem Aceton gewaschen, bis im Filtrat kein Tannin mehr nachzuweisen ist. Der Niederschlag wird im Vakuum getrocknet und pulverisiert.

Dieses Präparat ist in Wasser wenig löslich. Die Extraktion wird auf folgende Weise vorgenommen:

Das Pulver wird in bidestilliertem Wasser suspendiert (0,2 %). Die Suspension wird 1 Std gerührt, dann zentrifugiert (2 min bei 5000 U/min). Die überstehende, leicht opalescierende Flüssigkeit wird 48 Std gegen destilliertes Wasser dialysiert (bei 3—4° C).

Im Dialysierschlauch bildet sich ein ziemlich voluminöser Proteinniederschlag, der abzentrifugiert wird. Die überstehende Lösung enthält die gesamte Aktivität der Lösung vor der Dialyse. Sie wird bei —20° C aufbewahrt.

Eigenschaften. Die Eigenschaften der α-Galaktosidasen wurden vor allem von Courtois und seinen Mitarbeitern untersucht (s. Zusammenstellung[1] und die Literaturzitate der Tabellen 6 und 12).

Aktivitätsbestimmung. Als Testsubstrat der α-Galaktosidase (Melibiase) wird vor allem Melibiose verwendet. Es kann die entstandene Glucose oder Galaktose nach einer der schon beschriebenen Methoden bestimmt werden. Andere Vorschriften verwenden als Substrate Phenyl-α-D-galaktopyranosid oder 2-Naphthyl-α-D-galaktopyranosid (s. S. 1164). Eine weitere Möglichkeit ist die Verwendung eines hexoseselektiven Kupferreagens[2, 3] (Colowick-Kaplan, Meth. Enzymol., Bd. I, S. 249). Diese Methode sei hier beschrieben:

***Bestimmung der α-Galaktosidase-Aktivität nach* Tauber *und* Kleiner[2] *sowie* Gray *und* Rothchild[3].**

Reagentien:

1. Kupfer-Reagens: 24 g Kupferacetat werden in 450 ml kochendem Wasser gelöst. Falls Niederschlag auftritt, wird er nicht abfiltriert. Man gibt sofort 25 ml einer 8,5 %igen Milchsäure hinzu, schüttelt, kühlt ab und verdünnt auf 500 ml. Sich nun absetzende Verunreinigungen werden abfiltriert. (Eine modifizierte Form des Kupfer-Reagens, bei dem die Anionenstörung wenigstens zum Teil ausgeschaltet ist, wird von Caputto u. Mitarb.[4] beschrieben.)
2. Phosphormolybdat-Reagens: 150 g reiner Molybdänsäure (frei von Ammonium) gibt man in einen Erlenmeyer-Kolben und fügt 75 g reines Na_2CO_3 (wasserfrei) hinzu. Unter Kühlen werden nun in kleinen Portionen 500 ml Wasser hinzugegeben, darauf wird die Mischung bis zum Kochen erhitzt, bis die Molybdänsäure gelöst ist. Nach Filtrieren werden 300 ml 85 %ige Phosphorsäure zugesetzt. Die Lösung wird abgekühlt und auf 1 l verdünnt.
3. Zn-Reagens: 5 %ige Lösung von $ZnSO_4 \cdot 7H_2O$ in Wasser.
4. Ba-Reagens: Etwa 0,3 n Lösung von $Ba(OH)_2$. Die Konzentration dieses Reagens soll so liegen, daß die Mischung von 1,0 ml Zn-Reagens, 1,0 ml Ba-Reagens

[1] Wallenfels, K., u. O. P. Malhotra: Adv. Carbohydrate Chem. **16**, 290 (1961).
[2] Tauber, H., and I. S. Kleiner: J. biol. Ch. **99**, 249 (1932).
[3] Gray, P. P., and H. Rothchild: Indust. engng. Chem., analyt. Ed. **13**, 902 (1941).
[4] Caputto, R., L. F. Leloir and R. E. Trucco: Enzymologia **12**, 350 (1946/1948).

und 1,0 ml der Lösung von Enzymen und Substrat in 10 ml Wasser ein neutrales Filtrat ergibt.

5. Melibiose-Lösung: 0,05 m.
6. Puffer, p_H 4,5: 114 ml 0,1 m Essigsäure + 86 ml einer 0,1 m Na-acetat-Lösung.
7. Enzym.

Ausführung:

Die Meßlösung enthält in 10 ml Endvolumen bei 30° C 2,0 ml Substratlösung, 2,0 ml Puffer, 2,0 ml Enzymlösung in geeigneter Verdünnung. Zur Zeit 0 und darauf in bestimmten Abständen werden Proben von 1,0 ml abgenommen und durch Zugabe von je 1,0 ml des Zn- und des Ba-Reagens enteiweißt. Die Suspensionen werden mit Wasser auf 10 ml aufgefüllt und filtriert. Die reduzierende Hexose wird in Proben gemessen, die nicht mehr als 1 mg Melibiose enthalten. 2,0 ml dieses Filtrates werden in einem Reagensglas mit 2,0 ml Kupferreagens 8 min in einem kochenden Wasserbad erhitzt und dann auf Zimmertemperatur abgekühlt. 2,0 ml Phosphormolybdat-Reagens werden unter Umschütteln zugegeben und die Mischung mit Wasser auf 100 ml aufgefüllt. Die blaue Farbe wird sofort gemessen (Klett-Colorimeter Filter 66; Eppendorf 578 mμ). Die Extinktion ist dem Hexosegehalt von 0,1—1,0 mg Hexose proportional. Mit einer Reihe von Mischungen von Hexose und Disaccharid wird eine Eichkurve aufgestellt. Diese Methode kann für die Bestimmung von Melibiase sowohl in Pflanzen als auch in Hefe angewandt werden.

α-L-Fucosidase.

Ein Enzym, das p-Nitrophenyl-α-L-fucosid spaltet, fand LEVVY in der Leber und im Nebenhoden der Ratte[1].

α-Glucuronidase.

Spaltung von Phenyl-α-glucuronid beobachteten CONCHIE et al. in Homogenaten von *Patella vulgata*[2].

α-Galakturonidase.

Auch Methyl-α-galakturonid wurde durch Homogenate von *Patella vulgata* gespalten[2]. Nach Untersuchung der Aktivität und Stabilität in Abhängigkeit vom p_H, der Hitzestabilität und Hemmbarkeit ist dieses Enzym mit der α-Glucuronidase identisch[3].

B. β-Glykosidasen.

β-Glucosidasen.

[3.2.1.21 β-D-Glucosid-Glucohydrolase.]

Vorkommen. Die Tabelle 13 über Aktivitäten von β-Glucosidasen ist den Arbeiten von ROBINSON[4] sowie COHEN u. Mitarb.[5] entnommen. Die Aktivitätsbestimmungen wurden bei 37° C durchgeführt.

Weitere Angaben über Vorkommen in Pflanzen und Mikroorganismen sind bei BAUMANN und PIGMAN[6] sowie bei GOTTSCHALK[7] zu finden. Neuere Arbeiten behandeln Vorkommen und Eigenschaften von β-Glucosidasen und Cellobiasen in *Myrothecium verrucaria*[8],

[1] LEVVY, G. A.: Nature **186**, 472 (1960).
[2] CONCHIE, J., G. A. LEVVY and C. A. MARSH: Biochem. J. **62**, 24P (1956).
[3] MARSH, C. A., and G. A. LEVVY: Biochem. J. **68**, 610 (1958).
[4] ROBINSON, D.: Biochem. J. **63**, 39 (1956).
[5] COHEN, R. B., S. H. RUTENBURG, K.-C. TSOU, M. A. WOODBURY and A. M. SELIGMAN: J. biol. Ch. **195**, 607 (1952).
[6] BAUMANN, H., and W. PIGMAN; in: PIGMAN, W. (Hrsgb.): The Carbohydrates. S. 587. New York 1957.
[7] GOTTSCHALK, A.: Handb. Pfl.-Physiol. (RUHLAND) Bd. VI, S. 107.
[8] HASH, J. H., and K. W. KING: J. biol. Ch. **232**, 381, 395 (1958).

Tabelle 13. *Vorkommen von β-Glucosidasen.*

Species und Organ	Aktivitäten: μg freigesetztes 4-Methyl-umbelliferon (Mittelwerte)/Std/g Frischgewicht	Aktivitäten: μg freigesetztes 2-Naphthol/Std/g Frischgewicht
Mensch		
Pankreas		0—4
Magen		0—2
Dünndarm		0—2
Niere		2—10
Hoden		0—4
Gehirn		0—3
Milz		0—2
Hund		
Leber		0—5
Pankreas		0—1,5
Magen		0—2
Dünndarm		0—1,6
Dickdarm		0—3
Speicheldrüse		0,6—1,5
Niere		0,6—4
Uterus		0—2
Eierstöcke		0—2
Hoden		1
Nebenniere		0—2
Schilddrüse		2—4
Gehirn		1
Milz		0—2
Frettchen		
Leber	249	
Niere	256	
Milz	179	
Duodenum	438	
Kaninchen		
Leber	68400	
Niere	20000	
Milz	562	
Duodenum	105000	
Herz	1105	
Meerschweinchen		
Leber	1710	5—11
Niere	401	1
Milz	391	0—4
Duodenum	13400	
Herz	279	0
Pankreas		38
Magen		0—5
Dünndarm		0—8
Dickdarm		2—6
Uterus		0—2
Eierstock		0—2
Nebenniere		0—1,5
Schilddrüse		0—0,7
Gehirn		0—0,4
Ratte		
Leber	442	1—3
Niere	3710	4—8
Ratte		
Milz	500	3—5
Duodenum	998	
Herz	161	0,8—1,6
Pankreas		0,2—1,5
Magen		4
Dünndarm		4—6
Dickdarm		5
Speicheldrüse		0,6—2,5
Lunge		1—3
Uterus		1—3
Eierstock		0,7
Hoden		1—4
Nebenniere		1,5—3
Schilddrüse		8—10
Gehirn		2—4
Maus		
Leber	586	1—5
Niere	312	0,6—2,5
Milz	699	0,5—2,5
Duodenum	721	
Herz	233	0—1
Pankreas		0—2
Magen		1—3
Dünndarm		3—6
Dickdarm		2—5
Speicheldrüse		0—1
Lunge		0—1
Uterus		0—2,5
Eierstock		0—1
Nebenniere		0—1
Gehirn		0—4
Locusta migratoria		
Kropfflüssigkeit*	371000	
vorderer Darm	1610	
mittlerer Darm	6030	
hinterer Darm	10900	
Periplaneta americana		
vorderer Darm	160000	
mittlerer Darm	171000	
hinterer Darm	104000	
Tenebrio		
ganze Larve	35800	
Notonecta		
ganzes Insekt	732	
Aphis fabae		
ganzes Insekt	1660	
Kressen-Sämlinge	933	
Emulsin**	36000	
Takadiastase**	64000	
β-Glucuronidase**	180000	

* Auf 1 ml Flüssigkeit berechnet. ** Präparate der Fa. Light & Co., Colnbrook, Bucks.

Poria vaillantii[1], *Irpex lacteus*[2], *Cladophora rupestris*[3], *Ulva lactuca*[3], einem Hefehybrid *Saccharomyces dobzhanskii* × *Saccharomyces fragilis*[4], *Neurospora crassa*[5], *Stachybotrys atra*[6], Muscheln *(Mytilus edulis)*[7] sowie Samen des Sagobaumes[8]. Einige der genannten Enzyme, auch das aus *Aspergillus niger*[9] wurden erheblich angereichert.

In fast allen bisher bekannten Heterosiden aus Pflanzen ist der Zuckerrest β-glykosidisch verknüpft, und die Freisetzung der Aglykone kann in den meisten Fällen mit einem Präparat von Mandelemulsin erreicht werden[10]. In vielen Pflanzen, die Herzglykoside enthalten, finden sich auch Enzyme (so die Strophanthobiase, Digipurpidase, Digilanidase, Periplocibiase, Thevetinase, Scillarenase[11]), die die Zuckerkomponente abspalten, doch ist über deren Spezifität wenig bekannt. Die Hydrolyse von Flavonoidglykosiden durch Enzyme aus Pflanzen wurde von SUZUKI untersucht[12].

Darstellung von β-Glucosidase aus Mandeln nach* HELFERICH *u. Mitarb.[13, 14], beschrieben bei VEIBEL[15].

1. „*Rohferment*". 1 kg feingepulverter Preßkuchen von süßen Mandeln wird in einer Lösung von 50 g Zinksulfat (käufliches $ZnSO_4 \cdot 7\,H_2O$) in 4,5 l Wasser dispergiert und 4—5 Std bei 0° C stehengelassen. Die kalte Lösung wird durch ein Tuch filtriert und ausgepreßt. Dem Filtrat wird vorsichtig eine Tanninlösung (1,5 g in 500 ml Wasser) zugesetzt. Der Niederschlag wird durch Zentrifugieren entfernt. Dann werden 15 g Tannin in 500 ml Wasser langsam zugegeben. Es wird zentrifugiert, der Überstand verworfen und der Niederschlag durch Dispergieren in Aceton und Zentrifugieren vom Tannin befreit und im Exsiccator über H_2SO_4 getrocknet. Das „Rohferment" hat einen β-Glucosidase-Wert* von 1,25.

2. *Silberacetatfällung*. „Rohferment" (2 g) wird in kaltem Wasser (200 ml) gelöst und Silberacetatlösung (8,0 ml; 0,02 n) unter Rühren zugesetzt. Sofort danach werden tropfenweise 15,5 ml einer 0,01 n Natronlauge zugegeben. Der Niederschlag, der praktisch keine β-Glucosidase-Aktivität besitzt, wird abzentrifugiert und verworfen. Wie zuvor werden dann 14 ml 0,02 n Silberacetat- und 27,5 ml 0,01 n Natriumhydroxydlösung zugegeben. Der Niederschlag wird schnell abzentrifugiert, dessen Oberfläche mit eiskaltem Wasser gewaschen und in 50 ml eiskalter 0,00125 n Ammoniaklösung, die in 2 ml-Portionen unter starkem Rühren zugesetzt wird, aufgelöst. Ein unlöslicher Niederschlag wird nach 2—3 min entfernt, die etwas trübe, eiskalte Lösung mit 3,3 ml 0,02 n Silberacetatlösung tropfenweise versetzt. Der Niederschlag enthält den Hauptanteil der β-Glucosidaseaktivität mit einem β-Glucosidasewert* von 10—12; er wird durch Zentrifugieren gesammelt und in 30 ml Wasser suspendiert.

Man erhält nach HELFERICH u. Mitarb.[13] 40—50% der Aktivität des Rohenzymes, wenn bei niedrigen Temperaturen gearbeitet wird und alle Schritte schnell durchgeführt

* Siehe Aktivitätsbestimmung.

[1] SISON jr., B. C., and W. J. SCHUBERT: Arch. Biochem. **78**, 563 (1958).
[2] NISIZAWA, K., and Y. HASHIMOTO: Arch. Biochem. **81**, 211 (1959).
[3] DUNCAN, W. A. M., D. J. MANNERS and J. L. THOMPSON: Biochem. J. **73**, 295 (1959).
[4] HU, A. S. L., R. EPSTEIN, H. O. HALVORSON and R. M. BOCK: Arch. Biochem. **91**, 210 (1960).
[5] MAHADEVAN, P. R., and B. M. EBERHART: Arch. Biochem. **108**, 22, 30 (1964).
[6] JERMYN, M. A.: Austral. J. biol. Sci. **8**, 541 (1955); **11**, 114 (1958); **12**, 213 (1959).
[7] VEIBEL, S., K. A. JENSEN u. E. KLAJN: B. Z. **337**, 146 (1963).
[8] KOBAYASHI, A.: Bull. agric. chem. Soc. Jap. **26**, 203 (1962).
[9] MIWA, T.: J. Biochem. **37**, 301 (1950).
[10] STOLL, A., u. E. JUCKER: Enzykl. techn. Chem. (ULLMANN) Bd. VIII, S. 215.
[11] Zit. nach LETTRÉ-INHOFFEN-TSCHESCHE: Über Sterine, Gallensäuren und verwandte Naturstoffe. Bd. I, S. 174—232. Stuttgart 1954.
[12] SUZUKI, H.: Arch. Biochem. **99**, 476 (1962).
[13] HELFERICH, B., S. WINKLER, R. GOOTZ, O. PETERS u. E. GÜNTHER: H. **208**, 91 (1932).
[14] HELFERICH, B., u. S. WINKLER: H. **209**, 269 (1932).
[15] VEIBEL, S.; in: Sumner-Myrbäck, Enzymes, Bd. I/1, S. 585.

werden; aber NATH und RYDON gelang es nicht, mit dieser Methode eine gleiche Ausbeute zu bekommen[1].

In einer neuen Arbeit haben HELFERICH und KLEINSCHMIDT[2] die Darstellung eines Enzympräparates mit einem β-Glucosidasewert* von 33,2 und einer Gesamtausbeute von 29,6% beschrieben. Durch Chromatographie an DEAE-Sephadex A-50 wurde ein β-Glucosidasewert von 39,8 erreicht[3].

Darstellung von β-Glucosidase aus Hefe nach DUERKSEN *und* HALVORSON[4].

1. Die Hefe** wird aerob in Ein-Liter-Erlenmeyer-Kolben, die 200 ml synthetisches Phosphat-Succinat-Medium[5] und 0,01 m Methyl-β-D-glucosid als Induktor enthalten, kultiviert. Nach Zugabe von 5% Inoculum werden die Kolben aerob bei 30° C 16—20 Std geschüttelt. Die Zellen werden geerntet, gewaschen, in einem möglichst kleinen Volumen Wasser aufgenommen und lyophilisiert. Das Pulver wird bei —20° C bis zum Gebrauch aufbewahrt.

2. *Ultraschallbehandlung.* Trockenpulver (4 g) wird in 80 ml Wasser suspendiert und zentrifugiert. Der Bodensatz wird wieder in 80 ml wäßriger Lösung von Mercaptoäthanol (10^{-4} m) suspendiert. Durch kräftige Ultraschallbehandlung dieser Lösung bei 1° C (1 Std, unter Stickstoff) werden etwa 95% der Enzymaktivität von den Zellen abgelöst. Die Behandlung wurde in einem „Raytheon 10 kc sonic oscillator" mit 20 g „Superbrite"-Glaskugeln durchgeführt. Die so erhaltene Suspension (85 ml) wird 1 Std bei 30000 × g zentrifugiert. Der Überstand wird wiederum bei 2° C und 81000 × g 1 Std zentrifugiert. Der Niederschlag wird verworfen, der Überstand 6 Std bei 144000 × g zentrifugiert. Der Niederschlag enthält jetzt fast alle Aktivität. Er wird mit 15 ml 0,02 m K-phosphatpuffer, p_H 6,8, in Lösung gebracht.

Tabelle 14. *Reinigung der β-Glucosidase aus Hefe.*

Schritt	Gesamtvolumen ml	Aktivität E/ml*	Protein mg/ml	Spezifische Aktivität E/mg Protein
2	15	13000	2,00	6500
3	7,7	24800	1,69	14700
4	4,5	22600	0,226	100000
5	4,0	18000	0,149	121000

* Eine Einheit entspricht einer Änderung der optischen Dichte von 0,001 bei 400 mμ in 1 min.

3. *Calciumphosphat-Adsorption.* Die im vorhergehenden Schritt erhaltene Lösung wird mit verdünnter HCl auf p_H 5,6 eingestellt. Es wird 1 ml $Ca_3(PO_4)_2$-Gel (60 mg/ml) zugesetzt; das ergibt ein Gel-Protein-Verhältnis von 3:1. Nachdem man die Suspension 3—5 min absetzen ließ, wird zentrifugiert. Der Niederschlag wird danach mit 0,067 m K-phosphatpuffer, p_H 6,8, eluiert. Man erhält 7,7 ml Lösung.

4. *Säulenchromatographie.* Diese Lösung wird durch Dialyse gegen 20%ige wäßrige Lösung von Polyvinylpyrrolidon auf 2 ml konzentriert und danach 24 Std gegen Tris-Magnesiumacetatpuffer, p_H 7,5, dialysiert (der Puffer ist 0,01 m an Tris und 0,005 m an Magnesiumacetat). Eine Chromatographiesäule von 25 cm Länge und 1 cm innerem Durchmesser wird mit DEAE-Cellulose nach SOBER et al.[6] gefüllt und die dialysierte Lösung aufgebracht. Mit einer Lösung von steigendem NaCl-Gehalt (1,5 m NaCl-Lösung wird mit dem oben genannten Tris-Magnesiumacetat-Puffer gemischt) wird eluiert, und die Fraktionen mit der höchsten spezifischen Aktivität werden vereinigt (zusammen 4,5 ml).

* Siehe Aktivitätsbestimmung.

** Später als *Rhodotorula minuta* bestimmt.

[1] NATH, R. L., and H. N. RYDON: Biochem. J. **57**, 1 (1954).

[2] HELFERICH, B., u. T. KLEINSCHMIDT: H. **324**, 211 (1961).

[3] HELFERICH, B., u. T. KLEINSCHMIDT: H. **334**, 60 (1963).

[4] DUERKSEN, J. D., and H. O. HALVORSON: J. biol. Ch. **233**, 1113 (1958).

[5] SPIEGELMAN, S., and H. O. HALVORSON: J. Bact. **68**, 265 (1954).

[6] SOBER, H. A., F. J. GUTTER, M. M. WYCKOFF and E. A. PETERSON: Am. Soc. **78**, 756 (1956).

Tabelle 15. *Eigenschaften von β-Glucosidasen und β-Acetylglucosaminidase.*

Enzym	pH-Optimum	Michaelis-Konstante	Aktivierungsenergie	Hemmung	Aktivierung	Spezifität	
						gespalten werden	nicht gespalten werden
β-Glucosidase aus Mandeln	5,0—5,5[1]	$2{,}7 \times 10^{-2}$ m (Phenyl-β-D-glucosid)[1] $6{,}2 \times 10^{-1}$ m (Methyl-β-D-glucosid)[6]	12 bis 20 kcal/Mol[3]	4,4′-Diamino-diphenylsulfongalaktosid[8], Senfölglucoside[9]		Alkyl- und Aryl-β-D-glucopyranoside, auch wenn sie in 6-Stellung substituiert sind (s. Tabelle 17) β-D-Xyloside[2], 6-Mercaptopurin-β-D-glucopyranosid und -galaktopyranosid[10]. Zur Aglykonspezifität s. Tabelle 17	2-, 3- oder 4-Methoxylderivate von Alkyl- oder Aryl-β-D-glucosiden, R-β-D-glucofuranoside, α-D-Glucoside[2]
β-Glucosidase aus Hefe	6,4—6,8[4]	$8{,}05 \times 10^{-5}$ m (p-Nitrophenyl-β-D-glucosid)[4]	16,6 kcal/Mol[4]	Fe^{+++} $3{,}33 \times 10^{-4}$ m 52 % Hg^{++} $3{,}33 \times 10^{-4}$ m 66 % Pb^{++} $3{,}33 \times 10^{-4}$ m 20 % Zn^{++} $3{,}33 \times 10^{-4}$ m 17 % Cu^{++} $3{,}33 \times 10^{-4}$ m 60 % Co^{++} $3{,}33 \times 10^{-4}$ m 17 % PCMB 10^{-4} m 95 % Jodessigsäure 10^{-4} m 29 %[4]	Reaktivierung durch Cystein nach Schwermetallhemmung	Alkyl- und Aryl-β-D-glucoside. Zur Aglykonspezifität s. Tabelle 18	p-Nitrophenyl-α-D-glucosid, o-Nitrophenyl-β-D-galaktosid u. a.[4]
β-N-Acetylglucosaminidase aus Rattenniere	4,3 (in 0,05 m Citratpuffer)[5]	$1{,}78 \times 10^{-3}$ m (Phenyl-N-acetyl-β-glucosaminid)		Acetat, Acetamid, N-Acetylglucosamin[5], 2-Acetamido-2-desoxygluconolacton[7]		Phenyl-β-N-acetylglucosaminid und -galaktosaminid, p-Nitrophenyl-β-N-acetylglucosaminid und -galaktosaminid[7]	

[1] Nath, R. L., and H. N. Rydon: Biochem. J. **57**, 1 (1954). — [2] Baumann, H., and W. Pigman; in: Pigman, W. (Hrsgb.): The Carbohydrates. S. 579 bis 587. New York 1957. — [3] Veibel, S., u. E. Frederiksen: Kgl. danske Vid. Selsk. mat.-fysiske Medd. **19**, No. 1 (1941). — [4] Duerksen, J. D., and H. Halvorson: J. biol. Ch. **233**, 1113 (1958). — [5] Pugh, D., D. H. Leaback and P. G. Walker: Biochem. J. **65**, 464 (1957). — [6] Veibel, S., u. H. Lillelund: H. **253**, 55 (1938). — [7] Walker, P. G., J. W. Woollen and R. Heyworth: Biochem. J. **79**, 288 (1961). — [8] Helferich, B., u. T. Kleinschmidt: H. **324**, 211 (1961). — [9] Gaines, R. D., and K. J. Goering: Arch. Biochem. **96**, 13 (1962). — [10] Goodman, I., J. R. Fouts, E. Bresnick, R. Menegas and G. H. Hitchings: Science, N.Y. **130**, 450 (1959).

5. *Zonenelektrophorese.* Die Lösung wird durch Dialyse gegen Polyvinylpyrrolidon wiederum auf 2 ml konzentriert, danach 24 Std gegen 0,02 m K-pyrophosphatpuffer, p_H 8,4, der 10^{-4} m an Mercaptoäthanol ist, dialysiert. Die Lösung wird der Zonenelektrophorese in Stärke unterworfen (nach [2]). Das Enzym wird gewöhnlich 18—20 cm vom Startpunkt gefunden. Dieser Teil wird ausgeschnitten und mit je 5 ml 1 m K-phosphat puffer, p_H 6,8, dreimal eluiert. Das Eluat wird durch Dialyse gegen Polyvinylpyrrolidon eingeengt und schließlich 24 Std gegen den unter 4 genannten Tris-Magnesiumacetatpuffer dialysiert. Man erhält 4,0 ml Lösung.

Reinigung und *Ausbeuten* sind in Tabelle 14 zusammengefaßt.

Tabelle 16. p_H-*Optima einiger β-Glucosidasen* (nach ROBINSON[1]).

Quelle	pH-Optimum in 0,2 m Acetat- oder 0,125 m Succinatpuffer
Heuschrecke	
Kropfflüssigkeit	5,1—5,4
Darm	5,4
Schabe	
Darm	5,4
Ratte	
Niere	5,2—5,7
Meerschweinchen	
Leber	5,15—5,4
Duodenum . . .	5,4
Kaninchen	
Leber	5,2
Takadiastase * . .	4,5—4,8
β-Glucuronidase *	4,5—4,7

* Präparate der Fa. Light & Co., Colnbrook, Bucks.

Eigenschaften. Einige Eigenschaften der β-Glucosidasen sind in den Tabellen 15—18 beschrieben (s. die Zusammenstellung[3]).

Zur Frage, ob die β-Glucosidasen aus Süßmandelemulsin und Schweinedarm auch β-Galaktoside hydrolysieren oder ob diese Aktivitäten durch besondere Enzyme bewirkt werden, s.[4-9].

Aktivitätsbestimmung. Zur Aktivitätsbestimmung sind alle im allgemeinen Teil genannten Bestimmungsmethoden für Glucose geeignet (s. auch α-Glucosidasen).

Tabelle 17. *Aglykonspezifität der β-Glucosidase aus Mandeln* (nach BAUMANN und PIGMAN[10]).

Aglykon	Wertigkeit *	Aglykon	Wertigkeit *
CH_3—	0,036	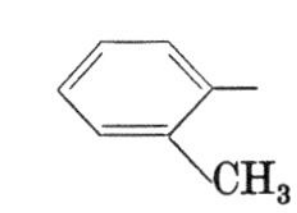	4,3
CH_3—$(CH_2)_5$—	1,13		
C_6H_5—	0,330		
C_6H_5—$(CH_2)_3$—	0,62		
4-Glucosido- (Cellobiose) .	0,159	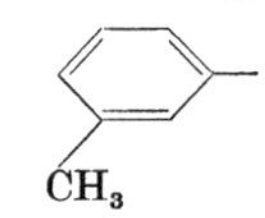	0,55
6-Glucosido- (Gentiobiose)	0,075		
4-Altrosido- (Celtrobiose) .	(0,023)		
4-Mannosido-	0,0023	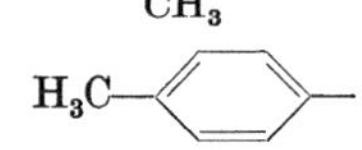	0,12
		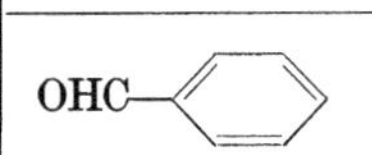	4,2
		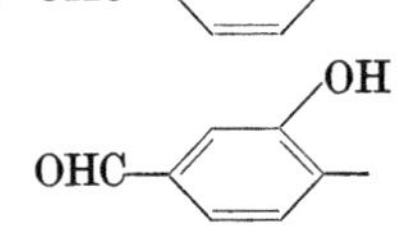	9,7
		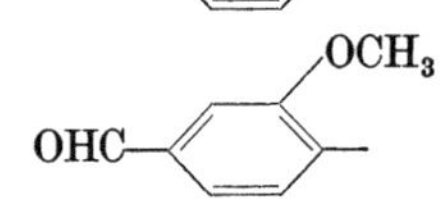	13

* Siehe Aktivitätsbestimmung S. 1189.

[1] ROBINSON, D.: Biochem. J. **63**, 39 (1956).
[2] HALVORSON, H., and L. ELLIAS: Biochim. biophys. Acta **30**, 28 (1958).
[3] BAUMANN, H., and W. PIGMAN; in: PIGMAN, W. (Hrsgb.): The Carbohydrates. S. 572. New York 1957.
[4] HELFERICH, B., u. K.-H. JUNG: H. **311**, 54 (1958).
[5] DAHLQVIST, A.: Biochim. biophys. Acta **50**, 55 (1961).
[6] WAGNER, G., u. P. PFLEGEL: Naturwiss. **49**, 13 (1962).
[7] HELFERICH, B., u. T. KLEINSCHMIDT: H. **324**, 211 (1961).
[8] HEYWORTH, R., and P. G. WALKER: Biochem. J. **80**, 44 P (1961); **83**, 331 (1962).
[9] HEYWORTH, R., and A. DAHLQVIST: Biochim. biophys. Acta **64**, 182 (1962).
[10] Zit. nach BAUMANN, H., and W. PIGMAN; in PIGMAN, W. (Hrsgb.): The Carbohydrates. S. 585, 586. New York 1957.

Tabelle 18. *Aglykonspezifität der β-Glucosidase aus Hefe* (nach DUERKSEN und HALVORSON[1]).

Substrat	Substituent R	Position	V_{max} [μMol/mg Protein × 10 min]
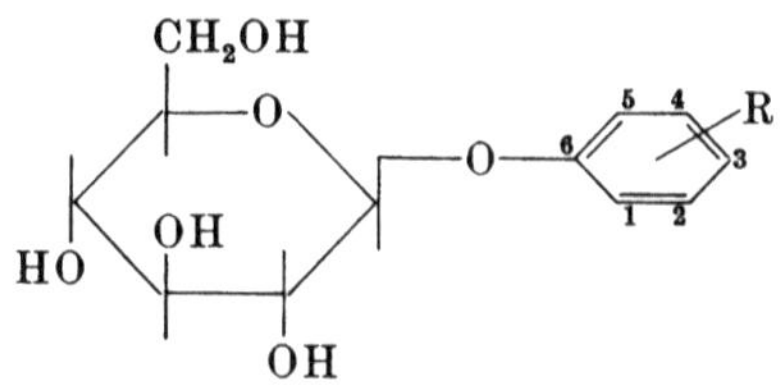	—	—	163,5
	$-CH_2-$	6	116,0
	$-CH_2OH$	5	81,8
	$-OH$	3	187,0
	$-H$	1, 2, 3, 4, 5, 6	145,0
	$-(CH_2)_2CH_3$	3	196,0
	$-NO_2$	3	126,0
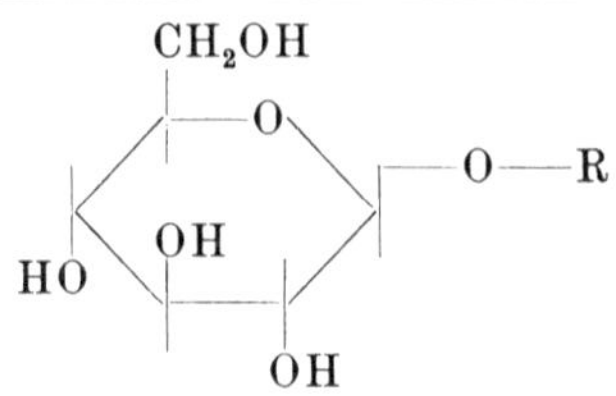	$-CH_3$		33,2
	$-CH_2CH{=}CH_2$		47,5
	$-(CH_2)_9CH_3$		217,0
	4-Glucosido-		12,1

Als Maß für die Reinheit von β-Glucosidasepräparaten wurde häufig der „β-Glucosidase-Wert" W angegeben[2–4]:

$$W = \frac{\log \frac{100}{100 - x}}{t \times g \times \log 2},$$

x = Prozent Spaltung des Substrates (0,052 m Salicin); t = Inkubationszeit in min (30° C, 0,33 m Acetatpuffer, p_H 5,0); g = Gramm Enzym in 50 ml Testansatz.

β-Thioglucosidase.

[3.2.3.1 Merosinigrin-Glucohydrolase.]

Vorkommen. Nach GMELIN und VIRTANEN[5] kommt dieses Enzym in Cruziferen, Tropäolaceen, Capparidaceen und Resedaceen vor, und zwar als eine der zwei Komponenten des Myrosinase-Systems[6,7] (auch Myrosin, Sinigrinase, Thioglykosidase genannt). Spaltung von Thioglykosiden wurde auch in Pilzen[8] *(A. sydowi, A. versicolor)*, in *E. coli* und *Tetrahymena pyriformis*[9], in Organen von Mensch, Hund, Ratte, Maus, Taube, Schwein und Kalb sowie in einer Reihe transplantierbarer Tumoren beobachtet[9].

Tabelle 19. *Vorkommen der β-Thioglucosidase*[9] *in Organen der Maus.*

	E*/g Frischgewicht
Dünndarm	5370
Milz . . .	2895
Leber . .	2100
Magen . .	1626

* Eine Einheit setzt unter den Testbedingungen 1 μg 6-Mercaptopurin frei.

***Darstellung von β-Thioglucosidase aus dem Samen von weißem Senf nach* NEUBERG *und* WAGNER[10].**

100 g weißer Senfsamen, der in einer Kaffeemühle 2—3mal durchgemahlen ist, wird mit 300 ml Wasser versetzt. Nach einstündigem Stehen bei Zimmertemperatur wird zentrifugiert. Die Lösung ist zumeist nicht klar, sondern durch Öltröpfchen getrübt. Ohne Rücksicht darauf wird mit dem gleichen Volumen 90%igem Äthanol gefällt. Die ausgeschiedene weiße flockige Masse wird abzentrifugiert, direkt im Zentrifugenbecher

[1] DUERKSEN, J. D., and H. O. HALVORSON: J. biol. Ch. **233**, 1113 (1958).
[2] HELFERICH, B., u. T. KLEINSCHMIDT: H. **324**, 211 (1961).
[3] WEIDENHAGEN, R.: Handb. Enzymol. (NORD-WEIDENHAGEN) S. 538.
[4] BAUMANN, H., and W. PIGMAN; in PIGMAN, W. (Hrsgb.): The Carbohydrates. S. 572. New York 1957.
[5] GMELIN, R., and A. I. VIRTANEN: Acta chem. scand. **13**, 1474 (1959).
[6] EULER, H. v., u. S. E. ERIKSSON: Fermentforsch. **8**, 518 (1926).
[7] GAINES, R. D., and K. J. GOERING: Biochem. biophys. Res. Comm. **2**, 207 (1960).
[8] REESE, E. T., R. C. CLAPP and M. MANDELS: Arch. Biochem. **75**, 228 (1958).
[9] GOODMAN, I., J. R. FOUTS, E. BRESNICK, R. MENEGAS and G. H. HITCHINGS: Science, N.Y. **130**, 450 (1959).
[10] NEUBERG, C., u. J. WAGNER: B. Z. **174**, 457 (1926).

mit 70%igem Alkohol aufgerührt und gewaschen. Der nach erneutem Abschleudern verbliebene Rückstand wird in 100 ml Wasser eingeweicht und nach 12 Std Aufbewahrung bei Zimmertemperatur durch Filterpapier gegossen. Ein Rohpräparat aus *Brassica juncea*[1] wurde durch Ammoniumsulfatfraktionierung weiter gereinigt[2].

Eigenschaften. Die Eigenschaften der Enzyme aus *Brassica juncea* sowie aus tierischem Gewebe sind in der Tabelle 20 aufgeführt.

Tabelle 20. *Eigenschaften von β-Thioglucosidasen.*

	pH-Optimum	Hemmung durch	Spezifität	
			gespalten werden	nicht gespalten werden
β-Thioglucosidase aus Brassica juncea[2]	6,5	Phosphat[3]	Sinigrin, Gentiobiose, Amygdalin, Phlorhizin, Salicin, p-Nitrophenyl-β-D-glucosid, Glucotropäolin, S-β-D-1-Galaktopyranosyl- und S-β-D-1-Xylopyranosyl-phenylacetothiohydroxamsäure-O-sulfat[2], 6-Purin-β-D-thioglucopyranosid und ähnliche Verbindungen[4]	α- und β-Thioglucofuranoside, α-Thioglucopyranoside, β-Äthylthioglucopyranosid, α-Methyl-D-glucosid und -D-mannosid, β-Methyl-D-xylosid, Cellobiose, Lactose, Maltose, Melibiose, Saccharose, Trehalose, polymere Kohlenhydrate
β-Thioglucosidase aus tierischem Gewebe[4]	5,8	$HgCl_2$, $CuSO_4$, NaF, Na_2SO_3, H_2O_2, 2,4-Dinitrophenol, 2,4-Dinitrothiophenol, Na_3AsO_4	6-Mercaptopurin-α-L-arabinopyranosid, -β-D-galaktopyranosid, -β-D-glucopyranosid, -β-D-mannopyranosid, -β-D-xylopyranosid sowie einige im Imidazolteil des Mercaptopurins substituierte Derivate[4], β-(L-Cysteinyl)-, γ-(L-Homocysteinyl)- und Glutathion-β-D-glucothiopyranosid[5]	6-Mercaptopurin-β-D-arabinopyranosid, -lactosid, -α-L-rhamnopyranosid

Aktivitätsbestimmung. Die Enzymaktivität kann durch Nachweis a) des freigesetzten Glykons und b) des freigesetzten Aglykons bestimmt werden.

Bestimmung der β-Thioglucosidase nach Reese *u. Mitarb.*[6].

Reagentien:

1. Sinigrinlösung (3,0 mg/ml Puffer).
2. 0,05 m Citratpuffer, p_H 6,4.

Ausführung:

0,5 ml der Sinigrinlösung werden mit 0,5 ml Enzymlösung 1 Std bei 40° C inkubiert. Nach dem Stoppen der Reaktion (5 min Erhitzen in kochendem Wasser oder Zugabe von 1 ml 20%iger Trichloressigsäure) wird Glucose nach der Dinitrosalicylsäure-Methode (s. S. 1210) oder nach einer der anderen im allgemeinen Teil beschriebenen Methoden bestimmt.

1 mg Sinigrin gibt bei vollständiger Hydrolyse 0,43 mg Glucose, 1 mg Sinalbin 0,22 mg Glucose.

[1] Sandberg, M., and O. M. Holly: J. biol. Ch. **96**, 443 (1932).
[2] Gaines, R. D., and K. J. Goering: Arch. Biochem. **96**, 13 (1962).
[3] Gaines, R. D., and K. J. Goering: Biochem. biophys. Res. Comm. **2**, 207 (1960).
[4] Goodman, I., J. R. Fouts, E. Bresnick, R. Menegas and G. H. Hitchings: Science, N.Y. **130**, 450 (1959).
[5] Goodman, I., L. Salce and R. B. Hiatt: Fed. Proc. **19**, 48 (1960).
[6] Reese, E. T., R. C. Clapp and M. Mandels: Arch. Biochem. **75**, 228 (1958).

***Bestimmung der β-Thioglucosidase nach* Goodman *u. Mitarb.*[1].**

Reagentien:

1. 6-Purin-β-D-thioglucopyranosid (MPG).
2. Acetatpuffer, p_H 5,8.
3. Trichloressigsäure.

Ausführung:

1 ml einer 1:5-Verdünnung des Gewebehomogenates (in isotonischer Kochsalzlösung) wird mit 5 mg MPG in dem Acetatpuffer bei 37° C 3 Std inkubiert (Gesamtvolumen 5 ml). Danach wird das Protein mit Trichloressigsäure gefällt und das freigesetzte 6-Mercaptopurin spektrophotometrisch bestimmt. Die Bestimmung beruht darauf, daß sich die UV-Spektren des Substrates (MPG) und des 6-Mercaptopurins charakteristisch unterscheiden (Angaben für p_H 6):

6-Purin-β-D-thioglucopyranosid $\lambda_{max} = 280$ mμ; $\varepsilon = 16{,}0 \times 10^3$; 6-Mercaptopurin $\lambda_{max} = 320$ mμ; $\varepsilon = 18{,}9 \times 10^3$.

β-N-Acetylglucosaminidase.

[3.2.1.30 β-2-Acetylamino-2-desoxy-D-glucosid-Acetylaminodesoxyglucohydrolase.]

Vorkommen. Über Vorkommen und Aktivitäten der β-N-Acetylglucosaminidase gibt Tabelle 21 Aufschluß. Weitere Angaben finden sich bei Woollen, Walker und Heyworth[5], die bei ausgedehnten Untersuchungen an tierischen Geweben, in Schnecken,

Tabelle 21. *Vorkommen von β-N-Acetylglucosaminidase.*

Quelle	Einheiten/g Feuchtgewicht		Literatur
	P*	N*	
Mensch			
Niere	22040		2
Samen	11200	19600	3
Rind			
Hoden		39000	4
Nebenhoden. . . .		182000	4
Samen	16700		3
Samenplasma . . .	15200	56700	3
Pferd			
Samenplasma des Nebenhodens . . .	138750	229500	3
Affe			
Samenblasensekret .	1458	3960	3
Schaf			
Hoden		30000	4
Nebenhoden. . . .		118000	4
Schwein			
Hoden		48000	4
Nebenhoden. . . .		2000000	4
Samenblasensekret .	105250	196000	3
Plasma des Nebenhodens	702500	1150000	3
Hund			
Samen	3250	6880	3
Kaninchen			
Samenplasma . . .	15680	36260	3
Igel			
Prostatasekret . .	6250	6840	3
Ratte			
Leber	5650	44610	2
Milz	3150		2
Niere	12400	126650	2
Darm	1850		2
Nebenniere	1600		2
Lunge	2000		2
Gehirn	2100		2
Vorhaut	1100		2
Prostata	1500		2
Hoden	3500	17590	2
Nebenhoden. . . .	42900	290920	2
Nebenhodensperma	1440		
Eierstock	3630		2
Uterus	3600		2
Vagina	1200		2
Pankreas	870	4830	2
Maus			
Leber	7310	23620	2
Niere		83640	2
Vorhaut		20800	2
Hoden		15850	2
Nebenhoden. . . .		207920	2
Eierstock		30600	2
Uterus		31620	2

* Substrate: p-Nitrophenyl-N-acetyl-β-D-glucosaminid (N); Phenyl-N-acetyl-β-D-glucosaminid (P). 1 Einheit setzt 1 μg p-Nitrophenol bzw. Phenol bei 37° C in 1 Std frei.

[1] Goodman, I., J. R. Fouts, E. Bresnick, R. Menegas and G. H. Hitchings: Science, N.Y. **130**, 450 (1959).
[2] Conchie, J., J. Findlay and G. A. Levvy: Biochem. J. **71**, 318 (1959).
[3] Conchie, J., and T. Mann: Nature **179**, 1190 (1957).
[4] Conchie, J., J. Findlay and G. A. Levvy: Nature **183**, 615 (1959).
[5] Woollen, J. W., P. G. Walker and R. Heyworth: Biochem. J. **79**, 294 (1961).

Insekten und Mikroorganismen neben der β-N-Acetylglucosaminidase immer auch β-N-Acetylgalaktosaminidase-Aktivität (bei weiter Variation des Verhältnisses beider Aktivitäten) fanden.

***Darstellung von β-N-Acetylglucosaminidase aus Rattenniere nach* PUGH *u. Mitarb.*[1].**

Frische Rattenniere wird in einem Stahlhomogenisator 1 min mit Wasser zerrieben. Das Homogenat (2%, Gewicht/Volumen) wird mit Citratpuffer (Endkonzentration 0,1 m) auf p_H 4,8 gebracht und 15 min bei 1500 × g zentrifugiert. Der Überstand wird bei 0—4° C durch Zugabe von gesättigter Ammoniumsulfatlösung fraktioniert. Die Fraktion zwischen 20 und 50% Sättigung wird in Wasser gelöst und über Nacht bei 0—4° C dialysiert. Nach Zentrifugieren wird der Überstand auf das ursprüngliche Volumen des Homogenates verdünnt; die Endkonzentration ist so für den unten beschriebenen Test geeignet. Dieses Präparat enthält etwa 70—80% der Aktivität des Homogenates. Bei 0—4° C nimmt in einer Woche die Aktivität um 10% ab.

β-N-Acetylglucosaminidase aus Nebenhoden des Schweines wurde von FINDLAY und LEVVY[2] durch Ammoniumsulfat- und Acetonfällungen 70fach angereichert.

Eigenschaften. Die Eigenschaften der beschriebenen β-N-Acetylglucosaminidase sind in Tabelle 15 auf S. 1187 aufgeführt.

Aktivitätsbestimmung[1, 3]. Die durch das Enzym katalysierte Reaktion, z. B.

Phenyl-N-acetyl-β-D-glucosaminid → Phenol + N-Acetylglucosamin

kann durch die Bestimmung des freigesetzten Phenols (a) bzw. p-Nitrophenols (b) oder des freigesetzten N-Acetylglucosamins (c) verfolgt werden (s. auch S. 1164).

***Bestimmung der β-N-Acetylglucosaminidase nach* PUGH *u. Mitarb.*[1] *sowie* FINDLAY *u. Mitarb.*[3].**

a) Durch Bestimmung des freigesetzten Phenols.

Reagentien:

1. 0,05 m Citratpuffer, p_H 4,3.
2. Na_2CO_3-Lösung 12%ig (Gew./Vol.).
3. Reagens von FOLIN-CIOCALTEU[4].

Durchführung:

In einem Reagensglas wird eine Mischung (Gesamtvolumen 1,0 ml) von Substrat (10^{-2} m Endkonzentration), Citratpuffer und 0,1 ml Enzymlösung bei 37° C 1 Std inkubiert. Die Reaktion wird durch Zugabe von 2,0 ml FOLIN-CIOCALTEU-Reagens gestoppt. Nach Zentrifugieren gibt man 2,0 ml des Überstandes zu 3,0 ml Na_2CO_3-Lösung. Es wird 20 min bei 37° C inkubiert, danach die Extinktion bei 650 mμ abgelesen. Nach Korrektur durch die Blindwerte für Enzym und Substrat wird die freigesetzte Menge Phenol nach einer mit Phenol hergestellten Eichkurve abgelesen. Die Enzymkonzentration in dem Test war immer so gering, daß nicht mehr als 5% des eingesetzten Substrates hydrolysiert wurden.

b) Durch Bestimmung des freigesetzten p-Nitrophenols.

Reagentien:

1. 0,2 m Citronensäure-NaOH-Puffer.
2. 0,01 m p-Nitrophenyl-N-acetylglucosaminid.
3. 0,4 m Glycin-NaOH-Puffer, p_H 10,5.

---

[1] PUGH, D., D. H. LEABACK and P. G. WALKER: Biochem. J. **65**, 464 (1957).
[2] FINDLAY, J., and G. A. LEVVY: Biochem. J. **77**, 170 (1960).
[3] FINDLAY, J., G. A. LEVVY and C. A. MARSH: Biochem. J. **69**, 467 (1958).
[4] Dieses Handbuch Bd. II, S. 414; Bd. III, S. 70 und 600; Bd. V, S. 418. Im Handel, z. B. E. Merck, Darmstadt, Nr. 9001.

Durchführung:

Die Inkubationsmischung (4 ml) enthält 1 ml Citronensäure-NaOH-Puffer, 2 ml p-Nitrophenyl-N-acetyl-glucosamid und 0,5 ml Enzymlösung (p_H der Gesamtlösung 4,4). Nach der Inkubation (1 Std, 38° C) gibt man 4 ml Glycin-NaOH-Puffer zu, zentrifugiert und mißt im Überstand die Extinktion bei 430 mμ.

c) Die Reaktion wird durch Zugabe von 0,1 ml 3n Na_2CO_3 gestoppt, wobei ein p_H-Wert von 10,8 erreicht wird. N-Acetylglucosamin wird nach AMINOFF u. Mitarb.[1] bestimmt.

***Bestimmung des N-Acetyl-glucosamins nach* AMINOFF *u. Mitarb.*[1].**

Reagentien:

1. 0,5n Na_2CO_3.
2. Eisessig.
3. DMAB-Reagens: 2 g p-Dimethylaminobenzaldehyd (gereinigt nach[2]), werden in 100 ml Eisessig mit 2,5% (*v/v*) 10n HCl gelöst.

Durchführung:

Zu 1 ml der neutralen Lösung, die N-Acetylglucosamin enthält, gibt man 0,1 ml 0,5n Na_2CO_3, erhitzt 4 min in einem kochenden Wasserbad, wobei, um Flüssigkeitsverluste zu vermeiden, das Reagensglas mit einer Glasampulle, die 2—3 ml Wasser enthält und dadurch als Kühler wirkt, verschlossen wird, und kühlt danach ab. Mit Eisessig wird auf etwa 7 ml aufgefüllt, dann 1 ml DMAB-Reagens zugegeben. Mit Eisessig wird auf 10 ml aufgefüllt, gründlich durchgemischt und bei 20° C im Dunkeln stehengelassen. Nach etwa $1^1/_2$ Std ist das Maximum der Extinktion erreicht, man colorimetriert bei 550 mμ.

β-Galaktosidasen.

[3.2.1.23 β-D-Galaktosid-Galaktohydrolase.]

Vorkommen. In der Tabelle 22 sind Vorkommen von β-Galaktosidasen aufgeführt. COHEN u. Mitarb.[3] haben die Aktivität der β-Galaktosidase in 19 Organen von Mensch, Hund, Maus, Meerschweinchen und Ratte bestimmt. In Milz und Schilddrüse von weiblichen Ratten wurden höhere Aktivitäten als bei männlichen Tieren gefunden[4]. Weitere Angaben über das Vorkommen von β-Galaktosidase-Aktivität finden sich bei VEIBEL[5,6] und GOTTSCHALK[7].

***Darstellung von β-Galaktosidase aus Escherichia coli ML 309 nach* WALLENFELS *u. Mitarb.*[8]*.**

1. Extraktion. 50 g Trockenbakterien werden in einer Kugelmühle zu feinem Staub gemahlen. Das Pulver wird in einer Glasflasche mit 500 g säuregewaschenem Quarzsand, 1 l 0,001 m Phosphatpuffer vom p_H 7,3 und 1,0 ml n-Octanol gemischt und im Kühlraum bei 0° C auf einer Maschine 12 Std lang intensiv geschüttelt. Die mikroskopische Kontrolle läßt in einem mit Methylenblau angefärbten Präparat nur vereinzelte Colistäbchen erkennen. Man gießt von der Hauptmenge des Sandes in den Batch-Bowl-Rotor der präparativen Ultrazentrifuge (Spinco Mod. L.) ab und zentrifugiert 70 min bei 0° C und 16000 U je Minute. Quarzsand und Zellrückstände setzen sich an der Wandung fest ab. Es lassen sich 990 ml einer klaren, gelbgefärbten Lösung abhebern (Lösung A).

---

* β-Galaktosidase aus *E. coli K 12:* KUBY, S. A., and H. A. LARDY: Am. Soc. **75**, 890 (1953); aus *E. coli ML 308:* HU, A. S. L., R. G. WOLFE and F. J. REITHEL: Arch. Biochem. **81**, 500 (1959); aus *Saccharomyces fragilis:* DAVIS, R.: J. Gen. Microbiol. **37**, 81 (1964).

[1] AMINOFF, D., W. T. J. MORGAN and W. M. WATKINS: Biochem. J. **51**, 379 (1952).
[2] ADAMS, R., and G. H. COLEMAN: Org. Syntheses **2**, 17 (1922).
[3] COHEN, R. B., K.-C. TSOU, S. H. RUTENBURG and A. M. SELIGMAN: J. biol. Ch. **195**, 239 (1952).
[4] GILLMAN, S. M., K.-C. TSOU and A. M. SELIGMAN: Arch. Biochem. **98**, 229 (1962).
[5] VEIBEL, S.: Sumner-Myrbäck, Enzymes, Vol. I/1, S. 623.
[6] VEIBEL, S.: Handb. Pfl.-Physiol. (RUHLAND) Bd. VI, S. 789.
[7] GOTTSCHALK, A.: Handb. Pfl.-Physiol. (RUHLAND) Bd. VI, S. 113.
[8] WALLENFELS, K., M. L. ZARNITZ, G. LAULE, H. BENDER u. M. KESER: B.Z. **331**, 459 (1959).

Tabelle 22. *Vorkommen von β-Galaktosidase.*

Quelle	Einheiten */g Frischgewicht	Literatur	Quelle	Einheiten */g Frischgewicht	Literatur
Mensch			Ratte (männlich)		
Niere	1930	1	Leber	4710	1
Leber	6200	2	Milz	9810	1
Hoden	4520	2	Niere	11400	1
Rind			Pankreas	1150	1
Darmschleimhaut (Kalb)	800[a]	3	Vorhaut	2910	1
Ileum	1310	4	Hoden	1960	1
Colon	1090	4	Nebenhoden	47300	1
Leber	36900	2	Magen	2270	4
Niere	2980	2	Ileum	3051	4
Hoden	2780	2	Colon	4130	4
Schaf			Maus (männlich)		
Parotis	2090	4	Leber	1500	1
Schwein			Milz	7650	1
Magen	4870	4	Niere	4510	1
Ileum	2830	4	Vorhaut	1190	1
Leber	27250	2	Hoden	2890	1
Niere	49640	2	Samenblase	2080	1
Hoden	3660	2	Nebenhoden	6000	1
Kaninchen			E. coli ML 309 (etwa 10^{12} Zellen/ml)	$2,5 \times 10^{6}$ [b]	5
Ileum	5450	3			
Colon	2095	3			
Leber	1042	3			
Niere	4460	3			

* Eine Einheit setzt 1 μg o-Nitrophenol in 1 Std bei 37° C und p_H 3,7 frei.
[a] Test bei p_H 5,3.
[b] Test bei p_H 6,8.

2. Abtrennung der Nucleinsäuren. 990 ml Lösung A werden mit 250 ml 0,1 m Manganacetatlösung unter kräftigem Rühren tropfenweise versetzt. Die Temperatur wird bei 0° C gehalten. Anschließend bleibt die Mischung 24 Std bei 0° C stehen und wird dann im Batch-Bowl-Rotor bei 0° C und 16000 U/min 20 min zentrifugiert. Man erhält 1160 ml klare Lösung. Diese wird bei 0° C unter Rühren tropfenweise mit 116 ml einer 0,2 %igen Lösung von Clupeinsulfat vom p_H 7,0 versetzt. Nach 24stündigem Stehen bei 0° C wird nochmals wie oben bei 0° C und 10000 U/min 20 min zentrifugiert. Man erhält 1260 ml klare, gelb gefärbte Lösung (Lösung B).

3. Alkoholfällung. Der klaren Lösung B (1260 ml) werden 125 ml 0,2 m Trilon-Lösung zugesetzt und unter Kühlung in einem Eisbad vorgekühlter Alkohol von —15° C durch eine Capillare langsam unter Rühren zugegeben. Bei steigendem Alkoholgehalt der Lösung wird durch laufende Kochsalzzugabe zum Eisbad die Temperatur soweit wie möglich erniedrigt, ohne daß Eisbildung in der Lösung eintritt.

Wenn diese 20 % Alkohol enthält, soll die Temperatur im Kühlbad —25° C betragen. Die Alkoholzugabe wird bei dieser Temperatur bis zum Gehalt von 50 % fortgesetzt. Hierzu werden insgesamt 1385 ml Alkohol verbraucht. Die Mischung bleibt 48 Std bei —15° C stehen. Sie wird dann mit 2500 × g bei —15° C zentrifugiert (Stock-Zentrifuge, Modell S, im Kühlraum). Die überstehende Lösung wird abgegossen und verworfen. Der

[1] CONCHIE, J., J. FINDLAY and G. A. LEVVY: Biochem. J. 71, 318 (1959).
[2] LEVVY, G. A., A. MCALLAN and A. J. HAY: Biochem. J. 82, 225 (1962).
[3] WALLENFELS, K., u. J. FISCHER: H. 321, 223 (1960).
[4] CONCHIE, J., and D. C. MACDONALD: Nature 184, 1233 (1959).
[5] WALLENFELS, K., u. Mitarbeiter: Unveröffentlicht.

Niederschlag wird durch vorsichtiges Absaugen mit gekrümmten Kunststoffröhrchen weitgehend vom Alkohol befreit, unter Kühlung mit etwa 5 ml 0,001 m Phosphatpuffer vom p_H 7,3 verrührt und schließlich in insgesamt 350 ml dieser Pufferlösung aufgenommen. Nach 3stündigem Stehenlassen bei 0° C wird die Suspension in der Kühlzentrifuge (30000 × g) zentrifugiert. Man erhält 350 ml nur noch schwach gefärbte klare Lösung, welche das Enzym enthält (Lösung C).

4. Ammoniumsulfatfällung. 350 ml der Lösung C werden unter ständiger Kühlung bei 0° C langsam gerührt. Jegliche Schaumbildung muß dabei vermieden werden. Es werden insgesamt 350 ml gesättigter Ammoniumsulfatlösung, die mit Ammoniak auf p_H 7,0 eingestellt ist, zugetropft. Anschließend wird noch 2 Std bei 0° C stehengelassen und dann in der Kühlzentrifuge (0° C, 30000 × g) 20 min zentrifugiert. Die überstehende Lösung wird abgegossen und durch Abtropfenlassen und Tupfen mit Filtrierpapierstreifen möglichst weitgehend abgetrennt. Der feste Niederschlag wird bei 0° C in möglichst wenig 0,001 m Phosphatpufferlösung vom p_H 7,4 aufgenommen und auf insgesamt 15 ml gebracht. Die Dialyse gegen 0,001 m Phosphatpuffer vom p_H 7,3 wird in einem Cellophanschlauch von 20 mm Durchmesser (Visking Corp. Chicago) bei 0° C durchgeführt. Hierbei wird mit einem Schraubenrührer langsam im Inneren des Schlauches und mit einem Magnetrührer in der Außenflüssigkeit gerührt. Diese (300 ml) wird nach jeweils 5 Std fünfmal erneuert. Das Volumen der Proteinlösung steigt bei der Dialyse auf etwa 20 ml an (Lösung D).

Tabelle 23. *Reinigung der β-Galaktosidase aus E. coli ML 309**.

Schritt	Volumen ml	E/ml × 10^{-6}	Gesamteinheiten × 10^{-6}	mg Protein/ml	spezifische Aktivität × 10^{-3}	Ausbeute** %
1	995	0,59	585	14,0	42	—
2a	1150	0,41	468	5,42	75	80
2b	1220	0,35	420	4,16	83	90
3	350	0,92	320	5,2	175	75
4	20	14,5	290	40,5	360	90
5	19,2	13,5	260	30,0	450	90
6	9,5	15,0	143	30,0	500	55
7	5,4	17,3	93	30,0	575	65

* Zur Definition der Einheiten vgl. Aktivitätsbestimmung, Standardtest (S. 1197).

** Bezogen auf den vorangegangenen Reinigungsschritt.

5. Alkohol-Äther-Fällung. 20 ml der Lösung D werden in einem mit Trockeneis auf −1° C gekühlten Methanolbad langsam gerührt. Es wird tropfenweise ein tiefgekühltes Gemisch von 36 ml Alkohol und 84 ml kurz vor der Verwendung im Stickstoffstrom destilliertem Äther zugegeben. Gleichzeitig wird die Temperatur des Kühlbades durch ständige Trockeneiszugabe weiter erniedrigt, so daß die Proteinlösung gerade nicht einfriert. Wenn die Alkohol-Äther-Mischung vollständig zugetropft ist, was etwa 40—50 min in Anspruch nimmt, hat die Mischung eine Temperatur von −25 bis −30° C. Es wird sofort in vorgekühlten Kunststoffbechern (Rotortemperatur −25° C) zentrifugiert, der Überstand verworfen, der Niederschlag bei −30° C durch Absaugen mit der Wasserstrahlpumpe weitgehend von dem Lösungsmittel befreit. Er stellt eine bräunliche, körnige Masse dar* und wird bei 0° C in wenig 0,033 m Phosphatpufferlösung von p_H 6,0, die Natriumchlorid (5%) enthält, aufgenommen. Die erhaltene Lösung wird durch Zugabe von weiterem Phosphatpuffer auf eine Konzentration von 30 mg Protein/ml eingestellt (Lösung E).

6. Kristallisation. 25—30 ml** Lösung E mit einem Proteingehalt von 30 mg/ml werden in einem Zentrifugenbecher bei 0° C langsam gerührt (60 U/min). Aus einer Bürette wird gesättigte Ammoniumsulfatlösung, die auf p_H 6,0 eingestellt ist, zugetropft. Mit zunehmender Sättigung wird die Zugabe verlangsamt, so daß die beim Einfallen des Tropfens in die Lösung entstehende Fällung jeweils gelöst ist, wenn der nächste Tropfen fällt. Nach Zugabe von 7,5—9,0 ml ist der Sättigungsgrad 0,23 erreicht, und man läßt 12 Std bei 0° C stehen. Die gebildete Trübung wird durch Zentrifugieren bei 20000 U/min

* In einigen Ansätzen schied sich das Enzym in öliger Form ab; der nächste Reinigungsschritt (Kristallisation) war jedoch normal.

** Die Menge des Proteins dieser Reinheitsstufe schwankt in diesen Grenzen von Ansatz zu Ansatz.

und 0° C abgeschleudert. In der überstehenden klaren und nahezu farblosen Lösung wird nun unter langsamem Rühren bei 0° C gesättigte Ammoniumsulfatlösung zugetropft (0,12—0,15 ml), bis $s = 0,235$ erreicht ist. Wenn eine amorphe Fällung bestehen bleibt, wird nochmals klar zentrifugiert und aus einer Kristallsuspension in Ammoniumsulfatlösung angeimpft. Nach $^1/_2$—1 Std beobachtet man am Seidenglanz die Kristallabscheidung. Nach etwa 12 Std liegt eine dichte Suspension vor. Ohne Impfkristalle tritt die Kristallisation nach 1—2 Tagen ein, wenn in der beschriebenen Weise bei 0° C gerührt wird. Es werden 500—600 mg β-Galaktosidase in kristallisierter Form erhalten, je nachdem, wie aktiv das Ausgangsmaterial war.

7. *Umkristallisation.* 33 ml nach obiger Vorschrift erhaltener Kristallsuspension werden scharf abzentrifugiert (20000 U/min, 0° C). Die Kristalle löst man in 16—20 ml (30 mg Protein/ml) 0,033 m Phosphatpuffer (p_H 6) auf. Die Pufferlösung enthält 5% NaCl. Innerhalb von 1—2 Std tritt vollständige Lösung ein. In der Lösung wird mit NESSLERs Reagens nach BEISENHERZ et al.[1] der Ammoniumsulfatgehalt colorimetrisch bestimmt und wie bei der ersten Kristallisation gesättigte Ammoniumsulfatlösung zugegeben, bis $s = 0,23$ erreicht ist. Es wird mit Galaktosidase-Kristallen angeimpft und weitergerührt. Die Kristallisation beginnt nach $^1/_2$ Std und ist nach 24—36 Std beendet. Wenn die beschriebenen Bedingungen sorgfältig eingehalten werden, muß das Präparat vollständig frei von amorphen Bestandteilen sein. Man erhält 300—375 mg umkristallisiertes Präparat.

***Darstellung von Lactase aus Kälberdarm nach* WALLENFELS *und* FISCHER[2].**

1. *Extraktion.* Der Dünndarm eines frisch geschlachteten Kalbes wird außen vom Fett befreit, in 1—2 m lange Stücke geschnitten und zur Reinigung kräftig mit kaltem Wasser durchspült. Dann werden die Stücke der Länge nach aufgeschnitten und die Schleimhaut mit einem Objektträger abgeschabt. Die frische Schleimhaut wird in einem Waring-Blendor mit der dreifachen Menge Aceton homogenisiert (bei —15° C). Die Mischung bleibt 15 min stehen und wird dann in einer Stock-Zentrifuge bei —15° C und etwa 3000 U/min zentrifugiert. Der Rückstand wird nochmals mit Aceton behandelt und in einem Exsiccator über konz. Schwefelsäure im Vakuum getrocknet. Die getrocknete Substanz wird in einer Kugelmühle zu feinem Pulver gemahlen. Dieses wird bei —15° C in einem Exsiccator aufbewahrt.

Zur Extraktion werden 50 g dieses Trockenpulvers mit 200 g Quarzsand (p.a.) in 500 ml 0,033 m Phosphatpuffer, p_H 6,8 + 500 ml Wasser + 1 ml Octanol (um das Schäumen zu verhindern) 5 Std auf einer Schüttelmaschine bei Zimmertemperatur geschüttelt. Die Suspension wird dann vom Sand in einen Batch-Bowl-Rotor der präparativen Ultrazentrifuge (Spinco Mod. L.) abgegossen und 60 min bei 0° C und 16000 U/min zentrifugiert. Man erhält 900 ml einer gelben, nur schwach trüben Lösung.

2. *Entfernen der Nucleinsäuren.* Zu 900 ml der Lösung aus Schritt 1 tropft man unter Rühren bei 0° C langsam 47,5 ml einer 0,1 m $MnCl_2$-Lösung. Anschließend wird 30 min weitergerührt und darauf die einem Zehntel des Gesamtvolumens entsprechende Menge einer 0,2%igen, neutralisierten Protaminsulfatlösung tropfenweise zugegeben (95 ml). Die Suspension bleibt über Nacht bei 0° C stehen und wird dann 60 min bei 0° C und 16000 U/min im Batch-Bowl-Rotor zentrifugiert. Man erhält 1010 ml einer klaren, gelben Lösung.

3. *Alkoholfällung.* Zu der Enzymlösung aus Schritt 2 (1010 ml) werden 47,5 ml einer 0,1 m Trilonlösung zugegeben. Dann wird, während man von 0° C auf —15° C herunterkühlt, langsam auf —15° C vorgekühlter Alkohol zugetropft, bis eine Alkoholkonzentration von 60% erreicht ist, Gesamtvolumen: 1760 ml. Die Fällung bleibt über Nacht bei —15° C stehen und wird dann bei gleicher Temperatur 90 min bei 3000 U/min zentrifugiert. Der

[1] BEISENHERZ, G., H. J. BOLTZE, T. BÜCHER, R. CZOK, K. H. GARBADE, E. MEYER-ARENDT u. G. PFLEIDERER: Z. Naturforsch. 8b, 555 (1953).
[2] WALLENFELS, K., u. J. FISCHER: H. **321**, 223 (1960).

Rückstand wird in 0,033 m Phosphatpuffer (p_H 6,8) suspendiert und anschließend 25 min bei 20000 U/min zentrifugiert. Man erhält 270 ml eines farblosen Überstandes.

4. Essigsäurefällung. Zu dem Überstand aus Schritt 3 (270 ml) gibt man bei Zimmertemperatur so viel 1 m Essigsäure, daß ein p_H von 4,5 erreicht wird (etwa 12 ml). Die Fällung bleibt 15 min bei Zimmertemperatur stehen und wird darauf 30 min bei 30000 $\times$ g zentrifugiert. Man erhält 261 ml eines klaren farblosen Überstandes. Zum Abpuffern der Säure gibt man 1,77 g Natriumacetat zu.

5. Alkohol-Ammoniumsulfat-Fällung. Nach einer weiteren Alkoholfällung, die wie im Schritt 3 beschrieben durchgeführt wird (Endkonzentration jedoch nur 50% Alkohol), wird zu der Proteinlösung in 0,033 m Phosphatpuffer, p_H 6,8, bei 0° C gesättigte Ammoniumsulfatlösung bis zu einer Sättigung von 0,15 gegeben. Dann wird die Temperatur weiter auf — 15 bis —20° C erniedrigt und tropfenweise Alkohol (20,5 ml) bis zu einer Konzentration von 50% zugegeben. Die Fällung bleibt etwa 4 Std bei —15° C stehen und wird dann 25 min bei 20000 U/min zentrifugiert. Der Rückstand wird zur Extraktion des aktiven Proteins mit 9 ml 0,033 m Phosphatpuffer behandelt und wieder zentrifugiert.

Der ganze Prozeß wird noch einmal wiederholt. Man kann dadurch die Reinigung noch beträchtlich erhöhen, wie aus der Tabelle 24 hervorgeht.

Tabelle 24. *Reinigung der Lactase aus Kälberdarm* *.

Schritt	Spezifische Aktivität	Gesamt-Aktivität	Ausbeute** %	Reinigung**	Protein mg/ml	Volumen
1	8	63300	—	—	8,8	900
2	10,5	60600	96	1,31	5,7	1010
3	17,3	48500	80	1,65	10,4	270
4	126	39500	81	7,3	1,2	261
5. Fällung mit						
Alkohol	200	32000	81	1,63	10,0	16
Alkohol-Ammoniumsulfat	1520	31600	98	7,6	2,34	8,9
Alkohol-Ammoniumsulfat	17000	20100	64	11,1	0,22	5,3

* Zur Definition der Einheiten vgl. Aktivitätsbestimmung.
** Bezogen auf den vorhergehenden Schritt.

Eigenschaften. Die Eigenschaften der β-Galaktosidasen aus *E. coli ML 309* und Kälberdarm sind in den Tabellen 25 und 26 aufgeführt.

Aktivitätsbestimmung. Als Substrate für die Aktivitätsbestimmung wurden o-Nitrophenyl-β-D-galaktosid[1–3] und Lactose[3] benutzt.

Bestimmung der β-Galaktosidase mit o-Nitrophenyl-β-D-galaktosid nach Wallenfels ***u. Mitarb.***[1] (Standardtest).

Reagentien:

1. o-Nitrophenyl-β-D-galaktosid-(Niphegal-)Lösung: 50 mg Niphegal[4] in 100 ml 0,033 m Phosphatpuffer p_H 6,8.
2. 0,033 m Phosphatpuffer p_H 6,8.
3. 0,0001 m Manganacetatlösung.

Ausführung:

Zu 4,0 ml Niphegallösung gibt man 0,5 ml Manganacetatlösung* sowie 0,1—0,5 ml Enzymlösung (in 0,033 m Phosphatpuffer, p_H 6,8, je nach Aktivität 1:1000 bis 1:50000

* Bei der Bestimmung des Kälberdarmenzyms wird kein Manganacetat zugesetzt.

[1] Wallenfels, K., M. L. Zarnitz, G. Laule, H. Bender u. M. Keser: B.Z. **331**, 459 (1959).

[2] Lederberg, J.: J. Bact. **60**, 381 (1950).

[3] Kuby, S. A., and H. A. Lardy: Am. Soc. **75**, 890 (1953).

[4] Synthese nach Seidman, M., and K. P. Link: Am. Soc. **72**, 4324 (1950) (im Handel erhältlich: L. Light & Co., Ltd., Colnbrook, Bucks.; California Corporation for Biochemical Research, Los Angeles).

Tabelle 25. *Eigenschaften der β-Galaktosidasen.*

Enzym	pH-Optimum	Hemmung	Aktivierung	Spezifität	Mol.-Gewicht	Temperaturbeständigkeit
β-Galaktosidase aus E. coli ML 309	6,6—7,7 je nach Bedingungen[1,2]	pCMB 5×10^{-6} m 50%[1] Be^{++} 1×10^{-4} m 50%[1] Hg^{++}, Ag^{+}, Cd^{++}, Pb^{++}, Cu^{++}[1], Saccharose, Glucose, Galaktose, Thiogalaktoside[3]	Alkaliionen[1-4]	gespalten werden: β-D-Galaktoside, α-L-Arabinoside, β-D-Fucoside (s. Tabelle 24), 6-Sulfo-α-D-chinovopyranosyl-1→1′-D-glycerin[5], Thiogalaktoside[6], 6-O-Methyl-o-nitrophenyl-β-D-galaktosid[7]; nicht gespalten werden: Taloside, Guloside, Glucoside, Galakturonide, α-Galaktoside[8], β-Galaktofuranoside, 6-O-Methyl-äthyl-β-D-galaktosid[9]	517000[10]	bei p_H 6,8 30 min bei 45° C stabil, bei 55° C vollständige Inaktivierung[1]
β-Galaktosidase aus Kälberdarmschleimhaut	5,3[11]	Ag^{+} 1×10^{-4} m 39% Hg^{++} 1×10^{-4} m 35% Histidin 5×10^{-4} m 16% Tris 5×10^{-4} m 36% Glucose, Galaktose, Thiogalaktoside[11]		gespalten werden: β-Galaktoside, α-L-Arabinoside, β-D-Fucoside (siehe Tabelle 24) nicht gespalten werden: α-Galaktoside, β-Galaktofuranoside, Lactosazon, Allolactosazon, 2-Methyl-, 4-Methyl und 3-Desoxy-β-galaktoside[11]		bei p_H 5,0 10 min bei 40° C stabil, bei 65° C vollständige Inaktivierung[11]

[1] WALLENFELS, K., M. L. ZARNITZ, G. LAULE, H. BENDER u. M. KESER: B.Z. **331**, 459 (1959).
[2] WALLENFELS, K., O. P. MALHOTRA u. D. DABICH: B.Z. **333**, 377 (1960).
[3] MALHOTRA, O. P.: Diss. nat. math. Freiburg 1959.
[4] COHN, M., and J. MONOD: Biochim. biophys. Acta **7**, 153 (1951).
[5] SHIBUYA, I., and A. A. BENSON: Abstr. amer. chem. Soc. 140th Meeting, 18C (1961).
[6] WALLENFELS, K., u. B. MÜLLER-HILL [WALLENFELS, K., and O. P. MALHOTRA: Adv. Carbohydrate Chem. **16**, 260 (1961)].
[7] BECK, D.: Diss. nat. math. Freiburg 1962.
[8] COHN, M.: Bact. Rev. **21**, 140 (1957).
[9] WALLENFELS, K., J. LEHMANN u. O. P. MALHOTRA: B.Z. **333**, 209 (1960).
[10] SUND, H., u. K. WEBER: B. Z. **337**, 24 (1963).
[11] WALLENFELS, K., u. J. FISCHER: H. **321**, 223 (1960).

Tabelle 26. *Michaelis-Konstanten und maximale Reaktionsgeschwindigkeiten der β-Galaktosidasen aus E. coli ML 309 und Kälberdarm*[1, 2] *.

Substrat	Enzym aus E. coli **				Kälberdarm-Enzym ***	
	$K_M \times 10^4$ a	V_{max} a	$K_M \times 10^4$ b	V_{max} b	$K_M \times 10^3$	V_{max}
o-Nitrophenyl-β-D-galaktosid	9,5	134	1,61	178	4,67	29,5
p-Nitrophenyl-β-D-galaktosid	4,45	18,5	0,51	22,5	10	27,0
Methyl-salicylat-β-D-galaktosid	100	6,31	25	4,2		
Phenyl-β-D-galaktosid	32,3	6,55	14,7	10,4		
1 → 3-β-D-Galaktosido-D-glucose					4,72	104
1 → 4-β-D-Galaktosido-D-glucose						
α-	56,5	9,0	20,2	6,6	7,55	96
β-	104	4,23			17,0	96
Gleichgewichtsmischung	55,5	6,52			11,6	96
1 → 6-β-D-Galaktosido-D-glucose	83,2	12,85			1,82	1,7
o-Nitrophenyl-α-L-arabinosid	71,4	13,7	39,2	89,1	4,17	2,76
p-Nitrophenyl-α-L-arabinosid	105	16,96	18,7	28,2		

* K_M-Werte in Mol/l. V_{max}-Werte als μM Substrat, hydrolysiert in 1 min von 1 mg Protein.
** a) 0,05 m Trispuffer, p_H 7,6, 20° C; b) mit 0,05 m NaCl.
*** In Citrat-Phosphat-Puffer, 20° C, p_H 5,3.

verdünnt) und füllt auf 5,0 ml mit Puffer auf. Es wird genau 14,5 min — gerechnet von der Zugabe der Enzymlösung — bei 40° C inkubiert, in eine 1 cm-Küvette abpipettiert und in der 15. min die Extinktionsdifferenz gegenüber dem Blindwert bei 405 mμ gemessen. Der Küvettenhalter wird auf einer konstanten Temperatur von 40 ± 0,1° C gehalten.

Eine Einheit ist diejenige Enzymmenge, die unter den Bedingungen des Tests 5 μg Niphegal spaltet.

$1/\varepsilon$ für Nitrophenol bei p_H 6,8 und 40° C = 68,4 μg/cm².

Die Bildung von 1 mg o-Nitrophenol entspricht der Hydrolyse von 2,165 mg Niphegal.

Die Anzahl Einheiten in 1 ml der unverdünnten Enzymlösung wird wie folgt berechnet:

$$\frac{68{,}4 \times 2{,}165 \times \log\frac{I_0}{I} \times 5\ [\text{Volumen des Testansatzes}] \times \text{Verdünnung der Enzymlösung}}{5 \times \text{Volumen der verdünnten Enzymlösung im Test}}$$

$$= 148{,}1 \times \log\frac{I_0}{I} \times \frac{\text{Verdünnung der Enzymlösung}}{\text{Volumen der verdünnten Enzymlösung im Test}}\ [\text{Einheiten/ml}].$$

Bestimmung der β-Galaktosidase mit o-Nitrophenyl-β-D-galaktosid (Niphegal) nach* Wallenfels *u. Mitarb. *(kinetischer Test).*

Reagentien:

1. o-Nitrophenyl-β-D-galaktosid-(Niphegal-)Lösung: 50 mg Niphegal[3] in 10 ml 0,05 m Trispuffer, p_H 7,6.
2. 1 m NaCl in 0,05 m Trispuffer, p_H 7,6.
3. 0,05 m Trispuffer, p_H 7,6.

Ausführung:

0,5 ml Niphegal-Lösung und 0,125 ml Tris-NaCl-Puffer werden mit so viel Trispuffer, daß das Endvolumen nach Zugabe der Enzymlösung 2,5 ml beträgt, in der Küvette auf

[1] Wallenfels, K., J. Lehmann u. O. P. Malhotra: B.Z. **333**, 209 (1960).
[2] Wallenfels, K., u. J. Fischer: H. **321**, 223 (1960).
[3] Synthese nach Seidman, M., and K. P. Link: Am. Soc. **72**, 4324 (1950) (im Handel erhältlich: L. Light & Co., Ltd., Colnbrook, Bucks.; California Corporation for Biochemical Research, Los Angeles).

40° C vorgewärmt; die Reaktion wird durch Zugabe von 0,1—0,5 ml Enzymlösung (Verdünnung in Trispuffer) gestartet. Der Küvettenhalter wird auf 40,0±0,1° C temperiert. Man verfolgt die Zunahme der Extinktion 3 min lang und benutzt die Zunahme zwischen der 1. und 3. min für die Berechnung.

$1/\varepsilon$ beträgt für o-Nitrophenol unter den Testbedingungen 0,3466 [μM/cm^2].

Der Umsatz wird wie folgt berechnet:

$$\frac{0{,}3466 \times \log \frac{I_0}{I} \times 2{,}5\,[\text{Volumen des Testansatzes}] \times \text{Verdünnung der Enzymlösung}}{2\,\text{min} \times \text{Volumen der verdünnten Enzymlösung im Test}}$$

$$= 0{,}4332 \times \log \frac{I_0}{I} \times \frac{\text{Verdünnung der Enzymlösung}}{\text{Volumen der verdünnten Enzymlösung im Test}}\ [\mu\text{M Niphegal/ml} \times \text{min}].$$

***Bestimmung der β-Galaktosidase mit Lactose als Substrat nach* Wallenfels *u. Mitarb.*[1].**

Reagentien:

1. Lactoselösung: 590 mg Lactose in 100 ml 0,033 m Phosphatpuffer, p_H 6,8.
2. 0,033 m Phosphatpuffer p_H 6,8.
3. 0,0001 m Manganacetatlösung.

Durchführung:

4,0 ml Lactoselösung, 0,5 ml Manganacetatlösung und 0,1—0,5 ml Enzymlösung (je nach Enzymaktivität 1:10 bis 1:100 mit 0,033 m Phosphatpuffer, p_H 6,8, verdünnt) werden zusammengegeben und ad 5,0 ml mit Wasser aufgefüllt.

Nach Zugabe des Enzyms werden die Lösungen 15 min bei 40° C inkubiert und anschließend 5 min im siedenden Wasserbad erhitzt. 0,1 ml dieser Lösung wird zur enzymatischen Glucosebestimmung nach Pfleiderer und Grein[2] verwendet (S. 1161).

***Bestimmung der β-Galaktosidase in einer Bakteriensuspension nach* Wallenfels *u. Mitarb.*[1].**

Die Extraktion des an die Zelle gebundenen Enzyms erfolgt unter Standardbedingungen (s. u.), bei welchen die Extraktionslösung und Toluol zur Cytolyse in bestimmtem Verhältnis zur Bakterienmenge zugesetzt werden. Zur Bestimmung der Bakterienmenge werden Hämatokrit-Röhrchen benutzt, in welchen 2—5 ml der zu untersuchenden Bakteriensuspension 30 min bei 5000 U/min zentrifugiert werden. Das abgelesene Niederschlagsvolumen wird auf Trockengewicht umgerechnet nach

$$x = \frac{25 \times V_2}{100 \times V_1}\ \text{mg/ml}$$

(x = Milligramm Trockengewicht/ml; V_1 = Volumen der zentrifugierten Bakteriensuspension; V_2 = Volumen der abzentrifugierten Feuchtbakterien im Hämatokrit-Röhrchen.)

da das Trockengewicht der unter diesen Bedingungen abzentrifugierten Bakterien zu 25 % gefunden wurde.

Extraktion unter Standardbedingungen. Zu 5 ml 0,033 m Phosphatpuffer, p_H 6,8, wird so viel der zu testenden Bakteriensuspension gegeben, daß in 1 ml 0,2 mg Trockenbakterien enthalten sind. Nach Zugabe von 0,1 ml Toluol wird die Zellaufschwemmung in T-Röhrchen zur gleichmäßigen Durchmischung in einem Wasserbad von 40° C 20 mal in der Minute um einen Winkel von 5° C bewegt. Die Konstruktion der hier verwendeten Apparatur erlaubt es, gleichzeitig bis zu 30 Extraktionen auszuführen. Nach 15 min werden 0,1—0,5 ml der Suspension zur Bestimmung der enzymatischen Aktivität entnommen.

---

[1] Wallenfels, K., M. L. Zarnitz, G. Laule, H. Bender u. M. Keser: B.Z. **331**, 459 (1959).

[2] Pfleiderer, G., u. L. Grein: B.Z. **328**, 499 (1957).

β-Glucuronidase.

[3.2.1.31 β-D-Glucuronid-Glucuronohydrolase.]

Vorkommen. Von den vielen Angaben über Vorkommen der β-Glucuronidase werden in Tabelle 27 nur die aufgeführt, bei denen mehr als 5000 E/g Frischgewicht gefunden wurden. Die Zahlen sind dem Artikel von LEVVY und MARSH[1] entnommen.

Tabelle 27. *Vorkommen der β-Glucuronidase*[1].

	$E \times 10^{-3}$	Test	Lit.
Maus			
Samendrüse	15	P	2
Milz	4,5	P	3
Ratte			
Nebenniere	5—10	P	4
Nebenhoden	10	P	4
Jejunum	5	P	4
Niere	4—6	P	4
Leber	20—30	P	4
Lunge	5	P	4
Lymphknoten	14	P	5
Eierstock	9	P	4
Vorhautdrüse (weibl. Tier)	2000	P	6
Prostata	2—6	P	7
Milz	15—30	P	4
Thymus	6	P	4
Schilddrüse	6	P	7
Uterus	7—9	P	4
Mensch			
Krebsgewebe	0,5—20	P	8
Niere	7	P	9
Leber	11	P	9
Milz	6,5	P	9

	$E \times 10^{-3}$	Test	Lit.
Rind			
Leber	6	P	10
Huhn			
Caecum	8	P	11
Puter			
Niere, Leber, Milz	5	P	12
Forelle			
Niere, Leber	8	P	12
Mollusken			
Patella vulgata	100	P	13
Helix pomatia	150	P	14
Helix aspersa	13,5	C	15
Buccinum undatum	9	CP	16
Gibbula cineraria	5	CP	16
Mytilus edulis	14	CP	16
Osterea edulis	10	CP	16
Calliostoma zizyphinum	8	CP	16
Nucella lapillus	9	CP	16
Osilinus lineatus	53	CP	16
Littorina littorea	20	CP	16
G. umbilicalis	44	CP	16
Insekten			
Locusta migratoria	112	M	17

(P = Phenolphthaleintest, C = 8-Hydroxychinolintest, CP = p-Chlorphenoltest, M = Methylumbelliferontest.) Wenn mit verschiedenen Substraten getestet wurde, wird nur ein Ergebnis angegeben.

Von den vielen Vorschriften zur Darstellung von β-Glucuronidase-Präparaten seien nur die wichtigsten aus den letzten Jahren genannt: aus Kalbsleber[10,18,19], aus *Helix pomatia*[20,21]

[1] LEVVY, G. A., and C. A. MARSH: Adv. Carbohydrate Chem. **14**, 383 (1959); dort weitere Angaben.
[2] FISHMAN, W. H., and M. H. FARMELANT: Endocrinology **52**, 536 (1953).
[3] FISHMAN, W. H., M. ARTENSTEIN and S. GREEN: Endocrinology **57**, 646 (1955).
[4] BERNARD, R. M., and L. D. ODELL: J. Lab. clin. Med. **35**, 940 (1950).
[5] PELLEGRINO, C., and G. VILLANI: Biochem. J. **62**, 235 (1956).
[6] LEVVY, G. A., A. MCALLAN and C. A. MARSH: Biochem. J. **69**, 22 (1958).
[7] TALALAY, P., W. H. FISHMAN and C. HUGGINS: J. biol. Ch. **166**, 757 (1946).
[8] CONCHIE, J., and G. A. LEVVY: Brit. J. Cancer **11**, 487 (1957).
[9] MCDONALD, D. F., and L. D. ODELL: J. clin. Endocrinol. **7**, 535 (1947).
[10] BERNFELD, P., J. S. NISSELBAUM and W. H. FISHMAN: J. biol. Ch. **202**, 763 (1953).
[11] MARSH, C. A., F. ALEXANDER and G. A. LEVVY: Nature **170**, 163 (1952).
[12] SARKAR, N. K., and J. B. SUMNER: Arch. Biochem. **27**, 453 (1950).
[13] LEVVY, G. A., A. J. HAY and C. A. MARSH: Biochem. J. **65**, 203 (1957).
[14] JARRIGE, P., et R. HENRY: Bull. Soc. Chim. biol. **34**, 872 (1952).
[15] BILLETT, F.: Biochem. J. **57**, 159 (1954).
[16] DODGSON, K. S., J. I. M. LEWIS and B. SPENCER: Biochem. J. **55**, 253 (1953).
[17] ROBINSON, D.: Biochem. J. **67**, 6P (1957).
[18] FISHMAN, W. H., and P. BERNFELD: Colowick-Kaplan, Meth. Enzymol., Bd. I, S. 262.
[19] FIALKOW, P. J., and W. H. FISHMAN: J. biol. Ch. **236**, 2169 (1961).
[20] ALFSEN, A., et M. F. JAYLE: Bull. Soc. Chim. biol. **40**, 2143 (1958).
[21] WAKABAYASHI, M., and W. H. FISHMAN: J. biol. Ch. **236**, 996 (1961).

(von ALFSEN und JAYLE[1] in kristalliner Form), aus Urin, Leber und Niere der Maus[2], aus der Vorhautdrüse der weiblichen Ratte[3], aus *Patella vulgata*[4,5] sowie *Escherichia coli*[6,7]. Da verschiedene Präparate im Handel sind*, soll im folgenden nur die Darstellung aus Kalbsleber beschrieben werden. Mit einer neuen, einfachen Vorschrift gelang es BONNICHSEN[8], das Enzym zu kristallisieren.

Darstellung von β-Glucuronidase aus Kalbsleber nach* BERNFELD *u. Mitarb.[9,10].

1. Rohextrakt. 2,26 kg frischer Kalbsleber werden in Eis vom Schlachthof ins Labor gebracht. Nach Entfernen der großen Blutgefäße und Fascien wird die Leber durch einen Fleischwolf gedreht. Die Pulpa wird dann in 300 ml-Portionen in einem Waring-Blendor 3 min mit je 200 ml Acetatpuffer, p_H 5,0, Ionenstärke 0,07, gemahlen. Bei 38° C wird über Nacht stehengelassen. Am folgenden Tag werden die vereinigten Homogenate bei Zimmertemperatur zentrifugiert (International Zentrifuge Nr. 2, 2800—3000 U/min). Die Enzymaktivität ist im Überstand. Zusätzlich kann man Glucuronidase-Aktivität erhalten, indem man die Pulpa durch Suspendieren in je 800 ml Acetatpuffer zweimal wäscht, danach zentrifugiert und alle Überstände vereinigt. Das Gesamtvolumen beträgt 4400 ml.

2. Ammoniumsulfatfällung. Zu dem Rohextrakt (4,4 l) gibt man 1466 g festes Ammoniumsulfat, rührt 30 min und läßt über Nacht im Kühlraum bei 4° C stehen. Die klare mittlere Schicht wird abgehebert, das übrige 20 min bei 3000 U/min zentrifugiert. Der Rückstand wird in 1000 ml 23,2 %iger (Gewicht/Volumen) Ammoniumsulfatlösung suspendiert, die Mischung wieder 20 min zentrifugiert. Der Rückstand wird noch einmal durch Suspendieren in 1000 ml 23,2 %iger Ammoniumsulfatlösung gewaschen, danach 30 min zentrifugiert, alle Überstände werden verworfen. Zu den vereinigten Rückständen gibt man 1000 ml Acetatpuffer (p_H 5,0; Ionenstärke 0,07). Um den größten Teil des festen Rückstandes zu lösen, inkubiert man 3 Std bei 35° C und zentrifugiert danach 15 min. Der Rückstand wird mit 1000 ml des Acetatpuffers digeriert, dann wird zentrifugiert. Die vereinigten Überstände ergeben ein Volumen von 1740 ml.

3. Erste alkalische Ammoniumsulfat-Fällung. (Dieser Schritt und alle folgenden werden bei 0° C durchgeführt. Alle Fällungsmittel werden nicht schneller als 2 Tropfen/sec aus einem Tropftrichter unter Rühren [nicht über 80 U/min] zugefügt, wobei, wenn notwendig, gleichzeitig mehrere Rührer benutzt werden.)

Eine gesättigte Lösung von Ammoniumsulfat vom p_H 8,7 wird hergestellt, indem man 360 ml konz. Ammoniumhydroxydlösung (D = 0,9) zu einer 45° C warmen Lösung von 9250 g Ammoniumsulfat in 12 l Wasser (bei 60° C gelöst) gibt. Man läßt auf 40° C abkühlen. Diese Lösung wird im folgenden AAS genannt.

Zu 1,74 l Lösung aus Schritt 2 gibt man 100 ml AAS; danach stellt man mit 2n NH_4OH (etwa 100 ml) auf p_H 8,73 ± 0,03 ein. Dann bringt man mit 1,632 l AAS die Ammoniumsulfatkonzentration auf 48,5 % Sättigung. Der Niederschlag wird abzentrifugiert und in 500 ml Acetatpuffer gelöst.

* C. F. Boehringer & Soehne, Mannheim; California Corporation for Biochemical Research, Los Angeles; Industrie Biologique Française S. A., Paris; L. Light & Co. Ltd, Colnbrook, Bucks.; Sigma Chemical Co., St. Louis; Seravac Laboratories PTY Ltd., Cape Town; Worthington Biochemical Corporation, Freehold, N.J.

[1] ALFSEN, A., et M. F. JAYLE: Bull. Soc. Chim. biol. **40**, 2143 (1958).
[2] PETTENGILL, O. S., and W. H. FISHMAN: J. biol. Ch. **237**, 24 (1962).
[3] LEVVY, G. A., A. MCALLAN and C. A. MARSH: Biochem. J. **69**, 22 (1958).
[4] DODGSON, K. S., J. I. M. LEWIS and B. SPENCER: Biochem. J. **55**, 253 (1953).
[5] TAYLOR, W.: Biochem. J. **82**, 46P (1962).
[6] BUEHLER, H. J., P. A. KATZMAN, P. P. DOISY and E. A. DOISY: Proc. Soc. exp. Biol. Med. **72**, 297 (1949).
[7] DOYLE, M. L., P. A. KATZMAN and E. A. DOISY: J. biol. Ch. **217**, 921 (1955).
[8] BONNICHSEN, R.: Acta chem. scand. **18**, 1302 (1964).
[9] BERNFELD, P., J. S. NISSELBAUM and W. H. FISHMAN: J. biol. Ch. **202**, 763 (1953).
[10] FISHMAN, W. H., and P. BERNFELD: Colowick-Kaplan, Meth. Enzymol., Bd. I, S. 262.

4. *Fraktionierung mit alkalischem Ammoniumsulfat.* Zu 740 ml der Lösung aus Schritt 3 gibt man 50 ml AAS und stellt mit 43 ml NH_4OH auf p_H 8,73 ein. Mit 211 ml AAS bringt man die Ammoniumsulfatkonzentration auf 25% Sättigung. Der Niederschlag wird abzentrifugiert und verworfen. Der Überstand wird mit 260 ml AAS auf 40% Sättigung gebracht. Es wird zentrifugiert, der Niederschlag in 100 ml Acetatpuffer, p_H 5,0, gelöst.

5. *Entfernen der Sulfationen durch Ionenaustauscher.* Ein Glasrohr (482 mm lang, 32 mm innerer Durchmesser) mit einem Glashahn wird 266 mm hoch mit der Citratform des Amberlite IRA — 400 gefüllt (oben und unten ein Wattebausch von 25 mm Höhe). Vor Gebrauch wird die Säule mit 50 ml dest. Wasser gewaschen. Wenn das Waschwasser etwa halb durch den Wattebausch über den Austauscher durchgelaufen ist, wird die Enzymlösung aufgetragen. Die Säule wird dann dreimal mit je 3 ml dest. Wasser gewaschen. Das Eluat wird in Fraktionen von je 10 ml aufgefangen, die erste und letzte farblose Fraktion werden verworfen. Alle Fraktionen, die eine schwach gelbe Farbe zeigen, werden vereinigt. Wenn die Lösung mit Bariumionen einen Niederschlag gibt, wiederholt man die Behandlung mit Ionenaustauscher.

Tabelle 28. *Reinigung der β-Glucuronidase aus Kalbsleber.*

Schritt	E*/ml	E*/mg Protein	Gesamt-aktivität
Homogenat	4850	(6,5 E/mg Leber)	15,4 · 10^6
1	3000	240	13,2 · 10^6
2	4850	2500	8,45 · 10^6
3	11000	4850	8,15 · 10^6
4	50000	8350	5,2 · 10^6
5	28000	10000	5,2 · 10^6
6	24000	37500	2,3 · 10^6
7	245000	60000	1,6 · 10^6

* Zur Definition s. Aktivitätsbestimmung S. 1206.

6. *Erste Methanol-Fraktionierung.* Die aus Schritt 5 erhaltene Lösung (184 ml) wird mit 500 ml 0,15 m sek. Natriumcitrat, p_H 5,0, verdünnt. Dann bringt man durch Methanolzusatz (337 ml) dessen Konzentration auf 33 Vol.-%. Es wird zentrifugiert und der Niederschlag verworfen. Zu dem Überstand gibt man 223 ml Methanol (jetzt 45 Vol.-%), zentrifugiert und verwirft den Niederschlag wiederum. (Eine Fällung beider Fraktionen in einem Arbeitsgang erniedrigt die Aktivität der folgenden Fraktion.) Mit 605 ml Methanol wird die Konzentration auf 63 Vol.-% gebracht. Es wird zentrifugiert, der Überstand verworfen und der Niederschlag in 100 ml sek. Natriumcitratlösung aufgenommen. Dabei bleibt das Protein ungelöst, das mit der ersten Fällung des folgenden Schrittes entfernt wird.

7. *Zweite Methanol-Fraktionierung.* Zu 96 ml der Lösung aus Schritt 6 gibt man 32 ml Methanol (25 Vol.-%). Der Niederschlag wird abzentrifugiert und verworfen. Mit 15,5 ml Methanol wird der Überstand auf 33 Vol.-% gebracht, der geringe Niederschlag wiederum verworfen. Zum Überstand gibt man 48,5 ml Methanol (jetzt 50 Vol.-%). Es wird zentrifugiert, der Niederschlag mit 6 ml 0,15 m sek. Natriumcitratlösung digeriert. Wenn vom unlöslichen Protein abzentrifugiert wird, enthält der Überstand 12% der β-Glucuronidase-Aktivität und 0,04% des Proteins des Rohextraktes.

Eigenschaften. Die Tabelle 29 gibt Aufschluß über die Eigenschaften der β-Glucuronidase aus Kalbsleber. Weitere Angaben über β-Glucuronidasen sind den Übersichtsreferaten von TEAGUE[1] sowie LEVVY und MARSH[2] zu entnehmen, auch gibt es neuere Arbeiten[3–8] über die Eigenschaften der Enzyme aus verschiedenen Quellen. MARSH und

[1] TEAGUE, R. S.: Adv. Carbohydrate Chem. **9**, 185 (1954).
[2] LEVVY, G. A., and C. A. MARSH: Adv. Carbohydrate Chem. **14**, 381 (1959).
[3] ALFSEN, A.: Bull. Soc. Chim. biol. **41**, 1469 (1959).
[4] BOYLAND, E., and K. WILLIAMS: Biochem. J. **76**, 388 (1960).
[5] PETTENGILL, O. S., and W. H. FISHMAN: J. biol. Ch. **237**, 24 (1962).
[6] FERNLEY, H. N.: Biochem. J. **82**, 500 (1962).
[7] KIRK, B. K., C. B. FELGER and P. A. KATZMAN: Arch. Biochem. **98**, 206 (1962).
[8] DOYLE, M. L., P. A. KATZMAN and E. A. DOISY: J. biol. Ch. **217**, 921 (1955).

Tabelle 29. *Eigenschaften der β-Glucuronidase aus Leber und der Invertase aus Hefe.*

Enzym	pH-Optimum	Wechselzahl	MICHAELIS-Konstante	Aktivierungsenergie	Hemmung durch	Aktivierung	Spezifität: gespalten werden	Spezifität: nicht gespalten werden
β-Glucuronidase aus Kalbsleber	5,0[1]	860[2]	$1{,}43 \times 10^{-4}$ m[1] (Phenolphthaleinglucuronid)	14 kcal[1]	Saccharo-1, 4-lacton, Glucuronsäure, Hg^{++}	DNS[3]	Glucuronide von Orcin, Phloroglucin, Menthol, Phenol, Borneol, β-Naphthol, Phenolphthalein, Pregnandiol, 8-Hydroxychinolin, Östriol, Corticosteroide, Chlorphenol[1]	α- und β-Glucoside
β-Fructofuranosidase (Invertase) aus Hefe	4,5—5,5[4]	260000 (Molekulargewicht 116000)[5]	0,16 m (Saccharose) 0,24 m (Raffinose)[6]	11 kcal[7]	Cu^{++}, Hg^{+}, Hg^{++}, J_2, Ag^{+}, Anilin[8], PCMB[9], UO_2^{++}[10]		Saccharose, Saccharosephosphat, Raffinose, Gentianose, Stachyose, Verbascose, Methyl- und Benzyl-β-D-fructofuranosid, α-D-Xylopyranosyl-β-D-fructofuranosid[11], α-D-Galaktopyranosyl-β-D-fructofuranosid[12], α-Maltosyl-β-D-fructofuranosid[13]	Methylglykoside der D-Fructopyranose, Methyl- und Benzyl-α-D-fructofuranosid, β-D-Glycopyranosyl-α-D-fructofuranosid, Melezitose, α-D-Glucopyranosyl-β-D-xyloketofuranosid, α-D-Glucopyranosyl-α-L-sorbofuranosid, Planteose[14], Lychnose[15]

[1] NISSELBAUM, J. S.: Diss. Tufts College Medical School, Boston 1953 [FISHMAN, W. H., and P. BERNFELD: Colowick-Kaplan, Meth. Enzymol., Vol. I, S. 262].
[2] WALKER, P. G., and G. A. LEVVY: Biochem. J. **54**, 56 (1953).
[3] BERNFELD, P., H. C. BERNFELD, J. S. NISSELBAUM and W. H. FISHMAN: Am. Soc. **76**, 4872 (1954).
[4] ADAMS, M., N. K. RICHTMYER and C. S. HUDSON: Am. Soc. **65**, 1369 (1943).
[5] ANDERSEN, B.: Acta chem. scand. **14**, 1849 (1960).
[6] KUHN, R.: H. **125**, 28 (1923).
[7] SIZER, I. W.: Enzymologia **2**, 215 (1938).
[8] MYRBÄCK, K.: H. **158**, 160 (1926). Arch. Biochem. **69**, 138 (1957).
[9] MYRBÄCK, K.: Ark. Kemi **11**, 471 (1957).
[10] DEMIS, D. J., A. ROTHSTEIN and R. MEIER: Arch. Biochem. **48**, 55 (1954).
[11] AVIGAD, G., D. S. FEINGOLD and S. HESTRIN: Biochim. biophys. Acta **20**, 129 (1956).
[12] FEINGOLD, D. S., G. AVIGAD and S. HESTRIN: J. biol. Ch. **224**, 295 (1957).
[13] WHITE, J. W., and J. MAHER: Am. Soc. **75**, 1259 (1953).
[14] FRENCH, D., G. M. WILD, B. YOUNG and W. J. JAMES: Am. Soc. **75**, 709 (1953).
[15] WICKSTRÖM, A., J. E. COURTOIS, P. LE DIZET et A. ARCHAMBAULT: Bull. Soc. Chim. France **1959**, 871.

LEVVY[1] fanden an Präparaten aus *Patella vulgata*, Leber der Maus und Vorhautdrüse der weiblichen Ratte, daß die β-Glucuronidase- und β-Galakturonidase-Aktivitäten ein und demselben Enzym zuzuschreiben sind.

In der Tabelle 30 sind Daten aus den Publikationen von ALFSEN[2] sowie PETTENGIL und FISHMAN[3] zusammengestellt.

Tabelle 30. *p_H-Optima und K_M-Werte bei Substraten von β-Glucuronidasen.*

-Glucuronid	Enzym aus				
	Helix pomatia		Rinderleber	Patella vulgata	E. coli
	$K_M \times 10^4$	p_H-Optimum	p_H-Optimum	p_H-Optimum	p_H-Optimum
Menthol-	10	5,0			
Borneol-	90	4,5			
Phenolphthalein- . .	3,9	4,5; 5,0	5,0	5,0	5,5; 7,0
Östriol-	4,2	4,5; 4,0	4,0	3,5	5,6; 6,5
Östradiol-mono- . .		4,0	4,5	4,3	6,5; 5—8
Östradiol-bis- . . .		4,5	4,0; 6,5	3,5	5,0; 7,3
Pregnandiol-	80	4,5; 4,0	4,5	3,5	5,0—6,5
Pregnenolon- . . .		4,0	4,0	4,3	4,5; 6,0
Testosteron-		4,0	4,0	4,5	6,0; 7,0
Androstenolon- . . .		4,0	4,0	4,0	4,5; 7,5
Epiandrosteron- . .		5,0	4,5	4,0	5,5; 6,5; 7,5
Androsteron- . . .	16	4,5			
Tetrahydrocortison-	38	4,0			

Bestimmung der β-Glucuronidase nach BERNFELD *und* FISHMAN[4].

Prinzip:

Die am meisten benutzte Methode zur Aktivitätsbestimmung der β-Glucuronidase verwendet als Substrat Phenolphthalein-β-glucuronid[5,6*]:

$$\text{Phenolphthalein-}\beta\text{-glucuronid} \rightarrow \text{Phenolphthalein} + \text{Glucuronsäure}$$

Reagentien:

1. Phenolphthalein-β-glucuronid-Lösung. Herstellung: 0,788 g des Cinchonidinsalzes[5,6] werden in Gegenwart von 1n HCl mehrere Male mit Essigester extrahiert und filtriert; der Essigester wird unter Vakuum abgezogen, der Rückstand im Vakuum getrocknet. Er wird mit 20 ml Wasser und so viel 0,2n NaOH (10—15 ml), daß ein p_H von 5,0 erreicht wird, in Lösung gebracht. Mit dest. Wasser wird auf 100 ml aufgefüllt, zentrifugiert und bei 0° C aufbewahrt.
2. Acetatpuffer p_H 5,0; Ionenstärke 0,07.
3. Enzymlösung. Herstellung: Das Enzym wird mit Acetatpuffer so verdünnt, daß unter den Versuchsbedingungen 5—20 μg Phenolphthalein freigesetzt werden. Zu 5,4 ml der Verdünnung wird 0,1 ml DNS-Lösung zugesetzt. Herstellung der DNS-Lösung: 3,1 g DNS wird mit 20 ml 0,5n NaOH digeriert, bis das meiste gelöst ist. Der p_H-Wert wird mit 0,5n Essigsäure auf 5,0 eingestellt. Es wird auf 100 ml aufgefüllt und zentrifugiert.
4. Trichloressigsäure, 5%ig.
5. Glycinlösung. Herstellung: 32,6 g Glycin, 25,3 g NaCl und 15,5 g NaOH-Plätzchen werden in 200 ml Aqua dest. gelöst.

* Synthese nach MARSH, C. A., and L. M. REID: Biochim. biophys. Acta **97**, 597 (1965).

[1] MARSH, C. A., and G. A. LEVVY: Biochem. J. **68**, 610 (1958).

[2] ALFSEN, A.: Bull. Soc. Chim. biol. **41**, 1469 (1959).

[3] PETTENGIL, O. S., and W. H. FISHMAN: J. biol. Ch. **237**, 24 (1962).

[4] BERNFELD, P., and W. H. FISHMAN: J. biol. Ch. **202**, 757 (1953).

[5] FISHMAN, W. H., B. SPRINGER and R. BRUNETTI: J. biol. Ch. **173**, 449 (1948).

[6] LEVVY, G. A., and C. A. MARSH: Adv. Carbohydrate Chem. **14**, 392 (1959).

Ausführung:

0,1 ml Phenolphthalein-β-glucuronidlösung, 0,4 ml Acetatpuffer und 0,5 ml Enzymlösung werden in der Colorimeter-Küvette oder im Reagensglas zusammenpipettiert und 60 min bei 37° C in einem Wasserbad inkubiert.

Eine Kontrolle, bei der 0,5 ml Enzymlösung ohne DNS zugesetzt wurde, wird parallel angesetzt. Die Reaktion wird durch Zugabe von 1,0 ml 5%iger Trichloressigsäurelösung gestoppt. Dann werden 2,5 ml der Glycin-Lösung und 1,5 ml Wasser zugesetzt, wobei der p_H der Lösung auf 10,2—10,4 erhöht wird. Die Extinktion dieser Lösung wird bei 545 mμ abgelesen. Die freigesetzte Menge Phenolphthalein wird an einer vorher angelegten Eichkurve abgelesen.

Eine Enzym-Einheit ist die Aktivität, die in 60 min bei 37° C und p_H 5,0 in einer Lösung von 0,001 m Phenolphthaleinglucuronid in Gegenwart von 0,028% DNS in 1 ml Gesamtvolumen 1 μg Phenolphthalein freisetzt.

Mit andern Substraten wurden folgende Bestimmungsmethoden verwendet (s. auch S. 1164).

Tabelle 31. *Methoden zur Bestimmung der β-Glucuronidase.*

Aglykon der β-D-Glucuronide	Methode	Literatur
Phenyl	Folin-Methode	1–3
4-Biphenyl	Folin-Methode	4
p-Chlorphenyl	Extinktion bei 245 mμ bei alkalischem p_H	5, 6
8-Chinolyl	Kupplung des 8-Hydroxychinolin mit diazotiertem 3,3'-Dimethoxybenzidin oder diazotierter Sulfanilsäure	7, 8
8-Benzamido-2-naphthyl	Kupplung mit tetraazotiertem Di-o-dianisidin	9
4-Methyl-umbelliferon	Fluorometrie	10–12
1-Naphthol	Fluorometrie	13
Beliebig	Reduktionskraft der freigesetzten D-Glucuronsäure	14–16

β-Fructofuranosidase.

[3.2.1.26 β-D-Fructofuranosid-Fructohydrolase.]

Vorkommen. β-Fructofuranosidase (Invertase), die am längsten bekannte Carbohydrase[17, 18], ist eines der weitest verbreiteten Enzyme. Zusammenstellungen über dessen Vorkommen werden von BERNHAUER und KNOBLOCH[19], von NEUBERG und MANDL[20] sowie von GOTTSCHALK[21] gegeben. Invertasen haben je nach ihrer Herkunft neben ihrer gemeinsamen Fähigkeit, Saccharose zu spalten, zum Teil voneinander abweichende Eigenschaften (Tabellen 3, 29, 32). Die Invertase (α-Glucosidase) aus Bienenhonig wurde auf S. 1173

[1] KERR, L. M. H., A. F. GRAHAM and G. A. LEVVY: Biochem. J. **42**, 191 (1948).
[2] KARUNAIRATNAM, M. C., and G. A. LEVVY: Biochem. J. **44**, 599 (1949).
[3] TSOU, K.-C., and A. M. SELIGMAN: Am. Soc. **75**, 1042 (1953).
[4] BERNFELD, P., H. C. BERNFELD, J. S. NISSELBAUM and W. H. FISHMAN: Am. Soc. **76**, 4872 (1951).
[5] SPENCER, B., and R. T. WILLIAMS: Biochem. J. **48**, 537 (1951).
[6] DODGSON, K. S., J. I. M. LEWIS and B. SPENCER: Biochem. J. **55**, 253 (1953).
[7] ROBINSON, D., J. N. SMITH and R. T. WILLIAMS: Biochem. J. **53**, 125 (1953).
[8] BILLETT, F.: Biochem. J. **57**, 159 (1954).
[9] RUTENBURG, S. H., and A. M. SELIGMAN: J. biol. Ch. **203**, 731 (1953).
[10] LEVVY, G. A., A. J. HAY and C. A. MARSH: Biochem. J. **65**, 203 (1957).
[11] MEAD, J. A. R., J. N. SMITH and R. T. WILLIAMS: Biochem. J. **61**, 569 (1955).
[12] MARSH, C. A., and G. A. LEVVY: Nature **178**, 589 (1956).
[13] VERITY, M. A., R. CAPER and W. J. BROWN: Arch. Biochem. **106**, 386 (1964).
[14] FISHMAN, W. H.: J. biol. Ch. **127**, 367 (1939).
[15] LEVVY, G. A.: Biochem. J. **40**, 396 (1946).
[16] LEVVY, G. A., and J. T. WORGAN: Biochem. J. **59**, 451 (1955).
[17] DUMAS, J., et P. BOULLAY: Ann. Chim. Physique **37**, 45 (1828).
[18] BERTHELOT, M.: Cr. **50**, 980 (1860).
[19] BERNHAUER, K., u. H. KNOBLOCH: Bamann-Myrbäck Bd. II, S. 1322.
[20] NEUBERG, C., and I. MANDL: Sumner-Myrbäck Vol. I/1, S. 527.
[21] GOTTSCHALK, A.: Handb. Pfl.-Physiol. (RUHLAND) Bd. VI, S. 88.

beschrieben. Bäckerhefe ist für die Gewinnung der β-Fructofuranosidase die geeignetste Quelle. Hochgereinigte Invertasepräparate wurden aus *Bacillus subtilis*[1] und *Neurospora crassa*[2] erhalten.

Tabelle 32. *Vorkommen saccharosespaltender Enzyme.*

Quelle	β-Fructosidase	α-Glucosidase	Literatur
Bier- und Bäckerhefe	+	+	6–8
P. spinulosum	+	—	9
P. glaucum	—*	+*	10
A. oryzae	+	—	7, 9, 11, 12
A. niger	+	—	7, 12
L. mesenteroides	—	+	13
Aerobacter laevanicum	+	—	14
Bienenhonig	—	+	15
Nektar von Impatiens holstii	+	—	16
Nektar von Robinia pseudacacia	—	+	17
Kaninchendarm	—	+	18
Schweinedarm	—	+	19
Banane	+	—	20
Zuckerrübenblätter	+	—	21

* Durch Hemmversuche mit Glucose und Fructose.

***Darstellung von β-Fructofuranosidase aus Bäckerhefe nach* Fischer *und* Kothes[3].**

Eine große Anzahl von Methoden zur Gewinnung eines gereinigten Enzyms sind veröffentlicht worden (Zusammenstellung bei Neuberg und Mandl[4]). Trotz mannigfacher Bemühungen konnte eine kristallisierte Invertase bisher nicht erhalten werden. Ein sehr reines Präparat wurde 1951 von Fischer und Kothes[3] dargestellt. Obgleich es sich hierbei, wie Weidenhagen[5] berichtet, nicht um das reinste bisher dargestellte Präparat handelt*, soll hier die Methode nach Fischer wegen ihrer guten Reproduzierbarkeit und einfachen Handhabung ausführlich beschrieben werden.

Reagentien:

1. Aluminiumhydroxyd. Das Adsorbens wird frisch hergestellt und zweimal mit destilliertem Wasser durch Zentrifugieren gewaschen. Es ist nicht angebracht, mit größerer Geschwindigkeit als 8000 U/min zu zentrifugieren, da zu stark gepackte Niederschläge schlecht wieder zu suspendieren sind und außerdem eine geringe Adsorptionskapazität aufweisen. Die Resuspension erfolgt am besten mit Hilfe eines Vibromischers. Die gewaschene Suspension, die etwa 15—20 mg $Al(OH)_3$ pro ml enthält, kann etwa einen Monat aufbewahrt werden.
2. Pikratlösung. 3 g kristalliner Pikrinsäure, 13 ml 1n Natronlauge und 2 ml 1 m Acetatpuffer, p_H 3,7, werden unter Erwärmung auf 100 ml aufgefüllt. In der Kälte bilden sich langsam Kristalle. Kurz vor Gebrauch wird in der Wärme klar gelöst und sofort auf 0° C gekühlt. Die Lösung muß absolut klar sein.

* Weidenhagen konnte durch vergleichende Aktivitätsbestimmungen feststellen, daß Präparate älterer Autoren teilweise weit höheren Reinheitsgrad aufweisen.

[1] Negoro, H.: Nippon Nôgei-kagaku Kaishi **31**, 253 (1957) [Chem. Abstr. **51**, 13997].
[2] Metzenberg, R. L.: Arch. Biochem. **100**, 503 (1963).
[3] Fischer, E. H., u. L. Kohtes: Helv. **34**, 1123 (1951).
[4] Neuberg, C., and J. Mandl: Sumner-Myrbäck, Vol. I/1, S. 527.
[5] Weidenhagen, R., E. Preissler u. S. Lorenz: B. **90**, 1046 (1957).
[6] Weidenhagen, R.: Z. Ver. dtsch. Zuckerindust. **82**, 503 (1932).
[7] Edelman, J.: Biochem. J. **57**, 22 (1954).
[8] Avigad, G.: Biochem. J. **73**, 587 (1959) und frühere Arbeiten.
[9] Bealing, F. J., and J. S. D. Bacon: Biochem. J. **53**, 277 (1953).
[10] Euler, H. v., K. Josephson u. B. Söderling: H. **139**, 1 (1924).
[11] Pazur, J. H.: J. biol. Ch. **199**, 217 (1952).
[12] Vgl. Diskussion bei A. Gottschalk: Handb. Pfl.-Physiol. (Ruhland) Bd. VI, S. 93—96.
[13] Killey, M., R. J. Dimler and J. E. Cluskey: Am. Soc. **77**, 3315 (1955).
[14] Hestrin, S., D. S. Feingold and G. Avigad: Biochem. J. **64**, 340 (1956).
[15] White jr., J. W., and J. Maher: Arch. Biochem. **42**, 360 (1953).
[16] Zimmermann, M.: Exper. **8**, 424 (1952).
[17] Zimmermann, M.: Exper. **10**, 145 (1954).
[18] Carnie, J. A., and J. W. Porteous: Biochem. J. **85**, 450 (1962).
[19] Dahlqvist, A., and B. Borgström: Acta chem. scand. **13**, 1659 (1959).
[20] Henderson, R. W., R. K. Morton and W. A. Rawlinson: Biochem. J. **72**, 340 (1959).
[21] Allen, P. J., and J. S. D. Bacon: Biochem. J. **63**, 200 (1956).

3. Aceton. Aceton wird über Kaliumpermanganat und Natriumcarbonat redestilliert.
4. Wasser. Destilliertes Wasser wird über Bariumhydroxyd in einer Zinnapparatur destilliert.

Alle Acetonfällungen werden bei 0° C unter kräftigem Rühren durchgeführt. Das Aceton, das vorher auf —20° C abgekühlt wurde, wird in dünnem Strahl zugegeben. Wenn nicht anders angegeben, wird in der Kälte mit 3000 U/min zentrifugiert.

Reinigung.

1. Extraktion der Hefe. 2,5 kg frischer, durch besondere Gärführung gewonnener Bäckerhefe[1] werden durch Vermischen mit 200 g Natriumacetat (p_H 6) in einem 5 Liter-Gefäß autolysiert. Nachdem die Masse verflüssigt ist (15—20 min), werden 375 ml Toluol zugegeben und die Mischung 10 min lang mit Hilfe eines Vibromischers emulgiert. Ein Vibromischer der A.-G. für Chemie und Apparatebau Zürich wird dafür empfohlen. Der Behälter wird verschlossen und bei 37° C 60 Std aufbewahrt. Während dieser Zeit wird der p_H durch Zufügen von etwa 400 ml 4n Essigsäure auf etwa 4,5 gebracht und die Mischung dann 1,5 Std zentrifugiert. Es bilden sich drei Phasen. Die bräunliche Mittelphase enthält die gelöste Invertase. Diese Phase wird abgehebert. Der zurückbleibende Kuchen wird in Wasser aufgenommen, wieder homogenisiert und zentrifugiert. Die Mittelphase wird erneut abgezogen und mit der zuerst gewonnenen vereinigt. Man erhält so etwa 3,5 l einer trüben, bräunlichen Lösung mit weniger als 5 % reduzierendem Zucker. Die Lösung ist in der Kälte haltbar.

2. Pikrat- und Acetonfällung. Zu der Enzymlösung werden bei 0° C auf einmal 0,35 des Volumens an kalter (0° C) Pikratlösung gegeben. Nach wenigstens 3stündigem Aufbewahren bei 0° C wird die Mischung 30 min zentrifugiert (Sharples Superzentrifuge). Der Niederschlag wird verworfen; dann wird aus der Lösung mit dem dreifachen Volumen Aceton gefällt. Nach weiteren 30 min Rühren wird die Lösung größtenteils abdekantiert und der Rest noch 7 min zentrifugiert. Die Hauptmenge der aktiven Substanz haftet am Rührer und an der Wand des Becherglases. Man wäscht zweimal durch Digerieren mit kaltem (—20° C) Aceton und löst dann in Wasser auf. Die Lösung wird in kaltem Wasser dialysiert; das Wasser, im ganzen 12 l, wird oftmals ersetzt. Wenn die äußere, wäßrige Lösung nicht mehr gelb wird, ist die Dialyse beendet, und die Enzymlösung wird auf 5 l verdünnt. Eine eventuelle Trübung wird durch rasches Zentrifugieren durch die Sharples-Zentrifuge entfernt.

3. Aluminiumhydroxyd-Adsorption. Das klare Dialysat wird auf p_H 6,0 eingestellt und mit so viel Wasser verdünnt, daß die Aktivität etwa 6—80 A-Einh./ml* beträgt. Die kleinste Menge an $Al(OH)_3$, die ausreicht, bei p_H 6,0 und 0° C in 3 min die Invertase vollständig zu adsorbieren, wird mit einem kleinen Teil der Lösung bestimmt. Im allgemeinen genügt 1 mg $Al(OH)_3$ für 12—36 A-Einh. Dann wird die gesamte Lösung in kleinen Portionen mit $Al(OH)_3$ behandelt, und die Suspension bei p_H 6,0 und 0° C gut durchgemischt, sofort in Zentrifugengläser abgefüllt und genau 3 min nach Zugabe des $Al(OH)_3$ bei nicht mehr als 3000 U/min zentrifugiert. Die überstehende Lösung wird verworfen und der Niederschlag in einer möglichst kleinen Menge Wasser mit Hilfe des Vibromischers aufgeschlämmt.

4. Elution durch Lactatlösung. Da ein zu saures Medium bei zu langem Einwirken auf die $Al(OH)_3$-Suspension das Hydroxyd merklich auflöst und man somit zu weniger reinen Invertasepräparaten kommt, muß die minimale Elutionszeit experimentell bestimmt werden. Drei Proben (je 1 ml) der Hydroxyd-Suspension werden bei 15° C mit 5 ml 4n Milchsäure-Ammoniumlactatlösung (p_H 2,9) pro Gramm Hydroxyd verdünnt. Nach 10, 15 und 20 min werden die drei Proben zentrifugiert (12000 U/min). Der Prozentgehalt an eluiertem Enzym wird in der überstehenden Lösung bestimmt.

Normalerweise werden nicht mehr als 15 min zur vollständigen Elution benötigt. Die Hauptmenge der Suspension wird in der beim Vorversuch ermittelten günstigsten

* Definition der Einheit s. unter Aktivitätsbestimmung, S. 1210.

[1] WILLSTÄTTER, R., C. D. LOWRY jr. u. K. SCHNEIDER: H. **146**, 158 (1925).

Zeitspanne eluiert. Anschließend trennt man das Aluminiumhydroxyd in der Sharples-Zentrifuge ab.

5. Die überstehende klare Lösung wird auf p_H 4,8 gebracht. Man gibt 3,5 Volumenteile an Aceton zu, zentrifugiert die erhaltene Suspension 6 min und nimmt den Niederschlag in 300 ml Wasser auf. Durch kurzes Zentrifugieren entfernt man eine leichte Trübung, die von restlichem Aluminiumhydroxyd herrührt. Adsorption, Elution und Fällung des aktiven Materials werden noch einmal wiederholt. Die Reinigungsschritte sind in Tabelle 33 aufgeführt. Die gesamte Ausbeute an Enzym beträgt etwa 50%. Der Anreicherungsfaktor, bezogen auf KJELDAHL-Stickstoff, ist 200 und, bezogen auf Gesamtkohlenhydrat, 25. Ungefähr 7×10^5 A-Einheiten Invertase (das sind 1,2 g Protein und 3 g Kohlenhydrat) werden aus 2,5 kg Bäckerhefe erhalten.

Das gereinigte Enzym enthält immer noch eine beträchtliche Menge an polymeren Kohlenhydraten, die sich nicht ohne Inaktivierung des Enzyms abtrennen lassen. Die Bestimmung des Polysaccharidgehaltes wird colorimetrisch mit Anthron-Schwefelsäure durchgeführt[1–4].

5 ml Lösung, die zwischen 10 und 450 μg Kohlenhydrat enthalten, werden mit 10 ml Reagens (0,2 % Anthron in 95% H_2SO_4 gelöst; nur begrenzt bei 0° C haltbar) versetzt. Man taucht die Probe in kochendes Wasser und rührt die Lösung mit einem Glasstab. Nach 10 min kühlt man ab unter fließendem Wasser und bestimmt anschließend die Extinktion (Klett-Rotfilter Nr. 66; Eppendorf 578 mμ) gegen einen Blindwert. Die Extinktion wird mit Hilfe einer Glucose-Eichkurve ausgewertet und der Polysaccharidgehalt in Glucose-Einheiten ausgedrückt. Polyole und Halogenide stören die Bestimmung, wenn sie im Überschuß zugegen sind. Die schnell und einfach durchführbare Anthron-Methode ist für genaue Bestimmungen nicht zu empfehlen. Für exakte Messungen verfährt man wie folgt:

Tabelle 33. *Reinigung der β-Fructofuranosidase aus Bäckerhefe.*

Schritt	Ausbeute		Reinheit	
	bezogen auf den vorhergehenden Schritt	bezogen auf Rohextrakt	A/mg N *	A/mg Kohlenhydrat **
1	100	100	20	10
2a	80	80	150	20
2b	90	72	150	20
3	97	70	400	55
4	90	63	2800	97
5a	95	60	2800	97
5b***	85	50	4000	250

* Stickstoff nach KJELDAHL.
** Gesamt-Kohlenhydrat nach der Anthron-Methode.
*** Nach Wiederholung der Schritte 3—5a.

Eine Lösung, die etwa 2—5 mg Polysaccharid enthält, wird 6 Std in Wasserstoff-Atmosphäre mit 3n Salzsäure unter Rückfluß gekocht und anschließend im Vakuum zur Trockne eingedampft. Man nimmt in 1 ml Wasser auf und dampft nochmal ein. Der Rückstand wird dann in 1 ml Wasser gelöst, neutralisiert und auf ein bekanntes Volumen gebracht (2—5 ml). 2 ml dieser Lösung werden nun mit 2 ml 3,5-Dinitrosalicylsäure-Reagens* vermischt und 5 min bei 100° C gehalten. Es wird abgekühlt, mit einer abgemessenen Menge Wasser verdünnt und die Extinktion im KLETT-Apparat gemessen.

Berechnung des Gehaltes erfolgt nach der Glucose-Eichkurve**.

ANDERSEN[5] gelang die Reinigung der β-Fructofuranosidase aus Hefe durch Chromatographie an DEAE-Cellulose bis zu einer spezifischen Aktivität von 22000 A-Einheiten je mg N.

* Siehe Aktivitätsbestimmung, Reagentien.
** Siehe Aktivitätsbestimmung, Ausführung.

[1] FISCHER, E. H., u. L. KOHTES: Helv. **34**, 1123 (1951).
[2] MORRIS, D. L.: Science, N.Y. **107**, 254 (1948).
[3] SEIFTER, S., S. DAYTON, B. NOVIC and E. MUNTWYLER: Arch. Biochem. **25**, 191 (1950).
[4] PLOETZ, T.: Dieses Handbuch Bd. III, S. 694.
[5] ANDERSEN, B.: Acta chem. scand. **14**, 1849 (1960).

Eigenschaften. Die Eigenschaften der β-Fructofuranosidase aus Hefe sind in Tabelle 29 auf S. 1204 aufgeführt.

***Bestimmung der β-Fructofuranosidase nach* Fischer *und* Kothès[1].**

Reagentien:

1. Saccharose, 5% in 0,02 m Acetatpuffer, p_H 4,77; unter Zusatz einiger Tropfen Toluol in der Kälte aufzubewahren.
2. 10 g 3,5-Dinitrosalicylsäure und 300 g Seignettesalz werden in 200 ml 2nNaOH gelöst und auf 1000 ml aufgefüllt. Die Lösung ist beständig.

Ausführung:

In ein Reagensglas, das sich in einem Thermostaten bei 20° C befindet, wird 1 ml Enzymlösung pipettiert. Wenn die Badtemperatur erreicht ist (etwa 2 min), gibt man 1 ml Reagens 1 zu, das vorher auf 20° C gebracht wurde. Man stoppt die Reaktion nach 3 min durch Zugabe von 5 ml kochendem Wasser, kühlt ab und verdünnt mit 20 ml Wasser.

Anschließend wird die Extinktion bei 546 mμ gegen eine Blindprobe ohne Enzym abgelesen. Der Glucosegehalt wird an einer Eichkurve (zwischen 0 und 2 mg Glucosegehalt erhält man eine Gerade; Fructose hat den gleichen Reduktionswert) abgelesen.

Einheiten. Für die Angabe der Aktivität von Invertase sind vor allem vier Einheiten gebräuchlich:

a) A-Einheit[1]. Die A-Einheit ist die Enzymmenge, die unter den Bedingungen des oben beschriebenen Testes 1,0 mg reduzierender Hexosen (Glucose und Fructose) in 3 min in Freiheit setzt.

b) Die von Weidenhagen[2–4] eingeführte Fructosidase-Einheit entspricht 2,7 A-Einheiten.

c) Zeitwert und Inversionsfähigkeit[5]. Der Zeitwert ist die Zeit, in Minuten ausgedrückt, die benötigt wird, um 4 g Saccharose in 25 ml Lösung bei 15,5° C und p_H 4,5 durch 0,05 g des Invertasepräparates so weit zu spalten, daß die beobachtete Drehung 0° C beträgt. Die Inversionsfähigkeit If ist umgekehrt proportional dem Zeitwert t:

$$\text{If} = \frac{58{,}6}{t} \text{ für Messungen bei } 18^\circ \text{ C.}$$

d) Metzenberg[6] definiert als Einheit diejenige Enzymmenge, die 1 μM Saccharose in 15 min bei p_H 5,0 und 38° C in Glucose und Fructose spaltet.

β-Mannosidase.

[3.2.1.25 β-D-Mannosid-Mannohydrolase.]

β-Mannosidase-Aktivität wurde von Conchie u. Mitarb. in Pankreas und Nebenhoden der Ratte und in spontanen Milchdrüsentumoren von C3H-Mäusen gefunden[7].

β-Fucosidase.

Über das Vorkommen und die Verteilung einer β-D-Fucosidase in Leber, Niere und Nebenhoden von Schwein, Rind und Ratte berichtet Levvy[8], Levvy und McAllan synthetisierten Substrate und Inhibitoren[9] und konnten bei einem Präparat aus *Patella vulgata* durch Hitzeinaktivierung bei geeigneten p_H-Werten β-D-Fucosidase und β-D-Galaktosidase voneinander trennen[10].

[1] Fischer, E. H., u. L. Kothes: Helv. **34**, 1123 (1951).
[2] Weidenhagen, R., E. Preissler u. S. Lorenz: B. **90**, 1046 (1957).
[3] Weidenhagen, R.; in: Bamann-Myrbäck Bd. 2, S. 1724.
[4] Pigman, W. W.: J. Res. nat. Bur. Stand. **30**, 159 (1943) [Chem. Abstr. **37**, 3113].
[5] Euler, H. v., u. K. Josephson: B. **56**, 446 (1923).
[6] Metzenberg, R. L.: Arch. Biochem. **96**, 468 (1962).
[7] Conchie, J., J. Findlay and G. A. Levvy: Biochem. J. **71**, 318 (1959).
[8] Levvy, G. A.: Nature **187**, 1027 (1960).
[9] Levvy, G. A., and A. McAllan: Biochem. J. **80**, 433 (1961).
[10] Levvy, G. A., and A. McAllan: Biochem. J. **87**, 206 (1963).

Mucopolysaccharasen.

Von

Heinz Gibian*.

A. Definitionen.

Als *Mucopolysaccharide* werden alle hexosaminhaltigen Polysaccharide bezeichnet. Je nach Fehlen oder Vorkommen saurer Gruppen unterteilt man weiter in neutrale und saure Mucopolysaccharide. Sie können als solche frei vorkommen; wenn sie aber mehr oder weniger fest an Peptide bzw. Proteine zu hochmolekularen Komplexen gebunden sind, bedarf es zu ihrer Freisetzung mehr oder minder energischer Methoden. Ist die Bindung salzartig (natürlich nur bei sauren Mucopolysacchariden möglich), soll von *Mucoproteiden*, im Falle echter, kovalenter Bindung dagegen von *Mucoiden* gesprochen werden.

Mucopolysaccharidasen („Mucopolysaccharasen", „Mucasen"[1]) sind dann solche Enzyme, die Mucopolysaccharide in kleinere Bruchstücke spalten (depolymerisieren). Ob dabei noch eine Abgrenzung von „Mucodextrinasen"[1] mit Wirkung nur auf Spaltprodukte mittleren Polymerisationsgrades nötig und zweckmäßig ist, erscheint fraglich.

Nicht hierher gehören solche Enzyme, die nur spezielle Gruppen abspalten, also etwa Sulfatase (s. S. 1103ff.), Glucuronidase (s. S. 1201ff.), Glucosaminidase (s. S. 1234ff.) („Oligosacchar[id]asen").

B. Allgemeiner anwendbare Bestimmungsmethoden.

Viele Mucopolysaccharide bilden viscöse Lösungen. Daher bietet sich die Viscosimetrie als Meßmethode zur Beobachtung ihres enzymatischen Abbaues an.

Bei der Spaltung der glykosidischen Bindungen werden Aldehydgruppen freigelegt, deren Vermehrung reduktometrisch verfolgt werden kann.

Saure Mucopolysaccharide bilden meist, abhängig von ihrem Polymerisationsgrad, mit basischen Komponenten, z.B. Farbstoffen oder Proteinen, relativ schwer lösliche Komplexe oft charakteristischer Beschaffenheit („Gerinnsel"), was wiederum zur Enzymauswertung benutzt werden kann.

Einzelheiten s. besonders unter „Hyaluronidase" (S. 1216ff.).

C. Die einzelnen Enzyme.

1. Chitinase.

[3.2.1.14 Chitin-Glykanohydrolase.]

Von den neutralen Mucopolysacchariden ist nach Zusammensetzung und Struktur einzig das *Chitin* (I) genau bekannt[2, 3]; es ist im Tier- (Insekten, Crustaceen) und Pflanzenreich (Pilze, Algen)[4] als Skelet- und Hüllenmaterial weit verbreitet.

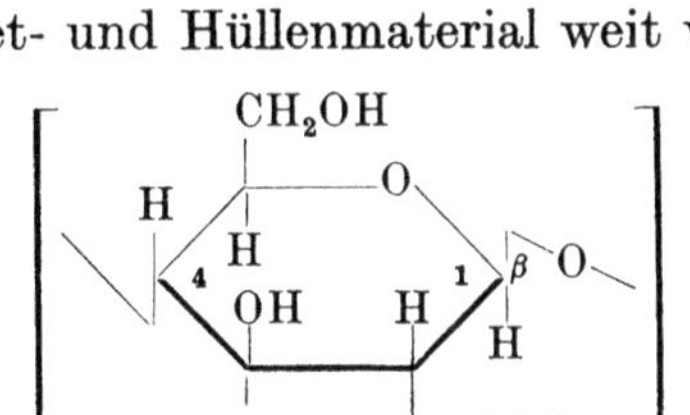

I. n = mehrere Hunderte

* Schering AG, Berlin-West.

[1] FISHMAN, W. H.: Sumner-Myrbäck, Enzymes, Bd. I/2, S. 769.

[2] MEYER, K. H., u. H. WEHRLI: Helv. **20**, 353 (1937).

[3] KENT, P. W., and M. W. WHITEHOUSE: Biochemistry of Aminosugars. S. 92. London 1955.

[4] PAECH, K., u. M. V. TRACEY: Moderne Meth. Pfl.-Analyse (PAECH-TRACEY) Bd. II, S. 264.

Eine *Chitinase*-Wirkung[1] wurde im Verdauungssaft der Weinbergschnecke *(Helix pomatia)* gefunden[2]; sie ist allerdings möglicherweise bakterieller Herkunft[3]. Bei p_H 5,2 liefert sie nach 8 Tagen bis zu 80% N-Acetylhexosamin. Wahrscheinlich wirken hierbei mehrere Enzyme zusammen, zumindest noch eine Oligosaccharidase[4].

Neuerdings wurde Chitinase (offenbar *nicht* bakteriellen Ursprungs) im Verdauungstrakt verschiedener Erdwürmer[5], aber auch insektenfressender Wirbeltiere[6] nachgewiesen.

Auch Schimmelpilze und Mandelemulsin können Chitin spalten[7]; ferner sind Riesenboviste enzymreich[8], und schließlich bilden *Chromobakterien, Klebsiella, Pseudomonas, Chlostridium, Vibrio* und *Erwinia* Chitinasen[9]. Auch Lysozym (s. unten) hat Chitinasewirkung[10].

Schneckenchitinase wirkt auf Chitin und sein Sulfat optimal bei p_H 4,8; das Nitrat wird nicht angegriffen[11]. Sulfurierte Polysaccharide wie Heparin hemmen[12].

Zur *Auswertung* wird gepulvertes reines Chitin in Phosphat-Citratpuffer vom p_H 5,5 suspendiert, bei 37° mit geeigneten Enzymverdünnungen inkubiert und die Trübungsabnahme nephelometrisch verfolgt[13]. Benutzt man oligomerenfreies Substrat und setzt Chitobiase (kommerzielle β-Glucosidase) im Überschuß zu, so kann auch das enzymatisch freigesetzte N-Acetyl-D-glucosamin ein Maß für die Chitinaseaktivität liefern[5].

2. „Muc[in]olytische" Enzyme.

Unter den komplexen Kohlenhydraten, den „Mucoiden", die von Becherzellen und höher organisierten epithelialen Schleimdrüsen sezerniert werden, finden sich die *Blutgruppensubstanzen* und *Virus-Hämagglutinationshemmer*. Struktur und Bindungsort der ihnen zugrunde liegenden peptid-(protein-)gebundenen *neutralen* Mucopolysaccharide sind noch sehr unklar. Typisch ist ihr Gehalt an Fucose (6-Desoxy-L-galaktose)[14, 15].

Enzyme, die die biologische Aktivität dieser Substanzen zerstören, sind in Bakterien, Protozoen und Speichel gefunden worden[14]. Wie weit es sich dabei um Mucopolysaccharidasen handelt, ist noch unsicher.

Die Enzyme, die die Virusreceptoren der Erythrocyten angreifen („R.D.E." = *r*eceptor *d*estroying *e*nzymes) und die im Speichel, bei verschiedenen Viren und Choleravibrionen vorkommen, scheinen aus den Virusreceptoren sowie den ihnen nahe verwandten Agglutinationshemmern eine niedrigmolekulare prosthetische Gruppe (N-Acetyl-neuraminsäure) abzuspalten[16].

Die biologische Substratinaktivierung charakterisiert die vorgenannten Enzyme nur qualitativ. Zu ihrer quantitativen Bestimmung eignen sich eher (physikalisch-)chemisch

[1] Kent, P. W., and M. W. Whitehouse: Biochemistry of Aminosugars. S. 20. London 1955.
[2] Karrer, P., u. A. Hofmann: Helv. **12**, 616 (1929).
[3] Jeuniaux, C.: Arch. int. Physiol. **58**, 350 (1950); ibid. **64**, 522 (1956).
[4] Zechmeister, L.: Enzymologia **5**, 302 (1938); **7**, 165, 170 (1939).
[5] Devigne, J., et C. Jeuniaux: Arch. int. Physiol. Biochim. **69**, 223 (1961).
[6] Jeuniaux, C.: Arch. int. Physiol. Biochim. **69**, 384 (1961). Nature **192**, 135 (1961).
[7] Grassmann, W., R. Stadler u. R. Bender: A. **502**, 20 (1933). — Grassmann, W., L. Zechmeister, G. Töth u. R. Stadler: A. **503**, 167 (1933).
[8] Paech, K., u. M. V. Tracey: Moderne Meth. Pfl.-Analyse (Paech-Tracey) Bd. II, S. 264.
[9] Clarke, P. H., u. M. V. Tracey: J. gen. Microbiol. **14**, 188 (1956) [Chem. Abstr. **50**, 7223] — s. auch Peach, K., u. M. V. Tracey: Moderne Meth. Pfl.-Analyse (Paech-Tracey) Bd. II, S. 264.
[10] Wenzel, M., H. P. Lenk u. E. Schütte: H. **327**, 13 (1961). — Salton, M. R. J., and J. M. Ghuysen: Biochim. biophys. Acta **45**, 355 (1960). — Berger, L. R., and R. S. Weiser: Biochim. biophys. Acta **26**, 517 (1957).
[11] Hackmann, R. H.: Austral. J. exp. Biol. med. Sci. **7**, 168 (1954) [Chem. Abstr. **48**, 12193].
[12] Costa, E.: Boll. Soc. ital. Biol. sperim. **29**, 332 (1953).
[13] Jeuniaux, C.: Arch. int. Physiol. **59**, 242 (1951) [Chem. Abstr. **47**, 2813].
[14] Springer, G. F.: Kli. Wo. **1955**, 347. — Bergamini, L.: Zbl. Bakteriol., (I. Orig.) **165**, 122 (1956).
[15] Kent, P. W., and M. W. Whitehouse: Biochemistry of Aminosugars. S. 110. London 1955.
[16] Briody, B. A.: Ann. N.Y. Acad. Sci. **52**, 1046 (1950). — Burnet, F. M.: Proc. R. Soc. London (B) **138**, 47 (1951). — Burnet, F. M.: Angew. Chem. **66**, 417 (1954). — Editorial: Lancet **263**, 925 (1955). — Klenk, E., H. Faillard u. H. Lempfried: H. **301**, 235 (1955). — Kent, P. W., and M. W. Whitehouse: Biochemistry of Aminosugars. S. 18. London 1955. — Klenk, E., u. V. W. Stoffel: H. **303**, 78 (1956). — Faillard, H.: H. **305**, 145 (1956).

faßbare „muc[in]olytische" („Mucinase"-)Wirkungen[1]. Offen bleiben muß bislang meist, wie weit die verschiedenen Wirksamkeiten einander parallelgehen und welche chemischen Reaktionen zugrunde liegen.

Die angewandten Meßmethoden gleichen weitgehend den unten bei „Hyaluronidase" angeführten (s. S. 1222) und seien darum hier nur kurz erwähnt:

a) ACRA-Test[2,3],
b) Viscositätstest[3,4],
c) Trübungsminderungstest[5], dazu
d) Abnahme der trichloressigsäurefällbaren Kohlenhydratkomplexe[3].

Alle Teste sind bisher nur zu halbquantitativen Vergleichsuntersuchungen ohne Verwendung von Standardpräparaten oder Einheitendefinitionen benutzt worden.

3. Lysozyme.

[3.2.1.17 N-Acetylmuramid-Glykanohydrolase.] (Muramidase.)

Lysozyme[6] sind Enzyme, die einige saprophytäre, meist harmlose Keime (z.B. *Micrococcus lysodeicticus*) bakteriolysieren. Sie spalten sowohl Chitin (s. oben), aber vor allem spezifische, in den Zellwänden obiger Bakterien vorhandene peptidgruppenhaltige Polysaccharide unter Freilegung von Muraminsäure-Endgruppen[7]; die Lysozyme könnten demnach als „Muraminidasen" bezeichnet werden. Aus einem aus den Zellwänden isolierbaren, allerdings chemisch nur ungenügend definierten Substrat werden unter Viscositätsminderung reduzierende Gruppen freigesetzt[8], wobei die Hälfte des als Glucose ausdrückbaren Wertes als Acetylglucosamin bestimmt werden kann.

Lysozymartige Enzyme kommen im Pflanzen- und Tierreich vor. Die bisher kristallisiert erhaltenen tierischen Enzyme haben fast gleiche Aktivität, nahezu gleiches Molekulargewicht (14000—15000) und einander sehr ähnliche, aber nicht identische Aminosäurezusammensetzung[9], wobei die Struktur jetzt weitgehend festliegt[10].

Das Enzym aus Papaya-Milchsaft hat dagegen ein Molekulargewicht von etwa 25000, kristallisiert nur als Hg-Komplex und unterscheidet sich von obigen auch in der Aminosäurezusammensetzung[11].

Neuerdings wurden Lysozyme beschrieben, die teils in *Escherichia coli*-Zellen beim Befall mit T_2-Phagen auftreten, teils an letztere gebunden sind[12].

Kristallisiertes Lysozym aus Eiereiweiß kann nach[13] hergestellt werden.

[1] Burnet, F. M.: Austral. J. exp. Biol. med. Sci. **27**, 245 (1949); [CA. **44**, 702[e]]. — Woolley, D. W.: J. exp. Med. **89**, 11 (1949). — Bergamini, L.: Boll. Ist. sieroterap. milanese **31**, 448 (1952). — Bergamini, L.: Boll. Soc. ital. Biol. sperim. **28**, 668 (1952). — Favilli, G.: Wien. klin. Wschr. **64**, 405 (1952).
[2] Burnet, F. M.: Austral. J. exp. Biol. med. Sci. **26**, 71 (1948).
[3] Knox, K. W.: J. dent. Res. **32**, 367, 374 (1953). — Knox, K. W., and J. L. Still: J. dent. Res. **32**, 379 (1953).
[4] Woolley, D. W.: J. exp. Med. **89**, 11 (1949). — Bergamini, L.: Boll. Soc. ital. Biol. sperim. **28**, 668 (1952). [s. auch Boll. Soc. ital. Biol. sperim. **27**, 565 (1951)].
[5] McCrea, J. F.: Nature **172**, 912 (1953).
[6] Gallarte, L.: Med. sperim. **22**, 171 (1950) [Chem. Abstr. **47**, 4399]. — Fishman, W. H.: Sumner-Myrbäck, Enzymes Bd. I/2, S. 790. Lysozyme, a Review. Chicago, Ill. 1952. — Hoffmann-Ostenhof, O.: Enzymologie. S. 252. Wien 1954. — Kent, P. W., and M. W. Whitehouse: Biochemistry of Aminosugars. S. 17. London 1955.
[7] Salton, M. R. J., and J. M. Ghuysen: Biochim. biophys. Acta **45**, 355 (1960). — Ghuysen, J. M.: Biochim. biophys. Acta **40**, 73 (1960). — Perkins, H. R.: Biochem. J. **74**, 182 (1960).
[8] Meyer, K., E. Hahnel and A. Steinberg: J. biol. Ch. **163**, 723, 733 (1946). — Siehe auch Meyer, K.: Symposium on Some Conjugated Proteins. Ann. Conf. Protein Metab., Bureau biol. Res. Rutgers Univ. **9**, 64 (1953). — Schütte, E., u. K. Krisch: H. **311**, 121, 131 (1958).
[9] Fromageot, C., et P. Jollès: Exper., Suppl. II, **1955**, 181.
[10] Canfield, R. E.: J. biol. Ch. **238**, 2698 (1963). — Jollès, J., J. Jaureguiadell and P. Jollès: Biochim. biophys. Acta **71**, 488 (1963).
[11] Smith, E. L., L. E. Hahnel and A. Steinberg: J. biol. Ch. **215**, 67 (1955).
[12] Weidel, W., u. W. Katz: Z. Naturforsch. **16**b, 156 (1961). — Katz, W., u. W. Weidel: Z. Naturforsch. **16**b, 363 (1961).
[13] Biochem. Preparations, H. E. Carter (Hrsgb.), Vol. I, S. 67. New York 1949.

Tabelle 1. *Lysozymgehalt.*

	μg pro g Frischorgan[1]	Viscositäts-einheiten pro ml bzw. g[2, 3]
Hühner-Eiweiß	1500—2500	12500
Hühner-Lunge	4—6	
Kaninchenmilz	400—500	
Hundemilz	150—250	
Hundeniere	15—25	
Meerschweinchenknorpel		10
Schweinemagenmucosa, acetontrocken		1200
Schweineknorpel		40
Menschlicher Speichel	10—20	~1,5
Menschliche Tränen		850—2000
Menschliches Serum		~1
Menschlicher Magensaft		40
Menschlicher Knorpel		36
Menschliche Leukocyten		1,8 pro 5000000 Zellen
Ficus-Latex		300—700
Papaya-Latex (Trockensubstanz)	soll zu 20% aus Lysozym bestehen[4]	
Zum Vergleich: Kristallisiertes Eiereiweiß-Lysozym		1370 E/mg[2]

Tabelle 2. *Eigenschaften von Lysozym*[2, 4–7].

	Lysozym	
	tierischer *	pflanzlicher
	Herkunft	
Stabilität	Bei p_H 5/100° C ziemlich stabil, bei p_H 8 labil	Ficus-Enzym in allen p_H-Bereichen hitzelabil
Oxydantien	Peroxyd, Jod inaktivieren; durch H_2S oder CN^- reversibel	Papaya-Enzym ohne empfindliche SH-Gruppen
Schwermetalle	Ag-, Co-, Hg-Ionen hemmen	
Aktivatoren	NaCl; Histon; Protamin	
Inhibitoren	Citrat-Ionen; Heparin	
p_H-Optimum	Für die Abtötung von S. lutea	
	6,2	4,65 (Papaya)
	Lysis erfolgt erst bei neutralem bzw. schwach alkalischem p_H, bei S. muscae sogar erst bei p_H 13	
	Im Viscositätstest	
	5,3	3,2—4,2 (Ficus)
Reaktionskinetik	Für Bakteriolyse von S. lutea	
	In Grenzen Reaktion 1. Ordnung	In Grenzen 2. Ordnung (gereinigtes Papaya-Enzym)

* Angaben betreffen Eiereiweiß-Lysozym.

[1] FROMAGEOT, C., et P. JOLLÈS: Exper., Suppl. II, **1955**, 181.

[2] MEYER, K., J. R. KIMMEL, D. M. BROWN and E. O. P. THOMPSON: J. biol. Ch. **163**, 723, 733 (1946). — Siehe auch MEYER, K.: Symposium on Some Conjugated Proteins. Ann. Conf. Protein Metab., Bureau biol. Res. Rutgers Univ. **9**, 64 (1953).

[3] MEYER, K.: Modern Trends Ophthalmol. **1948**, 71.

[4] SMITH, E. L., L. E. HAHNEL and A. STEINBERG: J. biol. Ch. **215**, 67 (1955).

[5] KAISER, E.: Nature **171**, 607 (1953). — KERBY, G. P., and G. S. EADIE: Proc. Soc. exp. Biol. Med. **83**, 111 (1953).

[6] DICKMAN, S. R., and C. M. PROCTOR: Arch. Biochem. **40**, 364 (1952).

[7] LOBSTEIN, O. E., and S. J. FOGELSON: Amer. J. digest. Dis. **18**, 298 (1951).

Lysozympräparate sind im Handel, z.B. bei Light u. Co., Ltd. London; Worthington Biochemical Corp., Freehold, N.J., USA; Nutritional Biochemicals Corp., Cleveland, Ohio, USA.

Zur Berechnung der Aktivität gereinigter Enzympräparate können in Grenzen die betreffenden Reaktionskonstanten benutzt werden. Für Messungen in Organ-Rohextrakten verwendet man zweckmäßiger Standardkurven.

Als *Viscositätseinheit* wird die Enzymaktivität definiert, die unter den unten angegebenen Testbedingungen die spezifische Viscosität (η_{sp})* des Substrates innerhalb 10 min halbiert[1].

Genauere Angaben über Beziehungen zwischen turbidimetrischem und viscosimetrischem Test können nicht gemacht werden. In groben Zügen scheint Parallelität zu bestehen[1].

***Turbidimetrische Bestimmung von Eiereiweiß-Lysozym nach* DICKMAN *und* PROCTOR[2].**

Prinzip:

Bestimmung der enzymatischen Bakteriolyse.

Reagentien:

1. Standard-Acetatpuffer, pH 4,62.
2. 4 n NaOH.
3. Lösungs- und Verdünnungsmittel für Enzym: (*1*) mit 0,2 n NaCl aufs Doppelte verdünnt.
4. Substrat: Auf Peptonnährboden gewachsene *Sarcina lutea (ATCC Nr. 272)* werden mittels einer gekühlten Zentrifuge geerntet und die erhaltene Paste bei −20° C aufbewahrt. Die Paste wird mit Wasser verdünnt, bis 1 ml davon gemischt mit 3 ml Wasser und 0,4 ml (*2*) eine Extinktion von 0,75 ± 0,03 bei 440 mμ geben. Diese Stammlösung kann bei 4° C 6 Wochen aufbewahrt werden. Zum Gebrauch wird sie mit (*1*) auf das Doppelte verdünnt.

Ausführung:

Ansatz: 1 ml (*4*) und 1 ml (*3*) ohne (*A*) bzw. mit Enzym (*B*); 37° C und 15 min (*t*).

Fixierung: Nach Zugabe von 0,2 ml (*2*) noch 30 min bei 37° C stehenlassen.

Extinktionsmessung: Bei 440 mμ gegen einen mit 20 μM (~300 μg) Enzym analog gemachten Ansatz. *A* liefert die Substratkonzentration zu Anfang (S_0), *B* die betreffenden Endwerte (S_t).

Berechnung:

Für Ansätze (*B*) mit bekannter Enzymmenge (*E*) wird die Reaktionskonstante 1. Ordnung nach

$$K = \frac{1}{t \times E} \times \log(S_0/S_t)$$

errechnet.

Innerhalb der Grenzen ihrer Konstanz (etwa für $E = 0{,}03$—$0{,}3$ μM Enzym [0,5 bis 5 μg]) können dann unbekannte Enzymaktivitäten durch Auflösen obiger Gleichung nach

$$E = \frac{1}{K \times t} \times \log(S_0/S_t)$$

berechnet werden.

***Turbidimetrische Bestimmung von Lysozym nach* SMOLELIS *und* HARTSELL[3], *modifiziert nach* LOBSTEIN *und* FOGELSON[4] *bzw.* BURGHARTZ *und* BOOSFELD[5].**

Besonders zur Bestimmung in Körperflüssigkeiten (bis zu 1 μg/ml) geeignet.

---

* Siehe S. 1228.

[1] MEYER, K., J. R. KIMMEL, D. M. BROWN and E. O. P. THOMPSON: J. biol. Ch. **163**, 723, 733 (1946). — s. auch MEYER, K.: Symposium on Some Conjugated Proteins. Ann. Conf. Protein Metab., Bureau biol. Res. Rutgers Univ. **9**, 64 (1953).

[2] DICKMAN, S. R., and C. M. PROCTOR: Arch. Biochem. **40**, 364 (1952).

[3] SMOLELIS, A. N., and S. E. HARTSELL: J. Bact. **58**, 731 (1949).

[4] LOBSTEIN, O. E., and S. J. FOGELSON: Amer. J. digest. Dis. **18**, 298 (1951).

[5] BURGHARTZ, N., u. E. BOOSFELD: Kli. Wo. **1954**, 181.

Reagentien:

1. 0,067 m Phosphatpuffer, p_H 6,2.
2. Substrat: 18stündige Subkulturen von *M. lysodeicticus (Fleming ATCC 4698)* werden mittels (*1*) geerntet, UV-bestrahlt und gefriergetrocknet. Zum Gebrauch wird in (*1*) resuspendiert und auf eine Durchlässigkeit von 10% bei 540 mμ eingestellt.
3. Enzym: In (*1*) geeignet verdünnt.

Ausführung:

Gleiche Volumina (*2*) und (*3*) werden 10 min bei 40° C inkubiert und dann sofort gegen (*1*) bei 540 mμ turbidimetriert. Aus einer mit 0,15—5 μg kristallisiertem Eiereiweiß-Lysozym gleichzeitig erhaltenen Standardgeraden werden die unbekannten Enzymkonzentrationen unter Berücksichtigung der angewandten Verdünnung abgelesen.

***Viscosimetrische Lysozym-Bestimmung nach* Meyer *u. Mitarb.*[1].**

*Prinzip, Geräte** und *Auswertung** s. unter „Hyaluronidase" S. 1227ff..

Reagentien:

1. Substrat: 0,4%ige Lösung eines aus *Micrococcus lysodeicticus* isolierbaren Mucopolysaccharids in McIlvain-Citrat-Phosphatpuffer, p_H 5,3, enthaltend 0,2 m NaCl.
2. Enzymlösung in 0,9% NaCl geeignet verdünnt.

*Ansatz**:

0,5 ml (*1*) und 0,1 ml (*2*) bei 37° C.

4. Hyaluronidasen[2, 3].

[4.2.99.1 Hyaluronat-Lyase.]

Typische und wesentliche Bestandteile der tierischen Bindegewebegrund- und Kittsubstanzen sind eine Reihe saurer Mucopolysaccharide[2, 4].

Die *Hyaluronsäure* ist mit ziemlicher Sicherheit ein Poly-β-glucuronido-N-acetylglucosaminid (II):

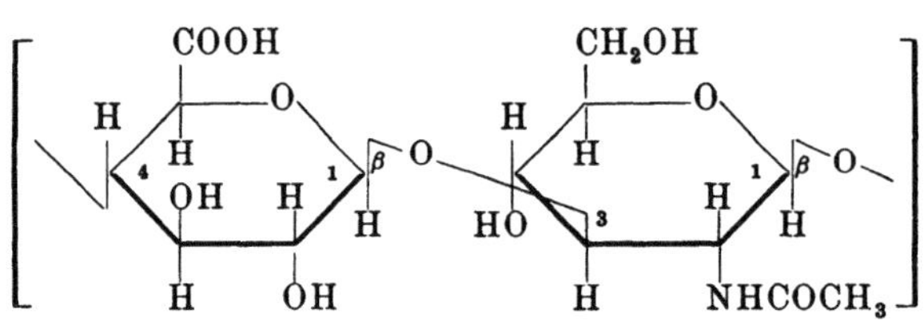

II. n = mehrere Hunderte bis Tausende

---

* Die Originalvorschrift arbeitet mit zehnfach größeren Ansätzen, was natürlich bedeutungslos ist.

[1] Meyer, K., J. R. Kimmel, D. M. Brown and E. O. P. Thompson: J. biol. Ch. **163**, 723, 733 (1946). — s. auch Meyer, K.: Symposium on Some Conjugated Proteins. Ann. Conf. Protein Metab., Bureau biol. Res. Rutgers Univ. **9**, 64 (1953).

[2] Fishman, W. H.; in: Sumner-Myrbäck, Enzymes Bd. I/2, S. 771. — Gibian, H.: Mucopolysaccharide und Mucopolysaccharidasen. Wien 1959. — Hoffmann-Ostenhof, O.: Enzymologie. S. 253. Wien 1954. — Meyer, K., and M. M. Rapport: Adv. Enzymol. **13**, 199 (1952). — Kent, P. W., and M. W. Whitehouse: Biochemistry of Aminosugars. S. 11. London 1955.

[3] Überblicke über Bestimmungsmethoden: Boltraffio, C.: Farmaco, Ed. sci., Pavia **4**, 51 (1949). — Tolksdorf, S.: Meth. biochem. Analysis **1**, 425 (1954). — Dorfman, A.; in: Colowick-Kaplan, Meth. Enzymol. Bd. I, S. 166.

[4] Davidson, E. A., and K. Meyer: Am. Soc. **76**, 5686 (1954). — Davidson, E. A., and K. Meyer: J. biol. Ch. **211**, 605 (1954). — Linker, A.: Univ. Microfilms Publ. Nr. 8718 [Chem. Abstr. **48**, 13771]. — Meyer, K.; in: Asboe-Hansen (Hrsg.): Connective Tissue in Health and Disease. S. 54, Kopenhagen 1954. — Kent, P. W., and M. W. Whitehouse: Biochemistry of Aminosugars. S. 72 bis 85 u. 105—110. London 1955. — Linker, A., K. Meyer and B. Weissmann: J. biol. Ch. **213**, 237 (1955). — Jeanloz, R. W.: III. Int. Congr. Biochem. Brüssel 1955. Conf. et Rapports, S. 65. — Weissmann, B.: J. biol. Ch. **216**, 783 (1955). — Hoffmann, P., K. Meyer and A. Linker: J. biol. Ch. **219**, 653 (1956). — Linker, A., K. Meyer and P. Hoffmann: J. biol. Ch. **219**, 13 (1956).

Im *Chondroitin* liegt ein Poly-β-glucuronido-N-acetylgalaktosaminid vor (wahrscheinlich III):

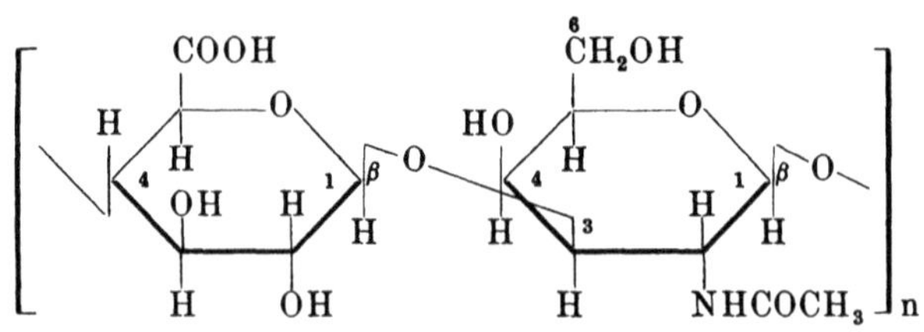

III. n = einige Zehn bis Hunderte

Die *Chondroitinschwefelsäure A* enthält noch eine Sulfatgruppe pro Grundeinheit in Stellung 4 des Hexosaminrestes, die *Chondroitinschwefelsäure C* dagegen in Stellung 6. (Die L-Iduronsäure statt D-Glucuronsäure-enthaltende Chondroitinschwefelsäure B und das in seiner Struktur noch nicht genauer bekannte Keratosulfat [s. Bd. IV, S. 669ff.] werden von Hyaluronidase nicht angegriffen.)

Diese Mucopolysaccharide sind in nativem Zustand und, je nach Milieubedingungen auch in vitro, höchstwahrscheinlich noch höher aggregiert (Micellbildung). Mit Proteinen zusammen bilden sie mehr oder minder stabile Komplexe, deren Bindungen salzartiger und VAN DER WAALSscher Natur sind. Je nach Polymerisationsgrad der Mucopolysaccharide sind ihre Lösungen mehr oder minder hochviscös.

Die *Hyaluronidasen* können in verschiedene Gruppen unterteilt werden, die sich nach Herkunft, Wirkungsweise und Substratspezifität unterscheiden.

Vorkommen.

Tabelle 3. *Vorkommen von Hyaluronidasen.*

Gruppe I	Testikel und Sperma	zahlreicher Säugetiere; Fehlen bei Hunden, Pferden, Eseln, Vögeln, Kaltblütern	(Gehalt in IE/g bzw. ml, umgerechnet nach eigenen Erfahrungen) Testes vom Rind etwa 2000—3000[1] Kaninchen etwa 70000[1] Meerschweinchen etwa 4000—5000[1] Ratte etwa 400[1] Sperma vom Rind etwa 10000—15000[2] Mensch etwa 1—5[2]
	Gifte	verschiedener Schlangenarten, z. B. Vipera, Bothrops, Crotalus u.a., auch von Insekten, z. B. Bienen und manchen Spinnen	zum Teil recht aktiv
	Bakterien	ein Proteus vulgaris; ein Clostridium perfringens	
Gruppe II	Bakterien	z. B. Streptokokken, Staphylokokken, Clostridien, Pneumokokken, B. anthracis, B. diphtheriae (?), Typhusbacillen, verschiedene Spirochäten u. a. m.	mengenmäßig sehr abhängig von Stamm und Modifikation, Kulturbedingungen, Erntedatum usw.
Gruppe III	verschiedene Organe, Serum und Sekrete	zahlreiche Tierarten	Zusammenstellung mit halbquantitativen Angaben s.[3]. Ferner Tabelle 4
Gruppe IV		Blutegel	

[1] GIBIAN, H.: H. **291**, 6 (1952/53).
[2] HEINRICHS, E.: Diss. med. Göttingen 1953.
[3] ROMANINI, M. G.: Riv. Biol. **46**, 29 (1954) [Chem. Abstr. **49**, 2549].

Tabelle 4. *Relativer Hyaluronidasegehalt verschiedener Organe (Gruppe III) nach*[1, 2] *. (Gemessen bei p_H 4,6.)

Organ	Tier													
	Pferd (Stute)	Rind		Hammel	Schwein		Hund	Katze	Kaninchen	Meerschweinchen	Ratte	Maus	Frosch	Hahn
		Stier	Kuh		Eber (kastr.)	Sau								
Leber	0,05	0,14	0,23	0,05	0,80	0,90	1,0	> 2,0	0,07	0,11	0,68	0,14	1,23	0,55
Nieren		0,09	0,11		0,74	0,24	0,5	0,5	0,05	0,32	0,25	0,12	1,35	0,40
Nebennieren	0,30	0,25	0,60	0,13	1,0	0,60	0,45	0,8		1,3				
Milz	0,25	0,11	0,15	0,13	1,6	2,0	> 1,0	> 2,0	0,25	0,13	0,60	0,13		0,45
Gehirn	< 0,05	0,07	< 0,05	0,17	0,07	0,05		0,1	0,03	0,06	0,06	0,08	0,15	0,20
Lunge	0,20	0,12	0,20	0,20	0,50	0,40	> 1,0		0,26	0,31	0,60	0,11	0,70	0,20
Herz	0,15	0,10	0,22	0,08	0,20	0,16	0,06		0,05	0,05	0,13	0,01	0,21	0,20
Skeletmuskel	0,30	0,13	0,28	0,14	0,04	0,29	< 0,05	0,15	< 0,03	0,12	0,10		0,15	0,09
Magen	0,35	0,17	0,26	0,11	0,20	0,45	> 0,5		0,07	0,10	0,24	0,07	0,37	0,10
Dünndarm	0,40	0,27	0,45	1,0	1,1	0,76	> 0,5		0,02	0,03				0,80
Dickdarm	0,30	0,09	0,14	0,07		0,50			0,08	0,08	0,19	0,05	0,52	0,50
Gallenblase		0,06	0,13	0,08	0,06	0,05								0.07
Euter	0,37		0,07			Zitzen 0,20								
Uterus	0,22		0,16			0,45								
Verschiedenes	Tube 0,30 Ovar 0,40 Mensch Speichel ≪ 0,005		Tube 0,19 Ovar 0,21			HVL 0,04 HHL 0,06 Ovar 0,33	Pankreas 0,17 Speicheldrüsen 1,6 Speichel 0,8			Fetus 0,1 Placenta 0,05 Mageninhalt 0,04 Darminhalt 0,03	Thymus 0,13		Ovar 0,26	
Serum je nach Verdünnung	Mensch 0,05—0,30						0,12—0,48		< 0,01	0,03—0,07	0,05—0,22	0,02—0,05		

* Die Zahlenangaben sind aus dem Langzeit-Viscositätstest bei p_H 4,6 (s. unten) gewonnene Relativwerte im Vergleich zu einem handelsüblichen Präparat („Kinetin“-Schering) mit etwa 350 IE, dessen Wirksamkeit in diesem Fall = 10 gesetzt wurde.

[1] Gibian, H.: H. **291**, 6 (1952/53).

[2] Gibian, H.: H. **300**, 261 (1955). — Daubenmerkl, W.: Acta pharmacol., København **12**, 65 (1956).

Zahlreiche *Hyaluronidasepräparate* (aus Stiertestes) sind im *Handel*, z.B. als „Kinetin“ (Schering-AG, Berlin) auch noch in besonderes hochgereinigter Form bis 20000 IE/mg erhältlich; „Apertase“ (Farbwerke Hoechst AG, Frankfurt a. M.-Höchst); „Luronase“ (Farbenfabriken Bayer AG, Leverkusen); „Permease“ (Sanabo, Wien); „Hyalase“ (Benger Laboratories Ltd., Holmes Chapel, Cheshire); „Rondase“ (Evans Medical Supplies Ltd., Liverpool and London); „Wydase“ (Wyeth Inc., Philadelphia, Pa., USA); „Alidase“ (G.D. Searle u. Co., Chicago, Ill., USA); „Diffusin“ (Ortho Pharmaceutical Corp., Raritan, N.J., USA); „Spredine“ (Cruet, Paris); „Invasin Lundbeck“ (H. Lundbeck u. Co. A./S., Kopenhagen); „Hyalase Leo“ (Leo Pharmaceutical Products, Kopenhagen); „Jalovis“ (Vismara Terapeutici, Casatenovo, Brianza Como); „Hyason“ (N. V. Organon, Oss, Holland; Organon GmbH, München-Pasing).

Ferner ohne Markennamen, z.B. bei: Light u. Co. Ltd., Colnbrock-Bucks, England, und bei Worthington Biochemical Corp., Freehold, N.J., USA.

In der „Varidase“ (einem Streptokinase/Streptodornasepräparat der Lederle Laboratories New York, N.Y.) soll auch Hyaluronidase enthalten sein, die dann also von Streptokokken stammte.

Eigenschaften*. Noch keine Hyaluronidase ist bisher kristallisiert oder sicher einheitlich erhalten worden. Besonders hochgereinigt wurde bisher nur die Stiertesteshyaluronidase[4] und neuerdings auch ein Enzym aus *Cl. perfringens*-Kulturen[5].

Die meisten im Handel befindlichen Präparate enthalten nur wenige Prozent oder sogar Bruchteile davon an aktiver Substanz; sie sind sicher manchmal auch nicht frei von andersartigen Enzymwirkungen.

Praktisch alle bisherigen Untersuchungen über Eigenschaften der Hyaluronidasen und ihre Wirkungen sind also mit mehr oder minder unreinen Enzympräparaten gemacht worden. Dazu kommt, daß auch die reproduzierbare Herstellung einheitlicher, definierter, inhibitorfreier Substrate auf große Schwierigkeiten stößt (restlose Beseitigung z.B. der sulfurierten Mucopolysaccharidsäuren). Ferner hat man es mit polydispersen Gemischen von Polymerhomologen verschiedenen Molekulargewichts zu tun, deren Zusammensetzung je nach Ausgangsmaterial und Herstellungsweise in weiten Grenzen und wenig exakt feststellbar schwankt. Daher sind die unter den verschiedensten technischen Bedingungen erzielten Ergebnisse der zahlreichen Bearbeiter nur schwer miteinander vergleichbar bzw. könnten kaum zu allgemeiner gültigen Angaben verdichtet werden. Das betrifft sowohl quantitative Aussagen über das Vorkommen der Enzyme wie auch ihre Charakterisierung durch p_H-Optimum, Temperaturoptimum, Reaktionsgeschwindigkeiten, Aktivierbarkeit und Hemmbarkeit usw.

---

* Es ist unmöglich, alles hier Aufgeführte im gegebenen Rahmen mit Zitaten zu belegen. Es wird auf[1–3] verwiesen.

[1] FISHMAN, W. H.; in: Sumner-Myrbäck, Enzymes Bd. I/2, S. 771. — GIBIAN, H.: Mucopolysaccharide und Mucopolysaccharidasen. Wien 1959. — HOFFMANN-OSTENHOF, O.: Enzymologie. S. 253. Wien 1954. — MEYER, K., and M. M. RAPPORT: Adv. Enzymol. **13**, 199 (1952). — KENT, P. W., and M. W. WHITEHOUSE: Biochemistry of Aminosugars. S. 11. London 1955.

[2] Überblicke über Bestimmungsmethoden: BOLTRAFFIO, C.: Farmaco, Pavia **4**, 51 (1949). — TOLKSDORF, S.: Meth. biochem. Analysis **1**, 425 (1954). — DORFMAN, A.; in: Colowick-Kaplan, Meth. Enzymol. Bd. I, S. 166.

[3] DAVIDSON, E. A., and K. MEYER: Am. Soc. **76**, 5686 (1954). DAVIDSON, E. A., and K. MEYER: J. biol. Ch. **211**, 605 (1954). — LINKER, A.: Univ. Microfilms Publ. Nr. 8718 [Chem. Abstr. **48**, 13771]. — MEYER, K.; in: ASBOE-HANSEN (Hrsg.): Connective Tissue in Health and Disease. S. 54. Kopenhagen 1954. — KENT, P. W., and M. W. WHITEHOUSE: Biochemistry of Aminosugars. S. 72 bis 85 u. 105—110. London 1955. — LINKER, A., K. MEYER and B. WEISSMANN: J. biol. Ch. **213**, 237 (1955). — JEANLOZ, R. W.: III. Int. Congr. Biochem. Brüssel 1955. Conf. et Rapports, S. 65. — WEISSMANN, B.: J. biol. Ch. **216**, 783 (1955). — HOFFMANN, P., K. MEYER and A. LINKER: J. biol. Ch. **219**, 653 (1956). — LINKER, A., K. MEYER and P. HOFFMANN: J. biol. Ch. **219**, 13 (1956).

[4] FREEMAN, M. E., and M. E. WEBSTER: Proc. Soc. exp. Biol. Med. **79**, 113 (1952). — RASMUSSEN, P. S.: Biochim. biophys. Acta **14**, 567 (1954).

[5] BAKER, E. M., M. E. WEBSTER, E. FREEMAN, S. G. CRAY and A. C. SANDERS: Proc. Soc. exp. Biol. Med. **91**, 24 (1956).

Tabelle 5. *Eigenschaften der Hyaluronidasen.*

Eingehender geprüfte Enzyme	Enzyme der Gruppe I Speziell Stiertestes; Gift von Bothrops u. Crotalus	II Staphylokokken, Streptokokken, Pneumokokken, Cl. welchii	III Gewebehomogenate
Substratspezifität	alle oben genannten Substrate	nur nicht sulfurierte Substrate (mit wenigen Ausnahmen)	Hyaluronsäure, weitere Substrate nicht geprüft
Wirkungsweise	Spaltung der Hexosaminidbindungen im Ketteninneren	Spaltung der Hexosaminidbindungen im Ketteninneren, dazu Abspaltung von einem H_2O pro Bindung	?
Reaktionsgeschwindigkeit bzw. Substrataffinität	nimmt mit zunehmendem Spaltungsgrad, d.h. mit abnehmendem Polymerisationsgrad schnell ab	ist vom Polymerisationsgrad weniger abhängig	?
p_H-Optimum	bei abnehmender Ionenstärke von etwa 5 auf etwa 6—7 steigend		relativ unabhängig von der Ionenstärke bei 3,5—4; über p_H ~5 ohne Wirkung
Temperaturempfindlichkeit	relativ stabil bis 60° C	labil bei 60° C	hitzeempfindlich
Temperaturkoeffizient	etwa 2 für Testesenzym	etwa 2 für Clostr. welchii-Ferment	?

Zur *Substratspezifität* und *Wirkungsweise:* Hyaluronidasen der Gruppe I können als „Endopoly-β-hexosaminidasen“ klassifiziert werden. Bei genügend langer und intensiver Enzymeinwirkung treten der Reihe nach sämtliche niedrigeren Homologen sogar bis zum monomeren Disaccharid (s. S. 1216/17, Formel II bzw. III, n = 1) hinter- und nebeneinander auf. Infolge Transhexosaminidierungseffekten ist das Tetrasaccharid (Formel II, n = 2) allerdings das Hauptendprodukt.

Besonders in roheren Testeshyaluronidasepräparaten sind β-Glucuronidase und β-Glucosaminidase vorhanden, die als exo-Enzyme vom nichtreduzierenden Ketten*ende* her einen Saccharidrest nach dem anderen abspalten können; sie führen daher ein beschleunigtes Auftreten niedermolekularer Spaltprodukte herbei. Das monomere Disaccharid (n = 1) wird allerdings auch von der β-Glucuronidase nicht mehr gespalten.

Die bakteriellen Hyaluronidasen (Gruppe II) spalten die gleichen Bindungen wie die der Gruppe I. Voraussetzung scheint jedoch im allgemeinen das Fehlen stark saurer (Sulfat-)Gruppen im Substrat, zumindest in der Nähe der zu spaltenden Bindungen, zu sein. Ferner tritt zusätzlich eine Abspaltung von einem H_2O pro Bindung ein; es handelt sich also um eine sog. „eliminierende“ Spaltung[1]. Anzeichen dafür, daß es sich um eine zusätzliche Wirkung eines dehydratisierenden Enzyms handelte, liegen bisher nicht vor.

Die Substrataffinität dieser Hyaluronidasen scheint nicht im gleichen Maße von der Kettenlänge abzuhängen wie bei der I. Gruppe. — Die „bakteriellen“ Oligosaccharide werden von β-Glucuronidase *nicht* gespalten.

Die „Hyaluronidase“ des Blutegels (Gruppe IV) spaltet im Gegensatz zu allen anderen Enzymen dieses Abschnitts die im Molekülinneren gelegenen glucuronidischen Bindungen der Hyaluronsäure; sie ist also als „Endopoly-β-glucuronidase“ zu klassifizieren. Auch hier treten der Reihe nach homologe Oligosaccharide als Zwischenprodukte auf, die allerdings zu denen durch die Enzymgruppe I gebildeten isomer sind. Sulfatierte Substrate werden nicht gespalten, ebensowenig Chondroitin.

[1] Ludowieg, J., B. Vennesland u. A. Dorfman: J. biol. Ch. **236**, 333 (1961).

Die Messung der *Reaktionsgeschwindigkeit* und ihre Interpretation (z.B. zu Zwecken der Enzymauswertung) krankt an mehreren Umständen: Wegen der oben (S. 1219) schon erwähnten Polydispersität des Substrates und der Abhängigkeit der Reaktionsgeschwindigkeit von der Kettenlänge laufen schon von vornherein zahlreiche ,,homologe" Reaktionen nebeneinander ab. Außerdem werden die dabei gebildeten Spaltprodukte selbst wieder weiter abgebaut. So ändert sich die *qualitative* Zusammensetzung des Gesamtsubstrats dauernd. Schließlich gibt es kein einfaches, meßbares Kriterium zur *quantitativen* Beschreibung dieses Substrats.

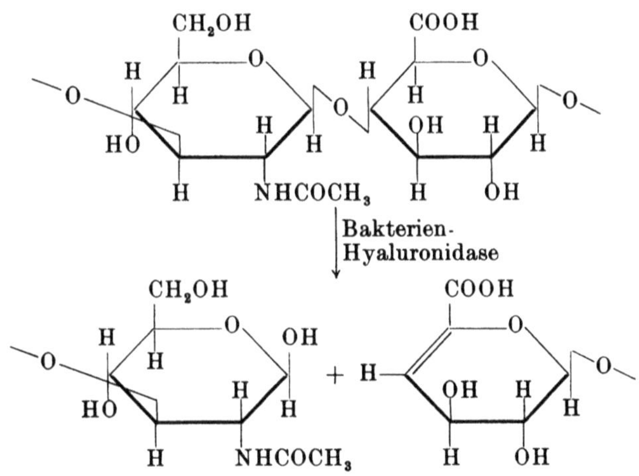

(Gleiche Formel wie II., nur ist die spaltbare 1-4-glykosidische Bindung hier in die Mitte gestellt.)

In die Bestimmung der p_H-*Abhängigkeit* der Hyaluronidasewirkung ist bisher sicher meist die Wirkung im Substrat vorhandener Inhibitoren mit eingegangen. Der Einfluß der *Ionenstärke* auf die Lage des p_H-Optimums ist oft unberücksichtigt geblieben. Unter ,,physiologischen" Milieubedingungen scheint das p_H-Optimum der Testeshyaluronidase zwischen 6 und 7 zu liegen. Andererseits ist ihre Wirkung bei $p_H \sim 4{,}5$ weniger stark von kleineren Änderungen der hier optimalen höheren Ionenstärke abhängig.

Bakterielle Hyaluronidasen sind oft bei saurerem p_H unstabil, möglicherweise infolge beigemengter Proteinasen[1]. Die Angaben über ein p_H-Wirkungsoptimum sind daher unsicher; sie liegen zwischen p_H 5 und 7.

Stabilität: Über $p_H \sim 8$ und unter $p_H \sim 4$ wird Testeshyaluronidase schnell unwirksam. Während die bakteriellen Enzyme bei etwa 60° C weitestgehend zerstört werden, ist für eine völlige Inaktivierung der Testeshyaluronidase längeres Erhitzen auf 120° C erforderlich. Noch bei 100° C bleiben etliche Prozent der Wirksamkeit erhalten; bei anschließend längerem Stehen unter geeigneten p_H-Bedingungen tritt sogar partielle (bis zu 10%) Reaktivierung ein. Die zugrunde liegenden Reaktionen sind noch unbekannt[2]. Höher gereinigte Enzympräparate sind gegen Verdünnung empfindlich, s. unten.

Die *aktivierenden Wirkungen* verschiedener Salze, z.B. des NaCl, ferner positiv geladener höhermolekularer Substanzen, wie Peptone, Protamin, Histon, sind wahrscheinlich größtenteils der Ausschaltung von Inhibitoren zuzuschreiben. Zusätze von Pepton, Albumin, Gelatine, Gummi arabicum aktivieren bzw. stabilisieren besonders stärker verdünnte und höher gereinigte Enzympräparate. Vermutlich wird dadurch vor allem Adsorption an die Glaswände verhindert.

Die *Hemmbarkeit*[3] durch geradkettige polyanionische Verbindungen (,,Makroanionen") teilen die Hyaluronidasen mit zahlreichen anderen Enzymen. Zu den relativ unspezifischen

[1] Baker, E. M., M. E. Webster, E. Freeman, S. G. Cray and A. C. Sanders: Proc. Soc. exp. Biol. Med. **91**, 24 (1956).

[2] Emmart, E. W., and J. B. Longley: J. gen. Physiol. **37**, 361 (1953). — Mathews, M. B., and A. Dorfman: J. biol. Ch. **206**, 143 (1954).

[3] Mathews, M. B., and A. Dorfman: Physiol. Rev. **35**, 381 (1955). — Spensley, P. C., and H. J. Rogers: Nature **173**, 1190 (1954).

(meist nicht kompetitiven und irreversiblen) Effekten solcher Verbindungen, wie polykondensierter Phenolcarbonsäuren, polymerer sulfonierter und phosphorylierter Phenole, ferner zwar niedrigmolekularer, aber micellbildender sulfonierter Netzmittel (Alkylsulfonate) oder Alkylphenole, dürften bei den substratähnlichen sulfurierten Cellulosen, Xylanen, Dextranen, Chitin, sulfurierter, nitrierter, acetylierter Hyaluronsäure, gewissen Chondroitinschwefelsäuren und besonders dem Heparin spezifische, kompetitive (meist reversible) Wirkungen hinzukommen oder im Vordergrund stehen. Sulfurierte Stärke und Glykogen hemmen als globuläre Verbindungen *nicht*.

Die Hemmwirkung etlicher Steroide und Gallensäuren beruht möglicherweise ebenfalls auf der Bildung von Micellen in zur Enzymblockierung geeigneter räumlicher Struktur; gleiches trifft vielleicht für etliche Polyphenole (Chalkone, Flavonoide) und Chinone zu, bei denen allerdings auch irgendwelche Redoxvorgänge eine Rolle spielen könnten.

Starke Hemmwirkungen auf Testeshyaluronidase sind bei Fe(III)-, Cu(II)-, Fe(II)- und Zn-Salzen beschrieben worden (in der Reihenfolge abnehmender Wirksamkeit); Pyrophosphat und Cystein reaktivierten. Hyaluronidase von *Cl. welchii* soll durch Cu(II) nicht gehemmt werden.

Menschliches und tierisches Serum enthält einen oder mehrere temperaturempfindliche Mg-aktivierbare Hyaluronidaseinhibitoren. Ein hexuronsäurehaltiger Polysaccharid-Proteinkomplex wurde aus Serum weitgehend gereinigt erhalten[1]. Zu unterscheiden davon sind spezifische, thermostabile, globulinartige *Antikörper* gegen bakterielle Hyaluronidasen, die besonders bei und nach entsprechenden Infektionskrankheiten im Serum auftreten können.

Die Bestimmungsmethoden der Hyaluronidasen[2].

a) (Physiko-)chemische Methoden. Als Substrat wird praktisch nur rohe oder gereinigte Hyaluronsäure benutzt. Ihr enzymatischer Abbau wird von einigen physikalischen und chemischen Veränderungen begleitet, die zur Auffindung und quantitativen Auswertung von Hyaluronidaseenzymen mehr oder minder gut geeignet sind.

a_1) Mucingerinnsel-Verhinderungstest (Mucin-clot-prevention = MCP).

Prinzip:

Möglichst native, hochpolymere Hyaluronsäure gibt mit gewissen Proteinen im geeigneten p_H- (etwa 4—5) und Ionenkonzentrationsbereich (etwa 0,1) fädige Fällungen („Mucingerinnsel"), die nach ausreichender Enzymeinwirkung ausbleiben[3, 4]. Ursprünglich wurde Synovialflüssigkeit als zugleich proteinhaltiges Substrat benutzt. Besser verwendet man unter vorsichtigen, eine Depolymerisation tunlichst vermeidenden Bedingungen hergestellte Hyaluronsäure zusammen mit verdünntem Pferdeserum oder kristallisiertem Serum-Albumin.

Zur *Enzymauswertung* wird entweder die zur Beseitigung des Gerinnselbildungsvermögens nötige Zeitdauer bei konstanter Enzymmenge oder die eben noch ausreichend wirksame Enzymverdünnung bei konstanter Reaktionszeit bestimmt. Die Reaktion ist von der Substratkonzentration abhängig. Sie ist nur begrenzt für quantitative Aussagen brauchbar. Mittesten eines Standardenzyms zur Kontrolle der Testempfindlichkeit ist zweckmäßig. Zu den unten angegebenen Trübungs- und Spreading-Testen besteht leidliche Parallelität[5, 6].

---

[1] NEWMAN, J. K., G. S. BERENSON, M. B. MATHEWS, E. GOLDWASSER and A. DORFMAN: J. biol. Ch. **217**, 31 (1955).

[2] Überblicke über Bestimmungsmethoden: BOLTRAFFIO, C.: Farmaco (Ed. sci.) Pavia **4**, 51 (1949). — TOLKSDORF, S.: Meth. biochem. Analysis **1**, 425 (1954). — DORFMAN, A.; in: Colowick-Kaplan, Meth. Enzymol. Bd. I, S. 166.

[3] ROBERTSON, W. B. VAN, M. W. ROPES and W. BAUER: J. biol. Ch. **133**, 261 (1940). — MCCLEAN, D., H. J. ROGERS, B. WILLIAMS and C. W. HALE: Lancet **244**, 355 (1943).

[4] MCCLEAN, D.: Biochem. J. **37**, 169 (1943).

[5] HARRIS, T. N., and S. HARRIS: J. Immunol. **65**, 255 (1950).

[6] MCCLEAN, D.: Chem. & Indust. **60**, 219 (1941).

Wegen seiner *Empfindlichkeit* ist der Test viel zu qualitativen und halbquantitativen Untersuchungen von Bakterienfiltraten und Serumhemmstoffen benutzt worden. Er spricht schon an, bevor sich die Viscosität des Substrats merklich gesenkt hat[1].

***Ausführung des MCP-Testes nach* McClean[1].**

Reagentien:

1. Substrat-Stammlösung: Hyaluronat aus alkoholgefälltem, wäßrigem Nabelschnurextrakt; 0,15—0,25 %ig in dest. Wasser, mit Toluol im Eisschrank haltbar. Die Konzentration ist an Hand der Auswertung eines Standardenzyms geeignet einzustellen.
2. Proteinlösung: kristallisiertes Pferdeserumalbumin, 1 %ig in physiologischer NaCl-Lösung, mit Toluol im Eisschrank haltbar.
3. Substrat: 1 Volumen (*1*), 1 Volumen (*2*) und 2 Volumina dest. Wasser werden gemischt.
4. Enzym: in dest. Wasser reihenverdünnt.
5. 2 n Essigsäure.

Ausführung:

Je 1 ml (*3*) und $^1/_2$ ml (*4*) werden 20 min bei 37° C inkubiert, dann wird die Reaktion in Eiswasser gestoppt und mit 0,2 ml (*5*) angesäuert.

Ablesung des Endpunktes, bei dem keine Fäden nach Umschütteln mehr auftreten.

Empfindlichkeit: Bei zweifachen Verdünnungen konstante Endpunktablesung möglich; bei 50 bzw. 20 %igen Konzentrationsänderungen von (*4*) Standardabweichung etwa 22 %.

***Ausführung des MCP-Testes nach* di Caprio *u. Mitarb.*[2].**

Reagentien:

1. Stammlösung: dialysierter wäßriger Extrakt acetonbehandelter Nabelschnüre.
2. Dubos' Medium-Albumin (Difco).
3. 0,067 m Sörensen-Phosphatpuffer, p_H 6,5.
4. Substratlösung, täglich frisch bereitet: 1 Volumen (*1*), 1 Volumen (*2*) und 3 Volumina (*3*).
5. Enzym, verdünnt mit physiologischer NaCl.
6. 4,35 n Essigsäure (= Eisessig 1:4 verdünnt).

Ausführung:

1,5 ml (*4*) und 0,5 ml (*5*) werden 20 min bei 37° C inkubiert, dann 5 min im Eisbad gekühlt und mit 0,2 ml (*6*) angesäuert.

Ablesung sofort, wie oben.

***a_2) ACRA-Test (Acid-Congo-Red-Alcohol)*[3].**

Prinzip:

In Abwandlung des MCP-Testes wird der als Substrat benutzten Synovialflüssigkeit etwas Kongorot zugesetzt und durch Eintropfen in sauren Alkohol ein angefärbter Hyaluronat-Protein-Komplex ausgefällt; dies wird durch ausreichende Enzymeinwirkung verhindert.

Der Test ist sehr substratabhängig; er ist kaum mehr als halbquantitativ brauchbar[4].

---

[1] McClean, D: Biochem. J. **37**, 169 (1943).
[2] Caprio, J. M. di, L. A. Rantz and E. Randall: A.M.A. Arch. int. Med. **89**, 374 (1952).
[3] Burnet, F. M.: Austral. J. exp. Biol. med. Sci. **26**, 71 (1948).
[4] Evans, D. G., F. T. Perkins and W. Gaisford: Lancet **260**, 1253 (1951). — Oakley, C. L., and G. H. Warrack: J. Path. Bact. **63**, 45 (1951).

***Ausführung des ACRA-Testes nach* WARREN *und* DURSO[1].**

Reagentien:

1. Puffer aus 0,1% $CaCl_2$, 0,85% NaCl mit Na-borat auf p_H 7 eingestellt und mit dest. Wasser 1:10 verdünnt.
2. Substrat: Rindersynovialflüssigkeit, mit (*1*) soweit verdünnt (meist etwa 1:8), daß im Blindversuch ein zusammenhängendes Gerinnsel entsteht.
3. Enzymlösung, mit (*1*) geeignet verdünnt.
4. Kongorot, 1%ig in dest. Wasser.
5. Säure-Alkohol: 1 Teil konz. HCl in 100 Teilen 70%igem Alkohol.

Ausführung:

0,25—0,0 ml (*3*), dazu 0,0—0,25 ml (*1*), ferner 0,25 ml (*2*) bei 37° C $^1/_2$ Std inkubiert, dann 5 min im Eisbad abgekühlt. Zugabe von 0,05 ml (*4*). Mit einer Mikropipette wird aus jedem Röhrchen vorsichtig ein Tropfen in eine Petrischale mit 20 ml (*5*) gegeben.

Ablesung: Als Endpunkt wird die Enzymverdünnung genommen, bei der keinerlei zusammenhängendes Gerinnsel mehr auftritt. Es wird mit einem mitgelaufenen Standardpräparat verglichen.

Achtung: Die in Frage kommenden Verdünnungen liegen größenordnungsmäßig bei 1:1000000. Es ist zu beachten, daß hier schon Adsorptionseffekte an die Geräteglaswand sowie Unstabilitätserscheinungen auftreten können, die durch Gelatinezugaben kompensiert werden müßten (s. unter Trübungstest!).

a_3) Der Trübungsverminderungstest (Turbidity Reducing = T.R.).

Prinzip:

Dieser Test ist eine Fortentwicklung und Verfeinerung des MCP-Testes. Gereinigte, schon etwas depolymerisierte Hyaluronsäure (die gelöst kaum mehr viscös zu sein braucht) gibt mit überschüssigem, saurem Serumalbumin statt Fällungen (Gerinnsel) nur noch Suspensionen. Deren Trübungswerte werden nephelometrisch feststellbar im Maße der vorherigen Enzymeinwirkung gemindert[2]. Die Enzymreaktion und die nachfolgende Trübungsreaktion müssen zwecks Reproduzierbarkeit unter sehr exakt einzuhaltenden Milieubedingungen angestellt werden. Diese sind mannigfach variiert worden[3–6].

Aus den Erfahrungen verschiedener Forschergruppen wurde kürzlich eine Testvorschrift entwickelt, die seit der US Pharmacopoe XV (1955) für die Vereinigten Staaten bindend festgelegt wurde. Durch die Weltgesundheitsorganisation wurde dann ein auf Grund dieser Methode ausgewertetes Präparat international als Urstandard eingeführt. Es kann daher hier auf die Wiedergabe anderer methodischer Variationen verzichtet werden. Die Vorschrift gilt natürlich streng nur für Testeshyaluronidase. Nötigenfalls kann sie aber durch geringfügige Abänderungen, etwa des p_H-Wertes im Fermentansatz, auch für andere, z.B. bakterielle Hyaluronidasen, angepaßt werden. Siehe hierzu die Bemerkung unter „Einheitendefinition“.

Reaktionskinetik und Auswertung:

In geeigneten Bereichen sind die Trübungswerte von Verdünnungen einer Hyaluronsäure zwar direkt proportional zu deren Konzentration. Mittels einer so erhältlichen Geraden darf man aber sicher nicht ohne weiteres das unumgesetzte Substrat eines Enzymansatzes bestimmen (s. auch S. 1221). Bis heute mangeln genauere Unterlagen; man

[1] WARREN, G. H., and I. G. DURSO: Endocrinology **48**, 408 (1951).
[2] KASS, E. H., and C. V. SEASTONE: J. exp. Med. **79**, 319 (1944).
[3] LEONARD, S., P. L. PERLMAN and R. KURZROK: Endocrinology **39**, 261 (1946). — DORFMAN, A., and M. L. OTT: J. biol. Ch. **172**, 367 (1948). — WARREN, G. H., I. G. DURSO and N. R. LEVIN: Endocrinology **43**, 48 (1948).
[4] SCHMITH, K., and V. FABER: Scand. J. clin. Lab. Invest. **2**, 292 (1950).
[5] ALBURN, H. E., and R. W. WHITLEY: J. biol. Ch. **192**, 379 (1951). — KULONEN, E.: Acta physiol. scand. **30**, 267 (1952).
[6] TOLKSDORF, S., M. H. MCCREADY, D. R. MCCULLAGH and E. SCHWENK: J. Lab. clin. Med. **34**, 74 (1949) [Chem. Abstr. **43**, 3486].

darf daher nicht von vornherein unterstellen, daß die Spaltprodukte keinen Beitrag mehr zur Trübungsreaktion liefern. Im Gegenteil wird, z.B. beim anfänglichen Abbau sehr hochpolymerer Hyaluronsäure, die Trübungsreaktion sogar verstärkt[1].

Die Trübungswerte des Ausgangssubstrates wie des partiell abgebauten Substrates sind also stets nur Summationswerte, deren Summanden unbekannt sind. Hyaluronatlösungen gleichen Trübungswertes können sich gegenüber gleichen Enzymmengen außerordentlich verschieden verhalten[2].

Die mangelnde qualitative und quantitative Interpretierbarkeit der Trübungswerte schließt natürlich nicht die Möglichkeit aus, unter geeigneten Bedingungen empirische Beziehungen zwischen Trübungsminderung und angewandter Enzymmenge aufstellen zu können. In geeigneten Grenzen lassen diese sich als Reaktion I. Ordnung darstellen. Aus praktischen Gründen kann man nicht mit Substratüberschuß arbeiten[3–5].

Einheitendefinition:

Empirisch ist als Trübungsminderungseinheit (TRU) die Enzymmenge bezeichnet worden, die den Anfangstrübungswert auf den Wert der auf das Doppelte verdünnten Ausgangslösung unter den Testbedingungen herabsetzt. (Fälschlich wird dies meist als „50 %iger Abbau“ bezeichnet.)

Von der Qualität des Substrates soll man unabhängig werden, wenn man jeweils auf den gleichen Anfangstrübungswert einstellt[6]. Besser bezieht man sich aber auf ein stets mitlaufendes Standardenzympräparat, wie es auch die Vorschrift der US Pharmacopoe vorsieht. Eine völlige Unabhängigkeit von der Qualität des Substrats kann auch hier nicht sicher unterstellt werden[5]. Jedoch scheinen die Ergebnisse mit den üblicherweise benutzten, gereinigten Hyaluronsäuren befriedigend übereinzustimmen.

Die *internationale Hyaluronidaseeinheit* (IE) wird durch die Wirksamkeit von 1 mg eines Testeshyaluronidase-Urstandards dargestellt. Sie ist leider nicht ganz identisch mit der vor allem in Amerika meist gebräuchlichen Trübungseinheit (TRU). Im Vergleich zum Standardpräparat des Wyeth Instituts (Philadelphia) ist 1 IE $= 1{,}073 \pm 0{,}025$ TRU.

Die Wirksamkeitsrelation von Enzympräparaten verschiedener Herkunft, aber auch von solchen gleicher Herkunft, jedoch verschiedener Herstellungsart (z.B. von Testeshyaluronidasepräparaten verschiedener Firmen) kann erfahrungsgemäß unter verschiedenen Testbedingungen schwanken. Angaben in Internationalen Einheiten sind nur dann sicher berechtigt, wenn sie mit der unten angegebenen Standardmethode gewonnen worden sind. Bakterielle Hyaluronidasen kann man wegen deren nachgewiesener Nichtidentität mit dem Testesenzym (anderer Reaktionsmechanismus!) selbst unter den Standardbedingungen streng genommen nicht in IE messen. Allfällige derartige Angaben sind natürlich praktisch brauchbar unter der stillschweigenden oder besser ausdrücklichen Voraussetzung ihrer Beschränkung auf die angewandten Testbedingungen.

Ausführung des turbidimetrischen Hyaluronidasetestes nach USP XV[7].

Ergänzungen nach eigenen Erfahrungen sind eingeklammert [ ].

Reagentien:

1. Acetat-Pufferlösung: 14 g Kaliumacetat und 20,5 ml Eisessig werden [mit Aqua bidest.] auf 1000 ml aufgefüllt [p_H 4,2].

---

[1] ALBURN, H. E., and R. W. WHITLEY: J. biol. Ch. **192**, 379 (1951). — KULONEN, E.: Acta physiol. scand. **30**, 267 (1952).
[2] GIBIAN, H.: H. **289**, 257 (1952).
[3] SCHMITH, K., and V. FABER: Scand. J. clin. Lab. Invest. **2**, 292 (1950).
[4] DORFMAN, A.: J. biol. Ch. **172**, 377 (1948). — BACHTOLD, J. G., and L. P. GEBHARDT: J. biol. Ch. **194**, 635 (1952). — YOSHIDA, T., u. E. ENDO: Igaku to Seibutsugaku **28**, 173 (1953) [Chem. Abstr. **48**, 2162].
[5] PEARCE, R. H.: Biochem. J. **55**, 467 (1953).
[6] TOLKSDORF, S., M. H. MCCREADY, D. R. MCCULLAGH and E. SCHWENK: J. Lab. clin. Med. **34**, 74 (1949) [Chem. Abstr. **43**, 3486].
[7] US Pharmacopoe 15. Aufl., S. 329.

2. Phosphat-Pufferlösung: 2,5 g Natriumdihydrogenphosphat [$NaH_2PO_4 \cdot H_2O$], 1 g wasserfreies Dinatriumhydrogenphosphat [Na_2HPO_4] und 8,2 g Natriumchlorid werden [mit Aqua bidest.] auf 1000 ml aufgefüllt [p_H 6,2].
3. Gelatine: 50 g Gelatine werden in 1000 ml aqua bidest. gelöst, 90 min bei 120° C druckerhitzt und anschließend gefriergetrocknet.
4. Lösungsmittel für Hyaluronidase: 250 ml (*2*) werden mit 250 ml [bidest.] Wasser gemischt; innerhalb 2 Std vor Gebrauch werden 330 mg (*3*) darin gelöst.
5. Serum-Stammlösung: Trockenserum [oder menschliches Trockenplasma] wird mit aqua bidest. wieder auf sein Originalvolumen gebracht [man kann auch das durch Zentrifugieren einer Blutkonserve erhaltene Plasma verwenden] und mit 9 Volumina (*1*) verdünnt. Mit 4 n Salzsäure p.a. stellt man auf p_H 3,1 ein und läßt die Lösung für 18—24 Std bei Zimmertemperatur stehen. Aufbewahrung der Lösung bei 0—4° C und Verbrauch innerhalb 30 Tagen. [Nötigenfalls vor Gebrauch zentrifugieren].
6. Serumlösung: Am Versuchstag wird 1 Volumen (*5*) mit 3 Volumina (*1*) verdünnt und auf Zimmertemperatur gebracht.
7. Kaliumhyaluronat-Stammlösung mit 500 μg/ml [aqua bidest.]: Das Hyaluronat ist vorher im Vakuum über P_2O_5 48 Std zu trocknen; Aufbewahrung über P_2O_5 nicht unbeschränkt. Gebrauch von Wägegläschen erwünscht. Aufbewahrung der Lösung bei einer Temperatur nicht über 5° C, Verbrauch innerhalb 30 Tagen. [Die Lösung wird nötigenfalls hochtourig zentrifugiert; durch einminütiges Erhitzen auf 90° C im siedenden Wasserbad werden eventuell eingeschleppte Enzymspuren entfernt. In sterile Reagensgläser abgefüllt und bei — 20° C eingefroren, wochenlang haltbar.]
8. Hyaluronat-Lösung: Am Versuchstag wird 1 Volumen (*7*) mit 1 Volumen (*2*) verdünnt.
9. Standardenzym-Lösung mit ungefähr 1,5 IE/ml [2 IE/ml] durch Lösen in kalter (*4*) unmittelbar vor Gebrauch.
10. Lösung des zu testenden Enzyms in kaltem (*4*) in solcher Konzentration [z.B. etwa 2 IE/ml], daß die Meßwerte innerhalb des linearen Teils der Standardkurve zu liegen kommen.

Standardkurve:

12 Teströhrchen zu 16 $\times$ 100 mm werden mit je 0,5 ml (*8*) beschickt. Zu je 2 Röhrchen werden [beispielsweise] je 0,5; 0,4; 0,3; 0,2; 0,1 und 0,0 ml (*4*) zugegeben.

Nach feststehendem Zeitschema werden zu diesen Röhrchen in [z.B.] halbminütigen Intervallen je 0,0; 0,1; 0,2; 0,3; 0,4 und 0,5 ml (*9*) zugegeben. Es wird leicht umgeschüttelt und in ein Wasserbad von 37 $\pm$ 0,2° C eingestellt.

Nach 30 $\pm$ 0,25 min werden die Röhrchen in gleicher Reihenfolge und in gleichen Zeitintervallen herausgenommen und sofort mit je 4,0 ml (*6*) versetzt. Nach Umschütteln läßt man 30 $\pm$ 2 min bei Zimmertemperatur stehen und bestimmt die Extinktion jedes Röhrchens bei 640 mμ. Als Leerwert dient eine analoge Probe ohne (*8*) [also 1 ml (*4*) + 4 ml (*6*); die Verdünnung von (*9*) ist so groß, daß dessen Absorption gleich der von (*4*) ist].

Testansatz:

Gleichzeitig mit obigem Standardansatz werden pro unbekannte Enzymprobe 6 Teströhrchen wie oben mit je 0,5 ml (*8*), dann in Zweiergruppen mit (*4*) [beispielsweise 0,3; 0,2; 0,1 ml] und anschließend wieder in Intervallen mit (*10*) [beispielsweise mit 0,2; 0,3; 0,4 ml] beschickt, so daß das Endvolumen jeweils 1 ml beträgt. Weitere Bearbeitung wie oben.

Die je 6 Ablesungen aus der Standardkurve werden unter Berücksichtigung der jeweils benutzten Verdünnungen gemittelt und ergeben damit die Aktivität der unbekannten Hyaluronidase.

a_4) Colorimetrischer Test nach **GREIF**[1].

Prinzip:

Der TR-Test wird dahingehend abgewandelt, daß man den Hyaluronat-Proteinkomplex durch Zusatz von Dinatriumphenoltetrabromphthalein anfärbt, aus der abzentrifugierten Fällung den Farbstoff durch Natronlauge freisetzt und colorimetriert. Dieser Test soll empfindlicher als der TR-Test sein.

a_5) Colorimetrischer Test nach **DI FERRANTE**[2].

Prinzip:

Hyaluronsäure oder Chondroitinschwefelsäure A geben unter den Versuchsbedingungen mit Fe^{+++} Fällungen, deren Eisengehalt nach Zerlegung colorimetrisch (z.B. mit Thioglykolsäure) bestimmt werden kann. Die Abnahme der Fällungen nach Enzymeinwirkung kann als Maß für dessen Aktivität mittels einer Standardkurve benutzt werden. — Brauchbar nur für höher aktive Enzympräparate, da zu hohe Proteinzusätze sonst interferieren.

a_6) Viscosimetrischer Hyaluronidasetest.

Prinzip:

Die Viscosität von Hyaluronsäurelösungen wird durch Einwirkung von Hyaluronidase stark gesenkt, was zu deren Aktivitätsmessung benutzt werden kann[3].

Zu beachten ist, daß der gleiche Effekt auch durch zum Teil noch nicht genauer bekannte Reaktionen mit z.B. Diazosulfonaten, Thiolverbindungen, Reductonen, H_2O_2 u.a.m. erzielt wird. Viscositätsmessungen allein können also das Vorliegen von echten Hyaluronidasen nicht beweisen.

Auch der Viscositätstest ist natürlich von den Milieubedingungen stark abhängig. Im Laufe der Zeit wurden mannigfaltige Abänderungen vorgeschlagen[4-7].

Durch geeignete Anpassung an die Bedingungen des Trübungstestes lassen sich mit diesem praktisch identische Ergebnisse erzielen[8] [eigene Erfahrungen].

Geräte:

Meist ist ein OSTWALDsches Viscosimeter benutzt worden, wenn auch aus theoretischen Gründen (Abhängigkeit der Viscosität von Capillardimensionen und Fließgeschwindigkeit) ein Fließviscosimeter nicht voll befriedigt. Besondere Instrumente zur Messung bei konstantem Druck[9] oder mit Druckausgleich[10] sind angegeben worden. Ein COUETTE-Instrument würde den Anforderungen am besten entsprechen[11].

Für Routineuntersuchungen und zur Anwendung auf kleine Quantitäten (< 1 ml) verwendet man viel zweckmäßiger und mit völlig ausreichender Genauigkeit gewöhnliche Capillarpipetten[12].

[1] GREIF, R. L.: J. biol. Ch. **194**, 619 (1952).
[2] DI FERRANTE, N.: J. biol. Ch. **209**, 579 (1954).
[3] FAVILLI, G.: Boll. Ist. sieroterap. milanese **19**, 481 (1940). — MADINAVEITIA, J., and T. H. H. QUIBBEL: Biochem. J. **34**, 625 (1940). — MCCLEAN, D., and C. W. HALE: Biochem. J. **35**, 159 (1940).
[4] MCCLEAN, D.: Biochem. J. **37**, 169 (1943).
[5] HARRIS, T. N., and S. HARRIS: J. Immunol. **65**, 255 (1950).
[6] ALBURN, H. E., and R. W. WHITLEY: J. biol. Ch. **192**, 379 (1951). — KULONEN, E.: Acta physiol. scand. **30**, 267 (1952).
[7] MADINAVEITIA, J., and T. H. H. QUIBBEL: Biochem. J. **35**, 456 (1941). — HAHN, L.: B. Z. **315**, 83 (1943). — GLICK, D., and F. GOLLAN: J. infect. Dis. **83**, 200 (1948). — HADIDIAN, Z., and N. W. PIRIE: Biochem. J. **42**, 266 (1948).
[8] HUMPHREY, J. H., and R. JAQUES: Biochem. J. **53**, 59 (1953).
[9] WERTHESSEN, N. T., S. BERMAN, B. E. GREENBERG and S. L. GARGILL: J. Urol., Baltimore **54**, 565, 571 (1945); [Chem. Abstr. **42**, 7357].
[10] DALGAARD-MIKKELSEN, S., S. KVORNING and K. MØLLER: Nature **162**, 221 (1948). — DALGAARD-MIKKELSEN, S., and S. KVORNING: Acta pharmacol. toxicol., København **4**, 169 (1948). — RIISFELDT, O.: Acta endocrinol., København **3**, 137 (1949).
[11] OGSTON, A. G., and J. E. STANIER: Biochem. J. **52**, 149 (1952).
[12] WERLE, E., F. TURTUR u. R. BAUEREIS: B. Z. **319**, 337 (1949). — HARRIS, T. N., W. B. ABRAMS and S. HARRIS: J. infect. Dis. **86**, 122 (1950). — GIBIAN, H.: H. **289**, 165 (1952).

Reaktionskinetik und Auswertung:

Es sind zu unterscheiden die relative Viscosität η_{rel} (das ist das Verhältnis der Ausflußzeiten der Hyaluronsäurelösung und des Lösungsmittels), die spezifische Viscosität $\eta_{sp} = \eta_{rel} - 1$, die reduzierte Viscosität η_{sp}/c (c = Konzentration) und die „intrinsic“ oder Grundviscosität $[\eta] = \lim_{c \to 0} (\eta_{sp}/c)$ (s. auch Bd. II, S. 12ff.).

Die Viscositätsmessungen werden unter anderem von der Konzentration, dem Polymerisationsgrad und der Dispersität des Substrates beeinflußt[1]. Auch hier gelten die gleichen grundsätzlichen Bedenken wie beim TR-Test[2, 3]. Jede Viscositätsmessung liefert nur einen Summenwert, dessen Interpretation als Konzentrationsangabe mit Schwierigkeiten verknüpft ist.

Je nach Milieubedingungen und Material kann die Konzentration c (Gesamtgewicht pro Volumeneinheit) proportional zu η_{rel}; η_{sp}; log η_{rel} oder η_{sp}/c gefunden werden; in weiteren Bereichen ist η_{sp}/c zu η_{sp} oder auch $(\eta_{sp}/c - \text{Konst})^{-1}$ zu $\sqrt{c}$ proportional[4, 5]. Doch Säuren verschiedenen Polymerisationsgrades, also auch vor und nach Hyaluronidaseeinwirkung, liefern verschiedene Kurven, können also nicht direkt bezüglich der „Konzentration“ miteinander verglichen werden. Isoviscöse Lösungen verschiedener Säuren können um Größenordnungen verschieden schnell abgebaut werden[6].

Trotzdem kann man in engen Grenzen empirisch log η_{rel} oder log η_{sp} proportional der Reaktionszeit T finden und daher die Enzymkonzentration aus einer Reaktionskonstanten 1. Ordnung berechnen[5, 7].

Auch für $1/\eta_{sp}$ kann Proportionalität zu T theoretisch begründet und unter geeigneten Bedingungen die Enzymaktivität proportional zu $d(1/\eta_{sp})/dT$ gefunden werden[8]. Wenn man $d\,1/[\eta]/dT$ als Maß der Enzymaktivität benutzt[4], soll der Polymerisationsgrad der benutzten Hyaluronsäuren nicht mehr ins Gewicht fallen.

Von anderer Seite[9] wurde eine über einen großen Bereich gültige Exponentialfunktion für $d\eta_{rel}/dT$ ermittelt, aber ausdrücklich auf die wohl grundsätzlich nur deskriptive Natur aller derartiger Versuche hingewiesen.

Unterhalb gewisser Substratkonzentrationen[10] bzw. bei sehr langen Reaktionszeiten[3] wird die nach festgelegter Zeit gemessene prozentuale Minderung von η_{sp} proportional dem log der Enzymkonzentration. Diese Beobachtung kann zur Auswertung sehr niedriger Enzymaktivitäten von Nutzen sein (s. unten)[11, 12].

Am längsten und wohl auch am häufigsten benutzt man die zu einer festgelegten prozentualen Minderung, meist zur Halbierung, von η_{sp} nötige Reaktionszeit $T_{\frac{1}{2}}$; sie ist in gewissen Grenzen umgekehrt proportional der Enzymkonzentration und für ein und dasselbe Substrat relativ unabhängig von dessen Konzentration[13]. $T_{\frac{1}{2}}$ wird graphisch oder einfacher durch rechnerische Interpolation ermittelt. — Man kann auch (umständ-

[1] ALBURN, H. E., and R. W. WHITLEY: J. biol. Ch. **192**, 379 (1951). — KULONEN, E.: Acta physiol. scand. **30**, 267 (1952).
[2] GIBIAN, H.: H. **289**, 257 (1952).
[3] GIBIAN, H.: H. **289**, 1 (1951).
[4] SUNDBLAD, L.: Acta Soc. Med. upsal. **58**, 113 (1953).
[5] BLIX, G., and O. SNELLMAN: Ark. Kemi, Mineral. Geol. **19A**, Nr. 32 (1945); vgl. Nature **153**, 587 (1944). — DORFMAN, A.: J. biol. Ch. **172**, 377 (1948). — LUNDQUIST, F.: Acta physiol. scand. **17**, 44 (1949). — LAURENT, T. C.: J. biol. Ch. **216**, 263 (1955).
[6] SCHOENBERG, M. D., R. E. BROOKS, J. J. HALL and H. SCHNEIDERMAN: Arch. Biochem. **30**, 333 (1951).
[7] ASTRUP, T., and N. ALKJAERSIG: Nature **166**, 568 (1950).
[8] HULTIN, E.: Svensk kem. T. **60**, 131 (1948). — MALMGREN, H.: Biochim. biophys. Acta **11**, 524 (1953).
[9] ANDERSEN, S. O., and J. GRAAE: Acta chem. scand. **9**, 1431 (1955).
[10] SWYER, G. I. M., and C. W. EMMENS: Biochem. J. **41**, 29 (1947).
[11] GIBIAN, H.: H. **291**, 6 (1952/53).
[12] GIBIAN, H.: H. **300**, 261 (1955). — DAUBENMERKL, W.: Acta pharmacol. toxicol., København **12**, 65 (1956).
[13] MADINAVEITIA, J., and T. H. H. QUIBBEL: Biochem. J. **34**, 625 (1940).

licher) die Enzymverdünnung feststellen, die bei einer konstanten Zeit $T_{\frac{1}{2}}$ zur Erzielung der Halbviscosität nötig ist[1].

Einheiten:

Auf Grund der obenerwähnten Funktion von $1/[\eta]$ ist eine „Viscositätseinheit" definiert worden[2]. Die meist benutzte „Viscositätsreduktionseinheit" (VRE; VRU) wird als die Enzymmenge definiert, für die $T_{\frac{1}{2}}$ z.B. gleich 10 oder 20 min unter den betreffenden Testbedingungen ist[3].

Von der Qualität des Substrats wird man wieder weitgehend unabhängig durch Mittesten eines Standardenzympräparates. Falls dieses in IE geeicht ist, kann man die Ergebnisse des im folgenden angegebenen viscosimetrischen Testes mit genügender Genauigkeit in IE erhalten, ohne auf die umständlicheren und zeitraubenderen Trübungsmessungen zurückgreifen zu müssen.

***Ausführung des viscosimetrischen Hyaluronidasetestes nach* Madinaveitia *und* Quibbel[4], *abgewandelt nach* Werle[5] *und* Gibian[6].**

Prinzip:

Messung der zur Halbierung der spezifischen Viscosität des Substrats benötigten Reaktionszeit.

Reagentien:

1. Phosphat-Pufferlösung: identisch mit der des Trübungstestes (*2*), s. S. 1226.
2. Gelatine, s. unter Trübungstest (*3*), S. 1226.
3. Lösungsmittel für Hyaluronidase: 1 Volumen (*1*) wird mit Aqua bidest. auf das Doppelte verdünnt; innerhalb 2 Std. vor Gebrauch werden darin 2 mg (*2*) pro ml gelöst.
4. Kaliumhyaluronat-Stammlösung mit etwa 5 mg/ml in Aqua bidest,; die Konzentration ist zweckmäßig so zu wählen, daß t_s (s. unten) etwa gleich $2t_L$ wird. Durch Erhitzen von 1 min Dauer auf 90° C im siedenden Wasserbad wird von eventuell eingeschleppten Enzymspuren befreit. In sterile Reagensgläser abgefüllt, bei — 20° C eingefroren, ist die Lösung wochenlang haltbar.
5. Substratlösung: Am Versuchstag wird 1 Volumen (*4*) mit 1 Volumen (*1*) verdünnt.

Viscosimeter:

Als Viscosimeter dient eine mit zwei Marken versehene 0,1 ml-Pipette mit fein ausgezogener und schräg abgeschliffener Spitze. Sie steht in einem Reagensglas (12×100 mm) mit 0,6 ml der zu messenden Lösung. Die Pipettendimensionierung soll so sein, daß bei $37 \pm 0{,}2°$ C die Auslaufzeit zwischen den Marken beträgt: für 0,25 ml (*1*) + 0,25 ml Aqua bidest. + 0,1 ml (*3*) etwa 8—10 sec (t_L); für 0,5 ml (*5*) + 0,1 ml (*3*) etwa 20 sec (t_S).

Achtung:

Alle benutzten Geräte werden grundsätzlich zur Beseitigung von Enzymspuren mit Chromschwefelsäure gereinigt.

Ausführung:

0,5 ml (*5*) werden auf $37 \pm 0{,}2°$ C vortemperiert, mit 0,1 ml geeignet verdünnter Enzymlösung in (*3*) versetzt und sofort anschließend alle 2 min die Auslaufzeit (t_F) bestimmt. Es wird die Zeit $T_{\frac{1}{2}}$ (min) festgestellt, nach der $t_F = (t_L + t_S)/2$ geworden ist. Die Enzym-Verdünnung soll so gewählt werden, daß $T_{\frac{1}{2}}$ zwischen 8 und 15 min zu liegen kommt.

Die ursprüngliche Enzymlösung enthält dann $10 \times$ Verdünnung $\times$ Faktor/$T_{\frac{1}{2}}$ (IE/ml). Der Faktor wird durch Mittesten des Standardpräparates erhalten.

---

[1] Humphrey, J. H., and R. Jaques: Biochem. J. **53**, 59 (1953).
[2] Sundblad, L.: Acta Soc. Med. upsal. **58**, 113 (1953).
[3] McClean, D., and C. W. Hale: Biochem. J. **35**, 159 (1941).
[4] Madinaveitia, J., and T. H. H. Quibbel: Biochem. J. **34**, 625 (1940).
[5] Werle, E., F. Turtur u. R. Bauereis: B. Z. **319**, 337 (1949).
[6] Gibian, H.: H. **289**, 165 (1952) und unveröffentlichte Versuche.

Ausführung des viscosimetrischen Hyaluronidase-Langzeittestes nach **Gibian**[1].

Sehr niedrige Enzymaktivitäten in Gewebeextrakten oder Serum werden durch Erhöhung der Reaktionszeit (T) auf konstant 20 Std meßbar. Lösungen, Geräte und Enzymansatz wie oben; statt des Puffers (*1*) ist 0,2 n Natriumacetat-Essigsäurepuffer p_H 4,6 mit 6% NaCl zu verwenden [durch die 1:2-Verdünnung in (*3*) bzw. (*5*) ergibt sich dann eine Ionenstärke von 0,6].

Die t_F-Werte einer Verdünnungsreihe des Standard-Enzyms auf halblogarithmischem Papier gegen den log der Enzymkonzentration aufgetragen, ergeben über einen größeren Bereich eine Gerade. Mittels dieser kann unter Berücksichtigung der angewandten Verdünnung aus dem t_F einer unbekannten Enzymlösung direkt deren Gehalt abgelesen werden. Man erhält hier natürlich keine Angaben in IE, sondern nur auf das benutzte Standardpräparat bezogene Wirkungseinheiten. Bei Serum beziehen diese Angaben sich auch nur auf die benutzte Serumverdünnung[2,3].

a_7) Spinnbarkeitstest nach **Gunter**[4].

Prinzip:

Mittels eines automatisch bewegten Stempels werden aus einem Tropfen hochviscöser Hyaluronatlösung Fäden gezogen. Die Zeit, nach der diese reißen, wird durch Hyaluronidasezusatz in Abhängigkeit von deren Aktivität verkürzt.

a_8) Bestimmung der durch Hyaluronidase freigesetzten Endgruppen.

Prinzip:

Die Zunahme der Spaltprodukte wird durch Messung der freigesetzten charakteristischen N-Acetylglucosamin- (NAG-)Endgruppen verfolgt.

Auswertung und Reaktionskinetik:

Diese können colorimetrisch mittels des Morgan-Elson-Testes[5] (s. auch [2] und Bd. III, S. 767f.) erfaßt werden. Das NAG-Äquivalent scheint bei geeigneter Technik von der Kettenlänge der Spaltprodukte ziemlich unabhängig, aus unbekannten Gründen aber nicht gleich 1 und abhängig von der Art der Spaltstücke (bakteriell, Testesenzym) zu sein.

Oder aber es werden die Aldehydgruppen nach einer der üblichen Methoden (Hagedorn-Jensen, Folin u.a., s. Bd. III, S. 668ff.) reduktometrisch in Glucoseäquivalenten bestimmt. Diese stehen bei geeigneter Methodik, zumindest für die niedrigeren Spaltprodukte, in fester Proportion zu obigen NAG-Äquivalenten[6], so daß beide Methoden gleichwertig sein sollten.

Auch bei Anwendung gereinigter, also glucosaminidase- und glucuronidasefreier Hyaluronidasen muß aber in einem sehr frühen Reaktionsstadium gemessen werden; sonst wird infolge der Transhexosaminidierungsreaktionen (s. S. 1220) das Ergebnis nicht mehr mit den anderen Meßmethoden korrelierbar. Dies ist einwandfrei nur mit Ultramikromethoden möglich[7]. Durch Adaptation der Enzymansätze an obige Bedingungen des Trübungs- und Viscositätstestes könnten die Ergebnisse sicher auch in IE ausdrückbar werden.

Die Anwendung auf unreinere Enzympräparate oder Messungen in Gegenwart von Körperflüssigkeiten wird eventuell durch zu hohe Blindwerte auf lediglich qualitative Aussagen beschränkt. Auf diese kann es aber oft gerade ankommen, wo das Vorliegen echter Hyaluronidasen bewiesen werden soll[2,8].

---

[1] Gibian, H.: H. **289**, 1 (1951).
[2] Gibian, H.: H. **291**, 6 (1952/53).
[3] Gibian, H.: H. **300**, 261 (1955). — Daubenmerkl, W.: Acta pharmacol. toxicol., København **12**, 65 (1956).
[4] Gunter, G. S.: Austral. J. exp. Biol. Med. Sci. **27**, 265 (1949).
[5] Morgan, W. T. J., and L. A. Elson: Biochem. J. **28**, 988 (1934).
[6] Rapport, M. M., K. Meyer and A. Linker: Am. Soc. **73**, 2416 (1951). — Weissmann, B., K. Meyer, P. Sampson and A. Linker: J. biol. Ch. **208**, 417 (1954).
[7] Rapport, M. M., K. Meyer and A. Linker: J. biol. Ch. **186**, 615 (1950).
[8] Gibian, H.: H. **289**, 165 (1952) und unveröffentlichte Versuche.

Bei reduktometrischen wie bei colorimetrischen Messungen legt man Standardenzymkurven an, die in gewissen Bereichen bei geeigneter graphischer Darstellung (linear, einfach- oder doppeltlogarithmisch) geradlinig werden können[1, 2]. Bei der MORGAN-ELSON-Reaktion ist auf Abpufferung des Enzym-Substratansatzes zu achten[1, 3].

Einheiten:

Verschiedentlich sind „reduzierende Zucker-Einheiten" (RSU — *r*educing *s*ugar *u*nits) aus einem bestimmten unter den Bedingungen des Testes erzielbaren Umsatz (z.B. 1 μg Glucose) definiert worden[4, 5]. Allgemeinere Anwendung haben sie nicht gefunden.

***Ausführung der reduktometrischen Hyaluronidasebestimmung nach* RAPPORT *u. Mitarb.*[4] *mittels der Methode von* PARK *und* JOHNSON[6].**

Prinzip:

Bestimmung enzymatisch freigesetzter reduzierender Gruppen durch Colorimetrie des dadurch gebildeten Berliner Blau.

Reagentien:

1. Pufferlösung: 0,1 n Na-acetat-Essigsäure, p_H 6,0 mit 0,15 n NaCl.
2. Substrat: 400 μg Hyaluronat pro ml (*1*).
3. Enzym, geeignet in (*1*) verdünnt (etwa 5—50 IE/ml) (s. Anmerkung).
4. Kaliumcyanoferrat(III), 0,5 g pro l aqua dest.; Aufbewahren in brauner Flasche.
5. Kaliumcyanid, 0,65 g + Natriumcarbonat, 5,3 g pro l aqua dest.
6. Ammoniumeisen(III)-sulfat · 24 H_2O, 1,5 g pro l 0,05 n H_2SO_4 mit Zusatz von 1 g Duponol (nach [7] kann dieser Zusatz bei Verwendung von 0,2 n H_2SO_4 unterbleiben).

Enzymansatz:

0,5 ml (*2*) + 0,5 ml (*3*) bei 37° C.

Farbreaktion:

Nach 20, 30 und 40 min werden 0,25 ml des Enzymansatzes mit aqua dest. auf 3 ml gebracht, mit je 1 ml (*4*) und (*5*) versetzt und 15 min im kochenden Wasserbad erhitzt. Nach Abkühlung Zugabe von 5 ml (*6*).

Colorimetrie:

Innerhalb 15 min Ablesung der Extinktion bei 650—730 mμ; entsprechend angesetzte Kontrollen mit (*2*) bzw. (*3*) allein [aufgefüllt mit (*1*)] werden abgezogen.

Berechnung:

Aus einer gleichzeitig mit 1, 2 und 3 μg Glucose hergestellten Standardkurve werden die Glucosewerte entnommen. Der exakte 30 min-Wert wird graphisch aus einer durch den 0-Punkt gehenden, den 20, 30 und 40 min-Werten angepaßten Kurve interpoliert. Unter Berücksichtigung der benutzten Verdünnung wird die Aktivität in RSU = μg Glucose pro mg Enzym erhalten. (Gilt nur in Bereichen, wo die Enzymkonzentration dem Umsatz proportional ist, s. unten!)

Anmerkung:

In Anlehnung an die anderen Teste ist es zweckmäßig, dem Verdünnungsmittel für das Enzym (*3*) 660 μg Gelatine pro ml zuzusetzen. — Nach den Erfahrungen des Verf. ist über große Bereiche der Umsatz dem log der Enzymkonzentration proportional. Die Aktivitätsangabe in μg Glucose/mg Enzym ist dann natürlich nicht möglich. Man bezieht sich besser auf Standardenzymkurven, vor allem auch, wenn man verschiedene Substrate benutzt.

---

[1] GIBIAN, H.: H. **291**, 6 (1952/53).
[2] HAHN, L.: B. Z. **315**, 83 (1943).
[3] DITTMANN, G., u. H. D. CREMER: B. Z. **327**, 368 (1956).
[4] RAPPORT, M. M., K. MEYER and A. LINKER: J. biol. Ch. **186**, 615 (1950).
[5] ROGERS, H. J.: Biochem. J. **42**, 633 (1948).
[6] PARK, J. T., and M. J. JOHNSON: J. biol. Ch. **181**, 149 (1949).
[7] SLOTTA, K., and A. BALLESTER: Mem. Inst. Butantan **26**, 311 (1954).

***a_9) Spektrophotometrische Methode zur Bestimmung von Bakterienhyaluronidasen nach* GREILING[1].**

Prinzip und Auswertung:

Die Methode stellt eigentlich einen Sonderfall der vorhergehenden (a_8) dar. Es wird die Zunahme der Extinktion bei 230 mμ verfolgt, die auf der Bildung der an einem Ende ungesättigten Oligosaccharide durch bakterielle Hyaluronidasen beruht.

Reaktionskinetik:

Die Lage der Bande und die Höhe der Extinktion scheinen von der Molekülgröße der gebildeten Oligosaccharide weitgehend unabhängig zu sein. Man bekommt daher über einen weiten Zeitbereich und bei verschiedensten Substratkonzentrationen geradlinige Beziehungen zwischen Extinktionszunahme und angewandter Enzymkonzentration (geprüft für ein Staphylokokkenenzym). Die Identität der MICHAELIS-Konstanten für Substrate verschiedenen Polymerisationsgrades bestätigt die weitgehende Unabhängigkeit der bakteriellen Enzymreaktion hiervon.

Einheit:

Als Hyaluronidase-Einheit wird vorgeschlagen, die Enzymmenge zu bezeichnen, die unter den unten angegebenen Testbedingungen in 100 sec die Extinktion um 0,1 erhöht (gemessen in einer 10 mm-Küvette, bezogen auf 1 ml).

Reagentien:

1. Substratlösung: 150 mg K-hyaluronat in 100 ml 0,067 m SÖRENSEN-Phosphat-Puffer, p_H 6,4.
2. 0,067 m NaCl.
3. Enzymlösung (in aqua dest.).

Ausführung:

In einer temperierten (30° C) 10 mm-Quarzküvette werden 2,0 ml (*1*), 0,9 ml (*2*) und 0,1 ml (*3*) gemischt; gegen eine analoge Leerküvette mit Wasser statt (*3*) wird über einige Minuten hin die Extinktionszunahme bei 230 mμ gemessen.

Berechnung:

Die spezifische Enzymaktivität ergibt sich zu

$$\frac{100 \times 3 \times 10}{t \times c} \text{ (Einheiten/mg)},$$

wobei t die zur Extinktionserhöhung von 0,1 benötigte Zeit in sec und c die Enzymkonzentration in mg/ml bedeutet.

Achtung! Voraussetzung für die absolute Bewertbarkeit der Meßergebnisse ist Arbeiten im Bereich der Unabhängigkeit von der Substratkonzentration. Benutzt man nicht sehr hoch gereinigtes Hyaluronat als Substrat, so wäre dies zweckmäßig zu kontrollieren und gegebenenfalls die Konzentration entsprechend zu erhöhen.

b) Biologische Methoden. Auch die „biologischen" Wirkungen der Hyaluronidase sind verschiedentlich zu ihrer Auswertung verwendet worden. Es handelt sich dabei vor allem um den *Spreading-Effekt* (Messung der beschleunigten bzw. verstärkten Ausbreitung intracutan oder subcutan injizierter Indicatorlösungen)[2], um die beschleunigte Resorption von unter konstantem Druck[3] injizierten Lösungen oder um die Minderung des zur Injektion eines konstanten kleinen Volumens nötigen Druckes[4].

[1] GREILING, H.: H. **309**, 239 (1957).

[2] MADINAVEITIA, J.: Biochem. J. **32**, 1806 (1938). — BACHARACH, A. L., M. R. A. CHANCE and T. R. MIDDLETON: Biochem. J. **34**, 1464 (1940); vgl. Chem. & Indust. **59**, 348 (1940). — MCCLEAN, D., and C. W. HALE: Biochem. J. **35**, 159 (1941). — SHUMAN, C. R., and A. J. FINESTONE: Proc. Soc. exp. Biol. Med. **73**, 248 (1950). — KOCH, E., u. H. HAASE: Arzneim.-Forsch. **2**, 464 (1952). — DURAN-REYNALS, F.; in: ASBOE-HANSEN (Hrsg.): Connective Tissue in Health and Disease. S. 103—111, Kopenhagen 1954.

[3] LENSTRUP, J.: Acta pharmacol. toxicol., København **7**, 143 (1951). — VENTURI, V. M.: Acta pharmacol. toxicol., København **9**, 93 (1953).

[4] DUSSAUSSOY, C.: Diss. med. Lille 1954. — s. auch MERLEN, J. F., J. P. CACHERA et C. DUSSAUSSOY: Ann. Biol. clin., Paris **12**, H. 5—6 (1954). — VALETTE, G.: Ann. pharmaceut. franç. **12**, 761 (1954).

Diese Teste sind zwar wegen der klinischen Anwendung der Hyaluronidase von gewisser Bedeutung, wegen der Komplexität der zugrunde liegenden Vorgänge zur praktischen Enzymauswertung aber schlecht verwertbar. Unter bestimmten Bedingungen[1] kann der besonders früher häufig verwandte Tusche-Spreadingtest zum TR- oder VR-Test einigermaßen parallele Ergebnisse zeitigen[2]. So wenig wie letzterer ist aber auch er für eine Hyaluronidase-Enzymwirkung beweisend.

Unter den anderen biologischen Methoden, wie der Denudifikation des Ratteneies[3], einer immunologischen Auswertung gegen Antihyaluronidasen[4], einem Hämatokrittest[5], hat eigentlich nur die Auflösung der hyaluronsäurehaltigen Kapseln geeigneter Streptokokkenkulturen wohl wegen ihrer Empfindlichkeit und wegen ihrer Unabhängigkeit gegenüber trübenden oder viscösen Begleitstoffen einige Bedeutung erlangt[6]. Dieser Test kann auch in Form des bei der Antibiotica-Prüfung üblichen Platten-(Loch-, Zylinder- bzw. Strich-)Testes angestellt werden[7].

5. Heparinase[8].

[3.2.1.19 Heparin-Glykanohydrolase.]

Heparin[9] ist ein in tierischen „Mastzellen" vorkommendes saures Mucopolysaccharid. Seine Struktur (IV) ist noch nicht in allen Einzelheiten sichergestellt. Sie unterscheidet sich von der der nahe verwandten Hyaluronsäure und Chondroitinschwefelsäuren vor allem durch das Fehlen einer Acetylgruppe, durch die N-Sulfurierung des Glucosaminrestes und durch α-glucosidische Bindungen (wegen der im Gegensatz zu den anderen Säuren positiven optischen Drehwerte). Die Gesamtzahl der Sulfatgruppen scheint zu variieren.

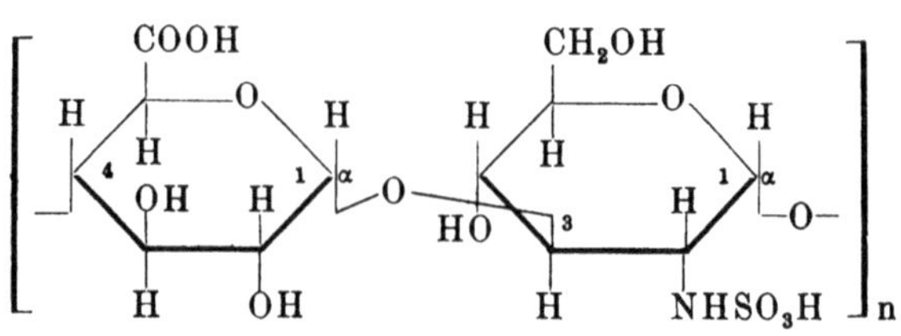

+ 0—2 Sulfatgruppen

IV. n = etwa 30

Das normale „α"-Heparin ist nicht zu verwechseln mit dem mit der Chondroitinschwefelsäure B identischen sog. β-Heparin.

Mit einigen Farbstoffen (z.B. Toluidinblau) bildet Heparin Komplexe. Hierdurch werden deren Absorptionsmaxima nach dem Kurzwelligen verschoben („Metachromasie").

[1] Hechter, O.: J. exp. Med. 85, 77 (1947). — Jaques, R.: Biochem. J. 53, 56 (1953).

[2] Meyer, K., G. Hobby, E. Chaffee and M. H. Dawson: Proc. Soc. exp. Biol. Med. 44, 294 (1940). — Humphrey, J. H., and R. Jaques: Biochem. J. 53, 59 (1953).

[3] Leonard, S., and R. Kurzrok: Endocrinology 39, 85 (1946).

[4] Evans, D. G., F. T. Perkins and W. Gaisford: Lancet 260, 1253 (1951).

[5] Elster, S. K., M. E. Freeman and P. Anderson: J. Lab. clin. Med. 34, 834 (1949).

[6] McClean, D.: J. Path. Bact. 54, 284 (1942). — Fulton, I. K., S. Marcus and W. D. Robinson: Proc. Soc. exp. Biol. Med. 69, 258 (1948). — Evans, A. S.: Exp. Parasitol. 2, 417 (1953). — Lincicome, D. R.: Exp. Parasitol. 2, 333 (1953). — Mayer, G.: Brit. J. Ophthalmol. 39, 747 (1955). — Wiesemann, G.: Diss. med. dent. Marburg 1957.

[7] Murray, R. G. E., and R. H. Pearce: Canad. J. Res., E 27, 254 (1949). — Sherwood, N. P., B. E. Russel, A. R. Jay and K. Bowman: J. infect. Dis. 84, 88 (1949).

[8] Fishman, W. H.; in: Sumner-Myrbäck, Enzymes Bd. I/2, S. 791. — Hoffmann-Ostenhof, O.: Enzymologie. S. 258. Wien 1954. — Kent, P. W., and M. W. Whitehouse: Biochemistry of Aminosugars. S. 20. London 1955.

[9] Marbet, R., u. A. Winterstein: Exper. 8, 40 (1952). — Jeanloz, R. W.: 3. Int. Congr. Biochem. Brüssel 1955. Conf. et Rapports, S. 65—72. — Kent, P. W., and M. W. Whitehouse: Biochemistry of Aminosugars. S. 85—92. London 1955.

Wie andere lineare Polyelektrolyte beeinflußt Heparin die verschiedensten Enzymreaktionen; seine Wirkung auf das Blutgerinnungssystem wird zu seiner Auswertung benutzt[1]. An Hand dessen fahndete man auch nach Heparinasen.

Über heparinabbauende Faktoren in Hyaluronidase-Präparaten ist bisher nur Widersprüchliches bekanntgeworden[2]. Echte Heparinasen scheinen aber in menschlicher, Rinder- und Rattenleber, ferner in Rinder-, Schweine- und Kaninchennieren[3], neuerdings auch in Bakterien gefunden worden zu sein[4]. Ihr genauerer Wirkungsmechanismus ist noch unbekannt; sie scheinen keinen Schwefel abzuspalten, aber depolymerisierend zu wirken, da sie die Metachromasie mindern.

Mit Glycerin oder 0,15 m KCl hergestellte Gewebeextrakte können bei p_H 7 mit 30 bis 50%iger Sättigung an Ammoniumsulfat oder bei p_H 5,5 mit 7% Äthanol in Gegenwart von 0,1—0,2% NaCl angereichert werden. Das rohe Rinderleberenzym wirkte unter den Testbedingungen optimal bei p_H 6—6,5, das gereinigte bei p_H 4,8.

Das aus Harn isolierbare „Uroheparin"[5], vermutlich ein Stoffwechselprodukt des Heparins, ist kein Substrat der Rinderleber-Heparinase.

Zur qualitativ-halbquantitativen Bestimmung der Heparinaseaktivität wurde der Enzymansatz (1 ml Enzymlösung; 8 ml physiologische NaCl, mit 0,1 n HCl auf p_H 6 bis 6,15 eingestellt; 1 ml mit 100 IE Handelsheparin; 37° C; 24 Std) mit Phenol enteiweißt[6]; das verbliebene Heparin wurde mittels der Metachromasie[7] oder nach einer der üblichen Methoden der Blutgerinnungsmessung bestimmt.

Weitere Einzelheiten über Heparinase s. S. 1140f.

Aminozuckerspaltende Enzyme.

Von

Hans Faillard*.

Glucosaminidasen.

[3.2.1.30 β-2-Acetylamino-2-deoxy-D-glucosid acetylaminodeoxyglucohydrolase.]

Entdeckung. Erstmals berichteten im Jahre 1929 KARRER u. Mitarb.[8] über den enzymatischen Abbau eines aus Glucosamin aufgebauten Polysaccharides. Sie behandelten feingemahlenes Chitin (aus Hummerschalen) mit dem Saft von Weinbergschnecken (Helix

* Institut für Physiologische Chemie der Ruhruniversität Bochum.

[1] BLOMBÄCK, B., M. BLOMBÄCK, E. V. CORNELIUSSON and J. E. JORPES: J. Pharm. Pharmacol. 5, 1031 (1953). — JORPES, J. E., M. BLOMBÄCK and B. BLOMBÄCK: J. Pharm. Pharmacol. 6, 694 (1954). — JORPES, J. E.: Acta pharmacol., København 11, 367 (1955).

[2] BALLY, P. R.: Z. klin. Med. 148, 295 (1951). — BRATFISCH, G.: Diss. Techn. Univ. Berlin (1952). — PELLEGRINI, P., e. L. RUSSO: Boll. Soc. ital. Biol. sperim. 28, 162 (1952). — RAMOINO, L., e G. C. MINOLA: Rass. ital. Chir. Med. 2, 131 (1953).

[3] JAQUES, L. B.: J. biol. Ch. 133, 445 (1940). — JAQUES, L. B., and E. KEERI-SZANTO: Canad. J. med. Sci. 30, 353 (1952). — JAQUES, L. B., and M. H. CHO: Biochem. J. 58, 25 (1954). — CHO, M. H., and L. B. JAQUES: Canad. J. Biochem. Physiol. 34, 799 (1956).

[4] KORN, E. D., u. A. N. PAYAZA: Biochim. biophys. Acta 20, 596 (1956).

[5] JAQUES, L. B., E. NAPKE and S. W. LEVY: Circulation Res. 1, 321 (1953).

[6] MONKHOUSE, F. C., and L. B. JAQUES: J. Lab. clin. Med. 36, 782 (1950).

[7] JAQUES, L. B., A. C. RICKER and M. BRUCE-MITFORD: Rev. canad. Biol. 6, 740 (1947).

[8] KARRER, P., u. A. HOFMANN: Helv. 12, 616 (1929). — KARRER, P., u. G. v. FRANCOIS: Helv. 12, 986 (1929).

pomatia) und erhielten als Produkt der enzymatischen Chitinhydrolyse N-Acetyl-glucosamin in kristallisiertem Zustand. Diesem chitinspaltenden Enzym, dessen p_H-Optimum bei 5,2 liegt, gaben sie den Namen Chitinase.

Die Frage nach der Strukturspezifität (α- oder β-Spezifität) solcher Enzyme, deren Beantwortung für die Aufklärung der stereochemischen Struktur der Polysaccharide durch experimentelle enzymatische Hydrolyse besonders wichtig erschien, wurde erstmals von HELFERICH u. Mitarb. aufgegriffen. HELFERICH und ILOFF[1] berichteten 1933 über ein Enzym aus Mandelemulsin, das in der Lage ist, β-glycosidische Derivate des N-Acetyl-glucosamins, z.B. Phenyl-N-acetyl-β-D-glucosaminid, zu hydrolysieren.

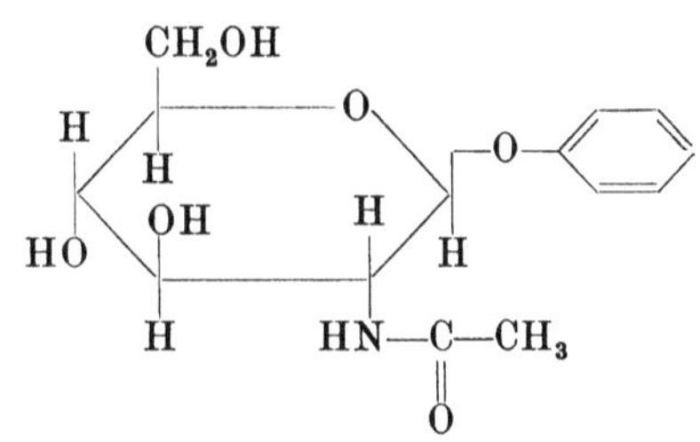

Die Wirksamkeit dieses Enzyms gegen Glucosaminid verschwindet vollständig schon beim Erhitzen auf 70° C, während die Wirksamkeit von Emulsin gegen α-D-Mannosid dabei nur auf $^1/_3$ absinkt. Auch besteht bei der Reinigung des Emulsins keine Parallelität zwischen der β-Glucosidase und der glucosaminidspaltenden Wirkung oder zwischen der α-mannosidatischen Wirkung und der gegen N-Acetyl-β-D-glucosaminide. Demnach muß ein von der β-Glucosidase und der α-Mannosidase verschiedenes Enzym des Emulsins für die Spaltung der Derivate des N-Acetyl-β-D-glucosamins verantwortlich sein. Die entsprechenden nicht acetylierten Verbindungen des Glucosamins werden von diesem Enzym nicht gespalten[2].

Auch die Strukturspezifität der von KARRER entdeckten Chitinase der Weinbergschnecken konnte bald von NEUBERGER und PITT-RIVERS[3] festgestellt werden. Durch Hydrolyseversuche mit Enzympräparaten, die frei von β-Glucosidaseaktivität waren, konnten die Autoren an α- und β-N-Acetyl-methylglykosiden zeigen, daß auch dieses Enzym nur für β-glykosidische Verbindungen spezifisch ist. Aus einer Anzahl getesteter acylierter Glucosaminide wurden durch die N-Acetyl-β-glucosaminidase der *Helix pomatia* nur N-Formyl- und N-Acetyl-Verbindungen hydrolysiert. Auch stellten die Autoren fest, daß das genannte Enzym, ebenso wie HELFERICHs N-Acetyl-β-D-glucosaminidase des Emulsins, nicht in der Lage ist, nicht acylierte oder aber vollständig O-substituierte Glucosaminide zu spalten.

Vorkommen. Das Vorkommen von N-Acetyl-β-glucosaminidase auch in Säugetiergeweben wurde zuerst von WATANABE[4] festgestellt, der bei Untersuchungen an Ochsen-Material in allen untersuchten Organ- und Drüsengeweben reichlich N-Acetyl-β-glucosaminidase-Aktivität finden konnte, mit Ausnahme von Gehirn, Nebennierenrinde, Pankreas, Skeletmuskulatur und Blut, die nur geringe Enzymaktivität aufwiesen. Andere Autoren[5–7] konnten das gleiche Enzym später in Extrakten verschiedener anderer Säugetiergewebe sowie im Schlangengift *(Crotalus atrox)* nachweisen. So fanden CONCHIE, FINDLAY und LEVVY[8] in fast allen Organen der Maus und Ratte sowie in Hoden und Nebenhoden[9,10], Spermien und Samenplasma[11] vieler Säugetiere β-N-Acetyl-glucosaminidase.

---

[1] HELFERICH, B., u. A. ILOFF: H. **221**, 252 (1933).
[2] HELFERICH, B., A. ILOFF u. H. STREECK: H. **226**, 258 (1934).
[3] NEUBERGER, A., and R. V. PITT-RIVERS: Biochem. J. **33**, 1580 (1939).
[4] WATANABE, K.: J. Biochem. **24**, 297 (1936).
[5] EAST, M. E., J. MADINAVEITIA and A. R. TODD: Biochem. J. **35**, 872 (1941).
[6] HAHN, L.: Ark. Kemi, Mineral. Geol. A **21**, Nr. 1 (1945).
[7] PUGH, D., and P. G. WALKER: 4. Int. Congr. Biochem. Sect. **4**, 55. Wien 1958.
[8] CONCHIE, J., J. FINDLAY and G. A. LEVVY: Biochem. J. **71**, 318 (1959).
[9] CONCHIE, J., J. FINDLAY and G. A. LEVVY: Nature **183**, 615 (1959).
[10] FINDLAY, J., and G. A. LEVVY: Biochem. J. **77**, 170 (1960).
[11] CONCHIE, J., and T. MANN: Nature **179**, 1190 (1957).

***Darstellung von N-Acetyl-β-glucosaminidase aus Säugetiergewebe nach* Pugh *u. Mitarb.*[1,*].**

Rattenepididymis[2] und Rattenniere[1] sind die ergiebigsten Ausgangsmaterialien zur Isolierung des Enzyms. Beschreibung der Isolierung:

Frische Rattennieren werden in einem Edelstahlhomogenisator mit Wasser 1 min lang zerkleinert. Das Homogenat (2% Gewicht/Volumen) wird mit Citratpuffer auf p_H 4,8 gebracht (Endkonzentration 0,1 m) und 15 min bei 1500×g zentrifugiert. Durch Zugabe von gesättigter Ammoniumsulfatlösung wird die Enzym-Eiweiß-Fraktion bei 0—4° C aus dem Überstand gefällt. Die Fraktion, die zwischen 20- und 50%iger Sättigung präcipitiert, unterwirft man nach Lösen in Wasser über Nacht bei 0—4° C einer Dialyse. Zur Entfernung inaktiver, unlöslicher Bestandteile wird zentrifugiert und der Überstand auf das Ausgangsvolumen des Homogenates mit Wasser verdünnt. Solche Präparationen enthalten etwa 70—80% der Aktivität des Homogenates. Die Aktivität fällt bei einwöchigem Stehenlassen bei 0—4° C um etwa 10% ab.

Das p_H-Optimum in 0,05 m Citratpuffer liegt bei 4,3. In Acetatpuffer ist die Aktivität wegen der kompetitiven Hemmung durch das Acetat niedriger als in Citratpuffer. Die Michaelis-Konstante (K_M) für Phenyl-N-acetyl-β-D-glucosaminid ist 0,002 m. Mit ansteigender Substrat-Konzentration steigt auch die Rate der Hydrolyse an, bis das Reaktionsgemisch mit Substrat gesättigt ist (ungefähr 0,03 m). Die Ausbeute der Hydrolyse ist der Inkubationszeit und der Enzymkonzentration proportional. Die Mengen des durch das Enzym freigesetzten Phenols und N-Acetylglucosamins sind äquivalent (s. auch[3]).

Eigenschaften. Zur weiteren Untersuchung der Eigenschaften des Enzyms dienten weitgehend gereinigte Präparationen aus Ochsenleber und -testes. An einem aus Ochsentestes isolierten Enzympräparat konnten East, Madinaveitia und Todd[4,5] zeigen, daß N-Acetyl-β-glucosaminidase und Hyaluronidase (Poly-N-acetyl-β-glucosaminidase), die zusammen in rohen Testes-Extrakten vorkommen, verschiedene Enzyme sind; sie konnten keine Parallelen zwischen der Glucosaminidase-Aktivität und der die Viscosität wäßriger Lösungen von Mucopolysacchariden herabsetzenden Wirkung der Testes-Extrakte feststellen. Auch das Verhalten der Glucosaminidase bei der Adsorption an Kaolin unterscheidet sich von dem des die Viscosität reduzierenden Materials dieser Extrakte.

Zu einem ähnlichen Befund waren früher schon Zechmeister u. Mitarb.[6,7] bei Untersuchungen der aminozuckerspaltenden Enzyme des Mandelemulsins und des Hepatopankreas-Auszuges der Weinbergschnecke gelangt. Sie konnten zeigen, daß die sogenannte Chitinase nur unversehrtes oder nur mäßig durch partielle Salzsäurehydrolyse angegriffenes und dadurch eben wasserlösliches Chitin (Chitodextrin) enzymatisch abbaut. Das Enzym zeigte aber keine Wirkung, wenn ihm ein niedrigmolekulares Substrat, die Chitobiose $[C_{12}H_{22}O_9N_2(CO—CH_3)_2]$, dargeboten wird. Hingegen liegt im Mandelemulsin ein zweites auf niedrigere Stufen des Chitinabbaues spezifisch eingestelltes Enzym, die Chitobiase, vor, das Zechmeister u. Mitarb.[6,7] durch Adsorption an Bauxit von der Chitinase trennen konnten.

---

* *Anmerkung bei der Korrektur:* Ein elegantes Verfahren zur Darstellung von N-Acetyl-β-glucosaminidase aus der Kulturflüssigkeit von *Diplococcus pneumoniae* beschreiben kürzlich Hughes und Jeanloz[8]. Einer Ammoniumsulfat-Fraktionierung wird eine Gel-Filtration über Sephadex G-100 angeschlossen, der erneut eine Präcipitation mit Ammoniumsulfat und eine anschließende Chromatographie über DEAE-Cellulose folgt. Das Enzym spaltet p-Nitrophenyl-2-acetamido-2-desoxy-β-D-glucopyranosid, setzt aber auch 26% des Glucosamins aus dem α_1-Glycoprotein des menschlichen Plasmas frei, wenn vorher alle Acyl-neuraminsäure und mindestens 80% der Galaktose enzymatisch abgespalten worden sind.

[1] Pugh, D., D. H. Leaback and P. G. Walker: Biochem. J. **65**, 464 (1957).
[2] Conchie, J., J. Findlay and G. A. Levvy: Nature **178**, 1469 (1956).
[3] Roseman, S., and A. Dorfman: J. biol. Ch. **191**, 607 (1951).
[4] East, M. E., J. Madinaveitia and A. R. Todd: Biochem. J. **35**, 872 (1941).
[5] East, M. E., J. Madinaveitia and A. R. Todd: Nature **147**, 418 (1941).
[6] Zechmeister, L., u. G. Tóth: Enzymologia **7**, 165 (1939).
[7] Zechmeister, L., G. Tóth u. E. Vadja: Enzymologia **7**, 170 (1939).
[8] Hughes, R. C., and R. W. Jeanloz: Biochemistry **3**, 1543 (1964).

Die N-Acetyl-β-glucosaminidasen der Pflanzen und Tiere wären demnach in ähnlicher Weise mit Poly-N-acetyl-β-glucosaminidasen vergesellschaftet, wie dies auch bei Maltase und Amylase oder Cellobiase und Cellulase der Fall ist.

Auch die als Zwischenprodukt bei der enzymatischen Hydrolyse von Hyaluronsäure durch gereinigte Ochsentestes-Hyaluronidase auftretenden, nicht nur aus Aminozuckern bestehenden Oligosaccharide (vor allem Glucuronido-glucosamin [Hyalobiuronsäure])[1–4] können nach LINKER, MEYER und WEISSMANN[5] weiter schrittweise durch die beiden Enzyme β-Glucuronidase und N-Acetyl-β-glucosaminidase abgebaut werden. Die Hydrolyse der glucuronidischen und hexosaminidischen Bindungen in diesen Oligosacchariden ist nach Ansicht der genannten Autoren[5] eine zweistufige Reaktion, in welcher die beiden Enzyme alternativ am nicht reduzierenden Ende der Oligosaccharide angreifen. Hierdurch wäre nach L. c.[5] außer N-Acetyl-β-glucosaminidase und Poly-N-acetyl-β-glucosaminidase auch noch die β-Glucuronidase als zum Hyaluronidasesystem von Hoden und Leber der Säugetiere gehörend, anzusehen. Auch ein gleichzeitiger Anstieg der N-Acetyl-β-glucosaminidase und der β-Glucuronidase-Aktivität im Serum konnte während der Schwangerschaft und unter der Geburt beobachtet werden[6,7]. Die stärkste Enzymaktivität fanden die genannten Autoren dabei in den Decidua-Zellen des basalen und Chorionbereiches der Placenta sowie auf der mütterlichen Seite des Chorions. CONCHIE u. Mitarb.[8,9] fanden in fast allen untersuchten Säugetierorganen neben β-N-Acetyl-glucosaminidase und β-Glucuronidase noch β-Galaktosidase und α-Mannosidase. Im Hinblick auf die weitgehende Gleichartigkeit in der Verteilung dieser Glykosidasen in Säugetiergeweben diskutieren sie eine gemeinsame Funktion dieser Enzyme im Stoffwechsel der Mucoide.

Wie ZECHMEISTER u. Mitarb.[10–12] schon vor vielen Jahren feststellen konnten und wie auch aus den vorher zitierten Arbeiten entnommen werden kann, ist die Chitobiase der Schnecken und des Emulsins nicht mit den genannten N-Acetyl-glucosaminidasen der Säugetiere identisch. Während die Emulsin- und Schnecken-Chitobiase β-1,4-Bindungen zwischen zwei N-Acetyl-glucosaminresten spaltet, ist das natürliche Substrat der N-Acetylglucosaminidasen der Säugetiere die Hyalobiuronsäure (Glucuronido-glucosamin).

In den letzten Jahren wurde mehrfach auch eine Hemmwirkung verschiedener Substanzen auf Glucosaminidasen beobachtet. So berichteten PUGH, LEABACK und WALKER[13] über ein N-Acetyl-glucosaminidase-Präparat, das sie aus Rattennieren gewonnen hatten und das durch N-Acetyl-glucosamin, Acetamid und Acetat gehemmt wird. Besonders starke Hemmung des Enzyms konnte mit N-Acetylaminogluconsäure-lacton beobachtet werden[14,15]. Solche sogenannten „Aldonolactone" zeigen allgemein die Eigenschaften, Glykosidasen, die auf Substrate der gleichen Konfiguration wirken, kompetitiv zu hemmen, während die freien Säuren als Inhibitoren unwirksam sind[15].

Auch mit verschiedenen Alkyl- und Acyl-Resten substituiertes N-Acetyl-glucosamin konnte kürzlich als Substrat für N-Acetyl-β-glucosaminidase entdeckt werden. So berichteten BOROOAH, LEABACK und WALKER[16,17] über ein aus Widder-Testes isoliertes und

[1] RAPPORT, M. M., B. WEISSMANN, A. LINKER and K. MEYER: Nature **168**, 996 (1951).
[2] WEISSMANN, B., and K. MEYER: Am. Soc. **74**, 4729 (1952).
[3] WEISSMANN, B., M. M. RAPPORT, A. LINKER and K. MEYER: J. biol. Ch. **205**, 205 (1953).
[4] WEISSMANN, B., K. MEYER, P. SAMPSON and A. LINKER: J. biol. Ch. **208**, 417 (1954).
[5] LINKER, A., K. MEYER and B. WEISSMANN: J. biol. Ch. **213**, 237 (1955).
[6] WALKER, P. G., M. E. WOOLLEN and D. PUGH: J. clin. Path. **13**, 353 (1960).
[7] WALKER, P. G., M. E. WOOLLEN and D. PUGH: 4. Int. Congr. Biochem. Sect. **13**, 55. Wien 1958.
[8] CONCHIE, J., J. FINDLAY and G. A. LEVVY: Biochem. J. **71**, 318 (1959).
[9] CONCHIE, J., and T. MANN: Nature **179**, 1190 (1957).
[10] ZECHMEISTER, L., u. G. TÓTH: Enzymologia **7**, 165 (1939).
[11] ZECHMEISTER, L., G. TÓTH u. E. VADJA: Enzymologia **7**, 170 (1939).
[12] ZECHMEISTER, L., G. TÓTH u. M. BALINT: Enzymologia **5**, 302 (1938).
[13] PUGH, D., D. H. LEABACK and P. G. WALKER: Biochem. J. **65**, 464 (1957).
[14] MARSH, C. A., and G. A. LEVVY: Biochem. J. **66**, 4p (1957).
[15] FINDLAY, J., G. A. LEVVY and C. A. MARSH: Biochem. J. **69**, 467 (1958).
[16] BOROOAH, J., D. H. LEABACK and P. G. WALKER: Biochem. J. **65**, 15p (1957).
[17] BOROOAH, J., D. H. LEABACK and P. G. WALKER: Biochem. J. **78**, 106 (1961).

durch Fraktionierung mit Ammoniumsulfat weitgehend gereinigtes Enzym, das fähig ist, sowohl Äthyl- als auch Phenyl-, o-Nitrophenyl- und p-Nitrophenyl-N-acetyl-β-glucosaminide sowie α-Naphthyl-N-acetyl-β-glucosaminid[1] zu hydrolysieren. Das Verhältnis der maximalen Hydrolyserate der genannten Derivate beträgt dabei 1:10:20:25. Auch hier konnte eine kompetitive Hemmung der enzymatischen Hydrolyse durch ähnlich konfigurierte Substrate beobachtet werden. So wird die Hydrolyse des Phenyl-N-acetyl-β-glucosaminids durch die Gegenwart von Äthyl-N-acetyl-β-glucosaminid gehemmt[2]. Die in Widderhoden und Mandelextrakten gleichzeitig auftretende N-Acetyl-galaktosaminidase- und -glucosaminidase-Aktivität soll auch nur einem einzigen Ferment zukommen[3,4], was als Parallelfall zu der Spaltung von β-Galaktosiden durch die Mandel-β-Glucosidase HELFERICHs[5] angesehen werden kann. Die gleiche Ansicht vertreten auch FINDLAY, LEVVY und MARSH[6] auf Grund ihrer Beobachtungen, daß sowohl N-Acetyl-aminogluconsäure-lacton als auch N-Acetyl-aminogalaktonsäure-lacton als Inhibitoren für N-Acetyl-glucosaminidase wirksam sind.

Besonders interessant ist in diesem Zusammenhang, daß die beiden genannten Lactone im Hinblick auf ihre kompetitive Hemmwirkung klar zwischen α- und β-N-Acetyl-glucosaminid unterscheiden[6], was in Bestätigung der Befunde von ROSEMAN und DORFMAN[7] darauf schließen läßt, daß α- und β-N-Acetyl-glucosaminidasen zwei verschiedene Enzyme sind. Eine solche α-Glucosaminidase, die Phenyl-N-acetyl-α-D-glucosaminid (Darstellung s.[7]) hydrolysiert, konnte in ungereinigten Hyaluronidase-Präparationen und verschiedenen Extrakten aus tierischen Geweben nachgewiesen werden[7]. Besonders stark war die α-Glucosaminidasewirkung in Extrakten aus Rinder-, Ratten- und Kaninchentestes, Rattenmilz und -leber. Etwas schwächere Aktivität konnte in Rattenniere und -lunge sowie Kaninchenmilz nachgewiesen werden, wohingegen in Herz-, Gehirn- und Muskelextrakten keine α-Glucosaminidase-Aktivität festzustellen war. Die Autoren konnten zeigen, daß diese Wirkung weder von gereinigter Hyaluronidase noch von β-Glucosaminidasen, α-Glucosidasen oder β-Glucosidasen verursacht werden kann. Schon früher hatten ZECHMEISTER, TÓTH und VADJA[8] erstmals zeigen können, daß der Hepato-Pankreassaft der Weinbergschnecke im Gegensatz zum Emulsin auch auf α-Phenyl-N-acetyl-D-glucosaminid einwirkt, wenn auch viel schwächer als auf das β-Isomere. BUDDECKE, GOTTSCHALK u. Mitarb.[9] berichteten kürzlich über das Vorkommen einer β-N-Acetyl-Hexosaminidase in Rindermilz-Homogenaten, welche β-O-glycosidische Bindungen von N-Acetylgalaktosamin an die OH-Gruppen des Serins und Threonins innerhalb eines Peptides spaltet. Am Beispiel des Schaf-Submaxillarismucins konnten die Autoren zeigen, daß eine enzymatische Spaltung nur stattfindet, wenn vorher die Acyl-neuraminsäure abgespalten und die Peptidkette des Mucins auf ein bis zwei Aminosäuren verkürzt wird.

***Bestimmung der Aktivität von N-Acetyl-β-D-glucosaminidase nach* EAST *u. Mitarb.*[10] *in der Modifikation von* PUGH *u. Mitarb.*[11].**

Prinzip:

Die Methode beruht auf der Freisetzung von Phenol durch die enzymatische Hydrolyse von Phenyl-N-acetyl-β-D-glucosaminid, die als Maß für die Enzymaktivität genommen wird.

[1] PUGH, D., and P. G. WALKER: J. Histochem. Cytochem. **9**, 242 (1961).
[2] PUGH, D., D. H. LEABACK and P. G. WALKER: Biochem. J. **63**, 19p (1956).
[3] HEYWORTH, R., J. BOROOAH and D. H. LEABACK: Biochem. J. **67**, 21p (1957).
[4] WOOLLEN, J. W., R. HEYWORTH and P. G. WALKER: Biochem. J. **78**, 111 (1961).
[5] HELFERICH, B.: Ergebn. Enzymforsch. **2**, 74 (1933); **7**, 83 (1938); **9**, 70 (1943).
[6] FINDLAY, J., G. A. LEVVY and C. A. MARSH: Biochem. J. **69**, 467 (1958).
[7] ROSEMAN, S., and A. DORFMAN: J. biol. Ch. **191**, 607 (1951).
[8] ZECHMEISTER, L., G. TÓTH u. E. VADJA: Enzymologia **7**, 170 (1939).
[9] BHAVANANDAN, V. P., E. BUDDECKE, R. CARUBELLI and A. GOTTSCHALK: Biochem. biophys. Res. Comm. **16**, 353 (1964).
[10] EAST, M. E., J. MADINAVEITIA and A. R. TODD: Biochem. J. **35**, 872 (1941).
[11] PUGH, D., D. H. LEABACK and P. G. WALKER: Biochem. J. **65**, 464 (1957).

Reagentien:

1. 0,01 m Phenyl-N-acetyl-β-D-glucosaminid.
2. 0,05 m Citratpuffer, p_H 4,3.

Ausführung:

In Reagensgläser, die das Substrat (Phenyl-N-acetyl-β-D-glucosaminid) in einer Konzentration von 0,01 m in 0,05 m Citratpuffer vom p_H 4,3 enthalten, wird 0,1 ml der Enzymlösung (wie vorher beschrieben) gegeben. Nach Auffüllen mit Citratpuffer auf 1 ml läßt man das Gemisch 1 Std bei 37° C stehen. Es werden Doppelbestimmungen ausgeführt und gleichzeitig Kontrollreagensgläser mit Enzym bzw. Substrat allein der gleichen Behandlung unterworfen.

Nach BOROOAH, LEABACK und WALKER[1] wird als Einheit der N-Acetyl-β-glucosaminidase die Enzymmenge angesprochen, die 1 μm Phenol aus 10 mM Phenyl-N-acetyl-β-glucosaminid, welches in 0,05 m Citratpuffer vom p_H 4,4 gelöst ist, in 1 Std bei 37° C abspaltet.

a) Bestimmung von enzymatisch in Freiheit gesetztem Phenol.

Reagentien:

1. Folin-Ciocalteu-Reagens[2], s. Bd. V, S. 178.
2. Na_2CO_3-Lösung, 12%ig.

Ausführung:

Nach Ablauf der Inkubationszeit werden 2,0 ml Folin-Ciocalteu-Reagens[2] (British Drug Houses Ltd.), welches vorher 1 ad 3 verdünnt wurde, zugegeben. Zur Entfernung des ausgefallenen Proteins wird zentrifugiert und zu 2 ml des Überstandes 3 ml Na_2CO_3-Lösung hinzugefügt. Zur Farbentwicklung läßt man 20 min bei 37° C stehen und mißt dann die Absorption bei 650 mμ. Nach Abzug der Leerwerte für Enzym und Substrat, die sehr niedrig sind, wird die Menge des enzymatisch in Freiheit gesetzten Phenols aus einer Eichkurve ermittelt. Diese wurde unter den gleichen Bedingungen mit einer Standardlösung von Phenol aufgestellt. Die Farbreaktion wird durch andere in der Reaktionslösung vorhandene Substanzen nicht beeinflußt. Unter den genannten Bedingungen ist der Hydrolysegrad bis zu 5% der Enzymkonzentration proportional. Deshalb ist es ratsam, die Enzymkonzentration so zu wählen, daß die Menge an hydrolysiertem Substrat 5% der eingesetzten Substratmenge nicht übersteigt.

b) Bestimmung von enzymatisch in Freiheit gesetztem N-Acetyl-glucosamin.

Die Zugabe von 0,1 ml 3 n Na_2CO_3-Lösung nach Ablauf der Inkubationszeit stoppt die Enzymreaktion durch eine Veränderung des p_H auf 10,8. Das enzymatisch freigesetzte N-Acetyl-glucosamin wird dann nach der Aminozuckerbestimmung von AMINOFF, MORGAN und WATKINS[3] ermittelt. Die Absorption wird bei 560 mμ abgelesen. Die Menge an enzymatisch abgespaltenem N-Acetyl-glucosamin wird aus einer Standardkurve ermittelt, die mit einer Lösung von N-Acetyl-glucosamin in 0,05 m Citratpuffer vom p_H 4,3 aufgestellt wurde. Die Farbentwicklung in den Kontrollen ist sehr gering. Die Farbreaktion des N-Acetyl-glucosamins wird durch die Gegenwart von Substrat oder Enzymlösung nicht beeinflußt. Ausführung der Methode von AMINOFF u. Mitarb. s. Bd. III, S. 769.

c) Bestimmung von enzymatisch in Freiheit gesetztem p-Nitrophenol.

Nach einer von FINDLAY, LEVVY und MARSH[4] angegebenen Bestimmungsmethode wird als Substrat für die N-Acetyl-β-D-glucosaminidase p-Nitrophenyl-N-acetyl-β-D-glucosaminid an Stelle von Phenyl-N-acetyl-β-D-glucosaminid genommen (s. auch BOROOAH, LEABACK und WALKER[1]).

[1] BOROOAH, J., D. H. LEABACK and P. G. WALKER: Biochem. J. **78**, 106 (1961).
[2] FOLIN, O., and V. CIOCALTEU: J. biol. Ch. **73**, 627 (1927).
[3] AMINOFF, D., W. T. MORGAN and W. M. WATKINS: Biochem. J. **51**, 379 (1952).
[4] FINDLAY, J., G. A. LEVVY and C. A. MARSH: Biochem. J. **69**, 467 (1958).

Reagentien:

1. 0,2 m Citronensäure-NaOH-Puffer, p_H 4,3.
2. 0,01 m p-Nitrophenyl-N-acetyl-β-D-glucosaminid.
3. 0,4 m Glycin-NaOH-Puffer, p_H 10,5.

Ausführung:

Zu 1 ml Citronensäurepuffer und 2 ml p-Nitrophenyl-N-acetyl-β-D-glucosaminid-Lösung werden 0,5 ml Enzymlösung gegeben, auf 4 ml aufgefüllt und der p_H der Mischung auf 4,4 eingestellt. Nach 1 Std Inkubation bei 38° C werden 4 ml Glycin-Puffer zugefügt, zentrifugiert und das im Überstand befindliche, freigesetzte p-Nitrophenol colorimetrisch bei 430 mμ bestimmt.

In neuerer Zeit beschreiben LEABACK und WALKER[1] eine fluorimetrische Bestimmungsmethode für N-Acetyl-β-glucosaminidase unter Benutzung von 4-Methylumbelliferyl-N-acetyl-β-glucosaminid als Substrat, welche den Vorteil hat, auch mit sehr verdünnten Enzymlösungen und bei niedriger Substratkonzentration noch brauchbare Ergebnisse zu liefern.

Darstellung einiger Substrate für die N-Acetyl-β-D-glucosaminidase.

Darstellung von Phenyl-N-acetyl-β-D-glucosaminid nach HELFERICH *und* ILOFF[2] *sowie* CONCHIE *und* LEVVY[3].

3 g salzsaures Glucosamin werden 2—3 min mit 4 g Natriumacetat und 20 ml Essigsäureanhydrid gekocht, das Reaktionsgemisch in Wasser gegossen, mit Soda neutralisiert, mehrfach mit Chloroform ausgezogen und die Chloroformauszüge nach Trocknen mit $CaCl_2$ eingedampft. Der ölige Rückstand (6 g) wird mit 6 g Phenol und 0,1 g p-Toluolsulfosäure $^1/_2$ Std auf dem Wasserbad unter dauerndem Rühren erhitzt. (CONCHIE und LEVVY[3] dehnen diesen Prozeß auf 5 Std aus.) Die Schmelze wird dann mit Chloroform aufgenommen, die Lösung mehrfach mit Wasser, Natronlauge und wieder Wasser gewaschen, über $CaCl_2$ getrocknet, zur Trockne eingedampft und der kristallisierte Rückstand (1,7 g) einmal aus 50 ml Benzol und dreimal aus dem 2,5fachen Volumen absoluten Alkohols umkristallisiert (F 201,5—202° C). Zur O-Entacetylierung werden 2,1 g Tetraacetylverbindung in 180 ml Aceton gelöst, mit 160 ml n Natronlauge versetzt und 16 Std bei Zimmertemperatur stehengelassen. (CONCHIE und LEVVY[3] nehmen zur O-Entacetylierung Bariummethylat.) Dann wird mit 160 ml n H_2SO_4 versetzt, zur Trockne gedampft und der kristalline Rückstand mehrfach mit absolutem Äthanol ausgezogen. Die vereinigten Äthanol-Auszüge werden bis zum Kristallbrei eingedampft, dieser nach Erkalten abgesaugt und einmal aus 80 ml absolutem Äthanol und dreimal aus Wasser umkristallisiert (F 238° C unter Zersetzung).

Darstellung von p-Nitrophenyl-N-acetyl-β-D-glucosaminid nach FINDLAY, LEVVY *und* MARSH[4].

20 g fein pulverisiertes Glucosamin-hydrochlorid werden während 30 min unter kräftigem Schütteln bei einer Temperatur von 45—55° C zu einer Lösung von 16,6 g wasserfreiem, granuliertem $ZnCl_2$ in 106 ml Essigsäureanhydrid gegeben. Nach weiteren 15 min Schütteln bei 50° C wird die Lösung unter Rühren in 140 ml Wasser von 0° C eingegossen. Dann gibt man eine Lösung von 64 g NaOH in 200 ml Wasser während 30 min bei einer Temperatur von 40—50° C hinzu. Dabei beginnt die Abscheidung des β-Glucosamin-pentacetats, welche durch einstündiges Stehenlassen bei 0° C vervollständigt wird. Das kristalline Produkt (10 g) wird abfiltriert, mit eiskaltem Wasser säurefrei gewaschen und ohne weitere Reinigung weiterverarbeitet.

---

[1] LEABACK, D. H., and P. G. WALKER: Biochem. J. 78, 151 (1961).
[2] HELFERICH, B., u. A. ILOFF: H. **221**, 252 (1933).
[3] CONCHIE, J., and G. A. LEVVY: Biochem. J. **65**, 390 (1957).
[4] FINDLAY, J., G. A. LEVVY and C. A. MARSH: Biochem. J. **69**, 467 (1958).

Eine bei 130° C angesetzte Schmelze von 20,6 g β-Glucosamin-pentacetat, 24,6 g p-Nitrophenol und 0,14 g p-Toluol-sulfosäure hält man 2 Std lang unter gelegentlichem Rühren bei 120° C. Dann werden 800 ml Chloroform zugefügt, die Lösung mit Wasser von 0° C und dann mehrfach mit insgesamt 600 ml 0,1 n NaOH bei 0° C gewaschen, bis die wäßrige Phase ihre Farbe plötzlich von Gelb nach Dunkelbraun ändert. Nach nochmaligem Waschen des Chloroforms mit Wasser von 0° C und Trocknen über $CaCl_2$ wird die Chloroformlösung weitgehend eingeengt und das auskristallisierende p-Nitrophenyl-β-glucosaminid-tetraacetat aus 130 ml Äthanol-Chloroform 1:1 umkristallisiert. Ausbeute 8,8 g; F 233° C. Zur O-Entacetylierung werden 13,2 g des Tetraacetates in 240 ml Methanol-Chloroform 1:1 gelöst, zum Sieden erhitzt und zur siedenden Lösung 7,3 ml 0,1 n Natriummethylat in Methanol hinzugefügt. Die Mischung kühlt man sofort ab und läßt sie über Nacht bei 0° C stehen. Das kristalline Produkt (8,9 g) wird dann abfiltriert und mit Methanol bei 0° C ausgewaschen. Zweimaliges Umkristallisieren aus Wasser ergibt reines, kristallwasserfreies p-Nitrophenyl-N-acetyl-β-glucosaminid (F 210° C).

Neuraminidase.

[3.2.1.18 N-Acetylneuraminat-Glykohydrolase.]

Historische Entwicklung und Vorkommen. Die Geschichte dieses Enzyms geht zurück auf die Entdeckung der Virus-Hämagglutination im Jahre 1941 durch Hirst[1] sowie McClelland und Hare[2]. Diese beobachteten beim Vermischen von virusinfizierter Allantoisflüssigkeit mit dem Blut der Hühnerembryonen, daß die Erythrocyten agglutiniert wurden, ein Versuch, der sich auch mit ausgewaschenen Hühnererythrocyten reproduzieren ließ. Hirst[3] konnte weiterhin zeigen, daß diese Hämagglutination eine Funktion der Virusteilchen selbst ist und nicht etwa durch Produkte aus der Reaktion des Virus mit der Zelle hervorgerufen wird. Zugabe einer genügenden Menge roter Blutkörperchen zu gekühlter, virushaltiger Allantoisflüssigkeit führt nach anschließender Zentrifugation zu einem Verschwinden des größten Teiles der Viruspartikel aus der überstehenden Allantoisflüssigkeit. Diese Versuche konnten etwas später bestätigt werden[4–6]. Hirst[3] folgerte hieraus, daß die Hämagglutination notwendigerweise die Folgeerscheinung der Adsorption von Viruspartikeln an die Zelloberfläche sein müsse. Er entwickelte daraus ableitend die Vorstellung, daß die Viruspartikel vermittels einer Teilkomponente, des Agglutinins, in der Lage sind, sich an zwei oder mehrere Erythrocyten zugleich anzuheften und als Brücke die Verbindung zwischen diesen Zellen herzustellen. Dies führt zur Ausbildung der Stränge und Klumpen, die in einer agglutinierten Blutkörperchenaufschwemmung sichtbar sind.

Wird aber, wie ebenfalls Hirst[7] feststellen konnte, die Adsorption von Viren an Erythrocyten bei 37° C durchgeführt, so ist die charakteristische Folgeerscheinung dieser durch die Agglutination erkennbaren Adsorption eine nach etwa 2 Std erfolgende Elution der Viruspartikel von der Erythrocytenoberfläche in die umgebende Lösung. Die Erythrocyten aber, von denen das Virus sich abgelöst hat, bilden wieder eine stabile Suspension wie vor der Viruszugabe und sind nun nicht mehr durch Virus agglutinabel. Das freigewordene Virus hingegen behält seine volle Fähigkeit zu agglutinieren. Aus diesen Befunden folgerte Hirst[7], daß das Virus als zweite Teilkomponente noch ein Enzym besitzen muß, durch das es befähigt wird, sich von den Zellen wieder abzulösen. Bei dieser enzymatischen Freisetzung des Virus müssen nach Burnet[8] gleichzeitig Receptor-

[1] Hirst, G. K.: Science, N.Y. **94**, 22 (1941).
[2] McClelland, L., and R. Hare: Canad. J. publ. Hlth. **32**, 530 (1941).
[3] Hirst, G. K.: J. exp. Med. **75**, 49 (1942).
[4] Friedewald, W. F., and E. G. Pickels: J. exp. Med. **79**, 301 (1944).
[5] Henle, W., G. Henle, V. Groupe and L. A. Chambers: J. Immunol. **48**, 163 (1944).
[6] Gottschalk, A., and B. T. Perry: Brit. J. exp. Path. **32**, 408 (1951).
[7] Hirst, G. K.: J. exp. Med. **76**, 195 (1942).
[8] Burnet, F. M.: Proc. R. Soc. London (B) **138**, 47 (1951).

gruppen (Agglutinogene) verändert bzw. im Hinblick auf ihre biologische Eigenschaft zerstört worden sein. Ein weiterer Beweis für das Vorhandensein der beiden Teilkomponenten im Viruspartikel war die Feststellung BRIODYs[1], daß sich die Hämagglutinationswirkung des Virus und seine Fähigkeit, die Receptoren enzymatisch zu zerstören, durch 30 min langes Erhitzen auf 55° C voneinander trennen lassen. Hierbei bleibt die Agglutinationskraft des Virus, also seine Fähigkeit, sich an die Receptoren anzuheften, erhalten, aber seine enzymatische Wirksamkeit, von den Erythrocyten wieder zu eluieren, geht verloren.

Die Fähigkeit zur Hämagglutination und zur enzymatischen Veränderung der Receptoren konnte außer an den beschriebenen klassischen Influenza A- und B-Typen und dem Parainfluenzavirus (Typ 2)[2] auch noch bei Newcastle-disease-Virus (atypische Geflügelpest)[3], dem Virus der klassischen Hühnerpest (fowl plague)[4] und dem Mumps-Virus[5] nachgewiesen werden. Wegen ihrer gemeinsamen Eigenschaften der Adsorption an Mucoproteide der Zelloberfläche und deren enzymatischer Veränderung werden diese und eine Reihe weniger bedeutender, für den menschlichen Respirationstrakt pathogener Viren unter dem Namen Myxoviren zusammengefaßt[6].

Die früheren Beobachtungen[7–9], daß menschliche Erythrocyten, die mit Kulturfiltraten von diphtheroiden Bakterien und Vibrionen behandelt worden waren, nicht nur durch die entsprechenden Isoagglutinine, sondern durch jedes beliebige Menschenserum agglutiniert werden konnten (Panagglutinations-Phänomen), gaben BURNET Veranlassung, Kulturfiltrate verschiedener Bakterien auf eine die Receptoren zerstörende Wirkung zu testen. Dabei konnten BURNET u. Mitarb.[10] feststellen, daß Kulturfiltrate aus *Vibrio cholerae* die damit behandelten Erythrocyten nicht nur panagglutinabel für menschliche Seren, sondern auch völlig inagglutinabel für alle Stämme der Influenzavirusgruppe machen. Da also das im Cholera-Vibrio-Filtrat enthaltene Enzym offensichtlich den an der Oberfläche der Erythrocyten befindlichen Receptor abspaltet, wodurch dann die Erythrocyten nicht mehr vom Influenzavirus agglutiniert werden können, bezeichnete BURNET[10] dies lösliche Enzym als „Receptor-Destroying-Enzym" (RDE).

Wenig später konnten MCCREA[11] und CHU[12] das gleiche Enzym auch im Kulturfiltrat einiger Stämme von *Clostridium welchii (perfringens)* (Gasbranderreger) nachweisen (s. auch [13–15]). Später wurde das Enzym noch in Pneumokokken verschiedener Typen[12, 16–22], *Clostridium tertium*[23], *Pseudomonas fluorescens*, *Pseudomonas stuzeri*, *Pseudo-*

---

[1] BRIODY, B. A.: J. Immunol. **59**, 115 (1948).
[2] DARRELL, R. W., and C. HOWE: Proc. Soc. Exp. Biol. Med. **116**, 1091 (1964).
[3] BURNET, F. M.: Austral. J. exp. Biol. med. Sci. **20**, 81 (1942).
[4] LUSH, D.: J. comp. Path. **53**, 157 (1943).
[5] LEVENS, J. H., and J. F. ENDERS: Science, N.Y. **102**, 117 (1945).
[6] ANDREWES, C. H., F. B. BANG and F. M. BURNET: Virology **1**, 176 (1955).
[7] THOMSEN, O.: Z. Immun.-Forsch. **45**, 85 (1926).
[8] HÜBENER, G.: Z. Immun.-Forsch. **45**, 223 (1926).
[9] FRIEDENREICH, V.: C. R. Soc. Biol. **96**, 1079 (1927).
[10] BURNET, F. M., J. F. MCCREA and J. D. STONE: Brit. J. exp. Path. **27**, 228 (1946).
[11] MCCREA, J. F.: Austral. J. exp. Biol. med. Sci. **25**, 127 (1947).
[12] CHU, C. M.: Nature **161**, 606 (1948).
[13] POPENOE, E. A., and R. M. DREW: J. biol. Ch. **228**, 673 (1957).
[14] CASSIDY, J. T., G. W. JOURDIAN and S. ROSEMAN: Bact. Proc. **1962**, 63 (1962).
[15] BURTON, R. M.: J. Neurochem. **10**, 503 (1963).
[16] EJBY-POULSEN, P.: Nature **174**, 929 (1954).
[17] BORECKY, L.: Acta virol. **2**, 73, 201 (1958).
[18] ONCLEY, J. L., E. M. EYLAR and K. SCHMID: Vox sanguinis, Basel **3**, 50 (1958).
[19] HEIMER, R., and K. MEYER: Proc. Nat. Acad. Sci. USA **42**, 718 (1956).
[20] LAURELL, A. B.: Acta path. microbiol. scand. **47**, 182 (1959).
[21] MADOFF, M. A., E. H. EYLAR and L. WEINSTEIN: J. Immunol. **85**, 603 (1960).
[22] HUGHES, R. C., and R. W. JEANLOZ: Biochemistry **3**, 1535 (1964).
[23] HOWE, C., J. D. MACLENNAN, J. MANDL and E. A. KABAT: J. Bact. **74**, 365 (1957).

monas pyocyaneus sowie *Lactobacillus bifidus Stamm E*[1], diphtheroiden Bakterien[2,3], sowie *α-Streptococci* und *Pasteurella Pseudotuberculosis*[4] aufgefunden.

Der *Iseki-Stamm* des *Clostridium tertium*[5] ist dabei von besonderem Interesse, weil er außer dem receptorzerstörenden Enzym noch ein anderes Exo-Enzym produziert, das gereinigte Blutgruppen A-Substanz spezifisch zerstört.

Die Gleichartigkeit in der Wirkungsweise dieses aus Kulturfiltraten von Bakterien stammenden Enzyms mit dem Enzym der Myxoviren konnte in folgenden Versuchen gezeigt werden[6,7].

RDE aus *Vibrio cholerae* und *Influenzavirus* werden beide bei 0° C an Erythrocyten adsorbiert und beim Erwärmen wieder von den Zellen eluiert. Sowohl nach Behandlung mit RDE als auch mit Myxoviren verlieren die Erythrocyten die Fähigkeit, durch aktives Virus agglutiniert zu werden. Desgleichen macht das RDE genau so wie das Virusenzym die Erythrocyten panagglutinabel durch normale menschliche Seren.

In jüngster Zeit konnte das Vorkommen von „Neuraminidase“ auch in Wirbeltierorganismen sichergestellt werden. So fanden Warren und Spearing[8] dieses Enzym in der Cohn Fraktion VI der Plasma-Glykoproteide von Mensch und Rind in allerdings nur sehr geringer Konzentration. Ada und Lind[9] gelang es kürzlich, Neuraminidase aus den Chorioallantois-Membranen 12 Tage alter Hühnerembryonen zu gewinnen. Es scheinen aber gewisse graduelle Unterschiede zwischen dieser Neuraminidase und der aus *V. cholerae*-Bouillon isolierten zu bestehen, denn Erythrocyten, die mit „Membran-Neuraminidase“ behandelt wurden, zeigen gegenüber den mit *V. cholerae*-Neuraminidase behandelten einen anderen Receptorgradient. Außerdem wird im Gegensatz zu *V. cholerae*-Neuraminidase das Enzym aus Membranen von 0,01 m Äthylendiamintetraacetat nicht beeinflußt.

Weiterhin haben Carubelli, Trucco und Caputto[10] Neuraminidase auch in Extrakten von Homogenaten verschiedener Rattenorgane finden können. Gute Neuraminidase-Aktivität zeigen unter Verwendung von Neuraminlaktose-sulfat[10,11] als Substrat die laktierende Milchdrüse, Leber und Gehirn, wohingegen Niere und Dünndarm nur schwach und Testes, Milz und nicht-laktierende Milchdrüse kaum wirksam oder inaktiv sind. Im Gegensatz zur Plasma-Neuraminidase Warrens[8] wird die Milchdrüsen-Neuraminidase nicht durch Ca^{++} stimuliert[10], woraus geschlossen wird, daß es auch unter den Säugetier-Neuraminidasen mehr als einen Typ gibt. Einen signifikanten Anstieg der Leber-Neuraminidase beobachteten Baba, Ishii und Aoki[12] bei tumorkranken Mäusen und Ratten.

An das erstmalige Auftreten von Neuraminidase in Wirbeltieren knüpfen Ada und Lind[9] die Vermutung, daß die *Myxovirus*-Neuraminidase aus der Wirtszelle stammen könne, indem die spezifische Enzymstruktur durch die genetischen Informationen in der Wirtszelle bestimmt und unter dem Einfluß des Virusgenoms in das Virus eingebaut wird.

Die Substrate des Enzyms. Die Frage nach der chemischen Natur der Substrate für das Myxovirusenzym und das RDE aus Bakterienkulturfiltraten blieb lange Jahre unbeantwortet. Der Aufklärung der chemischen Natur* der Receptoren der Myxoviren

* Detaillierte Darstellung s. Klenk, E., u. H. Faillard: Forsch.-Ber. Wirtsch.- u. Verk.-Min. NRW Nr. 467 (1957).

1 Shilo, M.: Biochem. J. **66**, 48 (1957).
2 Burnet, F. M.: Physiol. Rev. **31**, 131 (1951).
3 Jamieson, G. A., and M. D. Poulik: Fed. Proc. **21**, 230 (1962).
4 Laurell, A. B.: Acta path. microbiol. scand. **47**, 182 (1959).
5 Howe, C., J. D. MacLennan, J. Mandl and E. A. Kabat: J. Bact. **74**, 365 (1957).
6 McCrea, J. F.: Austral. J. exp. Biol. med. Sci. **25**, 127 (1947).
7 Stone, J. D.: Austral. J. exp. Biol. med. Sci. **25**, 137 (1947).
8 Warren, L., and C. W. Spearing: Biochem. biophys. Res. Comm. **3**, 489 (1960).
9 Ada, G. L., and P. E. Lind: Nature **190**, 1169 (1961). — Ada, G. L.: Biochim. biophys. Acta **73**, 276 (1963).
10 Carubelli, R., R. E. Trucco and R. Caputto: Biochim. biophys. Acta **60**, 196 (1962).
11 Carubelli, R., L. C. Ryan, R. E. Trucco and R. Caputto: J. biol. Ch. **236**, 2381 (1961).
12 Baba, T., M. Ishii and K. Aoki: Gann **55**, 331 (1964).

wandte sich als erster GOTTSCHALK im BURNETschen Institut zu. Da es damals aussichtslos erschien, celluläre Receptoren in für chemische Untersuchungen ausreichender Menge zu erhalten, wandte GOTTSCHALK sein Augenmerk den löslichen Inhibitoren zu, deren Identität mit den zellständigen Receptoren in bezug auf ihr Verhalten gegenüber Myxoviren am Beispiel von Speicheldrüsenmucin[1] und dem Serum-Hämagglutinations-Hemmstoff (Francis Inhibitor[1-3]) sowie Ovarcystenmucin[4] inzwischen bekannt war.

So gelang es GOTTSCHALK und LIND[5], aus Ovomucin durch Einwirkung von Influenzavirus und RDE eine dialysierbare, niedrigmolekulare, stickstoffhaltige Verbindung abzuspalten, welche sie zunächst als einen Kohlenhydrat-Peptid-Komplex ansprachen. Der Kohlenhydratanteil sollte dabei ein aus mehreren N-Acetyl-hexosaminresten bestehendes Oligosaccharid sein, das über eine alkalilabile glykosidische Bindung mit einem Neutralzucker verbunden wäre. Da sich aber im weiteren Verlauf der Untersuchungen, die GOTTSCHALK[6,7] mit dem Harnmucin von TAMM und HORSFALL[8-10] durchführte, herausstellte, daß das Spaltprodukt sehr säurelabil war, was sich mit einem Hexosaminid nicht in Einklang bringen ließ, und außerdem im Chromatogramm, eingefärbt mit Ninhydrin, ähnlich wanderte wie L-Lysin-N-glucosid, nahm GOTTSCHALK[6,7] nunmehr das Vorhandensein eines Aminosäure-N-glucosids bzw. N-substituierten Fructosamins an. Auf Grund dieser Befunde definierte CURTAIN[10] das RDE und das Virusenzym als spezifische Peptidasen.

Als dann aber ODIN[11] festgestellt hatte, daß alle untersuchten, als Hämagglutinations-Hemmstoff wirkenden Mucine die direkte EHRLICHsche Reaktion (ohne Alkalivorbehandlung) geben und HIYAMA[12] aus Rindersubmaxillarismucin nach Erhitzen mit starkem Alkali Pyrrol-α-carbonsäure, ein Chromogen der direkten EHRLICHschen Reaktion, erhalten konnte, gelangte GOTTSCHALK[13] zu der Ansicht, das Spaltprodukt der Virus- bzw. RDE-Mucinreaktion sei eine N-Glykosyl-pyrrolcarbonsäure. GOTTSCHALK[13,14] präzisierte daraufhin die Wirkung der genannten Enzyme als die einer Amidase, welche die Säureamidbindung zwischen dem Aminozucker und der Pyrrolcarbonsäure spalten solle.

Zur gleichen Zeit konnten KLENK und LAUENSTEIN[15] aus Rindersubmaxillarismucin und menschlichem Harnmucin das Methylglykosid einer von KLENK[16] als Neuraminsäure bezeichneten und früher[17] schon aus Gangliosiden isolierten Substanz gewinnen.

KLENK[15] sprach dabei erstmals die Vermutung aus, daß die Neuraminsäure mit der Receptorsubstanz identisch sein könne.

Während aber das bis zu diesem Zeitpunkt einzige, kristallin erhaltene Derivat der Neuraminsäure, das Methylglykosid, als solches nicht in den als Virusreceptorsubstanzen fungierenden Mucoproteiden natürlich vorliegt, gelang es KLENK und FAILLARD[18] erstmals, aus Rindersubmaxillarismucin durch hydrolytische Spaltung eine N-Acetyl-neuraminsäure als partielles Spaltprodukt dieses Mucoproteids in kristallisierter Form zu isolieren. Bald darauf konnten KLENK, FAILLARD und LEMPFRID[19] diese außerordentlich labile

[1] BURNET, F. M., J. F. MCCREA and S. G. ANDERSON: Nature **160**, 404 (1947).
[2] ANDERSON, S. G.: Austral. J. exp. Biol. med. Sci. **26**, 347 (1948).
[3] MCCREA, J. F.: Austral. J. exp. Biol. med. Sci. **26**, 355 (1948).
[4] BURNET, F. M.: Austral. J. exp. Biol. med. Sci. **26**, 371 (1948).
[5] GOTTSCHALK, A., and P. E. LIND: Nature **164**, 232 (1949).
[6] GOTTSCHALK, A.: Nature **167**, 845 (1951).
[7] ADA, G. L., and A. GOTTSCHALK: Austral. J. Sci. **14**, 160 (1952).
[8] TAMM, I., and F. L. HORSFALL: Proc. Soc. exp. Biol. Med. **74**, 108 (1950).
[9] TAMM, I., and F. L. HORSFALL: J. exp. Med. **95**, 71 (1952).
[10] CURTAIN, C. C.: Austral. J. exp. Biol. med. Sci. **31**, 623 (1953).
[11] ODIN, L.: Nature **170**, 663 (1952).
[12] HIYAMA, N.: Tohoku J. exp. Med. **51**, 319 (1949).
[13] GOTTSCHALK, A.: Nature **172**, 808 (1953).
[14] GOTTSCHALK, A.: Yale J. Biol. Med. **26**, 352 (1954).
[15] KLENK, E., u. K. LAUENSTEIN: H. **291**, 147 (1952).
[16] KLENK, E.: H. **268**, 50 (1941).
[17] KLENK, E.: H. **273**, 76 (1942).
[18] KLENK, E., u. H. FAILLARD: H. **298**, 230 (1954).
[19] KLENK, E., H. FAILLARD u. H. LEMPFRID: H. **301**, 235 (1955).

N-Acetyl-neuraminsäure auch als Spaltprodukt der enzymatischen Wirkung von Influenzavirus und RDE[1,2] auf menschliches Harnmucin und Rindersubmaxillarismucin kristallisiert isolieren. Auch GOTTSCHALK[3] konnte zur gleichen Zeit durch colorimetrische Bestimmung mittels EHRLICHs Reagens zeigen, daß RDE 64% „Sialinsäure“ von Rindersubmaxillarismucin abspaltet.

Damit stand fest, daß N-Acetyl-neuraminsäure und — wie spätere Untersuchungen von KLENK und UHLENBRUCK[4] sowie FAILLARD[5] zeigten — auch N-Glykolyl-neuraminsäure bzw. N,O-Diacetyl-neuraminsäure wesentliche Bestandteile der Zellreceptoren für das Influenzavirus sind.

Charakterisierung des Enzyms. Die Wirkung des Enzyms der Myxoviren — übrigens des einzigen Enzyms, das bisher mit Sicherheit in Myxoviren gefunden werden konnte[6] —, wenngleich auch russische Autoren[7] in jüngster Zeit das Vorkommen eines zweiten Enzyms „cell wall destroying enzyme“ (CWDE) diskutieren —, welche identisch ist mit der des Enzyms aus Kulturfiltraten verschiedener Bakterien (RDE), beruht also, wie nunmehr endgültig feststeht, auf einer Abspaltung von N-Acyl-neuraminsäuren. BLIX, GOTTSCHALK und KLENK[8] kamen deshalb überein, diesem Enzym, welches die glykosidische Bindung spaltet, mit der die stets endständige Acyl-neuraminsäure an Oligo- oder Polysaccharide gebunden ist, den Namen Neuraminidase zu geben.

Nach Aufklärung der chemischen Struktur der N-Acetyl-neuraminsäure durch KUHN[9–12], GOTTSCHALK[13–15] und ROSEMAN[16–18] als der eines aus Brenztraubensäure und N-Acetyl-D-mannosamin gebildeten Aldolkondensationsproduktes [D(—)-β-N-Acetyl-neuraminsäure] wandte man sich der Frage nach der Bindung der N-Acyl-neuraminsäuren in den Substraten für die Neuraminidase zu. Ein niedrigmolekulares, durch Neuraminidase spaltbares Material hatte erstmals KUHN[19] mit seinem Trisaccharid Lactaminsäurelactose in Händen.

Auf Grund optischer Vergleiche (Lactaminsäurelactose ist in Wasser rechtsdrehend $+16°$ C) konnte KUHN[20] feststellen, daß in diesem Trisaccharid die N-Acetyl-neuraminsäure α-ketosidisch mit Lactose (Kohlenstoffatom 3 des Galaktosemoleküls) verknüpft ist. Demnach muß die Neuraminidase die enzymatische Hydrolyse von α-Halbacetalen einer α-Ketosäure (eben der N-Acetyl-neuraminsäure) bewirken und ist also als α-Ketosidase zu charakterisieren.

Dies steht auch in Übereinstimmung mit den Befunden GOTTSCHALKs, der aus Rindersubmaxillarismucin[21] und aus Schafsubmaxillarismucin[22,23] durch milde Alkalihydrolyse

[1] FAILLARD, H.: H. **305**, 145 (1956).
[2] FAILLARD, H.: H. **307**, 62 (1957).
[3] GOTTSCHALK, A.: Biochim. biophys. Acta **20**, 560 (1956).
[4] KLENK, E., u. G. UHLENBRUCK: H. **307**, 266 (1957).
[5] FAILLARD, H.: H. **317**, 17 (1959).
[6] SPRINGER, G. F., u. N. J. ANSELL: Kli. Wo. **1957**, 1048; **1958**, 442.
[7] ZHDANOV, V. M., and A. G. BUKRINSKAYA: Acta virol., Praha **6**, 105 (1962).
[8] BLIX, G., A. GOTTSCHALK and E. KLENK: Nature **179**, 1088 (1957).
[9] KUHN, R., u. R. BROSSMER: C. **89**, 2471 (1956).
[10] KUHN, R., u. R. BROSSMER: Angew. Chem. **69**, 534 (1957).
[11] KUHN, R., u. R. BROSSMER: A. **616**, 221 (1958).
[12] KUHN, R., u. R. BROSSMER: Angew. Chem. **74**, 252 (1962).
[13] GOTTSCHALK, A.: Biochim. biophys. Acta **24**, 649 (1957).
[14] CORNFORTH, J. W., M. E. DAINES and A. GOTTSCHALK: Proc. chem. Soc. **1957**, 25.
[15] CORNFORTH, J. W., M. E. FIRTH and A. GOTTSCHALK: Biochem. J. **68**, 57 (1958).
[16] ROSEMAN, S., and D. G. COMB: Am. Soc. **80**, 497 (1958).
[17] COMB, D. G., and S. ROSEMAN: Am. Soc. **80**, 3166 (1958).
[18] COMB, D. G., and S. ROSEMAN: J. biol. Ch. **235**, 2529 (1960).
[19] KUHN, R., u. R. BROSSMER: Angew. Chem. **68**, 211 (1956).
[20] KUHN, R., u. R. BROSSMER: Angew. Chem. **70**, 25 (1958).
[21] GOTTSCHALK, A., and E. R. B. GRAHAM: Biochim. biophys. Acta **34**, 380 (1959).
[22] GOTTSCHALK, A.: Nature **186**, 949 (1960).
[23] GRAHAM, E. R. B., and A. GOTTSCHALK: Biochim. biophys. Acta **38**, 513 (1960).

ein aus N-Acetyl-galaktosamin und N-Acetyl-neuraminsäure bestehendes Disaccharid isoliert hat, bei dem N-Acetyl-neuraminsäure in O-glykosidischer Bindung α-glykosidisch mit dem Kohlenstoffatom 6 des N-Acetyl-galaktosamins verbunden ist und das ebenfalls durch Neuraminidase gespalten wird.

Eine durch Neuraminidase spaltbare α-ketosidische Bindung der N-Acetyl-neuraminsäure zum Kohlenstoffatom 3 eines Galaktosemoleküls beschreibt POPENOE[1] im Orosomucoid, dem sauren α_1-Glykoproteid des menschlichen Plasmas. Bisher sind also als Partner der Acyl-neuraminsäuren in der durch Neuraminidasen spaltbaren α-ketosidischen Bindung mit Sicherheit nur D-Galaktose und N-Acetyl-D-galaktosamin aufgefunden worden. Chromatographische Befunde veranlaßten GOTTSCHALK[2] in jüngster Zeit anzunehmen, daß auch 6-α-D-N-Acetyl-neuraminyl-N-acetyl-talosamin durch Neuraminidase gespalten wird. Das Neuraminsäuremethylglykosid und die von BARRY und GOEBEL[3–5] aus *Escherichia coli* und anderen Bakterienstämmen isolierte „colominic acid", welche ein Polymeres der N-Acetyl-neuraminsäure mit 2,8-glykosidischer Bindung[6] darstellt, werden von Neuraminidase eigentümlicherweise nicht angegriffen[7, 8].

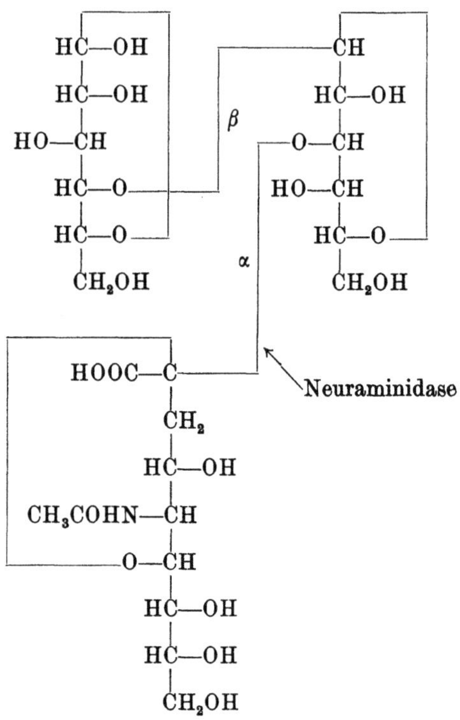

N-Acetyl-neuraminsäure-lactose.

Eine weitergehende Charakterisierung der Neuraminidase gaben kürzlich ROSENBERG, BINNIE und CHARGAFF[9], welche berichteten, daß die Aktivität des Enzyms an das Vorhandensein zweiwertiger Kationen gebunden ist. Hier sind besonders wirksam Ca^{++}-Ionen, wie auch schon früher festgestellt wurde[10–13], sowie Mn^{++}- und Co^{++}-Ionen. Neuerdings berichten MADOFF u. Mitarb.[14] über eine Neuraminidase aus *Diplococcus pneumoniae*, welche zur Aktivierung keine Ca^{++}-Ionen benötigt. Auch POPENOE und DREW[15] beschreiben eine enzymatische Freisetzung von Neuraminsäure aus Orosomucoid mittels *C. perfringens*-Enzym, wobei keine Metallionen-Aktivierung erforderlich war. Ein RDE-Präparat aus *Cl. welchii (perfringens)*, welches zur Aktivierung keine Ca^{++}-Ionen benötigt, wurde schon früher von EDNEY[16] beschrieben. Weniger wirksam zur Aktivierung des Enzyms sind nach CHARGAFF[9] Cd^{++}- und Mg^{++}-Ionen, und unwirksam sind Ba^{++}-Ionen. Die genannten Autoren nehmen an, daß die zur Entfaltung der vollen enzymatischen Aktivität wirksamen Kationen als Liganden zwischen den Carboxylgruppen des Enzyms

[1] POPENOE, E. A.: Biochim. biophys. Acta **32**, 584 (1959).
[2] GRAHAM, E. R. B., and A. GOTTSCHALK: Biochim. biophys. Acta **38**, 513 (1960).
[3] BARRY, G. T., and W. F. GOEBEL: Nature **179**, 206 (1957).
[4] BARRY, G. T.: J. exp. Med. **107**, 507 (1958).
[5] BARRY, G. T.: Nature **183**, 117 (1959).
[6] MCGUIRE, E., and S. B. BINKLEY: Fed. Proc. **21**, 172 (1962).
[7] GOTTSCHALK, A.: The Chemistry and Biology of Sialic Acids. S. 100. Cambridge 1960.
[8] DEWITT, C. W., and E. A. ZELL: J. Bact. **82**, 849 (1961).
[9] ROSENBERG, A., B. BINNIE and E. CHARGAFF: Am. Soc. **82**, 4113 (1960).
[10] MCCREA, J. F.: Austral. J. exp. Biol. med. Sci. **25**, 127 (1947).
[11] BURNET, F. M., and J. D. STONE: Austral. J. exp. Biol. med. Sci. **25**, 227 (1947).
[12] ADA, G. L., and E. L. FRENCH: Austral. J. Sci. **13**, 82 (1950).
[13] KAWAMURA, K.: Tohoku J. exp. Med. **67**, 406 (1958).
[14] MADOFF, M. A., E. H. EYLAR and L. WEINSTEIN: J. Immunol. **85**, 603 (1960).
[15] POPENOE, E. A., and R. M. DREW: J. biol. Ch. **228**, 673 (1957).
[16] EDNEY, M.: Austral. J. exp. Biol. med. Sci. **27**, 253 (1949).

und der glykosidisch gebundenen Acyl-neuraminsäure fungieren. Jodacetat, Arsenit, Fe^{+++}- und Hg^{++}-Ionen inaktivieren das Enzym vollständig, Pb^{++}-Ionen zu etwa 50%. JEANLOZ[1] beschreibt kürzlich eine Neuraminidase aus *Diplococcus pneumoniae*, die nicht nur durch $HgCl_2$, $CdCl_2$ und Mn-acetat, sondern auch durch $CaCl_2$ vollständig inhibiert wird. Eine mäßige Aktivierung dieses Enzyms wurde nur mit 2 mM KCl und 2 mM Cystein beobachtet. Das Molekulargewicht der kristallisiert dargestellten Neuraminidase geben CHARGAFF u. Mitarb.[2] mit nur etwa 10000 an, so daß es sich bei diesem Enzym offensichtlich um ein ungewöhnlich kleines Molekül handelt.

FAILLARD[3] konnte zeigen, daß die Neuraminidasewirkung in quantitativer Hinsicht nicht auf alle acyl-neuraminsäurehaltigen Substrate gleich ist. So wird die N,O-Diacetyl-neuraminsäure, welche z.B. im Rindersubmaxillarismucin[4] neben der N-Acetyl- und N-Glykolyl-neuraminsäure vorhanden ist, durch Neuraminidase in wesentlich geringerem Maße gespalten als die beiden Monoacyl-neuraminsäuren.

Außerdem wirken die Acyl-neuraminsäuren als enzymatische Spaltprodukte der Neuraminidasereaktion in gewissen Konzentrationen hemmend auf die Neuraminidase ein[4–7]. Diese Hemmung scheint aber eine rein kompetitive zu sein[7], denn erst beim 20fachen Überschuß an z.B. N-Acetyl-neuraminsäure beträgt die Hemmung 63%. WALOP u. Mitarb.[6] berichten, daß die Affinität des Neuraminsäuremoleküls zur Enzymoberfläche durch die ketosidische Bindung der Neuraminsäure z.B. an Lactose achtfach verstärkt wird. Die Affinität freier Acyl-neuraminsäuren zum Enzym ist also wesentlich geringer als die des Substrates, so daß eine vollständige Hemmung der Neuraminidase sich unter physiologischen Bedingungen kaum erreichen lassen wird. Ein wirksamer spezifischer Hemmstoff für die Neuraminidase konnte noch nicht gefunden werden[6].

Allerdings berichteten MADOFF, EYLAR und WEINSTEIN[8] 1960 über die Gewinnung von Kaninchenantiseren, welche die Aktivität von Neuraminidase aus *Vibrio cholerae*, *Diplococcus pneumoniae* und *Influenza PR 8-Virus* neutralisieren. Die in neuester Zeit auf verschiedenen Wegen aus Bakterienkulturfiltraten isolierte kristallisierte Neuraminidase[2, 9–11] zeichnet sich durch eine große Empfindlichkeit gegenüber Luftsauerstoff besonders in Gegenwart von Schwermetallspuren aus[7]. Dabei verliert das Enzym oft schon innerhalb weniger Stunden seine Aktivität. Einen wirksamen Schutz des Enzyms kann man durch Chelatbildner, wie Serumalbumin oder andere Proteine und KCN, erreichen. MOHR[7] führt diese Oxydationsempfindlichkeit der Neuraminidase nicht primär auf das Vorhandensein von SH-Gruppen zurück, da typische SH-Reagentien, wie Jodacetamid und p-Chlormercuribenzoat, das Enzym höchstens bis zu 20% hemmen. Sie glaubt vielmehr, für die Sauerstoffempfindlichkeit des Enzyms sei möglicherweise eine Aldehydgruppe verantwortlich zu machen. Die Neuraminidase scheint außerdem, entsprechend den Befunden von ADA und FRENCH[12], ein adaptatives Enzym zu sein, da die Produktion von Neuraminidase in *V. cholerae*-Kulturen durch Zugabe von N-Acetyl-neuraminsäure, N-Acetyl-D-mannosamin, N-Acetyl-neuraminsäure-lactose oder GOTTSCHALKs Disaccharid N-Acetyl-neuraminsäure-N-Acetyl-galaktosamin zum Kulturmedium stimuliert werden kann. Hingegen sind N-Acetyl-D-glucosamin, N-Acetyl-D-galaktosamin, D-Glucosamin, D-Galaktosamin und D-Mannosamin ohne Einfluß auf die

---

1 HUGHES, R. C., and R. W. JEANLOZ: Biochemistry **3**, 1535 (1964).
2 ROSENBERG, A., B. BINNIE and E. CHARGAFF: Am. Soc. **82**, 4113 (1960).
3 FAILLARD, H.: H. **317**, 17 (1959).
4 BLIX, G., and E. LINDBERG: Acta chem. scand. **14**, 1809 (1960).
5 WALOP, J. N.: 4. Int. Congr. Biochem., Sect. **10**, 1. Wien 1958.
6 WALOP, J. N., T. A. C. BOSCHMAN and J. JACOBS: Biochim. biophys. Acta **44**, 185 (1960).
7 MOHR, E.: Z. Naturforsch. **15**b, 575 (1960).
8 MADOFF, M. A., E. H. EYLAR and L. WEINSTEIN: J. Immunol. **85**, 603 (1960).
9 ADA, G. L., and E. L. FRENCH: Nature **183**, 1740 (1959).
10 SCHRAMM, G., and E. MOHR: Nature **183**, 1677 (1959).
11 MOHR, E., u. G. SCHRAMM: Z. Naturforsch. **15**b, 568 (1960).
12 ADA, G. L., and E. L. FRENCH: J. gen. Microbiol. **21**, 561 (1959).

Neuraminidaseproduktion der Vibrionen. Schon früher hatte KAWAMURA[1] festgestellt, daß Zugabe von Schweinemagenmucin oder Hühnereiweiß zum Nährmedium der Choleravibrionen eine Steigerung der Enzymproduktion um mehr als das 20fache bewirkt. Auch ADA und FRENCH[2] erzielten hohe Neuraminidaseausbeuten nach Zugabe von Colostrum-Dialysaten, Pepton und Glycerin zu den Vibrionenkulturen. Auch über die geglückte Isolierung der Neuraminidase aus Influenzavirus, von der FRISCH-NIGGEMEYER[3] auf Grund der teilweisen Zerstörung der enzymatischen Aktivität durch Ätherbehandlung annimmt, daß sie an die Hämagglutinationseinheit des Virus gebunden ist, konnten kürzlich LEWIS und RAFELSON[4] berichten. Diesen gelang durch Behandlung von PR 8- und Asia-Influenzavirus mit Trypsin die Gewinnung des Virusenzyms, das auch als isoliertes Enzym aus Orosomucoid und Neuraminsäure-lactose N-Acetyl-neuraminsäure freisetzt. Nach WINZLER u. Mitarb.[5] zeigt das so gewonnene Enzym keine Hämagglutinations-Aktivität und benötigt keine bivalenten Kationen zur Erreichung maximaler Aktivität.

Von besonderem Interesse ist die Feststellung HOWES[6], daß sich das Parainfluenza-Virus Type 2 im Gegensatz zu den meisten Influenza-Viren durch Erhitzen auf 56° C nicht in ein „Indicator-Virus" überführen läßt. Hier wird das Hämagglutinin offensichtlich beim Erhitzen leichter zerstört als die Neuraminidase des Virus. Auch kann Parainfluenza-Virus Typ 2 weder durch neuraminsäurehaltige Glykoproteine noch durch den γ-Inhibitor des Pferdeserums gehemmt werden.

An Parainfluenza-Virus Typ 1 (Sendai) konnten FONTANGES, GARRIGUE und COLOBERT[7] eine Stabilität der Neuraminidase gegen Isopropylalkohol und Methanol beobachten, wobei allerdings die hämolytische Eigenschaft des Virus zerstört und damit der Lipoidcharakter des Virus-Hämolysins in Frage gestellt wird.

Veränderungen der biologischen Eigenschaften der Substrate durch Neuraminidase-Einwirkung. Von besonderem Interesse sind die in den letzten Jahren in zunehmendem Maße durchgeführten Untersuchungen über die Veränderungen in den biologischen Eigenschaften der Substrate der Neuraminidase, welche mit der enzymatischen Abspaltung der Acyl-neuraminsäuren einhergehen.

Erste Beobachtungen in dieser Richtung konnten noch vor der Charakterisierung des Enzyms als Neuraminidase gemacht werden, da das Enzym die Eigenschaft der Erythrocyten, durch Myxoviren agglutiniert zu werden, aufhebt[8–12]. HANIG[13] sowie ADA und STONE[14] konnten unter der Einwirkung des Virusenzyms eine wesentliche Reduktion der zur Anode hin gerichteten elektrophoretischen Beweglichkeit der Erythrocyten feststellen. PIPER[15] berichtet über eine damit einhergehende Verminderung der Adsorptionsfähigkeit der roten Blutzellen für Proteine (Hämoglobin) in ionenarmen Glucoselösungen. KLEMPERER[16] fand, daß die Einwirkung der Neuraminidase auf Erythrocyten zu einem Kaliumverlust und damit verbundenem Aufquellen der Zellen führt, welche damit dem

[1] KAWAMURA, K.: Tohoku J. exp. Med. **67**, 372 (1958).
[2] ADA, G. L., and E. L. FRENCH: Austral. J. Sci. **19**, 227 (1957).
[3] FRISCH-NIGGEMEYER, W.: Z. Naturforsch. **14b**, 168 (1959).
[4] LEWIS, W. M., and M. E. RAFELSON jr.: Fed. Proc. **19**, 408 (1960).
[5] MAYRON, L. W., B. ROBERT, R. J. WINZLER and M. E. RAFELSON jr.: Arch. Biochem. **92**, 475 (1961).
[6] DARRELL, R. W., and C. HOWE: Proc. Soc. Exp. Biol. Med. **116**, 1091 (1964).
[7] FONTANGES, R., J. GARRIGUE et L. COLOBERT: Ann. Inst. Pasteur **106**, 894 (1964).
[8] HIRST, G. K.: J. exp. Med. **76**, 195 (1942).
[9] BURNET, F. M.: Proc. R. Soc. London (B) **138**, 47 (1951).
[10] BURNET, F. M., J. F. MCCREA and J. D. STONE: Brit. J. exp. Path. **27**, 228 (1946).
[11] MCCREA, J. F.: Austral. J. exp. Biol. med. Sci. **25**, 127 (1947).
[12] STONE, J. D.: Austral. J. exp. Biol. med. Sci. **25**, 137 (1947).
[13] HANIG, M.: Proc. Soc. exp. Biol. Med. **68**, 385 (1948).
[14] ADA, G. L., and J. D. STONE: Brit. J. exp. Path. **31**, 263, 275 (1950).
[15] PIPER, W.: Acta haematol., Basel **18**, 414 (1957).
[16] KLEMPERER, H. G.: Virology **12**, 540 (1960).

Bild der sogenannten Sphärocytose gleichen. KLENK und LEMPFRID[1] konnten durch Einwirkung von *Influenzavirus* und *V. cholerae*-Neuraminidase aus menschlichem Erythrocytenstroma N-Acetyl-neuraminsäure gewinnen. N-Glykolyl-neuraminsäure konnte aus Rinder-Erythrocytenstroma durch Neuraminidase abgespalten werden[2]. Die enzymatische Freisetzung der Acyl-neuraminsäuren, welche sehr starke organische Säuren sind[3] ($pKs = 2{,}6$), ist als Ursache für die Veränderungen in der elektrophoretischen Beweglichkeit der Erythrocyten anzusehen[4, 5].

Es war natürlich hoch interessant, die Untersuchungen mit Neuraminidase an isolierten Erythrocytenmucoiden durchzuführen, da es sich hier um das Substrat handelt, an dem die enzymatische Wirkung der Myxoviren zum ersten Male beobachtet wurde. HOWE u. Mitarb.[6] konnten aus menschlichen, KLENK und UHLENBRUCK[7] aus menschlichen und aus Rinder-Erythrocyten[2] neuraminsäurehaltige Mucoproteide (HOWE[6] sprach sein Material als Mucolipoid an) isolieren, die ähnlich wie Harnmucin[8-11], Speicheldrüsenmucin[11-13], Francis Inhibitor[12, 14, 15], Ovarcystenmucoid[16] und Inhibitorsubstanz aus menschlichem Meconium[17] mehr oder weniger stark die Hämagglutination durch Myxoviren hemmen. Auch die Erythrocytenmucoide verlieren in gleicher Weise unter der Einwirkung der Neuraminidase und Abspaltung der Acyl-neuraminsäure ihre Hemmwirkung[6, 7]. Eine andere biologische Eigenschaft aber der isolierten Erythrocytenmucoide tritt, wie KLENK und UHLENBRUCK[7] zeigen konnten, nach der enzymatischen Abspaltung der Neuraminsäure in Erscheinung, nämlich eine Hemmung der Panagglutination[18, 19] welche durch das T-Agglutinin normaler Blutseren hervorgerufen wird und sich in der Agglutination neuraminidasebehandelter Erythrocyten zeigt. Hier konnte also durch die Neuraminidaseeinwirkung auf Erythrocytenmucoide gezeigt werden, daß das ursprüngliche Agglutinogen den Receptor für das Panagglutinin, den sog. T-Receptor, in latenter Form bereits enthält und er nur durch enzymatische Abspaltung der Neuraminsäure frei wirksam wird[7, 20-22].

Nach STICKL[23] ist auch das Panagglutinin (T-Agglutinin) ein neuraminsäurehaltiger Serumfaktor, dessen Fähigkeit zur Agglutination T-transformierter Erythrocyten nach Neuraminidasebehandlung verlorengeht. Außer den Receptoren für Myxoviren (Myxovirus-Agglutinogenen) besitzen menschliche Erythrocyten auch noch M- und N-blutgruppenspezifische Aktivität, die nach HOHORST[24] bei Verteilung von menschlichem Erythrocytenstroma in Phenol-Wasser in der wäßrigen Phase zu finden ist. Durch

---

[1] KLENK, E., u. H. LEMPFRID: H. **307**, 278 (1957).
[2] KLENK, E., u. G. UHLENBRUCK: H. **311**, 227 (1958).
[3] GOTTSCHALK, A.: Nature **186**, 949 (1960).
[4] COOK, G. M. W., D. H. HEARD and G. V. F. SEAMAN: Nature **191**, 44 (1961).
[5] SEAMAN, G. V. F., u. G. UHLENBRUCK: Kli. Wo. **1962**, 699.
[6] HOWE, C., H. M. ROSE and L. SCHNEIDER: Proc. Soc. exp. Biol. Med. **96**, 88 (1957).
[7] KLENK, E., u. G. UHLENBRUCK: H. **319**, 151 (1960).
[8] TAMM, I., and F. L. HORSFALL: Proc. Soc. exp. Biol. Med. **74**, 108 (1950).
[9] TAMM, I., and F. L. HORSFALL: J. exp. Med. **95**, 71 (1952).
[10] CURTAIN, C. C.: Austral. J. exp. Biol. med. Sci. **31**, 623 (1953).
[11] KLENK, E., H. FAILLARD u. H. LEMPFRID: H. **301**, 255 (1955).
[12] BURNET, F. M., J. F. MCCREA and S. G. ANDERSON: Nature **160**, 404 (1947).
[13] HEIMER, R., and K. MEYER: Proc. nat. Acad. Sci. USA **42**, 718 (1956).
[14] ANDERSON, S. G.: Austral. J. exp. Biol. med. Sci. **26**, 347 (1948).
[15] MCCREA, J. F.: Austral. J. exp. Biol. med. Sci. **26**, 355 (1948).
[16] BURNET, F. M.: Austral. J. exp. Biol. med. Sci. **26**, 371 (1948).
[17] ZILLIKEN, F., G. H. WERNER, R. K. SILVER and P. GYÖRGY: Virology **3**, 464 (1957).
[18] THOMSEN, O.: Z. Immun.-Forsch. **52**, 85 (1926).
[19] FRIEDENREICH, V.: C. R. Soc. Biol. **96**, 1079 (1927).
[20] KLENK, E.: Angew. Chem. **72**, 482 (1960).
[21] UHLENBRUCK, G.: Zbl. Bakt. (I, Referate) **177**, 197 (1960).
[22] UHLENBRUCK, G.: Umschau **60**, 355 (1960).
[23] STICKL, H.: Z. Immun.-Forsch. **118**, 135 (1959).
[24] HOHORST, H. J.: Z. Hyg. **139**, 561 (1954).

Einwirkung von Neuraminidase verlieren nach Befunden von SPRINGER und ANSELL[1,2] und MÄKELÄ und CANTELL[3] die Erythrocyten ihre M- und N-Aktivität. KLENK und UHLENBRUCK[4–7] und unabhängig davon auch ROMANOWSKA u. Mitarb.[8–10] gelang dann auch an isolierten menschlichen Erythrocytenmucoiden der Beweis, daß Neuraminidase die M- und N-Agglutinogene inaktiviert. Als Bindeglied für die enzymatisch abspaltbare N-Acetyl-neuraminsäure kommt nach ROMANOWSKA[11] hierbei N-Acetylhexosamin oder Galaktose in Frage. Ein ebenfalls neuraminidaseempfindliches MN-Blutgruppenagglutinogen konnte SPRINGER[12] kürzlich auch aus Nierenmark isolieren. Daraus ist zu schließen, daß die Blutgruppenfaktoren M und N neuraminsäurehaltige Mucoide sind und die N-Acetyl-neuraminsäure die durch Neuraminidase abspaltbare M-N-determinante Gruppe darstellt[5]. Eigentümlicherweise ist entsprechend einer Feststellung von MÄKELÄ u. Mitarb.[13] das ebenfalls Neuraminidase enthaltende Mumps-Virus nicht in der Lage, die M- und N-Blutgruppenagglutinogene zu inaktivieren.

Durch Einwirkung von Neuraminidase und einigen Pflanzenproteasen konnte SPRINGER[14,15] aus Schaf- und Rinder-Erythrocyten den heterogenetischen, infektiösen Mononucleose-Receptor abspalten, ohne daß dieser, der anscheinend ähnlich der nicht durch Neuraminidase angreifbaren[16,17] colominic acid in makromolekularer, im wesentlichen nicht dialysabler Form vorliegt, dabei seine Fähigkeit, spezifische Mononucleose-Antikörper zu hemmen, verliert.

Ebenfalls an Erythrocyten (Hühner-Erythrocyten) konnte STICKL[18,19] zeigen, daß unter Einwirkung von *Influenzavirus*-Neuraminidase die Atmung dieser isolierten Zellen gesteigert und die hämolysierende Wirkung bakterieller Kulturfiltrate (*B. coli* und *Staphylococcus aureus*) gegen die isolierten, neuraminidasebehandelten Erythrocyten vielfach verstärkt wird[20].

Aber nicht nur an Erythrocyten, sondern auch an einigen anderen neuraminsäurehaltigen Materialien konnten inzwischen Veränderungen im biologischen Verhalten dieser Substanzen unter der durch Neuraminidase hervorgerufenen enzymatischen Freisetzung der Acyl-neuraminsäuren beobachtet werden.

So fanden FAILLARD und STICKL[21], daß das Wachstum von HeLa-Zellen, einem aus Portiocarcinom isolierten Zellstamm, und auch das von Fibroblasten B-Zellen, einem aus einer Leukämie isolierten Zellstamm mesenchymalen Ursprungs, in vitro durch Zugabe neuraminsäurehaltiger Mucoproteide sehr günstig beeinflußt wird. Die Abspaltung der Neuraminsäure aus diesen Materialien durch Neuraminidase bedingt eine weitgehende Reduktion der Wachstumswirkung auf HeLa-Zellen, nicht aber auf B-Zellen, die offen-

---

1 SPRINGER, G. F., and N. J. ANSELL: Proc. nat. Acad. Sci. USA **44**, 182 (1958).
2 SPRINGER, G. F., u. N. J. ANSELL: Kli. Wo. **1958**, 442.
3 MÄKELÄ, O., u. K. CANTELL: Ann. Med. exp. Biol. Fenn. **36**, 366 (1958).
4 KLENK, E., u. G. UHLENBRUCK: H. **319**, 151 (1960).
5 KLENK, E.: Angew. Chem. **72**, 482 (1960).
6 UHLENBRUCK, G.: Zbl. Bakt. (I, Referate) **177**, 197 (1960).
7 UHLENBRUCK, G.: Umschau **60**, 355 (1960).
8 BARANOWSKI, T., E. LISOWSKA, A. MORAWIECKI, E. ROMANOWSKA i K. STRÓZECKA: Arch. Immunol. Terap. dosw. **7**, 15 (1959).
9 ROMANOWSKA, E.: Arch. Immunol. Terap. dosw. **7**, 749, 759 (1959).
10 ROMANOWSKA, E.: Naturwiss. **3**, 66 (1960).
11 ROMANOWSKA, E.: Nature **191**, 1408 (1961).
12 STALDER, K., and G. F. SPRINGER: Fed. Proc. **19**, 70 (1960).
13 MÄKELÄ, O., K. CANTELL and K. PENTTINEN: J. Immunol. **83**, 127 (1959).
14 SPRINGER, G. F., and M. J. RAPAPORT: Proc. Soc. exp. Biol. Med. **96**, 103 (1957).
15 SPRINGER, G. F.: Kli. Wo. **1957**, 1084.
16 GOTTSCHALK, A.: The Chemistry and Biology of Sialic Acids. S. 100. Cambridge 1960.
17 DEWITT, C. W., and E. A. ZELL: J. Bact. **82**, 849 (1961).
18 BÖCKER, H., u. H. STICKL: Z. Kinderheilkde. **80**, 514 (1958).
19 STICKL, H., u. H. BÖCKER: Z. Kinderheilkde. **81**, 141 (1958).
20 STICKL, H.: Z. Kinderheilkde. **80**, 519 (1958).
21 FAILLARD, H., u. H. STICKL: H. **319**, 220 (1960).

sichtlich in der Lage sind, Mucoproteide selbst zu synthetisieren. Nach Einwirkung von Neuraminidase direkt auf in vitro Zellkulturen von Fibroblastenzellen fetaler Rattenhaut und Rindernieren Cortex stellte WEISS[1] eine Abschwächung der Fähigkeit der Zellen, an der Glaswand anzuhaften, fest. Er schließt daraus, daß die Neuraminsäure eine wesentliche strukturelle Komponente dieser Zelloberflächen ist.

SCHWICK und SCHULTZE[2] fanden eine wesentliche Beschleunigung der in Natriumcitratlösung freiwillig erfolgenden Umwandlung von Prothrombin in Thrombin (Citratumwandlung), wenn der Neuraminsäuregehalt des Prothrombins vorher durch Neuraminidase-Einwirkung erniedrigt wurde (4,1→1,4%). Das mit Neuraminidase behandelte Prothrombin wandert elektrophoretisch außerdem sehr viel langsamer.

Eine Behandlung von Thrombocyten mit Neuraminidase erschwert nach JERUSHALMY u. Mitarb.[3,4] eine sonst mögliche Bindung von Myxovirus auch an diese Zellen, wie an einer Reduktion der „Mischzellagglutination" erkenntlich ist, bei der Myxovirus als Bindeglied zwischen Thrombocyten und Erythrocyten fungiert. Obwohl demnach auf beiden Zellen ähnliche Virusreceptoren vorhanden sein müssen, ist die Elution des Virus von Thrombocyten nach JERUSHALMY[4] unvollständiger und langsamer als von Erythrocyten, was mit einer Inkorporation des Virus in die Thrombocyten begründet sein mag.

Aus hochgereinigten, intrinsic-factor-aktiven Mucoiden der Magenschleimhaut von Mensch und Schwein, die einen Neuraminsäuregehalt von etwa 2% aufweisen, ist nach FAILLARD u. Mitarb.[5] Acyl-neuraminsäure (Mensch: N-Acetyl-NS; Schwein: 60% N-Glykolyl- und 40% N-Acetyl-NS) durch Neuraminidase abspaltbar, was zu einer weitgehenden Reduktion der im Urinexkretionstest gemessenen, die Resorption des Vitamin B_{12} fördernden Eigenschaft führt. Es konnte ferner[6] gezeigt werden, daß die N-Acyl-neuraminsäure das intrinsic-factor-aktive Protein vor dem Angriff tryptischer Enzyme des Verdauungstraktes schützt.

Untersuchungen von SPIRO u. Mitarb.[7] am Fetuin aus Kälberfetenserum zeigten, daß Neuraminidase-behandeltes Fetuin im quantitativen Komplementbindungstest stärker mit Fetuin-Antikörpern aus Kaninchen-Immunserum reagiert als das ursprüngliche antigene Fetuin.

Auch aus einem gereinigten Haptoglobin (Hp II) mit einem N-Acetyl-neuraminsäuregehalt von 5,1% gelang RAFELSON u. Mitarb.[8] mittels Neuraminidase die Abspaltung von 70% der Neuraminsäure. Allerdings bleiben dabei das p_H-Optimum (4,2) und die Peroxydase-Aktivität des Haptoglobin-Hämoglobin-Komplexes unverändert, so daß angenommen wird, daß die 70% enzymatisch abspaltbarer Acyl-neuraminsäure weder an der Bildung des Hb-Hp-Komplexes noch an der Peroxydase-Aktivität beteiligt sind.

Transferrin (ein β_1-Globulin) wird nach POULIK[9] und WARREN[10] durch Neuraminidase aus Diphtherie-Toxin in mehrere, nicht näher untersuchte Fraktionen aufgespalten. Nach enzymatischer Abspaltung der Neuraminsäure wird das Transferrin durch Galaktose-Oxydase angreifbar[11]. Von den vier Thyroxin-bindenden Globulinen zeigt nach WARREN[10] nur eines nach Neuraminidase-Behandlung reduzierte elektrophoretische Beweglichkeit.

---

[1] WEISS, L.: Nature **191**, 1108 (1961).
[2] SCHWICK, G., and H. E. SCHULTZE: Clin. chim. Acta, Amsterdam **4**, 26 (1959).
[3] JERUSHALMY, J., D. DANON, A. KOHN and A. DE VRIES: Vox sanguinis, Basel **4**, 292 (1959).
[4] DE VRIES, A., J. JERUSHALMY, A. ADLER, J. RECHNIC, D. DANON and A. KOHN: 8. Kongr. Europ. Ges. Haematol. S. 265. Wien 1961.
[5] FAILLARD, H., W. PRIBILLA u. H. E. POSTH: H. **327**, 100 (1962).
[6] FAILLARD, H., u. W. PRIBILLA: Kli. Wo. **1964**, 686.
[7] BERGMANN, F. H., L. LEVINE and R. G. SPIRO: Biochim. biophys. Acta **58**, 41 (1962).
[8] RAFELSON jr., M. E., J. CLOAREC, J. MORETTI and M. F. JAYLE: Nature **191**, 279 (1961).
[9] POULIK, M. D.: Clin. Chim. Acta, Amsterdam **6**, 493 (1961).
[10] BLUMBERG, B. S., and L. WARREN: Biochim. biophys. Acta **50**, 90 (1961). Clin. Res. **8**, 372 (1960).
[11] ROBINSON, J. C., and J. E. PIERCE: Arch. Biochem. **106**, 348 (1964).

Ohne Wirkung ist Neuraminidase auf menschliche Serum-Cholinesterase, die ebenfalls ein saures, N-Acetyl-neuraminsäurehaltiges Glycoproteid ist[1, 2]. Auch aus der Oxytocinase des Schwangerenserums[3] ist N-Acetyl-neuraminsäure enzymatisch abspaltbar, ohne daß jedoch das Enzym dabei seine oxytocininaktivierende Wirkung verliert.

Auch die Inaktivierung einiger Hormone, welche neuraminsäurehaltige Glykoproteide sind, kann mittels Neuraminidase erreicht werden. So berichteten BROSSMER und WALTER[4] über die enzymatische Abspaltung von Neuraminsäure und die damit verbundene Inaktivierung von Choriongonadotropin-Präparaten. GOTTSCHALK u. Mitarb.[5] setzten durch Neuraminidase-Einwirkung die biologische Aktivität des follikelstimulierenden Hormons um 97% herab. GOT und BOURRILLON[6] konnten bei der Einwirkung von Neuraminidase auf menschliches Menopausen-Gonadotropin[7] (7—8% Neuraminsäuregehalt) nach 24 Std nur noch 20% der Gonadotropin-Aktivität bei gleichzeitiger enzymatischer Abspaltung von 60% der Neuraminsäure feststellen. RAFELSON u. Mitarb.[8] berichteten über eine 100%ige Abspaltung von Neuraminsäure mittels Asia-Influenza-Virus aus einer Serum-Gonadotropinfraktion, welche durch Gegenstromverteilung gewonnen wurde und 12% Neuraminsäure enthält. Während BROSSMER[4], GOTTSCHALK[5] und RAFELSON[8] die enzymatisch aus Gonadotropin des Menschen abgespaltene Neuraminsäure als N-Acetyl-neuraminsäure identifizierten, glauben BOURRILLON u. Mitarb.[9] durch Säurehydrolyse des Hormons N-Acetyl-, N-Glykolyl- und eine dritte nicht näher definierte Neuraminsäure gefunden zu haben, was insofern besonders bemerkenswert wäre, als bisher in menschlichen Materialien nur N-Acetyl-neuraminsäure aufgefunden werden konnte.

Desgleichen ist die Erythropoietin-Aktivität im Plasma von Schaf und Kaninchen, welche mit Phenylhydrazin anämisch gemacht wurden, an das Vorhandensein von neuraminsäurehaltigen Mucoproteiden (mit 7% Neuraminsäure) gebunden[10]. Auch hier führt nach Befunden von LOWY, KEIGHLEY und BORSOOK[11] die Behandlung mit Neuraminidase zu einer vollständigen Inaktivierung des Erythropoietins.

Isolierung. Eine bequeme Anreicherungs- und Reinigungsmethode für Neuraminidase (RDE) beschrieben erstmals BURNET und STONE[12]. In guter Ausbeute läßt sich das Enzym durch Wachstum von Vibrionen auf Agarplatten oder durch Züchtung von Vibrio-Kulturen in der Allantoishöhle von Hühnerembryonen gewinnen (Zusatz von Eiklar oder Mucin zum Kulturmedium erhöht nach KAWAMURA[13] die Ausbeute an Neuraminidase). Da bei Zusatz von Ca^{++}-Ionen das Enzym ohne erkennbare Reduktion seiner Aktivität eine Temperatur von 60° C verträgt, können die Vibrionen durch Erhitzen auf diese Temperatur abgetötet werden. Nach Filtration befindet sich dann die Neuraminidase im Filtrat und kann nun durch Adsorption an und Elution von Erythrocyten gereinigt und angereichert werden.

***Darstellung von Neuraminidase aus Vibrio cholerae nach* BURNET *und* STONE[12] *sowie* FAILLARD[14].**

Jeweils 200 ml der *Vibrio cholerae*-Filtrate werden zunächst in sterilisierten Dialysierschläuchen 48 Std gegen fließendes Wasser und dann 24 Std gegen Aqua dest. bei + 5° C

[1] AUGUSTINSSON, K.-B., and G. EKEDAHL: Biochim. biophys. Acta **56**, 392 (1962).
[2] ECOBICHON, D. J., and W. KALOW: Canad. J. Biochem. Physiol. **41**, 969 (1963).
[3] TUPPY, H., U. WIESBAUER u. E. WINTERSBERGER: Mh. Chem. **94**, 321 (1963).
[4] BROSSMER, R., u. K. WALTER: Kli. Wo. **1958**, 925.
[5] GOTTSCHALK, A., W. K. WHITTEN and E. R. B. GRAHAM: Biochim. biophys. Acta **38**, 183 (1960).
[6] GOT, R., and R. BOURRILLON: Nature **189**, 234 (1961).
[7] BOURRILLON, R., R. GOT and R. MARCY: Nature **184**, 983 (1959).
[8] RAFELSON, M. E., jr., H. CLAUSER and J. LEGAULT-DEMARE: Biochim. biophys. Acta **47**, 406 (1961).
[9] BOURRILLON, R., J. MICHON et R. GOT: Bull. Soc. Chim. biol. **41**, 493 (1959).
[10] CAMPBELL, B. J., R. J. SCHLUETER, G. F. WEBER and W. F. WHITE: Biochim. biophys. Acta **46**, 279 (1961).
[11] LOWY, P. H., G. KEIGHLEY and H. BORSOOK: Nature **185**, 102 (1960).
[12] BURNET, F. M., and J. D. STONE: Austral. J. exp. Biol. med. Sci. **25**, 227 (1947).
[13] KAWAMURA, K.: Tohoku J. exp. Med. **67**, 372 (1958).
[14] FAILLARD, H.: H. **307**, 62 (1957).

dialysiert. (Gelegentlich in einigen Cholerafiltraten vorhandene Agglutinine, die das Ablesen der Titer bei der Bestimmung der Neuraminidase-Aktivität erschweren, lassen sich in den meisten Fällen fast vollständig durch vor der Dialyse erfolgte Zugabe von Harnstoff bis zu einer Konzentration von 39% entfernen.) Die dialysierte Bouillon wird nach Zugabe von 1 mg Supracillin gefriergetrocknet. Den Gefriertrockenrückstand (4—7 mg/ml Cholera-Filtrat) löst man in 10 ml physiologischer NaCl-Lösung, die 1/100 m an $CaCl_2$ ist, und stellt die Lösung mittels NaOH auf p_H 9,2—9,5 ein. Nach 15 min Zentrifugation bei 2800 g trennt man die überstehende klare, rotbraun gefärbte Lösung von einer geringen Menge Bodensatz ab. Zu dem auf + 1—3° C vorgekühlten, alkalischen Überstand gibt man 1 ml gut mit physiologischer NaCl-Lösung ausgewaschener und ebenfalls auf etwa + 1° C vorgekühlter menschlicher Erythrocyten hinzu. Nach Durchmischen mit der Enzymlösung werden die Erythrocyten sofort in einer Kühlzentrifuge abzentrifugiert und nach Abtrennung der überstehenden Bouillon mit 10 ml einer vorgekühlten physiologischen NaCl — 0,01 m $CaCl_2$-Lösung (acetatgepuffert auf p_H 6,2) versetzt, durchmischt und erneut rasch abzentrifugiert. Nach Abtrennen dieser Waschflüssigkeit nimmt man den Erythrocytenbodensatz in 2,5 ml desselben Puffers vom p_H 6,2 auf. Der ganze Vorgang der Adsorption des Enzyms an die Blutkörperchen und das Auswaschen der Erythrocyten mit Puffer muß in längstens 4—5 min durchgeführt sein, da die Elution des Enzyms von den Blutkörperchen sehr bald nach der Adsorption beginnt und somit schon Enzym in die zum Nachwaschen benutzte Pufferlösung gelangt.

Aus der nach der Adsorption erhaltenen überstehenden Bouillon kann auf die gleiche Weise durch erneute Adsorption an 1 ml Erythrocytenbodensatz noch eine weitere, kleinere Menge Neuraminidase erhalten werden.

Die nach der Adsorption in 2,5 ml saurem Puffer suspendierten Erythrocyten läßt man zur Elution der Neuraminidase 1 Std bei 37° C unter wiederholtem Durchmischen stehen. Durch anschließendes Zentrifugieren erhält man 2,2—2,3 ml eines nur schwach hämolytischen Überstandes, der die Neuraminidase in gereinigter und stark angereicherter Form enthält.

Darstellung kristallisierter Neuraminidase nach Ada *und* French[1].

Zu 36 l *V. cholerae*-Rohextrakt vom p_H 5 wird kaltes Methanol bis zu einer Endkonzentration von 60% zugefügt, das Präcipitat in Wasser suspendiert, dialysiert und zentrifugiert und so ein klarer, neuraminidasehaltiger Extrakt erhalten. Hieraus wird die Neuraminidase in der oben beschriebenen Weise an Erythrocyten adsorbiert und von diesen wieder eluiert. Dann schließt sich eine Präcipitation des Enzyms durch Zugabe des gleichen Volumens gesättigter Ammoniumsulfatlösung an, worauf das Präcipitat in physiologischer Kochsalzlösung aufgenommen und gegen physiologisches NaCl dialysiert wird. Aus dieser Lösung wird das Enzym dann in einer Kolonne an Hydroxylapatit adsorbiert und mit phosphatgepuffertem NaCl eluiert, wobei das Enzym in einer scharf getrennten Fraktion erscheint. Das Eluat dialysiert man gegen Wasser, engt es auf 2 ml ein, justiert auf p_H 4,3 und schüttelt dann leicht bei 2° C 2—3 Tage lang, worauf das Enzym auskristallisiert. Im Phasenkontrast erscheint die kristallisierte Neuraminidase nadelförmig. Die Anreicherung ist etwa 1000fach (Aktivität: $8{,}6 \cdot 10^6$ Einheiten/mg Protein). Die Ausbeute lag bei drei Versuchen zwischen 33 und 52%.

Darstellung kristallisierter Neuraminidase nach Schramm *und* Mohr[2,3].

Diese Autoren schließen dem ersten Reinigungsprozeß — der Adsorption an und Elution von Kälber-Erythrocyten — eine Adsorption der Neuraminidase in einer Säule aus Kieselgur und einer Kälber-Erythrocytenstroma-Suspension an (pro g Kieselgur etwa 2 ml Stromasuspension, enthaltend 200—400 μg Neuraminsäure/ml). Als Adsorptionspuffer dient

[1] Ada, G. L., and E. L. French: Nature **183**, 1740 (1959).
[2] Schramm, G., and E. Mohr: Nature **183**, 1677 (1959).
[3] Mohr, E., u. G. Schramm: Z. Naturforsch. **15**b, 568 (1960).

dabei 0,01 m Borat vom p_H 9, enthaltend 0,01 m $CaCl_2$, als Elutionspuffer 0,05 m Acetat vom p_H 5,5 mit 0,01 m $CaCl_2$. 20 g Kieselgur werden in eine Säule von 33 mm ⌀ eingefüllt. Das Enzym wird in gekühlter, alkalischer Lösung auf die Säule gegeben, die mit dem Adsorptionspuffer durchlaufende Lösung wird verworfen. Das Eluat des p_H 6—5,5 enthält 500—900 Enzymeinheiten/ml. Diese Lösung wird dann mit 0,2 m gepufferter KCN-Lösung auf ein p_H von 7—8 und 0,01 m KCN-Konzentration eingestellt und eine Dialyse unter Erhaltung der mittleren Salzkonzentration angeschlossen. Die Enzymlösung engt man dann im Exsiccator über P_2O_5 bei Raumtemperatur bis auf eine Konzentration von 800 Einheiten/ml ein, gibt festes Ammoniumsulfat bis zur 30—40 %igen Sättigung hinzu, worauf beim weiteren Einengen im Vakuum das Enzymeiweiß kristallin ausfällt. 20 % der Aktivität bleiben dabei in der Mutterlauge. Es wird bei dieser Reinigungsmethode eine Endaktivität von 40000—200000 Einheiten/ml bzw. etwa 2000 Einheiten je μg N erreicht, was einer 50000fachen Anreicherung entspricht.

***Darstellung kristallisierter Neuraminidase nach* Chargaff *u. Mitarb.*[1].**

Diese gaben kürzlich, allerdings nur in Stichworten, eine vereinfachte Methode zur Darstellung von Neuraminidase ohne Anwendung von Erythrocyten bekannt. Aus dem Bakterienkulturfiltrat wird das Enzym zunächst durch fraktionierte Fällung mit Ammoniumsulfat (26 %, p_H 6,2; 30 %, p_H 6,6; 26 %, p_H 5,3) angereichert, dann mit Wasser extrahiert und lyophilisiert. Es schließt sich eine Adsorption an Diäthylaminoäthylcellulose (DEAE-Cellulose) an, von der mit ansteigender Kochsalzkonzentration (bis 0,6 m) beim p_H 6,65 das Enzym eluiert wird. Eine Präcipitation mit 15—25 % Ammoniumsulfat beim p_H 5,3 ist dann der letzte Reinigungsschritt. Man erreicht so eine 30000fache Anreicherung (303000 Einheiten/μg Protein).

***Darstellung von Neuraminidase aus Cl. perfrigens nach* Burton[2].**

Hier wird eine Methode zur Darstellung von Neuraminidase aus *Clostridium perfringens (ATCC 10543)* angegeben. Aus 18 l Kulturen von *C. perfringens*, die nach Popenoe und Drew[3] bzw. Comb und Roseman[4] angesetzt werden, entfernt man die Zellen durch Zentrifugation in einer Kühlzentrifuge. Nach Auswaschen der Zellen mit dem gleichen Volumen Aqua dest. wird das gesamte Kulturfiltrat mit NH_4SO_3 (ca. 600 g/l) bei 4° C unter ständigem Rühren gesättigt. Anschließend läßt man 16 Std bei 4° C stehen und zentrifugiert dann das gebildete braun-schwarze Präcipitat ab. Dieses wird in 600 ml 0,15 %iger NaCl-Lösung gelöst und 20 Std gegen fließendes Wasser dialysiert. Nach der Dialyse präzipitiert man das Protein durch 50—60 %ige Sättigung mit $(NH_4)_2SO_4$ und dialysiert das Präcipitat nach Abtrennung durch Zentrifugation erneut gegen fließendes Wasser. Die so gewonnene Neuraminidase kann durch weitere Reinigung über Calcium-Phosphat-Gel zu höherer spezifischer Aktivität angereichert werden, was aber mit größeren Verlusten verbunden ist.

Die durch Zentrifugation abgetrennten Zellen der *C. perfringens* Kultur können zur Gewinnung von N-Acetyl-neuraminsäure-Aldolase dienen (s. S. 1259ff.).

***Darstellung von Neuraminidase aus Diplococcus pneumoniae nach* Hughes *und* Jeanloz[5].**

Die Autoren beschreiben kürzlich eine Methode zur 400—500fachen Anreicherung von Neuraminidase aus *Diplococcus pneumoniae* Typ I. Das Bakteriumwachstum wird in einer Rinderherz-Bouillon, enthaltend 24 g Herz, 10 g Neopepton, 0,02 g $CaCl_2$, 0,5 g $MgCl_2 \cdot 6\, H_2O$ und 2,2 g K_2HPO_4 pro Liter, während 30 Std bei 37° C vorgenommen. Das p_H der Kultur beträgt dabei gleichbleibend 6,8. Durch 5—6stündige Zentrifugation

[1] Rosenberg, A., B. Binnie and E. Chargaff: Am. Soc. **82**, 4113 (1960).
[2] Burton, R. M.: J. Neurochem. **10**, 503 (1963).
[3] Popenoe, E. A., and R. M. Drew: J. biol. Ch. **228**, 673 (1957).
[4] Comb, D. G., and S. Roseman: J. biol. Ch. **235**, 2529 (1960).
[5] Hughes, R. C., and R. W. Jeanloz: Biochemistry **3**, 1535 (1964).

bei 800 × g und Raumtemperatur trennt man die Zellen ab und gewinnt einen braunen Überstand, der die Enzyme Neuraminidase und β-Galaktosidase enthält und bei −5° C für wenigstens 3 Monate ohne Verlust an Enzymaktivität aufbewahrt werden kann. Die Anreicherung der Enzyme geschieht durch Fällung mit Ammoniumsulfat, wobei pro Liter Kulturflüssigkeit 510 g festes Ammoniumsulfat (75%ige Sättigung) unter Rühren bei 4° C zugefügt werden. Das braune Präcipitat wird in einer minimalen Menge Wasser (etwa 0,1 des Ausgangsvolumens) aufgenommen und 2 Tage gegen kaltes Aqua dest. erschöpfend dialysiert. Zum Dialysat werden bei p_H 5,8 175 g Ammoniumsulfat pro Liter (30%ige Sättigung) zugefügt und das Präcipitat nach fünfstündigem Stehenlassen abzentrifugiert und verworfen. Durch Zufügen weiterer 310 g Ammoniumsulfat pro Liter wird die Lösung auf 75%ige Sättigung gebracht, das Präcipitat nach 5 Std abzentrifugiert, in der geringst möglichen Menge Wasser gelöst und erneut erschöpfend gegen Aqua dest. dialysiert. Dann bringt man das Dialysat auf einen Proteingehalt von 15 mg/ml und gibt bei 4° C zu jeweils 100 ml dieser Lösung 10 g DEAE-Cellulose (nacheinander mit verd. NaOH, HCl, H_2O, NaOH und erneut mit H_2O gewaschen). Nach 30 min wird die Suspension zentrifugiert und das Sediment mehrmals mit kleinen Mengen Wasser gewaschen. Die vereinigten farblosen Überstände enthalten alle Neuraminidase und 10—20% der Galaktosidase-Aktivität der Ausgangslösung. Zu diesem Zentrifugations-Überstand gibt man 245 g Ammoniumsulfat pro Liter unter Rühren bei 4° C hinzu und verwirft das gebildete Sediment nach einstündiger Zentrifugation. Nach Zugabe weiterer 168 g Ammoniumsulfat pro Liter (65%ige Sättigung) gewinnt man nach einstündiger Zentrifugation ein Präcipitat, das in kaltem Wasser gelöst und gegen 0,005 m Kaliumphosphatpuffer vom p_H 6,8 24 Std dialysiert wird. Das Dialysat kann ohne Aktivitätsverlust lyophilisiert werden.

Zur weiteren Anreicherung gibt man das Dialysat über einen CM-Cellulose-Ionenaustauscher. In eine Säule von 1 × 40 cm wird mit Wasser und 0,01 m Phosphatpuffer vom p_H 6,8 gewaschene CM-Cellulose unter Druck gepackt. Nach Aufgabe des Dialysates wird die Säule mit 100 ml/Std Phosphatpuffer und einem Salzgradienten von 0,01 bis 0,10 m Phosphat bei p_H 6,8 eluiert. 10 ml Fraktionen des Eluates werden zur Neuraminidasebestimmung unter Benutzung von saurem α_1-Glycoprotein und zur Proteinbestimmung bei 280 mμ gesammelt. Eine gute Abtrennung der Neuraminidase von der Hauptmenge der Proteine erhält man, wenn nicht mehr als 250 mg Protein auf die Säule gegeben werden. 60—70% der Neuraminidase-Aktivität des Ausgangsmaterials können so erhalten werden. Die Neuraminidase-aktiven Fraktionen werden gesammelt und lyophilisiert. Zum Gebrauch löst man das weiße Pulver in kaltem Wasser und dialysiert in der Kälte 24 Std gegen 0,01 m Phosphatpuffer vom p_H 6,8. Die Aktivität der so gewonnenen Neuraminidase wird mit 11200 Einheiten/mg angegeben, wobei eine Einheit die Enzymmenge ist, die 0,1 μg N-Acetylneuraminsäure aus saurem α_1-Glycoprotein freisetzt. Da die Neuraminidase bei der Gelfiltration Sephadex G-100 in 0,05 m Phosphatpuffer vom p_H 6,5 unabsorbiert passiert, muß ihr Molekulargewicht größer als etwa 100000 und damit größer als die Neuraminidase aus *V. cholerae* und *Corynebakterium diphtheriae*[1] sein.

HABERMANN[2] berichtet in jüngster Zeit über das gemeinsame Vorkommen von Hyaluronidase und Neuraminidase in Kulturfiltraten von *Clostridium perfringens* und präparative Trennung der Enzyme durch Chromatographie an Hydroxylapatit.

Bestimmung. Zur Bestimmung der Aktivität des Enzyms kann man nach BURNET und STONE[3] sowie FRENCH und ADA[4] einmal die Erscheinung des receptor gradient der Myxoviren benutzen, indem man abgestufte Verdünnungen von RDE auf eine Standardmenge von Erythrocyten bei 37° C einwirken läßt, anschließend die Zellen auswäscht, herunterkühlt

[1] WARREN, L., and C. W. SPEARING: J. Bact. **86**, 950 (1963).
[2] HABERMANN, E.: H. **322**, 158 (1961).
[3] BURNET, F. M., and J. D. STONE: Austral. J. exp. Biol. med. Sci. **25**, 227 (1947).
[4] FRENCH, E. L., and G. L. ADA: Austral. J. exp. Biol. **32**, 165 (1954).

und sie dann mit einer vollen Serie von Myxoviren versetzt, um feststellen zu können, bis zu welchem Grad des receptor gradient die Receptoren zerstört wurden. Zum anderen kann man eine Standardmenge von roten Blutkörperchen zu einer RDE-Verdünnungsreihe hinzugeben, die Reaktion wieder bei 37° C ablaufen lassen und dann die Zellen mit einer ausreichenden Menge eines einzigen Virustyps austesten. Die durch das Enzym geschädigten Zellen werden vom Virus nicht mehr agglutiniert. Die dritte Methode der Neuraminidase-Bestimmung wird im Prinzip genauso ausgeführt, nur werden die geschädigten Zellen mittels eines normalen Serums kenntlich gemacht, da sie nach Abspaltung der Neuraminsäure (T-Transformation) von normalem Serum agglutiniert werden (Panagglutination). Als gebräuchlichste dieser Methoden hat sich die zweite erwiesen.

Bestimmung der Neuraminidase-Aktivität nach BURNET[1] (s. auch FAILLARD[2]).

Reagentien:

1. Boratgepufferte 0,9 %ige NaCl-0,01 m-CaCl-Lösung vom p_H 7,1—7,3 (1,10 g $CaCl_2$; 9,00 g NaCl; 1,203 g H_3BO_3 und 0,052 g $Na_2B_4O_7 \cdot 10\,H_2O$ pro 1000 ml Aqua dest.).
2. Hühnererythrocyten-Suspension, 1 %ig, in physiologischer NaCl-Lösung.
3. Suspension von *Influenza-B-Lee-Virus* in physiologischer NaCl-Lösung, enthaltend 10 Agglutinationsdosen in 0,1 ml.

Ausführung:

0,25 ml der zu bestimmenden Enzymlösung versetze man mit dem gleichen Volumen der NaCl-$CaCl_2$-Lösung. Von dieser Enzymlösung ausgehend, werden mit der boratgepufferten physiologischen NaCl-Lösung Verdünnungen in der Potenzreihe von 2 mit einem Volumen von jeweils 0,25 ml angelegt. Nach Hinzufügen von 0,25 ml einer 1 %igen Hühnerblutkörperchen-Suspension in physiologischer NaCl-Lösung läßt man den Ansatz 35 min bei 37° C stehen. Dann fügt man 0,1 ml einer *Influenza-B-Lee-Virus*-Suspension, welche 10 Agglutinationsdosen in 0,1 ml enthält, zu jedem Glas der Verdünnungsreihe hinzu. (Das Virus wird vorher gegen Hühner-Erythrocyten ausgetestet und entsprechend verdünnt.) Nach einstündigem Stehenlassen bei Raumtemperatur wird der Titer der Enzymlösung abgelesen. Der Reziprokwert der Verdünnungen des letzten Röhrchens ohne und des ersten Röhrchens mit Hämagglutination zeigt den Neuraminidase-Titer an.

Neuerdings bezieht man die Aktivität der Neuraminidase auf die Menge der durch dieses Enzym in Freiheit gesetzten Acylneuraminsäure. So definiert SCHRAMM[3] die *Enzymeinheit* als diejenige Enzymmenge, die unter Versuchsbedingungen in 15 min bei 37° C 1 μg Neuraminsäure vom Substrat abspaltet.

Bestimmung der Neuraminidase-Aktivität nach MOHR ***und*** SCHRAMM[3].

Reagentien:

1. 0,1 m Maleinsäure-NaOH-Puffer, p_H 6,4, enthaltend 0,02 m $CaCl_2$.
2. Wäßrige Suspension von Kälber-Erythrocytenstroma (250 μg Neuraminsäure/ml enthaltend).
3. Benzoesäure, 10 %ig, in Chloroform.
4. BIALs Reagens: 100 mg Orcin, 41 ml konz. HCl, 1 ml 1 % $FeCl_3$-Lösung auf 50 ml auffüllen.
5. Amylalkohol p. a. (Merck).

Ausführung:

Zu 1 ml Maleinsäure-NaOH-Puffer werden 0,2 ml Neuraminidaselösung und 0,8 ml wäßrige Suspension von Kälber-Erythrocytenstroma (250 μg Neuraminsäure/ml enthaltend) als Substrat zugegeben. Man läßt 15 min bei 37° C stehen, schüttelt dann mit 2 ml 10 %iger Benzoesäure in Chloroform zur Enteiweißung aus und zentrifugiert. Mit 1 ml des Überstandes wird dann die Neuraminsäure-Reaktion mit BIALs Reagens in der

[1] BURNET, F. M.: Proc. R. Soc. London (B) **138**, 47 (1951).
[2] FAILLARD, H.: H. **307**, 62 (1957).
[3] MOHR, E., u. G. SCHRAMM: Z. Naturforsch. **15** b, 568 (1960).

von BÖHM u. Mitarb.[1] beschriebenen Weise ausgeführt. Als Maß der Reinigung des Enzyms nimmt SCHRAMM[2] die spezifische Aktivität und definiert sie als Enzymeinheiten/μg N.

CHARGAFF u. Mitarb.[3] definieren die Enzymeinheit in der gleichen Weise wie SCHRAMM, nehmen aber als Substrat Rinderhirngangliosid und bestimmen die abgespaltene Neuraminsäure nach der von WARREN[4] modifizierten Perjodat-Thiobarbitursäuremethode AMINOFFS[5].

HOWE, LEE und ROSE[6] beschreiben eine Methode, die es erlaubt, die unterschiedliche Neuraminidase-Wirksamkeit verschiedener Myxovirusstämme zu bestimmen. Als Substrat verwenden sie das Mucin sogenannter chinesischer eßbarer Vogelnester des Vogels „swiftlet" (collocalia species), das nur N-Acetyl-neuraminsäure enthält. Hieraus ist durch wäßrige Extraktion ein Mucoproteid mit 10% Neuraminsäuregehalt zu gewinnen, das die Hämagglutination durch Indicatorvirus stark hemmt. Von den untersuchten Influenzavirus-Stämmen (A_2/Japan/305/57; PR 301; FM_1 und NWS) spaltet der A_2-Stamm am meisten Neuraminsäure aus dem Collocalia-Mucin ab. SETO, HICKEY und RASMUSSEN[7] fanden im NWS-Stamm des *Influenza A-Virus* keine Neuraminidase-Aktivität. Auch in diesen Fällen wurde die freigesetzte Neuraminsäure nach WARREN bestimmt. Eine direkte Zählung der Viruspartikel im Elektronenmikroskop erlaubt unter Rückbeziehung auf die Neuraminidase-Aktivität nach SETO u. Mitarb.[8] eine Ermittlung der Enzymaktivität pro Viruspartikel. Auch mit dieser Methode erwies sich von allen untersuchten Myxoviren der Stamm Japan 305 als der enzymatisch aktivste.

Die Bestimmung der Neuraminidase-Aktivität benutzen JACOBS und WALOP[9] zur Ermittlung der Myxoviruskonzentration. Sie verwenden hierzu Harnmucin oder N-Acetylneuraminsäure-lactose aus Kuh-Colostrum als Substrat und stoppen die Enzymreaktion nach einer bestimmten Zeit durch Zugabe des Perjodatreagens der WARRENschen Bestimmungsmethode. Wenn Serien von Virusverdünnungen mit dem Substrat eine konstante Zeit (30 min) inkubiert werden, ist die Beziehung zwischen der enzymatisch freigesetzten N-Acetyl-neuraminsäure und dem Virus-Verdünnungsfaktor eine lineare, so daß die Viruskonzentration in Enzymeinheiten ausgedrückt werden kann.

Darstellung einiger Substrate für die Neuraminidase.

Zur Testung der Neuraminidase-Aktivität und Darstellung des Enzyms werden, wie im vorherigen Kapitel erläutert, als Substrate bevorzugt Erythrocytenstroma, menschliches Harnmucin und N-Acetyl-neuraminsäure-lactose angewandt, deren Gewinnung nachfolgend kurz geschildert wird:

Darstellung von Erythrocytenstroma nach MOHR *und* SCHRAMM[2].

Hammel- oder Kälberblut wird durch Schütteln mit Glasperlen defibriniert, die Erythrocyten mit 0,9%iger NaCl-Lösung gewaschen und in der vierfachen Menge Aqua dest. hämolysiert. Das Stroma zentrifugiert man bei 15000 U/min 35 min lang ab, nimmt es in physiologischer NaCl-Lösung wieder auf und zentrifugiert nach 2 Std erneut ab. Der Prozeß von Hämolyse und Quellung wird 3—4mal wiederholt und der rosa bis weiße Bodensatz zum Gebrauch für die Enzymteste in Aqua dest. und für die Säulenchromatographie zur Isolierung der Neuraminidase in Boratpuffer aufgenommen. Nach Zugabe von etwas Toluol werden die Stromasuspensionen eingefroren aufbewahrt.

---

[1] BÖHM, P., S. DAUBER u. L. BAUMEISTER: Kli. Wo. **1954**, 289.
[2] MOHR, E., u. G. SCHRAMM: Z. Naturforsch. **15b**, 568 (1960).
[3] ROSENBERG, A., B. BINNIE and E. CHARGAFF: Am. Soc. **82**, 4113 (1960).
[4] WARREN, L.: J. biol. Ch. **234**, 1971 (1959).
[5] AMINOFF, D.: Virology **7**, 355 (1959); Biochem. J. **81**, 384 (1961).
[6] HOWE, C., L. T. LEE and H. M. ROSE: Nature **188**, 251 (1960); Arch. Biochem. **95**, 512 (1961).
[7] SETO, J. T., B. J. HICKEY and A. F. RASMUSSEN jr.: Virology **9**, 598 (1959).
[8] SETO, J. T., Y. NISHI, B. J. HICKEY and A. F. RASMUSSEN jr.: Virology **13**, 13 (1961).
[9] JACOBS, J., and J. N. WALOP: Nature **189**, 334 (1961).

Darstellung von menschlichem Harnmucin nach Anderson[1, 2] ***und*** Klenk, Faillard ***und*** Lempfrid[3].

Zu 10 l männlichen Sammelurins werden 200 ml einer 20 %igen Lösung von Benzoesäure in Aceton zugegeben. Nach 18—36 Std wird die über dem sedimentierten flockigen Niederschlag überstehende Flüssigkeit abgehebert und der Niederschlag zweimal mit Aceton ausgewaschen. Nach Zentrifugation und Abdekantieren des Acetons wird das Sediment in Aqua dest. gelöst und der p_H-Wert der Lösung mit 2 n NaOH auf 9—9,5 eingestellt. Nach 12—24stündigem Stehenlassen und anschließender 24stündiger Dialyse gegen fließendes Wasser zentrifugiert man den Dialysierschlauchinhalt und gießt die überstehende opalescente Flüssigkeit in das fünffache Volumen auf 0° C vorgekühlten Acetons ein. Dabei fällt das Mucin weißflockig aus. Das gefällte Mucin wird abzentrifugiert, in Aqua dest. aufgenommen und die wäßrige Lösung gefriergetrocknet. Ausbeute: 12 bis 16 mg Mucin/l Harn. Neuraminsäuregehalt: 2,6—4,7 % (berechnet als Neuraminsäuremethylglykosid).

Darstellung von N-Acetyl-neuraminsäure-lactose nach Kuhn ***und*** Brossmer[4, 5].

Die recht langwierige Darstellung von N,O-Diacetyl-neuraminsäure-lactose (O-Acetyllactaminsäure-lactose) bzw. N-Acetyl-neuraminsäure-lactose (Lactaminsäure-lactose) ist von Kuhn und Brossmer[5] sehr eingehend beschrieben worden. Es sollen hier die wesentlichen Schritte der Isolierung angeführt werden:

16 l Kuh-Colostrum (vom 1. Tag nach der Geburt) werden durch Zentrifugation entrahmt und das Mager-Colostrum bei + 4° C dreimal 24 Std gegen jeweils 50 l Aqua dest. dialysiert. Die etwa 150 l Außenlösung werden im Vakuum bei einer Temperatur unter 30° C auf etwa 5 l eingeengt. Die durch Riboflavin gelb gefärbte Lösung vom $p_H \sim 6$ wird mit dem gleichen Volumen Äthanol versetzt und bei + 4° C stehengelassen. Der gebildete Niederschlag wird in der Kälte abgesaugt und die wäßrig alkoholische Lösung zur Vertreibung des Äthanols im Vakuum bei < 30° C eventuell unter Zugabe von weiterem Aqua dest. auf ein Endvolumen von 3 l eingeengt. Unter 4—6stündigem Rühren bei 20° C erfolgt daraus eine Adsorption der Ehrlich-positiven Substanzen an etwa 900—1000 g Carboraffin (die Menge ist etwas abhängig von dem oft recht unterschiedlichen Adsorptionsvermögen der Kohle). Das Kohleadsorbat wird abgenutscht und mit 60—70° C warmem Aqua dest. so lange ausgewaschen, bis die Hauptmenge der Lactose entfernt ist. (Fehlingsche Reaktion nur noch schwach positiv.) Hierzu sind etwa 30 l Wasser erforderlich. Nach dem Erkalten wird die Kohle auf der Nutsche mit 25 l kaltem 8 %igem Äthanol zur Entfernung weiterer Ehrlich-negativer, aber Fehling-positiver Substanzen gewaschen. Auch die Elution der Ehrlich-positiven Substanzen beginnt auf der Nutsche mit 5 l 20 %igem Äthanol bei Zimmertemperatur. Die Hauptmenge der Substanzen wird mit etwa 20 l 50 %igem Äthanol bei 55—60° C eluiert. Die Nachelution erfolgt mit 5 l 50 %igem Äthanol, dem 10 Vol.-% Methyläthylketon zugesetzt werden, ebenfalls bei 55—60° C. Haupt- und Nacheluat werden getrennt vom Voreluat, das mehr Lactose enthält, i. Vac. bei < 20° C bis auf 200—300 ml eingeengt und durch Fällung mit warmgesättigtem Silberacetat und 15 %iger Bariumacetatlösung die Chloride und Sulfate entfernt. Das Filtrat gibt man zur Entfernung der Kationen über eine Kationenaustauscher-Säule von Amberlite IR 120 H^+-Form (Füllhöhe 50 cm, ∅ 1,5 cm). Der Austauscher wird mit 500—600 ml Aqua dest. eluiert und das Eluat erneut bei Temperaturen unter 20° C i. Vac. bis auf etwa 50 ml eingeengt und sofort gefriergetrocknet (p_H der eingeengten Lösung 2,0—2,5). Der Gehalt an O-Acetyl-lactaminsäure-lactose beträgt beim vereinigten Haupt- und Nacheluat 6—8 g, beim Voreluat 0,3—0,5 g. Zur Ab-

[1] Anderson, A. J.: Biochem. J. **56**, XXV (1954).
[2] Anderson, A. J., and N. F. Maclagan: Biochem. J. **59**, 638 (1955).
[3] Klenk, E., H. Faillard u. H. Lempfrid: H. **301**, 255 (1955).
[4] Kuhn, R., u. R. Brossmer: Angew. Chem. **68**, 211 (1956).
[5] Kuhn, R., u. R. Brossmer: C. **89**, 2013 (1956).

trennung der restlichen Menge Lactose, einiger weiterer Kohlenhydrate und Salze wird eine Chromatographie an Anionenaustauscher Lewatit MIH angeschlossen. (Das mit 2 n HCl und 2 n NaOH vorgewaschene Harz wird mit 2 n NaOH aufgeladen und mit 2 m Natriumacetat in die Acetatform überführt.) Etwa 5 g Rohprodukt werden in 50 ml Wasser gelöst und langsam durch die Austauscher-Säule (2,8 × 67 cm Füllhöhe) durchgetropft. Man wäscht die Säule dann mit Wasser aus, bis mit der Dinitrobenzol-Probe keine Zucker mehr nachweisbar sind. Die Elution der EHRLICH-positiven Substanz erfolgt nacheinander mit etwa 1000 ml 0,05 m, 500 ml 0,1 m und 0,5 m Natriumacetatlösung. Eventuell ist aus den Na-acetat-Eluaten nochmals Chlorid oder Sulfat auszufällen und wieder über den Kationenaustauscher zu filtrieren. Nach Einengen der Lösung bei Temperaturen unter 20° C und Gefriertrocknung bleibt eine rein weiße, lockere, kaum hygroskopische Substanz zurück (chromatographisch reine N,O-Diacetyl-neuraminsäure-lactose[O-Acetyl-lactaminsäure-lactose]). Ausbeute: Eluat mit 0,05 m Natriumacetat 1,8—2,3 g, andere Eluate 0,2—0,4 g.

N-Acetyl-neuraminsäure-lactose (Lactaminsäure-lactose) läßt sich aus der Diacetylverbindung gewinnen, indem 200 mg dieser Substanz in 10 ml Wasser gelöst mit 10 ml gesättigtem Barytwasser versetzt werden. Nach 3 Std werden die Bariumionen durch Kationenaustauscher IR 120 entfernt und das Eluat gefriergetrocknet. Ausbeute: 173 mg (chromatographisch reine N-Acetyl-neuraminsäure-lactose [Lactaminsäure-lactose]).

In jüngster Zeit gelang es GIBBONS und CHEESEMAN[1], durch Einwirkung von Rennin (Chymosin) auf Casein ein Glykomakropeptid mit 14% N-Acetyl-neuraminsäure zu gewinnen, dessen N-Acetyl-neuraminsäure durch Neuraminidase abspaltbar ist und das sich somit auch als Substrat für dieses Enzym eignet.

N-Acetyl-neuraminsäure-Aldolase.

[4.1.3.3 N-Acetylneuraminat-Pyruvat-lyase.]

Dieses Enzym konnte von HEIMER und MEYER[2] in Extrakten und von BRUG, ESSER und PAERELS[3] in rohen Kulturfiltraten von *Vibrio cholerae* sowie von ROSEMAN und COMB[4,5] in den Bakterien der Stämme *Clostridium perfringens, Escherichia coli K:235* und rohen, zellfreien Extrakten von Rattenleber und Gehirn aufgefunden werden. Nach LAURELL[6] scheint es auch neben Neuraminidase in den Kulturfiltraten von *α-Streptokokken, Pasteurella pseudotuberculosis* und besonders *Pneumokokken Typ XXXI* vorzukommen. TSVETKOVA und ROSENFELD[7] fanden das gleiche Enzym auch in Ratten-Testes-Homogenaten und TSVETKOVA und KOZINA[8] in Rattennieren bei der experimentellen Nephrose. Das Enzym spaltet das Neuraminsäuremolekül in ein C_3- und ein C_6-Bruchstück auf, welche ROSEMAN[5] als Brenztraubensäure und N-Acetyl-D-mannosamin identifizieren konnte. Die Aufspaltung des Neuraminsäuremoleküls im Sinne einer Realdolisation gab ROSEMAN[4] Veranlassung, das Enzym N-Acetyl-neuraminsäure-Aldolase (NANA-Aldolase) zu nennen.

Auch die Umkehrung der oben beschriebenen Aldolase-Reaktion gelang ROSEMAN[4] und führte zur ersten enzymatischen Synthese von N-Acetyl-neuraminsäure aus Brenztraubensäure und N-Acetyl- oder N-Glykolyl-D-mannosamin. Die Synthese gelingt nicht, wenn als Substrat N-Acetyl-D-glucosamin, N-Acetyl-D-galaktosamin, D-Mannosamin, D-Mannosamin-6-phosphat oder N-Acetyl-D-mannosamin-6-phosphat dienen, was ROSEMAN[5] als Beweis dafür ansieht, daß die N-Acetyl-neuraminsäure-Aldolase keine Epimerase

[1] GIBBONS, R. A., and G. C. CHEESEMAN: Biochim. biophys. Acta **56**, 354 (1962).
[2] HEIMER, R., and K. MEYER: Proc. nat. Acad. Sci. USA **42**, 718 (1956).
[3] BRUG, J., R. J. E. ESSER and G. B. PAERELS: Biochim. biophys. Acta **33**, 241 (1959).
[4] ROSEMAN, S., and D. G. COMB: Am. Soc. **80**, 497 (1958).
[5] COMB, D. G., and S. ROSEMAN: J. biol. Ch. **235**, 2529 (1960).
[6] LAURELL, A. B.: Acta path. microbiol. scand. **47**, 182 (1959).
[7] TSVETKOVA, I. V., and E. L. ROSENFELD: Vopr. med. Chim. **7**, 528 (1961).
[8] TSVETKOVA, I. V., i A. B. KOZINA: Vopr. med. Chim. **9**, 96 (1963).

enthält. Außerdem läßt sich bei der enzymatischen Synthese Brenztraubensäure nicht durch Phosphoenolbrenztraubensäure ersetzen. Über eine Biosynthese der Neuraminsäure in Rattenleber und Rindersubmaxillarismucin, welche jedoch mit N-Acetyl-D-Mannosamin-6-phosphat und Phosphoenolpyruvat verläuft, berichteten kürzlich WARREN und FELSENFELD[1].

Die verschiedenen Acyl-neuraminsäuren werden nach ROSEMAN[3] in unterschiedlicher Menge durch die Aldolase aufgespalten. So spaltet das Enzym in quantitativ gleicher Weise N-Acetyl-neuraminsäure aus menschlichem Blutserum, Schafsubmaxillarismucin und *E. coli*[2], wohingegen N-Glykolyl-neuraminsäure aus Schweinesubmaxillarismucin nur zu 65 % und N,O-Diacetyl-neuraminsäure aus Rinder- und Pferde-Submaxillarismucin sowie Methoxy-neuraminsäure und andere 2-Keto-3-desoxy-Zucker durch das Enzym überhaupt nicht abgebaut werden. Auch die N-Acetyl-neuraminsäure in dem von ROSEMAN u. Mitarb.[4, 5] aus *E. coli K:235* isolierten Cytidin-5'-Monophospho-N-acetyl-neuraminsäure-Molekül ist vollständig resistent gegen N-Acetyl-neuraminsäure-Aldolase und Klapperschlangengift-5'-Nucleotidase.

Isolierung der N-Acetyl-neuraminsäure-Aldolase.

Die Isolierung des Enzyms gelingt nach ROSEMAN[3] aus *Cl. perfringens* und *E. coli K:235* durch Ultraschallbehandlung der Zellen aus dem Überstand bei 0—4° C. Die Reinigungsstufen sind im einzelnen folgende: 1. Zugabe von 2 %iger Lösung von Protaminsulfat und Verwerfen des Präcipitates. 2. Sättigung des Überstandes mit 60 % Ammoniumsulfat und erneutes Verwerfen des Präcipitates. 3. 80 %ige Sättigung mit Ammoniumsulfat und Lösen des Präcipitates in 0,05 m Kaliumphosphatpuffer vom p_H 6,0 mit anschließender Dialyse gegen das 50fache Volumen desselben Puffers. 4. Einstellen auf p_H 5,8 und Zusatz von kaltem Aceton bis zu 14 %iger Sättigung, Verwerfen des Präcipitates. Erhöhung der Acetonkonzentration auf 24 % und Lösen des Präcipitates in 0,05 m Kaliumphosphatpuffer vom p_H 6,0. 5. Dialyse gegen Phosphatpuffer vom p_H 5,7 und Zentrifugation. 6. Dialyse des Überstandes gegen das 50fache Volumen 0,05 m Kalium-phosphat-Citrat-Puffer vom p_H 4,5 und Wiederauflösen des Präcipitates in 0,05 m Phosphatpuffer vom p_H 7,0. Auf diesem Wege läßt sich das Enzym 115fach aus *Cl. perfringens* und 20fach aus *E. coli K:235* anreichern. Die Aktivität des Enzyms soll bei — 16° C mindestens 1 Jahr erhalten bleiben.

Bestimmung der Aktivität der N-Acetyl-neuraminsäure-Aldolase nach COMB *und* ROSEMAN[3].

Reagentien:

1. N-Acetyl-neuraminsäure (Darstellung s. unten).
2. 60 mm Kaliumphosphatpuffer, p_H 7,2.
3. DPNH.
4. Milchsäuredehydrogenase.

Ausführung:

0,25 ml einer Lösung, welche 3 μM N-Acetyl-neuraminsäure, 15 μM Kaliumphosphatpuffer vom p_H 7,2 und 0,1—0,2 Enzymeinheiten enthält, werden 15 min bei 37° C inkubiert. Die Reaktion wird dann durch 2 min Erhitzen auf 100° C gestoppt. Ein aliquoter Teil der Reaktionsmischung dient anschließend zur Bestimmung der Brenztraubensäure, welche auf der Reduktion zu Milchsäure und der damit verbundenen Ver-

---

[1] WARREN, L., and H. FELSENFELD: J. biol. Ch. **237**, 1421 (1962). Biochem. biophys. Res. Comm. **5**, 185 (1961).
[2] DEWITT, C. W., and J. A. ROWE: J. Bact. **82**, 838 (1961).
[3] COMB, D. G., and S. ROSEMAN: J. biol. Ch. **235**, 2529 (1960).
[4] COMB, D. G., F. SHIMIZU and S. ROSEMAN: Am. Soc. **81**, 5513 (1959).
[5] ROSEMAN, S.: Proc. nat. Acad. Sci. USA **48**, 437 (1962).

schiebung der UV-Absorption beruht. Die Pyruvatbestimmung wird mit einem Volumen von 3 ml durchgeführt, das 100 μM Kaliumphosphatpuffer vom p_H 7,4, 0,2 μM DPNH und die aliquote Menge der Reaktionsmischung aus dem enzymatischen Spaltungsansatz enthält. Nach Zugabe von 0,01 mg Milchsäuredehydrogenase mißt man nach beendeter Reaktion die Brenztraubensäurekonzentration an der Änderung der optischen Dichte, welche im Spektrophotometer bei 340 mμ in Cuvetten von 1 cm Schichtdicke abgelesen wird.

Als *Enzymeinheit* definiert ROSEMAN[1] die Menge Enzymprotein, die bei der Spaltung von N-Acetyl-neuraminsäure bei 37° C in 15 min 1 μM Pyruvat liefert, wobei als Substrat für das Enzym N-Acetyl-neuraminsäure aus menschlichem Blutserum genommen wird. Die spezifische Aktivität bezieht ROSEMAN[1] auf die μMol des bei 37° C in 15 min gebildeten Pyruvates pro mg Enzymprotein.

***Darstellung von N-Acetyl-neuraminsäure aus menschlichem Blutserum nach* SVENNERHOLM[2].**

Serum wird mit der vierfachen Menge Äthanol versetzt und 15 min zum Sieden erhitzt. Das ausgefällte Protein wird abfiltriert und mit Äthanol ausgewaschen. Die Proteine von 1 l Serum werden mit 5 l 0,01 n H_2SO_4 4 Std geschüttelt, die Proteine abfiltriert und der Vorgang so lange wiederholt, bis der p_H des Filtrates 2,5 nicht überschreitet. (Im allgemeinen werden drei Auswaschungen benötigt.) Zur Freisetzung der Neuraminsäure werden 50 g Trockensubstanz mit 1 l 0,03 n H_2SO_4 1 Std auf 80° C erhitzt. Das Hydrolysat wird filtriert und der Rückstand so lange erneut hydrolysiert, bis das Filtrat nur noch eine schwache Reaktion mit BIALs Reagens ergibt (3—4fache Hydrolyse). Die Hydrolysate werden mit $Ba(OH)_2$ neutralisiert, bis ein p_H von 6 erreicht ist, und das Bariumsulfat durch Filtration oder Zentrifugation entfernt. Die weitere Reinigung geschieht durch Filtration über Ionenaustauscher. Für eine Gesamtmenge von 1—2 g Neuraminsäure werden Säulen von 30 × 300 mm benutzt. Zunächst wird das neutralisierte Hydrolysat über eine Kationenaustauscher-Säule aus Dowex 50 × 8, 50 — 100 mesh (H^+-Form) (aufgeladen mit Salzsäure und mit Aqua dest. neutral gewaschen) gegeben. Das Eluat gibt man gleich anschließend auf einen Anionenaustauscher Dowex 1 × 8, 50 — 100 mesh (Formiat-Form). (Das Anionenaustauscherharz wird vorher mit dem zweifachen Volumen 4 n HCl auf dem Dampfbad erhitzt, nach Abdekantieren des Überstandes die Behandlung mit HCl dreimal wiederholt, das Harz dann filtriert, mit Aqua dest. ausgewaschen und in die Kolonne eingefüllt. Durch langsames Durchfließenlassen von 2 n Natriumformiat, bis das Eluat keine Cl^--Ionen mehr enthält, wird das Harz in die Formiat-Form überführt.) Nach Auswaschen der mit dem Eluat aus dem Kationenaustauscher beschickten Säule mittels Aqua dest. wird die N-Acetyl-neuraminsäure mit 0,3 n Ameisensäure eluiert. Das Eluat prüft man mit BIALs Reagens auf Neuraminsäure. Die Hauptmenge der N-Acetyl-neuraminsäure erscheint bei 1500—2000 ml Ameisensäure-Eluat. Die neuraminsäure-haltigen Fraktionen werden vereinigt, im Vakuum eingeengt und anschließend gefriergetrocknet. Die Ausbeute an Neuraminsäure beträgt 80—90 % der im Ausgangsmaterial analysierten Menge. Das gefriergetrocknete Material wird zur Kristallisation in frisch destilliertem Methanol, welches 10 % Wasser enthält, aufgenommen und während mehrerer Tage Äther in kleinen Portionen zugegeben. Das sich bildende amorphe Präcipitat wird jeweils abfiltriert. Bei beginnender Kristallisation gibt man etwas niedrig siedenden Petroläther (Kp 28—35° C), im Verhältnis 1:1 vermischt mit Äther, hinzu, bis eine feine Opalescenz auftritt. Nach etwa 1 Woche wird das kristalline Material abfiltriert und eventuell noch aus Äthanol-Wasser unter Zugabe von etwas Äther umkristallisiert. Die Ausbeute an kristallisierter Substanz beträgt 40—50 % der im Ausgangsmaterial bestimmten Neuraminsäure.

---

[1] COMB, D. G., and S. ROSEMAN: J. biol. Ch. **235**, 2529 (1960).
[2] SVENNERHOLM, L.: Acta Soc. med. upsal. **61**, 75 (1956).

N-Glykosidasen.

Von

Kurt Wallenfels und Hans Diekmann *.

Mit 2 Abbildungen.

I. Pyridin-nucleosid, -nucleotid und -dinucleotid spaltende Enzyme (DPNase, TPNase, NRase).

[3.2.2.5 NAD-Glykohydrolase]

[3.2.2.6 NAD(P)-Glykohydrolase.]

Als DPNasen (TPNasen) bezeichnet man solche Enzyme, welche die beiden Dinucleotide an der N-glykosidischen Bindung zwischen Nicotinamid und Ribose unter Hydrolyse oder Transfer spalten. Die DPNasen setzen nur die intakten, oxydierten Formen der Coenzyme DPN und TPN, eventuell auch die analogen Verbindungen um; Reaktionsprodukte sind Adenosindiphosphatribose (bzw. -phosphat) und Nicotinamid. Da noch keines dieser Enzyme in kristalliner oder hochgereinigter Form vorliegt, ist die Frage der Spezifität nicht eindeutig. In einigen Fällen konnten DPNase- und TPNase-Aktivität getrennt werden[1, 2]; in Erythrocyten wurden spezifische Enzyme für DPN, TPN, Nicotinamidmononucleotid und Nicotinamidribosid gefunden[3].

Die NRase aus Erythrocyten ist im Gegensatz zu den DPNasen eine Phosphorylase, hat aber den DPNasen ähnliche Eigenschaften und kann wie diese bestimmt werden.

Vorkommen. Angaben über Vorkommen und p_H-Optima von DPNasen sind in Tabelle 1 zusammengestellt. Weitere Vorkommen: in Karpfenlebermitochondrien[4], Kartoffelknollen[5], Lupine[6], *Mycobacterium butyricum, Bacillus subtilis, Chromobacterium violaceum, Paramaecium aurelia*[7], *Neurospora crassa*[8,9], Streptococcen der Gruppe A[10,11], *Mycobacterium leprae*[12], *Mycobacterium tuberculosis H37Rv*[13].

Abkürzungen.

ARPPR	Adenosindiphosphatribose	NR	Nicotinamidribosid
DNS	Desoxyribonucleinsäure	PCMB	p-Chlormercuribenzoat
DPN+	Diphosphopyridinnucleotid, oxydierte Form	s	Sättigungsgrad einer Lösung
DPNH	Diphosphopyridinnucleotid, reduzierte Form	TPN+	Triphosphopyridinnucleotid, oxydierte Form
INH	Isonicotinsäurehydrazid	TPNH	Triphosphopyridinnucleotid, reduzierte Form
NMN	Nicotinamidmononucleotid	ε	Extinktionskoeffizient [$cm^2 \times mMol^{-1}$]

* Chemisches Laboratorium der Universität Freiburg.

1 HOFMANN, E. C. G.: B.Z. **329**, 428 (1957).
2 LEONE, E., and L. BONADUCE: Biochim. biophys. Acta **31**, 292 (1959).
3 DICKERMAN, H. W., and F. E. STOLZENBACH: Fed. Proc. **16**, 172 (1957).
4 RACZYNSKA-BOJANOWSKA, K., and I. GASIROOWSKA: Acta biochem. polon. **10**, 117 (1963).
5 BEVILACQUA, L. R.: Atti Accad. naz. Lincei, Cl. Sci., fisiche, mat. natur., Mem. **16**, 107 (1954) [Chem. Abstr. **48**, 9425].
6 HASSE, K., u. H. SCHLEYER: B. Z. **334**, 360 (1961).
7 KERN, M., and R. NATALE: J. biol. Ch. **231**, 41 (1958).
8 NASON, A., N. O. KAPLAN and S. P. COLOWICK: J. biol. Ch. **188**, 397 (1951).
9 KAPLAN, N. O., S. P. COLOWICK and A. NASON: J. biol. Ch. **191**, 473 (1951).
10 LAZARIDES, P. D., and A. W. BERNHEIMER: J. Bact. **74**, 412 (1957).
11 PETERSEN, K. F., H. KRÖGER u. H. W. ROTTHAUWE: Z. Hyg. **147**, 350 (1961).
12 KUSAKA, T.: Jap. J. med. Sci. Biol. **11**, 501 (1958) [Chem. Abstr. **53**, 13261].
13 ARTMAN, M., and A. BEKIERKUNST: Proc. Soc. exp. Biol. Med. **106**, 610 (1961).

Tabelle 1. *Vorkommen von DPNasen.*

	E*/mg Protein	E*/gFrischgewicht	p_H bei der Bestimmung der Aktivität	p_H-Optimum	Literatur
Mensch					
Erythrocyten					1
Hirn					2
Rind					
Hirn		110	7,2		4
Milz		220—310	7,2	7,3	3, 4, 5
Leber		43	7,2		4
Lunge		115	7,2		4
Herzmuskel		17	7,2		4
Hypophysenvorderlappen		94	7,2		4
Nebenniere		14	7,2		4
Lymphknoten		450—530	7,2	7,3	4
Hämolymphknoten		65	7,2		4
Knochenmark		44	7,2		4
Thymus		50	7,2		4
Samenblase		148—192			6
Schaf					
Erythrocyten					1
Hirn		220**			1, 3
Schwein					
Hirn		20			3
Kaninchen {		238**			7
Hirn {	1,83	117,0	7,5	5—8	8
Leber	0,800	50,4	6,5	6,5	8
Niere	0,124	14,4	5,5	6—6,5	8
Testes					2
Erythrocyten					
DPNase	0,85			5—7	9, 10
TPNase	0,087			6,1	9, 10
Oberschenkelknochen		26—91			11
Hamster					
Leber	0,138	19,5	5,5	5,5	8
Meerschweinchen					
Erythrocyten					2
Hirn		170—238 **			2, 7
Lunge	0,032—0,092				12
Milzmikrosomen	28,9				13
Ratte					
Hirn				7,2	2, 14, 15
Leber {	0,415	25,7	7,5	5,5—6,5	2, 8, 14–16
	0,136	15,8			
Maus					
Hirn		85*			7
Leber	0,630	75,0	7,5	6—6,5	8
Fibroblasten	0,425		5,8		17
Taube					
Erythrocyten					2
Leber	0,061	5,4	6,5	5,5—6,5	8
Hirn				6	8
Muskel				5,5—6	8
Ascites-Zellen-Mitochondrien {	0,136		7,4		18
	0,266		7,2		19
Yoshida-Tumor		149—280			20

* Zur Definition s. S. 1271.
** Umgerechnet Feuchtigkeitsgehalt des Gehirns 83 %.

***Darstellung von DPNase aus Rindermilz nach* WALLENFELS *u. Mitarb.*[1, 2]*.**

1. Trypsinieren. Die Milz wird unmittelbar nach dem Schlachten des Tieres herausgenommen und mit Eis gekühlt. Fettgewebe und Milzkapsel und die größeren Gefäße werden entfernt; die Milzpulpa wird mit einer Schere in erbsengroße Stücke geschnitten. Für die Trypsinierung wird eine Apparatur benützt, wie sie von RAPPAPORT[3] für das tryptische Verdauen von Affennieren beschrieben und von DOSTAL[4] modifiziert wurde.

Die modifizierte Apparatur erlaubt die diskontinuierliche Entfernung des Homogenates, im Gegensatz zum „continuous flow" bei RAPPAPORT. Der Durchmesser des inneren Gefäßes ist 10 cm, der des äußeren 13 cm. Das Homogenat wird durch einen Seitenarm aus dem äußeren Becher abgesaugt.

300 g Pulpe werden bei 37° C mit Trypsinlösung (0,25% „Difco-Trypsin 1:250" in 0,055 m Phosphatpuffer, p_H 7,2, der 0,077 m NaCl enthält) im inneren Gefäß gerührt. In der ersten Std der Inkubation wird die Suspension in Abständen von 20 min, danach in Abständen von 45 min abgesaugt, und 300—350 ml Trypsinlösung werden nachgegeben. Nach 2,5 Std ist die Homogenisierung vollständig. Die weiteren Schritte werden bei + 2° C durchgeführt.

2. Entfernen der nichtaktiven Gewebebestandteile. Aus dem bei der Trypsinierung erhaltenen Homogenat (1800 ml) werden durch Zentrifugieren (250 × g) die Blut- und Gewebebestandteile, die keine DPNase-Aktivität enthalten, entfernt.

Wegen der unterschiedlichen Viscosität bei verschiedenen Ansätzen ist zur Bestimmung der günstigsten *g*-Zahl ein Vorversuch nötig.

Der Bodensatz enthält etwa 35% der Aktivität des Trypsinhomogenates. Der größere Teil davon kann durch Extraktion mit einem gleichen Volumen des Phosphat-NaCl-Puffers extrahiert werden. Nach dem Zentrifugieren (250 × g) werden die Überstände vereinigt; diese Suspension wird 1 Std hochtourig (90000 × g) zentrifugiert und in 0,11 m Phosphatpuffer, p_H 7,2, suspendiert (330 ml).

3. Fraktionierte Extraktion. a) Vorbehandlung mit DNS und Isoamylalkohol. Der Suspension wird unter heftigem Rühren 5 g DNS (ex herring, in Wasser gelöst und mit

* DPNase aus Schweinemilz: DICKERMAN, H. W., A. SAN PIETRO and N. O. KAPLAN: Biochim. biophys. Acta 62, 230 (1962).

[1] WALLENFELS, K., D. STATHAKOS u. H. DIEKMANN: Biochem. biophys. Res. Comm. 3, 632 (1960).
[2] WALLENFELS, K., u. D. STATHAKOS: Unveröffentlicht.
[3] RAPPAPORT, C.: Bull. Wld. Hlth. Org. 14, 147 (1956).
[4] DOSTAL, V.: Laboratoriums-Blätter der Behring-Werke 7, 12 (1957).

Literatur zu Tabelle 1.

1 DICKERMAN, H. W., and F. E. STOLZENBACH: Fed. Proc. **16**, 172 (1957).
2 QUASTEL, J. H., and L. J. ZATMAN: Biochim. biophys. Acta **10**, 256 (1953).
3 ZATMAN, L. J., N. O. KAPLAN and S. P. COLOWICK: J. biol. Ch. **200**, 197 (1953).
4 WALLENFELS, K., u. D. STATHAKOS: Unveröffentlicht.
5 ALIVISATOS, S. G. A., and D. W. WOOLLEY: J. biol. Ch. **219**, 823 (1956).
6 LEONE, E., and L. BONADUCE: Biochim. biophys. Acta **31**, 292 (1959).
7 MCILWAIN, H., and R. RODNIGHT: Biochem. J. **44**, 470 (1949).
8 JACOBSON, K. B., and N. O. KAPLAN: J. biophys. biochem. Cytol. **3**, 31 (1957).
9 HOFMANN, E. C. G.: B. Z. **329**, 428 (1957).
10 HOFMANN, E. C. G., u. S. RAPOPORT: B. Z. **329**, 437 (1957).
11 REEN, R. VAN: Arch. Biochem. **93**, 242 (1961).
12 MIDDLETON jr., E., and A. DEVI: Nature **193**, 1179 (1962).
13 WINDMAN, I., A. BEKIERKUNST and M. ARTMAN: Biochim. biophys. Acta **82**, 405 (1964).
14 SPAULDING, M. E., and W. D. GRAHAM: J. biol. Ch. **170**, 711 (1947).
15 MANN, P. J. G., and J. H. QUASTEL: Biochem. J. **35**, 502 (1941).
16 SUNG, S. C., and J. N. WILLIAMS: J. biol. Ch. **197**, 175 (1952).
17 LIEBERMAN, I.: J. biol. Ch. **225**, 883 (1957).
18 BORST, P., and J. P. COLPA-BOONSTRA: Biochim. biophys. Acta **56**, 216 (1962).
19 GREEN, S., and O. BODANSKY: J. biol. Ch. **237**, 1752 (1962).
20 SCHMIDT, C. G.: Kli. Wo. **1959**, 91.

1 m NaOH neutralisiert, Endvolumen 20 ml) zugesetzt, und man rührt noch 5 Std weiter.

Für das Rühren wurde ein Spiralrührer (Kunststoffspirale 16 cm lang, 3 cm Durchmesser, an Metallstab) benutzt; die Suspension befand sich in einem Kunststoffzylinder, Durchmesser 6 cm).

Danach gibt man 5 ml Isoamylalkohol zu; die Suspension wird noch 5 min gerührt und anschließend bei 90000 ×g 2 Std zentrifugiert. Der Niederschlag wird in 0,11 m Phosphatpuffer, p_H 7,2, suspendiert und auf ein Volumen von 350 ml gebracht (Suspension P).

b) Löslichmachen. Die Suspension P wird mindestens 2 Std heftig gerührt (s. oben). Danach werden innerhalb von 15 min tropfenweise 70 ml vorgekühlten Isoamylalkohols zugesetzt. Die Mischung wird 150 min bei 0° C weiter gerührt und dann 1 Std bei 90000 ×g zentrifugiert. Dabei trennen sich drei Schichten ab: die zwei oberen (Isoamylalkohol und Zelltrümmer) werden vorsichtig abgetrennt und verworfen. Die untere wäßrige Schicht wird 24 Std in einer Schüttelapparatur gegen fließenden 0,013 m Phosphatpuffer, p_H 7,2, dialysiert (1 l/Std). Das Dialysat wird 2 Std bei 90000 ×g zentrifugiert.

Tabelle 2. *Reinigung der DPNase aus Rindermilz.*

Schritt	Gesamtaktivität E*	Spez. Aktivität E/mg Protein**	Ausbeute*** %
1	92000	3,2	—
2	69000	12	75
3	46900	38	68
4	42700	71	91
5	28150	310	66
6	19690	1150	70

* Zur Definition s. S. 1271.
** Nach LOWRY et al.[1].
*** Bezogen auf den vorangegangenen Reinigungsschritt.

4. *Essigsäurefällung.* Die klare überstehende Lösung (350 ml) wird durch Zusatz von 10%iger Essigsäure unter Rühren auf p_H 5,1 eingestellt. Nach 20 min wird die Trübung abzentrifugiert und verworfen. Der Überstand wird durch weitere Zugabe von Essigsäure auf p_H 3,9 gebracht und nach 15 min bei 90000 ×g 30 min zentrifugiert. Der Überstand wird verworfen und der Niederschlag in 200 ml 0,066 m Phosphatpuffer, p_H 7,2, suspendiert. Bei längerem Rühren (mindestens 3 Std) geht das Protein in Lösung. Eine etwa bleibende Trübung wird abzentrifugiert.

5. *Ammoniumsulfatfraktionierung.* Der Lösung wird unter langsamem Rühren festes Ammoniumsulfat bis zu 60—62% Sättigung zugegeben, während der p_H durch Zusatz von Ammoniak auf p_H 7,0 gehalten wird. Man läßt die Lösung 30 min lang stehen und zentrifugiert. Der Überstand wird auf 75% Sättigung gebracht. Nach 30 min wird zentrifugiert; der Bodensatz enthält das Enzym und wird in 20 ml 0,001 m Phosphatpuffer, p_H 6,7, gelöst.

6. *Phosphatgeladsorption.* Während mit einem Phosphatgelpräparat nach TSUBOI et al.[2] eine zweifache Anreicherung mit einer Ausbeute von 50% gelang, ergaben Versuche mit einem 3 Jahre alten Gel, das nach KEILIN und HARTREE[3] dargestellt war, eine 3,5 bis 3,9fache Anreicherung.

Die bei der Ammoniumsulfatfällung erhaltene aktive Fraktion wird über Nacht gegen 0,001 m Phosphatpuffer, p_H 6,7, dialysiert. Das Dialysat wird mit dem gleichen Puffer auf eine Proteinkonzentration von 1 mg/ml verdünnt. In einem Vorversuch bestimmt man, welches Volumen des Gels nach KEILIN und HARTREE für eine 95%ige Adsorption notwendig ist (etwa 0,2 ml/ml Lösung). Das berechnete Volumen Phosphatgelsuspension wird unter Rühren zugesetzt und man läßt die Lösung 30 min stehen. Das Gel wird abzentrifugiert und daraus das Enzym durch aufeinanderfolgende Extraktionen mit 0,002, 0,004, 0,01, 0,033 und 0,066 m Phosphatpuffer, p_H 7,2, eluiert. Die Aktivität ist in der letzten Fraktion enthalten.

[1] Dieses Handbuch, Bd. IV, S. 252 und 384.
[2] TSUBOI, K. K., and P. B. HUDSON: Arch. Biochem. **53**, 341 (1954).
[3] KEILIN, D., and E. F. HARTREE: Proc. R. Soc. London (B) **124**, 397 (1938).

***Darstellung von DPNase aus Kaninchenerythrocyten nach* Hofmann**[1]**.**

1. Stroma-Aceton-Trockenpulver. Kaninchen werden mehrere Male in Abständen von 3 Tagen entblutet. Das Blut wird gewaschen und die gepackten Zellen im Verhältnis 1:4 hämolysiert. Um das Stroma gut abzentrifugieren zu können, wird das Hämolysat mit $^1/_{20}$ des Volumens 1 m KH_2PO_4 angesäuert. Nach dem Zentrifugieren (30 min, 3200 × g, 4° C) und einmaligem Waschen mit Wasser versetzt man die Stromapartikel mit dem zehnfachen Volumen Aceton (— 18° C). Der Niederschlag wird mehrere Male mit kaltem Aceton auf der Nutsche gewaschen und dann im Vakuumexsiccator getrocknet. Aus 100 ml Blut erhält man 2—3 g eines kakaobraunen Pulvers, das 25—40 % nach Kjeldahl bestimmbaren Stickstoff enthält.

2. Löslichmachen. 20 g Acetonpulver werden in 400 ml 0,05 m Veronal-Acetat-Pulver, p_H 7,0, langsam eingerührt. Nach 2 Std werden 80 ml Isoamylalkohol unter ständigem Rühren zugetropft (in etwa 20 min) und noch weitere 15 min gerührt. Danach wird die Suspension 72 Std gegen destilliertes Wasser unter heftiger Bewegung dialysiert. Nach dem Zentrifugieren der Suspension soll eine vollkommen klare, nur wenig nach Amylalkohol riechende Flüssigkeit entstehen.

Tabelle 3. *Reinigung der DPNase aus Kaninchenerythrocyten.*

Schritt	Volumen	Protein	Spezifische Aktivität E*/mg Protein		Gesamtaktivität E*		Ausbeute (%)	
	ml	g	DPN	TPN	DPN	TPN	DPN	TPN
1	450	5,1	0,85	0,087	4350	445	100	100
2	550	2,46	1,3	0,12	3200	310	74	70
3	50	0,380	6,6	0,62	2500	234	58	52
4	10	0,036	18,0	2,8	1020	105	23	24
5	2	0,008	97,0	9,0	770	72	18	16
6	1	0,0013	290,0	—	375	0	9	0

* Zur Definition s. S. 1271.

3. Ammoniumsulfat-Fraktionierung. 530 ml der im Schritt 2 erhaltenen Lösung werden mit 265 ml 0,1 m Na_2HPO_4 versetzt und mit 250 g Ammoniumsulfat auf Sättigung 0,45 gebracht. Nach 30 min Stehen wird 20 min bei 1500 × g zentrifugiert. Die überstehende Lösung wird mit 150 g Ammoniumsulfat auf Sättigung 0,70 gebracht. Der Niederschlag, der die Hauptmenge des Enzyms und etwa die Hälfte des vorhandenen Hämoglobins enthält, wird auf einer Nutsche abgesaugt.

4. Aceton-Fraktionierung. (Dieser und der folgende Schritt werden bei — 10 bis — 15° C durchgeführt.) 48 ml des in Wasser gelösten Niederschlages aus Schritt 3 werden mit 12 ml Aceton von — 20° C versetzt. Ein geringer Niederschlag wird durch Filtrieren entfernt. 52,0 ml des Filtrates (20 % an Aceton) werden mit 17,5 ml Aceton versetzt (Endkonzentration 38 %).

Bei der Aceton- und auch bei der folgenden Alkoholfällung schwankt der Bereich, in dem das Enzym gefällt wird. Die optimalen Konzentrationen des Fällungsmittels sind in einem Vorversuch zu ermitteln.

Man läßt 5 min stehen und zentrifugiert 10 min bei 1000 × g. Der Niederschlag wird in 9 ml Wasser aufgenommen und zentrifugiert.

5. Alkoholfällung. 12 ml der Lösung aus Schritt 4 werden mit 3,1 ml Äthanol versetzt. Es wird zentrifugiert, der Niederschlag verworfen. Zu der überstehenden Flüssigkeit werden 8 ml Äthanol gegeben (Endkonzentration 45 %). Der braune Niederschlag, der die Hauptmenge des Enzyms enthält, wird abzentrifugiert und in 2 ml Wasser suspendiert. Nach scharfem Abzentrifugieren erhält man eine klare, leicht rot gefärbte Lösung des Enzyms.

---

[1] Hofmann, E. C. G.: B. Z. **329**, 428 (1957).

6. Adsorption an Calciumphosphatgel. 2 ml der Lösung aus Schritt 5 werden mit 17,5 ml Wasser verdünnt und 6,0 ml Tricalciumphosphatgel (bereitet nach [1]) zugesetzt. Die Suspension wird 15 min bei 0° C stehengelassen und dann zentrifugiert. Das rotgefärbte Gel wird 2—3mal mit 5,0 ml 1 m Glykokollpuffer, p_H 9,1, gewaschen. Das Waschwasser enthält keine DPNase, wohl aber TPNase. Anschließend wird das farblose Gel mit 1,0 ml gesättigter $NaHCO_3$-Lösung eluiert. Aus dieser Lösung kann das Hydrogencarbonat ohne Wirkungsverlust des Enzyms herausdialysiert werden.

***Darstellung von DPNase aus Schweinehirn nach* Zatman *u. Mitarb.*[2].**

150 g Schweinehirn werden in einem Mixer mit 500 ml Eiswasser homogenisiert. Das Homogenat wird danach durch ein Leinentuch gepreßt und 20 min bei 20000 × g zentrifugiert und der Niederschlag in 300 ml Eiswasser suspendiert. Die Suspension wird 40 min bei 20000 × g zentrifugiert, der Niederschlag diesmal in 150 ml Eiswasser suspendiert. Diese Suspension behandelt man 15 min in einem Ultraschallgerät (statt dessen kann auch mehrfach eingefroren und aufgetaut und mit Quarzsand — unter Kühlung — verrieben werden). Die Suspension wird schließlich 20 min bei 20000 × g zentrifugiert und der relativ geringe Niederschlag verworfen. Die überstehende Lösung ist kolloidal und enthält fast die gesamte DPNase-Aktivität (etwa 20 E/ml). Sie kann bei — 15° C wenigstens 1 Monat ohne Aktivitätsverlust aufbewahrt werden. Windmueller und Kaplan[3] gelang es, das Enzym in Lösung zu bringen und fast 2000fach zu reinigen.

***Darstellung von DPNase aus Neurospora crassa nach* Kaplan[4, 5]*.**

1. Kultivierung. Der Pilz *Neurospora crassa* wird auf Friesmedium (Ammoniumtartrat 1 g, Ammoniumnitrat 1 g, KH_2PO_4 1 g, $MgSO_4 \cdot 7\,H_2O$ 0,5 g, NaCl 0,1 g, $CaCl_2$ 0,1 g, Biotin 5 g, Rohrzucker 20 g, Natriumtetraborat $8{,}8 \cdot 10^{-5}$ g, $(NH_4)_6Mo_4O_{24}$ $6{,}4 \times 10^{-5}$ g, $FeCl_3 \cdot 6\,H_2O$ $9{,}6 \times 10^{-4}$ g, $CuCl_2$ $2{,}7 \times 10^{-4}$ g, $MnCl_2 \cdot 4\,H_2O$ $7{,}2 \times 10^{-5}$ g, alles p.a. Substanzen in 1 l dreifach destilliertem Wasser gelöst) kultiviert, jeweils 125 ml des Mediums in einem 500 ml-Erlenmeyer-Kolben. Es wird in der Dunkelheit 5 Tage bei 28° C inkubiert.

2. Rohextrakt. Das Medium wird auf einer Nutsche abgesaugt, das Mycel mit dreifach destilliertem Wasser gewaschen und 1—3 Std bei — 18° C eingefroren. Es wird danach in dem Dreifachen seines Gewichtes von 0,1 m Phosphatpuffer, p_H 7,5, suspendiert und in einem Ten Brock-Glashomogenisator homogenisiert. Dann wird 10 min bei 13000 × g zentrifugiert. Der Überstand enthält fast die gesamte Enzym-Aktivität.

Tabelle 4. *Reinigung der DPNase aus Neurospora crassa (250 ml Rohextrakt).*

Schritt	Gesamt-einheiten*	Protein mg	E*/mg Protein	Ausbeute (%)
2	1600000	604	2650	100
3	1260000	253	4980	79
4	609000	236	25800	39
5	480000	56	85600	30

* Eine Einheit spaltet 0,01 μM DPN^+ bei 37° C und p_H 7,2 in $7^1/_2$ min.

3. Ansäuern. Der Rohextrakt wird mit 1 n HCl bei 0—4° C auf p_H 5 eingestellt. Der entstehende Niederschlag wird verworfen; das Filtrat enthält 80% der Aktivität des vorhergehenden Schrittes.

4. Acetonfällung. Zu dem Filtrat aus Schritt 3 wird Aceton von 0—4° C unter heftigem Rühren bis zu einer Konzentration von 35% zugegeben. Der Niederschlag wird verworfen. Der größte Teil der Aktivität fällt bei Erhöhung der Acetonkonzentration auf 60% aus. Der Niederschlag wird in 0,1 m K_2HPO_4 gelöst.

* DPNase aus *Aspergillus niger:* Sarma, D. S. R., S. Rajalaksmi and P. S. Sarma: Biochim. biophys. Acta **81**, 311 (1964).

[1] Tsuboi, K. K., and P. B. Hudson: Arch. Biochem. **53**, 341 (1954).

[2] Zatman, L. J., N. O. Kaplan, S. P. Colowick and M. M. Ciotti: J. biol. Ch. **209**, 467 (1954).

[3] Windmueller, H. G., and N. O. Kaplan: Biochim. biophys. Acta **56**, 388 (1962).

[4] Nason, A., N. O. Kaplan and H. A. Oldewurtel: J. biol. Ch. **201**, 435 (1953).

[5] Kaplan, N. O.; in: Colowick-Kaplan, Meth. Enzymol., Bd. II, S. 664.

5. Acetonfällung bei p_H *2,7.* Die Lösung aus dem Schritt 4 wird mit 1 n HCl auf p_H 2,7 eingestellt. Es wird Aceton zugegeben, bis die Konzentration 60% erreicht. Der Niederschlag wird mit 5 ml 0,1 m Phosphatpuffer, p_H 7,4, zerrieben und denaturiertes Protein abzentrifugiert.

Darstellung von DPNase aus Mycobacterium butyricum nach KERN *und* NATALE[1].

1. Kultivierung. M. butyricum wird auf einem Nährboden nach TABENKIN u. Mitarb.[2] oder auf einem Medium mit folgender Zusammensetzung kultiviert: 10 g Glucose, 5 g Hefeextrakt, 5 g Pepton; ad 1000 ml, eingestellt auf p_H 6,8. Mit 1 l Medium in 2,8 l FERNBACH-Kolben und 10% Inoculum wird 72 Std bei 38° C inkubiert, auf einer Durchlaufzentrifuge geerntet und zweimal mit 0,9%iger NaCl-Lösung gewaschen.

Tabelle 5. *Reinigung der DPNase aus M. butyricum.*

Schritt	Volumen ml	Gesamt-protein mg	Gesamt-einheiten *	E/mg Protein
2	150	2700	175000	64,9
3	280	476	91800	193
4	55	215	70300	327
5	6	57	51800	910
6	13	7,1	21100	2970

* Eine Enzymeinheit ist die Menge, die 0,01 μMol DPN bei p_H 7,5 und 37° C in 7,5 min spaltet.

2. Rohextrakt. Zu je 2 g Bakterien (Feuchtgewicht) werden 10 ml destilliertes Wasser gegeben und die Suspension in einem Ultraschallgerät bei p_H 9,0 ½ Std homogenisiert. Das Enzympräparat kann auf jeder Stufe in gefrorenem Zustand aufbewahrt werden.

3. Erhitzen. Zu je 150 ml des Rohextraktes werden bei Zimmertemperatur 150 ml Wasser und 15 ml einer 4 m NaCl-Lösung gegeben. Davon werden je 50 ml in einem ERLENMEYER-Kolben von 250 ml Inhalt in ein Wasserbad mit kochendem Wasser 2 min gehalten und danach sofort in einem Eisbad gekühlt. Es wird 10 min bei 15000 × g zentrifugiert, der Niederschlag verworfen.

4. Einengen und Dialyse. Zu je 100 ml des Überstandes aus Schritt 3 werden 56,1 g festes Ammoniumsulfat gegeben. Es wird 15 min bei 20000 × g zentrifugiert und der Niederschlag in der geringstmöglichen Menge destilliertem Wasser gelöst. Danach wird 18 Std gegen destilliertes Wasser dialysiert.

5. Ammoniumsulfatfraktionierung. Zu je 10 ml der Lösung aus Schritt 4 werden 2,09 g festes Ammoniumsulfat gegeben. Es wird 10 min bei 20000 × g zentrifugiert, der Niederschlag verworfen und zu je 10 ml des Überstandes 1,64 g festes Ammoniumsulfat gegeben. Nach dem Zentrifugieren (10 min bei 20000 × g) wird der Überstand verworfen und der Niederschlag in destilliertem Wasser gelöst.

Tabelle 6. *Reinigung des Protein-Inhibitors für DPNase aus M. butyricum.*

Schritt	Volumen	Gesamt-einheiten *	Gesamt-protein	E/mg Protein
2	55	536250	744	722
3	49	444000	533	860
4	22	222000	27	8240
5	6	142780	7	20200

* Eine Einheit Inhibitor ist die Menge, die eine Einheit der DPNase neutralisiert.

6. Adsorption an Calciumphosphatgel. Zu je 5 mg Protein in der Lösung aus Schritt 5 werden 31 mg (Trockengewicht) Calciumphosphatgel gegeben. Es wird 10 min bei 10000 × g zentrifugiert, der Niederschlag verworfen.

Darstellung von Protein-Inhibitor für DPNase aus Mycobacterium butyricum nach KERN *und* NATALE[1].

1. und 2. Kultivierung und Rohextrakt. Wie bei DPNase aus *M. butyricum*.

3. Ansäuern. Der Rohextrakt wird mit 1 n HCl auf p_H 5,6 eingestellt und der Niederschlag nach 10 min Zentrifugieren bei 15000 × g verworfen.

[1] KERN, M., and R. NATALE: J. biol. Ch. **231**, 41 (1958).
[2] TABENKIN, B., B. DOLAN and M. G. JOHNSON: Proc. Soc. exp. Biol. Med. **80**, 613 (1952).

4. Adsorption an Calciumphosphatgel. Zu je 10 mg Protein des Überstandes aus Schritt 3 werden 52 mg (Trockengewicht) Calciumphosphatgel zugegeben. Nach dem Zentrifugieren enthält die überstehende Lösung noch etwa 50% des Inhibitors im Überstand aus Schritt 3; wenn ein Teil davon 1 min in 0,2 m NaCl gekocht wird, soll keine DPNase-Aktivität vorhanden sein. Die benötigte Menge Calciumphosphatgel ist bei den verschiedenen Gelpräparaten unterschiedlich.

5. Ammoniumsulfatfällung. Zu je 100 ml des Überstandes aus Schritt 4 werden 56,1 g festes Ammoniumsulfat gegeben. Es wird 10 min bei 20000 × g zentrifugiert, der Niederschlag in destilliertem Wasser aufgenommen und unlösliche Anteile abzentrifugiert.

***Darstellung von DPNase aus Samenblasensekret von Bullen nach* Leone *und* Bonaduce[1].**

1. Essigsäureextrakt. Etwa 300 ml Samenblasensekret junger Bullen werden mit 0,1 m Essigsäure auf p_H 4,5 gebracht. Es wird in einer Kühlzentrifuge bei 5500 U/min 10 min zentrifugiert; dabei werden 290 ml einer tiefrotgefärbten, klaren Flüssigkeit erhalten.

2. Ammoniumsulfatfällung. Nach Neutralisation mit 1 m NH_4OH wird festes Ammoniumsulfat bis zur Sättigung 0,55 zugesetzt. Der Niederschlag wird abzentrifugiert und in etwa 75 ml Wasser gelöst.

Tabelle 7. *Reinigung der DPNase aus Samenblasensekret.*

Schritt	Volumen ml	DPNase-Einheiten*			TPNase-Einheiten*			TPNase / DPNase
		E/ml	E/mg Protein	Gesamteinheiten	E/ml	E/mg Protein	Gesamteinheiten	
Sekret	299	263	1,3	78900	335	1,8	100165	1,27
1	290	233	5,8	65570	237	6,1	68730	1,02
2	86,5	750	12	64875	790	11	68335	1,05
3	37	126	20	46700	123	21	45800	0,98
Überstand 4	20	310	138	6200	217	97	4340	0,70
Eluat 4	25	612	25	15400	510	27	12750	0,83

* Definition s. S. 1271.

3. Acetonfraktionierung. Die aus Schritt 2 erhaltene Lösung wird bei −15° C mit Aceton fraktioniert, wobei die Hauptmenge der Aktivität in den Fraktionen bei 40 und 50% enthalten ist. Diese zwei Fraktionen werden vereinigt.

4. Adsorption an Calciumphosphatgel. Die aus Schritt 3 erhaltene Lösung wird auf 640 ml mit Wasser verdünnt und mit 150 ml Calciumphosphatgel versetzt. Nach Zentrifugieren werden dem Überstand 200 ml Gel zugefügt und wieder wird zentrifugiert. Der so erhaltene Überstand enthält nur einen Teil der Aktivität, jedoch mit einer hohen spezifischen Aktivität. Die am Gel adsorbierte Aktivität kann durch 0,3 m Ammoniumsulfatlösung, p_H 7,0, eluiert werden.

Von Abdel-Latif und Alivisatos wurde das Enzym bis zu einer spezifischen Aktivität von 1430 E/mg gereinigt[2].

***Darstellung von Nicotinamidribosid-Phosphorylase (NRase) aus menschlichen Erythrocyten nach* Grossman *und* Kaplan[3].**

1. Hämolyse. Frisches venöses oder mit ausreichenden Salzkonzentrationen konserviertes Blut wird zentrifugiert und das Plasma verworfen. Die sedimentierten Erythrocyten werden viermal mit kalter isotonischer Kochsalzlösung gewaschen und nach jedem

[1] Leone, E., and L. Bonaduce: Biochim. biophys. Acta **31**, 292 (1959).
[2] Abdel-Latif, A. A., and S. G. A. Alivisatos: J. biol. Ch. **237**, 500 (1962).
[3] Grossman, L., and N. O. Kaplan: J. biol. Ch. **231**, 717 (1958).

Waschen zentrifugiert. Das Waschen wird beendet, wenn Proben des Überstandes bei der Behandlung mit dem gleichen Volumen 10%iger Trichloressigsäure keinen sichtbaren Niederschlag mehr geben.

Lysis der gewaschenen Erythrocyten wird dadurch erreicht, daß die sedimentierten Zellen in einem Kohlensäure-Aceton-Bad gefroren werden. Die gefrorenen Zellen werden aufgetaut, man gibt ein gleiches Volumen destilliertes Wasser zu und zentrifugiert die Mischung $^1/_2$ Std in einer präparativen Ultrazentrifuge bei 100000 $\times$ g. Das Hämolysat wird dann von Stroma und nichthämolysierten Zellen abgetrennt.

2. Ammoniumsulfatfällung. Die NRase wird aus dem Hämolysat durch Zugabe einer gesättigten Ammoniumsulfatlösung bei p_H 8 bis zur Sättigung 0,5 gefällt. Der Niederschlag wird in wenig kaltem destilliertem Wasser gelöst und noch einmal mit Ammoniumsulfat (diesmal bei Sättigung 0,6) gefällt. Das Enzym wird in destilliertem Wasser gelöst und in der Kälte gegen destilliertes Wasser über Nacht dialysiert.

3. Adsorption an Calciumphosphatgel. 100 ml der Lösung aus Schritt 2 werden mit 1 m Essigsäure auf p_H 5 gebracht und mit Wasser auf 300 ml aufgefüllt. Dazu gibt man 60 ml einer Calciumphosphatgel-Suspension (17,9 mg/ml) und rührt 15 min. Das Gel wird danach zentrifugiert und dreimal mit 60 ml Wasser gewaschen. Das Enzym wird vom Gel durch Suspension in 25 ml 0,5 m Phosphatpuffer, p_H 7,8, eluiert. Nach dem Zentrifugieren wird der Niederschlag noch einmal mit dem gleichen Volumen des Puffers gewaschen. Nach dem Zentrifugieren werden beide Überstände vereinigt. Diese Lösung wird über Nacht gegen kaltes destilliertes Wasser dialysiert.

Tabelle 8. *Reinigung der NRase aus menschlichen Erythrocyten.*

Schritt	Gesamt-einheiten*	Gesamt-protein mg	E*/mg Protein	Ausbeute %
1	16500	36900	0,45	100
2	13300	2430	5,50	81
3	8700	240	36,20	53

* Eine Einheit spaltet 0,1 μM NR bei 37° C und p_H 7,5 in 1 Std.

Eigenschaften. Die Eigenschaften der in diesem Kapitel beschriebenen Enzyme sind aus Tabelle 9 (S. 1272) zu ersehen. DPNasen tierischen Ursprungs sind meist schwer in Lösung zu bringen (s. aber [1]), sie transglykosidieren (Formulierung s. unter Bestimmungsmethoden) und sind durch niedere Konzentrationen von Nicotinamid hemmbar. DPNasen aus Mikroorganismen sind löslich und nur durch hohe Konzentration von Nicotinamid hemmbar. Sie zeigen im allgemeinen keine Transferwirkung.

Bestimmungsmethoden. Die Bestimmungsmethoden sind bei allen DPNasen (TPNasen) sehr ähnlich. Es gibt prinzipiell mehrere Möglichkeiten, von denen jeweils die für den gewünschten Zweck am besten geeignete auszuwählen ist.

Hydrolyse

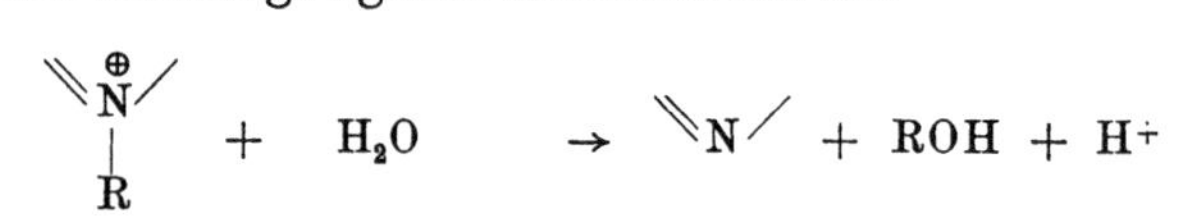

Transfer

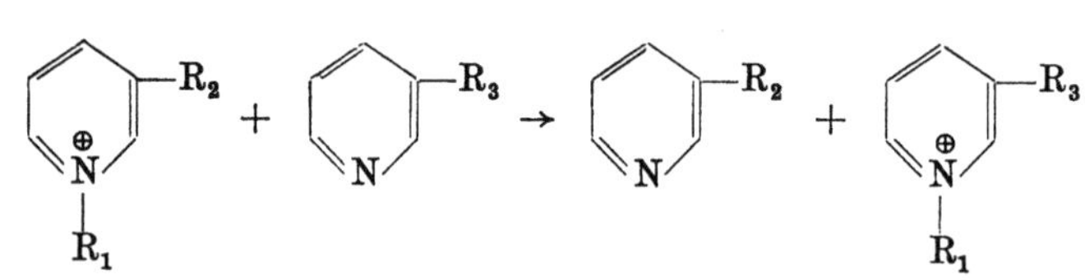

Es sind folgende Fälle möglich:

a) Hydrolyse: Bestimmung des freigesetzten Protons im WARBURG-Gerät oder p_H-Stat.

b) Hydrolyse: Bestimmung der Abnahme von DPN (TPN) mit einem geeigneten Enzymsystem (ADH, Bildung von DPNH, Extinktionsmessung bei 340 bzw. 366 mμ).

[1] LEONE, E., and L. BONADUCE: Biochim. biophys. Acta 31, 292 (1959).

c) Hydrolyse: Bestimmung der Abnahme von DPN (TPN) durch Cyanidaddition (Bildung von DPN-CN, Extinktionsmessung bei 327 mμ).

d) Wie unter b) und c), jedoch Benutzung der Fluorescenz des Additionsproduktes von Alkali und DPN.

e) Transfer: Ist das UV-Spektrum des entstehenden Dinucleotids bekannt, durch Berechnung der Anteile nach Extinktionsmessung bei zwei verschiedenen Wellenlängen.

f) Transfer: Verwendung eines radioaktiv indizierten N-Heterocyclus als Acceptor, Isolierung des Dinucleotids, Bestimmung der Radioaktivität.

Für eine kontinuierliche Bestimmung ist die Methode a) geeignet. Eine entsprechende Vorschrift wurde bisher noch nicht ausgearbeitet.

Eine kinetische Bestimmung ist jedoch möglich, wenn man Alkohol und DPN^+ mit so viel Hefe-ADH inkubiert, daß sich das Gleichgewicht in wenigen sec einstellt. Wird nun DPN^+ gespalten, dann wird zur Erhaltung des Gleichgewichtes DPN^+ aus DPNH nachgeliefert. Die Geschwindigkeit der DPNH-Abnahme wird so ein Maß für die DPN^+-Spaltung[1].

Bei der diskontinuierlichen Bestimmung werden 0,3 ml 0,1 m Phosphatpuffer mit geeignetem p_H-Wert (s. Tabelle 1 auf S. 1263), 0,5 μM DPN in insgesamt 0,6 ml Lösung mit dem Enzym (0,1 ml; etwa 1 Einheit*) bei 37° C 8 min inkubiert, danach wird eine der Methoden b)—f) angewendet.

Zu b). Am Ende der Inkubationszeit gibt man nach ZATMAN u. Mitarb.[2] 3 ml einer Lösung von 0,5 m Äthanol und 0,02 m Nicotinamid in 0,1 m Glycin-NaOH-Puffer, p_H 9,5, zu. Die Extinktion wird bei einer geeigneten Wellenlänge (Tabelle 10, S. 1274) abgelesen, 0,001 ml krist. ADH zugesetzt und wiederum abgelesen, wenn die Reaktion beendet ist (nach etwa 5 min). Die Differenz ist E_2.

Zur Berechnung der Enzymaktivität ist es nötig, einen Blindwert mitlaufen zu lassen, bei dem während der Inkubation kein Enzym zugesetzt wird. Die Differenz ist E_1.

Die Enzymaktivität wird dann wie folgt berechnet:

$$\frac{(E_1-E_2)\times\frac{10^3}{\varepsilon}\times\frac{\text{Gesamtvolumen}}{\text{beim DPN-Test}}\times 60\,[\text{min}]\times\frac{\text{Verdünnung der eingesetzten}}{\text{Enzymlösung}}}{8\,[\text{min}]\times 0{,}1\ [\text{ml der verdünnten Enzymlösung}]}$$

$$=\frac{(E_1-E_2)\times 0{,}161^{**}\times 3{,}6\times 60\times\text{Verdünnung}}{0{,}1\times 8}$$

$$=43{,}5^{***}\times\text{Verdünnung}\times(E_1-E_2)\ [\text{Einheiten/ml Enzymlösung}].$$

Zu c). Am Ende der Inkubation werden 3 ml 1 m KCN-Lösung zugesetzt, und man liest bei 327 mμ die Extinktion ab. (Ist das Nucleotid nicht DPN, sind unter Umständen eine andere Cyanidkonzentration und Wellenlänge zu wählen, s. Tabelle 10, S. 1274.) Die Berechnung erfolgt wie bei b), jedoch unter Verwendung des entsprechenden Extinktionskoeffizienten.

Zu d). Zur fluorometrischen DPN-Bestimmung[3,4] versetzt man die Inkubationslösung mit konz. NaOH, so daß die Endkonzentration 6 n ist. Man läßt 1 Std bei Zimmertemperatur oder $^1/_2$ Std bei 38° C stehen und verdünnt wenigstens fünffach. Die Nucleotidkonzentration soll dann im Bereich 2×10^{-5} bis 10^{-8} m sein. Die Fluorescenzanregung erfolgt zweckmäßig mit der Quecksilberlinie 366 mμ, die Messung der Fluorescenz bei 460 mμ (dafür ist ein Filterkomplex Corning Nr. 4308, 5562 und 3387 geeignet). Als Standard verwendet man Lösungen von Chinin (0,005—5 μg pro ml) in 0,1 n H_2SO_4.

---

* 1 Enzymeinheit spaltet 1 μM DPN in 1 Std bei 37° C und optimalem p_H-Wert.

** Für Ablesung bei 340 mμ; für Ablesung bei 366 mμ ist 0,303 einzusetzen.

*** Für Ablesung bei 340 mμ; für Ablesung bei 366 mμ ist 81,9 einzusetzen.

[1] SCRIBA, P., S. SCHNEIDER u. H. HOLZER: Z. Krebsforsch. **63**, 547 (1960).

[2] ZATMAN, L. J., N. O. KAPLAN and S. P. COLOWICK: J. biol. Ch. **200**, 197 (1953).

[3] KAPLAN, N. O., S. P. COLOWICK and C. C. BARNES: J. biol. Ch. **191**, 461 (1951).

[4] LOWRY, O. H., N. R. ROBERTS and J. I. KAPPHAHN: J. biol. Ch. **224**, 1047 (1957).

Tabelle 9. *Eigenschaften von*

Enzym	pH-Optimum	MICHAELIS-Konstante m	50 % Hemmung durch Nicotinamid m	50 % Hemmung durch INH m	Weitere Hemmstoffe
DPNase aus Rindermilz	7,2[1]	$3,9 \times 10^{-4}$ (DPN^+); $2,1 \times 10^{-4}$ (TPN^+) [18]	$1,5 \times 10^{-3}$ [2]	1×10^{-4} [3]	50% Hemmung durch INH-DPN bei 5×10^{-5} m [4]
DPNase aus Kaninchenerythrocyten	5—7[9]	5×10^{-4} [9]	$1,9 \times 10^{-2}$ [9]	2×10^{-1} [9]	Nicotinsäure, Fe^{++}, Al^{+++}, TPN[9]
TPNase aus Kaninchenerythrocyten	6,1[9]	$1,2 \times 10^{-3}$ [9]	etwa 5×10^{-3} [9]	60 % bei $3,5 \times 10^{-2}$ [9]	DPN[9]
DPNase aus Schweinehirn	5—7[17]		2×10^{-3} [3]	2×10^{-3} [3]	
DPNase aus Neurospora crassa	3—9[13]	5×10^{-4} [13]	10^{-1} [14]		
DPNase aus Mycobacterium butyricum	5—8[15]		keine Hemmung bei 10^{-2} [15]		
NRase aus Erythrocyten	7,5[16]		3×10^{-4} 41 %; 10^{-1} 51 % [16]		PCMB 2×10^{-4} m 50 %; APR 10^{-6}m 100 % [16]

* Abkürzungen, die nicht auf S. 1262 angegeben sind:

APDPN	3-Acetylpyridin-adenin-dinucleotid
APR	3-Acetylpyridin-ribosid
Desamido-DPN	Nicotinsäure-adenin-dinucleotid
Desamino-DPN	Nicotinamid-hypoxanthin-dinucleotid
α-DPN^+	DPN-Analogon, bei dem das Nicotinamid mit der Ribose α-glykosidisch verknüpft ist, oxydierte Form
Histamin-DPN	Histamin-adenin-dinucleotid
Histamin-TPN	Histamin-adenin-dinucleotid-phosphat
INADPN	Isonicotinamid-adenin-dinucleotid
INHDPN	Isonicotinsäurehydrazid-adenin-dinucleotid
INHR	Isonicotinsäurehydrazid-ribosid
Marsilid-DPN	N^3-Isopropyl-isonicotinsäurehydrazid-adenin-dinucleotid
Methylthiazolyl-DPN	3-Methylthiazolyl-adenin-dinucleotid
NS-ester-DPN	Nicotinsäureäthylester-adenin-dinucleotid
PADPN	Pyridin-3-aldehyd-adenin-dinucleotid
PAR	Pyridin-3-aldehyd-ribosid

Zu e). Will man den Transfer des ARPPR auf einen Acceptor wie 3-Acetyl-pyridin quantitativ verfolgen, ist es nötig, neben dem UV-Spektrum des DPN auch das des entstehenden Analogons zu kennen. Es genügt in diesem Fall nicht, die Abnahme des DPN nach b) zu bestimmen, da ein beträchtlicher Teil des DPN hydrolysiert wird und möglicherweise auch das entstandene Analogon enzymatisch aktiv ist. Zweckmäßiger-

pyridinnucleotidspaltenden Enzymen.*

Aktiviert durch	Spezifität			Transfer-synthetisierte DPN-Analoga
	gespalten werden	relative Geschwindigkeit	nicht gespalten werden	
	DPN^+	100	DPNH, NMN, NR,	4-Amino-5-carboxamido-
	TPN^+	50	INHDPN, INADPN,	imidazol-adenin-dinucleo-
	Desamino-DPN	23	Marsilid-DPN[1]	tid[5], Desamido-DPN[6],
	APDPN[1]			INHDPN, APDPN, Marsi-
				lid-DPN[7], Histamin-DPN[8],
				Histamin-TPN[18]
	DPN^+ [9]		DPNH, TPNH, NMN[9],	
	TPN^+ [9]		DPN^+ [9]	
Pyridin[7]	DPN^+	100	DPNH, NMN, NR[1]	INHDPN, Marsilid-DPN,
	TPN^+	53		INADPN[4], APDPN,
	APDPN	58		N-Sester-DPN[10], Methyl-
	PADPN	55		thiazolyl-DPN[11], weitere s.[12]
	INHDPN	9		
	weitere s. [12] und [13]			
Ergo-thio-nein[14]	DPN^+	100	DPNH, TPNH, APDPN,	
	TPN^+	100	INHDPN, NMN, NR,	
	Desamido-DPN	gering	α-DPN^+ [13]	
	Dinicotinamid-dinucleotid[13]	30		
	DPN^+	100		
	TPN^+ [15]	75		
Phos-phat, Arse-nat[16]	NR	100	APR, INHR, PAR, DPN^+,	APR[16]
	Guanosin[16]	10	TPN^+, NMN, N-β-Gluco-,	
			-Xylo- und -Ribopyrano-	
			side des Nicotinamid, Uri-	
			din, Cytidin, Adenin[16]	

[1] KAPLAN, N. O; in: Colowick-Kaplan, Meth. Enzymol. Bd. II, S. 662.
[2] ZATMAN, L. J., N. O. KAPLAN and S. P. COLOWICK: J. biol. Ch. **200**, 197 (1953).
[3] ZATMAN, L. J., N. O. KAPLAN, S. P. COLOWICK and M. M. CIOTTI: J. biol. Ch. **209**, 453 (1954).
[4] ZATMAN, L. J., N. O. KAPLAN, S. P. COLOWICK and M. M. CIOTTI: J. biol. Ch. **209**, 467 (1954).
[5] ALIVISATOS, S. G. A., and D. W. WOOLLEY: Am. Soc. **77**, 1065 (1955).
[6] SERLUPI-CRESCENZI, G., e A. BALLIO: Gaz. chim. ital. **88**, 320 (1958).
[7] KAPLAN, N. O., M. M. CIOTTI, J. VAN EYS and R. M. BURTON: J. biol. Ch. **234**, 134 (1959).
[8] ALIVISATOS, S. G. A., F. UNGAR, L. LUKACS and L. LA MANTIA: J. biol. Ch. **235**, 1742 (1960).
[9] HOFMANN, E. C. G., u. S. RAPOPORT: B. Z. **329**, 437 (1957).
[10] KAPLAN, N. O., and M. M. CIOTTI: J. biol. Ch. **221**, 823 (1956).
[11] WALLENFELS, K., M. GELLRICH u. F. KUBOWITZ: A. **621**, 137 (1959).
[12] ANDERSON, B. M., C. J. CIOTTI and N. O. KAPLAN: J. biol. Ch. **234**, 1219 (1959).
[13] KAPLAN, N. O.; in: Colowick-Kaplan, Meth. Enzymol. Bd. II, S. 665.
[14] GROSSMAN, L. and N. O. KAPLAN: J. biol. Ch. **231**, 727 (1958).
[15] KERN, M., and R. NATALE: J. biol. Ch. **231**, 41 (1958).
[16] GROSSMAN, L., and N. O. KAPLAN: J. biol. Ch. **231**, 717 (1958).
[17] WINDMUELLER, H. G., and N. O. KAPLAN: Biochim. biophys. Acta **56**, 388 (1962).
[18] ABDEL-LATIF, A. A., and S. G. A. ALIVISATOS: J. biol. Ch. **236**, 2710 (1961).

weise benutzt man die Cyanidaddition (c) und liest die Extinktion im Maximum des DPN und des Analogon ab.

Normalerweise reagieren alle N-substituierten Pyridine mit Cyanid, so daß mit dieser Reaktion auch die enzymatisch nicht aktiven Analoga nachgewiesen werden können. In der Tabelle 10 sind einige spektroskopische Daten über DPN-Analoga zusammengestellt.

Die Spaltprodukte ARPPR und Nicotinamid haben oberhalb 320 mμ keine nennenswerte Absorption.

Zu f)[1]. Am Ende der Inkubationszeit wird das Gemisch 10 min bei 70° C erhitzt, wobei die DPNase-Aktivität zerstört wird, ohne daß die DPN-Konzentration merklich geändert wird. Nach Abkühlen und Zentrifugieren wird der klare gelbe Überstand auf einen Dowex-Anionenaustauscher (Formiatform, 200—400 mesh) überführt. Die Säule wird über Nacht mit destilliertem Wasser unter Druck gewaschen, das Eluat durch Messung der Extinktion bei 260 mμ auf Nicotinamid und nach der ADH-Methode auf DPN getestet. Wenn die UV-Absorption bei 260 mμ auf sehr geringe Werte gefallen ist, wird das DPN mit 0,1 m Ameisensäure eluiert. Geeignete Aliquote von einzelnen Fraktionen werden auf Meßschälchen gegeben und unter einer Infrarotlampe getrocknet. Mit dem Geigerzähler wird die Radioaktivität gemessen.

Tabelle 10. *Spektroskopische Daten einiger DPN-Analoga (β-Isomere)**.

	λ_{max}	$\varepsilon_{max} \times 10^{-3}$	$\varepsilon_{340} \times 10^{-3}$	$\varepsilon_{350} \times 10^{-3}$	$\varepsilon_{360} \times 10^{-3}$
DPN-H	338	6,22	6,2	5,5	4,1
DPN-CN	327	5,9	4,9	3,1	1,4
APDPN-H	363	9,1	6,3	8,1	9,0
APDPN-CN . . .	343	8,7	8,5	8,3	6,3
PADPN-H	358	9,3	7,5	9,0	9,2
PADPN-CN . . .	327	4,6	3,9	3,0	1,9
Desamino-DPN-H	338	6,2	6,2	5 35	3,9
Desamino-DPN-CN	325	6,1	5,0	3,2	1,55

* Berechnet nach [2]; Erklärung der Abkürzungen s. Tabelle 9, S. 1272.

II. Purin- und Pyrimidinnucleoside spaltende Enzyme.

Einteilung und Vorkommen. Von den Enzymen, die in diese Gruppe eingeordnet werden, sind die Purin- und Pyrimidinphosphorylasen am besten untersucht[3–6]. Sie katalysieren die Reaktion

Purin-(Pyrimidin-)ribosid(desoxyribosid) + Phosphat ⇌
Purin (Pyrimidin) + Ribose-(Desoxyribose-)1-phosphat

Eine Übersicht über Vorkommen und Eigenschaften dieser Nucleosidphosphorylasen, die hier nicht behandelt werden, gaben FRIEDKIN und KALCKAR[6].

Eine strenge Trennung dieser Phosphorylasen von den Hydrolasen (Transferasen), die im folgenden besprochen werden, ist in vielen Fällen nicht möglich. Besonders aufschlußreich sind in diesem Zusammenhang die Untersuchungen von ZIMMERMAN[7], der die Thymidinphosphorylasen aus Leber (Ratte), Milz (Mensch) und *Escherichia coli B* weitgehend reinigte und dabei — ebenso bei Inaktivierung und Hemmung — keine Änderung des Verhältnis Phosphorolyse:Transfer beobachten konnte. ZIMMERMAN schließt daraus, daß die Thymidinphosphorylase [2.4.2.4] möglicherweise mit der Trans-N-desoxyribosylase [2.4.2.6] identisch ist und daß „die vollständige Abwesenheit der einen Aktivität in einigen Geweben von einer Änderung der Primärstruktur abhängen könnte".

Enzyme, die Riboside von Purinen oder Pyrimidinen (auch Pyridinnucleoside) hydrolytisch oder unter Transfer spalten, wurden in Bäckerhefe[8,9], *Escherichia coli*[10], *Lacto-*

[1] ZATMAN, L. J., N. O. KAPLAN and S. P. COLOWICK: J. biol. Ch. **200**, 197 (1953).
[2] SIEGEL, J. M., G. A. MONTGOMERY and R. M. BOCK: Arch. Biochem. **82**, 288 (1959).
[3] KALCKAR, H. M.: Fortsch. Chem. org. Naturstoffe **9**, 363 (1952).
[4] KORNBERG, A.: Adv. Enzymol. **18**, 221 (1957).
[5] SCHMIDT, G.; in: Chargaff-Davidson, Nucleic Acids, Bd. I, S. 602.
[6] FRIEDKIN, M., and H. KALCKAR; in: Boyer-Lardy-Myrbäck, Enzymes Bd. 5, S. 237.
[7] ZIMMERMAN, M.: J. biol. Ch. **239**, 2622 (1964).
[8] HEPPEL, L. A., and R. J. HILMOE: J. biol. Ch. **198**, 683 (1952).
[9] CARTER, C. E.: Am. Soc. **73**, 1508 (1951).
[10] KOCH, A. L.: J. biol. Ch. **223**, 535 (1956).

bacillus pentosus[1], *Lactobacillus delbrückii*[2–5], einer *Pseudomonas*-Spezies[6], *Xanthomonas pruni*[7], Sporen von *Bacillus cereus*[8, 9] und Fischmuskel[10] beobachtet und teilweise gereinigt.

Desoxyriboside von Purinen und Pyrimidinen werden durch Enzyme aus *Lactobacillus helveticus*[11–13], *Lactobacillus delbrückii*[11, 14, 15], *Lactobacillus leichmannii*[15, 16], *Lactobacillus lactis*[15], *Thermobacterium acidophilum*[11, 17] und *Escherichia coli*[18, 19] hydrolytisch oder unter Transfer gespalten.

Keines dieser Enzyme liegt in kristalliner Form vor. Im Abschnitt „Darstellung von Enzympräparaten“ wird die Reinigung der Purin- und Pyrimidinnucleosidasen aus Hefe, der Trans-N-ribosylase aus *E. coli* und der Trans-N-desoxy-ribosylase aus *L. helveticus* beschrieben.

Die Reaktionsgleichungen lassen sich folgendermaßen formulieren:

$$\text{Purin-(Pyrimidin-)ribosid(desoxyribosid)} + \text{AH} \rightleftharpoons \text{Purin (Pyrimidin)} + \text{A-ribosid(desoxyribosid)}$$

wobei AH ein Purin (Pyrimidin) oder Wasser sein kann.

Die Methoden zur Bestimmung der Aktivität und zum Studium der Eigenschaften der Nucleosidphosphorylasen sind auch für die anderen Enzyme dieser Gruppe anwendbar und werden deshalb im Abschnitt „Bestimmungsmethoden“ mit aufgeführt.

Tabelle 11. *Reinigung der Purinnucleosidase aus Bäckerhefe.*

Schritt	Volumen ml	Gesamt-Einheiten*	Gesamt-Ausbeute %	Spezifische Aktivität (Substrat Inosin) E*/mg Protein
1	140	2800	—	1,7
2	27,5	1730	62	16,2
3	15,5	700	25	31
4	54,5	595	21,2	94

* Eine Einheit spaltet 1 μM Inosin bei 37° C in 1 Std.

Darstellung von Purinnucleosidase aus Hefe [3.2.2.1 N-Ribosylpurin-Ribohydrolase] ***nach* Heppel *und* Hilmoe**[20].

1. Extraktion. Frische Bäckerhefe wird in dünner Schicht bei 22—25° C über Nacht vor einem Ventilator getrocknet. Langsames Trocknen zerstört die hydrolysierende Nucleosidase. Je 500 g Hefe werden mit 1500 ml 0,2 m Acetatpuffer, p_H 5,1, in 6 Std bei 37° C autolysiert.

2. 1. Ammoniumsulfatfällung. (Die Schritte 2—4 werden bei 2° C durchgeführt.) Nach dem Zentrifugieren werden 140 ml des Autolysates mit 27,2 g Ammoniumsulfat versetzt; der p_H-Wert wird mit 17,2 ml 2 m Essigsäure auf 4,6 eingestellt. Danach werden weitere 13,3 g Ammoniumsulfat zugegeben ($s = 0{,}45$). Nach 15 min wird das Gemisch bei 1300 × g 8 min zentrifugiert. Der Überstand (164 ml) wird durch Zugaben

[1] Lampen, J. O., and T. P. Wang: J. biol. Ch. **198**, 385 (1952).
[2] Kalckar, H. M.: Fortsch. Chem. org. Naturstoffe **9**, 363 (1952).
[3] Kalckar, H. M.: Biochim. biophys. Acta **12**, 250 (1953).
[4] Takagi, Y., and B. L. Horecker: J. biol. Ch. **225**, 77 (1957).
[5] Tabor, H., and O. Hayaishi: Am. Soc. **77**, 505 (1955).
[6] Wang, T. P.: Sci. Rec., Peking (N. S.) **1**, 357 (1957) [Chem. Abstr. **56**, 7687].
[7] Van Eys, J.: J. Bact. **50**, 386 (1960).
[8] Lawrence, N. L.: J. Bact. **70**, 577 (1955).
[9] Powell, J. F., and J. R. Hunter: Biochem. J. **62**, 381 (1956).
[10] Tarr, H. L. A.: Biochem. J. **59**, 386 (1955).
[11] MacNutt, W. S.: Biochem. J. **50**, 384 (1952).
[12] Kalckar, H. M., W. S. MacNutt and E. Hoff-Jørgensen: Biochem. J. **50**, 397 (1952).
[13] Roush, A. H., and R. F. Betz: J. biol. Ch. **233**, 261 (1958).
[14] Kanda, M., and Y. Takagi: J. Biochem. **46**, 725 (1959).
[15] Beck, W. S., and M. Levin: J. biol. Ch. **238**, 702 (1963).
[16] Minghetti, A.: Ital. J. Biochem. **8**, 224 (1960).
[17] Marsh, J. C., and M. E. King: Biochem. Pharmacol. **2**, 146 (1959).
[18] Hoffmann, C. E.: Fed. Proc. **11**, 231 (1952).
[19] Lampen, J. O., in: McElroy-Glass, Phosphorus Metabolism. Vol. II, S. 369.
[20] Heppel, L. A., and R. J. Hilmoe: J. biol. Ch. **198**, 683 (1952).

von 9,7 g Ammoniumsulfat auf $s = 0,55$ gebracht. Es wird zentrifugiert, der Niederschlag in 0,1 m Acetatpuffer, p_H 6,0, gelöst und 6 Std gegen fließenden 0,01 m Acetatpuffer dialysiert. Nach Zentrifugieren wird der Niederschlag verworfen.

3. 2. Ammoniumsulfatfällung. Zu 25 ml des klaren Überstandes, der mit 1 ml 0,2 m NH_4OH auf p_H 7,3 eingestellt wird, werden 10,1 g Ammoniumsulfat gegeben ($s = 0,6$). Der Niederschlag wird durch Zentrifugieren entfernt; der Überstand (27,5 ml) wird mit 1,7 g Ammoniumsulfat auf $s = 0,7$ gebracht. Dieser Niederschlag wird nach dem Zentrifugieren in 0,02 m Natriumacetat gelöst (15,5 ml).

4. Calciumphosphatgeladsorption. 1 ml der Lösung aus Schritt 3 wird mit 2,5 ml destilliertem Wasser versetzt. Dazu werden 0,2 ml gealtertes Calciumphosphat (10,2 mg Trockengewicht pro ml)[1, 2] gegeben. Das Gel wird abzentrifugiert, der Überstand enthält das 55fach gereinigte Enzym.

Darstellung von Uridinnucleosidase aus Hefe [3.2.2.3 Uridin-Ribohydrolase] ***nach*** **Carter**[3].

1. Plasmolyse[4]. 1350 g frische Bäckerhefe werden mit der Hand zerbröckelt und mit einem hölzernen Rührer in einem großen Aluminium- oder emaillierten Gefäß mit 700 ml warmen Toluol (etwa 40° C) maceriert. Das Gefäß steht in einem Wasserbad von 45° C. Die Maceration wird fortgeführt, bis die Temperatur der Hefe 37° C erreicht hat, bei welcher Temperatur die Hefe schnell verflüssigt wird und zu „arbeiten“ beginnt. Es wird sehr schnell CO_2 entbunden, und das Volumen nimmt beträchtlich zu. Man läßt 2—3 Std stehen und kühlt danach in einem Eis-Wasser-Bad auf 10° C ab. Der dicke Brei von plasmolysierter Hefe und Toluol wird mit 1,4 l destilliertem Wasser von etwa 5° C versetzt und durchgerührt. Danach läßt man 18 Std bei 5° C stehen. Es trennen sich zwei Schichten: die obere enthält das Toluol mit den Hefestromata, die untere die Hefe in Wasser suspendiert. Die Hefesuspension wird abgekehrt, mit 100 g Hyflo-Super-Cel pro Liter Lösung versetzt und im Kühlraum (8—10° C) auf einer Nutsche abgesaugt. Der Rückstand auf der Nutsche wird mit 500 ml kaltem Wasser gewaschen.

2. 1. Ammoniumsulfatfällung. Zu dem klaren Plasmolysat gibt man 445 g Ammoniumsulfat pro Liter. Nach 1 Std wird zentrifugiert, der Niederschlag in Wasser gelöst und gegen destilliertes Wasser dialysiert.

3. 2. Ammoniumsulfatfällung. Zu 350 ml des Dialysates gibt man 385 ml gesättigter Ammoniumsulfatlösung. Nach 1 Std wird zentrifugiert, der Niederschlag wie in Schritt 2 gelöst und dialysiert (48 Std).

4. Säurefällung. Das Dialysat wird auf p_H 4,7 eingestellt, der Niederschlag durch Zentrifugieren abgetrennt. Der Überstand wird mit verdünnter Natronlauge neutralisiert (p_H 7,0). Er enthält 60% der Ausgangsaktivität bei 10—15facher Reinigung.

Darstellung von Nucleosid-trans-N-ribosylase aus Escherichia coli [2.4.2.5 Nucleosid:Purin (Pyrimidin)-Ribosyltransferase] ***nach*** **Koch**[5].

1. Kultivierung und Extraktion. 10 l Medium werden mit *E. coli Stamm B 15* beimpft. Nach Inkubation wurde in der exponentiellen Phase geerntet, mit Aluminiumoxyd verrieben und mit 0,01 m Trispuffer, p_H 7,5, extrahiert. Der Extrakt wird bei $25000 \times g$ 30 min zentrifugiert, der Niederschlag verworfen und die überstehende Lösung eingefroren.

2. Elektrophorese. Die Enzymaktivitäten können durch Elektrophorese in Stärke teilweise getrennt werden. Die Methode ist von Kunkel[6] beschrieben; in diesem Fall war der Block 48 cm lang, 5 cm breit und 1,5 cm hoch. Die Elektrophorese wurde in 0,05 m

[1] Keilin, D., and E. F. Hartree: Proc. R. Soc. London (B) **124**, 397 (1938).
[2] Colowick, S. P.; in: Colowick-Kaplan, Meth. Enzymol. Vol. I, S. 98.
[3] Carter, C. E.: Am. Soc. **73**, 1508 (1951).
[4] Kunitz, M. S., and M. R. McDonald: J. gen. Physiol. **29**, 393 (1947).
[5] Koch, A. L.: J. biol. Ch. **223**, 535 (1956).
[6] Kunkel, H. G.: Meth. biochem. Analysis I, 141 (1954).

Trispuffer, p_H 7,5, ausgeführt. In zwei Experimenten wurden je 2 ml des Extraktes (Schritt 1) in $16^1/_2$ Std bei 3° C aufgetrennt. Im Versuch a) betrug die Spannung 200 V, im Versuch b) 500 V. Die erreichte Trennung wird durch folgende Diagramme veranschaulicht (Abb. 1 und 2).

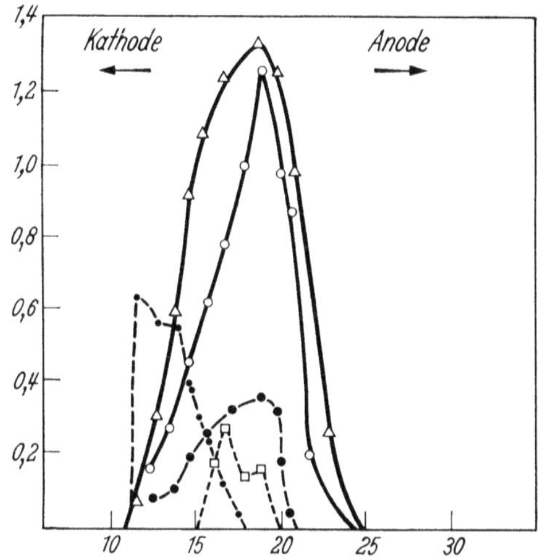

Abb. 1.

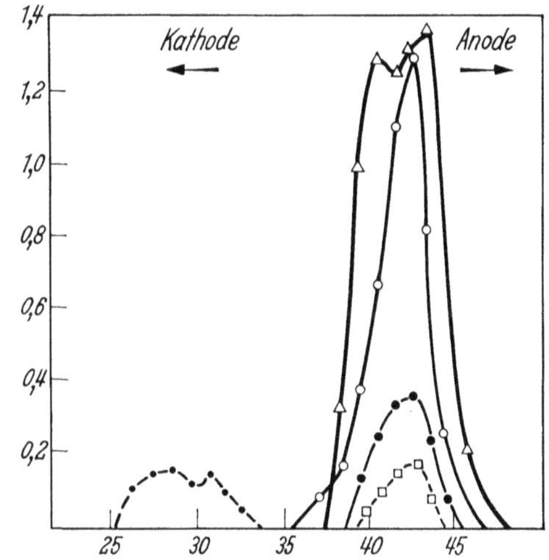

Abb. 2.

Abb. 1 und 2. ○ Ribosidphosphorylase p_H 7,5; △ Desoxyribosidphosphorylase p_H 5; ● Transribosidase (Guanin) p_H 5; □ Transribosidase (Thymin) p_H 5; · Hydrolase p_H 7,5.

Darstellung von Trans-N-desoxyribosylase aus Lactobacillus helveticus [2.4.2.6 Nucleosid:Purin (Pyrimidin)-Desoxyribosyltransferase] ***nach*** **Roush** ***und*** **Betz**[1] *.

1. Kultivierung. L. helveticus (ATCC Nr. 8018 und 10386) wurde in Duboiskolben 2 Tage bei 42° C auf folgendem Medium gezogen: 15 g peptonisierte Milch (Difco), 6 g Hefeextrakt (Difco), 20 g Glucose, 0,5 g lösliche Stärke, 1 ml Tween 80, 200 ml Molke (frische Milch), 10 g Calciumcarbonat und 800 ml Wasser.

Nach Ende der Inkubation wird zentrifugiert und einmal mit 0,05 m Citratlösung, p_H 6,0, gewaschen. Die Ausbeute ist 12—14 g Zellen pro Liter Medium.

2. Rohextrakt. 70 g Bakterien werden in 150 ml 0,1 m Trispuffer, p_H 7,0, suspendiert und mit 3 mm-Glaskugeln in einem eisgekühlten Mixer zermahlen. Die Schneiden des Mixers werden dabei mit einem Kunststoffüberzug versehen, und die Geschwindigkeit wird durch Zwischenschalten eines Widerstandes soweit erniedrigt, daß die Glaskugeln nicht zerbrechen. Die Suspension wird bei 6000 × g zentrifugiert, der Rückstand noch einmal in der beschriebenen Weise extrahiert. Die vereinigten überstehenden Lösungen werden bei — 15° C aufbewahrt und behalten ihre Aktivität für mehr als 1 Jahr.

Tabelle 12. *Reinigung der Trans-N-desoxyribosylase aus L. helveticus.*

Schritt	Transferase		Hydrolase	
	E*/mg Protein	Gesamteinheiten	E*/mg Protein	Gesamteinheiten
2	0,032	145	0,010	45
3	0,10	102	0,016	16
4	0,22	77	0,037	13
5	0,36	82	0,057	13

* Eine Einheit bildet 1 μM Reaktionsprodukt in 1 Std (Substrat: Desoxyinosin; Acceptoren: Guanin, Wasser).

3. 1. Ammoniumsulfatfraktionierung. Der Extrakt aus 75 g *L. helveticus* wird mit Ammoniumsulfat fraktioniert. Die Fraktion, die zwischen Sättigung 0,4 und 0,7 ausfällt, enthält den Großteil der Aktivität. Sie wird in 50 ml destilliertem Wasser aufgenommen und 24 Std gegen destilliertes Wasser dialysiert.

4. 2. Ammoniumsulfatfraktionierung. Wird die aus dem vorhergehenden Schritt erhaltene Lösung erneut mit Ammoniumsulfat fraktioniert, enthält die Fraktion zwischen

* Trans-N-desoxyribosylase aus *Lactobacillus leichmannii:* Beck, W. S., and M. Levin: J. biol. Ch. **238**, 702 (1963).

[1] Roush, A. H., and R. F. Betz: J. biol. Ch. **233**, 261 (1958).

Tabelle 13. *Eigenschaften der Purin- und Pyrimidinnucleosidhydrolasen und -transglykosylasen.*

Enzym	pH-Optimum	Gleichgewichtskonstante	Hemmungen, Aktivierungen	Spezifität: Substrat	Spezifität: Acceptor	Nicht gespalten werden
Purinnucleosidase aus Hefe[1] [3.2.2.1]	7—8		die Spaltung von Inosin wird durch Adenosin und Guanosin gehemmt	Adenosin, Guanosin, Inosin, Xanthinribosid, Nicotinamidribosid	Wasser	Cytidin, Uridin, Uridylsäure
Uridinnucleosidase aus Hefe[2] [3.2.2.3]	7,0			Uridin	Wasser	Adenosin, Guanosin, Inosin, Cytidin, Thymidin, Uridylsäure
Trans-N-ribosylase aus E. coli[3] [2.4.2.5]				Inosin	Adenin, Guanin, Xanthin, Thymin, 4,5-Diaminouracil, 5-Bromuracil, 4,6-Aminouracil	
Trans-N-desoxyribosylase aus L. helveticus[4] [2.4.2.6]	5,8	3,2 dI + Guanin* 0,35 dG + Hypoxanthin 5,6 dC + Adenin 1,9 dI + Azaguanin 0,18 T + Cytosin	Trispuffer hemmt den Transfer von und auf Pyrimidine, teilweise auch bei Purinen	Desoxyinosin, Desoxyguanosin, Desoxyadenosin, Desoxycytidin, Thymidin	Adenin, Guanin, 8-Azaguanin, Cytosin, Thymin, Uracil	

* Abkürzungen: dI Desoxyinosin; dG Desoxyguanosin; dC Desoxycytidin; T Thymidin.

Sättigung 0,5 und 0,6 die höchste spezifische Aktivität. Der Niederschlag wird, wie unter 3 beschrieben, in destilliertem Wasser gelöst und dialysiert.

5. Erhitzen. Die dialysierte Lösung wird auf 55° C erwärmt und 10 min auf dieser Temperatur gehalten. Nach dem Zentrifugieren enthält die überstehende Lösung 57 % der Aktivität des Rohextraktes. Dieses Enzympräparat behält seine Aktivität im gefrorenen Zustand für mindestens 1 Jahr.

Eigenschaften. Die Eigenschaften der in diesem Abschnitt beschriebenen Enzyme sind in Tabelle 13 zusammengestellt.

Bestimmungsmethoden. Wie aus den oben formulierten Gleichungen zu ersehen ist, können bei Phosphorolyse, Hydrolyse und Transfer folgende Reaktionsprodukte entstehen: Purin, Pyrimidin, Ribose- oder Desoxyribose-1-phosphat, Ribose, Desoxyribose, Purin-(Pyrimidin-)ribosid(desoxyribosid).

Die gebräuchlichen Methoden zur Aktivitätsbestimmung lassen sich wie folgt unterteilen:

a) Papierchromatographie: Nachweis der Purine, Pyrimidine und der Transferprodukte durch R_f-Wert, UV-Spektroskopie oder Wachstumstest.

b) Reduktometrie: Nachweis der freien Zucker durch ihre Reduktionskraft.

[1] Heppel, L. A., and R. J. Hilmoe: J. biol. Ch. **198**, 683 (1952).
[2] Carter, C. E.: Am. Soc. **73**, 1508 (1951).
[3] Koch, A. L.: J. biol. Ch. **223**, 535 (1956).
[4] Roush, A. H., and R. F. Betz: J. biol. Ch. **233**, 261 (1958).

c) Spektroskopie: Nachweis von Purinen, Pyrimidinen und Nucleosiden durch Differentialspektrophotometrie, colorimetrischen oder enzymatischen Test.

Beispiel eines Inkubationsansatzes für diskontinuierliche Bestimmung[1]:

0,08 ml 0,01 m Inosin
0,1 ml 0,5 m Glycyl-glycin, p_H 7,4
0,32 ml Enzymlösung und Wasser

0,5 ml Gesamtvolumen

Inkubation 15 min bei 37° C, Abstoppen durch Erhitzen im kochenden Wasserbad (2 min) oder Zugabe von 0,1 Vol. 1,5 n H_2SO_4 [2].

Zu a). Papierchromatographie zum Nachweis der Reaktionsprodukte wurde von MACNUTT[3] sowie von OTT und WERKMAN[2] angewandt. Zur Methode s. FISCHER und DÖRFEL[4]. Die Purine und Pyrimidine können nach Elution durch UV-Spektroskopie charakterisiert werden[5]. Eine mikrobiologische Bestimmung von Desoxyribonucleosiden wurde von HOFF-JØRGENSEN angegeben[6].

Zu b). MANSON und LAMPEN[7] bestimmten die reduzierenden Zucker nach NELSON[8]. Zur Methode s. PLOETZ[9].

Zu c). Eine Bestimmungsmethode, welche die unterschiedlichen Spektren von Uridin und Uracil[10] benutzt, wurde von CARTER[11] beim Studium der Uridinnucleosidase aus Hefe verwendet.

Methode 1 (bei der Reinigung):

0,1 ml Enzymlösung,
0,025 ml Uridinlösung (20 mg Uridin/ml),
0,2 ml Phosphat-, Borat-, Glycin- oder Veronalpuffer, p_H 7,0

werden 30 min bei 38° C inkubiert. Nach Zusatz von 4 ml 0,01 n NaOH wird bei 290 mμ die Extinktion abgelesen. Uracil hat unter diesen Bedingungen einen molaren Extinktionskoeffizienten von $5{,}4 \times 10^3$, Uridin 30 [$cm^2 \times mMol^{-1}$]. Aus der Zunahme der Extinktion kann demnach das Ausmaß der hydrolytischen Spaltung berechnet werden.

Methode 2 (für kinetische Versuche):

0,05—0,2 ml Enzymlösung,
0,01—0,03 ml Uridinlösung (enthaltend bis zu 500 μg Uridin),
3,0 ml Puffer, p_H 7,0

werden in der Küvette bei 26° C inkubiert. Durch kontinuierliche Messung der Extinktion bei 280 mμ kann der Verlauf der Hydrolyse verfolgt werden. Der molare Extinktionskoeffizient bei p_H 7,0 und 280 mμ beträgt für Uracil $1{,}4 \times 10^3$, für Uridin $3{,}5 \times 10^3$ [$cm^2 \times mMol^{-1}$]. Bei der Spaltung erfolgt demnach eine Abnahme der Extinktion.

BECK und LEVIN[12] bestimmten die Aktivität der Trans-N-desoxyribosylase mit Thymidin als Substrat und Adenin als Acceptor. Desoxyribose wurde durch die Thiobarbitursäure-Methode von WARAVDEKAR und SASLAW[13] nachgewiesen.

[1] HEPPEL, L. A., and R. J. HILMOE: J. biol. Ch. **198**, 683 (1952).
[2] OTT, J. L., and C. H. WERKMAN: Arch. Biochem. **69**, 264 (1957).
[3] MACNUTT, W. S.: Biochem. J. **50**, 384 (1952).
[4] FISCHER, F. G., u. H. DÖRFEL: dieses Handbuch Bd. IV/2, S. 1150ff.
[5] FISCHER, F. G., u. H. DÖRFEL: dieses Handbuch Bd. IV/2, S. 1164, 1110.
[6] HOFF-JØRGENSEN, E.: Biochem. J. **50**, 400 (1952).
[7] MANSON, L. A., and J. O. LAMPEN: J. biol. Ch. **191**, 95 (1951).
[8] NELSON, N.: J. biol. Ch. **153**, 375 (1944).
[9] PLOETZ, T.: dieses Handbuch Bd. III/1, S. 678.
[10] FISCHER, F. G., u. H. DÖRFEL: dieses Handbuch Bd. IV/2, S. 1112 und 1116.
[11] CARTER, C. E.: Am. Soc. **73**, 1508 (1951).
[12] BECK, W. S., and M. LEVIN: J. biol. Ch. **238**, 702 (1963).
[13] WARAVDEKAR, V. S., and L. D. SASLAW: J. biol. Ch. **234**, 1945 (1959).

KALCKAR[1] beschrieb eine Methode zur Bestimmung der Nucleosidphosphorylase, bei der das aus Inosin durch die Nucleosidase freigesetzte Hypoxanthin mit Xanthinoxydase[2, 3] zu Harnsäure oxydiert wird.

Inosin + Phosphat → Hypoxanthin + Ribose-1-phosphat
↓ Xanthinoxydase
Harnsäure

Die Xanthinoxydase wird zunächst in folgendem Ansatz getestet:

2,7 ml 0,05 m Phosphatpuffer, p_H 7,4
0,2 ml 0,0075 m Hypoxanthinlösung
0,1 ml Enzymlösung und Wasser
3,0 ml Gesamtvolumen

Eine Xanthinoxydaseeinheit bewirkt eine Änderung der optischen Dichte von 0,001 in 1 min bei 293 mμ ($d = 1$ cm).

Zum Nachweis der Nucleosidphosphorylase wird zu 2,7 ml 0,05 m Phosphatpuffer, p_H 7,4, und 0,2 ml 0,0075 m Inosinlösung die zehnfache Menge Xanthinoxydase wie in obigem Test und die Phosphorylase, beide Enzyme in insgesamt 3,0 ml, zugesetzt. Die Änderung der Extinktion wird bei 293 mμ verfolgt.

Die Zunahme des Extinktionskoeffizienten bei der Oxydation mit Xanthinoxydase beträgt bei Adenin $15{,}5 \times 10^3$ bei 305 mμ [4], Guanin $7{,}25 \times 10^3$ bei 290 mμ (dabei muß Guanase zugesetzt werden)[5], Hypoxanthin $10{,}9 \times 10^3$ bei 290 mμ [5] und Xanthin $10{,}0 \times 10^3$ bei 290 mμ [$cm^2 \times mMol^{-1}$][5].

ROUSH und BETZ[6] benutzten bei ihrem Studium der Trans-N-desoxyribosylase einige Enzyme, die in der Tabelle 14 aufgeführt sind.

Tabelle 14. *Enzyme bei der Bestimmung der Trans-N-desoxyribosylase-Reaktion.*

Substrat	Acceptor	Enzym zum Nachweis
Desoxyinosin	Adenin, Guanin, Harnsäure, Azaguanin, Cytosin, Thymin, Uracil	Xanthinoxydase[7]
Desoxyguanosin	Adenin, Hypoxanthin, Xanthin, Cytosin, Thymin, Uracil	Guanase[8]
Desoxyadenosin	Hypoxanthin, Xanthin, Cytosin, Thymin, Uracil	Adenase[9]
Desoxycytosin	Adenin, Guanin, Hypoxanthin, Xanthin, Thymin, Uracil	Cytosindesaminase[10]
Desoxyguanosin, Desoxyinosin, Desoxycytosin, Thymidin	Adenin	Adenosindesaminase[11]
Desoxyadenosin, Desoxyguanosin, Desoxyinosin, Thymidin	Cytosin	Cytidindesaminase[12]

[1] KALCKAR, H. M.: J. biol. Ch. **167**, 429 (1947).
[2] BALL, E. G.: J. biol. Ch. **128**, 51 (1939).
[3] KALCKAR, H. M., N. O. KJELDGAARD and H. KLENOW: Biochim. biophys. Acta **5**, 575 (1950).
[4] KLENOW, H.: Biochem. J. **50**, 404 (1952).
[5] WANG, T. P.; in: Colowick-Kaplan, Meth. Enzymol., Bd. II, S. 458.
[6] ROUSH, A. H., and R. F. BETZ: J. biol. Ch. **233**, 261 (1958).
[7] KALCKAR, H. M., and H. KLENOW: J. biol. Ch. **172**, 349 (1948).
[8] KALCKAR, H. M.: J. biol. Ch. **167**, 461 (1947).
[9] ROUSH A. H.: Arch. Biochem. **50**, 510 (1954).
[10] KREAM, J., and E. CHARGAFF: Am. Soc. **74**, 5157 (1952).
[11] SCHMIDT, G., and S. J. THANNHAUSER: J. biol. Ch. **149**, 369 (1943).
[12] WANG, T. P., H. Z. SABLE and J. O. LAMPEN: J. biol. Ch. **184**, 17 (1950).

3.2.3.1 Merosinigrin-Glucohydrolase s. S. 1189.

Addendum to Cyclodextrinase (p. 261)
Isolation of cyclodextrins from starch.

***Preparation of the α-dextrin cyclohexaamylose*[1].**

Enzymolysis of a 3—5% potato starch paste for 2—6 conversion periods in the absence of a dextrin precipitant (i.e., the reaction mixture should be sterile or protected against microorganisms by a microbial inhibitor such as thymol) yields a mixture from which α-dextrin can be readily obtained by concentration to about 15% solids, precipitation with trichloroethylene and centrifugation of the crystalline complex. The crude precipitate is suspended in water, boiled to remove trichloroethylene, treated with carbon and filtered. After cooling and diluting to about 2% solids concentration, bromobenzene is added to effect precipitation af any β- or γ-dextrin which may be present. The mixture is best stirred with a mechanical stirrer or shaken overnight to insure complete equilibration with the bromobenzene. The resulting suspension is filtered with suction, the filtrate boiled down to about 40% of the original volume and the bromobenzene precipitate, which is usually small, worked up with β-γ crudes. The solution of crude α-dextrin is now treated with trichloroethylene or tetrachloroethane by stirring or shaking overnight and the crystalline complex separated by suction filtration. The precipitate is air-dried, boiled with about 5 parts of water until the vapors are free from precipitant, clarified by filtration with carbon if necessary, treated with 1.5 volumes of n-propyl alcohol, and allowed to cool. The crystalline propyl alcohol complex is filtered off after several days and recrystallized by dissolving the air dry material in four parts of hot water and adding 1.5 volumes of propyl alcohol. The final crystallization may be carried out by dissolving the pure propanol complex in water, boiling off the propanol, concentrating the solution to about 35% solids and allowing to crystallize by evaporation at room temperature for a day or two. (Alcohol-free solutions of the dextrins should be guarded against mold growth by covering while hot.) The crystals are filtered and allowed to air dry. On drying in the vacuum oven the crystals lose about 10% moisture; the specific rotation of the anhydrous material is $[\alpha]_D + 150.5° \pm 0.5°$ (c 1, water).

***Preparation of the β-dextrin cycloheptaamylose*[1].**

Enzymolysis of a 3—5% paste of potato or waxy corn-starch is carried out with *B. macerans* enzyme and without any precipitant for 2—3 conversion periods. The digest is clarified by filtration through diatomaceous earth, and then fresh enzyme is added. The mixture is layered with toluene and the digestion continued for 30—50 conversion periods. A β-dextrin-toluene complex separates during the digestion and, to secure maximum yield of dextrin, the mixture should be occasionally agitated. After the conversion the precipitate is separated by supercentrifuge. The same material is suspended in boiling water and boiled until the odor of toluene is eliminated, then treated with carbon and the boiling hot solution filtered with pressure through a clarifying filter (Horm Laboratory Pressure filter, F. J. Horman Co., Brooklyn, New York). The concentration should not exceed 20—25% solids. At higher concentrations, the β-dextrin may crystallize during filtration. The filtrate should be perfectly clear; if not it should be passed through finer filters. On cooling the solution, large crystals of β-dextrin are formed. Let stand overnight before collecting. The crystals should be washed and purified by repeated crystallization from 4—5 parts of boiling water. After drying in the oven at 70° C, $[\alpha]_D = 162.5 \pm 0.5°$ (c 1.0, water).

***Preparation of the γ-dextrin cyclooctaamylose*[1].**

The enzymolysis with potato or waxy maize starch is carried out in the same manner as described above for β-dextrin, except that after the initial brief conversion and clarification, the reaction is allowed to proceed in the absence of a precipitant for 30—50 con-

[1] French, D., M. L. Levine, J. H. Pazur and E. Norberg: Am. Soc. 71, 353 (1949).

version periods. γ-Dextrin is scarcely detectable in the early phases of the enzymolysis when the α-dextrin concentration is at a maximum. If the reaction mixture is not sterile, thymol may be used to inhibit molds. When the conversion is complete, the mixture is concentrated to about onefourth the original volume, stirred with trichloroethylene, and the precipitate separated by centrifugation. The precipitate is dissolved in boiling water, clarified, concentrated to about 25% solids and allowed to stand at room temperature a day or two. Seeding with β-dextrin may be advisable to promote fairly complete removal of this component. The precipitate is removed and the clear filtrate is diluted to about 3% solids. This solution is stirred overnight with bromobenzene and the resulting suspension filtered with suction. The precipitate is washed, dissolved in boiling water and boiled to remove the bromobenzene, concentrated to about 30% solids and treated with 1.5 volumes of n-propyl alcohol. After standing for a few days at room temperature, the crystals of γ-dextrin-propanol complex are removed by suction filtration and allowed to air dry. γ-Dextrin is best purified by dissolving the air-dry complex in 4 parts of boiling water, filtering with carbon if the solution is colored or turbid, and treating the resulting solution with 1.5 volumes of n-propyl alcohol. Recrystallization should be repeated until there is no evidence for α- or β-dextrins in the 60% propanol mother liquors. Generally two or three recrystallizations are required. The propanol cannot be removed from this complex by either air or vacuum drying, but is readily removed by boiling in water. By concentrating a boiled aqueous solution to 40—50% solids and standing at room temperatures a few days, large clear crystals of γ-dextrin hydrate are formed. The crystals effloresce in air; the air dry material loses 8.3% of its weight on drying at 70° C in the vacuum oven. The specific rotation of the anhydrous material is $[\alpha]_D + 177.4 \pm 0.5°$ C (c 1, water).

GPSR Compliance

The European Union's (EU) General Product Safety Regulation (GPSR) is a set of rules that requires consumer products to be safe and our obligations to ensure this.

If you have any concerns about our products, you can contact us on ProductSafety@springernature.com

In case Publisher is established outside the EU, the EU authorized representative is:

Springer Nature Customer Service Center GmbH
Europaplatz 3
69115 Heidelberg, Germany

Batch number: 10684808

Printed by Printforce, the Netherlands